AF403442

EXPÉDITIONS PAR COLIS-POSTAUX

Les feuilles postales sont facturées aux prix suivants NETS, dans lesquels prix sont compris l'emballage sous papier et le factage de nos magasins dans les bureaux de Ville les plus rapprochés, l'emballage sous toile ou en caisse est facturé en plus pour sa valeur suivant tarif ci-dessous :

	EN GARE			A DOMICILE			AU PORT		
Poids	3 k.	5 k.	10 k.	3 k.	5 k.	10 k.	3 k.	5 k.	10 k.
Pour la France	0.85	1.10	1.65	1.10	1.35	1.90	»	»	»
» l'Algérie	1.40	1.65	2.85	1.65	1.90	3.10	1.10	1.35	2.25
» la Corse	1.40	1.65	2.85	1.65	1.90	3.10	1.10	1.35	2.25
» la Tunisie.	1.40	1.65	2.85	1.65	1.90	3.10	1.40	1.65	2.85
» Madagascar, Indes Françses.	»	»	»	»	»	»	»	3.75	»
» Indo-Chine	»	»	»	»	»	»	»	4.75	»
» le Maroc	»	»	»	»	»	»	»	2.10	»
» l'Alsace-Lorraine	1.40	1.45	2.10	»	»	»	»	»	»
» le Luxembourg	1.10	1.25	1.80	»	»	»	»	»	»
» Suisse, Belgique, Allemagne	1.40	1.45	2.10	»	»	»	»	»	»
» l'Espagne	1.70	»	»	»	»	»	»	»	»
» l'Italie	1.70	1.75	»	»	»	»	»	»	»
» l'Egypte	»	»	»	»	»	»	»	2.75	»

Tarif approximatif des Caisses neuves légères spéciales pour expéditions en Colis postaux ou Grande Vitesse (*Prix nets et Dimensions en centimètres*)

Nos	1	2	3	4	5	
Dimensions	18 1/2 × 5 1/2 × 5 1/2	21 × 8 × 8	23 1/2 × 10 1/2 × 10 1/2	26 × 13 × 13	28 1/2 × 15 1/2 × 15 1/2	
la pièce	0.20	0.25	0.30	0.40	0.45	
Nos	**6**	**7**	**8**	**9**	**10**	**11**
Dimensions	31 × 18 × 18	33 1/2 × 20 1/2 × 20 1/2	36 × 23 × 23	38 1/2 × 25 1/2 × 25 1/2	41 × 38 × 27	43 1/2 × 30 1/2 × 29
la pièce	0.50	0.60	0.75	0.80	1. »	1.10

Nos	12	13	14	15	16	17	18
Dimensions	46 × 33 × 31	48 × 35 × 33	51 × 38 × 36	33 × 16 × 8	36 × 19 × 10	38 1/2 × 21 × 12	41 × 24 × 14
la pièce	1.25	1.35	1.50	0.45	0.50	0.55	0.65
Nos	**19**	**20**	**21**	**22**	**23**	**24**	
Dimensions	43 1/2 × 26 × 16	46 × 29 × 18	24 × 14 × 6	26 1/2 × 16 × 18	29 × 19 × 10	31 × 21 × 12	
la pièce	0.75	0.85	0.30	0.35	0.45	0.50	
Nos	**25**	**26**	**27**	**28**	**29**	**30**	**31**
Dimensions	34 × 24 × 14	36 × 26 × 16	39 × 29 × 18	42 × 12 × 12	45 × 15 × 15	47 × 17 × 17	50 × 20 × 20
la pièce	0.55	0.65	0.75	0.45	0.55	0.65	0.80

Tarif approximatif des emballages en Caisses bois usagé, suffisant pour France, exportation et Continent, pour la Corse, l'Algérie et la Tunisie (pour ces trois Contrées, nous employons la caisse à 2 barres.) PRIX NETS

	SANS BARRE				A UNE BARRE			
Nos	1	2	3	4	5	6	7	8
Dimensions approximatives	36×34×32	46×38×35	56×46×40	65×50×50	64×32×31	74×36×36	82×43×43	94×52×52
net la pièce	0.75	1. »	1.30	1.65	1.40	1.80	2. »	2.85

	A DEUX BARRES						Claire Voie
Nos	9	10	11	12	13	14	15
Dimensions approximatives	76×40×40	84×46×44	96×50×50	102×66×62	110×74×74	120×86×86	96×52×35
net la pièce	2.30	2.55	3.45	5.25	6.65	7.85	1.35

Caisses neuves pour l'exportation outre-mer bois 1/2 fort épaisseur 13 m/m pr article léger le mètre superficiel barres comprises 2.75
— — — — bois fort non cerclé — — — 3. »
— — — — bois fort cerclé feuillard — lourd — — 3.25
— — — — doublé intérieur zinc, en plus par mètre superficiel . . . . 5. »
— — — — — en toile grasse caoutchoutée — . . . . 1. »
Tonneaux usagés ou neufs, prix suivant cours et suivant dimension.

Emballages des articles voyageant sans être en caisses

Store bois en rouleau sous papier, pour le continent . . . . . . **net**	*le Colis*	0.50	
— — sous toile et tampons pour l'exportation outre-mer .	—	2. »	
Scie de long et passe-partout sur plateau bois, jusqu'à 1 m 50 de long . . .	—	0.50	Ces articles ne peuvent être emballés ainsi que pour les envois faits sur le continent; pour outre-mer, l'envoi est toujours fait en caisses neuves.
— — — 2 — . . .	—	0.75	
Appareil inodore, sous plateau bois	—	0.50	
Fontaine à filtrer l'eau, en grès, forme ronde, sous paille	—	0.50	
— — — carrée —	—	0.75	
Poële en faïence montés, sous paille, suivant grandeur	—	1.75 à 2.50	

Factage. — Comme l'indique l'article 1er de nos conditions de Vente : nos marchandises sont vendues prises dans nos magasins; pour les livraisons à effectuer dans Paris, nous comptons le factage comme il suit : 0.25 par colis transporté de nos magasins aux domiciles fixés dans les 3, 4, 10, 11 et 12me Arrondt; 0.50 par colis pour les 1, 2, 5, 6, 9, 19 et 20me et 1 fr. par colis dans les 7, 8, 13, 14, 15, 16, 17 et 18me Arrondt. Nous ne livrons en aucun cas dans la Banlieue

TARIF-ALBUM N° 8

Déposé selon la loi au Tribunal de Commerce de la Seine

ADRESSE TÉLÉGRAPHIQUE **DUPOREB-PARIS** — TÉLÉPHONE 901-05

CONDITIONS DE VENTE & OBSERVATIONS GÉNÉRALES

1. *Nos marchandises sont vendues prises dans nos magasins* - Net à 60 jours *de date valeur quinze et fin de mois.*
2. *Aux conditions de ce Tarif fait sous* toutes réserves de variations de prix, *il est accordé un escompte de* Demi pour cent *pour paiement à 30 jours.*
3. *Nos factures sont payables* dans Paris. *Nos traites ou l'acceptation de règlement de nos clients ne constituent pas une dérogation à cette clause; le lieu de paiement restant toujours Paris.*
4. *Les marchandises voyagent aux* frais, risques et périls du destinataire, *sans aucune responsabilité de notre part, pour causes* d'avaries, retard ou manquant, *malgré les garanties exigées par les Compagnies de transport, qui seules sont responsables des avaries que l'on attribue toujours à tort au défaut d'emballage.*
5. *L'emballage fait selon la demande du client est* toujours facturé *et jamais repris.*
6. *Nous engageons nos clients afin d'éviter* des erreurs, *de bien vouloir employer dans la rédaction de leurs demandes les mêmes termes et désignation du présent Tarif en y ajoutant les numéros correspondants.*
7. *Afin de supprimer tout retard dans la livraison nous engageons les clients qui n'ont pas de compte ouvert, à nous fournir des références* sur Paris.
8. *Les* différents *dont nos marchandises pourraient être la cause devront être jugés par le Tribunal de Commerce de la Seine.*
9. *Tout retour de marchandises autorisé par nous, et toutes expéditions d'articles à réparer doivent nous être faits franco à domicile.*
10. *Pour obliger nos clients nous acceptons de joindre à nos envois certains petits colis à la* condition formelle *qu'ils ne contiendront* aucun des articles figurant au présent Tarif, et dont le poids ne sera pas supérieur à 50 kilos. *Nous déclinons à leur sujet toute responsabilité de perte, d'avarie et d'oubli et n'acceptons de joindre sans frais que trois colis à chacun de nos envois; il sera compté 0 f. 25 pour chaque colis supplémentaire. Nous ne joignons aucun colis à nos expéditions Grande Vitesse.*
11. *Nous n'acceptons également* aucune responsabilité *de perte ou d'avarie pour les colis que nous pourrions remettre chez des commerçants de notre ville pour être joints à leurs expéditions. Le factage de ces colis sera facturé aux conditions du tarif ci-contre.*
12. *Toute réclamation reçue un mois après la date d'expédition sera considérée comme nulle et non avenue.*
13. *Nos traites sur l'étranger sont toujours payables en or au cours du change sur* Paris *à vue le jour de l'échéance.*
14. *Toute demande entraîne l'acceptation des* conditions ci-dessus.

COMPTOIR FRANÇAIS DE QUINCAILLERIE

REBATTET (INCT) & Cie Btes S.G.D.G.

Adresse Télégraphique DUPOREB-PARIS

72, 74, Boulevard Richard-Lenoir, PARIS (XIe Arrt)

TÉLÉPHONE 901-05

FABRIQUE DE CUIVRERIE D'AMEUBLEMENT & BÂTIMENT – PETIT OUTILLAGE

TARIF – ALBUM N° 8

PREMIÈRE PARTIE

COMPRENANT : Articles d'Agriculture et de Jardin, Articles de Cave, Articles d'Écurie, Cuivrerie d'Ameublement, de Bâtiment et de Plomberie, Clouterie, Coutellerie, Fournitures pour Carrosserie et Voitures, Fournitures d'Usines, Fournitures pour l'Électricité, Instruments de Pesage et Mesures Linéaires, Outillage, Quincaillerie, Serrurerie.

Nos Marchandises sont Vendues prises dans nos Magasins, Transport et Emballage à la charge de l'Acheteur, payables dans Paris aux Conditions ci-contre.

Accouples pour chiens

			Fer poli	Fer nickelé
1	Anneau simple	Le cent	47	60
2	Chaîne découpée genre anglais	"	44	67
3	A deux mailles	"	60	83
4	Gourmette soudée	"	62	75

Accroche-tout, remplace les clous et les épingles

		Hauteur totale m/m	12	15	20	25	27	32	38
5	Unis, sans rosace	Le paquet de 144 pièces	20.40	20.40	30.60	40.80	"	"	"
6	Rosace marguerite	" de 100 "	"	"	42.50	"	"	"	"
7	" trèfle à 4 feuilles	" " "	"	"	"	"	51. "	68. "	"
8	Fleur de lys	" " "	"	"	"	"	51. "	59.50	85. "
9	Noeud de ruban	" " "	"	"	51. "	59.50	85. "	"	"

Affiloirs pour couteaux

			Moyen 28 m/m	Grand 31 m/m
10	Emeri, manche bois verni	Le cent	45. "	70. "
11	Acier carré, manche fonte marque Victor longueur 22 m/m	Le cent		70. "
12	Fonte, manche à jour nickelé	"		70. "

Affiloirs ou fusils de table

13	Affiloirs ou fusils de table, fer manche ébène carré, virole vase	La pièce	1.05
14	" " " " " " rond " "	"	1.10
15	" " " acier " " " " "	"	1.50
16	" " " " forme poignard, garde droite, manche ébène	"	2.10
17	" " " " " " " " " buffle	"	2.70
18	" " " " " " " " " corne blonde	"	4. "

Affiloirs à roulettes

19	Affiloirs à roulettes, manche buffle	La pièce	2.45
20	" " sur socle fonte bronzée	"	2.70
21	" " " " nickelée	"	3.10

Affiloirs ou fusils de bouchers

22	Affiloirs ou fusils de bouchers, plate semelle ébène lame 27 m/m	La pièce	2.70
23	" " " " " buffle " 22 m/m	"	2.25
24	" " " " " " " 27 m/m	"	2.75
25	Affiloirs ou fusils de bouchers acier anglais embase et anneau cuivre, manche rond corne blonde		3.75
26	" " " " " " " " " plaqué ébène		3.90

Affiloirs ou fusils de bouchers acier, marque Fischer

			à embase	à garde nickelée
27	Manche buffle rond ou à pans	La pièce	5. "	5.50
28	" " torse ou cannelé	"	5.40	6.90
29	" " épines nacre ou ivoire	"	6.50	8. "
30	" corne blonde rond ou à pans	"	6.75	8.25
31	" " " torse ou cannelé	"	7.50	9. "
32	" " " épines nacre ou ivoire	"	8. "	9.50
33	" à façonné	"	5. "	6.50
34	" " " deux mains	"	5.75	7.25
35	" corne blonde, tête de lion	"	"	14.50

Rond — Cannelé

1 2 5 6 7 8 9 10 11 12 13 14 19 20 22 25 26 27 28 29 30 31 32 33 34

Imp. DONNADIEU 24 Rue des Francs-Bourgeois Paris

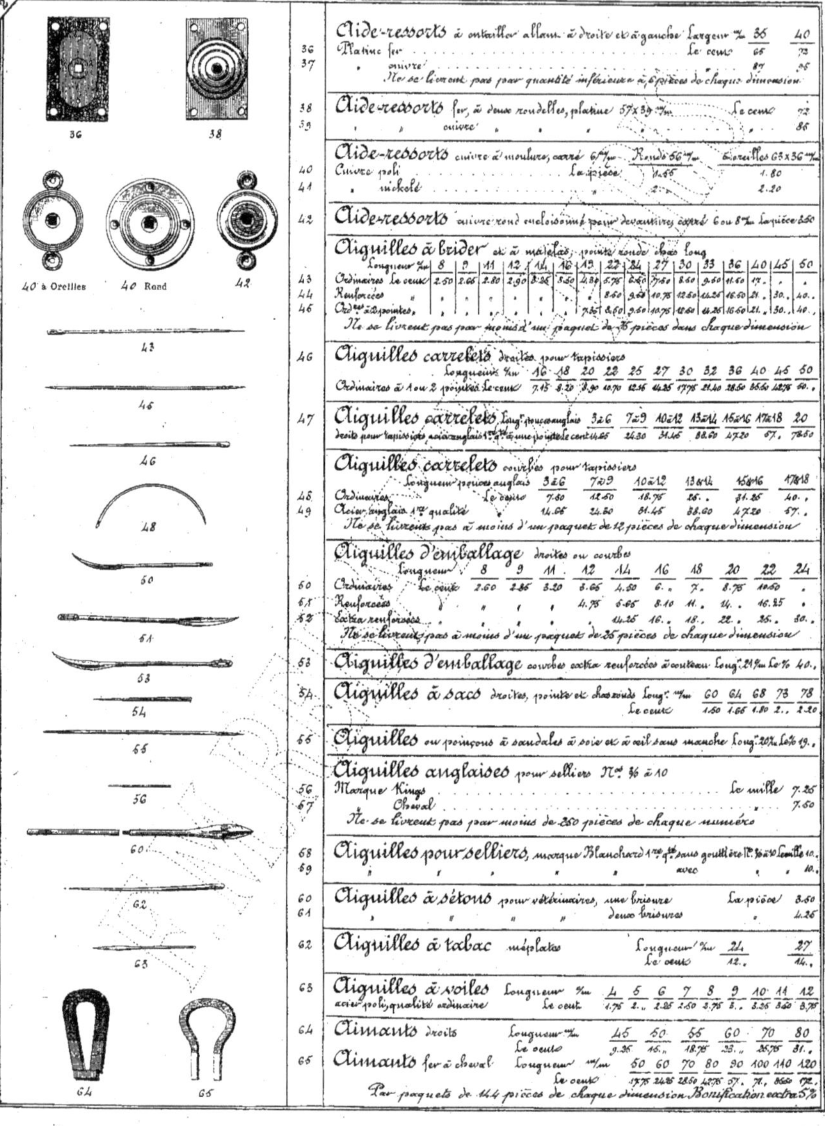

Aide-ressorts à entailler allant à droite et à gauche

		Largeur m/m	36	40
36	Platine fer	Le cent	65	72
37	» cuivre	»	87	95

Ne se livrent pas par quantité inférieure à 6 pièces de chaque dimension.

Aide-ressorts fer, à deux rondelles, platine 57 x 39 m/m

38 · · · Le cent 72

39 » » cuivre » » » » 86

Aide-ressorts cuivre à moulure, carré 61 m/m

			Rond 56 m/m	Oreilles 63 x 36 m/m
40	Cuivre poli	La pièce	1.55	1.80
41	» nickelé	»	2..	2.20

Aide-ressorts

42 cuivre rond encloisonné pour devantures carré 6 ou 8 m/m La pièce 2.50

Aiguilles à brider et à matelas, pointe ronde chas long

	Longueur c/m	8	9	11	12	14	16	19	22	24	27	30	33	36	40	45	50
43	Ordinaires Le cent	2.50	2.65	2.80	2.90	3.25	3.50	4.30	5.75	6.60	7.50	8.60	9.60	11.60	17.	»	»
44	Renforcées »	»	»	»	»	»	»	»	8.60	9.60	10.75	12.50	14.25	16.50	21.	30.	40.
45	Ord^res à 2 pointes,	»	»	»	»	»	»	7.35	8.60	9.60	10.75	12.60	14.25	16.60	21.	30.	40.

Ne se livrent pas par moins d'un paquet de 25 pièces dans chaque dimension

Aiguilles carrelets droites pour tapissiers

	Longueurs c/m	16	18	20	22	25	27	30	32	36	40	45	50
46	Ordinaires à 1 ou 2 pointes Le cent	7.15	8.20	8.90	10.70	12.16	14.25	17.75	21.40	28.50	35.60	42.75	60.

Aiguilles carrelets

	Long^r pouces anglais	3 à 6	7 à 9	10 à 12	13 à 14	15 à 16	17 à 18	20
47	droits pour tapissiers, acier anglais 1re q^té à une pointe Le cent	14.65	24.30	31.45	38.60	47.20	57.	78.50

Aiguilles carrelets courbes pour tapissiers

	Longueur pouces anglais	3 à 6	7 à 9	10 à 12	13 à 14	15 à 16	17 à 18
48	Ordinaires Le cent	7.50	12.50	18.75	25.	31.25	40.
49	Acier anglais 1re qualité »	14.65	24.30	31.45	38.60	47.20	57.

Ne se livrent pas à moins d'un paquet de 12 pièces de chaque dimension

Aiguilles d'emballage droites ou courbes

	Longueur	8	9	11	12	14	16	18	20	22	24
50	Ordinaires Le cent	2.60	2.85	3.20	3.65	4.50	6.	7.	8.75	10.50	»
51	Renforcées »	»	»	»	4.75	5.65	8.10	11.	14.	16.25	»
52	Extra renforcées »	»	»	»	»	14.25	16.	18.	22.	25.	30.

Ne se livrent pas à moins d'un paquet de 25 pièces de chaque dimension

Aiguilles d'emballage

53 courbes extra renforcées à couteau Long^r 21 c/m Le % 40.

Aiguilles à sacs droites, pointe et chas ronds

	Long^r c/m	60	64	68	73	78
54	Le cent	1.50	1.65	1.80	2.	2.20

Aiguilles

55 ou poinçons à sandales à soie et à oeil sans manche Long^r 20 c/m Le % 19.

Aiguilles anglaises pour selliers N°s 3/6 à 10

56 Marque Kings · · · Le mille 7.25

57 » Cheval · · · » 7.50

Ne se livrent pas par moins de 250 pièces de chaque numéro

Aiguilles pour selliers, marque Blanchard 1re q^té sans gouttière N°s 3/6 à 10

58 Le mille 10.

59 » » » » » avec » » 10.

Aiguilles à sétons pour vétérinaires, une brisure

60 La pièce 3.50

61 » » » » deux brisures » 4.25

Aiguilles à tabac méplates

	Longueur c/m	24	27
62	Le cent	12.	14.

Aiguilles à voiles acier poli, qualité ordinaire

	Longueur c/m	4	5	6	7	8	9	10	11	12
63	Le cent	1.75	2.	2.25	2.50	2.75	3.	3.25	3.50	3.75

Aimants droits

	Longueur m/m	45	50	55	60	70	80
64	Le cent	9.25	15.	18.75	23.	26.75	31.

Aimants fer à cheval

	Longueur m/m	50	60	70	80	90	100	110	120
65	Le cent	17.75	24.25	28.50	42.75	57.	71.	85.50	172.

Par paquets de 144 pièces de chaque dimension Bonification extra 5%

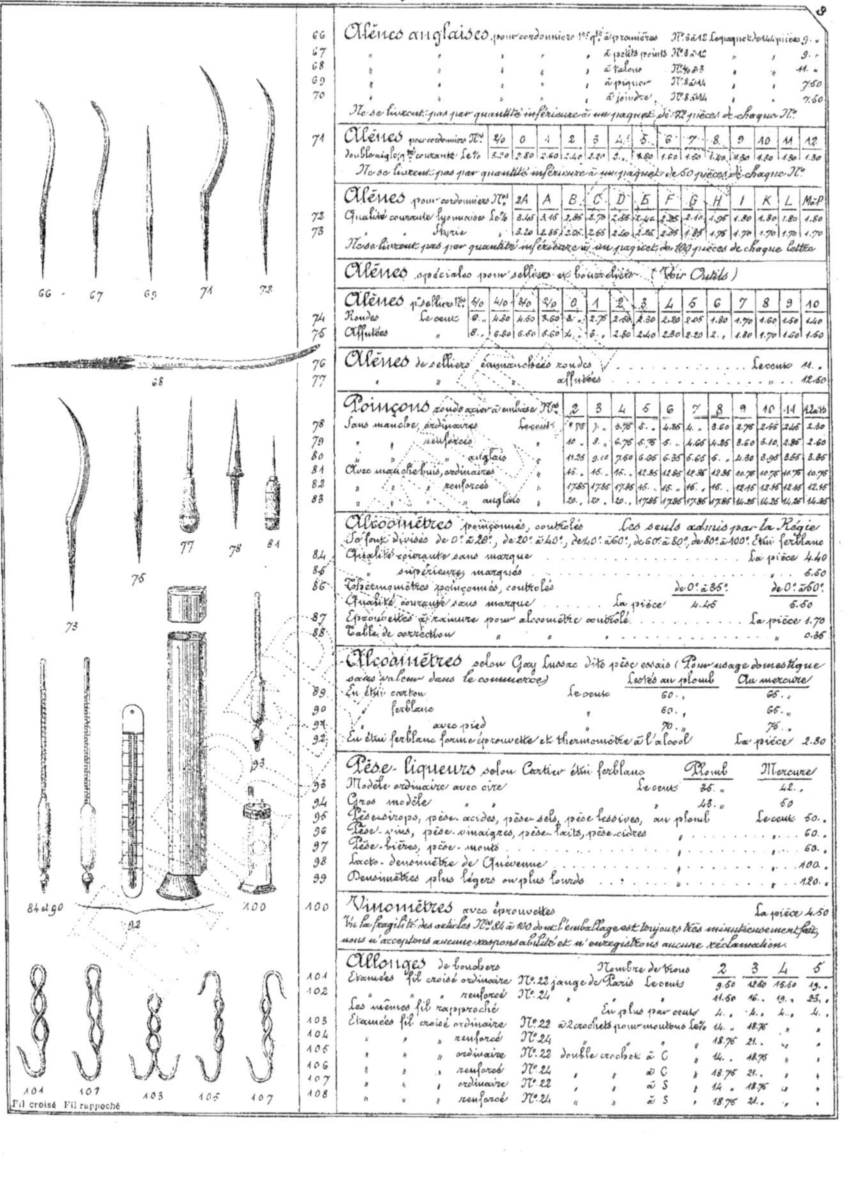

66 **Alênes anglaises** pour cordonniers 1re qté à premières N° 5 à 12 Le paquet de 144 pièces 9. »
67 " " " " " à petits points N° 8 à 12 " " 9. »
68 " " " " " à talons N° 4 à 8 " " 11. »
69 " " " " " à piquer N° 8 à 14 " " 7.50
70 " " " " " à joindre N° 8 à 14 " " 7.50

Ne se livrent pas par quantité inférieure à un paquet de 72 pièces de chaque N°

71 **Alênes** pour cordonniers N°s	2/0	0	1	2	3	4	5	6	7	8	9	10	11	12
double aigles 1re qté courante Le %	3.20	2.80	2.60	2.40	2.20	2. »	1.80	1.60	1.50	1.40	1.30	1.30	1.30	1.30

Ne se livrent pas par quantité inférieure à un paquet de 50 pièces de chaque N°

Alênes pour cordonniers N°s	2A	A	B	C	D	E	F	G	H	I	K	L	M à P
72 Qualité courante lyonnaises Le %	3.45	3.15	2.85	2.70	2.55	2.40	2.25	2.10	1.95	1.80	1.80	1.80	1.80
73 " " Styrie "	3.20	2.85	2.85	2.65	2.40	2.25	2.05	1.85	1.75	1.70	1.70	1.70	1.70

Ne se livrent pas par quantité inférieure à un paquet de 100 pièces de chaque lettre

Alênes spéciales pour selliers et bourreliers (Voir Outils)

Alênes p. selliers N°s	5/0	4/0	3/0	2/0	0	1	2	3	4	5	6	7	8	9	10
74 Rondes Le cent	6. »	4.80	4.50	3.60	3. »	2.75	2.50	2.30	2.20	2.05	1.80	1.70	1.60	1.50	1.40
75 Affutées "	8. »	6.80	6.60	6.60	4. »	3. »	2.80	2.40	2.30	2.20	2. »	1.80	1.70	1.60	1.50

76 **Alênes** de selliers emmanchées rondes . . . . Le cent 11. »
77 " " affutées . . . . " 12.50

Poinçons ronds acier à embase N°s	2	3	4	5	6	7	8	9	10	11	12 à 15
78 Sans manche, ordinaires Le cent	9.50	7. »	5.75	5. »	4.85	4. »	3.60	2.75	2.55	2.45	2.30
79 " " renforcés "	10. »	8. »	6.75	5.75	5. »	4.65	4.25	3.60	3.10	2.85	2.60
80 " " " anglais "	11.25	9.10	7.50	6.65	6.35	5.65	5. »	4.30	3.95	3.55	3.35
81 Avec manche buis, ordinaires "	15. »	15. »	15. »	12.85	12.85	12.85	12.85	10.75	10.75	10.75	10.75
82 " " " renforcés "	17.85	17.85	17.85	15. »	15. »	15. »	15. »	12.15	12.15	12.15	12.15
83 " " " " anglais "	20. »	20. »	20. »	17.85	17.85	17.85	17.85	14.25	14.25	14.25	14.25

Alcoomètres poinçonnés, contrôlés — Les seuls admis par la Régie
Se font divisés de 0° à 20°, de 20° à 40°, de 40° à 60°, de 60° à 80°, de 80° à 100°. Étui ferblanc
84 Qualité courante sans marque . . . . La pièce 4.40
85 " supérieure, marqués . . . . " 5.50
86 Thermomètres poinçonnés, contrôlés — de 0° à 35° — de 0° à 60°
Qualité courante sans marque . . . . La pièce 4.45 — 5.50
87 Éprouvettes à rainure pour alcoomètre contrôlé . . . . La pièce 1.70
88 Table de correction " " . . . . " 0.35

Alcoomètres selon Gay Lussac dits pèse essais (Pour usage domestique sans valeur dans le commerce)

		Lestés au plomb	Au mercure
89 En étui carton	Le cent	60. »	65. »
90 " ferblanc	"	60. »	65. »
91 " " avec pied	"	70. »	75. »

92 En étui ferblanc forme éprouvette et thermomètre à l'alcool . . . La pièce 2.80

Pèse-liqueurs selon Cartier étui ferblanc

		Plomb	Mercure
93 Modèle ordinaire avec cire	Le cent	35. »	42. »
94 Gros modèle " "	"	43. »	50

95 Pèse-sirops, pèse-acides, pèse-sels, pèse-lessives, au plomb . . . Le cent 50. »
96 Pèse-vins, pèse-vinaigres, pèse-laits, pèse-cidres " . . . . " 60. »
97 Pèse-bières, pèse-moûts . . . . " . . . . " 60. »
98 Lacto-densimètre de Quévenne . . . . " . . . . " 100. »
99 Densimètres plus légers ou plus lourds . . . . " . . . . " 120. »

100 **Vinomètres** avec éprouvettes . . . . La pièce 4.50
Vu la fragilité des articles N°s 84 à 100 dont l'emballage est toujours très minutieusement fait, nous n'acceptons aucune responsabilité et n'enregistrons aucune réclamation.

Allonges de bouchers

	Nombre de trous	2	3	4	5
101 Étamées fil croisé ordinaire N° 22 jauge de Paris	Le cent	9.50	12.50	15.50	19. »
102 " " " renforcé N° 24 "	"	11.50	16. »	19. »	23. »
Les " mêmes " fil rapproché	En plus par cent	4. »	4. »	4. »	4. »
103 Étamées fil croisé ordinaire N° 22 à 2 crochets pour moutons	Le %	14. »	18.75	»	»
104 " " " renforcé N° 24 " " "	"	18.75	21. »	»	»
105 " " " ordinaire N° 22 double crochet à C	"	14. »	18.75	»	»
106 " " " renforcé N° 24 " " à C	"	18.75	21. »	»	»
107 " " " ordinaire N° 22 " " à S	"	14. »	18.75	»	»
108 " " " renforcé N° 24 " " à S	"	18.75	21. »	»	»

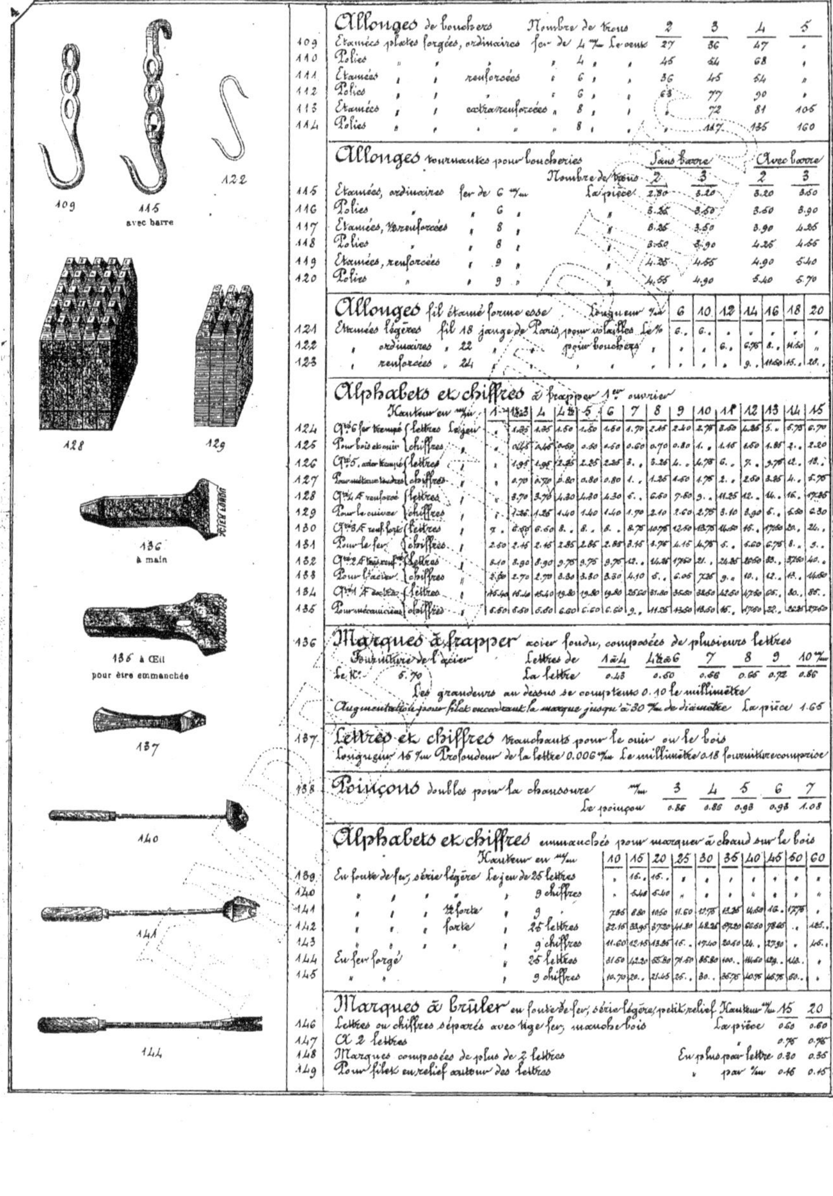

Allonges de bouchers

N°	Désignation	Fer de		Nombre de trous 2	3	4	5
109	Étamées plates forgées, ordinaires	4 m/m	Le cent	27	36	47	"
110	Polies " " "	4 "	"	45	54	68	"
111	Étamées " " renforcées	6 "	"	36	45	54	"
112	Polies " " "	6 "	"	63	77	90	"
113	Étamées " " extra renforcées	8 "	"	"	72	81	105
114	Polies " " " "	8 "	"	"	117	135	160

Allonges tournantes pour boucheries

N°	Désignation	Fer de	Nombre de trous	Sans barre 2	Sans barre 3	Avec barre 2	Avec barre 3
115	Étamées, ordinaires	6 m/m	La pièce	2.80	3.20	3.20	3.50
116	Polies "	6 "	"	3.25	3.50	3.50	3.90
117	Étamées, ½ renforcées	8 "	"	3.25	3.50	3.90	4.25
118	Polies "	8 "	"	3.50	3.90	4.25	4.55
119	Étamées, renforcées	9 "	"	4.25	4.55	4.90	5.40
120	Polies "	9 "	"	4.55	4.90	5.40	5.70

Allonges fil étamé forme esse

N°	Désignation	Longueur %	6	10	12	14	16	18	20
121	Étamées légères fil 18 jauge de Paris, pour volailles	Le %	6.	6.	"	"	"	"	"
122	" ordinaires " 22 " " pour bouchers	"	"	"	6.	6.75	8.	11.50	"
123	" renforcées " 24 " " "	"	"	"	"	9.	11.50	15.	20.

Alphabets et chiffres à frapper 1er ouvrier

N°	Désignation		Hauteur en m/m	1 ½	1½-3	4	4½	5	6	7	8	9	10	11	12	13	14	15
124	Gᵉˢ 6 fer trempé	lettres	Le jeu	"	1.25	1.25	1.50	1.50	1.60	1.70	2.15	2.40	2.75	3.50	4.25	5.	5.75	6.70
125	Pour bois et cuir	chiffres	"	"	0.45	0.46	0.50	0.50	0.50	0.60	0.70	0.80	1.	1.15	1.50	1.85	2.	2.20
126	Gᵉˢ 5 acier trempé	lettres	"	"	1.95	1.95	2.25	2.25	2.25	3.	3.25	4.	4.75	6.	7.	9.75	12.	13.
127	Pour métaux tendres	chiffres	"	"	0.70	0.70	0.80	0.80	0.80	1.	1.25	1.50	1.75	2.	2.50	3.25	4.	5.75
128	Gᵉˢ 4 A renforcé	lettres	"	"	3.70	3.70	4.30	4.30	4.30	6.	6.50	7.50	9.	11.25	12.	14.	16.	17.25
129	Pour le cuivre	chiffres	"	"	1.25	1.25	1.40	1.40	1.40	1.70	2.10	2.60	2.75	3.10	3.90	5.	5.50	6.30
130	Gᵉˢ 3 A renf. forte	lettres	"	7.	6.50	6.50	8.	8.	8.	8.75	10.75	12.50	13.75	14.50	16.	17.50	20.	24.
131	Pour le fer	chiffres	"	2.50	2.45	2.45	2.85	2.85	2.85	3.15	3.75	4.15	4.75	5.	5.60	6.75	8.	9.
132	Gᵉˢ 2 A très renf.	lettres	"	8.10	8.90	8.90	9.75	9.75	9.75	12.	14.25	17.50	21.	24.25	28.50	33.	37.50	40.
133	Pour l'acier	chiffres	"	2.50	2.70	2.70	3.30	3.30	3.30	4.10	5.	6.05	7.25	9.	10.	12.	13.	14.50
134	Gᵉˢ 1 A extra	lettres	"	15.40	15.40	15.40	19.80	19.80	19.80	25.60	31.80	35.50	38.50	42.50	47.50	65.	80.	85.
135	Pour mécaniciens	chiffres	"	5.50	5.50	5.50	6.60	6.60	6.60	9.	11.25	13.50	15.50	15.	17.50	22.	22.25	27.50

Marques à frapper acier fondu, composées de plusieurs lettres

136 Fourniture de l'acier Le K°. 5.70

Lettres de	1 à 4	4½ à 6	7	8	9	10 m/m
La lettre	0.43	0.50	0.56	0.65	0.72	0.86

Les grandeurs au dessus se comptent 0.10 le millimètre

Augmentation pour filet encadrant la marque jusqu'à 30 m/m de diamètre La pièce 1.65

Lettres et chiffres tranchants pour le cuir ou le bois

137 Longueur 15 m/m Profondeur de la lettre 0.006 m/m Le millimètre 0.18 fourniture comprise

Poinçons doubles pour la chaussure

138	m/m	3	4	5	6	7
	Le poinçon	0.86	0.86	0.93	0.93	1.08

Alphabets et chiffres emmanchés pour marquer à chaud sur le bois

N°	Désignation		Hauteur en m/m	10	15	20	25	30	35	40	45	50	60
139	En fonte de fer, série légère	Le jeu de	25 lettres	"	16.	16.	"	"	"	"	"	"	"
140	" " " "	"	9 chiffres	"	5.40	5.40	"	"	"	"	"	"	"
141	" " " ½ forte	"	9 "	7.85	8.80	10.50	11.60	12.75	13.25	14.50	16.	17.75	"
142	" " " forte	"	25 lettres	22.15	33.95	37.20	41.80	48.25	57.20	66.60	78.65	"	125.
143	" " " "	"	9 chiffres	11.60	12.15	13.85	16.	17.40	20.50	24.	27.90	"	46.
144	En fer forgé	"	25 lettres	31.50	42.20	55.80	71.50	85.80	100.	114.50	129.	143.	"
145	" "	"	9 chiffres	10.70	20.	21.45	25.	30.	35.75	40.75	45.75	50.	"

Marques à brûler en fonte de fer, série légère, petit relief

N°	Désignation	Hauteur m/m	15	20
146	Lettres ou chiffres séparés avec tige fer, manche bois	La pièce	0.60	0.60
147	A 2 lettres	"	0.75	0.75
148	Marques composées de plus de 2 lettres	En plus par lettre	0.30	0.35
149	Pour filet en relief autour des lettres	" par m/m	0.15	0.15

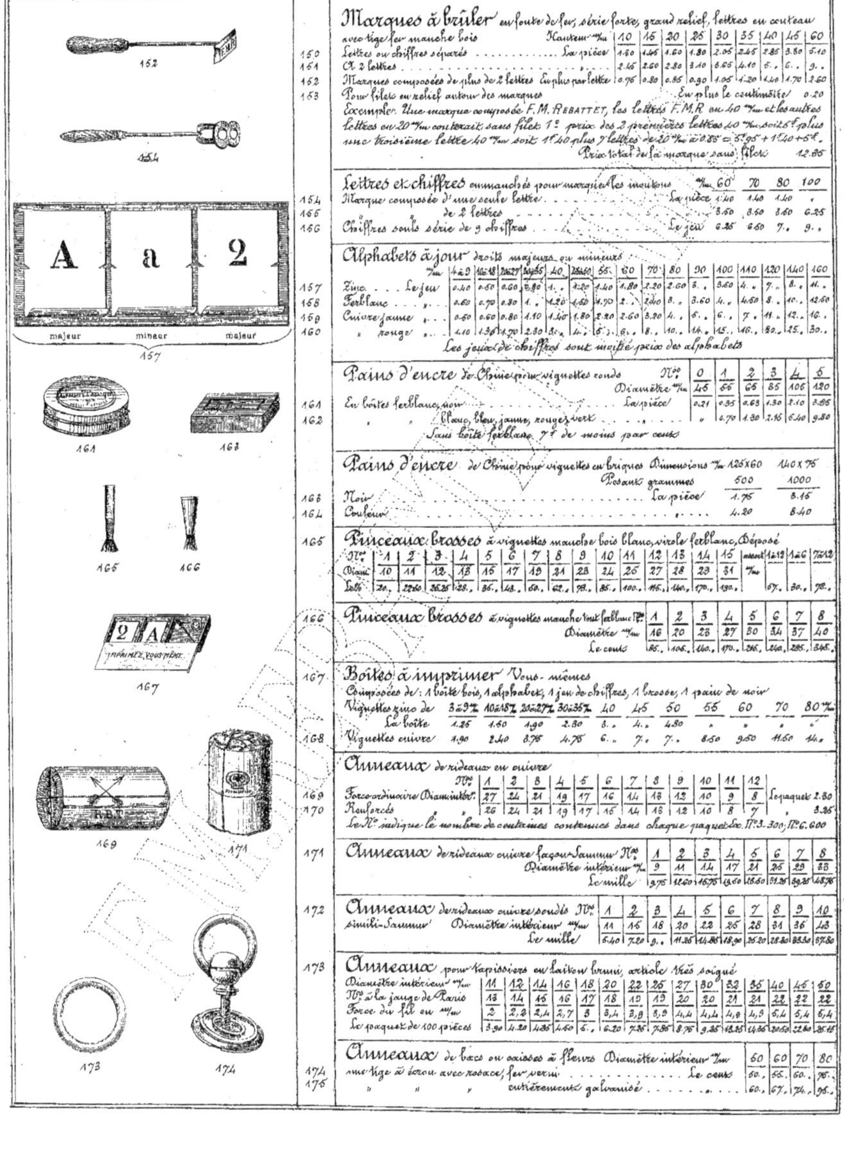

152 — 154 — 157 — 161 — 163 — 165 — 166 — 167 — 169 — 171 — 173 — 174

Marques à brûler en fonte de fer, série forte, grand relief, lettres en couteau avec tige fer manche bois

		Hauteur m/m	10	15	20	25	30	35	40	45	60
150	Lettres ou chiffres séparés	La pièce	1.50	1.45	1.60	1.80	2.05	2.45	2.85	3.80	5.10
151	A 2 lettres		2.15	2.60	2.80	3.10	3.65	4.10	5. .	6. .	9. .
152	Marques composées de plus de 2 lettres	En plus par lettre	0.75	0.80	0.85	0.90	1.05	1.20	1.40	1.70	2.60

153 Pour filets en relief autour des marques . . . . . En plus le centimètre 0.20

Exemple. Une marque composée F.M. REBATTET, les lettres F.M.R en 40 m/m et les autres lettres en 20 m/m coûterait sans filet 1° prix des 2 premières lettres 40 m/m soit 5f plus une troisième lettre 40 m/m soit 1f40 plus 7 lettres de 20 m/m à 0.85 = 5f95 + 1f40 + 5f.

Prix total de la marque sans filet 12.35

Lettres et chiffres emmanchés pour marquer les moutons

			m/m 60	70	80	100
154	Marque composée d'une seule lettre	La pièce	1.40	1.40	1.40	»
155	" " de 2 lettres		3.50	3.50	3.50	6.25
156	Chiffres seuls série de 9 chiffres	Le jeu	6.25	6.50	7. .	9. .

Alphabets à jour droits majeurs ou mineurs

		m/m	4à9	10à18	20à27	30à35	40	45à50	55	60	70	80	90	100	110	120	140	160
157	Zinc . . .	Le jeu	0.40	0.50	0.60	0.80	1. .	1.20	1.40	1.80	2.20	2.60	3. .	3.60	4. .	7. .	8. .	11. .
158	Ferblanc . . .	"	0.60	0.70	0.80	1. .	1.20	1.50	1.70	2. .	2.40	3. .	3.60	4. .	4.50	8. .	10. .	12.50
159	Cuivre jaune	"	0.50	0.60	0.80	1.10	1.40	1.80	2.20	2.60	3.20	4. .	5. .	6. .	7. .	11. .	12. .	16. .
160	" rouge	"	1.10	1.36	1.70	2.30	3. .	4. .	5. .	6. .	8. .	10. .	14. .	15. .	16. .	20. .	25. .	30. .

Les jeux de chiffres sont moitié prix des alphabets

Pains d'encre de Chine pour vignettes ronds

		Nos	0	1	2	3	4	5
		Diamètre m/m	45	55	65	85	105	120
161	En boîtes ferblanc, noir	La pièce	0.21	0.35	0.63	1.30	2.10	3.85
162	" " blanc, bleu, jaune, rouge, vert		»	0.70	1.30	2.15	5.40	9.80

Sans boîte ferblanc 7f de moins par cents

Pains d'encre de Chine pour vignettes en briques

		Dimensions m/m	125X60	140X75
		Pesant grammes	500	1000
163	Noir	La pièce	1.75	3.15
164	Couleur		4.20	8.40

165 **Pinceaux brosses** à vignettes manche bois blanc, virole ferblanc, Déposé

Nos	1	2	3	4	5	6	7	8	9	10	11	12	13	14	15	assort.	1à12	1à6	7à12
Diam.	10	11	12	13	15	17	19	21	23	24	26	27	28	29	31	m/m			
Lots	20. .	22.60	26.25	28. .	36. .	48. .	60. .	62. .	73. .	85. .	100. .	115. .	140. .	170. .	190. .		67. .	30. .	78. .

166 **Pinceaux brosses** à vignettes manche tout ferblanc

Nos	1	2	3	4	5	6	7	8
Diamètre m/m	16	20	23	27	30	34	37	40
Le cents	85. .	106. .	140. .	170. .	215. .	240. .	285. .	345. .

167 **Boîtes à imprimer** Vous-mêmes

Composées de : 1 boîte bois, 1 alphabet, 1 jeu de chiffres, 1 brosse, 1 pain de noir

		Vignettes zinc de	3à9m/m	10à18m/m	20à27m/m	30à35m/m	40	45	50	55	60	70	80m/m
167		La boîte	1.25	1.50	1.90	2.30	3. .	4. .	4.80	»	»	»	»
168	Vignettes cuivre		1.90	2.40	3.75	4.75	6. .	7. .	7. .	8.50	9.50	11.50	14. .

Anneaux de rideaux en cuivre

		Nos	1	2	3	4	5	6	7	8	9	10	11	12	
169	Force ordinaire	Diam. intér.	27	24	21	19	17	16	14	13	12	10	9	8	Le paquet 2.30
170	Renforcés	"	26	24	21	19	17	15	14	13	12	10	8	7	" 3.25

Le No indique le nombre de centaines contenues dans chaque paquet. Ex. No 3-300 ; No 6.600

171 **Anneaux** de rideaux cuivre façon Saumur

Nos	1	2	3	4	5	6	7	8
Diamètre intérieur m/m	9	11	14	17	21	25	29	33
Le mille	9.75	12.60	16.75	19.60	25.50	31.25	39.25	48.75

172 **Anneaux** de rideaux cuivre soudés simili-Saumur

Nos	1	2	3	4	5	6	7	8	9	10
Diamètre intérieur m/m	11	15	18	20	22	25	28	31	36	43
Le mille	5.40	7.20	9. .	11.25	14.85	18.90	25.20	28.80	33.30	57.80

173 **Anneaux** pour tapissiers en laiton bruni, article très soigné

Diamètre intérieur m/m	11	12	14	16	18	20	22	25	27	30	32	35	40	45	50
Nos à la jauge de Paris	13	14	15	16	17	18	19	19	20	20	21	21	22	22	22
Force du fil en m/m	2	2,2	2,4	2,7	3	3,4	3,9	3,9	4,4	4,4	4,9	4,9	5,4	5,4	5,4
Le paquet de 100 pièces	3.90	4.20	4.35	4.60	5. .	6.20	7.25	7.85	8.75	9.25	13.25	14.35	20.50	22.80	25.45

Anneaux de bacs ou caisses à fleurs

			Diamètre intérieur m/m	50	60	70	80
174	sur tige à écrou avec rosace, fer verni		Le cents	50. .	55. .	60. .	75. .
175	" " "	entièrement galvanisé		60. .	67. .	74. .	95. .

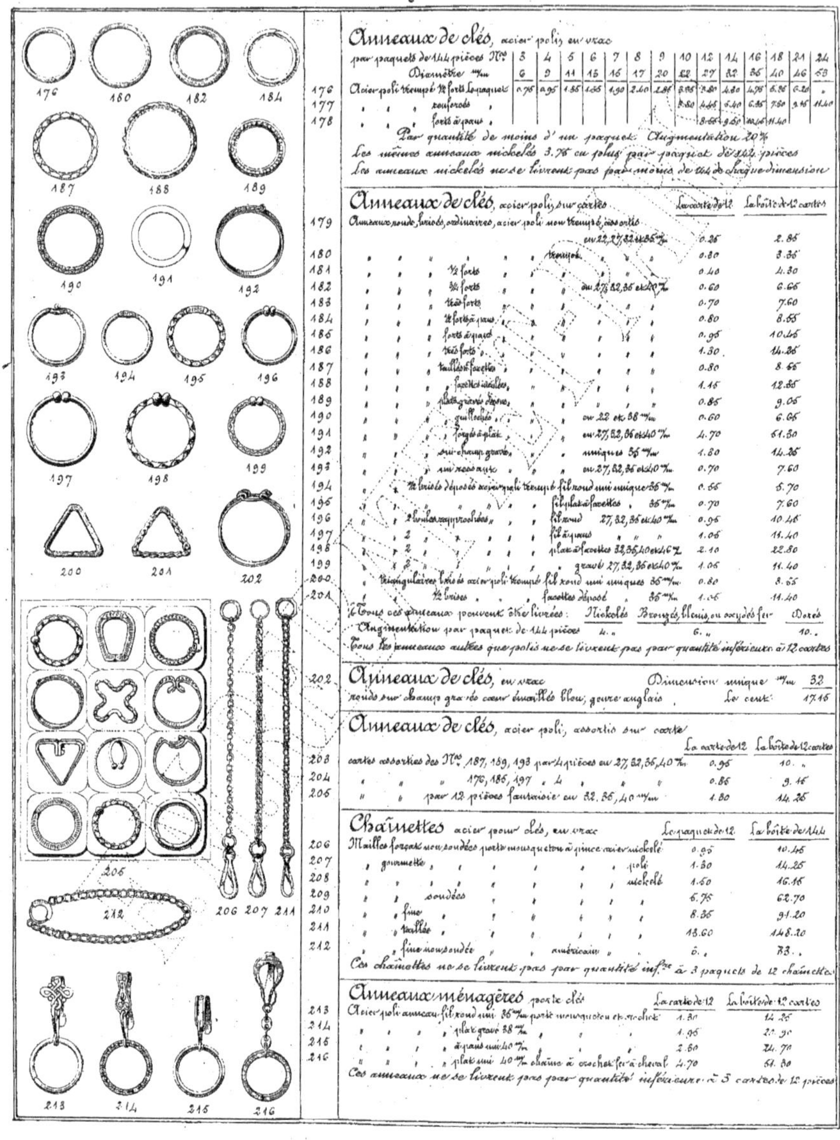

Anneaux de clés, acier poli, en vrac

	par paquets de 144 pièces Nos	3	4	5	6	7	8	9	10	12	14	16	18	21	24
	Diamètre m/m	6	9	11	15	16	17	20	22	27	32	35	40	46	53
176	Acier poli trempé ½ forts Le paquet	0.75	0.95	1.35	1.55	1.90	2.40	2.85	3.05	3.80	4.30	4.75	5.35	6.20	„
177	„ „ „ renforcés „								3.80	4.45	5.40	6.35	7.60	9.45	11.40
178	„ „ „ forts à pans „									8.55	9.50	10.45	11.40		

Par quantité de moins d'un paquet : Augmentation 20 %
Les mêmes anneaux nickelés 3.75 en plus par paquet de 144 pièces
Les anneaux nickelés ne se livrent pas par moins de 144 de chaque dimension

Anneaux de clés, acier poli, sur cartes

		La carte de 12	La boîte de 12 cartes
179	Anneaux ronds, brisés, ordinaires, acier poli non trempé, assortis en 22, 27, 32 et 35 m/m	0.25	2.85
180	„ „ „ „ „ „ trempé „ „ „	0.30	3.35
181	„ „ „ ½ forts „ „ „ „ „ „	0.40	4.30
182	„ „ „ ¾ forts „ „ „ en 27, 32, 35 et 40 m/m	0.60	6.65
183	„ „ „ très forts „ „ „ „ „ „	0.70	7.60
184	„ „ „ ½ forts à pans „ „ „ „ „ „	0.80	8.55
185	„ „ „ forts à pans „ „ „ „ „ „	0.95	10.45
186	„ „ „ très forts „ „ „ „ „ „	1.30	14.25
187	„ „ „ taillés à facettes „ „ „ „ „ „	0.80	8.55
188	„ „ „ facettes inégales „ „ „ „ „	1.15	12.35
189	„ „ „ plats gravés déposé „ „ „ „ „	0.85	9.05
190	„ „ „ guillochés „ „ „ en 22 et 38 m/m	0.60	6.65
191	„ „ „ forgés à plat „ „ „ en 27, 32, 36 et 40 m/m	4.70	51.30
192	„ „ „ sur champ gravés „ „ uniques 35 m/m	1.30	14.25
193	„ „ „ unis ressauts „ „ „ en 27, 32, 35 et 40 m/m	0.70	7.60
194	„ „ ½ brisés déposés acier poli trempé fil rond uni unique 35 m/m	0.55	5.70
195	„ „ „ „ „ „ „ fil plat à facettes „ 35 m/m	0.70	7.60
196	„ „ 2 boules rapprochées „ „ „ fil rond 27, 32, 35 et 40 m/m	0.95	10.45
197	„ „ 2 „ „ „ „ „ fil à pans „ „ „	1.05	11.40
198	„ „ 2 „ „ „ „ „ plat à facettes 32, 35, 40 et 46 m/m	2.10	22.80
199	„ „ 2 „ „ „ „ „ „ gravé 27, 32, 35 et 40 m/m	1.05	11.40
200	„ triangulaires brisés acier poli trempé fil rond uni uniques 35 m/m	0.80	8.55
201	„ „ ½ brisés „ „ „ facettes déposé „ 35 m/m	1.05	11.40

Tous ces anneaux peuvent être livrées :	Nickelés	Bronzés, bleuis, ou oxydés fer	Dorés
Augmentation par paquet de 144 pièces	4. „	6. „	10. „

Tous les anneaux autres que polis ne se livrent pas par quantité inférieure à 12 cartes

202 Anneaux de clés, en vrac

Dimension unique m/m 32
ronds sur champs gravés cœur émaillés bleu ; genre anglais . Le cent 17.15

Anneaux de clés, acier poli, assortis sur carte

		La carte de 12	La boîte de 12 cartes
203	cartes assorties des Nos 187, 189, 193 par 4 pièces en 27, 32, 35, 40 m/m	0.95	10. „
204	„ „ „ 176, 185, 197 „ 4 „ „ „	0.85	9.15
205	„ „ par 12 pièces fantaisie en 32, 35, 40 m/m	1.30	14.25

Chaînettes acier pour clés, en vrac

		Le paquet de 12	La boîte de 144
206	Mailles forçat non soudées porte mousqueton à pince acier nickelé	0.95	10.45
207	„ gourmette „ „ „ „ „ poli	1.30	14.25
208	„ „ „ „ „ „ „ nickelé	1.50	16.15
209	„ „ soudées „ „ „ „ „	5.75	62.70
210	„ „ fine „ „ „ „ „ „	8.35	91.20
211	„ „ taillée „ „ „ „ „ „	13.60	148.20
212	„ „ fine non soudée „ „ américain „ „	5. „	83. „

Ces chaînettes ne se livrent pas par quantité infre à 3 paquets de 12 chaînettes

Anneaux ménagères porte clés

		La carte de 12	La boîte de 12 cartes
213	Acier poli anneau fil rond uni 35 m/m porte mousqueton et crochet	1.30	14.25
214	„ „ „ „ plat gravé 38 m/m „ „ „	1.95	20.90
215	„ „ „ „ à pans uni 40 m/m „ „ „	2.60	24.70
216	„ „ „ „ plat uni 40 m/m chaîne à crochet fer à cheval	4.70	51.30

Ces anneaux ne se livrent pas par quantité inférieure à 3 cartes de 12 pièces

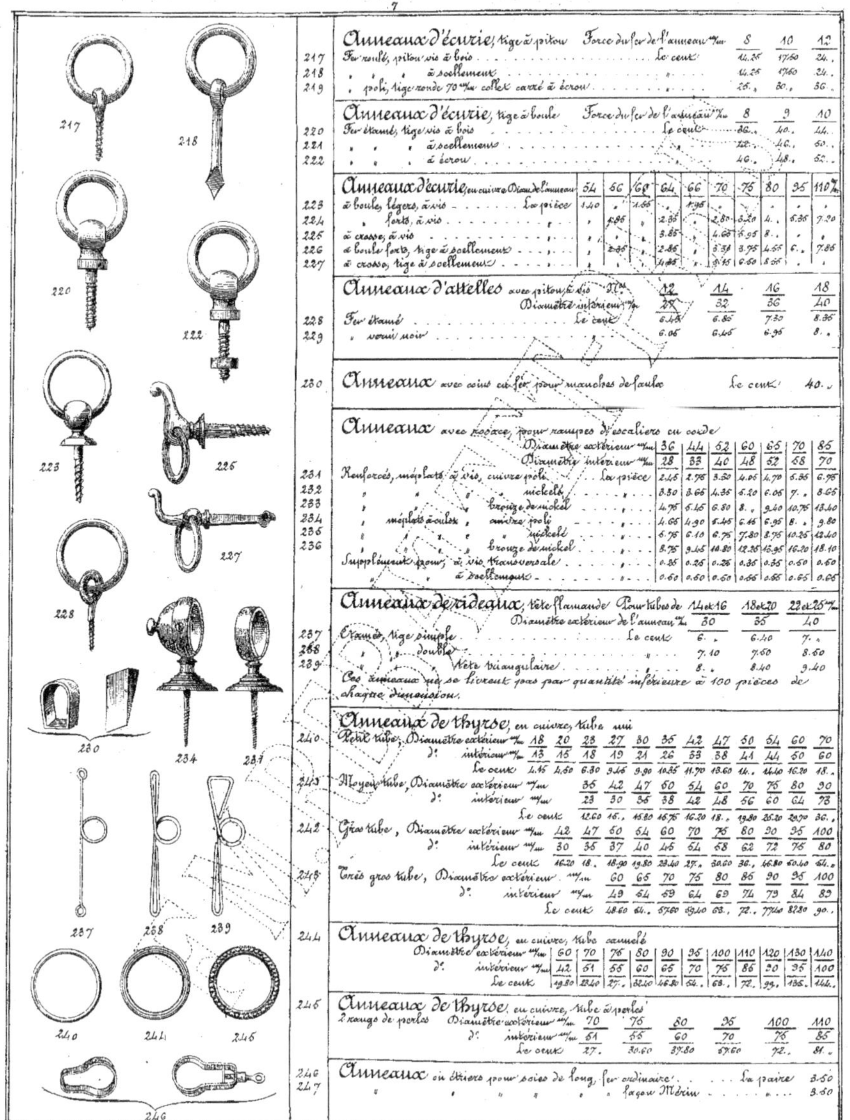

217 à 247

Anneaux d'écurie, tige à piton

		Force du fer de l'anneau m/m	8	10	12
217	Fer rond, piton vis à bois	Le cent	14.25	17.50	24.
218	» » à scellement	»	14.25	17.50	24.
219	» poli, tige ronde 70 m/m collet carré à écrou	»	26.	30.	36.

Anneaux d'écurie, tige à boule

		Force du fer de l'anneau m/m	8	9	10
220	Fer étamé, tige vis à bois	Le cent	36.	40.	44.
221	» » » à scellement	»	42.	46.	50.
222	» » » à écrou	»	46.	48.	52.

Anneaux d'écurie, en cuivre

	Diam. de l'anneau		54	56	60	64	66	70	75	80	95	110 m/m
223	à boule, légers, à vis	La pièce	1.40	.	1.65	.	1.95	.	.	.	.	.
224	» forts, à vis	»	.	1.85	.	2.35	.	2.80	3.20	4.	5.35	7.20
225	à crosse, à vis	»	.	.	.	3.85	.	4.65	5.95	8.	.	.
226	à boule forts, tige à scellement	»	.	2.35	.	2.85	.	3.35	3.75	4.55	6.	7.85
227	à crosse, tige à scellement	»	.	.	.	4.85	.	5.45	6.50	8.55	.	.

Anneaux d'attelles avec piton, à vis

		N.os	12	14	16	18
		Diamètre intérieur m/m	28	32	36	40
228	Fer étamé	Le cent	6.45	6.85	7.30	8.35
229	» verni noir		6.05	6.45	6.95	8.

230 **Anneaux** avec coins en fer pour manches de faulx . . . . Le cent 40.

Anneaux avec rosace, pour rampes d'escaliers en corde

			36	44	52	60	65	70	85
		Diamètre extérieur m/m	36	44	52	60	65	70	85
		Diamètre intérieur m/m	28	33	40	48	52	58	70
231	Renforcés, méplats à vis, cuivre poli	La pièce	2.45	2.75	3.30	4.05	4.70	5.35	6.95
232	» » » nickelé	»	3.30	3.65	4.35	5.20	6.05	7.	8.65
233	» » » bronze de nickel	»	4.75	5.45	6.80	8.	9.40	10.75	13.40
234	» méplats à queue, cuivre poli	»	4.65	4.90	5.45	6.45	6.95	8.	9.80
235	» » » nickelé	»	5.75	6.10	6.75	7.80	8.75	10.25	12.40
236	» » » bronze de nickel	»	8.75	9.45	10.80	12.25	15.95	16.20	18.10
	Supplément pour, à vis transversale	»	0.25	0.25	0.25	0.35	0.35	0.50	0.50
	» » à scellement	»	0.60	0.60	0.60	0.65	0.65	0.65	0.65

Anneaux de rideaux, tête flamande

		Pour tubes de	14 et 16	18 et 20	22 et 25 m/m
		Diamètre extérieur de l'anneau m/m	30	35	40
237	Étamés, tige simple	Le cent	6.	6.40	7.
238	» » double	»	7.10	7.50	8.50
239	» » tête triangulaire	»	8.	8.40	9.40

Ces anneaux ne se livrent pas par quantité inférieure à 100 pièces de chaque dimension.

Anneaux de thyrse, en cuivre, tube uni

240	Petit tube, Diamètre extérieur m/m	18	20	23	27	30	35	42	47	50	54	60	70
	d° intérieur m/m	13	15	18	19	21	26	33	38	41	44	50	60
	Le cent	4.15	4.50	6.30	9.15	9.90	10.35	11.70	13.60	14.	14.40	16.20	18.
241	Moyen tube, Diamètre extérieur m/m			35	42	47	50	54	60	70	75	80	90
	d° intérieur m/m			23	30	35	38	42	48	56	60	64	73
	Le cent			12.60	15.	15.30	16.75	16.20	18.	19.80	25.20	29.70	36.
242	Gros tube, Diamètre extérieur m/m		42	47	50	54	60	70	75	80	90	95	100
	d° intérieur m/m		30	35	37	40	45	54	58	62	72	75	80
	Le cent		16.20	18.	18.90	19.80	23.40	27.	30.60	36.	46.80	50.40	54.
243	Très gros tube, Diamètre extérieur m/m				60	65	70	75	80	85	90	95	100
	d° intérieur m/m				49	54	59	64	69	74	79	84	89
	Le cent				48.60	54.	57.60	59.40	63.	72.	77.40	82.80	90.

Anneaux de thyrse, en cuivre, tube cannelé

244	Diamètre extérieur m/m	60	70	75	80	90	95	100	110	120	130	140
	d° intérieur m/m	42	51	55	60	65	70	75	85	90	95	100
	Le cent	19.80	23.40	27.	32.40	46.80	54.	63.	72.	99.	135.	144.

Anneaux de thyrse, en cuivre, tube à perles

245	2 rangs de perles, Diamètre extérieur m/m	70	75	80	95	100	110
	d° intérieur m/m	51	55	60	70	75	85
	Le cent	27.	30.60	37.80	57.60	72.	81.

246 **Anneaux** en étriers pour scies de long, fer ordinaire . . . . La paire 3.50
247 » » » » » façon Mérin . . . . . » 3.50

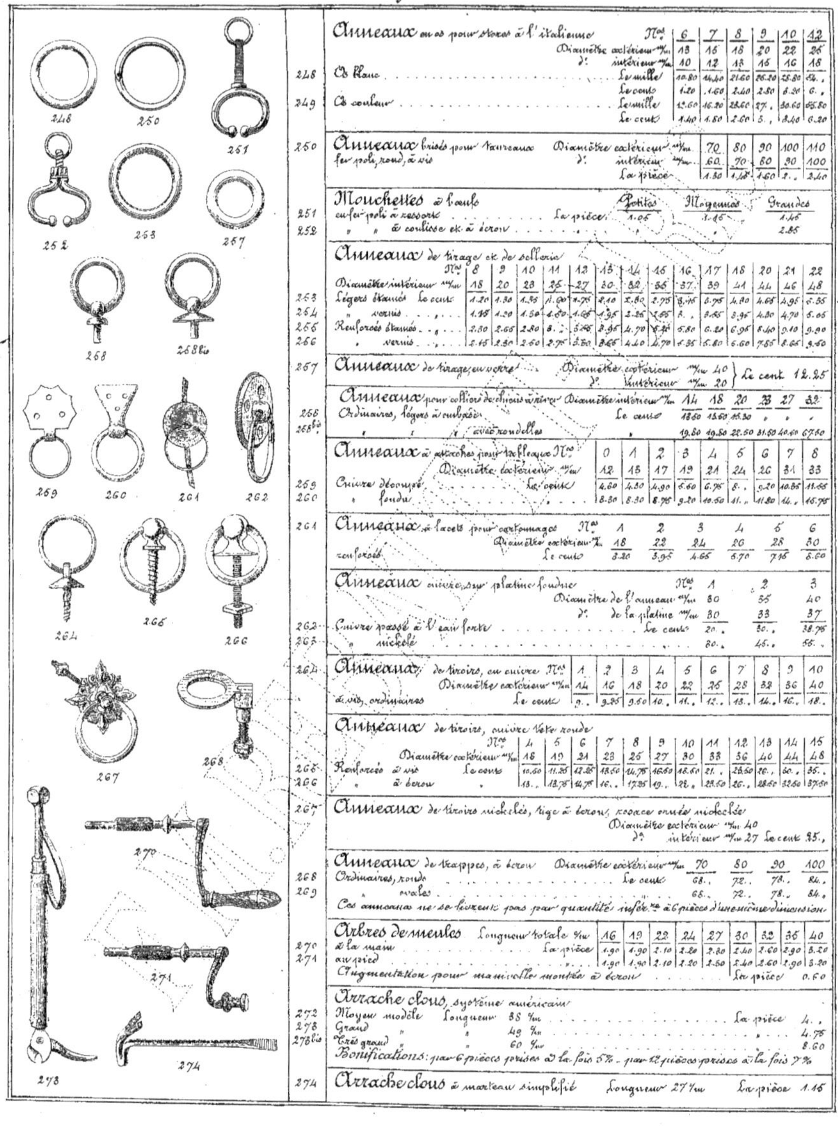

Anneaux en os pour stores à l'italienne

		Nos	6	7	8	9	10	12
		Diamètre extérieur m/m	13	16	18	20	22	25
		d° intérieur m/m	10	12	13	15	16	18
248	Os blanc	Le mille	10.80	14.40	21.60	26.20	28.80	54. „
		Le cent	1.20	1.60	2.40	2.80	3.20	6. „
249	Os couleur	Le mille	12.60	16.20	23.60	27. „	30.60	55.80
		Le cent	1.40	1.80	2.60	3. „	3.40	6.20

Anneaux brisés pour taureaux, fer poli, rond, à vis

250	Diamètre extérieur m/m	70	80	90	100	110
	d° intérieur m/m	60	70	80	90	100
	La pièce	1.30	1.45	1.60	2. „	2.40

Mouchettes à boule

			Petites	Moyennes	Grandes
251	en fer poli à ressort	La pièce	1.05	1.15	1.45
252	„ „ à coulisse et à écrou		„	„	2.85

Anneaux de tirage et de sellerie

		Nos	8	9	10	11	12	13	14	15	16	17	18	20	21	22
		Diamètre intérieur m/m	18	20	23	25	27	30	32	35	37	39	41	44	46	48
253	Légers étamés	Le cent	1.20	1.30	1.35	1.60	1.75	2.10	2.50	2.75	3.15	3.75	4.30	4.65	4.95	5.35
254	„ vernis		1.15	1.20	1.50	1.60	1.65	1.95	2.25	2.65	3. „	3.55	3.95	4.30	4.70	5.05
255	Renforcés étamés	„	2.30	2.55	2.80	3. „	3.45	3.95	4.70	5.40	5.80	6.20	6.95	8.40	9.10	9.90
256	„ vernis	„	2.15	2.30	2.50	2.75	3.30	3.65	4.40	4.70	5.35	5.80	6.60	7.55	8.65	9.50

257 **Anneaux** de tirage, en verre — Diamètre extérieur m/m 40, d° intérieur m/m 20 } Le cent 12.25

Anneaux pour colliers de chiens à vis

		Diamètre intérieur m/m	14	18	20	23	27	32
258	Ordinaires, légers à embases	Le cent	13.50	13.50	15.30	„	„	„
258 bis	„ „ „ avec rondelles	„	19.80	19.80	22.50	31.50	40.50	67.50

Anneaux à attaches pour tableaux

		Nos	0	1	2	3	4	5	6	7	8
		Diamètre extérieur m/m	12	15	17	19	21	24	26	31	33
259	Cuivre découpé	Le cent	4.60	4.50	4.90	5.60	6.75	8. „	9.20	10.85	11.55
260	„ fondu		8.30	8.30	8.75	9.20	10.50	11. „	11.80	14. „	15.75

Anneaux à lacets pour cartonnages

		Nos	1	2	3	4	5	6
261		Diamètre extérieur m/m	18	22	24	26	28	30
	renforcés	Le cent	3.20	3.95	4.65	5.70	7.15	8.60

Anneaux cuivre, sur platine fondue

		Nos	1	2	3
		Diamètre de l'anneau m/m	30	35	40
		d° de la platine m/m	30	33	37
262	Cuivre passé à l'eau forte	Le cent	20. „	30. „	38.75
263	„ nickelé		30. „	45. „	55. „

Anneaux de tiroirs, en cuivre

		Nos	1	2	3	4	5	6	7	8	9	10
264		Diamètre extérieur m/m	14	16	18	20	22	25	28	32	36	40
	à vis, ordinaires	Le cent	9. „	9.25	9.50	10. „	11. „	12. „	13. „	14. „	16. „	18. „

Anneaux de tiroirs, cuivre tête ronde

		Nos	4	5	6	7	8	9	10	11	12	13	14	15
		Diamètre extérieur m/m	16	19	21	23	25	27	30	33	36	40	44	48
265	Renforcés à vis	Le cent	10.50	11.25	12.25	13.50	14.75	16.50	18.50	21. „	23.50	26. „	30. „	35. „
266	„ à écrou	„	13. „	13.75	14.75	16. „	17.25	19. „	22. „	23.50	26. „	28.50	32.50	37.50

267 **Anneaux** de tiroirs nickelés, tige à écrou, rosace ornée nickelée — Diamètre extérieur m/m 40, d° intérieur m/m 27 — Le cent 25. „

Anneaux de trappes, à écrou

		Diamètre extérieur m/m	70	80	90	100
268	Ordinaires, ronds	Le cent	68. „	72. „	78. „	84. „
269	„ ovales	„	68. „	72. „	78. „	84. „

Ces anneaux ne se livrent pas par quantité infér.re à 6 pièces d'une même dimension.

Arbres de meules

		Longueur totale c/m	16	19	22	24	27	30	32	35	40
270	à la main	La pièce	1.90	1.90	2.10	2.20	2.30	2.40	2.60	2.90	3.20
271	au pied	„	1.90	1.90	2.10	2.20	2.50	2.40	2.60	2.90	3.20

Augmentation pour manivelle montée à écrou . . . . . . La pièce 0.60

Arrache clous, système américain

272	Moyen modèle	Longueur 33 c/m	La pièce	4. „
273	Grand „	„ 49 c/m	„	4.75
273 bis	Très grand „	„ 60 c/m		8.60

Bonifications : par 6 pièces prises à la fois 5 % – par 12 pièces prises à la fois 7 %

274 **Arrache clous** à marteau simplifié — Longueur 27 c/m — La pièce 1.15

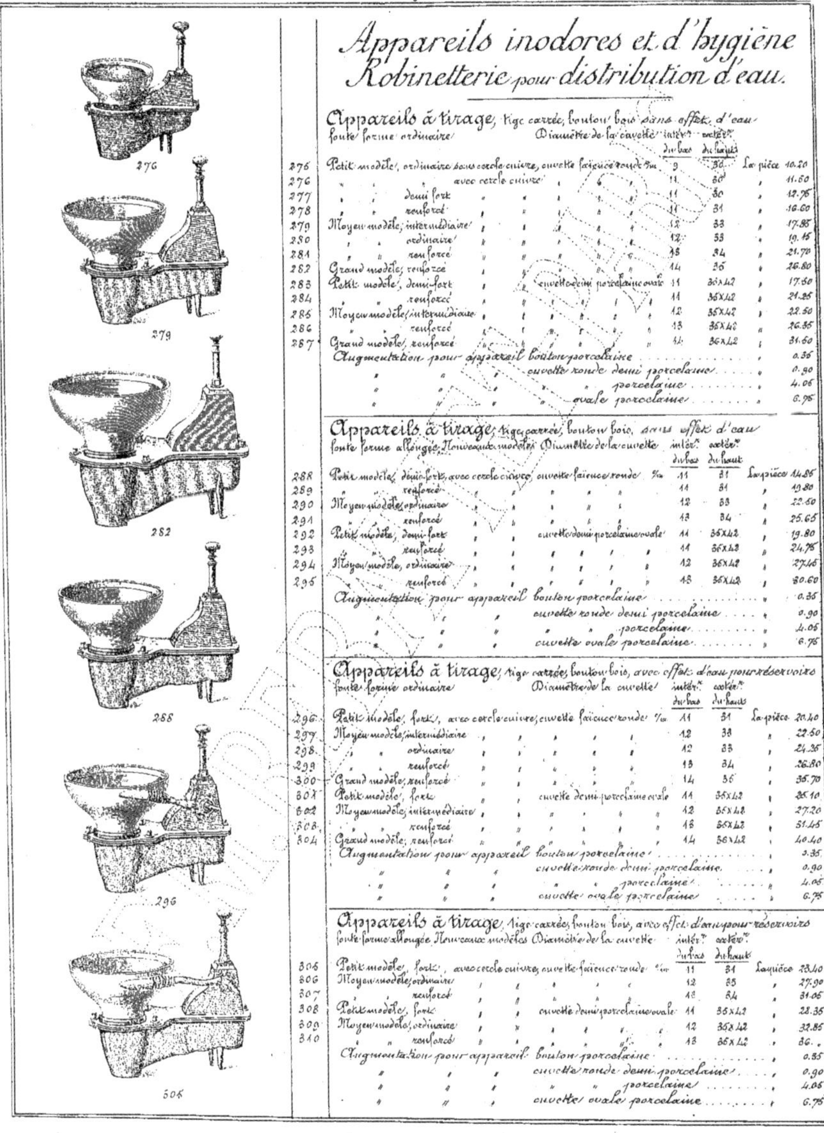

276 279 282 288 296 304

Appareils inodores et d'hygiène
Robinetterie pour distribution d'eau.

Appareils à tirage, tige carrée, bouton bois sans effet d'eau
fonte forme ordinaire

N°	Désignation	Cuvette	Diamètre de la cuvette intér.r du bas	extér.r du haut		Prix
276	Petit modèle, ordinaire sans cercle cuivre,	cuvette faïence ronde c/m	9	30	La pièce	10.20
276	" " avec cercle cuivre	" " "	11	30	"	11.60
277	" " demi fort	" " "	11	30	"	12.75
278	" " renforcé	" " "	11	31	"	16.60
279	Moyen modèle, intermédiaire	" " "	12	33	"	17.85
280	" " ordinaire	" " "	12	33	"	19.15
281	" " renforcé	" " "	13	34	"	21.70
282	Grand modèle, renforcé	" " "	14	35	"	26.80
283	Petit modèle, demi-fort	cuvette demi porcelaine ovale	11	36×42	"	17.50
284	" " renforcé	" " "	11	35×42	"	21.25
285	Moyen modèle, intermédiaire	" " "	12	35×42	"	22.50
286	" " renforcé	" " "	13	35×42	"	26.35
287	Grand modèle, renforcé	" " "	14	36×42	"	31.60
	Augmentation pour appareil	bouton porcelaine			"	0.35
	" " "	cuvette ronde demi porcelaine			"	0.90
	" " "	" " porcelaine			"	4.06
	" " "	" ovale porcelaine			"	6.75

Appareils à tirage, tige carrée, bouton bois, sans effet d'eau
fonte forme allongée, Nouveaux modèles

N°	Désignation	Cuvette	Diamètre de la cuvette intér.r du bas	extér.r du haut		Prix
288	Petit modèle, demi-fort, avec cercle cuivre,	cuvette faïence ronde c/m	11	31	La pièce	14.85
289	" " renforcé	" " "	11	31	"	19.80
290	Moyen modèle, ordinaire	" " "	12	33	"	22.50
291	" " renforcé	" " "	13	34	"	25.65
292	Petit modèle, demi-fort	cuvette demi porcelaine ovale	11	35×42	"	19.80
293	" " renforcé	" " "	11	36×42	"	24.75
294	Moyen modèle, ordinaire	" " "	12	36×42	"	27.45
295	" " renforcé	" " "	13	36×42	"	30.60
	Augmentation pour appareil	bouton porcelaine			"	0.35
	" " "	cuvette ronde demi porcelaine			"	0.90
	" " "	" " porcelaine			"	4.05
	" " "	cuvette ovale porcelaine			"	6.75

Appareils à tirage, tige carrée, bouton bois, avec effet d'eau pour réservoirs
fonte forme ordinaire

N°	Désignation	Cuvette	Diamètre de la cuvette intér.r du bas	extér.r du haut		Prix
296	Petit modèle, fort, avec cercle cuivre,	cuvette faïence ronde c/m	11	31	La pièce	20.40
297	Moyen modèle, intermédiaire	" " "	12	33	"	22.50
298	" " ordinaire	" " "	12	33	"	24.35
299	" " renforcé	" " "	13	34	"	26.80
300	Grand modèle, renforcé	" " "	14	36	"	35.70
301	Petit modèle, fort	cuvette demi porcelaine ovale	11	35×42	"	25.10
302	Moyen modèle, intermédiaire	" " "	12	35×42	"	27.20
303	" " renforcé	" " "	13	35×42	"	31.45
304	Grand modèle, renforcé	" " "	14	36×42	"	40.40
	Augmentation pour appareil	bouton porcelaine			"	0.35
	" " "	cuvette ronde demi porcelaine			"	0.90
	" " "	" " porcelaine			"	4.05
	" " "	cuvette ovale porcelaine			"	6.75

Appareils à tirage, tige carrée, bouton bois, avec effet d'eau pour réservoirs
fonte forme allongée Nouveaux modèles

N°	Désignation	Cuvette	Diamètre de la cuvette intér.r du bas	extér.r du haut		Prix
305	Petit modèle, fort, avec cercle cuivre,	cuvette faïence ronde c/m	11	31	La pièce	23.40
306	Moyen modèle, ordinaire	" " "	12	33	"	27.90
307	" " renforcé	" " "	13	34	"	31.05
308	Petit modèle, fort	cuvette demi porcelaine ovale	11	35×42	"	28.35
309	Moyen modèle, ordinaire	" " "	12	35×42	"	32.85
310	" " renforcé	" " "	13	35×42	"	36. .
	Augmentation pour appareil	bouton porcelaine			"	0.35
	" " "	cuvette ronde demi porcelaine			"	0.90
	" " "	" " porcelaine			"	4.05
	" " "	cuvette ovale porcelaine			"	6.75

Appareils à tirage, tige carrée, bouton bois, avec effet d'eau pour réservoirs ou eaux forcées, robinet à débit réglable

N°	Désignation	Diamètre de la cuvette	intér.r du bas	extér.r du haut		Prix
311	Petit modèle, renforcé, cuvette faïence ronde	%m	11	31	La pièce	26.10
312	Moyen modèle, ordinaire 〃 〃 〃	〃	12	33	〃	29.35
313	Petit modèle, renforcé, cuvette demi porcelaine ovale	〃	11	35x42	〃	30.80
314	Moyen modèle, ordinaire 〃 〃 〃	〃	12	35x42	〃	34. 〃
	Augmentation pour appareils, fonte forme allongée nouveaux modèles				〃	2.25
	〃 〃 〃 bouton porcelaine				〃	0.35
	〃 〃 〃 cuvette ronde demi porcelaine				〃	0.90
	〃 〃 〃 〃 〃 porcelaine				〃	4.05
	〃 〃 〃 cuvette ovale porcelaine				〃	6.75

Appareils à tirage, à engrenage, système Havard, sans effet d'eau

N°	Désignation	Diamètre de la cuvette	intér.r du bas	extér.r du haut		Prix
315	Petit modèle cuvette faïence ronde	%m	13	34	La pièce	24.25
316	Moyen modèle fort 〃 〃 〃	〃	14	36	〃	31.05
317	Grand modèle 〃 〃 〃	〃	16	40	〃	44.65
	Augmentation pour appareils, fonte forme allongée, petit et moyen mod. fort				〃	3.60
	〃 〃 〃 bouton porcelaine				〃	0.65
	〃 〃 〃 cuvette ronde demi porcelaine				〃	0.90
	〃 〃 〃 〃 〃 porcelaine				〃	4.05
	〃 〃 〃 cuvette ovale demi porcelaine				〃	4.70
	〃 〃 〃 〃 〃 porcelaine				〃	11.05

Appareils à tirage, à engrenage, système Havard, avec effet d'eau pour réservoirs

N°	Désignation	Diamètre de la cuvette	intér.r du bas	extér.r du haut		Prix
318	Petit modèle cuvette faïence ronde	%m	13	34	La pièce	35.70
319	Moyen modèle fort 〃 〃 〃	〃	14	36	〃	42.10
320	Grand modèle 〃 〃 〃	〃	16	40	〃	57.40
	Augmentation pour appareils, fonte forme allongée, petit et moyen modèle fort				〃	3.60
	〃 〃 〃 bouton porcelaine				〃	0.35
	〃 〃 〃 cuvette ronde demi porcelaine				〃	0.90
	〃 〃 〃 〃 〃 porcelaine				〃	4.05
	〃 〃 〃 cuvette ovale demi porcelaine				〃	4.70
	〃 〃 〃 〃 〃 porcelaine				〃	11.05

Appareils à tirage, à engrenage, système Havard, avec effet d'eau pour eaux forcées

N°	Désignation	Diamètre de la cuvette	intér.r du bas	extér.r du haut		Prix
321	Petit modèle cuvette faïence ronde	%m	13	34	La pièce	39.60
322	Moyen modèle fort 〃 〃 〃	〃	14	36	〃	45.90
323	Grand modèle 〃 〃 〃	〃	16	40	〃	61.20
	Augmentation pour appareils, fonte forme allongée, petit et moyen modèle fort				〃	3.60
	〃 〃 〃 bouton porcelaine				〃	0.35
	〃 〃 〃 cuvette ronde demi porcelaine				〃	0.90
	〃 〃 〃 〃 〃 porcelaine				〃	4.05
	〃 〃 〃 cuvette ovale demi porcelaine				〃	4.90
	〃 〃 〃 〃 〃 porcelaine				〃	11.05

Appareils à tirage, à engrenage, système Havard, avec effet d'eau robinet à débit réglable pour réservoirs ou eaux forcées

N°	Désignation	Diamètre de la cuvette	intér.r du bas	extér.r du haut		Prix
324	Petit modèle cuvette faïence ronde	%m	13	34	La pièce	46.35
325	Moyen modèle fort 〃 〃 〃	〃	14	36	〃	53.10
326	Grand modèle 〃 〃 〃	〃	16	40	〃	69.30
	Augmentation pour appareils, fonte forme allongée, petit et moyen modèle fort				〃	3.60
	〃 〃 〃 bouton porcelaine				〃	0.35
	〃 〃 〃 cuvette ronde demi porcelaine				〃	0.90
	〃 〃 〃 〃 〃 porcelaine				〃	4.05
	〃 〃 〃 cuvette ovale demi porcelaine				〃	4.70
	〃 〃 〃 〃 〃 porcelaine				〃	11.05

327 **Appareils de water-closets** renforcés à tirage, modèle adopté par les Cies de chemins de fer et de navigation avec effet d'eau pour réservoirs, poignée cuivre, cuvette porcelaine ronde 12%m du bas pce 33.75

328 **Appareils de water closets** renforcés à tirage, modèle des chemins de fer français, avec effet d'eau pour réservoirs, bouton porcelaine, cuvette porcelaine ronde 13%m du bas La pièce 40.50

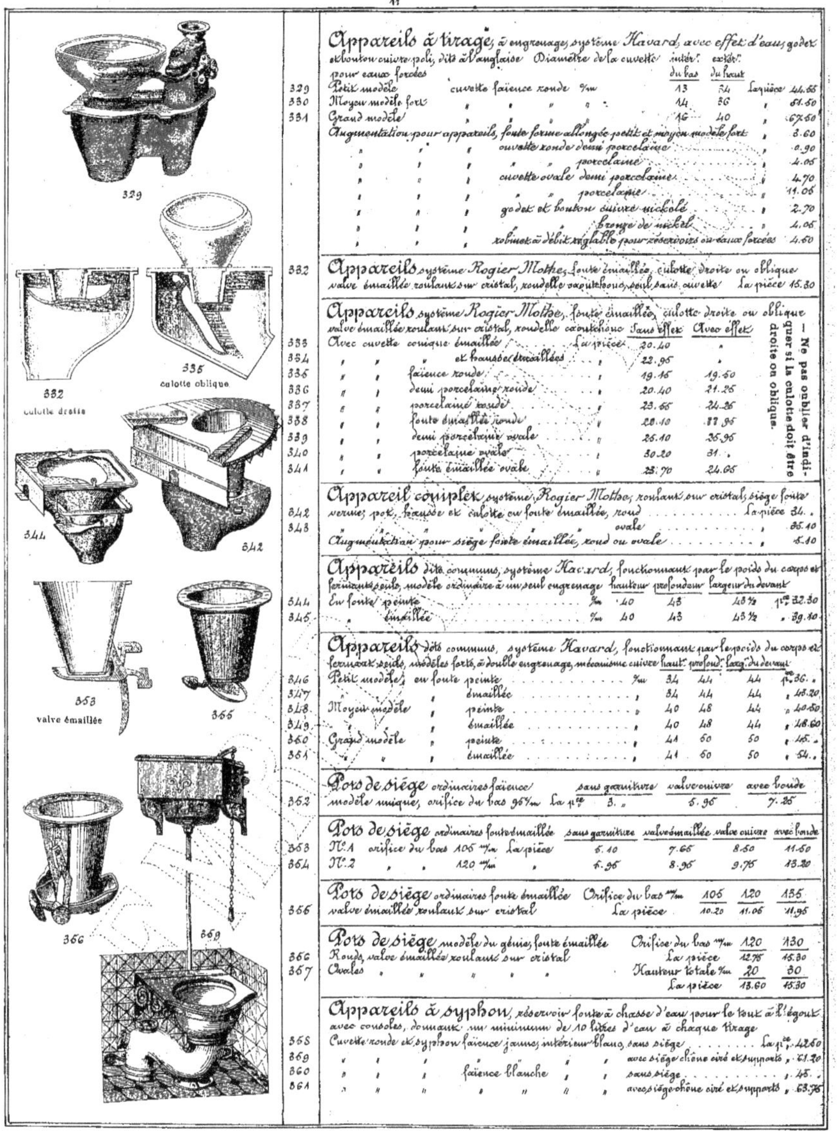

Appareils à tirage, à engrenage, système Havard, avec effet d'eau, godet et bouton cuivre poli, dits à l'anglaise — Diamètre de la cuvette: intér. du bas / extér. du haut — pour eaux forcées

N°	Désignation		intér. du bas	extér. du haut		Prix
329	Petit modèle	cuvette faïence ronde m/m	13	34	La pièce	44.55
330	Moyen modèle fort	" " " "	14	36	"	51.50
331	Grand modèle	" " " "	16	40	"	67.50

Augmentation pour appareils, fonte forme allongée petit et moyen modèle fort 3.60
" " " cuvette ronde demi porcelaine 0.90
" " " " " porcelaine 4.05
" " " cuvette ovale demi porcelaine 4.70
" " " " " porcelaine 11.05
" " " godet et bouton cuivre nickelé 2.70
" " " " " bronze de nickel 4.05
" " " robinet à débit réglable pour réservoirs ou eaux forcées . . 4.60

332 **Appareils** système Rogier Mothe, fonte émaillée, culotte droite ou oblique valve émaillée roulant sur cristal, rondelle caoutchouc, seul sans cuvette — La pièce 15.30

Appareils système Rogier Mothe, fonte émaillée, culotte droite ou oblique valve émaillée roulant sur cristal, rondelle caoutchouc

N°	Désignation		Sans effet	Avec effet
333	Avec cuvette conique émaillée	La pièce	20.40	"
334	" " " et hausse émaillées	"	22.95	"
335	" " faïence ronde	"	19.15	19.50
336	" " demi porcelaine ronde	"	20.40	21.25
337	" " porcelaine ronde	"	23.55	24.25
338	" " fonte émaillée ronde	"	20.10	22.95
339	" " demi porcelaine ovale	"	25.10	25.95
340	" " porcelaine ovale	"	30.20	31. "
341	" " fonte émaillée ovale	"	23.70	24.65

— Ne pas oublier d'indiquer si la culotte doit être droite ou oblique.

Appareil complet système Rogier Mothe, roulant sur cristal, siège fonte vernie, pot, hausse et culotte en fonte émaillée,
342 rond . . . . La pièce 34. "
343 " " " " " ovale . . . . " 35.10
Augmentation pour siège fonte émaillée, rond ou ovale . . . . " 5.10

Appareils dits communs, système Havard, fonctionnant par le poids du corps et fermant seuls, modèle ordinaire à un seul engrenage

N°	Désignation		hauteur	profondeur	largeur du devant	Prix
344	En fonte peinte	m/m	40	43	43 ½	1[ce] 32.30
345	" émaillée	m/m	40	43	43 ½	" 39.10

Appareils dits communs, système Havard, fonctionnant par le poids du corps et fermant seuls, modèles forts, à double engrenage, mécanisme cuivre

N°	Désignation			haut.	profond.	larg. du devant	Prix
346	Petit modèle, en fonte	peinte	m/m	34	44	44	p[ce] 36. "
347	" "	émaillée	"	34	44	44	" 43.20
348	Moyen modèle "	peinte	"	40	48	44	" 40.50
349	" "	émaillée	"	40	48	44	" 48.60
350	Grand modèle "	peinte	"	41	50	50	" 45. "
351	" "	émaillée	"	41	50	50	" 54. "

Pots de siège ordinaires faïence

N°	Désignation	sans garniture	valve cuivre	avec bonde
352	modèle unique, orifice du bas 95 m/m La p[ce]	3. "	5.95	7.25

Pots de siège ordinaires fonte émaillée

N°	Désignation	sans garniture	valve émaillée	valve cuivre	avec bonde
353	N° 1 orifice du bas 105 m/m La pièce	5.10	7.65	8.50	11.50
354	N° 2 " " 120 m/m "	5.95	8.95	9.75	13.20

Pots de siège ordinaires fonte émaillée

N°	Désignation		105	120	135
		Orifice du bas m/m	105	120	135
355	valve émaillée roulant sur cristal	La pièce	10.20	11.05	11.95

Pots de siège modèle du génie, fonte émaillée

N°	Désignation			
		Orifice du bas m/m	120	130
356	Ronds, valve émaillée roulant sur cristal	La pièce	12.75	15.30
		Hauteur totale m/m	20	30
357	Ovales " " " " "	La pièce	13.60	15.30

Appareils à syphon, réservoir fonte à chasse d'eau pour le tout à l'égout avec consoles, donnant un minimum de 10 litres d'eau à chaque tirage

358 Cuvette ronde et syphon faïence jaune, intérieur blanc, sans siège . . . . La p[ce] 42.50
359 " " " " " " avec siège chêne ciré et supports " 61.20
360 " " " faïence blanche " " sans siège . . . . " 45. "
361 " " " " " " " avec siège chêne ciré et supports " 63.75

373 376 391 377-378 390 404 396 402 407 400 412

Appareils à syphon réservoir fonte à chasse d'eau pour le tout à l'égout avec consoles, donnant un minimum de 10 litres d'eau à chaque tirage

362	Cuvette ovale et syphon en porcelaine anglaise, moyen modèle, sans siège	La p.ce	61.20
363	″ ″ ″ ″ ″ ″ ″ avec siège acajou et supports	″	87.50
364	″ ″ ″ ″ ″ grand modèle, sans siège	″	64.80
365	″ ″ ″ ″ ″ ″ ″ avec siège acajou et supports	″	90.90
366	″ ″ ″ en porcelaine française, grandeur unique, sans siège	″	75.80
367	″ ″ ″ ″ ″ ″ ″ avec siège acajou et supports	″	99.90
368	″ ″ ″ fonte émaillée à l'intérieur, vernie à l'extérieur, sans siège	″	69.30
369	″ ″ ″ ″ ″ ″ ″ ″ avec siège acajou et supports	″	95.40
370	Cuvette ovale porcelaine, syphon fonte brute (modèle recommandé) sans siège	″	87.30
371	″ ″ ″ ″ ″ ″ ″ ″ avec siège acajou et supports	″	123.30
372	Cuvette et syphon en fonte émaillée, fonctionnant par le poids du corps, l'appareil complet	″	106.30
373	Cuvette ovale porcelaine, syphon fonte, robinet modérateur à chasse pour eaux forcées godet et poignée porcelaine, monture nickelée, adopté par la Ville de Paris, sans siège	″	117. ″
374	d° avec siège chêne ciré et supports	″	144. ″
375	d° avec siège acajou verni	″	153. ″

Pièces détachées pour appareils à syphon

376	Réservoir de chasse en fonte complet avec ses consoles	La pièce	33.30
377	Cuvette ronde en faïence jaune, intérieur blanc	″	6.30
378	Syphon ″ ″ ″ ″	″	5.40
379	Cuvette ronde en faïence blanche	″	8.10
380	Syphon ″ ″	″	6.30
381	Cuvette ovale porcelaine anglaise, moyen modèle	″	16.30
382	Syphon ″ ″ ″ ″	″	12.60
383	Cuvette ovale ″ ″ grand modèle	″	17.10
384	Syphon ″ ″ ″ ″	″	14.40
385	Cuvette ovale porcelaine française	″	26.20
386	Syphon ″ ″	″	15.30
387	Cuvette ovale fonte émaillée à l'intérieur, vernie à l'extérieur	″	20.70
388	Syphon ″ ″ ″ ″ ″	″	15.30
389	Chaîne de réservoir fer galvanisé poignée bois	″	1.10
390	″ ″ cuivre, poignée porcelaine	″	2. ″
391	Supports de réservoir	La paire	1.80
392	″ de siège	″	4.50
393	Siège en chêne ciré	La pièce	16.30
394	″ ″ verni	″	18. ″
395	″ en acajou verni	″	21.60

Cuvettes seules pour appareils inodores à tirage

	Diamètre intérieur du bas %m			9	11	12	13	14	16
396	Rondes faïence	sans effet	La pièce	2.90	3.15	3.50	3.85	4.70	5.70
397	″ demi porcelaine	″	″	3.75	4.25	4.70	5.10	5.95	6.80
398	″ porcelaine	″	″	″	7.65	8. ″	8.25	8.95	10.20
399	″ fonte émaillée	″	″	″	5.95	6.80	7.25	8.50	″
400	″ faïence	avec effet	″	″	3.50	3.85	4.15	5.10	6.40
401	″ demi porcelaine	″	″	″	5.10	5.65	5.95	6.80	7.65
402	″ porcelaine	″	″	″	8.25	8.95	9.20	9.50	11.50
403	″ fonte émaillée	″	″	″	6.40	7.25	7.65	8.95	″
404	Ovales demi porcelaine,	sans effet	″	″	9.80	9.80	9.80	9.80	9.80
405	″ porcelaine	″	″	″	14.90	14.90	14.90	14.90	14.90
406	″ fonte émaillée	″	″	″	8.95	9.35	9.80	″	″
407	″ demi porcelaine,	avec effet	″	″	10.65	10.65	10.65	10.65	10.65
408	″ porcelaine	″	″	″	15.75	15.75	15.75	15.75	15.75
409	″ fonte émaillée	″	″	″	9.80	10.20	10.65	″	″

Pour les cuvettes à effet d'eau avoir soin d'indiquer le côté des appareils droite ou gauche; le dessin N.° 296 représente une cuvette pour appareil à droite étant assis sur le siège

Pots seuls pour appareils système Rogier Mothe

410	Conique fonte émaillée, bords en dedans, sans effet	La pièce	5.10
411	″ ″ ″ bords en dehors	″	5.10
412	Ovale ″ ″ ″ ″	″	6.40

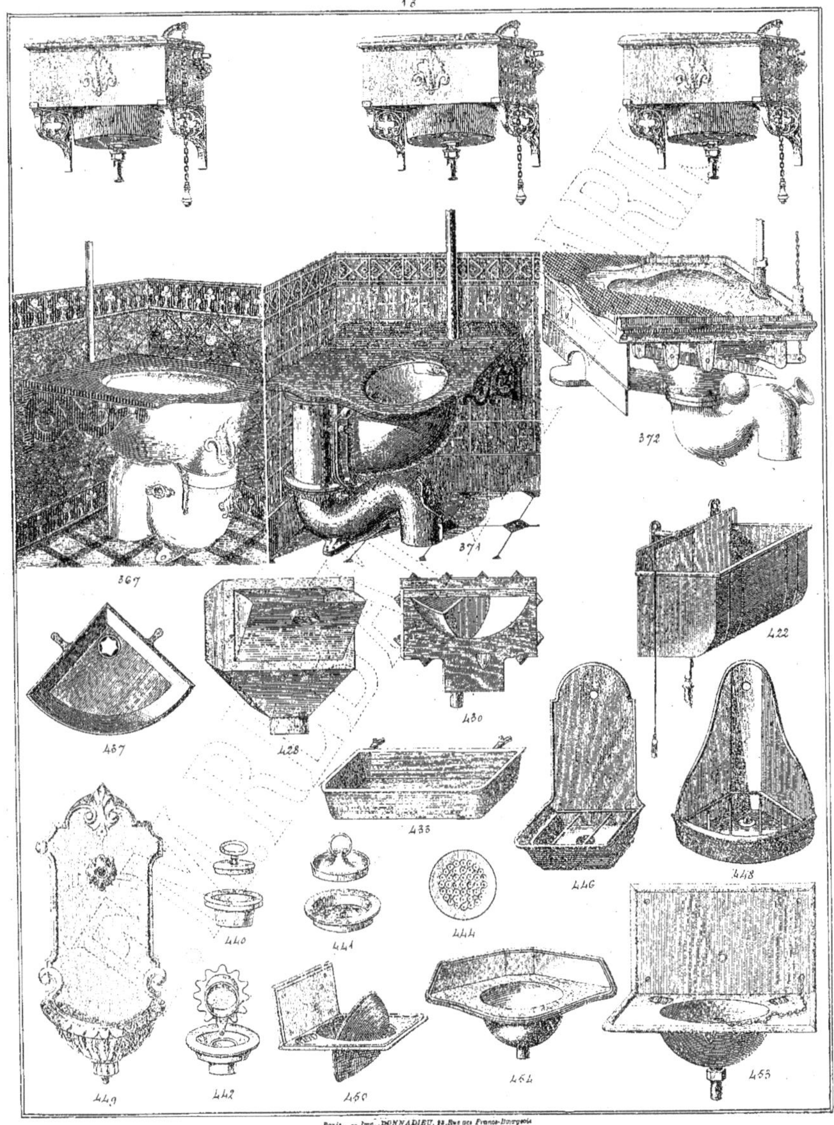

Paris. — Imp. DONNADIEU, 22, Rue des Francs-Bourgeois

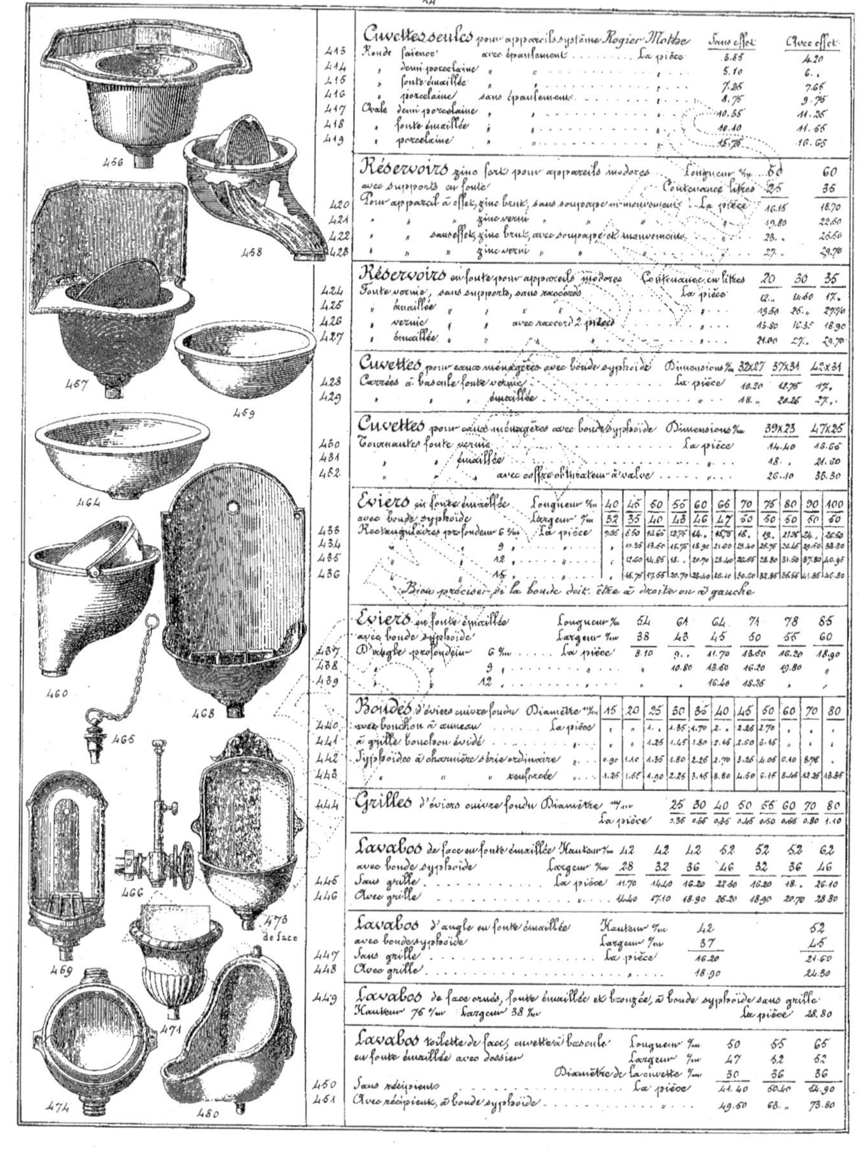

Cuvettes seules pour appareils système Rogier Mothe

N°	Désignation		Sans effet	Avec effet
413	Ronde faïence avec épaulement	La pièce	3.85	4.20
414	» demi porcelaine » »	»	5.10	6. »
415	» fonte émaillée » »	»	7.25	7.65
416	» porcelaine sans épaulement	»	8.75	9.75
417	Ovale demi porcelaine » »	»	10.35	11.25
418	» fonte émaillée » »	»	10.10	11.65
419	» porcelaine » »	»	15.75	16.65

Réservoirs zinc fort pour appareils modères avec supports en fonte

N°	Désignation	Longueur m/m	50	60
		Contenance litres	25	35
420	Pour appareil à effet, zinc brut, sans soupape ni mouvement	La pièce	16.15	18.70
421	» » » zinc verni » » »	»	19.80	22.60
422	» » sans effet, zinc brut, avec soupape et mouvement	»	23. »	26.50
423	» » » zinc verni » » »	»	27. »	29.70

Réservoirs en fonte pour appareils modères

N°	Désignation	Contenance en litres	20	30	35
424	Fonte vernie, sans supports, sans raccords	La pièce	12. »	14.60	17. »
425	» émaillée » » » »	»	19.50	25. »	27.70
426	» vernie » » avec raccord 2 pièces	»	13.80	16.35	18.90
427	» émaillée » » » »	»	21.00	27. »	29.70

Cuvettes pour eaux ménagères avec bonde syphoïde

N°	Désignation	Dimensions m/m	32x27	37x31	42x31
428	Carrées à bascule fonte vernie	La pièce	10.20	12.75	17. »
429	» » » émaillée	»	18. »	20.25	27. »

Cuvettes pour eaux ménagères avec bonde syphoïde

N°	Désignation	Dimensions m/m	39x23	47x25
430	Tournantes fonte vernie	La pièce	14.40	18.65
431	» » émaillée	»	18. »	21.60
432	» » » avec coffre obturateur à valve	»	26.10	35.30

Eviers en fonte émaillée avec bonde syphoïde

N°	Désignation		40	45	50	55	60	66	70	75	80	90	100
		Longueur m/m	40	45	50	55	60	66	70	75	80	90	100
		Largeur m/m	32	35	40	43	46	47	50	50	50	50	50
433	Rectangulaires profondeur 6 m/m	La pièce	7.05	8.50	12.65	12.75	14. »	15.75	16. »	19. »	21.95	24. »	26.50
434	» » 9 »	»	»	10.35	13.60	15.75	18.90	21.60	23.40	25.75	26.45	29.60	33.30
435	» » 12 »	»	»	12.60	14.85	18. »	20.70	23.40	22.65	28.80	31.50	37.80	40.95
436	» » 15 »	»	»	15.75	17.55	20.70	23.40	26.10	30.60	32.85	35.55	41.85	46.80

Bien préciser si la bonde doit être à droite ou à gauche

Eviers en fonte émaillée avec bonde syphoïde

N°	Désignation	Longueur m/m	54	61	64	71	78	85
		Largeur m/m	38	43	45	50	55	60
437	D'angle profondeur 6 m/m	La pièce	8.10	9. »	11.70	13.60	16.20	18.90
438	» » 9 »	»	»	10.80	13.50	16.20	19.80	»
439	» » 12 »	»	»	»	16.40	18.25	»	»

Bondes d'éviers cuivre fondu

N°	Désignation	Diamètre m/m	15	20	25	30	35	40	45	50	60	70	80
440	avec bouchon à anneau	La pièce	»	»	1. »	1.35	1.70	2. »	2.25	2.70	»	»	»
441	à grille bouchon évidé	»	»	»	1.25	1.45	1.80	2.15	2.60	3.15	»	»	»
442	Syphoïdes à charnière série ordinaire	»	0.90	1.10	1.35	1.80	2.25	2.70	3.25	4.05	0.10	8.75	»
443	» » » renforcée	»	1.25	1.55	1.90	2.25	3.15	3.80	4.50	6.15	8.45	12.25	13.85

Grilles d'éviers cuivre fondu

N°		Diamètre m/m	25	30	40	50	55	60	70	80
444		La pièce	0.35	0.55	0.35	0.45	0.50	0.65	0.80	1.10

Lavabos de face en fonte émaillée avec bonde syphoïde

N°	Désignation	Hauteur m/m	42	42	42	52	52	52	62
		Largeur m/m	28	32	36	46	32	36	46
445	Sans grille	La pièce	11.70	14.40	16.20	22.50	16.20	18. »	26.10
446	Avec grille	»	14.40	17.10	18.90	26.20	18.90	20.70	28.80

Lavabos d'angle en fonte émaillée avec bonde syphoïde

N°	Désignation	Hauteur m/m	42	52
		Largeur m/m	37	45
447	Sans grille	La pièce	16.20	21.60
448	Avec grille	»	18.90	24.30

449 **Lavabos** de face ornés, fonte émaillée et bronzée, à bonde syphoïde sans grille
Hauteur 75 m/m Largeur 38 m/m La pièce 28.80

Lavabos toilette de face, cuvette à bascule en fonte émaillée avec dossier

N°	Désignation		50	55	65
		Longueur m/m	50	55	65
		Largeur m/m	47	52	52
		Diamètre de la cuvette m/m	30	36	36
450	Sans récipients	La pièce	41.40	50.40	64.90
451	Avec récipient, à bonde syphoïde	»	49.50	63. »	73.80

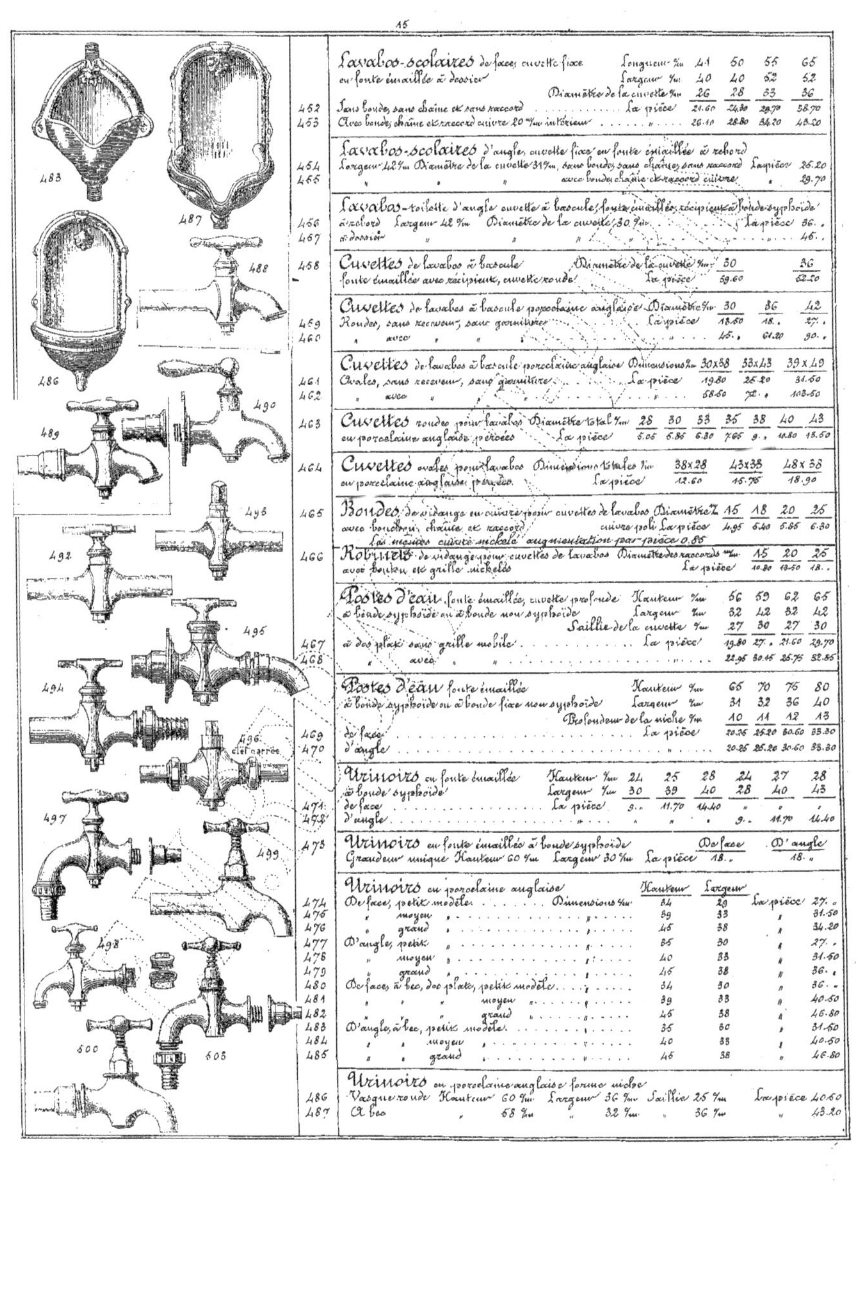

Lavabos-scolaires de face, cuvette fixe en fonte émaillée à dossier

	Longueur m/m	41	50	55	65
	Largeur m/m	40	40	52	52
	Diamètre de la cuvette m/m	26	28	33	36
452	Sans bonde, sans chaîne et sans raccord .... La pièce	21.60	24.30	29.70	38.70
453	Avec bonde, chaîne et raccord cuivre 20 m/m intérieur .... "	26.10	28.80	34.20	43.20

Lavabos-scolaires d'angle, cuvette fixe en fonte émaillée à rebord

454	Largeur 42 m/m Diamètre de la cuvette 31 m/m, sans bonde, sans chaîne, sans raccord La pièce	26.20
455	" " " avec bonde, chaîne et raccord cuivre "	29.70

Lavabos-toilette d'angle cuvette à bascule, fonte émaillée, récipient à bonde syphoïde

456	à rebord Largeur 42 m/m Diamètre de la cuvette 30 m/m .... La pièce	36. .
457	à dossier " " " " .... "	46. .

Cuvettes de lavabos à bascule fonte émaillée avec récipient, cuvette ronde

458	Diamètre de la cuvette m/m	30	36
	La pièce	59.60	62.20

Cuvettes de lavabos à bascule porcelaine anglaise

	Diamètre m/m	30	36	42
459	Rondes, sans receveur, sans garniture .... La pièce	13.50	18. .	27. .
460	" avec " " .... "	45. .	61.20	90. .

Cuvettes de lavabos à bascule porcelaine anglaise

	Dimensions m/m	30x38	33x43	39x49
461	Ovales, sans receveur, sans garniture .... La pièce	19.80	25.20	31.50
462	" avec " " .... "	58.50	72. .	103.50

Cuvettes rondes pour lavabos en porcelaine anglaise percées

463	Diamètre total m/m	28	30	33	35	38	40	43
	La pièce	5.05	5.85	6.30	7.65	9. .	10.80	13.50

Cuvettes ovales pour lavabos en porcelaine anglaise percées

464	Dimensions totales m/m	38x28	43x33	48x38
	La pièce	12.60	15.75	18.90

Bondes de vidange en cuivre pour cuvettes de lavabos avec bouchon, chaîne et raccord

465	Diamètre m/m	15	18	20	25
	cuivre poli La pièce	4.95	5.40	5.85	6.30

Les mêmes cuivre nickelé augmentation par pièce 0.85

Robinets de vidange pour cuvettes de lavabos avec bouton et grille nickelés

466	Diamètre des raccords m/m	15	20	25
	La pièce	10.80	13.50	18. .

Postes d'eau fonte émaillée, cuvette profonde à bonde syphoïde ou à bonde non syphoïde

	Hauteur m/m	56	59	62	65
	Largeur m/m	32	42	32	42
	Saillie de la cuvette m/m	27	30	27	30
467	à dos plat sans grille mobile .... La pièce	19.80	27. .	21.60	29.70
468	" avec " " .... "	22.95	30.15	25.75	32.85

Postes d'eau fonte émaillée à bonde syphoïde ou à bonde fixe non syphoïde

	Hauteur m/m	65	70	75	80
	Largeur m/m	31	32	36	40
	Profondeur de la niche m/m	10	11	12	13
469	de face .... La pièce	20.25	25.20	30.60	33.30
470	d'angle .... "	20.25	25.20	30.60	33.30

Urinoirs en fonte émaillée à bonde syphoïde

	Hauteur m/m	24	25	28	24	27	28
	Largeur m/m	30	39	40	28	40	43
471	de face .... La pièce	9. .	11.70	14.40	"	"	"
472	d'angle .... "	"	"	"	9. .	11.70	14.40

Urinoirs en fonte émaillée à bonde syphoïde

473	Grandeur unique Hauteur 60 m/m Largeur 30 m/m La pièce	De face	D'angle
		18. .	18. .

Urinoirs en porcelaine anglaise

		Hauteur	Largeur		
474	De face, petit modèle .... Dimensions m/m	34	29	La pièce	27. .
475	" moyen " .... "	39	33	"	31.50
476	" grand " .... "	45	38	"	34.20
477	D'angle, petit " .... "	35	30	"	27. .
478	" moyen " .... "	40	33	"	31.50
479	" grand " .... "	45	38	"	36. .
480	De face, à bec, dos plats, petit modèle .... "	34	30	"	36. .
481	" " " moyen " .... "	39	33	"	40.50
482	" " " grand " .... "	45	38	"	46.80
483	D'angle, à bec, petit modèle .... "	35	30	"	31.50
484	" " moyen " .... "	40	33	"	40.50
485	" " grand " .... "	45	38	"	46.80

Urinoirs en porcelaine anglaise forme niche

486	Vasque ronde	Hauteur 60 m/m	Largeur 36 m/m	Saillie 25 m/m	La pièce 40.50
487	A bec	" 58 m/m	" 32 m/m	" 36 m/m	" 43.20

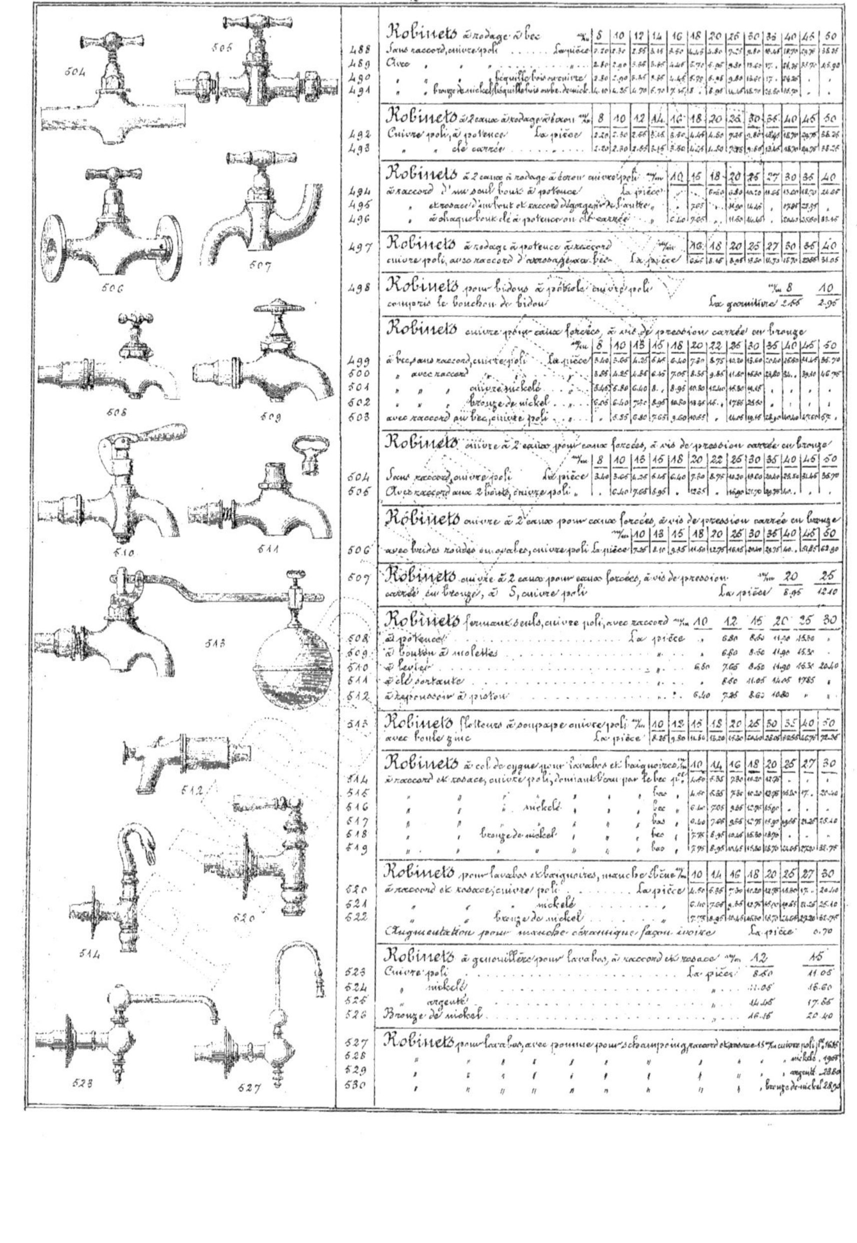

	Robinets à rodage à bec m/m	8	10	12	14	16	18	20	25	30	35	40	45	50
488	Sans raccord, cuivre poli ...... La pièce	2.20	2.30	2.55	3.15	3.50	4.45	4.80	7.25	9.80	13.45	18.70	29.70	38.25
489	Avec " " " ...... "	2.80	2.90	3.35	3.85	4.45	5.70	6.95	9.30	13.60	17.	26.35	37.70	45.90
490	" " " béquille bois ou cuivre	2.80	2.90	3.35	3.85	4.45	5.75	6.95	9.80	13.60	17.	24.20	.	.
491	" " bronze de nickel, béquille bois ou bronze de nickel	4.10	4.35	4.70	6.70	7.35	8.	8.95	11.15	15.70	23.60	35.70	.	.

	Robinets à 2 eaux à rodage à écrou m/m	8	10	12	14	16	18	20	25	30	35	40	45	50
492	Cuivre poli, à potence La pièce	2.20	2.30	2.66	3.15	3.50	4.45	4.80	9.25	9.80	13.45	18.70	29.70	38.25
493	" " clé carrée	2.20	2.30	2.65	3.15	3.50	4.25	4.80	7.25	9.60	13.45	18.70	29.70	38.25

	Robinets à 2 eaux à rodage à écrou cuivre poli m/m	10	15	18	20	25	27	30	35	40
494	à raccord d'un seul bout à potence La pièce	.	.	6.60	8.80	10.70	11.65	13.60	18.70	24.65
495	" et rosace d'un bout et raccord dégorgeoir de l'autre "	.	7.65	.	10.90	14.45	.	17.85	23.55	.
496	" à chaque bout clé à potence ou clé carrée "	6.40	7.65	.	11.60	14.45	.	20.45	25.60	33.15

	Robinets à rodage à potence à raccord cuivre poli, avec raccord d'arrosage au bec m/m	16	18	20	25	27	30	35	40
497	La pièce	6.45	8.15	8.95	13.50	14.70	18.70	22.65	31.05

	Robinets pour bidons à pétrole cuivre poli compris le bouchon de bidon m/m	8	10
498	La garniture	2.65	2.95

	Robinets cuivre pour eaux forcées, à vis de pression carrée en bronze m/m	8	10	13	15	18	20	22	25	30	35	40	45	50
499	à bec, sans raccord, cuivre poli La pièce	3.40	3.65	4.25	6.15	6.40	7.20	8.75	10.20	13.60	20.40	26.50	31.45	35.70
500	" avec raccord " " "	3.85	4.25	4.85	6.45	7.05	8.35	9.85	11.50	16.20	23.80	34.	39.10	46.75
501	" " " cuivre nickelé .. "	5.45	6.80	6.40	8.	8.95	10.80	12.40	16.30	19.15	.	.	.	.
502	" " " bronze de nickel .. "	6.05	6.40	7.50	8.95	10.80	13.35	16.	17.85	25.50	.	.	.	.
503	avec raccord au bec, cuivre poli .. "	.	5.55	6.80	7.65	9.60	10.65	.	14.05	19.15	28.50	40.40	47.60	57.

	Robinets cuivre à 2 eaux pour eaux forcées, à vis de pression carrée en bronze m/m	8	10	13	15	18	20	22	25	30	35	40	45	50
504	Sans raccord, cuivre poli La pièce	3.40	3.65	4.25	6.15	6.40	7.20	8.75	10.20	13.60	20.40	26.50	31.45	35.70
505	Avec raccord aux 2 bouts, cuivre poli "	.	6.40	7.65	8.95	.	12.25	.	14.90	21.70	29.75	40.	.	.

	Robinets cuivre à 2 eaux pour eaux forcées, à vis de pression carrée en bronze m/m	10	13	15	18	20	25	30	35	40	45	50
506	avec brides rondes ou ovales, cuivre poli La pièce	7.25	8.10	9.35	11.50	12.75	16.15	20.40	26.75	40.	51.85	62.80

	Robinets cuivre à 2 eaux pour eaux forcées, à vis de pression carrée en bronze, à S, cuivre poli m/m	20	25
507	La pièce	8.95	12.10

	Robinets fermant seuls, cuivre poli, avec raccord m/m	10	12	15	20	25	30
508	à potence .... La pièce	.	6.80	8.60	11.70	15.30	.
509	à bouton à molettes .... "	.	6.80	8.50	11.90	15.30	.
510	à levier .... "	6.80	7.65	8.50	11.90	16.30	20.40
511	à clé sortante .... "	.	8.50	11.05	14.05	17.85	.
512	à repoussoir à piston .... "	6.40	7.25	8.60	10.80	.	.

	Robinets flotteurs à soupape cuivre poli avec boule zinc m/m	10	12	15	18	20	25	30	35	40	50
513	La pièce	8.25	9.80	11.60	13.20	15.30	20.40	26.05	30.55	46.75	72.25

	Robinets à col de cygne pour lavabos et baignoires m/m	10	14	16	18	20	25	27	30
514	à raccord et rosace, cuivre poli, donnant l'eau par le bec p^ce	4.40	5.35	7.30	10.20	12.75	.	.	.
515	" " " " " " bas "	4.50	5.55	7.30	10.20	12.75	16.50	17.	20.40
516	" " " nickelé " " " bec "	6.40	7.05	9.35	12.75	15.90	.	.	.
517	" " " " " " " bas "	6.40	7.65	9.35	12.75	15.90	19.65	21.25	25.40
518	" " bronze de nickel " " " bec "	7.75	8.95	10.15	15.30	18.70	.	.	.
519	" " " " " " " bas "	7.95	8.95	10.65	15.30	18.70	24.65	27.20	32.75

	Robinets pour lavabos et baignoires, manche ébène m/m	10	14	16	18	20	25	27	30
520	à raccord et rosace, cuivre poli ...... La pièce	4.50	5.35	7.30	10.20	12.75	16.50	17.	20.40
521	" " nickelé ...... "	6.40	7.05	9.35	12.75	15.90	19.65	21.25	25.10
522	" " bronze de nickel ...... "	7.75	8.95	10.45	15.30	18.70	24.65	27.20	32.75
	Augmentation pour manche céramique façon ivoire La pièce								0.70

	Robinets à genouillère pour lavabos, à raccord et rosace m/m	12	15
523	Cuivre poli .... La pièce	8.50	11.05
524	" nickelé .... "	11.05	16.60
525	" argenté .... "	14.45	17.85
526	Bronze de nickel .... "	16.15	20.40

527 **Robinets** pour lavabos, avec pomme pour schampoing, raccord et rosace 15 m/m cuivre poli, p^ce 16.65
528 " " " " " " " " " " , nickelé, 19.65
529 " " " " " " " " " " , argenté 28.80
530 " " " " " " " " " , bronze de nickel 28.90

Robinets pour lavabos à bec plat, rosace et raccord 15 m/m

			Béquille ébène	Béquille porcelaine
531	Cuivre poli	La pièce	9. "	9.75
532	" nickelé	"	11.50	12.25
533	" argenté	"	14.85	15.50
534	Bronze de nickel	"	15.30	16.05

Robinets col d'oie cuivre pour fontaines à main

		Nos	1	2	3	4
535	Doubles, ordinaires	La pièce	0.70	0.90	1.05	1.25
536	" à pans	"	1.05	1.15	1.20	1.45

Robinets col d'oie cuivre pour fontaines à main

		m/m	5	6	7	8	10	12	14
537	dits biscambilles courbes, ordinaires "vrai Mâcon"	La pièce	1.35	1.80	1.66	1.95	2.60	4.20	4.90

Soupapes cuivre pour baignoires

		m/m	20	25	30	35	40	45	50	55	60	65
538	Série courante	La pièce	0.75	0.80	0.85	1. "	1.26	1.40	1.70	1.95	2.20	2.45
539	" renforcée à écrou	"	"	"	1.66	1.80	2.05	2.55	3. "	3.60	4.25	"

Soupapes cuivre pour réservoirs

		m/m	40	45	50	60	70	80	90	100	110	120	130	150
540	Série courante à goupille	La pièce	1.70	2.15	2.60	3.50	4.45	5.10	7. "	9. "	12.75	15.75	19.15	26.65
541	" renforcée à écrou	"	2.40	2.90	3.40	5.10	6.95	7.05	10.65	12.95	"	17.35	"	"

Appareil pour abattage des bœufs, Système Bruneau

542	Complet comprenant : le masque, le maillet, le boulon, le jonc	La pièce	38.75
543	Masque seul	"	32. "
544	Boulon seul	"	6.25

Appareil pour abattage des chevaux, Système Bruneau

545	Complet comprenant : le masque, le maillet, le boulon	La pièce	38.75
546	Masque seul	"	32. "
547	Boulon seul	"	6.25

Ardoises factices noires

		Dimensions m/m	11x18	13x20	15x23	18x25	19x28	23x31	28x38
548	Non encadrées	Le cent	5.50	7.20	9. "	12. "	14.60	16. "	30. "
549	Encadrées zinc		35. "	40. "	49. "	66. "	66. "	78. "	104. "

Ardoises naturelles

		Dimensions m/m	13x19	13x21	13x24	16x21	16x24	16x27	16x23	19x27	19x29	24x34
550	unies, polies, bords sciés	Le cent	11.40	13.30	16.15	15.05	19. "	22.75	26.60	28.50	34. "	60. "

Ardoises naturelles cadre sapin coins arrondis

551	Dimensions extérieures m/m	15x22	17x24	19x27	20x29	22x32	24x34	26x36	28x38	35x45	45x65	60x90
	Le cent	20. "	24.70	30.40	35. "	46.60	57. "	68.40	82.60	260. "	550. "	700. "

Jusqu'à la dimension de 28x38 inclusivement ne se livrent pas par quantité inférieure à 25 pièces d'une même dimension.

Crayons pour ardoises

552	Factices nus 12 m/m	La boîte de 100 pièces	1.40
553	" sous bois de cèdre non vernis	Les 144 pièces	6.50
554	Naturels nus 1er choix, en boîtes de 100 pièces	Le mille	8. "
555	" sous papier 1er choix	"	9.50

Arrêts d'entrebâillement pour fenêtres

556	en acier nickelé, se fixant par dessus la crémone	La pièce	2.90

Arrêts de persiennes fonte, automatiques

557	têtes de tire ou autres, à scellement	Le cent	8.80
558	" " " à pointe ou à vis	"	12.80
559	" " " à bascule, têtes de bergères ou autres, à scellement	"	24. "
560	" " " " à pointe	"	24. "
561	" " " " à vis	"	24. "
562	" " " têtes de femmes modèle exportation à scellement	"	15.20
563	" " " " à pointe ou à vis	"	15.20

Arrêts de persiennes, à rosaces rondes unies garnies

564		Le cent	12.80
565	" " à paillettes, à entailler, mentonnets 60 m/m garnis	"	16. "
566	" " à boîte sans entailler	"	16. "

Arrêts ou tourniquets de contrevent

567	tout fer à pointes ou à scellement	Le cent	18.75

Arrêts de portes dits butoirs

		Diamètre extérieur m/m	35	40
568	bois, garnis de caoutchouc	Le cent	20. "	25

Arrêts de portes dits butoirs

569	à patère bois, tampon caoutchouc se fixant avec 3 vis	Le cent	57. "
570	à balustre bois " " saillie 60 m/m dimension unique	"	70. "

Arrêts de portes dits butoirs

		Saillie m/m	65	90	105
571	à balustre bois, tampon caoutchouc	Le cent	90. "	110. "	125. "

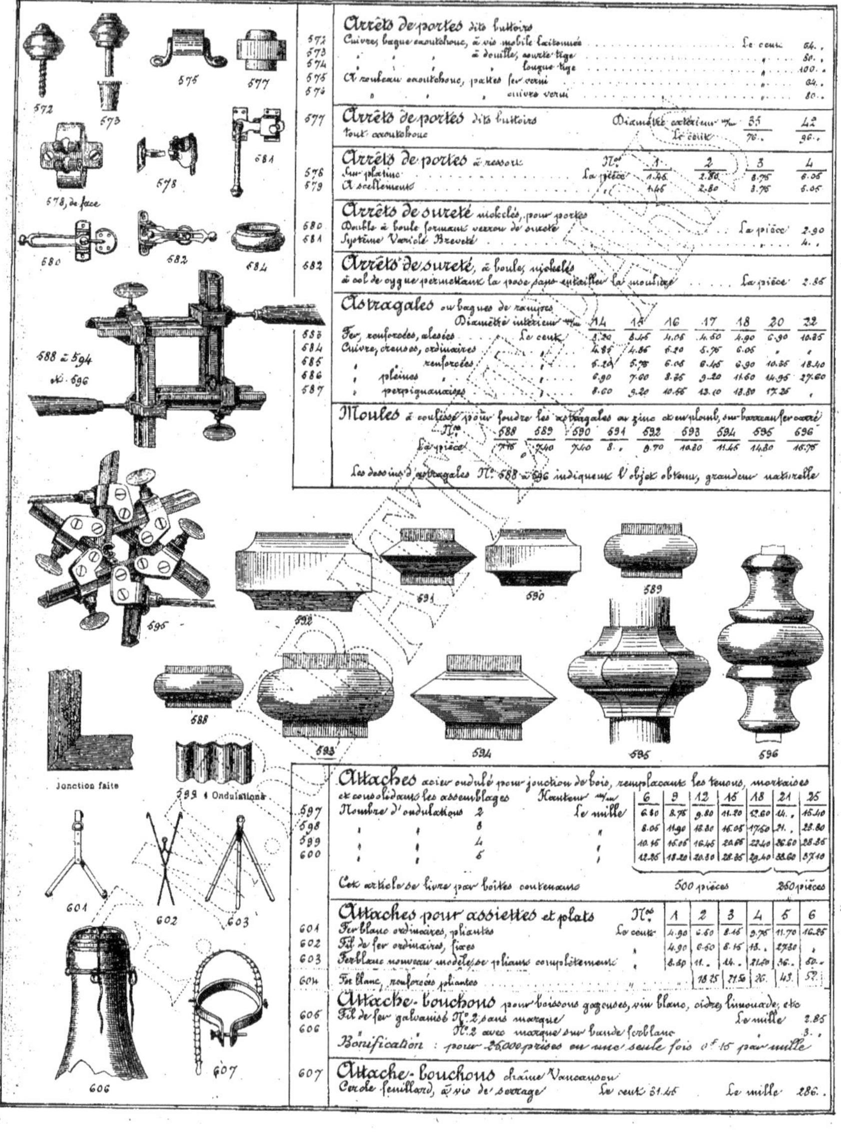

Arrêts de portes dits buttoirs

572	Cuivre, bague caoutchouc, à vis mobile laitonnée	Le cent	64. .
573	" " " à douille, courte tige	"	80. .
574	" " " longue tige	"	100. .
575	A rouleau caoutchouc, pattes fer verni	"	64. .
576	" " " cuivre verni	"	80. .

Arrêts de portes dits buttoirs

577	tout caoutchouc	Diamètre extérieur m/m	35	42
		Le cent	76. .	96. .

Arrêts de portes à ressort

		Nos	1	2	3	4
578	Sur platine	La pièce	1.45	2.80	3.75	6.05
579	A scellements	"	1.45	2.80	3.75	6.05

Arrêts de sûreté nickelés, pour portes

580	Double à boule formant verrou de sûreté	La pièce	2.90
581	Système Variclé Breveté	"	4. .

Arrêts de sûreté, à boule, nickelés

582	à col de cygne permettant la pose sans entailler la moulure	La pièce	2.85

Astragales ou bagues de rampes

		Diamètre intérieur m/m	14	15	16	17	18	20	22
583	Fer, renforcées, alésées	Le cent	3.20	3.45	4.05	4.50	4.90	6.90	10.35
584	Cuivre, creuses, ordinaires	"	4.85	4.85	5.20	5.75	6.05	"	"
585	" " renforcées	"	5.20	5.75	6.05	6.45	6.90	10.35	18.40
586	" pleines "	"	6.90	7.60	8.35	9.20	11.60	14.95	27.60
587	" perpignanaises	"	8.60	9.20	10.55	13.10	13.80	17.25	"

Moules à coulisse pour fondre les astragales en zinc et en plomb, sur barreau fer carré

Nos	588	589	590	591	592	593	594	595	696
La pièce	7.15	7.40	7.40	8. .	9.70	10.80	11.45	14.80	16.75

Les dessins d'astragales Nos 588 à 596 indiquent l'objet obtenu, grandeur naturelle

Attaches acier ondulé pour jonction de bois, remplaçant les tenons, mortaises et consolidant les assemblages

	Nombre d'ondulations		Hauteur m/m	6	9	12	15	18	21	25
597	Nombre d'ondulations	2	Le mille	6.30	8.75	9.80	11.20	12.60	14. .	15.40
598	" "	3	"	8.05	11.90	13.30	16.05	17.50	21. .	23.80
599	" "	4	"	10.15	15.05	16.45	20.65	22.40	26.60	28.35
600	" "	5	"	12.25	18.20	20.30	23.35	29.40	33.60	37.10

Cet article se livre par boîtes contenant 500 pièces (6 à 18) ; 250 pièces (21 et 25)

Attaches pour assiettes et plats

		Nos	1	2	3	4	5	6
601	Ferblanc ordinaires, pliantes	Le cent	4.90	6.50	8.15	9.75	11.70	16.25
602	Fil de fer ordinaires, fixes	"	4.90	6.50	8.15	13. .	27.30	"
603	Ferblanc nouveau modèle, se pliant complètement	"	8.50	11. .	14. .	21.50	36. .	50. .
604	Fer blanc, renforcées pliantes	"		18.25	21.50	26.	43.	52.

Attache-bouchons pour boissons gazeuses, vin blanc, cidre, limonade, etc

605	Fil de fer galvanisé No 2 sans marque	Le mille	2.85
606	" " No 2 avec marque sur bande ferblanc	"	3. .

Bonification : pour 25,000 prises en une seule fois 0f 15 par mille

Attache-bouchons chaîne Vaucanson

607	Cercle feuillard, à vis de serrage	Le cent 31.45	Le mille	286. .

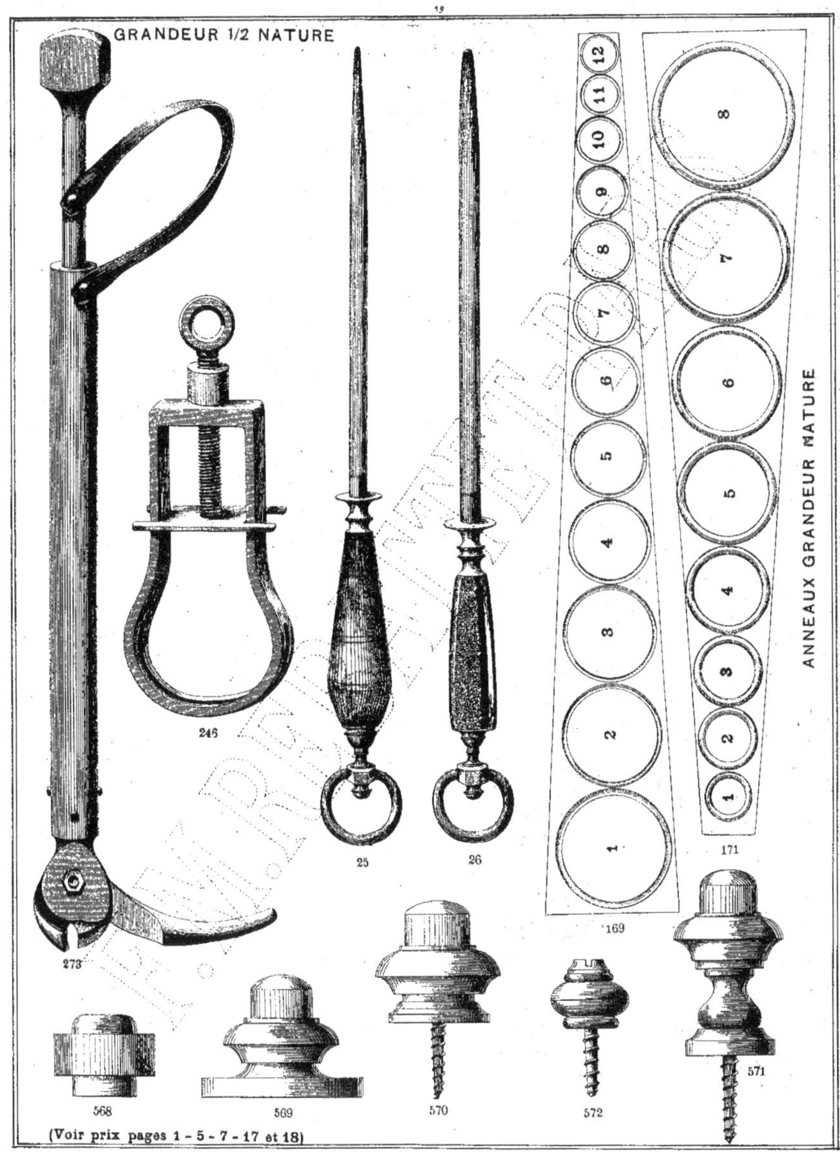

(Voir prix pages 1 - 5 - 7 - 17 et 18)

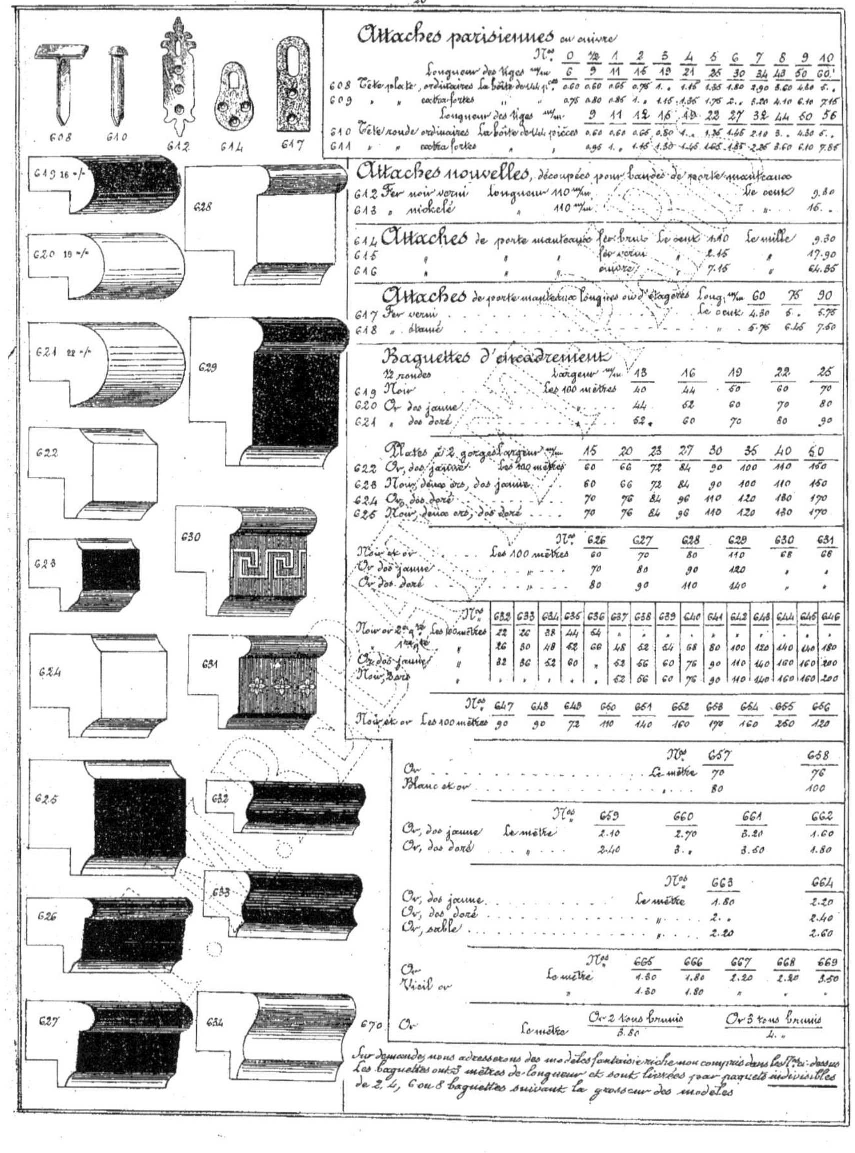

Attaches parisiennes en cuivre

	Nos	0	1/2	1	2	3	4	5	6	7	8	9	10
	Longueur des tiges m/m	6	9	11	15	19	21	25	30	34	43	50	60
608	Tête plate, ordinaires La boîte de 144 pces	0.60	0.60	0.65	0.75	1. »	1.15	1.35	1.80	2.90	3.60	4.80	5. »
609	» » extra fortes » »	0.75	0.80	0.85	1. »	1.15	1.35	1.75	2. »	3.20	4.10	6.10	7.15
	Longueur des tiges m/m		9	11	12	16	19	22	27	32	44	50	56
610	Tête ronde ordinaires La boîte de 144 pièces		0.60	0.60	0.65	0.80	1. »	1.25	1.45	2.10	3. »	4.30	5. »
611	» » extra fortes » »		0.95	1. »	1.15	1.30	1.45	1.65	1.85	2.25	3.60	6.10	7.85

Attaches nouvelles, découpées pour bandes de porte-manteaux

612	Fer noir verni	longueur 110 m/m	Le cent	9.30
613	» nickelé	» 110 m/m	»	16. »

614	Attaches de porte manteaux fer brut	Le cent	1.10	Le mille	9.30
615	» » » fer verni	»	2.15	»	17.90
616	» » » cuivre	»	7.15	»	64.35

Attaches de porte manteaux longues ou d'étagères

	Long. m/m		60	75	90
617	Fer verni	Le cent	4.30	5. »	5.75
618	» étamé	»	5.75	6.45	7.50

Baguettes d'encadrement

	1/2 rondes	Largeur m/m	13	16	19	22	25
619	Noir	Les 100 mètres	40	44	50	60	70
620	Or dos jaune	»	44	52	60	70	80
621	» dos doré	»	52 »	60	70	80	90

	Plates à 2 gorges Largeur m/m		15	20	23	27	30	35	40	50
622	Or, dos jaune	Les 100 mètres	60	66	72	84	90	100	110	150
623	Noir, deux ors, dos jaune		60	66	72	84	90	100	110	150
624	Or, dos doré		70	76	84	96	110	120	130	170
625	Noir, deux ors, dos doré		70	76	84	96	110	120	130	170

		Nos 626	627	628	629	630	631
Noir et or	Les 100 mètres	60	70	80	110	68	68
Or dos jaune	»	70	80	90	120	»	»
Or dos doré	»	80	90	110	140	»	»

		Nos 632	633	634	635	636	637	638	639	640	641	642	643	644	645	646
Noir or 2e qté	Les 100 mètres	22	26	38	44	64	»	»	»	»	»	»	»	»	»	»
» 1re qté	»	26	30	48	52	66	48	52	54	68	80	100	120	140	140	180
Or dos jaune	»	32	36	52	60	»	52	56	60	76	90	110	140	160	160	200
Noir, doré	»	»	»	»	»	»	52	56	60	76	90	110	140	160	160	200

		Nos 647	648	649	650	651	652	653	654	655	656
Noir et or	Les 100 mètres	90	90	72	110	140	160	170	160	250	120

		Nos 657	658
Or	Le mètre	70	76
Blanc et or	»	80	100

		Nos 659	660	661	662
Or, dos jaune	Le mètre	2.10	2.70	3.20	1.60
Or, dos doré	»	2.40	3. »	3.50	1.80

		Nos 663	664
Or, dos jaune	Le mètre	1.80	2.20
Or, dos doré	»	2. »	2.40
Or, sablé	»	2.20	2.60

		Nos 665	666	667	668	669
Or	Le mètre	1.30	1.80	2.20	2.20	3.50
Vieil or	»	1.30	1.80	»	»	»

			Or 2 tons brunis	Or 3 tons brunis
670	Or	Le mètre	3.80	4. »

Sur demande, nous adresserons des modèles fantaisie riche non compris dans les Nos ci-dessus
Les baguettes ont 3 mètres de longueur et sont livrées par paquets indivisibles de 2, 4, 6 ou 8 baguettes suivant la grosseur des modèles

Imp. DONNADIEU 84 Rue des Francs-Bourgeois Paris

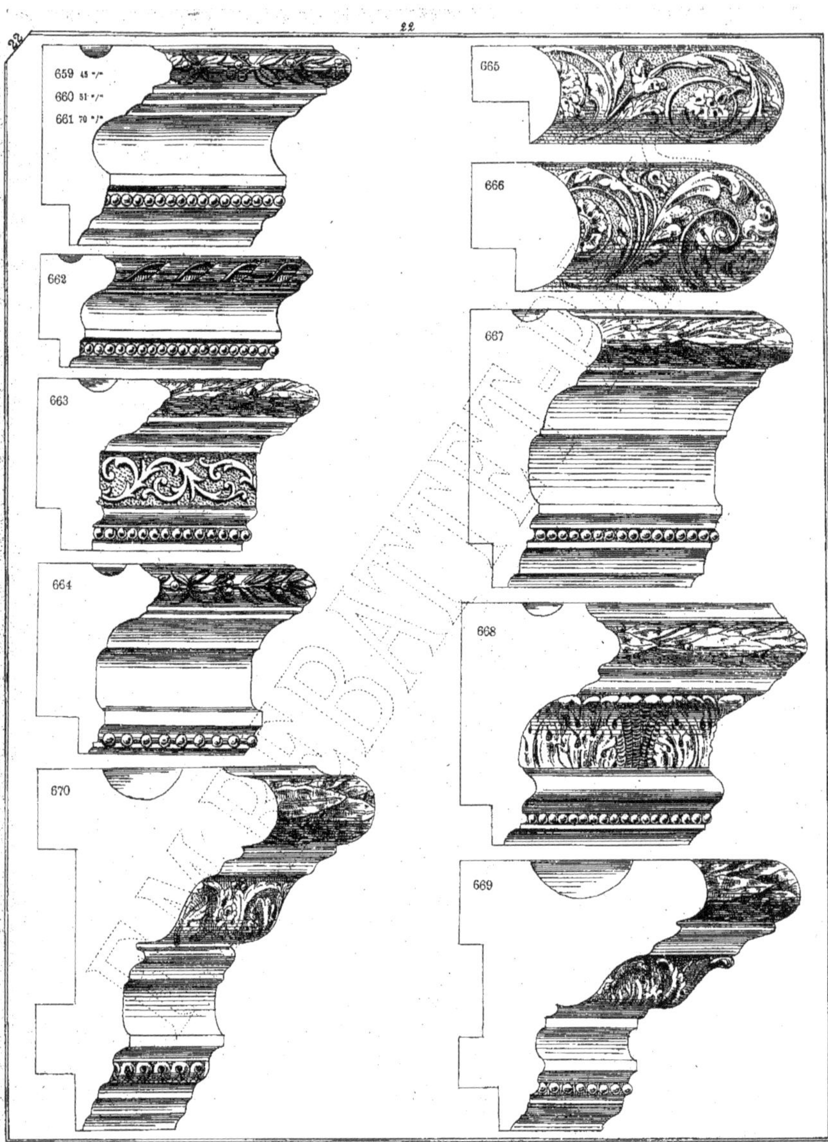

imp DONNADIEU 32 Rue des Francs-Bourgeois Paris

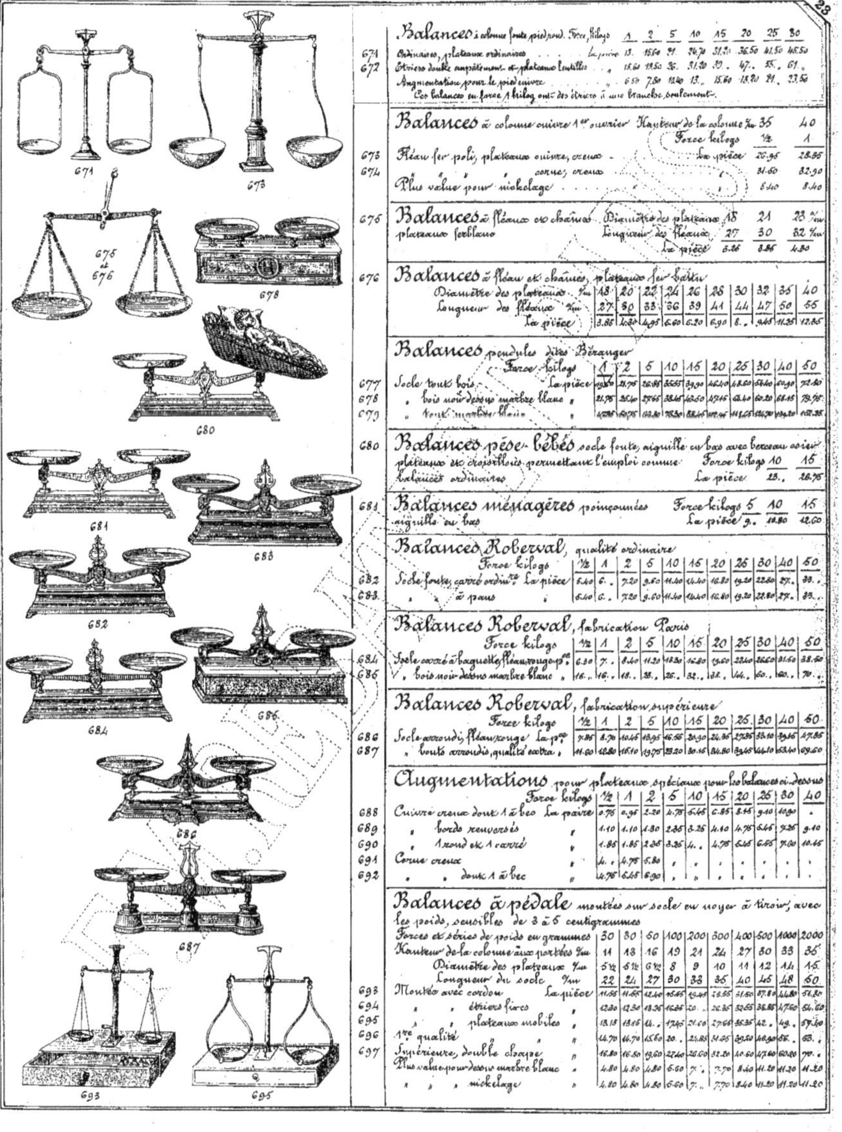

Balances à colonne fonte pied rond.

N°		Force, kilogs	1	2	5	10	15	20	25	30
671	Ordinaires, plateaux ordinaires	La pièce	13.	15.60	21.	24.70	31.20	36.50	41.50	45.50
672	Étriers double empâtement et plateaux lentilles	"	15.60	19.50	26.	31.20	39. .	47. .	55. .	61. .
	Augmentation pour le pied cuivre	"	6.50	7.80	10.40	13. .	15.60	18.20	21. .	23.50

Ces balances en force 1 kilog ont des étriers à une branche seulement.

Balances à colonne cuivre 1er ouvrier

N°		Hauteur de la colonne m/m	35	40
		Force kilogs	1/2	1
673	Fléau fer poli, plateaux cuivre, creux	La pièce	26.95	28.35
674	" " " corne, creux	"	31.60	32.90
	Plus value pour nickelage	"	6.40	8.40

N°	**Balances** à fléaux et chaînes plateaux ferblanc			
675	Diamètre des plateaux	18	21	23 m/m
	Longueur des fléaux	27	30	32 m/m
	La pièce	5.26	3.86	4.30

676 **Balances** à fléau et chaînes, plateaux fer battu

	1	2	3	4	5	6	7	8	9	10
Diamètre des plateaux m/m	18	20	22	24	26	28	30	32	35	40
Longueur des fléaux m/m	27	30	33	36	39	41	44	47	50	55
La pièce	3.85	4.30	4.95	5.60	6.20	6.90	8. .	9.45	11.25	12.85

Balances pendules dites Béranger

N°		Force kilogs	1	2	5	10	15	20	25	30	40	50
677	Socle tout bois	La pièce	19.60	21.75	26.85	35.65	39.90	46.40	48.60	54.40	60.90	72.80
678	" bois noir dessus marbre blanc	"	21.75	25.40	27.65	38.45	42.50	47.45	52.40	60.20	68.45	79.75
679	" tout marbre blanc	"	47.75	60.75	63.80	78.30	88.45	107.95	111.05	124.70	134.20	152.35

680 **Balances pèse-bébés** socle fonte, aiguille en bas avec berceau osier plateaux et crochets permettant l'emploi comme balances ordinaires

Force kilogs	10	15
La pièce	23. .	26.75

681 **Balances ménagères** poinçonnées aiguille en bas

Force kilogs	5	10	15
La pièce	9.	10.80	12.60

Balances Roberval, qualité ordinaire

N°		Force kilogs	1/2	1	2	5	10	15	20	25	30	40	50
682	Socle fonte, carré ordinre	La pièce	5.40	6. .	7.20	9.60	11.40	14.40	16.80	19.20	22.80	27. .	33. .
683	" " à pans	"	5.40	6. .	7.20	9.60	11.40	14.40	16.80	19.20	22.80	27. .	33. .

Balances Roberval, fabrication Paris

N°		Force kilogs	1/2	1	2	5	10	15	20	25	30	40	50
684	Socle carré à baguette, fléau rouge	pce	6.30	7. .	8.40	11.20	13.30	16.80	19.60	22.40	26.60	31.50	38.50
685	" bois noir dessus marbre blanc	"	16. .	16. .	18. .	23. .	26. .	32. .	38. .	44. .	60. .	60. .	70. .

Balances Roberval, fabrication supérieure

N°		Force kilogs	1/2	1	2	5	10	15	20	25	30	40	50
686	Socle arrondi, fléau rouge	La pce	7.85	8.70	10.45	13.95	16.55	20.90	24.35	27.85	33.10	39.15	47.85
687	" bouts arrondis, qualité extra	"	11.60	12.80	16.10	19.75	23.20	30.15	34.80	39.45	44.10	63.40	69.60

Augmentations pour plateaux spéciaux pour les balances ci-dessus

N°		Force kilogs	1/2	1	2	5	10	15	20	25	30	40
688	Cuivre creux dont 1 à bec	La paire	0.75	0.95	2.20	4.75	5.45	6.85	8.15	9.10	10.90	.
689	" bords renversés	"	1.10	1.10	1.80	2.35	3.25	4.10	4.75	5.45	7.25	9.10
690	" 1 rond et 1 carré	"	1.85	1.85	2.35	3.35	4. .	4.75	5.45	6.55	7.60	10.45
691	Corne creux	"	4. .	4.75	5.80	.	.	.	.	.	.	.
692	" " dont 1 à bec	"	4.75	5.45	6.90	.	"	.	.	.	.	.

Balances à pédale montées sur socle en noyer à tiroir, avec les poids, sensibles de 3 à 5 centigrammes

N°											
	Forces et séries de poids en grammes	30	30	50	100	200	300	400	500	1000	2000
	Hauteur de la colonne aux portées m/m	11	13	16	19	21	24	27	30	33	35
	Diamètre des plateaux m/m	5½	5½	6½	8	9	10	11	12	14	15
	Longueur du socle m/m	22	24	27	30	33	35	40	45	48	60
693	Montée avec cordon — La pièce	11.55	11.55	12.40	15.55	19.45	26.55	31.50	37.80	44.80	51.80
694	" " étriers fixes "	12.30	12.30	13.25	16.25	20. .	26.25	32.55	38.85	47.60	54.60
695	" " plateaux mobiles "	13.15	13.15	14. .	17.45	21.60	27.65	35.35	42. .	49. .	57.40
696	1re qualité " " "	14.70	14.70	15.60	20. .	24.85	31.05	39.20	46.90	56. .	63. .
697	Supérieure, double chape "	16.80	16.80	19.60	22.40	26.60	32.20	40.60	47.60	60.20	70. .
	Plus value pour dessus marbre blanc "	4.80	4.80	4.80	5.60	7. .	7.70	8.40	11.20	11.20	11.20
	" " " nickelage "	4.80	4.80	4.80	5.60	7. .	7.70	8.40	11.20	11.20	11.20

698

700

702

704

706

Balances trébuchets de précision fléau à aiguille en bas, bouton excentrique mobile, étriers doubles plateaux, sur socle noyer, à tiroir, avec séries de poids étalonnés, sensibles de 5 à 10 milligrammes

		Forces et séries de poids en grammes	30	50	100	200	300	500	1000
		Longueur des socles en %m	25	28	30	35	40	45	50
698	Balance cuivre verni	La pièce	32.20	36.	39.90	44.80	54.60	72.80	105.
699	" " nickelé	"	37.10	40.20	44.80	64.80	67.50	82.60	117.60
	Avec bras supports plus value	"	2.80	2.80	3.50	4.20	4.70	7.	8.40
	" dessus marbre blanc	"	4.80	4.80	5.60	7.70	8.40	11.20	14.
	" socle bois, tout noir	"	4.80	4.20	4.90	7.	7.	8.40	11.20

Balances de précision sur socle en noyer à tiroir, colonne pied rond à levier rinceau, chape longue, fléau en bronze nickelé, sensibles de 10 à 20 milligrammes
Modèle spécial pour bijoutiers, joailliers, etc

		Forces et séries de poids en grammes	100	200	300	500	1000	2000	3000	4000	5000
		Longueur des fléaux en %m	19	21	24	27	30	33	38	42	48
		" des socles en %m	30	33	36	45	50	55	60	70	80
700	Balance cuivre poli	La pièce	42.	49.	63.	105.	119.	147.	182.	210.	252.
701	" " nickelé	"	47.60	54.60	68.60	117.60	133.	161.	199.	227.	280.
	Pour bras supports plus value	"	3.50	5.60	8.40	11.20	14.	14.	16.80	16.80	21.
	" socle bois noir	"	5.60	5.60	7.	14.	14.	16.80	21.	28.	30.80

Balances de précision, sous cage, noyer à tiroir, avec les poids, fléau en bronze étriers et doubles plateaux, bouton excentrique, sensibles à 5 milligrammes

		Grandeurs des cages %m	34	36	40	45	50	55	70
		Forces et séries des poids en grammes	30	50	100	200	300	500	1000
702	Balance cuivre verni	La pièce	60.90	64.40	73.50	91.	112.	135.80	245.
703	" " nickelé	"	65.55	68.60	78.40	96.60	119.	144.20	253.40
704	" " verni avec supports sous le fléau	"	68.60	72.80	81.20	99.40	121.80	147.	262.
705	" " nickelé	"	74.20	77.	86.80	106.40	130.20	156.80	261.80

Balances de précision, sous cage, noyer verni, avec les poids, fléau en bronze à aiguille en bas, bouton excentrique, étriers et doubles plateaux en métal blanc, séries de poids étalonnés, sensibles à 2 milligrammes

		Grandeurs des cages %m	34	36	40	45	50	55	70
		Forces et séries de poids en grammes	30	50	100	200	300	500	1000
706	Balance cuivre verni	La pièce	72.10	77.	91.	107.10	144.20	191.80	280.
707	" " nickelé	"	77.	82.60	96.60	114.80	152.60	208.	294.
	En plus pour cage acajou	"	5.60	5.60	6.30	7.	8.40	11.20	14.
	" " " noire	"	8.40	8.40	9.80	9.80	11.20	14.	16.80

A partir de 300 grammes les étriers ont un petit plateau à tare

Balances de précision sous cage noyer, à tiroir, modèle fin, fléau en bronze aiguille en bas, étriers et doubles plateaux en métal blanc, bouton excentrique, vis calante et niveau, séries de poids étalonnés

		Grandeurs des cages %m	34	36	40	45	50	55	70
		Forces et séries de poids en grammes	30	50	100	200	300	500	1000
708	Balance cuivre verni	La pièce	99.40	105.	140.	168.	182.	224.	308.
709	" " nickelé	"	105.	112.	151.20	179.20	196.	260.80	329.
	En plus pour cage acajou	"	5.60	5.60	7.	7.	8.40	11.20	16.80
	" " " noire	"	8.40	8.40	9.80	9.80	11.20	16.80	21.

A partir de 200 grammes les étriers ont un petit plateau à tare

Balances trébuchets de poche

		Forces et séries de poids en grammes	30	50	100	200
		Longueur des boîtes en %m	14	15½	18	21
710	Balance ordinaire	La pièce	4.90	6.30	8.05	11.20
711	" fine	"	5.60	7.20	8.75	12.25
712	" façon Paris	"	7.20	8.85	11.20	14.

Balances de poche à colonne pédale, étriers avec plateaux mobiles sensibles au centigrammes

		Forces et séries de poids en grammes	50	100	200
		Longueur de la boîte %m	17	21	25
713	Balance ordinaire	La pièce	11.90	14.	16.80
714	" fine	"	18.20	21.	23.80
	En plus pour nickelage	"	4.90	4.90	5.60
	" " boîte acajou	"	1.75	2.10	2.80

Toute la balance et les poids sont renfermés dans la boîte

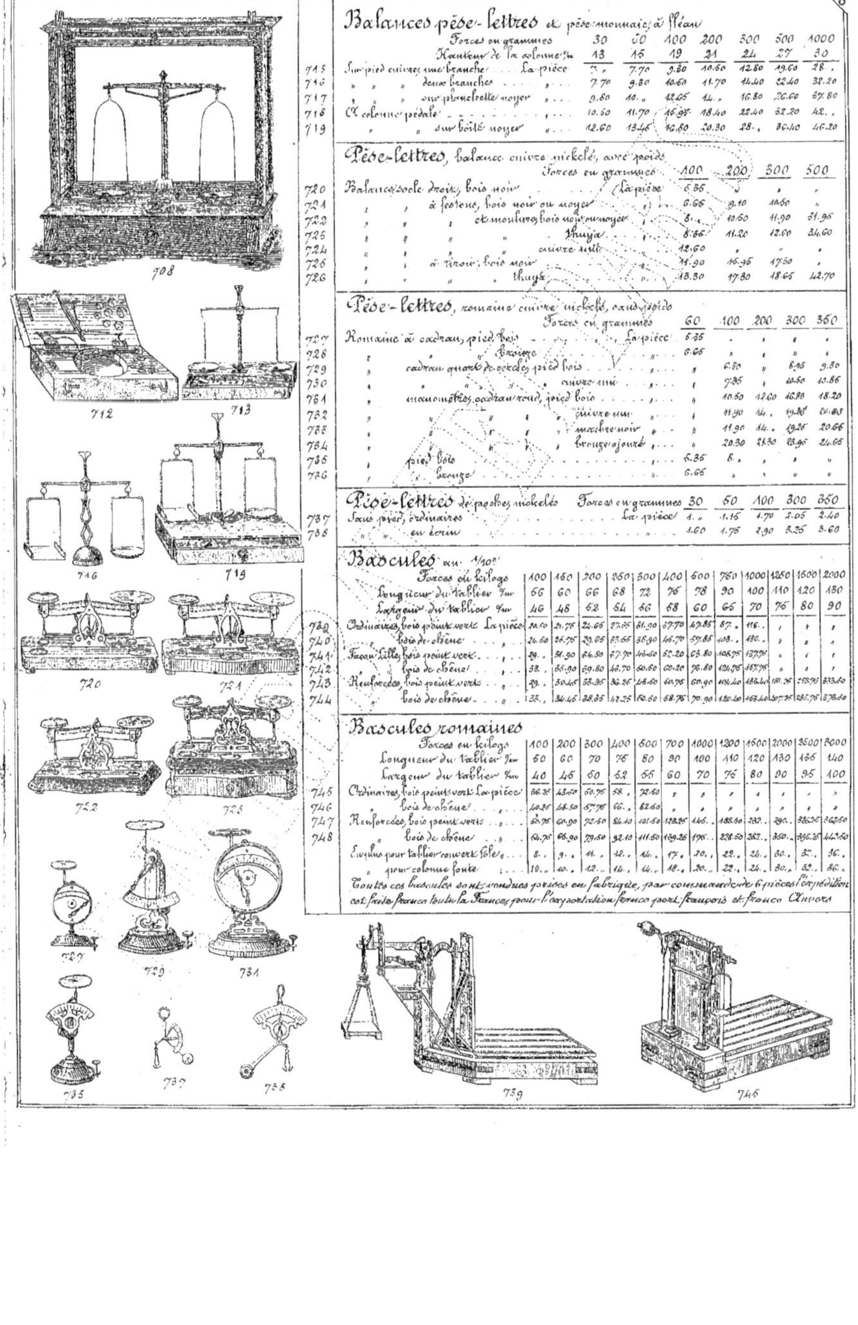

Balances pèse-lettres et pèse-monnaie, à fléau

N°	Forces en grammes	30	50	100	200	300	500	1000
	Hauteur de la colonne %m	13	15	19	21	24	27	30
715	Sur pied cuivre, une branche . . . La pièce	7 „	7.70	9.30	10.50	12.80	19.60	28 .
716	„ „ „ deux branches . . . . . „ . . .	7.70	9.30	10.60	11.70	14.40	22.40	32.20
717	„ „ „ sur planchette noyer „ . . .	9.80	10 . „	12.65	14 . „	16.80	26.60	37.80
718	A colonne pédale . . . . „ . . .	10.50	11.70	15.95	18.40	22.40	32.20	42 . .
719	„ „ sur boîte noyer „ . . .	12.60	13.45	16.80	20.30	28 . „	36.40	46.20

Pèse-lettres, balance cuivre nickelé, avec poids

N°	Forces en grammes	100	200	300	500
720	Balance socle droit, bois noir . . . . La pièce	6.35	„	„	„
721	„ „ à festons, bois noir ou noyer . . „ . . .	6.65	9.10	10.50	„
722	„ „ „ et moulures bois noir ou noyer „ . . .	8 . „	10.50	11.90	31.95
723	„ „ „ „ thuya . . . „ . . .	8.55	11.20	12.60	34.60
724	„ „ „ „ cuivre uni . . . „ . . .	12.60	„	„	„
725	„ „ à tiroir, bois noir . . . . „ . . .	11.90	15.95	17.50	„
726	„ „ „ „ thuya . . . . „ . . .	13.30	17.80	18.65	42.70

Pèse-lettres, romaine cuivre nickelé, sans poids

N°	Forces en grammes	60	100	200	300	350
727	Romaine à cadran, pied bois . . . . . La pièce	5.35	„	„	„	„
728	„ „ „ bronze . . . . . „ . . .	6.65	„	„	„	„
729	„ cadran quart de cercle, pied bois . . „ . . .	„	6.30	„	8.95	9.80
730	„ „ „ „ „ cuivre uni . . „ . . .	„	7.35	„	10.50	10.85
731	„ manomètre, cadran rond, pied bois . . „ . . .	„	10.50	12.60	16.80	18.20
732	„ „ „ „ „ cuivre uni . „ . . .	„	11.90	14 . „	19.25	[illegible]
733	„ „ „ „ „ marbre noir „ . . .	„	11.90	14 . „	19.25	20.65
734	„ „ „ „ „ bronze ajouré „ . . .	„	20.30	21.30	23.95	24.65
735	„ pied bois . . . . „ . . .	5.35	8 . „	„	„	„
736	„ „ bronze . . . . „ . . .	6.65	„	„	„	„

Pèse-lettres de poche, nickelés

N°	Forces en grammes	30	50	100	300	350
737	Sans pied, ordinaires . . . . La pièce	1 . „	1.15	1.70	2.05	2.40
738	„ „ en écrin . . . . „ . . .	1.60	1.75	2.90	3.25	3.60

Bascules au 1/10e

N°	Forces en kilogs	100	150	200	250	300	400	500	750	1000	1250	1500	2000
	Longueur du tablier %m	56	60	66	68	72	75	78	90	100	110	120	130
	Largeur du tablier %m	46	48	52	54	56	58	60	65	70	75	80	90
739	Ordinaires, bois peint vert La pièce	20.50	21.75	24.65	27.55	31.90	37.70	47.85	87 . „	116 . .	„	„	„
740	„ bois de chêne . . . . „ . . .	24.50	26.75	29.65	33.65	38.90	46.70	57.85	103 . „	130 . .	„	„	„
741	Façon Lille, bois peint vert . . . „ . . .	29 . .	31.90	34.80	37.70	46.50	52.20	63.80	108.75	137.75	„	„	„
742	„ bois de chêne . . . „ . . .	33 . „	35.90	39.80	43.70	50.50	60.20	75.80	124.75	157.75	„	„	„
743	Renforcées, bois peint vert . . . „ . . .	29 . .	30.45	33.35	36.25	48.50	60.75	60.90	104.40	133.40	181.35	253.75	333.50
744	„ bois de chêne . . . „ . . .	33 . „	34.45	38.35	42.25	50.60	58.75	70.90	120.40	153.40	207.75	285.75	378.50

Bascules romaines

N°	Forces en kilogs	100	200	300	400	500	700	1000	1200	1500	2000	2500	3000
	Longueur du tablier %m	50	60	70	75	80	90	100	110	120	130	135	140
	Largeur du tablier %m	40	45	50	52	55	60	70	75	80	90	95	100
745	Ordinaires, bois peint vert La pièce	36.35	43.50	50.75	58 . „	72.50	„	„	„	„	„	„	„
746	„ bois de chêne . . . „ . . .	40.25	48.50	57.75	66 . „	82.60	„	„	„	„	„	„	„
747	Renforcées, bois peint vert . . „ . . .	50.75	60.90	72.50	84.10	101.50	123.25	145 . .	188.50	232 . .	290 . .	326.25	362.50
748	„ bois de chêne . . „ . . .	64.75	66.90	79.50	92.10	111.50	139.25	175 . .	228.50	262 . .	350 . .	396.25	442.50
	En plus pour tablier couvert tôle „ . . .	8 . .	9 . „	11 . „	12 . .	14 . „	17 . „	20 . „	22 . „	24 . .	30 . „	32 . .	36 . „
	„ pour colonne fonte	10 . „	10 . „	12 . .	14 . „	14 . „	18 . „	20 . „	22 . „	24 . .	30 . „	32 . .	36 . „

Toutes ces bascules sont vendues prises en fabrique, par commande de 6 pièces l'expédition est faite franco toute la France, pour l'exportation franco port français et franco Anvers

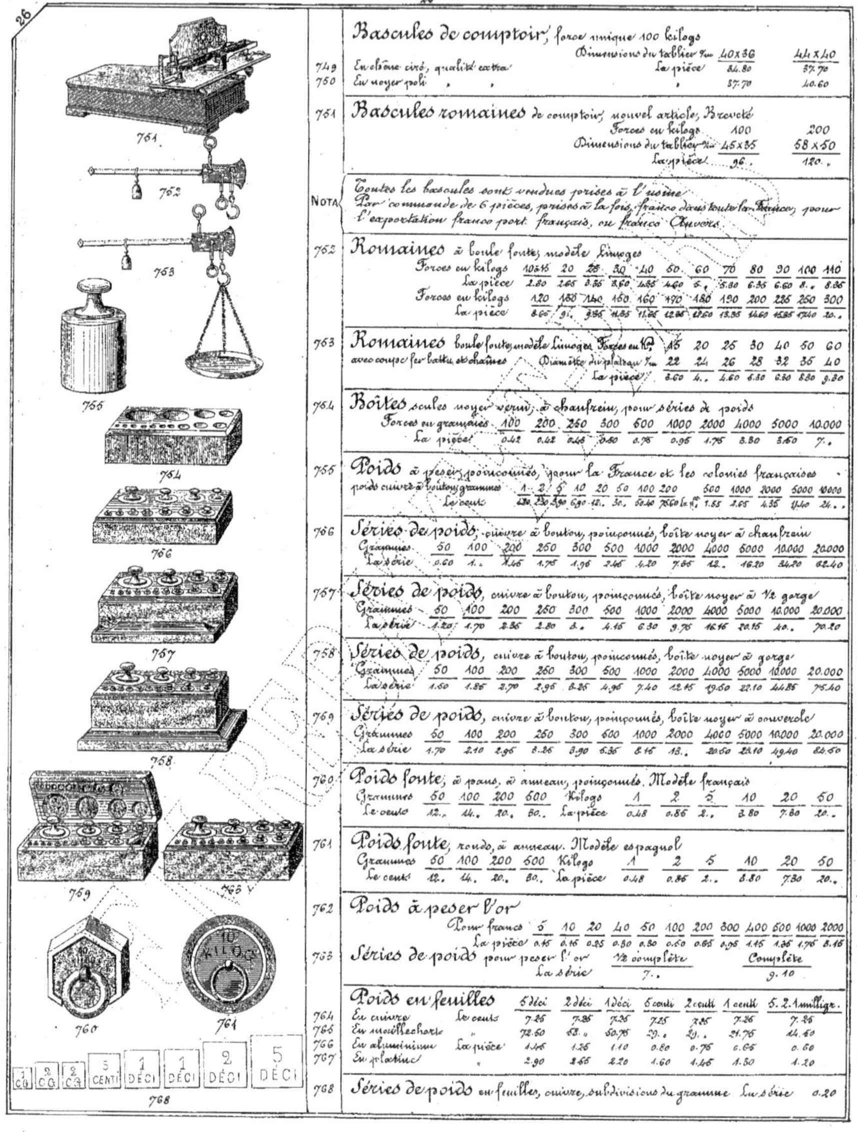

Bascules de comptoir, force unique 100 kilogs

		Dimensions du tablier ‰	40x36	44x40
749	En chêne ciré, qualité extra	La pièce	34.80	37.70
750	En noyer poli " "	"	37.70	40.60

751 **Bascules romaines** de comptoir, nouvel article, Breveté

Forces en kilogs	100	200
Dimensions du tablier ‰	45x35	58x50
La pièce	96.	120. "

NOTA { Toutes les bascules sont vendues prises à l'usine
Par commande de 6 pièces, prises à la fois, franco dans toute la France; pour l'exportation franco port français, ou franco Anvers.

752 **Romaines** à boule fonte, modèle Limoges

Forces en kilogs	10 à 15	20	25	30	40	50	60	70	80	90	100	110
La pièce	2.80	2.65	3.35	3.60	4.35	4.60	5. "	5.30	6.35	6.60	8. "	8.35
Forces en kilogs	120	130	140	150	160	170	180	190	200	225	250	300
La pièce	8.65	9. "	9.35	11.35	11.65	12.35	12.60	13.35	14.60	15.35	17.40	20. "

763 **Romaines** boule fonte, modèle Limoges avec coupe fer battu et chaînes

Forces en K^{os}	15	20	25	30	40	50	60
Diamètre du plateau ‰	22	24	26	28	32	35	40
La pièce	3.60	4. "	4.60	6.30	6.30	8.30	9.30

754 **Boîtes** seules noyer verni, à chanfrein, pour séries de poids

Forces en grammes	100	200	250	300	500	1000	2000	4000	5000	10.000
La pièce	0.42	0.42	0.46	0.50	0.75	0.95	1.75	3.30	3.60	7. "

755 **Poids** à peser, poinçonnés, pour la France et les colonies françaises. poids cuivre à bouton, grammes

grammes	1	2	5	10	20	50	100	200		500	1000	2000	5000	10000
Le cent	1.30	2.30	3.90	6.90	12. "	30. "	50.40	75.60	la p^{ce}	1.55	2.05	4.35	11.40	24. "

756 **Séries de poids**, cuivre à bouton, poinçonnés, boîte noyer à chanfrein

Grammes	50	100	200	250	300	500	1000	2000	4000	5000	10.000	20.000
La série	0.60	1. "	1.45	1.75	1.96	2.46	4.20	7.35	12. "	16.20	34.20	62.40

757 **Séries de poids**, cuivre à bouton, poinçonnés, boîte noyer à 1/2 gorge

Grammes	50	100	200	250	300	500	1000	2000	4000	5000	10.000	20.000
La série	1.20	1.70	2.35	2.80	3. "	4.15	6.30	9.75	16.16	20.15	40. "	70.20

758 **Séries de poids**, cuivre à bouton, poinçonnés, boîte noyer à gorge

Grammes	50	100	200	250	300	500	1000	2000	4000	5000	10.000	20.000
La série	1.50	1.85	2.70	2.95	3.25	4.95	7.40	12.15	19.50	22.10	44.85	75.40

759 **Séries de poids**, cuivre à bouton, poinçonnés, boîte noyer à couvercle

Grammes	50	100	200	250	300	500	1000	2000	4000	5000	10.000	20.000
La série	1.70	2.10	2.95	3.26	3.90	5.35	8.15	13. "	20.50	23.10	49.40	84.50

760 **Poids fonte**, à pans, à anneau, poinçonnés. Modèle français

Grammes	50	100	200	500	Kilogs	1	2	5	10	20	50
Le cent	12. "	14. "	20. "	30. "	La pièce	0.48	0.85	2. "	3.80	7.30	20. "

761 **Poids fonte**, ronds, à anneau. Modèle espagnol

Grammes	50	100	200	500	Kilogs	1	2	5	10	20	50
Le cent	12. "	14. "	20. "	30. "	La pièce	0.48	0.85	2. "	3.80	7.30	20. "

762 **Poids à peser l'or**

Pour francs	5	10	20	40	50	100	200	300	400	500	1000	2000
La pièce	0.15	0.16	0.25	0.30	0.30	0.50	0.65	0.95	1.15	1.35	1.75	3.15

763 **Séries de poids** pour peser l'or

	1/2 complète	Complète
La série	7. "	9.10

Poids en feuilles

			5 déci	2 déci	1 déci	5 centi	2 centi	1 centi	5. 2. 1 milligr.
764	En cuivre	Le cent	7.25	7.25	7.25	7.25	7.25	7.25	7.25
765	En maillechort	"	72.50	58. "	50.75	29. "	29. "	21.75	14.50
766	En aluminium	La pièce	1.45	1.25	1.10	0.80	0.75	0.65	0.60
767	En platine	"	2.90	2.65	2.20	1.60	1.45	1.30	1.20

768 **Séries de poids** en feuilles, cuivre, subdivisions du gramme La série 0.20

769 770 775 780 783 785 791 794 795 797 carré 798 Rond 799 Rond 800 carré 789 802 808 811 813 815

N°	Désignation		Prix
769	**Bat-habits** bois, hêtre naturel, traverse droite	La pièce	0.90
770	» » » » » cintrée	»	1.80
771	» » chêne » »	»	2.75
772	» » façon bambou verni » »	»	4.25

Bat-habits et meubles, dits martinets

N°	Longueur des lanières %m		28	30	33	37	48
773	Manche rouge, 10 lanières cuir	Le paquet de 144 pièces	13. »	»	»	»	»
774	» » 12 » »	Le paquet de 12 pièces	»	1.60	2. »	2.35	»
775	» verni, 12 » »	»	»	»	2.55	2.90	3.40
776	» » 12 » buffle	»	»	»	»	»	6.60
777	» » 14 » »	»	»	»	»	»	7. »
778	» » 20 lisières drap	»	»	»	»	»	7. »
779	» » 25 » »	»	»	»	»	»	8. »

Bat-meubles fils d'acier, manche bois verni

N°		Longueur %m	50	52	55	65
780	Fil d'acier, étamé	La pièce	»	0.86	»	1.10
781	» » garni tissus	»	0.86	»	1.10	»
782	» » enveloppé tapisserie	»	1.60	»	»	»

Bat-meubles jonc, forme trèfle

N°		Nombre de brins	2	3	4	5
783	Ordinaires	Le cent	42. »	45. »	60. »	80. »
784	Renforcés	»	»	75. »	90. »	135. »

N°	**Bat-meubles** jonc, forme raquette		Prix
785	» » grands trous	Le cent	60. »
786	» » petits trous	»	90. »
	Liés fil de fer, en plus	par cent	15. »
	Manche recouvert couleur tout le long, en plus	»	30. »

Bat-meubles jonc naturel, non écorcé, forme trèfle

N°		Nombre de brins	3	4
787	Ordinaires	Le cent	70. »	90. »
788	Renforcés	»	90. »	135. »

Bat-meubles jonc naturel, non écorcé, un brin

N°			Prix
789	Forme parisienne	Le cent	45. »
790	» coeur	»	60. »
	Liés fil de fer, en plus	par cent	15. »

N°	**Bâtons à cirer**, mâchoires tôle		Prix
791	ordinaires	La pièce	0.90
792	» » renforcées	»	1.15
793	» » virole cuivre, manche rapporté	»	1.60

Battes à côtelettes, 2 biseaux

N°		N°s 1	2	3	4	5		
794	Poids approximatif en grammes	800	1000	1200	1400	1600	Le kilog	2.60

N°	**Battes de zingueur**, charme		Prix
795	ordinaires	La pièce	0.90
796	» » soignés	»	1.20

Battements de persiennes

N°			Ronds	Carrés
797	Droits à pointe	Le kilog	1.40	1.40
798	Coudés »	»	1.40	1.40
799	Droits à scellements	»	1.40	1.40
800	Coudés »	»	1.40	1.40

Boîtes à clous

N°		Dimensions %m	30x22	33x23	36x24
801	Ordinaires, bois blanc	La pièce	1.60	1.80	1.95
802	» hêtre	»	1.80	1.95	2.15
803	Avec casier mobile, bois blanc	»	1.80	1.95	2.15
804	» » » hêtre	»	1.95	2.15	2.35
805	Avec couvercle et casier attenant, bois blanc	»	2.45	2.75	3. »
806	» » » » hêtre	»	2.60	2.80	3.10
807	» » » mobile, bois blanc	»	2.60	2.85	3.15
808	» » » » hêtre	»	2.85	3.15	3.45
809	» » » » et tiroir bois blanc	»	4.30	5. »	5.75
810	» » » » » hêtre	»	5. »	5.75	6.45

Boîtes à ficelle, bois verni

N°			Petites	Moyennes	Grandes
811	Bouton noir	La pièce	1.20	1.35	1.50
812	» » avec couteau	»	1.85	2. »	2.15

Boîtes à ficelle

N°		Contenance en livres	1/4	1/2	3/4	1
813	Fonte bronzée, à suspendre	La pièce	1.10	1.25	1.45	2.35
814	» » à pied	»	1.50	1.65	1.85	2.75

815 **Couteaux seuls**, forme harpe, pour boîtes à ficelle — Le cent 50. »

Ne se livrent pas par quantité inférieure à 12 pièces

816 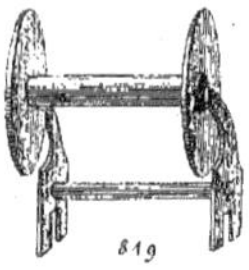 819  822

823, à glace  826 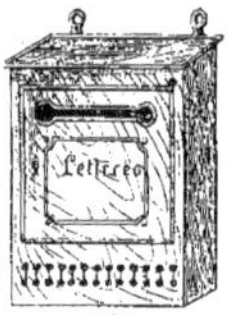 829

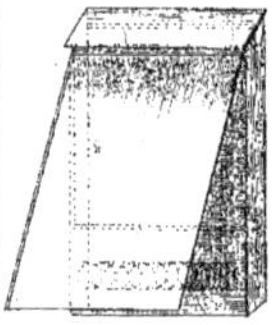

833 835

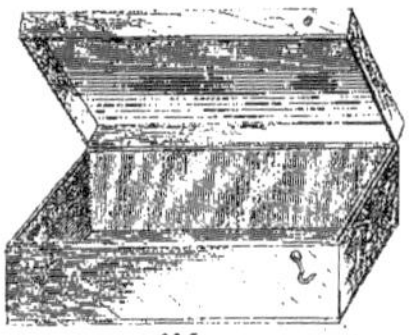

834  837

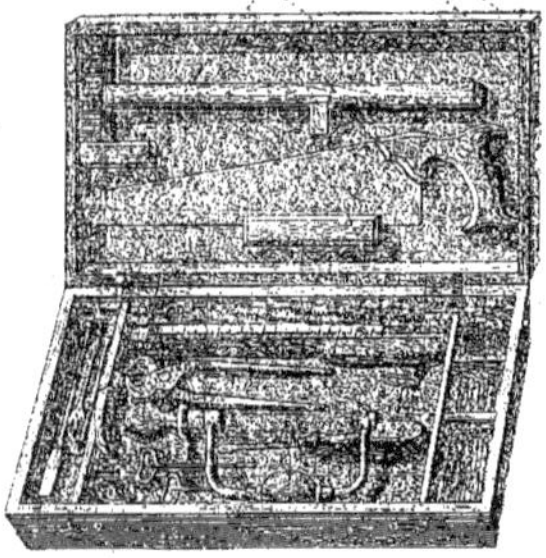

838  839  842

Boîtes à ficelle en cuivre, sans couteau

N°		Diamètre m/m	80	100	120
816	Cuivre poli	La pièce	3.20	3.60	4.40
817	" nickelé	"	4.80	4.60	6.40
818	Maillechort poli	"	5.60	6.40	8. .
	Avec couteau, en plus			La pièce	1.20

Poulies dévidoirs à ficelle, pour bouchers, charcutiers, épiciers,

N°			Prix
819	ordinaires étamés	La pce	3. .
820	" renforcés	"	4. .
821	" polis	"	4.50

Boîtes à lettres, bois

				Bois blanc	Hêtre ciré	Chêne ciré	Pitchpin
822	Derrière découpé porte pleine	32x19 m/m	La pce	2.85	3.65	3.90	3.90
823	" " " glace ou grillage	32x19	"	3.65	3.90	4.25	4.25
824	" " " pleine	35x24	"	3.65	3.90	4.25	4.25
825	" " " glace ou grillage	35x24	"	3.90	4.25	4.65	4.65

Boîtes à lettres, ferblanc verni couleur chêne

826 avec serrure et clé

Hauteur m/m	235	260	310
Largeur m/m	155	180	190
Epaisseur m/m	50	55	70
La pièce	1.80	2.25	3.60

Boîtes à lettres, serrure cloisonnée, agrafées, fabrication française

N°		1	2	3	4	5
	Hauteur et largeur m/m	24x16	28x16	30x20	35x20	35x21
	Profondeur c/m	5	5	6	8	8
827	Ferblanc 1/2 forte, verni chêne, entrée devant et derrière La pce	1.65	2. .	2.45	"	"
828	" forte " " " " "	"	2.75	"	"	"
829	" très forte " " " " "	"	3.30	3.85	"	"
830	" " " " " dessus "	"	"	"	4.65	"
831	" " " " " derrière, bascule cuivre "	"	"	"	5.10	"
832	Tôle galvanisée pour l'extérieur, entrée derrière, bascule cuivre "	"	"	"	6.75	"
833	" " " double porte, entrée derrière, bascule cuivre	"	"	"	"	6.30

Boîtes à lettres, ferblanc, façon chagrin, modèle riche

834 verni vert ou bleu, avec serrure et clé

Dimensions	22x16	25x18	27x20	30x22
La pièce	2.45	2.85	3.30	4.80

Boîtes à outils vides

N°		Longueur c/m	32	35	38	42	45	50
835	Bois blanc, avec serrure et cuvette mobile	La pièce	4.25	5. .	6. .	6.75	8. .	9. .
836	Chêne	"	5. .	6. .	6.75	8. .	9. .	10. .

Boîtes

837 bois verni, contenant le nécessaire et une instruction pour souder c/m 27x14x6

La pièce 6. .

Boîtes d'outils, pour amateurs, qualité supérieure

N°		Dimensions c/m	contenant	La pièce
838	Boîte bois naturel verni	40x24x9	13 outils	17.50
839	" " " "	36x36x17	21 "	35. .
840	" chêne ciré "	32x20x11	12 "	17. .
841	" " " "	36x26x12	15 "	21.35
842	" " " "	40x24x13	18 "	28.50
843	" " " "	56x30x16	35 "	68. .

844 845 846 847 848 849 851 852 855 867 861 862

844	**Bouches de chaleur**, cuivre, pour chaufferettes	Le cent 2.85	Le mille 27.50

845 **Bouches de chaleur**, cuivre, à tourniquet, modèle Toulon à pattes, sans douille

Diamètre extérieur m/m	80	95
Le cent	75..	105..

846 **Bouches de chaleur** cuivre fondu, à jour, ciselé

Diamètre de la douille m/m	55	68	75	80	95	110	120
La pièce	0.75	0.90	1.15	1.20	1.65	2.05	2.65

847 **Bouches de chaleur**, cuivre fondu à tourniquet, bouton olive

Diamètre à la douille m/m	55	68	84	95	110	120	135	150	160	185	220	240
Diamètre extérieur m/m	75	80	90	110	120	140	160	170	185	215	240	270
La pièce	1.15	1.45	2..	2.50	3.60	4.50	5.40	6.95	8.10	12.75	17.25	28.50

848 **Bouches de chaleur** cuivre fondu, à charnière unies ou ciselées

Diamètre à la douille m/m	55	70	80	95	110	120	135	150	160
Diamètre extérieur m/m	70	80	90	110	125	140	150	170	185
La pièce	1.50	1.95	2.40	3.15	4.15	4.90	6.40	7.75	9..

849 **Bouches de chaleur**, cuivre fondu, carrées, à bascule, à levier

Dimensions de la douille	Hauteur m/m	6½	6½	6½	6½	7½	7½	8	9½	9½	9½	12	12	15
	Longueur m/m	12	14	17	20	17	21	15	17	20	25	19	26	31
Dimensions extérieures	Hauteur m/m	7	7	7	7	8	8	9	10	10	10	13	13	16
	Longueur m/m	13	15	18	21	18	22	16	18	21	26	21	27	32
	La pièce	2.40	2.65	3..	3.60	3.75	4.50	3.60	5.25	5.65	7.15	7.50	9..	12.75

Bouches de chaleur à créneaux, coulisseaux cuivre pour frises et plinthes de poêles

Dimensions de la douille	Hauteur m/m	5½	5½	5½	6½	6½	6½	7½	7½	8½	8½	9	11
	Longueur m/m	15	17	20	15	17	20	19	24	18	23	27	33
Dimensions extérieures	Hauteur m/m	7	7	7	8	8	8	9	9	10	10	11	13
	Longueur m/m	16	18	21	16	18	21	21	26	20	25	30	35
850 En fonte	La pièce	2.10	2.40	2.65	»	»	»	3.40	»	3.75	4.90	6..	7.45
851 En cuivre	»	2.85	3.25	3.75	3.25	3.45	3.75	4.90	6..	6..	6.75	9..	12.40

Bouches de chaleur à persiennes, pour plinthes

Dimensions de la douille	Hauteur m/m	9½	9½	9½	9½	10½	10½	10½	13	13	13	14½	14½
	Longueur m/m	19½	24	29	33½	24	28½	33½	24	29	34	24	29
Dimensions extérieures	Hauteur m/m	11	11	11	11	12	12	12	14	14	14	16	16
	Longueur m/m	20	25	30	35	25	30	35	25	30	35	25	30
852 En fonte ordinaire	La pièce	5.45	6.20	6.90	7.60	6.90	7.60	6.35	8.35	9.05	9.90	9.05	9.45
853 » bronzée	»	6.45	7.25	8..	9.05	8..	9.05	9.80	9.45	10.50	11.25	11.45	10.90
854 En cuivre poli	»	11.60	12.70	14.15	15.80	14.15	15.90	18.15	16.70	18.15	20.20	18.45	20.30

Dimensions de la douille	Hauteur m/m	14½	14½	15½	15½	15½	15½	15½	18	18	18	18
	Longueur m/m	33	38	24	29	33½	38	43	19	24	29	37
Dimensions extérieures	Hauteur m/m	16	16	18	18	18	18	18	20	20½	20	20
	Longueur m/m	35	40	25	30	35	40	45	20	25	30	40
852 En fonte ordinaire	La pièce	10.60	11.60	10.15	10.90	11.60	12.35	13.80	7.35	10.90	11.60	13.05
853 » bronzée	»	12.10	13.35	11.60	12.60	13.45	14.20	16.80	8.70	12.35	13.45	15.10
854 En cuivre poli	»	22.45	26.10	19.60	21.75	24.65	28.30	33.35	15.95	21.75	23.90	31.90

Bouches de chaleur à persiennes, pour parquets

Dimensions de la douille	Largeur m/m	14	17	17	18	21	22	26	26
	Longueur m/m	17	17	22	18	21	26	26	31
Dimensions extérieures	Largeur m/m	16	20	20	22	25	25	30	30
	Longueur m/m	20	20	25	22	25	30	30	35
855 En fonte	La pièce	6.10	6.45	7.50	7.50	9.30	10.35	12.85	14.30
856 En cuivre fondu	»	14.30	17.15	20..	19.30	24.30	26.70	31.45	35.70

Dimensions de la douille	Largeur m/m	26	31	30	36	41	46	62
	Longueur m/m	36	31	36	36	41	46	62
Dimensions extérieures	Largeur m/m	30	35	35	40	45	51	70
	Longueur m/m	40	35	40	40	45	51	70
855 En fonte	La pièce	17.15	17.15	20..	21.45	25.70	37.15	71.45
856 En cuivre fondu	»	38.60	38.60	50..	57.15	71.45	92.85	228.50

867	**Bouchons** pour bouteilles, liège, tête ébène	Le cent	21..
868	» » » » » noyer	»	21..
869	» » » » » olivier	»	21..
860	» » » » » corozo	»	28..

Bouchons pour bouteilles, liège, tête métal nickelé

	Nos		1	2	3
861	Tête plate	Le cent	26.70	28.60	.
862	Tête ronde, forme ballon	»	22.85	26.70	28.60

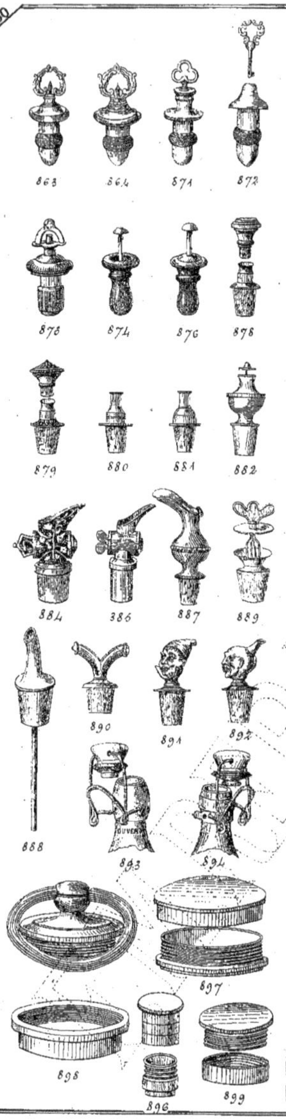

863 864 871 872

873 874 876 878

879 880 881 882

884 886 887 889

888 890 891 892 893 894

897 898 896 899

Bouchons à pression, pour bouteilles bout émail

N°	Désignation		Prix
863	Monture façon buis, à écrou, petit modèle	Le cent	32.
864	" " " " grand "	"	35.
865	" " buis verni " petit "	"	35.
866	" " " " " grand "	"	38.
867	" " acajou " petit "	"	35.
868	" " " " grand "	"	38.
869	" " buis verni noir, à écrou, petit } Modèles supprimés		
870	" " " " " " grand } Modèles supprimés		
871	" " acajou à clé, sans entrée	"	60.
872	" " " " avec entrée de serrure	"	65.

Bouchons à pression

N°	Désignation		Prix
873	Acajou, dessus nickelé, riche, dit Vichy	La pièce	1.40
874	Caoutchouc, tige nickelée, petit modèle	"	0.75
875	" " " grand "	"	0.90
876	" " et calotte nickelées, petit modèle	"	1. .
877	" " " " grand "	"	1.15

Bouchons dits paragoutte

N°	Désignation		Prix
878	En métal nickelé, à perles	La pièce	1.15
879	" argenté Louis XVI	"	2. .

Bouchons verseurs

N°	Désignation		Prix
880	En métal ordinaire, à bille	Le cent	14.50
881	" nickelé, à bille se dévissant	"	22.75
882	" ordinaire, nickelé, à clapet	"	24.25
883	Étain garanti, à clapet	"	50. .
884	En métal ordinaire, à robinets, guilloché	"	28.75
885	" nickelé " uni renforcé	"	43. .
886	" " ordinaire, à bec, couvercle à charnière	"	40. .
887	" " soigné, à bec automatique	"	60. .
888	" " à long tube	"	60. .
889	En étain garanti à sirops	"	43. .
890	A absinthe, métal nickelé, gros liège, à 2 becs	"	86. .
891	" " " " " tête de normand	"	86. .
892	" " " " " tête de chinois	"	86. .

893 Bouchons à ressort pour canettes, à bague ordinaire, pour bouteilles spéciales

Le mille 58.. Le % 6.50

894 " " " à collier percé pour toutes bouteilles. 86.. , 9..

895 Rondelles caoutchouc pour dito — Le kilog 22..

896 Bouchons cuivre pour becs de bidons, bague en dedans

Diamètre extérieur sur mollotage m/m	12	13	14	15
d° d° de la portée m/m	8	9	10	11
Le cent	7.50	10.50	13.50	16.50

897 Bouchons cuivre, plats, à vis, bague en dedans

Diamètre extérieur sur mollotage m/m	12	14	16	18	20	22	24	26	28	30
d° d° à la portée m/m	9	11	13	15	17	19	21	23	25	26
Le cent	13.50	15. .	17.25	19.50	22.50	24. .	25.50	27. .	30. .	37.50
Diamètre extérieur sur mollotage m/m	32	34	36	38	40	42	44	46	48	50
d° d° à la portée m/m	28	30	32	34	36	37	39	41	43	45
Le cent	42. .	45. .	48. .	51. .	54. .	60. .	67.50	75. .	82.50	97.50
Diamètre extérieur sur mollotage m/m	52	54	56	58	60	70	80	90	100	110
d° d° à la portée m/m	47	49	51	53	55	65	75	84	94	104
Le cent	112.50	127.50	142.50	157.50	187.50	225. .	300. .	412.50	547.50	675. .

898 Bouchons cuivre à anneau, bague en dedans pour bouillottes

Diamètre extérieur sur mollotage m/m	24	28
d° d° à la portée m/m	21	25
Le cent	60. .	75. .

899 Bouchons cuivre, plats, ordinaires, bague en dehors

Diamètre extérieur sur mollotage m/m	15	17
d° d° à la portée m/m	14	16
Le cent	15. .	18. .

900 901 902 903 904 906 906 907 909 908 913 915 917 919 921

900 **Bouchons** cuivre, à cuvette

Diamètre extérieur de la cuvette m/m	22	26	28	35	38	46
d° d° à la portée m/m	14	16	18	20	22	33
Le cent	27..	37.60	45..	52.60	67.50	142.50

901 **Bouchons** cuivre, plats, à anneau, bague en dehors

Diamètre extérieur sur molletage m/m	20	23	26	30	33	37	43
d° d° à la portée m/m	19	21	23	27	30	34	39
Le cent	45..	52.60	60..	67.50	75..	90..	112.50

902 **Bouchons** cuivre, plats, à lame, bague en dehors

Diamètre extérieur sur molletage m/m	20	23	26	30	33	37	40
d° d° à la portée m/m	17	20	22	26	29	33	36
Le cent	45..	52.60	60..	67.50	75..	90..	105..

903 **Bouchons** cuivre, à anneau, pour cylindre à eau

Diamètre extérieur sur molletage m/m	20	22	24	27	30	33	39
d° d° à la portée m/m	18	20	22	23	25	27	29
Le cent	37.50	45.	60..	75.	90..	112.50	187.50

904 **Bouchons** cuivre, 3 pièces, plats pour réchauds — Diamètre extérieur sur molletage 24 m/m; d° d° à la portée m/m 19 Le cent 60..

905 **Bouchons** cuivre, légers pour burettes

Diamètre extérieur sur molletage m/m	25	28
d° d° à la portée m/m	19	21
Le cent	13.60	18..

906 **Bouchons** cuivre à chambre d'air pour burettes

Diamètre extérieur sur molletage m/m	21	26
d° d° à la portée m/m	19	22
Le cent	30..	37.50

907 **Bouchons** cuivre à cuvette à oreilles droites

Diamètre extérieur de la cuvette m/m	33	35
d° d° à la portée m/m	19	21
Le cent	42..	48..

908 **Bouchons** cuivre à cuvette à oreilles relevées

Diamètre extérieur de la cuvette m/m	35	36
d° d° à la portée m/m	21	22
Le cent	46.50	49.50

Boucles anglaises, à rouleau, légères, dites de sacs

	N°s	4.5.6	7	8	9	10	11	12	13	14	15	16	17	18	19	20
	Dimensions intérieures m/m	9.13.14	17	18	20	22	25	27	30	34	35	37	39	41	43	46
909	Étamées Le cent	1.80	1.80	1.85	2.35	2.40	2.60	3.20	3.55	4..	4.35	4.65	5.60	6.25	7.20	8.40
910	Vernies "	1.60	1.60	1.60	1.85	1.95	2.20	2.90	3.20	3.60	3.95	4.20	5.20	5.80	6.80	7.60

Boucles anglaises, à rouleau, 2e qualité

	N°s	4.5.6	7	8	9	10	11	12	13	14	15	16
	Dimensions intérieures m/m	9.13.14	17	18	20	22	25	27	30	34	35	37
911	Étamées Le cent	1.86	1.85	2..	2.40	2.80	3.05	3.70	4..	4.40	5.20	5.95
912	Vernies "	1.70	1.70	1.80	2..	2.40	2.75	3.15	3.70	4..	4.80	5.60

Boucles anglaises, à rouleau, fortes, 1re qualité

	N°s	5.6.7	8	9	10	11	12	13	14	15	16	17	18	20	22	24
	Dimensions intérieures m/m	13.14.17	18	20	22	25	27	30	34	35	37	39	41	46	53	55
913	Étamées Le cent	2.60	2.65	2.90	3.45	3.95	4.40	5..	5.45	6..	6.60	7.20	7.85	9.35	10.80	12.65
914	Vernies "	2.20	2.25	2.60	3..	3.65	3.95	4.40	5..	5.40	5.85	6.40	7.05	8.65	9.60	10.60

Boucles à lyre, soudées, 1re qualité

	N°s	5.6.7	8	9	10	11	12	13	14	15	16	17	18	19	20
	Dimensions intérieures m/m	13.14.17	18	20	22	25	27	30	34	35	37	39	41	43	46
915	Étamées Le cent	2.40	2.75	3.30	3.70	4.35	4.75	5.40	5.85	6.60	7.20	8..	8.65	9.80	10.40
916	Vernies "	2.35	2.60	3.05	3.45	4..	4.40	5..	5.45	6.15	6.75	7.20	8..	9.20	9.60

Boucles cuivre pour carniers

	Longueur m/m	36	40	47	54	60
917	Carrées, brunies jaunes ou blanches Le cent	21.50	22.90	27..	30..	"
918	Rondes " " " "	23.50	26..	30..	34..	42..

Boucles de guêtres

	Dimensions intérieures m/m	16	18	20	23	27	32	36	40
919	Cuivre estampé, fortes, jaunes ou blanches Le paquet de 144 paires	9..	10.50	11.65	12.40	13.60	16..	18.65	24..
920	Cuivre fondu " " " " "	"	11.65	13.15	15..	19.50	21..	26.50	29.25
921	Cuivre découpé, rondes " " " " "	13.90	17.25	18..	21..	26.60	31.50	36..	40.50
922	Fer découpé, rondes, vernies noires " " "	9..	10.15	10.90	12.40	13.50	14.25	16.75	19.50
923	Fer soudé, rondes étamées " " "	12.40	14.25	16.75	18..	21..	28.50	33..	36..

Augmentation : pour boucles à rouleau 12f. par paquet de 144 paires
Augmentation : par quantité inférieure à 144 paires de chaque dimension 20%

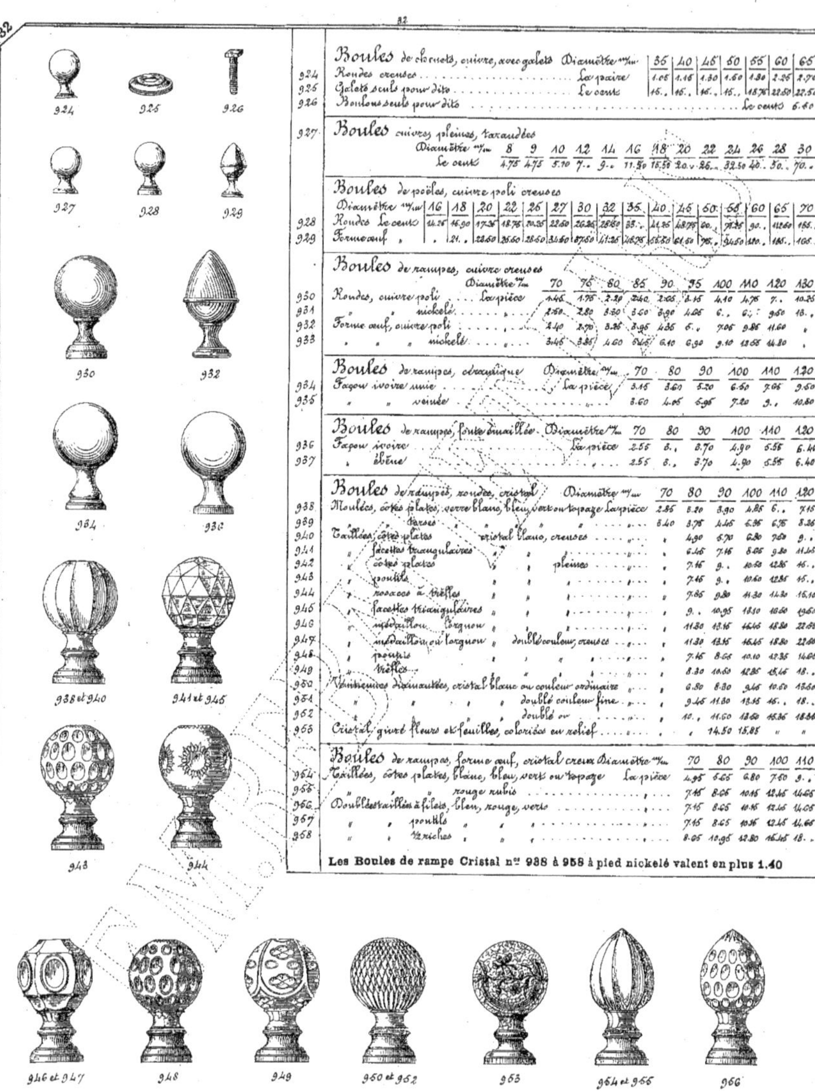

	Boules de chenets, cuivre, avec galets	Diamètre m/m	35	40	45	50	55	60	65
924	Rondes creuses	La paire	1.05	1.15	1.30	1.60	1.90	2.25	2.70
925	Galets seuls pour dito	Le cent	15..	15..	15..	15..	18.75	22.50	22.50
926	Boulons seuls pour dito	Le cent 6.40							

927 **Boules** cuivres pleines, taraudées

Diamètre m/m	8	9	10	12	14	16	18	20	22	24	26	28	30
Le cent	4.75	4.75	5.10	7..	9..	11.50	15.50	20..	26..	32.50	40..	50..	70..

Boules de poêles, cuivre poli creuses

	Diamètre m/m	16	18	20	22	25	27	30	32	35	40	45	50	55	60	65	70
928	Rondes Le cent	14.25	15.90	17.25	18.75	20.25	22.50	26.25	28.50	33..	41.25	48.75	60..	71.25	90..	112.50	155..
929	Forme oeuf »	.	21..	22.50	25.60	28.50	34.50	37.50	41.25	48.75	55.50	61.50	75..	94.50	120..	135..	165..

Boules de rampes, cuivre creuses

		Diamètre m/m	70	75	80	85	90	95	100	110	120	130
930	Rondes, cuivre poli	La pièce	1.45	1.75	2.20	2.40	2.65	3.15	4.10	4.75	7..	10.25
931	» » nickelé	»	2.50	2.80	3.30	3.60	3.90	4.05	6..	6..	9.50	13..
932	Forme oeuf, cuivre poli	»	2.40	2.70	3.25	3.95	4.35	5..	7.05	9.85	11.60	»
933	» » » nickelé	»	3.45	3.85	4.60	5.45	6.10	6.90	9.10	13.65	14.80	»

	Boules de rampes, céramique	Diamètre m/m	70	80	90	100	110	120
934	Façon ivoire unie	La pièce	3.15	3.60	5.20	6.50	7.05	9.50
935	» » veinée	»	3.60	4.05	5.95	7.20	9..	10.80

	Boules de rampes, fonte émaillée	Diamètre m/m	70	80	90	100	110	120
936	Façon ivoire	La pièce	2.55	3..	3.70	4.90	5.55	6.40
937	» ébène	»	2.55	3..	3.70	4.90	5.55	6.40

	Boules de rampes, rondes, cristal	Diamètre m/m	70	80	90	100	110	120
938	Moulées, côtes plates, verre blanc, bleu, vert ou topaze	La pièce	2.85	3.20	3.90	4.85	6..	7.15
939	» » torses » » » »	»	3.40	3.75	4.45	5.35	6.75	8.25
940	Taillées, côtes plates cristal blanc, creuses	»	»	4.90	5.70	6.30	7.50	9..
941	» facettes triangulaires » » »	»	»	6.45	7.15	8.05	9.80	11.45
942	» côtes plates » » pleines	»	»	7.15	9..	10.50	12.85	15..
943	» pontils » » »	»	»	7.15	9..	10.60	12.85	15..
944	» rosaces à trèfles » » »	»	»	7.85	9.80	11.30	14.30	15.10
945	» facettes triangulaires » » »	»	»	9..	10.95	13.10	16.50	19.50
946	» médaillon lorgnon » » »	»	»	11.30	13.15	16.45	18.80	22.65
947	» médaillon ou lorgnon » doublé couleur, creuses	»	»	11.30	13.15	16.45	18.80	22.65
948	» pompis » » » »	»	»	7.15	8.65	10.10	12.35	14.65
949	» trèfles » » » »	»	»	8.30	10.50	12.85	15.15	18..
950	Vénitiennes diamantées, cristal blanc ou couleur ordinaire	»	»	6.80	8.30	9.45	10.50	13.50
951	» » » » doublé couleur fine	»	»	9.45	11.30	13.15	15..	18..
952	» » doublé or	»	»	10..	11.60	13.50	15.35	18.35
953	Cristal givré fleurs et feuilles, coloriées en relief	»	»	»	14.50	15.85	»	»

	Boules de rampes, forme oeuf, cristal creux	Diamètre m/m	70	80	90	100	110
954	Taillées, côtes plates, blanc, bleu, vert ou topaze	La pièce	4.95	5.65	6.80	7.50	9..
955	» » » rouge rubis	»	7.15	8.65	10.15	12.15	14.65
956	Doublés taillés à filets, bleu, rouge, verts	»	7.15	8.65	10.15	12.15	14.05
957	» » pontils » » »	»	7.15	8.65	10.35	12.15	14.65
958	» » ½ riches » » »	»	8.05	10.95	12.80	15.15	18..

Les Boules de rampe Cristal nos 938 à 958 à pied nickelé valent en plus 1.40

(Voir prix page 32)

Paris. — Imp. DONNADIEU 23, Rue des Francs-Bourgeois

Bourrelet en percale, couleur blanche, grise, chêne clair, acajou, vieux chêne ou noyer

		Nos	1	2	3	4	5	6	7
		Circonférence approximative c/m	4	5	6	7	8	9	10
		Diamètre approximatif m/m	11	15	18	21	24	28	30
959	Garni étoupe (pièces de 25 mètres)	Les cent mètres	8.75	8.75	8.75	10.75	10.75	13. .	13. .
960	Garni coton " " "	"	14.50	14.50	14.50	14.50	14.50	17.50	17.50

961	" " pour feuillure Dimension unique	Les cent mètres		10.70
962	" " plats dits brise-bise (pièces de 25 mètres)	Largeur m/m	40	50
		Les cent mètres	26.25	28.75

		Nos	0	1	2	3
963	**Bourrelet invisible**, bout de 2m50 (paquets de 25 mètres) ouate à coller, couleur blanche ou marron	Les cent mètres	12.15	12.15	15. .	15. .

SUPPRIMÉ

		Nos	1	2	3
964	**Bourrelet [illegible]** (pièces de 25 mètres) tresse brevetée, couleur blanche, marron ou grise	Les cent mètres	13.60	20. .	25.70

965	**Colle spéciale** pour les bourrelets invisibles ci-dessus	Le flacon	0.60

		Nos	0	1	2	3
966	**Bourrelet invisible**, nouvel article (bouts de 1m25, paquets de 10 mètres) ouate avec colle adhérente, couleur blanche ou marron	Le paquet	1.35	1.35	1.65	1.65

Bourrelet russe, feutre plat

			6	9	12	15	20	25	35	45
		Largeur m/m	6	9	12	15	20	25	35	45
967	Couleur grise, blanche ou marron (par longueur de 2m)	Les 100 mètres	11.45	"	"	"	"	"	"	"
968	" " grise, brune, blanche, beige (" " de 25m)	"	"	16.45	16.45	16.45	19.30	32.85	50. .	64.20
969	" grise, marron, blanche (" " de 4m65)	"	"	"	"	"	"	25. .	30. .	68.60

Bourrelet feutre et bois

			20	23	52
		Largeur m/m	20	23	52
970	Couleur blanche, marron, havane, gris clair (par longueur de 100 c/m)	Le mètre	0.35	0.50	1.35
971	" " " " (" " " 90 c/m)	Le morceau	"	"	1.20
972	" " " " (" " " 80 c/m)	"	"	"	1. .

973 **Bourrelet plinthe** articulé, pour porte, bois façon noyer

feutre marron. Largeur totale 57 m/m	Longueur c/m	80	85	90	95	100
	La plinthe	3.60	3.60	3.95	4.30	4.30

Bien indiquer si ces plinthes sont destinées à des portes droite ou gauche

974 **Bourrelet métallique**, zinc et feutre (bandes de 2 mètres) feutre couleur blanche, grise ou marron

	Nos	1	2
	Largeur m/m	13	20
	Les cent mètres	35.70	48.60

		Longueur c/m	60	65	70	75	80	85	90	100
975	**Plinthes métalliques**, zinc et feutre pour bas de portes. Largeur 48 m/m	La plinthe	1.10	1.15	1.20	1.35	1.45	1.50	1.60	1.70

Bouts de cannes

		Hauteur		Ouverture m/m	6 à 15	16 à 20	20½ à 22	22½ à 26
976	Cuivre blanchi, emboutis ordinaires	21 m/m	Le cent		2.65	3.40	4.90	6.40
977	" " ferrés soudés	22 "	"		5.25	6.75	8.25	9.75
978	" " " bouts arrondis	26 "	"		6.75	8.25	9.75	11.25
979	" ferrés, bout arrondi	26 "	"		11.25	12.75	18.75	22.50
980	Maillechort, ferrés, bout arrondi	26 "	"		11.25	12.75	18.75	22.50

Bouts de cannes

		Hauteur m/m	20	30	40	50	60
981	Fer soudé, bout plat, ouverture de 7 à 20 m/m	Le cent	7.15	17.15	21.45	25.70	34.30
982	" " " " de 20½ à 25 m/m	"	14.30	25.70	30. .	34.30	42.85

Bouts de cannes, soudés, semelle fer plat épaisseur 3 m/m

			Hauteur m/m	24	30	40	50	60
983	Cuivre, ouverture de	7 à 16 m/m	Le cent	10.70	22.85	28.60	34.30	42.85
984	" "	16½ à 20	"	12.15	22.85	28.60	34.30	42.85
985	" "	20½ à 22	"	17.15	35.70	41.40	47.15	65.70
986	" "	22½ à 26	"	21.45	35.70	41.40	47.15	65.70
987	Maillechort "	7 à 16	"	10.70	22.85	28.60	34.30	42.85
988	" "	16½ à 20	"	12.15	22.85	28.60	34.30	42.85
989	" "	20½ à 22	"	17.15	35.70	41.40	47.15	65.70
990	" "	22½ à 26	"	21.45	35.70	41.40	47.15	65.70

Bouts de cannes, soudés, semelle fer arrondi épaisseur 10 m/m

			Hauteur m/m	30	40	50	60
991	Cuivre, ouverture de	7 à 16 m/m	Le cent	40. .	45.70	51.45	60. .
992	" "	16½ à 20	"	40. .	45.70	51.45	60. .
993	" "	20½ à 22	"	65.70	71.45	77.15	85.70
994	" "	22½ à 26	"	65.70	71.45	77.15	85.70
995	Maillechort "	7 à 16	"	40. .	45.70	51.45	60. .
996	" "	16½ à 20	"	40. .	45.70	51.45	60. .
997	" "	20½ à 22	"	65.70	71.45	77.15	85.70
998	" "	22½ à 26	"	65.70	71.45	77.15	85.70

959 — 962 — 963 — 965 — 967 — 970 — 974 — 976 — 977 — 978 — 979 — 981 — 985 — 994

999 1002 1003 1004

1005 1006 1007 1008

1009 1010 1011 1012

1014 1015 1016 1017

1018 à 1020

1021 1023

1024 1025

Bouts de cannes, coniques, dits parisiens, semelle fer arrondie, épaisseur 10 m/m

999 En cuivre Longueur 35 m/m Ouverture 8 à 11 m/m .... Le cent 12.65
1000 En maillechort " " " 8 à 11 m/m .... " 12.85
1001 En bronze acier " " " 8 à 11 m/m .... " 12.15

Bouts de cannes, perpignanais, fer forgé

1002 Droits ordinaires Diamètre extérieur 14 à 26 m/m Hauteur approximative 68 à 85 m/m Le % 38.50
1003 A gorge " " " " " 115 à 145 m/m " 42.75
1004 A gorge et boules " " " " " 115 à 145 m/m " 71.50

Les bouts de cannes N°s 976 à 1004 pris par paquets de 144 pièces d'une même dimension Bonification 5 %

1005 Bouts de soufflets fer blanc

Longueur m/m	78	88	98	108	118	128
Le paquet de 144 pièces	6..	6..	6.75	7.25	8.25	8.75

1006 Bouts de soufflets fer blanc

grande ouverture, dits Normands

Longueur m/m	108	118	128
Le paquet de 144 pièces	11..	13..	15..

1007 Bouts de soufflets tôle étamée

emboutis à culot

Longueur m/m	120	135	155
Le paquet de 144 pièces	26..	28..	30..

Les bouts de soufflets en fer blanc et tôle étamée ne se livrent pas par quantité inférieure à 144 pièces de chaque dimension

1008 Bouts de soufflets cuivre

Longueur m/m	72	80	88	95	100	110
Le paquet de 144 pièces	11.70	13.25	15.50	18.50	20..	22..
(par quantité inférieure) Le cent	"	"	14..	17..	18..	20..

Cet article en 72 et 80 m/m n'est pas livré par quantité inférieure à un paquet de 144 pièces de chaque dimension.

Bouts de soufflets cuivre, faux filets

1009 Bouts de soufflets cuivre, faux filets .... Longueur 105 m/m Le paquet de 144 30..
1010 " " " " à filets .... " 110 " " " 75..
1011 " " " " complètement unis .... " 125 " " " 70..
1012 " " " " emboutis à culot .... " 120 " " " 93..
1013 " " " " .... " 130 " " " 93..
1014 " " " " à filets, couleur vert, bleu ou rouge " 90 " " " 18..

1015 Bouts de soufflets, cuivre fondu

poli, unis

Longueur m/m	85	95	110	120
La pièce	0.65	0.65	0.75	1.05

Bouts de soufflets, cuivre fondu

1016 A filet, 1/2 riche Longueur 100 m/m .... La pièce 0.70
1017 Ciselé verni or " 110 m/m .... " 1.50

1018 Boulons de fermeture

Longueur entre la tête et la clavette m/m	60 à 65	70	80	90	100	110	120	140
Ordinaires avec clavette et rosette Le cent	20..	21..	24..	26..	28..	32..	36..	42..

1019 Platines carrées seules .... Le cent 2..
1020 Clavettes seules .... " 2..

Boulons de fermeture, automatiques, Brevetés, boîte fonte vernie

1021 Boulons de 14 m/m, pattes horizontales .... Le cent 56..
1022 Boulons seuls .... " 22..

1023 Boulons à chapeaux pour brides ovales

Diamètre de la tige m/m	8	9	10	11	12	13	14	15	16	18	20
Longueur sous la tête m/m	40	45	50	55	60	65	70	75	80	90	100
Le cent	8..	8.80	11.20	13.60	14.40	20.80	24..	28.80	32..	36..	40..

1024 Brides ovales, sans boulons

Diamètre m/m	20	25	30	35	40	45	50	55	60	65	70	75	80	85	90	95	100	110	120
La paire	0.32	0.36	0.62	0.66	0.80	0.95	1.05	1.20	1.35	1.55	1.75	1.95	2.40	2.65	2.80	2.90	2.95	3.60	4..

Brides ovales, par 25 kilogs assorties .... Les cent kilogs 104..

1025 Brides rondes, sans boulons

Diamètre m/m	20	25	30	35	40	45	50	55	60	65	70	75	80	85
La paire	0.66	0.80	0.85	1.36	1.46	1.55	1.75	1.95	2..	2.15	2.35	2.40	2.55	2.75

Diamètre m/m	90	95	100	105	110	115	120	125	130	135	140	145	150
La paire	2.95	3.05	3.80	3.75	4.35	4.55	4.65	4.95	5.05	5.20	5.35	5.55	5.95

Brides rondes, par 25 kilogs assorties .... Les cent kilogs 104..

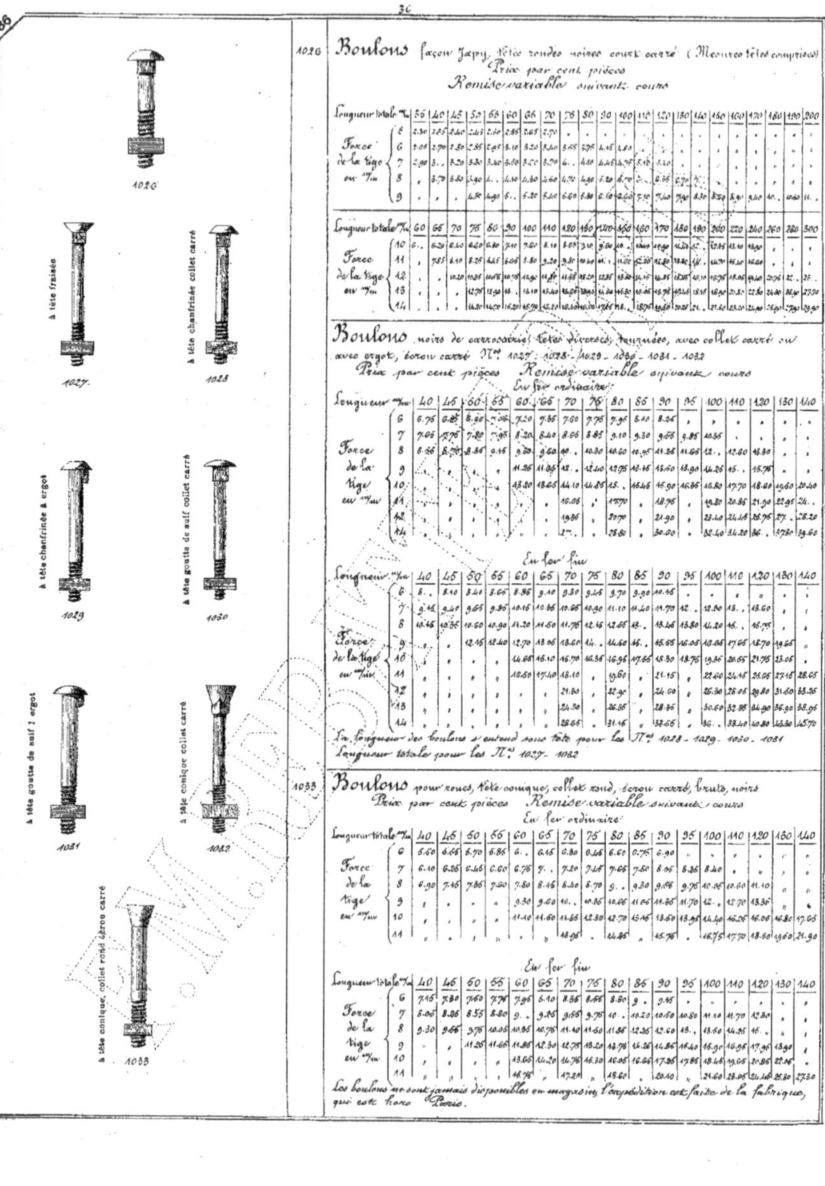

1026 **Boulons** façon Japy, têtes rondes noires court carré (Mesures têtes comprises)

Prix par cent pièces

Remise variable suivant cours

Longueur totale $^m/_m$	35	40	45	50	55	60	65	70	75	80	90	100	110	120	130	140	150	160	170	180	190	200
Force de la tige en $^m/_m$ 5	2.30	2.35	2.40	2.45	2.50	2.55	2.65	2.70	.	.	.	.	.	.	.	.	.	.	.	.	.	.
6	2.65	2.70	2.80	2.85	2.95	3.10	3.20	3.40	3.65	3.75	4.15	4.60	.	.	.	.	.	.	.	.	.	.
7	2.90	3..	3.20	3.30	3.40	3.50	3.60	3.70	4..	4.30	4.45	4.75	5.10	5.40	.	.	.	.	.	.	.	.
8	.	3.70	3.80	3.90	4..	4.10	4.30	4.60	4.70	4.90	5.20	5.70	[illegible]	6.35	6.70	7..	.	.	.	.	.	.
9	.	.	.	4.80	4.90	5..	5.20	5.40	5.60	5.80	6.10	6.60	7.10	7.40	7.90	8.30	8.50	8.90	9.40	10..	10.60	11..

Longueur totale $^m/_m$	60	65	70	75	80	90	100	110	120	130	140	150	160	170	180	190	200	220	240	260	280	300
Force de la tige en $^m/_m$ 10	6..	6.20	6.40	6.60	6.80	7.10	7.60	8.10	8.60	9.10	9.60	10..	10.40	10.90	11.50	12..	12.85	13.10	13.90	.	.	.
11	.	7.85	8.10	8.25	8.45	8.65	8.80	9.20	9.80	10.40	11..	11.60	12.20	12.80	13.40	14..	14.70	15.40	16.60	.	.	.
12	.	.	10.20	10.35	10.55	10.75	10.90	11.20	11.55	12.20	12.85	13.50	14.15	14.85	15.25	16.10	16.75	18.05	19.40	20.75	22..	25..
13	.	.	.	12.75	12.90	13..	13.10	13.40	13.60	13.90	14.20	14.80	15.05	15.75	16.45	18.15	18.90	20.30	22.30	24.80	26.90	27.70
14	.	.	.	14.20	14.50	16.20	15.90	15.20	16.40	16.00	17.25	18..	18.75	19.60	20.25	21..	21.60	23.20	24.40	25.90	27.90	29.90

Boulons noirs de carrosserie, têtes diverses, tournées, avec collet carré ou avec ergot, écrou carré Nos 1027 - 1028 - 1029 - 1030 - 1031 - 1032

Prix par cent pièces Remise variable suivant cours

En fer ordinaire

Longueur $^m/_m$	40	45	50	55	60	65	70	75	80	85	90	95	100	110	120	130	140
Force de la tige en $^m/_m$ 6	6.75	6.85	6.90	7.05	7.20	7.35	7.60	7.75	7.95	8.10	8.25	.	.	.	.	.	.
7	7.05	7.75	7.80	7.95	8.20	8.40	8.65	8.85	9.10	9.30	9.55	9.85	10.35	.	.	.	.
8	8.55	8.70	8.85	9.15	9.30	9.60	10..	10.30	10.60	10.95	11.25	11.65	12..	12.60	13.30	.	.
9	.	.	.	.	11.25	11.35	12..	12.40	12.75	13.15	13.50	13.90	14.25	15..	15.75	.	.
10	.	.	.	.	13.20	13.65	14.10	14.55	15..	15.45	15.90	16.35	16.80	17.70	18.60	19.50	20.40
11	.	.	.	.	.	.	16.65	.	17.70	.	18.75	.	19.80	20.85	21.90	22.95	24..
12	.	.	.	.	.	.	19.35	.	20.70	.	21.90	.	23.40	24.15	25.75	27..	28.20
14	.	.	.	.	.	.	27..	.	28.80	.	30.60	.	32.40	34.20	36..	37.80	39.60

En fer fin

Longueur $^m/_m$	40	45	50	55	60	65	70	75	80	85	90	95	100	110	120	130	140
Force de la tige en $^m/_m$ 6	8..	8.10	8.40	8.65	8.85	9.10	9.30	9.45	9.70	9.90	10.45	.	.	.	.	.	.
7	9.15	9.40	9.65	9.85	10.15	10.35	10.65	10.90	11.10	11.40	11.70	12..	12.30	13..	13.60	.	.
8	10.15	10.35	10.60	10.90	11.20	11.50	11.75	12.15	12.65	13..	13.45	13.80	14.20	15..	15.75	.	.
9	.	.	12.15	12.40	12.70	13.05	13.60	14..	14.50	15..	15.55	16.05	16.65	17.65	18.70	19.65	.
10	.	.	.	.	14.65	15.10	15.70	16.35	16.95	17.55	18.30	18.75	19.35	20.55	21.75	23.05	.
11	.	.	.	.	16.50	17.40	18.10	.	19.60	.	21.15	.	22.60	24.15	25.65	27.15	28.65
12	.	.	.	.	.	.	21.30	.	22.90	.	24.00	.	26.30	28.05	29.80	31.60	33.35
13	.	.	.	.	.	.	24.30	.	26.35	.	28.35	.	30.60	32.85	34.90	36.90	38.95
14	.	.	.	.	.	.	28.65	.	31.15	.	32.65	.	36..	38.40	40.80	43.30	45.70

La longueur des boulons s'entend sous tête pour les Nos 1028 - 1029 - 1030 - 1031
Longueur totale pour les Nos 1027 - 1032

1033 **Boulons** pour roues, tête conique, collet rond, écrou carré, bruts, noirs

Prix par cent pièces Remise variable suivant cours

En fer ordinaire

Longueur totale $^m/_m$	40	45	50	55	60	65	70	75	80	85	90	95	100	110	120	130	140
Force de la tige en $^m/_m$ 6	5.50	5.65	5.70	5.85	6..	6.15	6.30	6.45	6.60	6.75	6.90	.	.	.	.	.	.
7	6.10	6.25	6.45	6.60	6.75	7..	7.20	7.45	7.65	7.80	8.05	8.35	8.40	.	.	.	.
8	6.90	7.15	7.35	7.60	7.80	8.15	8.40	8.70	9..	9.30	9.55	9.75	10.05	10.60	11.10	.	.
9	.	.	.	.	9.30	9.60	10..	10.35	10.65	11.05	11.35	11.70	12..	12.70	13.35	.	.
10	.	.	.	.	11.10	11.60	11.85	12.30	12.70	13.15	13.50	13.95	14.40	15.25	16.05	16.80	17.65
11	.	.	.	.	.	.	13.95	.	14.85	.	15.75	.	16.75	17.70	18.60	19.60	21.90

En fer fin

Longueur totale $^m/_m$	40	45	50	55	60	65	70	75	80	85	90	95	100	110	120	130	140
Force de la tige en $^m/_m$ 6	7.15	7.30	7.50	7.75	7.95	8.10	8.35	8.55	8.80	9..	9.15	.	.	.	.	.	.
7	8.05	8.25	8.55	8.80	9..	9.25	9.55	9.75	10..	10.20	10.50	10.80	11.10	11.70	12.30	.	.
8	9.30	9.55	9.75	10.05	10.35	10.75	11.10	11.50	11.85	12.35	12.60	13..	13.60	14.35	15..	.	.
9	.	.	11.25	11.65	11.85	12.30	12.75	13.20	13.75	14.25	14.85	15.40	15.90	16.95	17.95	18.90	.
10	.	.	.	.	13.65	14.20	14.75	15.30	16.05	16.65	17.25	17.85	18.45	19.65	20.85	22.05	.
11	.	.	.	.	15.75	.	17.20	.	18.60	.	20.10	.	21.60	23.05	24.45	25.80	27.30

Les boulons ne sont jamais disponibles en magasin, l'expédition est faite de la fabrique, qui est hors Paris.

37

à tête et écrou carrés 1034 — à tête et écrou 6 pans 1035

tête carrée, écrou carré 1036 — tête 6 pans et écrou 6 pans 1037

à écrou carré 1038 — à écrou à 6 pans 1039

1040 — 1041

1042 — 1043 — 1046

1049 — 1051 — 1053

Boulons noirs mécaniques, tête et écrou carrés N° 1034, ou tête et écrou 6 pans N° 1035

Prix par cent pièces Remise variable suivant cours

Longueur, tête non comprise m/m		25 à 35	40	45	50	55	60	70	80	90
Tête et écrou brut	Diamètre 6 m/m	6.45	6.70	6.85	7.05	7.30	7.60	8.10	"	"
" " "	" 7 m/m	6.85	7. .	7.20	7.30	7.90	8.26	8.95	9.60	10.30
" " "	" 8 m/m	7.35	7.50	7.75	8.05	8.40	8.85	9.75	10.65	11.55

Prix par cent kilogs Remise variable suivant cours

Diamètre m/m	9	10	11	12	13	14	15	16	17	18	19	20 à 25	26 à 30
Longueur, tête non comprise 30 à 50 %	166.40	153.60	145.60	137.60	129.60	125.20	120. .	116.80	116.20	113.50	112. .	110.40	115.60
" " " " 51 à 150 %	163.20	150.40	142.40	134.40	126.40	120. .	116.80	113.60	112. .	110.40	108.80	107.20	110.40
" " " " 151 et plus	145.60	134.40	129.60	121.60	116.80	112. .	110.40	108.80	107.20	105.60	104. .	102.40	105.60

Boulons de charpentes

Prix par cent kilogs Remise variable suivant cours

	Diamètre m/m	14 et 15	16 et 17	18 et 19	20 à 25	26 à 30
	Longueur de la tige minima m/m	180	200	220	250	300
1036	Avec écrou carré	100.30	95.20	91.80	90.10	93.50
1037	" " 6 pans	102. .	96.90	93.50	91.80	95.20

Avec rondelle 1.70 en plus par cent kilogs

Les boulons ayant 13 m/m et moins, ainsi que ceux de 14 m/m et plus qui n'auront pas la longueur minima fixée seront facturés au tarif boulons mécaniques

Tiges taraudées ou bouts à souder

Prix par cent kilogs Remise variable suivant cours

	Diamètre m/m	10	11	12-13	14-15	16-17	18-19	20 à 25	26 à 30	31 à 40
1038	Avec écrou carré	113.90	107.10	100.30	95.20	90.10	88.40	86.70	88.40	91.80
1039	" " 6 pans	115.60	108.80	102. .	96.90	91.80	90.10	88.40	90.10	93.50

Augmentation pour : avec rondelle 1f.70 en plus par cent kilogs
" " avec 2 écrous 5f.10 " " "

Les bouts à souder n'ayant pas une longueur au moins 12 fois égale au diamètre seront facturés à des prix plus élevés.

Boulons pour poêliers, tête ronde écrou carré Prix par cent pièces Remise variable

	Têtes ordinaires fendues N° 1040							Têtes larges fendues N° 1041					
Force en m/m	4	5	6	7	8	9	10	5	6	7	8	9	10
Longueur en m/m 15	2.45	2.70	3. .	3.70	"	"	"	4.05	4.50	5.20	"	"	"
20	2.60	2.80	3.15	3.90	4.90	"	"	4.15	4.70	5.40	6.45	8.05	"
25	2.75	3. .	3.40	4.15	5.10	6.10	7.55	4.20	4.85	5.55	6.75	8.40	9.65
30	2.90	3.25	3.65	4.40	5.45	6.45	7.85	4.30	5. .	5.70	7. .	8.75	10. .
35	"	3.40	3.85	4.70	5.75	6.80	8.25	4.40	5.05	5.95	7.30	9.30	10.35
40	"	3.60	4.05	5. .	6.15	7.15	8.75	4.65	5.20	6.15	7.60	9.40	10.95
50	"	"	4.50	5.45	6.85	8. .	9.75	"	5.55	6.80	8.25	10.15	11.65

Nota : Les boulons ne sont jamais disponibles en magasin, l'expédition est faite de la fabrique, qui est hors Paris.

Boutons de barres, fer

	Diamètre m/m		16	18	20	25	30	35	40	45	50	55
1042	Ordinaires	Le cent	4.35	4.35	4.80	6.10	8. .	11.60	15.25	21.05	26.80	33.35
1043	A patères	"	4.65	4.85	5.45	6.80	8.70	13.05	16.70	23.20	29. .	38.15

Boutons de barres, cuivre

	Diamètre m/m		20	22	25	27	30	35	40	45
1044	à patères, pleins, rivure cuivre	Le cent	7.25	9.10	13.80	17.10	21.75	29. .	37. .	50.75

Boutons, bois, à cuvette

	Diamètre m/m		35-40	45-50	55	60	65	70	75	80
1045	Noyer, acajou, chêne, merisier	Le cent	9.45	9.45	9.45	10.70	12.60	15.15	15.15	18.90
1046	Bois noir	"	12.60	12.60	13.85	13.85	15.15	17.75	17.75	25.20
1047	Façon palissandre	"	12.60	12.60	13.85	13.85	16.15	17.75	17.75	25.20
1048	Palissandre	"	22.70	25.20	25.20	26.20	27.75	30.25	36.25	37.80

Boutons de chiffonniers unis

	Diamètre m/m		16 à 20	23	25	27	30	32	35	40	45
1049	A collet, noyer, acajou, chêne, merisier	Le %	3.25	3.65	5.45	6.15	7.25	7.95	8.70	12.30	21. .
1050	" palissandre	"	4. .	5.80	7.25	8.70	10.15	11.60	13.05	21.75	36.25

Boutons de gradins

	Diamètre m/m		14	16	18	20	23	25	27	30	32	35	40	45
1051	A collet, noyer, acajou, chêne, merisier	Le %	2.30	2.30	2.30	2.40	2.65	3.50	4. .	4.55	5.60	6.50	9.10	13.30
1052	" palissandre	"	3. .	3. .	3. .	3.15	4.70	5.95	7.35	8.75	10.15	11.20	18.90	33.60
1053	A vis, noyer, acajou, chêne, merisier	"	4.55	4.55	4.90	4.90	5.25	7. .	7.65	8.20	8.75	9.45	13.30	21.70
1054	" palissandre	"	5.25	5.25	5.60	5.60	7.35	8.75	9.45	13.30	14. .	14.70	22.75	42.70

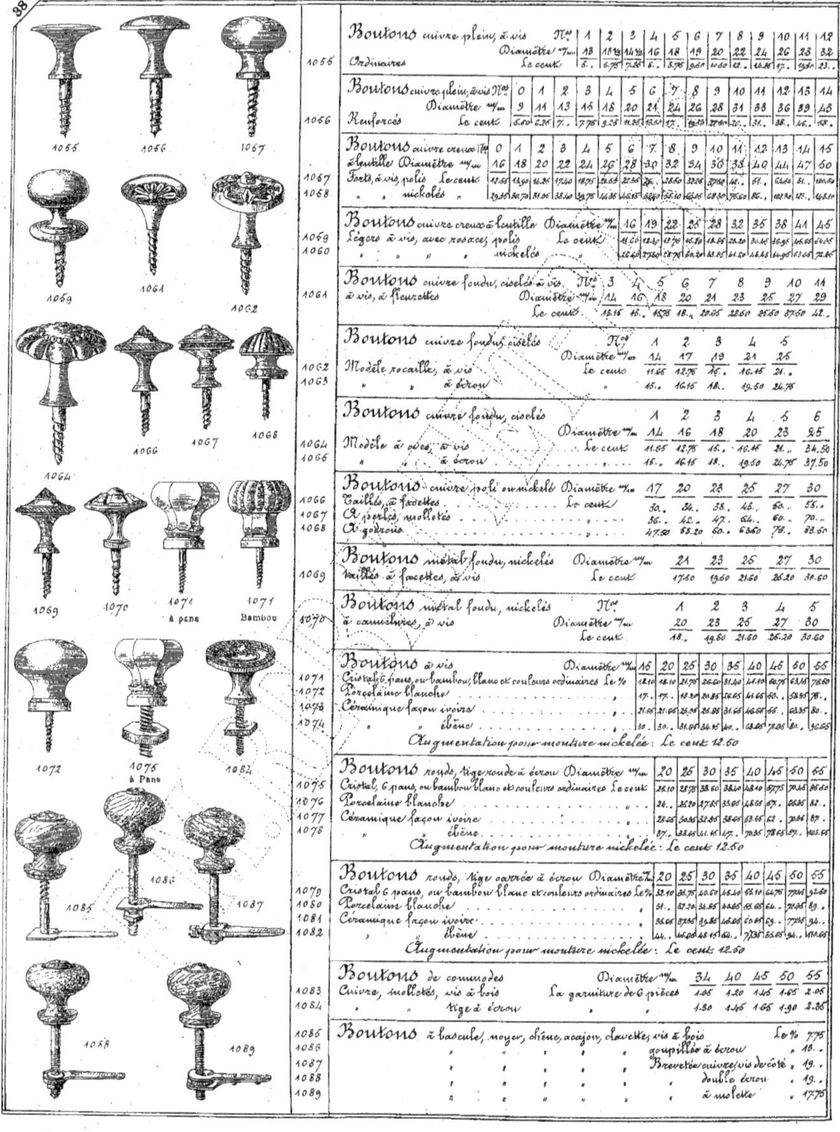

1055 **Boutons** cuivre plein, à vis — Ordinaires

	1	2	3	4	5	6	7	8	9	10	11	12
Diamètre m/m	13	13 ½	14 ½	16	18	19	20	22	24	26	28	32
Le cent	5..	6.75	7.25	8..	8.75	9.60	10.60	12..	14.85	17..	19.50	23..

1056 **Boutons** cuivre plein, à vis — Renforcés

Nos	0	1	2	3	4	5	6	7	8	9	10	11	12	13	14
Diamètre m/m	9	11	13	15	18	20	21	24	26	28	31	33	36	39	43
Le cent	5.60	6.25	7..	7.75	9.25	11.25	13.50	17..	19.50	22.50	26..	31..	38..	46..	58..

Boutons cuivre creux à lentille

	0	1	2	3	4	5	6	7	8	9	10	11	12	13	14	15
Diamètre m/m	16	18	20	22	24	26	28	30	32	34	36	38	40	44	47	50
1057 Forts, à vis, polis, Le cent	12.55	13.90	16.25	17.40	18.75	20.65	27.35	26..	28.60	32.25	37.60	48..	51..	64.60	81..	100.60
1058 " " nickelés "	29.35	30.70	31.05	38.40	39.75	44.35	46.15	52.40	55.10	65.05	68.30	75.60	86..	102.90	115..	148.10

Boutons cuivre creux à lentille

Diamètre m/m	16	19	22	25	28	32	35	38	41	45
1059 Légers à vis, avec rosace, polis, Le cent	11.60	12.80	13.70	15.80	18.85	23.20	30.45	36.95	45.65	64.25
1060 " " " " nickelés "	26.40	27.50	28.70	30.20	33.85	41.50	48.45	64.95	63.05	72.85

1061 **Boutons** cuivre fondu, ciselés à vis. à vis, à fleurettes

Nos	3	4	5	6	7	8	9	10	11
Diamètre m/m	14	16	18	20	21	23	25	27	29
Le cent	13.15	15..	15.75	18..	20.05	22.60	25.50	37.50	42..

Boutons cuivre fondus, ciselés

Nos	1	2	3	4	5
Diamètre m/m	14	17	19	21	25
1062 Modèle rocaille, à vis, Le cent	11.65	12.75	15..	16.45	21..
1063 " " à écrou "	15..	16.15	18..	19.50	24.75

Boutons cuivre fondu, ciselés

	1	2	3	4	5	6
Diamètre m/m	14	16	18	20	23	25
1064 Modèle à oves, à vis, Le cent	11.65	12.75	15..	16.45	21..	34.50
1065 " " à écrou "	15..	16.15	18..	19.50	24.75	37.50

Boutons cuivre poli ou nickelé

Diamètre m/m	17	20	23	25	27	30
1066 Taillés, à facettes, Le cent	30..	34..	38..	45..	50..	55..
1067 A perles, mollətés "	36..	42..	47..	54..	60..	70..
1068 A godrons "	47.50	53.20	60..	63.60	78..	83.60

1069 **Boutons** métal fondu, nickelés, taillés à facettes, à vis

Diamètre m/m	21	23	25	27	30
Le cent	17.50	19.60	21.60	26.20	30.60

1070 **Boutons** métal fondu, nickelés, à cannelures, à vis

Nos	1	2	3	4	5
Diamètre m/m	20	23	25	27	30
Le cent	18..	19.80	21.60	26.20	30.60

Boutons à vis

Diamètre m/m	15	20	25	30	35	40	45	50	55
1071 Cristal, 6 pans, ou bambou, blanc et couleurs ordinaires Le %	18.10	18.10	21.75	26.60	31.40	41.10	60.75	63.15	78.60
1072 Porcelaine blanche "	17..	17..	18.20	20.85	26.65	41.65	60..	58.35	75..
1073 Céramique façon ivoire "	21.65	21.65	25.35	25.85	31.65	46.65	65..	63.35	80..
1074 " " ébène "	30..	30..	31.65	34.15	40..	63.65	71.05	80..	96.65

Augmentation pour monture nickelée : Le cent 12.50

Boutons ronds, tige ronde à écrou

Diamètre m/m	20	25	30	35	40	45	50	55
1075 Cristal, 6 pans, ou bambou blanc et couleurs ordinaires Le cent	26.10	28.75	33.60	38.40	48.10	57.75	70.15	85.60
1076 Porcelaine blanche "	24..	25.20	27.65	33.05	48.65	57..	65.35	82..
1077 Céramique façon ivoire "	28.05	30.35	32.85	38.05	53.65	62..	70.35	87..
1078 " ébène "	37..	38.65	41.15	47..	70.35	78.65	87..	105.65

Augmentation pour monture nickelée : Le cent 12.50

Boutons ronds, tige carrée à écrou

Diamètre m/m	20	25	30	35	40	45	50	55
1079 Cristal 6 pans, ou bambou blanc et couleurs ordinaires Le %	32.10	36.75	40.60	45.40	55.10	64.75	77.15	92.60
1080 Porcelaine blanche "	31..	32.20	34.85	40.65	55.65	64..	72.35	89..
1081 Céramique façon ivoire "	35.05	37.35	39.85	45.05	60.65	69..	77.35	94..
1082 " ébène "	44..	45.65	48.15	54..	77.35	85.65	94..	110.65

Augmentation pour monture nickelée : Le cent 12.50

Boutons de commodes

Diamètre m/m	34	40	45	50	55
1083 Cuivre, mollətés, vis à bois, La garniture de 6 pièces	1.05	1.20	1.45	1.65	2.05
1084 " " tige à écrou "	1.30	1.45	1.65	1.90	2.35

1085	**Boutons** à bascule, noyer, chêne, acajou, clavette, vis à bois	Le % 7.75
1086	" " " " " goupillés à écrou	" 13..
1087	" " " " " Brevetés cuivre, vis de côté	" 19..
1088	" " " " " " double écrou	" 19..
1089	" " " " " " à molette	" 17.75

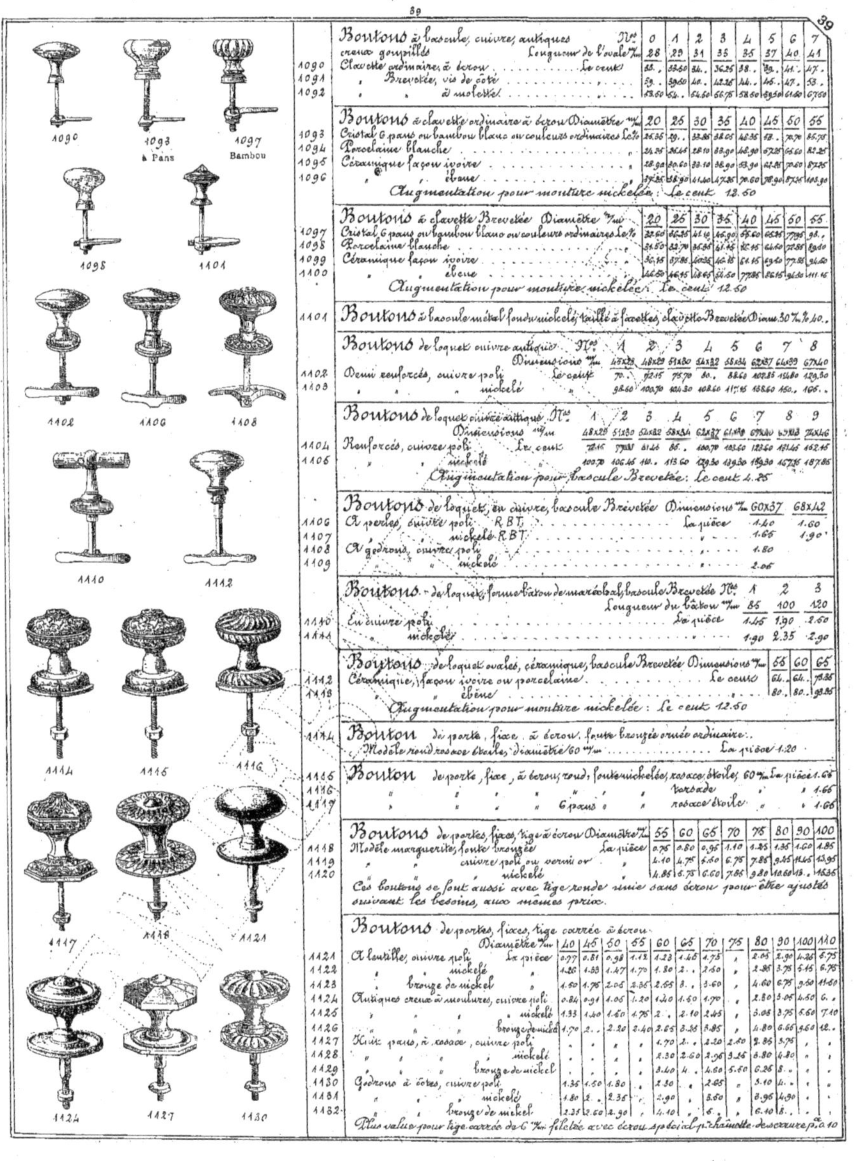

	Boutons à bascule, cuivre, antiques creux goupillés — Nos	0	1	2	3	4	5	6	7
	Longueur de l'ovale m/m	28	29	31	33	35	37	40	41
1090	Clavette ordinaire, à écrou … Le cent	33.	33.50	34.	36.25	38.	39.	41.	47.
1091	" Brevetée, vis de côté … "	39.	39.50	40.	42.25	44.	45.	47.	53.
1092	" " à molette …	53.50	54.	54.50	56.75	58.50	59.50	61.50	67.50

	Boutons à clavette ordinaire à écrou — Diamètre m/m	20	25	30	35	40	45	50	55
1093	Cristal 6 pans ou bambou blanc ou couleurs ordinaires Le %	26.35	29.	33.85	38.05	46.35	58.	70.70	85.75
1094	Porcelaine blanche … "	24.35	26.45	28.10	33.90	46.90	57.25	65.60	82.25
1095	Céramique façon ivoire … "	28.90	30.60	33.10	38.90	53.90	62.85	70.60	87.25
1096	" " ébène … "	37.35	38.90	41.40	47.35	70.60	78.90	87.25	103.90

Augmentation pour monture nickelée : Le cent 12.50

	Boutons à clavette Brevetée — Diamètre m/m	20	25	30	35	40	45	50	55
1097	Cristal 6 pans ou bambou blanc ou couleurs ordinaires Le %	32.60	36.25	41.10	46.90	55.60	65.25	77.95	98.
1098	Porcelaine blanche … "	31.50	32.70	36.35	41.15	52.15	64.60	77.85	89.60
1099	Céramique façon ivoire … "	36.15	37.85	40.35	46.15	61.15	69.60	77.85	94.60
1100	" " ébène … "	44.50	46.15	48.65	54.50	77.85	86.15	96.50	111.15

Augmentation pour monture nickelée : Le cent 12.50

1101 **Boutons** à bascule métal fondu nickelé, taillé à facettes, clavette Brevetée Diam. 30 m/m % 40.

	Boutons de loquet cuivre antique — Nos	1	2	3	4	5	6	7	8
	Dimensions m/m	45x28	48x29	51x30	54x32	58x34	62x37	64x39	67x40
1102	Demi renforcés, cuivre poli … Le cent	70.	92.15	75.70	80.	88.60	102.85	124.80	129.30
1103	" " " nickelé "	98.60	100.70	104.30	108.60	117.15	138.60	150.	166.

	Boutons de loquet cuivre antique — Nos	1	2	3	4	5	6	7	8	9
	Dimensions m/m	48x29	51x30	54x32	58x34	62x37	64x39	67x40	69x43	74x46
1104	Renforcés, cuivre poli … Le cent	72.15	77.35	81.25	86.	100.70	103.60	123.60	131.45	162.15
1105	" " nickelé "	100.70	106.45	110.	113.60	129.30	139.30	159.30	167.15	187.85

Augmentation pour bascule Brevetée : Le cent 4.25

	Boutons de loquet, en cuivre, bascule Brevetée — Dimensions m/m	60x37	68x42
1106	A perles, cuivre poli R B T … La pièce	1.40	1.60
1107	" nickelé R B T … "	1.65	1.90
1108	A godrons, cuivre poli … "	1.80	
1109	" " nickelé … "	2.05	

	Boutons de loquet, forme bâton de maréchal, bascule Brevetée — Nos	1	2	3
	Longueur du bâton m/m	85	100	120
1110	En cuivre poli … La pièce	1.45	1.90	2.50
1111	" nickelés … "	1.90	2.35	2.90

	Boutons de loquet ovales, céramique, bascule Brevetée — Dimensions m/m	55	60	65
1112	Céramique, façon ivoire ou porcelaine … Le cent	64.	64.	73.35
1113	" " ébène … "	80.	80.	93.35

Augmentation pour monture nickelée : Le cent 12.50

1114 **Bouton** de porte, fixe, à écrou, fonte bronzée ornée ordinaire.
Modèle rond rosace étoile, diamètre 60 m/m … La pièce 1.20

1115 **Bouton** de porte, fixe, à écrou, rond, fonte nickelée, rosace étoile, 60 m/m La pièce 1.65
1116 " " " " " " torsade " 1.65
1117 " " " " 6 pans " " rosace étoile " 1.65

	Boutons de portes, fixes, tige à écrou — Diamètre m/m	55	60	65	70	75	80	90	100
1118	Modèle marguerite, fonte bronzée … La pièce	0.75	0.80	0.95	1.10	1.25	1.35	1.60	1.85
1119	" " cuivre poli ou verni or "	4.10	4.75	5.50	6.75	7.85	9.25	11.45	13.95
1120	" " nickelé "	4.85	5.75	6.60	7.85	9.80	10.60	13.	15.35

Ces boutons se font aussi avec tige ronde unie sans écrou pour être ajustés suivant les besoins, aux mêmes prix.

	Boutons de portes, fixes, tige carrée à écrou — Diamètre m/m	40	45	50	55	60	65	70	75	80	90	100	110
1121	A lentille, cuivre poli … La pièce	0.77	0.81	0.98	1.12	1.23	1.45	1.75	"	2.05	2.90	4.25	5.75
1122	" nickelé "	1.26	1.33	1.47	1.70	1.80	2.	2.50	"	2.85	3.75	5.15	6.75
1123	" bronze de nickel "	1.50	1.75	2.05	2.35	2.65	3.	3.60	"	4.60	6.75	9.50	11.60
1124	Antiques creux à moulures, cuivre poli	0.84	0.91	1.05	1.20	1.40	1.50	1.70	"	2.80	3.05	4.50	6.
1125	" " " nickelé	1.33	1.40	1.50	1.75	2.	2.10	2.45	"	3.05	3.75	5.60	7.10
1126	" " " bronze de nickel	1.70	2.	2.20	2.40	2.65	3.35	3.85	"	4.80	6.65	9.60	12.
1127	Huit pans, à rosace, cuivre poli	"	"	"	"	1.70	2.	2.20	2.50	2.85	3.75	"	"
1128	" " " nickelé	"	"	"	"	2.30	2.60	2.95	3.25	3.80	4.80	"	"
1129	" " " bronze de nickel	"	"	"	"	3.40	4.	4.60	5.50	6.25	8.	"	"
1130	Godrons à côtes, cuivre poli	1.35	1.50	1.80	"	2.30	"	2.65	"	3.10	4.	"	"
1131	" " nickelé	1.80	2.	2.35	"	2.90	"	3.50	"	3.95	4.90	"	"
1132	" " bronze de nickel	2.35	2.60	2.90	"	4.10	"	5.	"	6.10	8.	"	"

Plus value pour tige carrée de 6 m/m filetée avec écrou spécial p. chamotte de serrure p.ce 0.10

1133 1136 1140 1143 1146 1162 bis 1149 1147 1153 1156 1159 1161 1163 1167 1170

N°	Boutons de portes, fixes, tige carrée, écrou à encoches Diamètre m/m		60	70	80
1133	Gros godrons à rosace, cuivre poli	La pièce	3.60	4.55	5.80
1134	" " " " nickelé	"	4.20	5.45	6.80
1135	" " " bronze de nickel	"	6.65	8. .	"
1136	Louis XVI, cuivre poli	"	"	5.75	7.50
1137	" " verni or	"	"	6. .	7.75
1138	" " nickelé	"	"	6. .	7.75

Plus value pour tige carrée de 6 m/m filetée avec écrou spécial p^r chaînette de sûreté p^ce 0.10

N°	Boutons de portes, fixes, cuivre ciselé Louis XVI Diamètre 65 m/m		
1139	A blanc, sans décor	La pièce	5.25
1140	Verni or	"	6.15
1141	Doré	"	7.75
1142	Argenté	"	7.75

Ce modèle se fait indistinctement avec tige écrou, ou sur platine à 3 trous pour vis

N°	Boutons fixes, Louis XVI à perles, tige à écrou Diamètre m/m		60	70	80	95
1143	Cuivre ciselé, vieux poli	La pièce	4.20	5.10	6.75	9.40
1144	" " nickelé	"	5.35	6.60	8.65	11.65
	montés sur marbre en plus par pièce		1.65	1.80	1.80	2.65

N°	Boutons de portes, fixes, tige à écrou Diamètre m/m		50	55	60	65	70	80
1145	Céramique façon ivoire	La pièce	0.60	0.75	0.77	1.10	1.25	1.95
1146	" " ébène	"	0.75	0.90	1.05	1.25	1.45	2.15
	Augmentation pour monture nickelée	"	0.20	0.20	0.20	0.20	0.20	0.20
1147	Céramique façon ivoire, avec rosace cuivre poli	"	1. .	1.20	1.25	1.65	1.85	2.65
1148	" " ébène " " "	"	1.15	1.35	1.55	1.80	2.05	2.85
	Augmentation pour monture et rosace nickelées en plus p^r %		40. .	45. .	45. .	45. .	50. .	50. .

Ces mêmes boutons avec tige pour chaînette en plus par pièce 0.10

N°	Boutons de portes, fixes, tige à écrou, monture à griffes empêchant le bouton de tourner dans sa envette Diamètre m/m		50	55	60	65	70	75	80	90
1149	Céramique façon ivoire	La pièce	0.80	1. .	1.35	1.70	2. .	2.70	3. .	4.75
1150	" " ébène	"	1. .	1.35	1.70	2. .	2.35	3.40	3.75	5.05
	Augmentation pour monture nickelée	"	0.35	0.35	0.35	0.35	0.35	0.35	0.35	0.35
1151	Céramique façon ivoire, avec rosace cuivre poli	"	1.30	1.45	1.85	2.25	2.65	3.40	3.75	5.55
1152	" " ébène	"	1.40	1.80	2.20	2.60	3. .	4.10	4.45	6.90
	Augmentation pour monture et rosace nickelées	"	0.55	0.60	0.60	0.60	0.70	0.70	0.70	0.80

Ces mêmes boutons avec tige pour chaînette en plus par pièce 0.10

N°	Boutons cuivre antiques, ovales	N^os	3	4	5	6	7	8	9
	tige carrée, ajustée à écrou, pour chaînette	Dimensions m/m	54x32	58x34	62x37	64x39	67x40	69x43	74x46
1162 bis	Renforcés, cuivre poli	La pièce	0.86	0.90	1.05	1.08	1.28	1.36	1.57
1162 ter	" nickelé	"	1.15	1.18	1.34	1.44	1.64	1.72	1.93

N°	Boutons doubles antiques	N^os	1	2	3	4	5	6	7	8	9
		Dimensions m/m	47x29	51x31	54x33	57x35	60x37	64x38	66x40	68x42	73x44
1153	Renforcés, cuivre poli	La pièce	0.54	0.66	0.72	0.82	1.05	1.26	1.58	1.86	2.35
1154	" nickelé	"	1. .	1.12	1.18	1.28	1.51	1.75	2.10	2.40	3. .
1155	" bronze de nickel	"	1.39	1.70	1.90	2.05	2.40	2.65	3.20	3.45	3.95

N°	Boutons doubles, ovales, à godrons, Dimensions 60x37 m/m		
1156	cuivre poli	La pièce	2. .
1157	" " " " " " cuivre nickelé	"	2.50
1158	" " " " " " bronze de nickel	"	4.10

N°	Boutons doubles, ovales, à perles Dimensions m/m		60x37	68x42
1159	Cuivre poli	La pièce	1.75	2.10
1160	" nickelé	"	2.25	2.60

N°	Boutons doubles, hexagones Dimensions m/m		52x33	57x35
1161	Cuivre poli	La pièce	1.50	1.65
1162	" nickelé	"	2. .	2.15

N°	Boutons doubles, ovales, oriental Dimensions m/m		51x32	55x34	60x37
1163	Cuivre poli	La pièce	1.45	1.60	2.10
1164	" nickelé	"	1.95	2.10	2.60
1165	Bronze de nickel	"	2.50	2.75	3.75

N°	Boutons doubles, cristal		Ronds				Ovales
		Diamètre m/m	40	45	50	55	60
1166	Verre moulé 6 ou 8 pans, blanc, bleu, vert, topaze	La pièce	0.85	1. .	1.05	1.20	1.35
1167	" " bambou " " "	"	0.85	1. .	1.05	1.20	"
1168	" " facettes triangulaires " " "	"	0.85	1. .	1.05	1.20	1.35
1169	½ cristal taillé, 6 ou 8 pans " " "	"	2.05	2.20	2.50	3. .	3.55
1170	" " facettes triangulaires " "	"	2.05	2.20	2.50	3. .	3.55

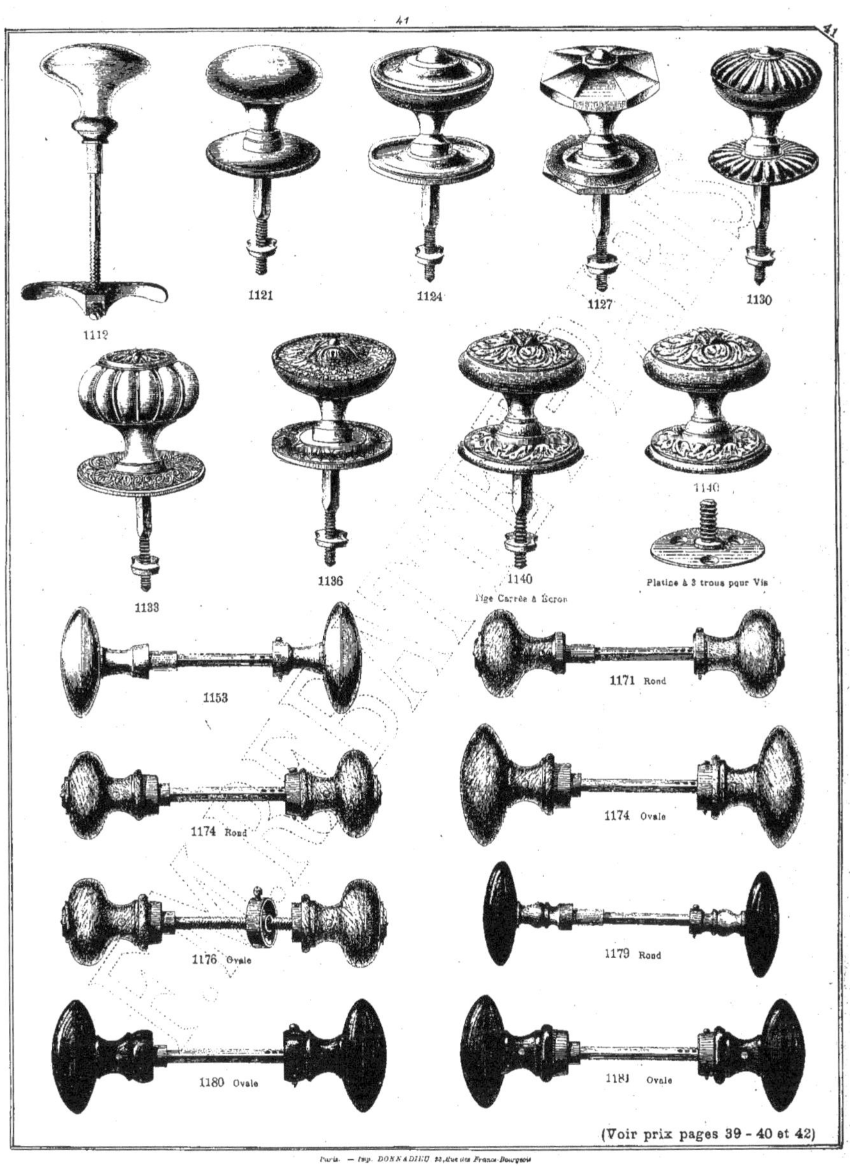

(Voir prix pages 39 - 40 et 42)

Paris. — Imp. DONNADIEU 10, Rue des Francs-Bourgeois

1171, Rond
1174, Rond
1174, Ovale
1176, Rond
1179, Ovale
1180, Ovale
1181, Ovale
1183, Ovale
1184, Ovale
1186, Ovale
1188, Ovale
1190, Rond
1192, Ovale
1194, Ovale
1196, Ovale
1200, Rond

Boutons doubles, tige unie à rallonge

N°	Diamètre m/m	Ronds 47	50	55	Ovales 55	60	65
1171	Noyer, acajou, chêne, merisier, cuvette sorties portée fer . . . La p^ce	0.63	0.74			.	.
1172	" " " " " fondues sorties portée cuivre	0.68	0.79			1.26	1.33
1173	Palissandre, cuvette fondue sortie, portée cuivre	0.80	0.91			1.40	1.70
1174	Noyer, acajou, chêne, merisier, intérieur métallique, double goupille	0.85	1. .			1.55	1.85
1175	Palissandre, intérieur métallique, double goupille	1. .	1.15			1.60	2.05
1176	Noyer, acajou, chêne, Breveté à rondelle de serrage, tige taraudée sans goupille	1.36	1.50			1.90	2.10
1177	Palissandre " " " " " " "	1.60	1.65			2.10	2.30
1178	Ébène " " " " " " "	2.06	2.36			2.90	3.30
1179	Buffle naturel noir, queue cuivre	1.85	2. .		1.85	2. .	.
1180	" " " " buffle, intérieur simplifié	"	3.16	3.60	"	3.15	3.60
1181	" " " " " intérieur métallique double goupille	"	3.60	3.85	"	3.60	3.85
1182	" " " " " B^té douille mobile, tige taraudée	"	4.05	4.40	"	4.05	4.40
1183	" " " " " B^té cuvette mobile, tige taraudée s/goupille	.	4.05	4.40	.	4.05	4.40

Boutons doubles céramique, tige à rallonge unie

N°	Diamètre m/m	Ronds 45	50	55	Ovales 55	60	65	70
1184	Cuvette unie, qualité ordinaire, façon ivoire . . . La pièce	0.52	0.52	.	0.52	0.52	.	.
1185	" " " " ébène	0.82	0.82	.	0.82	0.82	.	.
1186	" " à griffe ordinaire " ivoire	0.68	0.68	0.90	0.68	0.68	0.90	.
1187	" " " " ébène	0.98	0.98	1.20	0.98	0.98	1.20	.
1188	" " à griffe et vis d'acier " ivoire	1.30	1.30	1.65	1.30	1.30	1.65	2.65
1189	" " " " ébène	1.60	1.60	1.95	1.60	1.60	1.95	3.40
1190	" molletée ou à perles, qualité ordinaire, façon ivoire	0.60	0.60	.	0.60	0.60	.	.
1191	" " " " ébène	0.90	0.90	.	0.90	0.90	.	.
1192	" " forte, ergot intérieur, 1re q^té RBT " ivoire	0.80	0.80	.	0.80	0.80	.	.
1193	" " " " ébène	1.10	1.10	.	1.10	1.10	.	.
1194	" unie à griffes, bague de serrage, sans goupille, façon ivoire	1.95	1.95	.	1.95	1.95	.	.
1195	" " " " " " ébène	2.35	2.35	.	2.35	2.35	.	.

Ces mêmes boutons céramique façon porcelaine blanche, mêmes prix que façon ivoire

Plus value pour tige filetée

Pour les N°s 1184, 1185, 1186, 1187, 1190, 1191, 1192, 1193 . . . . Par cent 3.50
" " " 1188, 1189 . . . . " " 7. .

Plus value pour monture nickelée

Pour les N°s 1184, 1185, 1186, 1187, 1190, 1191, 1192, 1193 . . . . . . Par cent 22. .
" " " 1188, 1189 . . . . " " 35. .
" " " 1194, 1195 . . . . " " 43. .

Boutons doubles, céramique monture à couronne Brevetée, sans goupille

N°	Diamètre m/m	Ronds 45	50	55	Ovales 55	60	65
1196	Façon ivoire ou porcelaine, monture vernie . . . La pièce	1.45	1.50	1.60	1.45	1.50	1.65
1197	" " " nickelée . . . . "	1.75	1.80	1.90	1.75	1.80	1.95
1198	" ébène, monture vernie . . . . "	1.80	1.85	1.95	1.80	1.90	2.05
1199	" " " nickelée . . . . "	2.10	2.15	2.25	2.10	2.20	2.35

Boutons doubles, fonte émaillée

N°	Diamètre m/m	45	50	55	60
1200	Ronds façon ivoire . . . . . La pièce . .	1.40	1.45	"	"
1201	" " ébène . . . . . "	1.40	1.45	"	"
1202	Ovales " ivoire . . . . . "	"	"	1.40	1.45
1203	" " ébène . . . . . "	"	"	1.40	1.45

Béquilles bordelaises, dites manivelles, tige unie à rallonge

N°	Dimensions m/m	40x45	45x50	50x55
1204	Noyer, chêne, merisier façon ébène, façon palissandre, intérieur métallique, double goupille . . P.	1. .	1.13	
1205	Acajou, intérieur métallique, double goupille . . . . "	1.05	1.20	
1206	Palissandre " " " " . . . . "	1.15	1.30	
1207	Ébène . . . . " " " " . . . . "	2. .	2.35	
1208	Noyer, acajou, chêne, Brevetée, cuvette mobile, tige taraudée, sans goupille . . . "	1.60	1.75	
1209	Palissandre . . . . " " " " " " " " . . . "	1.75	1.90	
1210	Ébène . . . . " " " " " " " " . . . "	2.40	2.50	
1211	Buffle naturel noir, monture goupillée 1/2 forte . . . . "	3.15	3.45	3.75
1212	" " " " " forte . . . . "	.	4.05	4.40
1213	" " " " " B^tée cuvette mobile, tige taraudée, sans goupille . . "	.	4.35	4.75
	Augmentation pour monture nickelée . . . . "	0.60	0.60	0.80

N°		Diamètre	50	55	60 m/m
1214	Rondelles buffle pour béquilles bordelaises	La pièce	0.65	0.75	0.80

(Voir prix pages 42 et 44)

Paris. — Imp. DONNADIEU, 16, Rue des Francs-Bourgeois.

Béquilles bordelaises, dites manivelles, céramique

N°	Désignation	Unité	35x45	40x50	45x50
	Dimensions m/m		35x45	40x50	45x50
1215	Façon ivoire, monture à jonc	La pièce	1.25	1.25	1.30
1216	» ébène » »	»	1.60	1.60	1.75
	Augmentation pour monture nickelée	»	0.45	0.45	0.45
1217	Façon ivoire, monture à jonc, à ergot, 1re qualité	»	1.80	1.85	»
1217 bis	» ébène » » » 1re	»	2.10	2.15	»
	Augmentation pour monture nickelée	»	0.60	0.60	»

Béquilles cuivre, montées avec boutons antiques

N°	Désignation	Unité	1	2	3	4	5	6
1218	Col de cygne, bouton demi renforcé	Le cent	66.70	69.20	78.60	96.70	»	»
1219	Chien courant » » »	»	66.70	69.60	76.60	96.70	»	»
1220	Petit anneau » » »	»	63.60	70.90	76.60	94.60	»	»
1221	Anneau à cœur » » »	»	69.30	95.–	84.60	103.35	»	»
1222	A volute pleine ordinaire, bouton demi renforcé	»	77.15	83.60	97.15	106.70	122.15	»
1223	» renforcée, bouton renforcé	»	82.85	97.85	114.30	120.30	147.–	»
1224	A boules pleines, bouton demi renforcé	»	82.85	90.70	106.30	119.60	139.30	»
1225	Bordelaise avec tige ordinaire, bouton bordelais	»	113.60	134.50	155.55	»	»	»
1226	A pans, boule pleine, bouton demi renforcé	»	85.–	91.45	107.45	120.30	142.15	»
1227	Bec de canard, bouton renforcé	»	90.70	101.45	112.60	123.60	157.–	»
1228	Lyonnaise, coude à pans, bouton demi renforcé	»	96.45	106.70	119.60	146.75	»	»
1229	» » » » renforcé	»	98.60	112.15	125.70	157.85	»	»
1230	Lyonnaise à pointe coude à pans rainure uni bouton renforcé	»	»	»	124.30	»	»	»
1231	A pans renflés, bouton demi renforcé	»	95.70	102.85	119.30	138.85	148.60	»
1232	» » renforcé	»	86.45	109.30	125.70	140.–	155.75	»
1233	A poire et facettes, bouton renforcé	»	»	»	140.–	»	161.30	»
1234	Octogone, bouton renforcé	»	»	»	132.15	»	179.35	»
1235	Poirette »	»	»	»	137.15	»	»	»
1236	Poire creuse unie, bouton renforcé	»	»	»	114.30	»	130.60	»
1237	Canon uni, bouton renforcé	»	»	»	129.85	»	»	»
1238	Canon conique, creuse, bouton renforcé	»	»	»	150.–	»	»	»
1239	Mexicaine, creuse, bouton renforcé	»	»	»	130.70	»	»	»
1240	Volute à pans, creuse, bouton renforcé	»	»	»	131.15	»	152.40	»
1241	Parisienne, à poire, bouton renforcé	»	»	»	»	165.–	»	»
1242	» à canon »	»	»	»	»	166.–	»	»
1243	Cylindre, bouton renforcé	»	»	»	130.70	»	183.60	»
1244	Américaine extra forte, bouton renforcé	»	»	»	»	»	200.–	»
1244 bis	Balustre à pans, bouton renforcé	»	»	»	122.–	»	»	»
1245	A canon à vase, renforcée, bouton renforcé	»	»	»	»	285.–	»	»
1246	» » à culot »	»	»	»	»	»	»	285.–
	Pour toutes ces béquilles							
	Augmentation pour cuivre nickelé	»	35.60	38.60	58.00	46.70	62.35	71.45

1214 1211 1215 1218 1220 1221 1222 1224 1225 1226 1227 1228 1230 1231 1233

1234 1235 1237 1238 1239 1240

1241 1243 1244 1244 bis 1245 1246

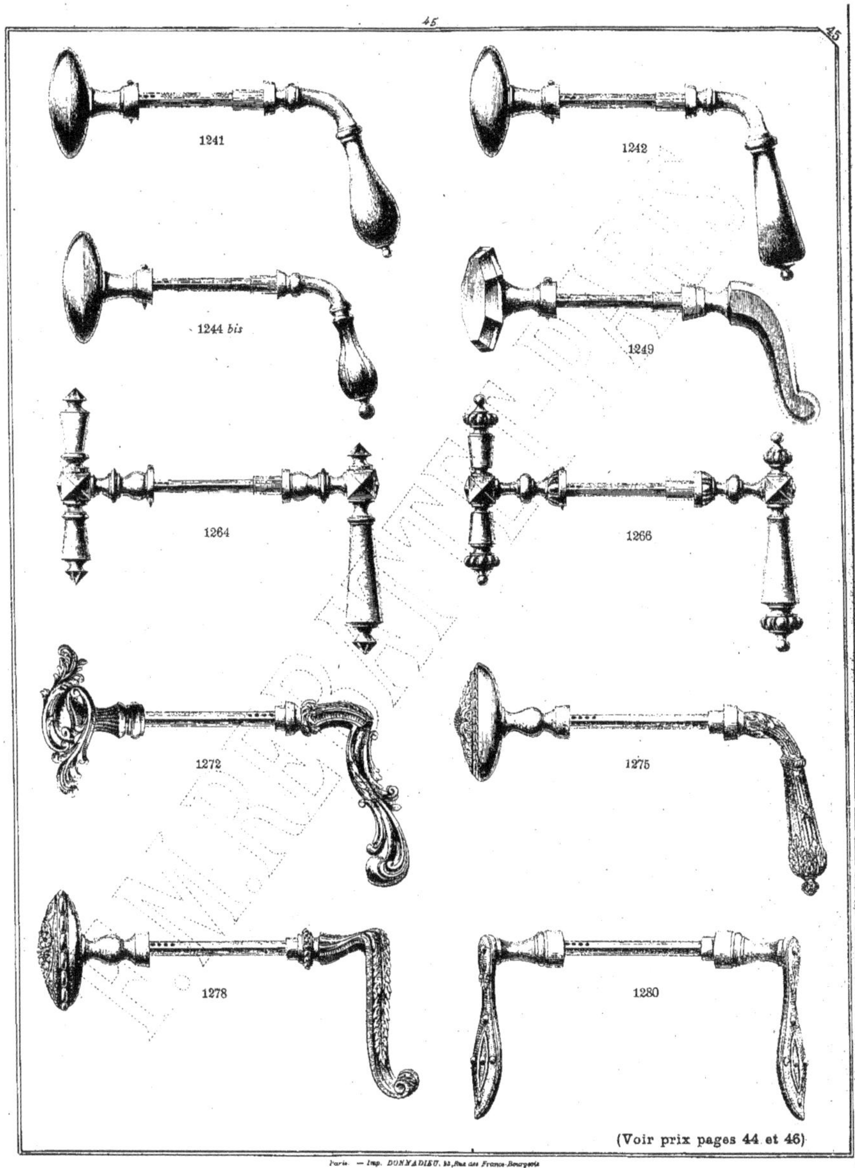

(Voir prix pages 44 et 46)

Paris. — Imp. DONNADIEU, 33, Rue des Francs-Bourgeois

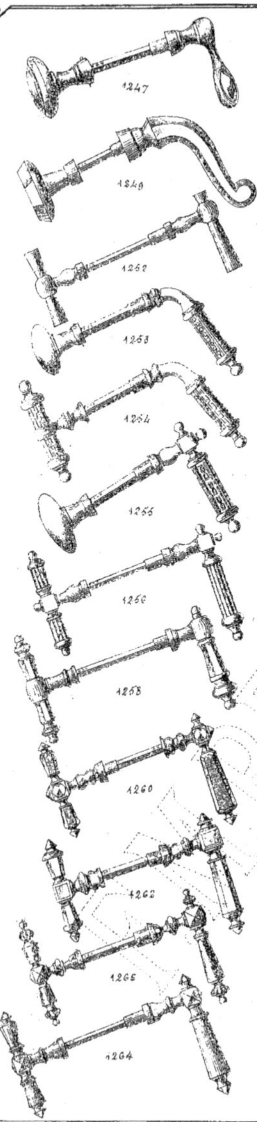

Boutons béquilles

N°	Désignation		cuivre poli	cuivre nickelé	bronze de nickel
1247	Béquille orientale, montée avec bouton oriental, petit modèle	La pièce	1.55	1.95	2.70
1248	" " " " " grand modèle	"	2.20	2.75	4. .
1249	" hexagone, montée avec bouton hexagone, petit modèle	"	1.62	2. "	2.70
1250	" " " " " grand modèle	"	1.72	2.25	2.90
1251	" canon cône, montée avec bouton antique renforcé N° 3	"	1.30	1.70	3.60
1252	" " " " bâton canon cône	"	1.65	2.15	3.15
1253	" coude uni, tube gravé, montée avec bouton antique renforcé N° 3	"	1.55	1.95	"
1254	" " " " " bâton tube gravé	"	2.50	3. .	"
1255	" tête carrée, tube gravé, montée avec bouton antique renforcé N° 4	"	1.90	2.55	"
1256	" " " " " " bâton tube gravé	"	2.75	3.25	"
1257	" brésilienne à pans, montée avec bouton antique renforcé N° 4	"	1.70	2.15	3.10
1258	" " " " " bouton brésilien à pans	"	2.05	2.55	3.75
1259	" pointe et embase tournée, montée avec bouton antique renforcé N° 4	"	1.75	2.20	3.40
1260	" " " " " " bâton pointe et embase tournée	"	2.45	2.95	4.60
1261	" polonaise, montée avec bouton antique renforcé N° 4	"	1.90	2.55	3.60
1262	" " " " bâton polonais	"	2.30	2.80	4.40
1263	" hongroise, montée avec bouton antique renforcé N° 4	"	2. "	2.45	3.75
1264	" " " " bâton hongrois	"	2.70	3.20	5.35
1265	" moderne, montée avec bouton antique renforcé N° 4	"	2.05	2.50	3.85
1266	" " " " bâton moderne	"	2.50	3. .	5. "

Béquilles doubles, bec de canard

N°			N° 1	2	3	4	5
1267	En cuivre poli	La pièce	1.15	1.25	1.30	1.55	1.65
1268	" nickelé	"	1.65	1.75	1.80	2.05	2.15

Béquilles doubles, hexagones

N°			Cuivre poli	Cuivre nickelé	Bronze de nickel
1269	Petit modèle	La pièce	1.70	2.30	3.20
1270	Grand modèle	"	1.80	2.40	3.60

Boutons et béquilles de style, brutes et ciselés, cuivre

N°	Désignation		à blanc	verni	doré	argenté
1271	Bouton double Louis XV	La pièce	6. "	7. "	8.50	8.50
1272	Bouton béquille "	"	7.50	8.50	10. "	10. "
1273	Béquille double "	"	9. "	10. "	11.50	11.50
1274	Bouton double Louis XVI, fond perles	"	6. "	7. "	8.50	8.50
1275	Bouton béquille " " "	"	7.50	8.50	10. "	10. "
1276	Béquille double " " "	"	9. "	10. "	11.50	11.50
1277	Bouton double Louis XVI, fond fleurs	"	6.40	7.40	8.90	8.90
1278	Bouton béquille " " "	"	8. "	9. "	10.50	10.50
1279	Béquille double " " "	"	9.50	10.50	12. "	12. "
1280	Béquille double Renaissance	"	6. "	7. "	8.50	8.50

Béquilles avec bouton T

N°	Désignation		Prix
1281	Béquilles avec bouton T, cuivre poli massif RBT	La pièce	4. "
1282	" " " nickelé massif "	"	4.40
1283	" " " bronze de nickel massif "	"	6.80

Béquilles coude ciselé avec bouton crémone

N°	Désignation		Prix
1284	Béquilles coude ciselé avec bouton crémone, monture nickelée, balustres nickelés RBT	La p.ce	6.30
1285	" " " " " " " " " céramique façon ivoire	"	6. .
1286	" " " " " " " " " ébène	"	6. .
1287	" " " " " " " " " vrai buffle	"	6. .
1288	" " " " " " " " " vrai ivoire	"	14.30
1289	" " " " " " monture bronze de nickel, balustre vrai ivoire 1er choix	"	15.70

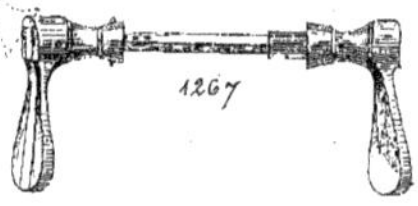

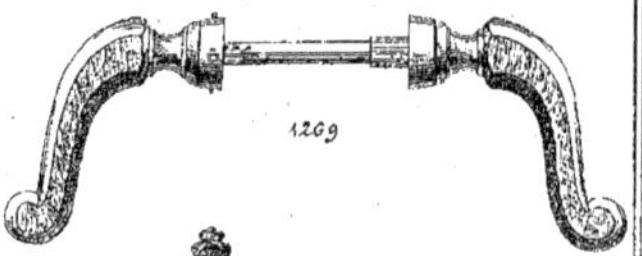

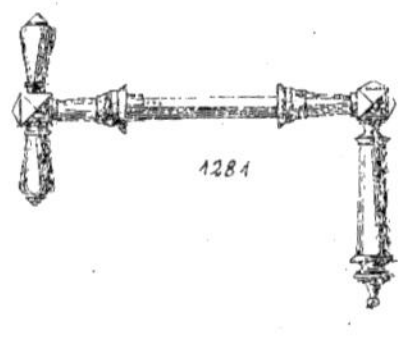

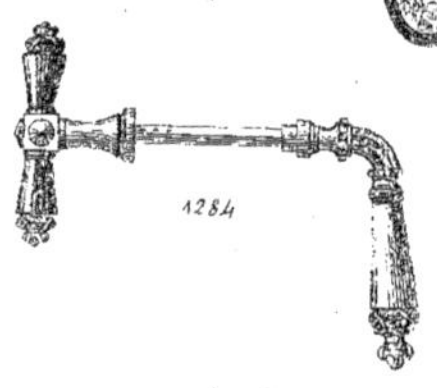

1247 1249 1252 1253 1254 1255 1256 1258 1260 1262 1265 1264

1267 1269

1281 1284

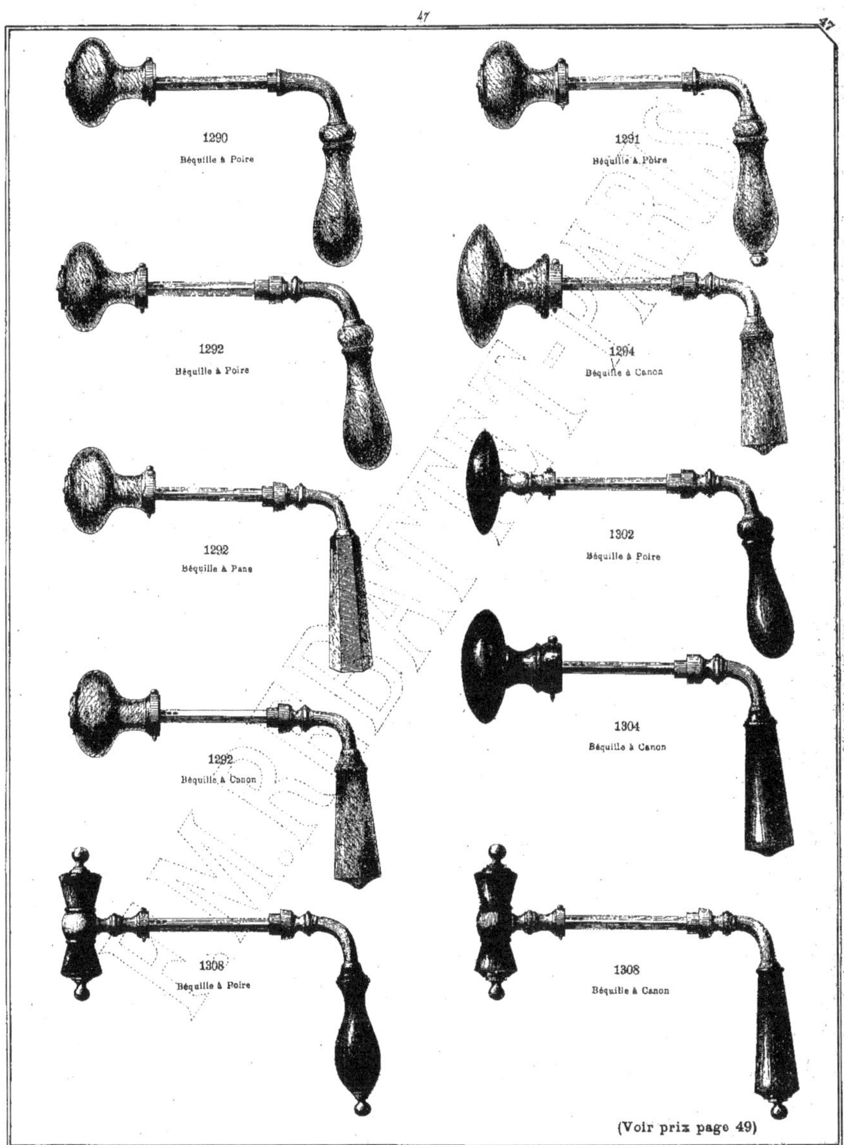

(Voir prix page 49)

Paris. — Imp. DONNADIEU, 53, Rue des Francs-Bourgeois

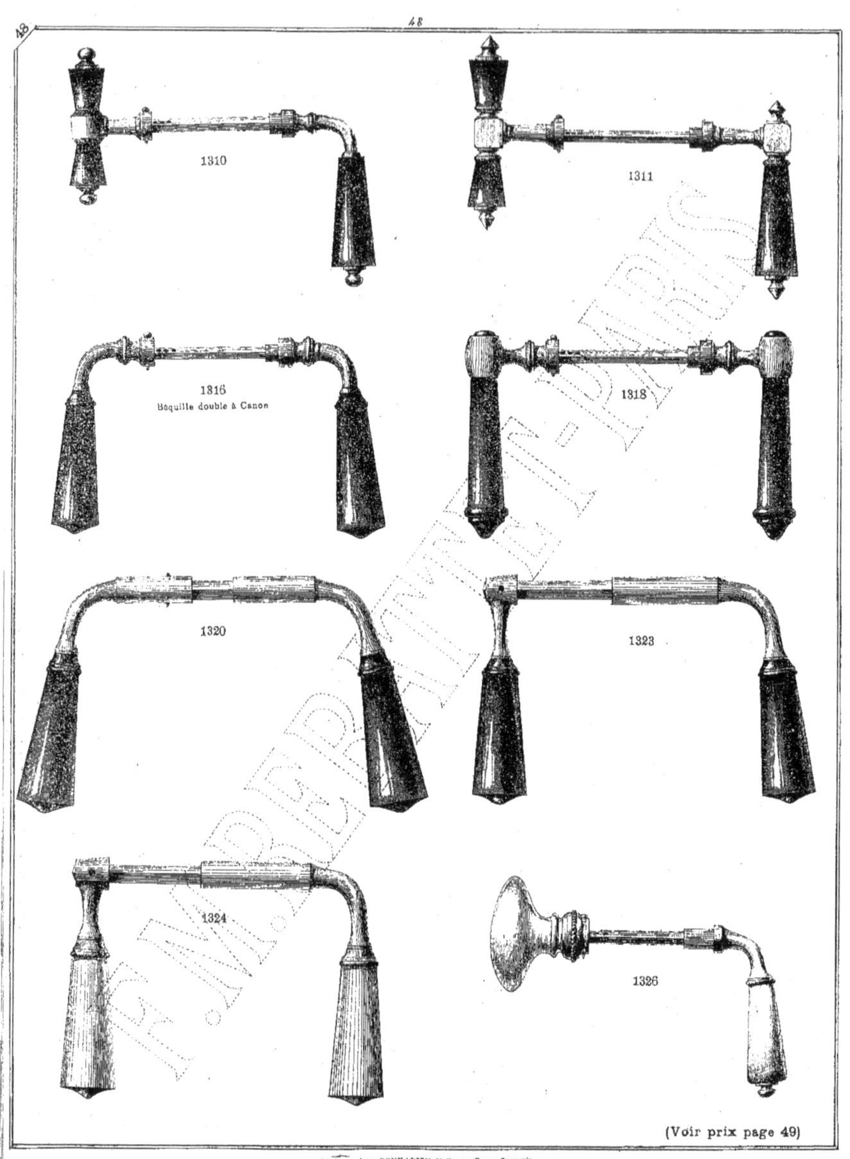

(Voir prix page 49)

Paris. — Imp. DONNADIEU, 22, Rue des Francs-Bourgeois

1290 **Béquille** chilienne, à poire noyer, montées avec bouton rond serti 47 m/m. . La pièce 1. »
1291 » » à poire et boule noyer » . . . . . . » 1.10

Béquilles à poire, à pans ou à canon; montées avec bouton

		Nos	1	2	3
1292	Bouton rond serti 47 m/m, noyer, chêne, acajou, merisier	La pièce	1.10	1.25	1.45
1293	» » » 50 m/m » » » »	»	1.25	1.40	1.60
1294	» ovale, intérieur métallique 60 m/m, noyer, chêne, acajou, merisier	»	1.55	1.75	2. »
1295	» rond serti 47 m/m, palissandre ou pitchpin	»	1.25	1.40	1.60
1296	» » » 50 m/m » »	»	1.40	1.55	1.75
1297	» ovale, intérieur métallique, palissandre ou pitchpin	»	1.70	1.90	2.15
1298	» rond serti 47 m/m, vrai ébène	»	1.55	1.75	2.10
1299	» » » 50 m/m » »	»	1.65	1.85	2.20
1300	» ovale, intérieur métallique, vrai ébène	»	2.20	2.40	2.65

1301 **Rosaces** carrées à douille pour dito — Le cent: Cuivre poli 18.69 — Cuivre nickelé 35.70

Prière de bien spécifier si les béquilles doivent être livrées à poire, à pans ou à canon.

Béquilles buffle, montées avec boutons

		Nos	1	2	3	4
1302	Poire, pans ou canon, avec bouton ovale 55 m/m, queue cuivre poli	La pce	1.85	2. »	2.40	2.70
1303	» » » » nickelé		2.40	2.55	2.95	3.25
1304	» » » » grand entre, monture polie, bouton ovale, 60 m/m queue buffle	»		3.15	3.50	3.75
1305	» » » » » nickelée » » »	»		3.45	3.80	4.05
1306	Poire et boule, monture nickelée, bouton ovale 55 m/m queue cuivre nickelé	»	2.90	3.25	3.60	4.10
1307	» » » » 60 m/m » buffle	»	3.25	3.60	3.95	4.45
1308	Poire ou canon à boule, monture nickelée, bouton crémone	»		4.50	4.85	5.40

1309 **Rosettes** carrées pour béquilles — Le cent: Cuivre poli 14.30 — Cuivre nickelé 28.60

Prière de bien spécifier si les béquilles doivent être livrées à poire, à pans ou à canon.

1310 **Béquilles buffle**, canon à boule, bouton bâton, monture nickelée . La pièce 3.20
1311 » » » à pointes » » » » » 5.15

Béquilles doubles, à poires, à pans ou à canon

		Nos	1	2	3	4
1312	Noyer, chêne, acajou, merisier, monture cuivre poli	La pièce	1.60	2. »	2.40	3. »
1313	» » » » » nickelé	»	2.20	2.60	3. »	3.60
1314	Palissandre ou pitchpin » » poli	»	1.70	2.10	2.60	3.20
1315	» » » » nickelé	»	2.30	2.70	3.20	3.70

Prière de bien spécifier si les béquilles doivent être livrées à poire, à pans ou à canon.

Béquilles doubles buffle

		Nos	1	2	3	4	5
1316	Os poires, pans ou canon, monture cuivre poli	La pièce	2.80	3. »	3.60	4.30	5. »
1317	» » » » nickelé	»	2.90	3.60	4.10	4.90	5.60
1318	Modèle lyonnais à bague » » poli	»	3.60	3.90	4.25	4.50	5.20
1319	» » » » nickelé	»	4.20	4.50	4.85	5.10	5.80

Prière de bien spécifier si les béquilles doivent être livrées à poire, à pans ou à canon.

1320 **Béquilles doubles** buffle, pour serrure à larder, monture fer nickelé, tige de 6 m/m La pce 4.40
1321 » » » » » » » » » » 8 m/m » 4.80

Béquilles doubles pour bec de canne de devanture, tige de 8 m/m

1322 Balustre bois noir, façon buffle . La pièce 2.85
1323 » buffle . » 3.50
1324 » céramique, façon ivoire . » 4. »

Béquilles à poire ou à canon, balustre céramique

			Façon ivoire	Façon ébène
1325	Chilienne, légère, dite Exportation, montée avec bouton rond 45 m/m, monture cuivre poli	La pce	0.65	»
1326	Légère, montée avec bouton rond 45 m/m ou ovale 55 m/m, monture cuivre poli	»	0.87	1.17
1327	» » » » » » nickelé	»	1.17	1.47
1328	Petite renforcée, montée avec bouton rond 45 m/m ou ovale 55 m/m, monture cuivre poli	»	1.03	1.33
1329	» » » » » » nickelé	»	1.33	1.63
1330	Moyenne » » » » » poli	»	1.15	1.45
1331	» » » » » » nickelé	»	1.45	1.75

Prière de bien spécifier si les béquilles doivent être livrées à poire, ou à canon; avec bouton rond ou ovale, façon ivoire ou façon ébène

1292 Béquille à pans

1294 Béquille à pans

1302 Béquille à poire

1304 Béquille à Canon

1307

1308 Béquille à poire

1305 Béquille à Canon

1311

1316 Béquille double à Canon

1318

1320

1323

1326

1330

1332

1333 à Canon

1348

1350

1352

1354

1355

1356 1365 1367

Béquilles balustre céramique à canon, coudé cannelé à perles bouton bâton

1332 Grand modèle, façon ivoire; monture cuivre poli . . . . La pièce 3.65
1333 " " " " " " nickelé . . . . " . . . 4.20

Béquilles doubles, poire ou canon, balustre céramique

N°	Désignation				La pièce
1334	Chilienne,	façon ivoire,	monture cuivre	poli	1.15
1335	"	"	" "	nickelé	1.45
1336	"	" ébène	" "	poli	1.45
1337	"	" "	" "	nickelé	1.75
1338	Petite renforcée	" ivoire	" "	poli	1.25
1339	" "	"	" "	nickelé	1.55
1340	" "	" ébène	" "	poli	1.60
1341	" "	" "	" "	nickelé	1.90
1342	Moyenne renforcée,	ivoire	" "	poli	1.55
1343	" "	" "	" "	nickelé	1.85
1344	" "	" ébène	" "	poli	1.85
1345	" "	" "	" "	nickelé	2.15

Prière de bien spécifier si les béquilles doivent être livrées à poire ou à canon

Boucles doubles, à charnière, série courante

	N°s	1	2	3	4	5	6
	Largeur extérieure m/m	38	42	48	52	56	60
1346	En cuivre poli . . . . La pièce	0.95	1. .	1.15	1.25	1.40	1.60
1347	" nickelé . . . . "	1.60	1.65	1.80	1.90	2.15	2.35

Boucles doubles, à charnière, série forte

	Larg. extérieure	40	45	50	55	60	70%
1348	En cuivre poli . . . . La pièce	1.15	1.30	1.50	1.65	1.95	2.50
1349	" nickelé	1.65	1.80	2. .	2.15	2.45	3. .

Boutons doubles, pleins, pour serrure de grille

	Longueur des balustres m/m	82	88	95
1350	balustres nouveaux, cuivre poli . . . . La pièce	2.15	2.90	"
1351	" " " nickelé . . . . "	3.40	4.40	"
1352	bâtons à rosace " poli . . . . "	"	"	4.25
1353	" " " nickelé . . . . "	"	"	5.65

Briquets de comptoir, cuivre à queue d'hirondelle

	Longueur totale ouverte m/m	62	68	76
1354	Le cent	32.50	36.25	40. .

Briquets ou charnières de comptoir

	Largeur m/m	40	45	50	55	60	70	80	90
1355	cuivre, forme carrée, très renforcés La pièce	0.80	0.85	0.90	1.10	1.25	1.80	2.60	4.50

Brise-jets

	Diamètre intérieur m/m	10	12	14	16
1356	Caoutchouc gris, douille et toiles cuivre nickelé . . . . Le cent	21. .	21. .	21. .	21. .
1357	" rouge " " "	25. .	25. .	25. .	25. .
1358	" gris " aluminium, toiles fer nickelé	28. .	28. .	28. .	28. .
1359	" rouge " " " "	32. .	32. .	32. .	32. .

Brise-jets

	Diamètre intérieur m/m	10	12	17	21
1360	Caoutchouc gris, tout cuivre nickelé Le cent	41.50	41.50	41.50	54. .

Brise-jets, fabrication soignée

	Diamètre intérieur m/m	13	16	19	22	26	30
1361	Caoutchouc gris, cuivre jaune poli . . . . La pièce	0.70	0.70	0.85	0.85	1.15	1.15
1362	" " nickelé . . . . "	0.85	0.85	1. .	1. .	1.35	1.35
1363	" " aluminium . . . . "	0.85	0.85	1. .	1. .	1.35	1.35

Brise-jets caoutchouc rouge supérieur, douille et toiles en cuivre nickelé

	Diamètre intérieur m/m	10	12	14	16	18	20	25	30	40
1364	Le cent	37.50	37.50	37.50	37.50	50. .	100. .	200. .	250. .	300. .

Brise-jets hygiéniques, caoutchouc rouge supér.

	Diamètre intérieur m/m	10	12	14	18
1365	Douille aluminium, toiles en nickel pur Le cent	62.50	62.50	62.50	62.50
1366	" " " " " " démontable "	"	"	89. .	89. .

Brise-jets, pour souder sur robinets, cuivre fondu à raccord

	Pour robinets de diamètre intérieur m/m	8	10	12	15	18	20	25	27	30
1367	En cuivre jaune . . . . La pièce	1.50	1.50	1.80	1.80	2.50	2.80	3. .	3.80	4. .
1368	" nickelé	1.80	1.80	2.20	2.20	2.80	2.80	3.60	4.40	4.70

Toiles de rechange pour brise jets N°s 1367 & 1368

	Pour brise jets de m/m	8	10	12	15	18	20	25	27	30
1369	Le jeu de 4 toiles	0.12	0.18	0.25	0.30	0.35	0.40	0.48	0.56	0.64

Brasure ou soudure de cuivre pour braser les métaux N°s 0. 1. 2. 3. 4

1370 Jaune ou dure . . . . Le kilog 2.55
1371 Grise ou tendre . . . . " . . 2.60

Cours très variable

Brasure chimique Brevetée, en plaques, supprimant l'emploi du laiton, borax, etc

1372 En boîtes ferblanc de 1 et 2 K°s Dimensions des plaques 15×10 m/m Le kilog 4.30

51

1373

1378
avec 2 cônes protecteurs

1383

1386

1387

1389

1392

1395

Brosserie métallique.

Brosses-écouvillons pour tubes de chaudières à vapeur, série nouvelle légère, torsade composée de deux fers demi-ronds ; diamètre de la tige 10 m/m

			Modèle court, longueur de la partie garnie 140 m/m			Modèle long, longueur de la partie garnie 170 m/m		
	Diamètre de la brosse en m/m		20 à 65	66 à 80	81 à 115	20 à 65	66 à 80	81 à 115
1373	Fil d'acier rond non trempé	La pièce	1.60	1.95	2.25	1.95	2.60	3.20
1374	Lamelles d'acier plat trempé	"	1.95	2.25	2.90	2.25	2.75	3.35
1375	Fil d'acier rond trempé 1re qté	"	2.40	2.45	3.10	2.45	2.90	3.40
1376	" de laiton rond écroui 1re qté	"	2.25	2.60	3.20	2.60	3.05	3.55
1377	" de bronze rond inaltérable	"	2.60	2.90	3.55	3.20	3.85	4.80

Brosses-écouvillons pour tubes de chaudières à vapeur, série forte, torsade composée de 4 fils de fer ronds ; diamètre de la tige 12 m/m

Série recommandée

			Modèle court, longueur de la partie garnie 140 m/m			Modèle long, longueur de la partie garnie 170 m/m		
	Diamètre de la brosse m/m		20 à 65	66 à 80	81 à 115	20 à 65	66 à 80	81 à 115
1378	Fil d'acier rond non trempé	La pièce	1.95	2.60	3.20	2.25	3.20	4.20
1379	Lamelles d'acier plat trempées	"	2.25	2.75	3.35	2.60	3.55	4.50
1380	Fil d'acier rond trempé 1re qté	"	2.45	2.90	3.40	3.10	3.75	4.70
1381	" de laiton rond écroui 1re qté	"	2.60	3.05	3.55	3.20	4.20	4.80
1382	" de bronze rond inaltérable	"	3.20	3.85	4.80	3.85	4.80	5.45

Augmentation pour 2 cônes protecteurs sur série légère ou série forte pce 0.35
" pour monture étamée " " " " " 0.20

Sans indication spéciale de qualité, nous livrons toujours la série forte, modèle long, fil d'acier rond trempé 1re qualité avec 2 cônes protecteurs

Brosses-raclettes-écouvillons, pour tubes de chaudières à vapeur, en lames d'acier trempées bleuies, composées de 6 rangs de lames, diamètre de la tige 12 m/m

	Diamètre de la brosse m/m		20 à 65	66 à 80	81 à 115
1383	A 2 cônes, lames simples	La pièce	3.20	3.85	5.15
1384	lames doubles	"	3.85	5.15	6.45

1385 Lames de rechange, la garniture complète, moitié prix de la valeur de la brosse

1386 **Appareils extensibles**, gratte tubes, pour chaudières à vapeur, à lames d'acier trempé, concaves et hélicoïdales, à extension fixe avant l'introduction dans le tube, se soudant ou se vissant sur une tringle de manœuvre comme les brosses à tubes ordinaires

Minimum ou maximum d'extension ou pour tubes de m/m		35 à 55	50 à 70	65 à 80	70 à 90	85 à 115
L'appareil avec écrou d'extension, sans la tige	La pièce	10.25	11.55	12.85	15.40	19.25

Appareils extensibles, gratte tubes, pour chaudières à vapeur, à lames d'acier trempé, concaves et hélicoïdales, à extension facultative après introduction dans le tube au moyen d'une poignée filetée et d'une tringle fer bout fileté, recouverte d'un tube de manœuvre avec raccord

	Minimum ou maximum d'extension pour tubes de m/m		35 à 55	50 à 70	65 à 80	70 à 90	85 à 115
1387	L'appareil seul	La pièce	10.25	11.55	12.85	15.40	19.25
1388	Poignée filetée et raccard	Les 2 pièces	3.85	3.85	5.15	5.15	6.45
1389	Tube de manœuvre	Le mètre	2.25	2.25	2.90	2.90	3.20
1390	Tringle intérieure, bout fileté	"	0.65	0.65	1. "	1. "	1.30
1391	Lames de rechange	La pièce	0.35	0.55	0.65	0.75	0.95

Cet appareil ne peut être utilisé qu'avec tous les accessoires nécessaires pour le monter : poignée et raccord, tube de manœuvre et tringle intérieure.
Indiquer la longueur des tubes à nettoyer, pour le montage des tubes de manœuvre

1392 **Courroies** gratte tubes, munies de grattoirs acier trempé, pour détacher le tartre des tubes de chaudières à vapeur

Longr des courroies sans poignées	1m00	1m25	1m50	1m75	2m00	2m25
La pièce	11.55	12.85	14.10	16. "	17.95	20.55

1393 Poignées forgées, en plus . . . . . La paire 1.95
1394 Grattoirs de rechange, acier trempé . . . . . La pièce 0.40

Brosses circulaires pour fonderies, pour décrasser les pièces sortant du moule fil d'acier rond très fin non trempé

	Nombre de rangs		2	3	4	5	6
1395	Diamètre de la brosse c/m 15	La pièce	2.90	3.55	4.50	5.80	6.45
1396	" " " " 20	"	3.55	4.20	5.15	6.15	7.70
1397	" " " " 25	"	3.85	4.80	6.10	7.70	9.65
1398	" " " " 30	"	4.20	5.15	7.05	9. "	10.90
1399	" " " " 35	"	4.50	6.45	8.35	10.25	12.85

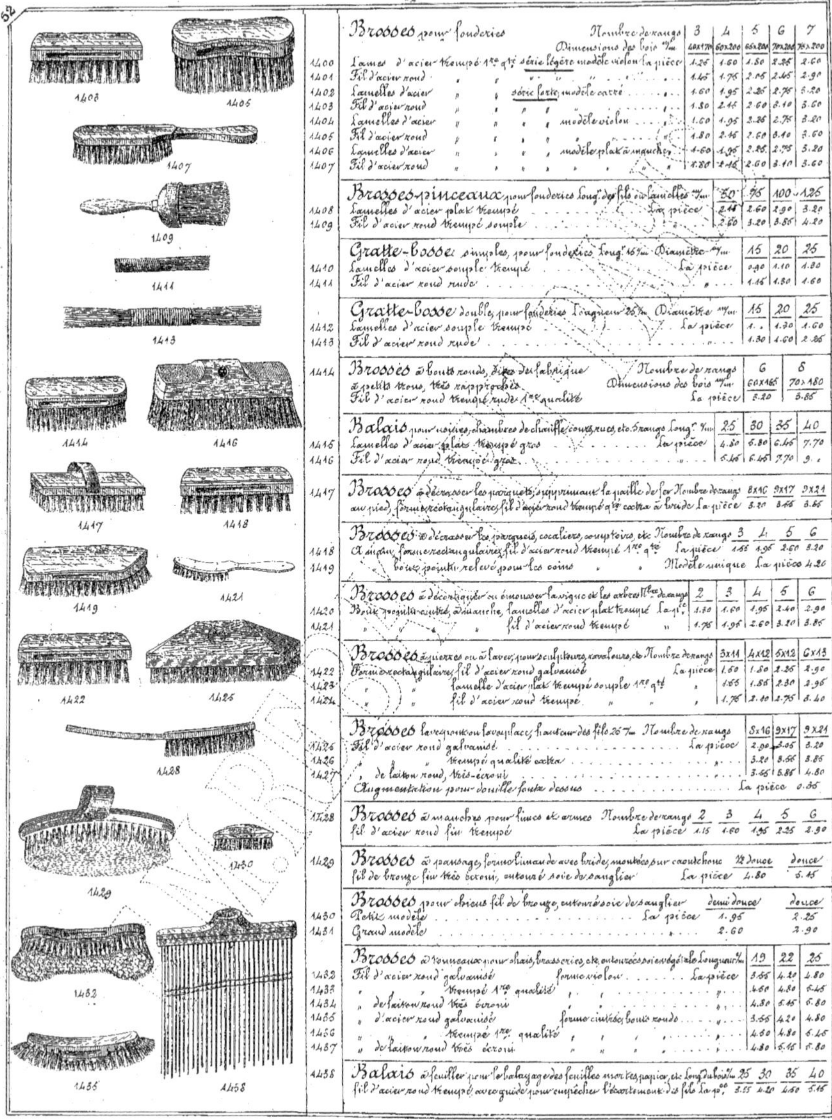

Brosses pour fonderies

N°		Nombre de rangs	3	4	5	6	7
		Dimensions des bois m/m	40x170	60x200	65x200	70x200	75x200
1400	Lames d'acier trempé 1re qté série légère modèle violon	la pièce	1.25	1.60	1.80	2.25	2.60
1401	Fil d'acier rond " " " "	"	1.45	1.75	2.05	2.45	2.90
1402	Lamelles d'acier " " série forte, modèle carré	"	1.60	1.95	2.25	2.75	3.20
1403	Fil d'acier rond " " " "	"	1.80	2.15	2.60	3.10	3.60
1404	Lamelles d'acier " " " " modèle violon	"	1.60	1.95	2.25	2.75	3.20
1405	Fil d'acier rond " " " "	"	1.80	2.15	2.60	3.10	3.60
1406	Lamelles d'acier " " " " modèle plat à manche	"	1.60	1.95	2.25	2.75	3.20
1407	Fil d'acier rond " " " "	"	1.80	2.15	2.60	3.10	3.60

Brosses-pinceaux pour fonderies

N°		Long. des fils ou lamelles m/m	50	75	100	125
1408	Lamelles d'acier plat trempé	La pièce	2.15	2.60	2.90	3.20
1409	Fil d'acier rond trempé souple	"	2.60	3.20	3.55	4.20

Gratte-bosse simples, pour fonderies Long.r 15 m/m

N°		Diamètre m/m	15	20	25
1410	Lamelles d'acier souple trempé	La pièce	0.90	1.10	1.30
1411	Fil d'acier rond rude	"	1.15	1.30	1.60

Gratte-bosse double, pour fonderies Longueur 25 m/m

N°		Diamètre m/m	15	20	25
1412	Lamelles d'acier souple trempé	La pièce	1. .	1.30	1.60
1413	Fil d'acier rond rude	"	1.30	1.60	2.25

Brosses à bouts ronds, Dîtes de fabrique à petits trous, très rapprochés

N°		Nombre de rangs	6	8
		Dimensions des bois m/m	60x165	70x180
1414	Fil d'acier rond trempé rude 1re qualité	La pièce	3.20	3.85

Balais pour voitures, chambres de chauffe, cours, rues, etc. 5 rangs

N°		Long.r m/m	25	30	35	40
1415	Lamelles d'acier plat trempé gros	La pièce	4.80	5.80	6.45	7.70
1416	Fil d'acier rond trempé gros	"	5.45	6.45	7.70	9. .

Brosses à décrasser les parquets, supprimant la paille de fer au pied, forme rectangulaire, fil d'acier rond trempé qté extra à bride

N°		Nombre de rangs	8x16	9x17	9x21
1417		La pièce	3.20	3.45	3.85

Brosses à décrasser les parquets, escaliers, comptoirs, etc

N°		Nombre de rangs	3	4	5	6
1418	A anneau, forme rectangulaire, fil d'acier rond trempé 1re qté	La pièce	1.55	1.95	2.60	3.20
1419	bout pointu relevé pour les coins " " Modèle unique	La pièce	4.20			

Brosses à dégarnir ou émousser la vigne et les arbres

N°		Nbre de rangs	2	3	4	5	6
1420	Bout pointu cintré, à manche, lamelles d'acier plat trempé	La p.ce	1.30	1.60	1.95	2.40	2.90
1421	" " fil d'acier rond trempé	"	1.75	1.95	2.60	3.20	3.85

Brosses à pierres ou à laver, pour sculpteurs, graveurs, etc

N°		Nombre de rangs	3x11	4x12	5x12	6x13
1422	Forme rectangulaire, fil d'acier rond galvanisé	La pièce	1.50	1.80	2.25	2.90
1423	" " lamelle d'acier plat trempé souple 1re qté	"	1.55	1.85	2.30	2.95
1424	" " fil d'acier rond trempé " "	"	1.75	2.10	2.75	3.40

Brosses lave-pont ou lave-place, hauteur des fils 25 m/m

N°		Nombre de rangs	8x16	9x17	9x21
1425	Fil d'acier rond galvanisé	La pièce	2.90	3.05	3.20
1426	" " trempé qualité extra	"	3.20	3.55	3.85
1427	" de laiton rond, très-écroui	"	3.55	3.85	4.80
	Augmentation pour douille fonte dessus	La pièce	0.35		

Brosses à manches pour limes et armes

N°		Nombre de rangs	2	3	4	5	6
1428	fil d'acier rond fin trempé	La pièce	1.15	1.60	1.95	2.25	2.90

Brosses à pansage, forme limande avec bride, montées sur caoutchouc

N°			1/2 douce	douce
1429	fil de bronze fin très écroui, entouré soie de sanglier	La pièce	4.80	5.45

Brosses pour chiens fil de bronze, entouré soie de sanglier

N°			demi douce	douce
1430	Petit modèle	La pièce	1.95	2.25
1431	Grand modèle	"	2.60	2.90

Brosses à tonneaux pour chais, brasseries, etc, entourées soie végétale

N°			Longueur m/m	19	22	25
1432	Fil d'acier rond galvanisé	forme violon	La pièce	3.55	4.20	4.80
1433	" " trempé 1re qualité	" "	"	4.50	4.80	5.45
1434	" de laiton rond très écroui	" "	"	4.80	5.45	5.80
1435	" d'acier rond galvanisé	forme cintrée, bouts ronds	"	3.55	4.20	4.80
1436	" " trempé 1re qualité	" "	"	4.50	4.80	5.45
1437	" de laiton rond très écroui	" "	"	4.80	5.15	5.80

Balais à feuilles pour le balayage des feuilles mortes, papier, etc fil d'acier rond trempé, avec guide pour empêcher l'écartement des fils

N°		Long. du bois m/m	25	30	35	40
1438		La p.ce	3.55	4.20	4.50	5.15

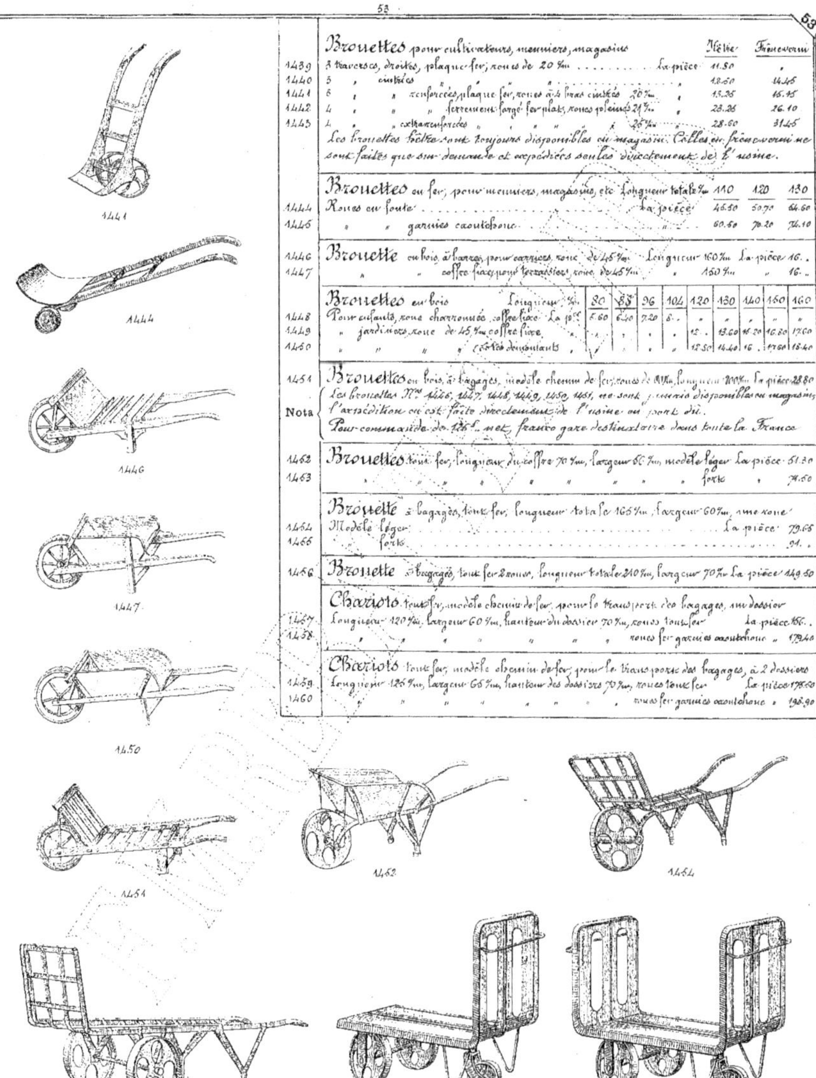

Brouettes pour cultivateurs, meuniers, magasins

			Hêtre	Frêne verni
1439	3 traverses, droites, plaque fer, roues de 20 c/m	La pièce	11.50	"
1440	3 " cintrées " " "	"	12.50	14.45
1441	3 " " renforcées, plaque fer, roues à 4 bras cintrées 20 c/m	"	13.25	15.15
1442	4 " " " ferrement forgé fer plat, roues pleines 21 c/m	"	23.25	26.10
1443	4 " " extrarenforcées " " " " " 25 c/m	"	28.60	31.45

Les brouettes hêtre sont toujours disponibles en magasin. Celles en frêne verni ne sont faites que sur demande et expédiées seules directement de l'usine.

Brouettes en fer, pour meuniers, magasins, etc.

		Longueur totale c/m	110	120	130
1444	Roues en fonte	La pièce	46.50	50.70	64.60
1445	" " garnies caoutchouc	"	60.50	70.20	74.10

1446	**Brouette** en bois, à barres, pour carriers, roue de 45 c/m Longueur 160 c/m	La pièce	16..
1447	" " coffre fixe, pour terrassiers, roue de 45 c/m " 150 c/m	"	16..

Brouettes en bois

		Longueur c/m	80	88	96	104	120	130	140	150	160
1448	Pour enfants, roue charronnée, coffre fixe	La pièce	5.60	6.40	7.20	8..	"	"	"	"	"
1449	" jardiniers, roue de 45 c/m coffre fixe	"	"	"	"	"	12..	13.60	15.20	16.80	17.60
1450	" " " " coffres démontants	"	"	"	"	"	12.50	14.40	16..	17.60	18.40

1451 **Brouettes** en bois, à bagages, modèle chemin de fer, roues de [illegible] c/m, longueur 200 c/m La pièce 28.80

Nota { Les brouettes N°s 1446, 1447, 1448, 1449, 1450, 1451, ne sont jamais disponibles en magasin, l'expédition en est faite directement de l'usine en port dû.
Pour commande de 125 f. net, franco gare destinataire dans toute la France

1452	**Brouettes** tout fer, longueur du coffre 70 c/m, largeur 56 c/m, modèle léger	La pièce	51.30
1453	" " " " " " " " " fort	"	74.50

Brouette à bagages, tout fer, longueur totale 165 c/m, largeur 60 c/m, une roue

1454	Modèle léger	La pièce	79.65
1455	" fort		91..

1456 **Brouette** à bagages, tout fer 2 roues, longueur totale 210 c/m, largeur 70 c/m La pièce 149.50

Chariots tout fer, modèle chemin de fer, pour le transport des bagages, un dossier

1457	Longueur 120 c/m, largeur 60 c/m, hauteur du dossier 70 c/m, roues tout fer	La pièce	156..
1458	" " " " " " " roues fer garnies caoutchouc	"	179.40

Chariots tout fer, modèle chemin de fer, pour le transport des bagages, à 2 dossiers

1459	Longueur 125 c/m, largeur 65 c/m, hauteur des dossiers 70 c/m, roues tout fer	La pièce	175.50
1460	" " " " " " " roues fer garnies caoutchouc	"	198.90

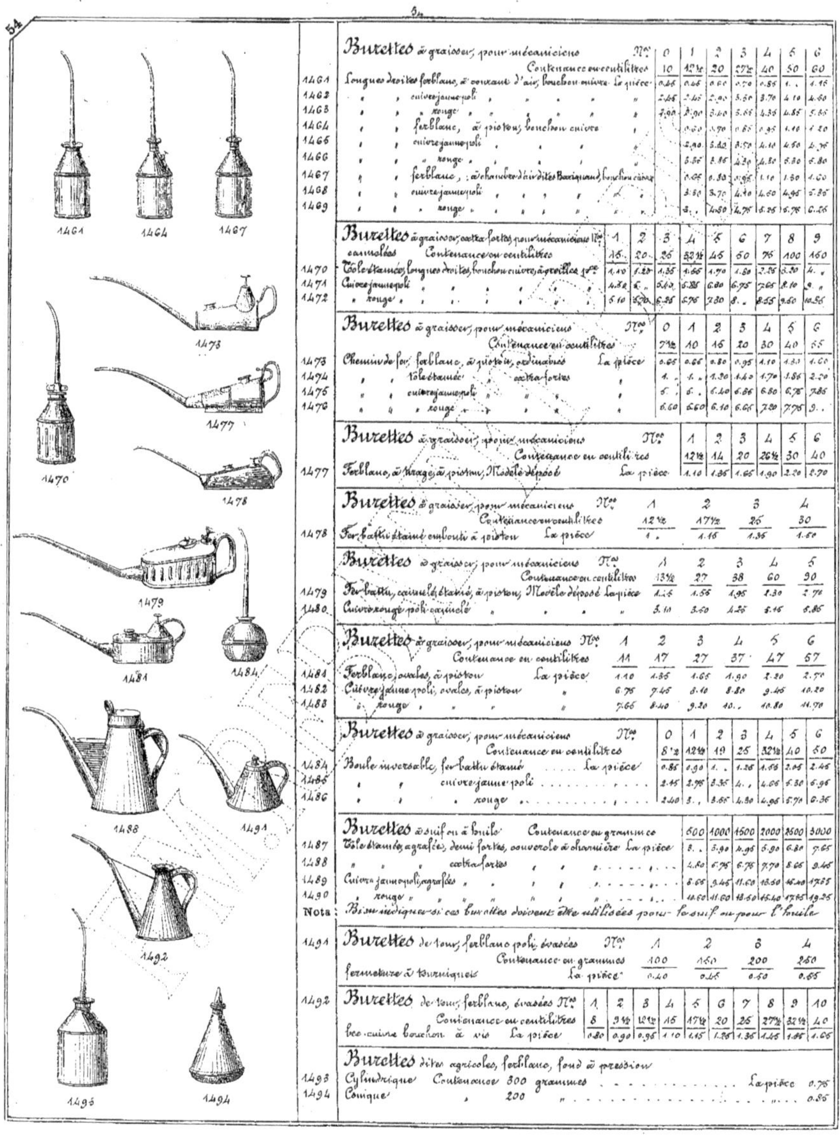

	Burettes à graisser, pour mécaniciens	N°s	0	1	2	3	4	5	6
		Contenance en centilitres	10	12½	20	27½	40	50	60
1461	Longues droites ferblanc, à courant d'air, bouchon cuivre	La pièce	0.46	0.46	0.60	0.70	0.85	1. .	1.15
1462	" " cuivre jaune poli	"	2.45	2.45	2.90	3.50	3.70	4.10	4.60
1463	" " " rouge	"	2.90	2.90	3.40	3.65	4.35	4.85	5.65
1464	" " ferblanc, à piston, bouchon cuivre	"		0.60	0.70	0.85	0.95	1.10	1.20
1465	" " cuivre jaune poli	"		2.90	3.40	3.50	4.10	4.50	4.75
1466	" " " rouge	"		3.35	3.85	4.30	4.80	5.30	5.80
1467	" " ferblanc, à chambre d'air dites Bariquand, bouchon cuivre			0.65	0.80	0.95	1.10	1.30	1.60
1468	" " cuivre jaune poli	"		3.50	3.70	4.40	4.60	4.95	5.35
1469	" " " rouge	"		3. .	4.50	4.75	5.25	5.75	6.25

	Burettes à graisser, extra fortes, pour mécaniciens, cannelées	N°s	1	2	3	4	5	6	7	8	9
		Contenance en centilitres	15	20	25	32½	45	50	75	100	150
1470	Tôle étamée, longues droites, bouchon cuivre, à oreilles	1re	1.10	1.20	1.35	1.65	1.70	1.80	2.25	3.20	4. .
1471	Cuivre jaune poli	"	4.30	5. .	5.40	5.85	6.80	6.75	7.65	8.10	9. .
1472	" rouge	"	5.10	5.70	6.25	5.75	7.30	8. .	8.55	9.60	10.55

	Burettes à graisser, pour mécaniciens	N°s	0	1	2	3	4	5	6
		Contenance en centilitres	7½	10	15	20	30	40	55
1473	Chemin de fer, ferblanc, à piston, ordinaires	La pièce	0.65	0.66	0.80	0.95	1.10	1.30	1.60
1474	" " tôle étamée " extra fortes	"	1. .	1. .	1.30	1.40	1.70	1.85	2.20
1475	" " cuivre jaune poli " " "	"	5. .	5. .	6.40	6.55	6.80	6.75	7.85
1476	" " " rouge " " "	"	6.60	6.60	6.10	6.65	7.20	7.75	9. .

	Burettes à graisser, pour mécaniciens	N°s	1	2	3	4	5	6
		Contenance en centilitres	12½	14	20	26½	30	40
1477	Ferblanc, à tirage, à piston, Modèle déposé	La pièce	1.10	1.35	1.65	1.90	2.20	2.70

	Burettes à graisser, pour mécaniciens	N°s	1	2	3	4
		Contenance en centilitres	12½	17½	25	30
1478	Fer battu étamé embouti à piston	La pièce	1. .	1.15	1.35	1.60

	Burettes à graisser, pour mécaniciens	N°s	1	2	3	4	5
		Contenance en centilitres	13½	27	38	60	90
1479	Fer battu, cannelé, étamé, à piston, Modèle déposé	La pièce	1.25	1.55	1.95	1.30	2.70
1480	Cuivre rouge poli cannelé	"	3.10	3.60	4.25	5.15	5.85

	Burettes à graisser, pour mécaniciens	N°s	1	2	3	4	5	6
		Contenance en centilitres	11	17	27	37	47	57
1481	Ferblanc, ovales, à piston	La pièce	1.10	1.35	1.65	1.90	2.20	2.70
1482	Cuivre jaune poli, ovales, à piston	"	6.75	7.45	8.10	8.80	9.45	10.20
1483	" rouge	"	7.65	8.40	9.20	10. .	10.80	11.70

	Burettes à graisser, pour mécaniciens	N°s	0	1	2	3	4	5	6
		Contenance en centilitres	8½	12½	19	25	32½	40	50
1484	Boule inversable, fer battu étamé	La pièce	0.85	0.90	1. .	1.25	1.55	2.05	2.45
1485	" " cuivre jaune poli		2.45	2.95	3.35	4. .	4.65	5.30	5.95
1486	" " " rouge		2.40	3. .	3.65	4.30	4.95	5.70	6.35

	Burettes à suif ou à huile	Contenance en grammes	500	1000	1500	2000	2500	3000
1487	Tôle étamée, agrafées, demi fortes, couvercle à charnière	La pièce	3. .	3.90	4.95	5.90	6.80	7.65
1488	" " " extra fortes		4.80	5.75	6.75	7.70	8.65	9.45
1489	Cuivre jaune poli, agrafées		8.65	9.45	11.60	13.50	15.40	17.65
1490	" rouge "		10.60	11.60	13.50	15.40	17.45	19.25

Nota: Bien indiquer si ces burettes doivent être utilisées pour le suif ou pour l'huile

	Burettes de tour, ferblanc poli, évasées	N°s	1	2	3	4
		Contenance en grammes	100	150	200	250
1491	fermeture à tourniquets	La pièce	0.40	0.45	0.50	0.65

	Burettes de tour, ferblanc, évasées	N°s	1	2	3	4	5	6	7	8	9	10
		Contenance en centilitres	8	9½	12½	15	17½	20	25	27½	32½	40
1492	bec cuivre bouchon à vis	La pièce	0.80	0.90	0.95	1.10	1.15	1.25	1.35	1.45	1.55	1.65

Burettes dites agricoles, ferblanc, fond à pression

1493 Cylindrique Contenance 300 grammes . . . . La pièce 0.75

1494 Conique " 200 " 0.85

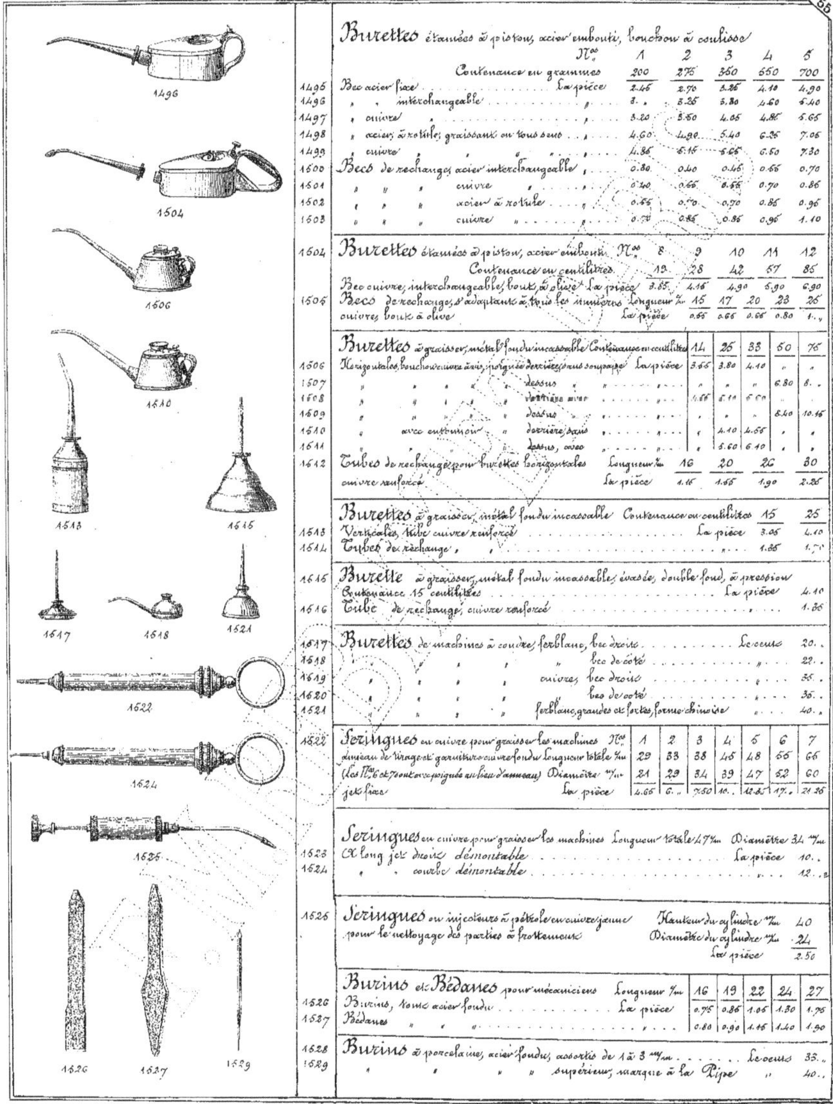

Burettes étamées à piston, acier embouti, bouchon à coulisse

		Nos	1	2	3	4	5
	Contenance en grammes		200	275	350	550	700
1495	Bec acier fixe	La pièce	2.45	2.70	3.25	4.10	4.90
1496	" " interchangeable	"	3. "	3.25	3.80	4.60	5.40
1497	" cuivre	"	3.20	3.50	4.05	4.85	5.65
1498	" acier, à rotule, graissant en tous sens	"	4.60	4.90	5.40	6.25	7.05
1499	" cuivre	"	4.85	5.15	5.65	6.50	7.30
1500	Becs de rechange, acier interchangeable	"	0.30	0.40	0.45	0.65	0.70
1501	" " " cuivre	"	0.40	0.55	0.55	0.70	0.85
1502	" " " acier à rotule	"	0.55	0.70	0.70	0.85	0.95
1503	" " " cuivre	"	0.70	0.85	0.85	0.95	1.10

Burettes étamées à piston, acier embouti

		Nos	8	9	10	11	12
1504	Contenance en centilitres		19	28	42	57	85
	Bec cuivre, interchangeable, bout à olive	La pièce	3.85	4.15	4.90	5.90	6.90
1505	Becs de rechange, s'adaptant à tous les numéros	Longueur $^{m}/_{m}$	15	17	20	23	25
	cuivre, bout à olive	La pièce	0.55	0.65	0.65	0.80	1. "

Burettes à graisser, métal fondu incassable

		Contenance en centilitres	14	25	33	50	75
1506	Horizontales, bouchon cuivre à vis, poignée derrière, sans soupape	La pièce	3.55	3.80	4.10	"	"
1507	" " " " " dessus	"	"	"	"	6.80	8. "
1508	" " " " " derrière avec	"	4.55	5.10	5.60	"	"
1509	" " " " " dessus	"	"	"	"	8.40	10.15
1510	" avec entonnoir " derrière, sans	"	"	4.10	4.55	"	"
1511	" " " dessus, avec	"	"	5.60	6.40	"	"

1512	Tubes de rechange pour burettes horizontales	Longueur $^{m}/_{m}$	16	20	26	30
	cuivre renforcé	La pièce	1.15	1.55	1.90	2.25

Burettes à graisser, métal fondu incassable

		Contenance en centilitres	15	25
1513	Verticales, tube cuivre renforcé	La pièce	3.05	4.10
1514	Tubes de rechange " "	"	1.35	1.70

Burette à graisser, métal fondu incassable, évasée, double fond, à pression

1515 Contenance 15 centilitres . . . . La pièce 4.10

1516 Tube de rechange, cuivre renforcé 1.35

Burettes de machines à coudre, ferblanc, bec droit

1517	Burettes de machines à coudre, ferblanc, bec droit	Le cent	20. "
1518	" " " " bec de côté	"	22. "
1519	" " " cuivre, bec droit	"	35. "
1520	" " " bec de côté	"	35. "
1521	" " " ferblanc, grandes et fortes, forme chinoise	"	40. "

Seringues en cuivre pour graisser les machines

			1	2	3	4	5	6	7
1522	anneau de tirage et garniture cuivre fondu	Nos	1	2	3	4	5	6	7
		Longueur totale $^{c}/_{m}$	29	33	38	45	48	55	65
	(Les Nos 6 et 7 sont avec poignée au lieu d'anneau)	Diamètre $^{m}/_{m}$	21	29	34	39	47	52	60
	jet fixe	La pièce	4.65	6. "	7.50	10. "	12.85	17. "	21.25

Seringues en cuivre pour graisser les machines Longueur totale 47 $^{c}/_{m}$ Diamètre 34 $^{m}/_{m}$

1523 Et long jet droit démontable . . . . La pièce 10. "

1524 " " courbe démontable . . . . " 12. "

Seringues ou injecteurs à pétrole en cuivre jaune

1525 pour le nettoyage des parties à frottement

Hauteur du cylindre $^{m}/_{m}$	40
Diamètre du cylindre $^{m}/_{m}$	24
La pièce	2.50

Burins et Bédanes pour mécaniciens

		Longueur $^{m}/_{m}$	16	19	22	24	27
1526	Burins, tout acier fondu	La pièce	0.75	0.85	1.05	1.30	1.75
1527	Bédanes " " "	"	0.80	0.90	1.15	1.40	1.90

Burins à porcelaine, acier fondu, assortis de 1 à 3 $^{m}/_{m}$

1528 Burins à porcelaine, acier fondu, assortis de 1 à 3 $^{m}/_{m}$ . . . . . . Le cent 33. "

1529 " " " " supérieur, marque à la Pipe " 40. "

56

Articles de cave & Petite robinetterie

N°	Désignation		Prix
1530	**Arrache-bouchons** fil de fer, 3 branches, à anneau	Le cent	10. .
1531	" " manche bois	"	17.15
1532	" " Brevetés, lames acier	"	15.75
1533	" " fer étamé, 2 branches, à anneau	"	35.70

Attache-bouchons Voir page 18 N°s 605 à 607

Baquets ronds bois

N°		Diamètre c/m	27	30	35	40	45	55	60	67
1534	Sapin scié, cercles fer étamé	La pièce	2.85	3.60	3.95	5.35	6.45	7.50	8.95	10. .
1535	" fendu " " "	"	3.20	4. .	4.45	5.75	6.80	7.85	9.30	10.35

Baquets ronds bois

N°								
1536	Platane, cercles bois, avec poignées	N^os^	1	2	3	4	5	6
		Diamètre c/m	25	28	32	37	41	46
		La pièce	3.60	3.95	4.65	5.75	6.45	7.85

Baquets ovales bois

N°								
1537	Platane, cercles bois, avec poignées	N^os^	1	2	3	4	5	6
		Dimensions c/m	29x24	31x24	35x27	41x32	46x36	51x40
		La pièce	3.60	3.95	4.65	5.75	6.45	7.85

Baquets ronds, pour rincer les bouteilles

N°								
1538	fabrication robuste et soignée	Diamètre c/m	43	46	50	55	60	65
	en chêne, cercles fer galvanisé	Hauteur c/m	24	27	30	32	35	37
		La pièce	3.55	9. .	9.90	11.70	14.40	19.80

N°	Désignation	Dimensions	Hauteur		Prix
1539	**Baquets** forme cœur, pour la mise en bouteilles	40x30 c/m	10 c/m	La pièce	4.50
1540	" " " " le soutirage	" 44x25 c/m	" 10 c/m	"	4.50

Bassines à vin, tôle étamée

N°		Contenance en litres	10	15	20
1541	Découvertes, à deux poignées	La pièce	13.20	15.40	17.60
1542	Couvertes " "	"	17.60	19.80	22. .

N°	Désignation		Prix
1543	**Battes** en tapettes ovales, en hêtre	Le cent	26.70
1544	" " " " en frêne	"	42.85
1545	" " " carrées "	"	50. .

Battes à débonder, manche jonc

N°	Désignation	Dimensions		Prix
1546	Ordinaires pour pièces	9 x 11 x 3 c/m	Le cent	35.70
1547	Renforcées pour 1/2 muids ou brasseurs	" 13 x 10 x 4 c/m	"	57.15
1548	" pour bordelaises	" 16 x 10 x 4 c/m	"	85.75

Bondes & Broches (L'épaisseur n'est qu'approximative)

N°	Désignation	Diamètre m/m	Épaisseur m/m	Le mille	Le cent
1549	Broquillons en chêne	20 à 29	23	9.05	1.15
1550	Broches en chêne	" 30 à 39	" 23	" 12.85	" 1.35
1551	Bondes en chêne	" 40 à 49	" 23	" 17.85	" 1.95
1552	" "	" 50 à 55	" 23	" 24.30	" 2.60
1553	" en aulne pour brasseurs	" 50 à 60	" 25	" 42.85	" 4.85
1554	" bois blanc pour huile	" 55 à 60	" 26	" 38.60	" 4. .

Bouchons de carafes et à ressort pour canettes Voir page 30 N°s 868 à 895

Bouchons en liège

N°	Désignation	Diamètre m/m		Qualité ordin^re^	1/2 fine	fine	surfine	extra
1555	Forme conique, pour bouteilles ou litres	22 à 24	Le mille	7.15	11.10	17.15	22.85	28.55
1556	" " " demi bouteilles	" 21 à 22	"	"	7.15	14.30	18.60	22.15
1557	" cylindrique " bouteilles ou litres	" 24 à 25	"	8.95	14.30	20. .	25.70	34.30
1558	" " " demi bouteilles	" 22 à 23	"	7.15	12.85	18.60	24.30	32.85

N°	Désignation	Diamètre m/m		Qualité ordinaire	supérieure
1559	Demi longs pour bouteilles Bordeaux	24 à 26	Le mille	35.70	64.30
1560	" " demi bouteilles	" 22 à 23	"	28.55	57.15
1561	Pour bouteilles de champagne	" 30 à 32	"	57.15	143. .

Bouchons pour bocaux

N°		Diamètre c/m	4	5	6	7	8	9	10	11
1562		Le mille	35.70	42.85	47.15	57.15	64.30	85.70	100. .	135.70

N°	Désignation		Prix
1563	**Bouche bouteilles** bois jaune, rondelle caoutchouc	Le cent	45. .
1564	" " " 1/2 fin, filets noirs " "	"	50. .
1565	" " " fin, à bourrelets " "	"	58. .
1566	" " " ouvert d'un côté " "	"	55. .
1567	" " " des 2 côtés " "	"	65. .
1568	" " " dur, fermé à bourrelets, grosse rondelle caoutchouc, soigné	pièce	1. .
1569	" " ouvert " " " " "	"	1.15
1570	" " bois fin verni	"	1.70
1571	" " bois jaune, 2 cercles feuillard verni, ressort acier	"	1.20

1530 · 1534 · 1531 · 1536 · 1532 · 1539 · 1541 · 1533 · 1542 · 1543 · 1546 · 1549 · 1550 · 1553

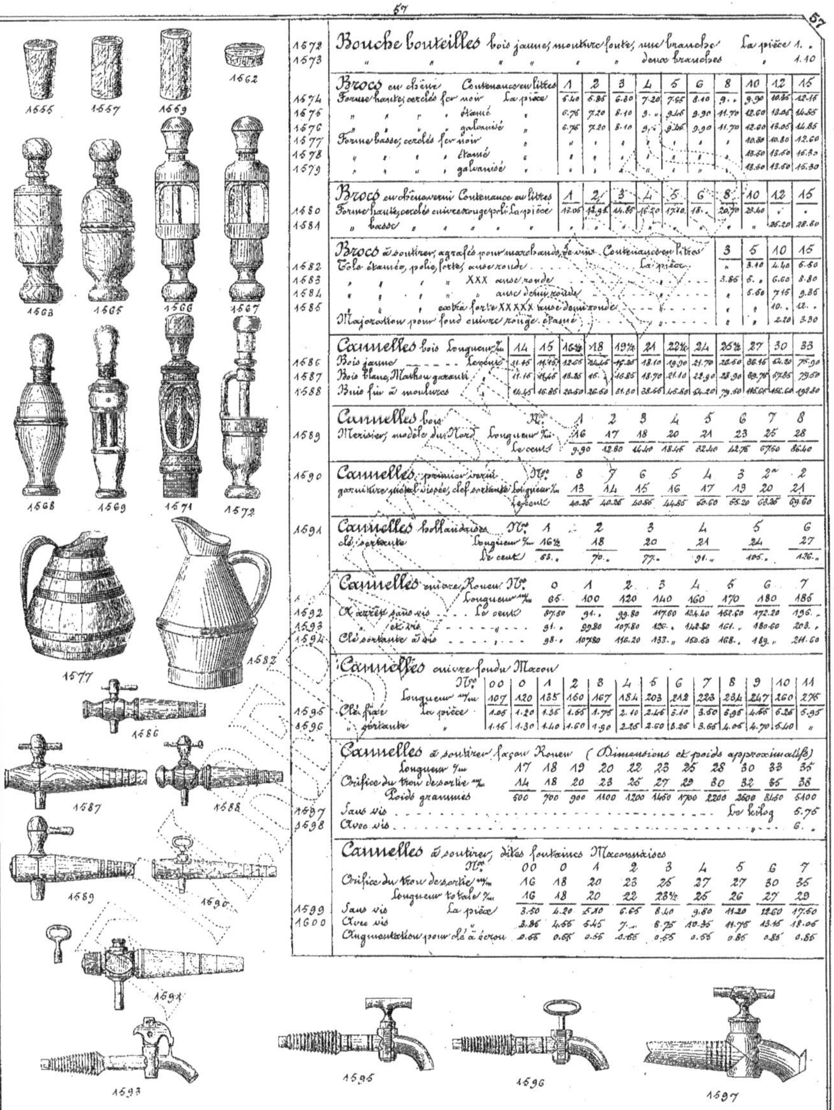

1572 **Bouche bouteilles** bois jaune, monture forte, une branche — La pièce 1. „
1573 „ „ „ „ „ „ deux branches — „ 1.10

	Broco en chêne — Contenance en litres	1	2	3	4	5	6	8	10	12	15
1574	Forme haute, cerclés fer noir — La pièce	5.40	5.85	6.30	7.20	7.65	8.10	9. „	9.90	10.35	12.15
1575	„ „ „ „ étamé — „	6.75	7.20	8.10	9. „	9.45	9.90	11.70	12.60	13.05	14.85
1576	„ „ „ „ galvanisé — „	6.75	7.20	8.10	9. „	9.45	9.90	11.70	12.60	13.05	14.85
1577	Forme basse, cerclés fer noir — „	„	„	„	„	„	„	„	10.80	10.80	12.60
1578	„ „ „ „ étamé — „	„	„	„	„	„	„	„	13.50	13.50	15.30
1579	„ „ „ „ galvanisé — „	„	„	„	„	„	„	„	13.50	13.50	15.30

	Broco en chêne verni — Contenance en litres	1	2	3	4	5	6	8	10	12	15
1580	Forme haute, cerclés cuivre rouge poli — La pièce	13.05	13.95	14.85	15.20	17.10	18. „	20.70	23.40	„	„
1581	„ basse — „	„	„	„	„	„	„	„	„	25.20	28.80

	Broco à soutirer, agrafés pour marchands de vins — Contenance en litres	3	5	10	15
1582	Tôle étamée, polie, forte, anse ronde — La pièce	„	3.10	4.40	5.50
1583	„ „ „ „ XXX anse ronde	3.85	5. „	6.60	8.80
1584	„ „ „ „ anse demi-ronde	„	5.50	7.15	9.35
1585	„ „ „ extra forte XXXXX anse demi-ronde	„	„	10. „	12. „
	Majoration pour fond cuivre rouge étamé	„	„	2.20	3.30

	Cannelles bois — Longueur c/m	14	15	16½	18	19½	21	22½	24	25½	27	30	33
1586	Bois jaune — Le cent	11.45	11.45	12.65	14.45	15.25	18.10	19.90	21.70	26.60	36.15	54.20	75.90
1587	Bois blanc, Mathon garanti	11.15	11.45	13.35	15.	16.85	18.70	21.10	22.90	28.90	39.75	57.85	79.50
1588	Buis fin à moulures	14.45	16.35	20.50	26.50	31.50	38.55	45.80	54.20	79.50	115.05	150.60	192.80

	Cannelles bois — N^os	1	2	3	4	5	6	7	8
1589	Merisier, modèle du Nord — Longueur c/m	16	17	18	20	21	23	25	28
	Le cent	9.90	12.60	14.40	18.45	32.40	42.75	67.50	86.40

	Cannelles premier verni — N^os	8	7	6	5	4	3	2^e	2
1590	garniture métal vissée, clef sortante — Longueur c/m	13	14	15	16	17	19	20	21
	Le cent	40.25	40.25	40.55	44.55	50.60	55.20	63.25	69.60

	Cannelles hollandaises — N^os	1	2	3	4	5	6
1591	clé sortante — Longueur c/m	16½	18	20	21	24	27
	Le cent	63. „	70. „	77. „	91. „	105. „	126. „

	Cannelles cuivre, Rouen — N^os	0	1	2	3	4	5	6	7
	Longueur m/m	85	100	120	140	160	170	180	185
1592	A arrêt sans vis — Le cent	87.50	91. „	99.80	117.60	134.40	152.50	172.20	196. „
1593	„ et vis — „	91. „	99.80	107.80	126. „	142.80	161. „	180.60	203. „
1594	Clé sortante à vis — „	98. „	107.80	116.20	133. „	150.50	168. „	189. „	211.60

Cannelles cuivre fondu Macon

	N^os	00	0	1	2	3	4	5	6	7	8	9	10	11
	Longueur m/m	107	120	135	150	167	184	203	212	223	234	247	260	275
1595	Clé fixe — La pièce	1.05	1.20	1.35	1.55	1.75	2.10	2.45	3.10	3.50	3.95	4.55	5.25	5.95
1596	„ sortante — „	1.15	1.30	1.40	1.60	1.90	2.25	2.60	3.25	3.65	4.05	4.70	5.40	„

Cannelles à soutirer façon Rouen (Dimensions et poids approximatifs)

	Longueur c/m	17	18	19	20	22	23	25	28	30	33	35
	Orifice du trou de sortie m/m	14	18	20	23	25	27	29	30	32	35	38
	Poids grammes	500	700	900	1100	1200	1450	1700	2200	2500	3150	5100

1597 Sans vis . . . . Le kilog 5.75
1598 Avec vis . . . . „ 6. „

Cannelles à soutirer, dites fontaines Maconnaises

	N^os	00	0	1	2	3	4	5	6	7
	Orifice du trou de sortie m/m	16	18	20	23	25	27	27	30	35
	Longueur totale c/m	16	18	20	22	23½	25	26	27	29
1599	Sans vis — La pièce	3.50	4.20	5.10	6.65	8.40	9.80	11.20	12.60	17.50
1600	Avec vis — „	3.85	4.55	5.45	7. „	8.75	10.35	11.75	13.15	18.05
	Augmentation pour clé à écrou	0.55	0.55	0.55	0.55	0.55	0.55	0.85	0.85	0.85

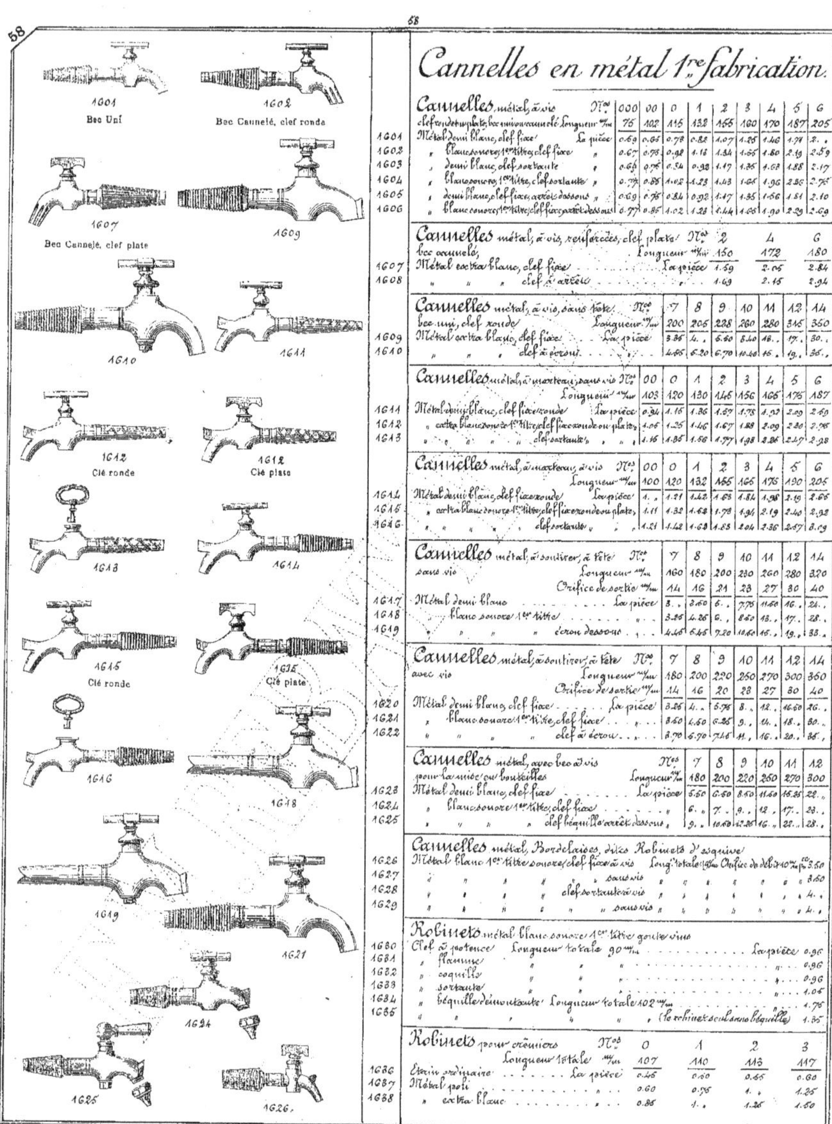

Cannelles en métal 1re fabrication.

	Cannelles, métal, à vis	Nos	000	00	0	1	2	3	4	5	6
	clef ronde et plate, bec uni ou cannelé	Longueur m/m	75	102	115	132	155	160	170	187	205
1601	Métal demi blanc, clef fixe	La pièce	0.59	0.65	0.78	0.82	1.07	1.25	1.46	1.71	2. .
1602	" blanc sonore, 1er titre, clef fixe	"	0.67	0.75	0.92	1.13	1.34	1.55	1.80	2.19	2.59
1603	" demi blanc, clef sortante	"	0.65	0.76	0.84	0.93	1.17	1.35	1.63	1.88	2.17
1604	" blanc sonore, 1er titre, clef sortante	"	0.77	0.85	1.02	1.23	1.43	1.65	1.96	2.36	2.75
1605	" demi blanc, clef fixe, arrêt dessous	"	0.69	0.75	0.84	0.92	1.17	1.35	1.56	1.81	2.10
1606	" blanc sonore, 1er titre, clef fixe, arrêt dessous	"	0.77	0.85	1.02	1.23	1.44	1.65	1.90	2.29	2.69

	Cannelles métal, à vis, renforcées, clef plate	Nos	2	4	6
	bec cannelé,	Longueur m/m	150	172	180
1607	Métal extra blanc, clef fixe	La pièce	1.59	2.05	2.84
1608	" " " clef à arrêts	"	1.69	2.15	2.94

	Cannelles métal, à vis, sans tête	Nos	7	8	9	10	11	12	14
	bec uni, clef ronde	Longueur m/m	200	205	228	260	280	315	350
1609	Métal extra blanc, clef fixe	La pièce	3.35	4. .	5.60	8.40	13. .	17. .	30. .
1610	" " " clef à écrou		4.65	5.20	6.70	10.40	15. .	19. .	36. .

	Cannelles métal, à marteau, sans vis	Nos	00	0	1	2	3	4	5	6
		Longueur m/m	103	120	130	145	156	165	175	187
1611	Métal demi blanc, clef fixe ronde	La pièce	0.94	1.15	1.36	1.57	1.75	1.92	2.09	2.59
1612	" extra blanc sonore 1er titre, clef fixe ronde ou plate	"	1.05	1.25	1.46	1.67	1.88	2.09	2.30	2.76
1613	" " " " " clef sortante	"	1.16	1.35	1.56	1.77	1.98	2.26	2.47	2.98

	Cannelles métal, à marteau, à vis	Nos	00	0	1	2	3	4	5	6
		Longueur m/m	100	120	132	155	165	175	190	205
1614	Métal demi blanc, clef fixe ronde	La pièce	1. .	1.21	1.42	1.63	1.84	1.98	2.19	2.65
1615	" extra blanc sonore 1er titre, clef fixe ronde ou plate	"	1.11	1.32	1.62	1.78	1.94	2.19	2.40	2.92
1616	" " " " " clef sortante	"	1.21	1.42	1.63	1.83	2.04	2.36	2.57	3.09

	Cannelles métal, à soutirer, à tête	Nos	7	8	9	10	11	12	14
	sans vis	Longueur m/m	160	180	200	230	260	280	320
		Orifice de sortie m/m	14	16	21	23	27	30	40
1617	Métal demi blanc	La pièce	3. .	3.50	5. .	7.75	11.50	16. .	24. .
1618	" blanc sonore 1er titre	"	3.25	4.25	6. .	8.50	13. .	17. .	28. .
1619	" " " " écrou dessous		4.45	5.45	7.20	10.60	15. .	19. .	33. .

	Cannelles métal, à soutirer, à tête	Nos	7	8	9	10	11	12	14
	avec vis	Longueur m/m	180	200	220	250	270	300	360
		Orifice de sortie m/m	14	16	20	23	27	30	40
1620	Métal demi blanc, clef fixe	La pièce	3.25	4. .	5.75	8. .	12. .	16.50	26. .
1621	" blanc sonore 1er titre, clef fixe	"	3.50	4.50	6.25	9. .	14. .	18. .	30. .
1622	" " " " clef à écrou		3.70	5.70	7.45	11. .	16. .	20. .	35. .

	Cannelles métal, avec bec à vis	Nos	7	8	9	10	11	12
	pour la mise en bouteilles	Longueur m/m	180	200	220	250	270	300
1623	Métal demi blanc, clef fixe	La pièce	5.50	6.50	8.50	11.50	15.25	22. .
1624	" blanc sonore 1er titre, clef fixe	"	6. .	7. .	9. .	12. .	17. .	23. .
1625	" " " " clef béquille arrêt dessous	"	9. .	10.50	12.25	16. .	22. .	28. .

Cannelles métal, Bordelaises, dites Robinets d'esquive

1626	Métal blanc 1er titre sonore, clef fixe à vis. Long. totale 151 m/m Orifice de débit 10 m/m	la pce 3.50
1627	" " " " " sans vis " " " " " "	3.50
1628	" " " " clef sortante à vis " " " " " "	4. .
1629	" " " " " " sans vis " " " " " "	4. .

Robinets métal blanc sonore 1er titre, goutte vins

1630	Clef à potence	Longueur totale 90 m/m	La pièce 0.96
1631	" flamme	" " "	" 0.96
1632	" coquille	" " "	" 0.96
1633	" sortante	" " "	" 1.05
1634	" béquille démontante	Longueur totale 102 m/m	" 1.75
1635	" "	" " " (le robinet seul sans béquille)	1.35

	Robinets pour crémiers	Nos	0	1	2	3
		Longueur totale m/m	107	110	113	117
1636	Étain ordinaire	La pièce	0.45	0.50	0.55	0.60
1637	Métal poli	"	0.60	0.75	1. .	1.25
1638	" extra blanc	"	0.85	1. .	1.25	1.50

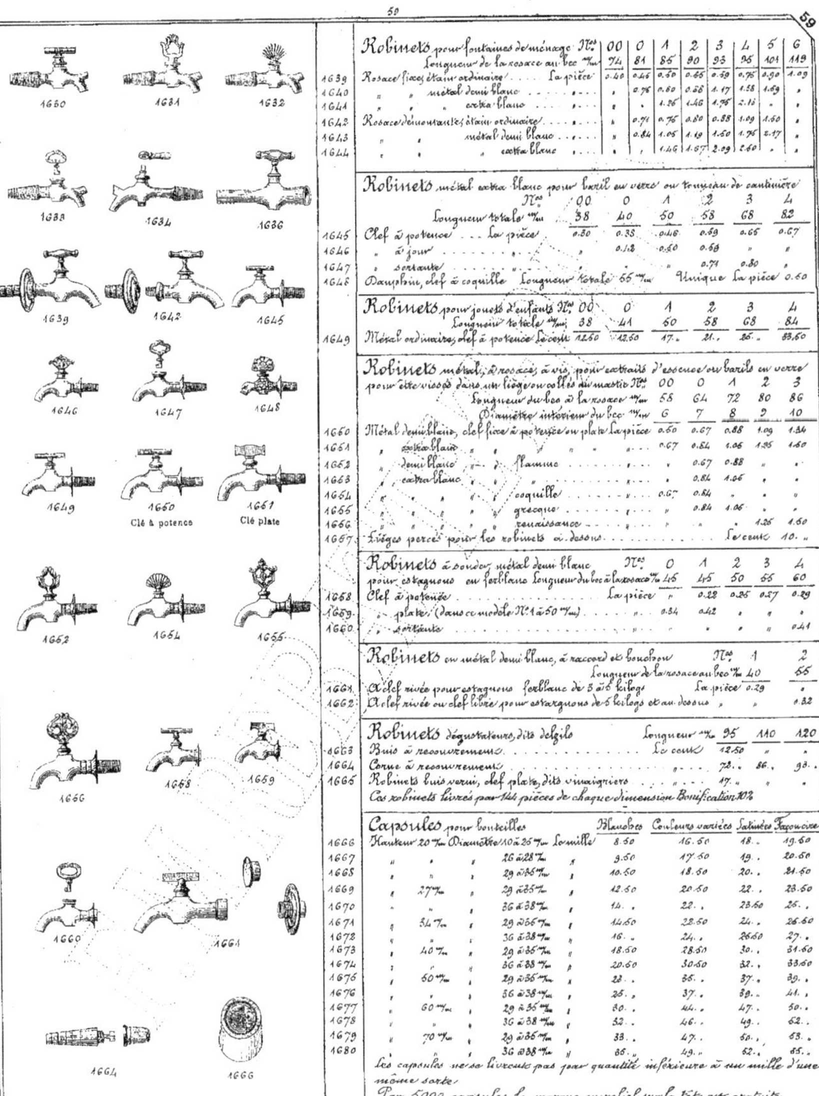

	Robinets pour fontaines de ménage N°s	00	0	1	2	3	4	5	6
	Longueur de la rosace au bec m/m	74	81	85	90	93	95	101	119
1639	Rosaces fixes étain ordinaire .... La pièce	0.40	0.45	0.50	0.55	0.59	0.75	0.90	1.09
1640	„ „ métal demi blanc	„	0.76	0.60	0.58	1.17	1.58	1.69	„
1641	„ „ „ extra blanc	„	„	1.36	1.46	1.75	2.15	„	„
1642	Rosaces démontantes étain ordinaire	„	0.71	0.75	0.80	0.88	1.09	1.60	„
1643	„ „ métal demi blanc	„	0.84	1.05	1.19	1.50	1.75	2.17	„
1644	„ „ „ extra blanc	„	„	1.46	1.67	2.09	2.60	„	„

Robinets métal extra blanc pour baril en verre ou tonneau de cantinière

	N°s	00	0	1	2	3	4
	Longueur totale m/m	38	40	50	58	68	82
1645	Clef à potence ... La pièce	0.30	0.35	0.46	0.59	0.65	0.67
1646	„ à jour	„	0.42	0.50	0.58	„	„
1647	„ sortante	„	„	„	0.71	0.80	„
1648	Dauphin, clef à coquille „ Longueur totale 55 m/m			Unique		La pièce	0.60

	Robinets pour jouets d'enfants N°s	00	0	1	2	3	4
	Longueur totale m/m	38	41	50	58	68	84
1649	Métal ordinaire, clef à potence Le cent	12.50	12.50	17. „	21. „	26. „	33.50

Robinets métal, à rosaces à vis, pour extraits d'essence ou barils en verre

	pour être vissés dans un liège ou collés au mastic N°s	00	0	1	2	3
	Longueur du bec à la rosace m/m	58	64	72	80	86
	Diamètre intérieur du bec m/m	6	7	8	9	10
1650	Métal demi blanc, clef fixe à potence ou plate La pièce	0.50	0.67	0.88	1.09	1.34
1651	„ extra blanc „ „ „ „ „ ...	0.67	0.84	1.06	1.25	1.60
1652	„ demi blanc „ „ flamme	„	0.67	0.88	„	„
1653	„ extra blanc „ „ „	„	0.84	1.06	„	„
1654	„ „ „ „ „ coquille	0.67	0.84	„	„	„
1655	„ „ „ „ „ grecque	„	0.84	1.06	„	„
1656	„ „ „ „ „ renaissance	„	„	„	1.25	1.60
1657	Lièges percés pour les robinets ci-dessus				Le cent	10. „

	Robinets à souder, métal demi blanc N°s	0	1	2	3	4
	pour estagnons en ferblanc Longueur du bec à la rosace m/m	45	45	50	55	60
1658	Clef à potence .... La pièce	„	0.22	0.25	0.27	0.29
1659	„ plate (dans ce modèle N° 1 à 50 m/m) ..... „	0.34	0.42	„	„	„
1660	„ sortante .... „	„	„	„	„	0.41

	Robinets en métal demi blanc, à raccord et bouchon N°s	1	2
	Longueur de la rosace au bec m/m	40	55
1661	A clef rivée pour estagnons ferblanc de 3 à 5 kilogs La pièce	0.29	„
1662	A clef rivée ou clef libre pour estagnons de 5 kilogs et au-dessous „	„	0.32

	Robinets dégustateurs, dits delzils Longueur m/m	95	110	120
1663	Buis à recouvrements .... Le cent	12.50	„	„
1664	Corne à recouvrements .... „	72. „	86. „	93. „
1665	Robinets buis verni, clef plate, dits vinaigriers ..... „	17. „	„	„

Ces robinets livrés par 144 pièces de chaque dimension Bonification 10%

	Capsules pour bouteilles					Blanches	Couleurs variées	Satinées	Façon cire
1666	Hauteur	20 m/m	Diamètre	10 à 25 m/m	Le mille	8.50	16.50	18. „	19.50
1667	„	„	„	26 à 28 m/m	„	9.50	17.50	19. „	20.50
1668	„	„	„	29 à 35 m/m	„	10.50	18.50	20. „	21.50
1669	„	27 m/m	„	29 à 35 m/m	„	12.50	20.50	22. „	23.50
1670	„	„	„	36 à 38 m/m	„	14. „	22. „	23.50	25. „
1671	„	34 m/m	„	29 à 35 m/m	„	14.50	22.50	24. „	26.50
1672	„	„	„	36 à 38 m/m	„	16. „	24. „	26.50	27. „
1673	„	40 m/m	„	29 à 35 m/m	„	18.50	28.50	30. „	31.50
1674	„	„	„	36 à 38 m/m	„	20.50	30.50	32. „	33.50
1675	„	50 m/m	„	29 à 35 m/m	„	23. „	35. „	37. „	39. „
1676	„	„	„	36 à 38 m/m	„	25. „	37. „	39. „	41. „
1677	„	60 m/m	„	29 à 35 m/m	„	30. „	44. „	47. „	50. „
1678	„	„	„	36 à 38 m/m	„	32. „	46. „	49. „	52. „
1679	„	70 m/m	„	29 à 35 m/m	„	33. „	47. „	50. „	53. „
1680	„	„	„	36 à 38 m/m	„	35. „	49. „	52. „	55. „

Les capsules ne se livrent pas par quantité inférieure à un mille d'une même sorte.

Par 5000 capsules, la marque en relief sur la tête est gratuite.

1681 **Chaînes** à rincer les bouteilles, étamées ordinaires . . . . Le cent 10. .
1682 " " " " " renforcées . . . . " . . . 12.50
1683 " " " " " très renforcées . . . . " . . . 17.50
1684 " " " " galvanisées fortes . . . . " . . . 25. "
1685 " " " " en étain . . . . " . . . 60. "

1686 **Chaînes** à rincer les tonneaux Longueur 200 m/m Poids approximatif 2k600 Le kilog 1.45

	Egouttoirs galvanisés Nombre de places	25	50	75	100	150	200	300	400
1687	Ronds fixes . . . . La pièce	"	6. .	"	9.60	13.20	19. .	28.50	"
1688	" tournants . . . . "	"	10. .	"	16.50	24.70	33. .	60. .	80. .
1689	Plats, d'applique . . . . "	3.25	6.30	9.50	11.50	17.70	"	"	"

	Douilles d'entonnoir fer battu étamé	Longueur m/m	8	9	10	12	14	16	18
1690		La pièce	0.32	0.36	0.42	0.47	0.59	0.72	0.84

	Douilles d'entonnoir cuivre jaune poli	Nos	1	2	3	4	5	6	7	8	9
1691		Orifice de sortie m/m	15	17	20	22	24	27	29	32	35
		La pièce	1.15	1.25	1.30	1.45	1.60	1.75	1.85	1.95	2.15

	Entonnoirs fer blanc Diamètre c/m	7	8	9	10	11	12	13	14	16	18	20
1692	Agrafés, bordés, douille unie Le p.ce	0.14	0.16	0.18	0.20	0.22	0.25	0.29	"	"	"	"
1693	" " " cannelée "	"	"	"	"	"	"	"	0.39	0.50	0.66	0.88
1694	" à gorge " unie "	0.16	0.18	0.20	0.22	0.26	0.27	0.31	0.39	0.50	"	"
1695	" " " cannelée "	0.25	0.22	0.25	0.27	0.31	0.36	0.40	"	"	"	"
1696	" " " métal "	"	"	"	0.77	"	0.94	"	"	"	"	"
1697	" sphérique, douille métal cannelée, tôle étamée "			"	"	"	1.55	"	1.87	2.20	2.65	"
1698	" autoclave, douille métal à courant d'air			"	"	"	1.65	"	2. "	2.35	2.80	"

L'entonnoir autoclave se ferme seul en l'enlevant de la bouteille

	Entonnoirs de cave, ronds, support échancré Diamètre c/m	24	26	28	30	32	35	40
1699	Agrafés évasés, ferblanc poli fort . . . . La pièce	1.43	1.54	1.65	1.93	2.20	2.48	"
1700	" " tôle étamée forte	"	"	"	2.20	2.48	2.75	3.08

	Entonnoirs de cave, ronds, en bois avec douille cuivre fondu	Petit diamètre Largeur c/m	31	33	36
1701		Contenance en litres	10	12	15
		La pièce	11.25	12.15	14.65

	Etiquettes de cave grise, avec verre à coulisse	Nos	1	2	3	4
1702		Dimensions m/m	67x48	75x55	85x60	105x70
		Le cent	9.65	10.75	13.25	17.15

Faussets en bois, en sacs de 2, 5, 10 ou 20 litres

				Diamètre m/m		L'hectolitre		Le litre
1703	Noisetier	petits	Diamètre m/m	6	L'hectolitre	72. .	Le litre	0.80
1704	"	moyens	"	7	"	68. .	"	0.72
1705	"	gros	"	10	"	60. .	"	0.65
1706	"	très gros	"	12	"	55. .	"	0.60
1707	"	extra gros	"	14	"	56. .	"	0.60
1708	Chêne	gros	"	11	"	76. .	"	0.80
1709	"	très gros	"	12	"	72. .	"	0.80
1710	"	extra gros	"	13	"	69. .	"	0.75

1711 **Faussets** hydrauliques, vrai Bélicart . . . . La pièce 1.10
1712 " automatiques, cuivre verni . . . . " . . . 0.64
1713 " stérilisateurs à robinet métal blanc . . . . " . . . 0.90

	Filtres en papier (Laurent)	Nos	1	2	3	4	5	6	7
		Hauteur fermé m/m	75	95	120	165	200	225	250
		Diamètre ouvert c/m	15	19	25	33	40	45	50
1714	Papier gris	Le mille	15.70	17.20	20. "	27.20	33. .	37.20	41.50
		Le cent	1.75	1.85	2.15	2.95	3.60	4. "	4.50
1715	Papier blanc	Le mille	17.20	18.60	21.50	30. "	36. "	43. "	49. .
		Le cent	1.85	2. "	2.30	3.25	4. "	4.55	5.40

Filtres en tissus, pour vins, alcools, etc

	Contenance en litres	1	2	3	4	5	10	15	20	25	30	40	50
1716	Coton qualité ordinaire pour lies 1 p.ce	0.60	0.75	1.10	1.45	1.85	2.20	2.55	2.90	3.65	5.80	9.45	15.05
1717	" " renforcées pour vins "	0.90	1.10	1.45	1.85	2.20	2.65	3.30	4. .	5.10	7.25	11.60	16. .
1718	Molleton pour alcool et sirops "	1.60	2.40	3.20	4. .	4.80	5.60	6.40	7.20	8. .	12. .	16.80	21.60
1719	Malfil pour huiles "	2.40	3.20	4. .	4.80	5.60	6.40	7.60	9.60	12.80	17.60	24. .	32. .

1720-1721 · 1721 · 1722 · 1724 · 1726 · 1727 · 1728 · 1730 · 1731 · 1737 · 1740 · 1744 · 1748 · 1750 · 1752 · 1756 · 1759 · 1763 · 1765 · 1766

1720 **Filtres** en feutre blanc, 1er ouvrier —

N°	6	7	8	9	10	11	12	13	14	15	16	17	18
Longueur en %m	16	19	22	24	27	30	33	35	38	40	43	45	48
contenance en litres	1/4	1/2	1	2	3	4	5	6	7	8	10	13	15
la pièce	1.55	1.90	2.05	2.55	3	3.40	4.25	4.70	5.10	6. .	7.25	8.10	8.90

1722 **Supports** en fer, pour filtres

	de 1 à 5	5 à 10	10 à 20	20 à 30 litres
La pièce	6.80	7.25	8.70	10.15

Fouets, dits de Bordeaux, à coller les vins

1723 Fer étamé 10 %m, pour feuillette 6 brins . . . . La pièce 4.80
1724 " " 12 %m " pièce 7 " . . . . " 6.60
1725 " " 14 %m " demi muid 8 " . . . . " 7.20

1726 **Forets** coup de poing, manche fonte polies, mèche ordinaire . . . . . La p^ce 0.80
1727 " " " " nickelés, avec crache fausset, étui couvre mèche " 2.30
1728 " " " " cornes bouts cuivre, mèche à vis ordinaire . . . . " 1.95
1729 " " " " cuivre à filets, plaque buffle, mèche à vis ordinaire " 2.75
1730 " " " " " " do " " " Berey 4 cordons 3.15
1731 " " " " " coquille buffle, mèche à vis Berey 4 cordons " 3.60
1732 Mèches seules, ordinaires pour dits . . . . Le cent 28.60
1733 " " Berey 2 cordons " " . . . . " 43. .
1734 " " " 4 " " " . . . . " 57.60
1735 Mèches spéciales pour filets manche fonte nickelés à double vis pour étui couvre mèche dits 98. .

Goupillons à bouteilles, tige torse

		N° du fil à la jauge de Paris	15	16	17	18	19	20
1736	Soie qualité ordinaire, bouquets soies fixe	Le cent	12.50	15. .	18. .	21. .	26. .	30. .
1737	" " demi forte " " "	"	14.50	18. .	21. .	26. .	30. .	36. .
1738	" " forte " " "	"	17.50	21. .	25. .	30. .	36. .	40. .
1739	" " extra forte " " "	"	21. .	26. .	30. .	35. .	40. .	45. .
1740	" " forte Brevetés, bouquet soie à vis	"	"	"	30. .	35. .	40. .	46. .
1741	" " extra forte " " "	"	"	"	37.50	42.50	47.50	55. .

1742 Bouquets soie forte, seuls pour dits . . . . Le cent 11. .
1743 " " extra forte " " " . . . . " 17. .

Goupillons à bouteilles, tige torse N° du fil à la jauge de Paris

			17	18	19	20
1744	Soie qualité forte, bouquet côtes de plumes, fixe	Le cent	26. .	30. .	33. .	42.50
1745	" " extra forte " " " "	"	33. .	37.50	42.50	50. .
1746	" " forte " " " à vis	"	30. .	35. .	37.50	46. .
1747	" " extra forte " " " "	"	37.50	42.50	46. .	55. .

Goupillons à bouteilles, tige lisse, évitant le bruit et les éclats au goulot des bouteilles

1748 Soie qualité forte, fil 18, bouquets soie à vis . . . . Le cent 37.50
1749 " " extra forte " " " " . . . . " 55. .

Cet article se fait aussi avec bouquet fixe. Mêmes prix.

Goupillons à bouteilles, tige torse N° du fil à la jauge de Paris

		17	18	19	20
1750	Soie, qualité forte, bouquet à vis en laiton Modèle recommandé Le %	33. .	37.50	42.50	47.50

1751 Bouts en laiton seuls pour dits . . . . Le cent 11. .

1752 **Goupillons** hygiéniques à charnière, Brevetés, pour bouteilles, soie ordinaire % 65. .
1753 " " " " " " forte Le % 79. .
1754 " " " " " carafes " " " 108. .

Goupillons à carafe, manche jonc ou bois

			série ordinaire	½ forte	forte
1755	à 2 branches, sans bouquet	le cent	13.25	17.25	21.50
1756	à 4 branches "	"	20. .	33. .	43. .
1757	à 2 branches avec bouquet	"	"	26.50	31.50
1758	à 4 branches "	"	"	45. .	57. .

1759 **Goupillons** à chape 4 bouquets, soie ordinaire . . . . le cent 47. .
1760 " " " " demi forte . . . . " 60. .
1761 " " " " forte . . . . " 77. .

1762 **Goupillons** à manivelles soie forte pour demi bouteilles . . . Le cent 57.50
1763 " " " " " bouteilles . . . . . " 66. .
1764 " " " " " litres . . . . . " 79. .
1765 " mécaniques, se fixant au baquet, simples La pièce 10. .
1766 " " " " à engrenage . . . " 17.45

Rince-bouteilles à engrenage, avec balai métallique, se fixant sur un baquet pour ménages, limonadiers, distillateurs, etc. Livrés sans baquet

1767 Petit modèle ordinaire, cuvette cuivre poli, hauteur totale 70 c/m marchant à la main La pce 40.60
1768 Moyen modèle fort, cuvette cuivre nickelé " " 75 c/m " " " " 67.60
1769 Grand modèle cuvette fort " " 80 c/m " " " " 101.35
1770 " " " " avec poulie, marchant à la main ou au moteur sans débrayage " 121.60
1771 " " " " " " " " avec " " 135. »
1772 " " " " lavant 2 bouteilles à la fois " " " " " 243. »
1773 " " " " avec volant marchant au pied, livré avec bati bois et baquet bois 56 c/m de diamètre, hauteur totale y compris le bati 150 c/m . 216. »
1774 Balai métallique seul pour dito . 4.80
Réparation des balais usagés " 2.85
Le petit modèle est livré emballé en caissette bois blanc, poids total 3 k 300
Le moyen modèle " " " " " 4 k 700
L'emballage des autres modèles sera facturé suivant leur volume

1775 **Cire** toutes nuances, pour cacheter les bouteilles Le kilog 0.45
Par caisse de cent kilogs Les cent kilogs 40. »

Jauges de tonneliers ou veltes pour tonneaux de 1000 litres et au dessous
1776 Plate polie, à 2 divisions La pièce 2.85
1777 " étamée, à 2 " 3.25
1778 Carrée polie une pièce " 3.60
1779 " " démontante en trois pièces " 7.60
1780 Instruction pour dito " 0.45

	Jauges bois, pliantes, pour tonneaux		1000	1500	2000 litres
1781	Sans instruction	La pièce	1.75	2.10	2.45
1782	Avec	"	2.15	2.50	2.85

1783 **Jauges** veltes, canne bambou racine, à tirage, jusqu'à 250 litres La pièce 8.60
1784 " " " crochet corne " " " 11.80
1785 " " " jonc à crochet, tirage à ressorts " 14.30
1786 " " " rotin à crochet corne de cerf, tirage à ressort " 17.85

1787 **Mâche-bouchons** fonte bronzée, modèle carré à moulures La pièce 1.65
1788 " " " " " feuille " 2.90
1789 " " " " " chien " 4.35
1790 " " " " " serpent " 5.10
1791 " " " " " caméléon ou crocodile " 6.80

1792 **Maillets** en bois dur, pour brasseurs La pièce 0.80
1793 " " " tonneliers " 0.85
1794 " " " à broches " 0.45

1795 **Martinets** de cave, à manche, pointe ou crochet, noir ordinaire La pièce 1.15
1796 " " " " " étamé " 1.35
1797 " " " " " fer forgé " 1.50

1798 **Mèche** à soufrer, jaune ou rouge Le kilog 0.65
Par cent kilogs livrés en une seule fois Les cent kilogs 59. »
La mèche rouge ne se vend que très rarement, nous recommandons la jaune de préférence.

1799 **Méchoir** bois, tige fer La pièce 0.35

1800 **Machine** à boucher, fonte bronzée à pédale La pièce 12.15
1801 " " " " à contrepoids " 13.60
1802 " " " " " montée sur pied fonte " 17.85

1803 **Machine** à boucher, fonte bronzée, avec ressort releveur, à pédale La pièce 16.80
1804 " " " " " " " à contrepoids " 18.60
1805 " " " " " " " " sur 4 pieds fer 24.65

Machines à boucher, compression directe fonte bronzée 1re fabrication
1806 Haute cuvette, vis de réglage et releveur à ressort La pièce 21.50
1807 à contrepoids " 21.60

Machines à boucher, à main, compression latérale, poignée bois
1808 parties métalliques en acier, tube bronze La pièce 11. »

Machines à boucher, à compression latérale simple
1809 Le Succès No 1 modèle ordinaire La pièce 32. »
1810 " No 2 " fort " 40. »
1811 Pied en fer pour dito " 7. »

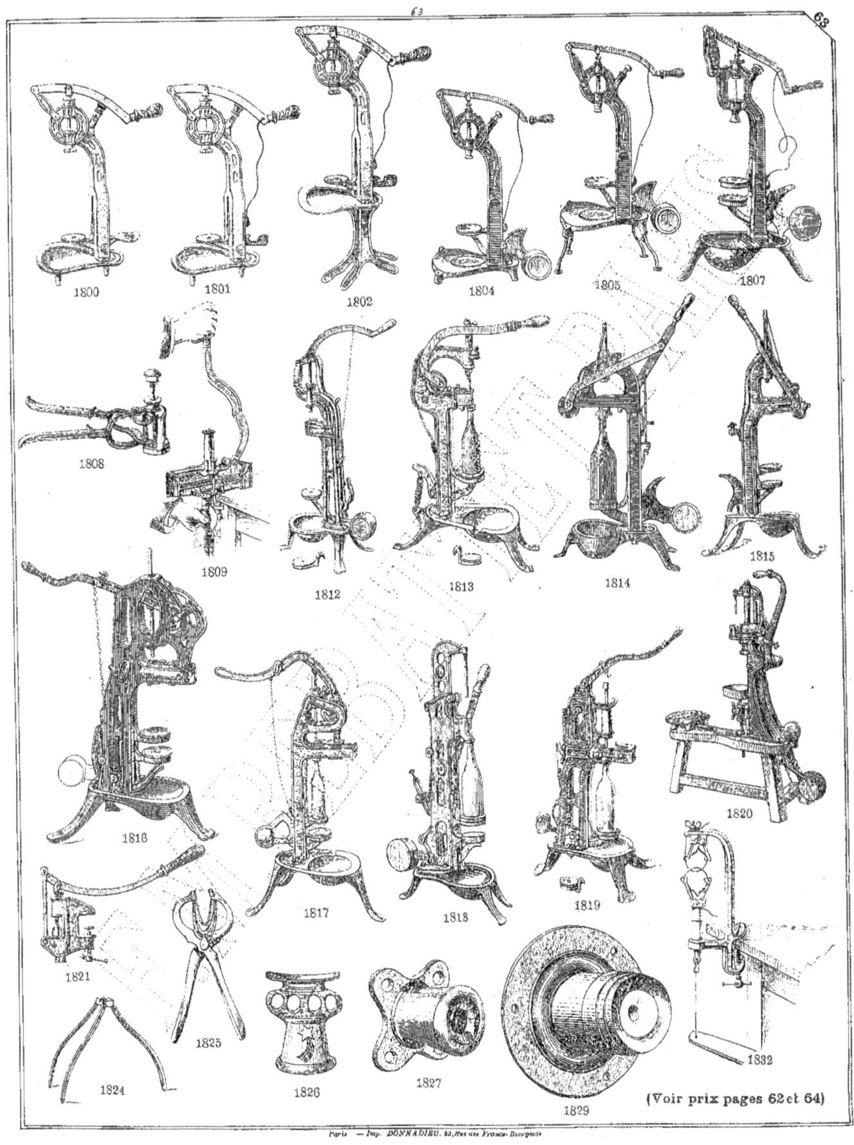

(Voir prix pages 62 et 64)

Paris — Imp. DONNADIEU, 23, Rue des Francs-Bourgeois

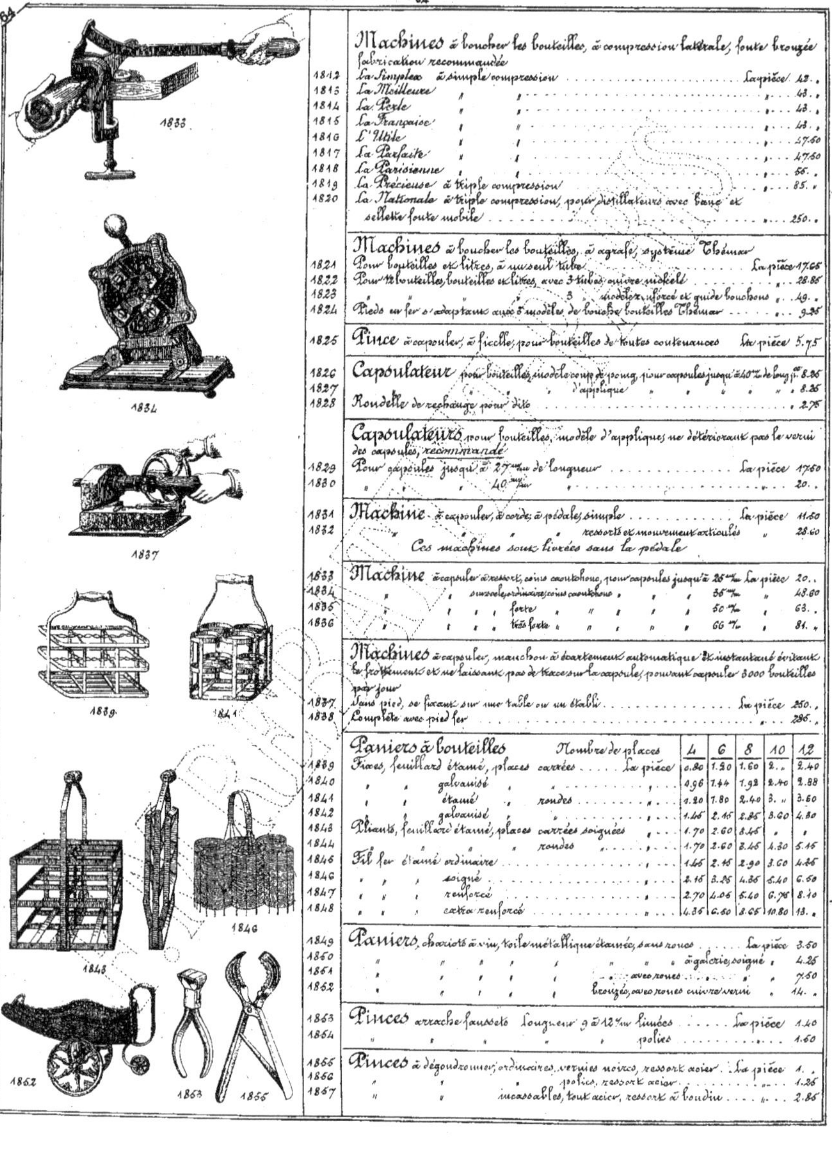

Machines à boucher les bouteilles, à compression latérale, fonte bronzée fabrication recommandée

1812 La Simplex à simple compression . . . . . . La pièce 42. „
1813 La Meilleure „ „ . . . . . . „ . . . 43. „
1814 La Perle „ „ . . . . . . „ . . . 43. „
1815 La Française „ „ . . . . . . „ . . . 43. „
1816 L'Utile „ „ . . . . . . „ . . . 47.50
1817 La Parfaite „ „ . . . . . . „ . . . 47.50
1818 La Parisienne „ „ . . . . . . „ . . . 55. „
1819 La Précieuse à triple compression . . . . . . „ . . . 85. „
1820 La Nationale à triple compression, pour distillateurs avec banc et sellette fonte mobile . . . . . . „ . . . 250. „

Machines à boucher les bouteilles, à agrafe, système Thémar

1821 Pour bouteilles et litres, à un seul tube . . . . . . La pièce 17.65
1822 Pour ½ bouteilles, bouteilles et litres, avec 3 tubes cuivre nickelé . . . „ . . 28.85
1823 „ „ „ „ 3 modèles, renforcé et guide bouchons „ . . 49. „
1824 Pieds en fer s'adaptant aux 3 modèles de boucheuses bouteilles Thémar . . . „ . . 9.35

1825 **Pince** à capsuler, à ficelle, pour bouteilles de toutes contenances La pièce 5.75

1826 **Capsulateur** pour bouteilles, modèle coup de poing, pour capsules jusqu'à 40 m/m de long p.ce 8.35
1827 „ „ „ d'applique „ „ „ „ „ . 8.35
1828 Rondelle de rechange pour dito 2.75

Capsulateurs pour bouteilles, modèle d'appliques ne détériorant pas le vernis des capsules, recommandé

1829 Pour capsules jusqu'à 27 m/m de longueur . . . . . . La pièce 17.50
1830 „ „ „ 40 m/m . . . . . . „ . . . 20. „

1831 **Machine** à capsuler, à corde, à pédale, simple . . . . . . La pièce 11.50
1832 „ „ „ „ ressorts et mouvement articulés „ 28.60

Ces machines sont livrées sans la pédale

1833 **Machine** à capsuler à ressort, coins caoutchouc, pour capsules jusqu'à 25 m/m La pièce 20. „
1834 „ „ sur socle ordinaire, coins caoutchouc „ „ „ 35 m/m „ 48.60
1835 „ „ „ „ forte „ „ „ „ „ 50 m/m „ 63. „
1836 „ „ „ „ très forte „ „ „ „ „ 66 m/m „ 81. „

Machines à capsuler, manchon à écartement automatique et instantané évitant le frottement et ne laissant pas de trace sur la capsule, pouvant capsuler 3000 bouteilles par jour

1837 Sans pied, se fixant sur une table ou un établi . . . . . . La pièce 250. „
1838 Complète avec pied fer . . . . . . „ . . . 285. „

	Paniers à bouteilles — Nombre de places	4	6	8	10	12
1839	Fixes, feuillard étamé, places carrées . . . . La pièce	0.80	1.20	1.60	2. „	2.40
1840	„ „ galvanisé „ „ . . . . „ . . .	0.96	1.44	1.92	2.40	2.88
1841	„ „ étamé „ rondes . . . . „ . . .	1.20	1.80	2.40	3. „	3.60
1842	„ „ galvanisé „ „ . . . . „ . . .	1.45	2.15	2.85	3.60	4.30
1843	Pliants, feuillard étamé, places carrées soignées „ . . .	1.70	2.60	3.45	„	„
1844	„ „ „ rondes „ . . .	1.70	2.60	3.45	4.30	5.15
1845	Fil fer étamé ordinaire . . . . „ . . .	1.45	2.15	2.90	3.60	4.25
1846	„ „ „ soigné . . . . „ . . .	2.15	3.25	4.35	5.40	6.50
1847	„ „ „ renforcé . . . . „ . . .	2.70	4.05	5.40	6.75	8.10
1848	„ „ „ extra renforcé . . . . „ . . .	4.35	6.50	8.65	10.80	13. „

1849 **Paniers**, chariots à vin, toile métallique étamée, sans roues . . . . La pièce 3.50
1850 „ „ „ „ „ „ „ „ à galerie, soigné „ 4.25
1851 „ „ „ „ „ avec roues . . . . „ „ 7.50
1852 „ „ „ „ „ bronzés, avec roues cuivre verni „ 14. „

1853 **Pinces** arrache faussets longueur 9 à 12 c/m limées . . . . La pièce 1.40
1854 „ „ „ „ „ polies . . . . „ . . . 1.60

1855 **Pinces** à dégoudronner, ordinaires, vernies noires, ressort acier . La pièce 1. „
1856 „ „ „ polies, ressort acier . . . . „ . . . 1.25
1857 „ „ incassables, tout acier, ressort à boudin . . . . „ . . . 2.85

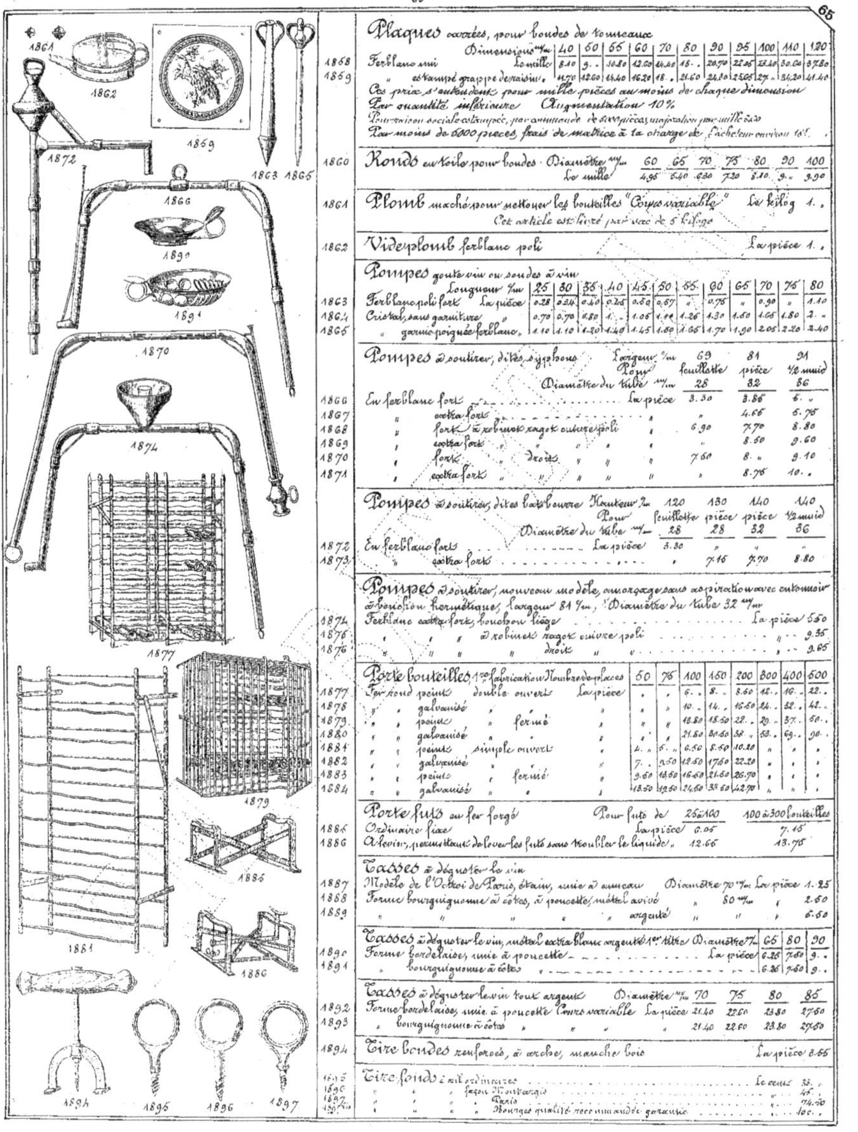

Plaques carrées, pour bondes de tonneaux

		Dimensions m/m	40	50	55	60	70	80	90	95	100	110	120
1858	Ferblanc uni	Le mille	8.10	9..	10.80	12.60	14.40	18..	20.70	22.05	23.40	30.60	37.80
1859	" estampé grappe de raisin		11.70	12.60	14.40	16.20	18..	21.60	24.30	25.65	27..	34.20	41.40

Ces prix s'entendent pour mille pièces au moins de chaque dimension
Par quantité inférieure Augmentation 10%
Pour raison sociale estampée, par commande de 5000 pièces, majoration par mille 2.50
Par moins de 5000 pièces, frais de matrice à la charge de l'acheteur environ 15f.

		Diamètre m/m	60	65	70	75	80	90	100
1860	**Ronds** en toile pour bondes	Le mille	4.95	5.40	6.30	7.20	8.10	9..	9.90

1861 **Plomb** maché pour nettoyer les bouteilles "Corps variable" Le kilog 1.
Cet article est livré par sac de 5 kilogs

1862 **Videplomb** ferblanc poli La pièce 1.

Pompes goute vin ou sondes à vin

		Longueur c/m	25	30	35	40	45	50	55	60	65	70	75	80
1863	Ferblanc poli fort	La pièce	0.28	0.34	0.40	0.45	0.50	0.57	"	0.75	"	0.90	"	1.10
1864	Cristal, sans garniture	"	0.70	0.70	0.80	1..	1.05	1.10	1.25	1.30	1.50	1.65	1.80	2..
1865	" garnie poignée ferblanc	"	1.10	1.10	1.20	1.40	1.45	1.60	1.65	1.70	1.90	2.05	2.20	2.40

Pompes à soutirer, dites syphons

		Largeur c/m	69	81	91
		Pour	feuillette	pièce	1/2 muid
		Diamètre du tube m/m	28	32	36
1866	En ferblanc fort	La pièce	3.30	3.85	5..
1867	" extra fort	"	"	4.65	5.75
1868	" fort à robinet ragot cuivre poli	"	6.90	7.70	8.80
1869	" extra fort " " " "	"	"	8.50	9.60
1870	" fort " droit " "	"	7.50	8..	9.10
1871	" extra fort " " " "	"	"	8.75	10..

Pompes à soutirer, dites bats beurre

		Hauteur c/m	120	130	140	140
		Pour	feuillette	pièce	pièce	1/2 muid
		Diamètre du tube m/m	28	28	32	36
1872	En ferblanc forts	La pièce	3.30	"	"	"
1873	" extra forts	"	"	7.15	7.70	8.80

Pompes à soutirer, nouveau modèle, amorçage sans aspiration avec entonnoir à bouchon hermétique, largeur 81 c/m, Diamètre du tube 32 m/m
1874 Ferblanc extra fort, bouchon liège La pièce 5.50
1875 " " " à robinet ragot cuivre poli " 9.35
1876 " " " " droit " " " 9.65

Porte bouteilles, 1re fabrication

				Nombre de places	50	75	100	150	200	300	400	500
1877	Fer rond peint	double	ouvert	La pièce	"	"	6..	8..	8.60	12..	16..	22..
1878	" " galvanisé	"	"	"	"	"	10..	14..	16.50	24..	32..	42..
1879	" " peint	"	fermé	"	"	"	13.80	18.50	22..	29..	37..	50..
1880	" " galvanisé	"	"	"	"	"	21.50	30.60	38..	53..	69..	90..
1881	" " peint	simple	ouvert	"	4..	5..	6.50	8.50	10.20	"	"	"
1882	" " galvanisé	"	"	"	7..	9.50	12.50	17.50	22.20	"	"	"
1883	" " peint	"	fermé	"	9.50	13.50	16.60	21.60	26.70	"	"	"
1884	" " galvanisé	"	"	"	13.50	19.50	24.60	33.60	42.70	"	"	"

Porte futs en fer forgé

		Pour futs de	25 à 100	100 à 300 bouteilles
1885	Ordinaire fixe	La pièce	6.05	7.15
1886	A levier, permettant de lever les futs sans troubler le liquide	"	12.65	13.75

Tasses à déguster le vin
1887 Modèle de l'Octroi de Paris, étain, unie à anneau Diamètre 70 m/m La pièce 1.25
1888 Forme bourguignonne à côtes, à poucette, métal avivé " 80 m/m " 2.50
1889 " " " " " argenté " " " 6.50

Tasses à déguster le vin, métal extra blanc argenté 1er titre

		Diamètre m/m	65	80	90
1890	Forme bordelaise, unie à poucette	La pièce	6.25	7.50	9..
1891	" bourguignonne à côtes	"	6.25	7.50	9..

Tasses à déguster le vin tout argent

		Diamètre m/m	70	75	80	85
1892	Forme bordelaise, unie à poucette Corps variable	La pièce	21.40	22.60	23.80	27.50
1893	" bourguignonne à côtes " " "	"	21.40	22.60	23.80	27.50

1894 **Tire bondes** renforcés, à arche, manche bois La pièce 3.55

1895 **Tire fonds** à œil ordinaires Le cent 35.
1896 " " " façon Montargis " 45.
1897 " " " " Paris " 74.50
1898 " " " " Bourges qualité recommandée garantie " 100.

1898-1899 · 1900 · 1906 · 1906 · 1907 · 1909 · 1912 · 1914 · 1910 · 1916 · 1918 · 1919 · 1920 · 1922 · 1923 · 1924 · 1926 · 1927 · 1931

1898 **Câble métallique** souple, fil d'acier fin galvanisé, pour horloges et transmissions

Diamètre en m/m	2½	3	3½	4	5	6	8	10
Résistance approximative, en k.os	140	170	200	380	420	580	1050	2500
Poids approximatif du mètre en grammes	23	30	40	56	77	115	230	310
Le kilog	7.20	6.60	6.20	5.80	5.20	3.80	2.60	2.20

1899 **Câble métallique** rigide, fil d'acier doux galvanisé, pour plans inclinés

Diamètre en m/m	10	11	12	13	14½	16	18	20	22	25	28	31	36
Résistance approximative en k.os	1800	2800	3300	4100	6300	6500	8000	9600	11.000	14.000	17.000	22.000	27.000
Poids approximatif du mètre en gram.	350	400	460	560	710	825	1050	1250	1500	2000	2600	3200	4300
Les cent kilogs	122.	114..	108..	102.	96..	94..	92.	88.	86..	84..	82..	80..	78..

Ces prix s'entendent par pièces de 100 mètres minimum.
Par quantité inférieure Augmentation : par cent kilogs 45f.
Le câble souple est presque toujours disponible et peut être livré souvent dans les 48 heures.
Le câble rigide est à fabriquer à chaque demande, un délai de 15 à 20 jours est nécessaire pour l'expédition qui sera faite directement de la fabrique qui est hors Paris.
Pour assurer un bon usage, ces câbles ne doivent travailler qu'au 1/40e de leur résistance

Cadenas

	Cadenas en fer — Largeur m/m	30	35	40	45	47	50	54	60	66	70	80
1900	Nègres, clé forée, qualité courante — Le %	6.	"	7..	10.70	.	14.30	17.85	21.50	.	.	.
1901	Vernis " "	3.65	9.65	12.50	16.50	.	21.10	26.40	31.50	.	.	.
1902	Nègres " " 1re qualité	11.50	11.50	14.30	20.75	.	30.	40.	50.	.	72.50	.
1903	Vernis " " "	15.	15.	13.80	26.80	.	35.70	45.70	57.15	.	78.50	.
1904	Vernis, anse carrée, cache entrée cuivre, 1re courante	10.	10.	12.85	17.85	.	21.50	28.60	35.70	.	.	.
1906	" " " " " 1re qualité	15.50	16.50	23.60	30.	.	39.	47.60	63.	.	.	.
1906	" anse ronde " " 1re "	15.75	15.75	21.50	30.	.	40.	50.	64.50	.	.	.
1907	" anse ronde renf. " " 1re "	.	25.70	33.	43.	.	67.50	.	.	.	.	.
1908	Galvanisés, anse ronde, cache entrée cuivre, ordinaire	.	21.50	31.50	.	40.	57.50	69.	77.50	.	93.	.
1909	" forcée " " "	.	24.30	33.	.	44.50	53.	69.	77.50	.	93.	.
1910	" anse ronde, renforcée et cache entrée cuivre 1 clé	.	.	50.	.	55.	66.	73.	96.	122.	106.	186.
1911	" " " " " " 2 clés	.	.	61.50	.	71.50	88.	96.	121.50	160.	140.	229.

	Cadenas à oreilles, cache entrée cuivre, modèle léger — Largeur m/m	40	50	60	70
1912	Fer verni — Le cent	16.50	21.50	41.50	47.50
1913	Fer galvanisé	21.50	29.	60.	67.50

	Cadenas à oreilles, 3 gorges, sans cache entrée — Largeur m/m	40	45	50	55	60
1914	Fer verni, uniques — Le cent	27.50	.	.	.	.
1915	" cloison polie	29.	31.50	34.50	40.	48.

1916 **Cadenas** deux tours, rosace cuivre, fer verni noir 55 m/m . . . . . . Le cent 20.
1917 " " " " " " galvanisé 55 m/m . . . . . . 33.

1918 **Cadenas** forme carrée, pans coupés, façon gorges, fer galvanisé 65 m/m Le cent 45.
1919 " " " rosace cuivre, clés variées " " 65 m/m soignés " 68.

1920 **Cadenas** ronds, anse renforcée, rosace cuivre fondu, fer verni noir 75 m/m . Le cent 64.50
1921 " " " " " " " fer galvanisé 75 m/m . . . . . 83.

1922	**Cadenas** "R.B.T." clés chiffres à rouet, cache entrée cuivre — Largeur m/m	45	55	65	75
	fer galvanisé, qualité recommandée — Le cent	61.50	67.50	74.50	98.

1923	**Cadenas** pêne renforcé, intérieur tout cuivre, cache entrée cuivre à ressort, fer galvanisé complètement inoxydables — Largeur m/m	47	55	60	75
	Le cent	74.50	86.	100.	115.

	Cadenas fonte à vis — Diamètre m/m	40	50	60	75
1924	Vernis — La pièce	0.86	1.15	1.36	2.45
1925	Galvanisés	1.30	1.65	2.	3.45

1926 **Cadenas** à vis, tôle galvanisée Grandeur unique . . . . Le cent 72.

1927 **Cadenas** modèle artillerie, à ressort, cuivre poli, petit modèle La pièce 1.30
1928 " " " " " grand modèle " 1.60
1929 " " " " cuivre nickelé, petit modèle " 1.80
1930 " " " " " " grand modèle " 2.10

1931 **Cadenas** modèle artillerie, type Ministériel . . . . . Le cadenas seul 1.30
1932 Clés seules pour dito . . . . La pièce 0.83

1933 1941 1945 1950 1955 1956 1960 1962 1966 1969 1970 1974

Cadenas fer, dits Picardie

		Largeur m/m	30	35	40	47	54	60	70	80
1933	Variés, anse carrée, à une clé	Le cent	20. .	20. .	29. .	36. .	45. .	52. .	60. .	86. .
1934	» » ronde » »	»	20. .	20. .	29. .	36. .	45. .	52. .	60. .	86. .
1935	Chiffres, renforcés, clef embase avec carrée 1 clef	»	33. .	33. .	42. .	50. .	59. .	69. .	82. .	113. .
1936	» » » » » » 2 clefs	»	49. .	49. .	58. .	66. .	76. .	89. .	116. .	160. .
1937	» » » » anse ronde 1 clef	»	33. .	33. .	42. .	50. .	59. .	69. .	82. .	113. .
1938	» » » » » » 2 clefs	»	49. .	49. .	58. .	66. .	76. .	89. .	116. .	160. .
1939	» » » » » , à rouet 1 clef	»	48. .	48. .	56. .	70. .	76. .	86. .	93. .	129. .
1940	» » » » » » 2 clefs	»	70. .	70. .	76. .	86. .	93. .	109. .	128. .	158. .
1941	» » » » » » , cache entrée cuiv. 1 clef		»	43. .	52. .	68. .	76. .	88. .	96. .	129. .
1942	» » » » » » » 2.		»	60. .	69. .	85. .	93. .	108. .	118. .	158. .
1943	» » façon secret soignés à 1 clef	Le cent	»	76. .	83. .	92. .	100. .	118. .	129. .	172. .
1944	» » » » » » 2 clefs		»	93. .	102. .	113. .	123. .	148. .	155. .	200. .

Cadenas à 3 combinaisons et demi tour Largeur 50 m/m

1945 Fer noir ordinaire . . . . La pièce 0.93
1946 » » renforcé . . . . » 1.60
1947 Cuivre ordinaire . . . . » 1.36
1948 » renforcé . . . . » 2. .

Pour ouvrir : mettre la clef dans la première combinaison, amener le poinçon de la clef en face du chiffre correspondant au premier chiffre marqué sur la clef, faire de même pour les deuxième et troisième combinaison. (Ouvrir le cadenas au 1/2 tour).

Cadenas à combinaisons

		Nos	1	2	3	4	5	6	7	8	9	10
1949	3 viroles cuivre s'ouvrant sur Rome	La pce	1.08	1.16	1.18	1.29	1.43	1.79	»	»	»	»
1950	4 » » » » Rome	»	1.22	1.22	1.29	1.36	1.58	1.95	2.45	2.72	3.58	4.16
1951	5 » » » » Rome ✠	»	1.42	1.45	1.60	1.68	1.79	2.15	2.79	3. .	3.95	4.30
1952	6 » » » » Rome ✠✠	»	1.58	1.65	1.72	1.78	2.08	2.50	3. .	3.45	4.30	5. .
1953	7 » » » » Rome ✠✠✠	»	»	»	»	»	»	3.60	4.30	4.75	5.75	6.80
1954	8 » » » » Rome ✠✠✠	»	»	»	»	»	»	4.65	6.10	7.15	8.00	10.75

Augmentations :

	Nombre de viroles	3	4	5	6	7	8
Pour anse sortante	La pièce	0.12	0.12	0.12	0.12	0.15	0.15
» cadenas tout cuivre	»	0.15	0.22	0.29	0.36	0.36	0.43

1955 **Cadenas** à combinaisons 5 viroles, pouvant s'ouvrir dans l'obscurité 50 m/m La pièce 7.50

Cadenas fonte, incrochetables, anse tournante à arrêt

			Nos	0	1	2	3	4	5	6
			Largeur m/m	30	35	40	50	55	65	75
1956	Fonte vernie à une clef	La pièce		0.50	0.55	0.65	0.75	0.95	1.65	1.95
1957	» » à deux clefs	»		0.65	0.70	0.80	0.90	1.10	1.80	3.10
1958	» galvanisée à une clef	»		»	1.25	1.40	1.65	1.90	3.40	3.90
1959	» » à deux clefs	»		»	1.40	1.65	1.80	2.05	3.55	4.05

Cadenas fonte, incrochetables, anse tournante Marlette

			Nos	0	1	2	2bis	3	4	5	6
			Largeur m/m	26	32	36	40	50	55	62	76
1960	Fonte vernie, qualité courante, une clef	La pièce		0.45	0.50	0.60	0.65	0.70	0.80	1.50	1.75
1961	» » » » deux clefs	»		0.55	0.60	0.70	0.75	0.80	0.95	1.65	1.90

Cadenas automatiques, ronds, sans rivures, façon gorges

			m/m 35	40	45
1962	En fer noir, une clef fer	Le cent	35. .	45. .	55. .
1963	» » deux clefs fer	»	40. .	50. .	60. .
1964	En cuivre verni, une clef cuivre	»	70. .	65. .	95. .
1965	» » deux clefs cuivre	»	80. .	90. .	105. .

Cadenas automatiques, fer verni anse ronde, 35 m/m clefs variées

1966	Cadenas automatiques, fer verni anse ronde, 35 m/m clefs variées	Le %	30. .
1967	» » » » » » 40 m/m » »	»	32. .
1968	» » » » » » » 3 gorges, une clef forée	»	50. .
1969	» » » » » » » » une clef plate	»	75. .
1970	» » » » anse plate 50 m/m » une clef forée	»	105. .
1971	» » » » » » » » une clef plate	»	105. .
1972	» » cuivre chanfreins bruni » » » une clef forée	»	160. .
1973	» » » » » » » une clef plate	»	160. .
	Augmentation pour une clef supplémentaire 3 gorges, forée ou plate	»	18. .

Cadenas automatiques fer noir, 4 gorges, 2 clefs

		m/m	30	35	40	45	50	55	60
1974	Cadenas automatiques fer noir, 4 gorges, 2 clefs	La pièce	0.90	0.90	0.95	0.95	1.05	1.15	1.20

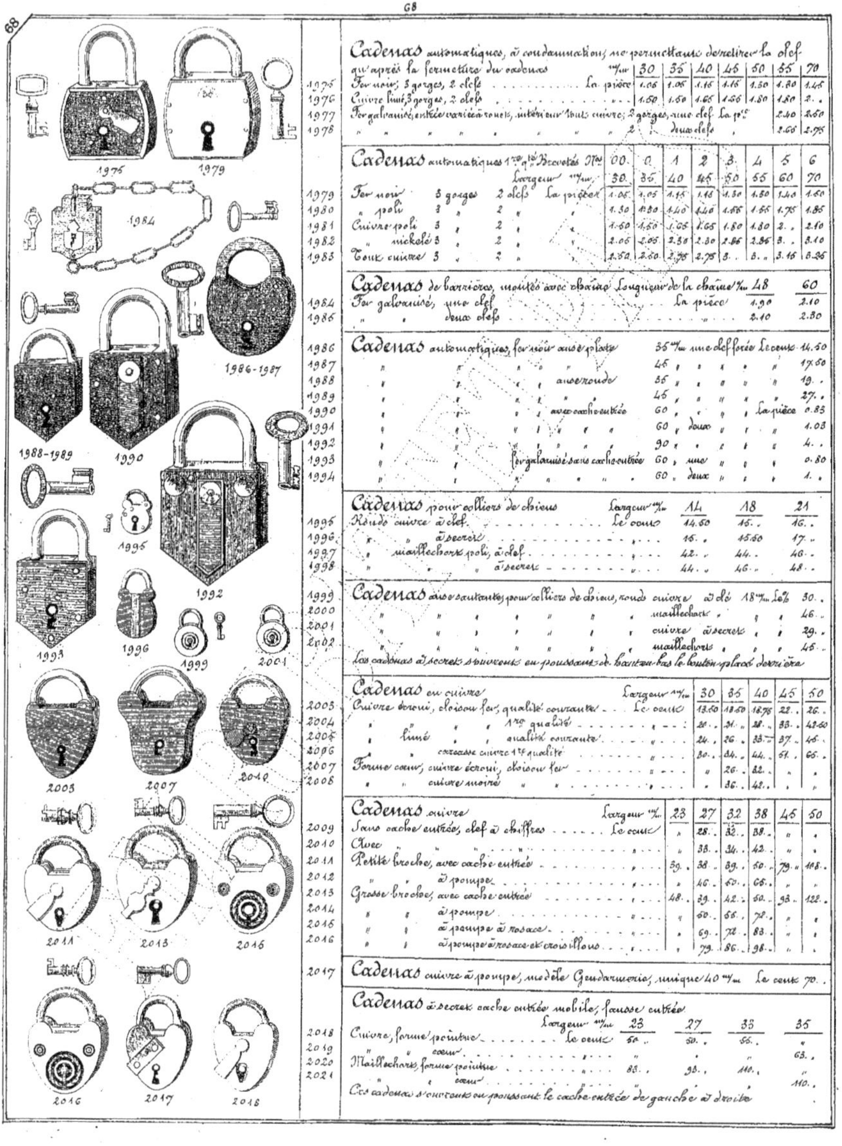

Cadenas automatiques, à condamnation, ne permettant de retirer la clef qu'après la fermeture du cadenas

N°	Désignation		m/m 30	35	40	45	50	55	70
1975	Fer noir, 3 gorges, 2 clefs	La pièce	1.06	1.05	1.15	1.15	1.30	1.30	1.45
1976	Cuivre limé, 3 gorges, 2 clefs	„	1.50	1.50	1.65	1.65	1.80	1.80	2. .
1977	Fer galvanisé, entrée variée à rouet, intérieur tout cuivre, 2 gorges, une clef	La p.ce						2.40	2.50
1978	„ „ „ „ „ „ „ „ 2 „ deux clefs	„						2.65	2.75

Cadenas automatiques 1re q.té Brevetés

N°	Désignation				Nos 00	0	1	2	3	4	5	6
				Largeur m/m	30	35	40	45	50	55	60	70
1979	Fer noir	3 gorges	2 clefs	La pièce	1.05	1.05	1.15	1.15	1.30	1.30	1.40	1.60
1980	„ poli	3 „	2 „	„	1.30	1.30	1.40	1.40	1.55	1.55	1.75	1.85
1981	Cuivre poli	3 „	2 „	„	1.50	1.50	1.65	1.65	1.80	1.80	2. .	2.10
1982	„ nickelé	3 „	2 „	„	2.05	2.05	2.30	2.30	2.85	2.85	3. .	3.10
1983	Tout cuivre	3 „	2 „	„	2.50	2.50	2.75	2.75	3. .	3. .	3.15	3.25

Cadenas de barrières, montés avec chaîne

N°	Désignation	Longueur de la chaîne m/m	48	60
1984	Fer galvanisé, une clef	La pièce	1.90	2.10
1985	„ „ deux clefs	„	2.10	2.30

Cadenas automatiques, fer noir anse plate

N°	Désignation	Largeur	Clefs		Prix
1986	Cadenas automatiques, fer noir anse plate	35 m/m	une clef forée	Le cent	14.50
1987	„ „ „ „	45 „	„ „	„	17.50
1988	„ „ „ anse ronde	35 „	„ „	„	19. .
1989	„ „ „ „ „	45 „	„ „	„	27. .
1990	„ „ „ avec cache entrée	60 „	„ „	La pièce	0.85
1991	„ „ „ „ „	60 „	deux „	„	1.05
1992	„ „ „ „ „	90 „	„ „	„	4. .
1993	„ „ fer galvanisé sans cache entrée	60 „	une „	„	0.80
1994	„ „ „ „ „	60 „	deux „	„	1. .

Cadenas pour colliers de chiens

N°	Désignation	Largeur m/m	14	18	21
1995	Ronds cuivre à clef	Le cent	14.50	15. .	16. .
1996	„ „ à secret	„	15. .	15.50	17. .
1997	„ maillechort poli, à clef	„	42. .	44. .	46. .
1998	„ „ „ à secret	„	44. .	46. .	48. .

Cadenas anse sautante, pour colliers de chiens, ronds

N°	Désignation			Prix
1999	Cadenas anse sautante, pour colliers de chiens, ronds cuivre	à clé	18 m/m Le %	30. .
2000	„ „ „ „ „ „ maillechort	„	„ „	46. .
2001	„ „ „ „ „ „ cuivre	à secret	„ „	29. .
2002	„ „ „ „ „ „ maillechort	„	„ „	45. .

Les cadenas à secret s'ouvrent en poussant de haut en bas le bouton placé derrière

Cadenas en cuivre

N°	Désignation	Largeur m/m	30	35	40	45	50
2003	Cuivre écroui, cloison fer, qualité courante	Le cent	13.50	13.50	16.75	22. .	26. .
2004	„ „ „ „ 1re qualité	„	20. .	21. .	28. .	33. .	42.50
2005	„ limé „ „ qualité courante	„	24. .	26. .	33. .	37. .	45. .
2006	„ „ carcasse cuivre 1re qualité	„	30. .	34. .	44. .	51. .	65. .
2007	Forme cœur, cuivre écroui, cloison fer	„	„	26. .	32. .	„	„
2008	„ „ cuivre moiré „ „	„	„	36. .	42. .	„	„

Cadenas cuivre

N°	Désignation	Largeur m/m	23	27	32	38	45	50
2009	Sans cache entrée, clef à chiffres	Le cent	„	28. .	32. .	38. .	„	„
2010	Avec „ „ „	„	„	33. .	34. .	42. .	„	„
2011	Petite broche, avec cache entrée	„	39. .	38. .	39. .	50. .	79. .	108. .
2012	„ „ à pompe	„	„	46. .	50. .	65. .	„	„
2013	Grosse broche, avec cache entrée	„	48. .	39. .	42. .	50. .	93. .	122. .
2014	„ „ à pompe	„	„	50. .	55. .	72. .	„	„
2015	„ „ à pompe à rosace	„	„	69. .	72. .	83. .	„	„
2016	„ „ à pompe à rosace et croisillons	„	„	79. .	86. .	98. .	„	„

2017	Cadenas cuivre à pompe, modèle Gendarmerie, unique 40 m/m	Le cent 70. .

Cadenas à secret cache entrée mobile, fausse entrée

N°	Désignation	Largeur m/m	23	27	33	35
2018	Cuivre, forme pointue	Le cent	50. .	50. .	55. .	„
2019	„ „ cœur	„	„	„	„	63. .
2020	Maillechort, forme pointue	„	83. .	93. .	110. .	„
2021	„ „ cœur	„	„	„	„	110. .

Ces cadenas s'ouvrent en poussant le cache entrée de gauche à droite

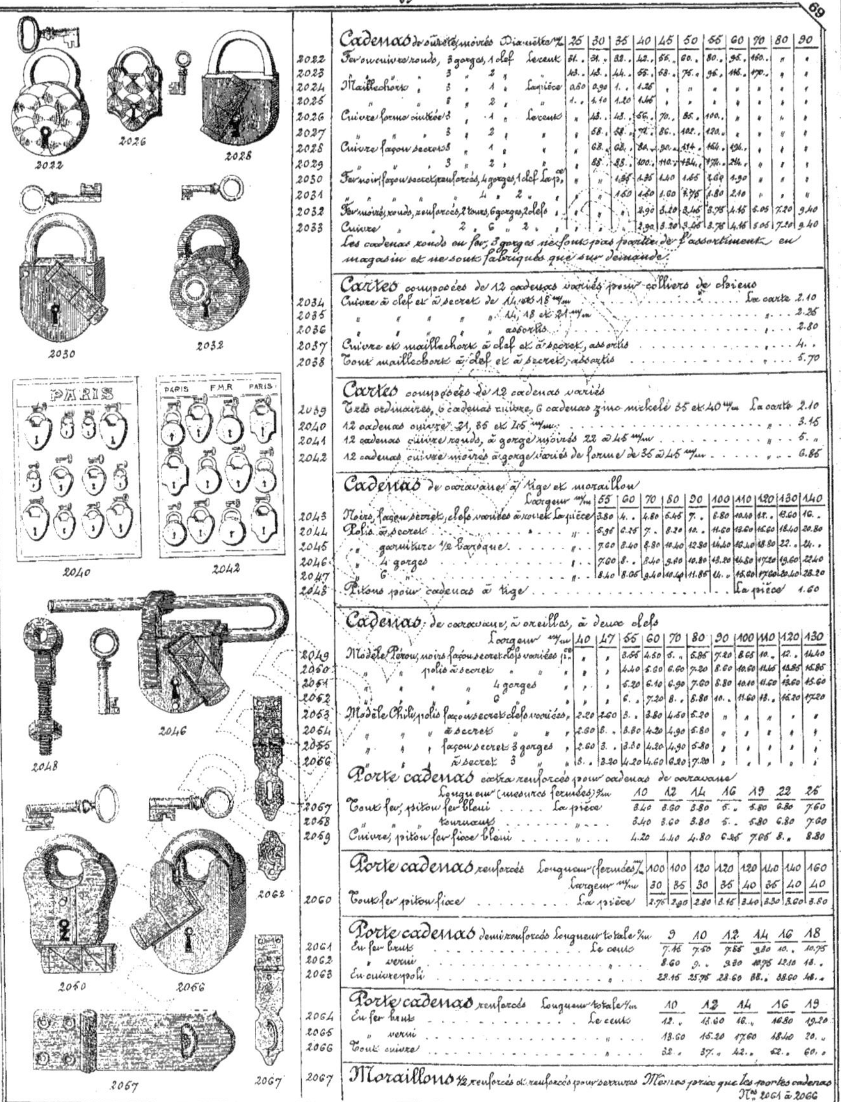

Cadenas de sûreté, moirés

N°	Désignation		Diamètre m/m 25	30	35	40	45	50	55	60	70	80	90
2022	Fer ou cuivre ronds, 3 gorges, 1 clef	Le cent	31.	31.	32.	42.	56.	60.	80.	95.	160.	"	"
2023	" 3 " 2 "	"	43.	43.	44.	55.	68.	75.	96.	116.	170.	"	"
2024	Maillechort " 3 " 1 "	La pièce	0.80	0.90	1.	1.25	"	"	"	"	"	"	"
2025	" " 3 " 2 "	"	1.	1.10	1.20	1.45	"	"	"	"	"	"	"
2026	Cuivre forme cintrée 3 " 1 "	Le cent	"	43.	48.	56.	70.	85.	100.	"	"	"	"
2027	" " " 3 " 2 "	"	"	58.	58.	71.	86.	102.	120.	"	"	"	"
2028	Cuivre façon secret 3 " 1 "	"	"	68.	68.	80.	90.	114.	164.	196.	"	"	"
2029	" " " 3 " 2 "	"	"	88.	88.	100.	110.	134.	174.	244.	"	"	"
2030	Fer noir, façon secret, renforcés, 4 gorges, 1 clef	La p.ce	"	"	1.35	1.35	1.40	1.65	1.60	1.90	"	"	"
2031	" " " " " 4 " 2 "	"	"	"	1.60	1.60	1.60	1.75	1.80	2.10	"	"	"
2032	Fer moiré, ronds, renforcés, 2 tours, 6 gorges, 2 clefs	"	"	"	"	2.90	3.20	3.45	3.75	4.15	5.05	7.20	9.40
2033	Cuivre " " 2 " 6 " 2 "	"	"	"	"	2.90	3.20	3.45	3.75	4.15	5.05	7.20	9.40

Les cadenas ronds en fer, 3 gorges ne font pas partie de l'assortiment en magasin et ne sont fabriqués que sur demande.

Cartes composées de 12 cadenas variés pour colliers de chiens

2034 Cuivre à clef et à secret de 14 et 18 m/m .... La carte 2.10
2035 " " " " " 14, 18 et 21 m/m .... " ... 2.25
2036 " " " " " assortis .... " ... 2.80
2037 Cuivre et maillechort à clef et à secret, assortis .... " ... 4. .
2038 Tout maillechort à clef et à secret, assortis .... " ... 5.70

Cartes composées de 12 cadenas variés

2039 Très ordinaires, 6 cadenas cuivre, 6 cadenas zinc nickelé 35 et 40 m/m La carte 2.10
2040 12 cadenas cuivre 21, 35 et 45 m/m .... " ... 3.15
2041 12 cadenas cuivre ronds, à gorge moirés 22 à 45 m/m .... " ... 5. "
2042 12 cadenas cuivre moirés à gorge variés de forme de 35 à 45 m/m .... " ... 6.85

Cadenas de caravanes à tige et moraillon

N°	Désignation	Largeur m/m 55	60	70	80	90	100	110	120	130	140
2043	Noirs, façon secret, clefs variées à secret La pièce	3.80	4. .	4.80	6.45	7. .	6.80	10.40	11. .	13.60	16. .
2044	Polis à secret .... "	5.35	6.25	7. .	8.20	10. .	11.60	13.60	16.60	18.40	20.80
2045	" garniture 1/2 baroque .... "	7.60	8.40	8.80	10.40	12.80	14.40	16.40	18.80	22. .	24. .
2046	" 4 gorges .... "	7.60	8. .	8.40	9.60	10.80	13.20	14.80	17.20	19.60	22.40
2047	" 6 " .... "	8.40	8.05	9.40	10.40	11.85	14. .	15.60	17.60	20.40	23.20
2048	Pitons pour cadenas à tige							La pièce		1.60	

Cadenas de caravanes, à oreilles, à deux clefs

N°	Désignation	Largeur m/m 40	47	55	60	70	80	90	100	110	120	130
2049	Modèle Pérou, noirs façon secret clefs variées p.ce	"	"	3.55	4.50	5. "	5.85	7.20	8.65	10. "	12. "	14.40
2050	" " polis à secret " "	"	"	4.40	5.60	6.60	7.20	8.60	10.60	11.45	13.85	15.85
2051	" " " " 4 gorges "	"	"	5.20	6.10	6.90	7.60	8.80	10.10	11.60	13.60	15.60
2052	" " " " 6 "	"	"	6. "	7.20	8. "	8.80	10. "	11.60	13. "	16.20	17.20
2053	Modèle Chili, polis façon secret clefs variées "	2.20	2.60	3. "	3.80	4.50	5.20	"	"	"	"	"
2054	" " " à secret " " "	2.60	3. "	3.80	4.20	4.90	5.80	"	"	"	"	"
2055	" " " façon secret 3 gorges "	2.60	3. "	3.30	4.20	4.90	5.80	"	"	"	"	"
2056	" " " à secret 3 " "	3. "	3.20	4.20	4.60	6.20	7.20	"	"	"	"	"

Porte cadenas extra renforcés pour cadenas de caravane

N°	Longueur (mesures fermées) m/m	10	12	14	16	19	22	25
2067	Tout fer, piton fer bleui .... La pièce	3.40	3.60	3.80	5. "	5.80	6.80	7.60
2058	" " " tournants .... "	3.40	3.60	3.80	5. "	5.80	6.80	7.60
2059	Cuivre, piton fer fixe bleui .... "	4.20	4.40	4.80	6.25	7.05	8. "	8.80

Porte cadenas renforcés

N°	Désignation	Longueur (fermés) m/m	100	100	120	120	120	140	140	160
		Largeur m/m	30	35	30	35	40	35	40	40
2060	Tout fer piton fixe	La pièce	2.75	2.90	2.80	3.15	3.40	3.30	3.60	3.80

Porte cadenas demi renforcés

N°	Longueur totale c/m		9	10	12	14	16	18
2061	En fer bruts	Le cent	7.15	7.50	7.85	9.30	10. "	10.75
2062	" verni	"	8.60	9. "	9.30	10.75	12.10	13. "
2063	En cuivre poli	"	22.15	25.75	28.60	33. "	38.60	48. "

Porte cadenas renforcés

N°	Longueur totale c/m		10	12	14	16	19
2064	En fer bruts	Le cent	12. "	13.60	16. "	16.80	19.20
2065	" verni	"	13.60	15.20	17.60	18.40	20. "
2066	Tout cuivre	"	32. "	37. "	42. "	52. "	60. "

2067 **Moraillons** 1/2 renforcés et renforcés pour serrures. Mêmes prix que les portes cadenas N°s 2061 à 2066

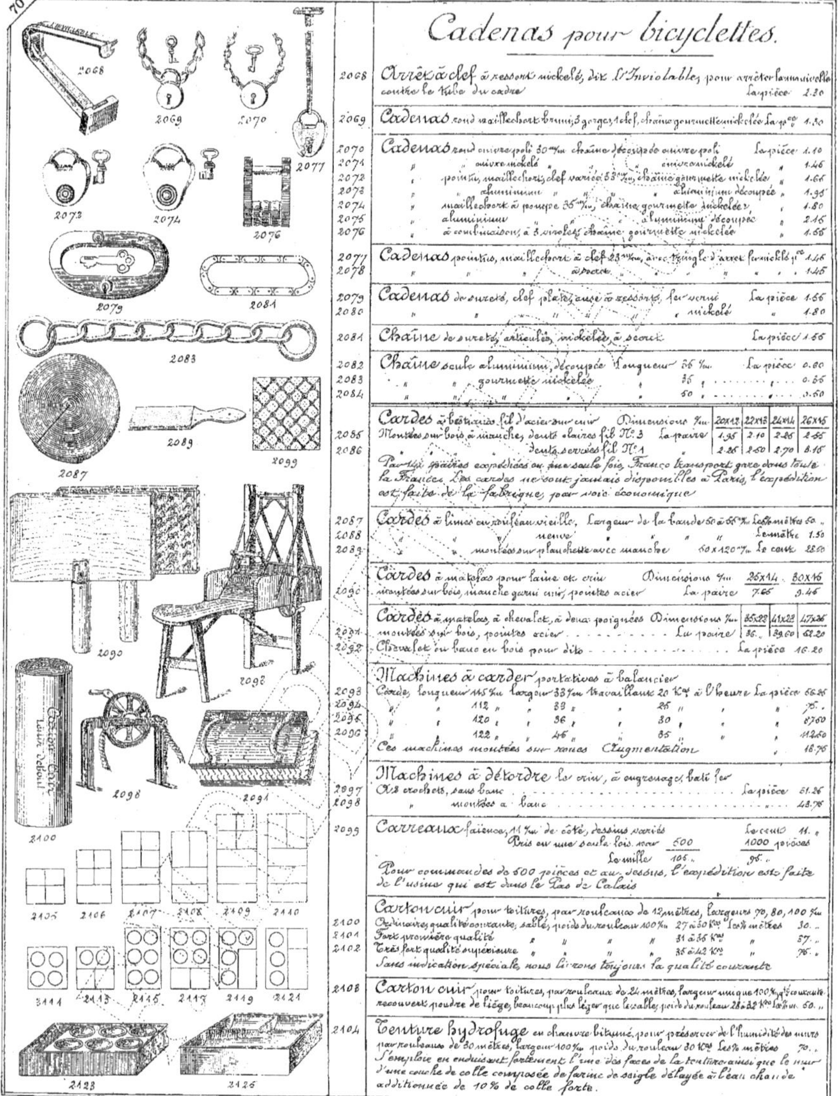

Cadenas pour bicyclettes.

2068 **Arrêt à clef** à ressort nickelé, dit l'Inviolable, pour arrêter la manivelle contre le tube du cadre — La pièce 2.30

2069 **Cadenas** rond maillechort bruni, 3 gorges, 1 clef, chaîne gourmette nickelée — La pce 1.30

N°	Désignation		Prix
2070	**Cadenas** rond cuivre poli 30 m/m chaîne découpée cuivre poli	La pièce	1.10
2071	" " cuivre nickelé " " " cuivre nickelé	"	1.46
2072	" pointu, maillechort, clef variée 33 m/m, chaîne gourmette nickelée	"	1.66
2073	" " aluminium " " " " aluminium découpée	"	1.95
2074	" maillechort à pompe 35 m/m, chaîne gourmette nickelée	"	1.80
2075	" aluminium " " " aluminium découpée	"	2.15
2076	" à combinaison, à 3 viroles, chaîne gourmette nickelée	"	1.65

N°	Désignation	Prix
2077	**Cadenas** pointu, maillechort à clef 23 m/m, avec tringle d'arrêt fer nickelé pce	1.46
2078	" " " à secret " " " " "	1.45

N°	Désignation		Prix
2079	**Cadenas** de sûreté, clef plate, anse à ressorts, fer verni	La pièce	1.56
2080	" " " " " " nickelé	"	1.80

2081 **Chaîne** de sûreté, articulée, nickelée, à secret — La pièce 1.56

N°	Désignation	Longueur		Prix
2082	**Chaîne** seule aluminium, découpée longueur	36 m/m	La pièce	0.60
2083	" " gourmette nickelée "	36 "	"	0.66
2084	" " " " "	50 "	"	0.60

N°	**Cardes** à bestiaux fil d'acier sur cuir — Dimensions m/m	20x12	22x13	24x14	26x15
2085	Montées sur bois à manche, dents claires fil N° 3 — La paire	1.95	2.10	2.25	2.55
2086	" dents serrées fil N° 1 — "	2.25	2.50	2.70	3.15

Par 12 paires expédiées en une seule fois, Franco transport gare dans toute la France. Les cardes ne sont jamais disponibles à Paris, l'expédition est faite de la fabrique, par voie économique

N°	Désignation		Prix
2087	**Cardes** à limes en rouleau vieille, Largeur de la bande 50 à 55 m/m	Les 50 mètres	50. "
2088	" " neuve " " " "	Le mètre	1.50
2089	" " montées sur planchette avec manche 50 x 120 m/m	Le cent	28.50

N°	**Cardes** à matelas pour laine et crin — Dimensions m/m	25x14	30x16
2090	montées sur bois, manche garni cuir, pointes acier — La paire	7.65	9.45

N°	**Cardes** à matelas, à chevalet, à deux poignées — Dimensions m/m	35x22	41x22	47x26
2091	montées sur bois, pointes acier — La paire	36. "	39.60	62.20
2092	Chevalet ou banc en bois pour dito — La pièce			16.20

Machines à carder portatives à balancier

2093	Carde, longueur 115 m/m	largeur 33 m/m	travaillant 20 Kos à l'heure	La pièce	56.25
2094	" " 112 "	" 33 "	" 25 "	"	75. "
2095	" " 120 "	" 36 "	" 30 "	"	87.50
2096	" " 122 "	" 46 "	" 35 "	"	112.50
	Ces machines montées sur roues Augmentation			"	18.75

Machines à détordre le crin, à engrenage, bâti fer

N°	Désignation		Prix
2097	A 2 crochets, sans banc	La pièce	51.25
2098	" montées à banc	"	43.75

2099 **Carreaux** faïence, 11 m/m de côté, dessins variés — Le cent 11. "

Pris en une seule fois par	500	1000 pièces
Le mille	105. "	95. "

Pour commandes de 500 pièces et au dessous, l'expédition est faite de l'usine qui est dans le Pas de Calais

Carton cuir pour toitures, par rouleaux de 12 mètres, largeurs 70, 80, 100 m/m

2100	Ordinaire, qualité courante, sablé, poids du rouleau 100 m/m	27 à 30 Kos	Les % mètres	30. "
2101	Fort première qualité " " " "	31 à 35 Kos	"	57. "
2102	Très fort qualité supérieure " " " "	35 à 42 Kos	"	75. "

Sans indication spéciale, nous livrons toujours la qualité courante

2103 **Carton cuir** pour toitures, par rouleaux de 24 mètres, largeur unique 100 m/m qté courante recouvert poudre de liège, beaucoup plus léger que le sablé, poids du rouleau 28 à 32 Kos Les % m. 50. "

2104 **Tenture hydrofuge** en chanvre bitumé, pour préserver de l'humidité des murs par rouleaux de 30 mètres, largeur 100 m/m poids du rouleau 30 Kos Les % mètres 70. "
S'emploie en enduisant fortement l'une des faces de la tenture ainsi que le mur d'une couche de colle composée de farine de seigle délayée à l'eau chaude additionnée de 10% de colle forte.

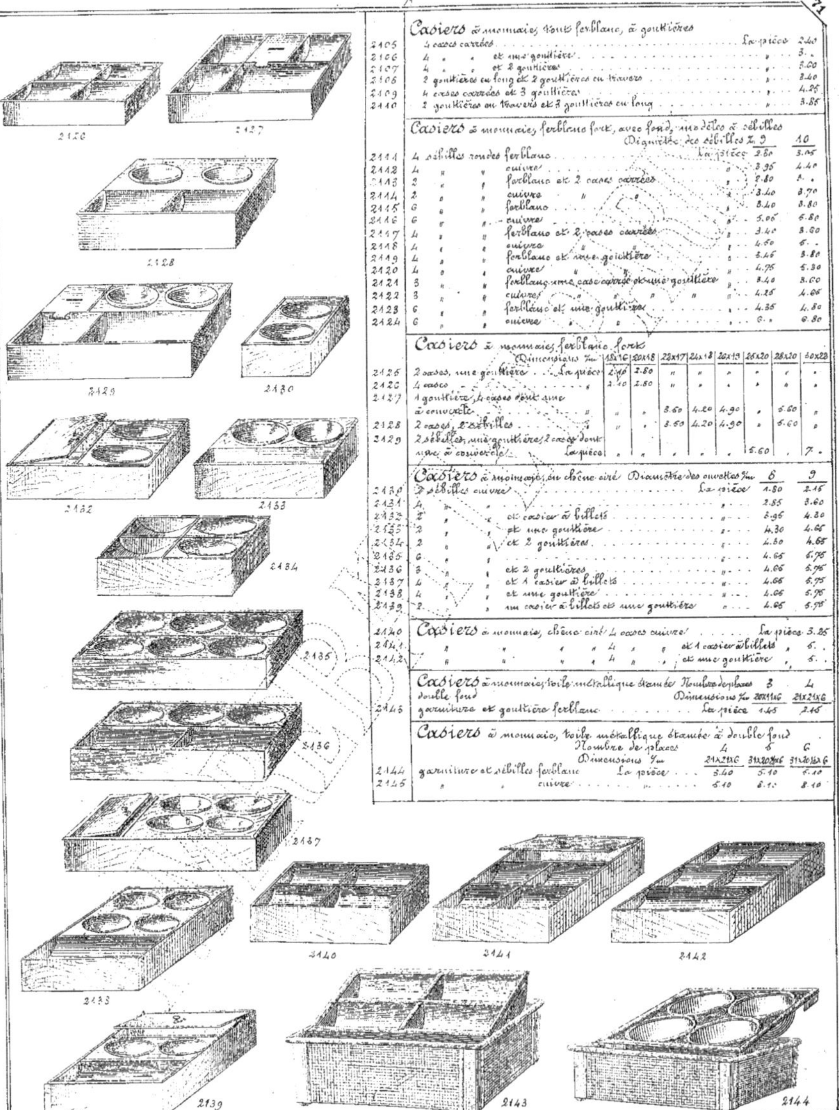

Casiers à monnaie, tout ferblanc, à gouttières

N°	Désignation		Prix
2105	4 cases carrées	La pièce	2.40
2106	4 " " et une gouttière	"	3. .
2107	4 " " et 2 gouttières	"	3.60
2108	2 gouttières en long et 2 gouttières en travers	"	3.40
2109	4 cases carrées et 3 gouttières	"	4.25
2110	2 gouttières en travers et 3 gouttières en long	"	3.85

Casiers à monnaie, ferblanc fort, avec fond, modèles à sébilles

N°	Désignation		Diamètre des sébilles % 9	10
2111	4 sébilles rondes ferblanc	La pièce	2.80	3.05
2112	4 " " cuivre	"	3.95	4.40
2113	2 " " ferblanc et 2 cases carrées	"	2.80	3. .
2114	2 " " cuivre " "	"	3.40	3.70
2115	6 " " ferblanc	"	3.40	3.80
2116	6 " " cuivre	"	5.05	5.80
2117	4 " " ferblanc et 2 cases carrées	"	3.40	3.60
2118	4 " " cuivre " "	"	4.50	5. .
2119	4 " " ferblanc et une gouttière	"	3.46	3.80
2120	4 " " cuivre " "	"	4.75	5.30
2121	3 " " ferblanc une case carrée et une gouttière	"	3.40	3.60
2122	3 " " cuivre " " " "	"	4.25	4.65
2123	6 " " ferblanc et une gouttière	"	4.35	4.80
2124	6 " " cuivre " "	"	6. .	6.80

Casiers à monnaie, ferblanc fort

N°	Désignation	Dimensions %	18x16	20x18	22x17	24x18	26x19	26x20	28x20	30x22
2125	2 cases, une gouttière	La pièce	2.10	2.80	"	"	"	"	"	"
2126	4 cases	"	2.10	2.80	"	"	"	"	"	"
2127	1 gouttière, 4 cases dont une à couvercle	"	"	"	3.50	4.20	4.90	"	5.60	"
2128	2 cases, 2 sébilles	"	"	"	3.50	4.20	4.90	"	5.60	"
2129	2 sébilles, une gouttière, 2 cases dont une à couvercle	La pièce	"	"	"	"	"	5.60	"	7. .

Casiers à monnaie, en chêne ciré

N°	Désignation		Diamètre des cuvettes % 6	9
2130	2 sébilles cuivre	La pièce	1.80	2.15
2131	4 " "	"	2.85	3.60
2132	2 " " et casier à billets	"	3.95	4.80
2133	2 " " et une gouttière	"	4.30	4.65
2134	2 " " et 2 gouttières	"	4.30	4.65
2135	6 " "	"	4.65	5.75
2136	3 " " et 2 gouttières	"	4.65	5.75
2137	4 " " et 1 casier à billets	"	4.65	5.75
2138	4 " " et une gouttière	"	4.65	5.75
2139	2 " " un casier à billets et une gouttière	"	4.65	5.75

Casiers à monnaie, chêne ciré

N°	Désignation		Prix
2140	4 cases cuivre	La pièce	3.25
2141	" " " " 4 " " et 1 casier à billets	"	6. .
2142	" " " " 4 " " et une gouttière	"	5. .

Casiers à monnaie, toile métallique étamée double fond

N°	Désignation		3	4
		Nombre de places	3	4
		Dimensions %	20x11x6	21x21x6
2143	garniture et gouttière ferblanc	La pièce	1.45	2.15

Casiers à monnaie, toile métallique étamée à double fond

N°	Désignation		4	5	6
		Nombre de places	4	5	6
		Dimensions %	21x21x6	31x20x6	31x20x6
2144	garniture et sébilles ferblanc	La pièce	3.40	5.10	5.10
2145	" " cuivre	"	5.10	6.10	8.10

	Casse croûte		Fer poli	Fer nickelé
2146	Modèle "Plombières"	La pièce	1.65	2. »
2147	» "Paris"	»	2.75	3.10

2148	**Casse sucre** modèle couteau, lame cintrée 18 %m, manche bois	La pièce	1.60

	Casse sucre, modèle pince	c/m	20	24	26
2149	Noirs, lames polies, à dents	La pièce	3.05	3.20	3.60
2150	Polis » » »	»	3.85	4. »	4.40

2151	**Casse sucre**, monté sur planche modèle lunette	La pièce	7.85

	Casse noix, "Plombières"		Fer poli	Fer nickelé
2152	Branches à olive unies	La pièce	0.50	0.70
2153	» cylindriques unies et pommes de pin	»	0.60	0.80
2154	» à perles et pans	»	0.75	1. »
2155	» à perles et glands	»	0.85	1.10
2156	» à olives et perles	»	0.95	1.15
2157	» à olives et perles et pommes de pin	»	1.10	1.35
2158	» à balustres et pommes de pin	»	1.20	1.50
2159	» torses moyen modèle	»	0.85	1.10
2160	» » grand »	»	1.75	2.05

	Casse noix modèle Paris, nickelé surfins, branches		
2161	Casse noix modèle Paris, nickelé surfins branches olives unies	La pièce	1.50
2162	» » » » » » » rondes bouts perles	»	1.60
2163	» » » » » » » torses bouts perles	»	2.20
2164	» » » » » fantaisie » cylindriques à vases, unies	»	2.70
2165	» » » » » » » » » mollettés	»	2.80
2166	» » » » » » » à pans unies riches	»	3. »
2167	» » » » » » » » gravées	»	3.50
2168	» » » » » » » plates cintrées	»	2.50
2169	» » » » » » » » »	»	2.50
2170	» » » » » avec ciseaux à raisin » »	»	3. »

	Casse noix modèle Paris nickelés, manche bois, buffle ou corne blonde		
2171	Deux usages, manche palissandre	La pièce	1.20
2172	Façon Plombières, manche bois noir	»	2.15
2173	Deux usages, manche bois noir et ciseaux à raisin	»	3.75
2174	Façon anglais, manche ébène rond ou à pans	»	3.40
2175	» » » buffle rond	»	3.70
2176	» » » corne blonde	»	4. »

Chaînes en tous genres

Chaînes arpenteurs Voir Articles Géométrie & Arpentage, pages

Chaînes à bouteilles et à tonneaux Voir page 60 Nos 1681 à 1686

	Chaînes de balances		
2177	Chaînes de balances, fer étamé ronde No 14 et au-dessous	Le kilog	1.45
2178	» » » » plate	»	2.60
2179	» » » cuivre ronde	»	5. »
2180	» » » » plate	»	5.35

	Chaînes pour gamelles		
2181	Fer étamé, mailles rondes, fil No 13, pour pelottes de 25 mètres	Les % mètres	17. »
2182	» » » » » » montées avec esses, longueur 15 %m	Le cent	6.25

	Chaînes de suspensions jardinières, montées 3 branches	Long. %m	50	55	60
2183	fil de fer verni mailles rondes, fil No 14	Le kilog	1.70	1.70	1.70

2184	**Chaînes** de tournebroches, mailles rondes, fer verni ou étamé fil No 12 & 13	Les % mètres	17. »
2185	» » » » » No 14 et au-dessus	Le Ko	1.60

2186	**Chaîne** 3/4 cuivre blanchi, jauge de Paris No 3 & 4	Les % mètres	17.15

Chaîne 3/4

		Jauge de Paris No	P	1	2	3	4	5	6	7	8	9
2187	Fer poli	Les % mètres	»	»	12.10	»	9.80	10.25	10.75	11.15	13. »	14.50
2188	Cuivre jaune	»	28.50	20. »	16. »	17.50	16. »	21.20	27.50	30.25	37. »	45.35

		Jauge de Paris No	10	11	12	13	14	15	16	17	18
2187	Fer poli	Les % mètres	16.50	17.65	19.40	22.30	26. »	31.60	37.15	»	»
2188	Cuivre jaune	»	48.20	58. »	70. »	85. »	103. »	135. »	174. »	222. »	272. »

Cet article se livre par pelottes de 25 - 50 ou 100 mètres
Pour commande de 100 mètres d'un même numéro Bonification 5 %
Pour quantité inférieure à 25 mètres d'un même numéro Majoration 25 %

Chaîne mailles ovales, fil rapprochés, dite pendule ou coucou

		Jauge de Paris No	5	6	7	8	9	10	11	12	13	14	15	16
2189	Fer poli	Les % mètres	11.50	12.50	13. »	13. »	14. »	15. »	15. »	16. »	17.50	21.50	25. »	45. »
2190	Cuivre jaune	»	20. »	24.50	29. »	32.50	36. »	39.50	45. »	50. »	60. »	78. »	100. »	»

Se livre par pièces de 25 mètres Pour quantité inférieure Majoration 25 %

2190 bis · 2191 · 2193 · 2195 torse · 2195 droite · 2198 · 2203 · 2206 · 2207 · 2209 · 2212 · 2215 · 2218 · 2219 · 2220 · 2221 · 2217 · 2225 · 2227

	Chaîne mailles rondes formes Nos	2	4	5	6	7	8	9	10	11	12	13	14
2190 bis	En fer — Les % mètres	"	8.10	8.50	9.10	9.40	9.90	10.90	11.60	12.20	13.80	14.30	15..
2190 ter	En cuivre jaune — "	11.30	13.50	15.90	17.90	20.50	22..	26..	30.50	35..	41.50	50..	61..

Se livre par pièces de 25 mètres. Par quantité inférieure Augmentation 25%

	Chaîne mailles ovales dites forçats Jauge de Paris	10	12	13	14	15	16	17
2191	Acier poli, non soudées — Les % mètres	18..	23.40	27..	30.40	36..	40..	44.25
2192	" " soudées — "	108..	108..	117..	126..	126..	135..	180..

	Chaîne mailles gourmette Jauge de Paris	10	12	13	14	15	16
2193	Acier poli, non soudées — Les % mètres	32.40	36..	40..	45..	49..	54..
2194	" " soudées — "	117..	117..	117..	126..	135..	144..

Chaîne forgée, mailles soudées, torse ou droite, par pelottes de 25 mètres

	Nos	14	15	16	17	18	19	20	21	22
2195	Mailles longues, soudure ordinaire ou électrique %m.	32.40	32.40	32.40	32.40	32.40	36..	40..	45..	63..
2196	" courtes, soudure ordinaire seulement "	55..	55..	55..	55..	56..	68..	76..	87..	103..
2197	" " galvanisée En plus "	8..	10..	12..	14..	16..	24..	32..	36..	40..

Par quantité inférieure à 25 mètres d'un même No. Augmentation 25%

	Chaîne mailles roudoublées Nos	8	10	11	12	13	14	15	16	18	19	20
2198	Ordinaire, fer brut — Les % mètres	51..	29..	20..	21?..	24..	31..	36..	45..			
2199	" " poli — "	54..	36..	26..	28..	33..	42..	47..	58..			
2200	" galvanisé — "	"	48..	36..	36..	40..	44..	54..	65..			
2201	Crochetée, fer brut — "	108..	108..	90..	90..	108..	115..	135..	136..	262..	360..	405..
2202	" galvanisé — "	126..	126..	108..	108..	126..	180..	162..	162..	280..	405..	450..

Par quantité inférieure à 25 mètres d'un même No. Augmentation 25%

	Chaîne découpée, mailles agrafées Nos	1	2	3	4
	Dimensions des mailles	15x4	20x7	25x8	30x11
2203	Fer poli — Les % mètres	30.60	36..	50.40	72..
2204	Cuivre jaune — "	48.60	57.60	81..	180..
2205	Aluminium — "	72..	81..	117..	198..

	Chaîne mailles longues soudées Nos	12	13	14	15	16	17	18
2206	cuivre jaune dite Figaro — Les % mètres	108..	117..	126..	135..	153..	216..	270..

	Chaîne double cuivre, mailles soudées Nos	10	12	14	15	16	17	18	19	20
	Longueur des mailles m/m	19	24	30	35	41	45	51	54	62
2207	Cuivre jaune — La mètre	1.10	1.30	1.60	1.80	2..	2.30	2.85	3.60	4.70
2208	" verni or ou bronze — "	1.40	1.60	1.90	2.10	2.30	2.60	3.15	3.90	5..

Chaîne de jalousies fil fer No 12 Longueur des barrettes m/m 5, 6, 7, 8, 9 et 10

2209	Doubles barrettes, galvanisée	Les % mètres	25..
2210	" " vernie	"	34..
2211	" " cuivre jaune	"	90.. variable
2212	Simples barrettes, galvanisée	"	29..
2213	" " vernie	"	34..
2214	" " cuivre jaune	"	90.. variable

Se livre par pièces de 25 mètres Par quantité inférieure Augmentation 20%

2215 Chaîne de jalousie, simple sans barrette, fil galvanisé No 12 Les % mètres 11.50

	Chaîne pour confectionner les claies à ombrer les serres Nos		12	13	14
2216	Fer brut	Les % mètres	16..	17.60	20..
2217	" galvanisé	"	19..	22.50	25..
2218	Crochets plats galvanisés pour dito	Le kilog			2.85
2219	Mailles sciées pour dito	"			3.95
2220	" découpées pour dito	"			5..

Chaîne découpée pour confectionner les claies

2221	En zinc	Les % mètres	30..
2222	En fer étamé	"	33.50
2223	En cuivre jaune	"	80..
2224	" rouge	"	100..

	Chaîne Vaucanson Nos	7	8	9	10	11	12	13	14	15
2225	Fer — Les % mètres	"	39..	"	39..	"	39..	"	46..	"
2226	Cuivre verni or — Le mètre	0.37	0.39	0.42	0.50	0.60	0.70	0.85	0.95	1.25
		16	17	18	19	20	21	22	23	24
2225	Fer — Le mètre	0.55	0.65	0.90	1.15	1.25	1.50	1.80	2.20	2.60
2226	Cuivre verni or — "	1.60	2..	2.25	3..	3.60				

	Chaîne Galle à fuseau	A & B	1 à 10	11 à 14	15 à 18	19 à 21
2227	Simple — Le mètre	7..	4.45	4.85	5.50	6.25
2228	Double — "		7..	8.60	10..	12.15
2229	Triple — "			12.15	14..	15.75
2230	Quadruple — "			17.15	20.75	23.60

Chaînes de lustres, lanternes & suspensions

Chaîne découpée forte, mailles brisées à pans

	Nos	1	2	3	4	5	6
	Longueur des mailles m/m	28	32	40	45	50	60
2231	Cuivre verni or ou bronzé .... Le mètre	1.40	1.60	1.80	2..	2.40	3..
2232	" nickelé .... "	1.65	1.85	2.05	2.25	2.65	3.25

Chaîne fondue, mailles brisées à pans

	Nos	1	2	3	4	5	6	7	8	9	10	11	12
	Longueur des mailles m/m	40	45	50	55	60	65	70	75	80	85	90	95
2233	Cuivre jaune Le mètre	3.95	4.30	5.15	6..	6.85	7.75	8.60	10.30	12.85	15.80	16.85	26.70
2234	" verni ou bronzé " ...	4.75	5.15	6..	6.85	7.70	8.60	9.45	12..	14.55	18..	20.55	27.40
2235	" poli ...... " ...	6.85	7.30	8.45	9..	9.85	10.75	11.60	16.30	16.85	22.30	24.85	31.80
2236	" nickelé vif .. " ...	5.60	6..	6.85	7.90	8.55	9.45	10.30	12.85	15.40	18.85	21.40	26.25
2237	" " poli .. " ...	6.85	7.30	8.15	9..	9.85	10.75	11.60	16.30	18.85	22.30	24.85	31.80

Par commande de 25 mètres chaîne assortie de Nos Bonification 6%

2238 **Chaîne** fondue, mailles brisées, carrées, dites grecques. Mêmes prix que la chaîne à pans

2239 **Crochets** ou S, jauge de Paris, Nos 18 à 26, acier poli ...... Le kilog 1.20
2240 " " " " " cuivre jaune .... " ... 4.25
2241 " " " " " cuivre verni or ou bronzé " ... 4.75
2242 " " " " " cuivre poli .... " ... 6..
2243 " " " " " cuivre nickelé ...... " ... 6..

Chaînes fer nickelé, pour clés se mettant à la bretelle Longueur 35 à 40 m/m
2244 3/4 légères fil 5 avec patte cuir découpé et agrafe .... Le cent 12.50
2245 Forçats " 10 " " " " et anneau .... " ... 12.50
2246 Gourmette claire " 10 " " " " et porte mousqueton Paris " ... 17..
2247 Torse " 12 " " " " " " " " ... 20..
2248 Forçats " 12 " patte acier et anneau gravé .... " ... 22..
2249 Gourmette serrée " 12 " patte cuir découpé et porte mousqueton Paris " ... 29..
2250 Torse et gourmette " 13 " " " piquée " " " " ... 37.50
2251 Gourmette serrée " 14 " " " " " " " " ... 42..
2252 " fine soudée " 12 " " " " " " " " ... 71..
2253 Torse pour dames " 12 " crochet acier nickelé " ... 29..

Chaînes à ciseaux, fer nickelé, cousues sur cartes Longueur 35 m/m environ
2254 3/4 à porte mousqueton à pince .... Le cent 25..
2255 Forçats " " " .... " ... 29..
2256 Fantaisie découpée " " " .... " ... 42..
2257 Gourmette " " Paris .... " ... 62.50
Ces chaînes sont livrées par boîtes de 12 pièces

2258 **Chaînes** de fusils de bouchers, cuir plat couleur avec porte mousqueton La pièce 1.10
2259 " " " " " " tête et " .... " ... 1.60
2260 " " " cuir rond tressé uni .... " ... 1.30
2261 " " " " " " à la russe .... " ... 1.70

2262 **Chaînes** de fusils de bouchers, acier nickelé, deux rangs chaîne anglaise La pièce 0.90
2263 " " " " " double gourmette " 1..
2264 " " " " " régence, mailles plates à facettes " 1.10
2265 " " " " " gourmette fine, mailles soudées " 1.10
2266 " " " " " fil carré, anneaux unis et torses " 1.10
2267 " " " " " rondes, dites queue de rat " 1.10

2268 **Chaînes** de fusils de bouchers, cuivre avec tête, deux rangs de chaîne La pièce 1.10
2269 " " " " " " trois " " " 1.20

2270 **Chaînes** porte sabres, acier nickelé, gourmette simple un rang .. La pièce 1.80
2271 " " " " " " en huit .... " 2.35
2272 " " " " " " double deux rangs ..... " 3.60
2273 " " " " " " " " " taillée 1 côté " 4.10
2274 " " " " " " " " " " 2 côtés " 4.60
2275 " " " " " frontail .... " 3.30
2276 " " " " " " taillé 1 côté .... " 3.80
2277 " " " " " " " 2 côtés .... " 4.30

2278 **Chaînes** cabriolet, modèle d'ordonnance, fil galvanisé mascottes bois blanc, long. 30 m/m Le % 55..
2279 " gendarme " " fil poli longueur 100 m/m ..... " 70..
2280 " " " " fil nickelé " " ..... " 110..

2017 **Cadenas** cuivre, à pompe, modèle gendarmerie, unique 40 m/m Le cent 70..

2234 2238 2240 2244 2245 2247 2248 2250 2252 2253 2254 2255 2256 2257 2258 2260 2264 2266 2269 2271 2278 2279 2017

75

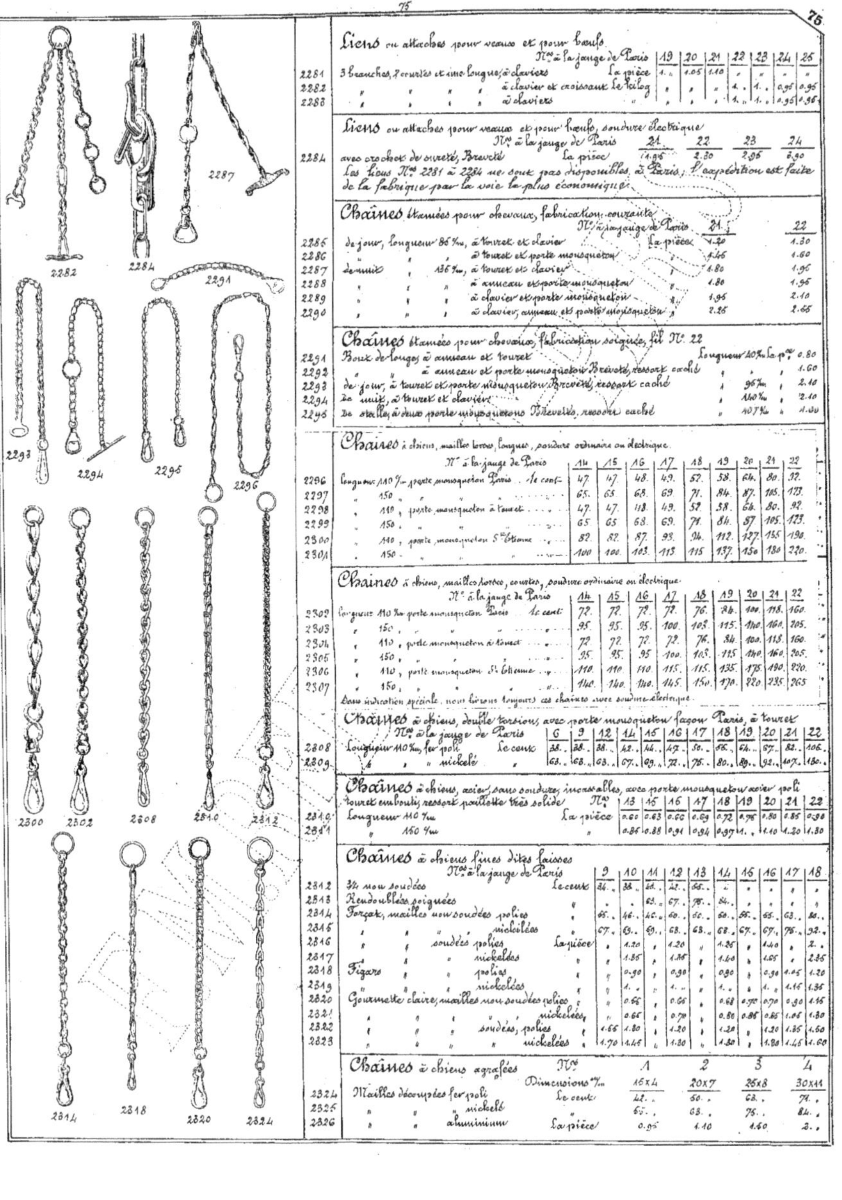

Liens ou attaches pour veaux et pour bœufs

		Nos à la jauge de Paris	19	20	21	22	23	24	25
2281	3 branches, 2 courtes et une longue, à claviers	La pièce	1. "	1.05	1.10	"	"	"	"
2282	" " " " à clavier et croissant	Le kilog	"	"	"	1. "	1. "	0.95	0.95
2283	" " " " à claviers	"	"	"	"	1. "	1. "	0.95	0.95

Liens ou attaches pour veaux et pour bœufs, soudure électrique

		Nos à la jauge de Paris	21	22	23	24
2284	avec crochet de sûreté, Breveté	La pièce	1.95	2.30	2.95	3.90

Les liens Nos 2281 à 2284 ne sont pas disponibles à Paris ; l'expédition est faite de la fabrique par la voie la plus économique.

Chaînes étamées pour chevaux, fabrication courante

		Nos à la jauge de Paris	21	22
2285	de jour, longueur 85 %m, à touret et clavier	La pièce	1.20	1.30
2286	" " " à touret et porte mousqueton	"	1.46	1.60
2287	de nuit " 135 %m, à touret et clavier	"	1.80	1.95
2288	" " " à anneau et porte mousqueton	"	1.80	1.95
2289	" " " à clavier et porte mousqueton	"	1.95	2.10
2290	" " " à clavier, anneau et porte mousqueton	"	2.25	2.65

Chaînes étamées pour chevaux, fabrication soignée, fil No 22

		Longueur		
2291	Bouts de longes à anneau et touret	40 %m	La pce	0.80
2292	" " à anneau et porte mousqueton Breveté, ressort caché	"	"	1.60
2293	de jour, à touret et porte mousqueton Breveté, ressort caché	95 %m	"	2.10
2294	De nuit, à touret et clavier	140 %m	"	2.10
2295	De stalle, à deux porte mousquetons Brevetés, ressort caché	40 %m	"	1.00

Chaînes à chiens, mailles tordues, longues, soudure ordinaire ou électrique.

		Nos à la jauge de Paris	14	15	16	17	18	19	20	21	22
2296	Longueur 110 %m porte mousqueton Paris	Le cent	47.	47.	48.	49.	52.	58.	64.	80.	92.
2297	" 150 " " "	"	65.	65.	68.	69.	71.	84.	87.	105.	123.
2298	" 110 " porte mousqueton à touret	"	47.	47.	48.	49.	52.	58.	64.	80.	92.
2299	" 150 " " "	"	65.	65.	68.	69.	71.	84.	87.	105.	123.
2300	" 110 " porte mousqueton St-Étienne	"	82.	82.	87.	93.	94.	112.	127.	155.	190.
2301	" 150 " " "	"	100.	100.	103.	113.	115.	137.	150.	180.	220.

Chaînes à chiens, mailles tordues, courtes, soudure ordinaire ou électrique.

		Nos à la jauge de Paris	14	15	16	17	18	19	20	21	22
2302	Longueur 110 %m porte mousqueton Paris	Le cent	72.	72.	72.	72.	76.	84.	100.	118.	160.
2303	" 150 " " "	"	95.	95.	95.	100.	103.	115.	140.	160.	205.
2304	" 110 " porte mousqueton à touret	"	72.	72.	72.	72.	76.	84.	100.	118.	160.
2305	" 150 " " "	"	95.	95.	95.	100.	103.	115.	140.	160.	205.
2306	" 110 " porte mousqueton St-Étienne	"	110.	110.	110.	115.	115.	135.	175.	190.	220.
2307	" 150 " " "	"	140.	140.	140.	145.	150.	170.	220.	235.	265.

Sans indication spéciale, nous livrons toujours ces chaînes avec soudure électrique.

Chaînes à chiens, double torsion, avec porte mousqueton façon Paris, à touret

		Nos à la jauge de Paris	6	9	12	14	15	16	17	18	19	20	21	22
2308	Longueur 110 %m, fer poli	Le cent	38. "	38. "	38. "	42. "	44. "	47. "	50. "	56. "	64. "	67. "	82. "	106. "
2309	" " " nickelé	"	63. "	63. "	63. "	67. "	69. "	72. "	75. "	80. "	89. "	92. "	107. "	130. "

Chaînes à chiens, acier, sans soudure, incassables, avec porte mousqueton acier poli tourret embouti, ressort paillette très solide

		Nos	13	15	16	17	18	19	20	21	22
2310	Longueur 110 %m	La pièce	0.60	0.63	0.66	0.69	0.72	0.76	0.80	0.85	0.90
2311	" 150 %m	"	0.85	0.88	0.91	0.94	0.97	1. "	1.10	1.20	1.30

Chaînes à chiens fines dites laisses

		Nos à la jauge de Paris	9	10	11	12	13	14	15	16	17	18
2312	3/4 non soudées	Le cent	34. "	38. "	40. "	42. "	65. "	"	"	"	"	"
2313	Redoublées soignées	"	"	"	63. "	67. "	75. "	84. "	"	"	"	"
2314	Forçat, mailles non soudées polies	"	65. "	46. "	46. "	50. "	50. "	50. "	55. "	55. "	63. "	80. "
2315	" " " " nickelées	"	67. "	69. "	69. "	68. "	68. "	68. "	67. "	67. "	75. "	92. "
2316	" " soudées polies	La pièce	"	1.20	"	1.20	"	1.25	"	1.40	"	2. "
2317	" " " nickelées	"	"	1.35	"	1.35	"	1.40	"	1.65	"	2.35
2318	Figaro " " polies	"	"	0.90	"	0.90	"	0.90	"	0.90	1.05	1.20
2319	" " " nickelées	"	"	1. "	"	1. "	"	1. "	"	1. "	1.15	1.35
2320	Gourmette claire, mailles non soudées polies	"	"	0.55	"	0.65	"	0.68	0.70	0.70	0.90	1.15
2321	" " " " " nickelées	"	"	0.65	"	0.70	"	0.80	0.85	0.85	1.05	1.30
2322	" " " soudées, polies	"	1.55	1.30	"	1.20	"	1.20	"	1.20	1.35	1.50
2323	" " " " nickelées	"	1.70	1.45	"	1.30	"	1.30	"	1.30	1.45	1.60

Chaînes à chiens agrafées

		Nos	1	2	3	4
		Dimensions %m	15x4	20x7	25x8	30x11
2324	Mailles découpées fer poli	Le cent	42. "	50. "	63. "	71. "
2325	" " " nickelé	"	65. "	63. "	75. "	84. "
2326	" " aluminium	La pièce	0.95	1.10	1.60	2. "

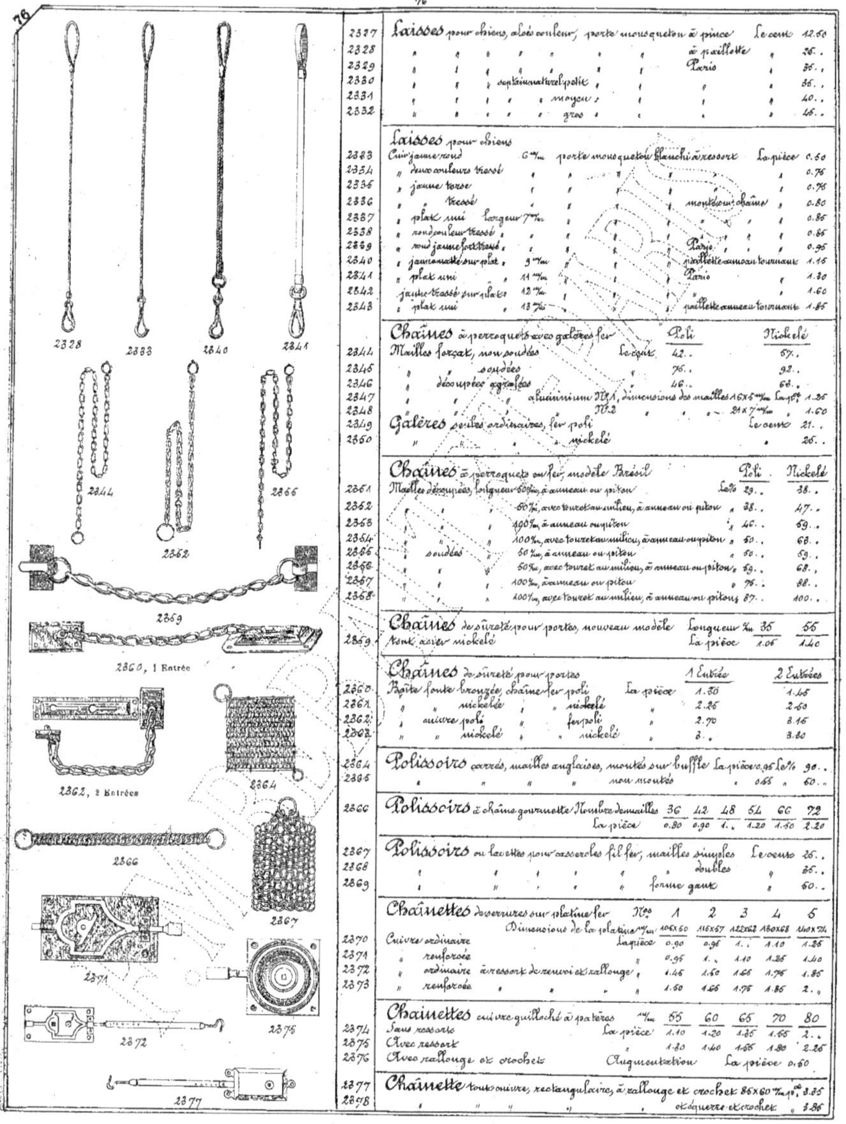

Laisses pour chiens, aloès couleur, porte mousqueton à pince

N°	Désignation		Prix
2327	Laisses pour chiens, aloès couleur, porte mousqueton à pince	Le cent	12.50
2328	" " " " " " " à paillette	"	25..
2329	" " " " " " " Paris	"	35..
2330	" " " sparterie naturel petit " "	"	35..
2331	" " " " " moyen " " "	"	40..
2332	" " " " " gros " " "	"	45..

Laisses pour chiens

N°	Désignation			Prix
2333	Cuir jaune rond	6 m/m	porte mousqueton blanchi à ressort	La pièce 0.50
2334	" deux couleurs tressé	"	" " "	" 0.75
2335	" jaune torse	"	" " "	" 0.75
2336	" " tressé	"	" montdeaux chaîne	" 0.80
2337	" plat uni largeur 7 m/m	"	" " "	" 0.85
2338	" rond couleur tressé	"	" " "	" 0.85
2339	" rond jaune fort tressé	"	" Pargo "	" 0.95
2340	" jaunomatté sur plat	9 m/m	" paillette anneau tournant	1.15
2341	" plat uni	11 m/m	" Paris	" 1.30
2342	" jaune tressé sur plat	12 m/m	" "	" 1.60
2343	" plat uni	13 m/m	" paillette anneau tournant	1.85

Chaînes à perroquets avec galères fer

N°	Désignation		Poli	Nickelé
2344	Mailles forçat, non soudées	Le cgut	42..	57..
2345	" " soudées	"	75..	92..
2346	" découpées agrafées	"	46..	63..
2347	" " " aluminium N° 1, dimensions des mailles 16×5 m/m	La p[ce]		1.25
2348	" " " N° 2 " " " 21×7 m/m	"		1.60
2349	**Galères** seules ordinaires, fer poli	Le cent		21..
2350	" " " nickelé	"		25..

Chaînes à perroquets en fer, modèle Brésil

N°	Désignation		Poli	Nickelé
2351	Mailles découpées, longueur 50 m/m, à anneau ou piton	Le %	29..	38..
2352	" " " 50 m/m, avec touret au milieu, à anneau ou piton	"	38..	47..
2353	" " " 100 m/m, à anneau ou piton	"	46..	59..
2354	" " " 100 m/m, avec touret au milieu, à anneau ou piton	"	50..	63..
2355	" soudées " 50 m/m, à anneau ou piton	"	50..	59..
2356	" " " 50 m/m, avec touret au milieu, à anneau ou piton	"	59..	68..
2357	" " " 100 m/m, à anneau ou piton	"	75..	88..
2358	" " " 100 m/m, avec touret au milieu, à anneau ou pitons		87..	100..

Chaînes de sûreté pour portes, nouveau modèle

N°	Désignation			
		Longueur m/m	35	55
2359	tout acier nickelé	La pièce	1.05	1.40

Chaînes de sûreté pour portes

N°	Désignation		1 Entrée	2 Entrées
2360	Boîte fonte bronzée, chaîne fer poli	La pièce	1.30	1.45
2361	" " nickelée " " nickelé	"	2.25	2.60
2362	" cuivre poli " fer poli	"	2.70	3.15
2363	" " nickelé " " nickelé	"	3..	3.80

N°	Désignation			
2364	**Polissoirs** carrés, mailles anglaises, montés sur buffle	La pièce 0.95	Le %	90..
2365	" " " " non montés	" 0.65	"	60..

Polissoirs à chaîne gourmette

N°							
2366	Nombre de mailles	36	42	48	54	66	72
	La pièce	0.80	0.90	1..	1.20	1.50	2.20

N°	Désignation		Prix
2367	**Polissoirs** ou lavettes pour casseroles fil fer, mailles simples	Le cent	25..
2368	" " " " " " doubles	"	35..
2369	" " " " " " forme gant	"	50..

Chaînettes de serrures sur platine fer

N°	Désignation	N°s	1	2	3	4	5
		Dimensions de la platine m/m	105×50	115×57	122×62	130×68	140×74
2370	Cuivre ordinaire	La pièce	0.90	0.95	1..	1.10	1.25
2371	" renforcée	"	0.95	1..	1.10	1.25	1.40
2372	" ordinaire à ressort de renvoi et rallonge	"	1.45	1.50	1.65	1.75	1.85
2373	" renforcée " " " "	"	1.50	1.65	1.75	1.85	2..

Chaînettes cuivre guilloché à patères

N°	Désignation	m/m	55	60	65	70	80
2374	Sans ressorts	La pièce	1.10	1.20	1.35	1.55	2..
2375	Avec ressort	"	1.30	1.40	1.55	1.80	2.25
2376	Avec rallonge et crochet	Augmentation				La pièce	0.50

N°	Désignation		Prix
2377	**Chaînette** tout cuivre, rectangulaire, à rallonge et crochet 85×60 m/m	1/p[ce]	3.35
2378	" " " " et équerre et crochet	"	3.85

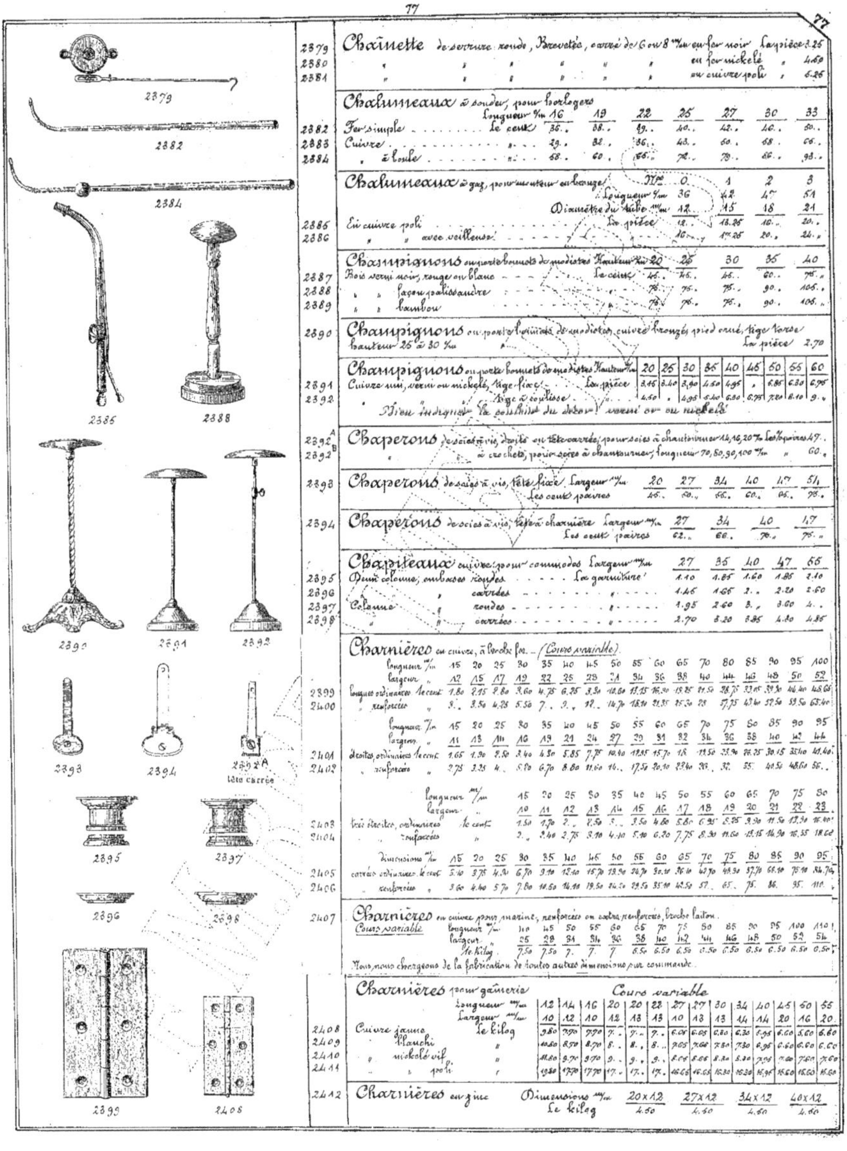

2379	**Chaînette** de serrure ronde, Brevetée, carré de 6 ou 8 m/m en fer noir	La pièce	3.25
2380	" " " " " " en fer nickelé	"	4.50
2381	" " " " " " en cuivre poli	"	6.25

Chalumeaux à souder, pour horlogers

	Longueur c/m	16	19	22	25	27	30	33
2382 Fer simple	Le cent	36..	38..	39..	40..	42..	46..	50..
2383 Cuivre	"	29..	32..	36..	43..	60..	68..	66..
2384 " à boule	"	58..	60..	66..	72..	78..	86..	93..

Chalumeaux à gaz, pour monteur en bronze

	N^os	0	1	2	3
	Longueur c/m	36	42	47	51
	Diamètre du tube m/m	12	15	18	21
2385 En cuivre poli	La pièce	12..	13.25	16..	20..
2386 " " avec veilleuse		16..	17.25	20..	24..

Champignons ou porte bonnets de modistes

	Hauteur c/m	20	25	30	35	40
2387 Bois verni noir, rouge ou blanc	Le cent	45..	45..	45..	60..	75..
2388 " " façon palissandre		75..	75..	75..	90..	105..
2389 " " bambou	"	75..	75..	75..	90..	105..

2390 **Champignons** ou porte bonnets de modistes, cuivre bronzé, pied orné, tige torse hauteur 25 à 30 c/m — La pièce 2.70

Champignons ou porte bonnets de modistes

	Hauteur c/m	20	25	30	35	40	45	50	55	60
2391 Cuivre uni, verni ou nickelé, tige fixe	La pièce	3.15	3.40	3.90	4.50	4.95	"	5.85	6.30	6.75
2392 " tige à coulisse	"	4.50	"	4.95	5.40	6.30	6.75	7.20	8.10	9..

Bien indiquer la couleur du décor: verni or ou nickelé

2392 A	**Chaperons** de scies à vis, droits ou tête carrée, pour scies à chantourner 14, 16, 20 c/m	Les 100 paires	47..
2392 B	" à crochets, pour scies à chantourner, longueur 70, 80, 90, 100 m/m	"	60..

2393 **Chaperons** de scies à vis, tête fixe

Largeur m/m	20	27	34	40	47	51
Les cent paires	45..	50..	55..	60..	65..	75..

2394 **Chaperons** de scies à vis, tête à charnière

Largeur m/m	27	34	40	47
Les cent paires	62..	66..	70..	75..

Chapiteaux cuivre pour commodes

	Largeur m/m	27	35	40	47	55
2395 Demi colonne, embases rondes	La garniture	1.10	1.35	1.60	1.85	2.10
2396 " " carrées	"	1.45	1.65	2..	2.20	2.60
2397 Colonne " rondes	"	1.95	2.60	3..	3.60	4..
2398 " " carrées	"	2.70	3.20	3.85	4.30	4.85

Charnières en cuivre, à broche fer. – (Cours variable).

		15	20	25	30	35	40	45	50	55	60	65	70	80	85	90	95	100
	Longueur m/m	15	20	25	30	35	40	45	50	55	60	65	70	80	85	90	95	100
	Largeur "	12	15	17	19	22	25	28	31	34	36	38	40	44	46	48	50	52
2399 Longues ordinaires	le cent	1.80	2.15	2.80	3.60	4.75	6.25	3.30	10.60	13.15	16.90	19.85	21.50	28.75	33.05	39.30	46.40	48.65
2400 " renforcées	"	3..	3.50	4.25	5.50	7..	9..	12..	14.70	18.10	21.35	25.30	28	37.75	43.40	52.50	59.50	65.40

	Longueur m/m	15	20	25	30	35	40	45	50	55	60	65	70	75	80	85	90	95
	Largeur "	11	13	14	16	19	21	24	27	29	31	32	34	36	38	40	42	44
2401 Droites, ordinaires	le cent	1.65	1.90	2.50	3.40	4.30	5.85	7.75	10.40	12.25	15.70	18	19.50	23.90	26.25	30.15	35.40	41.40
2402 " renforcées	"	2.75	3.25	4..	5.80	6.70	8.80	11.60	16..	17.50	20.10	23.40	26..	32.	35.	40.50	48.60	56..

	Longueur m/m	15	20	25	30	35	40	45	50	55	60	65	70	75	80
	Largeur "	10	11	12	13	14	15	16	17	18	19	20	21	22	23
2403 Très étroites, ordinaires	le cent	1.50	1.70	2..	2.50	3..	3.50	4.80	5.80	6.95	8.25	9.90	11.50	13.30	16.40
2404 " renforcées	"	2..	2.40	2.75	3.10	4.10	5.10	6.20	7.75	8.90	11.60	13.15	14.90	16.35	18.60

	Dimensions m/m	15	20	25	30	35	40	45	50	55	60	65	70	75	80	85	90	95
2405 Carrées ordinaires	le cent	5.10	3.75	4.30	6.70	9.10	12.10	15.70	19.90	24.70	30.10	36.10	42.70	48.90	57.70	66.10	75.10	84.70
2406 " renforcées	"	3.60	4.40	5.70	7.80	10.60	14.10	19.50	24.50	29.50	35.10	42.50	57..	65..	75.	86.	95.	110..

2407 **Charnières** en cuivre pour marine, renforcées ou extra renforcées, broche laiton.

Cours variable	Longueur m/m	40	45	50	55	60	65	70	75	80	85	90	95	100	110
	Largeur "	25	28	31	34	36	38	40	42	44	46	48	50	52	54
	Le kilog	7.50	7.50	7.	7.	7	6.50	6.50	6.50	6.50	6.50	6.50	6.50	6.50	6.50

Nous nous chargeons de la fabrication de toutes autres dimensions sur commande.

Charnières pour gaînerie — Cours variable

	Longueur m/m	12	14	16	20	20	22	27	27	30	34	40	45	50	55
	Largeur m/m	10	12	10	12	13	13	10	13	13	14	14	20	16	20
2408 Cuivre jaune	Le kilog	9.80	7.70	7.70	7..	7..	7..	6.05	6.05	6.80	6.30	5.95	6.60	5.60	6.60
2409 " blanchi	"	10.80	8.70	8.70	8..	8..	8..	7.05	7.66	7.80	7.30	6.95	6.60	6.60	6.60
2410 " nickelé vif	"	11.80	9.70	9.70	9..	9..	9..	8.05	8.66	8.20	8.20	7.95	7.60	7.60	7.60
2411 " " poli	"	19.80	17.70	17.70	17..	17..	17..	16.65	16.65	16.30	16.30	15.95	15.60	15.60	15.60

2412 **Charnières** en zinc

Dimensions m/m	20 x 12	27 x 12	34 x 12	40 x 12
Le kilog	4.50	4.50	4.50	4.50

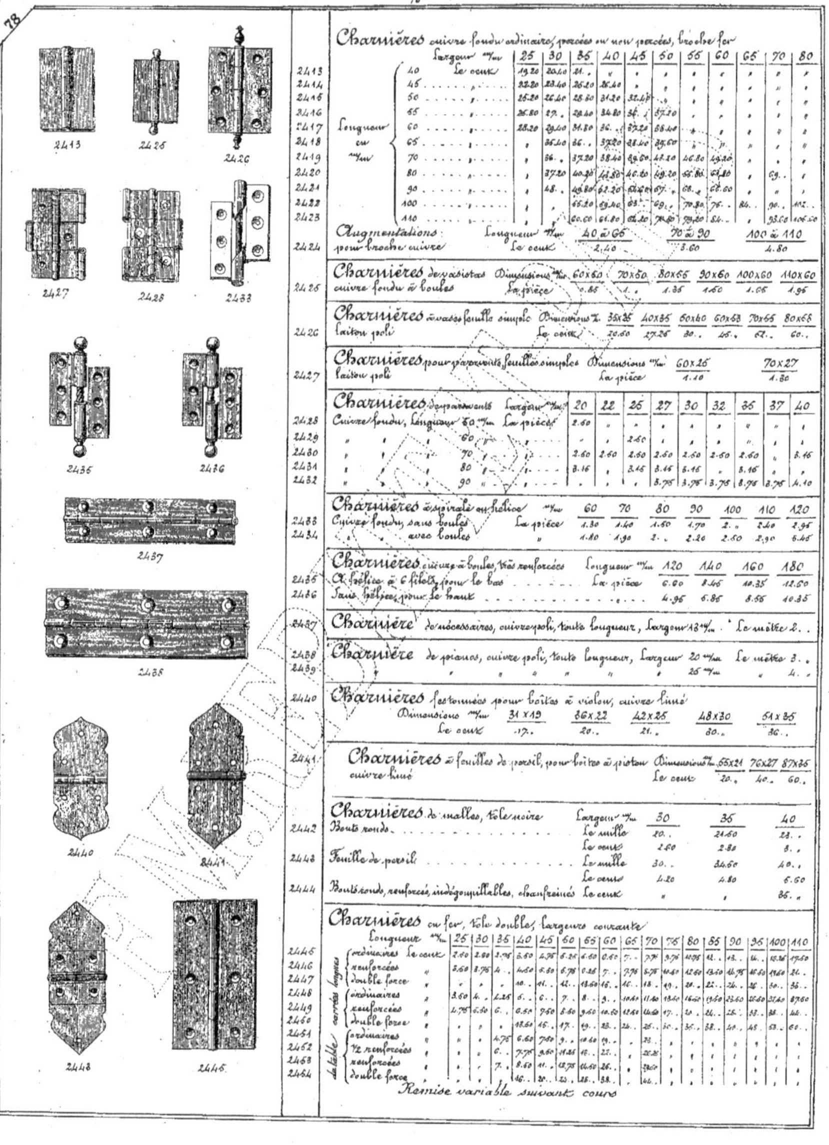

2413, 2425, 2426, 2427, 2428, 2433, 2435, 2436, 2437, 2438, 2440, 2441, 2443, 2445

Charnières cuivre fondu ordinaire, percées ou non percées, broche fer

N°	Longueur en m/m	Largeur m/m — Le cent	25	30	35	40	45	50	55	60	65	70	80
2413	40	Le cent	19.20	20.40	21..	»	»	»	»	»	»	»	»
2414	45	»	22.20	23.40	25.20	26.40	»	»	»	»	»	»	»
2415	50	»	25.20	26.40	28.80	31.20	32.40	»	»	»	»	»	»
2416	55	»	26.80	27..	28.40	34.80	36..	37.20	»	»	»	»	»
2417	60	»	28.20	29.40	31.80	36..	37.20	38.40	»	»	»	»	»
2418	65	»	»	35.40	36..	37.20	38.40	39.60	»	»	»	»	»
2419	70	»	»	36..	37.20	38.40	39.60	41.20	46.80	49.20	»	»	»
2420	80	»	»	37.20	40.20	43.80	46.20	49.20	55.80	61.80	»	69..	»
2421	90	»	»	48..	49.80	52.20	54.60	57..	58..	66.60	»	»	»
2422	100	»	»	»	55.20	59.40	63..	69..	70.80	76..	84..	90..	102..
2423	110	»	»	»	60.60	61.80	64.20	70.80	73.20	84..	»	93.60	106.60

2424 Augmentations : pour broche cuivre

Longueur m/m	40 à 65	70 à 90	100 à 110
Le cent	2.40	3.60	4.80

2425 **Charnières** de vasistas cuivre fondu à boules

Dimensions m/m	60x50	70x50	80x55	90x60	100x60	110x60
La pièce	0.85	1..	1.35	1.50	1.65	1.95

2426 **Charnières** à vasse feuille simple laiton poli

Dimensions m/m	35x25	40x35	50x40	60x53	70x55	80x58
Le cent	20.60	27.25	30..	45..	52..	60..

2427 **Charnières** pour paravents, feuilles simples laiton poli

Dimensions m/m	60x25	70x27
La pièce	1.10	1.30

Charnières de paravents

N°	Cuivre fondu, Longueur m/m	Largeur m/m — La pièce	20	22	25	27	30	32	35	37	40
2428	50	La pièce	2.50	»	»	»	»	»	»	»	»
2429	60	»	»	»	2.50	»	»	»	»	»	»
2430	70	»	2.50	2.50	2.50	2.50	2.50	2.50	2.50	»	3.15
2431	80	»	3.15	»	3.15	3.15	3.15	»	3.15	»	»
2432	90	»	»	»	»	3.75	3.75	3.75	3.75	3.75	4.10

Charnières à spirale ou hélice

N°		m/m	60	70	80	90	100	110	120
2433	Cuivre fondu, sans boules	La pièce	1.30	1.40	1.50	1.70	2..	2.40	2.95
2434	» » avec boules	»	1.80	1.90	2..	2.20	2.50	2.90	3.45

Charnières cuivre à boules, très renforcées

N°		Longueur m/m	120	140	160	180
2435	A hélice à 6 filets pour le bas	La pièce	6.60	8.45	10.35	12.60
2436	Sans hélice pour le haut		4.95	6.85	8.55	10.35

2437 **Charnière** de nécessaires, cuivre poli, toute longueur, Largeur 13 m/m Le mètre 2..

2438 **Charnière** de pianos, cuivre poli, toute longueur, Largeur 20 m/m Le mètre 3..
2439 » » » » » » » 25 m/m » 4..

2440 **Charnières** festonnées pour boîtes à violon, cuivre limé

Dimensions m/m	31x19	36x22	42x25	48x30	51x35
Le cent	17..	20..	21..	30..	36..

2441 **Charnières** à feuilles de persil, pour boîtes à piston cuivre limé

Dimensions m/m	65x21	76x27	87x35
Le cent	20..	40..	60..

Charnières de malles, tôle noire

N°		Largeur m/m	30	35	40
2442	Bouts ronds	Le mille	20..	21.60	23..
		Le cent	2.60	2.80	3..
2443	Feuille de persil	Le mille	30..	34.50	40..
		Le cent	4.20	4.80	5.60
2444	Bouts ronds, renforcés, indégoupillables, chanfreinés	Le cent	»	»	35..

Charnières en fer, tôle double, largeurs courante

N°			Longueur m/m	25	30	35	40	45	50	55	60	65	70	75	80	85	90	95	100	110
2445	longues	ordinaires	Le cent	2.50	2.80	2.75	3.50	4.75	5.25	5.60	6.50	7..	7.75	9.75	10.75	12..	13..	14..	15.25	17.50
2446		renforcées	»	3.50	3.75	4..	4.50	5.50	6.75	6.25	7..	7.75	8.75	10.50	12.50	13.50	14.75	16.50	19.50	21..
2447		double force	»	»	»	»	10..	11..	12..	13.50	15..	16..	18..	19..	20..	22..	24..	26..	30..	35..
2448	carrées	ordinaires	»	3.50	4..	4.25	6..	6..	7..	8..	9..	10.40	11.80	13.50	16.50	19.50	23.50	26.50	31.40	37.50
2449		renforcées	»	4.75	5.50	6..	6.50	7.50	8.50	9.50	10.50	12.50	14.50	17..	20..	24..	28..	33..	38..	44..
2450		double force	»	»	»	»	13.50	15..	17..	19..	23..	24..	25..	30..	35..	38..	40..	48..	53..	60..
2451	à table	ordinaires	»	»	»	4.75	6.60	7.50	9..	10.60	19..	»	23..	»	»	»	»	»	»	»
2452		1/2 renforcées	»	»	»	6..	7.75	9.50	11.25	15..	22..	»	26.25	»	»	»	»	»	»	»
2453		renforcées	»	»	»	7..	8.50	11..	13.75	14.50	26..	»	29.50	»	»	»	»	»	»	»
2454		double force	»	»	»	»	16..	20..	22..	25..	38..	»	44..	»	»	»	»	»	»	»

Remise variable suivant cours

2449

2453

2455

2484

Charnières en fer sur diverses largeurs — Remise variable suivant cours

N°	Désignation	Longueur m/m		Largeur m/m 25	30	35	40	45	50	55	60	65	70	75	80
2455	Ordinaires, Longueur	60 m/m	Le cent	6..	6.25	6.50	7..	7.25	7.50	8..	"	"	"	"	"
2456	"	65	"	6.25	6.50	7..	7.25	7.75	8.25	8.50	"	"	"	"	"
2457	"	70	"	6.50	7..	7.25	7.75	8.25	8.50	9.25	9.50	"	"	"	"
2458	"	75	"	8.25	8.75	9.25	9.75	10.25	10.50	11.50	12..	12.50	13.50	"	"
2459	"	80	"	8.75	9.25	9.60	10..	10.75	11.25	11.75	13.50	14.50	16..	"	"
2460	"	85	"	10..	10.50	11..	11.50	12..	12.50	13.50	14.50	15.50	16.50	18.50	"
2461	"	90	"	10.50	11.25	11.75	12.50	13..	14..	14.50	15.25	16.25	17.50	19.50	21.50
2462	"	95	"	11..	11.50	12.50	13..	14..	14.75	15.25	16..	16.75	18.25	20.50	23..
2463	"	100	"	13.50	14.25	14.50	15.50	16.25	16.75	17.50	18.50	19.50	21.50	24.50	25.50
2464	"	110	"	14..	15..	15.50	16.25	16.75	17.50	18.50	19.50	21..	22.50	25..	27.50
2465	"	120	"	20..	21..	21.50	22.50	23.50	24.50	25.50	26.50	27.50	29.50	31..	33..
2466	"	130	"	21..	22..	23..	24..	25..	26..	27..	29..	31..	33..	35..	37..
2467	"	140	"	"	"	24..	25..	26.50	27.50	28.50	30.50	32.50	34.50	36..	39..
2468	"	160	"	"	"	38..	40..	41..	43..	46..	48..	50..	52..	54..	56..
2469	Renforcées	70	"	7.50	8..	8.50	8.75	9.50	10.25	11.50	12.50	"	"	"	"
2470	"	75	"	9.25	9.50	10.25	10.50	11.50	12.25	13.25	14.25	"	"	"	"
2471	"	80	"	9.75	10.25	11.25	12..	12.50	13.50	14.50	15.50	16.50	18.50	"	"
2472	"	85	"	11..	11.50	12.50	12.75	13.50	14.50	15.50	16.50	17.50	19..	"	"
2473	"	90	"	"	13.25	13.50	14.50	14.75	16.50	17.25	18.25	19.50	20.50	21.50	23.50
2474	"	95	"	"	13.50	14.50	15.50	16.50	17..	18..	19..	20..	21.50	25..	27.50
2475	"	100	"	"	15..	16.50	18.25	19.50	20..	21..	22.50	24.50	26..	30..	31.50
2476	"	110	"	"	15.50	17.50	18.50	20..	21..	22..	23.50	24.50	27.50	31.50	33
2477	"	120	"	"	"	26..	27..	28.50	29.50	31.50	33.50	36..	39..	41..	46..
2478	"	130	"	"	"	"	29..	30..	32..	34..	36.50	38.50	41..	44..	47..
2479	"	140	"	"	"	"	30..	31..	34..	36..	38..	40..	42..	45..	48..
2480	"	160	"	"	"	"	44..	48..	50..	52..	55..	57..	59..	62..	66..

Les charnières peuvent être livrées à broche sortante au même tarif avec une augmentation

N°	Fixées à pas de vis. Hex	Longueur m/m	50 à 85	90 à 110	120 et au-dessus
2481	Ordinaires	Le cent	3.60	3.60	4.50
2482	Renforcées	"	3.60	3.60	4.50
2483	Double force	"	3.60	4.50	5.40

Charnières en fer, gros nœud, dites Bordelaises

N°	½ renforcées	Longueur m/m		Largeur m/m 25	30	35	40	45	50	55	60	65	70	80	90	100	110
2484	Longueur	40 m/m	Le cent	3.40	3.75	"	"	"	"	"	"	"	"	"	"	"	"
2485	"	45	"	"	3.75	4.15	"	"	"	"	"	"	"	"	"	"	"
2486	"	50	"	"	4.15	4.50	4.90	5.25	"	"	"	"	"	"	"	"	"
2487	"	55	"	"	4.90	5.25	5.65	6..	6.40	"	"	"	"	"	"	"	"
2488	"	60	"	"	6..	6..	6.40	6.75	7.15	7.50	"	"	"	"	"	"	"
2489	"	65	"	"	6.75	6.75	7.15	7.50	7.90	8.25	8.65	"	"	"	"	"	"
2490	"	70	"	"	"	7.15	7.50	7.90	8.25	8.65	9..	9.40	"	"	"	"	"
2491	"	80	"	"	"	"	8.65	9..	9.40	9.75	10.15	10.50	10.90	"	"	"	"
2492	"	90	"	"	"	"	9.75	10.50	11.25	12..	12.75	13.50	14.25	15.75	"	"	"
2493	"	95	"	"	"	"	11.25	12..	12.75	13.50	14.25	15..	15.75	17.25	"	"	"
2494	"	100	"	"	"	"	14.25	15..	15.75	16.50	17.25	18..	18.75	20.25	"	"	"
2495	"	110	"	"	"	"	"	16.50	17.25	18..	18.75	19.50	20.25	21.75	"	"	"
2496	"	120	"	"	"	"	"	"	21..	22.50	24..	26.50	27..	30..	"	"	"
2497	Carrées en tous sens		"	"	"	"	6..	6.40	6.75	7.15	8.25	9.40	10.15	12.75	15..	24..	27..

N°	renforcées	Longueur m/m		Largeur m/m 25	30	35	40	45	50	55	60	65	70	80	90	100	110
2498	Longueur	40 m/m	Le cent	4.90	5.25	"	"	"	"	"	"	"	"	"	"	"	"
2499	"	45	"	"	5.25	5.65	"	"	"	"	"	"	"	"	"	"	"
2500	"	50	"	"	5.65	6..	6.40	6.75	"	"	"	"	"	"	"	"	"
2501	"	55	"	"	6..	6.40	6.75	7.15	7.50	"	"	"	"	"	"	"	"
2502	"	60	"	"	6.40	6.75	7.15	7.50	7.90	"	"	"	"	"	"	"	"
2503	"	65	"	"	"	7.50	7.90	8.25	8.65	9..	"	"	"	"	"	"	"
2504	"	70	"	"	"	7.90	8.25	8.65	9..	9.40	9.75	"	"	"	"	"	"
2505	"	75	"	"	"	"	9.40	9.75	10.15	10.50	10.90	11.25	11.65	"	"	"	"
2506	"	80	"	"	"	"	10.15	10.50	10.90	11.25	11.65	12..	12.40	"	"	"	"
2507	"	90	"	"	"	"	11.25	12..	12.75	13.50	14.25	15..	15.75	17.25	"	"	"
2508	"	95	"	"	"	"	12.75	13.50	14.25	15..	15.75	16.50	17.25	18.75	"	"	"
2509	"	100	"	"	"	"	15.75	16.50	17.25	18..	18.75	19.50	20.25	21.75	"	"	"
2510	"	110	"	"	"	"	17.25	18..	18.75	19.50	20.25	21..	21.75	23.25	"	"	"
2511	"	120	"	"	"	"	"	"	22.50	24..	25.50	27..	28.50	31.50	36..	39..	"
2512	"	140	"	"	"	"	"	"	30..	31.50	33..	34.50	36..	40.50	45..	54..	"
2513	"	160	"	"	"	"	"	"	45..	46.50	48..	49.50	51..	55.50	61.50	70.50	"
2514	Carrées en tous sens		"	"	"	"	6.75	7.15	7.50	7.90	9..	10.15	10.90	14.25	19.50	26.50	28.50

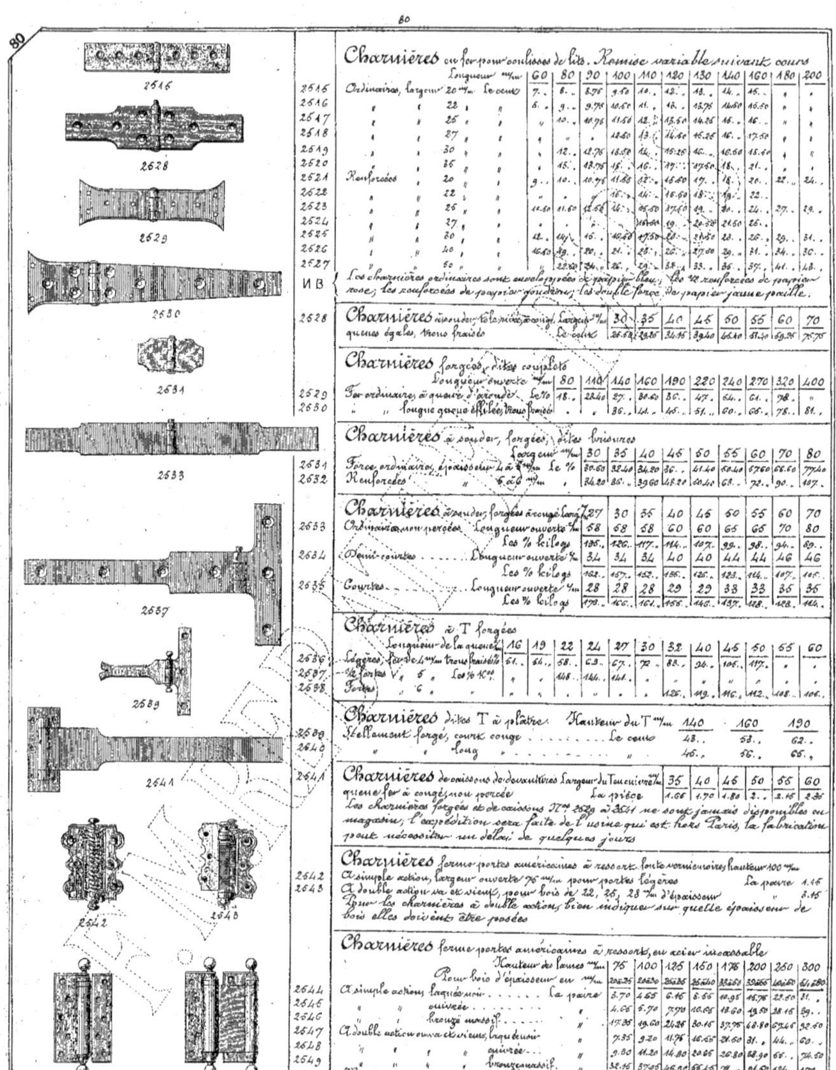

Charnières en fer pour coulisses de lits. Remise variable suivant cours

N°		Longueur m/m	60	80	90	100	110	120	130	140	160	180	200
2515	Ordinaires, largeur	20 m/m Le cent	7..	8..	8.75	9.50	10..	12..	13..	14..	15..	"	"
2516	" "	22 " "	8..	9..	9.75	10.50	11..	12..	13.75	14.50	16.50	"	"
2517	" "	25 " "	"	10..	10.75	11.50	12..	13.50	14.25	15..	16..	"	"
2518	" "	27 " "	"	"	"	12.50	13..	14.50	15.25	16..	17.50	"	"
2519	" "	30 " "	"	12..	12.75	13.50	14..	15.25	16..	16.50	18.50	"	"
2520	" "	35 " "	"	15..	13.75	15..	16..	17..	17.50	18..	21..	"	"
2521	Renforcées "	20 " "	9..	10..	10.75	11.50	12..	15.50	17..	18..	20..	22..	24..
2522	" "	22 " "	"	"	"	15..	14..	15.50	18..	19..	22..		
2523	" "	25 " "	10.50	11.50	12.50	14..	15.50	17.50	19..	20..	24..	27..	29..
2524	" "	27 " "	"	"	"	"	16.50	19..	20.50	21.50	25..		
2525	" "	30 " "	12..	14..	15..	16.50	17.50	20..	21.50	23..	26..	29..	31..
2526	" "	40 " "	16.50	19..	20..	21..	25..	26..	27.50	29..	31..	34..	36..
2527	" "	50 " "	"	22.50	24..	26..	29..	33..	33..	36..	37..	41..	43..

N B { Les charnières ordinaires sont enveloppées de papier bleu; les 1/2 renforcées de papier rose; les renforcées de papier goudron; les double force de papier jaune paille.

Charnières à souder, tôle mince, à congé, queues égales, trous fraisés

N°	Largeur m/m	30	35	40	45	50	55	60	70
2528	Le cent	26.50	29.25	34.15	39.40	46.40	51.40	59.25	75.75

Charnières forgées, dites complets

N°	Longueur ouverte m/m	80	110	140	160	190	220	240	270	320	400
2529	Fer ordinaire, à queue d'aronde. Le %	18..	22.40	27..	30.60	36..	47..	54..	61..	78..	"
2530	" " longue queue effilée, trous fraisés	.	"	36..	41..	45..	51..	60..	65..	78..	81..

Charnières à souder, forgées, dites brisures

N°	Largeur m/m	30	35	40	45	50	55	60	70	80
2531	Force ordinaire, épaisseur 4 à 5 m/m Le %	30.60	32.40	34.20	36..	41.40	50.40	57.60	66.60	77.40
2532	Renforcées " 5 à 6 m/m "	34.20	36..	39.60	48.20	60.40	63..	72..	90..	107..

Charnières à souder, forgées à congé larg. m/m

N°		27	30	35	40	45	50	55	60	70
2533	Ordinaires non percées. Longueur ouverte m/m	58	58	58	60	60	65	65	70	80
	Les % kilogs	135..	126..	117..	114..	107..	99..	98..	94..	89..
2534	Demi-courtes ..... Longueur ouverte m/m	34	34	34	40	40	44	44	46	46
	Les % kilogs	162..	157..	152..	136..	126..	123..	114..	107..	105..
2535	Courtes ..... Longueur ouverte m/m	28	28	28	29	29	33	33	35	35
	Les % kilogs	173..	166..	161..	156..	146..	137..	128..	123..	114..

Charnières à T forgées

N°	Longueur de la queue m/m	16	19	22	24	27	30	32	40	45	50	55	60
2536	Légères, fer de 4 m/m trous fraisés %	51..	54..	58..	63..	67..	72..	83..	94..	105..	117..	"	"
2537	1/2 fortes " 5 " Les % K[os]	"	"	148..	144..	141..	"	"	"	"	"	"	"
2538	Fortes " 6 " "	"	"	"	"	"	"	126..	119..	116..	112..	108..	106..

Charnières dites T à plâtre

N°	Hauteur du T m/m	140	160	190
2539	Entièrement forgé, court congé .... Le cent	43..	53..	62..
2540	" " long .... "	46..	56..	65..

Charnières de caissons de devantures

N°	Largeur du T ou cuivre m/m	35	40	45	50	55	60
2541	queue fer à congé, non percée La pièce	1.66	1.70	1.80	2..	2.15	2.35

Les charnières forgées et de caissons N°s 2529 à 2541 ne sont jamais disponibles en magasin; l'expédition sera faite de l'usine qui est hors Paris, la fabrication peut nécessiter un délai de quelques jours

Charnières ferme-portes américaines à ressort. Fonte vernie noire, hauteur 100 m/m

2542 A simple action, largeur ouverte 76 m/m pour portes légères La paire 1.15
2543 A double action va et vient, pour bois de 22, 25, 28 m/m d'épaisseur " 3.15

Pour les charnières à double action, bien indiquer sur quelle épaisseur de bois elles doivent être posées

Charnières ferme-portes américaines à ressorts, en acier inoxydable

N°	Hauteur des lames m/m	75	100	125	150	175	200	250	300
	Pour bois d'épaisseur en m/m	20 à 25	20 à 30	25 à 35	25 à 40	38 à 50	39 à 55	40 à 60	51 à 80
2544	A simple action, laqué noir ...... La paire	3.70	4.65	6.15	8.55	10.95	15.75	22.50	31..
2545	" " cuivrée ...... "	4.65	5.70	7.70	10.65	13.60	19.50	28.15	39..
2546	" " bronzé massif ...... "	17.35	19.60	24.25	30.15	37.75	48.80	67.45	92.50
2547	A double action va et vient, laqué noir "	7.35	9.20	11.75	16.55	21.60	31..	44..	60..
2548	" " " " cuivrée ... "	9.80	11.20	14.80	20.65	26.80	38.90	55..	74.50
2549	" " " " bronze massif. "	32.15	37.05	46.90	56.45	71..	91.60	124..	170..

Il est recommandé d'employer toujours la plus grande dimension que l'épaisseur de la porte permet

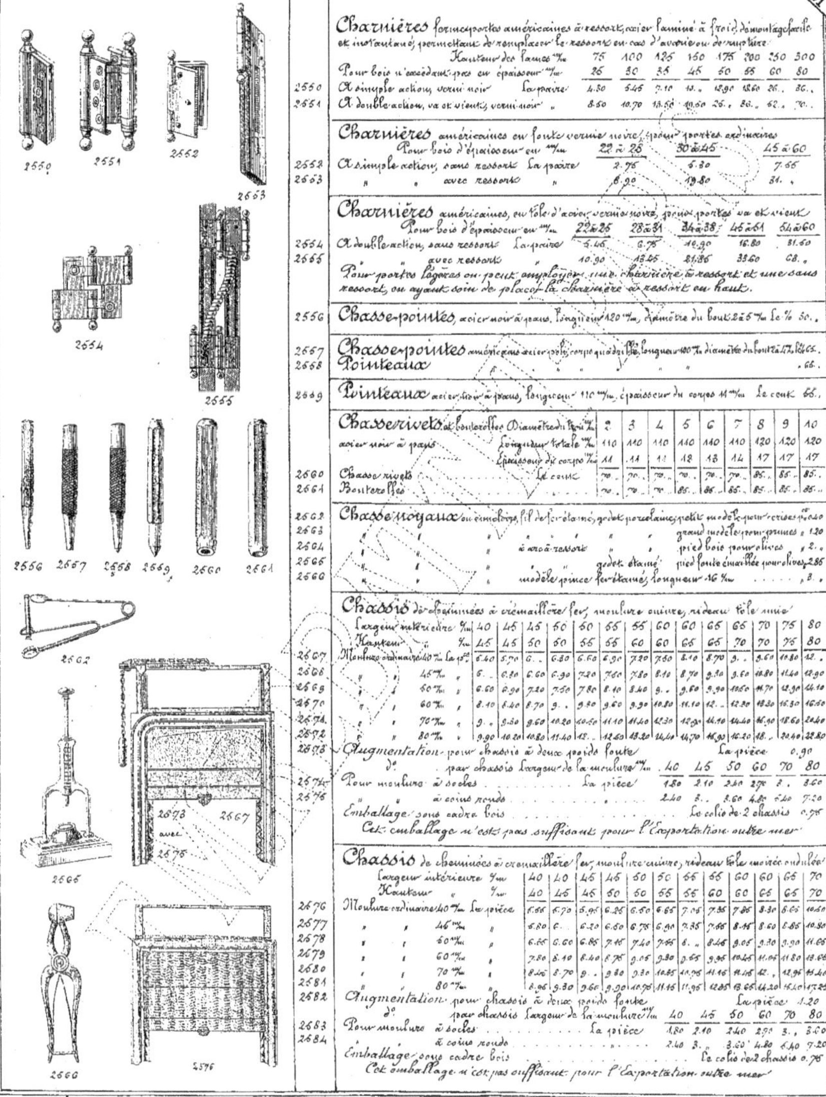

Charnières formes portes américaines à ressort, acier laminé à froid, démontage facile et instantané, permettant de remplacer le ressort en cas d'avarie ou de rupture

		Hauteur des lames m/m	75	100	125	150	175	200	250	300
	Pour bois n'excédant pas en épaisseur m/m		26	30	35	45	50	55	60	80
2550	A simple action, verni noir	La paire	4.30	5.45	7.10	13. „	12.90	18.60	26. „	36. „
2551	A double action, va et vient, verni noir	„	8.50	10.70	13.50	19.50	25. „	36. „	62. „	70. „

Charnières américaines en fonte vernie noire, pour portes ordinaires

	Pour bois d'épaisseur en m/m		22 à 28	30 à 45	45 à 60
2552	A simple action, sans ressort	La paire	2.75	5.30	7.55
2553	„ „ avec ressort	„	6.90	19.80	31. „

Charnières américaines, en tôle d'acier vernie noire, pour portes va et vient

	Pour bois d'épaisseur en m/m		22 à 25	28 à 31	34 à 38	45 à 51	54 à 60
2554	A double action, sans ressort	La paire	5.45	6.75	10.90	16.80	31.50
2555	„ „ avec ressort	„	10.90	13.45	21.85	33.60	68. „

Pour portes légères on peut employer une charnière à ressort et une sans ressort, en ayant soin de placer la charnière à ressort en haut.

2556 **Chasse-pointes**, acier noir à pans, longueur 120 m/m, diamètre du bout 2 à 5 m/m Le % 50. „

2557 **Chasse-pointes** américains acier poli, corps quadrillé, longueur 100 m/m diamètre du bout 2 à 4 m/m Le % 65. „

2558 **Pointeaux** „ „ „ „ „ „ 65. „

2559 **Pointeaux** acier noir à pans, longueur 110 m/m, épaisseur du corps 11 m/m Le cent 65.

Chasse-rivets et bouterolles acier noir à pans

		Diamètre du trou m/m	2	3	4	5	6	7	8	9	10
		Longueur totale m/m	110	110	110	110	110	110	120	120	120
		Épaisseur du corps m/m	11	11	11	12	13	14	17	17	17
2560	Chasse-rivets	Le cent	70. „	70. „	70. „	70. „	70. „	70. „	85. „	85. „	85. „
2561	Bouterolles		70. „	70. „	70. „	85. „	85. „	85. „	85. „	85. „	85. „

2562 **Chasse-noyaux** ou énucléoirs, fil de fer étamé, godet porcelaine, petit modèle pour cerises pce 0.40
2563 „ „ „ „ „ „ „ grand modèle pour prunes „ 1.20
2564 „ „ „ à arc à ressort „ „ pied bois pour olives „ 2. „
2565 „ „ „ „ „ godet étamé pied fonte émaillée pour olives „ 2.85
2566 „ „ „ modèle pince fer étamé, longueur 16 c/m „ 3. „

Chassis de cheminées à crémaillère fer, moulure cuivre, rideau tôle unie

		Largeur intérieure c/m	40	45	45	50	50	55	55	60	60	65	65	70	75	80
		Hauteur „ c/m	45	45	50	50	55	55	60	60	65	65	70	70	75	80
2567	Moulure ordinaire 40 m/m	La pce	5.40	5.70	6. „	6.30	6.60	6.90	7.20	7.50	8.10	8.70	9. „	9.60	10.80	12. „
2568	„ „ 45 m/m	„	6. „	6.30	6.60	6.90	7.20	7.50	7.80	8.10	8.70	9.30	9.60	10.80	11.40	12.90
2569	„ „ 50 m/m	„	6.60	6.90	7.20	7.50	7.80	8.10	8.40	9. „	9.60	9.90	10.50	11.70	12.90	14.10
2570	„ „ 60 m/m	„	8.10	8.40	8.70	9. „	9.30	9.60	9.90	10.80	11.10	12. „	12.30	13.20	15.30	16.50
2571	„ „ 70 m/m	„	9. „	9.30	9.60	10.20	10.50	11.10	11.40	12.30	12.90	14.10	14.40	15.90	18.60	20.40
2572	„ „ 80 m/m	„	9.90	10.20	10.80	11.40	12. „	12.60	13.20	14.40	14.70	15.90	16.20	18. „	20.40	22.80

2573 Augmentation pour chassis à deux pieds fonte La pièce 0.90

	d° par chassis largeur de la moulure m/m		40	45	50	60	70	80
2574	Pour moulure à socles	La pièce	1.80	2.10	2.40	2.70	3. „	3.60
2575	„ „ à coins ronds		2.40	3. „	3.60	4.80	5.40	7.20

Emballage sous cadre bois . . . . Le colis de 2 chassis 0.75

Cet emballage n'est pas suffisant pour l'Exportation outre mer

Chassis de cheminées à crémaillère fer, moulure cuivre, rideau tôle moirée ondulée

		Largeur intérieure c/m	40	40	45	45	50	50	55	55	60	60	65	70
		Hauteur „ c/m	40	45	45	50	50	55	55	60	60	65	65	70
2576	Moulure ordinaire 40 m/m	La pièce	5.55	5.70	5.95	6.25	6.50	6.65	7.05	7.35	7.85	8.30	8.65	10.50
2577	„ „ 45 m/m	„	5.80	6. „	6.20	6.50	6.75	6.90	7.35	7.65	8.15	8.60	8.85	10.80
2578	„ „ 50 m/m	„	6.55	6.60	6.85	7.15	7.40	7.55	8. „	8.45	9.05	9.30	9.90	11.65
2579	„ „ 60 m/m	„	7.80	8.10	8.40	8.75	9.05	9.30	9.55	9.95	10.45	11.05	11.80	13.65
2580	„ „ 70 m/m	„	8.45	8.70	9. „	9.30	9.30	10.85	10.75	11.15	11.45	12. „	12.95	15.40
2581	„ „ 80 m/m	„	8.95	9.30	9.60	9.90	10.75	11.15	11.95	12.85	13.65	14.20	15.40	17.25

2582 Augmentation pour chassis à deux pieds fonte La pièce 1.20

	d° par chassis largeur de la moulure m/m		40	45	50	60	70	80
2583	Pour moulure à socles	La pièce	1.80	2.10	2.40	2.90	3. „	3.60
2584	„ „ à coins ronds	„	2.40	3. „	3.60	4.80	5.40	7.20

Emballage sous cadre bois . . . . Le colis de 2 chassis 0.75

Cet emballage n'est pas suffisant pour l'Exportation outre mer

Chassis de cheminées, rideau tôle ondulée automobile Brevetée à tambour, supprimant crémaillère et contrepoids

		Largeur intérieure ‰	40	45	50	55	60	65	70
		Hauteur ″ ‰	40	45	50	55	60	65	70
2585	Moulure cuivre ordinaire 35 ‰	La pièce	10.85	11.65	12.25	12.95	13.65	14.35	15.05
2586	″ ″ ″ 42 ‰	″	11.20	11.90	12.60	13.30	14. .	14.70	15.40
2587	″ ″ ″ 47 ‰	″	11.90	12.60	13.50	14. .	14.70	15.40	16.10
2588	″ ″ ″ 50 ‰	″	12.60	13.30	14. .	14.70	15.40	16.10	16.80
2589	″ ″ ″ 60 ‰	″	14. .	14.70	15.40	16.10	16.80	17.60	18.20

	Augmentation par chassis	Largeur de la moulure ‰	35	42	47	50	60
2590	Pour moulure à socles	La pièce	0.85	0.90	1.05	1.25	1.40
2591	″ à coins ronds	″	3.15	4.20	4.55	5.25	6.30

Emballage sous paille . . . . Le colis de 2 chassis 0.90

Cet emballage n'est pas suffisant pour l'Exportation outre mer

Coquilles pour chassis de cheminées, montées avec filets et écrous

		Largeur ‰	45	47	50	53	55	56
2592	Cuivre estampé verni or	La cent	30. .	″	″	″	37.50	″
2593	″ ″ ″ soigné	″	33.60	″	″	″	42. .	″
2594	Cuivre fondu verni or	″	″	36.	38.	44. .	″	50. .

Chassis de cheminées fer à X dits Silencieux, sans crémaillère ni contrepoids

fonctionnant en tournant le papillon de gauche à droite. Laisser descendre jusqu'à la hauteur voulue et lâcher le papillon; le mouvement s'arrête instantanément. Rideaux tôle unie; moulures cuivre

		Largeur intérieure ‰	40	40	45	45	50	50	55	55	60	60	65	65	70	80
		Hauteur ″ ‰	40	45	45	50	50	55	55	60	60	65	65	70	70	80
2595	Moulure ordinaire 40 ‰	La pièce	7.50	7.85	8.20	8.60	8.95	9.30	9.65	10. .	10.35	11.50	13.60	15. .	17.15	20. .
2596	″ ″ 50 ‰	″	8.95	9.30	9.65	10. .	10.35	10.70	11.10	11.45	11.80	13.20	15. .	16.45	18.60	21.45
2597	″ ″ 60 ‰	″	10.35	10.70	11.10	11.45	11.80	12.15	12.50	12.85	13.20	14.55	16.45	17.85	20. .	22.85
2598	″ ″ 80 ‰	″	11.80	12.05	12.50	12.85	13.20	13.60	13.95	14.30	14.65	16.10	17.85	19.80	21.45	24.30

	Augmentation par chassis	Largeur de la moulure ‰	40	50	60	80
2599	Pour moulure à socles	La pièce	2. .	2.50	3. .	4. .
2600	″ à coins ronds	″	4. .	5. .	7. .	9. .

2601 Augmentation par chassis pour rideaux extra renforcés, moulure Lyon . . . La pièce 4. .

2602 ″ ″ ″ ″ ″ ″ ″ Bordeaux ″ 4. .

2603 ″ ″ ″ ″ ″ ″ biseautés Louis XV ″ 4. .

Emballage sous cadre bois . . . . ″ 0.40

Cet emballage n'est pas suffisant pour l'Exportation outre mer

N.B { Les expéditions sont faites de la fabrique, qui est dans le Midi par la voie la plus économique.

2604 Chassis à tabatière en fer laminé, incassables, peints au minimum une couche, modèle à gouttière, à équerre d'étanchéité pour couvertures en zinc, ardoises ou tuiles plates, fermeture à crémaillère

Nos	1	2	3	4	5	6	7	8	9	10	11	12	13	14
Largeur intérieure ‰	30	30	35	35	40	40	40	45	50	50	55	60	60	60
Hauteur ″ ‰	45	50	50	55	55	60	65	65	65	70	70	70	75	80
La pièce	5.50	5.75	6.05	6.30	6.75	7.15	7.40	7.95	8.25	8.50	8.80	9.10	9.35	9.90

Nos	15	16	17	18	19	20	21	22	23	24	25	26	27
Largeur intérieure ‰	65	70	70	70	75	70	75	80	85	90	100	100	120
Hauteur ″ ‰	80	80	85	90	95	100	100	100	100	100	110	120	130
La pièce	10.15	10.45	10.70	11. .	11.55	11.65	11.80	12.10	12.35	12.90	14. .	14.30	15.95

2605 Chassis à tabatière, en fer laminé, incassables, peints au minimum une couche, pour tuiles mécaniques à emboîtement grand moule de 15 tuiles au mètre, fermeture à crémaillère

Nos	1	2	3	4	5	6	7
Nombre de tuiles déplacées	4	6	9	12	15	20	24
Largeur intérieure ‰	32	50	50	72	96	96	116
Hauteur ″ ‰	56	55	92	92	86	121	121
La pièce	10. .	15.25	19.75	22.60	28.25	37.60	42. .

2606 Ces mêmes chassis de dimensions plus réduites pour tuiles petit moule déplaçant un nombre de tuiles égal . . . Bonification 10 %

2607 Chassis à tuiles creuses, petit, moyen ou grand moule. Mêmes prix que pour les chassis à emboîtement N°. 2605, à dimensions égales

2608 Plus value pour poulie de manœuvre à l'aide d'un sentain . . . . La pièce 2. .

2609 ″ ″ poulie crémaillère de sureté; fermeture indécrochable du dehors ″ 6. .

Ces chassis sont beaucoup plus légers que ceux en fonte à dimensions égales; ils donnent plus de jour, les frais de transport sont moins élevés et les risques d'avaries évités. Les expéditions pour la France ne nécessitent aucun emballage; pour les pays d'outre mer, l'emballage est fait en caisse et facturé suivant le volume des colis

2591

2592 2594

2595, Vu de face
avec coins ronds, 2600

2595, Vu de dos

2604 2605

2610 2613 2616 2617 2618 2619 2620 2621 2622 2623 2624 2626 2627 2628 2629 2630 2631 2632 2634 2636 2639 2641 2643 2644 2645 2646 2647 2648 2649 2650 2651 2652 2653 2654 2656 2657 2658 2659

Cisailles de ferblantier acier fondu

No.	Longueur c/m	14	16	18	20	22	25	28	30	32
2610	Droites noires, 1re qualité recommandée. La pièce	"	2.50	2.55	3. .	3.60	4. .	4.60	5.70	7.25
2611	" " qualité supérieure . . . . . "	2.85	3.70	4.10	4.45	5.15	5.75	7. .	7.90	8.90
2612	" polies " . . . . . "	3.60	4.10	4.60	4.85	5.55	6.15	7.60	8.65	9.60
2613	Coudées noires, 1re qualité courante . . . . "		"	"	6.10	6.90	7.85	8.90	9.80	10.80
2614	" " qualité supérieure . . . . "		6.75	7.45	8.10	8.90	9.70	11.65	12.70	14.15
2615	Cintrées " 1re qualité courante . . . . "		"	"	6.10	6.90	7.85	8.90	9.80	10.80
2616	" qualité supérieure . . . . "		6.75	7.45	8.10	8.90	9.70	11.65	12.70	14.15
2617	Obliques " qualité supérieure . . . . "		6.75	7.45	8.10	8.90	9.70	11.65	12.70	14.15

No.				
2618	**Cisailles** de ferblantier à pression, branches taillées, droites, acier poli, qualité supérieure. SUPPRIMÉ	Longueur c/m 19	22	25
		La pièce 4. .	4.40	4.80

2619 **Cisaille** à rondo de tuyaux, acier fondu noir, Longueur unique 22 c/m La pièce 5.50

2620 **Cisaille** à dynamite, acier poli, tube cuivré, modèle unique La pièce 2.60

2621 **Ciseau-bédane** à ferrer, acier fondu noir. La pièce 0.90

Ciseaux à déballer

No.	Longueur c/m	25	27	30	33
2622	Acier noir, forme droite La pièce	1.45	1.45	1.75	1.75
2623	" " " pied de biche coudé . . "	1.45	1.45	1.75	1.75

2624 **Ciseaux** à débouder, tout acier noir, longueur approximative 14 c/m La pièce 0.60

No.	Ciseaux à dégarnir	La pièce
2625	**Ciseaux** à dégarnir, tout acier noir, longueur approximative 14 c/m	0.60
2626	" " " poli " " " "	0.75
2627	" " acier poli, manche buis " " " "	1.40

2628 Ciseaux à ferrer, tout acier fondu noir

Largeur m/m	15	18	20	22	25	27	30	35	40	45	50	55	60	65	70	75
La pièce	0.55	0.59	0.73	0.77	0.80	0.90	1. .	1.10	1.20	1.45	1.60	1.80	1.95	2. .	2.15	2.60

2629 Ciseaux à froid tout acier fondu noir

Longueur c/m	16	19	22	25	27
La pièce	0.67	0.80	0.93	1.30	1.60

2630 **Ciseau** à champagne à anneaux acier nickelé, longueur fermé 10 c/m La pièce 1.60

2631 **Ciseau** à raisin ou à fleurs, retenant l'objet coupé, lames nickelées, branches dorées longueur 17 c/m La pièce 3.90

Ciseaux à crins, courbes, pour la toilette des chevaux

No.	Longueur c/m	16	19
2632	Acier poli, qualité 1/2 fine . . . . . La pièce	1.60	2.15
2633	" " " fine . . . . . "	2.25	"

No.		La pièce
2634	**Ciseau** poli, à galerie, pour lampes, longueur 14 c/m	1.50
2635	" " " " pour trousses réglementaires long. 11 c/m	2.15

No.		La pièce
2636	**Ciseau** à broder, acier poli, qualité ordinaire	0.80
2637	" " " " 1/2 fine	1.15
2638	" " " " fine	1.80

Ciseaux pour bureaux ou pour colleurs de papier peint

No.	Longueur c/m	19	20 1/2	22	23 1/2	25	27
2639	Acier poli, qualité ordinaire La pièce	2.15	2.50	2.75	"	"	"
2640	" " " fine "	2.45	2.75	3.25	3.75	4.25	4.75

Ciseaux de coiffeurs, forme effilée

No.	Longueur m/m	140	150	160	175	190
2641	Acier poli, qualité ordinaire La pièce	2.25	2.50	2.75	3.15	3.45
2642	" " " fine "	3. .	3.25	3.60	3.85	4.25

Ciseaux de couturières, acier poli

No.	Longueur m/m	130	140	150	160	175	190
2643	Bancals, lames rondes, anneaux plats La pièce	"	0.75	"	"	"	"
2644	Branches gigot, lames rondes, anneaux plats "	"	"	0.90	"	"	"
2645	Jambettes " " " " "	"	"	"	1.25	"	"
2646	Jambettes mignons, une boule, anneaux chantournés "	"	0.90	1.05	1.30	"	"
2647	Modèle cœur, lames rondes, anneaux plats "	"	"	1.15	"	"	"
2648	Jambettes à filets " " " ronds "	0.80	0.90	1.15	1.30	"	"
2649	Bancals unis " " " " "	0.85	0.95	1.15	1.30	"	"
2650	" à boules " " " " "	0.85	0.95	1.15	1.30	"	"
2651	Modèle S " plates " " "	0.85	0.95	1.15	1.30	"	"
2652	Bancals unis " " " " "	1. .	1.15	1.30	1.60	"	"
2653	" lames plates, anneaux chantournés poli blanc "	"	"	"	1.50	1.80	2.10
2654	Branches anglaises, lames 1/2 rondes, anneaux plats "	1.10	1.30	1.60	1.65	"	"
2655	Bancals lames plates, anneaux chantournés poli fin "	1.35	1.50	1.90	2.05	2.35	2.65
2656	Jambettes à filets, lames plates, anneaux ronds "	1.60	1.80	2.10	2.25	"	"
2657	Bancals unis " ronds " " "	1.60	1.85	2.05	2.30	"	"
2658	Branches gothiques, lames plates, anneaux gothiques "	1.70	1.90	2.15	2.40	"	"
2659	Jambettes piédestal une boule, lames plates, anneaux ronds "	1.75	1.95	2.20	2.40	"	"

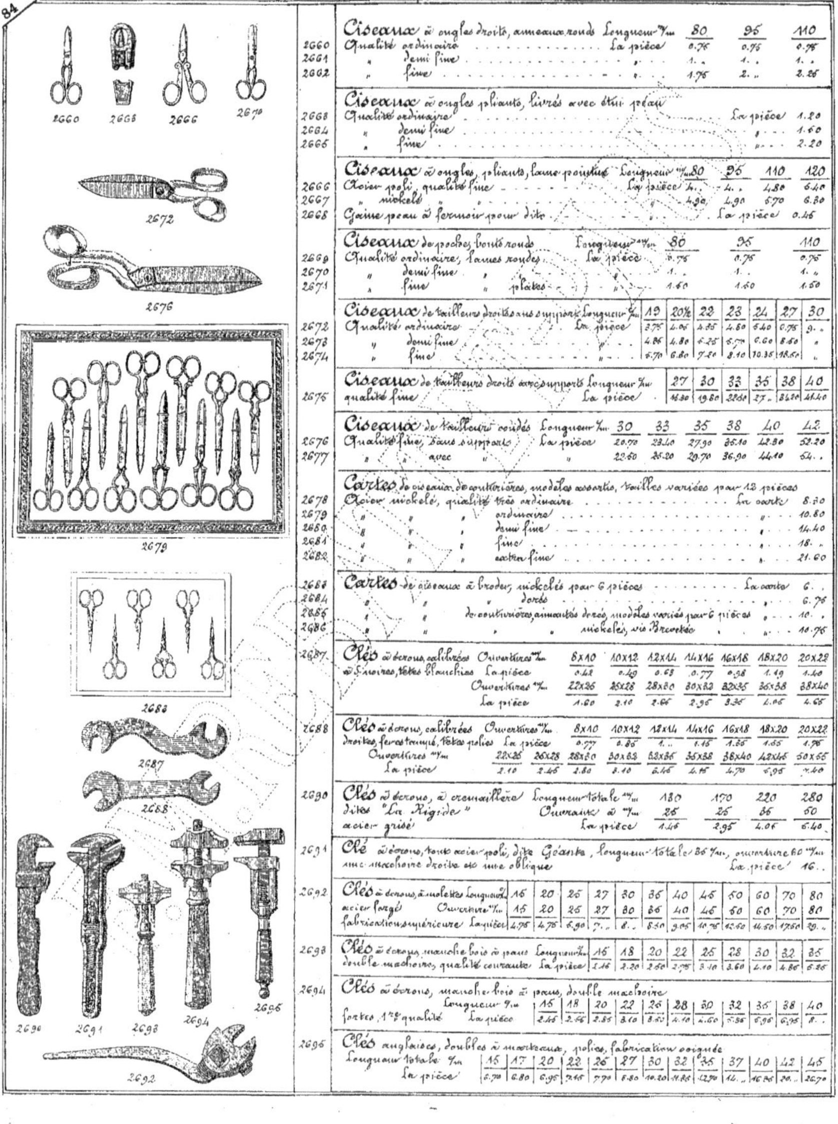

	Ciseaux à ongles droits, anneaux ronds	Longueur m/m	80	95	110
2660	Qualité ordinaire	La pièce	0.75	0.75	0.75
2661	" demi fine	"	1. .	1. .	1. .
2662	" fine	"	1.75	2. .	2.25

	Ciseaux à ongles pliants, livrés avec étui peau		
2663	Qualité ordinaire	La pièce	1.20
2664	" demi fine	"	1.60
2665	" fine	"	2.20

	Ciseaux à ongles, pliants, lame pointue	Longueur m/m	80	95	110	120
2666	Acier poli, qualité fine	La pièce	4. .	4. .	4.80	5.40
2667	" nickelé "	"	4.90	4.90	5.70	6.30
2668	Gaine peau à fermoir pour dito	La pièce	0.45			

	Ciseaux de poches, bouts ronds	Longueur m/m	80	95	110
2669	Qualité ordinaire, lames rondes	La pièce	0.75	0.75	0.75
2670	" demi fine "	"	1. .	1. .	1. .
2671	" fine " plates	"	1.50	1.50	1.50

	Ciseaux de tailleurs droits sans support	Longueur m/m	19	20½	22	23	24	27	30
2672	Qualité ordinaire	La pièce	3.75	4.05	4.35	4.80	5.40	6.75	9. .
2673	" demi fine	"	4.35	4.80	5.25	5.70	6.60	8.50	"
2674	" fine	"	5.70	6.80	7.20	8.10	10.35	13.50	"

	Ciseaux de tailleurs droits avec supports	Longueur m/m	27	30	33	35	38	40
2675	qualité fine	La pièce	16.30	19.80	22.50	27. .	34.20	41.40

	Ciseaux de tailleurs coudés	Longueur m/m	30	33	35	38	40	42
2676	Qualité fine, sans supports	La pièce	20.70	23.40	27.90	35.10	42.30	52.20
2677	" " avec "	"	22.50	25.20	29.70	36.90	44.10	54. .

Cartes de ciseaux de couturières, modèles assortis, tailles variées par 12 pièces

2678	Acier nickelé, qualité très ordinaire	La carte	8.30
2679	" " " ordinaire	"	10.80
2680	" " " demi fine	"	14.40
2681	" " " fine	"	18. .
2682	" " " extra fine	"	21.60

2683	Cartes de ciseaux à broder, nickelés par 6 pièces	La carte	6. .
2684	" " " dorés	"	6.75
2685	" " de couturières, aimantés dorés, modèles variés par 6 pièces	"	10. .
2686	" " " " nickelés, vis Brevetée	"	10.75

2687	Clés à écrous, calibrées à 5 noires, têtes blanchies							
	Ouvertures m/m	8x10	10x12	12x14	14x16	16x18	18x20	20x22
	La pièce	0.42	0.49	0.63	0.77	0.98	1.19	1.40
	Ouvertures m/m	22x26	25x28	28x30	30x32	32x35	36x38	38x40
	La pièce	1.60	2.10	2.65	2.95	3.35	4.05	4.65

2688	Clés à écrous, calibrées droites, fer estampé, têtes polies									
	Ouvertures m/m			8x10	10x12	12x14	14x16	16x18	18x20	20x22
	La pièce			0.77	0.85	1. .	1.15	1.35	1.55	1.75
	Ouvertures m/m	22x25	26x28	28x30	30x32	32x35	35x38	38x40	42x45	50x55
	La pièce	2.10	2.45	2.80	3.10	3.45	4.15	4.70	5.95	7.40

2690	Clés à écrous, à crémaillère dites "La Rigide" acier grisé				
	Longueur totale m/m	130	170	220	280
	Ouverture à m/m	25	25	35	50
	La pièce	1.45	2.95	4.05	5.40

2691 **Clé** à écrous, toute acier poli, dite Géante, longueur totale 35 c/m, ouverture 60 m/m une mâchoire droite et une oblique . . . La pièce 16. .

2692	Clés à écrous, à molettes acier forgé fabrication supérieure												
	Longueur c/m	15	20	25	27	30	35	40	45	50	60	70	80
	Ouverture m/m	15	20	25	27	30	35	40	45	50	60	70	80
	La pièce	4.75	4.75	5.90	7. .	8. .	8.50	9.05	10.75	12.50	14.50	17.50	29. .

2693	Clés à écrous, manche bois à pans double mâchoire, qualité courante									
	Longueur c/m	15	18	20	22	25	28	30	32	35
	La pièce	1.16	2.20	2.50	2.75	3.10	3.60	4.10	4.80	5.25

2694	Clés à écrous, manche bois à pans, double mâchoire fortes, 1re qualité											
	Longueur c/m	15	18	20	22	25	28	30	32	35	38	40
	La pièce	2.45	2.66	2.85	3.10	3.50	4.10	4.60	5.35	5.95	6.95	8. .

2695	Clés anglaises, doubles à marteaux, polies, fabrication soignée													
	Longueur totale c/m	15	17	20	22	25	27	30	32	35	37	40	42	45
	La pièce	5.70	6.80	6.95	7.15	7.70	8.80	10.20	11.85	12.70	14. .	16.85	20. .	26.70

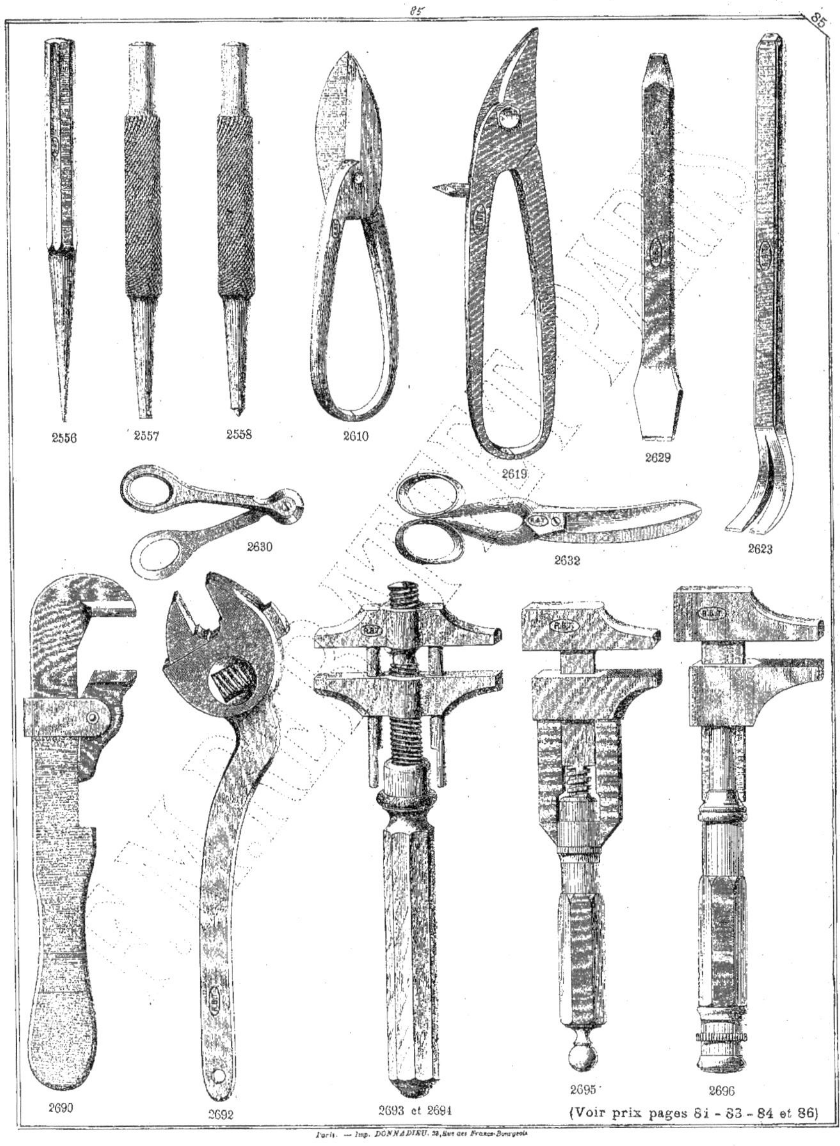

(Voir prix pages 81 - 83 - 84 et 86)

Paris. — Imp. DONNADIEU, 32, Rue des Francs-Bourgeois

2697 2699 2702 2701 2696 2703 2705 2706 2707 2709 2711 2712 2715 2716 2717 2718 2719 2720 2723 2721 2727 2725, à chiffre 2729 2731

2696 **Clés** à écrous, dites du Nord, à marteaux, polies, fabrication soignée

Longueur totale c/m	20	22	25	27	30	35	40	45	50
La pièce	6.70	7.35	8..	9.35	10.70	12.35	16.70	24..	32..

Clés pour bicyclettes et automobiles

N°	Désignation	Longueur m/m	La pièce
2697	Clé ordinaire bleuie	90	0.70
2698	„ „ nickelée	90	1.05
2699	„ forte bleuie, à gueule de lion	110	1..
2700	„ „ nickelée	110	1.40
2701	„ très forte bleuie	130	1.10
2702	„ modèle plat acier bleui	130	1.35
2703	„ à molette mâchoire mince acier bleui	130	1.35
2704	„ „ „ „ „ jaspé	130	1.65
2705	„ à crémaillère „La Rigide", acier nickelé	130	1.75
2706	„ à marteau „La Préférée" acier jaspé	110	2..
2707	„ modèle plat Marque Mossberg, acier jaspé	128	2..
2708	„ „ „ „ acier nickelé	128	2.50
2709	„ à glissière, modèle 1902, tout acier jaspé	116	2.50
2710	„ „ „ „ „ „ pour automobiles	160	4.75

2711. **Clés** serre tubes et pour écrous ronds molletés, pour tous diamètres, tout acier, très bonne qualité

Long. m/m	140	170	230
	2.75	4.10	6.60

Clés à fourches à 8 ouvertures, acier noir, têtes polies sur les faces, spéciales pour automobiles

											La pièce
2712	Modèle D	ouvertures m/m	8	10	12	14	16	18	20	24	5..
2713	„ M	„	9	12	14	16	18	20	26	34	5..
2714	„ P	„	9	10	14	16	18	21	24	28	5..

2715 **Clés** pour tuyaux de poêles, anneau fonte ornée, tige fer carré sans écrou Le cent 20..
2716 „ „ „ „ „ „ „ „ „ „ avec „ „ 27.50

2717 **Clés** pour tuyaux de poêles, bouton cuivre olive pleine, tige fer carré avec écrou

Nos	1	2	3	4	5
m/m	35	38	42	46	51
Le cent	46..	50..	56..	63..	73..

2718 **Clés** pour tuyaux de poêles, bouton cuivre antique creux, tige fer carré avec écrou

Nos	1	2	3	4	5	6
m/m	45	48	51	54	58	62
Le cent	52..	56..	60..	66..	73..	79..

2719 **Clés** pour tuyaux de poêles, anneaux cuivre ciselé verni petits, modèles variés Le % 49..
2720 „ „ „ „ „ „ „ „ grands „ „ „ 64..

Clés pour tuyaux de poêles, bouton ovale.

N°		Dimensions m/m	45	50	55	60
2721	Céramique façon ivoire ou porcelaine blanche, monture polie	Le %	50..	50..	50..	50..
2722	„ „ ébène, monture polie	„	63..	63..	63..	63..

Augmentation pour monture nickelée . . . . . Le cent 12.60

2723. **Clés** pour tuyaux de poêles, demi cristal, ovales à pans 58 m/m La pièce 0.90
2724 „ „ „ „ „ „ „ taillées à facettes 60 m/m „ 1.55

N°	**Clés** de cadenas, panneton varié, ordinaire ou à chiffres, longueurs assorties	Le %
2725.	ordinaire ou à chiffres	5..
2726	„ „ „ „ déposé J B	7.25
2727	„ „ „ plein	8.75
2728	„ „ „ à gorges	9.50
2729	„ „ „ à chiffres, limées	19..

N°	**Clés** de malles, panneton varié, ordinaires droites et gauches, longueurs assorties	Le %
2730	ordinaires droites et gauches	3.65
2731	„ „ „ „ embase tournée limées	5.80
2732	„ „ „ anglais	8.70
2733	„ „ „ à chiffres, rodées	8.70
2734	„ „ „ „ embase tournée, limées	11.60

Clés de nécessaires, longueurs assorties

N°	Désignation	Le cent
2735	Ordinaires, anneau ovale	3..
2736	Embase tournée, limées, anneau ovale	4.50
2737	„ „ „ fines, anneau ovale	5.50
2738	Ordinaires, anneau gothique	3.90
2739	Embase tournée, limée, anneau gothique	4.50
2740	„ „ „ fines, anneau gothique	5.50

2741 **Clés** de sacs de nuit, forées, panneton droit, ordinaires . . . Le cent 4.50
2742 „ „ „ „ „ „ fines . . . „ . . . 5.50
2743 „ „ „ „ „ „ anneau plat . . . „ . . . 9.50

(Voir prix pages 86 et 88)

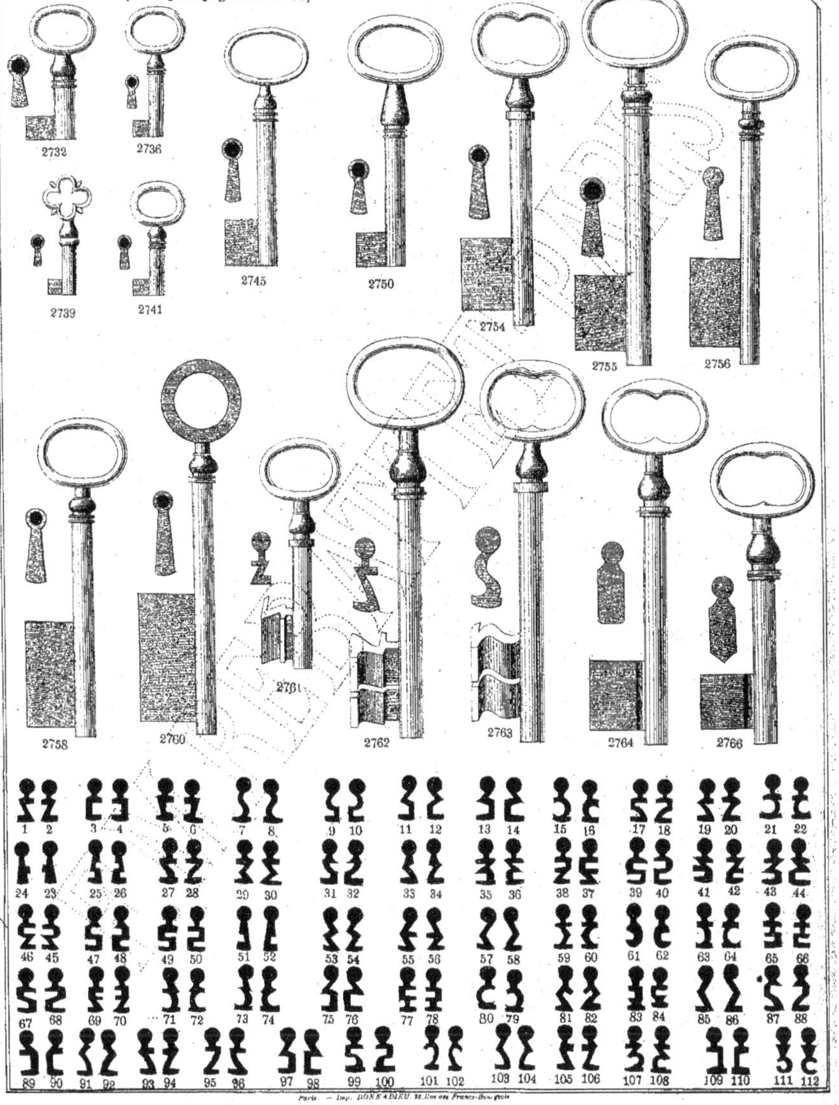

Paris. — Imp. BONNADIEU, 28, Rue des Francs-Bourgeois

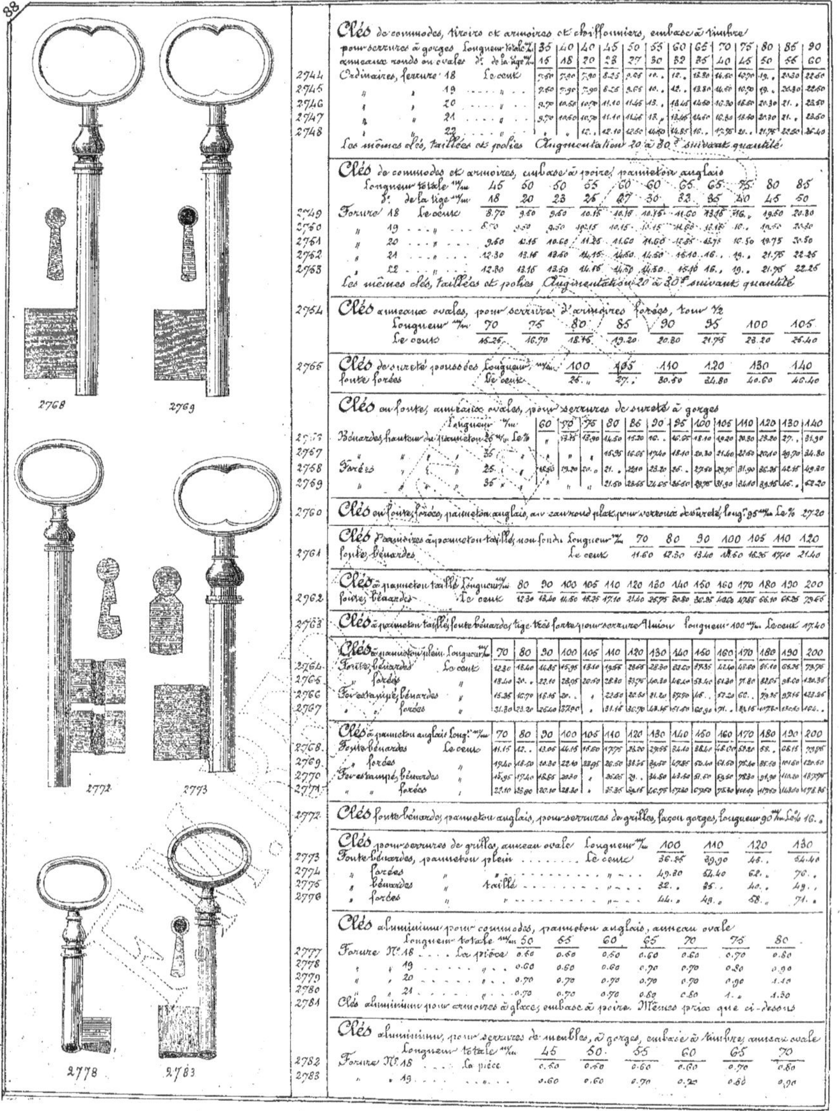

Clés de commodes, tiroirs et armoires et chiffonniers, embase à timbre

	pour serrures à gorges, anneaux ronds ou ovales — Longueur totale m/m	35	40	40	45	50	55	60	65	70	75	80	85	90
	d° de la tige m/m	15	18	20	23	27	30	32	35	40	45	50	56	60
2744	Ordinaires, ferrure 18 — Le cent	7.50	7.90	7.90	8.25	9.65	10. „	12. „	13.30	14.50	10.70	19. „	20.30	22.60
2745	„ „ 19 — „	9.60	7.90	7.90	8.25	9.65	10. „	12. „	13.80	14.50	10.70	19. „	20.30	22.60
2746	„ „ 20 — „	9.70	10.50	10.70	11.10	11.45	13. „	13.45	14.50	16.30	16.60	20.30	21. „	23.50
2747	„ „ 21 — „	9.70	10.60	10.70	11.10	11.45	13. „	13.45	14.60	16.30	18.40	20.30	21. „	23.50
2748	„ „ 22 — „	„	„	12. „	12.10	12.60	14.40	14.85	16. „	17.95	20. „	21.75	22.50	26.40

Les mêmes clés, taillées et polies Augmentation 20 à 30 f. suivant quantité

Clés de commodes et armoires, embase à poire, panneton anglais

	Longueur totale m/m	45	50	50	55	60	60	65	65	75	80	85
	d° de la tige m/m	18	20	23	25	27	30	33	35	40	45	50
2749	Ferrure 18 Le cent	8.70	9.50	9.60	10.15	10.15	10.15	11.60	13.15	16. „	19.50	20.30
2750	„ 19 „	8.70	9.50	9.50	10.15	10.15	10.15	11.60	13.15	16. „	19.50	20.30
2751	„ 20 „	9.60	11.15	10.60	11.25	11.60	11.60	12.85	13.75	16.50	19.75	20.50
2752	„ 21 „	12.30	13.15	13.50	14.15	14.50	14.50	15.10	16. „	19. „	21.75	22.25
2753	„ 22 „	12.30	13.15	13.50	14.15	14.50	14.50	15.10	16. „	19. „	21.75	22.25

Les mêmes clés, taillées et polies Augmentation 20 à 30 f. suivant quantité

2754 **Clés** anneaux ovales, pour serrures d'armoires forées, tour ½

Longueur m/m	70	75	80	85	90	95	100	105
Le cent	15.25	16.70	18.45	19.20	20.30	21.75	23.20	25.40

2755 **Clés** de sûreté poussées fonte forées

Longueur m/m	100	105	110	120	130	140
Le cent	25. „	27. „	30.50	34.80	40.60	46.40

Clés en fonte, anneaux ovales, pour serrures de sûreté à gorges

	Longueur m/m	60	70	75	80	85	90	95	100	105	110	120	130	140
2756	Bénardes, hauteur du panneton 25 m/m Le %	„	13.15	13.90	14.50	15.20	16. „	16.95	18.10	19.20	20.30	23.20	27. „	31.90
2757	„ „ „ 35 „	„	„	„	15.95	16.05	17.40	18.10	20.30	21.40	22.60	26.10	29.70	34.80
2758	Forées „ „ 25 „	18.50	19.20	20. „	21. „	22.10	23.20	25. „	27.50	29.75	31.90	36.25	42.15	49.30
2759	„ „ „ 35 „	„	„	„	21.50	23.65	24.65	26.60	29.75	31.90	34.10	39.15	46. „	52.20

2760 **Clés** en fonte, forées, panneton anglais, au canon plat pour verrous de sûreté, long.r 95 m/m Le % 27.20

Clés d'armoires à panneton taillé, non fendu fonte, bénardes

	Longueur m/m	70	80	90	100	105	110	120
2761	Le cent	11.60	12.30	13.40	14.60	16.25	17.10	21.40

Clés à panneton taillé fonte, bénardes

	Longueur m/m	80	90	100	105	110	120	130	140	150	160	170	180	190	200
2762	Le cent	12.30	13.40	14.50	15.25	17.10	21.40	25.75	30.80	36.25	40.60	47.85	56.10	65.25	79.65

2763 **Clés** à panneton taillé, fonte bénardes, tige très forte pour serrure Union longueur 100 m/m Le cent 17.40

Clés à panneton plein

	Longueur m/m	70	80	90	100	105	110	120	130	140	150	160	170	180	190	200
2764	Fonte, bénardes Le cent	12.30	13.40	14.85	15.95	18.10	19.55	23.65	28.30	32.60	37.35	42.40	48.60	55.10	65.25	79.75
2765	„ forées „	18.40	20. „	22.10	23.05	26.50	28.80	33.75	40.30	46.40	53.40	61.30	71.80	82.65	98.00	120.35
2766	Fer estampé, bénardes „	15.35	16.70	16.15	20. „	„	22.50	26.50	31.20	37.90	46. „	57.20	66. „	79.95	97.15	123.25
2767	„ „ forées „	31.30	23.20	26.40	37.90	„	31.15	36.70	43.15	51.50	60.90	71. „	83.15	107.80	130.10	162. „

Clés à panneton anglais

	Long.r m/m	70	80	90	100	105	110	120	130	140	150	160	170	180	190	200
2768	Fonte bénardes Le cent	11.15	12. „	13.05	14.15	15.60	17.75	23.20	29.55	34.10	38.40	48.00	53.20	58. „	66.15	79.95
2769	„ forées „	19.40	18.50	10.30	22.10	23.95	26.50	33.35	39.50	47.85	52.40	61.50	75.40	85.50	101.50	120.60
2770	Fer estampé, bénardes „	15.95	17.40	18.85	20.30	„	26.05	29. „	34.50	43.50	51.50	59.50	78.30	91.90	110.20	137.75
2771	„ „ forées „	22.10	25.90	20.10	28.30	„	35.35	39.15	46.75	57.20	67.50	75.30	101.50	117.50	143.50	176.35

2772 **Clés** fonte bénardes, panneton anglais, pour serrures de grilles, façon gorges, longueur 90 m/m Le % 16. „

Clés pour serrures de grilles, anneau ovale

		Longueur m/m	100	110	120	130
2773	Fonte bénardes, panneton plein	Le cent	36.25	39.90	45. „	54.40
2774	„ forées „ „	„	49.30	54.40	62. „	76. „
2775	„ bénardes „ taillé	„	32. „	35. „	40. „	49. „
2776	„ forées „ „	„	44. „	48. „	58. „	71. „

Clés aluminium pour commodes, panneton anglais, anneau ovale

	Longueur totale m/m	50	55	60	65	70	75	80
2777	Ferrure N° 18 La pièce	0.50	0.50	0.50	0.60	0.60	0.70	0.80
2778	„ „ 19 „	0.60	0.60	0.60	0.70	0.70	0.80	0.90
2779	„ „ 20 „	0.70	0.70	0.70	0.70	0.70	0.90	1.10
2780	„ „ 21 „	0.70	0.70	0.70	0.80	0.80	1. „	1.30

2781 Clés aluminium pour armoires à glaces, embase à poire. Mêmes prix que ci-dessus

Clés aluminium, pour serrures de meubles, à gorges, embase à timbre, anneau ovale

	Longueur totale m/m	45	50	55	60	65	70
2782	Ferrure N° 18 La pièce	0.50	0.50	0.60	0.60	0.70	0.80
2783	„ „ 19 „	0.60	0.60	0.70	0.70	0.80	0.90

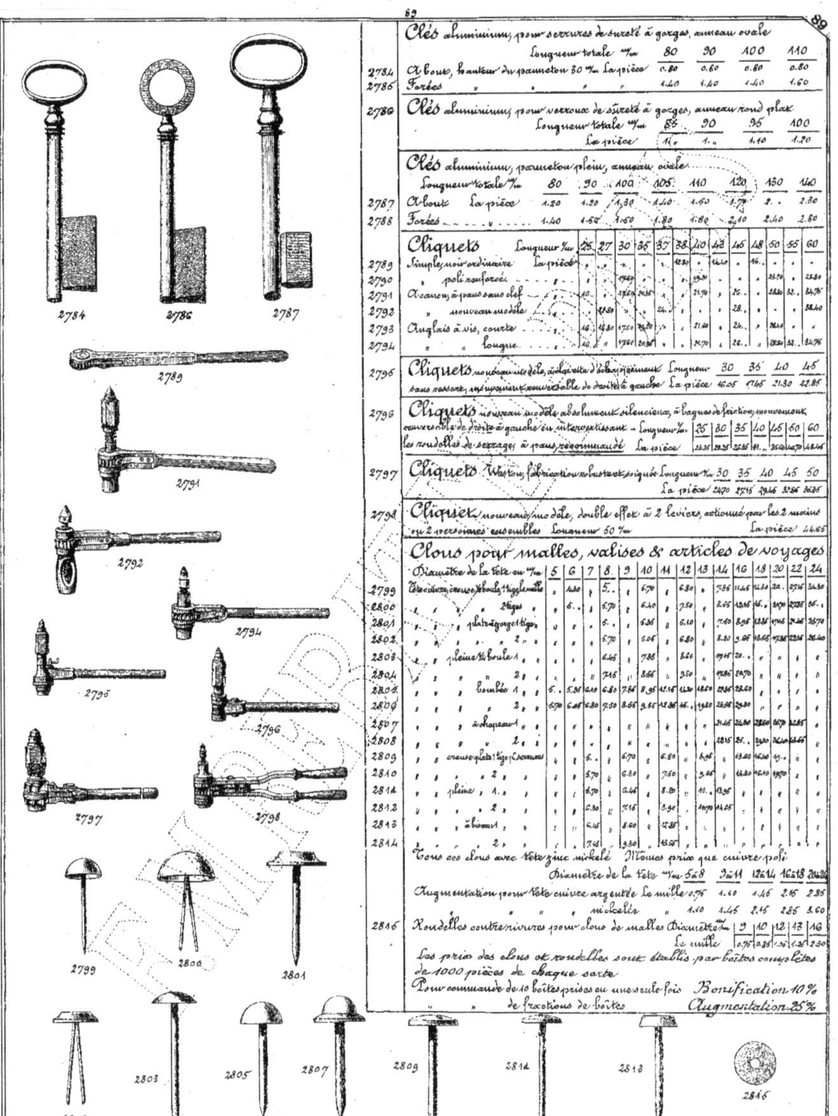

Clés aluminium, pour serrures de sûreté à gorges, anneau ovale

		80	90	100	110
	Longueur totale m/m	80	90	100	110
2784	A bout, hauteur du panneton 30 m/m La pièce	0.80	0.80	0.80	0.80
2785	Forées » » »	1.40	1.40	1.40	1.60

2786 Clés aluminium, pour verrous de sûreté à gorges, anneau rond plat

Longueur totale m/m	85	90	95	100
La pièce	1..	1..	1.10	1.20

Clés aluminium, panneton plein, anneau ovale

	Longueur totale m/m	80	90	100	105	110	120	130	140
2787	A bout La pièce	1.20	1.20	1.30	1.40	1.60	1.70	2..	2.30
2788	Forées »	1.40	1.50	1.60	1.80	1.80	2.10	2.40	2.80

Cliquets

	Longueur m/m	25	27	30	35	37	38	40	43	45	48	50	55	60
2789	Simple, noir ordinaire La pièce	»	»	»	»	»	12.80	»	14.40	»	16..	»	»	»
2790	» poli renforcé »	»	»	17.60	»	»	»	19.80	»	»	»	23.20	»	25.80
2791	A canon, à pans sans clef »	16..	»	17.60	20.35	»	»	21.70	»	26..	»	28.80	32..	34.75
2792	» nouveau modèle »	»	22.80	»	»	24..	»	»	»	28..	»	»	»	38.40
2793	Anglais à vis, courte »	16..	16.80	17.60	20.20	»	»	21.20	»	24..	»	26.40	»	»
2794	» » longue »	16..	»	17.60	20.30	»	»	24.70	»	26..	»	28.20	32..	34.75

2795 **Cliquets** nouveau modèle, à cliquette d'échappement sans ressort, mouvement réversible de droite à gauche

Longueur	30	35	40	45
La pièce	16.05	17.45	21.30	22.85

2796 **Cliquets** nouveau modèle absolument silencieux, à bagues de friction, mouvement réversible de droite à gauche en intervertissant les rondelles de serrages à pans, recommandé

Longueur m/m	25	30	35	40	45	50	60
La pièce	20.25	20.35	22.35	31..	35.60	40.70	48.45

2797 **Cliquets** Weston, fabrication robuste et soignée

Longueur m/m	30	35	40	45	50
La pièce	24.70	27.15	29.45	32.85	36.35

2798 **Cliquet** nouveau modèle, double effet à 2 leviers, actionné par les 2 mains ou 2 personnes ensembles Longueur 50 m/m La pièce 44.65

Clous pour malles, valises & articles de voyages

	Diamètre de la tête en m/m	5	6	7	8	9	10	11	12	13	14	16	18	20	22	24
2799	Tête cuivre, creuse à boule, 1 tige le mille	»	4.20	»	5..	»	5.70	»	6.80	»	7.85	11.45	14.20	20..	27.15	34.30
2800	» » » » 2 tiges »	»	6..	»	5.70	»	6.40	»	7.50	»	8.55	12.15	16..	31.70	27.25	36..
2801	» » » plate à gorge 1 tige »	»	»	»	5..	»	5.35	»	6.10	»	7.60	8.95	12.85	17.45	21.45	26.70
2802	» » » » » 2 »	»	»	»	5.70	»	6.05	»	6.80	»	8.30	9.65	15.55	17.35	22.35	26.40
2803	» » pleine à boule 1 »	»	»	»	6.45	»	7.85	»	8.60	»	17.15	20..	»	»	»	»
2804	» » » » 2 »	»	»	»	7.15	»	8.55	»	9.50	»	17.85	20.70	»	»	»	»
2805	» » » bombée 1 »	5..	5.35	6.10	6.80	7.85	8.95	11.15	14.30	18.60	22.35	22.60	»	»	»	»
2806	» » » » 2 »	5.70	6.45	6.80	7.50	8.65	9.65	12.35	16..	19.80	22.95	23.80	»	»	»	»
2807	» » » à chapeau 1 »	»	»	»	»	»	»	»	»	»	21.45	24.80	28.60	32.70	32.85	»
2808	» » » » 2 »	»	»	»	»	»	»	»	»	»	22.15	25..	29.80	36.10	35.65	»
2809	» » creuse plate 1 tige [illegible]	»	»	6..	»	6.70	»	6.80	»	8.95	»	13.20	16.10	19..	»	»
2810	» » » » 2 »	»	»	5.70	»	6.80	»	7.60	»	9.65	»	14.20	16.10	19.70	»	»
2811	» » pleine » 1 »	»	»	5.70	»	6.45	»	8.20	»	10..	13.95	»	»	»	»	»
2812	» » » » 2 »	»	»	6.30	»	7.15	»	8.90	»	10.70	14.65	»	»	»	»	»
2813	» » » à biseau 1 »	»	»	6.45	»	8.60	»	12.85	»	»	»	»	»	»	»	»
2814	» » » » 2 »	»	»	7.45	»	9.30	»	13.55	»	»	»	»	»	»	»	»

Tous ces clous avec tête zinc nickelé Mêmes prix que cuivre poli

Diamètre de la tête m/m	5 à 8	9 à 11	12 à 14	16 à 18	20 à 24
Augmentation pour tête cuivre argentée Le mille	0.75	1.10	1.45	2.15	2.85
» » » nickelée »	1.10	1.45	2.15	2.85	3.60

2816 Rondelles contre-rivures pour clous de malles

Diamètre m/m	9	10	12	13	16
Le mille	0.75	0.85	1.05	1.25	2.30

Les prix des clous et rondelles sont établis par boîtes complètes de 1000 pièces de chaque sorte

Pour commande de 10 boîtes prises en une seule fois **Bonification 10%**

» » de fractions de boîtes **Augmentation 25%**

Série 2816 à 2873

Sellerie Bourrellerie — Chiffres — Perles — Lentilles

110 — 121 — 0 — 7 — 13
111 — 122 — 1 — 8 — 14
111 bis — 123 — 2 — 9, 9 bis, 9 ter — 15
112 — 124 — 3 — 10 — 16
112 bis — 125 — 4 — 10 bis — 16 bis
113 — 126 — 5 — 11 — 16 ter
114 — 126 bis — 6 — 12 — 17 — 18
1107 — 1108 — 1109 — 1110
1207 — 1208 — 1209 — 1210
1307 — 1308 — 1309 — 1310
1407 — 1408 — 1409 — 1410
1069 — 1069 bis — 1069 ter
1066 — 1067 — 1068

Clous d'ameublement et de sellerie

	Clous de sellerie, pointe fer Nos	110	111	111 bis	112	112 bis	113	114
2816	Lentilles, façon doré . . . . Le mille	6.40	4.40	4. .	3.65	3.25	3. .	2.60
2817	" argenté	6.10	5. .	4.60	4.10	3.75	3.60	3.30
2818	" cuivré rouge	6.10	5. .	4.60	4.10	3.75	3.60	3.30
2819	" doré fin	6.10	5. .	4.60	4.10	3.75	3.60	3.30
2820	" surdoré	6.85	5.50	5.15	4.50	4.25	4. .	3.80
2821	" doré à la pile extra	9.25	7.70	7. .	6. .	6.65	5.40	5. .
2822	" nickelé	9.25	7.60	7. .	6. .	6.65	5.40	5. .

	Clous de sellerie, pointe fer Nos	121	122	123	124	125	126	126 bis
2823	Forme chiffres, façon doré . . . Le mille	15. .	9.25	7.50	6.50	5.75	5.35	4.75
2824	" " argenté	12.85	10. .	8. .	7.25	6.50	6. .	6.25
2825	" " cuivré rouge	12.85	10. .	8. .	7.25	6.50	6. .	6.25
2826	" " doré fin	12.85	10. .	8. .	7.25	6.50	6. .	6.25
2827	" " surdoré	13.50	10.75	8.75	8. .	7.25	6.50	6.75
2828	" " doré à la pile extra	16.60	13.75	11.75	10.75	9.75	8.75	7.50
2829	" " nickelé	16.60	13.75	11.75	10.75	9.75	8.75	7.50

	Clous d'ameublement, pointe fer Nos	0	1	2	3	4	5	6
2830	Forme chiffres, façon doré . . . Le mille	14.50	11.40	9.50	7. .	6. .	6. .	6. .
2831	" " argenté	16.15	12.20	8.25	7.75	6.75	6.75	6.75
2832	" " cuivré rouge	16.15	12.20	8.25	7.75	6.75	6.75	6.75
2833	" " doré fin	16.15	12.20	8.25	7.75	6.75	6.75	6.75
2834	" " surdoré	16. .	13. .	9. .	8.50	7.50	6.25	6.25
2835	" " doré à la pile extra	19. .	16. .	12. .	11.50	9.75	8.25	8.25
2836	" " nickelé	19. .	16. .	12. .	11.50	9.75	8.25	8.25
2837	" " acier poli	18. .	16. .	11. .	10.50	9. .	7.50	7.50

	Clous d'ameublement, pointe fer Nos	7	8	9	9 bis	9 ter	10	10 bis	11	12
2838	Perles, façon doré . . . . Le mille	11.25	8.50	6.50	6.25	6. .	5.75	5.50	5. .	4. .
2839	" argenté	12. .	9.25	7.25	7. .	6.75	6.50	6.25	5.50	4.50
2840	" cuivré rouge	12. .	9.25	7.25	7. .	6.75	6.50	6.25	5.50	4.50
2841	" doré fin	12. .	9.25	7.25	7. .	6.75	6.50	6.25	5.50	4.50
2842	" surdoré	12.75	10. .	7.75	7.50	7.25	7. .	6.75	6. .	6. .
2843	" doré à la pile extra	18. .	13. .	10.60	10.35	10. .	9.40	9.15	7.75	6.75
2844	" nickelé	16. .	13. .	10.60	10.35	10. .	9.40	9.15	7.75	6.75
2845	" acier poli	15. .	12. .	9.70	"	"	6.40	6.15	7. .	5. .

	Clous d'ameublement, pointe fer Nos	13	14	15	16	16 bis	16 ter	17	18
2846	Lentilles, façon doré . . . . Le mille	9.25	7. .	5.90	5. .	4.40	4. .	4.25	3.30
2847	" argenté	10. .	7.75	6.60	5.70	5. .	4.60	4.50	3.65
2848	" cuivré rouge	10. .	7.75	6.60	5.70	5. .	4.60	4.50	3.85
2849	" doré fin	10. .	7.75	6.60	5.70	5. .	4.60	4.50	3.85
2850	" surdoré	10.75	8.50	7.50	6.40	5.50	5.10	5.80	4.40
2851	" doré à la pile extra	14. .	11.50	10.25	8.50	7.50	7. .	7.25	6.25
2852	" nickelé	14. .	11.50	10.25	8.50	7.50	7. .	7.25	6.25

	Clous d'ameublement fantaisie Nos	1107 / 1207 / 1307 / 1407	1108 / 1208 / 1308 / 1408	1109 / 1209 / 1309 / 1409	1110 / 1210 / 1310 / 1410
2853	Façon doré . . . . Le mille	11.25	8.50	8.50	5.75
2854	Argenté	12. .	9.25	7.25	6.50
2855	Cuivré rouge	12. .	9.25	7.25	6.50
2856	Doré fin	12. .	9.25	7.25	6.50
2857	Surdoré	12.75	10. .	7.75	7. .
2858	Doré à la pile extra	16. .	13. .	10.50	9.40
2859	Nickelé	16. .	13. .	10.50	9.40

	Clous d'ameublement fantaisie Nos	1069	1069 bis	1069 ter
	Diamètre m/m	11	9	8
2860	Marguerite, façon doré . . . . Le mille	5. .	4.25	3.30
2861	" argenté	5.70	4.80	3.85
2862	" cuivré rouge	5.70	4.80	3.85
2863	" doré fin	5.70	4.80	3.85
2864	" surdoré	6.40	5.30	4.40
2865	" doré à la pile extra	8.50	7.25	6.25
2866	" nickelé	8.50	7.25	6.25

	Clous d'ameublement fantaisie Nos	1066	1067	1068
	Diamètre m/m	12	13	15
2867	Octogones, façon doré . . . . Le mille	6.50	8.50	11.25
2868	" argenté	7.25	9.25	12. .
2869	" cuivré rouge	7.25	9.25	12. .
2870	" doré fin	7.25	9.25	12. .
2871	" surdoré	7.75	10. .	12.75
2872	" doré à la pile extra	10.60	13. .	16. .
2873	" nickelé	10.60	13. .	16. .

2874 14 m/m · 2874 16 m/m · 2874 18 m/m · 2874 21 m/m · 2874 23 m/m · 2874 25 m/m · 2875 - 11 m/m · 2875 - 12 m/m · 2875 - 13 m/m · 2875 - 14 m/m · 2875 - 16 m/m · 2875 - 18 m/m · 2875 - 20 m/m · 2875 - 21 m/m · 2875 - 23 m/m · 2876 - 23 m/m · 2876 - 20 m/m · 2876 - 16 m/m · 2876 - 12 m/m · 2876 - 32 m/m · 2877 - 12 m/m · 2877 - 16 m/m · 2877 - 25 m/m · 2878 - 12 m/m · 2878 - 16 m/m · 2878 - 19 m/m · 2878 - 22 m/m · 2879 - 21 m/m · 2879 - 18 m/m · 2879 - 15 m/m · 2879 - 13 m/m · 2880 - 11 m/m · 2880 - 14 m/m · 2880 - 17 m/m · 2880 - 19 m/m · 2881 - 11 m/m · 2881 17 m/m · 2882 - 10 m/m · 2882 - 14 m/m · 2883 - 17 m/m · 2883 - 11 m/m · 2883 - 14 m/m · 2883 - 16 m/m · 2884 - 9 m/m · 2884 - 13 m/m · 2884 19 m/m · 2884 - 16 m/m

Clous fantaisie

	Diamètre en m/m	9	10	11	12	13	14	15	16	17	18	19	20	21	22	23	24	25	26	27	32
2874	Façon doré le mille						14.50		17.		20.		23.	27.		31.		34.			
	Argenté						16.		19.		22.		26.	30.		35.		38.			
	Bronzé						21.		25.		28.		32.	39.		44.		50.			
	Doré à la pile						21.		25.		28.		32.	39.		44.		50.			
	Nickelé						23.		29.		33.		36.	45.		52.		58.			
2875	Façon doré			11.	13.	15.	17.		22.		27.		32.	37.		42.					
	Argenté			13.	16.	18.	20.		26.		32.		37.	45.		53.					
	Bronzé			13.	16.	18.	20.		26.		32.		39.	49.		56.					
	Doré à la pile			13.	15.	18.	20.		26.		32.		37.	48.		55.					
	Nickelé			16.	17.	20.	22.		29.		36.		41.	47.		66.					
2876	Façon doré				17.				23.				29.			36.					46.
	Argenté				20.				28.				36.			44.					57.
	Bronzé				20.				28.				36.			44.					77.
	Doré à la pile				20.				25.				36.			44.					57.
	Nickelé				22.				31.				40.			48.					58.
2877	Façon doré				26.				38.				50.					80.			
	Argenté				30.				41.				60.					96.			
	Bronzé				30.				41.				60.					96.			
	Doré à la pile				30.				41.				60.					96.			
	Nickelé				35.				46.				66.					102.			
2878	Façon doré				18.				26.			36.			44.						
	Argenté				20.				29.			39.			44.						
	Bronzé				20.				29.			39.			49.						
	Doré à la pile				20.				29.			39.			49.						
	Nickelé				22.				31.			42.			53.						
2879	Façon doré					17.		44.			46.			60.							
	Argenté					22.		44.			64.			72.							
	Bronzé					22.		41.			64.			72.							
	Doré à la pile					22.		41.			64.			72.							
	Nickelé					26.		46.			60.			80.							
2880	Façon doré			25.			32.			43.		69.									
	Argenté			29.			38.			51.		70.									
	Bronzé			29.			38.			51.		70.									
	Doré à la pile			29.			38.			51.		70.									
	Nickelé			32.			41.			52.		77.									
2881	Façon doré									30.			42.					55.			
	Argenté									36.			49.					66.			
	Bronzé									36.			49.					66.			
	Doré à la pile									36.			49.					66.			
	Nickelé									35.			53.					71.			
2882	Façon doré		28.				30.			40.		66.									
	Argenté		27.				35.			43.		66.									
	Bronzé		27.				35.			43.		65.									
	Doré à la pile		27.				35.			43.		66.									
	Nickelé		29.				38.			51.		71.									
2883	Façon doré			28.			30.		40.			60.									
	Argenté			27.			36.		47.			65.									
	Bronzé			27.			36.		47.			65.									
	Doré à la pile			27.			35.		47.			66.									
	Nickelé			29.			38.		51.			71.									
2884	Façon doré	18.				25.			36.			50.									
	Argenté	21.				30.			42.			60.									
	Bronzé	21.				30.			42.			60.									
	Doré à la pile	21.				30.			42.			60.									
	Nickelé	23.				33.			46.			66.									
2885	Façon doré					20.			23.					30.			46.				
	Argenté					24.			27.					36.			48.				
	Bronzé					24.			27.					36.			46.				
	Doré à la pile					24.			27.					36.			48.				
	Nickelé					26.			29.					39.			51.				

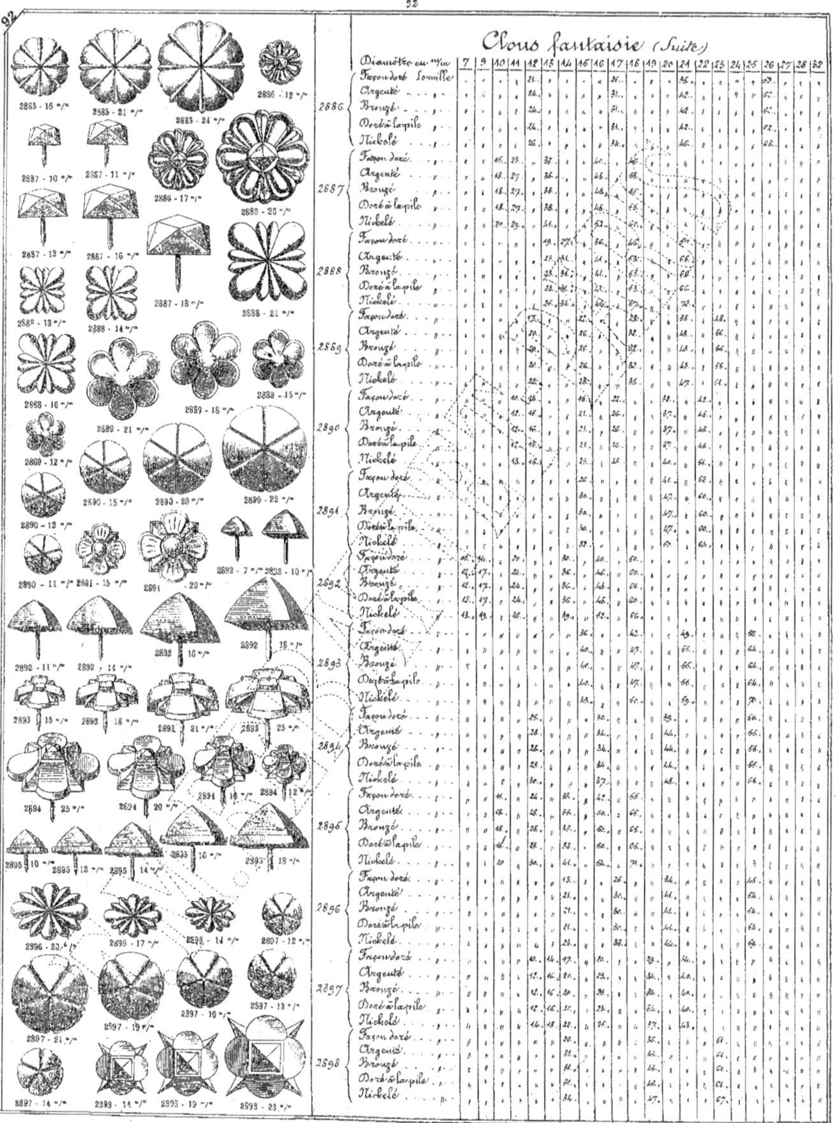

Clous fantaisie (Suite)

N°	Diamètre en m/m	7	9	10	11	12	13	14	15	16	17	18	19	20	21	22	23	24	25	26	27	28	32
2886	Façon doré le mille					21					26				35					52			
	Argenté					24					31				42					62			
	Bronzé					24					31				42					62			
	Doré à la pile					24					31				42					62			
	Nickelé					26					34				46					68			
2887	Façon doré			16	23		33			40		46											
	Argenté			18	27		36			46		55											
	Bronzé			18	27		36			48		55											
	Doré à la pile			18	27		38			46		56											
	Nickelé			20	29		41			52		60											
2888	Façon doré						19	27		36		46			57								
	Argenté						23	31		41		53			66								
	Bronzé						23	31		41		53			60								
	Doré à la pile						23	31		41		53			66								
	Nickelé						26	34		44		57			72								
2889	Façon doré					17			22			28			35		48						
	Argenté					20			26			32			43		56						
	Bronzé					20			26			37			43		56						
	Doré à la pile					20			26			32			43		56						
	Nickelé					22			28			35			47		61						
2890	Façon doré				10	14			18		22			28		42							
	Argenté				12	16			21		26			37		46							
	Bronzé				12	16			21		26			37		46							
	Doré à la pile				12	16			21		26			37		46							
	Nickelé				13	16			23		26			40		51							
2891	Façon doré								26					41		52							
	Argenté								30					47		60							
	Bronzé								30					47		60							
	Doré à la pile								30					47		60							
	Nickelé								32					50		64							
2892	Façon doré	10	14		20			30		40		50											
	Argenté	12	17		24			36		46		60											
	Bronzé	12	17		24			36		48		60											
	Doré à la pile	12	17		24			36		46		60											
	Nickelé	13	19		26			39		52		66											
2893	Façon doré								36			42			49				55				
	Argenté								40			47			55				64				
	Bronzé								40			47			55				64				
	Doré à la pile								40			47			55				64				
	Nickelé								43			50			59				70				
2894	Façon doré					25				30				39					50				
	Argenté					28				34				44					56				
	Bronzé					28				34				44					56				
	Doré à la pile					28				34				44					56				
	Nickelé					30				37				48					61				
2895	Façon doré			16		24		33		42		55											
	Argenté			18		28		38		50		66											
	Bronzé			18		28		38		50		66											
	Doré à la pile			18		28		38		50		66											
	Nickelé			20		30		41		54		74											
2896	Façon doré							18			26			34					45				
	Argenté							21			30			41					54				
	Bronzé							21			30			41					54				
	Doré à la pile							21			30			41					54				
	Nickelé							23			33			44					59				
2897	Façon doré					10	14	17		20			29		34								
	Argenté					12	16	20		23			34		40								
	Bronzé					12	16	20		23			34		40								
	Doré à la pile					12	16	20		23			34		40								
	Nickelé					14	18	22		26			37		43								
2898	Façon doré							26					36				51						
	Argenté							31					43				61						
	Bronzé							31					43				61						
	Doré à la pile							31					43				61						
	Nickelé							34					47				67						

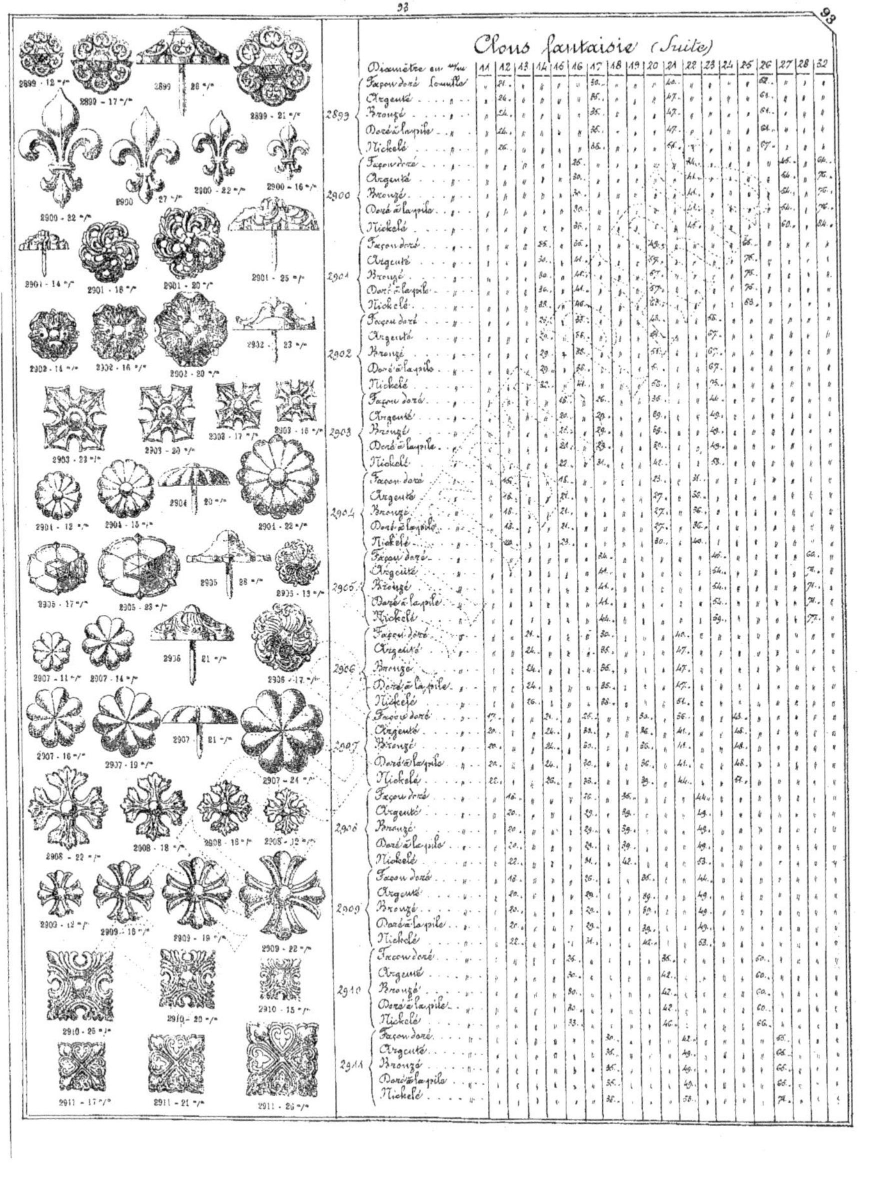

Clous fantaisie (Suite)

	Diamètre en m/m	11	12	13	14	15	16	17	18	19	20	21	22	23	24	25	26	27	28	32
2899	Façon doré [illegible]		21					30				40					62			
	Argenté		24					35				47					64			
	Bronzé		24					35				47					64			
	Doré à la pile		24					35				47					64			
	Nickelé		26					38				51					67			
2900	Façon doré						26						34					46		64
	Argenté						30						41					54		76
	Bronzé						30						41					54		76
	Doré à la pile						30						41					54		76
	Nickelé						35						46					60		84
2901	Façon doré				25		36				49					66				
	Argenté				30		41				57					76				
	Bronzé				30		41				57					76				
	Doré à la pile				30		41				57					76				
	Nickelé				33		46				63					83				
2902	Façon doré				25		33				48			55						
	Argenté				29		36				54			67						
	Bronzé				29		38				54			67						
	Doré à la pile				29		36				54			67						
	Nickelé				32		41				58			75						
2903	Façon doré					18		26			36			44						
	Argenté					20		29			39			49						
	Bronzé					21		29			39			49						
	Doré à la pile					21		29			39			49						
	Nickelé					22		31			42			53						
2904	Façon doré		15			18					23		31							
	Argenté		16			21					27		32							
	Bronzé		18			21					27		36							
	Doré à la pile		18			21					27		36							
	Nickelé		20			23					30		40							
2905	Façon doré							24						46					60	
	Argenté							41						54					71	
	Bronzé							41						54					71	
	Doré à la pile							41						54					71	
	Nickelé							44						59					77	
2906	Façon doré			21				30				40								
	Argenté			24				35				47								
	Bronzé			24				35				47								
	Doré à la pile			24				35				47								
	Nickelé			26				38				51								
2907	Façon doré	17			21		26			30		36			43					
	Argenté	20			24		30			36		41			48					
	Bronzé	20			24		30			36		41			48					
	Doré à la pile	20			24		30			36		41			48					
	Nickelé	22			26		33			39		44			51					
2908	Façon doré		16				26		35				44							
	Argenté		20				29		39				49							
	Bronzé		20				29		39				49							
	Doré à la pile		20				29		39				49							
	Nickelé		22				31		42				53							
2909	Façon doré		18				26			35			44							
	Argenté		20				29			39			49							
	Bronzé		20				29			39			49							
	Doré à la pile		20				29			39			49							
	Nickelé		22				31			42			53							
2910	Façon doré					26					36					60				
	Argenté					30					42					60				
	Bronzé					30					42					60				
	Doré à la pile					30					42					60				
	Nickelé					33					46					66				
2911	Façon doré							30				42					65			
	Argenté							36				49					66			
	Bronzé							36				49					66			
	Doré à la pile							36				49					66			
	Nickelé							38				58					74			

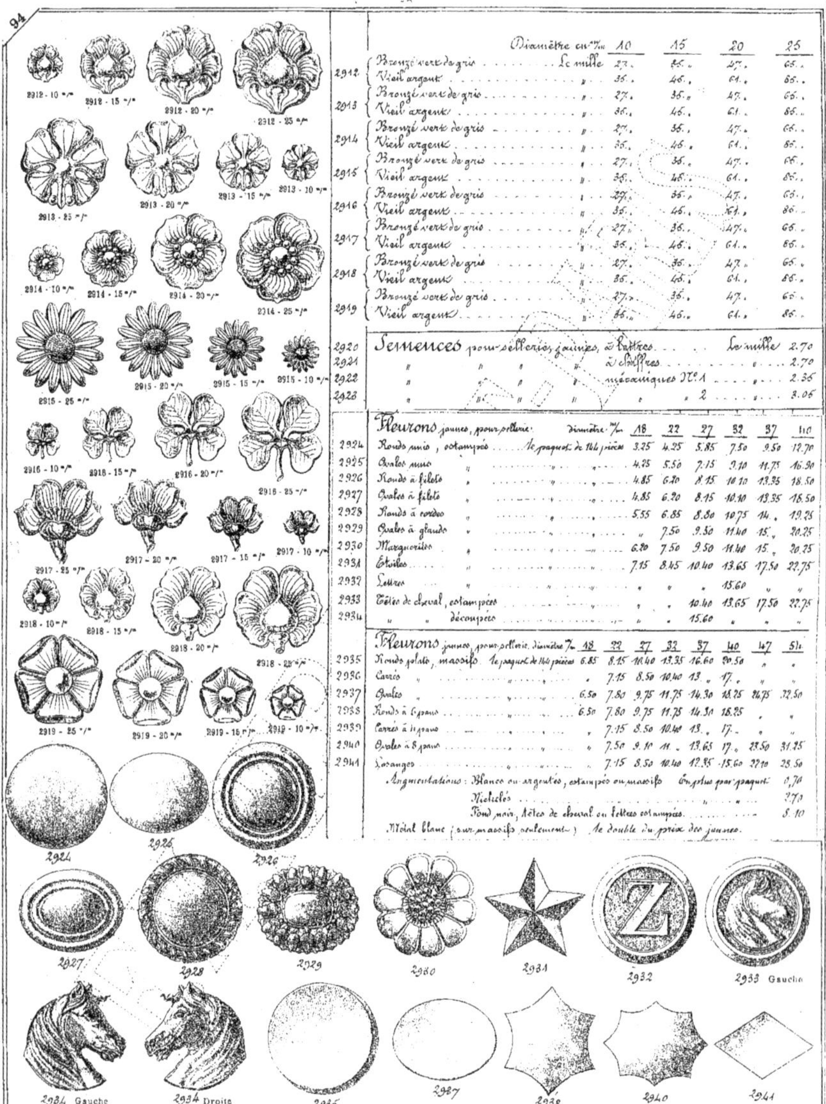

		Diamètre en m/m	10	15	20	25
2912	Bronzé vert de gris	Le mille	27.	35.	47.	65.
	Vieil argent	"	36.	46.	61.	86.
2913	Bronzé vert de gris	"	27.	35.	47.	65.
	Vieil argent	"	36.	45.	61.	86.
2914	Bronzé vert de gris	"	27.	35.	47.	66.
	Vieil argent	"	35.	46.	61.	86.
2915	Bronzé vert de gris	"	27.	35.	47.	66.
	Vieil argent	"	35.	45.	61.	85.
2916	Bronzé vert de gris	"	27.	35.	47.	65.
	Vieil argent	"	35.	45.	61.	86.
2917	Bronzé vert de gris	"	27.	36.	47.	65.
	Vieil argent	"	35.	45.	61.	86.
2918	Bronzé vert de gris	"	27.	35.	47.	65.
	Vieil argent	"	35.	45.	61.	85.
2919	Bronzé vert de gris	"	27.	35.	47.	65.
	Vieil argent	"	36.	46.	61.	85.

	Semences pour selleries, jaunes,		
2920	à lettres	Le mille	2.70
2921	" " " " à chiffres	"	2.70
2922	" " " " mécaniques N°. 1	"	2.36
2923	" " " " " 2	"	3.06

	Fleurons jaunes, pour sellerie.	diamètre m/m	18	22	27	32	37	40
2924	Ronds unis, estampés	le paquet de 144 pièces	3.25	4.25	5.85	7.50	9.50	12.70
2925	Ovales unis	"	4.25	5.50	7.15	9.10	11.75	16.90
2926	Ronds à filets	"	4.85	6.20	8.15	10.10	13.35	18.50
2927	Ovales à filets	"	4.85	6.20	8.15	10.10	13.35	18.50
2928	Ronds à cordes	"	5.55	6.85	8.80	10.75	14. "	19.25
2929	Ovales à glands	"	"	7.50	9.50	11.40	15. "	20.25
2930	Marguerites	"	6.20	7.50	9.50	11.40	15. "	20.25
2931	Etoiles	"	7.15	8.45	10.40	13.65	17.50	22.75
2932	Lettres	"	"	"	"	15.60	"	"
2933	Têtes de cheval, estampées	"	"	"	10.40	13.65	17.50	22.75
2934	" " découpées	"	"	"	15.60	"	"	"

	Fleurons jaunes, pour sellerie.	diamètre m/m	18	22	27	32	37	40	47	54
2935	Ronds plats, massifs	le paquet de 144 pièces	6.85	8.15	10.40	13.35	16.60	20.50	"	"
2936	Carrés	"	"	7.15	8.50	10.40	13. "	17. "	"	"
2937	Ovales	"	6.50	7.80	9.75	11.75	14.30	18.25	24.75	32.50
2938	Ronds à 6 pans	"	6.50	7.80	9.75	11.75	14.30	18.25	"	"
2939	Carrés à 4 pans	"	"	7.15	8.50	10.40	13. "	17. "	"	"
2940	Ovales à 8 pans	"	"	7.50	9.10	11. "	13.65	17. "	23.50	31.25
2941	Losanges	"	"	7.15	8.50	10.40	12.35	15.60	22.10	28.50

Augmentations : Blancs ou argentés, estampés ou massifs — En plus par paquet 0,70
Nickelés — " " 2.70
Fond noir, têtes de cheval ou lettres estampées — 5.10
Métal blanc (sur massifs seulement) le double du prix des jaunes.

Clous à gorges pour sellerie

		N°s 1	2	3
	Diamètre de la tête en m/m	10	11	12
2942	Vernis noirs, à pointe. Le paquet de 144 pièces	3.65	4.60	5.80
2943	Cuivre poli " " "	9.20	11.25	14.10
2944	" nickelé " " "	12.10	14.15	17. »
2945	Vernis noirs, à vis " "	"	"	8.35
2946	Cuivre poli " " "	"	"	14.00
2947	" nickelé " " "	"	"	17.40

Clous d'emballage pour capitonnage

		Diamètre en m/m 7	8
2948	Jaunes, blancs ou noirs (Bien préciser la couleur) Le paquet de 144 pièces	0.85	1.05
2949	Os blanc " "	1.40	1.40
2950	Cuivre nickelé " "	1.20	1.40
2951	Métal blanc " "	1.70	2.10

Clous de sellettes, bombés

		Diamètre en m/m 10	12	14
2952	Jaunes, blancs ou noirs (Bien préciser la couleur) Le paquet de 144 pièces	1.05	1.40	1.75
2953	Cuivre nickelé " "	1.40	1.75	2.10
2954	Métal blanc " "	2.10	2.80	3.50

Clous de selles, plats

		Diamètre en m/m 10	12	14
2955	Jaunes, blancs ou noirs (Bien préciser la couleur) Le paquet de 144 pièces	1.05	1.40	1.75
2956	Cuivre nickelé " "	1.40	1.75	2.10
2957	Métal blanc " "	2.10	2.80	3.50

Clous pour plaques de sellette

		Diamètre en m/m 10	11	12
2958	Jaunes, blancs ou noirs (Bien préciser la couleur) Le paquet de 144 pièces	1.75	2.10	2.45
2959	Cuivre nickelé " "	2.10	2.45	2.80
2960	Métal blanc " "	3.50	4.20	4.90

Clous à glace, coudés

		Longueur m/m 55	60	70	80	95	110	120	140
2961	Fer, tête dorée. Les % paires	12.85	12.85	14.30	17.15	18.60	21.50	28.60	33. »
2962	" tête cuivre fondu à coquille			20. »	20. »	20. »	22. »	"	.

Clous à tapis en cuivre

		N°s 0	1	2	3	4
	Longueur de la tige m/m	58	60	62	64	64
2963	Douille fondue unie. Le cent	6.25	7.50	8.75	10. »	13. »
2964	" " à arêtes, à pression "	7.25	8.50	9.75	11.25	14.50

Clous à tapis en cuivre

		N°s 0	1	2	3	4	5
	Longueur de la tige m/m	55	59	61	63	65	67
2965	Douille fondue à arêtes vives. Le cent	6.90	7.60	8.70	10.50	13.50	18. »

Clous à tapis en cuivre

		N°s 0	1	2	3
	Longueur de la tige m/m	35	40	45	50
2966	Douille fondue, à vis, à arêtes vives. Le cent	13.05	14.50	17.40	24. »

Clouterie en tous genres (Cours variable)

Semences et bossettes

	Poids approximatif en onces, des 1000 pièces	2°	3°	4°	5°	6°	8°	10°	12°
	Longueur en lignes françaises	2 ½	3	3 ½	4	4	5	5	6
2967	En tôle mixte. Les % kilogs	142.50	105. »	97.50	90. »	82.50	76. »	72. »	70.50
2968	En acier, tête large, dites américaines "	165. »	120. »	112.50	97.50	90. »	82.50	81. »	78. »

	Poids approximatif en onces, des 1000 pièces	14°	16°	20°	24°	28°	32°	36°	40° et au dessus
	Longueur en lignes françaises	6	7	8	9	10	11	12	12
2967	En tôle mixte. Les % K°s	66. »	64.50	61.50	60. »	58.50	57. »	55.50	54. »
2968	En acier, tête large, dites américaines	75. »	70.50	67.50	66. »	64.50	63. »	61.50	60. »

Semences et bossettes acier, tige quadrangulaire évidées spéciales pour tapissiers

2969	Poids approximatif en onces des 1000 pièces	2	2 ½	3	4	5	6	8	10
	Longueur en lignes françaises	2	2 ½	3	3 ½	4	4	5	5
	Les cent kilogs	210. »	180. »	156. »	144. »	135. »	120. »	110. »	104. »
	Poids approximatif en onces des 1000 pièces	12	14	16	20	24	28	32	36
	Longueur en lignes françaises	6	6	7	8	9	10	11	12
2969	Les cent kilogs	101. »	100. »	96. »	94. »	94. »	94. »	94. »	94. »

2970 **Semences** acier, tige quadrangulaire, évidées, en petites boîtes petites, moyennes, grosses. Poids et longueurs 6/4 8/5 12/6 Les % boîtes 9.30

Semences 2967

Bossettes 2967

Bossettes blanchies 2973

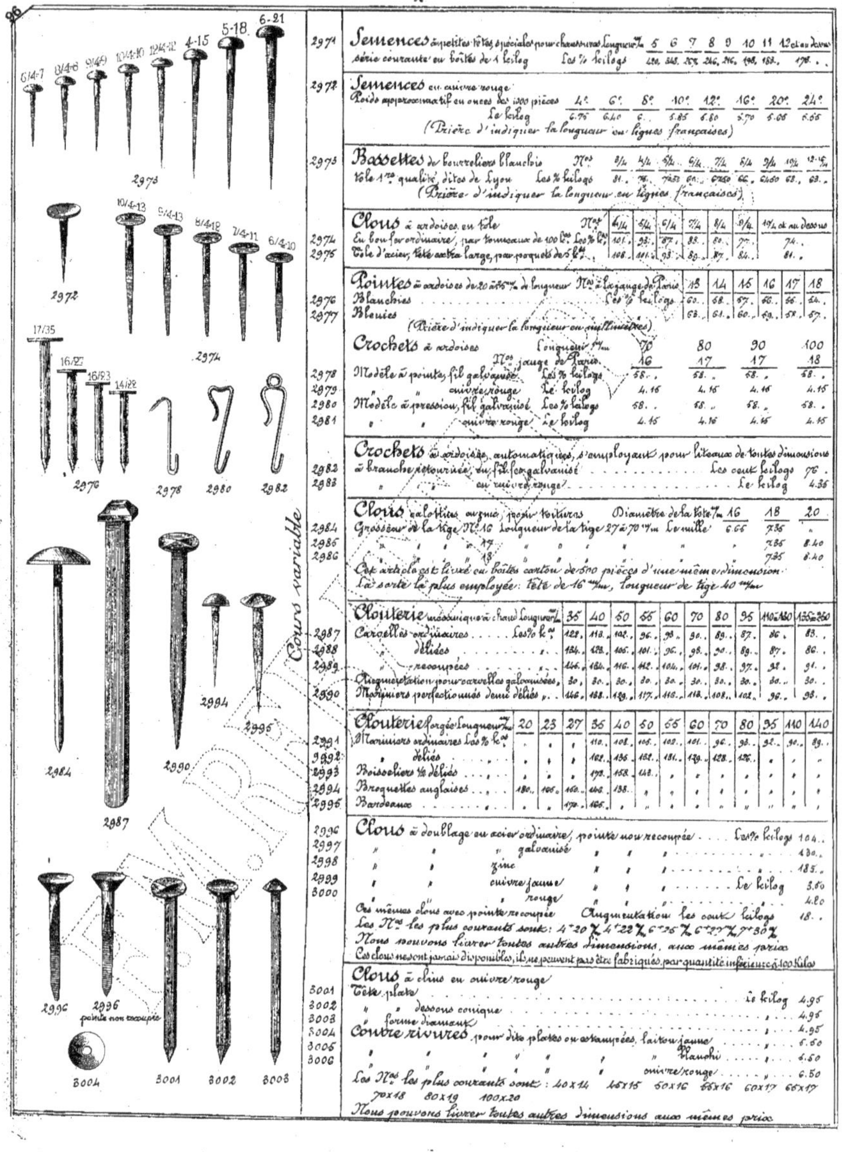

Semences à petites têtes, spéciales pour chaussures

		Longueur m/m	5	6	7	8	9	10	11	12 et au dessus
2971	série courante en boîtes de 1 kilog	Les % kilogs	420.	345.	258.	246.	216.	198.	183.	178. .

Semences en cuivre rouge

		4°	6°	8°	10°	12°	16°	20°	24°
2972	Poids approximatif en onces des 1000 pièces — Le kilog	6.75	6.40	6. .	5.85	5.80	5.70	5.65	5.55

(Prière d'indiquer la longueur en lignes françaises)

Bossettes de bourreliers blanchis

		Nos	3/4	4/4	5/4	6/4	7/4	8/4	9/4	10/4	12-15/4
2973	tôle 1re qualité, dites de Lyon	Les % kilogs	81. .	76. .	72.50	69. .	67.50	66. .	64.60	63. .	63. .

(Prière d'indiquer la longueur en lignes françaises)

Clous à ardoises en tôle

		Nos	4/4	5/4	6/4	7/4	8/4	9/4	10/4 et au dessus
2974	En bon fer ordinaire, par tonneaux de 100 kos	Les % kos	101. .	93. .	87. .	83. .	80. .	77. .	74. .
2975	Tôle d'acier, tête extra large, par paquets de 5 kos		108. .	101. .	93. .	89. .	87. .	84. .	81. .

Pointes à ardoises de 20 à 25 m/m de longueur

		Nos à la jauge de Paris	13	14	15	16	17	18
2976	Blanchies	Les % kilogs	60. .	58. .	57. .	56. .	55. .	54. .
2977	Bleuies		63. .	61. .	60. .	59. .	58. .	57. .

(Prière d'indiquer la longueur en millimètres)

Crochets à ardoises

		Longueur m/m	70	80	90	100
		Nos jauge de Paris	16	17	17	18
2978	Modèle à pointe, fil galvanisé	Les % kilogs	58. .	58. .	58. .	58. .
2979	" " cuivre rouge	Le kilog	4.15	4.15	4.15	4.15
2980	Modèle à pression, fil galvanisé	Les % kilogs	58. .	58. .	58. .	58. .
2981	" " cuivre rouge	Le kilog	4.15	4.15	4.15	4.15

Crochets à ardoises, automatiques, s'employant pour liteaux de toutes dimensions

2982 à branche retournée, en fil fer galvanisé . . . . Les cent kilogs 76. .

2983 " " en cuivre rouge . . . . Le kilog 4.35

Clous calottins en zinc, pour toitures

		Diamètre de la tête m/m	16	18	20
2984	Grosseur de la tige No 16 longueur de la tige 27 à 70 m/m	Le mille	6.65	7.35	"
2985	" " " 17 " " "	"	"	7.35	8.40
2986	" " " 18 " " "	"	"	7.35	8.40

Cet article est livré en boîtes carton de 500 pièces d'une même dimension.
La sorte la plus employée: tête de 16 m/m, longueur de tige 40 m/m

Clouterie mécanique à chaud

		Longueur m/m	35	40	50	55	60	70	80	95	110 à 130	135 à 260
2987	Caravelles ordinaires	Les % kos	122.	113.	102.	96.	93.	90.	89.	87.	86.	83. .
2988	" déliées	"	124.	123.	105.	101.	96.	93.	90.	89.	87.	86. .
2989	" recoupées	"	146.	134.	116.	112.	104.	101.	98.	97.	92.	91. .
	Augmentation pour caravelles galvanisées		30.	30.	30.	30.	30.	30.	30.	30.	30.	30. .
2990	Mariniers perfectionnés demi déliés	"	146.	138.	129.	117.	116.	113.	108.	102.	96.	93. .

Clouterie forgée

		Longueur m/m	20	23	27	35	40	50	55	60	70	80	95	110	140
2991	Mariniers ordinaires	Les % kos	"	"	"	110.	108.	105.	102.	101.	96.	93.	92.	90.	89.
2992	" déliés	"	"	"	"	162.	136.	132.	131.	129.	128.	126.	"	"	"
2993	Boisseliers ½ déliés	"	"	"	"	172.	158.	148.	"	"	"	"	"	"	"
2994	Broquettes anglaises	"	180.	166.	160.	146.	138.	"	"	"	"	"	"	"	"
2995	Bardeaux	"	"	"	170.	166.	"	"	"	"	"	"	"	"	"

Clous à doublage en acier ordinaire, pointe non recoupée

2996 Clous à doublage en acier ordinaire, pointe non recoupée . . . Les % kilogs 104. .
2997 " " " galvanisé " " " . . . . " 130. .
2998 " " zinc " " " . . . . " 185. .
2999 " " cuivre jaune " " " . . . . . . Le kilog 3.60
3000 " " " rouge " " " 4.20

Ces mêmes clous avec pointe recoupée — Augmentation les cent kilogs 18. .
Les Nos les plus courants sont: 4×20 m/m 4×22 m/m 6×25 m/m 6×27 m/m 7×30 m/m
Nous pouvons livrer toutes autres dimensions, aux mêmes prix
Ces clous ne sont jamais disponibles, ils ne peuvent pas être fabriqués par quantité inférieure à 100 kilos

Clous à clins en cuivre rouge

3001 Tête plate . . . . Le kilog 4.95
3002 " " dessous conique . . . . " 4.95
3003 " forme diamant . . . . " 4.95
3004 **Contre rivures** pour dits plates ou estampées, laiton jaune . . . " 6.50
3005 " " " " " " blanchi . . . . " 6.50
3006 " " " " " " cuivre rouge . . . . " 6.50

Les Nos les plus courants sont: 40x14 45x15 50x16 55x16 60x17 65x17 70x18 80x19 100x20
Nous pouvons livrer toutes autres dimensions aux mêmes prix

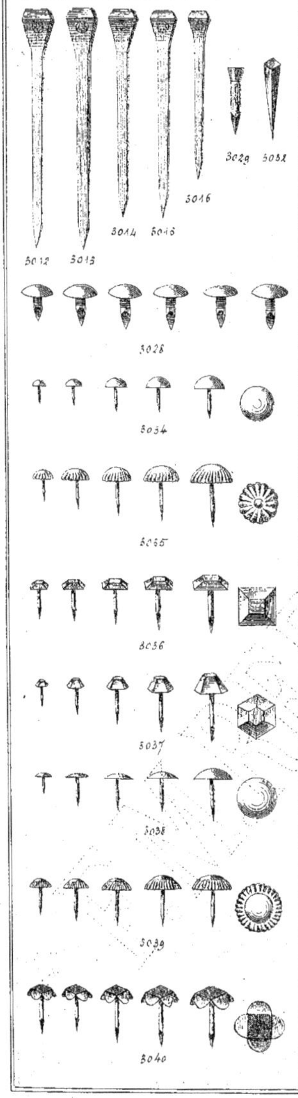

3012 3013 3014 3015 3016 3029 3032 3028 3034 3035 3036 3037 3038 3039 3040

Clous à cheval, fabrication Norvégienne. Cours variable. Remise suivant quantité.

			N°s	00	0	1	2	3	4	5	6	7	8	9	10	11
3007	JE longs collets	Les % K°s		.	.	230..	210..	180..	160..	150..	145..	140..	135.	130..	.	.
3008	JG ½ longs collets	„		350.	300..	230..	210..	180..	160..	150..	145..	140.	135.	130.	.	.
3009	JD courts collets	„		.	.	.	.	.	210..	195..	185..	170.	160..	155.	150..	145..
3010	C à neige	„		.	.	.	.	180..	.	150..	.	140..		130..	.	.
3011	CTT à glace	„		.	.	.	.	180..	.	150..	.	140..	.	130..	.	.
3012	JE longs collets	Le mille		.	.	6.75	7.25	7.75	8.50	9.75	11.25	12.60	14.50	17.25	.	.
3013	JC ½ longs collets	„		5.50	6.25	6.75	7.25	7.75	8.50	9.75	11.25	12.60	14.60	17.75	.	.
3014	JD courts collets	„		.	.	.	.	.	7..	7.50	8..	8.40	8.80	9.20	9.75	10.50
3015	D anglais	„		.	.	.	.	.	7..	7.60	8..	8.40	8.80	9.20	9.60	10..
3016	B à bœufs	„		5.30	5.50	6..	6.40	6.80	7.60	.	.	.	.	.	.	.

Clous à cheval, fabrication Française, qualité extra. Cours variable. Remise suivant quantité.

			N°s	00	0	1	2	3	4	5	6	7	8	9
3017	Longs collets	Les cent kilogs		360..	300..	230..	210..	180..	160..	150..	145.	140..	135.	160..
3018	½ longs collets	„		360..	300..	230..	210..	180..	160..	150..	145..	140..	135.	130..
3019	à bœufs	Le mille		5.30	5.60	6..	6.40	6.80	9.30	.	.	.	.	.

Clous à cheval Marques à la Couronne ou à la Clé. Modèles spéciaux pour l'Exportation

Ne se livrent pas en France. Cours variable

			N°s	1	2	3	4	5	6	7	8	9	10	11	12
3020	JN blanchis	Les % kilogs		.	.	148..	137..	151..	125..	120..	119..	116..	115..	114..	114..
3021	VF	„		.	.	211..	190..	169.	146..	137..	123..	119..	116..	115..	114..
3022	JA	„		.	.	211..	190..	169..	146..	137..	123..	119..	116..	115..	114..
3023	AV	„		.	.	211..	190..	169..	146..	137..	123..	119..	116..	115..	114..
3024	AM	„		.	.	211..	190..	169..	146..	137..	123..	119..	116..	115..	114..
3025	EP	„		.	.	211..	190..	176..	152..	143..	133..	123..	119..	116..	115..
3026	SA	pour bœufs et mulets		151..	131..	129..	126..	125..	.	.	.	.	.	.	.
3027	M	„		151..	131..	129..	126..	125..	.	.	.	.	.	.	.

Ces mêmes clous se font bleuis au lieu de blanchis. Augmentation les % kilogs 1.70
Pour commandes d'au moins 500 kilogs en une seule fois : Franco emballage en barils ou caisses. Franco bord Hambourg ou Anvers

Clouterie pour chaussures

Cours variable

			N°s	13	14	15	16	17	18	19	20	21	22 et plus
3028	Becquets	Les cent kilogs		168.	145..	135.	115..	105..	96..	90..	86.	80..	85..

Chevilles rondes, en fil de fer

			N°s	7	8	9	10	11	12	13	14	15	16	17	18
3029	Longueur 5 à 7 m/m	Les % k°s		146..	140..	136..	130..	126..	120..	116..	110..	.	.	.	.
3030	„ 8 à 12 m/m	„		130..	124..	120..	114..	110..	104..	100..	94..	90..	84..	.	.
3031	„ 13 à 36 m/m	„		124..	115..	114..	105..	104..	98..	94..	86..	84..	78..	74..	68..

3031bis Ces mêmes chevilles se font en laiton (prix suivant cours)

Chevilles de Valenciennes

			N°s	3	4	5	6	8	10	12	16	20	24	28	32	36	40 à 48
3032	en paquets de 5 k°s net	Les % k°s		160.	135.	126.	115.	110.	107.	106.	100.	96.	90.	89.	88.	87.	85.
3033	en tonneaux de 100 k°s	„		165.	133.	123.	113.	108.	105.	103.	98.	93.	88.	87.	86.	85.	83.

Clouterie mécanique, tiges extra fines

N°s 3034 Bombés — 3035 Bombés rayés — 3036 Cabochés — 3037 Couronnés — 3038 Platrons — 3039 Platrons ornés — 3040 4 pans refrappés

Prix du N° 3034 Bombés unis

2/4 2½	Les % K°s	165..	5/4 4	Les % K°s	108..	7/4 5	Les % K°s	94..	10/4 4½	Les % K°s	81..
2/4 3	„	168..	5/4 4½	„	111..	8/4 3½	„	85..	10/4 5	„	83..
3/4 3	„	138..	5/4 5	„	115..	8/4 4	„	85..	10/4 5½	„	86..
3/4 3½	„	138..	6/4 3	„	97..	8/4 4½	„	87..	10/4 6	„	89..
3/4 4	„	144..	6/4 3½	„	97..	8/4 5	„	89..	12 à 16/4 4	„	81..
4/4 3	„	118..	6/4 4	„	97..	8/4 5½	„	92..	12 à 16/4 4½	„	81..
4/4 3½	„	118..	6/4 4½	„	100..	8/4 6	„	95..	12 à 16/4 5	„	81..
4/4 4	„	123..	6/4 5	„	103..	9/4 4	„	83..	12 à 16/4 5½	„	84..
4/4 4½	„	128..	7/4 3½	„	89..	9/4 4½	„	83..	12 à 16/4 6	„	87..
5/4 3	„	105..	7/4 4	„	89..	9/4 5	„	85..	12 à 16/4 7	„	93..
5/4 3½	„	105..	7/4 4½	„	91..	10/4 4	„	81..			

Pour les N°s 3035 à 3039. Rayés, boutons cabochés, platrons unis ou ornés Plus value les % K°s 8..
Pour le N° 3040 – 4 pans refrappés . . . . 24..
3034 à 3040 Galvanisation des clous ci-dessus . . . . Les cent kilogs 40..

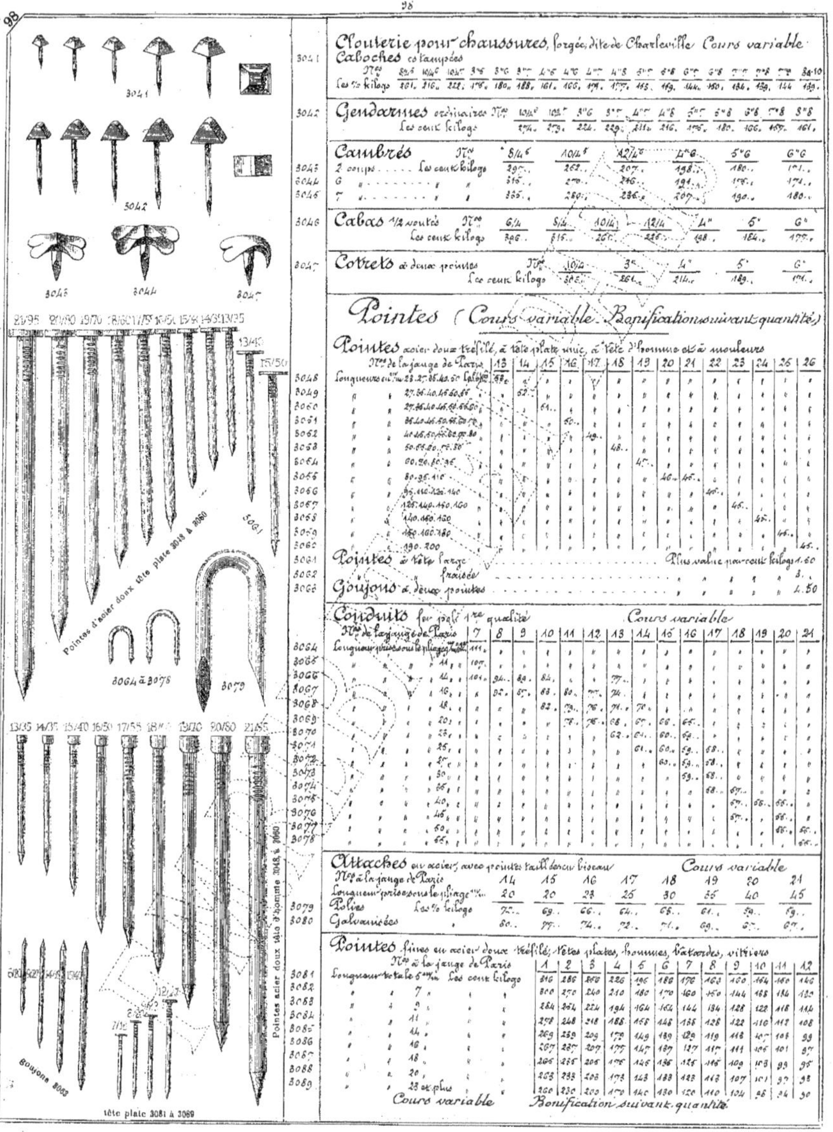

Clouterie pour chaussures, forgée, dite de Charleville — Cours variable

3041 **Caboches** estampées

Nos	8/4 5	10/4 6	10/4 7	3"5	3"6	3"7	4"5	4"6	4"7	4"8	5"7	5"8	6"7	6"8	7"7	7"8	7"9	8 à 10
Les % kilogs	261.	216.	222.	175.	180.	188.	161.	166.	171.	177.	155.	159.	144.	150.	134.	139.	144	139.

3042 **Gendarmes** ordinaires

Nos	10/4 6	10/4 7	3"6	3"7	4"7	4"8	5"7	5"8	6"8	7"8	8"8
Les cent kilogs	274.	279.	224.	229.	211.	216.	195.	180.	166.	157.	161.

Cambrés

	Nos	8/4 6	10/4 6	12/4 6	4"6	5"6	6"6
3043	2 coups ..... Les cent kilogs	297..	262..	207..	198..	180..	171..
3044	6 » ..... » »	316..	270..	246..	191..	175..	174..
3045	7 » ..... » »	335..	280..	236..	207..	190..	180..

3046 **Cabas** 1/2 voutés

Nos	6/4	8/4	10/4	12/4	4"	5"	6"
Les cent kilogs	396..	315..	266..	226..	198..	184..	177..

3047 **Cotrets** à deux pointes

Nos	10/4	3"	4"	5"	6"
Les cent kilogs	305..	261..	214..	189..	171..

Pointes (Cours variable. Bonification suivant quantité)

Pointes acier doux tréfilé, à tête plate unie, à tête d'homme et à mouleurs

	Nos de la jauge de Paris	13	14	15	16	17	18	19	20	21	22	23	24	25	26
3048	Longueurs en m/m 23.27.35.40.50 Les % kilogs	53.	»	»	»	»	»	»	»	»	»	»	»	»	»
3049	» » 27.35.40.45.50.55	»	52..	»	»	»	»	»	»	»	»	»	»	»	»
3050	» » 27.35.40.45.50.55.60	»	»	51..	»	»	»	»	»	»	»	»	»	»	»
3051	» » 35.40.45.50.55.60.70	»	»	»	50..	»	»	»	»	»	»	»	»	»	»
3052	» » 40.45.50.55.60.70.80	»	»	»	»	49..	»	»	»	»	»	»	»	»	»
3053	» » 50.55.60.70.80	»	»	»	»	»	48..	»	»	»	»	»	»	»	»
3054	» » 60.70.80.95	»	»	»	»	»	»	47..	»	»	»	»	»	»	»
3055	» » 80.95.110	»	»	»	»	»	»	»	46..	45..	»	»	»	»	»
3056	» » 95.110.125.140	»	»	»	»	»	»	»	»	»	45..	»	»	»	»
3057	» » 125.140.150.160	»	»	»	»	»	»	»	»	»	»	46..	»	»	»
3058	» » 140.160.180	»	»	»	»	»	»	»	»	»	»	»	45..	»	»
3059	» » 150.160.180	»	»	»	»	»	»	»	»	»	»	»	»	46..	»
3060	» » 190.200	»	»	»	»	»	»	»	»	»	»	»	»	»	45..

3061 **Pointes** à tête large .... Plus value par cent kilogs 1.60

3062 » » fraisée .... » » » » 3..

3063 **Goujons** à deux pointes .... » » » » 4.50

Conduits fer poli 1re qualité — Cours variable

	Nos de la jauge de Paris	7	8	9	10	11	12	13	14	15	16	17	18	19	20	21
3064	Longueur prise sous le pliage m/m Les % kilogs	111.	»	»	»	»	»	»	»	»	»	»	»	»	»	»
3065	» » » 11 » »	107.	»	»	»	»	»	»	»	»	»	»	»	»	»	»
3066	» » » 14 » »	101..	94..	89.	84.	»	»	77..	»	»	»	»	»	»	»	»
3067	» » » 16 » »	»	92.	87.	83.	80.	77.	74.	»	»	»	»	»	»	»	»
3068	» » » 18 » »	»	»	»	82..	79..	76.	71..	70.	»	»	»	»	»	»	»
3069	» » » 20 » »	»	»	»	»	78..	75..	68.	67.	66.	65..	»	»	»	»	»
3070	» » » 23 » »	»	»	»	»	»	»	62..	61..	60..	59..	»	»	»	»	»
3071	» » » 25 » »	»	»	»	»	»	»	»	61..	60..	59..	58..	»	»	»	»
3072	» » » 27 » »	»	»	»	»	»	»	»	»	60..	59..	58..	»	»	»	»
3073	» » » 30 » »	»	»	»	»	»	»	»	»	»	59..	58..	»	»	»	»
3074	» » » 35 » »	»	»	»	»	»	»	»	»	»	»	58..	57..	»	»	»
3075	» » » 40 » »	»	»	»	»	»	»	»	»	»	»	»	57..	56..	56..	»
3076	» » » 45 » »	»	»	»	»	»	»	»	»	»	»	»	57..	»	56..	»
3077	» » » 50 » »	»	»	»	»	»	»	»	»	»	»	»	»	»	56..	56..
3078	» » » 55 » »	»	»	»	»	»	»	»	»	»	»	»	»	»	»	56..

Attaches en acier, avec pointes taillées en biseau — Cours variable

	Nos à la jauge de Paris	14	15	16	17	18	19	20	21
	Longueur prise sous le pliage m/m	20	20	23	25	30	35	40	45
3079	Polies Les % kilogs	72..	69..	66..	64..	63..	61..	59..	59..
3080	Galvanisées »	80..	77..	74..	72..	71..	69..	67..	67..

Pointes fines en acier doux tréfilé, têtes plates, homme, batardes, vitriers

	Nos à la jauge de Paris	1	2	3	4	5	6	7	8	9	10	11	12
3081	Longueur totale 5 m/m Les cent kilogs	316	286	256	226	196	186	176	163	160	154	150	146
3082	» » 7 » » »	300	270	240	210	180	170	160	150	144	138	134	130
3083	» » 9 » » »	284	254	224	194	164	164	144	134	128	122	118	114
3084	» » 11 » » »	278	248	218	188	158	148	138	128	122	116	112	108
3085	» » 14 » » »	269	239	209	179	149	139	129	119	113	107	103	99
3086	» » 16 » » »	267	237	207	177	147	137	127	117	111	105	101	97
3087	» » 18 » » »	265	235	205	175	145	135	125	115	109	103	99	95
3088	» » 20 » » »	263	233	203	173	143	133	123	113	107	101	97	93
3089	» » 23 et plus » »	260	230	200	170	140	130	120	110	104	98	94	90

Cours variable — Bonification suivant quantité

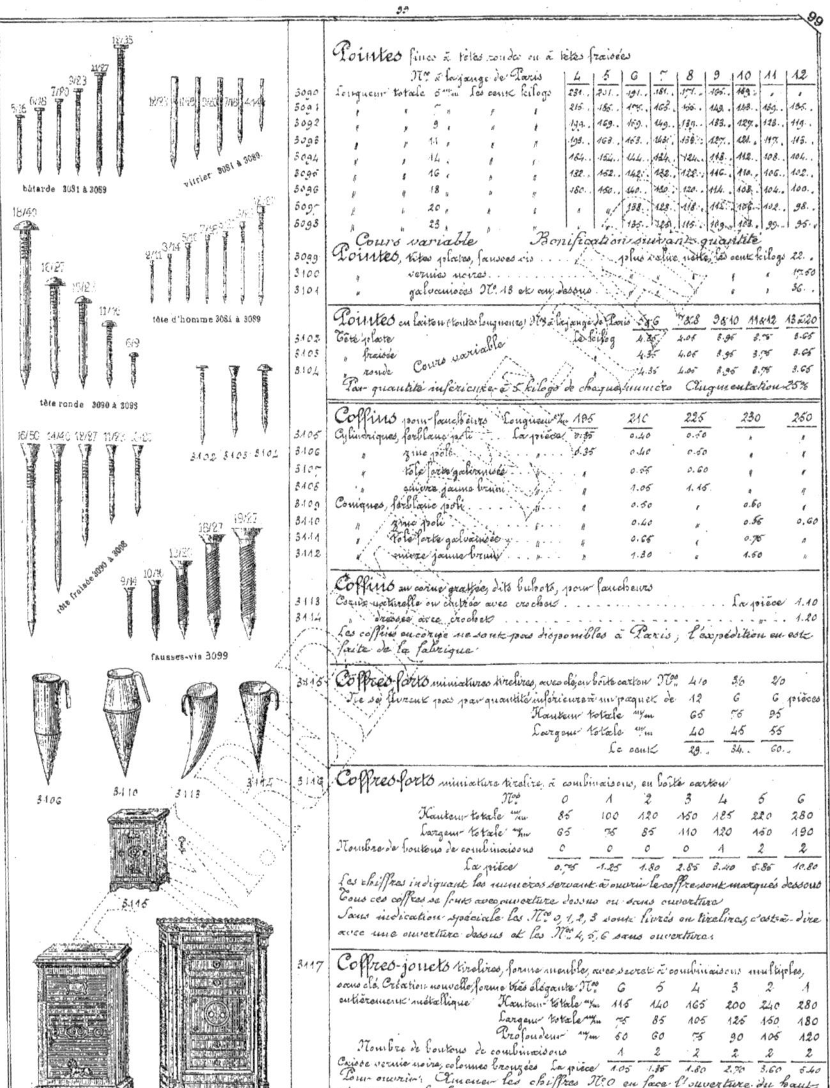

Pointes fines à têtes rondes ou à têtes fraisées

	Nos à la jauge de Paris	4	5	6	7	8	9	10	11	12
3090	Longueur totale 5 m/m Les cent kilogs	231..	201..	191..	181..	171..	165..	159..	,,	,,
3091	,, ,, 7 ,, ,, ,,	215..	185..	175..	163..	155..	149..	143..	139..	135..
3092	,, ,, 9 ,, ,, ,,	199..	169..	159..	149..	139..	133..	127..	123..	119..
3093	,, ,, 11 ,, ,, ,,	193..	163..	153..	143..	133..	127..	121..	117..	113..
3094	,, ,, 14 ,, ,, ,,	164..	154..	144..	124..	124..	118..	112..	108..	104..
3095	,, ,, 16 ,, ,, ,,	132..	152..	142..	132..	122..	116..	110..	106..	102..
3096	,, ,, 18 ,, ,, ,,	150..	150..	140..	130..	120..	114..	108..	104..	100..
3097	,, ,, 20 ,, ,, ,,	,,	,,	138..	128..	118..	112..	106..	102..	98..
3098	,, ,, 23 ,, ,, ,,	,,	,,	135..	125..	115..	109..	103..	99..	95..

Cours variable Bonification suivant quantité

3099 **Pointes**, têtes plates, fausses vis . . . . plus value nette, les cent kilogs 22..
3100 ,, vernies noires . . . . . . ,, 17.50
3101 ,, galvanisées No. 13 et au dessous . . . . ,, 36..

Pointes en laiton (toutes longueurs) Nos à la jauge de Paris

		5 à 6	7 à 8	9 à 10	11 à 12	13 à 20
3102	Tête plate Le kilog	4.35	4.05	3.95	3.75	3.65
3103	,, fraisée	4.35	4.05	3.95	3.75	3.65
3104	,, ronde	4.35	4.05	3.95	3.75	3.65

Cours variable

Par quantité inférieure à 5 kilogs de chaque numéro Augmentation 25%

Coffins pour faucheurs

	Longueur m/m	195	210	225	230	250
3105	Cylindriques, ferblanc poli . . . La pièce	0.35	0.40	0.50	,,	,,
3106	,, zinc poli . . . ,,	0.35	0.40	0.50	,,	,,
3107	,, tôle forte galvanisée . . . ,,	,,	0.55	0.60	,,	,,
3108	,, cuivre jaune bruni . . . ,,	,,	1.05	1.15	,,	,,
3109	Coniques, ferblanc poli . . . ,,	,,	0.50	,,	0.60	,,
3110	,, zinc poli . . . ,,	,,	0.40	,,	0.55	0.60
3111	,, tôle forte galvanisée . . . ,,	,,	0.65	,,	0.75	,,
3112	,, cuivre jaune bruni . . . ,,	,,	1.30	,,	1.50	,,

Coffins en corne grattée, dits bulots, pour faucheurs

3113 Corne naturelle ou cintrée avec crochets . . . . La pièce 1.10
3114 ,, dressée avec crochets . . . . ,, 1.20

Les coffins en corne ne sont pas disponibles à Paris ; l'expédition en est faite de la fabrique

3115 **Coffres-forts** miniatures tirelires, avec clé, en boîte carton

	4/0	3/0	2/0	
Nos	4/0	3/0	2/0	
Ne se livrent pas par quantité inférieure à un paquet de	12	6	6	pièces
Hauteur totale m/m	65	75	95	
Largeur totale m/m	40	45	55	
Le cent	29..	34..	60..	

3116 **Coffres-forts** miniature tirelire, à combinaisons, en boîte carton

Nos	0	1	2	3	4	5	6
Hauteur totale m/m	85	100	120	150	125	220	280
Largeur totale m/m	65	75	85	110	120	150	190
Nombre de boutons de combinaisons	0	0	0	0	1	2	2
La pièce	0.75	1.25	1.80	2.85	3.40	5.85	10.80

Les chiffres indiquant les numéros servant à ouvrir le coffre sont marqués dessous
Tous ces coffres se font avec ouverture dessus ou sans ouverture
Sans indication spéciale les Nos 0, 1, 2, 3 sont livrés en tirelires, c'est-à-dire avec une ouverture dessus et les Nos 4, 5, 6 sans ouverture.

3117 **Coffres-jouets** tirelires, forme meuble, avec secret à combinaisons multiples, sans clé. Création nouvelle, forme très élégante entièrement métallique

Nos	6	5	4	3	2	1
Hauteur totale m/m	115	140	165	200	240	280
Largeur totale m/m	75	85	105	125	150	180
Profondeur m/m	50	60	75	90	105	120
Nombre de boutons de combinaisons	1	2	2	2	2	2
Caisse vernie noire, colonnes bronzées La pièce	1.05	1.35	1.80	2.70	3.60	5.40

Pour ouvrir : Amener les chiffres No 0 en face l'ouverture du haut et pousser les boutons à droite.

3118

3121

3127

3128

3132

3136

3140

3146

Coffrets plats, à poignées, avec serrure à gorge, 2 clefs

		Nos	0	1	1bis	2	3	4	5	6	7
	Longueur	%m	14	16	18	20	24	30	35	40	45
	Largeur	%m	10	12	13	16	18	22	27	30	35
	Hauteur	%m	6	7	8	9	10	11	12	14	15
3118	Acier moiré poli	La pièce	4.40	4.90	6.25	6.20	7.80	9.66	15.	16.66	26.
3119	" " nickelé	"	8.75	9.15	10.20	11.80	13.25	17.60	21.60	27.90	37.50
3120	" " poli incombustible (garni terre réfractaire	"	"	"	"	12.80	15.30	20.	24.80	30.25	41.
3121	" " " avec double fond	"	"	7.05	7.60	8.35	13.20	15.	17.25	22.25	33.
3122	" " " 2 boutons de combinaisons sans serrure	"	"	"	"	10.40	12.	14.05	"	"	"
3123	" " " 3 " " " "	"	"	"	"	"	14.	16.05	19.30	"	"
3124	" " " 4 " " " "	"	"	"	"	"	"	"	21.45	26.25	31.35
3125	" " " 2 " " " avec serrure	"	"	"	"	13.40	15.	17.05	"	"	"
3126	" " " 3 " " " "	"	"	"	"	"	17.	19.05	"	"	"
3127	" " " 4 " " " "	"	"	"	"	"	"	"	26.45	26.25	34.25

Augmentations :

			0	1	1bis	2	3	4	5	6	7
3128	Pour casier mobile à l'intérieur divisé en 4 compartiments	fr.	2.30	2.60	2.80	2.80	3.40	3.60	3.80	4.30	4.00
3129	" coffrets moirés vernis couleur acajou	"	1.	1.	1.	1.50	2.	3.	4.	5.	6.
3130	" " vernis faux bois	"	1.20	1.30	1.40	1.40	1.60	1.60	1.70	1.80	"
3131	" " bronzés gris fer	"	2.	2.30	2.50	2.50	3.	3.	3.30	3.60	"
3132	" " laqués décor chinois	"	4.	5.	6.	6.	7.	8.	10.50	12.	"
3133	" capitonnage à l'intérieur, satin toutes nuances, sans compartim.ts	fr.	3.50	6.	6.	6.	8.	10.	13.	17.	"
3134	" " " " avec "		"	9.	13.	13.	18.	24.	36.	50.	"
3135	" " " " avec compartiments et caisson à bijoux		"	12.	16.	15.	22.	28.	40.	56.	"

Seuls, les coffrets N° 3118 du N° 3 au N° 6 sont disponibles en magasin
Les autres grandeurs et autres coffrets ne sont fabriqués que sur demande
Les coffrets à combinaisons sont toujours fermés sur la lettre A
Pour changer la combinaison du coffret : Celui-ci étant ouvert, maintenir tiré de droite à gauche le piller intérieur, mettre les combinaisons sur les lettres choisies

Coffrets double enveloppe, tôle d'acier bronzée, angles fonte avec serrures à gorges 2 clés, caisse blindée

	Hauteur extérieure	%m	15	18	20	24	28	32	50
	Largeur "	%m	28	34	36	39	44	46	41
	Profondeur "	%m	18	21	26	28	34	37	32
3136	Sans combinaison	La pièce	31.50	39.	51.60	64.50	77.	"	"
3137	Avec 2 boutons de combinaisons	"	"	60.	64.50	77.	"	"	"
3138	" 2 " " et tablette intérieure	"	"	"		"	90.	110.	"
3139	" 2 " " " forme droite	"	"		"	"	"		180.

3140 Coffrets unis, double enveloppe tôle d'acier bronzée, série ordinaire, caisse blindée avec serrure à gorges, 2 clés, sans combinaison

Hauteur extérieure	%m	16	16	16	20
Largeur "	%m	28	32	35	38
Profondeur "	%m	18	20	25	27
La pièce		28.60	36.75	39.	46.60

Coffrets unis, double enveloppe en tôle d'acier bronzée avec serrure à gorges, 2 clés série forte

	Hauteur extérieure	%m	20	23	25	25	25
	Largeur "	%m	33	36	40	45	50
	Profondeur "	%m	24	25	25	25	29
3141	Caisse blindée, à 2 boutons de combinaisons	La pièce	52.	58.60	65.	"	"
3142	" " 3 " "	"	"	"	"	78.	91.
3143	" incombustible à 2 " "	"	"	78.	91.	"	"
3144	" " 3 " "	"	"	"	"	104.	117.

Coffrets forme haute, unis, enveloppe en tôle d'acier bronzée, avec serrure à gorges 2 clés et tablettes horizontales

	Hauteur extérieure	%m	40	50	55	60	80
	Largeur "	%m	40	36	44	50	55
	Profondeur "	%m	28	32	36	36	40
3145	Caisse blindée, à 2 boutons de combinaisons	La pièce	75.	"	"	"	"
3146	" " 3 " "	"	"	94.50	108.	"	"
3147	" " 4 " "	"	"	"	"	136.	202.50
3148	" incombustible, à 2 " "	"	88.	"	"	"	"
3149	" " 3 " "	"	"	116.	142.	"	"
3150	" " 4 " "	"	"	"	"	155.	253.

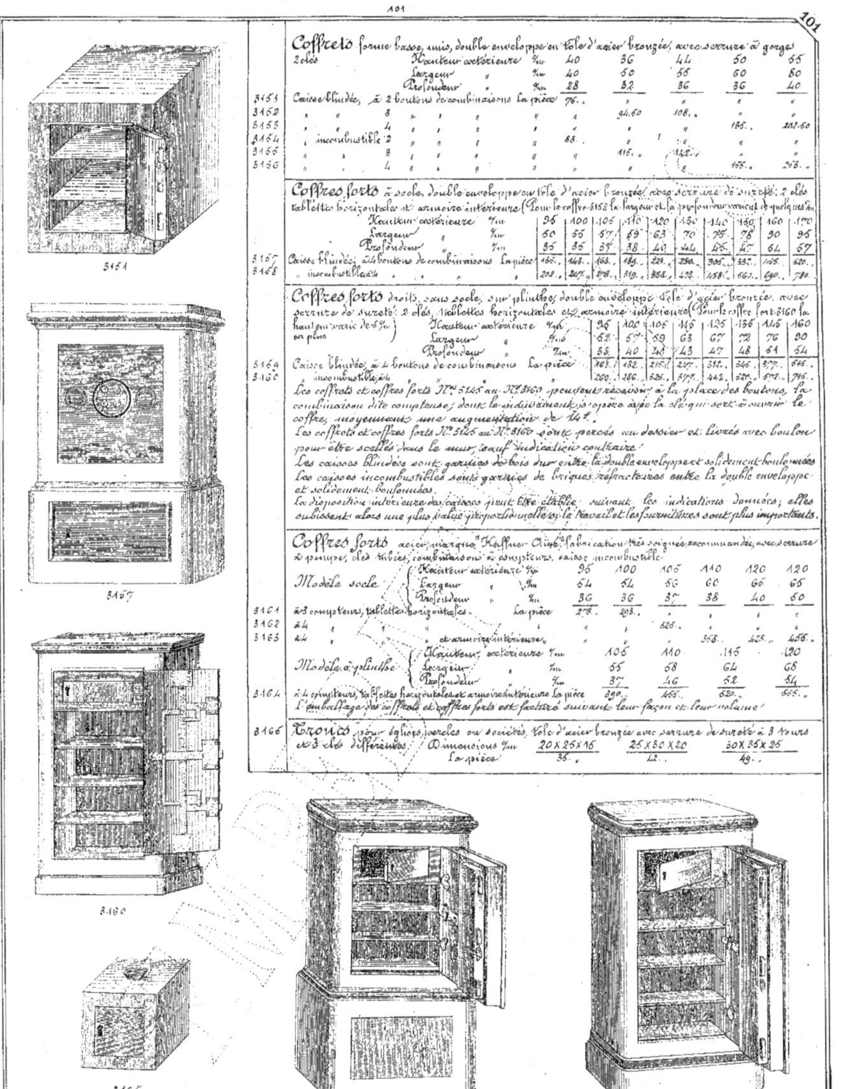

3151 3157 3160 3165 3161 3164

Coffrets forme basse, unis, double enveloppe en tôle d'acier bronzée, avec serrure à gorges 2 clés

	Hauteur extérieure	%	40	36	44	50	55
	Largeur "	%	40	50	55	60	80
	Profondeur "	%	28	32	36	36	40
3151	Caisse blindée, à 2 boutons de combinaisons	La pièce	76..	"	"	"	"
3152	" " 3 " " "	"	"	94.50	108..	"	"
3153	" " 4 " " "	"	"	"	"	135..	202.50
3154	" incombustible 2 " " "	"	68..	"	"	"	"
3155	" " 3 " " "	"	"	115..	142..	"	"
3156	" " 4 " " "	"	"	"	"	155..	253..

Coffres forts à socle, double enveloppe en tôle d'acier bronzée, avec serrure de sûreté; 2 clés tablettes horizontales et armoire intérieure (Pour le coffre 3158 la largeur et la profondeur varient de quelques %)

	Hauteur extérieure	%	95	100	105	110	120	130	140	150	160	170
	Largeur "	%	50	55	57	59	63	70	75	78	90	95
	Profondeur "	%	35	35	37	38	40	44	45	47	54	57
3157	Caisse blindée, à 4 boutons de combinaisons	La pièce	135..	148..	163..	183..	221..	250..	305..	335..	405..	620..
3158	" incombustible à 4 " " "	"	202..	247..	278..	319..	358..	423..	458..	560..	690..	780..

Coffres forts droits, sans socle, sur plinthe, double enveloppe tôle d'acier bronzée, avec serrure de sûreté 2 clés, tablettes horizontales et armoire intérieure (Pour le coffre fort 3160 la hauteur varie de 5 % en plus)

	Hauteur extérieure	%	95	100	105	115	125	135	145	160
	Largeur "	%	52	57	59	63	67	72	76	90
	Profondeur "	%	35	40	41	43	47	48	51	54
3159	Caisse blindée, à 4 boutons de combinaisons	La pièce	163..	182..	215..	247..	312..	345..	377..	645..
3160	" incombustible, à 4 " "	"	260..	286..	326..	377..	442..	520..	572..	745..

Les coffrets et coffres forts Nos 3145 au No 3160 peuvent recevoir à la place des boutons, la combinaison dite compteuse, dont le mouvement s'opère avec la clé qui sert à ouvrir le coffre, moyennant une augmentation de 14f.

Les coffrets et coffres forts No 3145 au No 3160 sont percés au dossier et livrés avec boulon pour être scellés dans le mur, sauf indication contraire.

Les caisses blindées sont garnies de bois dur entre la double enveloppe et solidement boulonnées

Les caisses incombustibles sont garnies de briques réfractaires entre la double enveloppe et solidement boulonnées.

La disposition intérieure des caisses peut être établie suivant les indications données; elles subissent alors une plus value proportionnelle si le travail et les fournitures sont plus importants.

Coffres forts acier, marque "Haffner Aîné" fabrication très soignée recommandée, avec serrure à pompe, clés tubes, combinaison à compteurs, caisse incombustible

Modèle socle	Hauteur extérieure	%	95	100	105	110	120	120
	Largeur "	%	54	54	56	60	65	65
	Profondeur "	%	36	36	37	38	40	50
3161	à 3 compteurs, tablettes horizontales	La pièce	273..	293..	"	"	"	"
3162	à 4 " " "	"	"	"	326..	"	"	"
3163	à 4 " " " et armoire intérieure	"	"	"	"	368..	425..	456..

Modèle à plinthe	Hauteur extérieure	%	105	110	115	120
	Largeur "	%	55	58	64	68
	Profondeur "	%	37	46	52	54
3164	à 4 compteurs, tablettes horizontales et armoire intérieure	La pièce	390..	455..	520..	565..

L'emballage des coffrets et coffres forts est facturé suivant leur façon et leur volume.

3166 **Troncs** pour églises, cercles ou sociétés, tôle d'acier bronzée avec serrure de sûreté à 3 tours et 3 clés différentes.

Dimensions %	20 X 25 X 15	25 X 30 X 20	30 X 35 X 25
La pièce	35..	42..	49..

Colliers pour chiens.

3171 3175 3176 3180 3182 3184 3186 3191 3193 3194 3196 3197 3203 3204 3205 3206 3209 3210 3211 3215 3218 3221

Colliers en cuir, à boucle

N°	Désignation	Largeur m/m	12	14	16	18	22	26	31	35	40
3166	Mouton couleurs assorties, à grelots	Le %	18.	26.	28.50	36.	»	»	»	»	»
3167	» » sans grelots, à plaque	»	18.	26.50	28.50	36.	67.	»	»	»	»
3168	» » piqué avec plaque	»	56.	50.	46.	60.	71.60	»	»	»	»
3169	» » doublé drap, garniture cuivre	»	50.	57.	64.	79.	»	»	»	»	»
3170	» » rembordé, garniture nickelée	p.ce	0.70	0.80	1.	»	»	»	»	»	»
3171	Cuir brun à boucle, garniture blanche	»	0.35	0.40	0.45	0.50	0.60	0.70	0.95		
3172	» » » » avec clous	»	»	»	0.55	0.70	0.85	1.	1.20		
3173	» » garniture cuivre, boucle ordinaire	»	»	»	0.50	0.60	0.65	0.80	1.	1.50	1.70
3174	» » » » » » avec clous	»	»	»	0.70	0.80	0.95	1.15	1.35	1.70	2.60
3175	» » » » boucle à rouleau	»	»	»	»	0.80	0.95	1.20	1.35	1.65	2.15
3176	» » plaque et passant fondu, de couleur	»	»	»	»	1.30	1.35	1.60	1.85	2.60	3.15
3177	Cuir noir d'attache, garniture étamée, boucle à rouleau rousse	»	»	»	»	0.85	1.	1.30	1.45	1.70	2.60
3178	» » » » » et doublé	»	»	»	»	»	1.30	1.50	1.70	»	»
3179	» brun doublé » cuivrée	»	»	»	»	»	1.30	1.45	1.65	»	»
3180	» » » » fondue	»	»	»	»	»	1.60	1.85	2.15	3.	3.55
3181	» » garniture fondue, piqué autour de la plaque	»	»	»	»	1.60	1.85	2.15	2.60	»	»
3182	» marron » fondue nickelée	»	»	»	»	1.70	2.	2.30	2.60	»	»
3183	» brun » maillechort	»	»	»	»	2.60	3.	3.45	3.85	»	»
3184	» marron » nickelée, avec un rang clous chinois	»	»	»	»	»	2.15	»		»	»
3185	» brun » cuivre, boucle cousue avec clous	»	»	»	»	1.20	1.35	1.85	2.30	»	»
3186	» » » nickelée	»	»	»	»	1.50	1.65	2.15	2.60	»	»
3187	» » » » » » diamants	»	»	»	»	2.15	2.45	2.70	3.	»	»
3188	» » » cuivre » » applique	»	»	»	»	»	»	»	2.15	»	»
3189	» » » » » fermoir à serrure	»	»	»	»	»	»	2.60	3.	»	»
3190	» » » » » avec serrure de sûreté	»	»	»	»	1.60	1.70	2.	»	»	»

3191 **Colliers** cuir brun rond, de dressage, garniture cuivre — Largeur 18 m/m — La p.ce 3. »
3192 » » » » tressé, de dressage — nickelées — » 18 — » 5. »
3193 » » » à pointes 2 usages, défense ou dressage — » 31 » — » 2.50

3194 **Colliers** de force, fil de fer, olives bois, pointes fer — Largeur 35 m/m — La p.ce 0.55
3195 » » » olives fil de fer tourné, pointes fer — » 35 m/m — » 0.90

Colliers de défense, hérissés de pointes

N°	Désignation	Largeur m/m	22	26	30	35	40
3196	Cuir jaune ou noir, à boucle, plaque et touret	La pièce	2.40	2.80	3.20	3.60	»
3197	» » » à porte cadenas, plaque et touret	»	»	3.60	4.	4.40	5.20
3198	Cuir recouvert bande métal	»	»	4.40	5.20	5.60	6.40

Colliers à porte cadenas

N°	Désignation	Largeur m/m	12	14	16	18	22	26	31	35	40
3199	Cuir brun, garniture cuivre à dé	La p.ce	»	»	»	0.85	1.	1.15	1.35	1.65	2.15
3200	» » » » » avec clous	»	»	»	»	1.15	1.45	1.60	1.85	2.15	3.
3201	» » » nickelée, de couleur	»	»	»	»	»	»	1.85	2.15	2.60	»
3202	» » » cuivre à touret	»	»	»	»	»	»	1.60	1.70	2.15	2.60
3203	» » » carrée, 3 rangs de clous	»	»	»	»	»	2.15	2.60	3.	3.55	4.70
3204	» » » nickelée, clous diamants	»	»	»	»	»	2.70	3.	3.45	3.85	»
3205	» blanc » cuivre, avec clous applique	»	»	»	»	»	»	2.	»	»	»
3206	» noir » nickelée, avec clous étoiles	»	»	»	»	»	»	»	2.15	»	»
3207	Cercle cuivre poli, doublé maroquin rouge	»	1.70	1.70	1.70	2.	2.30	2.60	3.45	3.85	4.70
3208	» métal extra blanc » » »	»	2.60	2.60	2.60	3.	3.45	3.85	4.70	5.60	7.50
3209	» cuivre nickelé avec un rang clous perles	»	»	»	2.15	2.45	2.70	3.	3.85	»	»
3210	» » » clous perles ou X p. gros chiens	»	»	»	»	»	»	4.30	5.15	6.85	7.70

Colliers à porte cadenas pour gros chiens

N°	Désignation	Largeur m/m	31	35	40	45	50
3211	cuir doublé, 2 rangs clous diamants nickelés	La pièce	8.60	9.45	11.15	12.85	14.60

3212 **Harnais** pour chiens, cuir uni . . . . 4 tailles assorties p.ce 3. »
3213 » » » » avec clous . . . . 4 » » » 3.85
3214 » » » » drapé . . . . 4 » » » 6.15
3215 » » » » » avec clous . . . . . 4 » » » 6.45
3216 » » » maroquin ordinaire avec clous . . 4 » » » 8.60
3217 » » » » fin à clous métal blanc 4 » » » 11.15

3218 **Grelottières** ordinaires nickelées, doublées mouton, larg. unique 12 m/m 3 tailles ass.ies p.ce 1. »
3219 » cuivre nickelé, doublées maroquin » » » 3 » » » 2.15
3220 » » doré » » » » 3 » » » 2.15
3221 » chaîne cuivre nickelé sur » » » 16 m/m 10 » » » 3.45

Colliers de chiens, fantaisie, genre bijouterie, fabrication courante

N°	Désignation		Prix
3222	Acier nickelé, gourmette non soudée à porte cadenas 10 m/m, grelots et médaille	La pièce	0.75
3223	" " " facettes, sans fin, non soudée, avec cadenas et grelot	"	1.20
3224	" " " soudée à porte cadenas 10 m/m, grelots et médaille	"	1.45
3225	Métal blanc " " " " " " "	"	1.80
3226	" " " " facettes " " 8 m/m " "	"	3.20
3227	" " anneaux ovales 3 rangs " " " " "	"	3.20
3228	" " " plats ornés " " " " "	"	3.20

Colliers de chiens, bijouterie, genre frontail (fabrication soignée) largeur 12 m/m

N°	Désignation		Prix
3229	Colliers de chiens, bijouterie, genre frontail (fabrication soignée) largeur 12 m/m	La pièce	3.20
3230	" " " " gourmette " "	"	3.60
3231	" " " " renforcée à facettes " "	"	4.30
3232	" " " chaîne fantaisie 2 grelots " "	"	4.65
3233	" " " " 4 " " "	"	6. .
3234	" " " grelottière avec médaille " "	"	6.46

Colliers de chiens, acier nickelé, fabrication courante

N°	Désignation	largeur m/m 14	16	18	22	26
3235	Anneaux ronds unis à porte cadenas la pièce	"	0.45	"	"	"
3236	" " torses " " "	"	0.60	"	"	"
3237	Traverses découpées étroites " " "	"	0.66	"	"	"
3238	Mailles ovales découpées " " "	"	0.65	"	"	"
3239	Traverses découpées larges " " "	"	0.60	"	"	"
3240	Frontail " " "	"	"	"	0.80	"
3241	Mailles ovales, fil rond, anneaux plats " " "	"	0.85	0.90	"	"
3242	Régence, fil méplat " " "	"	"	"	1.10	"
3243	Gourmette légère " " "	"	1.45	1.60	"	"
3244	" 1/2 forte à secret "	1.70	1.70	1.90	2.15	2.50
3245	" renforcée, plaques chanfreinées " "	2.40	2.40	2.65	2.75	3.10

Collier

N°	Désignation		Prix
3246	Collier acier nickelé, frontail à porte cadenas, largeur 40 m/m, longueur 40 à 65 c/m	La pièce	1.35
3247	" " anneaux ronds 2 rangs, à p. cadenas " " " "	"	1.86

Colliers de chiens, métalliques, fabrication soignée

N°	Désignation	largeur m/m 12	14	16	18	22	26	31	35	40
3248	Chaîne mailles ovales, nickelée . . . . La pce	"	"	0.45	"	"	"	"	"	"
3249	" en huit, nickelée, à porte cadenas . . . "	"	"	1.10	1.20	1.45	1.80	"	"	"
3250	" gourmette 1/2 fine " " nickelé . . "	"	"	1.90	2.15	2.50	2.85	"	"	"
3251	" " brevetée, à secret, poli . . "	"	"	"	1.80	2.05	2.25	"	"	"
3252	" " " " nickelé . . "	"	"	"	2.25	2.60	2.95	"	"	"
3253	" découpée à porte cadenas nickelé . . "	"	"	"	2.15	"	2.50	2.85	"	
3254	" gourmette fin renforcée à secret, poli "	2.15	2.15	2.15	2.50	2.60	2.85	3.60	4.30	5. .
3255	" " " " " nickelé "	2.85	2.85	2.85	3.20	3.20	4. .	4.65	5.70	6.45
3256	" " " " " métal blanc "	4. .	4. .	4. .	4.30	4.65	5.70	6.45	8.60	11.45
3257	" " " à serrure " " "	"	"	4. .	4.30	4.65	5.70	6.45	8.60	11.45
3258	" frontail, rouleaux plats à secret " " "	4. .	4. .	4. .	4.30	4.65	5.70	6.45	8.60	11.45
3259	" olive à secret " " "	"	"	5.70	"	6.80	7.50	"	"	"
3260	" officier double huit " " "	"	"	5.70	6.10	6.80	7.50	"	"	"

Cartes de colliers de chiens, à boucle

N°	Désignation		Prix
3261	Carte de 6 colliers unis petits	La carte	1.55
3262	" 6 " à clous petits	"	2.40
3263	" 6 " fantaisie 1/2 fins, petits	"	3. .
3264	" 6 " " fins petits	"	5. .
3265	" 12 " piqués sur drap à clous 1 grelot, petits	"	6.40
3266	" 12 " tout cuir dont 6 à 1 grelot moyens	"	6.80
3267	" 12 " fantaisie, avec et sans drap petits	"	7.65
3268	" 12 " cuir 1/2 chasse	"	7.65
3269	" 12 " fantaisie	"	8.50
3270	" 12 " " grands	"	10.20
3271	" 12 " tout cuir, chasse	"	12.75

Carte

N°	Désignation		Prix
3272	Carte de 12 colliers de chiens fantaisie, 6 à boucle et 6 à porte cadenas	La carte	14.45
3273	" 12 " " chasse 6 " 6 "	"	16.15
3274	" 7 " " chaînes variées sur drap, à p. cadenas, 1 grelottière	"	7.15

Cartes de colliers de chiens à porte cadenas

N°	Désignation		Prix
3275	Carte de 12 colliers assortis 1/2 forts pour petits chiens	La carte	8.50
3276	" 12 " " moyens et petits, garniture cuivre poli dont 6 à un grelot	"	10.65
3277	" 12 " " " " " " " tous à 1 grelot	"	12.75
3278	" 12 " " grands et moyens 1/2 forts	"	14. .
3279	" 12 " " " " " forts	"	17. .
3280	" 12 " " " " " " fins	"	20.40

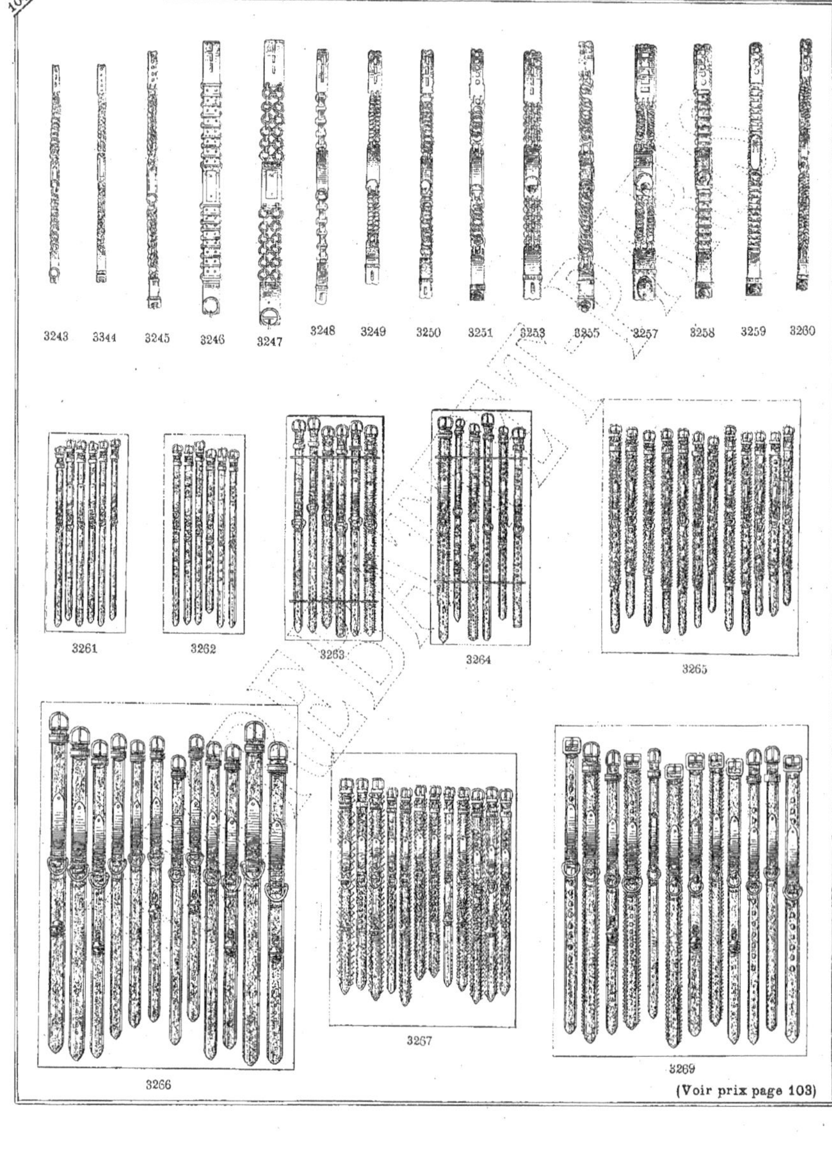

(Voir prix page 103)

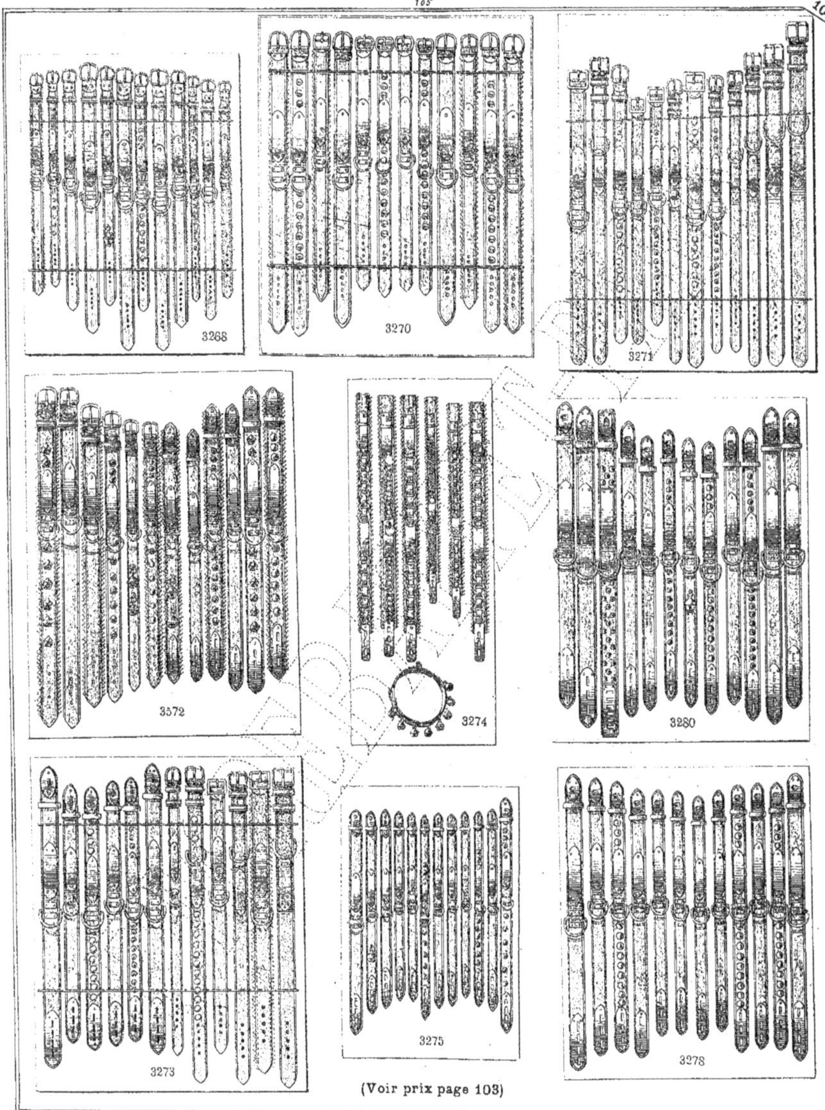

(Voir prix page 103)

Paris. — Imp. DONNADIEU, 25, Rue des Francs-Bourgeois

106

3281 3284 3286

3283 3287 3288

3290 3291 3292

3293 3294 3295

3296 3297 3298

	Compas en bois	Longueur c/m	35	40	50	60	70	80	90	100
3281	Ordinaires	La pièce	1.20	1.30	1.40	1.65	2.75	4.40	6.60	8.80
3282	Tige ronde tournée		2.20	2.60	2.85	3.45	4.40	6.60	8.50	11. »

	Compas de menuisiers	Longueur c/m	11	12	14	16	19	22	26	27
3283	Droits, ordinaires, branches carrées	La pièce	0.40	0.45	0.55	0.60	0.65	0.80	0.95	1.15
3284	» 1/2 fins		0.55	0.60	0.65	0.75	0.90	1.05	1.35	1.60

	Compas de menuisiers, tout acier	Longueur c/m	13	16	19	22	26	28	31
3285	Simple charnières, droits, branches rondes	La pièce	0.90	1. »	1.20	1.30	1.60	1.75	2.15
3286	» » » » » à régulateur	»	1.50	1.55	1.70	1.90	2.20	2.60	2.90
3287	» » » » » » et porte crayon		»	2.55	2.65	2.80	3.25	3.75	4.05

	Compas d'épaisseur	Longueur c/m	13	16	19	22	26	28	31	36
3288	Ordinaire	La pièce	1.30	1.50	1.65	1.85	2. »	2.20	2.55	2.80
3289	Avec quart de cercle		2. »	2.10	2.40	2.65	2.80	3.15	3.60	4.25
3290	» » » et vis de rappel		4.50	4.65	4.90	5.20	5.45	5.95	6.55	7.30

	Compas doubles	Longueur c/m	8 à 11	12	14	16	19	22	26
3291	Forme huit	La pièce	1.75	2.05	2.50	2.80	3.30	4.20	5. »
3292	» maître de danse		1.55	1.95	2.25	2.55	2.95	3.60	4.55

	Compas droits	Longueur c/m	10	19	22
3293	pour mesures intérieures	La pièce	1.15	1.35	1.60

	Compas à ressort	Longueur c/m	7 à 14	15	16	19	22	26	27
3294	Droits	La pièce	1.60	1.75	1.90	2.10	2.60	3.15	4.20
3295	Cintrés		1.65	2.05	2.20	2.65	3.10	3.65	4.65

	Compas perfectionnés tout acier	Longueur c/m	13	17	19	20	24	26	35	41	50
3296	Droits à pointe à vis de rappel	La pre	7.45	»	8.25	»	9.65	»	»	»	»
3297	» pour mesures intérieures		»	7.45	»	»	»	8.25	»	9.65	»
3298	d'épaisseur		»	»	»	7.45	»	»	8.25	»	9.65

	Compas d'échelles	Longueur c/m	14	16	19	22	24	27	30
3299	Tôle découpée, à arrêt	Le cent	31. »	34. »	39. »	46. »	51. »	58. »	73. »
3300	Fer forgé blanchi		»	44. »	53. »	61. »	70. »	»	»
3301	» » avec boulon et écrou à crochet	La garniture	»	»	»	1.75	1.95	»	»

	Compas de tables à jeux	Longueur c/m	40	45	50	55	60	70	80
3302	Cuivre renforcé	La paire	»	»	»	0.95	1.15	1.30	1.60
3303	» » pour tables Louis XV		0.90	0.95	1.05	1.15	1.30	»	»
3304	» » en feuillure		»	»	»	»	1.95	2.25	»

	Compas de bureau et commode à écrire	Longueur c/m	20	25	30	35	40
3305	fer poli renforcé, branches inégales	La paire	1.95	1.95	1.95	2.10	2.40

	Compas de toilettes	Nos	1	2	3	4	5
3306	Vis à jour	La pièce	0.90	1.05	1.20	1.45	1.95
3307	A crémaillère		»	»	»	1.45	»
3308	Droits pour corps intérieur	La paire	1.85	2.25	2.40	»	»

	Compas chemin de fer ou développement de toilette	Nos	1	2	3	4	5
3309	Cintrés ou droits, fer et cuivre	La paire	1.60	2. »	2.40	2.80	3.20
3310	tout cuivre		2.80	3.20	3.60	4. »	4.40

	Croissants de secrétaire	Nos	0	1	2	3
3311	en cuivre à jour	La paire	1.75	1.95	2.40	3.20

	Compas à découper les rondelles en cuir, carton, caoutchouc, etc, etc		
3312	Tête carrée pour vilbrequin, fonte vernie, coupant jusqu'à 160 m/m	La pièce	5.60
3313	» » » » acier poli		6.25

	Compas à découper les rondelles pour bourreliers	Découpant jusqu'à m/m	200	400
3314	Simples, à manche corne de cerf	La pièce	7.85	9.80
3315	Doubles » »		15.70	17.15
3316	Simples, à poignée tournante		9.30	10.70
3317	Doubles » »		17.15	18.60

	Compas de galeries pour rideaux	Longueur c/m	60	70	80	90	100	110	120
3318	Ordinaires à pointes	La paire	2. »	2.30	2.60	2.90	3.20	3.60	4.35
3319	à 2 branches parallèles, à pointe		5.10	5.10	5.10	5.10	6.50	7.25	8. »
3320	à 2 » » à platine		5.50	5.50	5.50	5.50	8. »	8.70	9.45
3321	Tringlettes sur platine pour dito	La pièce	1.10	1.10	1.10	1.10	1.10	1.10	1.10

	Ferrures mécaniques pour rideaux, se posant partout, sans mesures spéciales		
3322	Ressort à lames, à pointe	La garniture	6.90
3323	» à platine		7.60
3324	» à boudin, à pointe ou à platine		5. »
3325	» à [illegible]		11.60

Sauf indication spéciale ces deux derniers numéros sont toujours livrés à pointe

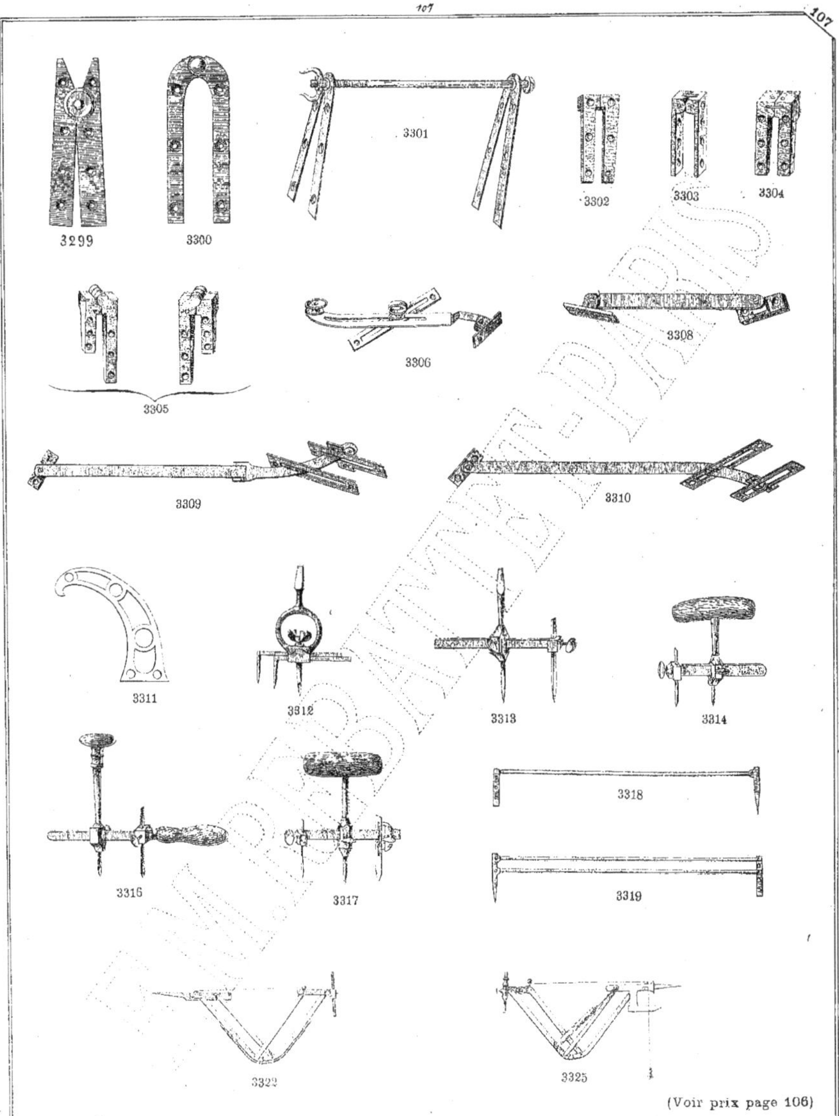

(Voir prix page 106)

Paris. — Imp. BONNADIEU, 22, Rue des Francs-Bourgeois

108

3326 3327 3330 3331 3332 3333 3334 3336 3337 3338 3341 3344 3347 3349

	Montants de portières, fer plat	Longueur m/m	15 à 30	35	45	55	65	75	85	95
3326		La paire	0.50	0.60	0.75	0.90	1.05	1.20	1.35	1.50

	Compte fils pliants à charnières ¼ de pouce et centimètre	Nos	1	2	2 bis	3	3 bis	4
3327	Cuivre verni	La pièce	0.70	0.80	0.90	1..	1.35	2.35
3328	» nickelé	»	1.15	1.35	1.45	1.70	2.25	3.40
3329	Maillechort	»	1.15	1.35	1.55	1.70	.	.

	Consoles ou supports de tablettes fixes, tôle d'acier estampé verni noir	Dimensions m/m	100×125	125×150	150×200	175×225	200×250	250×300
3330		Le cent	25..	35..	50..	65..	75..	117..

	Consoles ou supports de tablettes fixes, fil d'acier verni noir	Dimensions m/m	125×175	150×200	170×220	200×250	250×300
3331		Le cent	24..	29..	36..	40..	58..

	Consoles ou supports de tablettes, fonte ornée bronzée ordinaire	Longueur m/m	100	120	140	160	180	200	220	240	260	280
3332		Le cent	28.	35.	46.	62.	75.	90.	99..	108.	141.	170.

	Consoles ou supports de tablettes, fonte ornée façon fer forgé, bronzées argent	Longueur m/m	80	90	100	110	120	140	160	180	200	220	240
3333		Le cent	20.	20.	30.	30.	35.	40.	60.	60.	76.	96.	125.

	Contrepoids de suspensions, à ressort	Nos	0	1	2	3
3334	Fonte bronzée à ruban	Le cent	.	82.	96.	128..
3335	» » à chaîne Vaucanson		90.	102..	111..	155..
3336	» » » à crémaillère		.	105..	144..	.

3337 **Contrepoids** de suspensions à ressort, acier embouti, bronzé, incassable, Unique. Le cent 120..

	Contrepoids de suspensions à ressort, à clé de réglage, forme plate à ruban	Nos	0	00	000
3338		Nombre de lames	1	1	2
		Force maxima en kilogs	2 ½	4	8
	En cuivre verni, bronzé ou nickelé	La pièce	3.20	3.75	5.70

	Contrepoids de suspensions à ressort, forme boule à chaîne Vaucanson	Nos	2	3	4	5
3339		Nombre de chaînes	1	2	3	3
	Course 110 m/m	Force maxima en kilogs	4	7 ½	10	15
	Cuivre verni, bronzé ou nickelé	La pièce	6.60	11.20	14.75	16.40

Contrepoids vides pour suspensions à chaîne Vaucanson, avec chappe et poulies

		Nos	1	2	3	4	5	6	7	8
	Contenance en plomb fondu	kilogs	3	5	7	10	12	15	20	25
	d° en grenaille	kilogs	2 ½	3 ½	5	7	9	12	15	20
3340	Cuivre à blanc	La pièce	5.70	6.20	7.10	8.55	10.45	14.25	20..	23.75
3341	» passé à l'eau forte		6.65	7.15	8.10	9.50	11.40	15.20	21..	24.70
3342	» verni ou bronzé		7.60	8.10	9.05	10.45	12.35	16.15	21.90	25.65
3343	» poli ou nickelé		8.55	9.05	10..	11.40	13.30	17.10	22.85	26.60

Cordages, ficelles, septains et câbles (Cours variables)

Fils à filets en chanvre retors non polis pour la pêche

		Nos	2	2 ½	3	3 ½	4	4 ½	5	6	7	8	10
	Longueur approximative au kilog en 2 fils, mètres		1000	1250	1500	1750	2000	2250	2500	3000	3500	4000	5000
	» » 3 »		650	750	1000	1175	1300	1500	1650	2000	2300	2650	3300
3344	En deux ou trois fils, en pelotes	Le kilog	4..	4.15	4.25	4.40	4.70	4.80	4.85	5.10	5.55	6.20	7.30

3345 En écheveau de 1 kilog .... Bonification par kilog environ 0.20

Bien spécifier si ces fils doivent être livrés en deux ou trois fils

	Lignes à pêche, 3 fils, supérieures câblées	Nos	2	2 ½	3	3 ½	4	5	6	7	8	10	12
3346	Nos approximatifs à la jauge de Paris		15	14	13	12	11	10	9	8 ½	8	7 ½	7
	Longueur approximative au kilog mètres		300	350	450	500	600	700	800	1000	1100	1250	1650
		Le kilog	5.20	5.40	5.65	5.85	6.10	6.65	7.50	8.55	10.00	12..	15.10

	Ficelles fil simple pour paquetage, dites épicière	Diamètre en m/m	0,9 ½	1	1 4/10	1 3/10
		Longueur approximative au kilog mètres	1250	1100	900	750
3347	Brune, qualité ordinaire, en pelottes de 100 à 150 grammes	Le kilog	2.90	2.80	2.70	2.60
3348	Blonde » fine	»	3.15	3.05	3..	2.90

Ficelles à paquets, dites chapelières, en 3 fils

		Nos	12	10	8	7	6	5	4	3	2
		Diamètre en m/m	4	3 8/10	3 5/10	3	2 8/10	2 6/10	2 4/10	2	1 8/10
	Longueur approximative au kilog, mètres		85	100	120	140	160	200	250	330	500
3349	Qualité ordinaire	Le kilog	1.70	1.70	1.70	1.70	1.80	1.80	1.80	1.90	2..
3350	» courante		2.35	2.35	2.35	2.45	2.45	2.45	2.55	2.60	2.70
3351	» fine		2.50	2.50	2.60	2.60	2.90	3..	3..	3.05	3.25

Ce genre de ficelles se fait en 2 et 4 fils aux mêmes prix ; mais le diamètre et la longueur au kilog sont naturellement modifiés. Seul le numéro reste le même

3352 3356 3359 3361 3363 3369 3374 3374 3375 3376 3379 3380 3382 3383 3384 3386 3385

Ficelles de couleur

3352 Longueur approximative au kilog 1500 mètres, nuance unie, rose, par pelottes de 50 ou 100 gr. Le K°. 4.
3353 " " " 1500 " bleue " " " " 4.25
3354 " " " 1500 " verte " " " " 4.35
3355 " " " 1600 chinées, toutes nuances " " " " 4.40

Cordeaux en couronnes de 75 mètres de longueur environ

N°												
	Diamètre m/m	2	2½	3	3½	4	4½	5	6	7	8	au-dessus
	Poids approximatif de la couronne en gr.	300	400	600	700	950	1200	1500	2200	3000	4800	"
3356	Qualité ordinaire Les % kilogs	342.	306.	265.	237.	216.	195.	181.	171.	160.	160.	160.
3357	" grise courante "	396.	360.	315.	288.	279.	261.	261.	252.	243.	234.	225.
3358	" fine blanche "	414.	378.	342.	315.	298.	256.	250.	261.	252.	252.	243.

Septains en couronnes de 75 mètres de longueur environ

N°													
	Diamètre en m/m	2	2½	2¾	3 1/10	3 4/10	3 6/10	3 8/10	4	4½	5	5½	5 3/4
	Poids approximatif de la couronne en gr.	300	400	500	600	700	800	900	1000	1200	1600	1760	2000
3359	Qualité ordinaire Les % kilogs	585.	522.	504.	378.	360.	333.	315.	297.	288.	286.	286.	225.
3360	1re qualité "	720.	675.	620.	630.	648.	615.	477.	440.	414.	405.	396.	385.
	Diamètre en m/m	6	6 4/10	6 7/10	7	7½	8	9	10	11	12	au-dessus	
	Poids approximatif de la couronne en gr.	2250	2500	2750	3000	3600	4000	5000	6000	7500	8700	"	
3359	Qualité ordinaire Les % kilogs	226.	225.	226.	226.	223.	226.	208.	216.	216.	216.	216.	
3360	1re qualité	378.	370.	370.	660.	360.	342.	342.	342.	333.	333.	333.	

Cordages en chanvre

3361 Bitord goudronné, en pelottes, diamètre 4 et 5 m/m . . . . Les cent kilogs 228.
3362 Luzin " " " 2 ½ m/m . . . . 261.

Cordages en chanvre, 3 ou 4 torons, diamètre 13 à 80 m/m

3363 Qualité ordinaire, non goudronnés, en couronnes de 100 mètres Les cent kilogs 162.
3364 1re qualité " " " " " " " 207.
3365 Qualité supérieure " " " " " " " 270.
3366 Qualité ordinaire, goudronnés " " " " " " 153.
3367 1re qualité " " " " " " " 200.
3368 Qualité supérieure " " " " " " 261.

Cordages dits aloès ou manilles, diamètre 13 à 80 m/m

N°			3me	2me	1re qualité
3369	Blanc non goudronné	Les cent kilogs	216.	261.	288.
3370	" goudronné	"	207.	252.	280.

Corde d'arçon boyau ferré, 1re qualité

N°	N° à la jauge de Paris	13	14	15	16	17	18	19	20	21	22	23	24
3371	la pièce de 6 mètres 60	1.65	1.65	1.65	1.95	2.30	2.70	3.15	3.85	5.	6.10	7.15	8.60
3372	" " 9 "	2.20	2.20	2.20	2.70	3.30	3.95	4.50	5.40	6.70	8.15	10.	12.15

3373 **Archets** pour arçon, lame de fleuret . . . . . La pièce 0.90
3374 **Conscience** tôle pour porte-forets 0.75
3375 **Porte-forets** bobine buis, trou rond, non garnis 1.50
3376 " " " " " garnis de 5 forets et une fraise 2.55
3377 " " " " trou carré, non garnis 2.60
3378 " " " " " garnis de 6 forets et une fraise 4.05
3379 " " à pomme grand modèle " " " " 4.80
3380 **Forets** seuls pour dito . . . . . Le cent 26.
3381 **Fraises** seules pour dito . . . . . 52.

3382 **Porte-forets** pour amateur, mandrin à 3 mâchoires simple engrenage, poignée creuse contenant 6 mèches assorties . . . . La pièce 11.50
3383 **Porte-forets** à conscience à changement de vitesse s'opérant par la molette de côté. Mandrin monté sur billes. Mâchoires à ressorts pouvant serrer les mèches à queue ronde ou carrée à partir de 2 m/m. Longueur totale 45 c/m . . . . La pièce 28.50
3384 **Mèches** pour dito, en étuis de 8 pièces assorties . . . . La série 3.75
Ces mèches ne se réassortissent pas par pièce; elles sont toujours vendues par série complète de huit pièces assorties de grosseur.

Corde en boyau pour tour, 1re qualité en pièces de 9 mètres ou 20 mètres

N°	N° à la jauge de Paris	9	10	11	12	13	14	15	16	17	18	19
3385	les cent mètres	10.85	12.20	13.60	15.	16.50	19.	23.	28.50	36.	43.50	61.50

N° à la jauge de Paris	20	21	22	23	24	25	26	27	28	29	30
les cent mètres	76.	95.	120.	170.	205.	252.	285.	315.	370.	407.	430.

Crochets acier ou jumelles pour cordes de tours

N°	N° à la jauge de Paris	15	16	17	18	19	20	21	22	23	24	25	26	27	28	29	30
3387	Taraudés à droite les % paires	31.60	31.60	31.60	31.60	31.60	31.60	37.	46.	49.	67.	70.	82.	95.	117.	121.	166.
3388	" à gauche "	43.	43.	43.	43.	43.	43.	60.	67.	73.	77.	86.	93.	114.	129.	148.	166.

Cordeau de charpentier

		N° à la jauge de Paris	3	4	5	6	7	8	9	10 à 19
3389	Coton, par pelottes de 20 à 50 grammes	Le kilog	13.	12..	9.80	9.05	8..	7..	6.50	6.80
3390	Laine mélangée N° à la jauge de Paris 14 à 18							Le kilog.		9.20
3391	„ pure „ „ „ 14 à 17							„		13.80

3392 **Corde** en coton, spéciale pour jalousies, diamètre 11 m/m ...... Les cent mètres 80..
Nous pouvons livrer cette corde toute préparée, sans fin ; l'épissure est facturée en plus 1..

3393 **Corde** verte pour stores, diamètre 3 m/m 1/2, poids approximatif de la pièce 600 gr. La pce 2.30

3394 **Cordeau** septain tout chanvre vert pour stores
diamètre 3 m/m 1/2, longueur de la pièce 75 mètres environ ; poids approximatif 800 grammes
La pièce 3.95 Par 12 pièces 3.70
3395 Cordeau septain naturel sans teinture 3.85 „ „ „ 3.65

Cordons de tirage ; toutes nuances, unis ou chinés, pour stores, tentures, tableaux, etc.

		Renseignements approximatifs			Prix	
		Diamètre	Longr de la pièce	Poids de la pce	La pièce	Par 25 pièces
3396	Ame ficelle recouverte coton	3 m/m 1/2	95 à 100 mètres	600 gramm.	1.90	1.80
3397	„ „ „ fil d'Ecosse	4 „	„	750 „	3.60	3.45
3398	„ „ „ „	7 „	„	2500 „	11. „	10.50
3399	„ „ „ laine	4 „	„	750 „	5. „	4.65
3400	„ „ „ „	4 „ 1/2	„	950 „	6. „	5.60
3401	„ „ „ „	5 „	„	1150 „	7. „	6.50
3402	„ „ „ „	7 „	„	2500 „	14.50	14. „
3403	„ „ „ fil glacé natté	2 „	„	275 „	4.25	4. „
3404	„ „ „ „ „ „	4 „	„	900 „	6.75	6.40
3405	Ame coton „ „ „ „	3 „ 1/2	„	725 „	8. „	7.50
3406	„ „ „ „ „ „	4 „ 1/2	„	950 „	9.25	8.75
3407	Sans âme, coton natté	3 „ 1/2	„	540 „	5.50	5.25
3408	„ „ fil d'Ecosse natté	2 „ 1/2	„	300 „	3.75	3.50
3409	„ „ „ „ „	4 „	„	750 „	7. „	6.50
3410	„ „ fil glacé natté à l'anglaise	2 „ 1/2	„	275 „	4. „	3.80
3411	„ „ „ „ „ „	3 „	„	375 „	5.50	5.25
3412	„ „ „ „ „ „	3 „ 1/2	„	575 „	7.50	7. „
3413	„ „ „ „ „ „	4 „	„	775 „	10. „	9.50
3414	„ „ „ „ „ „	4 „ 1/2	„	975 „	12. „	11.25
3415	„ „ „ „ „ „	5 „	„	1175 „	15. „	14. „
3416	„ „ fil de lin natté	2 „ 1/2	„	300 „	4.25	4. „
3417	„ „ „ „ „	4 „	„	800 „	8.25	7.75
3418	„ „ „ „ „	5 „	„	1000 „	10.50	9.75

Sont disponibles en magasins les Numéros 3396, 3397, 3399, 3407 dans les nuances suivantes, qui sont les plus courantes : Vert, grenat, rouge, bleu, blanc, jaune
les autres numéros et autres nuances sont fabriqués sur demande

3419 **Cornes** à lanternes (Cours variable)

Longueur m/m	106	120	134	148	160	174	190	205 passe grande	220 passe-passe
Le cent	32.50	36..	49..	60..	72..	78..	90..	135..	162..

	Petit rebut	Grand rebut	Mêlées
Le cent	34..	65..	72..

Coulisses de lit, bois

		Longueur m/m 130	140	150	160
3420	Bois rouge, qualité ordinaire, à charnière La garniture	1.40	1.80	2.20	2.70
3420 bis	„ „ „ „ à talon ... „ ...	1.40	1.80	2.20	2.70
3421	Façon noyer „ soignée .... „ ...	1.80	2.15	2.60	3.20
3422	„ „ „ „ branches égales .. „ ...	3.20	3.60	3.95	„
3423	Chêne naturel „ ordinaire .... „ ...	2.65	3.20	3.60	„
3424	„ „ „ soignée .... „ ...	3. „	3.60	3.95	„
3425	Hêtre à talons plats .... „ ...	1.95	2.40	2.70	„
3426	Chêne „ .... „ ...	3.30	„	3.75	„
3427	Hêtre à arrêts déposés .... „ ...	2.55	„	3.15	„
3428	Chêne „ .... „ ...	3.60	„	4.50	„
3429	Hêtre, modèle déposé, système Raoult ..... „ ...	3.60	„	4.05	„
3430	Chêne „ „ „ .... „ ...	5.40	„	7.20	„

Coulisses de lits en fer, avec galets

		Longueur m/m	125	130	135	140	145	150
3431	Système Tecquels, branche courte	La garniture	2.10	2.30	2.60	2.60	2.60	2.60
3432	" " égales		3. "	3.30	3.30	3.60	3.60	3.60
3433	" " double brisure pour alcoves		3.90	4.25	4.25	4.55	4.55	4.55
3434	" " ou deux pièces, universelles, pour toutes largeurs de lits	La garniture	1.85					

Coulisses de lits en fer, avec galets

		Longueur m/m	125	130	135	140	145	150
3435	à fourreau, branche courte	La garniture	2.90	3.15	3.15	3.45	3.45	3.45
3436	" " égales		4.40	4.70	4.70	5. "	5. "	5. "

Coulisses de lits en fer, sans galets

		Longueur m/m	125	130	135	140	145	150
3437	à talon, genre coulisse en bois, branche courte	La garniture	2.10	2.50	2.50	2.60	2.60	2.60
3438	" " " " " égales		3. "	3.30	3.30	3.60	3.60	3.60
3439	" " " double brisure pour alcoves		3.90	4.25	4.25	4.55	4.55	4.55
3440	" " " deux pièces, universelles, pour toutes largeurs de lits	La garniture	2. "					

Coulisses de lits en fer, sans galets, nouveau système

		Longueur m/m	125	130	135	140	145	150
3441	à fourreau, genre bois, branche courte	La garniture	4.30	4.05	4.05	5. "	5. "	5. "
3442	" " " " égales		5.85	5.70	5.70	6.10	6.10	6.10

Coulisses de tables, chêne, pour

			2	3	4	5	6	7	8	rallonges
		Nombre de couverts	9	12	15	18	21	24	30	
3443	Tringles plates (1er ouvrier)	La garniture	5. "	7.50	10. "	12.50	15. "	17.50	20. "	
3444	" rondes		5.15	7.75	10.35	12.95	15.55	18.15	20.75	
3445	à doubles tringles plates, 1er ouvrier		7.30	10.95	14.60	18.25	21.90	25.55	29.20	

Les coulisses de tables à tringles rondes et à doubles tringles plates ne sont pas disponibles au magasin; l'expédition est faite directement de la fabrique qui est hors Paris.

Coulisseaux de sonnettes lyonnais

		N°s	1	2	3	4	5
		Dimensions m/m	105x30	111x31	118x34	121x36	132x41
3446	Cuivre poli tige ronde à anneau	La pièce	1.05	1.15	1.25	1.35	1.55
3447	" nickelé " "		1.55	1.65	1.75	1.85	2.05
3448	" poli " " à boucle		1.15	1.25	1.35	1.45	1.65
3449	" nickelé "		1.65	1.75	1.85	1.95	2.15
3450	Bronze de nickel, "		2. "	2.20	2.40	2.60	2.80
3451	Cuivre poli tige carrée à boucle		1.30	1.40	1.50	1.60	1.80
3452	" nickelé		1.80	1.90	2. "	2.10	2.30
3453	Bronze de nickel,		2.15	2.35	2.55	2.75	2.95
	Ces coulisseaux à ressort	Augmentation	0.30	0.30	0.30	0.30	0.30
	" " à sautillement		0.35	0.35	0.35	0.35	0.35

Coulisseaux à tringles hauteur de la platine 210 m/m, largeur 65 m/m

3454	Cuivre poli sans ressort à boucle	La pièce	5.35
3485	" nickelé	"	6.80

Coulisseaux vertical à tringle, hauteur de la platine 145 m/m, largeur 48 m/m

3456	Cuivre poli, à ressort à boucle	La pièce	3.50
3457	" nickelé	"	4.80

Coulisseaux pour grilles en fer

		Largeur de la platine m/m	18	20	22
3458	Cuivre poli à boucle	La pièce	1.45	1.65	1.85
3459	" nickelé	"	1.95	2.15	2.35

Coulisseaux à tringles sur platine

		Dimensions de la platine m/m	170x30	190x36	220x44
3460	Cuivre poli sans ressort à boucle	La pièce	2.65	3.65	4.60
3461	" nickelé	"	3.35	4.60	5.70

Coulisseaux manche à poires longueur 32 c/m

3462	cuivre poli, manche bois	La pce 3.50
3463	" " " " porcelaine	3.50
3464	" " " " cuivre poli	4. "

Coulisseaux marseillais, tringle fer olive à scellement, longueur totale c/m

		N°s	1	3
3465	Boucle à cœur et olive, fonte malléable	La pièce	2.60	3.55
3466	" " " cuivre poli	"	3.70	4.65
3467	" " " " nickelé	"	5.30	6.25
3468	" " " bronze de nickel	"	6.75	8.25

Boucles seules, à cœur

		dimensions en m/m	hauteur 85 largeur 80	hauteur 110 largeur 95
3469	Fonte malléable	La pièce	0.50	0.90
3470	Cuivre poli	"	1.10	1.95
3471	" nickelé	"	1.75	2.75
3472	Bronze de nickel	"	2.10	3.55

3431 3432 3433 3434 3435 3437 3440 3445 3443 3444 3470 3462 3446 3448 3466 3454 3456 3458 3460

3473 3476

3480 3481

3487 3490 boule ovale

3493 3498

3499

3509 3516

Coulisseaux à pompe, à cuvette

		Diamètre m/m	60	70	80	90	100	110	120
3473	Ronds, cuivre poli	La pièce	0.90	1. .	1.20	1.46	1.60	1.75	2.15
3474	" nickelé	"	1.65	1.80	2. .	2.40	2.85	3.15	3.40
3475	" bronze de nickel	"	1.85	2.15	2.60	3.30	3.85	5.15	6.60
3476	Carrés, cuivre poli	"	1.06	1.15	1.35	1.40	1.70	2.10	2.60
3477	" nickelé	"	1.80	1.90	2.10	2.40	3.05	3.40	3.50
3478	" bronze de nickel	"	1.50	2.40	2.85	3.25	3.35	5.35	6.60
	Ces coulisseaux à ressort	Augmentation	0.30	0.30	0.30	0.30	0.30	0.50	0.50

Coulisseaux d'appartements, rosace unie

		Diamètre m/m	40	45	50	55	60	70
3480	Ronds, cuivre poli	La pièce	1.15	1.20	1.30	1.35	1.45	1.60
3481	" " nickelé	"	1.70	1.95	2.10	2.25	2.45	2.70
3482	" bronze de nickel	"	2.15	2.45	2.60	2.70	2.85	3. .
	Montés sur marbre noir, vert ou griotte	Augmentation	1.70	1.70	1.70	1.70	2.15	2.35

Coulisseaux à ressort, à biseau

		Diamètre m/m	60	70	80	90
3484	Ronds, cuivre poli	La pièce	1.95	2.20	2.60	2.85
3485	" nickelé	"	2.65	3. .	3.30	3.70
3486	" bronze de nickel	"	2.85	3.35	4. .	4.40

Coulisseaux à chapeau, à ressort

		Nos	0	1	2	3	4	5
		Hauteur m/m	90	100	120	140	160	190
3487	à bouton, cuivre poli	La pièce	2.50	2.70	2.90	3.70	4.40	5.75
3488	" " nickelé	"	3.65	3.85	4.30	5.25	6.15	7.70
3489	" bronze de nickel	"	5.20	5.55	6.10	7.35	8.40	10.85
3490	à boucle ovale ou carrée, cuivre poli	"	2.85	3.05	3.25	4.05	4.75	6.10
3491	" " " nickelé	"	4. .	4.20	4.65	5.60	6.50	8.05
3492	" " " bronze de nickel	"	5.60	5.90	6.45	7.70	8.75	11.20
3493	" " " cuivre poli, sur marbre	"	6.50	6.80	7.30	8.50	10. .	12.50
3494	" " " nickelé " "	"	7.15	7.55	8.60	10. .	11.85	14.30
3495	" " " bronze de nickel " "	"	9. .	9.45	10. .	11.85	13.20	16.50

Tous ces coulisseaux montés sur marbre grec avec 4 gouttes de suif Augmentation la pce 1.50

" " " " avec dispositif pour sonnerie électrique " " 1.25

3498 Coulisseaux portés coins creux à biseau Mêmes prix que ceux à chapeau

Pour les coulisseaux montés sur marbre, bien indiquer la couleur, noir, vert ou griotte

Coulisseaux à ressort, chapeaux à godron hauteur 140 m/m largeur 75 m/m

3499	Cuivre poli, à boucle	La pièce	5.45
3500	" nickelé	"	6.80
3501	Bronze de nickel	"	10.10
	Montés sur marbre noir, vert ou griotte	Augmentation	5.75

Coulisseaux Louis XVI ciselés à coquille

		Nos	1	2	3	4	5
		Hauteur du cuivre m/m	100	120	140	160	180
		Hauteur du marbre m/m	130	160	180	200	220
3503	Cuivre poli sans marbre	La pièce	8.50	10.30	12.50	15.70	18.80
3504	" nickelé "	"	10.10	12.30	15. .	18.70	22.40
3505	Bronze de nickel "	"	13.50	17. .	20.60	24.70	29.90
3506	Cuivre poli sur marbre à chapeaux 2 gouttes de suif	"	14.70	17.20	20.10	24.20	29.10
3507	" nickelé " " " 2 " "	"	16.30	19.20	22.60	27.20	32.70
3508	Bronze de nickel " " " 2 " "	"	19.80	23.90	28.10	33.80	40.20
3509	Cuivre poli " " grec 4 " "	"	17. .	19.60	22.40	26.60	31.40
3610	" nickelé " " " 4 " "	"	18.60	21.50	24.90	29.60	35. .
3611	Bronze de nickel " " " 4 " "	"	22.10	26.20	30.40	35.60	42.60

Coulisseaux Renaissance, à bâton

		Nos	1	2	3
		Hauteur du cuivre m/m	100	130	175
		Hauteur du marbre m/m	130	160	220
3512	Cuivre poli, sans marbre	La pièce	10.30	14.60	17.90
3513	" nickelé "	"	12.30	16.10	20.90
3514	Bronze de nickel "	"	16.30	19.60	31.40
3515	Cuivre poli, sur marbre grec 4 gouttes de suif	"	17.60	20.20	30.60
3516	" nickelé " " " 4 "	"	19.60	22.70	33.60
3517	Bronze de nickel " " " 4 "	"	25.50	25.20	44. .

Pour les coulisseaux montés sur marbre, bien indiquer la couleur, noir, vert ou griotte

3521

3527

3540

3548

3556-1

3556-2

Coulisseaux à monture électrique

	Coulisseaux à chapeaux, boucle ciselée Louis XVI — Nos	1	2	3	4	5
	Hauteur du cuivre m/m	100	120	140	160	190
	Hauteur du marbre m/m	130	150	170	200	230
3518	Cuivre poli, sans marbre . . . . . La pièce	8.40	8.90	10.60	15. .	16. .
3519	" nickelé " "	9.30	9.90	11.90	14.60	18. .
3520	Bronze de nickel " "	11.60	12.50	15. .	18.70	23.30
3521	Cuivre poli, sur marbre	12.70	13.50	16.10	19.80	25.
3522	" nickelé " "	13.30	14.90	17.40	21.40	27.
3523	Bronze de nickel " "	15.90	17.50	20.50	25.50	32.30

	Coulisseaux Renaissance, ciselés à boucle dauphin — Nos	1	2
	Hauteur du cuivre m/m	130	220
	Hauteur du marbre m/m	160	250
3524	Cuivre poli, sans marbre . . . . . La pièce	16.50	26.50
3525	" nickelé " "	17.50	29. .
3526	Bronze de nickel " "	21.50	39. .
3527	Cuivre poli, sur marbre grec 4 pieds gouttes ciselées	21.50	35.50
3528	" nickelé " " " 4 " " "	22.50	36. .
3529	" argenté " " " 4 " " "	26.50	44. .
3530	" doré " " " 4 " " "	26.50	44. .
3531	Bronze de nickel " " " 4 " " "	26.50	48. .

	Coulisseaux Louis XVI, ciselés, coquilles, à boucle — Nos	1	2	3	4	5
	Hauteur du cuivre m/m	100	120	140	160	180
	Hauteur du marbre m/m	130	160	180	200	220
3532	Cuivre poli, sans marbre . . . . . La pièce	9.50	11.60	13.60	16.70	19.80
3533	" nickelé " "	11.10	13.30	16. .	19.70	23.40
3534	Bronze de nickel " "	14.60	16. .	21.10	25.70	30.90
3535	Cuivre poli, sur marbre à chapeaux 2 gouttes de suif	16.70	18.20	21.10	25.20	30.10
3536	" nickelé " " " 2 " "	17.60	20.20	25.60	28.20	33.70
3537	" argenté " " " 2 " "	19.60	23.40	27.10	31.70	38.10
3538	" doré " " " 2 " "	19.60	23.40	27.10	31.70	38.10
3539	Bronze de nickel " " " 2 " "	20.30	24.90	29.10	34.20	41.20
3540	Cuivre poli " " grec 4 " "	18. .	20.60	23.40	27.60	32.40
3541	" nickelé " " " 4 " "	19.50	22.50	26.90	30.60	36. .
3542	" argenté " " " 4 " "	22.10	26.70	29.40	34.10	40.40
3543	" doré " " " 4 " "	22.10	26.70	29.40	34.10	40.40
3544	Bronze de nickel " " " 4 " "	23.10	27.20	31.40	36.60	43.40

	Coulisseaux Renaissance, à bâton — Nos	1	2	3
	Hauteur du cuivre m/m	100	130	175
	Hauteur du marbre m/m	130	160	220
3545	Cuivre poli, sans marbre . . . . . La pièce	11.50	12.60	18.90
3546	" nickelé " "	13.30	15.10	21.90
3547	Bronze de nickel " "	17.30	20.00	32.40
3548	Cuivre poli, sur marbre grec 4 gouttes de suif	18.50	21.20	31.30
3549	" nickelé " " " 4 " "	20.50	23.70	34.60
3550	" argenté " " " 4 " "	23.60	27.70	43. .
3551	" doré " " " 4 " "	23.60	27.70	43. .
3552	Bronze de nickel " " " 4 " "	24.60	29.20	46. .

	Coulisseaux Louis XVI, ciselés, lauriers et perles, à boucle — Nos	1	2
	Hauteur du cuivre m/m	130	200
	Hauteur du marbre m/m	160	230
3553	Cuivre poli sans marbre . . . . . La pièce	14. .	26. .
3554	" nickelé " "	16.20	29.50
3555	Bronze de nickel " "	22. .	38. .
3556	Cuivre poli, sur marbre grec 4 gouttes de suif	24. .	42. .
3557	" nickelé " " " 4 " "	26.20	46.50
3558	" argenté " " " 4 " "	30. .	52. .
3559	" doré " " " 4 " "	30. .	52. .
3560	Bronze de nickel " " " 4 " "	32	54. .

Pour les coulisseaux montés sur marbre, bien indiquer la couleur, noir vert ou griotte

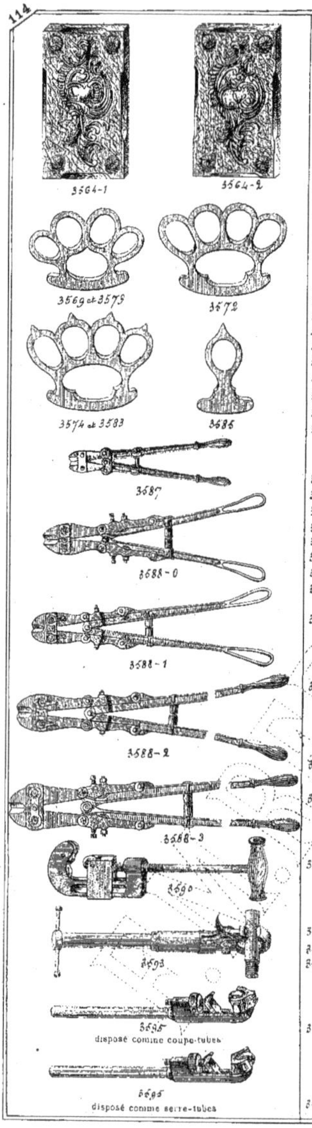

3564-1 3564-2

3569 et 3573 3572

3574 et 3583 3586

3587

3688-0

3588-1

3588-2

3688-3

3690

3693

3695 disposé comme coupe-tubes

3695 disposé comme serre-tubes

Coulisseaux Louis XV, ciselés à fleurs, à boucle

		Nos	1	2
		Hauteur du cuivre m/m	120	190
		Hauteur du marbre m/m	140	250
3561	Cuivre poli, sans marbre	La pièce	16.60	26..
3562	" nickelé "	"	19.60	29.60
3563	Bronze de nickel, sur marbre grec 4 goulottes suif	"	22.60	38..
3564	Cuivre poli " " " 4 " "	"	30..	42..
3565	" nickelé " " " 4 " "	"	33..	45.60
3566	" argenté " " " 4 " "	"	36..	52..
3567	" doré " " " 4 " "	"	36..	52..
3568	Bronze de nickel " " " 4 " "	"	36..	64..

Pour les coulisseaux montés sur marbre: bien indiquer la couleur, noir, vert ou griotte.

Coup de poing ou sortie de bal

3569	Sans pointes, fonte roulée ordinaire 4 trous	Le cent	12..
3570	" " " " vernie noire "	"	15..
3571	" " " nickelée ordinaire "	"	26..
3572	" " " poli fin "	"	52..
3573	" " " " nickelé "	"	68..
3574	A pointes, fonte roulée ordinaire 4 trous	"	12..
3575	" " " " vernie noire "	"	15..
3576	" " " nickelée ordinaire "	"	26..
3577	" " " poli fin "	"	52..
3578	" " " " " nickelé "	"	68..

Coup de poing ou sortie de bal

3579	Sans pointes, aluminium mat léger 4 trous	La pièce	0.75
3580	" " " " renforcé "	"	1.15
3581	" " " poli "	"	1.55
3582	A pointes " mat léger 4 trous	"	0.85
3583	" " " renforcé "	"	1.25
3584	" " poli " "	"	1.65
3585	" " mat, un doigt	"	0.85
3586	" " poli " "	"	1.15

Coupe-boulons, genre américain

3687	Longueur c/m	30	45	60
	Coupant, diamètre m/m	6	8	10
	La pièce	9.10	16.80	27.30

Coupe-boulons, vrais américains, marque Easy

3688	Nos	0	1	2	3
	Longueur c/m	45	60	75	90
	Coupant, diamètre m/m	8	10	13	19
	La pièce	20.75	27.75	39.75	51.75

Les Nos 0 et 1 ont les poignées à jour. Les Nos 2 et 3 ont les poignées pleines

3589	Machoires de rechange pour dito — La paire	8..	10..	14..	18..

Coupe-tubes américains perfectionnés

3690	Nos	1	2	3	4
	Longueur c/m	33	40	53	63
	Pour tubes, diamètre m/m	10 à 34	21 à 60	40 à 80	66 à 110
	La pièce	12.75	17..	20..	56..
3591	Molettes de rechange pour dito	0.85	1.05	1.35	1.70

Coupe-tubes et serre-tubes anglais

	Longueur c/m	40	50	60
	Pour tubes, diamètre m/m	5 à 26	33 à 60	57 à 80
3592	Avec molette pour couper — La pièce	14.60	20..	26..
3593	" " " " et pince pour serrer "	17.30	23..	29.60
3594	Molettes de rechange pour dito "	1.80	2.10	2.70

Ce modèle n'est jamais disponible en magasin, l'expédition est faite de la fabrique qui est hors Paris.

Coupe-tubes et serre-tubes à transformation instantanée, nouveau modèle à machoire indépendante

3695	Nos	1	2	3	4
	Longueur c/m	32½	45	60	75
	Pour tubes, diamètre m/m	9 à 18	10 à 34	15 à ?	45 à 90
	La pièce	17.60	21..	31.50	47.50
3696	Molettes de rechange pour dito	1.40	1.70	2.80	3.50

3597 **Serre-tubes** à doubles mâchoires

Longueur m/m	20	28	40	50	75
Pour tubes, diamètre m/m	3 à 27	3 à 34	12 à 49	32 à 60	42 à 90
La pièce	8.00	10.25	14.50	25..	48..

3598 **Serre-tubes** à chaînes

Longueur m/m	31	50	68	104	116
Pour tubes, diamètre m/m	5 à 25	5 à 45	10 à 65	18 à 100	25 à 150
La pièce	11.25	15..	22.50	32..	37.50

Ce modèle n'est jamais disponible en magasin, l'expédition est faite de la fabrique qui est hors Paris

3599 **Serre-tubes** américains à chaîne

Longueur m/m	32	50	68	92
Pour tubes, diamètre m/m	10 à 34	13 à 60	13 à 70	20 à 114
La pièce	13.20	19..	30..	43..

Coupe-cigares

3600 Coupe-cigares bois, à pans coupés, façon noyer ciré . . . . La pièce 5.50
3601 " " " " " verni palissandre . . . . " 7..
3602 " " " " " acajou . . . . " 7..
3603 " " " octogones, à moulures, acajou . . . . " 9..
3604 " " " " " palissandre . . . . " 9..
3605 " " " ronds Louis XV . . . . " 10..
3606 " " " " à filets dorés . . . . " 10.50
3607 " " " carrés, riches, soignés . . . . " 12..

Boîtes à cigares, bois façon noyer ciré, boutons bois, chiffres gravés

3608 3 cases carrées, avec 3 couvercles, dimensions extérieures 42 x 14 c/m, dimensions intérieures de chaque case 12 x 12 c/m . . . . La pièce 6.50
3609 3 cases, avec 3 couvercles, dimensions extérieures 28 x 28 c/m, une case rectangulaire 12 x 26 c/m et 2 cases carrées 12 x 12 c/m . . . . La pièce 8..
3610 4 cases carrées, avec 4 couvercles, dimensions extérieures 28 x 28 c/m, dimensions intérieures de chaque case 12 x 12 c/m . . . . La pièce 9..
3611 5 cases, 5 couvercles, dimensions extérieures 28 x 42 c/m, 1 case rectangulaire 12 x 26 c/m et 4 cases carrées 12 x 12 c/m . . . . La pièce 12.50
3612 6 cases, 5 couvercles, dimensions extérieures 37 x 42 c/m, 1 case rectangulaire 12 x 26 c/m, 4 cases carrées 12 x 12 c/m et 1 case pour papier à cigarettes sans couvercle 8 x 40 c/m . . . . La pièce 13..
Ces mêmes boîtes avec boutons cristal Augmentation par bouton 0.50

Boîtes à cigares, palissandre verni, filets et chiffres cuivre, boutons cristal

3613 3 cases carrées, avec 3 couvercles, dimensions extérieures 42 x 14 c/m, dimensions intérieures de chaque case 12 x 12 c/m . . . . La pièce 18..
3614 4 cases carrées, avec 2 couvercles, dimensions extérieures 28 x 28 c/m, dimensions intérieures de chaque case 12 x 12 c/m . . . . La pièce 20..
3615 3 cases, avec 3 couvercles, dimensions extérieures 28 x 28 c/m, 1 case rectangulaire 12 x 26 c/m et 2 cases carrées 12 x 12 c/m . . . . La pièce 23.50
3616 4 cases carrées avec 4 couvercles, dimensions extérieures 28 x 28 c/m, dimensions intérieures de chaque case 12 x 12 c/m . . . . La pièce 25..
3617 5 cases avec 4 couvercles, dimensions extérieures 34 x 28 c/m, 4 cases carrées 12 x 12 c/m et 1 case pour papier à cigarettes sans couvercle 8 x 26 c/m . . . La pièce 27..
3618 5 cases avec 5 couvercles, dimensions extérieures 28 x 42 c/m, 1 case rectangulaire 12 x 26 c/m et 4 cases carrées 12 x 12 c/m . . . . La pièce 29..
3619 6 cases avec 5 couvercles, dimensions extérieures 37 x 42 c/m, 1 case rectangulaire 12 x 26 c/m 4 cases carrées 12 x 12 c/m et 1 case pour papier à cigarettes sans couvercle 8 x 40 c/m La pièce 34..

Boîtes à tabac se posant sur le comptoir, bois façon noyer ciré, boutons bois doublées marbre, mot : Tabac gravé

3620 Dimensions extérieures 26 x 38 c/m à 2 compartiments . . . . La pièce 21.50
3621 " " 26 x 53 c/m à 3 " . . . . " 29.50
Chaque compartiment mesure intérieurement 15 x 21 c/m
Ces mêmes boîtes avec boutons cristal Augmentation par bouton 0.50

Boîtes à tabac se posant sur le comptoir, palissandre verni, doublées marbre boutons cristal, à filet et mot : Tabac en cuivre

3622 Dimensions extérieures 26 x 38 c/m à 2 compartiments . . . . La pièce 45..
3623 " " 26 x 53 c/m à 3 " . . . . " 63..
Chaque compartiment mesure intérieurement 15 x 21 c/m

Boîtes à tabac rentrant dans le comptoir, palissandre verni, doublées marbre boutons cristal, à filet et mot : Tabac en cuivre

3624 Dimensions extérieures 26 x 38 c/m à 2 compartiments . . . . La pièce 40..
3625 " " 26 x 53 c/m à 3 . . . . 54..
Chaque compartiment mesure intérieurement 15 x 21 c/m

3597

3598

3599

3601

3607

3619

3622

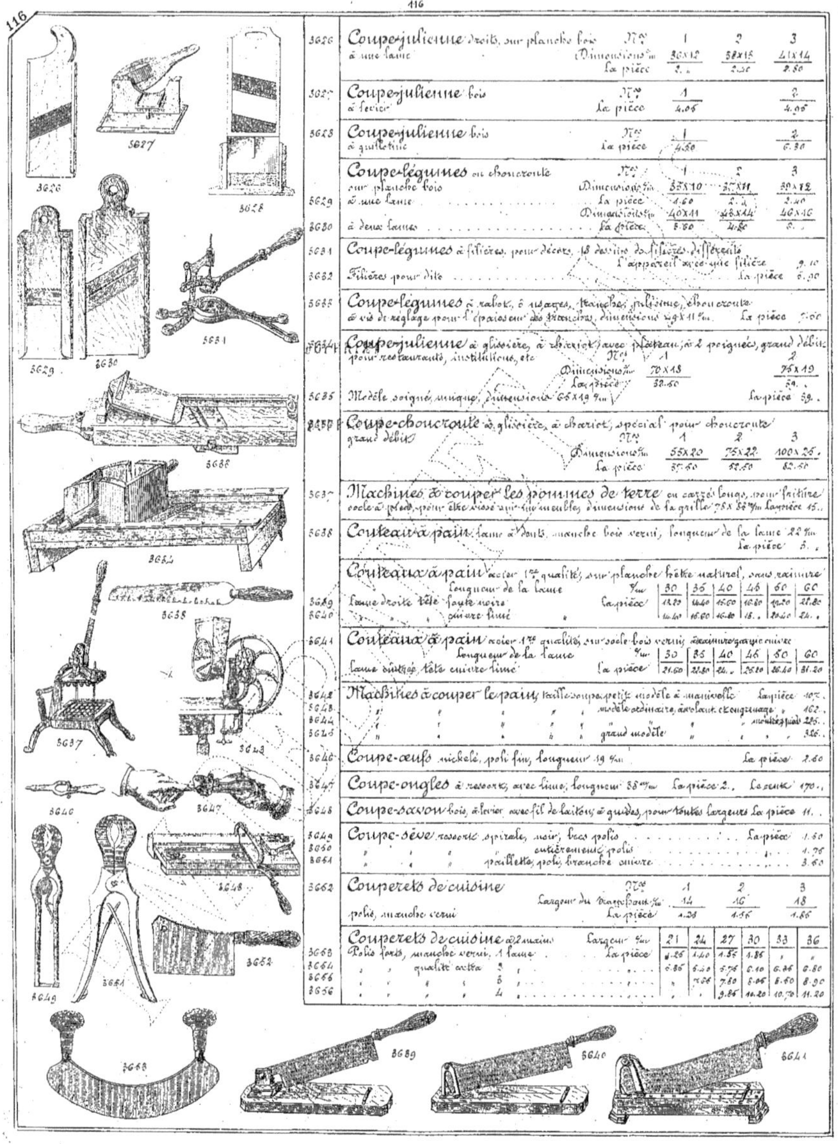

3626 **Coupe-julienne** droits, sur planche bois à une lame

Nos	1	2	3
Dimensions c/m	36x12	38x13	41x14
La pièce	2. »	2.20	2.50

3627 **Coupe-julienne** bois à levier

Nos	1	2
La pièce	4.05	4.95

3628 **Coupe-julienne** bois à guillotine

Nos	1	2
La pièce	4.50	6.30

Coupe-légumes ou choucroute sur planche bois

	Nos	1	2	3
	Dimensions c/m	35x10	37x11	39x12
3629 à une lame	La pièce	1.60	2. »	2.40
	Dimensions c/m	40x11	43x14	46x16
3630 à deux lames	La pièce	3.60	4.20	5. »

3631 **Coupe-légumes** à filières, pour décors, 18 dessins de filières différents
l'appareil avec une filière 9.10
3632 Filières pour dito .... La pièce 5.90

3633 **Coupe-légumes** à rabot, 5 usages, tranches, julienne, choucroute à vis de réglage pour l'épaisseur des tranches, dimensions 49x11 c/m. La pièce 7.00

3634 **Coupe-julienne** à glissière, à chariot, avec plateau, à 2 poignées, grand débit pour restaurants, institutions, etc

Nos	1	2
Dimensions c/m	70x18	75x19
La pièce	32.50	59. »

3635 Modèle soigné, unique, dimensions 65x19 c/m La pièce 59. »

3636 **Coupe-choucroute** à glissière, à chariot, spécial pour choucroute grand débit

Nos	1	2	3
Dimensions c/m	55x20	75x22	100x25
La pièce	35.50	52.50	82.50

3637 **Machines à couper les pommes de terre** en carrés longs, pour friture socle à pieds, pour être vissé sur les meubles, dimensions de la grille 75x85 m/m La pièce 15. »

3638 **Couteau à pain** lame à dents, manche bois verni, longueur de la lame 22 c/m La pièce 5. »

Couteaux à pain acier 1re qualité, sur planche hêtre naturel, sans rainure

	Longueur de la lame c/m	30	35	40	45	50	60
3639 Lame droite tête fonte noire	La pièce	12.20	14.40	15.60	16.80	19.20	21.80
3640 » » cuivre limé		14.40	16.60	16.80	18. »	20.40	24. »

3641 **Couteaux à pain** acier 1re qualité, sur socle bois verni, rainure garnie cuivre

	Longueur de la lame c/m	30	35	40	45	50	60
Lame cintrée, tête cuivre limé	La pièce	21.60	22.80	24. »	25.20	26.40	31.20

3642 **Machines à couper le pain**, taille-soupe, petit modèle à manivelle La pièce 107. »
3643 » » » » » modèle ordinaire, à volant et engrenage » 162. »
3644 » » » » » » » monté sur pied 225. »
3645 » » » » » grand modèle » » » » 325. »

3646 **Coupe-œufs** nickelé, poli fin, longueur 19 c/m La pièce 2.60

3647 **Coupe-ongles** à ressort, avec lime, longueur 38 m/m La pièce 2. » Le cent 170. »

3648 **Coupe-savon** bois, à levier avec fil de laiton, à guides, pour toutes largeurs La pièce 11. »

3649 **Coupe-sève** ressort spirale, noir, becs polis .... La pièce 1.50
3650 » » » entièrement polis 1.75
3651 » » » paillette, poli, branche cuivre 3.50

3652 **Couperets de cuisine** polis, manche verni

Nos	1	2	3
Largeur du tranchant c/m	14	16	18
La pièce	1.28	1.56	1.86

Couperets de cuisine à 2 mains

	Largeur c/m	21	24	27	30	33	36
3653 Polis forts, manche verni, 1 lame	La pièce	1.25	1.40	1.55	1.85	»	»
3654 » » qualité extra 2		5.35	5.50	5.75	6.10	6.35	6.80
3655 » » » » 3		»	7.55	7.80	8.05	8.50	8.90
3656 » » » » 4		»	»	9.85	10.20	10.70	11.20

Coutellerie en tous genres.

Couteaux fermants.

3657 **Couteaux** enfants, manche os plat colorié, lame ronde . . . . . Le cent 19.50
3658 " " " " rond colorié, petit modèle, lame ronde . . . . . " . . . 24. "
3659 " " " " " à filets, lame ronde . . . . . " . . . 31.50
3660 " " " " " violon, lame ronde . . . . . " . . . 45. "
3661 " manche os plat, 3 rosettes, mitre fer . . . . . " . . . 36. "
3662 " " bois rouge, 1 lame . . . . . " . . . 36. "
3663 " " os, à torsades . . . . . " . . . 45. "
3664 " " corne, plat, 1 lame . . . . . " . . . 56. "
3665 " " buffle, mitre cuivre, Ste Jeanne . . . . . " . . . 65. "
3666 " " corne, mitre fer, 1 lame . . . . . " . . . 68. "
3667 " " " plat, genre Pradel, 1 lame . . . . . " . . . 68. "
3668 " charretier, manche corne, rond, 3 pièces, lame, serpette, poinçon . . " . . . 72. "
3669 " rouennais, manche corne, platine cuivre . . . . . " . . . 72. "
3670 " manche corne, violon plat, mitre fer . . . . . " . . . 75. "
3671 " berger, manche corne plat, 2 pièces, lame et bistouri . . . . . " . . . 86. "
3672 " manche bois des îles, 3 rosettes nacre, 2 pièces, lame et canif . . " . . . 84. "
3673 " manche buffle étoilé, 2 pièces, lame et canif . . . . . " . . . 84. "
3674 " charretier, manche corne, rond, 3 pièces, lame, serpette et scie . . " . . . 84. "
3675 " genre anglais, manche buffle rond, 3 pièces, lame, serpette et canif . . " . . . 98. "
3676 " manche corne plat, 4 pièces, lame, scie, serpette et poinçon . . " . . . 98. "
3677 " manche bois des îles rond, 2 pièces, lame et canif . . . . . " . . . 98. "
3678 " véritable Pradel, manche corne plat, lame droite . . . La pièce 1.30
3679 " manche corne plat, mitre fer 3 pièces, lame, canif et tirebouchon . . " . . . 1.30
3680 " véritable Pradel, manche corne plat, lame yatagan . . . . . " . . . 1.65
3681 " manche ivoire, navette, 3 pièces, lame, canif et lime . . . . . " . . . 1.75
3682 " charretier, manche corne plat, 4 pièces, lame, scie, serpette et poinçon . . " . . . 1.75
3683 " manche palissandre, 3 pièces, lame, canif et tirebouchon . . . . . " . . . 1.80
3684 " manche corne plat, 2 mitres, 4 pièces, lame, poinçon, serpette et tirebouchon . . " . . . 2.25
3685 " manche ivoire rond, navette, 3 pièces, lame, canif et lime . . . . . " . . . 2.35
3686 " manche métal, navette, 3 pièces, lame, canif et tirebouchon . . . . . " . . . 2.85
3687 " manche métal à coupe cigares, 3 pièces, lame, crochet à champagne et tirebouchon 3.20
3688 " manche ivoire, 1 mitre, 3 pièces, lame, canif et tirebouchon . . " . . . 3.20
3689 " limonadier, manche métal plaqué ivoire, 3 pièces, lame, crochet à champagne et tirebouch. 3.60
3690 " manche métal, 4 pièces, lame, canif, crochet à champagne et tirebouchon 6. "
3691 " " ivoire, 4 " " " " " 7.15

		Petit	Moyen	Grand
3692	" façon suédois, manche bois des îles La pièce	1.15	1.30	1.40
3693	" vrai suédois " " " "	2.10	2.35	2.65

Cartes de couteaux fermants, modèles variés, par 12 pièces

3694 Qualité ordinaire à 1 lame . . . . . La carte 4.95
3695 " " à 1 et 2 lames . . . . . " . . . 6.75
3696 " 1/2 fine à 1 et 2 lames . . . . . " . . . 9.90
3697 " " à 1, 2, 3 et 4 lames . . . . . " . . . 11.70
3698 " " à 1, 2, 3 et 4 lames . . . . . " . . . 16.20
3699 " fine à 1, 2, 3 et 4 lames . . . . . " . . . 21.60
3700 " ordinaire imitation Pradel . . . . . " . . . 6.50
3701 " 1/2 fine " " . . . . . " . . . 8.10
3702 " ordinaire, vrai Pradel, à l'Ancre . . . . . " . . . 16. "
3703 " 1/2 fine " " " . . . . . " . . . 17.50

118

3703 — 3714 — 3704, 3707, 3709, 3710, 3711 — 3713 — 3717, 3718 — 3719 — 3720 — 3721 — 3722 — 3723 — 3725 — 3728 — 3729 — 3731 — 3733 — 3736 — 3738 — 3740 — 3742 — 3747 — 3744 — 3746 — 3748 — 3750 — 3751

Canifs

N°	Désignation		Prix
3704	Canif qualité ordinaire 1 lame, manche os rond	La pièce	0.30
3705	″ ″ ″ 2 ″ ″ ″ ″	″	0.55
3706	″ ″ ″ 2 ″ ″ corne rond	″	0.70
3707	″ ″ 1/2 fine 2 ″ ″ bois des îles, modèle fort	″	0.95
3708	″ ″ ″ 2 ″ ″ buffle rond cintré	″	1.15
3709	″ ″ ″ 4 ″ ″ os, violon plat	″	1.15
3710	″ ″ fine 2 ″ ″ ivoire, rond droit	″	1.95
3711	″ ″ ″ 2 ″ ″ corne, violon plats	″	2.15
3712	″ ″ ″ 4 ″ ″ ″ ″	″	2.40
3713	″ coupe-cors, qualité fine, 2 lames, manche ivoire rond droit	″	2.55

Cartes de canifs

N°	Désignation		Prix
3714	Cartes de canifs, qualité ordinaire, 2 lames, modèles variés par 12 pièces	La carte	9. .
3715	″ ″ ″ 1/2 fine, 2 ″ ″ ″ ″ ″	″	12.60
3716	″ ″ ″ fine, 2 ″ ″ ″ ″ ″	″	16.20

Couteaux d'office

N°	Désignation		Prix
3717	Couteaux d'office manche buis, plate semelle, qualité ordinaire	Le cent	16.50
3718	″ ″ ″ 1/2 fine	″	22.50
3719	″ ″ ″ buis ovale, lame courte	″	26.60
3720	″ ″ ″ bois noir, plate semelle, rosettes cuivre	″	19.50
3721	″ ″ ″ palissandre ″ lame avec facettes	″	28.50
3722	″ ″ ″ ébène ″ ″ virole fer	″	34. .
3723	″ ″ ″ palissandre, plate semelle, rond yatagan, petit modèle	″	36. .
3724	″ ″ ″ ″ ″ ″ ″ grand modèle	″	62.50
3725	″ ″ ″ ébène à crosse, virole maillechort, qualité ordinaire	″	50. .
3726	″ ″ ″ ″ ″ ″ ″ 1/2 fine	″	55. .
3727	″ ″ ″ ″ ″ ″ ″ fine	″	98. .

Couteaux de cuisine

N°	Longueur de la lame %m		12	14	16	19	22	24	27
3728	Manche buis plat droit, 2 rivets, lame forgée	La pce	″	0.45	0.55	0.70	0.85	0.95	1.10
3729	″ bois rouge plat à cotrin, lame forgée, 3 rivets à oeillets	″	″	0.50	0.60	0.75	0.90	1.10	1.35
3730	″ corne, plat à crabe, plate semelle	″	″	0.65	0.85	0.90	1.20	1.50	″
3731	″ buis rond à crosse	″	0.65	0.70	0.85	1. .	1.30	1.70	″

Couteaux de cuisine, manche ébène à crosse

N°	Longueur de la lame %m		14	16	19	22	24	27	30
3732	Virole fer, lame rapportée, qualité ordinaire	La pièce	0.65	0.65	0.75	1. .	1.15	1.40	″
3733	″ ″ ″ massive ″ 1/2 fine	″	0.75	0.90	1.15	1.30	1.50	1.70	″
3734	″ maillechort, lame massive ″ fine	″	1.95	2.25	2.70	3.15	3.75	4.50	5.10

Couteaux de bouchers

N°	Longueur de la lame %m		11	12	14	16	19	22	24	27
3735	Manche bois, modèle Paris, qualité ordinaire	La pièce	0.55	0.40	0.45	0.55	0.75	0.90	1.10	″
3736	″ ″ ″ ″ ″ 1/2 fine	″	0.65	0.70	0.75	0.90	1.10	1.30	1.55	1.90
3737	″ ″ ″ ″ ″ fine	″	0.75	0.90	0.95	1.15	1.30	1.60	1.80	2.25

Couteaux à saigner

N°	Longueur de la lame %m		11	12	14	16	19	22	24	27
3738	Manche bois, lame pointue, qualité 1/2 fine	La pièce	0.65	0.70	0.75	0.90	1.10	1.30	1.65	1.90
3739	″ ″ ″ ″ fine	″	0.75	0.90	0.95	1.15	1.30	1.50	1.80	2.25

Boutiques de bouchers

N°	Nombre de places		1	2	3	4	5	6	7	8
	Longueur approximative %m		29	29	25	26	27	28	30	31
	Largeur d° %m		7	7	9	11	13	15	17	18
3740	à 1 anneau	La pièce	1.10	1.35	1.10	1.25	″	″	″	″
3741	à 2 ″	″	″	″	″	″	1.80	2.15	2.55	2.90

Feuilles de charcutiers, plate semelle, 3 rivets cuivre

N°	Long.r de la lame %m		20	22	25
3742	Manche ébène rond	La pièce	4.05	4.05	4.85
3743	″ buffle rond	″	4.95	4.95	5.40

Peleux pour charcutiers, manche hêtre arrondi

N°	Long.r de la lame %m		16	19	22
3744	Qualité 1/2 fine	La pièce	1.50	1.65	1.90
3745	″ fine	″	2.30	2.50	2.70

Fendoirs de bouchers

N°	Longueur de la lame %m		23	25	27	29
3746	manche buis rond tourné	La pièce	5.85	6.30	6.75	7.05

N°	Désignation		Prix
3747	**Couperet d'étal** pour bouchers, tout acier, modèle Paris	Le kilog	5. .
3748	**Couteaux** à roquefort, manche buis, 3 rivures, large lame flexible	La pièce	2.15
3749	″ ″ ″ ébène, 3 ″ ″ ″ ″	″	2.25

Couteaux à fromage

N°	Longueur de la lame %m		19	21	22	24	25	27	29	30
3750	Un manche ébène, 3 rivures	La pièce	″	1.60	1.75	″	1.90	″	2.85	″
3751	Deux ″ ″ 3 ″	″	2.70	″	3. .	3.40	″	3.75	″	4.05

3752-3753-3754-3755-3756-3757-3758-3759-3760-3761

3762 3763 3764 3765 3766 3770 3771 3772 3773 3774

3767

3768

3769

3775-3777-3778-3779-3780-3781-3782-3783-3784-3786

3790-3791-3792-3793-3794-3796-3799-3800-3801-3805

Couteaux de table.

Couteaux de table

3752 Plate semelle; bois noir; clous bombés, bout rond ou à pointe. Le paquet de 12 pièces 3.25
3753 " " corne, rondo, clous ras " " " " " " 3.60
3754 " " bois noir, clous ras, mitre fer " " " " " " 4.05
3755 " " os, clous ras " " " " " " 4.05
Bien indiquer si ces couteaux doivent être livrés à bout rond ou pointu.

Couteaux de table

3756 A virole, manche bois noir rond uni, lame rapportée sans biseau. Le paquet de 12 pièces 2.70
3757 " " " " violon rond " " à biseau " " 2.90
3758 " " " " canot rond " " " " " 3.80
3759 " " " " rond uni " " " " " 3.80
3760 " " ébène à joncs " " " " " 5. .
3761 " " " rond uni, 1 goupille " " " " 5. .
3762 " " " canot rond lame droite massive " " 6.30
3763 " " " larges pans " " " " " 6.30
3764 " " " rond uni, 1 goupille " " " " " 6.30
3765 " " " bout coupé " yatagan " " " 6.30
3766 " " " rond uni " droite " " " 8.00

Services à découper

3767 Manche ébène uni 4 pans, lame rapportée, fourchette sans ressort. Le service 1.35
3768 " " violon rond " " " avec ressort " 2.55
3769 " " rond " massive " " " " 4.05

Services de couteaux

		Table	Dessert		Service à découper
3770	Manche ébène baguette, lame yatagan massive. Le paquet de 12 p.	3.30	6.20	Le service	3.05
3771	" os, bout coupé écusson nacre, lame yatagan rapportée, "	6.85	6. .	"	3.60
3772	" os, violon rond, lame massive " "	8.10	7.65	"	4.60
3773	" ébène " " " " " "	8.60	7.65	"	4.05
3774	" " uni larges pans " " "	8.60	7.65	"	4.05
3775	" " rond uni, 1 goupille " " "	9. .	8.10	"	4.35
3776	" " " " 3 " " " "	10. .	9. .	"	4.35
3777	" " canot uni " " " "	10. .	9. .	"	4.05
3778	" " " rond " " à biseau "	10.50	10. .	"	4.35
3779	" " violon rond, lame à bourrelet " "	10.80	10.10	"	4.35
3780	" " carré uni, indémanchable, lame massive, "	10.80	10.10	"	"
3781	" " baguette, lame yatagan à bourrelet " "	11.70	10.80	"	4.35
3782	" " Henri II " " " " "	12.20	11.25	"	4.60
3783	" " baguette, lame massive " "	12.60	11.25	"	4.60
3784	" " Henri II, lame yatagan massive " "	13.50	11.70	"	5. .
3785	" " baguette " " " " "	13.50	11.70	"	5. .
3786	" corne blonde, baguette, lame rapportée " "	12.20	10.40	"	5.40
3787	" " " " lame massive qualité ordinaire,	14.40	12.60	"	6.50
3788	" " " " " " " 1/2 fine "	15. .	16.20	"	6.75
3789	" " " " " " " fine "	22.50	20.70	"	7. .

Services de tables riches, qualité supérieure

		couteaux de table	couteaux à dessert	service à découper	manche à gigot tulipe nick.	couverts à salade à embase
		Le paquet de 12 pces		Le service	La pièce	Les 2 pièces
3790	Manche buffle japonais, manchette métal Louis XV, yatagan	11.70	10.80	6. .	4.05	9. .
3791	" ébène Henri II " " yatagan à bourrelets	16.20	16.20	5.40	4.05	5.85
3792	" " baguette " " " "	17.10	16.20	5.40	4.60	5.85
3793	" " japonais " " " "	17.10	16.20	5.85	4.50	5.85
3794	" " sifflet " " " "	17.10	16.20	5.85	4.50	5.85
3795	" corne blonde, Henri II, bague métal, yatagan	26.10	23. .	7.65	5.40	9. .
3796	" " " baguette, manchette métal, yatagan à bourrelet	30. .	28. .	9. .	5.40	9.50
3797	" " " japonais "	30. .	28. .	9. .	5.40	9.50
3798	" ivoire rond droit uni, virole métal unie, lame droite	49. .	36. .	24.50	12.60	23.60
3799	" ébène 1/2 rond bague argent	32.50	29. .	11.25	6.30	19. .
3800	" " baguette, manchette argent	36. .	29. .	13.50	6.75	19. .
3801	" " 1/2 rond, virole et culot argent, forme bague	65. .	54. .	20. .	10.80	23.50
3802	" corne blonde, baguette manchette argent	49. .	41.50	15.50	8.10	20.70
3803	" " " japonais " "	49. .	41.50	15.50	8.50	20.70
3804	" ivoire rond, droit uni " "	76. .	58. .	28. .	15.20	30. .
3805	" nacre baguette " " Louis XV	165. .	101. .	65. .	32.50	90. .
	Gravure ordinaire style L. XV s/ corne ou ivoire	8.60	8.60	1.45	0.75	1.45
	" " " " sur nacre	10.80	10.80	1.80	0.90	1.80
	Chiffres argent incrustés 2 lettres s/ ébène, corne ou ivoire	43.20	43.20	7.20	3.60	7.20
	" " " " sur nacre	86.60	86.60	14.40	7.20	14.40

3806 3808 3812 3814 3823 3824 3825 3846 à 3849 3831 3834 3842 3850 3859 3860 3861 3862 3863 3864 3866 3867

Couteaux mâcheurs pour couper la viande en très petits morceaux et en faciliter la mastication

N°	Désignation		Prix
3806	Manche maillechort, démontable, à 4 lames	La pièce	19. .
3807	〃 plaqué ivoire 〃 〃	〃	22. .

Masticateurs pour couper, broyer et faciliter la mastication des aliments

N°	Désignation		Prix
3808	Manche acier nickelé, démontable	La pièce	14.50
3809	〃 〃 plaqué buffle 〃	〃	17.50
3810	〃 〃 〃 ivoire 〃	〃	17.50
3811	〃 〃 argenté 〃	〃	19. .

Rasoirs.

N°	Désignation		Prix
3812	Rasoir, manche buffle plat, qualité ordinaire	La pièce	0.90
3813	〃 〃 〃 〃 〃	〃	1.45
3814	〃 〃 〃 rond 〃 1/2 fine, lame évidée	〃	2.05
3815	〃 〃 〃 〃 〃 〃 〃 〃 diamantée	〃	2.25
3816	〃 〃 〃 〃 〃 〃 〃 〃 à baguette	〃	2.65
3817	〃 〃 〃 〃 〃 fine 〃 〃 l'"Antiseptique"	〃	3.15
3818	〃 〃 〃 〃 〃 〃 〃 〃 à baguette suédois	〃	3.45
3819	〃 〃 〃 plat 〃 〃 〃 〃 à baguette	〃	4.05
3820	〃 〃 〃 rond 〃 〃 〃 〃 dos biseauté	〃	4.20
3821	〃 〃 ivoire rond 〃 〃 〃 〃 poli fin	〃	5. .
3822	〃 〃 buffle plat, lame rapportée diamantée	〃	6. .

N°	Désignation		Prix
3823	**Rasoir mécanique** "Le Pogonotome", manche bois verni avec 2 lames livré en boîte garnie de cuir et pâte pour le repassage	La pièce	4.50
3824	**Rasoir mécanique** à guide "Le Salvator", manche métal, à 1 lame livré en boîte métallique cylindrique	La pièce	4.50
3825	**Rasoir de sûreté** perfectionné à guides "Le Star", manche métal, à 1 lame livré en boîte métallique rectangulaire	La pièce	11.50
3826	Lame de rechange pour dito	〃	7.75
3827	Lanière spéciale en toile canvas pour le repassage	〃	4.80
3828	〃 〃 en cuir de Russie 〃 〃	〃	7.75
3829	Mécanique à repasser, spéciale pour le rasoir Star	〃	16.50

Cuirs à rasoirs, simples, sans boîtes

N°	Désignation	Longueur		Prix
3830	Poignée plate, bois verni, un côté bois, un côté peau	26 %	La pièce	0.50
3831	〃 ovale 〃 〃 〃 〃 〃	28 %	〃	0.75
3832	〃 〃 ébène ciré, 2 côtés peau	20 %	〃	0.90
3833	〃 〃 bois verni 〃	28 %	〃	1.15
3834	〃 plate 〃 〃 un côté bois fin, un côté peau fine	30 %	〃	1.45
3835	〃 ovale 〃 〃 〃 〃 〃 〃 〃	30 %	〃	2. .
3836	〃 〃 ébène ciré, 2 côtés peau fine	24 %	〃	2.50
3837	〃 〃 bois verni 〃 〃 〃	31 %	〃	3. .
3838	〃 〃 ébène ciré 〃 〃 〃	31 %	〃	4. .

Cuirs à rasoirs à boîte, 2 côtés peau

N°	Désignation	Nombre de places	1	2
3839	Ordinaire, poignée tournée, pâte dans la poignée	La pièce	0.50	0.50
3840	〃 〃 〃 〃 〃 〃	〃	0.75	0.75
3841	〃 〃 〃 〃 〃 〃	〃	1. .	1. .
3842	1/2 fin 〃 〃 〃 〃 〃	〃	1.35	1.35
3843	〃 〃 〃 〃 〃 〃	〃	2. .	2.25
3844	Fin palissandre 〃 〃 〃 〃 〃	〃	3.15	3.60
3845	〃 〃 〃 〃 〃 〃 〃	〃	3.60	4.05

N°	Désignation		Prix
3846	**Pâte à rasoirs** en bâtons carrés qualité ordinaire	Le paquet de 144 pièces	15. .

Cet article ne se livre pas par quantité inférieure à un paquet de 144 bâtons

Pâte zéolithe pour rasoirs

N°	Désignation		Prix
3847	En bâtons carrés 40 × 14 %, qualité courante, marque H.P.	Le paquet de 12 bâtons	1.60
3848	〃 〃 〃 1re qualité, marque Hamon	〃	2. .
3849	〃 〃 〃 qualité extra, en étui, avec instruction	〃	3.20

Par quantité de 12 paquets d'une même qualité, pris en une seule fois Treize paquets pour douze

Brosses à barbe, dites blaireaux

N°	Désignation	Nos	1	2	3	4	5
3850	En soie, manche bois noir, godet métal nickelé	Le cent	30. .	42. .	57. .	75. .	95. .
3851	〃 〃 buis 〃 〃 〃	〃	〃	〃	55. .	95. .	85. .
3852	〃 monture métal nickelé	〃	45. .	60. .	85. .	90. .	120. .
3853	〃 manche os, godet métal nickelé, unique	〃	〃	〃	〃	〃	60. .
3854	〃 monture os, unique	〃	〃	〃	〃	〃	120. .
3855	Blaireau mélangé, monture métal nickelé	La pièce	〃	1.05	1.45	〃	〃
3856	〃 〃 monture os	〃	〃	〃	1.45	1.65	〃
3857	〃 monture os, longue	〃	1.95	2.10	2.40	3.15	3.60
3858	〃 〃 buffle 〃	〃	1.95	2.10	2.40	3.15	3.60

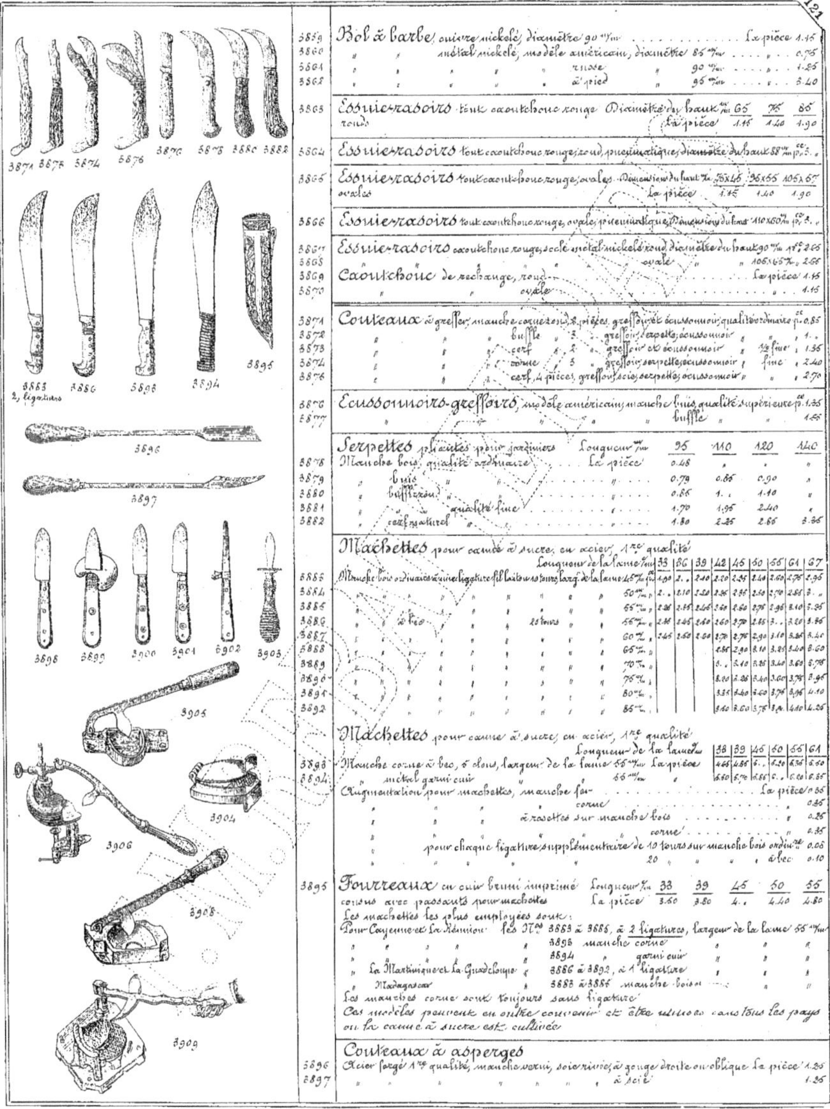

3859 **Bol à barbe**, cuivre nickelé, diamètre 90 m/m . . . . La pièce 1.15
3860 " " métal nickelé, modèle américain, diamètre 85 m/m . . . . " . . 0.75
3861 " " " " " rinse " 90 m/m . . . . " . . 1.25
3862 " " " " " à pied " 95 m/m . . . . " . . 3.40

3863 **Essuie-rasoirs** tout caoutchouc rouge, ronds

Diamètre du haut m/m	65	75	85
La pièce	1.15	1.40	1.90

3864 **Essuie-rasoirs** tout caoutchouc rouge, rond, pneumatique, diamètre du haut 88 m/m p.ce 3. "

3865 **Essuie-rasoirs** tout caoutchouc rouge, ovales

Dimension du haut m/m	75x45	95x55	105x65
La pièce	1.15	1.40	1.90

3866 **Essuie-rasoirs** tout caoutchouc rouge, ovale, pneumatique, Dimension du haut 110x60 m/m p.ce 3. "

3867 **Essuie-rasoirs** caoutchouc rouge, socle métal nickelé rond, diamètre du haut 90 m/m p.ce 2.65
3868 " " " " " ovale " " 105x65 m/m " 2.65
3869 **Caoutchouc** de rechange, rond . . . . La pièce 1.15
3870 " " ovale . . . . " . . 1.15

3871 **Couteaux** à greffer, manche corne rond, 2 pièces, greffoir et écussonnoir, qualité ordinaire p.ce 0.85
3872 " " " buffle " 3 " greffoir, serpette, écussonnoir " " " 1. "
3873 " " " cerf " 2 " greffoir et écussonnoir " 1/2 fine " 1.35
3874 " " " corne " 3 " greffoir, serpette, écussonnoir " fine " 2.40
3875 " " " cerf, 4 pièces, greffoir, scie, serpette, écussonnoir " " " 2.70

3876 **Écussonnoirs-greffoirs**, modèle américain, manche buis, qualité supérieure p.ce 1.35
3877 " " " " buffle " " 1.55

Serpettes pliantes pour jardiniers

		Longueur m/m	95	110	120	140
3878	Manche bois, qualité ordinaire	La pièce	0.48	"	"	"
3879	" buis "	"	0.79	0.85	0.90	"
3880	" buffle rond "	"	0.85	1. "	1.10	"
3881	" " " qualité fine	"	1.70	1.95	2.40	"
3882	" cerf naturel "	"	1.80	2.25	2.65	3.35

Machettes pour canne à sucre, en acier, 1re qualité

		Longueur de la lame m/m	33	36	39	42	45	50	55	61	67
3883	Manche bois ordinaire à une ligature fil laiton 10 tours, larg. de la lame	45 m/m p.ce	1.90	2. "	2.10	2.20	2.25	2.40	2.60	2.75	2.95
3884	" " " " " " " " "	50 m/m "	2. "	2.10	2.20	2.35	2.35	2.50	2.70	2.85	3. "
3885	" " " " " " " " "	55 m/m "	2.25	2.35	2.45	2.50	2.60	2.75	2.95	3.10	3.25
3886	" " à bec " " " 25 tours " "	55 m/m "	2.35	2.45	2.50	2.60	2.70	2.85	3. "	3.20	3.35
3887	" " " " " " " " "	60 m/m "	2.45	2.50	2.60	2.70	2.75	2.90	3.10	3.25	3.40
3888	" " " " " " " " "	65 m/m "				2.85	2.90	3.10	3.25	3.40	3.60
3889	" " " " " " " " "	70 m/m "				3. "	3.10	3.25	3.40	3.60	3.75
3890	" " " " " " " " "	75 m/m "				3.20	3.25	3.40	3.60	3.75	3.95
3891	" " " " " " " " "	80 m/m "				3.35	3.40	3.60	3.75	3.95	4.10
3892	" " " " " " " " "	85 m/m "				3.40	3.60	3.75	3.90	4.10	4.25

Machettes pour canne à sucre, en acier, 1re qualité

			Longueur de la lame m/m	33	39	45	50	55	61
3893	Manche corne à bec, 5 clous, largeur de la lame	55 m/m	La pièce	4.65	4.85	5. "	5.20	5.35	5.50
3894	" métal garni cuir " "	55 m/m	"	5.60	5.70	5.85	6. "	6.20	6.35

Augmentation pour machettes, manche fer . . . . La pièce 0.35
" " " corne . . . . " 0.35
" " " à rosettes sur manche bois . . . . " 0.25
" " " " " " corne . . . . " 0.35
" pour chaque ligature supplémentaire de 10 tours sur manche bois ordinre 0.05
" " " " " 20 " " " " à bec 0.10

3895 **Fourreaux** en cuir bruni imprimé cousus avec passants pour machettes

Longueur m/m	33	39	45	50	55
La pièce	3.60	3.80	4. "	4.40	4.80

Les machettes les plus employées sont :
Pour Cayenne et La Réunion les Nos 3883 à 3885, à 2 ligatures, largeur de la lame 55 m/m
" " " " " 3893 manche corne " " "
" " " " " 3894 " garni cuir " " "
" La Martinique et La Guadeloupe " 3886 à 3892, à 1 ligature " " "
" Madagascar " 3883 à 3885 manche bois " " "
Les manches corne sont toujours sans ligature.
Ces modèles peuvent en outre convenir et être utilisés dans tous les pays où la canne à sucre est cultivée.

Couteaux à asperges
3896 Acier forgé 1re qualité, manche verni, soie rivée, à gouge droite ou oblique La pièce 1.25
3897 " " " " " " à scie 1.25

3898 **Couteaux à huîtres**, manche buis, ordinaire . . . . Le cent 40. .
3899 " " " à garde, tôle étamée . . . . " . . 47. .
3900 " " " ébène, plate semelle ½ fin, 3 rosettes cuivre . . . . . . 48. .
3901 " " " " " " " mitre fer 67.50
3902 " " " palissandre plate semelle modèle dé écossais à griffes La pièce 0.85
3903 " " " noir rond, lame forgée, garde nickelée 1.40

3904 **Appareil** en fonte galvanisée, servant à pincer les huîtres pour les ouvrir La pièce 6. .

3905 **Machine** à ouvrir les huîtres, à levier, socle fonte, type marchand de vin La pièce 5.50

3906 **Machine** à ouvrir les huîtres, à levier, à étau, crochet mobile pour modifier la hauteur du couteau La pièce 7.50

3907 **Machine** à ouvrir les huîtres "La Sans Rivale" à levier, socle fonte bronzée La pièce 7. .
3908 " " " " " " " " émaillée " 9.60

Machine à ouvrir les huîtres, à levier, plateau fonte ajourée, table fonte quadrillée à surélévation
3909 Fonte galvanisée . . . . La pièce 18.20
3910 " émaillée . . . . 21. .

3911 **Couteaux à conserves**, manche verni, modèle ordinaire, meulé . . Le cent 12.25
3912 " " " deux pièces, lame acier . . . . " . . 31. .
3913 " " " ovale, lame acier forgé à guide . . . " . . 36. .
3914 " " " fonte vernie, lame acier, dit crocodile . . . " . . 48. .
3915 " " " " " à jour, lame acier . . . . " . . 50. .
3916 " " " " nickelée " " " . . " . . 65. .
3917 " " " " bronzée, forme poisson, lame acier " . . 65. .
3918 " " " verni, lame acier bleui . . . . . . " . . 57.50
3919 " " " verni noir excentrique, lame acier " . . 52.50
3920 " " " ébène, virole maillechort, lame acier poli fin " . . 60. .
3921 " " " bois des îles, lame acier forgé . . . . . " . . 55. .
3922 " " " noyer verni, rondelle cuivre, lame acier " . . 60. .
3923 " " " " " " nickelée " " " . . 71.50

3924 **Cisaille** à conserves, forme ciseau, lame cintrée . . . . La pièce 1.20
3925 " " forme anglaise, fonte bronzée, 1re qualité . . . . . . " . . 2.15
3926 " " " " " " nickelée " . . . . " . . 2.65

3927 **Couteau à glace**, manche verni, lame acier poli à dents La pièce 2.40

3928 **Couteau à friser** les plumes, manche ébène, unique La pièce 0.75

3929 **Couteau à zester**, manche bois noir, pour citrons et oranges La pièce 1.05

3930 **Couteau** ferblanc à julienne, et à éplucher les pommes de terre Le cent 20. .
3931 " " à régulateur, à éplucher et couper en tranches . . . " . . 27.50
3932 " " à tourniquet pour couper en spirale . . . . " . . 27.50
3933 " " à julienne à éplucher et couper en tranches . . . . " . . 10. .
3934 " " à éplucher manche bois . . . . " . . 20. .
3935 " tôle d'acier, à éplucher " " . . . . " . . 45. .
3936 " " " " deux côtés manche bois des îles . . . . . " . . 50. .
3937 " " " " deux usages, manche plat verni . . . . . . " . . 45. .

3938 **Coupe légumes** ferblanc, modèle planchette, pour julienne et couper en tranches pce 0.90

3939 **Couteau à légumes**, lame cannelée, manche ébène, qualité courante La pièce 1. .
3940 " " " " " " 1re qualité " 1.25
3941 " à éplucher manche rond Philippe, simplifié 1re qualité " 0.80
3942 " " " " " Breveté, régulateur à vis, qualité courante 0.80
3943 " " " " " " " " 1re qualité vraie marque 1.35

3944 **Couteau à julienne**, acier fondu, simple . . . . La pièce 1.30
3945 " " " " double . . . . " . . 1.60

Coupe pommes de terre, dits cuillères à légumes
3946 Manche bois verni, forme ronde Diamètre $^m/_m$ 14. 17. 22. 25. 28. assortis le % 62. .
3947 " " " " ovale unie " " 18. 20. 22. 25. 28 " " 62. .
3948 " " " " " cannelée " " 18. 20. 22. 25. 28 " " 62. .
3949 " ébène " ronde " " 14. 17. 22. 25. 28 " " 55. .
3950 " " " ovale unie " " 18. 20. 22. 25. 28 " " 55. .
3951 " " " " cannelée " " 18. 20. 22. 25. 28 " " 55. .
3952 " " plate semelle, 3 clous, forme ronde " " 14. 17. 22. 25. 28 " " 100. .

3953 **Vis** à spirale pour pommes de terre, simples ou doubles, unies Le cent 65. .
3954 " " " " " " " trèfle . . . . " . . 65. .
3955 **Carottières** manche bois verni . . . . " . . 65. .
3956 **Vide pommes** manche bois verni . . . . " . . 80. .
3957 **Raclettes** à beurre acier poli manche bois verni . . . . " . . 70. .

3911 3912 3913 3914 3915 3917 3918
3919 3920 3921 3922 3923 3924 3925
3927 3928 3929 3930 3931 3932
3933 3934 3935 3936 3937 3941 3945
3938
3939 3944 3945 3946 3948 3949 3950
3951 3952 3955 3956 3957 3953 3954

Couverts de table, Services métal & Orfèvrerie

3958 **Couverts** fer battu étamé, tige plates unis — Cours Variable
Les poids indiqués sont approximatifs et peuvent subir une légère variation par suite de l'irrégularité de l'épaisseur des tôles

Le paquet est composé de 144 couverts soit 144 cuillères et 144 fourchettes.	léger	1/2 fort	fort	1/2 fort léger	1/2 fort ordinaire	3/4 fort ordinaire	fort	extra fort
Poids du paquet de 288 pièces K^os	7 1/2	8 1/2	10	11 à 12	12 à 13	14 à 15	16 à 17	18 à 19
Longueur 19 %m — Le paquet	17. »	18. »	19. »	»	»	»	»	»
» 21 %m — »	»	»	»	25. »	27. »	30. »	36. »	38. »

3959 **Cuillères à café** fer battu étamé, tige plates unies

N^os	1	2	3
Poids du paquet de 144 pièces K^os	1 K 800	2 K 600	3 K 600
Le paquet	6. »	7. »	10. »

3960 **Cuillères à ragoût** fer battu étamé, tige plate, unies

N^os	1	2
Longueur %m	29	33
Le paquet de 12 pièces	4.50	5.50

Louches fer battu étamé, tige plate, unies, grandeur unique
3961 Sans crochet . . . . Le paquet de 12 pièces 7.50
3962 Avec crochet . . . . » 7.50

Couverts fer étamé, tige ronde, unis
3963 Modèle Restaurant, léger, longueur 19%m, poids du paquet de 288 pièces 10 K^os Le paquet 25.25
3964 » » » 21%m » » » 12 K^os 200 » 26.25
3965 » » ordinaire » 21%m

N^os	1	2
Poids du paquet de 288 pièces K^os	15	17
Le paquet	29.25	31.50

Cuillères à café fer étamé, tige ronde, unies
3966 Modèle Restaurant léger, poids du paquet de 144 pièces 2 K 600 Le paquet 7.50
3967 » » ordinaire » » » » 3 K 600 » 8.25

3968 **Cuillères à ragoût**, fer étamé, tige ronde, unies
Modèle Restaurant ordinaire, longueur 33%m, poids du paquet de 12 pièces 2 K 100 Le paquet 7.50

3969 **Fourchettes à 3 dents**, fer étamé, tige ronde, unies
Modèle Restaurant ordinaire, longueur 33%m, poids du paquet de 12 pièces 2 K^os Le paquet 7.50

3970 **Louches**, fer étamé, tige ronde, unies
Modèle Restaurant ordinaire, longueur 33%m, poids du paquet de 12 pièces 2 K 460 Le paquet 9.75

3971 **Couverts** fer étamé, tige ronde à côte
Modèle Restaurant dessert longueur 17%m 1/2 poids du paquet de 288 pièces 8 K 100 Le paquet 22.50
3972 » » pension N° 1 » 19 %m » » » 10 K 400 » 25.50
3973 » » » N° 2 » 21 %m » » » 12 K 700 » 27. »
3974 » » » N° 3 » 21 %m » » » 13 K » 27.75
3975 » » table N° 1 » 21 %m » » » 15 K » 30. »
3976 » » » N° 2 » 21 %m » » » 17 K » 32.25

Cuillères à café fer étamé, tige ronde, à côte
3977 Modèle Restaurant léger, poids du paquet de 144 pièces 2 k 600 Le paquet 7.90
3978 » » fort » » » » 3 k 600 » 8.65

Cuillères à mazagran fer étamé, tige ronde, à côte
3979 Longueur 18%m, poids du paquet de 144 pièces 4 k 800 Le paquet 12.40
3980 » 21 %m » » » 5 k 600 » 13.25

3981 **Cuillères à ragoût** fer étamé, tige ronde à côte 2 K 100
Modèle Restaurant, longueur 33%m, poids du paquet de 12 pièces 2 k 100 Le paquet 7.90

3982 **Fourchettes à 3 dents** fer étamé, tige ronde, à côte
Modèle Restaurant, longueur 33 %m, poids du paquet de 12 pièces 2 K^os Le paquet 7.90

3983 **Louches** fer étamé, tige ronde, à côte
Modèle Restaurant, longueur 33 %m, poids du paquet de 12 pièces 2 k 460 Le paquet 10.60

Couverts acier forgé étamé
3984 Baguette restaurant unis longueur 21%m, poids des 288 pièces 17 K^os La boîte de 24 pièces 4.30
3985 » » à côte » 21%m » » 17 K^os » » 4.50
3986 » » Monaco » 21 %m » » 17 K^os » » 4.80
3987 » » gravés Excelsior » 21 %m » » 16 K^os » » 4.30
Ces couverts sont livrés en boîte carton contenant 12 cuillères et 12 fourchettes

Cuillères à café acier forgé étamé
3988 Baguette restaurant, unies poids des 144 pièces 3 k 500 Les 144 pièces 13. »
3989 » » à côte » » » 3 k 500 » » 13.75
3990 » » Monaco » » » 3 k 500 » » 14.50
3991 » » gravées Excelsior » » » 3 k 500 » » 19.25
Ces cuillères ne sont pas livrées par quantité inférieure à 36 pièces contenues dans une boîte carton

124

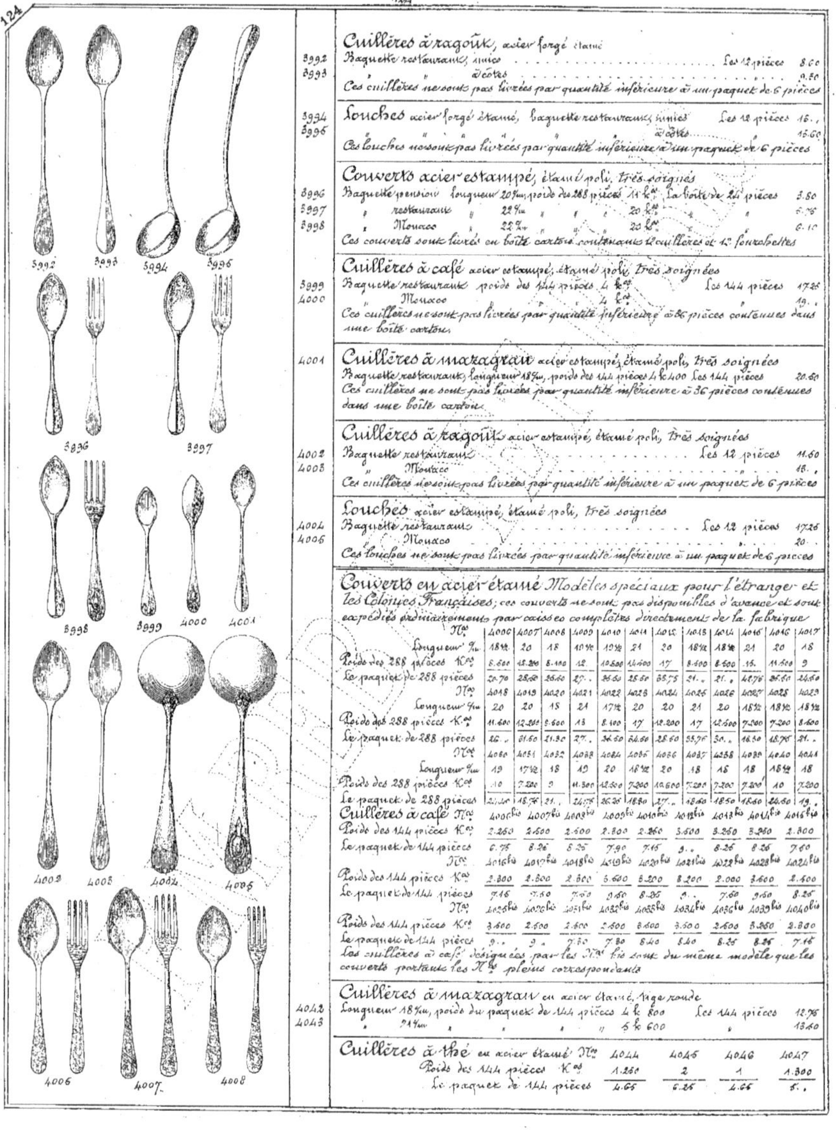

Cuillères à ragoût, acier forgé étamé

3992 Baguette restaurant, unies . . . . Les 12 pièces 8.60
3993 " " à côtes 9.50
Ces cuillères ne sont pas livrées par quantité inférieure à un paquet de 6 pièces

Louches acier forgé étamé, baguette restaurant, unies Les 12 pièces 15..

3994 Louches acier forgé étamé, baguette restaurant, unies Les 12 pièces 15..
3995 " " " " " " à côtes 15.60
Ces louches ne sont pas livrées par quantité inférieure à un paquet de 6 pièces

Couverts acier estampé, étamé poli, très soignés

3996 Baguette pension longueur 20 %m, poids des 288 pièces 15 k.os La boîte de 24 pièces 3.80
3997 " restaurant " 22 %m " " " 20 k.os " " 5.75
3998 " Monaco " 22 %m " " " 20 k.os " " 6.10
Ces couverts sont livrés en boîte carton contenant 12 cuillères et 12 fourchettes

Cuillères à café acier estampé, étamé poli, très soignées

3999 Baguette restaurant poids des 144 pièces 4 k.os Les 144 pièces 17.25
4000 " Monaco " " " 4 k.os " 19..
Ces cuillères ne sont pas livrées par quantité inférieure à 36 pièces contenues dans une boîte carton.

Cuillères à mazagran acier estampé, étamé poli, très soignées

4001 Baguette restaurant, longueur 18 %m, poids des 144 pièces 4 k 400 Les 144 pièces 20.50
Ces cuillères ne sont pas livrées par quantité inférieure à 36 pièces contenues dans une boîte carton.

Cuillères à ragoût acier estampé, étamé poli, très soignées

4002 Baguette restaurant . . . . Les 12 pièces 11.50
4003 " Monaco . . . . 13..
Ces cuillères ne sont pas livrées par quantité inférieure à un paquet de 6 pièces

Louches acier estampé, étamé poli, très soignées

4004 Baguette restaurant . . . . Les 12 pièces 17.25
4005 " Monaco . . . . 20..
Ces louches ne sont pas livrées par quantité inférieure à un paquet de 6 pièces

Couverts en acier étamé Modèles spéciaux pour l'étranger et les Colonies Françaises;

ces couverts ne sont pas disponibles d'avance et sont expédiés ordinairement par caisses complètes directement de la fabrique

N.os	4006	4007	4008	4009	4010	4011	4012	4013	4014	4015	4016	4017
Longueur %m	18½	20	18	19½	19½	21	20	18½	18½	21	20	18
Poids des 288 pièces K.os	8.600	12.200	8.100	12.	10.800	14.400	17	8.100	8.600	15.	11.500	9
Le paquet de 288 pièces	20.70	28.50	26.60	27..	35.60	25.50	35.75	21..	21..	41.75	35.50	24.50
N.os	4018	4019	4020	4021	4022	4023	4024	4025	4026	4027	4028	4029
Longueur %m	20	20	15	21	17½	20	20	21	20	18½	18½	18½
Poids des 288 pièces K.os	11.600	12.200	9.600	13	8.100	17	12.200	17	12.500	7.200	7.200	8.600
Le paquet de 288 pièces	26..	31.50	21.30	27..	36.50	24.60	28.60	35.75	30..	16.50	18.75	21..
N.os	4030	4031	4032	4033	4034	4035	4036	4037	4038	4039	4040	4041
Longueur %m	19	17½	18	19	20	18½	20	18	18	18	18½	18
Poids des 288 pièces K.os	10	7.200	9	11.300	12.500	7.200	10.600	7.200	7.200	7.200	10	7.200
Le paquet de 288 pièces	[illegible]	18.75	21..	24.75	26.25	18.80	27..	18.60	18.50	18.60	24.50	19..

Cuillères à café N.os	4006 bis	4007 bis	4008 bis	4009 bis	4010 bis	4012 bis	4013 bis	4014 bis	4015 bis
Poids des 144 pièces K.os	2.250	2.500	2.500	2.300	2.250	3.500	3.250	3.250	2.300
Le paquet de 144 pièces	6.75	8.25	8.25	7.90	7.15	9..	8.25	8.25	7.60
N.os	4016 bis	4017 bis	4018 bis	4019 bis	4020 bis	4021 bis	4022 bis	4023 bis	4024 bis
Poids des 144 pièces K.os	2.300	2.300	2.300	3.600	3.200	3.200	2.000	3.600	2.500
Le paquet de 144 pièces	7.15	7.50	7.50	9.50	8.25	9..	7.60	9.50	8.25
N.os	4025 bis	4026 bis	4031 bis	4032 bis	4033 bis	4034 bis	4036 bis	4039 bis	4040 bis
Poids des 144 pièces K.os	3.600	2.500	2.600	2.500	3.600	3.500	2.500	3.250	2.300
Le paquet de 144 pièces	9..	9..	7.80	7.80	8.40	8.40	8.25	8.25	7.15

Les cuillères à café désignées par les N.os bis sont du même modèle que les couverts portant les N.os pleins correspondants

Cuillères à mazagran en acier étamé, tige ronde

4042 Longueur 18 %m, poids du paquet de 144 pièces 4 k 800 Les 144 pièces 12.75
4043 " 21 %m " " " " 5 k 600 " 13.60

Cuillères à thé en acier étamé

N.os	4044	4045	4046	4047
Poids des 144 pièces K.os	1.250	2	1	1.300
Le paquet de 144 pièces	4.65	6.25	4.65	5..

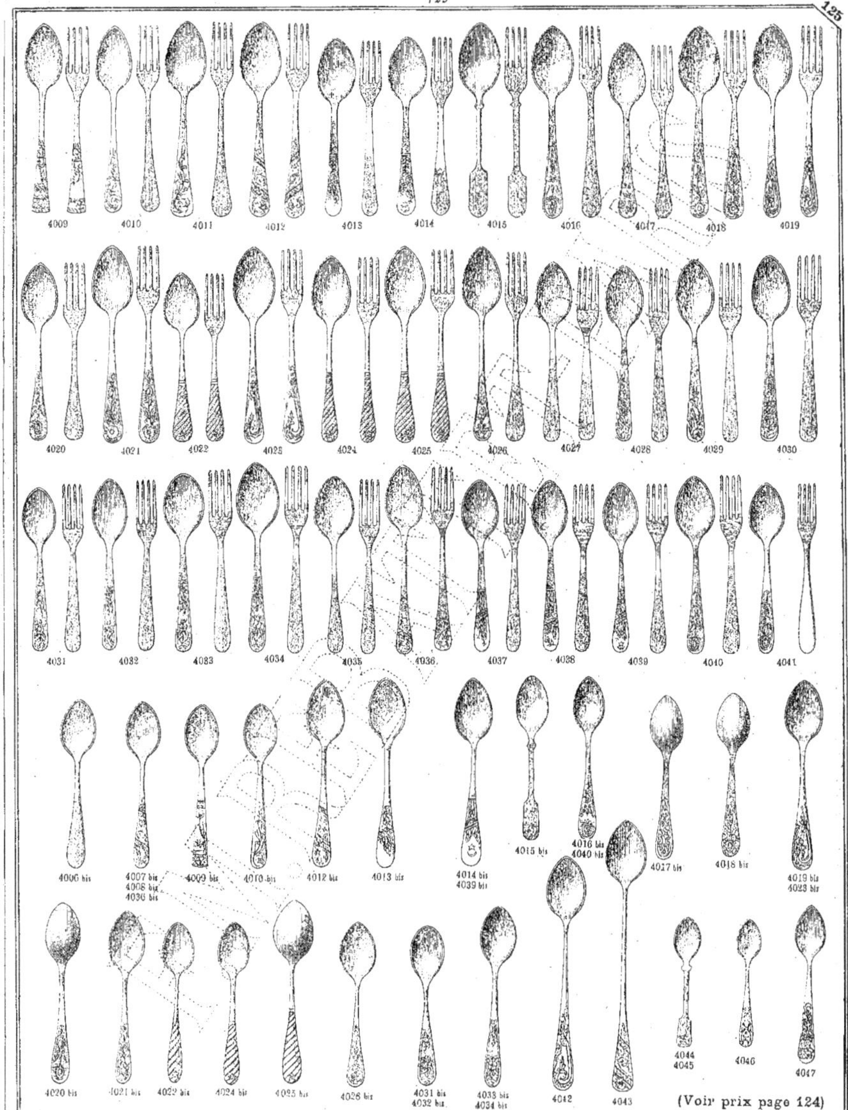

(Voir prix page 124)

Fourchettes à confitures en acier étamé

Nos	4048	4049	4050	4051	4052	4053	4054	4055	4056	4057
Longueur c/m	10	13½	13½	13½	13½	13½	13½	15½	13½	16
Poids des 144 pièces Kos	1	2.100	2.100	2.100	2.100	2.100	2.100	2.100	2.100	3.300
Le paquet de 144 pièces	5.35	8.50	8. »	9.60	8.40	8.40	8.40	10. »	9.60	9.60

Cuillères de table seules, étain fin

4058 Grattées, poids des 144 pièces 9 Kos 600 .... Le paquet de 144 pièces 35.75
4059 Polies » » » 9 Kos 600 .... » » 39.25
4060 Grattées » » » 10 Kos 600 .... » » 39. »
4061 Polies » » » 10 Kos 600 .... » » 42.50

Cuillères à café étain fin

4062 Grattées, poids des 144 pièces 3 Kos 200 .... Le paquet de 144 pièces 14.50
4063 Polies » » » 3 Kos 200 .... » » 17.25
4064 Grattées » » » 3 Kos 300 .... » » 16.25
4065 Polies » » » 3 Kos 300 .... » » 19. »

Couverts unis métal aciéré fabrication française Cours Variable

	En boîte carton de 12 couverts	jouet	bébé	cadet	pension	Nos	00	0	1	2	3	4	5	6
	Longueur m/m	122	141	161	181		196	202	205	206	209	209	209	211
4066	Baguettes unies La boîte	2.65	3.85	4.85	5.60		4.45	5.35	6. »	6.80	7.20	7.35	»	»
4067	» » incassables	m	»	»	»		»	»	»	6.60	7.60	7.75	8.10	8.40

Cuillères à café métal aciéré

		Nos	00	0	1	2	3	4	5	6
		Longueur m/m	120	122	130	133	142	142	143	144
4068	Baguettes unies	La boîte de 144 pièces	12.50	15.70	17. »	18.75	19.40	21.70	»	»
4069	» » incassables	» »	»	»	»	»	20.40	22.75	23.25	24.25

Cuillères à soda métal aciéré

		Nos	1	2	3	4
		Longueur m/m	169	182	193	205
4070	Baguettes unies	La boîte de 144 pièces	26.70	27.50	29.25	30.80

4071 Tige torde .... Longueur unique 230 m/m Le paquet de 12 pièces 2.65
4072 Tige ornée à pilon .... » » 215 m/m » » 4.95
4073 Pilon à anneau pour verre d'eau » » 130 m/m » » 3. »

4074 Cuillères à ragoût métal aciéré

baguettes unies	Longueur m/m	265	295
	La pièce	0.70	0.80

4075 Louches métal aciérés baguettes unies

Nos	1	2	3	4
Longueur m/m	290	308	320	335
Diamètre m/m	83	86	90	95
La pièce	0.85	1. »	1.15	1.30

4076 Couverts métal aciéré renforcés

baguette unies à nervures incassables
en boîte carton de 12 couverts

Nos	1	2	3
Longueur m/m	195	212	216
La boîte	7.35	8.10	8.85

4077 Cuillères à café métal aciéré, renforcées

baguette unies à nervures, incassables

Nos	1	2	3
Longueur m/m	195	212	216
La boîte de 144 pièces	18.60	21.30	24.15

4078 Cuillères à soda métal aciéré, renforcées

baguette unies à nervures incassables, longueur 192 m/m Le paquet de 12 pièces 2.40

4079 Cuillère à ragoût métal aciéré, renforcée

baguette unies à nervures incassable La pièce 0.85

4080 Louche métal aciérés renforcée

baguette unies à nervures, incassable La pièce 1.20

Couverts métal aciéré ornés

4081 Monaco, Couverts pension, longueur 184 m/m en boîte carton de 12 couverts La boîte 5.65
4082 » » grand » 209 m/m » » » » 8.40
4083 » Cuillères à café » 141 m/m .... Les 144 pièces 22.75
4084 » » à soda » 200 m/m .... Les 12 pièces 2.50
4085 » » à ragoût » 295 m/m .... La pièce 0.85
4086 » Louches » 337 m/m .... » 1.25

4087 Régents, Couverts No 1 longueur 200 m/m en boîte carton de 12 couverts La boîte 6.30
4088 » No 2 208 m/m » » » » » 8.10
4089 » Cuillères à café » 143 m/m .... Les 144 pièces 23.10
4090 » Louches » 322 m/m .... La pièce 1.25

4091 4094 4097 4100 4103

4107 4111 4116

4117 4118 4119

4120 4121 4122

Converts métal aciéré, ornés — Cours Variable

N°	Désignation	Longueur	Conditionnement	Unité	Prix
4091	Phénix, converts uniques, longueur	205 m/m	en boîte carton de 12 converts	La boîte	7.60
4092	" cuillères à café	" 144 m/m		Les 144 pièces	21.50
4093	" louche	" 350 m/m		La pièce	1.30
4094	Vrai Russe, converts uniques, longueur	205 m/m	en boîte carton de 12 converts	La boîte	7.90
4095	" " cuillères à café	" 145 m/m		Les 144 pièces	24. "
4096	" " louche	" 335 m/m		La pièce	1.30
4097	Japonais, converts uniques, longueur	207 m/m	en boîte carton de 12 converts	La boîte	8.10
4098	" cuillères à café	" 145 m/m		Les 144 pièces	23. "
4099	" louche	" 325 m/m		La pièce	1.25
4100	Henri II, converts uniques, longueur	205 m/m	en boîte carton de 12 converts	La boîte	8.10
4101	" cuillères à café	" 138 m/m		Les 144 pièces	22.70
4102	" louche	" 320 m/m		La pièce	1.25

Converts métal, fantaisies livrés en paquet ou en écrin, intérieur satin

Louis XV médaillon

N°			En paquets de 12 converts		En écrin de 6 converts		En écrin de 12 converts		Louche
4103	Métal poli	Le paquet	12.30	L'écrin	10. "	L'écrin	20.60	La pièce	2.20
4104	" argenté	"	18. "	"	12. "	"	26.70	"	3.50

Cuillères à café, métal fantaisie, livrées en paquet ou en écrin, intérieur satin

Louis XV médaillon

N°			En paquet de 12 pièces		En écrin de 6 pièces		En écrin de 12 pièces
4105	Métal poli	Le paquet	2.70	L'écrin	3. "	L'écrin	5. "
4106	" argenté	"	4. "	"	3.50	"	6. "

Converts métal, fantaisies livrés en paquet ou en écrin, intérieur satin

N°			En paquet de 12 converts		En écrin de 6 converts		En écrin de 12 converts		Louche
4107	Louis XV, métal poli	Le paquet	13. "	L'écrin	10.50	L'écrin	21. "	La pièce	2.20
4108	" " argenté	"	18. "	"	13. "	"	26. "	"	3.50

Cuillères à café, métal, fantaisie, livrées en paquet ou en écrin, intérieur satin

N°			En paquet de 12 pièces		En écrin de 6 pièces		En écrin de 12 pièces
4109	Louis XV, métal poli	Le paquet	2.60	L'écrin	3. "	L'écrin	5. "
4110	" " argenté	"	4. "	"	3.50	"	6. "

Converts métal, fantaisies livrés en paquet ou en écrin, intérieur satin

N°			En paquet de 12 converts		En écrin de 6 converts		En écrin de 12 converts		Louche
4111	Art nouveau, métal poli	Le paquet	12.50	L'écrin	10.20	L'écrin	20.50	La pièce	2.50
4112	" " " argenté	"	18. "	"	12.60	"	25.70	"	3.50

Cuillères à café, métal fantaisie, livrées en paquet ou en écrin, intérieur satin

N°			En paquet de 12 pièces		En écrin de 6 pièces		En écrin de 12 pièces
4113	Art nouveau, métal poli	Le paquet	2.70	L'écrin	3. "	L'écrin	5. "
4114	" " " argenté	"	4. "	"	3.50	"	6. "

Converts métal extra blanc avivé, non argenté — Services complets

N°	Désignation	converts les 12 conv.	café les 12 pièces	ragoût la pièce	louche la pièce	couteaux de table les 12 pièces	couteaux à dessert les 12 pièces	service à découper le service
4115	Baguette, uni, léger, poids des 12 converts 1k200	17.40	4.05	"	"	"	"	"
4116	" " ordinaire " " " 1k800	20.20	5. "	3.60	4.50	16.20	15.30	7.65
4117	Plat uni	20.20	5. "	3.60	4.50	16.20	15.30	7.65
4118	A filets	20.20	5. "	3.60	4.50	16.20	15.30	7.65
4119	Espagnol uni	20.20	5. "	3.60	4.50	16.20	15.30	7.65
4120	" à filets	20.20	5. "	3.60	4.50	16.20	15.30	7.65
4121	A contours	20.20	5. "	3.60	4.50	16.20	15.30	7.65

4122 **Cuillères à café**, Modèle catalan (Ne se fait pas en converts) Les 12 pièces 5. "

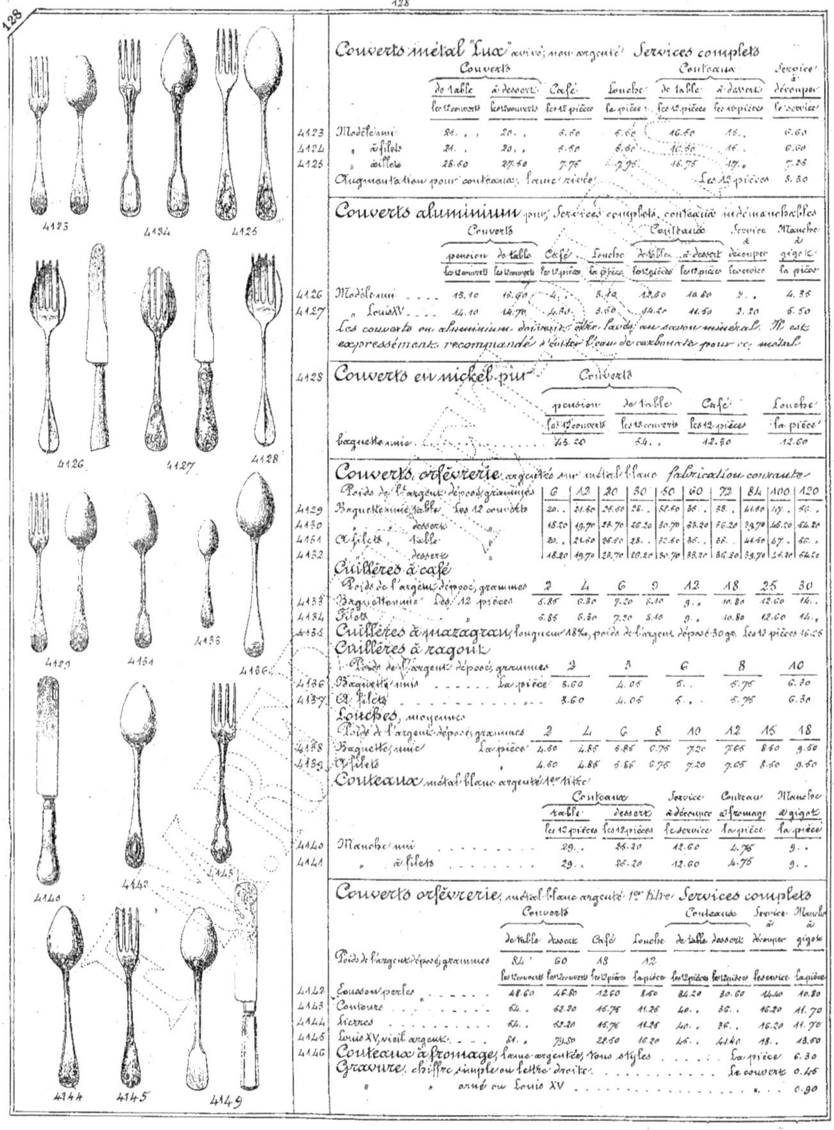

4123 4134 4125

4126 4127 4128

4129 4131 4135 4136

4140 4142 4143

4144 4145 4149

Couverts métal "Lux" ruivé, non argenté — Services complets

		Couverts de table	Couverts à dessert	Café	Louche	Couteaux de table	Couteaux à dessert	Service à découper
		les 12 couverts	les 12 couverts	les 12 pièces	la pièce	les 12 pièces	les 12 pièces	le service
4123	Modèle uni	21. .	20. .	6.60	6.60	16.60	15. .	6.60
4124	" à filets	21. .	20. .	6.60	6.60	16.60	15. .	6.60
4125	" œillets	25.60	27.40	7.75	7.75	16.75	17. .	7.25

Augmentation pour couteaux, lame rivée . . . . . Les 12 pièces 5.30

Couverts aluminium pour Services complets, couteaux indémanchables

		Couverts pension	Couverts de table	Café	Louche	Couteaux de table	Couteaux à dessert	Service à découper	Manche à gigot
		les 12 couverts	les 12 couverts	les 12 pièces	la pièce	les 12 pièces	les 12 pièces	le service	la pièce
4126	Modèle uni	13.10	13.60	4. .	3.10	12.50	10.60	2. .	4.35
4127	" Louis XV	14.10	14.70	4.30	3.50	14.20	11.50	2.20	5.50

Les couverts en aluminium doivent être lavés au savon minéral. Il est expressément recommandé d'éviter l'eau de carbonate pour ce métal.

4128 Couverts en nickel pur

	Couverts pension	Couverts de table	Café	Louche
	les 12 couverts	les 12 couverts	les 12 pièces	la pièce
baguette unie	45.20	54. .	12.30	12.60

Couverts orfèvrerie argentés sur métal blanc, fabrication courante

	Poids de l'argent déposé, grammes	6	12	20	30	50	60	72	84	100	120
4129	Baguette unie, table. Les 12 couverts	20. .	21.50	25.50	28. .	32.60	36. .	38. .	41.60	47. .	56. .
4130	" dessert	18.20	19.70	23.70	26.20	30.70	33.20	36.20	39.70	46.20	54.20
4131	A filets, table	20. .	21.50	25.50	28. .	32.60	36. .	38. .	44.50	47. .	56. .
4132	" dessert	18.20	19.70	23.70	26.20	30.70	33.20	36.20	39.70	46.20	54.20

Cuillères à café

	Poids de l'argent déposé, grammes	2	4	6	9	12	18	25	30
4133	Baguette unie. Les 12 pièces	5.85	6.30	7.20	8.10	9. .	10.80	12.60	14. .
4134	Filets "	5.85	6.30	7.20	8.10	9. .	10.80	12.60	14. .

4135 **Cuillères à mazagran**, longueur 18%, poids de l'argent déposé 30 gr. Les 12 pièces 16.25

Cuillères à ragoût

	Poids de l'argent déposé, grammes	2	3	6	8	10
4136	Baguette unie . . . . . . La pièce	3.60	4.05	5. .	5.75	6.30
4137	A filets	3.60	4.05	5. .	5.75	6.30

Louches, moyennes

	Poids de l'argent déposé, grammes	2	4	6	8	10	12	15	18
4138	Baguette unie. La pièce	4.60	4.85	5.85	6.75	7.20	7.65	8.60	9.60
4139	A filets "	4.60	4.85	5.85	6.75	7.20	7.65	8.60	9.60

Couteaux métal blanc argenté 1er titre

		Couteaux table	Couteaux dessert	Service à découper	Couteau à fromage	Manche à gigot
		les 12 pièces	les 12 pièces	le service	la pièce	la pièce
4140	Manche uni	29. .	26.20	12.60	4.75	9. .
4141	" à filets	29. .	26.20	12.60	4.75	9. .

Couverts orfèvrerie, métal blanc argenté 1er titre — Services complets

		Couverts de table	Couverts dessert	Café	Louche	Couteaux de table	Couteaux dessert	Service à découper	Manche à gigot
	Poids de l'argent déposé, grammes	84	60	18	12				
		les 12 couverts	les 12 couverts	les 12 pièces	la pièce	les 12 pièces	les 12 pièces	le service	la pièce
4142	Écusson perles	48.60	46.80	12.60	8.60	34.20	30.60	14.40	10.80
4143	Contours	64. .	62.20	15.75	11.25	40. .	36. .	16.20	11.70
4144	Lierres	64. .	62.20	15.75	11.25	40. .	36. .	16.20	11.70
4145	Louis XV, vieil argent	81. .	79.50	22.50	16.20	45. .	41.40	18. .	13.50

4146 **Couteaux à fromage**, lame argentée, tous styles . . . . . La pièce 6.30

Gravure, chiffre simple ou lettre droite . . . . Le couvert 0.45

" " orné ou Louis XV . . . . " 0.90

4150 4151 4152

4153 4154 4155

4156 4157 4158

4159 4160

Couverts métal blanc argenté 1er titre Marque Christofle & Cie

		Couverts table	Couverts dessert	Café	ragoût	louche	Couteaux table	Couteaux dessert	Couteaux fromage	Service à découper	Manche à gigot
	Longueur %m	21	18½	14	27½	diam 9½	26	21			
	Poids de l'argent déposé gr.	84	60	18	6	13	18	12			
		les 12 couverts	les 12 couverts	les 12 pièces	la pièce	la pièce	les 12 pièces	les 12 pièces	la pièce	le service	la pièce
4149	Plat uni	76..	69..	19.50	9.20	15..	38..	31..	4..	16.10	9.20
4150	Cl. filets	76..	69..	19.50	9.20	15..	38..	31..	4..	16.10	9.20
4151	Baguette unie	76..	69..	19.50	9.20	15..	38..	31..	4..	16.10	11.50
4152	Écusson Louis XVI	90..	83..	26.20	12..	19.20	47..	39.60	4.80	18..	12.60
4153	Contours Louis XV	90..	83..	26.20	12..	19.20	47..	39.60	4.80	18..	12.60
4154	Écusson guirlande	101..	93.50	28.80	15.20	22.80	53..	45.60	5.10	18.60	13..
4155	Louis XV Marly	101..	93.50	28.80	15.20	22.80	53..	45.60	5.10	18.60	13..
4156	Louis XVI à perles	115..	108..	32.50	14.40	25.20	54..	46.80	5.40	19.20	13.20

Augmentation pour surcharge d'argent sur les parties exposées au frottement, le gramme 0.50

		simples	double	½ ornée	ornée	Renaissance doublée
Gravures lettres séparées anglaises	pour 2 lettres et	0.30	0.50	0.45	0.60	0.85
" " enlacées "	par couvert	0.30	0.50	0.45	0.60	0.85
" " gothique	pour deux lettres par couvert					0.30
" " " ornée	" " " " "					0.70

Couverts argent massif poli ou vieil argent

		Couverts table	Couverts dessert	Café	Louche	Couteaux lame acier table	Couteaux lame acier dessert	Service à découper lame acier
		le couvert	le couvert	la pièce	la pièce	la pièce	la pièce	le service
	Poids moyen, grammes	180	110	35	270			
4157	Louis XV	42.30	28.30	9..	81..	7.75	6.20	28..
4158	Louis XV	42.30	28.30	9..	81..	7.75	6.20	28..
4159	Louis XV violon	42.30	28.30	9..	81..	7.75	6.20	28..
4160	Louis XVI pompadour	42.30	28.30	9..	81..	7.75	6.20	28..

Ces prix sont établis en prenant comme base l'argent au cours de 200 francs le kilog, plus la façon. Les poids indiqués sont approximatifs et peuvent différer pour chaque modèle, les prix varieront par conséquent suivant le poids d'argent employé pour le modèle choisi.

	anglaise	Louis XV simple	Louis XV riche	Moderne
Gravures deux lettres, le couvert	1..	1.20	2..	1.80

Service à fruits, lame acier doré

			Couteaux	Cuillères	Fourchettes
4161	Manche plaqué, bois des Îles	Le paquet de 12 pièces	7.60	7.60	7.60
4162	" " porcelaine décorée	" "	7.60	7.60	7.60
4163	" " nacre	" "	21..	21..	21..
4164	" métal orné vieux bronze	" "	15.20	"	15.20
4165	" " " nickelé, lame acier nickelé	" "	16..	"	16..

Truelle à poisson orfèvrerie, métal blanc argenté 1er titre

4166	baguette unie	La pièce	11.40
4167	à filets	"	11.40
4168	écusson perles	"	13.30
4169	contours ou lierre	"	15.20
4170	Louis XV vieil argent	"	17.10

Cuillères à sucre, renforcées métal extra blanc avivé, non argenté, baguette unie

4171	métal extra blanc avivé, non argenté, baguette unie	pce	3.80
4172	orfèvrerie, métal blanc argenté 1er titre, baguette unie	"	6.65
4173	" à filets	"	6.65
4174	" écusson perles	"	7.60
4175	" contours ou lierre	"	8.10
4176	" Louis XV vieil argent	"	8.60

Cuillères à absinthe, modèle plat

			Ordinaires	½ fortes	Fortes	Extra fortes
4177	Zinc nickelé	Le cent	4.75	7.25	9..	10..
4178	Cuivre	"	13..	15..	18..	25..
4179	Métal extra blanc	"	"	"	21.50	35.75
4180	Aluminium	Le cent				23..
4181	Métal ferré poli	"				21.50

Cuillères à absinthe, modèle feuille

4182	zinc nickelé, extra fortes	Le cent	10..
4183	cuivre "	"	21..
4184	métal extra blanc "	"	40..
4185	orfèvrerie, métal blanc argenté 1er titre	La pièce	2.20

4186 Cuillères à fruits métal aciéré

		sans bec	à bec No 1	à bec No 2	coudée pour bocal
	Longueur %m	23	27	32	32
baguette unie	La pièce	0.55	0.65	0.80	0.80

4187 Cuillères à fruits orfèvrerie, métal blanc argenté 1er titre

	baguette unie	tige torse	coudée pour bocal
La pièce	7.20	8.50	7.60

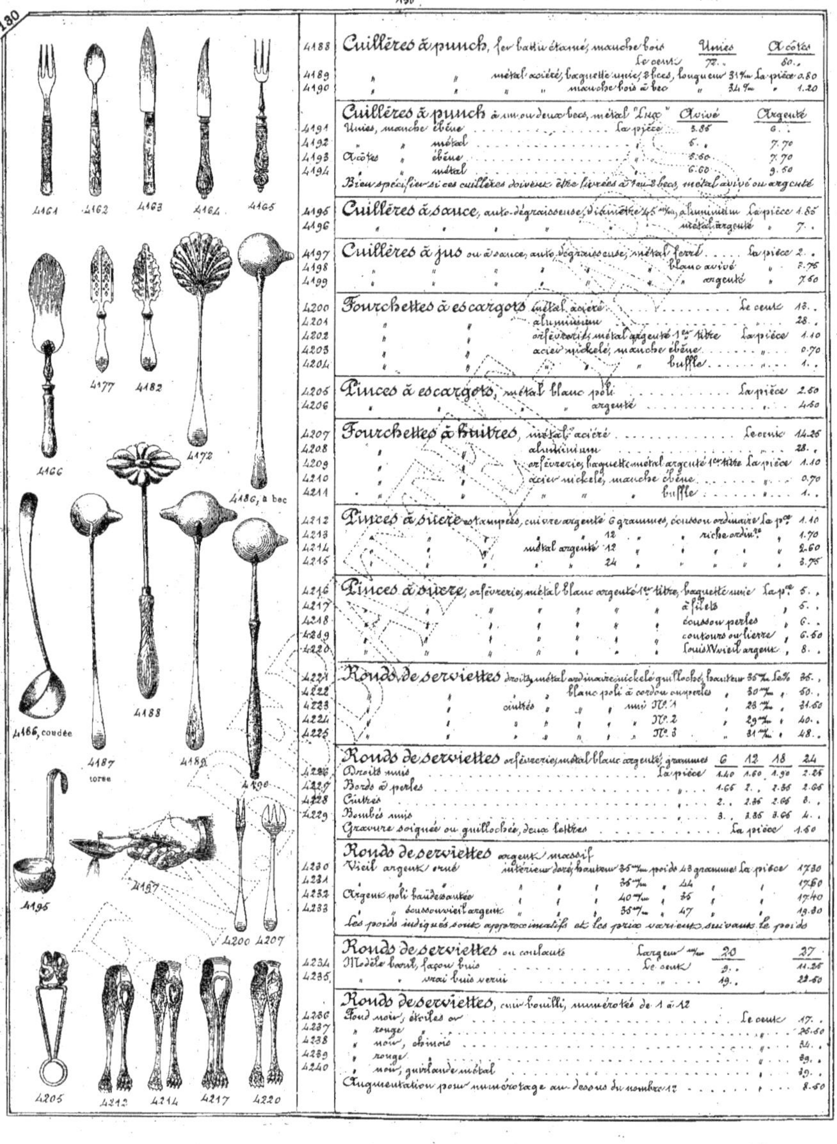

Cuillères à punch, fer battu étamé, manche bois

		Unies	A côtes
4188	Le cent	72. .	80. .

4189 " " métal aciéré, baguette unie, 2 becs, longueur 31 m/m La pièce 0.80
4190 " " " " manche bois à bec " 34 m/m " 1.20

Cuillères à punch à un ou deux becs, métal "Lux"

			Avivé	Argenté
4191	Unies, manche ébène	La pièce	3.85	6. .
4192	" " métal	"	5. .	7.70
4193	A côtes " ébène	"	5.60	7.70
4194	" " métal	"	6.60	9.50

Bien spécifier si ces cuillères doivent être livrées à 1 ou 2 becs, métal avivé ou argenté

Cuillères à sauce, auto-dégraisseuse, diamètre 45 m/m, aluminium

4195 Cuillères à sauce, auto-dégraisseuse, diamètre 45 m/m, aluminium La pièce 1.85
4196 " " " " " métal argenté " 7. .

Cuillères à jus ou à sauce, auto-dégraisseuse, métal ferré

4197 Cuillères à jus ou à sauce, auto-dégraisseuse, métal ferré .... La pièce 2. .
4198 " " " " " " blanc avivé " 2.75
4199 " " " " " " " argenté " 7.50

Fourchettes à escargots

4200 Fourchettes à escargots métal aciéré .... Le cent 13. .
4201 " " aluminium .... 28. .
4202 " " orfèvrerie, métal argenté 1er titre La pièce 1.10
4203 " " acier nickelé, manche ébène ...... " 0.70
4204 " " " " " buffle ...... " 1. .

Pinces à escargots

4205 Pinces à escargots, métal blanc poli .... La pièce 2.50
4206 " " " " argenté .... " 4.50

Fourchettes à huîtres

4207 Fourchettes à huîtres, métal aciéré .... Le cent 14.25
4208 " " aluminium .... 28. .
4209 " " orfèvrerie, baguette métal argenté 1er titre La pièce 1.10
4210 " " acier nickelé, manche ébène ...... " 0.70
4211 " " " " " buffle ...... " 1. .

Pinces à sucre

4212 Pinces à sucre estampées, cuivre argenté 6 grammes, cousson ordinaire La pce 1.10
4213 " " " " " 12 " " riche ordinre " 1.70
4214 " " métal argenté 12 " " " " " 2.60
4215 " " " " 24 " " " " " 3.75

Pinces à sucre, orfèvrerie, métal blanc argenté 1er titre

4216 Pinces à sucre, orfèvrerie, métal blanc argenté 1er titre, baguette unie La pce 5. .
4217 " " " " " " " à filets " 5. .
4218 " " " " " " " cousson perles " 6. .
4219 " " " " " " " contours ou lierre " 6.50
4220 " " " " " " " Louis XV vieil argent " 8. .

Ronds de serviettes droits, métal ordinaire nickelé guilloché

4221 Ronds de serviettes droits, métal ordinaire nickelé guilloché, hauteur 35 m/m Le % 35. .
4222 " " " blanc poli à cordon ou perles " 30 m/m " 50. .
4223 " " cintrés " " " uni No 1 " 28 m/m " 31.50
4224 " " " " " " No 2 " 29 m/m " 40. .
4225 " " " " " " No 3 " 31 m/m " 48. .

Ronds de serviettes orfèvrerie, métal blanc argenté

	Ronds de serviettes orfèvrerie, métal blanc argenté, grammes		6	12	18	24
4226	Droits unis	La pièce	1.40	1.60	1.90	2.25
4227	Bords à perles	"	1.65	2. .	2.35	2.65
4228	Cintrés	"	2. .	2.35	2.65	3. .
4229	Bombés unis	"	3. .	3.35	3.65	4. .

Gravure soignée ou guillochée, deux lettres .... La pièce 1.50

Ronds de serviettes argent massif

4230 Vieil argent orné intérieur doré, hauteur 35 m/m poids 43 grammes La pièce 17.30
4231 " " " " " " 35 m/m " 44 " " 17.50
4232 Argent poli bande sautée " " " 40 m/m " 35 " " 17.40
4233 " " cousson vieil argent " " " 35 m/m " 47 " " 19.30

Les poids indiqués sont approximatifs et les prix varient suivant le poids

Ronds de serviettes ou coulants

		Largeur m/m	20	27
4234	Modèle bambou, façon buis	Le cent	9. .	11.25
4235	" " vrai buis verni	"	19. .	22.50

Ronds de serviettes, cuir bouilli, numérotés de 1 à 12

4236 Fond noir, étoiles or .... Le cent 17. .
4237 " rouge .... " 25.50
4238 " noir, chinois .... " 34. .
4239 " rouge .... " 39. .
4240 " noir, guirlande métal .... " 19. .

Augmentation pour numérotage au-dessus du nombre 12 .... " 8.50

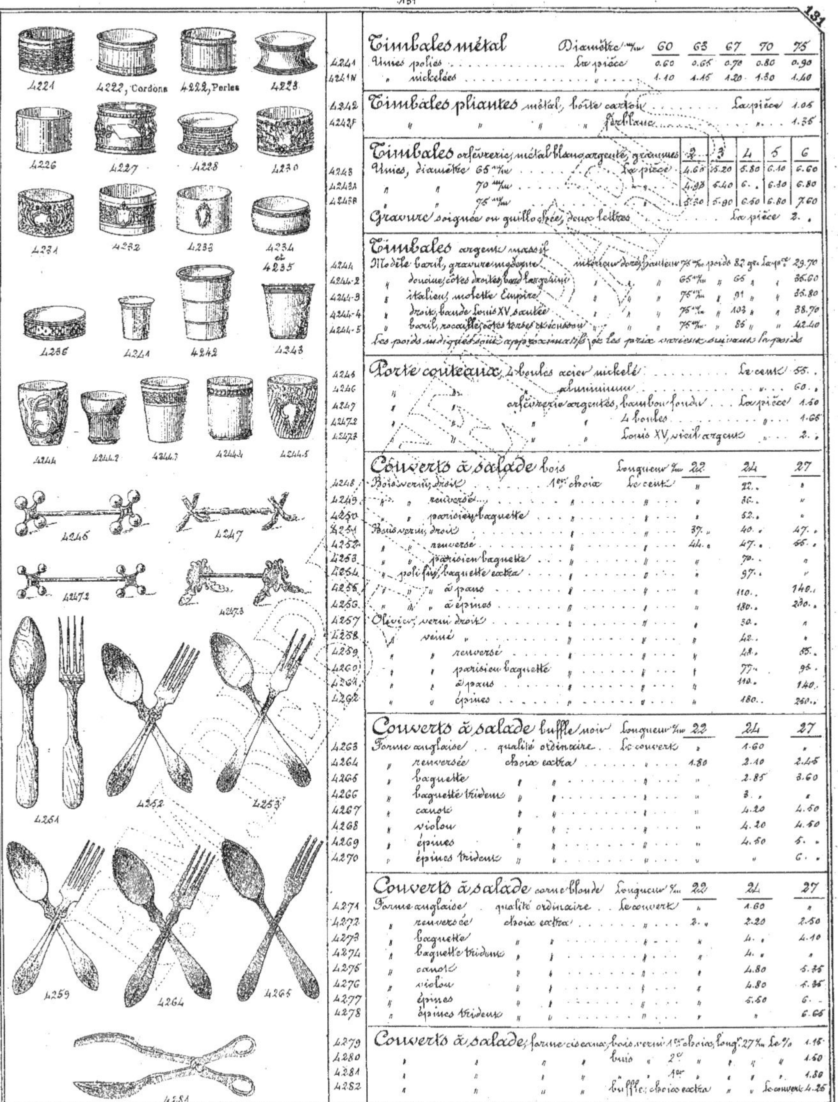

Timbales métal

		Diamètre m/m	60	63	67	70	75
4241	Unies polies	La pièce	0.60	0.65	0.70	0.80	0.90
4241N	" nickelées	"	1.10	1.15	1.20	1.30	1.40

Timbales pliantes

4242	métal, boîte carton	La pièce	1.05
4242F	" " " " ferblanc	"	1.35

Timbales orfèvrerie, métal blanc argenté, grammes

			2	3	4	5	6
4243	Unies, diamètre 65 m/m	La pièce	4.65	5.20	5.80	6.10	6.60
4243A	" " 70 m/m	"	4.98	5.40	6. .	6.30	6.80
4243B	" " 75 m/m	"	5.30	5.90	6.50	6.80	7.60

Gravure soignée ou guillochée, deux lettres . . . La pièce 2. .

Timbales argent massif

			Hauteur	Poids	
4244	Modèle baril, gravure moderne	intérieur doré,	hauteur 75 m/m	poids 82 gr.	La pièce 29.70
4244-2	" doucine, côtes droites, bord largeline	" "	" 65 m/m	" 65 "	" 36.60
4244-3	" italien, molette Empire	" "	" 75 m/m	" 91 "	" 35.80
4244-4	" droit, bande Louis XV sautée	" "	" 75 m/m	" 103 "	" 38.70
4244-5	" baril, rocailles, côtes torses et écusson	" "	" 75 m/m	" 85 "	" 42.40

Les poids indiqués sont approximatifs et les prix varient suivant le poids

Porte couteaux

4245	4 boules acier nickelé	Le cent	55. .
4246	" " aluminium	"	60. .
4247	" " orfèvrerie argentés, bambou fondu	La pièce	1.50
4247.2	" " " " 4 boules	"	1.65
4247.3	" " " " Louis XV, vieil argent	"	2. .

Couverts à salade bois

				Longueur m/m 22	24	27
4248	Bois verni, droit	1er choix	Le cent	"	22. .	"
4249	" " renversé	"	"	"	36. .	"
4250	" " parisien baguette	"	"	"	52. .	"
4251	Buis verni, droit	"	"	37. .	40. .	47. .
4252	" " renversé	"	"	44. .	47. .	55. .
4253	" " parisien baguette	"	"	"	70. .	"
4254	" poli fin, baguette extra	"	"	"	97. .	"
4255	" " " à pans	"	"	"	110. .	140. .
4256	" " " à épines	"	"	"	180. .	230. .
4257	Olivier, verni droit	"	"	"	30. .	"
4258	" veiné "	"	"	"	42. .	"
4259	" " renversé	"	"	"	48. .	55. .
4260	" " parisien baguette	"	"	"	77. .	95. .
4261	" " à pans	"	"	"	110. .	140. .
4262	" " épines	"	"	"	180. .	250. .

Couverts à salade buffle noir

				Longueur m/m 22	24	27
4263	Forme anglaise	qualité ordinaire	Le couvert	"	1.60	"
4264	" renversée	choix extra	"	1.80	2.10	2.45
4265	" baguette	" "	"	"	2.85	3.60
4266	" baguette trident	" "	"	"	3. .	"
4267	" canot	" "	"	"	4.20	4.50
4268	" violon	" "	"	"	4.20	4.50
4269	" épines	" "	"	"	4.50	5. .
4270	" épines trident	" "	"	"	"	6. .

Couverts à salade corne blonde

				Longueur m/m 22	24	27
4271	Forme anglaise	qualité ordinaire	Le couvert	"	1.60	"
4272	" renversée	choix extra	"	2. .	2.20	2.50
4273	" baguette	" "	"	"	4. .	4.10
4274	" baguette trident	" "	"	"	4. .	"
4275	" canot	" "	"	"	4.80	5.35
4276	" violon	" "	"	"	4.80	5.35
4277	" épines	" "	"	"	5.50	6. .
4278	" épines trident	" "	"	"	"	6.65

Couverts à salade, forme ciseaux

4279	Couverts à salade, forme ciseaux, bois verni 1er choix, long. 27 m/m	Le %	1.15
4280	" " " " buis " 2e " " "	"	1.50
4281	" " " " " " 1er " " "	"	1.80
4282	" " " " buffle, choix extra " "	Le couvert	4.25

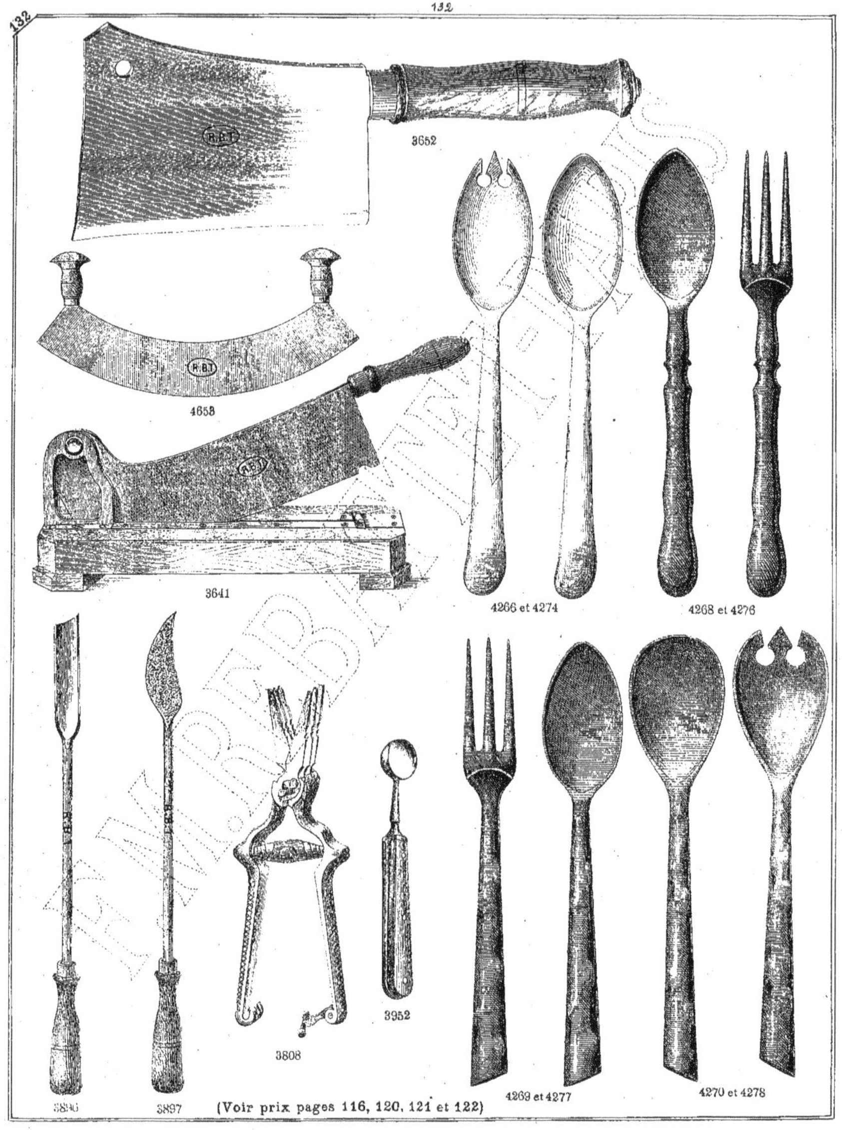

(Voir prix pages 116, 120, 121 et 122)

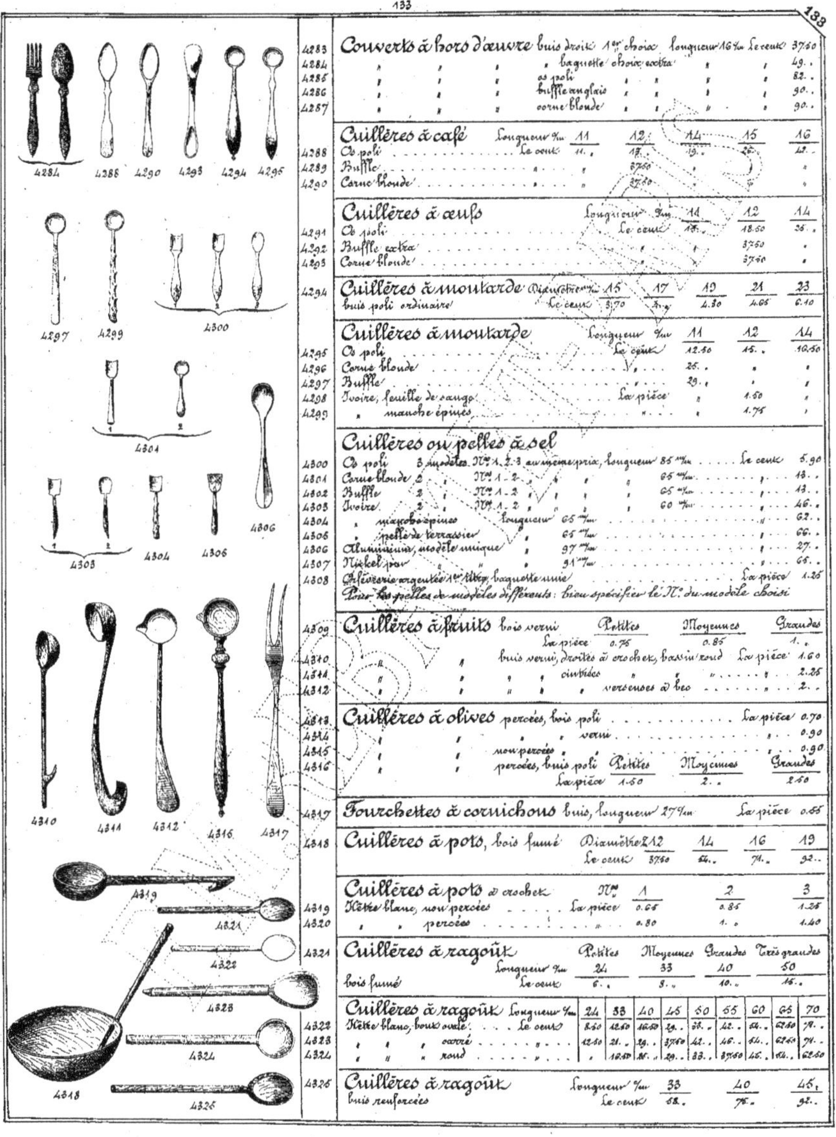

N°	Couverts à hors d'œuvre buis droit 1er choix	Longueur 16 m/m	Le cent
4283	buis droit 1er choix	"	37.50
4284	" baguette choix extra	"	49. .
4285	os poli	"	82. .
4286	buffle anglais	"	90. .
4287	corne blonde	"	90. .

N°	Cuillères à café — Longueur m/m	11	12	14	15	16
4288	Os poli .... Le cent	11. .	17. .	19. .	26. .	42. .
4289	Buffle	"	37.50	"	"	"
4290	Corne blonde	"	37.50	"	"	"

N°	Cuillères à œufs — Longueur m/m	11	12	14
4291	Os poli .... Le cent	15. .	18.50	25. .
4292	Buffle extra	"	37.50	"
4293	Corne blonde	"	37.50	"

N°	Cuillères à moutarde — Diamètre m/m	15	17	19	21	23
4294	buis poli ordinaire — Le cent	3.70	4. .	4.30	4.65	6.10

N°	Cuillères à moutarde — Longueur m/m	11	12	14
4295	Os poli .... Le cent	12.50	15. .	16.50
4296	Corne blonde	25. .	"	"
4297	Buffle	29. .	"	"
4298	Ivoire, feuille de sauge .... La pièce	"	1.50	"
4299	" manche épines .... "	"	1.75	"

Cuillères ou pelles à sel

N°	Désignation		Prix
4300	Os poli 3 modèles N°s 1.2.3 au même prix, longueur 85 m/m	Le cent	5.90
4301	Corne blonde 2 " N°s 1-2 " " " 65 m/m	"	13. .
4302	Buffle 2 " N°s 1-2 " " " 65 m/m	"	13. .
4303	Ivoire 2 " N°s 1-2 " " " 60 m/m	"	46. .
4304	" manche épines longueur 65 m/m	"	62. .
4305	" pelle de terrassier " 65 m/m	"	66. .
4306	Aluminium, modèle unique " 97 m/m	"	27. .
4307	Nickel pur " " " 91 m/m	"	65. .
4308	Orfèvrerie argentée 1er titre, baguette unie	La pièce	1.25

Pour les pelles de modèles différents : bien spécifier le N° du modèle choisi

N°	Cuillères à fruits		Petites	Moyennes	Grandes
4309	bois verni	La pièce	0.75	0.85	1. .
4310	" " buis verni, droites à crochet, bassin rond	La pièce			1.60
4311	" " " " cintrées " "	"			2.25
4312	" " " " " verseuses à bec	"			2. .

N°	Cuillères à olives		Petites	Moyennes	Grandes
4313	percées, bois poli	La pièce			0.70
4314	" " " " verni	"			0.90
4315	" " non percées "	"			0.90
4316	" " percées, buis poli	La pièce	1.50	2. .	2.50

N°	Fourchettes à cornichons		
4317	buis, longueur 27 m/m	La pièce	0.55

N°	Cuillères à pots, bois fumé — Diamètre m/m	12	14	16	19
4318	Le cent	37.50	54. .	71. .	92. .

N°	Cuillères à pots à crochet — N°s	1	2	3
4319	Hêtre blanc, non percées .... La pièce	0.65	0.85	1.25
4320	" " percées .... "	0.80	1. .	1.40

N°	Cuillères à ragoût	Petites	Moyennes	Grandes	Très grandes
	Longueur m/m	24	33	40	50
4321	bois fumé — Le cent	6. .	8. .	10. .	15. .

N°	Cuillères à ragoût — Longueur m/m	24	33	40	45	50	55	60	65	70
4322	Hêtre blanc, bout ovale .... Le cent	8.50	12.50	16.50	29. .	33. .	42. .	54. .	62.50	79. .
4323	" " " carré .... "	12.50	21. .	29. .	37.50	42. .	46. .	54. .	62.50	71. .
4324	" " " rond .... "	"	12.50	25. .	29. .	33. .	37.50	46. .	54. .	62.50

N°	Cuillères à ragoût — Longueur m/m	33	40	45
4325	buis renforcées — Le cent	58. .	75. .	92. .

Courroies de transmissions et fournitures générales pour usines

Courroies en cuir, croupon court, cousues, rivées, vissées ou collées — Cours variable

N°		1	2	3	4	5	6	7	8	9	10	11
	Largeur m/m	20	25	30	35	40	45	50	55	60	65	70
4326	Première qualité — Le mètre	0.80	1.02	1.25	1.50	1.80	2.05	2.35	2.60	3.05	3.30	3.65
4327	Qualité extra, marque Scellos „	1. „	1.30	1.70	2.05	2.45	2.80	3.20	3.66	4. „	4.45	4.90
	Largeur m/m	75	80	85	90	95	100	110	120	130	140	150
4326	Première qualité — Le mètre	3.90	4.20	4.50	5.06	5.35	5.60	6.75	7.55	8.25	9. „	9.80
4327	Qualité extra, marque Scellos „	5.40	5.75	6.25	6.70	7.05	7.45	8.45	9.75	10.75	11.80	12.75
	Largeur m/m	160	170	180	190	200	210	220	230	240	260	
4326	Première qualité — Le mètre	10.05	11.50	12.30	13. „	13.75	14.30	15.05	15.80	16.30	17.10	
4327	Qualité extra, marque Scellos „	12.70	14.05	15.45	16.60	17.50	18.05	19.80	21. „	22.30	23.45	

Les courroies doubles sont facturées le double des simples, plus 1. „ par mètre courant pour chaque rang de coutures de rivets ou de vis.
Les courroies doubles collées sont facturées le double des simples, plus 25 c. par mètre carré pour le collage.

Courroies en coton américain replié, cousu et imperméable — Cours variable

N°		1	2	3	4	5	6	7	8	9	10	11
	Largeur m/m	26	30	40	45	50	57	65	70	75	80	85
4328	à 4 plis, épaisseur 5 m/m environ — Le mètre	0.81	0.95	1.30	1.45	1.65	1.85	2.10	2.30	2.45	2.60	2.75
	Largeur m/m	90	95	100	110	120	130	140	150	160	180	200
4328	à 4 plis, épaisseur 5 m/m environ — Le mètre	2.95	3.10	3.25	3.60	3.90	4.25	4.55	4.90	5.20	5.85	6.60
	Largeur m/m	65	70	75	80	90	95	100	110	120	130	140
4329	à 6 plis, épaisseur 7 m/m ½ environ — Le mètre	2.85	3.05	3.30	3.50	4.05	4.15	4.40	4.80	5.35	5.70	6.10
	Largeur m/m	150	160	170	180	190	200	220	250	300	350	400
4329	à 6 plis, épaisseur 7 m/m ½ environ — Le mètre	6.55	7. „	7.50	7.95	8.35	8.80	9.60	10.95	13.15	15.35	17.60

Se font également à 8 plis à partir de 100 m/m et à 10 plis à partir de 200 m/m. Prix suivant largeurs.
L'emploi de ces courroies convient dans les usines à température constante. Ne pas l'appliquer en plein air ni dans les endroits secs et humides, éviter le contact des glucoses, huiles et acides. Leur résistance est environ le double des courroies en cuir à dimensions égales.

Courroies dites Balata, en tissus imperméables imprégné et recouvert de Balata, matière analogue à la gutta percha, mais supérieure comme résistance et durée

N°		1	2	3	4	5	6	7	8	9	10	11	12
	Largeur m/m	25	30	40	45	50	55	60	70	75	80	90	100
4330	3 plis (force du cuir simple) Le mètre	0.90	1.15	1.35	1.65	1.95	2.50	3.05	2.45	3.90	4.35	4.85	5.20
	Largeur m/m	110	120	140	150	165	180	200	230	240	255	280	305
4330	3 plis (force du cuir simple) Le mètre	5.65	6.45	7.65	8.25	8.75	9.20	11. „	13.05	14.10	15.10	17.05	19.10
	Largeur m/m	65	70	75	80	90	100	110	120	140	150	165	180
4331	4 plis (force du cuir simple extra fort)	4.80	5.35	5.90	6.20	6.80	7.75	8.20	9.10	11.05	11.75	12.90	14.05
	Largeur m/m		200	230	240	255	280	305	330	355	380	405	455
4331	4 plis (force du cuir simple extra fort) Le mètre		17.20	19.05	20.15	21.30	23.65	25.65	27.40	29.25	31.20	33.35	37.05

Se font également à 5 plis à partir de 100 m/m et à 6 plis à partir de 150 m/m. Prix suivant largeurs.
Cette qualité tout en étant d'un usage général, s'utilise surtout dans les endroits exposés à l'humidité ou à la vapeur. Éviter le contact des huiles, graisses et le patinage sur les poulies.

4332 Courroies en poil de chameau tissé — Qualité recommandée

	1	2	3	4	5	6	7	8	9	10	11	12
Largeur m/m	25	31	38	44	51	57	63	70	76	82	89	95
Le mètre	1.65	1.75	1.85	2. „	2.20	2.50	2.75	3. „	3.30	3.85	4.40	5. „
Largeur m/m	101	108	114	120	127	140	152	165	178	189	203	216
Le mètre	5.50	6. „	6.50	7. „	7.75	8.50	9. „	10. „	11. „	12. „	13.25	14.50
Largeur m/m	229	241	254	280	305	330	355	381	406	457	508	610
Le mètre	16.50	17. „	18. „	20.50	23. „	26.50	28. „	30. „	32.50	37.50	42. „	55. „

Ces courroies peuvent être utilisées sans inconvénient à l'humidité ou à la chaleur intense, en plein air ou dans les vapeurs; elles résistent aux glucoses, poussières et même aux acides.

4333 Courroies rondes lisses, cuir jaune

Diamètre m/m	4	5	5½	6	6½	7	8
Le mètre	0.45	0.60	0.70	0.80	1. „	1.10	1.60

4334 Courroies rondes, corde torse, cuir jaune

Diamètre m/m	6	7	8	9	10	11	12	13
Le mètre	1.20	1.30	1.40	1.60	1.80	2.20	2.60	2.80

Lanières pour coutures de courroies — Cours variable

4335 Cuir blanc, qualité courante . . . . Le kilog 7. „
4336 „ fauve, 1re qualité . . . . „ 8. „
4337 „ sanglier, qualité extra . . . . „ 12.50

4326 4328 4330 4333 4334 4336 4338 4339 4340

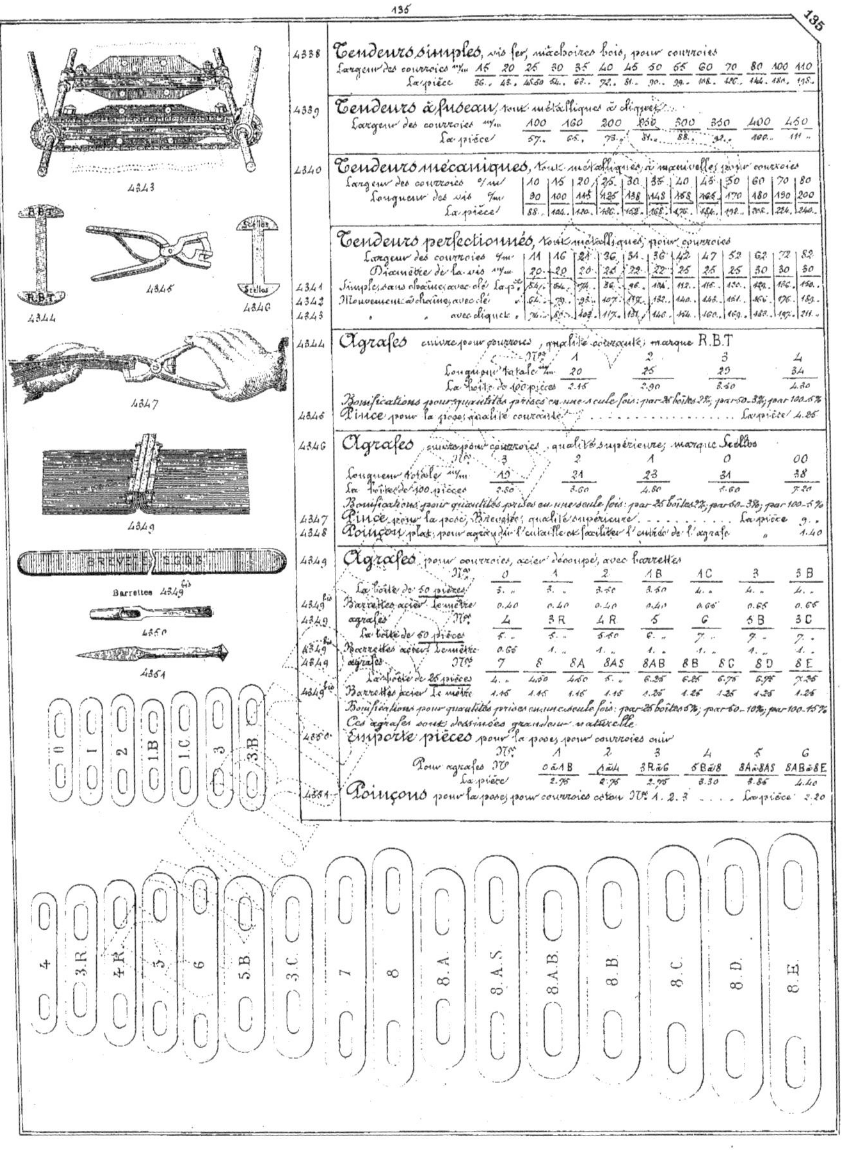

4338 **Tendeurs simples**, vis fer, mâchoires bois, pour courroies

Largeur des courroies m/m	15	20	25	30	35	40	45	50	65	60	70	80	100	110
La pièce	36..	43..	46.50	54..	63..	72..	81..	90..	99..	108.	126.	144.	180.	198.

4339 **Tendeurs à fuseau**, tout métalliques à cliquet

Largeur des courroies m/m	100	160	200	250	300	350	400	450
La pièce	57..	65..	73..	81..	88..	92..	100..	111..

4340 **Tendeurs mécaniques**, tout métalliques, à manivelles pour courroies

Largeur des courroies c/m	10	15	20	25	30	35	40	45	50	60	70	80
Longueur des vis c/m	90	100	115	125	138	148	158	165	170	180	190	200
La pièce	88.	104.	120.	136.	152.	168.	176.	184.	198.	208.	224.	240.

Tendeurs perfectionnés, tout métalliques, pour courroies

	Largeur des courroies c/m	11	16	21	26	31	36	42	47	52	62	72	82
	Diamètre de la vis m/m	20	20	20	20	22	22	25	25	25	30	30	30
4341	Simples, sans chaîne, avec clé La pce	54.	64.	74.	86.	96.	104.	112.	116.	130.	152.	156.	150.
4342	Mouvement à chaîne, avec clé »	64.	79.	92.	107.	117.	132.	140.	148.	161.	166.	176.	189.
4343	» » avec cliquet »	76.	86.	103.	117.	131.	146.	154.	160.	169.	182.	197.	211.

4344 **Agrafes** cuivre pour courroies, qualité courante; marque R.B.T

Nos	1	2	3	4
Longueur totale m/m	20	25	29	34
La boîte de 100 pièces	2.15	2.90	3.60	4.30

Bonifications pour quantités prises en une seule fois: par 25 boîtes 2%; par 50-3%; par 100-5%

4345 **Pince** pour la pose; qualité courante . . . . La pièce 4.25

4346 **Agrafes** cuivre pour courroies, qualité supérieure; marque Scellos

Nos	3	2	1	0	00
Longueur totale m/m	19	21	23	31	38
La boîte de 100 pièces	2.80	3.60	4.80	5.60	7.20

Bonifications pour quantités prises en une seule fois: par 25 boîtes 2%; par 50-3%; par 100-5%

4347 **Pince** pour la pose, Brevetée; qualité supérieure . . . . La pièce 9..

4348 **Poinçon** plat, pour agrandir l'entaille et faciliter l'entrée de l'agrafe » 1.40

4349 **Agrafes** pour courroies, acier découpé, avec barrettes

	Nos	0	1	2	1B	1C	3	3B
	La boîte de 50 pièces	3..	3..	3.50	3.50	4..	4..	4..
4349 bis	Barrettes acier Le mètre	0.40	0.40	0.40	0.40	0.65	0.65	0.65

	Nos	4	3R	4R	5	6	5B	3C
4349	agrafes La boîte de 50 pièces	5..	5..	5.50	6..	7..	7..	7..
4349 bis	Barrettes acier Le mètre	0.65	1..	1..	1..	1..	1..	1..

	Nos	7	8	8A	8AS	8AB	8B	8C	8D	8E
4349	agrafes La boîte de 25 pièces	4..	4.50	4.50	5..	6.25	6.25	6.75	6.75	7.25
4349 bis	Barrettes acier Le mètre	1.15	1.15	1.15	1.15	1.25	1.25	1.25	1.25	1.25

Bonifications pour quantités prises en une seule fois: par 25 boîtes 5%; par 50-10%; par 100-15%

Ces agrafes sont dessinées grandeur naturelle.

4350 **Emporte pièces** pour la pose, pour courroies cuir

Nos	1	2	3	4	5	6
Pour agrafes Nos	0 à 1B	1 à 4	3R à 6	5B à 8	8A à 8AS	8AB à 8E
La pièce	2.75	2.75	2.75	3.30	3.85	4.40

4351 **Poinçons** pour la pose, pour courroies coton Nos 1. 2. 3 . . . . La pièce 2.20

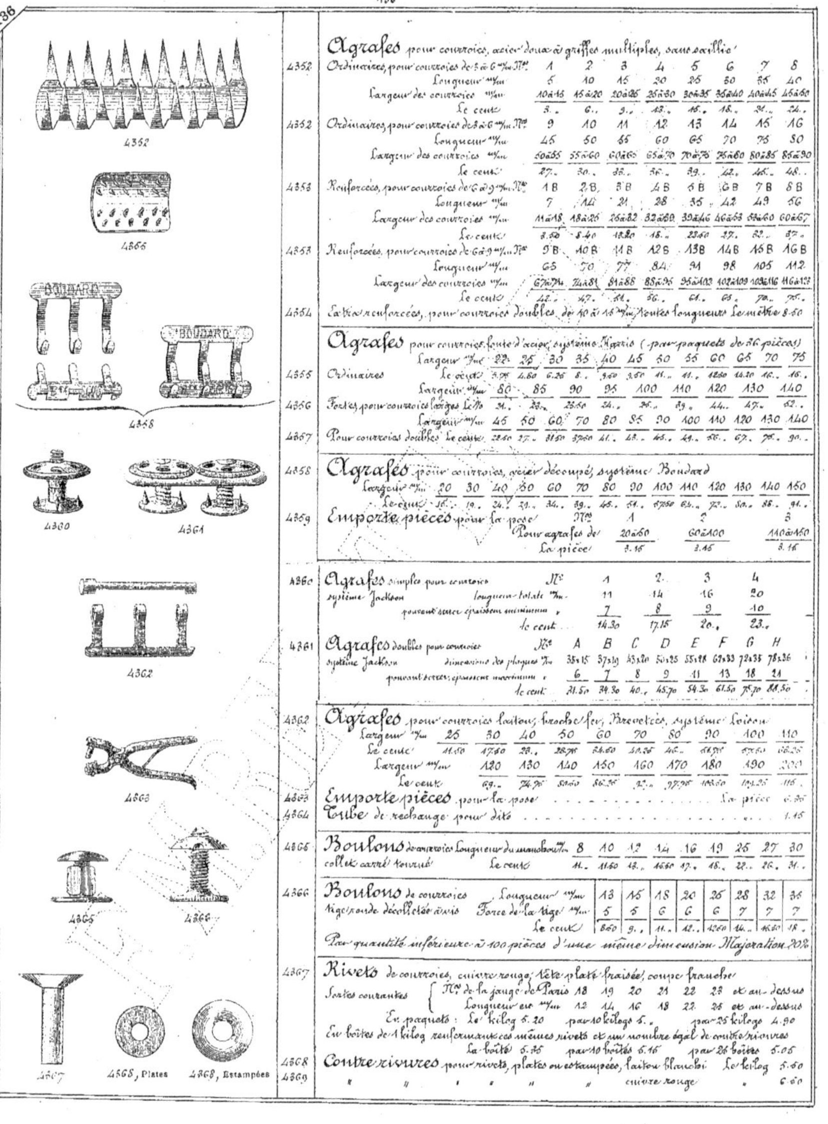

4352 — 4366 — 4358 — 4360 — 4361 — 4362 — 4363 — 4365 — 4366 — 4367 — 4368, Plates — 4368, Estampées

Agrafes pour courroies, acier doux à griffes multiples, sans saillie

4352	Ordinaires, pour courroies de 3 à 6 m/m Nos	1	2	3	4	5	6	7	8
	Longueur m/m	5	10	15	20	25	30	35	40
	Largeur des courroies m/m	10 à 15	15 à 20	20 à 25	25 à 30	30 à 35	35 à 40	40 à 45	45 à 50
	Le cent	3. .	6. .	9. .	12. .	15. .	18. .	21. .	24. .
4352	Ordinaires, pour courroies de 3 à 6 m/m Nos	9	10	11	12	13	14	15	16
	Longueur m/m	45	50	55	60	65	70	75	80
	Largeur des courroies m/m	50 à 55	55 à 60	60 à 65	65 à 70	70 à 75	75 à 80	80 à 85	85 à 90
	Le cent	27. .	30. .	33. .	36. .	39. .	42. .	45. .	48. .
4353	Renforcées, pour courroies de 6 à 9 m/m Nos	1 B	2 B	3 B	4 B	5 B	6 B	7 B	8 B
	Longueur m/m	7	14	21	28	35	42	49	56
	Largeur des courroies m/m	11 à 18	18 à 26	26 à 32	32 à 39	39 à 46	46 à 53	53 à 60	60 à 67
	Le cent	3.50	8.40	13.20	18. .	23.50	27. .	32. .	37. .
4353	Renforcées, pour courroies de 6 à 9 m/m Nos	9 B	10 B	11 B	12 B	13 B	14 B	15 B	16 B
	Longueur m/m	63	70	77	84	91	98	105	112
	Largeur des courroies m/m	67 à 74	74 à 81	81 à 88	88 à 95	95 à 102	102 à 109	109 à 116	116 à 123
	Le cent	42. .	47. .	51. .	56. .	61. .	65. .	70. .	75. .

4354 Extra renforcées, pour courroies doubles de 10 à 15 m/m, toutes longueurs Le mètre 8.50

Agrafes pour courroies, fonte d'acier, système Harris (par paquets de 36 pièces)

	Largeur m/m	22	25	30	35	40	45	50	55	60	65	70	75
4355	Ordinaires — Le cent	3.75	4.50	6.25	8. .	9.50	9.50	11. .	11. .	12.50	14.20	16. .	16. .

	Largeur m/m	80	85	90	95	100	110	120	130	140
4356	Fortes, pour courroies larges Le %	21. .	22. .	23.50	24. .	26. .	39. .	44. .	47. .	52. .

	Largeur m/m	45	50	60	70	80	85	90	100	110	120	130	140
4357	Pour courroies doubles Le cent	22.50	27. .	31.50	37.50	41. .	43. .	45. .	49. .	56. .	67. .	76. .	90. .

4358 Agrafes pour courroies, acier découpé, système Boudard

Largeur m/m	20	30	40	50	60	70	80	90	100	110	120	130	140	150
Le cent	16. .	19. .	24. .	31. .	34. .	39. .	45. .	51. .	57.50	64. .	72. .	80. .	86. .	91. .

4359 Emporte pièces pour la pose

Nos	1	2	3
Pour agrafes de	20 à 50	60 à 100	110 à 150
La pièce	3.15	3.15	3.15

4360 Agrafes simples pour courroies système Jackson

Nos	1	2	3	4
longueur totale m/m	11	14	16	20
pouvant serrer épaisseur minimum	7	8	9	10
le cent	14.30	17.15	20. .	23. .

4361 Agrafes doubles pour courroies système Jackson

Nos	A	B	C	D	E	F	G	H
dimensions des plaques m/m	35x15	37x19	43x20	50x25	55x28	67x33	72x35	78x36
pouvant serrer épaisseur maximum	6	7	8	9	11	13	18	21
le cent	31.50	34.30	40. .	45.70	54.30	61.50	75.70	88.50

4362 Agrafes pour courroies laiton, broche fer, Brevetées, système Loison

Largeur m/m	25	30	40	50	60	70	80	90	100	110
Le cent	11.50	17.50	23. .	28.75	34.50	40.25	46. .	51.75	57.50	63.25
Largeur m/m	120	130	140	150	160	170	180	190	200	
Le cent	69. .	74.75	80.50	86.25	92. .	97.75	103.50	109.25	115. .	

4363 Emporte pièces pour la pose . . . . La pièce 6.35

4364 Tube de rechange pour dito 1.15

4365 Boulons de courroies collet carré tourné

Longueur du manchon m/m	8	10	12	14	16	19	25	27	30
Le cent	11. .	11.50	13. .	15.50	17. .	18. .	22. .	26. .	31. .

4366 Boulons de courroies tige ronde décolletée à vis

Longueur m/m	13	15	18	20	25	28	32	35
Force de la tige m/m	5	5	6	6	6	7	7	7
Le cent	8.50	9. .	11. .	12. .	12.50	14. .	15.50	18. .

Par quantité inférieure à 100 pièces d'une même dimension Majoration 20%

4367 Rivets de courroies, cuivre rouge, tête plate fraisée, coupe franche

Sortes courantes — Nos de la jauge de Paris	18	19	20	21	22	23	et au-dessus
Longueur en m/m	12	14	16	18	22	25	et au-dessus

En paquets : Le kilog 5.20 — par 10 kilogs 5. . — par 25 kilogs 4.90

En boîtes de 1 kilog renfermant ces mêmes rivets et un nombre égal de contre-rivures La boîte 5.35 — par 10 boîtes 5.15 — par 25 boîtes 5.05

4368 Contre rivures pour rivets, plates ou estampées, laiton blanchi Le kilog 5.50

4369 " " " " " " cuivre rouge " 6.50

(Voir prix pages 109, 135, 136 et 142)

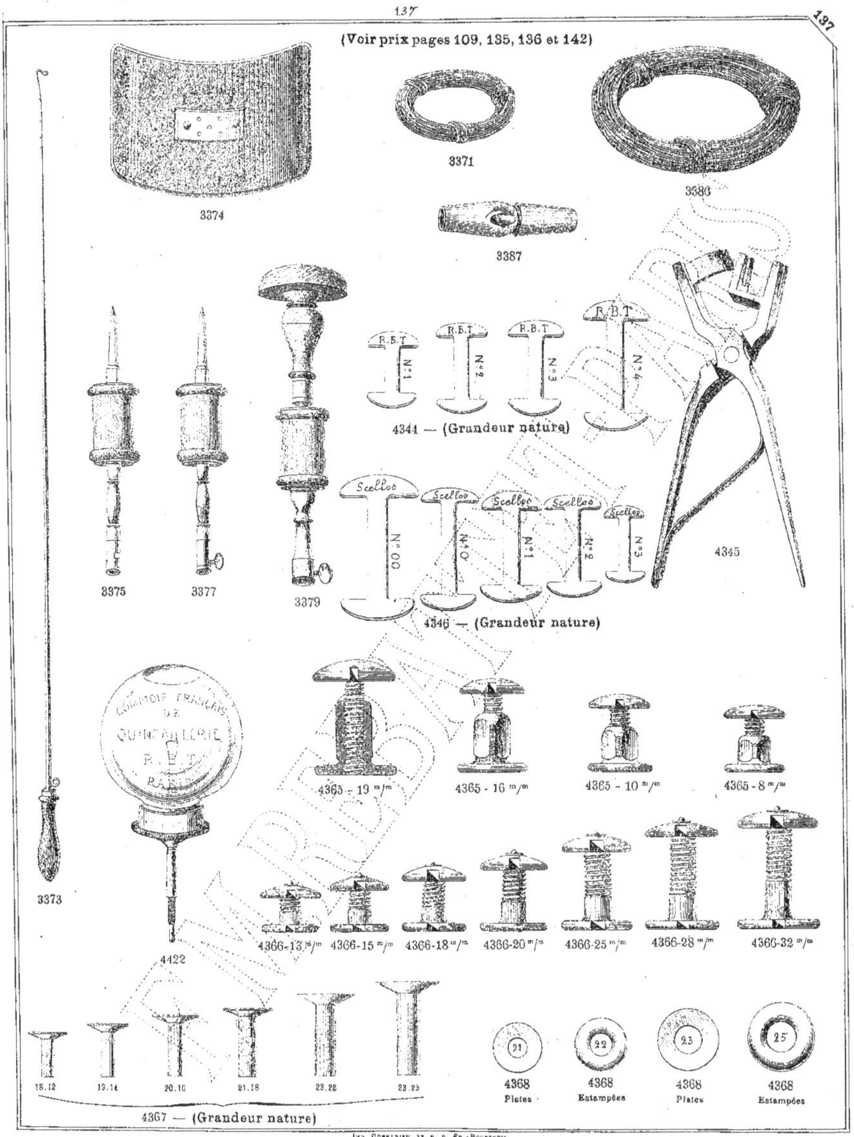

Imp. Dorrazieu, 33, r. d. Fr.-Bourgeois

4370 4371 4374 4375 4376 4378 4381 4392 4406 4408 4410

Rivets entaillés, en acier, pour courroies, diamètre de la tige 5 m/m

	Longueur de la tige, tête non comprise m/m		8	9½	11	13	14	16	17½	19	21	22½	25½
4370	Tête ordinaire, cuivrée rouge	Le cent	1.40	1.40	1.40	1.75	1.75	1.75	2.10	2.10	2.45	2.45	2.80
	" " " "	Le mille	9.10	9.80	10.50	12. .	12.60	13.30	14.70	15.40	16.80	19. .	21.70
4371	Tête plate large " "	Le cent	1.40	1.40	1.40	1.75	1.75	1.75	2.10	2.10	2.45	2.45	2.80
	" " " " "	Le mille	10.50	11.50	12.60	14. .	15. .	15.75	16.80	17.60	19. .	20.50	23.80

4372 En boîte carton contenant 50 rivets assortis . . . . La boîte 1.20
4373 " " " 100 " " . . . . " . . 2.40

Ces mêmes rivets cuivrés jaunes, vernis noir ou étamés : Mêmes prix que cuivrés rouge.
Enfoncer le rivet comme un clou ordinaire et rabattre les fourches avec un marteau.
La longueur à employer doit avoir 3 m/m de plus que l'épaisseur à river.

Alênes à brédir, pour coudre les courroies, emmanchées

4374 ordinaires . . . . . . La pièce 1. .
4375 " " " " " " à rainure . . . . . . " . . . 1.65

Colle liquide pour courroies s'employant à froid, résiste à l'humidité et aux acides

4376 En flacons de 100 grammes . . . . Le flacon 0.85
4377 En bidons de 1 kilog . . . . Le kilog 7.16

Enduire régulièrement les deux parties à coller, serrer fortement et laisser sécher complètement.

Colle hongroise pour courroies, supprimant lanières, rivets et agrafes

4378 en pains de 1 kilog à 1 kilog 300 . . . . Le kilog 11.50

Couper la colle en petits morceaux de la grosseur d'une noisette, faire fondre de préférence au bain-marie, ajouter 15 à 20 % de bière et remuer jusqu'à liquéfaction complète, étendre vivement une couche mince sur les deux faces et presser pendant 15 minutes entre deux plaques de fer légèrement chauffées.

On peut se servir des courroies aussitôt collées

Enduit hongrois, pour éviter le glissement des courroies sur les poulies

4379 en boîtes de 3 à 10 kilogs . . . . . . Le kilog 3.60

Caoutchouc feutré, pour joints de vapeur

4380 Feuille feutrée sans insertion . . . . Le kilog 3.40
4381 " " avec insertion toile chanvre . . . . " . . . 3.40
4382 " " " " " métallique fer . . . . " . . . 3.40
4383 " " " " " " cuivre . . . . " . . . 3.40
4384 " " " " " amiante . . . . " . . . 6.50

4385 Trous d'homme bande spirale sans insertion . . . . Le kilog 4.40
4386 " " " " avec insertion toile chanvre . . . . " 5. .
4387 " " " " " " " " métallique fer . . . . " 5. .
4388 " " " " " " " " cuivre . . . . " 5. .
4389 Rondelles toutes dimensions, mêmes compositions que Trous d'homme et mêmes prix

4390 Feuille blanche pour eau froide . . . . . . Le kilog 5. .

Carton amiante, en feuilles, épaisseur 1 à 10 m/m

4391 . . . . . . Le kilog 1.50

Garnitures pour presse étoupes, pour eau et vapeur

4392 Corde ronde tressée, auto lubrifiante garnie toile, filet bleu diamètre 8 à 50 m/m Le kilog 1.40
4393 " " " " " " " tricolore " " " 2.50
4394 " " " coton suiffé, sans âme caoutchouc " " " 3. .
4395 " carrée " " " " " " " " " 3. .
4396 " ronde " " " avec âme caoutchouc " " " 3. .
4397 " carrée " " " " " " " " 3. .
4398 " " " packing tuck sans âme caoutchouc " " " 3.80
4399 " " " " " avec âme caoutchouc " " " 3.80
4400 " " " chanvre pur " " " 4.50
4401 " " " coton " " " 6. .
4402 " ronde " amiante " " " 5.20
4403 " carrée " " " " " 5.60
4404 " ronde roulée amiante caoutchoutée, sans âme caoutchouc " " " 7. .
4405 " " " " " avec âme caoutchouc " " " 7. .
4406 " carrée block coton, tissus agglomérés largeur 15 à 36 m/m " 7. .
4407 " " " amiante caoutchoutée, âme de coté, largeur 15 à 36 m/m " 10. .

Clapets conducteurs ronds, caoutchouc noir

4408 . . . . Le kilog 13. .
4409 " " " " gris . . . . " . . 15. .
4410 " " rectangulaires " noir . . . . " . . 13. .
4411 " " " " " gris . . . . " . . 15. .

Bien spécifier les dimensions qui doivent être livrées

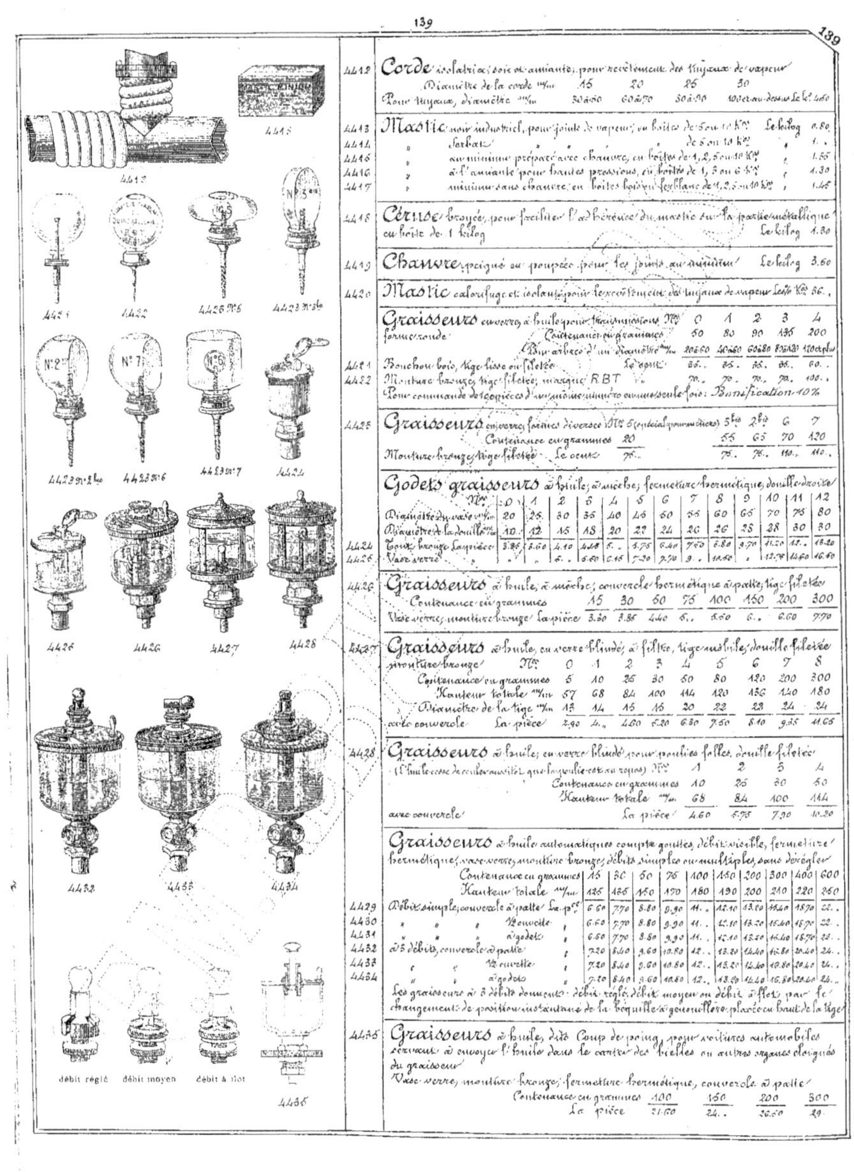

4412 **Corde** isolatrice, soie et amiante, pour revêtement des tuyaux de vapeur

Diamètre de la corde m/m	15	20	25	30	
Pour tuyaux, diamètre m/m	30 à 50	60 à 70	80 à 90	100 et au-dessus	Le k° 4.50

4413 **Mastic** noir industriel, pour joints de vapeur, en boîtes de 5 ou 10 K°s — Le kilog 0.80
4414 " Serbat de 5 ou 10 K°s " 1..
4415 " au minium préparé avec chanvre, en boîtes de 1, 2, 5 ou 10 K°s " 1.55
4416 " à l'amiante pour hautes pressions, en boîtes de 1, 3 ou 6 K°s " 1.30
4417 " minium sans chanvre, en boîtes bois ou ferblanc de 1, 2, 5 ou 10 K°s " 1.45

4418 **Céruse** broyée, pour faciliter l'adhérence du mastic sur la partie métallique en boîte de 1 kilog — Le kilog 1.30

4419 **Chanvre** peigné en poupées pour les joints au minium — Le kilog 3.60

4420 **Mastic** calorifuge et isolant, pour le revêtement des tuyaux de vapeur — Les % K°s 56..

Graisseurs en verre, à huile pour transmissions, forme ronde

		N°s	0	1	2	3	4
		Contenance en grammes	50	80	90	135	200
		Pour arbres d'un diamètre m/m	20 à 60	40 à 60	60 à 80	80 à 120	120 et plus
4421	Bouchon bois, tige lisse ou filetée	Le cent	35..	35..	35..	35..	60..
4422	Monture bronze, tige filetée, marque R B T	"	70..	70..	70..	70..	100..

Pour commande de 100 pièces d'un même numéro en une seule fois : Bonification 10%

4423 **Graisseurs** en verre, formes diverses

N°s	5 (spécial pour métiers)	5bis	2bis	6	7
Contenance en grammes	20	55	65	70	120
Monture bronze, tige filetée — Le cent	75..	75..	75..	110..	110..

Godets graisseurs à huile, à mèche, fermeture hermétique, douille droite

		N°s	0	1	2	3	4	5	6	7	8	9	10	11	12
	Diamètre du vase m/m		20	25	30	35	40	45	50	55	60	65	70	75	80
	Diamètre de la douille m/m		10	12	15	18	20	22	24	26	26	28	28	30	30
4424	Tout bronze	La pièce	3.35	3.60	4.10	4.45	5..	5.75	6.40	7.50	8.80	9.70	11.20	12..	13.20
4425	Vase verre	"	"	"	5..	5.60	6.15	7.20	7.70	9..	10.50	"	12.75	14.60	16.50

4426 **Graisseurs** à huile, à mèche, couvercle hermétique à patte, tige filetée

Contenance en grammes	15	30	50	75	100	150	200	300
Vase verre, monture bronze — La pièce	3.30	3.85	4.40	5..	5.50	6..	6.60	7.70

4427 **Graisseurs** à huile, en verre blindé, à filtre, tige mobile, douille filetée monture bronze

	N°s	0	1	2	3	4	5	6	7	8
	Contenance en grammes	5	10	25	30	50	80	120	200	300
	Hauteur totale m/m	57	68	84	100	114	120	136	140	180
	Diamètre de la tige m/m	13	14	15	15	20	22	23	24	24
avec couvercle	La pièce	2.90	4..	4.60	5.20	6.30	7.50	8.10	9.35	11.65

4428 **Graisseurs** à huile, en verre blindé pour poulies folles, douille filetée (l'huile cesse de couler aussitôt que la poulie est au repos)

	N°s	1	2	3	4
	Contenance en grammes	10	25	30	50
	Hauteur totale m/m	68	84	100	114
avec couvercle	La pièce	4.60	5.75	7.90	10.20

Graisseurs à huile automatiques compte-gouttes, débit visible, fermeture hermétique, vase verre, monture bronze, débits simples ou multiples, sans dérégler

			Contenance en grammes	15	30	50	75	100	150	200	300	400	600
			Hauteur totale m/m	125	135	150	170	180	190	200	210	220	250
4429	Débit simple, couvercle à patte		La p°°	6.60	7.70	8.80	9.90	11..	12.10	13.20	15.40	18.70	22..
4430	" "	½ cuvette	"	6.60	7.70	8.80	9.90	11..	12.10	13.20	15.40	18.70	22..
4431	" "	à godets	"	6.60	7.70	8.80	9.90	11..	12.10	13.20	15.40	18.70	22..
4432	à 3 débits, couvercle à patte		"	7.20	8.40	9.60	10.80	12..	13.20	14.40	16.80	20.40	24..
4433	" "	½ cuvette	"	7.20	8.40	9.60	10.80	12..	13.20	14.40	16.80	20.40	24..
4434	" "	à godets	"	7.20	8.40	9.60	10.80	12..	13.20	14.40	16.80	20.40	24..

Les graisseurs à 3 débits donnent : débit réglé, débit moyen ou débit à flot, par le changement de position instantané de la béquille à genouillère placée en haut de la tige.

4435 **Graisseurs** à huile, dits Coup de poing, pour voitures automobiles servant à envoyer l'huile dans le centre des bielles ou autres organes éloignés du graisseur

Vase verre, monture bronze, fermeture hermétique, couvercle à patte

Contenance en grammes	100	150	200	300
La pièce	21.60	24..	26.50	29.

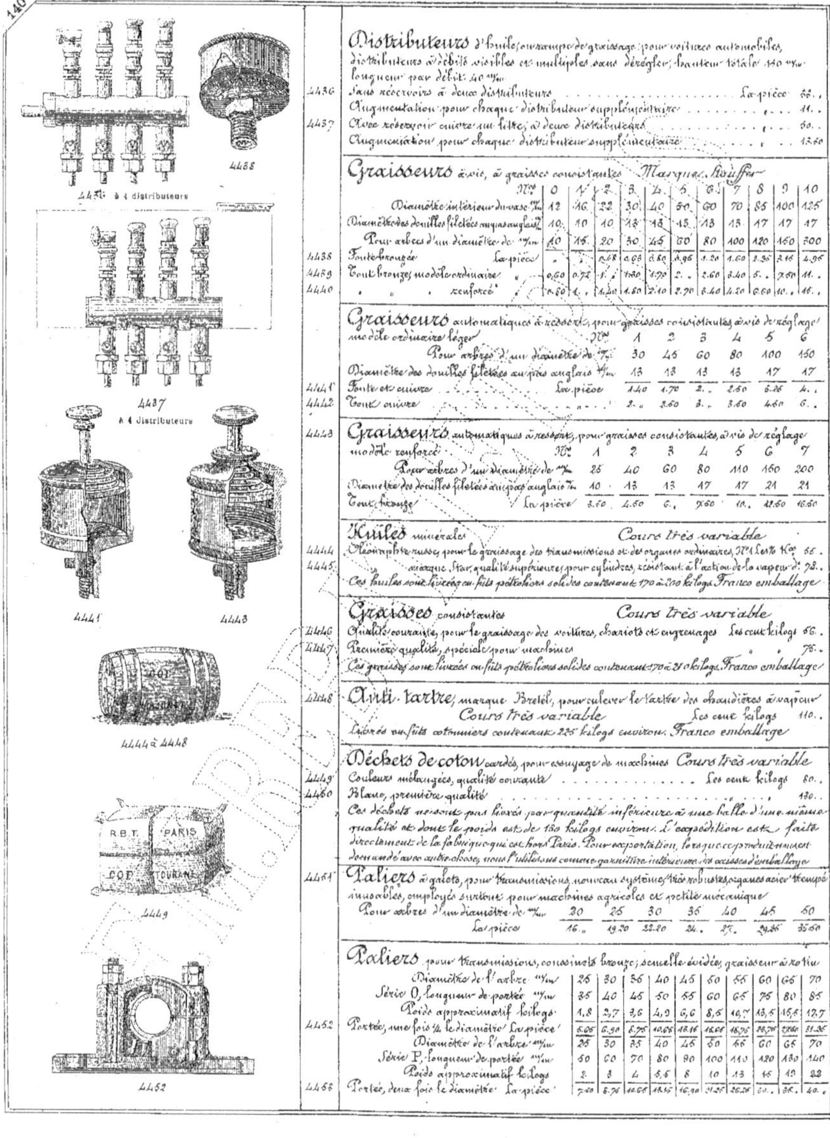

4436 à 4 distributeurs

4438

4437 à 4 distributeurs

4441

4443

4444 à 4448

4449

4452

Distributeurs d'huile ou rampe de graissage pour voitures automobiles, distributeurs à débits visibles et multiples sans dérégler, hauteur totale 140 m/m longueur par débit 40 m/m

4436 Sans réservoirs à deux distributeurs . . . . La pièce 55..
Augmentation pour chaque distributeur supplémentaire . . . . . . 11..
4437 Avec réservoir cuivre un litre, à deux distributeurs . . . . . . 50..
Augmentation pour chaque distributeur supplémentaire 13.50

Graisseurs à vis, à graisses consistantes Marque Stauffer

		N°s	0	1	2	3	4	5	6	7	8	9	10
	Diamètre intérieur du vase m/m		12	16	22	30	40	50	60	70	85	100	125
	Diamètre des douilles filetées au pas anglais m/m		10	10	10	13	13	13	13	13	17	17	17
	Pour arbres d'un diamètre de m/m		10	15	20	30	45	60	80	100	120	150	300
4438	Fonte bronzée	La pièce	„	„	0.48	0.65	0.80	0.95	1.20	1.60	2.35	3.15	4.95
4439	Tout bronze, modèle ordinaire	„	0.60	0.72	1..	1.30	1.70	2..	2.60	3.40	5..	7.50	11..
4440	„ „ „ renforcé	„	0.80	1..	1.40	1.80	2.10	2.70	3.40	4.20	6.60	10..	15..

Graisseurs automatiques à ressorts, pour graisses consistantes, à vis de réglage modèle ordinaire léger

		N°s	1	2	3	4	5	6
	Pour arbres d'un diamètre de m/m		30	45	60	80	100	150
	Diamètre des douilles filetées au pas anglais m/m		13	13	13	13	17	17
4441	Fonte et cuivre	La pièce	1.40	1.70	2..	2.50	3.25	4..
4442	Tout cuivre		2..	2.50	3..	3.50	4.50	6..

4443 **Graisseurs** automatiques à ressorts, pour graisses consistantes, à vis de réglage modèle renforcé

	N°s	1	2	3	4	5	6	7
Pour arbres d'un diamètre de m/m		25	40	60	80	110	150	200
Diamètre des douilles filetées au pas anglais m/m		10	13	13	17	17	21	21
Tout bronze	La pièce	2.50	4.50	6..	7.50	10..	12.50	16.50

Huiles minérales Cours très variable

4444 Oléonaphte russe, pour le graissage des transmissions et des organes ordinaires, N°1 Les % K°s 55..
4445 „ marque Star, qualité supérieure pour cylindres, résistant à l'action de la vapeur d° 73..
Ces huiles sont livrées en fûts pétroliers solides contenant 170 à 200 kilogs Franco emballage

Graisses consistantes Cours très variable

4446 Qualité courante, pour le graissage des voitures, chariots et engrenages Les cent kilogs 56..
4447 Première qualité, spéciale pour machines „ „ 75..
Ces graisses sont livrées en fûts pétroliers solides contenant 170 à 210 kilogs Franco emballage

4448 **Anti-tartre**, marque Bretél, pour enlever le tartre des chaudières à vapeur
Cours très variable Les cent kilogs 110..
Livrés en fûts cotonniers contenant 225 kilogs environ. Franco emballage

Déchets de coton cardés, pour essuyage de machines Cours très variable

4449 Couleurs mélangées, qualité courante . . . . Les cent kilogs 80..
4450 Blanc, première qualité . . . . 130..
Ces déchets ne sont pas livrés par quantité inférieure à une balle d'une même qualité et dont le poids est de 130 kilogs environ. L'expédition est faite directement de la fabrique qui est hors Paris. Pour exportation, lorsque ce produit nous est demandé avec autre chose, nous l'utilisons comme garniture intérieure des caisses d'emballage

4451 **Paliers** à galets, pour transmissions, nouveau système, très robustes, organes acier trempé inusables, employés surtout pour machines agricoles et petite mécanique

Pour arbres d'un diamètre de m/m	20	25	30	35	40	45	50
La pièce	16..	19.20	22.20	24..	27..	29.25	35.50

Paliers pour transmissions, coussinets bronze, semelle évidée, graisseur à rotin

	Diamètre de l'arbre m/m	25	30	35	40	45	50	55	60	65	70
	Série O, longueur de portée m/m	35	40	45	50	55	60	65	75	80	85
	Poids approximatif kilogs	1,8	2,7	3,6	4,9	6,6	8,5	10,7	13,5	15,5	17,7
4452	Portée, une fois ½ le diamètre La pièce	5.65	6.90	8.75	10.65	13.15	16.65	18.75	23.75	27.50	31.25
	Diamètre de l'arbre m/m	25	30	35	40	45	50	55	60	65	70
	Série P, longueur de portée m/m	50	60	70	80	90	100	110	120	130	140
	Poids approximatif kilogs	2.	3	4	5,5	8	10	13	15	19	22
4453	Portée, deux fois le diamètre La pièce	7.50	8.75	10.65	13.15	16.90	21.25	26.25	30..	35..	40..

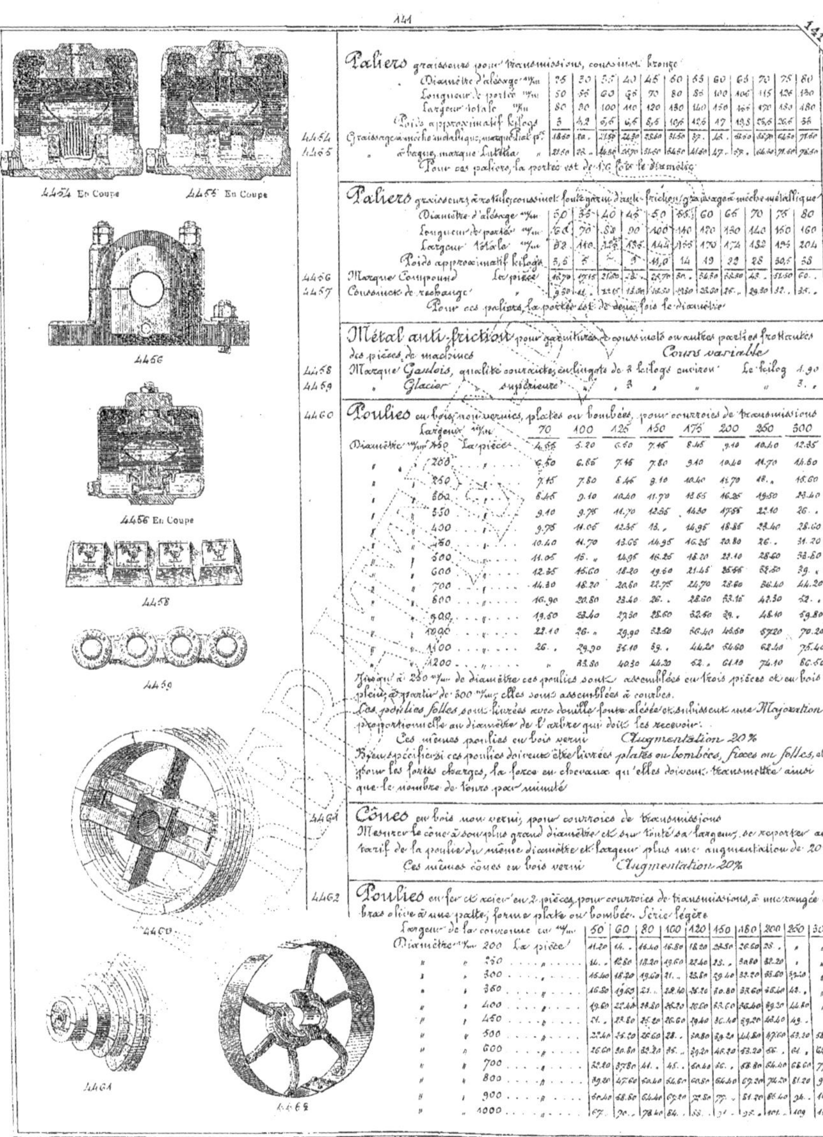

Paliers graisseurs pour transmissions, coussinets bronze

Diamètre d'alésage m/m	25	30	35	40	45	50	55	60	65	70	75	80
Longueur de portée m/m	50	55	60	65	70	80	85	100	105	115	125	130
Largeur totale m/m	80	90	100	110	120	130	140	150	160	170	180	180
Poids approximatif kilogs	3	4,2	5,5	6,6	8,5	10,6	12,6	17	19,5	23,6	26,5	36
4454 Graissage à mèche métallique, marque Dial p^ce	18.60	20.	21.50	24.30	28.60	31.50	37.	42.	48.90	55.70	64.50	71.60
4455 » à bague, marque Lutétia »	21.50	22.	24.50	26.70	31.60	34.50	41.50	47.	57.	64.00	71.60	76.50

Pour ces paliers, la portée est de 1,6 fois le diamètre

Paliers graisseurs à rotule, coussinets fonte garnis d'anti-friction, graissage à mèche métallique

Diamètre d'alésage m/m	30	35	40	45	50	55	60	65	70	75	80
Longueur de portée m/m	60	70	80	90	100	110	120	130	140	150	160
Largeur totale m/m	92	110	122	135	144	155	170	174	182	195	204
Poids approximatif kilogs	3,5	5	[illegible]	9	11,0	14	19	22	28	30,5	38
4456 Marque Compound La pièce	14.70	17.15	21.00	23.	26.70	30.	34.50	38.50	43.	51.50	60.
4457 Coussinets de rechange »	9.50	11.	12.15	13.00	16.50	19.50	22.00	26.	29.30	32.	35.

Pour ces paliers, la portée est de deux fois le diamètre

Métal anti-friction pour garnitures de coussinets ou autres parties frottantes des pièces de machines — Cours variable

4458 Marque Gaulois, qualité courante, en lingots de 3 kilogs environ — Le kilog 1.90
4459 » Glacier » supérieure » » 3 » » » 3. »

4460 **Poulies** en bois non vernies, plates ou bombées, pour courroies de transmissions

Largeur m/m	70	100	125	150	175	200	250	300
Diamètre m/m 150 La pièce	4.55	5.20	6.50	7.15	8.45	9.10	10.40	12.35
» » 200 »	6.50	6.85	7.15	7.80	9.10	10.40	11.70	14.30
» » 250 »	7.15	7.80	8.45	9.10	10.40	11.70	13.	15.60
» » 300 »	8.45	9.10	10.40	11.70	13.65	16.25	19.50	23.40
» » 350 »	9.10	9.75	11.70	12.35	14.30	17.55	22.10	26.
» » 400 »	9.75	11.05	12.35	13.	14.95	18.85	23.40	28.60
» » 450 »	10.40	11.70	13.65	14.95	16.25	20.80	26.	31.20
» » 500 »	11.05	13.	14.95	16.25	18.20	22.10	28.60	33.80
» » 600 »	12.35	15.60	18.20	19.50	21.45	25.35	32.50	39.
» » 700 »	14.30	18.20	20.80	22.75	24.70	28.60	36.40	44.20
» » 800 »	16.90	20.80	23.40	26.	28.60	33.15	42.30	52.
» » 900 »	19.50	23.40	27.30	28.60	32.50	39.	48.10	59.80
» » 1000 »	22.10	26.	29.90	32.50	36.40	46.80	57.20	70.20
» » 1100 »	26.	29.90	35.10	39.	44.20	54.60	62.40	75.40
» » 1200 »	»	33.80	40.30	44.20	52.	61.10	74.10	86.50

Jusqu'à 250 m/m de diamètre ces poulies sont assemblées en trois pièces et en bois plein; à partir de 300 m/m elles sont assemblées à courbes.

Les poulies folles sont livrées avec douille fonte alésée et subissent une Majoration proportionnelle au diamètre de l'arbre qui doit les recevoir.

Ces mêmes poulies en bois verni — Augmentation 20%

Bien spécifier si ces poulies doivent être livrées plates ou bombées, fixes ou folles, et pour les fortes charges, la force en chevaux qu'elles doivent transmettre ainsi que le nombre de tours par minute

4461 **Cônes** en bois non verni, pour courroies de transmissions

Mesurer le cône à son plus grand diamètre et sur toute sa largeur, se reporter au tarif de la poulie du même diamètre et largeur plus une augmentation de 20%

Ces mêmes cônes en bois verni — Augmentation 20%

4462 **Poulies** en fer et acier en 2 pièces, pour courroies de transmissions, à une rangée de bras olive à une patte, forme plate ou bombée. Série légère

Largeur de la couronne en m/m	50	60	80	100	120	150	180	200	250	300
Diamètre m/m 200 La pièce	11.20	14.	16.40	16.80	18.20	22.50	26.60	28.	»	»
» » 250 »	14.	16.80	18.20	19.60	22.40	23.	30.80	32.20	»	»
» » 300 »	15.40	18.20	19.60	21.	23.80	29.40	32.20	35.60	37.10	»
» » 350 »	16.80	19.60	21.	22.40	26.20	30.80	32.60	36.40	42.	»
» » 400 »	19.60	22.40	23.80	26.20	26.60	33.60	36.40	39.20	44.80	»
» » 450 »	21.	23.80	25.20	26.60	29.40	36.40	39.20	42.40	49.	»
» » 500 »	22.40	25.20	26.60	28.	30.80	39.20	44.80	47.60	53.20	58.40
» » 600 »	26.60	30.80	32.20	35.	39.20	46.20	53.20	56.	61.	64.40
» » 700 »	32.20	37.80	41.	45.	50.40	56.	58.80	64.40	68.60	77.
» » 800 »	39.20	47.60	50.40	54.60	60.80	64.40	67.20	74.20	81.20	91.
» » 900 »	50.40	58.80	64.40	67.20	72.80	77.	81.20	86.40	94.	106.
» » 1000 »	67.	70.	78.40	84.	88.	91.	95.	101.	109	119.

4463 **Poulies** fer et acier à une rangée de bras olive à deux pattes. Série forte

Largeur de la couronne m/m		60	80	100	120	140	160	180	200	220	250	300
Diamètre m/m 400	La pièce	37.20	36..	37.80	42..	47.60	50.40	50.40	53.20	56..	61..	76..
" " 500	"	36.40	39..	43..	49..	53..	56..	62..	64..	67..	70..	81..
" " 600	"	45..	49..	55..	56..	62..	66..	70..	74..	77..	81..	84..
" " 700	"	56..	60..	63..	66..	70..	74..	78..	84..	87..	91..	98..
" " 800	"	64..	66..	70..	76..	84..	81..	86..	92..	98..	105..	109..
" " 900	"	74..	77..	80..	87..	91..	91..	92..	106..	108..	112..	128..
" " 1000	"	88..	91..	96..	101..	106..	108..	112..	118..	123..	130..	140..
" " 1100	"	"	109..	112..	113..	127..	129..	132..	139..	142..	147..	161..
" " 1200	"	"	119..	123..	132..	140..	148..	147..	164..	167..	161..	168..
" " 1300	"	"	140..	143..	154..	160..	160..	161..	171..	172..	176..	192..
" " 1400	"	"	"	156..	168..	176..	179..	186..	184..	192..	196..	210..
" " 1500	"	"	"	175..	182..	186..	189..	198..	207..	211..	217..	230..

Les poulies à couronne plate doivent être désignées Tambour
" " bombés " " Poulies
Les plus values pour alésage, allongement et dressage des faces des moyeux pour poulies folles, varient suivant les dimensions de ces poulies

Tubes en verre, pour niveaux de chaudières à vapeur

Diamètres approximatifs, avec latitude de 1½ à 2 m/m	8 à 12	14 à 16	18 à 22	24 à 28	30
Epaisseur approximative proportionnelle m/m	1½	1½ à 2	2 à 2½	2½ à 3	3 à 3½

			En longueurs variables	Coupés en longueurs fixes	
			de 120 à 200 m/m	de 100 à 200 m/m	plus niveau de 120 m/m
4464	Verre vert, coupé brut	Le kilog	1.50	1.80	2.50
4465	" " bouts flettés ou moulés	"	"	"	3..
4466	" " " rebrûlés	"	"	"	4..
4467	Cristal uni, coupé brut	"	1.80	2..	3..
4468	" " bouts flettés	"	"	"	3.50
4469	" " " rebrûlés	"	"	"	4.50
4470	" une bande blanche, coupé brut	"	2.50	3.50	4..
4471	" " " " bouts flettés	"	"	"	4.50
4472	" " " " " rebrûlés	"	"	"	5.50
4473	" une bande rouge, coupé brut	"	4..	6..	6.50
4474	" " " " bouts flettés	"	"	"	7..
4475	" " " " " rebrûlés	"	"	"	8..
4476	" photo, 3 bandes (2 blanches, 1 rouge) coupé brut	"	4..	6..	6.50
4477	" " " " " " bouts flettés	"	"	"	7..
4478	" " " " " " " rebrûlés	"	"	"	8..

Bien spécifier les diamètres et longueurs. Sans indications ces tubes seront livrés en longueur de 120 m/m.

4479 **Creusets** en terre réfractaire, pour l'or, l'argent et le cuivre, forme Paris

Nos	00	0	1	2	3	4	5	6	7	8	9	10	11
Hauteur extérieure m/m	40	50	55	60	70	80	90	100	110	120	130	160	165
Diamètre extérieur m/m	28	30	33	36	42	46	50	55	62	68	74	80	86
Contenance en grammes	70	100	150	200	300	350	500	600	750	850	1000	1400	2000
Le cent	7..	7..	7..	7..	14..	14..	14..	21..	21..	28..	35..	42..	56..
Nos	12	13	14	15	16	17	18	19	20	21	22	23	24
Hauteur extérieure m/m	185	200	220	240	265	270	285	300	320	350	370	385	400
Diamètre extérieur m/m	95	105	115	125	130	140	145	152	160	170	190	205	230
Contenance en kilogs	3	4	6	8	10	12	15	18	20	25	32	35	40
La pièce	0.70	0.85	1.05	1.40	1.65	1.75	2.10	2.45	2.50	2.85	4.90	6.20	7.70

4480 **Creusets** en plombagine pour cuivre, fonte et acier, forme Paris

Nos	0	1	2	3	4	5	6	7	8	9
Hauteur extérieure m/m	40	50	55	60	70	80	90	100	110	120
Diamètre extérieur m/m	28	30	33	36	42	46	50	55	62	68
Contenance en grammes	70	100	150	200	300	350	500	600	750	850
Le cent	36..	45..	54..	63..	72..	81..	90..	99..	108..	126..
Nos		10	11	12	13	14	15	16	17	18
Hauteur extérieure m/m		130	150	165	185	200	220	240	265	270
Diamètre extérieur m/m		74	80	86	95	105	115	125	130	140
Contenance en kilogs		1	1,4	2	3	4	6	8	10	12
La pièce		1.35	1.45	1.65	1.90	2.35	3..	4..	4.50	5.40

4463

4465 4471

4479

4480

4481  4482  4483 4486 4485 4488  4489  4490  4492  4495 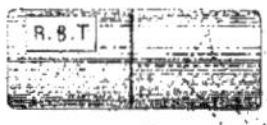 4497 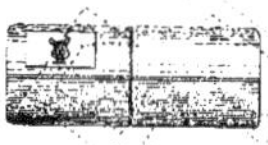 4498  4505

Creusets en plombagine, pour cuivre, fonte et acier

4481 Forme F . . . . Le kilog de contenance 0.55
4482 " Picardie 0.55
Pour ces deux formes, le nombre de kilogs correspond au numéro du creuset

Couvercles ronds, en terre réfractaire pour creusets

	Diamètre c/m	3 à 6	7 à 9	10 à 13	14	15	16	17	18	19	20	21	22	23
4483	Sans courant d'air Le %	7.	14.	21.	28.	28.	35.	42.	49.	56.	70.	84.	98.	105.
4484	Avec	14.	21.	28.	35.	36.	42.	49.	56.	63.	77.	91.	105.	112.

4485 **Agitateurs** en terre réfractaire pour remuer le liquide en fusion

Longueur c/m	15	20	25	30	35	40
Le cent	21.	28.	42.	56.	70.	84.

4486 **Fromages ou culots** en terre réfractaire pour éloigner le creuset de la grille du four

Hauteur m/m	30	30	30	40	40	50	70	80	100	120
Diamètre m/m	30	40	50	60	70	70	80	80	100	100
Le cent	7.	14.	21.	28.	35.	42.	49.	56.	70.	98.

Fours à air, en terre réfractaire, pour la fusion des métaux

		Nos	0	1	2	3	4	5	6	7	8	9	10
		Hauteur c/m	41	46	50	55	60	65	70	75	80	85	90
		Diamètre intérieur c/m	16	18	20	22	24	26	28	30	32	34	36
4487	Sans socle	La pièce	16.80	19.60	22.40	28.	35.	42.	50.40	58.80	70.	78.40	86.80
4488	Avec		21.	25.20	28.	33.60	42.	56.	63.	78.	87.	98.	112.

Les creusets doivent être entourés d'une épaisseur de feu de 6 c/m au moins. Le four devra avoir alors un diamètre intérieur de 12 c/m de plus que le diamètre extérieur des creusets qu'il doit recevoir.

4489 **Contrôleur de rondes** avec révélateur de l'ouverture et de la fermeture du poste

Devis d'une installation comprenant :

Un chronomètre avec serrure à cadenas et révélateur d'ouverture	La pièce	165.	165.
Six postes avec poinçons intérieurs (le nombre est facultatif) . . .	"	22.50	135.
Une boîte de cadrans découpés . . .	"	45.	45.
Une poche en cuir, courroie et ceinture . . .	"	18.	18.
Une lanterne, grand modèle spécial . . .	"	18.	18.
Six numéros émaillés . . .	"	1.50	9.
		Ensemble Frcs	360.

La description et le maniement de l'appareil sont envoyés sur demande

4490 **Craie** blanche pour tableaux, bâtons carrés 80 m/m, en boîtes bois de 144 bâtons La boîte 0.40
par cent boîtes 33.
4491 " " " " " " entourés de papier vert La boîte 1.20
4492 " " " " bâtons coniques 85 m/m, en boîtes bois de 100 bâtons " 0.60
4493 " couleurs assorties (sauf rouge) " " " " " " " 1.20
4494 " couleur rouge seule " " " " " " " 1.80
Cet article n'est pas livré par quantité inférieure à une boîte de chaque modèle

4495 **Craie** couleurs assorties, forme triangulaire, pour tailleurs, en boîtes de 50 morceaux La boîte 1.20
4496 " " " " " " de 100 " " 2.
Cet article n'est pas livré par quantité inférieure à une boîte de 50 ou 100 morceaux

Crayons pour charpentiers, menuisiers et tailleurs de pierres

4497 **Crayons** plats, bois blanc, mine noire, longueur 29 c/m, marque RBT Le paquet de 144 pces 8.60
4498 " " " " " " " " " à la Lyre " " 9.30
4499 " " bois verni rouge " " " " " " " " 11.80

Crayons plats, marque Givers

		Longueur c/m	17½	26	30	35
4500	Bois blanc, mine noire	Le paquet de 144 pièces	7.	9.35	10.55	12.40
4501	Cèdre non verni, mine noire	" "	14.30	20.40	"	"
4502	" " " mine sanguine	" "	"	25.50	"	"

Crayons marque Cacheux, 2e qualité

		Longueur c/m	18	22	25	29	37
4503	Bois blanc, mine noire	Le paquet de 144 pièces	6.40	"	8.40	9.20	10.80
4504	Cèdre non verni, mine noire	" "	11.	15.30	17.	20.40	25.20

Crayons marque F. Cacheux, 1re qualité

		Longueur c/m	18	22	25	29	37
4505	Bois blanc, mine noire	Le paquet de 144 pièces	6.85	8.60	9.30	10.	12.60
4506	" verni rouge	" "	8.60	9.75	11.	12.75	15.30
4507	Cèdre non verni	" "	14.50	17.85	20.40	23.80	29.

Sans indication spéciale, nous livrons toujours la marque F. Cacheux, 1re qualité
Les crayons bois blanc se font à mine dure pour la pierre aux mêmes prix qu'à mine tendre

4508 4611 4515 4618 - 4619 4520 4621 4522 4523 4524 4525 4526 4528 4527

Crayons, marque Faber

		Longueur ᵐ/ₘ	19	24	33	41
4508	Plats, bois blanc, mine noire	Le paquet de 144 pièces	9.60	12. »	16. »	19.20
4509	Ovales, cèdre non verni, mine noire	»	26.50	24.70	46. »	»

Crayons plats, Hardtmuth

		Longueur ᵐ/ₘ	30	36
4510	bois blanc, mine noire	Le paquet de 144 pièces	14.60	16.60

Mines couleurs, pour le bois humide, la pierre, plâtre etc. [illegible], bâtons ronds

longueur 9 ᵐ/ₘ, diamètre 11 ᵐ/ₘ

			La boîte		Les 12 boîtes
4511	Bleue, marque Cacheux	en boîtes carton de 12 bâtons	1.70	Les 12 boîtes	18. »
4512	Rouge	»	1.85	»	20. »
4513	Bleue ou rouge, marque Conté	»	2.75	»	30. »
4514	» » » Faber	»	4.40	»	48. »

Cribles et tamis pour tous usages.

Criblettes à escarbilles, rectangulaires, monture bois

		Nᵒˢ	0	1	2	3	4
4515		Dimensions ᵐ/ₘ	25x17	28x20	30x22	33x25	37x27
	fond toile métallique	La pièce	0.40	0.46	0.50	0.55	0.60

Criblettes à escarbilles, rectangulaires, monture tôle

		Nᵒˢ	1	2	3	4
		Longueur ᵐ/ₘ	28	30	33	35
4516	Tôle vernie, fond toile métallique noire	La pièce	0.55	0.65	0.75	0.85
4517	» galvanisée » »	»	0.75	0.85	0.95	1.05

Criblettes à escarbilles, ronds, monture bois

		Diamètre ᵐ/ₘ	22	25	27	30	33	35	38	40
4518	fond toile métallique fer noir	La pièce	0.37	0.43	0.48	0.53	0.68	0.75	0.85	0.92

Tamis à escarbilles, ronds, monture bois

		Diamètre ᵐ/ₘ	22	24	27	30	33	35
4519	Fond toile métallique, forte noire	La pièce	0.95	1.10	1.20	1.35	1.55	1.75
4520	» fil tournant	»	»	0.75	0.85	1. »	1.20	»

Tamis à escarbilles, ronds, monture tôle vernie

		Diamètre ᵐ/ₘ	20	23	24	26
4521	fond toile métallique, fer noir	La pièce	0.75	0.80	0.90	0.95

Tamis à escarbilles, ronds, monture tôle

		Diamètre ᵐ/ₘ	25	28	31
4522	fond en tôle perforée	La pièce	1.20	1.40	1.90

Tamis étouffoirs, ronds, pour passer les escarbilles sans poussière

4523	Tôle vernie noire, diamètre 30 ᵐ/ₘ forme cylindrique		La pièce	2.50
4524	» » »	29 ᵐ/ₘ forme cylindrique, fond conique	»	3.50
4525	Fond tôle perforée »	26 ᵐ/ₘ forme cylindrique	»	4.40

Tamis étouffoir, pour passer les escarbilles sans poussière

4526	tôle vernie, rectangulaire, dimensions 33 x 22 ᵐ/ₘ	La pièce	2.80

Seaux tamiseurs étouffoirs, pour passer les escarbilles sans poussière

		Nᵒˢ	1	2	3 bis	3
4527	tôle vernie noire, crible tôle perforée	Diamètre ᵐ/ₘ	26	28	25	30
		Profondeur du crible ᵐ/ₘ	11	12	15	15
		La pièce	6.30	7.15	7.90	8.35

Tamis ronds, monture bois, fond toile métallique *Série Exportation*

		Nᵒˢ	Diamètre ᵐ/ₘ	20	25	30	35	40	45	50	55	60
4528	Toile fer noir	1 à 12	La pièce	1.05	1.30	1.60	1.90	2.40	2.85	3.40	4.05	4.70
4529	» » »	14 à 18	»	1.20	1.45	1.75	2.10	2.65	3.10	3.70	4.45	5.25
4530	» » »	20 à 25	»	1.35	1.60	1.95	2.35	2.85	3.35	4.05	5.05	5.95
4531	Toile fer étamé	1 à 12	»	1.55	2. »	2.30	3.05	3.75	4.30	5.05	6.05	6.75
4532	» » »	14 à 18	»	1.80	2.20	2.95	3.60	4. »	4.75	5.60	6.50	7.40
4533	» » »	20 à 25	»	1.95	2.55	3.25	3.65	4.30	5.05	6.05	6.90	8.10

		Nᵒˢ	Diamètre ᵐ/ₘ	65	70	75	80	85	90	95	100
4528	Toile fer noir	1 à 12	La pièce	5.40	6.75	7.45	8.10	8.80	9.80	11.15	12.80
4529	» » »	14 à 18	»	5.95	7.45	8.10	8.90	9.65	10.60	12.15	14.20
4530	» » »	20 à 25	»	6.60	8.10	8.90	9.80	10.60	11.90	13.60	15.50
4531	Toile fer étamé	1 à 12	»	7.45	8.35	9.45	10.15	11.30	12.80	14.50	16.20
4532	» » »	14 à 18	»	8.10	9.65	10.40	11.10	13.10	13.50	15.20	17.90
4533	» » »	20 à 25	»	8.90	10.25	11.25	12.15	14.20	14.90	16.90	19.60

Cette série ne peut être livrée que par caisses complètes, de tailles assorties, s'emboîtant les unes dans les autres pour diminuer le cube et réduire le frêt au minimum.

4534

4540

4549

4550

4554

4556

4559

4567

Tamis ronds, monture légère, pour farines et couscous — *Série Exportation*

		Diamètre %	16	18	20	22	24	26	28	30
4534	Toile galvanisée, mailles N° 20	Le cent	62..	67..	72..	77..	82..	87..	92..	97..
4535	" " " 40	"	67..	72..	77..	82..	87..	92..	97..	102..
4536	" laiton " 20	"	77..	82..	87..	92..	97..	102..	107..	112..
4537	" " " 40	"	82..	87..	92..	97..	102..	107..	112..	117..

La maille 20 est désignée toile grosse, la maille 40 toile fine.

Tamis ronds, monture forte dite anglaise, pour farines et couscous

		Diamètre %	35	37½	40	42½	45	47½	50	52½	55	57½	60
4538	Toile galvanisée, mailles N° 16 à 40	La pièce	2.80	3.26	3.60	3.80	4.10	4.40	4.70	4.90	5.40	5.70	6.30
4539	" laiton "	"	3.50	3.50	4.20	4.60	4.80	5.10	5.50	5.80	6.30	6.50	7.40

Tamis ronds, monture bois, fond toile métallique

			Diamètre %	20	22	25	27	30	35	40	45	50	55	60	65	70	75	80
4540	Toile noire N° 2 à 12	monture ordinaire	La pce	1.20	1.35	1.50	1.70	1.90	2.25	2.50	3.05	4..	4.50	5.60	6.40	8..	5.50	9.60
4541	" " "	double	"	2..	2.15	2.30	2.50	2.70	3.05	3.50	3.85	4.80	5.60	6.40	7.30	8.50	9.60	10.40
4542	Toile étamée N° 5 à 26	ordinaire	"	1.60	2..	2.40	2.50	3.20	3.60	4.40	5.20	6..	7.20	8..	8.50	10.40	11.30	12..
4543	" " "	double	"	2.40	2.30	3.20	3.60	4..	4.40	5.20	6..	6.80	8..	8.50	9.60	11.20	12..	12.80
4544	Toile laiton N° 3 à 8	ordinaire	"	2.30	3.60	4..	4.40	4.80	5.20	6.40	7.20	8.80	10..	11.20	12..	14.40	16..	17.60
4545	" " "	double	"	3.60	4.40	4.50	5.20	5.60	6..	7.20	5..	9.60	10.80	12..	12.80	15.20	16.80	18.40
4546	" " N° 10 à 60	ordinaire	"	2..	2.50	3.20	3.60	4..	4.40	5.60	6.40	7.20	8.80	10..	11.20	13.10	14.20	16..
4547	" " "	double	"	2.50	3.60	4..	4.40	4.80	5.20	6.40	7.10	8..	9.60	10.80	12..	14..	15.60	16.80

Tamis ronds, monture bois, fond à fil tournant

		Diamètre %	30	35	40	45	50	55
4548	Fil clair, monture ordinaire	La pièce	1.90	2.36	2.70	3.05	3.70	4.40
4549	" " renforcée	"	2.40	2.70	3.20	3.70	4.50	5.30

Cribles vannettes, Brevetés, ronds en osier, fond métallique

		Diamètre du bas %	30	35	40	45	50	55
4550	Fil tournant, clair	La pièce	3.55	3.70	4.60	5.30	6.26	7.20
4551	" " étamé	"	3.60	4..	4.80	5.75	6.70	8..
4552	Toile métallique, fer noir	"	3.36	3.70	4.60	5.30	6.26	7.20
4553	" " étamé	"	3.60	4..	4.80	5.75	6.70	8..

Cribles vannettes, Brevetés, ronds, tout fil de fer, poignées bois

		Diamètre du bas %	30	35	40	45	50	55
4554	Fil tournant clair	La pièce	4..	4.40	5.20	6..	6.80	7.60
4555	" " étamé		4.40	4.80	5.60	6.40	7.20	8..

Tamis bombés, pour cafés, riz, haricots, etc. *Modèle spécial pour l'exportation*

toile métallique galvanisée N° 4.5.6.7

		Diamètre %	55	60	65	70
4556	Monture ordinaire à 2 cercles	La pièce	2..	2.15	2.35	2.90
4557	" forte à 3 cercles	"	2.50	2.60	2.90	3.35

4558 **Tamis** bombés, pour farines *Modèle spécial pour l'exportation*

toile métallique galvanisée N° 20.25.30

		Diamètre %	40	45	50
4558	Monture ordinaire 2 cercles	La pièce	2	2.10	2.20

Bien spécifier le numéro de la toile pour les tamis bombés N°s 4556 à 4558

Les tamis de ces deux séries s'emboîtent les uns dans les autres pour diminuer le volume et l'emballage.

Tamis de cuisine

			Diamètre %	11	14	16	19	22	25	27	30	32	35	40	45
4559	Toile 2 crins		La pièce	0.72	0.80	0.96	1.10	1.20	1.35	1.60	1.86	2.15	2.45	3.30	3.70
4560	" 3 "		"	0.72	0.80	1.10	1.20	1.30	1.50	1.65	2..	2.30	2.60	3.45	4.10
4561	" 4 "		"	"	"	1.30	1.50	1.66	1.80	2..	2.50	2.05	2.85	3.75	4.50
4562	Soie double		"	1..	1.15	1.50	1.66	2..	2.45	2.65	3.15	3.45	4..	4.50	6.30
4563	" forte		"	1.20	1.65	2..	2.30	2.65	2.86	3.46	3.70	4.45	4.60	5.30	6.10
4564	Toile Venise ordinaire		"	0.80	1.10	1.20	1.50	1.80	2..	2.15	2.60	3.30	3.70	4.50	5..
4565	" " N° 1		"	1.20	1.65	2..	2.15	2.45	2.85	3.30	3.70	4..	4.50	5.35	6.10
4566	" " à quenelle		"	"	"	1.65	1.70	1.86	2..	2.15	2.46	2.85	3.30	3.50	5..

Tamis de cuisine doubles

		Diamètre %	27	30	32	35	40
4567	Quenelle Venise	La pièce	3.20	3.35	3.70	4.10	5..
4568	½ quenelle	"	3.36	3.60	3.70	4.10	5.35
4569	Quenelle	"	3.70	3.90	4.30	4.65	6.10
4570	3 crins	"	2.90	3.15	3.60	3.55	4.76
4571	4 crins	"	3.20	3.45	3.85	4.16	5..
4572	Toile étamée	"	3.20	3.46	3.85	4.15	6 .

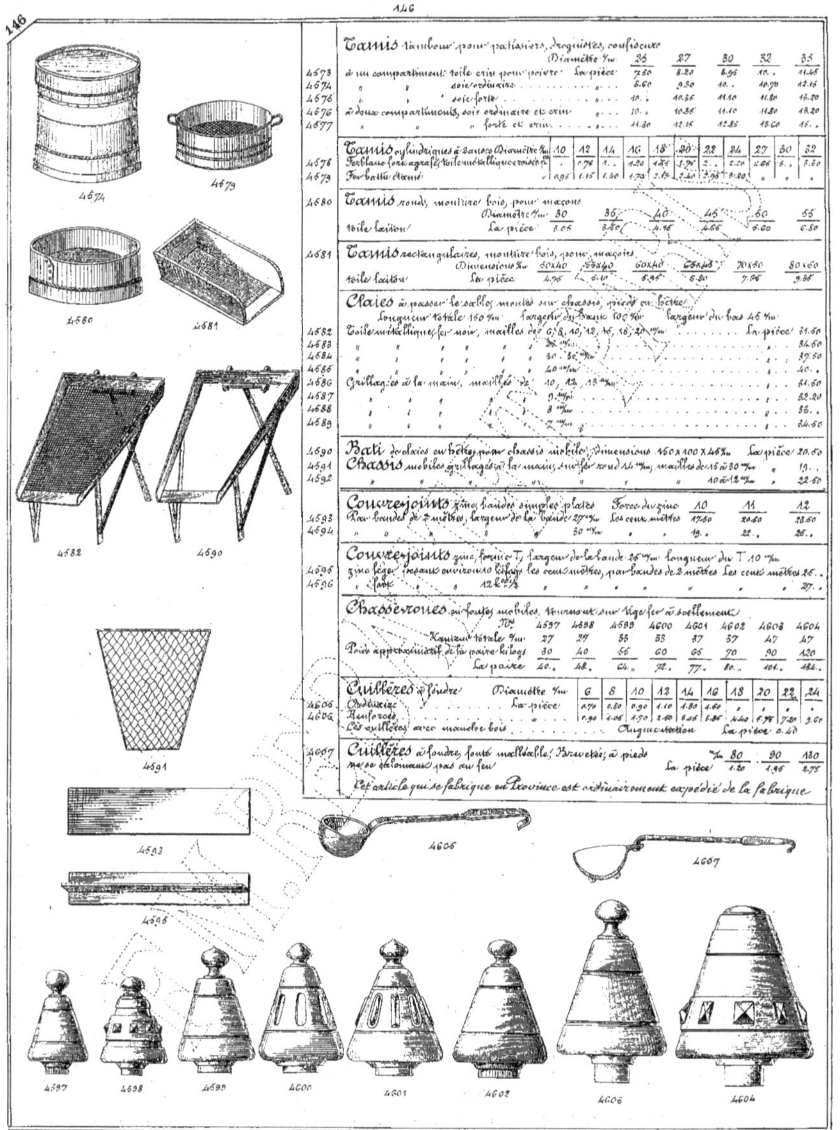

Tamis tambour pour pâtissiers, droguistes, confiseurs

		Diamètre m/m	25	27	30	32	35
4573	à un compartiment : toile crin pour poivre	La pièce	7.50	8.20	8.95	10. »	11.45
4574	» » soie ordinaire	»	8.60	9.30	10. »	10.70	12.15
4575	» » soie forte	»	10. »	10.35	11.10	11.80	13.20
4576	à deux compartiments, soie ordinaire et crin	»	10. »	10.35	11.10	11.80	13.20
4577	» » » forte et crin	»	11.30	12.15	12.85	13.60	15. »

Tamis cylindriques à 2 anses

		Diamètre m/m	10	12	14	16	18	20	22	24	27	30	32
4578	Fer blanc fort agrafé, toile métallique croisée fer		»	0.75	1. »	1.20	1.55	1.75	2. »	2.20	2.65	3. »	3.50
4579	Fer battu étamé	»	0.95	1.15	1.40	1.70	2.15	2.40	2.95	3.20	»	»	»

4580 **Tamis** ronds, monture bois, pour maçons

	Diamètre m/m	30	35	40	45	50	55
toile laiton	La pièce	3.05	3.50	4.15	4.65	5.60	6.80

4581 **Tamis** rectangulaires, monture bois, pour maçons

	Dimensions m/m	50x40	55x40	60x40	65x45	70x50	80x60
toile laiton	La pièce	4.75	5.10	5.95	6.80	7.65	9.35

Claies à passer le sable, montées sur châssis, pieds en hêtre
Longueur totale 150 m/m   Largeur du haut 100 m/m   Largeur du bas 45 m/m

4582	Toile métallique fer noir, mailles de 6, 8, 10, 12, 15, 18, 20 m/m	La pièce	31.50
4583	» » » 25 m/m	»	34.50
4584	» » » 30. 35 m/m	»	37.50
4585	» » » 40 m/m	»	40. »
4586	Grillagées à la main, mailles de 10, 12, 13 m/m	»	31.50
4587	» » » 9 m/m	»	32.20
4588	» » » 8 m/m	»	33. »
4589	» » » 7 m/m	»	34.50

4590	**Bati** de claies en hêtre pour châssis mobile, dimensions 150 x 100 x 45 m/m	La pièce	20.50
4591	**Châssis** mobiles grillagés à la main, sur fer rond 14 m/m, mailles de 15 à 30 m/m	»	19. »
4592	» » » » » 10 à 12 m/m	»	22.50

Couvre-joints zinc, bandes simples plates

		Force du zinc	10	11	12
4593	Par bandes de 2 mètres, largeur de la bande 27 m/m	Les cent mètres	17.50	20.50	23.50
4594	» » » » 30 m/m	»	19. »	22. »	26. »

Couvre-joints zinc, forme T, largeur de la bande 25 m/m longueur du T 10 m/m

4595	zinc léger pesant environ 10 kilog. les cent mètres, par bandes de 2 mètres	Les cent mètres	25. »
4596	» fort » » 12 kilog ½ » » »	»	27. »

Chasse-roues en fonte, mobiles, tournant sur tige fer à scellement

Nos	4597	4598	4599	4600	4601	4602	4603	4604
Hauteur totale m/m	27	27	33	33	37	37	47	47
Poids approximatif de la paire kilogs	30	40	55	60	65	70	90	120
La paire	40. »	48. »	64. »	72. »	77. »	80. »	101. »	124. »

Cuillères à fondre

		Diamètre m/m	6	8	10	12	14	16	18	20	22	24
4605	Ordinaires	La pièce	0.70	0.80	0.90	1.10	1.30	1.60	»	»	»	»
4606	Renforcées	»	0.90	1.05	1.90	2.50	3.05	3.35	4.40	5.75	7.20	9.60

Ces cuillères avec manche bois . . . . Augmentation   La pièce 0.40

4607 **Cuillères** à fondre, fonte malléable, Brevetées, à pieds ne se déforment pas au feu

	m/m	80	90	130
	La pièce	1.20	1.95	2.75

Cet article qui se fabrique en Province est ordinairement expédié de la fabrique

Crémones

Crémones à bouton à excentrique, fer ½ rond, modèle léger spécial pour l'exportation

		Longueur m/m	150	175	200	225	250	275	300
4608	Garniture fonte unie, largeur du fer 14 m/m	Le cent	77.50	82..	85.50	91..	96..	102..	108..
4609	" " " " " 16	"	85..	90..	95..	100..	106..	112..	118..
4610	" " " " " 18	"	105..	110..	117..	123..	129..	135..	141..
4611	" " " " " 20	"	144..	149..	156..	164..	172..	180..	188..

Ces crémones avec garnitures ornées : Mêmes prix que les unies.
Ces crémones ne sont pas livrées par quantité inférieure à une caisse de 100 pièces
Par commande de 5 caisses prises en une seule fois : Bonification 3%
" " 10 " " " " " " 5%

Crémones unies, fer ½ rond, longueur 200 m/m (Spéciales pour l'exportation)

		Largeur du fer m/m	14	16	18
4612	A bâton fonte brute, boîte fonte, tringles fer brut	La pièce	1.05	1.25	1.55
4613	" cuivre poli boîte fonte, " " "	"	2.05	2.35	2.70
4614	" boîte et garnitures cuivre poli " " "	"	5.30	5.80	6.30
4615	" " " nickelé " " "	"	5.80	6.30	6.90
4616	" " " " tringles vernies au four	"	6.20	6.90	7.40

Crémones fabrication Paris, à excentriques, fer ½ rond, longueur 200 m/m

	Série		Largeur du fer m/m	14	16	18	20
4617	Série ordinaire	Ornée ou unie, fonte, sans décor	La pièce	0.83	0.99	1.21	1.64
4618		" " fonte à bouton cuivre, sans décor	"	2.35	2.66	2.95	3.40
4619		" " cuivre sans décor	"	7.20	8.45	10.10	11.90
4620		" " fonte bronzée, tringles vernies au four	"	2.35	2.66	2.96	3.40
4621		" " fonte bronzée, bouton cuivre doré ou argenté ou nickel, tringles vernies au four		5.25	5.80	6.35	7.15
4622		" " cuivre verni or, bronzé ou nickelé, tringles fer vernies au four	La pièce	12.40	15.70	16.60	17.45
4623		" " cuivre doré, argenté ou nickel, tringles fer vernies au four	"	14..	18.90	21.60	24.30
4624	Série ½ forte	Ornée ou unie, fonte, sans décor	La pièce	1..	1.20	1.50	2.10
4625		" " fonte, à bouton cuivre sans décor	"	2.90	3.35	3.80	4.35
4626		" " cuivre, sans décor, tringles fer brut	"	7.90	9.35	11.45	12.15
4627		" " fonte bronzée, tringles vernies au four	"	2.90	3.35	3.80	4.35
4628		" " fonte bronzée, bouton cuivre doré, argenté ou nickel, tringles fer vernies au four	"	6.35	7.10	7.90	8.85
4629		" " cuivre verni or, bronzé ou nickelé, tringles fer vernies au four	La pièce	13..	14.60	16.55	18.70
4630		" " cuivre doré, argenté ou nickel, tringles fer vernies au four		18..	20..	22..	24.30
4631	Série forte	Ornée ou unie, fonte, sans décor	La pièce	1.15	1.40	1.65	2.05
4632		" " fonte à bouton cuivre, sans décor	"	3..	3.40	3.85	4.55
4633		" " cuivre, sans décor, tringles fer brut	"	8.30	9.70	11.50	13.50
4634		" " fonte bronzée, tringles fer vernies au four	"	3..	3.40	3.85	4.40
4635		" " fonte bronzée, bouton cuivre doré, argenté ou nickel, tringles fer vernies au four	"	6.45	7.20	8..	8.95
4636		" " cuivre verni or, bronzé ou nickelé, tringles fer vernies au four	"	13.30	15..	16.90	19.10
4637		" " cuivre doré, argenté ou nickel, tringles fer vernies au four	"	18.70	20.75	22.80	24.95

Plus value aux crémones 4617 à 4637

		Largeur du fer m/m	14	16	18	20
Pour tringles supérieures à 2 mètres sans décor		Le mètre supplémentaire	0.20	0.25	0.30	0.35
" " décorées		"	0.30	0.35	0.40	0.45

		Pour crémone à bâton	à boucle	à manivelle
Sans décor, fonte	La pièce	0.10	0.20	0.10
" cuivre	"	0.20	"	"
Fonte bronzée	"	0.10	0.20	0.10
Cuivre décoré	"	0.20	"	"

Bien spécifier si ces crémones doivent être livrées ornées ou unies, ainsi que le décor des boutons, boîtes et tringles

Crémones (admises à la série de la Ville de Paris, (Marque R. G. ou équivalente)

		Force du fer m/m	14	16	18	20
4638	Fer ½ rond, longueur 200 m/m, garnitures fonte unie ou ornée, bouton ovale	La pièce	1.70	1.95	2.25	3.15
4639	" " " " " unie, bâton		1.83	2.08	2.38	3.28
4640	" " " " " ornée, bâton		"	2.15	2.45	3.35

Crémones avec tringles indépendantes, fer ½ rond

		Force du fer m/m	14/7	16/8	18/9	20/10
4641	Garnitures acier cotanisé, tringles fer, longueur 200 m/m	La pièce	2..	2.30	2.60	3.15
4642	" cuivre poli " " "	"	4.65	5.15	5.45	6.30
4643	" " nickelé " " "	"	5.60	5.85	6.15	7..
	Pour fractions supplémentaires de 0,50 m/m	Augmentation	0.20	0.30	0.40	0.50

CRÉMONES

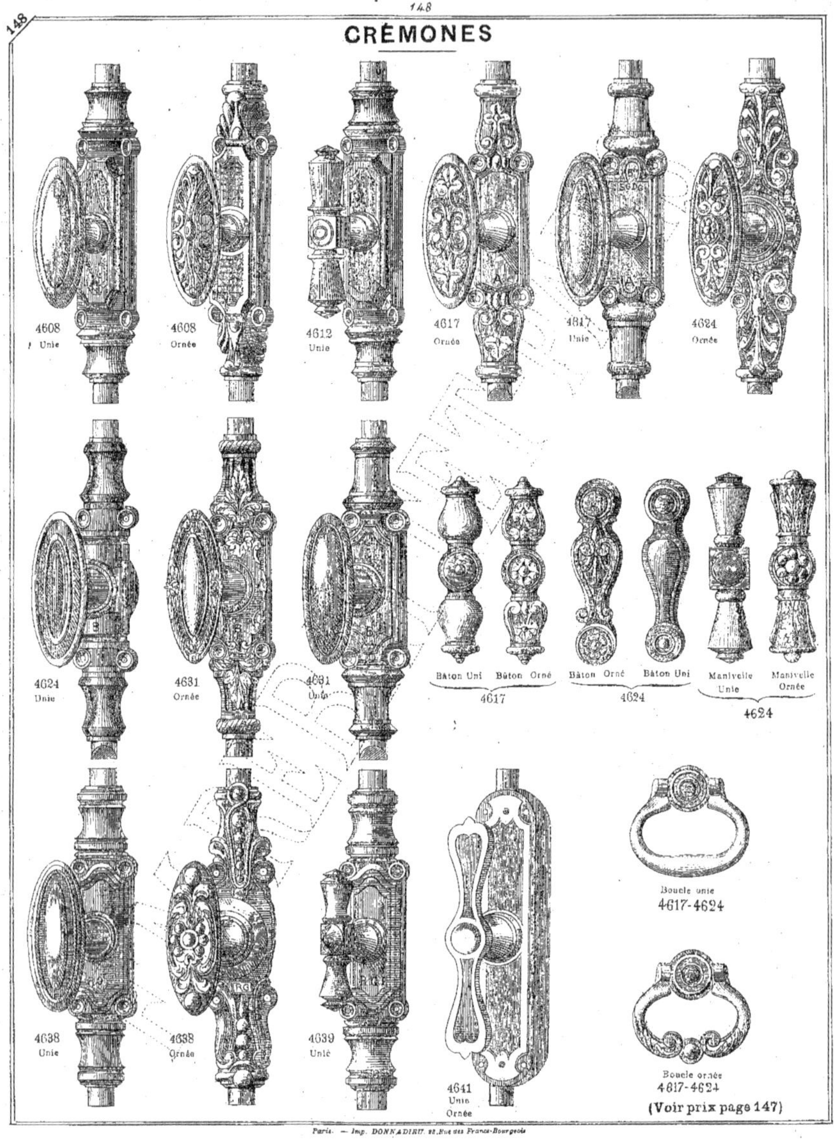

(Voir prix page 147)

Paris. — Imp. DONNADIEU, 82, Rue des Francs-Bourgeois

Crémones spéciales.

	Crémones boîtes et tringles à entailler, fer ½ rond, longueur 200 m/m. Largeur du fer m/m		14	16	18
4644	A bâton fonte brute, boîte fonte, tringles fer brut	La pièce	2.10	2.50	2.90
4645	" et boîte fonte bronzée, tringles vernies	"	2.90	3.30	3.70
4646	" " cuivre poli, tringles fer brut	"	4.40	4.50	4.90
4647	" " " " tringles vernies	"	4.50	5.10	5.50
4648	" " " nickelé, tringles vernies	"	5. .	5.60	6. .

	Crémones boîte à entailler, fer ½ rond, longueur 200 m/m. Largeur du fer m/m		14	16	18
4649	A boucle fonte brute, boîte fonte, tringles fer brut	La pièce	3.10	3.50	3.90
4650	" et boîte fonte bronzée, tringles vernies	"	3.90	4.30	4.70
4651	" " cuivre poli, tringles fer brut	"	5.10	5.50	5.90
4652	" " " " tringles vernies	"	5.50	6.10	6.50
4653	" " " nickelé, tringles vernies	"	6. .	6.60	7. .

4654	Crémone platine fonte douce, à entailler, bronzée argent, boucle cuivre nickelé, tringles fer verni ½ rond, haut. 330 m/m La pièce	8. .
4655	" platine fonte malléable à entailler " " " " " " " " " " "	8.80
4656	" cueloisonnée, boîte plate avec crochet de volet, fonte malléable nickelée, tringles vernies " " 350 m/m	12.40
4657	" " " " " " " cuivre nickelé, tringles vernies " " "	14. .
4658	" " " " " " " bronze de nickel " " " " "	16.50
4659	" à entailler, boîte, boucle et garnitures cuivre poli, qualité ordinaire, tringles indépendantes vernies au pinceau ½ rondes 16 m/m h. 350 m/m "	7.50
4660	" " " " " " nickelé " " " " " " "	8.40
4661	" " " " " " poli première qualité " " vernies au four " " "	13.80
4662	" " " " " " nickelé " " " " " " " " "	14.20
4663	" " " " " bronze de nickel " " " " " " " "	16.90

	Crémones pour vitrines et grilles en fer rond, garnitures unies, longueur 200 m/m. Diamètre m/m		7	8	9	10	11	12	14	16	18
4664	A bouton	La pièce	1.35	1.45	1.75	1.90	2.15	2.36	3.80	4.50	5.30
4665	A clé, à canon devant sans bouton	"	1.80	1.95	2.25	2.40	2.65	2.85	4.35	5.10	5.95

	Crémones de portes cochères, à bouton, en bouts de 60 à 80 m/m de longueur. Diamètre m/m		18	20	22	25	27	30
4666	Fer ½ rond, sans clé	La pièce	3.95	4.60	5.95	6.95	8.15	9.25
4667	" " avec clé	"	5.70	6.35	7.70	8.70	9.90	11. .
4668	Fer rond, sans clé	"	4.50	5.50	6.70	8.70	10.65	11.90
4669	" " avec clé	"	6.25	7.25	8.45	10.45	12.40	13.65

Crémones, serrures, boutons, paumelles et verroux décorés (Par garniture)

Modèles Déposés R.B.T.

			Verni or	Nickelé	Argenté	Doré à la pile	Bronze de nickel
4670	Crémone unie, tout cuivre, bouton bâton, tringles fer verni 18 m/m, longueur 3 mètres	La pièce	18.90	21.50	25.10	25.10	31.60
4671	Serrure vernie, cadre cuivre à chapeau, gâche à répétition	"	29.40	30.40	32.20	32.20	32.40
4672	Bouton double, cuivre, ovale, uni à filets	"	6.90	7.20	9.20	9.20	9.90
4673	Paumelle double, lames fer 160 × 70 m/m, vases cuivre	"	6.70	7.20	8. .	8. .	8.10
4674	Verroux cadre et bouton cuivre, tiges fer verni, longueur des 2 verroux réunis 100 m/m	La paire	24.70	27.30	31.20	31.20	34. .
4675	Crémone Renaissance unie, parties sablées, bouton ovale tout cuivre, tringles fer verni 18 m/m long. 3 m.	La pièce	24.50	27.10	31.60	31.60	36.70
4676	Serrure vernie, cadre cuivre à chapeau, gâche à répétition	"	31. .	32. .	33.80	33.80	35. .
4677	Bouton double, ovale, cuivre, perles et parties sablées	"	7.90	8.20	10.20	10.20	11.20
4678	Paumelle double, lames fer 160 × 70 m/m, vases cuivre	"	7.70	8.20	9. .	9. .	9.10
4679	Verroux cadre et bouton à perles, tiges fer verni, longueur des 2 verroux réunis 100 m/m	La paire	27.10	29.70	33.60	33.60	36.50
4680	Crémone Louis XIV, ciselée, bouton ovale, tout cuivre, tringles fer verni 18 m/m, longueur 3 mètres	La pièce	25.80	28.40	32.20	32.20	40.60
4681	Serrure vernie, cadre cuivre ciselé, à cul de lampe, gâche à répétition	"	35. .	36. .	37.80	37.80	39. .
4682	Bouton double ovale, cuivre ciselé Louis XIV	"	6. .	6.30	8.50	8.30	8.60
4683	Paumelle double, lames fer 160 × 70 m/m, vase cuivre ciselés	"	7.70	8.20	9. .	9. .	9.20
4684	Verroux cadre et bouton cuivre ciselés, tige fer verni, longueur des 2 verroux réunis 100 m/m	La paire	27.10	29.70	33.60	33.60	38. .
4685	Crémone Louis XVI, ciselée, bouton ovale, tout cuivre, tringles fer verni 18 m/m, longueur 3 mètres	La pièce	25.80	28.40	32.20	32.20	40.60
4686	Serrure vernie, cadre cuivre verni à chapeau, gâche à répétition	"	31. .	32. .	33.80	33.80	35. .
4687	Bouton double ovale, cuivre ciselé, Louis XVI	"	6.60	6.90	8.90	8.90	9.50
4688	Paumelle double, lames fer 160 × 70 m/m, vase cuivre ciselés	"	9.10	9.60	10.40	10.40	10.60
4689	Verroux cadre et bouton cuivre ciselés, tige fer verni, longueur des 2 verroux réunis 100 m/m	La paire	32.30	34.90	38.80	38.80	44.30

Crémones de luxe R.B.T.

Ces crémones sont livrées avec les vis fer décorées nécessaires pour la pose. Les vis cuivre font une plus value de 0.50 par crémone.

N°	Désignation	Hauteur m/m 200	250	300
4690	Crémone boîte et garniture fonte vernie, bouton cuivre ciselé doré ou argenté, tringles vernies, largeur du fer 16 m/m. La pièce	10.60	10.80	11. »
4691	〃 〃 〃 et bouton cuivre doré ou argenté, tringles vernies	23.20	23.40	23.60
4692	〃 〃 〃 〃 〃 nickelé, tringles vernies	20.60	20.80	21. »
4693	〃 〃 〃 〃 bronze de nickel poli, tringles vernies	28.40	28.60	28.80
4694	〃 〃 〃 〃 〃 〃 nickelé, tringles vernies	30.70	30.90	31.10
4695	Crémone boîte et garniture fonte vernie, bouton cuivre ciselé doré ou argenté, tringles vernies, largeur du fer 18 m/m. La pièce	11.20	11.40	11.60
4696	〃 〃 〃 et bouton cuivre doré ou argenté, tringles vernies	24.70	24.90	25.10
4697	〃 〃 〃 〃 cuivre nickelé, tringles vernies	21.10	21.30	21.50
4698	〃 〃 〃 〃 bronze de nickel poli, tringles vernies	31.20	31.40	31.60
4699	〃 〃 〃 〃 〃 〃 nickelé, tringles vernies	33.60	33.70	33.90
4700	Crémone boîte et garniture fonte vernie, bouton cuivre ciselé doré ou argenté, tringles vernies, largeur du fer 18 m/m. La pièce	11.50	11.70	11.90
4701	〃 〃 〃 et bouton cuivre doré ou argenté, tringles vernies	27.20	27.40	27.60
4702	〃 〃 〃 〃 cuivre nickelé, tringles vernies	23.60	23.80	24. »
4703	〃 〃 〃 〃 bronze de nickel poli, tringles vernies	32.40	32.60	32.80
4704	〃 〃 〃 〃 〃 〃 nickelé, tringles vernies	34.70	34.90	35.10
4705	Crémone boîte et garniture fonte vernie, bouton cuivre ciselé doré ou argenté, tringles vernies, largeur du fer 18 m/m. La pièce	11.80	12. »	12.20
4706	〃 〃 〃 et bouton cuivre doré ou argenté, tringles vernies	27.50	27.70	27.90
4707	〃 〃 〃 〃 cuivre nickelé, tringles vernies	23.90	24.10	24.30
4708	〃 〃 〃 〃 bronze de nickel poli, tringles vernies	34. »	34.20	34.40
4709	〃 〃 〃 〃 〃 〃 nickelé, tringles vernies	36.30	36.50	36.70
4710	Crémone boîte et garniture fonte vernie, bouton cuivre ciselé doré ou argenté, tringles vernies, largeur du fer 18 m/m. La pièce	11.90	12.10	12.30
4711	〃 〃 〃 et bouton cuivre doré ou argenté, tringles vernies	28.20	28.40	28.60
4712	〃 〃 〃 〃 cuivre nickelé, tringles vernies	24.60	24.80	25. »
4713	〃 〃 〃 〃 bronze de nickel poli, tringles vernies	35.40	35.60	35.80
4714	〃 〃 〃 〃 〃 〃 nickelé, tringles vernies	37.70	37.90	38.10
4715	Crémone boîte et garniture fonte vernie, bouton cuivre ciselé doré ou argenté, tringles vernies, largeur du fer 18 m/m. La pièce	12.20	12.40	12.60
4716	〃 〃 〃 et bouton cuivre doré ou argenté, tringles vernies	31.30	31.50	31.70
4717	〃 〃 〃 〃 cuivre nickelé, tringles vernies	26.80	27. »	27.20
4718	〃 〃 〃 〃 bronze de nickel poli, tringles vernies	36.20	36.40	36.60
4719	〃 〃 〃 〃 〃 〃 nickelé, tringles vernies	38.60	38.70	38.90
4720	Crémone boîte et garniture fonte vernie, bouton cuivre ciselé doré ou argenté, tringles vernies, largeur du fer 18 m/m. La pièce	9.70	9.90	10.10
4721	〃 〃 〃 et bouton cuivre doré ou argenté, tringles vernies	22.60	22.80	23. »
4722	〃 〃 〃 〃 cuivre nickelé, tringles vernies	20. »	20.20	20.40
4723	〃 〃 〃 〃 bronze de nickel poli, tringles vernies	27. »	27.20	27.40
4724	〃 〃 〃 〃 〃 〃 nickelé, tringles vernies	29.30	29.50	29.70

N.B. Observations s'appliquant aux pages 147 à 152

Nous pouvons livrer ces articles vernis toutes nuances, rouge vif, rouge florentin, rouge cerise, bleu, blanc ou gris fer.
Les crémones peuvent se livrer au-dessus de 3 mètres de longueur avec une augmentation de 0.40 par mètre supplémentaire.
Les paumelles peuvent être livrées en différentes longueurs et largeurs, avec majoration variable.
Les crémones Nos 4680 et 4685 peuvent être livrées avec bâton ou anneau, suivant dessin, au même prix.
Nota. Bien spécifier la couleur du vernis, le décor du cuivre, la main des paumelles, la forme du bouton; pour les crémones la hauteur du sol au bouton; sans indication spéciale, nous plaçons le bouton au tiers de la hauteur totale. Nous fixer très exactement la longueur de chacun des verrous composant la paire; sans dimensions fixes, nous livrons celui du bas en 40 m/m et celui du haut en 60 m/m.

(Voir prix pages 149 et 150)

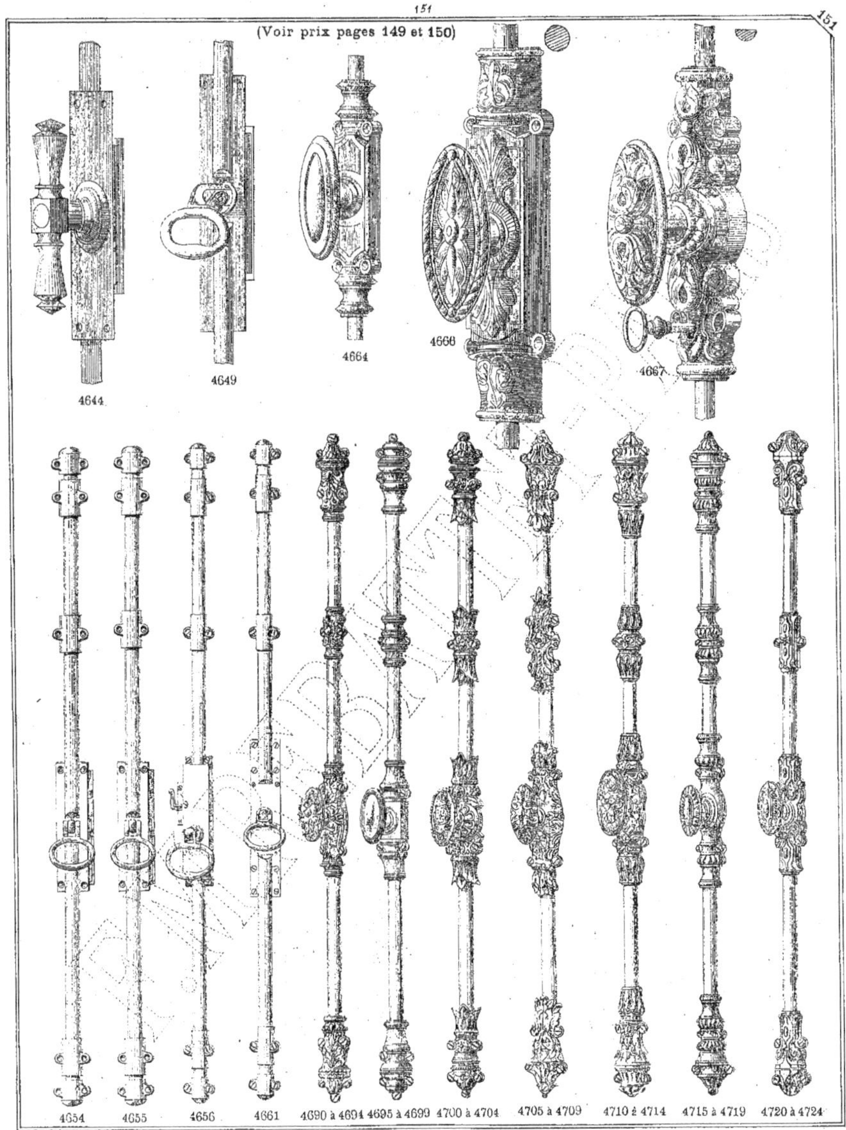

imp. BOFNADIEU, 25, r. des Francs Bourgeois Paris

SERRURERIE DE LUXE — FABRICATION R.B.T. — PARIS

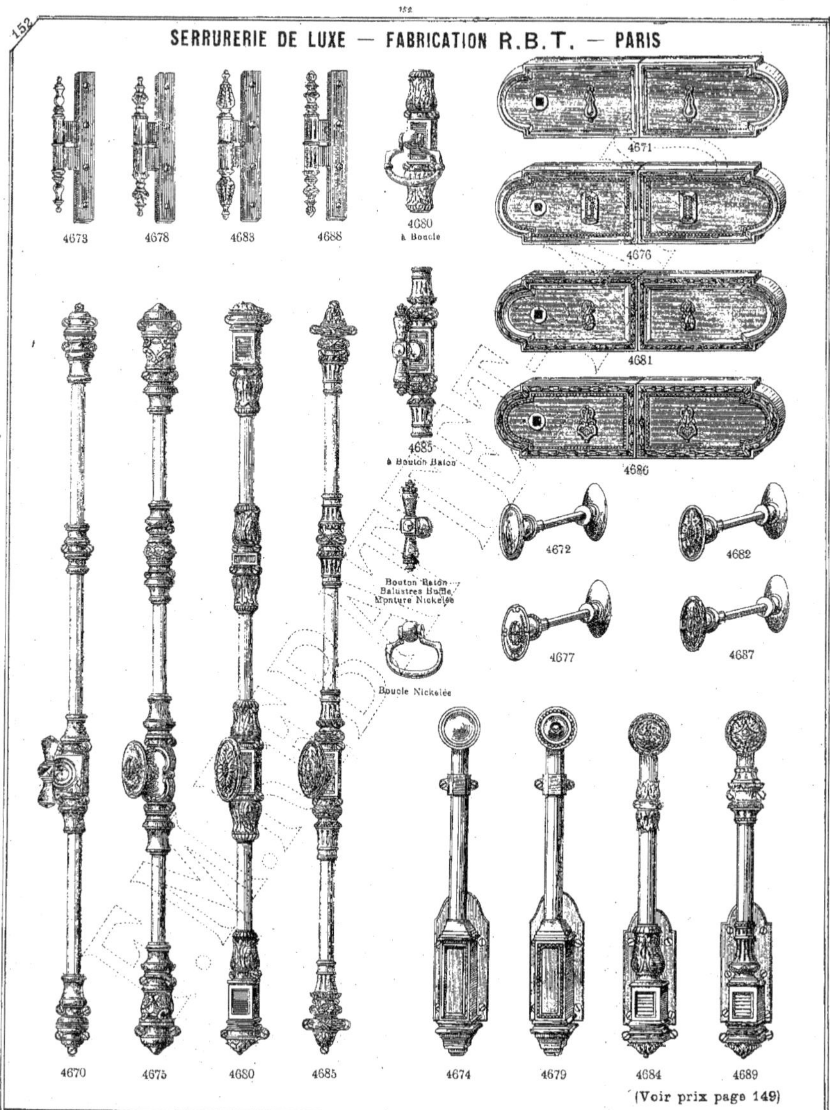

(Voir prix page 149)

Crics, Moufles, Vérins, Appareils de levage.

4725 4741

4754 4761

4762 4763

4764 4765

Crics qualité courante, fût bois, organes acier forgé, patte plate fendue

	Force en kilogs	800	1000	1500	2000	2500	3000	4000	5000	6000	8000
4725	Simple engrenage, hauteur 50 %m La pièce	39.	42.	44.	46.	53.	″	″	″	″	″
4726	″ ″ ″ 60 ″ ″	42.	44.	46.	48.	56.	61.	70.	″	″	″
4727	″ ″ ″ 70 ″ ″	43.	46.	49.	61.	69.	64.	74.	87.	93.	″
4728	″ ″ ″ 80 ″ ″	46.	47.	50.	65.	67.	68.	78.	92.	104.	117.
4729	″ ″ ″ 90 ″ ″	48.	50.	52.	66.	66.	70.	82.	98.	111.	128.
4730	″ ″ ″ 100 ″ ″	51.	52.	57.	60.	70.	75.	86.	104.	114.	136.
4731	″ ″ ″ 110 ″ ″	″	″	″	″	″	″	94.	109.	124.	139.
4732	″ ″ ″ 120 ″ ″	″	″	″	″	″	″	104.	128.	137.	164.

	Force en kilogs	1500	2000	2500	3000	4000	5000	6000	8000	10000	12000	15000
4733	Double engrenage, hauteur 60 %m La pièce	57.	59.	66.	68.	79.	87.	″	″	″	″	″
4734	″ ″ ″ 70 ″ ″	59.	60.	70.	72.	82.	92.	99.	124.	″	″	″
4735	″ ″ ″ 80 ″ ″	64.	63.	72.	74.	86.	99.	106.	136.	169.	186.	″
4736	″ ″ ″ 90 ″ ″	64.	65.	75.	79.	91.	104.	118.	143.	170.	204.	312.
4737	″ ″ ″ 100 ″ ″	65.	68.	82.	86.	102.	110.	120.	166.	189.	221.	325.
4738	″ ″ ″ 110 ″ ″	″	″	89.	91.	110.	117.	129.	165.	200.	234.	345.
4739	″ ″ ″ 120 ″ ″	″	″	″	110.	117.	121.	136.	169.	206.	242.	364.
4740	″ ″ ″ 130 ″ ″	″	″	″	124.	130.	130.	149.	185.	221.	260.	397.

Crics qualité supérieure, fût bois, organes acier forgé, base en tôle d'acier

	Force en kilogs	1500	2000	3000	4000	5000	6000	8000	10000	12000	15000	20000
4741	Double engrenage, hauteur 60 %m La pièce	70.	78.	86.	94.	111.	132.	156.	″	″	″	″
4742	″ ″ ″ 70 ″ ″	79.	81.	90.	99.	120.	141.	169.	″	″	″	″
4743	″ ″ ″ 80 ″ ″	82.	84.	96.	105.	127.	144.	166.	213.	243.	377.	″
4744	″ ″ ″ 90 ″ ″	85.	87.	100.	112.	136.	150.	177.	231.	247.	390.	432.
4745	″ ″ ″ 100 ″ ″	89.	90.	106.	124.	142.	157.	187.	240.	273.	412.	447.
4746	″ ″ ″ 110 ″ ″	102.	104.	114.	132.	153.	162.	202.	247.	277.	432.	465.
4747	″ ″ ″ 120 ″ ″	117.	119.	135.	141.	160.	168.	210.	265.	286.	460.	487.
4748	″ ″ ″ 130 ″ ″	″	134.	150.	167.	177.	187.	232.	277.	307.	480.	517.

Crics tout métalliques, fût tôle d'acier, organes acier forgé

	Force en kilogs	2000	3000	4000	5000	6000
4749	Simple engrenage, hauteur 60 %m La pièce	92.	106.	115.	126.	146.
4750	″ ″ ″ 70 ″ ″	95.	109.	118.	133.	150.
4751	″ ″ ″ 80 ″ ″	98.	112.	121.	139.	156.
4752	″ ″ ″ 90 ″ ″	106.	115.	124.	144.	161.
4753	″ ″ ″ 100 ″ ″	111.	119.	132.	147.	168.

	Force en kilogs	2000	3000	4000	5000	6000	8000	10000	12000	15000
4754	Double engrenage, hauteur 60 %m La pièce	112.	115.	123.	136.	155.	″	″	″	″
4755	″ ″ ″ 70 ″ ″	115.	118.	127.	141.	161.	182.	210.	″	″
4756	″ ″ ″ 80 ″ ″	118.	123.	132.	146.	168.	189.	216.	″	″
4757	″ ″ ″ 90 ″ ″	121.	125.	136.	154.	174.	199.	224.	266.	371.
4758	″ ″ ″ 100 ″ ″	123.	129.	143.	160.	179.	206.	231.	273.	385.
4759	″ ″ ″ 110 ″ ″	″	″	″	″	″	″	″	287.	400.
4760	″ ″ ″ 120 ″ ″	″	″	″	″	″	″	″	301.	418.

Aucun cric n'est disponible en magasin; l'expédition est faite directement de la fabrique qui est hors Paris

4761 **Crics** pour voitures, en acier verni, Marque Lanes

Nos	0	1	2	3
Force en kilogs	200	400	800	1800
Hauteur minima %m	35	38	42	44
d° maxima %m	62	64	68	70
Poids de la pièce kilogs	3.150	4.350	7.350	13.200
La pièce	9.40	12.	18.40	37.50

4762 **Cric** métallique à descente automatique et levier Compound, pour automobiles et machines agricoles, force 1000 kilogs, hauteur 30 à 45 %m, poids 3 k.740 La pièce 45.

Crics métalliques "Le Parisien" pour voiturettes et automobiles

		Nos	000	00	0	1	2	3	4
		Force en kilogs	400	800	800	400	800	800	1600
		Hauteur minima m/m	21	25	25	26	32	32	32
		d° maxima m/m	34	40	40	53	62	62	62
		Poids de la pièce, kilogs	2,5	4,5	4	3	5,5	6	7
4763	A cliquet, sans pédale	La pièce	21.60	24.30	"	23. "	25.70	"	"
4764	" avec "	"	"	"	27.20	"	"	28.50	31.50

Les Nos 1. 2. 3. 4 sont munis d'un crochet au-dessous de la tête de la crémaillère pour être utilisé suivant la hauteur de la voiture à soulever.

4765 Crics métalliques "Le Rapide" pour voiturettes et automobiles

	Nos	5	6	7
	Force en kilogs	300	400	600
	Hauteur minima m/m	20	32	41
	d° maxima m/m	36	54	71
	Poids de la pièce, kilogs	2	3	4
4765	La pièce	17.16	20. "	26. "

Crics métalliques "Le Supérior" pour voitures lourdes avec tête de rallonge

4766 Roulement lisse, force 2000 kilogs, hauteur 24 à 47 m/m, poids 4 k. 500 — La pièce 36. "

4767 " à billes " 2000 " " 28 à 56 m/m " 5 k. 500 — " 49. "

4768 Vérin métallique "Le Robur" pour voiturettes et automobiles avec tête de rallonge

roulements à billes, force 800 kilogs, hauteur 24 à 40 m/m, poids 2 kgs — La pièce 21.50

A l'aide des 2 poignées, on peut soulever 300 kilogs; avec une barre de fer pour rallonge que l'on introduit dans les poignées, l'on arrive à soulever facilement 800 kilogs

Vérins à bouteille, corps et tête fonte, vis fer forgé

		Force en kilogs	1500	2000	4000	5000	6000	8000	10000
		Diamètre de la vis m/m	38	38	45	45	47	54	60
		Hauteur minima m/m	315	395	470	545	622	622	622
		Longueur de course m/m	115	190	240	305	370	355	330
4769	Sans cliquet	La pièce	11. "	15.10	17.25	20.05	25.85	30.50	36.85
4770	Avec cliquet	"	24.35	28.50	32.25	35.95	42.50	50.80	58.50

Vérins à chariot

			8000	12000	15000	20000
		Force en kilogs	8000	12000	15000	20000
		Diamètre de la vis verticale m/m	57	60	63	70
		Hauteur minima m/m	622	533	558	558
		Longueur de course m/m	230	230	230	230
		Longueur du mouvement horizontal m/m	178	304	304	304
4771	A bouteille, en fer forgé	La pièce	140. "	180. "	200. "	290. "
4772	A 4 colonnes, écrous bronze	"	150. "	195. "	210. "	300. "

Aucun vérin n'est disponible en magasin, l'expédition est faite directement de l'usine qui est hors Paris.

Moufles noires, série courante (R.B.T)

		Diamètre des poulies m/m	25	30	40	50	60	70	80
		Diamètre de la corde à employer m/m	8	9	10	12	15	18	20
		Essayées à kilogs	75	125	250	350	500	600	700
4773	A 2 poulies fonte	La paire	4.70	5.15	5.95	7.10	8.90	11.15	14.20
		Essayées à kilogs	150	200	400	600	800	1000	1500
4774	A 3 poulies fonte	La paire	5.40	5.75	8.10	10.10	12.15	16.20	20.25

Moufles polies, spéciales pour télégraphistes

		Diamètre des poulies	25	30
4775	A 3 poulies fonte	La paire	7.25	8.70
4775 bis	" cuivre	"	10. "	12. "

Moufles vernies, modèle de Londres

		Diamètre des poulies m/m	65	90	100	120	127	152	178	205	230
		d° de la gorge m/m	10	13	16	19	22	25	35	41	48
4776	à 1 poulie	La paire	6.35	7.70	9.85	14. "	17.40	21.50	26.60	36.30	55.80
4777	à 2 "	"	8.60	12.45	14.85	19.40	26. "	30.35	44.60	64. "	90. "
4778	à 3 "	"	11. "	14.70	18.85	25.90	34.50	41. "	68.80	86.30	127. "
4779	à 4 "	"	14.85	17.70	23.60	34.85	47.70	56.30	88. "	120.60	181.50

Moufles lyonnaises polies, à 2 et 3 poulies fonte, crochets ronds ou plats

Diamètre des poulies m/m	25	30	35	40	50	60	70	80	90	100	110	120	130	140	150	160
Largeur de la gorge m/m	7	8	9	10	12	15	18	23	25	27	29	31	33	35	38	40
Force approximative K.os	100	150	200	300	500	750	1000	1500	2000	3000	3500	4000	5000	6000	7000	8000
4780 à 2 poulies La paire	12. "	12.40	13.35	15.35	19.35	22.70	28.70	37. "	46.35	56. "	64. "	78. "	"	"	"	"
4781 à 3 " "	14. "	14.40	15.35	17.35	21.35	26. "	32.70	41.35	51.20	62.70	76.05	93.85	111.35	131.55	162.05	184. "

Les moufles, modèles de Londres et lyonnaises ne sont pas disponibles en magasin, l'expédition est faite directement de l'usine qui est hors Paris.

4766 4768 4769 4771 4770 4772 4773 4774 4775

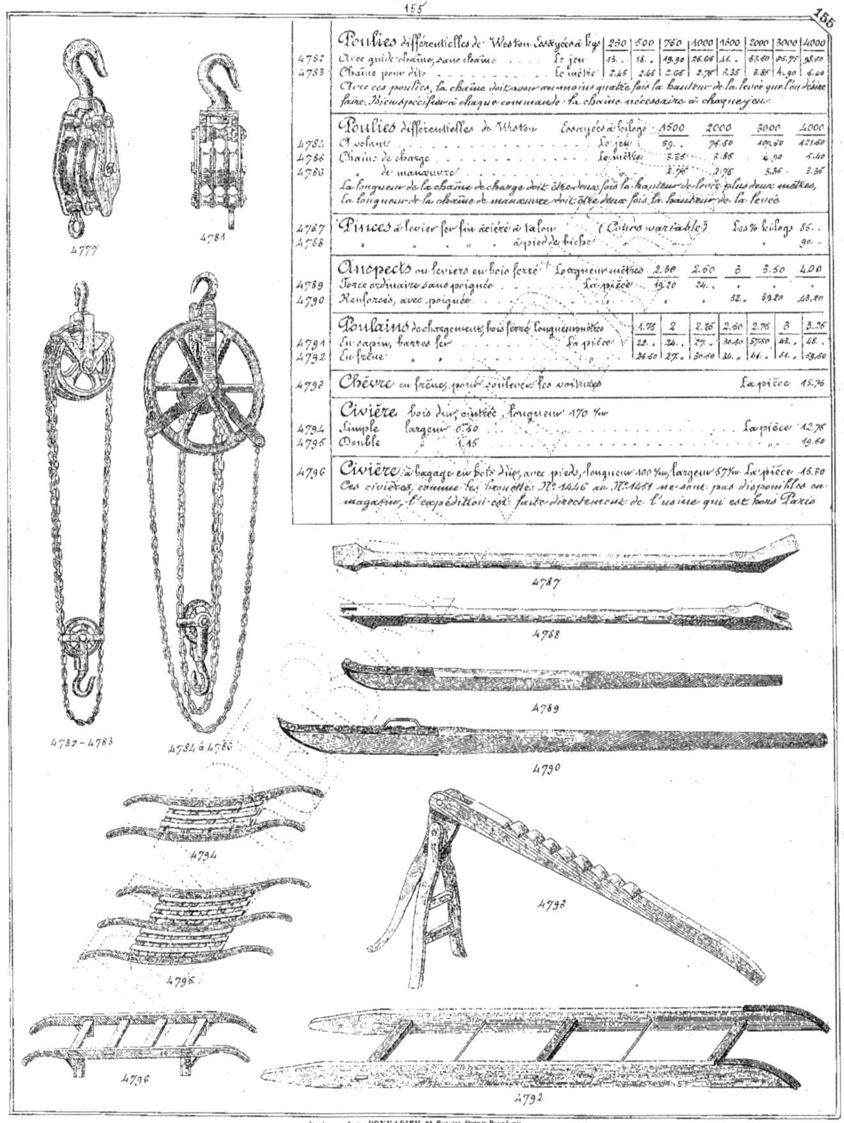

	Poulies différentielles de Weston. Essayées à kgs		250	500	750	1000	1500	2000	3000	4000
4782	Avec guide chaîne, sans chaîne	Le jeu	13. .	18. .	19.90	26.66	31. .	53.60	66.75	98.60
4783	Chaîne pour dito	Le mètre	2.45	2.65	2.65	2.75	2.35	3.85	4.90	6.40

Avec ces poulies, la chaîne doit avoir au moins quatre fois la hauteur de la levée que l'on désire faire. Bien spécifier à chaque commande la chaîne nécessaire à chaque jeu.

	Poulies différentielles de Weston	Essayées à kilogs	1500	2000	3000	4000
4784	A volant	Le jeu	69. .	76.50	100.50	121.60
4785	Chaîne de charge	Le mètre	3.35	3.85	4.90	5.40
4786	" de manœuvre	"	2.75	2.75	3.35	3.35

La longueur de la chaîne de charge doit être deux fois la hauteur de levée plus deux mètres, la longueur de la chaîne de manœuvre doit être deux fois la hauteur de la levée.

4787	**Pinces** à levier fer fin aciéré à talon (Cours variable)	Les % kilogs	85. .
4788	" " " " à pied de biche	"	90. .

	Anspects ou leviers en bois ferré	Longueur mètres	2.30	2.60	3	3.50	4.00
4789	Force ordinaire sans poignée	La pièce	19.20	24. .	"	"	"
4790	Renforcés, avec poignée	"	"	"	32. .	39.20	43.20

	Poulains de chargement, bois ferré longueur mètres		1.75	2	2.25	2.50	2.75	3	3.25
4791	En sapin, barres fer	La pièce	22. .	24. .	27. .	30.50	37.50	43. .	48. .
4792	En frêne " "	"	26.50	27. .	30.50	34. .	41. .	51. .	63.50

4793	**Chèvre** en frêne, pour soulever les voitures	La pièce	15.75

Civière bois dur, cintrée, longueur 170 %m

4794	Simple largeur 0m50	La pièce	12.75
4795	Double " 1.15	"	19.60

4796 **Civière** à bagage en bois dur, avec pieds, longueur 100 %m, largeur 57 %m. La pièce 15.50

Ces civières, comme les brouettes Nº 1446 au Nº 1451 ne sont pas disponibles en magasin, l'expédition est faite directement de l'usine qui est hors Paris.

Paris. — Imp. DONNADIEU, 92, Rue des Francs-Bourgeois

4797 4798 4799 4802 4803 4804 4805 4806 4807 4808 4810 4812 4814 4816 4817 4818 4819 4820 4822 4824 4828 4829 4830 4832 4834

Ces articles de peu de valeur ne sont pas livrés par fraction de paquet

4797 **Crochets** d'armoires, fonte malléable, longueur 65 à 70 m/m à pans — Le kilog 2.25
4798 " " " " " à ergot — " 2.25
Ces crochets ne sont pas livrés par quantité inférieure à 100 pièces d'une même dimension.

Crochets de contrevents à 2 pitons

		N° du fil à la jauge	19	20	21	22	23	24	25	26	27	28
		Longueur du crochet m/m	50	60	70	80	90	100	120	140	160	180
4799	En fer poli	Le cent	3.75	4.25	5.20	6.75	8.05	10.50	14.15	18.75	24.25	30.60
4800	En laiton	"	11.65	15.60	20.85	30.50	42.50	55.70	81.90	115.	144.	156.

Crochets cuivre fondu, à deux pitons, montés sur platine

		Longueur totale du crochet m/m	55	75	90	100	110	125	150
4801	Le crochet sans embase	La pièce	1.	1.15	1.65	"	1.80	1.95	2.95
4802	" avec embase	"	"	1.20	1.75	1.90	"	2.25	"

4803	**Crochets** cuivre, plats, estampés droite et gauche sans pitons	N°s	7	8	9
		Longueur m/m	15	18	25
		Le paquet de 144 pièces	1.60	2.20	3.50
4804	**Pitons** seuls, à lacet pour crochet	N°s	1	2	3
		Longueur m/m	12	13	14
		Le paquet de 144 pièces	0.25	0.30	0.40

4805	**Crochets** cuivre, demi ronds, droit et gauche avec pitons à vis	N°s	5	6	7	8
		Longueur m/m	25	26	32	35
		Les cent paires	5.25	6.40	9.	18.

4806	**Crochets** cuivre, plats, pour appareils photographiques droite et gauche, sans pitons	N°s	1	2
		Longueur m/m	22	28
		Les deux paires	3.	4.35

4807 **Crochets** en zinc, plats, longueur 29 m/m . . . . Le mille 3.60

4808 **Crochets** demi-ronds, estampés, tous à gauche, tôle blanchie, sans pitons — Le mille 3.40
4809 " " " " tôle laitonnée 5.25
4810 **Pitons** à vis seuls pour dito, fer poli 7.90
4811 " " " " fer laitonné 9.40

4812 **Equerres** pour charnières de boîte poste 17×17 m/m fer blanc verni jaune — Le mille 5.40
4813 " " " " " cuivre verni Le paquet de 144 pièces 1.50

	Crochets ronds droite et gauche	N°s	5	6	7	8	9	10	11	12	13	14
	avec piton à vis	Longueur m/m	25	30	35	40	42	46	47	50	52	55
4814	En fer bleu	Les cent paires	5.30	6.	6.80	8.30	10.50	12.	13.20	14.80	15.	16.75
4815	En laiton	"	11.	12.60	16.	19.75	26.20	31.50	37.60	44.	50.20	56.70

4816 **Crochets** de boucheries, à pattes, pour barres en bois en fer étamé — Force du fil, jauge de Paris 21 / 23 / 25 / 27 — Le cent 6.05 / 6.55 / 8.05 / 10.80
Ces crochets ne sont pas livrés par quantité inférieure à 100 pièces d'un même numéro

4817 **Crochets** de boucheries, en fer forgé étamé, pour barres en fer . . . . La pièce 0.60

4818 **Crochets** à champagne, manche ébène à pans . . . . La pièce 0.65
4819 " " palissandre, virole cuivre 0.70

Crochets de chargeurs et camionneurs, poignée garni ficelle, ligature fil d'acier

		Longueur totale m/m	13	16	19	22	25	28
4820	Façon Paris, en acier forgé carré, angles abattus 1 pointe	La pièce	1.95	2.10	2.25	2.55	3.	3.60
4821	" " " " " " 2 "	"	2.10	2.25	2.40	2.70	3.30	3.40
4822	" " " " " à marteau 1 "	"	2.25	2.40	2.65	2.85	3.30	3.90
4823	" " " " " " 2 "	"	2.40	2.55	2.90	3.	3.60	4.20
4824	Façon Lille, acier rond, 1 pointe	"	"	"	2.25	"	"	"
4825	" " " 2 "	"	"	"	2.70	"	"	"
4826	Façon Rouen, acier carré, extrémités arrondies, 1 pointe	"	"	2.10	2.25	2.55	3.	"
4827	" " " " 2 "	"	"	2.40	2.50	3.	3.50	"

Crochets anneaux servant à accrocher les marchandises, dits Claviers

		Diamètre m/m	8	10	12	15
4828	Sans crochet	Le cent	8.80	10.	11.	12.
4829	Avec crochet	"	11.	11.	12.	13.

Crochet d'étalage, fonte malléable
4830 Branches droites . . . . La pièce 0.80
4831 " contrariées 0.80

4832 **Crochet** d'étalage, fer forgé, branches droites, force ordinaire — La pièce 0.65
4833 " " " " " 1/2 fort 0.85

4834	**Crochets** d'étalage pour bouchers	Longueur m/m	10	12	14	16	18	20
		La pièce	1.60	1.75	2.30	2.75	3.20	3.65

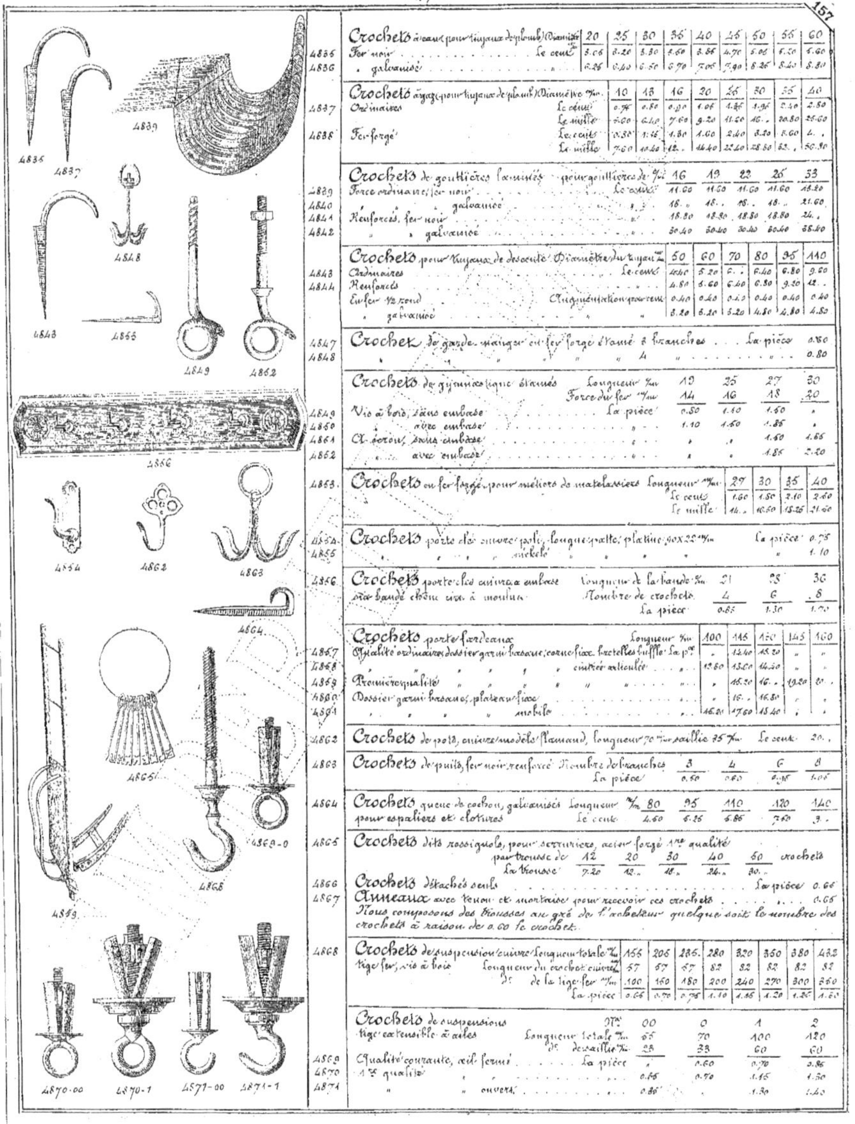

Crochets à vaux (pour tuyaux de plomb)

		Diamètre	20	25	30	35	40	45	50	55	60
4835	Fer noir	Le cent	3.06	3.20	3.30	3.60	3.86	4.70	5.06	5.20	5.60
4836	" galvanisé	"	6.26	6.40	6.50	6.70	7.06	7.90	8.26	8.40	8.80

Crochets à gaz (pour tuyaux de plomb)

		Diamètre m/m	10	13	16	20	25	30	35	40
4837	Ordinaires	Le cent	0.74	0.80	0.90	1.06	1.26	1.96	2.40	2.80
		Le mille	6.00	6.40	7.60	9.20	11.20	16..	20.80	25.60
4838	Fer forgé	Le cent	0.30	1.16	1.30	1.60	2.40	3.20	5.60	4..
		Le mille	7.60	10.40	12..	14.40	22.40	28.80	52..	50.90

Crochets de gouttières laminées

		pour gouttières de m/m	16	19	22	26	33
4839	Force ordinaire, fer noir	Le cent	11.60	11.60	11.60	11.60	13.20
4840	" " galvanisé	"	18..	18..	18..	18..	21.60
4841	Renforcés, fer noir	"	18.80	18.80	18.80	18.80	24..
4842	" " galvanisé	"	30.40	30.40	30.40	30.40	38.40

Crochets pour tuyaux de descente

		Diamètre du tuyau m/m	50	60	70	80	95	110
4843	Ordinaires	Le cent	4.40	5.20	6..	6.40	6.80	9.60
4844	Renforcés	"	4.80	5.60	6.40	6.80	9.20	12..
	En fer 1/2 rond	Augmentation par cent	0.40	0.40	0.40	0.40	0.40	0.40
	" galvanisé	"	3.20	3.20	3.20	4.80	4.80	4.80

4847	**Crochet** de garde-manger en fer forgé étamé 3 branches	La pièce	0.60
4848	" " " " " 4 "	"	0.80

Crochets de gymnastique étamés

		Longueur c/m	19	25	27	30
		Force du fer m/m	14	16	18	20
4849	Vis à bois, sans embase	La pièce	0.50	1.10	1.50	"
4850	" avec embase	"	1.10	1.50	1.85	"
4851	Et écrou, sans embase	"	"	"	1.50	1.65
4852	" avec embase	"	"	"	1.85	2.20

Crochets en fer forgé pour métiers de matelassiers

		Longueur c/m	27	30	35	40
4853		Le cent	1.60	1.80	2.10	2.60
		Le mille	14..	16.60	18.25	21.60

4854	**Crochets** porte clés cuivre poli, longue patte, platine 90×22 m/m	La pièce	0.75
4855	" " " " nickelé " " "	"	1.10

Crochets porte clés cuivre à embase sur bande chêne ciré à moulure

4856	Longueur de la bande c/m	21	28	36
	Nombre de crochets	4	6	8
	La pièce	0.65	1.30	1.70

Crochets porte fardeaux

		Longueur m/m	100	115	130	145	160
4857	Qualité ordinaire, dossier garni basane, corne fixe, bretelles buffle	La pce	"	14.40	15.20	"	"
4858	" " " " " cintrée articulée	"	12.60	13.60	14.40	"	"
4859	Première qualité " " " " "	"	"	15.20	16..	19.20	20..
4860	Dossier garni basane, plateau fixe	"	"	16..	16.80	"	"
4861	" " " " mobile	"	16.20	17.60	18.40	"	"

4862 **Crochets** de pots, cuivre, modèle flamand, longueur 70 m/m saillie 35 m/m . . . Le cent 20..

Crochets de puits, fer noir renforcé

4863	Nombre de branches	3	4	6	8
	La pièce	0.50	0.60	0.85	1.05

Crochets queue de cochon, galvanisés pour espaliers et clotures

4864	Longueur m/m	80	95	110	120	140
	Le cent	4.50	5.25	5.85	7.60	9..

4865 **Crochets** dits rossignols, pour serruriers, acier forgé 1re qualité

par trousse de	12	20	30	40	50 crochets
La trousse	7.20	12..	18..	24..	30..

4866 **Crochets** détachés seuls . . . . La pièce 0.65

4867 **Anneaux** avec tenon et mortaise pour recevoir ces crochets 0.65

Nous composons des trousses au gré de l'acheteur quelque soit le nombre des crochets à raison de 0.60 le crochet.

Crochets de suspension cuivre tige fer, vis à bois

4868	Longueur totale m/m	155	205	235.	280	320	350	380	432
	Longueur du crochet cuivre m/m	57	57	57	82	82	82	82	82
	d° de la tige fer m/m	100	150	180	200	240	270	300	350
	La pièce	0.65	0.70	0.75	1.10	1.15	1.20	1.25	1.60

Crochets de suspensions tige extensible à ailes

		N°	00	0	1	2
		Longueur totale m/m	55	70	100	120
		d° de saillie m/m	23	33	60	60
4869	Qualité courante, œil fermé	La pièce	"	0.60	0.70	0.85
4870	1re qualité " "	"	0.55	0.70	1.15	1.30
4871	" " ouvert	"	0.85	"	1.30	1.40

4872 **Crochets** de tabliers, fer, plaque cuivre avec attributs assortis . . . Le cent 14.50

Crochets pour tampons de poêles

4873 Ordinaires à anneau fer . . . . Le cent 9. .
4874 " à manche bois verni . . . . " 18. .
4875 " " fonte . . . . " 25. .
4876 Polis boutons anglais . . . . " 56. .

4877 **Croissants** de cheminée fer roulé, unique, vase fer . . . Les cent paires 38. .

	Croissants de cheminée, fer lustré, bouton anglais		Nos	1	2	3
4878	Scellement fixe	Les cent paires		59.50	68. .	76.60
4879	" détaché	"		80. .	88.60	97. .

	Croissants de cheminée, fer lustré, boules cuivre		Nos	1	2	3
4880	Scellement fixe	Les cent paires		77. .	96. .	120. .
4881	" détaché	"		96. .	116. .	139. .

	Croissants cuivre fondu, à boules, à vase ou gland		Nos	0	1	2	3	4
4882	Scellement fixe, cuivre poli	La paire		0.75	0.85	0.95	1.15	1.45
4883	" " " nickelé	"		1.35	1.45	1.65	1.75	2.05
4884	" détaché " poli	"		0.95	1. .	1.15	1.30	1.60
4885	" " " nickelé	"		1.55	1.60	1.75	1.90	2.20

	Croissants cuivre fondu, renforcés, vase ancien ou nouveau		Nos	1	2	3	4	5
4886	Scellements fixe, cuivre poli	La paire		1.35	1.60	1.90	2.20	2.65
4887	" " " nickelé	"		2.05	2.30	2.60	2.90	3.35
4888	" détaché " poli	"		1.45	1.70	2.10	2.20	2.50
4889	" " " nickelé	"		2.15	2.40	2.80	2.90	3.20
	" " à vis d'arrêt augmentation	"		0.15	0.15	0.15	0.15	0.15

4891 **Croissants** cuivre fondu, renforcé, modèle bordelais, cuivre poli . . . La paire 2.40
4892 " " " " " " nickelé " 3.10

	Croissants cuivre fondu		Petit modèle	Grand modèle
4893	Scellement fixe renforcés, vase nouveau à palme, cuivre poli	La paire	1.65	1.90
4894	" " " " " " nickelé	"	2.35	2.60
4895	" détaché " " " " poli	"	1.65	2.10
4896	" " " " " " nickelé	"	2.35	2.80

	Croissants cuivre fondu		Petit modèle	Grand modèle
4897	Scellement fixe, modèle Égyptien, cuivre poli	La paire	1.50	1.75
4898	" " " " nickelé	"	2.30	2.85
4899	" " modèle Japonais, poli	"	1.60	1.90
4900	" " " " nickelé	"	2.30	2.60
4901	" détaché " " poli	"	1.65	2.30
4902	" " " " nickelé	"	2.35	3. .
4903	" " modèle Chinois, poli	"	2.10	2.60
4904	" " " " nickelé	"	2.80	3.30

Articles de découpage

	Découpeuses universelles à main	Nos	1	2	3	4	5
	bras en fer, table et bâti bois	Longueur c/m	35	45	55	65	90
4905	Bois blanc	La pièce	2.30	2.85	4.50	5.80	9.30
4906	Bois verni, façon noyer	"	2.75	3.60	5.25	6.75	10.30

4907 **Pédale** bois à ressort pour dito . . . . La pièce 1.75

Découpeuses à main, bâti fonte vernie, bras acier étiré, rivés sur le bâti

4908 Profondeur 26 c/m longueur de la scie 12 c/m . . . . . . La pièce 5.50
4909 " 36 c/m " " 12 c/m . . . . . . " 6.35
4910 " 47 c/m " " 16 c/m bras vissé . . . . . . " 8.75
4911 **Ressorts** de rechange pour dito . . . . . . " 0.75

4912 **Découpeuse** à main, bâti fonte vernie, plateau fonte, bras double en acier très rigide, profondeur 50 c/m, longueur de la scie 12 c/m . . . La pièce 18.20

159

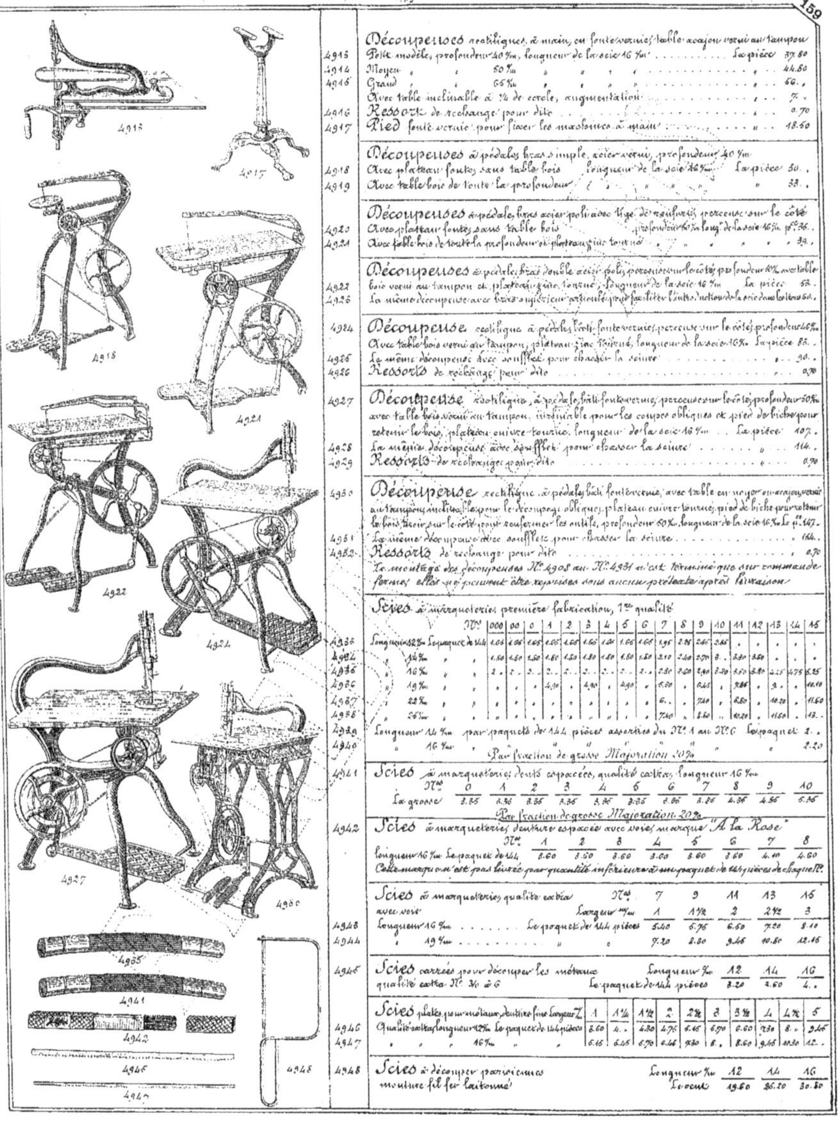

Découpeuses rectilignes, à main, en fonte vernie, table acajou verni au tampon
4913 Petit modèle, profondeur 40 %m, longueur de la scie 16 %m . . . . La pièce 37.80
4914 Moyen " " 50 %m " " " " . . . . " . . 44.80
4915 Grand " " 65 %m " " " " . . . . " . . 56. "
Avec table inclinable à ¼ de cercle, augmentation . . . . " . . . 7. "
4916 **Ressort** de rechange pour dito . . . . " . . 0.70
4917 **Pied** fonte vernie pour fixer les machines à main . . . . " . . 18.50

Découpeuses à pédales bras simple, acier verni, profondeur 40 %m
4918 Avec plateau fonte, sans table bois longueur de la scie 16 %m La pièce 30. "
4919 Avec table bois de toute la profondeur " " " " " " 33. "

Découpeuses à pédale, bras acier poli avec tige de renforts, perceuse sur le côté
4920 Avec plateau fonte, sans table bois profondeur 50 %m long.r de la scie 16 %m p.ce 36. "
4921 Avec table bois de toute la profondeur et plateau zinc tourné " " " " " " 39. "

Découpeuses à pédale, bras double acier poli, perceuse sur le côté, profondeur 40 %m avec table
4922 bois verni au tampon et plateau zinc tourné, longueur de la scie 16 %m La pièce 52. "
4923 La même découpeuse avec bras supérieur articulé pour faciliter l'introduction de la scie dans le bois 60. "

4924 **Découpeuse** rectiligne à pédales bâti fonte vernie, perceuse sur le côté, profondeur 46 %m
Avec table bois verni au tampon, plateau zinc tourné, longueur de la scie 16 %m La pièce 85. "
4925 La même découpeuse avec soufflet pour chasser la sciure . . . . " . . 90. "
4926 **Ressorts** de rechange pour dito . . . . " . . 0.70

4927 **Découpeuse** rectiligne, à pédale, bâti fonte vernie, perceuse sur le côté, profondeur 50 %m
avec table bois verni au tampon, inclinable pour les coupes obliques et pied de biche pour
retenir le bois, plateau cuivre tourné, longueur de la scie 16 %m . . La pièce 107. "
4928 La même découpeuse avec soufflet pour chasser la sciure . . . . " . . 114. "
4929 **Ressorts** de rechange pour dito . . . . " . . . 0.70

4930 **Découpeuse** rectiligne à pédale, bâti fonte vernie, avec table en noyer ou acajou verni
au tampon, inclinable pour le découpage oblique, plateau cuivre tourné, pied de biche pour retenir
le bois, tiroir sur le côté pour renfermer les outils, profondeur 50 %m, longueur de la scie 16 %m La p.ce 147. "
4931 La même découpeuse avec soufflet pour chasser la sciure . . . . 164. "
4932 **Ressorts** de rechange pour dito . . . . " 0.70
Le montage des découpeuses N.° 4908 au N.° 4931 n'est terminé que sur commande
ferme; elles ne peuvent être reprises sous aucun prétexte après livraison

Scies à marqueteries première fabrication, 1re qualité

		N.os	000	00	0	1	2	3	4	5	6	7	8	9	10	11	12	13	14	15
4933	Longueur 12 %m	Le paquet de 144	1.65	1.65	1.65	1.65	1.65	1.65	1.65	1.65	1.65	1.95	2.35	2.65	2.65	"	"	"	"	"
4934	" 14 %m	" "	1.80	1.80	1.80	1.80	1.80	1.80	1.80	1.80	1.80	2.10	2.40	2.70	3. "	2.90	3.50	"	"	"
4935	" 16 %m	" "	2. "	2. "	2. "	2. "	2. "	2. "	2. "	2. "	2. "	2.30	2.60	2.90	3.20	3.50	3.80	4.25	4.75	5.25
4936	" 19 %m	" "	"	"	"	4.90	"	4.90	"	4.90	"	5.50	"	6.45	"	7.85	"	9. "	"	10.10
4937	" 22 %m	" "	"	"	"	"	"	"	"	"	"	6. "	"	7.40	"	8.80	"	10.20	"	11.60
4938	" 25 %m	" "	"	"	"	"	"	"	"	"	"	7.40	"	8.60	"	10.20	"	11.60	"	13. "

4939 Longueur 14 %m par paquets de 144 pièces assorties du N.° 1 au N.° 6 Le paquet 2. "
4940 " 16 %m " " " " " " " " 2.20
Par fraction de grosse Majoration 20 %

4941 **Scies** à marqueteries dents espacées, qualité extra, longueur 16 %m

N.os	0	1	2	3	4	5	6	7	8	9	10
La grosse	3.35	3.35	3.35	3.35	3.35	3.35	3.55	3.85	4.35	4.55	5.35

Par fraction de grosse Majoration 20 %

4942 **Scies** à marqueteries denture espacée avec voie, marque "A la Rose"

	N.os	1	2	3	4	5	6	7	8
Longueur 16 %m	Le paquet de 144	3.60	3.60	3.60	3.60	3.60	3.60	4.10	4.60

Cette marque n'est pas livrée par quantité inférieure à un paquet de 144 pièces de chaque N.°

Scies à marqueteries qualité extra avec voie

			N.os	7	9	11	13	15
			Largeur m/m	1	1½	2	2½	3
4943	Longueur 16 %m	Le paquet de 144 pièces		5.40	5.75	6.50	7.20	8.10
4944	" 19 %m	" "		7.20	8.30	9.45	10.80	12.15

4945 **Scies** carrées pour découper les métaux qualité extra N.° 3/0 à 6

Longueur %m	12	14	16
Le paquet de 144 pièces	3.20	3.60	4. "

Scies plates, pour métaux, denture fine

		Largeur %m	1	1¼	1½	2	2½	3	3½	4	4½	5
4946	Qualité extra, longueur 12 %m	Le paquet de 144 pièces	3.60	4. "	4.30	4.75	5.45	5.90	6.60	7.30	8. "	9.45
4947	" " 16 %m	" "	5.15	5.45	5.70	6.45	7.30	8. "	8.60	9.45	10.30	12. "

4948 **Scies** à découper parisiennes monture fil fer laitonné

Longueur %m	12	14	16
Le cent	19.60	26.20	30.80

4949-4950 · 4951 · 4952 · 4953-4954 · 4955 · 4956 · 4957 · 4958 · 4959 · 4960 · 4961 · 4962 · 4963 · 4964 · 4966 · 4967 · 4968 · 4969 · 4970 · RBT FORETS POLIS N° 2/0 · 4972 · 4973 · 4974 · 4975 · 4976 · 4977 · 4978 · 4979

Bocfils à coulant, emmanchés

		Petits	Moyens	Grands
	Pour scies de ‰	12	14	16
4949	Polis forme ordinaire, qualité courante ..... La pièce	1.95	2.30	2.75
4950	" " " ½ fine .... "	2.10	2.60	3.15
4951	" avec vis de tension .... "	2.25	2.80	2.95
4952	" forme anglaise .... "	2.55	3.10	3.65

Porte scies à découper, ouverture 14 ‰

	Profondeur ‰	15 à 18	20 à 24	26 à 32	34 à 40	45	50
4953	Ordinaires, sans vis dans le manche La pièce	1.40	1.40	1.40	"	"	"
4954	Renforcés, vis dans le manche ..... "	4.90	5.60	6.15	6.60	7.35	8.40

Drilles ou forêts à hélice, pomme à coulant bois jaune verni (livrés avec 6 forêts assortis)

4955 Petite torsade, nez à vis, écrou à oreilles, longueur de la tige 19 ‰ ..... La pièce 0.85
4956 Moyenne torsade " " " mollette " " " 19 ‰ ..... " 1.10
4957 Grosse torsade " " " à oreilles " " " 22 ‰ ..... " 2.10

Drilles ou forêts à hélice

	Longueur de la tige ‰	16	19	22	24	27
4958	Petite torsade, pomme à coulant bois noir, nez à vis, écrou mollette La p.ce	0.80	0.85	"	"	"
4959	Moyenne torsade " " bois rouge " " " " "	1.10	1.20	1.35	"	"
4960	Grosse torsade " " " " " " à oreilles "	1.80	1.95	2.15	2.60	"
4961	Grosse torsade, renforcés, à pivot, plaque cuivre " " " " "	2.45	2.65	2.85	3.15	"
4962	Petite torsade, Brevetés, Patent, à pivot " " " mollette "	2.30	2.45	2.65	"	"
4963	Grosse torsade " " " " à oreilles "	"	3.35	3.70	4.05	4.40

Tous ces drilles sont livrés avec 6 forêts de grosseurs variées

Drilles très renforcés, spéciaux pour métaux

	Long. de la tige ‰	16	19	22	24	27
4964	grosse torsade, avec 6 forêts cannelés .... La pièce	4.05	4.25	4.40	4.60	4.75

4965 **Forêts** de rechange assortis pour dito .... Le cent 25.75

Drilles ou forêts à hélice, perfectionnés, à ressort

	N.os	1	2	3
4966	Sans volants, manche jaune verni, 10 forêts cannelés dans le manche La pièce	3.90	4.25	4.60
4967	Avec " " " 10 " " " "	5.45	5.80	6.15

Drilles à ressort, modèle américain, poignée bois verni, longueur totale 24 ‰

4968 livrés avec 3 forêts acier en étui bois de 1 ‰ ½ 2 ‰ 2 ‰ ½ La pièce 5.40

Tournevis à cliquet à hélice, modèle américain, manche bois verni, pouvant être transformé en drille à hélice, tournant à droite en poussant la coulisse vers la lame et à gauche en la poussant vers le manche. Longueur totale y compris la lame 35 ‰

4969 Tournevis seul, livré avec 3 lames .... La pièce 10.65
4970 " avec 3 lames, porte forêts et 8 forêts assortis 14.40

Drille à double hélice, modèle américain, monté sur billes acier, pomme bois des îles

4971 tournant toujours à droite dans le mouvement de va et vient, manchon quadrillé, mandrin à trois mordaches pouvant recevoir des forêts pour bois ou métaux, jusqu'à 4 ‰ ½ de diamètre de tige, longueur totale 40 ‰, livré sans forêts La pièce 18.40

Mèches ou forêts de drilles, polis, tige carrée; (Marque RBT)

4972

N.os	6/0	5/0	4/0	3/0	2/0	0	1	2	3	4	5	6	7	8
Dixièmes de ‰	5	6	7	8	10	12	14	16	18	20	24	28	32	36

Dans des étuis carton de 12 pièces d'un même numéro

Le cent de mèches 4.65 Le mille 45 ..

Mèches ou forêts de drilles, tige cannelée, qualité garantie

N.os	1	2	3	4	5	6	7	8	9	10
Dixièmes de ‰	12	13	14	15	16	17	18	20	22	24

4973 En étuis métalliques, forme cartouche de 10 pièces assorties L'étui 0.85

	En boîtes bois, avec boîte à graisse contenant	10	20	30	40	50	100	pièces assorties
4974	La boîte	1.85	2.15	3.20	3.95	6 ..	9 ..	

4975 En boîtes carton contenant 100 pièces assorties La boîte 7.15

4976 **Mèches ou forêts** noirs pour drilles et métaux .... Le cent 25.75
4977 **Fraises** acier noir pour drilles, renforcées .... " 28.50
4978 **Fraises** acier noir, emmanchées, spéciales pour le découpage .... " 48 ..
4979 **Manches** universels, if verni, virole fer avec vis de pression, pour limes de Genève La p.ce 1 ..

Presses pour le découpage

	Ouverture ‰	40	50	55	60	70	80	90	95	100	110
4980	Fonte vernie noire, article ordinaire Le cent	"	"	0.45	"	0.55	0.60	"	0.65	"	0.70
4981	Fer poli, pied bronzé à la vis "	1.95	2.40	"	2.95	3.35	3.70	3.90	"	4.20	4.65

4982 **Presses** pour le découpage, fer coulé, ouverture 50 ‰ Le cent 50 ..

Presses pour coins de cadre en fonte malléable vernie

	Ouverture ‰	50	90
4983	La pièce	1.05	1.75

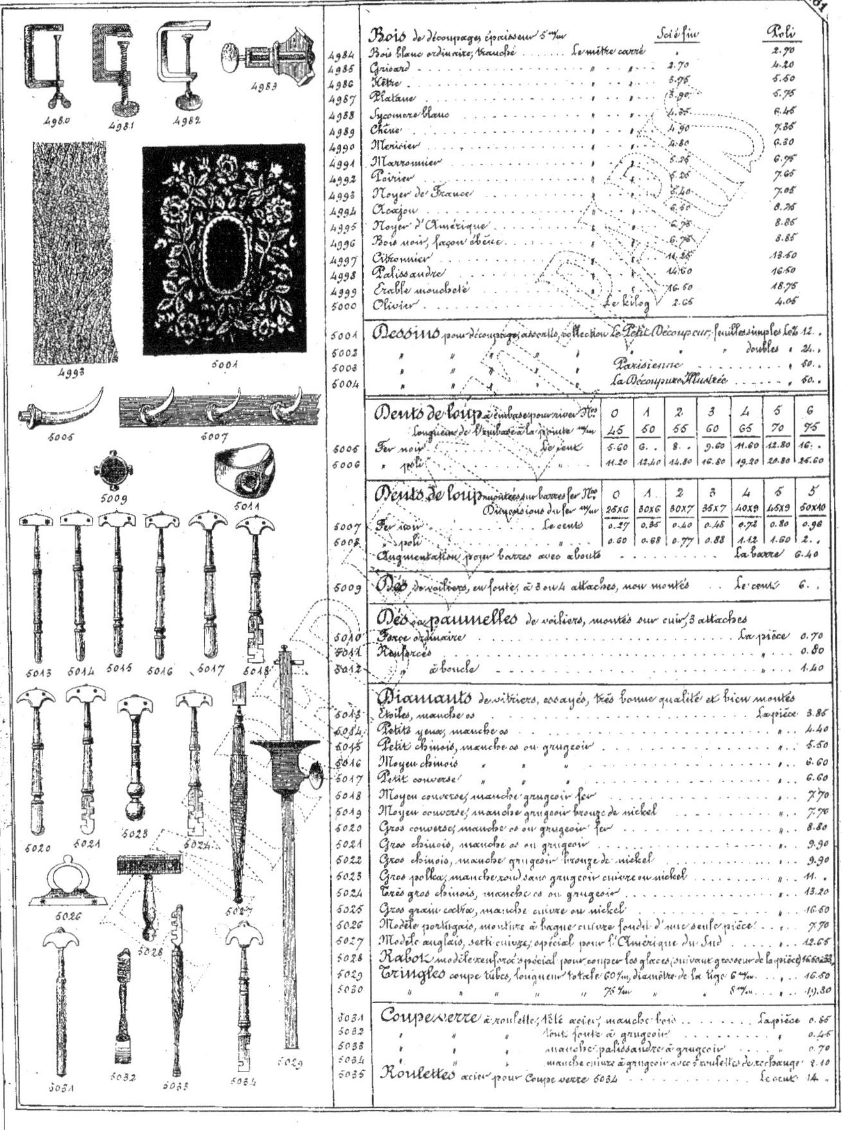

	Bois de découpages, épaisseur 5 m/m		Scié fin	Poli
4984	Bois blanc ordinaire, tranché	Le mètre carré	.	2.70
4985	Grisard	"	2.70	4.20
4986	Hêtre	"	3.75	5.50
4987	Platane	"	3.90	5.75
4988	Sycomore blanc	"	4.05	6.45
4989	Chêne	"	4.90	7.35
4990	Merisier	"	4.80	6.30
4991	Marronnier	"	5.25	6.75
4992	Poirier	"	5.25	7.65
4993	Noyer de France	"	5.40	7.05
4994	Acajou	"	6.50	8.25
4995	Noyer d'Amérique	"	6.75	8.85
4996	Bois noir, façon ébène	"	6.75	8.85
4997	Citronnier	"	11.25	13.60
4998	Palissandre	"	14.60	16.50
4999	Erable moucheté	"	16.50	18.75
5000	Olivier	Le kilog	2.65	4.05

5001 **Dessins** pour découpage, assortis, collection Le Petit Découpeur, feuilles simples Les % 12. .
5002 " " " " " " " doubles " 24. .
5003 " " " " " Parisienne " 50. .
5004 " " " " " La Découpure Illustrée " 50. .

	Dents de loup à embase pour river Nos		0	1	2	3	4	5	6
	longueur de l'embase à la pointe m/m		45	50	55	60	65	70	75
5005	Fer noir	Le cent	5.60	6. .	8. .	9.60	11.60	12.80	16. .
5006	" poli	"	11.20	12.40	14.80	16.80	19.20	20.80	25.60

	Dents de loup montées sur barres fer Nos		0	1	2	3	4	5	5
	Dimensions du fer m/m		25x6	30x6	30x7	35x7	40x9	45x9	50x10
5007	Fer noir	Le cent	0.27	0.35	0.40	0.48	0.72	0.80	0.96
5008	" poli	"	0.60	0.68	0.77	0.88	1.12	1.60	2. .

Augmentation pour barres avec abouts . . . . La barre 6.40

5009 **Dés** de voiliers, en fonte, à 3 ou 4 attaches, non montés . . Le cent 6. .

Dés ou paumelles de voiliers, montés sur cuir, 3 attaches

5010 Force ordinaire . . . . La pièce 0.70
5011 Renforcés . . . . " 0.80
5012 " à boucle . . . . " 1.40

Diamants de vitriers, essayés, très bonne qualité et bien montés

5013 Etoiles, manche os . . . . La pièce 3.85
5014 Petits yeux, manche os . . . . " 4.40
5015 Petit chinois, manche os ou grugeoir . . . . " 5.50
5016 Moyen chinois " " " . . . . " 6.60
5017 Petit converse " " " . . . . " 6.60
5018 Moyen converse, manche grugeoir fer . . . . " 7.70
5019 Moyen converse, manche grugeoir bronze de nickel . . . . " 7.70
5020 Gros converse, manche os ou grugeoir fer . . . . " 8.80
5021 Gros chinois, manche os ou grugeoir . . . . " 9.90
5022 Gros chinois, manche grugeoir bronze de nickel . . . . " 9.90
5023 Gros polka, manche rond sans grugeoir cuivre ou nickel . . . . " 11. .
5024 Très gros chinois, manche os ou grugeoir . . . . " 13.20
5025 Gros grain extra, manche cuivre ou nickel . . . . " 16.50
5026 Modèle portugais, monture à bague cuivre fondu d'une seule pièce . . . . " 7.70
5027 Modèle anglais, serti cuivre, spécial pour l'Amérique du Sud . . . . " 12.65
5028 **Rabot** modèle renforcé spécial pour couper les glaces (suivant grosseur de la pièce) 16.60 à 33. .
5029 **Tringles** coupe tubes, longueur totale 60 c/m, diamètre de la tige 6 m/m . . . . " 16.50
5030 " " " " " 75 c/m " " 8 m/m . . . . " 19.30

5031 **Coupe verre** à roulette, tête acier, manche bois . . . . La pièce 0.55
5032 " " " tout fonte à grugeoir . . . . " 0.45
5033 " " " manche palissandre à grugeoir . . . . " 0.70
5034 " " " manche cuivre à grugeoir avec 5 roulettes de rechange " 2.10
5035 **Roulettes** acier pour Coupe verre 5034 . . . . Le cent 14. .

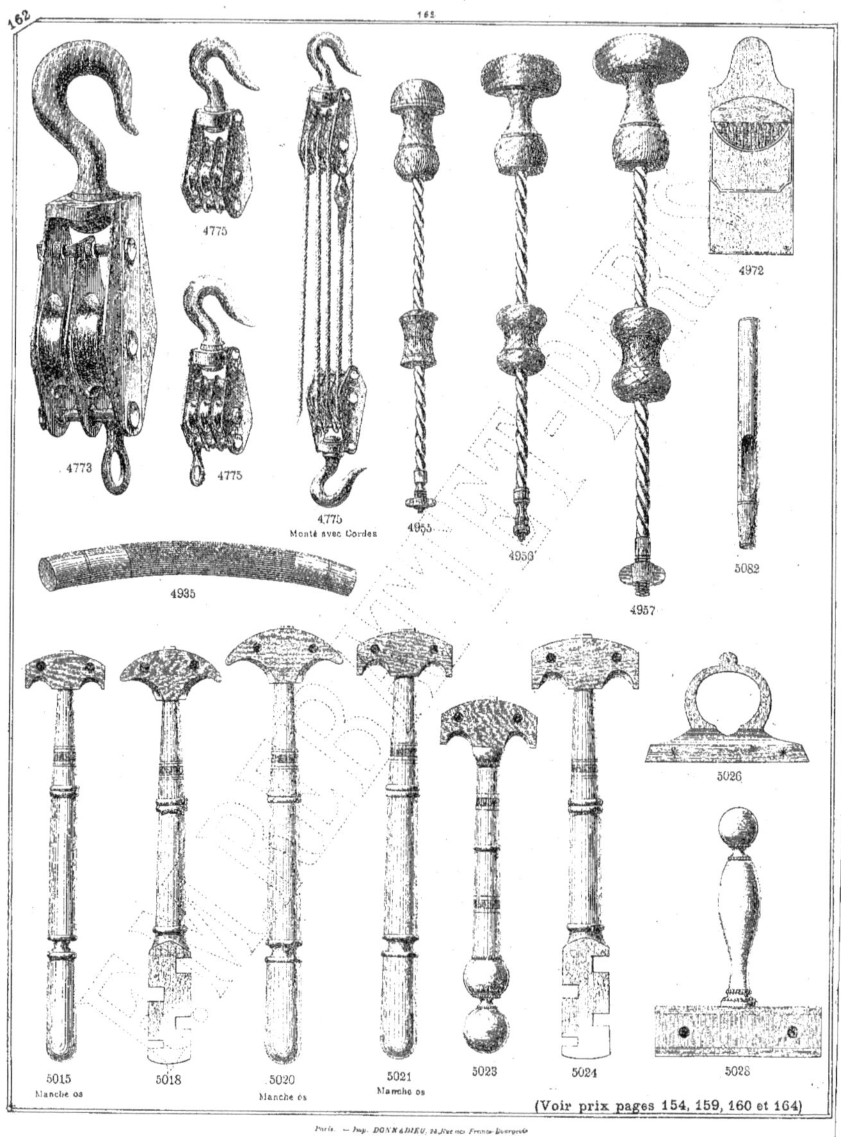

(Voir prix pages 154, 159, 160 et 164)

Paris. — Imp. DONNADIEU, 24, Rue des Francs-Bourgeois

163

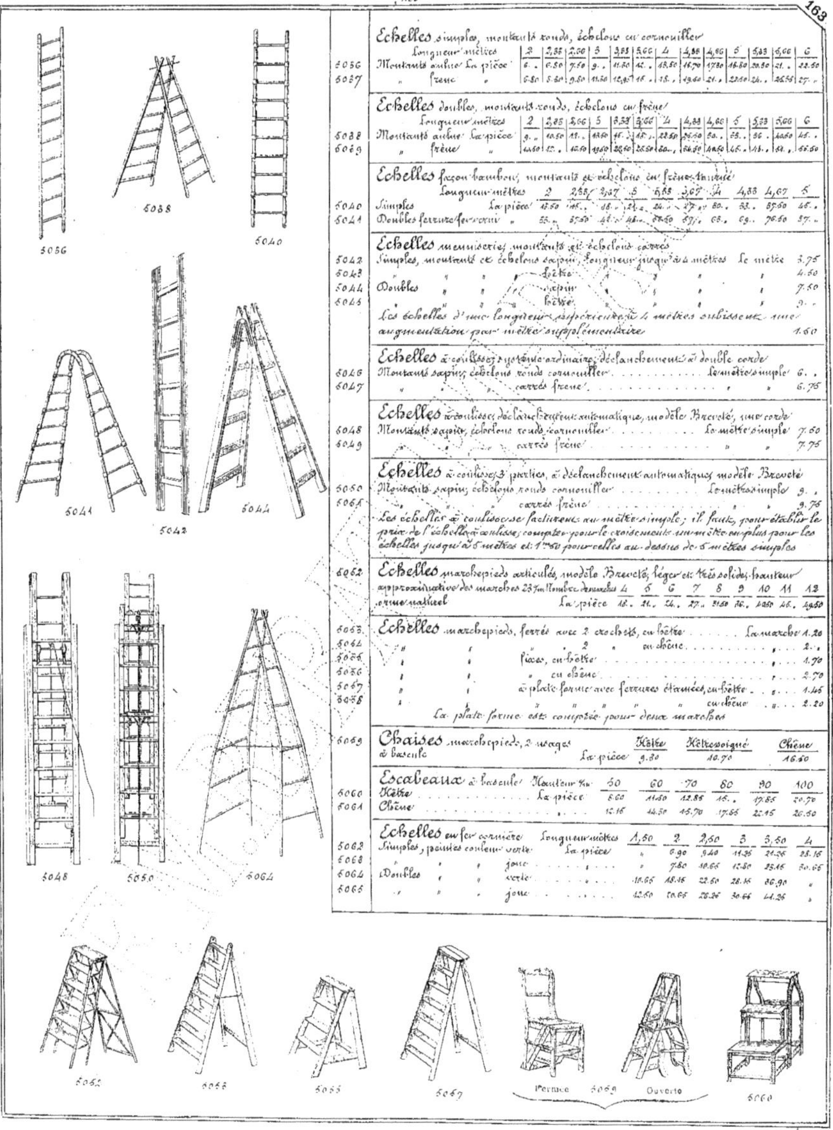

Echelles simples, montants ronds, échelons en cornouiller

	Longueur mètres	2	2,33	2,66	3	3,33	3,66	4	4,33	4,66	5	5,33	5,66	6
5036	Montants aulne La pièce	6. »	6.50	7.50	9. »	11.50	12. »	13.50	16.70	17.30	18.80	20.30	21. »	22.50
5037	» frêne »	6.80	8.30	9.80	11.30	12.95	16. »	18. »	19.60	21. »	22.50	24. »	25.55	27. »

Echelles doubles, montants ronds, échelons en frêne

	Longueur mètres	2	2,33	2,66	3	3,33	3,66	4	4,33	4,66	5	5,33	5,66	6
5038	Montants aulne La pièce	9. »	10.50	12. »	13.50	15. »	18. »	22.50	26.50	30. »	33. »	36. »	40.50	45. »
5039	» frêne »	10.50	12. »	15.50	19.50	22.50	25.50	30. »	34.50	40.50	45. »	48. »	51. »	55.50

Echelles façon bambou, montants et échelons en frêne tourné

	Longueur mètres	2	2,33	2,67	3	3,33	3,67	4	4,33	4,67	5
5040	Simples La pièce	13.50	16. »	18. »	21. »	24. »	27. »	30. »	33. »	37.50	45. »
5041	Doubles ferrure fer verni »	33. »	37.50	41. »	45. »	52.50	57. »	63. »	69. »	76.50	87. »

Echelles menuiserie, montants et échelons carrés

5042	Simples, montants et échelons sapin, longueur jusqu'à 4 mètres Le mètre	3.75
5043	» » » hêtre » » » »	4.50
5044	Doubles » » sapin » » » »	7.50
5045	» » » hêtre » » » »	9. »
	Les échelles d'une longueur supérieure à 4 mètres subissent une augmentation par mètre supplémentaire	1.60

Echelles à coulisse, système ordinaire, déclanchement à double corde

5046	Montants sapin, échelons ronds cornouiller .... Le mètre simple	6. »
5047	» » carrés frêne .... » »	6.75

Echelles à coulisse, déclancheur automatique, modèle Breveté, une corde

5048	Montants sapin, échelons ronds cornouiller .... Le mètre simple	7.50
5049	» » carrés frêne .... » »	7.75

Echelles à coulisse, 3 parties, à déclanchement automatique, modèle Breveté

5050	Montants sapin, échelons ronds cornouiller .... Le mètre simple	9. »
5051	» » carrés frêne .... » »	9.75

Les échelles à coulisse se facturent au mètre simple; il faut, pour établir le prix de l'échelle à coulisse, compter pour le croisement un mètre en plus pour les échelles jusqu'à 5 mètres et 1m50 pour celles au-dessus de 5 mètres simples

Echelles marchepieds articulés, modèle Breveté, léger et très solide, hauteur approximative des marches 23 %m Nombre de marches

	Nombre de marches	4	5	6	7	8	9	10	11	12
5052	orme naturel La pièce	18. »	21. »	24. »	27. »	31.50	36. »	40.50	46. »	49.50

Echelles marchepieds, ferrés avec 2 crochets, en hêtre

5053	Echelles marchepieds, ferrés avec 2 crochets, en hêtre ...... La marche	1.20
5054	» » » 2 » en chêne .... »	2. »
5055	» » fixes, en hêtre .... »	1.70
5056	» » » en chêne .... »	2.70
5057	» » à plate forme avec ferrures étamées, en hêtre .. »	1.45
5058	» » » » » » » en chêne .. »	2.20

La plate forme est comptée pour deux marches

Chaises marchepieds, 2 usages à bascule

		Hêtre	Hêtre soigné	Chêne
5059	La pièce	9.30	10.70	16.50

Escabeaux à bascule

	Hauteur %m	50	60	70	80	90	100
5060	Hêtre .... La pièce	8.60	11.50	12.85	15. »	17.85	20.70
5061	Chêne .... »	12.15	14.50	15.70	17.55	22.15	26.50

Echelles en fer cornière

	Longueur mètres	1,50	2	2,50	3	3,50	4
5062	Simples, peintes couleur verte La pièce	»	6.90	9.40	11.25	21.25	28.15
5063	» » » jonc ...... »	»	7.80	10.65	12.80	25.15	30.65
5064	Doubles » » verte ...... »	10.65	18.15	22.50	28.15	36.90	»
5065	» » » jonc ...... »	12.50	20.65	26.25	30.65	41.25	»

5066 Ouvert — 5066 Fermé — 5067 — 5079 — 5070 — 5071 — 5077 — 5080 — 5078 — 5081 — 5082 — 5085 — 5086 — 5087 — 5091 — 5092

5066 **Échelles** marchepieds, fer pliant, marches bois peintes couleur chêne

Nombre de marches	2	3	4	5	6
Hauteur totale c/m	50	75	100	120	140
La pièce	6.90	11.90	15.65	21.25	26..

Écopes en bois, pour vider l'eau des bateaux

5067 à main, manche droit . . . . La pièce 1.55
5068 " à anse 1.70
5069 à long manche

N°	1	2	3
La pièce	1.35	2..	3.15

5070 **Élastiques** pour meubles, fil d'acier 1re qualité, fil cuivré

Nombre de tours	6	7	8
Force du fil, jauge de Paris	16	16	17
Hauteur totale c/m	14	17 à 19	19 à 22
Employés généralement pour	chaises	chaises	fauteuils
Le cent	10..	10..	12..

Élastiques fil d'acier 1re qualité

	Nombre de tours	9	10	11	12	13	14
	Force du fil en dixièmes de millimètres	34	36	37	38	40	44
	Hauteur totale c/m	26 à 30	28 à 32	32 à 36	36 à 38	36 à 40	38 à 42
	Employés généralement pour	canapés	canapés	sommiers	sommiers	sommiers	sommiers
5071	Fil cuivré (Cours variable) Les % kilogs	55..	53.50	52..	52..	52..	52..
5072	" galvanisé " "	73..	71.50	70..	70..	70..	70..
5073	" étamé " "	91..	89.50	88..	88..	88..	88..

Élastiques fil d'acier spécial N° 18

	Nombre de tours	6	7	8
	Hauteur totale c/m	16	19	25
	Employés pour	lits cage	lits cage	fauteuils
5074	Fil cuivré (Cours variable) Les cent kilogs	70..	65..	60..
5075	" galvanisé " "	85..	83..	78..
5076	" étamé " "	103..	101..	96..

5077 **Élastiques** de sonnettes, acier cuivré à boudin

Longueur m/m	115	125	140	150	165	180	200
Le cent	5.50	6.50	8..	9.50	15..	17..	21..

5078 **Élastiques** de sonnettes, cuivre jaune à boudin
N° à la jauge de Paris 20 à 30 (Cours variable) Le kilog 6..

5079 **Émerillons** bois, à détordre le crin, pour tapissiers et bourreliers Le cent 65..
5080 " fer étamé " " " " " " Le cent 86..

5081 **Emporte-pièces** à frapper, polis, qualité ordinaire

Diamètre m/m	1 à 3	4 à 5	6 à 8	9 et 10	11 et 12
Le cent	24..	28.50	42..	56..	70..

Emporte-pièces à frapper, acier fondu noir, 1re fabrication garantie

	Diamètre m/m	1	2	3	4	5	6	7	8	9	10	11
5082	Ronds Le cent	47..	47..	47..	63..	63..	63..	83..	83..	83..	115..	115..
5083	Ovales "	72..	72..	72..	93..	93..	93..	107..	107..	107..	145..	145..
5084	Carrés "	107..	107..	107..	129..	129..	129..	172..	172..	172..	260..	260..

	Diamètre m/m	12	13	14	15	16	17	18	19	20	21	22
5082	Ronds La pièce	1.15	1.50	1.50	2..	2..	2.30	2.30	3.25	3.35	4.50	4.50
5083	Ovales "	1.45	1.90	1.90	2.50	2.50	"	"	"	"	"	"
5084	Carrés "	2.50	3.50	3.50	6..	6..	7.50	7.50	"	"	"	"

5085 **Emporte-pièces** à frapper, acier fondu noir, 1re fabrication, deux branches

Diamètre m/m	6 à 9	10 à 12	13-14	15-16	17-18	19-20	21-22	23-24	25-26	27-28	29-30
La pièce	1.45	2..	2.45	3.20	3.45	4.20	4.80	5.45	6.15	6.80	7.85

Diamètre m/m	31-32	33-34	35-36	37-38	39-40	41-42	43-44	45-46	47-48	49-50
La pièce	8.70	9.45	10..	10.85	11.45	12.50	14.30	16.30	19..	21.75

5086 **Emporte-pièces** à frapper pour boutonnières

Largeur m/m	19 à 20	22	25
La pièce	1.45	1.75	2.10

Emporte-pièces à découper droits, dents pointues

	Largeur m/m	30	40	50	60	70	80	90
5087	Dents de 3 m/m acier poli . . . La pièce	3.20	3.60	4..	4.40	4.80	5.20	5.60
5088	" 4 " " "	3.60	4..	4.40	4.80	5.20	5.60	6..
5089	" 5 " " "	4..	4.40	4.80	5.20	5.60	6..	6.40
5090	" 6 " " "	4.40	4.80	5.20	5.60	6..	6.40	6.80

Emporte-pièces à découper, acier poli

	N°s	3	4	5	6	7	8	9	10	11	12
	Largeur m/m	7	9	11	13	16	18	21	23	25	27
5091	Bout uni 1/2 rond La pièce	1.30	1.30	1.30	1.60	1.75	2.15	2.40	2.80	3.05	3.35
5092	" " ogive "	1.60	1.60	1.60	2..	2.15	2.55	2.80	3.20	3.45	3.75

5093 5094 5096 5095 5093 5098 5101 5098 5103 5104 5105 5106 5107 5108 5110 5112 5114 5118 5120 5122 5126

5093 **Emporte pièces** à découper, ½ ronds, dents pointues — acier poli

Nos	3	4	5	6	7	8	9	10	11	12	13	14
Largeur m/m	8	9	11	13	15	17	19	21	24	27	30	35
La pièce	1.45	1.45	1.60	1.75	1.95	2.25	2.55	2.90	3.20	3.55	3.85	4.15

5094 **Emporte pièces** à découper, ½ ronds, dents rondes — acier poli

Nos	5	6	7	8	9	10	11	12
Largeur m/m	18	20	22	24	27	30	34	37
La pièce	2.40	2.75	3.05	3.35	3.70	4. .	4.30	4.80

5095 **Emporte pièces** à découper, ogives, dents pointues — acier poli

Nos	7	8	9	10	11	12
Largeur en m/m	19	20	22	24	26	28
La pièce	3.80	4.30	4.60	5.10	5.35	6.10

5096 **Emporte pièces** à découper, ogives, dents de feuillage — acier poli

Nos	7	8	9	10	11	12
Largeur en m/m	19	20	22	24	26	28
La pièce	5. .	5.60	6.10	6.45	6.80	7.45

Emporte pièces à découper, à arcades, dents pointues

	Largeur de chaque arcade m/m	15	16	17	19	22	28	33
5097	à 2 arcades .... La pièce	»	»	»	»	»	»	12. .
5098	à 3 » .... »	»	»	10.40	12. .	14. .	14.40	»
5099	à 4 » .... »	12. .	12. .	»	»	»	»	»

Emporte pièces à découper à arcades, largeur de chaque arcade 15 m/m

5100	à 2 arcades, dents rondes .... La pièce	8. .
5101	à 3 » » .... »	10.40
5102	à 4 » » .... »	12.80

5103 **Emporte pièces** à hosties — manche bois

Diamètre du trou	30	40	50	60	70	80	90	100
La pièce	4.50	4.75	5.35	5.75	6.25	7. .	8. .	9. .

Pinces emporte pièces, trou rond

	Longueur c/m	14	15	16	19
5104	Ordinaire .... La pièce	»	»	1.60	»
5105	Fine, 1 branche coudée .... »	2.25	2.35	2.50	2.90

5106 Tubes de rechange de 1 à 6 m/m .... La pièce 0.60

Pinces emporte pièces, trou rond, qualité supérieure

	Longueur c/m	16	19
5107	Avec 1 tube .... La pièce	3. .	3.75
5108	A tringle avec 3 tubes de rechange .... »	5.50	6. .

5109 Tubes de rechange de 1 à 6 m/m .... La pièce 0.60

Pinces emporte pièces pour selliers

	Longueur c/m	16	19	22	24	26
	Nombre de tubes	3	3	3	4	5
5110	A étui laiton .... La pièce	5.75	6.85	9.50	10.50	11.75

5111 Tubes de rechange de 1 à 6 m/m ½ .... La pièce 0.80

5112 **Pince emporte pièces** à encliquetage avec 4 tubes de rechange, longueur 24 c/m p.e 14. .

5113 Tubes de rechange assortis .... La pièce 0.80

Pinces à boutonnières

	Longueur c/m	16	19
5114	Avec couteaux de 12 à 20 m/m .... La pièce	3.85	4.15
5115	» » 22 à 25 m/m .... »	4.15	4.50
5116	» » 27 à 30 m/m .... »	»	5. .
	» » à œil ovale .... En plus, par pièce		0.70

Couteaux de rechange

	Largeur m/m	12 à 20	22 à 25	27 à 30
5118	œil rond .... La pièce	1.15	1.45	1.75
5119	œil ovale .... »	1.75	2.15	2.50

5120 **Pinces à boutonnières** à coulisse, faisant des boutonnières de 12 à 30 m/m

	Couteau	œil rond	œil ovale
	Longueur de la pince 24 c/m ... La pièce	9.50	10. .
5121	**Couteaux** de rechange .... »	1.75	2.15

5122 **Pinces à boutonnières** acier poli, nouveau modèle, longueur 24 c/m pouvant faire des boutonnières de 15, 18, 21, 24, 27 et 30 m/m .... La pièce 14.25

5123 **Lame** de rechange pour dite A œillet rond 2.60

5124 » » » » B » poire 3.10

5125 » » » » C » poire allongée 3.10

Sans indication spéciale, la pince est toujours livrée avec la lame forme B œillet poire qui est la plus usitée.

5126 **Pince** pour tatouer les oreilles de moutons, acier fondu, montée avec tige à arbre coupant sur buffle

	rond	trèfle, pique ou cœur	1 lettre	2 lettres
La pièce	10. .	15. .	15. .	20. .

Cet article n'est fabriqué que sur demande; il ne peut être repris. Un délai de 15 jours est nécessaire pour la fabrication.

5127	**Enclumette** acier fondu, table poli fin, poids en grammes 300 à 500	La pièce	3.60
5128	" " " " " au-dessus de 500 grammes	Le kilog	7. .
5129	**Bigorne** de bijoutier, acier fondu, table poli fin, poids en grammes 250 à 500	La pièce	2.80
5130	" " " " " " au-dessus de 500 grammes	Le kilog	5.75
5132	**Entraves** fer roulé, blanchi, avec clé, pour chevaux	La paire	3.25

5131 **Enclumes** en fer forgé, table acier 1re qualité, pour serruriers, forgerons, maréchaux, etc.

Cours variable	Poids en kilogs	10 à 20	25 à 49	50 à 74	75 et au-dessus
	Les cent kilogs	150. .	140. .	135. .	130. .

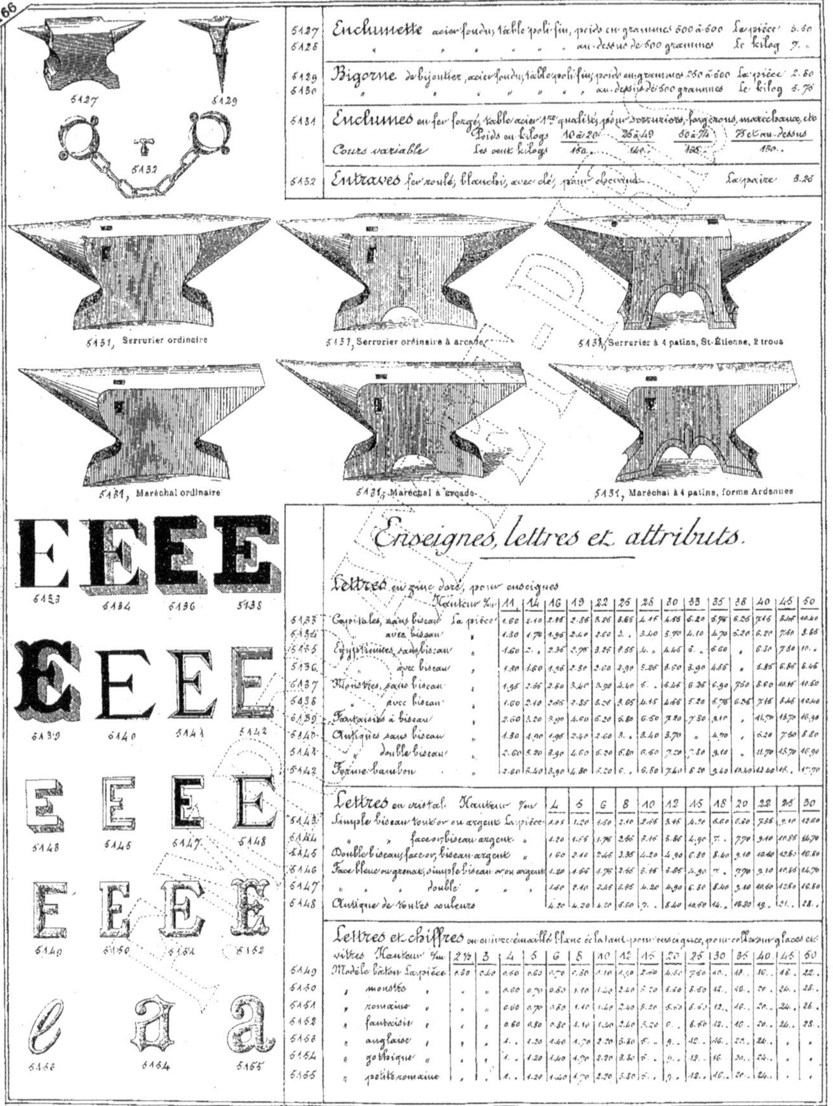

5127 5129 5132

5131, Serrurier ordinaire — 5131, Serrurier ordinaire à arcade — 5131, Serrurier à 4 patins, St-Étienne, 2 trous

5131, Maréchal ordinaire — 5131, Maréchal à arcade — 5131, Maréchal à 4 patins, forme Ardennes

5133 5134 5136 5138 — 5139 5140 5141 5142 — 5143 5145 5147 5148 — 5149 5150 5151 5152 — 5153 5154 5155

Enseignes, lettres et attributs.

Lettres en zinc doré, pour enseignes

N°	Désignation		Hauteur m/m 11	14	16	19	22	25	28	30	33	35	38	40	45	50
5133	Capitales, sans biseau	La pièce	1.60	2.10	2.35	2.85	3.25	3.65	4.15	4.65	5.20	5.75	6.25	7.15	8.45	10.40
5134	" avec biseau	"	1.30	1.70	1.95	2.40	2.60	3. .	3.40	3.70	4.10	4.70	5.20	6.20	7.40	8.85
5135	Égyptiennes, sans biseau	"	1.60	2. .	2.35	2.75	3.25	3.65	4. .	4.45	5. .	5.60	"	6.80	7.80	10. .
5136	" avec biseau	"	1.30	1.60	1.95	2.30	2.60	2.90	3.25	3.60	3.90	4.55	"	5.85	6.85	8.45
5137	Monstres, sans biseau	"	1.95	2.55	2.80	3.40	3.90	4.40	5. .	5.45	6.25	6.90	7.50	8.60	10.15	10.60
5138	" avec biseau	"	1.60	2.10	2.85	2.85	3.25	3.65	4.15	4.65	5.20	5.75	6.25	7.15	8.45	10.40
5139	Fantaisies à biseau	"	2.60	3.20	3.90	4.60	5.20	5.80	6.50	7.20	7.80	9.10	"	11.70	13.70	16.90
5140	Antiques sans biseau	"	1.30	1.90	1.95	2.40	2.60	3. .	3.40	3.70	"	4.70	"	6.20	7.50	8.80
5141	" double biseau	"	2.60	3.20	3.90	4.60	5.20	5.80	6.60	7.20	7.80	9.10	"	11.70	13.70	16.90
5142	Forme bambou	"	2.60	3.40	3.90	4.80	5.20	6. .	6.80	7.40	8.20	9.40	10.40	12.40	15. .	17.70

Lettres en cristal. Hauteur m/m

N°	Désignation	4	5	6	8	10	12	15	18	20	22	25	30
5143	Simple biseau tout or ou argent La pièce	1.05	1.20	1.50	2.10	2.65	3.45	4.20	6.60	6.60	7.35	9.10	12.60
5144	" " face or, biseau argent "	1.20	1.55	1.75	2.65	3.15	3.85	4.90	7. .	7.70	9.10	10.85	14.70
5145	Double biseau, face or, biseau argent "	1.60	2.10	2.45	3.35	4.20	4.90	6.30	8.40	9.10	10.60	12.60	16.80
5146	Face bleue ou grenat, simple biseau or ou argent	1.20	1.55	1.75	2.65	3.15	3.85	4.90	7. .	7.70	9.10	10.85	14.70
5147	" " " double " " "	1.60	2.10	2.45	3.35	4.20	4.90	6.30	8.40	9.10	10.60	12.60	16.80
5148	Antique de toutes couleurs	4.20	4.20	4.20	5.60	7. .	8.40	10.50	14. .	16.80	19. .	21. .	28. .

Lettres et chiffres en cuivre émaillé blanc éclatant, pour enseigne, pour coller sur glaces et vitres

N°	Désignation	Hauteur m/m 2½	3	4	5	6	8	10	12	15	20	25	30	35	40	45	50
5149	Modèle bâton La pièce	0.30	0.40	0.50	0.65	0.70	0.80	1.10	1.30	2.00	4.50	7.50	10. .	13. .	16. .	18. .	22. .
5150	" monstre "	"	"	0.60	0.70	0.80	1.10	1.40	2.40	3.20	5.60	6.50	12. .	16. .	20. .	24. .	28. .
5151	" romaine "	"	"	0.60	0.70	0.80	1.10	1.40	2.40	3.20	5.60	6.60	12. .	16. .	20. .	24. .	26. .
5152	" fantaisie "	"	"	0.60	0.80	0.80	1.10	1.40	2.40	3.20	6. .	6.60	12. .	16. .	20. .	24. .	28. .
5153	" anglaise "	"	"	1. .	1.20	1.40	1.70	2.20	3.50	5. .	9. .	12. .	16. .	20. .	24. .	"	"
5154	" gothique "	"	"	1. .	1.20	1.40	1.70	2.20	3.50	5. .	9. .	12. .	16. .	20. .	24. .	"	"
5155	" petite romaine	"	"	1. .	1.20	1.40	1.70	2.20	3.50	5. .	9. .	12. .	16. .	20. .	24. .	"	"

5160 avec 5156 — 5164B — 5162 — 5165 N° 1 — 5163 — 5165 N° 2 et N° 3 — 5166 — 5167 — 5168 — 5171 — 5174 — 5177 — 5189 — 5186 — 5189

Enseignes pour coiffeurs, en cuivre

		Diamètre m/m	12	14	16	18	20	25
5156	Plat seul, cuivre poli	La pièce	1.45	1.65	1.80	2.15	2.70	5.70
5157	» » » nickelé		1.80	2.30	2.70	3.25	3.70	7.50

Supports pour enseignes de coiffeurs

		Longueur m/m	32	35	42
5158	Droits, cuivre poli	La pièce	»	1.95	2.35
5159	» » nickelé	»	»	2.90	3.30
5160	Courbes » poli	»	2.35	»	2.75
5161	» » nickelé	»	3.30	»	3.70

Enseignes pour gantiers

		Longueur m/m	25	30	35	40	45	50	60	70	80
5162	vermillon filets dorés	La pièce	10.40	11.95	14.60	17.	20.	23.	26.70	35.	45.

Enseignes pour bureaux de tabac

		Longueur m/m	30	40	50	65	75	80	90	100	115	120
5163	carotte décorée et attributs	La pièce	7.15	8.60	10.	11.50	14.30	16.	18.50	21.50	26.	36.

Panonceaux pour enseignes, fond doré, lettres noires, sans ferrure, dimensions m/m 43 x 37

5164 Modèle officiel avec allégorie de République Française, sans inscription . . . . . . La paire 30. .
5164A » milieu uni pour inscription, bordure branches de chêne et laurier, sans inscription » 30. .
5164B » » » » » avec inscription » 32. .

La paire est composée de deux plaques accouplées formant enseigne de chaque côté

Ferrure fer à scellement pour les fixer sur pierre ou maçonnerie . . La pièce 6. .
» fer à empatture pour vis pour fixer les panonceaux sur bois . . . . . 6. .

Attributs pour enseignes, pour toutes professions — Prix sur demande

Entrées pour boîtes à lettres.

5165 Entrées américaines, fonte bronzée

	N°	1	2	3
	Dimensions extérieures m/m	190 x 70	190 x 67	250 x 67
	d° de l'ouverture m/m	115 x 26	115 x 25	180 x 27
5165	La pièce	1.30	1.75	2.45

Entrées métal nickelé, inoxydable

		Dimensions extérieures m/m	165x42	180x40	190x44	210x44	220 x 40
		d° de l'ouverture m/m	140x20	130x18	155x22	153x21	182 x 22
5166	à boudin, rectangulaires	La pièce	2.10	»	2.30	»	2.75
5167	» à chapeau	»	»	2.30	»	2.75	»

Entrées à boudin et unies

		Dimensions extérieures m/m	140x40	160x42	180x43	190x48	220x51	220x52	260x55	320x66
		d° de l'ouverture m/m	110x20	129x23	126x25	158x24	182x26	158x30	210x29	265x29
5168	à boudin, cuivre poli	La pièce	1.70	1.95	»	2.45	2.80	»	4.20	6.75
5169	» » nickelé	»	2.25	2.50	»	2.85	3.65	»	5.10	7. .
5170	» bronze de nickel	»	3. .	3.50	»	4. .	5.20	»	6.50	10.75
5171	Unies, cuivre poli	»	1.80	2.05	»	2.25	3.05	»	4.60	6.25
5172	» » nickelé	»	2.35	2.60	»	3. .	3.95	»	5.50	7.50
5173	» bronze de nickel	»	3.20	3.90	»	4.50	5.70	»	7.50	11.25
5174	Orientales, à boudin, cuivre poli	»	»	»	2.60	»	»	3.40	»	»
5175	» » nickelé	»	»	»	3.15	»	»	4.20	»	»
5176	» » bronze de nickel	»	»	»	5. .	»	»	6.50	»	»

Entrées à biseau dimensions extérieures m/m 190 x 60, dimensions de l'ouverture m/m 157x30

5177 En cuivre poli . . . . La pièce 3.10
5178 » nickelé . . . . » 3.75
5179 En bronze de nickel . . . . » 7. .

Entrées à boudin, très larges pour journaux

dimensions extérieures m/m 260 x 85, dimensions de l'ouverture m/m 235 x 68

5180 En cuivre poli . . . . La pièce 7. .
5181 » nickelé . . . . » 8.50
5182 En bronze de nickel . . . . » 12. .

Entrées unies, fortes et larges pour journaux

dimensions extérieures m/m 320 x 75, dimensions de l'ouverture m/m 275 x 40

5183 Cuivre poli . . . . La pièce 9. .
5184 » nickelé . . . . » 10.50
5185 Bronze de nickel . . . . » 15. .

Les entrées N°s 5168 à 5185 se font avec gravure
Lettres, cartas, buzon, letters, briefe — En plus par pièce 1.10

Entrées ornées, modèle grec, inscription en relief, "Lettres"

dimensions extérieures m/m 180 x 67 dimensions de l'ouverture m/m 116 x 22

5186 Cuivre poli . . . . La pièce 2.60
5187 » nickelé . . . . » 3.50
5188 Bronze de nickel . . . . » 4.50

Entrées ornées, à godrons, inscription en relief, "Lettres"

		Dimensions extérieures m/m	205x62	250x65
		d° de l'ouverture m/m	146x27	146x27
5189	Cuivre poli	La pièce	4. .	4.75
5190	» nickelé	»	5. .	6. .
5191	Bronze de nickel	»	7. .	8.50

5192 5194 5195 5196 5197 5198 5199 5200 5201 5202 5203 5204 5205 5206 5207 5208 5209 5210 5211 5212 5213 5214 5215 5216 5217 5218 5219

Entrées pour serrures de meubles.

	Entrées rondes, à moulures, bois verni. Diamètre ᵐ/ₘ	18	20	22	25	27	30	32	35	40	45
5192	Noyer, acajou, chêne, merisier — Le cent	1.90	1.96	1.96	1.96	1.96	1.98	2.36	2.66	3.46	4.66
5193	Palissandre, bois noir .... "	2.70	2.56	2.70	2.90	2.66	2.85	2.60	4.30	6.90	7.16

	Entrées ovales, noyer, acajou, chêne, merisier. Longueur ᵐ/ₘ	60	70	80
5194	Le cent	15..	16.25	17.50

	Entrées gothiques, longues, noyer, acajou, chêne, merisier. Longueur ᵐ/ₘ	12	14	16	19
5195	Le cent	24.25	27.25	31.50	37.25

5196 Entrées gothiques, cuir estampé, longueur 15 ᵐ/ₘ .... Le cent 35..

	Entrées cuivre poli découpé. Hauteur ᵐ/ₘ	15	20	25	30	35	40	45	50	55	60	65
5197	Forme écusson .... Le cent	2.45	2.75	3..	3.60	4.25	5..	5.80	6.70	7.60	10..	13..
5198	" losange			3..	3.60	4.25	5..	5.80	6.70	7.50	10..	13..

Par commande de 1000 pièces assorties, prises en une seule fois Bonification 5 %

	Entrées cuivre fondu à filet, forme ordinaire. Nᵒˢ	1	2	3	4	5	6	7	8
5199	Hauteur ᵐ/ₘ	13	15	17	20	21	22	25	27
	Le cent	1.20	1.35	1.35	1.40	1.45	1.75	2..	2.50
	Le mille	12.50	13..	13..	13.50	14..	17..	19.50	24.50

	Entrées cuivre fondu à filet, forme carrée. Nᵒˢ	4	5	6	7	8
5200	Hauteur ᵐ/ₘ	22	24	26	27	30
	Le cent	6.75	3.85	4.25	5.25	6.75

	Entrées cuivre fondu à filet et jonc. Nᵒˢ	3	4	5	6	7
5201	Hauteur ᵐ/ₘ	17	18	20	21	24
	Le cent	20..	20..	20..	22..	25..

	Entrées rondes. Nᵒˢ	1	2	3	4	5	6	7	8
	Diamètre ᵐ/ₘ	15	18	20	24	27	30	35	40
5202	Cuivre à lacets — Le cent	7.50	7.60	7.60	8.25	8.25	9..	15..	16.50
5203	" fondus, molletées à vis "	10.50	11.25	12..	12.50	15..	16.50	18..	24..

Entrées rondes cuivre estampé, ancienne fabrication. Nᵒˢ	5204	5205	5206	5207	5208	5209
Hauteur ᵐ/ₘ	45	60	64	64	66	66
Le cent	11.90	13.60	17..	17..	17..	17..

Entrées longues cuivre estampé, ancienne fabrication. Nᵒˢ	5210	5211	5212	5213	5214
Hauteur ᵐ/ₘ	90	105	125	145	165
Le cent	15.30	18.70	20.40	23.80	27.20

5215 Entrées en zinc nickelé, gravé, losange, largeur 45 ᵐ/ₘ .... Le cent 5..

	Entrées zinc nickelé gravé. Longueur ᵐ/ₘ	95	110	135	145
5216	pour armoires .... Le cent	6.50	8.50	11.70	14.30

5217 pour tiroirs, longueur unique 95 ᵐ/ₘ .... Le cent 6.50

	Entrées zinc nickelé gravé. Longueur ᵐ/ₘ	105	130	145
5218	pour armoires .... Le cent	8.15	12.60	13.65

5219 pour tiroirs, longueur unique 85 ᵐ/ₘ .... Le cent 6..

Entrées pour armoires et tiroirs — Nᵒˢ 5220 à 5249

Nᵒˢ	5220	5220 T	5221	5221 T	5222	5223	5224	5225	5226	5227	5227 T	5228	5229
Zinc découpé nickelé. Le cent	5.50	5.60	5.60	5.60	5.60	5.60	5.60	5.60	5.60	5.50	5.60	5.60	12..
" " " Le mille	47..	47..	47..	47..	47..	47..	47..	47..	47..	47..	47..	47..	100..
Cuivre découpé poli ou nickelé Le cent	18..	18..	18..	18..	18..	18..	18..	18..	18..	18..	18..	18..	60..

Nᵒˢ	5230 D	5230 G	5231	5232	5233 T	5234	5235 T
Zinc estampé nickelé. Le cent	10..	10..	12..	12..	12..	"	"
Cuivre estampé poli ou nickelé "	20..	20..	26..	25..	30..	36..	30..

Nᵒˢ	5236	5237 T	5238	5239	5240 T	5241	5242
Cuivre estampé, artistiques de style, polies. La pièce	0.46	0.45	0.41	0.46	0.45	0.51	0.51
" " " " Le cent	40..	40..	36..	40..	40..	46..	46..
" " " " nickelées. La pièce	0.50	0.50	0.45	0.50	0.50	0.56	0.56
" " " " Le cent	45..	45..	40..	45..	45..	51..	51..

Nᵒˢ	5243	5244	5245	5246	5247	5248	5249
Cuivre estampé, artistiques de style, polies. La pièce	0.16	0.39	0.28	0.28	0.41	0.50	0.50
" " " " Le cent	11..	34..	23..	23..	36..	45..	45..
" " " " nickelées. La pièce	0.17	0.43	0.32	0.32	0.45	0.55	0.55
" " " " Le cent	12..	38..	27..	27..	40..	50..	50..

ENTRÉES DÉCOUPÉES, ZINC NICKELÉ, CUIVRE POLI ET NICKELÉ

(Voir prix page 168)

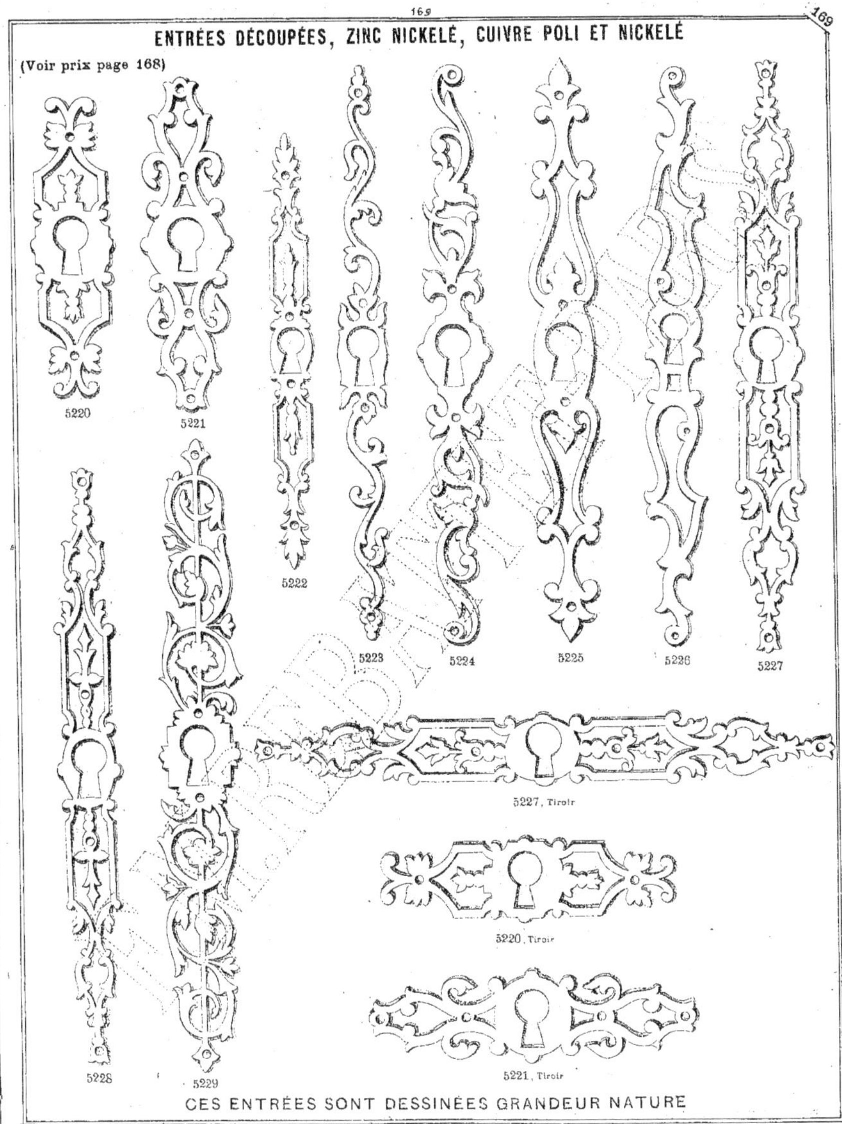

CES ENTRÉES SONT DESSINÉES GRANDEUR NATURE

Paris. — Imp. DONNADIEU, 33, Rue des Francs-Bourgeois

ENTRÉES DÉCOUPÉES, ZINC NICKELÉ, CUIVRE POLI ET NICKELÉ

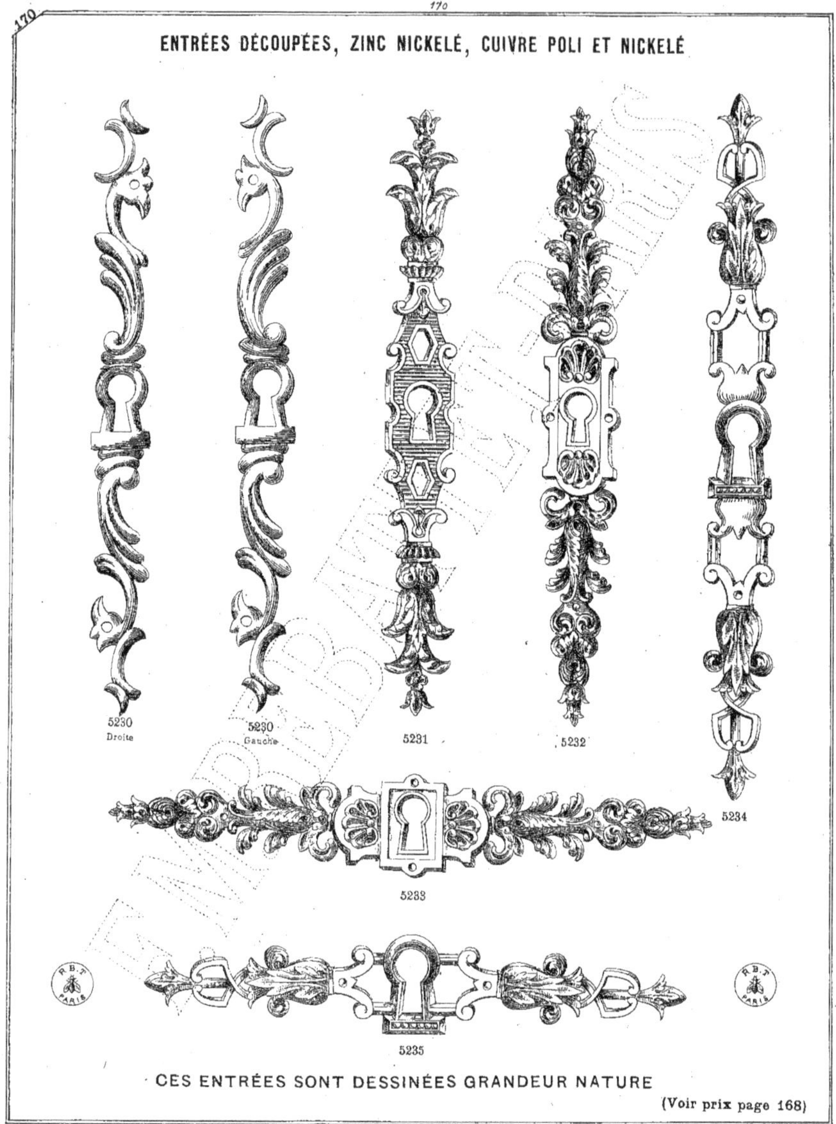

CES ENTRÉES SONT DESSINÉES GRANDEUR NATURE

(Voir prix page 168)

Paris. — Imp. DONNADIEU. 23, Rue des Francs-Bourgeois

ENTRÉES ESTAMPÉES RICHES DE STYLE, CUIVRE POLI ET NICKELÉ

(Voir prix page 168)

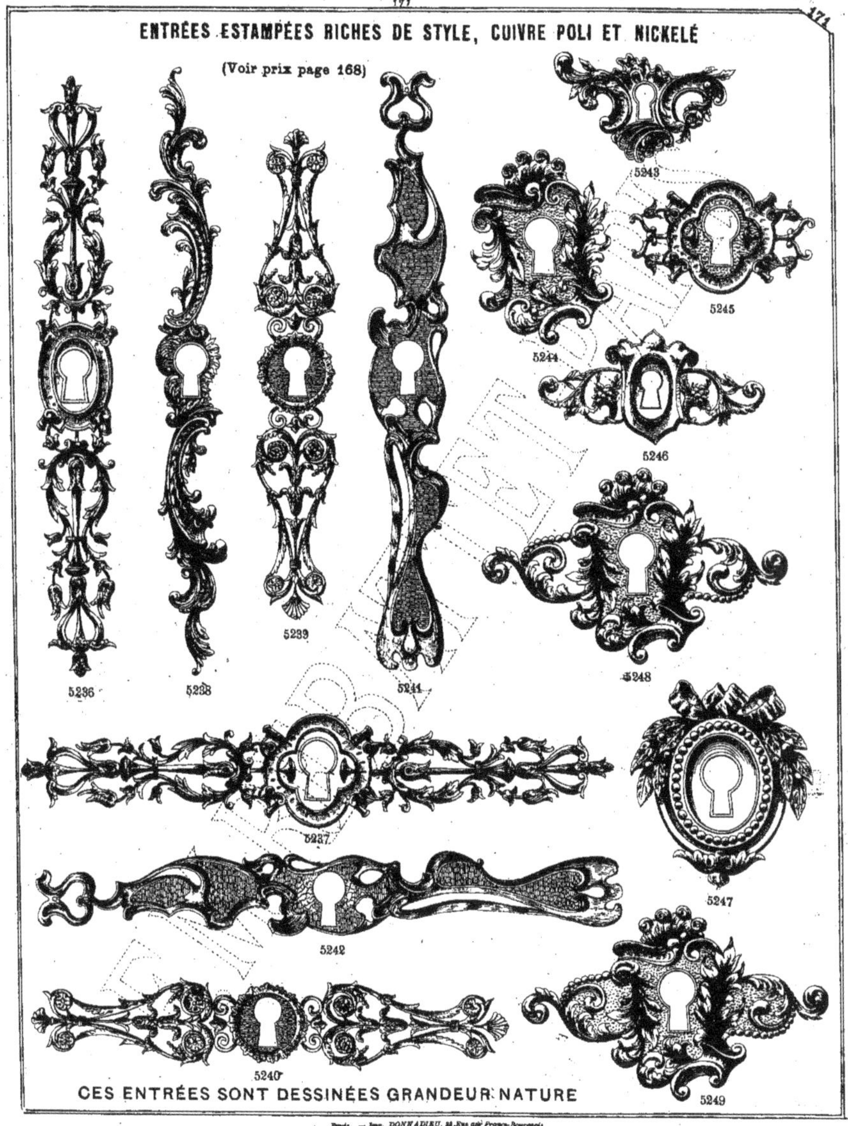

CES ENTRÉES SONT DESSINÉES GRANDEUR NATURE

Paris. — Imp. DONNADIEU, 22, Rue des Francs-Bourgeois

ENTRÉES MÉTAL BLANC FONDU, NICKELÉ

(Voir prix page 176)

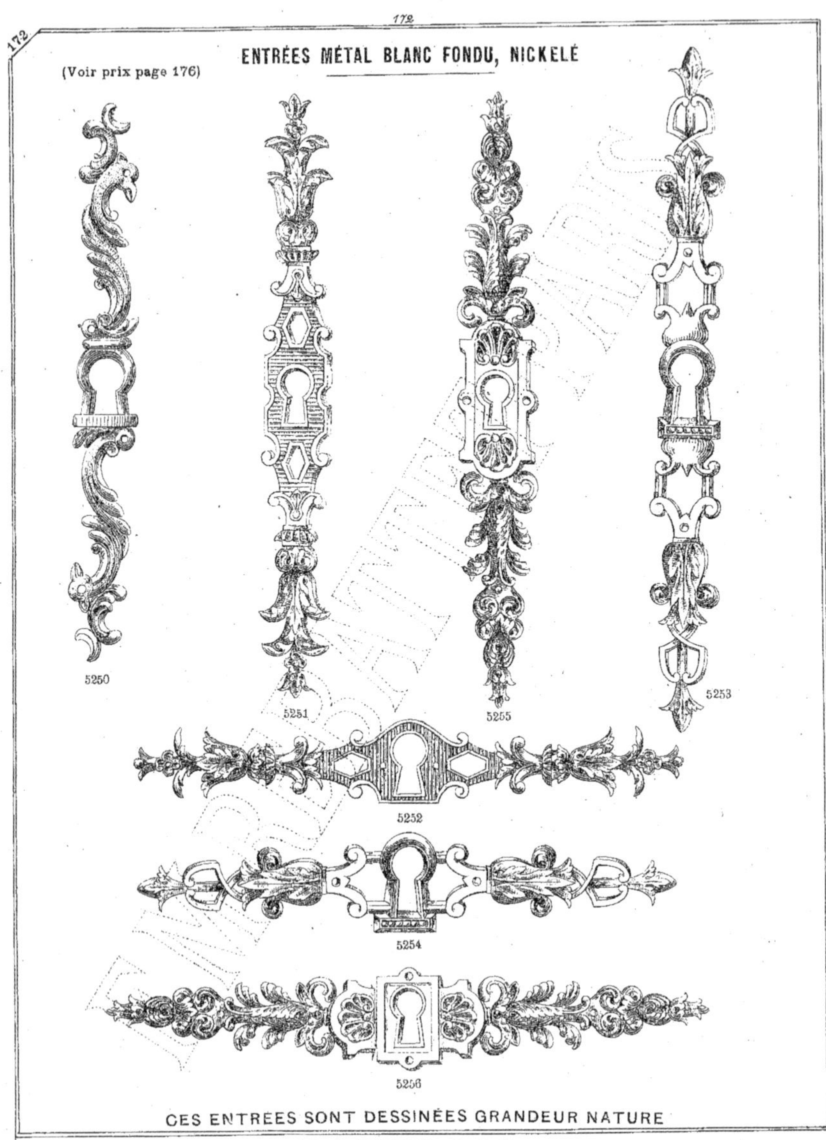

CES ENTRÉES SONT DESSINÉES GRANDEUR NATURE

Paris. — Imp. BONNAFIEU, 23, Rue des Francs-Bourgeois.

ENTRÉES CISELÉES DE STYLE, CUIVRE FONDU POLI, VERNI OR OU NICKELÉ

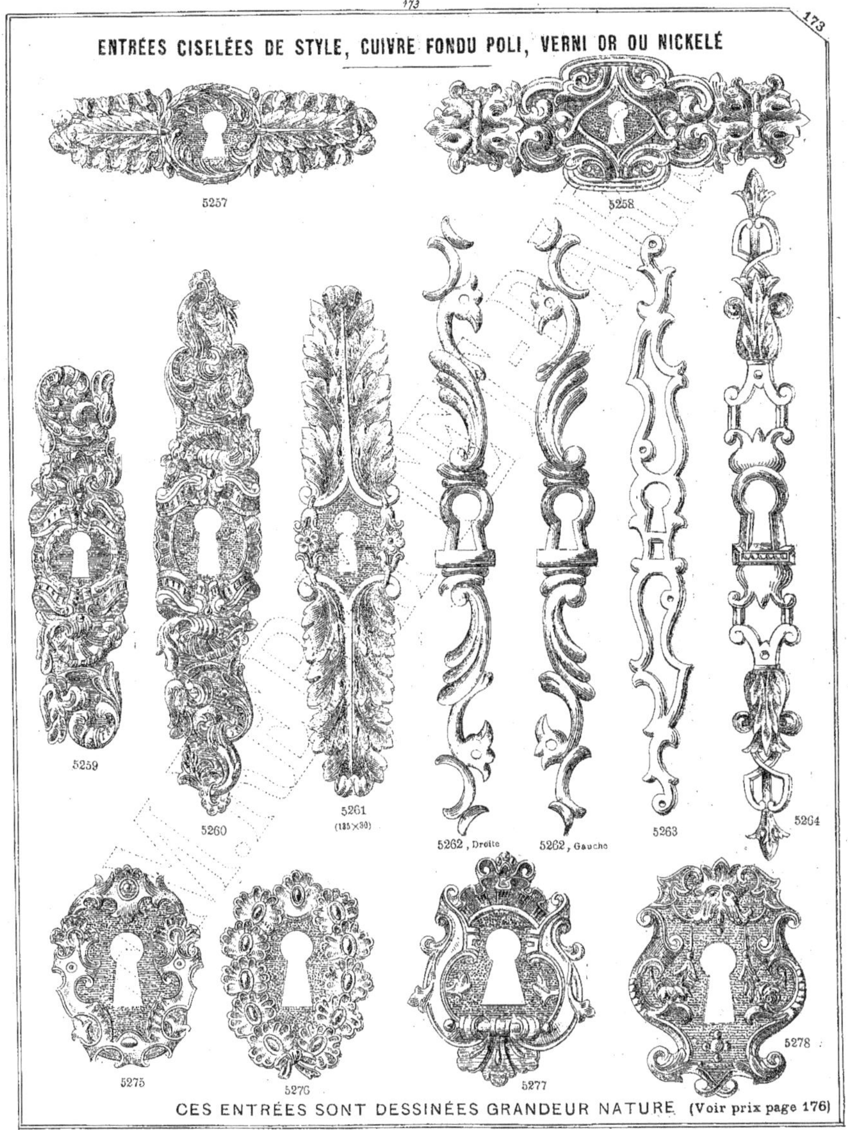

CES ENTRÉES SONT DESSINÉES GRANDEUR NATURE (Voir prix page 176)

Paris. — Imp. DONNADIEU, 98, Rue des Francs-Bourgeois

ENTRÉES CISELÉES DE STYLE, CUIVRE FONDU POLI, VERNI OR OU NICKELÉ

(Voir prix page 176)

CES ENTRÉES SONT DESSINÉES GRANDEUR NATURE

Paris. — Imp. DONNADIEU, 53, Rue des Francs-Bourgeois

ENTRÉES CISELÉES DE STYLE, CUIVRE FONDU POLI, VERNI OR OU NICKELÉ

(Voir prix page 176)

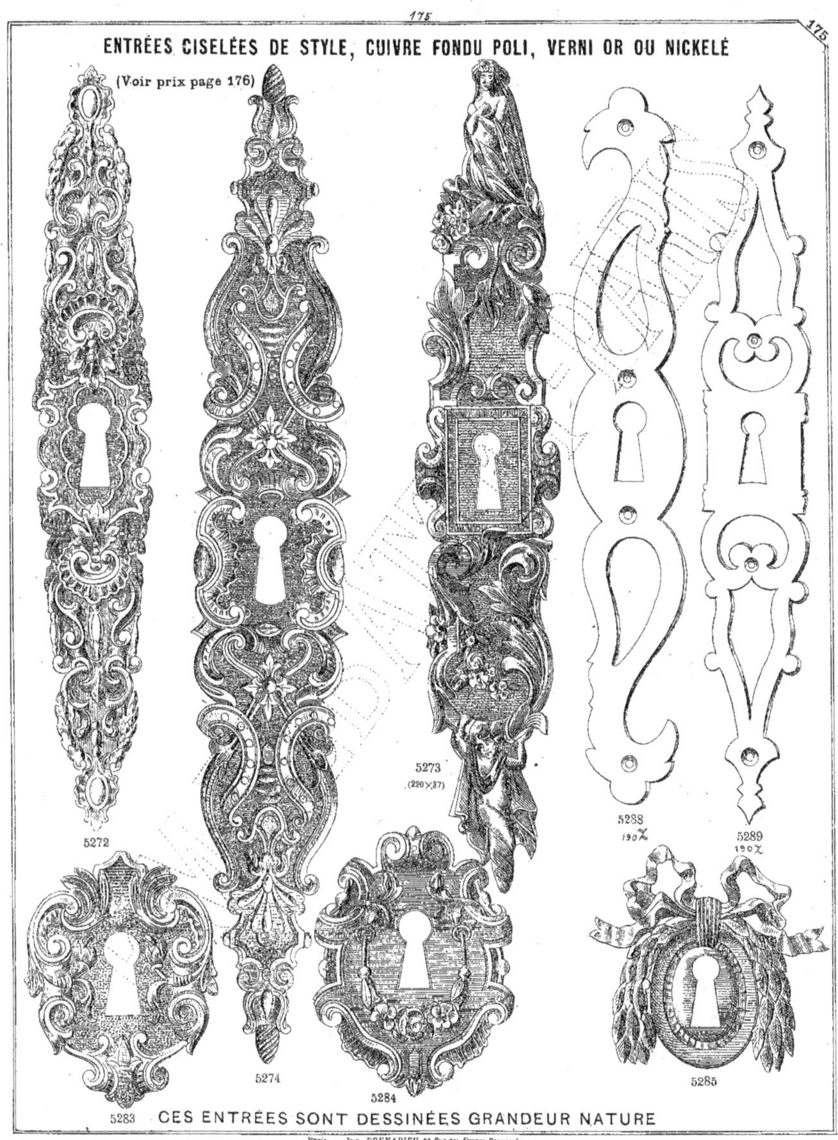

CES ENTRÉES SONT DESSINÉES GRANDEUR NATURE

Paris. — Imp. DONNADIEU, 23, Rue des Francs-Bourgeois

5286

5287 5290

5292 5295

5296 5297

5299 5302

5306 5308

Entrées métal blanc fondu nickelé

Nos	5250	5261	5252 tiroir	5258	5254 tiroir	5255	5250 tiroir
Le cent	27..	27..	29.50	30..	36..	31.50	31.50

Entrées cuivre fondu ciselé, de style, poli, verni or ou nickelé

Nos	5257	5258	5259	5260	5264	5264	5264	5262 D
Dimensions m/m	85x24	100x65	100x25	140x30	100x32	135x30	160x30	160x16
La pièce	0.90	1..	1..	1..	1.25	1.25	1.40	0.55

Nos	5262 G	5263	5264	5265	5266	5267	5267	5268
Dimensions m/m	160x16	155x15	175x18	170x23	145x22	150x16	170x21	165x19
La pièce	0.55	0.55	0.95	0.95	0.95	1.05	1.15	1.15

Nos	5269	5270	5271	5272	5273	5273	5273	5274
Dimensions m/m	160x20	175x22	180x20	205x33	220x37	275x47	350x58	265x40
La pièce	1.40	1.85	2.20	1.90	2.25	3.15	4.50	3.15

Entrées cuivre fondu ciselé, de style poli, verni or ou nickelé

Nos	5275	5276	5277	5278	5279	5280	5281
Dimensions m/m	35x40	55x40	60x50	65x45	60x50	68x58	70x56
Le cent	30..	30..	30..	40..	35..	40..	60..

Nos	5282	5283	5284	5285	5286	5287
Dimensions m/m	65x50	68x63	70x58	68x64	66x55	52x36
Le cent	40..	50..	55..	55..	50..	125..

5288 **Entrées** cuivre fondu, coq à jour, droite ou gauche pour armoires normandes

Hauteur m/m	105	125	155	185	210
La pièce	0.90	1.05	1.25	1.40	1.50

5289 **Entrées** cuivre fondu, gothiques à jour pour armoires normandes

Hauteur m/m	190	220	245	270
La pièce	1.50	1.65	2..	2.40

Entrées pour serrures de bâtiment

plates découpées

		Dimensions m/m	42x35	50x40	55x45
5290	Fer noir, force ordinaire	Le cent	1.80	2..	2.25
5291	" " renforcé	"	2.25	2.55	2.70
5292	" " force ordinaire pour pêne dormant	"	1.80	2..	2.25
5293	" " renforcé " "	"	2.25	2.55	2.70
5294	" " pour serrure à gorges	"	"	"	6.30
5295	Cuivre poli	"	"	"	27..

5296 **Entrées** plates, cuivre découpé, carrées longues pour serrures ordinaires

Hauteur m/m	30	35	40	45	50	55	60	65	70
Le cent	5.45	6.70	8.10	9.65	11.25	12.75	14.60	18..	21.30

Ces entrées ne sont pas livrées par quantité inférieure à 50 pièces d'une même dimension

5297 **Entrées** plates, cuivre fondu, pour serrures ordinaires

Dimensions m/m	30x24	35x27	40x32	45x36	50x40	55x45	60x45
Le cent	5.65	7.50	8.75	12.50	15..	17..	20..

5298 **Entrées** plates, cuivre fondu pour serrures à gorges

Hauteur m/m	45	50	55	60	70
Le cent	12..	15..	20..	24..	30..

Entrées à cuvette, cuivre fondu, pour serrures à gorges

		Largeur m/m	40	45	50	55	60	65	70	80
5299	Cuivre poli entrée faite	Le cent	34..	39.50	42.50	47.50	51.50	"	62.50	72.50
5300	" nickelé	"	69..	74.50	77.50	82.50	86.50	"	97.50	107.50
5301	Bronze de nickel	"	"	"	71.50	86..	115..	130..	148..	175..

Entrées rondes, cuivre fondu, recouvrement à coulisse

		Diamètre	50	60 m/m
5302	Plate cuivre poli	La pièce	1.20	1.30
5303	" " nickelé	"	1.80	1.90
5304	à cuvette cuivre poli	"	1.50	1.65
5305	" " nickelé	"	2.10	2.25

Entrées rectangulaires cuivre fondu, recouvrement à coulisse

		Dimensions	73x45	80x55
5306	Plate, cuivre poli	La pièce	1.45	1.95
5307	" nickelé	"	2.05	2.55
5308	à cuvette, cuivre poli	"	1.85	2.45
5309	" " nickelé	"	2.45	3.05

5310 5311 5312

5313 5317 5318

5319 5323 5327

5328 5329 5333

5337 5339

5342 5343 5344

5345 5346 5349 5364

5350 5353 5365

5357 5358 5359 5360

5362 5363 5364

Entrées de comptoir, cuivre fondu

N°	Désignation		Dimensions m/m 80x40	80x55
5310	Plates unies	Le cent	27.60	"
5311	Bombées, saillie de 5 m/m	"	51.60	"
5312	Très bombées, saillie de 12 m/m	"	"	75. .

Eperons

N°	Désignation		polis	nickelés	roulés	étamés
5313	à crampons ordinaires, pointure 4 à 6	La paire	0.95	1.25	"	"
5314	" " " 7 à 9	"	1.05	1.30	"	"
5315	" ½ légers molette fine	"	0.95	1.50	"	"
5316	" renforcés dits d'Afrique	"	1.05	1.60	"	"
5317	" ordinaires, col de cygne	"	1.20	1.75	"	"
5318	" ordonnance, fausse vis sous officiers et officiers	"	1.20	1.60	"	"
5319	Ordonnance, troupe, avec trou pour vis	"	"	0.60	0.55	"
5320	" sous officiers et officiers avec trou pour vis	"	0.95	1.25	"	"
5321	" " " avec trou pour vis très grandes pointures		1.05	1.30	"	"
5322	" gendarmes, avec trou pour vis	La paire	0.95	1.45	"	"
5323	à boîte ordinaire, branches à jonc ordinaires	"	1.15	1.70	"	"
5324	" forte " " molettes fines	"	1.60	2. .	"	"
5325	" ordinaire, tige col de cygne	"	1.20	1.75	"	"
5326	" forte, branches à biseau	"	1.75	2.25	"	"
5327	" " pour haras, forgés Paris	"	3.60	4.40	"	"
5328	" " ordonnance, fausse vis, sous officiers et officiers	"	1.75	2.25	"	"
5329	à la chevalière à boutons droits sans cuir	"	"	"	0.80	0.95
5330	" " col de cygne	"	"	"	0.85	1.20
5331	" à passants, col de cygne	"	"	"	0.85	1.20
5332	" " tige droite	"	"	"	0.85	0.95
5333	" à baguette	"	1.20	1.75	"	"
5334	" forte "	"	1.30	1.80	"	"
5335	" " col de cygne	"	1.30	1.80	"	"
5336	" forte " "	"	1.35	1.85	"	"
5337	" à biseau tige droite	"	1.60	2.25	"	"
5338	" " col de cygne	"	1.75	2.40	"	"
5339	" forme anglaise,	"	1.60	2.15	"	"
5340	" " à gourmettes poli fin,	"	6.40	8. .	"	"
5341	" Chantilly, boucles jonc, poli fin	"	2. .	2.70	"	"
5342	" Saumur, branches à boutons, molettes fines sans cuir	"	2. .	2.70	"	"
5343	Tiges à vis droites, molettes ordinaires	"	0.35	0.45	"	"
5344	" " col de cygne "	"	0.40	0.50	"	"
5345	" à boîte forte "	"	1.20	1.45	"	"

Boîtes seules, pour éperons, ordinaires

N°	Désignation		Prix
5346	Boîtes seules, pour éperons, ordinaires	Le cent de paires	27. .
5347	" " " fortes limées	"	37. .
5348	" " " " fines	"	50. .

Clés seules pour éperons, fonte roulée

N°	Désignation		Prix
5349	Clés seules pour éperons, fonte roulée	Le cent	20. .

Paracrottes

N°	Désignation		Vernis noirs	Polis	Nickelés
5350	Droits à vis	Le cent de paires	11. .	17. .	25. .
5351	Cintrés à vis	"	11. .	17. .	25. .
5352	Droits à boule	"	11. .	17. .	25. .
5353	" à boîte forte à boule	"	"	95. .	120. .

Molettes pour éperons

N°		ordinaires	ordinaires troupe	ordinres sous off. et officiers	fines	sans pointe
5354	Le cent de paires	7. .	6. .	5.50	10. .	8. .

Cuirs seuls, pour éperons chevalière

N°	Désignation		Prix
5355	Cuirs seuls, pour éperons chevalière, cuir noir	Le cent de paires	23.50
5356	" " " " " verni	"	53.50

Epingles ou pinces à linge, dites américaines, en boîtes carton de 144 pièces

N°	Désignation		Prix
5357	Bois, ressort acier galvanisé, deux encoches, longueur 70 m/m	La boîte	2.95
5358	" " laiton, rondelle zinc, une encoche " 70 m/m	"	3.15
5359	" " acier galvanisé deux coudes, marque Excelsior, une encoche, longueur 80 m/m	"	5. .
5360	" " laiton charnière zinc Brevetée vrai J.B deux encoches, longueur 70 m/m	"	6.45
5361	" " " " cuivre " " " " 70 m/m	"	5.20
5362	" " " " zinc " " " bout rond, une encoche, 60 m/m	"	8.30

Bonifications: Par 25 boîtes prises en une seule fois 3%; par 50 boîtes 4%; par 100 boîtes 5%.

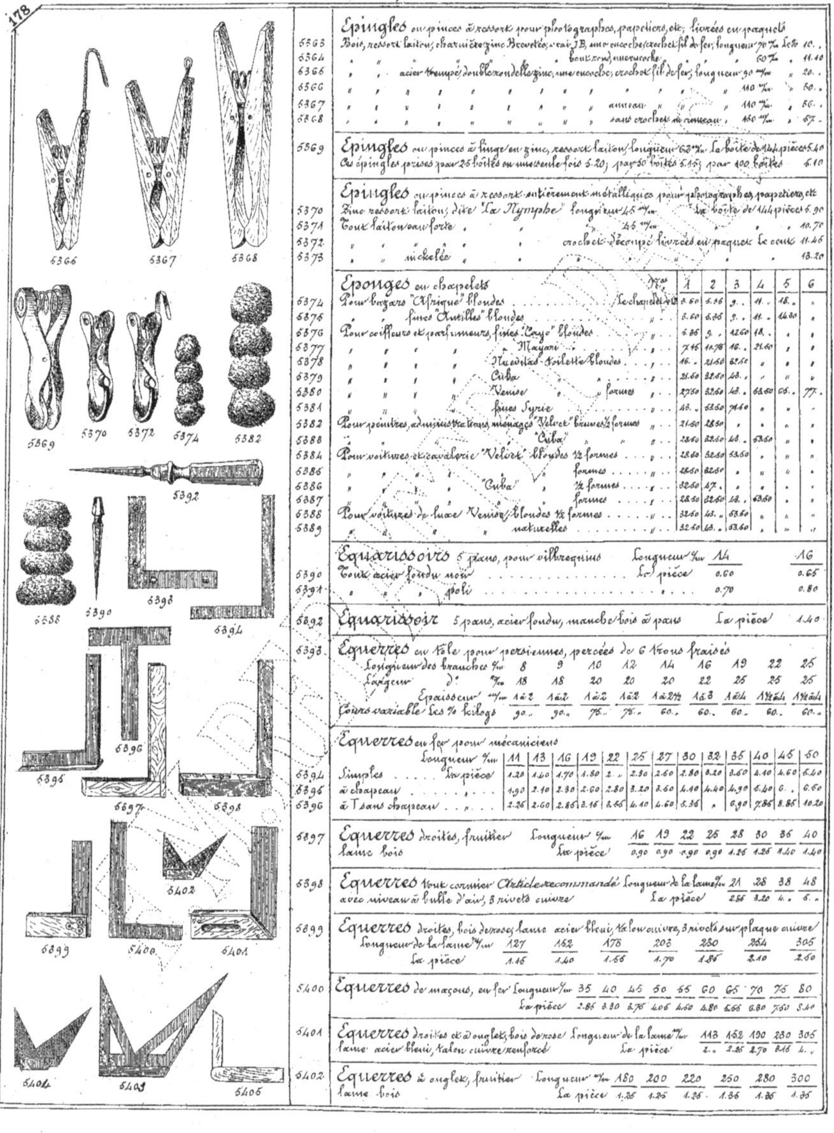

Épingles ou pinces à ressort pour photographes, papetiers, etc; livrées en paquets

N°	Désignation	Prix
5363	Bois, ressort laiton; charnière zinc Brevetée, « vrai J.B. », une encoche; crochet fil de fer; longueur 70 m/m Le %	10. .
5364	» » » » » bout rond, une encoche » » 60 m/m »	11.10
5365	» » acier trempé, double rondelle zinc, une encoche, crochet fil de fer, longueur 90 m/m »	20. .
5366	» » » » » » » » » » » » 110 m/m »	50. .
5367	» » » » » » » » » anneau » » » 110 m/m »	56. .
5368	» » » » » » » » » sans crochet ni anneau » 150 m/m »	57. .

5369 **Épingles** ou pinces à linge en zinc, ressort laiton, longueur 62 m/m La boîte de 144 pièces 5.40
Ces épingles prises par 25 boîtes en une seule fois 5.20; par 50 boîtes 5.15; par 100 boîtes 5.10

Épingles ou pinces à ressort entièrement métalliques pour photographes, papetiers, etc

N°	Désignation	Prix
5370	Zinc ressort laiton, dite « La Nymphe » longueur 45 m/m La boîte de 144 pièces	6.90
5371	Tout laiton eau forte » » 45 m/m » »	10.70
5372	» » » » crochet découpé livrées en paquet Le cent	11.45
5373	» » nickelée » » » » »	13.20

Éponges en chapelets

N°	Désignation		N°s 1	2	3	4	5	6
5374	Pour bazars « Afrique » blondes	Le chapelet de 12	3.60	5.35	9. .	11. .	18. .	»
5375	» » fines « Antilles » blondes	»	3.60	5.35	9. .	11. .	14.30	»
5376	Pour coiffeurs et parfumeurs, fines « Cayo » blondes	»	5.35	9. .	12.60	18. .	»	»
5377	» » » » Mayari	»	7.15	10.75	16. .	21.60	»	»
5378	» » » » Nuevitas toilette blondes	»	16. .	21.50	27.50	»	»	»
5379	» » » » Cuba » »	»	21.50	32.50	48. .	»	»	»
5380	» » » » Venise » » formes	»	27.50	32.50	43. .	53.50	65. .	77. .
5381	» » » » fines Syrie	»	43. .	53.50	71.50	»	»	»
5382	Pour peintres, administrations, ménages « Velvet » brunes ½ formes	»	21.50	28.50	»	»	»	»
5383	» » » » « Cuba » » »	»	28.50	32.50	43. .	53.50	»	»
5384	Pour voitures et cavalerie « Velvet » blondes ½ formes	»	28.50	32.50	53.50	»	»	»
5385	» » » » formes	»	28.50	32.50	»	»	»	»
5386	» » « Cuba » » ½ formes	»	32.50	47. .	»	»	»	»
5387	» » » » formes	»	28.50	32.50	43. .	53.50	»	»
5388	Pour voitures de luxe « Venise » blondes ½ formes	»	32.50	43. .	53.50	»	»	»
5389	» » » naturelles	»	32.50	43. .	53.50	»	»	»

Équarrissoirs 5 pans, pour vilbrequins

N°	Désignation	Longueur c/m	14	16
5390	Tout acier fondu noir	La pièce	0.60	0.65
5391	» » » poli	»	0.70	0.80

5392 **Équarrissoir** 5 pans, acier fondu, manche bois à pans La pièce 1.40

5393 **Équerres** en tôle pour persiennes, percées de 6 trous fraisés

Longueur des branches c/m	8	9	10	12	14	16	19	22	25
Largeur d° m/m	18	18	20	20	20	22	25	25	25
Épaisseur m/m	1 à 2	1 à 2	1 à 2	1 à 2	1 à 2½	1 à 3	1 à 4	1½ à 4	1½ à 4
Cours variable Les % kilogs	90. .	90. .	75. .	75. .	60. .	60. .	60. .	60. .	60. .

Équerres en fer pour mécaniciens

N°	Longueur c/m	11	13	16	19	22	25	27	30	32	35	40	45	50
5394	Simples La pièce	1.20	1.40	1.70	1.80	2. .	2.30	2.60	2.80	3.20	3.60	4.10	4.60	5.40
5395	à chapeau »	1.90	2.10	2.30	2.60	2.80	3.20	3.60	4.10	4.40	4.90	5.40	6. .	6.50
5396	à T sans chapeau »	2.25	2.60	2.85	3.15	3.55	4.10	4.60	5.35	»	6.90	7.85	8.85	10.20

5397 **Équerres** droites, fruitier lame bois

Longueur c/m	16	19	22	25	28	30	35	40
La pièce	0.90	0.90	0.90	0.90	1.25	1.25	1.40	1.40

5398 **Équerres** tout cormier Article recommandé avec niveau à bulle d'air, 3 rivets cuivre

Longueur de la lame c/m	21	28	38	48
La pièce	2.55	3.20	4. .	5. .

5399 **Équerres** droites, bois de rose, lame acier bleui, talon cuivre, 3 rivets sur plaque cuivre

Longueur de la lame m/m	127	152	178	203	230	254	305
La pièce	1.15	1.40	1.55	1.70	1.85	2.10	2.50

5400 **Équerres** de maçons, en fer

Longueur c/m	35	40	45	50	55	60	65	70	75	80
La pièce	2.85	3.30	3.75	4.05	4.50	4.80	5.55	6.30	7.50	8.40

5401 **Équerres** droites et à onglet, bois de rose lame acier bleui, talon cuivre renforcé

Longueur de la lame m/m	113	152	190	230	305
La pièce	2. .	2.25	2.70	3.15	4. .

5402 **Équerres** à onglet, fruitier lame bois

Longueur m/m	180	200	220	250	280	300
La pièce	1.25	1.25	1.25	1.35	1.35	1.35

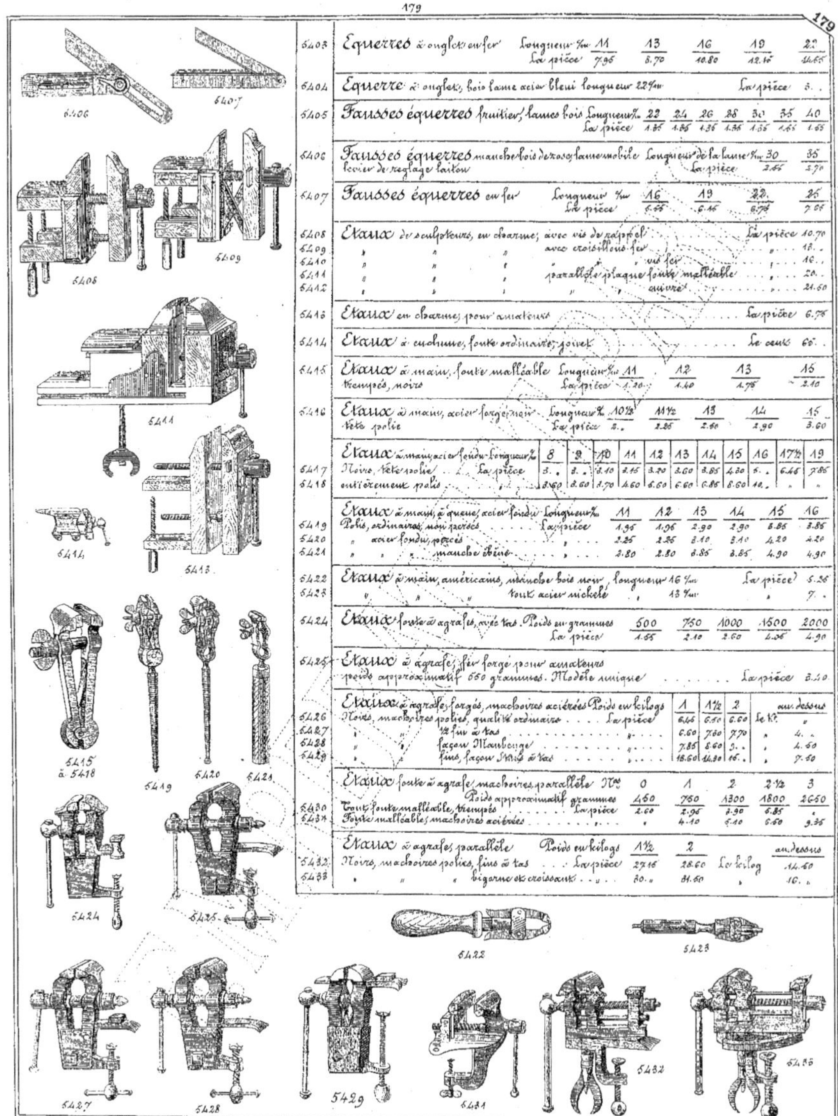

5403 **Equerres** à onglets en fer

Longueur m/m	11	13	16	19	22
La pièce	7.95	8.70	10.80	12.15	14.65

5404 **Equerre** à onglets, bois lame acier bleui longueur 22 c/m . . . La pièce 3. .

5405 **Fausses équerres** fruitier, lames bois

Longueur c/m	22	24	26	28	30	35	40
La pièce	1.35	1.35	1.35	1.35	1.35	1.65	1.65

5406 **Fausses équerres** manche bois de rose, lame mobile levier de reglage laiton

Longueur de la lame c/m	30	35
La pièce	2.65	2.70

5407 **Fausses équerres** en fer

Longueur c/m	16	19	22	25
La pièce	5.55	6.15	6.75	7.05

5408 **Etaux** de sculpteurs, en charme; avec vis de rappel . . . La pièce 10.70
5409 " " " avec croisillons fer . . . " . . . 13. .
5410 " " " " " vis fer . . . " . . . 16. .
5411 " " " parallèle plaque fonte malléable . . . " . . . 20. .
5412 " " " " " cuivre . . . " . . . 21.60

5413 **Etaux** en charme, pour amateurs . . . La pièce 6.75

5414 **Etaux** à enclume, fonte ordinaire, jouet . . . Le cent 65. .

5415 **Etaux** à main, fonte malléable trempés, noirs

Longueur c/m	11	12	13	15
La pièce	1.20	1.40	1.75	2.10

5416 **Etaux** à main, acier forgé noir tête polie

Longueur c/m	10½	11½	13	14	15
La pièce	2. .	2.25	2.60	2.90	3.60

Etaux à main, acier fondu

	Longueur c/m	8	9	10	11	12	13	14	15	16	17½	19
5417	Noirs, tête polie . . . La pièce	3. .	3. .	3.10	3.15	3.20	3.60	3.85	4.30	5. .	6.45	7.85
5418	entièrement polis . . . "	3.50	3.60	3.70	4.60	5.60	6.60	6.85	8.60	10. .	"	"

Etaux à main, à queue, acier fondu

	Longueur c/m	11	12	13	14	15	16
5419	Polis, ordinaires, non percés . . . La pièce	1.95	1.95	2.90	2.90	3.85	3.85
5420	" acier fondu, percés . . . "	2.25	2.25	3.10	3.10	4.20	4.20
5421	" " " manche ébène . . . "	2.80	2.80	3.85	3.85	4.90	4.90

5422 **Etaux** à main, américains, manche bois noir, longueur 16 c/m . . . La pièce 5.25
5423 " " " tout acier nickelé " 13 c/m . . . " 7. .

5424 **Etaux** fonte à agrafes, avec tas.

Poids en grammes	500	750	1000	1500	2000
La pièce	1.55	2.10	2.60	4.05	4.90

5425 **Etaux** à agrafe, fer forgé pour amateurs poids approximatif 650 grammes. Modèle unique . . . La pièce 3.40

Etaux à agrafes, forgés, machoires aciérées

	Poids en kilogs	1	1½	2		au dessus
5426	Noirs, machoires polies, qualité ordinaire . . . La pièce	6.45	6.50	6.60	Le K°	"
5427	" " ½ fin à tas . . . "	6.60	7.60	7.70	"	4. .
5428	" " façon Maubeuge . . . "	7.85	8.60	9. .	"	4.50
5429	" " fins, façon Stils à tas . . . "	13.60	14.30	16. .	"	7.50

Etaux fonte à agrafe, machoires parallèle

	N°s	0	1	2	2½	3
	Poids approximatif grammes	450	750	1300	1800	2650
5430	Tout fonte malléable, trempés . . . La pièce	2.60	2.95	3.90	5.85	"
5431	Fonte malléable, machoires aciérées . . . "	"	4.10	5.10	6.50	9.35

Etaux à agrafes parallèle

	Poids en kilogs	1½	2		au dessus
5432	Noirs, machoires polies, fins à tas . . . La pièce	27.15	28.60	Le kilog	14.60
5433	" " " bigorne et croissant . . . "	30. "	31.50	"	16. "

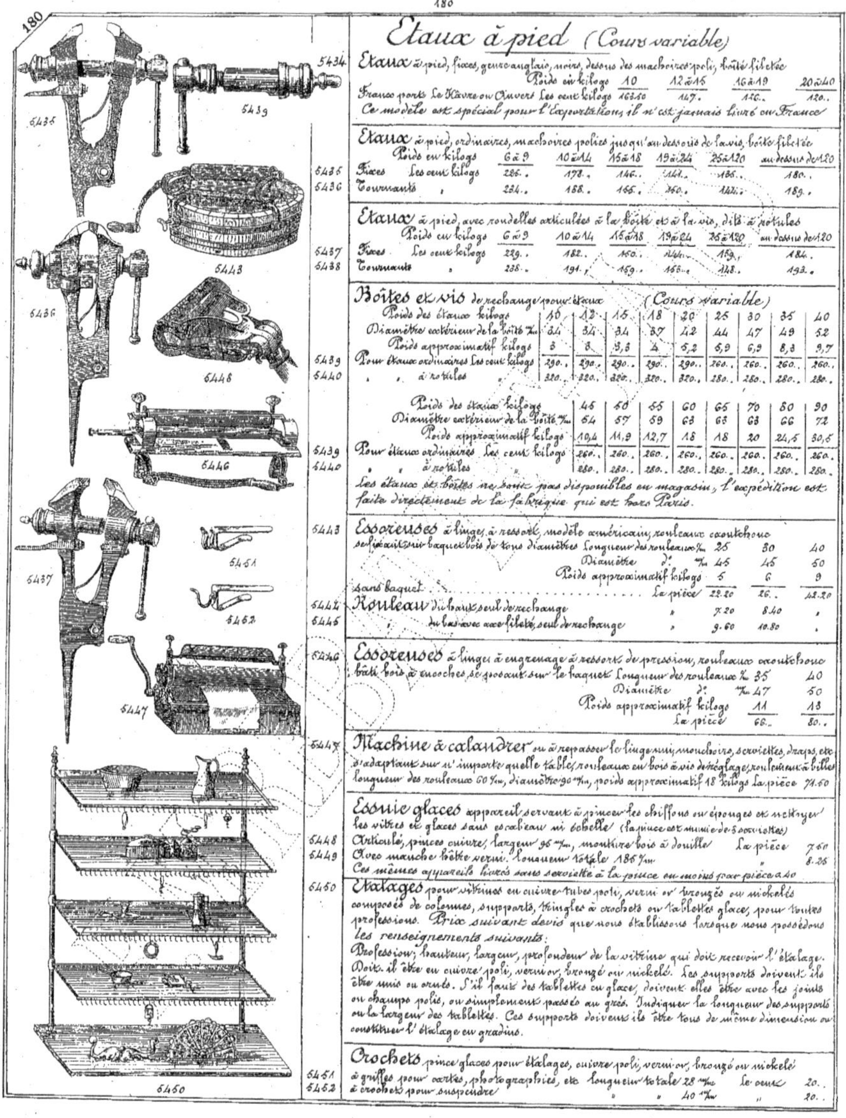

Étaux à pied (Cours variable)

5434 **Étaux** à pied, fixes, genre anglais, noirs, dessus des machoires poli, boîte filetée

	Poids en kilogs	10	12 à 15	16 à 19	20 à 40
Franco port Le Havre ou Anvers	Les cent kilogs	163.50	147.	126..	120..

Ce modèle est spécial pour l'Exportation, il n'est jamais livré en France

Étaux à pied, ordinaires, machoires polies jusqu'au dessous de la vis, boîte filetée

		Poids en kilogs	6 à 9	10 à 14	15 à 18	19 à 24	25 à 120	au dessus de 120
5435	Fixes	Les cent kilogs	226.	178.	146..	141..	136..	180..
5436	Tournants	"	234..	188.	165.	160..	144..	189.

Étaux à pied, avec rondelles articulées à la boîte et à la vis, dits à rotules

		Poids en kilogs	6 à 9	10 à 14	15 à 18	19 à 24	25 à 120	au dessus de 120
5437	Fixes	Les cent kilogs	229..	182..	160..	144..	159.	184.
5438	Tournants	"	238..	191.	159..	166..	148..	193.

Boîtes et vis de rechange pour étaux (Cours variable)

		10	12	15	18	20	25	30	35	40
	Poids des étaux kilogs	10	12	15	18	20	25	30	35	40
	Diamètre extérieur de la boîte m/m	34	34	34	37	42	44	47	49	52
	Poids approximatif kilogs	3	3	3,3	4	5,2	5,9	6,9	8,3	9,7
5439	Pour étaux ordinaires Les cent kilogs	290..	290..	290..	290..	290..	260..	260..	260..	260..
5440	" " à rotules "	320..	320..	320..	320..	320..	280..	280..	280..	280..

	Poids des étaux kilogs	45	50	55	60	65	70	80	90
	Diamètre extérieur de la boîte m/m	54	57	59	63	63	63	66	72
	Poids approximatif kilogs	10,4	11,9	12,7	18	18	20	24,5	30,5
5439	Pour étaux ordinaires Les cent kilogs	260..	260..	260..	260..	260..	260..	260..	260..
5440	" " à rotules "	280..	280..	280..	280..	280..	280..	280..	280..

Les étaux et boîtes ne sont pas disponibles en magasin, l'expédition est faite directement de la fabrique qui est hors Paris.

5443 **Essoreuses** à linges, à ressort, modèle américain, rouleaux caoutchouc se fixant sur baquet bois de tous diamètres

	Longueur des rouleaux m/m	25	30	40
	Diamètre d° m/m	45	45	50
	Poids approximatif kilogs	5	6	9
	sans baquet .... La pièce	22.20	26..	42.20
5444	**Rouleau** du haut, seul de rechange "	7.20	8.40	"
5445	" du bas avec axe fileté, seul de rechange "	9.60	10.80	"

5446 **Essoreuses** à linges à engrenage à ressort de pression, rouleaux caoutchouc bâti bois à encoches se posant sur le baquet

Longueur des rouleaux m/m	35	40
Diamètre d° m/m	47	50
Poids approximatif kilogs	11	13
La pièce	66..	80..

5447 **Machine à calandrer** ou à repasser le linge uni, mouchoirs, serviettes, draps, etc s'adaptant sur n'importe quelle table, rouleaux en bois à vis de réglage, roulement à billes longueur des rouleaux 60 c/m, diamètre 90 m/m, poids approximatif 18 kilogs La pièce 71.50

Essuie glaces appareil servant à pincer les chiffons ou éponges et nettoyer les vitres et glaces sans escabeau ni échelle (la pince est munie de 3 serviettes)

5448 Articulé, pinces cuivre, largeur 95 m/m, monture bois à douille La pièce 7.50

5449 Avec manche hêtre verni. longueur totale 185 c/m " 8.25

Ces mêmes appareils livrés sans serviette à la pince en moins par pièce 0.40

5450 **Étalages** pour vitrines en cuivre tubes poli, verni or bronzés ou nickelés composés de colonnes, supports, tringles à crochets ou tablettes glace, pour toutes professions. *Prix suivant devis* que nous établissons lorsque nous possédons *les renseignements suivants:*

Profession, hauteur, largeur, profondeur de la vitrine qui doit recevoir l'étalage. Doit-il être en cuivre poli, verni or, bronzé ou nickelé. Les supports doivent-ils être unis ou ornés. S'il faut des tablettes en glace, doivent-elles être avec les joints ou champs polis, ou simplement passés au grès. Indiquer la longueur des supports ou la largeur des tablettes. Ces supports doivent-ils être tous de même dimension ou constituer l'étalage en gradins.

Crochets pince glaces pour étalages, cuivre poli, verni or, bronzé ou nickelé

5451	à griffes pour cartes, photographies, etc longueur totale	28 m/m	Le cent	20..
5452	à crochets pour suspendre " "	40 m/m	"	20..

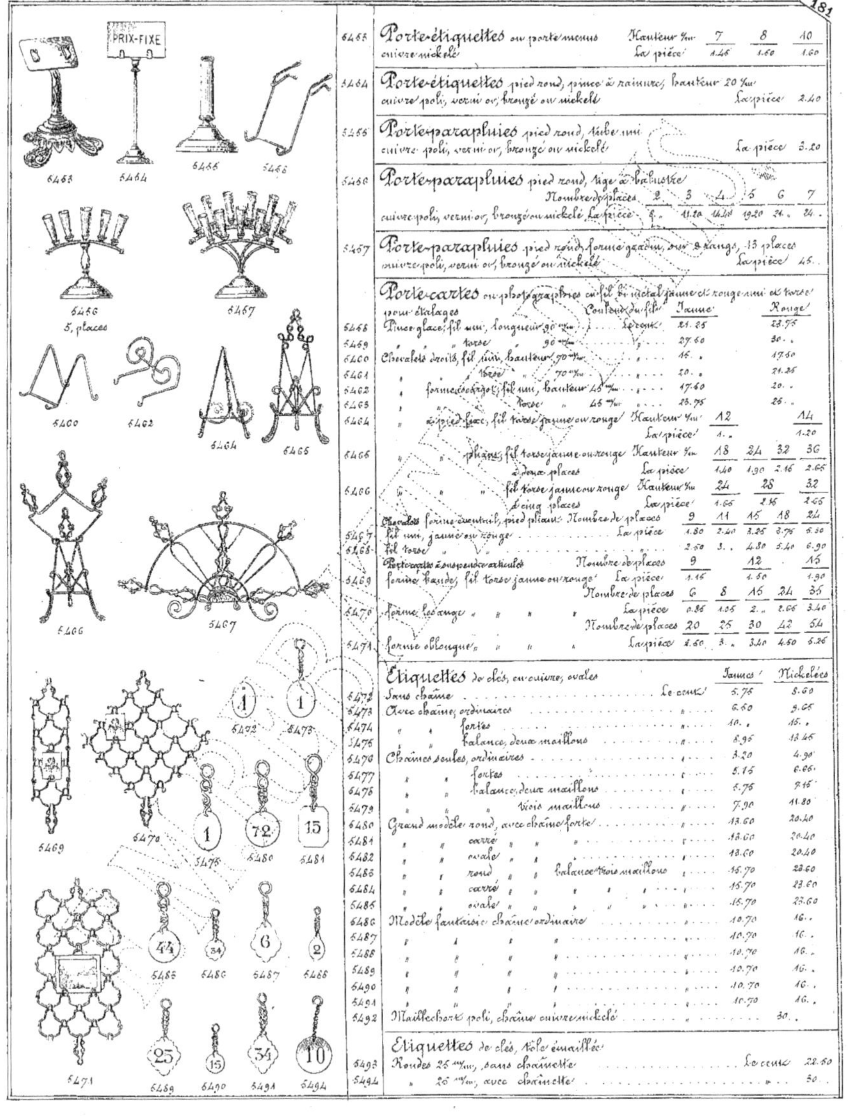

5453 **Porte-étiquettes** ou porte-menus — cuivre nickelé

	Hauteur ᵐ/ₘ	7	8	10
	La pièce	1.45	1.50	1.60

5454 **Porte-étiquettes** pied rond, pince à rainure, hauteur 20 ᵐ/ₘ cuivre poli, verni or, bronzé ou nickelé . . . La pièce 2.40

5455 **Porte-parapluies** pied rond, tube uni cuivre poli, verni or, bronzé ou nickelé . . . La pièce 3.20

5456 **Porte-parapluies** pied rond, tige à balustre

	Nombre de places	2	3	4	5	6	7
cuivre poli, verni or, bronzé ou nickelé	La pièce	8. .	11.20	14.40	19.20	21. .	24. .

5457 **Porte-parapluies** pied rond, forme gradin, sur 2 rangs, 13 places cuivre poli, verni or, bronzé ou nickelé . . . La pièce 45. .

Porte-cartes ou photographies en fil bi-métal jaune et rouge uni et torse pour étalages

No.		Couleur du fil	Jaune	Rouge
5458	Pince-glace, fil uni, longueur 90 ᵐ/ₘ	Le cent	21.25	23.75
5459	" " " torse " 90 ᵐ/ₘ	"	27.50	30. .
5460	Chevalets droits, fil uni, hauteur 70 ᵐ/ₘ	"	15. .	17.50
5461	" " torse " 70 ᵐ/ₘ	"	20. .	21.25
5462	" forme escargot, fil uni, hauteur 45 ᵐ/ₘ	"	17.50	20. .
5463	" " torse " 45 ᵐ/ₘ	"	23.75	25. .

No.							
5464	" à pied fixe, fil torse jaune ou rouge	Hauteur ᵐ/ₘ	12			14
		La pièce	1. .			1.20
5465	" " pliants, fil torse jaune ou rouge	Hauteur ᵐ/ₘ	18	24	32	36
	à deux places	La pièce	1.40	1.90	2.15	2.65
5466	" " " fil torse jaune ou rouge	Hauteur ᵐ/ₘ	24	28		32
	à cinq places	La pièce	1.65	2.15		2.65

No.	Chevalets forme éventail, pied pliant						
		Nombre de places	9	11	15	18	24
5467	fil uni, jaune ou rouge	La pièce	1.80	2.40	3.25	3.75	5.50
5468	fil torse "	"	2.50	3. .	4.80	5.40	6.90
	Porte-cartes à suspendre articulés	Nombre de places	9		12		15
5469	forme bande, fil torse jaune ou rouge	La pièce	1.15		1.50		1.90
		Nombre de places	6	8	15	24	35
5470	forme losange " " " "	La pièce	0.85	1.05	2. .	2.65	3.40
		Nombre de places	20	25	30	42	54
5471	forme oblongue " " " "	La pièce	2.50	3. .	3.40	4.50	5.25

Étiquettes de clés, en cuivre, ovales

No.			Jaunes	Nickelées
5472	Sans chaîne	Le cent	5.75	8.60
5473	Avec chaîne, ordinaires	"	6.50	9.65
5474	" " fortes	"	10. .	15. .
5475	" " balance, deux maillons	"	8.95	13.45
5476	Chaînes seules, ordinaires	"	3.20	4.90
5477	" " fortes	"	5.15	6.65
5478	" " balance, deux maillons	"	5.75	7.15
5479	" " " trois maillons	"	7.90	11.80
5480	Grand modèle rond, avec chaîne forte	"	13.60	20.40
5481	" " carré " " "	"	13.60	20.40
5482	" " ovale " " "	"	13.60	20.40
5483	" " rond " " balance trois maillons	"	15.70	23.60
5484	" " carré " " " " "	"	15.70	23.60
5485	" " ovale " " " " "	"	15.70	23.60
5486	Modèle fantaisie chaîne ordinaire	"	10.70	16. .
5487	" " " "	"	10.70	16. .
5488	" " " "	"	10.70	16. .
5489	" " " "	"	10.70	16. .
5490	" " " "	"	10.70	16. .
5491	" " " "	"	10.70	16. .
5492	Maillechort poli, chaîne cuivre nickelé	"	30. .	

Étiquettes de clés, tôle émaillée

No.			
5493	Rondes 25 ᵐ/ₘ, sans chaînette	Le cent	22.50
5494	" 25 ᵐ/ₘ, avec chaînette	"	30. .

182

5495 5496 5497 5499

5500 5502 5504 5505

COGNAC RHUM EAU-DE-VIE

5506 5608 5609

5610 5511 50c 5512

40c MOUTON JAMBON

5513 5514 5515

3f PATÉ DE FOIE GALANTINE DE VOLAILLE

5516 5517 5518

15 60c 1f25

5519 5520 5521

5523 5524 5526 5528 5529

Étiquettes os, pour clés

N°	Désignation			Prix
5495	Longues avec mousqueton fer		Le paquet de 144 pièces	3.50
5496	" " " " et chaîne		" "	6.20
5497	" avec anneau acier poli ordinaire assorties	22, 27, 32, 37 m/m	" "	3.60
5498	" " " " " trempé "	27, 32, 37, 40 m/m	" "	6.50
5499	" " " " " à pans "	27, 32, 37, 40 m/m	" "	7. .
5500	Rondes, diamètre 27 m/m avec mousqueton		" "	8. .
5501	" " 35 m/m " "		" "	11. .
5502	" " 27 m/m " " et chaîne forçat		" "	9. .
5503	" " 35 m/m " " " "		" "	12. .

Ces étiquettes prises par fraction de paquet Augmentation 10%

Étiquettes pour bouteilles et carafons

N°	Désignation	Dimensions		Prix
5504	Os, forme croissant avec chaîne 3/3 argentée		Le paquet de 144 pièces	15. .
5505	" " " " " ovale acier poli		" "	18. .

Ces étiquettes prises par fraction de paquet Augmentation 10%

N°	Désignation	Dimensions		Prix
5506	Tôle émaillée, fond blanc, petit modèle avec inscription, dimensions	35×23 m/m	Le cent	66. .
5507	" " " grand " " " "	60×32 m/m	"	80. .
5508	Métal blanc, petit modèle, avec gravure dimensions m/m	46×23	La pièce	1.20
5509	" " grand " " " "	62×32	"	1.50
5510	" " modèle fantaisie riche, avec gravure " "	52×32	"	3. .
5511	" " avec porte étiquette, sans gravure " "	62×32	"	1.20

5512 Étiquettes tige à pointe, pour bouchers, charcutiers, etc

Tôle vernie, fond bleu, lettres blanches	Dimensions m/m	65×45	110×90
	Le cent	18. .	72. .

5513 Étiquettes tôle émaillée, tige à pointe, pour bouchers, charcutiers, etc

forme rondes fond blanc, lettres noires, diamètre 28 m/m — Le cent 43. .

N°	Dimensions m/m		65×55	70×60	80×50	80×60	90×70	100×70	100×80
5514	Forme ovale	La pièce	0.70	"	0.85	"	"	"	"
5515	" écusson	"	"	0.85	"	"	1. .	"	"
5516	" rectangulaire	"	"	0.85	"	"	1. .	"	"
5517	" losange	"	"	"	"	0.95	"	"	1.15
5518	" à chapeau	"	"	"	"	0.95	"	1.10	"

Étiquettes cuivre poli ou nickelé, tige à pointe, chiffres fond noir

N°	Désignation	Dimensions m/m		Prix
5519	Pour charcutiers, forme écusson	38×37	Le cent	30. .
5520	" bouchers " rectangulaire	72×48	"	45. .

Étiquettes celluloïd, tige à pointe, forme écusson, pour bouchers, charcutiers, etc

fond blanc, lettres noires et rouges

N°	Dimensions m/m		31×31	62×46	76×60	100×75
5521	Avec chiffres	Le cent	22.50	30. .	37.50	54. .
5522	Avec inscriptions	"	"	60. .	75. .	90. .

Ces étiquettes peuvent être livrées avec chaînette aux mêmes prix qu'avec tige à pointe

5523 Étiquettes bois peint jaune pour arbustes

avec fil de fer

Longueur m/m	90	100
Largeur m/m	16½	16½
Le cent	0.85	0.90
Le mille	7.60	8. .

5524 à pointe

Longueur m/m	100	130	160	160	200
Largeur m/m	16½	20	16	22	22
Le cent	0.70	0.80	0.85	0.95	1.15
Le mille	6. .	7. .	7.20	8.10	10.20

Étiquettes zinc préparé, pour arbustes, avec fil de fer, longueur 75 m/m, largeur 18 m/m

N°	Désignation		Le cent		Le mille
5525	En zinc léger (article le plus courant)	Le cent	0.85	Le mille	8. .
5526	" fort	"	1.20	"	10.90
5527	" extra fort	"	1.55	"	13.75

5528 Étiquettes zinc préparé, pour arbustes à pointe

Longueur m/m	60	100	130	150	200
Largeur m/m	11	17	19	19	21.
Le cent	0.70	1. .	1.55	2.35	3.20
Le mille	6.20	9.05	13.80	21. .	29. .

5529 Étiquettes zinc préparé, pour arbustes rectangulaires, avec fil de fer

Dimensions m/m	37×25	55×32	60×40	75×55
Le cent	0.95	1.30	2.25	5.20
Le mille	9. .	12. .	21. .	50. .

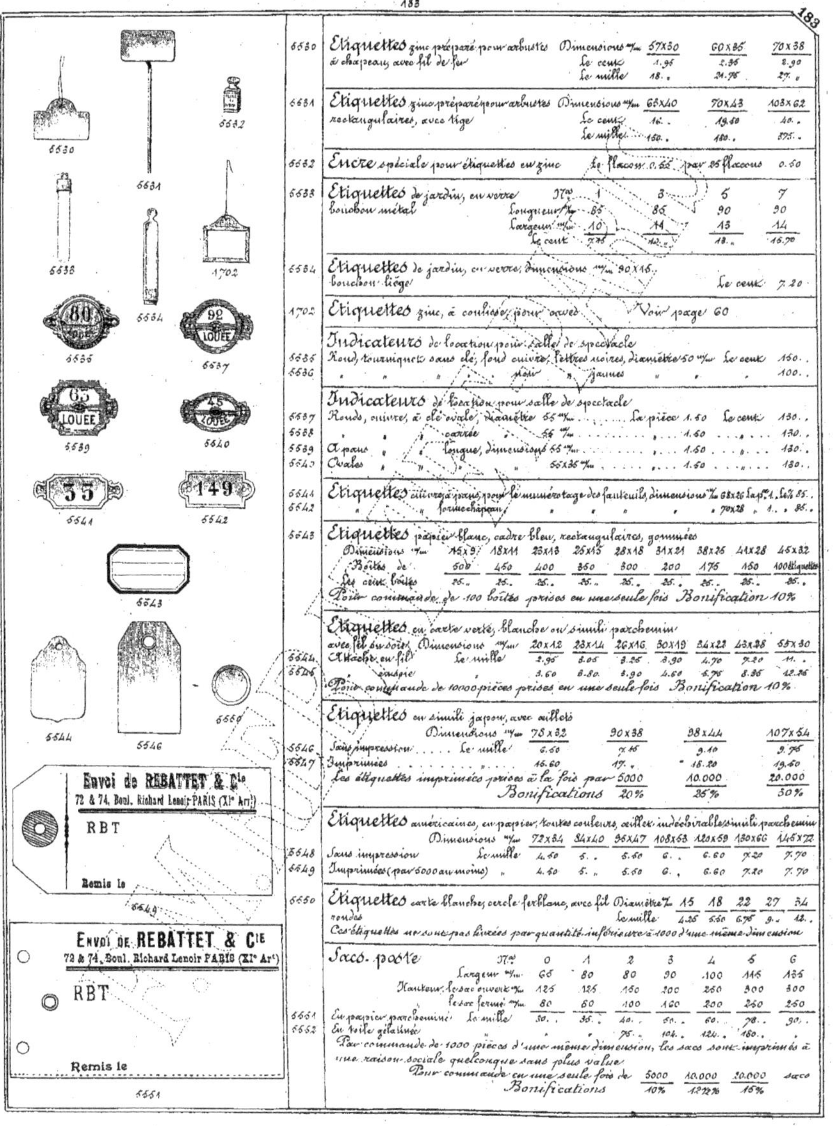

5530 **Etiquettes** zinc préparé pour arbustes à chapeau, avec fil de fer

Dimensions m/m	57x30	60x35	70x38
Le cent	1.95	2.35	2.90
Le mille	18. »	21.75	27. »

5531 **Etiquettes** zinc préparé pour arbustes rectangulaires, avec tige

Dimensions m/m	65x40	70x43	103x62
Le cent	16. »	19.50	40. »
Le mille	150. »	180. »	375. »

5532 **Encre** spéciale pour étiquettes en zinc — Le flacon 0.65 — par 25 flacons 0.60

5533 **Etiquettes** de jardin, en verre bouchon métal

Nos	1	3	5	7
Longueur m/m	85	85	90	90
Largeur m/m	10	11	13	14
Le cent	7.75	[illegible]	13. »	15.70

5534 **Etiquettes** de jardin, en verre, dimensions m/m 90x15, bouchon liège — Le cent 7.20

1702 **Etiquettes** zinc, à coulisse, pour caves — Voir page 60

Indicateurs de location pour salle de spectacle

5535 Rond, tourniquet sans clé, fond cuivre, lettres noires, diamètre 50 m/m — Le cent 150. »
5536 » » » » noir » jaunes » » » 100. »

Indicateurs de location pour salle de spectacle

		La pièce	Le cent
5537	Ronds, cuivre, à clé ovale, diamètre 55 m/m	1.50	130. »
5538	» » » carrée » 55 m/m	1.50	130. »
5539	A pans » » longue, dimensions 55 m/m	1.50	130. »
5540	Ovales » » » » 55x35 m/m	1.50	130. »

5541 **Etiquettes** cuivre, à pans, pour le numérotage des fauteuils, dimensions m/m 68x26 La pce 1. Le % 85. »
5542 » » forme chapeau » » » » » 70x28 » 1. » 85. »

5543 **Etiquettes** papier blanc, cadre bleu, rectangulaires, gommées

Dimensions m/m	15x9	18x11	23x13	25x15	28x18	31x21	38x25	41x28	45x32
Boîtes de	500	450	400	350	300	200	175	150	100 étiquettes
Les cent boîtes	25. »	25. »	25. »	25. »	25. »	25. »	25. »	25. »	25. »

Pour commande de 100 boîtes prises en une seule fois Bonification 10%

Etiquettes en carte verte, blanche ou simili parchemin avec fil ou soie

	Dimensions m/m	20x12	23x14	26x16	30x19	34x22	43x28	55x30
5544	Attache en fil — Le mille	2.95	3.05	3.25	3.90	4.70	7.20	11. »
5545	» soie »	3.60	3.80	3.90	4.60	5.75	8.35	12.25

Pour commande de 10000 pièces prises en une seule fois Bonification 10%

Etiquettes en simili japon, avec œillets

	Dimensions m/m	75x32	90x38	98x44	107x54
5546	Sans impression ..... Le mille	6.50	7.45	9.10	9.75
5547	Imprimées .... »	16.60	17. »	18.20	19.50
	Les étiquettes imprimées prises à la fois par	5000		10.000	20.000
	Bonifications	20%		25%	30%

Etiquettes américaines, en papier, toutes couleurs, œillet indéchirable simili parchemin

	Dimensions m/m	72x34	84x40	95x47	108x53	120x59	130x66	145x72
5548	Sans impression — Le mille	4.50	5. »	5.50	6. »	6.60	7.20	7.70
5549	Imprimées (par 5000 au moins) »	4.50	5. »	5.50	6. »	6.60	7.20	7.70

5550 **Etiquettes** carte blanche, cercle ferblanc, avec fil, rondes

Diamètre m/m	15	18	22	27	34
Le mille	4.25	5.50	6.75	9. »	12. »

Ces étiquettes ne sont pas livrées par quantité inférieure à 1000 d'une même dimension

Sacs-poste

	Nos	0	1	2	3	4	5	6
	Largeur m/m	65	80	80	90	100	115	135
	Hauteur, le sac ouvert m/m	125	125	150	200	250	300	300
	le sac fermé m/m	80	60	100	160	200	250	250
5551	En papier parchemin — Le mille	30. »	35. »	40. »	50. »	60. »	78. »	90. »
5552	En toile gélatinée »	»	»	75. »	104. »	124. »	180. »	»

Par commande de 1000 pièces d'une même dimension, les sacs sont imprimés à une raison sociale quelconque sans plus value

Pour commande en une seule fois de	5000	10.000	20.000	sacs
Bonifications	10%	12½ %	15%	

5553 5555

5556 5557

5559 5560

5561 5563

5565 5567

5568 5569-1

5569-2 5569-3

5574 5575

5584 5589

	Porte-étiquettes fonte ornée	Dimensions m/m	70x35	70x40	100x65	100x68
5553	Bronzés	Le cent	12.75	14.50	17.50	20..
5554	Nickelés	"	25.50	27..	30..	35..

	Porte-étiquettes fontes américains, filet grec	Dimensions m/m	65x40	80x52	90x55	95x64
5555	bronzés soignés	Le cent	27..	30..	34.50	50..

5556 **Porte-étiquettes** métal fondu nickelé, genre bambou, dimensions m/m 90x20 Le cent 24.50

	Porte-étiquettes cuivre estampé léger	Dimensions m/m	50x40	65x52	80x65
5557	Cuivre verni or	Le cent	10..	15..	20..
5558	" nickelé	"	10..	15..	20..

	Porte-étiquettes laiton, largeur 16 m/m	Longueur m/m	75	90
5559	polis, bouts estampés	Le cent	13.50	17.50

	Porte-étiquettes laiton	Dimensions m/m	50x12	60x15	70x26	80x30	130x22	100x40	120x50	160x60
5560	polis, bouts à chapeau	Le cent	15..	22.50	27..	30..	30..	36..	46..	60..

	Porte-étiquettes cuivre fondu	Dimensions m/m	50x30	80x32	100x35	118x50
5561	Cadre plats, à chapeau, limés	Le cent	37..	40..	43..	49..
5562	" " " nickelés	"	57..	60..	63..	74..

Porte-étiquettes cuivre fondu à boudin

	Dimensions m/m		60x28	70x20	70x26	80x36	85x40	95x25	100x36	105x55	116x26	116x45
5563	Polis, oreilles de côté	Le cent	36..	36..	"	"	60..	"	"	100..	"	93..
5564	Nickelés "	"	56..	56..	"	"	105..	"	"	130..	"	128..
5565	Polis, oreilles au milieu	"	"	"	43..	66..	"	50..	65..	"	57..	93..
5566	Nickelés "	"	"	"	63..	86..	"	75..	85..	"	87..	128..

5567 **Porte-étiquettes** cuivre ciselé, montés à 4 vis métaux invisibles de l'extérieur

polis, vernis ou bronzés	Dimensions m/m	53x27	75x40	90x55	100x45
	La pièce	0.65	0.85	1.10	1.15

5568 **Porte-étiquettes** cuivre ciselé, à oreilles, se posant avec 2 vis à bois

polis, vernis ou bronzés	Dimensions m/m	80x40	100x45
	La pièce	0.80	1.05

5569 **Porte-étiquettes** cuivre ciselé, se posant avec 2 vis à bois

polis, vernis ou bronzés	N[os]	1	2	3
	Dimensions m/m	83x37	100x47	100x60
	La pièce	0.60	0.90	1..

	Etrilles fermières, 8 rangs, pesant 6 kilogs la douzaine		Brut	Verni noir	Bronzé	Etamé
5570	Pleines	Les cent kilogs	110..	120..	125..	170..
5571	à jour	"	110..	120..	125..	170..

	Etrilles 2 marteaux, 8 rangs, communes		Brut	Verni noir	Bronzé	Etamé
5572	Pleines	Le cent	38..	40..	42..	58..
5573	à jour	"	44..	46..	48..	64..

	Etrilles 4 marteaux, légères		Brut	Verni noir	Bronzé	Etamé
5574	Pleines	Le cent	48..	50..	53..	70..
5575	à jour	"	48..	50..	53..	70..

	Etrilles 4 marteaux, fer à cheval 8 rangs		Brut	Verni noir	Bronzé	Etamé
5576	Légères, pleines	Le cent	46..	48..	50..	66..
5577	" à jour	"	46..	48..	50..	66..
5578	Ordinaires, pleines	"	"	68..	70..	85..
5579	" à jour	"	"	68..	70..	85..

	Etrilles fines, 4 marteaux		Verni noir	Bronzé	Etamé
5580	Pleines	Le cent	95..	97..	115..
5581	à jour	"	95..	97..	115..

	Etrilles		
5582	acier ordinaire 4 marteaux renforcés, pleines bronzées	Le cent	70..
5583	" " " 4 " " à jour	"	70..
5584	" acier façon bleui 4 " pleines, bronzées	"	80..
5585	" " " 4 " à jour	"	80..
5586	" acier, 4 marteaux lames d'acier bleui pleines, bronzées florentine	"	100..
5587	" " 4 " " " " à jour	"	100..
5588	" " 4 " ½ ronds façon blanchis, pleines bronzées	"	100..
5589	" acier fer à cheval 4 marteaux façon bleui pleines bronzées	"	80..
5590	" " " " 4 " " " à jour	"	80..

	Etrilles petit modèle pour poneys		Bronzées	Blanchies
5591	4 marteaux pleines	Le cent	130..	160..
5592	4 " à jour	"	130..	160..

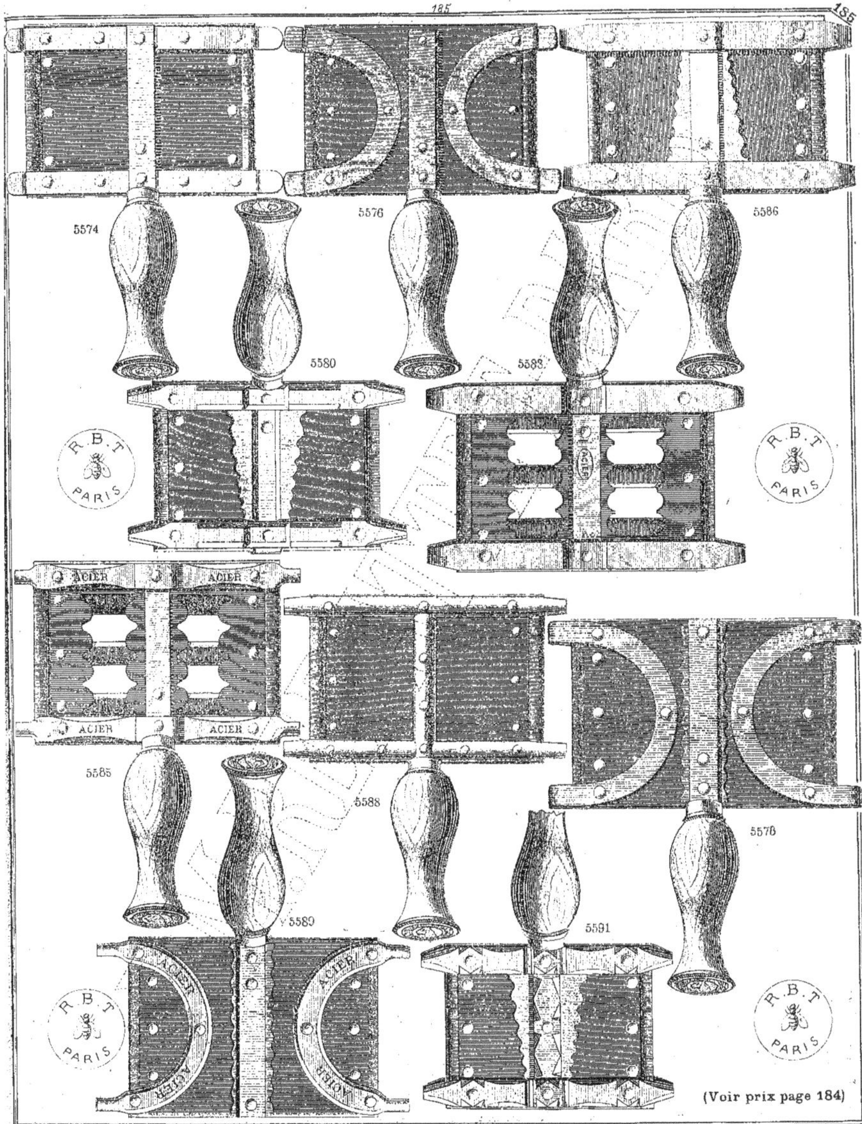

(Voir prix page 184)

186

Etrilles 8 rangs, à poignée

			Verni noir	Étamé
5693	Pleines	Le cent	70..	80..
5694	A jour	"	70..	80..

Etrilles lames caoutchouc, mobiles

5695	Manche bois verni, monture vernie noire	La pièce	4..
5696	" " " nickelée	"	5.75
5697	Lame de rechange	"	1.20

Articles d'écurie, maréchalerie et Instruments de chirurgie vétérinaire.

Bat-flancs pour séparations, longueur 250 %m, avec ferrures fer

		Hauteur %m	40	80
5698	Bois blanc	La pièce	34.20	68..
5699	" de hêtre	"	36..	66.60
	Passés à l'huile	Augmentation "	3.15	4.50

5600	**Billot** d'écurie, rond, orme naturel	La pièce	0.50

Boules de stalles

		Diamètre %m	110	120	130	140	150
		Diamètre intérieur du socle %m	100	110	120	130	140
5601	Socle bas, cuivre poli	La pièce	17.20	20..	23.85	27.60	35.20
5602	" " " nickelé	"	21.60	24.80	29..	33.50	42.40
5603	" " bronzé de nickel	"	32.40	38.10	45.60	52.40	67.60
5604	Socle haut, cuivre poli	"	22.90	26.75	31.45	34.40	44.80
5605	" " nickelé	"	27.20	30.95	37..	40.80	52.60
5606	" " bronzé de nickel	"	42..	46.75	56.20	64.80	84..

5607 **Concasseur** d'applique, pour avoine à 1 manivelle, se fixant contre un mur ou un poteau, débit 25 litres à l'heure, à raison de 60 tours par minute; contenance de la trémie 5 litres; mouvement acier fondu — La pièce 28.10

5608 **Concasseur** pour avoine, se vissant sur une table, un coffre ou autre support; débit 25 litres à l'heure à raison de 50 tours par minute; contenance de la trémie 5 litres; mouvement acier fondu — La pièce 32.30

Coffres à avoine, couvercle à charnière et porte cadenas, hauteur 110 %m, largeur 50 %m

		Longueur %m	100	110	120	130	140
5609	Bois blanc	La pièce	40..	43..	47..	50..	54.50
5610	Hêtre	"	46.70	48.50	54.60	60.70	67..

5611 **Coffres** à avoine, couvercle à charnière et à porte cadenas

		Longueur %m	100	110	115	120	130
		Contenance approximative en litres	400	450	550	575	625
	Tôle galvanisée	La pièce	88.50	95..	100..	107..	114..

5612 **Coffres** à avoine, couvercle à charnière et porte cadenas, partie tombante sur le devant,

	Longueur %m	100	110	115	130	145	160
	Contenance approximative en litres	400	450	550	625	650	700
Tôle galvanisée	La pièce	100..	108..	120..	134..	146..	161..

Distributeurs pour avoine, corps fonte, avec patte d'attache

5613	Contenance 2 litres, à tiroir	La pièce	47..
5614	" 2 " à bascule	"	62..

Distributeurs pour avoine ou autres graines et liquides, enveloppe fonte

5615	Contenance 2 litres, à simple effet, sans compteur	La pièce	71.50
5616	" 2 " " " avec compteur à trois cadrans	"	120.75

L'installation des mesureurs et distributeurs se fait sur place à l'aide de tuyaux d'arrivée communiquant avec le récipient qui doit les approvisionner

Couteaux de chaleur, manche bois verni, longueur de la lame 50 %m, largeur 43 %m

5617	Droit ordinaire, sans talon, lame acier bleui	La pièce	2.25
5618	" " " " cuivre jaune	"	2.40
5619	" monture à talon, lame acier bleui	"	3.20
5620	" " " " cuivre jaune	"	3.35

Couteaux de chaleur cintrés, manche bois verni, largeur totale 95 %m, largeur de la lame 43 %m

5621	Lame acier poli, bouts arrondis	La pièce	3.20
5622	" cuivre jaune " "	"	3.35

Cure pieds

5623	Acier poli ½ rond, largeur 12 %m, épaisseur 5 %m, manche buis rivé, longueur totale 18 %m	La p^ce	0.95
5624	Bout acier étamé à marteau, longueur totale 16 %m	"	1.05

5625 **Couteau à foin**, modèle américain à 2 poignées, longueur totale 92 c/m — La pièce 8. .

5626 **Couteau à foin** à douille, modèle cintré, acier poli, poids approximatif 1 k.500 — Le kilog 5.25
5627 " " " " triangulaire, acier poli " " " " 3.25
5628 " " " " oblique " " " " " " 3.25

5629 **Hâche paille** à main, manche bois

Nombre de lames	2	3	4
La pièce	12. .	15. .	18. .

Forces à tondre les animaux

	Longueur des lames c/m	11	12	13	14	15	16	17	18	19	20
5630	Lames polies, qualité courante — La pièce	1.80	1.90	2.05	2.45	2.85	2.70	3.05	3.40	3.70	4.05
5631	" 1/2 polies, spéciales pour l'Algérie "	1.70	1.80	1.90	2.05	2.25	2.60	2.80	3.15	3.60	3.85

5632 Lames à chanfrein, branches polies. Modèle spécial pour l'Amérique du Sud

Longueur des lames c/m	14	15	16	17	18	19	20
La pièce	2.66	2.80	3.15	3.50	3.95	4.20	4.55

Ces mêmes forces courbes ou coudées — Augmentation — La pièce 0.25

5633 **Forces à tondre** les animaux, marque Sorby

Longueur des lames m/m	115	127	140	152	165	178
La pièce	3.05	3.10	3.25	3.45	3.85	4.25

Mangeoires rectangulaires, de face, à bord plat, largeur 40 c/m, profondeur 18 c/m

	Longueur c/m	50	60	70	80	90	100	110	120	150	200
5634	En fonte peinte — La pièce	15. .	16. .	16.50	17. .	19. .	22. .	23. .	24. .	26. .	60. .
5635	" émaillée "	20. .	24. .	28. .	28. .	29. .	32. .	34. .	36. .	40. .	46. .

Mangeoires rectangulaires de face, à gorge extérieure, largeur 33 c/m, profondeur 20 c/m

	Longueur c/m	60	69	80	89	100	109	120	127	150
5636	En fonte peinte — La pièce	17. .	19. .	22. .	23. .	24. .	26. .	28. .	30. .	34. .
5637	" émaillée	26. .	29. .	32. .	34. .	36. .	38. .	40. .	42. .	46. .

Avec barbotoir et bonde en plus, pour mangeoires vernies N° 5634 et N° 5636 — La pièce 2. .
" " " " " émaillées N° 5635 et N° 5637 " 6. .

Mangeoires angulaires, longueur 60 c/m, largeur 45 c/m, profondeur 21 c/m

5638 Bord plat, fonte peinte . . . . La pièce 12. .
5639 " " émaillée . . . . " 16. .
5640 " à bourrelet, fonte peinte . . . . " 12. .
5641 " " émaillée . . . . " 16. .

5642 **Barbottoir** rectangulaire, tôle galvanisée

Longueur c/m	50	55	60	65
La pièce	9. .	10. .	11. .	12. .

Peignes à crinière pour chevaux

	Longueur m/m	100	110	120
5643	En corne . . . . . . Le cent	35. .	42. .	50. .
5644	Fer étamé ou verni . . . . . . "	27. .	30. .	34.60
5645	Cuivre ordinaire, découpé à jour . . . . . . "	57. .	64.50	71.50
5646	" renforcé . . . . . . "	71.50	75.50	85. .
5647	Métal nickelé, dents rondes . . . . . . "	95. .	"	"

5648 **Peignes à pieds** pour chevaux, cuivre poli, ordinaires . . . . . . Le cent 31.50
5649 " " " " " " renforcés . . . . . . " 40. .
5650 " " " " " " " à long manche . . . " 71.50
5651 " " " " " " " à deux usages . . . " 71.50
5652 " " " " métal nickelé, dents rondes à manche . . . " 90. .

5653 **Pelles** en bois fuiné, forme picarde, hauteur totale 115 c/m

Largeur au bout c/m	22	25	27	30	33	35	38
La pièce	1.20	1.35	1.60	2. .	2.50	3. .	3.50

5654 **Fourches** en bois, hauteur totale 180 c/m

	à faner	pour écurie	parisienne
La pièce	0.90	1. .	1.25

5655 **Porte-selles** d'applique, en hêtre . . . . . . La pièce 8. .
5656 " " " en chêne . . . . . . " 9.50

5657 **Porte-harnais** à 2 supports, hauteur 220 c/m en hêtre . . . . . . La pièce 10.15
5658 " " " " " en chêne . . . . . . " 13.05

Tréteaux de selleries, hêtre et bois blanc

	Longueur c/m	120	130	140
5659	Sans tiroir . . . . . . La pièce	14.15	15.25	16.70
5660	Avec tiroir . . . . . . "	17.05	18.15	19.60

5661 **Porte-brides** fer verni émail rouge, pour bride de selle, hauteur 14 c/m . . . . La p^ce 2.45
5662 " " " " " " " " 18 c/m . . . . " 5.60
5663 " " " " " " " " forme fer à cheval, haut^r 15 c/m " 3.75
5664 " " " " pour bride de voiture, forme ordinaire, profondeur 16 c/m " 5.30
5665 " " " " " " à œillères, hauteur 40 c/m . . . . " 8.85
5666 **Porte-collier** " " " hauteur 25 c/m . . . . " 7.25
5667 **Porte-harnais** " " " fixe à volute, longueur 31 c/m . . . . " 3.70
5668 " " " " tournant " 31 c/m . . . . " 6.25
5669 **Porte-selles** " " " longueur 55 c/m . . . . " 9.85
5670 **Porte-sellettes** " " " " 32 c/m . . . . " 6.45

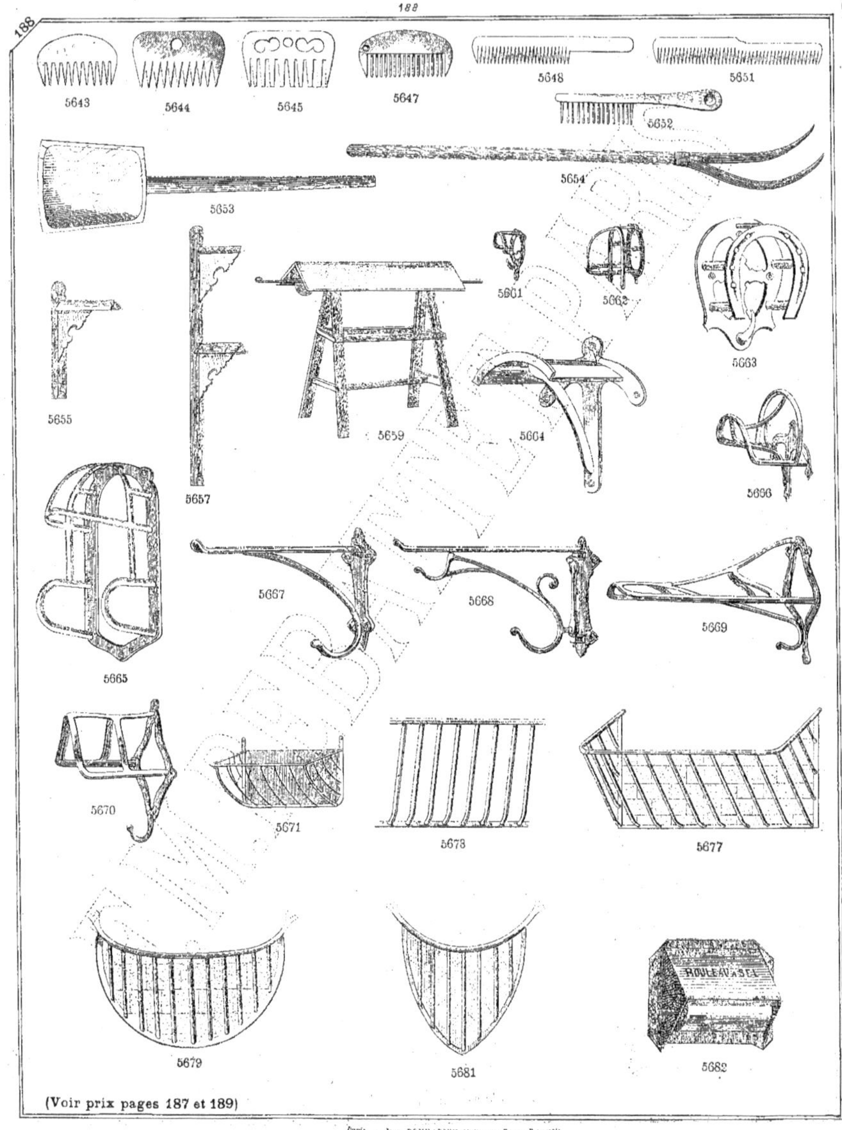

(Voir prix pages 187 et 189)

Paris. — Imp. DONNADIEU, 23, Rue des Francs-Bourgeois

5671	**Rateliers** d'écurie, à éponges, fer galvanisé	Largeur %m	30	40	50
		La pièce	5.70	6.45	7.15

5672	**Rateliers** à fourrage, droits, fer 1/2 rond creux, hauteur 50 %m	Le mètre courant	11.60
5673	» » , fer rond plein » 50 %m	» »	17.15

Rateliers carrés de face, pour poneys, largeur 80 %m, hauteur 50 %m

5674	En fer 1/2 rond creux	La pièce	12.15
5675	» rond plein	»	15.85

	Rateliers carrés de face, pour chevaux, hauteur 60 %m	Largeur %m	100	110	120	140
5676	Fer 1/2 rond creux	La pièce	14.20	16.70	17.15	20. .
5677	» rond plein	»	23. .	24.30	25.70	30. .

	Rateliers corbeilles, hauteur 60 %m	Largeur %m	100	120
5678	En fer 1/2 rond creux	La pièce	16. .	17.15
5679	» rond plein	»	21.60	24.30

	Rateliers d'angle, hauteur 70 %m	Largeur %m	80	100
5680	En fer 1/2 rond creux	La pièce	»	14.30
5681	» rond plein	»	14.30	20. .

Rouleaux de sel pour bestiaux, longueur 120 %m, diamètre 60 %m

5682	montés sur pivot fer, avec abri tôle galvanisée	La pièce	2.35
5683	Rouleaux seuls de rechange pour dito	»	1.30

Articles pour maréchalerie.

5684	**Brochoir** acier lame ordinaire, manche bois	La pièce	3.20
5685	» acier façon Paris, à pied de biche, manche bois	»	3.50

5686	**Boutoir** acier lame rapportée, manche bois à poire	La pièce	3.60

	Brûle-poils pour chevaux	Nos	1	2	3	4
5687	Ferblanc queue de morue	La pièce	1.60	1.70	1.95	2.15
5688	» forme étrille avec manche bois	»	1.60	1.70	1.95	2.15
5689	» avec robinet, queue de morue	»	»	3.45	3.95	4.65
5690	» » » forme anglaise	»	»	3.45	3.95	4.65

Casques à mèches appareils à éclairage à essence, utilisés comme coiffure par les maréchaux pour ferrer les chevaux pendant la nuit.

5691	Calotte et récipient fer blanc, coiffe intérieure en drap	La pièce	14. .
5692	» » cuivre rouge » » »	»	19. .

5693	**Coupe-queue**, manche bois pour chevaux	La pièce	25. .
5694	**Brûle-queue** » » » »	»	6.60

	Rogne-pieds tout acier	Longueur %m	30		33
5695	Qualité courante, marque Au Compas	La pièce	0.95		1.05
5696	» supérieure » A la Couronne	»	1.20		1.30
5697	Lames de sabre pour rogne-pieds		par 1 pièce	par 50 pièces	par 100 pièces
		La pièce	4.35	4.25	4. .

5698	**Tricoises** acier noir mâchoires polies	Longueur %m	30	33	36
		La pièce	3.25	3.50	4. .

Instruments de chirurgie vétérinaire.

60 & 61 **Aiguilles** à sétons Voir page 2

5699	**Bistouris** manche buffle, sans coulant, lame droite	La pièce	2.50
5700	» » » » » convexe	»	2.50
5701	» » » avec coulant » droite	»	4. .
5702	» » » » » » convexe	»	4. .

	Ciseaux nickelés, pour vétérinaires		Qualité courante	Première qualité
5703	Lames droites	La paire	3. .	3.50
5704	» courbes	»	3.50	4. .

5705	**Feuilles de sauge** ordinaires plate semelle		à droite	à gauche	double
		La pièce	3.20	3.20	3.20

	Flammes en étui cuivre	Nombre de pièces	2	3	4	5
			2 flammes	2 flammes et 1 bistouri	3 flammes et 1 bistouri	3 flammes 1 bistouri 1 grenette
[illegible]	[illegible] courante	La pièce	1.80	2.25	2.75	3.25
5707	» supérieure, fabrication soignée	»	3. .	3.70	4.50	5.50
5708	» » étui buffle	»	6. .	7. .	»	»

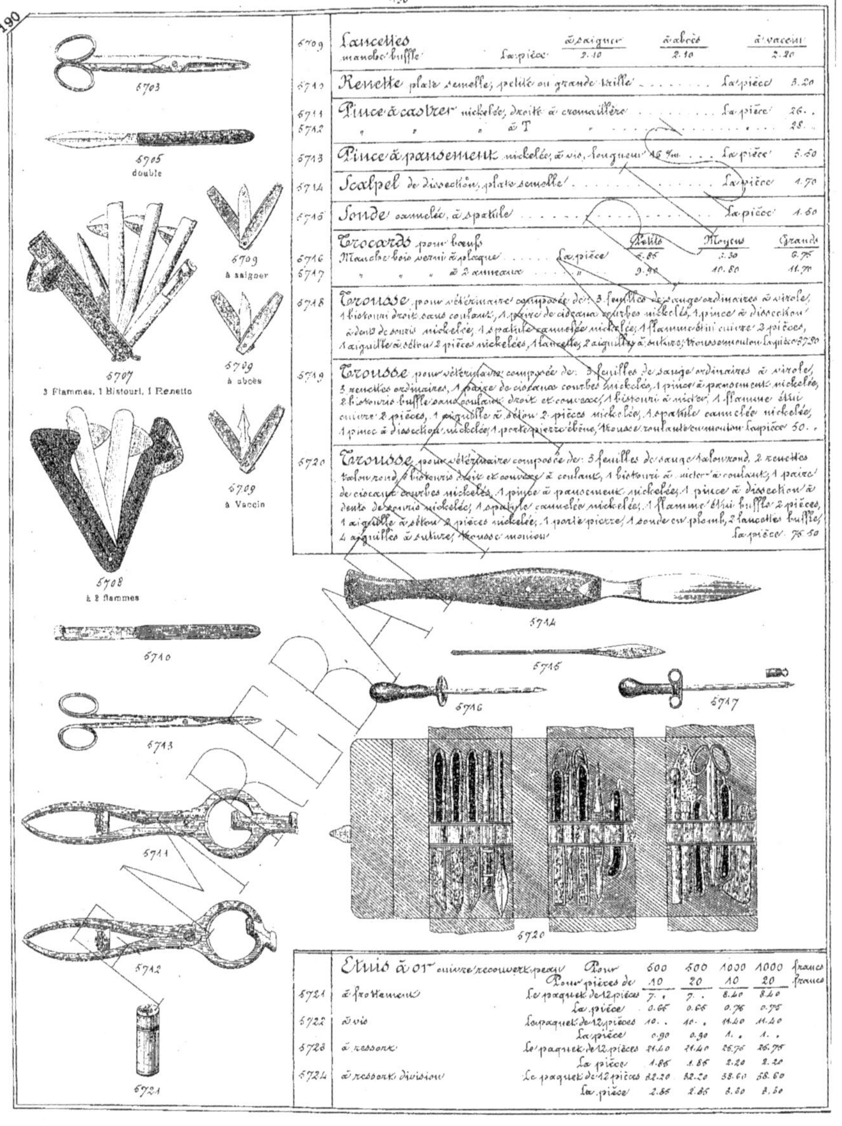

5709	**Lancettes** manche buffle — La pièce	à saigner 2.10	à abcès 2.10	à vaccin 2.20
5710	**Renette** plate semelle, petite ou grande taille .... La pièce			3.20
5711	**Pince à castrer** nickelée, droite à cromaillère .... La pièce			26. .
5712	" " " à T "			28. .
5713	**Pince à pansement** nickelée, à vis, longueur 16 %m ... La pièce			5.50
5714	**Scalpel** de dissection, plate semelle .... La pièce			1.70
5715	**Sonde** cannelée, à spatule .... La pièce			1.60
	Trocards pour bœufs	Petits	Moyens	Grands
5716	Manche bois verni à plaque ..... La pièce	5.85	[illegible].30	6.75
5717	" " " à 2 anneaux ..... "	9.90	10.80	11.70

5718 **Trousse** pour vétérinaire composée de : 3 feuilles de sauge ordinaires à virole, 1 bistouri droit sans coulant, 1 paire de ciseaux courbes nickelés, 1 pince à dissection à dents de souris nickelée, 1 spatule cannelée nickelée, 1 flamme étui cuivre 2 pièces, 1 aiguille à séton 2 pièces nickelées, 1 lancette, 2 aiguilles à suture, trousse mouton La pièce 37.50

5719 **Trousse** pour vétérinaire composée de : 3 feuilles de sauge ordinaires à virole, 3 renettes ordinaires, 1 paire de ciseaux courbes nickelés, 1 pince à pansement nickelée, 2 bistouris buffle sans coulant droit et convexe, 1 bistouri à nicter, 1 flamme étui cuivre 2 pièces, 1 aiguille à séton 2 pièces nickelée, 1 spatule cannelée nickelée, 1 pince à dissection nickelée, 1 porte pierre ébène, trousse roulante en mouton La pièce 50. .

5720 **Trousse** pour vétérinaire composée de : 3 feuilles de sauge talon rond, 2 renettes talon rond, 2 bistouris droit et convexe à coulant, 1 bistouri à nicter à coulant, 1 paire de ciseaux courbes nickelés, 1 pince à pansement nickelée, 1 pince à dissection à dents de souris nickelée, 1 spatule cannelée nickelée, 1 flamme étui buffle 2 pièces, 1 aiguille à séton 2 pièces nickelée, 1 porte pierre, 1 sonde en plomb, 2 lancettes buffle, 4 aiguilles à suture, trousse mouton La pièce 75.50

	Etuis à or cuivre recouvert peau	Pour	500	500	1000	1000	francs
		Pour pièces de	10	20	10	20	francs
5721	à frottement	Le paquet de 12 pièces	7. .	7. .	8.40	8.40	
		La pièce	0.65	0.65	0.75	0.75	
5722	à vis	Le paquet de 12 pièces	10. .	10. .	11.40	11.40	
		La pièce	0.90	0.90	1. .	1. .	
5723	à ressort	Le paquet de 12 pièces	21.40	21.40	25.75	25.75	
		La pièce	1.85	1.85	2.20	2.20	
5724	à ressort division	Le paquet de 12 pièces	32.20	32.20	38.60	38.60	
		La pièce	2.85	2.85	3.30	3.30	

5703

5705 double

5709 à saigner

5707 3 Flammes, 1 Bistouri, 1 Renette

5709 à abcès

5709 à Vaccin

5708 à 2 flammes

5710

5713

5711

5712

5721

5714

5715

5716

5717

5720

(Voir prix pages 187,188 et 194)

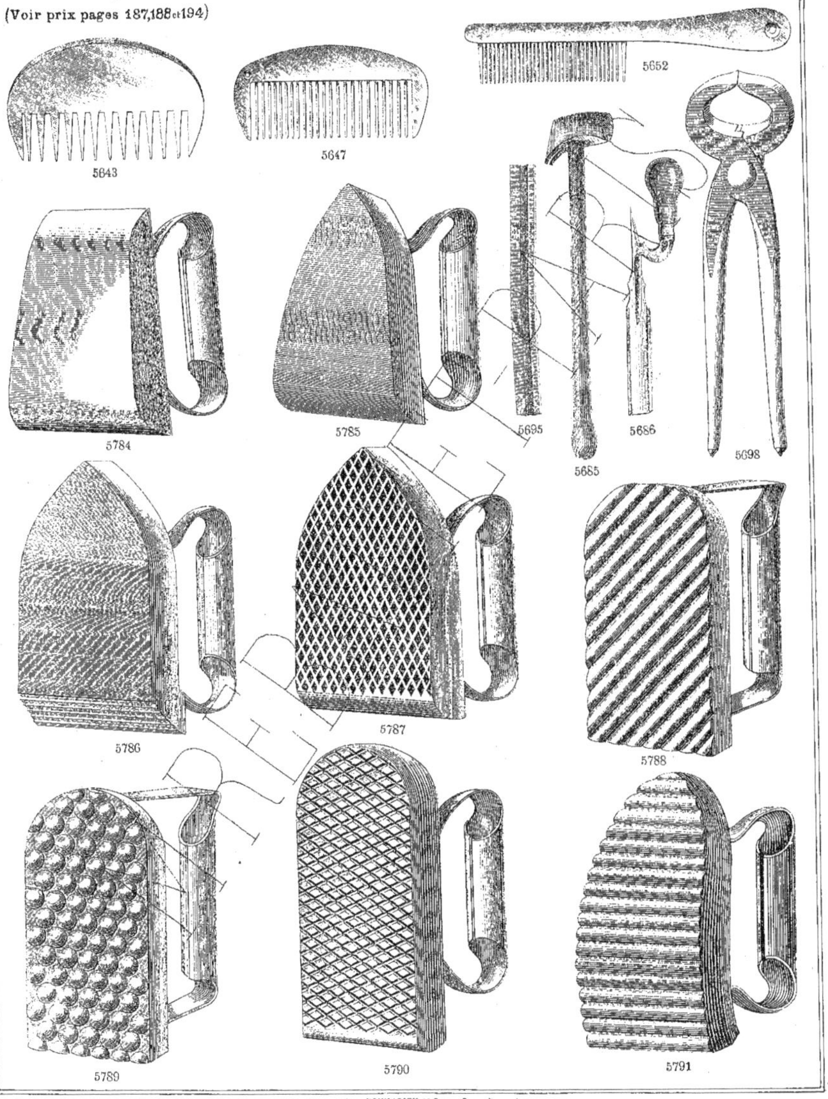

5643 5647 5652

5784 5785 5695 5686 5698

5685

5786 5787 5788

5789 5790 5791

Paris. — Imp. DONNADIEU, 22, Rue des Francs-Bourgeois

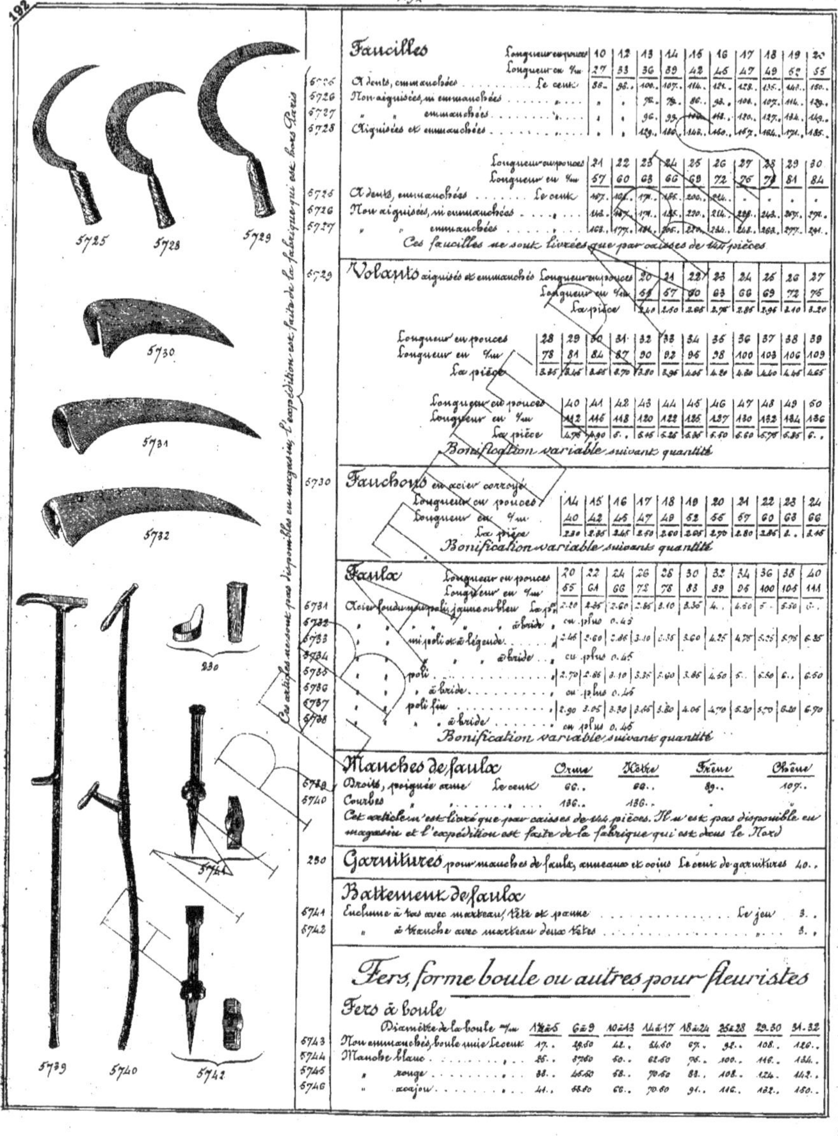

Faucilles

	Longueur en pouces	10	12	13	14	15	16	17	18	19	20
	Longueur en c/m	27	33	36	39	42	45	47	49	52	55
5725	A dents, emmanchées . . . . Le cent	86..	95..	100..	107..	114..	121..	128..	135..	141..	150..
5726	Non aiguisées, ni emmanchées	"	"	72..	79..	86..	93..	100..	107..	114..	129..
5727	" " emmanchées	"	"	96..	93..	[illegible]	112..	120..	127..	134..	149..
5728	Aiguisées et emmanchées	"	"	129..	136..	142..	150..	157..	164..	171..	185..

	Longueur en pouces	21	22	23	24	25	26	27	28	29	30
	Longueur en c/m	57	60	63	66	69	72	75	78	81	84
5725	A dents, emmanchées . . . . Le cent	157.	164..	171..	186..	200..	214..	.	.	.	.
5726	Non aiguisées, ni emmanchées	142..	157..	171..	185..	220..	214..	228..	242..	257..	271..
5727	" " emmanchées	163..	177..	191..	205..	220..	234..	248..	263..	277..	291..

Ces faucilles ne sont livrées que par caisses de 144 pièces

5729 Volants aiguisés et emmanchés

Longueur en pouces	20	21	22	23	24	25	26	27
Longueur en c/m	55	57	60	63	66	69	72	75
La pièce	2.40	2.50	2.65	2.75	2.85	2.95	3.10	3.20

Longueur en pouces	28	29	30	31	32	33	34	35	36	37	38	39
Longueur en c/m	78	81	84	87	90	92	95	98	100	103	106	109
La pièce	3.35	3.45	3.65	3.70	3.80	3.95	4.05	4.20	4.30	4.40	4.45	4.65

Longueur en pouces	40	41	42	43	44	45	46	47	48	49	50
Longueur en c/m	112	116	118	120	122	125	127	130	132	134	136
La pièce	4.75	4.90	5. .	5.15	5.25	5.35	5.50	5.60	5.75	5.85	6. .

Bonifiaction variable suivant quantité

5730 Fauchons en acier corroyé

Longueur en pouces	14	15	16	17	18	19	20	21	22	23	24
Longueur en c/m	40	42	45	47	49	52	55	57	60	63	66
La pièce	2.30	2.35	2.45	2.50	2.60	2.65	2.70	2.80	2.85	3. .	3.15

Bonification variable suivant quantité

Faulx

		20	22	24	26	28	30	32	34	36	38	40
	Longueur en pouces / Longueur en c/m	55	61	66	72	78	83	89	95	100	105	111
5731	Acier fondu, mi-poli, jaune ou bleu La pièce	2.20	2.35	2.60	2.85	3.10	3.35	4. .	4.50	5. .	5.50	6. .
5732	" " " " à bride .	en plus 0.45										
5733	" " mi poli et à légende	2.45	2.60	2.85	3.10	3.35	3.60	4.25	4.75	5.25	5.75	6.35
5734	" " " à bride . .	en plus 0.45										
5735	" " poli	2.70	2.85	3.10	3.35	3.60	3.85	4.50	5. .	5.50	6. .	6.50
5736	" " " à bride	en plus 0.45										
5737	" " poli fin	2.90	3.05	3.30	3.65	3.80	4.05	4.70	5.20	5.70	6.20	6.70
5738	" " " à bride	en plus 0.45										

Bonification variable suivant quantité

Manches de faulx

		Orme	Hêtre	Frêne	Chêne
5739	Droits, poignée orme Le cent	66..	66..	89..	107..
5740	Courbes "	136..	136..	.	"

Cet article n'est livré que par caisses de 144 pièces. Il n'est pas disponible en magasin et l'expédition est faite de la fabrique qui est dans le Nord

230 Garnitures pour manches de faulx, anneaux et coins Le cent de garnitures 40..

Battement de faulx

5741 Enclume à tas avec marteau, tête et panne . . . . Le jeu 3..

5742 " à tranche avec marteau deux têtes . . . . " 3..

Fers, forme boule ou autres pour fleuristes

Fers à boule

	Diamètre de la boule m/m	1½ à 5	6 à 9	10 à 13	14 à 17	18 à 24	25 à 28	29.30	31.32
5743	Non emmanchés, boule unie Le cent	17..	29.50	42..	54.50	67..	92..	108..	126..
5744	Manche blanc	25..	37.50	50..	62.50	75..	100..	116..	134..
5745	" rouge	33..	45.50	58..	70.50	83..	108..	124..	142..
5746	" acajou	41..	53.50	66..	70.60	91..	116..	132..	150..

Ces articles ne sont pas disponibles en magasin; l'expédition est faite de la fabrique qui est hors Paris

5743,5 — 5743,15 — 5744 — 5747 — 5750

5751 — 5752 — 5754 — 5757 — 5759

5761 — 5763 — 5765 — 5764 — 5766

5767 — 5768 — Pointus — 1/2 Ronde — Ronds — 5770

5771 — 5773 — 5774

5776 — 5779 — 5781

Fers à boule rayés

		Diamètre de la boule m/m	5.4	5	6	7	8	9	9	11	14	16	18	20
		Nombre de raies	4	6	6	6	6	6	16	18	20	22	24	26
5747	Manche blanc	La pièce	0.90	1.15	1.40	1.40	1.40	1.40	2.10	2.10	2.50	2.50	3. .	3. .
5748	„ rouge	„	1. .	1.25	1.50	1.60	1.60	1.50	2.20	2.20	2.60	2.60	3.10	3.10
5749	„ acajou	„	1.40	1.35	1.60	1.60	1.60	1.60	2.30	2.50	2.70	2.70	3.20	3.20

Crochets de fleuristes

			Sans manche	Manche blanc	Manche rouge	Manche acajou
5750	Petite courbure	La pièce	0.40	0.50	0.60	0.70
5751	Courbure 1/2 cintrée	„	0.40	0.50	0.60	0.70
5752	Grande courbure	„	0.40	0.50	0.60	0.70

Pieds de biches fleuristes

			Sans manche	Manche blanc	Manche rouge	Manche acajou
5753	Simple couteau	La pièce	0.50	0.60	0.70	0.80
5754	Deux	„	1.05	1.15	1.25	1.35
5755	Trois	„	1.05	1.15	1.25	1.35
5766	Quatre	„	1.05	1.15	1.25	1.35

Triboulets de fleuristes

			Sans manche	Manche blanc	Manche rouge	Manche acajou
5757	Cinq rainures simples	La pièce	1.55	1.65	1.75	1.85
5758	„ „ doubles	„	1.90	2. .	2.10	2.20

Fers formes diverses pour blanchisseuses

Fers à boules

		Diamètre m/m	20	22	24	26	30
5759	Manche bois, sans pied	Le cent	54..	56..	58..	60..	66..
5760	„ „ avec pied	„	76..	78..	80..	82..	88..

Fers à champignons

		Diamètre m/m	66	72	78	82	90
5761	Manche bois, sans pied	Le cent	49..	49..	69..	69..	69..
5762	„ „ avec pied	„	71..	71..	91..	91..	91..

Fers à coque à œuf

		Diamètre m/m	11	13	16	18	20	23	25	27	30	34	37	40	45	50
		Longueur m/m	20	23	27	32	38	42	46	50	52	57	63	70	83	91
5763	Manche bois, sans pied	Le %	33..	33..	33..	33..	52..	47..	49..	61..	66..	69..	72..	81..	126..	180..
5764	„ „ avec pied	„	55..	55..	55..	55..	56..	69..	74..	78..	87..	91..	94..	103..	148..	202..

5765 Etau fonte, pour fers à boule, à champignon ou à coque sans pied La pièce 1. .

Fers à plis simples

		Diamètre m/m	10	12	14	16	18	20	22	24	26	28
5766	manche bois verni	Le cent	40..	40..	50..	60..	65..	65..	70..	75..	85..	100..

Fers à plis

		Nos à la jauge	16 à 22	23	24	25	26	27	28	29	30	32	34
5767	Ordinaires Brevetés	Le cent	8.30	13.60	17..	19..	24..	29..	36..	40..	46..	51..	59..
5768	Charnière double carrée	„	26..	31..	36..	40..	45..	51..	56..	60..	65..	70..	75..
5769	Modèle St-Étienne forgés	„	32..	37.50	48..	60..	70..	77..	90..	„	„	„	„

Fers kabyles

			Pointus	Demi-ronds	Ronds
5770	manche bois	Le cent	60..	60..	60..

Fers polonais

		Nos	1	2
5771	Poignée fonte	Le cent	46..	50..
5772	„ fer	„	56..	60..

Fers à repasser, bout pointu ou rond

		Nos	3	4	5	6
5773	Poignée fonte, ordinaires	Le cent	49..	56..	62..	67..
5774	„ fer, ordinaires	„	69..	76..	85..	94..
5775	„ „ polis fin	„	78..	86..	94..	103..

Fers à repasser, dits du Midi, plaque polie dessus et dessous

		Nos	3	4	5	6
5776	Bout pointu ou rond, poignée vissée, plate, poli, ordinaires	Le cent	90..	99..	108..	126..
5777	„ „ „ „ „ ronde „ „	„	108..	117..	126..	144..
5778	„ „ „ „ „ plate, poli fin, renforcés	„	108..	117..	126..	144..
5779	„ „ „ „ „ ronde „ „ „	„	126..	135..	144..	153..

Fers à repasser algériens, bout rond ou pointu

		Nos	3	4	5	7	8	9
5780	Poignée fer, ordinaires, poli ordinaire	Le cent	72..	80..	87..	„	„	„
5781	„ „ renforcés, poli fin	„	„	„	„	90..	98..	106..

5782 5783 5784 5785 5786 5787 5788 5789 5790 5791 5792 5793 Simple 5793 Double 5794 Carré 5795 5796 5807 5809 5810 5811 5812 5814 5817 5818 5820 5822 5823

Fers à repasser américains

			N°s 4	5	6	7
5782	Ordinaires, poignée fer ½ rond en fonte	Le cent	90.	108.	126.	144.
5783	Renforcés, poignée à tube		123.	141.	169.	197.

Fers à glacer, polis "RBT"

			N°s 1	2
5784	Bout carré, dessous uni	La pièce	1.80	2.05
5785	" pointu " "	"	"	2.20
5786	" " " " talon cannelé	"	2.75	3.
5787	" " dessous gaufré	"	"	"
5788	" rond, dessous nervuré	"	"	3.50
5789	" " dessous à clous	"	"	3.65
5790	" " dessous strié	"	"	3.65
5791	" arrondi breveté, semelle cannelée, poli fin	"	"	13.

Porte fers à repasser, légers, feuillard étamé

			N°s 0	1
5792	Porte fers à repasser, légers, feuillard étamé	Le cent	12.50	25.
			Simples	Doubles
5793	" " " feuillard croisé étamé	Le cent	60.	80.
			Ovales	Carrés
5794	" " " fer forgé étamé	Le cent	26.	30.
5795	" " " tôle découpée à jour	Le cent		28.50
5796	" " " fonte ornée bronzée	"		45.

Poignées pour fers à repasser (Par paquets de 12 pièces ne se détaillant pas)

5797	Sans marque, des tapis, dessous sans fer, bordure chiffon	Le cent	10.
5798	" " " " " " " peau	"	15.
5799	" " molesleine, dessous garni 2 fers, bord cousu	"	16.
5800	" " peau " " 2 " " "	"	23.
5801	" " " " " 2 " " "	"	25.
5802	" " " dessous peau sans fer, bord cousu N° 2	"	32.
5803	" " " " " " " N° 3	"	37.
5804	" " " dessous garni 2 fers, bord piqué N° 2	"	38.
5805	" " " dessous peau sans fer, bord piqué N° 2	"	40.
5806	Marque Broux, des peaux dessous peau, sans fer, soignées	"	46.
5807	" " " " dessous garni 3 fers N° 2 ou N° 3	"	46.
5808	" " " " " 3 fers, modèle court, bouts renflés	"	46.
5809	" " " " " tôle, à courant d'air	"	68.
5810	" " " " " grillagé	"	70.

Poignées pour fers à repasser, tissus de coton doublé amiante (Par paquets de 12 ne se détaillant pas)

5811	incombustibles, dimensions % 13 × 13	Le cent	55.

Fourneaux de repasseuses, intérieur fonte

			Pour 2	3	4	5	6 fers
5812	Pieds ordinaires	La pièce	5.15	6.60	8.	11.20	12.60
5813	" hauts		7.	6.50	9.70	12.15	15.50

Plus value pour couvercle spécial pour fers anglais — La pièce 1.10

Fourneaux de repasseuses, dits cloches, en fonte

		Nombre de places	5	6	7	8	10	14	20
5814	Sol cerpans, pieds unis fixes	La pièce	10.50	14.50	17.25	28.	"	"	"
5815	" " " mobiles (Modèle spécial pour l'exportation)		10.50	13.	15.	17.50	21.	24.	33.

Cet article est livré ordinairement avec les accessoires et pieds emballés à l'intérieur du corps et le corps sur planchette

Fers de tailleurs dits carrés

		Poids en k^os^	1,5	2	2,5	3	3,5	4	4,5	5	5,5
5816	A filets	Les cent kilogs	55.	55.	55.	55.	55.	55.	55.	55.	50.
5817	Ordinaires	" "	65.	65.	65.	65.	65.	65.	65.	65.	60.

Plus value pour poignée démontante — La pièce 0.75

Fers à repasser creux, à braise, garde cuivre, fabrication anglaise

			6½	7	7½	8
		Longueur en pouces anglais	6½	7	7½	8
		Longueur en %	17	18	19	20
5818	Avec cheminée droite	La pièce	4.70	4.75	4.90	5.10
5819	" " de côté	"	4.70	4.75	4.90	5.10

Fers à repasser creux à braise

		Longueur %	17	18	19	20
5820	Poli fin, cheminée droite	La pièce	4.40	4.60	4.85	5.30
5821	" " " de côté	"	4.40	4.60	4.85	5.30

Fers à repasser à braise, fonte à trous

		Longueur %	19	20	21	22
5822	Monture fer, tourniquet fer, poignée bois, gros trous	La pièce	4.40	4.70	4.95	5.20
5823	" " " " " petits	"	4.75	4.95	5.30	5.60

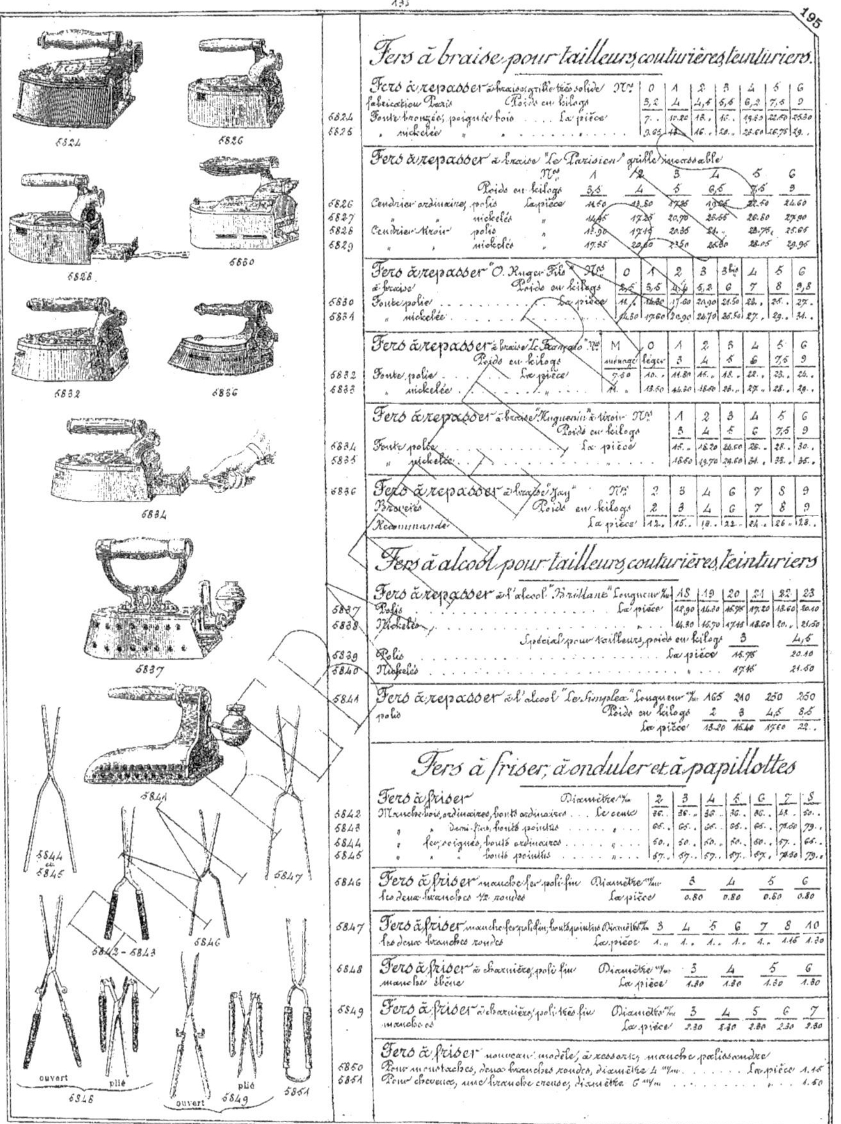

Fers à braise pour tailleurs, couturières, teinturiers

Fers à repasser à braise, grille très solide, fabrication Paris

		Nos	0	1	2	3	4	5	6
		Poids en kilogs	3,2	4	4,5	5,5	6,2	7,5	9
5824	Fonte bronzée, poignée bois	La pièce	7..	10.20	13..	16..	19.60	22.50	25.30
5825	" nickelée	"	9.65	12..	16..	20..	23.60	26.75	29..

Fers à repasser à braise "Le Parisien" grille incassable

		Nos	1	2	3	4	5	6
		Poids en kilogs	3,5	4	5	6,5	7,5	9
5826	Cendrier ordinaire, polis	La pièce	14.50	15.50	17.25	19.65	22.50	24.60
5827	" " nickelés	"	14.45	17.25	20.70	23.55	26.80	27.90
5828	Cendrier tiroir polis	"	15.90	17.15	20.35	24..	23.75	25.65
5829	" " nickelés	"	17.35	20.60	23.50	26.80	28.05	29.95

Fers à repasser "O. Ruger Fils" à braise

		Nos	0	1	2	3	3 bis	4	5	6
		Poids en kilogs	2,5	3,5	4,4	5,2	6	7	8	9,8
5830	Fonte polie	La pièce	11..	14.80	17.60	20.90	21.50	22..	25..	27..
5831	" nickelée		14.50	17.60	20.90	24.70	26.50	27..	29..	34..

Fers à repasser à braise "Le Français"

		Nos	M	0	1	2	3	4	5	6
		Poids en kilogs	ménage	léger	3	4	5	6	7,5	9
5832	Fonte polie	La pièce	7.50	10..	11.80	16..	18..	22..	23..	24..
5833	" nickelée	"	11..	13.50	14.20	16.60	26..	27..	28..	29..

Fers à repasser à braise "Huguenin" à tiroir

		Nos	1	2	3	4	5	6
		Poids en kilogs	3	4	5	6	7,5	9
5834	Fonte polie	La pièce	15..	16.20	26.60	26..	28..	30..
5835	" nickelée	"	18.60	19.70	24.60	31..	33..	35..

Fers à repasser à braise "Jay"

		Nos	2	3	4	6	7	8	9
5836	Brevetés	Poids en kilogs	2	3	4	6	7	8	9
	Recommandé	La pièce	12..	15..	18..	22..	24..	26..	28..

Fers à alcool pour tailleurs, couturières, teinturiers

Fers à repasser à l'alcool "Brillant"

		Longueur c/m	18	19	20	21	22	23
5837	Polis	La pièce	12.90	14.30	15.75	17.20	18.60	20.10
5838	Nickelés	"	14.30	15.70	17.15	18.60	20..	21.50

		Spécial pour tailleurs, poids en kilogs	3	4,5
5839	Polis	La pièce	15.75	20.10
5840	Nickelés	"	17.15	21.50

Fers à repasser à l'alcool "Le Simplex"

		Longueur m/m	165	210	250	250
5841	polis	Poids en kilogs	2	3	4,5	8,5
		La pièce	13.20	15.40	17.60	22..

Fers à friser, à onduler et à papillottes

Fers à friser

		Diamètre m/m	2	3	4	5	6	7	8
5842	Manche bois, ordinaires, bouts ordinaires	Le cent	36..	36..	36..	36..	36..	43..	50..
5843	" " demi-fins, bouts pointus	"	65..	65..	65..	65..	65..	71.50	79..
5844	" fer, soignés, bouts ordinaires	"	50..	50..	50..	50..	50..	57..	66..
5845	" " " bouts pointus	"	57..	57..	57..	57..	57..	71.50	79..

Fers à friser manche fer poli fin, les deux branches 1/2 rondes

		Diamètre m/m	3	4	5	6
5846		La pièce	0.80	0.80	0.80	0.80

Fers à friser manche fer poli fin, bouts pointus, les deux branches rondes

		Diamètre m/m	3	4	5	6	7	8	10
5847		La pièce	1..	1..	1..	1..	1..	1.15	1.30

Fers à friser à charnière, poli fin, manche ébène

		Diamètre m/m	3	4	5	6
5848		La pièce	1.30	1.30	1.30	1.30

Fers à friser à charnière, poli très fin, manche os

		Diamètre m/m	3	4	5	6	7
5849		La pièce	2.30	2.30	2.30	2.30	2.30

Fers à friser nouveau modèle, à ressort, manche palissandre

5850 Pour moustaches, deux branches rondes, diamètre 4 m/m . . . . . . La pièce 1.15

5851 Pour cheveux, une branche creuse, diamètre 6 m/m . . . . . . " 1.50

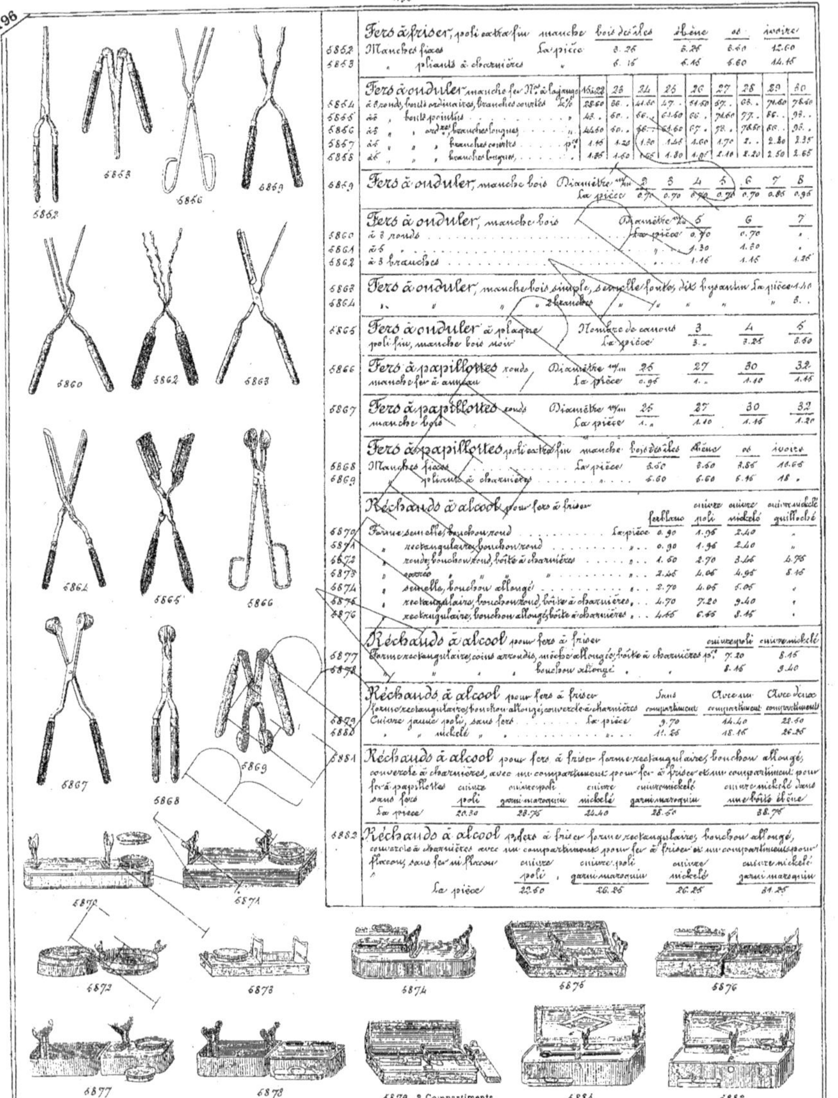

	Fers à friser, poli extra fin manche	bois des îles	ébène	os	ivoire
5852	Manches fixes La pièce	3.25	5.25	5.60	12.60
5853	„ pliants à charnières „	6.15	6.15	6.60	14.15

	Fers à onduler, manche fer Nos à la jauge	15 à 22	23	24	25	26	27	28	29	30
5854	à 2 ronds, bouts ordinaires, branches courtes Le %	28.60	36.	41.60	47.	51.60	57.	63.	71.60	78.60
5855	à 3 „ bouts pointus „	43.	50.	56.	61.60	66.	71.60	77.	86.	93.
5856	à 3 „ „ ord.res, branches longues „	44.60	50.	56.	61.60	67.	72.	78.50	86.	95.
5857	à 4 „ „ „ branches courtes p.ce	1.15	1.20	1.30	1.45	1.60	1.70	2.	2.20	2.35
5858	à 5 „ „ „ branches longues „	1.35	1.60	1.65	1.80	1.95	2.10	2.20	2.50	2.65

	Fers à onduler, manche bois Diamètre m/m	2	3	4	5	6	7	8
5859	La pièce	0.70	0.70	0.70	0.70	0.70	0.85	0.95

	Fers à onduler, manche bois Diamètre m/m	5	6	7
5860	à 3 ronds La pièce	0.70	0.70	„
5861	à 5 „	1.30	1.30	„
5862	à 3 branches	1.15	1.15	1.25

	Fers à onduler, manche bois simple, semelle fonte, dit byzantin	
5863	„ La pièce	1.40
5864	„ „ „ „ 2 branches „ „ „ „ „	3.

	Fers à onduler à plaque poli fin, manche bois noir Nombre de canons	3	4	5
5865	La pièce	3.	3.25	3.50

	Fers à papillotes ronds, manche fer à anneau Diamètre m/m	25	27	30	32
5866	La pièce	0.95	1.	1.10	1.45

	Fers à papillotes ronds, manche bois Diamètre m/m	25	27	30	32
5867	La pièce	1.	1.10	1.15	1.20

	Fers à papillotes, poli extra fin manche	bois des îles	ébène	os	ivoire
5868	Manches fixes La pièce	3.50	3.50	3.85	10.65
5869	„ pliants à charnières „	5.60	6.60	6.15	18.

	Réchauds à alcool pour fers à friser	ferblanc	cuivre poli	cuivre nickelé	cuivre nickelé guilloché
5870	Forme semelle, bouchon rond La pièce	0.90	1.95	2.40	„
5871	„ rectangulaire, bouchon rond „	0.90	1.95	2.40	„
5872	„ ronde, bouchon rond, boîte à charnières „	1.50	2.70	3.45	4.75
5873	„ carrée „ „ „	2.45	4.05	4.95	5.15
5874	„ semelle, bouchon allongé „	2.70	4.05	5.05	„
5875	„ rectangulaire, bouchon rond, boîte à charnières „	4.70	7.20	9.40	„
5876	„ rectangulaire, bouchon allongé, boîte à charnières „	4.55	6.65	8.15	„

	Réchauds à alcool pour fers à friser	cuivre poli	cuivre nickelé
5877	Forme rectangulaire, coins arrondis, mèche allongée, boîte à charnières p.ce	7.20	8.15
5878	„ „ „ bouchon allongé „	8.15	9.40

	Réchauds à alcool pour fers à friser forme rectangulaire, bouchon allongé, couvercle à charnières	Sans compartiment	Avec un compartiment	Avec deux compartiments
5879	Cuivre jaune poli, sans fers La pièce	9.70	14.40	22.50
5880	„ „ nickelé „ „	11.25	18.15	26.25

5881 **Réchauds à alcool** pour fers à friser forme rectangulaire, bouchon allongé, couvercle à charnières, avec un compartiment pour fer à friser et un compartiment pour fer à papillotes sans fers

	cuivre poli	cuivre poli garni maroquin	cuivre nickelé	cuivre nickelé garni maroquin	cuivre nickelé dans une boîte ébène
La pièce	20.30	23.75	24.40	28.50	38.75

5882 **Réchauds à alcool** p. fers à friser forme rectangulaire, bouchon allongé, couvercle à charnières avec un compartiment pour fer à friser et un compartiment pour flacon, sans fer ni flacon

	cuivre poli	cuivre poli garni maroquin	cuivre nickelé	cuivre nickelé garni maroquin
La pièce	22.50	26.25	26.25	31.25

Appareils de soudage.

5885 5887 5889 droite courbé 5890

5891 coudée 5892 droite 5894 coudée 5894 à vis de pression droite

5893 - 5896 - 5899

5897 coudée 5900 5901 5902

5903 5904 5906 5907

Fers à souder pour amateurs, manche bois rivé

		Nos	1	2	3	4	5
	Poids approximatif du cuivre en grammes		45	60	80	110	130
	Poids total approximatif gr.		140	150	190	230	280
5883	Tête carrée, tige ronde ou carrée	La pièce	0.80	0.90	1. »	1.10	1.25
5884	» » tige ronde, tête polie	»	0.85	0.95	1.05	1.20	1.35

Fers à souder pour ouvriers, manche bois rivé

Nos	6	8	10	12	14	16	18	20
Poids approximatif du cuivre en grammes	180	220	310	360	410	470	500	570
Poids total approximatif »	500	650	760	920	1050	1120	1220	1350

Nos	22	24	26	28	30	32	34	36
Poids approximatif du cuivre en grammes	600	650	680	760	850	920	1000	1100
Poids total approximatif	1420	1620	1620	1720	1900	2050	2300	2400

5885	Tige et tête carrées, monture forte	Le kilog	3.15	Les cent kos	306. »
5886	Tige ronde, tête carrée, monture ordinaire	»	3.15	» »	300. »
5887	Tige ronde tête carrée polie (RBT) monture légère	»	3.35	» »	320. »

Petits fers à souder coudés, pour gaziers ou plombiers

non emmanchés

		Diamètre m/m	12	15	18	20	25	30	35	40
5888	Tige fer, tête buis pour étendre la soudure	Le cent	27. »	27. »	27. »	46. »	46. »	46. »	54. »	63. »
5889	» » tête forte tournée pour souder	»	63. »	81. »	117. »	162. »	»	»	»	»

5890 Fers à souder droits ou coudés pour plombiers

non emmanchés

Diamètre m/m	25	30	35	40	45	50	55	60	65	70
tige fer, tête forte tournée — La pièce	2. »	2.15	2.70	3.15	3.60	3.95	4.40	4.95	5.40	7.20

Montures de fers à souder au gaz, poignée bois

		Nos	1	2	3
	à ventilateur	Longueur totale c/m	28	33	33
	tube fer	Diamètre du tube m/m	13	13	16
5891	Droites ou coudées, sans robinet, sans fer	La pièce	4.70	5.10	5.50
5892	» » avec robinet	»	6.40	6.80	7.20
5893	Têtes cuivre rouge, seules, préparées pour ces montures	»	1.40	1.60	1.80

Montures de fers à souder au gaz

		Nos	2	3
	sans ventilateur, prise d'air au tube	Longueur totale c/m	34	34
	tube fer ou cuivre	Diamètre du tube m/m	13	16
5894	Droites ou coudées, sans robinet, sans fer	La pièce	6.40	6.80
5895	» » avec robinet	»	8.10	8.60
5896	Têtes cuivre rouge, seules, préparées pour ces montures	»	1.60	1.80

Montures de fers à souder au gaz, cloche cuivre

		Nos	0	1	2	3
	sans ventilateur, prise d'air à la cloche	Longueur totale c/m	28	29	34	34
	tube fer ou cuivre	Diamètre du tube m/m	13	13	13	16
5897	Droites ou coudées, sans robinet, sans fer	La pièce	6.40	6.80	7.20	7.60
5898	» » avec robinet	»	8.10	8.50	8.90	9.30
5899	Têtes cuivre rouge, seules, préparées pour ces montures	»	1.10	1.40	1.60	1.80

Pour souder sur le côté, nous livrons indistinctement la monture coudée à fourche, à frottement ou la monture droite fixant le fer au moyen d'une vis de pression.
(Observation s'appliquant aux Nos 5894 à 5898.)

Fers à souder à l'essence minérale ou à l'alcool carburé, manche réservoir

garniture métallique perforée, isolant la chaleur

5900 Petit modèle coudé, régulateur sur bout . . . . . . La pièce 11.50
5901 Modèle ordinaire coudé, régulateur dessus . . . . . . » 14. »
5902 » » droit . . . . . . » 14. »
5903 » coudé à soupape de sûreté, régulateur sur bout . . . . . . » 16.50

Fers à souder dits L'Universel se transformant en chalumeau et en fer à souder droit ou coudé

5904 à l'essence minérale ou à l'alcool carburé . . . . . . La pièce 16.50
5905 à l'alcool dénaturé (seul modèle pouvant être disposé pour ce liquide) » 18.50
N.B. Bien spécifier, en commandant, si ces fers doivent être utilisés à l'essence minérale ou à l'alcool, et n'employer scrupuleusement que le combustible pour lequel l'appareil a été construit.

5906 Fers à souder à l'essence minérale, seulement, modèle Paquelin

avec sa lampe La pièce 22.50

5907 Fers à souder suédois Max Sievert à l'essence minérale seulement

à régulateur démontable pouvant se transformer en lampe à souder La pièce 31.45

(Voir prix pages 197 et 199)

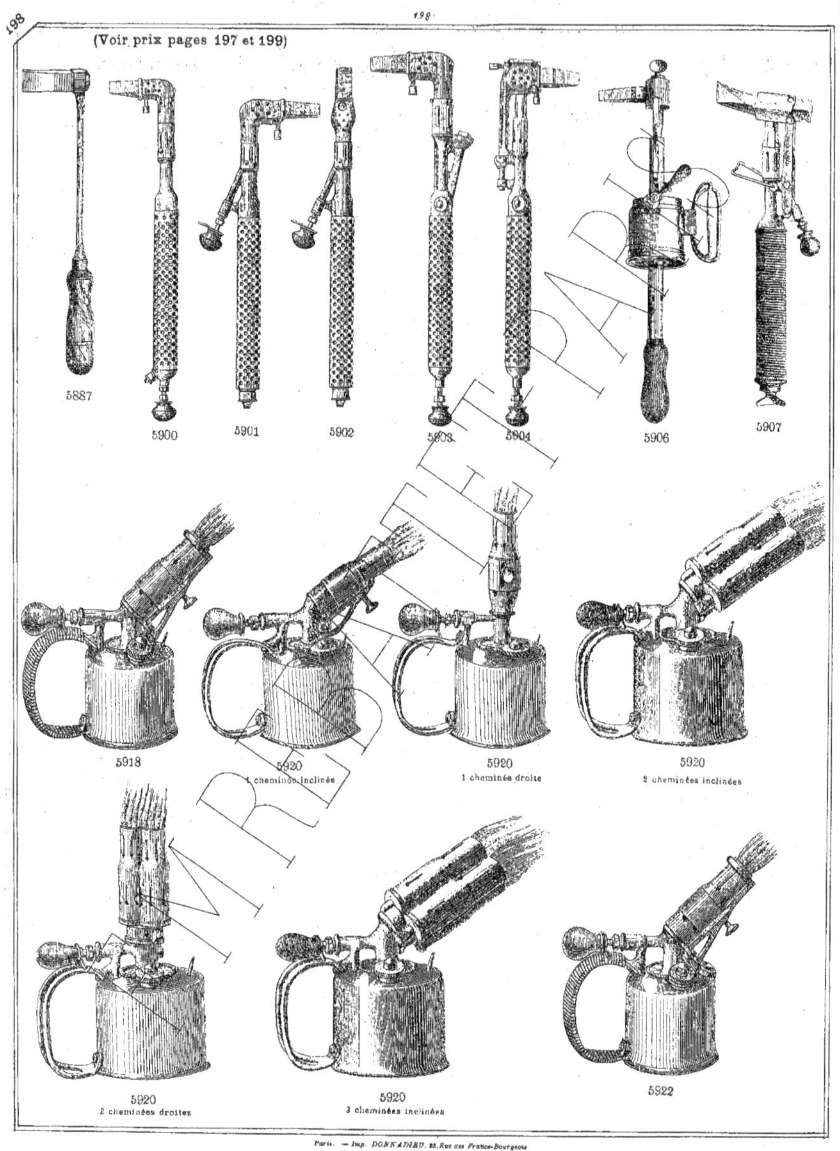

Paris. — Imp. DONNADIEU, 33, Rue des Francs-Bourgeois

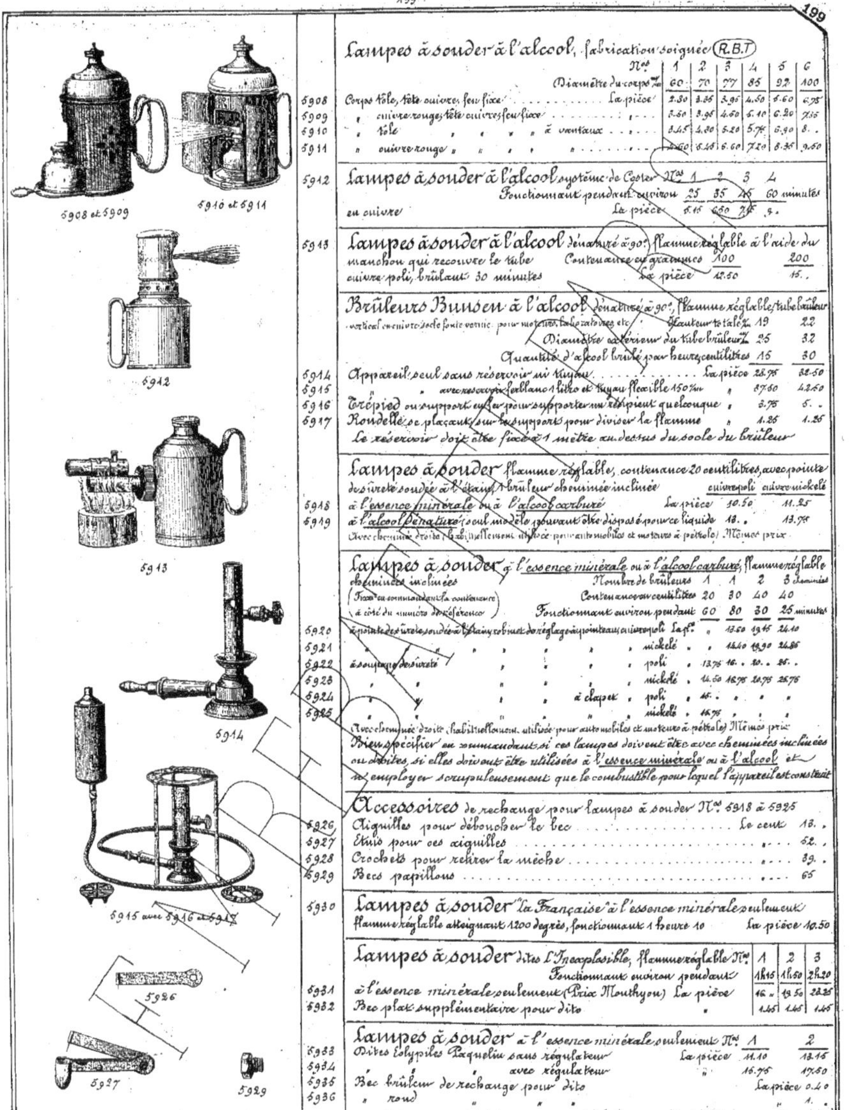

5908 et 5909 — 5910 et 5911 — 5912 — 5913 — 5914 — 5915 avec 5916 et 5917 — 5926 — 5927 — 5929

Lampes à souder à l'alcool, fabrication soignée (R.B.T)

		Nos	1	2	3	4	5	6
		Diamètre du corps m/m	60	70	77	85	92	100
5908	Corps tôle, tête cuivre, feu fixe	La pièce	2.80	3.35	3.95	4.50	5.60	6.75
5909	" cuivre rouge, tête cuivre, feu fixe	"	3.50	3.95	4.50	5.10	6.20	7.35
5910	" tôle " " " " à vantaux	"	3.45	4.30	5.20	5.75	6.90	8. .
5911	" cuivre rouge " " " " "	"	[illegible]	5.45	6.60	7.20	8.35	9.50

5912 **Lampes à souder à l'alcool** système de Coster

	Nos	1	2	3	4
	Fonctionnant pendant environ	25	35	45	60 minutes
en cuivre	La pièce	5.15	6.50	7.75	9.

5913 **Lampes à souder à l'alcool** dénaturé à 90°, flamme réglable à l'aide du manchon qui recouvre le tube cuivre poli, brûlant 30 minutes

Contenance en grammes	100		200
La pièce	12.50		15. .

Brûleurs Bunsen à l'alcool dénaturé à 90°, flamme réglable, tube brûleur vertical en cuivre, socle fonte vernie, pour moteurs, laboratoires, etc.

	Hauteur totale c/m	19	22
	Diamètre extérieur du tube brûleur m/m	25	32
	Quantité d'alcool brûlé par heure, centilitres	15	30
5914	Appareil seul sans réservoir ni tuyau . . . . . La pièce	28.75	32.50
5915	" avec réservoir fer blanc 1 litre et tuyau flexible 150 c/m "	37.50	42.50
5916	Trépied ou support en fer pour supporter un récipient quelconque "	3.75	5. .
5917	Rondelle se plaçant sur les supports pour diviser la flamme "	1.25	1.25

Le réservoir doit être fixé à 1 mètre au-dessus du socle du brûleur

Lampes à souder flamme réglable, contenance 20 centilitres, avec pointe de sûreté soudée à l'étain, 1 brûleur cheminée inclinée

		cuivre poli	cuivre nickelé
5918	à l'essence minérale ou à l'alcool carburé — La pièce	10.50	11.25
5919	à l'alcool dénaturé (seul modèle pouvant être disposé pour ce liquide)	13. .	13.75

Avec cheminée droite (habituellement utilisée pour automobiles et moteurs à pétrole) Mêmes prix

Lampes à souder à l'essence minérale ou à l'alcool carburé, flamme réglable cheminées inclinées

(Fixez en commandant la contenance à côté du numéro de référence)

	Nombre de brûleurs		1	1	2	3 cheminées
	Contenance en centilitres		20	30	40	40
	Fonctionnant environ pendant		60	80	30	25 minutes
5920	à pointe de sûreté soudée à l'étain, robinet de réglage à pointeau, cuivre poli	La pce	"	13.50	19.15	24.10
5921	" " " " " nickelé	"	"	14.40	19.90	24.85
5922	à soupape de sûreté " " " " poli	"	13.75	16. .	20. .	25. .
5923	" " " " " nickelé	"	14.50	16.75	20.75	25.75
5924	" " " " à clapet, poli	"	15. .	"	"	"
5925	" " " " " nickelé	"	15.75	"	"	"

(Avec cheminée droite (habituellement utilisée pour automobiles et moteurs à pétrole) Mêmes prix

Bien spécifier en commandant si ces lampes doivent être avec cheminées inclinées ou droites, si elles doivent être utilisées à l'essence minérale ou à l'alcool et n'employer scrupuleusement que le combustible pour lequel l'appareil est construit

Accessoires de rechange pour lampes à souder Nos 5918 à 5925

5926	Aiguilles pour déboucher le bec	Le cent	13. .
5927	Etuis pour ces aiguilles	"	52. .
5928	Crochets pour retirer la mèche	"	39. .
5929	Becs papillons	"	65

5930 **Lampes à souder** "la Française" à l'essence minérale seulement flamme réglable atteignant 1200 degrés, fonctionnant 1 heure 10 — La pièce 10.50

Lampes à souder dites l'Inexplosible, flamme réglable

		Nos	1	2	3
		Fonctionnant environ pendant	1h15	1h50	2h20
5931	à l'essence minérale seulement (Prix Monthyon)	La pièce	16. .	19.50	22.25
5932	Bec plat supplémentaire pour dito	"	1.45	1.45	1.45

Lampes à souder à l'essence minérale seulement

		Nos	1	2
5933	Dites Eolypiles Paquelin sans régulateur	La pièce	11.10	13.15
5934	" " avec régulateur	"	15.75	17.50
5935	Bec brûleur de rechange pour dito	La pièce		0.40
5936	" rond " "	"		1. .

(Voir prix pages 199 et 201)

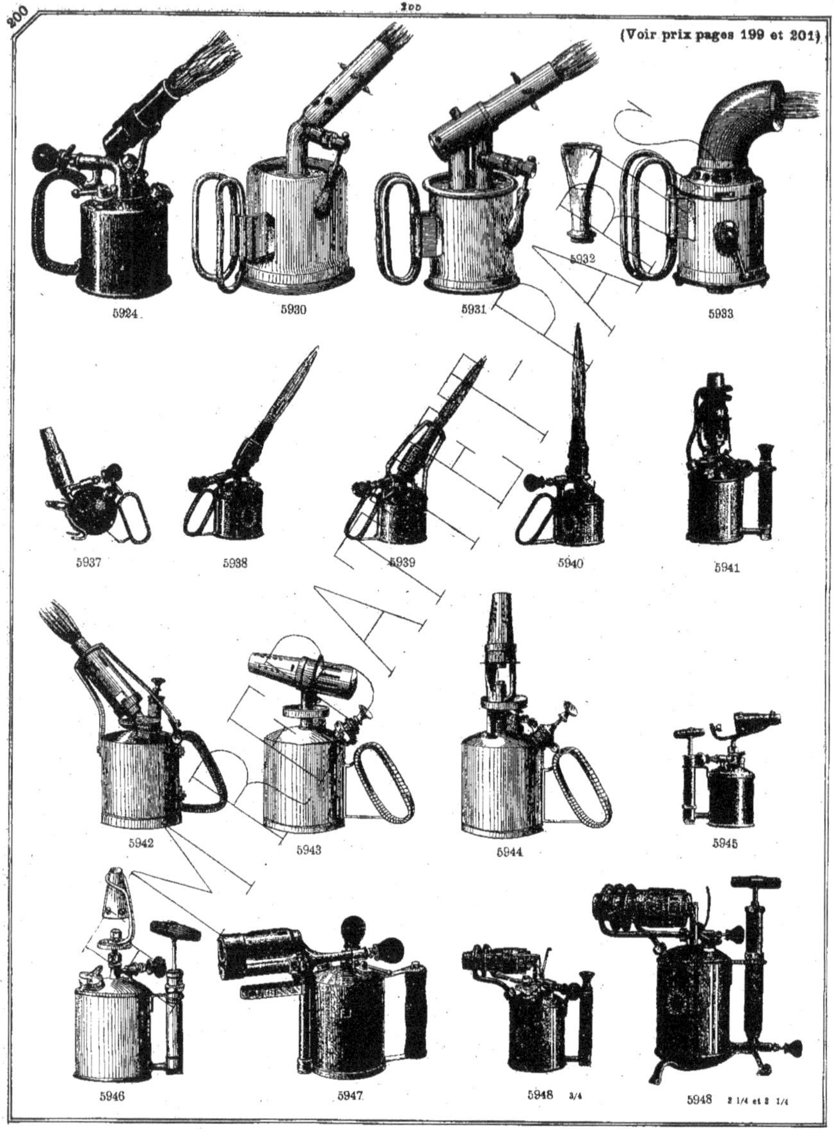

5924 5930 5931 5932 5933

5937 5938 5939 5940 5941

5942 5943 5944 5945

5946 5947 5948 3/4 5948 2 1/4 et 2 1/4

Paris. — Imp. DONNADIEU, 33, Rue des Francs-Bourgeois

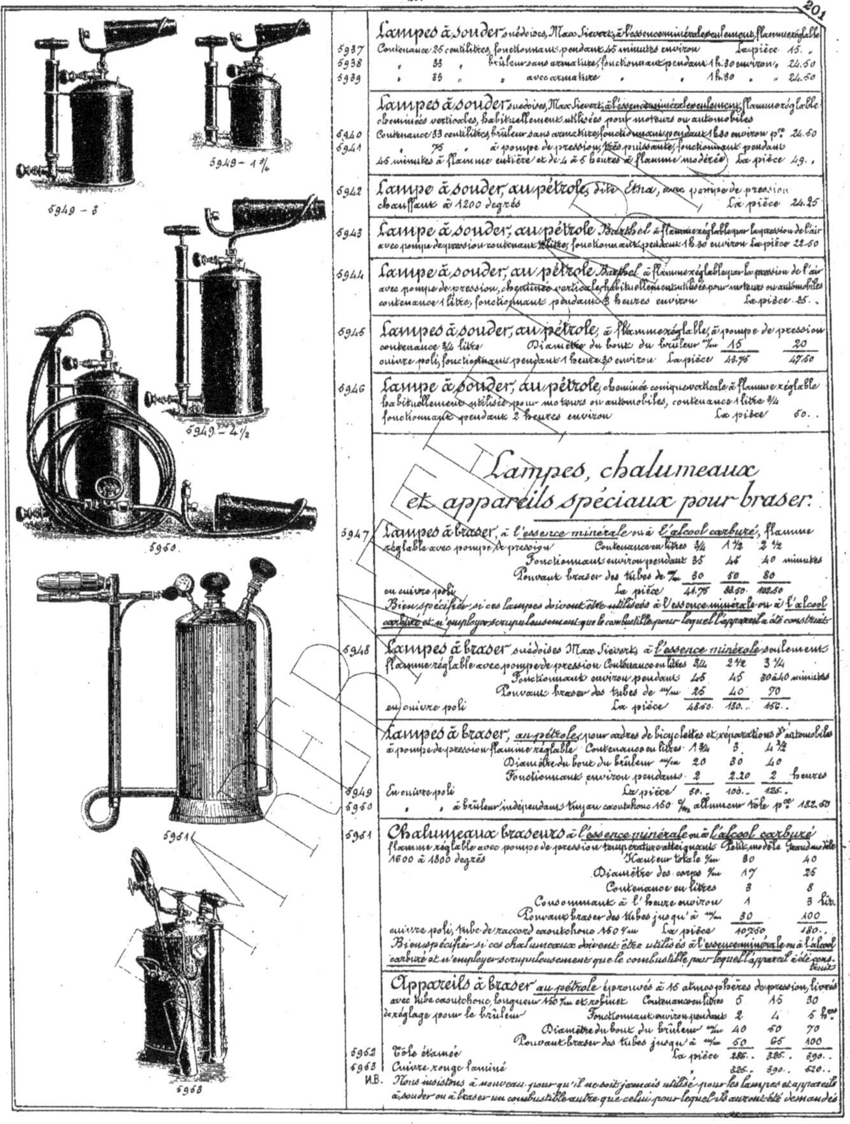

Lampes à souder suédoises, Max Sievert, à l'essence minérale seulement, flamme réglable

5937 Contenance 25 centilitres, fonctionnant pendant 45 minutes environ — La pièce 15. .
5938 " 33 " brûleur sans armature, fonctionnant pendant 1 h. 30 environ " 24.50
5939 " 33 " " avec armature " " 1 h. 30 " " 24.50

Lampes à souder suédoises, Max Sievert, à l'essence minérale seulement, flamme réglable cheminées verticales, habituellement utilisées pour moteurs ou automobiles

5940 Contenance 33 centilitres, brûleur sans armature, fonctionnant pendant 1 h. 30 environ p.ce 24.50
5941 " 75 " à pompe de pression, très puissante, fonctionnant pendant 45 minutes à flamme entière et de 4 à 5 heures à flamme modérée — La pièce 49. .

5942 **Lampe à souder, au pétrole**, dite Etna, avec pompe de pression chauffant à 1200 degrés — La pièce 24.25

5943 **Lampe à souder, au pétrole** Barthel à flamme réglable par la pression de l'air avec pompe de pression contenant 1 litre, fonctionnant pendant 1 h. 30 environ — La pièce 22.50

5944 **Lampe à souder, au pétrole** Barthel à flamme réglable par la pression de l'air avec pompe de pression, cheminée verticale, habituellement utilisée pour moteurs ou automobiles contenance 1 litre, fonctionnant pendant 3 heures environ — La pièce 25. .

5945 **Lampes à souder, au pétrole**, à flamme réglable, à pompe de pression contenance 3/4 litre

Diamètre du bout du brûleur m/m	15	20
cuivre poli, fonctionnant pendant 1 heure 30 environ — La pièce	43.75	47.50

5946 **Lampe à souder, au pétrole**, cheminée conique verticale à flamme réglable habituellement utilisée pour moteurs ou automobiles, contenance 1 litre 3/4 fonctionnant pendant 2 heures environ — La pièce 50. .

Lampes, chalumeaux et appareils spéciaux pour braser.

5947 **Lampes à braser**, à l'essence minérale ou à l'alcool carburé, flamme réglable avec pompe de pression

Contenance en litres	3/4	1 1/2	2 1/2
Fonctionnant environ pendant	35	45	40 minutes
Pouvant braser des tubes de m/m	30	50	80
en cuivre poli — La pièce	41.75	82.50	102.50

Bien spécifier si ces lampes doivent être utilisées à l'essence minérale ou à l'alcool carburé et n'employer scrupuleusement que le combustible pour lequel l'appareil a été construit

5948 **Lampes à braser** suédoises Max Sieverts à l'essence minérale seulement flamme réglable avec pompe de pression

Contenance en litres	3/4	2 1/2	3 1/4
Fonctionnant environ pendant	45	45	30 à 40 minutes
Pouvant braser des tubes de m/m	25	40	70
en cuivre poli — La pièce	48.50	130. .	156. .

Lampes à braser, au pétrole, pour cadres de bicyclettes et réparations d'automobiles à pompe de pression flamme réglable

Contenance en litres	1 3/4	3	4 1/2
Diamètre du bout du brûleur m/m	20	30	40
Fonctionnant environ pendant	2	2.20	2 heures
5949 En cuivre poli — La pièce	50. .	100. .	125. .

5950 " " à brûleur indépendant tuyau caoutchouc 150 m/m allumeur tôle p.ce 182.50

5951 **Chalumeaux braseurs** à l'essence minérale ou à l'alcool carburé flamme réglable avec pompe de pression température atteignant 1600 à 1800 degrés

	Petit modèle	Grand modèle
Hauteur totale m/m	30	40
Diamètre des corps m/m	17	25
Contenance en litres	3	8
Consommant à l'heure environ	1	3 lit.
Pouvant braser des tubes jusqu'à m/m	30	100
cuivre poli, tube de raccord caoutchouc 150 m/m — La pièce	107.50	180. .

Bien spécifier si ces chalumeaux doivent être utilisés à l'essence minérale ou à l'alcool carburé et n'employer scrupuleusement que le combustible pour lequel l'appareil a été construit

Appareils à braser au pétrole éprouvés à 15 atmosphères de pression, livrés avec tube caoutchouc, longueur 150 m/m et robinet de réglage pour le brûleur

Contenance en litres	5	15	30
Fonctionnant environ pendant	2	4	5 h.res
Diamètre du bout du brûleur m/m	40	50	70
Pouvant braser des tubes jusqu'à m/m	50	65	100
5962 Tôle étamée — La pièce	285. .	325. .	390. .
5963 Cuivre rouge laminé "	325. .	390. .	520. .

N.B. Nous insistons à nouveau pour qu'il ne soit jamais utilisé pour les lampes et appareils à souder ou à braser un combustible autre que celui pour lequel ils auront été demandés

Ferme-portes.

5954 **Ferme-portes** anglais, vernis à baril, vases cuivre, (paquets de 3 pièces)

Longueur en pouces anglais	12	14	16	18
d° en m/m	33	38	42	48
Le cent	186..	142..	168..	180..

5955 **Ferme-portes** ressort à boudin vrais premiums, qualité recommandée fil d'acier verni noir (paquets de 6 pièces)

Nos	00	0	1	2	3	4
Longueur c/m	18	23	29	31	37	36
La pièce	1.20	1.70	2.15	2.70	3.60	4.70

Par commande de 36 pièces assorties prises en une seule fois Bonification 5%

5956 **Ferme-portes** ressort à boudin "Chicago" fil d'acier verni noir, (boîtes de 12 pièces)

Longueur c/m	22	28	32	36
La pièce	0.65	0.85	1.15	1.70

5957 **Ferme-portes** ressort à boudin genre Premium, qualité courante fil d'acier verni noir, (boîtes de 6 pièces)

Nos	0	1	2	3	4
Longueur c/m	24	27	30	33	37
La pièce	0.95	1.20	1.75	2.30	3.25

Par commande de 36 pièces assorties prises en une seule fois Bonification 5%

Ferme-portes tube cuivre

		Nos	1	2	3	4	5	6
5958	à glissière, force ordinaire	Longueur totale c/m	23	24	25	27	30	33
		La pièce	2.15	2.50	2.85	3.60	4.65	5.75
5959	à piston excentrique, renforcé	Longueur totale c/m	29	29	31	33	36	39
		La pièce	3.60	4..	4.30	5..	6.45	7.85

Ferme-portes tube cuivre tournant sur leur platine pour être replié dans la position verticale du montant et laisser la porte ouverte au besoin

		Nos	1	2	3	4	5	6
5960	à glissière, force ordinaire	Longueur totale c/m	23	24	25	27	30	33
		La pièce	2.45	2.85	3.20	4.30	5.40	6.50
5961	à piston excentrique, renforcé	Longueur totale c/m	30	30	32	33	36	38
		La pièce	3.90	4.30	4.65	5.70	7.15	9..

5962 **Ferme-portes** à baril, sur platine cuivre tige fer ressort spirale bleui

Nos	1	2	3	4	5	6
Longueur de la platine c/m	14	15	16	17	18	19
La pièce	3.60	4.30	5..	6.10	7.85	10..

5963 **Ferme-portes** tube tendeur, lames acier tube fer bronzé, bras pliant (recommandés)

Nos	0	1	2	3	4
Hauteur totale c/m	37	42	46	53	60
La pièce	2.45	2.65	3.60	5..	7.85

Ferme-portes tube tendeur, lames acier modèle courant

			Nos	1	2	3	4	5
		Hauteur totale c/m		49	54	59	64	69
5964	Tube cuivre limé, bras pliants	La pièce		5.80	6.45	7.65	9.40	14.10
5965	" " nickelé	"		6.45	8.20	10..	14.10	16.60

5966 **Ferme-portes** tube tendeur, lames acier marque F. L. modèle soigné tube cuivre limé, bras pliants

Nos	1	2	3	4	5	6
Hauteur totale c/m	47	52	57	62	68	77
La pièce	5.85	7.15	8.45	10.40	15.60	23.40

5967 **Ferme-portes** à tension réglable barillet fer bronzé, bras pliant

Nos	1	2	3
Hauteur totale m/m	135	140	145
La pièce	3.60	4.55	5.85

5968 **Ferme-portes** à tension réglable platine fer verni barillet cuivre, bras pliants

Nos	1	2	3	4	5	6
Hauteur totale c/m	22	23	25	29	32	38
La pièce	5.60	6.50	7.50	9.30	13..	18.60

Ferme-portes véritables Courtois acier coulé verni tube fer recouvert cuivre

			1	2	3	4	5
		Nos	1	2	3	4	5
		Longueur totale c/m	27	30	36	48	57
		Diamètre du tube m/m	16	18	20	24	27
5969	à simple action, bras à crochet	La pièce	8..	9.25	11.75	17.50	26.25
5970	va et vient, bras à galet	La paire	19.75	23..	28.75	41.25	60..

Pour les portes va et vient, placer un appareil de chaque côté de la porte

5971 **Ferme-portes**, caoutchouc plat monture cuivre fondu nickelé, vis nickelées

Nos	1	2	3
Longueur c/m	18	22	25
La pièce	3..	3.40	4.25

5972 **Ferme-portes** Spiral, tension réglable, très puissant et peu volumineux se plaçant dans toutes les positions, à droite ou à gauche, en tirant ou en poussant vernis bleu foncé

Nos	1	2	3
Pour portes, largeur c/m	85	110	150
La pièce	8.40	11.50	15.60

5973 à gauche en tirant

Ferme-portes dits pivots va et vient à bain d'huile. Fabrication soignée

		Nos	00	0	1	2	3	4
5973	Avec ferrure du haut ordinaire, plaque fonte	La pièce	»	10.	11.	13.75	23.10	40.
5974	» » » » » cuivre	»	10.65	11.25	12.20	16.	24.25	45.
5975	Va et vient seuls, sans la ferrure du haut, plaque fonte	»	»	9.40	10.	12.60	21.50	34.25
5976	» » » » » » » cuivre	»	10.	10.65	11.25	15.75	25.65	50.25

Ferme-portes Spiral va et vient, à bain d'huile, à 1 cuvier réglable, à arrêt automatique empêchant l'oscillation des portes

		Nos	1	2	3	4
		Hauteur de la boîte à entailler dans le sol m/m	50	60	65	80
		Pour portes, épaisseur m/m	34	41	54	65
5977	Sans ferrure du haut	La pièce	26.	31.	38.50	58.
5978	Avec ferrure du haut, tourillon à bascule	»	28.50	33.75	42.	68.

Ferme-portes automatiques à ressort et à air comprimé, se plaçant au-dessus de la porte, se posant en dedans ou en dehors, pour portes ouvrant à droite ou à gauche agissant en tirant ou en poussant.

Le No 4 pour portes très légères

			Nos	4	3	2	1	0
	Pour portes jusqu'à 35 m/m d'épaisseur	Largeur de la porte c/m		»	80	95	110	au-dessus
	» » 60 m/m	»		»	70	85	100	au-dessus
5979	Fer et cuivre, bronzé	La pièce		19.	21.	26.	30.50	36.
5980	» » nickelé	»		20.	22.	27.	32.	37.

6981 **Ferme-portes** automatiques à ressort et à air comprimé, se plaçant horizontalement sur la porte, du côté ouvrant en tirant pour portes ouvrant à droite ou à gauche

		Nos	3	2	1
Pour portes bois jusqu'à 35 m/m d'épaisseur	Largeur de la porte c/m		80	95	120
» » » 60 m/m	»		70	85	110
Fer et cuivre, nickelé	La pièce		26.	30.	36.

5982 **Ferme-portes** "Météore" automatiques à ressort et à air comprimé, réglage instantané pouvant s'appliquer dans toutes les positions

		Nos	1	2	3	4	5
	Pour portes bois de c/m		légères	210x95	250x95	260x115	300x150
Verni bleu, cylindre nickelé	La pièce		31.20	35.10	39.	43.	47.

Bien spécifier en commandant s'ils sont destinés pour portes à droite ou portes à gauche et indiquer dans quelle position ils doivent être placés.

5983 **Ferme-portes** hydrauliques à ressort "Le Zéphir" à vis de réglage, se plaçant au-dessus de la porte

		Nos	0	A	B	C	D	E
Pour portes bois	largeur c/m		légères	92	80	92	92	d'églises
» »	épaisseur m/m		légères	38	50	50	65	d'églises
Bronzé fer	La pièce		21.20	28.80	37.20	45.60	60.	78.60

Bien spécifier en commandant s'ils sont destinés pour portes à droite ou portes à gauche s'ouvrant à l'intérieur en tirant ou à l'extérieur en poussant.

5984 **Ferme-portes** automatiques à ressorts et à pression d'huile "Eclair", se plaçant du côté ouvrant en tirant

		Nos	A	B	C
Pour portes bois jusqu'à 35 m/m d'épaisseur	Largeur de la porte c/m		80	95	110
» » » 60 m/m	»		70	85	100
Fer et cuivre bronzé	La pièce		28.25	37.	45.

Bien spécifier en commandant s'ils sont destinés pour portes à droite ou portes à gauche. Les ferme-portes automatiques et hydrauliques sont livrés avec instructions pour la pose.

5985 **Ferme-persiennes** à manivelle servant à fermer et à ouvrir les persiennes de l'intérieur à l'extérieur sans ouvrir la fenêtre

		Nos	1	2
Tringle fer, garniture fonte	La paire		15.75	17.25

5986 **Ferrures** d'arcs de lits, deux côtés vis à bois

Force du fer m/m	9	10	11
Le cent	9.	12.	14.

5987 **Ferrures** d'arcs de lits, un côté vis à bois, un côté vis à métaux sans écrou Le % 19.

5988 » » » » » » » » » avec écrou » 29.

Ferrures de couronnes de lits

		Longueur c/m	14	16	19	22	25
5989	Écrou carré	Le cent	20.25	24.60	24.80	27.	29.70
5990	» à oreilles	»	28.85	29.70	32.40	36.10	37.80

5991 **Ferrures** de flèches, à baïonnette .... Le cent 13.50

5992 » » à deux pitons .... » 15.

Ferrures de patères coudées

		Longueur c/m	11	14	16	19
5993	Vertes	Le cent	4.25	4.75	6.25	7.25
5994	Étamées		5.	6.60	8.	10

5995 **Ferrures** de patères et porte-embrasses un côté vis à bois, un côté à pointe

Force du fer m/m	7	8	9	10	11	12
Le cent	3.	3.50	4.	5.	6.25	7.50

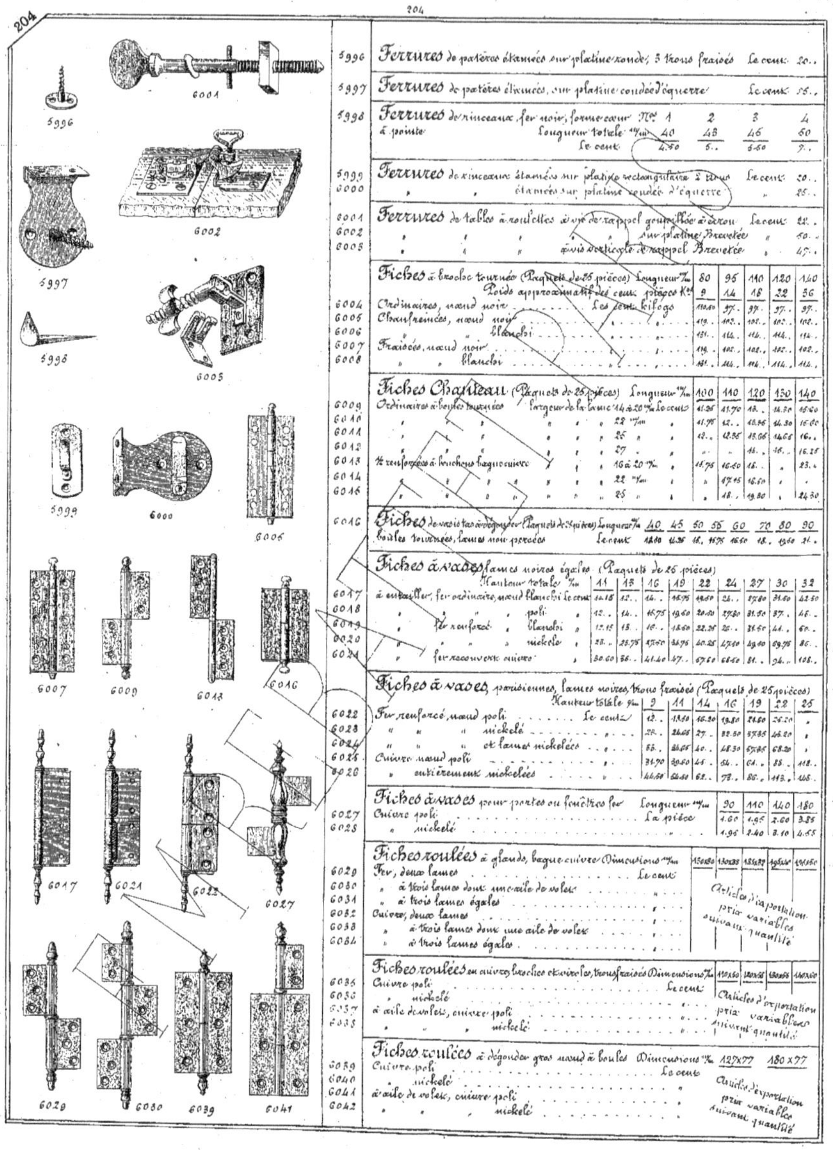

N°	Désignation					
5996	**Ferrures** de patères étamées sur platine ronde, 3 trous fraisés	Le cent	20..			
5997	**Ferrures** de patères étamées, sur platine coudée d'équerre	Le cent	55..			
5998	**Ferrures** de rinceaux, fer noir, forme cœur à pointe — N°s	1	2	3	4	
	Longueur totale m/m	40	43	46	50	
	Le cent	4.50	5..	5.50	7..	
5999	**Ferrures** de rinceaux étamées sur platine rectangulaire 2 trous	Le cent	20..			
6000	" " étamées sur platine coudée d'équerre	"	25..			
6001	**Ferrures** de tables à roulettes à vis de rappel goupillée à écrou	Le cent	22..			
6002	" " " " sur platine Brevetée	"	50..			
6003	" " " à vis verticale de rappel Brevetée	"	47..			

N°	**Fiches** à broche tournée (Paquets de 25 pièces) Longueur m/m	80	95	110	120	140
	Poids approximatif des cent pièces K°s	9	14	18	22	36
6004	Ordinaires, nœud noir . . . . Les cent kilogs	110.50	97..	97..	97..	97..
6005	Chanfreinées, nœud noir . . . . "	119..	102..	102..	102..	102..
6006	" blanchi . . . . "	131..	114..	114..	114..	114..
6007	Fraisées, nœud noir . . . . "	119..	102..	102..	102..	102..
6008	" " blanchi . . . . "	131..	114..	114..	114..	114..

N°	**Fiches Chapeau** (Paquets de 25 pièces) Longueur m/m	100	110	120	130	140
6009	Ordinaires à boules tournées, largeur de la lame 14 à 20 m/m Le cent	11.25	11.70	13..	14.30	15.60
6010	" " " " 22 m/m "	11.75	12..	13.56	14.30	16.60
6011	" " " " 25 " "	13..	12.35	13.66	14.65	16..
6012	" " " " 27 " "	"	"	15..	16..	16.25
6013	½ renforcées à bouchons bague cuivre " 16 à 20 m/m "	15.75	16.50	18..	"	23..
6014	" " " " 22 m/m "	"	17.45	16.50	"	"
6015	" " " " 25 " "	"	18..	19.30	"	24.30

N°	**Fiches** de vasistas à dégonder (Paquets de 25 pièces) Longueur m/m	40	45	50	55	60	70	80	90
6016	boules tournées, lames non percées — Le cent	12.60	14.25	16..	15.75	16.50	18..	19.60	21..

N°	**Fiches à vases** lames noires égales (Paquets de 25 pièces) Hauteur totale m/m	11	13	16	19	22	24	27	30	32
6017	à entailler, fer ordinaire, nœud blanchi Le cent	11.15	12..	14..	15.75	19.60	24..	27.80	31.50	42.50
6018	" " " poli "	12..	14..	15.75	19.60	20.50	27.80	31.50	37..	46..
6019	" fer renforcé " blanchi "	12.15	13..	16..	18.60	22.25	26..	31.50	44..	60..
6020	" " " nickelé "	23..	25.75	27.50	34.75	40.25	47.50	49.60	69.75	86..
6021	" fer recouvert cuivre "	30.60	36..	41.40	47..	57.60	68.50	81..	94..	108..

N°	**Fiches à vases**, parisiennes, lames noires, trous fraisés (Paquets de 25 pièces) Hauteur totale m/m	9	11	14	16	19	22	25
6022	Fer renforcé, nœud poli . . . . Le cent	12..	13.50	16.20	19.80	21.60	26.20	"
6023	" " " nickelé . . . . "	22..	24.65	27..	32.50	37.35	45.20	"
6024	" " " et lames nickelées . . . . "	33..	34.65	40..	48.30	57.85	68.20	"
6025	Cuivre nœud poli . . . . "	31.70	39.60	45..	54..	61..	88..	118..
6026	" entièrement nickelées . . . . "	44.50	54.50	62..	73..	86..	113..	145..

N°	**Fiches à vases** pour portes ou fenêtres fer — Longueur m/m	90	110	140	180
6027	Cuivre poli . . . . La pièce	1.60	1.95	2.60	3.85
6028	" nickelé . . . . "	1.95	2.40	3.10	4.55

N°	**Fiches roulées** à glands, bague cuivre Dimensions m/m	150x30	130x38	185x37	195x40	[illegible]
6029	Fer, deux lames . . . . Le cent	Articles d'exportation prix variables suivant quantité				
6030	" à trois lames dont une aile de volet . . . . "					
6031	" à trois lames égales . . . . "					
6032	Cuivre, deux lames . . . . "					
6033	" à trois lames dont une aile de volet . . . . "					
6034	" à trois lames égales . . . . "					

N°	**Fiches roulées** en cuivre, broches et viroles, trous fraisés Dimensions m/m	110x50	120x55	130x55	140x60
6035	Cuivre poli . . . . Le cent	Articles d'exportation prix variables suivant quantité			
6036	" nickelé . . . . "				
6037	à aile de volet, cuivre poli . . . . "				
6038	" " nickelé . . . . "				

N°	**Fiches roulées** à dégonder gros nœud à boules Dimensions m/m	127x77	180x77
6039	Cuivre poli . . . . Le cent	Articles d'exportation prix variables suivant quantité	
6040	" nickelé . . . . "		
6041	à aile de volet, cuivre poli . . . . "		
6042	" " nickelé . . . . "		

6043 6044 6045 6049 6050 6054 6055 6056 6059 6063 6064

Cours Variable

Fils carcasse pour fleurs

		Noir recuit	Étamé	Galvanisé	Laiton
6043	En bobines par 15 grammes, Nº jauge carcasse 8 à 30 Le cent	6.50	6.60	6.60	11. .
6044	» » » 30 » » » » » »	9.55	9.90	9.90	17.60
6045	» » » 60 » » » » » »	17.60	19.80	19.80	33. .
6046	» » » 125 » » » » » »	33. .	37.60	37.60	61.60
6047	» » » 250 » » » » » »	66. .	75. .	75. .	123. .
6048	» » » 500 » » » » » »	132. .	150. .	150. .	246. .

6049 **Fil de fer** carcasse, pour fleurs, clair, coupé en toutes longueurs, en paquets de 1 kilog

Nºs à la jauge carcasse	10	12	14	16	18	20	22	24	26	28	30
Le kilog	1.60	1.60	1.75	1.85	1.85	1.95	2. .	2.10	2.15	2.25	2.65

Fil de fer carcasse pour fleurs en bottes de 6 kilogs divisées par bottillons de poids variés

	Nºs jauge carcasse	8	10	12	14	16	18	20	22	24	26	28	30
6050	Noir recuit La botte de 6 kilogs	6.50	6.80	6.90	7.15	7.40	7.70	8. .	8.40	8.90	9.45	10.90	13.70
6051	Blanc recuit » » »	7. .	7. .	7.10	7.30	7.65	7.90	8.20	8.60	9.10	9.65	11.10	13.90
6052	Étamé » » »	8.10	8.10	8.50	9.15	9.60	10.10	10.70	11.45	12.25	13.30	14.80	18.90
6053	Galvanisé » » »	8.10	8.10	8.50	9.05	9.60	10.10	10.70	11.45	12.25	13.30	14.80	18.90

Fil de fer carcasse pour fleurs, recouvert coton perlé, noir, blanc ou jaune

6054 En bobines par 15 grammes, numéros assortis jauge carcasse 12 à 28 Le cent 10. .

6055 » » 30 » » » » » » 18. .

	Nºs jauge carcasse	12 à 7	12	14	16	18	20	22	24	26	28	30
6056	En bobines de 125 grammes Le cent	64. .	64. .	64. .	68. .	68. .	72. .	72. .	76. .	80. .	88. .	108. .
6057	» » » 250 »	128. .	128. .	128. .	136. .	136. .	144. .	144. .	152. .	160. .	176. .	216. .

6058 **Fil de fer** carcasse pour fleurs, recouvert coton coupé en toutes longueurs en paquets de 1 kilog

Nºs à la jauge carcasse	10	12	14	16	18	20	22	24	26	28
Le kilog	3.85	3.86	4.15	4.50	4.80	5.05	5.45	5.90	6.25	6.65

6059 **Fil de fer** noir recuit ou galvanisé Nº 2 à 10 jauge de Paris en rouleaux par 20 grammes Le % 5. .

6060 » » » » » » » » » » » 45 » » 7. .

6061 **Fil de laiton** recuit Nº 2 à 10 jauge de Paris » » » 15 » » 6. .

6062 » » » » » » » » » » 35 » » 14. .

6063 **Fil torchette** en dés, cuivre recuit (dés pesant environ 10 grammes) Nºs assortis Le kilog 4. .

6064 **Fils d'acier** extra doux en bottes de 5 kilogs

Nºs à la jauge de Paris	Diamètre en dixième de m/m	Poids théorique des 100 mètres	Longueur par kilog	Clair les 100 k.os	Recuit les 100 k.os	Galvanisé les 100 k.os	Étamé les 100 k.os
30	100	61 k 260	1 m. 63	40.80	42.50	49.30	57.80
29	94	54, 120	1 . 84	40.80	42.50	49.30	57.80
28	88	47, 432	2 . 10	40.80	42.50	49.30	57.80
27	82	41, 184	2 . 42	40.80	42.50	49.30	57.80
26	74	35, 378	2 . 82	40.80	42.50	49.30	57.80
25	70	30, 012	3 . 35	40.80	42.50	49.30	57.80
24	64	25, 088	3 . 98	40.80	42.50	49.30	57.80
23	59	21, 321	4 . 69	40.80	42.50	49.30	57.80
22	54	17, 860	5 . 60	40.80	42.50	49.30	57.80
21	49	14, 706	6 . 79	40.80	42.50	49.30	57.80
20	44	11, 858	8 . 44	40.80	42.50	49.30	57.80
19	39	9, 316	10 . 73	41.25	43. .	49.75	59.20
18	34	7, 080	14. 12	41.65	43.35	50.60	60.35
17	30	5, 512	18. 14	42.50	44.20	51.85	62.90
16	27	4, 465	22. 39	43.35	45.05	53.45	65.50
15	24	3, 528	28. 34	44.60	46.30	54.40	68. .
14	22	2, 964	33. 73	45.90	47.60	55.70	70.60
13	20	2, 450	40. 81	47.20	48.90	57. .	73.15
12	18	1, 984	50. 40	48.45	50.15	58.65	75.65
11	16	1, 568	63. 77	49.75	51.45	60.40	78.25
10	15	1, 378	72. 56	51. .	52.70	62.05	80.75
9	14	1, 200	83. 33	52.30	54. .	63.80	83.35
8	13	1, 035	96. 61	53.55	55.25	65.45	85.85
7	12	0, 882	113. 37	55.25	56.95	68. .	88.40
6	11	0, 741	134. 95	56.95	58.65	72.25	90.95
5	10	0, 612	163. 39	58.65	60.35	76.50	93.50
4	9	0, 496	201. 61	60.30	62.05	80.75	96.05
3	8	0, 392	255. 10	63.75	65.45	85. .	100.30
2	7	0, 300	333. 33	67.15	68.85	89.25	104.55
1	6	0, 220	454. 54	70.55	72.25	93.50	108.80

Pour la rédaction des commandes, employer les numéros à la jauge de Paris

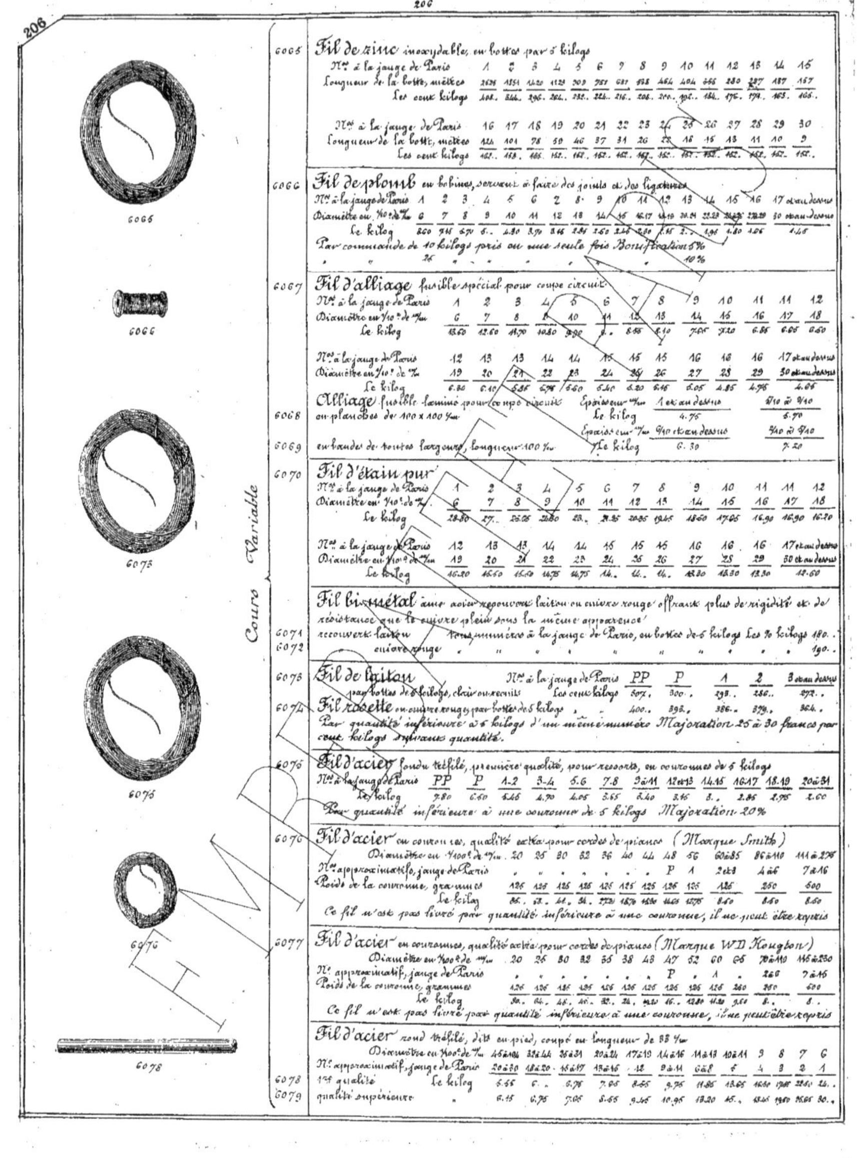

6065 **Fil de zinc** inoxydable, en bottes par 5 kilogs

Nos à la jauge de Paris	1	2	3	4	5	6	7	8	9	10	11	12	13	14	15
Longueur de la botte, mètres	2626	1351	1420	1123	909	751	631	538	464	404	355	280	227	187	157
Les cent kilogs	408..	344..	296..	264..	232..	224..	216..	208..	200..	192..	184..	176..	174..	165..	166..

Nos à la jauge de Paris	16	17	18	19	20	21	22	23	24	25	26	27	28	29	30
Longueur de la botte, mètres	124	101	78	59	46	37	31	26	22	18	15	13	11	10	9
Les cent kilogs	162..	158..	155..	152..	152..	152..	152..	152..	152..	152..	152..	152..	152..	152..	152..

6066 **Fil de plomb** en bobines, servant à faire des joints et des ligatures

Nos à la jauge de Paris	1	2	3	4	5	6	7	8	9	10	11	12	13	14	15	16	17 et au dessus
Diamètre en 1/10es de m/m	6	7	8	9	10	11	12	13	14	15	16.17	18.19	20.21	22.23	24.25	27.29	30 et au dessus
Le kilog	8.60	7.15	6.70	6..	4.30	3.70	3.15	2.84	2.60	2.46	2.30	2.15	2..	1.96	1.80	1.66	1.46

Par commande de 10 kilogs pris en une seule fois Bonification 5%
" 25 " " " " " " " 10%

6067 **Fil d'alliage** fusible spécial pour coupe circuit

Nos à la jauge de Paris	1	2	3	4	5	6	7	8	9	10	11	11	12
Diamètre en 1/10es de m/m	6	7	8	9	10	11	12	13	14	15	16	17	18
Le kilog	13.60	12.60	11.70	10.80	9.90	9..	8.55	8.10	7.65	7.20	6.85	6.65	6.50

Nos à la jauge de Paris	12	13	13	14	14	15	15	15	16	16	16	17 et au dessus
Diamètre en 1/10es de m/m	19	20	21	22	23	24	25	26	27	28	29	30 et au dessus
Le kilog	6.30	6.10	5.85	5.75	5.60	5.40	5.20	5.15	5.05	4.85	4.75	4.65

Alliage fusible laminé pour coupe circuit

		Épaisseur m/m	1 et au dessus	5/10 à 9/10
6068	en planches de 100 x 100 m/m	Le kilog	4.75	5.70
		Épaisseur m/m	9/10 et au dessus	3/10 à 8/10
6069	en bandes de toutes largeurs, longueur 100 m/m	Le kilog	6.30	7.20

6070 **Fil d'étain pur**

Nos à la jauge de Paris	1	2	3	4	5	6	7	8	9	10	11	11	12
Diamètre en 1/10es de m/m	6	7	8	9	10	11	12	13	14	15	16	17	18
Le kilog	28.80	27..	25.05	22.80	23..	21.25	20.35	19.45	18.60	17.05	16.90	16.90	16.20

Nos à la jauge de Paris	12	13	13	14	14	15	15	15	16	16	16	17 et au dessus
Diamètre en 1/10es de m/m	19	20	21	22	23	24	25	26	27	28	29	30 et au dessus
Le kilog	16.20	16.50	15.60	14.75	14.75	14..	14..	14..	13.30	13.30	13.30	12.60

Fil bimétal âme acier recouvert laiton ou cuivre rouge offrant plus de rigidité et de résistance que le cuivre plein sous la même apparence

6071 recouvert laiton — tous numéros à la jauge de Paris, en bottes de 5 kilogs Les % kilogs 180..
6072 " cuivre rouge " " " " " " " " " " 190..

6073 **Fil de laiton** par bottes de 5 kilogs, clair ou recuits

Nos à la jauge de Paris	PP	P	1	2	3 et au dessus
Les cent kilogs	307..	300..	293..	286..	272..

6074 **Fil rosette** en cuivre rouge, par bottes de 5 kilogs . . 400.. 393.. 386.. 379.. 364..

Par quantité inférieure à 5 kilogs d'un même numéro Majoration 25 à 30 francs par cent kilogs suivant quantité.

6075 **Fil d'acier** fondu tréfilé, première qualité, pour ressorts, en couronnes de 5 kilogs

Nos à la jauge de Paris	PP	P	1-2	3-4	5.6	7.8	9 à 11	12 et 13	14.15	16.17	18.19	20 à 31
Le kilog	7.80	6.60	5.45	4.70	4.05	3.65	3.40	3.15	3..	2.85	2.75	2.60

Par quantité inférieure à une couronne de 5 kilogs Majoration 20%

6076 **Fil d'acier** en couronnes, qualité extra pour cordes de pianos (Marque Smith)

Diamètre en 1/100es de m/m	20	25	30	32	36	40	44	48	56	60 à 85	86 à 110	111 à 275
Nos approximatifs, jauge de Paris	"	"	"	"	"	"	"	P	1	2 et 3	4 à 6	7 à 16
Poids de la couronne, grammes	125	125	125	125	125	125	125	125	125	125	250	500
Le kilog	86..	58..	44..	34..	27.20	18.70	15.30	14.65	12.75	8.60	8.60	8.60

Ce fil n'est pas livré par quantité inférieure à une couronne, il ne peut être repris

6077 **Fil d'acier** en couronnes, qualité extra pour cordes de pianos (Marque WD Hougton)

Diamètre en 1/100es de m/m	20	25	30	32	35	38	43	47	52	60	65	70 à 110	115 à 230
No approximatif, jauge de Paris	"	"	"	"	"	"	"	P	"	1	"	2 à 6	7 à 15
Poids de la couronne, grammes	125	125	125	125	125	125	125	125	125	125	250	250	500
Le kilog	90..	64..	48..	46..	32..	24..	19.20	16..	12.80	11.20	9.60	8..	8..

Ce fil n'est pas livré par quantité inférieure à une couronne, il ne peut être repris

Fil d'acier rond tréfilé, dits en pied, coupé en longueur de 33 c/m

	Diamètre en 1/100es de m/m	45 à 104	32 à 44	25 à 31	20 à 24	17 à 19	14 à 16	11 à 13	10 à 11	9	8	7	6
	No approximatif, jauge de Paris	20 à 30	18 à 20	16 à 17	13 à 16	12	9 à 11	6 à 8	5	4	3	2	1
6078	1re qualité — Le kilog	5.55	6..	6.75	7.05	8.55	9.75	11.85	13.65	16.80	19.80	22.60	24..
6079	qualité supérieure "	6.15	6.75	7.05	8.55	9.45	10.95	13.20	15..	18.45	19.80	25.65	30..

Filières à tarauder et accessoires.

6080 6082 6083 6084 6086 6090 6091 6092 6093 6094 6096 6097 6098

Filières à tarauder à virolle

	Nombre de trous	8	10	12	14	16	18	20	24	30
	Petits trous taraudant m/m	1 à 2½	1 à 3	1 à 3½	1 à 4	1 à 4½	1 à 5	1 à 5½	1½ à 7	2 à 9
	Moyens trous "	"	"	2 à 4½	2 à 5	2 à 5½	2 à 6	2 à 6½	2½ à 8	2½ à 9½
	Gros trous "	2 à 3½	2 à 4	2½ à 5	3 à 6	3 à 6½	3 à 7	3 à 7½	3½ à 9	5 à 10
6080	Trous simples La pièce	3.10	3.90	4.75	5.65	6.30	7.05	7.85	9.45	11.75
6081	échancrés	4.75	5.90	7.15	8.25	9.35	10.65	11.75	14.15	17.85

Indiquer en commandant le nombre de trous et la grosseur des trous petits moyens ou gros

		8	10	12	14	16	20	24
6082	**Filières** à tarauder droites pour horlogers — Nombre de trous	8	10	12	14	16	20	24
	Taraudant dixièmes de m/m	8 à 15	10 à 18	10 à 20	10 à 22	10 à 24	10 à 28	10 à 32
	La pièce	3.60	4.20	4.90	5.60	7. .	8.40	10.60

6083	**Filières** à tarauder à anneau — Nombre de trous	4	5	6	8	10
	Taraudant m/m	1 à 4	1 à 5	1 à 6	1 à 8	1 à 10
	trous simples — La pièce	7.30	8.05	9. .	11.35	11.50

Filières à tarauder, à virolle, pas Japy

6084 16 trous échancrés et 8 tarauds, taraudant N° 18 à 25 jauge de Paris La pièce 9.45
6085 10 " " 5 " " 26 à 30 " " " 12.25

	Filières Martin à coussinets interchangeables	N° 1	N° 2	N° 3
6086	au pas Japy — Taraudant jauge Japy	14 à 21	16 à 25	16 à 30
	La pièce	14.60	20.80	33. .
6087	au pas métrique — Taraudant m/m	1 à 4½	1 à 6½	1 à 10
	La pièce	18.55	30.50	53.20
6088	**Coussinets** de rechange pour dito "	1. .	1.35	1.65
6089	**Tarauds** cylindriques ou coniques "	0.60	1. .	1.65

6090 **Tourne à gauche** pour ces filières, longueur 20 c/m La pièce 4.55

Filières à tarauder les rayons de vélos

6091 à queue, 12 trous ronds, 10 tarauds, taraudant N° 9 à 18 jauge de Paris La pièce 4.55
6092 à anneau, 6 trous échancrés, 6 tarauds " " 11 à 16 " " " 12.60

6093 **Filières** à plaques, spéciales pour tarauder les rayons de vélos, longueur totale 16 c/m livrées avec 5 plaques, taraudant N° 11 à 16 jauge de Paris La pièce 16.80

Filières à cage oblique, spéciales pour vélos et automobiles

6094 longueur 30 c/m, livrées avec 8 paires de coussinets et 16 tarauds coniques et cylindriques taraudant m/m 5 . 6 . 7 . 8 . 9 . 10 . 11 . 12 au pas de 1 m/m La pièce 32.40
6095 longueur 35 c/m livrés avec 10 paires de coussinets et 20 tarauds coniques et cylindriques taraudant m/m 5 . 6 . 7 . 8 . 9 . 10 . 11 . 12 au pas de 1 m/m, 14 m/m droite et 14 m/m gauche, au pas de 1, 25 La pièce 38. .

6096 **Filières** doubles Maubeuge, 1re qualité avec 3 paires de coussinets et 6 tarauds coniques et cylindriques à rainures

	Longueur totale c/m	15	20	25	30	35	40	45	50
	Taraudant m/m	2.4½.7	3.5.7	5.7.9	7.9.11	9.11.13	11.13.15	13.15.18	15.18.20
forme ordinaire	La pièce	9. .	10. .	10.80	13.20	15.30	17.70	20.40	23.40
	Longueur totale c/m	55	60	65	70	75	80	90	100
	Taraudant m/m	15.19.21	18.20.22	19.21.23	18.20.25	21.22.25	20.25.29	22.27.31	25.29.33
forme ordinaire	La pièce	26.80	28.40	31. .	32.40	36.90	40.80	46.30	52.10

6097 **Coussinets** pour filières doubles ordinaires

Longueur de la filière c/m	15	20	25	30	35	40	45	50	55	60	65	70	75	80	90	100
La paire	1.10	1.20	1.25	1.45	1.65	1.85	2.10	2.80	2.05	2.85	3.20	3.50	3.95	4.65	5.25	6.15

6098 **Tarauds** à rainures coniques ou cylindriques pour filières doubles ordinaires

Diamètre m/m	2	3	4½	5	7	9	11	13	14	15	16	17	18
La pièce	0.60	0.60	0.65	0.70	0.90	1.05	1.45	1.50	1.65	1.75	2. .	2.20	2.30
Diamètre m/m	19	20	21	22	23	24	25	26	27	29	31	32	33
La pièce	2.60	2.80	3. .	3.25	3.50	3.80	4.35	4.95	6.50	7.05	8.30	9.20	10.10

Filières doubles, Maubeuge, 1re qualité avec 3 paires de coussinets coupants et 6 tarauds au pas des chemins de fer, pour mécaniciens à cage trempée

		25	45	70	90
	Longueur totale c/m	25	45	70	90
	Taraudant m/m	4.6.8	10.12.16	18.20.23	26.28.30
6099	Avec tarauds à rainures, coupants — La pièce	12. .	22. .	38.50	58.65
6100	alésoirs acier fondu "	17.45	28.50	47.20	72. .
6101	**Coussinets** pour filières doubles à cage trempée — Longueur de la filière c/m	25	45	70	90
	La paire	1.20	2. .	3.40	6. .

6102 **Tarauds** coupants à rainures coniques ou cylindriques, pour filières doubles, cage trempée, au pas des chemins de fer

Diamètre m/m	4	6	8	10	12	15	18	21	23	25	28	30
La pièce	0.55	0.65	0.75	1.05	1.25	1.50	2. .	2.55	3. .	3.60	4.35	4.60

6103 Conique — 6103 Cylindrique

6104

6106 — 6107

6108

6109

6110

6111 — 6113 Cylindrique — 6113 Conique — 6114

6103 **Tarauds** alésures coutés, au pas des chemins de fer, dont un conique et le deuxième cylindrique dans la première partie et mères dans la deuxième

Diamètre m/m	4	6	7	8	9	10	11	12	13	15	16
La pièce	1.55	1.65	1.70	1.75	1.90	2.15	2.30	2.40	2.65	2.80	3.10

Diamètre m/m	18	19	20	21	22	23	25	27	28	29	30
La pièce	3.45	3.70	3.90	4.25	4.55	4.85	5.70	6.60	7.15	7.35	7.60

6104 **Filières** à cages obliques 1re qualité avec 4 paires coussinets et 8 tarauds coniques et cylindriques à rainures au pas Witworth. Modèle spécial pour l'Exportation

Longueur	Tarauds aux pouces anglais				La pièce
26 m/m	3/16	1/4	5/16	3/8	14.95
36	5/16	3/8	7/16	1/2	17.35
46	7/16	1/2	9/16	5/8	22.80
56	9/16	5/8	11/16	3/4	28.75
66	11/16	3/4	13/16	7/8	32.75
75	13/16	7/8	15/16	1	40.35
90	7/8	1	1 1/8	1 1/4	62.95
110	1 1/8	1 1/4	1 3/8	1 1/2	97.50

6105 **Coussinets** pour filières à cage oblique au pas Witworth

Longueur de la filière m/m	26	36	46	56	66	75	90	110
La paire	1.20	1.30	1.75	2.35	3.25	3.95	4.75	6.50

Tarauds à rainures coniques et cylindriques pour filières à cage oblique au pas Witworth

	Diamètre en pouces anglais	1/8	3/16	1/4	5/16	3/8	7/16	1/2	9/16	5/8
6106	Coniques La pièce	0.65	0.75	0.85	1..	1.05	1.10	1.20	1.50	1.65
6107	Cylindriques "	0.65	0.75	0.85	1..	1.05	1.10	1.20	1.50	1.65

	Diamètre en pouces anglais	11/16	3/4	7/8	1	1 1/8	1 1/4	1 3/8	1 1/2	1 5/8
6106	Coniques La pièce	1.85	2..	2.50	3.55	5.50	7..	9.40	11.15	13.20
6107	Cylindriques "	1.85	2..	2.55	3.10	4.55	5.60	7.35	8.60	10.30

6108 **Tourne à gauche** à 4 trous, trempés au paquet, manches polis

Longueur en m/m	25	30	34	40	45	50	55	60	65	70	75	80	90	100
La pièce	3.70	4.05	4.80	5.50	6.05	6.50	7.70	8.80	9.40	9.90	10.45	11..	14.70	18.35

	Filières à bois, tarand creux Diamètre m/m	6 à 8	10 à 12	14 à 16	18	20	22	25	28
6109	avec tarand .... La pièce	5.75	6.30	6.90	7.50	8.15	9.15	10.55	11.85
6110	**Taraud** seul	2.50	2.90	3.20	3.70	4.10	4.50	5.30	6.15

	Diamètre m/m	30	32	35	38	40	45	50	55	60	65	70	75	80
6109	avec tarand La pièce	12.50	15.35	16.40	22.50	26.05	30.70	38..	46.10	53.30	62.55	71.70	81.90	92.30
6110	**Taraud** seul "	6.90	8.15	9.15	10.95	12.30	16.40	20.50	26.55	32.80	38.90	45.10	53.30	61.15

Forêts à métaux et à bois, alésoirs mandrins et manchons.

Forêts à métaux à hélice, pour machines à percer, tournant à gauche ou à droite qualité recommandée (RBT)

	Diamètre m/m	4 à 15	16 à 20	21 à 25	26 à 30	31 à 35	36 à 40
6111	Tête carrée noire, tige polie jaune La pièce	1.30	1.60	2.25	3..	4.30	5.75
6112	" " entièrement polis blancs et tournés "	1.65	1.95	2.65	3.35	4.65	6.10
6113	Tête conique ou cylindrique, tige polie jaune "	1.50	1.80	2.45	3.15	4.45	5.90

Pour commande de 50 pièces prises en une seule fois Bonification 5%
" " 100 " " " " " " 7%

Les forêts tête carrée noire, tige polie jaune, tournant à gauche sont seuls disponibles en magasin jusqu'à 30 m/m; les diamètres supérieurs, les forêts tournant à droite, tous les forêts entièrement polis et à tête conique ou cylindrique nécessitent un délai de fabrication de 12 à 15 jours

6114 **Forêts** à métaux, à hélice pour machines à percer, tournant à gauche ou à droite, tête carrée entièrement polis blancs, centrés avec ligne d'affutage, américains, qualité supérieure

Diamètre m/m	5	5 1/2	6	6 1/2	7	7 1/2	8	8 1/2	9	10	11
Longueur totale m/m	130	135	135	140	140	145	145	150	150	155	160
La pièce	2.20	2.20	2.30	2.35	2.35	2.35	2.45	2.60	2.60	2.80	2.80

Diamètre m/m	12	13	14	15	16	17	18	19	20	21	22
Longueur totale m/m	170	175	185	190	195	205	210	215	225	230	235
La pièce	3.10	3.55	3.90	4.15	4.45	5..	5.50	5.80	6.45	6.85	7.70

Les forêts tournant à gauche sont disponibles en magasin dans toutes les dimensions. Le délai de fabrication et de réception pour ces mêmes forêts tournant à droite est de un mois environ

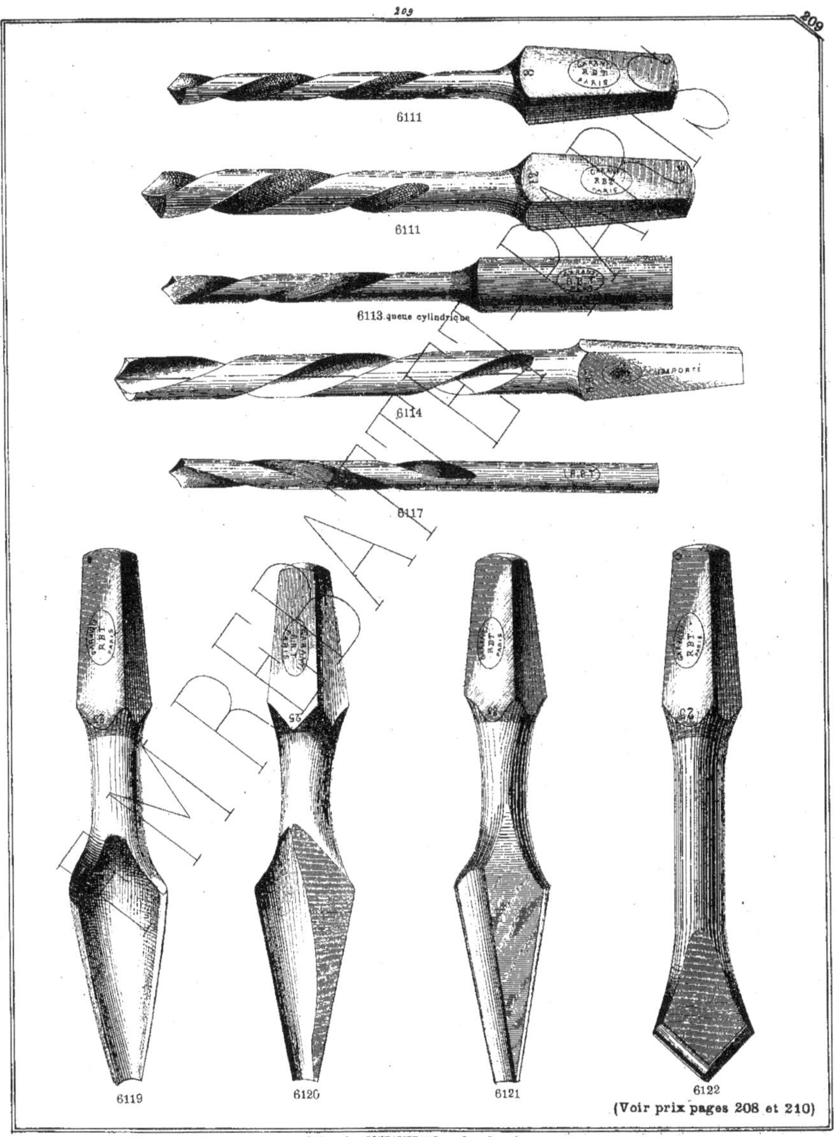

6111

6111

6113 queue cylindrique

6114

6117

6119

6120

6121

6122

(Voir prix pages 208 et 210)

Paris. — Imp. DONNADIEU, 23, Rue des Francs-Bourgeois

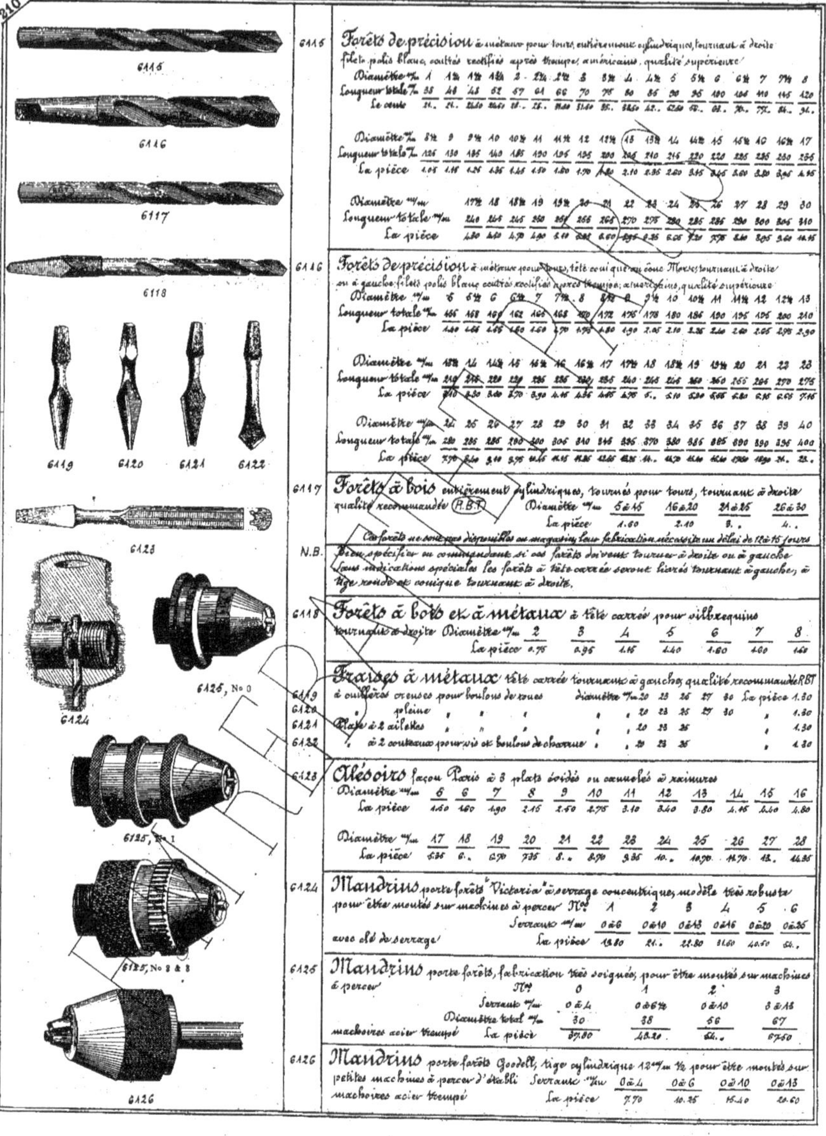

6115 **Forêts de précision** à métaux pour tours, entièrement cylindriques, tournant à droite filets polis blanc, coutrés rectifiés après trempe, américains, qualité supérieure

Diamètre m/m	1	1¼	1½	1¾	2	2¼	2½	3	3½	4	4½	5	5½	6	6½	7	7½	8
Longueur totale m/m	38	43	48	52	57	61	66	70	75	80	85	90	95	100	105	110	115	120
Le cent	21..	21..	24.50	26.50	28..	26..	31.40	31.60	35..	38.50	42..	52.50	58..	63..	70..	77..	84..	91..

Diamètre m/m	8½	9	9½	10	10½	11	11½	12	12½	13	13½	14	14½	15	15½	16	16½	17
Longueur totale m/m	125	130	135	140	185	190	195	195	200	205	210	215	220	220	225	235	230	235
La pièce	1.05	1.15	1.25	1.35	1.45	1.50	1.60	1.70	1.80	2.10	2.35	2.60	3.15	3.45	3.60	3.80	3.95	4.15

Diamètre m/m	17½	18	18½	19	19½	20	21	22	23	24	25	26	27	28	29	30
Longueur totale m/m	240	245	245	250	255	255	265	270	275	280	285	285	290	300	305	310
La pièce	4.30	4.40	4.70	4.90	5.10	[illegible]	5.60	5.95	6.25	6.05	7.20	7.75	8.40	8.95	9.60	10.15

6116 **Forêts de précision** à métaux pour tours, tête conique au cône Morse, tournant à droite ou à gauche, filets polis blanc coutrés rectifiés après trempe, américains, qualité supérieure

Diamètre m/m	5	5½	6	6½	7	7½	8	8½	9	9½	10	10½	11	11½	12	12½	13
Longueur totale m/m	155	158	160	162	165	168	170	172	175	178	180	185	190	195	195	200	210
La pièce	1.40	1.45	1.55	1.60	1.60	1.70	1.75	1.80	1.90	2.05	2.10	2.25	2.40	2.60	2.65	2.95	2.90

Diamètre m/m	13½	14	14½	15	15½	16	16½	17	17½	18	18½	19	19½	20	21	22	23
Longueur totale m/m	210	215	220	225	225	235	235	235	240	245	245	250	260	255	265	270	275
La pièce	3.10	3.30	3.40	3.70	3.90	4.15	4.35	4.65	4.75	5..	5.10	5.30	5.55	5.80	6.15	6.65	7.15

Diamètre m/m	24	25	26	27	28	29	30	31	32	33	34	35	36	37	38	39	40
Longueur totale m/m	280	285	285	290	300	305	310	345	335	370	380	385	385	390	390	395	400
La pièce	7.70	8.40	9.10	9.75	10.45	11.15	11.85	12.65	13.35	14..	14.70	15.40	16.10	17.50	18.90	21..	23..

6117 **Forêts à bois** entièrement cylindriques, tournés pour tours, tournant à droite qualité recommandée (R.B.T.)

Diamètre m/m	5 à 15	16 à 20	21 à 25	26 à 30
La pièce	1.60	2.10	3..	4..

Ces forêts ne sont pas disponibles au magasin, leur fabrication nécessite un délai de 12 à 15 jours

N.B. Bien spécifier en commandant si ces forêts doivent tourner à droite ou à gauche. Sans indications spéciales les forêts à tête carrée seront livrés tournant à gauche, à tige ronde et conique tournant à droite.

6118 **Forêts à bois et à métaux** à tête carrée pour vilbrequins tournant à droite

Diamètre m/m	2	3	4	5	6	7	8
La pièce	0.75	0.95	1.15	1.40	1.60	1.60	1.60

Fraises à métaux tête carrée tournant à gauche, qualité recommandée RBT

		Diamètre m/m						La pièce
6119	à cuillères creuses pour boulons de roues	»	20	23	26	27	30	1.30
6120	» pleine » » »	»	20	23	25	27	30	1.30
6121	Plate à 2 ailettes » » »	»	20	23	25			1.30
6122	» à 2 couteaux pour vis et boulons de charrue	»	20	23	25			1.30

6123 **Alésoirs** façon Paris à 3 plats évidés ou cannelés à rainures

Diamètre m/m	6	6	7	8	9	10	11	12	13	14	15	16
La pièce	1.50	1.60	1.90	2.15	2.50	2.75	3.10	3.40	3.80	4.15	4.40	4.80

Diamètre m/m	17	18	19	20	21	22	23	24	25	26	27	28
La pièce	5.35	6..	6.70	7.35	8..	8.70	9.35	10..	10.70	11.70	13..	14.35

6124 **Mandrins** porte forêts "Victoria" à serrage concentrique, modèle très robuste pour être montés sur machines à percer, avec clé de serrage

Nos	1	2	3	4	5	6
Serrant m/m	0 à 6	0 à 10	0 à 13	0 à 16	0 à 20	0 à 25
La pièce	13.80	21..	22.80	31.60	40.50	54..

6125 **Mandrins** porte forêts, fabrication très soignée, pour être montés sur machines à percer, machoires acier trempé

Nos	0	1	2	3
Serrant m/m	0 à 4	0 à 6½	0 à 10	3 à 13
Diamètre total m/m	30	38	56	67
La pièce	37.80	43.20	54..	67.50

6126 **Mandrins** porte forêts Goodell, tige cylindrique 12 m/m ½ pour être montés sur petites machines à percer d'établi, machoires acier trempé

Serrant m/m	0 à 4	0 à 6	0 à 10	0 à 13
La pièce	7.70	10.25	15.40	20.60

6128 avec 6130

6132

6131

6134

6136

6127	**Mandrins** pour tours, pour petits forêts cannelés de 12 à 24 dixièmes de m/m non montés			La pièce	1.45
6128	Montés sur plaque à vis			»	3.25
6129	» » » avec 12 forêts cannelés en boîte carton			»	4.10
6130	» » » » 12 » » moyen			»	5. »

Manchons cylindriques pour forêts coniques au cône Morse, pour être ajustés sur machines à percer

		1	2	3	4
6131	Pour forêts m/m	5 à 15	15 à 22	23 à 32	33 à 50
	La pièce	5.50	7.50	9. »	15. »
6132	Douilles pour manchons cylindriques »	7. »	9. »	10. »	15. »

Forges, soufflets et accessoires pour forges.

Forges portatives à double vent, à régulateur, à branloire tournante, pied fer

	Diamètre des cuirs m/m	20	25	30	35	40
	Foyer creux m/m	47	52	57	62	67
	Chauffe en fer carré m/m	6	8	10	12	14
	Poids approximatif kilogs	75	83	110	135	155
6133	Modèle ordinaire au charbon, foyer fonte — La pièce	86. »	98. »	121. »	144. »	173. »
6134	» » » » tôle — »	92. »	105. »	127. »	150. »	179. »
6135	Avec robinet à 3 voies pour chauffer au charbon ou au chalumeau, foyer fonte	100. »	112. »	136. »	158. »	186. »
6136	» » » » » » » tôle	106. »	118. »	141. »	164. »	192. »

6137 **Forges** portatives à double vent, hauteur 85 c/m, levier tournant très légères et solides sous un volume réduit, plateaux tôle d'acier incassables, foyer et pieds fer

Diamètre extérieur c/m	29	33	38	42
Foyer fer c/m	45	50	55	60
Chauffe en fer rond m/m	50	70	90	110
Poids approximatif kilog	45	55	65	80
à vent central ou à vent de côté au charbon — La pièce	90. »	110. »	140. »	180. »

Bien spécifier en commandant, si ces forges doivent être livrées à vent central ou à vent de côté

6138 **Forge** portative à ventilateur à manivelles, foyer en tôle forte, pied fer, entièrement démontable, pour en réduire le volume, modèle spécial pour l'exportation, foyer 40 x 40 c/m chauffant en fer carré 80 m/m, poids approximatif 30 kilogs

à vent central ou vent de côté au charbon — La pièce 140. »

Bien spécifier en commandant, si ces forges doivent êtres livrées à vent central ou vent de côté

Pour arriver à un volume réduit et un frêt économique ces forge devront être emballés par 4 pièces au moins dans une même caisse

6139 **Forges** portatives à double vent, foyer tournant, à pédale et branloire, robinet à 3 voies pour chauffer au charbon ou au chalumeau

Diamètre des cuirs c/m	20	25	30
Diamètre du plateau c/m	60	70	80
Poids approximatif kilogs	75	95	120
modèle très employé par les fabricants de bicyclettes — La pièce	120. »	130. »	150. »

Bâtis de forges, tout tôle, 1 feu

	Longueur c/m	95	105	115
	Largeur c/m	85	95	105
	Hauteur c/m	75	75	75
6140	Tuyère à régulateur, sans boîte — La pièce	90. »	104. »	112. »
6141	» » avec boîte — »	135. »	154. »	164. »

6142 **Soufflets** à pédale pour braser au gaz avec chalumeau, sans plateau

Diamètre extérieur c/m	20	28	32
Hauteur totale c/m	60	65	65
Poids approximatif kilogs	16	22	31
pour appareilleurs, gaziers, bijoutiers, etc — La pièce	37.50	62.50	81. »

6143 **Plateaux** tournants avec pivots et crapaudine se montant sur les soufflets pour poser les pièces à braser

Diamètre c/m	30	40	50	60	70
La pièce	13. »	19.50	26. »	32.50	39. »

6144 **Soufflets** de forge à double vent à branche tournante socle fer

Diamètre extérieur du cylindre tôle c/m	28	32	38	42	48
Hauteur totale d° c/m	46	50	56	62	70
Chauffe en fer carré m/m	4	6	8	10	12
Poids approximatif kilogs	50	65	80	100	140
La pièce	94. »	117.	137.	162.	208.

(Voir prix pages 211 et 213)

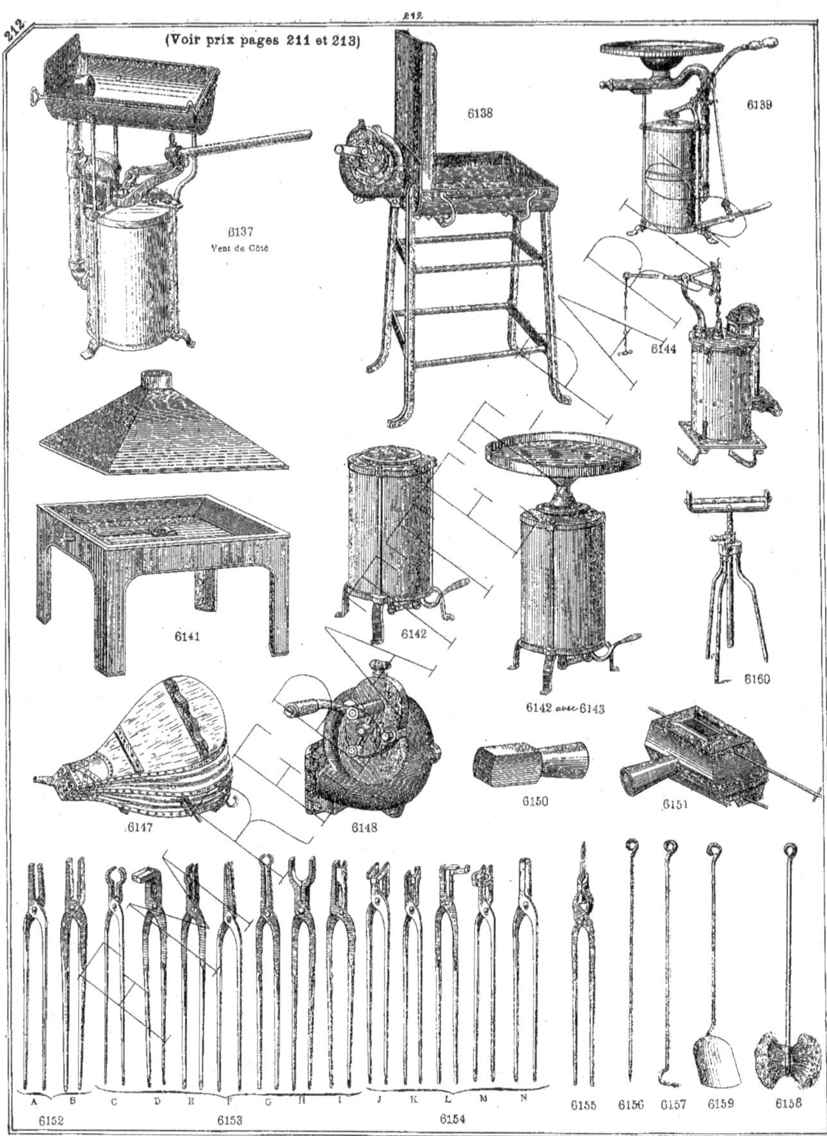

Paris. — Imp. DONNADIEU, 22, Rue des Francs-Bourgeois

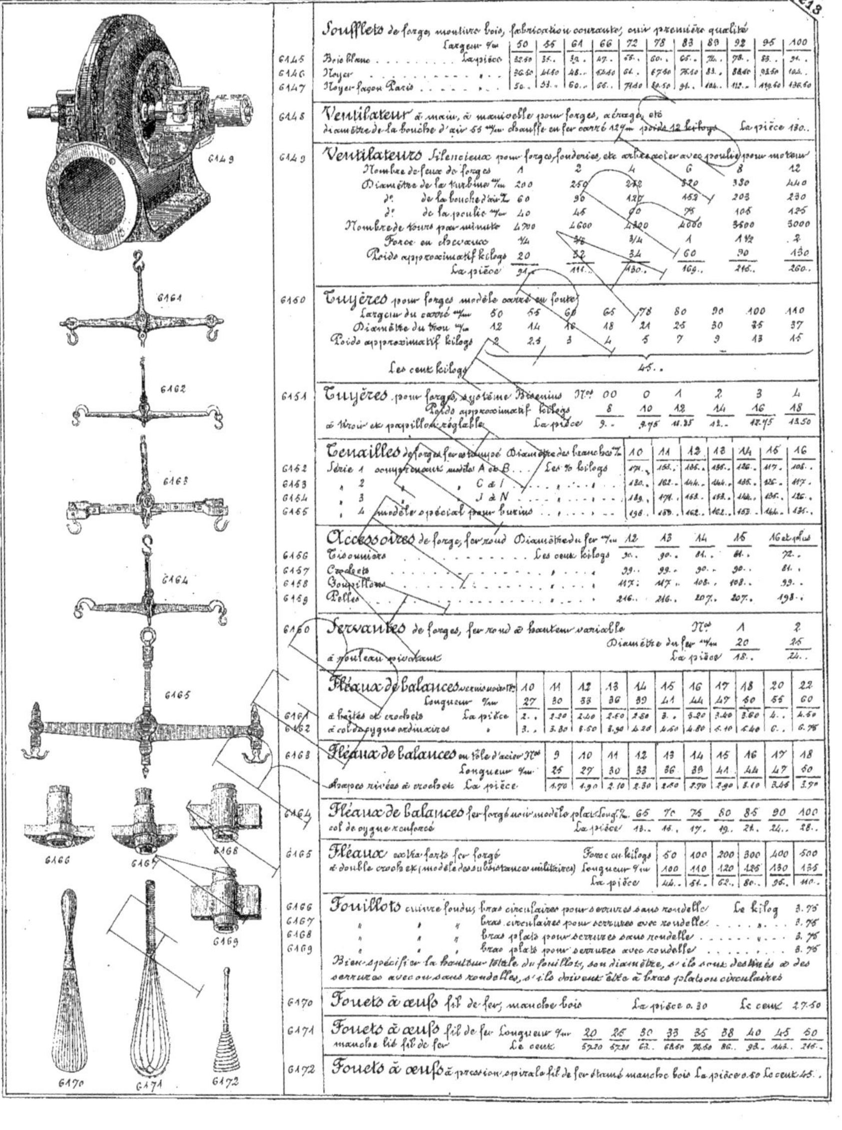

Soufflets de forges, monture bois, fabrication courante, cuir première qualité

		Largeur c/m	50	55	61	66	72	78	83	89	92	95	100
6145	Bois blanc	La pièce	32.50	35..	39..	47..	55..	60..	65..	74..	78..	83..	91..
6146	Noyer	"	36.50	41.50	48..	52.50	61..	67.50	76.50	83..	88.50	92.50	105..
6147	Noyer façon Paris	"	50..	53..	60..	66..	71.50	80.50	94..	104..	112..	119.50	136.50

6148 **Ventilateur** à main, à manivelle pour forges, aérage, etc
diamètre de la bouche d'air 55 m/m chauffe en fer carré 12 m/m poids 12 kilogs La pièce 130..

6149 **Ventilateurs** silencieux pour forges, fonderies, etc arbre acier avec poulie pour moteur

Nombre de feux de forges	1	2	4	6	8	12
Diamètre de la turbine m/m	200	250	272	320	330	440
d° de la bouche d'air m/m	60	90	120	152	203	230
d° de la poulie m/m	40	45	60	75	105	125
Nombre de tours par minute	4700	4600	4300	4000	3500	3000
Force en chevaux	1/4	3/8	3/4	1	1 1/2	2
Poids approximatif kilogs	20	32	34	60	90	130
La pièce	91..	111..	130..	169..	216..	260..

6150 **Tuyères** pour forges modèle carré en fonte

Largeur du carré m/m	50	55	60	65	78	80	90	100	110
Diamètre du trou m/m	12	14	16	18	21	25	30	35	37
Poids approximatif kilogs	2	2.5	3	4	5	7	9	13	15

Les cent kilogs 45..

6151 **Tuyères** pour forges, système Bisenius à trou et papillon réglable

N°s	00	0	1	2	3	4
Poids approximatif kilogs	8	10	12	14	16	18
La pièce	9..	9.75	11.25	12..	12.75	13.50

Tenailles de forges fer estampé

		Diamètre des branches m/m	10	11	12	13	14	15	16
6152	Série 1 comprenant modèles A à B	Les % kilogs	171..	153..	135..	135..	126..	117..	108..
6153	" 2 " " C à I	"	180..	162..	144..	144..	135..	126..	117..
6154	" 3 " " J à N	"	189..	171..	153..	153..	144..	135..	126..
6155	" 4 modèle spécial pour burins	"	198..	180..	162..	162..	153..	144..	135..

Accessoires de forge, fer rond

		Diamètre du fer m/m	12	13	14	15	16 et plus
6156	Tisonniers	Les cent kilogs	90..	90..	81..	81..	72..
6157	Crochets	"	99..	99..	90..	90..	81..
6158	Goupillons	"	117..	117..	108..	108..	99..
6159	Pelles	"	216..	216..	207..	207..	198..

6160 **Servantes** de forges, fer rond à hauteur variable à rouleau pivotant

N°s	1	2
Diamètre du fer m/m	20	25
La pièce	18..	24..

Fléaux de balances vernis noir

		N°s	10	11	12	13	14	15	16	17	18	20	22
		Longueur c/m	27	30	33	36	39	41	44	47	50	55	60
6161	à huttes et crochets	La pièce	2..	2.20	2.40	2.60	2.80	3..	3.20	3.40	3.60	4..	4.50
6162	à col de cygne ordinaires	"	3..	3.30	3.60	3.90	4.20	4.50	4.80	5.10	5.40	6..	6.75

6163 **Fléaux de balances** en tôle d'acier, chapes rivées à crochets

N°s	9	10	11	12	13	14	15	16	17	18
Longueur c/m	25	27	30	33	36	39	41	44	47	50
La pièce	1.70	1.90	2.10	2.30	2.50	2.70	2.90	3.10	3.45	3.90

6164 **Fléaux de balances** fer forgé noir modèle plat col de cygne renforcé

Long. c/m	65	70	75	80	85	90	100
La pièce	13..	15..	17..	19..	21..	24..	28..

6165 **Fléaux** extra forts fer forgé à double crochet (modèle des subsistances militaires)

Force en kilogs	50	100	200	300	400	500
Longueur c/m	100	110	120	125	130	135
La pièce	44..	51..	62..	80..	96..	110..

6166 **Fouillots** cuivre fondus bras circulaires pour serrures sans rondelle Le kilog 3.75
6167 " " " bras circulaires pour serrures avec rondelle . . . . " . . . 3.75
6168 " " " bras plats pour serrures sans rondelle . . . . . " . . . 3.75
6169 " " " bras plats pour serrures avec rondelle 3.75
Bien spécifier la hauteur totale du fouillots, son diamètre, s'ils sont destinés à des serrures avec ou sans rondelles, s'ils doivent être à bras plats ou circulaires

6170 **Fouets à œufs** fil de fer, manche bois La pièce 0.30 Le cent 27.50

6171 **Fouets à œufs** fil de fer manche lit fil de fer

Longueur c/m	20	25	30	33	35	38	40	45	50
Le cent	57.20	57.20	63..	68.50	76.50	86..	93..	143..	216..

6172 **Fouets à œufs** à pression spirale fil de fer étamé manche bois La pièce 0.50 Le cent 45..

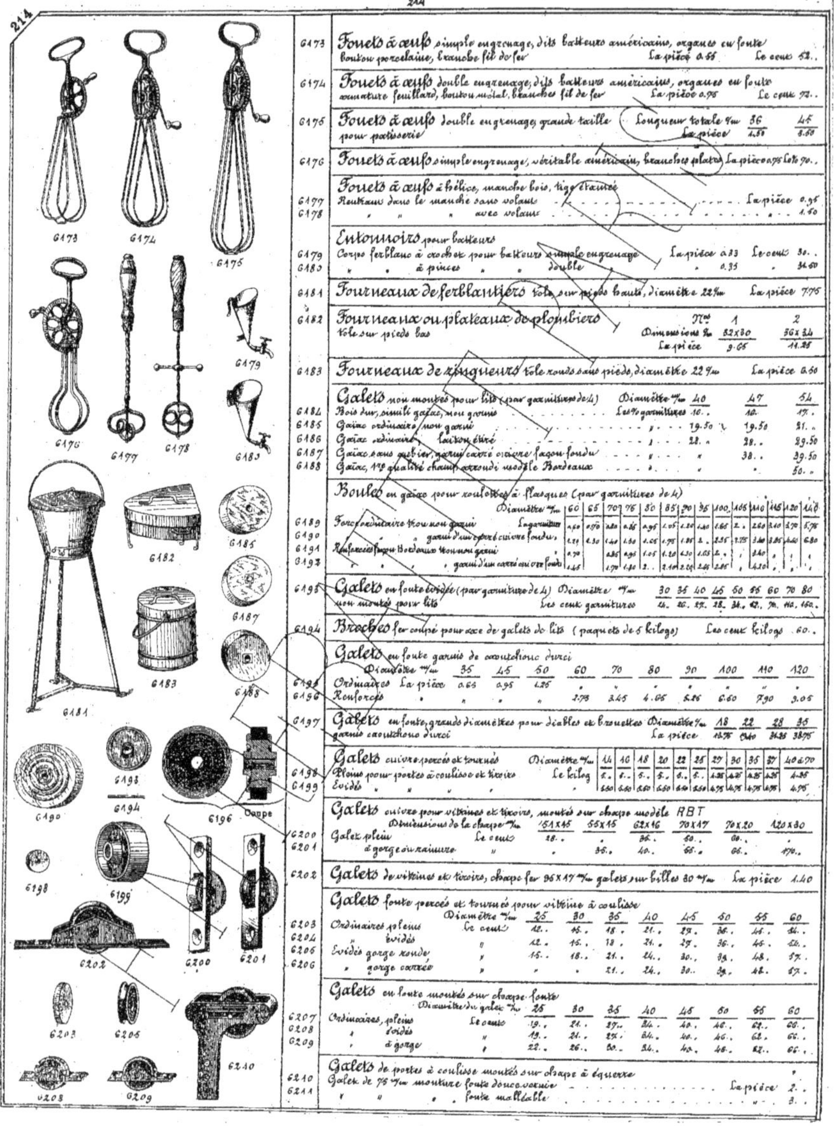

6173 **Fouets à œufs** simple engrenage, dits batteurs américains, organes en fonte bouton porcelaine, branche fil de fer La pièce 0.65 Le cent 52..

6174 **Fouets à œufs** double engrenage, dits batteurs américains, organes en fonte armature feuillard, bouton métal, branches fil de fer La pièce 0.75 Le cent 72..

6175 **Fouets à œufs** double engrenage, grande taille pour pâtisserie

Longueur totale m/m	36	45
La pièce	4.50	8.60

6176 **Fouets à œufs** simple engrenage, véritable américain, branches plates La pièce 0.75 Le % 70..

Fouets à œufs à hélice, manche bois, tige étamée

6177 Rentrant dans le manche sans volant . . . . . . La pièce 0.95
6178 " " " avec volant . . . . . . " 1.50

Entonnoirs pour batteurs

6179 Corps ferblanc à crochet pour batteurs simple engrenage La pièce 0.33 Le cent 30..
6180 " " à pinces " " double " 0.35 " 34.60

6181 **Fourneaux de ferblantiers** tôle sur pieds hauts, diamètre 22 c/m La pièce 7.75

6182 **Fourneaux ou plateaux de plombiers** tôle sur pieds bas

Nos	1	2
Dimensions c/m	32x30	36x34
La pièce	9.65	11.25

6183 **Fourneaux de zingueurs** tôle ronds sans pieds, diamètre 22 c/m La pièce 8.50

Galets non montés pour lits (par garnitures de 4)

		Diamètre m/m	40	47	54
6184	Bois dur, simili gaïac, non garnis	Les % garnitures	16..	18.	17..
6185	Gaïac ordinaire, non garni	"	19.50	19.50	21..
6186	Gaïac ordinaire, laiton étiré	"	28..	28..	29.50
6187	Gaïac sans aubier, garni carré cuivre façon fondu	"	"	38..	39.50
6188	Gaïac, 1re qualité champ arrondi modèle Bordeaux	"	"	"	50..

Boules en gaïac pour roulettes à flasques (par garnitures de 4)

		Diamètre m/m	60	65	70	75	80	85	90	95	100	105	110	115	120	140
6189	Forme ordinaire trou non garni	La garniture	0.60	0.70	0.80	0.85	0.95	1.05	1.20	1.40	1.65	2..	2.60	3.10	3.70	5.75
6190	" " garni d'un carré cuivre fondu	"	[illegible]	1.30	1.40	1.50	1.65	1.75	1.85	2..	2.35	2.75	3.40	3.85	4.60	6.80
6191	Renforcées façon Bordeaux trou non garni	"	0.70		0.85	0.95	1.05	1.20	1.30	1.65	2..	"	2.40	"	"	"
6192	" " " garni d'un carré cuivre fondu	"	1.45		1.70	1.80	2..	2.10	2.20	2.45	2.85	"	4.20	"	"	"

6193 **Galets** en fonte évidée (par garniture de 4) non montés pour lits

Diamètre m/m	30	35	40	45	50	55	60	70	80
Les cent garnitures	24.	26..	27.	28.	34..	42..	70.	110.	160..

6194 **Broches** fer coupé pour axe de galets de lits (paquets de 5 kilogs) Les cent kilogs 60..

Galets en fonte garnis de caoutchouc durci

		Diamètre m/m	35	45	50	60	70	80	90	100	110	120
6195	Ordinaires	La pièce	0.65	0.95	1.25	"	"	"	"	"	"	"
6196	Renforcés	"	"	"	"	2.75	3.45	4.05	5.26	6.60	7.90	9.05

6197 **Galets** en fonte, grands diamètres pour diables et brouettes garnis caoutchouc durci

Diamètre c/m	18	22	28	35
La pièce	13.75	19.40	34.25	38.75

Galets cuivre percés et tournés

		Diamètre m/m	14	16	18	20	22	25	27	30	35	37	40 à 70
6198	Pleins pour portes à coulisse et tiroirs	Le kilog	5..	5..	5..	5..	5..	5..	4.25	4.25	4.25	4.25	4.25
6199	Évidés " " " "	"	5.50	5.50	5.50	5.50	5.50	5.50	4.75	4.75	4.75	4.75	4.75

Galets cuivre pour vitrines et tiroirs, montés sur chape modèle RBT

		Dimensions de la chape m/m	51x45	55x15	62x16	70x17	70x20	120x30
6200	Galet plein	Le cent	28..	"	36..	50..	60..	"
6201	" à gorge ou rainure	"	"	35..	40..	55..	66..	170..

6202 **Galets** de vitrines et tiroirs, chape fer 96x17 m/m galets sur billes 30 m/m La pièce 1.40

Galets fonte percés et tournés pour vitrine à coulisse

		Diamètre m/m	25	30	35	40	45	50	55	60
6203	Ordinaires pleins	Le cent	12..	15..	18..	21..	27.	36..	46..	54..
6204	" évidés	"	12..	15..	18.	21..	27.	36..	45.	54..
6205	Évidés gorge ronde	"	15..	18..	21..	24..	30..	39.	48.	57..
6206	" gorge carrée	"	"	"	21..	24..	30..	39.	48.	57..

Galets en fonte montés sur chape fonte

		Diamètre du galet m/m	25	30	35	40	45	50	55	60
6207	Ordinaires, pleins	Le cent	19..	21..	27..	34..	40..	46..	62..	66..
6208	" évidés	"	19..	21..	27.	34..	40..	46..	62.	66..
6209	" à gorge	"	22..	26..	30..	34..	40.	46..	62..	66..

Galets de portes à coulisse montés sur chape à équerre

6210 Galet de 75 m/m monture fonte douce vernie . . . . La pièce 2..
6211 " " " fonte malléable . . . . " 3..

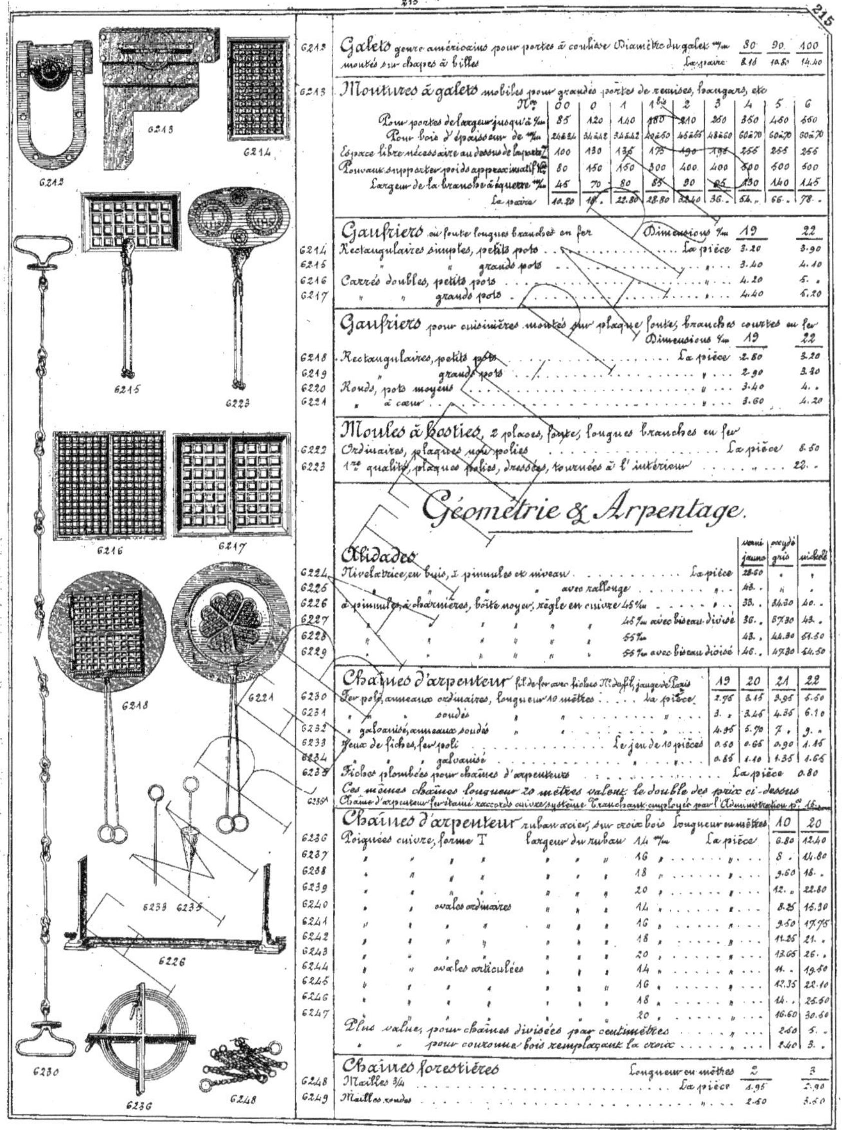

6212 **Galets** genre américains pour portes à coulisse, montés sur chapes à billes

	Diamètre du galet m/m	80	90	100
6212	La paire	8.16	10.80	14.40

6213 **Montures à galets** mobiles pour grandes portes de remises, hangars, etc

Nos	00	0	1	1 bis	2	3	4	5	6
Pour portes de largeur jusqu'à m/m	85	120	140	180	210	250	350	450	550
Pour bois d'épaisseur de m/m	24à24	34à42	34à42	40à50	45à55	48à60	60à70	60à70	60à70
Espace libre nécessaire au dessus de la porte m/m	100	130	135	175	190	195	255	255	255
Pouvant supporter poids approximatif Kos	80	150	150	300	400	400	500	500	500
Largeur de la branche à équerre m/m	45	70	80	85	90	95	130	140	145
La paire	10.20	16. .	22.80	28.80	32.40	36. .	54. .	66. .	78. .

Gaufriers en fonte longues branches en fer

		Dimensions m/m	19	22
6214	Rectangulaires simples, petits pots	La pièce	3.20	3.90
6215	" " grands pots	"	3.40	4.10
6216	Carrés doubles, petits pots	"	4.20	5. .
6217	" " grands pots	"	4.40	5.20

Gaufriers pour cuisinières montés sur plaque fonte, branches courtes en fer

		Dimensions m/m	19	22
6218	Rectangulaires, petits pots	La pièce	2.80	3.20
6219	" grands pots	"	2.90	3.30
6220	Ronds, pots moyens	"	3.40	4. .
6221	" à cœur	"	3.60	4.20

Moules à hosties, 2 places, fonte, longues branches en fer

6222	Ordinaires, plaques non polies	La pièce	8.50
6223	1re qualité, plaques polies, dressées, tournées à l'intérieur	"	22. .

Géométrie & Arpentage.

Alidades

			verni jaune	oxydé gris	nickelé
6224	Nivelatrice, en bois, 2 pinnules et niveau	La pièce	28.50	.	.
6225	" " " " avec rallonge	"	43. .	"	.
6226	à pinnules, à charnières, boîte noyer, règle en cuivre 45 m/m	"	33. .	34.30	40. .
6227	" " " " " " 45 m/m avec biseau divisé		36. .	37.30	43. .
6228	" " " " " " 55 m/m		43. .	44.30	51.50
6229	" " " " " " 55 m/m avec biseau divisé		46. .	47.30	54.50

Chaînes d'arpenteur fil de fer avec fiches Nos du fil, jauge de Paris

			19	20	21	22
6230	Fer poli, anneaux ordinaires, longueur 10 mètres	La pièce	2.75	3.15	3.95	5.50
6231	" " " soudés " "	"	3. .	3.45	4.35	6.10
6232	" galvanisé, anneaux soudés " "	"	4.95	5.70	7. .	9. .
6233	Jeux de fiches, fer poli	Le jeu de 10 pièces	0.50	0.65	0.90	1.15
6234	" " " galvanisé	"	0.85	1.10	1.35	1.65

6235 Fiches plombées pour chaînes d'arpenteurs . . . . . La pièce 0.80

Ces mêmes chaînes longueur 20 mètres valent le double des prix ci-dessus

6235A Chaîne d'arpenteur fer étamé raccords cuivre système Tranchant employée par l'Administration p. 16.

Chaînes d'arpenteur ruban acier, sur croix bois

		Largeur du ruban		Longueur en mètres 10	20
6236	Poignées cuivre, forme T	14 m/m	La pièce	6.80	12.40
6237	" " " "	16	"	8. .	14.80
6238	" " " "	18	"	9.60	18. .
6239	" " " "	20	"	12. .	22.80
6240	" " ovales ordinaires	14	"	8.25	15.30
6241	" " " "	16	"	9.50	17.75
6242	" " " "	18	"	11.25	21. .
6243	" " " "	20	"	13.65	26. .
6244	" " ovales articulées	14	"	11. .	19.50
6245	" " " "	16	"	12.35	22.10
6246	" " " "	18	"	14. .	25.50
6247	" " " "	20	"	16.60	30.50
	Plus value, pour chaînes divisées par centimètres		"	2.50	5. .
	" " pour couronne bois remplaçant la croix		"	2.40	3. .

Chaînes forestières

		Longueur en mètres	2	3
6248	Mailles 3/4	La pièce	1.95	2.90
6249	Mailles rondes	"	2.50	3.50

216

6250 6252 6254 6257 6259 6261 6263 6264 6266

Equerres d'arpenteur, boîte noyer octogones

		Nos	1	2	3	4
		Dimensions m/m	60x49	67x55	76x60	86x64
6250	à fenêtres et fentes	La pièce	5.15	5.75	6.40	7.10
6251	" " avec boussoles	"	9.30	11.15	12.60	13.60
	Plus value, pour mouvement horizontal à centre	"	1.35	1.35	1.35	1.35
	" " pour cuivre oxydé gris ardoise	"	0.35	0.35	0.35	0.35
	" " " " nickelé	"	0.85	0.85	0.85	0.85

Equerres d'arpenteur boîtes noyer, rondes

		Nos	1	2	3	4	5	6
		Dimensions m/m	69x49	66x55	70x60	75x64	80x69	85x79
6252	à fenêtres et fentes	La pièce	5.50	5.95	6.65	7.55	8.05	8.75
6253	" " avec boussole	"	10.15	11.55	12.95	14. .	14.35	16.05
	Plus value, pour mouvement horizontal à centre	"	1.35	1.35	1.35	1.35	1.35	1.35
	" " pour cuivre oxydé gris ardoise	"	0.35	0.35	0.35	0.35	0.35	0.35
	" " " " nickelé	"	0.85	0.85	0.85	0.85	0.85	0.85

Equerres d'arpenteur boîte noyer, sphériques

		Diamètre m/m	68	83
6254	Sans boussole	La pièce	11.20	12.60
6255	Avec boussole	"	18.20	19.60
	Plus value pour mouvement à centre	"	1.35	1.35

Equerres d'arpenteur boîte noyer, dites pantomètres

		Dimensions m/m	85x69	93x79	102x89	112x102
6256	Circulaires divisées sur maillechort	La pièce	22.70	26.20	27.70	35.60
6257	" " " " avec boussole	"	29. .	31.60	34. .	41. .
	Plus value, pour mouvement horizontal à centre	"	1.35	1.35	1.35	1.35
	" " pour cuivre oxydé gris ardoise	"	1.40	1.40	1.40	1.40
	" " " " nickelé	"	2.80	2.80	2.80	2.80

Pantomètres à genou, divisés

		Nos	1	2	3	4
	au mouvement horizontal à centre et pince d'arrêt, boîte noyer	Dimensions m/m	85x69	93x79	102x89	112x102
6258	Circulaires, divisées sur maillechort	La pièce	30.25	32.75	36.70	40.75
6259	" " " " avec boussole	"	36.60	39. .	41.60	48. .
	Plus value pour cuivre oxydé gris ardoise	"	1.40	1.40	1.40	1.40
	" " " " nickelé	"	2.80	2.80	2.80	2.80

Pantomètres douille fixe, divisés, à biseau blanchi

		Nos	1	2	3	4
	boîte noyer	Dimensions m/m	85x69	93x79	102x89	112x102
6260	Circulaires divisés	La pièce	23. .	26.70	28.30	34.30
6261	" " avec boussole	"	29.60	32.15	35. .	41.60
	Plus value pour mouvement horizontal à centre	"	1.35	1.35	1.35	1.35
	" " pour cuivre oxydé gris ardoise	"	1.40	1.40	1.40	1.40
	" " " " nickelé	"	2.80	2.80	2.80	2.80

Pantomètres à genou, divisés, à biseau blanchi

		Nos	1	2	3	4
	boîte noyer	Dimensions m/m	85x69	93x79	102x89	112x102
6262	Circulaires divisés	La pièce	31. .	33.50	36. .	41.50
6263	" " avec boussole	"	37.60	40. .	42.50	49. .
	Plus value pour pantomètres cuivre oxydé gris ardoise	"	1.40	1.40	1.40	1.40
	" " " " " nickelé	"	2.80	2.80	2.80	2.80
	" " " " à 2 verniers	"	2.85	2.85	2.85	2.85
	" " " " en grade ou en 400°	"	7.15	7.15	7.15	7.15

6264 Pantomètres à lunette, à pince d'arrêt sur le côté

	permettant la lecture pour la division de la mise au point	verni jaune	oxydé gris	nickelé
6264	La pièce	195. .	200. .	235. .

Graphomètres à pinnules et boussole, boîte noyer

		Diamètre m/m	16	19	22	25	27
6265	Cuivre verni jaune	La pièce	36. .	41.50	47. .	54. .	64. .
6266	" oxydé gris ardoise	"	40.50	44.50	52. .	59.50	69.50
6267	" nickelé	"	48. .	53. .	60. .	67. .	77. .
	Plus value pour addition d'un centre en plus	"	2.60	2.60	2.60	2.60	2.60
	" " " " d'un centre et d'une pince d'arrêt en plus		6.50	6.50	6.50	6.50	6.50
	" " " " d'un niveau sur l'alidade		6.50	6.50	6.50	6.50	6.50

6268 **Jalons** bois rond, longueur 150 c/m — La pièce 2.30

6269 Jalons ferrés forme polygonale

	bois peint blanc et rouge				
6269	Longueur c/m	150	200	250	300
	La pièce	2.30	2.95	3.40	4.26

6270 **Douilles** forgées pour jalons longueur 120 m/m diamètre extérieur 34 m/m — Le cent 90. .

6271 Jalons en fer creux

	peints blanc et rouge		
6271	Longueur c/m	150	200
	La pièce	3.40	4.70

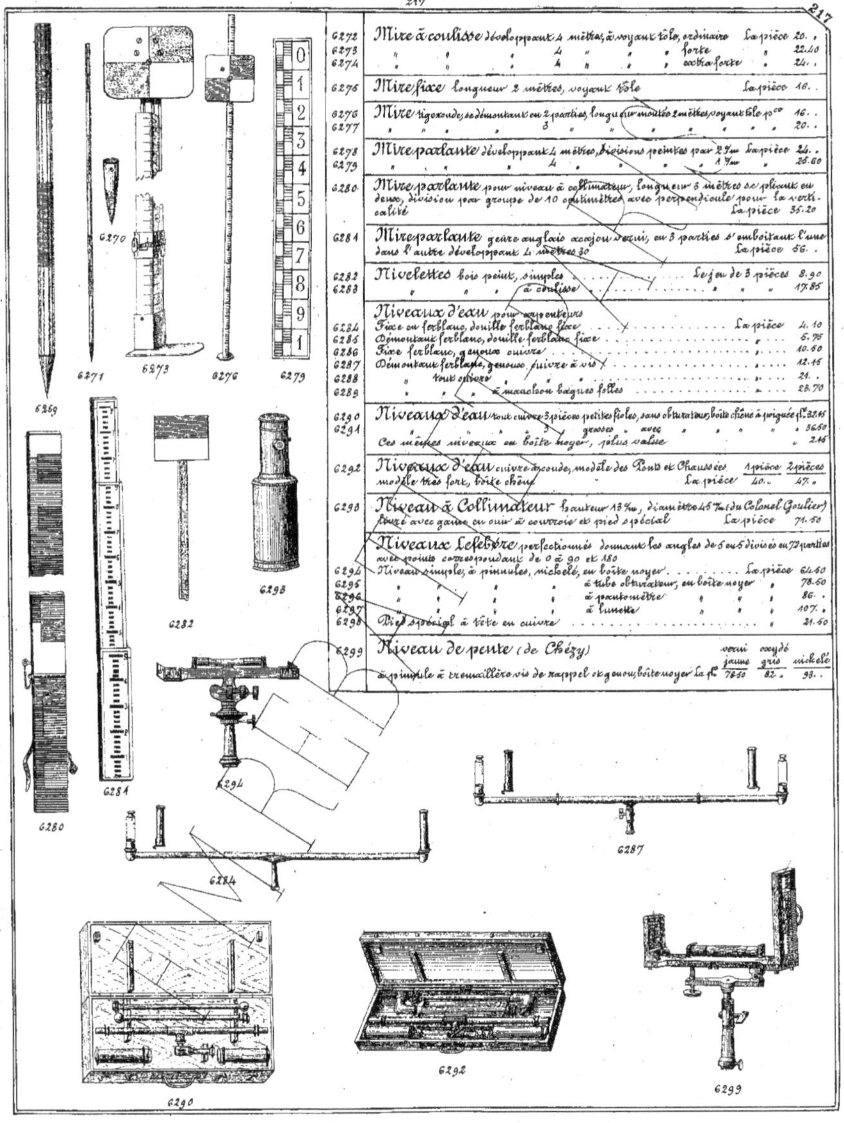

6272 **Mire à coulisse** développant 4 mètres, à voyant tôle, ordinaire — La pièce 20. .
6273 " " " 4 " " " forte — " 22.40
6274 " " " 4 " " " extra forte — " 24. .

6275 **Mire fixe** longueur 2 mètres, voyant tôle — La pièce 16. .

6276 **Mire** tige ronde, se démontant en 2 parties, longueur montée 2 mètres, voyant tôle p^ce^ 16. .
6277 " " " " 3 " " " " " " " 20. .

6278 **Mire parlante** développant 4 mètres, divisions peintes par 2 m/m — La pièce 24. .
6279 " " " 4 " " " " 1 m/m — " 25.60

6280 **Mire parlante** pour niveau à collimateur, longueur 3 mètres se pliant en deux, division par groupe de 10 centimètres avec perpendicule pour la verticalité — La pièce 35.20

6281 **Mire parlante** genre anglais acajou verni, en 3 parties s'emboîtant l'une dans l'autre développant 4 mètres 30 — La pièce 56. .

6282 **Nivelettes** bois peint, simples .... Le jeu de 3 pièces 8.90
6283 " " " à coulisse .... " " " 17.85

Niveaux d'eau pour arpenteurs
6284 Fixe en ferblanc, douille ferblanc fixe .... La pièce 4.10
6285 Démontant ferblanc, douille ferblanc fixe .... " 5.75
6286 Fixe ferblanc, genoux cuivre .... " 10.50
6287 Démontant ferblanc, genoux cuivre à vis .... " 12.15
6288 " tout cuivre " " " .... " 21. .
6289 " " " à manchon bagues folles .... " 23.70

6290 **Niveaux d'eau** tout cuivre 3 pièces petites fioles, sans obturateur, boîte chêne à poignée f^s^. 32.15
6291 " " " 3 " grosses " avec " " " " " 36.50
Ces mêmes niveaux en boîte noyer, plus value " 2.15

6292 **Niveaux d'eau** cuivre à coude, modèle des Ponts et Chaussées modèle très fort, boîte chêne — La pièce: 1 pièce 40. . — 2 pièces 47. .

6293 **Niveau à Collimateur** hauteur 13 c/m, diamètre 45 m/m (du Colonel Goulier) livré avec gaine en cuir à courroie et pied spécial — La pièce 71.50

Niveaux Lefebvre perfectionnés donnant les angles de 5 en 5 divisés en 72 parties avec points correspondant de 0 à 90 et 180
6294 Niveau simple, à pinnules, nickelé, en boîte noyer .... La pièce 64.50
6295 " " " " à tube obturateur, en boîte noyer " 78.50
6296 " " " " à pantomètre " " " 86. .
6297 " " " " à lunette " " " 107. .
6298 Pied spécial à tête en cuivre .... " 21.50

6299 **Niveau de pente** (de Chézy) à pinnule à crémaillère vis de rappel et genou, boîte noyer La p^ce^ — verni jaune 78.50 — oxydé gris 82. . — nickelé 93. .

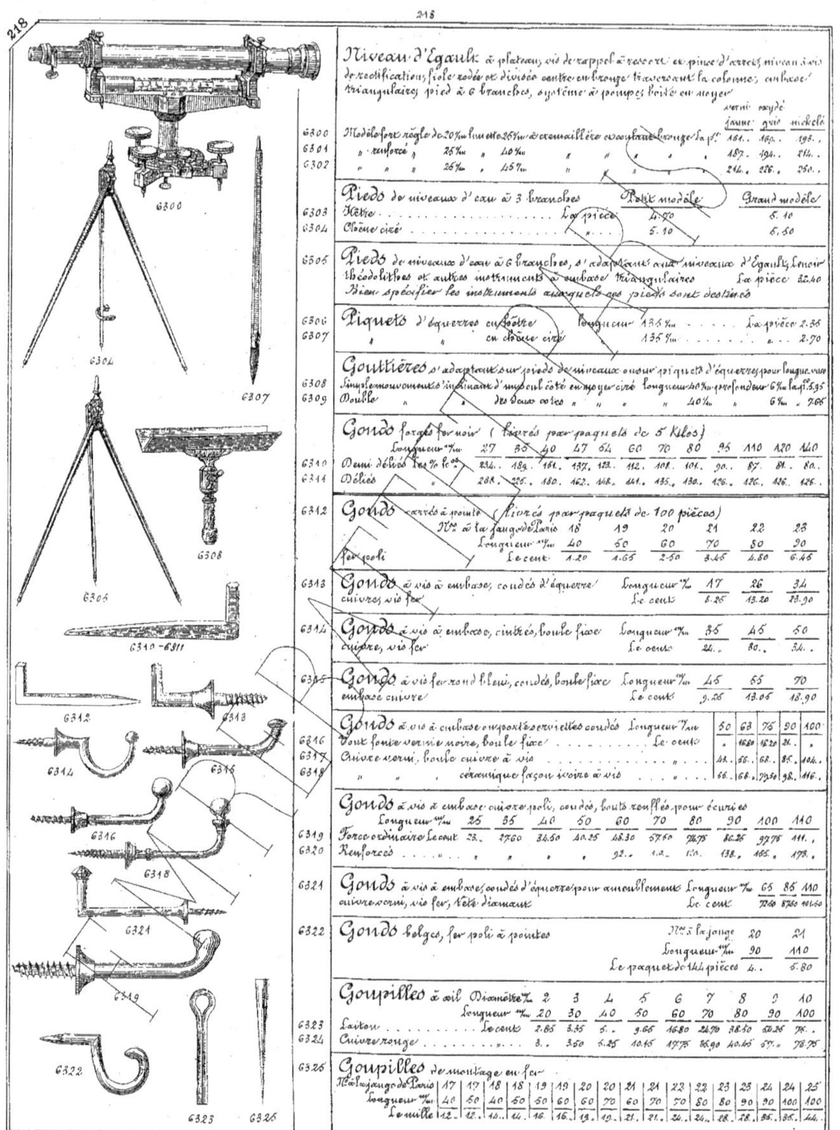

6300–6302 **Niveau d'Egault** à plateau, vis de rappel à ressort et pince d'arrêt, niveau à vis de rectification, fiole rodée et divisée centre en bronze traversant la colonne, embase triangulaire, pied à 6 branches, système à pompes boîte en noyer

		verni jaune	oxydé gris	nickelé
6300	Modèle fort règle de 20 m/m lunette 26 m/m à crémaillère coulant bronze La p^ce	161..	169..	193..
6301	" renforcé " 25 m/m " 40 m/m " " " " "	187..	194..	214..
6302	" " " 26 m/m " 45 m/m " " " " "	214..	226..	250..

Pieds de niveaux d'eau à 3 branches

		Petit modèle	Grand modèle
6303	Hêtre .... La pièce	4.70	5.10
6304	Chêne ciré .... "	5.10	5.50

6305 **Pieds** de niveaux d'eau à 6 branches, s'adaptant aux niveaux d'Egault, Lenoir théodolithes et autres instruments à embase triangulaires La pièce 32.40
Bien spécifier les instruments auxquels ces pieds sont destinés

Piquets d'équerres

6306	en hêtre	longueur 135 m/m	La pièce	2.35
6307	en chêne ciré	135 m/m	"	2.70

Gouttières s'adaptant sur pieds de niveaux ou sur piquets d'équerres pour longue-vue

6308 Simple mouvement s'inclinant d'un seul côté en noyer ciré longueur 40 m/m profondeur 6 m/m la p^ce 5.95
6309 Double " " des deux côtés " " " " 40 m/m " 6 m/m " 7.65

Gonds forgés fer noir (livrés par paquets de 5 Kilos)

	Longueur m/m	27	35	40	47	54	60	70	80	95	110	120	140
6310	Demi délies Les % k^os	234..	189.	161.	137.	123.	112.	108.	101.	90..	87.	81.	80..
6311	Déliés "	288.	226.	180.	162.	148.	141.	135.	130.	126.	126.	126.	126.

6312 **Gonds** carrés à pointe (livrés par paquets de 100 pièces)

	N^os à la jauge de Paris	18	19	20	21	22	23
	Longueur m/m	40	50	60	70	80	90
fer poli	Le cent	1.20	1.65	2.50	3.45	4.80	6.45

6313 **Gonds** à vis à embase, coudés d'équerre cuivre, vis fer

Longueur m/m	17	26	34
Le cent	8.25	13.20	23.90

6314 **Gonds** à vis à embase, cintrés, boule fixe cuivre, vis fer

Longueur m/m	35	45	50
Le cent	24..	30..	34..

6315 **Gonds** à vis fer rond bleui, coudés, boule fixe embase cuivre

Longueur m/m	45	55	70
Le cent	9.25	13.05	18.90

Gonds à vis à embase ou porte-serviettes coudés

	Longueur m/m	50	63	75	90	100
6316	Tout fonte vernie noire, boule fixe .... Le cent	"	16.80	18.20	21..	"
6317	Cuivre verni, boule cuivre à vis .... "	42..	56..	68..	85..	104..
6318	" " céramique façon ivoire à vis .... "	56..	68..	77.50	98..	116..

Gonds à vis à embase cuivre poli, coudés, bouts renflés pour écuries

	Longueur m/m	25	35	40	50	60	70	80	90	100	110
6319	Force ordinaire Le cent	23..	27.60	34.50	40.25	48.30	57.50	74.75	86.25	97.75	111..
6320	Renforcés ...."..	"	"	"	"	92..	1.0..	1.0.	138..	165..	173..

6321 **Gonds** à vis à embase, coudés d'équerre pour ameublement cuivre verni, vis fer, tête diamant

Longueur m/m	65	85	110
Le cent	72.50	87.50	101.50

6322 **Gonds** belges, fer poli à pointes

N^os à la jauge	20	21
Longueur m/m	90	110
Le paquet de 144 pièces	4..	5.80

Goupilles à œil

	Diamètre m/m	2	3	4	5	6	7	8	9	10
	Longueur m/m	20	30	40	50	60	70	80	90	100
6323	Laiton .... Le cent	2.85	3.35	5..	9.65	16.80	24.70	38.50	50.25	75..
6324	Cuivre rouge .... "	3..	3.50	5.25	10.15	17.75	25.90	40.15	57..	78.75

6325 **Goupilles** de montage en fer

N^os à la jauge de Paris	17	17	18	18	19	19	20	20	21	21	22	22	23	23	24	24	25
Longueur m/m	40	50	40	50	50	60	60	70	60	70	70	80	80	90	90	100	100
Le mille	12..	12..	14..	14..	16.	16..	19..	19..	21..	21..	24..	24..	28.	28.	35..	35..	44..

6326

6327

6329

6331

6333

6335

6337 6338

6339 6340

6341 6342

6344 sans Cordon — 6344 avec Cordon

6326 **Goupilles** à œil, en fer

Longueur en m/m		Diamètre m/m 1	1½	2	3	4	5	6	7	8	9	10	11	12
10	Le mille	9.90	5.80	»	»	»	»	»	»	»	»	»	»	»
12	»	9.90	5.80	»	»	»	»	»	»	»	»	»	»	»
15	»	9.90	5.80	»	»	»	»	»	»	»	»	»	»	»
20	»	9.90	5.80	4.45	4.80	»	»	»	»	»	»	»	»	»
25	»	9.90	5.80	4.60	4.95	»	»	»	»	»	»	»	»	»
30	»	9.90	5.80	4.75	5.10	5.45	7.20	»	»	»	»	»	»	»
35	»	9.90	5.80	5.10	5.45	5.95	7.90	10.70	»	»	»	»	»	»
40	»	»	»	5.80	5.30	6.45	8.75	11.90	16.50	»	»	»	»	»
45	»	»	»	6.10	6.10	7..	9.75	13..	10.75	»	»	»	»	»
50	»	»	»	»	6.45	7.50	10.30	14.20	18.15	»	»	»	»	»
55	»	»	»	»	6.75	8.10	11.15	15.25	19.50	24.10	29.30	36.90	»	»
60	»	»	»	»	7.10	8.80	12..	16.50	20.80	25.90	31.50	39.25	»	»
65	»	»	»	»	»	»	12.70	17.60	22.25	27.05	33.60	41.90	»	»
70	»	»	»	»	»	»	15.45	18.65	23.60	29.30	35.75	44.50	84.65	95.95
75	»	»	»	»	»	»	14.35	19.50	24.75	31..	37.90	47.10	87.45	100.25
80	»	»	»	»	»	»	15.20	21..	26.40	32.75	40..	49.75	90.10	103.45
85	»	»	»	»	»	»	16..	22.10	27.50	34.10	42.20	52.30	92.50	106.75
90	»	»	»	»	»	»	16.75	23.25	29..	36.30	44.35	54.95	95.65	110..
95	»	»	»	»	»	»	»	»	39.60	40.60	46.60	57.50	98.25	113.20
100	»	»	»	»	»	»	»	»	42.10	42.90	48.05	60.15	101..	116.50
105	»	»	»	»	»	»	»	»	51.15	59.50	69..	79.20	103.70	119.75
110	»	»	»	»	»	»	»	»	52.55	61.30	72.10	81.85	106.65	123.05
115	»	»	»	»	»	»	»	»	53.90	63..	73.25	84.50	109.15	126.25
120	»	»	»	»	»	»	»	»	55.20	64.75	76.40	87.05	111.85	129.45

Grattoirs de zingueurs, coudés, bout carré

		Largeur m/m 10	15	20	25	30
6327	Qualité ordinaire manche blanc . . . . La pièce	0.85	0.85	0.86	0.85	0.85
6328	» supérieure » verni . . . . »	1.35	1.35	1.35	1.35	1.30

6329 » ordinaire » blanc, feuille de laurier, droits, coudés ou cintrés La pièce 1. .
6330 » supérieure » verni » » » . . . . » . . . 2.05
6331 » ordinaire double tout acier, griffe et bout carré . . . . » . . . 1.35
6332 » supérieure » » » » . . . . » . . . 1.70
6333 » ordinaire » » feuille de laurier et bout carré . . . . » . . . 1.70
6334 » supérieure » » » » » » . . . . . . » . . . 2.40

Griffes de zingueur
6335 Qualité ordinaire, manche blanc . . . . La pièce 0.55
6336 » supérieure, poli jaune, manche verni, tige rivée . . . . » . . 1.25

Grelots & Sonnettes.

Grelots cuivre estampé — Livrés par paquets de 50 60 70 80 90 100 120 pièces
Diamètre m/m 20 19 18 16 15 13 11
6337 Plats, à rebords, queue emboutie, jaunes ou blancs . . . . Le paquet 0.90
6338 Ronds » » » » . . . . » . . . 1.10
Par commande de 25 paquets pris en une seule fois. Bonification 5%

6339 **Grelots** cuivre estampé, fort, queue emboutie

	N°s 6/0	4/0	3/0	2/0	0	1	2	3
Diamètre m/m	12	13	16	17	20	22	26	28
jaunes ou blancs — Le cent	3.35	3.85	4.15	5..	5.85	6.70	11.65	15..

6340 **Grelots** cuivre estampé, ronds sans rebord, 4 fentes, queue emboutie

	Diamètre m/m 10	12
nickelés polis — Le cent	8.80	12.10

6341 **Passants** plats à anneaux pour colliers

	Largeur intérieure m/m 20	25	30
jaunes ou blancs — Le cent	10..	10..	10..

Grelots ronds polis fins, dits bijouterie

		N°s 4	5	6	7	8	9	10	11	12
	Diamètre m/m	8	9	10	11½	12	14	15	17	19
6342	En cuivre nickelé . . . . Le cent	7.50	8.25	10..	12.60	16.60	22..	28..	36.50	41.60
6343	En métal blanc nickelé . . . . . . » . . .	9..	10..	12..	15.60	18.35	27..	33..	43..	50..

Grelots romains petite série, avec ou sans cordon

		N°s 1	2	3	4	5	6	7	8	9	10
	Diamètre m/m	19	22	24	28	31	33	34	35	36	38
6344	Roulés jaunes ou rouges — Le cent	4.25	5.30	6..	7.25	9..	10.65	12.35	14.15	15..	18.60
6345	» blancs	5.30	6..	7.25	9..	10.65	12.25	14.15	16..	15.60	19.35

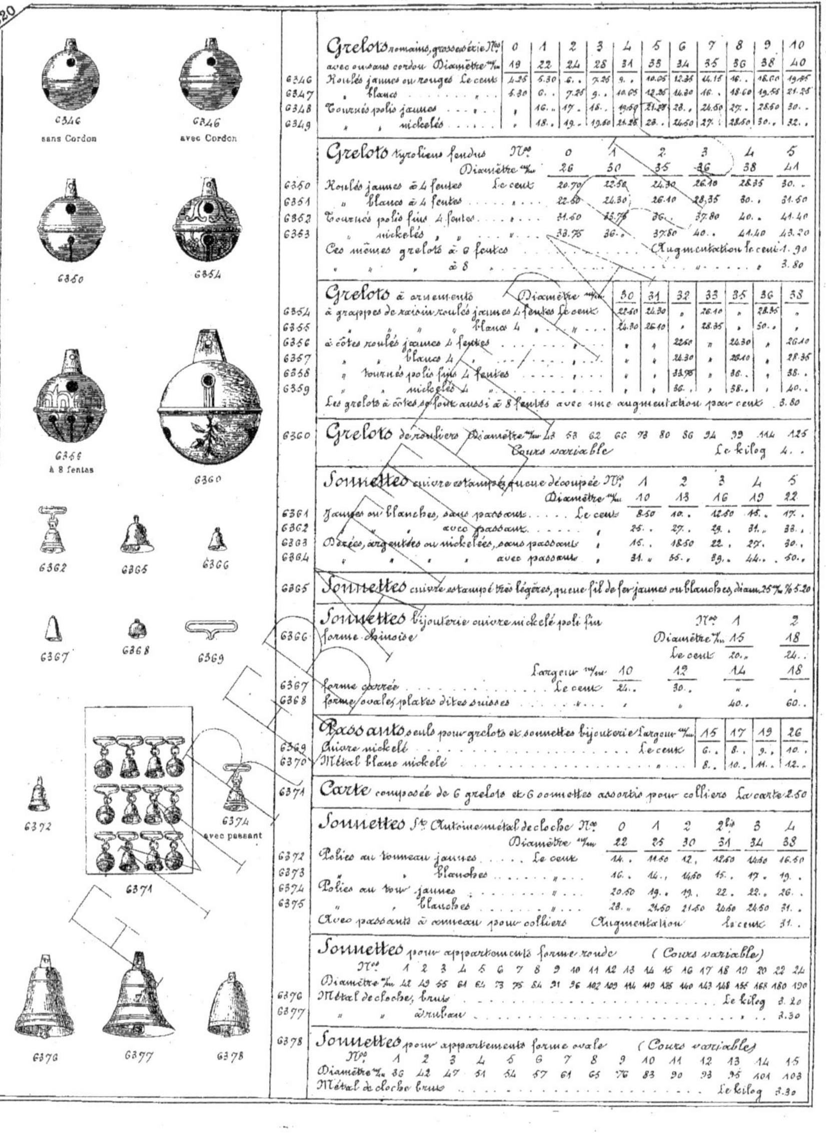

	Grelots romains, grosserie N^os	0	1	2	3	4	5	6	7	8	9	10
	avec ou sans cordon Diamètre m/m	19	22	24	28	31	33	34	35	36	38	40
6346	Roulés jaunes ou rouges Le cent	4.25	5.30	6..	7.25	9..	10.05	12.35	14.15	16..	18.00	19.85
6347	" blancs ... "	5.30	6..	7.25	9..	10.05	12.35	14.30	16..	18.60	19.55	21.25
6348	Tournés polis jaunes ... "	"	16..	17..	18..	19.50	21.28	23..	24.50	27..	28.50	30..
6349	" " nickelés ...	"	18..	19..	19.50	21.25	23..	24.50	27..	28.50	30..	32..

	Grelots tyroliens fendus N^os	0	1	2	3	4	5
	Diamètre m/m	26	30	35	36	38	41
6350	Roulés jaunes à 4 fentes Le cent	20.70	22.50	24.30	26.10	28.35	30..
6351	" blancs à 4 fentes ... "	22.50	24.30	26.10	28,35	30..	31.50
6352	Tournés polis fins 4 fentes ... "	31.50	25.75	36..	37.80	40..	41.40
6353	" nickelés " " ... "	33.75	36..	37.80	40..	41.40	43.20
	Ces mêmes grelots à 6 fentes ... Augmentation le cent						1.90
	" " " à 8 ... "						3.80

	Grelots à ornements Diamètre m/m	30	31	32	33	35	36	38
6354	à grappes de raisin roulés jaunes 4 fentes Le cent	22.50	24.30	"	26.10	"	28.35	"
6355	" " " blancs 4 ... "	24.30	26.10	"	28.35	"	50..	"
6356	à côtes roulés jaunes 4 fentes ... "	"	"	22.50	"	24.30	"	26.10
6357	" " blancs 4 ... "	"	"	24.30	"	26.10	"	28.35
6358	" tournés polis fins 4 fentes ... "	"	"	33.75	"	36..	"	38..
6359	" " nickelés 4 " ... "	"	"	36..	"	38..	"	40..

Les grelots à côtes se font aussi à 8 fentes avec une augmentation par cent 3.80

6360 **Grelots** de rouliers Diamètre m/m 43 53 62 66 73 80 86 94 99 114 125
Cours variable Le kilog 4..

	Sonnettes cuivre estampé, queue découpée N^os	1	2	3	4	5
	Diamètre m/m	10	13	16	19	22
6361	Jaunes ou blanches, sans passants ... Le cent	8.50	10..	12.50	15..	17..
6362	" " avec passant ... "	25..	27..	29..	31..	33..
6363	Dorées, argentées ou nickelées, sans passants "	15..	18.50	22..	27.	30..
6364	" " " " avec passants "	31..	35..	39..	44..	50..

6365 **Sonnettes** cuivre estampé très légères, queue fil de fer jaunes ou blanches, diam. 25 m/m % 5.20

	Sonnettes bijouterie cuivre nickelé poli fin			N°s 1	2
6366	forme chinoise			Diamètre m/m 15	18
				Le cent 20..	24..
	Largeur m/m	10	12	14	18
6367	forme carrée ... Le cent	24..	30..	"	"
6368	forme ovale, plates dites suisses ... "	"	"	40..	60..

	Passants seuls pour grelots et sonnettes bijouterie Largeur m/m	15	17	19	26
6369	Cuivre nickelé ... Le cent	6..	8..	9..	10..
6370	Métal blanc nickelé ... "	8..	10..	11..	12..

6371 **Carte** composée de 6 grelots et 6 sonnettes assortis pour colliers La carte 2.50

	Sonnettes St Antoine métal de cloche N^os	0	1	2	2 bis	3	4
	Diamètre m/m	22	25	30	31	34	38
6372	Polies au tonneau jaunes ... Le cent	14..	11.50	12..	12.50	14.50	16.50
6373	" " blanches ... "	16..	14..	14.50	15..	17..	19..
6374	Polies au tour jaunes ... "	20.50	19..	19..	22..	22..	26..
6375	" " blanches ... "	28..	24.50	21.50	24.50	24.50	31..

Avec passants à anneau pour colliers Augmentation le cent 31..

Sonnettes pour appartements forme ronde (Cours variable)

N^os	1	2	3	4	5	6	7	8	9	10	11	12	13	14	15	16	17	18	19	20	22	24
Diamètre m/m	42	49	55	61	64	73	75	84	91	96	102	109	114	119	125	140	143	148	156	168	180	190

6376 Métal de cloche, bruts ... Le kilog 3.20
6377 " " à ruban ... 3.30

6378 **Sonnettes** pour appartements forme ovale (Cours variable)

N^os	1	2	3	4	5	6	7	8	9	10	11	12	13	14	15
Diamètre m/m	36	42	47	51	54	57	61	65	76	83	90	93	95	101	103

Métal de cloche bruts ... Le kilog 3.30

6379 **Cloches** métal brut, forme ronde

Diamètre m/m	160	165	170	175	180	185	190	200	220	230	240	250
Poids approximatif kilogs	2	2,5	3	3,5	4	4,5	5	5,5	6	7	8	10

Diamètre m/m	260	280	290	300	320	350	350	370	380	400	440
Poids approximatif kilogs	12	13	15	18	20	22	26	30	35	40	50

Sans monture . . . . Cours variable . . . . Le kilog 3.75

6380 **Montures** de cloche orme, ferrure fer sans chaîne ni console

pour cloches, poids en kilogs	2 à 2,5	3 à 3,5	4 à 4,5	5 à 5,5	6 à 7,5	8 à 9,5	10 à 11,5	12 à 13,5
La pièce	6.30	7.20	8.10	9..	9.90	10.80	11.70	15.50

pour cloches, poids en kilogs	14 à 15,5	16 à 18	19 et 20	22 à 25	28 à 30	30 à 35	36 à 40	41 à 50
La pièce	15.30	17.10	18.90	21.60	25.80	30..	39.60	45..

6381 **Potences** fer forgé à scellement pour montures de cloche

pour cloches, poids en kilogs	2 à 3,5	4 à 5,5	6 à 7,5	8 à 9,5	10 à 11,5	12 à 14,5	15 à 18
La paire	3.60	6.75	8.10	9.90	12.60	16.20	21.60

Ces mêmes potences pour cloches d'un poids supérieur à 18 kilogs Le kilog 2.35

Sonnettes en tôle d'acier cuivrée pour troupeaux et bergeries

6382 **Sonnaillons** tyroliens forme ovale, unique, hauteur totale 50 m/m . . . Le cent 25..

6383 **Picons** forme droite bout ovale

Nos	1	2	3	4	5
Hauteur totale m/m	65	75	100	120	160
La pièce	0.40	0.50	0.75	1.35	2..

6384 **Clarins** forme droite bout rond

Nos	1	2	3	4	5	6
Hauteur totale m/m	95	115	125	140	160	175
La pièce	0.75	1..	1.35	2..	2.50	3.35

6385 **Redons** forme bombée, bout rond

Nos	1	2	3	4	5	6	7	8	9
Hauteur totale m/m	90	105	126	135	160	170	190	205	230
La pièce	0.75	1..	1.20	1.50	2.60	3.35	6..	6..	12..

Les sonnettes en tôle ne sont jamais disponibles sur place, l'expédition est faite directement de la fabrique qui est hors Paris

6386 **Sonnettes suisses** à boucle pour troupeaux et bergerie

Nos	9	10	11	12	13	14	15	16	18	20
Diamètre m/m	100	130	145	155	160	173	178	180	195	210

en métal de cloche fondu à ruban . . . . Cours variable . . . Le kilog 4..

6387 **Boucles** en cuivre pour colliers de sonnettes pour troupeaux

Largeur m/m	7	8	9	10	11	12	13	14	15	16	17	18	19
carrées façonnées La pièce	1.45	1.60	1.70	1.80	1.90	2..	2.15	2.35	2.45	2.65	2.70	2.80	3..

Sonnettes métal nickelé, pour tables ou églises

	Diamètre m/m	60	63	70	80
6388	Forme droite manche bois noir . . . . . . La pièce	.	1.25	.	.
6389	Forme tyrolienne " " . . . . "	1.25	.	1.80	2.25
6390	" " " cuivre nickelé . . . . "	1.35	.	1.90	.
6391	" " " métal à sujets divers . . . . . "	"	"	4.50	5..

Sonnettes forme cloche, timbre ou chinoise, pour table ou église

		Nos	1	2	3	4	5	6	7	8	9	10
		Diamètre m/m	48	50	52	56	60	66	69	72	76	82
6392	Métal poli	manche bois noir La pièce	0.60	0.70	0.80	0.95	1.15	1.35	1.70	2..	2.50	3.05
6393	" nickelé	" " " "	1..	1.10	1.20	1.35	1.55	1.95	2.25	2.60	3.45	3.85
6394	" décoré	" " " "	1..	1.10	1.20	1.35	1.60	1.80	2.30	2.65	3.25	4..
6395	" doré ou argenté	" " " "	1.35	1.45	1.60	1.75	2.30	2.50	2.85	3.25	4..	4.65
6396	" poli	manche cuivre poli "	1.55	1.70	1.65	1.90	1.95	2.25	2.55	2.80	3.10	3.65
6397	" nickelé	" " nickelé "	1.85	2.05	2.25	2.30	2.40	2.70	3..	3.35	3.65	4.20

6398 **Sonnettes** forme cloche, manche bois noir, virole cuivre

Nos	6	7	8	9	10	11	12	13	14	15	16	17	18	19	20
Diamètre m/m	73	75	84	91	96	102	109	114	119	125	140	143	148	155	166
métal poli La pce	2.45	2.80	3.15	3.70	4.35	4.90	5.60	6.30	7..	7.70	8.40	9.45	11.20	14..	18.20

Sonnettes fondues d'une seule pièce manche métal, dites tintenelles

		Nos	1	2	3	4	5
		Diamètre m/m	90	108	116	132	150
		Hauteur m/m	170	210	230	250	280
6399	Brutes	La pièce	4.90	6.96	7.35	9.10	12.95
6400	Tournées polies	"	7.70	8.75	10.60	12.95	16.10

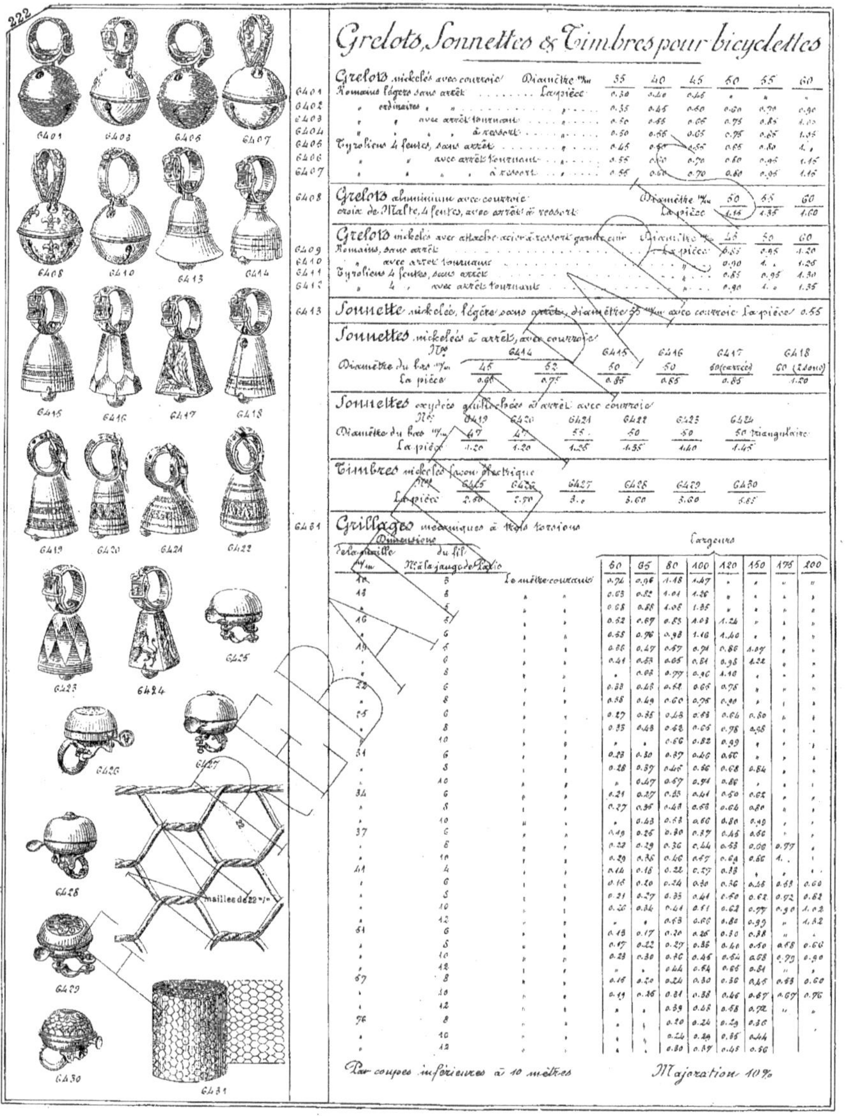

Grelots, Sonnettes & Timbres pour bicyclettes

Grelots nickelés avec courroie

		Diamètre m/m	35	40	45	50	55	60
6401	Romains légers sans arrêt	La pièce	0.30	0.40	0.45	"	"	"
6402	" ordinaires " "	"	0.35	0.45	0.50	0.60	0.70	0.90
6403	" " avec arrêt tournant	"	0.50	0.55	0.65	0.75	0.85	1.05
6404	" " " à ressort	"	0.50	0.55	0.65	0.75	0.85	1.05
6405	Tyroliens 4 fentes, sans arrêt	"	0.45	0.50	0.55	0.65	0.80	1. "
6406	" " avec arrêt tournant	"	0.55	0.60	0.70	0.80	0.95	1.15
6407	" " " à ressort	"	0.55	0.60	0.70	0.80	0.95	1.15

6408 **Grelots** aluminium avec courroie croix de Malte, 4 fentes, avec arrêt à ressort

Diamètre m/m	50	55	60
La pièce	1.15	1.35	1.60

Grelots nickelés avec attache acier à ressort garde cuir

		Diamètre m/m	45	50	60
6409	Romains, sans arrêt	La pièce	0.85	0.95	1.20
6410	" avec arrêt tournant	"	0.90	1. "	1.25
6411	Tyroliens 4 fentes, sans arrêt	"	0.85	0.95	1.30
6412	" 4 " avec arrêt tournant	"	0.90	1. "	1.35

6413 **Sonnette** nickelée, légère sans arrêt, diamètre 55 m/m avec courroie La pièce 0.55

Sonnettes nickelées à arrêt, avec courroie

Nos	6414	6414	6415	6416	6417	6418
Diamètre du bas m/m	45	52	50	50	60 (carrée)	60 (2 sons)
La pièce	0.65	0.75	0.85	0.85	0.85	1.20

Sonnettes oxydées guillochées à arrêt avec courroie

Nos	6419	6420	6421	6422	6423	6424
Diamètre du bas m/m	47	47	55	50	50	50 triangulaire
La pièce	1.20	1.20	1.25	1.35	1.40	1.45

Timbres nickelés façon électrique

Nos	6425	6426	6427	6428	6429	6430
La pièce	2.60	2.90	3. "	3.60	3.60	5.85

6431 **Grillages** mécaniques à trois torsions

Dimensions de la maille m/m	Dimensions du fil N° à la jauge de Paris		Largeurs 50	65	80	100	120	150	175	200
10	3	Le mètre courant	0.74	0.96	1.18	1.47	"	"	"	"
13	3	"	0.63	0.82	1.01	1.26	"	"	"	"
"	5	"	0.68	0.88	1.08	1.35	"	"	"	"
16	5	"	0.52	0.67	0.83	1.03	1.24	"	"	"
"	6	"	0.55	0.76	0.93	1.16	1.40	"	"	"
19	5	"	0.36	0.47	0.57	0.71	0.86	1.07	"	"
"	6	"	0.41	0.53	0.65	0.81	0.98	1.22	"	"
"	8	"	"	0.63	0.77	0.96	1.10	"	"	"
22	6	"	0.33	0.43	0.52	0.65	0.75	"	"	"
"	8	"	0.38	0.49	0.60	0.75	0.90	"	"	"
25	6	"	0.27	0.35	0.43	0.53	0.64	0.80	"	"
"	8	"	0.33	0.43	0.53	0.66	0.78	0.98	"	"
"	10	"	"	"	0.66	0.82	0.99	"	"	"
31	6	"	0.23	0.30	0.37	0.46	0.56	"	"	"
"	8	"	0.28	0.37	0.45	0.56	0.68	0.84	"	"
"	10	"	"	0.47	0.57	0.71	0.86	"	"	"
34	6	"	0.21	0.27	0.33	0.41	0.50	0.62	"	"
"	8	"	0.27	0.35	0.43	0.53	0.64	0.80	"	"
"	10	"	"	0.43	0.53	0.66	0.80	0.99	"	"
37	6	"	0.19	0.25	0.30	0.37	0.45	0.56	"	"
"	8	"	0.22	0.29	0.36	0.44	0.53	0.66	0.77	"
"	10	"	0.29	0.36	0.46	0.57	0.64	0.86	1. "	"
41	4	"	0.14	0.16	0.22	0.27	0.33	"	"	"
"	6	"	0.15	0.20	0.24	0.30	0.36	0.45	0.53	0.60
"	8	"	0.21	0.27	0.33	0.41	0.50	0.62	0.72	0.82
"	10	"	0.26	0.34	0.41	0.51	0.62	0.77	0.90	1.02
"	12	"	"	"	0.53	0.66	0.80	0.99	"	1.32
51	6	"	0.13	0.17	0.20	0.26	0.30	0.38	"	"
"	8	"	0.17	0.22	0.27	0.35	0.40	0.50	0.58	0.66
"	10	"	0.23	0.30	0.36	0.45	0.54	0.68	0.79	0.90
"	12	"	"	"	0.44	0.54	0.65	0.81	"	"
67	8	"	0.16	0.20	0.24	0.30	0.36	0.45	0.53	0.60
"	10	"	0.19	0.26	0.31	0.38	0.46	0.57	0.67	0.76
"	12	"	"	"	0.39	0.48	0.58	0.72	"	"
76	8	"	"	"	0.20	0.24	0.29	0.36		
"	10	"	"	"	0.24	0.29	0.35	0.44		
"	12	"	"	"	0.30	0.37	0.45	0.56		

Par coupes inférieures à 10 mètres — Majoration 10%

6432 **Grillage dit Métal deployé** en tôle d'acier doux pour clotures, séparations, carcasse pour béton, plâtre ou ciment armé ; livré en feuilles mesurant 240 m/m de longueur et de 20 m/m ou 20 m/m de largeur jusqu'à 240 m/m

Largeur de la maille m/m	10	10	10	20	20	20	40	40	40
Épaisseur de la tôle m/m	0,6	1	1,5	1	1,5	3	1,5	3	3
Largeur de la lanière m/m	2,5	2,5	2,5	3	3	3	3	3	4,5
Poids approximatif du mètre carré kilogs	1,700	2,900	4,450	1,950	3. .	6.250	2. .	4.100	6.400
Le mètre carré	2.40	4. .	6.30	2.70	4.20	8.80	2.80	5.80	9. .

Largeur de la maille m/m	75	75	75	75	75	150	150	150
Épaisseur de la tôle m/m	3	3	3	4,5	4,5	3	3	4,5
Largeur de la lanière m/m	3	4,5	6	4,5	6	4	6	6
Poids approximatif du mètre carré kilogs	2,100	3,150	4,350	4,750	6,250	1,450	2. .	3,150
Le mètre carré	2.95	4.45	6.15	6.75	8.90	2. .	2.80	4.45

Les mailles se mesurent sur la largeur de la diagonale, côtés les plus rapprochés
Le métal déployé n'est pas disponible sur place, l'expédition est faite directement de la fabrique qui est hors Paris.

Câble lisse pour clotures, fil d'acier galvanisé sans picots

	Numéros des fils à la jauge de Paris	13	14	15	16
	Poids approximatif des mille mètres k.os	56	60	70	91
6433	à 2 fils — Les mille mètres	32. .	38. .	43. .	55. .
	Poids approximatif des mille mètres k.os	75	90	105	136
6434	à 3 fils — Les mille mètres	48.50	57. .	65. .	81.50

Ronces artificielles pour clotures, fils d'acier galvanisés à 2 fils et 2 picots

	Numéros de fils à la jauge de Paris	13	13½	14	14½	15	15½	16
	Poids approximatif des mille mètres k.os	56	62	67	73	81	90	99
6435	Picots espacés de 110 m/m Les cent mètres	3.60	3.90	4.25	4.50	4.95	5.40	6.10
	Poids approximatif des mille mètres k.os	61	67	72	78	88	99	110
6436	Picots espacés de 60 m/m Les cent mètres	4.10	4.45	4.75	5. .	5.75	6.25	7.20

Ces ronces sont livrées en bobines de 100 et 250 mètres

6437 **Ronces** artificielles pour clotures, fils d'acier galvanisés à 3 fils et 3 picots

N.os des fils à la jauge de Paris	12	13	14
Les cent mètres	6.50	7.35	8.40

Raidisseurs en fer, système Colliguon

	N.os	1	2	3	4	4½	5
	Dimensions intérieures m/m	62x27	73x29	84x32	95x38	113x44	180x50
	Tendant jusqu'au fil N.o	12	16	19	22	24	25
6438	Bruts .... Le cent	10. .	12. .	20. .	34.50	68. .	100. .
6439	Peints au minium .... "	11.25	13. .	21.60	37. .	84. .	120. .
6440	Galvanisés .... "	12. .	14.50	27.25	46. .	100. .	136. .
6441	Clés pour dito .... "	16. .	20. .	32. .	48. .	72. .	100. .

Par commande de 500 pièces prises en une seule fois Bonification 5%

6442 **Raidisseurs ou tendeurs** à mouvement automatique "Le Grip"

	livrés avec chaîne, pour fixer l'appareil au poteau N.os	1	1 bis	2	3	4
	Pour fils diamètre m/m	1 à 3	3 à 6	ronces 2 picots et fils 3 à 6	spécial pour ronces 3 à 3 picots	6 à 10
	Poids approximatif kilogs	2250	3,200	4,300	6	11
	La pièce	15. .	18.20	21. .	25.20	35. .
6443	Pinces supplémentaires pour éviter les traces des machoires sur les fils — La pièce	4. .	5. .	5. .	5. .	

Ces raidisseurs ne sont jamais disponibles sur place, l'expédition est faite directement de la fabrique qui est hors Paris

Gueules de loup pour cheminées

	Diamètre m/m	97	111	136	139	167	190	217	245	270	300
6444	Tôle forte noire — La pièce	5.30	5.55	5.95	6.30	8.05	9.85	12.20	14.60	16.20	22. .
6445	" " galvanisée "	6.20	6.55	7.25	7.60	9.80	11.65	15. .	17.25	21. .	26. .

Lanternes pour cheminées

	Diamètre m/m	97	104	111	125	139	146	167	190	217	246	270
6446	Tôle forte noire forme ordin.re p.ce	5.35	.	5.75	6.70	7.15	7.55	8.35	9.85	12.15	14.85	15.25
6447	" " galvanisée " "	6.45	.	7. .	7.90	8.45	9. .	10.40	11.70	13.85	16.35	17.70
6448	" " noire forme normande "	.	7.30	.	7.85	8.75	.	10.10	12.15	14.60	16.20	19.70
6449	" " galvanisée " "	.	8.65	.	9.45	10.40	.	12.15	14.05	17.55	19.65	23.60

6432

6433

6434

6435

6437

6440

6441

6442

6444 6446 6448

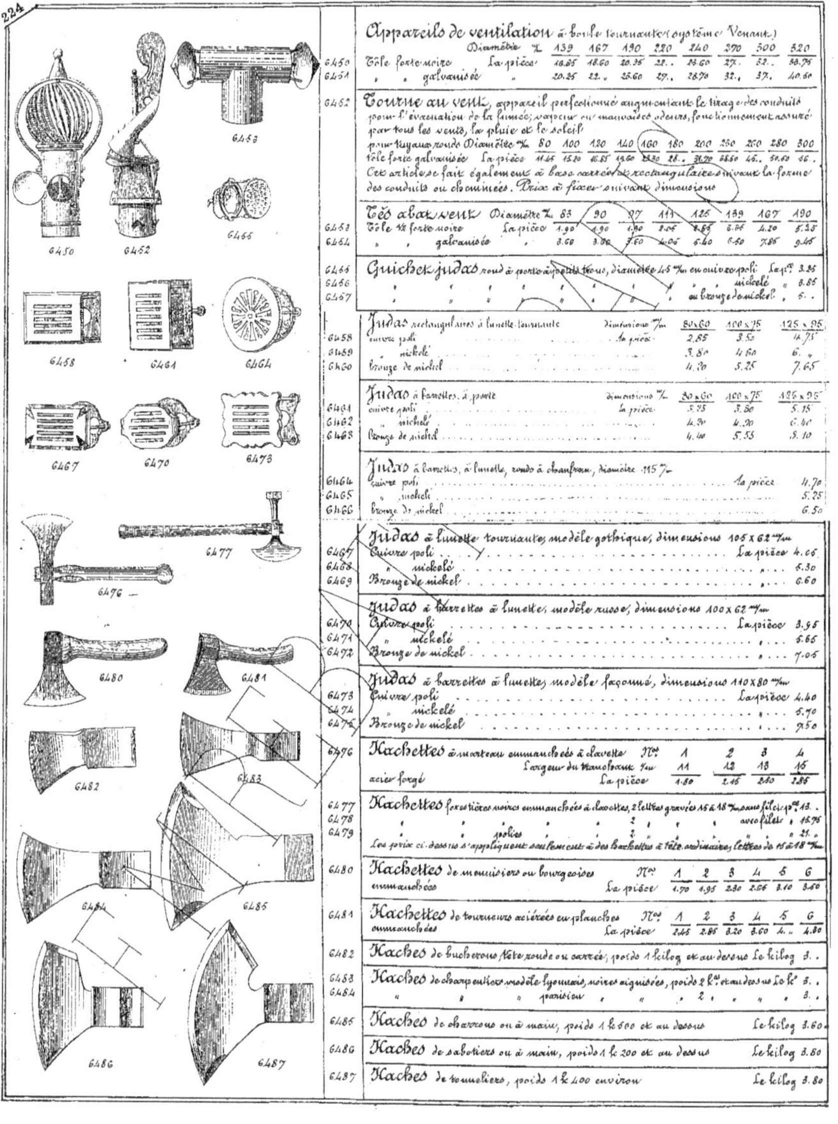

Appareils de ventilation à boule tournante (système Venant.)

		Diamètre m/m	139	167	190	220	240	270	300	320
6450	Tôle forte noire	La pièce	16.85	18.60	20.35	22..	23.60	27.	32..	33.75
6451	" " galvanisée	"	20.25	22..	25.60	27..	28.70	32..	37.	40.60

6452 **Tourne au vent**, appareil perfectionné augmentant le tirage des conduits pour l'évacuation de la fumée, vapeur ou mauvaises odeurs, fonctionnement assuré par tous les vents, la pluie et le soleil

	Diamètre m/m	80	100	120	140	160	180	200	230	260	280	300
pour tuyaux ronds												
Tôle forte galvanisée	La pièce	11.45	15.20	16.85	19.60	18.30	28..	31.70	38.50	46..	50.60	56..

Cet article se fait également à base carrée ou rectangulaire suivant la forme des conduits ou cheminées. Prix à fixer suivant dimensions

Tés abat-vent

		Diamètre m/m	83	90	97	111	125	139	167	190
6453	Tôle 1/2 forte noire	La pièce	1.90	1.90	1.90	2.05	2.65	3.35	4.20	5.25
6454	" " galvanisée	"	3.60	3.60	3.60	4.05	5.40	6.50	7.85	9.45

6455 **Guichet judas** rond à porte à petits trous, diamètre 45 m/m en cuivre poli La pce 3.25
6456 " " " " " " " " nickelé " 3.85
6457 " " " " " " " " en bronze de nickel " 5..

Judas rectangulaires à lunette tournante

		Dimensions m/m	80x60	100x75	125x95
6458	cuivre poli	La pièce	2.85	3.50	4.75
6459	" nickelé		3.80	4.60	6..
6460	bronze de nickel		4.20	5.25	7.65

Judas à barrettes, à porte

		Dimensions m/m	80x60	100x75	125x95
6461	cuivre poli	La pièce	3.25	3.80	5.15
6462	" nickelé		4.30	4.70	6.40
6463	bronze de nickel		4.40	5.55	8.10

Judas à barrettes, à lunette, ronds à chanfrein, diamètre 115 m/m
6464 cuivre poli . . . . La pièce 4.70
6465 " nickelé 5.25
6466 bronze de nickel 6.50

Judas à lunette tournante, modèle gothique, dimensions 105 x 62 m/m
6467 Cuivre poli . . . . La pièce 4.05
6468 " nickelé 5.30
6469 Bronze de nickel 6.60

Judas à barrettes à lunette, modèle russe, dimensions 100 x 62 m/m
6470 Cuivre poli . . . . La pièce 3.95
6471 " nickelé 5.65
6472 Bronze de nickel 7.05

Judas à barrettes à lunettes, modèle façonné, dimensions 110 x 80 m/m
6473 Cuivre poli . . . . La pièce 4.40
6474 " nickelé 5.70
6475 Bronze de nickel 7.50

6476 **Hachettes** à marteau emmanchées à clavette

	Nos	1	2	3	4
	Largeur du tranchant m/m	11	12	13	15
acier forgé	La pièce	1.80	2.15	2.50	2.85

6477 **Hachettes** forestières noires emmanchées à clavettes, 2 lettres gravées 15 à 18 m/m sans filets pce 13..
6478 " " " " " 2 " " " avec filets " 15.75
6479 " " polies " " 2 " " " " " 21..
Les prix ci-dessus s'appliquent seulement à des hachettes à tête ordinaire, lettres de 15 à 18 m/m

6480 **Hachettes** de menuisiers ou bourgeoises emmanchées

	Nos	1	2	3	4	5	6
	La pièce	1.70	1.95	2.30	2.66	3.10	3.60

6481 **Hachettes** de tourneurs aciérées en planches emmanchées

	Nos	1	2	3	4	5	6
	La pièce	2.45	2.85	3.20	3.60	4..	4.80

6482 **Haches** de bûcherons, tête ronde ou carrée, poids 1 kilog et au dessus Le kilog 3..

6483 **Haches** de charpentiers modèle lyonnais, noires aiguisées, poids 2 kos et au dessus Le ko 3..
6484 " " " parisien " " " 2 " " " " 3..

6485 **Haches** de charrons ou à main, poids 1 k 500 et au dessous Le kilog 3.60

6486 **Haches** de sabotiers ou à main, poids 1 k 200 et au dessus Le kilog 3.50

6487 **Haches** de tonneliers, poids 1 k 400 environ Le kilog 3.80

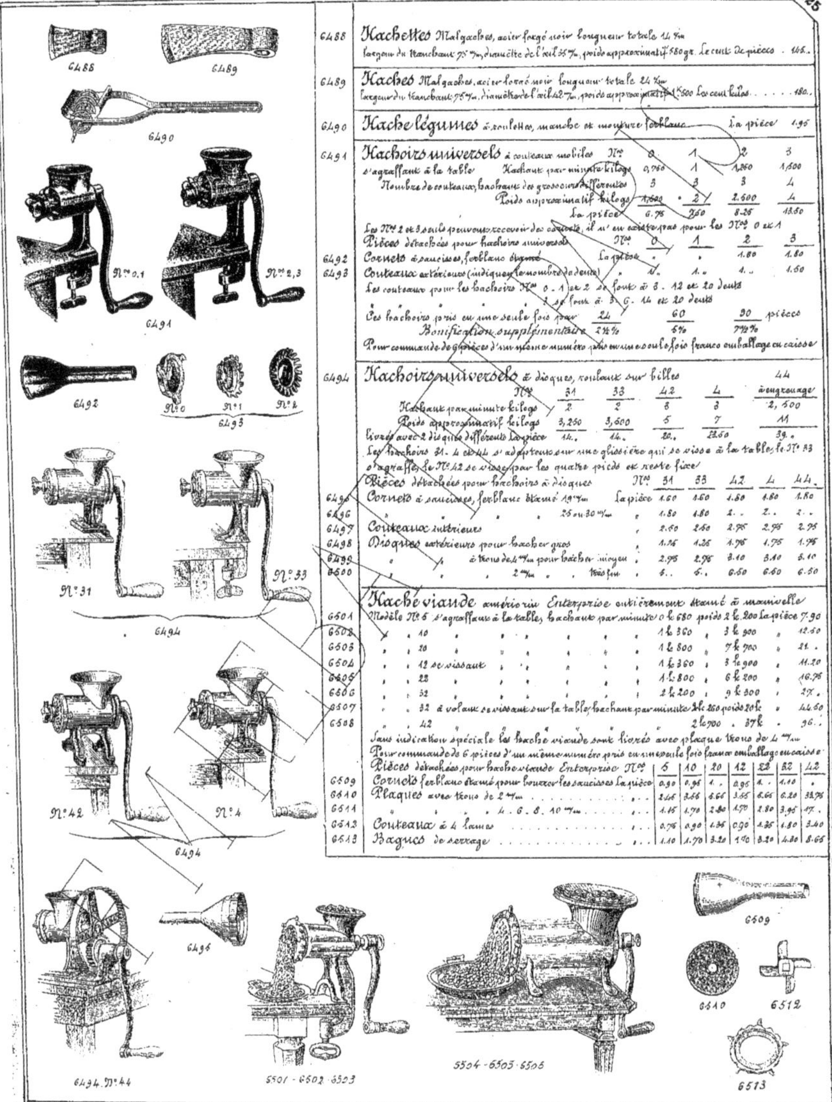

6488 **Hachettes** Malgaches, acier forgé noir longueur totale 14 c/m largeur du tranchant 75 m/m, diamètre de l'œil 35 m/m, poids approximatif 580 gr. Le cent de pièces . 145. .

6489 **Haches** Malgaches, acier forgé noir longueur totale 24 c/m largeur du tranchant 75 m/m, diamètre de l'œil 42 m/m, poids approximatif 1k500 Les cent kilos . . . . . 180. .

6490 **Hache légumes** à roulettes, manche et monture ferblanc La pièce 1.95

6491 **Hachoirs universels** à couteaux mobiles s'agraffant à la table

	N° 0	1	2	3
Hachant par minute kilogs	0,750	1	1,250	1,500
Nombre de couteaux, hachant des grosseurs différentes	3	3	3	4
Poids approximatif kilogs	1,600	2	2.500	4
La pièce	6.75	7.50	8.25	13.50

Les N°s 2 et 3 seuls peuvent recevoir des cornets, il n'en existe pas pour les N°s 0 et 1

	Pièces détachées pour hachoirs universels N°s	0	1	2	3
6492	Cornets à saucisses, ferblanc étamé La pièce	.	.	1.80	1.80
6493	Couteaux extérieurs (indiquer le nombre de dents)	1. .	1. .	1. .	1.50

Les couteaux pour les hachoirs N°s 0 - 1 et 2 se font à 3 . 12 et 20 dents
" " " " 3 se font à 3 . 6 . 14 et 20 dents

Ces hachoirs pris en une seule fois par	24	60	30 pièces
Bonification supplémentaire	2½%	5%	7½%

Pour commande de 6 pièces d'un même numéro pris en une seule fois franco emballage en caisse

6494 **Hachoirs universels** à disques, roulant sur billes

N°s	31	33	42	4	44 à engrenage
Hachant par minute kilogs	2	2	3	3	2,500
Poids approximatif kilogs	3,250	3,600	5	7	11
Livrés avec 2 disques différents La pièce	14. .	14. .	20. .	22.50	39. .

Les hachoirs 31 - 4 et 44 s'adaptent sur une glissière qui se visse à la table, le N° 33 s'agraffe, le N° 42 se visse par les quatre pieds et reste fixe

	Pièces détachées pour hachoirs à disques N°s	31	33	42	4	44.
6495	Cornets à saucisses, ferblanc étamé 19 m/m La pièce	1.60	1.60	1.80	1.80	1.80
6496	" " " 25 ou 30 m/m "	1.80	1.80	2. .	2. .	2. .
6497	Couteaux intérieurs "	2.50	2.50	2.75	2.75	2.75
6498	Disques extérieurs pour hacher gros "	1.25	1.25	1.75	1.75	1.75
6499	" " à trous de 4 m/m pour hacher moyen "	2.75	2.75	3.10	3.10	3.10
6500	" " 2 m/m " " très fin "	5. .	5. .	6.50	6.50	6.50

Hache viande américain Enterprise entièrement étamé à manivelle

		Hachant par minute	Poids	La pièce
6501	Modèle N° 5 s'agraffant à la table, hachant par minute	0 k 680	2 k. 200	7.90
6502	" " 10 " " "	1 k 360	3 k 900	12.50
6503	" " 20 " " "	1 k 800	7 k 700	21. .
6504	" " 12 se vissant " "	1 k 360	3 k 900	11.20
6505	" " 22 " " "	1 k 800	6 k 200	16.75
6506	" " 32 " " "	2 k 200	9 k 300	27. .
6507	" " 32 à volant se vissant sur la table, hachant par minute	3 k 260	20 k	44.50
6508	" " 42 " " "	2 k 700	37 k	96. .

Sans indication spéciale les hache viande sont livrés avec plaque trous de 4 m/m
Pour commande de 6 pièces d'un même numéro pris en une seule fois franco emballage en caisse

	Pièces détachées pour hache viande Enterprise N°s	5	10	20	12	22	32	42
6509	Cornets ferblanc étamé pour bourrer les saucisses La pièce	0.90	0.95	1. .	0.95	1. .	1.10	.
6510	Plaques avec trous de 2 m/m . . .	2.45	3.55	5.65	3.55	5.65	6.20	32.75
6511	" " " " 4 . 6 . 8 . 10 m/m . . .	1.15	1.70	2.80	1.70	2.80	3.95	17. .
6512	Couteaux à 4 lames . . .	0.75	0.90	1.35	0.90	1.35	1.80	3.40
6513	Bagues de serrage . . .	1.10	1.70	3.20	1.70	3.20	4.80	8.65

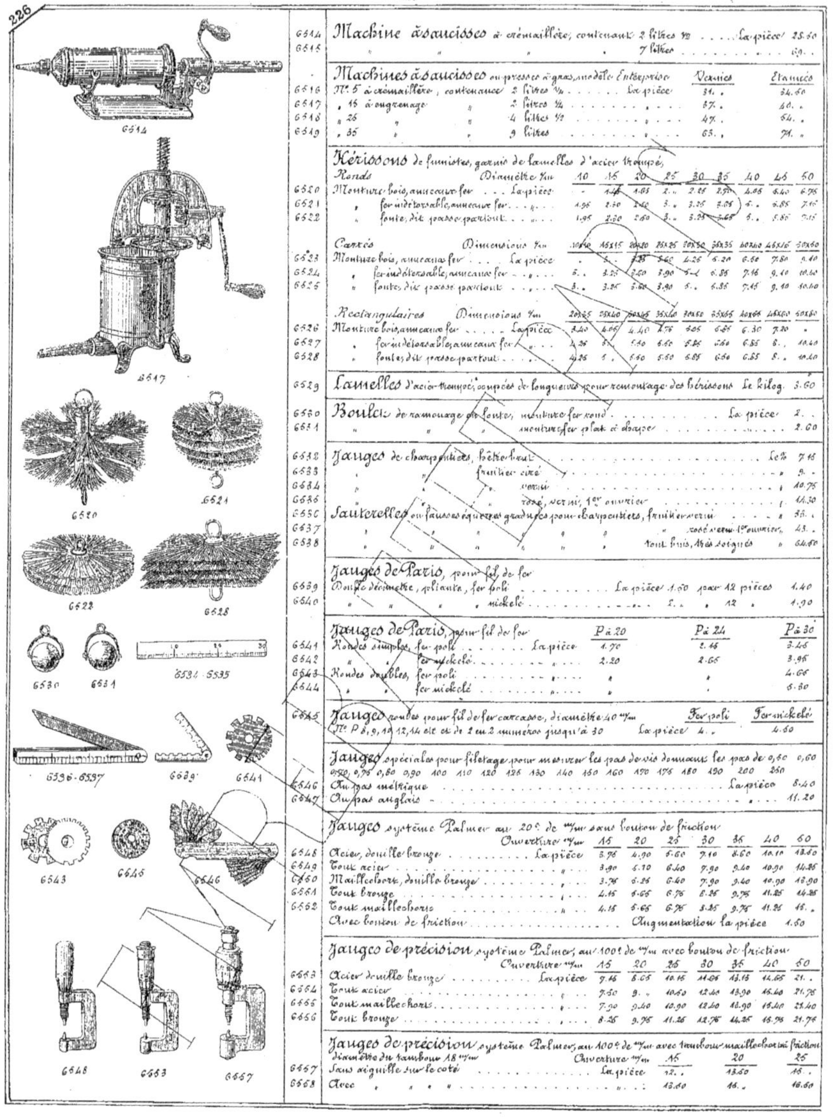

6514 **Machine à saucisses** à crémaillère, contenant 2 litres ½ . . . . La pièce 25.50
6515 " " " " 7 litres . . . . 69. .

Machines à saucisses ou presses à gras, modèle Entreprise

			Vernies	Étamées
6516	N° 5 à crémaillère, contenance 2 litres ¼	La pièce	31. .	34.50
6517	" 15 à engrenage " 2 litres ¼	"	37. .	40. .
6518	" 25 " " 4 litres ½	"	47. .	54. .
6519	" 35 " " 9 litres	"	63. .	71. .

Hérissons de fumistes, garnis de lamelles d'acier trempé,

	Ronds — Diamètre m/m		10	15	20	25	30	35	40	45	50
6520	Monture bois, anneaux fer	La pièce	-	1.45	1.65	2. .	2.25	2.50	4.05	5.40	6.75
6521	" fer indétorsable, anneaux fer	"	1.95	2.30	2.60	3. .	3.25	3.65	5. .	5.85	7.15
6522	" fonte, dit passe-partout	"	1.95	2.30	2.60	3. .	3.25	3.65	5. .	5.85	7.15

	Carrés — Dimensions m/m		10x10	15x15	20x20	25x25	30x30	35x35	40x40	45x45	50x50
6523	Monture bois, anneaux fer	La pièce	-	3. .	3.25	3.60	4.25	5.20	6.50	7.80	9.40
6524	" fer indétorsable, anneaux fer	"	3. .	3.25	3.60	3.90	5. .	5.85	7.15	9.10	10.40
6525	" fontes dit passe-partout	"	3. .	3.25	3.60	3.90	5. .	5.85	7.15	9.10	10.40

	Rectangulaires — Dimensions m/m		20x25	25x40	30x45	35x40	30x50	35x55	40x55	45x60	50x60
6526	Monture bois, anneaux fer	La pièce	3.40	4.05	4.40	4.75	5.05	5.85	6.30	7.20	"
6527	" fer indétorsable, anneaux fer	"	4.25	5. .	5.50	5.60	5.85	6.60	6.85	8. .	10.40
6528	" fontes dit passe-partout	"	4.25	5. .	5.50	5.60	5.85	6.50	6.55	8. .	10.40

6529 **Lamelles** d'acier trempé, coupées de longueurs pour remontage des hérissons Le kilog. 3.60

6530 **Boulet** de ramonage en fonte, monture fer rond . . . . La pièce 2. .
6531 " " " monture fer plat à chape 2.60

6532 **Jauges** de charpentiers, hêtre brut . . . . Le % 7.15
6533 " " fruitier ciré . . . . " 9. .
6534 " " " verni . . . . " 10.75
6535 " " " rosé, verni, 1er ouvrier . . . . " 14.30
6536 **Sauterelles** ou fausses équerres graduées pour charpentiers, fruitier verni . . . . " 35. .
6537 " " " " " " rosé verni 1er ouvrier " 43. .
6538 " " " " " " tout finis, très soignés " 64.50

Jauges de Paris, pour fil de fer
6539 Double décimètre, pliante, fer poli . . . . La pièce 1.50 par 12 pièces 1.40
6540 " " " nickelé . . . . 2. . " 12 " 1.90

Jauges de Paris, pour fil de fer

			P à 20	P à 24	P à 30
6541	Rondes simples, fer poli	La pièce	1.70	2.15	3.45
6542	" " fer nickelé	"	2.20	2.65	3.95
6543	Rondes doubles, fer poli	"	"	"	4.65
6544	" " fer nickelé	"	"	"	5.30

6545 **Jauges** rondes pour fil de fer carcasse, diamètre 40 m/m — Fer poli / Fer nickelé
N° P 8, 9, 10, 12, 14 etc et de 2 en 2 numéros jusqu'à 30 La pièce 4. . 4.50

Jauges spéciales pour filetage pour mesurer les pas de vis donnant les pas de 0,50 0,60 0,70, 0,75 0,80 0,90 100 110 120 125 130 140 150 160 170 175 180 190 200 250
6546 Au pas métrique . . . . La pièce 8.40
6547 Au pas anglais . . . . " 11.20

Jauges système Palmer au 20e de m/m sans bouton de friction

	Ouverture m/m		15	20	25	30	35	40	50
6548	Acier, douille bronze	La pièce	3.75	4.90	5.60	7.10	8.60	10.10	13.50
6549	Tout acier	"	3.90	5.10	6.40	7.90	9.40	10.90	14.25
6550	Maillechort, douille bronze	"	3.75	5.25	6.40	7.90	9.40	10.90	13.90
6551	Tout bronze	"	4.15	5.65	6.75	8.25	9.75	11.25	14.25
6552	Tout maillechort	"	4.15	5.65	6.75	8.25	9.75	11.25	15. .
	Avec bouton de friction	Augmentation la pièce	1.50						

Jauges de précision système Palmer, au 100e de m/m avec bouton de friction

	Ouverture m/m		15	20	25	30	35	40	50
6553	Acier douille bronze	La pièce	7.15	8.65	10.15	11.65	13.15	14.65	21. .
6554	Tout acier	"	7.50	9. .	10.50	12.40	13.90	15.40	21.75
6555	Tout maillechort	"	7.90	9.40	10.90	12.40	13.90	15.40	21.40
6556	Tout bronze	"	8.25	9.75	11.25	12.75	14.25	15.75	21.75

Jauges de précision système Palmer, au 100e de m/m avec tambour maillechort à friction diamètre du tambour 18 m/m

	Ouverture m/m		15	20	25
6557	Sans aiguille sur le coté	La pièce	12. .	13.50	15. .
6558	Avec " " "	"	13.60	15. .	16.60

Modèle.A — Modèle.B — Modèle.C — Modèle.D — Modèle.E — Modèle.F

6559 à 6564

6566

6568

6572 — 6576 — 6580 — 6581 — 6590 — 6594

Jetons métalliques estampés pour usines, ateliers, restaurants, contrôles, etc. ronds, carrés, ovales, à pans ou autres formes, unis ou à festons

		Diamètre m/m	19	21	23	25	27	30	32	35	36
6559	Zinc clair	Le mille	23..	24..	30..	40..	46..	56..	60..	65.	72..
6560	„ nickelé	„	28..	30..	36..	46..	52..	60..	70..	90..	100..
6561	Cuivre jaune	„	32..	36..	42..	50..	60..	72..	84..	100..	120..
6562	„ rouge	„	37.	41..	46..	58..	69..	83..	96..	117..	135..
6563	Maillechort	„	50..	60..	70..	100..	160.	200..	260..	370..	400..
6564	Aluminium	„	50..	60..	70..	80..	92..	106..	120..	134..	140..
6565	Matrices acier trempé pour d°	La pièce	10..	10..	10..	10..	14..	16..	20..	20..	22..

Les jetons ne portant que des chiffres : Sans frais de matrice quelle que soit la quantité.
Les jetons portant une inscription d'un seul côté : Sans frais de matrice pour 1000 pièces, pour moins d'un mille, ajouter le prix de la matrice du diamètre correspondant.
Les jetons portant une inscription de chaque côté : Sans frais de matrice pour 5000 pièces pour moins de cinq mille, ajouter le prix des deux matrices du diamètre correspondant.

Jonc brut pour déboucher les tuyaux d'évier, diamètre 9 à 12 m/m

6566	Longueur 3 mètres à 4 mètres 50 qualité ordinaire	Le kilog	2.50
6567	„ „ „ „ „ première qualité	„	4.75

6568	**Jonc** en écorces ou rotin filé pour anses de bouillottes, bottes de 1/2 kilog, qualité ord^re	Le k°	7.50
6569	„ „ „ „ „ „ „ „ „ „ „ „ 1re qualité	„	9..

6570	**Jonc** ou rotin filé pour cannage de chaises, deuxième qualité	Le kilog	10..
6571	„ „ „ „ „ „ „ première qualité	„	12..

Jumelles & Longues vues

Jumelles de théâtre, recouvertes maroquin noir, avec étui maroquin souple

		Diamètre de l'objectif m/m	20	25	28	34	38	43
6572	Marquise 1re qualité, monture cuivre verni	La pièce	14.30	14.75	15.50	16.50	16.50	22..
6573	„ 1re „ „ nickelée ou dorée	„	16..	18.45	19.20	20.20	22.50	25.70
6574	„ 1re „ „ aluminium verni	„	18.60	19..	20..	22..	25..	29..
6575	„ 1re „ „ „ tout poli	„	22.80	23.30	24.30	26.30	29.30	33.30
6576	Duchesse 1re „ „ cuivre verni	„	13..	13.20	14..	15..	17..	20.40
6577	„ 1re „ „ nickelée ou dorée	„	16.70	16.90	17.70	18.70	20.70	24.10
6578	„ 1re „ „ aluminium verni	„	17..	17.50	18.50	20.40	23.20	27.50
6579	„ 1re „ „ „ tout poli	„	21.80	21.80	22.80	24.70	27.50	31.80
	Augmentation pour maroquin couleur	„	0.70	0.70	0.70	0.70	0.70	0.70
	„ „ cuir mat gazelle	„	2.16	2.16	2.15	2.15	3.35	3.60
	„ „ peau de crocodille	„	4.65	4.65	4.65	4.65	5.35	6.50

Jumelles de théâtre, nacre, avec étui maroquin souple

		Diamètre de l'objectif m/m	20	25	29	34	38
6580	Nacre blanche monture cuivre	La pièce	26..	28..	30..	33.50	39.50
6581	„ „ avec coulants nacre „ „	„	32.50	34.50	36.50	40.50	47.50
6582	„ deux couleurs, blanche et noire „ „	„	27..	29..	31..	35..	40.50
6583	„ „ „ avec coulants nacre „ „	„	34..	36..	38..	43..	49..
6584	Qualité extra, nacre blanche monture dorée	„	33.50	36.75	39..	42..	49..
6585	„ „ „ „ coulants nacre „ „	„	40..	42.25	45.50	49..	57..
6586	„ „ nacre deux couleurs, blanche et noire „ „	„	34.50	36.75	40..	43..	50..
6587	„ „ „ „ „ coulants nacre „ „	„	41.50	43.75	47..	51..	59..
6588	„ „ ivoire, monture cuivre	„	44.25	45.75	47.25	50..	54.50
6589	„ „ écaille „	„	44.25	45.75	47.25	50..	54.50

Jumelles marines, forme haute recouvertes maroquin, étui dur à courroies

		Diamètre de l'objectif m/m	34	38	43	47	54	58	63
6590	Première qualité, monture cuivre verni	La pièce	23.50	26..	27..	30..	34..	37..	46..
6591	„ „ „ „ nickelé	„	28..	29.70	31.50	34.50	38.50	41.50	50.50
6592	Qualité supérieure „ „ verni	„	32..	37..	42..	45..	49.50	52..	62..
6593	„ „ „ „ nickelé	„	36.50	41.50	46.50	49.50	54..	56.50	66.50
6594	Qualité extra „ „ verni	„	35.50	44..	50..	65..	57..	60..	71.50
6595	„ „ „ „ nickelé	„	43..	48.50	54.50	57.50	61.50	64.50	76.50
6596	„ „ „ aluminium verni	„	46.50	52.50	60..	64..	71.50	76..	90..
6597	„ „ „ „ tout poli	„	50.50	57.50	68..	69..	76.50	81..	95..

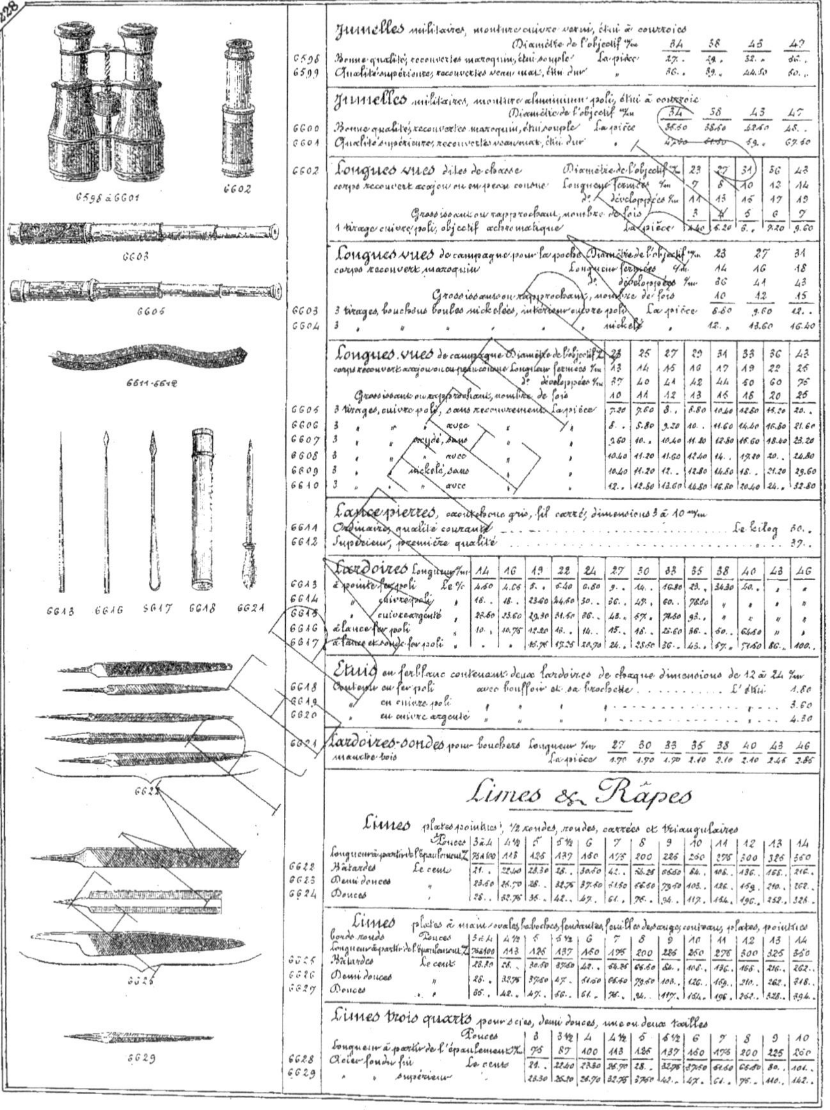

Jumelles militaires, monture cuivre verni, étui à courroies

		Diamètre de l'objectif m/m	34	38	43	47
6598	Bonne qualité, recouvertes maroquin, étui souple	La pièce	27.	29.	32.	36.
6599	Qualité supérieure, recouvertes veau mat, étui dur	»	36.	39.	44.50	50.

Jumelles militaires, monture aluminium poli, étui à courroie

		Diamètre de l'objectif m/m	34	38	43	47
6600	Bonne qualité, recouvertes maroquin, étui souple	La pièce	35.50	38.50	42.50	48.
6601	Qualité supérieure, recouvertes veau mat, étui dur	»	47.50	51.50	59.	67.50

Longues vues dites de chasse

6602						
	corps recouvert acajou ou en peau connue	Diamètre de l'objectif m/m	23	27	31	36	43
		Longueur fermées m/m	7	8	10	12	14
		d° développées m/m	11	13	15	17	19
		Grossissant ou rapprochant, nombre de fois	3	4	5	6	7
	1 tirage cuivre poli, objectif achromatique	La pièce	5.40	6.20	6.	7.20	9.60

Longues vues de campagne pour la poche

	corps recouvert maroquin	Diamètre de l'objectif m/m	23	27	31
		Longueur fermées m/m	14	16	18
		d° développées m/m	36	41	43
		Grossissant ou rapprochant, nombre de fois	10	12	15
6603	3 tirages, bouchons boules nickelées, intérieur cuivre poli	La pièce	6.60	9.60	12.
6604	3 » » » » » » nickelé	»	12.	13.60	16.40

Longues vues de campagne

	corps recouvert acajou ou en peau connue	Diamètre de l'objectif m/m	23	25	27	29	31	33	36	43
		Longueur fermées m/m	13	14	15	16	17	19	22	25
		d° développées m/m	37	40	41	42	44	50	60	75
		Grossissant ou rapprochant, nombre de fois	10	11	12	13	15	18	20	25
6605	3 tirages, cuivre poli, sans recouvrement	La pièce	7.20	7.60	8.	8.80	10.40	12.80	15.20	20.
6606	3 » » avec	»	8.	8.80	9.20	10.	11.60	14.40	16.80	21.60
6607	3 » oxydé, sans	»	9.60	10.	10.40	11.20	12.80	15.60	18.40	23.20
6608	3 » » avec	»	10.40	11.20	11.60	12.40	14.	17.20	20.	24.80
6609	3 » nickelé, sans	»	10.40	11.20	12.	12.80	14.80	18.	21.20	29.60
6610	3 » » avec	»	12.	12.80	13.60	14.80	16.80	20.40	24.	32.80

Lance-pierres, caoutchouc gris, fil carré, dimensions 3 à 10 m/m

6611 Ordinaire, qualité courante . . . . Le kilog 30.

6612 Supérieur, première qualité . . . . 37.

Lardoires

		Longueur m/m	14	16	19	22	24	27	30	33	35	38	40	43	46
6613	à pointe fer poli	Le %	4.50	4.05	5.	6.40	6.80	9.	14.	16.80	23.	34.30	40.	»	»
6614	» cuivre poli	»	16.	18.	23.60	24.60	30.	36.	47.	60.	78.50	»	»	»	»
6615	» cuivre argenté	»	22.60	23.60	29.30	31.50	36.	43.	57.	74.50	93.	»	»	»	»
6616	à lance fer poli	»	10.	10.75	12.20	13.	14.	15.	18.	25.60	36.	50.	64.50	»	»
6617	à lance et ronde fer poli	»	»	»	15.75	17.25	20.70	24.	28.50	36.	43.	57.	71.50	86.	100.

Étuis en ferblanc contenant deux lardoires de chaque dimensions de 12 à 24 m/m

6618 Contenu en fer poli avec bouffoir et sa brochette . . . . L'étui 1.80

6619 » en cuivre poli » » » » 3.60

6620 » en cuivre argenté » » » » 4.30

Lardoires-sondes pour bouchers

		Longueur m/m	27	30	33	35	38	40	43	46
6621	manche bois	La pièce	1.70	1.90	1.70	2.10	2.10	2.10	2.45	2.85

Limes & Râpes

Limes plates pointues, 1/2 rondes, rondes, carrées et triangulaires

		Pouces	3 à 4	4 ½	5	5 ½	6	7	8	9	10	11	12	13	14
	Longueur à partir de l'épaulement m/m		75 à 100	113	125	137	150	175	200	225	250	275	300	325	350
6622	Bâtardes	Le cent	21.	22.40	23.30	28.	30.50	42.	56.25	66.50	84.	105.	136.	168.	216.
6623	Demi douces	»	23.50	26.70	28.	32.75	37.50	51.50	65.50	79.50	103.	126.	159.	210.	262.
6624	Douces	»	28.	32.75	35.	42.	47.	61.	75.	94.	117.	154.	196.	252.	328.

Limes plates à main, ovales, laboches, fendantes, feuilles de sauge, couteaux, plates, pointues bords ronds

		Pouces	3 à 4	4 ½	5	5 ½	6	7	8	9	10	11	12	13	14
	Longueur à partir de l'épaulement m/m		75 à 100	113	125	137	150	175	200	225	250	275	300	325	350
6625	Bâtardes	Le cent	23.30	28.	30.50	37.50	42.	54.25	65.50	84.	105.	136.	168.	216.	262.
6626	Demi douces	»	28.	32.75	37.50	47.	51.50	65.50	79.50	103.	126.	159.	210.	262.	318.
6627	Douces	»	35.	42.	47.	56.	61.	75.	94.	117.	154.	196.	262.	328.	394.

Limes trois quarts pour scies, demi douces, une ou deux tailles

		Pouces	3	3 ½	4	4 ½	5	5 ½	6	7	8	9	10
	Longueur à partir de l'épaulement m/m		75	87	100	113	125	137	150	175	200	225	250
6628	Acier fondu fin	Le cent	21.	22.40	23.30	26.70	28.	32.75	37.50	51.50	65.50	80.	101.
6629	» » supérieur	»	23.30	25.70	26.70	32.75	37.50	42.	47.	61.	75.	110.	142.

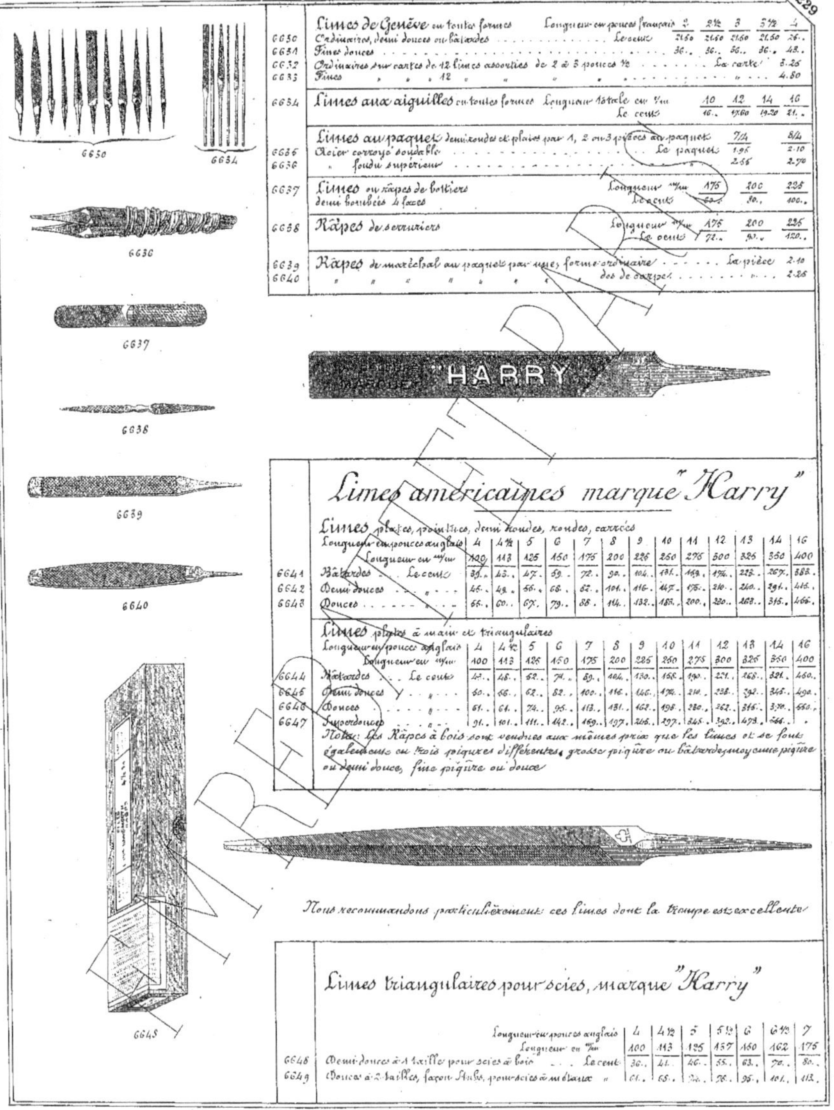

6650 — 6634 — 6636 — 6637 — 6638 — 6639 — 6640 — 6645

Limes de Genève en toutes formes

		Longueur en pouces français	2	2½	3	3½	4
6630	Ordinaires, demi douces ou bâtardes	Le cent	21.50	21.50	21.50	21.50	26..
6631	Fines douces		36..	36..	36..	36..	43..

6632 Ordinaires sur cartes de 12 limes assorties de 2 à 3 pouces ½ . . . . La carte 3.25

6633 Fines " " " 12 " " " " . . . . " . . . 4.80

Limes aux aiguilles en toutes formes

	Longueur totale en m/m	10	12	14	16
6634	Le cent	16..	17.60	19.20	21..

Limes au paquet demi rondes et plates par 1, 2 ou 3 pièces au paquet

			7/4	8/4
6635	Acier corroyé soudable	Le paquet	1.95	2.10
6636	" fondu supérieur		2.55	2.70

Limes ou râpes de boîtiers demi bombées 4 faces

	Longueur m/m	175	200	225
6637	Le cent	[illegible]	80.,	100..

Râpes de serruriers

	Longueur m/m	175	200	225
6638	Le cent	72..	90..	120..

Râpes de maréchal au paquet par unes

6639 forme ordinaire . . . . . . La pièce 2.10

6640 " " " " " " " dos de carpe . . . . " . . . 2.25

Limes américaines marque "Harry"

Limes plates, pointues, demi rondes, rondes, carrées

	Longueur en pouces anglais	4	4½	5	6	7	8	9	10	11	12	13	14	16
	Longueur en m/m	100	113	125	150	175	200	225	250	275	300	325	350	400
6641	Bâtardes . . . Le cent	39..	43..	47..	59..	72..	90..	104..	131..	159..	194..	223..	267..	383..
6642	Demi douces . . . "	46..	49..	56..	66..	82..	101..	116..	147..	175..	210..	240..	291..	416..
6643	Douces . . . "	55..	60..	67..	79..	88..	114..	132..	183..	200..	230..	268..	315..	466..

Limes plates à main et triangulaires

	Longueur en pouces anglais	4	4½	5	6	7	8	9	10	11	12	13	14	16
	Longueur en m/m	100	113	125	150	175	200	225	250	275	300	325	350	400
6644	Bâtardes . . . Le cent	43..	48..	62..	74..	89..	104..	130..	158..	190..	221..	268..	321..	460..
6645	Demi douces . . . "	50..	56..	62..	82..	100..	116..	146..	174..	210..	238..	292..	345..	490..
6646	Douces . . . "	61..	64..	74..	95..	113..	131..	162..	198..	230..	262..	316..	370..	550..
6647	Superdouces . . . "	91..	101..	111..	142..	169..	197..	246..	297..	345..	392..	473..	566..	

Nota: Les Râpes à bois sont vendues aux mêmes prix que les limes et se font également en trois piqûres différentes, grosse piqûre ou bâtarde, moyenne piqûre ou demi douce, fine piqûre ou douce

Nous recommandons particulièrement ces limes dont la trempe est excellente

Limes triangulaires pour scies, marque "Harry"

		Longueur en pouces anglais	4	4½	5	5½	6	6½	7
		Longueur en m/m	100	113	125	137	150	162	175
6648	Demi douces à 1 taille pour scies à bois	Le cent	36..	41.	46..	55..	63..	70..	80..
6649	Douces à 2 tailles, façon Stubs, pour scies à métaux	"	61..	65..	[illegible]	76..	95..	101..	113..

Loqueteaux de meubles et bâtiment

Loqueteaux d'armoire à anneau

platine carrée

		N° 1	3	6	7
	Dimensions m/m	80×20	90×27	95×30	110×20
6650	Fer noir, avec mentonnet . . . Le cent	32.	42.60	57.	
6651	Fer bronzé	39.	46.60	64.60	
6652	Cuivre poli	71.	90.	116.	129.
6653	Cuivre nickelé	103.	129.	165.	167.

Loqueteaux d'armoire à anneau

platine découpée

		N° 2	4
	Dimensions m/m	90×20	105×27
6654	Fer noir, avec mentonnet . . . Le cent	35.	46.
6655	Fer bronzé	41.	49.
6656	Cuivre poli	77.	97.
6657	Cuivre nickelé	110.	135.

Loqueteaux cuivre pour bureaux et commodes à écrire

	Largeur m/m	11	16	18	20	26
6658	à paillettes ordinaires, bouton rond . . . Le cent	46.	46.	60.	60.	78.60
6659	″ ″ ″ ovale	53.	53.			
6660	″ polis ″ rond	78.60	78.60	78.60	78.60	93.
6661	″ ″ ″ ovale	66.	66.			
6662	à bascule, ordinaires ″ ″		71.60			
6663	″ ½ renforcés ″ ″		93.			
6664	″ renforcés ″ ″	107.	107.			

Loqueteaux pour fauteuils de coiffeurs

6665	Cuivre 85×20 m/m, œil sans crémaillère	La pièce	1.10
6666	″ ″ avec sa crémaillère 100×18 m/m	″	1.60

Loqueteaux de guéridon ronds, cuivre fondu

6667 — 3 pattes, bouton dessus avec gâche

Largeur m/m	35	40	45	50	55
Le cent	32.75	43.75	56.25	65.	75.

Loqueteaux de table de nuit

6668	bouton ordinaire, tige à vis, noyer, chêne, acajou ou merisier Le %	37.
6669	″ ″ ″ noirs bouton 2 pièces ″	78.60
6670	″ ″ ″ blanchis ″ ″	93.
6671	″ ″ ″ ″ renforcés Brevetés ″	121.60

Loqueteaux de table à colonne, double effet, queue fer, avec gâche

6672	queue fer, avec gâche	Le cent	60.
6673	″ ″ ″ ″ d'angle Brevetés, avec gâche	″	50.

Loqueteaux va et vient avec gâches

	N°s	00	0	1	1 bis	2	3	4
	Dimensions m/m	55×14	65×10	65×16	78×18	88×20	116×27	160×35
6674	Palastre fer blanchi . . . Le cent		13.	13.	26.	38.60	61.60	129.
6675	″ cuivre	16.60	26.	16.60	22.	51.60	77.	186.
6676	″ ″ nickelé		46.	32.	68.	108.	161.	290.

Ces loqueteaux ou N°s 00 0 — 1 — 1 bis — 2 — 3 4
s'emploient habituellement pour : cartons — tables de nuit — placards — armoires — portes

Loqueteaux va et vient, droite et gauche, cuivre fondu pour portes de devantures

6677	Platine rectangulaire, dimensions m/m	50×36	La pièce	2.25
6678	″ à chapeau ″ ″	50×47	″	2.60

Loqueteaux de caissons de devantures (Ne se livrent que par paquets de 12 garnitures)

6679 — fer à entailler, canon cuivre, clé forée

Largeur m/m	70	80
La paire	1.50	1.60

Loqueteaux à douille cuivre fondu

	N°s	0	1	2	3	4	5
	Largeur m/m	32	38	42	46	53	58
6680	Sans équerres, à œil sans gâche Le cent	32.	36.60	41.	60.60	69.60	69.
6681	″ ″ à boule au bout ″ ″	33.	36.60	41.	60.60	69.60	69.
6682	″ ″ boule dessus ″ ″	36.60	42.60	49.	69.60	69.	78.
6683	Avec équerres, à œil ″ ″	35.60	39.	48.	58.60	69.	80.
6684	″ ″ à boule au bout ″ ″	36.60	39.	48.	58.60	69.	80.
6685	″ ″ boule dessus ″ ″	38.	45.	55.	66.60	79.	91.60
6686	Gâches à pattes pour dito	5.60	11.	16.	15.60	23.	27.50

Loqueteaux à douilles, à fourche, forts, renforcés

	N°s	0	1	2
	Largeur m/m	60	68	80
6687	à œil cuivre sans gâche Le cent	51.60	57.20	74.60
6688	à boule au bout ″ ″	54.	60.60	80.
6689	à boule dessus ″ ″	59.60	69.	91.50
6690	Gâches à pattes pour dito	9.15	11.60	17.15

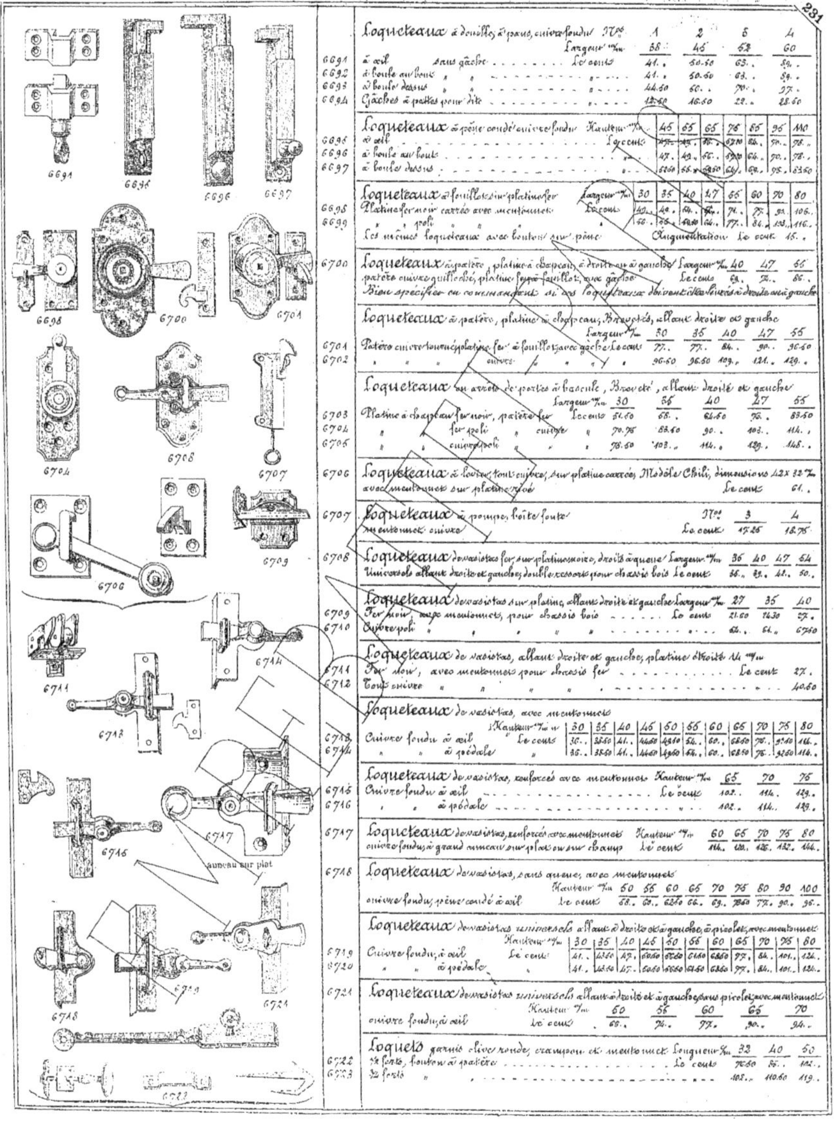

Loqueteaux à douille, à pans, cuivre fondu

		Nos	1	2	3	4
		Largeur m/m	38	45	52	60
6691	à œil sans gâche	Le cent	41.	50.50	63.	89.
6692	à boule au bout " "	"	41.	50.50	63.	89.
6693	à boule dessus " "	"	44.50	60.	70.	97.
6694	Gâches à pattes pour dito	"	12.50	16.50	22.	28.50

Loqueteaux à pêne coudé cuivre fondu

		Hauteur m/m	45	55	65	75	85	95	110
6695	à œil	Le cent	[illegible]	49.	56.	57.50	64.	70.	78.
6696	à boule au bout	"	47.	49.	56.	57.50	64.	70.	78.
6697	à boule dessus	"	52.50	55.	59.50	64.	69.	95.	83.50

Loqueteaux à fouillot sur platine fer

		Largeur m/m	30	35	40	47	55	60	70	80
6698	Platine fer noir carrée avec mentonnet	Le cent	40.	49.	64.	[illegible]	71.	77.	93.	106.
6699	" " poli " " "	"	56.	56.	68.50	64.	77.	84.	103.	116.

Les mêmes loqueteaux avec bouton sur pêne — Augmentation Le cent 15.

6700 **Loqueteaux** à patère, platine à chapeau, à droite ou à gauche, patère cuivre guilloché, platine fer à fouillot, avec gâche

Largeur m/m	40	47	55
Le cent	69.	72.	86.

Bien spécifier en commandant si ces loqueteaux doivent être livrés à droite ou à gauche

Loqueteaux à patère, platine à chapeau, Brevetés, allant droite ou gauche

		Largeur m/m	30	35	40	47	55
6701	Patère cuivre tournée, platine fer à fouillot, avec gâche	Le cent	77.	77.	84.	90.	96.50
6702	" " " cuivre " " "	"	96.50	96.50	109.	121.	129.

Loqueteaux ou arrêts de portes à bascule, Breveté, allant droite et gauche

		Largeur m/m	30	35	40	47	55
6703	Platine à chapeau fer noir, patère fer	Le cent	51.50	58.	64.50	76.	83.50
6704	" fer poli " cuivre	"	70.75	83.50	90.	103.	114.
6705	" cuivre poli " "	"	78.50	103.	114.	129.	148.

6706 **Loqueteaux** à levier, tout cuivre, sur platine carrée, Modèle Chili, dimensions 42 x 32 m/m avec mentonnet sur platine rivé — Le cent 61.

6707 **Loqueteaux** à pompe, boîte fonte mentonnet cuivre

Nos	3	4
Le cent	17.25	18.75

6708 **Loqueteaux** de vasistas fer, sur platine noire, droits à queue Universels allant droite et gauche, double ressorts pour châssis bois

Largeur m/m	36	40	47	54
Le cent	36.	39.	42.	50.

Loqueteaux de vasistas sur platine, allant droite et gauche

		Largeur m/m	27	35	40
6709	Fer noir, avec mentonnets, pour châssis bois	Le cent	21.60	24.30	27.
6710	Cuivre poli " " " "	"	62.	64.	67.50

Loqueteaux de vasistas, allant droite et gauche, platine étroite 14 m/m

6711	Fer noir, avec mentonnets pour châssis fer	Le cent	27.
6712	Tout cuivre " " " "		40.50

Loqueteaux de vasistas, avec mentonnets

		Hauteur m/m	30	35	40	45	50	55	60	65	70	75	80
6713	Cuivre fondu à œil	Le cent	36.	35.50	41.	44.60	48.10	54.	60.	68.50	76.	91.10	116.
6714	" " à pédale	"	36.	35.50	41.	44.60	49.60	54.	60.	68.50	76.	92.50	114.

Loqueteaux de vasistas, renforcés avec mentonnet

		Hauteur m/m	65	70	75
6715	Cuivre fondu à œil	Le cent	102.	114.	129.
6716	" " à pédale	"	102.	114.	129.

6717 **Loqueteaux** de vasistas, renforcés avec mentonnets cuivre fondu, à grand anneau sur plat ou sur champ

Hauteur m/m	60	65	70	75	80
Le cent	114.	120.	126.	132.	144.

6718 **Loqueteaux** de vasistas, sans queue, avec mentonnets cuivre fondu, pêne coudé à œil

Hauteur m/m	50	55	60	65	70	75	80	90	100
Le cent	58.	60.	62.50	66.	69.	78.50	77.	90.	96.

Loqueteaux de vasistas universels allant à droite et à gauche, à picolet, avec mentonnet

		Hauteur m/m	30	35	40	45	50	55	60	65	70	75	80
6719	Cuivre fondu, à œil	Le cent	41.	43.50	47.	50.50	56.50	61.50	68.50	77.	84.	101.	124.
6720	" " à pédale	"	41.	43.50	47.	50.50	56.50	61.50	68.50	77.	84.	101.	124.

6721 **Loqueteaux** de vasistas universels allant à droite et à gauche, sans picolet, avec mentonnet cuivre fondu, à œil

Hauteur m/m	50	55	60	65	70
Le cent	68.	74.	77.	90.	94.

Loquets garnis olive ronde, crampon et mentonnet

		Longueur m/m	32	40	50
6722	½ forts, bouton à patère	Le cent	76.50	85.	102.
6723	¾ forts "		102.	110.60	119.

232

6724 Loupe d'horloger — 6725 — 6726 ouverte — 6726 fermée — 6729 — 6732 — 6734 — 6736 — 6737 et 6738 — 6742 — 6747 — 6752 — 6749 — 6761 — 6762 — 6763 — 6764 — 6766 — 6769

6724 **Loupes** d'horloger, en aluminium, diamètres assortis de 27 à 65 m/m La pièce 1.10

Loupes serties, monture nickelée

		Diamètre m/m	30	35	40	45	50	55	60	70	80
6725	Manche bois verni noir	La pièce	0.70	0.80	0.90	1..	1.06	1.35	1.55	2.10	2.96
6726	" métal pliant à ressort	"	0.70	0.80	0.90	1..	1.16	1.40	1.60	2.20	3..

Lunettes de cantonniers, toile métallique

6727 Forme loup, yeux bombés, bordées galon, taille courante . . . Le cent 24..
6728 " " " " " grand modèle . . . " 32..
6729 Forme loup yeux bombés bordées cuir (article recommandé) (R.B.T) " 28..
6730 " " " " " grand modèle . . . " 37..
6731 " " " " toile laiton, bordées cuir, grand modèle . . . " 40..
6732 Garniture cuir piqué, yeux bombés . . . " 40..
6733 " " bordée galon, yeux bombés . . . " 50..
6734 Garniture cuir à œillets, yeux bombés (article recommandé) (R.B.T) " 35..
6735 " " " " grand modèle . . . " 40..
6736 Pour marine, forme ovale, garniture cuir, modèle Brest . . . " 87..

Lunettes chemins de fer, verres blancs ou couleurs

6737 Garniture toile métallique ordinaire, petit modèle (RBT) . . . Le cent 12..
6738 " " " grand modèle (RBT) . . . " 19..
6739 " " " fine, grand modèle . . . " 26..
6740 " " " " gros yeux, grand modèle . . . " 30..
6741 " " " " verres démontables, grand modèle . . . " 45..
6742 " " " " nez et tour garnis velours, grand modèle . . . " 62..
6743 " " " " cuivre jaune, grand modèle . . . " 40..
6744 " " " " enduite, verres bleus, modèle spécial pour neige " 40..

6745 **Lunettes** chemin de fer, tout toile métallique, petits modèle Le cent 9..
6746 " " " " " " grand modèle " 15..

6747 **Lunettes** mistraliennes, verres blancs ou couleurs, fixes, branches acier gd. modèle Le % 125..
6748 " " " " " démontables " " " " 150..

6749 **Lunettes** à soufrer garniture cuir, verres blancs cercle zinc, petit modèle Le cent 20..
6750 " " " " " " bleus " " " " " 22..
6751 " " " " " " fumés " " " " " 24..
6752 " " " " " " blancs " " taille courante (RBT) 30..
6753 " " " " " " bleus " " " " " 34..
6764 " " " " " " fumés " " " " " 38..

Les lunettes à soufrer Nos 6749 à 6751 sont livrées très rarement, elles sont peu pratiques les yeux étant trop rapprochés ne peuvent être utilisées que par les enfants

Lunettes pour automobiles, verres blancs ou fumés

6755 Masque taffetas, verres bombés, avec ou sans nez, yeux moyens La pièce 3.60
6756 " " " " " " " gros . . . " 4..
6757 Masque chamois gris " " " " " " . . . " 6..
6758 Garniture toile métalliques bordées velours . . . " 1.10
6759 " métallique vernie à charnière, bordées peluche . . . " 5.75
6760 " aluminium " " " . . . " 6.60
6761 " métallique vernie à masque chamois . . . " 7.15
6762 " aluminium, branches acier, bordées peluche . . . " 7.80

6763 **Lunettes meulières** pour rhabilleurs, branches acier, verres blancs Le % 40..

6764 **Lunettes** pour burineurs, verres blancs, garniture toile métallique, bordées cuir pce 1.30
6765 " pour mécaniciens, verres blancs démontables, garniture ferblanc verni " 1.60

6766 **Lunettes** de sécurité, pour burineurs et mécaniciens, monture métallique, verres blancs rectangulaires, épaisseur 5 à 6 m/m (Modèle recommandé) La pièce 2..

Lunettes d'atelier protégeant contre les éclats, projections et poussières

6767 Monture cuivre, garniture toile métallique, bordées cuir La pièce 4.25
6768 " aluminium " " " " " " 5..

Bien spécifier en commandant pour quel usage doivent être employées ces lunettes contre les éclats, projections ou poussières

6769 **Respirateur** soie, entouré de velours, pour conducteurs d'automobiles La pce 2.50

6770 **Respirateur** préservant de l'aspiration des poussières des ateliers et usines monture aluminium, garni ouate, bordé feutre La pièce 9..

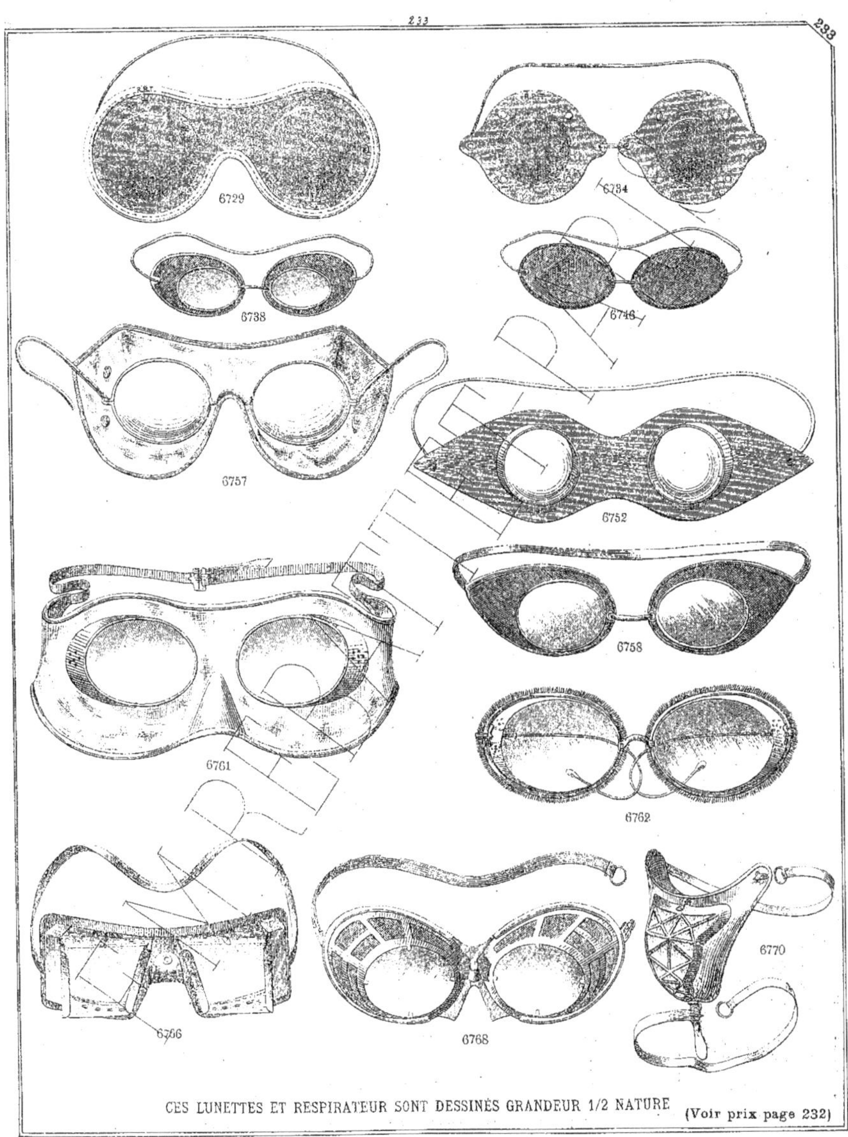

CES LUNETTES ET RESPIRATEUR SONT DESSINÉS GRANDEUR 1/2 NATURE (Voir prix page 232)

Paris. — Imp. DONNADIEU, 23, Rue des Francs-Bourgeois

Machines-Outils.

Machines à percer, pour amateurs, série (R.B.T) recommandée

Machines à percer portatives, sans colonne; tête fixe à volant, plateau à levier, petit modèle, hauteur totale 40 c/m; hauteur du plateau à la pointe du forêt 6 c/m, distance du forêt au bâti 6 c/m, poids 5 kilogs 100

6771 à nez ordinaire pour recevoir des forêts plats à tige ronde de 6 m/m, avec 3 forêts La pce 21.50
6772 à mandrin américain pour forêts cylindriques, jusqu'à 4 m/m ½, sans forêts . . . . . » 27.50
6773 **Etau** facultatif s'adaptant au plateau . . . . » 5.50

Machines à percer portatives, à colonne, tête mobile à volant, plateau à levier, petit modèle, hauteur totale 40 c/m, hauteur du plateau à la pointe du forêt 15 c/m distance du forêt à la colonne 11 c/m, poids 5 kilogs 500

6774 à nez ordinaire pour recevoir des forêts plats à tige ronde de 6 m/m avec 3 forêts La pce 34.50
6775 à mandrin américain, pour forêts cylindriques jusqu'à 4 m/m ½ sans forêts . . . » 39.40
6776 » » » » 6 m/m » » . . . . » 42.50
6777 **Etau** facultatif s'adaptant au plateau . . . . » 5.60

Machines à percer portatives, à colonne, tête mobile à volant, plateau à levier grand modèle, hauteur totale 53 c/m, hauteur du plateau à la pointe du forêt 26 c/m distance du forêt à la colonne 15 c/m, poids 20 kilogs

6778 à nez ordinaire pour recevoir des forêts plats à tige ronde de 9 m/m avec 3 forets La pce 62.50
6779 à mandrin américain, pour forêts cylindriques, jusqu'à 9 m/m sans forêts . . . » 75. .
6780 » » » » 12 m/m » » . . . . » 81.25
6781 **Etau** facultatif s'adaptant au plateau . . . . » 9. .

6782 **Machine** à percer portative, à colonne, tête mobile, plateau à levier, à volant de transmission à corde, deux vitesses, perçant très rapidement, petit modèle, hauteur totale 40 c/m hauteur du plateau à la pointe du forêt 15 c/m, distance du forêt à la colonne 11 c/m, poids 6 kos 500
Modèle spécial pour horlogers ou bijoutiers
à mandrin américain, pour forêts cylindriques jusqu'à 4 m/m sans forêts La pce 52. .
6783 **Etau** facultatif s'adaptant au plateau . . . . » 5.60

Porte-forets à conscience, à engrenage, modèle robuste . . . . .
6784 à nez ordinaire pour recevoir des forêts plats à tige ronde de 6 m/m avec 3 forêts La pce 14.75
6785 à mandrin américain, pour forêts cylindriques jusqu'à 6 m/m sans forêts » 21.25

6786 **Forets** plats, tige ronde de 6 ou 9 m/m, pour machines à percer ou porte forêts Le % 27. .

6116 **Forets** cylindriques (Voir page 210)

Machines à percer, pour amateurs, série Paris fabrication soignée

Machines à percer, à colonne tournée, à volant, perçant jusqu'à 7 m/m, hauteur totale 60 c/m hauteur du plateau au porte forets 11 c/m, distance du forêt à la colonne 12 c/m, poids 11 kos
6787 à plateau tourné, sans étau, avec 6 forêts . . . . La pièce 63. .
6788 » avec étau et 6 forêts . . . . 77. .
6789 **Forets** seuls pour dito . . . . Le cent 56. .

6790 **Machine** à percer, à colonne tournée, à volant, perçant jusqu'à 12 m/m, hauteur totale 84 c/m hauteur du plateau au porte forêts 18 c/m, distance du forêt à la colonne 16 c/m, poids 28 kilogs à plateau tourné, avec étau et 6 forets . . . . La pièce 109. .
6791 **Forets** seuls pour dito . . . . Le cent 70. .

6792 **Machine** à percer, à colonne tournée, à volant, perçant jusqu'à 12 m/m, hauteur totale 95 c/m hauteur du plateau au porte forêts 36 c/m, distance du forêt à la colonne 16 c/m, poids 32 kilogs à plateau tourné, avec étau à chariots, 6 forêts et une clé acier . . . La pièce 140. .
6793 **Forets** seuls pour dito . . . . Le cent 70. .

Machines à percer à pédale, 3 vitesses, perçant jusqu'à 7 m/m banc bois de 50×50 c/m hauteur totale 150 c/m, hauteur du banc 90 c/m poids 76 kilogs
6794 à levier tournant, nez ordinaire . . . . La pièce 231. .
6795 » » mandrin universel serrant jusqu'à 12 m/m . . . . 278. .

Machines à percer à pédale, 3 vitesses, perçant jusqu'à 8 m/m, banc fonte à 3 pieds, table ronde rabotée diamètre 33 c/m hauteur totale 150 c/m, hauteur de la table 90 c/m poids 77 kilogs
6796 à levier tournant, nez ordinaire . . . . La pièce 231. .
6797 » » mandrin universel serrant jusqu'à 12 m/m . . . . 278. .

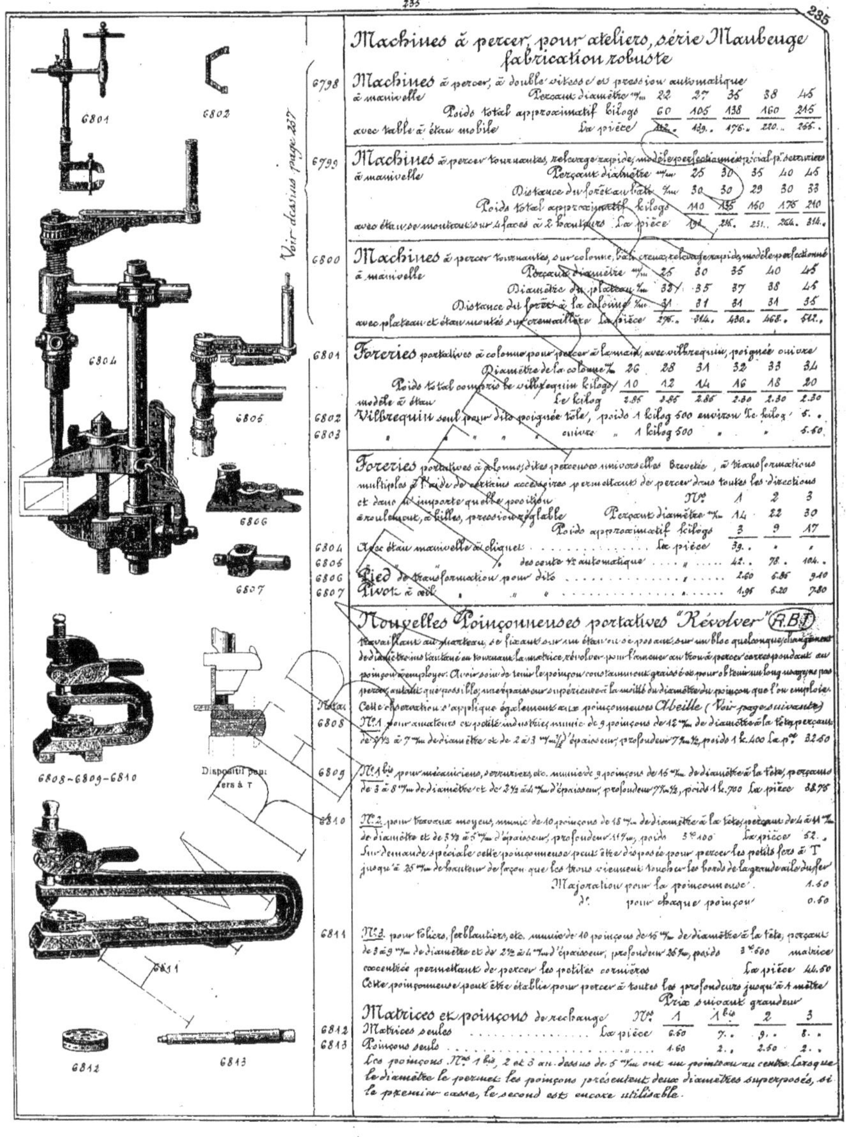

Voir dessins page 237

Machines à percer, pour ateliers, série Maubeuge fabrication robuste

6798 **Machines** à percer, à double vitesse et pression automatique à manivelle

Perçant diamètre m/m	22	27	35	38	45
Poids total approximatif kilogs	60	105	138	160	215
avec table à étau mobile — La pièce	112.	139.	176.	220.	266.

6799 **Machines** à percer tournantes, relevage rapide, modèle perfectionné spécial p^r serruriers à manivelle

Perçant diamètre m/m	25	30	35	40	45
Distance du foret au bâti m/m	30	30	29	30	33
Poids total approximatif kilogs	110	135	160	175	210
avec étau se montant sur 4 faces à 2 hauteurs — La pièce	191.	216.	231.	264.	314.

6800 **Machines** à percer tournantes, sur colonne, bâti creux, relevage rapide, modèle perfectionné à manivelle

Perçant diamètre m/m	25	30	35	40	45
Diamètre du plateau m/m	33	35	37	38	45
Distance du foret à la colonne m/m	31	31	31	31	35
avec plateau et étau montés sur crémaillère — La pièce	275.	314.	430.	468.	512.

6801 **Foreries** portatives à colonne pour percer à la main, avec vilbrequin, poignée cuivre

Diamètre de la colonne m/m	26	28	31	32	33	34
Poids total compris le vilbrequin kilogs	10	12	14	16	18	20
modèle à étau — Le kilog	2.85	2.85	2.85	2.30	2.30	2.30

6802 **Vilbrequin** seul pour dito poignée tôle, poids 1 kilog 500 environ Le kilog 5. .
6803 " " " " cuivre " 1 kilog 500 " " 5.60

Foreries portatives à colonne, dites perceuses universelles Brevetée, à transformations multiples à l'aide de certains accessoires permettant de percer dans toutes les directions et dans n'importe quelle position
à roulement, à billes, pression réglable

		N°	1	2	3
		Perçant diamètre m/m	14	22	30
		Poids approximatif kilogs	3	9	17
6804	Avec étau manivelle à cliquet	La pièce	39.	"	"
6805	" descente 1/2 automatique	"	42.	78.	104.
6806	**Pied** de transformation pour dito	"	2.60	6.85	9.10
6807	**Pivot** à œil	"	1.95	5.20	7.80

Nouvelles Poinçonneuses portatives "Révolver" (R.B.T)

travaillant au marteau, se fixant sur un étau ou se posant sur un bloc quelconque, changement de diamètre instantané en tournant la matrice révolver pour l'amener au trou à percer correspondant au poinçon à employer. Avoir soin de tenir le poinçon constamment graissé et pour obtenir un long usage ne pas percer, autant que possible, une épaisseur supérieure à la moitié du diamètre du poinçon que l'on emploie.
Nota Cette observation s'applique également aux poinçonneuses Abeille (Voir page suivante)

6808 N° 1 pour amateurs et petite industrie, munie de 9 poinçons de 12 m/m de diamètre à la tête, perçant de 2 1/2 à 7 m/m de diamètre et de 2 à 3 m/m 1/2 d'épaisseur, profondeur 7 m/m 1/2, poids 1 k. 400 La p^ce 32.50

6809 N° 1 bis pour mécaniciens, serruriers, etc. munie de 9 poinçons de 16 m/m de diamètre à la tête, perçant de 3 à 8 m/m de diamètre et de 2 1/2 à 4 m/m d'épaisseur, profondeur 7 m/m 1/2, poids 1 k. 700 La pièce 38.75

6810 N° 2 pour travaux moyens, munie de 10 poinçons de 18 m/m de diamètre à la tête, perçant de 4 à 11 m/m de diamètre et de 3 1/2 à 5 m/m d'épaisseur, profondeur 11 m/m, poids 3 k. 100 La pièce 52. .
Sur demande spéciale cette poinçonneuse peut être disposée pour percer les petits fers à T jusqu'à 25 m/m de hauteur de façon que les trous viennent toucher les bords de la grande aile du fer
Majoration pour la poinçonneuse 1.60
d° pour chaque poinçon 0.50

6811 N° 3 pour tôliers, ferblantiers, etc. munie de 10 poinçons de 16 m/m de diamètre à la tête, perçant de 3 à 9 m/m de diamètre et de 2 1/2 à 4 m/m d'épaisseur, profondeur 26 m/m, poids 3 k. 600 matrice excentrée permettant de percer les petites cornières La pièce 44.50
Cette poinçonneuse peut être établie pour percer à toutes les profondeurs jusqu'à 1 mètre
Prix suivant grandeur

Matrices et poinçons de rechange

		N°	1	1 bis	2	3
6812	Matrices seules	La pièce	6.60	7. .	9. .	8. .
6813	Poinçons seuls	"	1.60	2. .	2.50	2. .

Les poinçons N°s 1 bis, 2 et 3 au-dessus de 5 m/m ont un pointeau au centre. Lorsque le diamètre le permet les poinçons présentent deux diamètres superposés, si le premier casse, le second est encore utilisable.

Nouvelles Poinçonneuses portatives Abeille (R.B.T.)

fonctionnant au marteau, matrice simple

6814 Nº 10 disposée spécialement pour fabricants de bicyclettes pour percer les jantes de vélos, motocycles, etc. Peut également servir à tous autres usages sans transformation, se fixant sur un étau ou se posant sur un bloc quelconque ; diamètre de la tête du poinçon 16 m/m perçant jusqu'à 11 m/m de diamètre et de 2 1/2 à 4 m/m d'épaisseur, profondeur 9 m/m 1/2 ; poids 1 k. 200 livrée avec une matrice et un poinçon, diamètre à indiquer, p^ce 21.60

Sur demande spéciale, cette poinçonneuse peut être disposée pour percer les cornières et les petits fers à T jusqu'à 25 m/m de haut^r de façon que les trous viennent toucher les bords de la grande aile du fer

Majorations. Pour cette dernière transformation à la poinçonneuse 1.50, pour un méplat à chaque poinçon 0.60

6815 Nº 11 disposée pour percer les fers profilés et spécialement pour les fers à T jusqu'à 35 m/m de hauteur de façon que les trous viennent toucher les bords de la grande aile du fer. Peut également servir à tous autres usages sans transformation. Se fixant sur un étau ou se posant sur un bloc quelconque ; diamètre de la tête du poinçon 18 m/m perçant jusqu'à 13 m/m de diamètre et 5 m/m d'épaisseur, profondeur 12 m/m, poids livrée avec une matrice et un poinçon rond avec méplat 6 m/m p^ce 24. .

6816 Nº 11 bis. Même modèle et même disposition que le Nº 11, mais plus forte pour fers à T jusqu'à 46 m/m de hauteur, diamètre de la tête du poinçon 21 m/m, perçant jusqu'à 16 m/m de diamètre et 6 m/m d'épaisseur, profondeur 12 m/m, poids , livrée avec une matrice et un poinçon rond avec méplat 7 m/m La pièce 38.50

6817 Nº 12 pour chantiers de constructions, chaudronnerie, grosse serrurerie, etc. S'attachent aux deux bigornes d'une enclume avec un serrage, ou se fixant par les oreilles avec deux boulons sur un bloc de fonte, perçant jusqu'à 15 m/m de diamètre et 9 m/m d'épaisseur, profondeur 10 m/m, poids 7 k 500, livrée avec une matrice et un poinçon (diamètre à indiquer) La pièce 65. .

6818 Nº 13 pour charpentes en fer, grosse serrurerie. Disposée pour percer les plus grands profilés de fers à planchers 260 × 120 m/m, fers à T, cornières, etc. S'attachant sur une enclume ou se fixant sur un bloc de fonte (comme Nº 12) perçant jusqu'à 21 m/m de diamètre et 10 m/m d'épaisseur. La matrice peut être munie d'un contrefort facultatif que l'on enlève pour percer les fers à T et que l'on replace ensuite pour soutenir la matrice dans les travaux courants ; profondeur 20 m/m, poids 14 k^os livrée avec une matrice et un poinçon (diamètre à indiquer)

Sans contrefort de matrice . . . . La pièce 85.50

Avec contrefort . . . . 100. .

6819 Nº 14 disposée spécialement pour percer les rails de chemins de fer à voie étroite, rails de 5 k. à 9 k. 500 le mètre, peut également recevoir des matrices pour tous travaux, pour percer surtout des fers à T et cornières, se fixant sur un bloc de fonte, perçant dans le fer jusqu'à 18 m/m de diamètre et 8 m/m d'épaisseur ; perçant dans l'acier jusqu'à 12 m/m de diamètre et 6 m/m d'épaisseur, profondeur 10 m/m, poids 18 kilos livrée avec deux poinçons et deux matrices, l'une de forme spéciale pour percer le patin, l'autre pour percer l'âme

Cette dernière peut servir pour tous autres travaux . . . . La pièce 260

6820 Bloc de fonte spécial pour fixer cette poinçonneuse, poids approximatif 20 k^os 34

6821 Marteau fonte trempée, poids 11 k^os, pour perçage 13

	Matrices et poinçons de rechange	Nº^os	10	11	11 bis	12	13	14
6822	Matrices seules	La pièce	1.25	2. .	2.60	3.25	4.50	25
6823	Poinçons seuls, ronds, sans méplat	"	2. .	2.50	6.25	2. .	2.60	5
6824	Poinçons seuls, méplat sur le côté pour fers à T	"	2.50	3. .	6.75			

	Poinçonneuses façon Dupleix, corps acier	Nº^s	1	2	3	4	4 bis
		Perçant dans le fer, diamètre m/m	12	16	20	22	25
		" " épaisseur m/m	8	12	16	16	18
		Distance du centre du poinçon au fond de la gorge m/m	35	45	63	63	65
		Poids approximatif en kilogs	9	22	46	57	77
6825	Complètes	La pièce	95. .	143. .	225. .	327. .	420. .
6826	Poinçons de rechange pour dito		2.65	5.40	7.80	7.50	9.60
6827	Matrices " "		2.95	4. .	6.25	6.25	7.20

6814

6815

6816

6817

6818

6819

6821

6822

6823

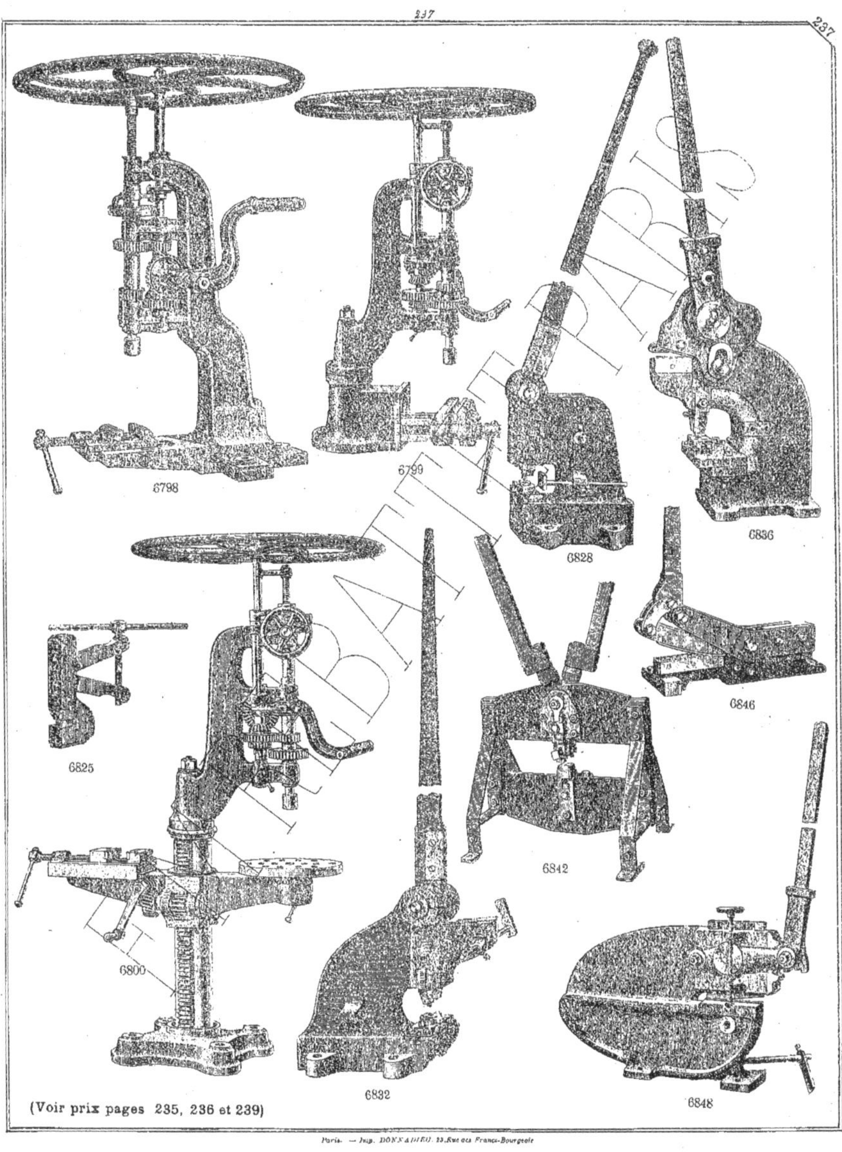

(Voir prix pages 235, 236 et 239)

Paris. — Imp. DONNADIEU, 33, Rue des Francs-Bourgeois

(Voir prix pages 239 et 240)

6853

6856

6860

6861

6854

6862

6863

6857

6859

6872

6870

6865

6871

Poinçonneuses à levier s'abattant derrière, avec cisaille et guides et porte matrice mobile

N°	Désignation					
	Perçant dans le fer, diamètre m/m	4	6	8	10	12
	" " épaisseur m/m	4	6	8	10	12
	Cisaillant largeur et épaisseur m/m	20x4	20x6	25x8	30x10	35x12
	Distance du centre du poinçon au bâti m/m	50	60.	75	90	100
	Poids approximatif en kilogs	16	27	45	70	110
6828	Complètes ... La pièce	57. .	76. .	96. .	121. .	167. .
6829	Poinçons de rechange pour dits ... "	1. .	1.20	1.45	2.35	2.85
6830	Matrices " ... "	1.85	2.35	2.85	~~3.80~~	4.75
6831	Lames de cisailles de rechange pour dits ... La paire	7.20	7.80	9.60	10.80	12. .

N°	Désignation					
6832	**Poinçonneuses** à levier s'abattant devant, avec cisaille et guides et porte matrice mobile					
	Perçant dans le fer, diamètre m/m	6	8	10	12	15
	" " épaisseur m/m	6	8	10	12	12
	Cisaillant largeur et épaisseur m/m	20x6	25x8	30x10	35x12	40x12
	Distance du centre du poinçon au bâti m/m	60	75	90	100	115
	Poids approximatif en kilogs	27	45	65	100	150
	Complètes ... La pièce	76. .	96. .	131. .	167. .	242. .
6833	Poinçons de rechange pour dits ... "	1.20	1.45	2.35	2.85	3.30
6834	Matrices " ... "	2.35	2.85	3.80	4.75	5.10
6835	Lames de cisailles de rechange pour dits ... La paire	7.80	9.60	10.80	12. .	18. .

N°	Désignation			
6836	**Poinçonneuses** nouveau modèle à leviers s'abattant devant avec cisaille et guide, perçant dans le fer diamètre m/m	8	10	13
	" " " épaisseur m/m	7	8	10
	Cisaillant largeur et épaisseur m/m	60x7	60x8	80x10
	Poids approximatif en kilogs	60	105	210
	Complètes avec porte matrice mobile ... La pièce	127. .	195. .	292. .
6837	Poinçons de rechange pour dits ... "	1.45	1.65	1.95
6838	Matrices ordinaires ... "	6.80	7.20	7.20
6839	Matrices spéciales pour percer les cercles ... "	9.60	10.20	12.60
6840	Porte matrices ... "	20.40	20.40	31.20
6841	Lames de cisailles de rechange pour dits ... La paire	12.60	14.40	20.40

N°	Désignation			
	Poinçonneuses à deux leviers pour fers à T — Perçant dans le fer, diamètre m/m	20	22	25
	" " épaisseur m/m	11	14	14
	Largeur de l'ouverture m/m	490	495	540
	Hauteur de l'ouverture m/m	125	174	162
	Poids approximatif en kilogs	110	140	165
6842	Livrées avec 3 garnitures poinçons et matrices, sans cisaille ... La pièce	242. .	303. .	388. .
6843	" 3 " " avec cisailles, lames droites ... "	278. .	347. .	440. .
6844	Poinçons de rechange pour dits ... "	2.85	3.20	3.60
6845	Matrices " ... "	2.40	2.85	3.20

N°	Désignation					
6846	**Cisailles** à levier pour la tôle — Longueur des lames m/m	150	240	200	330	220
	Cisaillant épaisseur m/m	2	2	4	4	6
	Poids approximatif kilogs	20	32	50	65	85
	La pièce	86. .	122. .	160. .	200. .	236. .
6847	Lames de rechange pour dits ... La paire	9. .	15. .	15. .	22.50	22.50

N°	Désignation		
	Cisailles à levier, nouveau modèle pour tôle, fers plats et à profils — Longueur des lames m/m	160	200
	Cisaillant des tôles, épaisseurs m/m	4	6
	" des fers plats " "	6	8
	" des fers cornières, dimensions m/m	25x3	35x4
	" des fers à T " "	18x3	26x3½
	Poids approximatif kilogs	70	120
6848	Avec lames ordinaires, pour tôles et fer plat, sans guide ... La pièce	127. .	175. .
6849	" " " " " " avec guide ...	148. .	195. .
6850	" " pour fers cornières ... Augmentation	23. .	28. .
6851	" " " à T ... Augmentation	36. .	42. .
6852	Lames de rechange pour tôle et fer plat ... La paire	17. .	22. .

N°	Désignation	
6853	**Machines à raboter** automatique, à levier, dite La Rapide lime remplaçant le burin et la lime dans les travaux de dégrossissage et d'ajustage, tête porte outils graduée à double inclinaison pour dressage des surfaces verticales ou inclinées, course transversale 150 m/m, course longitudinale 200 m/m, poids 10 kilogs, se fixant à tous les étaux, livrée avec clé et 4 outils ... La pièce	193. .
6854	Avec plateau, boulons d'assemblage et ses deux équerres à serrage universel ... "	232. .
6855	Burins supplémentaires pour dite ... "	1.45

N°	Désignation				
6856	**Machines** à cintrer, bâti fer à double T, cylindres acier trempé, tête fer; pour cintrer jusqu'à largeur m/m	110	120	150	175
	" " " épaisseur m/m	30	40	45	45
	Poids total approximatif kilogs	180	180	220	240
	La pièce	185. .	213. .	232. .	261. .

N°	Désignation				
6857	**Machines** à refouler à engrenage bâti fonte d'une seule pièce, pour bandages jusqu'à largeur m/m	110	125	145	175
	Poids total approximatif kilogs	265	330	400	440
	socle fonte, sans roulette — La pièce	225. .	264. .	317. .	357. .

Machines à mortaiser et à percer le bois pour menuisiers et charpentiers, enclanchement instantané permettant de changer à volonté la direction de travail des outils, descente du chariot, porte outils par pignon et crémaillère, poids approximatif 260 kilogs

6858 Course de l'outil 150 m/m, sans appareil à percer . . . . . . La pièce 550. .
6859 " " " avec " . . . . . . " 410. .

Outils pour machines à mortaiser

		Diamètre m/m	8	10	12	14	16	18	20	22	24
6860	Mèches spirales pour le bois	La pièce	2.60	2.65	3. .	3.35	3.60	3.85	4.20	4.50	5.70
6861	Ciseaux à mortaiser "	"	5.10	5.65	6. .	6.35	6.65	7.20	7.90	8.70	9. .

6862 Dégorgeoir pour le bois . . . . . . La pièce 7.80

Outils à tourner, décolleter et couper les tubes et barres de forme ronde, le tube ou la barre à travailler se fixent à l'étau, l'outil s'applique à la partie voulue et tourne autour en enveloppant la barre à l'aide de 3 galets mobiles servant de guides, livrés avec une clé et deux burins

6863 Longueur totale 35 %m, poids 2 k. 900 pour barres de 8 à 35 m/m . . . . . . La pièce 90. .
6864 " " 45 %m " 3 k. 600 " " 10 à 60 m/m . . . . . . " 110. .

Tours pour horloger, vis dessus ou de côté

		Largeur %m	16	19	22	25	27	30	32
6865	à 2 broches	La pièce	12.60	15.	17. .	20.70	25.	30. .	33. .
6866	à lunette	"	26. .	29. .	30.60	37. .	39.50	47. .	54.50
6867	à 8 broches	"	10.25	"	"	"	"	"	"

6868 **Tours** pour horlogers, perche triangulaire, vis de côté, 5 broches, nouveau modèle, longueur 16 %m . . . . . . La pièce 17.25
6869 " " " " pipe de côté, 8 broches " " 16 %m 17.75

Tours simples, sans banc, composés de : une poupée fixe à deux coussinets en bronze, et butoir; un support à éventail, un plateau à toc, une lunette fixe, une contre pointe, un mandrin à queue de cochon

		Hauteur des pointes m/m	150	180	200
		Poids approximatif kilogs	40	56	80
6870	Avec cône à corde, marchant au pied	La pièce	111. .	122. .	123. .
6871	Avec cône à courroie et un cône de transmission, marchant au moteur	"	118. .	141. .	164. .

Supports à chariot pour tours

		Longueur de la table %m	20	25	30	35
6872	Hauteur des pointes 150 m/m	La pièce	69.	66. .	74. .	"
6873	" " " 175 "	"	74.	81. .	88. .	"
6874	" " " 200 "	"	88. .	96. .	103. .	110. .

Les poids varient entre 15 et 30 kilogs suivant dimensions

Tours simples, montés sur banc en bois, marchant au pied
Même composition que N°. 6870 plus le banc

		Longueur du banc %m	125	150	200
6875	Hauteur des pointes 150 m/m avec support à main	La pièce	294. .	308. .	338. .
6876	" " " 180 " " "	"	316. .	330. .	352. .
6877	" " " 200 " " "	"	341. .	362. .	367. .

Tours simples, montés sur banc droit en fonte, marchant au pied
Même composition que N°. 6870 plus le banc

		Longueur du banc %m	125	150	175	200
6878	Hauteur des pointes 150 m/m avec supports à main	La pièce	301. .	330. .	359. .	389. .
6879	" " " 180 " " "	"	346. .	374. .	403. .	438. .
6880	" " " 200 " " "	"	389. .	418. .	447. .	477. .
6881	" " " 150 " avec supports à chariot	"	389. .	418. .	447. .	477. .
6882	" " " 180 " " "	"	440. .	469. .	500. .	528. .
6883	" " " 200 " " "	"	491. .	521. .	550. .	579. .

Tours simples, montés sur banc droit en fonte, marchant au moteur
Même composition que N°. 6871 plus le banc

		Longueur du banc %m	125	150	175	200
6884	Hauteur de la pointe 150 m/m avec support à main	La pièce	227. .	257. .	286. .	316. .
6885	" " " 180 " " "	"	271. .	300. .	330. .	359. .
6886	" " " 200 " " "	"	316. .	345. .	374. .	403. .
6887	" " " 150 " avec supports à chariot	"	300. .	330. .	359. .	[illegible]89. .
6888	" " " 180 " " "	"	367. .	396. .	426. .	455. .
6889	" " " 200 " " "	"	418. .	447. .	477. .	506. .

Les poids de ces tours varient entre 135 et 340 kilogs, suivant dimensions

6890 **Tours** parallèles à engrenage à cylindrer et à fileter, banc rompu, changement de marche pour fileter à droite et à gauche et retour par crémaillère, marchant au pied, à la main ou au moteur, avec pédale ordinaire composés de : un banc fonte monté sur pieds; une poupée fixe à engrenages taillés munie d'un plateau pousse toc et d'un plateau à griffes; une contre pointe à fourreau se déplaçant sur sa semelle pour tourner conique; un support à chariot pivotant; une lunette fixe; une lunette à suivre; un cône de transmission, un pont pour recouvrir le rompu, une série de roues de filetage, une série de clés de serrage. Largeur du banc 15 %m, profondeur du rompu 10 %m

	Longueur du banc %m	100	125	135	150	175	200
	Longueur entre les pointes %m	46	71	80	96	121	146
	Poids approximatif kilogs	290	305	315	320	330	345
Hauteur des pointes 150 m/m, complet	La pièce	622. .	668. .	660. .	675. .	719. .	766. .

6891 **Tours** parallèles à engrenages renforcés, banc rompu, série anglaise, à cylindrer et fileter, avec changements de marche pour fileter à droite et à gauche, coussinets coniques, plateau à griffes, mouvements à surfacer pris sur la vis, marchant au moteur, composés de : un banc en fonte monté sur pieds, une poupée fixe à engrenages taillés à coussinets coniques, munie d'un plateau à toc et d'un plateau à 4 griffes, une contre-pointe à fourreau se déplaçant sur sa semelle pour tourner conique, un supports à chariots pivotants, une lunette fixe, une lunette à suivre, un cône de transmission, un demi pont pour le rompu, une série de roues de filetage, une série de clés de serrage. Largeur du banc 24 %m. Largeur du rompu 22 %m, profondeur du rompu 14 %m

	Longueur du banc %m	175	200	225	250	300
	Longueur entre les pointes %m	103	128	153	178	228
	Poids approximatif kilogs	600	640	660	620	670
Hauteur des pointes 180 m/m, complet	La pièce	1156. .	1194	1232. .	1271. .	1342. .

Ces tours sont livrés suivant demande, avec roues de filetage au pas français ou au pas anglais

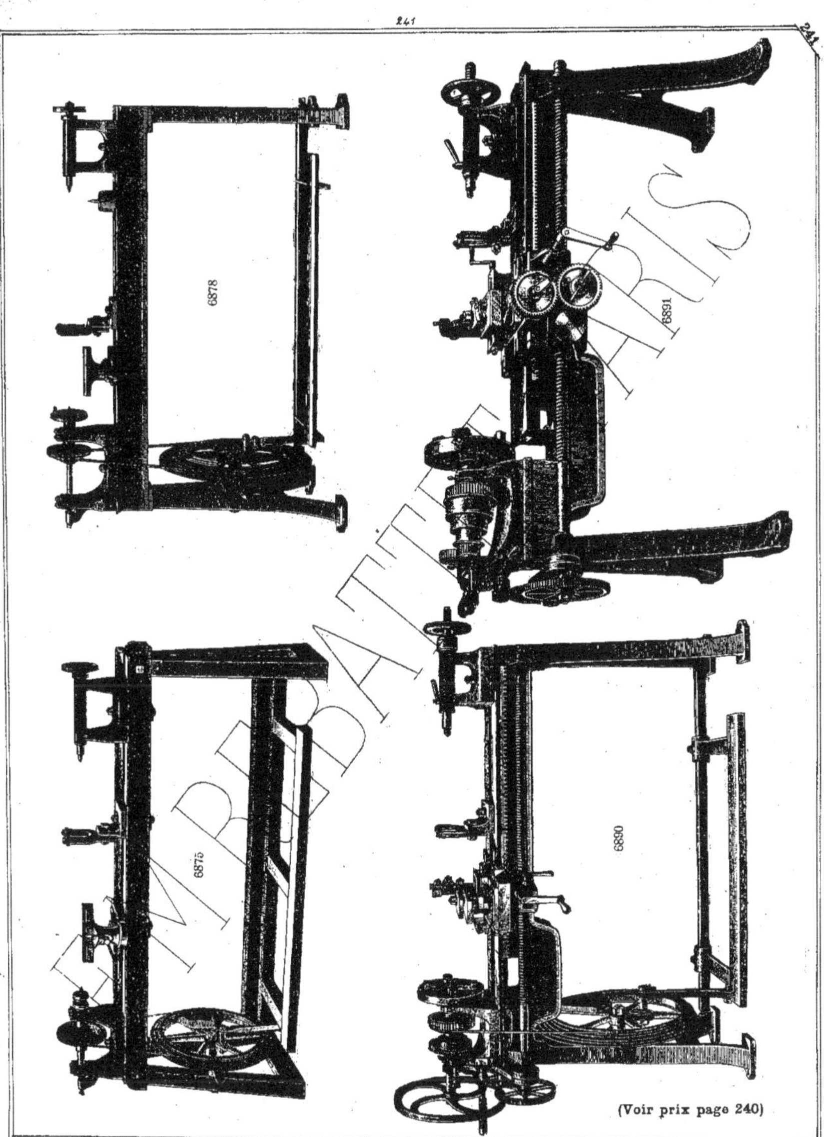

(Voir prix page 240)

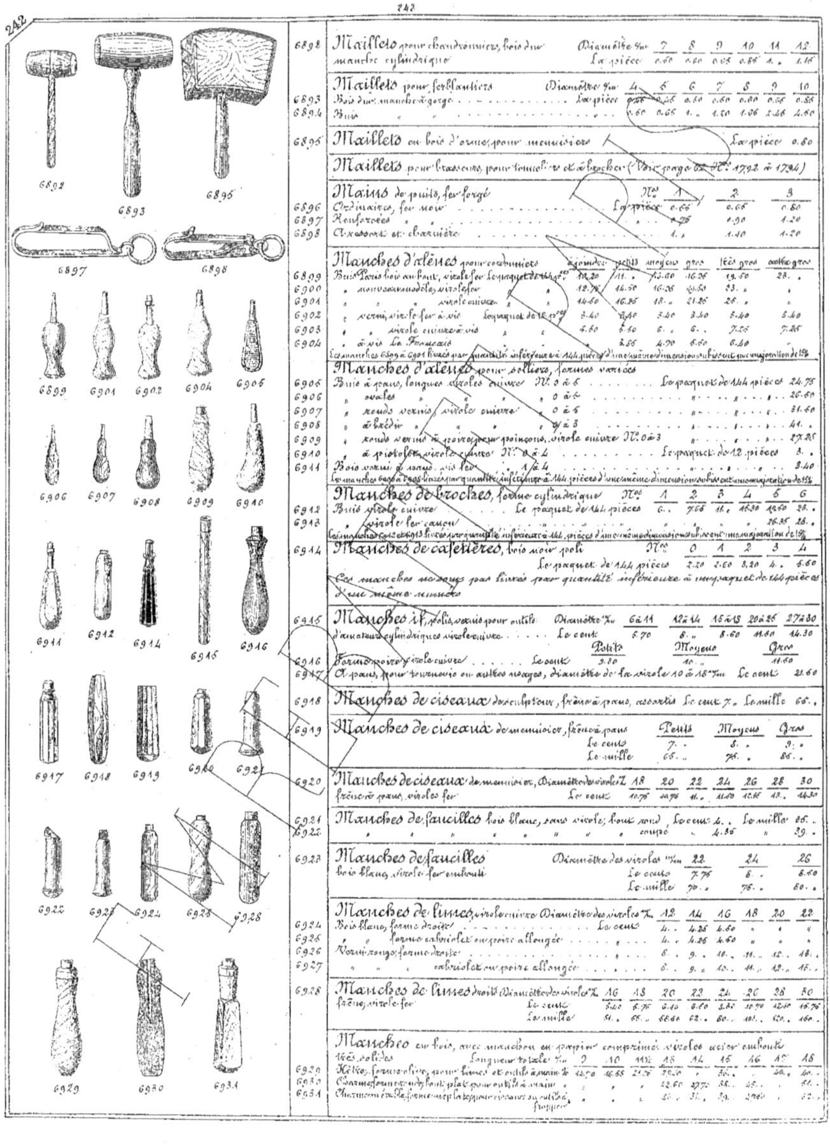

6892 **Maillets** pour chaudronniers, bois dur manche cylindrique

Diamètre $^c/_m$	7	8	9	10	11	12
La pièce	0.50	0.60	0.65	0.85	1. "	1.15

Maillets pour ferblantiers

		Diamètre $^c/_m$	4	5	6	7	8	9	10
6893	Bois dur, manche à gorge	La pièce	0.55	0.45	0.50	0.60	0.60	0.55	0.55
6894	Buis	"	0.60	0.65	1. "	1.50	1.36	2.45	4.60

6895 **Maillets** en bois d'orme, pour menuisiers ... La pièce 0.60

Maillets pour brasseurs, pour tonneliers et à brocher (Voir page 62 Nos 1792 à 1794)

Mains de puits, fer forgé

			Nos 1	2	3
6896	Ordinaires, fer noir	La pièce	0.55	0.65	0.80
6897	Renforcées	"	0.75	0.90	1.20
6898	A ressort et charnière	"	1. "	1.40	1.20

Manches d'alênes pour cordonniers

			ajointés	petits	moyens	gros	très gros	extra gros
6899	Buis Paris bois au bout, virole fer	Le paquet de 144 pces	10.20	11. "	13.60	16.25	19.50	23. "
6900	" nouveau modèle, virole fer	"	12.75	14.50	16.25	19.50	23. "	"
6901	" " virole cuivre	"	14.60	16.25	18. "	21.25	26. "	"
6902	" verni, virole fer à vis	Le paquet de 12 pces	3.40	3.40	3.40	3.40	5.40	5.40
6903	" " virole cuivre à vis	"	4.60	5.50	6. "	6. "	7.25	7.25
6904	" à vis La Française	"	"	2.55	4.70	5.60	6.40	"

Les manches 6899 à 6901 livrés par quantité inférieure à 144 pièces d'une même dimension subissent une majoration de 15%

Manches d'alênes pour selliers, formes variées

6905	Buis à pans, longues viroles cuivre	N° 0 à 5	Le paquet de 144 pièces	24.75
6906	" ovales " "	" 0 à 5	"	26.60
6907	" ronds vernis, virole cuivre	" 0 à 5	"	31.60
6908	" à bédir " "	" 0 à 3	"	41. "
6909	" ronds vernis à poire, pour poinçons, virole cuivre	N° 0 à 3	"	27.25
6910	" à pistolets, virole cuivre	N° 0 à 4	Le paquet de 12 pièces	3. "
6911	Bois verni à pans, vis fer	" 1 à 4	"	3.40

Les manches 6905 à 6908 livrés par quantité inférieure à 144 pièces d'une même dimension subissent une majoration de 15%

Manches de broches, forme cylindrique

			Nos 1	2	3	4	5	6
6912	Buis virole cuivre	Le paquet de 144 pièces	6. "	7.65	11. "	15.30	19.50	25. "
6913	" virole fer canon	"	"	"	"	"	26.35	25. "

Les manches 6912 et 6913 livrés par quantité inférieure à 144 pièces d'une même dimension subissent une majoration de 15%

6914 **Manches de cafetières**, bois noir poli

	Nos 0	1	2	3	4
Le paquet de 144 pièces	2.20	2.60	3.20	4. "	5.50

Ces manches ne sont pas livrés par quantité inférieure à un paquet de 144 pièces d'un même numéro

6915 **Manches If**, polis, vernis pour outils d'amateurs cylindriques virole cuivre

Diamètre $^m/_m$	6 à 11	12 à 14	15 à 18	20 à 26	27 à 30
Le cent	5.70	8. "	8.60	11.60	14.30

			Petits	Moyens	Gros
6916	Forme poire, virole cuivre	Le cent	9.80	10. "	11.60

6917 A pans, pour tournevis ou autres usages, diamètre de la virole 10 à 18 $^m/_m$ ... Le cent 21.60

6918 **Manches de ciseaux** de sculpteur, frêne à pans, assortis Le cent 7. " Le mille 65. "

6919 **Manches de ciseaux** de menuisier, frêne à pans

	Petits	Moyens	Gros
Le cent	7. "	8. "	9. "
Le mille	65. "	75. "	85. "

6920 **Manches de ciseaux** de menuisier, frêne à pans, viroles fer

Diamètre des viroles $^m/_m$	18	20	22	24	26	28	30
Le cent	10.75	10.75	11. "	11.50	12.15	13. "	14.30

6921 **Manches de faucilles** bois blanc, sans virole, bout rond Le cent 4. " Le mille 35. "

6922 " " " " " " " " coupé " 4.35 " 39. "

6923 **Manches de faucilles** bois blanc, virole fer embouti

Diamètre des viroles $^m/_m$	22	24	26
Le cent	7.75	8. "	8.50
Le mille	70. "	75. "	80. "

Manches de limes, virole cuivre

		Diamètre des viroles $^m/_m$	12	14	16	18	20	22
6924	Bois blanc, forme droite	Le cent	4. "	4.25	4.60	"	"	"
6925	" " forme cabriolet ou poire allongée	"	4. "	4.25	4.60	"	"	"
6926	Verni rouge, forme droite	"	8. "	9. "	10. "	11. "	12. "	13. "
6927	" " " cabriolet ou poire allongée	"	8. "	9. "	10. "	11. "	12. "	15. "

6928 **Manches de limes** droits, frêne, virole fer

Diamètre des viroles $^m/_m$	16	18	20	22	24	26	28	30
Le cent	5.40	5.75	6.10	6.60	8.60	10.70	12.50	16.75
Le mille	51. "	55. "	58.50	62. "	80. "	101. "	120. "	160. "

Manches en bois, avec manchon en papier comprimé, viroles acier embouti très solides

		Longueur totale $^c/_m$	9	10	11½	13	14	15	16	17	18
6929	Hêtre, forme olive, pour limes et outils à main	Le %	12.50	16.55	21.75	29.50	"	35. "	"	40. "	40. "
6930	Charme, forme ronde, bout plat, pour outils à main	"	"	"	"	22.60	27.75	35. "	45. "	"	51. "
6931	Charme en étable, forme cuvette pour ciseaux ou outils à frapper	"	"	"	"	25. "	31. "	39. "	[illegible]	"	[illegible]

243

6935 6936 6937 6939 6941 6942 6944 6946 6948 6949 6940 6950 6952 6954 6955 6956 6958 6961 6962 6966 6967

6932 **Manches ou poignées de seaux**, bois blanc ordinaire Le cent 2.10 Le mille 16.70
6933 " " " " " " noir poli . . . . " 3.25 " 26.50
6934 " " " " " " jaune ou rouge poli " 3.25 " 25.60
6935 " " " " " " verni, bouts ronds " 5.50 " 42.50
6936 " " " " " " " bouts plats " 5.50 " 42.60

6937 **Manches de serpettes**
bois blanc, virole fer

	Diamètre des viroles m/m	22	24
	Le cent	8.	10.50

Manches de serpes

		Diamètre des viroles m/m	26	28
6938	Bois blanc, virole fer	Le cent	13. .	16. .
6939	Bois dur " "	"	16. .	20. .

6940 **Manches** de balais, bois blanc, tête tournée, longueur 130 m/m, diamètre 25 m/m Le % 17.50

6941 **Manches** de bassinoires, en bois tourné verni La pièce 0.65

6942 **Manches de marteaux** tournés, pour ferblantiers . . . . Le cent 12.50
6943 " " " " " chaudronniers . . . . . . " 15.60
6944 " " " " " cordonniers . . . . " 12.50

Manches de marteaux à main, rivoirs et à devants

	Longueur m/m	30	35	37	40	45	50	60	90	100
6945	En frêne . . . . . Le cent	"	15. .	18. .	20. .	23.50	28.50	32. .	64. .	80. .
6946	En cornouiller . . . " . . .	14.30	18. .	20. .	23. .	30.75	35.50	47. .	93. .	107. .

6947 **Manches de massettes** cornouiller brut, longueur 100 m/m Le cent 13. .
6948 " de tranches " " " " " 18. .

6949 **Manches de pelles**, droits tournés

Longueur m/m	110	115	120
Le cent	71.50	80. .	86.70

Manches courbes pour pelles de terrassiers

		3e choix	2e choix	1er choix
6950	Charme, en bottes de 25 pièces . . . . . Le cent	88. .	104. .	128. .
6951	Érable " " " . . . . "	"	"	143. .

6952 **Manches de rateaux** cylindriques
en frêne, longueur 166 m/m

Diamètre m/m	27	29
Le cent	48.50	54. .

6953 **Manches de rateaux** arrondis à la plane
en branches de frêne

Longueur m/m	130	175	200
La botte de 24 pièces	10. .	13. .	14.30

Manches ronds tournés

	Longueur m/m	95	100	110	120	130	140
6954	En frêne, pour bêches . . . . Le cent	46. .	46.50	54. .	81.50	"	"
6955	" " " pioches . . . . "	50. .	53.50	63. .	80. .	"	"
6956	" " " serfouettes . . . . . . "	40. .	43. .	48.50	57. .	67. .	74. .

Manches cylindriques, au mètre, longueur 1m 25 jusqu'à 3 mètres

	Diamètre m/m	23	25	27	29	32
6957	Bois blanc . . . . Les cent mètres	19.50	20.70	24.80	27. .	33. .
6958	Frêne . . . . " . . . . "	28.60	33. .	36. .	38.50	43. .

6959 **Manches de têtes de loup**, arrondis à la plane, par bottes de 10 pièces

Longueur m/m	200	230	265	300	330	365	400
branches de frêne La botte de 10 pièces	9.65	11.50	13. .	14.30	16.50	18. .	20. .

Manches à gigot

		poli	nickelé
6960	Forme tulipe, manche ébène carré . . . . La pièce	2.15	2.55
6961	" " " " rond . . . . " . .	2.50	2.90
6962	" " " buffle violon à bande . . . . " . .	3.50	4
6963	" " à jour, manche ébène violon ou canots . . . . . " . .	"	2.55
6964	" " " " buffle " " " . . . . . " . .	"	3.60
6965	" " " " corne blonde violon ou canots, virole manchette	"	7.15
6966	" " " " entièrement nickelé à coquille . . . . . " . .	"	2.85

Manches à gigot Excelsior, bouton tournant, machoire articulée, serrant l'os sur toute la longueur de la machoire, sans risque de le briser
6967 Acier nickelé, manche ébène . . . . La pièce 6.60
6968 " " " buffle . . . . " . . . 6.60
6969 " " " corne blonde . . . . " . . . 9.30
6970 " " " ivoire . . . . " . . . 23. .

Manches à gigot, modèles fantaisies Voir pages 119 - 128 - 129

Articles de Marine.

Ancres et grappins forgés

(Cours variables)

		Poids en kilogs	2 à 3,5	4 à 6,5	7 à 14	15 à 25	30 à 49	50 et au-dessus
6971	Ancres à deux branches, fer noir	Les cent kilogs	200.	170.	160.	155.	150.	100.
6972	" " " fer galvanisé	" "	240.	200.	190.	186.	180.	130.
6973	grappins à quatre branches, fer noir	" "	170.	160.	166.	150.	"	"
6974	" " " fer galvanisé	" "	200.	190.	186.	180.	"	"

Avirons

	1er choix à pelle large, frêne d'Amérique très solides et légers								
6975	Longueur %m	210	240	275	305	335	365	395	425
	La pièce	10.40	11.20	12.80	14.40	16.	17.60	18.80	21.20

Bagues de foc ordinaires

		Diamètre %m	51	57	65		70 et au-dessus
6976	Galvanisées unies	Le cent	26.	30.	34.50	Les % K^{os}	227.50
6977	" à gorge		27.30	32.50	56.40		241.

Bagues de foc, clavette à ressort

	galvanisées			
6978	Diamètre extérieur %m	38	51	64
	Largeur de l'entrée %m	13	18	21
	La pièce	1.25	1.55	2.

Balais de pont

longueur 30 %m, manche 125 %m, entièrement piazzava, ligature fil galvanisé

	N^{os}	1	2
6979	Diamètre approximatif %m	70	80
	La pièce	6.00	4.80

Brosses à goudronner 1re fabrication

		Diamètre	46	48	50	52	54	56	58	60
6980	Manche fixe, longueur 140 %m	La pièce	2.15	2.85	3.60	4.30	"	"	"	"
6981	" se démontant au moyen d'un écrou	"	"	"	"	6.70	6.60	7.15	8.	8.60

Brosses lave pont sans manche

		Nombre de rangs	12	14	16	20 x 7	20 x 9
6982	Piazzava	La pièce	0.90	1.10	1.20	1.35	1.50
6983	Chiendent	"	0.90	1.10	1.20	1.35	1.50

Brosses lave pont emmanchées

tout piazzava fixé sur la brosse au moyen de conduits

	Nombre de rangs	16 x 7	20 x 9
6984	La pièce	2.	2.45

Bouées de sauvetage

forme ouverte, enveloppe toile sans apprêt, intérieur liège en grains (système Roussal)

		N^{os}	3	2	1	0
		Diamètre extérieur %m	50	60	66	70
6985	Non peintes	La pièce	10.	11.50	13.	14.50
6986	Peintes deux couches avec inscription	"	14.50	16.	17.50	19.

Bouées de sauvetage

forme ronde formée en liège plein aggloméré, recouvert de toile grise

		Diamètre extérieur %m	40	45	50	55	60	65	70
6987	Non peintes sans gland	La pièce	16.	17.15	18.60	20.	21.50	23.	24.60
6988	" " avec	"	17.15	18.50	20.	21.50	23.	24.50	26.10
	Pour peintures deux couches augmentation		2.85	2.85	3.30	3.30	3.60	3.60	3.60

Bouts ou fers de gaffes

		Longueur totale %m	230	255	280	305	330
6989	Galvanisés simples	La pièce	1.30	1.45	1.65	1.85	2.10
6990	" doubles	"	1.75	1.90	2.10	2.35	2.65

Brai gras

épuré pour le calfatage des ponts (Cours variable)

	Par caisses contenant kilogs	5	10	20
6991	Les cent kilogs	31.50	28.50	27.

Glue marine

pour joints de ponts remplaçant le brai. Marque anglaise en caisses contenant 14, 28 ou 56 livres anglaises (La livre anglaise équivaut à 454 grammes)

(Cours variable)

	N^{os}	3 ordinaire	2 courante	1 supérieure
6992	La livre anglaise	0.60	0.80	1.60

Coaltar de houille

6993 en boîtes de 5 kilogs (Cours variable) Les cent kilogs 57.

Goudron végétal

(Cours variable)

	En boîtes contenant kilogs	1	2	5	10
6994	Les cent kilogs	100.	93.	86.	80.

Minium

6995 de plomb pour peindre la carène en boîtes de 2 kilogs (Cours variable) Les cent kilogs 121.

Cabillots pour tournage de manœuvre

		Longueur %m	120	140	160	180	200	220	250	270
		Diamètre de la tige %m	11	12	13	14	15	15	16	17
6996	Frêne	La pièce	0.35	0.40	0.50	0.50	0.50	0.55	0.65	0.65
6997	Fer galvanisé	"	1.45	1.60	1.75	2.	2.40	2.80	3.20	3.60
6998	Cuivre tourné	"	1.45	1.60	2.	2.25	2.55	3.05	3.60	4.40

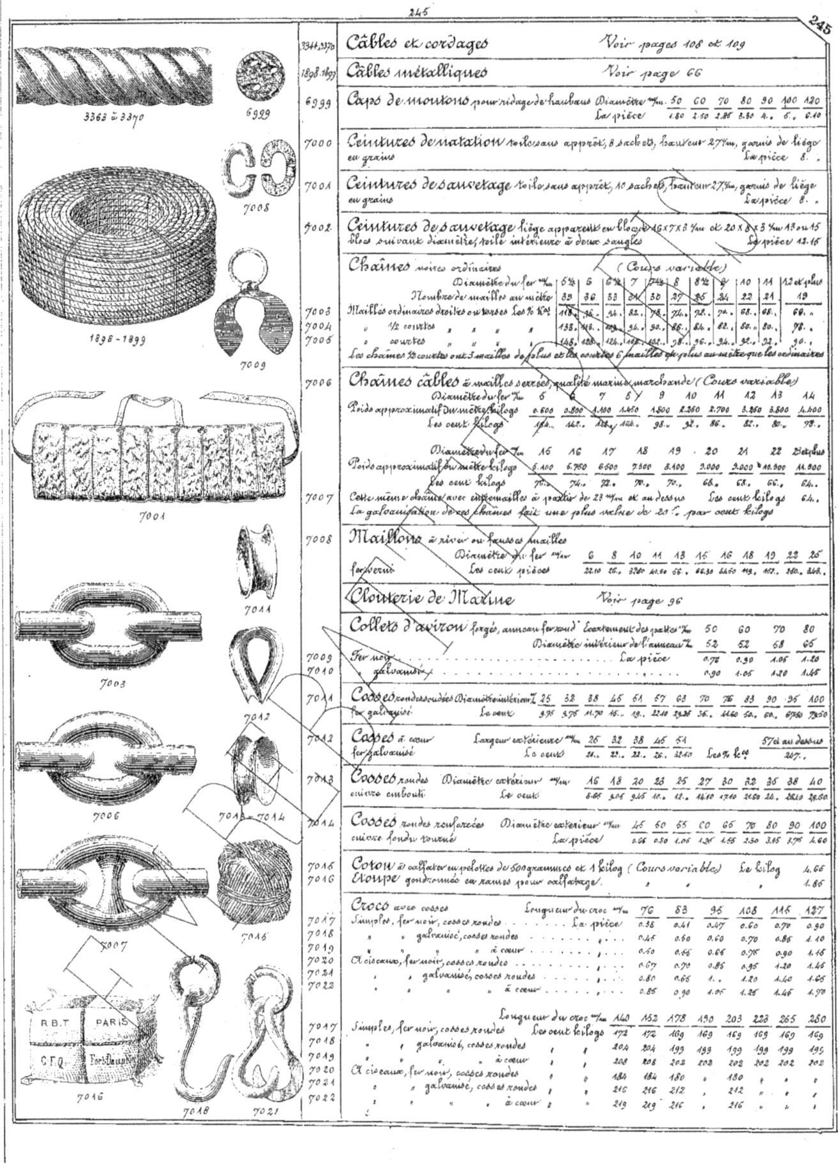

3344 à 3370 **Câbles et cordages** Voir pages 108 et 109

1898-1899 **Câbles métalliques** Voir page 66

6999 **Caps de moutons** pour ridage de haubans

Diamètre m/m	50	60	70	80	90	100	120
La pièce	1.80	2.50	2.85	3.30	4. »	5. »	6.10

7000 **Ceintures de natation** toile sans apprêt, 8 sachets, hauteur 27 c/m, garnis de liège en grains — La pièce 8. »

7001 **Ceintures de sauvetage** toile sans apprêt, 10 sachets, hauteur 27 c/m, garnis de liège en grains — La pièce 8. »

7002 **Ceintures de sauvetage** liège apparent en blocs de 16 × 7 × 3 c/m et 20 × 8 × 3 c/m 13 ou 15 blocs suivant diamètre, toile intérieure à deux sangles — La pièce 12.15

Chaînes noires ordinaires (Cours variable)

	Diamètre du fer m/m	5½	6	6½	7	7½	8	8½	9	10	11	12 et plus
	Nombre de mailles au mètre	39	36	33	31	30	27	25	24	22	21	19
7003	Mailles ordinaires droites ou torses Les % K°s	118.	96.	94.	82.	78.	74.	72.	70.	68.	68.	60. »
7004	» 1/2 courtes » » » »	133.	116.	103.	94.	90.	86.	84.	82.	80. »	80.	78. »
7005	» courtes » » » »	148.	128.	124.	10[illegible].	102.	98.	96.	94.	92.	92.	90.

Les chaînes ½ courtes ont 3 mailles de plus et les courtes 6 mailles de plus au mètre que les ordinaires

7006 **Chaînes câbles** à mailles serrées, qualité marine marchande (Cours variable)

Diamètre du fer m/m	5	6	7	8	9	10	11	12	13	14
Poids approximatif du mètre, kilogs	0.600	0.800	1.100	1.450	1.800	2.250	2.700	3.250	3.800	4.400
Les cent kilogs	164.	142.	124.	104.	98.	92.	86.	82.	80.	78.

Diamètre du fer m/m	15	16	17	18	19	20	21	22	23 et plus
Poids approximatif du mètre kilogs	5.100	5.750	6.500	7.300	8.100	9.000	9.000	10.900	11.900
Les cent kilogs	76.	74.	72.	70.	70.	68.	68.	66.	64.

7007 Cette même chaîne avec entremailles à partir de 23 m/m et au dessus — Les cent kilogs 64.

La galvanisation de ces chaînes fait une plus value de 20 f. par cent kilogs

7008 **Maillons** à river ou fausses mailles

	Diamètre du fer m/m	6	8	10	11	13	15	16	18	19	22	25
fer verni	Les cent pièces	22.10	26. »	32.60	40.50	56. »	66.30	84.50	119.	147.	260.	268.

Clouterie de Marine Voir page 96

Collets d'aviron forgés, anneau fer rond

		Écartement des pattes m/m	50	60	70	80
		Diamètre intérieur de l'anneau m/m	52	52	58	65
7009	Fer noir	La pièce	0.78	0.90	1.05	1.20
7010	» galvanisé	»	0.90	1.05	1.20	1.45

7011 **Cosses** rondes soudées, fer galvanisé

Diamètre intérieur m/m	25	32	38	45	51	57	63	70	76	83	90	95	100
Le cent	9.75	9.75	11.70	16. »	19. »	22.10	29.25	36. »	44.60	50. »	60. »	67.50	73.50

7012 **Cosses** à cœur, fer galvanisé

Largeur extérieure m/m	26	32	38	45	51	57 et au dessus
Le cent	21. »	22. »	22. »	26. »	32.50	Les % K°s 267. »

7013 **Cosses** rondes, cuivre embouti

Diamètre extérieur m/m	16	18	20	23	25	27	30	32	35	38	40
Le cent	8.65	9.05	9.45	10. »	12. »	14.10	17.10	21.50	24. »	26.10	29.60

7014 **Cosses** rondes renforcées, cuivre fondu tourné

Diamètre extérieur m/m	45	50	55	60	65	70	80	90	100
La pièce	0.66	0.80	1.05	1.25	1.65	2.30	3.15	3.75	4.60

7015 **Coton** à calfater en pelottes de 500 grammes et 1 kilog (Cours variable) — Le kilog 4.65

7016 **Étoupe** goudronnée en rames pour calfatage — » 1.85

Crocs avec cosses

	Longueur du croc m/m	76	83	95	108	115	127
7017	Simples, fer noir, cosses rondes . . . . . . La pièce	0.35	0.41	0.47	0.60	0.70	0.90
7018	» » galvanisé, cosses rondes . . . . . . »	0.45	0.50	0.60	0.70	0.85	1.10
7019	» » » » à cœur . . . . . . »	0.50	0.55	0.65	0.75	0.90	1.15
7020	A ciseaux, fer noir, cosses rondes . . . . . . »	0.67	0.70	0.85	0.95	1.20	1.45
7021	» » galvanisé, cosses rondes . . . . . . »	0.80	0.65	1. »	1.20	1.40	1.65
7022	» » » » à cœur . . . . . . »	0.85	0.90	1.05	1.25	1.45	1.70

	Longueur du croc m/m	140	152	178	190	203	223	265	280
7017	Simples, fer noir, cosses rondes — Les cent kilogs	172	172	169	169	169	169	169	169
7018	» » galvanisé, cosses rondes » »	204	204	199	199	199	199	199	199
7019	» » » » à cœur » »	208	208	202	202	202	202	202	202
7020	A ciseaux, fer noir, cosses rondes » »	184	184	180	»	180	»	»	»
7021	» » galvanisé, cosses rondes » »	216	216	212	»	212	»	»	»
7022	» » » » à cœur » »	219	219	216	»	216	»	»	»

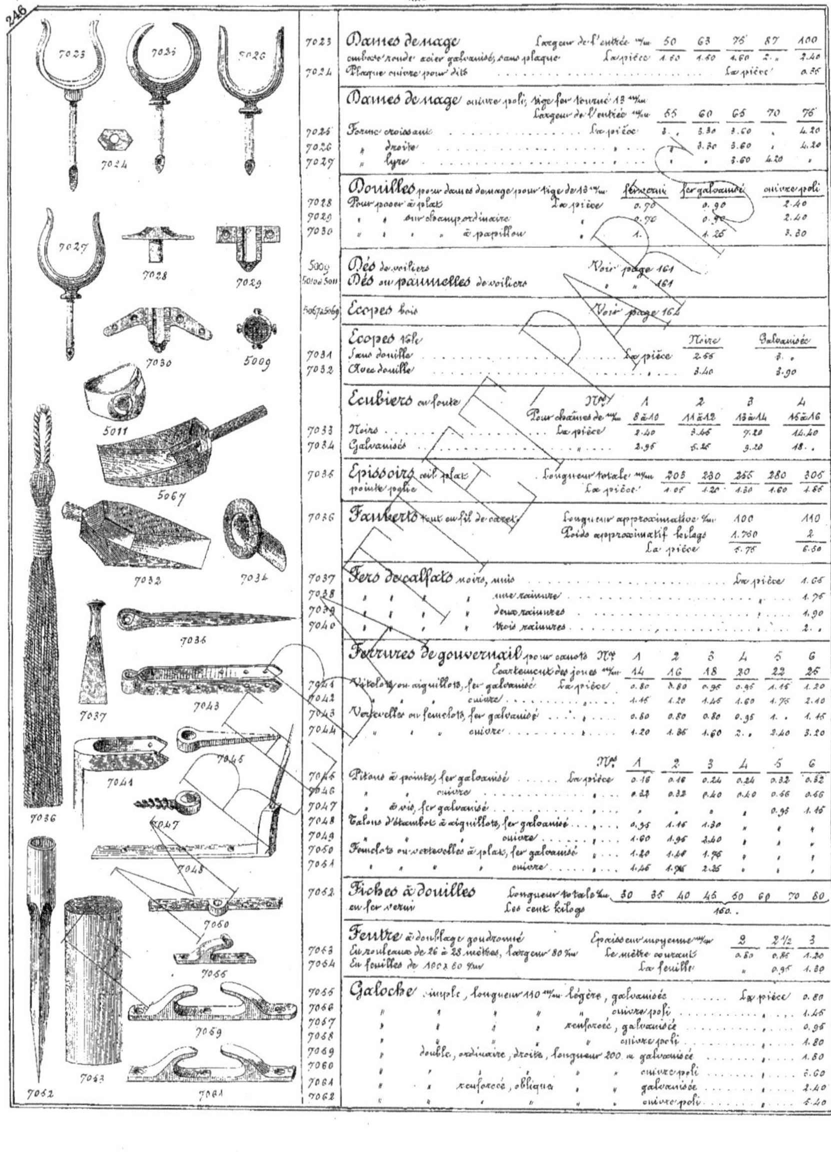

	Dames de nage — Largeur de l'entrée m/m	50	63	75	87	100
7023	embase ronde acier galvanisé, sans plaque — La pièce	1.60	1.60	1.60	2 .	2.40
7024	Plaque cuivre pour dits .... La pièce					0.35

	Dames de nage cuivre poli, tige fer tourné 13 m/m — Largeur de l'entrée m/m	55	60	65	70	75
7025	Forme croissant .... La pièce	3 .	3.30	3.60	»	4.20
7026	» droite .... »	»	3.30	3.60	»	4.20
7027	» lyre .... »	»	»	3.60	4.20	»

	Douilles pour dames de nage pour tige de 13 m/m		fer écroui	fer galvanisé	cuivre poli
7028	Pour poser à plat	La pièce	0.70	0.90	2.40
7029	» » sur champ ordinaire	»	0.70	0.90	2.40
7030	» » » » à papillon	»	1.	1.25	3.30

5009 **Dés** de voiliers — Voir page 161
5010 à 5011 **Dés** ou **paumelles** de voiliers — » » 161

5067 à 5069 **Écopes** bois — Voir page 164

	Écopes tôle		Noire	Galvanisée
7031	Sans douille	La pièce	2.55	3 .
7032	Avec douille	»	3.40	3.90

	Écubiers en fonte — Nos	1	2	3	4
	Pour chaînes de m/m	8 à 10	11 à 12	13 à 14	15 à 16
7033	Noirs .... La pièce	2.40	3.65	7.20	14.40
7034	Galvanisés .... »	2.95	5.25	9.20	18 . .

	Épissoirs œil plat, pointe polie — Longueur totale m/m	205	230	255	280	305
7035	La pièce	1.05	1.20	1.30	1.60	1.85

	Fauberts tout en fil de caret		
7036	Longueur approximative c/m	100	110
	Poids approximatif kilogs	1.750	2
	La pièce	5.75	6.50

	Fers de calfats	
7037	noirs, unis .... La pièce	1.65
7038	» » » » une rainure .... »	1.75
7039	» » » » deux rainures .... »	1.90
7040	» » » » trois rainures .... »	2 .

	Ferrures de gouvernail pour canots Nos	1	2	3	4	5	6
	Écartement des joues m/m	14	16	18	20	22	25
7041	Vitelots ou aiguillots, fer galvanisé — La pièce	0.80	0.80	0.95	0.95	1.15	1.20
7042	» » » cuivre .... »	1.15	1.20	1.45	1.60	1.75	2.10
7043	Vertevelles ou femelots, fer galvanisé .... »	0.80	0.80	0.80	0.95	1 .	1.15
7044	» » » cuivre .... »	1.20	1.35	1.60	2 .	2.40	3.20

	Nos	1	2	3	4	5	6
7045	Pitons à pointe, fer galvanisé ...... La pièce	0.16	0.16	0.24	0.24	0.32	0.32
7046	» » cuivre .... »	0.22	0.32	0.40	0.40	0.66	0.66
7047	» à vis, fer galvanisé .... »	»	»	»	»	0.95	1.15
7048	Talons d'étambot à aiguillots, fer galvanisé .... »	0.95	1.15	1.30	»	»	»
7049	» » » cuivre .... »	1.60	1.95	2.40	»	»	»
7050	Femelots ou vertevelles à plat, fer galvanisé .... »	1.20	1.40	1.75	»	»	»
7051	» » » » cuivre .... »	1.45	1.95	2.35	»	»	»

	Fiches à douilles en fer verni — Longueur totale m/m	30	35	40	45	50	60	70	80
7052	Les cent kilogs	160 . .							

	Feutre à doublage goudronné — Épaisseur moyenne m/m		2	2 1/2	3
7053	En rouleaux de 26 à 28 mètres, largeur 80 c/m	Le mètre courant	0.80	0.85	1.20
7054	En feuilles de 100 × 60 c/m	La feuille	»	0.95	1.30

	Galoche	
7055	simple, longueur 110 m/m légère, galvanisée .... La pièce	0.80
7056	» » » » » cuivre poli .... »	1.45
7057	» » » » renforcée, galvanisée .... »	0.95
7058	» » » » » cuivre poli .... »	1.80
7059	» double, ordinaire, droite, longueur 200 m galvanisée .... »	1.80
7060	» » » » » » cuivre poli .... »	3.60
7061	» » renforcée, oblique » » galvanisée .... »	2.40
7062	» » » » » » cuivre poli .... »	5.40

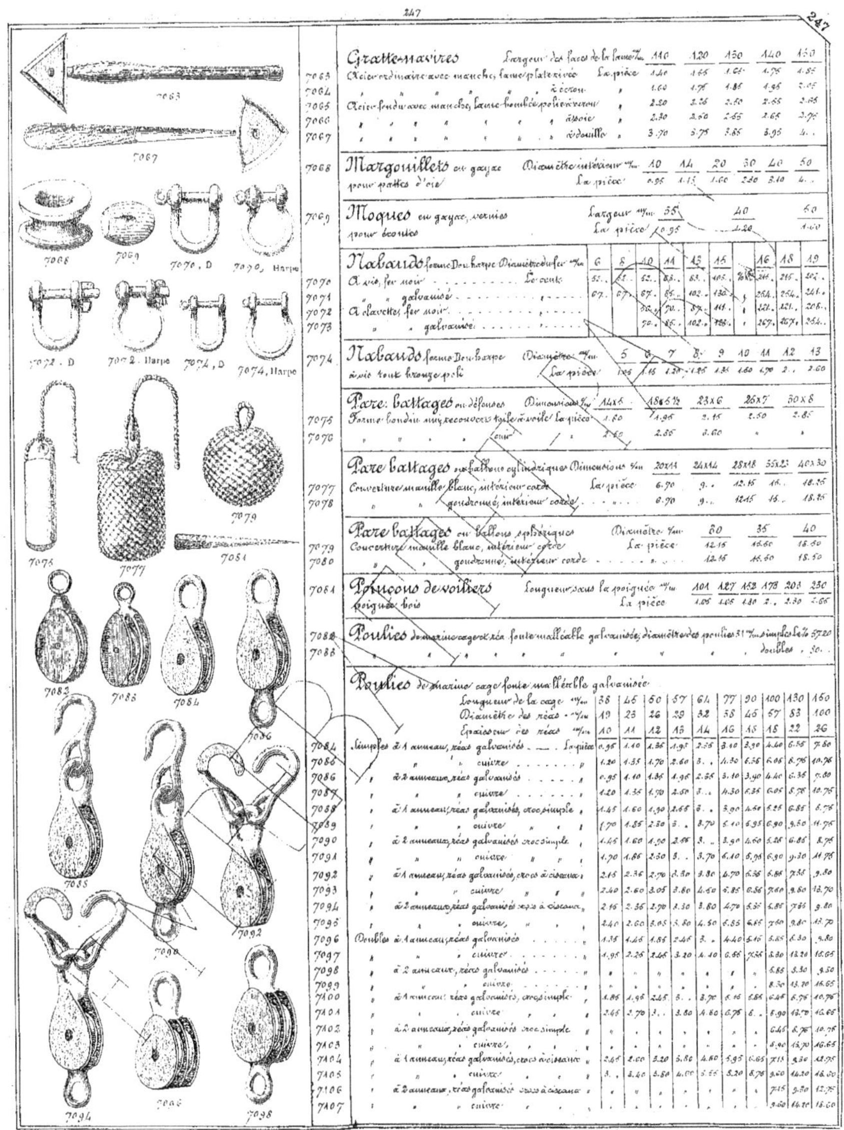

Gratte-navires

		Largeur des faces de la lame m/m	110	120	130	140	150
7063	Acier ordinaire avec manche, lame plate rivée	La pièce	1.40	1.65	1.64	1.75	1.85
7064	" " " " " à écrou	"	1.60	1.75	1.85	1.95	2.05
7065	Acier fondu avec manche, lame bombée polie à écrou	"	2.20	2.26	2.50	2.65	2.85
7066	" " " " " à soie	"	2.30	2.60	2.65	2.65	2.75
7067	" " " " " à douille	"	3.70	3.75	3.85	3.95	4..

Margouillets en gayac

		Diamètre intérieur m/m	10	14	20	30	40	50
7068	pour pattes d'oie	La pièce	0.95	1.15	1.60	2.30	3.10	4..

Moques en gayac, vernies

		Largeur m/m	35	40	50
7069	pour écoutes	La pièce	0.95	1.20	1.60

Nabauds forme D ou harpe

	Diamètre du fer m/m		6	8	10	11	13	15		16	18	19
7070	A vis, fer noir	Le cent	52..	52..	52..	83..	83..	105..	[illegible]	211.	215.	202.
7071	" " galvanisé	"	67.	67.	67.	85..	102..	130..	"	254.	254.	241.
7072	A clavettes, fer noir	"			56..	70..	87..	111.	"	221.	221.	208..
7073	" " galvanisé	"			70..	86..	102..	135.	"	267.	267.	254..

Nabauds forme D ou harpe

		Diamètre m/m	5	6	7	8	9	10	11	12	13
7074	à vis tout bronze poli	La pièce	1.05	1.15	1.20	1.25	1.35	1.60	1.70	2..	2.60

Pare-battages ou défenses

		Dimensions c/m	14x5	18x5½	23x6	26x7	30x8
7075	Forme boudin ou recouvert toile à voile	La pièce	1.60	1.95	2.15	2.50	2.85
7076	" " " " cuir	"	2.60	2.85	3.60	"	"

Pare-battages en ballons cylindriques

		Dimensions c/m	20x11	24x14	28x18	35x23	40x30
7077	Couverture manille blanc, intérieur corde	La pièce	6.70	9..	12.15	16..	18.25
7078	" " goudronné, intérieur corde	"	6.70	9..	12.15	16..	18.25

Pare-battages en ballons sphériques

		Diamètre c/m	30	35	40
7079	Couverture manille blanc, intérieur corde	La pièce	12.15	15.60	18.50
7080	" " goudronné, intérieur corde	"	12.15	15.60	18.50

Poinçons de voiliers

		Longueur sous la poignée m/m	101	127	152	178	203	230
7081	poignée bois	La pièce	1.05	1.65	1.80	2..	2.30	2.66

Poulies de marine cage et réa fonte malléable galvanisée

7082 Poulies de marine cage et réa fonte malléable galvanisée, diamètre des poulies 31 m/m simples Le % 57.20

7083 " " " " " " " " doubles " 30..

Poulies de marine cage fonte malléable galvanisée

		Longueur de la cage m/m	38	45	50	57	64	77	90	100	130	150
		Diamètre des réas m/m	19	23	26	29	32	38	45	57	83	100
		Epaisseur des réas m/m	10	11	12	13	14	16	15	18	22	26
7084	Simples à 1 anneau, réas galvanisés	La pièce	0.95	1.40	1.35	1.95	2.55	3.10	3.90	4.40	6.35	7.80
7085	" " " cuivre	"	1.20	1.35	1.70	2.60	3..	4.30	6.35	6.05	8.75	10.75
7086	" à 2 anneaux, réas galvanisés	"	0.95	1.10	1.35	1.95	2.55	3.10	3.90	4.40	6.35	7.80
7087	" " " cuivre	"	1.20	1.35	1.70	2.50	3..	4.30	6.35	6.05	8.75	10.75
7088	" à 1 anneau, réas galvanisés, croc simple	"	1.45	1.60	1.90	2.65	3..	3.90	4.60	5.25	6.85	8.75
7089	" " " cuivre " "	"	1.70	1.85	2.30	3..	3.70	5.10	5.95	6.90	9.50	11.75
7090	" à 2 anneaux, réas galvanisés croc simple	"	1.45	1.60	1.90	2.55	3..	3.90	4.60	5.25	6.85	8.75
7091	" " " cuivre " "	"	1.70	1.85	2.30	3..	3.70	6.10	5.95	6.90	9.30	11.75
7092	" à 1 anneau, réas galvanisés, crocs à ciseaux	"	2.15	2.35	2.70	3.30	3.80	4.70	5.35	6.85	7.35	9.80
7093	" " " cuivre " "	"	2.40	2.60	3.05	3.80	4.50	5.85	6.55	7.60	9.80	13.70
7094	" à 2 anneaux, réas galvanisés crocs à ciseaux	"	2.15	2.35	2.70	3.30	3.80	4.70	5.35	6.85	7.35	9.80
7095	" " " cuivre, " "	"	2.40	2.60	3.05	3.80	4.50	5.85	6.65	7.60	9.80	13.70
7096	Doubles à 1 anneau, réas galvanisés	"	1.35	1.45	1.85	2.45	3..	4.40	5.15	5.85	6.30	9.80
7097	" " " cuivre	"	1.95	2.25	2.45	3.20	4.10	6.55	7.35	8.30	13.20	16.65
7098	" à 2 anneaux, réas galvanisés	"	"	"	"	"	"	"	"	5.85	8.30	9.50
7099	" " " cuivre	"	"	"	"	"	"	"	"	8.30	13.70	16.65
7100	" à 1 anneau, réas galvanisés, croc simple	"	1.85	1.95	2.45	3..	3.70	5.15	5.85	6.45	6.75	10.75
7101	" " " cuivre " "	"	2.45	2.70	3..	3.80	4.60	6.75	6..	8.90	13.70	16.65
7102	" à 2 anneaux, réas galvanisés croc simple	"	"	"	"	"	"	"	"	6.45	6.75	10.75
7103	" " " cuivre, " "	"	"	"	"	"	"	"	"	8.90	13.70	16.65
7104	" à 1 anneau, réas galvanisés, crocs à ciseaux	"	2.45	2.60	3.20	3.80	4.60	5.95	6.65	7.15	9.30	12.75
7105	" " " cuivre " "	"	3..	3.40	3.80	4.00	5.55	8.20	8.75	9.60	14.20	16.50
7106	" à 2 anneaux, réas galvanisés crocs à ciseaux	"	"	"	"	"	"	"	"	7.15	9.30	12.75
7107	" " " cuivre " "	"	"	"	"	"	"	"	"	9.60	14.20	16.50

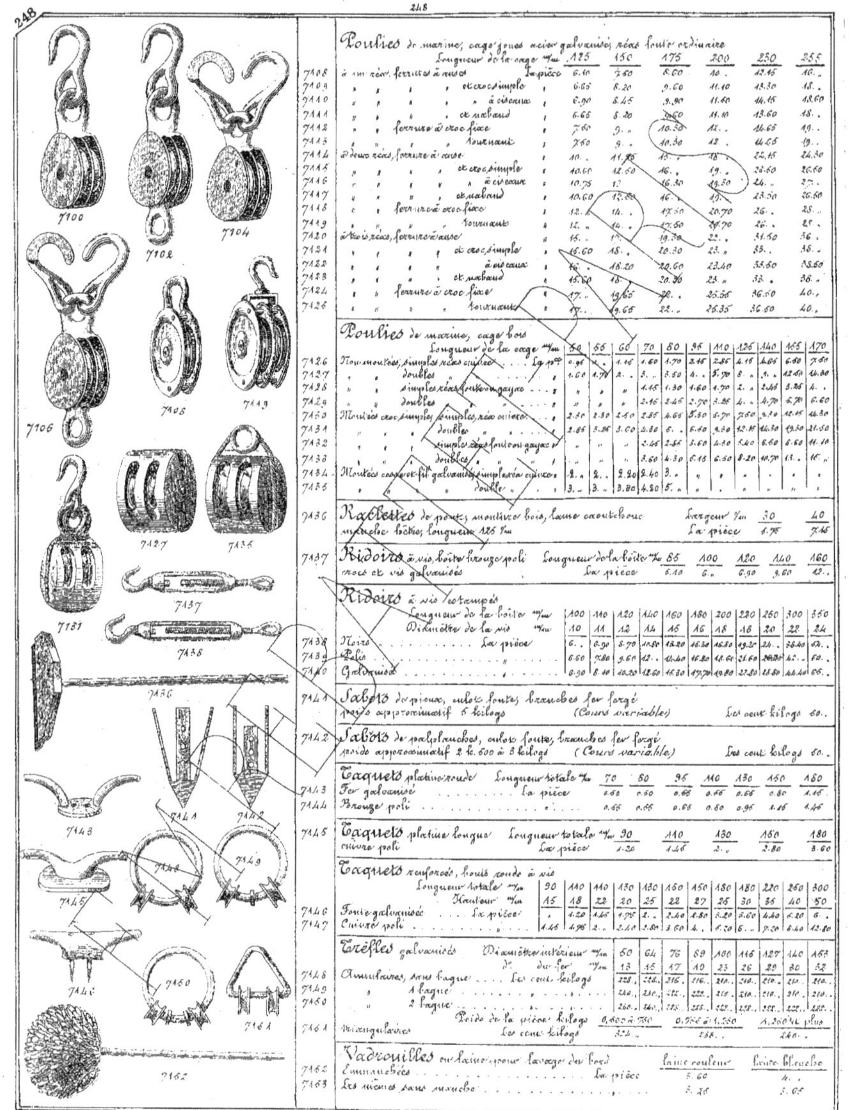

Poulies de marine, cage joues acier galvanisé, réas fonte ordinaire

		Longueur de la cage m/m	125	150	175	200	230	255
7108	à un réa, ferrures à anse	La pièce	6.10	7.50	8.60	10..	12.15	16..
7109	" " " " et croc simple	"	6.65	8.20	9.60	11.10	13.30	18..
7110	" " " " " à ciseaux	"	6.90	8.45	9.90	11.60	14.15	18.60
7111	" " " " et ridaud	"	6.65	8.20	9.60	11.10	13.60	18..
7112	" " ferrure à croc fixe	"	7.60	9..	10.30	12..	14.65	19..
7113	" " " " tournant	"	7.60	9..	10.30	12..	14.65	19..
7114	à deux réas, ferrure à anse	"	10..	11.75	15..	18..	22.15	24.30
7115	" " " " et croc simple	"	10.60	12.60	16..	19..	23.60	26.60
7116	" " " " " à ciseaux	"	10.75	13	16.30	19.50	24..	27..
7117	" " " " et ridaud	"	10.60	12.60	16..	19..	23.50	26.60
7118	" " ferrure à croc fixe	"	12..	14..	17.50	20.70	26..	28..
7119	" " " " tournants	"	12..	14..	17.50	20.70	26..	28..
7120	à trois réas, ferrure à anse	"	15..	17..	19.30	22..	31.50	36..
7121	" " " " et croc simple	"	15.60	18..	20.30	23..	33..	38..
7122	" " " " " à ciseaux	"	16..	18.20	20.60	23.40	33.50	38.50
7123	" " " " et ridaud	"	15.60	18..	20.30	23..	33..	38..
7124	" " ferrure à croc fixe	"	17..	19.65	22..	25.35	36.50	40..
7125	" " " " tournants	"	17..	19.65	22..	25.35	36.50	40..

Poulies de marine, cage bois

		Longueur de la cage m/m	50	55	60	70	80	95	110	125	140	165	170
7126	Non montées, simples réas cuivre	La pce	0.95	1..	1.15	1.60	1.70	2.15	2.85	4.15	4.65	6.50	7.50
7127	" " doubles "	"	1.60	1.70	2..	3..	3.50	4..	5.70	8..	9..	12.50	14.80
7128	" " simples réas fonte ou gayac	"	"	"	"	1.15	1.30	1.60	1.70	2..	2.45	3.25	4..
7129	" " doubles "	"	"	"	"	2.15	2.45	2.70	3.25	4..	4.70	5.70	6.60
7130	Montées croc simple, simples, réas cuivre	"	2.30	2.30	2.50	2.85	4.65	5.50	5.70	7.50	9.20	12.15	14.30
7131	" " " doubles "	"	2.85	3.25	3.60	4.30	6..	6.60	9.30	12.15	14.30	19.50	21.50
7132	" " " simples réas fonte ou gayac	"	"	"	"	2.45	2.85	3.60	4.30	5.40	6.60	6.60	11.10
7133	" " " doubles " " "	"	"	"	"	3.60	4.30	5.15	6.50	8.20	10.70	13..	16..
7134	Montées cosse et fil galvanisé, simple réa cuivre	"	2..	2..	2.20	2.40	3..	"	"	"	"	"	"
7135	" " " double "	"	3..	3..	3.80	4.20	5..	"	"	"	"	"	"

7136	**Raclettes** de ponts, monture bois, lame caoutchouc manche hêtre, longueur 125 m/m	Largeur m/m	30	40
		La pièce	6.75	7.15

7137	**Ridoirs** à vis, boîte bronze poli, crocs et vis galvanisés	Longueur de la boîte m/m	85	100	120	140	160
		La pièce	6.10	6..	6.90	9.60	12..

Ridoirs à vis estampés

	Longueur de la boîte m/m		100	110	120	140	160	180	200	220	260	300	350
	Diamètre de la vis m/m		10	11	12	14	15	16	18	18	20	22	24
7138	Noirs	La pièce	6..	6.90	8.70	10.80	13.20	15.30	16.80	19.20	24..	36.40	52..
7139	Polis	"	6.60	7.80	9.60	12..	14.40	16.80	18.60	21.60	[illegible]	42..	60..
7140	Galvanisés	"	6.90	8.10	10.20	12.60	16.30	17.70	19.80	22.80	18.50	44.40	65..

7141 **Sabots** de pieux, culots fonte, branches fer forgé, poids approximatif 5 kilogs (Cours variable) Les cent kilogs 60..

7142 **Sabots** de palplanches, culots fonte, branches fer forgé, poids approximatif 2 k. 500 à 3 kilogs (Cours variable) Les cent kilogs 60..

Taquets platine ronde

		Longueur totale m/m	70	80	95	110	130	150	180
7143	Fer galvanisé	La pièce	0.50	0.50	0.65	0.65	0.65	0.80	1.15
7144	Bronze poli	"	0.65	0.65	0.65	0.80	0.95	1.15	1.45

7145	**Taquets** platine longue, cuivre poli	Longueur totale m/m	90	110	130	150	180
		La pièce	1.20	1.45	2..	2.80	3.60

Taquets renforcés, bouts ronds à vis

	Longueur totale m/m		90	110	110	130	130	150	150	180	180	220	250	300
	Hauteur m/m		15	18	22	20	25	22	27	25	30	35	40	50
7146	Fonte galvanisée	La pièce	"	1.20	1.45	1.75	2..	2.40	2.80	3.20	3.60	4.40	5.20	6..
7147	Cuivre poli	"	1.45	1.95	2..	2.40	2.80	3.60	4..	5.20	5..	7.20	8.40	12.80

Trèfles galvanisés

	Diamètre intérieur m/m		50	64	76	89	100	115	127	140	153
	d° du fer m/m		13	15	17	19	23	26	29	30	32
7148	Annulaires, sans bague	Les cent kilogs	228..	228..	216..	216..	210..	210..	210..	210..	210..
7149	" 1 bague	"	240..	240..	222..	222..	210..	210..	210..	210..	210..
7150	" 2 bagues	"	240..	240..	228..	228..	222..	222..	222..	222..	222..

7151	Triangulaires	Poids de la pièce kilogs	0.600 à 750	0.750 à 1.250	1.250 et plus
		Les cent kilogs	324..	288..	240..

Vadrouilles en laine pour lavage des bord

			Laine couleur	Laine blanche
7152	Emmanchées	La pièce	5.60	4..
7153	Les mêmes sans manche	"	5.25	5.05

(Voir prix pages 234 et 250)

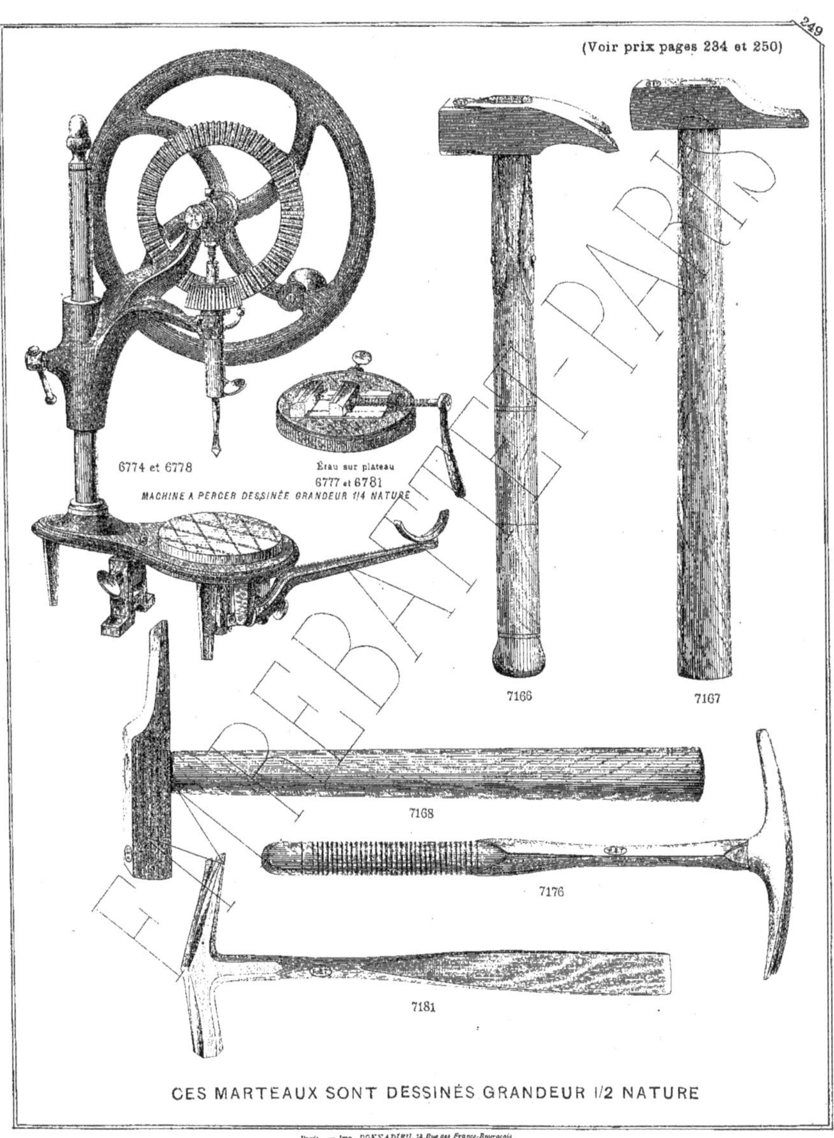

CES MARTEAUX SONT DESSINÉS GRANDEUR 1/2 NATURE

Paris. — Imp. DONNADIEU, 12, Rue des Francs-Bourgeois

Marteaux ordinaires en fonte.

7154 **Marteaux d'amateurs**, fonte roulée blanchie, panne fendue; manche blanc

Dimensions m/m	20	22	24	28
Le cent	10.75	16.50	20..	27..

7155 **Marteaux d'amateurs**, fonte polie, manche verni

Dimensions m/m	18	20	22	24
Le cent	24.30	33..	37..	41.60

Marteaux emmanchés à clavette

	Dimensions m/m	22	26
7156 Fonte vernie, manche blanc	Le cent	21.50	"
7157 " blanchie, manche verni	"	"	40..

7158 **Marteaux bourgeois**, fonte cimentée polie 23 m/m manche verni à clavette. Le cent 50..

7159 **Marteaux de menuisiers** emmanchés fonte polie, manche frêne

Dimensions m/m	20	22	24	26	28	30	32
Le cent	36..	38.50	41.60	47..	53..	62..	68.60

7160 **Marteaux à charbon** fonte à pic manche tourné. Le cent 57..

7161 **Marteaux de vitriers**, longueur totale 25 m/m, fonte polie . . . . Le cent 57..

7162 " " " " " nickelée . . . . . " . . . 71.60

Marteaux forgés en fer et acier

Marteaux d'horlogers, tête ronde, manche if poli verni

	Longueur totale m/m	45 à 59	60 à 70	71 à 80	81 à 95	96 à 110
7163 Acier poli, qualité courante	La pièce	0.70	0.80	0.90	1.15	1.35
7164 Acier fondu poli, qualité supérieure	"	0.80	0.95	1.05	1.40	1.70

7165 **Marteaux de bijoutiers** et amateurs, tout acier fondu, noirs à pans, tête ronde polie, manche if, poli verni

Dimensions m/m	9 à 14	15	16	18	20	23	25	27
La pièce	0.90	1..	1.10	1.25	1.50	1.80	2.15	2.50

7166 **Marteaux bourgeois** acier fondu noir, panne fendue (R.B.T) qualité recommandée, manche frêne à clavette

Dimensions m/m	18	20	22	24	26	28	30	32	35	38	40
La pièce	1.15	1.20	1.35	1.40	1.50	1.60	1.80	2.05	2.25	2.95	3.60

7167 **Marteaux de menuisiers** acier fondu noir (R.B.T) qualité recommandée, manche frêne

Dimensions m/m	14	16	18	20	22	24	26	28	30	32	35	38	40
La pièce	0.71	0.71	0.79	0.86	0.96	1.02	1.05	1.16	1.43	1.60	1.80	2.40	2.65

7168 **Marteau d'électricien** acier fondu noir 22 m/m, longue panne, manche frêne. La pièce 1.60

7169 **Marteaux à charbon** à pic, acier fondu noir, manche frêne, sans clavette

Dimensions m/m	28	30
La pièce	1.60	1.70

Marteaux rivoirs, serruriers, acier fondu noir; qualité recommandée

Dimensions m/m	20	22	24	26	28	30	32	34	36	38	40	42	45	48	50
7170 Non emmanchés La pièce	0.65	0.74	0.81	0.96	1..	1.20	1.40	1.66	1.75	2.10	2.65	2.85	3.05	3.45	3.85
7171 Manche frêne "	1.03	1.09	1.16	1.30	1.40	1.60	1.80	2.06	2.25	2.60	3.05	3.35	3.65	4..	4.40

Marteaux de forges, tout acier fondu noir

	Poids kilogs	1 à 2 à main	2,050 à 3,500 à main	3,550 à 7 à devant
7172 Panne en long	Le kilog	2.70	2.35	1.90
7173 " en travers	"	2.70	2.35	1.90

7174 **Marteaux à placage**, tout acier fondu noir (R.B.T), manche frêne

Dimensions m/m	28	30
La pièce	2.65	3..

7175 **Marteaux à déballer** dits à fruits secs, fer poli aciéré

Nos	0	1	2	3	4
Diamètre de la tête m/m	15	18	22	25	28
La pièce	2.30	2.85	3.15	3.70	4.40

Marteaux de tapissiers acier fondu (R.B.T) manche frêne

	Diamètre de la tête		
7176 Forme ordinaire	3 à 12 m/m	La pièce	2.80
7177 " ramponneau	8 à 14 m/m	"	2.86

Marteaux de tapissiers acier fondu, vrai Vergez, manche frêne

	Diamètre de la tête		
7178 Forme ordinaire	4 à 10 m/m	La pièce	6.10
7179 " ramponneau	6 à 15 m/m	"	6.40

5079 **Émerillons** bois, à détordre le crin, pour tapissiers et bourreliers. Voir page 164

7180 **Marteaux de vitriers**, tout fer aciéré, (R.B.T). La pièce 1.85

7181 **Marteaux de vitriers** (R.B.T) tout acier fondu

Nos	1	2	3
La pièce	2.35	2.60	2.80

7182 7186 7190

7194 7202

7198 7206

7209 7212 - Petit

7212 - Moyen 7212 - Grand

7215 7218

Marteaux et poignées de portes, en fonte.

Marteaux de porte à main, modèle Ardennes

		Hauteur m/m	80	90	100	110	140	150	160	170
7182	En fonte bronzée	La pièce	0.75	0.80	0.95	1.10	1.20	1.40	1.75	2. »
7183	En fonte nickelée	»	2.30	2.60	2.75	3.10	3.20	3.40	3.70	4.25

Marteaux de porte à main, modèle Paris

		Nos	1	2	3	4	5	6	7	8	9	10
7184	Fonte bronzée	La pièce	0.90	1.05	1.25	1.45	1.70	1.95	2.35	2.95	3.90	5.20
7185	Font. nickelée	»	2.75	2.95	3.25	3.60	4.25	4.90	5.55	6.65	7.50	10.10

Marteaux de porte

		Nos	1	2	3	4	5
7186	Col de cygne, fonte bronzée	La pièce	1.20	1.47	1.75	2.30	2.65
7187	» » » nickelée	»	3.40	4.05	4.90	5.85	7.15
7188	» » » cuivre poli ou verni or	»	7.80	9.75	12.35	15.60	17.50
7189	» » » » nickelé	»	9.10	11.40	14.30	17.90	22.10
7190	Console à boule, fonte bronzée	»	1.05	1.20	1.45	1.75	»
7191	» » nickelée	»	3.25	3.70	4.30	5. »	»
7192	» » cuivre poli ou verni or	»	5.65	7.15	9.10	11.70	»
7193	» » » nickelé	»	6.65	8.45	10.75	13.65	»
7194	Dauphin, fonte bronzée	»	1.30	1.55	1.95	2.60	5.60
7195	» » nickelée	»	3.90	4.70	5.55	6.50	7.80
7196	» cuivre poli ou verni or	»	9.10	11.05	14.30	18.20	23.40
7197	» » nickelé	»	10.40	12.70	16.25	20.50	26. »

Poignées de porte cintrées à côtes

		Largeur c/m	12	13	16
7198	Fonte bronzée	La pièce	0.65	0.70	0.90
7199	» nickelée	»	1.95	2.15	2.40
7200	Cuivre poli ou verni or	»	3.90	4.25	5.85
7201	» nickelé	»	4.80	5.20	7.15

Poignées de porte feuilles d'acanthe

		Largeur c/m	16	17	18	20	22
7202	Fonte bronzée	La pièce	0.85	1. »	1.20	1.45	1.75
7203	» nickelée	»	2.30	2.60	3.05	3.70	4.55
7204	Cuivre poli ou verni or	»	5.65	6.60	7.80	10.10	12.35
7205	» nickelé	»	6.85	7.50	9.10	11.70	14.70

Poignées de porte balustre orné

		Largeur c/m	17	18	20	22	24	27
7206	Fonte bronzée	La pièce	1.25	1.35	1.65	1.95	2.40	3.40
7207	Cuivre poli ou verni	»	8.45	9.75	11.70	14.30	18.20	23.40
7208	» nickelé	»	9.75	11.40	13.65	16.25	20.50	26. »

Marteaux et poignées de portes fabrication RBT
Modèles Déposés.

Marteaux de porte

		Nos	1	2	3	4	5	6	7
		Hauteur m/m	100	110	120	130	140	150	160
7209	à main, manchette unie; cuivre poli	La pce	3.40	3.75	4.75	5.40	6.25	7.20	9. »
7210	» » » » nickelé	»	4. »	4.55	5.30	6. »	7. »	8.25	10.80
7211	» » » bronze de nickel	»	»	»	8.80	10.45	13. »	15. »	19.25

Marteaux de porte à S

			Petit	Moyen	Grand	Très grand
		Hauteur m/m	155	180	190	230
7212	Cuivre poli	La pièce	10. »	11.50	16. »	23. »
7213	» nickelé	»	11.25	13. »	18. »	26.25
7214	Bronze de nickel	»	15. »	17.50	26. »	35. »

Marteaux de porte à volutes, hauteur 160 m/m

7215	Cuivre poli	La pièce	8. »
7216	» nickelé	»	9.25
7217	Bronze de nickel	»	12.50

Marteaux de porte à anneau, deux carrés plats

		Diamètre m/m	120	140	160	190
7218	Cuivre poli	La pièce	7.75	11. »	14.65	20.15
7219	» nickelé	»	9.20	13.25	17.25	23. »
7220	Bronze de nickel	»	15. »	21.55	27.60	36.25

Marteaux de porte à anneau, deux carrés diamant.

		Diamètre m/m	120	140	160	190
7221	Cuivre poli	La pièce	8.90	12.10	16.70	22.50
7222	" nickelé	"	11.50	14.85	20.15	26.30
7223	Bronze de nickel	"	18.10	23.60	31. "	39.75

Marteaux de porte console Louis XV à feuille, hauteur 200 m/m

7224	Cuivre poli	La pièce	16.80
7225	" nickelé	"	17.80
7226	Bronze de nickel	"	24.15

Marteaux de porte balustre Louis XVI, carrés en raie

		Hauteur m/m	225	250
7227	Cuivre poli	La pièce	17.50	20.90
7228	" nickelé	"	19.85	23. "
7229	Bronze de nickel	"	25.45	30. "

Marteaux de porte balustre Louis XVI, carrés diamant

		Hauteur m/m	225	250
7230	Cuivre poli	La pièce	17.50	20.90
7231	" nickelé	"	19.65	23. "
7232	Bronze de nickel	"	26.45	30. "

Marteaux de porte balustre Louis XV, carrés, rosaces ciselées

		Hauteur m/m	225	250
7233	Cuivre poli	La pièce	17.85	21.30
7234	" nickelé	"	20.45	23.60
7235	Bronze de nickel	"	26.50	30.50

Marteau de porte américains carrés simples hauteur 250 m/m

7236	" " " "	cuivre poli	La pce	19.85
7237	" " " "	cuivre nickelé	"	21.85
7238	" " " "	bronze de nickel	"	30. "

Poignées d'intérieur à pieds renvoyés pour portes battantes.

Poignées sur platine balustre céramique, modèle léger Longueur totale m/m

			120	140
7239	Façon ivoire, monture cuivre poli	La pièce	1.65	1.80
7240	" ébène " " "	"	2. "	2.15
7241	" ivoire " cuivre nickelé	"	2. "	2.15
7242	" ébène " " "	"	2.40	2.55

Poignées à pattes balustre céramique, modèle fort. Longueur totale 185 m/m

7243	Façon ivoire, monture cuivre poli	La pièce	3.75
7244	" ébène " " "	"	4.25
7245	" ivoire " cuivre nickelé	"	4.25
7246	" ébène " " "	"	4.75

Poignées sur platine balustre céramique, modèle fort. Longueur totale 205 m/m, platine étroite larg. 40 m/m

7247	Façon ivoire, monture cuivre poli	La pièce	6.75
7248	" ébène " " "	"	6.25
7249	" ivoire " cuivre nickelé	"	6.75
7250	" ébène " " "	"	7.26

Poignées sur platine balustre céramique, modèle fort. Longueur totale 205 m/m largeur de la platine 65 m/m

7251	Façon ivoire, monture cuivre poli	La pièce	5.75
7252	" ébène " " "	"	6.25
7253	" ivoire " cuivre nickelé	"	6.75
7254	" ébène " " "	"	7.25

Poignées à pattes ciselées, balustre céramique, modèle fort. Longueur totale 210 m/m

7255	Façon ivoire, monture cuivre poli	La pièce	4.90
7256	" ébène " " "	"	5.65
7257	" ivoire " cuivre nickelé	"	6.95
7258	" ébène " " "	"	6.70

Poignées sur platine ciselée, balustre céramique, modèle fort. Long. totale 210 m/m Larg. de la platine 60 m/m

7259	Façon ivoire, monture cuivre poli	La pièce	5.65
7260	" ébène " " "	"	6.40
7261	" ivoire " cuivre nickelé	"	6.70
7262	" ébène " " "	"	7.45

Poignées à pattes tube gravé, longueur totale 190 m/m

7263	tout cuivre poli	La pièce	3.90
7264	" " nickelé	"	4.80

Poignées sur platine simple balustre, longueur totale 170 m/m, largeur de la platine 40 m/m

7265	Cuivre poli	La pièce	4.50
7266	" nickelé	"	5.50

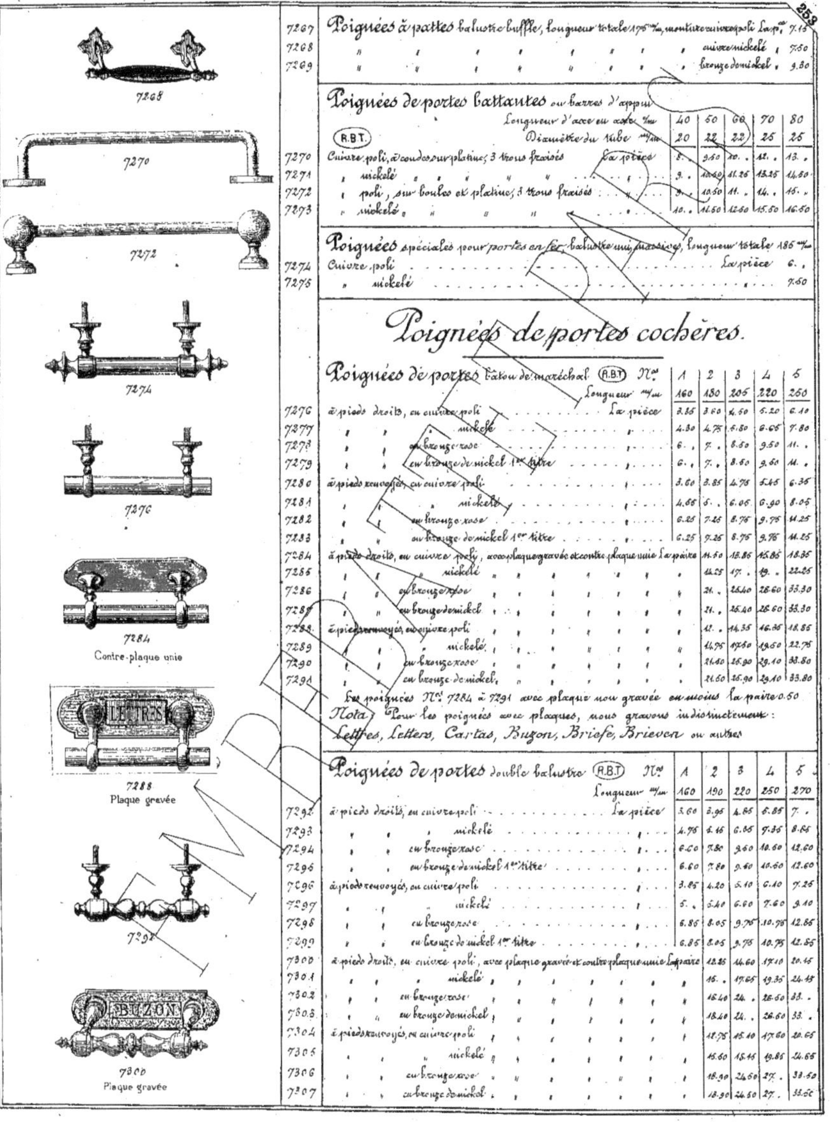

7268 · 7270 · 7272 · 7274 · 7276 · 7284 Contre-plaque unie · 7288 Plaque gravée · 7292 · 7300 Plaque gravée

N°	Désignation	Prix
7267	**Poignées à pattes** balustre buffle, longueur totale 175 m/m, monture cuivre poli La p.ce	7.15
7268	" " " cuivre nickelé	7.50
7269	" " " bronze de nickel	9.30

Poignées de portes battantes ou barres d'appui (R.B.T.)

N°	Longueur d'axe en axe m/m	40	50	60	70	80
	Diamètre du tube m/m	20	22	22	25	25
7270	Cuivre poli, à coudes sur platine, 3 trous fraisés La pièce	8. .	9.50	10. .	12. .	13. .
7271	" nickelé "	9. .	10.50	11.25	13.25	14.50
7272	" poli, sur boules et platine, 3 trous fraisés "	9. .	10.50	11. .	14. .	15. .
7273	" nickelé "	10. .	11.50	12.50	15.50	16.50

N°	**Poignées** spéciales pour portes en fer, balustre uni massive, longueur totale 186 m/m	Prix
7274	Cuivre poli La pièce	6. .
7275	" nickelé	7.50

Poignées de portes cochères.

Poignées de portes bâton de maréchal (R.B.T.)

N°	Nos	1	2	3	4	5
	Longueur m/m	160	180	205	220	250
7276	à pieds droits, en cuivre poli La pièce	3.35	3.60	4.50	5.20	6.10
7277	" " nickelé "	4.30	4.75	5.80	6.65	7.80
7278	" " en bronze rose "	6. .	7. .	8.50	9.50	11. .
7279	" " en bronze de nickel 1er titre "	6. .	7. .	8.50	9.50	11. .
7280	à pieds renvoyés, en cuivre poli "	3.60	3.85	4.75	5.45	6.35
7281	" " nickelé "	4.65	5. .	6.05	6.90	8.05
7282	" " en bronze rose "	6.25	7.25	8.75	9.75	11.25
7283	" " en bronze de nickel 1er titre "	6.25	7.25	8.75	9.75	11.25
7284	à pieds droits, en cuivre poli, avec plaque gravée et contre plaque unie La paire		11.50	13.85	15.85	18.35
7285	" " nickelé "		14.25	17. .	19. .	22.25
7286	" " en bronze rose "		21. .	25.40	28.60	33.30
7287	" " en bronze de nickel "		21. .	25.40	28.60	33.30
7288	à pieds renvoyés, en cuivre poli "		12. .	14.35	16.35	18.85
7289	" " nickelé "		14.75	17.50	19.50	22.75
7290	" " en bronze rose "		21.60	25.90	29.10	33.80
7291	" " en bronze de nickel "		21.60	25.90	29.10	33.80

Les poignées Nos 7284 à 7291 avec plaque non gravée en moins la paire 0.50

Nota : Pour les poignées avec plaques, nous gravons indistinctement : Lettres, Letters, Cartas, Buzon, Briefe, Brieven ou autres

Poignées de portes double balustre (R.B.T.)

N°	Nos	1	2	3	4	5
	Longueur m/m	160	190	220	250	270
7292	à pieds droits, en cuivre poli La pièce	3.60	3.95	4.85	5.85	7. .
7293	" " nickelé "	4.75	5.15	6.05	7.35	8.65
7294	" " en bronze rose "	6.60	7.80	9.60	10.60	12.60
7295	" " en bronze de nickel 1er titre "	6.60	7.80	9.60	10.60	12.60
7296	à pieds renvoyés, en cuivre poli "	3.85	4.20	5.10	6.10	7.25
7297	" " nickelé "	5. .	5.40	6.60	7.60	9.10
7298	" " en bronze rose "	6.85	8.05	9.75	10.75	12.85
7299	" " en bronze de nickel 1er titre "	6.85	8.05	9.75	10.75	12.85
7300	à pieds droits, en cuivre poli, avec plaque gravée et contre plaque unie La paire		12.25	14.60	17.10	20.15
7301	" " nickelé "		15. .	17.65	19.35	24.15
7302	" " en bronze rose "		18.40	24. .	26.60	33. .
7303	" " en bronze de nickel "		18.40	24. .	26.60	33. .
7304	à pieds renvoyés, en cuivre poli "		12.75	15.10	17.60	20.65
7305	" " nickelé "		15.60	18.15	19.85	24.65
7306	" " en bronze rose "		18.90	24.50	27. .	33.50
7307	" " en bronze de nickel "		18.90	24.50	27. .	33.50

(Voir prix pages 251 à 255)

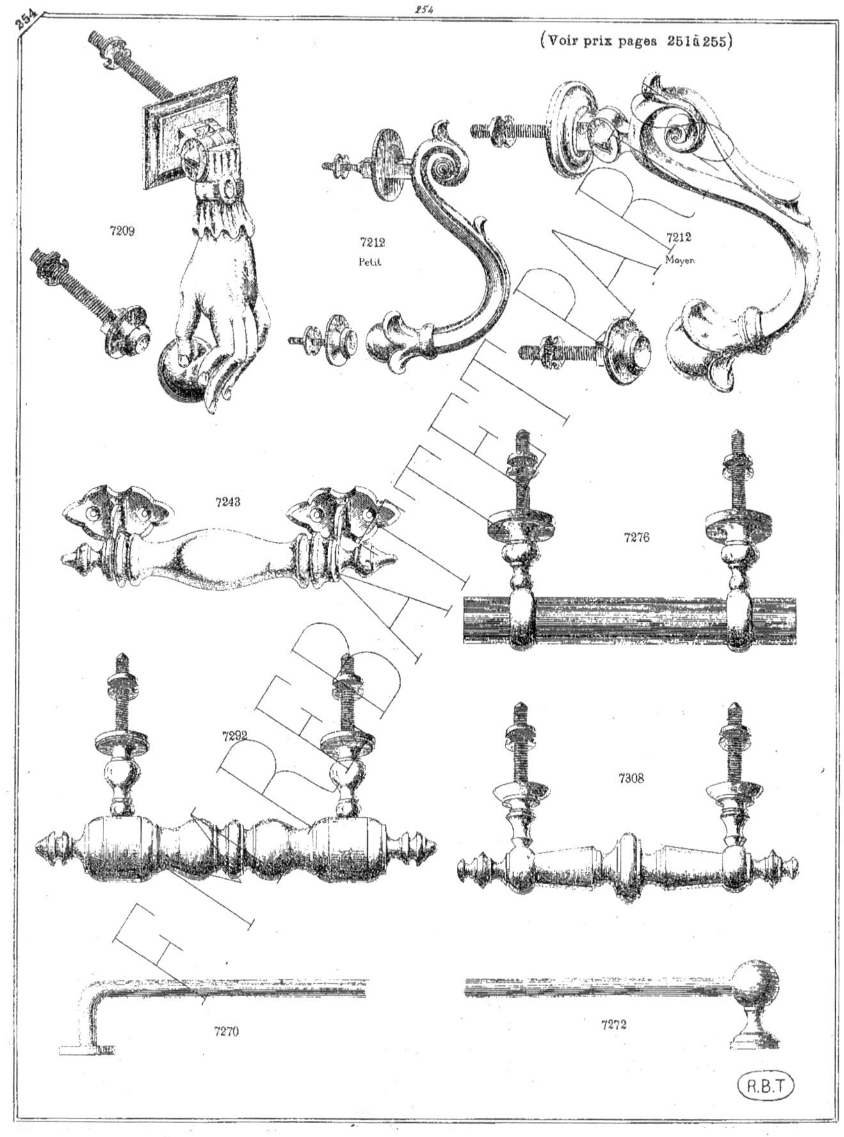

Paris. — Imp. DONNADIEU, 33, Rue des Francs-Bourgeois

255

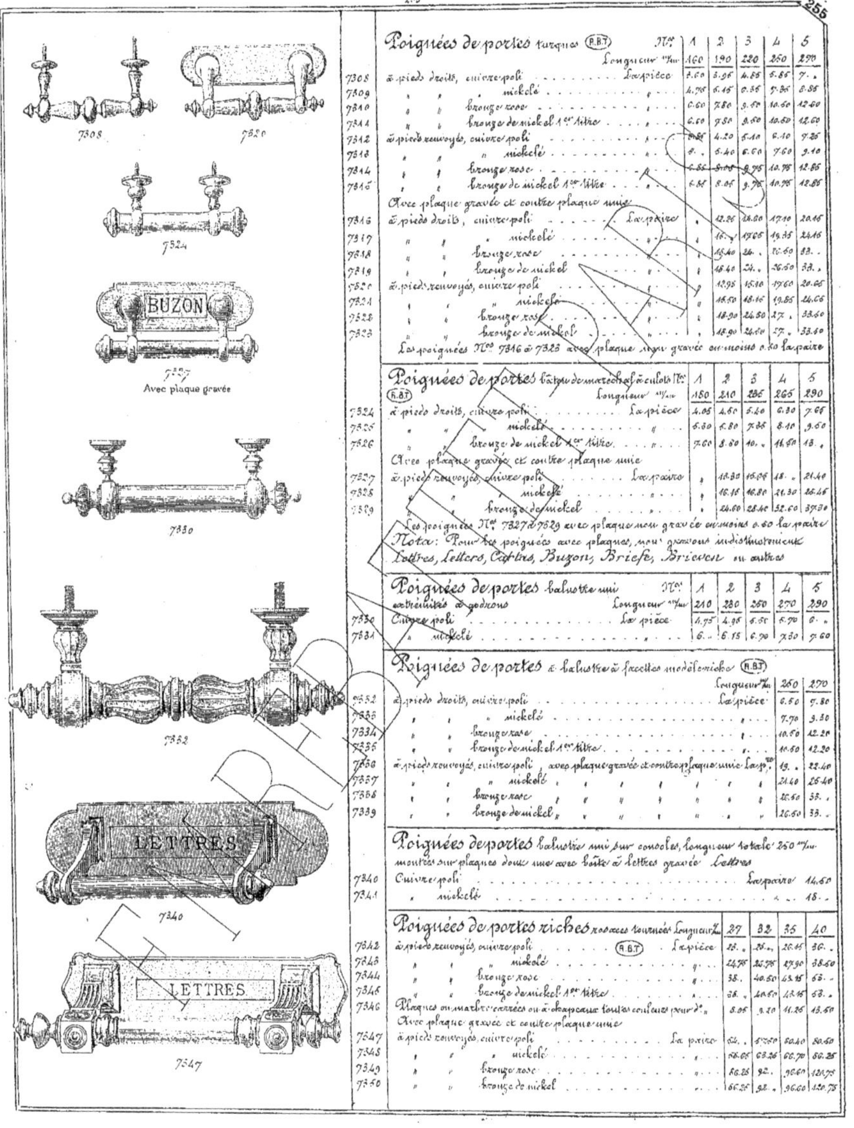

7308 — 7320 — 7324 — 7327 Avec plaque gravée — 7330 — 7332 — 7340 — 7347

Poignées de portes turques (R.B.T)

		N°s	1	2	3	4	5
		Longueur m/m	160	190	220	250	270
7308	à pieds droits, cuivre poli	La pièce	3.60	3.95	4.85	5.85	7. .
7309	" " nickelé	"	4.75	5.15	6.35	7.35	8.85
7310	" " bronze rose	"	6.60	7.80	9.50	10.50	12.60
7311	" " bronze de nickel 1er titre	"	6.60	7.80	9.50	10.50	12.60
7312	à pieds renvoyés, cuivre poli	"	[illegible]	4.20	5.10	6.10	7.25
7313	" " nickelé	"	5. .	5.40	6.60	7.60	9.10
7314	" " bronze rose	"	6.85	8.05	9.75	10.75	12.85
7315	" " bronze de nickel 1er titre	"	6.85	8.05	9.75	10.75	12.85
	Avec plaque gravée et contre plaque unie						
7316	à pieds droits, cuivre poli	La paire	.	12.25	14.00	17.10	20.15
7317	" " nickelé	"	.	16. .	17.65	19.35	24.15
7318	" " bronze rose	"	.	18.40	24. .	26.50	33. .
7319	" " bronze de nickel	"	.	18.40	24. .	26.50	33. .
7320	à pieds renvoyés, cuivre poli	"	.	12.95	15.10	17.60	20.65
7321	" " nickelé	"	.	15.50	18.15	19.85	24.65
7322	" " bronze rose	"	.	18.90	24.50	27. .	33.60
7323	" " bronze de nickel	"	.	18.90	24.50	27. .	33.60

Les poignées N°s 7316 à 7323 avec plaque non gravée en moins 0.50 la paire

Poignées de portes bâton de maréchal à culots (R.B.T)

		N°s	1	2	3	4	5
		Longueur m/m	180	210	235	265	290
7324	à pieds droits, cuivre poli	La pièce	4.05	4.50	5.40	6.30	7.65
7325	" " nickelé	"	5.30	5.80	7.35	8.10	9.50
7326	" " bronze de nickel 1er titre	"	7.60	8.80	10. .	11.50	13. .
	Avec plaque gravée et contre plaque unie						
7327	à pieds renvoyés, cuivre poli	La paire	.	13.30	15.05	18. .	21.40
7328	" " nickelé	"	.	16.15	16.80	21.30	25.45
7329	" " bronze de nickel	"	.	24.60	28.40	32.60	37.30

Les poignées N°s 7327 à 7329 avec plaque non gravée en moins 0.50 la paire

Nota : Pour les poignées avec plaques, nous gravons indistinctement Lettres, Letters, Cartas, Buzon, Briefe, Brieven ou autres

Poignées de portes balustre uni extrémités à godrons

		N°s	1	2	3	4	5
		Longueur m/m	210	230	250	270	290
7330	Cuivre poli	La pièce	4.75	4.95	5.55	5.70	6. .
7331	" nickelé	"	6. .	6.15	6.90	7.30	7.60

Poignées de portes à balustre à facettes modèle riche (R.B.T)

			Longueur m/m 260	270
7332	à pieds droits, cuivre poli	La pièce	6.50	7.80
7333	" " nickelé	"	7.70	9.30
7334	" " bronze rose	"	10.50	12.20
7335	" " bronze de nickel 1er titre	"	10.50	12.20
7336	à pieds renvoyés, cuivre poli, avec plaque gravée et contre plaque unie	La paire	19. .	22.40
7337	" " nickelé	"	21.40	25.40
7338	" " bronze rose	"	26.50	33. .
7339	" " bronze de nickel	"	26.50	33. .

Poignées de portes balustre uni sur consoles, longueur totale 250 m/m

montées sur plaques dont une avec boîte à lettres gravée Lettres

7340 Cuivre poli . . . . . . La paire 14.50

7341 " nickelé . . . . . . " 18. .

Poignées de portes riches rosaces tournées

			Longueur % 27	32	35	40
7342	à pieds renvoyés, cuivre poli (R.B.T)	La pièce	23. .	25. .	26.15	36. .
7343	" " nickelé	"	24.75	25.75	27.90	38.50
7344	" " bronze rose	"	38. .	40.50	43.15	63. .
7345	" " bronze de nickel 1er titre	"	38. .	40.50	43.15	63. .
7346	Plaques en marbre carrées ou à chapeaux toutes couleurs pour d°	"	8.05	9.20	11.25	13.50
	Avec plaque gravée et contre plaque unie					
7347	à pieds renvoyés, cuivre poli	La paire	54. .	57.50	60.40	80.50
7348	" " nickelé	"	58.65	63.25	66.70	86.25
7349	" " bronze rose	"	86.25	92. .	96.60	120.75
7350	" " bronze de nickel	"	86.25	92. .	96.60	120.75

7355

7365

7369 aux 7373

7382

7387

7396

7402

Poignées de portes riches rosaces carrées à diamant

	Longueur	27	32	36	40
7351	Pieds renvoyés, cuivre poli (R.B.T) . . . . La pièce	23. .	26. .	26.15	36. .
7352	" " " nickelé	24.75	26.95	27.90	37.50
7353	" " bronze rose	36. .	40.50	43.15	53. .
7354	" " bronze de nickel 1er titre	38. .	40.60	43.15	53. .
7355	Plaques en marbre carrées ou à chapeaux toutes couleurs pour d°.	6.05	9.20	11.25	13.60
	Avec plaque gravée et contre plaque unie				
7356	Pieds renvoyés, cuivre poli . . . . La paire	54. .	57.50	60.10	80.60
7357	" " " nickelé	58.65	63.25	66.70	86.25
7358	" " bronze rose	77.05	87.40	86.25	110.40
7359	" " bronze de nickel	86.25	92. .	96.60	120.75

Poignées de portes riches rosaces ciselées Louis XVI

	Longueur	27	32	36	40
7360	Pieds renvoyés, cuivre poli (R.B.T) . . . . La pièce	23.60	26.60	27. .	37.10
7361	" " " nickelé	26.30	27.50	28.75	39.70
7362	" " bronze rose	38.60	41.10	44. .	64. .
7363	" " bronze de nickel 1er titre	36.80	44.10	44. .	64. .
7364	Plaques en marbre carrées ou à chapeaux, toutes couleurs pour d°.	6.05	9.20	11.25	13.60
	Avec plaque gravée et contre plaque unie				
7365	Pieds renvoyés, cuivre poli . . . . La paire	55.20	58.65	62.10	82.80
7366	" " " nickelé	60.50	64.40	65.40	88.60
7367	" " bronze rose	87.40	93.15	98.30	123. .
7368	" " bronze de nickel	87.40	96.15	98.30	123. .

Poignées de portes riches américaines à carrés unis Longueur 35 c/m

7369	Pieds droits, cuivre poli, sans plaque (R.B.T) . . . . La pièce	31. .
7370	" " " nickelé	33.35
7371	" " bronze rose	51.75
7372	" " bronze de nickel 1er titre, sans plaque	51.75
7373	Plaque en marbre carrée ou à chapeaux, toutes couleurs pour d°.	11.25
7374	Pieds droits, cuivre poli avec plaque gravée et contre plaque unie La paire	70.75
7375	" " nickelé	76.50
7376	" " bronze rose	112.70
7377	" " bronze de nickel	112.70

Poignées de portes riches américaines à carrés unis Longueur 35 c/m

7378	Pieds renvoyés, cuivre poli, sans plaque (R.B.T) . . . . La pièce	34. .
7379	" " " nickelé	36.25
7380	" " bronze rose	64.65
7381	" " bronze de nickel 1er titre, sans plaque	64.65
7382	" " cuivre poli, avec plaque gravée et contre plaque unie La paire	76.60
7383	" " nickelé	82.25
7384	" " bronze rose	118.60
7385	" " bronze de nickel	118.60

Mèches à ferrer à cuillère

		Diamètre m/m	2à7	8	9	10	11	12	13	14	15	16	18	20
7386	Noires	Longueur 11 c/m Le c/o	14.30	15.20	19.50	20.80	"	"	"	"	"	"	"	"
7387	"	" 16 c/m "	18.20	20.80	23.40	24.70	27.30	28.60	30. .	31.20	34. .	36.60	41.60	52. .
7388	"	" 19 c/m "	23.40	27.30	30. .	31.20	33.80	37.70	39. .	40.30	48. .	46.50	52. .	58.60
7389	"	" 22 c/m "	27.30	30. .	32.50	36.10	37.70	41.60	44.20	47. .	49.50	53.50	60. .	67.60
7390	Polies jaunes	" 11 c/m "	15.20	21. .	23.40	26. .	"	"	"	"	"	"	"	"
7391	"	" 16 c/m "	23.40	26. .	30. .	32.50	36.10	39. .	40.30	41.60	44.20	46.50	52. .	64. .
7392	"	" 19 c/m "	30. .	34. .	37.70	40.30	43. .	45.60	48.10	50.70	53.30	54.60	62.40	73. .
7393	"	" 22 c/m "	39. .	41.50	44.20	47. .	49.40	52. .	62.60	67.20	60. .	61. .	71.50	88. .

Mèches à ferrer, façon suisse

		Diamètre m/m	2à7	8	9	10	11	12	13	14	15	16	18	20
7394	Noires	Longueur 11 c/m Le c/o	17. .	19.50	22.10	26. .	"	"	"	"	"	"	"	"
7395	"	" 16 c/m "	22.10	26. .	30. .	31.20	34. .	37.70	39. .	41.60	44.20	46.50	50.70	"
7396	"	" 19 c/m "	27.30	31.20	36.10	36.40	39. .	42. .	44.20	47. .	49.40	52. .	58.60	75. .
7397	"	" 22 c/m "	36.10	39.60	41.60	43. .	46.50	49.40	53.30	67.20	60. .	62.40	66. .	84.50
7398	Polies jaunes	" 11 c/m "	23.40	26. .	30. .	34. .	"	"	"	"	"	"	"	"
7399	"	" 16 c/m "	30. .	34. .	39. .	40.30	43. .	46.60	47. .	49.60	53.30	56. .	61. .	84.60
7400	"	" 19 c/m "	36.40	39. .	43. .	47. .	50.70	53.80	56. .	58.50	61. .	65. .	71.50	91. .
7401	"	" 22 c/m "	44.20	48.10	52. .	56. .	53.60	62.40	56.30	69. .	71.50	75.50	78. .	97.50

7402 Mèches à souder à cuillère

Diamètre m/m	7à8	9	10	11	12	13	14	15	16	18	20	22
Noires Longueur 22 c/m Le c/o	47. .	49.60	52. .	54.60	58.50	62.40	65. .	67.60	71.50	78. .	84.50	91. .

7403 · 7404 · 7406 · 7407 · 7409 · 7411 · 7412 · 7413 · 7414 · 7415 · 7418 · 7421 · 7422 · 7423 · 7424 · 7426 · 7427 · 7430

Mèches 3 pointes

		Diamètre m/m	4à27	28	30	32	34	36	38	40	42	45	48	50	55
7403	Noires, tige carrée	Le %	22.40	26.60	32.60	39..	44..	50.60	52..	59..	69.60	76.60	82..	88..	107..
7404	Polies, tige ronde	"	24..	28..	35..	42..	49..	56..	63..	70..	84.	91.	98..	105..	"
7405	Noires, façon Jorby	"	32.15	35.50	46..	51.50	55.50	60.50	65.50	70.70	85..	89.60	94..	100..	122..

7406 Mèches hélicoïdales pour le bois

	Diamètre m/m	4	5	6	7	8	9	10	11	12	13	14	15
polies jaunes, longueur 16 c/m	Le %	37.60	37.80	37.60	39.10	41..	42.50	46..	49.60	51..	54.40	58..	61.50

Mèches à briques et à bois.

7407 longueur 16 c/m, diamètres assortis 6 à 11 m/m la p^ce 0.60
7408 " " " " 19 c/m " 12 à 20 m/m " 0.76

Mèches à pierres et à briques

		Diamètre m/m	5 à 11	12 à 15	16 à 20
7409	Noires, longueur 16 c/m	La pièce	0.46	0.62	0.70
7410	" " 19 c/m		0.58	0.78	0.90

Mèches américaines, longueur variant suivant le diamètre de 16 à 25 c/m

		Diamètre m/m	4à14	15à18	19à22	23à26	27à30	32à34	36à38	40à46	48à50
7411	Tige ronde noire filets polis	la pièce	0.70	1..	1.30	1.55	1.90	2.30	2.80	3.45	3.65
7412	" carrée " "	"	0.80	1.16	1.45	1.70	2.05	2.60	3..	3.65	3.90

Mèches américaines, entièrement polies, longueur totale 22 c/m

		Diamètre m/m	8	10	12	14	16	18	20	22	25	27
7413	Tige ronde couteaux droits	la pièce	1.05	1.10	1.20	1.30	1.40	1.50	1.70	1.90	2..	2.20
7414	" " renversés	"	1.05	1.10	1.20	1.30	1.40	1.50	1.70	1.90	2..	2.20

Mèches torses à vis, fabrication française, noires, filets polis. Marque A. Dumonthier Frères

		Longueur		Diamètre m/m	3à9	10à12	13à15	16à17	18à19	20à21	22à23	24à26	26à28	29à30
7415	Double traçoir	longueur	17 c/m	La pièce	1.20	1.30	1.45	1.55	1.70	1.85	2..	2.15	"	"
7416	" "	"	19 c/m	"	1.30	1.45	1.55	1.70	1.80	1.95	2.15	2.40	2.65	2.85
7417	" "	"	22 c/m	"	1.45	1.65	1.70	1.80	1.95	2.15	2.40	2.65	2.85	3.10
7418	Couteaux renversés	"	17 c/m	"	1.20	1.30	1.45	1.55	1.70	1.85	2..	2.15	"	"
7419	" "	"	19 c/m	"	1.30	1.45	1.55	1.70	1.80	1.95	2.15	2.40	2.65	2.85
7420	" "	"	22 c/m	"	1.45	1.55	1.70	1.80	1.95	2.15	2.40	2.65	2.85	3.10

Ces mèches ne sont pas disponibles en magasin, l'expédition est faite de la fabrique qui est hors Paris

7421 Mèches américaines forgées, qualité extra, entièrement polies, long^r 11 c/m pour chaisiers

	Diamètre m/m	3 à 8	9	10	11	12	13	14	15
à 4 couteaux	La pièce	1.50	1.70	1.70	2..	2.20	2.20	2.35	2.65

Mèches américaines forgées, qualité extra, entièrement polies

		Longueur		Diamètre m/m	3à8	9	10	11	12	13	14	15	16	17	18
7422	à 4 couteaux	long^r	22 c/m	La p^ce	1.55	1.55	1.55	1.80	2..	2..	2.15	2.30	2.30	2.50	2.65
7423	à couteaux renversés	"	22 c/m	"	1.35	1.55	1.55	1.80	2..	2..	2.15	2.30	2.30	2.50	2.65
7424	à 4 couteaux	"	43 c/m	"	2.35	2.65	2.65	3..	3..	3.25	3.55	3.55	3.85	4.15	4.50

		Longueur		Diamètre m/m	19	20	21	22	23	24	25	26	28	30
7422	à 4 couteaux	longueur	22 c/m	La pièce	2.55	2.90	2.90	3..	3.25	3.30	3.45	3.60	3.75	3.90
7423	à couteaux renversés	"	22 c/m	"	2.55	2.90	2.90	3..	3.25	3.30	3.45	3.60	3.75	3.90
7424	à 4 couteaux	"	43 c/m	"	4.50	4.65	4.85	5.55	5.55	5.65	6.10	6.45	6.85	7.45

Le modèle à couteaux renversés est spécial pour bois durs

Mèches américaines à tige centrale, entièrement polies, longueur 160 à 250 m/m

			Diamètre 10es de m/m	63	71	79	87	95	103	111	119	127	135	143	150
7425	à 1 traçoir	La pièce		1.15	1.25	1.35	1.45	1.55	1.65	1.65	1.80	1.80	2..	2..	2.15
7426	à 2 traçoirs	"		1.15	1.25	1.35	1.45	1.55	1.65	1.65	1.80	1.80	2..	2..	2.15

			Diamètre 10es de m/m	159	175	180	190	200	206	222	238	254	270	286	302	317
7425	à 1 traçoir	La pièce		2.15	2.35	2.50	2.50	2.70	2.70	2.95	3.10	3.50	3.65	3.85	4.10	4.30
7426	à 2 traçoirs	"		2.15	2.35	2.60	2.50	2.70	2.70	2.95	3.10	3.50	3.65	3.85	4.10	4.30

Mèches extensibles ordinaires à vis, livrées avec 2 lames

7427 Longueur totale 20 c/m pour percer de 12 1/2 à 38 m/m de diamètre La pièce 6.90
7428 " " 25 c/m " " " 22 à 76 m/m " " 10.20
7429 Lames de rechange pour d^o pour percer diamètre m/m

Diamètre m/m	12 1/2 à 22	22 à 35	22 à 45	45 à 76
La pièce	1.20	1.50	2.10	2.40

Mèches extensibles à crémaillères, livrées avec 2 lames

7430 Longueur totale 20 c/m pour percer de 16 à 45 m/m de diamètre La pièce 9.60
7431 " " 24 c/m " " " 22 à 75 m/m " " 14.40
7432 Lames de rechange pour d^o pour percer diamètre m/m

Diamètre m/m	16 à 28 1/2	28 1/2 à 45	22 à 41	41 à 75
La pièce	1.70	2.40	2.90	3.35

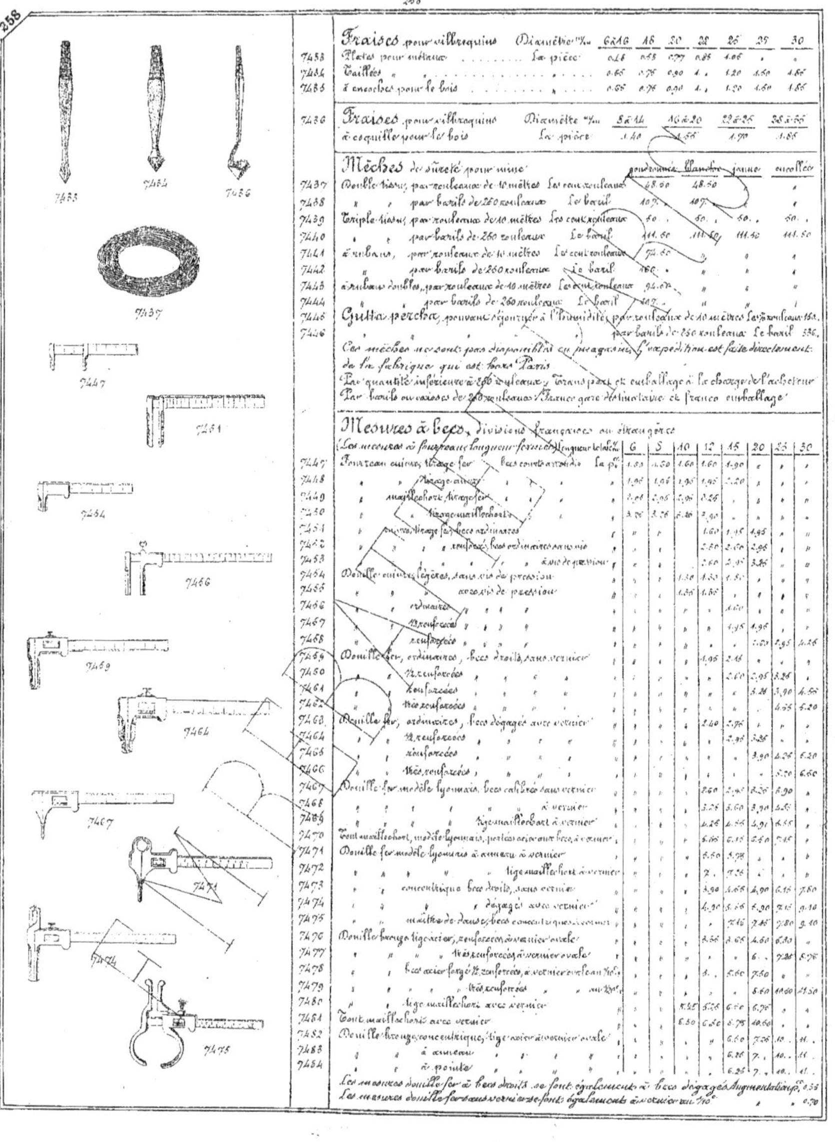

Fraises pour vilbrequins

N°	Désignation	Diamètre m/m	6 à 16	18	20	22	25	28	30
7433	Plates pour métaux	La pièce	0.45	0.55	0.77	0.85	1.05	»	»
7434	Taillées »	»	0.65	0.75	0.90	1.	1.20	1.50	1.85
7435	à encoches pour le bois	»	0.65	0.75	0.90	1.	1.20	1.50	1.85

Fraises pour vilbrequins

N°	Désignation	Diamètre m/m	8 à 14	16 à 20	22 à 25	28 à 35
7436	à coquille pour le bois	La pièce	1.40	1.55	1.70	1.85

Mèches de sûreté pour mine

N°	Désignation		goudronnée	blanche	jaune	encollée
7437	Double tissu, par rouleaux de 10 mètres	Les cent rouleaux	48.50	48.50	»	»
7438	» » par barils de 250 rouleaux	Le baril	107.	107.	»	»
7439	Triple tissu, par rouleaux de 10 mètres	Les cent rouleaux	50.	50.	50.	50.
7440	» » par barils de 250 rouleaux	Le baril	111.50	111.50	111.50	111.50
7441	à rubans, par rouleaux de 10 mètres	Les cent rouleaux	74.50	»	»	»
7442	» par barils de 250 rouleaux	Le baril	186.	»	»	»
7443	à rubans doubles, par rouleaux de 10 mètres	Les cent rouleaux	94.50	»	»	»
7444	» » par barils de 250 rouleaux	Le baril	107.	»	»	»

7445 Gutta-percha, pouvant séjourner à l'humidité, par rouleaux de 10 mètres les cent rouleaux 150.

7446 » » » » par barils de 250 rouleaux Le baril 336.

Ces mèches ne sont pas disponibles en magasin, l'expédition est faite directement de la fabrique qui est hors Paris

En quantité inférieure à 250 rouleaux, transport et emballage à la charge de l'acheteur

Par barils ou caisses de 250 rouleaux, franco gare destinataire et franco emballage

Mesures à becs, divisions françaises ou étrangères

(Les mesures à fourreaux longueur fermée) Longueur totale c/m

N°	Désignation		6	8	10	12	15	20	25	30
7447	Fourreau cuivre, tirage fer, becs courts arrondis	La pce	1.50	1.50	1.60	1.60	1.90	»	»	»
7448	» » tirage cuivre »	»	1.95	1.95	1.95	1.95	2.20	»	»	»
7449	» maillechort, tirage fer »	»	2.05	2.05	2.05	2.25	»	»	»	»
7450	» » tirage maillechort »	»	3.25	3.25	3.25	3.90	»	»	»	»
7451	» cuivre, tirage fer, becs ordinaires	»	»	»		1.60	1.95	1.95	»	»
7452	» » renforcés, becs ordinaires sans vis	»	»	»		2.60	2.60	2.95	»	»
7453	» » » » à vis de pression	»	»	»		2.60	2.95	3.25	»	»
7454	Douille cuivre, légères, sans vis de pression	»	»	»	1.30	1.30	1.50	»	»	»
7455	» » » avec vis de pression	»	»	»	1.55	1.55	»	»	»	»
7456	» » ordinaires » » » »	»	»	»	»	»	1.60	»	»	»
7457	» » 1/2 renforcées » » » »	»	»	»	»	»	1.95	1.95	»	»
7458	» » renforcées » » » »	»	»	»	»	»	»	2.60	2.95	3.25
7459	Douille fer, ordinaires, becs droits, sans vernier	»	»	»	»	1.95	2.15	»	»	»
7460	» » 1/2 renforcées » » » »	»	»	»	»	»	2.60	2.95	3.25	»
7461	» » renforcées » » » »	»	»	»	»	»	»	3.25	3.90	4.55
7462	» » très renforcées » » » »	»	»	»	»	»	»	»	4.55	5.20
7463	Douille fer, ordinaires, becs dégagés avec vernier	»	»	»	»	2.40	2.75	»	»	»
7464	» » 1/2 renforcées » » » »	»	»	»	»	»	2.95	3.25	»	»
7465	» » renforcées » » » »	»	»	»	»	»	»	3.90	4.25	5.20
7466	» » très renforcées » » » »	»	»	»	»	»	»	»	5.20	6.50
7467	Douille fer modèle lyonnais, becs calibrés sans vernier	»	»	»	»	2.60	2.95	3.25	3.90	»
7468	» » » » » » à vernier	»	»	»	»	3.25	3.60	3.90	4.55	»
7469	» » » » tige maillechort à vernier	»	»	»	»	4.25	4.55	4.90	5.55	»
7470	Tout maillechort, modèle lyonnais, pointes acier aux becs, à vernier	»	»	»	»	5.85	6.15	6.50	7.15	»
7471	Douille fer modèle lyonnais à anneau à vernier	»	»	»	»	5.50	5.75	»	»	»
7472	» » » » » tige maillechort à vernier	»	»	»	»	7.	7.25	»	»	»
7473	» » concentrique becs droits, sans vernier	»	»	»	»	3.90	4.55	4.90	6.15	7.80
7474	» » » » dégagés avec vernier	»	»	»	»	4.90	5.55	5.90	7.15	9.10
7475	» » maître de danse, becs concentriques à vernier	»	»	»	»	»	7.15	7.45	7.80	9.10
7476	Douille bronze tige acier, renforcées, à vernier ovale	»	»	»	»	3.55	3.65	4.60	6.50	»
7477	» » » » très renforcées, à vernier ovale	»	»	»	»	»	»	6.	7.25	8.75
7478	» » becs acier forgé 1/2 renforcées, à vernier ovale au 1/10e	»	»	»	»	5.	5.60	7.50	»	»
7479	» » » » » très renforcées » » au 1/20e	»	»	»	»	»	»	8.60	10.60	11.50
7480	» » tige maillechort avec vernier	»	»	»	5.25	5.55	6.50	6.75	»	»
7481	Tout maillechort avec vernier	»	»	»	6.50	6.50	6.75	10.60	»	»
7482	Douille bronze, concentrique, tige acier à vernier ovale	»	»	»	»	»	6.60	7.25	10.	11.
7483	» » à anneau » » » »	»	»	»	»	»	6.25	7.	10.	11.
7484	» » à pointe » » » »	»	»	»	»	»	6.25	7.	10.	11.

Les mesures douille fer à becs droits se font également à becs dégagés. Augmentation p. % 0.35

Les mesures douille fer sans vernier se font également à vernier au 1/10e » » 0.70

DESSINS GRANDEUR NATURE

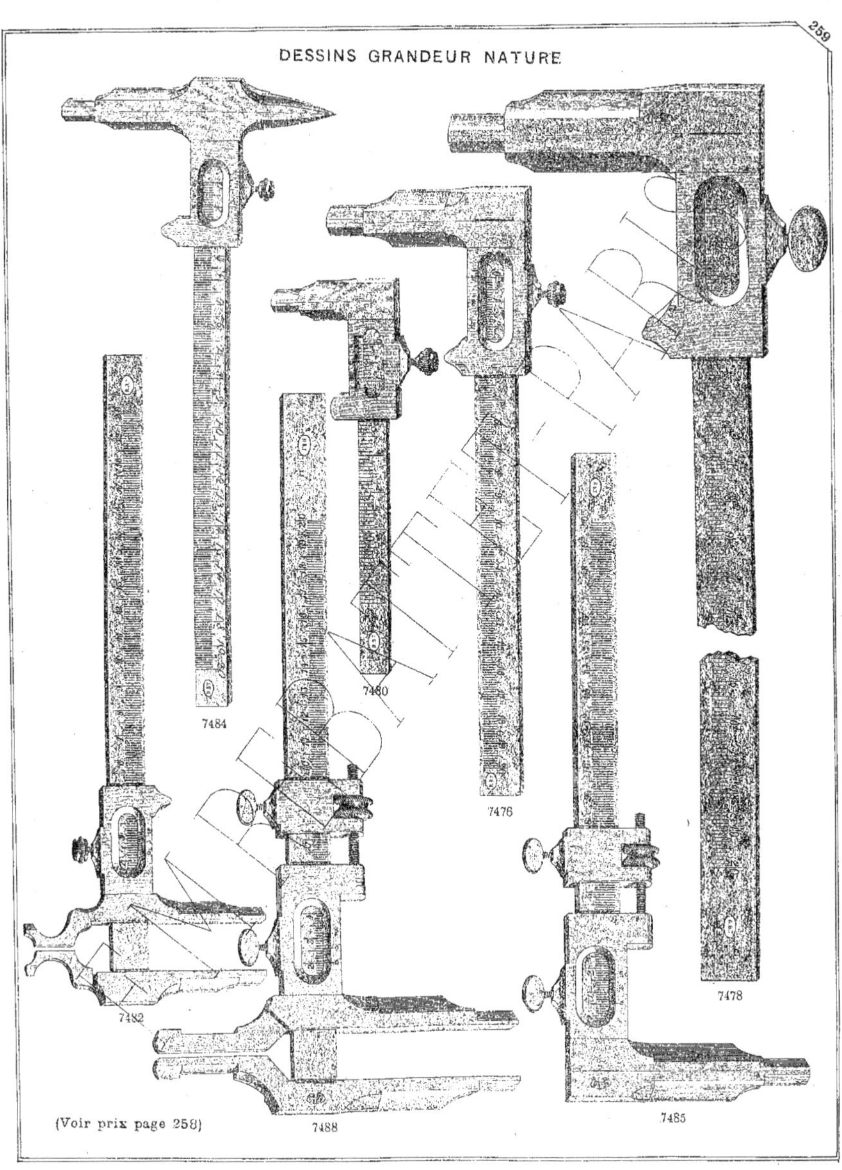

(Voir prix page 258)

DESSINS GRANDEUR NATURE

(Voir prix pages 226 et 261).

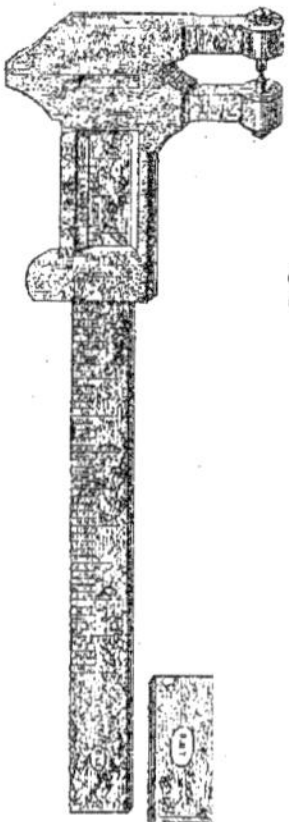

7489

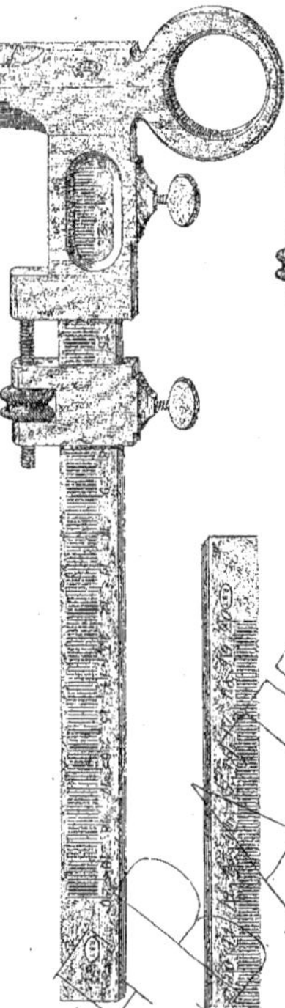

7486

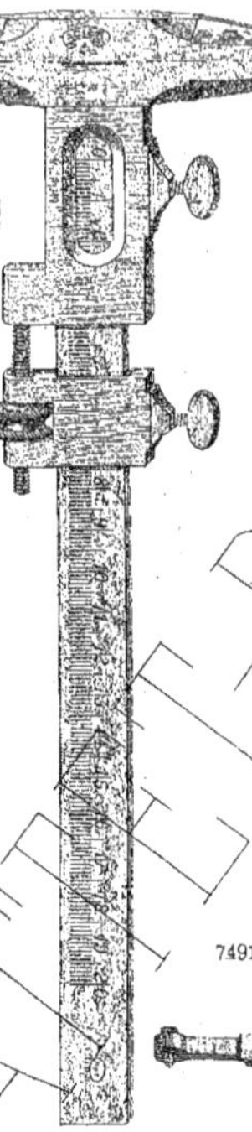

7487

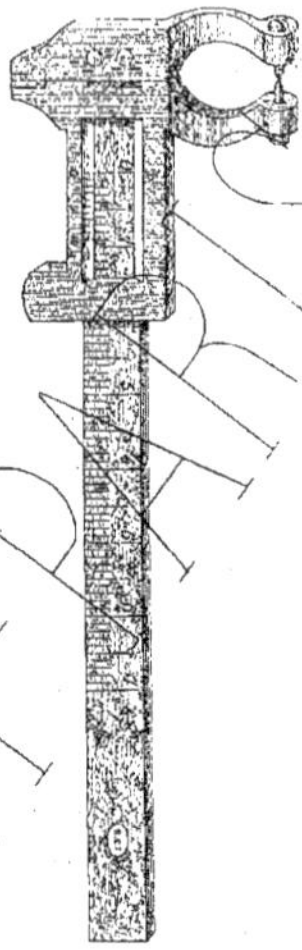

7491 - 10 c/m - 7491 - 20 c/m
Voir dessin
7490

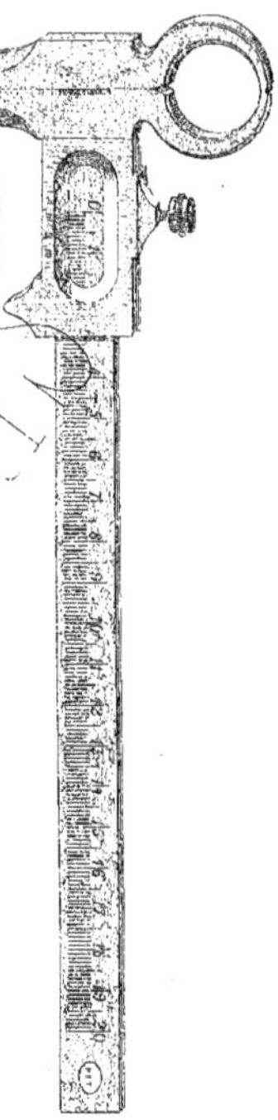

7483

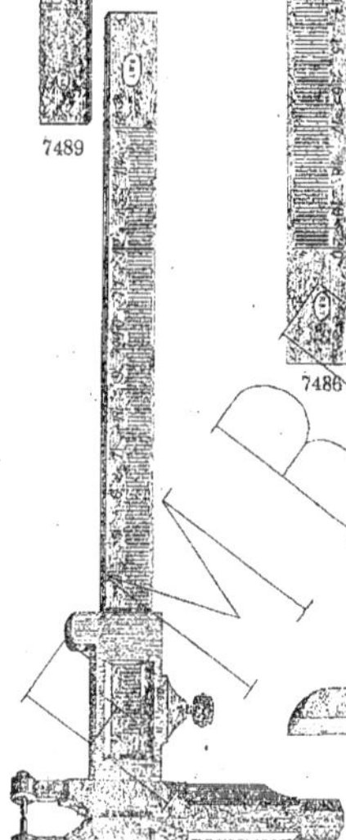

Diamètre

7490

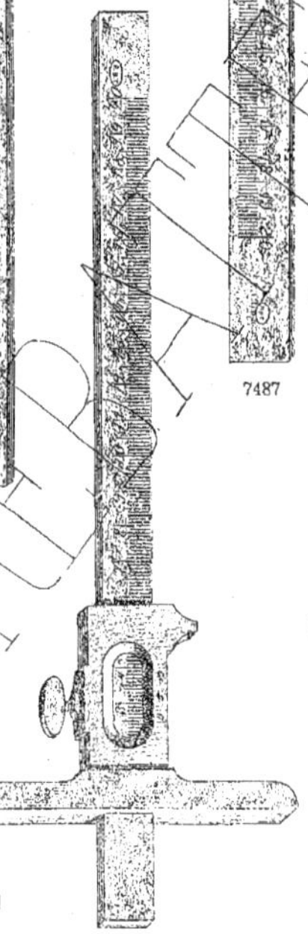

7494

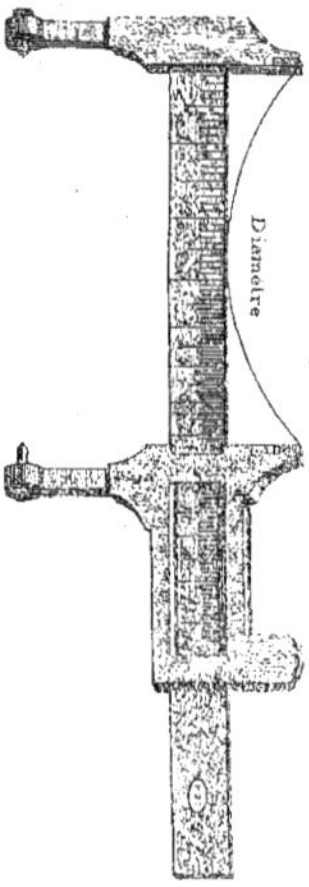

7492

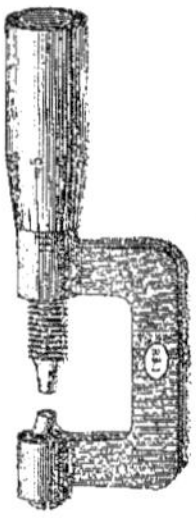

6548

6553

7495

7500

7508

7509

7516

7517 à 7520

7521 à 7524

7525 à 7528

7529 à 7532

7533 à 7535

7536 à 7538

Mesures à becs acier forgé, douille bronze à vis de rappel.

N°	Désignation		Longueur de la tige 25	30
7485	Becs dégagés, vernier ovale au 1/10e, tige acier très renforcée	La pièce	21.50	24.50
7486	à anneau " " " " " " "	"	27.50	30. .
7487	à pointe " " 1/20e " " " "	"	27.50	30. .
7488	Concentrique " " " " " " "	"	31. .	35.50

Mesures à becs à palmer

N°	Désignation		Longueur m/m 10	20
7489	Douille fer, à vernier, sans logarithmique	La pièce	6.75	.
7490	" " " à logarithmique	"	.	9.50
7491	Douille bronze, à vernier à logarithmique	"	10.50	10.50
7492	Douille et becs maillechort "	"	9.50	"
7493	Tout maillechort "	"	11. "	"

Mesures de profondeur becs et tige acier

N°	Désignation		Longueur m/m 20	25
7494	douille bronze, vernier au 1/10e	La pièce	5.75	6.75

Mesures logarithmiques

N°	Désignation		Longueur m/m 10	12	15	20
7495	Fourreau cuivre, tige acier	La pièce	3.25	3.90	4.55	5.85
7496	" " tige cuivre	"	3.60	4.25	4.90	6.20
7497	" maillechort, tige maillechort	"	4.55	5.65	6.50	8.80
7498	Douille bronze tige acier, vernier carré	"	4.90	5.20	.	.
7499	" " " " vernier ovale	"	.	.	6.50	8.45

Mesures à bouton

N°	Désignation		Prix
7500	tout buis, longueur 9 m/m	Le cent	38. .
7501	" " fruitier rosé, lame buis, longueur 9 m/m	"	38. .
7502	" " buis lame os, façon ivoire " 9 m/m	"	58. .
7503	" " fruitier rosé lame os façon ivoire	"	52. .
7504	" " tout cuivre, becs courts	La pièce	1.95
7505	" " " becs longs	"	2.60
7506	" " maillechort, becs courts	"	3.25
7507	" " aluminium	"	5.20

Mesures à becs noyer blanc 1er choix, douille bronze, pour mesurer le diamètre des arbres, longueur totale 1 mètre: longueur des becs 50 m/m

N°		Prix
7508	La pièce	20. .

Mesures à coulisse pour chapeliers

N°	Désignation		Prix
7509	tout cuivre, ordinaire sans table	La pièce	1.30
7510	tout maillechort " " "	"	2.95
7511	tout cuivre ordinaire avec table	"	1.65
7512	tout maillechort " "	"	3.25
7513	tout cuivre, fortes sans table	"	1.95
7514	" " " avec table	"	2.40

Trusquins de bijoutiers ordinaires, lame acier, longueur 20 m/m

N°	Désignation		Prix
7515		La pièce	1.70
7516	avec butée	"	2.05

Mesures à ruban divisions françaises ou étrangères

N°	Désignation		Longueur du ruban, mètres 10	15	20
7517	Boîte cuivre, ordinaire, manivelle saillante, ruban coton	La pièce	0.65	0.95	1.30
7518	" " " " ruban fil	"	1.20	1.80	2.45
7519	Boîte nickelée " " " ruban coton	"	0.70	1.10	1.45
7520	" " " " " ruban fil	"	1.45	1.95	2.45
7521	Boîte cuivre, manivelle dans une cuvette, ruban coton	"	0.70	1.10	1.45
7522	" " " " " " ruban fil	"	1.55	1.80	2.45
7523	Boîte nickelée " " " " ruban coton	"	0.80	1.20	1.65
7524	" " " " " " ruban fil	"	1.60	2.10	2.60
7525	Boîte cuivre, forme tambour, manivelle saillante, ruban coton	"	1.10	1.60	2.15
7526	" " " " " " ruban fil	"	1.80	2.45	3. .
7527	Boîte nickelée " " " " ruban coton	"	1.20	1.80	2.45
7528	" " " " " " ruban fil	"	2.10	2.65	3.30
7529	Boîte cuivre, forme tambour, manivelle dans une cuvette, ruban coton	"	1.20	1.85	2.50
7530	" " " " " " " " ruban fil	"	2.10	2.65	3.30
7531	Boîte nickelée " " " " " " ruban coton	"	1.45	2.15	2.85
7532	" " " " " " " " ruban fil	"	2.15	3. .	3.80
7533	Boîte maroquin cerclé, manivelle saillante, ruban coton	"	0.85	1.45	1.95
7534	" " " " " " ruban fil	"	1.45	1.95	2.50
7535	" " " " " ruban métallique	"	2.30	3.70	5. .
7536	Boîte maroquin cerclé manivelle dans une cuvette, ruban coton	"	1. .	1.65	2.15
7537	" " " " " " " ruban fil	"	1.50	2.15	2.85
7538	" " " " " " " ruban métallique	"	2.65	4. .	5.35
7539	Boîte maroquin cerclé manivelle entaillée, ruban coton	"	0.85	1.60	2.15
7540	" " " " " ruban fil	"	1.60	2.15	2.65
7541	" " " " " ruban métallique	"	2.65	3.95	5.65

262

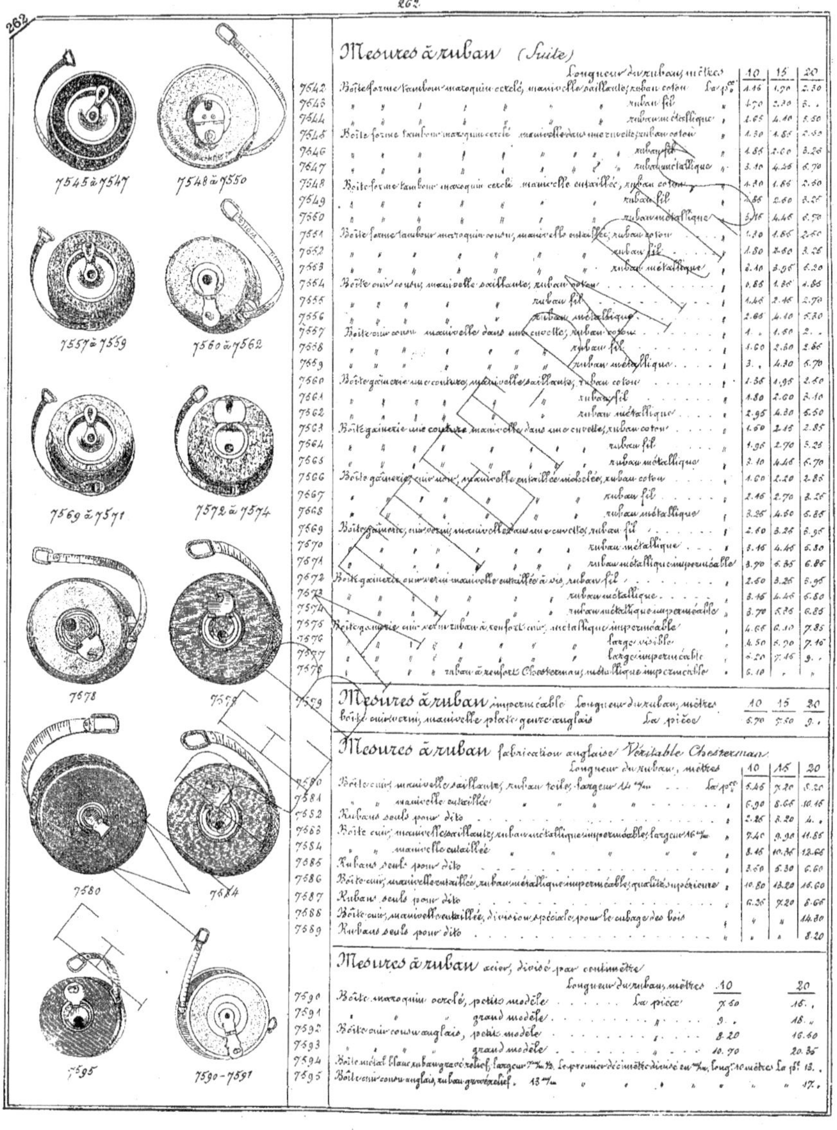

7545 à 7547 — 7548 à 7550 — 7557 à 7559 — 7560 à 7562 — 7569 à 7571 — 7572 à 7574 — 7578 — 7579 — 7580 — 7584 — 7595 — 7590-7591

Mesures à ruban (Suite)

N°	Longueur du ruban, mètres		10	15	20
7542	Boîte forme tambour maroquin cerclé, manivelle saillante, ruban coton	La p.ce	1.16	1.90	2.30
7543	" " " " " " " ruban fil	"	1.70	2.30	3. .
7544	" " " " " " " ruban métallique	"	2.65	4.10	5.50
7545	Boîte forme tambour maroquin cerclé manivelle dans une cuvette, ruban coton	"	1.30	1.85	2.50
7546	" " " " " " " " " ruban fil	"	1.85	2.60	3.25
7547	" " " " " " " " " ruban métallique	"	3.10	4.25	5.70
7548	Boîte forme tambour maroquin cerclé manivelle entaillée, ruban coton	"	1.30	1.86	2.50
7549	" " " " " " " ruban fil	"	1.85	2.60	3.25
7550	" " " " " " " ruban métallique	"	3.15	4.45	5.70
7551	Boîte forme tambour maroquin cousu, manivelle entaillée, ruban coton	"	1.30	1.85	2.50
7552	" " " " " " " ruban fil	"	1.80	2.60	3.25
7553	" " " " " " " ruban métallique	"	3.10	3.95	5.20
7554	Boîte cuir cousu, manivelle saillante, ruban coton	"	0.85	1.35	1.85
7555	" " " " " ruban fil	"	1.45	2.15	2.70
7556	" " " " " ruban métallique	"	2.65	4.10	5.30
7557	Boîte cuir cousu manivelle dans une cuvette, ruban coton	"	1. .	1.50	2. .
7558	" " " " " " " ruban fil	"	1.60	2.30	2.85
7559	" " " " " " " ruban métallique	"	3. .	4.30	5.70
7560	Boîte gainerie une couture, manivelle saillante, ruban coton	"	1.35	1.95	2.50
7561	" " " " " " " ruban fil	"	1.80	2.60	3.10
7562	" " " " " " " ruban métallique	"	2.95	4.30	5.50
7563	Boîte gainerie une couture manivelle dans une cuvette, ruban coton	"	1.50	2.15	2.85
7564	" " " " " " " " ruban fil	"	1.95	2.70	3.25
7565	" " " " " " " " ruban métallique	"	3.10	4.45	5.70
7566	Boîte gainerie, cuir noir, manivelle entaillée nickelée, ruban coton	"	1.60	2.20	2.85
7567	" " " " " " " ruban fil	"	2.15	2.70	3.25
7568	" " " " " " " ruban métallique	"	3.25	4.50	5.85
7569	Boîte gainerie, cuir verni, manivelle dans une cuvette, ruban fil	"	2.60	3.25	3.95
7570	" " " " " " " " ruban métallique	"	3.15	4.45	5.80
7571	" " " " " " " " ruban métallique imperméable	"	3.70	5.35	6.85
7572	Boîte gainerie cuir verni manivelle entaillée à vis, ruban fil	"	2.50	3.25	3.95
7573	" " " " " " " ruban métallique	"	3.15	4.45	5.80
7574	" " " " " " " ruban métallique imperméable	"	3.70	5.35	6.85
7575	Boîte gainerie cuir verni ruban à renfort cuir, métallique imperméable	"	4.65	6.10	7.85
7576	" " " " " " " " large visible	"	4.50	5.90	7.15
7577	" " " " " " " " large imperméable	"	5.20	7.15	9. .
7578	" " " " ruban à renfort Chesterman, métallique imperméable	"	6.10	"	"

Mesures à ruban imperméable

N°	Longueur du ruban, mètres		10	15	20
7579	boîte cuir verni, manivelle plate genre anglais	La pièce	5.70	7.50	9. .

Mesures à ruban fabrication anglaise Véritable Chesterman

N°	Longueur du ruban, mètres		10	15	20
7580	Boîte cuir, manivelle saillante, ruban toile, largeur 14 m/m	La p.ce	5.45	7.20	8.20
7581	" " manivelle entaillée " " " "	"	6.90	8.65	10.15
7582	Rubans seuls pour dito	"	2.25	3.20	4. .
7583	Boîte cuir, manivelle saillante, ruban métallique imperméable, largeur 16 m/m	"	7.40	9.90	11.85
7584	" " manivelle entaillée " " " " "	"	8.15	10.35	12.65
7585	Rubans seuls pour dito	"	3.50	5.30	6.60
7586	Boîte cuir, manivelle entaillée, ruban métallique imperméable, qualité supérieure	"	10.80	13.20	16.60
7587	Rubans seuls pour dito	"	6.25	7.20	8.65
7588	Boîte cuir, manivelle entaillée, division spéciale pour le cubage des bois	"	"	"	14.80
7589	Rubans seuls pour dito	"	"	"	8.20

Mesures à ruban acier, divisé par centimètre

N°	Longueur du ruban, mètres		10	20
7590	Boîte maroquin cerclé, petit modèle	La pièce	7.50	15. .
7591	" " " grand modèle	"	9. .	18. .
7592	Boîte cuir cousu anglais, petit modèle	"	8.20	16.60
7593	" " " " grand modèle	"	10.70	20.35
7594	Boîte métal blanc ruban gravé relief, largeur 7 m/m 1/2. Le premier décimètre divisé en m/m, long.r 10 mètres	La p.ce		13. .
7595	Boîte cuir cousu anglais, ruban gravé relief. 13 m/m " " " " " "	"		17. .

7596 à 7598 — 7599-7600

7602 — 7603 à 7608

7610 — 7618

7620 — 7621

7631

Mesures à ruban à manivelle pour tailleurs, couturières, bottiers, etc

N°	Désignation		Prix
7596	Boîte buis fin, ruban fil, longueur 150 %m	Le cent	86..
7597	" buis, plate, ruban étroit pour fil, longueur 150 %m	"	57..
7598	" palissandre, ruban façon maroquin, longueur 150 %m	"	93..

Mesures à ruban à ressort pour tailleurs, couturières, bottiers, etc

N°	Longueur du ruban %m		100	150	200
7599	Boîte palissandre, ruban façon maroquin à crochet	La pièce	1.20	1.50	"
7600	" bois de rose, ruban maroquin à arrêt	"	"	2.85	"
7601	" nickelée, ruban fil imperméable à arrêt	"	2.45	2.85	4.65
7602	" " ruban acier gravé au millimètre tout le long	"	3.25	6..	6.40

Mesures à ruban dites centimètres pour tailleurs, couturières, bottiers, etc

N°	Désignations		apprenti	couturière	tailleur	élégant	cordonnier
7603	Tissu incassable	Le paquet de 144 p[ces]	14.30	17.15	19.30	25..	6.80
7604	Toile cirée 1re qualité	"	17.15	21.60	25..	31.50	7.15
7605	Tissu oriental marq. Le Rapide	"	18..	22.50	25.70	33..	"
7606	" imperméable	"	"	26..	28.60	37..	14.30
7607	Toile sans apprêt	"	"	"	28.60	"	"
7608	Tissu imperméable insertion métallique	"	"	"	"	51.50	21.50

Par quantité inférieure à 144 pièces d'un même modèle — Majoration 10 %

Mesures à toiser les chevaux forme canne

N°	Longueur ouverte %m		Simple tirage 172	Double tirage 200
7609	Bambou, racine, naturel, sans poignée	La pièce	10.70	16..
7610	" crochet buffle noir, collier métal	"	13..	19.30
7611	" " " " doublé or	"	13.60	20..
7612	" crochet corne de cerf, collier métal	"	16.50	23..
7613	" " " " doublé or	"	17..	23.60
7614	Rotin à nœuds, crochet buffle noir, collier métal	"	14.30	20.70
7615	" " " " doublé or	"	15..	21.50
7616	" " crochet corne de cerf, collier métal	"	17.15	23.60
7617	" " " " " " doublé or	"	17.85	24.30

Mesures à toiser les hommes, plateau, montant et potence en chêne, divisées sur 3 faces, la face du milieu aux centimètres, l'une de côté aux décim, et l'autre aux %m

N°	Désignation		Prix
7618	Divisions sur lame buis	La pièce	80..
7619	" " " cuivre	"	125..

Mesures de Capacité

Mesures à grains en bois

N°	Contenance		déci.	double déci.	demi litre	litre	double litre	demi déca	déca	double déca	demi hecto	hecto
7620	Bordées tôle haut et bas	La pièce	0.56	0.56	0.66	0.56	0.96	1.40	2.10	"	"	"
7621	" " " " et ferrées feuillard sur la hauteur		0.91	0.91	0.91	0.91	1.45	2.05	2.90	6.10	11.90	30.80
7622	" " " " cylindre, cercle fer intérieur		"	"	"	"	2.40	3.10	3.85	7..	13.30	43.60

À partir du décalitre et au dessus, ces mesures sont livrées avec potence intérieure ou poignées extérieures pour en faciliter le maniement (Avoir soin de préciser à potence ou avec poignées)

Mesures en tôle renforcée, pour grains et charbons, deux cercles feuillard

N°	Contenance		demi décilitre	décilitre	double décilitre	demi litre	litre	double litre
7623	Tôle étamée polie	La pièce	0.30	0.35	0.40	0.45	0.65	1..
7624	" vernie noire	"	0.40	0.45	0.60	0.55	0.80	1.10
7625	" " faux bois	"	0.60	0.65	0.70	0.80	1..	1.40

N°			demi décalitre	décalitre	double décalitre	demi hectolitre
7626	Tôle d'acier rivée, vernie noire	La pièce	2.20	3.30	4.65	11..
7627	" " " " faux bois	"	2.55	3.65	5.05	11.45
	à poignées ou à potence (bien préciser)	en plus		0.80	0.90	1.10

N°	Désignation		Prix
7628	Tôle d'acier rivée vernie noire, cercles fer forgé	La pièce	18.70
7629	" " " " " " " " à potence ou à poignées	"	20.35

Mesures à grains, légumes secs, café, etc, type Brésil, estampillées (DPA)

N°	Désignation		Prix
7630	Tôle légère vernie faux bois chêne, sans pied, poignées fixes	La série des mesures du décilitre au double décal.	9.60
7631	Tôle forte " " " " pied fer, poignées pliantes	" " " " "	12.30

N°	Mesures seules		décilitre	d[ble] décil.	demi litre	litre	d[ble] litre	demi décal.	décalitre	d[ble] décal.
7632	Tôle légère	La pièce	0.45	0.55	0.72	0.82	1.25	1.45	2.35	3.60
7633	" forte	"	0.65	0.75	0.90	1.10	1.75	1.90	3.05	4.[illegible]

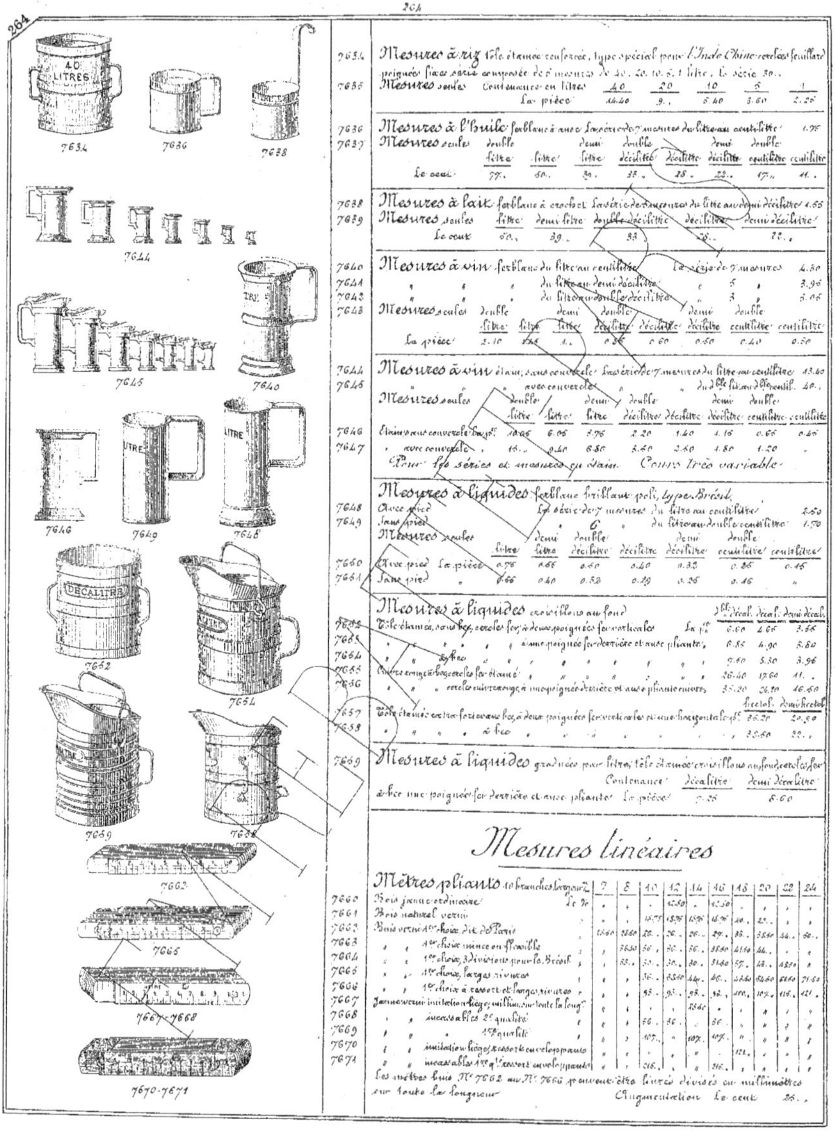

7634 7636 7638 7644 7645 7640 7646 7649 7648 7652 7654 7659 7658 7662 7665 7667-7668 7670-7671

7634 **Mesures à riz** tôle étamée cerclée, type spécial pour l'Indo Chine cerclées feuillard poignées fixes série composée de 5 mesures de 40. 20. 10. 5. 1 litre, la série 30..

7635 **Mesures seules**

Contenance en litres	40	20	10	5	1
La pièce	14.40	9..	5.40	3.60	2.25

7636 **Mesures à l'huile** ferblanc à anse la série de 7 mesures du litre au centilitre 1.75

7637 **Mesures seules**

	double litre	litre	demi litre	double décilitre	décilitre	demi décilitre	double centilitre	centilitre
Le cent	77..	50..	30..	35..	28..	22..	17..	11..

7638 **Mesures à lait** ferblanc à crochet la série de 5 mesures du litre au demi décilitre 1.65

7639 **Mesures seules**

	litre	demi litre	double décilitre	décilitre	demi décilitre
Le cent	50..	39..	33..	28..	22..

7640 **Mesures à vin** ferblanc du litre au centilitre la série de 7 mesures 4.50

7641 " " " du litre au demi décilitre " 5 " 3.95

7642 " " " du litre au double décilitre " 3 " 3.05

7643 **Mesures seules**

	double litre	litre	demi litre	double décilitre	décilitre	demi décilitre	double centilitre	centilitre
La pièce	2.10	1.65	1..	0.85	0.60	0.50	0.40	0.30

7644 **Mesures à vin** étain, sans couvercle la série de 7 mesures du litre au centilitre 13.40

7645 " avec couvercle " " du double litre au double centil. 40..

Mesures seules

		double litre	litre	demi litre	double décilitre	décilitre	demi décilitre	double centilitre	centilitre
7646	Étain sans couvercle la pièce	10.05	6.05	3.75	2.20	1.40	1.15	0.65	0.45
7647	" avec couvercle "	15..	9.40	6.50	3.40	2.60	1.80	1.20	"

Pour les séries et mesures en étain. Cours très variable

Mesures à liquides ferblanc brillant poli, type Brésil

7648 Avec pied la série de 7 mesures du litre au centilitre 2.50

7649 Sans pied " 6 " du litre au double centilitre 1.70

Mesures seules

		litre	demi litre	double décilitre	décilitre	demi décilitre	double centilitre	centilitre
7650	Avec pied La pièce	0.75	0.65	0.60	0.40	0.33	0.25	0.15
7651	Sans pied "	0.66	0.40	0.32	0.29	0.25	0.16	"

Mesures à liquides croisillons au fond

		double décal.	décal.	demi décal.
7652	Tôle étamée, sans bec, cercles fer, à deux poignées fer verticales La pce	6.60	4.65	3.55
7653	" " " " " à une poignée fer derrière et anse pliante	6.85	4.90	3.60
7654	" " à bec " " " " " " " "	7.60	5.30	3.96
7655	Cuivre rouge à bec cercles fer étamé " " " " " "	26.40	17.60	11..
7656	" " " cercles cuivre rouge, à une poignée derrière et anse pliante cuivre	35.20	26.10	16.50

		hectol.	demi hectol.
7657	Tôle étamée extra forte sans bec, à deux poignées fer verticales et une horizontale la pce	26.20	20.90
7658	" " " " à bec " " " " " "	33.50	22..

7659 **Mesures à liquides** graduées par litres, tôle étamée croisillons au fond, cercles fer

	Contenance	décalitre	demi décalitre
à bec une poignée fer derrière et anse pliante	La pièce	7.25	5.60

Mesures linéaires

Mètres pliants 10 branches longueur

		7	8	10	12	14	16	18	20	22	24
7660	Bois jaune ordinaire Le %	"	"	"	12.50	"	12.50	"	"	"	"
7661	Bois naturel verni "	"	"	15.75	15.75	15.75	15.75	20..	23..	"	"
7662	Buis verni 1er choix dit de Paris "	18.60	23.60	26..	26..	26..	29..	35..	38.50	44..	50..
7663	" " 1er choix mince ou flexible "	"	28.50	56..	56..	56..	38.50	41.60	44..	"	"
7664	" " 1er choix, 3 divisions pour le Brésil "	"	33..	30..	30..	30..	31.60	57..	48..	48.50	"
7665	" " 1er choix, larges rivures "	"	"	36..	38.50	44..	46..	42.60	54.60	61.60	71.50
7666	" " 1er choix à ressort et larges rivures "	"	"	93..	93..	93..	92..	100..	107..	116..	121..
7667	Jaune verni imitation liège, millim. sur toute la longr "	"	"	"	"	23.60	"	"	"	"	"
7668	" " incassables 2e qualité "	"	"	56..	56..	"	56..	"	"	"	"
7669	" " " 1re qualité "	"	"	107..	"	107..	107..	"	"	"	"
7670	" " imitation liège, ressort enveloppant "	"	"	"	"	"	"	121..	"	"	"
7671	" " incassables 1re qté ressort enveloppant "	"	"	216..	"	"	216..	"	"	"	"

Les mètres buis No 7662 au No 7666 peuvent être livrés divisés en millimètres sur toute la longueur Augmentation Le cent 25..

7675

7677

7680 et 7681

7683

7686

7687

7688 et 7689

7692

7695

7696

7699

7701

7708

7709

7716

Mètres pliants, 5 branches

N°	Désignation	Largeur m/m	10	12	14	16	18	20	22	24
7672	Bois jaune ordinaire	le cent	»	»	»	12.50	12.50	»	»	»
7673	Bois naturel verni	»	»	»	17.50	17.60	18.60	19.50	»	»
7674	Bois naturel verni larges rivures	»	»	»	23.	25.	24.	26.	28.	»
7675	Buis verni 1er choix dit de Paris	»	31.50	33.	33.	33.	36.	38.50	43.	48.50
7676	» » 1er choix, 5 divisions pour le Brésil	»	38.50	41.50	41.50	41.50	44.	48.50	54.	64.50
7677	» » 1er choix, larges rivures	»	37.	37.	38.50	38.50	40.70	44.	50.	57.
7678	» » 1er choix, mince ou flexible larges rivures	»	»	47.	47.	47.	57.	64.50	»	»
7679	» » 1er choix, ressort et larges rivures	»	»	52.50	57.	57.	60.	67.	78.50	88.
7680	Jaune verni, imitation liège, millimètres sur toute la long.	»	»	»	»	50.	»	»	»	»
7681	» » incassables 2e qualité	»	»	»	»	36.	»	»	»	»
7682	» » » 1re qualité	»	107.	»	107.	107.	»	»	»	»
7683	» » imitation liège, ressort enveloppant	le cent	»	»	»	64.50	»	»	»	»
7684	» » incassables 2e qté	»	»	»	»	65.50	»	»	»	»
7685	» » » 1re qté	»	150.	»	150.	150.	»	»	»	»

Les mètres buis N° 7675 au N° 7679 peuvent être livrés divisés aux millimètres sur toute la longueur. Augmentation le cent 25. »

7686 **Mètre** buis 5 branches 1er choix, larges rivures, étriers de 30 m/m, largeur 30 m/m. pce 1.30

Doublemètres pliants, 10 branches

N°	Désignation	Largeur m/m	10	12	14	16	18	20	22	24	27
7687	Buis verni 1er choix, ressort et larges rivures	pce	1.20	1.20	1.20	1.20	1.30	1.35	1.45	1.60	1.95
7688	Jaune verni, imitation liège, ressort enveloppant	»	»	»	»	»	1.35	»	»	»	»
7689	» » incassable 2e qualité	»	»	»	»	1.40	»	»	»	»	»
7690	» » » 1re qualité	»	2.65	»	»	2.65	»	»	»	»	»

Mètres en acier

7691 10 branches, tracés de 1 côté . . . . . Le cent 63. »

7692 » » » 10 branches, tracés de 2 côtés 76.50

7693 » » » 10 branches, peints . . . . . 63. »

7694 » » » 10 branches, gravés relief des 2 côtés, façon anglais La pièce 1.75

7695 **Mètre en aluminium** blanc mat 10 branches, avec étui peau la pièce 2.50

Mètres en baleine 1er choix, 10 branches

N°	Désignation	Largeur m/m	7	8	9	10	12
7696	Tracés	La pièce	1.20	1.30	1.35	1.45	2.10
7697	Peints maillechort	»	1.60	1.60	1.65	1.80	2.45

7698 **Mètre en celluloïd** imitation ivoire, 10 branches, largeur 10 m/m La pièce 1.10

Mètres en cuivre poli 10 branches

N°	Désignation	Poids des 144 pièces k°	5	6	7	8	9	10	12	14
7699	Rivets en cuivre	Le cent	26.	29.	32.	36.50	40.	44.	54.	65.
7700	Rivets en fer	»	26.	29.	32.	36.50	40.	44.	54.	65.

Mètres en ivoire 10 branches

N°	Désignation	Largeur m/m	8	10	12
7701	1er choix	La pièce	3.	3.45	»
7702	1er choix, 3 divisions pour le Brésil	»	3.35	3.80	»
7703	Choix supérieur, 2 divisions, millimètres sur toute la longueur	»	»	4.80	6.10

Mètre en os

7704 1er choix, largeur 10 m/m . . . . . La pièce 1.25

7705 » » 1er choix, largeur 10 m/m, 5 divisions pour le Brésil » 1.60

Demi-mètres

7706 buis, 10 branches, largeur 8 m/m . . . . . Le cent 30. »

7707 » » os, 10 » » » . . . . . La pièce 1.10

7708 » » ivoire 10 » » » . . . . . » 1.50

Mètres droits

N°	Désignation	Ferrure	Épaisseur		Hêtre brut	Chêne ciré	Fruitier verni
7709	Carrés, largeur 12 à 25 m/m	ferrure cuivre	1 c/m	Le cent	30. »	»	»
7710	» »	»	1 c/m ½	»	»	40. »	»
7711	» »	»	2 c/m	»	»	»	57. »
7712	» »	ferrure fer	2 c/m	»	»	»	71.50
7713	Plats, largeur 30 à 40 m/m	ferrure cuivre	2 c/m	»	»	»	57. »
7714	» »	»	3 c/m	»	»	»	64. »
7715	» »	ferrure fer	3 c/m	»	»	»	86. »

Demi-mètres droits

N°	Désignation	Ferrure	Épaisseur		Hêtre brut	Chêne ciré	Fruitier verni
7716	Carrés, largeur 12 à 25 m/m	ferrure cuivre	1 c/m	Le cent	21.50	»	»
7717	» »	»	1 c/m ½	»	»	28.50	36.
7718	» »	ferrure fer	2 c/m	»	»	»	57.
7719	Plats, largeur 30 à 40 m/m	ferrure cuivre	1 c/m ½	»	»	»	43. »
7720	» »	»	2 c/m	»	»	»	50. »
7721	» »	ferrure fer	2 c/m	»	»	»	57.

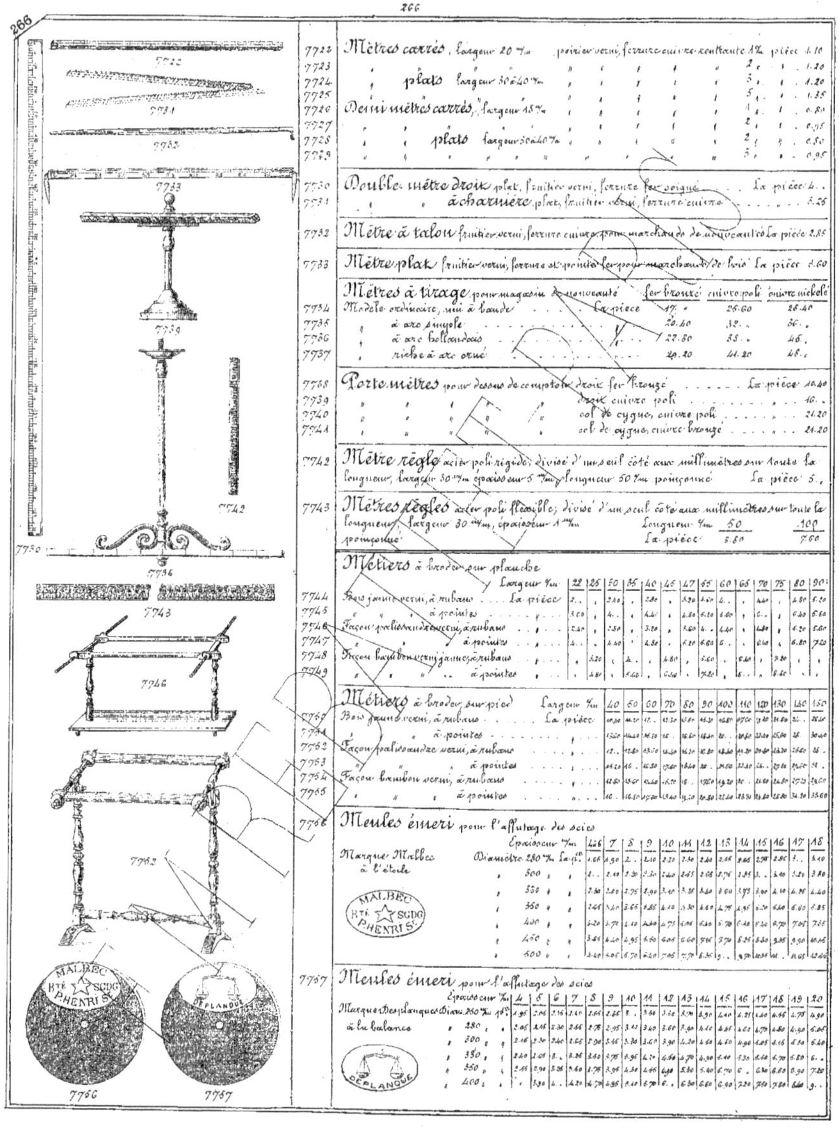

7722 **Mètres carrés**, largeur 20 m/m poirier verni, ferrure cuivre rentrante 1 m/m pièce 1.10
7723 " " " " " " " " " 2 " " 1.20
7724 " **plats** largeur 30 à 40 m/m " " " " " 3 " " 1.20
7725 " " " " " " " " " 5 " " 1.35
7726 **Demi mètres carrés**, largeur 15 m/m " " " " " 1 " " 0.80
7727 " " " " " " " " " 2 " " 0.95
7728 " " **plats** largeur 30 à 40 m/m " " " " " 2 " " 0.80
7729 " " " " " " " " " 3 " " 0.95

7730 **Double mètre droit** plat, fruitier verni, ferrure fer soigné . . . La pièce 4..
7731 " " **à charnière** plat, fruitier verni, ferrure cuivre 5.25

7732 **Mètre à talon** fruitier verni, ferrure cuivre, pour marchands de nouveautés La pièce 2.85

7733 **Mètre plat** fruitier verni, ferrure et pointe fer pour marchands de bois La pièce 3.60

Mètres à tirage pour magasin de nouveauté

			fer bronzé	cuivre poli	cuivre nickelé
7734	Modèle ordinaire, uni à bande	La pièce	17..	25.60	28.40
7735	" à arc simple	"	20.40	32..	36..
7736	" à arc hollandais	"	22.80	35..	46..
7737	" riche à arc orné	"	29.20	41.20	48..

7738 **Porte mètres** pour dessous de comptoir droit fer bronzé . . . . . La pièce 10.40
7739 " " " " droit cuivre poli . . . . 16..
7740 " " " " col de cygne, cuivre poli 21.20
7741 " " " " col de cygne, cuivre bronzé 21.20

7742 **Mètre règle** acier poli rigide, divisé d'un seul côté aux millimètres sur toute la longueur, largeur 30 m/m épaisseur 5 m/m, longueur 50 m/m poinçonné La pièce 5..

7743 **Mètres règles** acier poli flexible, divisé d'un seul côté aux millimètres sur toute la longueur, largeur 30 m/m, épaisseur 1 m/m poinçonné

Longueur m/m	50	100
La pièce	5.80	7.60

Métiers à broder sur planche

	Largeur m/m	22	25	30	35	40	45	47	55	60	65	70	75	80	90
7744	Bois jaune verni, à rubans . . . La pièce	2..	"	2.40	"	2.80	"	3.20	3.60	4..	"	4.40	"	4.80	5.20
7745	" " à pointes . . . "	3.60	"	4..	"	4.40	"	4.80	5.20	5.60	"	6..	"	6.40	6.80
7746	Façon palissandre verni, à rubans . . "	2.40	"	2.80	"	3.20	"	3.60	4..	4.40	"	4.80	"	5.20	5.60
7747	" " à pointes . . "	4..	"	4.40	"	4.80	"	5.20	5.60	6..	"	6.40	"	6.80	7.20
7748	Façon bambou verni jaune, à rubans . "	"	3.20	"	4..	"	4.80	"	5.60	"	6.40	"	7.20	"	"
7749	" " " à pointes . "	"	4.80	"	5.60	"	6.40	"	7.20	"	8..	"	8.80	"	"

Métiers à broder sur pied

	Largeur m/m	40	50	60	70	80	90	100	110	120	130	140	150
7750	Bois jaune verni, à rubans . . . . La pièce	10.40	11.20	12..	12.80	13.60	15.20	16.80	17.60	19.40	21.60	24..	26.40
7751	" " à pointes . . . . "	13.20	14.40	15.20	16..	16.60	18.40	20..	20.60	22.40	25.60	28..	30.40
7752	Façon palissandre verni, à rubans . . "	12..	12.80	13.60	14.30	15.20	16.80	18.40	19.20	20.80	23.20	25.60	28..
7753	" " à pointes . . "	14.20	16..	16.50	17.60	18.40	20..	21.60	22.40	24..	27.20	29.60	31..
7754	Façon bambou verni, à rubans . . . "	12.80	13.60	14.40	15.20	16..	17.60	19.20	20..	21.60	24.80	27.20	29.60
7755	" " à pointes . . . "	16..	16.80	17.20	18.40	19.20	20.80	22.40	23.20	24.80	28.80	31.20	33.60

7756 **Meules émeri** pour l'affûtage des scies

Marque Malbec à l'étoile

Épaisseur m/m		4 à 6	7	8	9	10	11	12	13	14	15	16	17	18
Diamètre 280 m/m	La pièce	1.65	1.90	2..	2.10	2.20	2.30	2.40	2.55	2.65	2.75	2.85	3..	3.10
" 300 "	"	2..	2.10	2.20	2.30	2.40	2.55	2.65	2.75	2.85	3..	3.40	3.60	3.80
" 330 "	"	2.30	2.60	2.75	2.90	3.10	3.25	3.40	3.60	3.75	3.90	4.10	4.25	4.40
" 350 "	"	2.65	3.40	3.65	3.85	4.10	4.30	4.50	4.75	4.95	5.20	5.40	5.60	5.85
" 400 "	"	3.20	3.70	4.10	4.40	4.75	5.05	5.40	5.70	6.10	6.40	6.70	7.05	7.35
" 450 "	"	3.85	4.40	4.95	5.50	6.05	6.60	7.15	7.70	8.25	8.80	9.35	9.90	10.45
" 500 "	"	4.40	5.05	5.70	6.40	7.05	7.70	8.35	9..	9.70	10.35	11..	11.65	12.60

7757 **Meules émeri** pour l'affûtage des scies

Marque Desplanques à la balance

Épaisseur m/m		4	5	6	7	8	9	10	11	12	13	14	15	16	17	18	19	20
Diam. 260 m/m	La pièce	1.95	2.05	2.15	2.40	2.65	2.85	3..	3.30	3.50	3.70	3.90	4.10	4.25	4.40	4.55	4.75	4.90
" 280 "	"	2.05	2.15	2.30	2.55	2.75	2.95	3.10	3.40	3.60	3.90	4.10	4.45	4.60	4.70	4.80	4.90	5.05
" 300 "	"	2.15	2.30	2.40	2.65	2.90	3.15	3.30	3.60	3.90	4.20	4.50	4.60	4.90	5.05	5.15	5.30	5.40
" 330 "	"	2.40	2.65	3..	3.25	3.60	3.75	3.95	4.20	4.50	4.70	4.90	5.40	5.30	5.60	5.70	5.80	6..
" 350 "	"	2.45	2.90	3.35	3.60	3.75	3.95	4.30	4.65	4.90	5.30	5.40	5.70	6..	6.30	6.60	6.90	7.20
" 400 "	"	"	3.90	4..	4.20	4.70	4.95	5.40	5.70	6..	6.30	6.60	6.90	7.20	7.50	7.80	8.40	9..

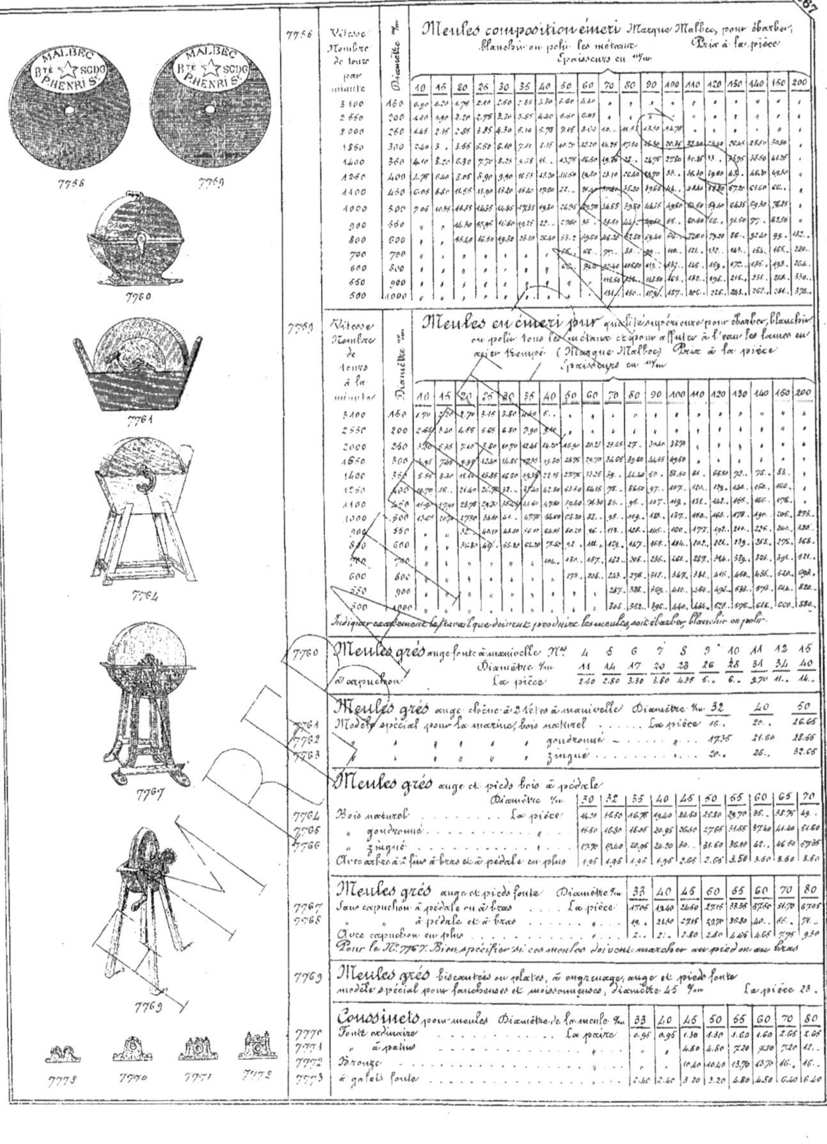

7758 **Meules composition émeri** Marque Malbec, pour ébarber, blanchir ou polir les métaux. Prix à la pièce

Epaisseurs en m/m

Vitesse Nombre de tours par minute	Diamètre m/m	10	15	20	25	30	35	40	50	60	70	80	90	100	110	120	130	140	150	200
3100	150	0.90	1.20	1.75	2.10	2.60	2.85	3.50	3.60	4.40	»	»	»	»	»	»	»	»	»	»
2550	200	1.10	1.90	2.20	2.75	3.30	3.85	4.40	5.50	6.05	»	»	»	»	»	»	»	»	»	»
2000	250	1.45	2.15	2.85	3.85	4.30	6.10	5.75	7.15	8.60	10.–	11.65	13.30	14.75	»	»	»	»	»	»
1850	300	2.40	3.–	3.65	5.50	6.10	7.10	8.15	10.20	12.20	14.25	17.10	18.50	20.35	22.00	24.40	26.45	28.50	30.50	»
1400	350	4.10	5.20	6.30	7.70	8.25	9.55	11.–	13.75	16.50	19.25	22.–	24.75	27.50	30.25	33.–	35.75	38.50	41.25	»
1250	400	4.75	6.40	8.05	8.90	9.90	11.55	13.20	16.50	19.80	23.10	26.40	29.70	33.–	36.30	39.60	43.–	46.30	49.50	»
1100	450	6.05	6.60	11.55	11.90	13.20	15.40	17.60	22.–	26.40	30.80	35.20	39.60	44.–	48.40	52.80	57.20	61.60	66.–	»
1000	500	7.05	10.35	12.85	14.35	14.85	17.35	19.80	24.95	29.70	34.65	39.60	44.55	49.50	54.50	59.40	64.35	69.30	74.25	»
900	550	»	»	16.30	15.95	16.60	19.25	22.–	27.50	33.–	38.50	44.–	49.50	55.–	60.60	66.–	71.50	77.–	82.50	»
800	600	»	»	15.40	16.50	19.80	23.10	26.40	33.–	39.60	46.20	52.80	59.40	66.–	72.60	79.20	86.–	92.40	99.–	132.–
700	700	»	»	»	»	»	»	»	55.–	66.–	77.–	88.–	99.–	110.–	121.–	132.–	143.–	154.–	165.–	220.–
600	800	»	»	»	»	»	»	»	66.–	79.20	92.40	105.60	119.–	132.–	146.–	159.–	172.–	185.–	198.–	264.–
650	900	»	»	»	»	»	»	»	»	»	115.50	132.–	148.50	165.–	182.–	198.–	215.–	231.–	248.–	330.–
500	1000	»	»	»	»	»	»	»	»	»	131.–	150.–	169.–	157.–	206.–	225.–	243.–	262.–	281.–	375.–

7759 **Meules en émeri pur** qualité supérieure pour ébarber, blanchir ou polir tous les métaux et pour affuter à l'eau les lames en acier trempé (Marque Malbec) Prix à la pièce

Epaisseurs en m/m

Vitesse Nombre de tours à la minute	Diamètre m/m	10	15	20	25	30	35	40	50	60	70	80	90	100	110	120	130	140	150	200
3100	150	1.70	2.20	2.70	3.15	3.80	4.40	5.–	»	»	»	»	»	»	»	»	»	»	»	»
2550	200	2.65	3.40	4.55	5.65	6.80	7.90	9.10	»	»	»	»	»	»	»	»	»	»	»	»
2000	250	3.30	5.15	7.10	8.80	10.70	12.45	14.30	16.90	20.25	23.65	27.–	30.40	33.75	»	»	»	»	»	»
1650	300	4.95	7.40	9.90	12.40	14.85	17.35	19.80	24.75	29.70	34.65	39.60	44.55	49.50	»	»	»	»	»	»
1400	350	5.50	8.30	11.10	13.85	16.60	19.35	22.15	27.75	33.25	39.–	44.40	50.–	55.50	61.–	66.50	72.–	78.–	83.–	»
1250	400	10.70	16.–	21.40	26.75	32.–	37.40	42.80	53.60	64.15	75.–	85.50	97.–	107.–	120.–	129.–	140.–	150.–	160.–	»
1100	450	11.90	17.90	23.75	29.70	35.25	41.60	47.50	59.40	71.30	83.–	95.–	107.–	119.–	131.–	142.–	155.–	166.–	178.–	»
1000	500	13.65	20.70	27.30	33.40	41.–	47.75	54.60	68.20	82.–	95.–	109.–	123.–	137.–	150.–	163.–	178.–	190.–	205.–	273.–
900	550	»	»	32.–	40.10	48.10	56.10	64.15	80.20	96.–	113.–	128.–	145.–	160.–	177.–	192.–	210.–	225.–	240.–	320.–
800	600	»	»	36.80	49.–	55.20	64.20	73.60	92.–	111.–	129.–	147.–	165.–	184.–	202.–	221.–	239.–	258.–	275.–	368.–
700	700	»	»	»	»	»	»	104.–	130.–	157.–	182.–	206.–	235.–	261.–	287.–	314.–	339.–	366.–	391.–	521.–
600	800	»	»	»	»	»	»	»	177.–	208.–	243.–	278.–	312.–	347.–	381.–	416.–	450.–	486.–	520.–	693.–
550	900	»	»	»	»	»	»	»	»	»	257.–	328.–	369.–	410.–	450.–	492.–	533.–	573.–	614.–	820.–
500	1000	»	»	»	»	»	»	»	»	»	305.–	352.–	396.–	440.–	484.–	621.–	576.–	616.–	660.–	580.–

Indiquer exactement le travail que doivent produire les meules, soit ébarber, blanchir ou polir.

7760 **Meules grés** auge fonte à manivelle à capuchon

Nos	4	5	6	7	8	9	10	11	12	15
Diamètre c/m	11	14	17	20	23	26	28	31	34	40
La pièce	2.60	2.80	3.30	3.60	4.35	5.–	6.–	9.70	11.–	14.–

Meules grés auge chêne à 2 têtes à manivelle

		Diamètre c/m	32	40	50
7761	Modèle spécial pour la marine, bois naturel	La pièce	16.–	20.–	26.65
7762	» » » » » » goudronné	»	17.35	21.60	28.65
7763	» » » » » » zingué	»	20.–	25.–	32.65

Meules grés auge et pieds bois à pédale

		Diamètre c/m	30	32	35	40	45	50	55	60	65	70
7764	Bois naturel	La pièce	14.30	15.50	16.75	19.40	24.50	25.80	29.70	35.–	38.75	49.–
7765	» goudronné	»	15.50	16.50	18.05	20.95	26.60	27.65	31.65	37.40	41.40	51.60
7766	» zingué	»	17.70	19.40	20.05	24.20	30.–	31.60	36.10	42.–	46.60	57.35
	Avec arbre à 2 fins à bras et à pédale en plus		1.95	1.95	1.95	1.95	2.65	2.65	3.50	3.60	3.60	3.60

Meules grés auge et pieds fonte

		Diamètre c/m	33	40	45	50	55	60	70	80
7767	Sans capuchon à pédale ou à bras	La pièce	17.05	19.40	24.50	27.15	33.35	37.60	51.70	67.05
7768	» » à pédale et à bras	»	19.–	21.50	27.15	32.70	36.80	40.–	65.–	74.–
	Avec capuchon en plus	»	2.–	2.–	2.80	2.80	4.65	4.65	7.75	9.30

Pour le No 7767. Bien spécifier si ces meules doivent marcher au pied ou au bras

7769 **Meules grés** biseautées ou plates, à engrenage, auge et pieds fonte modèle spécial pour faucheuses et moissonneuses, diamètre 45 c/m La pièce 23.

Coussinets pour meules

		Diamètre de la meule c/m	33	40	45	50	55	60	70	80
7770	Fonte ordinaire	La paire	0.95	0.95	1.30	1.30	1.60	1.60	2.65	2.65
7771	» à patins	»	»	»	4.80	4.80	7.20	7.20	7.20	12.–
7772	Bronze	»	»	»	10.40	10.40	13.70	13.70	16.–	16.–
7773	à galets fonte	»	2.40	2.40	3.20	3.20	4.80	4.50	6.40	6.40

N° 7774 Meules de Passavant et Vosges pour taillandiers et usines				N° 7775 Meules Saverne rouges ou grises	N° 7776 Meules de Langres	N° 7777 Meules Marcilly 1re Qté grès blanc
Diamètres		Poids en kilogs	Prix à la pièce	Prix		
en pouces	en c/m			La pièce	La pièce	La pièce
4 à 6	16	3	„	„	0.75	0.90
7	18	4	„	„	0.90	1. „
8	22	5	„	„	1. „	1.15
9	24	6	„	„	1.15	1.40
10	27	8	1.15	„	1.40	1.60
11	30	9	1.30	„	1.60	1.75
12	32	10	1.45	„	1.75	1.90
13	35	13	1.90	„	2.25	2.45
14	38	15	2.20	„	2.60	2.85
15	40	18	2.60	„	3.10	3.40
16	43	20	2.90	„	3.50	3.80
17	46	23	3.05	„	4. „	4.55
18	49	26	3.40	4.45	4.50	4.95
19	51	30	3.90	4.80	5.25	5.65
20	54	35	4.45	5.05	6.10	6.60
21	57	40	5.20	6.40	6.95	7.55
22	60	45	5.90	7.20	7.85	8.50
23	62	50	6.55	7.95	8.70	9.45
24	65	55	7.20	8.70	9.60	10.35
25	68	60	7.85	9.80	10.45	11.30
26	70	65	8.50	10.55	11.30	12.25
27	73	75	9.45	11.60	12.20	13.55
28	76	80	10.45	12.75	13.90	15.10
29	78	90	11.75	14.55	15.65	17. „
30	81	100	13.05	15.95	17.40	18.85
31	84	110	14.35	17.65	19.15	20.75
32	87	120	15.75	19.15	20.90	22.65
33	89	130	16.95	20.75	22.65	24.50
34	92	140	18.30	22.35	24.35	26.40
35	95	150	19.60	23.95	26.10	28.30
36	98	165	21.55	26.30	28.70	31.10
37	101	180	23.60	28.70	31.35	34. „
38	103	195	25.35	31.10	34. „	36.75
39	105	210	27.40	33.50	36.80	39.60
40	108	225	29.35	35.90	39.15	42.40
41	110	240	31.35	38.30	41.75	45.25
42	114	255	33.30	41. „	44.40	48. „
43	116	270	35.25	43.05	47. „	50.90
44	119	290	37.85	46.25	50.45	54.70
45	122	310	40.45	49.45	54. „	58.45
46	125	330	43.05	52.65	57.40	62.20
47	127	360	46.70	55.80	60.90	66. „
48	130	375	49. „	59.80	65.25	70.70
51	136	475	62. „	75.75	„	„
54	144	600	78.30	87. „	„	„
60	160	800	104.40	123.25	„	„
66	175	1100	130.60	146. „	„	„
72	195	1400	178. „	188.50	„	„
74	200	1600	187. „	217.50	„	„

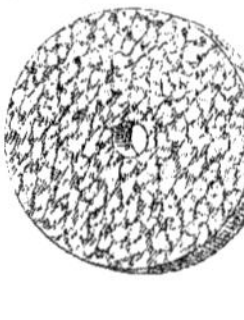

Les prix ci-dessus sont pour les meules non percées

Perçage des meules Augmentation la pièce 0,30 à 0,50 suivant grandeur

N° 7778. Grès rectangulaires, Mêmes prix que les meules ci-dessus

Nota: Les envois directs de meules et grès bruts par wagons complets de 5000 K°s pour chaque sorte jouissent d'une réduction très sensible sur les prix ci-dessus

7774

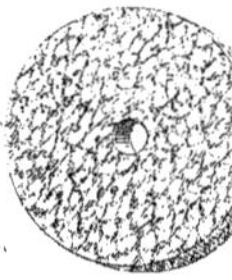

7776 percée

7777 percée

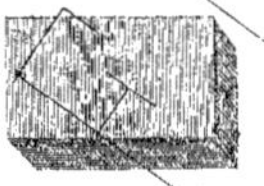

7778

7779	**Mica** en feuilles, épaisseur courante, feuilles carrées	Dimensions m/m	5	6	7	8	9	10	11	12		
		Le cent	6.50	10..	15..	20..	25..	35..	55..	80..		
		Dimensions m/m	13	14	15	16	17	18	19	20	25	
		La pièce	1..	1.35	1.75	2.35	2.50	3.50	4.25	5..	9.50	
7780	feuilles rectangulaires	Dimensions m/m	5x10	5x15	5x20	6x10	6x15	6x20	7x10	7x15	7x20	8x10
		Le cent	12.50	25..	37.50	20..	32.50	57.50	22.50	42.50	70..	25..
		Dimensions m/m	8x15	8x20	9x10	9x15	9x20	10x15	10x20	11x15	11x20	12x15	12x20
		Le cent	45..	32.50	30..	67.50	[illegible]	87.50	160..	100..	175..	125..	212.50
		Dimensions m/m	13x16	13x20	14x15	14x20	16x20	16x20	17x20	18x20	19x20	20x26
		La pièce	1.40	2.35	1.60	2.25	2.15	3.50	3.90	4.25	4.65	7..

7781	**Mollettes** acier pour tourneurs, modèles variés								
	Série N°	1	2	3	4	5	6	7
	Numéros des modèles	105 à 165	201 à 250	302 à 336	403 à 432	502 à 633	612 et 613	704 à 716
	La pièce	0.60	0.65	0.80	0.90	1.15	1.70	2.15
	par 12 pièces le cent	50..	55..	71.50	85..	105..	160..	200..

105 113 120 121 122 123 134 135 136 137 151 165 201 202 210 211 216 217 230 231

7780

233 238 250 302 308 309 314 315 321 327 331 335 336 402

403 404 407 408 415 424 425 429 430 432 502 516 529 530 533 612 613 704 707 711 715 716

7782 7783 7784

7782 **Porte-mollettes** fer ordinaire sans manche . . . . . La pièce 0.40
7783 " " " universel, manche bois . . . . . " 1.45
7784 " " " rotatif " 1.75

7785	**Montures de scies** fil d'acier nickelé, diamètre 5 m/m, montées avec lame à métaux non affûtées	Longueur de la lame m/m	20	25
		La pièce	1.10	1.60

7786 **Monture de scies** à métaux, acier coulé verni à nervures, tournant dans 3 positions avec lame non affûtable 20 m/m . . . La pièce 2.60

7787 **Monture de scies** à métaux, acier coulé verni, modèle ordinaire, tournant dans 4 positions pour lames de 25 m/m de longueur, Unique, sans lame . . . La pièce 3..

7788	**Montures de scies** à métaux, acier coulé verni, modèle fort, tournant dans 4 positions, sans lame	Longueur des lames m/m	25	30	35	40
		La pièce	3.60	3.75	4..	4.20

Montures de scies à métaux, acier poli extensible, tournant dans 4 positions
7789 Modèle courant, longueur des lames 20 à 30 m/m, sans lame . . . La pièce 4.50
7790 " fort " " " 15 à 30 m/m " . . . " 9..

7791	**Montures de scies** à métaux, vernies, tension à levier, avec 1 lame plus 12 lames de rechange pour chaque monture	Longueur des lames m/m	20	25	30
		La pièce	8.60	9.60	10.60

Montures de scies à métaux acier poli, pour lames affûtables

	Longueur des lames m/m	16	19	22	25	27	30	32	36	38	40
7792	Sans lame profondeur 10 m/m La pièce	4.65	4.90	5.25	5.60	6.15	6.70	7.35	8.40	8.75	9.10
7793	" " " 12 m/m "	"	"	"	"	6.70	7.30	8..	9.10	9.45	9.80

Scies à métaux lames seules, non affûtables, denture ordinaire, 16 dents par 25 m/m pour métal dur en barres

	Longueur entre l'axe des trous m/m		20	22½	25	27½	30	32½	35	37	40
7794	Marque RBT recommandée le paquet de 12 pièces	12	4.30	4.65	5..	5.35	5.70	6.50	6.90	"	6.20
	" " "	144	47..	50..	55..	61..	64..	70..	73..	"	24.60
7795	Marque "Griffin" " "	12	4.75	5.25	5.50	5.85	5.10	6.40	7..	7.50	8..
	" " "	144	52..	57..	60..	64..	65..	72..	77..	81..	87..

Les scies marque "Griffin" peuvent être livrées sans augmentation de prix avec denture fine de 22 ou 25 dents par 25 m/m pour les métaux tendres et les tubes.

7796	**Scies à métaux** lames seules, acier poli limé affûtable, Long. m/m	16	19	22	25	27	30	32	36	38	40
	La pièce	0.65	0.70	0.80	0.85	1..	1.10	1.15	1.25	1.50	1.70

7785 7786 7787 7788 7789

7790 7791 7792 7794 7795 7796

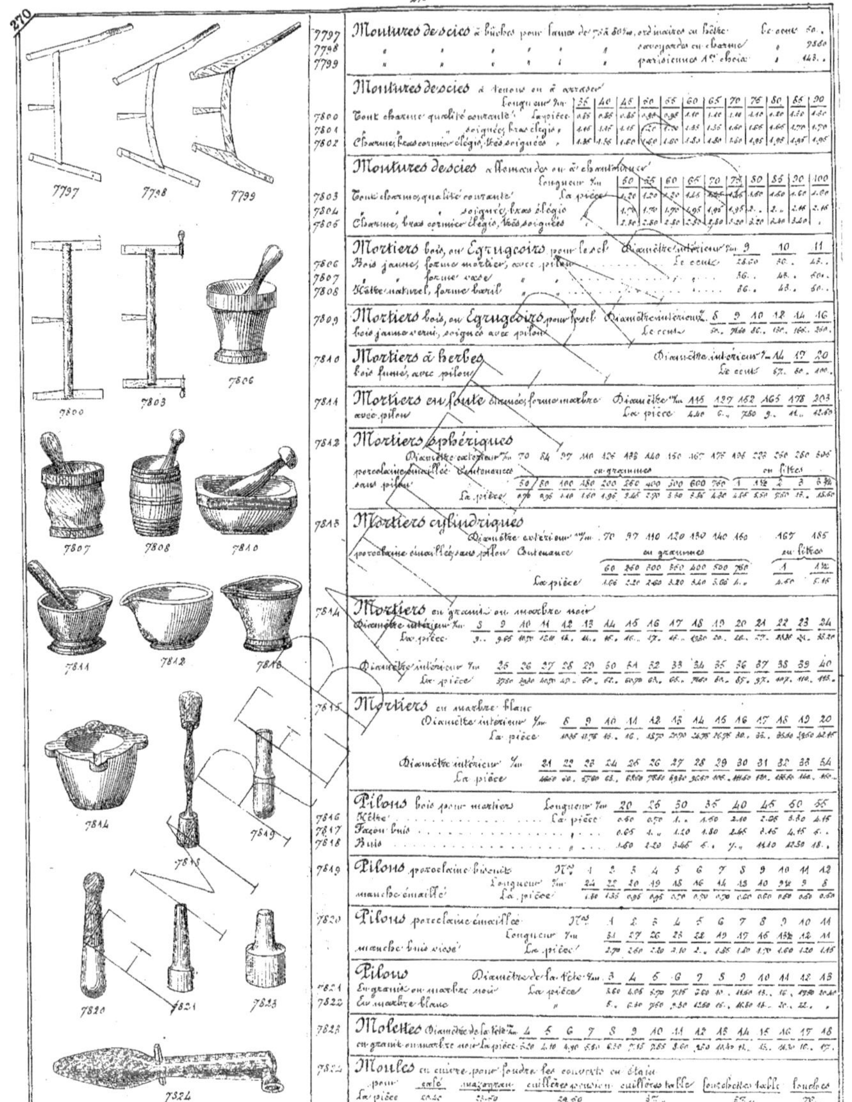

7797 **Montures de scies** à bûches pour lames de 75 à 80 c/m, ordinaires en hêtre — Le cent 60..
7798 " " " " " " savoyardes en charme — " 93.60
7799 " " " " " " parisiennes 1er choix — " 143..

Montures de scies à tenon ou à araser

		Longueur c/m	35	40	45	50	55	60	65	70	75	80	85	90
7800	Tout charme qualité courante	La pièce	0.85	0.85	0.85	0.90	0.95	1.10	1.10	1.10	1.10	1.20	1.30	1.30
7801	" " soignées, bras élégis	"	1.15	1.15	1.15	1.20	1.30	1.35	1.35	1.60	1.65	1.65	1.70	1.70
7802	Charme, bras cormier élégis, très soignées	"	1.55	1.55	1.60	1.60	1.60	1.80	1.80	1.80	1.95	1.95	1.95	1.95

Montures de scies allemandes ou à chantourner

		Longueur c/m	50	55	60	65	70	75	80	85	90	100
7803	Tout charme, qualité courante	La pièce	1.20	1.20	1.20	1.25	1.25	1.25	1.60	1.60	1.60	1.60
7804	" " soignées, bras élégis	"	1.70	1.70	1.70	1.95	1.95	1.95	2..	2..	2.15	2.15
7805	Charme, bras cormier élégis, très soignées	"	2.80	2.80	2.80	2.80	2.80	3.20	3.20	3.40	3.40	"

Mortiers bois, ou **Égrugeoirs** pour le sel

		Diamètre intérieur c/m	9	10	11
7806	Bois jaune, forme mortier, avec pilon	Le cent	28.50	36..	43..
7807	" " forme vase	"	36..	48..	60..
7808	Hêtre naturel, forme baril	"	36..	48..	60..

7809 **Mortiers** bois, ou **Égrugeoirs** pour le sel, bois jaune verni, soignés avec pilon

Diamètre intérieur c/m	8	9	10	12	14	16
Le cent	60..	71.60	86..	130..	166..	260..

7810 **Mortiers à herbes** bois fumé, avec pilon

Diamètre intérieur c/m	14	17	20
Le cent	67..	80..	100..

7811 **Mortiers en fonte** étamés, forme marbre avec pilon

Diamètre c/m	115	127	152	165	178	203
La pièce	4.40	6..	7.50	9..	11..	12.60

7812 **Mortiers sphériques** porcelaine émaillée sans pilon

Diamètre extérieur m/m	70	84	97	110	126	133	140	150	167	175	196	223	250	280	305
Contenance	en grammes										en litres				
	50	80	100	150	200	250	400	500	600	750	1	1½	2	3	3½
La pièce	0.70	0.95	1.10	1.60	1.95	2.45	2.90	3.60	3.85	4.20	4.65	5.50	7.50	11..	15.60

7813 **Mortiers cylindriques** porcelaine émaillée sans pilon

Diamètre extérieur m/m	70	97	110	120	130	140	160	167	185
Contenance	en grammes							en litres	
	60	250	300	350	400	500	750	1	1½
La pièce	1.05	2.20	2.60	3.20	3.40	3.65	4..	4.50	5.15

7814 **Mortiers** en granit ou marbre noir

Diamètre intérieur c/m	8	9	10	11	12	13	14	15	16	17	18	19	20	21	22	23	24
La pièce	9..	9.65	10.50	12..	12..	14..	15..	16..	17..	18..	19.50	20..	26..	27..	28.50	31..	33.20

Diamètre intérieur c/m	25	26	27	28	29	30	31	32	33	34	35	36	37	38	39	40
La pièce	37.50	39.50	40.50	45..	50..	52..	60.70	63..	66..	75.60	80..	85..	97..	107..	110..	115..

7815 **Mortiers** en marbre blanc

Diamètre intérieur c/m	8	9	10	11	12	13	14	15	16	17	18	19	20
La pièce	10.35	11.75	15..	16..	18.70	20.90	24.75	26.75	30..	35..	35.50	39.50	42.45

Diamètre intérieur c/m	21	22	23	24	25	26	27	28	29	30	31	32	33	34
La pièce	46.50	50..	57.60	65..	68.50	72.50	83.20	90.50	105..	111.50	130..	135.50	160..	160..

Pilons bois pour mortiers

		Longueur c/m	20	25	30	35	40	45	50	55
7816	Hêtre	La pièce	0.50	0.70	1..	1.50	2.10	2.05	3.30	4.15
7817	Façon buis	"	0.65	1..	1.20	1.80	2.45	3.15	4.15	6..
7818	Buis	"	1.60	2.20	3.45	5..	7..	11.10	12.50	18..

7819 **Pilons** porcelaine biscuit, manche émaillé

Nos	1	2	3	4	5	6	7	8	9	10	11	12
Longueur c/m	24	22	20	19	18	16	14	13	10	9½	9	8
La pièce	1.50	1.35	0.95	0.95	0.70	0.50	0.70	0.60	0.60	0.60	0.60	0.60

7820 **Pilons** porcelaine émaillée, manche buis vissé

Nos	1	2	3	4	5	6	7	8	9	10	11
Longueur c/m	31	27	26	23	22	19	17	16	13½	12	11
La pièce	2.70	2.60	2.20	2.10	2..	1.85	1.80	1.70	1.60	1.20	1.15

Pilons

		Diamètre de la tête c/m	3	4	5	6	7	8	9	10	11	12	13
7821	En granit ou marbre noir	La pièce	3.60	4.05	5.70	7.15	7.60	10..	11.50	13..	16..	19.50	20.40
7822	En marbre blanc	"	5..	6.40	7.60	9.30	12.50	15..	16.50	18..	20..	22..	"

7823 **Molettes** en granit ou marbre noir

Diamètre de la tête c/m	4	5	6	7	8	9	10	11	12	13	14	15	16	17	18
La pièce	3.20	4.10	4.90	5.60	6.30	7.15	7.85	8.60	9.50	10.40	11..	15..	16.30	16..	17..

7824 **Moules** en cuivre pour fondre les couverts en étain

pour	café	mazagran	cuillères [illegible]	cuillères table	fourchettes table	louches
La pièce	20.20	23.50	29.50	37..	57..	70..

271

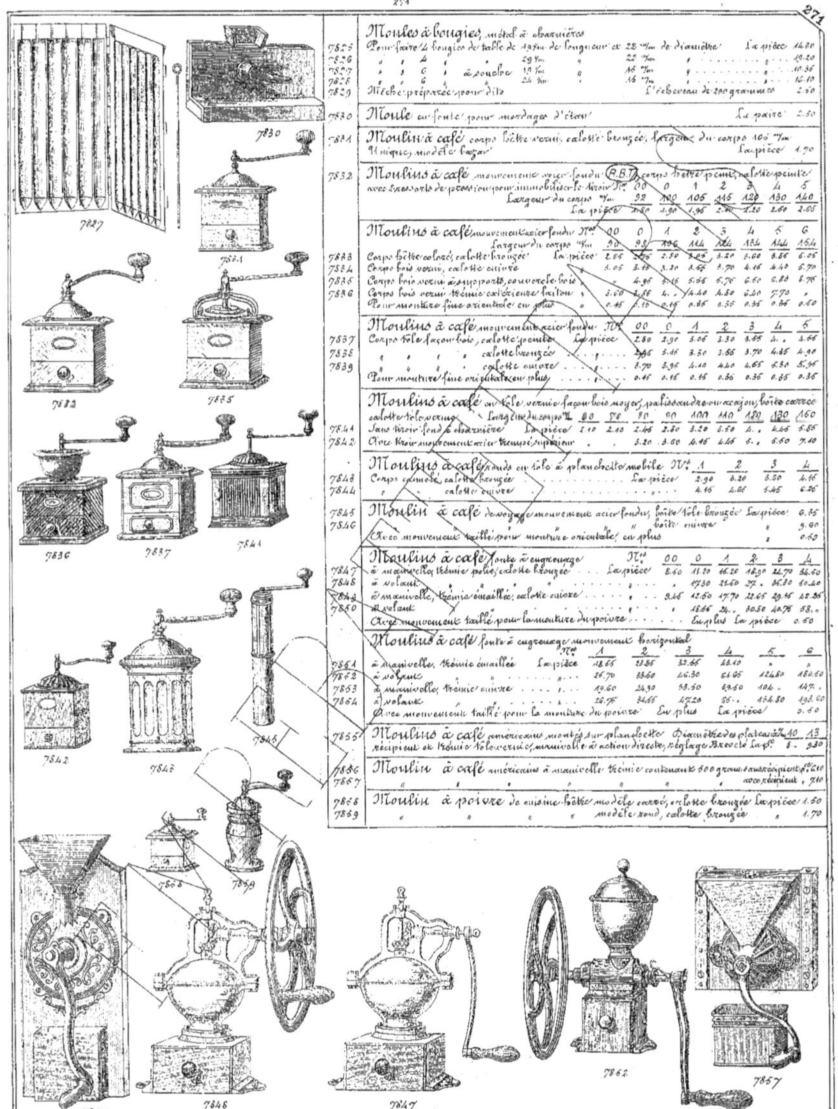

Moules à bougies, métal à charnières

7825 Pour faire 4 bougies de table de 19 m/m de longueur et 22 m/m de diamètre — La pièce 14.80
7826 " " 4 " " 29 m/m " 22 m/m " — " 19.20
7827 " " 6 " à souche 19 m/m " 16 m/m " — " 10.35
7828 " " 6 " " 24 m/m " 16 m/m " — " 16.10
7829 Mèche préparée pour dito — L'écheveau de 200 grammes 2.50

7830 **Moule** en fonte pour mordages d'étau — La paire 2.50

7831 **Moulin à café** corps hêtre verni, calotte bronzée, largeur du corps 105 m/m
Unique, modèle bazar — La pièce 1.70

7832 **Moulins à café** mouvement acier fondu (R.B.T.) corps hêtre peint, calotte peinte avec 2 ressorts de pression pour immobiliser le tiroir

Nos	00	0	1	2	3	4	5
Largeur du corps m/m	92	100	105	115	120	130	140
La pièce	1.80	1.90	1.95	2.10	2.20	2.60	2.65

Moulins à café mouvement acier fondu

	Nos	00	0	1	2	3	4	5	6
	Largeur du corps m/m	90	93	106	114	124	134	144	154
7833	Corps hêtre coloré, calotte bronzée — La pièce	2.65	2.75	2.80	3.05	3.20	3.60	3.85	5.05
7834	Corps bois verni, calotte cuivre	3.05	3.15	3.20	3.55	3.70	4.15	4.40	5.70
7835	Corps bois verni à supports, couvercle bois	"	4.95	5.15	5.55	5.75	6.50	6.80	8.75
7836	Corps bois verni trémie extérieure laiton	3.60	3.85	4. "	4.40	4.80	6.40	7.70	"
	Pour mouture fine orientale en plus	0.45	0.15	0.15	0.35	0.35	0.35	0.35	0.60

Moulins à café mouvement acier fondu

	Nos	00	0	1	2	3	4	5
7837	Corps tôle façon bois, calotte peinte — La pièce	2.80	2.90	3.05	3.30	3.55	4. "	4.65
7838	" " " calotte bronzée	2.95	3.15	3.30	3.55	3.70	4.35	4.90
7839	" " " calotte cuivre	3.70	3.95	4.10	4.40	4.65	5.30	5.95
	Pour mouture fine orientale en plus	0.15	0.15	0.15	0.35	0.35	0.35	0.35

Moulins à café en tôle vernie façon bois noyer, palissandre ou acajou, boîte carrée calotte tôle vernie

	Largeur du corps m/m	60	70	80	90	100	110	120	130	150
7841	Sans tiroir fond à charnière — La pièce	1.10	2.10	2.45	2.80	3.20	3.50	4. "	4.45	5.85
7842	Avec tiroir mouvement acier trempé supérieur	"	"	3.20	3.60	4.15	4.45	5. "	5.50	7.10

Moulins à café ronds en tôle à planchette mobile

	Nos	1	2	3	4
7843	Corps guilloché, calotte bronzée — La pièce	2.90	3.20	3.60	4.15
7844	" calotte cuivre	4.15	4.65	5.45	6.25

7845 **Moulin à café** de voyage mouvement acier fondu, boîte tôle bronzée — La pièce 6.35
7846 " " " boîte cuivre — " 9.60
Avec mouvement taillé pour mouture orientale, en plus — " 0.60

Moulins à café fonte à engrenage

	Nos	00	0	1	2	3	4
7847	à manivelle, trémie polie, calotte bronzée — La pièce	8.60	11.20	16.20	18.90	24.70	34.50
7848	à volant " " "	"	17.30	21.50	27. "	35.80	50.40
7849	à manivelle, trémie émaillée, calotte cuivre	9.45	12.50	17.70	22.65	29.45	42.25
7850	à volant	"	15.65	24. "	30.50	40.75	58. "

Avec mouvement taillé pour la mouture du poivre — En plus La pièce 0.60

Moulins à café fonte à engrenage mouvement horizontal

	Nos	1	2	3	4	5	6
7851	à manivelle, trémie émaillée — La pièce	18.65	23.85	32.65	43.10	"	"
7852	à volant " "	26.70	33.60	46.30	61.65	124.50	180.50
7853	à manivelle, trémie cuivre	19.60	24.90	33.50	39.50	104. "	147. "
7854	à volant "	26.75	34.65	47.20	55. "	154.80	193.60

Avec mouvement taillé pour la mouture du poivre — En plus La pièce 0.60

7855 **Moulins à café** américains montés sur planchette, récipient et trémie tôle vernie, manivelle à action directe, réglage Breveté

Diamètre des plateaux m/m	10	13
La pièce	8. "	9.30

7856 **Moulin à café** américains à manivelle trémie contenant 500 grammes avec récipient — La pièce 6.10
7857 " " " " " " " sans récipient " 7.10

7858 **Moulin à poivre** de cuisine hêtre modèle carré, calotte bronzée — La pièce 1.50
7859 " " " " modèle rond, calotte bronzée — " 1.70

7660-7661 7862 7863 7864 7865 7866 7867 7868 7869 7870 7871 7872 7873 7874 7875 7876 7877 7878 7879 7880 7881 7882 7883 7884 7885 7886 7887 7888 7889 7890 7891 7892 7893 7894 7895 7896 7897 7898 7899 7900 7901 7902 7903 7904 7905 7906 7907 7908 7909 7910 7911 7912 7913 à 7915

Moulins à poivre de table

N°	Désignation		Prix
7860	Moulin rond forme cabestan hêtre poli, bouton cuivre (Recommandé)	La pièce	1.86
7861	" " " " noyer verni, bouton nickelé (Recommandé)	"	1.70
7862	" " " " façon tambour, anneau nickelé	"	1. "
7863	" " " " hêtre verni, anneau nickelé	"	1.20
7864	" " forme baril rayé, hêtre verni, anneau nickelé	"	1.30
7865	" " forme cabestan, noyer verni, anneau nickelé	"	2.16
7866	" " forme baril, cristal taillé, socle noyer verni, anneau nickelé	"	2.16
7867	" " forme cabestan, cristal uni, socle noyer verni, anneau nickelé	"	2.30
7868	" " " " cristal taillé, socle noyer verni, anneau nickelé	"	2.60
7869	" " " " " " socle thuya verni, anneau nickelé	"	2.86
7870	" " " " " " " pied métal, anneau nickelé	"	3.86
7871	" bois à manivelle, modèle bazar	"	0.80
7872	" " " baril uni, façon noyer verni	"	1.20
7873	" " " boule, façon noyer verni	"	1.60
7874	" " " tulipe, façon noyer verni	"	1.60
7875	" " " cornet, façon noyer verni	"	1.60
7876	" " " baril, façon noyer verni	"	1.70
7877	" " " baril rayé, façon noyer verni	"	2. "
7878	" " " pot uni, façon noyer verni	"	2.10
7879	" " " cabestan noyer verni à calotte nickelée	"	2.16
7880	" " " marmite noyer verni, pieds métal	"	2.30
7881	" " " égyptien bois noir	"	2.46
7882	" " " jarre, noyer verni, calotte gravée nickelée	"	2.60
7883 SUPPRIMÉ	" " " vase, façon porcelaine décor art nouveau	"	2.60
7884 SUPPRIMÉ	" " " pot " " " " "	"	2.60
7885	" " " olive noyer verni, deux cercles métal	"	2.70
7886	" " " baril uni bois verni vert, deux cercles métal	"	2.70
7887	" " " " " acajou, deux cercles métal	"	2.70
7888	" " " jarre bois verni vert, calotte gravée nickelée	"	2.70
7889	" " " olive bois noir mat, deux cercles métal	"	2.80
7890	" " " manchon bois noir mat, deux cercles métal	"	2.80
7891	" " " vase bois vert antique, applique métal	"	2.80
7892	" " " fantaisie bois vert antique, applique métal	"	2.80
7893	" " " " " " " "	"	2.80
7894	" " " manchon bois verni bleu, applique métal	"	3.20
7895	" " " " bois noir mat, applique métal	"	3.20
7896	" " " cylindre thuya, deux cercles métal à perles	"	3.20
7897	" " " jarre acajou verni, calotte gravée nickelée	"	3.70
7898	" porcelaine blanche décorée à manivelle, forme baril	"	2.30
7899	" cristal uni à manivelle, droit, socle noyer verni	"	2.30
7900	" cristal taillé à manivelle, droit, socle noyer verni	"	2.60
7901	" " " " " socle métal nickelé à pieds	"	3. "
7902	" " " " cylindrique, socle métal nickelé à moulures	"	5. "
7903	" " " " boule blanche, socle métal nickelé à perles	"	3. "
7904	" " " " boule doublée rouge, socle métal nickelé	"	4.30
7905	" " " " fantaisie, socle métal nickelé à perles	"	3.46
7906	" cristal jaspé à manivelle fantaisie, socle métal nickelé à moulures		3.45
7907	" métal à manivelle cylindrique, nickelés à filets	"	2.85
7908	" " " " " guilloché	"	3.46
7909	" " " " " gravé écusson	"	3.80
7910	" " " fantaisie nickelé, torsades ciselées	"	4.30
7911	" " " " cuivre rouge martelé	"	4.75
7912	" " " " vieil argent ciselé	"	6.70
7913	" bois couvercle tournant, boîte à lait, façon noyer verni	"	2.50
7914 SUPPRIMÉ	" " " " " " pitchpin	"	2.70
7915	" métal nickelé, couvercle tournant, boîte à lait	"	4. "

Moulins à poivre à engrenage, acier fondu R.B.T.

N°	Désignation		Nickelés	Argentés
7916	Tonneau, noyer verni à manivelle	La pièce	4.30	"
7917	" acajou verni "	"	4.60	"
7918	" noyer verni, grand modèle à manivelle	"	4.80	"
7919	" noyer verni, garniture métal	"	6.60	7.35
7920	" acajou verni " "	"	6.60	7.35
7921	" thuya verni " "	"	7.35	9..
7922	" ébène mat " "	"	7.65	9..
7923	" porcelaine décorée " "	"	5.40	7.70
7924	Boule verres bambou torse, monture noyer à manivelle	"	4.70	"
7925	" " " " " métal	"	6.60	"
7926	Cylindrique uni tout métal petit modèle	"	6.10	7.70
7927	" guilloché " " " "	"	6.60	8.15
7928	Cabestan uni " " à manivelle	"	6.10	7.70
7929	" guilloché " "	"	6.60	8.15
7930	" uni " " à bouton	"	6.10	7.70
7931	" guilloché " " "	"	6.50	8.15
7932	Cylindrique uni " " grand modèle à manivelle	"	8.15	11.60
7933	" cannelé " " " "	"	8.60	12..
7934	Balustre uni " " à manivelle	"	8.65	12..
7935	" guilloché " "	"	9..	12.60
7936	" uni " " à bouton	"	8.65	12..
7937	" guilloché " " "	"	9..	12.60
7938	Cylindrique uni " " grand modèle à cuvette à manivelle	"	10..	13.30
7939	" guilloché " " " " "	"	10.70	14.10
7940	Balustre ciselé art nouveau métal riche argent à manivelle	"	"	13.80
7941	à bouton	"	"	13.80
7942	Carré uni tout métal grand modèle à tiroir à manivelle	"	13..	16.40
7943	" guilloché " " " " "	"	13.60	17.15
7944	Boîte à lait unie " " sans manivelle	"	9.60	10.70
7945	Syphon " " " "	"	"	10..
7946	Bouteille à champagne métal argenté uni, col, bouchon et étiquette dorés		"	17.15
7947	Boule cristal taillé à côtes creuses torses, grand modèle, métal uni		"	17.15
7948	" " " " " " " " guilloché		"	17.15

Moulins à sel gris, dits égrugeoirs

N°	Désignation		Prix
7949	Moulins à sel gris, dits égrugeoirs, noyer verni, forme boule	La pièce	1.60
7950	" " " " bois verni, forme gland	"	1.80
7951	" " " " noyer verni, parois intérieures cristal forme jarre		2.50

Mouvements de sonnettes cuivre renforcés

N°	Désignation		N° 2	N° 3	N° 4	N° 5
7952	à congé, conduit, monté sur bout ou sur côté	Le cent	10.70	12.15	15..	18..
7953	à congé de tirage " " " " " "	"	11.60	13..	16..	19.30
7954	Barres conduits " " " " " "	"	12..	15..	18..	21.50
7955	Barres de tirage " " " " " "	"	12.70	16.60	19.30	23.60
7956	Branches de bascules droites	"	7.15	8.25	9.65	11..
7957	" " cintrées	"	10..	11..	13..	16..

Mouvements de sonnettes pied de biche à ressort

N°	Désignation		N° 2	N° 3	N° 4	N° 5
7958	Cuivre, coudés ou droits, non montés	Le cent	48..	60..	64.30	93..
7959	" " " montés sur bout ou sur côté	"	50..	67..	76.50	107..

Mouvements de sonnettes pied de biche à ressort

N°	Désignation		N° 2	N° 3	N° 4	N° 5
7960	Cuivre, montés sur platine coudée fer poli, droite ou gauche	La pièce	1.20	1.35	1.55	2.05
7961	" montés sur supports à pattes à T. fer poli, droite ou gauche	"	1.20	1.35	1.55	2.05

Mouvements renforcés à congé pour cordon

N°	Désignation		N° 1	N° 2	N° 3
7962	Cuivre conduit, montés sur bout	La pièce	0.65	0.90	1.40
7963	" " montés sur côté	"	0.72	1.10	1.55
7964	" tirage, montés sur bout	"	0.75	1.10	1.65
7965	" " montés sur côté	"	0.85	1.20	1.75
7966	Fer conduit, montés sur bout	"	0.48	0.65	0.84
7967	" " montés sur côté	"	0.55	0.72	0.90
7968	" tirage, montés sur bout	"	0.60	0.80	1.05
7969	" " montés sur côté	"	0.65	0.85	1.10
7970	Tourniquet cuivre, montés sur bout	"	0.65	0.90	1.40
7971	" fer, montés sur bout	"	0.48	0.65	0.85
7972	Bascules cuivre, droites, non monté	Le cent	21.50	36..	56.50
7973	" " cintrées " "	"	27.60	54..	78..
7974	" fer droites " "	"	15.60	24..	33.60
7975	" " cintrées " "	"	24.60	39.60	54..

274

7977 — 7982 — 7985 — 7986 — 7987 — 7988 — 7989 — 7990 — 7991 — 7992 — 7993 — 7994 — 7995 — 7996 — 7998 — 8001 — 8002 — 8003 — 8004 — 8005 à 8009 — 8010

N°	Désignation		Prix
7976	**Muselières pour veaux**, fil de fer étamé, ordinaires	diamètre 17 m/m Le cent	39.50
7977	» » » » » soignées	» » »	47. »
7978	» » » » » fortes	» » »	54. »
7979	» » » » » extra fortes	» » »	96. »
7980	» » » » » à cercle feuillard	» » »	57. »
7981	» » » » » grillagées	» » »	107. »
7982	» » » tout feuillard étamé	» » »	96. »
7983	**Muselières pour chevaux et bœufs**, fil de fer étamé, fortes	diamètre 24 m/m Le cent	93.
7984	» » » » à cercle feuillard	» »	107.
7985	» » » » tout feuillard étamé	» »	186.

Muselières pour chiens

N°	Largeur du museau c/m		5 à 8	9	10	11	12
7986	Panier grillagé monture cuir	Le cent	57. »	78.50	78.50	107. »	107.
7987	» fil tourné, monture cuir	»	64.30	78.50	86. »	107. »	121. »
7988	» fil droit, monture cuir	»	64.30	78.50	86. »	107. »	121. »
7989	Bénitier grillagé, monture cuir à cœur	»	93. »	115. »	115. »	150. »	157.
7990	Tout cuir, sans bout de nez	»	60. »	100. »	100. »	»	»
7991	» » avec bout de nez	»	71.50	120. »	120. »	»	»
7992	» » avec bout de nez deux tours	»	85. »	145. »	145. »	»	»
7993	Cuir à calot grillagé	»	78.50	120. »	120. »	143. »	150. »
7994	» » bout à pointe	»	93. »	121. »	121. »	157. »	166. »
7995	Cuir 1/2 panier grillagé, à sabot	»	85. »	121. »	121. »	»	»
7996	» » » dites lyonnaises	»	110. »	143. »	143. »	»	»

Muselières à courroies, dites chemin de fer

N°	Largeur du cuir m/m		11	14	16
7997	à passant cuir, sans dessus	Le cent	48. »	»	»
7998	Renforcées, soignées, avec dessus de nez	»	57. »	65. »	78.50

N°	Désignation	Prix
7999	**Muselières pour Terre Neuve** assorties de 7 à 13 c/m tout cuir 1 tour La pièce	1.80
8000	» » » » » » » » 2 tours à cœur »	2.50

8001 **Muselières anglaises**, garnies clous, cuir jaune ou noir

N°s		0	1	2	3	4	5	6	7	8	9	10	11	12
Diamètre du cou GD	m/m	80	85	90	100	110	120	150	155	160	165	170	180	200
Diamètre du museau EF	m/m	50	55	60	65	70	80	90	95	100	110	120	125	130
Longueur AB	m/m	100	110	115	120	130	140	160	180	200	220	225	240	250
Longueur AC	m/m	100	120	130	150	160	180	220	230	280	290	300	300	350
La pièce		0.95	1. »	1.15	1.35	1.60	1.70	1.95	2.10	2.30	2.85	3.35	3.95	4.45

Sans indication spéciale, nous livrons toujours en cuir jaune.

8002 **Muselières** fil de fer, belges, renforcées, drapées rouge, collier fer ou cuir

Largeur du museau c/m	5 à 8	9 et 10	11 et 12	13 et 14
La pièce	1.45	1.86	2.15	2.45

8003 **Muselières** fil de fer étamé parisiennes

Largeur du museau c/m	5 à 8	9 et 10	11 et 12	13 et 14
La pièce	0.80	0.90	1.05	1.30

8004 **Muselières bordelaises** fil étamé, collier cuir, permettant aux animaux de prendre leur nourriture

Largeur du museau c/m	3 et 4	5 et 6	7 et 8	9 et 10	11 et 12	13 et 14
La pièce	0.75	0.85	1. »	1.10	1.25	1.55

Muselières canine galbe, articulées, permettant aux chiens de boire, manger et tous mouvements de la mâchoire

N°			N°s 0	1	2	3	4	5	
8005	Pour toutous	longueur du museau m/m	35	40	45	»	»	»	
		largeur » »	35	40	50	»	»	»	
8006	Pour chiens de chasse	longueur » »	»	50	55	60	65	70	
		largeur » »	»	50	50	60	65	70	
8007	Pour boule dogues	longueur » »	»	55	40	45	50	55	
		largeur » »	»	60	60	70	80	90	
8008	Pour Terre Neuve	longueur » »	»	»	»	»	»	»	85
		largeur » »	»	»	»	»	»	»	80
8009	Pour danois	longueur » »	»	»	»	»	»	»	100
		largeur » »	»	»	»	»	»	»	90

La pièce 1.85

8010 **Muselières Derop** fil de fer étamé collier cuir (Ne comprime pas le museau et permet au chien de boire)

N°s		1	2	3	4	5	6	7	8	9	10
Longueur des joues ou partie métallique	m/m	90	110	120	140	160	180	185	200	210	225
Largeur au milieu du museau	m/m	50	53	55	60	65	80	85	95	100	105
La pièce		1.45	1.70	1.95	2.25	2.50	2.75	3. »	3.25	3.40	3.65

(Voir prix pages 276 et 277)

8011 - 8012 - 8014 - 8016

8032 - 8033

8013 - 8015 - 8017

8035 - 8036

8018 - 8020 - 8022

8034

8019 - 8021 - 8023

8043 - 8044

8024 - 8025 - 8026

8049 - 8050

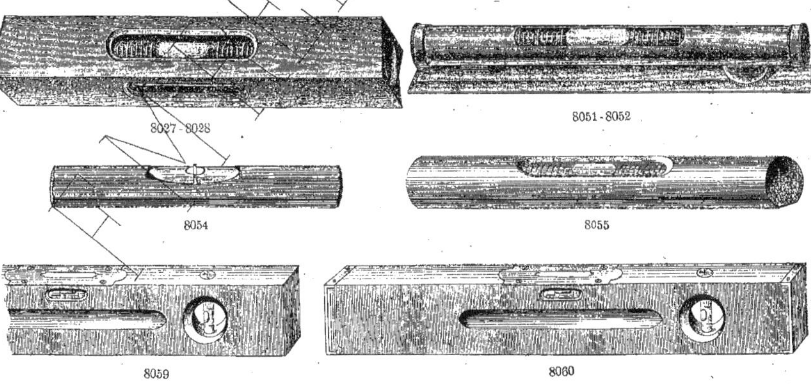

8027 - 8028

8051 - 8052

8054

8055

8059

8060

Paris. — Imp. DONNADIEU, 28, rue des Francs-Bourgeois

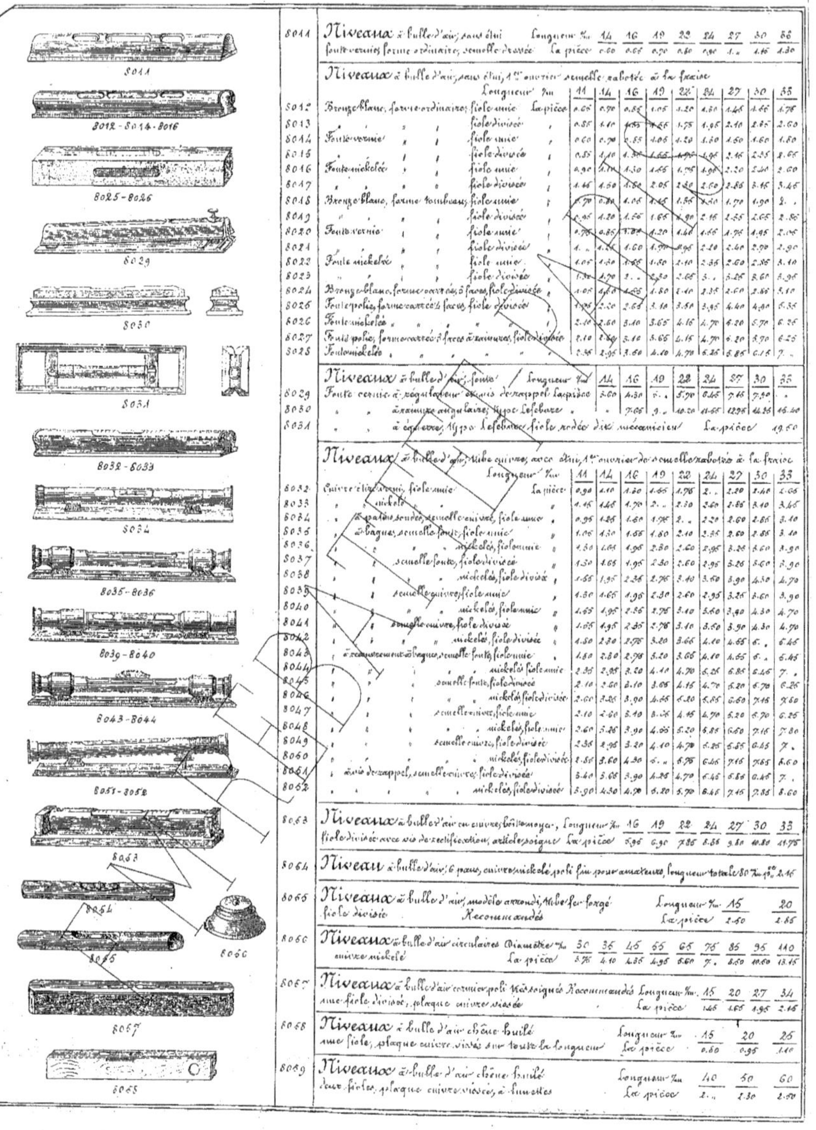

N°	Niveaux à bulle d'air, sans étui — fonte vernie, forme ordinaire, semelle dressée	Longueur ‰	14	16	19	22	24	27	30	33
8011		La pièce	0.60	0.65	0.70	0.80	0.90	1. „	1.15	1.30

Niveaux à bulle d'air, sans étui, 1er ouvrier, semelle rabotée à la fraise

N°	Désignation	Longueur ‰	11	14	16	19	22	24	27	30	33
8012	Bronze blanc, forme ordinaire, fiole unie	La pièce	0.65	0.70	0.85	1.05	1.20	1.30	1.45	1.65	1.75
8013	„ „ „ fiole divisée	„	0.85	1.10	1.55	1.55	1.75	1.95	2.10	2.35	2.60
8014	Fonte vernie „ „ fiole unie	„	0.60	0.70	0.85	1.05	1.20	1.30	1.50	1.60	1.80
8015	„ „ „ fiole divisée	„	0.55	1.10	1.30	1.65	1.90	1.95	2.15	2.35	2.65
8016	Fonte nickelée „ „ fiole unie	„	0.90	1.10	1.30	1.65	1.75	1.90	2.20	2.40	2.60
8017	„ „ „ fiole divisée	„	1.15	1.50	1.80	2.05	2.30	2.60	2.85	3.15	3.45
8018	Bronze blanc, forme tombeau, fiole unie	„	0.70	0.80	1.05	1.15	1.35	1.50	1.70	1.90	2. „
8019	„ „ „ fiole divisée	„	0.95	1.20	1.55	1.65	1.90	2.15	2.55	2.65	2.85
8020	Fonte vernie „ „ fiole unie	„	0.75	0.85	1.05	1.20	1.40	1.55	1.75	1.95	2.05
8021	„ „ „ fiole divisée	„	1. „	1.25	1.60	1.90	1.95	2.20	2.40	2.70	2.90
8022	Fonte nickelée „ „ fiole unie	„	1.05	1.30	1.55	1.80	2.10	2.35	2.60	2.85	3.10
8023	„ „ „ fiole divisée	„	1.30	1.70	2. „	2.30	2.65	3. „	3.25	3.60	3.95
8024	Bronze blanc, forme carrée, 3 faces, fiole divisée	„	1.05	1.60	1.55	1.80	2.10	2.35	2.60	2.85	3.10
8025	Fonte polie, forme carrée 4 faces, fiole divisée	„	1.95	2.20	2.65	3.10	3.50	3.95	4.40	4.90	5.35
8026	Fonte nickelée „ „ „ „	„	2.10	2.60	3.10	3.65	4.15	4.70	5.20	5.70	6.25
8027	Fonte polie, forme carrée 3 faces à rainures, fiole divisée	„	2.10	2.60	3.10	3.65	4.15	4.70	5.20	5.70	6.25
8028	Fonte nickelée „ „ „ „	„	2.35	2.95	3.60	4.10	4.70	5.25	5.85	6.15	7. „

N°	Niveaux à bulle d'air, fonte	Longueur ‰	14	16	19	22	24	27	30	33
8029	Fonte vernie à régulateur et vis de rappel	La pièce	3.60	4.30	5. „	5.70	6.45	7.15	7.90	„
8030	„ „ à rainure angulaire, type Lefebvre	„	„	7.65	9. „	10.20	11.65	12.95	14.35	15.40
8031	„ „ à équerre, type Lefebvre, fiole rodée dite mécanicien	La pièce								19.50

Niveaux à bulle d'air, tube cuivre, avec étui, 1er ouvrier, de semelle rabotée à la fraise

N°	Désignation	Longueur ‰	11	14	16	19	22	24	27	30	33
8032	Cuivre étiré verni, fiole unie	La pièce	0.90	1.10	1.30	1.65	1.75	2. „	2.20	2.40	2.65
8033	„ „ nickelé	„	1.15	1.45	1.70	2. „	2.30	2.60	2.85	3.10	3.45
8034	„ à patins soudés, semelle cuivre, fiole unie	„	0.95	1.25	1.60	1.75	2. „	2.20	2.60	2.65	3.10
8035	„ à bagues, semelle fonte, fiole unie	„	1.05	1.30	1.55	1.80	2.10	2.35	2.60	2.85	3.10
8036	„ „ „ „ nickelés, fiole unie	„	1.30	1.65	1.95	2.30	2.60	2.95	3.25	3.60	3.90
8037	„ „ semelle fonte, fiole divisée	„	1.30	1.65	1.95	2.30	2.60	2.95	3.25	3.60	3.90
8038	„ „ „ „ nickelés, fiole divisée	„	1.55	1.95	2.35	2.75	3.10	3.50	3.90	4.30	4.70
8039	„ „ semelle cuivre, fiole unie	„	1.30	1.65	1.95	2.30	2.60	2.95	3.25	3.60	3.90
8040	„ „ „ „ nickelés, fiole unie	„	1.65	1.95	2.35	2.75	3.10	3.50	3.90	4.30	4.70
8041	„ „ semelle cuivre, fiole divisée	„	1.55	1.95	2.35	2.75	3.10	3.50	3.90	4.30	4.70
8042	„ „ „ „ nickelés, fiole divisée	„	1.80	2.30	2.75	3.20	3.65	4.10	4.55	5. „	5.45
8043	„ à renversement à bagues, semelle fonte, fiole unie	„	1.80	2.30	2.75	3.20	3.65	4.10	4.55	5. „	5.45
8044	„ „ „ „ nickelés, fiole unie	„	2.35	2.95	3.20	4.10	4.70	5.25	5.85	6.45	7. „
8045	„ „ „ semelle fonte, fiole divisée	„	2.10	2.60	3.10	3.65	4.15	4.70	5.20	5.70	6.25
8046	„ „ „ „ nickelés, fiole divisée	„	2.60	3.25	3.90	4.55	5.20	5.85	6.50	7.15	7.80
8047	„ „ „ semelle cuivre, fiole unie	„	2.10	2.60	3.10	3.65	4.15	4.70	5.20	5.70	6.25
8048	„ „ „ „ nickelés, fiole unie	„	2.60	3.25	3.90	4.55	5.20	5.85	6.50	7.15	7.80
8049	„ „ „ semelle cuivre, fiole divisée	„	2.35	2.95	3.20	4.10	4.70	5.25	5.85	6.45	7. „
8050	„ „ „ „ nickelés, fiole divisée	„	2.85	3.60	4.30	5. „	5.75	6.45	7.15	7.85	8.60
8051	„ à vis de rappel, semelle cuivre, fiole divisée	„	3.40	3.65	3.90	4.25	4.70	5.45	5.85	6.45	7. „
8052	„ „ „ „ nickelés, fiole divisée	„	3.90	4.30	4.70	5.20	5.70	6.45	7.15	7.85	8.60

N°	Niveaux à bulle d'air en cuivre, boîte moyenne, fiole divisée avec vis de rectification, article soigné	Longueur ‰	16	19	22	24	27	30	33
8053		La pièce	5.95	6.90	7.85	8.85	9.80	10.80	11.75

8064 **Niveau** à bulle d'air, 6 pans, cuivre nickelé poli fin pour amateurs, longueur totale 80 ‰ la pièce 2.15

N°	Niveaux à bulle d'air, modèle arrondi, tube fer forgé, fiole divisée — Recommandés	Longueur ‰	15	20
8065		La pièce	2.50	2.85

N°	Niveaux à bulle d'air circulaires, cuivre nickelé	Diamètre ‰	30	35	45	55	65	75	85	95	110
8066		La pièce	3.75	4.10	4.35	4.95	5.60	7. „	8.50	10.60	13.15

N°	Niveaux à bulle d'air cormier poli, très soignés, Recommandés, une fiole divisée, plaque cuivre vissée	Longueur ‰	15	20	27	34
8067		La pièce	1.45	1.65	1.95	2.15

N°	Niveaux à bulle d'air chêne huilé, une fiole, plaque cuivre vissée sur toute la longueur	Longueur ‰	15	20	25
8068		La pièce	0.80	0.95	1.10

N°	Niveaux à bulle d'air chêne huilé, deux fioles, plaque cuivre vissée, à lunettes	Longueur ‰	40	50	60
8069		La pièce	2. „	2.30	2.50

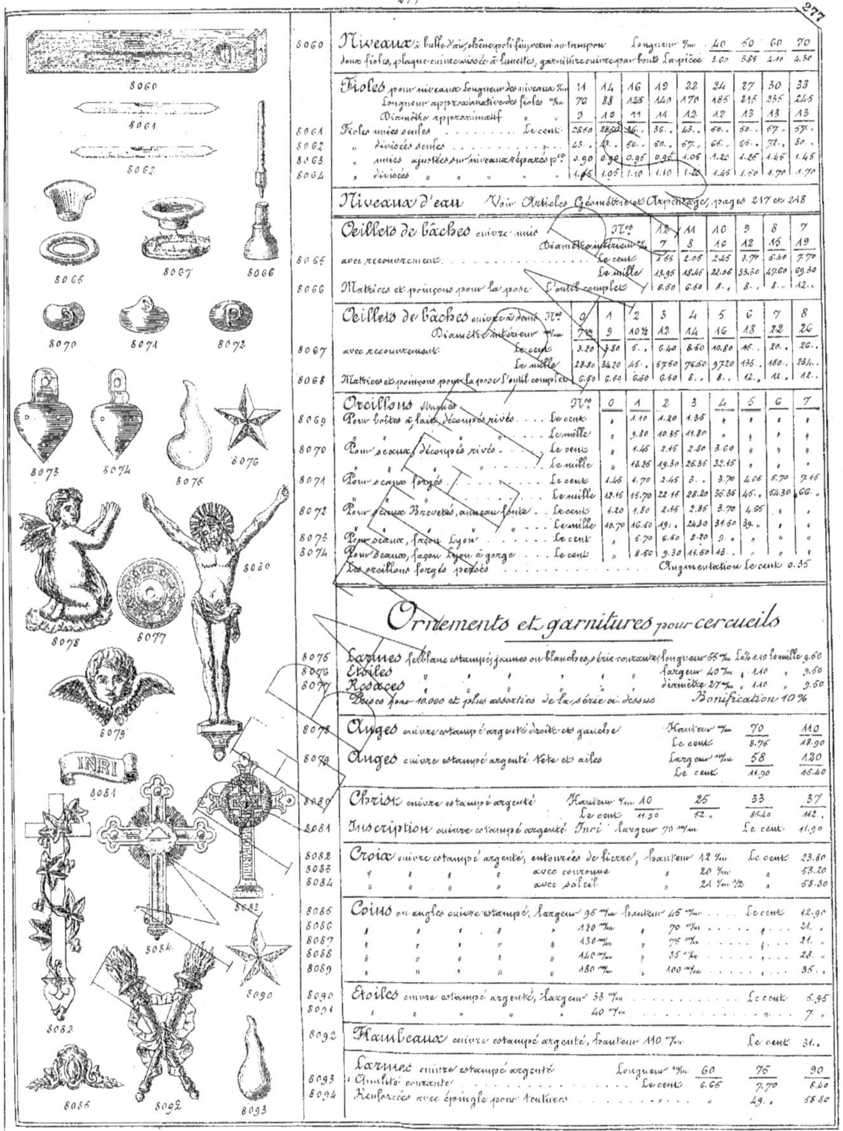

8060	**Niveaux** à bulle d'air, ébène poli fixé au tampon, deux fioles, plaque cuivre vissée à lunettes, garniture cuivre par bouts	Longueur m/m	40	50	60	70
		La pièce	3.60	3.85	4.10	4.30

	Fioles pour niveaux Longueur des niveaux c/m	11	14	16	19	22	24	27	30	33
	Longueur approximative des fioles m/m	76	88	125	140	170	185	215	235	245
	Diamètre approximatif " "	9	10	11	11	12	12	13	13	13
8061	Fioles unies seules . . . . Le cent	28.50	28.50	36..	36..	43..	50..	50..	57..	57..
8062	" divisées seules	43..	43..	50..	50..	57..	66..	65..	71..	80..
8063	" unies ajustées sur niveaux réparés p^ce	0.90	0.90	0.95	0.95	1.05	1.20	1.25	1.45	1.45
8064	" divisées " " " " .	1.15	1.05	1.10	1.10	1.20	1.45	1.50	1.70	1.70

Niveaux d'eau Voir Articles Géomètres et Arpentage, pages 217 et 218

	Oeillets de bâches cuivre uni N^os	12	11	10	9	8	7
	Diamètre intérieur m/m	7	8	10	12	15	19
8065	avec recouvrement . . . . Le cent	1.55	2.05	2.45	3.70	5.40	7.70
	Le mille	13.95	18.45	22.05	33.30	47.60	69.30
8066	Matrices et poinçons pour la pose L'outil complet	6.50	6.60	8..	8..	8..	12..

	Oeillets de bâches cuivre à dents N^os	0	1	2	3	4	5	6	7	8
	Diamètre intérieur m/m	7½	9	10½	12	14	16	18	22	26
8067	avec recouvrement Le cent	3.20	3.80	5..	6.40	8.50	10.80	15..	20..	26..
	Le mille	28.80	34.20	45..	57.60	76.50	97.20	135..	180..	234..
8068	Matrices et poinçons pour la pose L'outil complet	6.50	6.60	6.60	6.60	8..	8..	12..	12..	12..

	Oreillons Anglais N^os	0	1	2	3	4	5	6	7
8069	Pour boîtes à lait, découpés rivés . . . . Le cent	"	1.10	1.20	1.35	"	"	"	"
	" " " " . . . . Le mille	"	9.30	10.35	11.80	"	"	"	"
8070	Pour seaux, découpés rivés . . . . Le cent	"	1.45	2.15	2.80	3.60	"	"	"
	" " " " . . . . Le mille	"	13.25	19.30	25.35	32.15	"	"	"
8071	Pour seaux forgés . . . . Le cent	1.45	1.70	2.45	3..	3.70	4.65	5.70	7.15
	" " " " . . . . . Le mille	12.15	15.70	22.15	28.20	35.35	45..	54.30	66..
8072	Pour seaux Brevetés, anneau fonte . . Le cent	1.20	1.80	2.15	2.85	3.70	4.65	"	"
	" " " " . . . . Le mille	10.70	16.50	19..	24.30	31.50	39..	"	"
8073	Pour seaux, façon Lyon . . . . . . Le cent	"	5.70	6.50	8.20	9..	"	"	"
8074	Pour seaux, façon Lyon à gorge . . . Le cent	"	8.50	9.30	11.60	13..	"	"	"
	Les oreillons forgés percés . . . . Augmentation Le cent 0.35								

Ornements et garnitures pour cercueils

8075	**Larmes** ferblanc estampé, jaunes ou blanches, série courante	longueur 55 m/m	Le % 1.10	Le mille	9.60
8076	**Etoiles** " " " " " "	largeur 40 m/m	" 1.10	"	9.50
8077	**Rosaces** " " " " " "	diamètre 27 m/m	" 1.10	"	9.50
	Prises par 10.000 et plus assorties de la série ci-dessus		Bonification 10 %		

8078	**Anges** cuivre estampé argenté droite et gauche	Hauteur m/m	70	110
		Le cent	8.75	18.90
8079	**Anges** cuivre estampé argenté tête et ailes	Largeur m/m	58	120
		Le cent	11.90	15.40

8080	**Christ** cuivre estampé argenté	Hauteur c/m	10	25	33	37
		Le cent	11.90	52..	85.40	112..
8081	**Inscription** cuivre estampé argenté Inri largeur 70 m/m				Le cent	11.90

8082	**Croix** cuivre estampé argenté, entourées de lierre, hauteur 12 c/m	Le cent	23.80
8083	" " " " avec couronne " 20 c/m	"	53.20
8084	" " " " avec soleil " 21 c/m ½	"	58.80
8085	**Coins** ou angles cuivre estampé, largeur 95 m/m hauteur 45 m/m . . .	Le cent	12.90
8086	" " " " " 120 m/m " 70 m/m	"	21..
8087	" " " " " 130 m/m " 75 m/m	"	21..
8088	" " " " " 140 m/m " 85 m/m	"	28..
8089	" " " " " 180 m/m " 100 m/m	"	35..
8090	**Etoiles** cuivre estampé argenté, largeur 33 m/m	Le cent	5.95
8091	" " " " " 40 m/m	"	7..
8092	**Flambeaux** cuivre estampé argenté, hauteur 110 m/m	Le cent	31..

	Larmes cuivre estampé argenté Longueur m/m	60	75	90
8093	Qualité courante . . . . Le cent	6.65	7.70	8.40
8094	Renforcées avec épingle pour tentures	"	49..	58.80

278

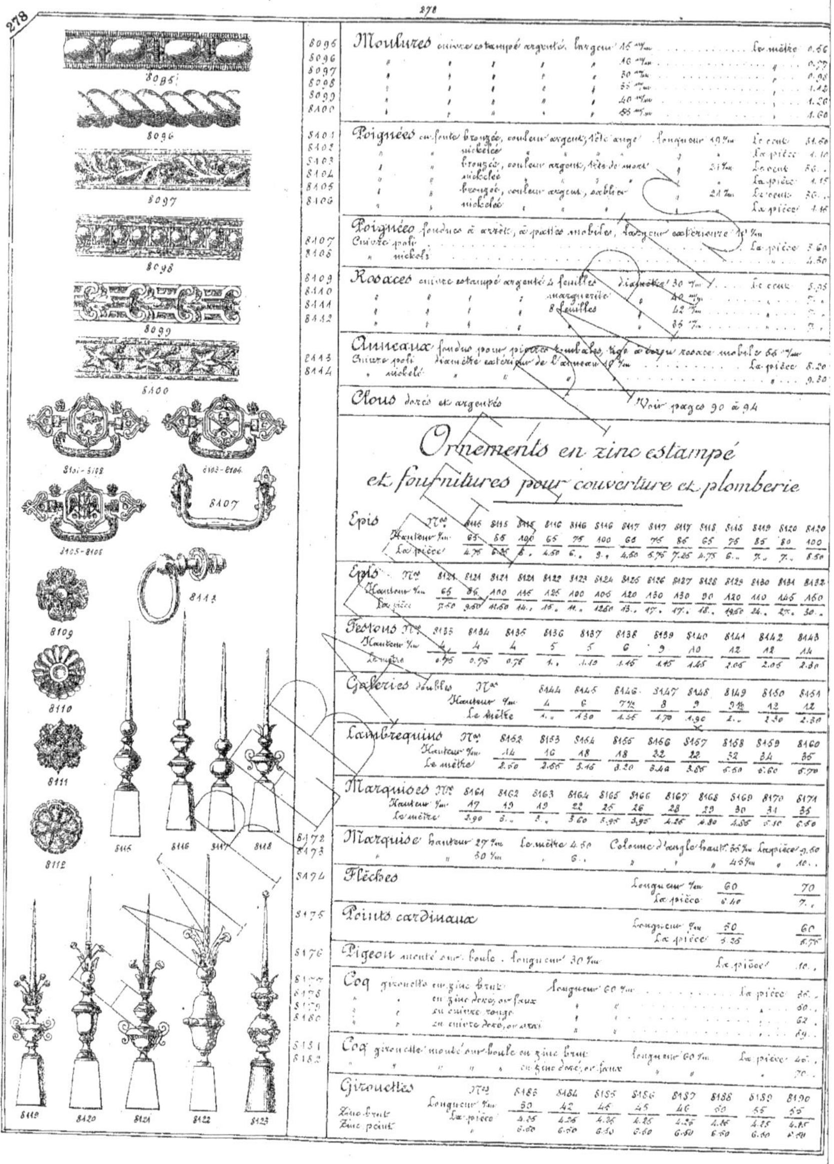

8095 **Moulures** cuivre estampé argenté, largeur 15 m/m . . . . . . Le mètre 0.56
8096 " " " " " 18 m/m . . . . . . " 0.77
8097 " " " " " 30 m/m . . . . . . " 0.98
8098 " " " " " 35 m/m . . . . . . " 1.12
8099 " " " " " 40 m/m . . . . . . " 1.26
8100 " " " " " 55 m/m . . . . . . " 1.60

8101 **Poignées** en fonte bronzée, couleur argent, tête ange longueur 19 m/m Le cent 81.60
8102 " " nickelée " " " " " La pièce 1.10
8103 " " bronzée, couleur argent, tête de mort " 21 m/m Le cent 86. .
8104 " " nickelée " " " " " La pièce 1.15
8105 " " bronzée, couleur argent, sablier " 21 m/m Le cent 80. .
8106 " " nickelée " " " " " La pièce 1.16

Poignées fondues à arrêts, à pattes mobiles, largeur extérieure 18 m/m
8107 Cuivre poli . . . . . . La pièce 3.60
8108 " nickelé . . . . . . " 4.30

8109 **Rosaces** cuivre estampé argenté 4 feuilles diamètre 30 m/m . . . Le cent 5.95
8110 " " " " marguerite " 40 m/m . . . " 7. .
8111 " " " " 8 feuilles " 42 m/m . . . " 7. .
8112 " " " " " " 35 m/m . . . " 7. .

Anneaux fondus pour pistes tombales, tige à boyau rosace mobile 56 m/m
8113 Cuivre poli diamètre extérieur de l'anneau 19 m/m . . . La pièce 8.20
8114 " nickelé " " " " . . . " 9.30

Clous dorés et argentés Voir pages 90 à 94

Ornements en zinc estampé et fournitures pour couverture et plomberie

Epis	Nos	8115	8115	8115	8116	8116	8116	8117	8117	8117	8118	8118	8119	8120	8120
	Hauteur c/m	65	85	100	65	75	100	65	75	85	65	75	85	80	100
	La pièce	4.75	6.25	8. .	4.50	6. .	9. .	4.50	6.75	7.25	4.75	6. .	7. .	7. .	8.50

Epis	Nos	8121	8121	8121	8121	8122	8123	8124	8125	8126	8127	8128	8129	8130	8131	8132
	Hauteur c/m	65	86	100	115	125	100	105	120	130	130	90	120	110	145	160
	La pièce	7.50	9.50	11.50	14. .	15. .	11. .	12.50	13. .	17. .	17. .	18. .	19.50	24. .	27. .	30. .

Festons	Nos	8133	8134	8135	8136	8137	8138	8139	8140	8141	8142	8143
	Hauteur c/m	4	4	4	5	5	6	9	10	12	12	14
	Le mètre	0.75	0.75	0.75	1. .	1.10	1.15	1.45	1.45	2.05	2.05	2.30

Galeries doubles	Nos	8144	8145	8146	8147	8148	8149	8150	8151
	Hauteur c/m	4	6	7½	8	9	9½	12	12
	Le mètre	1. .	1.30	1.55	1.70	1.90	2. .	2.30	2.30

Lambrequins	Nos	8152	8153	8154	8155	8156	8157	8158	8159	8160
	Hauteur c/m	14	16	18	18	22	22	32	34	35
	Le mètre	2.50	2.65	3.15	3.20	3.40	3.65	6.50	6.60	6.70

Marquises	Nos	8161	8162	8163	8164	8165	8166	8167	8168	8169	8170	8171
	Hauteur c/m	17	19	19	22	25	26	28	29	30	31	35
	Le mètre	2.90	3. .	3. .	3.60	3.95	3.95	4.25	4.80	4.85	5.10	6.50

8172 **Marquise** hauteur 27 c/m Le mètre 4.50 Colonne d'angle haut^r 35 c/m La pièce 9.60
8173 " " 30 c/m " 6. . " " " 45 c/m " 10. .

8174 **Flèches** Longueur c/m 60 — 70 ; La pièce 6.40 — 7. .

8175 **Points cardinaux** Longueur c/m 50 — 60 ; La pièce 5.35 — 6.75

8176 **Pigeon** monté sur boule, longueur 30 c/m . . . La pièce 10. .

8177 **Coq** girouette en zinc brut longueur 60 c/m . . . La pièce 36. .
8178 " " en zinc doré, or faux " " . . . " 60. .
8179 " " en cuivre rouge " " . . . " 62. .
8180 " " en cuivre doré, or vrai " " . . . " 89. .

8181 **Coq** girouette monté sur boule en zinc brut longueur 60 c/m La pièce 40. .
8182 " " " " " en zinc doré, or faux " " " 70. .

Girouettes	Nos	8183	8184	8185	8186	8187	8188	8189	8190
	Longueur c/m	30	42	45	45	46	50	55	55
Zinc brut	La pièce	4.25	4.25	4.25	4.25	4.25	4.85	4.85	4.85
Zinc peint	"	6.50	6.50	6.50	6.50	6.50	6.50	6.50	6.50

(Voir prix pages 278)

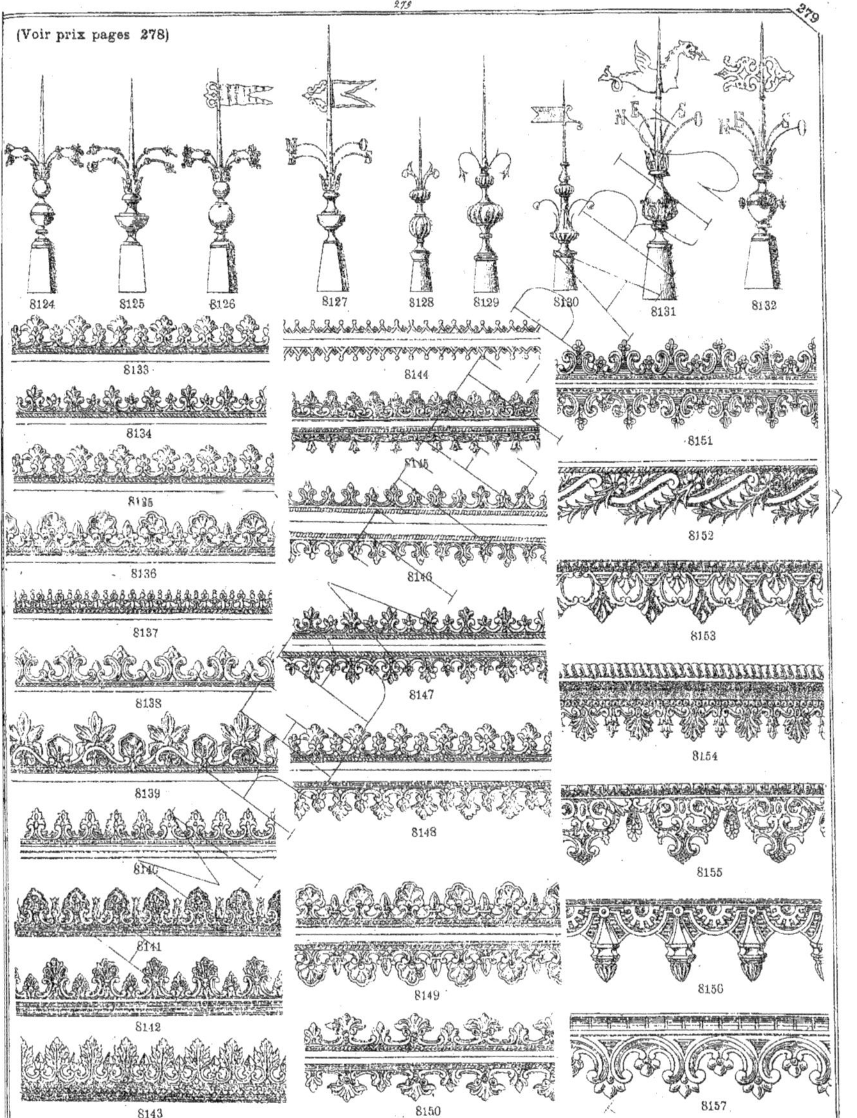

(Voir prix pages 278 et 281)

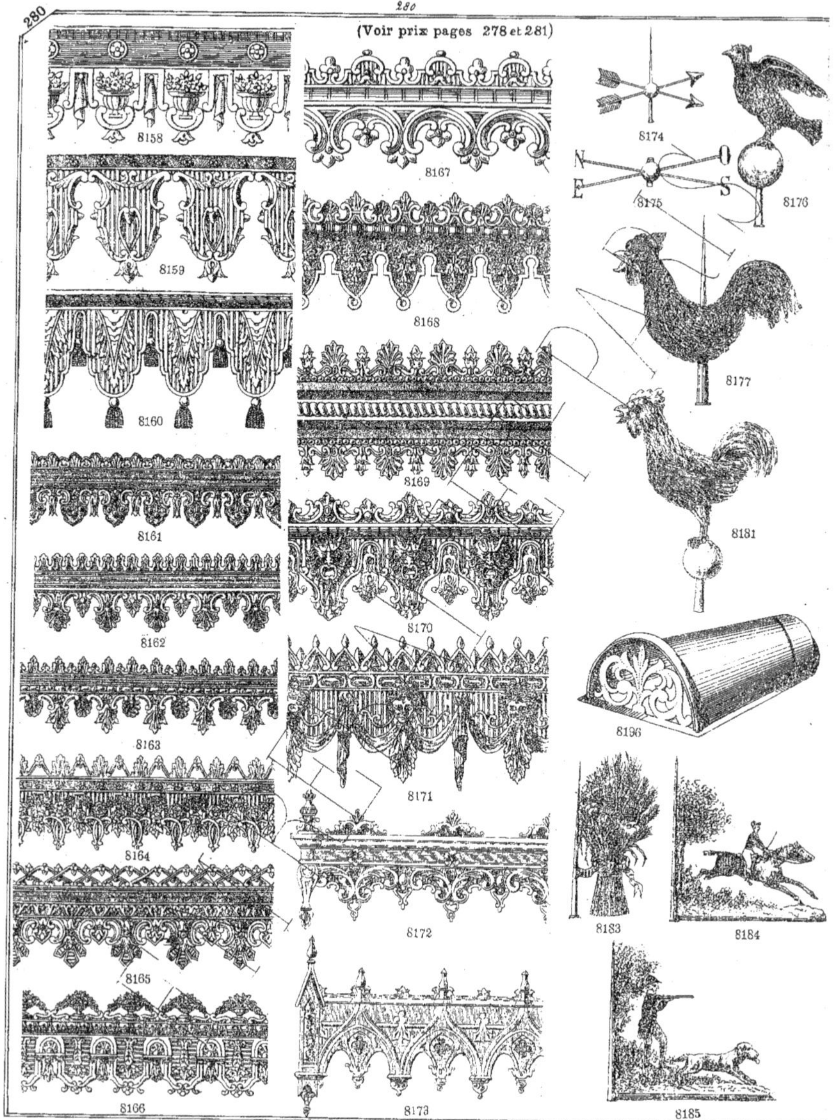

8158 8159 8160 8161 8162 8163 8164 8165 8166 8167 8168 8169 8170 8171 8172 8173 8174 8175 8176 8177 8181 8196 8183 8184 8185

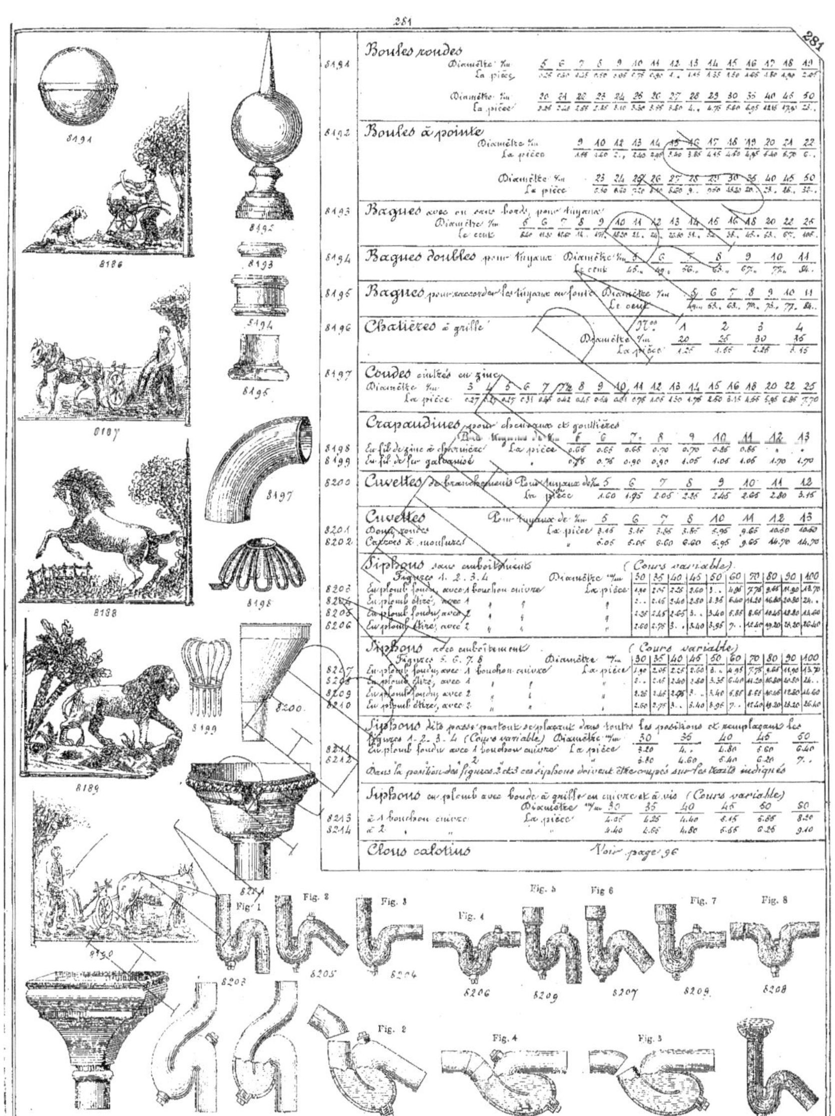

8191 **Boules rondes**

Diamètre m/m	5	6	7	8	9	10	11	12	13	14	15	16	17	18	19
La pièce	0.25	0.30	0.35	0.50	0.65	0.75	0.90	1..	1.15	1.35	1.50	1.65	1.80	1.90	2.05

Diamètre m/m	20	21	22	23	24	25	26	27	28	29	30	35	40	45	50
La pièce	2.25	2.40	2.55	2.85	3.10	3.30	3.55	3.80	4..	4.75	5.60	6.95	12.15	17.90	23..

8192 **Boules à pointe**

Diamètre m/m	9	10	12	13	14	15	16	17	18	19	20	21	22
La pièce	1.55	1.60	2..	2.40	2.95	3.40	3.85	4.15	4.50	4.95	5.40	5.70	6..

Diamètre m/m	23	24	25	26	27	28	29	30	35	40	45	50
La pièce	5.50	6.50	7.20	8.40	8.20	9..	9.50	13.20	20..	23..	26..	32..

8193 **Bagues** avec ou sans bords, pour tuyaux

Diamètre m/m	5	6	7	8	9	10	11	12	13	14	15	16	18	20	22	25
Le cent	8.40	11.50	12.60	14..	17..	18.50	21..	24..	22.50	31..	32..	38..	45..	53..	67..	106..

8194 **Bagues doubles** pour tuyaux

Diamètre m/m	5	6	7	8	9	10	11
Le cent	45..	49..	56..	63..	67..	77..	84..

8195 **Bagues** pour raccorder les tuyaux en fonte

Diamètre m/m	5	6	7	8	9	10	11
Le cent	49..	63..	63..	70..	73..	77..	84..

8196 **Chatières** à grille

Nos	1	2	3	4
Diamètre m/m	20	25	30	35
La pièce	1.25	1.65	2.25	3.15

8197 **Coudes** cintrés en zinc

Diamètre m/m	3	4	5	6	7	7½	8	9	10	11	12	13	14	15	16	18	20	22	25
La pièce	0.27	0.29	0.27	0.31	0.36	0.42	0.45	0.54	0.61	0.76	1.05	1.30	1.76	2.50	3.15	4.55	5.95	6.85	7.70

Crapaudines pour chéneaux et gouttières

		Bords mesurés de m/m	5	6	7	8	9	10	11	12	13
8198	En fil de zinc à charnière	La pièce	0.65	0.65	0.65	0.70	0.70	0.85	0.85	.	.
8199	En fil de fer galvanisé	"	0.76	0.76	0.90	0.90	1.05	1.05	1.05	1.70	1.70

8200 **Cuvettes** de branchements

Pour tuyaux de m/m	5	6	7	8	9	10	11	12
La pièce	1.60	1.95	2.05	2.25	2.45	2.65	2.80	3.15

Cuvettes

		Pour tuyaux de m/m	5	6	7	8	10	11	12	13
8201	Dans rondes	La pièce	3.15	3.15	3.55	3.85	5.95	9.65	10.50	10.50
8202	Carrées & moulures	"	5.05	5.05	6.60	6.60	5.95	9.65	14.70	14.70

Siphons sans emboîtements (Cours variable)

	Figures 1. 2. 3. 4	Diamètre m/m	30	35	40	45	50	60	70	80	90	100
8203	En plomb fondu, avec 1 bouchon cuivre	La pièce	1.90	2.05	2.25	2.60	3..	4.95	7.75	9.65	11.90	13.70
8204	En plomb étiré, avec 1 " "	"	2..	2.15	2.40	2.80	3.35	6.40	11.20	16.80	20.80	24..
8205	En plomb fondu, avec 2 " "	"	2.35	2.45	2.65	3..	3.40	5.85	8.65	10.45	12.80	14.60
8206	En plomb étiré, avec 2 " "	"	2.60	2.75	3..	3.40	3.95	7..	12.40	19.20	24.20	26.40

Siphons avec emboîtement (Cours variable)

	Figures 5. 6. 7. 8	Diamètre m/m	30	35	40	45	50	60	70	80	90	100
8207	En plomb fondu, avec 1 bouchon cuivre	La pièce	1.90	2.05	2.25	2.60	3..	4.95	7.75	9.65	11.90	13.70
8208	En plomb étiré, avec 1 " "	"	2..	2.15	2.40	2.80	3.35	6.40	11.20	16.80	20.80	24..
8209	En plomb fondu, avec 2 " "	"	2.25	2.45	2.65	3..	3.40	5.85	8.65	10.45	12.80	14.60
8210	En plomb étiré, avec 2 " "	"	2.60	2.75	3..	3.40	3.95	7..	12.40	19.20	24.20	26.40

Siphons dits passe-partout se plaçant dans toutes les positions et remplaçant les figures 1 - 2 - 3 - 4 (Cours variable)

		Diamètre m/m	30	35	40	45	50
8211	En plomb fondu avec 1 bouchon cuivre	La pièce	3.20	4..	4.80	5.60	6.40
8212	" " " 2 " "	"	3.80	4.60	5.40	6.20	7..

Dans la position des figures 2 et 3 ces siphons doivent être coupés sur les traits indiqués

Siphons en plomb avec bonde à grille en cuivre et à vis (Cours variable)

		Diamètre m/m	30	35	40	45	50	60
8213	à 1 bouchon cuivre	La pièce	4.05	4.25	4.40	5.15	5.85	8.20
8214	à 2 " "	"	4.40	4.65	4.80	5.55	6.25	9.10

Clous calotins Voir page 96

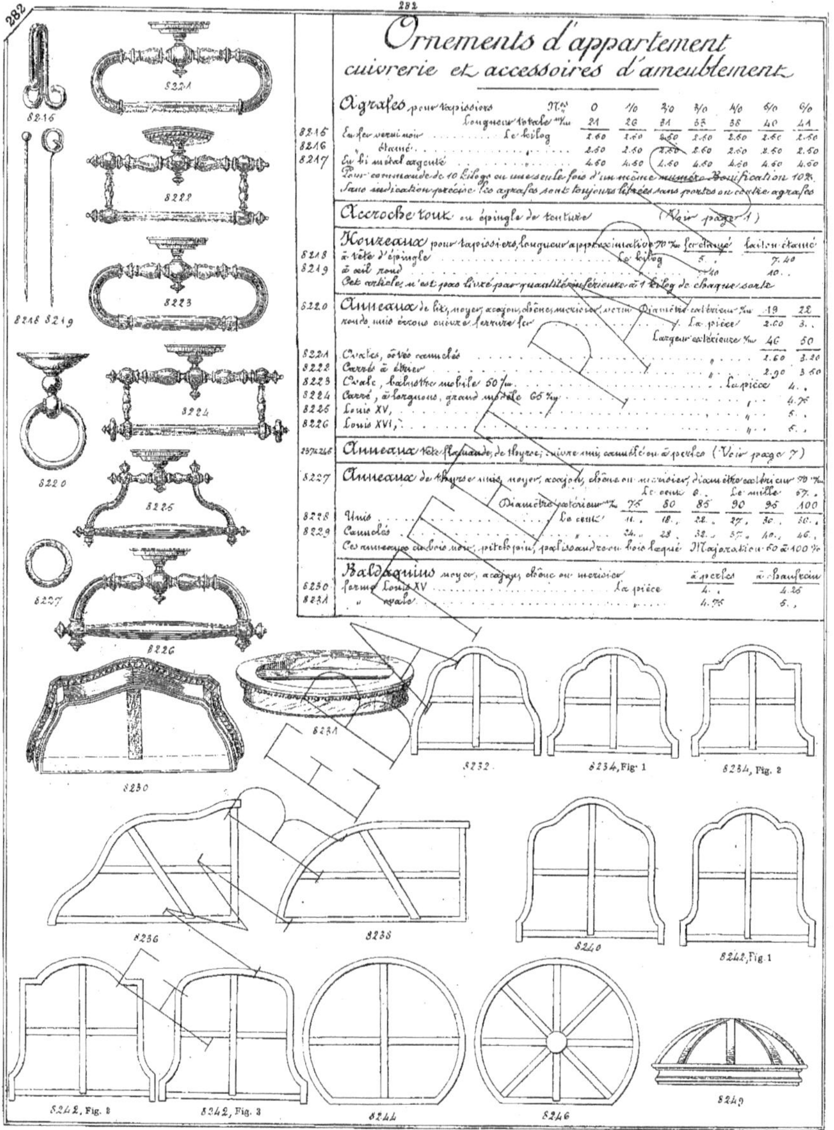

Ornements d'appartement
cuivrerie et accessoires d'ameublement

Agrafes pour tapissiers

		Nos	0	1/0	2/0	3/0	4/0	5/0	6/0
		Longueur totale m/m	21	26	31	33	38	40	41
8215	En fer verni noir	Le kilog	2.50	2.50	2.50	2.50	2.50	2.50	2.50
8216	" étamé		2.50	2.50	2.50	2.50	2.50	2.50	2.50
8217	En fil métal argenté		4.50	4.50	4.50	4.50	4.50	4.50	4.50

Pour commande de 10 kilogs en une seule fois d'un même numéro Bonification 10%.
Sans indication précise les agrafes sont toujours livrées sans pointes ou contre agrafes

Accroche tout ou épingle de tenture (Voir page 1)

Houzeaux pour tapissiers, longueur approximative 70 m/m

			fer étamé	laiton étamé
8218	à tête d'épingle	Le kilog	5. .	7.40
8219	à œil rond		[illegible]40	10. .

Cet article n'est pas livré par quantité inférieure à 1 kilog de chaque sorte

Anneaux de lit, noyer, acajou, chêne, merisier, verni

8220	ronds unis écrous cuivre ferrure fer	Diamètre extérieur m/m	19	22
		La pièce	2.60	3. .
		Largeur extérieure m/m	46	50
8221	Ovales, côtés cannelés	"	2.60	3.20
8222	Carrés à étrier	"	2.90	3.50
8223	Ovale, balustre mobile 50 m/m	La pièce		4. .
8224	Carré, à lorgnons, grand modèle 65 m/m	"		4.75
8225	Louis XV	"		5. .
8226	Louis XVI	"		6. .

2374246 **Anneaux** tête flamande, de thyrse; cuivre uni, cannelé ou à perles (Voir page 7)

8227 **Anneaux** de thyrse unis, noyer, acajou, chêne ou merisier, diamètre extérieur 70 m/m Le cent 6. . Le mille 57. .

		Diamètre extérieur m/m	75	80	85	90	95	100
8228	Unis	Le cent	11. .	18. .	22. .	27. .	30. .	36. .
8229	Cannelés	"	24. .	28. .	32. .	37. .	40. .	46. .

Ces anneaux en bois noir, pitchpin, palissandre ou bois laqué Majoration 50 à 100 %

Baldaquins noyer, acajou, chêne ou merisier

			à perles	à chanfrein
8230	forme Louis XV	La pièce	4. .	4.25
8231	" ovale	"	4.75	5. .

8250 8261 8253 8260 8261 8262 8263 8264 8265 8266 8268 8270 8272 8273 8274 8275 8276 8277 8278 8279 8280 8281 8282 8283 8284 8285 8286

Baldaquins à garnir, de face, bois blanc

		Profondeur m/m	80	90	100	110
8232	Louis XV droit, largeur du bois 60 m/m	La pièce	2.00	2.50	3. „	3.50
8233	„ „ „ „ 80 m/m	„	3.50	4. „	4.50	5. „
8234	Louis XVI „ „ „ 60 m/m fig. 1. fig. 2	„	4.50	4.50	4.50	5.50
8235	„ „ „ „ 80 m/m	„	6. „	6. „	6. „	7. „
	Augmentation pour devant surélevé	La pièce				0.50

Baldaquins à garnir, d'angle bois blanc 150 m/m

8236	Serpent droit, largeur du bois 60 m/m	La pièce	4.50
8237	„ „ „ „ 80 m/m	„	5.50
8238	¼ ovale „ „ „ 60 m/m	„	5.50
8239	„ „ „ „ 80 m/m	„	6.50
	Augmentation pour devant surélevé	„	0.50

Bien préciser si la tête est à droite ou à gauche

Baldaquins à garnir, de bout, bois blanc 150 m/m

8240	Louis XV droit, largeur du bois 60 m/m	La pièce	8.50
8241	„ „ „ „ 80 m/m	„	9.50
8242	Louis XVI „ „ „ 60 m/m fig. 1. fig. 2. fig. 3	„	8.50
8243	„ „ „ „ 80 m/m	„	9.50
	Augmentation pour devant surélevé	„	0.50

Baldaquins à garnir, bois blanc 70 m/m

8244	Forme ronde, sans dôme, largeur du bois 60 m/m	La pièce	6.50
8245	„ „ „ „ „ 80 m/m	„	7.50
8246	„ „ avec dôme „ 60 m/m	„	14. „
8247	„ „ „ „ 80 m/m	„	15. „
8248	„ „ à moulure, sans dôme, largeur du bois 80 m/m	„	20. „
8249	„ „ avec dôme „ „ 80 m/m	„	26. „

Bâtons de flèches pleins, virole cuivre

		Longueur m/m	100	115	130
8250		Le cent	34. „	37.50	42. „

Bâtons de thyrse

			Diamètre extérieur m/m 35	40
8251	Pleins plaqués, noyer, acajou, chêne	Les cent mètres	59.50	90. „
8252	„ „ pitchpin, palissandre, bois noir	„ „	105. „	140. „
8253	Creux à poulies noyer, acajou, chêne	„ „	90. „	126. „
8254	„ „ pitchpin, palissandre, bois noir	„ „	140. „	180. „

Bâtons de thyrse

			Diamètre extérieur m/m 35	40	45
8255	Pleins, bois blanc, poli	Les cent mètres	66. „	100. „	„
8256	Creux „ „	„ „	100. „	140. „	„
8257	„ cannelés, bois blanc poli	Le mètre	„	1.60	2.40
8258	„ „ plaqués noyer, acajou, chêne	„	„	3. „	3.50
8259	„ „ „ pitchpin, palissandre, bois noir	„	„	3.50	4. „

8260 **Embrasses** chaîne fer poli, boules bois teintées, façon noyer, acajou, chêne avec clous acier poli — La paire 1.25

Embrasses cuivre fondu (supprimant l'embrasse passementerie et le rinceau)

8261	Louis XIII	longueur 26 c/m cuivre ciselé vernis, vernimaillon poli vernis	La paire	8.40
8262	Louis XV	„ 26 c/m „ „ „ „	„	8.40
8263	Patte de coq	„ 26 c/m „ „ „ „	„	9.60
8264	Cannelées	„ 30 c/m „ „ „ „	„	9.60
8265	Modèle Empire à feuille	„ 27 c/m „ „ „ „	„	9.60

Galerie bois blanc, à garnir 160 m/m, pour croisées

8266	Droite, largeur du bois 60 m/m	La pièce	1.60
8267	„ „ „ 80 m/m	„	2. „
8268	Louis XV „ „ 60 m/m	„	2.30
8269	„ „ „ 80 m/m	„	2.50
8270	Cintrée, anse de panier, largeur du bois 60 m/m	„	2.50
8271	„ „ „ „ „ 80 m/m	„	2.50

Galerie vernie, noyer, acajou, chêne, merisier, pour croisées

			à perles	à chanfrein
8272	Droite	Le mètre	2.25	2.50
8273	à retour	„	3.50	4. „

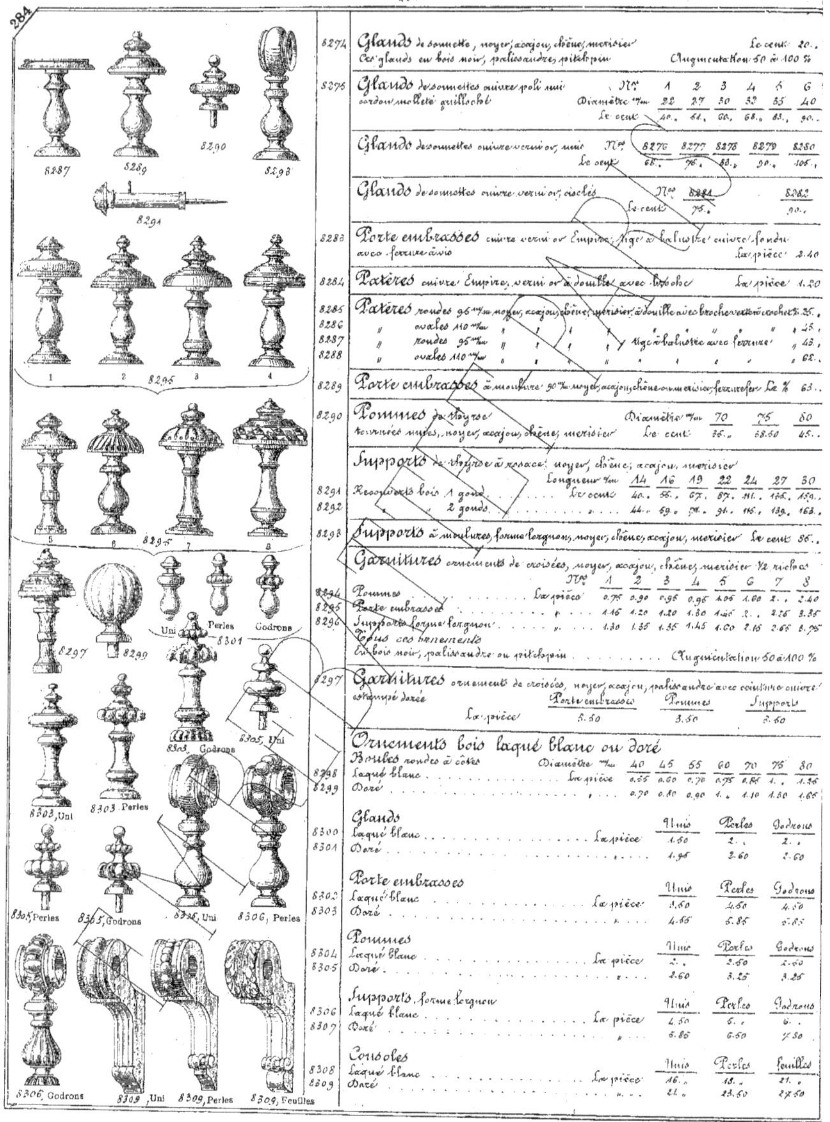

8274 **Glands** de sonnette, noyer, acajou, chêne, merisier — Le cent 20..
Ces glands en bois noir, palissandre, pitchpin — Augmentation 50 à 100 %

8275 **Glands** de sonnettes cuivre poli uni cordon molleté guilloché

Nos	1	2	3	4	5	6
Diamètre m/m	22	27	30	32	35	40
Le cent	40..	61.	60.	68..	83..	90..

Glands de sonnettes cuivre verni or, unis

Nos	8276	8277	8278	8279	8280
Le cent	68.	76.	83.	90.	105.

Glands de sonnettes cuivre verni or, ciselés

Nos	8281	8282
Le cent	75.	90..

8283 **Porte embrasses** cuivre verni or Empire, tige à balustre cuivre fondu avec ferrure à vis — La pièce 2.40

8284 **Patères** cuivre Empire, verni or à douille avec broche — La pièce 1.20

8285 **Patères** rondes 96 m/m noyer, acajou, chêne, merisier, à douille avec broche vis à crochet % 35..
8286 " ovales 110 m/m " " " " " " " " " " 45.
8287 " rondes 95 m/m " " " " tige à balustre avec ferrure " 43.
8288 " ovales 110 m/m " " " " " " " " " 62..

8289 **Porte embrasses** à moulure 90 m/m noyer, acajou, chêne ou merisier, ferrure fer — Le % 63..

8290 **Pommes** de thyrse tournées unies, noyer, acajou, chêne, merisier

Diamètre m/m	70	75	80
Le cent	35..	38.50	45..

Supports de thyrse à rosace, noyer, chêne, acajou, merisier

	Longueur m/m	14	16	19	22	24	27	30
8291 Ressorts bois 1 gond	Le cent	40..	55.	67.	87.	111.	135.	159..
8292 2 gonds	"	44..	59.	7[illegible].	91.	115.	139.	163..

8293 **Supports** à moulures, forme lorgnon, noyer, chêne, acajou, merisier — Le cent 56..

Garnitures ornements de croisées, noyer, acajou, chêne, merisier 1/2 riches

	Nos	1	2	3	4	5	6	7	8
8294 Pommes	La pièce	0.75	0.90	0.95	0.95	1.05	1.60	2..	2.40
8295 Porte embrasses	"	1.15	1.20	1.20	1.30	1.45	2..	2.25	3.35
8296 Supports forme lorgnon	"	1.30	1.35	1.35	1.45	1.60	2.15	2.65	3.75

Tous ces ornements en bois noir, palissandre ou pitchpin .... Augmentation 50 à 100 %

8297 **Garnitures** ornements de croisées, noyer, acajou, palissandre avec ceinture cuivre estampé dorée

	Porte embrasses	Pommes	Supports
La pièce	5.50	3.50	5.60

Ornements bois laqué blanc ou doré

Boules rondes à côtes

	Diamètre m/m	40	45	55	60	70	75	80
8298 Laqué blanc	La pièce	0.55	0.60	0.70	0.75	0.85	1..	1.25
8299 Doré	"	0.70	0.80	0.90	1..	1.10	1.30	1.65

Glands

		Unis	Perles	Godrons
8300 Laqué blanc	La pièce	1.50	2..	2..
8301 Doré	"	1.95	2.60	2.60

Porte embrasses

		Unis	Perles	Godrons
8302 Laqué blanc	La pièce	3.50	4.50	4.50
8303 Doré	"	4.55	5.85	5.85

Pommes

		Unis	Perles	Godrons
8304 Laqué blanc	La pièce	2..	2.50	2.50
8305 Doré	"	2.60	3.25	3.25

Supports forme lorgnon

		Unis	Perles	Godrons
8306 Laqué blanc	La pièce	4.50	5..	6..
8307 Doré	"	5.85	6.50	7.80

Consoles

		Unis	Perles	Feuilles
8308 Laqué blanc	La pièce	16..	18..	21..
8309 Doré	"	21..	23.50	27.50

GARNITURES ORNEMENTS BOIS

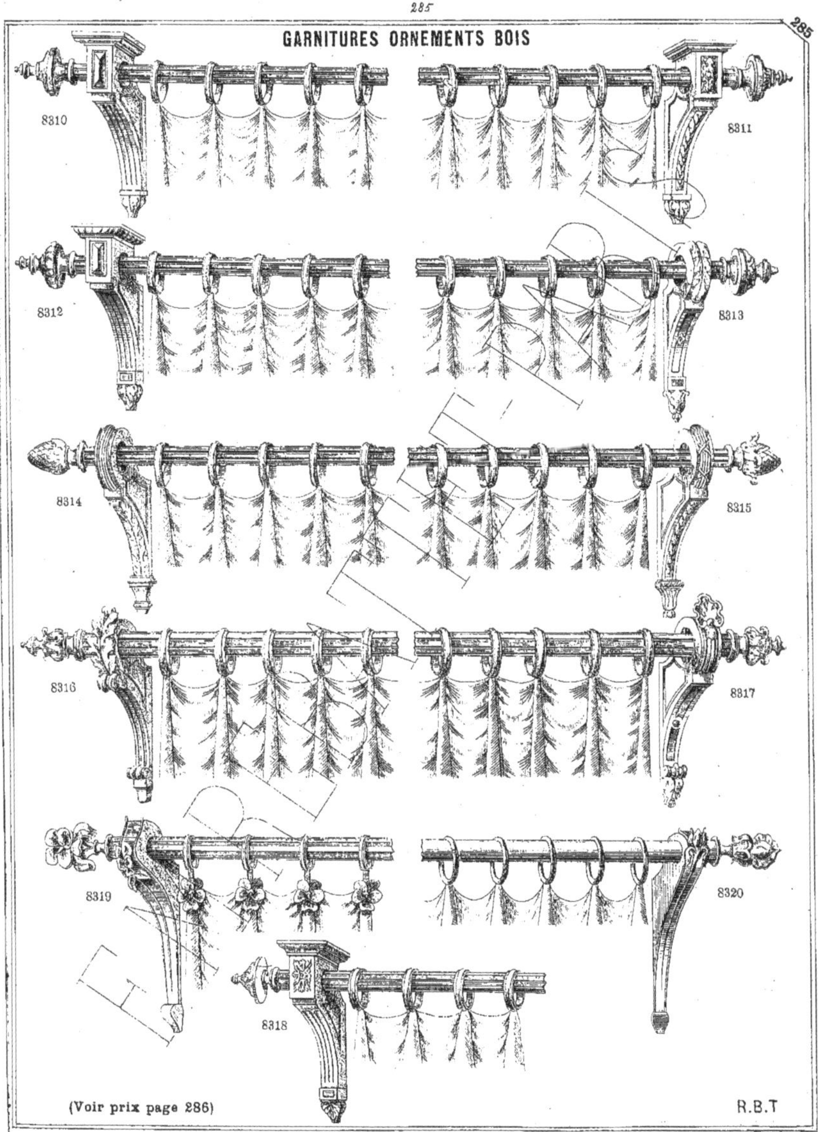

(Voir prix page 286)

R.B.T

Paris. -- Imp. DONNADIEU, 22, Rue des Francs-Bourgeois

Garnitures complètes, ébénisterie composées de : Un bâton creux cannelé 40 m/m, toutes longueurs jusqu'à 160 c/m, deux pommes, douze anneaux cannelés 90 m/m, deux consoles ayant 12 c/m ou 16 c/m du mur au centre du trou

N°		8310	8311	8312	8313	8314	8315	8316	8317	8318	8319	8320
		Louis XVI	Louis XVI	Henri II	Louis XVI	Louis XVI	Louis XVI	Louis XV	Louis XIV	Louis XVI	art nouveau percé	art nouveau iris
Vrai noyer ou vrai chêne	La garniture	22.50	27.	27.	31.50	43.	43.	43.	43.	»	»	»
Laqués, peinture 1 ton	»	22.50	27.	27.	31.50	43.	43.	43.	43.	»	»	»
Bois noir ou pitchpin	»	33.	35.70	35.70	41.50	57.	57.	57.	57.	»	»	»
Palissandre	»	48.50	57.	57.	64.30	71.50	71.50	71.50	71.50	»	»	»
Bois doré avec 12 anneaux cuivre	»	48.50	57.	57.	64.30	71.50	71.50	71.50	71.50	»	»	»
Clarjou et cuivre avec ses porte-embrasses	»	»	»	»	»	»	»	»	»	60.	»	»
Vrai noyer » » »	»	»	»	»	»	»	»	»	»	»	»	48.50
Laqués, peinture 1 ton » »	»	»	»	»	»	»	»	»	»	»	79.	»
Ces garnitures avec bâton de 45 m/m											Augmentation	7.15
» » » » 50 m/m												14.30

Garnitures ornements cuivre estampé pour croisées (B.T.)

N°	Désignation	Longueur du bâton c/m 150	160	170	180	190
8321	Un bâton bois recouvert acier et cuivre verni uni 18 m/m ; deux boules oignons ; deux supports ronds à boule oignon retour 9 c/m, 10 anneaux brunis ... La garniture	6.10	6.40	6.70	»	»
8322	Un bâton creux recouvert acier et cuivre verni cannelé, deux pommes à godrons, deux supports ronds à rosace, retour 9 c/m, dix anneaux cannelés, diamètre du bâton 35 m/m ... La garniture	8.25	8.65	9.05	9.45	9.85
8323	La même garniture » » 40 m/m ... »	10.90	11.35	11.80	12.25	12.70
8324	» » » » 45 m/m ... »	13.90	14.45	15.	15.55	16.10
8325	» » » » 50 m/m ... »	17.65	18.25	18.85	19.45	20.05
8326	Un bâton bois recouvert acier et cuivre verni cannelé, deux pommes de pin, deux supports ronds à rosace, retour 9 c/m, dix anneaux cannelés, diamètre du bâton 35 m/m ... La garniture	8.25	8.65	9.05	9.45	9.65
8327	La même garniture » » 40 m/m ... »	11.65	12.10	12.55	13.	13.45
8328	» » » » 45 m/m ... »	14.65	15.20	15.75	16.30	16.85
8329	» » » » 50 m/m ... »	18.40	19.	19.60	20.20	20.80
8330	Un bâton bois recouvert acier et cuivre verni uni, deux boules rondes, deux supports à boule ronde retour 9 c/m, dix anneaux, diamètre du bâton 35 m/m ... La garniture	10.50	10.90	11.30	11.70	12.10
8331	La même garniture » » 40 m/m ... »	12.	12.45	12.90	13.35	13.80
8332	» » » » 45 m/m ... »	14.65	15.20	15.75	16.30	16.85
8333	» » » » 50 m/m ... »	17.25	17.85	18.45	19.05	19.65
8334	Un bâton bois recouvert acier et cuivre verni uni, deux boules rondes à cordon, deux supports ronds à boule ronde, dix anneaux, diamètre du bâton 35 m/m ... La garniture	10.50	10.90	11.30	11.70	12.10
8335	La même garniture » » 40 m/m ... »	12.	12.45	12.90	13.35	13.80
8336	» » » » 45 m/m ... »	14.65	15.20	15.75	16.30	16.85
8337	» » » » 50 m/m ... »	17.25	17.85	18.45	19.05	19.65
8338	Un bâton creux recouvert acier et cuivre verni cannelé ; deux pommes Louis XV estampées ; deux supports ronds à rosace, retour 9 c/m, dix anneaux cannelés, diamètre du bâton 35 m/m ... La garniture	10.90	11.30	11.70	12.10	12.50
8339	La même garniture » » 40 m/m ... »	13.90	14.35	14.80	15.25	15.70
8340	» » » » 45 m/m ... »	16.90	17.45	18.	18.55	19.10
8341	» » » » 50 m/m ... »	20.65	21.25	21.85	22.45	23.05

Augmentations : pour les garnitures N° 8322 à 8341

	Diamètre du bâton m/m 35	40	45	50
Pour supports à console mobile ... par garniture	1.15	1.15	1.15	1.15
» » sur platine fer ... »	1.15	1.15	1.15	1.15
» » avec retour de 12 c/m ... »	0.30	0.30	0.30	0.30
» » avec retour de 15 c/m ... »	0.55	0.55	0.55	0.55
» » avec retour de 20 c/m ... »	0.75	0.75	0.75	0.75

Nous fournissons des porte-embrasses bois et des rinceaux cuivre assortis aux garnitures ci-dessus fixer prix approximatif.

GARNITURES ORNEMENTS CUIVRE "R.B.T"

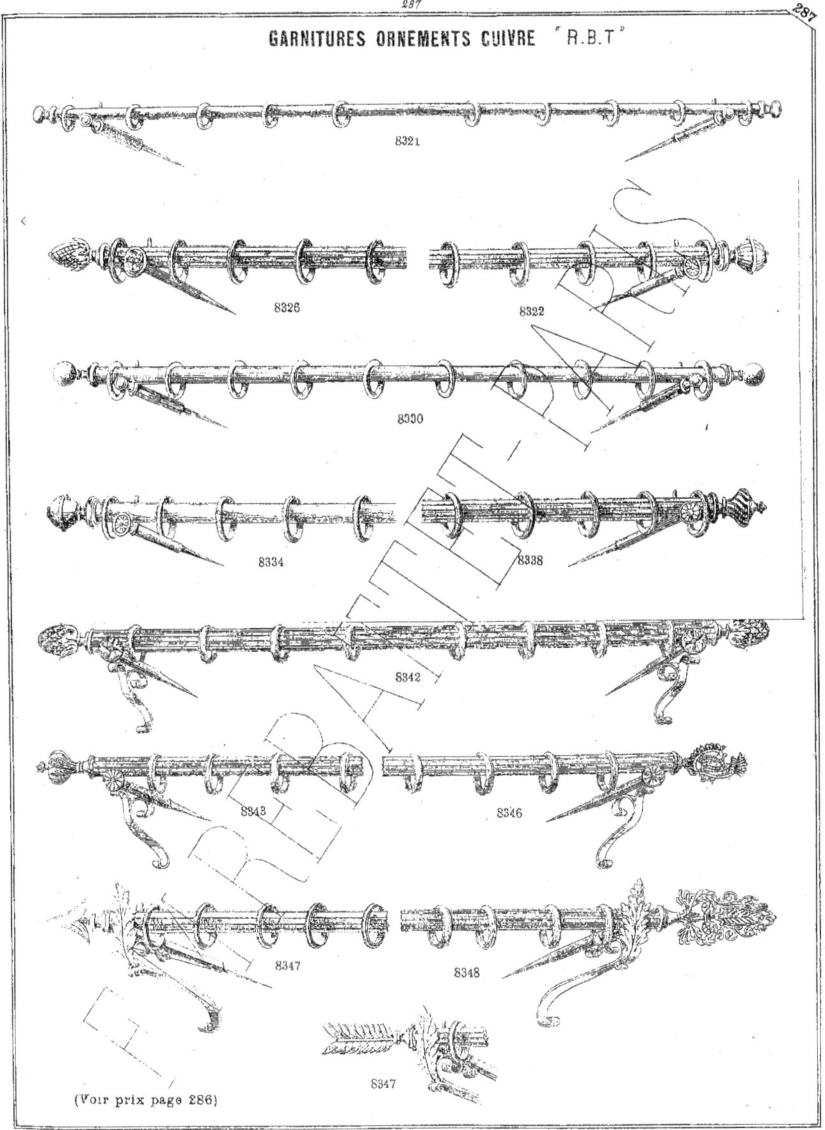

(Voir prix page 286)

Paris. — Imp. DONNADIEU, 24, Rue des Francs-Bourgeois

Garnitures ornements cuivre fondu pour croisées "R.B.T"

		150	160	170	180	190
	Longueur du bâton m/m					
8342	Un bâton bois recouvert acier et cuivre verni ou poli cannelé diamètre 40 m/m ; deux pommes de pin, deux supports, tube carré à console et rosace ; retour 12 m/m, dix anneaux cannelés La garniture	22.50	22.95	23.40	23.85	24.30
8342A	La même garniture avec bâton de 45 m/m de diamètre	27. „	27.55	28.10	28.65	29.20
8342B	„ „ „ „ „ 50 m/m „ „	31.50	32.10	32.70	33.30	33.90
8343	Un bâton bois recouvert acier et cuivre verni ou poli cannelé diamètre 40 m/m, deux boules Louis XV pin ; deux supports tube carré à console et rosace ; retour 12 m/m ; dix anneaux cannelés La garniture	24. „	24.45	24.90	25.35	25.80
8344	La même garniture avec bâton de 45 m/m de diamètre	27. „	27.55	28.10	28.65	29.20
8345	„ „ „ „ 50 m/m „	33. „	33.60	34.20	34.80	35.40
8346	Un bâton bois recouvert acier et cuivre verni ou poli cannelé ; diamètre 40 m/m ; deux palmettes Louis XV, deux supports tube carré à console et rosace retour 12 m/m ; dix anneaux cannelés La garniture	22.50	22.95	23.40	23.85	24.30
8346A	La même garniture avec bâton de 45 m/m de diamètre	25.50	26.05	26.60	27.15	27.70
8347	Un bâton bois recouvert acier et cuivre verni ou poli cannelé diamètre 45 m/m ; une flèche au dard, deux supports tube carré à feuille, retour 12 m/m, dix anneaux cannelés La garniture	27. „	27.55	28.10	28.65	29.20
8348	Un bâton bois recouvert acier et cuivre verni ou poli cannelé, diamètre 50 m/m, deux palmettes Empire, deux supports tube carré à feuille, retour 12 m/m, dix anneaux cannelés La garniture	33. „	33.60	34.20	34.80	35.40

Augmentations : pour les garnitures N°s 8342 à 8348 — Diamètre du bâton m/m	40	45	50
Pour supports avec retour de 15 m/m . . . . . par garniture	0.55	0.55	0.55
„ „ „ „ 20 m/m	0.75	0.75	0.75

Nota : Bien spécifier si ces garnitures doivent être livrées en cuivre verni ou cuivre poli

Rinceaux de vitrage cuivre verni or

N^{os}	8349	8350	8351	8352	8353	8364	8355	8356	8357	8358	8359	8360	8361	8362	8363	8364
Saillie m/m	16	16	28	20	25	30	37	35	50	33	37	36	50	50	45	55
Vis taraudés — Le cent	11.80	13.60	„	16.50	17.15	19. „	„	22.15	„	25.50	25.70	28.60	29.30	36.60	36.60	37.20
Vis soudée — „	14.65	16. „	15. „	19.30	20. „	22.50	19.60	26.70	22.20	27.15	28.60	32.20	33. „	41.50	42.20	42.50

Rinceaux de vitrage cuivre fondu verni or (R.B.T)

	N^{os}	1	2	3	4	5	6	7	8	9
	Saillie m/m	25	30	35	40	45	60	60	80	100
8365	Louis XIII . . . . . Le cent	17.50	22. „	25.50	33. „	36.50	43.50	„	„	„
8366	Louis XIV	„	„	„	„	„	„	56. „	87. „	129. „

Rinceaux d'ameublement cuivre fondu (R.B.T)

Bien spécifier le décor que l'on désire recevoir. Sans indication spéciale, nous livrons toujours Verni vif

N^{os}	8367	8368	8369	8370	8371	8372	8373	8374	8375
Saillie m/m	7½	8	8	8	7½	6	7½	10	7½
Verni vif, mat, poli clair ou vieux poli La pièce	0.70	0.70	0.80	0.80	0.80	0.90	0.90	0.90	1. „
Nickelé ou vieux fer . . . . . „	„	„	„	„	„	1.25	1.25	1.30	1.35

N^{os}	8376	8377	8378	8379	8380	8381	8382	8383	8384
Saillie m/m	10	8½	10	10	12	13	12	13	12
Verni vif, mat, poli clair ou vieux poli La pièce	1.15	1.15	1.30	1.30	1.30	1.50	1.50	1.50	1.50
Nickelé ou vieux fer	1.50	1.50	1.60	1.80	„	1.85	1.85	1.85	1.85

N^{os}	8385	8386	8387	8388	8389	8390	8391	8392	8393
Saillie m/m	10	9	12	11	11	12	10	10	11
Verni vif, mat, poli clair ou vieux poli La pièce	1.50	1.60	1.60	1.70	1.80	1.90	1.90	1.90	1.90
Nickelé ou vieux fer . . . . . „	1.85	1.85	„	„	„	2.25	2.25	2.25	2.25

289

Nos	8394	8395	8396	8397	8398	8399	8400	8401	8402
Saillie m/m	10	10	12	11	11	12	14	13	14
Verni vif, mat, poli clair ou vieux poli La pièce	1.90	1.90	1.90	1.90	1.90	1.90	2.50	2.20	2.20
Nickelé ou vieux fer "	2.25	2.25	2.25	2.25	2.25	2.60	"	"	"

Nos	8403	8404	8405	8406	8407	8408	8409	8410	8411
Saillie m/m	14	14	12	16	13	13	13	14	13
Verni vif, mat, poli clair ou vieux poli La pièce	2.25	2.25	2.25	2.25	2.25	2.25	2.25	2.50	2.05
Nickelé ou vieux fer "	2.70	3.10	2.70	3.10	2.95	2.97	2.95	"	3.20

Nos	8412	8413	8414	8415	8416	8417	8418	8419	8420
Saillie m/m	12	15	15	16	13	17	14	15	17
Verni vif, mat, poli clair ou vieux poli La pièce	2.65	2.65	2.65	2.65	3. "	3. "	3.40	3.50	3.75
Nickelé ou vieux fer "	3.20	3.35	3.35	3.35	3.75	3.75	4. "	"	4.45

Nos	8421	8422	8423	8424	8425	8426	8427	8428	8429
Saillie m/m	15	18	17	18	18	12	18	17	16
Verni vif, mat, poli clair ou vieux poli La pièce	3.75	3.75	4.15	4.15	4.50	4.50	4.50	5.25	5.25
Nickelé ou vieux fer "	4.45	4.45	4.85	5.20	5.20	"	5.55	5.95	6.35

Nos	8430	8431	8432	8433	8434	8435	8436
Saillie m/m	18	18	16	17	18	18	16
Verni vif, mat, poli clair ou vieux poli . . . . . . La pièce	5.05	6.75	6.75	7.90	7.90	8.25	8.25
Nickelé ou vieux fer "	6.75	7.45	7.80	8.90	9.35	9.70	9.70

Rosaces cuivre verni or pour tableaux (R.B.T.)

	Nos	1.20 m/m	2.25 m/m	3.30 m/m	4.35 m/m	5.40 m/m	6.45 m/m	7.55 m/m	8.60 m/m
8437	Façon fondu avec broche pour vis (Article recommandé) Le cent	10.80	13. "	14.40	15.75	19. "	21.50	26. "	40. "
8437 bis	Fondu avec broche pour vis . . . . . . "	10.80	13. "	14.40	15.75	19. "	21.50	26. "	40. "
8438	Façon fondu à douille pour gonds (Article recommandé) "	14. "	15.30	17.10	19. "	23.40	25.65	32. "	46. "
8438 bis	Fondu à douille pour gonds	14. "	15.30	17.10	19. "	23.40	25.65	32. "	46. "

8439	**Rosaces** cuivre estampées légères, verni or avec douille et gond — Diamètre m/m	27	33	40	50
	Le cent		22. "	26. "	

8440	**Rosaces** cuivre ½ plein estampées verni or avec douille et gond — Diamètre m/m	16	22	28	35	43	54	64
	Le cent	15. "	18.75	26. "	30. "	34. "	53. "	74. "

8441	**Rosaces** cuivre estampées fortes dorées à la feuille, brunies avec douille et gond — Diamètre m/m	27	33	40	50
	Le cent	50. "	60. "	70. "	100. "

Rosaces cuivre estampées, nouvelle fabrication recommandée (R.B.T.) dorées ou argentées (vieil argent)

	Largeur m/m	27	30	32	35	38	40	42	45	50	55	60
8442	Marguerite feuilles pleines avec douille et gond Le cent	"	15. "	"	"	"	17. "	"	"	"	"	"
8443	" feuilles repercées à jour "	"	"	36.50	"	44.50	"	"	"	63. "	"	"
8444	Rosace Louis XIII avec douille et gond	16.50	"	"	"	"	29.30	"	43.50	"	"	"
8445	Médaillon " " " "	27.20	"	31.50	"	"	36.50	"	"	"	"	"
8446	Tête de lion " " " "	"	"	29.50	"	"	"	43.60	"	"	"	"
8447	Fleur de lys " " " "	21.50	"	"	26.60	"	32.20	"	39.30	"	45. "	"
8448	Nœud de ruban riche " " " "	"	"	38. "	"	"	47. "	"	56.70	"	"	74. "

Rosaces fleur de lys cuivre estampé

	Hauteur m/m	38	46	58	75
8449	Louis XV verni or . . . . . . La pièce	"	0.45	0.60	1.15
8450	" verni mat ou Empire . . . . "	"	0.65	1.10	1.65
8451	" décoré or, épargne argent . . . . "	"	0.75	1.10	1.45
8452	Art nouveau verni or . . . . "	0.30	0.45	"	1. "
8453	" " verni mat ou Empire . . . . "	0.35	0.65	"	1.35
8454	" " décoré or, épargne argent . . . . "	0.45	0.75	"	1.45

8455	**Rosaces** cuivre estampées verni or Trèfle à 4 feuilles avec douille et gond — Largeur m/m	27	40
	Le cent	[illegible]	30. "

Nœuds de ruban cuivre verni or pour tableaux (R.B.T.)

	Nos	1.45 m/m	2.55 m/m	3.65 m/m	4.75 m/m	5.90 m/m
8456	Façon fondu avec broche à gond pour douille (Article recommandé) Le cent	20.70	24. "	31. "	33.50	45. "
8456 bis	Fondu avec broche à gond pour douille . . . . . . "	20.70	24. "	31. "	33.50	45. "

(Voir prix page 288,

RINCEAUX D'AMEUBLEMENT

R. B. T. Paris

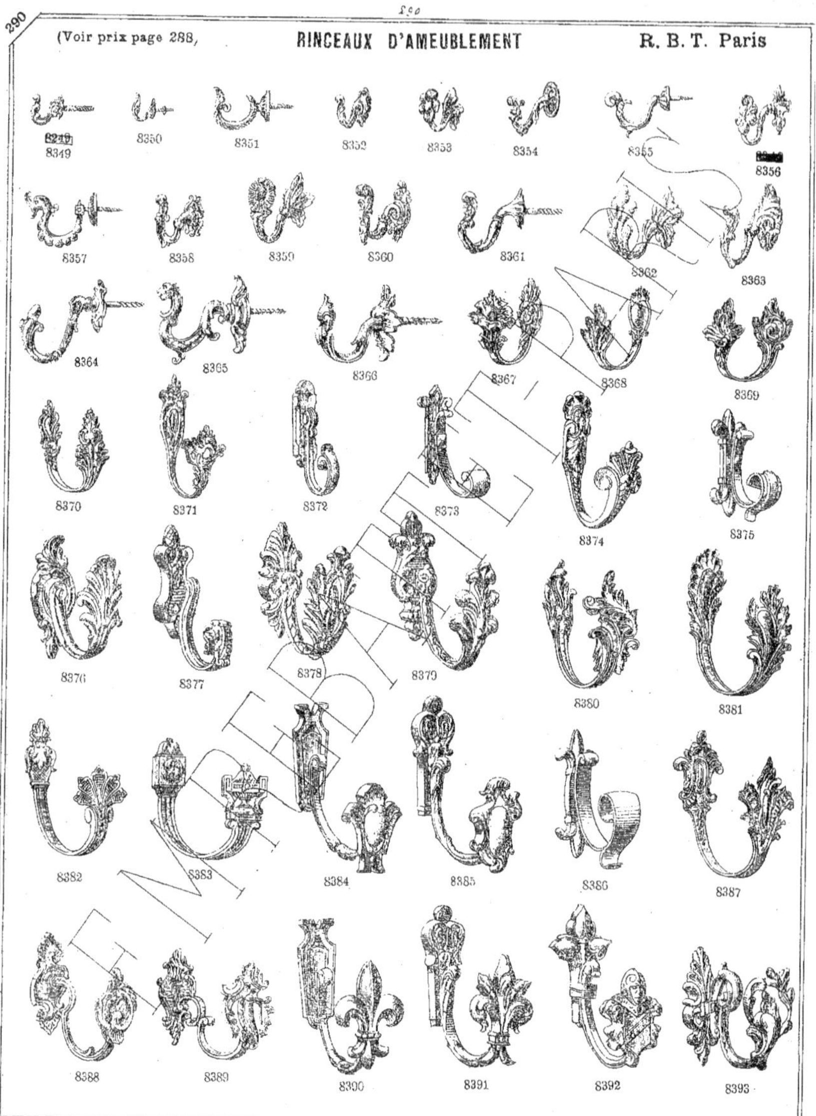

Paris. — Imp. DONNAUDIEU 23, rue des Francs-Bourgeois

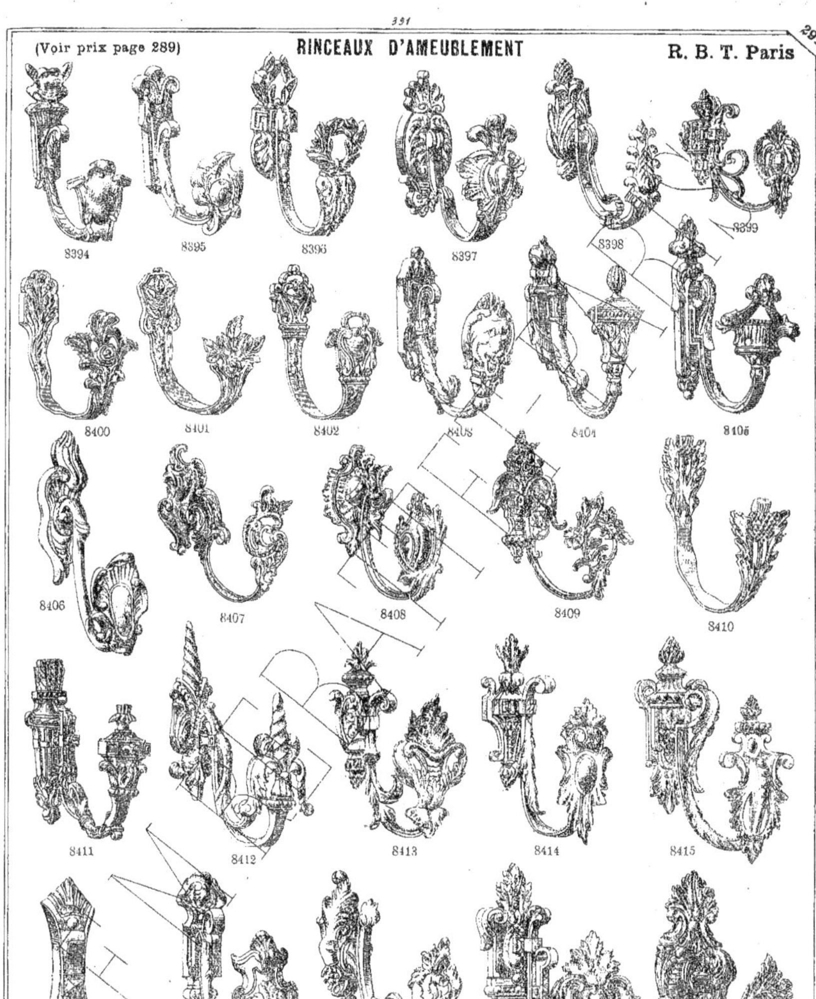
331
(Voir prix page 289)
RINCEAUX D'AMEUBLEMENT
R. B. T. Paris
291
8394
8395
8396
8397
8398
8399
8400
8401
8402
8403
8404
8405
8406
8407
8408
8409
8410
8411
8412
8413
8414
8415
8416
8417
8418
8419
8420
Paris — Imp. DONNADIEU, 24, Rue des Francs-Bourgeois

(Voir prix page 289)

RINCEAUX D'AMEUBLEMENT

R. B. T.
Paris

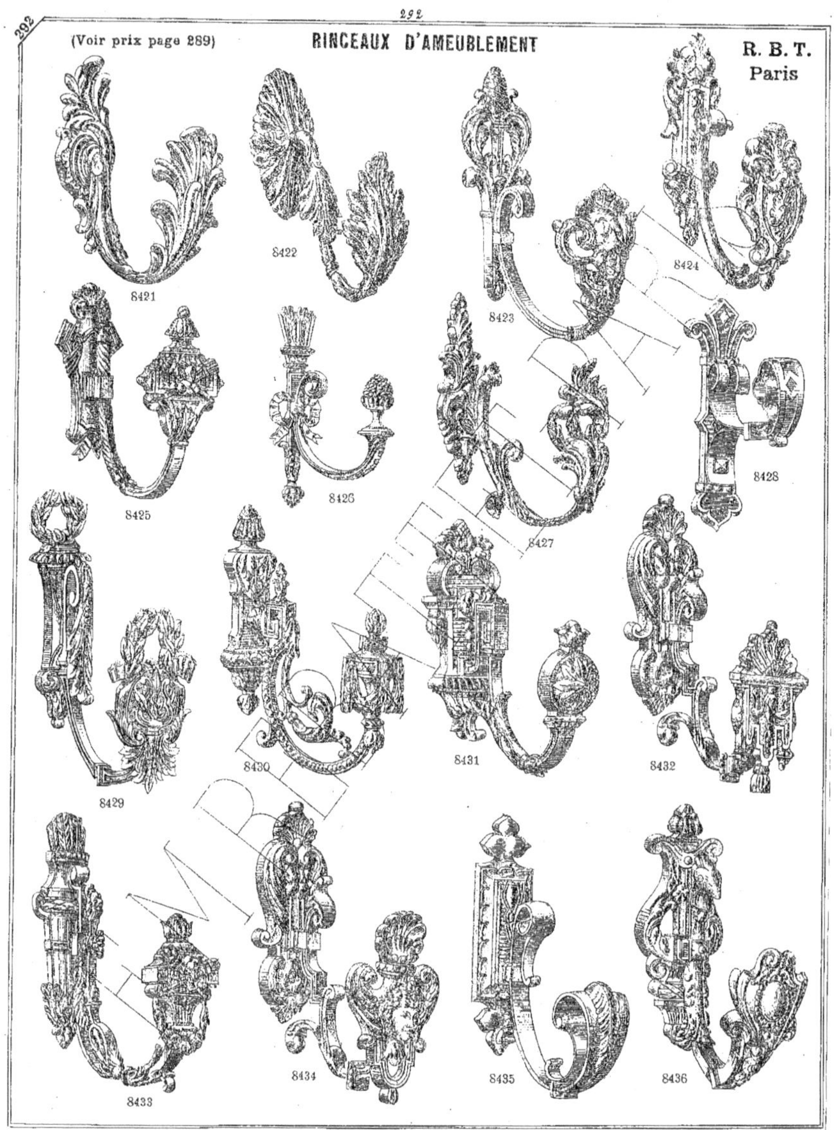

Paris. — Imp. DONNADIEU, 38, Rue des Francs-Bourgeois

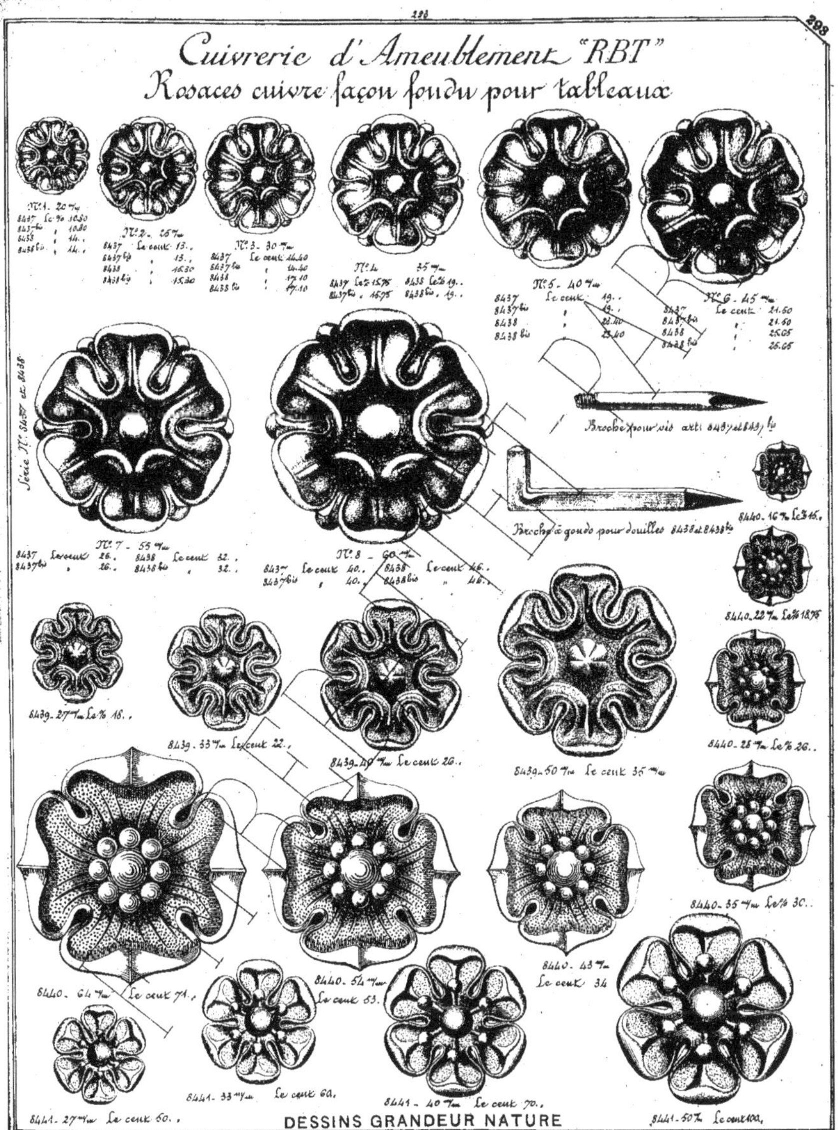
Cuivrerie d'Ameublement "RBT"
Rosaces cuivre façon fondu pour tableaux
No 1. 20 m/m
8437 Le % 10.80
8437 bis , 10.80
8438 , 14..
8438 bis , 14..
No 2. 25 m/m
8437 Le cent 13..
8437 bis , 13..
8438 , 16.30
8438 bis , 15.30
No 3. 30 m/m
8437 Le cent 14.40
8437 bis , 14.40
8438 , 17.10
8438 bis , 17.10
No 4 35 m/m
8437 Le % 15.75
8437 bis , 15.75
8438 Le % 19..
8438 bis , 19..
No 5. 40 m/m
8437 Le cent 19..
8437 bis , 19..
8438 , 23.40
8438 bis , 23.40
No 6. 45 m/m
8437 Le cent 21.60
8437 bis , 21.60
8438 , 25.65
8438 bis , 25.65
Série No 8437 et 8438
Broche pour vis art. 8437 et 8437 bis
Broche à coude pour douilles 8438 et 8438 bis
No 7 - 55 m/m
8437 Le cent 26.. 8438 Le cent 32..
8437 bis , 26.. 8438 bis , 32..
No 8 - 60 m/m
8437 Le cent 40.. 8438 Le cent 46..
8437 bis , 40.. 8438 bis , 46..
8440. 16 m/m Le % 16.
8440. 22 m/m Le % 18.75
8439. 27 m/m Le % 16..
8439. 33 m/m Le cent 22..
8439. 40 m/m Le cent 26..
8439. 50 m/m Le cent 35 m/m
8440. 28 m/m Le % 26..
8440. 35 m/m Le % 30..
8440. 64 m/m Le cent 71..
8440. 54 m/m Le cent 53.
8440. 43 m/m Le cent 34
8441. 27 m/m Le cent 60..
8441. 33 m/m Le cent 60.
8441. 40 m/m Le cent 70..
8441. 50 m/m Le cent 100.
DESSINS GRANDEUR NATURE

Rosaces cuivre estampé nouvelle fabrication (recommandée) "RBT" dorées ou argentées (vieil argent) avec douille et gond.

DESSINS GRANDEUR NATURE

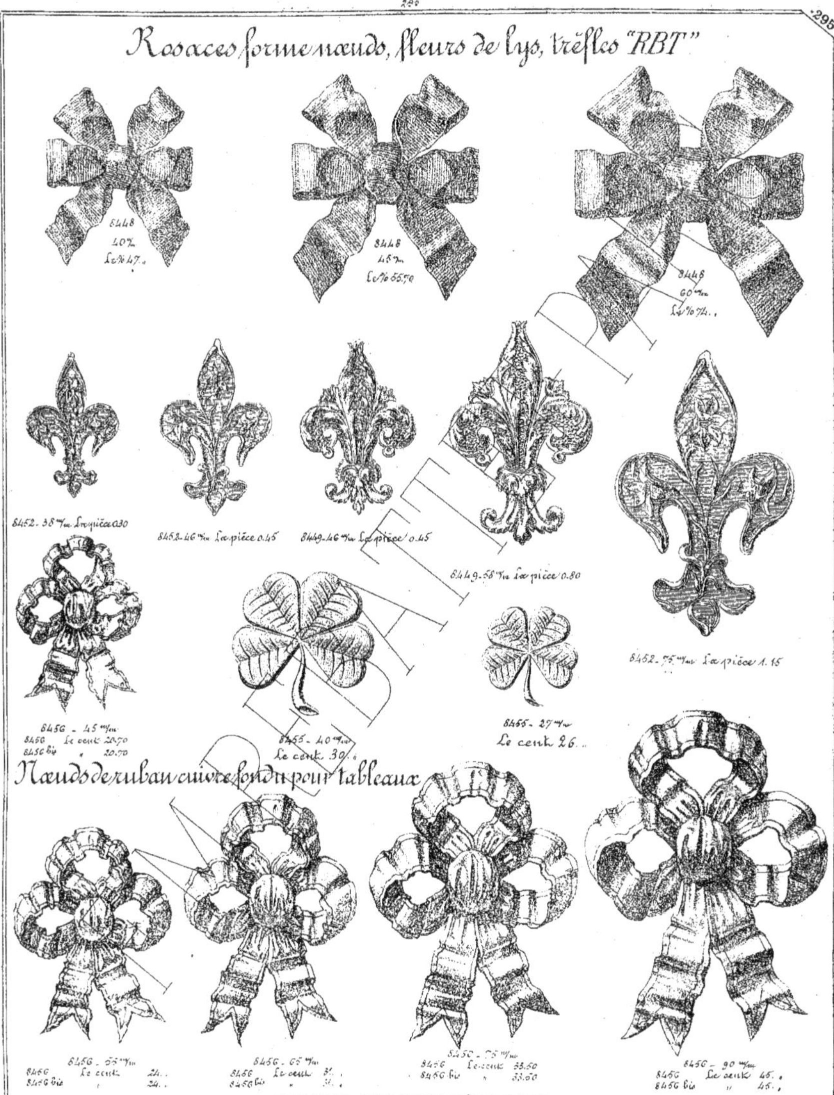
Rosaces forme nœuds, fleurs de lys, trèfles "RBT"
8448 40% Le % 47..
8448 45 m/m Le % 55.70
8448 60 m/m Le % 74..
8452 - 38 m/m La pièce 0.30
8452 - 46 m/m La pièce 0.45
8449 - 46 m/m La pièce 0.45
8449 - 58 m/m La pièce 0.80
8452 - 75 m/m La pièce 1.15
8456 - 45 m/m
8456 Le cent 20.70
8456 bis " 20.70
8455 - 40 m/m Le cent 30..
8455 - 27 m/m Le cent 26..
Nœuds de ruban cuivre fondu pour tableaux
8456 - 55 m/m
8456 Le cent 24..
8456 bis " 24..
8456 - 65 m/m
8456 Le cent 31..
8456 bis " 31..
8456 - 75 m/m
8456 Le cent 33.50
8456 bis " 33.50
8456 - 90 m/m
8456 Le cent 45.
8456 bis " 45.
DESSINS GRANDEUR NATURE

Tringles pour rideaux mytères ou brise bise à coulisses

Longueur 45 $^{c}/_{m}$ pouvant s'allonger jusqu'à 65 $^{c}/_{m}$, avec gonds ou pitons

Ces tringles sont livrées avec leur gond ou piton, mais sans les anneaux

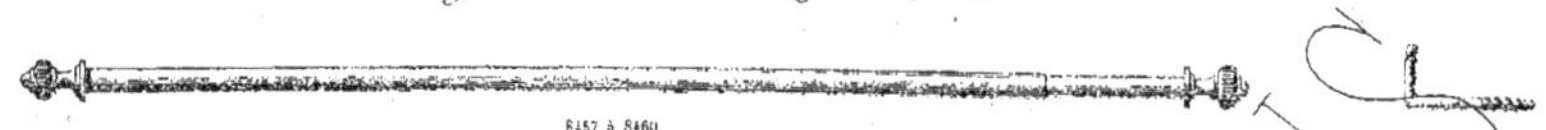

8457 à 8460

8457. Tube cuivre rapproché, uni verni, diamètre 5 $^{m}/_{m}$, coulisses fer étamé, boules molletées et gonds	Le cent	25.
8458. " " " " " diamètre 6 $^{m}/_{m}$ " " " " " "	"	32.
8459. Tube cuivre soudé " " diamètre 6 $^{m}/_{m}$ " " " " " "	"	60.
8460. " " " " " diamètre 6 $^{m}/_{m}$, coulisses cuivre " " "	"	50.

8461 – 8462

8461. Tube cuivre rapproché, uni verni, diamètre 6 $^{m}/_{m}$, coulisses fer étamé, boules unies et pitons unis	Le cent	65.
8462 " " soudé " " diamètre 7 $^{m}/_{m}$ " cuivre " " "	"	80.

8463

8463. Tube cuivre soudé, uni verni, diamètre 7 $^{m}/_{m}$, coulisses cuivre, boules pomme de pin avec gonds — Le cent 80.

8464

8464. Tube cuivre soudé, uni verni, diamètre 7 $^{m}/_{m}$, coulisses cuivre, boules pomme de pin, pitons à perles — Le cent 84.

8465

8465. Tube cuivre cannelé verni, diamètre 7 $^{m}/_{m}$, coulisses cuivre, boules molletées et gonds — Le cent 60.

8466

8466. Tube cuivre cannelé verni, diamètre 7 $^{m}/_{m}$, coulisses cuivre, boules pomme de pin et gonds — Le cent [illegible]

8467

8467. Tube cuivre cannelé verni, diamètre 7 $^{m}/_{m}$, coulisses cuivre, boules molletées, pitons molletés — Le cent 84.

8468

8468. Tube cuivre cannelé verni, diamètre 7 $^{m}/_{m}$, coulisses cuivre, boules pomme de pin, pitons à perles — Le cent 88.

R.B.T

Paris. — Imp. DONNADIEU. 28, Rue des Francs-Bourgeois

Tringles unies et cannelées à consoles

à coulisses longueur 45 m/m pouvant s'allonger jusqu'à 65 m/m

Ces tringles sont livrées avec leurs consoles mais sans les anneaux

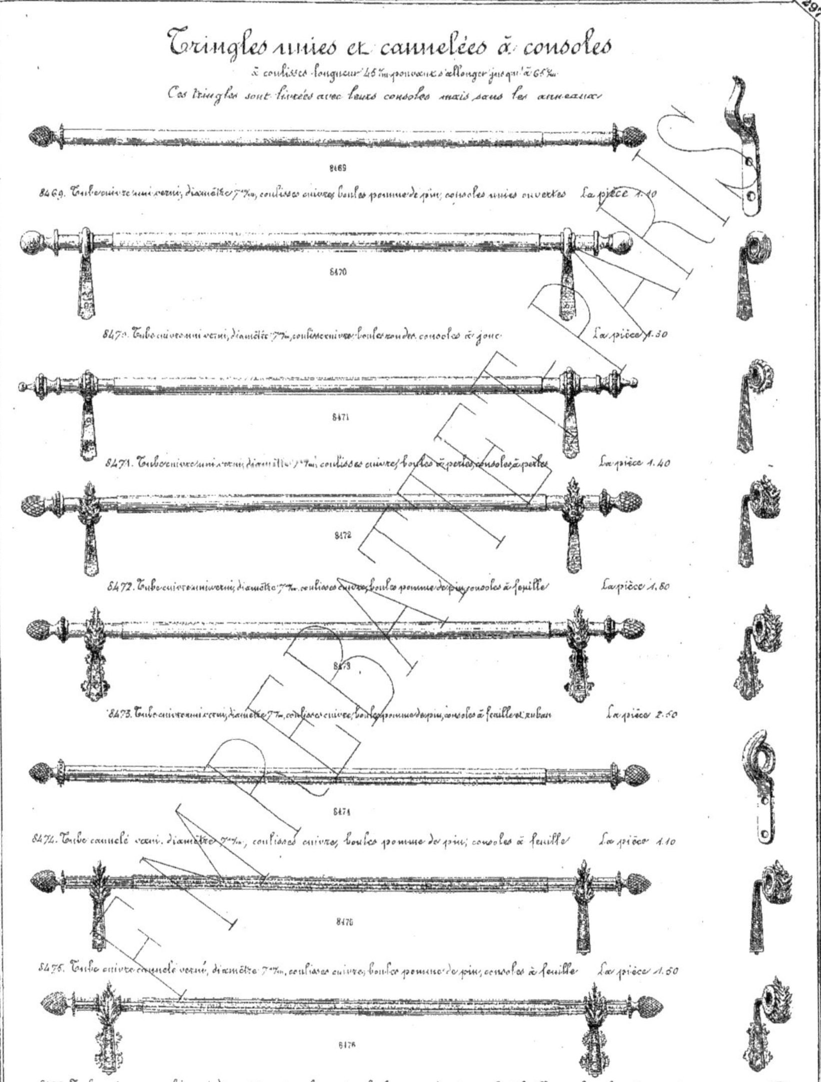

8469. Tube cuivre uni verni, diamètre 7 m/m, coulisses cuivre, boules pomme de pin, consoles unies ouvertes. La pièce 1.10

8470. Tube cuivre uni verni, diamètre 7 m/m, coulisses cuivre, boules rondes, consoles à jonc. La pièce 1.30

8471. Tube cuivre uni verni, diamètre 7 m/m, coulisses cuivre, boules à perles, consoles à perles. La pièce 1.40

8472. Tube cuivre uni verni, diamètre 7 m/m, coulisses cuivre, boules pomme de pin, consoles à feuille. La pièce 1.80

8473. Tube cuivre uni verni, diamètre 7 m/m, coulisses cuivre, boules pomme de pin, consoles à feuille et ruban. La pièce 2.60

8474. Tube cannelé verni, diamètre 7 m/m, coulisses cuivre, boules pomme de pin; consoles à feuille. La pièce 1.10

8475. Tube cuivre cannelé verni, diamètre 7 m/m, coulisses cuivre, boules pomme de pin, consoles à feuille. La pièce 1.50

8476. Tube cuivre cannelé verni, diamètre 7 m/m, coulisses cuivre, boules pomme de pin, consoles à feuille et ruban. La pièce 2.15

R.B.T

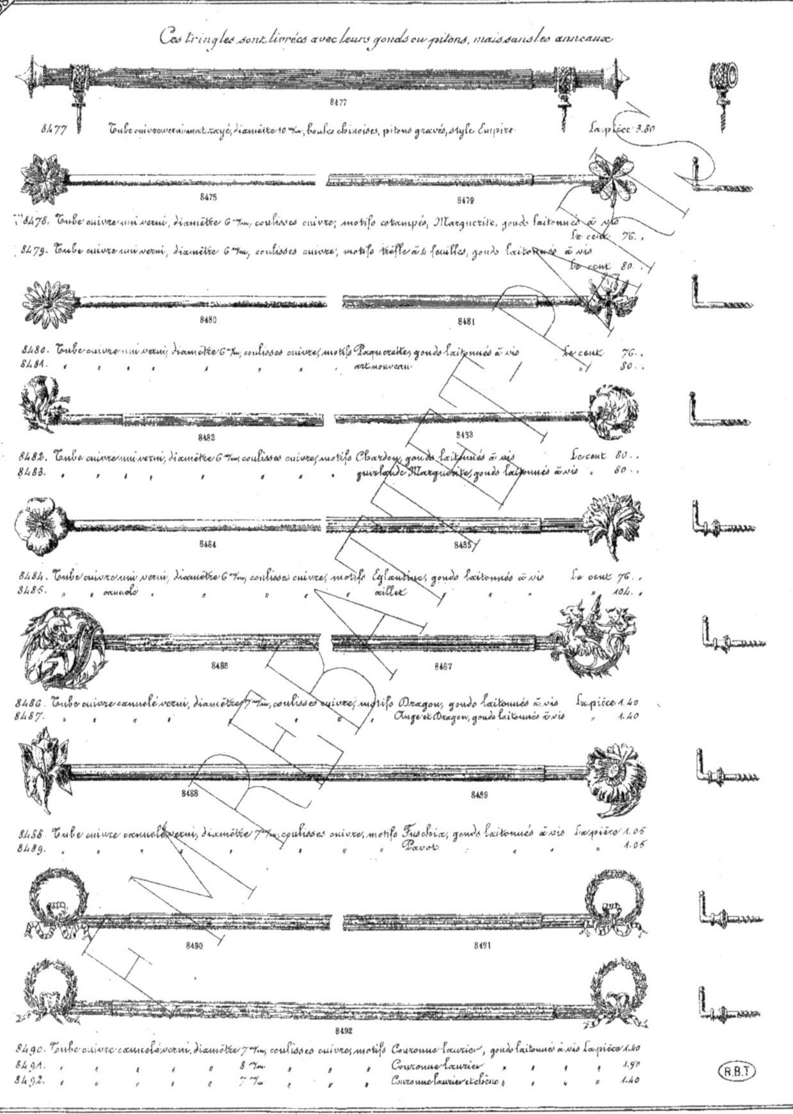

298

Ces tringles sont livrées avec leurs gonds ou pitons, mais sans les anneaux

8477

8477 Tube cuivre verni mat rayé, diamètre 10 m/m, boules chinoises, pitons gravés, style Empire La pièce 3.80

8478 8479

8478. Tube cuivre uni verni, diamètre 6 m/m, coulisses cuivre; motifs estampés, Marguerite, gonds laitonnés à vis le cent 76. .

8479. Tube cuivre uni verni, diamètre 6 m/m, coulisses cuivre; motifs trèfle à 4 feuilles, gonds laitonnés à vis le cent 80. .

8480 8481

8480. Tube cuivre uni verni, diamètre 6 m/m, coulisses cuivre, motifs Paquerettes, gonds laitonnés à vis Le cent 76. .
8481. " " " " " " " " art nouveau " 80. .

8482 8483

8482. Tube cuivre uni verni, diamètre 6 m/m, coulisses cuivre, motifs Chardon, gonds laitonnés à vis Le cent 80. .
8483. " " " " " " " " guirlande Marguerite, gonds laitonnés à vis " 80. .

8484 8485

8484. Tube cuivre uni verni, diamètre 6 m/m, coulisses cuivre, motifs Eglantine, gonds laitonnés à vis Le cent 76. .
8485. " " cannelé " " " " " œillet " " " " 104. .

8486 8487

8486. Tube cuivre cannelé verni, diamètre 7 m/m, coulisses cuivre, motifs Dragon, gonds laitonnés à vis La pièce 1.40
8487. " " " " " " " " Ange et Dragon, gonds laitonnés à vis " 1.40

8488 8489

8488. Tube cuivre cannelé verni, diamètre 7 m/m, coulisses cuivre, motifs Fuschia, gonds laitonnés à vis La pièce 1.05
8489. " " " " " " " " Pavot " " " " 1.05

8490 8491

8492

8490. Tube cuivre cannelé verni, diamètre 7 m/m, coulisses cuivre, motifs Couronne laurier, gonds laitonnés à vis La pièce 1.40
8491. " " " " " 8 m/m " " " Couronne laurier " " " " 1.90
8492. " " " " " 7 m/m " " " Couronne laurier et chêne " " " " 1.40

R.B.T

Paris. — Imp. BONNADIEU. 23, Rue des Francs-Bourgeois

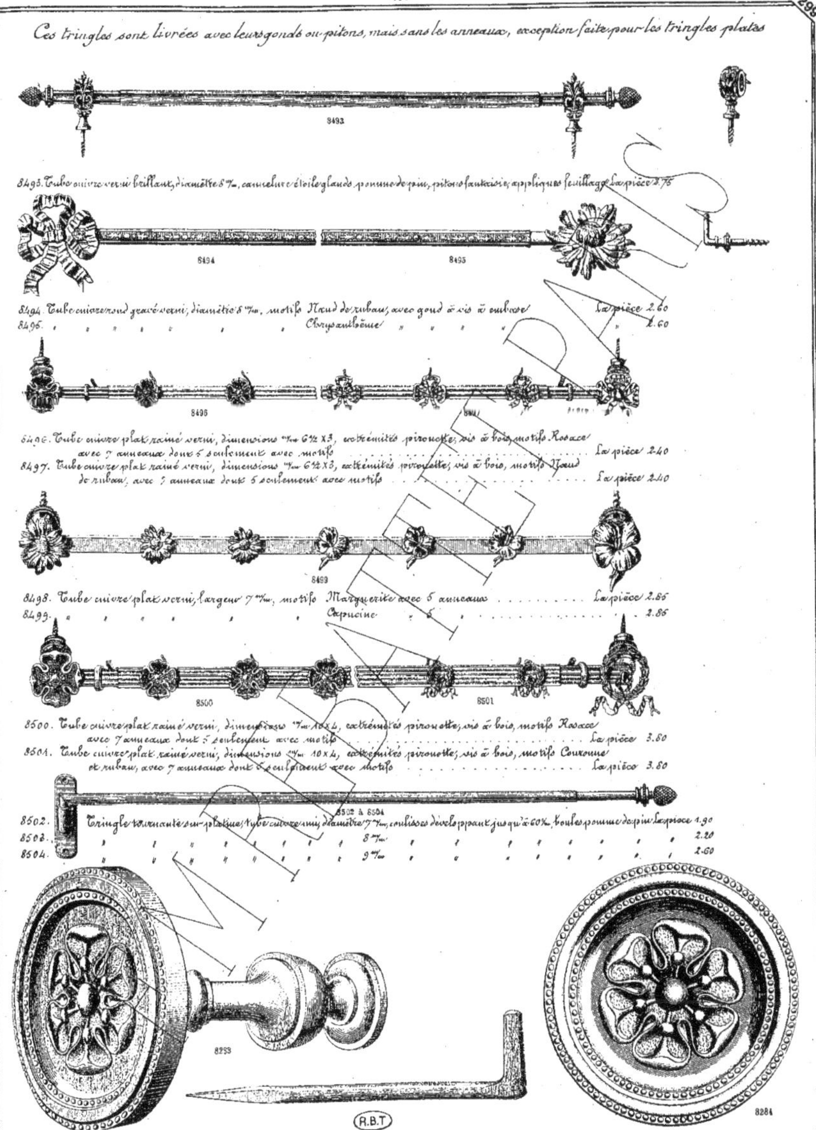

Ces tringles sont livrées avec leurs gonds ou pitons, mais sans les anneaux, exception faite pour les tringles plates

8493

8493. Tube cuivre verni brillant, diamètre 8 m/m, cannelure étoile glands pomme de pin, pitons fantaisie, appliques feuillage La pièce 2.75

8494 — 8495

8494. Tube cuivre rond gravé verni, diamètre 8 m/m, motifs Nœud de ruban, avec gond à vis à embase La pièce 2.60
8495. " " " " " " " Chrysanthème " " " " " 2.60

8496 — 8497

8496. Tube cuivre plat rainé verni, dimensions m/m 6½ x 3, extrémités pirouette, vis à bois, motifs Rosace avec 7 anneaux dont 5 seulement avec motifs . . . . La pièce 2.40
8497. Tube cuivre plat rainé verni, dimensions m/m 6½ x 3, extrémités pirouette, vis à bois, motifs Nœud de ruban, avec 7 anneaux dont 5 seulement avec motifs . . . . La pièce 2.40

8499

8498. Tube cuivre plat verni, largeur 7 m/m, motifs Marguerite avec 5 anneaux . . . . La pièce 2.85
8499. " " " " " " Capucine " 5 " 2.85

8500 — 8501

8500. Tube cuivre plat rainé verni, dimensions m/m 10 x 4, extrémités pirouette, vis à bois, motifs Rosace avec 7 anneaux dont 5 seulement avec motifs . . . . La pièce 3.80
8501. Tube cuivre plat rainé verni, dimensions m/m 10 x 4, extrémités pirouette, vis à bois, motifs Couronne et ruban, avec 7 anneaux dont 5 seulement avec motifs . . . . La pièce 3.80

8502 à 8504

8502. Tringle tournante sur platine, tube cuivre uni diamètre 7 m/m, coulisses développant jusqu'à 60%, boules pomme de pin La pièce 1.90
8503. " " " " " " " " 8 m/m " " " " " " " " 2.20
8504. " " " " " " " " 9 m/m " " " " " " " " 2.60

8283

8284

R.B.T

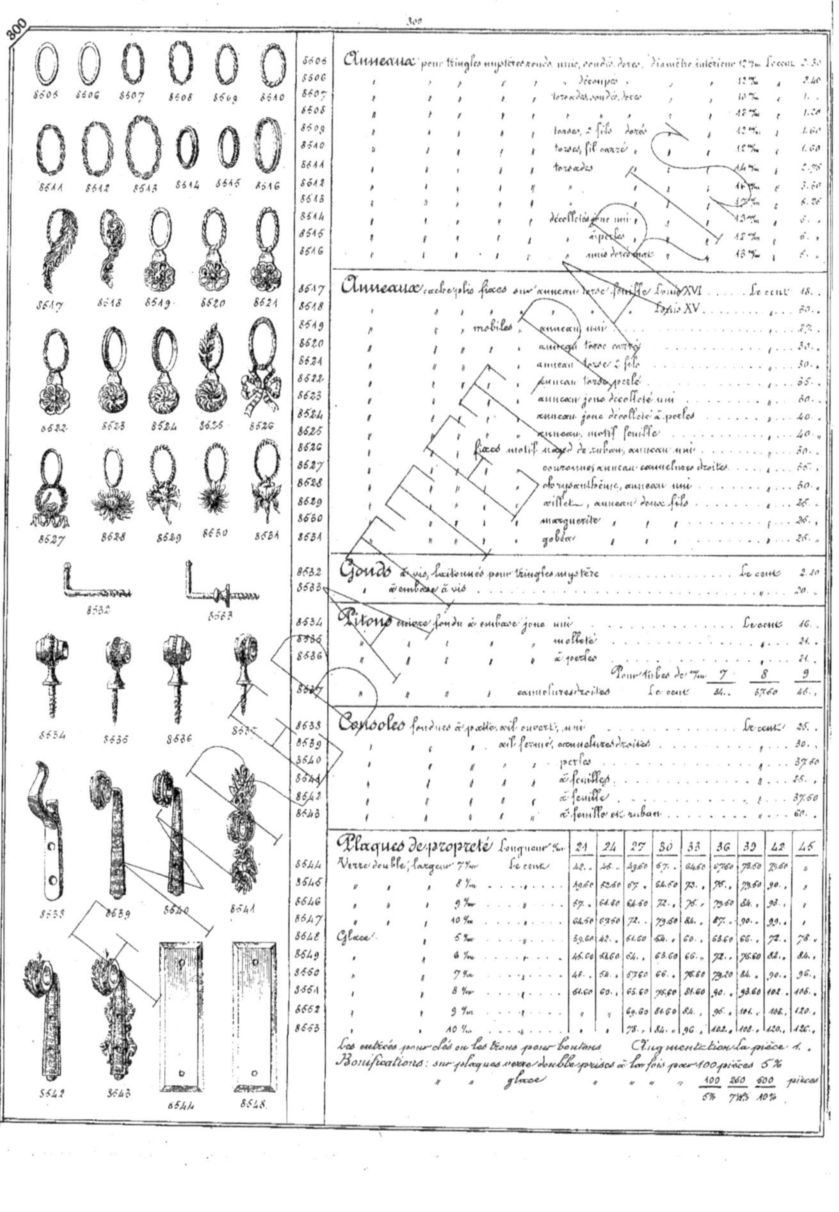

Anneaux pour tringles mystère ronds unis, soudés, dorés, diamètre intérieur 12 m/m Le cent

N°	Désignation	Diamètre	Prix
8505	Anneaux pour tringles mystère ronds unis, soudés, dorés	12 m/m	2.30
8506	„ „ „ „ „ „ découpés	12 m/m	2.40
8507	„ „ „ „ „ torsadés, soudés, dorés	10 m/m	1. .
8508	„ „ „ „ „ „ „ „	12 m/m	1.20
8509	„ „ „ „ „ torses, 2 fils dorés	12 m/m	1.60
8510	„ „ „ „ „ torses, fil carré	12 m/m	1.60
8511	„ „ „ „ „ torsades	14 m/m	2.75
8512	„ „ „ „ „ „	16 m/m	3.50
8513	„ „ „ „ „ „	17 m/m	6.25
8514	„ „ „ „ „ décolletés jonc uni	13 m/m	6. .
8515	„ „ „ „ „ „ à perles	12 m/m	6. .
8516	„ „ „ „ „ „ unis dorés mats	13 m/m	6. .

Anneaux cache-plis fixes sur anneau torse, feuille Louis XVI . . . . . Le cent

N°	Désignation	Prix
8517	Anneaux cache-plis fixes sur anneau torse, feuille Louis XVI	18. .
8518	„ „ „ „ „ „ Louis XV	30. .
8519	„ „ mobiles, anneau uni	27. .
8520	„ „ „ „ anneau torse carré	30. .
8521	„ „ „ „ anneau torse 2 fils	30. .
8522	„ „ „ „ anneau torse perlé	35. .
8523	„ „ „ „ anneau jonc décolleté uni	30. .
8524	„ „ „ „ anneau jonc décolleté à perles	40. .
8525	„ „ „ „ anneau, motif feuille	40. .
8526	„ „ fixes motif nœud de ruban, anneau uni	50. .
8527	„ „ „ „ couronnes anneau cannelures droites	55. .
8528	„ „ „ „ chrysanthème, anneau uni	50. .
8529	„ „ „ „ œillet, anneau deux fils	25. .
8530	„ „ „ „ marguerite „ „ „	26. .
8531	„ „ „ „ gobéa „ „ „	26. .

Gonds à vis, laitonnés pour tringles mystère . . . . . Le cent

N°	Désignation	Prix
8532	Gonds à vis, laitonnés pour tringles mystère	2.10
8533	„ à embase à vis	20. .

Pitons cuivre fondu à embase jonc uni . . . . . Le cent

N°	Désignation			Prix
8534	Pitons cuivre fondu à embase jonc uni			16. .
8535	„ „ „ „ „ molleté			21. .
8536	„ „ „ „ „ à perles			21. .
	Pour tubes de m/m	7	8	9
8537	„ „ „ „ cannelures droites Le cent	34. .	37.50	46. .

Consoles fondues à patte, œil ouvert, uni . . . . . Le cent

N°	Désignation	Prix
8538	Consoles fondues à patte, œil ouvert, uni	25. .
8539	„ „ „ œil fermé, cannelures droites	30. .
8540	„ „ „ „ „ perles	37.50
8541	„ „ „ „ „ à feuilles	25. .
8542	„ „ „ „ „ à feuille	37.50
8543	„ „ „ „ „ à feuille et ruban	60. .

Plaques de propreté

N°	Longueur c/m — Le cent	21	24	27	30	33	36	39	42	45
8544	Verre double, largeur 7 c/m	42. .	46. .	49.50	57. .	64.50	67.50	73.50	79.50	„
8545	„ „ „ 8 c/m	49.50	52.50	57. .	64.50	72. .	75. .	79.50	90. .	„
8546	„ „ „ 9 c/m	57. .	64.50	64.50	72. .	75. .	79.50	84. .	93. .	„
8547	„ „ „ 10 c/m	64.50	67.50	72. .	79.50	84. .	87. .	90. .	99. .	„
8548	Glace „ 5 c/m	39.60	42. .	51.60	54. .	60. .	63.60	66. .	72. .	78. .
8549	„ „ 6 c/m	45.60	52.60	54. .	63.60	66. .	72. .	76.60	82. .	84. .
8550	„ „ 7 c/m	48. .	54. .	57.60	66. .	76.60	79.20	84. .	90. .	96. .
8551	„ „ 8 c/m	51.60	60. .	65.60	75.60	81.60	90. .	93.60	102. .	106. .
8552	„ „ 9 c/m	„	„	69.60	81.60	84. .	96. .	101. .	106. .	120. .
8553	„ „ 10 c/m	„	„	78. .	84. .	96. .	102. .	108. .	120. .	126. .

Les entrées pour clés ou les trous pour boutons Augmentation la pièce 1. .

Bonifications : sur plaques verre double prises à la fois par 100 pièces 5 %

„ „ glace „ „ „ „ 100 260 500 pièces

5 % 7 1/2 % 10 %

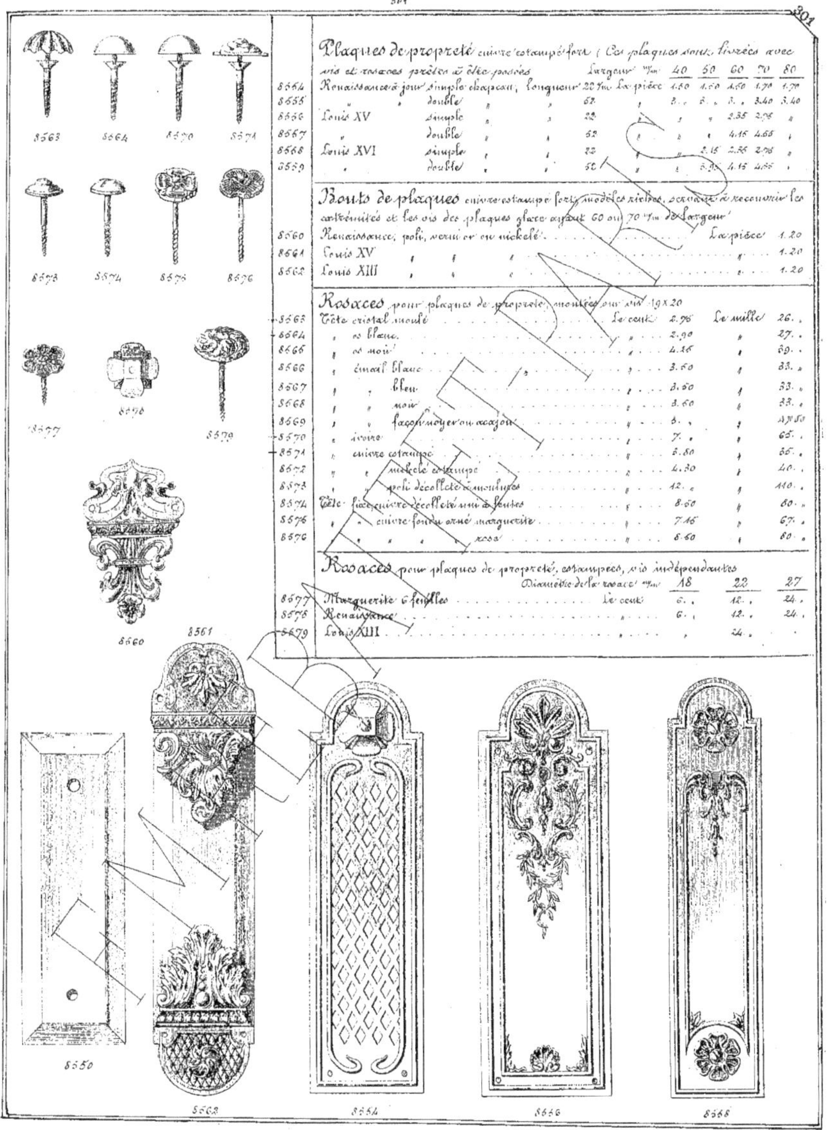

Plaques de propreté cuivre estampé fort (Ces plaques sont livrées avec vis et rosaces prêtes à être posées

					Largeur m/m	40	50	60	70	80
8554	Renaissance à jour	simple chapeau,	longueur	22 c/m	La pièce	1.50	1.50	1.50	1.70	1.70
8555	„ „	double	„	„	52 „	3. „	3. „	3. „	3.40	3.40
8556	Louis XV	simple	„	„	22 „	„	„	2.35	2.95	„
8557	„	double	„	„	52 „	„	„	4.15	4.65	„
8558	Louis XVI	simple	„	„	22 „	„	2.15	2.35	2.75	„
8559	„	double	„	„	52 „	„	3.95	4.15	4.65	„

Bouts de plaques cuivre estampé fort, modèles riches, servant à recouvrir les extrémités et les vis des plaques glace ayant 60 ou 70 m/m de largeur

8560	Renaissance, poli, verni or ou nickelé	La pièce	1.20
8561	Louis XV „ „ „	„	1.20
8562	Louis XIII „ „ „	„	1.20

Rosaces pour plaques de propreté, montées sur vis 19 x 20

8563	Tête cristal moulé	Le cent	2.75	Le mille	26. „
8564	„ os blanc	„	2.90	„	27. „
8565	„ os noir	„	4.25	„	39. „
8566	„ émail blanc	„	3.60	„	33. „
8567	„ „ bleu	„	3.50	„	33. „
8568	„ „ noir	„	3.60	„	33. „
8569	„ „ façon noyer ou acajou	„	5. „	„	47.50
8570	„ ivoire	„	7. „	„	65. „
8571	„ cuivre estampé	„	3.80	„	35. „
8572	„ „ nickelé estampé	„	4.30	„	40. „
8573	„ „ poli décolleté à moulures	„	12. „	„	110. „
8574	Tête fixe, cuivre décolleté uni à fentes	„	8.50	„	80. „
8575	„ „ cuivre fondu orné marguerite	„	7.15	„	67. „
8576	„ „ „ „ „ rose	„	8.50	„	80. „

Rosaces pour plaques de propreté, estampées, vis indépendantes

			Diamètre de la rosace m/m 18	22	27
8577	Marguerite 6 feuilles	Le cent	6. „	12. „	24. „
8578	Renaissance	„	6. „	12. „	24. „
8579	Louis XIII	„	„	24. „	„

8580 8581 8583

8584 8585 8586

8587 8588 8589 8590

8591 8592 8593 8594

8595 8596 8597

8598

8599

Glaces et Miroirs.

Petite Miroiterie (Articles d'Exportation)

8580 **Miroirs** métalliques à barrettes
zinc

	Diamètre extérieur m/m	48	52	59	65	75	85	97
8580	Le paquet de 144 pièces	7.50	8..	10..	12..	15..	26..	36..

Cet article n'est pas livré par quantité inférieure à 144 pièces d'une même dimension

Miroirs ronds sans recouvrement.

		Diamètre extérieur m/m	60	70	75	85	100	115
8581	Cadre estampé à perles cuivre jaune	Le paquet de 144 pièces	7..	8..	12..	16..	24..	32..
8582	" " zinc nickelé	" "	7..	8..	12..	16..	24..	32..

Cet article n'est pas livré par quantité inférieure à 144 pièces d'une même dimension

8583 **Miroirs** ronds sans recouvrement
cadre à double rangée de perles zinc nickelé

	Diamètre extérieur m/m	65	75	85	92	105
8583	Le paquet de 144 pièces	6..	12..	14..	16..	20..

Cet article n'est pas livré par quantité inférieure à 72 pièces d'une même dimension

8584 **Miroirs** ronds cadre estampé
cuivre jaune, garni peluche

	Diamètre extérieur m/m	90	100	115
8584	Le paquet de 144 pièces	22..	30..	34..

Cet article n'est pas livré par quantité inférieure à 72 pièces d'une même dimension

8585 **Miroirs** ovales, cadre estampé, perles
cuivre jaune

	Dimensions extérieures m/m	90x68	100x80	135x100
8585	Le paquet de 144 pièces	16..	24..	40..

Cet article n'est pas livré par quantité inférieure à 72 pièces d'une même dimension

8586 **Miroirs** ovales cuivre estampé, feuilles de chêne
cuivre jaune

	Dimensions extérieures m/m	100x76	140x110	170x140
8586	Le paquet de 144 pièces	22..	36.	60.

Cet article n'est pas livré par quantité inférieure à 72 pièces d'une même dimension

8587 **Miroirs** rectangulaires cadre estampé perles
cuivre jaune

	Dimensions extérieures m/m	80x63	100x75	135x96
8587	Le paquet de 144 pièces	16..	20..	36..

Cet article n'est pas livré par quantité inférieure à 72 pièces d'une même dimension

8588 **Miroirs** rectangulaires cadre estampé fantaisie
cuivre jaune

	Dimensions extérieures m/m	120x95	140x115	180x140
8588	Le paquet de 144 pièces	27..	35..	72..

Cet article n'est pas livré par quantité inférieure à 72 pièces d'une même dimension

8589 **Miroirs** rectangulaires cadre estampé
cuivre jaune garni peluche

	Dimensions extérieures m/m	110x85	130x105	150x120
8589	Le paquet de 144 pièces	27..	38..	45..

Cet article n'est pas livré par quantité inférieure à 72 pièces d'une même dimension

Miroirs zinc estampé nickelé

		Dimensions extérieures y compris la poignée m/m	130x55	150x50	170x75	230x100
8590	Forme carrée à poignée	Le paquet de 144 pièces	9..	16..	"	"
8591	Forme ovale	"	"	"	33..	60..

Cet article n'est pas livré par quantité inférieure à 72 pièces d'une même dimension

8592 **Miroirs** rectangulaires, cadre uni
zinc nickelé

	Dimensions extérieures m/m	83x55	88x62	92x70
8592	Le paquet de 144 pièces	12..	15..	19..

Cet article n'est pas livré par quantité inférieure à 72 pièces d'une même dimension

Miroirs cadre uni, zinc nickelé, avec chaînette de soutien

		Dimensions extérieures m/m	85x65	88x62	92x70	105x85	128x95	165x120	125x125
8593	Rectangulaires, derrière chromo	Le paquet de 144 p.	14..	17..	20..	"	"	"	"
8594	" pans coupés derrière chromo	"	"	"	"	30..	44..	48..	"
8595	Ronds sans chromo	"	"	"	"	"	"	"	60..

Ces articles ne sont pas livrés par quantité inférieure à 72 pièces d'une même dimension

Miroirs cadre uni zinc nickelé avec pied formant chevalet

		Dimensions extérieures m/m	120x88	176x140	125x125
8596	Rectangulaires, pans coupés	Le paquet de 12 pièces	4.40	7.50	"
8597	Ronds	"	"	"	4.20

Ces articles ne sont pas livrés par quantité inférieure à 12 pièces d'une même dimension

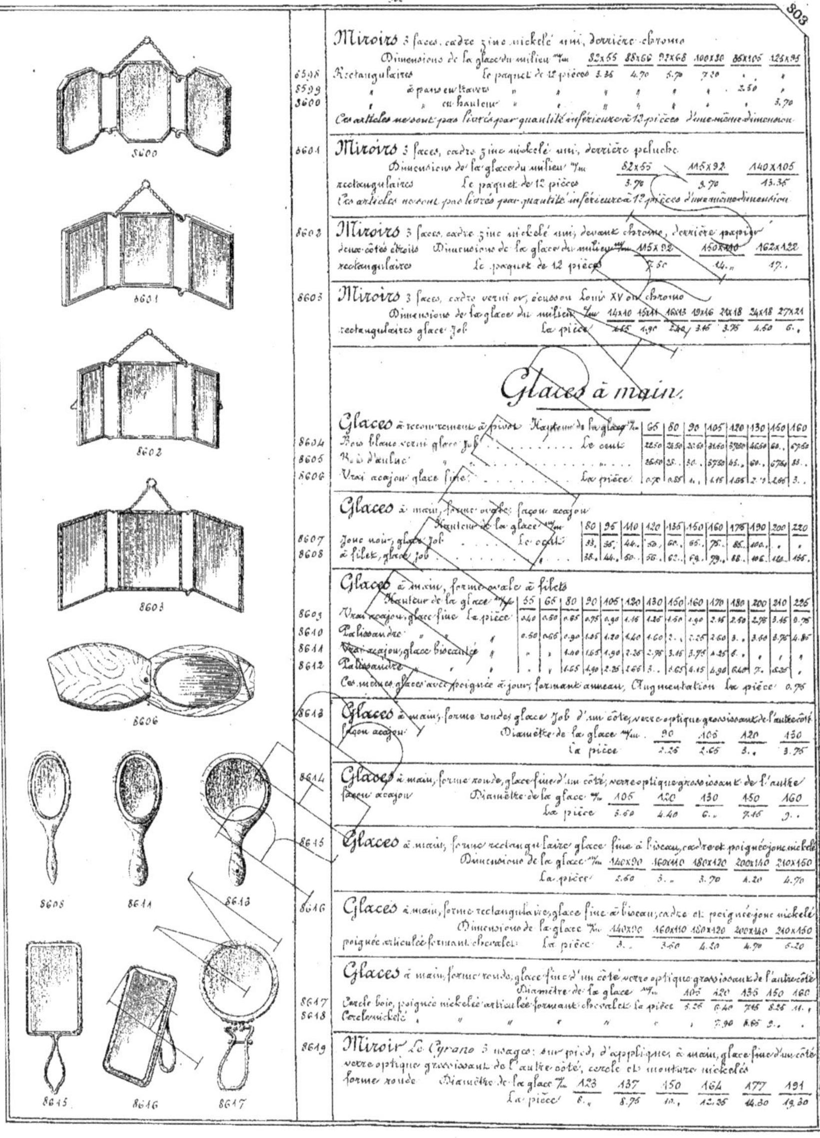

Miroirs 3 faces, cadre zinc nickelé uni, derrière chromo

	Dimensions de la glace du milieu m/m	82x55	88x66	92x68	100x80	86x105	125x95
8598	Rectangulaires — Le paquet de 12 pièces	3.35	4.70	5.70	7.20	»	»
8599	» à pans en travers »	»	»	»	»	2.50	»
8600	» » en hauteur »	»	»	»	»	»	3.70

Ces articles ne sont pas livrés par quantité inférieure à 12 pièces d'une même dimension

8601 **Miroirs** 3 faces, cadre zinc nickelé uni, derrière peluche.

	Dimensions de la glace du milieu m/m	82x55	115x92	140x105
	rectangulaires — Le paquet de 12 pièces	3.70	3.70	13.35

Ces articles ne sont pas livrés par quantité inférieure à 12 pièces d'une même dimension

8602 **Miroirs** 3 faces, cadre zinc nickelé uni, devant chromo, derrière papier

	deux côtés étroits — Dimensions de la glace du milieu m/m	115x92	150x110	162x122
	rectangulaires — Le paquet de 12 pièces	7.50	14.»	17.»

8603 **Miroirs** 3 faces, cadre verni or, écusson Louis XV ou chromo

	Dimensions de la glace du milieu c/m	14x10	15x11	16x13	19x16	21x18	24x18	27x21
	rectangulaires glace Job — La pièce	1.65	1.90	2.40	3.15	3.75	4.50	6.»

Glaces à main.

Glaces à recouvrement à pivot

	Hauteur de la glace m/m	65	80	90	105	120	130	150	160
8604	Bois blanc verni glace Job .... Le cent	22.50	24.50	30.60	31.60	37.50	46.50	60.»	67.50
8605	Bois d'aulne » .... »	26.50	28.»	30.»	37.50	45.»	60.»	67.50	88.»
8606	Vrai acajou glace fine .... La pièce	0.70	0.85	1.»	1.15	1.65	2.»	2.60	3.»

Glaces à main, forme ovale, façon acajou

	Hauteur de la glace m/m	80	95	110	120	135	150	160	175	190	200	220
8607	Jonc noir, glace Job ...... Le cent	33.»	35.»	44.»	50.»	60.»	65.»	75.»	85.»	100.»	»	»
8608	à filet, glace Job ...... »	38.»	44.»	50.»	56.»	62.»	69.»	79.»	88.»	106.»	120.»	155.»

Glaces à main, forme ovale à filets

	Hauteur de la glace m/m	55	65	80	90	105	120	130	150	160	170	180	200	210	225
8609	Vrai acajou, glace fine La pièce	0.40	0.50	0.65	0.75	0.90	1.15	1.25	1.50	1.90	2.15	2.50	2.75	3.15	3.75
8610	Palissandre » » »	0.50	0.65	0.90	1.05	1.20	1.40	1.60	2.»	2.25	2.60	3.»	3.60	3.75	4.85
8611	Vrai acajou, glace biseautée »	»	»	1.40	1.65	1.90	2.25	2.75	3.15	3.75	4.25	6.»	»	»	»
8612	Palissandre » » »	»	»	1.65	1.90	2.25	2.65	3.»	3.65	4.15	4.90	6.40	7.»	8.25	»

Ces mêmes glaces avec poignée à jour, formant anneau, Augmentation la pièce 0.75

8613 **Glaces** à main, forme ronde, glace Job d'un côté, verre optique grossissant de l'autre côté façon acajou

Diamètre de la glace m/m	90	105	120	130
La pièce	2.25	2.65	3.»	3.75

8614 **Glaces** à main, forme ronde, glace fine d'un côté, verre optique grossissant de l'autre façon acajou

Diamètre de la glace m/m	105	120	130	150	160
La pièce	3.60	4.40	6.»	7.15	9.»

8615 **Glaces** à main, forme rectangulaire glace fine à biseau, cadre et poignée jonc nickelé

Dimensions de la glace m/m	140x90	160x110	180x120	200x140	210x150
La pièce	2.60	3.»	3.70	4.20	4.70

8616 **Glaces** à main, forme rectangulaire, glace fine à biseau, cadre et poignée jonc nickelé

	Dimensions de la glace m/m	140x90	160x110	180x120	200x140	210x150
	poignée articulée formant chevalet — La pièce	3.»	3.60	4.20	4.70	5.20

Glaces à main, forme ronde, glace fine d'un côté verre optique grossissant de l'autre côté

	Diamètre de la glace m/m	105	120	135	150	160
8617	Cercle bois, poignée nickelée articulée formant chevalet La pièce	5.25	6.40	7.15	8.25	11.»
8618	Cercle nickelé » » » » »	»	»	7.90	8.65	9.»

8619 **Miroir** Le Cyrano 3 usages: sur pied, d'applique, à main, glace fine d'un côté verre optique grossissant de l'autre côté, cercle et monture nickelés

forme ronde — Diamètre de la glace m/m	123	137	150	164	177	191
La pièce	8.»	8.75	10.»	12.25	14.30	19.30

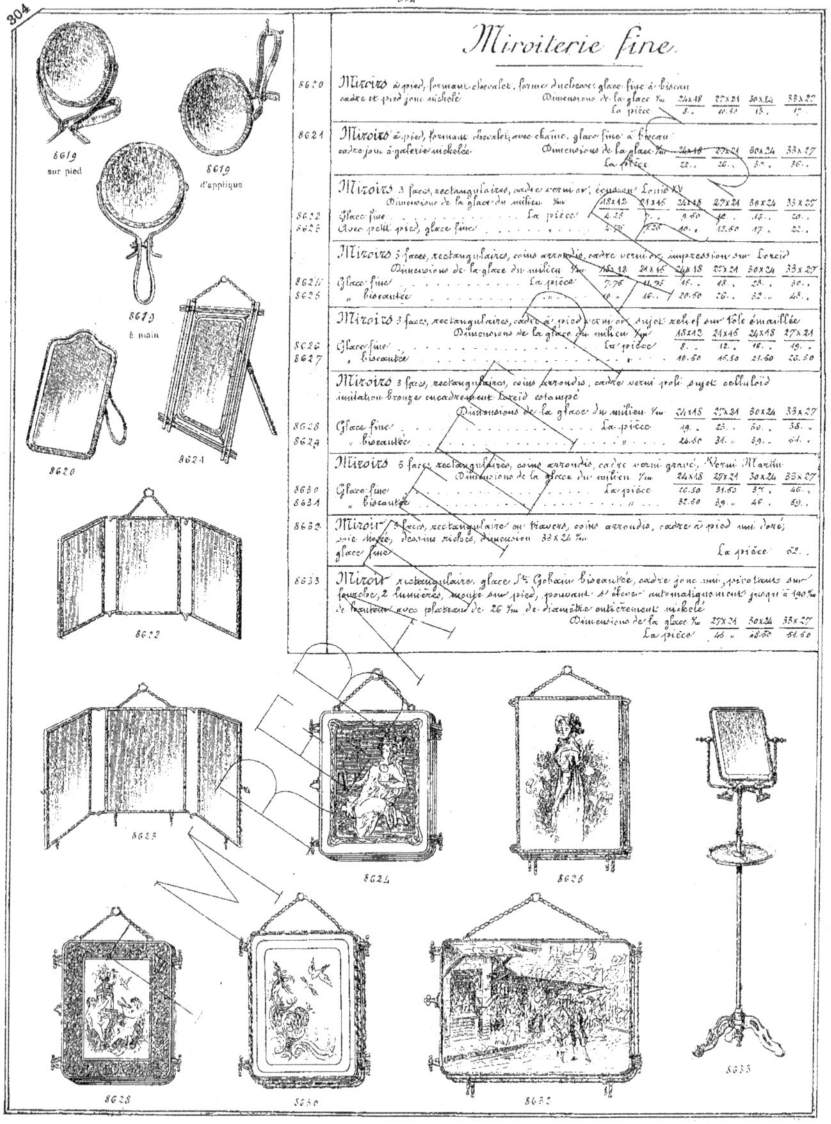

Miroiterie fine

8620 **Miroirs** à pied, formant chevalet, forme duchesse, glace fine à biseau cadre et pied jonc nickelé

Dimensions de la glace %	24x18	27x21	30x24	33x27
La pièce	8..	10.50	13..	17..

8621 **Miroirs** à pied, formant chevalet, avec chaîne, glace fine à biseau cadre jonc à galerie nickelée

Dimensions de la glace %	24x18	27x21	30x24	33x27
La pièce	22..	26..	30..	36..

Miroirs 3 faces, rectangulaires, cadre verni or, écusson Louis XV

	Dimensions de la glace du milieu %	18x12	21x15	24x18	27x21	30x24	33x27
8622	Glace fine . . . . . La pièce	4.25	7..	9.50	12..	15..	20..
8623	Avec petit pied, glace fine	4.75	7.25	10..	12.50	17..	22..

Miroirs 3 faces, rectangulaires, coins arrondis, cadre verni or, impression sur Loreid

	Dimensions de la glace du milieu %	18x12	21x15	24x18	27x21	30x24	33x27
8624	Glace fine . . . . . La pièce	7.75	11.75	15..	18..	23..	30..
8625	" biseautée . . . . . "	10..	16..	20.50	26..	32..	43..

Miroirs 3 faces, rectangulaires, cadre à pied verni or, sujet relief sur tôle émaillée

	Dimensions de la glace du milieu %	18x12	21x15	24x18	27x21
8626	Glace fine . . . . . La pièce	8..	12..	15..	19..
8627	" biseautée . . . . . "	10.50	15.50	21.50	26.50

Miroirs 3 faces, rectangulaires, coins arrondis, cadre verni poli sujet celluloïd imitation bronze encadrement Loreid estampé

	Dimensions de la glace du milieu %	24x18	27x21	30x24	33x27
8628	Glace fine . . . . . La pièce	19..	25..	30..	38..
8629	" biseautée . . . . . "	24.50	31..	39..	51..

Miroirs 3 faces, rectangulaires, coins arrondis, cadre verni gravé, Verni Martin

	Dimensions de la glace du milieu %	24x18	27x21	30x24	33x27
8630	Glace fine . . . . . La pièce	26.50	31.50	37..	46..
8631	" biseautée . . . . . "	32.50	39..	46..	59..

8632 **Miroir** 3 faces, rectangulaire en travers, coins arrondis, cadre à pied uni doré; soie moirée, dessins riches, dimension 33 x 24 % glace fine . . . . . La pièce 62..

8633 **Miroir** rectangulaire, glace St Gobain biseautée, cadre jonc uni, pivotant sur fourche, 2 lumières, monté sur pied, pouvant s'élever automatiquement jusqu'à 190 % de hauteur avec plateau de 26 % de diamètre entièrement nickelé

Dimensions de la glace %	27x21	30x24	33x27
La pièce	46..	48.50	51.50

8619 sur pied — 8619 d'applique — 8619 à main — 8620 — 8621 — 8622 — 8623 — 8624 — 8626 — 8628 — 8630 — 8632 — 8633

8634 — 8650

8656

8657 à 8659

8660 et 8661

8662 et 8663 — 8664 et 8665

Miroiterie commune

Miroirs

	Dimensions %m	15x8	14x9	16x10	16x11	18x12	20x14	22x15	24x18	27x21	30x24	35x27	36x27	39x27	42x27
8634	Carrés, cadre petites pin 2 filets, glace Job 1er	0.25	0.30	0.35	0.40	0.45	0.50	0.55	0.70	0.95	1.40	"	"	"	"
8635	" " " " " fine	0.36	0.40	0.45	0.55	0.65	0.95	1.20	1.65	2.20	2.40	"	"	"	"
8636	" petite baguette noir et or, glace Job	0.25	0.30	0.35	0.40	0.45	0.50	0.55	0.70	0.90	1.10	"	"	"	"
8637	" " " " " fine	0.40	0.55	0.50	0.65	0.70	0.95	1.30	1.60	2.45	3.10	"	"	"	"
8638	" faux bois, glace Job	0.30	0.35	0.40	0.45	0.50	0.60	0.65	0.75	1.10	1.30	1.64	1.70	1.85	2..
8639	" " " fine	0.46	0.50	0.55	0.65	0.75	1.05	1.25	1.70	2.30	3.25	3.65	3.90	4.20	6..
8640	" sapin large 4 filets, glace Job	0.32	0.35	0.40	0.50	0.55	0.65	0.70	0.90	1.10	1.45	1.80	2..	2.20	2.35
8641	" " " " fine	0.45	0.50	0.55	0.65	0.80	1.10	1.30	1.80	2.35	3.45	3.80	4.20	4.55	6.25
8642	" imitation oriental, glace Job	0.35	0.40	0.45	0.50	0.55	0.60	0.65	0.80	1.10	1.25	1.60	1.75	1.85	2.05
8643	" " " fine	0.45	0.50	0.60	0.55	0.75	1.10	1.30	1.75	2.35	3.30	3.60	3.90	4.25	6..
8644	" baguette noir et or, glace Job	0.40	0.45	0.50	0.55	0.65	0.70	0.75	0.95	1.16	1.40	1.70	1.80	1.95	2.05
8645	" " " " fine	0.55	0.60	0.65	0.75	0.90	1.20	1.45	1.90	2.40	3.40	3.70	4..	4.30	5..
8646	" baguette grecque, glace Job	0.40	0.45	0.50	0.55	0.65	0.70	0.75	0.95	1.15	1.40	1.70	1.80	1.95	2.05
8647	" " " fine	0.55	0.60	0.65	0.75	0.90	1.20	1.45	1.90	2.40	3.40	3.70	4..	4.30	5..
8648	" frise métallique noir et or, glace Job	0.45	0.50	0.55	0.60	0.65	0.80	0.90	1.10	1.16	1.65	1.80	1.95	2.20	2.40
8649	" " " " fine	0.60	0.66	0.75	0.90	1.10	1.30	1.40	1.65	2.20	3.05	3.40	3.70	3.90	4..
8650	2 coins ronds, oriental, glace Job	"	"	"	"	0.80	"	1.15	1.30	1.50	1.75	[illegible]	[illegible]	[illegible]	[illegible]
8651	" " " fine	"	"	"	"	1.06	"	1.70	2.15	2.70	3.70	4.05	4.40	4.75	5.45
8652	" noir filet or, glace Job	"	"	"	"	"	"	1.45	1.60	1.86	2.15	2.40	2.65	2.75	2.95
8653	" " " fine	"	"	"	"	"	"	2.10	2.60	3.10	4.16	4.40	4.80	5.10	5.65
8654	" frise fond or, glace Job	"	"	"	"	"	"	1.90	2.06	2.46	2.70	2.96	3.20	3.30	3.65
8655	" " " fine	"	"	"	"	"	"	2.60	3..	3.65	4.70	5..	5.40	5.70	6.40

Glaces d'appartements

8656 **Glaces** fortes, cadre genre bambou, bois jaune, brun ou noir

Dimensions totales extérieures %m	61x40	67x38	73x43	73x61	83x64	91x67	78x70	103x76	103x79	121x86	133x94	139x86	[illegible]
Dimensions de la glace %m	[illegible]	48x36	54x39	60x42	66x46	72x48	75x61	84x57	90x60	102x66	108x72	120x66	120x84
La pièce	9.45	12.35	14.40	16.65	19..	22.60	26..	29.50	34..	40.60	42..	49..	55..

Bien spécifier en commandant si ces glaces doivent être livrées en bois jaune, brun ou noir

Glaces fortes avec cadre à deux coins ronds

	Dimensions extérieures %m	55x43	51x40	67x52	73x55	81x61	87x63	93x69	99x65	105x76	120x84	132x90	[illegible]	[illegible]
	Dimensions de la glace %m	42x30	[illegible]	[illegible]	60x42	63x45	72x45	78x51	84x57	90x60	102x66	114x72	[illegible]	[illegible]
8657	Cadre imitation bois, la pièce	8.10	10.35	12.60	14.40	17.60	20.60	23.60	27..	32.60	42..	51..	48..	63..
8658	Cadre noir fond or	10..	12.60	14.40	17..	20..	25..	30..	20.50	36..	46..	54..	62..	74..
8659	Cadre noir et or faveret	10..	12.60	14.40	17..	20..	23..	26.60	31..	36.50	46.60	56..	65..	72.60

Glaces pour meubles de toilette

Glaces de toilette

		Dimensions de la glace %m	21x21	24x24	27x21	27x27
8660	Rondes, cadre noyer, acajou ou chêne, glace Job	La pièce	1.80	2.15	"	3.60
8661	" " " " " Allemagne	"	2.90	3.25	"	4.50
8662	Rectangulaires à consoles, cadre noyer, acajou ou chêne, glace Job	"	"	"	3.15	"
8663	" " " " " " Allemagne	"	"	"	3.60	"
8664	" à colonnes tournées " " Job	"	"	"	3.60	"
8665	" " " " " " Allemagne	"	"	"	4.15	"

Glaces pour commodes toilette

		Dimensions %m	30x24	36x21	48x27	48x24	51x27	54x27
8666	Rectangulaires, glace mi-Job	La pièce	1.55	1.36	1.80	1.80	2.15	2.26
8667	" " Allemagne	"	2.25	2.70	4.05	4.60	5.35	6.75

8670 8676 8668 8669 8674 8675 8676 8677 8681 8683 8684 8685

CIRE CLÉMENT Reconnue inaltérable DÉPOSÉ PARIS DÉPOSÉ

8688 pains plats Baton

8691 8692 8693 8694 8700 8697 8696 8704 8705

Outils de cordonniers & Articles Crépins

Alènes et Poinçons

Voir page 3

8668 **Astics**, buis

	petits	moyens	gros	très gros
Le cent	57.	65.	69.	72.

8669 **Bisaigues**, buis fins

	petits	moyens	gros	très gros	extra gros
Le cent	22.	29.	30.	36.	43.

Bouts métalliques pour chaussures

	Nos	0	1	2	3	4
	Largeur m/m	35	39	42	47	50
8670 Fer verni, ordinaires, pour souliers	Le paquet de 144 pièces	1.85	1.85	1.85	1.85	1.85
8671 Cuivre jaune		6.10	6.10	6.10	6.10	6.10
8672 Cuivre blanchi		7.50	7.50	7.50	7.50	7.50
8673 Fer verni sans pattes, pour galoches	Largeur m/m	37	45	48	55	58
	Le paquet de 144 pièces	2.10	2.10	2.10	2.10	2.10
8674 Fer verni avec pattes, pour galoches	Largeur m/m	45	52	57	62	70
	Le paquet de 144 pièces	2.30	2.30	2.30	2.30	2.30

Ces bouts ne sont pas livrés par quantité inférieure à 144 pièces d'une même dimension

8675 **Cambres** en bois pour

	bottines femme	bottines homme	derrière de bottes	devant de bottes
La paire	8.90	8.95	6.10	9.65

Chausse-pieds en corne

	Nos	2	1
	Longueur c/m	18	20
8676 Corne blonde ordinaire	Le cent	24.50	27.
8677 " " à manche	"	43.	47.
8678 " façon écaille	"	57.	65.
8679 " jaspée, forts soignés, à manche	"	80.	93.

Ces chausse-pieds ne sont pas livrés par quantité inférieure à 12 pièces d'une même sorte

Chausse-pieds métalliques

	Longueur c/m	16	19
8680 Fer verni	Le cent	21.50	29.
8681 " poli	"	29.	36.
8682 " nickelé fin	"	50.	57.
8683 " " " avec tireboutons, longueur unique 22 c/m	La pièce		1.

8684 **Chien** à monter les tiges, ordinaire à une tête . . . . . La pièce 2.30

8685 " " " automatique à deux têtes . . . . . " 4.30

8686 **Cire** à déformer, noire, en pains plats . . . . . Le cent 5.40 Le mille 47.

8687 " " qualité courante au "Soldat" . . . . . Le kilog 6.50

8688 " " noires, brune ou jaune, inaltérable, marque "Clément" . . . . . " 8.

8689 " " blanches, marque "Clément" . . . . . " 10.

8690 " " noire ou brune, qualité extra, marque "Abel" . . . . . " 14.30

8691 **Clous** à monter, dits *Carpentras*

Longueur m/m	12&14	16&18	20	23	25	27	30	35	40	50	55
Le mille	9.	9.30	10.	10.70	11.75	13.75	14.30	17.	25.60	34.	39.

Ces clous ne sont pas livrés par quantité inférieure à 250 pièces d'une même longueur

Clous en cuir pour galoches, dits *Religieuses*

	Nos	1	2
	Largeur ou diamètre m/m	11	13
8692 Forme ronde	Le mille	6.10	6.80
8693 " carrée	"	6.10	6.80
8694 " rectangulaire, largeur unique 15 m/m	Le mille		8.

8695 **Col de cygne** ou bigorne, non monté . . . . . La pièce 2.30

8696 " " " " monté sur pied bois . . . . . " 2.85

8697 **Compas de boutique**, carré tout buis . . . . . La pièce 2.20

8698 " " " méplat . . . . . " 2.60

8699 " " " méplat buis, lame cuivre . . . . . " 3.25

8700 **Compas de poche**, buis 4 lames, centimètres ou points . . . . . La pièce 1.70

8701 " " " buis pliant, modèle américain . . . . . " 2.45

8702 " " " cuivre plate . . . . . " 2.85

8703 " " " cuivre plat, renforcé, deux pointures . . . . . " 3.90

8704 **Coupe-lacets** pour fabriquer les cordons en cuir, ordinaire . . . . . La pièce 1.10

8705 " " " " " " modèle perfectionné . . . . . " 2.

8706 **Crochets** tire-bottes, tige à perles ordinaires, manche bois verni noir . . . . La paire 0.95
8707 " " " tige unie modèle fort " " " . . . . " 1.20
8708 " " " tige 2 rangs perles, modèle fort, manche bois noir . . . . . " 1.45
8709 " " " tige poire et perles lustrées, modèle fort, manche palissandre " 1.70
8710 " " " tige facette et perles, lustrée, modèle fort, manche os . . . . . " 3.60
8711 " " " fermant à boule, fer poli . . . . " 1.65
8712 " " " " " fer nickelé . . . . " 2.15

8713 **Crochets à déformer**, fer ordinaire . . . . Le cent 40..
8714 " " fer forgé . . . . " 57..

8715 **Dards** ordinaires, manche bois . . . . Le cent 24.30
8716 " forgés, manche bois . . . . " 36..

8717 **Embouchoirs** bois pour bottines hommes et femmes . . . . La paire 8.60
8718 " pour bottes ordinaires, hauteur 42 $\%_m$ . . . . " 10.70
8719 " pour bottes de chasse 50 $\%_m$ . . . . " 16.60
8720 " pour bottes écuyères " 58 $\%_m$ . . . . " 24.30

Emporte pièces et pinces emporte pièces Voir pages 164 & 165

8721 **Enclumes** des Familles en fonte à col de cygne — Nos 2 : 1.05 ; 1 : 1.30 La pièce
8722 " " " la Favorite, composée de 3 pièces . . . . La pièce 4.30
8723 " " " la Sans Pareille, forme ronde . . . . . . " 4.85

Ferrures pour la chaussure, dite protecteurs Blakey
8724 En vrac, assorties toutes grandeurs, talons, bouts, pièces de côté, pièces de milieu Le kilog 2.70
8725 Sur cartes assorties pour chaussures hommes, femmes ou enfants . . . Les 12 cartes 4..
" " " " " " " Les 144 cartes 39.30
Les ferrures en vrac ne sont pas livrées par quantité inférieure à un kilog

8726 **Fers** pour cordonniers, manche bois à coulisse de 0 à 22 . . . . La pièce 1..
8727 " " " " " à coulisse de 23 à 28 . . . . " 1.15
8728 " " " " " à côtes . . . . " 1..
8729 " " " " " à cambrures . . . . " 1..
8730 " " " " " femmes . . . . " 1..
8731 " " " " " unis de 1 à 23 . . . . " 1..
8732 " " " " " extra forts de 24 à 26 . . . . " 1.10
8733 " " " " " sans lisse . . . . " 0.85
8734 " " " " " mailloche femme . . . . " 1.15
8735 " " " " " mailloche homme . . . . " 1.20
8736 " " " " " à piqûres . . . . " 0.45
8737 " " " " " à suivre . . . . " 0.45
8738 " " " " " à jointures . . . . " 0.60
8739 " " " " " à suivre avec roulette . . . . " 1.35

8740 **Ferrets** métalliques pour lacets blancs, noirs ou jaunes, en boîtes par 125 grammes Le Kil 12.15
8741 **Pince** acier à ferrer les lacets . . . . La pièce 6.50
8742 **Machine** à levier à ferrer les lacets . . . . " 7.90

8743 **Fil de chanvre**, livré en paquets de 500 grammes, composés de 10 pelottes de 50 grammes

Nos	2	3	4	5	6	7	8	9	10
Le kilog	3.15	3.30	3.46	3.66	3.95	4.36	4.80	5.10	5.80

Fil de lin, livré en paquets de 800 grammes, composés de 40 pelottes de 20 grammes

		Nos	000	00	0	1	2	3	4	5	11	14	15	17	20	21	25	30
8744	Écru	Le paquet	"	"	"	4.25	"	"	"	"	"	"	"	"	"	"	"	"
8745	Gris	"	"	"	"	6.10	6.30	6.70	"	6.60	"	"	"	"	"	"	"	"
8746	Blanc	"	"	"	"	"	"	"	8.10	"	"	"	"	"	"	"	"	"
8747	Jaune	"	"	"	"	"	"	"	"	"	8.55	"	7.90	10.10	6.45	7.20	11.15	13.30
8748	Noir	"	6.05	6.50	7.70	8.80	10.45	"	"	"	"	"	"	"	"	"	"	"
8749	Aurore	"	"	"	"	"	"	"	"	"	12.15	10.80	8.80	9.45	7.15	7.70	11.45	13..

Formes en bois

		Pointures	enfants 16 à 24	fillettes 25 à 33	garçons 25 à 33	cadets 34 à 36	femmes 34 à 41	hommes 37 à 46
8750	Non ferrées	La paire	1.80	2..	2.05	2.25	2.25	2.30
8751	Ferrées au talon	"	2.90	3.05	3.15	3.30	3.30	3.40
8752	Ferrées à la cambrure	"	3.65	3.95	4.15	4.30	4.30	4.65
8753	Ferrées partout	"	3.96	4.55	4.60	4.50	4.80	4.95

8706 8707 8708 8709 8710
8711 8715 8715 8721
8717 8722
8723
8724, Talon
8718 8724, Bout
8724, de côté 8724, Milieu
8726 8728 8729 8730 8731 8733
8734 8735 8736 8737 8738

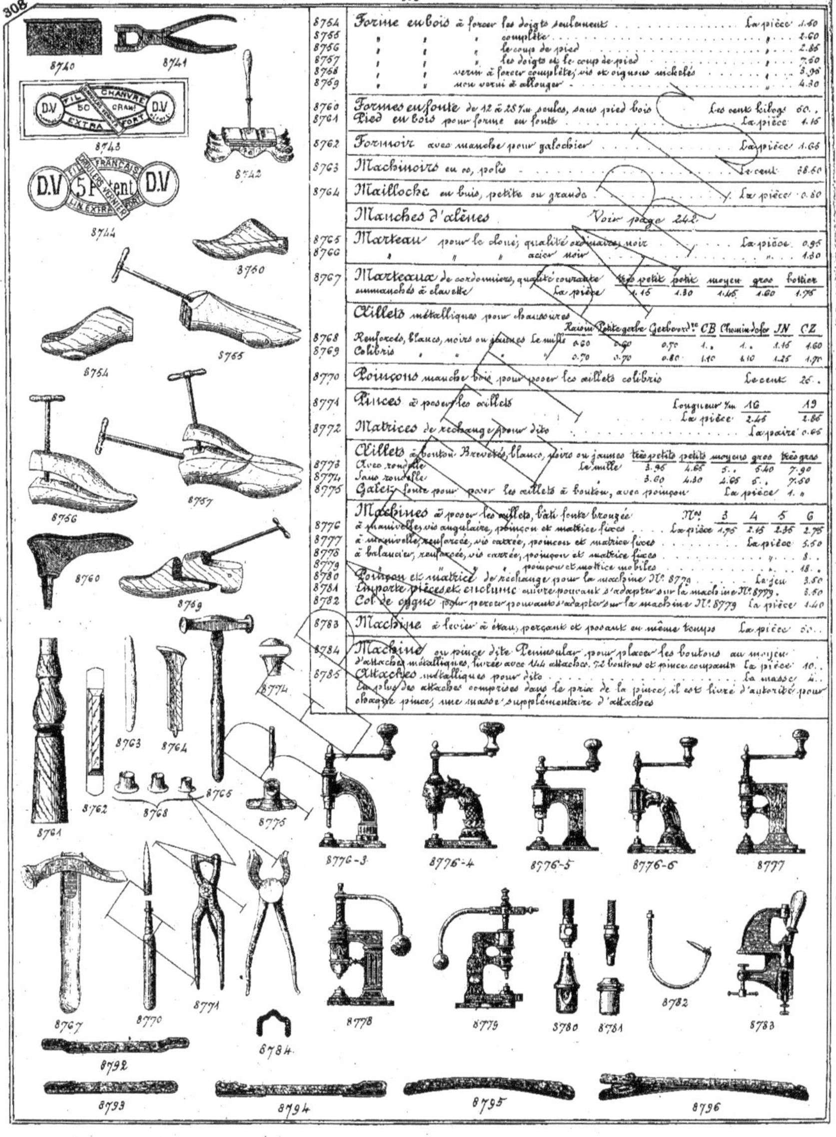

8754 **Forme en bois** à forcer les doigts seulement . . . La pièce 1.60
8755 " " " complète . . . " 2.60
8756 " " " le coup de pied . . . " 2.85
8757 " " " les doigts et le coup de pied . . . " 7.60
8758 " " vernis à forcer complète, vis et oignons nickelés . . . " 3.95
8759 " " non verni à allonger . . . " 4.30

8760 **Formes en fonte** de 12 à 25 %m seules, sans pied bois . . . Les cent kilogs 60. .
8761 **Pied en bois** pour forme en fonte . . . La pièce 1.15

8762 **Formoir** avec manche pour galochier . . . La pièce 1.65

8763 **Machinoirs** en os, polis . . . Le cent 38.60

8764 **Mailloche** en buis, petite ou grande . . . La pièce 0.80

Manches d'alênes Voir page 242.

8765 **Marteau** pour le cloué, qualité ordinaire, noir . . . La pièce 0.95
8766 " " " acier noir . . . " 1.30

8767 **Marteaux** de cordonniers, qualité courante emmanchés à clavette

	très petit	petit	moyen	gros	bottier
La pièce	1.15	1.30	1.45	1.60	1.75

Œillets métalliques pour chaussures

		Raisin	Petite gerbe	Gerbeaud[1e]	CB	Chemin de fer	JN	CZ
8768	Renforcés, blancs, noirs ou jaunes Le mille	0.60	0.60	0.70	1. .	1. .	1.15	1.60
8769	Colibris " " " "	0.70	0.70	0.80	1.10	1.10	1.25	1.70

8770 **Poinçons** manche bois pour poser les œillets colibris . . . Le cent 26. .

8771 **Pinces** à poser les œillets

Longueur %m	16	19
La pièce	2.45	2.85

8772 **Matrices** de rechange pour dito . . . La paire 0.65

Œillets à bouton Brevetés, blancs, noirs ou jaunes

		très petits	petits	moyens	gros	très gros
8773	Avec rondelle Le mille	3.95	4.65	5. .	5.40	7.90
8774	Sans rondelle	3.60	4.30	4.65	5. .	7.50

8775 **Galet** fonte pour poser les œillets à bouton, avec poinçon . . . La pièce 1. .

Machines à poser les œillets, bâti fonte bronzée

		Nos	3	4	5	6
8776	à manivelle, vis angulaire, poinçon et matrice fixes . . .	La pièce	1.75	2.15	2.35	2.75

8777 à manivelle, renforcée, vis carrée, poinçon et matrice fixes . . . La pièce 5.50
8778 à balancier, renforcée, vis carrée, poinçon et matrice fixes . . . " 8. .
8779 " " " poinçon et matrice mobiles . . . " 18. .
8780 **Poinçon et matrice** de rechange pour la machine No 8779 . . . Le jeu 3.50
8781 **Emporte pièces et enclume** cuivre pouvant s'adapter sur la machine No 8779 . . . 3.50
8782 **Col de cygne** pour percer pouvant s'adapter sur la machine No 8779 La pièce 1.40

8783 **Machine** à levier à étau, perçant et posant en même temps . . . La pièce 60. .

8784 **Machine** ou pince dite Peninsular, pour placer les boutons au moyen d'attaches métalliques, livrée avec 144 attaches, 72 boutons et pince coupante La pièce 10. .
8785 **Attaches** métalliques pour dito . . . La masse 4. .
En plus des attaches comprises dans le prix de la pince, il est livré d'autorité pour chaque pince, une masse supplémentaire d'attaches

8786	**Pince** en bois, à charnières, longueur 75 m/m, largeur de la mâchoire 75 m/m	La pièce	1.45
8787	" " à billot, longueur 64 m/m, largeur de la mâchoire 80 m/m	"	1.65
8788	" " à billot à ressort, longueur 64 m/m, largeur de la mâchoire 80 m/m	"	1.85

	Pinces acier		passe très petite	très petite	petite	moyenne	grande
8789	Ordinaires	La pièce	1.50	1.65	1.80	2.15	2.45
8790	Fines	"	2. .	2.15	2.30	2.60	2.85
8791	Façon suisse branches courbes	"	2.10	2.25	2.45	2.70	2.95

Ressorts acier verni noir pour guêtres ou molletières

8792	Lames emboutiés coudées, longueur	16 à 20 m/m	Les cent paires	13. .
8793	" " droites "	21 à 40 m/m	" "	15. .
8794	Garniture à lamelles "	20 à 30 m/m	" "	24. .
8795	" à deux points "	20 à 40 m/m	" "	42. .
8796	" à tourets "	20 à 40 m/m	" "	72. .

8797	**Retire-bottes**, hêtre naturel, grandeur courante	La pièce	0.65
8798	" " " " grand modèle	"	1.05
8799	" " " " forme lyre	"	1.05
8800	" " " " forme lyre arrondi	"	1.25
8801	" " " " à charnière	"	1.90
8802	" " noyer ou acajou verni, à charnière	"	2.80
8803	" " fonte bronzée, modèle hanneton	"	1. .

8804	**Roulettes**, manche verni, à talons	La pièce	0.60
8805	" " " à piquer simples	"	0.65
8806	" " " deux conducteurs	"	0.80
8807	" " " à faux points, monture cuivre	"	0.80
8808	" " " à dessins ou à fleurs, monture fer	"	0.95
8809	" " " de galochier, faux plis	"	1.10
8810	" " " à faux points, monture fer, molettes creuses	"	1.35
8811	" " " de galochier, fausses piqures	"	1.60
8812	" " " pour chaussures clouées, guide mobile	"	2.55

	Soies de sanglier Nos	3	2	1re qté	1 extra	sup. extra	1re extra	2 bourrelier	bourrelier
8813	Blanches ou rousses Le kilog	43. .	50. .	57. .	64. .	72. .	80. .	93. .	107. .
8814	Grises ou noires "	"	36. .	43. .	50. .	72. .	80. .	93. .	107. .

Ces soies livrées par petits paquets Augmentation par kilog 2.85

	Tenailles de cordonniers	Longueur c/m	17	19	20	22
8815	Demi fines	La pièce	1.20	1.35	1.45	1.65
8816	Façon suisse	"	"	"	"	2.85
8817	Façon russe, coupantes	"	2.30	2.45	2.60	2.75

8818	**Tireboutons** manche bois verni virole cuivre, mèche perlée	Le paquet de 144 pces	14.40
8819	" " " " virole fer à pans, mèche perlée	" "	21.40
8820	" " " " virole cuivre, mèche à olive vissée	" "	22.40
8821	" " " " " " mèche renforcée vissée	Le cent	23.50
8822	" " " " " " mèche renforcée taillée rivée	"	30. .

	Tireboutons plate semelle, à rivets	Longueur m/m	70	80	95	110	120	130	150
8823	Plaquette os ou buffle	Le cent	28. .	29. .	31. .	36. .	39. .	65. .	69. .
8824	" ivoire, taillés à pans nickelés	La pièce	"	"	"	"	1. .	1.25	"
8825	" nacre " " "	"	"	"	"	"	2.05	2.60	"

8826	**Tireboutons** fil d'acier rapproché, longueur 110 m/m	Le paquet de 144 pces	5.70
8827	" mèche perlée, anneau brasé, longueur 120 m/m	Le cent	24. .
8828	" mèche à olive, manche à jour, modèles variés, nickelés	"	24. .

	Tireboutons fermants	Longueur m/m	50	55	65
8829	Fer poli, sans nœud	Le cent	16.50	"	"
8830	Acier poli à nœud, jonc uni	"	48. .	65. .	"
8831	" " " à biseau	"	69. .	110. .	"
8832	" " " goutte de suif allongé	"	"	"	62. .

	Tranchets	Grandeur	Femme	Cadet	Homme
8833	Qualité courante acier évidé	Le cent	42. .	"	45. .
8834	" " affutés noirs	"	"	"	56. .
8835	Marque au Poignard	La pièce	0.95	1. .	1.05
8836	" Blanchard	"	1. .	1.10	1.20

310

Outils de cimenteur, couvreur, maçon, plâtrier, etc.

8837 8846 8849 8848 8847 8854 8855 8839 8851 8858 8859 8856 8861 8862 8863 8864 8868 8869 8865 8870 8875

8837 **Auges** en bois de chêne pour maçon, fond ordinaire

Longueur $^c/_m$	51	61	62	67	69	72	78
Largeur $^c/_m$	34	41	45	47	51	54	56
La pièce	3.40	3.85	4.25	4.70	5.10	5.55	5.70

8838 **Auge** en bois de chêne pour couvreur, Modèle unique, longueur 51 $^c/_m$, largeur 28 $^c/_m$ . . . La pièce 2.40

8839 **Barres à mine** en acier, rondes . . . Cours variable . . . Les cent kilog 47. .
8840 " " " " octogones . . . " . . . 110. .

Bouchardes de cimenteurs, poignée à œil

		Denture $^m/_m$	5	6	7	8
8841	Rouleau fonte, longueur du rouleau 15 $^m/_m$	La pièce	6.50	6.60	6.60	"
8842	" " " 18 "	"	7.15	7.15	7.15	"
8843	Rouleau bronze " " " 15 "	"	11. .	11. .	11. .	"
8844	" " " " 18 "	"	13.50	13.50	13.50	"
8845	" " " " 23 "	"	"	16.10	16.10	16.10

8846 **Boucharde** carrée à pierre, acier forgé, 25 à 100 dents . . . . . . La pièce 14.60

8847 **Bourroir de mineur** bout cuivre rouge . . . . . . La pièce 6.70

8848 **Burin de mineur** acier fondu . . . . . . Le kilog 2.05

Chemins de fer lames à dents, longueur 25 $^c/_m$

		Largeur $^m/_m$	50	60	70	80
8849	Non plaqués par bout	La pièce	2. .	2. .	2. .	2. .
8850	Plaqués par bout	"	2.40	2.40	2.40	2.40

Lames de scies chemin de fer, acier noir, largeur 30 $^m/_m$, denture 3, 3½, 4 $^m/_m$
8851 Par longueur fixe de 1 mètre . . . . . . Le mètre 1.20
8852 Par longueur indéterminée . . . . . . " 1. .
8853 Au poids par rouleau de 20 à 25 kilogs . . . . . . Le kilog 1.90

8854 **Ciseau de tailleur de pierres** acier . . . . . . Le kilog 2.05

8855 **Coin de carrier** acier, poids approximatif 1 k. 600 . . . . Le kilog 0.95

Cordes à nœuds longueur courante 25 mètres, diamètre 26 $^m/_m$
8856 Très bonne qualité à 4 torons, poids approximatif du mètre 1 kilog . . . Le kilog 4. .
8857 Qualité extra grelinée " " " 1 " . . . " 4.40

8858 **Jambières** en cuir, pour cordes à nœuds . . . . . . La paire 20.40

8859 **Sellette** en bois pour cordes à nœuds . . . . . . La pièce 16.50
8860 " en cuir " " " . . . . . . " 24. .

8861 **Curette** de mineur . . . . . . La pièce 2.45

8862 **Dames** de paveurs dits pilons, fonte, emmanchées, poids approximatif 13 k[os] La pièce 10. .
8863 " " " " en ovine avec semelle d'acier et fretté . . . " 29. .

8864 **Demoiselles** de paveur, poids total 18 à 25 kilogs
Le dé en acier . . . . . . Les cent kilogs 170. .
La monture (fûts et ailes bois) . . . . . . La pièce 10. .

Enclumes de couvreur

		Longueur $^c/_m$	38	50	65
8865	Façon Paris, qualité ordinaire	La pièce	3.05	"	"
8866	" qualité supérieure	"	3.75	5.10	6.45
8867	Façon Nantes, qualité supérieure	"	3.75	5.10	6.45

8868 **Épinglette de mineur** cuivre rouge . . . . . . Le kilog 5.15

8869 **Équerres de maçon** en fer, ordinaires

Longueur $^c/_m$	20	25	30	40	50	60	70	80	90	100
La pièce	1.35	1.55	1.85	3.05	3.75	4.40	5.45	5.95	6.15	7.25

8870 **Essette de couvreur** noire, façon Paris

	Qualité ordinaire	Qualité supérieure
La pièce	7.05	8.85

8871 **Fers à joints**, manche bois, semelle fer, profils A B C D E . . . La pièce 1.45
8872 " " " " " semelle acier, profils A B . . . " 2.30
8873 " " " " " semelle fer à spatule, côté triangulaire . . . " 1.10

8874 **Fiches à mortier** manche bois rivé, lame acier noir

Longueur $^c/_m$	55	60	70	80	90	100
La pièce	5.80	7.20	7.65	8.10	8.60	9. .

8875 **Genouillères** de couvreur, tout cuir . . . . . . La paire 7. .
8876 " " buffle et tapis . . . . . . " 7.65

8877 **Genouillères** de fumiste, tout cuir noir . . . . . . La paire 6.65

8878 **Griffe à béton** acier forgé 3 dents . . . . . . La pièce 3.05

OUTILLAGE R. B. T · PARIS

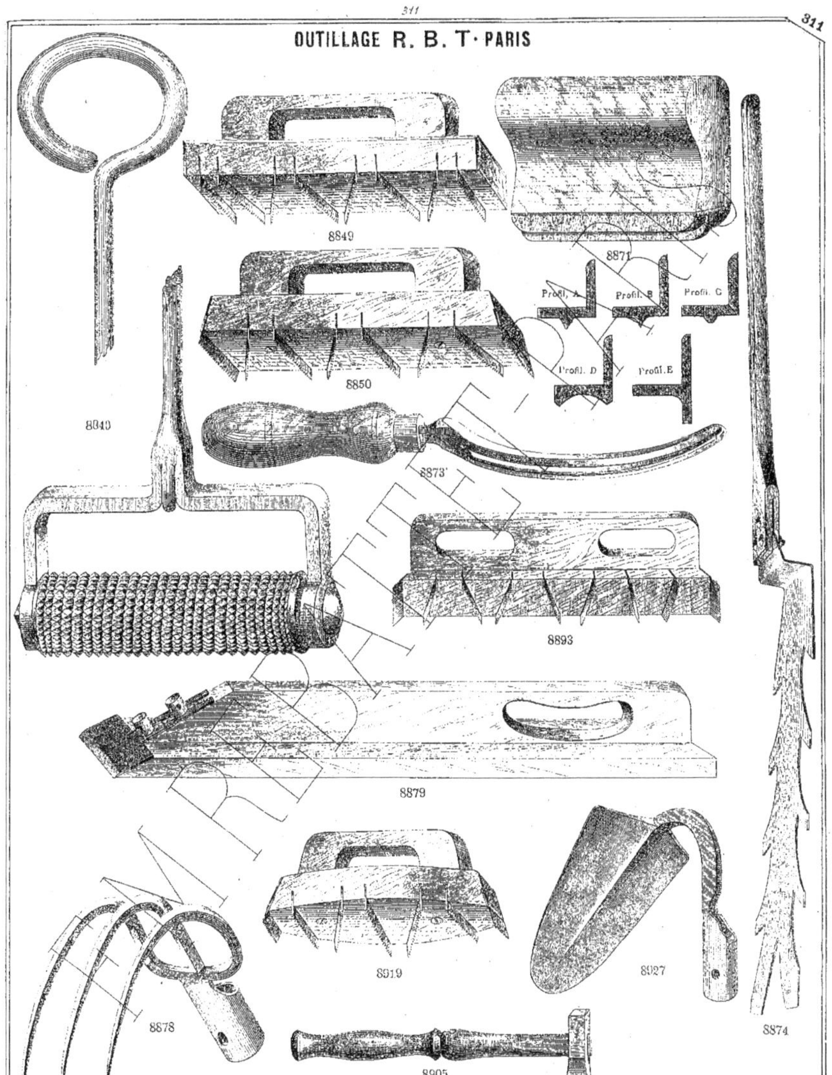

Voir prix pages 310, 312 et 313) DESSINS 1/2 NATURE

Paris. — Imp. DONNADIEU, 23, Rue des Francs-Bourgeois

	Guillaumes de maçon	largeur m/m	40	50	60	70	80
8879	Charme ou hêtre à platine	La pièce	3. .	3.05	3.25	3.25	3.40
8880	" " gros rond	. . . . . .	2.20	2.20	2.20	"	"

	Guillaumes de maçon	largeur m/m	20	25	30	35	40
8881	à profiler	La pièce	1.70	1.70	1.70	1.70	1.70
8882	à dégager	"	1.70	1.70	1.70	1.70	1.70
8883	Petit rond	"	1.70	1.70	1.70	1.70	1.70

8884 **Hachettes de maçon**, œil ordinaire sans manche, poids 600 à 1700 grammes Le K°. 1.05
8885 " " " œil monté " " 1000 à 1700 " " 2.15
Ces mêmes hachettes emmanchées Augmentation La pièce 0.45

	Hachettes courtes, façon Melun	N°s	1	2	3	4	5	6
8886	sans manche	La pièce	1.65	2.05	2.50	2.75	3.25	3.75

8887 **Hachette de plâtrier** façon Lorraine, emmanchée . . . La pièce 3.45
8888 " " façon Lyon, emmanchée . . . . " 3.60

8889 **Hachette de couvreur** qualité supérieure, façon Paris, manche ordinaire La p°. 8.85
8890 " " " " " " " culot cuivre " 10.20
8891 " " " " " façon Nantes, manche ordinaire " 8.85
8892 " " " " " " " culot cuivre " 10.20

8893 **Levrette** lames à dents, longueur 25 c/m, largeur 30 m/m La pièce 2.20

	Marteaux acier forgé, sans manche	N°s	1	2	3
8894	Pour briquetiers	La pièce	1.70	2.05	2.40
8895	Pour fumistes	"	1.70	2.05	2.40
8896	Acier fondu, pour faïence	"	2.15	2.50	2.80
	Ces mêmes marteaux emmanchés Augmentation	"	0.25	0.25	0.25

Marteaux de maçon à démolir, sans manche
8897 à œil ordinaire, poids de 1500 à 3000 grammes . . . . Le kilog 1.95
8898 à œil monté " " " " " 2.15

	Marteaux de couvreur emmanchés		qualité très ordinaire	qualité ord°.	qualité sup°.
8899	Polis, sans tire clous, façon Nord	La pièce	6.45	8.50	9.50
8900	" avec tire clous, façon Paris	"	6.80	9.20	12.25
8901	" " " " façon Nantes, manche culot cuivre	La pièce	10.20		13.60
8902	" " " " " " " palissandre	"	"		16.30

8903 **Marteaux** pour grandes ardoises, longueur 40 c/m, manche bois La pièce 15. .
8904 " " " " " " " culot cuivre " 16.30

8905 **Marteaux** première pierre cuivre poli, manche verni, ... La p°. 2.20

8906 **Marteaux** têtus à pic, acier . . . . Les cent kilogs 150. .
8907 " " à tranche, acier . . . " " 150. .
8908 " " à débiter, acier . . . " " 185. .
8909 " " à deux tranches pour pierre tendre . . " " 185. .

	Marteletes de couvreur emmanchés	N°s	1	2
8910	Noirs, qualité ordinaire	La pièce	2.05	"
8911	" qualité supérieure	"	2.65	2.75

Massettes de maçons et tailleur de pierres
8912 En fer, cintrées, poids 300 à 2000 grammes . . . . Le kilog 1.65
8913 En acier, droite " 300 à 2000 " . . . . " 1.85

8914 **Massettes de cantonnier** tout acier, à 2 têtes, poids 400 à 700 grammes Le K°. 1.45

8915 **Masses** carrées, acier . . . . Les cent kilogs 133. .
8916 " à débiter, grain d'orge, acier . . . " " 172. .

8917 **Masses de mineur** acier, cintrées . . . . Les cent kilogs 165. .
8918 " " " " droites . . . " " 165. .

8919 **Navettes** lames à dents, longueur 17 c/m, largeur 60 m/m La pièce 2. .

8920 **Pics de carrier** pointus des deux côtés . . . . Les cent kilogs 156. .

8921 **Pics à roc**, à tête . . . . Les cent kilogs 106. .

8922 **Pioches** ordinaires, œil ovale, poids 2 kilogs 500 et plus Les cent kilogs 86. .
8923 " " œil rond " 2 " 500 " " " 86. .
8924 " à hache, œil rond " " 92. .
8925 " à bourrer à pic œil rond, poids 4 kilogs et plus " " 120. .
8926 " " à feuille de laurier " 4 " " " " 123. .

8920

8921

8922

8923

8924

8925

8926

8966 — 8966 bis

8967

8968

8969

8970

N°	Désignation		
8927	**Rabot à mortier**, fer forgé . . . . La pièce		1.95

Rabotins plats, bois dur, lames acier

N°		Largeur m/m	10	20	30	40	50
8928	Lames unies, longueur 10 m/m	La pièce	0.60	0.60	0.80	1. .	"
8929	" " " 15 "	"	0.80	1. "	1.20	1.40	1.60
8930	" " " 25 "	"	1.20	1.40	1.60	1.80	2.20
8931	" " " 30 "	"	1.40	1.60	2. "	2.40	2.80
8932	Lames à dents " 10 "	"	"	0.60	0.80	1. .	"
8933	" " " 15 "	"	"	1. .	1.20	1.40	1.60
8934	" " " 25 "	"	"	1.40	1.60	1.80	2.20
8935	" " " 30 "	"	"	1.60	2. .	2.40	2.80

Rabotins ronds, bois dur, lames acier

N°		Largeur m/m	10	20	30	40
8936	Lames unies, longueur 10 m/m	La pièce	0.60	0.80	1. .	1.20
8937	" " " 15 "	"	0.80	1. .	1.20	1.60
8938	" " " 25 "	"	1.60	2. .	2.20	2.60
8939	" " " 30 "	"	1.80	2.20	2.60	3. .
8940	Lames à dents " 10 "	"	"	0.60	1. "	1.20
8941	" " " 15 "	"	"	1. .	1.20	1.60
8942	" " " 25 "	"	"	2. .	2.20	2.60
8943	" " " 30 "	"	"	2.20	2.60	3. "

Rabotins creux, bois dur, lames acier

N°		Largeur m/m	10	20	30	40
8944	Lames unies, longueur 10 m/m	La pièce	0.60	0.80	1. .	1.20
8945	" " " 15 "	"	0.80	1. "	1.20	1.60
8946	" " " 25 "	"	1.60	[illegible]	1.80	2.60
8947	" " " 30 "	"	1.80	2.20	2.60	3. .

N°		Largeur m/m	20	25
8948	**Rabotins aigus**, bois dur, lames acier — lames unies, longueur 25 m/m	La pièce	2.20	2.20
8949	**Rabotins larmiers**, bois dur, lames acier — lames unies, longueur 25 m/m	La pièce	2.40	2.40

Ces trois dernières sortes de rabotins ne se font pas avec lames à dents

Rabotins cintrés plats, bois dur, lames acier

N°		Largeur m/m	20	30	40
8950	Lames unies, longueur 15 m/m	La pièce	1.20	1.40	1.60
8951	Lames à dents " 15 m/m	"	1.20	1.40	1.60

Rabotins cintrés ronds, bois dur, lames acier

N°		Largeur m/m	20	30	40
8952	Lames unies, longueur 15 m/m	La pièce	1.40	1.60	1.80
8953	Lames à dents " 15 m/m	"	1.40	1.60	1.80

Rabotins cintrés creux, bois dur, lames acier

N°		Largeur m/m	20	30	40
8954	Lames unies, longueur 15 m/m	La pièce	1.40	1.60	1.80
8955	Lames à dents " 15 m/m	"	1.40	1.60	1.80

Rifflards de maçon

N°			qualité ordinaire	qualité supérieure
8956	Manche verni à virole ronde	La pièce	1.20	1.70
8957	" " à embase	"	1.45	1.90
8958	" " à lame rapportée	"	1.70	1.90

Roulettes de cimenteur

N°			
8959	Fourchette fer, manche bois, rouleau fonte unie côte forte large	La pièce	2.75
8960	" " " " rouleau bronze uni " " "	"	5.50
8961	" " " " rouleau bronze taillé en biais	"	11. .

N°		Longueur m/m	18	30	35
8962	**Sciottes ordinaires** bois dur, lames acier — largeur 55 m/m	La pièce	1.20	1.80	2. "

N°		
8963	**Sciotte** à coulisse, bois dur, lames acier, largeur 55 m/m, longueur 30 c/m La pièce	2.40
8964	" coudée " " " " " 55 " " 30 " "	2. .
8965	" circulaire " " " " " 55 " " 13 " "	1.40
8966	**Sébille de cimenteur**, tôle martelée, diamètre 22 c/m poignée bois La pièce	3.60
8966 bis	**Taloche de maçon** bois dur . . . . La pièce	1.80

Tabliers de couvreurs

N°			qualité ordinaire	qualité supérieure
8967	En cuir, façon Paris, une poche	La pièce	5.10	"
8968	" " " deux poches	"	6.10	7.25
8969	" façon Nantes, une poche mattée		"	11.20

OUTILLAGE R. B. T: PARIS

(Voir prix page 313)

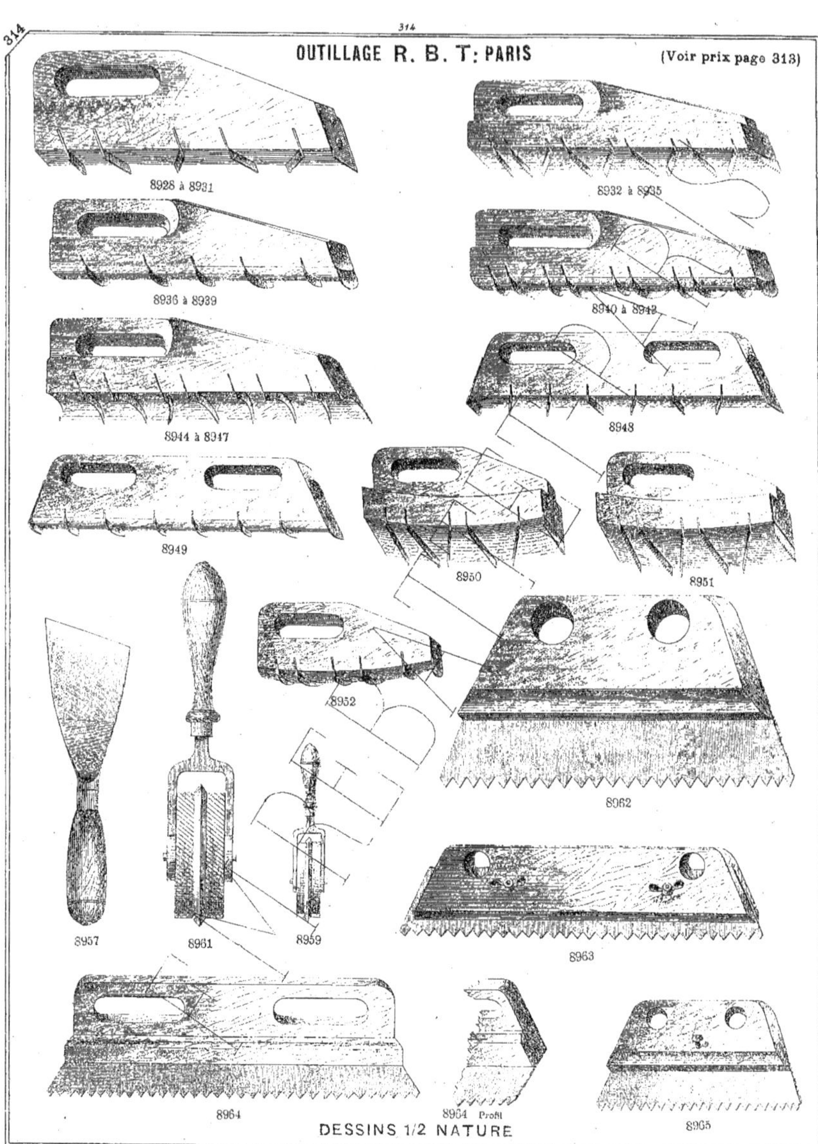

DESSINS 1/2 NATURE

Paris. — Imp. DONNADIEU, 23, Rue des Francs-Bourgeois

OUTILLAGE R. B. T: PARIS

Tire-clous

		Longueur m/m	40	55	70
8970	Qualité ordinaire, poignée en dessus	La pièce	2.90	»	»
8971	Qualité supérieure	»	3.75	6.40	6.40

8972	**Truelles** première pierre, lame cuivre poli,	La pièce 2..

Truelles dites Berthelet manche buis

			qualité courante	qualité supérieure
8973	largeur 18 m/m sans dents	La pièce	1.95	2.65
8974	» » dentées d'un côté 22 dents	»	2.10	2.70
8975	» » » » » 27 ou 33 dents	»	2.15	2.70
8976	» » dentées des deux côtés 22 dents	»	2.15	2.80
8977	» » » » » 27 ou 33 dents	»	2.16	2.80

Truelles de briquetier, façon Sorby

		Longueur m/m	20	21	22
8978	tige col de cygne, manche frêne, virole à culot	La pièce	3.80	3.80	3.80

Truelles de couvreur collet poli

		Longueur m/m	13	14	15	16
8979	manche noir, virole cuivre embouti	La pièce	2.45	2.55	2.60	2.70

8980	**Truelle à gâcher** en fer forgé, noire 25 m/m, manche blanc 32 m/m	La pièce 2.80

Truelles à joints dites spatules, manche verni, virole fer, tige col de cygne

		Longueur m/m	12	14	16	18
8981	Bout pointu, dites langues de chat	La pièce	1.60	1.65	1.80	1.95
8982	à pointe arrondie	»	1.60	1.65	1.80	1.95

Truelles triangulaires acier poli

		Longueur m/m	10	12	14	16
8983	manche verni, virole fer	La pièce	1.60	1.65	1.75	1.85

Truelles de maçon et plâtrier acier poli

		Longueur m/m	12	14	16	18	20	22
8984	Qualité courante, manche verni, virole fer, bout carré	La pièce	»	»	1.40	1.45	1.60	»
8985	» » » » » bout rond	»	»	»	1.40	1.45	1.50	»
8986	Qualité ½ fine, manche verni, virole fer, bout carré	»	1.60	1.60	1.65	1.80	2.05	2.25
8987	» » » » » bout rond	»	1.60	1.60	1.65	1.80	2.05	2.25
8988	Qualité fine poli fin, manche verni, virole à culot, bout carré	»	»	»	2.25	2.50	2.70	3..
8989	» » » » » » » bout rond	»	»	»	2.25	2.50	2.70	3..

Truelles parisiennes polies fines

	manche buis, bout carré	Nos	6	7
		Dimensions m/m	17x17x9	18x18x10
8990	En cuivre jaune	La pièce	5.75	6..
8991	En bronze d'acier	»	7.50	8..

8972 8974 8976 8975 8979 8981 8982 8980 8983 8985 8986 8986 8989 8990

8992 8994 8995 8996

8997 8998 8999 9001

9002 9003 9004 9006

9008 9009 9012 9013

Outils de Sculpteur sur pierre, marbre ou granit

Ciseaux et gouges acier noir, manche frêne à pans, pour la pierre tendre

		Largeur m/m	1 à 4	6 à 8	9 à 12	14 à 16	18 à 20	22	25	27	30	32	35	40
8992	Ciseaux droits unis	La pièce	1.10	1.15	1.30	1.45	1.60	1.80	2..	2.15	2.30	2.45	2.85	3.50
8993	" " gradinés	"	1.10	1.15	1.30	1.45	1.60	1.80	2..	2.15	2.30	2.45	2.85	3.50
8994	Gouges droites unies	"	1.10	1.15	1.30	1.45	1.60	1.80	2..	2.15	2.30	2.45	2.85	3.50
8995	" " gradinées	"	1.10	1.15	1.30	1.45	1.60	1.80	2..	2.15	2.30	2.45	2.85	3.50
8996	" courbes unies	"	1.30	1.30	1.45	1.60	1.80	2..	2.15	2.50	[illegible]	3.60	4..	"

Ces mêmes outils en acier poli, En plus pour toutes dimensions La pièce 0.30

Ciseau droit uni manche frêne à virole, pour la pierre tendre

			La pièce
8997	Ciseau droit uni	manche frêne à virole, pour la pierre tendre	2.15
8998	" " à onglet	" " " " " " "	2.15
8999	" " à bout rond	" " " " " " "	2.15
9000	" " gradiné renforcé	" " " " " " "	2.50
9001	Gouge droite gradinée renforcée	" " " " " " "	2.50
	Les ciseaux et gouges gradinés à dents grains d'orge pour la pierre dure, En plus	"	0.30

Ciseaux et gouges acier 8 pans

		Diamètre de la tige m/m	14	16	18
		Largeur du tranchant m/m	15 à 30	20 à 35	20 à 45
9002	Ciseaux unis	tête conique pour masse fer ... La pièce	1.85	2..	2.15
9003	" gradinés	" " " " " ... "	2.15	2.35	2.60
9004	Gouges unies	" " " " " ... "	1.85	2..	2.15
9005	" gradinées	" " " " " ... "	2.15	2.35	2.60
9006	Pieds de biche	" " " " " ... "	2..	2.15	"
9007	Pointes	" " " " " ... "	2..	2.15	"

Ciseaux et gouges acier 8 pans

		Diamètre de la tige m/m	14	16	18
		Largeur du tranchant m/m	15 à 30	20 à 35	20 à 45
9008	Ciseaux unis	tête renflée pour maillets bois ... La pièce	2..	2.15	2.30
9009	" gradinés	" " " " " ... "	2.30	2.50	2.70
9010	Gouges unies	" " " " " ... "	2..	2.15	2.30
9011	" gradinées	" " " " " ... "	2.30	2.50	2.70
9012	Pieds de biche	" " " " " ... "	2.15	2.30	"
9013	Pointes	" " " " " ... "	2.15	2.30	"

Outils acier fondu pour sculpteur et graveur sur marbre

			Largeur du tranchant m/m 2 à 12	14 à 25
9014	Ciselets unis	... La pièce	1.10	1.30
9015	" gradinés	... "	1.30	1.60
9016	Gouges	largeurs assorties ... La pièce	1.30	
9017	Mèches langues d'aspic	" " ... "	1.10	
9018	Ognettes	" " ... "	1.30	
9019	Pieds de biche	" " ... "	1.30	
9020	Pointes	" " ... "	1.10	

9021 **Cul de hanneton** acier fondu, Longueur 22 m/m La pièce 1.30

9022 Gratte fonds acier fondu

	Longueur m/m	14	16	19	22	24	27	30	33	35
9022	un bout rond, un bout carré La pièce	1.15	1.30	1.45	1.60	1.70	1.85	2..	2.50	2.85

Outils de sculpteur, à piqûres

		Longueur m/m	14	16	19	22	24	27	30	33
9023	Forme éperon	La pièce	1.45	1.45	1.80	2..	2.50	2.85	3.20	3.60
9024	Rifloirs et râpes figures A.B.C.D.E	"	1.45	1.45	1.80	2..	2.50	2.85	3.20	3.60

9014 9015 9016 9017 9018 9019 9020 9021 9022 9023 9024.A 9024.B 9024.C 9024.D 9024.E

Outils et Fournitures de Sculpteur modeleur & de mouleur sur plâtre

9025 **Becs d'aigle** acier fondu, emmanchés, pour mouleur

	petits	grand
La pièce	3.20	3.60

9026 **Burins** acier fondu pour sculpteur

	droit	coudé
La pièce	1.40	1.45

9027 **Couteaux** pour mouleur, manche blanc

Longueur de la lame c/m	10	12	14	16
La pièce	2..	2.25	2.55	3.10

9028 **Ebauchoirs** en buis pour modeleur, figures A B C D E

Longueur c/m	13	16	18	21	23	26	29	31
Le cent	21..	24..	30..	40..	48.	67.	87.	110..

Fermoirs et gouges acier fondu, pour sculpteur

	Largeur m/m	1 à 12	14 à 16	18 à 20	22	25	27	30	32	35
9029	Fermoirs coudés La pièce	0.95	1.15	1.30	1.45	1.60	1.75	2..	2.25	2.55
9030	" droits "	0.95	1.15	1.30	1.45	1.60	1.75	2..	2.25	2.55
9031	Gouges coudées "	0.95	1.15	1.30	1.45	1.60	1.75	2..	2.25	2.55
9032	" contre-coudées "	0.95	1.15	1.30	1.45	1.60	1.75	2..	2.25	2.55
9033	" doubles "	0.95	1.15	1.30	1.45	1.60	1.75	2..	2.25	2.55
9034	" droites "	0.95	1.15	1.30	1.45	1.60	1.75	2..	2.25	2.55

Les gouges creuses font une augmentation de 0.15 par pièce

9035 **Fermoirs** acier fondu, emmanchés, pour mouleur, manche à pans

Largeur de la lame m/m	14 à 16	18 à 20	22	25	27	30	32	35	40
La pièce	1.60	1.75	2..	2.25	2.40	2.55	2.75	3.20	3.85

9036 **Gratte fonds** acier fondu pour sculpteur

Largeur m/m	1 à 10	12 à 14	16 à 18	20 à 22	25	27	30
La pièce	0.95	1.15	1.30	1.45	1.60	2..	2.40

9037 **Marteau** acier fondu emmanché pour ornemaniste, longueur de la lame 16 c/m p^ce 5.60

9038 **Mirettes** fil de fer, manche bois, ligature laiton, pour modeleur, figures A B C D E F

Longueur totale c/m	14	16	18	20	22	25	28	32
Le cent	30..	38..	46..	53..	60..	67..	85..	105..

9039 **Mirettes Ebauchoirs** fil de fer, manche buis, ligature laiton, pour mouleur, figures A B C D E F

Longueur totale c/m	16	20	24	28	32
Le cent	36..	60..	74..	93..	115..

9040 **Pointes** grasses, acier fondu pour sculpteur, figures A B

Longueur c/m	16	19
La pièce	0.95	1.15

9041 **Kifloirs-râpes** acier fondu pour sculpteur

Longueur c/m	14	16	18	20	22	25	27	30
La pièce	1.45	1.60	1.75	2..	2.25	2.55	3.20	3.60

Ripes et spatules pour mouleur

	Longueur c/m	11 à 14	16	19	22	25	27	30	33
9042	Ripes doubles acier fondu La pièce	1.30	1.45	1.60	1.75	2.10	2.40	2.95	3.75
9043	Spatules ripes sans dents " " "	0.95	1.15	1.45	1.60	1.95	2.25	2.80	3.60
9044	" à dents " " "	1.30	1.45	1.60	1.75	2.10	2.40	2.95	3.75
9045	Spatules doubles " " "	0.95	1.15	1.45	1.60	1.95	2.25	2.80	3.60
9046	Spatules lattes " " "	0.95	1.15	1.45	1.60	1.95	2.25	2.80	3.60
9047	Spatules lattes en cuivre "	"	1.75	2.25	2.80	3.20	3.60	4.40	4.80

9048 **Spatules** acier fondu pour mouleur, emmanchées

	petite	moyenne	grande
La pièce	2.40	3.20	3.60

Cire à modeler nuances ordinaires, rouge, grise, brune, ocre jaune, verte et noire

9049 Boîtes de 500 grammes d'une seule couleur, bâtons de 125 grammes Le kilog 5.25

9050 " " " " " " bâtons de 25 grammes " 6.25

9051 **Cire à modeler** nuances fines, vermillon, rose, blanche, gris perle et jaune de chrome clair
boîtes de 500 grammes, bâtons de 25 grammes Le kilog 9.75
Cette qualité peut être livrée en boîte d'une même couleur ou assorties dans les cinq nuances

Pâte plastique grise, jaune ou rouge

9052 En rouleaux de 500 ou 1000 grammes . . . . Le kilog 4..

9053 En bâtons de 100 grammes . . . . La boîte de un kilog 4.60

Plasta

9054 Pâte molle grise pour esquisses, en pain de 1 kilog . . . . Le kilog 1.65

9055 Pâte ferme diaphane incolore, ayant l'aspect du marbre, pains de 500 ou 1000 gram. " 3.90

9056 Pâte ferme blanche, jaune clair, jaune foncé, jaune d'or, brune, rouge jaune, gris clair, en pains de 500 ou 1000 grammes . . . . Le kilog 3.90

9025 9026 9027 A B C D E 9028

9029 · 9030 · 9031 · 9032 · 9033 · 9034 · 9035 9036

9037 A B C D E F 9038

A B C D E F 9039 A B 9040

9041 9042 9043 9044 9045 9046 9048

Outils de Peintre & Vitrier

Camions ou seaux de peinture

		Diamètre m/m	12	14	16	18	20	22	24	26
9057	Tôle noire forte	La pièce	0.75	0.85	1.05	1.25	1.45	1.70	2.15	2.50
9058	Tôle galvanisée forte	"	0.90	1.05	1.30	1.55	1.75	2.20	2.70	3.20

9059 Tôle noire forte par série assortie de 12 à 26 m/m Les cent kilogs 90..
9060 Tôle galvanisée forte " " " " " " " 132..

Crochets pour camions de peinture

9061	pour camions de peinture fer poli	Nº à la jauge	21 à 24	Le cent	10. .
9062	" " " " fer galvanisé	" " "	21 à 24	"	16. .
9063	" " " " laiton	" " "	21 à 24	"	36. .

Couteaux de peintres 1er ouvrier, 1re qualité (R.B.T)

9064	à mastiquer manche frêne rond	Le cent	43. .
9065	" " buis plat	"	74. .
9066	" " corail plat	"	80. .
9067	" " coco, mitre fer, genre anglais	"	130. .

Couteaux à démastiquer, manche frêne (R.B.T)

9068	à démastiquer, manche frêne, sans grugeoir	Le cent	74. .
9069	" " " avec grugeoir	"	93. .
9070	" " " tout acier, sans grugeoir	"	107.
9071	" " " " avec grugeoir	"	130. .

Couteaux de peintre (R.B.T)

			½ feuillure	feuillure	½ champ	champ	reboucher	
		Largeur m/m	20	30	40	50	60	70
9072	Manche frêne rond	Le cent	28.50	31.50	53. .	60. .	62. .	69. .
9073	" buis plat	"	41.50	47. .	73. .	56. .	85. .	90. .
9074	" corail plat	"	43. .	48.50	74.50	85. .	90. .	93. .
9075	" coco, mitre fer, genre anglais		93. .	97. .	130. .	135. .	143. .	157. .

Couteaux à broyer

		Longueur c/m	19	22	24
9076	Manche frêne rond	La pièce	1. .	1.30	1.55
9077	" coco, mitre fer, genre anglais	"	1.70	1.85	2. .

Couteaux à enduire

		Largeur m/m	80	90	100	120	140	160	180
9078	Forme reboucher, manche frêne rond	La pièce	0.80	0.90	1.25	"	"	"	"
9079	" " buis plat	"	1. .	1.20	1.65	"	"	"	"
9080	" " coco mitre fer	"	1.60	1.80	2. .	"	"	"	"
9081	Forme T manche plat	"	"	"	"	1.65	1.90	2.20	2.65

Couteaux palette

		Longueur de la lame m/m	75	90	100	115	130	145	155	170
9082	Lame droite, manche coco	La pièce	0.65	0.70	0.70	0.75	0.80	0.85	0.90	0.95
9083	Lame à biseau "	"	0.70	0.75	0.75	0.80	0.85	0.90	0.95	1.10
9084	Lame forme truelle "	"	"	"	1.35	1.50	1.65	1.75	1.90	"

9085 **Couteau** à couper les feuilles d'or, 1 tranchant, manche ébène La pièce 1.10
9086 " " " " " 2 tranchants, " " " 1.35

Ciseaux pour colleurs de papier (Voir page 83 Nos 2639 - 2640)

Diamants de vitrier (Voir page 161 Nos 5013 à 5035)

9087 **Grattoir** de peintre, lame triangulaire 10 c/m, manche bois La pièce 0.35

Peignes acier pour le faux bois

		25		50		75		100
9088	Largeur m/m	25		50		75		100
	Le cent	16. .		31.50		47. .		65. .
	Cet article dans chaque largeur se fait en Nos	0		1	2		3	4
	Nombre de dents par 25 m/m de largeur	18		15	12		9	6

9089 Boîte ferblanc verni renfermant 12 peignes assortis en 25, 50, 75, 100 m/m La pièce 5.25

Passoires à peinture ferblanc étamé

		Diamètre c/m	18	20	22	25	27	30
9090	Tamis soudé	La pièce	1.55	1.85	2.05	2.30	2.60	2.80
9091	" à charnière	"	2.40	2.65	3.15	3.70	4.20	5.30

9057 9061 9064 9065 9067

9068 9069 9070 9071

9072 9073 9075 9076 9077

9078 9079 9080 9081

9082 9083 9084 9085 9086 2639 5013 à 5035 9087 9088 9090 9091

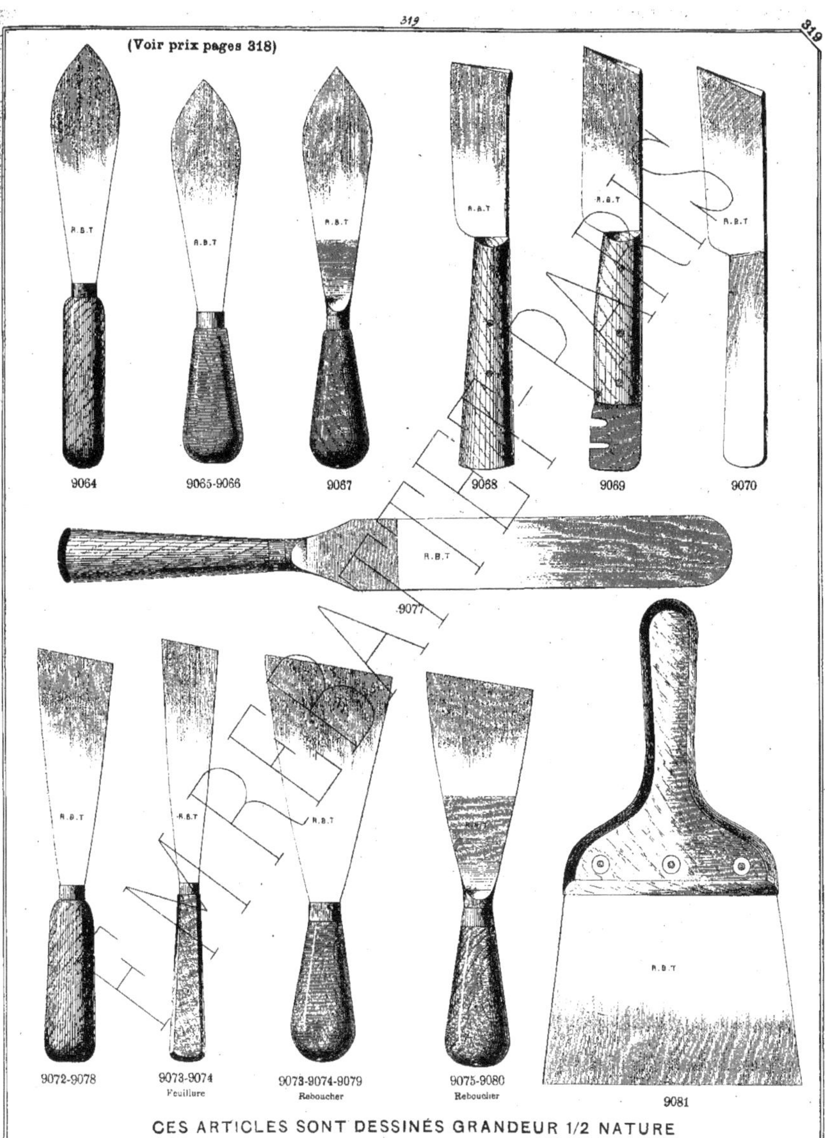

CES ARTICLES SONT DESSINÉS GRANDEUR 1/2 NATURE

Paris. — Imp. DONNADIEU, 33, Rue des Francs-Bourgeois

9139 9141 9143 9144 9145 9146 9148 9152

tête ronde et carré — 2 têtes rondes — 9149

9166 9166 9167 9168 9170 9171 9172 9173 9174 9175 9176 9177 9178

Outils de Ferblantier & Chaudronnier

Qualité Garantie

N°	Désignation		Prix
9108	**Bigorne** à gouttière aciérée et polie	La p^ce	74.50
9109	" " à deux bouts	"	53.60
9110	" " brute en fer	"	40.60
9111	" à pince, le côté carré aciéré	"	22.10
9112	" à rentrer, moyenne, côté aciéré	"	13. .
9113	" à bougies, tout en fer	"	10.40
9114	" à goulot	"	10.40
9115	" à courant d'air	"	7.15
9116	" de tôlier au dessus de 50 K^os	Le K^o	2.50
9117	" de tonnelier	"	3.90
9118	**Bigorneau** à queue d'hirondelle	La p^ce	13. .
9119	" à talon	"	21. .
9120	**Bordoirs** assortis de 15 à 45 m/m	"	3.90
9121	**Boules** rondes assorties 25 à 45 m/m	"	5.20
9122	" ovales coudées	"	5.20
9123	" à casserole deux bouts	"	5.20
9124	" rondes droites ou coudées pour chaudronnier au dessus de 12 K^os	Le kilog	2.35
2561	**Bouterolle** de ferblantier tout acier Voir page 81		
2560	**Chasse rivets** " " " "		
9125	**Cisaille** à main, à anneau 27 m/m	La p^ce	13. .
9126	" " " 30 "	"	14.30
9127	" " " 33 "	"	16.90
9128	" d'établi, longueur 41 "	"	13. .
9129	" " " 49 "	"	15.60
9130	" " " 57 "	"	19.50
9131	" " " 65 "	"	26. .
9132	" " " 73 "	"	32.50
9133	" " " 81 "	"	39. .
9134	" " " 85 "	"	45.50
	Augmentation pour lame à gauche	p^ce	1.30
9135	**Emporte pièces** 7 à 27 m/m	La p^ce	1.95
9136	" " 28 à 40 m/m	"	2.60
9137	" " 41 à 54 m/m	"	3.90
9138	**Marly**	"	10.40
9139	**Marteau** à river	"	5.20
9140	" à biseaux	"	5.20
9141	" à planer p^r ferblantier	"	7.15
9142	" à plaque	"	6.85
9143	" à degrés fer à cheval	"	3.25
9144	" à degrés tête ovale	"	3.25
9145	" à retreindre	"	3.65
9146	" à emboutir p^r chaudronnier	"	3.25
9147	" à rentrer " "	"	2.60
9148	" à planer " "	"	2.30
9149	" à repasser ou pastillon 20.27 m/m	"	1.95
9150	" " " 30 m/m	"	2.60
9151	" à main à garnir N° 1	p^ce	1.30
9152	" " " " 2	"	1.65
9153	" " " " 3	"	1.95
9154	" " " " 4	"	2.30
9155	" " " " 5	"	2.60
9156	" " " " 6	"	3.25
9157	" " " " 7	"	3.90
9158	" à garnir tête de 55 m/m	"	6.50
9159	" chasse pot N° 2	"	2.60
9160	" " " 3	"	3.25
9161	" " " 4	"	3.90
9162	" à coude N° 2	"	1.95
9163	" " " 3	"	2.30
9164	" " " 4	"	2.60
9165	" à dresser	"	5.20
	Tous ces marteaux 9139 à 9178 emmanchés augmentation par pièce		0.35
9166	**Marteau** à reverbère	p^ce	5.20
9167	" à dégrossir	"	3.90
9168	" à emboutir p^r ferblantier	"	2.95
9169	" " les fonds de seaux	"	7.80

N°	Désignation		Prix
9170	**Marteau** à vaisselle	La pièce	2.95
9171	" à boudin	"	2.95
9172	" à gorge	"	2.95
9173	" à rentrer	"	2.30
9174	" à suage	"	1.65
9175	" à pince	"	2.30
9176	" à border la gouttière	"	4.55
9177	" masse	"	5.85
9178	" demi masse	"	3.90
9179	**Outil** à gorge	"	5.20
9180	" à moulure ordinaire	"	25.60
9181	" " à guide	"	32.50
9182	**Pied de biche** 33 m/m	"	18.20
9183	" " " 38 m/m	"	23.10
9184	**Pied de chèvre** pour chaudronnier au dessus de 12 kilogs	Le kilog	2.35
9185	**Suage** ordinaire	La p^ce	18.20
9186	" Marly	"	21. .
9187	**Tas** brut à queue 83 m/m sans marteau	"	22.10
9188	" " " 99 " " "	"	26. .
9189	" " " 112 " " "	"	39. .
9190	" " " 125 " " "	"	52. .
9191	" " " 138 " " "	"	65. .
9192	**Tas** poli à queue 83 m/m avec marteau	"	34. .
9193	" " " 99 " " "	"	39. .
9194	" " " 112 " " "	"	59. .
9195	" " " 125 " " "	"	72. .
9196	" " " 138 " " "	"	91. .
9197	**Tas** carré pour tôlier table brute	Le K^o	5. .
9198	" " " " polie	"	5. .
9199	**Tas** fer à cheval, pour chaudronnier au dessus de 12 kilogs	Le kilog	2.35
9200	**Tas** ronds ou ovales	"	2.35
9201	" à décarrer	"	2.35
9202	**Tasseau** d'établi	La pièce	21. .
9203	" rond 20 à 40 m/m	"	4.55
9204	" differme ou fer à cheval	"	4.55
9205	" à lanterne coudée	"	15.60
9206	**Tranche** ordinaire 12 m/m	"	5.20
9207	" " 14 "	"	5.85
9208	" " 16 "	"	7.15
9209	" " 19 "	"	9.10
9210	" à chaud et à froid acier fondu	"	7.80
9211	" à guide	"	39. .
9212	**Chevalets** au dessus de 30 K^os	Le K^o	2.35
9213	**Cisaille** à main, lames étroites, modèle Breveté, longueur 26 c/m, noire, première qualité	La pièce	9. .
9214	**Cisaille** circulaire à guide coupant un diamètre de 38 c/m et une épaisseur de 1 m/m avec banc		208. .
9215	La même sans guide		160. .
9216	**Cisaille** circulaire à guide coupant un diamètre de 44 c/m et une épaisseur de 1 m/m ½ avec banc		272. .
9217	La même sans guide		216. .
9218	**Cisaille** circulaire à guide coupant un diamètre de 58 c/m et une épaiss. de 2 m/m avec banc		336. .
9219	La même sans guide		272. .
9220	**Machine** à border les gouttières 1re corps bois	La pièce	56. .
9221	La même, corps fonte	"	80. .
9222	**Machine** à rouler et à cintrer 50 c/m de long, les cylindres ayant 42 m/m de diamètre, sans débrayage	La pièce	192. .
9223	La même, avec débrayage	"	224. .
9224	**Machine** à rouler ou à cintrer 60 c/m de long, les cylindres ayant 42 m/m de diamètre, sans débrayage	La pièce	224. .
9225	La même, avec débrayage	"	256. .

Cisailles de ferblantiers (Voir page 83 N°s 2610 à 2619)

OUTILS POUR FERBLANTIERS & CHAUDRONNIERS

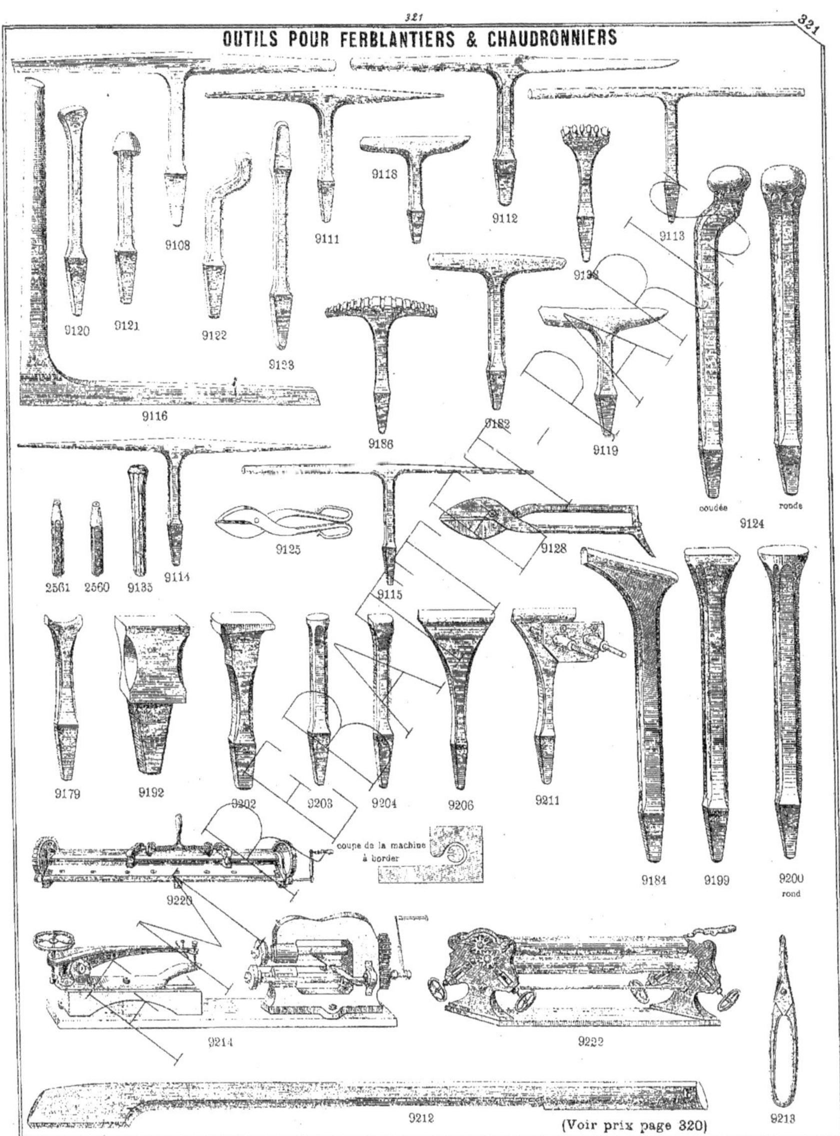

(Voir prix page 320)

Paris. — Imp. DONNADIEU, 22, Rue des Francs-Bourgeois

Outils de Sellier & Bourrelier
Fabrication Supérieure Garantie.

Abat carré

		Nos	1	2	3	4	5	6	7	8	9	10
		Largeur m/m	1/2	1	1½	2	2¼	3	3½	4	4½	5
9226	Modèle ordinaire	La pièce	1.60	1.60	1.60	1.60	2..	2..	2..	2.45	2.45	2.45
9227	à embase, manche ébène	"	2.80	2.80	2.80	2.80	3.25	3.25	3.25	"	"	"

			petites	moyennes	grandes	à embase
9228	**Alênes** à brédir rondes emmanchées	Le cent	50..	65..	80..	135..

Alênes à brédir lames d'épée

			droites	courbes
9229	Emmanchées ordinaires	La pièce	1.05	1.60
9230	" à embase	"	1.75	2..

9231	**Alênes** rondes	Longueur m/m	4 à 6	7-8	9-10	11.12	13.14	15.16	17	18	19.20
		Le cent	8..	10..	12..	16..	20..	24..	32..	40..	48..

9232	**Alênes** (aux pinces)	Nos	00	0	1	2	3	4	5	6	7	8	9	10	11	12	13 à 17
	Le paquet de 144 pièces		19.20	16..	14.40	13.60	12.80	12.40	12..	11.20	10.40	9.60	8.80	8..	7.20	6.40	6.00

Alênes à piquer

		Longueur m/m	9.10.12.15	17.20.22	25.27.30	32.35	37.40
9233	à une pointe	Le cent	1.60	2.40	3.20	4..	"
9234	à une pointe fine		1.60	2.40	3.20	4..	"
9235	à deux pointes		"	2.40	3.20	4..	4.80

9235 bis **Arrachecrin** . . . . La pièce 5..

Alênes de sellier . . . . . . Voir page 5 Nos 74 à 77

Ciseaux de sellier, sans support

		Longueur m/m	19	20½	22	23	24	27
9236	Qualité ordinaire	La pièce	3.75	4.05	4.35	4.80	5.40	5.95
9237	" demi fine		4.35	4.80	5.25	5.70	6.60	8.50

Ciseaux de sellier avec support

		Longueur m/m	27	30	33	35	38
9238	qualité fine	La pièce	16.30	19.50	22.50	27..	34.20

Ciseaux de sellier, coudés

		Longueur m/m	30	33	35	38	40
9239	Qualité fine, sans support	La pièce	20.70	23.40	27.90	35.10	42.30
9240	" " avec support	"	22.50	25.20	29.70	36.90	44.10

9241 **Ciseaux** de sellier, spécial pour le cuir et le caoutchouc, longueur totale 20 c/m pce 7.85

Cornette à couper

9242	carrée	La pièce	2.80
9243	" " échancrée	"	2.80
9244	" " ronde	"	2.80

Couteaux à pieds

		Longueur m/m	108	135	162	189	216	243	270	297	325
9245	Manche droit	La pièce	3.85	4.80	5.75	6.75	7.70	9.35	10.40	"	"
9246	" courbe	"	"	4.80	5.75	6.75	7.70	9.35	10.40	12.35	13.50
9247	à deux manches	"	"	"	7.35	8.35	9.30	10.95	12..	13.95	15.10
9248	Manche à talon	"	"	"	"	13.15	14.10	15.75	16.80	18.75	19.90

Couteau à main cintré

9249	petit	La pièce	1.80
9250	" " moyen	"	1.80
9251	" " à pointe rabattue	"	1.80
9252	" " à pointe au milieu	"	1.80
9253	" " à pointe ronde	"	1.80
9254	" " à pointe renversée	"	1.80

Couteaux à paille

		Nos	1	2	3
9255		La pièce	3.20	3.60	4.40

Couteaux mécaniques

		pour couper à m/m	10	15	20	25	30	35
9256	Avec 2 lames	La pièce	27.20	30.40	33.60	40..	48..	56..
9257	" " et à contre-plaque pour couper étroit	"	32..	36.00	38.40	45..	53..	61..

Marteau de bourrelier

9258	petit, moyen ou gros, manche buis	La pièce	2.50
9259	" " " " " ébène	"	4.80
9260	" " " " " corne	"	5.60
9261	à la garniture, petit, moyen ou gros, manche ébène	"	4.80
9262	" " " " " corne	"	5.60
9263	à la selle, petit, moyen ou gros, manche ébène	"	4.40
9264	" " " " " corne	"	5.20

Passe-cordes

9265	rond, grosseur m/m 6, 6½, 7, 7½, 8	longueur des lames m/m 15, 20, 25	La pce	2.40
9266	" " " 6, 6½, 7, 7½, 8	" " " 30	"	3.20
9267	" " " olive, longueur m/m 15.20.25.30	La pièce 2.80	35	3.60

9268 **Pinces** à coudre en bois pour sellier

	ordinaire	forte	à talon	longue	longue forte	ronde
La pièce	1.75	2.30	2.50	2.80	2.60	2.30

9269 **Pinces** à tendre

	fine	à marteau	forte à bec
La pièce	7.20	7.20	12.80

Rembourroirs

		Longueur m/m	28	42	47	60	70	90	100
9270	Plat	La pièce	"	.	4.80	5.60	7.20	8.80	10.40
9271	Olive	"	4..	4.40	4.80	5.60	7.20	8.80	10.40
9272	A côte	"	4..	4.40	4.80	5.60	7.20	8.80	10.40

9273 **Tire crins** à palette tout acier, tige à pans . . . . La pièce 1.20
9274 " " manche palissandre . . . . " 1.20
9275 " " à embase 1re qualité . . . . " 1.35
9276 " " à palette tout acier, tige à pans, 1re qualité . . . . " 2.10

Outils de Tonnelier

Baroirs

			forme ordinaire	forme Mâcon
9277	Montés	La pièce	4.50	5.65
9278	La mèche seule	"	1.65	3..

9279 **Batissoir** avec vis en bois . . . . La pièce 15..
9280 " avec vis en fer . . . . " 20.50

9281 **Bigornes**

poids en kilogs	3 à 8	8 à 25
Le kilog	3.15	2.85

9282 **Bondonnière** à cuillère unie, diamètre 55 m/m . . . . La pièce 7.45
9283 " " piquée " 55 m/m . . . . " 9..
9284 " pleine piquée " 53 m/m . . . . " 13.50
9285 " Mâconnaise force unie . . . . " 19.50
9286 " " piquée . . . . " 22.50
9287 " Bordelaise, dite Lock . . . . " 11.25

9288 **Chanfrinière** . . . . La pièce 6.75

9289 **Chasses** à main

Dimensions des frappes m/m	35×9	38×9	40×10	45×11	50×12
La pièce	1.60	2.10	2.40	2.65	3.40

9290 **Chasses** à œil

	petite	moyenne	grande
La pièce	2.10	2.65	3.40

9291 **Chasses** ordinaires, en bois . . . . Le cent 45..
9292 " dite Argenteuil, manche bois . . . . La pièce 4.15
9293 " " manche bois, deux viroles . . . . " 5.25

9294 **Chevalet** tête en bois . . . . La pièce 30..
9295 " tête en fer . . . . " 37.50

2624 **Ciseau** à débonder Voir page 83

Colombes

		Longueur c/m	130	145	160
		Largeur du fer m/m	80	95	110
9296	En charme	La pièce	36..	40.50	45..
9297	En cormier	"	52.50	60..	72..

Ces mêmes colombes à contrefer à vis Augmentation La pièce 7.50

9298 **Dautoir** forme française, largeur du tranchant 35 m/m La pièce 50..

9299 **Essette** à vis, emmanchée . . . . La pièce 5.40
9300 " à gobelet sans manche . . . . " 6.40
9301 " " emmanchée . . . . " 6.75

Essettes

		Largeur c/m	11	12	13	14
9302	Forme ordinaire	La pièce	9..	10.15	10.90	11.65
9303	" Argenteuil	"	10.90	12..	13.15	14.25

Fers de colombes

		Largeur m/m	60	65	70	75	80	85	90	95	100	105	110	120	125	130	140
9304	Simples 1re qualité	La pièce	2.80	2.90	2.94	3.05	3.15	3.35	3.60	3.75	3.90	4.15	4.50	5.05	5.50	5.90	6.80
9305	" tout acier fondu	"	3.05	3.15	3.25	3.35	3.60	3.75	3.90	4.15	4.50	4.90	5.35	6.15	6.65	7.10	8.15

9306 **Fers de jabloirs**, série courante, épaisseur des lames 2 m/m

Largeur totale m/m	25	30	35	40	45
La pièce	0.90	1..	1.10	1.30	1.65

9307 **Fers de jabloirs**, série renforcée

Largeur totale m/m	40	45	45	48	48	48	48	48
Épaisseur des lames m/m	3	4	5	6	7	8	9	10
La pièce	2..	2.65	3.30	5.40	5.90	6.40	[illegible]	6.90

9308 **Fers de jabloirs** à vis, écrou cuivre, 2 lames

Épaisseur des lames m/m	2	3	4
La pièce	6..	6.65	7.40

9309 **Grippeatalue** . . . . La pièce 2.25

9258 9261 9263
9269 Fine 9269 Ordinaire 9269 à Marteau 9268 A Talon 9269 à Bec
9271 9273 9275 9277 Ordinaire Mâcon 9279 9281
9282 9284 9285 9287 9305
9288 9289 9290 9293 9302
9291 9292 9300 9303
9294 9299 9298
9296 9306 9308 9309

9310 **Jabloir-bouvet** cormier cintré avec fer et grain d'orge, largeur 8 à 20 m/m . . . La pièce 11.75

9311 **Jabloir verdoudaine** charme sans le fer . . . . La pièce 3.85
9312 " maçonnais . . . . " . . 5.55
Ces jabloirs avec fer. Augmentation . . . . " . . 1.30

Maillets Voir page 62 Nos 1792 à 1794

9313 **Maillet** ferré . . . . La pièce 9. .

9314 **Marteaux** sans manche

Diamètre de la tête m/m	30	35	40	45	50	55	60
La pièce	3. .	3.75	4.90	6. .	7.50	9. .	10.90

9315 **Mèches** 3 pointes à bonde

Largeur m/m	11 à 16	18.20	22.24	26.28	30.32
La pièce	2.25	2.65	3.20	3.60	4. .

Paroirs

	Largeur m/m	8	9	10	11	12	13	14	15	16	17	18
9316	Forme ordinaire . . . La pièce	5.25	6. .	6.75	7.50	8.25	9. .	9.75	10.50	12. .	"	"
9317	" avecs . . . . . . " . . .	"	"	"	"	"	"	"	"	18. .	21. .	24. .

Pattes de fendre cuivre fondu

	Longueur m/m	30	35	40	50	60	70	80	90	100	110
9318	Cuivre limé . . . . . Le cent	7.05	7.30	7.90	9.75	11.45	16.30	17.20	21. .	26. .	28.50
9319	" nickelé	16.65	16.90	17.90	21.25	24.80	34.50	3[illegible]	50. .	54. .	67.50

9320 **Pattes** de fendre renforcées à pointes limées, longueur 110 - 140 - 170 m/m . . . Le kilog 3.80

Planes

	Longueur m/m	15	17½	20	22½	25	27½	30	32½	35	37½	40
9321	Droites . . . . La pièce	"	"	"	"	5.65	6.40	7.15	8.25	9. .	9.75	10.50
9322	Arquées, forme Orléans . . "	"	"	"	"	6.40	7.15	8.25	9. .	9.75	10.50	12. .
9323	Creuses . . . . "	5.65	6.40	6.75	7.50	8.25	"	"	"	"	"	"

9324 **Plane** à genou . . . . La pièce 5.25
9325 " à cercles . . . . " . . . 7.15

9326 **Planes** à queue

Largeur m/m	5	6	7	8	9	10	11	12
La pièce	6.75	7.15	7.50	7.90	8.25	9. .	9.75	10.50

9327 **Rabots** cintrés, dits Stockholm montés sur conduit de verdoudaine

Largeur des fers m/m	52	54	60	62
pour tourner dans un diamètre m/m	30	34	38	40
La pièce	18. .	19.50	21. .	22.50

9328 **Rabots** cormier avec conduits garnis fer, pour tailler les fonds . . . La pièce 27. .

9329 **Racloir** bordelais à un manche . . . . La pièce 1.90
9330 " à deux manches . . . . " . . . 4.50

9331 **Serpe** ou coucheire . . . . La pièce 7.50

9332 **Scie** à chantourner, dite tournefond . . . . La pièce 4.65
9333 " à débiter . . . . " . . . 4.65

9334 **Tête de chevalet** . . . . La pièce 13.50

Tirebondes et Tirefonds Voir page 65 Nos 1894 à 1895 bis

9335 **Traitoir** ordinaire . . . . La pièce 4.90
9336 " à cuve . . . . " . . . 12. .

9337 **Wastringue** monture fer . . . . La pièce 16. .
9338 " " cuivre . . . . " . . . 19.50

Outils de Sabotier

9339 Amorçoir . . . . La pièce 3.65
9340 Boutoir . . . . " . . . 3.65
9341 Couteau . . . . " . . . 2.20
9342 Cuillères

Largeur m/m	18 à 27	30 à 34	36 à 40	42 à 50
La pièce	3.30	3.65	4. .	4.35

9343 Esette . . . . La pièce 13.50
9344 Grattoir à deux manches . . . . " . . . 4. .
9345 Hache picarde . . . . " . . . 19. .
9346 Hache de fermier . . . . " . . . 18.80
9347 Paroir . . . . " . . . 17.40
9348 Plane de galochier . . . . " . . . 14.50
9349 Reinette . . . . " . . . 3.65
9350 Rouanne manche en bois . . . . " . . . 2.55
9351 " manche en corne . . . . " . . . 3.35
9352 V de galochier simple . . . . " . . . 4. .
9353 V " double . . . . " . . . 6.20
9354 Monture de V . . . . " . . . 7.25

Outils à travailler le bois

N°	Désignation	charme	façon cormier	cormier
	Affutage (comprend la varlope et la demi varlope)			
9355	" montés, fer 1 marque, contre fer sans vis 42.64 % l'affutage	9. .	11.50	16.80
9356	" " " " longue vis " "	10.65	13.75	19.25
9357	" " " acier fondu, contre fer sans vis " "	"	"	18.20
9358	" " " " " " " longue vis " "	"	"	20.30
9359	**Varlope** montée, fer 1 marque, contre fer simple 54 m/m La pièce	5. .	6.40	9.10
9360	" " " " longue vis 54 " "	5.75	7.50	10.30
9361	" " " acier fondu, contre fer simple 54 " "	"	"	9.80
9362	" " " " " longue vis 54 " "	"	"	10.85
9363	**Demi varlope ou rifflard** montée, fer 1 marque, contre fer sans vis 42 %	4. .	5.15	7.70
9364	" " " " " " " " " , longue vis ,	4.90	6.25	9. .
9365	" " " " " " " acier fondu, contre fer simple ,	"	"	8.40
9366	" " " " " " " " " " longue vis ,	"	"	9.45
	Les demi varlopes avec fer de 44 à 46 m/m Augmentation	0.65	0.65	0.65
9367	**Bouvet** à joindre, un morceau, languette fer de 5 à 20 m/m La p[ce]	3.40	3.45	4.50
9368	" " deux morceaux, languette bois " 14 à 22 " "	3.50	3.60	4.75
9369	" " " " " " , 24 à 26 " "	3.60	3.70	4.90
9370	" " " " " " " 28 à 30 " "	3.75	3.90	5.20
9371	" " " " " " " 32 à 35 " "	4.05	4.20	5.90
9372	" " " " " à poignée " 36 à 40 " "	8.45	8.45	9.10
9373	" " " " languette fer " 14 à 22 " "	3.90	4.05	5.30
9374	" " " " " " " 24 à 30 " "	4.10	4.40	5.80
9375	" " " " " " " 32 à 35 " "	4.50	4.75	5.95
9376	**Bouvet** à joindre, 2 morceaux, 3 fers, languette bois à poignée 24 à 30 m/m	9.45	9.80	10.65
9377	" " " " " " " 32 à 35 m/m ,	10.50	10.80	11.50
9378	" " " " " " " 40 m/m ,	10.80	11.15	12.25
9379	" " " " languette fer 24 à 30 m/m ,	7.10	7.45	8.25
9380	" " " " languette fer à poignée 24 à 30 m/m ,	10.50	10.80	11.50
9381	**Bouvet** de parqueteur à droite ou à gauche avec poignée . . . . "	"	"	9.80
9382	" à embrever pour croisées, pour bois de 27 à 34 m/m . . . . "	10.80	11.50	12.60
9383	" " " " " " 40 m/m . . . . "	11.50	12.15	13.30
9384	" à rainer à poignée . . . . "	"	"	7.35
9385	" à bâtir . . . . "	"	"	5.60
9386	**Bouvet** de deux pièces, tiges carrées, languette bois 1 fer . . . . "	6.45	6.75	7.35
9387	" " " " languette fer 1 fer . . . . "	7.45	7.80	8.40
9388	**Bouvet** de deux pièces, tige fer, écrous métal 1 fer de 4 à 14 m/m languette bois	"	"	7.70
9389	" " " " " " 1 fer de 4 à 14 m/m languette fer	"	"	9.40
9390	**Bouvet** à rainures pour chassis de glace, jonc fixe	"	4.60	5.05
9391	" " " " " jonc mobile	"	4.85	5.45
9392	**Bouvet** de 2 pièces, à approfondir, tiges carrées, descente et languette bois 1 fer	"	8.45	9.35
9393	" " " " " , descente bois languette fer 1 fer	"	9.10	10.15
9394	**Bouvet** à approfondir, tiges carrées, descente à T, un fer	"	13.20	14. .
9395	" " " " descente à pompe, 1 fer	"	14.50	15.40
9396	" " " " descente à pompe et boulons à oreilles 1 fer	"	21.60	23.80
9397	" " tiges à vis, descente à pompe, avec 6 fers	"	17.50	23.80
9398	" " tiges carrées, descente à pompe avec 6 fers	"	19.30	23.50
9399	**Bouvet** de 2 pièces à approfondir à pompe tige fer et écrous cuivre avec 6 fers de 4 à 14 m/m . . . . . . La pièce	"	22.25	26.20
9400	**Baguette** simple de 5 à 20 m/m . . . . La pièce	"	2.30	2.95
9401	" " " 22 à 30 . . . . "	"	2.45	3.35
9402	" double " 20 à 24 . . . . "	"	4.30	4.90
9403	" " " 26 à 30 . . . . "	"	4.40	5.10
9404	" double pour tour de table, jonc mobile droite "	"	4.85	5.60
9405	" " " " " " " cintrée "	"	5.40	6.65
9406	**Boudin** à baguette, lumière de côté 20 à 30 m/m La pièce	"	4.05	4.90
9407	" " " dessus 28 à 40 " "	"	6.10	6.65
9408	" " " " à poignée 28 à 40 m/m "	"	8.10	8.75
9409	**Bec de corbin** . . . . La pièce	"	3.25	3.85

9359 — 9365 — 9367 — 9368 — 9372 — 9376 — 9379 — 9380 — 9381, droite — 9381, gauche — 9382 — 9386 — 9388 — 9392 — 9394 — 9395 — 9400 — 9397 — 9402 — 9399 — 9403

9410	**Boîtes à onglets** largeur m/m	20	25	30	35	40	45	50	55	60	70	80
	La pièce	1..	1.15	1.35	1.55	1.75	2.10	2.45	3.10	3.50	3.85	4.90

9411 **Boîtes à onglets** hêtre, fentes garnies cuivres longueur 60 c/m, largeur intérieure 9 c/m p^ce 19..

	Boîtes à onglets en hêtre — Longueur c/m	60	70	80
	Largeur intérieure c/m	10	12	14
9412	Fentes garnies de cuivre . . . . La pièce	29.	32..	36.20
9413	Fentes garnies de glace . . . . "	30.40	34.50	38.50

9414 **Boîte à recaler**, charme, deux coupes . . . . La pièce 13.50
9415 " " " trois coupes . . . . " 14.85
9416 " " " trois coupes à queue . . . . " 16.20
9417 " " " triangulaire à queue, équerre et onglet " 20.25

9418 **Boîte à couper et clouer** les moulures de cadres, charme, ordinaire La pièce 3.45
9419 " " " " " " à coulisse, petit modèle 5..
9420 " " " " " " " grand modèle 7.25
9421 " " " " " " vis fer, modèle déposé 7.75

			façon cormier	cormier
9422	**Congés** fer de 5 à 20 m/m	La pièce	2.45	2.80
9423	**Dents** de bouvets pour feuillure à verre	La pièce	2.45	2.80

Doucines simples

			façon cormier	cormier
9424	Lumière de côté 5 à 20 m/m	La pièce	2.45	2.80
9425	" " 22 à 34 m/m	"	2.45	3.15
9426	Lumière dessus 34 à 40 m/m	"	4.40	5.40
9427	Lumière dessus à poignée 34 à 40 m/m	"	6.10	6.50

Doucines à baguette

			façon cormier	cormier
9428	Lumière de côté 5 à 20 m/m	La pièce	2.70	4.05
9429	" " 22 à 28	"	3.05	4.20
9430	Lumière dessus 28 à 34	"	4.05	5.25
9431	" " 36 à 40	"	4.40	5.60
9432	" " 42 à 46	"	4.75	6.50
9433	Lumière dessus à poignée 34 à 40 m/m	"	5.75	7.35
9434	" " " 42 à 46	"	6.10	8.40
9435	Lumière dessus à poignée 2 fers 34 à 40 m/m	"	8.50	9.80
9436	" " " " 42 à 46	"	9.80	10.85

9437 **Entailles** pour limer les scies, hêtre, à coins La pièce 3.60
9438 " " " " " à boulons à oreilles " 5..

			façon cormier	cormier
9439	**Entailles** de persiennes et tablettes de 10 à 24 m/m	La pièce	4.70	5.25

9440 **Emporte pièces** pour lames de persiennes avec règle ajustée pour la division des entailles . . . . Le jeu 25..
9441 Lame de rechange pour dito . . . . La paire 6..
9441bis Règle de rechange pour dito . . . . La pièce 6..

	Outil à mortaiser les persiennes, tout acier	Largeur m/m	45	50
9442	à soie pour être emmanché	La pièce	10.50	10.75
9443	à tête ronde pour machine	"	11.75	12..

Ces articles ne sont fabriqués que sur demande et ne sont pas repris

9444	**Etablis** de menuisiers — Longueur c/m	100	110	120	130	140	150	160
	en hêtre sans valet ni griffe — La pièce	26.50	28..	29.50	30.50	33..	35..	37..

Feuillerets

			f^on cormier	cormier
9445	Ordinaires 8, 10, 12, 14, 16 m/m	La pièce	2.15	2.55
9446	d'ébéniste à grain d'orge joue et repos mobiles, lumière de côté	"	8.10	8.75
9447	" " " " " lumière dessus	"	9.10	10.15
9448	" " " descente en cuivre joue et repos mobiles, lumière de côté	"	8.80	9.45
9449	de parqueteur double 1 morceau	"	3.80	4.20
9450	" " 2 morceaux	"	4.40	4.90

Guillaumes

			charme	façon cormier	cormier
9451	Ordinaire de fil ou de bout 15 à 22 m/m	La pièce	2.15	2.25	2.55
9452	" " " 24 à 30	"	2.30	2.40	2.65
9453	De côté à rainure, languette bois	"	"	2.45	2.80
9454	" " languette fer	"	"	4.05	4.20
9455	Fer sur le bout 24 à 26 m/m	"	"	2.25	2.60
9456	Ordinaire à navette	"	"	3.05	3.50
9457	Droit à élégir 46 à 48 m/m	"	"	3.75	4.90

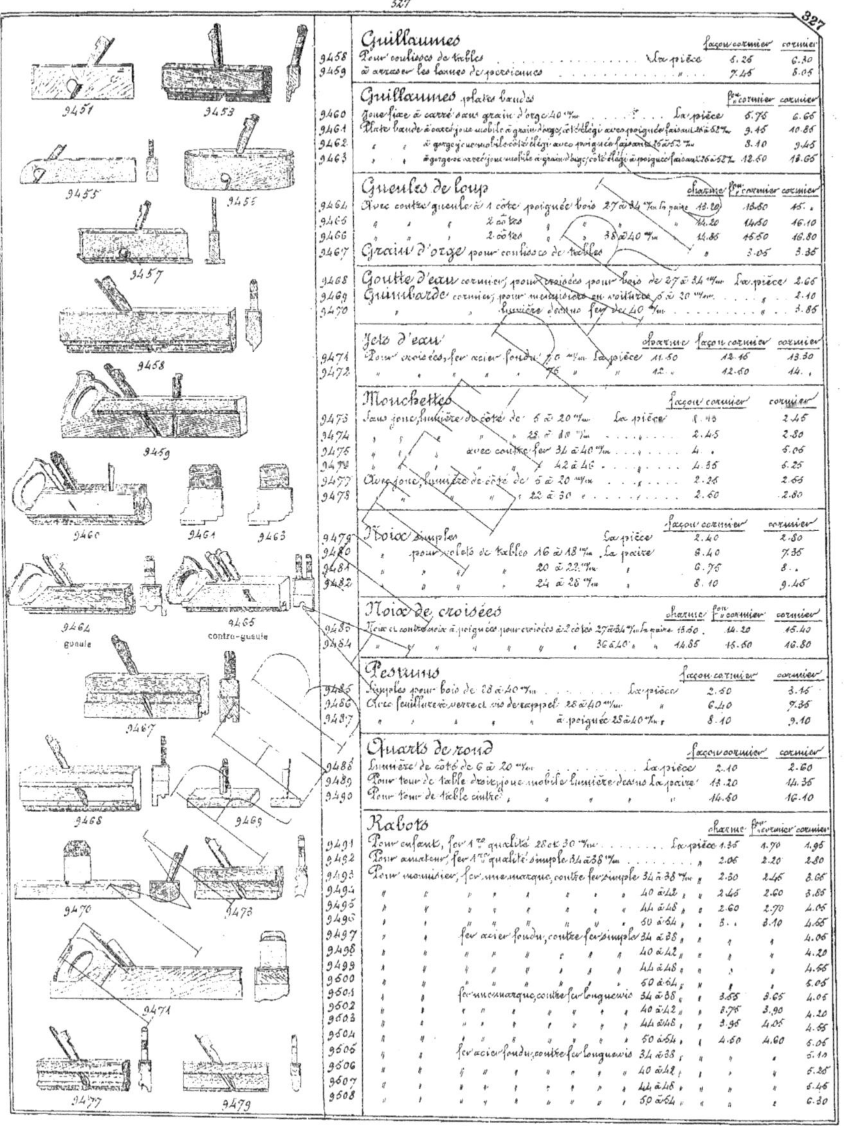

Guillaumes

N°	Désignation		façon cormier	cormier
9458	Pour coulisses de tables	La pièce	6.25	6.30
9459	à araser les lames de persiennes	"	7.45	8.05

Guillaumes plates bandes

N°	Désignation		f.on cormier	cormier
9460	Joue fixe à carré sans grain d'orge 40 m/m	La pièce	5.75	6.65
9461	Plate bande à carré joue mobile à grain d'orge, côté élégi avec poignée faisant 26 à 52 m/m		9.45	10.85
9462	" " à gorge joue mobile côté élégi avec poignée faisant 26 à 52 m/m		8.10	9.45
9463	" " à gorge et carré joue mobile à grain d'orge, côté élégi à poignée faisant 26 à 52 m/m		12.60	13.65

Gueules de loup

N°	Désignation		charme	f.on cormier	cormier
9464	Avec contre gueule à 1 côté poignée bois 27 à 34 m/m	la paire	13.20	13.50	15. .
9465	" " " 2 côtés " " "	"	14.20	14.50	16.10
9466	" " " 2 côtés " " 38 à 40 m/m	"	14.85	15.50	16.80
9467	**Grain d'orge** pour coulisses de tables	"		3.05	3.35

N°	Désignation		
9468	**Goutte d'eau** cormier, pour croisées pour bois de 27 à 34 m/m	La pièce	2.65
9469	**Guimbarde** cormier, pour menuisiers en voitures 5 à 20 m/m	"	2.10
9470	" " lumière devant fer de 40 m/m	"	3.85

Jets d'eau

N°	Désignation		charme	façon cormier	cormier
9471	Pour croisées, fer acier fondu 70 m/m	La pièce	11.50	12.15	13.30
9472	" " " " " 75 "	"	12. .	12.60	14. .

Mouchettes

N°	Désignation		façon cormier	cormier
9473	Sans jonc, lumière de côté de 5 à 20 m/m	La pièce	1.45	2.45
9474	" " " " " 22 à 30 m/m	"	2.45	2.80
9475	" " avec contre fer 34 à 40 m/m	"	4. .	5.05
9476	" " " " " 42 à 46	"	4.35	6.25
9477	Avec jonc, lumière de côté de 5 à 20 m/m	"	2.25	2.65
9478	" " " " 22 à 30	"	2.60	2.80

Noix

N°	Désignation		façon cormier	cormier
9479	**Noix** simples	La pièce	2.40	2.80
9480	" pour volets de tables 16 à 18 m/m	La paire	6.40	7.35
9481	" " " " 20 à 22 m/m	"	6.75	8. .
9482	" " " " 24 à 28 m/m	"	8.10	9.45

Noix de croisées

N°	Désignation		charme	f.on cormier	cormier
9483	Noix et contre noix à poignées pour croisées à 2 côtés 27 à 34 m/m	la paire	13.50	14.20	15.40
9484	" " " " " " " 36 à 40 "	"	14.85	15.50	16.80

Pestuns

N°	Désignation		façon cormier	cormier
9485	Simples pour bois de 28 à 40 m/m	La pièce	2.50	3.15
9486	Avec feuillure, verre et vis de rappel 28 à 40 m/m	"	6.40	7.35
9487	" " " " " à poignée 28 à 40 m/m	"	8.10	9.10

Quarts de rond

N°	Désignation		façon cormier	cormier
9488	Lumière de côté de 6 à 20 m/m	La pièce	2.10	2.60
9489	Pour tour de table droit, joue mobile lumière devant	La paire	13.20	14.35
9490	Pour tour de table cintré " " " "	"	14.60	16.10

Rabots

N°	Désignation			charme	f.on cormier	cormier
9491	Pour enfant, fer 1re qualité	28 et 30 m/m	La pièce	1.35	1.70	1.95
9492	Pour amateur, fer 1re qualité simple	34 à 38 m/m	"	2.05	2.20	2.80
9493	Pour menuisier, fer une marque, contre fer simple	34 à 38 m/m	"	2.30	2.45	3.05
9494	" " " " " "	40 à 42	"	2.45	2.60	3.85
9495	" " " " " "	44 à 48	"	2.60	2.70	4.05
9496	" " " " " "	50 à 54	"	3. .	3.10	4.55
9497	" " fer acier fondu, contre fer simple	34 à 38	"	"	"	4.05
9498	" " " " " "	40 à 42	"	"	"	4.20
9499	" " " " " "	44 à 48	"	"	"	4.55
9500	" " " " " "	50 à 54	"	"	"	5.05
9501	" " fer une marque, contre fer longuevis	34 à 38	"	3.55	3.65	4.05
9502	" " " " " "	40 à 42	"	3.75	3.90	4.20
9503	" " " " " "	44 à 48	"	3.95	4.05	4.55
9504	" " " " " "	50 à 54	"	4.50	4.60	5.05
9505	" " fer acier fondu, contre fer longuevis	34 à 38	"	"	"	5.10
9506	" " " " " "	40 à 42	"	"	"	5.25
9507	" " " " " "	44 à 48	"	"	"	5.45
9508	" " " " " "	50 à 54	"	"	"	6.30

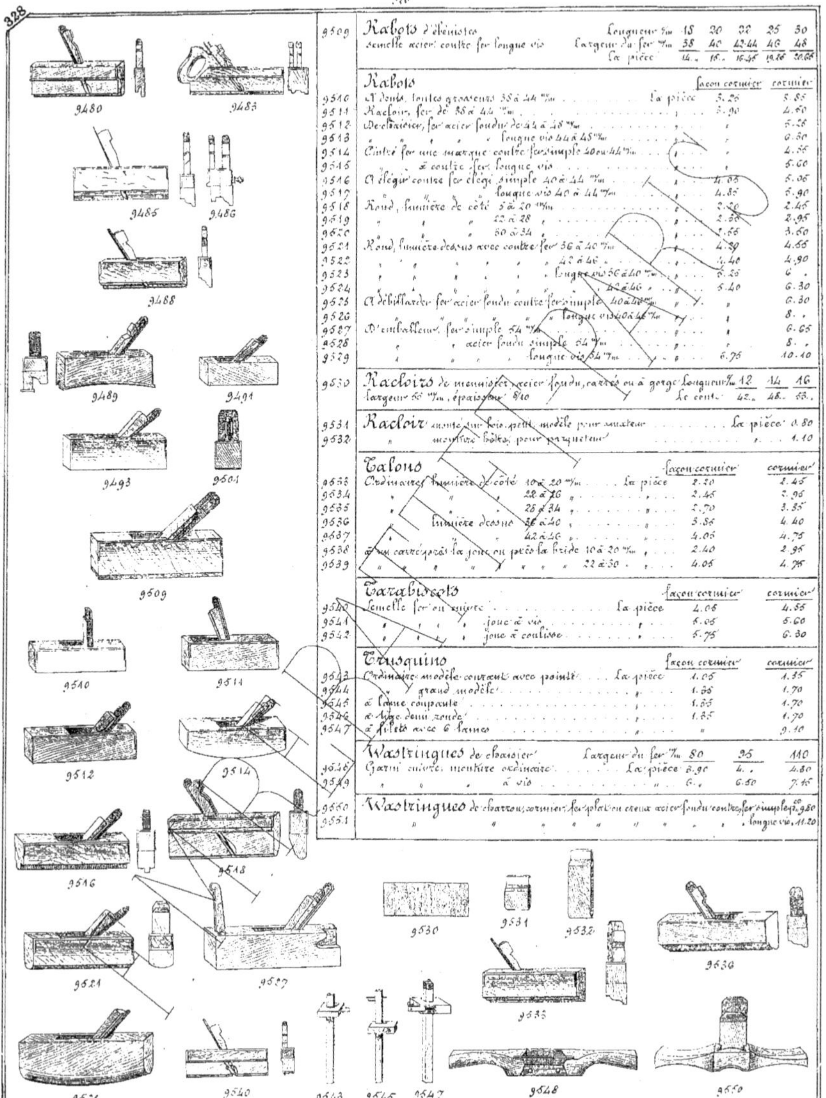

N°	Rabots d'ébénistes					
9509	semelle acier contre fer longue vis — Longueur c/m	18	20	22	25	30
	Largeur du fer m/m	38	40	42-44	46	48
	La pièce	14. »	16. »	16.45	19.25	20.65

N°	Rabots		façon cormier	cormier
9510	A dents, toutes grosseurs 38 à 44 m/m	La pièce	5.25	5.85
9511	Racloir, fer de 38 à 44 m/m	»	3.90	4.50
9512	De charron, fer acier fondu de 44 à 48 m/m	»	»	5.25
9513	» » » » » longue vis 44 à 48 m/m	»	»	6.50
9514	Cintré fer une marque contre fer simple 40 ou 44 m/m	»	»	4.55
9515	» » à contre fer longue vis	»	»	5.60
9516	A élégir contre fer élégi simple 40 à 44 m/m	»	4.05	5.05
9517	» » » » longue vis 40 à 44 m/m	»	4.85	5.90
9518	Rond, lumière de côté 5 à 20 m/m	»	2.20	2.45
9519	» » » 22 à 28	»	2.50	2.95
9520	» » » 30 à 34	»	2.55	3.50
9521	Rond, lumière dessus avec contre fer 36 à 40 m/m	»	4.29	4.55
9522	» » » » » » 42 à 46	»	4.40	4.90
9523	» » » » » » longue vis 36 à 40 m/m	»	5.25	6. »
9524	» » » » » » 42 à 46	»	5.40	6.30
9525	A débillarder fer acier fondu contre fer simple 40 à 48 m/m	»	»	6.30
9526	» » » » » longue vis 40 à 46 m/m	»	»	8. »
9527	D'emballeur, fer simple 54 m/m	»	»	6.65
9528	» » acier fondu simple 54 m/m	»	»	8. »
9529	» » » » longue vis 54 m/m	»	6.75	10.10

N°	Racloirs de menuisier, acier fondu, carrés ou à gorge				
9530	Longueur c/m		12	14	16
	largeur 55 m/m, épaisseur 8/10	Le cent	42. »	48. »	53. »

N°	Racloir		
9531	Racloir monté sur bois, petit modèle pour amateur	La pièce	0.80
9532	» monture boîte, pour parqueteur	»	1.10

N°	Talons		façon cormier	cormier
9533	Ordinaires lumière de côté 10 à 20 m/m	La pièce	2.20	2.45
9534	» » » 22 à 26	»	2.45	2.95
9535	» » » 28 à 34	»	2.70	3.35
9536	» lumière dessus 36 à 40	»	3.55	4.40
9537	» » » 42 à 46	»	4.05	4.75
9538	à un carré près la joue ou près la bride 10 à 20 m/m	»	2.40	2.95
9539	» » » » » » » » 22 à 30	»	4.05	4.75

N°	Tarabiscots		façon cormier	cormier
9540	Semelle fer ou cuivre	La pièce	4.05	4.55
9541	» » » » joue à vis	»	5.05	5.60
9542	» » » » joue à coulisse	»	5.75	6.30

N°	Trusquins		façon cormier	cormier
9543	Ordinaire modèle courant avec pointe	La pièce	1.05	1.35
9544	» grand modèle	»	1.35	1.70
9545	à lame coupante	»	1.35	1.70
9546	à tige demi ronde	»	1.35	1.70
9547	à filets avec 6 lames	»	»	9.10

N°	Wastringues de charron				
	Largeur du fer m/m		80	95	110
9548	Garni cuivre, monture ordinaire	La pièce	3.90	4. »	4.80
9549	» » » à vis	»	6. »	6.50	7.15

N°	Wastringues de charron, cormier, fer plat ou creux acier fondu contre fer	
9550	simple	9.80
9551	» » » » » » » » longue vis	11.20

Outils à raboler entièrement métalliques

N°	Désignation		Prix
9552	Rabot longueur 9 c/m, largeur du fer 25 m/m sans poignée	La pièce	0.80
9553	" " 9 " " " 16 " avec poignée	"	1.20
9554	" " 14 " " " 31 " sans système de réglage	"	1.80
9555	" " 14 " " " 31 " avec système de réglage	"	2.00
9556	" " 19 " " " 45 " sans système de réglage	"	2.75
9557	" " 19 " " " 46 " avec système de réglage	"	3.60
9558	Rabot longueur 20 " largeur du fer 45 " à deux usages, le fer pouvant se placer au centre ou au bout permettant de raboter dans les coins	La pièce	3.60
9559	Rabot ajustable lumière variable, longueur 16 c/m, largeur du fer 45 m/m	p^ce	6. .
9560	" " " longueur 16 " largeur du fer 45 "	"	6.60
9561	" " à fer couché " longueur 16 " largeur du fer 38 "	"	6.50
9562	" " " " " 18 " " 45 "	"	7. .

9563	Rabots ajustables, poignés bois				
	Longueur c/m	20	22	24	26
	Largeur du fer m/m	45	50	56	60
	réglables dans tous les sens avec fer et contre fer — La pièce	12. .	13.20	14.50	16.50

9564 Rabot cintrable à volonté, semelle flexible acier, longueur 25 c/m, largeur du fer 45 m/m p^ce 17.25

9565	Riflards ajustables, poignée bois				
	Longueur c/m	35	35	38	38
	Largeur du fer m/m	50	53	56	60
	réglables dans tous les sens avec fer et contre fer — La pièce	15.50	16. .	16.75	17.

9566	Varlopes ajustables, poignée bois			
	Longueur c/m	45	55	60
	Largeur du fer m/m	60	60	66
	réglables dans tous les sens avec fer et contre fer — La pièce	19.80	22.50	27. .

Fers de rechange

	pour rabots N^os	9552 et 9553	9554 et 9555	9556 à 9558	9559 et 9560	9561	9562 et 9563	45 m/m 9563	50 m/m 9563.9564	56 m/m	60 m/m 9566
9567	Fer simple la pièce	0.80	0.85	0.90	1.55	1.25	1.55	1.50	1.60		1.80
9568	Fer et contre fer	"	"	"	"	"	"	2.85	3. .		3.25

	pour riflards N° 9565	Largeur	50	55	56	60
9569	Fer simple	La pièce	1.60	1.70	1.80	2. .
9570	Fer et contre fer		3. .	3.10	3.25	3.60

	pour varlopes N° 9566	Largeur m/m	60	66
9571	Fer simple	La pièce	2. .	2.50
9572	Fer et contre fer		3.60	4.60

9573 Wastringues longueur totale 22 c/m, largeur du fer 45 m/m poignées droites . . . La pièce 1.10

Wastringues longueur totale 25 c/m, largeur du fer 54 m/m

9574 à contre fer, semelle creuse, poignées relevées . . . . . . La pièce 1.40
9575 " " semelle droite, poignées relevées . . . . . . " 1.60
9576 " " " " droites . . . . . . " 1.60
9577 Ajustable, semelle droite, poignées relevées . . . . . . " 2.05
9578 " " " droites . . . . . . " 2.05
9579 à double semelle une droite et une creuse, fers simples, long. 25 c/m larg. des fers 38 m/m 2.05
9580 à chanfreiner jusqu'à 38 m/m de largeur, longueur totale 24 c/m, largeur du fer 38 m/m 2.65

9552 9553 9554 9555 9556 9557 9558 9559 9560 9562 9563 9564 9566 9568 9566

9573 9577 9574 9578 9576 9579 9576 9580

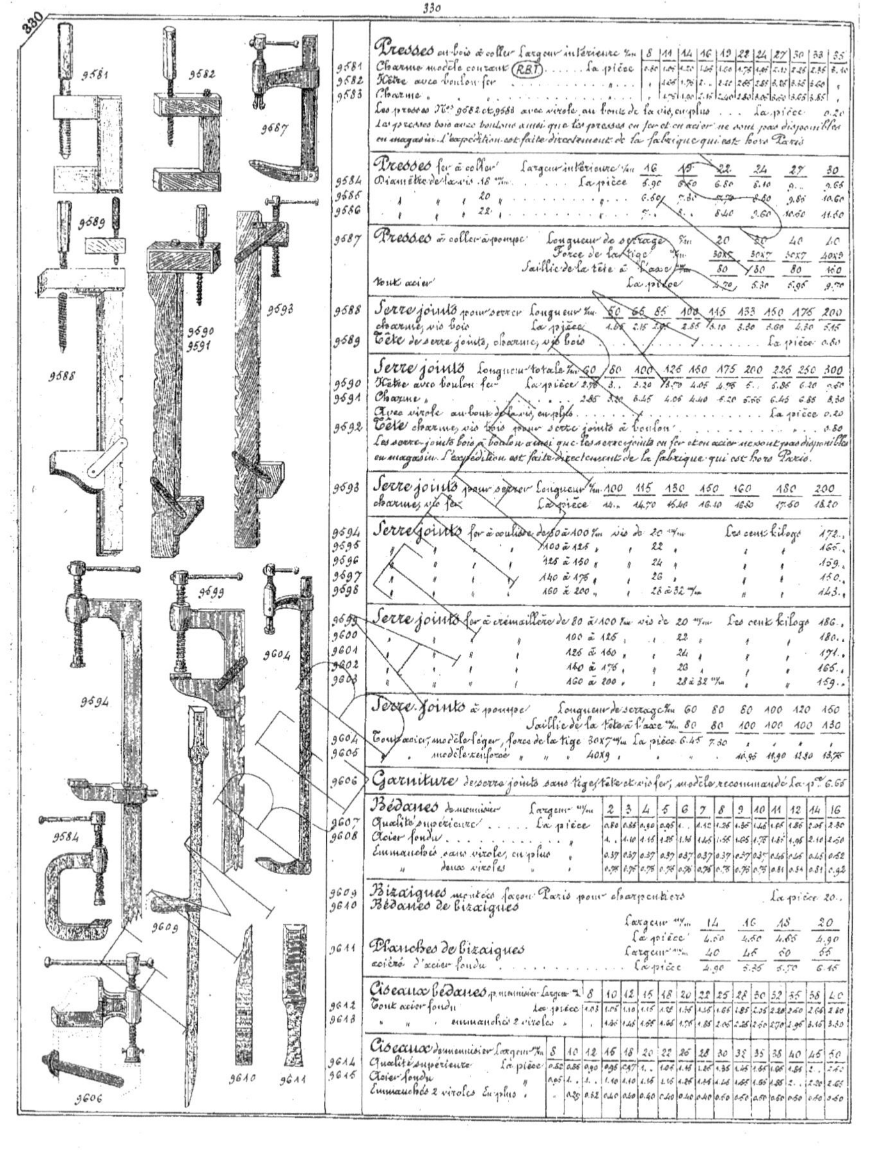

Presses en bois à coller

		Largeur intérieure $^m/_m$	8	11	14	16	19	22	24	27	30	33	35
9581	Charme modèle courant (R.B.T.)	La pièce	0.80	1.05	1.20	1.45	1.60	1.75	1.95	2.10	2.26	2.35	3.10
9582	Hêtre avec boulon fer	"	"	1.65	1.75	2..	2.20	2.65	2.85	3.25	3.35	3.60	"
9583	Charme "	"	"	1.75	1.90	2.15	2.40	2.80	3.05	3.30	3.65	3.85	"

Les presses N°s 9582 et 9583 avec virole au bout de la vis, en plus . . . La pièce 0.20
Les presses bois avec boulons ainsi que les presses en fer et en acier ne sont pas disponibles en magasin. L'expédition est faite directement de la fabrique qui est hors Paris

Presses fer à coller

		Largeur intérieure $^m/_m$	16	19	22	24	27	30
9584	Diamètre de la vis 18 $^m/_m$	La pièce	5.90	6.50	6.80	8.10	9..	9.65
9585	" " " 20 "	"	6.50	7.30	7.70	8.50	9.85	10.60
9586	" " " 22 "	"	7..	8..	8.40	9.60	10.50	11.60

Presses à coller à pompe

9587		Longueur de serrage $^m/_m$	20	30	40	40
		Force de la tige $^m/_m$	30x5	30x7	30x7	40x9
		Saillie de la tête à l'axe $^m/_m$	80	80	80	160
	Tout acier	La pièce	4.70	5.30	5.95	9.70

Serre joints pour serrer

		Longueur $^m/_m$	50	65	85	100	115	133	150	175	200
9588	charme, vis bois	La pièce	1.65	2.15	2.35	2.85	3.10	3.30	3.60	4.30	5.15

9589 **Tête** de serre joints, charme, vis bois . . . . La pièce 0.60

Serre joints

		Longueur totale $^m/_m$	60	80	100	125	150	175	200	225	250	300
9590	Hêtre avec boulon fer	La pièce	2.75	3..	3.20	3.50	4.05	4.75	5..	5.85	6.20	9.50
9591	Charme "		2.85	3.30	3.45	4.05	4.40	5.20	5.55	6.45	6.85	8.30

Avec virole au bout de la vis, en plus . . . . La pièce 0.20
9592 **Tête** charme, vis bois pour serre joints à boulon 0.80
Les serre-joints bois à boulon ainsi que les serre joints en fer et en acier ne sont pas disponibles en magasin. L'expédition est faite directement de la fabrique qui est hors Paris.

Serre joints pour serrer

		Longueur $^m/_m$	100	115	130	150	160	180	200
9593	charmes, vis fer	La pièce	14..	14.70	15.40	16.10	16.80	17.50	18.20

Serre joints fer à coulisse

9594	de 80 à 100 $^m/_m$	vis de 20 $^m/_m$	Les cent kilogs	172..
9595	" 100 à 125 "	" 22 "	" "	165..
9596	" 125 à 150 "	" 24 "	" "	159..
9597	" 140 à 175 "	" 26 "	" "	150..
9598	" 160 à 200 "	" 28 à 32 $^m/_m$	" "	143..

Serre joints fer à crémaillère

9599	de 80 à 100 $^m/_m$	vis de 20 $^m/_m$	Les cent kilogs	186..
9600	" 100 à 125 "	" 22 "	" "	180..
9601	" 125 à 150 "	" 24 "	" "	171..
9602	" 140 à 175 "	" 26 "	" "	165..
9603	" 160 à 200 "	" 28 à 32 $^m/_m$	" "	159..

Serre joints à pompe

			60	80	80	100	120	150
		Longueur de serrage $^m/_m$	60	80	80	100	120	150
		Saillie de la tête à l'axe $^m/_m$	80	80	100	100	100	130
9604	Tout acier, modèle léger, force de la tige 30x7 $^m/_m$	La pièce	6.45	7.30	"	"	"	"
9605	" modèle renforcé " " " 40x9	"	"	"	10.95	11.90	12.30	13.75

9606 **Garniture** de serre joints sans tige, tête et vis fer, modèle recommandé La p^ce 6.65

Bédanes de menuisier

		Largeur $^m/_m$	2	3	4	5	6	7	8	9	10	11	12	14	16
9607	Qualité supérieure	La pièce	0.80	0.85	0.90	0.95	1..	1.12	1.26	1.35	1.46	1.65	1.86	2.05	2.30
9608	Acier fondu	"	1..	1.10	1.15	1.25	1.35	1.45	1.55	1.65	1.75	1.85	1.95	2.10	2.50
	Emmanchés sans virole, en plus	"	0.37	0.37	0.37	0.37	0.37	0.37	0.37	0.37	0.37	0.45	0.45	0.45	0.52
	" deux viroles	"	0.75	0.75	0.75	0.75	0.75	0.75	0.75	0.75	0.75	0.81	0.84	0.81	0.92

9609 **Bizaigues** montées façon Paris pour charpentiers . . . La pièce 20..
9610 **Bédanes de bizaigues**

	Largeur $^m/_m$	14	16	18	20
	La pièce	4.50	4.50	4.65	4.90

9611 **Planches de bizaigues** aciéré d'acier fondu

	Largeur $^m/_m$	40	45	50	55
	La pièce	4.90	5.35	5.70	6.15

Ciseaux bédanes p. menuisier

		Largeur $^m/_m$	8	10	12	15	18	20	22	25	28	30	32	35	38	40
9612	Tout acier fondu	La pièce	1.03	1.05	1.10	1.15	1.25	1.35	1.45	1.65	1.85	2.05	2.20	2.40	2.66	2.80
9613	" " emmanchés 2 viroles	"	"	1.36	1.45	1.55	1.66	1.75	1.85	2.05	2.25	2.50	2.70	2.95	3.15	3.30

Ciseaux de menuisier

		Largeur $^m/_m$	8	10	12	15	18	20	22	25	28	30	32	35	38	40	45	50
9614	Qualité supérieure	La pièce	0.52	0.85	0.90	0.95	0.97	1..	1.05	1.15	1.25	1.35	1.45	1.65	1.65	1.85	2..	2.40
9615	Acier fondu	"	0.95	1..	1..	1.10	1.10	1.15	1.15	1.25	1.35	1.45	1.55	1.65	1.85	2..	2.20	2.65
	Emmanchés 2 viroles en plus	"	"	0.29	0.32	0.40	0.40	0.40	0.40	0.40	0.40	0.50	0.50	0.50	0.50	0.50	0.60	0.60

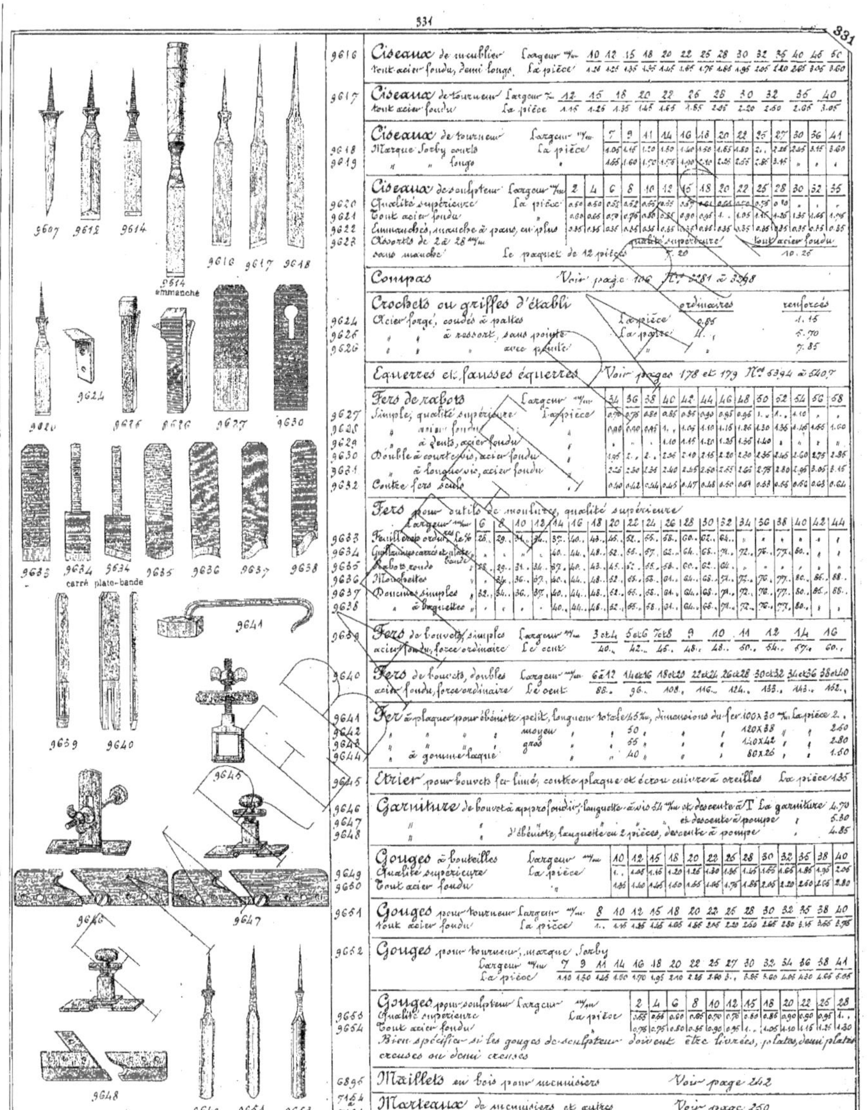

9616 **Ciseaux** de menuisier, tout acier fondu, demi longs.

Largeur m/m	10	12	15	18	20	22	25	28	30	32	35	40	45	50
La pièce	1.20	1.25	1.35	1.35	1.45	1.65	1.75	1.85	1.95	2.05	2.20	2.65	3.05	3.60

9617 **Ciseaux** de tourneur, tout acier fondu

Largeur m/m	12	15	18	20	22	26	28	30	32	35	40
La pièce	1.15	1.25	1.35	1.45	1.65	1.85	2.05	2.20	2.50	2.65	3.05

Ciseaux de tourneur

	Largeur m/m	7	9	11	14	16	18	20	22	25	27	30	36	41
9618	Marque Sorby courts, La pièce	1.05	1.15	1.20	1.30	1.40	1.50	1.65	1.80	2..	2.25	2.45	3.15	3.60
9619	» » longs »	1.55	1.60	1.70	1.75	1.90	2.10	2.25	2.55	2.85	3.45	»	»	»

Ciseaux de sculpteur

	Largeur m/m	2	4	6	8	10	12	15	18	20	22	25	28	30	32	35
9620	Qualité supérieure, La pièce	0.50	0.50	0.52	0.52	0.55	0.55	0.57	0.61	0.65	0.70	0.75	0.90	»	»	»
9621	Tout acier fondu »	0.60	0.65	0.70	0.75	0.80	0.85	0.90	0.95	1..	1.05	1.15	1.25	1.35	1.65	1.75
9622	Emmanchés, manche à pans, en plus	0.35	0.35	0.35	0.35	0.35	0.35	0.35	0.35	0.35	0.35	0.35	0.35	0.35	0.35	0.35

9623 Assortis de 2 à 28 m/m sans manche — Le paquet de 12 pièces: qualité supérieure 7.20; tout acier fondu 10.25

Compas Voir page 106 Nos 3281 à 3298

Crochets ou griffes d'établi

			ordinaires	renforcés
9624	Acier forgé, coudés à pattes	La pièce	0.85	1.15
9625	» » à ressort, sans pointe	La paire	4..	5.70
9626	» » » avec pointe	»	»	7.85

Equerres et fausses équerres Voir pages 178 et 179 Nos 5394 à 5407

Fers de rabots

	Largeur m/m	34	36	38	40	42	44	46	48	50	52	54	56	58
9627	Simple, qualité supérieure, La pièce	0.70	0.75	0.80	0.85	0.85	0.90	0.95	0.96	1..	1..	1.10	»	»
9628	» acier fondu »	0.80	0.90	0.95	1..	1.05	1.10	1.15	1.25	1.30	1.35	1.45	1.55	1.60
9629	» à dents, acier fondu »	»	»	»	1.10	1.15	1.20	1.25	1.35	1.40	»	»	»	»
9630	Double à courte vis, acier fondu »	1.95	2..	2..	2.05	2.10	2.15	2.20	2.30	2.35	2.45	2.60	2.75	2.85
9631	» à longue vis, acier fondu »	2.25	2.30	2.35	2.40	2.45	2.50	2.55	2.65	2.75	2.80	2.95	3.05	3.15
9632	Contre fers seuls »	0.40	0.42	0.44	0.45	0.47	0.48	0.50	0.51	0.53	0.55	0.56	0.63	0.64

Fers pour outils de moulures, qualité supérieure

	Largeur m/m	6	8	10	12	14	16	18	20	22	24	26	28	30	32	34	36	38	40	42	44
9633	Feuillerets ordinaires, Le %	28..	29..	31..	34..	37..	40..	43..	46..	52..	55..	58..	60..	62..	64..	»	»	»	»	»	»
9634	Guillaumes carrés et plate-bande »	»	»	»	»	40..	44..	48..	52..	55..	57..	62..	64..	68..	71..	72..	76..	77..	80..	»	»
9635	Rabots ronds »	28..	29..	31..	34..	37..	40..	43..	45..	52..	55..	58..	60..	62..	64..	»	»	»	»	»	»
9636	Mouchettes »	»	34..	36..	37..	40..	44..	48..	52..	55..	58..	61..	64..	68..	71..	72..	76..	77..	80..	85..	88..
9637	Doucines simples »	32..	34..	36..	37..	40..	44..	48..	52..	55..	58..	61..	64..	68..	71..	72..	76..	77..	80..	85..	88..
9638	» à baguettes »	»	»	»	»	40..	44..	46..	52..	55..	58..	61..	64..	66..	71..	72..	76..	77..	80..	»	»

9639 **Fers** de bouvets, simples, acier fondu, force ordinaire

Largeur m/m	3 et 4	5 et 6	7 et 8	9	10	11	12	14	16
Le cent	40..	42..	45..	48..	48..	50..	54..	57..	60..

9640 **Fers** de bouvets, doubles, acier fondu, force ordinaire

Largeur m/m	6 à 12	14 et 16	18 et 20	22 et 24	26 et 28	30 et 32	34 et 36	38 et 40
Le cent	88..	96..	108..	116..	124..	133..	143..	152..

9641	**Fer** à plaquer pour ébéniste	petit,	longueur totale 45 c/m,	dimensions du fer 100 x 30 m/m	La pièce	2..
9642	» » » »	moyen	» » 50 »	» » 120 x 38 »	»	2.60
9643	» » » »	gros	» » 55 »	» » 140 x 42 »	»	2.80
9644	» à gomme laque		» » 40 »	» » 80 x 26 »	»	1.60

9645 **Etrier** pour bouvets fer limé, contre plaque et écrou cuivre à oreilles — La pièce 1.35

9646	**Garniture** de bouvet à approfondir, languette à vis 54 m/m et descente à T	La garniture	4.70
9647	» » » et descente à pompe	»	5.30
9648	» » d'ébéniste, languette en 2 pièces, descente à pompe	»	4.85

Gouges à bouteilles

	Largeur m/m	10	12	15	18	20	22	26	28	30	32	35	38	40
9649	Qualité supérieure, La pièce	1..	1.05	1.15	1.20	1.25	1.30	1.35	1.45	1.55	1.65	1.85	1.95	2.05
9650	Tout acier fondu »	1.35	1.40	1.45	1.50	1.55	1.65	1.75	1.85	2.05	2.20	2.50	2.65	2.80

9651 **Gouges** pour tourneur, tout acier fondu

Largeur m/m	8	10	12	15	18	20	22	25	28	30	32	35	38	40
La pièce	1..	1.15	1.35	1.45	1.65	1.85	2.05	2.20	2.50	2.65	2.80	3.15	3.55	3.75

9652 **Gouges** pour tourneur, marque Sorby

Largeur m/m	7	9	11	14	16	18	20	22	25	27	30	32	34	36	38	41
La pièce	1.10	1.30	1.45	1.60	1.70	1.95	2.10	2.25	2.60	3..	3.25	3.60	4.05	4.30	4.65	5.05

Gouges pour sculpteur

	Largeur m/m	2	4	6	8	10	12	15	18	20	22	25	28
9653	Qualité supérieure, La pièce	0.55	0.55	0.60	0.65	0.70	0.75	0.80	0.85	0.90	0.90	0.95	1..
9654	Tout acier fondu »	0.75	0.75	0.80	0.85	0.90	0.95	1..	1.05	1.10	1.15	1.25	1.30

Bien spécifier si les gouges de sculpteur doivent être livrées, plates, demi plates, creuses ou demi creuses

6895 **Maillets** en bois pour menuisiers Voir page 242

7154 à 7181 **Marteaux** de menuisiers et autres Voir page 250

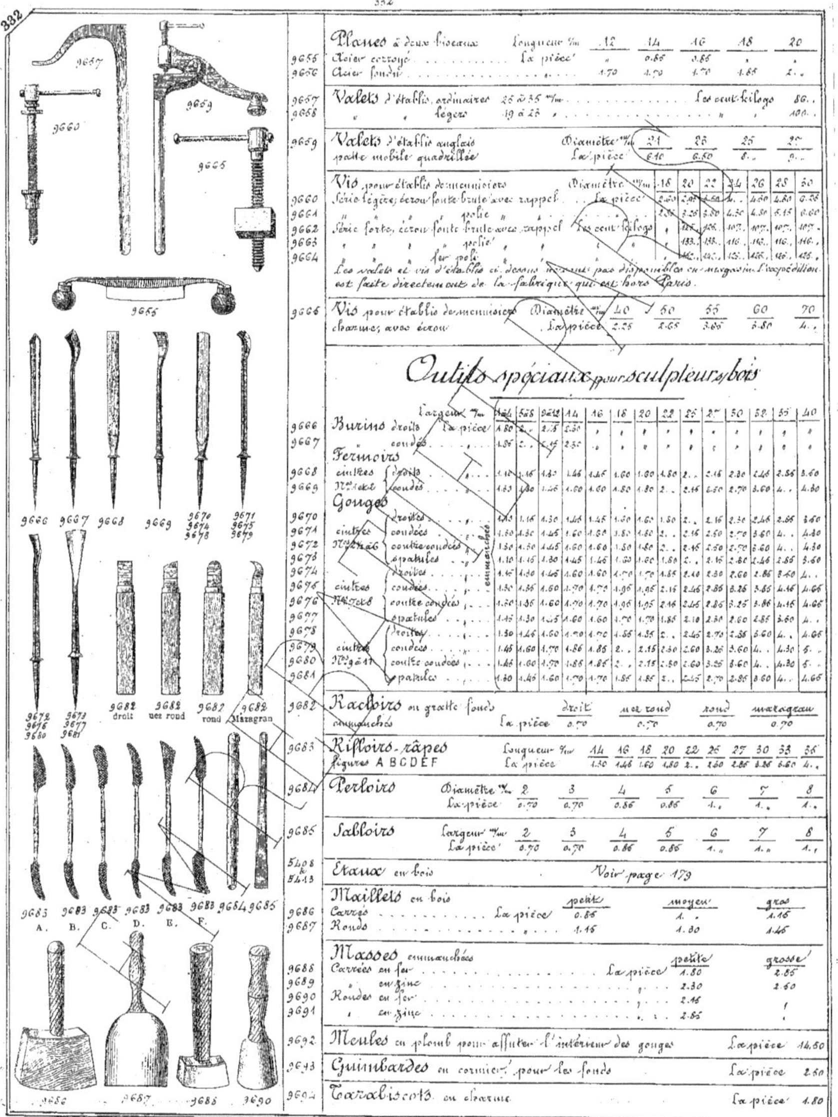

No	**Planes** à deux biseaux	Longueur %m	12	14	16	18	20
9655	Acier corroyé	La pièce	"	0.85	0.85	"	"
9656	Acier fondu		1.70	1.70	1.70	1.85	2..

No	**Valets** d'établis		
9657	Valets d'établis, ordinaires 25 à 35 m/m	Les cent kilogs	86..
9658	" " légers 19 à 23	" "	100..

No	**Valets** d'établis anglais, patte mobile quadrillée	Diamètre m/m	21	23	25	27
9659		La pièce	6.10	6.50	8..	9..

No	**Vis** pour établis de menuisiers	Diamètre m/m	18	20	22	24	26	28	30
9660	Série légère, écrou fonte brute avec rappel	La pièce	2.60	2.95	3.50	4..	4.50	4.80	6.25
9661	" " " polie	"	2.85	3.25	3.80	4.30	4.80	5.15	6.60
9662	Série forte, écrou fonte brute avec rappel	Les cent kilogs	"	125..	125..	107..	107..	107..	107..
9663	" " " " polie	"	"	133..	133..	116..	116..	116..	116..
9664	" " " fer poli	"	"	142..	142..	125..	125..	125..	125..

Les valets et vis d'établis ci-dessus n'étant pas disponibles en magasin, l'expédition est faite directement de la fabrique qui est hors Paris.

No	**Vis** pour établis de menuisiers charme, avec écrou	Diamètre m/m	40	50	55	60	70
9665		La pièce	2.25	2.65	3.65	3.80	4..

Outils spéciaux pour sculpteurs bois

No	Article	Largeur m/m	1à4	5à8	9à12	14	16	18	20	22	25	27	30	32	35	40
9666	**Burins** droits	La pièce	1.80	2..	2.15	2.30	"	"	"	"	"	"	"	"	"	"
9667	" coudés		1.85	2..	2.15	2.30	"	"	"	"	"	"	"	"	"	"
	Fermoirs															
9668	cintres Nos 1 à 2 — droits		1.10	1.15	1.30	1.45	1.45	1.60	1.60	1.80	2..	2.15	2.30	2.45	2.85	3.60
9669	cintres Nos 1 à 2 — coudés		1.30	1.30	1.45	1.60	1.60	1.80	1.80	2..	2.15	2.50	2.70	3.60	4..	4.30
	Gouges (emmanchées)															
9670	cintres Nos 2 à 6 — droites		1.15	1.15	1.30	1.45	1.45	1.60	1.60	1.80	2..	2.15	2.30	2.45	2.85	3.60
9671	" coudées		1.30	1.30	1.45	1.60	1.60	1.80	1.80	2..	2.15	2.50	2.70	3.60	4..	4.30
9672	" contre coudées		1.30	1.30	1.45	1.60	1.60	1.80	1.80	2..	2.15	2.50	2.70	3.60	4..	4.30
9673	" spatules		1.10	1.15	1.30	1.45	1.45	1.60	1.60	1.80	2..	2.15	2.30	2.45	2.85	3.60
9674	cintres Nos 7 à 8 — droites		1.15	1.30	1.45	1.60	1.60	1.70	1.70	1.85	2.10	2.30	2.60	2.85	3.60	4..
9675	" coudées		1.30	1.35	1.60	1.70	1.70	1.95	1.95	2.15	2.45	2.85	3.25	3.85	4.15	4.65
9676	" contre coudées		1.30	1.35	1.60	1.70	1.70	1.95	1.95	2.15	2.45	2.85	3.25	3.85	4.15	4.65
9677	" spatules		1.15	1.30	1.45	1.60	1.60	1.70	1.70	1.85	2.10	2.30	2.60	2.85	3.60	4..
9678	cintres Nos 9 à 11 — droites		1.30	1.45	1.60	1.70	1.70	1.85	1.85	2..	2.45	2.70	2.85	3.60	4..	4.65
9679	" coudées		1.45	1.60	1.70	1.85	1.85	2..	2.15	2.30	2.60	3.25	3.60	4..	4.30	5..
9680	" contre coudées		1.45	1.60	1.70	1.85	1.85	2..	2.15	2.30	2.60	3.25	3.60	4..	4.30	5..
9681	" spatules		1.30	1.45	1.60	1.70	1.70	1.85	1.85	2..	2.45	2.70	2.85	3.60	4..	4.65

No	**Racloirs** ou gratte fonds emmanchés		droit	nez rond	rond	maragrau
9682		La pièce	0.70	0.70	0.70	0.70

No	**Rifloirs-râpes** figures A B C D E F	Longueur m/m	14	16	18	20	22	25	27	30	33	36
9683		La pièce	1.30	1.45	1.60	1.80	2..	2.50	2.85	3.25	3.60	4..

No	**Perloirs**	Diamètre m/m	2	3	4	5	6	7	8
9684		La pièce	0.70	0.70	0.85	0.85	1..	1..	1..

No	**Sabloirs**	Largeur m/m	2	3	4	5	6	7	8
9685		La pièce	0.70	0.70	0.85	0.85	1..	1..	1..

5408 & 5413 **Étaux** en bois Voir page 179

No	**Maillets** en bois		petit	moyen	gros
9686	Carrés	La pièce	0.85	1..	1.15
9687	Ronds		1.15	1.30	1.45

No	**Masses** emmanchées		petite	grosse
9688	Carrées en fer	La pièce	1.80	2.85
9689	" en zinc	"	2.30	2.60
9690	Rondes en fer	"	2.15	"
9691	" en zinc	"	2.65	"

No	Article		
9692	**Meules** en plomb pour affuter l'intérieur des gouges	La pièce	14.50
9693	**Guimbardes** en cormier, pour les fonds	La pièce	2.50
9694	**Tarabiscots** en charme	La pièce	1.80

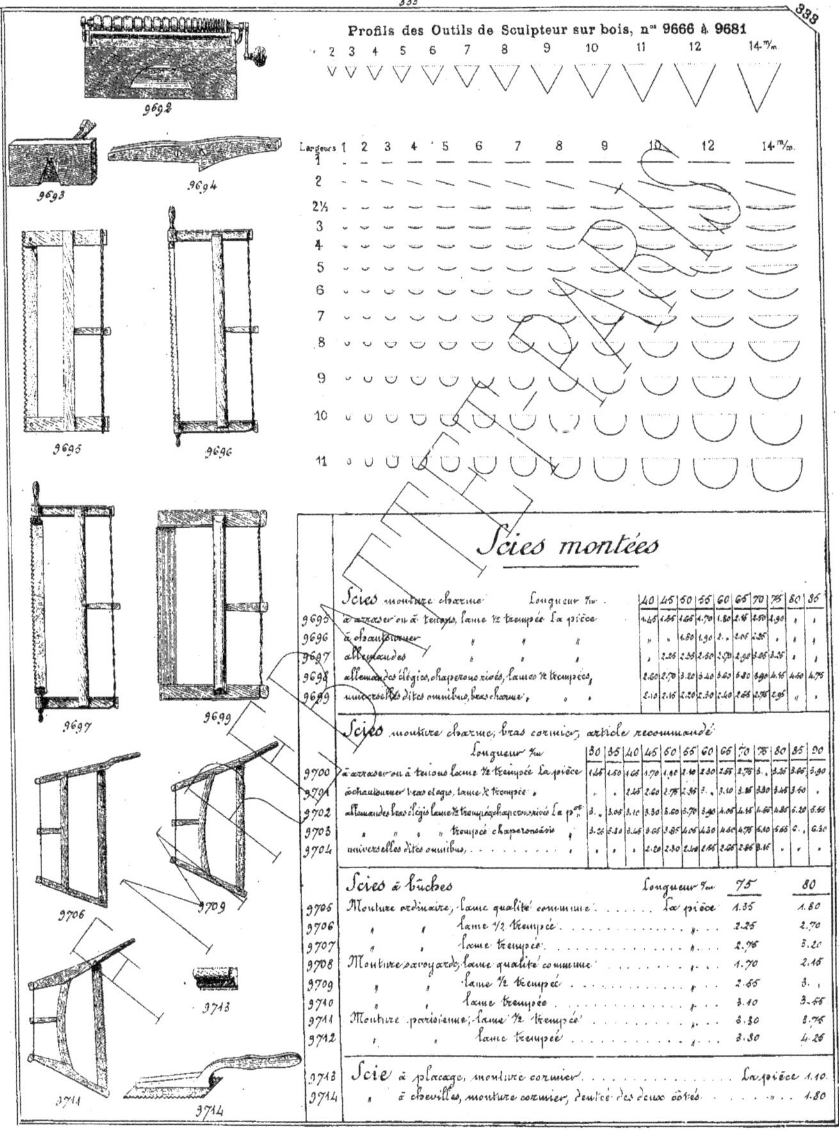

Scies montées

Scies monture charme

	Longueur c/m	40	45	50	55	60	65	70	75	80	85
9695	à araser ou à tenons, lame ½ trempée La pièce	1.45	1.55	1.65	1.70	1.80	2.15	2.50	2.90	„	„
9696	à chantourner „ „ „	„	„	1.60	1.90	2. „	2.05	2.25	„	„	„
9697	allemandes „ „ „	„	2.25	2.35	2.50	2.70	2.90	3.05	3.25	„	„
9698	allemandes élégis, chaperons rivés, lames ½ trempées,	2.60	2.70	3.20	3.40	3.60	3.80	3.90	4.15	4.50	4.75
9699	universelles dites omnibus, bras charme, „ „	2.10	2.15	2.20	2.30	2.40	2.65	2.75	2.95	„	„

Scies monture charme, bras cormier, article recommandé

	Longueur c/m	30	35	40	45	50	55	60	65	70	75	80	85	90
9700	à araser ou à tenons lame ½ trempée La pièce	1.45	1.50	1.65	1.70	1.90	2.10	2.30	2.55	2.75	3. „	3.25	3.65	3.90
9701	à chantourner bras élégis, lame ½ trempée „	„	„	2.45	2.60	2.75	2.85	3. „	3.10	3.25	3.30	3.45	3.60	„
9702	allemandes bras élégis lame ½ trempée chaperons rivés La pce „	3. „	3.05	3.10	3.30	3.60	3.70	3.90	4.05	4.15	4.55	4.85	5.20	5.55
9703	„ „ „ „ trempée chaperons rivés „	3.25	3.30	3.45	3.65	3.85	4.05	4.30	4.50	4.75	5.10	5.65	6. „	6.30
9704	universelles dites omnibus, ... „	„	„	„	2.20	2.30	2.40	2.55	2.65	2.86	3.15	„	„	„

Scies à bûches

	Longueur c/m	75	80
9705	Monture ordinaire, lame qualité commune . . . . . . La pièce	1.35	1.60
9706	„ „ lame ½ trempée . . . . „ . . .	2.25	2.70
9707	„ „ lame trempée . . . . „ . . .	2.75	3.20
9708	Monture savoyarde, lame qualité commune . . . . „ . . .	1.70	2.15
9709	„ „ lame ½ trempée . . . . „ . . .	2.65	3. „
9710	„ „ lame trempée . . . . „ . . .	3.10	3.55
9711	Monture parisienne, lame ½ trempée . . . . „ . . .	3.30	3.75
9712	„ „ lame trempée . . . . „ . . .	3.30	4.25

9713	**Scie** à placage, monture cormier . . . . La pièce	1.10
9714	„ à chevilles, monture cormier, dentée des deux côtés . . . . . . „ . .	1.80

9715 · 9717 · 9721 · 9729 · 9739 · 9742 · 9744 · 9745 · 9746-9747 · 9749 · 9751 · 9752-9753 · 9754 · 9758 · 9759

Lames de scies non montées

N°	à arraser		30	35	40	45	50	55	60	65	70
		Longueur $^c/_m$	30	35	40	45	50	55	60	65	70
		Largeur $^m/_m$	25	30	30	35	40	45	50	55	60
9715	Qualité ½ trempée	La pièce	0.35	0.40	0.45	0.50	[illegible]	0.65	0.80	0.95	1.05
9716	„ trempée	„	0.40	0.50	0.60	0.75	0.85	1..	1.15	1.30	1.55

N°	à chantourner — Longueur $^c/_m$	30	35	40	45	50	55	60	65	70	75	80	85	90
9717	Qualité ½ trempée, largeur 7 à 14 $^m/_m$ la pièce	0.20	0.23	0.24	0.26	0.29	0.31	0.32	0.35	0.38	0.42	0.46	0.47	0.50
9718	„ „ „ 15 à 20 „ „	0.25	0.28	0.31	0.32	0.34	0.37	0.39	0.41	[illegible]	0.48	0.51	0.55	0.58
9719	Qualité trempée „ 7 à 14 „ „	0.25	0.26	0.31	0.32	0.35	0.40	0.45	0.48	0.55	0.56	0.61	0.64	0.66
9720	„ „ 15 à 20 „ „	0.35	0.39	0.42	0.45	0.50	0.55	0.57	0.65	0.69	0.74	0.80	0.85	1.03

N°	à queues, dites allemandes — Longueur $^c/_m$	65	70	75	80	85	90
9721	Qualité trempée, largeur 50 $^m/_m$ La pièce	1.35	1.45	1.55	1.60	1.70	1.80
9722	„ „ „ 55 „	1.50	1.55	1.65	1.75	1.85	1.95
9723	„ „ „ 60 „	„	1.70	1.75	1.85	1.95	2.10
9724	„ „ „ 65 „	„	„	1.90	2..	2.10	2.25
9725	Qualité acier fondu, largeur 50 „	1.90	2..	2.15	2.35	2.50	2.65
9726	„ „ „ „ 55 „	2..	2.20	2.35	2.65	2.75	2.90
9727	„ „ „ „ 60 „	„	2.35	2.55	2.75	2.95	3.15
9728	„ „ „ „ 65 „	„	„	2.60	3..	3.30	3.45

N°	à tenons — Longueur $^c/_m$	50	55	60	65	70	75	80	85	90
9729	Qualité ½ trempée, largeur 35 $^m/_m$ La pièce	0.50	0.55	0.56	0.56	0.64	0.70	0.75	0.81	0.89
9730	„ „ „ 40 „	„	0.60	0.64	0.65	0.70	0.75	0.81	0.89	0.97
9731	„ „ „ 45 „	„	„	0.70	0.74	0.80	0.83	0.90	1..	1.05
9732	„ „ „ 50 „	„	„	0.77	0.82	0.85	0.95	1..	1.10	1.16
9733	„ „ „ 55 „	„	„	„	0.90	0.96	1..	1.10	1.16	1.25
9734	Qualité trempée, largeur 35 „	„	0.85	0.90	0.96	1..	1.05	1.15	1.25	1.35
9735	„ „ „ 40 „	„	0.95	0.98	1.05	1.10	1.15	1.25	1.35	1.45
9736	„ „ „ 45 „	„	„	1.05	1.12	1.15	1.30	1.35	1.45	1.60
9737	„ „ „ 50 „	„	„	1.15	1.20	1.30	1.35	1.45	1.55	1.80
9738	„ „ „ 55 „	„	„	„	1.30	1.40	1.50	1.55	1.65	1.75

N°	à bûches, jaunes, dents bleuies, affûtées								
		Longueur $^c/_m$	70	75	80	85	90	95	100
		Largeur $^m/_m$	55	60	65	65	70	75	80
9739	Qualité ½ trempée	La pièce	1.20	1.40	1.60	1.70	1.90	2.10	2.40
9740	„ trempée	„	1.70	1.90	2.10	2.30	2.60	2.90	3.30
9741	„ acier fondu	„	2.20	2.50	2.90	3.10	3.50	4.10	4.80

Scies à main montées.

N°	Scies à couteaux pour vignerons (affûtées) Long. $^c/_m$	16	18	20	22	25	28	30	32	35	38	40
9742	Manche pistolet ½ trempée . . La pièce	0.70	0.75	0.80	0.90	0.95	1..	1.05	1.15	1.20	1.30	1.35
9743	„ trempée . . . „	0.90	0.95	1..	1.05	1.15	1.20	1.30	1.40	1.55	1.60	1.70
9744	Manches fermants, rond, trempée „	1.05	1.10	1.20	1.30	1.35	1.45	1.55	„	„	„	„
9745	„ plate „	1.15	1.20	1.30	1.35	1.45	1.55	1.70	„	„	„	„

9746 **Scie** de jardinier, manche égoïne ½ trempée, qualité ordinaire, longueur 32 $^c/_m$ La pièce 0.65

N°	Scies de jardinier ou vigneron, affûtées — Longueur $^c/_m$	22	25	26	30	32	35	38	40
9747	Manche égoïne, rivure cuivre, largeur 55 à 67 $^m/_m$ ½ trempées La pièce	1.15	1.20	1.25	1.30	1.35	1.45	1.55	1.60
9748	„ „ „ „ „ „ trempées	1.35	1.45	1.55	1.60	1.70	1.75	1.85	1.95
9749	Manche rond, ½ trempées	0.95	1..	1.05	1.10	1.15	1.20	1.30	1.35
9750	„ „ trempées	1.15	1.20	1.30	1.35	1.45	1.55	1.60	1.70

9751 **Scies** de charpentier à main manche égoïne longueur de la lame en $^c/_m$ — qualité supérieure (marque R.E.T. reconnaissable)

Longueur $^c/_m$	30	35	40	45	50	55
La pièce	1.35	1.55	1.85	2..	2.15	2.40

9752 **Scie** à guichet, manche égoïne, ½ trempée, qualité ordinaire, longueur 32 $^c/_m$ La pièce 0.65

N°	Scies à guichet — Longueur $^c/_m$	20	22	25	28	30	32	35	38	40
9753	Dents doubles trempées, manche égoïne La pièce	1.30	1.45	1.55	1.60	1.70	1.85	1.95	2..	2.10
9754	„ „ „ manche rond „	1.15	1.20	1.30	1.45	1.55	1.60	1.70	1.75	1.95
9755	Dents simples trempées, manche égoïne „	0.90	1..	1.05	1.15	1.20	1.30	1.35	1.45	1.55
9756	„ „ „ manche rond „	0.80	0.85	0.90	0.95	1..	1.05	1.15	1.20	1.30

9757 **Scie** à greffer à arc, manche rond, qualité ordinaire, longueur 30 $^c/_m$ La pièce 0.85

N°	Scies à greffer à arc, affûtées — Longueur $^c/_m$	25	28	30	32	35
9758	Modèle Bordeaux, monture fer rond, qualité supérieure La pièce	1.15	1.20	1.30	1.35	1.40
9759	„ Franc-comtois, monture fer plat à écrou q^{té} supér^{re} „	2.25	„	2.40	„	2.65
9760	Lames de rechange seules pour dito „	0.40	0.50	0.55	0.65	0.75

9761 **Scie** articulée pour abattre les arbres Modèle Infanterie La pièce 6.40
9762 " " " " " " Modèle Artillerie " 10..

9763 **Scies** de boucher à arc fer poli qualité courante

Longueur %m	35	38	40	45
La pièce	4.75	5..	6.25	6.50

Scies de boucher, arc poli, manche égoïne

	Longueur %m	35	38	40	42	45	50	55	60
9764	1re qualité affutées .... La pièce	5..	5.15	[illegible]	8.80	9.20	9.70	10.15	10.50
9765	Lames seules pour dits	1.20	1.30	1.35	1.50	1.60	1.75	2..	2.15

9766 **Scies** de boucher, dos acier bleui, trempées affutées, manche égoïne

Longueur %m	25	28	30	32	35	38	40	45	50	55	60
La pièce	4..	4.40	4.80	4.95	5.60	6.15	6.75	7.60	8.40	10..	11.60

Lames de scies, fabrication Mongin
Marque à la Balance. Remise (......)

9767 **à arraser**

	35	40	45	50	55	60	65	70	75
Longueur %m	35	40	45	50	55	60	65	70	75
Largeur %m	35	40	42	45	48	50	53	56	60
Les 12 pièces	13..	14.30	16.60	18.60	21.50	26.30	27..	31.50	36..

Par moins de 6 pièces d'une même dimension Majoration 20 %

à tenons

	Largeur %m	Longueur %m	60	65	70	75	80	85	90	95	100
9768	35	Les 12 pièces	17.15	18.60	22..	23.60	25.50	26.50	28.30	30..	31.50
9769	40	"	18.60	20..	23.50	25.50	26.50	28.30	30..	31.50	33..
9770	45	"	20..	21.50	25.50	26.50	28.30	30..	31.50	33..	34.30
9771	50	"	21.50	24..	26.50	28.30	30..	31.60	33..	34.30	37.30
9772	55	"	"	"	28.30	30..	31.50	33..	34.50	37.30	40..
9773	60	"	"	"	30..	31.50	33..	34.30	37.30	40..	43..
9774	65	"	"	"	"	33..	34.30	37.30	40..	43..	46..

Par moins de 6 pièces d'une même dimension Majoration 20 %

à chantourner, à refendre ou allemandes sans chaperons

	Longueur %m	Largeur %m	7	10	15	20	25	30	35	40	45	50	55	60	65
9775	60	Les 12 pièces	9.30	10..	11.60	13..	14.30	16.50	17.15	18.60	20..	21.50	"	"	"
9776	65	"	10..	11.60	13..	14.30	16.50	16.25	18.60	20..	21.50	24..	"	"	"
9777	70	"	11.60	13..	12.75	16.60	18.25	20..	22..	23.50	26.50	21.50	28.30	30..	"
9778	75	"	13..	14.75	16.50	18.25	20..	22..	23.50	25.60	26.50	28.30	30..	31.50	33..
9779	80	"	14.75	16.50	18.25	20..	22..	23.60	25.50	26.50	28.30	30..	31.50	33..	34.30
9780	85	"	16.50	18.25	20..	22..	23.50	25.50	26.60	28.30	30..	31.60	33..	34.30	37.30
9781	90	"			22..	23.60	25.50	26.60	28.30	30..	31.60	33..	34.30	37.30	40..
9782	95	"			22.50	26.60	25.50	28.60	30..	31.60	33..	34.30	37.30	40..	43..
9783	100	"			25.40	26.60	28.30	30..	31.50	33..	34.30	37.30	40..	43..	46..

Par moins de 6 pièces d'une même dimension Majoration 20 %

9784 **Chaperons** pour scies allemandes En plus La paire 0.95

à chantourner ou à refendre pour charron, dents couchées ou à crochet

	Longueur %m	Largeur %m	10	15	20	25	30	35	40	45	50	55
9785	75	Les 12 pièces	15..	17.15	19.30	21.50	23.60	26..	28..	30..	32.15	34.30
9786	80	"	17.15	16.60	20.70	23..	25..	27.15	29.50	31.50	34.30	37..
9787	85	"	18.60	20.70	23..	26..	27.15	29.30	31.60	34.30	37..	40..
9788	90	"	"	23..	25..	27.15	29.30	31.60	34.30	37..	40..	43..

Par moins de 6 pièces d'une même dimension Majoration 20 %

N.B. Bien spécifier si ces scies doivent être livrées avec dents couchées ou à crochet

à bûches

		Longueur %m	76	81	86
9789	Largeur 60 %m, non affutées	Les 12 pièces	31.60	33..	34.30
9790	" 65 "	"	33..	34.30	36..

Ces mêmes scies livrées affutées En plus pour toutes dimensions, les 12 pièces 4.30
Par moins de 6 pièces d'une même dimension Majoration 20 %

9761

9762

9763

9766

Mon MONGIN Aîné PARIS Ed. MONGIN Sr

MARQUE DE FABRIQUE

9767

9768

9776

9786

dents couchées

dents à crochet

9789

9791

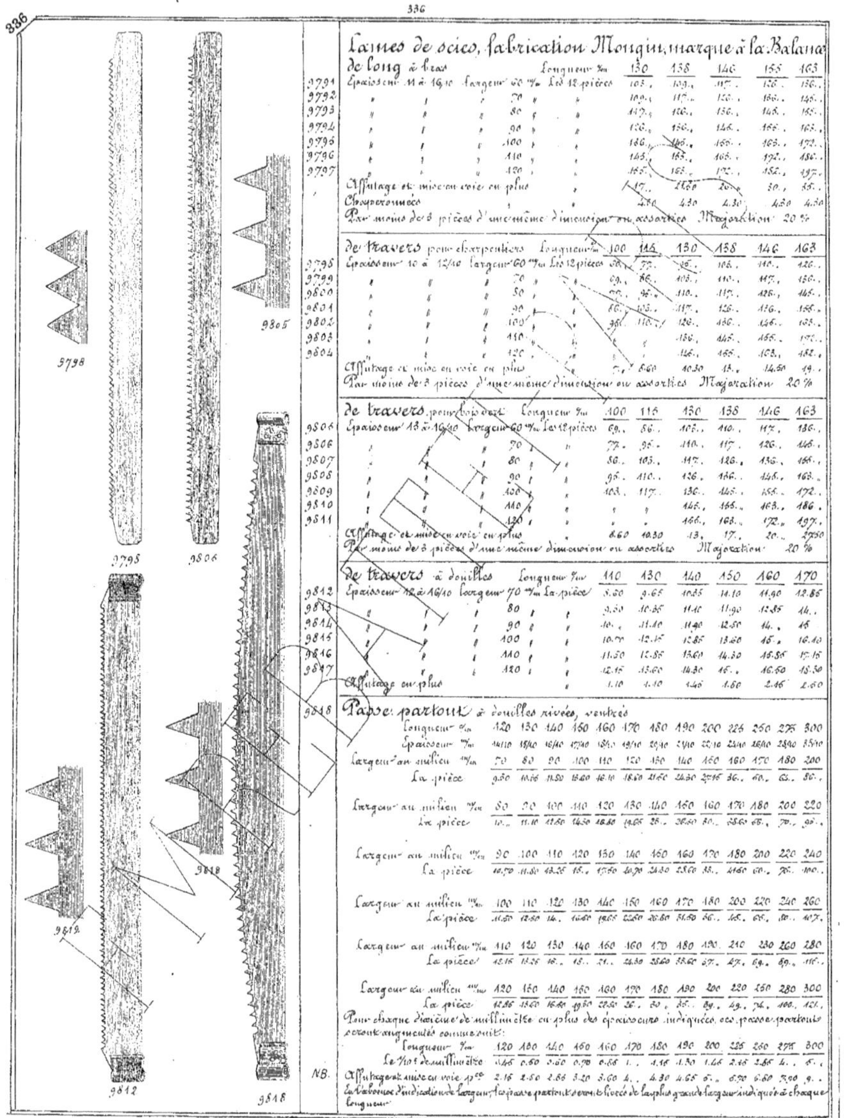

Lames de scies, fabrication Mongin, marque à la Balance

de long à bras

N°	Désignation	130	138	146	155	163
9791	Épaisseur 14 à 16/10 largeur 60 m/m Les 12 pièces	103.	109.	117.	126.	136.
9792	70	109.	117.	126.	136.	145.
9793	80	117.	126.	136.	145.	155.
9794	90	126.	136.	146.	155.	163.
9795	100	136.	145.	155.	163.	172.
9796	110	145.	163.	165.	172.	186.
9797	120	165.	163.	172.	182.	197.
	Affûtage et mise en voie en plus	17.	21.50	20.	30.	35.
	Chaperonnées	4.30	4.30	4.30	4.30	4.30

Par moins de 3 pièces d'une même dimension ou assorties Majoration 20 %

de travers pour charpentiers

N°	Désignation	100	115	130	138	146	163
9798	Épaisseur 10 à 12/10 largeur 60 m/m Les 12 pièces	56.	77.	95.	105.	110.	126.
9799	70	69.	86.	103.	110.	117.	136.
9800	80	77.	95.	110.	117.	126.	145.
9801	90	86.	103.	117.	126.	136.	155.
9802	100	95.	110.	126.	136.	146.	163.
9803	110	–	–	136.	145.	155.	172.
9804	120	–	–	146.	155.	163.	182.
	Affûtage et mise en voie en plus	7.	8.60	10.30	13.	14.50	19.

Par moins de 3 pièces d'une même dimension ou assorties Majoration 20 %

de travers pour bois vert

N°	Désignation	100	115	130	138	146	163
9805	Épaisseur 13 à 16/10 largeur 60 m/m Les 12 pièces	69.	86.	103.	110.	117.	136.
9806	70	77.	95.	110.	117.	126.	145.
9807	80	86.	103.	117.	126.	136.	155.
9808	90	95.	110.	126.	136.	145.	163.
9809	100	103.	117.	136.	145.	155.	172.
9810	110	–	–	145.	155.	163.	186.
9811	120	–	–	166.	163.	172.	197.
	Affûtage et mise en voie en plus	8.60	10.30	13.	17.	20.	27.50

Par moins de 3 pièces d'une même dimension ou assorties Majoration 20 %

de travers à douilles

N°	Désignation	110	130	140	150	160	170
9812	Épaisseur 12 à 16/10 largeur 70 m/m La pièce	8.50	9.65	10.85	11.10	11.90	12.85
9813	80	9.30	10.35	11.10	11.90	12.85	14.
9814	90	10.	11.10	11.90	12.50	14.	15
9815	100	10.70	12.15	12.85	13.60	15.	16.10
9816	110	11.50	12.85	13.60	14.30	15.85	17.15
9817	120	12.15	13.60	14.30	15.	16.50	18.30
	Affûtage en plus	1.10	1.10	1.45	1.60	2.15	2.50

9818 Passe-partout à douilles rivées, ventrés

Longueur c/m	120	130	140	150	160	170	180	190	200	225	250	275	300
Épaisseur m/m	14/10	15/10	16/10	17/10	18/10	19/10	20/10	21/10	22/10	24/10	26/10	28/10	35/10
Largeur au milieu m/m	70	80	90	100	110	120	130	140	150	160	170	180	200
La pièce	9.50	10.65	11.50	13.60	16.10	18.60	21.60	24.30	27.15	36.	50.	65.	86.
Largeur au milieu m/m	80	90	100	110	120	130	140	150	160	170	180	200	220
La pièce	10.	11.10	12.80	14.50	16.80	19.65	25.	26.50	30.	38.60	65.	70.	95.
Largeur au milieu m/m	90	100	110	120	130	140	150	160	170	180	200	220	240
La pièce	10.70	11.80	13.25	15.	17.50	20.70	24.80	28.60	33.	41.60	60.	75.	100.
Largeur au milieu m/m	100	110	120	130	140	150	160	170	180	200	220	240	260
La pièce	11.50	12.50	14.	16.60	19.65	22.60	26.80	31.50	36.	45.	65.	80.	107.
Largeur au milieu m/m	110	120	130	140	150	160	170	180	190	210	230	260	280
La pièce	12.15	13.25	16.	18.	21.	24.30	28.60	33.60	37.	47.	69.	89.	116.
Largeur au milieu m/m	120	130	140	150	160	170	180	190	200	220	250	280	300
La pièce	12.85	13.60	16.80	19.80	22.50	26.	30.	35.	39.	49.	74.	100.	121.

Pour chaque dixième de millimètre en plus des épaisseurs indiquées, ces passe-partouts seront augmentés comme suit :

Longueur c/m	120	130	140	150	160	170	180	190	200	225	250	275	300
Le 1/10e de millimètre	0.45	0.50	0.60	0.70	0.85	1.	1.15	1.30	1.45	2.15	2.85	4.	5.
Affûtage et mise en voie p[ce]	2.15	2.50	2.85	3.20	3.60	4.	4.30	4.65	5.	5.70	6.60	7.90	9.

NB. En l'absence d'indication de largeur, les passe-partout seront livrés de la plus grande largeur indiquée à chaque longueur.

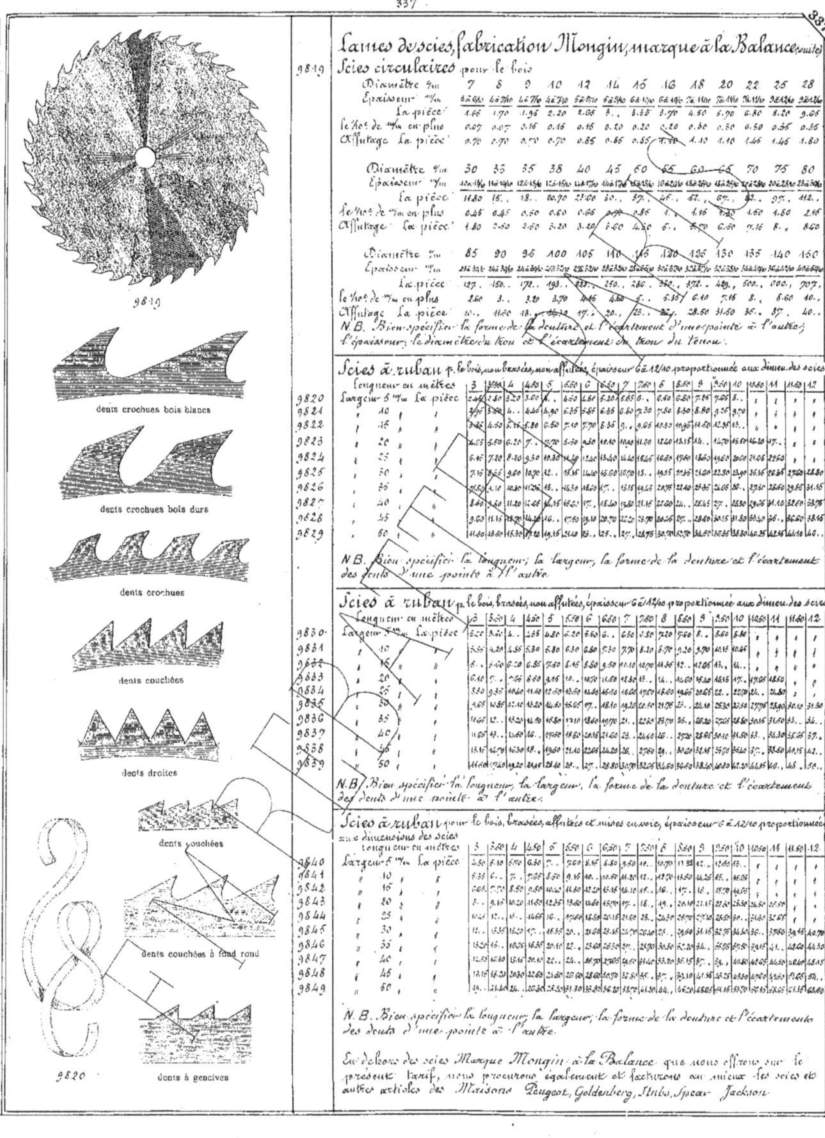

9819

dents crochues bois blancs

dents crochues bois durs

dents crochues

dents couchées

dents droites

dents couchées

dents couchées à fond rond

9820 dents à gencives

Lames de scies, fabrication Mongin, marque à la Balance (suite)

9819 **Scies circulaires** pour le bois

Diamètre c/m	7	8	9	10	12	14	15	16	18	20	22	25	28
Épaisseur m/m	3 à 6/10	4 à 7/10	4 à 7/10	4 à 7/10	5 à 9/10	5 à 9/10	6 à 10/10	6 à 10/10	7 à 11/10	7 à 11/10	7 à 11/10	9 à 12/10	9 à 12/10
La pièce	1.65	1.70	1.95	2.20	2.65	3..	3.35	3.70	4.50	5.70	6.80	8.20	9.65
le 1/10e de m/m en plus	0.07	0.07	0.15	0.15	0.15	0.20	0.20	0.20	0.30	0.30	0.50	0.35	0.35
Affûtage la pièce	0.70	0.70	0.70	0.70	0.85	0.85	0.85	1.10	1.10	1.10	1.45	1.45	1.80

Diamètre c/m	30	33	35	38	40	45	50	55	60	65	70	75	80
Épaisseur m/m	10 à 13/10	11 à 14/10	12 à 15/10	12 à 15/10	14 à 17/10	14 à 17/10	15 à 18/10	16 à 20/10	18 à 24/10	18 à 25/10	20 à 28/10	20 à 28/10	23 à 30/10
La pièce	11.80	15..	18..	20.70	23.60	30..	37..	45..	52..	67..	82..	97..	112..
le 1/10e de m/m en plus	0.45	0.45	0.50	0.60	0.65	0.75	0.85	1..	1.15	1.30	1.60	1.80	2.15
Affûtage la pièce	1.80	2.50	2.50	3.20	3.20	3.60	4.30	5..	5.70	6.50	7.15	8..	8.60

Diamètre c/m	85	90	95	100	105	110	115	120	125	130	135	140	150
Épaisseur m/m	23 à 32/10	24 à 32/10	24 à 32/10	25 à 32/10	25 à 32/10	28 à 33/10	28 à 33/10	30 à 35/10	32 à 37/10	32 à 38/10	34 à 40/10	36 à 42/10	40 à 50/10
La pièce	127..	150..	172..	193..	222..	250..	286..	330..	372..	429..	500..	600..	707..
le 1/10e de m/m en plus	2.60	3..	3.20	3.70	4.15	4.60	5..	5.35	6.10	7.15	8..	8.60	10..
Affûtage la pièce	10..	11.50	13..	14.50	17..	20..	23..	26..	28.50	31.50	35..	37..	40..

N.B. Bien spécifier la forme de la denture et l'écartement d'une pointe à l'autre; l'épaisseur, le diamètre du trou et l'écartement du trou du tenon.

Scies à ruban p. le bois, non brasées, non affûtées, épaisseur 6 à 12/10 proportionnée aux dimen. des scies

	Longueur en mètres	3	3.50	4	4.50	5	5.50	6	6.50	7	7.50	8	8.50	9	9.50	10	10.50	11	11.50	12
9820	Largeur 5 m/m La pièce	2.45	2.80	3.20	3.60	4..	4.40	4.80	5.20	5.65	6..	6.50	6.80	7.25	7.65	8..	"	"	"	"
9821	" 10 " "	2.95	3.50	4..	4.40	4.90	5.35	5.85	6.35	6.80	7.30	7.80	8.30	8.80	9.25	9.70	"	"	"	"
9822	" 15 " "	3.85	4.50	5.15	5.80	6.50	7.10	7.70	8.35	9..	9.65	10.30	10.95	11.50	12.35	13..	"	"	"	"
9823	" 20 " "	4.55	5.50	6.20	7..	7.70	8.50	9.30	10.10	10.40	11.50	12.40	13.15	14..	14.70	15.50	16.20	17..	"	"
9824	" 25 " "	6.45	7.20	8.20	9.30	10.30	11.40	12.40	13.40	14.40	15.45	16.50	17.50	18.60	19.60	20.60	21.05	22.60	"	"
9825	" 30 " "	7.15	8.35	9.60	10.70	12..	13.15	14.40	15.60	16.70	18..	19.15	20.25	21.60	22.80	23.90	25.15	26.35	27.60	28.80
9826	" 35 " "	7.80	9.10	10.40	11.75	13..	14.30	15.60	17..	18.15	19.45	20.75	22.40	23.35	24.65	26..	27.30	28.60	29.85	31.15
9827	" 40 " "	8.60	9.50	11.20	12.65	14.15	15.60	17..	18.40	19.80	21.15	22.60	24..	25.45	27..	28.30	29.75	31.10	32.60	33.75
9828	" 45 " "	9.60	11.15	12.70	14.40	16..	17.50	19.10	20.70	22.20	23.70	25.25	27..	28.40	30.15	31.80	33.40	35..	36.60	38.15
9829	" 50 " "	11.40	13.60	15.30	17.20	19.15	21.10	23..	25..	27..	28.75	30.50	32.70	34.50	36.35	38.30	40.25	42.15	44.10	46..

N.B. Bien spécifier la longueur, la largeur, la forme de la denture et l'écartement des dents d'une pointe à l'autre.

Scies à ruban p. le bois, brasées, non affûtées, épaisseur 6 à 12/10 proportionnée aux dimen. des scies

	Longueur en mètres	3	3.50	4	4.50	5	5.50	6	6.50	7	7.50	8	8.50	9	9.50	10	10.50	11	11.50	12
9830	Largeur 5 m/m La pièce	3.20	3.60	4..	4.35	4.80	5.20	5.60	6..	6.50	6.80	7.20	7.60	8..	8.50	8.80	"	"	"	"
9831	" 10 " "	3.55	4.20	4.55	5.30	5.80	6.30	6.80	7.30	7.70	8.20	8.70	9.20	9.70	10.15	10.65	"	"	"	"
9832	" 15 " "	5..	5.60	6.20	6.85	7.50	8.15	8.80	9.50	10.10	10.70	11.35	12..	12.65	13..	14..	"	"	"	"
9833	" 20 " "	6.10	7..	7.65	8.60	9.15	10..	10.70	11.50	12.30	13..	14..	14.60	15.40	16.15	17..	17.65	18.50	"	"
9834	" 25 " "	8.30	9.35	10.40	11.40	12.50	13.50	14.50	15.50	16.60	17.00	18.60	19.65	20.65	22..	22.70	24..	24.80	"	"
9835	" 30 " "	9.65	10.85	12.10	13.20	14.40	15.65	17..	18.10	19.20	20.50	21.75	23..	24.10	25.30	26.50	27.75	28.90	30.10	31.30
9836	" 35 " "	10.65	12..	13.20	14.50	15.80	17.10	18.60	19.70	21..	22.20	23.70	25..	26.20	27.65	28.80	30.15	31.50	33..	34..
9837	" 40 " "	11.65	13..	15.50	16..	17.50	18.80	20.15	21.60	23..	24.40	26..	27.20	28.65	30.10	31.50	33..	34.30	35.65	37..
9838	" 45 " "	13.15	14.70	16.30	18..	19.60	21.10	22.65	24.20	26..	27.60	29..	30.60	32.15	33.70	35.40	37..	38.50	40.15	42..
9839	" 50 " "	14.60	17.40	19.20	21.15	23.10	25..	27..	28.80	30.70	32.05	34.60	36.50	38.40	40.30	42.20	44.15	46..	48..	50..

N.B. Bien spécifier la longueur, la largeur, la forme de la denture et l'écartement des dents d'une pointe à l'autre.

Scies à ruban pour le bois, brasées, affûtées et mises en voie, épaisseur 6 à 12/10 proportionnée aux dimensions des scies

	Longueur en mètres	3	3.50	4	4.50	5	5.50	6	6.50	7	7.50	8	8.50	9	9.50	10	10.50	11	11.50	12
9840	Largeur 5 m/m La pièce	4.50	5.10	5.50	6.30	7..	7.60	8.15	8.80	9.50	10..	10.70	11.25	12..	12.65	13..	"	"	"	"
9841	" 10 " "	5.35	6..	7..	7.65	8.50	9.15	10..	10.60	11.20	12..	12.50	13.50	14.25	15..	15.65	"	"	"	"
9842	" 15 " "	6.65	7.50	8.50	9.50	10.40	11.30	12.20	13.15	14.10	15..	16..	17..	18..	18.75	19.65	"	"	"	"
9843	" 20 " "	8..	9.15	10.20	11.60	12.25	13.60	14.60	15.70	17..	18..	19..	20.10	21.15	22.20	23.30	24.50	25.50	"	"
9844	" 25 " "	10.45	12..	13..	14.65	16..	17.60	18.50	20.15	21.60	23..	24.30	25.75	27.10	28.50	30..	31.35	32.65	"	"
9845	" 30 " "	12..	13.35	15.20	17..	18.35	20..	21.60	23.15	24.70	26.40	28..	29.60	31.15	32.75	34.30	36..	37.60	39.15	40.70
9846	" 35 " "	13.20	15..	16.85	18.55	20.10	22..	23.60	25.30	27..	28.70	30.50	32.20	34..	35.75	37.50	39.15	41..	42.60	44.30
9847	" 40 " "	14.50	16.40	18.15	20.10	22..	24..	25.70	27.65	29.50	31.40	33.30	35.15	37..	39..	40.80	42.65	44.50	46.40	48.15
9848	" 45 " "	16.15	18.20	20.30	22.60	24.60	26.60	28.60	30.70	32.80	35..	37..	39.10	41.15	43.25	45.30	47.60	49.50	51.65	54..
9849	" 50 " "	19..	21.40	24..	26.30	28.50	31.30	33.80	36.20	38.70	41.20	44..	46.20	48.65	51.15	53.70	56.15	58.65	61.15	63.60

N.B. Bien spécifier la longueur, la largeur, la forme de la denture et l'écartement des dents d'une pointe à l'autre.

En dehors des scies Marque Mongin à la Balance que nous offrons sur le présent tarif, nous procurons également et facturons au mieux les scies et autres articles des Maisons Peugeot, Goldenberg, Stubs, Spear Jackson.

Outils pour jardin agriculture et Accessoires d'arrosage.

9850 **Bêches** pour enfants, blanchies sans manche

Longueur c/m	8	10	12	14	16	18	20
La pièce	0.80	0.85	1. .	1.20	1.35	1.50	1.65

9851 **Bêches** Senlis demi-blanchies sans manche
Emmanchées en plus

Longueur c/m	16	18	20	22	24	26	28
Le kilog	2.20	2.20	2.20	1.65	1.65	1.65	1.65
La pièce	0.60	0.60	0.60	0.60	0.60	0.60	0.60

9852 **Bêches** Senlis, douille ouverte emmanchées

Longueur c/m	20	22	24	26	28	30	32
La pièce	1.70	1.90	2.05	2.20	2.40	2.55	2.75

Bêches louchets emmanchées

		Longueur c/m	22	24	26	28	30	32	34
9853	Plume ouverte manche à pomme	La pièce	3.15	3.40	3.75	4.05	4.35	4.65	4.95
9854	" soudée fermée		3.15	3.45	3.75	4.05	4.35	4.65	4.95

Ces bêches avec manche à béquille, en plus — La pièce 0.25

Binettes à betteraves, acier forgé d'une seule pièce

		Largeur c/m	9 à 10	11 à 12	13	14	15	16	17	18	19	20
9855	à douille, sans manche	La pièce	1.85	1.90	1.95	2.10	2.25	2.40	2.55	2.70	2.80	2.95
9856	avec manche, longueur 70 c/m	"	2.20	2.25	2.30	2.45	2.60	2.75	2.90	3.05	3.15	3.30
9857	" " " 106 "	"	2.35	2.40	2.45	2.60	2.75	2.90	3.05	3.20	3.30	3.45

9858 **Binettes** parisiennes, lame acier fondu, douille fer forgé

	Largeur des lames m/m	140	150	160	175	185	195	210
avec manche, longueur 60 à 80 c/m	La pièce	2.55	2.55	2.65	2.70	2.95	3.10	3.25

Brosses à décortiquer ou émousser la vigne et les arbres Voir page 52 Nos 1420 et 1421

Chassis de couche en fer

		Dimensions c/m	100x100	100x135	100x135	130x135	130x135
		Nombre de traverses	3	3	4	4	5
9859	Fer ordinaires, peints, sans verrerie	La pièce	6.50	7.15	8. .	8.60	9.30
9860	Fer renforcé " " "	"	7.95	8.60	9.45	10.05	10.75

9861 **Chassis de couche** en chêne, traverse du bas en fer à U
dimensions 130x135 c/m à 4 traverses — La pièce 13.60

Coffres ou bâches démontables en bois pour chassis de couche

		Dimensions c/m	100x135	200x135	300x135	130x135	260x135	390x135
		Pour nombre de chassis	1	2	3	1	2	3
9862	Bruts sans peinture avec pied chêne	La pièce	14.40	19.20	24. .	16. .	22.40	28.80
9863	Rabotés et peints, pied fer cornière	"	19.20	26.60	32. .	20.80	28.80	36.80

Crémaillères pour lever les chassis de couche

			peintes	galvanisées
9864	Mobiles à crans, à crochets	La pièce	1.05	1.25
9865	Fixes " "	"	1.25	1.65

Cisailles à haies ou à épines

			gazon	passe petit	petit	moyen	grand
		Longueur des lames c/m	31	33	37	40	43
9866	à écrou à oreilles	La pièce	3.60	4. .	4.50	6. .	6.70
9867	à écrou cuivre, vis de sûreté	"	4.60	5.20	6.15	7.15	8.15

Couteaux à asperges Voir page 121 Nos 3896 et 3897

Couteaux à greffer Voir page 121 Nos 3871 à 3877

9868 **Croissants de jardin** aciérés polis

Longueur c/m	14	16	18	20	22	24	26	28	30
La pièce	2.80	3.20	3.60	4.15	4.65	5.20	5.60	6. .	6.40

9869 **Croissants de jardin** forme S polis

Longueur totale c/m	22	26	29
La pièce	2.75	3.05	3.35

Cueille fruits

		Diamètre c/m	8	10	11	13
9870	Ferblanc poli, ordinaire	La pièce	0.55	0.70	"	"
9871	" " renforcé	"	"	"	1.05	1.40
9872	" verni et bronzé	"	"	"	1.40	1.75
9873	Toile métallique vernie et bronzée	"	"	1.75	2. .	2.30

9874	**Cueilleuse** système Dubois, rustique, bout fer, manche de 80 à 130 c/m	La pièce	21.75
9875	" " " ½ fine, bambou blanc, garniture cuivre	"	23.25
9876	" " " fine, bambou et manche noir, garniture nickelée	"	26.25
9877	" " " extra longue jusqu'à 2 mètres, pour arbres de plein vent		36.75

2631 **Ciseau à raisin** ou à fleurs, retenant l'objet coupé Voir page 83

9878 **Ciseau coupe fleurs** acier nickelé, ressort bleu, longueur 16 c/m retenant la fleur coupé — La pièce 3.75

339

Cueille-fleurs forme échenilloir, retenant la fleur coupée

9879 Acier bleui, douille cuivrée, longueur 21 %m . . . . La pièce 3.75
9880 " nickelé " " " . . . . " . . 4.60

Echenilloirs Mignon, coupe fleurs, retenant la branche coupée

9881 Acier bleui, douille cuivrée, longueur 25 %m . . . . La pièce 4.50
9882 " nickelé " " " " . . . . " . . 5.65

Echenilloirs dits Hercule tout acier estampé à nervures

9883			
Longueur %m	32	37
Coupant, diamètre %m	20	30
La pièce	5.70	7.15

Echenilloirs noirs, forts à roulette douille forgée (R.B.T.)

9884				
Longueur %m	30	32	35	38
La pièce	2.70	2.85	3.25	3.60

Echenilloirs double tranchant système Aubert

9885					
Nos	5	4	3	2	1
Longueur totale %m	20	26	32	42	52
Coupant, diamètre %m	10	15	20	30	40
La pièce	5..	6.70	7.45	11.50	14.30

9886 **Echardonnoirs** ordinaires, acier forgé poli, longueur 19 %m . . . La pièce 1. .

Ecussonnoirs greffoirs Voir page 121 Nos 3876 et 3877

9887 **Egrenoirs** à maïs, fonte à manivelle, à ressort de pression . . . La pièce 4.60
Cet article n'est pas disponible sur place, l'expédition est faite de la fabrique qui est hors Paris

9888 **Emondoirs** acier forgé poli à crochet, longueur 28 %m . . . La pièce 2.10

9889 **Emoussoirs** précieux, lame à tranchant et à dents, tige fer bleui, manche bois pce 2.75

Etiquettes pour jardins ou arbustes Voir pages 182 et 183 Nos 6523 à 6534

6535 **Encre** spéciale pour étiquettes zinc Voir page 183

Faucilles, Faulx et accessoires Voir page 192 Nos 5726 à 5742

Fourches à foin

	Longueur des dents %m	20	23	26	28	31
9890	à douille, bleuies 2 dents . . . Le cent			69. .		78. .
9891	" " 3			96. "		100. .

Fourches à foin emmanchées

		Longueur des manches %m	120	135	150	165	180	195	210	220	240
9892	Polies à 2 dents	20 %m La pièce	1.25	1.35	1.45	1.55	1.60	1.65	1.75	1.80	1.85
9893	" "	23 . . . "	1.35	1.40	1.55	1.60	1.65	1.75	1.80	1.85	1.95
9894	" "	26 . . . "	1.45	1.50	1.60	1.65	1.75	1.80	1.85	1.95	2. .
9895	" "	31 . . . "	1.50	1.60	1.65	1.75	1.80	1.85	1.95	2. .	2.05
9896	Polies à 3 dents	23 . . . "	1.75	1.80	1.95	2. .	2.05	2.15	2.20	2.30	2.35
9897	" "	26 . . . "	1.95	2. .	2.05	2.15	2.20	2.30	2.35	2.40	2.45
9898	" "	31 . . . "	2.15	2.20	2.30	2.35	2.40	2.45	2.55	2.60	2.70

Fourches à fumier à douille

			bleuies	polies
9899	à 3 dents 34 %m ordinaires . . .	La pièce	1.05	1.25
9900	à 4 " 31 " " . . .	"	1.25	1.45
9901	à 4 " 34 " " . . .	"	1.35	1.65
9902	à 4 " 37 " " . . .	"	1.50	1.70
9903	à 3 " 31 " avec patte allongée . . .	"	1.20	1.40
9904	à 4 " 31 " " " . . .	"	1.35	1.55

Fourches à fumier

		Nombre de dents	5	6
9905	à douille, longueur des dents 33 %m . . .	La pièce	2.75	3.05
9906	" " 37 . . .	"	3.05	3.30
9907	Emmanchées avec férule . . .	"	4.95	5.35

Fourches à fumier, emmanchées

			à capuchon	à férule
9908	à 3 dents Philadelphie . . .	La pièce	1.75	1.80
9909	" Otsego légères . . .	"	2.45	2.60
9910	" Otsego lourdes . . .	"	3.05	3.15
9911	à 4 dents Philadelphie . . .	"	1.90	2. .
9912	" Otsego légères . . .	"	2.75	2.90
9913	" Otsego lourdes . . .	"	3.30	3.45

Crocs à fumier

		Nombre de dents	3	4
9914	à douille ordinaire . . .	La pièce	1.35	1.50
9915	" à patte allongée . . .	"	1.50	1.65
9916	Emmanchés, longueur du manche 180 %m . . .	"	2.20	2.55

9881 9883 9884 9886

9885

9885

9890 9891

9899 9900 9904

9892 9905 5 dents 9906 6 dents 9914

9908 à capuchon

9911 à férule

9916

9918 · 9919 · 9927 · 9926 · 9932 · 9935 · 9927 · 9932

manche à pomme · manche à poignée · manche à béquille · 9946 · 9947 · 9948 · 9950

9938 · 9939 · 9952 · 9955 · 9957

Fourches javeleuses, pour l'enjavelage des céréales, à ramasser et à charger les fourrages

N°	Désignation	150	[illegible]	180	200	220	240
	Longueur du manche						
9917	3 dents courtes, avec férule, longueur de la fourche 29 c/m, long. de dents intérieures 35 c/m pl.	[illegible]	[illegible]	[illegible]	[illegible]	[illegible]	8.05
9918	3 dents longues, " " " " " 29 " " " " " 40 " "	[illegible]	[illegible]	[illegible]	7.90	8.15	8.40
9919	4 dents " " " " " 34 " " " " " 42 " "	8.65	8.80	9.05	9.50	9.65	9.80
9920	5 dents " " " " " 40 " " " " " 42 " "	9.45	9.60	9.85	10.10	10.35	10.50

Arrache pommes de terre

N°	Désignation		Prix
9921	à douille sans manche	La pièce	2.75
9922	" " " Philadelphie, manche à pomme	"	4. "
9923	" " " " " à poignée	"	4.25
9924	" " " Otsego, manche à pomme	"	5.50
9925	" " " " à poignée	"	5.75

Fourches à betteraves

N°	Désignation		Prix
9926	à 2 dents, tout acier d'une seule pièce, épaulement carré, manche à béquille	La pce	2.45
9927	à 6 dents rondes relevées de côté, manche à pomme	"	4.80
9928	à 6 " " " " à poignée	"	5.30
9929	à 6 dents rondes avec boule au bout, manche à pomme	"	5.65
9930	à 6 " " " " " à poignée	"	5.95

Fourches à cailloux à 9 dents rondes

N°	Désignation		Prix
9931	à douille, dents relevées de côté	La pièce	6.60
9932	emmanchées " " "	"	7.85
9933	à douille, dents avec boule au bout	"	7.45
9934	emmanchées " " " "	"	8.70

Fourches à coke et pour tanneurs

N°	Désignation	8	10	12	14
	Nombre de dents				
9935	avec manche à poignée ou à pomme — La pièce	12.10	14.30	17.60	26.10

Manches d'arrache pommes de terre

N°	Désignation		à poignée	à pomme
9936	sans férule, longueur 95-100-105 c/m	Le cent	110.	65.
9937	avec férule et capuchon " "		135.	110.

Manches de fourche

N°	Longueur c/m		120	135	150	165	180	195	210	220	240
9938	à foin	Le cent	60.	70.	80.	85.	95.	110.	120.	135	180
9939	à fumier, sans virole	"	75.	75.	85.	90.	95.	"	"	"	"
9940	" avec virole	"	100.	100.	110.	115.	125.	"	"	"	"
9941	" avec férule	"	120.	120.	130.	135.	145.	"	"	"	"

Férules et capuchons / Viroles et capuchons

N°	Désignation		Prix
9942	Férules et capuchons pour arrache pommes de terre	Les % garnitures	45. "
9943	" " pour fourches à fumier	"	82. "
9944	Viroles et capuchons pour fourches à foin	"	25. "
9945	" " " pour fourches à fumier	"	27. "

5654 **Fourches** en bois — Voir pages 187 et 188

9946 **Gant** métallique, fil carré pour décortiquer la vigne — La pièce 5.40

9947 **Chaîne** gourmette à décortiquer fil carré fer noir, poignée à clavier, long. 75 c/m — la pce 5. "

Haches et hachettes — Voir pages 224 et 225 Nos 6476 à 6489

Houes acier forgé, façon

N°	Désignation		Prix
9948	Bourgogne	Le kilog	2.45
9949	" " " Paris	"	2.45
9950	" " " Lorraine	"	2.55

Jeux d'outils de jardin et bain de mer, composés de 3 pièces : bêche, râteau, serfouette

Série courante, manche verni pour enfants

N°	Désignation		1	2	3	4	5	6	7
	Longueur des manches c/m		55	65	70	75	85		
9951	modèle léger tôle découpée blanchie	Le jeu	0.75	1.15	1.45	1.65	2.25		
	Longueur des manches c/m		65	70	75	85	85		
9952	modèle fort, forgé verni noir, bout blanchi	Le jeu	1.60	2.10	2.70	3.30	4.05		
	Longueur des manches c/m		55	65	75	80	90	90	105
9953	modèle fort rivé, entièrement poli	Le jeu	2.10	2.70	3.60	4.95	6.75	8.10	9. "

Pelles seules, modèle léger, manche verni

N°	Désignation		2	3
	Longueur des manches c/m		65	70
9954	forme ronde, dites terrassier, tôle vernie noire	Le cent	30. "	45. "

Pelles seules, modèle fort, manche verni

N°	Désignation		1	2	3
	Longueur des manches c/m		70	75	80
9955	forme ronde, dites terrassier, forgées bleuies, bout poli	La pièce	0.60	0.90	1.30
9956	" " " " " polies bleuies	"	0.90	1.30	1.75

Bêches seules, modèle fort, manche verni

N°	Désignation		1	2	3	4	5
	Longueur des manches c/m		55	65	75	80	90
9957	forme carrée, forgées bleuies, bout poli	La pièce	0.50	0.65	0.85	1.10	1.45
9958	" " " entièrement polies	"	0.80	0.90	1.30	1.75	2.40

341

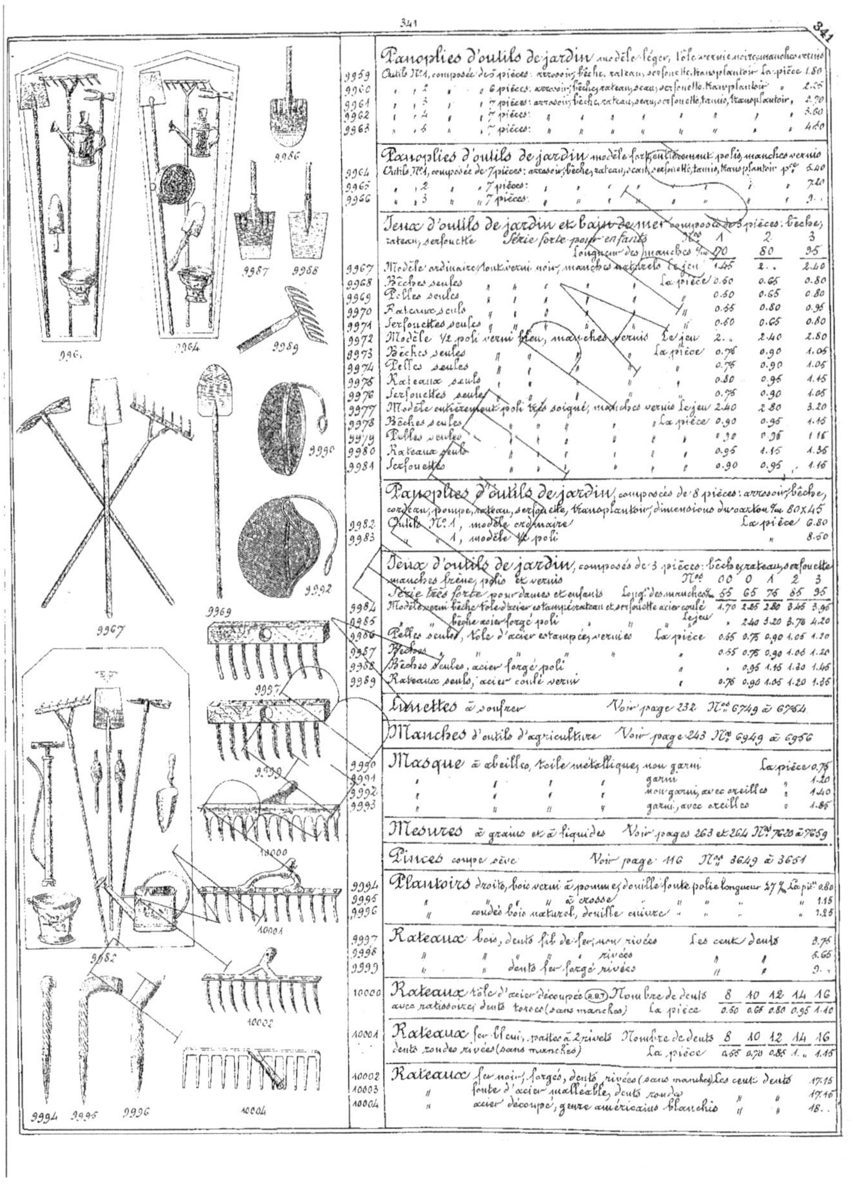

Panoplies d'outils de jardin modèle léger, tôle vernie noire, manches vernis

9959	Outils N° 1, composée de 5 pièces : arrosoir, bêche, rateau, serfouette, transplantoir	La pièce	1.80
9960	" " 2 " " 6 pièces : arrosoir, bêche, rateau, seau, serfouette, transplantoir	"	2.25
9961	" " 3 " " 7 pièces : arrosoir, bêche, rateau, seau, serfouette, tamis, transplantoir	"	2.70
9962	" " 4 " " 7 pièces : " " " " " " "	"	3.60
9963	" " 5 " " 7 pièces : " " " " " " "	"	4.60

Panoplies d'outils de jardin modèle fort, entièrement polis, manches vernis

9964	Outils N° 1, composée de 7 pièces : arrosoir, bêche, rateau, seau, serfouette, tamis, transplantoir	p.ce	5.40
9965	" " 2 " " 7 pièces : " " " " " " "	"	7.20
9966	" " 3 " " 7 pièces : " " " " " " "	"	9. .

Jeux d'outils de jardin et bains de mer composés de 3 pièces : bêche, rateau, serfouette. Série forte pour enfants

			N^os	1	2	3
			Longueur des manches c/m	70	80	95
9967	Modèle ordinaire tout verni noir, manches naturels	Le jeu		1.45	2. .	2.40
9968	Bêches seules " " " " "	La pièce		0.50	0.65	0.80
9969	Pelles seules " " " " "	"		0.50	0.65	0.80
9970	Rateaux seuls " " " " "	"		0.55	0.80	0.95
9971	Serfouettes seules " " " " "	"		0.50	0.65	0.80
9972	Modèle 1/2 poli verni bleu, manches vernis	Le jeu		2. .	2.40	2.80
9973	Bêches seules " " " " "	La pièce		0.75	0.90	1.05
9974	Pelles seules " " " " "	"		0.75	0.90	1.05
9975	Rateaux seuls " " " " "	"		0.80	0.95	1.15
9976	Serfouettes seules " " " " "	"		0.75	0.90	1.05
9977	Modèle entièrement poli très soigné, manches vernis	Le jeu		2.40	2.80	3.20
9978	Bêches seules " " " " "	La pièce		0.90	0.95	1.15
9979	Pelles seules " " " " "	"		0.90	0.95	1.15
9980	Rateaux seuls " " " " "	"		0.95	1.15	1.35
9981	Serfouettes " " " " "	"		0.90	0.95	1.15

Panoplies d'outils de jardin, composées de 8 pièces : arrosoir, bêche, cordeau, pompe, rateau, serfouette, transplantoir, dimensions du carton c/m 80×45

9982	Outils N° 1, modèle ordinaire	La pièce	6.80
9983	" " 1, modèle 1/2 poli	"	8.50

Jeux d'outils de jardin, composés de 3 pièces : bêche, rateau, serfouette, manches frêne, polis et vernis. Série très forte pour dames et enfants

			00	0	1	2	3
		Long.r des manches c/m	55	65	75	85	95
9984	Modèle verni bêche tôle d'acier estampée, rateau et serfouette acier coulé	Le jeu	1.70	2.25	2.80	3.45	3.95
9985	" " bêche acier forgé poli " " "	"	.	2.40	3.20	3.70	4.20
9986	Pelles seules, tôle d'acier estampée, vernies	La pièce	0.65	0.75	0.90	1.05	1.20
9987	Bêches " " " "	"	0.55	0.75	0.90	1.05	1.20
9988	Bêches seules, acier forgé poli	"	.	0.95	1.15	1.30	1.45
9989	Rateaux seuls, acier coulé verni	"	0.75	0.90	1.05	1.20	1.35

Lunettes à soufrer Voir page 232 N°s 6749 à 6754

Manches d'outils d'agriculture Voir page 243 N°s 6949 à 6956

Masque à abeilles, toile métallique

9990	non garni	La pièce	0.75
9991	" " " " garni	"	1.20
9992	" " " " non garni, avec oreilles	"	1.40
9993	" " " " garni, avec oreilles	"	1.85

Mesures à grains et à liquides Voir pages 263 et 264 N°s 7620 à 7659

Pinces coupe sève Voir page 116 N°s 3649 à 3651

Plantoirs

9994	droits, bois verni à pomme, douille fonte polie longueur 27 c/m	La p.ce	0.80
9995	" " " " à crosse " " "	"	1.15
9996	" coudés bois naturel, douille cuivre " " "	"	1.25

Rateaux

9997	bois, dents fil de fer, non rivées	Les cent dents	3.75
9998	" " " " rivées	" "	5.65
9999	" " dents fer forgé rivées	" "	9. .

Rateaux tôle d'acier découpée (R.B.T.) avec ratissoire, dents torses (sans manches)

		8	10	12	14	16
10000	Nombre de dents — La pièce	0.50	0.65	0.80	0.95	1.10

Rateaux fer bleui, pattes à 2 rivets, dents rondes rivées (sans manches)

		8	10	12	14	16
10001	Nombre de dents — La pièce	0.55	0.70	0.85	1. .	1.15

Rateaux

10002	fer noir, forgés, dents rivées (sans manches)	Les cent dents	17.15
10003	" fonte d'acier malléable, dents rondes	" "	17.15
10004	" acier découpé, genre américain blanchis	" "	18. .

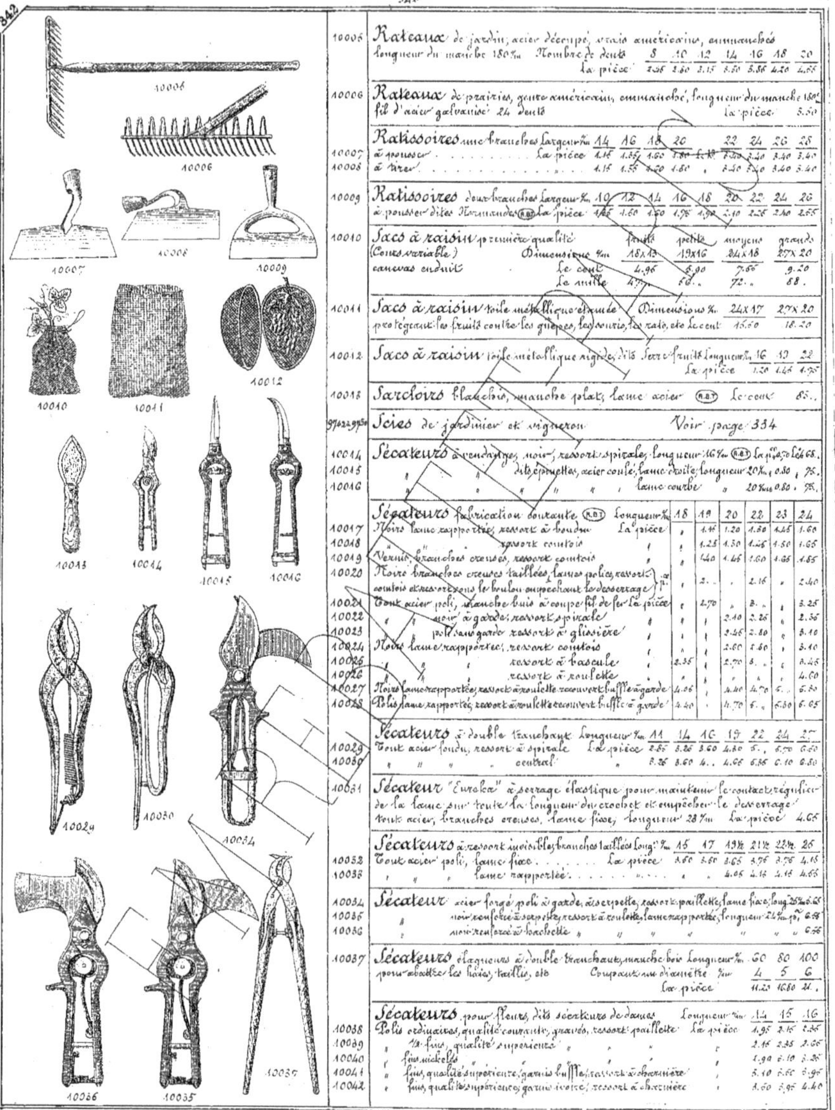

10005	**Rateaux** de jardin, acier découpé, vrais américains, emmanchés longueur du manche 180 c/m Nombre de dents 8, 10, 12, 14, 16, 18, 20 — La pièce 2.25, 2.60, 3.15, 3.50, 3.85, 4.20, 4.55
10006	**Rateaux** de prairies, genre américain, emmanché, longueur du manche 180 c/m fil d'acier galvanisé 24 dents — La pièce 5.50

Ratissoires une branche Largeur c/m

		14	16	18	20		22	24	26	28
10007	à pousser . . . . . La pièce	1.15	1.35	1.60	1.80	2.10	2.40	2.40	3.40	3.40
10008	à tirer	1.15	1.55	1.70	1.80	„	2.40	2.40	3.40	3.40

Ratissoires deux branches Largeur c/m

		10	12	14	16	18	20	22	24	26
10009	à pousser dites Normandes (R.D.T.) La pièce	1.45	1.60	1.60	1.75	1.90	2.10	2.25	2.40	2.55

		petits	petite	moyens	grands
10010	**Sacs à raisin** première qualité (Cours variable) Dimensions c/m	18x13	19x16	24x18	27x20
	canevas enduit Le cent	4.96	5.90	7.65	9.20
	Le mille	47..	56..	72..	88.

10011	**Sacs à raisin** toile métallique étamée protégeant les fruits contre les guêpes, les souris, les rats, etc Dimensions c/m	24x17	27x20
	Le cent	15.50	18.20

10012	**Sacs à raisin** toile métallique rigide, dits Serre-fruits longueur c/m	16	19	22
	La pièce	1.20	1.46	1.75

10013	**Sarcloirs** blanchis, manche plat, lame acier (R.D.T) Le cent 65..
9762 à 9750	**Scies** de jardinier et vigneron Voir page 334
10014	**Sécateurs** à vendanges, noir, ressort spirale, longueur 16 c/m (R.D.T) La pièce 0.70 Le cent 68.
10015	„ „ dits épinettes, acier coulé, lame droite, longueur 20 c/m „ 0.80 „ 75.
10016	„ „ „ „ „ „ lame courbe „ 20 c/m 0.80 „ 75.

Sécateurs fabrication courante (R.D.T) Longueur c/m

		18	19	20	22	23	24
10017	Noirs lame rapportée, ressort à boudin La pièce	„	1.16	1.20	1.30	1.45	1.60
10018	„ „ ressort contois „	„	1.25	1.30	1.45	1.50	1.65
10019	Vernis, branches creuses, ressort contois „	„	1.40	1.45	1.60	1.65	1.85
10020	Noirs branches creuses taillées, lames polies, ressort contois et ressort sous le boulon empêchant le desserrage } à p.	„	2..	„	2.16	„	2.40
10021	Tout acier poli, manche buis à coupe fil de fer La pièce	„	2.70	„	3..	„	3.25
10022	„ „ noir à garde, ressort spirale „	„	„	2.10	2.25	„	2.35
10023	„ „ poli sans garde ressort à glissière „	„	„	2.45	2.80	„	3.10
10024	Noirs lame rapportée, ressort contois „	„	„	2.60	2.80	„	3.10
10025	„ „ „ ressort à bascule „	2.35	„	2.70	3..	„	3.45
10026	„ „ „ ressort à roulette „	„	„	„	„	„	4.60
10027	Noirs lame rapportée, ressort à roulette recouvert buffle à garde	4.05	„	4.40	4.70	5..	5.30
10028	Polis lame rapportée, ressort à roulette recouvert buffle à garde	4.40	„	4.70	5..	5.30	5.65

Sécateurs à double tranchant Longueur c/m

		11	14	16	19	22	24	27
10029	Tout acier fondu, ressort à spirale La pièce	2.85	3.25	3.60	4.30	5..	5.70	6.50
10030	„ „ „ „ central „	3.25	3.60	4..	4.65	5.35	6.10	6.50

10031	**Sécateur** "Eureka" à serrage élastique pour maintenir le contact régulier de la lame sur toute la longueur du crochet et empêcher le desserrage tout acier, branches creuses, lame fixe, longueur 23 c/m La pièce 4.65

Sécateurs à ressort invisible, branches taillées Long. c/m

		15	17	19½	21½	22½	26
10032	Tout acier poli, lame fixe . . . . . La pièce	3.50	3.50	3.65	3.75	3.75	4.15
10033	„ „ „ lame rapportée . . . . „	„	„	4.05	4.15	4.15	4.65

10034	**Sécateur** acier forgé poli à garde, à serpette, ressort paillette, lame fixe, long. 25 c/m 5.65
10035	„ noir renforcé à serpette, ressort à roulette, lame rapportée, longueur 24 c/m La pièce 6.55
10036	„ noir renforcé à hachette „ „ „ „ „ „ „ 6.55

10037	**Sécateurs** élagueurs à double tranchant, manche bois Longueur c/m	60	80	100
	pour abattre les haies, taillis, etc Coupant au diamètre c/m	4	5	6
	La pièce	11.20	16.80	21.

Sécateurs pour fleurs, dits sécateurs de dames Longueur c/m

		14	15	16
10038	Polis ordinaires, qualité courante, gravés, ressort paillette La pièce	1.95	2.15	2.35
10039	„ ½ fins, qualité supérieure „ „ „ „	2.15	2.35	2.55
10040	„ fins nickelés „ „ „ „	1.90	2.10	2.25
10041	„ fins, qualité supérieure, garnis buffle, ressort à charnière „	3.10	3.60	3.95
10042	„ fins, qualité supérieure, garnis ivoire, ressort à charnière „	3.60	3.95	4.40

(Voir prix pages 338 et 342)

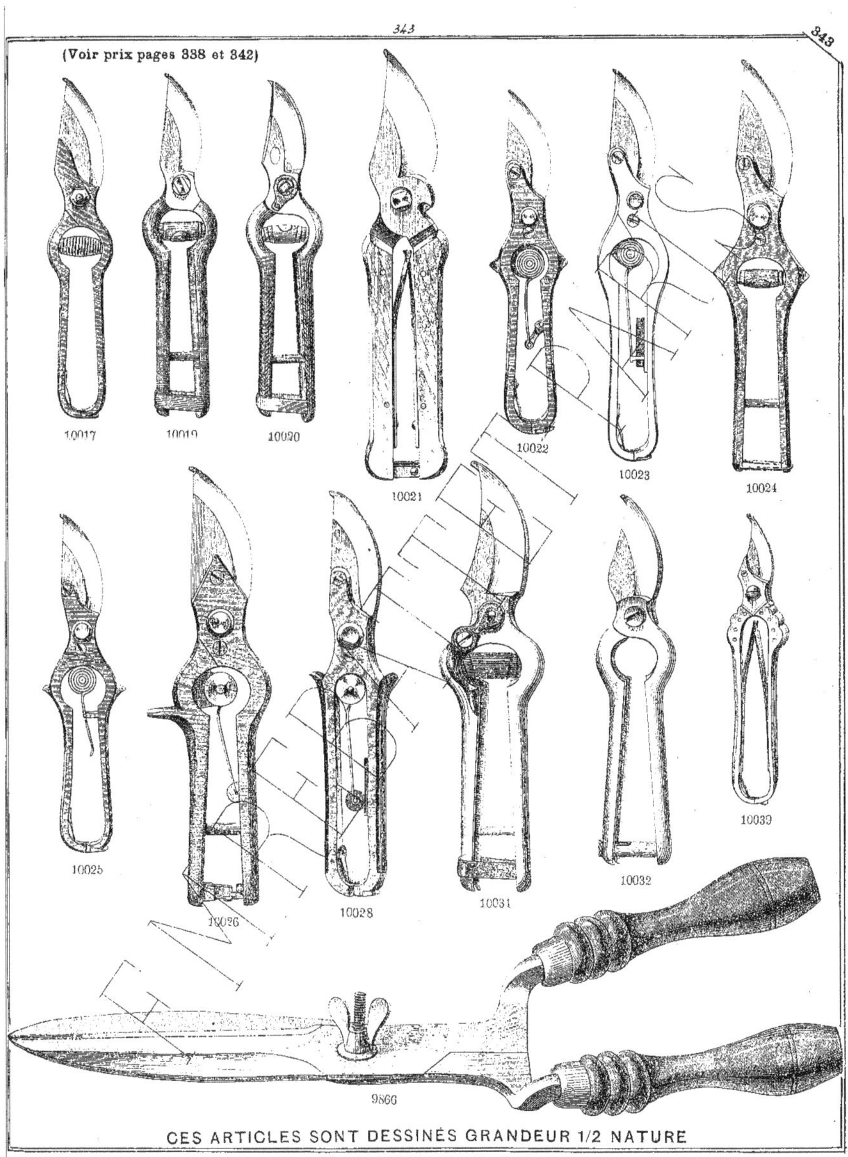

CES ARTICLES SONT DESSINÉS GRANDEUR 1/2 NATURE

Paris. — Imp. BONNADIEU 23, Rue des Francs-Bourgeois

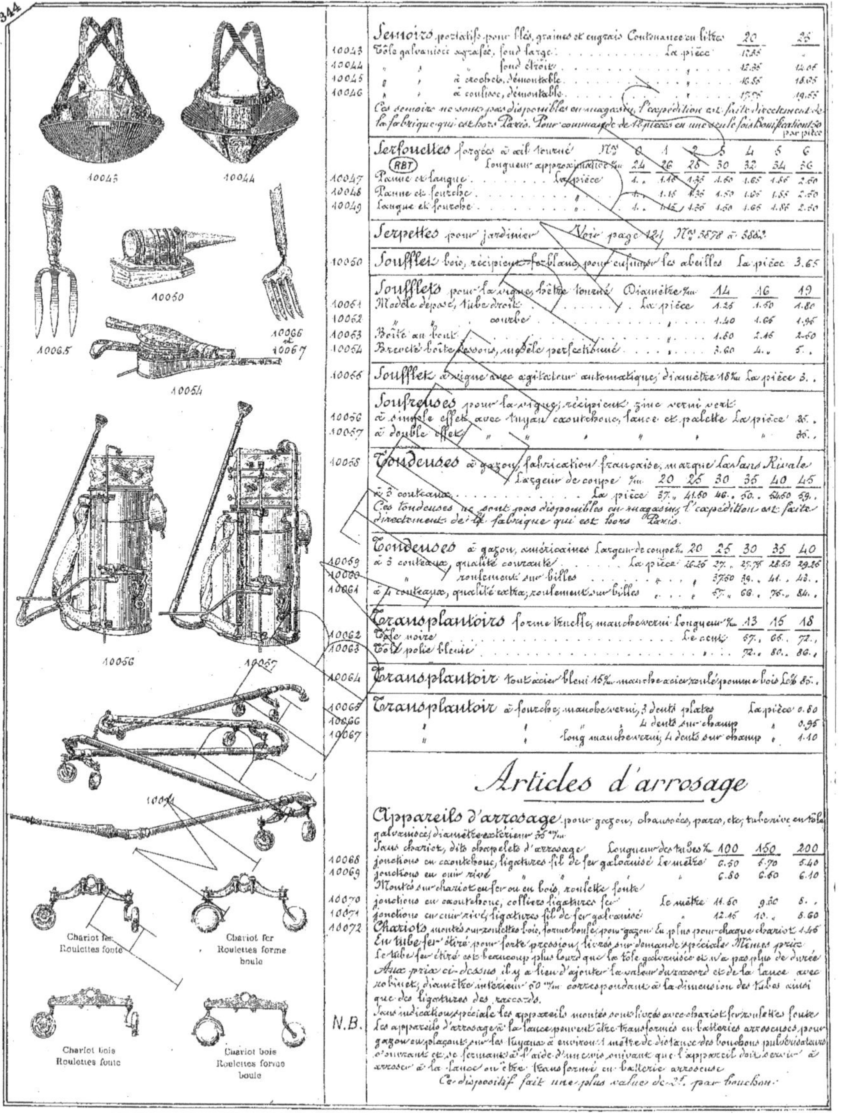

Semoirs portatifs pour blés, graines et engrais

	Contenance en litres	20	25
10043	Tôle galvanisée agrafée, fond large . . . La pièce	17.55	"
10044	" " fond étroit . . . "	12.35	14.05
10045	" " à crochets, démontable . . . "	16.55	18.05
10046	" " à coulisse, démontable . . . "	17.55	19.55

Ces semoirs ne sont pas disponibles en magasin, l'expédition est faite directement de la fabrique qui est hors Paris. Pour commande de 12 pièces en une seule fois bonification 0.50 par pièce

Serfouettes forgées à œil tourné (RBT)

	N°	0	1	2	3	4	5	6
	Longueur approximative %m	24	26	28	30	32	34	36
10047	Panne et langue . . . La pièce	1. .	1.16	1.35	1.50	1.65	1.85	2.50
10048	Panne et fourche . . . "	1. .	1.15	1.35	1.50	1.65	1.85	2.50
10049	Langue et fourche . . . "	1. .	1.15	1.35	1.50	1.65	1.85	2.50

Serpettes pour jardinier Voir page 121 N°s 3878 à 3862

10050 **Soufflets** bois, récipient ferblanc, pour enfumer les abeilles La pièce 3.65

Soufflets pour la vigne, hêtre tourné

	Diamètre %m	14	16	19
10051	Modèle déposé, tube droit . . . La pièce	1.25	1.50	1.80
10052	" " courbe . . . "	1.40	1.65	1.95
10053	Boîte au bout . . . "	1.60	2.15	2.60
10054	Breveté boîte à ressorts, modèle perfectionné . . . "	3.60	4. .	5. .

10055 **Soufflets** à vigne avec agitateur automatique, diamètre 18%m La pièce 3. .

Soufreuses pour la vigne, récipient zinc verni vert

10056 à simple effet avec tuyau caoutchouc, lance et palette La pièce 25. .
10057 à double effet " " " " 36. .

10058 **Tondeuses** à gazon, fabrication française, marque Sans Rivale

Largeur de coupe %m	20	25	30	35	40	45
à 3 couteaux . . . La pièce	37. .	41.50	46. .	50. .	54.50	59. .

Ces tondeuses ne sont pas disponibles en magasin, l'expédition est faite directement de la fabrique qui est hors Paris.

Tondeuses à gazon, américaines

	Largeur de coupe %m	20	25	30	35	40
10059	à 3 couteaux, qualité courante . . . La pièce	26.25	27. .	27.75	28.50	29.25
10060	" roulement sur billes . . . "	37.50	39. .	41. .	43. .	
10061	à 4 couteaux, qualité extra, roulement sur billes . . . "	57. .	66. .	75. .	84. .	

Transplantoirs forme truelle, manche verni

	Longueur %m	13	15	18
10062	Tôle noire . . . Le cent	57. .	66. .	72. .
10063	Tôle polie bleuie . . . "	72. .	80. .	86. .

10064 **Transplantoir** tout acier bleui 15%m manche acier roulé pomme bois Le % 85. .

	Transplantoir à fourche, manche verni, 3 dents plates	La pièce	0.80
10065	" " 4 dents sur champ	"	0.95
10067	" " long manche verni, 4 dents sur champ	"	1.10

Articles d'arrosage

Appareils d'arrosage pour gazon, chaussées, parcs, etc; tube rivé en tôle galvanisée, diamètre extérieur 35 %m

	Sans chariot, dits chapelets d'arrosage Longueur des tubes %m	100	150	200
10068	jonctions en caoutchouc, ligatures fil de fer galvanisé Le mètre	6.50	5.70	5.40
10069	jonctions en cuir rivé " " "	6.80	6.60	6.10
	Montés sur chariot en fer ou en bois, roulette fonte			
10070	jonctions en caoutchouc, colliers ligatures fer Le mètre	11.60	9.80	8. .
10071	jonctions en cuir rivé, ligatures fil de fer galvanisé "	12.15	10. .	8.60

10072 **Chariots** montés sur roulettes bois, forme boule, pour gazon En plus pour chaque chariot 1.45
En tube fer étiré pour forte pression, livrés sur demande spéciale Mêmes prix
Le tube fer étiré est beaucoup plus lourd que la tôle galvanisée et n'a pas plus de durée
Aux prix ci-dessus il y a lieu d'ajouter la valeur du raccord et de la lance avec robinet, diamètre intérieur 50 %m correspondant à la dimension des tubes ainsi que des ligatures des raccords.

N.B. Sans indication spéciale les appareils montés sont livrés avec chariot fer roulettes fonte
Les appareils d'arrosage à la lance peuvent être transformés en batteries arroseuses pour gazon en plaçant sur les tuyaux à environ 1 mètre de distance des bouchons pulvérisateurs s'ouvrant et se fermant à l'aide d'une vis suivant que l'appareil doit servir à arroser à la lance ou être transformé en batterie arroseuse

Ce dispositif fait une plus value de 2f. par bouchon.

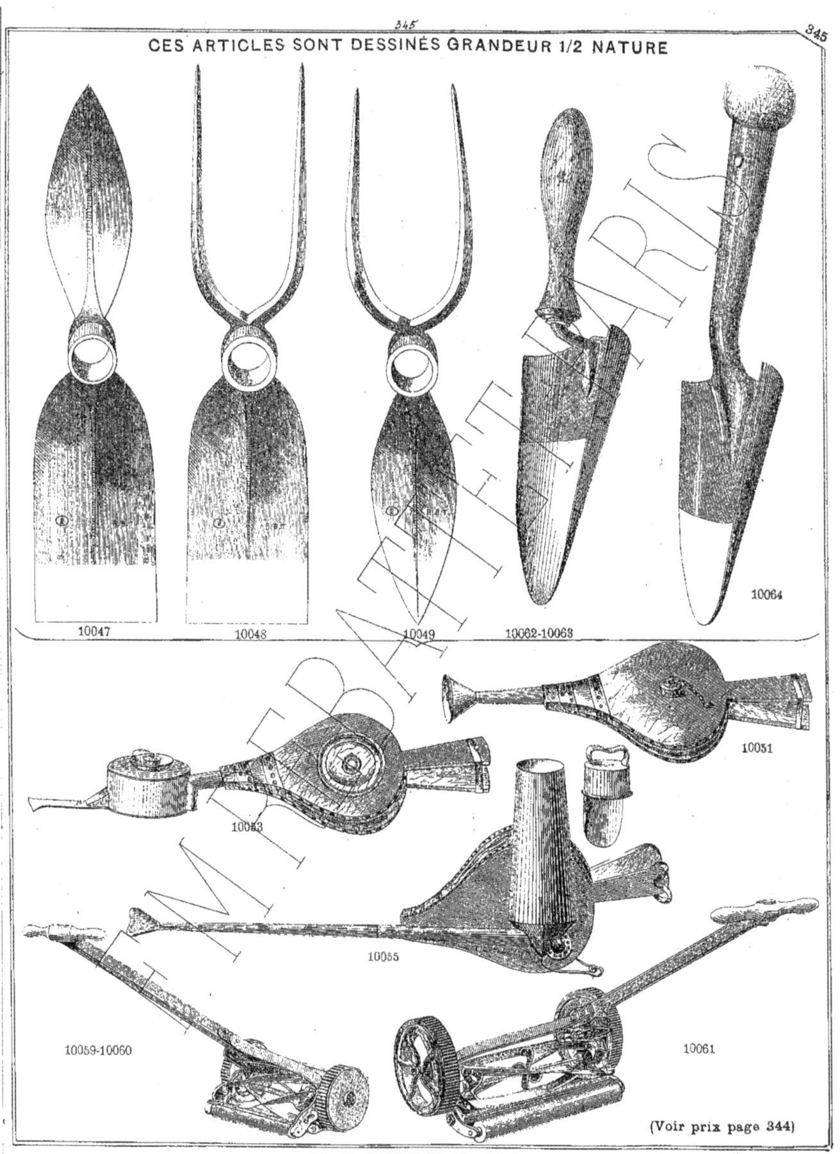

Paris — Imp. DONNADIEU, 23, Rue des Francs-Bourgeois

(Voir prix pages 339, 340 et 341)

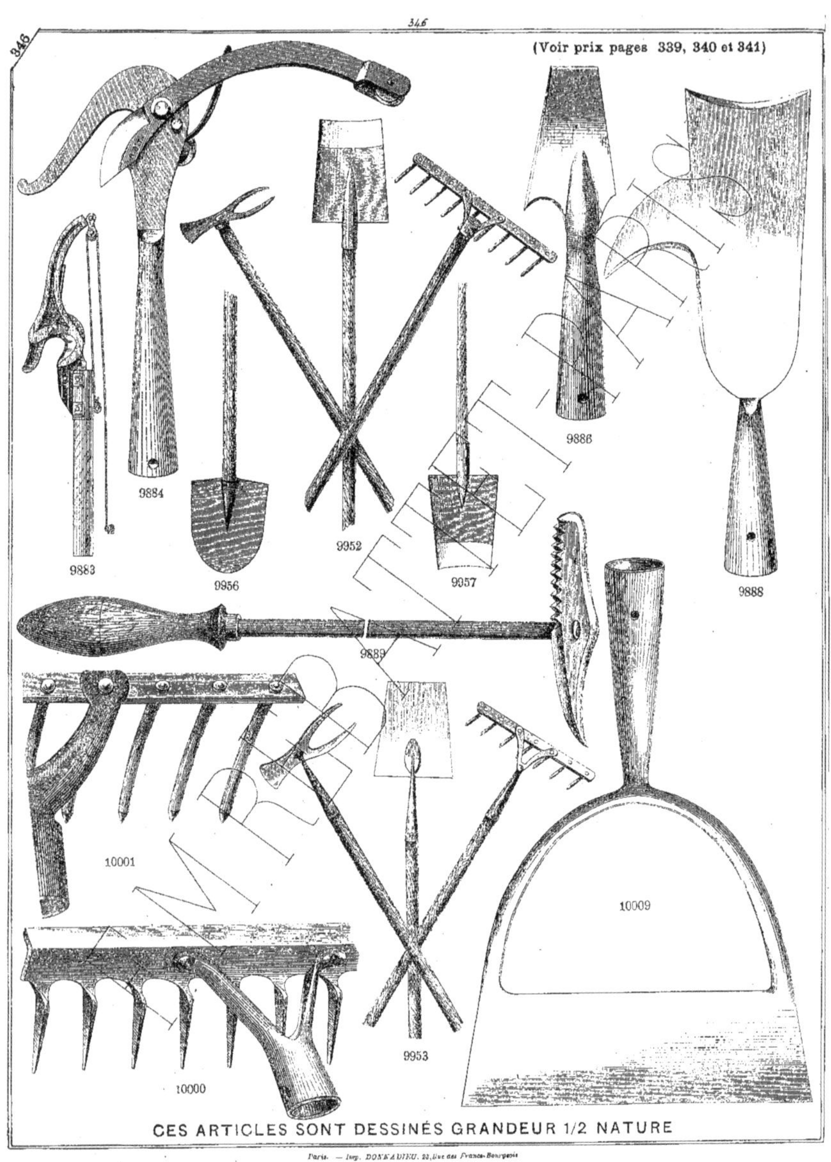

CES ARTICLES SONT DESSINÉS GRANDEUR 1/2 NATURE

Paris. — Imp. DONNADIEU, 23, Rue des Francs-Bourgeois

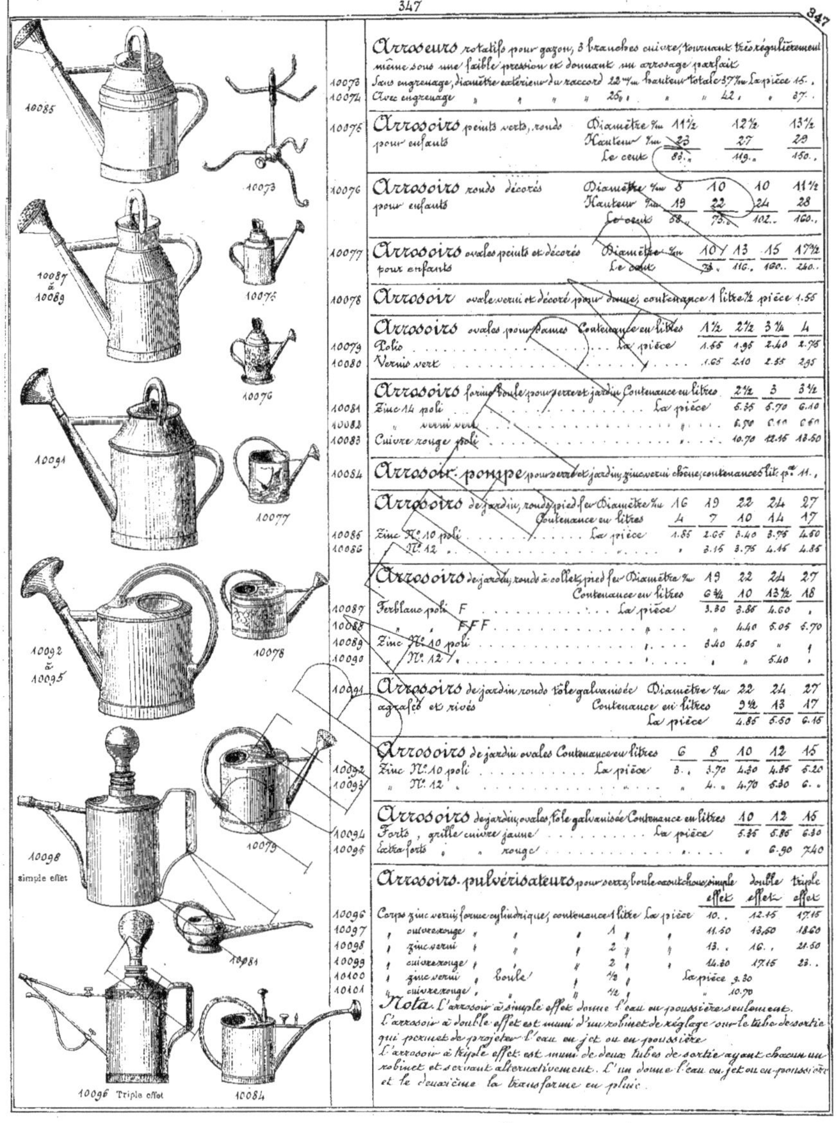

Arroseurs rotatifs pour gazon, 3 branches cuivre, tournant très régulièrement même sous une faible pression et donnant un arrosage parfait

10073 Sans engrenage, diamètre extérieur du raccord 22 m/m hauteur totale 37 m/m La pièce 15. .
10074 Avec engrenage " " " " 25 " " " 42 " " 37. .

10075 **Arrosoirs** peints verts, ronds pour enfants	Diamètre c/m	11½	12½	13½
	Hauteur c/m	23	27	29
	Le cent	83. .	119. .	150. .

10076 **Arrosoirs** ronds décorés pour enfants	Diamètre c/m	8	10	10	11½
	Hauteur c/m	19	22	24	28
	Le cent	58. .	75. .	102. .	160. .

10077 **Arrosoirs** ovales peints et décorés pour enfants	Diamètre c/m	10	13	15	17½
	Le cent	73. .	116. .	160. .	240. .

10078 **Arrosoir** ovale verni et décoré pour dame, contenance 1 litre ½ pièce 1.55

Arrosoirs ovales pour dames	Contenance en litres	1½	2½	3¼	4
10079 Polis	La pièce	1.55	1.95	2.40	2.75
10080 Vernis vert		1.65	2.10	2.55	2.95

Arrosoirs forme boule pour serre et jardin	Contenance en litres	2½	3	3½
10081 Zinc 14 poli	La pièce	5.35	5.70	6.10
10082 " verni vert	"	5.70	6.10	6.60
10083 Cuivre rouge poli	"	10.70	12.15	13.50

10084 **Arrosoir-pompe** pour serre et jardin, zinc verni chêne, contenance 5 lit. p^ce 11. .

Arrosoirs de jardin, ronds, pied fer	Diamètre c/m	16	19	22	24	27
	Contenance en litres	4	7	10	14	17
10085 Zinc N° 10 poli	La pièce	1.85	2.65	3.40	3.75	4.50
10086 " N° 12	"	"	3.15	3.75	4.15	4.85

Arrosoirs de jardin, ronds à collet, pied fer	Diamètre c/m	19	22	24	27
	Contenance en litres	6¾	10	13½	18
10087 Ferblanc poli F	La pièce	3.30	3.85	4.60	"
10088 " " FFF	"	"	4.40	5.05	5.70
10089 Zinc N° 10 poli	"	3.40	4.05	"	"
10090 " N° 12	"	"	"	5.40	"

10091 **Arrosoirs** de jardin ronds tôle galvanisée agrafés et rivés			
Diamètre c/m	22	24	27
Contenance en litres	9½	13	17
La pièce	4.85	5.50	6.15

Arrosoirs de jardin ovales	Contenance en litres	6	8	10	12	15
10092 Zinc N° 10 poli	La pièce	3. .	3.70	4.30	4.85	5.20
10093 " N° 12	"	"	4. .	4.70	5.30	6. .

Arrosoirs de jardin, ovales, tôle galvanisée	Contenance en litres	10	12	15
10094 Forts, grille cuivre jaune	La pièce	5.35	5.85	6.30
10095 Extra forts " " rouge	"	"	6.90	7.40

Arrosoirs-pulvérisateurs pour serre, boule caoutchouc

		simple effet	double effet	triple effet
10096 Corps zinc verni, forme cylindrique, contenance 1 litre	La pièce	10. .	12.15	17.15
10097 " cuivre rouge " " " 1 "	"	11.50	13.60	18.60
10098 " zinc verni " " " 2 "	"	13. .	16. .	21.50
10099 " cuivre rouge " " " 2 "	"	14.30	17.15	23. .
10100 " zinc verni " boule " ½ "	La pièce	9.30		
10101 " cuivre rouge " " " ½ "	"	10.70		

Nota. L'arrosoir à simple effet donne l'eau en poussière seulement.
L'arrosoir à double effet est muni d'un robinet de réglage sur le tube de sortie qui permet de projeter l'eau en jet ou en poussière.
L'arrosoir à triple effet est muni de deux tubes de sortie ayant chacun un robinet et servant alternativement. L'un donne l'eau en jet ou en poussière et le deuxième la transforme en pluie.

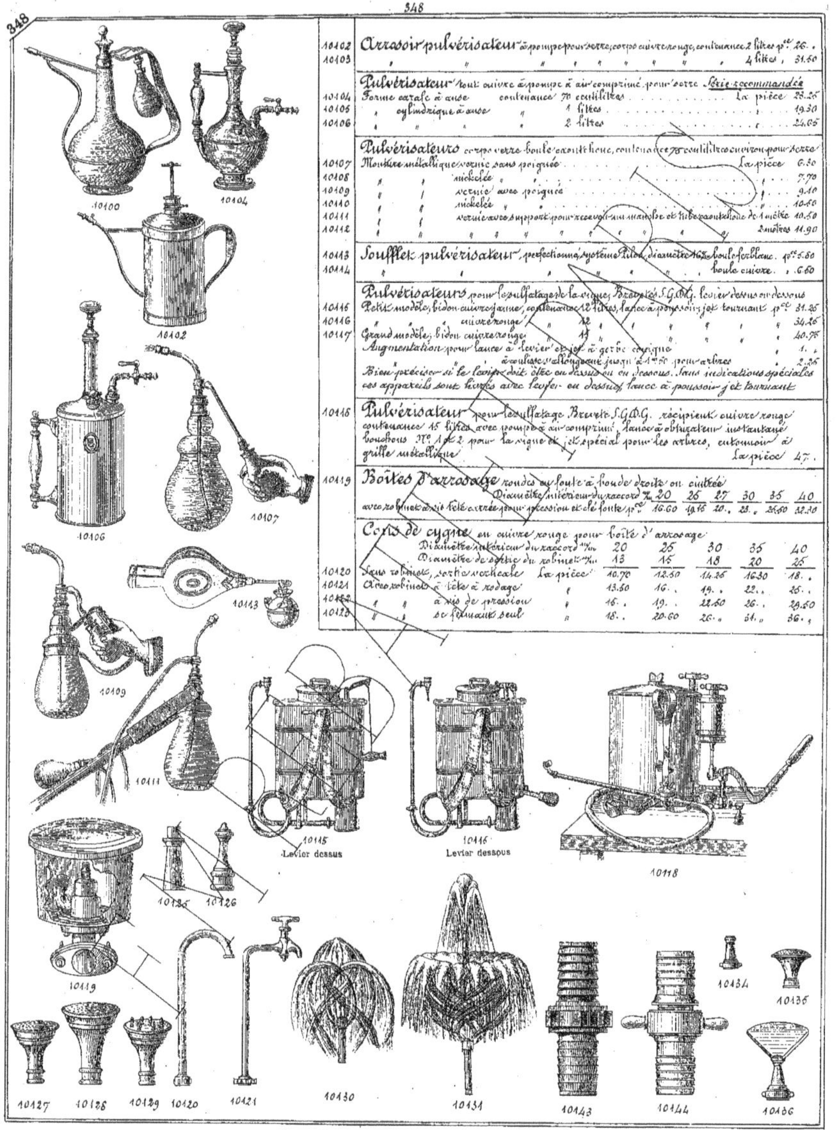

10102 **Arrosoir pulvérisateur** à pompe pour serre, corps cuivre rouge, contenance 2 litres p^ce 26. .
10103 " " " " " " " " " 4 litres , 31.50

Pulvérisateur tout cuivre à pompe à air comprimé pour serre __Série recommandée__
10104 Forme carafe à anse contenance 70 centilitres . . . . . . La pièce 23.25
10105 " cylindrique à anse " 1 litre . . . . . . " 19.30
10106 " " " " 2 litres . . . . . . " 24.65

Pulvérisateurs corps verre boule caoutchouc, contenance 75 centilitres environ pour serre
10107 Monture métallique vernie sans poignée . . . . . . La pièce 6.50
10108 " " nickelée " " . . . . . . " 7.70
10109 " " vernie avec poignée . . . . . . " 9.10
10110 " " nickelée " " . . . . . . " 10.50
10111 " " vernie avec support pour recevoir un manche et tube caoutchouc de 1 mètre 10.50
10112 " " " " " " " " " " " 2 mètres 11.90

10113 **Soufflet pulvérisateur**, perfectionné, système Pilon, diamètre 162, boule ferblanc. p^ce 5.50
10114 " " " " " " " boule cuivre . " 6.60

Pulvérisateurs pour le sulfatage de la vigne, Brevetés S.G.D.G. levier dessus ou dessous
10115 Petit modèle, bidon cuivre jaune, contenance 12 litres, lance à poussoir, jet tournant p^ce 31.25
10116 " " " cuivre rouge " 12 " " " " " " 34.25
10117 Grand modèle, bidon cuivre rouge " 15 " " " " " " 40.75
Augmentation pour lance à levier et jet à gerbe conique " 1. .
" " " à coulisse s'allongeant jusqu'à 1^m50 pour arbres " 2.25
Bien préciser si le levier doit être en dessus ou en dessous. Sans indications spéciales ces appareils sont livrés avec levier en dessus, lance à poussoir, jet tournant

10118 **Pulvérisateur** pour le sulfatage Breveté S.G.D.G. récipient cuivre rouge contenance 15 litres avec pompe à air comprimé, lance à obturateur instantané, bouchons N° 1 et 2 pour la vigne et jet spécial pour les arbres, entonnoir à grille métallique La pièce 47. .

10119 **Boîtes d'arrosage** rondes en fonte à bonde droite ou cintrée

	Diamètre intérieur du raccord ^m/m	20	25	27	30	35	40
avec robinet à vis tête carrée pour pression et clé fonte	p^ce	16.60	19.15	20. .	23. .	26.50	32.30

Cols de cygne en cuivre rouge pour boîte d'arrosage

		Diamètre intérieur du raccord ^m/m	20	25	30	35	40
		Diamètre de sortie du robinet ^m/m	13	15	18	20	25
10120	Sans robinet, sortie verticale	La pièce	10.70	12.50	14.25	16.30	18. .
10121	Avec robinet à tête à rodage	"	13.50	16. .	19. .	22. .	25. .
10122	" " à vis de pression	"	16. .	19. .	22.50	26. .	29.50
10123	" " se fermant seul	"	18. .	20.60	26. .	31. .	36. .

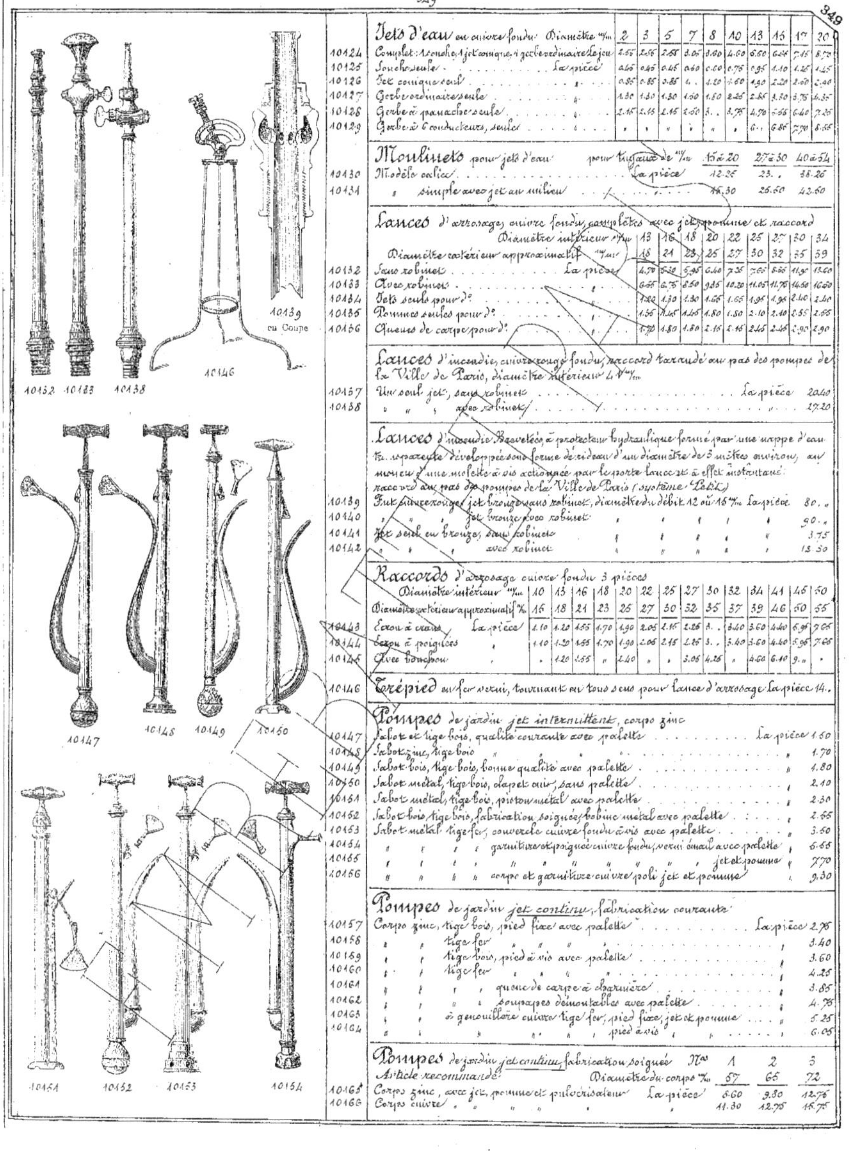

Jets d'eau en cuivre fondu

	Diamètre m/m	2	3	5	7	8	10	13	15	17	20
10124	Complet : 1 souche, 1 jet conique, 1 gerbe ordinaire Le jeu	2.55	2.56	2.55	3.05	3.60	4.60	6.60	6.65	7.15	8.70
10125	Souche seule . . . . La pièce	0.45	0.45	0.45	0.60	0.60	0.75	0.95	1.10	1.25	1.45
10126	Jet conique seul . . . . „	0.85	0.85	0.85	1. .	1.20	1.60	1.90	2.20	2.00	2.40
10127	Gerbe ordinaire seule . . . . „	1.30	1.30	1.30	1.50	1.50	2.25	2.85	3.30	3.75	4.35
10128	Gerbe à panache seule . . . . . . „	2.15	2.15	2.15	2.50	3. .	3.75	4.70	5.55	6.40	7.25
10129	Gerbe à 6 conducteurs, seule . . . . „	„	„	„	„	„	„	6. .	6.85	7.70	8.55

Moulinets pour jets d'eau

	pour tuyaux de m/m	15 à 20	27 à 30	40 à 54
10130	Modèle calice . . . . La pièce	12.25	23. .	38.26
10131	„ simple avec jet au milieu . . . . . „	15.30	25.60	42.60

Lances d'arrosage, cuivre fondu, complètes avec jet, pomme et raccord

	Diamètre intérieur m/m	13	16	18	20	22	25	27	30	34
	Diamètre extérieur approximatif m/m	18	21	23	25	27	30	32	35	39
10132	Sans robinet . . . . La pièce	4.70	5.20	5.95	6.40	7.25	7.65	8.55	11.95	13.60
10133	Avec robinet . . . . „	6.65	6.75	8.50	9.35	10.20	11.05	11.75	14.50	16.00
10134	Jets seuls pour d° . . . . „	1.20	1.30	1.30	1.65	1.65	1.95	1.96	2.40	2.40
10135	Pommes seules pour d° . . . . . . „	1.55	1.45	1.45	1.80	1.50	2.10	2.40	2.55	2.55
10136	Queues de carpe pour d° . . . . . „	1.70	1.80	1.80	2.15	2.15	2.45	2.46	2.90	2.90

Lances d'incendie, cuivre rouge fondu, raccord taraudé au pas des pompes de la Ville de Paris, diamètre intérieur 40 m/m

10137 Un seul jet, sans robinet . . . . La pièce 20.40

10138 „ „ „ avec robinet . . . . „ 27.20

Lances d'incendie Brevetées, à protecteur hydraulique formé par une nappe d'eau transparente développée sous forme de rideau d'un diamètre de 3 mètres environ, au moyen d'une molette à vis actionnée par le porte lance et à effet instantané : raccord au pas des pompes de la Ville de Paris (système Petit)

10139 Fût cuivre rouge, jet bronze sans robinet, diamètre du débit 12 ou 15 m/m La pièce 80. „

10140 „ „ „ jet bronze avec robinet „ „ „ „ „ 90. „

10141 Jet seul en bronze, sans robinet „ „ „ „ „ 3.75

10142 „ „ „ avec robinet „ „ „ „ „ 13.50

Raccords d'arrosage cuivre fondu 3 pièces

	Diamètre intérieur m/m	10	13	16	18	20	22	25	27	30	32	34	41	45	50
	Diamètre extérieur approximatif m/m	15	18	21	23	25	27	30	32	35	37	39	46	50	55
10143	Écrou à crans La pièce	1.10	1.20	1.55	1.70	1.90	2.05	2.15	2.26	3. .	3.40	3.60	4.40	6.95	7.65
10144	Écrou à poignées „	1.10	1.20	1.55	1.70	1.90	2.05	2.15	2.25	3. .	3.40	3.60	4.40	5.95	7.65
10145	Avec bouchon „	„	1.20	1.55	„	2.40	„	„	3.05	4.25	„	4.60	6.10	9. „	„

10146 **Trépied** en fer verni, tournant en tous sens pour lance d'arrosage La pièce 14. „

Pompes de jardin jet intermittent, corps zinc

10147 Sabot et tige bois, qualité courante avec palette . . . . La pièce 1.50

10148 Sabot zinc, tige bois „ „ „ „ . . . . „ 1.70

10149 Sabot bois, tige bois, bonne qualité avec palette . . . . „ 1.80

10150 Sabot métal, tige bois, clapet cuir, sans palette . . . . „ 2.10

10151 Sabot métal, tige bois, piston métal avec palette . . . . „ 2.30

10152 Sabot bois, tige bois, fabrication soignée, bobine métal avec palette . . . . „ 2.55

10153 Sabot métal tige fer, couvercle cuivre fondu à vis avec palette . . . . „ 3.50

10154 „ „ „ „ garniture et poignée cuivre fondu, verni émail avec palette „ 6.55

10155 „ „ „ „ „ „ „ „ „ „ „ jet et pomme „ 7.70

10156 „ „ „ „ corps et garniture cuivre poli jet et pomme „ 9.30

Pompes de jardin jet continu, fabrication courante

10157 Corps zinc, tige bois, pied fixe avec palette . . . . La pièce 2.75

10158 „ „ tige fer „ „ „ „ . . . . „ 3.40

10159 „ „ tige bois, pied à vis avec palette . . . . „ 3.60

10160 „ „ tige fer „ „ „ „ . . . . „ 4.25

10161 „ „ „ „ queue de carpe à charnière . . . . . . „ 3.85

10162 „ „ „ „ soupapes démontables avec palette . . . . . „ 4.75

10163 „ „ à genouillère cuivre tige fer, pied fixe, jet et pomme . . . . „ 5.25

10164 „ „ „ „ „ „ pied à vis „ „ . . . . „ 6.05

Pompes de jardin jet continu, fabrication soignée

Article recommandé

	N^os	1	2	3
	Diamètre du corps m/m	57	65	72
10165	Corps zinc, avec jet, pomme et pulvérisateur La pièce	8.60	9.80	12.75
10166	Corps cuivre „ „ „ „ „ „	11.30	12.75	15.75

10155-10156 | 10159 | 10160 | 10161

10162 | 10164 | 10165 10166

10167 | 10168

10169

10167 **Pompe** de jardin à pédale jet intermittent, corps cuivre, tuyau de refoulement en caoutchouc de 35 m/m de longueur, projection à 12 mètres avec jet et pomme La pièce 18.60

10168 **Pompe** de jardin à pédale jet continu, corps cuivre, tuyau de refoulement en caoutchouc de 100 m/m de longueur, projection à 12 mètres, avec jet, pomme et pulvérisateur p.ce 22.50

10169 **Pompes** dites hydronettes jet continu, corps cuivre, 3 jets différents N.os 1 2
tuyau d'aspiration en caoutchouc de 140 m/m de longueur La pièce 23.60 26.60

Pompes ½ rotatives nues, aspirantes et élévatoires, clapet et piston bronze

		N.os	00	0	1	2	3	4	5	6	7	8	9	10
	Diamètre m/m		70	90	106	121	142	162	190	213	239	270	298	306
	Débit à l'heure litres		500	1000	1500	2000	3000	4000	5000	6000	8000	10000	12000	15000
	Diamètre intérieur des tuyaux fer pouces angl.		3/8	1/2	3/4	1	1 1/4	1 1/4	1 1/2	1 1/2	2	2	2 1/2	2 1/2
	" " " plomb m/m		12	15	20	25	35	35	40	40	60	50	65	65
10170	Pompe en fonte avec clapet cuivre	p.ce	22.05	25..	29.75	32.50	40.80	50..	56.60	66.70	81..	97..	132.	174.
10171	" entièrement en cuivre	"	36.50	44..	46..	62..	85.	102.	128.	164.	185.	270.	355.	480.
10172	" entièrement en bronze	"	46..	53..	62..	79..	110.	131.	160.	187.	245.	322.	480.	620.
10173	Soupape d'aspiration corps fonte clapet conique filtre métallique	pièce	"	4.90	5.80	6.80	8.40	8.40	12.35	12.35	16.65	16.65	24.50	24.50

Pompes simples en fonte à balancier, avec brides taraudées au pas anglais

		Diamètre du piston m/m	60	65	70	80	90	100
10174	Aspirantes avec attache fonte verticale ou horizontale	La pièce	17..	18.20	20.05	23.60	28.80	33.20
10175	" montées sur madrier bois	"	17..	18.20	20.05	23.60	28.20	33.20
10176	" montées sur socle fonte, hauteur 73 c/m	"	25.05	27..	29.70	33.60	37.50	42.60

Pompes en fonte sur madrier bois, balancier et dégorgeoir de face ou de côté

		Diamètre du piston m/m	60	65	70	75	80	85	90	95	100
10177	Aspirantes, modèle du Nord	La pièce	18.75	19.40	21.25	22.60	23.75	25.25	28.75	32.50	35..
10178	" modèle lyonnais piston cuivre	"	25.05	28.75	32..	34.60	37.50	39.60	42..	46.75	49.50
10179	Aspirantes et refoulantes	"	"	"	52.60	"	"	61.25	"	"	78.75

Bien préciser si le balancier et le dégorgeoir doivent être placés de face ou de côté
Les pompes N.os 10174 à 10179 ne sont pas disponibles en magasin, l'expédition est faite directement de la fabrique qui est hors Paris.

Pompes en fonte à balancier pour puits instantanés N.os 1 2 3
douille taraudée se vissant sur tube en fer Diamètre du corps m/m 70 80 100
pouvant recevoir des tubes fer, diamètre intérieur m/m 31 38 48

		1	2	3
10180	Sans trépied, piston cuivre fondu et cuir embouti La pièce	43.75	47.75	63..
10181	Avec trépied "	47.75	54..	68.60

10181 A **Tubes** en fer pour les pompes ci-dessus livrés en longueurs de 1, 2, 3 et 4 mètres environ taraudés et munis de leur manchon de raccord

	Diamètre approximatif intérieur m/m	31	38	48
	" " extérieur m/m	42	49	60
	Le mètre	5.70	7.25	9.60
10181.B	Plus value pour la pointe fixée au tube et le perçage des trous pièce	10.80	12.60	14.40
10181.C	Manchons à olive seuls "	1.20	1.35	1.80

10182 **Seringues** à fleurs, dites jouet, grille fixe

Longueur totale c/m	22	27	33	37	44
Diamètre du corps m/m	14	17	20	23	25
corps et garniture cuivre, trous fins La pièce	1.55	2.16	2.80	3.26	3.95

Seringues à fleurs corps et garniture cuivre

	Longueur totale c/m	23	28	34	41	48	56
	Diamètre du corps m/m	14	18	22	26	34	38
10183	Pomme fixe, grille, trous fins La pièce	1.55	2..	2.40	"	"	"
10184	Pomme démontante, grille, trous fins et jet "	"	"	"	3.50	4.75	6.90

10185 **Seringues** à laver les voitures Diamètre du corps m/m 50 70
corps zinc, grille cuivre fixe, gros trous La pièce 3.10 3.95

Seringues de serre, fabrication courante

		Diamètre du corps m/m	38	46	57
10186	Corps zinc pomme cuivre fixe	La pièce	"	"	4.20
10187	" cuivre " " "	"	"	"	8.80
10188	" zinc " " "	"	5.50	6..	6.90
10189	" cuivre " " démontante, piston métal	"	"	9.90	"
10190	" " " " " " cuivre fondu	"	9.25	10.45	11.05

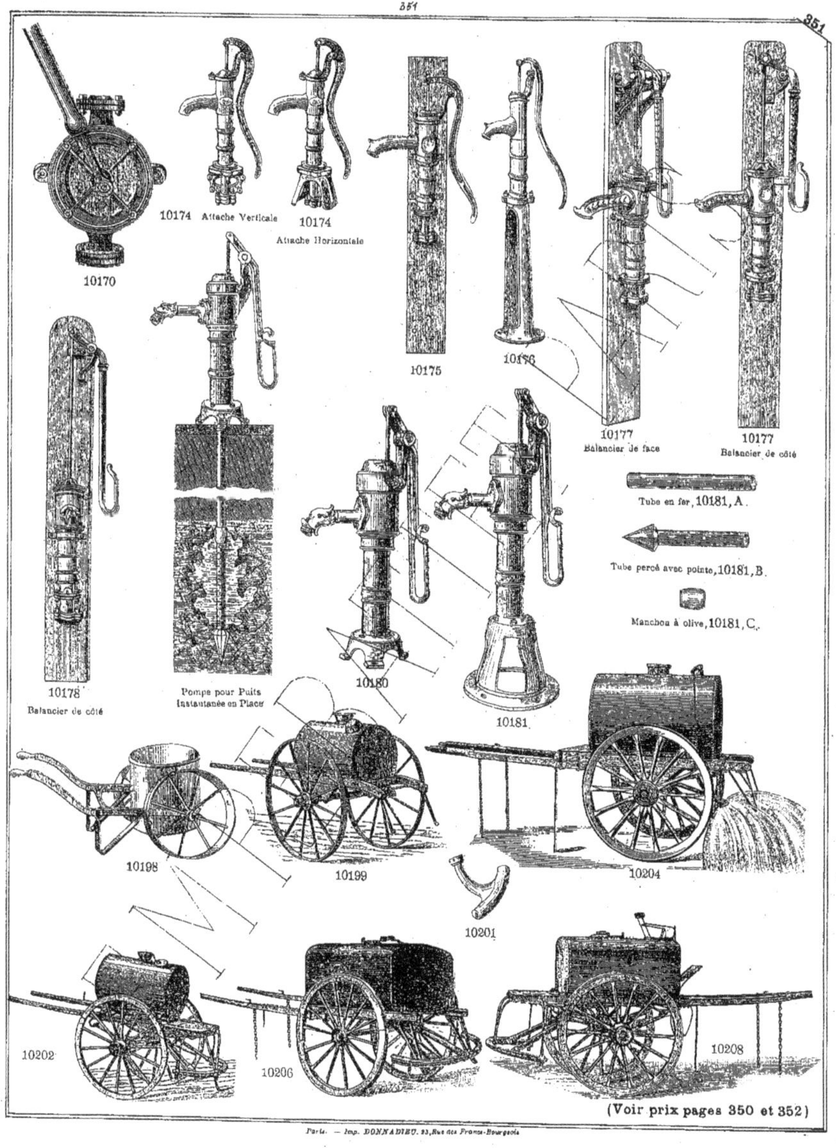

(Voir prix pages 350 et 352)

Paris. — Imp. DONNADIEU, 23, Rue des Francs-Bourgeois

10182 10184 10186 10187 10189 10191

10193 10194 10195 10196 10197

10210

10215

Seringues de serre; fabrication soignée (article recommandé)

longueur unique 64 ⁰/ₘ

		Nᵒˢ	1	2	3
		Diamètre du corps ᵐ/ₘ	39	47	59
10191	Corps zinc, grille fixe, trous fins	La pièce	4.80	5.40	7.90
10192	" cuivre " " "	"	7.90	9.45	11..
10193	" cuivre grille démontante, trous fins	"	9.45	11..	12.60
10194	" " " " fondue à clapet	"	11.80	13.40	15..

10195 **Seringue** de serre dite insecticide, cuivre, longueur [illegible] m, diamètre 29 ᵐ/ₘ jet et grille, trous fins — La pièce 6.30

10196 **Seringues** de serre cuivre poli jet et pomme

Longueur totale ᵐ/ₘ	45	50	53	56
Diamètre du corps ᵐ/ₘ	26	25	30	33
La pièce	5.15	5.60	6.40	7.15

10197 **Seringues** de serre cuivre poli extra fort jet droit, jet éventail et pomme

Diamètre du corps ᵐ/ₘ	32	39	47	59
Longueur totale ᵐ/ₘ	52	63	63	63
La pièce	9.40	11.10	12.60	14.50

10198 **Brouette à eau** train et roues fer, bac mobile, tôle galvanisée contenance 80 litres — La pièce 128..

Tonneaux de transport et d'arrosage à bras, train et brancards bois, roues fer forme cylindrique

			150	200	250
		Contenance en litres	150	200	250
10199	Tôle vernie, avec robinet pour transport sans arrosoir mobile	La pièce	288	344	400
10200	Tôle galvanisée et vernie, avec robinet pour transport sans arrosoir mobile	"	308	370	432

10201 Arrosoir mobile pour répandre l'eau en pluie, se vissant sur le raccord du robinet — La pièce 32..

Tonneaux d'arrosage à bras, train fer, brancards bois Modèle de la Ville de Paris forme cylindrique, avec tringle de manœuvre sans ressort

		Contenance en litres	150	200	250
10202	Tôle vernie, arrosoir courbe pour répandre l'eau en pluie	La pièce	388..	468..	582..
10203	Tôle galvanisée et vernie, arrosoir courbe pour répandre l'eau en pluie	"	408..	514..	614..
	Modification des brancards pour l'attelage d'un âne ou d'un poney		39..	39..	39..

Tonneaux d'arrosage à traction animale, train et roues bois avec boudeau dessous bec déversoir à clapet cuivre réglable, pour répandre l'eau en nappe, forme cylindrique modèle très solide

		Contenance en litres	650	800	1000	1200	1500
10204	Tôle vernie	La pièce	752..	824..	872..	920..	1080..
10205	Tôle galvanisée et vernie	"	792..	869..	924..	976..	1144..

Tonneaux d'arrosage à traction animale, chassis et roues bois, sans siège forme méplate avec levier de manœuvre

		Contenance en litres	500	800	1000	1200
10206	Tôle vernie, arrosoir courbe pour répandre l'eau en pluie	La pièce	920..	960..	1040..	1120..
10207	Tôle galvanisée et vernie, arrosoir courbe pour répandre l'eau en pluie	"	960..	1005..	1092..	1176..

Tonneaux d'arrosage à traction animale, train fer, brancards et roues bois, sans ressort avec marchepied et siège, levier de manœuvre à proximité du siège pour régler l'arrosage forme carrée Modèle Ville de Paris

		Contenance en litres	500	800	1000	1200
10208	Tôle vernie, arrosoir courbe pour répandre l'eau en pluie	La pièce	1046	1280	1320	1400
10209	Tôle galvanisée vernie, arrosoir courbe pour répandre l'eau en pluie	"	1086	1325	1372	1456

Tuyau d'arrosage, toile sans couture, première fabrication

		Diamètre intérieur ᵐ/ₘ	16	20	23	25	30	37	40	45	50	58	65	72	80	85	90	100
		Largeur mesurée à plat ᵐ/ₘ	30	35	38	40	50	62	68	75	85	95	105	115	125	135	145	155
10210	Qualité courante pour arrosage	Les % mèt.	61.	72.	73.	81.	90.	106.	114.	126.	156.	176.	203.	230.	257.	297.	324.	351.
10211	" supérieure pour pompes	"	86.	100.	105.	116.	122.	143.	158.	172.	200.	229.	260.	265.	300.	360.	400.	448.
10212	" renforcée pour pompes à incendie	"	108.	122.	129.	136.	150.	172.	179.	200.	229.	258.	285.	345.	372.	393.	422.	468.
10213	" extra renforcée pour pompes à vapeur		"	"	"	"	207.	222.	236.	250.	286.	360.	393.	430.	516.	540.	570.	650.

Pour commandes d'une même dimension en une seule fois de 25 — 50 — 100 mètres

Bonifications 3% — 5% — 7½%

10214 **Tuyau** d'arrosage en toile tannée extérieurement, caoutchoutée intérieurement

Diamètre intérieur ᵐ/ₘ	15	20	25	30	37	40	45	50	58	65	70	72
Le mètre	4.05	4.40	4.85	5.75	6.30	6.65	7.20	8.10	9.35	10.35	10.80	11.70

Tuyau de refoulement, caoutchouc

			10	12	14	16	18	20	22	25	27	30	35	40	45	50	55	60	70
		Diamètre intérieur ᵐ/ₘ	10	12	14	16	18	20	22	25	27	30	35	40	45	50	55	60	70
10215	à 1 toile	Le mètre	1.05	1.25	1.45	1.65	1.80	2.15	2.35	2.60	2.75	3..	3.35	3.85	4.25	4.90	5.35	5.90	6.80
10216	à 2 toiles	"	1.65	2.05	2.20	2.30	2.65	2.95	3.15	3.40	3.60	3.90	4.30	4.90	5.80	6.20	7.40	7.90	9..
10217	à 3 toiles	"	2.60	2.80	2.90	3..	3.55	3.75	4.10	4.60	4.95	5.40	6.20	7.30	7.90	8.60	9.70	10.30	12..

10224 — 10227 — 10231 — 10233 — 10236 — 10240 — 10241 — 10242 — 10243 — 10244

Tuyau d'aspiration caoutchouc avec spirale métallique et toile

	Diamètre intérieur m/m	10	15	18	20	22	25	27	30	35	40	45	50	60	70	80	90	100
10218	Spirale saillante 1 toile Le mètre	1.75	2.26	2.75	3.40	3.35	3.05	3.90	4.25	4.75	6..	7..	8..	10..	12..	14..	16..	17.50
10219	" " 2 " "	2.60	3.15	3.70	4.05	4.40	4.65	5.10	5.60	6.50	7.65	8.70	9.70	11.65	13.50	15.65	17.20	19..
10220	" " 3 " "	3.50	4.30	5..	5.50	5.90	6.30	6.70	7..	8..	9.50	10.50	12.50	14.25	17..	19.50	21..	23.50
10221	Spirale noyée 2 toiles "	"	4.40	4.85	5.30	"	6.60	7.40	8..	8.80	9.90	11.30	13.35	17.40	19.25	22.55	27..	31.50
10222	" " 3 " "	"	5.50	5.95	6.60	"	7.70	8.80	9.35	10.45	12.10	13.75	15.50	19.80	23.10	27.50	31.60	36.20
10223	" " 4 " "	"	6.20	6.95	8.25	"	9.35	10.15	11..	12.10	13.75	15.40	16.70	22..	25.25	30.50	35.75	41.25

10224 **Tuyau** de refoulement en cuir, rivés en cuivre rouge, pour arrosage et incendie

Diamètre intérieur m/m	20	25	30	35	40	45	50	55	60
1re qualité Le mètre	7.45	8.10	8.80	10.15	10.80	11.50	12.30	14.85	16.90

Tuyau métallique flexible simple, pour arrosage et pour transvaser les liquides

	Diamètre intérieur m/m	12	15	18	20	25	30	35	40	45	50	60	70
10225	Acier zingué Le mètre	3.40	4.40	6.05	7.15	8.85	10.85	13.20	16.40	20.20	24.30	33..	45..
10226	Bronze "	6.25	7.50	9.80	13.20	16.45	20.70	22..	28.60	37.40	44..	57..	73..

Tuyau métallique, flexible, simple à garniture d'amiante pour vapeur, huile, pétrole et autres liquides susceptibles de dénaturer le caoutchouc

	Diamètre intérieur m/m	8	10	12	15	18	20	25	30	40	50	60	70
10227	Acier zingué Le mètre	2.90	3.30	4.10	6.05	7.30	8.20	10.45	12.80	15.45	18.75	22.70	28..
10228	Bronze "	5.55	6.60	8.30	10.85	12.75	14..	17.80	22.35	27.45	33.40	40..	48..

Tuyau métallique flexible simple pour le gaz, air et faibles pressions

	Diamètre intérieur m/m	5	6	8	10	12	15	18	20
10229	Acier zingué Le mètre	1.70	1.90	2.10	2.65	3.40	4.40	6.05	7.15
10230	Bronze "	2.10	2.25	2.60	3.20	4.15	5.50	7.85	10..
10230bis	Acier nickelé	3.30	3.50	3.70	4.45	5.40	6.60	9.60	11.55

Raccords spéciaux pour tuyau à gaz métallique flexible, se fixant au tuyau au moyen d'une dissolution de caoutchouc

	Diamètre intérieur du tuyau m/m	6	8	10	12	15	18
10231	Modèle à vis, oxydé noir La pièce	0.50	0.60	0.80	1.20	1.70	2.90
10232	" " nickelé "	0.90	1..	1.20	1.70	2.40	3.70
10233	Modèle à griffes, oxydé noir "	"	0.60	0.80	1.20	2.20	3..
10234	" " nickelé "	"	1..	1.20	1.70	2.70	3.80

La soudure des raccords sur les tuyaux métalliques flexibles présentant certaines difficultés, il est préférable lorsque les tuyaux devront porter des raccords de les demander tout préparés. Dans ce cas, il y a lieu d'ajouter la valeur de chaque raccord du diamètre correspondant et du travail nécessité par la soudure qui est compté 0.20

Tuyau tout caoutchouc pour le gaz et pour transvaser les liquides — Diamètre intérieur m/m 8.10.12.15.18
dimensions courantes — Diamètre extérieur m/m 12.14.17.20.24

10235	Tube gomme grise qualité ordinaire	Le kilog	7.20
10236	" " " bonne qualité	"	8.10
10237	" " grise ou rouge, première qualité	"	9..
10238	" " " " qualité supérieure	"	9.90
10239	" " " " qualité extra	"	12.60

10240 **Tuyaux** à gaz, caoutchouc, première qualité avec manchon à chaque extrémité

Longueur totale m/m	70	100	130	160	200	250
La pièce	1.80	2.25	2.70	3.30	3.60	4.05

10241 **Tambour** pour rouler les tuyaux d'arrosage . . . . . . La pièce 11.60
10242 **Chariot** " " " " " . . . . " 56.25

Papiers toilette, Distributeurs & Porte papiers

10243 **Papier** antiseptique chamois, 1re qualité par rouleaux de 500 feuilles environ chaque rouleau est livré avec son porte papier en fil de fer Breveté Le cent 38..

10244	**Papier** hygiénique par rouleaux de 500 feuilles, qualité courante	Le cent	34..
10245	" " " " " " qualité courante (recommandée)	"	36..
10246	" " " " " " japonais, première qualité	"	43..
10247	" " " " " " " qualité supérieure	"	74..
10248	" " " " " " " qualité extra	"	78..
10249	" " par rouleaux de 750 feuilles, pelure, première qualité	"	72..
10250	" " par rouleaux de 1000 feuilles " " "	"	88..

La quantité de feuilles indiquée comme contenue dans chaque rouleau n'est qu'approximative

354

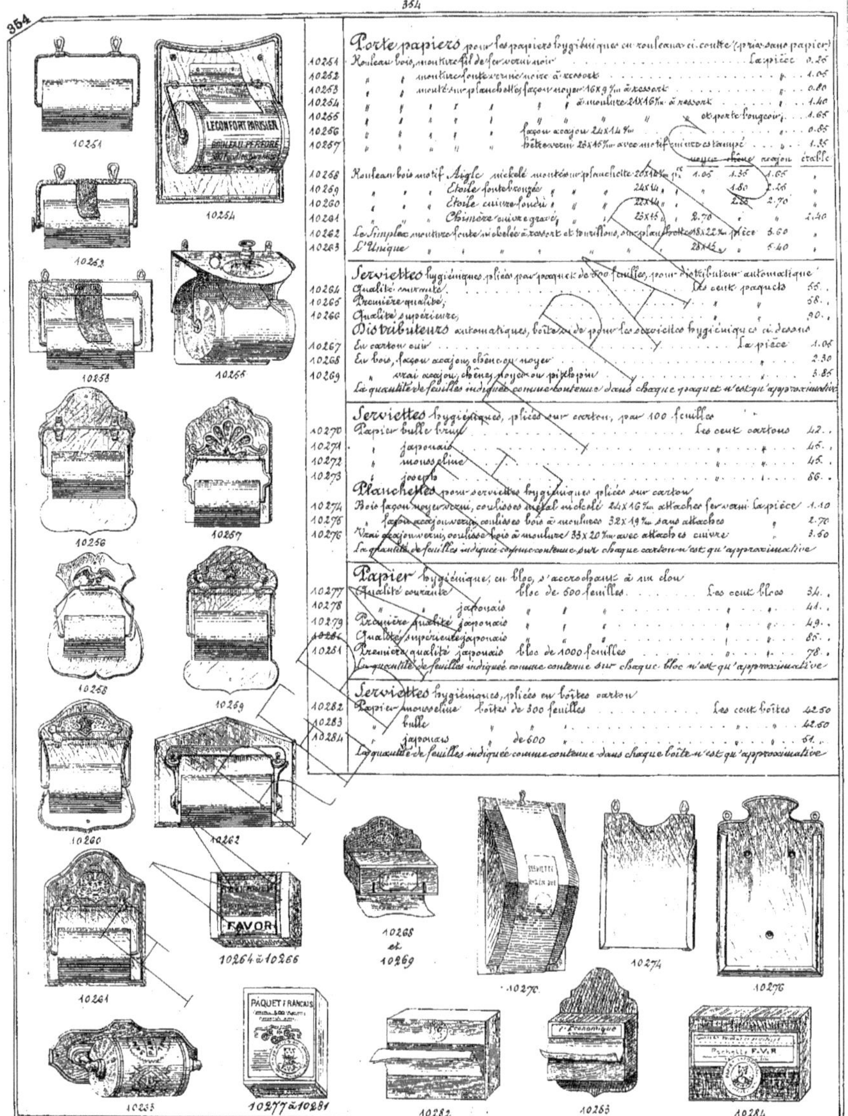

Porte papiers pour les papiers hygiéniques en rouleaux ci-contre (prix sans papier)

10251 Rouleau bois, monture fil de fer verni noir . . . . . . La pièce 0.25
10252 " " monture fonte vernie noire à ressort . . . . . . " . . 1.05
10253 " " monté sur planchette façon noyer 16 X 9 ⁰/ₘ à ressort . . . . . " . . 0.80
10254 " " " " " " " à moulure 21 X 16 ⁰/ₘ à ressort . . . . " . . 1.40
10255 " " " " " " " " " " et porte bougeoir . . . 1.65
10256 " " " " " façon acajou 24 X 14 ⁰/ₘ . . . . . . " . . 0.85
10257 " " " " " hêtre verni 23 X 15 ⁰/ₘ avec motif cuivre estampé . . . " . . 1.35

			noyer	chêne	acajou	érable
10258	Rouleau bois motif Aigle nickelé monté sur planchette	20 X 14 ⁰/ₘ p^ce	1.05	1.35	1.65	"
10259	" " " Etoile fonte bronzée " " "	24 X 14 " "	"	1.80	2.25	"
10260	" " " Etoile cuivre fondu " " "	22 X 14 " "	"	2.25	2.70	"
10261	" " " Chimère cuivre gravé " " "	25 X 15 " "	2.70	"	"	2.40
10262	Le Simplex monture fonte nickelée à ressort et tourillons, sur planchette	18 X 22 ⁰/ₘ pièce	3.60			"
10263	L'Unique " " " " " "	28 X 15 "	5.40			"

Serviettes hygiéniques, pliées par paquet de 500 feuilles, pour distributeur automatique

10264 Qualité courante . . . . Les cent paquets 55. .
10265 Première qualité; . . . . " " 58. .
10266 Qualité supérieure; . . . . " " 90. .

Distributeurs automatiques, boîte vide pour les serviettes hygiéniques ci-dessus

10267 En carton cuir . . . . La pièce 1.05
10268 En bois, façon acajou, chêne ou noyer . . . . . . " 2.30
10269 " vrai acajou, chêne, noyer ou pitchpin . . . . . " 3.85

La quantité de feuilles indiquée comme contenue dans chaque paquet n'est qu'approximative

Serviettes hygiéniques, pliées sur carton, par 100 feuilles

10270 Papier bulle brun . . . . Les cent cartons 42. .
10271 " japonais . . . . " " 45. .
10272 " mousseline . . . . " " 45. .
10273 " joseph . . . . " " 66. .

Planchettes pour serviettes hygiéniques pliées sur carton

10274 Bois façon noyer verni, coulisses métal nickelé 24 X 16 ⁰/ₘ attaches fer verni la pièce 1.10
10275 " façon acajou verni, coulisses bois à moulures 32 X 19 ⁰/ₘ sans attaches " 2.70
10276 Vrai acajou verni, coulisse bois à moulure 33 X 20 ⁰/ₘ avec attaches cuivre " 3.60

La quantité de feuilles indiquée comme contenue sur chaque carton n'est qu'approximative

Papier hygiénique, en bloc, s'accrochant à un clou

10277 Qualité courante bloc de 500 feuilles . . . . . . Les cent blocs 34. .
10278 " " japonais " " " . . . . " " 41. .
10279 Première qualité japonais " " " . . . . " " 49. .
10280 Qualité supérieure japonais " " " . . . . " " 85. .
10281 Première qualité japonais bloc de 1000 feuilles . . . . " " 78. .

La quantité de feuilles indiquée comme contenue sur chaque bloc n'est qu'approximative

Serviettes hygiéniques, pliées en boîtes carton

10282 Papier mousseline boîtes de 300 feuilles . . . . . . Les cent boîtes 42.50
10283 " bulle " " " . . . . . . " " 42.50
10284 " japonais " de 600 " . . . . . . " " 51. .

La quantité de feuilles indiquée comme contenue dans chaque boîte n'est qu'approximative

C. F. Q. RBT Paris Qualité Supérieure
10285

AU CROISSANT MARQUE DÉPOSÉE
10288

CHAPON
10289

A L'UNIVERS
10291 et 10295

A L'UNIVERS PARIS
10292 et 10296

A L'UNIVERS PARIS
10293 et 10297

N°........ H. NAVARRE
10298

N° H. NAVARRE ☆ PARIS ☆
10300 - 10301 - 10304

N° Bt D'INVon ET DE PERFECTION S.G.D.G H. NAVARRE ☆ PARIS ☆
10302 et 10305

N° H. N PARIS
10303

FF
10306 et 10311

Fremy
10307 et 10312

FREMY
10308 - 10309 - 10310 - 10313

SOCIÉTÉ DES ÉMERIS DE L'OUEST Redon - Paris
10314

ERNEST VERRÉ
10315

ERNEST EMERI
10316

CHATEAU N° PARIS FRANCE
10319

GRELLEY F. REDAUTS N° 6 Marque Déposée
10317

Qté SUPÉRIEURE CHATEAU N° A PARIS MÉDAILLE D'OR EXPon UNIVelle PARIS 1900
10320

MANUFre DE PAPIERS & TOILES A POLIR A. VINCENT PARIS
10323

HUBERT 1
10321

Qté SUPÉRIEURE HUBERT 1 F
10322

Papiers, toiles et poudres à polir

10285 **Papier** verré (RBT) format 39 x 23 m/m — sur goudron / sur bulle
qualité supérieure Recommandé Les 1000 feuilles — 35. / 36.75

Papier verré — sur goudron / sur bulle
10286 qualité ordinaire, format 34 x 22 m/m sans marque Les 1000 feuilles — 25. / 27.50
10287 qualité courante, marque Delaunay, format 39 x 23 m/m — 34. / 36.75
10288 qualité supérieure, marque Au Croissant, format 39 x 23 m/m — 36. / 38.50
10289 **Papier** émeri sur bleu, première qualité, marque Chapon, format 34 x 22 m/m Les 1000 feuilles 49.
10290 " " " " qualité supérieure, marque au Croissant, format 34 x 22 " 66.
Numérotés en commençant par le grain le plus fin N° 000. 00. 0. 1. 2. 3. 4. 5

Papier verré, marque "Univers" — sur goudron / sur bulle
10291 Deuxième qualité, format 39 x 24 Les 1000 feuilles — 30. / 32.50
10292 Première qualité " " " — 35. / 37.50
10293 Qualité supérieure " " " — 36. / 40.50
10294 **Papier** meulière sur bulle, qualité supérieure, format 39 x 24 m/m Les 1000 feuilles 44.
10295 **Papier** émeri sur bleu, format 33 x 22 m/m deuxième qualité " " 39.50
10296 " " " " " " première qualité " " 52.
10297 " " " " " " qualité supérieure " " 74.
Numérotés en commençant par le grain le plus fin N° 0000. 000. 00. 0. 6. 5. 4. 3. 2. 1

Papier verré, marque "Navarre" — sur goudron / sur bulle
10298 Qualité ordinaire, marque noire, format 33 x 22 m/m Les 1000 feuilles — 31.50 / 33.
10299 " " " " 39 x 24 " " " — 33. / 34.50
10300 Première qualité " 33 x 22 " " " — 33. / 34.50
10301 " " sorte la plus courante 39 x 24 " " " — 36.50 / 38.
10302 Qualité supérieure meulière format 39 x 24 " " " — 42.50 / 44.50
10303 **Papier** émeri sur bleu, qualité ordinaire, marque HN, format 33 x 22 m/m Les 1000 feuilles 47.50
10304 " " " " première qualité, marque "Navarre" " " " " 61.50
10305 " " " " qualité supérieure, Pur Naxos " " " " 68.
Numérotés en commençant par le grain le plus fin N° 0000. 000. 00. 0. 6. 5. 4. 3. 2. 1

Papier verré, marque "Fremy" — sur goudron / sur bulle / sur bulle parcheminé
10306 Deuxième qualité, marque F.F., format 39 x 24 m/m Les 1000 feuilles — 33. / 36.50 / "
10307 Première qualité, marque Frémy " 39 x 24 " " " — 37.50 / 41. / "
10308 Qualité supérieure, marque Frémy médailles 33 x 22 " " " — " / 45. / "
10309 " " " " format 39 x 24 " " " — 47. / 51.50 / "
10310 " " " " 30 x 25 " " " — " / " / 64.
10311 **Papier** émeri sur bleu, deuxième qualité, marque F.F. format 33 x 22 m/m Les 1000 feuilles 43.50
10312 " " " " première qualité, marque Frémy " " " " 54.50
10313 " " " " qualité supérieure " " médailles " " 87.
Numérotés en commençant par le grain le plus fin N° 0000. 000. 00. 0. 6. 5. 4. 3. 2. 1

10314 **Papier** verré sur goudron, qualité ordinaire, marque "Ouest", format 37 x 22 m/m Les 1000 feuilles 26.50

10315 **Papier** verré, sur goudron; marque "Ernest", format 39 x 24 m/m Les 1000 feuilles 56.
10316 **Papier** émeri, sur bleu " " " 33 x 22 m/m " " 68.

10317 **Papier** verré, marque "Grelley" — sur goudron / sur bulle
qualité supérieure, format 39 x 24 m/m Les 1000 feuilles — 43. / 50.
10318 **Papier** émeri sur bleu; qualité supérieure, format 33 x 22 m/m Les 1000 feuilles 73.
Les papiers N° 10314 à N° 10318 sont numérotés en commençant par le grain le plus fin N° 0000. 000. 00. 0. 6. 5. 4. 3. 2. 1

10319 **Papier** émeri sur bleu, marque "Chateau", première qualité, format 34 x 22 m/m Les 1000 feuilles 61.
10320 " " " " " qualité supérieure Pur Naxos " " " 72.
Numérotés en commençant par le grain le plus fin N° 00000. 0000. 000. 00. 0. 1. 2. 3. 4. 5. 6. 7. 8. 9

Papier émeri sur bleu, marque "Hubert", format 34 x 22 m/m
10321 Première qualité, mélange Naxos et Levant Les 1000 feuilles 72.
10322 Qualité supérieure, Naxos pur " " 86.
Numérotés en commençant par le grain le plus fin N° 000. 00. 0. 1. 2. 3. 4. 5

Papier verré, marque "Vincent" — sur goudron / sur bulle
10323 Qualité ordinaire, marque verte, format 34 x 22 m/m Les mille feuilles — 30. / 32.50
10324 " " " " 39 x 24 " " " — 34. / 37.50
10325 Première qualité, marque rouge, format 34 x 22 " " " — 34. / 36.
10326 " " " " 39 x 24 " " " — 38. / 42.50
Numérotés en commençant par le grain le plus fin N° 000. 00. 0. 1. 2. 3. 4. 5

356

10327 **Toile** émeri (RBT), format 30 x 20 m/m qualité supérieure
Numérotés en commençant par le plus fin 0000. 000. 00. 0. 1. 2. 3. 4. 5
Recommandée — Les 100 feuilles 12.25

N°	**Toile** émeri, en feuilles sur tissu blanc, format 28 x 21 m/m	les 100	1000 feuilles
10328	Marque à la Ruche, numérotées en commençant par le grain le plus fin N° 0.1.2.3.4.5	8.60	80. "
10329	Marque Baker " " " " " " N° 000.00.0.1.2.3.4.5	10. "	93. "

N°	**Toile** verrée et émerisée, marque "Delaunay" en pièces de 2 mètres		Largeur m/m 50	75
10330	Toile verrée, qualité supérieure au Croissant, tissu blanc uni filet rouge	Le mètre courant	1. "	1.60
10331	" " " " " " " croisé	" "	1.15	1.75
10332	Toile émeri, qualité ordinaire, sans marque, tissu blanc uni	" "	1. "	1.60
10333	" " qualité supérieure Un Croissant, tissu blanc uni filet rouge	" "	1.30	1.95
10334	" " qualité extra, Deux Croissants, tissu blanc croisé, filet rouge	" "	1.45	2.15
10335	**Toile** verrée en feuilles, format 30 x 20 m/m qualité supérieure au Croissant	Les 100 feuilles		12.25
10336	" émeri " " " première qualité, marque Chapon	" "		12.25
10337	" " " " " qualité supérieure au Croissant	" "		16. "

N°	**Toile** verrée et émerisée marque "Univers" en pièces de 2 mètres		Largeur m/m 50	75
10338	Toile verrée, qualité supérieure	Le mètre courant	1.10	1.45
10339	" émeri, deuxième qualité	" "	1. "	1.40
10340	" " première qualité	" "	1.15	1.70
10341	" " qualité supérieure	" "	1.40	2.10

N°	**Toile** émeri en feuilles	Format m/m	25 x 25	30 x 20	33 x 25
10342	Deuxième qualité	Les 100 feuilles	12.20	12.20	"
10343	Première qualité	" "	14.65	"	19.50
10344	Qualité supérieure	" "	17.70	"	23.20

N°	**Toile** verrée et émerisée, marque "Navarre", en pièces de 2 mètres		Largeur m/m 50	75
10345	Toile verrée, qualité supérieure, tissu blanc croisé	Le mètre courant	1.15	1.65
10346	Toile émeri, qualité supérieure " " "	" "	1.25	1.80
10347	" " " tissu noir croisé	" "	1.40	2.10

N°	**Toile** verrée et émerisée en feuilles	Format m/m	25x20	25x25	30x20	37x20
10348	Toile verrée, qualité supérieure, tissu blanc croisé	Les 100 feuilles	13. "	15.50	15.50	17.55
10349	Toile émeri, qualité supérieure " " "	" "	13.20	14.85	14.85	16.30
10350	" " " tissu noir croisé	" "	13.20	14.85	14.85	16.30

N°	**Toile** verrée et émerisée, marque "Frémy", en pièces de 2 mètres		Largeur m/m 50	75
10351	Toile verrée, marque Frémy supérieure, tissu croisé blanc	Le mètre courant	1.15	1.70
10352	Toile émeri, marque Frémy première qualité, tissu blanc	" "	1.15	1.70
10353	" " " Dumas Frémy, tissu blanc croisé	" "	1.45	2.15
10354	" " " Frémy supérieur, " " médailles	" "	1.95	2.85
10355	" " " Volapop en pièces de 2 mètres, largeur 42 m/m, première qualité	Le mètre		0.60
10356	" " " " " " " qualité supérieure	"		0.85
10357	Toile émeri en feuilles Volapop, format 29 x 21 m/m première qualité	Les 100 feuilles		8.60
10358	" " " " " qualité supérieure	" "		11.50

N°	**Toile** verrée et émerisée en feuilles	Format m/m	25x20	25x25	30x20	33x25
10359	Toile verrée, marque Frémy, tissu blanc croisé	Les 100 feuilles	11.50	14.30	14.30	16.60
10360	Toile émeri " Frémy, première qualité, tissu blanc uni	"	13. "	17.20	17.20	21.50
10361	" " " Dumas Frémy, tissu blanc croisé	"	16. "	20. "	20. "	26. "
10362	" " " Frémy supérieur, tissu noir croisé médailles		21.50	26. "	26. "	33. "

10363 **Toile** émeri en feuilles, marque "Ouest", qualité ordinaire, format 30 x 20 m/m Les 100 feuilles 10.20

10364 **Toile** émeri, marque "Ernest", en pièces de 2 mètres, largeur 75 m/m Le mètre courant 1.70

Toile émeri, marque "Chateau", en pièces de 2 mètres, largeur 75 m/m

N°			
10365	Première qualité	Le mètre courant	1.65
10366	Qualité supérieure	" "	2.05
10367	**Toile** émeri en feuilles, format 30 x 20 m/m, première qualité	Les 100 feuilles	14.50

Toile émeri, marque "Hubert", en pièces de 1 mètre, largeur 75 m/m

N°			
10368	Première qualité mélangée Naxos et Levant sur tissu blanc	Le mètre courant	2.10
10369	Qualité supérieure Naxos pur sur tissu noir	" "	2.70
10370	**Toile** émeri en feuilles, format 33 x 25 m/m, première qualité	Les 100 feuilles	24. "
10371	" " " " " qualité supérieure	" "	30. "

Numérotées en commençant par le grain le plus fin N° 0. 1. 2. 3. 4. 5

N°	**Toile** verrée et émerisée marque "Vincent", en pièces de 2 mètres		Largeur m/m 50	75
10372	Toile verrée, deuxième qualité, marque violette, tissu blanc	Le mètre courant	"	1.30
10373	" " première qualité, marque rouge	" "	"	1.35
10374	Toile émeri, quatrième qualité, marque verte	" "	0.90	1.30
10375	" " troisième qualité, marque verte	" "	1.15	1.35
10376	" " deuxième qualité, marque violette	" "	1.20	1.45
10377	" " première qualité, marque rouge	" "	1.30	1.55

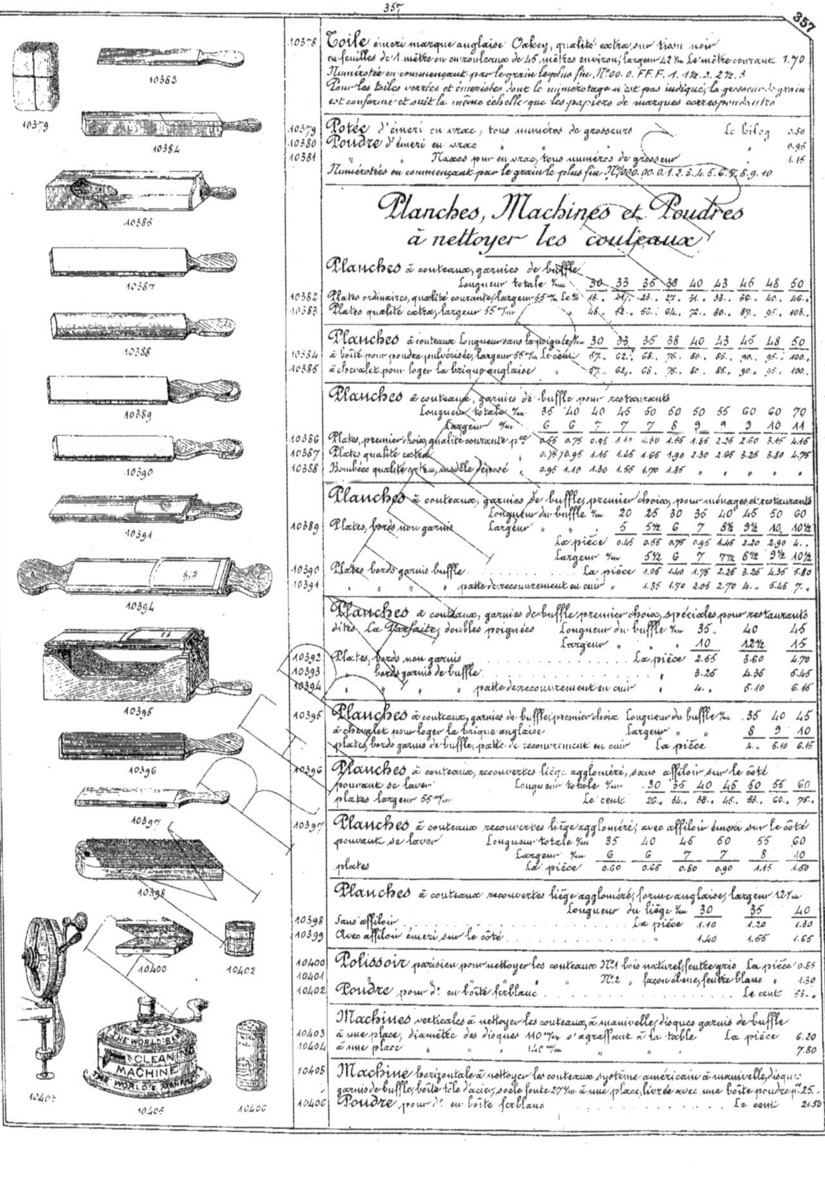

10378 **Toile** émeri marque anglaise Oakey, qualité extra, sur tissu noir en feuilles de 1 mètre ou en rouleaux de 45 mètres environ, largeur 42 m/m Le mètre courant 1.70
Numérotée en commençant par le grain le plus fin N° 00. 0. FF. F. 1. 1½. 2. 2½. 3
Pour les toiles verrées et émerisées dont le numérotage n'est pas indiqué, la grosseur du grain est conforme et suit la même échelle que les papiers de marques correspondantes

10379 **Potée** d'émeri en vrac, tous numéros de grosseurs Le kilog 0.50
10380 **Poudre** d'émeri en vrac " " " 0.95
10381 " " Naxos pur en vrac, tous numéros de grosseur " 1.15
Numérotées en commençant par le grain le plus fin N° 000. 00. 0. 1. 2. 3. 4. 5. 6. 7. 8. 9. 10

Planches, Machines et Poudres à nettoyer les couteaux

Planches à couteaux, garnies de buffle

		Longueur totale m/m	30	33	35	38	40	43	46	48	50
10382	Plates ordinaires, qualité courante, largeur 55 m/m	Le %	16..	21..	23..	27..	31..	33..	36..	40..	46..
10383	Plates qualité extra, largeur 55 m/m	"	46..	52..	56..	64..	72..	80..	89..	95..	103..

Planches à couteaux

		Longueur sans la poignée m/m	30	33	35	38	40	43	45	48	50
10384	à boîte pour poudre pulvérisée, largeur 55 m/m	Le cent	57..	62..	68..	75..	80..	85..	90..	95..	100..
10385	à chevalet pour loger la brique anglaise	"	57..	62..	68..	75..	80..	85..	90..	95..	100..

Planches à couteaux, garnies de buffle pour restaurants

		Longueur totale m/m	35	40	40	45	50	60	50	55	60	60	70
		Largeur m/m	6	6	7	7	7	8	9	9	9	10	11
10386	Plates, premier choix, qualité courante	p[ce]	0.65	0.75	0.95	1.10	1.30	1.65	1.85	2.25	2.60	3.15	4.15
10387	Plates qualité extra	"	0.78	0.95	1.15	1.45	1.65	1.90	2.30	2.65	3.25	3.80	4.75
10388	Bombées qualité extra, modèle déposé	"	0.95	1.10	1.30	1.55	1.70	1.85	"	"	"	"	"

Planches à couteaux, garnies de buffles premier choix, pour ménages et restaurants

			20	25	30	35	40	45	50	60
		Longueur du buffle m/m	20	25	30	35	40	45	50	60
10389	Plates, bords non garnis	Largeur " "	5	5½	6	7	8½	9½	10	10½
		La pièce	0.45	0.55	0.75	0.95	1.45	2.20	2.90	4..
		Largeur m/m		5½	6	7	7½	8½	9½	10½
10390	Plates bords garnis buffle	La pièce		1.05	1.40	1.75	2.25	3.25	4.35	5.80
10391	" " " " patte de recouvrement en cuir	"		1.35	1.70	2.05	2.70	4..	5.45	7..

Planches à couteaux, garnies de buffle premier choix, spéciales pour restaurants dites La Parfaite, doubles poignées

		Longueur du buffle m/m	35	40	45
		Largeur "	10	12½	15
10392	Plates, bords non garnis	La pièce	2.65	3.60	4.70
10393	" bords garnis de buffle	"	3.25	4.35	5.45
10394	" " " patte de recouvrement en cuir	"	4..	5.10	6.15

Planches à couteaux, garnies de buffle, premier choix à chevalet pour loger la brique anglaise plates, bords garnis de buffle, patte de recouvrement en cuir

	Longueur du buffle m/m	35	40	45
	Largeur " "	8	9	10
10395	La pièce	4..	5.10	6.15

Planches à couteaux, recouvertes liège aggloméré, sans affiloir sur le côté pouvant se laver

		Longueur totale m/m	30	35	40	45	50	55	60
10396	plates largeur 55 m/m	Le cent	26..	34..	38..	45..	53..	60..	75..

Planches à couteaux recouvertes liège aggloméré, avec affiloir émeri sur le côté pouvant se laver

		Longueur totale m/m	35	40	45	50	55	60
		Largeur m/m	6	6	7	7	8	10
10397	plates	La pièce	0.60	0.65	0.80	0.90	1.15	1.50

Planches à couteaux recouvertes liège aggloméré, forme anglaise, largeur 12 m/m

		Longueur du liège m/m	30	35	40
10398	Sans affiloir	La pièce	1.10	1.20	1.30
10399	Avec affiloir émeri sur le côté	"	1.40	1.65	1.65

10400 **Polissoir** parisien pour nettoyer les couteaux N° 1 bois naturel, feutre gris La pièce 0.85
10401 " " " N° 2 " façon ébène, feutre blanc " 1.30
10402 **Poudre** pour d° en boîte ferblanc Le cent 55..

Machines verticales à nettoyer les couteaux, à manivelle, disques garnis de buffle
10403 à une place, diamètre des disques 110 m/m s'agraffant à la table La pièce 6.20
10404 à une place " " " 140 m/m " " " 7.80

10405 **Machine** horizontale à nettoyer les couteaux système américain à manivelle, disques garnis de buffle, boîte tôle d'acier, socle fonte 27 m/m à une place, livrée avec une boîte poudre p[ce] 25.
10406 **Poudre** pour d° en boîte ferblanc Le cent 21.50

Brillant "Belge"
Brillant "Russe"
Brillant "Merveilleux"
Brillant Bühler
Brillant Rouland
Brillant "Métallique"
Brillant "Sans-Égal"
Composition Monnet
Eau de Cuivre "Ancien Cocher"

10407 **Machine** verticale à nettoyer les couteaux à manivelle, à une place premier ouvrier disques garnis de buffle diamètre 175 m/m; diamètre total 200 m/m se vissant à la table pce 31.50

Machines à nettoyer les couteaux à manivelle et engrenage, roues garnies de buffle

10408 à deux roues, diamètre 105 m/m se fixant à la table sans coussinets La pièce 46.25
10409 " " " 125 " " " " " " " 66.25
10410 à quatre roues, diamètre 125 " " " " " " " 87.50
10411 " " " 125 " " " " " avec coussinets " 106.25

Machines à nettoyer les couteaux modèle ordinaires à engrenage, roues garnies de buffle

10412 à manivelle 2 roues, diamètre 125 m/m, épaisseur 22 m/m sur bâti fonte La pièce 52..
10413 " 2 " " 125 " " 34 " " " " " 61..
10414 à volant 4 " " 125 " " 22 " " " " " 81..

10415 **Briques** anglaises pour nettoyer les couteaux La pièce 0.18 Le cent 15..

10416 **Poudre** de brique anglaise pulvérisée en boîtes bois La boîte 0.30 Les % boîtes 27..

10417 **Poudre** pulvérisée en boîtes pour nettoyer les couteaux

Contenance en grammes	125	250	500	1000
Le cent	21..	32..	64..	125..

Poudre dite Clair d'acier pour nettoyer les couteaux

	Nos	1	2	3	4	5
	Dimensions m/m	35x65	40x80	50x100	55x114	70x125
10418 En boîtes carton	Le cent	13.50	22.50	36..	"	"
10419 " fer blanc	"	18..	27..	40..	63..	99..

10420 **Poudre** anglaise Ookey en boîtes pour nettoyer les couteaux

Dimensions m/m	65x35	75x45	85x55	115x60
Le cent	16..	35..	48..	90..

10421 **Pâte** pour nettoyer les couteaux La Va Vite

	½ pot	pot
Le cent	40..	80..

Pâtes, Brillants, Pommades & autres produits à nettoyer les métaux

10422 **Brillant** belge, en pots grès, pour métaux

	⅛ pot	¼ pot	½ pot	pot
La pièce	0.39	0.52	0.80	1.30
Le cent	35..	47..	72..	115..

Par 100 pots assortis, expédition directe de l'usine Franco d'emballage

10423 **Brillant** russe, en pots grès, pour métaux (Recommandé) Par 100 pots assortis

	petit	moyen	grand
La pièce	0.39	0.65	0.93
Le cent	36..	60..	86..

10424 **Brillant** merveilleux, en pots grès, pour métaux

	⅛ pot	¼ pot	½ pot	pots
Le cent	33..	40..	65..	107..

10425 **Brillant** Bubler en pots grès, pour métaux

	⅛ pot	¼ pot	½ pot	pot
Le cent	34..	50..	80..	116..

10426 **Brillant** Bubler, eau de cuivre en flacons pour métaux

Contenance	½ bouteille	bouteille	litre
Le cent	45.50	80..	116..

10427 **Brillant** Bubler, en poudre, en boîtes métalliques pour métaux

Nos	1	2	3
Le cent	30..	56..	110..

10428 **Brillant** Rouland, en pots grès, pour métaux

	⅛ pot	¼ pot	½ pot	pot
Le cent	36..	50..	83..	135..

10429 **Brillant** Rouland, en poudre, en boîtes métalliques pour métaux

Nos	1	2	3
Le cent	27.50	56..	110..

10430 **Brillant** métallique parfumé, marque Gross et Grange en pots grès, pour métaux

	⅛ pot	¼ pot	½ pot	pot
Le cent	28.50	40..	65..	106..

10431 **Brillant** Sans Égal en pâte, en boîtes métalliques pour métaux (Recommandé)

Nos	0	1	2	3	4	5
Diamètre de la boîte m/m	44	55	65	75	75	90
Contenance en grammes	20	40	80	120	250	500
Le cent	6.60	17.20	26.80	34.40	77..	130..

10432 **Composition** Monnet, en flacons verre pour métaux

	¼ flacon	½ flacon	flacon	double flacon
La pièce	0.45	0.90	1.35	2.25

10433 **Eau d'or** Naigeon, en caisses de 12 flacons La caisse 7.50
Ce produit craint la gelée, éviter de le commander en hiver

10434 **Eau de cuivre** marque à l'Ancien Cocher en bouteilles verre pour métaux

	½ bouteille	bouteille
La pièce	0.65	1.10

Mine de Plomb
Pâte Anti-Rouille
Pâte à polir " **au Sabre** "
— — " **au Révolver** "
Pâte " **Russe** "
Pâte " **au Globe** "
Pâte " **Rayon d'Or** "
Pâte " **Amor** "
Pommade Magique
Pâte " **Flamande** "
Pâte " **Négrine** "
Pâte " **Vélox** "
Poudre " **La Sans-Pareille** "
Poudres **Grosset-Grange**
Rouge Anglais

10435 10439 10442 10448 10449 10460 10452 10454 10457 10459

Mine de plomb qualité courante, pour poêles et fourneaux
10435 En petits paquets de 30 grammes . . . . . Les 144 paquets 3.60
10436 " " 60 grammes . . . . . " 6.40
10437 En vrac, sacs en papier . . . . . Le kilog 0.30
10438 En fûts pétroliers, par 250 kilogs environ . . . . . Les cent kilogs 24.50

10439 **Mine de plomb** tunisienne, pour poêles et fourneaux
en paquets chromos, de 55 grammes environ — Les cent paquets 7.15

10440 **Mine de plomb** anglaise, pour poêles et fourneaux
en paquets (qualité recommandée)

Poids en grammes	30	60	125
Les cent paquets	3.70	5.70	13. "

10441 **Pâte anti-rouille** Universelle pour la préservation des métaux
en boîtes ferblanc de 40 à 45 grammes — Les cent boîtes 18.50

Pâte à polir les métaux en briquettes

			½ briquettes	briquettes
10442	Marque "au Sabre", en boîtes carton par 50	Le cent	7.70	9.50
10443	" "au Révolver" " " " 25	"	"	11.50

10444 **Pâte** russe pour métaux, en boîtes ferblanc
en carton par 24 boîtes

	petite	moyenne	grande
Poids approximatif en grammes	20	35	70
Les cent boîtes	11.60	21. "	36. .

10445 **Pâte** "au Globe" pour métaux, en boîtes ferblanc

Nos	1	2	3
Diamètre des boîtes m/m	45	55	68
Les cent boîtes	11.50	21. "	35. .

Cette pâte est livrée en cartons de 36 boîtes pour le N° 1 et par 24 boîtes pour les Nos 2 et 3

10446 **Pâte** "Rayon d'Or" pour métaux, en boîtes ferblanc

Nos	1	2	3
Poids approximatif en grammes	20	30	70
Les cent boîtes	8. .	16. "	24.60

Cette pâte est livrée en carton par 36 boîtes pour les Nos 1 et 2 et par 24 boîtes pour le N° 3

10447 **Pâte** "Amor" pour métaux, en boîtes ferblanc

Nos	1	2	3
Poids approximatif en grammes	20	30	70
Les cent boîtes	9. "	18. "	27.

Cette pâte est livrée en carton par 36 boîtes pour les Nos 1 et 2 et par 24 boîtes pour le N° 3

10448 **Pommade magique** pour métaux, en boîtes ferblanc
livrée en caissettes bois

Nos	0	2	3	4	5
Diamètre des boîtes m/m	43	53	65	75	85
Nombre de boîtes contenues dans chaque caissette	48	36	24	24	12
Les cent boîtes	9.05	19.80	32. ,	51.50	77.

10449 **Pâte flamande** pour poêles et fourneaux
en boîtes ferblanc

Nos	0	3	2	1
Diamètre des boîtes m/m	50	60	70	80
Les cent boîtes	10. "	21.50	34. ,	51.50

10450 **Pâte Négrine** pour poêles et fourneaux
en boîtes ferblanc

Nos	3	2	1
Diamètre des boîtes m/m	60	70	80
Les cent boîtes	21.50	34. ,	51. ,

Comme prime chaque boîte N° 1 contient une pièce de 1 centime ; chaque boîte Nos 2 et 3 une pièce de 2 centimes (Par 144 boîtes d'un même numéro Bonification 5%)

10451 **Pâte** Vélox pour poêles et fourneaux
en boîtes ferblanc

Nos	1	2	3
Poids approximatif en grammes	30	70	90
Les cent boîtes	18. "	31.50	36. "

10452 **Poudre** la Sans-Pareille en étuis carton pour préparer l'eau de cuivre
dose pour un litre — Le cent 38.50

10453 **Poudre** chimique Grosset Grange en boîtes carton
pour préparer l'eau de cuivre, en boîtes carton

dose pour centilitres	25	50	100
Les cent boîtes	24.50	40. .	66. .

Poudre métallique Grosset Grange, pour nettoyer les métaux à sec

			En paquets	En étuis carton	
	Poids approximatif en grammes		25	125	250
10454	Qualité ordinaire, étiquette jaune	Le cent	3.60	22. .	57. .
10455	Qualité fine, étiquette verte	"	6. .	27. "	46. ,

10456 **Rouge** anglais pour nettoyer à sec l'orfèvrerie
en boîtes carton

Poids approximatif en grammes	30	50	100
La boîte	0.30	0.60	0.95

Peaux de chamois

	Dimensions m/m	22x15	30x18	37x22	45x25	52x32	60x36	66x41	72x45
10457	Dolées, pour meubles et voitures La pièce	0.25	0.45	0.75	1.05	1.35	1.80	2.25	2.70
10458	Dolées, poncées, pour argenterie "	0.30	0.70	1. "	1.30	1.65	2.10	2.65	3.15

	Dimensions m/m	77x47	82x52	90x55	98x58	102x62	106x66	110x70	115x75
10457	Dolées pour meubles et voitures La pièce	3.15	3.60	4.05	4.50	4.95	5.40	5.85	6.30
10458	Dolées, poncées, pour argenterie "	3.60	4.05	4.50	4.95	5.40	5.85	6.30	6.75

10459 **Peau** chien de mer séchée pour ébénisterie taille moyenne — La pièce 3.50

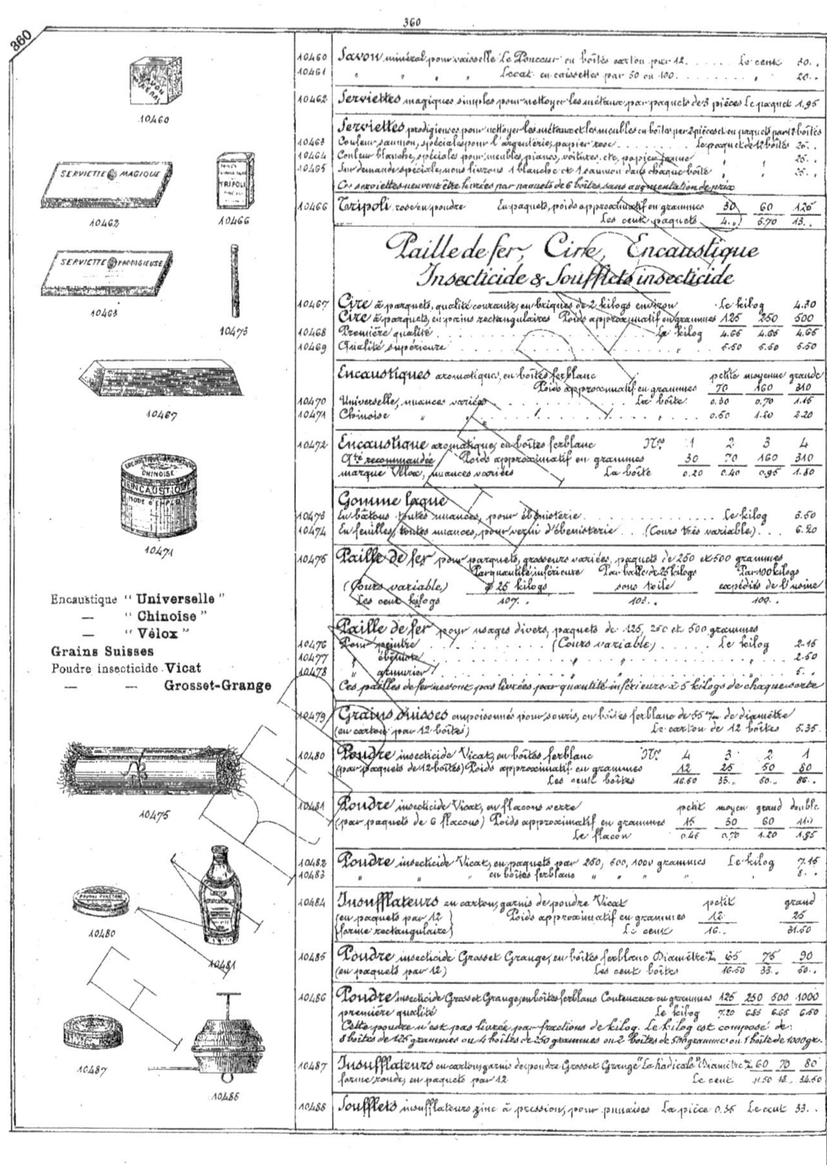

Encaustique " **Universelle** "
— " **Chinoise** "
— " **Vélox** "
Grains Suisses
Poudre insecticide **Vicat**
— — **Grosset-Grange**

10460 **Savon** minéral pour vaisselle Le Ponceur en boîtes carton par 12. . . . . Le cent 10. .
10461 " " " " Local en caissettes par 50 ou 100. . . . . . . " 20. .

10462 **Serviettes** magiques simples pour nettoyer les métaux par paquets de 3 pièces Le paquet 1.95

Serviettes prodigieuses pour nettoyer les métaux et les meubles en boîte par 2 pièces et en paquets par 12 boîtes
10463 Couleur saumon, spéciale pour l'argenterie, papier rose . . . . Le paquet de 12 boîtes 20. .
10464 Couleur blanche, spéciale pour meubles, pianos, voitures, etc, papier jaune " " 25. .
10465 Sur demande spéciale, nous livrons 1 blanche et 1 saumon dans chaque boîte " " 25. .
Ces serviettes peuvent être livrées par paquets de 6 boîtes sans augmentation de prix

10466 **Tripoli** rose en poudre — En paquets, poids approximatif en grammes: 30 / 60 / 125 — Les cent paquets: 4. . / 6.70 / 13. .

Paille de fer, Cire, Encaustique
Insecticide & Soufflets insecticide

10467 **Cire** à parquets, qualité courante, en briques de 2 kilogs environ . Le kilog 4.30

Cire à parquets, en pains rectangulaires

		Poids approximatif en grammes	125	250	500
10468	Première qualité	Le kilog	4.65	4.65	4.65
10469	Qualité supérieure	"	5.50	5.50	5.50

Encaustiques aromatiques, en boîtes ferblanc

			petite	moyenne	grande
		Poids approximatif en grammes	70	160	310
10470	Universelle, nuances variées	La boîte	0.30	0.70	1.15
10471	Chinoise "	"	0.50	1.20	2.20

10472 **Encaustique** aromatique, en boîtes ferblanc — Qté recommandée, marque Vélox, nuances variées

Nos	1	2	3	4
Poids approximatif en grammes	30	70	160	310
La boîte	0.20	0.40	0.95	1.80

Gomme laque
10473 En bâtons toutes nuances, pour ébénisterie . . . . Le kilog 5.50
10474 En feuilles, toutes nuances, pour vernis d'ébénisterie . . (Cours très variable) . . . 6.20

10475 **Paille de fer** pour parquets, grosseurs variées, paquets de 250 et 500 grammes (Cours variable)

	Par quantité inférieure à 25 kilogs	Par balle de 25 kilogs sous toile	Par 100 kilogs expédiés de l'usine
Les cent kilogs	107. .	102. .	100. .

Paille de fer pour usages divers, paquets de 125, 250 et 500 grammes
10476 Pour peintre . . . . (Cours variable) . . . . Le kilog 2.15
10477 " ébéniste . . . . " 2.50
10478 " armurier . . . . " 5. .
Ces pailles de fer ne sont pas livrées par quantité inférieure à 5 kilogs de chaque sorte

10479 **Grains Suisses** empoisonnés pour souris, en boîtes ferblanc de 55 m/m de diamètre (en carton par 12 boîtes) Le carton de 12 boîtes 5.35

10480 **Poudre** insecticide Vicat, en boîtes ferblanc (par paquets de 12 boîtes)

Nos	4	3	2	1
Poids approximatif en grammes	12	25	50	80
Les cent boîtes	16.50	33. .	60. .	86. .

10481 **Poudre** insecticide Vicat, en flacons verre (par paquets de 6 flacons)

	petit	moyen	grand	double
Poids approximatif en grammes	15	30	60	110
Le flacon	0.45	0.70	1.20	1.95

10482 **Poudre** insecticide Vicat, en paquets par 250, 500, 1000 grammes Le kilog 7.15
10483 " " " en boîtes ferblanc " " " " " 8. .

10484 **Insufflateurs** en carton, garnis de poudre Vicat (en paquets par 12, forme rectangulaire)

	petit	grand
Poids approximatif en grammes	12	25
Le cent	16. .	31.50

10485 **Poudre** insecticide Grosset Grange, en boîtes ferblanc (en paquets par 12)

Diamètre m/m	65	75	90
Les cent boîtes	16.50	33. .	50. .

10486 **Poudre** insecticide Grosset Grange, en boîtes ferblanc, première qualité

Contenance en grammes	125	250	500	1000
Le kilog	7.20	6.85	6.65	6.50

Cette poudre n'est pas livrée par fractions de kilog. Le kilog est composé de 8 boîtes de 125 grammes ou 4 boîtes de 250 grammes ou 2 boîtes de 500 grammes ou 1 boîte de 1000 gr.

10487 **Insufflateurs** en carton, garnis de poudre Grosset Grange "La Radicale" forme ronde, en paquets par 12

Diamètre m/m	60	70	80
Le cent	11.50	18. .	24.50

10488 **Soufflets** insufflateurs zinc à pression, pour punaises La pièce 0.35 Le cent 33. .

361

10489 10490 10492 10493

10494

10497 10610

Cirage Marque **Jacquand Père & Fils**
— — **Jacquot & Cie**
— — **Brunot**
— — **Le Sans Rival**
— — **Nubian**
Cirage Végétal
Noir chevreau pour Chaussures
Créme pour Chaussures " **Preston** "
Pâte — — —
Combinaison " **Preston** "
Cirage pour harnais " **Sportsman** "
— — — " **Intrépide Cocher** "
— — — " **Vieux Cocher** "
— — — " **des Feignants** "
— — — " **Ancien Cocher** "
Onguent pour Chevaux " **des Haras** "
— — — " **Hévid** "
Blanc pour Guêtres
Bleu — Pantalons et Capotes
Rouge — — et Parements
" **Spongia** " Sel pour éponges

10489	**Soufflets** insufflateurs à punaises, peau collée, sans tube	La pièce 0.30 Le cent	23. »
10490	» » » » » avec tube ferblanc	» 0.35 »	28.50
10491	» » » peau clouée, bout cuivre	» 0.60 »	45. »
10492	» » » avec poignées, peau clouée, bout cuivre	La pièce	0.65
10493	» » » » » » avec appareil	»	0.85

Cirages pour chaussures, harnais et sellerie
Magnésie pour buffleterie

	Cirages noirs pour chaussures	N^os^	0	1	2	2bis	3	4	5	6	7
	en boîtes ferblanc Poids approximatif en grammes		15	25	35	50	70	85	150	230	500
	En paquets Nombre de boîtes		24	24	12	12	12	12	12	12	12
10494	Marque Jacquand Père & fils	Le paquet	0.85	1.35	0.80	1.20	1.50	2. »	2.75	4.15	6.60
10495	» Jacquot & Cie	»	0.85	1.65	0.80	1.20	1.50	2. »	2.75	4.16	6.60

	Cirage noir pour chaussures	N^os^	0	1	2	3	4	5	6	7	8
10496	en boîtes ferblanc Poids approximatif en grammes		25	30	40	75	100	125	165	250	500
	marque Brunot à La Poignée de mains	Le cent	5.10	8.10	10.20	16. »	24. »	31.50	46. »	60. »	75. »

	Cirage noir pour chaussures	N^os^	0	1	2	3
10497	en boîtes carrées ferblanc	Poids approximatif en grammes	60	100	150	250
		En caisses, Nombre de boîtes	72	48	36	24
	Le Sans Rival, qualité recommandée	La caisse	14.40	16.35	17.30	13.20

	Cirage noir végétal parfumé pour chaussures	N^os^	2	3	4	5	10	12
10498	en boîtes ferblanc	Poids approximatif en grammes	30	65	80	140	250	500
		En caisses, Nombre de boîtes	36	24	24	12	12	12
		La caisse	3.60	4.80	7.75	5. »	9.60	12.80

10499 **Cirage** noir pour chaussures, marque Nubian, en caisses de 12 flacons — La caisse 16.50

	Noir chevreau pour chaussures	N^os^	0	2
10500	en boîtes ferblanc	Poids approximatif en grammes	30	60
		En cartons, Nombre de boîtes	24	12
		Le carton	2.05	2.06

	Noir chevreau pour chaussures	N^os^	1	2
10501	en pots grès, logés en caisses par 12 pots	Poids approximatif, grammes	30	60
		La caisse	2.55	4.60

	Crème pour chaussures jaunes ou autres nuances	N^os^	3	3 F	2	1
10502	marque Preston, très bonne qualité	Poids approximatif, grammes	40	60	60	95
	en flacons verre pommadiers, bouchon métal à vis	Les 12 flacons	2.25	2.70	3. »	5.40

	Pâte pour chaussures jaunes ou autres nuances, marque Preston		petite	moyenne	grande
10503	en boîtes ferblanc logées en cartons par 12 boîtes	Poids approximatif, grammes	20	32	50
		Le carton de 12 boîtes	2.40	3.15	4.80

Composition nouvelle recommandée pour sa qualité et sa facilité d'application

	Combinaison Preston liquide et pâte toutes nuances, le liquide pour nettoyer, la pâte pour faire briller les chaussures; les deux produits contenus dans un étui carton		petit	grand
10604	liquide en flacons verre, bouchon tête bois	Poids approximatif, grammes	100	150
	pâte en boîtes ferblanc	» » »	20	32
	En caisse bois par 12 étuis	La caisse	8.25	10.50

		Contenance	½ litre	litre
10605	**Teinture** noire pour cuirs, en bouteilles verre pour teindre en noir les chaussures jaunes	La bouteille	3.35	6.30

10606	**Cirage** noir pour harnais et sellerie, marque	Sportsman	La bouteille	0.95
10607	» » » » » »	Intrépide Cocher	»	1.15
10608	» » » » » »	Vieux Cocher	»	1.15
10609	» » » » » »	des Feignants	»	1.20
10610	» » » » » »	Ancien Cocher	La ½ bout. 0.80 La bout.	1.30

	Onguent pour les pieds des chevaux, en boîtes ferblanc	Poids en grammes	500	1000
10611	Marque des Haras	La boîte	1. »	1.46
10612	» Hévid	»	1.60	2.45

Magnésie en pains et en poudres pour buffleterie et drap

10613	**Blanc** en pains, par 70 grammes environ	Le cent	11.60
10614	**Blanc** jaunâtre en poudre, en paquets, par 60 grammes environ	»	15. »
10615	**Bleu** en poudre, pour pantalons et capotes, en petits paquets	»	9.30
10616	**Bleu** foncé en poudre pour tuniques » » »	»	9.30
10617	**Rouge** en poudre pour pantalons d'infanterie et parements, en petits paquets	»	15. »

Ces articles ne sont pas livrés par quantité inférieure à 100 paquets de chaque sorte.

	Spongia sel en boîtes ferblanc	Poids approximatif, grammes	150	200	500
10618	pour le nettoyage des brosses et éponges	La boîte	0.60	1. »	1.50

362

Mastic à greffer en boîtes ferblanc

	Poids approximatif, grammes		125	150	275	360	600	750
10519	Marque des Horticulteurs	Les cent boîtes	"	43..	"	86..	"	172..
10520	" Universelle	" "	50..	"	100..	"	200..	"
10521	" Lhomme Lefort	" "	"	54..	"	108..	"	216..

Colles diverses. Produits à bronzer et dorer
Huile fine

Colle forte pour ébénisterie (Cours très variable)

		Le kilog		Les cent kilogs
10522	En tablettes, sans marque	Le kilog	1.15	97..
10523	" " marque Coignet, médaille d'argent	" "	1.50	140..
10524	" " " " médaille d'or	" "	1.70	160..
10525	" " genre Givet, marque à la Lyre	" "	2.15	193..
10526	" " Givet, marque à l'Ancre	" "	2.35	215..

Colle forte pour l'ébénisterie, série spéciale pour l'exportation, livrée en barils de 200 Kos environ (Cours très variable)

10527	Dite colle de Lyon, médaille d'argent	Les cent kilogs 107..
10528	" " " " d'or	" " " 116..
10529	Genre Givet, marque RBT (Recommandée)	" " " 186..
10530	Genre Givet, marque à la Flèche, qualité supérieure	" " " 200..
10531	Véritable Givet, marque Au Croissant, qualité extra	" " " 222..

Exportation. Pour expéditions atteignant un poids minimum de 1000 kilogs, les colles dites de Lyon sont adressées franco port Le Havre, Nantes ou Bordeaux.
Les colles de Givet sont adressées franco port Anvers

Colle de peau de lapins, en tablettes pour ornemaniste, staffeur, peintre, etc

10532	Brune, qualité courante (Cours très variable)	Les cent kilogs 215..
10533	Blonde, qualité supérieure	" " " 246..

Colle liquide à froid, marque Dumoulin, en flacons verre

			petit	moyen	grand
10534	Flacons cylindriques, gomme pure pour bureau, sans pinceau	Le cent	11.50	23..	"
10535	" " colle brune pour bois, cristal, etc, sans pinceau	"	20..	35..	"
10536	" " colle blanche " " " " "	"	41..	68..	"
10537	Flacons à pans, gomme pure pour bureau, avec capsule et pinceau	"	48..	60..	57..
10538	" " colle brune pour bois, cristal, etc " " " "	"	67..	71.50	56..
10539	" " colle blanche " " " " " " "	"	71.50	86..	107..

Colle liquide à froid, marque Bergez, en flacons verre

		Nos	2	5	6	7	8
10540	Flacons cylindriques, gomme Sénégal, pour bureau, sans pinceau	Le %	10..	20..	40..	56..	76..
10541	" " colle brune pour bois, cartonnage, etc, sans pinceau	"	"	20..	40..	"	"
10542	" " colle incolore inaltérable pour tabletterie ou étoffes sans pinceau	Le %	25..	62..	"	"	

Colle prodigieuse liquide pour tout coller en flacons verre.

	Poids approximatif, grammes		15	30
10543	En boîtes carton par 12 flacons, sans pinceau	La boîte de 12 flacons	3.60	6.85
10544	" " " " " avec capsule et pinceau	" " "	"	8.60
10545	" " " " " " " " chaque flacon dans un étui carton	" " "	"	9.65
10546	**Flacons** vides en verre, avec capsule, pinceau et essuie pinceau	Le cent		43..

Colle liquide, en tubes étain, pour tout coller, même les métaux

			petit	gros
10547	La Moscovite, en boîtes carton par 6 tubes	La boîte	1.65	2.85
10548	" " " " 12 "	"	3..	6.50
10549	La Prodigieuse " " " " "	"	4.30	6.50
10550	La Matou colle " " " " "	"	"	6..
10551	La Seccotine " " " " " Recommandée	"	"	11.50

Gomme soluble à l'eau

			menus grabeaux	moyens grabeaux	gros grabeaux	petite	grosse
10552	Arabique blonde	Le kilog	"	"	"	2.20	2.30
10553	" blanche	"	"	"	"	2.55	2.75
10554	Sénégal blonde	"	1.26	1.55	1.70	2.30	2.40
10555	" blanche	"	"	"	"	2.75	2.85

Cours très variable :
Cet article livré de Bordeaux ou de Marseille par balle d'origine d'environ 100 kilogs Bonification 10%

10556 **Mixture** pour argenter, dorer ou bronzer au pinceau, en flacon verre avec pinceau en boîtes par 12 flacons (Indiquer la nuance) La boîte de 12 flacons 7.50

10557 **Mixture** Thivolle pour dorer au pinceau, en flacon verre avec pinceau en boîtes par 12 flacons

	petit	grand
Les 12 flacons	7.50	14.30

10558 **Nécessaire** pour dorer Thivolle, en étui comprenant 1 flacon verni, 1 flacon bronze en poudre, un pinceau, un godet Les 12 étuis 18..

10519 10521

10522 10529

10534 10537 10540

10543 10544 10547

10549 10550 10551

10552 10556

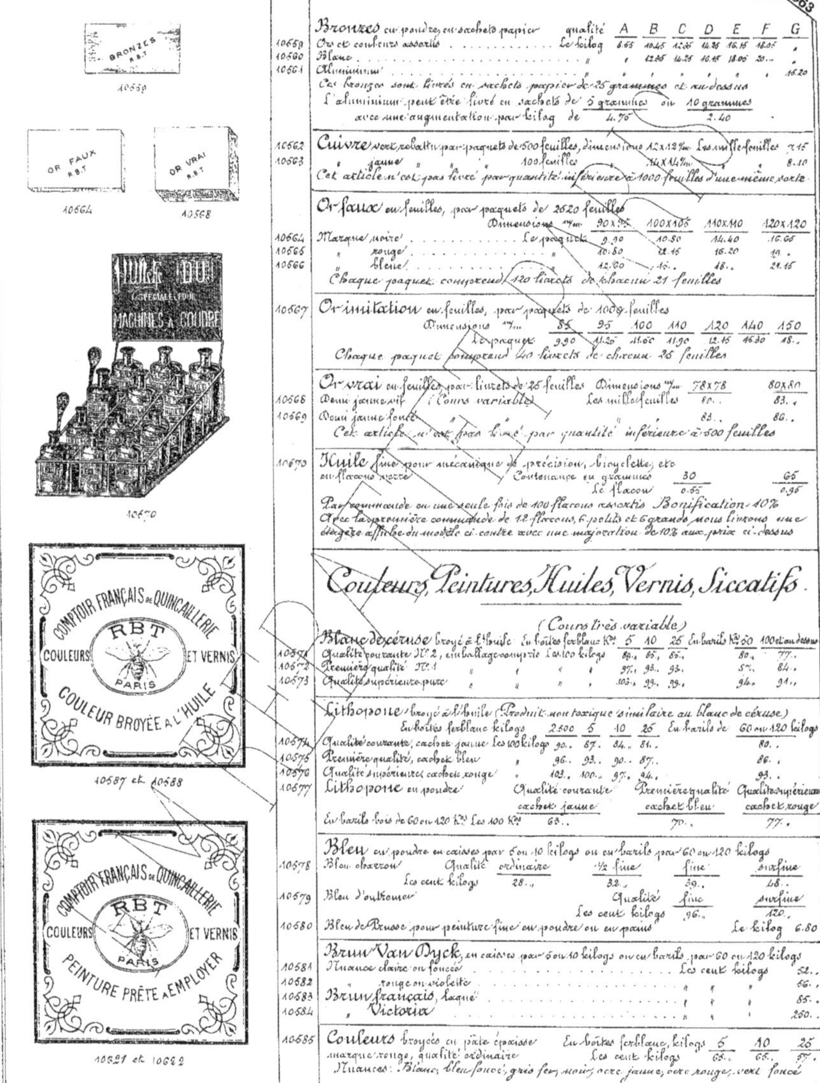

BRONZES R.B.T

10559

OR FAUX R.B.T

10564

OR VRAI R.B.T

10568

HUILE FINE SPÉCIALE POUR MACHINES A COUDRE

10670

COMPTOIR FRANÇAIS DE QUINCAILLERIE RBT PARIS COULEURS ET VERNIS COULEUR BROYÉE A L'HUILE

10587 et 10588

COMPTOIR FRANÇAIS DE QUINCAILLERIE RBT PARIS COULEURS ET VERNIS PEINTURE PRÊTE A EMPLOYER

10621 et 10622

Bronzes en poudre, en sachets papier

		qualité	A	B	C	D	E	F	G
10559	Or et couleurs assortis	Le kilog	8.65	10.45	12.25	14.25	16.15	18.05	"
10560	Blanc	"	"	12.25	14.25	16.15	18.05	20..	"
10561	Aluminium	"	"	"	"	"	"	"	16.20

Ces bronzes sont livrés en sachets papier de 25 grammes et au dessus

L'aluminium peut être livré en sachets de 5 grammes ou 10 grammes avec une augmentation par kilog de 4.75 — 2.40

Cuivre

10562	Cuivre vert rebattu par paquets de 500 feuilles, dimensions 12 x 12 %m	Les mille feuilles	7.15
10563	" jaune " " " 100 feuilles 14 x 14 %m	"	8.10

Cet article n'est pas livré par quantité inférieure à 1000 feuilles d'une même sorte

Or faux en feuilles, par paquets de 2620 feuilles

		Dimensions %m	90 x 95	100 x 105	110 x 110	120 x 120
10564	Marque noire	Le paquet	9.90	10.80	14.40	16.65
10565	" rouge	"	10.80	12.15	16.20	19..
10566	" bleue	"	12.60	15..	18..	21.15

Chaque paquet comprend 120 livrets de chacun 21 feuilles

Or imitation en feuilles, par paquets de 1000 feuilles

	Dimensions %m	85	95	100	110	120	140	150
10567	Le paquet	9.90	11.25	11.60	11.90	12.15	16.30	18..

Chaque paquet comprend 40 livrets de chacun 25 feuilles

Or vrai en feuilles, par livrets de 25 feuilles (Cours variable)

		Dimensions %m	78 x 78	80 x 80
10568	Demi jaune vif	Les mille feuilles	80..	83..
10569	Demi jaune foncé	"	83..	86..

Cet article n'est pas livré par quantité inférieure à 500 feuilles

Huile fine pour mécanique de précision, bicyclette, etc

		Contenance en grammes	30	65
10670	en flacons verre	Le flacon	0.55	0.95

Par commande en une seule fois de 100 flacons assortis Bonification 10%

Avec la première commande de 12 flacons, 6 petits et 6 grands nous livrons une étagère affiche du modèle ci-contre avec une majoration de 10% aux prix ci-dessus

Couleurs, Peintures, Huiles, Vernis, Siccatifs.

(Cours très variable)

Blanc de céruse broyé à l'huile

		En boîtes ferblanc K°s	5	10	25	En barils K°s 50	100 et au dessus
10571	Qualité courante N° 2, emballage compris	Les 100 kilogs	89..	85..	85..	80..	77..
10572	Première qualité N° 1	"	97..	93..	93.	87..	84..
10573	Qualité supérieure pure	"	103..	99..	99..	94..	91..

Lithopone broyé à l'huile (Produit non toxique similaire au blanc de céruse)

		En boîtes ferblanc kilogs	2.500	5	10	25	En barils de 60 ou 120 kilogs
10574	Qualité courante, cachet jaune	Les 100 kilogs	90..	87.	84..	81..	80..
10575	Première qualité, cachet bleu	"	96..	93..	90..	87..	86..
10576	Qualité supérieure, cachet rouge	"	103..	100..	97..	94..	93..

	Lithopone en poudre	Qualité courante cachet jaune	Première qualité cachet bleu	Qualité supérieure cachet rouge
10577	En barils bois de 60 ou 120 K°s Les 100 K°s	63..	70..	77..

Bleu en poudre en caisses par 5 ou 10 kilogs ou en barils par 60 ou 120 kilogs

		Qualité	ordinaire	1/2 fine	fine	surfine
10578	Bleu charron	Les cent kilogs	28..	32..	39..	48..
10579	Bleu d'outremer	Les cent kilogs			96..	120..

10580 Bleu de Prusse pour peinture fine en poudre ou en pains — Le kilog 6.80

Brun Van Dyck, en caisses par 5 ou 10 kilogs ou en barils par 60 ou 120 kilogs

10581	Nuance claire ou foncée	Les cent kilogs	52..
10582	" rouge ou violette	" " "	56..
10583	Brun français, laqué	" " "	85..
10584	" Victoria	" " "	250..

Couleurs broyées en pâte épaisse marque rouge, qualité ordinaire

		En boîtes ferblanc, kilogs	5	10	25
10585		Les cent kilogs	65..	65..	57.

Nuances : Blanc, bleu foncé, gris fer, noir, ocre jaune, ocre rouge, vert foncé

10586 **Couleurs** broyées en pâte épaisse — En boîtes ferblanc, kilogs 5 — 10 — 25
qualité supérieure — Les cent kilogs 93.. — 93.. — 86..
Nuances : Blanc, bleu ciel, bleu foncé, bleu outremer, brun Van Dyck, gris fer, gris perle, havane, jaune bouton d'or, jaune citron, noir, ocre jaune, ocre rouge, rouge, vert clair, vert d'eau, vert foncé, vert moyen.
Nota. Pour les couleurs broyées ci-dessus, demandées par quantités importantes, nous faisons l'expédition directement de la fabrique qui est dans la banlieue de Paris.
En expédiant ainsi, il y a lieu de diminuer sur les prix énoncés plus haut les droits d'octroi dont est taxée l'huile en entrant dans la composition de ces couleurs : soit 5 francs par cent kilogs

Couleurs broyées en pâte épaisse (Fabrication recommandée) (R.B.T)
10587 En boîtes ferblanc à ouverture automatique, par 1, 2, 3, 4, 5 ou 10 kilogs, qualité fine . . . . . . Les cent kilogs 72..
10588 " " " " " " " " " surfine . . . . . . " " 86..
Nuances : Blanc, bleu clair, bleu ½ foncé, bleu foncé, bleu outremer, bois clair, bois foncé, brun clair, brun marron, brun Van Dyck, chêne, gris ardoise, gris clair, gris fer, gris ½ foncé, gris foncé, jaune chamois, jaune de chrome, jaune clair, jaune ocre, jaune orange, noyer, noir brillant, rouge français, rouge minium, rouge ocre, rouge vif, vert clair, vert d'eau, vert ½ foncé, vert foncé, vert olive.
Nota. Ces couleurs ne sont pas livrées par quantité inférieure à 50 kilogs. L'expédition est faite directement de la fabrique qui est hors Paris

	Couleurs en poudre pour la chaux	En paquets de 500 grammes	En caisses de 5 ou 10 kilogs	En barils de 60 ou 120 kilogs
10589	Nuance verte . . . . Les cent kilogs	102..	77..	77..
10590	" rouge . . . . . . " " "	110..	85..	85..
10591	" bleue . . . . . . " " "	125..	102..	102..

10592 **Essence de térébenthine** pour préparer la peinture, en bidons ferblanc par 5 ou 10 kilogs . . . Les cent kilogs 200..
10593 " " " " " " en touries grès par 30 ou 60 kilogs environ . . . " " " 186..
10594 " " " " " " en fûts pétroliers de 250 kilogs environ . . . " " " 186..
En bidons ferblanc et en fûts pétroliers franco d'emballage — Les touries sont facturées en plus, La pièce: 30 kilogs 5.40 — 60 kilogs 7.15
Pour commandes importantes expédiées directement de la fabrique qui est hors Paris Droits d'octroi en moins par cent kilogs 18..
Nota. Ce produit étant de nature inflammable, nous sommes obligés de le signaler sur nos déclarations d'expéditions pour les précautions à prendre et la taxe à appliquer par les Compagnies de transports.
Certaines Compagnies Maritimes de vapeur refusent de charger les produits inflammables, même sur le pont; dans ce cas, nous nous trouvons dans l'obligation d'annuler la commande de ces produits

10595 **Huile de lin**, de pays, pour préparer la peinture, en bidons ferblanc par 5 ou 10 kilogs . . . . . Les cent kilogs 185..
10596 " " " " " " en touries grès par 30 ou 60 kilogs environ . . . . . " " " 177..
10597 " " " " " " en fûts pétroliers de 250 kilogs environ . . . . . " " " 177..
10598 **Huile de lin**, cuite pure, pour préparer la peinture, en bidons ferblanc par 5 ou 10 kilogs . . . . . " " " 205..
10599 " " " " " " en touries grès par 30 ou 60 kilogs environ . . . . . " " " 197..
10600 " " " " " " en fûts pétroliers de 250 kilogs environ . . . . . " " " 197..
10601 **Huile de lin**, grasse, siccative, pour préparer la peinture, en bidons ferblanc par 5 ou 10 kilogs . . . . . " " " 250..
10602 " " " " " " en touries grès par 30 ou 60 kilogs environ . . . . . " " " 242..
10603 " " " " " " en fûts pétroliers de 250 kilogs environ . . . . . " " " 242..
En bidons ferblanc et en fûts pétroliers franco d'emballage — Les touries sont facturées en plus, La pièce: 30 kilogs 5.40 — 60 kilogs 7.15
Pour commandes importantes expédiées directement de la fabrique qui est hors Paris. Droits d'octroi en moins par cent kilogs 65..

10604 **Jaune** en poudre, en paquets, 4 nuances, qualité fine . . . . Les cent kilogs 65..
10605 " " " " " surfine . . . . " " " 110..
10606 **Jaune** en pains, 4 nuances, qualité fine . . . . " " " 65..
10607 " " " " " surfine . . . . " " " 110..
10608 " " " " " extra . . . . Le kilog 3.05

10609 **Litharge** en poudre (Produit similaire au siccatif mais séchant plus vite) en paquets . . . . . . Le kilog 1.25

10610 **Mastic** à l'huile pour vitrier, en fûts pétroliers de 400 kilogs environ (franco emballage) Les cent kilogs 25..

10611 **Mine** orange en poudre, en paquets . . . . Le kilog 1.55

10612 **Minium** en poudre — Le kilog: en sacs papier 0.90 — Les cent kilogs: en fûts de 50 kilogs 78.. — en fûts de 100 kilogs 74.50

10613 **Noir** charbon en poudre impalpable — Le kilog: en sacs papier 0.60 — Les cent kilogs: en fûts de 50 kilogs 41.. — en fûts de 100 kilogs 37.50

10614 **Noir** de fumée léger dit de Paris, en paquets de 30 ou 60 grammes . . . . Le kilog 2.05
10615 " " " " " en paquets de 125, 250, 500 ou 1000 grammes . . . . " 1.55
Cet article n'est pas livré par quantité inférieure à un kilog

	Ocre de Bourgogne, en fûts, franco d'emballage (Poids brut pour net)		par 50 kilogs	par 100 kilogs	par 200 kilogs
10616	Jaune ordinaire, pour maçon	Les cent kilogs	12.75	10.65	10..
10617	" supérieur, pour peintre	" " "	39..	36..	35..
10618	Rouge ordinaire, pour maçon	" " "	17.50	14.40	13.75
10619	" supérieur, pour peintre	" " "	45..	42..	41..

	Peintures délayées, prêtes à employer, qualité supérieure	Boîtes ferblanc de kilogs	1	2.500	5	10	25
10620		Le kilog	1.25	1.25	1.20	1.20	1.20

Pour commandes importantes expédiées directement de la fabrique qui est hors Paris. Droits d'octroi en moins par cent kilogs 5..
Nuances : Blanc, bleu ciel, bleu foncé, bleu outremer, brun Van Dyck, gris fer, gris perle, havane, jaune bouton d'or, jaune citron, noir, ocre jaune, ocre rouge, rouge, vert clair, vert d'eau, vert foncé, vert moyen

Peintures délayées, prêtes à employer (*Fabrication recommandée*)

10621 En boîtes ferblanc à ouverture automatique; par 1, 2, 3, 4, 5, 10 kilogs, qualité fine — Les cent kilogs 86. »
10622 qualité surfine — 100. »

Nuances : Blanc, bleu clair, bleu ½ foncé, bleu foncé, bleu outremer, bois clair, bois foncé, brun clair, brun marron, brun Van Dyck, chêne, gris ardoise, gris clair, gris fer, gris ½ foncé, gris foncé, jaune chamois, jaune de chrome, jaune clair, jaune ocre, jaune orange, noyer, noir brillant, rouge français, rouge minium, rouge ocre, rouge vif, vert clair, vert d'eau, vert ½ foncé, vert foncé, vert olive.

Nota. Ces peintures ne sont pas livrées par quantité inférieure à 50 kilogs. L'expédition est faite directement de la fabrique qui est hors Paris.

Peintures brillantes, délayées, prêtes à employer, pour l'intérieur seulement

	En boîtes ferblanc, par kilogs	0.250	0.500	1		5	10	25
10623	Nuances : Blanc de neige, brun noyer, brun tabac, brun Van Dyck, gris clair, gris acier, havane clair, havane foncé, rouge indien, sienne calcinée, ton bois — La boîte	1.10	1.95	2.05	Le kilog	2.80	2.80	2.80
10624	Nuances : Bleu azur, bleu outremer, bleu turquoise, gris perle, jaune citron, jaune clair, jaune orange, jaune pierre, noir d'ivoire, rose foncé, rose Martin, rouge corail, vert clair, vert d'eau, vert émeraude, vert foncé, vert moyen, vieux rose, violet mauve, violet Solférino — La boîte	1.30	2.15	2.75	Le kilog	3.40	3.40	3.40
10625	Nuances : Grenat, rouge laqué — La boîte	1.50	2.40	4.45	Le kilog	4.10	4.10	4.10

Peintures émail délayées, prêtes à employer, pour l'intérieur et l'extérieur

	En boîtes ferblanc, par kilogs	0.250	0.500	1		5	10	25
10626	Nuances : Blanc de neige, brun noyer, brun tabac, brun Van Dyck, gris clair, gris acier, havane clair, havane foncé, rouge indien, sienne calcinée, ton bois. — La boîte	1.55	2.55	4.10	Le kilog	3.75	3.75	3.75
10627	Nuances : Bleu azur, bleu outremer, bleu turquoise, gris perle, jaune citron, jaune clair, jaune orange, jaune pierre, noir d'ivoire, rose foncé, rose Martin, rouge corail, vert clair, vert d'eau, vert émeraude, vert foncé, vert moyen, vieux rose, violet mauve, violet Solférino — La boîte	1.70	2.90	4.95	Le kilog	4.60	4.60	4.60
10628	Nuances : Grenat, rouge laqué — La boîte	1.90	3.25	5.95	Le kilog	5.45	5.45	5.45

10629

Le Ripolin

Peintures laquées, délayées, prêtes à être employées pour l'intérieur et l'extérieur

Toutes les nuances dont la désignation est ci-dessous sont vendues également

Argenture — Boîtes N° V : la boîte 1. » ; Boîtes N° IV : la boîte 3.60

En boîte N° V : la boîte 0.40 — En boîte N° IV : 0.80 — En boîte N° III : 1.50

Dorure (pâle et foncée) — Boîtes N° V : la boîte 1.30 ; Boîtes N° IV : la boîte 4.55

Nuances	Prix à la boîte N° II	N° I	1 kilog	Bidons de 5 kilogs le kilog	Nuances	Prix à la boîte N° II	N° I	1 kilog	Bidons de 5 kilogs le kilog	Nuances	Prix à la boîte N° II	N° I	1 kilog	Bidons de 5 kilogs le kilog	Nuances	Prix à la boîte N° II	N° I	1 kilog	Bidons de 5 kilogs le kilog
Blanc de neige	2.10	2.96	6.20	4.70	Chamois clair	2.10	2.95	5.20	4.70	Rouge andrinople clair	2.55	3.60	6.50	6.20	Vert d'eau foncé	2.10	2.95	5.20	4.90
Crème	2.10	2.95	6.20	4.70	Terre d'ombre brûlée	2.10	2.95	5.20	4.90	Rouge doré	2.10	2.95	5.20	4.90	Vert irlandais foncé	2.55	2.60	0.50	6.20
Jaune clair	2.10	2.95	6.50	6.20	Jaune sable	2.10	2.95	5.20	4.70	Bleu azur pâle	2.10	2.95	5.20	4.70	Vert bronze foncé	2.35	3.60	6.50	6.20
Noir d'ivoire	2.10	2.95	5.20	4.90	Gris métallique	2.10	2.95	5.20	4.70	Rouge andrinople moyen	2.55	3.60	6.50	6.20	Vert russe foncé	2.35	3.60	6.50	6.20
Gris acier	2.10	2.95	5.20	4.70	Gris pierre foncé	2.10	2.95	5.20	4.70	Violet bleu	2.10	2.95	6.20	4.90	Vert russe clair	2.35	3.60	6.50	6.20
Vert de mer foncé	2.10	2.95	5.20	4.90	Bleu de Prusse	2.55	3.60	7.80	7.60	Violet rose	2.10	2.95	5.20	4.90	Vert irlandais moyen	2.35	3.60	6.50	6.20
Vert jaune foncé	2.55	3.60	6.60	6.20	Havane clair	2.10	2.95	5.20	4.90	Rose pâle	2.10	2.95	5.20	4.90	Vert bronze clair	2.35	3.60	6.50	6.20
Rouge andrinople foncé	2.55	3.60	6.60	6.20	Marron	2.10	2.95	5.20	4.70	Rose saumon	2.10	2.95	5.20	4.90	Vert réséda foncé	2.10	2.95	5.20	4.90
Gris perle foncé	2.10	2.95	5.20	4.90	Vert de mer clair	2.10	2.95	5.20	4.90	Violet mauve	2.10	2.95	6.20	4.90	Vert réséda moyen	2.10	2.95	5.20	4.90
Rose clair	2.10	2.95	5.20	4.90	Vert d'eau pâle	2.10	2.96	5.20	4.90	Bleu turquoise foncé	2.10	2.95	5.20	4.90	Vert wagon	2.35	3.60	6.50	6.20
Bleu outremer	2.35	3.60	6.50	6.20	Jaune soufre	2.10	2.95	6.50	6.20	Bleu turquoise moyen	2.10	2.95	5.20	4.90	Vert réséda clair	2.10	2.95	5.20	4.90
Jaune foncé	2.10	2.95	6.50	6.20	Gris	2.10	2.95	5.20	4.70	Chamois foncé	2.10	2.96	5.20	4.70	Vert réséda pâle	2.10	2.95	5.20	4.90
Rouge de Chine	2.35	3.60	9.10	8.80	Gris perle clair	2.10	2.95	6.20	4.90	Bleu turquoise clair	2.10	2.95	5.20	4.90	Jaune orange	2.10	2.95	5.20	4.90
Bleu azur foncé	2.10	2.95	5.20	4.90	Corail	2.10	2.95	5.20	4.90	Vert romain foncé	2.55	3.60	6.50	6.20	Bois (ton de)	2.10	2.95	5.20	4.70
Bleu azur moyen	2.10	2.95	5.20	4.70	Gris rose foncé	2.10	2.95	5.20	4.90	Vert romain moyen	2.55	3.60	6.50	6.20	Rouge de Venise	2.10	2.95	5.20	6.20
Mine orange	2.10	2.95	6.20	4.90	Gris rose pâle	2.10	2.95	5.20	4.90	Vert romain clair	2.55	3.60	6.50	6.20	Terre d'ombre naturelle	2.10	2.95	5.20	4.90
Grenat clair	2.35	3.60	6.50	6.20	Blanc ivoire	2.10	2.95	5.20	4.70	Vert Baudin	2.10	2.95	5.20	4.90	Havane foncé	2.10	2.95	5.20	4.90
Ocre rouge	2.10	2.95	5.20	4.70	Rouge de Perse	2.35	3.60	9.10	8.80	Gris pierre clair	2.10	2.95	5.20	4.70	Grenat foncé	2.35	3.60	6.50	6.20
Rose Martin	2.10	2.95	5.20	4.90	Havane moyen	2.10	2.95	5.20	4.90	Jaune paille	2.10	2.95	5.20	4.70	Noir pour tableaux d'école	2.10	3.60	6.50	6.50
Brun acajou	2.35	3.60	6.50	6.20	Ocre jaune	2.10	2.95	5.20	4.70	Noyer	2.35	3.60	6.50	6.20					
Vert irlandais clair	2.35	3.60	6.50	6.20	Brun Van Dyck	2.10	2.95	5.20	4.90	Vert jaune clair	2.35	3.60	6.50	6.20					

Contenance approximative des boîtes en litre N° I : 2/5 ; II : 1/4 ; III : 1/10 ; IV : 1/20 ; V : 1/50

La densité de ce produit n'étant pas la même pour toutes les nuances; pour une même contenance certaines boîtes ont une forme et un volume différent.

10630 **Potasse** façon Amérique, cristallisée en pierre, qualité courante en sacs papier . . . . Le kilog 0.85
10631 " " " " " " " " en fûts de 250 kilogs environ . . . . Les cent kilogs 68. ,

10632 **Potasse** d'Amérique, cristallisée, en pierres, qualité supérieure, en sacs papier . . . . Le kilog 1.55
10633 " " " " " " , en fûts d'origine de 300 kilogs environ Les cent kilogs 128. .

10634 **Potassium** liquide pour lavage des murs, en bouteilles grès de 5 ou 10 kilogs . . . . Le kilog 0.45
10635 " " " " " " en touries grès de 35 kilogs environ . . . . Les cent kilogs 34. ,
10636 " " " " " " " " " , 70 kilogs environ . . . . " " " 26. ,

10637 **Rouges** en poudre en paquets

		charron	omnibus	équipage	laqué	carminé	solide	à rechampir	rubis N° 2	vermillon solide
	Le kilog	0.80	1.25	1.70	1.75	2.15	2.35	3.80	3.85	5.10

10638 **Siccatif** en poudre, en paquets par 50 grammes . . . . Les cent kilogs 39. .
10639 " " " en paquets par 500 grammes, en caisses par 5 ou 10 kilogs ou en barils par 60 ou 120 kilogs " " " 77. .

10640 **Siccatif** en poudre, marque "La Planchette" en paquets par 500 grammes . . . . Les cent kilogs 90. .
10641 " " " dit de Paris, en paquets par 400 grammes . . . . " " " 132. .

10642 **Siccatif** liquide, qualité courante, en bidons ferblanc de 5, 10 ou 25 litres . . . . . Le litre 5. ,
Pour expéditions importantes faites directement de l'usine qui est hors Paris. Droits d'octroi en moins par litre 0.35

10643 **Silicate** liquide . En bouteilles grès de 5 à 10 kilogs . Les cent kilogs . . . . 51. , En touries 35 / 42.50 — 70 / 84. , Kilogs.

10644 **Terre de Cassel** en poudre, pour décors, en caisses par 5 ou 10 kilogs . . . . Les cent kilogs. . . . 67. .
10645 " **Cologne** " " " " " " " " " " . . . . . . " " " . . . . 67. ,
10646 " **d'ombre** naturelle " " " " " " " " " . . . . . . " " " . . . . 67. ,
10647 " " calcinée " " " " " " " " " . . . . . . " " " . . . . 77. ,
10648 " **sienne** naturelle " " " " " " " " " . . . . . . " " " . . . . 77. ,
10649 " " calcinée " " " " " " " " " . . . . . . " " " . . . . 85. ,

Verts en poudre, en caisses de 5 ou 10 kilogs, ou en barils de 60 ou 120 kilogs

		Qualités ordinaire	1/2 fine	fine	surfine	extra fine
10650 Vert de zinc, 3 nuances dans chaque qualité	Les cent kilogs	21. ,	25. .	29. .	40. .	54. ,
10651 Vert à voitures, 18 " " " " "	" " "	"	44. .	170. ,	280. ,	.

Vernis pour le bâtiment en bidons ferblanc par 1, 2, 5, 10 et 25 litres

		Qualité 1/2 fine	fine	surfine
10652 Copal blanc, pour intérieur	Le litre	3. ,	3.85	4.70
10653 Gras, pour extérieur	"	3.85	4.70	5.55
10654 " " intérieur	"	3.85	4.70	5.55

Pour expéditions importantes faites directement de l'usine qui est hors Paris. Droits d'octroi en moins par litre 0.35

10655 **Vernis** très siccatif, pour fer et bois, s'utilisant au pinceau

		En boîtes ferblanc de kilogs 1/2	1
Nuances : blanc, bleu, jaune, rouge, vert	La boîte	1.20	2.40
10656 **Verni** du Japon, très siccatif, très solide, s'utilisant au pinceau, noir seulement	"	1.30	2.60

10657 **Verni** inoxydable dit des Quincailliers pour préserver les métaux polis de l'oxydation — Le flacon, En flacon de 1/10 de litre 1.30 — Le bidon, En bidon de 1 litre 5.20

Vernis à l'alcool s'utilisant au pinceau, en flacons verre

		Contenance en litre 1/20	1/10	1/5	1/2	1
10658 Toutes nuances, qualité ordinaire, sans marque	Le flacon	0.32	0.63	1. ,	1.90	3.75
10659 " " " fine, marque BS	"	0.45	0.90	1.75	4.40	8.75
10660 " " " surfine " DB	"	0.60	1.20	2.40	6. ,	12. .
10661 " " " extra " Salnée	"	0.65	1.30	2.60	6.50	13. ,

Vernis à l'alcool pour l'ébénisterie en bouteilles verre

		Contenance en litre 1/2	1
10662 Blond, au tampon, qualité très ordinaire	La bouteille	1.05	2.05
10663 " " " " ordinaire	"	1.40	2.75
10664 " " " " courante	"	1.75	3.40
10665 " " " première qualité	"	2.60	5.10
10666 Blanc, au tampon, qualité ordinaire	"	2.15	4.25
10667 " " " " courante	"	2.60	5.10
10668 " " " première qualité	"	3. ,	5.95
10669 Noir distillé, au tampon, qualité ordinaire	"	2.60	5.10
10670 " " " " première qualité	"	3.45	6.80
10671 " " " " qualité extra fine	"	5.15	10.20
10672 Acajou, noyer ou faux palissandre au tampon, qualité courante	"	3. ,	5.95
10673 Blond au tampon, qualité extra fine, filtré à finir	"	3.45	6.80
10674 Blanc " " " " " "	"	4.30	8.50
10675 Noyer et autres nuances, qualité extra fine	"	5.15	10.20

Vernis à l'alcool pour l'ébénisterie, en bouteilles verre

		Contenance en litre 1/2	1
10676 Copal blond, au pinceau ou au coton, qualité ordinaire	La bouteille	2.40	4.60
10677 " " " " " " " courante	"	3.65	7.15
10678 Copal blanc, au pinceau ou au coton, qualité ordinaire	"	2.80	5.45
10679 " " " " " " " courante	"	4.50	8.85
10680 Copal noir brillant au pinceau ou au coton, qualité courante	"	3.65	7.15
10681 Copal noir japonais	"	3.65	7.15

Ces vernis étant d'une nature inflammable, certaines Compagnies de transports refusent de les charger. Dans ce cas nous nous trouvons dans l'obligation d'annuler les commandes.

Moulins à broyer les couleurs

		N^os	1	2	3	4
		Diamètre des meules m/m	120	145	170	190
		Hauteur totale m/m	315	380	430	480
		Broyant à l'heure, kilogs	3	5	8	11
10682	à manivelle	La pièce	32..	48..	64..	88..
10683	à volant	"	"	64..	88..	112..

Brosses de peintres et pinceaux en tous genres

Pinceaux brosses, dits Charleville, virole cuivre

		1	2	3	4	5	6	7	8	9	10	11	12	13	14	15	16	17	18
	Diamètre approximatif m/m	23	25	27	29	31	33	35	37	38	40	42	44	47	49	51	54	57	59
10684	Soie blanche ou grise 2e qualité la pièce	0.49	0.55	0.69	0.82	0.94	1.10	1.32	1.62	1.92	2.35	2.60	3.05	3.65	4.25	4.85	5.55	6.05	"
10685	" " " 1re qualité "	0.51	0.61	0.72	0.83	0.96	1.16	1.36	1.72	2.12	2.65	3.05	3.65	4.55	5.45	6.05	7..	7.85	9.70
10686	" " " qualité extra "	0.55	0.67	0.80	0.95	1.11	1.30	1.62	1.92	2.40	3.05	3.65	4.25	5.20	6.05	7..	8.05	9.10	10.90

Pinceaux brosses, virole cuivre recouverte, indémanchables très soignés, collet fil de fer galvanisé

		1	2	3	4	5	6	7	8	9	10	11	12	13	14	15	16
	Diamètre approximatif m/m	24	26	27	29	31	33	35	37	40	42	44	47	50	52	54	56
10687	Soie blanche, qualité extra la pièce	0.66	0.77	0.95	1.10	1.40	1.60	2.05	2.45	3.05	3.65	4.55	5.45	6.65	8.20	9.70	11.50
10688	Soie grise "	"	"	"	"	"	"	"	"	"	"	"	"	"	"	9.10	10.60

Pinceaux brosses, pour bâtiment, liés ficelle noire, 1re qualité

		1	2	3	4	5	6	7	8	9	10	11	12	13	14	15	16	17	18
	Diamètre approximatif m/m	24	27	29	31	33	35	37	39	42	44	47	50	52	54	57	61	64	67
10689	soie blanche ou grise la pièce	0.50	0.60	0.80	0.95	1.10	1.35	1.60	1.95	2.45	3.05	3.65	4.25	5.20	6.05	7..	7.85	8.80	10.60

Pinceaux brosses d'once, liés ficelle

		½	1	1½	2	2½	3	4	5	6	7	8	9	10
	Diamètre approximatif m/m	24	28	30	33	36	40	44	48	52	56	60	63	66
10690	Soie blanche ou grise 2e qualité La pièce	0.35	0.48	0.65	0.90	1.05	1.26	1.65	1.95	2.30	2.85	3.35	3.95	4.85
10691	" " " 1re qualité "	0.46	0.60	0.85	1.05	1.26	1.56	1.96	2.55	3.45	3.96	4.85	5.80	6.65

10692 Pinceaux brosses hollandaises, cercle fer et ficelle pour maçon, 1re qualité

N^os	9	10	11	12	13	14	15	16	17	18	19	20
Diamètre approximatif m/m	36	38	40	42	44	46	48	50	52	56	59	62
La pièce	1.10	1.15	1.20	1.40	1.65	1.70	1.95	2.15	2.45	2.65	2.85	3.10

Pinceaux brosses dits de pouce

		¼	½	¾	1	1½	2	2½	3
	Diamètre approximatif m/m	14	15	17	19	21	23	25	27
10693	Liés ficelle, 2e qualité La pièce	22..	26..	31..	39..	59..	71..	82..	88..
10694	" " 1re qualité "	26..	30..	33..	49..	71..	84..	90..	96..

Pinceaux brosses à rechampir

		1	2	3	4	5	6	7	8	9	10	11	12
	Diamètre approximatif m/m	3	3½	4½	5	6	6½	7	8	10	12	15	17
10695	Liés ficelle rouge 2e qualité Le cent	8.80	9.60	10.15	11..	12.10	13.20	14.30	16.50	18..	20..	21..	23..
10696	Liés ficelle jaune 1re qualité "	10..	11..	12.10	13.20	14.50	15.40	17.00	20..	23..	26..	28..	31..

	Assortis N^os	1 à 6	7 à 12	1 à 12
10697	Liés ficelle rouge 2e qualité Le cent	10.50	19..	15..
10698	Liés ficelle jaune 1re qualité "	13.50	24.50	19..

Pinceaux queue de morue, soie blanche

		6	9	12	15	18	21	24	27	30	33	36	39	42	45	48	54	60	72
	Largeur m/m	15	21	27	32	40	46	51	60	67	73	80	88	95	100	107	120	130	150
10699	2e qualité La pièce	0.30	0.35	0.40	0.45	0.55	0.70	0.90	1.05	1.20	1.55	1.80	2.15	2.55	3.05	3.35			
10700	1re qualité "	0.36	0.40	0.50	0.60	0.70	0.95	1.15	1.50	1.80	2.15	2.45	3.05	3.65	4.25	5.05	6.05	7.85	10.90

10701 Pinceaux queue de morue, soie blanche, qualité supérieure, pour peintre en voitures

N^os	6	9	12	15	18	21	24	27	30	33	36	39	42	45	48
Largeur m/m	15	21	27	32	40	46	51	60	67	73	80	88	95	100	105
La pièce	0.46	0.55	0.65	0.85	1..	1.20	1.55	1.95	2.45	2.90	3.45	4.10	4.85	5.45	6.05

Pinceaux brosses à tableaux en soie, virole fer blanc, manche bois blanc

	N^os	1	2	3	4	5	6	7	8	9	10	11	12	13	14	15	16	17	18	19	20	21	22	23	24
	Diamètre approx. m/m	1½	2	2½	3	3½	4	4½	5	5½	6	6½	7	7½	8	8½	9	9½	10	11	12	13	14	15	16
10702	Ronds qualité ordinaire %	10..	10.50	11..	11..	11.60	12.50	13.20	13.75	14.60	15.50	17.50	19..	21..	23..	26..	28..	31..	35..	40..	46..	55..	61..	66..	77..
10703	Ronds 1re qualité %	12.50	13..	14..	14.60	15.40	17..	18..	19..	20..	22..	23..	26..	28..	30..	36..	39..	44..	50..	57..	66..	74..	80..	90..	100..

	Assortis N^os	1 à 6	7 à 12	13 à 18	13 à 20
10704	Ronds, qualité ordinaire Le cent	11..	16..	27..	31..
10705	" 1re qualité "	14.50	22..	39..	45..

10682

10684 10687 10689

10690 10692 10693

10696 10699 10701 10702

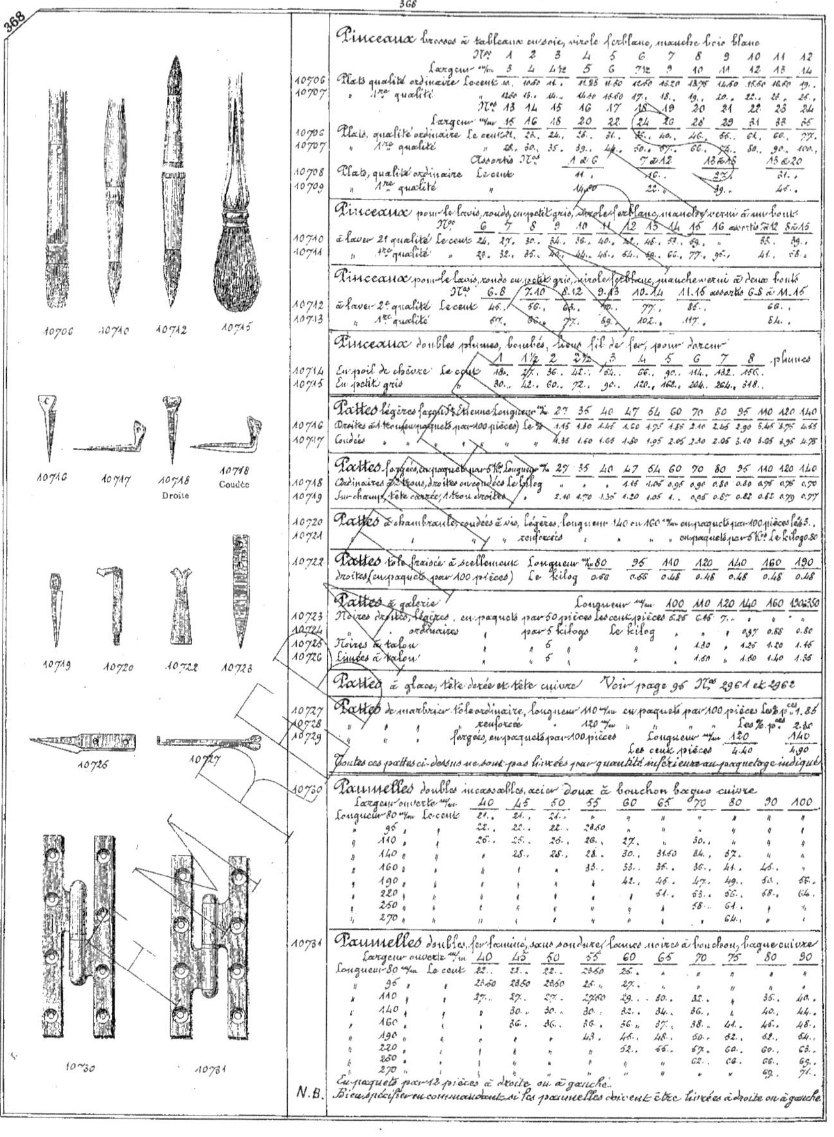

Pinceaux brosses à tableaux en soie, virole ferblanc, manche bois blanc

		Nos	1	2	3	4	5	6	7	8	9	10	11	12
		Largeur m/m	3	4	4½	5	6	7½	9	10	11	12	13	14
10706	Plats qualité ordinaire	Le cent	10.	10.50	11.	11.25	11.50	12.50	13.20	13.75	14.50	15.50	16.50	19.
10707	" 1re qualité	"	12.50	13.	14.	14.40	15.60	17.	18.	19.	20.	22.	23.	26.
		Nos	13	14	15	16	17	18	19	20	21	22	23	24
		Largeur m/m	15	16	18	20	22	24	26	28	29	31	33	35
10706	Plats, qualité ordinaire	Le cent	21.	22.	24.	26.	31.	35.	40.	46.	55.	61.	66.	77.
10707	" 1re qualité	"	28.	30.	35.	39.	44.	50.	57.	66.	74.	80.	90.	100.

		Assortis Nos	1 à 6	7 à 12	13 à 18	15 à 20
10708	Plats, qualité ordinaire	Le cent	11.	16.	27.	31.
10709	" 1re qualité	"	14.00	22.	39.	46.

Pinceaux pour le lavis, ronds, en petit gris, virole ferblanc, manche verni à un bout

		Nos	6	7	8	9	10	11	12	13	14	15	16	assortis 7 à 12	8 à 15
10710	à laver 2e qualité	Le cent	24.	27.	30.	34.	36.	40.	42.	46.	53.	59.	"	35.	39.
10711	" 1re qualité	"	29.	32.	35.	40.	44.	48.	54.	59.	66.	77.	95.	41.	58.

Pinceaux pour le lavis, ronds en petit gris, virole ferblanc, manche verni à deux bouts

		Nos	6.8	7.10	8.12	9.13	10.14	11.15	assortis 6.8 à 11.15
10712	à laver 2e qualité	Le cent	46.	56.	63.	70.	77.	86.	66.
10713	" 1re qualité		67.	66.	77.	89.	102.	117.	84.

Pinceaux doubles plumes, bombés, liens fil de fer, pour doreur

			1	1½	2	2½	3	4	5	6	7	8 plumes
10714	En poil de chèvre	Le cent	18.	27.	36.	42.	54.	66.	90.	114.	132.	156.
10715	En petit gris	"	30.	42.	60.	72.	90.	120.	162.	204.	264.	318.

Pattes légères façon St Etienne

		Longueur m/m	27	35	40	47	54	60	70	80	95	110	120	140
10716	Droites à 1 trou (en paquets par 100 pièces)	Le %	1.15	1.30	1.45	1.60	1.75	1.85	2.10	2.45	2.90	3.45	3.75	4.55
10717	Coudées " " " "	"	1.35	1.60	1.65	1.80	1.95	2.05	2.30	2.05	3.10	3.65	3.95	4.75

Pattes forgées, en paquets par 5 Kos

		Longueur m/m	27	35	40	47	54	60	70	80	95	110	120	140
10718	Ordinaires à 2 trous, droites ou coudées	Le kilog	"	"	"	1.15	1.05	0.95	0.90	0.80	0.80	0.75	0.75	0.70
10719	Sur champ, tête carrée, 1 trou droites	"	2.10	1.70	1.35	1.20	1.05	1.	0.95	0.87	0.82	0.82	0.79	0.77

10720 **Pattes** à chambranle, coudées à vis, légères, longueur 140 ou 160 m/m en paquets par 100 pièces Les % 3.
10721 " " " " renforcées " " " " en paquets par 5 Kos Le kilog 0.80

			80	95	110	120	140	160	190
10722	**Pattes** tête fraisée à scellement	Longueur m/m	80	95	110	120	140	160	190
	droites (en paquets par 100 pièces)	Le kilog	0.56	0.56	0.48	0.48	0.48	0.48	0.48

Pattes à galerie

			Longueur m/m	100	110	120	140	160	190 à 350
10723	Noires droites, légères	en paquets par 50 pièces	Les cent pièces	6.25	6.15	7.	"	"	"
10724	" ordinaires	" par 5 kilogs	Le kilog	"	"	"	0.97	0.88	0.80
10725	Noires à talon	" " 5 "	"	"	1.30	"	1.25	1.20	1.15
10726	Limées à talon	" " 5 "	"	"	1.50	"	1.50	1.40	1.35

Pattes à glace, tête dorée et tête cuivre Voir page 96 Nos 2961 et 2962

10727 **Pattes** de marbrier tôle ordinaire, longueur 110 m/m en paquets par 100 pièces Les % pces 1.85
10728 " " " renforcée " 120 m/m " " " " Les % pces 2.30
10729 " " " forgées, en paquets par 100 pièces Longueur m/m 120 — 140 ; Les cent pièces 4.40 — 4.90

Toutes ces pattes ci-dessus ne sont pas livrées par quantité inférieure au paquetage indiqué

10730 **Paumelles** doubles incassables, acier doux à bouchon bague cuivre

Largeur ouverte m/m		40	45	50	55	60	65	70	80	90	100
Longueur 80 m/m	Le cent	21.	21.	21.	"	"	"	"	"	"	"
" 95 "	"	22.	22.	22.	23.50	"	"	"	"	"	"
" 110 "	"	26.	25.	25.	26.	27.	"	30.	"	"	"
" 140 "	"	"	28.	28.	28.	30.	31.50	34.	37.	"	"
" 160 "	"	"	"	"	33.	33.	36.	36.	41.	45.	"
" 190 "	"	"	"	"	"	42.	46.	47.	49.	50.	56.
" 220 "	"	"	"	"	"	"	51.	53.	56.	58.	64.
" 250 "	"	"	"	"	"	"	"	58.	61.	"	"
" 270 "	"	"	"	"	"	"	"	"	64.	"	"

10731 **Paumelles** doubles, fer laminé, sans soudure, lames noires à bouchon, bague cuivre

Largeur ouverte m/m		40	45	50	55	60	65	70	75	80	90
Longueur 80 m/m	Le cent	22.	22.	22.	23.50	25.	"	"	"	"	"
" 95 "	"	23.50	23.50	23.50	25.	27.	"	"	"	"	"
" 110 "	"	27.	27.	27.	27.50	29.	30.	32.	"	35.	40.
" 140 "	"	"	30.	30.	30.	32.	34.	36.	"	40.	44.
" 160 "	"	"	36.	36.	36.	36.	37.	38.	41.	46.	48.
" 190 "	"	"	"	"	43.	45.	48.	50.	52.	62.	64.
" 220 "	"	"	"	"	"	52.	55.	57.	60.	60.	63.
" 250 "	"	"	"	"	"	"	"	62.	66.	66.	69.
" 270 "	"	"	"	"	"	"	"	"	"	69.	71.

En paquets par 12 pièces à droite ou à gauche.

N.B. Bien spécifier en commandant si les paumelles doivent être livrées à droite ou à gauche.

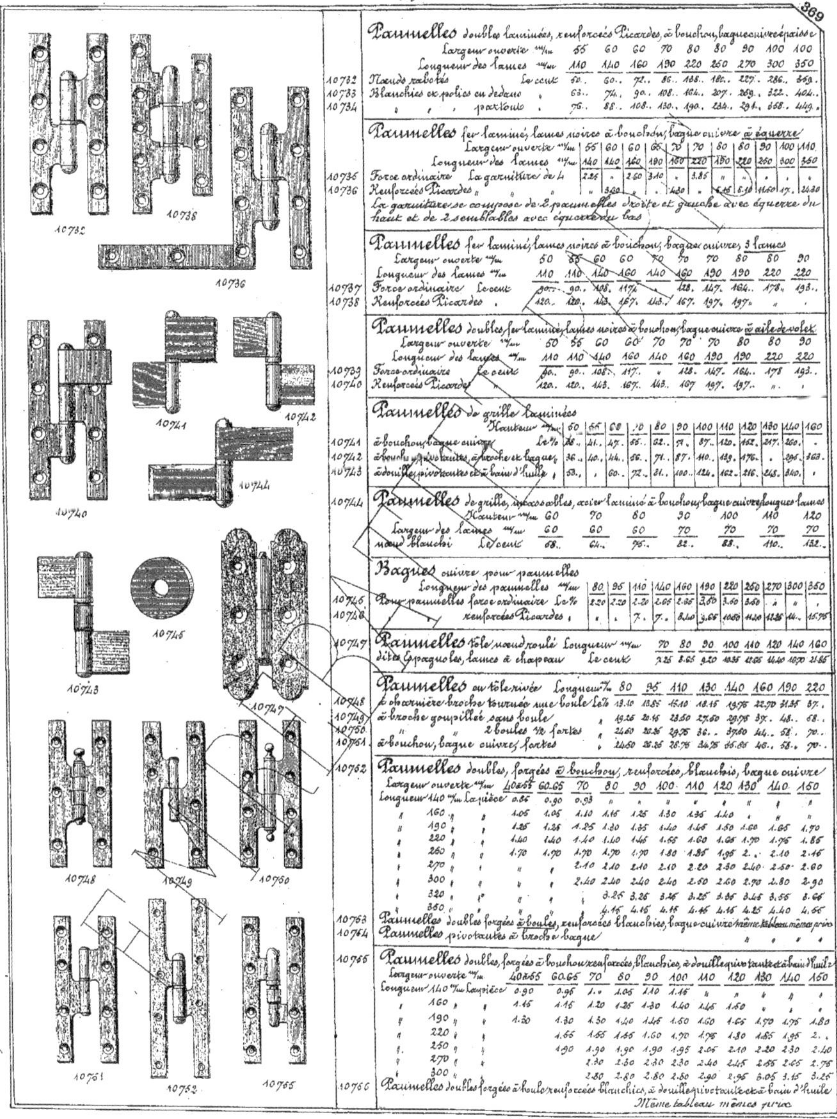

Paumelles doubles laminées, renforcées Picardes, à bouchon, bague cuivre épaisse

		Largeur ouverte m/m	55	60	60	70	80	80	90	100	100
		Longueur des lames m/m	110	140	160	190	220	260	270	300	350
10732	Nœuds rabotés	Le cent	50..	60..	72..	86..	138..	180..	227..	286..	359.
10733	Blanchies et polies en dedans	″	63..	74..	90..	108..	164..	207..	269..	322..	404..
10734	″ ″ partout	″	76..	88..	108..	130..	190..	234..	291..	368..	449..

Paumelles fer laminé, lames noires à bouchon, bague cuivre à équerre

		Largeur ouverte m/m	55	60	60	65	70	70	80	80	90	100	110
		Longueur des lames m/m	140	140	160	190	160	220	150	220	250	300	350
10735	Force ordinaire	La garniture de 4	2.25	″	2.60	3.10	″	3.85	″	″	″	″	″
10736	Renforcées Picardes ″	″ ″	″	3.00	″	″	4.30	″	5.15	5.10	11.60	17.	24.30

La garniture se compose de 2 paumelles droite et gauche avec équerre du haut et de 2 semblables avec équerre du bas

Paumelles fer laminé, lames noires à bouchon, bague cuivre, 3 lames

		Largeur ouverte m/m	50	55	60	60	70	70	70	80	80	90
		Longueur des lames m/m	110	110	140	160	140	160	190	190	220	220
10737	Force ordinaire	Le cent	90..	90..	108.	117.	″	128.	147.	164..	178.	193..
10738	Renforcées Picardes	″	120..	120..	143.	167.	143..	167.	197.	197.	″	″

Paumelles doubles, fer laminé, lames noires à bouchon, bague cuivre à aile de volet

		Largeur ouverte m/m	50	55	60	60	70	70	70	80	80	90
		Longueur des lames m/m	110	110	140	160	140	160	190	190	220	220
10739	Force ordinaire	Le cent	90..	90..	108..	117..	″	128.	147.	164..	178	193..
10740	Renforcées Picardes	″	120..	120..	143.	167..	143..	167	197.	197..	″	″

Paumelles de grille laminées

		Hauteur m/m	50	55	60	70	80	90	100	110	120	130	140	160
10741	à bouchon, bague cuivre	Le %	36..	41..	47.	55..	62..	71.	87..	120.	152.	217.	260.	″
10742	à bouchon pivotantes, à broche et bague	″	36..	40..	44..	56..	71..	87.	110..	139.	176.	″	295.	363.
10743	à douilles pivotantes et à bain d'huile	″	53..	″	60..	72..	81..	100..	124.	162.	216.	248.	340.	″

10744 **Paumelles** de grille, inoxydables [?], acier laminé à bouchon, bague cuivre, longues lames

		Hauteur m/m	60	70	80	90	100	110	120
		Largeur des lames m/m	60	60	60	70	70	70	70
10744	nœud blanchi	Le cent	68..	64..	75..	82..	88..	110..	132..

Bagues cuivre pour paumelles

		Longueur des paumelles m/m	80	95	110	140	160	190	220	250	270	300	350
10745	Pour paumelles force ordinaire	Le %	2.20	2.20	2.20	2.65	2.65	3.50	3.50	3.50	″	″	″
10746	renforcées Picardes	″	″	″	7.	7..	8.40	9.65	10.50	11.20	12.35	14..	15.75

		Longueur m/m	70	80	90	100	110	120	140	160
10747	**Paumelles** tôle nœud roulé dites Espagnoles, lames à chapeau	Le cent	7.25	8.65	9.20	10.35	12.05	14.40	16.70	21.85

Paumelles en tôle rivée

		Longueur m/m	80	95	110	130	140	160	190	220
10748	à charnière broche tournée avec boule	Le %	13.10	13.85	15.10	18.15	19.75	22.70	31.35	37.
10749	à broche goupillée sans boule	″	19.25	20.15	23.50	27.50	29.75	37.	48..	68..
10750	″ ″ 2 boules 1/2 fortes	″	24.60	26.25	29.75	36..	37.60	44..	58.	70..
10751	à bouchon, bague cuivre, fortes	″	24.50	26.25	28.75	34.75	36.85	48..	58..	70..

10752 **Paumelles** doubles, forgées à bouchon, renforcées, blanchis, bague cuivre

Largeur ouverte m/m		40 à 55	60.65	70	80	90	100	110	120	130	140	150
Longueur 140 m/m	La pièce	0.85	0.90	0.93	″	″	″	″	″	″	″	″
″ 160 ″	″	1.05	1.05	1.10	1.15	1.25	1.30	1.35	1.40	″	″	″
″ 190 ″	″	1.25	1.25	1.25	1.30	1.35	1.40	1.45	1.50	1.60	1.65	1.70
″ 220 ″	″	1.40	1.40	1.40	1.40	1.45	1.55	1.60	1.65	1.70	1.75	1.85
″ 260 ″	″	1.70	1.70	1.70	1.70	1.70	1.80	1.85	1.95	2..	2.10	2.15
″ 270 ″	″	″	″	2.10	2.10	2.10	2.10	2.20	2.30	2.40	2.50	2.60
″ 300 ″	″	″	″	2.40	2.40	2.40	2.40	2.50	2.60	2.70	2.80	2.90
″ 320 ″	″	″	″	″	3.25	3.25	3.25	3.25	3.35	3.45	3.55	3.65
″ 350 ″	″	″	″	″	4.15	4.15	4.15	4.45	4.15	4.25	4.40	4.65

10753 **Paumelles** doubles forgées à boules, renforcées blanchies, bague cuivre même tableau mêmes prix
10764 **Paumelles** pivotantes à broche bague ″ ″ ″ ″

10755 **Paumelles** doubles, forgées à bouchon renforcées, blanchies, à douille pivotante et à bain d'huile

Largeur ouverte m/m		40 à 55	60.65	70	80	90	100	110	120	130	140	150
Longueur 140 m/m	La pièce	0.90	0.95	1..	1.05	1.10	1.15	″	″	″	″	″
″ 160 ″	″	1.15	1.15	1.20	1.25	1.30	1.40	1.45	1.50	″	″	″
″ 190 ″	″	1.30	1.30	1.30	1.40	1.45	1.50	1.60	1.65	1.70	1.75	1.80
″ 220 ″	″		1.55	1.55	1.55	1.60	1.70	1.75	1.80	1.85	1.95	2..
″ 250 ″	″		1.90	1.90	1.90	1.90	1.95	2.05	2.10	2.20	2.30	2.40
″ 270 ″	″			2.30	2.30	2.30	2.30	2.40	2.45	2.55	2.65	2.75
″ 300 ″	″			2.80	2.80	2.80	2.80	2.90	2.95	3.05	3.15	3.25

10756 **Paumelles** doubles forgées à boule renforcées blanchies, à douille pivotante et à bain d'huile
Même tableau mêmes prix

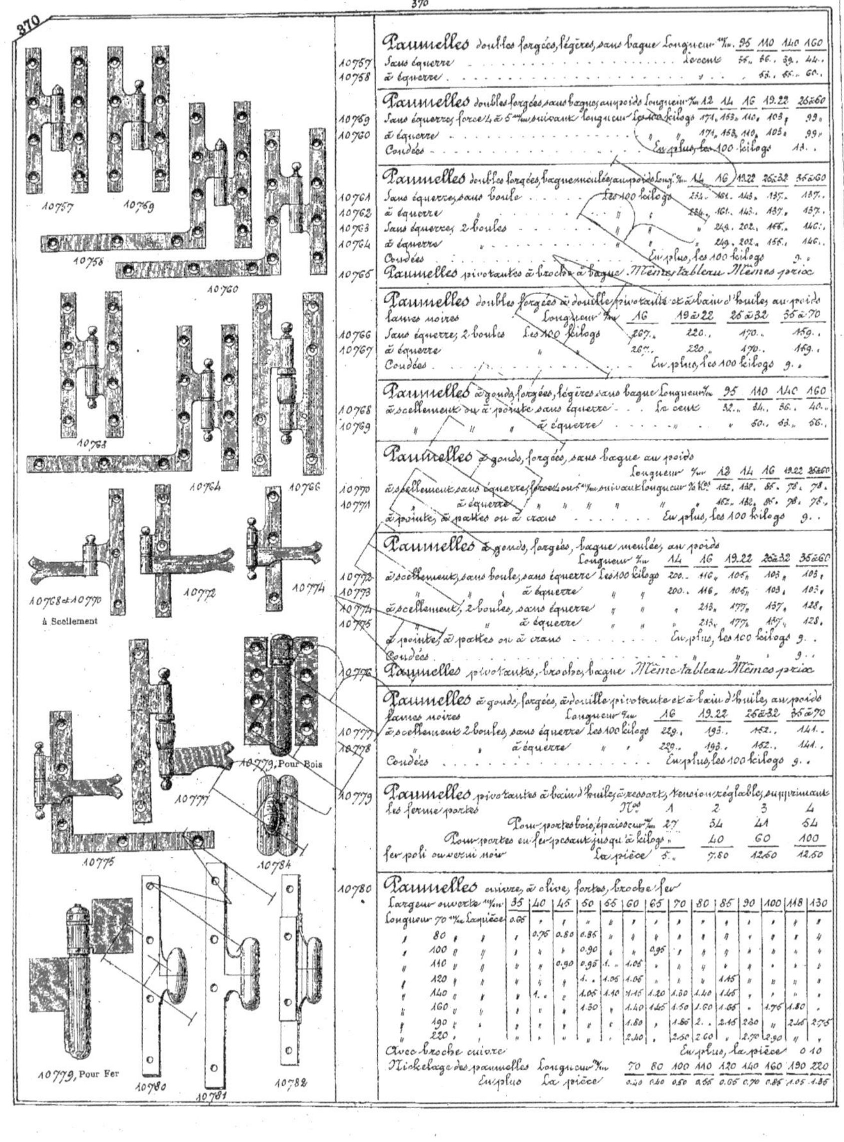

	Paumelles doubles forgées, légères, sans bague		Longueur $^m/_m$	95	110	140	160
10757	Sans équerre		Le cent	35. .	36. .	39. .	44. .
10758	à équerre		"	"	53. .	55. .	60. .

	Paumelles doubles forgées sans bagues, au poids		Longueur $^m/_m$	12	14	16	19.22	26 à 60
10759	Sans équerres, force 4 à 5 $^m/_m$ suivant longueur		Les 100 kilogs	171. .	153. .	110. .	103. .	99. .
10760	à équerre	"	"	171. .	153. .	110. .	103. .	99. .
	Coudées		En plus, les 100 kilogs					13. .

	Paumelles doubles forgées, bague meulée, au poids		Long. $^m/_m$	14	16	19.22	26 à 32	35 à 60
10761	Sans équerres, sans boule		Les 100 kilogs	234. .	161. .	143. .	137. .	137. .
10762	à équerre	"	"	234. .	161. .	143. .	137. .	137. .
10763	Sans équerres, 2 boules	"	"	249. .	202. .	155. .	146. .	
10764	à équerre	"	"	249. .	202. .	155. .	146. .	
	Coudées		En plus, les 100 kilogs					9. .
10765	Paumelles pivotantes à broche à bague. Même tableau. Mêmes prix							

	Paumelles doubles forgées à douille pivotante et à bain d'huile, au poids lames noires		Longueur $^m/_m$	16	19 à 22	25 à 32	35 à 70
10766	Sans équerre, 2 boules		Les 100 kilogs	267. .	220. .	170. .	159. .
10767	à équerre		"	267. .	220. .	170. .	159. .
	Coudées		En plus, les 100 kilogs	9. .			

	Paumelles à gonds, forgées, légères sans bague		Longueur $^m/_m$	95	110	140	160
10768	à scellement ou à pointe sans équerre		Le cent	32. .	34. .	36. .	40. .
10769	" " " à équerre		"	"	50. .	53. .	56. .

	Paumelles à gonds, forgées, sans bague au poids	Longueur $^m/_m$	12	14	16	19.22	26 à 60
10770	à scellement sans équerre, force 4 ou 5 $^m/_m$ suivant longueur	% K^os	152.	132.	85.	78.	78.
10771	à équerre " " " "	"	152. .	132.	85.	78.	78. .
	à pointe, à pattes ou à crans	En plus, les 100 kilogs	9. .				

	Paumelles à gonds, forgées, bague meulée, au poids			Longueur $^m/_m$	14	16	19.22	26 à 32	35 à 60
10772	à scellement, sans boule, sans équerre	Les 100 kilogs			200. .	116. .	105. .	103. .	103. .
10773	" " à équerre	"	"		200. .	116. .	105. .	103. .	103. .
10774	à scellement, 2 boules, sans équerre	"	"	"	213. .	177. .	137. .	128. .	
10775	" à équerre	"	"	"	213. .	177. .	137. .	128. .	
	à pointe, à pattes ou à crans	En plus, les 100 kilogs			9. .				
	Coudées	"	"	"	9. .				
10776	Paumelles pivotantes, broche, bague. Même tableau. Mêmes prix								

	Paumelles à gonds, forgées, à douille pivotante et à bain d'huile, au poids lames noires		Longueur $^m/_m$	16	19.22	26 à 32	35 à 70
10777	à scellement 2 boules, sans équerre		Les 100 kilogs	229. .	193. .	152. .	141. .
10778	" " à équerre		"	229. .	193. .	152. .	141. .
	Coudées		En plus, les 100 kilogs	9. .			

	Paumelles pivotantes à bain d'huile, à ressort, tension réglable, supprimant les ferme portes	N^os	1	2	3	4
10779	Pour portes bois, épaisseur $^m/_m$		27	34	41	54
	Pour portes en fer pesant jusqu'à kilogs		"	40	60	100
	fer poli ou verni noir	La pièce	5. .	7.50	12.50	12.50

10780 Paumelles cuivre, à olive, fortes, broche fer

Largeur ouverte $^m/_m$	35	40	45	50	55	60	65	70	80	85	90	100	118	130
Longueur 70 $^m/_m$ La pièce	0.65	"	"	"	"	"	"	"	"	"	"	"	"	"
" 80 " "	"	0.75	0.80	0.85	"	"	"	"	"	"	"	"	"	"
" 100 " "	"	"	"	0.90	"	"	0.95	"	"	"	"	"	"	"
" 110 " "	"	"	0.90	0.95	1. .	1.05	"	"	"	"	"	"	"	"
" 120 " "	"	"	"	1. .	1.05	1.05	"	"	"	1.15	"	"	"	"
" 140 " "	"	1. .	"	1.05	1.10	1.15	1.20	1.30	1.40	1.65	"	"	"	"
" 160 " "	"	"	"	1.30	"	1.40	1.45	1.50	1.60	1.65	"	1.75	1.80	"
" 190 " "	"	"	"	"	"	1.80	"	1.85	2. .	2.15	2.30	"	2.45	2.75
" 220 " "	"	"	"	"	"	2.40	"	2.50	2.60	"	2.70	2.90	"	"

Avec broche cuivre — En plus, la pièce 0 10

Nickelage des paumelles Longueur $^m/_m$	70	80	100	110	120	140	160	190	220
En plus La pièce	0.20	0.40	0.50	0.55	0.65	0.70	0.85	1.05	1.35

371

10781 **Paumelles** cuivre, à bouts ronds, fortes, broche fer

Largeur ouverte m/m	37	40	42	45	50	55	60	65	70	80	85	90	100	110	120
Longueur 55 m/m la pièce	0.65	"	"	"	"	"	"	"	"	"	"	"	"	"	"
" 70 "	0.70	"	"	"	"	"	"	"	"	"	"	"	"	"	"
" 80 "	"	"	0.75	"	0.80	"	"	"	"	"	"	"	"	"	"
" 90 "	"	0.85	"	0.85	"	"	"	"	"	"	"	"	"	"	"
" 110 "	"	"	"	"	0.90	0.90	0.95		"	"	"	"	"	"	"
" 120 "	"	"	"	"	0.90	"	0.95	1. ..	"	"	"	"	"	"	"
" 140 "	"	0.95	"	"	1. ..	1.05	1.10	1.15	1.20	1.25	"	1.30	"	"	"
" 160 "	"	"	"	"	1.25	1.30	1.35	1.40	1.45	1.55	1.60	"	1.80	"	"
" 190 "	"	"	"	"	1.60	"	1.75	"	1.85	1.95	2. ..		2.30	2.40	2.65
" 220 "	"	"	"	"	"	"	2.30	"	2.40	2.65	"	2.65	3.05	"	3.30

Avec broche cuivre . . . . En plus, la pièce 0.10

Nickelage des paumelles — Longueur m/m	55	70	80	90	110	120	140	160	190	220
La pièce	0.40	0.40	0.40	0.45	0.55	0.65	0.70	0.85	1.05	1.35

Paumelles cuivre, à bouts ronds, extra renforcées, avec renforts derrière les lames

	Dimensions m/m	200x75	200x90	210x70	280x105	280x125
10782	Cuivre poli . . . . La pièce	2.80	3. ..	4.25	8.05	8.40
10783	" nickelé . . . . "	3.90	4.10	5.55	9.65	10. ..

Avec broche cuivre . . . . En plus, la pièce 0.15

10784 **Paumelles** cuivre à olives fortes, pour vasistas, broche fer

Nos	1	2	3
Hauteur m/m	40	45	50
La pièce	0.45	0.50	0.55

Paumelles cuivre, nœud ciselé

	10785	10786	10787	10788	10789	10790	10791	10792	10793
Dimensions m/m	160x60	160x60	180x70	190x70	190x70	200x75	200x70	220x80	220x85
Style	rocaille	Louis XV	Renaissance	Louis XVI	Renaissance	Louis XVI	Louis XV	Louis XVI	Gothique
à blanc, la pièce	4.20	4.65	5.10	5.80	6.15	6.15	6.85	8.75	9.35
Vernies or "	4.80	5.25	5.70	6.40	6.75	6.75	7.45	9.35	9.95
Dorées "	7.20	7.65	8.10	8.80	9.15	9.15	9.85	11.75	12.35
Argentées "	7.20	7.65	8.10	8.80	9.15	9.15	9.85	11.75	12.35

Paumelles en cuivre, très renforcées

		Longueur m/m	110	130	150	170
10794	à hélice, à 6 filets, pour le bas	La pièce	4.30	5.40	7.60	9.40
10795	Sans hélice pour le haut	"	2.85	4.15	6. ..	7.50
10796	à hélice, à 6 filets pour le bas, nœud ciselé verni or	"	"	"	"	10.90
10797	Sans hélice pour le haut " " "	"	"	"	"	9. ..

Pentures fer forgé, nœud soudé avec gonds

		Longueur m/m	20-22	25 à 29	30 à 100
10798	Droites ordinaires, gonds à pointe ou à scellement	Les 100 kilogs	101. ..	76. ..	63. ..
10799	Col élargi " " "	"	101. ..	76. ..	63. ..
	Avec gonds à pattes	En plus, les 100 kilogs			5.40

10800 **Pentures** fer forgé, à entailler, mamelons tournés

	Longueur m/m	20 à 22	25 à 32	35 à 45	50 à 100
Col élargi, meulées, gonds à scellement	Les 100 kilogs	114. ..	90. ..	76. ..	72. ..
Avec gonds à pointe ou à pattes	En plus, les 100 kilogs				5.40

10801 **Pentures** fer forgé à entailler, mamelons tournés

	Longueur m/m	20 à 22	25 à 32	36 à 46	50 à 100
col élargi, meulées à paumelles	Les 100 kilogs	117. ..	94. ..	80. ..	76. ..

10802 **Pelles** à braise, camelotte, manche blanc

Largeur m/m	110	120	130	145	160
tôle légère (les paquets ne se détaillent pas, le paquet de 12 pièces)	1.60	2. ..	2.40	2.80	3.05

Pelles à braise, manche verni rouge, virole cuivre

		Largeur m/m	140	160	180	200
10803	Tôle ordinaire	La pièce	0.40	0.50	0.55	0.65
10804	" demi forte	"	0.50	0.55	0.65	0.75

Pour commande de 12 pièces d'une même dimension prises en une seule fois Bonification 10 %
" " de 144 " " " " " " " " " " 15%

10805 **Pelles** à braise, tôle forte, manche verni rouge, virole cuivre
largeur 14 à 22 c/m . . . Le kilog 0.90 Les 100 kilogs 80. ..

10806 **Pelles** évasées, cintrées, manche verni, virole cuivre

Largeur m/m	140	160	180
tôle forte, vernie noire — La pièce	0.70	0.90	1.15

Pelles à braise ou à poussière, embouties

		Largeur m/m	160	180	200
10807	Carrées, tôle vernie, légères, fabrication soignée	La pièce	0.65	0.70	0.80
10808	" " " fortes	"	1.30	1.35	1.60
10809	Carrées, tôle étamée, légères	"	0.70	0.90	1.05
10810	" " " fortes	"	1.45	1.60	1.95
10811	Carrées, cuivre poli, fortes	"	4. ..	4.40	4.80

10785 10786 10787 10788 10789 10790 10791 10792 10793 10794 10796

10798, gond à pointe

10799, gond à scellement

10800, gond à scellement

10799, gond à patte

10801 10802 10803 10804 10806 10807 à 10811

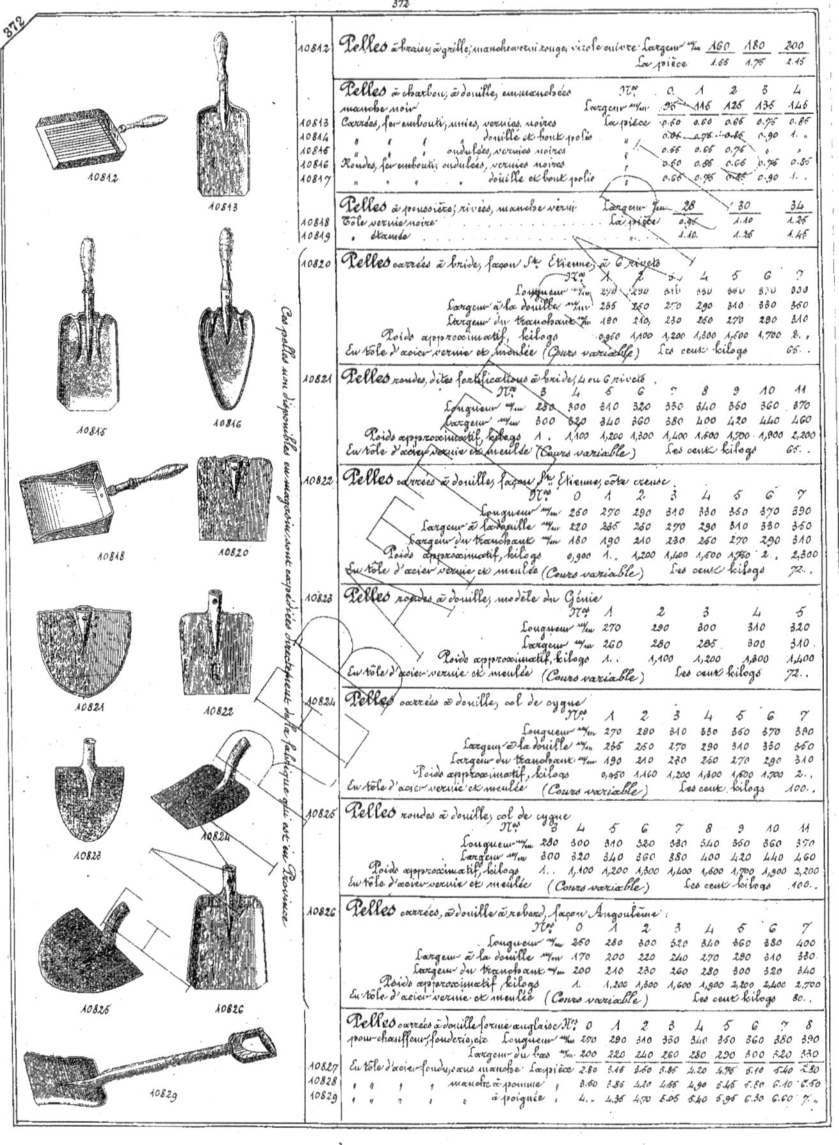

	Pelles à braise, à grille, manche verni rouge, virole cuivre	Largeur m/m	160	180	200
10812		La pièce	1.65	1.75	2.15

	Pelles à charbon, à douille, emmanchées manche noir	N°s	0	1	2	3	4
		Largeur m/m	95	115	125	135	145
10813	Carrées, fer embouti, unies, vernies, noires	La pièce	0.50	0.60	0.66	0.75	0.85
10814	" " " douille et bout polis	"	0.66	0.76	0.86	0.90	1. .
10815	" " " ondulées, vernies noires	"	0.55	0.65	0.75	"	"
10816	Rondes, fer embouti, ondulées, vernies noires	"	0.50	0.55	0.66	0.75	0.85
10817	" " " " douille et bout polis	"	0.65	0.75	0.85	0.90	1. .

	Pelles à poussière, rivées, manche verni	Largeur m/m	28	30	34
10818	Tôle vernie noire	La pièce	0.95	1.10	1.25
10819	" étamée	"	1.10	1.26	1.45

10820 **Pelles** carrées à bride, façon St Étienne, à 6 rivets

N°s	1	2	3	4	5	6	7
Longueur m/m	270	290	310	330	350	370	390
Largeur à la douille m/m	235	250	270	290	310	330	350
Largeur du tranchant m/m	190	210	230	250	270	290	310
Poids approximatif, kilogs	0,950	1,100	1,200	1,300	1,500	1,700	2. .

En tôle d'acier vernie et moulée (Cours variable) Les cent kilogs 65. .

10821 **Pelles** rondes, dites fortifications à bride, 4 ou 6 rivets

N°s	3	4	5	6	7	8	9	10	11
Longueur m/m	280	300	310	320	330	340	350	360	370
Largeur m/m	300	320	340	360	380	400	420	440	460
Poids approximatif, kilogs	1.	1,100	1,200	1,300	1,400	1,500	1,700	1,900	2,200

En tôle d'acier vernie et meulée (Cours variable) Les cent kilogs 65. .

10822 **Pelles** carrées à douille, façon St Étienne, côte creuse

N°s	0	1	2	3	4	5	6	7
Longueur m/m	250	270	290	310	330	350	370	390
Largeur à la douille m/m	220	235	250	270	290	310	330	350
Largeur du tranchant m/m	180	190	210	230	250	270	290	310
Poids approximatif, kilogs	0,900	1. .	1,200	1,400	1,500	1,750	2. .	2,300

En tôle d'acier vernie et meulée (Cours variable) Les cent kilogs 72. .

10823 **Pelles** rondes à douille, modèle du Génie

N°s	1	2	3	4	5
Longueur m/m	270	290	300	310	320
Largeur m/m	260	280	295	300	310
Poids approximatif, kilogs	1. .	1,100	1,200	1,300	1,400

En tôle d'acier vernie et meulée (Cours variable) Les cent kilogs 72. .

10824 **Pelles** carrées à douille, col de cygne

N°s	1	2	3	4	5	6	7
Longueur m/m	270	290	310	330	350	370	390
Largeur à la douille m/m	235	250	270	290	310	330	350
Largeur du tranchant m/m	190	210	230	250	270	290	310
Poids approximatif, kilogs	0,950	1,100	1,200	1,300	1,500	1,700	2. .

En tôle d'acier vernie et meulée (Cours variable) Les cent kilogs 100. .

10825 **Pelles** rondes à douille, col de cygne

N°s	3	4	5	6	7	8	9	10	11
Longueur m/m	280	300	310	320	330	340	350	360	370
Largeur m/m	300	320	340	360	380	400	420	440	460
Poids approximatif, kilogs	1. .	1,100	1,200	1,300	1,400	1,600	1,700	1,900	2,200

En tôle d'acier vernie et meulée (Cours variable) Les cent kilogs 100. .

10826 **Pelles** carrées, à douille à rebord, façon Angoulême

N°s	0	1	2	3	4	5	6	7
Longueur m/m	250	280	300	320	340	360	380	400
Largeur à la douille m/m	170	200	220	240	270	290	310	330
Largeur du tranchant m/m	200	210	230	260	280	300	320	340
Poids approximatif, kilogs	1.	1,200	1,300	1,600	1,900	2,200	2,400	2,700

En tôle d'acier vernie et meulée (Cours variable) Les cent kilogs 80. .

Pelles carrées à douille forme anglaise pour chauffeur, fonderie, etc

		N°s	0	1	2	3	4	5	6	7	8
		Longueur m/m	270	290	310	330	340	350	360	380	390
		Largeur du bas m/m	200	220	240	260	280	290	300	320	330
10827	En tôle d'acier fondu, sans manche	La pièce	2.80	3.15	3.50	3.85	4.20	4.75	5.10	5.40	5.80
10828	" " " " manche à pomme	"	3.50	3.85	4.20	4.55	4.90	5.45	5.80	6.10	6.50
10829	" " " " à poignée	"	4. .	4.35	4.70	5.05	5.40	5.95	6.30	6.60	7. .

10830 10831 10833 10834 10835 10836 10837 10839 10850 10861 10852 10865 10858 10861 10874

Petit bois pour vitrages en longueurs par 2 ou 3 mètres

		Largeur m/m	10	12	14	16	18	20	25	27	30
10830	Tout fer profilé	Le mètre	0.95	1.05	1.20	1.30	1.55	1.80	2.35	3.10	"
10831	Fer et cuivre poli ½ rond	"	2.35	2.65	2.75	2.95	3.95	4.35	5.30	6.20	7.40
10832	" " nickelé ½ rond	"	3.65	3.75	3.95	4.90	5.90	6.70	7.65	8.55	9.75

Pour commande de coupe sur dimension fixe Majoration 20 à 30% suivant longueur

Petit bois ou baguettes bois recouvertes cuivre poli, pour ébénisterie et ameublement

		Largeur et hauteur m/m	6x3	7x4	8x4	9x5	11x6	13x7	15x8	17x8½
10833	Doucine	Le mètre	0.55	0.65	0.75	0.75	0.90	1..	1.20	1.35
		Largeur et hauteur m/m	5x5	7x5	9x6	10x6	10x10	12x7	12x8	14x11
10834	Gorge	Le mètre	0.65	0.75	0.90	1..	1.10	1.40	1.10	1.20

		Largeur et hauteur m/m	4x4	5x5	6x6	7x7	8x8	9x9	10x10	12x12	13x13	16x16	18x18
10835	Quart de rond	Le mètre	0.45	0.55	0.65	0.65	0.75	0.80	0.90	1.10	1.25	1.55	1.80

		Largeur et hauteur m/m	7x3½	6x5	10x5	11x6	14x7	15x7	18x9	22x10
10836	Demi ronds	Le mètre	0.65	0.55	0.75	0.90	1..	1.10	1.35	1.05

Filets carrés à marqueterie

		Nos	8	10	12	14	16
		Dimensions en dixièmes de m/m	13	15	18	22	27
10837	Charme naturel, par paquet de 100 mètres	Le paquet	2.25	2.70	3.60	4.50	5.40
10838	" teint noir " " " "	"	2.70	3.15	4.05	4.95	5.85

Filets plats à marqueterie, épaisseur 1 m/m

		Nos	2	3	5	6	8	10	12	14	16	18	20
		Largeur en dixièmes de m/m	7	8	10	11	13	15	18	22	27	34	44
10839	Charme naturel, par paquet de 100 mètres	Le paquet	5.40	5.40	1.20	1.20	1.35	1.35	1.25	1.80	1.80	2.70	3.15
10840	" " 300	"	14.40	14.40	3.05	3.05	3.45	3.45	3.6.	4.50	4.95	6.30	"
10841	Charme teint noir, par paquet de 100 mètres	"	6.40	6.40	1.90	1.90	1.35	1.35	1.45	1.80	1.80	2.70	3.15
10842	" " " 300	"	14.40	14.40	3.05	3.05	3.45	3.45	3.6.	4.50	4.95	6.30	"
10843	Charme teint autres couleurs, par paquet de 100 mètres	"	6.40	6.40	1.60	"	2.70	2.70	3.15	3.60	5.40	7.20	"
10844	" " " " 300	"	14.40	14.40	4.90	"	7.65	7.65	9..	10..	14.40	19..	"
10845	Buis naturel, par paquet de 100 mètres	"	5.40	5.40	2.70	"	3.60	4.50	4.50	5.40	6.30	7.20	"
10846	" " 300	"	14.40	14.40	7.20	"	10..	12.60	12.60	15.30	18..	21.60	"
10847	Amarante ou citron, par paquet de 100 mètres	"	5.40	6.40	3.60	"	4.50	5.40	6.30	7.20	8.10	9..	"
10848	" " " " 300	"	14.40	14.40	10..	"	12.60	15.30	18..	21..	23.60	26..	"

10849 **Filets** cuivre à marqueterie, épaisseur unique 12/10e, en rouleau, toutes longueurs largeur 12/10e à 5 millimètres par demi millimètre — Le kilog 6..

Pieds de table, hauteur 65 c/m

		Force m/m	60	65	70	75	80
10850	Façon noyer ou acajou, tournés	La garniture de 4	3.05	3.35	3.60	4..	4.40
10851	" " " cannelés	"	3.35	3.70	4..	4.40	4.80
10852	Noyer ou merisier, tournés	"	6.40	6.75	7.15	7.90	8.65
10853	Chêne, frene, pitchpin ou bois noir, tournés	"	7.15	8..	8.60	9.30	10..
10854	Acajou, tournés	"	8.60	9.30	10.35	11.80	13.20
10855	Noyer ou merisier, cannelés	"	6.75	7.15	7.50	8.25	9..
10856	Chêne, frene, pitchpin ou bois noir cannelés	"	7.50	8.20	9..	9.65	10.35
10857	Acajou, cannelés	"	9..	9.65	10.75	12.15	13.60
10858	Noyer ou merisier, à pans	"	7.50	7.90	8.25	9..	9.75
10859	Chêne, frene, pitchpin ou bois noir, à pans	"	8.60	9.30	10..	10.70	11.50
10860	Acajou, à pans	"	10..	10.70	11.50	13.20	15..
10861	Noyer ou merisier, cannelures 2 parties	"	8.25	8.65	9..	9.75	10.50
10862	Chêne, frene, pitchpin ou bois noir, cannelures 2 parties	"	9.30	10..	10.70	11.50	12.15
10863	Acajou, cannelures 2 parties	"	10.70	11.50	12.15	14.50	16..
10864	**Pieds** de bureau, hauteur 72 c/m Même tableau						
	Noyer ou merisier	augmentation par garniture	0.75	0.75	0.75	1.15	1.15
	Chêne, frene, pitchpin ou bois noir	" " "	0.75	0.75	0.75	1.15	1.15
	Acajou	" " "	1.15	1.15	1.15	1.60	1.60

Les pieds de table Nos 10850 et 10851 sont toujours livrés avec boule au bout
Sans indication spéciale les pieds de table Nos 10852 à 10863 sont livrés avec bout disposé pour recevoir des roulettes

Pieds de toilette anglaise à boule, hauteur 80 c/m

		Force m/m	50	55
10865	Façon noyer ou acajou, tournés	La garniture de 2	2.10	2.25
10866	" " " cannelés	"	2.25	2.35
10867	Noyer ou merisier, tournés	"	2.85	3.25
10868	Chêne, frene, pitchpin ou bois noir, tournés	"	3.60	4..
10869	Acajou, tournés	"	3.60	4.30
10870	Noyer ou merisier, cannelés	"	3..	3.40
10871	Chêne, frene, pitchpin ou bois noir, cannelés	"	3.80	4.15
10872	Acajou, cannelés	"	3.80	4.50
10873	**Pieds** de vide poche et de table de jeu, hauteur 70 c/m Même tableau			
	Noyer ou merisier	en moins par garniture		0.35
	Chêne, frene, pitchpin, bois noir ou acajou	" " "		0.70

Porte serviettes

			Noyer	Acajou
10874	Porte serviettes pour toilette anglaise à deux boules, pour être collés	La garniture	1.10	1.45

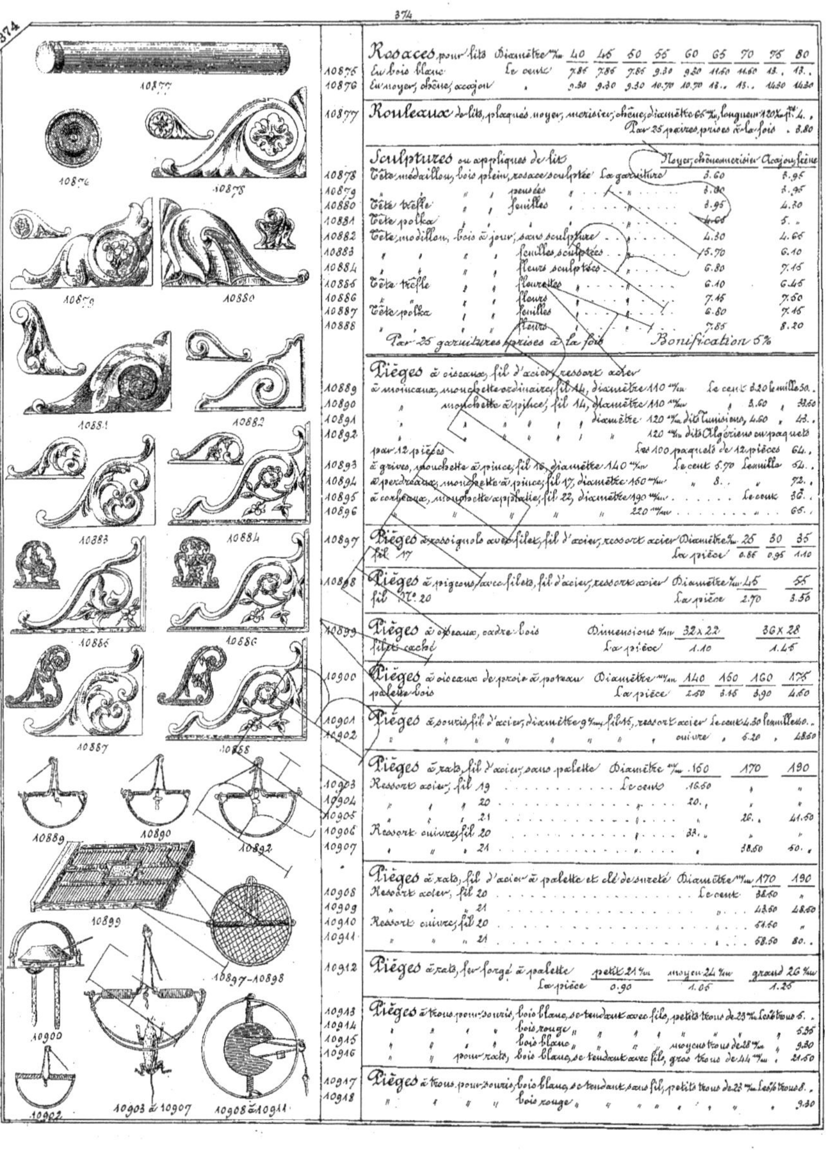

Rosaces pour lits

		Diamètre m/m	40	45	50	55	60	65	70	75	80
10875	En bois blanc	Le cent	7.85	7.85	7.85	9.30	9.30	11.60	11.60	13..	13..
10876	En noyer, chêne, acajou	"	9.30	9.30	9.30	10.70	10.70	13..	13..	14.30	14.30

10877 **Rouleaux** de lits, plaqués noyer, merisier, chêne, diamètre 65 m/m, longueur 120 % p[r]. 4..
Par 25 paires, prises à la fois . 3.80

Sculptures ou appliques de lit

			Noyer, chêne, merisier	Acajou, frêne
10878	Tête médaillon, bois plein, rosace sculptée	La garniture	3.60	3.95
10879	" " " pensées	"	3.60	3.95
10880	Tête trèfle " " feuilles	"	3.95	4.30
10881	Tête polka " " "	"	4.60	5..
10882	Tête modillon, bois à jour, sans sculpture	"	4.30	4.65
10883	" " " " feuilles sculptées	"	5.70	6.10
10884	" " " " fleurs sculptées	"	6.80	7.15
10885	Tête trèfle " " fleurettes	"	6.10	6.45
10886	" " " " fleurs	"	7.15	7.50
10887	Tête polka " " feuilles	"	6.80	7.15
10888	" " " " fleurs	"	7.85	8.20

Par 25 garnitures prises à la fois Bonification 5%

Pièges à oiseaux, fil d'acier, ressort acier

10889 à moineaux, mouchette ordinaire, fil 14, diamètre 110 m/m Le cent 3.20 le mille 30..
10890 " mouchette à pince, fil 14, diamètre 110 m/m " 3.60 " 33.50
10891 " " " " " diamètre 120 m/m dits Tunisiens, 4.60 " 43..
10892 " " " " " " 120 m/m dits Algériens en paquets par 12 pièces Les 100 paquets de 12 pièces 64..
10893 à grives, mouchette à pince, fil 16, diamètre 140 m/m Le cent 5.70 le mille 54..
10894 à perdreaux, mouchette à pince, fil 17, diamètre 160 m/m " 8.. " 72..
10895 à corbeaux, mouchette aplatie, fil 22, diamètre 190 m/m ...... Le cent 36..
10896 " " " " 220 m/m ...... " 65..

10897 **Pièges** à rossignols avec filet, fil d'acier, ressort acier, fil 17

Diamètre m/m	25	30	35
La pièce	0.85	0.95	1.10

10898 **Pièges** à pigeons, avec filets, fil d'acier, ressort acier, fil N°. 20

Diamètre m/m	45	55
La pièce	2.70	3.50

10899 **Pièges** à oiseaux, cadre bois, filet caché

Dimensions m/m	32 x 22	36 x 28
La pièce	1.10	1.45

10900 **Pièges** à oiseaux de proie à poteau, palette bois

Diamètre m/m	140	150	160	175
La pièce	2.50	3.15	3.90	4.60

10901 **Pièges** à souris, fil d'acier, diamètre 9 m/m, fil 15, ressort acier Le cent 4.30 le mille 40..
10902 " " " " " " " " cuivre " 5.20 " 48.50

Pièges à rats, fil d'acier, sans palette

			Diamètre m/m	160	170	190
10903	Ressort acier, fil	19	Le cent	16.50	"	"
10904	" " "	20	"	20..	"	"
10905	" " "	21	"	"	26..	41.50
10906	Ressort cuivre, fil	20	"	33..	"	"
10907	" " "	21	"	"	38.50	50..

Pièges à rats, fil d'acier à palette et clé de sûreté

			Diamètre m/m	170	190
10908	Ressort acier, fil	20	Le cent	38.50	"
10909	" " "	21	"	43.50	48.50
10910	Ressort cuivre, fil	20	"	54.50	"
10911	" " "	21	"	58.50	80..

10912 **Pièges** à rats, fer forgé à palette

	petit 21 m/m	moyen 24 m/m	grand 26 m/m
La pièce	0.90	1.05	1.25

10913 **Pièges** à trous pour souris, bois blanc, se tendant avec fils, petits trous de 23 m/m Les 6 trous 6..
10914 " " " " bois rouge " " " " " " " " 5.35
10915 " " " " bois blanc " " " moyens trous de 28 m/m " 9.30
10916 " " pour rats, bois blanc, se tendant avec fils, gros trous de 44 m/m " 21.50

10917 **Pièges** à trous pour souris, bois blanc, se tendant sans fil, petits trous de 23 m/m Les 6 trous 8..
10918 " " " " bois rouge " " " " " " " " 9.30

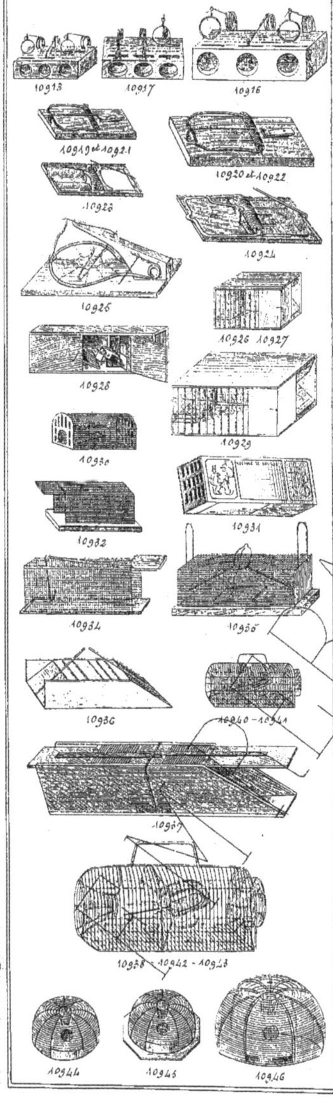

10913 · 10917 · 10916 · 10919 et 10921 · 10920 et 10922 · 10923 · 10924 · 10925 · 10926 10927 · 10928 · 10929 · 10930 · 10931 · 10932 · 10934 · 10936 · 10936 · 10940 – 10941 · 10937 · 10938 – 10942 – 10943 · 10944 · 10945 · 10946

Pièges véritables américains à ressort, sur planchette bois dits Hors de vue

10919 Petit modèle pour souris, marque "Out O Sight" . . . . La boîte de 12 pièces 4.30
10920 Grand modèle pour rats " " " 11.60
Pour commande de 12 boîtes d'une même sorte, en une seule fois "Bonification 5 %
Ces pièges ne sont pas livrés par quantité inférieure à une boîte de 12 pièces

Pièges système américain, à ressort sur planchette bois

10921 Petit modèle, pour souris . . . . La boîte de 12 pièces 2.65
10922 Grand modèle, pour rats . . . . " " 7.30
Pour commande de 12 boîtes d'une même sorte, en une seule fois Bonification 5 %
Ces pièges ne sont pas livrés par quantité inférieure à une boîte de 12 pièces

Pièges système américain, à ressort sur planchette tôle

10923 Petit modèle, pour souris, marque "La Guillotine" . . . La boîte de 12 pièces 2.65
10924 Grand modèle, pour rats . . . . " " 7.30
Pour commande de 12 boîtes d'une même sorte, en une seule fois "Bonification 5 %
Ces pièges ne sont pas livrés par quantité inférieure à une boîte de 12 pièces

10925 **Pièges** assommoirs grillagés sur planchette bois, pour rats et souris . . . Le cent 39.60

10926 **Pièges** perpétuels bois (RBT) Brevetés SD largeur 13 %m pour souris . . . . . Le cent 64. .
10927 " " " " . . . . " 72. .
10928 " " " " "Le Capteur" forme longue 20 %m pour souris " 53. .

10929	**Pièges** perpétuels bois, Brevetés SD pour rats	Largeur %m	18	24	34
		La pièce	1.65	2.15	3.20

10930 **Pièges** perpétuels, cage toile métallique étamée, sur planchette bois, longueur 16 %m pour souris . . . Le cent 61.50

10931 **Pièges** perpétuels, cage zinc, sur planchette bois "Destructeur" longueur 19 %m pour souris . . . Le cent 90. .

Pièges à bascule, toile métallique étamée, sur planchette bois, pour souris

10932 Longueur 15 %m 1 porte . . . . Le cent 34. .
10933 " 20 %m 2 portes . . . . " 50. .

Pièges à bascule, toile métallique étamée, sur planchette bois

		Longueur %m	24	28	31	32	45
10934	à 1 porte, pour rats	La pièce	0.70	0.95	1.15	"	"
10935	à 2 portes	"	"	"	"	1.25	2.15

10936	**Pièges** à bascule en hêtre, dessus fil de fer à 2 portes pour rats et pour souris	Longueur %m	27	33	40	48
		La pièce	0.70	0.95	1.20	1.45

10937 **Pièges** à bascule dit Chatière en bois de hêtre 2 entrées longueur 100 %m . . . La pièce 12.50

10938 **Pièges** à rats, forme nasse, qualité ordinaire, tout fil de fer verni, longueur 40 %m p[ce] 1.35
10939 " " " " " " " " galvanisé " " " 1.45

Pièges forme nasse, fabrication soignée

		Longueur %m	22	25
10940	à souris fil de fer verni inoxydable	La pièce	0.85	1.15
10941	" galvanisé	"	0.95	1.30
10942	à rats fil de fer verni inoxydable, longueur unique 42 %m	La pièce		2.20
10943	" " " galvanisé " " "	"		2.45

Pièges forme calotte ronde

		Nombre d'entrées	1	2	3
10944	Pour souris, tout fil de fer étamé, diamètre 12 %m	La pièce	0.40	0.43	0.47
10945	" " fil de fer étamé sur planchette bois, diamètre 12 %m	"	0.46	0.48	0.50
10946	Pour rats, tout fil de fer étamé, diamètre 25 %m	"	1.45	1.65	1.80
10947	" " fil de fer étamé sur planchette bois, diamètre 25 %m	"	1.70	2. .	2.30

Pièges à lapins ou à putois, fil d'acier, diamètre 25 %m fil 24

10948 Sans palette, ressort acier . . . . La pièce 1.05
10949 " " ressort cuivre . . . . " . . 1.35
10950 Avec palette et clé de sûreté, ressort acier . . . . " . . . 1.50
10951 " " " " ressort cuivre . . . . " . . . 1.80

Pièges à fouines, fil d'acier

		Diamètre %m	30	35
10952	Ressort acier, sans palette	La pièce	3.60	4.50
10953	" cuivre " "	"	5.40	6.30
10954	Ressort acier, avec palette	"	4.50	5.40
10955	" cuivre " "	"	6.30	7.20

10956 **Piège** fer forgé à palette, pour fouines, longueur totale 30 %m La pièce 1.40
10957 " " " " pour lapins " " 34 " " 1.95
10958 " " " " pour lièvres " " 38 " " 2.50

10959	**Pièges** fer forgé à palette, pour renard	Longueur totale %m	40	42	45	50
		La pièce	3.05	3.35	3.95	4.40

10960 **Pièges** fer forgé à palette pour loups et sangliers, toutes dimensions Le kilog 3.10

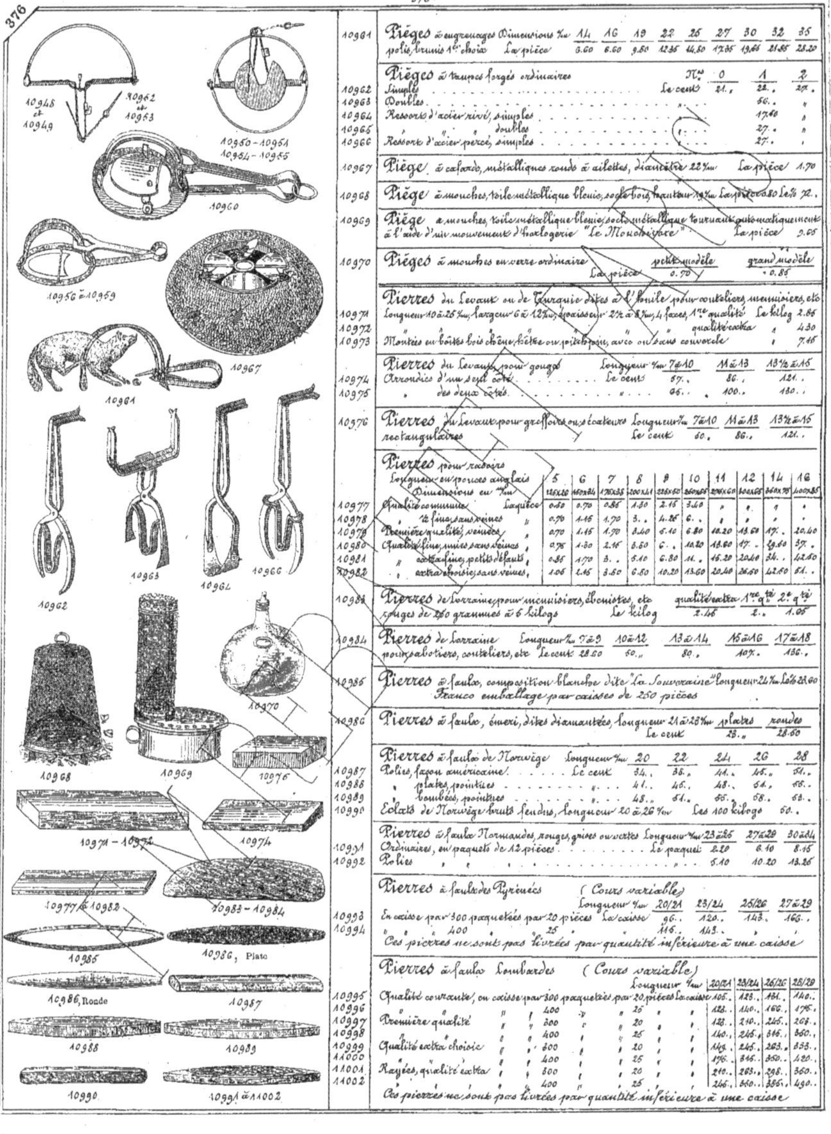

	Pièges à engrenages Dimensions m/m	14	16	19	22	25	27	30	32	35
10961	polis, brunis 1er choix La pièce	6.60	6.60	9.50	12.35	14.80	17.35	19.65	21.85	28.20

Pièges à taupes forgés ordinaires

		N.os	0	1	2
10962	Simples	Le cent	21.	22.	27.
10963	Doubles	"		56.	"
10964	Ressorts d'acier rivé, simples	"		17.40	"
10965	" " doubles	"		27.	"
10966	Ressort d'acier percé, simples	"		27.	"

10967 **Piège** à cafards, métalliques ronds à ailettes, diamètre 22 m/m La pièce 1.70

10968 **Piège** à mouches, toile métallique bleuie, socle bois, hauteur 19 m/m La pièce 0.80 Le % 72.

10969 **Piège** à mouches, toile métallique bleuie, socle métallique tournant automatiquement à l'aide d'un mouvement d'horlogerie "Le Mouchivore" La pièce 9.05

	Pièges à mouches en verre ordinaire	petit modèle	grand modèle
10970	La pièce	0.70	0.85

Pierres du Levant ou de Turquie dites à l'huile pour couteliers, menuisiers, etc

10971	Longueur 10 à 25 m/m, largeur 6 à 12 m/m, épaisseur 2½ à 8 m/m, 4 faces, 1re qualité	Le kilog	2.85
10972	" " " " qualité extra	"	4.30
10973	Montées en boîtes bois chêne, hêtre ou pitchpin, avec ou sans couvercle	"	7.15

	Pierres du Levant pour gouges Longueur m/m	7 à 10	11 à 13	13½ à 15
10974	Arrondies d'un seul côté Le cent	57.	86.	121.
10975	" des deux côtés "	95.	100.	130.

	Pierres du Levant pour grattoirs ou sécateurs Longueur m/m	7 à 10	11 à 13	13½ à 15
10976	rectangulaires Le cent	60.	86.	121.

Pierres pour rasoirs

	Longueur en pouces anglais	5	6	7	8	9	10	11	12	14	16
	Dimensions en m/m	125x20	150x24	170x35	200x41	225x50	250x55	275x60	300x65	350x75	400x85
10977	Qualité commune La pièce	0.50	0.70	0.85	1.30	2.15	3.40	"	"	"	"
10978	" ½ fine, sans veines "	0.70	1.15	1.70	3.	4.25	6.	"	"	"	"
10979	Première qualité, veinées "	0.70	1.15	1.70	3.40	5.10	6.80	10.20	13.60	17.	20.40
10980	Qualité fine, unies sans veines "	0.75	1.30	2.15	3.50	6.	10.20	13.60	17.	29.50	37.
10981	" extra fine, petits défauts "	0.85	1.70	3.	5.10	6.80	11.	15.20	20.40	34.	42.50
10982	" extra choisie, sans veines "	1.05	2.15	3.50	6.50	10.20	13.60	20.40	26.50	42.50	51.

	Pierres de Lorraine, pour menuisiers, ébénistes, etc	qualité extra	1re qté	2e qté
10983	rouges de 250 grammes à 6 kilogs Le kilog	2.45	2.	1.05

	Pierres de Lorraine Longueur m/m	7 à 9	10 à 12	13 à 14	15 à 16	17 à 18
10984	pour sabotiers, couteliers, etc Le cent	28.50	50.	80.	107.	136.

10985 **Pierres** à faulx, composition blanche dite "La Souveraine" longueur 24 m/m Le % 28.60
Franco emballage par caisses de 250 pièces

	Pierres à faulx, émeri, dites diamantées, longueur 21 à 23 m/m	plates	rondes
10986	Le cent	23.	28.50

	Pierres à faulx de Norwège Longueur m/m	20	22	24	26	28
10987	Polies, façon américaine Le cent	34.	38.	41.	45.	51.
10988	" plates, pointues "	41.	45.	48.	54.	55.
10989	" bombées, pointues "	48.	51.	55.	58.	63.
10990	Éclats de Norwège bruts fendus, longueur 20 à 26 m/m Les 100 kilogs	50.				

	Pierres à faulx Normandes, rouges, grises ou vertes Longueur m/m	23 à 25	27 à 29	30 à 34
10991	Ordinaires, en paquets de 12 pièces Le paquet	2.20	6.10	8.15
10992	Polies "	5.10	10.20	13.25

Pierres à faulx des Pyrénées (Cours variable)

	Longueur m/m	20/21	23/24	25/26	27 à 29
10993	En caisse par 300 paquetées par 20 pièces La caisse	96.	120.	143.	166.
10994	" " " 400 " " 25 " "	116.	143.	"	"

Ces pierres ne sont pas livrées par quantité inférieure à une caisse

Pierres à faulx Lombardes (Cours variable)

	Longueur m/m	20/21	23/24	26/26	28/29
10995	Qualité courante, en caisse par 300 paquetées par 20 pièces La caisse	105.	123.	131.	140.
10996	" " " " 400 " " 25 " "	123.	140.	166.	175.
10997	Première qualité " " 300 " " 20 " "	123.	210.	245.	268.
10998	" " " " 400 " " 25 " "	140.	245.	315.	350.
10999	Qualité extra choisie " " 300 " " 20 " "	149.	245.	263.	333.
11000	" " " " 400 " " 25 " "	175.	315.	350.	420.
11001	Rayées, qualité extra " " 300 " " 20 " "	210.	263.	298.	360.
11002	" " " " 400 " " 25 " "	245.	350.	385.	490.

Ces pierres ne sont pas livrées par quantité inférieure à une caisse

PETIT OUTILLAGE R. B. T.

(Voir prix pages 378, 379 et 380)

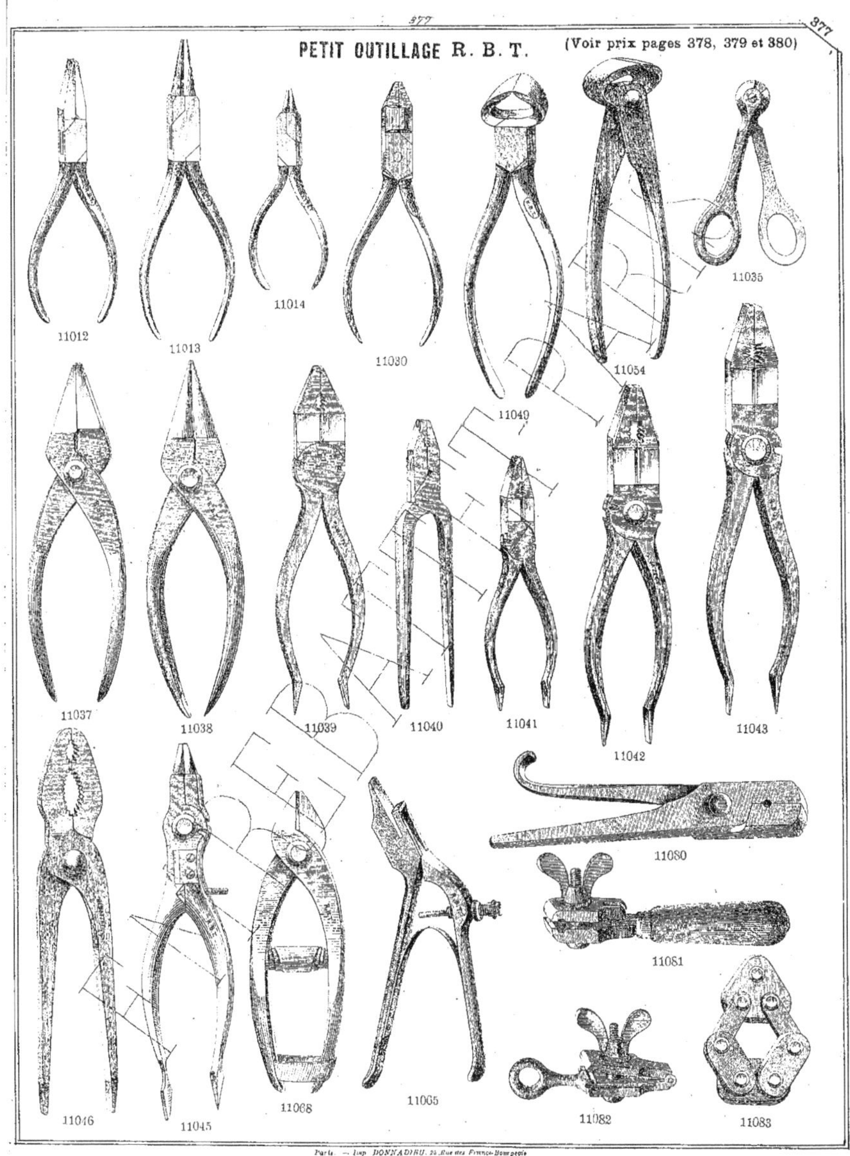

Paris. — Imp. DONNADIEU, 24 Rue des Francs-Bourgeois

11002 à 11004	**Pierres ponce** qualité courante	Grosseur	œuf	1 poing	2 poings	3 poings
		Le kilog	0.60	0.70	1.20	2..

11003 Qualité spéciale, pour marbrier grosseur 1 poing . . . . Le kilog 0.80
11004 " " " peintres et carrossiers 1 et 2 poings . . . . " 1.10
11005 " " " imprimeurs 2 poings . . . . " 1.75
11006 " " " ébénistes 1 poing . . . . " 7.25

			petites	moyennes	grosses
11007	**Pierres ponce** pour la toilette des ongles polies, forme pointue	Les cent pièces	6..	11..	16..

			non taillées	taillées
	Pierres tendres pour marquer sur bois ou sur pierre			
11008	Noires	Les cent	60..	65..
11009	Rouges dites Sanguines	"	"	65..

Pinces acier, rondes et plates, pinçantes et coupantes

	Pinces polies acier trempé	Longueur $^m/_m$	12	13	14	15	16
11010	Becs plats	Le cent	43..	47..	53.50	57..	65..
11011	Becs ronds		43..	47..	53.50	57..	65..

	Pinces en acier (qualité non garantie) Longueur $^m/_m$	9	11	12	13	14	15	16	17½	19	22
11012	Polies ½ fines, becs plats (R.B.T.) La pièce	0.65	0.70	0.75	0.86	0.97	1.20	1.45	1.70	1.95	2.50
11013	" " becs ronds (R.B.T.) "	0.65	0.70	0.75	0.86	0.97	1.20	1.45	1.70	1.95	2.50

	Pinces en acier, qualité supérieure, à chapelets Longueur $^m/_m$	9	10	11	12	13	14
11014	Polies fines, becs ronds (REBATTET) La pièce	0.78	"	0.85	0.90	"	"
11015	" acier fondu coupantes, becs ronds "	"	2.15	2.20	2.30	2.65	2.80

	Pinces en acier, qualité supérieure Long. $^m/_m$	8	9½	11	12	13	14	15	16	17	18	19	20	22	25
11016	Noires fines, becs plats ou ronds La pce	"	0.76	0.80	0.87	0.98	1.15	1.30	1.65	1.75	1.90	2.15	2.20	2.65	3.90
11017	" " becs ½ ronds "	"	0.78	0.83	0.90	1.02	1.20	"	"	"	"	"	"	"	"
11018	Noires, tout acier fondu, becs plats ou ronds "	"	1.05	1.10	1.25	1.40	1.65	1.80	2.20	2.35	2.60	3..	3.25	4.35	"
11019	Polies fines becs plats ou ronds	0.80	0.80	0.86	0.90	1..	1.20	1.35	1.70	1.80	1.95	2.20	2.35	2.80	4.05
11020	Polies tout acier fondu becs plats ou ronds	1.10	1.10	1.20	1.30	1.50	1.65	1.95	2.40	2.60	2.85	3.25	3.45	4.60	"
11021	Polies fines, longs becs plats "	0.85	0.85	0.90	0.95	1.05	1.25	1.40	1.75	1.85	2..	2.30	2.45	2.95	4.25
11022	Polies fines pour bonnetiers, becs plats "	0.85	0.85	0.90	0.95	1.05	1.25	1.40	1.75	1.85	2..	2.30	2.45	2.95	4.25
11023	Polies fines, à parapluie, becs plats "	"	"	"	"	"	1.65	1.70	2.05	"	2.35	2.65	"	"	"

		Longueur $^m/_m$	125	152	178
11024	**Pinces** en acier estampé becs plats	La pièce	0.70	0.80	1.05

		Longueur $^m/_m$	16	18
11025	**Pinces** à machoires parallèles, branches acier estampé becs plats, acier forgé	La pièce	2.60	3.25

		Longueur $^m/_m$	14	16	19	22	25
11026	**Pinces** à gruger en fer limé becs ronds, cylindriques	La pièce	1.05	1.30	1.80	2.45	2.70

		Longueur $^m/_m$	16	18	20	22	25
11027	**Pinces** de miroitier, qualité supérieure fer poli becs plats	La pièce	2.15	2.45	2.85	3.40	4.40

	Pinces de fourreur, en acier, qualité supérieure	Longueur $^m/_m$	22	23½	25
11028	Noires, fines, becs plats, branches cintrées ou coudées	La pièce	3.80	4.20	4.70
11029	" " " " branches à crochets	"	"	"	5.10

	Pinces à champagne Longueur $^m/_m$	9½	11	12	13	14	15	16	17	18	19	20	22
11030	Polies ½ fines, becs plats jaunes (R.B.T.) La pièce	"	"	1.95	2.10	2.45	2.85	3.30	"	"	"	"	"
11031	Polies tout acier fondu becs plats jaunes "	2.10	2.15	2.35	2.65	2.85	3.25	3.75	3.85	4.45	5.65	6.50	7.50
11032	" " " becs ronds jaunes "	2.10	2.15	2.35	2.65	2.85	3.25	3.75	3.85	4.45	5.65	6.50	7.50

11033 Acier poli à crochet, longueur 145 $^m/_m$ (R.B.T.) La pièce 1.65
11034 Acier nickelé " " " " 2.15
11035 Acier nickelé, forme ciseaux à anneaux, longueur fermée 10 $^m/_m$ La pièce 1.40 Les 12 pièces 16.20

		Longueur $^m/_m$	12	13	14	15	16	17	18	19	20	22	25
11036	**Pinces** de cagiste, tout acier fondu noires, becs plats jaunes, coupantes sur le côté	La pce	2.85	3..	3.10	3.60	3.90	4.05	4.60	5.90	6.25	7.50	8.50

	Pinces à ficeler ou de treillageur	Longueur $^m/_m$	16	18	20	22
11037	Acier noir, becs plats (R.B.T.)	La pièce	2.30	2.60	2.85	3.20
11038	" " becs ronds (R.B.T.)		2.30	2.60	2.85	3.20

		Longueur $^m/_m$	15	17	18	20	22
11039	**Pinces** Universelles, acier fondu (REBATTET) noires, becs plats	La pièce	2.35	2.60	2.70	3.65	4..

11040 **Pince** Universelle, acier poli, type anglais, longueur 15 $^m/_m$ (REBATTET) La pièce 1.65
11041 " " " " pour amateur " 12 $^m/_m$ (REBATTET) " 1.80

		Longueur $^m/_m$	19	22
11042	**Pinces** Universelles, renforcées à trou (REBATTET) acier noir, becs plats	La pièce	3.50	4..

11002 bis à 11006 — 11007 — 11010 — 11011 — 11012 — 11013 — 11014 — 11015 — 11016 — 11017 — 11021 — 11022 — 11023 — 11024 — 11025 — 11026 — 11027 — 11028 — 11029 — 11030 — 11031 — 11033-11034 — 11035 — 11036 — 11037 — 11038

11039 11040 11041 11042 11043

11044 11045 11047 11048

11046

11049 et 11051 Sur Bout — 11050-11051 Sur Côté — 11052 — 11053

11054-11055 — 11057 — 11058 — 11059

11060 — 11061 — 11062 — 11064

11065 — 11066 — 11067 — 11068 — 11069

11043 **Pinces** Universelles, renforcées avec trou de goupille sur bout, acier noir, tête blanchie (R.B.T.)

Longueur %m	20	22
La pièce	4.10	4.70

11044 **Pinces** à coupe fil de fer, 3 encoches, acier noir, becs plats polis

Longueur %m	14	16	18
La pièce	1.60	2..	2.40

11045 **Pince** pour électricien, acier forgé, becs ronds, longueur 20 %m (R.B.T.) La pièce 6.70

Pinces à gaz

		Nos	00	0	1	2	3	4	5
	Longueur approximative %m		12	15	20	25	28	32	35
11046	Noires, façon Paris (R.B.T.)	La pièce	.	1.50	1.95	2.65	3.35	4.65	.
11047	Polies, façon Angers	"	1.95	2.10	2.40	4.50	5.45	6.50	7.80
11048	" " Suisse	"	3.15	3.25	4.55	4.80	6.85	.	.

Pinces en acier, coupantes seulement

11049 **Pinces** en acier, coupantes sur bout, qualité garantie, polies demi fines, branches cintrées (R.B.T.)

Long.r %m	12	13	14	15	16	17	18
La pièce	1.86	2.15	2.40	2.70	3.20	3.60	4.10

Pinces tout acier fondu, coupantes sur bout ou sur côté

	Longueur %m	8	9½	11	12	13	14	15	16	17	18	19	20	21	22
11050	Noires, branches cintrées La pièce	1.90	1.90	2..	2.20	2.40	2.65	3.15	3.25	3.75	4.25	5.35	5.75	6.20	7.30
11051	Polies " "	1.95	1.95	2.10	2.35	2.60	2.80	3.35	3.75	3.90	4.35	5.45	5.85	6.35	7.50
11052	Polies renforcées, branches droites "	.	.	.	.	.	3.25	3.95	4.25	.	5.10	6.30	.	6.75	8.25

11053 **Pinces** coupantes sur bout à double charnière, acier fondu, longueur 16 %m

	noire	polie
La pièce	3.60	3.75

11054 **Pinces** gros rivets, coupantes sur bout (REBATTET), acier fondu noir, mâchoires polies (Ravinnaudale)

Longueur %m	12	14	16	18	22
La pièce	1.65	2..	2.40	3.25	3.95

11055 **Pince** gros rivets, coupantes sur bout, acier noir, mâchoires polies, qualité courante long.r 16 %m p.ce 1.75

11056 **Pince** coupante devant, tôle d'acier emboutie noire, longueur 16 %m La pièce 2.05

11057 **Pince** coupante sur bout, acier fondu noir, branches creuses à ressort, longueur 15 %m La p.ce 4.50

11058 **Pince** coupante sur bout, articulée, acier estampé noir, longueur 16 %m La pièce 2.30

11059 **Pince** coupante sur bout, articulée, acier coulé ordinaire, longueur 18 %m La pièce 5..

11060 **Pince** coupante sur bout, à levier articulé, acier poli, longueur 17 %m La pièce 6.10

11061 **Pinces** coupantes sur bout articulées, genre américain, acier fondu noir

Longueur %m	11	12	15	18
La pièce	5.40	6.50	8.20	9.75

11062 **Pince** coupante, acier estampé 3 crans, longueur 125 %m La pièce 0.80

Pinces à ongles, longueur 105 %m

			polies	nickelées
11063	Tout acier fondu, sans ressort, sans arrêt	La pièce	2.45	2.95
11064	" " " à ressort, avec arrêt	"	3.60	4.20

Pinces pour usages spéciaux

Pinces	Voir page No		Nos
à capsuler	" "	64	1826
" arrache fausset et à dégoudronner	" "	64	" 1853 à 1857
" à dynamite	" "	83	" 2620
" coupe sève	" "	116	" 3649 à 3651
" à escargots	" "	130	" 4205 et 4206
" à sucre	" "	130	" 4212 à 4220
" pour agrafes de courroies	" "	135 et 136	" 4365-4347-4363
" à levier	" "	155	" 4787 et 4788
" emporte pièces et à boutonnières	" "	165	" 5104 à 5122
" à tatouer	" "	165	" 5126
" à linge	" "	177 et 178	" 5367 à 5378
" à castrer et à panoement	" "	190	" 5711 à 5713
" à ferrer les lacets	" "	307 et 308	" 8741
" en bois et en acier pour cordonniers	" "	309	" 8786 à 8791
" à coudre et à tendre pour selliers	" "	323	" 9268 et 9269

11065 **Pinces** à donner la voie aux scies (R.B.T.), acier noir, champs polis

Nos	1	2	3	4
Longueur %m	15	16	17	19
La pièce	1.80	1.95	2.60	3.95

11066 **Pince** à donner la voie aux scies, acier poli, modèle Breveté, longueur 16 %m La pièce 2.70

11067 **Pince** à donner la voie aux scies, acier poli Excelsior, longueur 165 %m La pièce 4..

11068 **Pinces** à couper le grillage, acier noir, ressort contois

Longueur %m	16	18	20
La pièce	2.60	3..	3.85

11069 **Pinces** coupantes à grillage, acier noir, longueur 16 %m La pièce 2.45

11070 à 11072 — 11073 Bout rond — 11073 Machoire large — 11074 — 11075 — 11076

11077 — 11079 — 11084 — 11085 — 11087

11086

11088 — 11089 — 11090 — 11092 — 11093 — 11094 — 11095 — 11096

11097 N° 0 & 1 — 11097 N° 2 Bis — 11099. N° 2 — 11099. N° 3, 4 & 5 — 11102 — 11105-11106 — 11107 — 11108-11109 — 11111

11070 **Pinces** à contrôle, acier poli, longueur 13 %m • . . . . . La pièce 3.50
11071 " " " " " " ○ ◻ △ ◇ 4.05
11072 " " " " " " ♥ ♣ ✤ ✱) et toutes les lettres de l'alphabet 4.75

11073 **Pinces** à coulant à ressort, polies fines, bouts ronds ou mâchoires larges

Longueur %m	11	12	13	14	15	16	18	19
La p^ce	1.65	2..	2.20	2.40	2.60	3..	4..	4.35

11074 **Pinces** à percer les métaux, polies branches cintrées

Longueur %m	16	19
Perçant numéros à la jauge de Paris	1 à 12	10 à 26
La pièce	5.55	6.45

11075 **Pince** fonte vernie pour poser les anneaux aux porcs, avec vis de réglage La pièce 1.40
11076 **Anneaux** seuls, fil cuivré (largeur courante 35 %m) en boîtes par 100 et par paquets de 12 boîtes

Largeur ouverte %m	35	31	35
Le paquet	6.75	6.75	6.75

11077 **Pince** acier poli droites, pour couper les dents aux porcs . . . . La pièce 1.45
11078 " " " de côté " " " " " . . . . . " 2.70

11079 **Pince** acier poli, pour percer le nez aux taureaux La pièce 10.35

11080 **Pince** à tirer pour la télégraphie, acier poli, longueur 25 %m La pièce 6..
11081 **Pince** à tordre pour la télégraphie, acier noir " 18 " . . . " 3.30
11082 **Pince** à tendre " " " " 15 " . . . " 3.10
11083 **Pince** à tendre articulée, pour la télégraphie, acier noir . . . . . " 6.50

11084 **Pince** lève sacs, articulée La pièce 8..

11085 **Pince** à panneton, pour serruriers, longueur 105 %m La pièce 3.50

11086 **Pinces** Monseigneurs acierées à ciseau et à pied de biche

Longueur %m	30	35	40	45	50	55	60	65	Au-dessus
p^ce	1.50	2.15	2.55	3..	3.50	3.75	4.15	4.60	le Kilog 2.15

11087 **Pinces** à goupilles, nez universel à vis, manche noir cannelé

Longueur %m	9	10	11	12	13½	15	16
La pièce	0.45	0.55	0.60	0.70	1.10	1.20	1.50

Pinces brucelles

	Longueur %m	80	95	110	120	130	140	150	160	190
11088	Pour bijoutier . . . La pièce	25..	25..	25..	31.50	"	47.	69..	86..	150..
11089	Pour fleuriste . . . "	"	"	"	"	26..	"	41.50	"	"

11090 **Pinces** brucelles pour drapiers, ordinaires . . . . . Le cent 43..
11091 " " " " fortes . . . . . " 66..

11092 **Pinces** à épiler, pleines ordinaires . . . . . Le cent 8.60
11093 " " à jour, ordinaires . . . . . " 10..
11094 " " fines, taillées à crans . . . . . " 25..
11095 " " " cannelées . . . . . " 36..
11096 " " " à lime à biseau . . . . . " 55..

Pinces à plomber pour meunerie, douane, chemin de fer, etc

		N°	0	1	2	2 bis	3	4	5
		Longueur totale %m	13	18	18	23	36	42	52
		Diamètre des blocs %m	10	13	13	14	15	20	25
11097	Tout fer poli, non gravées	La pièce	6..	6..	"	10.50	"	"	"
11098	" " avec gravure	"	8.40	8.40	"	13.20	"	"	"
11099	Manche bois, non gravées	"	"	"	7.20	"	12..	14.40	30..
11100	" " avec gravure	"	"	"	9.60	"	14.40	16.80	35.60
11101	Plombs pour dits	Le mille	2.40	4..	4..	5.25	6.75	"	"

11102 **Pince** à plomber acier forgé, longueur 15 %m, diamètre des blocs 7 %m, sans gravure p^ce 5.40
11103 " " " " " " " " avec gravure " 8.15
11104 Plomb pour dits Le mille 2.45

Pince à plomber, acier forgé à levier

	Longueur totale %m	15	20	25
	Diamètre des blocs %m	13	14	15
11105	Manches acier droits, non gravées — La pièce	6.10	6.65	7..
11106	" " " avec gravure — "	9.25	10.75	11.10

11107 **Pince** à plomber acier forgé à levier, blocs affleurants pour plomber de très près, manche acier, longueur 26 %m, diamètre des blocs 15 %m La pièce non gravée 16.75, avec gravure 21..

Pinces à plomber à levier, acier forgé

	Longueur totale %m	15	20	25	30	35	40
	Diamètre des blocs %m	12	13	14	15	16	17
11108	Manche bois non gravées — La pièce	7.35	7.70	8.40	9.45	10.50	12.60
11109	" avec gravure — "	10.85	11.20	12.60	13.80	14.70	16.80
11110	Plombs pour dits — Le mille	3.75	4..	5.25	6.75	7.40	9.50

11111 **Plombs** à sceller les sacs, wagons, etc. Série courante (Cours variable)

N°	00	0	1	2	3	4	5	6	7	8
Diamètre approximatif %m	8	9	10½	11	12½	13	13½	13½	14	14½
Épaisseur approximative %m	4	4	4½	5	5½	5½	6	6½	6½	6
Le mille	1.60	1.75	2.40	2.75	3.75	4..	4.80	5.25	5.25	6..

N°	9	10	11	12	13	14	15	16	17	18
Diamètre approximatif %m	14½	15	15½	16	16¼	16½	17	17½	18	18
Épaisseur approximative %m	7	7	7	7	7	7	7	7½	7½	8
Le mille	6.50	6.75	7.20	7.40	8.30	8.75	9.50	10.40	11.50	12.75

Ces plombs expédiés en une seule fois par quantité minimum de 10000 — 20000 — 50000
Bonification 2% — 3% — 5%

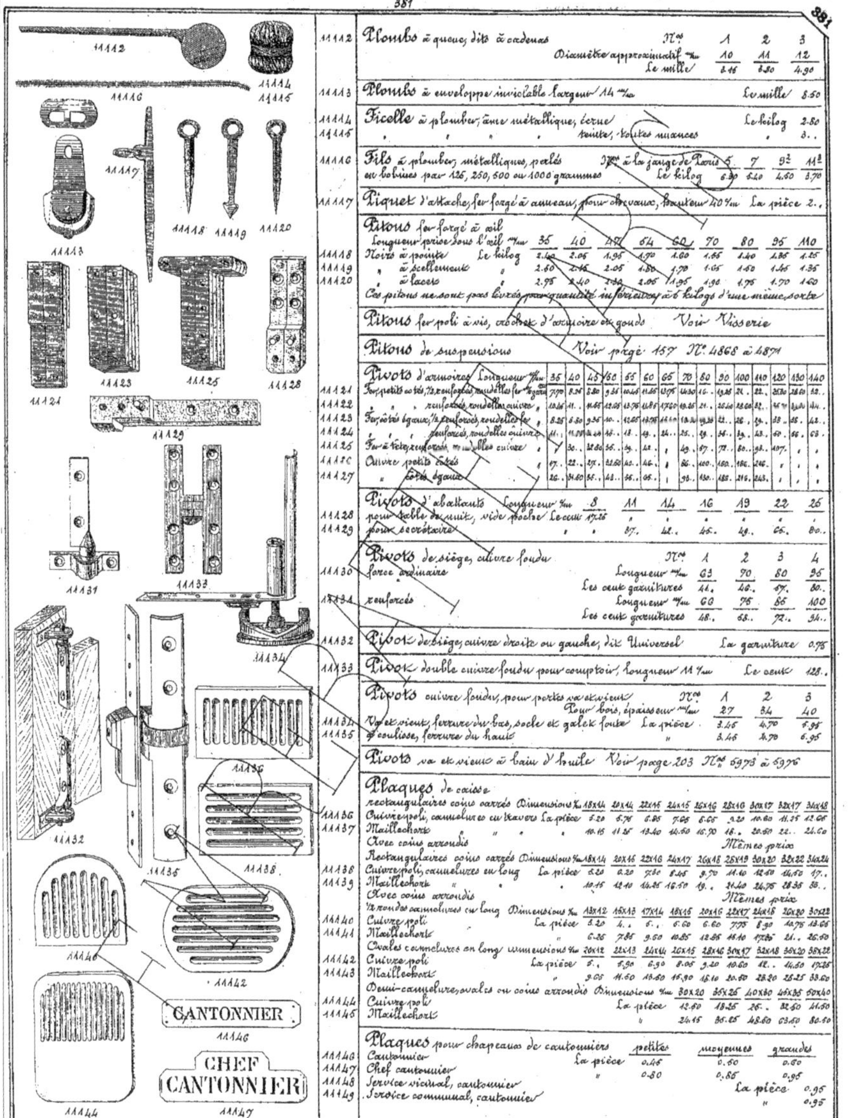

11112 **Plombs** à queue, dits à cadenas

	N^os	1	2	3
	Diamètre approximatif m/m	10	11	12
	Le mille	3.15	3.50	4.90

11113 **Plombs** à enveloppe inviolable largeur 14 m/m — Le mille 8.50

11114 **Ficelle** à plomber, âme métallique, écrue — Le kilog 2.80
11115 " " " " teinte, toutes nuances — " 3..

11116 **Fils** à plomber, métalliques, perlés en bobines par 125, 250, 500 ou 1000 grammes

N^os à la jauge de Paris	5	7	9½	11½
Le kilog	6.30	5.40	4.50	3.70

11117 **Piquet** d'attache, fer forgé à anneau, pour chevaux, hauteur 40 c/m — La pièce 2..

Pitons fer forgé à œil

		Longueur prise sous l'œil m/m	35	40	47	54	60	70	80	95	110
11118	Noirs à pointe	Le kilog	2.40	2.05	1.95	1.90	1.60	1.55	1.40	1.35	1.25
11119	" à scellement	"	2.60	2.15	2.05	1.80	1.70	1.65	1.50	1.45	1.35
11120	" à lacets	"	2.95	2.40	2.30	2.05	1.95	1.90	1.75	1.70	1.60

Ces pitons ne sont pas livrés par quantité inférieure à 5 kilogs d'une même sorte

Pitons fer poli à vis, crochets d'armoire et gonds — Voir Visserie

Pitons de suspensions — Voir page 157 N° 4868 à 4871

Pivots d'armoires

	Longueur m/m	35	40	45	50	55	60	65	70	80	90	100	110	120	130	140
11121	Fer, petits côtés, ½ renforcés, rondelles fer % garn.	7.70	8.25	8.80	9.35	10.45	11.55	13.75	14.30	16..	19.25	21..	22..	25.30	28.60	32..
11122	" " " renforcés, rondelles cuivre "	10.45	11..	11.55	12.05	13.75	14.85	17.60	19.25	21..	26.40	28.60	32..	[illegible]	[illegible]	44..
11123	Fer, côtés égaux, ½ renforcés, rondelles fer "	8.25	8.80	9.35	10..	12.65	13.75	[illegible]	[illegible]	19.25	22..	26..	29..	33..	35..	42..
11124	" " " renforcés, rondelles cuivre "	11..	11.55	[illegible]	15..	18..	19..	24..	25..	29..	36..	39..	43..	50..	56..	63..
11125	Fer à tête, renforcés, rondelles cuivre "	[illegible]	30..	32.50	36..	39..	42..	"	49..	57..	72..	80..	93..	107.	"	"
11126	Cuivre petits côtés "	17..	22..	27..	32.50	40..	46..	"	86..	100..	150..	186..	216..	"	"	"
11127	" côtés égaux "	26..	31.50	35..	43..	56..	65..	"	93..	130..	185..	216..	243..	"	"	"

Pivots d'abattants

		Longueur m/m	8	11	14	16	19	22	26
11128	pour table de nuit, vide poche	Le cent	17.25	"	"	"	"	"	"
11129	pour secrétaire	"	"	87..	42..	45..	49..	65..	80..

Pivots de siège, cuivre fondu

			N^os	1	2	3	4
11130	force ordinaire	Longueur m/m		63	70	80	95
		Les cent garnitures		41.	46..	57.	80..
11131	renforcés	Longueur m/m		66	75	85	100
		Les cent garnitures		48..	58..	72..	94..

11132 **Pivot** de siège, cuivre droite ou gauche, dit Universel — La garniture 0.75

11133 **Pivot** double cuivre fondu pour comptoir, longueur 11 c/m — Le cent 128..

Pivots cuivre fondu, pour portes va et vient

			N^os	1	2	3
		Pour bois, épaisseur m/m		27	34	40
11134	Va et vient, ferrure du bas, socle et galet fonte	La pièce		3.45	4.70	6.95
11135	à coulisse, ferrure du haut	"		3.45	4.70	6.95

Pivots va et vient à bain d'huile — Voir page 203 N°s 5973 à 5976

Plaques de caisse

	Rectangulaires coins carrés Dimensions c/m	18x14	20x14	22x15	24x15	26x16	28x16	30x17	32x17	34x18
11136	Cuivre poli, cannelures en travers La pièce	5.20	5.75	6.85	7.65	8.65	9.20	10.60	11.25	12.65
11137	Maillechort "	10.15	11.25	13.40	14.50	16.70	18..	20.50	22..	24.60

Avec coins arrondis — Mêmes prix

	Rectangulaires coins carrés Dimensions c/m	18x14	20x16	22x16	24x17	26x18	28x19	30x20	32x22	34x24
11138	Cuivre poli, cannelures en long La pièce	5.20	6.20	7.30	8.45	9.70	11.10	12.50	14.50	17..
11139	Maillechort "	10.15	12.10	14.25	16.50	19..	21.40	24.75	28.35	33..

Avec coins arrondis — Mêmes prix

	½ rondes cannelures en long Dimensions c/m	13x12	15x13	17x14	18x15	20x16	22x17	24x18	26x20	30x22
11140	Cuivre poli La pièce	3.20	4..	5..	5.60	6.60	7.75	8.90	10.75	13.65
11141	Maillechort "	6.25	7.85	9.60	10.85	12.85	15.10	17.35	21..	26.50

	Ovales cannelures en long Dimensions c/m	20x12	22x13	24x14	26x15	28x16	30x17	32x18	36x20	38x22
11142	Cuivre poli La pièce	5..	5.90	6.90	8.05	9.20	10.60	12..	14.50	17.25
11143	Maillechort "	9.65	11.50	13.50	15.90	18.10	20.50	23.20	25.25	33.60

	Demi-cannelure, ovales ou coins arrondis Dimensions c/m	30x20	35x25	40x30	45x35	50x40
11144	Cuivre poli La pièce	12.50	18.25	26..	32.50	41.50
11145	Maillechort "	24.15	35.25	48.60	63.50	80.50

Plaques pour chapeaux de cantonniers

			petites	moyennes	grandes
11146	Cantonnier	La pièce	0.45	0.50	0.60
11147	Chef cantonnier	"	0.80	0.85	0.95
11148	Service vicinal, cantonnier	La pièce			0.95
11149	Service communal, cantonnier	"			0.95

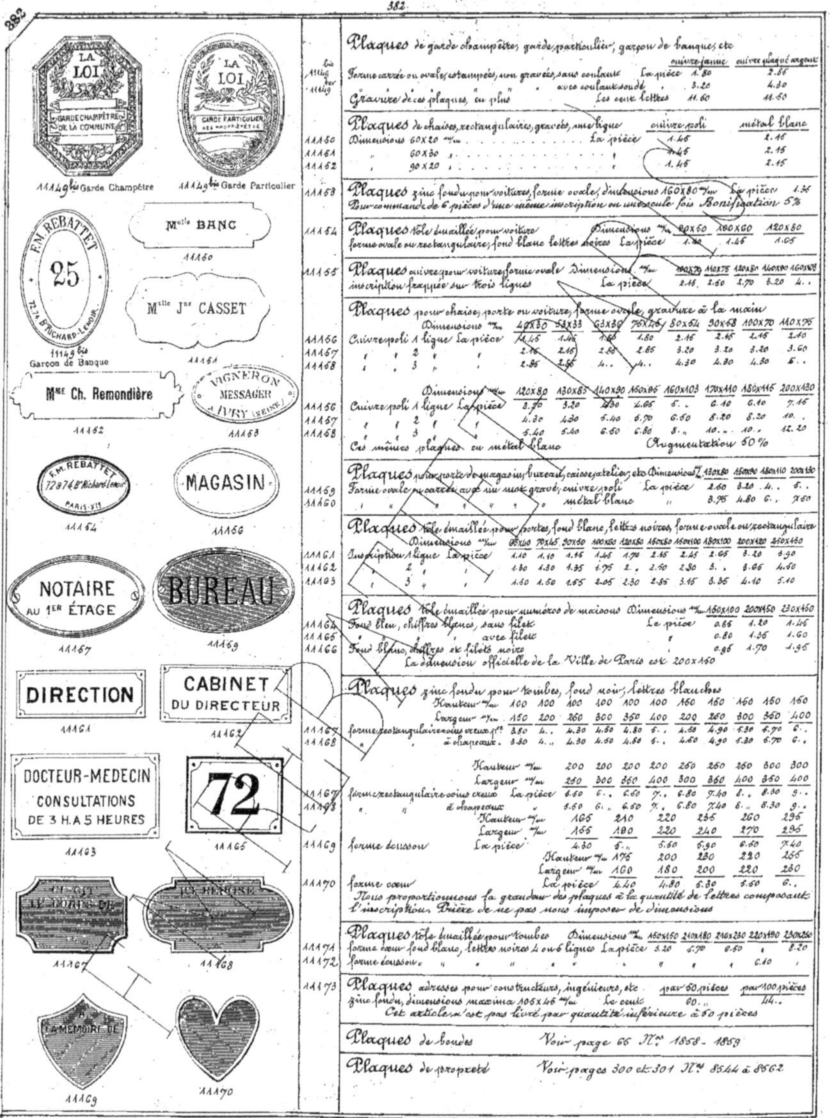

11149bis Garde Champêtre — 11149bis Garde Particulier — 11149bis Garçon de Banque — 11150 — 11151 — 11152 — 11153 — 11154 — 11156 — 11157 — 11159 — 11161 — 11162 — 11163 — 11165 — 11167 — 11168 — 11169 — 11170

Plaques de garde champêtre, garde particulier, garçon de banque, etc

No			cuivre jaune	cuivre plaqué argent
11149 bis, 11149 ter	Forme carrée ou ovale, estampées, non gravées, sans coulant	La pièce	1.80	2.85
	" avec coulant soudé	"	3.20	4.30
	Gravure de ces plaques, en plus	Les cent lettres	11.60	11.50

Plaques de chaises, rectangulaires, gravées, une ligne

No	Dimensions m/m		cuivre poli	métal blanc
11150	60 x 20	La pièce	1.45	2.15
11151	60 x 30	"	1.45	2.15
11152	90 x 20	"	1.45	2.15

11153 **Plaques** zinc fondu pour voitures, forme ovale, dimensions 160 x 80 m/m La pièce 1.35
Pour commande de 6 pièces d'une même inscription en une seule fois Bonification 5%

11154 **Plaques** tôle émaillée pour voiture, forme ovale ou rectangulaire, fond blanc lettres noires

Dimensions m/m	90x50	100x60	120x80
La pièce	1.40	1.45	1.65

11155 **Plaques** cuivre pour voiture, forme ovale, inscription frappée sur trois lignes

Dimensions m/m	100x70	110x75	120x80	140x90	160x103
La pièce	2.15	2.50	2.70	3.20	4..

Plaques pour chaise, porte ou voiture, forme ovale, gravure à la main

No	Dimensions m/m	40x30	53x33	63x39	75x45	80x54	90x58	100x70	110x75
11156	Cuivre poli 1 ligne La pièce	1.45	1.45	1.55	1.80	2.15	2.45	2.45	2.40
11157	" " 2 " "	2.15	2.15	2.55	2.85	3.20	3.20	3.20	3.60
11158	" " 3 " "	2.85	2.85	4..	4..	4.30	4.30	4.30	5..

No	Dimensions m/m	120x80	130x85	140x90	150x95	160x103	170x110	180x115	200x130
11156	Cuivre poli 1 ligne La pièce	3.70	3.20	3.30	4.65	5..	6.10	6.10	7.15
11157	" " 2 " "	4.30	4.30	5.40	5.70	6.50	8.20	8.20	10..
11158	" " 3 " "	5.40	5.40	6.50	6.80	8..	10..	10..	12.20

Ces mêmes plaques en métal blanc — Augmentation 50 %

Plaques pour porte de magasin, bureau, caisse, atelier, etc

No		Dimensions m/m	130x80	150x90	180x110	200x130
11159	Forme ovale ou carrée avec un mot gravé, cuivre poli	La pièce	2.60	3.20	4..	5..
11160	" " métal blanc	"	3.75	4.80	6..	7.50

Plaques tôle émaillée pour portes, fond blanc, lettres noires, forme ovale ou rectangulaire

No	Dimensions m/m	65x40	70x45	90x50	100x60	120x80	150x80	160x100	180x100	200x120	250x150
11161	Inscription 1 ligne La pièce	1.10	1.10	1.15	1.45	1.70	2.15	2.45	2.65	3.20	3.90
11162	" 2 " "	1.30	1.30	1.35	1.75	2..	2.50	2.80	3..	3.65	4.50
11163	" 3 " "	1.50	1.50	1.55	2.05	2.30	2.85	3.15	3.35	4.10	5.10

Plaques tôle émaillée pour numéros de maisons

No		Dimensions m/m	150x100	200x150	230x150
11164	Fond bleu, chiffres blancs, sans filet	La pièce	0.65	1.20	1.45
11165	" " " avec filet	"	0.80	1.35	1.60
11166	Fond blanc, chiffres et filets noirs	"	0.95	1.70	1.95

La dimension officielle de la Ville de Paris est 200x150

Plaques zinc fondu pour tombes, fond noir, lettres blanches

No	Hauteur m/m	100	100	100	100	100	100	150	150	150	150	150
	Largeur m/m	150	200	250	300	350	400	200	250	300	350	400
11167	forme rectangulaire coins creux p.ce	3.80	4..	4.30	4.50	4.80	5..	4.50	4.90	5.30	5.70	6..
11168	" à chapeaux	3.80	4..	4.30	4.50	4.80	5..	4.50	4.90	5.30	5.70	6..

No	Hauteur m/m	200	200	200	200	250	250	250	300	300
	Largeur m/m	250	300	350	400	300	350	400	350	400
11167	forme rectangulaire coins creux La pièce	5.50	6..	6.50	7..	6.80	7.40	8..	8.30	9..
11168	" " à chapeaux "	5.50	6..	6.50	7..	6.80	7.40	8..	8.30	9..

No	Hauteur m/m	165	210	220	235	260	295
	Largeur m/m	155	190	220	240	270	295
11169	forme écusson La pièce	4.30	5..	5.50	5.90	6.50	7.40

No	Hauteur m/m	175	200	230	220	255
	Largeur m/m	160	180	200	220	280
11170	forme cœur La pièce	4.40	4.80	5.30	5.50	6..

Nous proportionnons la grandeur des plaques à la quantité de lettres composant l'inscription. Prière de ne pas nous imposer de dimensions

Plaques tôle émaillée pour tombes

No	Dimensions m/m	150x150	210x180	210x230	220x190	230x250
11171	forme cœur fond blanc, lettres noires 4 ou 6 lignes La pièce	3.20	5.70	6.50	"	8.20
11172	forme écusson " " " "	"	"	"	6.10	"

11173 **Plaques** adresses pour constructeurs, ingénieurs, etc zinc fondu, dimensions maxima 105 x 46 m/m

	par 50 pièces	par 100 pièces
Le cent	60..	44..

Cet article n'est pas livré par quantité inférieure à 50 pièces

Plaques de bondes Voir page 65 Nos 1858 - 1859

Plaques de propreté Voir pages 300 et 301 Nos 8544 à 8562

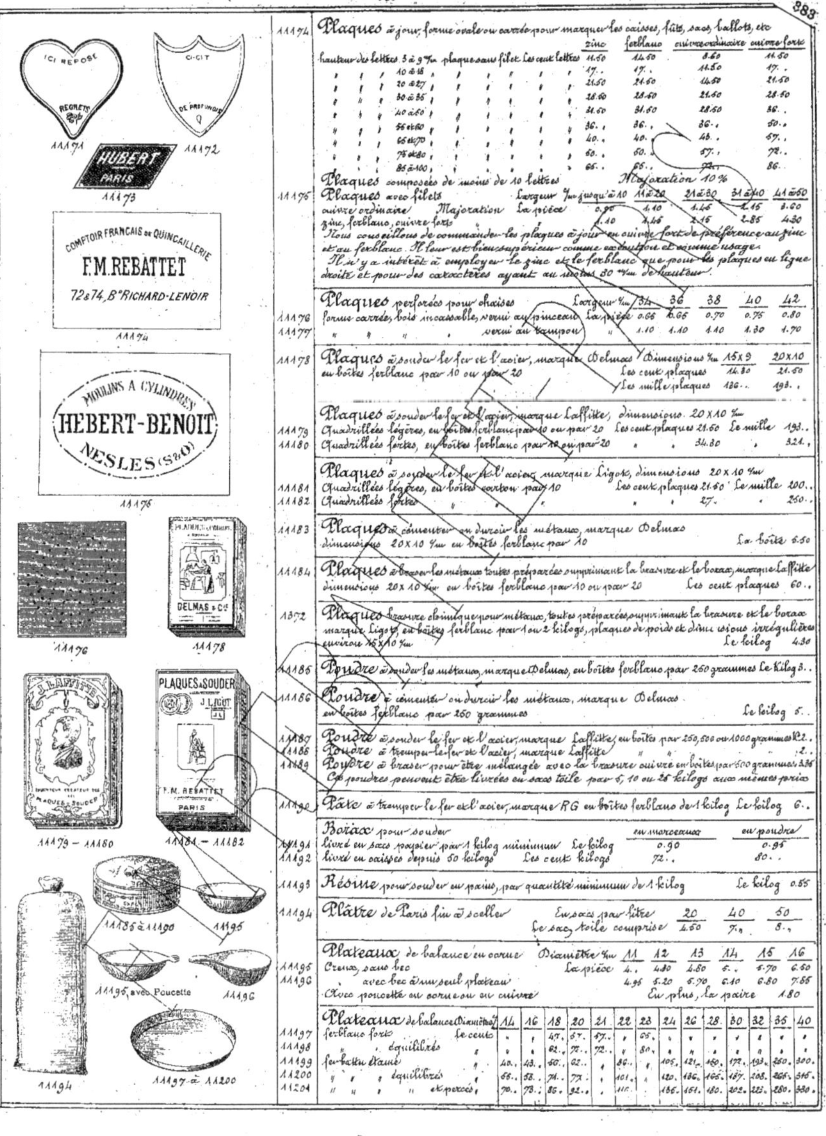

11171 — 11172 — 11173 — 11174 — 11175 — 11176 — 11178 — 11179 – 11180 — 11181 – 11182 — 11185 à 11190 — 11195 — 11195, avec Poucette — 11196 — 11194 — 11197 à 11200

11174 **Plaques** à jour, forme ovale ou carrée pour marquer les caisses, fûts, sacs, ballots, etc

	zinc	ferblanc	cuivre ordinaire	cuivre fort
hauteur des lettres 3 à 9 m/m plaques sans filet Les cent lettres	11.50	14.50	8.60	11.50
" " " 10 à 18 " " " " " "	17..	17..	11.50	17..
" " " 20 à 27 " " " " " "	21.50	21.50	14.50	21.50
" " " 30 à 35 " " " " " "	28.50	28.50	21.50	28.50
" " " 40 à 50 " " " " " "	31.50	31.50	28.50	36..
" " " 55 et 60 " " " " " "	36..	36..	36..	50..
" " " 65 et 70 " " " " " "	40..	40..	43..	57..
" " " 75 et 80 " " " " " "	50..	50..	57..	72..
" " " 85 à 100 " " " " " "	65..	65..	72..	86..

Plaques composées de moins de 10 lettres Majoration 10 %

11175 **Plaques** avec filets	Largeur m/m jusqu'à 10	11 à 20	21 à 30	31 à 40	41 à 50
cuivre ordinaire Majoration La pièce	0.90	1.10	1.45	2.15	3.60
zinc, ferblanc, cuivre fort	1.10	1.45	2.15	2.85	4.30

Nous conseillons de commander les plaques à jour en cuivre fort de préférence au zinc et au ferblanc. Il leur est bien supérieur comme exécution et comme usage.

Il n'y a intérêt à employer le zinc et le ferblanc que pour les plaques en ligne droite et pour des caractères ayant au moins 30 m/m de hauteur.

Plaques perforées pour chaises	Largeur m/m	34	36	38	40	42
11176 forme carrée, bois incassable, verni au pinceau	La pièce	0.65	0.65	0.70	0.75	0.80
11177 " " " verni au tampon	"	1.10	1.10	1.10	1.30	1.70

11178 **Plaques** à souder le fer et l'acier, marque Delmas	Dimensions m/m	15x9	20x10
en boîtes ferblanc par 10 ou par 20	Les cent plaques	14.30	21.50
	Les mille plaques	136..	193..

Plaques à souder le fer et l'acier, marque Laffitte, dimensions 20 x 10 m/m
11179 Quadrillées légères, en boîtes ferblanc par 10 ou par 20 Les cent plaques 21.50 Le mille 193..
11180 Quadrillées fortes, en boîtes ferblanc par 10 ou par 20 " " 34.30 " 321..

Plaques à souder le fer et l'acier, marque Ligot, dimensions 20 x 10 m/m
11181 Quadrillées légères, en boîtes carton par 10 Les cent plaques 21.50 Le mille 200..
11182 Quadrillées fortes " " " " " 27. " 250..

11183 **Plaques** à cémenter ou durcir les métaux, marque Delmas
dimensions 20 x 10 m/m en boîtes ferblanc par 10 La boîte 5.50

11184 **Plaques** à braser les métaux toutes préparées supprimant la brasure et le borax, marque Laffitte
dimensions 20 x 10 m/m en boîtes ferblanc par 10 ou par 20 Les cent plaques 60..

1372 **Plaques** brasure chimique pour métaux, toutes préparées, supprimant la brasure et le borax
marque Ligot, en boîtes ferblanc par 1 ou 2 kilogs, plaques de poids et dimensions irrégulières
environ 15 x 10 m/m Le kilog 4.30

11185 **Poudre** à souder les métaux, marque Delmas, en boîtes ferblanc par 250 grammes Le kilog 3..

11186 **Poudre** à cémenter ou durcir les métaux, marque Delmas
en boîtes ferblanc par 250 grammes Le kilog 5..

11187 **Poudre** à souder le fer et l'acier, marque Laffitte, en boîtes par 250, 500 ou 1000 grammes K 2..
11188 **Poudre** à tremper le fer et l'acier, marque Laffitte " " " 2..
11189 **Poudre** à braser pour être mélangée avec la brasure cuivre en boîtes par 500 grammes 3.35
Ces poudres peuvent être livrées en sacs toile par 5, 10 ou 25 kilogs aux mêmes prix

11190 **Pâte** à tremper le fer et l'acier, marque RG en boîtes ferblanc de 1 kilog Le kilog 6..

Borax pour souder		en morceaux	en poudre
11191 livré en sacs papier par 1 kilog minimum	Le kilog	0.90	0.95
11192 livré en caisses depuis 50 kilogs	Les cent kilogs	72..	80..

11193 **Résine** pour souder en pains, par quantité minimum de 1 kilog Le kilog 0.55

11194 **Plâtre** de Paris fin à sceller	En sacs par litre	20	40	50
	Le sac, toile comprise	4.50	7..	8..

Plateaux de balance en corne	Diamètre m/m	11	12	13	14	15	16
11195 Creux, sans bec	La pièce	4..	4.30	4.60	5..	5.70	6.50
11196 " avec bec à un seul plateau		4.95	5.20	5.70	6.10	6.80	7.55

Avec poucette en corne ou en cuivre En plus, la paire 1.80

Plateaux de balance Diamètre	14	16	18	20	21	22	23	24	26	28	30	32	35	40
11197 ferblanc fort Le cent	"	"	47..	57..	57..	"	65..	"	"	"	"	"	"	"
11198 " équilibrés "	"	"	62..	72..	72..	"	80..	"	"	"	"	"	"	"
11199 fer battu étamé "	40..	43..	50..	62..	"	86..	"	105.	121.	150.	172.	193.	250.	300.
11200 " " " équilibrés "	56..	58..	71..	77..	"	101..	"	120.	136.	165.	187.	208.	265.	315.
11201 " " " " et percés "	70..	73..	86..	92..	"	116.	"	136.	151.	180.	202.	225.	280.	330.

11202 11203 11204 11205 11206 à 11208 11209 à 11221 11210 11211 11212 11213 11214 11215 11216 11217 11218 11224 11226 11227 11228 11229 11230 11231 11232 11233 11234

Plombs d'architecte cuivre, pointe acier

	Nos	0	1	2	3	4	5	6	7	8	9	10	12
	Hauteur m/m	30	33	35	38	42	45	49	53	57	61	65	73
	Diamètre m/m	20	22	24	26	28	30	32	35	37	42	46	51
	Poids approximatif grammes	50	65	80	100	120	150	185	230	275	400	480	660
11202	Simple vis, boîte cuivre, avec plaque f.te	0.85	0.95	1.10	1.35	1.65	1.90	2.30	2.85	3.30	3.75	4.30	5..
11203	Double vis " " " "	1.20	1.30	1.45	1.70	2..	2.30	2.70	3.50	3.70	4.30	4.70	5.45

Plombs d'architecte et amateur, de poche

		Diamètre m/m	22	26	30
11204	cuivre à boîte, double vis	La pièce	2.35	2.70	3.15

Plombs d'architecte cuivre, pointe acier

	Nos	0	1	2	3	4	5	6	7	8	9	10	12
	Diamètre m/m	20	22	24	26	28	30	32	35	37	42	46	51
11205	forme toupie, sans boîte, avec plaque f.te	0.85	0.95	1.10	1.35	1.65	1.90	2.30	2.85	3.30	3.75	4.30	5..

Plombs de charpentier

			Nos 1	2
		Diamètre approximatif m/m	55	65
11206	En zinc	Le cent	35..	49..
11207	En plomb	"	60..	66..
11208	En cuivre	La pièce	1.10	1.45

Plombs de maçon, ajustés, fonte tournée, poids en grammes 300 à 1000

11209	Forme conique plaque fonte	Le kilog	1.50
11210	" Bourges " "	"	2.50
11211	" Bordeaux " "	"	2.50
11212	" bouteille " "	"	2.50
11213	" cloche " "	"	2.50
11214	" cylindrique plaque fonte tête boule	"	2.50
11215	" " " " bouton cuivre	"	2.20
11216	" " " " " pointe acier	"	2.70
11217	" toupie " " " sans pointe acier	"	2.20

Plombs de maçon ajustés avec plaque cuivre, poids en grammes 400 à 1000

11218	Forme conique zinc	Le kilog	2.20
11219	" " fonte recouverte cuivre	"	2.20
11220	" " " " " bouton cuivre	"	3.20

Plombs de maçon ajustés tout cuivre massif tourné, poids en grammes 350 à 1000

11221	Forme conique	Le kilog	5.70
11222	" Bourges	"	5.70
11223	" Bordeaux	"	5.70
11224	" Flamande	"	5.70
11225	" cloche	"	5.70

		Nos	1	2	3
11226	Forme cylindrique, modèle américain rondelle buis	Hauteur m/m	51	55	58
		Diamètre m/m	40	43	46
		La pièce	3..	3.20	3.40

Plombs de mécanicien fonte tournée pointe acier

		Nos	1	2	3	4	5
		Poids approximatif, grammes	110	140	180	220	240
11227	forme suisse, plaque et bouton cuivre	La pièce	0.95	1.20	1.45	1.80	1.95

11228 Forme poire plaque et bouton cuivre, poids approximatif 185 grammes La pièce 1.95

11229 " mécanicien, sans plaque, bouton cuivre, poids approximatif 370 grammes " 3.30

Plombs à robes, forme ronde plate, diamètre 22 m/m

11230 poids approximatif du cent 1K350. . . . . Le kilog 1.15

Plomb laminé pour vitraux (Cours variable)

		Pour épaisseur m/m	2	3	4	5	6	7	8	9	10
11231	Double feuillure	Le kilog	2.65	1.80	1.45	1.45	1.45	1.45	1.45	1.45	1.45
11232	Simple feuillure, forme U pour entourage	"	2.60	1.95	1.60	1.60	1.60	1.60	1.60	1.60	1.60
11233	Double feuillure, grande ailes, spécial pour cadre	"	2.80	1.95	1.60	1.60	1.60	1.60	1.60	1.60	1.60
11234	Forme T pour joints	"	3.10	2.25	1.90	1.90	1.90	1.90	1.90	1.90	1.90

11235 **Soudure** laminée en baguettes pour d°. Le kilog 6.50 ; par 10 kilogs Le kilog 6.30

Bien spécifier en commandant l'épaisseur des vitraux qui devront recevoir ces plombs

Poignées pour fers à repasser Voir page 194 Nos 5797 à 5811

Poignées de portes " " 251 à 256

Poignées de cercueils " " 278 Nos 8101 à 8108

Poignées fil de fer pour boîtes à chapeaux

		Nos	1	2	3
11236		Largeur intérieure m/m	62	72	85
		Le cent	1.50	2.25	3..

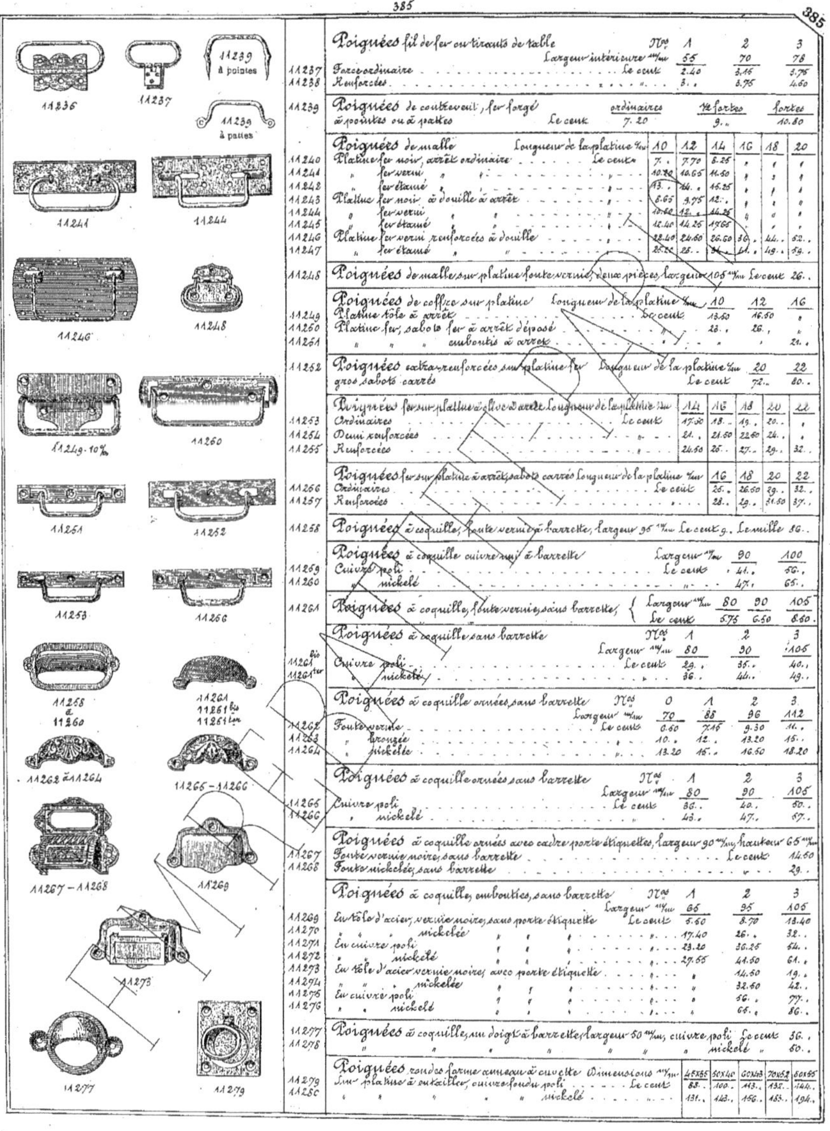

Poignées fil de fer ou tirants de table

		Nos	1	2	3
		Largeur intérieure m/m	55	70	78
11237	Force ordinaire	Le cent	2.40	3.15	3.75
11238	Renforcées	"	3..	3.75	4.60

			ordinaires	½ fortes	fortes
11239	**Poignées** de contrevent, fer forgé à pointes ou à pattes	Le cent	7.20	9..	10.80

Poignées de malle

		Longueur de la platine c/m	10	12	14	16	18	20
11240	Platine fer noir, arrêt ordinaire	Le cent	7..	7.70	8.25	"	"	"
11241	" fer verni "	"	10.20	10.65	11.50	"	"	"
11242	" fer étamé "	"	13..	14..	15.25	"	"	"
11243	Platine fer noir à douille à arrêt	"	8.65	9.75	12..	"	"	"
11244	" fer verni " "	"	10.60	12..	14.25	"	"	"
11245	" fer étamé " "	"	12.40	14.25	17.65	"	"	"
11246	Platine fer verni renforcées à douille	"	22.40	24.60	26.50	36..	44..	52..
11247	" fer étamé " "	"	25.20	28..	34..	41..	49..	59..

11248	**Poignées** de malle sur platine fonte vernie, deux pièces, largeur 105 m/m	Le cent	26..

Poignées de coffre sur platine

		Longueur de la platine c/m	10	12	16
11249	Platine tôle à arrêt	Le cent	13.50	16.50	"
11250	Platine fer, sabots fer à arrêt déposé	"	23..	26..	"
11251	" " " emboutis à arrêt	"	"	"	21..

		Longueur de la platine c/m	20	22
11252	**Poignées** extra-renforcées sur platine fer gros sabots carrés	Le cent	72..	80..

Poignées fer sur platine à clou d'arrêt

		Longueur de la platine c/m	14	16	18	20	22
11253	Ordinaires	Le cent	17.50	18..	19..	20..	"
11254	Demi renforcées	"	21..	21.50	22.50	24..	"
11255	Renforcées	"	24.50	25..	27..	29..	32..

Poignées fer sur platine à arrêt, sabots carrés

		Longueur de la platine c/m	16	18	20	22
11256	Ordinaires	Le cent	25..	26.50	29..	32..
11257	Renforcées	"	28..	29..	31.50	37..

11258 **Poignées** à coquille, fonte vernie à barrette, largeur 95 m/m Le cent 9.. Le mille 86..

Poignées à coquille cuivre uni à barrette

		Largeur m/m	90	100
11259	Cuivre poli	Le cent	41..	56..
11260	" nickelé	"	47..	65..

		Largeur m/m	80	90	105
11261	**Poignées** à coquille, fonte vernie, sans barrette	Le cent	5.75	6.50	8.50

Poignées à coquille sans barrette

		Nos	1	2	3
		Largeur m/m	80	90	105
11261 bis	Cuivre poli	Le cent	29..	35..	40..
11261 ter	" nickelé	"	36..	44..	49..

Poignées à coquille ornées, sans barrette

		Nos	0	1	2	3
		Largeur m/m	70	88	96	112
11262	Fonte vernie	Le cent	6.50	7.15	9.30	11..
11263	" bronzée	"	10..	12..	13.20	15..
11264	" nickelée	"	13.20	15..	16.50	18.20

Poignées à coquille ornées sans barrette

		Nos	1	2	3
		Largeur m/m	80	90	105
11265	Cuivre poli	Le cent	36..	40..	50..
11266	" nickelé	"	43..	47..	57..

Poignées à coquille ornées avec cadre porte étiquettes, largeur 90 m/m, hauteur 65 m/m

11267	Fonte vernie noire, sans barrette	Le cent	14.50
11268	Fonte nickelée, sans barrette	"	29..

Poignées à coquille, embouties, sans barrette

		Nos	1	2	3
		Largeur m/m	65	95	105
11269	En tôle d'acier, vernie noire, sans porte étiquette	Le cent	5.50	8.70	13.40
11270	" " " nickelée " " "	"	17.40	26..	32..
11271	En cuivre poli " " "	"	23.20	36.25	54..
11272	" nickelé " " "	"	27.55	41.50	61..
11273	En tôle d'acier vernie noire, avec porte étiquette	"	"	14.50	19..
11274	" " nickelée " " "	"	"	32.50	42..
11275	En cuivre poli " " "	"	"	56..	77..
11276	" " nickelé " " "	"	"	65..	86..

11277	**Poignées** à coquille, un doigt à barrette, largeur 50 m/m, cuivre poli	Le cent	36..
11278	" " " " " " nickelé	"	50..

Poignées rondes forme anneau à cuvette

		Dimensions m/m	45x55	50x40	60x43	70x52	80x55
11279	Sur platine à entailler, cuivre fondu poli	Le cent	83..	100..	113..	132..	144..
11280	" " " " nickelé	"	131..	143..	156..	183..	194..

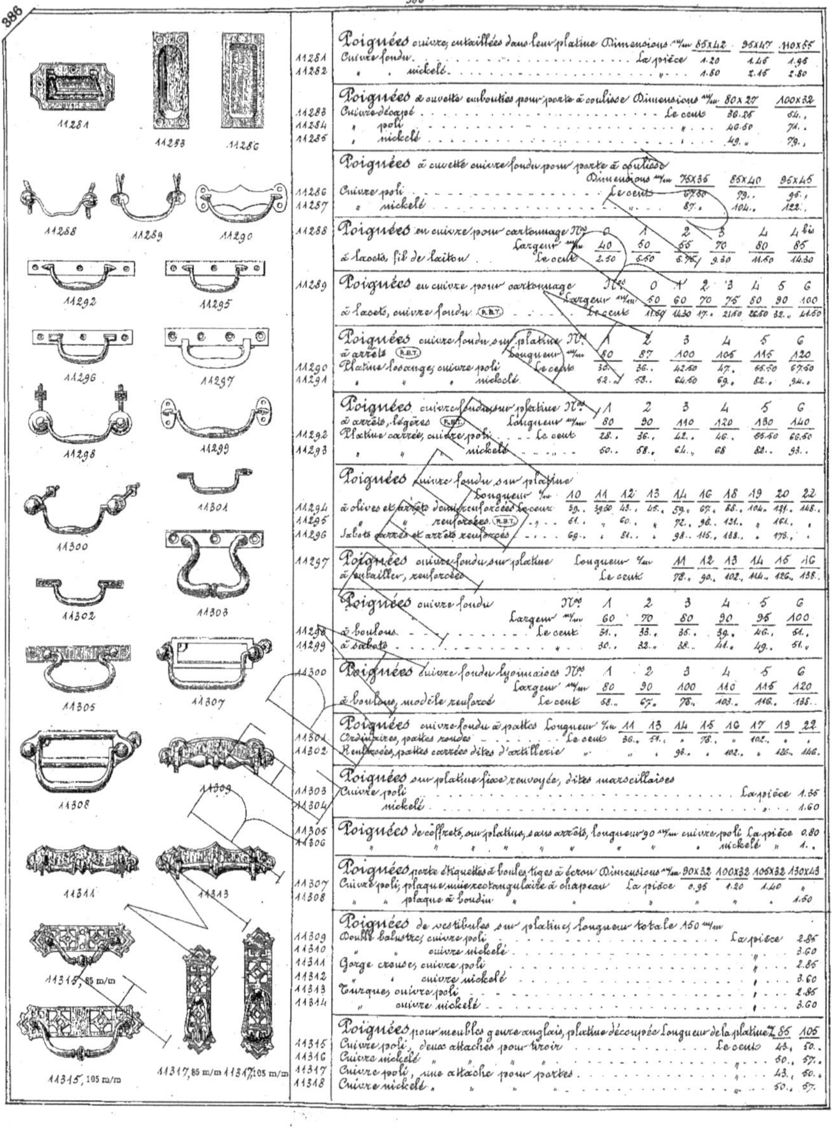

11281 — 11283 — 11286 — 11288 — 11289 — 11290 — 11292 — 11295 — 11296 — 11297 — 11298 — 11299 — 11300 — 11301 — 11302 — 11303 — 11305 — 11307 — 11308 — 11309 — 11311 — 11313 — 11315, 85 m/m — 11315, 105 m/m — 11317, 85 m/m — 11317, 105 m/m

Poignées cuivre, entaillées dans leur platine

	Dimensions m/m	85x42	95x47	110x55
11281 Cuivre fondu	La pièce	1.20	1.46	1.95
11282 » » nickelé	»	1.80	2.15	2.80

Poignées à cuvette embouties pour porte à coulisse

	Dimensions m/m	80x27	100x32
11283 Cuivre décapé	Le cent	36.25	64..
11284 » poli	»	46.50	74..
11285 » nickelé	»	49..	79..

Poignées à cuvette cuivre fondu pour porte à coulisse

	Dimensions m/m	75x35	85x40	95x45
11286 Cuivre poli	Le cent	67.50	79..	95..
11287 » nickelé	»	87..	104..	122..

11288 **Poignées** en cuivre pour cartonnage à lacets, fil de laiton

Nos	0	1	2	3	4	4 bis
Largeur m/m	40	50	55	70	80	85
Le cent	2.50	5.50	6.75	9.30	11.50	14.30

11289 **Poignées** en cuivre pour cartonnage à lacets, cuivre fondu (R.B.T.)

Nos	0	1	2	3	4	5	6
Largeur m/m	50	60	70	75	80	90	100
Le cent	11.50	14.30	17..	21.50	26.50	32..	41.50

Poignées cuivre fondu sur platine à arrêts (R.B.T.)

	Nos	1	2	3	4	5	6
	Longueur m/m	80	87	100	105	115	120
11290 Platine losange, cuivre poli	Le cent	30..	36..	42.50	47..	65.50	67.50
11291 » » » nickelé		42..	58..	64.50	69..	82..	94..

Poignées cuivre fondu sur platine à arrêts, légères (R.B.T.)

	Nos	1	2	3	4	5	6
	Longueur m/m	80	90	110	120	130	140
11292 Platine carrée, cuivre poli	Le cent	28..	36..	42..	46..	55.50	66.50
11293 » » nickelé	»	50..	58..	64..	68	82..	93..

Poignées cuivre fondu sur platine

	Longueur m/m	10	11	12	13	14	16	18	19	20	22
11294 à olives et arrêts demi-renforcées	Le cent	39..	39.50	43..	45..	59..	67..	88..	104..	131..	148..
11295 » » renforcées (R.B.T.)	»	61..	»	60..	»	72..	96..	131..	»	161..	»
11296 Sabots carrés et arrêts renforcés		69..	»	81..	»	98..	115..	188..	»	178..	»

11297 **Poignées** cuivre fondu sur platine à entailler, renforcées

Longueur c/m	11	12	13	14	15	16
Le cent	78..	90..	102..	114..	126..	138..

Poignées cuivre fondu

	Nos	1	2	3	4	5	6
	Largeur m/m	60	70	80	90	95	100
11298 à boulons	Le cent	31..	33..	35..	39..	46..	51..
11299 à sabots	»	30..	32..	38..	41..	49..	51..

11300 **Poignées** cuivre fondu lyonnaises à boulons, modèle renforcé

Nos	1	2	3	4	5	6
Largeur m/m	80	90	100	110	115	120
Le cent	58..	67..	78..	103..	116..	135..

Poignées cuivre fondu à pattes

	Longueur c/m	11	13	14	15	16	17	19	22
11301 Ordinaires, pattes rondes	Le cent	36..	51..	»	78..	»	102..	»	»
11302 Renforcées, pattes carrées dites d'artillerie	»	»	»	98..	»	102..	»	126..	146..

Poignées sur platine fixe renvoyée, dites marseillaises

11303 Cuivre poli	La pièce	1.35
11304 nickelé	»	1.60

Poignées de coffrets, sur platine, sans arrêts, longueur 90 m/m

11305 cuivre poli	La pièce	0.80
11306 » » » » » » » » » nickelé	»	1..

Poignées porte étiquettes à boules, tiges à écrou

	Dimensions m/m	90x32	100x32	105x32	130x43
11307 Cuivre poli, plaque unie rectangulaire à chapeau	La pièce	0.95	1.20	1.40	»
11308 » » plaque à boudin	»	»	»	»	1.60

Poignées de vestibules sur platine, longueur totale 150 m/m

11309 Double balustre, cuivre poli	La pièce	2.85
11310 » » cuivre nickelé	»	3.60
11311 Gorge creuse, cuivre poli	»	2.85
11312 » » cuivre nickelé	»	3.60
11313 Turques, cuivre poli	»	2.85
11314 » cuivre nickelé	»	3.60

Poignées pour meubles genre anglais, platine découpée

	Longueur de la platine m/m	85	105
11315 Cuivre poli, deux attaches pour tiroir	Le cent	43..	50..
11316 Cuivre nickelé » » »	»	50..	57..
11317 Cuivre poli, une attache pour portes	»	43..	50..
11318 Cuivre nickelé » » »	»	50..	57..

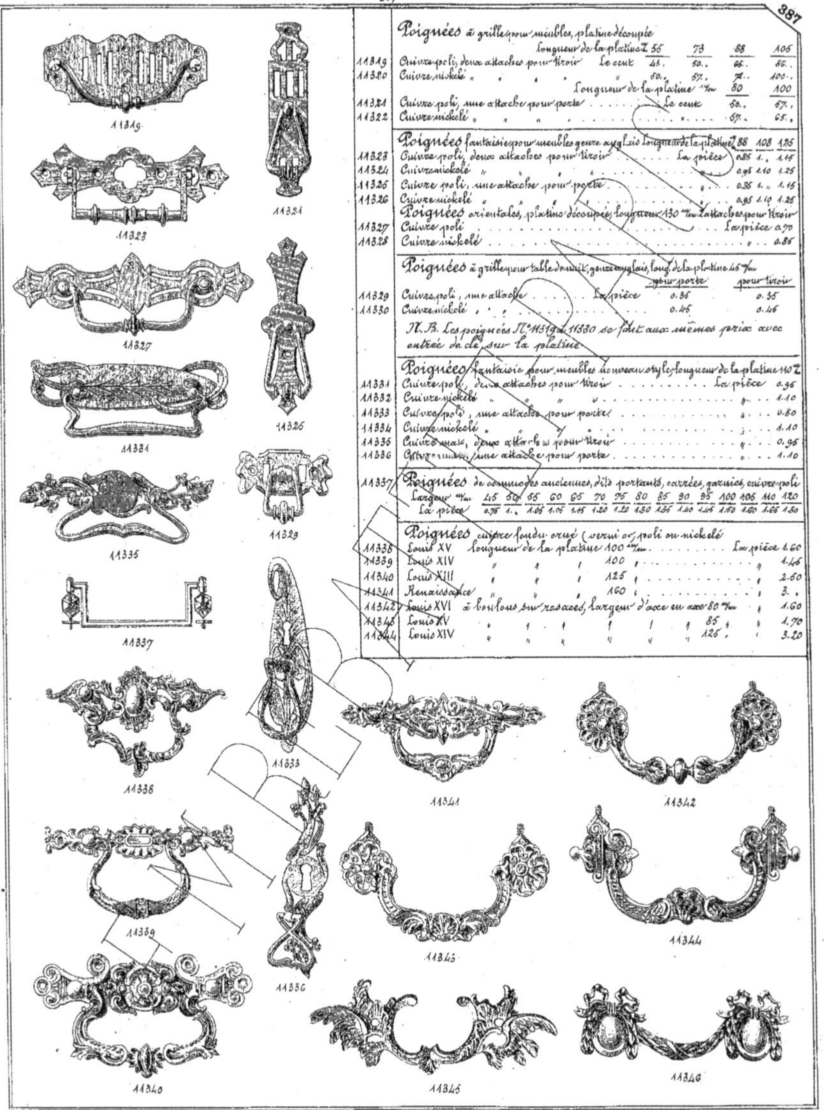

Poignées à grille pour meubles, platine découpée

		Longueur de la platine m/m	55	73	88	105
11319	Cuivre poli, deux attaches pour tiroir	Le cent	45.	50..	65.	86..
11320	Cuivre nickelé " " " "	"	50..	57.	71..	100..

		Longueur de la platine m/m	80	100
11321	Cuivre poli, une attache pour porte	Le cent	50..	57.
11322	Cuivre nickelé " " "	"	57..	65.

Poignées fantaisie pour meubles genre anglais

		Longueur de la platine m/m	88	108	125
11323	Cuivre poli, deux attaches pour tiroir	La pièce	0.85	1..	1.15
11324	Cuivre nickelé " " "	"	0.95	1.10	1.25
11325	Cuivre poli, une attache pour porte	"	0.85	1..	1.15
11326	Cuivre nickelé " " "	"	0.95	1.10	1.25

Poignées orientales, platine découpée, longueur 130 m/m 2 attaches pour tiroir

11327	Cuivre poli	La pièce 0.70
11328	Cuivre nickelé	" 0.85

Poignées à grille pour table de nuit, genre anglais, long. de la platine 45 m/m

			pour porte	pour tiroir
11329	Cuivre poli, une attache	La pièce	0.35	0.35
11330	Cuivre nickelé " "		0.45	0.45

N. B. Les poignées N° 11319 à 11330 se font aux mêmes prix avec entrée de clé sur la platine

Poignées fantaisie pour meubles nouveau style, longueur de la platine 110 m/m

11331	Cuivre poli, deux attaches pour tiroir	La pièce 0.95
11332	Cuivre nickelé " " " "	" 1.10
11333	Cuivre poli, une attache pour porte	" 0.80
11334	Cuivre nickelé " " "	" 1.10
11335	Cuivre mat, deux attaches pour tiroir	" 0.95
11336	Cuivre mat, une attache pour porte	" 1.10

11337 **Poignées** de commodes anciennes, dits portants, carrées, garnies, cuivre poli

Largeur m/m	45	50	55	60	65	70	75	80	85	90	95	100	105	110	120
La pièce	0.75	1..	1.05	1.05	1.15	1.20	1.20	1.30	1.35	1.40	1.45	1.50	1.60	1.65	1.80

Poignées cuivre fondu ciselé (verni or, poli ou nickelé

11338	Louis XV	longueur de la platine 100 m/m	La pièce 1.60
11339	Louis XIV	" " " 100 "	" 1.45
11340	Louis XIII	" " " 125 "	" 2.60
11341	Renaissance	" " " 160 "	" 3..
11342	Louis XVI	à boutons sur rosaces, largeur d'axe en axe 80 m/m	" 1.60
11343	Louis XV	" " " " " " 85 "	" 1.70
11344	Louis XIV	" " " " " " 125 "	" 3.20

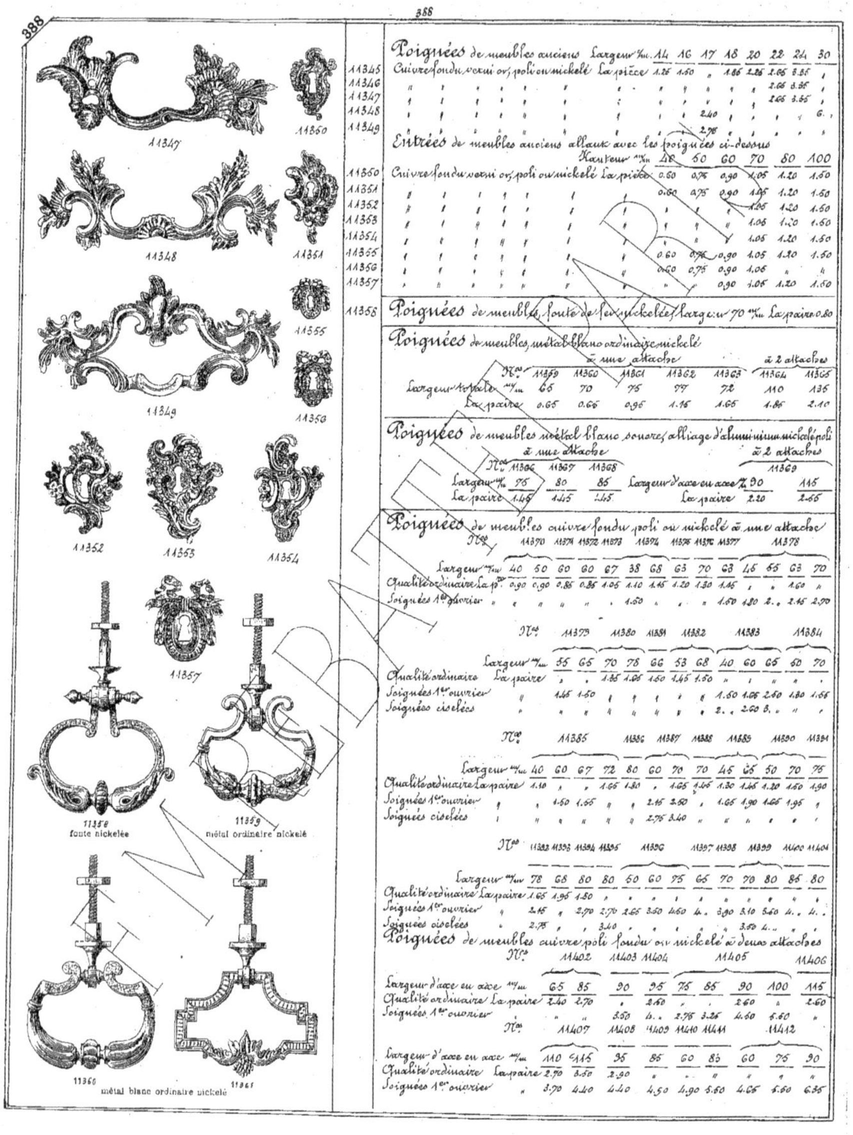

Poignées de meubles anciens

N°		Largeur m/m	14	16	17	18	20	22	24	30
11345	Cuivre fondu, verni or, poli ou nickelé	La pièce	1.25	1.50	"	1.85	2.25	2.65	3.35	"
11346	"	"	"	"	"	"	"	2.65	3.35	"
11347	"	"	"	"	"	"	"	2.65	3.55	"
11348	"	"	"	"	2.40	"	"	"	"	6. "
11349	"	"	"	"	2.75	"	"	"	"	"

Entrées de meubles anciens allant avec les poignées ci-dessus

N°		Hauteur m/m	40	50	60	70	80	100
11350	Cuivre fondu, verni or, poli ou nickelé	La pièce	0.60	0.75	0.90	1.05	1.20	1.50
11351	"	"	0.60	0.75	0.90	1.05	1.20	1.50
11352	"	"	"	"	"	1.05	1.20	1.50
11353	"	"	"	"	"	1.05	1.20	1.50
11354	"	"	"	"	"	1.05	1.20	1.50
11355	"	"	0.60	0.75	0.90	1.05	1.20	1.50
11356	"	"	0.60	0.75	0.90	1.05	"	"
11357	"	"	"	"	0.90	1.05	1.20	1.50

11358 **Poignées** de meubles, fonte de fer nickelée, largeur 70 m/m La paire 0.80

Poignées de meubles, métal blanc ordinaire nickelé

	à une attache					à 2 attaches	
Nos	11359	11360	11361	11362	11363	11364	11365
Largeur totale m/m	65	70	75	77	72	110	135
La paire	0.65	0.65	0.95	1.15	1.65	1.85	2.10

Poignées de meubles métal blanc sonore, alliage d'aluminium nickelé poli

	à une attache		
Nos	11366	11367	11368
Largeur m/m	75	80	85
La paire	1.45	1.45	1.45

à 2 attaches	11369	
Largeur d'axe en axe m/m	90	115
La paire	2.20	2.65

Poignées de meubles cuivre fondu, poli ou nickelé à une attache

Nos	11370		11371	11372	11373	11374		11375	11376	11377	11378			
Largeur m/m	40	50	60	60	67	38	68	63	70	63	45	55	63	70
Qualité ordinaire La pre	0.90	0.90	0.85	0.85	1.05	1.10	1.45	1.20	1.30	1.45	"	"	1.60	"
Soignées 1er ouvrier	"	"	"	"	"	1.50	"	"	"	1.50	1.80	2. "	2.15	2.70

Nos	11379		11380		11381	11382		11383			11384	
Largeur m/m	55	65	70	78	66	53	68	40	60	65	50	70
Qualité ordinaire La paire	"	"	1.35	1.95	1.50	1.45	1.50	"	"	"	"	"
Soignées 1er ouvrier	1.45	1.50	"	"	"	"	"	1.50	1.65	2.50	1.30	1.55
Soignées ciselées	"	"	"	"	"	"	"	2. "	2.60	3. "	"	"

Nos	11385				11386	11387		11388	11389		11390		11391
Largeur m/m	40	60	67	72	80	60	70	70	45	65	50	70	75
Qualité ordinaire La paire	1.10	"	"	1.65	1.80	"	1.65	1.45	1.30	1.45	1.20	1.50	1.90
Soignées 1er ouvrier	"	1.50	1.55	"	"	2.15	2.50	"	1.65	1.90	1.65	1.95	"
Soignées ciselées	"	"	"	"	"	2.75	3.40	"	"	"	"	"	"

Nos	11392	11393	11394	11395	11396			11397	11398	11399		11400	11401
Largeur m/m	78	68	80	80	50	60	75	65	70	70	80	85	80
Qualité ordinaire La paire	1.65	1.95	1.80	"	"	"	"	"	"	"	"	"	"
Soignées 1er ouvrier	2.15	"	2.70	2.70	2.65	3.50	4.60	4. "	3.90	3.10	5.60	4. "	4. "
Soignées ciselées	2.75	"	"	3.40	"	"	"	"	"	3.50	4. "	"	"

Poignées de meubles cuivre poli fondu ou nickelé à deux attaches

Nos	11402		11403	11404	11405				11406
Largeur d'axe en axe m/m	65	85	90	95	75	85	90	100	115
Qualité ordinaire La paire	2.40	2.70	"	2.50	"	"	2.60	"	2.60
Soignées 1er ouvrier	"	"	3.50	4. "	2.75	3.25	4.50	5.50	"

Nos	11407		11408	11409	11410	11411	11412		
Largeur d'axe en axe m/m	110	115	95	85	60	85	60	75	90
Qualité ordinaire La paire	2.70	3.50	2.90	"	"	"	"	"	"
Soignées 1er ouvrier	3.70	4.40	4.40	4.50	4.90	5.50	4.65	5.50	6.35

POIGNÉES DE MEUBLES

(Voir prix page 388)

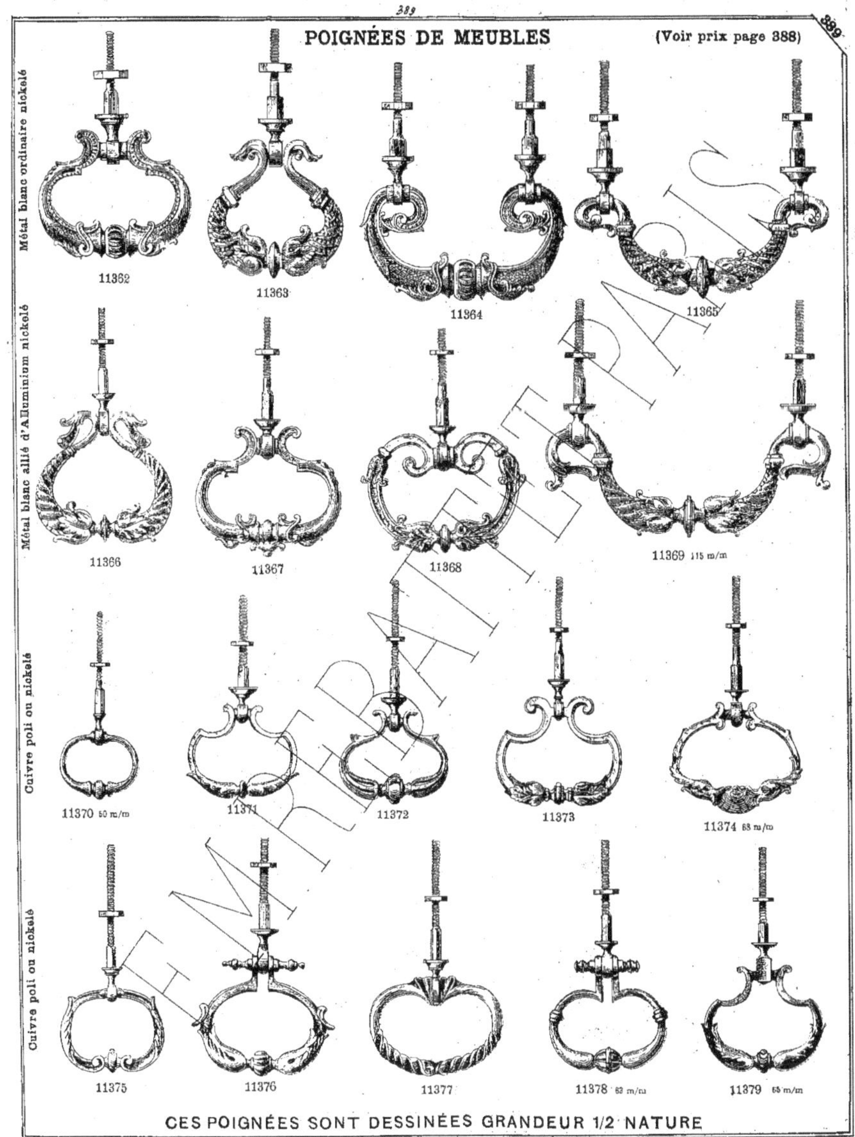

CES POIGNÉES SONT DESSINÉES GRANDEUR 1/2 NATURE

Paris. — Imp. DONNADIEU, 23, Rue des Francs-Bourgeois

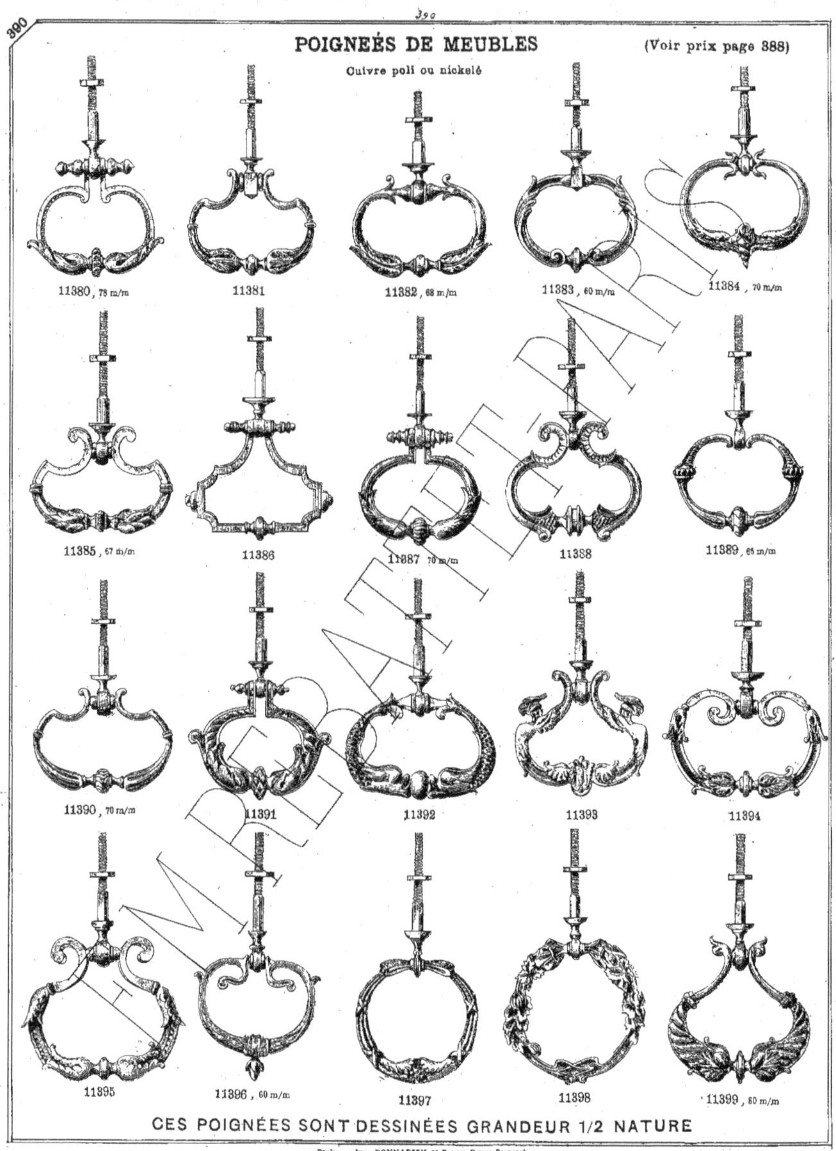
390
POIGNEÉS DE MEUBLES
(Voir prix page 388)
Cuivre poli ou nickelé
11380, 78 m/m
11381
11382, 68 m/m
11383, 60 m/m
11384, 70 m/m
11385, 67 m/m
11386
11387 70 m/m
11388
11389, 65 m/m
11390, 70 m/m
11391
11392
11393
11394
11395
11396, 60 m/m
11397
11398
11399, 80 m/m
CES POIGNÉES SONT DESSINÉES GRANDEUR 1/2 NATURE
Paris. — Imp. DONNADIEU. 22, Rue des Francs-Bourgeois

POIGNÉES DE MEUBLES

(Voir prix page 388)

Cuivre poli ou nickelé

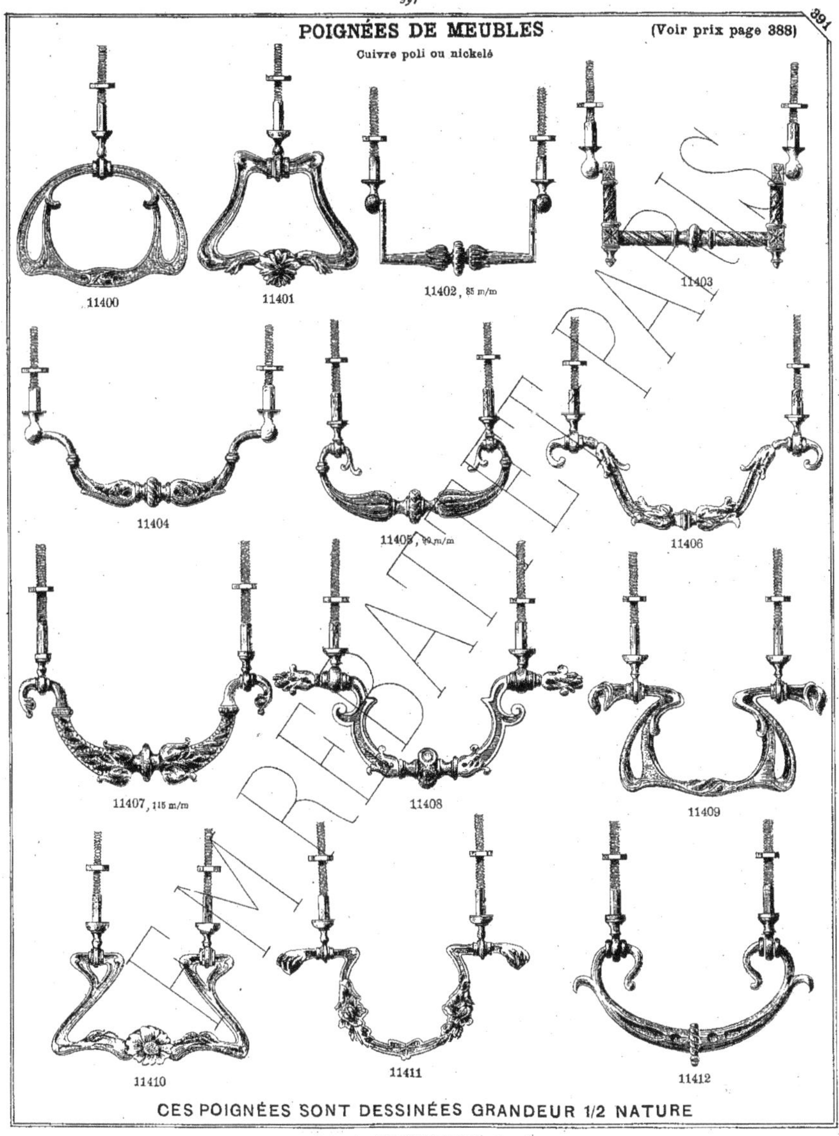

CES POIGNÉES SONT DESSINÉES GRANDEUR 1/2 NATURE

Paris. — Imp. DONNADIEU, 23, Rue des Francs-Bourgeois

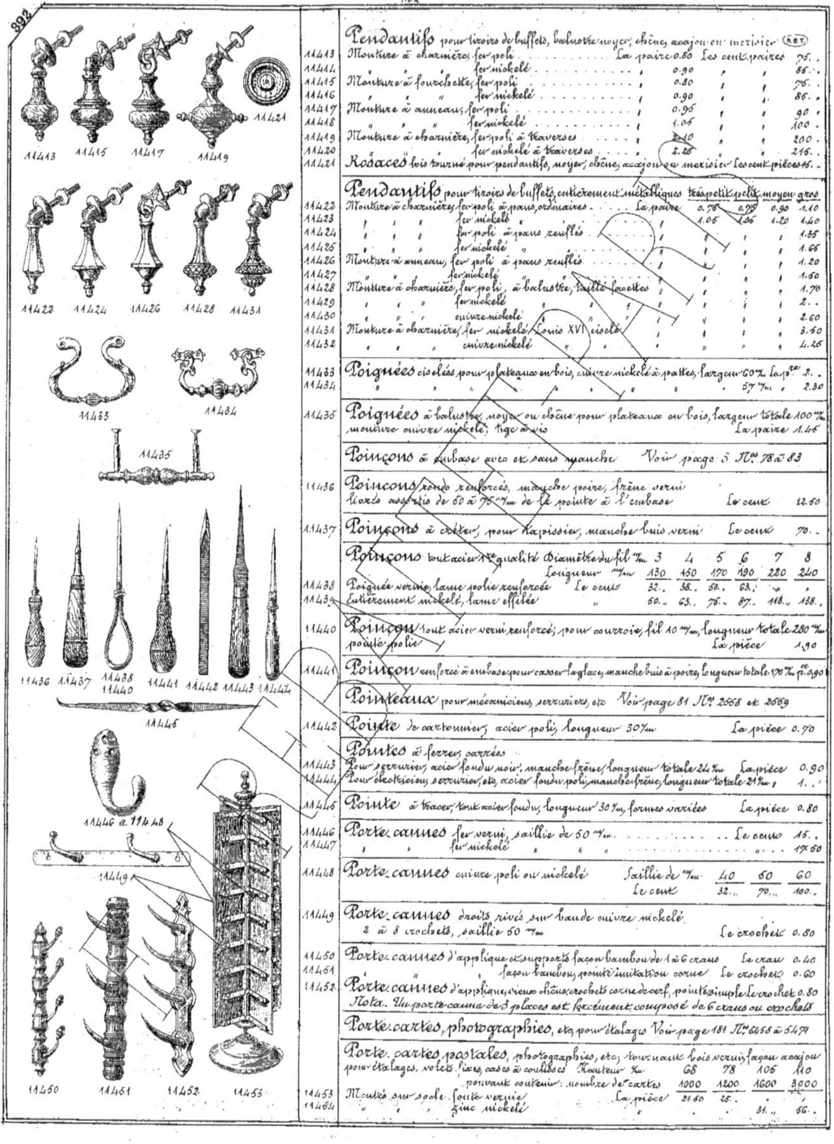

Pendantifs pour tiroirs de buffets, balustre noyer, chêne, acajou ou merisier (R.B.T.)

N°	Désignation		La paire	Les cent paires
11413	Monture à charnière, fer poli	La paire	0.80	75. .
11414	" " fer nickelé	"	0.90	85. .
11415	Monture à fourchette, fer poli	"	0.80	75. .
11416	" " " fer nickelé	"	0.90	85. .
11417	Monture à anneau, fer poli	"	0.95	90. .
11418	" " " fer nickelé	"	1.05	100. .
11419	Monture à charnière, fer poli à traverses	"	2.10	200. .
11420	" " fer nickelé à traverses	"	2.25	215. .

11421 **Rosaces** bois tourné pour pendantifs, noyer, chêne, acajou ou merisier Les cent pièces 15. .

Pendantifs pour tiroirs de buffets, entièrement métalliques

N°	Désignation	très petit	petit	moyen	gros
11422	Monture à charnière, fer poli à pans, ordinaires . . . La paire	0.75	0.75	0.90	1.10
11423	" " " fer nickelé	1.05	1.05	1.20	1.40
11424	" " " fer poli à pans renflés	"	"	"	1.35
11425	" " " fer nickelé "	"	"	"	1.65
11426	Monture à anneau, fer poli à pans renflés	"	"	"	1.20
11427	" " " fer nickelé	"	"	"	1.50
11428	Monture à charnière, fer poli, à balustre, taillé facettes	"	"	"	1.70
11429	" " " fer nickelé	"	"	"	2. .
11430	" " " cuivre nickelé	"	"	"	2.60
11431	Monture à charnière, fer nickelé Louis XVI ciselé	"	"	"	3.50
11432	" " " cuivre nickelé	"	"	"	4.25

11433 **Poignées** ciselées pour plateaux en bois, cuivre nickelé à pattes, largeur 60 m/m La p.re 2. .
11434 " " " " " " " " 57 m/m " 2.30

11435 **Poignées** à balustre, noyer ou chêne pour plateaux en bois, largeur totale 100 m/m monture cuivre nickelé, tige à vis La paire 1.45

Poinçons à embase avec et sans manche Voir page 5 N.os 78 à 83

11436 **Poinçons** ronds renforcés, manche poire, frêne verni livrés assortis de 60 à 75 m/m de la pointe à l'embase Le cent 12.50

11437 **Poinçons** à crêter, pour tapissier, manche buis verni Le cent 70. .

Poinçons tout acier 1re qualité

N°		Diamètre du fil m/m	3	4	5	6	7	8
		Longueur m/m	130	150	170	190	220	240
11438	Poignée vernie, lame polie renforcée	Le cent	32. .	38. .	50. .	63. .	"	"
11439	Entièrement nickelé, lame effilée	"	50. .	63. .	75. .	87. .	118. .	138. .

11440 **Poinçon** tout acier verni renforcé, pour courroie, fil 10 m/m, longueur totale 280 m/m pointe polie La pièce 1.90

11441 **Poinçon** renforcé à embase pour casser la glace, manche buis à poire, longueur totale 170 m/m p.ce 0.90

Pointeaux pour mécaniciens, serruriers, etc Voir page 81 N.os 2558 et 2559

11442 **Pointe** de cartonnier, acier poli, longueur 30 m/m La pièce 0.70

Pointes à ferrer, carrées
11443 Pour serrurier, acier fondu noir, manche frêne, longueur totale 24 m/m La pièce 0.90
11444 Pour électricien, serrurier, etc, acier fondu poli, manche frêne, longueur totale 21 m/m " 1. .

11445 **Pointe** à tracer, tout acier fondu, longueur 30 m/m, formes variées La pièce 0.80

11446 **Porte-cannes** fer verni, saillie de 50 m/m . . . . Le cent 15. .
11447 " " fer nickelé " " " . . . . " 17.50

N°		Saillie de m/m	40	50	60
11448	**Porte-cannes** cuivre poli ou nickelé	Le cent	32. .	70. .	100. .

11449 **Porte-cannes** droits rivés sur bande cuivre nickelé 2 à 8 crochets, saillie 50 m/m Le crochet 0.80

11450 **Porte-cannes** d'applique et supports façon bambou de 1 à 6 crans Le cran 0.40
11451 " " façon bambou, pointe imitation corne Le crochet 0.60
11452 **Porte-cannes** d'applique, vieux chêne, crochets corne de cerf, pointe simple Le crochet 0.80
Nota. Un porte-canne de 3 places est forcément composé de 6 crans ou crochets

Porte-cartes, photographies, etc, pour étalages Voir page 181 N.os 5458 à 5471

Porte-cartes postales, photographies, etc, tournant bois verni façon acajou pour étalages, volets fixes, cases à coulisses

N°			Hauteur m/m	68	78	105	110
			pouvant contenir : nombre de cartes	1000	1200	1600	3000
11453	Montés sur socle	fonte vernie	La pièce	21.50	25. .	"	"
11454	" " "	zinc nickelé	"	"	"	31. .	56. .

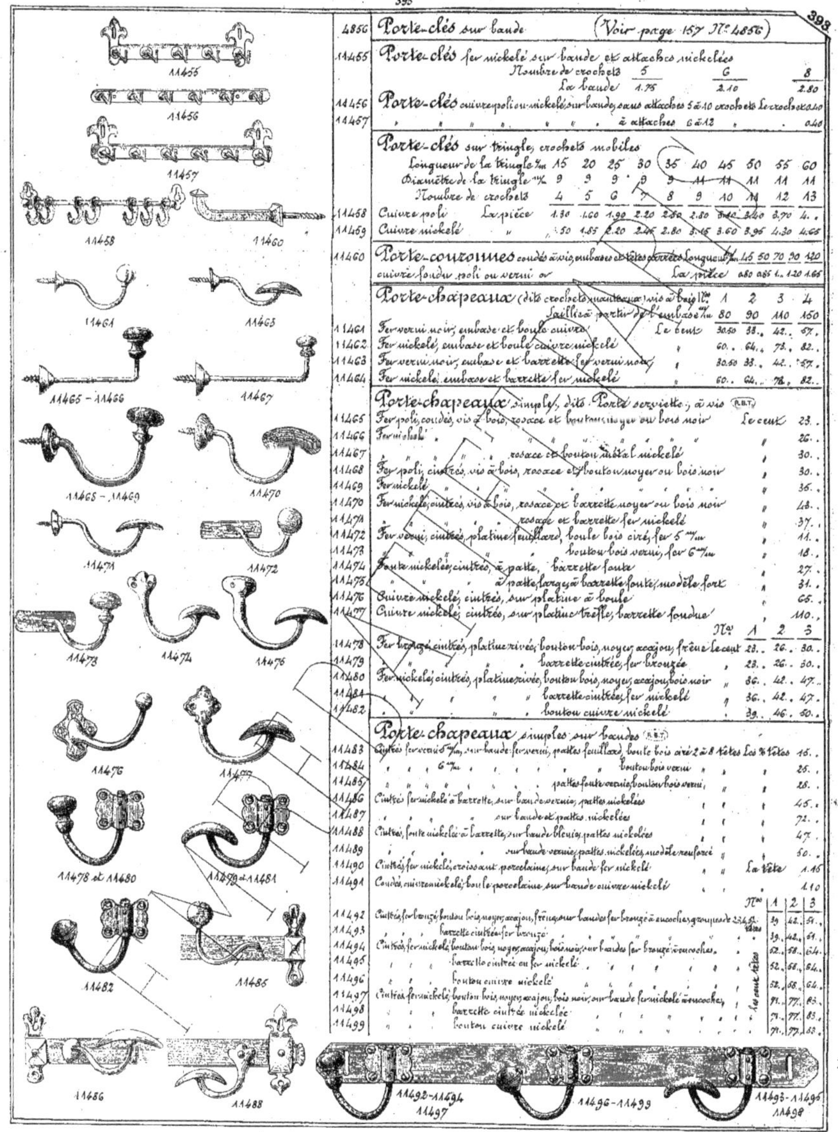

4856 **Porte-clés** sur bande (Voir page 157 N° 4856)

11455 **Porte-clés** fer nickelé sur bande et attaches nickelées

Nombre de crochets	5	6	8
La bande	1.75	2.10	2.80

N°	Désignation		Prix
11456	**Porte-clés** cuivre poli ou nickelé sur bande, sans attaches 5 à 10 crochets	Le crochet	0.40
11457	" " " " " " " à attaches 6 à 12	"	0.40

Porte-clés sur tringle, crochets mobiles

N°												
	Longueur de la tringle c/m		15	20	25	30	35	40	45	50	55	60
	Diamètre de la tringle m/m		9	9	9	9	9	11	11	11	11	11
	Nombre de crochets		4	5	6	7	8	9	10	11	12	13
11458	Cuivre poli	La pièce	1.30	1.60	1.90	2.20	2.50	2.80	3.10	3.40	3.70	4..
11459	Cuivre nickelé	"	1.50	1.85	2.20	2.46	2.80	3.15	3.60	3.95	4.30	4.65

11460 **Porte-couronnes** coudés à vis, embases et têtes carrées, cuivre fondu, poli ou verni or

Longueur c/m	45	50	70	90	120
La pièce	0.80	0.85	1..	1.20	1.65

Porte-chapeaux (dits crochets manteaux) vis à bois

N°			1	2	3	4
	Saillie à partir de l'embase m/m		80	90	110	150
11461	Fer verni noir, embase et boule cuivre	Le cent	30.50	33..	42..	57.
11462	Fer nickelé, embase et boule cuivre nickelé	"	60..	64..	73..	82..
11463	Fer verni noir, embase et barrette fer verni noir	"	30.50	33..	42..	57.
11464	Fer nickelé, embase et barrette fer nickelé	"	60..	64..	73..	82..

Porte-chapeaux simples, dits Porte serviette, à vis (R.B.T.)

N°	Désignation		Prix
11465	Fer poli, coudés, vis à bois, rosace et bouton noyer ou bois noir	Le cent	23..
11466	Fer nickelé " " " " " " " " "	"	26..
11467	" " " " rosace et bouton métal nickelé	"	30..
11468	Fer poli, cintrés, vis à bois, rosace et bouton noyer ou bois noir	"	30..
11469	Fer nickelé " " " " " " " "	"	36..
11470	Fer nickelé, cintrés, vis à bois, rosace et barrette noyer ou bois noir	"	43..
11471	" " " " rosace et barrette fer nickelé	"	37..
11472	Fer verni, cintrés, platine feuillard, boule bois ciré, fer 5 m/m	"	11..
11473	" " " " bouton bois verni, fer 6 m/m	"	18..
11474	Fonte nickelée, cintrés, à patte, barrette fonte	"	27..
11475	" " " à patte large, à barrette fonte, modèle fort	"	31..
11476	Cuivre nickelé, cintrés, sur platine à boule	"	65..
11477	Cuivre nickelé, cintrés, sur platine trèfle, barrette fondue	"	110..

N°	Désignation		1	2	3
11478	Fer bronzé, cintrés, platine rivée, bouton bois, noyer, acajou, frêne	Le cent	23..	26..	30..
11479	" " " " barrette cintrée, fer bronzé	"	23..	26..	30..
11480	Fer nickelé, cintrés, platine rivée, bouton bois, noyer, acajou, bois noir	"	36..	42..	47..
11481	" " " " barrette cintrée, fer nickelé	"	36..	42..	47..
11482	" " " " bouton cuivre nickelé	"	39..	46..	50..

Porte-chapeaux simples sur bandes (R.B.T.)

N°	Désignation		Prix
11483	Cintrés fer verni 5 m/m, sur bande fer verni, pattes feuillard, boule bois ciré 2 à 8 têtes	Les % têtes	15..
11484	" " " 6 m/m " " " " " " bouton bois verni "	"	25..
11485	" " " " " " pattes fonte vernie, bouton bois verni, "	"	28..
11486	Cintrés fer nickelé à barrette, sur bande vernie, pattes nickelées "	"	45..
11487	" " " " sur bande et pattes nickelées "	"	72..
11488	Cintrés, fonte nickelée à barrette, sur bande bleuie, pattes nickelées "	"	47..
11489	" " " " sur bande vernie, pattes nickelées, modèle renforcé "	"	50..
11490	Cintrés fer nickelé, croissant porcelaine, sur bande fer nickelé "	La tête	1.16
11491	Coudés, cuivre nickelé, boule porcelaine, sur bande cuivre nickelé "	"	1.10

N°	Désignation		1	2	3
11492	Cintrés, fer bronzé, bouton bois, noyer, acajou, frêne, sur bandes fer bronzé à encoches, groupes de 2, 3, 4, 5, 6 têtes	Les cent têtes	39	42..	51..
11493	" " " barrette cintrée fer bronzé "	"	39..	42..	51..
11494	Cintrés, fer nickelé, bouton bois, noyer, acajou, bois noir, sur bandes fer bronzé à encoches	"	52..	58..	64..
11495	" " " barrette cintrée ou fer nickelé "	"	52..	58..	64..
11496	" " " bouton cuivre nickelé "	"	52..	58..	64..
11497	Cintrés fer nickelé, bouton bois, noyer, acajou, bois noir, sur bande fer nickelé à encoches	"	71..	77..	83..
11498	" " " barrette cintrée nickelée "	"	71..	77..	83..
11499	" " " bouton cuivre nickelé "	"	71..	77..	83..

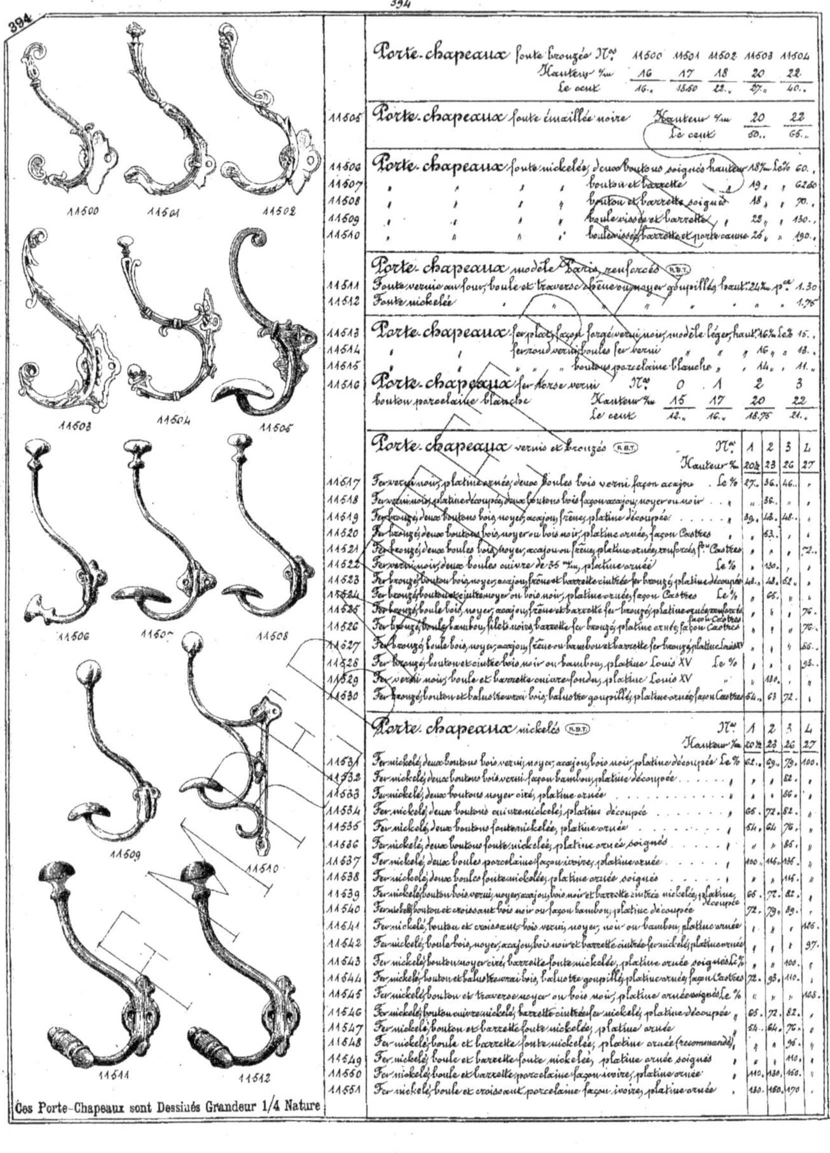

Ces Porte-Chapeaux sont Dessinés Grandeur 1/4 Nature

Porte-chapeaux fonte bronzés

Nos	11500	11501	11502	11503	11504
Hauteur c/m	16	17	18	20	22
Le cent	16..	18.50	22..	27..	40..

11505 **Porte-chapeaux** fonte émaillée noire

Hauteur c/m	20	22
Le cent	50..	65..

11506 **Porte-chapeaux** fonte nickelés, deux boutons soignés hauteur 18 c/m Le % 60..
11507 » » » » bouton et barrette » 19 » » 62.50
11508 » » » » bouton et barrette soignés » 18 » » 70..
11509 » » » » boule vissée et barrette » 22 » » 130..
11510 » » » » boule vissée, barrette et porte canne 26 » » 190..

Porte-chapeaux modèle Paris, renforcés (R.B.T.)
11511 Fonte vernie au four, boule et traverse ébène ou noyer goupillés haut. 24 c/m p.ce 1.30
11512 Fonte nickelée » » » » » » » » 1.75

11513 **Porte-chapeaux** fer plat, façon forgé verni noir, modèle léger, haut. 16 c/m Le % 15..
11514 » » fer rond verni, boules fer verni » » » 16 » » 18..
11515 » » » » » boutons porcelaine blanche » » 14 » » 11..

11516 **Porte-chapeaux** fer torse verni bouton porcelaine blanche

Nos	0	1	2	3
Hauteur c/m	15	17	20	22
Le cent	12..	16..	18.75	21..

Porte-chapeaux vernis et bronzés (R.B.T.)

	Nos	1	2	3	4
	Hauteur c/m	20½	23	26	27
11517	Fer verni noir, platine ornée, deux boules bois verni façon acajou . Le %	27..	36..	46..	»
11518	Fer verni noir, platine découpée, deux boutons bois façon acajou, noyer ou noir . . »	»	36..	»	»
11519	Fer bronzé, deux boutons bois noyer, acajou, frêne, platine découpée . . . . . »	39..	42.	48..	»
11520	Fer bronzé, deux boutons bois, noyer ou bois noir, platine ornée, façon Castres »	»	63.	»	»
11521	Fer bronzé, deux boules bois, noyer, acajou ou frêne, platine ornée, renforcés f.on Castres	»	»	»	72..
11522	Fer verni noir, deux boules cuivre de 35 m/m, platine ornée Le %	»	130.	»	»
11523	Fer bronzé, bouton bois, noyer, acajou, frêne et barrette cintrée fer bronzé, platine découpée	40..	48.	52..	»
11524	Fer bronzé, bouton et cintre noyer ou bois noir, platine ornée, façon Castres Le %	»	65.	»	»
11525	Fer bronzé, boule bois, noyer, acajou, frêne et barrette fer bronzé, platine ornée renforcée façon Castres	»	»	»	76.
11526	Fer bronzé, boule bambou, filets noirs, barrette fer bronzé, platine ornée, façon Castres	»	»	»	76..
11527	Fer bronzé, boule bois, noyer, acajou, frêne ou bambou et barrette fer bronzé, platine Louis XV	»	»	»	86..
11528	Fer bronzé, bouton et cintre bois noir ou bambou, platine Louis XV Le %	»	»	»	93..
11529	Fer verni noir, boule et barrette cuivre fondu, platine Louis XV »	»	130.	»	»
11530	Fer bronzé, bouton et balustre ou vrai bois, balustre goupillé, platine ornée, façon Castres	54..	63	72.	»

Porte-chapeaux nickelés (R.B.T.)

	Nos	1	2	3	4
	Hauteur c/m	20½	23	26	27
11531	Fer nickelé, deux boutons bois verni, noyer, acajou, bois noir, platine découpée Le %	62..	69..	79.	100.
11532	Fer nickelé, deux boutons bois verni façon bambou, platine découpée . . . . . »	»	»	82.	»
11533	Fer nickelé, deux boutons noyer ciré, platine ornée . . . . »	»	»	86.	»
11534	Fer nickelé, deux boutons cuivre nickelé, platine découpée . . . . »	65.	72.	82.	»
11535	Fer nickelé, deux boutons fonte nickelée, platine ornée . . . . »	54.	64	76.	»
11536	Fer nickelé, deux boutons fonte nickelée, platine ornée soignés . . . . . »	»	»	86.	»
11537	Fer nickelé, deux boules porcelaine façon ivoire, platine ornée . . . . . . »	100..	116..	135.	»
11538	Fer nickelé, deux boules fonte nickelée, platine ornée soignés . . . . . . »	»	»	116.	»
11539	Fer nickelé, bouton bois verni, noyer, acajou, bois noir et barrette cintrée nickelée, platine découpée	66.	72.	82.	»
11540	Fer nickelé, bouton et croissant bois noir ou façon bambou, platine découpée	72.	79.	89.	»
11541	Fer nickelé, bouton et croissant bois verni, noyer, noir ou bambou, platine ornée	»	»	»	126.
11542	Fer nickelé, boule bois, noyer, acajou, bois noir et barrette cintrée fer nickelé, platine ornée	»	»	»	97.
11543	Fer nickelé, bouton noyer ciré, barrette fonte nickelée, platine ornée soignés Le %	»	»	100.	»
11544	Fer nickelé, bouton et balustre ou vrai bois, balustre goupillé, platine ornée, façon Castres	72.	93.	110.	»
11545	Fer nickelé, bouton et traverse noyer ou bois noir, platine ornée soignés Le %	»	»	»	108.
11546	Fer nickelé, bouton cuivre nickelé, barrette cintrée fer nickelé, platine découpée »	65.	72.	82.	»
11547	Fer nickelé, bouton et barrette fonte nickelée, platine ornée »	54..	64.	76.	»
11548	Fer nickelé, boule et barrette fonte nickelée, platine ornée (recommandé) »	»	»	96.	»
11549	Fer nickelé, boule et barrette fonte nickelée, platine ornée soignés »	»	»	110.	»
11550	Fer nickelé, boule et barrette porcelaine façon ivoire, platine ornée »	110.	130.	160.	»
11551	Fer nickelé, boule et croissant porcelaine façon ivoire, platine ornée .	130.	160.	170	.

(Voir prix page 394)

PORTE-CHAPEAUX

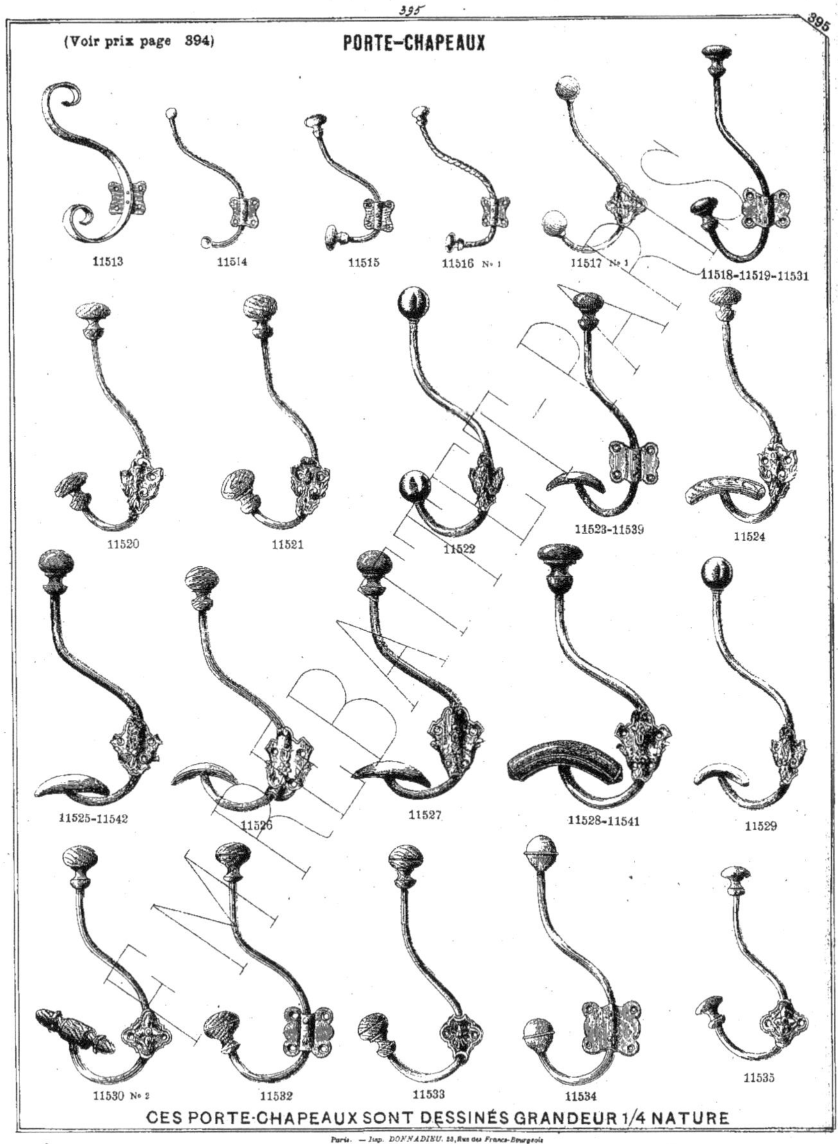

CES PORTE-CHAPEAUX SONT DESSINÉS GRANDEUR 1/4 NATURE

Paris. — Imp. DONNADIEU, 23, Rue des Francs-Bourgeois

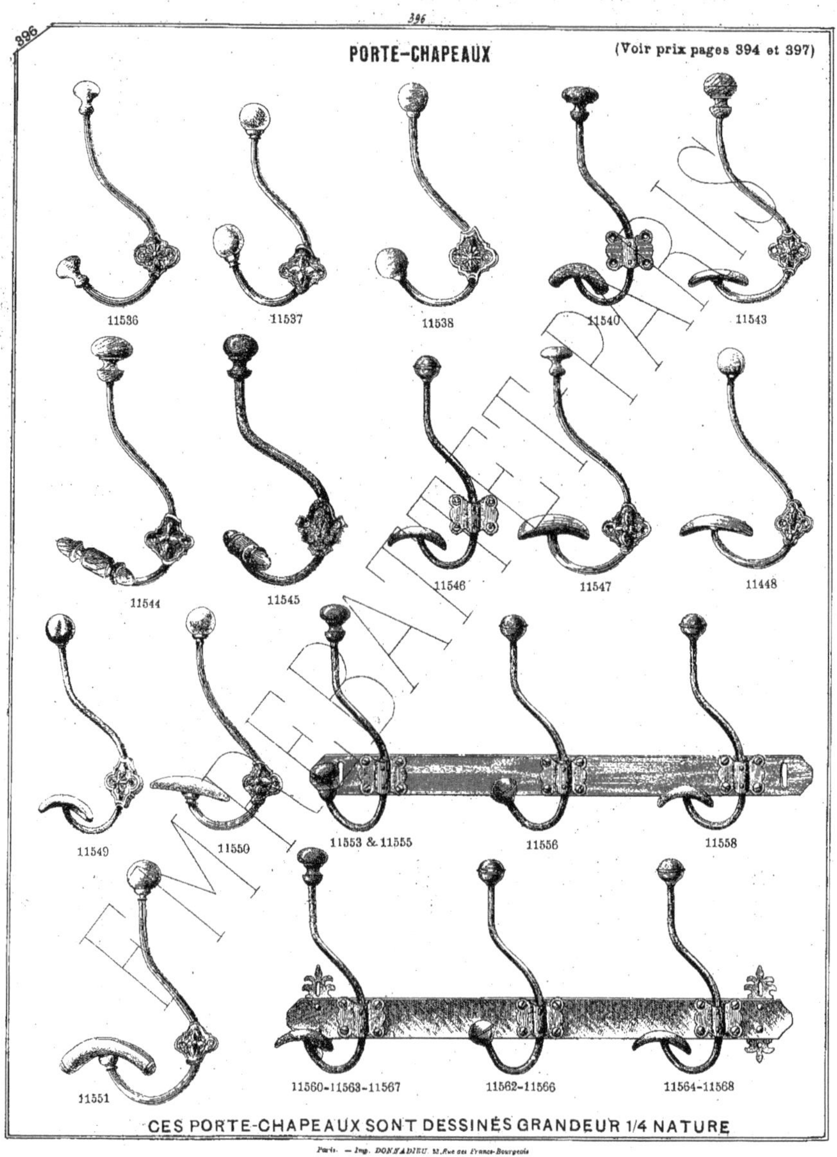
896
PORTE-CHAPEAUX
(Voir prix pages 394 et 397)
11536
11537
11538
11540
11543
11544
11545
11546
11547
11448
11549
11550
11553 & 11555
11556
11558
11551
11560-11563-11567
11562-11566
11564-11568
CES PORTE-CHAPEAUX SONT DESSINÉS GRANDEUR 1/4 NATURE
Paris. — Imp. DONNADIEU, 32, Rue des Francs-Bourgeois

11552	**Porte-chapeaux** sur bandes, groupes de 2, 3, 4, 5, 6 porte-chapeaux (R.B.T.) bande fer verni noir étroite à trous ou à encoches, bouton fonte vernie noire et barrette fer verni noir, hauteur unique 17 m/m	Le cent	43.		
		Nos	1	2	3
		Hauteur m/m	20½	23	26
11553	Bande fer bronzé à encoches, porte-chapeaux fer bronzé, deux boutons bois, noyer, acajou, frêne	Le cent	55.	59.	64.
11554	" " " " " " un bouton bois et une barrette fer bronzé	"	59.	64.	68.
11555	Bande fer nickelé à encoches, porte-chapeaux fer nickelé, deux boutons bois, noyer, acajou, bois noir	"	97.	104.	114.
11556	" " " " " " deux boutons cuivre nickelé	"	100.	107.	117.
11557	" " " " " " un bouton bois et une barrette fer nickelé	"	100.	107.	117.
11558	" " " " " " un bouton cuivre nickelé et une barrette fer nickelé	"	100.	107.	117.
11559	Bande fer bronzé, attaches nickelées, porte-chapeaux fer bronzé, deux boutons bois, noyer, acajou, frêne	"	69.	73.	75.
11560	" " " " " " un bouton bois et une barrette fer bronzé	"	73.	78.	82.
11561	Bande fer bronzé, attaches nickelées, porte-chapeaux fer nickelé, deux boutons bois, noyer, acajou, bois noir	"	92.	99.	109.
11562	" " " " " " deux boutons cuivre nickelé	"	96.	102.	112.
11563	" " " " " " un bouton bois et une barrette fer nickelé	"	95.	102.	112.
11564	" " " " " " un bouton cuivre nickelé et une barrette fer nickelé	"	95.	102.	112.
11565	Bande fer nickelé, attaches nickelées, porte-chapeaux fer nickelé, deux boutons bois, noyer, acajou, bois noir	"	104.	111.	121.
11566	" " " " " " deux boutons cuivre nickelé	"	107.	114.	124.
11567	" " " " " " un bouton bois et une barrette fer nickelé	"	107.	114.	124.
11568	" " " " " " un bouton cuivre nickelé et une barrette fer nickelé	"	107.	114.	124.

Porte-chapeaux sur bande fer bleui, attaches nickelées, groupes de 2, 3, 4, 5, 6 porte-chapeaux

11569	Porte-chapeaux fonte nickelée, bouton et barrette, hauteur 18 m/m	Le porte-chapeau	0.95
11570	" " " " " hauteur 19 m/m	"	1.

Porte-chapeaux sur bande fer nickelé avec attaches, porte-chapeaux fonte nickelée, bouton et barrette, hauteur 25 m/m

11571	Longueur totale 35 m/m, composé de 2 porte-chapeaux et un porte-canne	Le groupe	2.85
11572	" " 60 " " " 3 " " 2 "	"	4.25
11573	" " 80 " " " 4 " " 3 "	"	5.70

11574	**Porte-chapeaux** sur bande vieux chêne avec attaches nickelées, porte-chapeaux fonte nickelée, boule et barrette, hauteur 25 m/m						
		Nombre de porte-chapeaux	2	3	4	5	6
		Longueur de la bande m/m	40	60	80	100	120
		Le groupe	3.40	5.10	6.80	8.50	10.20
11575	**Bandes** seules, hêtre ciré, couleur vieux chêne, avec attaches nickelées	La pièce	0.95	1.40	1.75	2.15	2.60
11576	" " vieux chêne, vrai bois " " "	"	1.35	1.80	2.35	2.85	3.40

	Porte-chapeaux doubles (R.B.T.)	Nos	2	3	4
		Hauteur m/m	23	26	27
11577	Fer bronzé, renforcé, platine unie, 4 boules bois, noyer, frêne, acajou, bambou	La pièce	"	"	1.80
11578	" " " " 2 boules " " " " 2 barrettes fer bronzé	"	"	"	1.95
11579	Fer nickelé, platine unie, boutons cuivre nickelé	"	1.45	1.65	"
11580	" " " boutons bois noyer, acajou, bois noir et barrettes cintrées fer nickelé	"	1.45	1.65	"
11581	" " " boutons bois noir ou façon bambou et barrettes cintrées bois noir ou façon bambou	"	1.60	1.80	"
11582	" " " boutons cuivre nickelé et barrettes cintrées fer nickelé	"	1.45	1.65	"
11583	Fer nickelé renforcé, platine unie, boules bois, noyer, acajou, bois noir	"	"	"	2.10
11584	" " " " boules bois, noyer, acajou, bois noir et barrettes nickelées	"	"	"	2.25
11586	" " " " boules nickelées	"	"	"	2.30
11586	" " " " boules nickelées et barrettes nickelées	"	"	"	2.45
11587	Fer nickelé, platine fonte ornée, boules et barrettes avec porte-canne nickelés	"	"	"	4.

Porte-chapeaux perpendiculaires, platine à encoches, hauteur 47 m/m, pour salle de bains, cabinet de toilette, etc

11588	Fer et cuivre, deux branches fixes, trois branches tournantes, boules bois, noyer, acajou ou bois noir	La pièce	5.
11589	" " " " " " " boules cuivre nickelé serties	"	5.
11590	Tout cuivre poli ou nickelé	"	7.75

	Porte-chapeaux cuivre verni or, boutons porcelaine	Nos	1	2	3
		Hauteur m/m	17	20	21
11591	Tube uni, platine découpée	Le cent	43.	47.	60.
11592	Tube torse " " diamètre du tube 8 m/m	"	"	54.	"
11593	Tube gravé " " " " " 8 "	"	"	54.	"
11594	Tube gravé, platine fondue " " " 8 "	"	"	69.	"
11595	Tube gravé, platine fondue ornée " " " 9 "	"	"	"	121.
11596	Tube gravé, platine fondue ornée " " " 10 "	"	"	"	155.
11597	Tube carré gravé, platine fondue ornée " " " 10 "	"	"	"	186.

(Voir prix page 397)

PORTE-CHAPEAUX

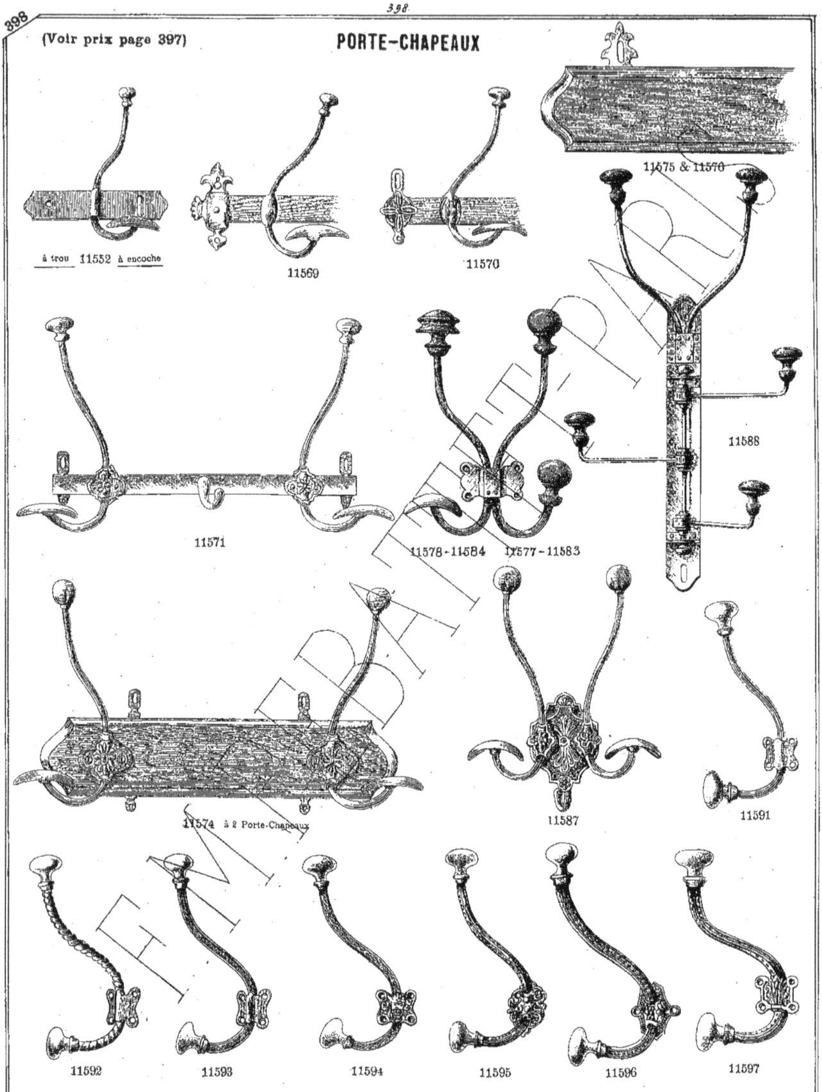

à trou 11552 à encoche

11569

11570

11575 & 11576

11571

11578-11584 11577-11583

11588

11574 à 2 Porte-Chapeaux

11587

11591

11592

11593

11594

11595

11596

11597

CES PORTE-CHAPEAUX SONT DESSINÉS GRANDEUR 1/4 NATURE

Paris. — Imp. DONNADIEU. 23, Rue des Francs-Bourgeois

Porte-chapeaux fil cuivre poli ou nickelé (R.B.T.)

		Nos	1	2	3	4
		Hauteur c/m	20 ½	23	26	27
11598	Boule sertie, barrette découpée, platine découpée	La pièce	"	1.15	1.45	"
11599	Boule fondue, barrette fondue, platine fondue unie	"	1.40	1.60	2. ,	"
11600	Boules fondues, platine fondue ornée	"	"	"	2.20	"
11601	Boule fondue, barrette fondue, platine fondue ornée	"	"	"	2.20	"
11602	Boule fondue, barrette fondue, platine fondue ornée Louis XV	"	"	"	"	2.60

Porte-chapeaux cuivre fondu poli ou nickelé (R.B.T.)

11603	Uni, boule et barrette, platine fondue, hauteur 21 c/m, diamètre du tube 7 m/m	La pièce	1.40
11604	Uni, boule et barrette, platine fondue vissée, hauteur 21 c/m " " " 7 m/m	"	1.45
11605	" " " " " " hauteur 22 c/m " " " 8 m/m	"	1.75
11606	" " " " " " hauteur 24 c/m " " " 9 m/m	"	2.50
11607	Uni, boule et barrette, grande platine fondue rivée, hauteur 25 c/m, diamètre du tube 10 m/m	"	3.25
11608	Uni, boule et croissant porcelaine blanche, platine rivée, hauteur 22 c/m	"	1.75
11609	" " " " " " " " " 25 c/m	"	2.25
11610	" " " " " " " " " 27 c/m	"	2.75
11611	Carré, tête et barrette à pans, hauteur 22 c/m	"	3.25
11612	" " " " " 26 c/m	"	4. ,
11613	Rinceau, hauteur 22 c/m	"	3. ,
11614	" " 25 c/m	"	3.75
11615	Rinceau et croissant, hauteur 22 c/m	"	3.25
11616	" " " 26 c/m	"	4. ,
11617	Ciselé Louis XIII, hauteur 22 c/m	"	4. ,
11618	Louis XV, hauteur 25 c/m	"	5. ,
11619	Rinceau nouveau et croissant, hauteur 29 c/m	"	4.25
11620	Louis XVI, hauteur 25 c/m	"	5. ,

Porte-chapeaux doubles, cuivre poli ou nickelé (R.B.T.)

11621	Boules serties, barrettes découpées, platine découpée, hauteur 23 c/m	La pièce	2.35
11622	" " " " 26 c/m	"	2.95
11623	Boules et barrettes fondues, platine fondue, hauteur 21 c/m	"	2.90
11624	" " " " " " " 22 c/m	"	3.50
11625	" " " " " " " 24 c/m	"	5. ,
11626	Boules et barrettes fondues, platine allongée donnant 110 m/m entre barrettes, hauteur 24 c/m	"	5. ,
11627	Carré, têtes et barrettes à pans, platine fondue, hauteur 22 c/m	"	6.50
11628	" " " " " " " 26 c/m	"	8. ,
11629	Rinceaux, platine fondue, hauteur 22 c/m	"	6. ,
11630	" " " " 26 c/m	"	7.50
11631	Rinceaux et croissants, platine fondue, hauteur 22 c/m	"	6.50
11632	" " " " " " 25 c/m	"	8. ,

CES PORTE-CHAPEAUX EN CUIVRE SONT DESSINÉS GRANDEUR 1/4 NATURE

11598 11599 11600 11601 11602 11603

PORTE-CHAPEAUX

(Voir prix page 399)

11604 à 11606 — 11607 — 11608 à 11610 — 11611-11612 — 11613-11614

11615-11616 — 11617 — 11618 — 11619 — 11620

11623 à 11625 — 11626 — 11627 & 11628

11621 & 11622 — 11629 & 11630 — 11631 & 11632

CES PORTE-CHAPEAUX SONT DESSINÉS GRANDEUR 1/4 NATURE

Paris. — Imp. DONNADIEU, 23, Rue des Francs-Bourgeois

11633 11634 11635 11636 11637 11638 11639 11640 11641 11644 11645 11649 11650 11648 11651 11652 11653 11654

11633 **Porte-chapeaux** bambou à S uni à boules, sur rosace — La pièce 1.05
11634 " " " " " à croissant, sur rosace " 1.30
11635 " " " à S à moulures à boules, sur rosace " 1.20
11636 " " " " " à croissant, sur rosace " 1.45
11637 " " " à S uni à boules, sur bande de 2 à 6 têtes — La tête 1.05
11638 " " " " à croissant " " " " " " 1.30
11639 " " " à S à moulures à boules " " " " " 1.20
11640 " " " " " à croissant " " " " " 1.45
11641 " " " à 2 S sur écusson, à boules unies " 2.05
11642 " " " " " " à croissant uni " 2.55
11643 " " " à 2 S sur écusson, à boules à moulures " 2.40
11644 " " " " " " à croissant " 2.90

11645 **Porte-chapeaux** bois courbé à S uni, sur rosace — La pièce 2.20
11646 " " " " " " " " à croissant " 2.65
11647 " " " " " " " sur cadre de 2 à 6 têtes — La tête 2.20
11648 " " " " " " " " " " à croissant " 2.65

11649 **Porte-chapeaux** vieux chêne ou chêne clair à S à bouton sur écusson — La pièce 1.70
11650 " " " " " " " à croissant, sur écusson " 2.15
11651 " " " " " " " à bouton sur bande droite 2 à 6 têtes — La tête 1.70
11652 " " " " " " " à croissant " " " " " " 2.15
11653 " " " " " " " à bouton sur bande découpée 2 à 6 têtes " 2.15
11654 " " " " " " " à croissant " " " " " " 2.65

11655 **Porte-chapeaux** bambou, dits bataclan, simple — La pièce 1.05
11656 " " " " " " horizontal à traverse " 1.65
11657 " " " " " " perpendiculaire à traverse " 1.65
11658 " " " " " " à traverse cintrée " 1.70
11659 " " " " " " à tonneau " 1.70
11660 " " " " " " à un S moulure à croissant " 2.55
11661 " " " " " " " " " à traverse " 2.55
11662 " " " " " " à 2 S moulure à boule " 3.90
11663 " " " " " " " " " à croissants " 4.25

11664 **Porte-manteaux** champignons non montés, bois blanc — Les 100 têtes 4. »
11665 " " " " " " couleur " " 4.85
11666 " " " " " " hêtre naturel verni " 6.50

Porte-manteaux bois sur tringle

		bois blanc	couleur	hêtre naturel verni
11667	Par tringle de 2 mètres à 15 têtes Les 100 têtes	4.90	5.60	10.10
11668	" " " " 12 " " "	5.60	6.30	11.90
11669	" " " " 10 " " "	7. »	7.70	14. »

Porte-manteaux bois à tourillon sur tringles

		bois blanc	couleur	hêtre naturel verni
11670	Par tringle de 2 mètres à 15 têtes Les 100 têtes	5.95	7.70	13.30
11671	" " " " 12 " "	7.70	9.45	14.70
11672	" " " " 10 " "	9.10	10.85	16.45

11673 **Porte-manteaux** hêtre naturel tige et tête d'une seule pièce p. bandes de 2 mètres Les % têtes 17. »
11674 " " " hêtre verni " " " " " " " " " " 20.50

11675 **Porte-manteaux** hêtre, tête crosse sur tringle de 2 mètres par 15 têtes Les % têtes 22. »
11676 " " " chêne ciré " " " " " " " " " 102. »
11677 " " " hêtre, tête croissant sur tringle de 2 mètres par 10 têtes " 22. »
11678 " " " chêne ciré " " " " " " " " " 102. »

11679 **Porte-manteaux** bambou, tringles ½ rondes, ordinaires de 2 à 6 têtes Les % têtes 10. »
11680 " " " " " " soignées " 13. »
11681 " " " " " " extra, modèle Castres de 2 à 6 têtes " 20. »
11682 " " " " " " tige courbe de 2 à 6 têtes " 31. »
11683 " " pitchpin, tringles ½ rondes de 2 à 6 têtes " 43. »
11684 " " bambou, tringles ½ rondes à croissant uni de 2 à 6 têtes " 34. »
11685 " " " " " " à moulures de 2 à 6 têtes " 48. »
11686 " " pitchpin, tringles ½ rondes à croissant uni sur 2 tiges de 2 à 5 têtes 70. »

11687 **Porte-manteaux** sur cadre façon bambou, têtes coudes tournantes 2 à 6 têtes Les % t. 77. »
11688 " " " " " " à croissants pliants " " " 128. »
11689 " " " " " " 2 têtes fixes 2 croissants pliants p.[ce] 2.65
11690 " " " " " " 2 têtes rondes 3 " " " 7.90

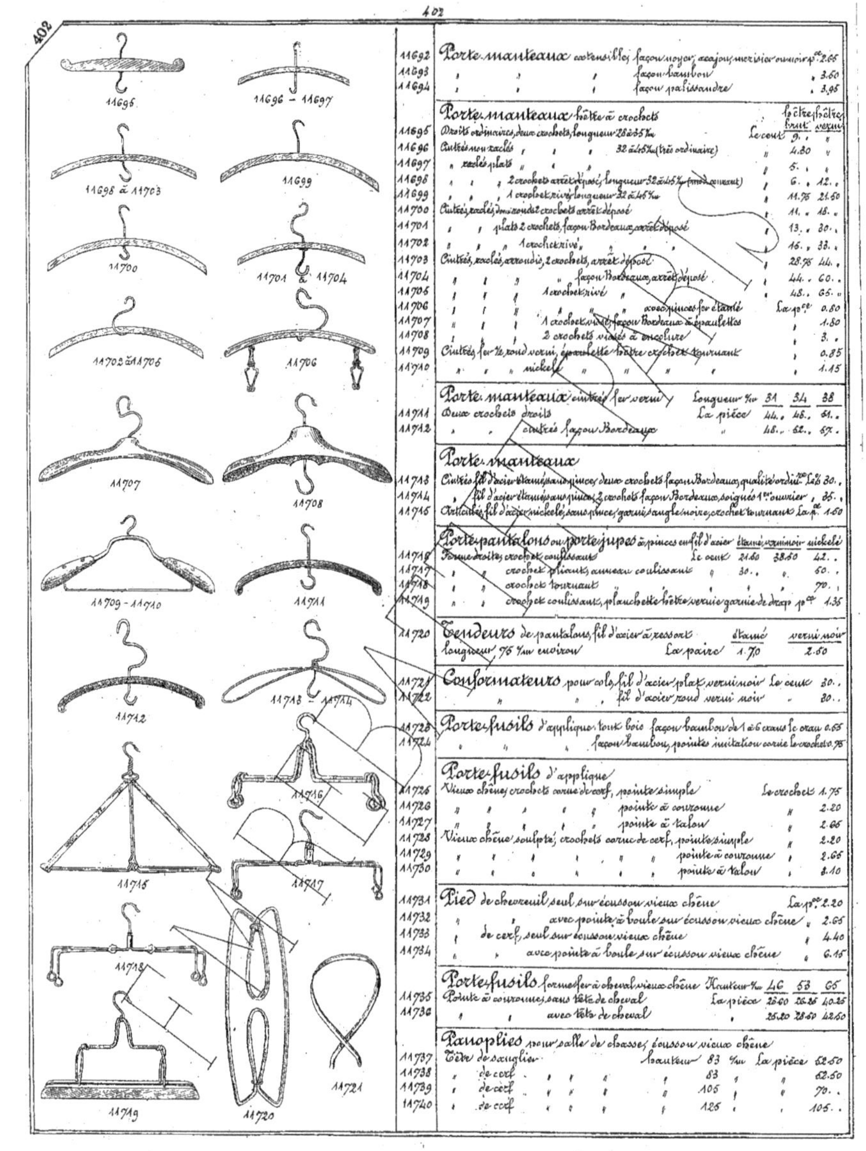

11692	**Porte-manteaux** extensibles façon noyer, acajou, merisier ou noir	p^ce 2.65
11693	„ „ „ façon bambou	„ 3.60
11694	„ „ „ façon palissandre	„ 3.95

	Porte-manteaux hêtre à crochets		le hêtre brut	le hêtre verni
11695	Droits ordinaires, deux crochets, longueur 28 à 35 %m	Le cent	9. .	„
11696	Cintrés non raclés „ „ „ 32 à 45 %m (très ordinaire)	„	4.80	„
11697	„ raclés plats „ „ „	„	5. .	„
11698	„ „ „ 2 crochets arrêt déposé, longueur 32 à 45 %m (mod. courant)	„	6. .	12. .
11699	„ „ „ 1 crochet rivé longueur 32 à 45 %m	„	11.75	21.50
11700	Cintrés, raclés, demi-ronds 2 crochets arrêt déposé	„	11. .	18. .
11701	„ „ plats 2 crochets, façon Bordeaux, arrêt déposé	„	13. .	30. .
11702	„ „ „ 1 crochet rivé „ „ „	„	16. .	33. .
11703	Cintrés, raclés, arrondis, 2 crochets, arrêt déposé	„	28.75	44. .
11704	„ „ „ „ façon Bordeaux, arrêt déposé	„	44. .	60. .
11705	„ „ „ 1 crochet rivé „	„	48. .	65. .
11706	„ „ „ „ „ „ avec pinces fer étamé	La p^ce		0.80
11707	„ „ „ 1 crochet vissé, façon Bordeaux à épaulettes	„		1.80
11708	„ „ „ 2 crochets vissés à encolure	„		3. .
11709	Cintrés fer ½ rond verni, épaulette hêtre crochet tournant	„		0.85
11710	„ „ „ nickelé „ „ „ „	„		1.15

	Porte-manteaux cintrés fer verni	Longueur %m	31	34	38
11711	Deux crochets droits	La pièce	44. .	48. .	51. .
11712	„ „ cintrés façon Bordeaux	„	48. .	52. .	57. .

Porte-manteaux

11713	Cintrés fil d'acier étamé sans pince, deux crochets façon Bordeaux, qualité ordin^re	Le % 30. .
11714	„ fil d'acier étamé sans pince, 2 crochets façon Bordeaux, soignés 1er ouvrier	„ 35. .
11715	Articulés fil d'acier nickelé, sans pince, garni sangle noire, crochet tournant	La p^ce 1.60

	Porte-pantalons ou **porte-jupes** à pinces en fil d'acier		étamé	verni noir	nickelé
11716	Forme droite, crochet coulissant	Le cent	21.60	38.50	42. .
11717	„ „ crochet pliant, anneau coulissant	„	30. .	„	50. .
11718	„ „ crochet tournant	„	„	„	70. .
11719	„ „ crochet coulissant, planchette hêtre vernie garnie de drap	p^ce			1.35

	Tendeurs de pantalons, fil d'acier à ressort		étamé	verni noir
11720	longueur 75 %m environ	La paire	1.70	2.50

11721	**Conformateurs** pour cols, fil d'acier plat verni noir	Le cent 30. .
11722	„ „ „ fil d'acier rond verni noir	„ 30. .
11723	**Porte-fusils** d'applique tout bois façon bambou de 1 à 6 crans	le cran 0.65
11724	„ „ „ façon bambou, pointes imitation corne	le crochet 0.75

Porte-fusils d'applique

11725	Vieux chêne, crochets corne de cerf, pointe simple	Le crochet	1.75
11726	„ „ „ „ „ pointe à couronne	„	2.20
11727	„ „ „ „ „ pointe à talon	„	2.65
11728	Vieux chêne sculpté, crochets corne de cerf, pointe simple	„	2.20
11729	„ „ „ „ „ „ „ pointe à couronne	„	2.65
11730	„ „ „ „ „ „ „ pointe à talon	„	3.10

11731	**Pied** de chevreuil seul sur écusson vieux chêne	La p^ce	2.20
11732	„ „ avec pointe à boule sur écusson vieux chêne	„	2.65
11733	„ de cerf, seul sur écusson vieux chêne	„	4.40
11734	„ „ avec pointe à boule sur écusson vieux chêne	„	6.15

	Porte-fusils forme fer à cheval vieux chêne	Hauteur %m	46	53	65
11735	Pointe à couronne, sans tête de cheval	La pièce	23.60	26.25	40.25
11736	„ „ avec tête de cheval	„	25.20	28.50	42.50

Panoplies pour salle de chasse, écusson vieux chêne

11737	Tête de sanglier	hauteur 83 %m	La pièce	52.50
11738	„ de cerf „ „ „ „	83 „	„	52.50
11739	„ de cerf „ „ „ „	105 „	„	70. .
11740	„ de cerf „ „ „ „	125 „	„	105. .

(Voir prix pages 401 et 402)

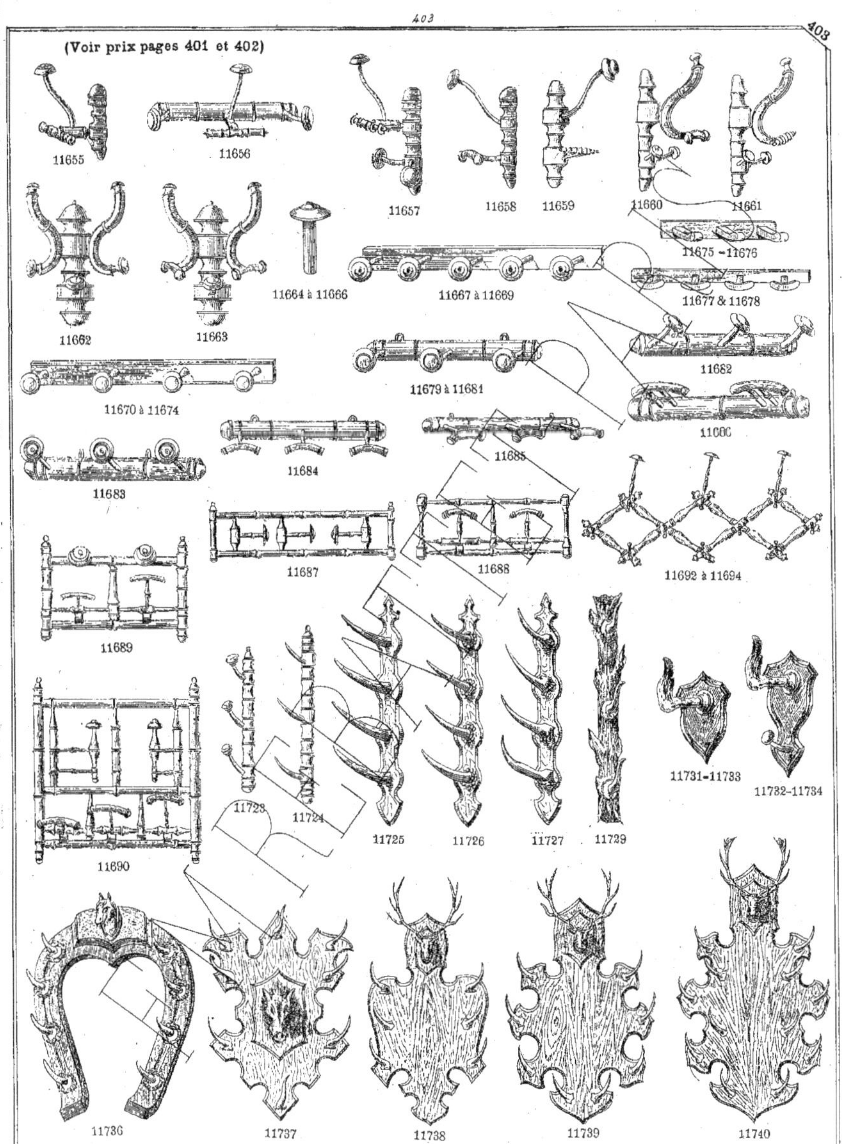

Paris. — Imp. DONNADIEU, 32, Rue des Francs-Bourgeois

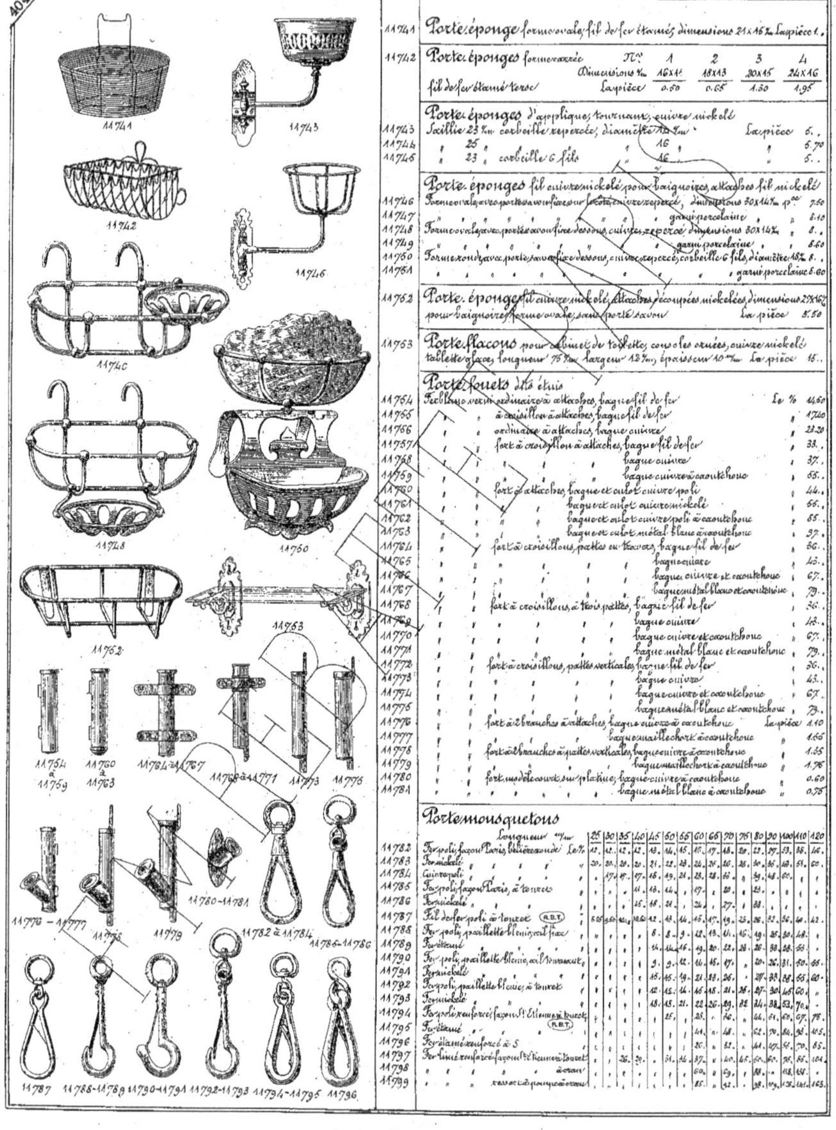

11741 **Porte-éponge** forme ovale, fil de fer étamé, dimensions 21 × 16 c/m La pièce 1. .

11742 **Porte-éponges** forme carrée, fil de fer étamé tordu

N°s	1	2	3	4
Dimensions c/m	16 × 11	18 × 13	20 × 15	24 × 16
La pièce	0.50	0.65	1.30	1.95

Porte-éponges d'applique, tournant, cuivre nickelé

11743 Saillie 23 c/m corbeille repercée, diamètre 16 c/m La pièce 6. .
11744 " 25 " " " " 16 " " 5.70
11745 " 23 " corbeille 6 fils " 16 " " 5. .

Porte-éponges fil cuivre nickelé pour baignoires, attaches fil nickelé

11746 Forme ovale, avec porte savon fixe sur le côté, cuivre repercé, dimensions 30 × 14 c/m p.ce 7.50
11747 " " " " " " " garni porcelaine " 8.10
11748 Forme ovale, avec porte savon fixe dessous, cuivre repercé, dimensions 30 × 14 c/m " 8. .
11749 " " " " " " " garni porcelaine " 8.60
11750 Forme ronde, avec porte savon fixe dessous, cuivre repercé, corbeille 6 fils, diamètre 18 c/m " 8. .
11751 " " " " " " " garni porcelaine 8.60

11752 **Porte-éponge** fil cuivre nickelé, attaches découpées nickelées, dimensions 27 × 16 c/m pour baignoires, forme ovale, sans porte savon La pièce 5.50

11753 **Porte-flacons** pour cabinet de toilette, consoles ornées, cuivre nickelé tablette glace, longueur 75 c/m largeur 12 c/m, épaisseur 10 m/m La pièce 15. .

Porte-fouets dits étuis

11754 Fer blanc verni ordinaire à attaches, bague fil de fer Le % 14.60
11755 " " à croisillon à attaches, bague fil de fer " 17.40
11756 " " ordinaire à attaches, bague cuivre " 23.20
11757 " " fort à croisillon à attaches, bague fil de fer " 33. .
11758 " " " " " bague cuivre " 37. .
11759 " " " " " bague cuivre à caoutchouc " 55. .
11760 " " fort à attaches, bague et culot cuivre poli " 44. .
11761 " " " " bague et culot cuivre nickelé " 56. .
11762 " " " " bague et culot cuivre poli à caoutchouc " 85. .
11763 " " " " bague et culot métal blanc à caoutchouc " 97. .
11764 " " fort à croisillons, pattes en travers, bague fil de fer " 36. .
11765 " " " " " " bague cuivre " 45. .
11766 " " " " " " bague cuivre et caoutchouc " 67. .
11767 " " " " " " bague métal blanc et caoutchouc " 79. .
11768 " " fort à croisillons, à trois pattes, bague fil de fer " 36. .
11769 " " " " " " bague cuivre " 42. .
11770 " " " " " " bague cuivre et caoutchouc " 67. .
11771 " " " " " " bague métal blanc et caoutchouc " 79. .
11772 " " fort à croisillons, pattes verticales, bague fil de fer " 36. .
11773 " " " " " " bague cuivre " 43. .
11774 " " " " " " bague cuivre et caoutchouc " 67. .
11775 " " " " " " bague métal blanc et caoutchouc " 79. .
11776 " " fort à 2 branches à attaches, bague cuivre à caoutchouc La pièce 1.10
11777 " " " " " bague maillechort à caoutchouc " 1.65
11778 " " fort à 2 branches à pattes verticales, bague cuivre à caoutchouc " 1.35
11779 " " " " " bague maillechort à caoutchouc " 1.75
11780 " " fort, modèle court, sur platine, bague cuivre à caoutchouc " 0.60
11781 " " " " " bague métal blanc à caoutchouc " 0.75

Porte-mousquetons

	Longueur m/m	25	30	35	40	45	50	55	60	65	70	75	80	90	100	110	120
11782	Fer poli, façon Paris, bélière ronde Le %	12.	12.	12.	12.	13.	14.	15.	16.	17.	18.	20.	22.	27.	33.	38.	46.
11783	Fer nickelé "	20.	20.	20.	20.	21.	22.	23.	24.	25.	26.	28.	30.	35.	43.	51.	60.
11784	Cuivre poli "	"	17.	17.	17.	18.	19.	21.	23.	28.	33.	"	39.	48.	60.	"	"
11785	Fer poli, façon Paris, à touret "	"	"	"	11.	13.	14.	"	17.	"	20.	"	23.	"	"	"	"
11786	Fer nickelé "	"	"	"	15.	18.	21.	"	24.	"	27.	"	33.	"	"	"	"
11787	Fil de fer poli à touret (R.B.T.) "	[illegible]	9.50	[illegible]	10.50	12.	13.	14.	15.	17.	19.	23.	26.	32.	36.	40.	42.
11788	Fer poli, paillette bleuie, œil fixe "	"	"	"	"	8.	8.	9.	12.	13.	14.	16.	19.	25.	30.	48.	"
11789	Fer étamé "	"	"	"	"	14.	14.	16.	19.	20.	22.	23.	26.	33.	38.	55.	"
11790	Fer poli, paillette bleuie, œil tournant "	"	"	"	"	9.	9.	12.	14.	15.	17.	"	20.	26.	31.	50.	65.
11791	Fer nickelé "	"	"	"	"	15.	15.	19.	21.	23.	26.	"	27.	33.	38.	55.	60.
11792	Fer poli, paillette bleuie, à touret "	"	"	"	"	12.	12.	14.	16.	18.	21.	26.	27.	30.	45.	60.	"
11793	Fer nickelé "	"	"	"	"	13.	15.	21.	22.	26.	29.	32.	34.	38.	53.	70.	"
11794	Fer poli renforcé façon St Étienne à touret (R.B.T.) "	"	"	"	"	"	25.	"	25.	"	26.	"	44.	51.	60.	67.	78.
11795	Fer étamé "	"	"	"	"	"	"	"	41.	"	48.	"	62.	70.	84.	93.	105.
11796	Fer étamé renforcé à S "	"	"	"	"	"	"	"	26.	"	32.	"	41.	47.	54.	70.	85.
11797	Fer limé renforcé façon St Étienne à touret "	"	"	26.	29.	"	31.	34.	37.	"	40.	45.	50.	60.	75.	85.	104.
11798	" " " " " à écrou "	"	"	"	"	"	"	"	60.	"	69.	"	88.	"	118.	135.	"
11799	" " " ressort à poussoir écrou "	"	"	"	"	"	"	"	85.	"	92.	"	98.	109.	126.	141.	163.

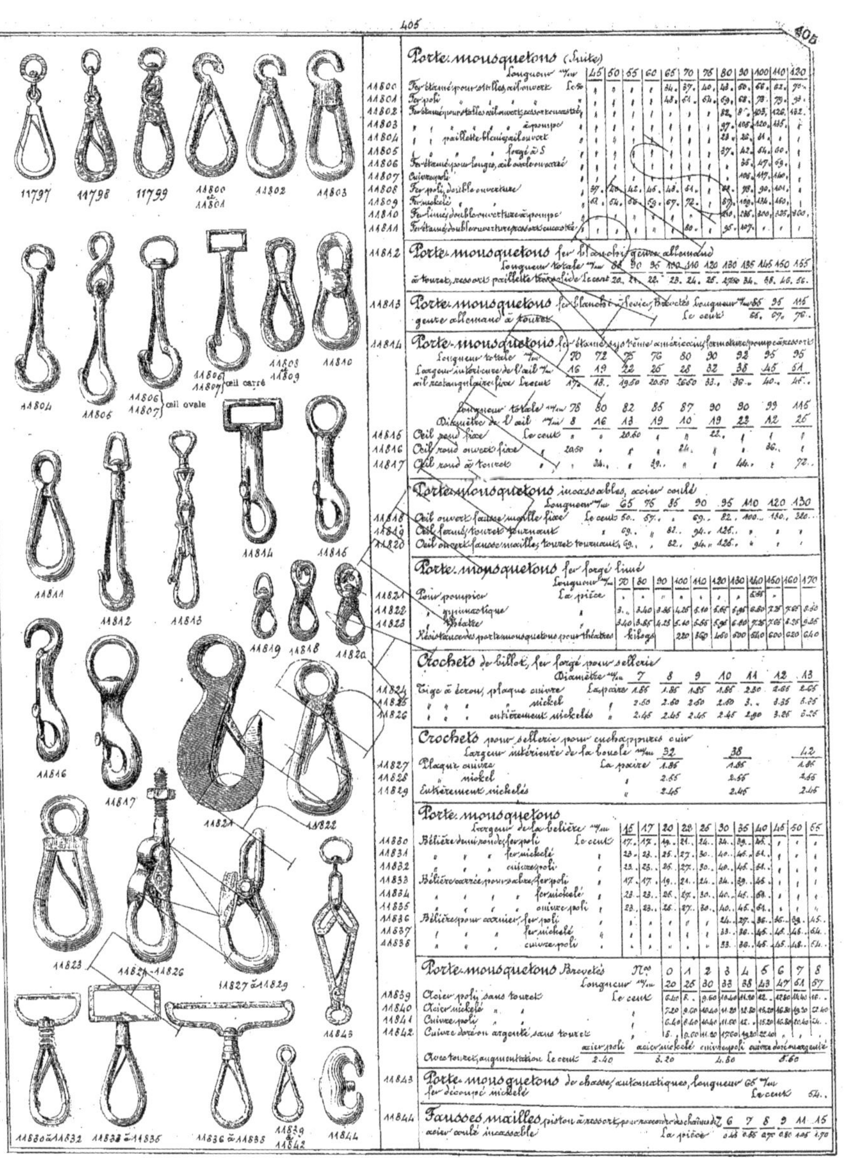

Porte-mousquetons (Suite)

N°	Longueur m/m		45	50	55	60	65	70	75	80	90	100	110	120
11800	Fer étamé pour attelles, œil ouvert	Le cent	»	»	»	»	34.	37.	40.	43.	50.	56.	62.	70.
11801	Fer poli » » » »	»	»	»	»	»	48.	51.	54.	59.	68.	73.	79.	93.
11802	Fer étamé pour attelles œil ouvert, ressort encastré	»	»	»	»	»	»	»	»	82.	[illegible]	103.	126.	132.
11803	» » » » » à pompe	»	»	»	»	»	»	»	»	97.	105.	120.	135.	»
11804	» » paillette bleuie, œil ouvert	»	»	»	»	»	»	»	»	23.	26.	31.	»	»
11805	» » » » forgé à S	»	»	»	»	»	»	»	»	37.	42.	54.	60.	»
11806	Fer étamé pour longes, œil ovale ou carré	»	»	»	»	»	»	»	»	»	35.	47.	69.	»
11807	Cuivre poli	»	»	»	»	»	»	»	»	»	105.	117.	140.	»
11808	Fer poli, double ouverture	»	37.	40.	42.	46.	48.	51.	»	[illegible]	78.	90.	101.	»
11809	Fer nickelé » »	»	62.	64.	66.	59.	67.	72.	»	87.	109.	134.	160.	»
11810	Fer limé, double ouverture à pompe	»	»	»	»	»	»	»	»	210.	235.	300.	325.	360.
11811	Fer étamé, double ouverture, ressorts encastrés	»	»	»	»	»	»	80.	»	95.	107.	»	»	»

11812 Porte-mousquetons fer blanchi, genre allemand

Longueur totale m/m	85	90	95	100	110	120	130	135	145	150	155
à touret, ressorts paillette trempé solide Le cent	20.	21.	22.	23.	24.	25.	27.50	34.	38.	46.	56.

11813 Porte-mousquetons fer blanchi à levier, brevetés, genre allemand à touret

Longueur m/m	85	95	115
Le cent	66.	67.	76.

11814 Porte-mousquetons fer étamé système américain fermeture pompe à ressorts

	70	72	75	76	80	90	92	95	95
Largeur intérieure de l'œil m/m	16	19	22	25	28	32	38	45	51
œil rectangulaire fixe Le cent	17.	18.	19.50	20.50	26.50	33.	36.	40.	45.

N°	Longueur totale m/m		78	80	82	85	87	90	90	99	115
	Diamètre de l'œil m/m		8	16	13	19	10	19	23	12	26
11815	Œil rond fixe	Le cent	»	»	20.60	»	»	22.	»	»	»
11816	Œil rond ouvert fixe	»	20.50	»	»	»	24.	»	»	36.	»
11817	Œil rond à touret	»	»	34.	»	39.	»	»	44.	»	72.

Porte-mousquetons incassables, acier coulé

N°	Longueur m/m		65	75	85	90	95	110	120	130
11818	Œil ouvert fausse maille fixe	Le cent	50.	57.	»	69.	82.	100.	150.	320.
11819	Œil fermé, touret tournant	»	69.	»	82.	94.	126.	»	»	»
11820	Œil ouvert fausse maille, touret tournant	»	69.	»	82.	94.	126.	»	»	»

Porte-mousquetons fer forgé limé

N°	Longueur m/m		70	80	90	100	110	120	130	140	150	160	170
11821	Pour pompier	La pièce	»	»	»	»	»	»	»	6.35	»		
11822	» gymnastique	»	3.	3.40	3.85	4.25	5.10	5.65	5.95	6.80	7.25	7.65	8.50
11823	» théâtre	»	3.40	3.85	4.25	5.10	5.65	5.95	6.80	7.25	7.65	8.25	9.25
	Résistance des porte-mousquetons pour théâtres		kilogs			220	360	450	500	540	600	620	640

Crochets de billot, fer forgé pour sellerie

N°	Diamètre m/m		7	8	9	10	11	12	13
11824	Tige à écrou, plaque cuivre	La paire	1.85	1.85	1.85	1.85	2.30	2.65	2.65
11825	» » » » nickel	»	2.50	2.50	2.50	2.50	3.	3.35	3.35
11826	» » » entièrement nickelés	»	2.45	2.45	2.45	2.45	2.90	3.25	3.25

Crochets pour sellerie pour enchapures cuir

N°	Largeur intérieure de la boucle m/m		32	38	42
11827	Plaque cuivre	La paire	1.85	1.85	1.85
11828	» nickel	»	2.55	2.55	2.55
11829	Entièrement nickelés	»	2.45	2.45	2.45

Porte-mousquetons

N°	Largeur de la bélière m/m		15	17	20	22	25	30	35	40	45	50	55
11830	Bélière demi-ronde, fer poli	Le cent	17.	17.	19.	21.	24.	34.	39.	45.	»	»	»
11831	» » » fer nickelé	»	23.	23.	25.	27.	30.	40.	46.	61.	»	»	»
11832	» » » cuivre poli	»	23.	23.	25.	27.	30.	40.	46.	61.	»	»	»
11833	Bélière carrée pour sabre, fer poli	»	17.	17.	19.	21.	24.	34.	39.	45.	»	»	»
11834	» » » » fer nickelé	»	23.	23.	26.	27.	30.	40.	45.	60.	»	»	»
11835	» » » » cuivre poli	»	23.	23.	26.	27.	30.	40.	46.	61.	»	»	»
11836	Bélière pour carnier, fer poli	»	»	»	»	»	»	24.	27.	36.	36.	39.	45.
11837	» » » fer nickelé	»	»	»	»	»	»	33.	36.	45.	48.	46.	64.
11838	» » » cuivre poli	»	»	»	»	»	»	33.	36.	45.	45.	48.	64.

Porte-mousquetons Brevetés

N°	Nos		0	1	2	3	4	5	6	7	8
	Longueur m/m		20	25	30	33	38	43	47	51	57
11839	Acier poli sans touret	Le cent	6.40	8.	9.60	10.40	11.20	12.	12.80	14.40	16.
11840	Acier nickelé » »	»	7.20	9.60	10.40	11.20	12.80	15.20	16.80	19.30	22.40
11841	Cuivre poli » »	»	6.40	8.40	10.40	11.60	12.	15.20	16.80	20.40	24.
11842	Cuivre doré ou argenté sans touret	»	8.	9.60	11.20	17.60	19.20	22.40	»	»	»

Avec touret, augmentation le cent	acier poli	acier nickelé	cuivre poli	cuivre doré ou argenté
	2.40	3.20	4.80	5.60

11843 **Porte-mousquetons** de chasse, automatiques, longueur 65 m/m fer découpé nickelé Le cent 54.

11844 Fausses mailles piston à ressort, pour raccorder des chaînes de acier coulé incassable

	6	7	8	9	11	15
La pièce	0.45	0.55	0.70	0.80	1.05	1.70

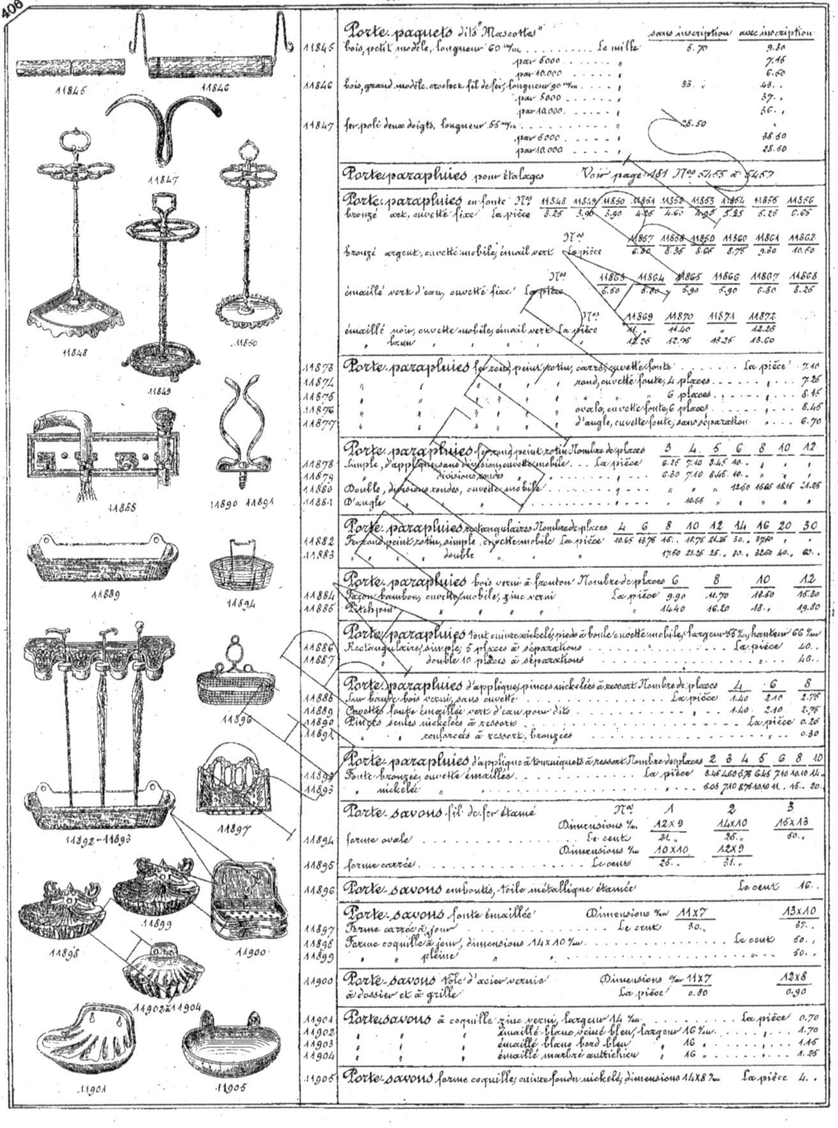

Porte-paquets dits "Mascottes"

			sans inscription	avec inscription
11845	bois, petit modèle, longueur 60 m/m	Le mille	6.70	9.80
	par 6000	"		7.15
	par 10.000	"		6.60
11846	bois, grand modèle, crochet fil de fer, longueur 90 m/m	"	33..	48..
	par 5000	"		37..
	par 10.000	"		36..
11847	fer poli deux doigts, longueur 55 m/m	"	25.50	"
	par 6000	"		28.60
	par 10.000	"		25.60

Porte-parapluies pour étalages

Voir page 181 Nos 5455 à 5457

Porte-parapluies en fonte

bronzé art, cuvette fixe — La pièce	Nos	11848	11849	11850	11851	11852	11853	11854	11855	11856
		3.25	3.90	3.90	4.25	4.60	4.95	5.25	5.25	6.65

bronzé argent, cuvette mobile, émail vert — La pièce	Nos	11857	11858	11859	11860	11861	11862
		6.80	8.35	8.65	8.75	9.30	10.60

émaillé vert d'eau, cuvette fixe — La pièce	Nos	11863	11864	11865	11866	11867	11868
		5.50	5.80	5.90	5.90	6.80	8.25

	Nos	11869	11870	11871	11872
émaillé noir, cuvette mobile, émail vert — La pièce		11..	11.40	"	12.25
" brun " " " "		12.25	12.75	13.25	13.60

Porte-parapluies fer rond, peint rotin, carré, cuvette fonte

11873	carré, cuvette fonte	La pièce	7.10
11874	rond, cuvette fonte, 4 places	"	7.25
11875	" " " 6 places	"	8.15
11876	ovale, cuvette fonte, 6 places	"	8.45
11877	d'angle, cuvette fonte, sans séparation	"	6.70

Porte-parapluies fer rond peint rotin

	Nombre de places	3	4	5	6	8	10	12
11878	Simple, d'applique, sans divisions, cuvette mobile — La pièce	6.25	7.10	8.45	10..	"	"	"
11879	" divisions rondes "	6.30	7.10	8.45	10..	"	"	"
11880	Double, divisions rondes, cuvette mobile "	"	"	"	12.50	16.65	18.15	21.25
11881	D'angle "	"	10.65	"	"	"	"	"

Porte-parapluies rectangulaires

	Nombre de places	4	6	8	10	12	14	16	20	30
11882	Fer rond peint rotin, simple, cuvette mobile — La pièce	10.65	13.75	16..	18.75	21.25	30..	37.50	"	"
11883	" " " double "			17.60	21.25	25..	30..	32.50	40..	60..

Porte-parapluies bois verni à fronton

	Nombre de places	6	8	10	12
11884	Façon bambou, cuvette mobile, zinc verni — La pièce	9.90	11.70	13.50	15.30
11885	Pitchpin " " " "	14.40	16.20	18..	19.80

Porte-parapluies tout cuivre nickelé, pieds à boule, cuvette mobile, largeur 55 %m, hauteur 66 %m

11886	Rectangulaire, simple, 5 places à séparations	La pièce	40..
11887	" double 10 places à séparations	"	46..

Porte-parapluies d'applique, pinces nickelées à ressort

	Nombre de places	4	6	8
11888	Sur barre bois verni, sans cuvette — La pièce	1.40	2.10	2.75
11889	Cuvettes fonte émaillée vert d'eau pour dits "	1.40	2.10	2.75

11890	Pinces seules nickelées à ressorts	La pièce	0.25
11891	" " renforcées à ressort, bronzées	"	0.30

Porte-parapluies d'applique à tourniquets à ressort

	Nombre de places	2	3	4	5	6	8	10
11892	Fonte bronzée, cuvette émaillée — La pièce	3.45	4.60	5.75	6.45	7.10	10.10	14..
11893	" nickelée "	6.05	7.10	8.75	10.10	11..	15..	20..

Porte-savons fil de fer étamé

		Nos	1	2	3
		Dimensions %m	12 x 9	14 x 10	15 x 13
11894	forme ovale	Le cent	21..	25..	50..
		Dimensions %m	10 x 10	12 x 9	
11895	forme carrée	Le cent	25..	31..	

11896 Porte-savons emboutis, toile métallique étamée — Le cent 16..

Porte-savons fonte émaillée

		Dimensions %m	11 x 7	13 x 10
11897	Forme carrée à jour	Le cent	30..	35..
11898	Forme coquille à jour, dimensions 14 x 10 %m	Le cent		50..
11899	" " pleine "	"		50..

11900 Porte-savons tôle d'acier vernie à dossier et à grille

Dimensions %m	11 x 7	12 x 8
La pièce	0.80	0.90

Porte-savons à coquille

11901	zinc verni, largeur 14 %m	La pièce	0.70
11902	émaillé blanc veiné bleu, largeur 16 %m	"	1.70
11903	émaillé blanc bord bleu " 16	"	1.15
11904	émaillé marbré autrichien " 16	"	1.25

11905 Porte-savons forme coquille, cuivre fondu nickelé, dimensions 14 x 8 %m — La pièce 4..

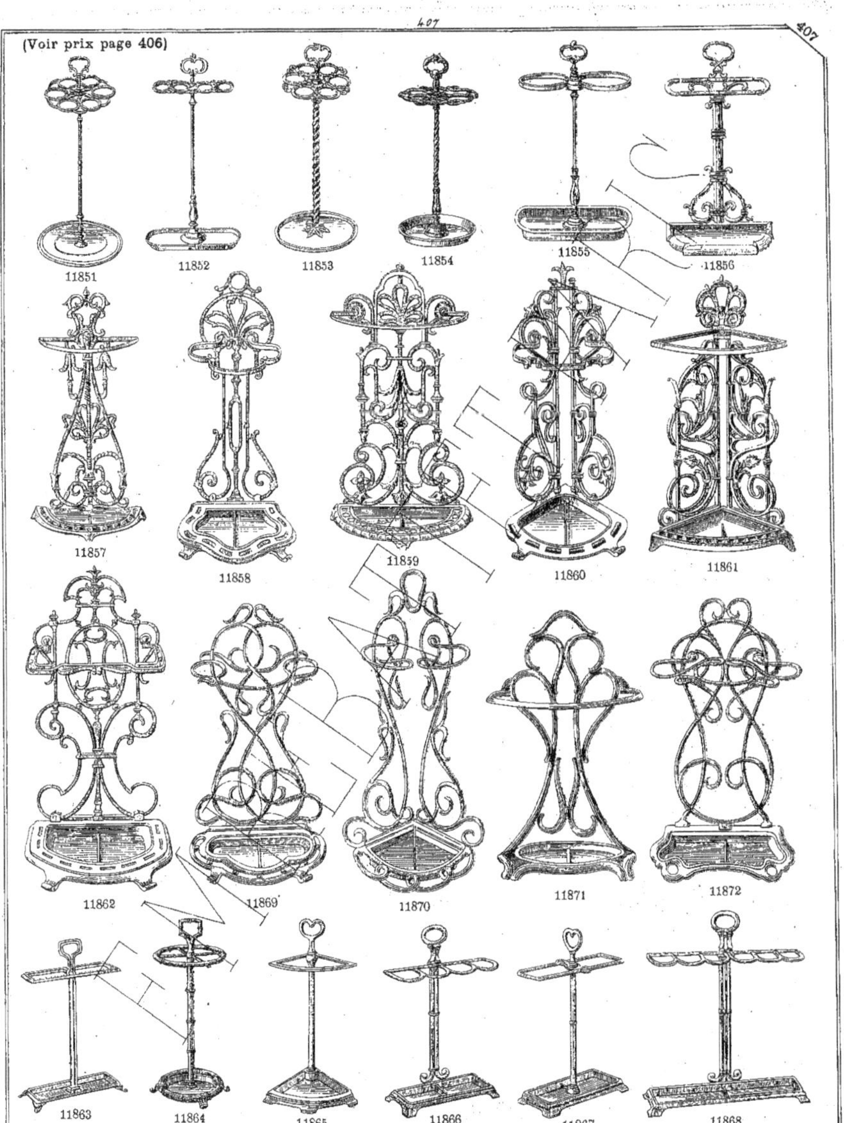
(Voir prix page 406)
11851
11852
11853
11854
11855
11856
11857
11858
11859
11860
11861
11862
11869
11870
11871
11872
11863
11864
11865
11866
11867
11868

(Voir prix pages 406 et 409)

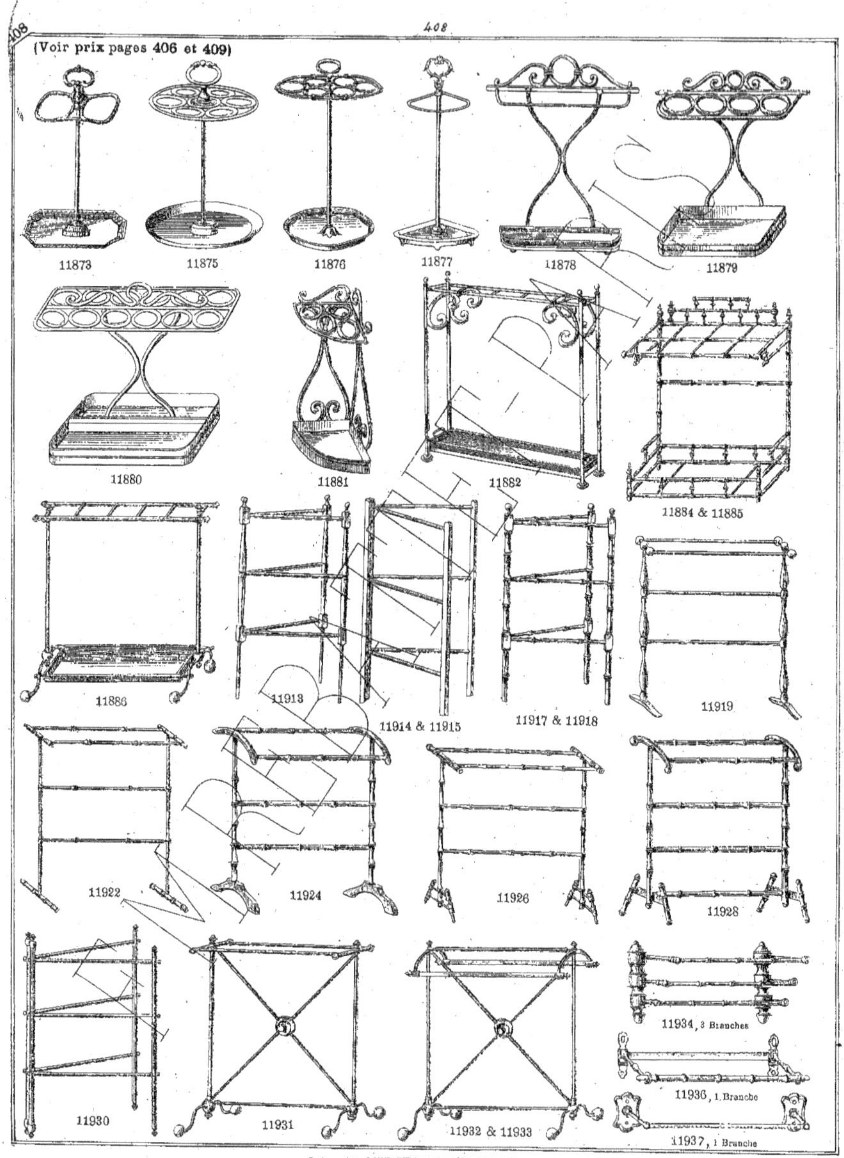

Paris. — Imp. DONNADIEU. 22, Rue des Francs-Bourgeois

11907

11909

11910

11912

11938, 2 Branches

11939, 3 Branches

11941

11943

11944

11945

11946-11947

11948

11949

11950

11951

11906 **Porte-savons** cuivre nickelé, repercé sur pieds forme ovale, dimensions 135x90 m/m . La pièce 4.75
11907 " " " " " " garni porcelaine . " 5.35
11908 " " " " " d'applique forme ovale, dimensions 115x65 m/m " 4.25
11909 " " " " " " " garni porcelaine " 4.85

11910 **Porte-savons** zinc poli à crochets pour baignoires, largeur 18 m/m . La pièce 1.15
Pour la forme des crochets, indiquer si cet article est destiné pour une baignoire à tringle ou à gorge.

Porte-savons cuivre nickelé, repercé pour baignoires
11911 Forme ovale, dimensions 115x65 m/m . . . . La pièce 4.75
11912 " " " " garni porcelaine . . . . " 5.35

11913 **Porte-serviettes** deux volets, bois verni rouge, jaune ou noyer . . . La pièce 2.35
11914 " " " " montants carrés, hêtre naturel . . . . " 2.60
11915 " " " " montants carrés verni rouge, jaune ou noyer . . . " 3.20
11916 " " " " rotin, hêtre verni . . . . " 2.45
11917 " " " " façon bambou . . . . " 3.20
11918 " " " " pitchpin . . . . " 4.70

11919 **Porte-serviettes** sur pieds, dits à patins, bois verni rouge, jaune ou noyer La pièce 2.35
11920 " " " " " " pitchpin . . . . " 3.70
11921 " " " " " " rotin . . . . " 3. .
11922 " " " " " " façon bambou . . . . " 3.20
11923 " " " " " " pitchpin . . . . " 4.70

11924 **Porte-serviettes** à pieds et croissants, façon bambou . . . . . La pièce 4.30
11925 " " " " pitchpin . . . . " 6.10
11926 " " à patins grecs, façon bambou . . . . " 3.30
11927 " " " " pitchpin . . . . " 6.60
11928 " " à patins grecs et à crosses, façon bambou . . . . " 5.60
11929 " " " " " " pitchpin . . . . " 6.65

11930 **Porte-serviettes** deux volets, tout cuivre nickelé, hauteur 83 m/m, largeur fermée 50 m/m, p[ièce] 29. .
11931 " " à patins, tout cuivre nickelé, hauteur 81 m/m, largeur 68 m/m " 36. .
11932 " " modèle enturé tout cuivre nickelé, hauteur 81 m/m, largeur 70 m/m " 46. .
11933 " " " " " cuivre nickelé, branches cristal " 65. .

Porte-serviettes fixes — Nombre de branches: 1 / 2 / 3
11934 Façon bambou . . . . . . La pièce 1.30 / 1.65 / 2. .
11935 Pitchpin . . . . . . " 2.30 / 2.85 / 3.45

11936 **Porte-serviettes** fixes sur bande fer verni, longueur 55 m/m — Nombre de branches: 1 / 2 / 3
largeur cuivre nickelé, branches bois verni, façon bambou . . . La pièce 2.45 / 4.65 / 7.2

11937 **Porte-serviettes** fixes, garniture cuivre fondu nickelé, long[ueur] 52 m/m — Nombre de branches: 1 / 2 / 3
branches fer recouvert celluloïd blanc . . . La pièce 6.30 / 12.15 / 18. .

Porte-serviettes tournants — Nombre de branches: 2 / 3 / 4
11938 Hêtre verni, branches unies . . . . . . La pièce 1.20 / 1.50 / 1.80
11939 Façon bambou . . . . . . " 1.60 / 1.85 / 2.20
11940 Pitchpin . . . . . . " 2.30 / 2.85 / 3.45

11941 **Porte-serviettes** forme éventail 4 branches mobiles, hêtre naturel La pièce 1.85
11942 " " " " " hêtre verni " 2.30

Porte-serviettes tournants, branches vissées — Nombre de branches: 1 / 2 / 3 / 4
11943 Bois verni façon bambou, platine cuivre découpé nickelé . . La pièce 2.70 / 3.60 / 6. . / 6.50
11944 " " " " platine cuivre fondu nickelé . . " — / 4.10 / 5.50 / 7. .

11945 **Porte-serviettes** tournants, platine cuivre fondu nickelé — Nombre de branches: 2 / 3 / 4
branches fer recouvert celluloïd blanc . . . La pièce 7.15 / 10.35 / 13.60

Porte-serviettes fixes, d'applique, deux branches, longueur totale 45 m/m
11946 Tout fer nickelé . . . . La pièce 2.60
11947 Tout cuivre nickelé . . . . " 5. .

11948 **Porte-serviettes** fixes d'applique, longueur totale 65 m/m — Nombre de branches: 1 / 2 / 3
cuivre poli ou nickelé . . . La pièce 3.60 / 6.80 / 10.40

11949 **Porte-serviettes** fixes, longueur 47 m/m — Nombre de branches: 1 / 2 / 3
cuivre poli ou nickelé . . . La pièce 4.70 / 8.60 / 13. .

11950 **Porte-serviettes** fixes, modèle riche, longueur 58 m/m — Nombre de branches: 1 / 2 / 3
cuivre poli ou nickelé . . . La pièce 7.15 / 14.30 / 21.45

11951 **Porte-serviettes** fixes monture cuivre nickelé à boules sur platines rondes
une branche cristal, longueur 52 m/m . . . La pièce 10.50

11952 **Porte-serviettes** fixes, longueur 62 m/m — Nombre de branches: 1 / 2
consoles ornées cuivre nickelé, branches cristal . . . La pièce 12.50 / 18. .

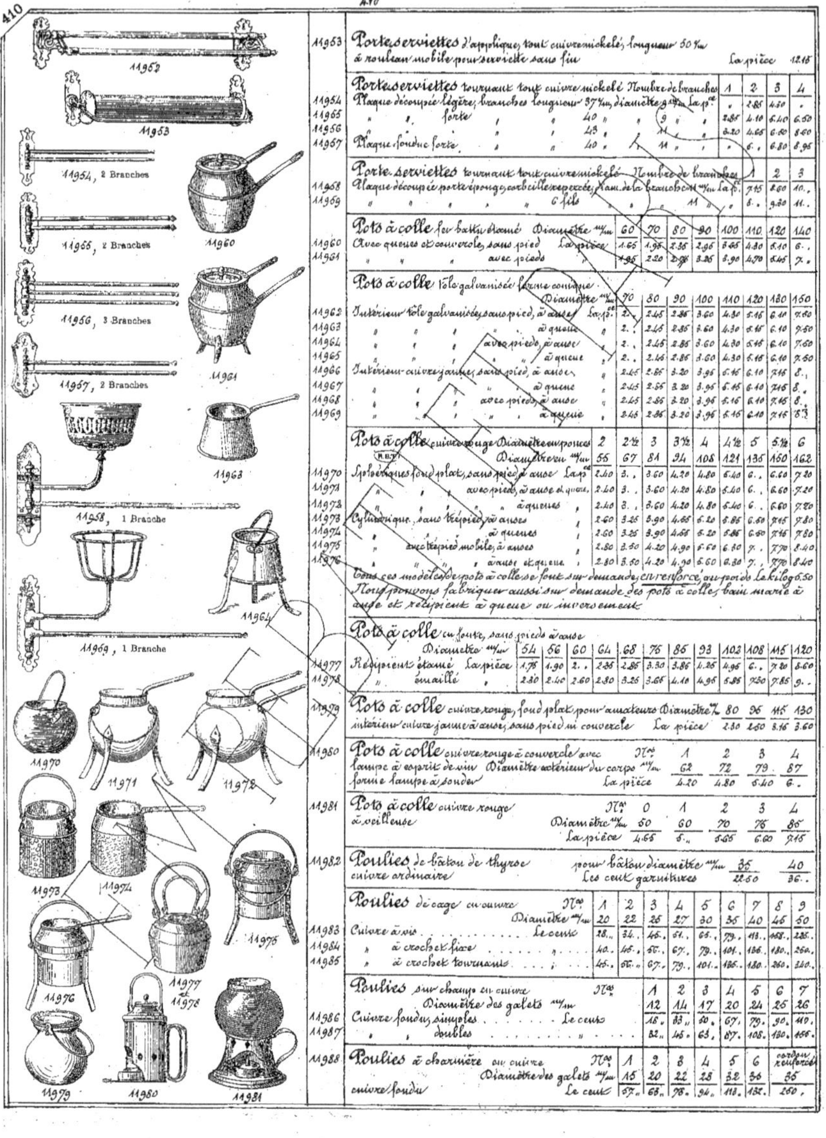

11953 **Porte-serviettes** d'applique, tout cuivre nickelé, longueur 50 m/m à rouleau mobile pour serviette sans fin — La pièce 12.15

	Porte-serviettes tournant tout cuivre nickelé. Nombre de branches	1	2	3	4
11954	Plaque découpée légère, branches longueur 37 m/m, diamètre 9 m/m La p.ce	„	2.85	4.50	„
11955	„ „ forte „ „ 40 „ „ 9 „ „	2.85	4.10	6.40	6.50
11956	„ „ „ „ „ 43 „ „ 11 „ „	3.20	4.65	6.60	8.60
11957	Plaque fondue forte „ „ 40 „ „ 11 „ „	„	6. „	6.80	8.95

	Porte-serviettes tournant tout cuivre nickelé. Nombre de branches	1	2	3
11958	Plaque découpée porte-éponge, corbeille repercée, diam. de la branche 11 m/m La p.ce	7.15	8.60	10. „
11959	„ „ „ „ „ 6 fils „ „ 11 „ „	8. „	9.30	11. „

	Pots à colle fer battu étamé. Diamètre m/m	60	70	80	90	100	110	120	140
11960	Avec queues et couvercle, sans pied. La pièce	1.65	1.95	2.35	2.96	3.65	4.30	5.10	6. „
11961	„ „ „ avec pieds „	1.95	2.20	2.96	3.26	3.90	4.70	5.45	7. „

	Pots à colle tôle galvanisée forme conique. Diamètre m/m	70	80	90	100	110	120	130	150
11962	Intérieur tôle galvanisée, sans pied, à anse La p.ce	2. „	2.45	2.85	3.60	4.30	5.15	6.10	7.50
11963	„ „ „ „ „ à queue „	2. „	2.45	2.85	3.60	4.30	5.15	6.10	7.50
11964	„ „ „ avec pieds, à anse „	2. „	2.45	2.85	3.60	4.30	5.15	6.10	7.50
11965	„ „ „ „ „ à queue „	2. „	2.45	2.85	3.60	4.30	5.15	6.10	7.50
11966	Intérieur cuivre jaune, sans pied, à anse „	2.45	2.85	3.20	3.95	5.15	6.10	7.15	8. „
11967	„ „ „ „ „ à queue „	2.45	2.85	3.20	3.95	5.15	6.10	7.15	8. „
11968	„ „ „ avec pieds, à anse „	2.45	2.85	3.20	3.95	5.15	6.10	7.15	8. „
11969	„ „ „ „ „ à queue „	2.45	2.85	3.20	3.95	5.15	6.10	7.15	8.3

	Pots à colle cuivre rouge. Diamètre en pouces (R.B.T.)	2	2½	3	3½	4	4½	5	5½	6
	Diamètre en m/m	55	67	81	94	108	121	135	150	162
11970	Sphériques fond plat, sans pied, à anse La p.ce	2.40	3. „	3.60	4.20	4.80	5.40	6. „	6.60	7.20
11971	„ „ avec pieds, à anse et queue „	2.40	3. „	3.60	4.20	4.80	5.40	6. „	6.60	7.20
11972	„ „ „ „ à queues „	2.40	3. „	3.60	4.20	4.80	5.40	6. „	6.60	7.20
11973	Cylindrique, sans trépied, à anses „	2.60	3.25	3.90	4.55	5.20	5.85	6.50	7.15	7.80
11974	„ „ à queues „	2.60	3.25	3.90	4.55	5.20	5.85	6.50	7.15	7.80
11975	„ avec trépied mobile, à anses „	2.80	3.50	4.20	4.90	5.60	6.30	7. „	7.70	8.40
11976	„ „ „ „ à anse et queue „	2.80	3.50	4.20	4.90	5.60	6.30	7. „	7.70	8.40

Tous ces modèles de pots à colle se font sur demande, en renforcé, au poids Le kilog 6.50
Nous pouvons fabriquer aussi sur demande des pots à colle, bain marie à anse et récipient à queue ou inversement.

	Pots à colle en fonte, sans pieds à anse. Diamètre m/m	54	56	60	64	68	75	85	93	102	108	115	120
11977	Récipient étamé La pièce	1.75	1.90	2. „	2.35	2.85	3.30	3.85	4.25	4.95	6. „	7.20	8.60
11978	„ émaillé „	2.30	2.40	2.60	2.80	3.25	3.65	4.10	4.95	5.85	7.50	7.85	9. „

	Pots à colle cuivre rouge, fond plat, pour amateurs. Diamètre m/m	80	95	115	130
11979	intérieur cuivre jaune à anse, sans pied ni couvercle. La pièce	2.30	2.50	3.15	3.60

	Pots à colle cuivre rouge à couvercle avec lampe à esprit de vin forme lampe à souder. N.os	1	2	3	4
11980	Diamètre extérieur du corps m/m	62	72	79	87
	La pièce	4.20	4.80	5.40	6. „

	Pots à colle cuivre rouge à veilleuse. N.os	0	1	2	3	4
11981	Diamètre m/m	50	60	70	75	85
	La pièce	4.65	5. „	5.65	6.60	7.15

	Poulies de bâton de thyrse cuivre ordinaire. Pour bâton diamètre m/m	35	40
11982	Les cent garnitures	22.50	36. „

	Poulies de cage en cuivre. N.os	1	2	3	4	5	6	7	8	9
	Diamètre m/m	20	22	25	27	30	35	40	45	50
11983	Cuivre à vis . . . . Le cent	28. „	34. „	45. „	51. „	65. „	79. „	113. „	158. „	225. „
11984	„ à crochet fixe . . . . „	40. „	45. „	56. „	67. „	79. „	101. „	135. „	180. „	250. „
11985	„ à crochet tournant . . . . . „	45. „	56. „	67. „	79. „	101. „	135. „	180. „	250. „	340. „

	Poulies sur champ en cuivre. N.os	1	2	3	4	5	6	7
	Diamètre des galets m/m	12	14	17	20	24	25	26
11986	Cuivre fondu, simples . . . . . . Le cent	18. „	33. „	50. „	67. „	79. „	90. „	110. „
11987	„ „ doubles . . . . „	32. „	45. „	63. „	87. „	108. „	130. „	155. „

	Poulies à charnière en cuivre. N.os	1	2	3	4	5	6	cordon renforcé
	Diamètre des galets m/m	15	20	22	28	32	36	35
11988	cuivre fondu. Le cent	57. „	68. „	78. „	94. „	113. „	132. „	250. „

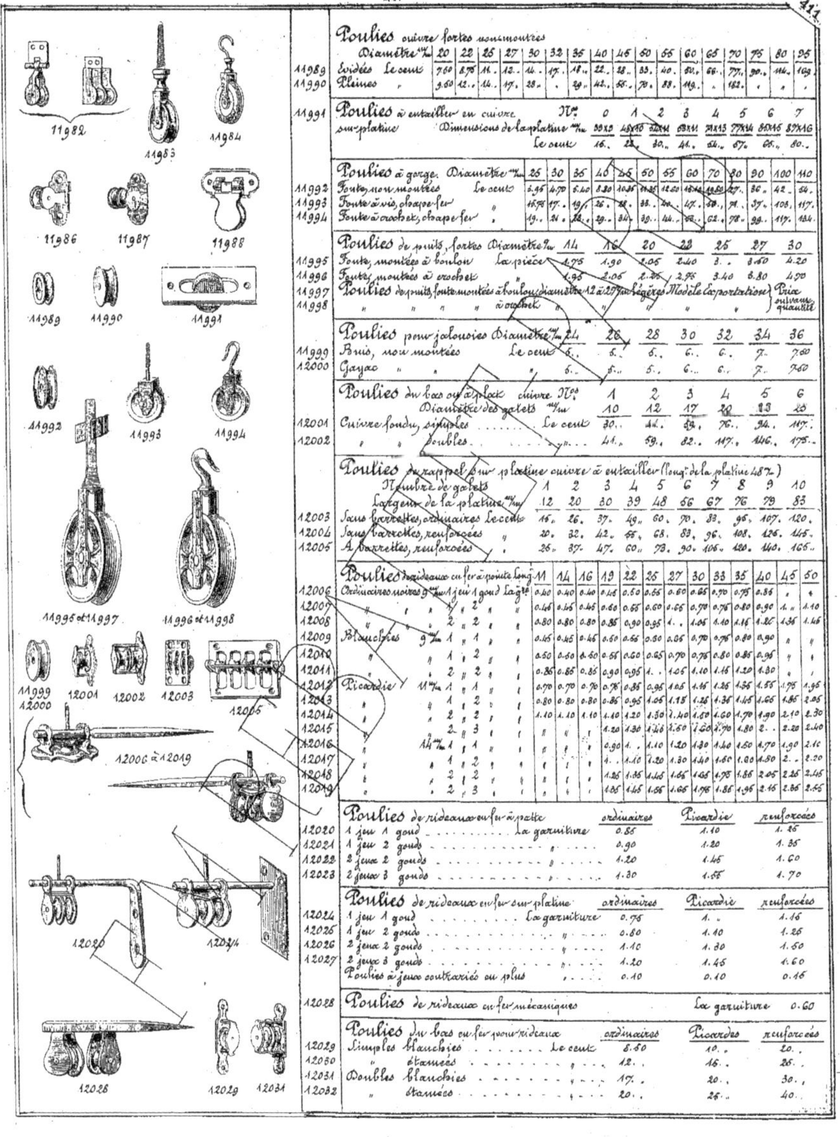

Poulies cuivre fortes non montées

	Diamètre m/m	20	22	25	27	30	32	35	40	45	50	55	60	65	70	75	80	95
11989	Évidées Le cent	7.60	8.75	11..	12..	14..	17..	18..	22..	28..	33..	40..	50..	66..	77..	90..	114..	109.
11990	Pleines "	9.60	12..	14..	17..	23..	"	29..	42..	55..	70..	88..	119..	"	152.	"	"	"

	Poulies à entailler en cuivre sur platine	N° 0	1	2	3	4	5	6	7
11991	Dimensions de la platine m/m	33x9	48x10	54x11	63x11	71x13	77x14	80x15	87x16
	Le cent	16..	22..	30..	41..	54..	57..	65..	80..

	Poulies à gorge. Diamètre m/m	25	30	35	40	45	50	55	60	70	80	90	100	110
11992	Fonte, non montées Le cent	3.95	4.70	5.40	8.30	10.35	11.35	12.60	15.10	19.50	27..	36..	42..	54.
11993	Fonte à vis, chape fer "	15.75	17..	19..	26..	28..	33..	40..	47..	50..	71..	37..	103.	117.
11994	Fonte à crochet, chape fer "	19..	21..	22..	29..	34..	39..	44..	53..	62..	78..	99..	117.	134.

	Poulies de puits, fortes Diamètre m/m	14	16	20	22	25	27	30
11995	Fonte, montées à boulon La pièce	1.75	1.90	2.05	2.40	3..	3.50	4.20
11996	Fonte, montées à crochet "	1.95	2.05	2.25	2.75	3.40	3.80	4.70

11997 **Poulies** de puits, fonte montées à boulon, diamètre 12 à 27 m/m légères Modèle Exportation } Prix suivant quantité
11998 " " " " à crochet " " " " "

	Poulies pour jalousies Diamètre m/m	24	26	28	30	32	34	36
11999	Buis, non montées Le cent	5..	5..	5..	6..	6..	7..	7.60
12000	Gayac " " "	5..	5..	5..	6..	6..	7..	7.60

	Poulies du bas ou à plat cuivre N°s	1	2	3	4	5	6
	Diamètre des galets m/m	10	12	17	20	23	25
12001	Cuivre fondu, simples .... Le cent	30..	44..	59..	76..	94..	117..
12002	" " doubles .... " ...	41..	59..	82..	117..	146..	175..

Poulies de rappel sur platine cuivre à entailler (long.r de la platine 48 m/m)

	Nombre de galets	1	2	3	4	5	6	7	8	9	10
	Largeur de la platine m/m	12	20	30	39	48	56	67	76	79	83
12003	Sans barrettes, ordinaires Le cent	15..	26..	37..	49..	60..	70..	83..	95..	107..	120..
12004	Sans barrettes, renforcées "	20..	32..	42..	55..	68..	83..	96..	108..	126..	145..
12005	A barrettes, renforcées "	26..	37..	47..	60..	73..	90..	105..	120..	140..	165..

	Poulies de rideaux en fer à pointe long.	11	14	16	19	22	25	27	30	33	35	40	45	50
12006	Ordinaires noires 9 m/m 1 jeu 1 goud La g.tie	0.40	0.40	0.40	0.45	0.50	0.55	0.60	0.65	0.70	0.75	0.85	"	"
12007	" " " 1 " 2 " "	0.45	0.45	0.45	0.60	0.55	0.60	0.65	0.70	0.75	0.80	0.90	1..	1.10
12008	" " " 2 " 2 " "	0.80	0.80	0.80	0.85	0.90	0.95	1..	1.05	1.10	1.15	1.25	1.35	1.45
12009	Blanches 9 m/m 1 " 1 " "	0.45	0.45	0.45	0.50	0.55	0.50	0.65	0.70	0.75	0.80	0.90	"	"
12010	" " 1 " 2 " "	0.50	0.50	0.50	0.55	0.60	0.65	0.70	0.75	0.80	0.85	0.95	"	"
12011	" " 2 " 2 " "	0.85	0.85	0.85	0.90	0.95	1..	1.05	1.10	1.15	1.20	1.30	"	"
12012	Picardie 11 m/m 1 " 1 " "	0.70	0.70	0.70	0.75	0.85	0.95	1.05	1.15	1.25	1.35	1.55	1.75	1.95
12013	" " 1 " 2 " "	0.80	0.80	0.80	0.85	0.95	1.05	1.15	1.25	1.35	1.45	1.65	1.85	2.05
12014	" " 2 " 2 " "	1.10	1.10	1.10	1.10	1.20	1.30	1.40	1.50	1.60	1.70	1.90	2.10	2.30
12015	" " 2 " 3 " "	"	"	"	1.20	1.30	1.40	1.50	1.60	1.70	1.80	2..	2.20	2.40
12016	" 14 m/m 1 " 1 " "	"	"	"	0.90	1..	1.10	1.20	1.30	1.40	1.50	1.70	1.90	2.10
12017	" " 1 " 2 " "	"	"	"	1..	1.10	1.20	1.30	1.40	1.60	1.60	1.80	2..	2.20
12018	" " 2 " 2 " "	"	"	"	1.25	1.35	1.45	1.65	1.65	1.75	1.85	2.05	2.25	2.45
12019	" " 2 " 3 " "	"	"	"	1.35	1.45	1.55	1.65	1.75	1.85	1.95	2.15	2.35	2.55

	Poulies de rideaux en fer à patte	ordinaires	Picardie	renforcées
12020	1 jeu 1 goud .... La garniture	0.85	1.10	1.25
12021	1 jeu 2 gonds .... "	0.90	1.20	1.35
12022	2 jeux 2 gonds .... "	1.20	1.45	1.60
12023	2 jeux 3 gonds .... "	1.30	1.55	1.70

	Poulies de rideaux en fer sur platine	ordinaires	Picardie	renforcées
12024	1 jeu 1 goud .... La garniture	0.75	1..	1.15
12025	1 jeu 2 gonds .... "	0.80	1.10	1.25
12026	2 jeux 2 gonds .... "	1.10	1.30	1.50
12027	2 jeux 3 gonds .... "	1.20	1.45	1.60
	Poulies à jeux contrariés en plus	0.10	0.10	0.15

12028 **Poulies** de rideaux en fer mécaniques La garniture 0.60

	Poulies du bas en fer pour rideaux	ordinaires	Picardes	renforcées
12029	Simples blanchies .... Le cent	8.50	10..	20..
12030	" étamées .... "	12..	15..	25..
12031	Doubles blanchies .... "	17..	20..	30..
12032	" étamées .... "	20..	25..	40..

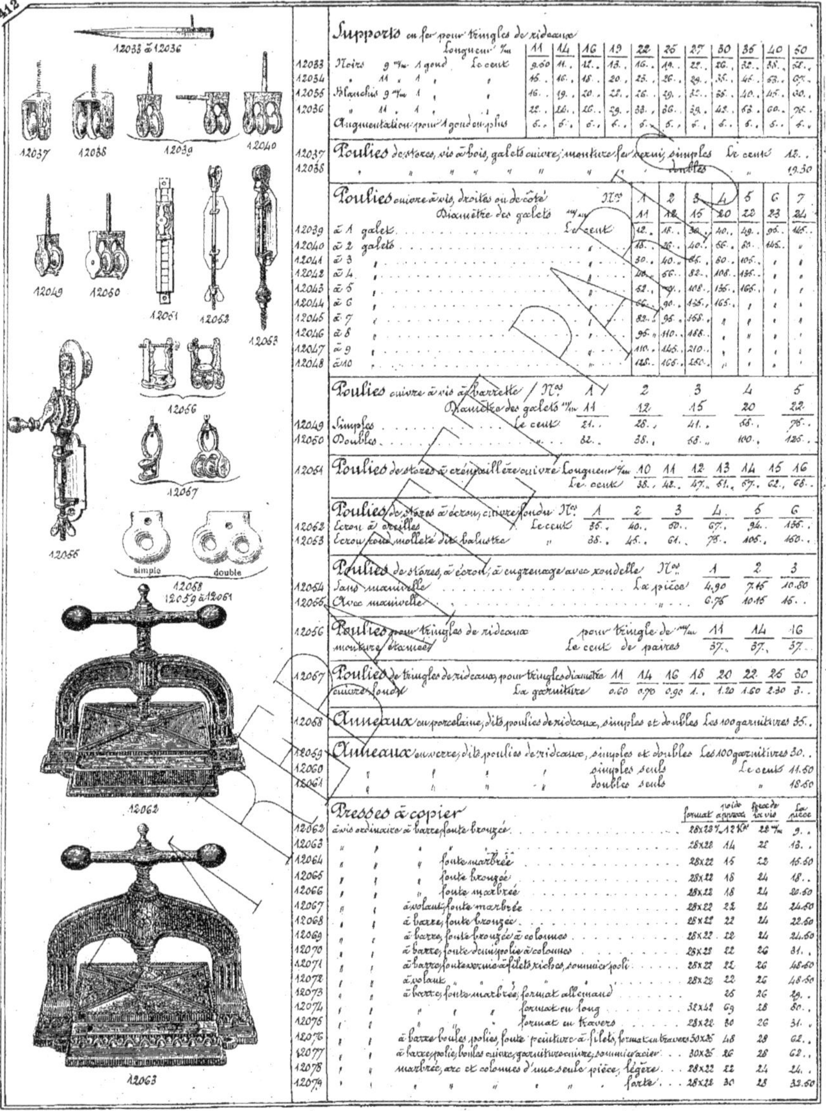

Supports en fer pour tringles de rideaux

		Longueur m/m	11	14	16	19	22	25	27	30	35	40	50
12033	Noirs 9 m/m 1 gond	Le cent	9.60	11..	12..	13..	16..	19..	22..	26..	32..	38..	52..
12034	" 11 " 1 "	"	15..	16..	18..	20..	25..	26..	29..	35..	46..	53..	67..
12035	Blanchis 9 m/m 1 "	"	16..	19..	20..	22..	26..	29..	32..	35..	40..	45..	50..
12036	" 11 " 1 "	"	22..	24..	26..	29..	33..	36..	39..	42..	53..	60..	76..
	Augmentation pour 1 gond en plus		5..	5..	5..	5..	5..	5..	5..	5..	5..	5..	4..

12037	**Poulies** de stores, vis à bois, galets cuivre, monture fer verni, simples — Le cent	12..
12038	" " " " " " " doubles — "	19.30

Poulies cuivre à vis, droites ou de côté

			Nos	1	2	3	4	5	6	7
		Diamètre des galets m/m		11	12	15	20	22	23	24
12039	à 1 galet	Le cent		12..	18..	30..	40..	49..	96..	145..
12040	à 2 galets	"		18..	26..	40..	56..	80..	145..	"
12041	à 3	"		30..	40..	56..	80..	105..	"	"
12042	à 4	"		40..	56..	82..	108..	135..	"	"
12043	à 5	"		52..	70..	108..	135..	165..	"	"
12044	à 6	"		66..	90..	135..	165..	"	"	"
12045	à 7	"		82..	95..	158..	"	"	"	"
12046	à 8	"		95..	110..	188..	"	"	"	"
12047	à 9	"		110..	145..	210..	"	"	"	"
12048	à 10	"		125..	165..	250..	"	"	"	"

Poulies cuivre à vis à barrette

		Nos	1	2	3	4	5
		Diamètre des galets m/m	11	12	15	20	22
12049	Simples	Le cent	21..	28..	41..	58..	75..
12050	Doubles	"	32..	38..	68..	100..	125..

Poulies de stores à crémaillère cuivre

	Longueur m/m	10	11	12	13	14	15	16
12051	Le cent	38..	42..	47..	51..	57..	62..	68..

Poulies de stores à écrou, cuivre fondu

		Nos	1	2	3	4	5	6
12052	Écrou à oreilles	Le cent	35..	40..	50..	67..	94..	135..
12053	Écrou rond molleté dit balustre	"	38..	45..	61..	75..	105..	160..

Poulies de stores, à écrou, à engrenage avec rondelle

		Nos	1	2	3
12054	Sans manivelle	La pièce	4.90	7.45	10.80
12055	Avec manivelle	"	6.75	10.15	15..

Poulies pour tringles de rideaux

		pour tringle de m/m	11	14	16
12056	monture étamée	Le cent de paires	37..	37..	37..

Poulies de tringles de rideaux, pour tringles diamètre

			11	14	16	18	20	22	25	30
12057	cuivre fondu	La garniture	0.60	0.70	0.90	1..	1.20	1.60	2.30	3..

12058	**Anneaux** en porcelaine, dits poulies de rideaux, simples et doubles — Les 100 garnitures	35..
12059	**Anneaux** en verre, dits poulies de rideaux, simples et doubles — Les 100 garnitures	30..
12060	" " " " simples seuls — Le cent	11.50
12061	" " " " doubles seuls — "	18.50

Presses à copier

		format	poids approx.	grosseur de la vis	La pièce
12062	à vis ordinaire à barre fonte bronzée	28x23	12 K[os]	22 m/m	9..
12063	" " "	28x22	14	22	13..
12064	" " " fonte marbrée	28x22	15	22	15.50
12065	" " " fonte bronzée	28x22	18	24	18..
12066	" " " fonte marbrée	28x22	18	24	20.50
12067	" " à volant, fonte marbrée	28x22	22	24	24.50
12068	" " à barre, fonte bronzée	28x22	22	24	22.50
12069	" " à barre, fonte bronzée à colonnes	28x22	22	24	24.50
12070	" " à barre, fonte demi-polie à colonnes	28x22	22	26	31..
12071	" " à barre, fonte vernie à filets riches, sommier poli	28x22	22	26	48.50
12072	" " à volant " " "	28x22	22	26	48.50
12073	" " à barre, fonte marbrée, format allemand		25	26	29..
12074	" " " " " format en long	32x42	69	28	80..
12075	" " " " " format en travers	28x22	30	26	31..
12076	" " à barre boules polies, fonte peinture à filets, format en travers	30x25	48	28	62..
12077	" " à barre polie, boules cuivre, garniture cuivre, sommier acier	30x25	26	28	62..
12078	" " marbrée, arc et colonnes d'une seule pièce, légère	28x22	22	24	24..
12079	" " " " " " " forte	28x22	30	28	32.50

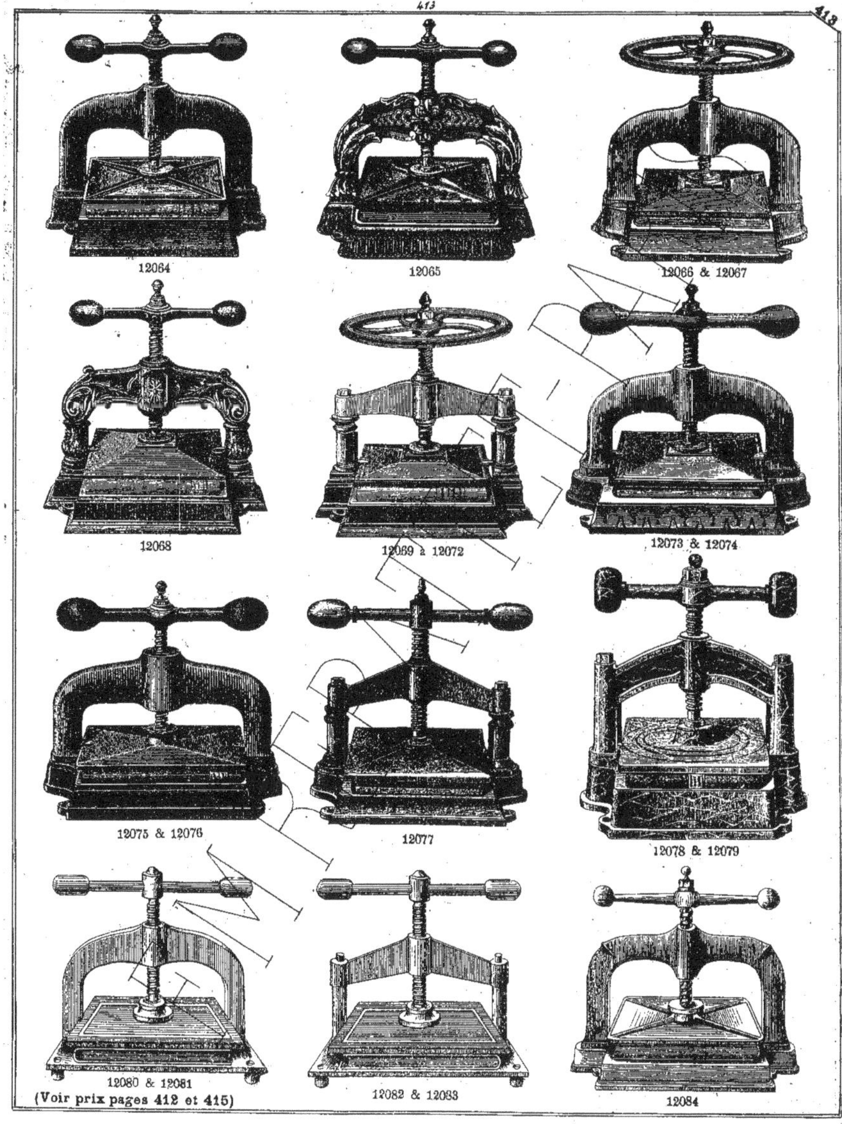

(Voir prix pages 412 et 415)

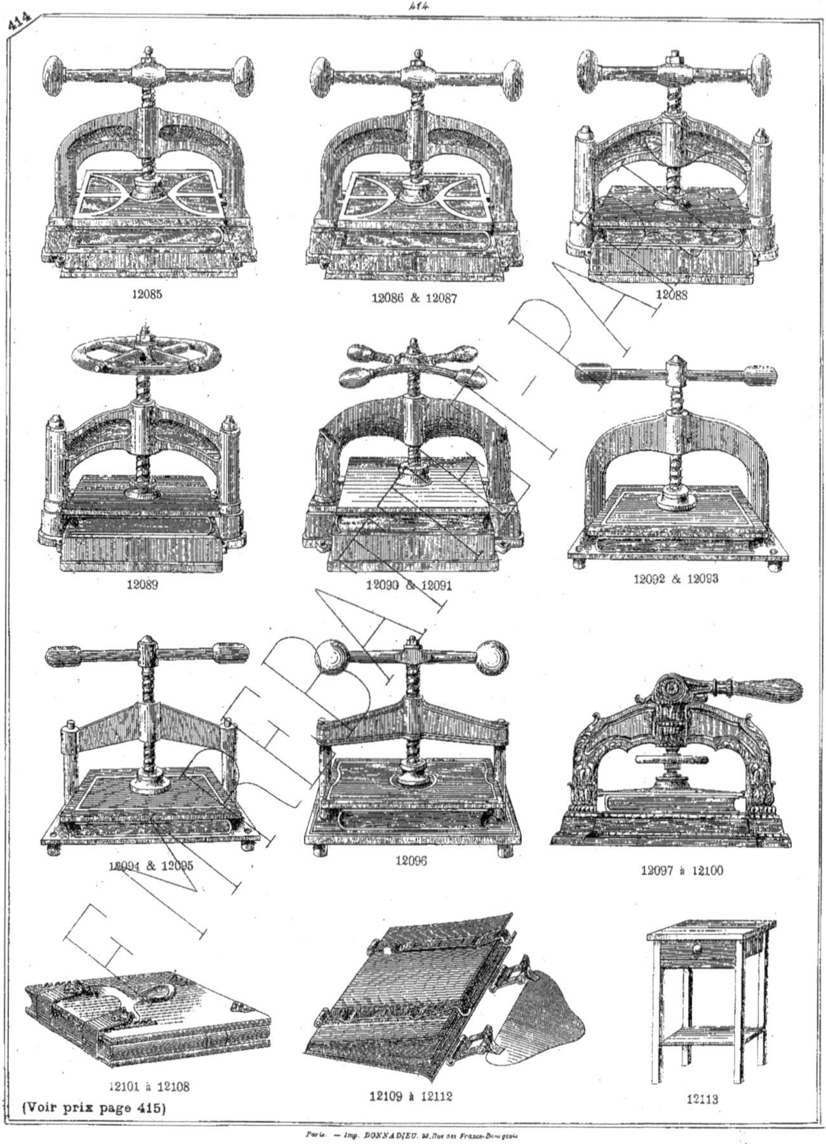

(Voir prix page 415)

Paris. — Imp. DONNADIEU. 24, Rue des Francs-Bourgeois

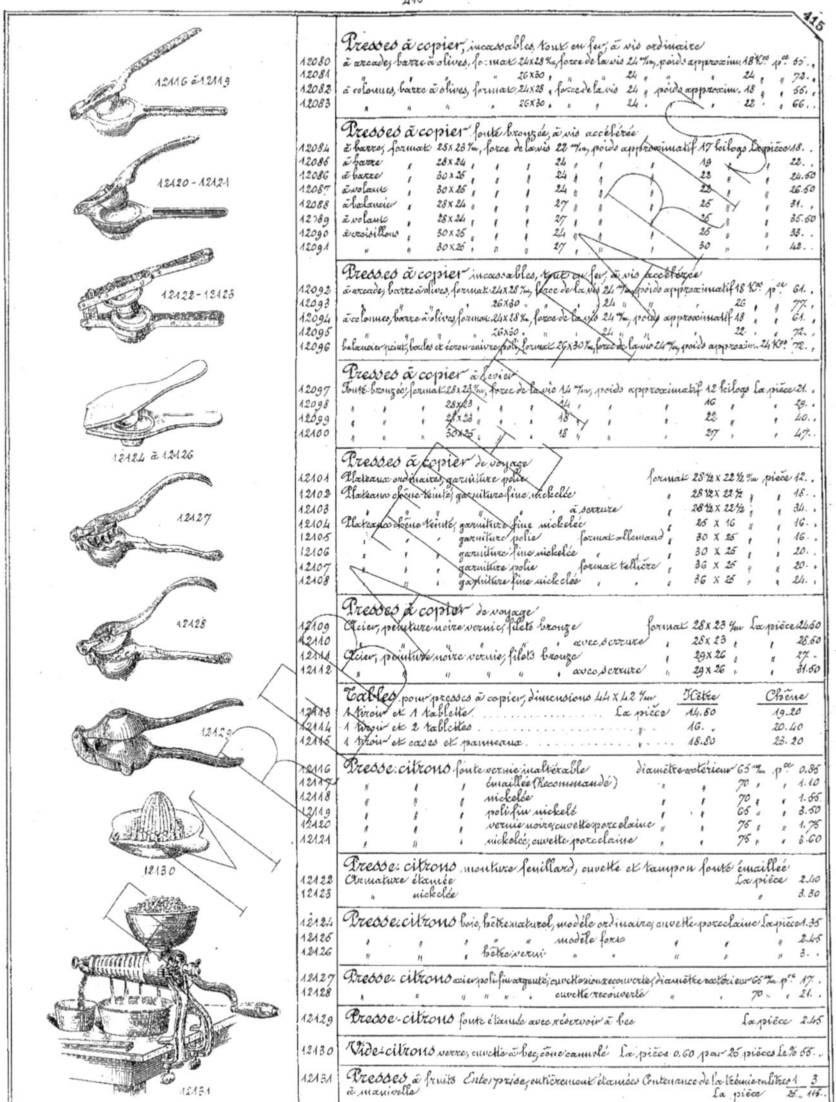

Presses à copier, incassables, tout en fer, à vis ordinaire

12080 à arcades, barre à olives, format 24 x 28 m/m, force de la vis 24 m/m, poids approxim. 18 K^os^ p^ce^ 55. .
12081 " " " " 26 x 30 " " " 24 " " " 24 " " 72. .
12082 à colonnes, barre à olives, format 24 x 28 " force de la vis 24 " poids approxim. 18 " " 56. .
12083 " " " " 26 x 30 " " " 24 " " " 22 " " 66. .

Presses à copier fonte bronzée, à vis accélérée

12084 à barre, format 25 x 23 m/m, force de la vis 22 m/m, poids approximatif 17 kilogs La pièce 18. .
12085 à barre " 28 x 24 " " " 24 " " " 19 " " 22. .
12086 à barre " 30 x 25 " " " 24 " " " 22 " " 24.50
12087 à volant " 30 x 25 " " " 24 " " " 22 " " 26.50
12088 à balancier " 28 x 24 " " " 27 " " " 25 " " 31. .
12089 à volant " 28 x 24 " " " 27 " " " 25 " " 35.50
12090 à croisillons " 30 x 25 " " " 24 " " " 25 " " 33. .
12091 " " 30 x 25 " " " 27 " " " 30 " " 42. .

Presses à copier incassables, tout en fer, à vis accélérée

12092 à arcades, barre à olives, format 24 x 28 m/m, force de la vis 24 m/m, poids approximatif 18 K^os^ p^ce^ 61. .
12093 " " " " 26 x 30 " " " 24 " " " 26 " " 77. .
12094 à colonnes, barre à olives, format 24 x 28 m/m, force de la vis 24 m/m, poids approximatif 18 " " 61. .
12095 " " " " 26 x 30 " " " 24 " " " 22 " " 72. .
12096 balancier peint, boules et écrou cuivre poli, format 26 x 30 m/m, force de la vis 24 m/m, poids approxim. 24 K^os^ 72. .

Presses à copier à levier

12097 Fonte bronzée, format 28 x 23 m/m, force de la vis 14 m/m, poids approximatif 12 kilogs La pièce 21. .
12098 " " " 28 x 23 " " " 14 " " " 16 " " 29. .
12099 " " " 28 x 23 " " " 18 " " " 22 " " 40. .
12100 " " " 30 x 25 " " " 18 " " " 27 " " 47. .

Presses à copier de voyage

12101 Plateaux ordinaires, garniture polie format 28 1/2 x 22 1/2 m/m, pièce 12. .
12102 Plateaux chêne teinté, garniture fine nickelée " 28 1/2 x 22 1/2 " " 18. .
12103 " " " " " " à serrure " 28 1/2 x 22 1/2 " " 34. .
12104 Plateaux chêne teinté, garniture fine nickelée " 25 x 16 " " 16. .
12105 " " " garniture polie format allemand " 30 x 25 " " 16. .
12106 " " " garniture fine nickelée " " 30 x 25 " " 20. .
12107 " " " garniture polie format tellière " 36 x 25 " " 20. .
12108 " " " garniture fine nickelée " " 36 x 25 " " 24. .

Presses à copier de voyage

12109 Acier, peinture noire vernie, filets bronze format 28 x 23 m/m La pièce 24.50
12110 " " " " " avec serrure " 28 x 23 " " 28.50
12111 Acier, peinture noire vernie, filets bronze " 29 x 26 " " 27. .
12112 " " " " " avec serrure " 29 x 26 " " 31.50

Tables pour presses à copier, dimensions 44 x 42 m/m

		Hêtre	Chêne
12113	1 tiroir et 1 tablette .... La pièce	14.60	19.20
12114	1 tiroir et 2 tablettes .... "	16. .	20.40
12115	1 tiroir et cases et panneaux .... "	18.80	23.20

Presse-citrons fonte vernie inaltérable diamètre extérieur 65 m/m p^ce^ 0.85

12116 " " " fonte vernie inaltérable diamètre extérieur 65 m/m p^ce^ 0.85
12117 " " " émaillée (Recommandé) " " 70 " " 1.10
12118 " " " nickelée " " 70 " " 1.55
12119 " " " poli fin nickelé " " 65 " " 3.50
12120 " " " vernie noire, cuvette porcelaine " " 75 " " 1.75
12121 " " " nickelée, cuvette porcelaine " " 75 " " 3.60

Presse-citrons monture feuillard, cuvette et tampon fonte émaillée

12122 Armature étamée La pièce 2.40
12123 " nickelée " 3.30

Presse-citrons bois, hêtre naturel, modèle ordinaire, cuvette porcelaine La pièce 1.35

12124 Presse-citrons bois, hêtre naturel, modèle ordinaire, cuvette porcelaine La pièce 1.35
12125 " " " " " modèle fort " " " 2.45
12126 " " " hêtre verni " " " " " 3. .

Presse-citrons acier poli fin argenté, cuvette à jour recouverte, diamètre extérieur 65 m/m p^ce^ 17. .

12127 Presse-citrons acier poli fin argenté, cuvette à jour recouverte, diamètre extérieur 65 m/m p^ce^ 17. .
12128 " " " " " " cuvette recouverte " " 70 " " 21. .

12129 **Presse-citrons** fonte étamée avec réservoir à bec La pièce 2.45

12130 **Vide-citrons** verre, cuvette à bec, cône cannelé La pièce 0.60 par 25 pièces le % 55. .

12131 **Presses** à fruits Enterprise, entièrement étamées Contenance de la trémie en litres 1 / 3
à manivelle La pièce 25. . / 115. .

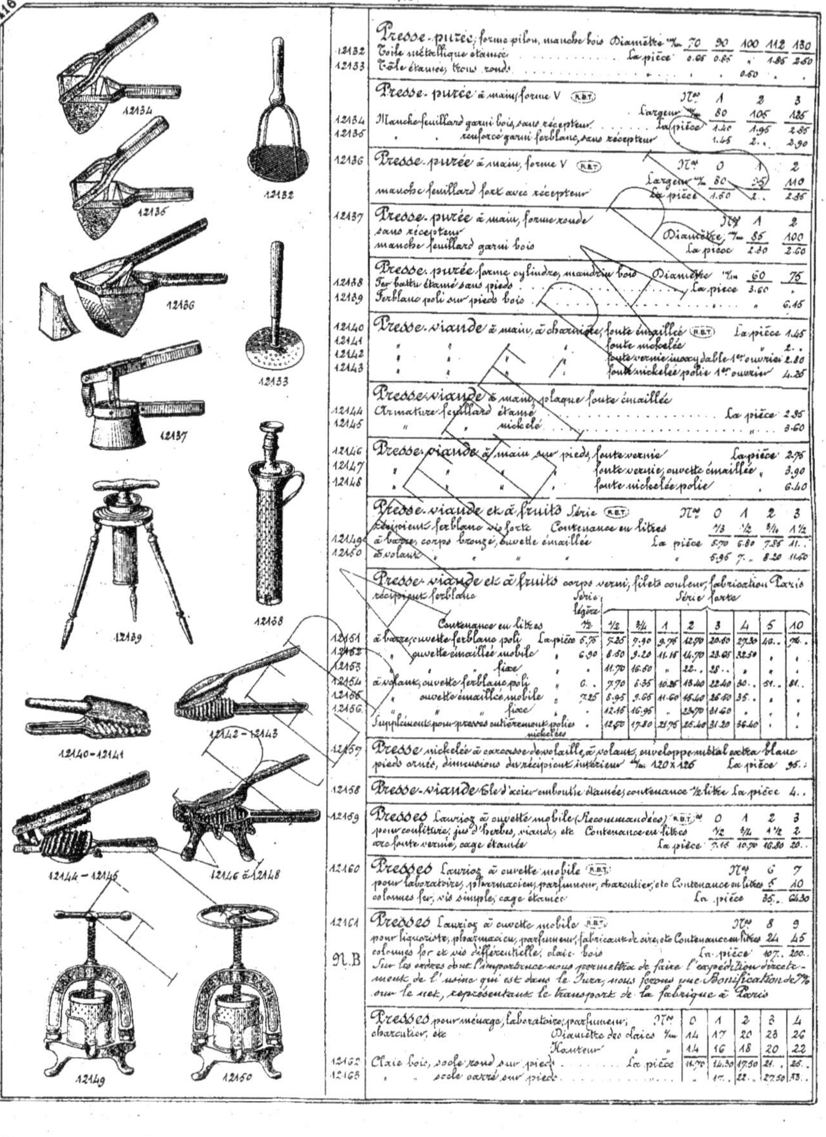

Presse-purée, forme pilon, manche bois

		Diamètre m/m	70	90	100	112	130
12132	Toile métallique étamée	La pièce	0.65	0.85	"	1.85	2.50
12133	Tôle étamée, trous ronds		.	.	0.60	.	.

Presse-purée à main, forme V (R.B.T.)

		Nos	1	2	3
		Largeur m/m	80	105	125
12134	Manche feuillard garni bois, sans récepteur	La pièce	1.40	1.95	2.85
12135	" " renforcé garni ferblanc, sans récepteur		1.45	2..	2.90

Presse-purée à main, forme V (R.B.T.)

		Nos	0	1	2
		Largeur m/m	80	95	110
12136	manche feuillard fort avec récepteur	La pièce	1.50	2..	2.35

Presse-purée à main, forme ronde

		Nos	1	2
		Diamètre m/m	85	100
12137	sans récepteur, manche feuillard garni bois	La pièce	2.30	2.60

Presse-purée forme cylindre, mandrin bois

		Diamètre m/m	60	75
12138	Fer battu étamé sans pieds	La pièce	3.60	.
12139	Ferblanc poli sur pieds bois		"	6.15

Presse-viande à main, à charnière,

12140	fonte émaillée (R.B.T.)	La pièce	1.45
12141	" " " fonte nickelée	"	2..
12142	" " " fonte vernie inoxydable 1er ouvrier		2.80
12143	" " " fonte nickelée polie 1er ouvrier		4.25

Presse-viande à main, plaque fonte émaillée

12144	Armature feuillard étamé	La pièce	2.35
12145	" " nickelé	"	3.60

Presse-viande à main sur pieds,

12146	fonte vernie	La pièce	2.75
12147	" " " fonte vernie, cuvette émaillée	"	3.90
12148	" " " fonte nickelée polie	"	6.40

Presse-viande et à fruits Série (R.B.T.)

		Nos	0	1	2	3
	Récipient ferblanc vis forte	Contenance en litres	1/3	1/2	3/4	1 1/2
12149	à barre, corps bronzé, cuvette émaillée	La pièce	5.70	6.80	7.85	11..
12150	à volant " " " "	"	5.95	7..	8.20	11.50

Presse-viande et à fruits corps verni, filets couleur, fabrication Paris
récipient ferblanc

			Série légère	Série forte							
	Contenance en litres		1/2	1/2	3/4	1	2	3	4	5	10
12151	à barre, cuvette ferblanc poli	La pièce	5.75	7.25	7.90	9.75	12.90	20.60	27.30	40..	76..
12152	" cuvette émaillée mobile	"	6.90	8.50	9.20	11.15	14.70	23.65	32.50	.	.
12153	" " fixe	"	.	11.70	16.50	"	22..	28..	.	.	.
12154	à volant, cuvette ferblanc poli	"	6..	7.70	8.35	10.25	13.40	22.40	30..	51..	81..
12155	" cuvette émaillée mobile	"	7.25	8.95	9.65	11.60	15.40	26.50	35..	.	.
12156	" " " fixe	"	.	12.15	16.95	.	23.70	31.60	.	.	.
	Supplément pour presses entièrement polies nickelées		.	12.50	17.80	21.75	25.40	31.20	36.40	.	.

12157 **Presse** nickelée à carcasse de volaille, à volant, enveloppe métal extra blanc pieds ornés, dimensions du récipient intérieur m/m 120 x 125 . . . La pièce 95..

12158 **Presse-viande** tôle d'acier emboutie étamée, contenance ½ litre . . . La pièce 4..

Presses Lauriot à cuvette mobile (Recommandées) (R.B.T.)

		Nos	0	1	2	3
	pour confiture, jus d'herbes, viande, etc	Contenance en litres	1/2	3/4	1 1/2	2
12159	avec fonte vernie, cage étamée	La pièce	7.15	10.70	16.80	20..

Presses Lauriot à cuvette mobile (R.B.T.)

		Nos	6	7
	pour laboratoire, pharmacien, parfumeur, charcutier, etc	Contenance en litres	5	10
12160	colonnes fer, vis simple, cage étamée	La pièce	35..	64.30

Presses Lauriot à cuvette mobile (R.B.T.)

		Nos	8	9
	pour liquoriste, pharmacien, parfumeur, fabricant de cire, etc	Contenance en litres	24	45
12161	colonnes fer et vis différentielle, claie bois	La pièce	107..	200..

N.B Sur les ordres dont l'importance nous permettra de faire l'expédition directement de l'usine qui est dans le Jura, nous ferons une Bonification de 7% sur le net, représentant le transport de la fabrique à Paris

Presses pour ménage, laboratoire, parfumeur, charcutier, etc

			Nos	0	1	2	3	4
		Diamètre des claies m/m		14	17	20	23	26
		Hauteur " "		14	16	18	20	22
12162	Claie bois, socle rond sur pieds		La pièce	11.70	14.30	17.50	21..	26..
12163	" " socle carré sur pieds			.	17..	22..	27.50	33..

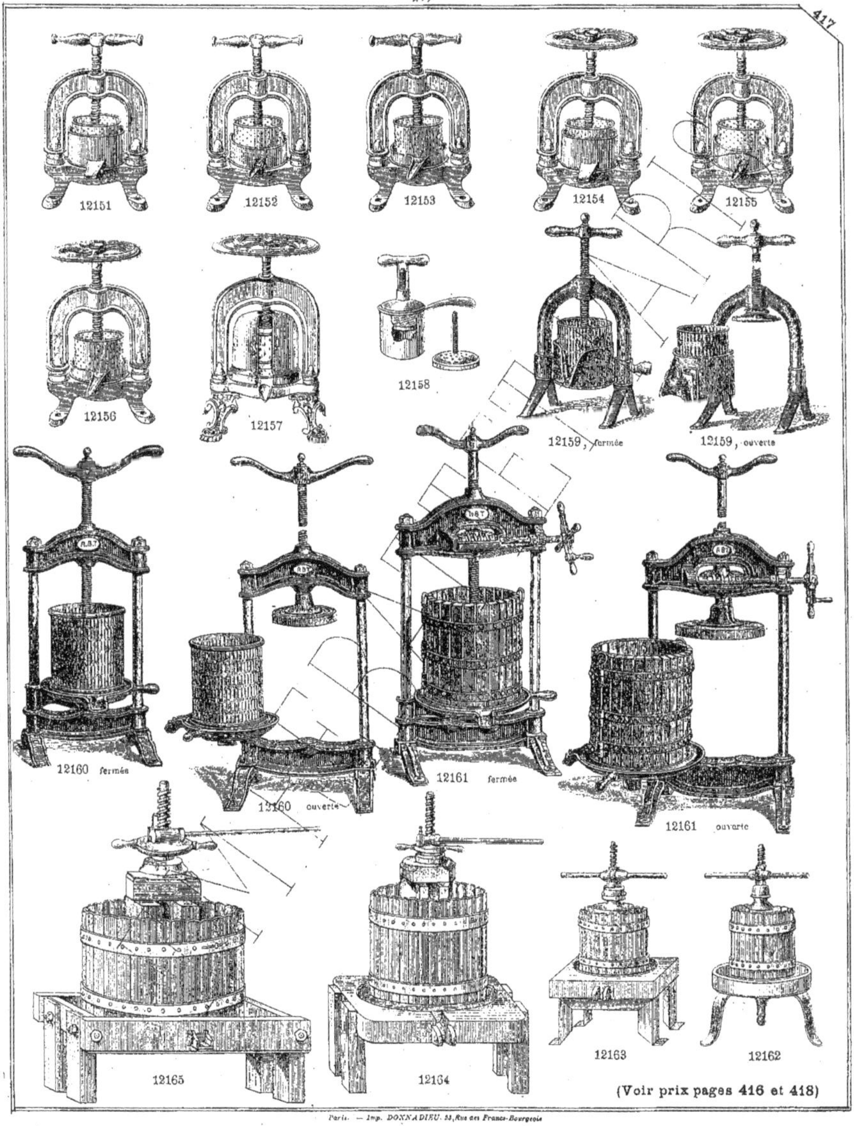

12151 12152 12153 12154 12155

12156 12157 12158 12159, fermée 12159, ouverte

12160 fermée 12160 ouverte 12161 fermée 12161 ouverte

12165 12164 12163 12162

(Voir prix pages 416 et 418)

Paris. — Imp. DONNADIEU, 33, Rue des Francs-Bourgeois

418

12166 12167 12168 12169 12170 12171 12172 12173 12174 12175 12176 12177 12182 12183 12181bis 12181ter 12181 12180 12184 à 12186 12187

12164 **Pressoirs** à cliquet, pour vin, cidre, etc

	N°	5	6	7	8
	Diamètre des claies m/m	30	35	40	45
	Hauteur "	26	30	34	38
claie bois ouvrante, socle carré sur pieds	La pièce	49..	56..	64..	72..

12165 **Pressoirs** à levier simple, pour vin, cidre, etc

	N°s	1	2	3
	Diamètre des claies m/m	44	52	60
	Diamètre de la vis m/m	30	36	40
	Pour cuve, contenance approximative, litres	150	250	400
socle carré, sur pieds	La pièce	85.	104..	124..

Les presses et pressoirs N°s 12162 au N° 12165 ne sont pas disponibles en magasin, l'expédition est faite directement de l'usine qui est hors Paris

Quarts de ronds pour couvercle de boîte ou coffret

		N°	1	2	3	4	5
		Longueur m/m	50	55	60	75	90
12166	Cuivre poli, ordinaires	Le cent	16.50	18..	24..	30..	45..
12167	" " fendus à ressort		24..	27..	33..	39..	54..
		Longueur m/m	55	65	75	80	110
12168	Cuivre poli, à charnière à ressort	La pièce	1.30	1.35	1.45	1.60	1.90

Queues de cochons pour plombier

		Largeur m/m	30	35	40	45	50	55	60
12169	Manche bois, à cuillère, sans vis	La pièce	1.55	1.55	1.55	1.70	1.70	1.85	2.10
12170	" " à vis	"	1.60	1.60	1.60	1.75	1.75	1.90	2.20
12171	Manche fer, à cuillère, sans vis	"	1.55	1.55	1.55	1.70	1.70	1.85	2.10
12172	" " " à vis	"	1.60	1.60	1.60	1.75	1.75	1.90	2.20

Queues de cochons ou mandrins pour tours

		N°s	1	2	3	4	5	6	7	8	9	10	11	12
		Diamètre du disque m/m	26	29	31	38	44	49	54	57	64	69	74	79
12173	queues de cochons	La pièce	0.65	1.05	1.15	1.30	1.50	1.60	1.75	2.20	2.05	3.50	4.10	5.25

12174		Diamètre du disque m/m	38	44	49	54	57	64	69	74	79
	griffes à 3 pointes	La pièce	2.10	2.45	2.85	3.60	4.45	5.20	6.60	8.10	9.65

Racloirs de cantonnier

		Largeur m/m	30	32	34	36	38	40
		Poids approximatif, grammes	1100	1300	1450	1550	1650	1850
12175	acier forgé, d'une seule pièce	Le kilog						2..
		Largeur m/m	30	32	34	36	38	40
		Poids approximatif, grammes	1000	1050	1150	1200	1250	1300
12176	lame d'acier rapportée, douille rivée	Le kilog						2.20

Racloirs de cantonnier

		Largeur m/m	30	40	50	60	80
12177	Lame de couteau, forme droite	La pièce	9.60	12.50	16..	20.80	25.60
12178	" forme cintrée	"	9.60	12.50	16..	20.80	25.60
12179	Lame seule de rechange pour dito	"	1.75	2.80	4..	4.80	8..

12180 **Rainette** pour charpentier, à tête, manche corne . . . . La pièce 3..
12181 " " " sans tête 2.65

12181bis **Rainette** de sellier ou bourrelier, simple . . . . La pièce 2.55
12181ter " " " à compas 2.55

12182 **Râpe** à chocolat, boîte bois, à manivelle à tiroir . . . . La pièce 5.25

Râpes à fromage, cylindre ferblanc à agrafe. Série courante (R.B.T.)

		Diamètre du cylindre		
12183	Corps ferblanc, monture fonte vernie, petit modèle, diamètre du cylindre	55 m/m	La pièce	1.85
12184	" " " " moyen modèle	90	"	4..
12185	Corps émaillé, monture fonte vernie, moyen modèle, diamètre du cylindre	90	"	5.20
12186	" " " " grand modèle	105	"	11..

Râpes à fromage, sucre, chocolat, amandes, etc. cylindre ferblanc à agrafe, modèle Paris

		Diamètre du cylindre m/m	57	72	90	105	135
12187	Corps ferblanc, monture fonte, qualité courante, piqûre ordinaire	La pièce	2.15	3.75	5.50	9..	.
12188	Corps ferblanc, monture fonte, qualité supérieure, piqûre ordinaire	"			6.50	10.70	30..
12189	" " " " piqûre fine	"			6.50	10.70	30..

La piqûre fine est plus particulièrement employée pour râper les amandes, le chocolat, le sucre ou autres produits durs.

Râpes à fromage, construites entièrement en tôle d'acier

		Hauteur totale c/m	40	50	60
12190	Modèle robuste spécial pour épicier, sans griffes se vissant (R.B.T.)	La pièce	17.15	26..	36..
12191	" " " avec griffes se fixant à la table	"	21.50	31.50	43..
	Avec piqûre fine spéciale pour amandes ou autres produits durs, en plus	"	2.85	4.30	7.15

12192 **Rend-monnaie** plateau cannelé sur pieds, ferblanc poli . . . . La pièce 6..
12193 " " " " maillechort poli . . . . " 12.50

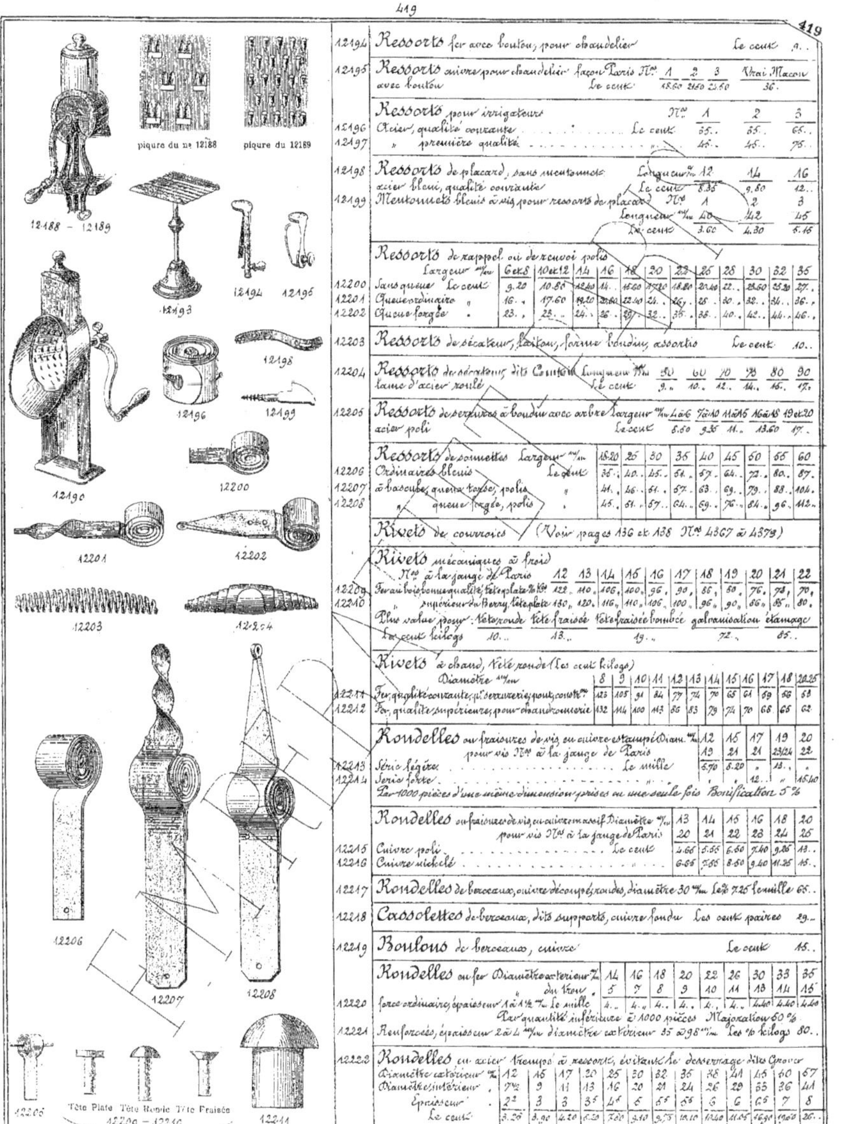

12194 **Ressorts** fer avec bouton, pour chandelier Le cent 9..

12195 **Ressorts** cuivre pour chandelier avec bouton

façon Paris Nos	1	2	3	Vrai Macon
Le cent	18.60	21.50	23.60	36.

Ressorts pour irrigateurs

	Nos	1	2	3
12196 Acier, qualité courante	Le cent	35..	35..	65..
12197 „ première qualité	„	45..	45..	75..

12198 **Ressorts** de placard, sans mentonnets acier bleui, qualité courante

Longueur c/m	12	14	16
Le cent	8.35	9.80	12..

12199 Mentonnets bleuis à vis pour ressorts de placard

Nos	1	2	3
Longueur m/m	40	42	45
Le cent	3.60	4.30	5.15

Ressorts de rappel ou de renvoi polis

Largeur m/m	6 et 8	10 et 12	14	16	18	20	22	25	28	30	32	35
12200 Sans queue Le cent	9.20	10.80	12.40	14..	15.60	17.20	18.80	20.40	22..	23.60	25.20	27..
12201 Queue ordinaire „	16..	17.60	19.20	20.80	22.40	24..	26..	28..	30..	32..	34..	36..
12202 Queue forgée „	23..	23..	24..	26..	29..	32..	35..	38..	40..	42..	44..	46..

12203 **Ressorts** de sécateur, laiton, forme boudin, assortis Le cent 10..

12204 **Ressorts** de sécateurs, dits Comtois lame d'acier roulé

Longueur m/m	50	60	70	75	80	90
Le cent	9..	10..	12..	14..	15..	17..

12205 **Ressorts** de serrures à boudin avec arbre acier poli

Largeur m/m	4 à 6	7 à 10	11 à 15	16 à 18	19 et 20
Le cent	8.50	9.35	11..	13.60	17..

Ressorts de sonnettes

Largeur m/m	18-20	25	30	35	40	45	50	55	60
12206 Ordinaires bleuis Le cent	35..	40..	45..	51..	57..	64..	72..	80..	87..
12207 à bascule, queue torse, polis „	41..	46..	51..	57..	63..	69..	79..	88..	104..
12208 „ queue forgée, polis „	45..	51..	57..	64..	69..	76..	84..	96..	112..

Rivets de courroies (Voir pages 136 et 138 Nos 4367 à 4373)

Rivets mécaniques à froid

Nos à la jauge de Paris	12	13	14	15	16	17	18	19	20	21	22
12209 Fer au bois bonne qualité, tête plate % kos	122..	110..	106..	100..	96..	90..	86..	80..	76..	73..	70..
12210 „ supérieur du Berry, tête plate	130..	120..	116..	110..	106..	100..	96..	90..	86..	85..	80..

Plus value pour :	Tête ronde	Tête fraisée	Tête fraisée bombée	galvanisation	étamage
Le cent kilogs	10..	13..	19..	72..	85..

Rivets à chaud, tête ronde (Les cent kilogs)

Diamètre m/m	8	9	10	11	12	13	14	15	16	17	18	20.25
12211 Fer, qualité courante, pr serrurerie, pont, constron	123	105	91	84	77	74	70	65	61	59	56	53
12212 Fer, qualité supérieure, pour chaudronnerie	132	114	100	113	86	83	79	74	70	68	65	62

Rondelles ou fraisures de vis, en cuivre estampé

Diam. m/m	12	15	17	19	20
pour vis Nos à la jauge de Paris	19	21	21	23/24	22
12213 Série légère .... Le mille	5.70	8.20	„	13..	„
12214 Série forte .... „	„	„	12..	„	15.40

Par 1000 pièces d'une même dimension prises en une seule fois Bonification 5 %

Rondelles ou fraisures de vis, en cuivre massif

Diamètre m/m	13	14	15	16	18	20
pour vis Nos à la jauge de Paris	20	21	22	23	24	25
12215 Cuivre poli .... Le cent	4.66	5.55	6.50	7.40	9.25	13..
12216 Cuivre nickelé .... „	6.65	7.55	8.50	9.40	11.25	15..

12217 **Rondelles** de berceaux, cuivre découpé, rondes, diamètre 30 m/m Le % 7.25 Le mille 65..

12218 **Cassolettes** de berceaux, dits supports, cuivre fondu Les cent paires 29..

12219 **Boulons** de berceaux, cuivre Le cent 15..

Rondelles en fer

Diamètre extérieur m/m	14	16	18	20	22	26	30	33	35
„ du trou „	5	7	8	9	10	11	13	14	15
12220 force ordinaire, épaisseur 1 à 1½ m/m Le mille	4..	4..	4..	4..	4..	4..	4.40	4.40	4.40

Par quantité inférieure à 1000 pièces Majoration 50 %

12221 Renforcées, épaisseur 2 à 4 m/m diamètre extérieur 35 à 98 m/m Les % kilogs 80..

12222 **Rondelles** en acier trempé à ressort, évitant le desserrage dites Grover

Diamètre extérieur m/m	12	15	17	20	25	30	32	35	38	41	45	50	57
Diamètre intérieur „	7½	9	11	13	16	20	21	24	26	29	33	36	41
Épaisseur „	2²	3	3	3⁵	4⁵	5	5⁵	5⁵	6	6	6⁵	7	8
Le cent	3.20	3.90	4.20	6.30	7.80	9.10	9.75	10.10	10.40	11.05	16.90	19.60	26..

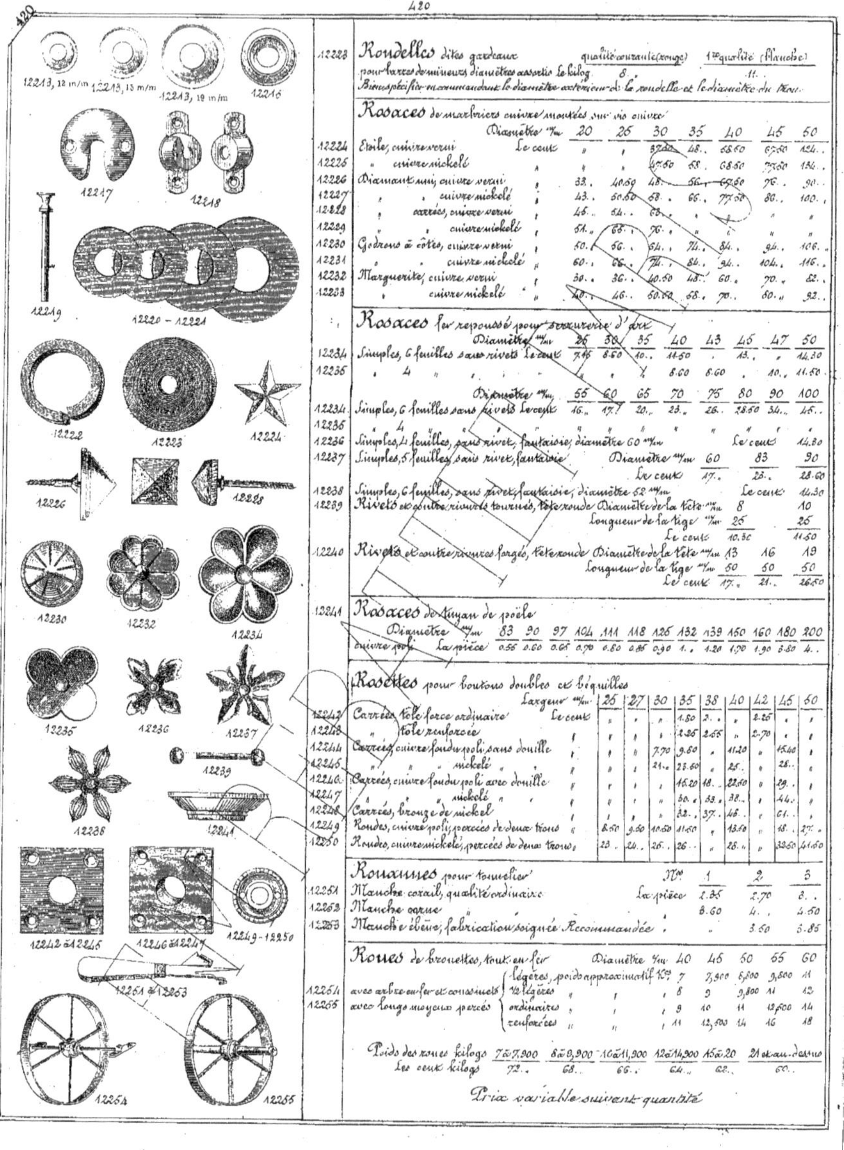

12223 **Roudelles** dites gardeaux

	qualité courante (rouge)	1re qualité (blanche)
pour barres de mineurs diamètres assortis le kilog	8..	11..

Bien spécifier en commandant le diamètre extérieur de la rondelle et le diamètre du trou.

Rosaces de marbriers cuivre montées sur vis cuivre

N°		Diamètre m/m	20	25	30	35	40	45	50
12224	Etoile, cuivre verni	Le cent	"	"	37.50	48..	58.50	67.50	124..
12225	" cuivre nickelé	"	"	"	47.50	58..	68.50	77.50	134..
12226	Diamant uni, cuivre verni	"	33..	40.50	48..	56..	67.50	76..	90..
12227	" " cuivre nickelé	"	43..	50.50	58..	66..	77.50	86..	100..
12228	" carrés, cuivre verni	"	46..	54..	68..	"	"	"	"
12229	" " cuivre nickelé	"	51..	65..	76..	"	"	"	"
12230	Godrons à côtes, cuivre verni	"	50..	56..	64..	74..	84..	94..	106..
12231	" " cuivre nickelé	"	60..	66..	74..	84..	94..	104..	116..
12232	Marguerite, cuivre verni	"	30..	36..	40.50	48..	60..	70..	82..
12233	" cuivre nickelé	"	40..	46..	50.50	58..	70..	80..	92..

Rosaces fer repoussé pour serrurerie d'art

N°		Diamètre m/m	25	30	35	40	43	45	47	50
12234	Simples, 6 feuilles sans rivets	Le cent	7.45	8.50	10..	11.50	"	13..	"	14.30
12235	" 4 " " "	"	"	"	"	8.60	8.60	"	10..	11.50

N°		Diamètre m/m	55	60	65	70	75	80	90	100
12234	Simples, 6 feuilles sans rivets	Le cent	16..	17.?	20..	23..	26..	28.50	34..	45..
12235	" 4 " " "	"	"	"	"	"	"	"	"	"

12236 Simples, 4 feuilles, sans rivet, fantaisie, diamètre 60 m/m — Le cent 14.80

12237 Simples, 5 feuilles, sans rivet, fantaisie			
Diamètre m/m	60	83	90
Le cent	17..	23..	28.60

12238 Simples, 6 feuilles, sans rivet, fantaisie, diamètre 52 m/m — Le cent 14.30

12239 **Rivets** et contre rivures tournés, tête ronde		
Diamètre de la tête m/m	8	10
Longueur de la tige m/m	25	25
Le cent	10.30	11.50

12240 **Rivets** et contre rivures forgés, tête ronde			
Diamètre de la tête m/m	13	16	19
Longueur de la tige m/m	50	50	50
Le cent	17..	21..	26.50

12241 **Rosaces** de tuyan de poêle

Diamètre m/m	83	90	97	104	111	118	125	132	139	150	160	180	200
cuivre poli — La pièce	0.55	0.60	0.65	0.70	0.80	0.85	0.90	1..	1.20	1.70	1.90	[illegible]	4..

Rosettes pour boutons doubles et béquilles

N°		Largeur m/m	25	27	30	35	38	40	42	45	50
12242	Carrées tôle forte ordinaire	Le cent	"	"	"	1.80	2..	"	2.25	"	"
12243	" tôle renforcée	"	"	"	"	2.25	2.55	"	2.70	"	"
12244	Carrées, cuivre fondu poli sans douille	"	"	"	7.70	9.60	"	11.20	"	15.40	"
12245	" " " nickelé " "	"	"	"	21..	23.60	"	25..	"	28..	"
12246	Carrées, cuivre fondu poli avec douille	"	"	"	"	15.20	18..	22.50	"	29..	"
12247	" " " nickelé " "	"	"	"	"	30..	33..	38..	"	44..	"
12248	Carrées, bronze de nickel	"	"	"	"	32..	37..	46..	"	61..	"
12249	Rondes, cuivre poli, percées de deux trous	"	8.50	9.50	10.50	11.50	"	13.50	"	18..	27..
12250	Rondes, cuivre nickelé, percées de deux trous	"	23..	24..	25..	26..	"	28..	"	33.50	41.50

Rouannes pour tonnelier

N°		N°	1	2	3
12251	Manche corail, qualité ordinaire	La pièce	2.35	2.70	3..
12252	Manche corne	"	3.60	4..	4.50
12253	Manche ébène, fabrication soignée Recommandée	"	"	3.50	5.85

Roues de brouettes, tout en fer

N°			Diamètre c/m	40	45	50	55	60
		légères,	poids approximatif K°s	7	7,900	8,800	9,800	11
12254	avec arbre en fer et coussinets	1/2 légères	"	8	9	9,800	11	12
12255	avec longs moyeux percés	ordinaires	"	9	10	11	12,500	14
		renforcées	"	11	12,500	14	16	18

Poids des roues kilogs	7 à 7,900	8 à 9,900	10 à 11,900	12 à 14,900	15 à 20	21 et au-dessus
Les cent kilogs	72..	68..	66..	64..	62..	60..

Prix variable suivant quantité

421

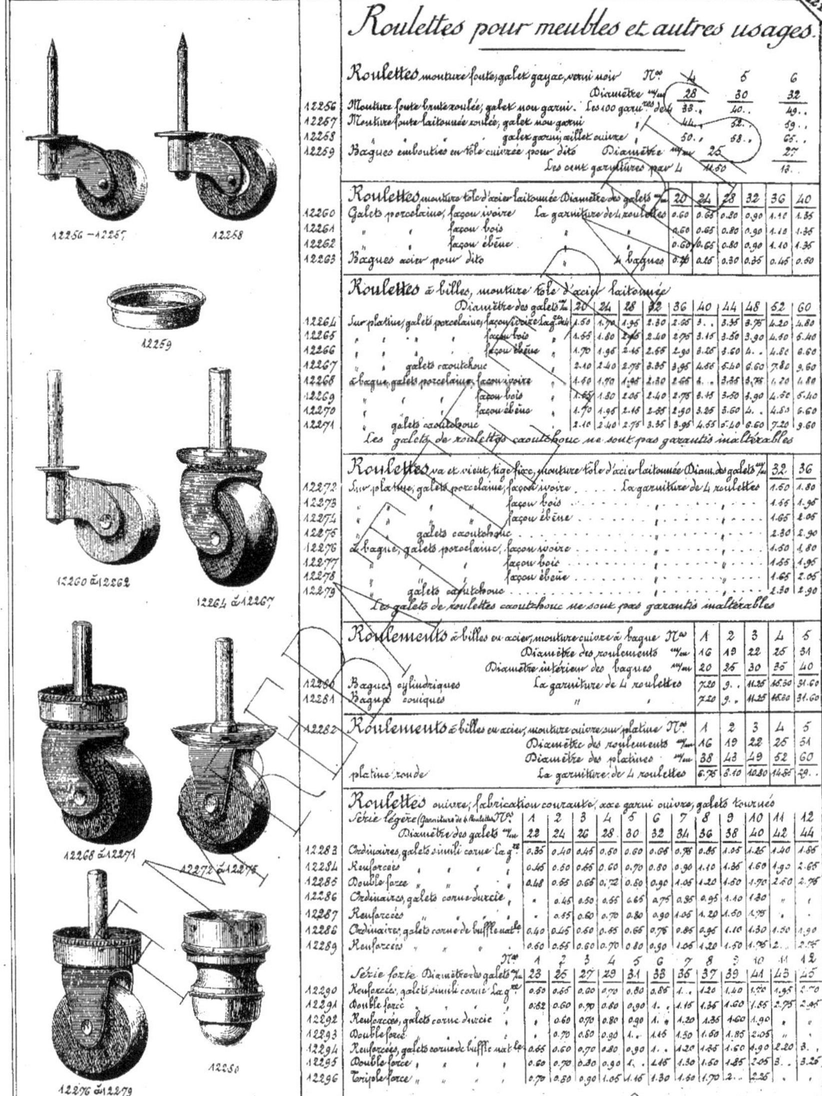

12256 – 12257 · 12258 · 12259 · 12260 à 12262 · 12264 à 12267 · 12268 à 12271 · 12272 à 12275 · 12276 à 12279 · 12280

Roulettes pour meubles et autres usages.

Roulettes monture fonte, galet gayac, verni noir

		N°s	4	5	6
		Diamètre m/m	28	30	32
12256	Monture fonte brute roulée, galet non garni.	Les 100 garnitures de 4	33..	40..	49..
12257	Monture fonte laitonnée roulée, galet non garni	"	44..	52..	59..
12258	" " " galet garni, œillet cuivre	"	50..	58..	65..
12259	Bagues embouties en tôle cuivrée pour dito	Diamètre m/m	25		27
		Les cent garnitures par 4	11.50		13..

Roulettes monture tôle d'acier laitonnée

		Diamètre des galets m/m	20	24	28	32	36	40
12260	Galets porcelaine, façon ivoire	La garniture de 4 roulettes	0.60	0.65	0.80	0.90	1.10	1.35
12261	" " façon bois	" "	0.60	0.65	0.80	0.90	1.10	1.35
12262	" " façon ébène	" "	0.60	0.65	0.80	0.90	1.10	1.35
12263	Bagues acier pour dito	" 4 bagues	0.20	0.25	0.30	0.35	0.45	0.50

Roulettes à billes, monture tôle d'acier laitonnée

		Diamètre des galets m/m	20	24	28	32	36	40	44	48	52	60
12264	Sur platine, galets porcelaine, façon ivoire	La garniture de 4	1.50	1.70	1.95	2.30	2.65	3..	3.35	3.75	4.20	4.80
12265	" " " " façon bois	"	1.65	1.80	2.05	2.40	2.75	3.15	3.50	3.90	4.50	5.40
12266	" " " " façon ébène	"	1.70	1.95	2.15	2.65	2.90	3.25	3.60	4..	4.80	5.60
12267	" " galets caoutchouc	"	2.10	2.40	2.75	3.35	3.95	4.55	5.40	6.60	7.80	9.60
12268	à bague, galets porcelaine, façon ivoire	"	1.50	1.70	1.95	2.30	2.65	3..	3.35	3.75	4.20	4.80
12269	" " " façon bois	"	1.65	1.80	2.05	2.40	2.75	3.15	3.50	3.90	4.50	5.40
12270	" " " façon ébène	"	1.70	1.95	2.15	2.65	2.90	3.25	3.60	4..	4.80	5.60
12271	" galets caoutchouc	"	2.10	2.40	2.75	3.35	3.95	4.55	5.40	6.60	7.20	9.60

Les galets de roulettes caoutchouc ne sont pas garantis inaltérables

Roulettes va et vient, tige fixe, monture tôle d'acier laitonnée

		Diam. des galets m/m	32	36
12272	Sur platine, galets porcelaine, façon ivoire	La garniture de 4 roulettes	1.50	1.80
12273	" " " façon bois	" "	1.55	1.95
12274	" " " façon ébène	" "	1.65	2.05
12275	" galets caoutchouc	" "	2.30	2.90
12276	à bague, galets porcelaine, façon ivoire	" "	1.50	1.80
12277	" " " façon bois	" "	1.55	1.95
12278	" " " façon ébène	" "	1.65	2.05
12279	" galets caoutchouc	" "	2.30	2.90

Les galets de roulettes caoutchouc ne sont pas garantis inaltérables

Roulements à billes en acier, monture cuivre à bague

		N°s	1	2	3	4	5
		Diamètre des roulements m/m	16	19	22	25	31
		Diamètre intérieur des bagues m/m	20	25	30	35	40
12280	Bagues cylindriques	La garniture de 4 roulettes	7.20	9..	11.25	15.30	31.60
12281	Bagues coniques	" "	7.20	9..	11.25	15.30	31.60

Roulements à billes en acier, monture cuivre sur platine

		N°s	1	2	3	4	5
12282		Diamètre des roulements m/m	16	19	22	25	31
		Diamètre des platines m/m	38	43	49	52	60
	platine ronde	La garniture de 4 roulettes	6.75	8.10	10.80	14.85	29..

Roulettes cuivre, fabrication courante, axe garni cuivre, galets tournés

	Série légère (Garniture de 4 Roulettes) N°s	1	2	3	4	5	6	7	8	9	10	11	12
	Diamètre des galets m/m	22	24	26	28	30	32	34	36	38	40	42	44
12283	Ordinaires, galets simili corne La garniture	0.35	0.40	0.45	0.50	0.60	0.65	0.75	0.85	1.05	1.25	1.40	1.85
12284	Renforcées " " "	0.45	0.50	0.55	0.60	0.70	0.80	0.90	1.10	1.35	1.60	1.90	2.65
12285	Double force " " "	0.48	0.55	0.65	0.72	0.80	0.90	1.05	1.20	1.50	1.70	2.50	2.75
12286	Ordinaires, galets corne durcie "	"	0.45	0.50	0.55	0.65	0.75	0.85	0.95	1.10	1.30	"	"
12287	Renforcées " " "	"	0.55	0.60	0.70	0.80	0.90	1.05	1.20	1.50	1.75	"	"
12288	Ordinaires, galets corne de buffle naturelle	0.40	0.45	0.50	0.55	0.65	0.75	0.85	0.95	1.10	1.30	1.50	1.90
12289	Renforcées " " "	0.50	0.55	0.60	0.70	0.80	0.90	1.05	1.20	1.50	1.75	2..	2.75
	N°s	1	2	3	4	5	6	7	8	9	10	11	12
	Série forte Diamètre des galets m/m	23	25	27	29	31	33	35	37	39	41	43	45
12290	Renforcées, galets simili corne La garniture	0.50	0.55	0.60	0.70	0.80	0.85	1..	1.20	1.40	1.70	1.95	2.70
12291	Double force " " "	0.52	0.60	0.70	0.80	0.90	1..	1.15	1.35	1.60	1.85	2.75	2.95
12292	Renforcées, galets corne durcie "	"	0.60	0.70	0.80	0.90	1..	1.20	1.35	1.60	1.90	"	"
12293	Double force " " "	"	0.70	0.80	0.90	1..	1.15	1.30	1.50	1.85	2.05	"	"
12294	Renforcées, galets corne de buffle naturelle	0.55	0.60	0.70	0.80	0.90	1..	1.20	1.35	1.60	1.90	2.20	3..
12295	Double force " " "	0.60	0.70	0.80	0.90	1..	1.15	1.30	1.50	1.85	2.05	3..	3.25
12296	Triple force " " "	0.70	0.80	0.90	1.05	1.15	1.30	1.50	1.70	2..	2.25	"	"

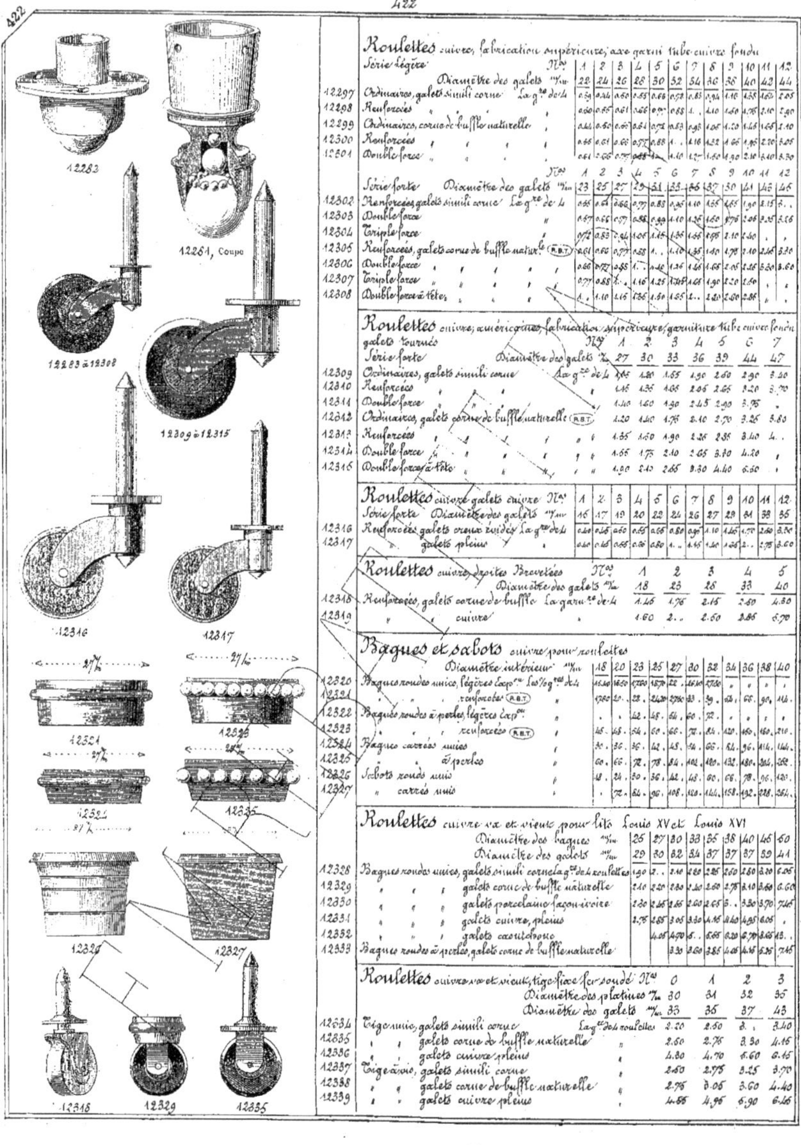

Roulettes cuivre, fabrication supérieure, axe garni tube cuivre fondu

Série légère

		1	2	3	4	5	6	7	8	9	10	11	12
	Diamètre des galets m/m	22	24	26	28	30	32	34	36	38	40	42	44
12297	Ordinaires, galets simili corne — La g^{re} de 4	0.39	0.44	0.50	0.55	0.66	0.72	0.83	0.94	1.10	1.38	1.62	2.05
12298	Renforcées « « « «	0.50	0.55	0.61	0.66	0.77	0.88	1. .	1.10	1.50	1.75	2.10	2.90
12299	Ordinaires, corne de buffle naturelle «	0.44	0.50	0.55	0.61	0.72	0.83	0.93	1.05	1.20	1.46	1.65	2.10
12300	Renforcées « « « «	0.55	0.61	0.66	0.77	0.88	1. .	1.16	1.32	1.65	1.95	2.20	3.05
12301	Double force « « « «	0.61	0.66	0.77	0.88	1. .	1.10	1.25	1.50	1.90	2.10	2.40	3.30

Série forte

		1	2	3	4	5	6	7	8	9	10	11	12
	Diamètre des galets m/m	23	25	27	29	31	33	35	37	39	41	43	45
12302	Renforcées, galets simili corne — La g^{re} de 4	0.55	0.61	0.66	0.77	0.88	0.95	1.10	1.55	1.65	1.90	2.15	3. .
12303	Double force «	0.57	0.66	0.77	0.88	0.99	1.10	1.26	1.60	1.75	2.06	2.35	3.56
12304	Triple force «	0.72	0.83	0.94	1.05	1.15	1.35	1.65	1.95	2.10	2.40	«	«
12305	Renforcées, galets corne de buffle natur.^{le} (R.B.T.)	0.61	0.66	0.77	0.88	1. .	1.10	1.35	1.50	1.75	2.10	2.45	3.30
12306	Double force « « « « «	0.66	0.72	0.88	1. .	1.10	1.26	1.46	1.65	2.05	2.26	3.20	3.60
12307	Triple force « « « « «	0.77	0.88	1. .	1.16	1.25	1.45	1.65	1.90	2.20	2.60	«	«
12308	Double force à tête « « « «	1. .	1.10	1.15	1.36	1.50	1.65	2. .	2.20	2.60	2.86	«	«

Roulettes cuivre, américaines, fabrication supérieure, garniture tube cuivre fondu galets tournés

Série forte

		1	2	3	4	5	6	7
	Diamètre des galets m/m	27	30	33	36	39	44	47
12309	Ordinaires, galets simili corne — La g^{re} de 4	1.05	1.20	1.55	1.90	2.50	2.90	3.40
12310	Renforcées « « « «	1.15	1.35	1.65	2.05	2.65	3.20	3.70
12311	Double force « « « «	1.40	1.60	1.90	2.45	2.90	3.75	«
12312	Ordinaires, galets corne de buffle naturelle (R.B.T.)	1.20	1.40	1.75	2.10	2.70	3.25	3.80
12313	Renforcées « « « «	1.35	1.50	1.90	2.25	2.85	3.40	4. .
12314	Double force « « « «	1.55	1.75	2.10	2.65	3.10	4.20	«
12315	Double force à tête « « « «	1.90	2.10	2.65	3.30	4.40	5.50	«

Roulettes cuivre galets cuivre

Série forte

		1	2	3	4	5	6	7	8	9	10	11	12
	Diamètre des galets m/m	15	17	19	20	22	24	26	27	29	31	33	35
12316	Renforcées galets creux évidés — La g^{re} de 4	0.40	0.45	0.50	0.55	0.65	0.80	0.90	1.10	1.45	1.70	2.50	3.30
12317	« galets pleins «	0.40	0.45	0.55	0.65	0.80	1. .	1.15	1.40	1.65	2. .	2.75	3.60

Roulettes cuivre, droites Brevetées

		1	2	3	4	5
	Diamètre des galets m/m	18	23	28	33	40
12318	Renforcées, galets corne de buffle — La garn.^{re} de 4	1.45	1.75	2.15	2.50	4.30
12319	« « cuivre «	1.60	2. .	2.50	2.85	5.70

Bagues et sabots cuivre pour roulettes

	Diamètre intérieur m/m	18	20	23	25	27	30	32	34	36	38	40
12320	Bagues rondes unies, légères Exp.^{on} — Les % g^{res} de 4	15.40	16.50	17.60	18.70	22.	26.40	27.50	«	«	«	«
12321	« « « renforcées (R.B.T.) «	17.60	20. .	22.	24.20	27.60	33.	39.	52.	66.	90.	114.
12322	Bagues rondes à perles, légères Exp.^{on} «	«	«	42.	48.	54.	60.	72.	«	«	«	«
12323	« « « renforcées (R.B.T.) «	45.	48.	54.	60.	66.	72.	84.	120.	150.	160.	210.
12324	Bagues carrées unies «	30.	36.	36.	42.	48.	54.	66.	84.	96.	114.	144.
12325	« « à perles «	60.	66.	72.	78.	84.	102.	120.	132.	180.	204.	252.
12326	Sabots ronds unis «	18.	24.	30.	36.	42.	48.	60.	66.	78.	96.	120.
12327	« carrés unis «	«	72.	84.	96.	108.	120.	144.	158.	192.	228.	264.

Roulettes cuivre v.x et vieux pour lits Louis XV et Louis XVI

	Diamètre des bagues m/m	25	27	30	33	35	38	40	45	50
	Diamètre des galets m/m	29	30	32	34	37	37	37	39	41
12328	Bagues rondes unies, galets simili corne la g^{re} de 4 roulettes	1.90	2. .	2.10	2.20	2.25	2.50	2.80	3.20	6.05
12329	« « « galets corne de buffle naturelle	2.10	2.20	2.30	2.40	2.60	2.75	3.10	3.50	6.60
12330	« « « galets porcelaine façon ivoire	2.30	2.45	2.55	2.60	2.65	3. .	3.30	3.70	7.45
12331	« « « galets cuivre, pleins	2.75	2.85	3.05	3.30	4.15	4.40	4.95	6.05	«
12332	« « « galets caoutchouc		4.05	4.70	5. .	5.55	6.20	6.70	8.65	13. .
12333	Bagues rondes à perles, galets corne de buffle naturelle			3.30	3.60	3.85	4.05	4.15	5.25	7.45

Roulettes cuivre v.x et vieux, tige fixe fer soudé

		0	1	2	3
	Diamètre des platines m/m	30	31	32	35
	Diamètre des galets m/m	33	35	37	43
12334	Tige unie, galets simili corne — La g^{re} de 4 roulettes	2.20	2.50	3. .	3.40
12335	« « galets corne de buffle naturelle «	2.50	2.75	3.30	4.15
12336	« « galets cuivre pleins «	4.30	4.70	5.60	6.15
12337	Tige à vis, galets simili corne «	2.50	2.75	3.25	3.70
12338	« « galets corne de buffle naturelle «	2.75	3.05	3.60	4.40
12339	« « galets cuivre pleins «	4.55	4.95	5.90	6.45

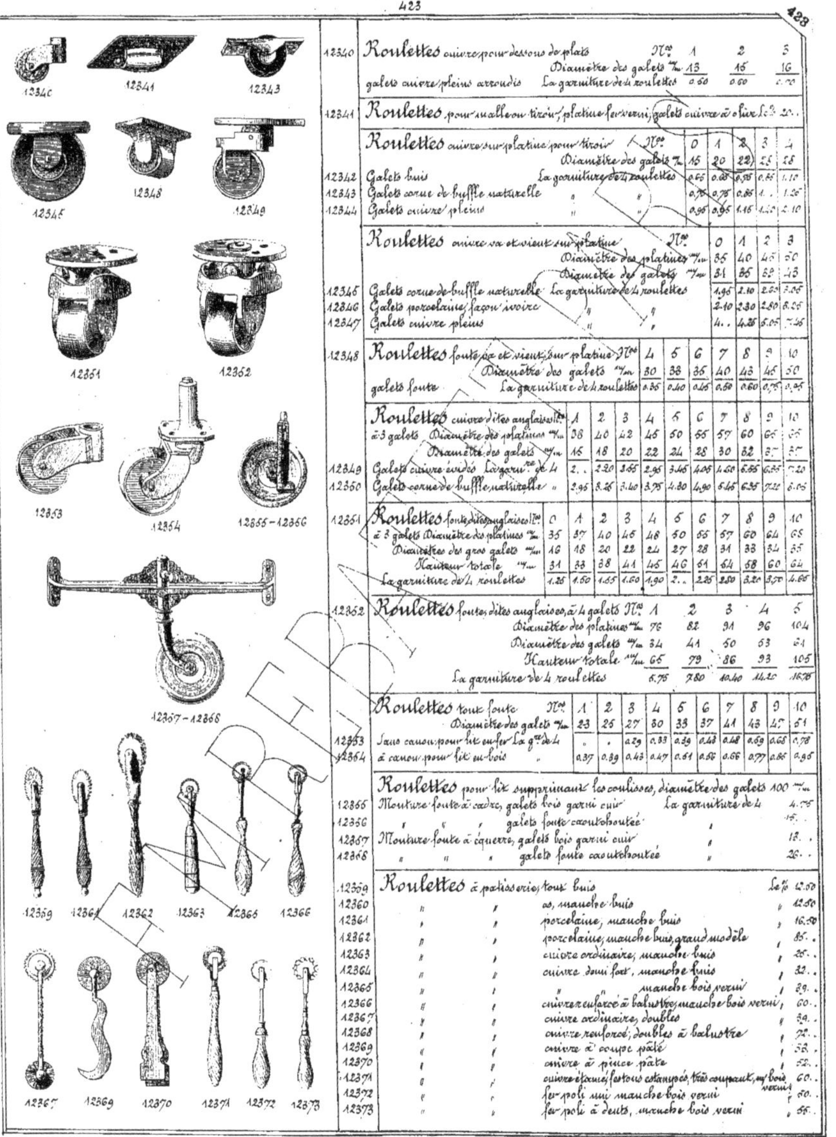

	Roulettes cuivre pour dessous de plats	N[os]	1	2	3
12340		Diamètre des galets m/m	13	15	16
	galets cuivre pleins arrondis	La garniture de 4 roulettes	0.50	0.60	0.70

12341 **Roulettes** pour malle ou tiroir, platine fer verni, galets cuivre à olive La d[zne] 20..

	Roulettes cuivre sur platine pour tiroir	N[os]	0	1	2	3	4
		Diamètre des galets m/m	15	20	22	25	28
12342	Galets buis	La garniture de 4 roulettes	0.65	0.68	0.75	0.85	1.10
12343	Galets corne de buffle naturelle	"	0.70	0.75	0.85	1..	1.25
12344	Galets cuivre pleins	"	0.95	0.95	1.15	1.40	2.10

	Roulettes cuivre va et vient sur platine	N[os]	0	1	2	3
		Diamètre des platines m/m	35	40	45	50
		Diamètre des galets m/m	31	35	39	43
12345	Galets corne de buffle naturelle	La garniture de 4 roulettes	1.95	2.10	2.50	3.05
12346	Galets porcelaine façon ivoire	"	2.10	2.30	2.80	3.25
12347	Galets cuivre pleins	"	4..	4.25	5.05	7.45

	Roulettes fonte va et vient sur platine	N[os]	4	5	6	7	8	9	10
12348		Diamètre des galets m/m	30	33	35	40	43	45	50
	galets fonte	La garniture de 4 roulettes	0.35	0.40	0.45	0.50	0.60	0.75	0.95

	Roulettes cuivre dites anglaises à 3 galets	N[os]	1	2	3	4	5	6	7	8	9	10
		Diamètre des platines m/m	38	40	42	45	50	55	57	60	65	65
		Diamètre des galets m/m	15	18	20	22	24	28	30	32	35	35
12349	Galets cuivre évidés	La garn[re] de 4	2..	2.20	2.55	2.95	3.45	4.05	4.60	5.55	6.35	7.20
12350	Galets corne de buffle naturelle	"	2.95	3.25	3.40	3.75	4.30	4.90	5.45	6.35	7.20	8.05

	Roulettes fonte dites anglaises à 3 galets	N[os]	0	1	2	3	4	5	6	7	8	9	10
12351		Diamètre des platines m/m	35	37	40	45	48	50	55	57	60	64	65
		Diamètres des gros galets m/m	16	18	20	22	24	27	28	31	33	34	35
		Hauteur totale m/m	31	33	38	41	45	46	51	54	58	60	64
		La garniture de 4 roulettes	1.25	1.50	1.65	1.60	1.90	2..	2.25	2.50	3.20	3.50	4.65

	Roulettes fontes, dites anglaises, à 4 galets	N[os]	1	2	3	4	5
12352		Diamètre des platines m/m	76	82	91	96	104
		Diamètre des galets m/m	34	41	50	53	61
		Hauteur totale m/m	65	79	86	93	105
		La garniture de 4 roulettes	6.75	7.80	10.40	14.20	16.75

	Roulettes tout fonte	N[os]	1	2	3	4	5	6	7	8	9	10
		Diamètre des galets m/m	23	25	27	30	33	37	41	43	47	51
12353	Sans canon pour lit en fer	La g[re] de 4	"	"	0.29	0.33	0.39	0.43	0.48	0.59	0.68	0.78
12354	à canon pour lit en bois	"	0.37	0.39	0.43	0.47	0.51	0.56	0.66	0.77	0.85	0.95

Roulettes pour lit supprimant les coulisses, diamètre des galets 100 m/m

12355	Monture fonte à cadre, galets bois garni cuir	La garniture de 4	4.75
12356	" " " galets fonte caoutchoutée	"	15..
12357	Monture fonte à équerre, galets bois garni cuir	"	18..
12358	" " " galets fonte caoutchoutée	"	26..

12359	**Roulettes** à pâtisserie, tout buis	La %	12.50
12360	" " os, manche buis	"	12.50
12361	" " porcelaine, manche buis	"	16.50
12362	" " porcelaine, manche buis, grand modèle	"	85..
12363	" " cuivre ordinaire, manche buis	"	25..
12364	" " cuivre demi fort, manche buis	"	32..
12365	" " " " manche bois verni	"	39..
12366	" " cuivre renforcé à balustre, manche bois verni	"	60..
12367	" " cuivre ordinaire, doubles	"	39..
12368	" " cuivre renforcé, doubles à balustre	"	72..
12369	" " cuivre à coupe pâte	"	58..
12370	" " cuivre à pince pâte	"	52..
12371	" " cuivre étamé, festons estampés, très coupant, m[che] bois verni	"	60..
12372	" " fer poli uni manche bois verni	"	50..
12373	" " fer poli à dents, manche bois verni	"	55..

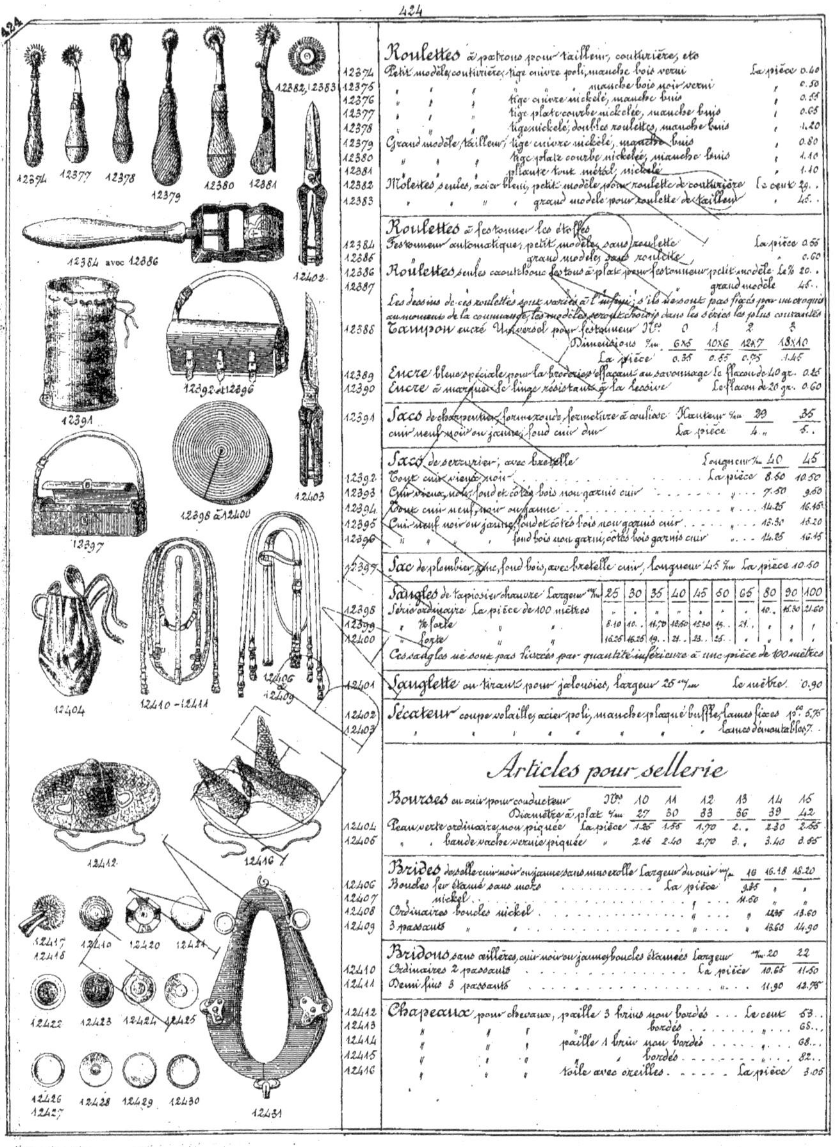

Roulettes à patrons pour tailleur, couturière, etc.

12374 Petit modèle contirière, tige cuivre poli, manche bois verni — La pièce 0.40
12375 " " " manche bois noir verni — " 0.50
12376 " " " tige cuivre nickelé, manche buis — " 0.55
12377 " " " tige plate courbe nickelée, manche buis — " 0.65
12378 " " " tige nickelé, doubles roulettes, manche buis — " 1.20
12379 Grand modèle, tailleur, tige cuivre nickelé, manche buis — " 0.80
12380 " " " tige plate courbe nickelée, manche buis — " 1.10
12381 " " " plaute tout métal nickelé — " 1.10
12382 Molettes seules, acier bleui, petit modèle pour roulette de couturière — Le cent 29..
12383 " " " " grand modèle pour roulette de tailleur — " 45..

Roulettes à festonner les étoffes

12384 Festonneur automatique, petit modèle, sans roulette — La pièce 0.55
12385 grand modèle, sans roulette — " 0.60
12386 **Roulettes** seules caoutchouc festons à plat pour festonneur petit modèle — Le % 20..
12387 grand modèle — 45..

Les dessins de ces roulettes sont variés à l'infini; s'ils ne sont pas fixés par un croquis au moment de la commande, les modèles seront choisis dans les séries les plus courantes

12388 **Tampon** encré Universel pour festonneur

N^os	0	1	2	3
Dimensions m/m	6x5	10x6	12x7	18x10
La pièce	0.35	0.55	0.75	1.45

12389 **Encre** bleue spéciale pour la broderie, s'effaçant au savonnage — le flacon de 40 gr. 0.25
12390 **Encre** à marquer le linge résistant à la lessive — Le flacon de 20 gr. 0.60

12391 **Saco** de charpentier, forme ronde, fermeture à coulisse, cuir neuf noir ou jaune, fond cuir dur

Hauteur m/m	29	35
La pièce	4..	5..

Saco de serrurier; avec bretelle

		Longueur m/m 40	45
12392	Tout cuir vieux noir	La pièce 8.50	10.50
12393	Cuir vieux, noir, fond et côtés bois non garnis cuir	" 7.50	9.50
12394	Tout cuir neuf, noir ou jaune	" 14.25	16.45
12395	Cuir neuf noir ou jaune, fond et côtés bois non garnis cuir	" 13.30	15.20
12396	" " " " fond bois non garni, côtés bois garnis cuir	" 14.25	16.15

12397 **Sac** de plombier, zinc, fond bois, avec bretelle cuir, longueur 45 m/m — La pièce 10.50

Sangles de tapissier chanvre

	Largeur m/m	25	30	35	40	45	50	65	80	90	100
12398	Série ordinaire La pièce de 100 mètres	"	"	"	"	"	"	"	10..	15.30	21.60
12399	" ½ forte " "	8.10	10..	11.70	13.50	15.30	15..	21..	"	"	"
12400	" forte " "	16.25	16.25	19..	21..	23..	25..	"	"	"	"

Ces sangles ne sont pas livrées par quantité inférieure à une pièce de 100 mètres

12401 **Sanglette** ou tirant pour jalousies, largeur 25 m/m — Le mètre 0.90

12402 **Sécateur** coupe volailles, acier poli, manche plaqué buffle, lames fixes — 1^ce 5.75
12403 " " " " " " lames démontables 7..

Articles pour sellerie

Bourses en cuir pour conducteur

		N^os	10	11	12	13	14	15
		Diamètre à plat m/m	27	30	33	36	39	42
12404	Peau verte ordinaire, non piquée	La pièce	1.25	1.55	1.70	2..	2.30	2.55
12405	" " bande vache vernie piquée	"	2.16	2.40	2.70	3..	3.40	3.65

Brides de selle cuir noir ou jaune sans muserolle

		Largeur du cuir m/m	16	16.18	18.20
12406	Boucles fer étamé sans mors	La pièce	9.25	"	"
12407	" nickel	"	11.50	"	"
12408	Ordinaires boucles nickel	"	"	12.35	13.60
12409	3 passants " "	"	"	13.60	14.90

Bridons sans œillères, cuir noir ou jaune, boucles étamées

		Largeur m/m	20	22
12410	Ordinaires 2 passants	La pièce	10.65	11.50
12411	Demi fins 3 passants	"	11.90	12.75

12412 **Chapeaux** pour chevaux, paille 3 brins non bordés — Le cent 53..
12413 " " " bordés — " 65..
12414 " " " paille 1 brin non bordés — " 68..
12415 " " " bordés — " 82..
12416 " " " toile avec oreilles — La pièce 3.05

12433 12434 12435 12436 12437 12438 12439 12440 12441 12442 12443 12444 12445

12447 12448 12449 12450 12451 12458

12417 **Cocardes** rondes pour frontaux, laine ordinaire, une ou deux couleurs Les % paires 95..
12418 " " " " " étalon " " " " 190..

12419 **Cocardes** pour frontaux, cuir découpé, rondes . . . . . . Les % p^res 40..
12420 " " " " " octogones . . . . . . " 95..
12421 " " " " " rondes, maroquin uni . . . . . . " 111..
12422 " " " " " rondes contournées ordinaires, bord laiton, 44..
12423 " " " " " " à clous et œils . 71..

Cocardes pour frontaux, cuivre repoussé

			poli	nickelé
12424	Rondes unies	Les cent paires	44..	87..
12425	" à boutons	" "	55..	95..

Cocardes pour frontaux, cuivre fondu

			poli	nickelé
12426	Rondes unies, ordinaires	Les cent paires	44..	87..
12427	" " fortes	" "	48..	110..
12428	" " à boutons	" "	71..	120..
12429	" " à biseau	" "	87..	158..
12430	" " à perles	" "	235..	340..

Colliers métalliques pour chevaux, en tôle d'acier suffisamment élastique pour amortir les chocs et éviter les blessures; surfaces de contact zinguées, polies, pointure variable de 5 m/m environ permettant de les ajuster exactement à l'encolure du cheval.

		Nos	1	2	3	4	6	8
		pour	petits poneys	poneys	petits chevaux	omnibus	tombereaux	fardiers
	Hauteur moyenne L	m/m	395	425	470	605	605	575
	Largeur A	"	185	195	205	210	240	275
	Largeur B	"	100	100	100	130	130	130
	Poids approximatif	kilogs	3	4,250	5	7	9	11
12431	avec barre de retenue	La pièce	51..	53..	58..	61..	69..	80..
	Emaillés noirs en plus	"	3.20	3.20	3.20	3.20	3.20	3.20

12432 Clés pour le démontage et le remontage des colliers . . . La pièce 0.50
Bien spécifier en commandant la hauteur L, la largeur B prises à la hauteur des anneaux de rênes et la largeur A prise à la hauteur des crochets d'attelage.

12433 **Cravaches** rotin, coton, 1 bouton . . . . Le cent 43..
12434 " " " garnitures cuivre nickelé . . . . . . " 64..
12435 " " " " " " poignée mouton roulé 92..
12436 " " " " " " avec ornement La p^ce 1.30
12437 " " " " " " poignée noire " 1.50
12438 " " " garniture tête de cheval nickelée . . . . " 1.70
12439 " " fil, garniture vieil argent . . . . . . " 2.15
12440 " " cuir vert, garniture maillechort . . . . . " 2.55

12441 **Cravaches** Perpignan cordé naturel, sans culot . . . La pièce 1.90
12442 " " cordé naturel verni avec culot . . . . " . . . 3..
12443 " fil et acier sans poignée . . . . " . . . 3..
12444 " filandre et rotin avec poignée . . . . . . " . . . 6.40
12445 " filandre et baleine avec poignée . . . . . " . . . 7.25

12446 **Fouet** de charretier, rotin brut, monture en 3 brins La pièce 1..
12447 " " rotin ½ verni " " " 1.06
12448 " " rotin fantaisie " " " 1.55
12449 " " Perpignan extra " " " 1.50
12450 " " Perpignan cordé " " " 1.95
12451 " " jonc, bague et culot métal, monture en 8 brins 1.95

Fouets à la Française
12452 Jonc fantaisie, couleurs assorties . . . . La pièce 1.65
12453 Nonancourt, poignée porc . . . . " 1.90
12454 Perpignan noir, poignée porc . . . . " 2.25
12455 Rotin tressé fil, bague et culot métal . . . . . . " 2.65
12456 Perpignan verni, poignée porc, bague et culot métal . . . " 3.10

Fouets monture anglaise
12457 Jonc fantaisie, couleurs assorties . . . . La pièce 2..
12458 Rotin ordonnance . . . . " 2.05
12459 Jonc naturel, bague et culot métal . . . . " 2.75
12460 Jonc noir, 5 bagues et culot métal . . . . " 3.15
12461 Rotin tressé fil, bague et culot métal . . . . . . " 3.50
12462 Jonc sculpté façon épines culot métal . . . . . . " 4.90
12463 " " jaune paille culot métal . . . . " . . . . 6..
12464 " " façon houx bague et culot métal . . . . . " 6.50

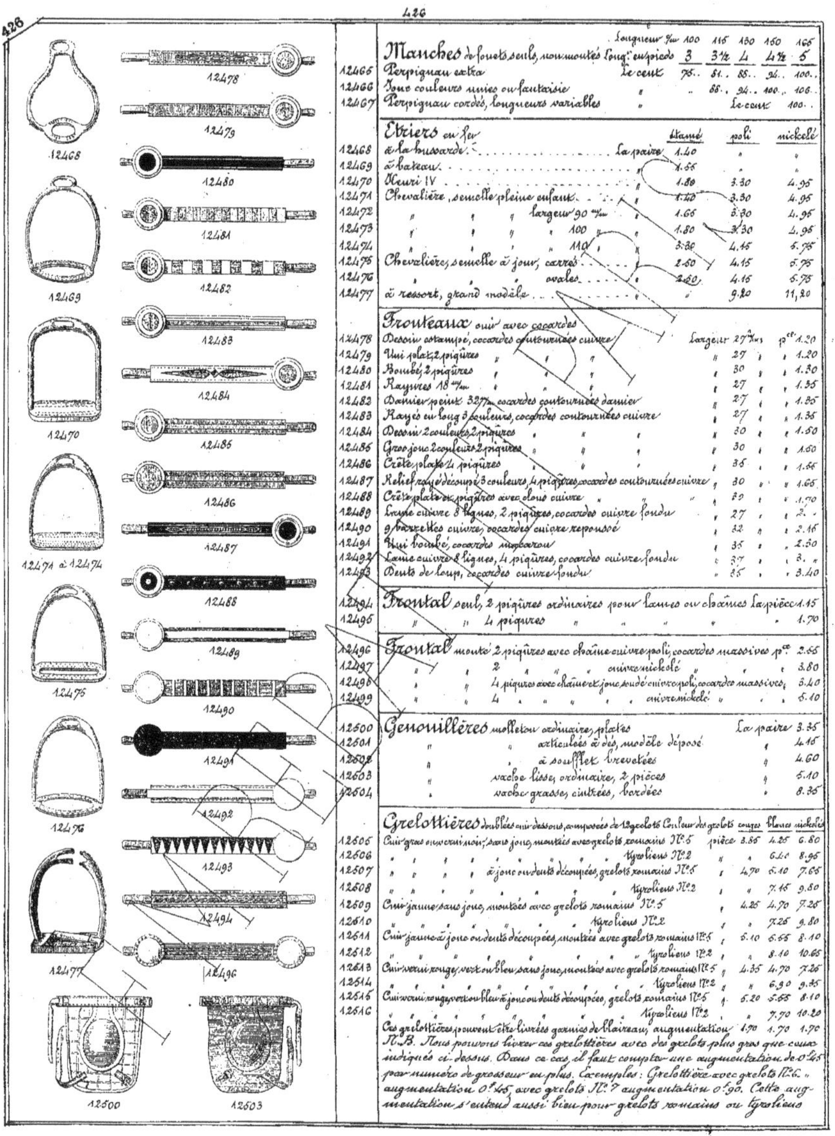

	Manches de fouets seuls, non montés	Longueur m/m	100	115	130	150	165
		Long.r en pieds	3	3 ½	4	4 ½	5
12465	Perpignan extra	Le cent	75..	81..	88..	94..	100..
12466	Jonc couleurs unies ou fantaisie	"	..	88..	94..	100..	106..
12467	Perpignan cordés, longueurs variables	"				Le cent	100..

	Etriers en fer		étamé	poli	nickelé
12468	à la hussarde	La paire	1.40	"	"
12469	à bateau	"	1.55	"	"
12470	Henri IV	"	1.80	3.30	4.95
12471	Chevalière, semelle pleine enfant	"	1.40	3.30	4.95
12472	" " " largeur 90 m/m	"	1.65	3.30	4.95
12473	" " " " 100	"	1.80	3.30	4.95
12474	" " " " 110	"	3.30	4.15	5.75
12475	Chevalière, semelle à jour, carrés	"	2.50	4.15	5.75
12476	" " " ovales	"	2.50	4.15	5.75
12477	à ressort, grand modèle	"	"	9.20	11,20

	Fronteaux cuir avec cocardes		Largeur			
12478	Dessin estampé, cocardes contournées cuivre	Largeur	27 m/m		p.ce	1.20
12479	Uni plat, 2 piqûres " " "	"	27	"	"	1.20
12480	Bombé, 2 piqûres " " "	"	30	"	"	1.30
12481	Rayures 18 m/m " " "	"	27	"	"	1.35
12482	Damier peint 32 m/m cocardes contournées damier	"	27	"	"	1.35
12483	Rayés en long 3 couleurs, cocardes contournées cuivre	"	27	"	"	1.35
12484	Dessin 2 couleurs, 2 piqûres " " "	"	30	"	"	1.50
12485	Gros jonc 2 couleurs 2 piqûres " " "	"	30	"	"	1.50
12486	Crête plate 4 piqûres " " "	"	35	"	"	1.55
12487	Relief rayé découpé 3 couleurs, 4 piqûres, cocardes contournées cuivre	"	30	"	"	1.65
12488	Crête plate et piqûres avec clous cuivre " " "	"	30	"	"	1.70
12489	Lame cuivre 8 lignes, 2 piqûres, cocardes cuivre fondu	"	27	"	"	2. "
12490	9 barrettes cuivre, cocardes cuivre repoussé	"	32	"	"	2.15
12491	Uni bombé, cocardes macaron	"	35	"	"	2.50
12492	Lame cuivre 8 lignes, 4 piqûres, cocardes cuivre fondu	"	37	"	"	3. "
12493	Dents de loup, cocardes cuivre fondu	"	35	"	"	3.40

12494	**Frontal** seul, 2 piqûres ordinaires pour lames ou chaînes La pièce	1.15
12495	" " 4 piqûres " " " " "	1.70

12496	**Frontal** monté 2 piqûres avec chaîne cuivre poli, cocardes massives p.ce	2.55
12497	" " 2 " " " cuivre nickelé " " "	3.80
12498	" " 4 piqûres avec chaîne et jonc soudé cuivre poli, cocardes massives "	3.40
12499	" " 4 " " " " " cuivre nickelé " " "	5.10

12500	**Genouillères** molleton ordinaire, plates	La paire	3.35
12501	" " articulées à dés, modèle déposé	"	4.15
12502	" " à soufflet brevetées	"	4.60
12503	" vache lisse, ordinaire, 2 pièces	"	5.10
12504	" vache grasse, cintrées, bordées	"	8.35

	Grelottières doublées cuir dessous, composées de 12 grelots Couleur des grelots		rouges	blancs	nickelés
12505	Cuir gras ou verni noir, sans jonc, montées avec grelots romains N.o 5	pièce	3.85	4.25	6.80
12506	" " " " " " " " " tyroliens N.o 2	"	"	6.40	8.95
12507	" " " " à jonc ou dents découpées, grelots romains N.o 5	"	4.70	5.10	7.65
12508	" " " " " " " " tyroliens N.o 2	"	"	7.15	9.80
12509	Cuir jaune sans jonc, montées avec grelots romains N.o 5	"	4.25	4.70	7.25
12510	" " " " " " " tyroliens N.o 2	"	"	7.25	9.80
12511	Cuir jaune à jonc ou dents découpées, montées avec grelots romains N.o 5	"	5.10	5.55	8.10
12512	" " " " " " " " tyroliens N.o 2	"	"	8.10	10.65
12513	Cuir verni rouge, vert ou bleu sans jonc, montées avec grelots romains N.o 5	"	4.35	4.70	7.25
12514	" " " " " " " " " " tyroliens N.o 2	"	"	6.90	9.35
12515	Cuir verni rouge, vert ou bleu à jonc ou dents découpées, grelots romains N.o 5	"	5.20	5.65	8.10
12516	" " " " " " " " " tyroliens N.o 2	"	"	7.70	10.20
	Ces grelottières peuvent être livrées garnies de blaireau, augmentation		1.70	1.70	1.70

N.B. Nous pouvons livrer ces grelottières avec des grelots plus gros que ceux indiqués ci-dessus. Dans ce cas, il faut compter une augmentation de 0f.45 par numéro de grosseur en plus. Exemples : Grelottière avec grelots N.o 6 " augmentation 0f.45, avec grelots N.o 7 augmentation 0f.90. Cette augmentation s'entend aussi bien pour grelots romains ou tyroliens

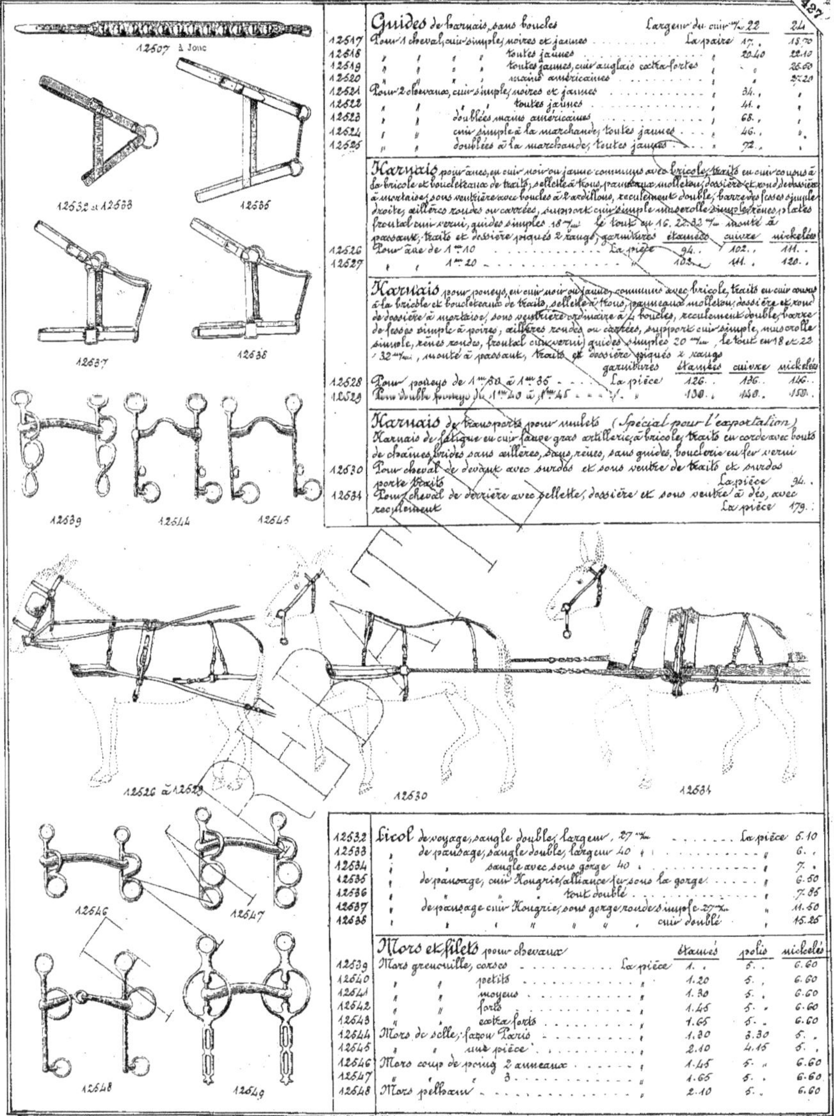

Guides de harnais, sans boucles

		Largeur du cuir m/m 22	24
12517	Pour 1 cheval, cuir simple, noires et jaunes . . . . . . La paire	17. .	18.70
12518	″ ″ ″ ″ toutes jaunes . . . . . . ″	20.40	22.10
12519	″ ″ ″ ″ toutes jaunes, cuir anglais extra fortes ″	″	26.60
12520	″ ″ ″ ″ mains américaines . . . . . . ″	″	27.20
12521	Pour 2 chevaux, cuir simple, noires et jaunes . . . . . . ″	34. .	″
12522	″ ″ ″ ″ toutes jaunes . . . . . . ″	41. .	″
12523	″ ″ doublées mains américaines . . . . . . ″	68. .	″
12524	″ ″ cuir simple à la marchande, toutes jaunes . . . ″	46. .	″
12525	″ ″ doublées à la marchande, toutes jaunes . . . ″	72. .	″

Harnais pour ânes, en cuir noir ou jaune communs avec bricole, traits en cuir cousus à la bricole et bouclateaux de traits, sellette à trous, panneaux molleton, dossière et rond de dossière à mortaise, sous ventrière avec boucles à 2 ardillons, reculement double, barre de fesses simple droite, œillères rondes ou carrées, support cuir simple, muserolle simple, rênes plates, frontal cuir verni, guides simples 18 m/m le tout en 16. 22. 32 m/m monté à passant, traits et dossière piqués 2 rangs,

	garnitures	étamées	cuivre	nickelées
12526	Pour âne de 1m 10 . . . . . . La pièce	94. .	102. .	111. .
12527	″ ″ 1m 20 . . . . . . ″	103. .	111. .	120. .

Harnais pour poneys, en cuir noir ou jaune, communs avec bricole, traits en cuir cousus à la bricole et bouclateaux de traits, sellette à trous, panneaux molleton, dossière et rond de dossière à mortaise, sous ventrière ordinaire à 4 boucles, reculement double, barre de fesses simple à poires, œillères rondes ou carrées, support cuir simple, muserolle simple, rênes rondes, frontal cuir verni, guides simples 20 m/m, le tout en 18 et 22 32 m/m, monté à passant, traits et dossière piqués 2 rangs

	garnitures	étamées	cuivre	nickelées
12528	Pour poneys de 1m 30 à 1m 35 . . . La pièce	126. .	136. .	146. .
12529	Pour double poneys de 1m 40 à 1m 45 . . . ″	130. .	140. .	150. .

Harnais de transports pour mulets (Spécial pour l'exportation)

Harnais de fatigue en cuir fauve gras artillerie, à bricole, traits en corde avec bouts de chaînes, brides sans œillères, sans rênes, sans guides, bouclerie en fer verni

12530 Pour cheval de devant avec surdos et sous ventre de traits et surdos porte traits . . . La pièce 94. .

12531 Pour cheval de derrière avec sellette, dossière et sous ventre à dés, avec reculement . . . La pièce 179. .

Licol

12532	Licol de voyage, sangle double, largeur, 27 m/m . . . . . . La pièce	6.10
12533	″ de pansage, sangle double, largeur 40 . . . . . . ″	6. .
12534	″ ″ sangle avec sous gorge 40 . . . . . . ″	7. .
12535	″ de pansage, cuir Hongrie, alliance fer sous la gorge . . . ″	6.50
12536	″ ″ ″ ″ tout doublé . . . . . . ″	7.85
12537	″ de pansage cuir Hongrie, sous gorge ronde simple 27 m/m ″	11.50
12538	″ ″ ″ ″ ″ ″ cuir doublé ″	15.25

Mors et filets pour chevaux

		étamés	polis	nickelés
12539	Mors grenouille, corses . . . . . . La pièce	1. .	5. .	6.60
12540	″ ″ petits . . . . . . ″	1.20	5. .	6.60
12541	″ ″ moyens . . . . . . ″	1.30	5. .	6.60
12542	″ ″ forts . . . . . . ″	1.45	5. .	6.60
12543	″ ″ extra forts . . . . . . ″	1.65	5. .	6.60
12544	Mors de selle, façon Paris . . . . . . ″	1.30	3.30	5. .
12545	″ ″ une pièce . . . . . . ″	2.10	4.15	5. .
12546	Mors coup de poing 2 anneaux . . . . . . ″	1.45	5. .	6.60
12547	″ ″ ″ 3 . . . . . . ″	1.65	5. .	6.60
12548	Mors pelham . . . . . . ″	2.10	5. .	6.60

12550 12551 12552 12553 12554 12555 12556 12557 12560 12562 12566-12566 12570-12571 12573 12583 A 12583 D

Mors et filets pour chevaux (Suite)

N°	Désignation		étamés	polis	nickelés
12549	Mors à ballon, branches décolletées	La pièce	2.50	5.80	7.50
12550	" " " droites	"	2.60	5.80	7.50
12551	" " " ovales	"	2.50	5.50	7.50
12552	Mors Saumur	"	3.30	5. "	6.60
12553	Filet de selle	"	0.55	1.20	2.10
12554	" de carrosse	"	0.85	1.65	2.50
12555	" de carrosse à 4 anneaux	"	1.10	2.90	4.15
12556	" de bridons à boutons	"	1.10	2.30	4.50
12557	" de bridons de promenade	"	1.40	2.30	4.50

Sangle de selle, tissu léger fantaisie, boucle simple

N°	Désignation		Prix
12558	Sangle de selle, tissu léger fantaisie, boucle simple	La pièce	3.40
12559	" " fil écru, boucle simple	"	4.25
12560	" " laine ordinaire boucle simple	"	5.50
12561	" " laine demi fine, boucles doubles	"	6.50
12562	" " mexicaines blanches et ficelles	"	7.65
12563	" " " 30 "	"	8.50
12564	" " ministérielles, 24 ficelles	"	9.35

Selles en cuir pour hommes avec siège et avances, peau de porc

12565 Arçon ordinaire, porte étrier à ressort, panneaux coton — La pièce 59.50
12566 " " " " " laine — " 64.60

12567 **Selle** pour homme, imitation matelassée, quartiers piqués autour
arçon demi fin avec longues bandes, panneaux laine — La pièce 76..

12568 **Selle** pour homme demi matelassée, siège, avances et petits quartiers recouverts
peau de porc, grands quartiers cuir simples piqués autour
arçon demi-fin avec longues bandes, panneaux laine — La pièce 90..

12569 **Selle** pour homme matelassée entièrement recouverte peau de porc
arçon demi-fin avec longues bandes panneaux laine — La pièce 118..

12570 **Panneau-selle** pour enfant, petits quartiers mouton uni, panneaux toile 25..
12571 " " " " qualité fine piqué soie, panneaux finette 49..

Panneaux-selles pour fillettes et garçons

12572 Ordinaires à 2 cornes, mouton uni, panneaux peau et finette — p^ce^ 56..
12573 Qualité fine à 2 cornes piquée soie, imitation peau de porc, panneaux peau et finette — 70..

12574 **Selle** pour dame sans avances, unie 2 cornes — longueur 42 c/m La p^ce^ 94..
12575 " " " avec avances, unie 2 cornes — " " 102..
12576 " " " " " demi matelassée 2 cornes — " " 153..
12577 " " " " " matelassée 2 cornes — " " 162..

Selles pour dames, montées sur arçon, garrot à jour à deux quartiers

12578 Sans avance, 3 cornes arçon renforcé, panneaux laine — La pièce 230..
12579 " " " qualité fine, arçon fin, panneaux laine — " 280..

Selles équipées complètes pour hommes

12580 Équipage selle anglaise, porte étrier à rouleau, étrivières 27 m/m, boucles simples et étriers étamés, sangle fil écru ordinaire, tapis léger bordé, bride ordinaire 16 et 18 m/m boucles nickelées, mors et filets étamés — L'équipage complet 92..

12581 Équipage selle anglaise, panneaux laine, étrivières 30 m/m, boucles doubles et étriers étamés, sangle coton blanc, tapis fort piqué autour, bride 16 et 18 m/m, 3 passants, boucles nickelées, mors et filets étamés — L'équipage complet 112..

12582 Équipage selle imitation matelassée fine, étrivières 30 m/m es, boucles doubles et étriers polis, sangle laine ou mexicaines écrues 24 cordes tapis extra fort piqué autour, bride 16 et 18 m/m demi fine, mors et filets polis — L'équipage complet 146.

12583 Équipage selle matelassée, étrivières grattées 30 m/m, boucles doubles et étriers à jour fer poli sangle laine demi fine ou mexicaines blanches 24 cordes, tapis demi fort piqué autour, bride fine 16 et 18 m/m, mors et filet fer poli — L'équipage complet 204.

Fers en caoutchouc pour chevaux

N°	Désignation		0	1	2	3	4	4½	5	5½	6	6½
12583 A	Talonnettes	La paire	1.50	2.40	2.80	3. .	3.20	.	3.50	.	4.80	.
12583 B	Fermés pour pieds de devant	"	"	"	3.40	3.60	3.70	5.50	4.70	4.90	5.70	.
12583 C	" " " derrière	"	.	"	3.60	3.70	3.80	.	4.90	.	5.80	6.10
12583 D	Fermés pneumatiques pour pieds de devant	"	.	"	3.60	4.70	5.50	5.90	7.50	7.90	9.50	.
12583 E	" " " derrière	"	.	.	3.70	4.90	5.80	6.20	7.70	8.50	.	.
12583 F	Fermés pneumatiques q^té^ extra, marque Stella p^r^ pieds de dev^t^	"	"	7.50	7.50	7.50	7.50	10. .	10. .	10. .	10. .	.
12583 G	" " " " derrière	"	.	7.50	7.50	7.50	7.50	10. .	10. .	10. .	.	.

Pour commande de 12 paires prises en une seule fois Bonification 10 %
Avoir soin en commandant de rappeler la lettre en regard du N° d'ordre

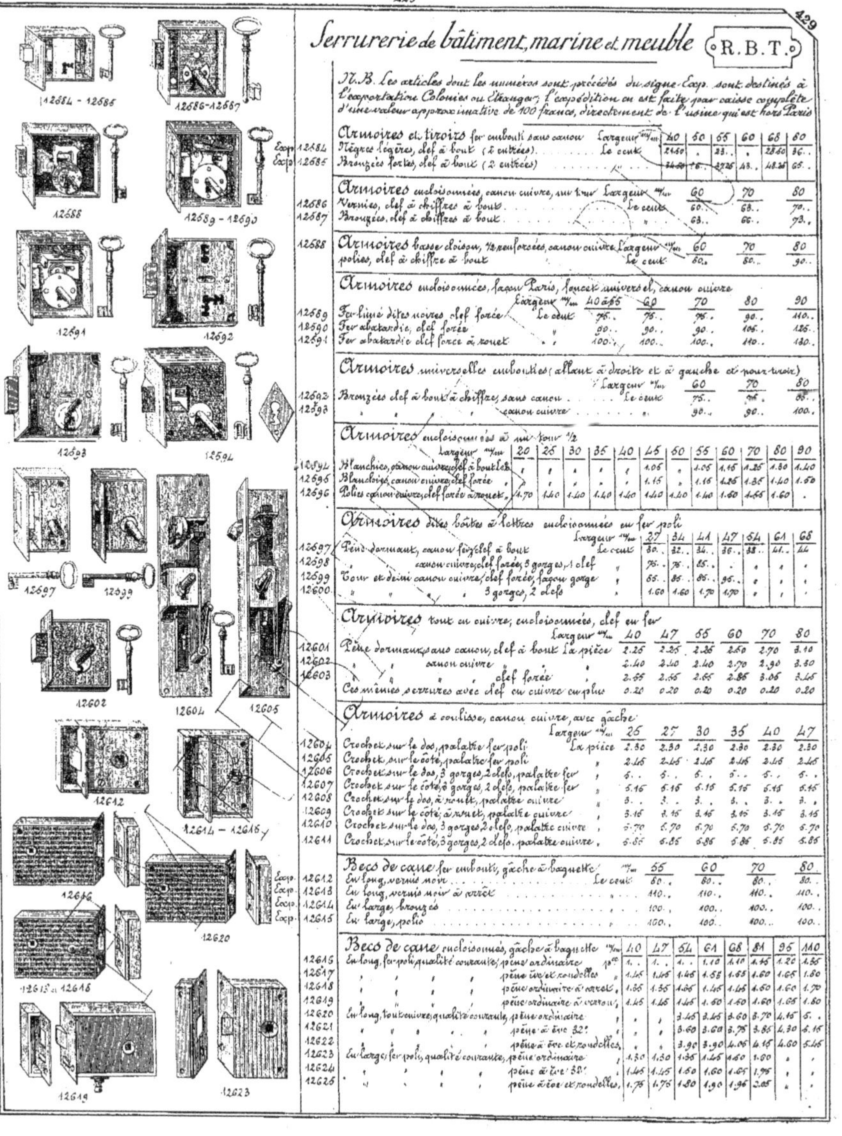

12684 - 12685 · 12686-12687 · 12688 · 12689 - 12690 · 12691 · 12692 · 12693 · 12694 · 12697 · 12699 · 12602 · 12604 · 12605 · 12612 · 12614 – 12616 · 12616 · 12620 · 12613 à 12618 · 12619 · 12623

Serrurerie de bâtiment, marine et meuble (R.B.T.)

N.B. Les articles dont les numéros sont précédés du signe Exp. sont destinés à l'exportation Colonies ou Étranger; l'expédition en est faite par caisse complète d'une valeur approximative de 100 francs, directement de l'usine qui est hors Paris

Armoires et tiroirs fer embouti sans canon

	N°			Largeur m/m	40	50	55	60	68	80
Exp.	12684	Nègres légères, clef à bout (2 entrées)	Le cent		21.50	.	23..	.	28.50	36..
Exp.	12685	Bronzées fortes, clef à bout (2 entrées)	"		24.50	[illegible]	27.25	43..	48.25	65..

Armoires encloisonnées, canon cuivre, un tour

N°			Largeur m/m	60	70	80
12686	Vernies, clef à chiffres à bout	Le cent		60..	68..	70..
12687	Bronzées, clef à chiffres à bout	"		63..	66..	73..

Armoires basse cloison, ½ renforcées, canon cuivre polies, clef à chiffre à bout

N°			Largeur m/m	60	70	80
12688	polies, clef à chiffre à bout	Le cent		60..	80..	90..

Armoires encloisonnées, façon Paris, foncet universel, canon cuivre

N°			Largeur m/m	40 à 55	60	70	80	90
12689	Fer limé dites noires clef forée	Le cent		75..	75..	75..	90..	110..
12690	Fer abatardie, clef forée	"		90..	90..	90..	105..	125..
12691	Fer abatardie clef forée à rouet	"		100..	100..	100..	110..	130..

Armoires universelles embouties (allant à droite et à gauche et pour tiroir)

N°			Largeur m/m	60	70	80
12692	Bronzées clef à bout à chiffre, sans canon	Le cent		75..	[illegible]	85..
12693	" " " canon cuivre	"		90..	90..	100..

Armoires encloisonnées à un tour ½

N°		Largeur m/m	20	25	30	35	40	45	50	55	60	70	80	90
12694	Blanchies, canon cuivre, clef à bout le c.		.	.	.	.	.	1.05	.	1.05	1.15	1.25	1.30	1.40
12695	Blanchies, canon cuivre, clef forée	"	.	.	.	.	.	1.15	.	1.15	1.25	1.35	1.40	1.50
12696	Polies canon cuivre, clef forée à rouet	"	1.70	1.40	1.40	1.40	1.40	1.40	1.40	1.40	1.50	1.55	1.60	.

Armoires dites boîtes à lettres encloisonnées en fer poli

N°			Largeur m/m	27	34	41	47	54	61	68
12697	Pène dormant, canon fer, clef à bout	Le cent		30..	32..	34..	36..	38..	41..	44
12698	" canon cuivre, clef forée, 3 gorges, 1 clef	"		75..	75..	85..	.	.	.	.
12699	Tour et demi canon cuivre, clef forée, façon gorge	"		85..	85..	85..	95..	.	.	.
12600	" " " 3 gorges, 2 clefs	"		1.60	1.60	1.70	1.70	.	.	.

Armoires tout en cuivre, encloisonnées, clef en fer

N°			Largeur m/m	40	47	55	60	70	80
12601	Pène dormant sans canon, clef à bout	La pièce		2.25	2.25	2.25	2.50	2.70	3.10
12602	" " canon cuivre	"		2.40	2.40	2.40	2.70	2.90	3.30
12603	" " " clef forée	"		2.55	2.55	2.65	2.85	3.05	3.45
	Ces mêmes serrures avec clef en cuivre en plus			0.20	0.20	0.20	0.20	0.20	0.20

Armoires à coulisse, canon cuivre, avec gâche

N°			Largeur m/m	25	27	30	35	40	47
12604	Crochet sur le dos, palâtre fer poli	La pièce		2.30	2.30	2.30	2.30	2.30	2.30
12605	Crochet sur le côté, palâtre fer poli	"		2.45	2.45	2.45	2.45	2.45	2.45
12606	Crochet sur le dos, 3 gorges, 2 clefs, palâtre fer	"		5..	5..	5..	5..	5..	5..
12607	Crochet sur le côté, 3 gorges, 2 clefs, palâtre fer	"		5.15	5.15	5.15	5.15	5.15	5.15
12608	Crochet sur le dos, à rouet, palâtre cuivre	"		3..	3..	3..	3..	3..	3..
12609	Crochet sur le côté, à rouet, palâtre cuivre	"		3.15	3.15	3.15	3.15	3.15	3.15
12610	Crochet sur le dos, 3 gorges 2 clefs, palâtre cuivre	"		5.70	5.70	5.70	5.70	5.70	5.70
12611	Crochet sur le côté, 3 gorges, 2 clefs, palâtre cuivre	"		5.85	5.85	5.85	5.85	5.85	5.85

Becs de cane fer emboutis, gâche à baguette

	N°			m/m	55	60	70	80
Exp.	12612	En long, vernis noir	Le cent		80..	80..	80..	80..
Exp.	12613	En long, vernis noir à arrêt	"		110..	110..	110..	110..
Exp.	12614	En large, bronzés	"		100..	100..	100..	100..
Exp.	12615	En large, polis	"		100..	100..	100..	100..

Becs de cane encloisonnés, gâche à baguette

N°			m/m	40	47	54	61	68	81	95	110
12616	En long, fer poli qualité courante, pène ordinaire	la p.ce		1..	1..	1..	1.10	1.10	1.15	1.20	1.35
12617	" " " " pène ivé et rondelles	"		1.45	1.45	1.45	1.55	1.65	1.60	1.65	1.80
12618	" " " " pène ordinaire à arrêt	"		1.35	1.35	1.35	1.45	1.45	1.50	1.60	1.70
12619	" " " " pène ordinaire à verrou	"		1.45	1.45	1.45	1.50	1.50	1.60	1.65	1.80
12620	En long, tout cuivre, qualité courante, pène ordinaire	"		.	.	3.45	3.45	3.60	3.70	4.15	5..
12621	" " " " " pène à êve 32°	"		.	.	3.60	3.60	3.75	3.85	4.30	5.15
12622	" " " " " pène à êve et rondelles	"		.	.	3.90	3.90	4.05	4.15	4.60	5.45
12623	En large, fer poli, qualité courante, pène ordinaire	"		1.30	1.30	1.35	1.45	1.50	1.60	.	.
12624	" " " " pène à êve 32°	"		1.45	1.45	1.50	1.60	1.65	1.75	.	.
12625	" " " " pène à êve et rondelles	"		1.75	1.75	1.80	1.90	1.95	2.05	.	.

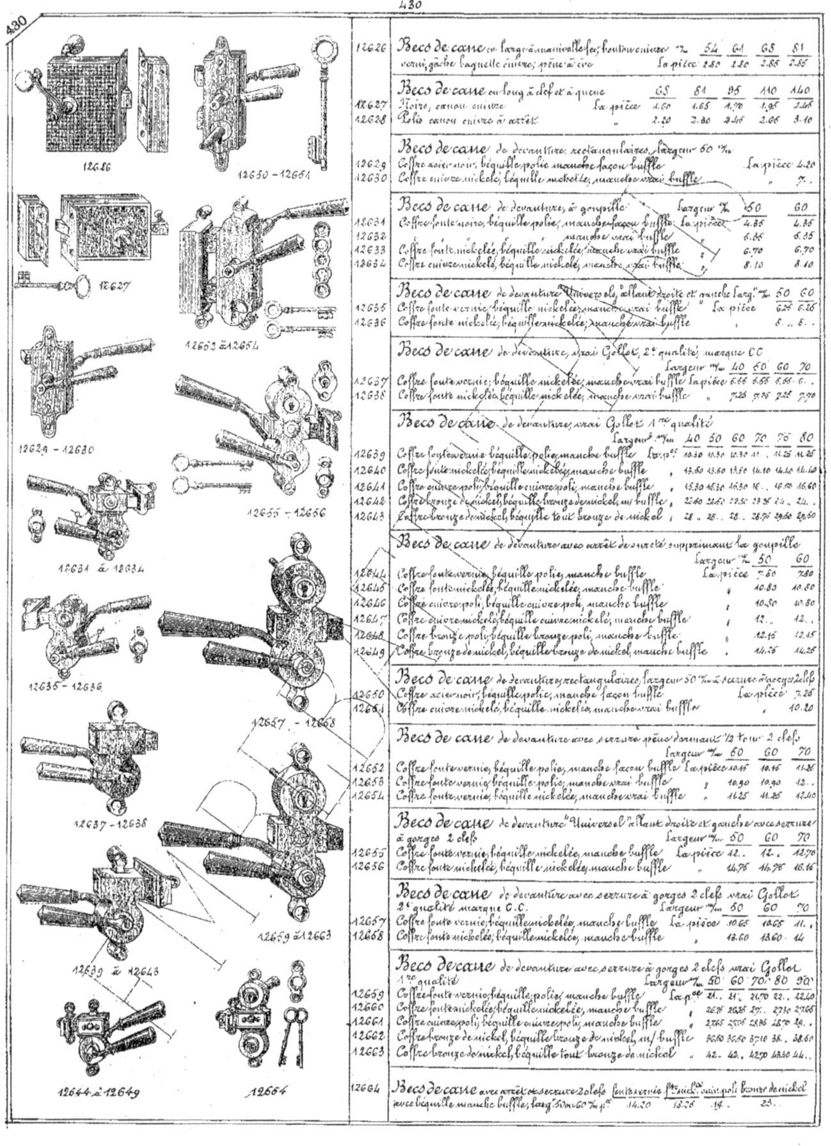

Becs de cane en large à manivelle fer, bouton cuivre verni, gâche baguette cuivre, pêne à cire

N°	Désignation		54	64	68	81
12626		La pièce	2.80	2.80	2.85	2.85

Becs de cane en long à clef et à queue

N°	Désignation		68	81	95	110	140
12627	Noire, canon cuivre	La pièce	1.60	1.65	1.70	1.95	2.45
12628	Polie canon cuivre à arrêt	"	2.20	2.30	2.45	2.66	3.10

Becs de cane de devanture rectangulaires, largeur 50 m/m

N°	Désignation		
12629	Coffre acier noir, béquille polie manche façon buffle	La pièce	4.20
12630	Coffre cuivre nickelé, béquille nickelée, manche vrai buffle	"	7..

Becs de cane de devanture, à goupille

N°	Désignation	Largeur m/m	50	60
12631	Coffre fonte noire, béquille polie, manche façon buffle	La pièce	4.35	4.35
12632	" " " manche vrai buffle	"	6.35	6.35
12633	Coffre fonte nickelée, béquille nickelée, manche vrai buffle	"	6.70	6.70
12634	Coffre cuivre nickelé, béquille nickelé, manche vrai buffle	"	8.10	8.10

Becs de cane de devanture "Universels" allant droite et gauche

N°	Désignation	Larg.r m/m	50	60
12635	Coffre fonte vernie, béquille nickelée, manche vrai buffle	La pièce	6.26	6.26
12636	Coffre fonte nickelée, béquille nickelée, manche vrai buffle	"	8..	8..

Becs de cane de devanture, vrai Gollot, 2e qualité, marque CC

N°	Désignation	Largeur m/m	40	50	60	70
12637	Coffre fonte vernie, béquille nickelée, manche vrai buffle	La pièce	6.66	6.66	6.66	6..
12638	Coffre fonte nickelée, béquille nickelée, manche vrai buffle	"	7.25	7.25	7.25	7.70

Becs de cane de devanture, vrai Gollot 1re qualité

N°	Désignation	Largeur m/m	40	50	60	70	75	80
12639	Coffre fonte vernie béquille polie, manche buffle	La pce	10.30	10.30	10.30	11..	11.25	11.25
12640	Coffre fonte nickelée, béquille nickelée, manche buffle	"	13.60	13.60	13.60	14.10	14.40	14.40
12641	Coffre cuivre poli, béquille cuivre poli, manche buffle	"	15.30	15.30	15.30	16..	16.60	16.60
12642	Coffre bronze de nickel, béquille bronze de nickel, m/ buffle	"	22.60	22.60	22.50	23.25	24..	24..
12643	Coffre bronze de nickel, béquille tout bronze de nickel	"	28..	28..	28..	28.75	29.60	29.60

Becs de cane de devanture avec arrêt de sûreté supprimant la goupille

N°	Désignation	Largeur m/m	50	60
12644	Coffre fonte vernie, béquille polie, manche buffle	La pièce	7.80	7.80
12645	Coffre fonte nickelée, béquille nickelée, manche buffle	"	10.80	10.80
12646	Coffre cuivre poli, béquille cuivre poli, manche buffle	"	10.80	10.80
12647	Coffre cuivre nickelé, béquille cuivre nickelé, manche buffle	"	12..	12..
12648	Coffre bronze poli, béquille bronze poli, manche buffle	"	12.15	12.15
12649	Coffre bronze de nickel, béquille bronze de nickel, manche buffle	"	14.25	14.25

Becs de cane de devanture rectangulaires, largeur 50 m/m à serrure à gorges 2 clefs

N°	Désignation		
12650	Coffre acier noir, béquille polie, manche façon buffle	La pièce	7.25
12651	Coffre cuivre nickelé, béquille nickelée, manche vrai buffle	"	10.20

Becs de cane de devanture avec serrure pêne dormant 1/2 tour 2 clefs

N°	Désignation	Largeur m/m	50	60	70
12652	Coffre fonte vernie, béquille polie, manche façon buffle	La pièce	10.16	10.16	11.25
12653	Coffre fonte vernie, béquille polie, manche vrai buffle	"	10.90	10.90	12..
12654	Coffre fonte vernie, béquille nickelée, manche vrai buffle	"	11.25	11.25	12.40

Becs de cane de devanture "Universel" allant droite et gauche avec serrure à gorges 2 clefs

N°	Désignation	Largeur m/m	50	60	70
12655	Coffre fonte vernie, béquille nickelée, manche buffle	La pièce	12..	12..	12.70
12656	Coffre fonte nickelée, béquille nickelée, manche buffle	"	14.75	14.75	16.16

Becs de cane de devanture avec serrure à gorges 2 clefs vrai Gollot 2e qualité marque C.C.

N°	Désignation	Largeur m/m	50	60	70
12657	Coffre fonte vernie, béquille nickelée, manche buffle	La pièce	10.65	10.65	11..
12658	Coffre fonte nickelée, béquille nickelée, manche buffle	"	13.60	13.60	14

Becs de cane de devanture avec serrure à gorges 2 clefs vrai Gollot 1re qualité

N°	Désignation	Largeur m/m	50	60	70	80	90
12659	Coffre fonte vernie, béquille polie, manche buffle	La pce	21..	21..	21.70	22..	22.40
12660	Coffre fonte nickelée, béquille nickelée, manche buffle	"	26.25	26.25	27..	27.30	27.65
12661	Coffre cuivre poli, béquille cuivre poli, manche buffle	"	27.65	27.65	28.35	28.70	29..
12662	Coffre bronze de nickel, béquille bronze de nickel, m/ buffle	"	36.50	36.50	37.10	38..	38.60
12663	Coffre bronze de nickel, béquille tout bronze de nickel	"	42..	42..	42.70	43.40	44..

N°	Désignation	fonte vernie	fte nickelée	cuivre poli	bronze de nickel
12664	**Becs de cane** avec arrêt et serrure 2 clefs avec béquille manche buffle, larg. 50 ou 60 m/m pce	14.20	13.26	14..	23..

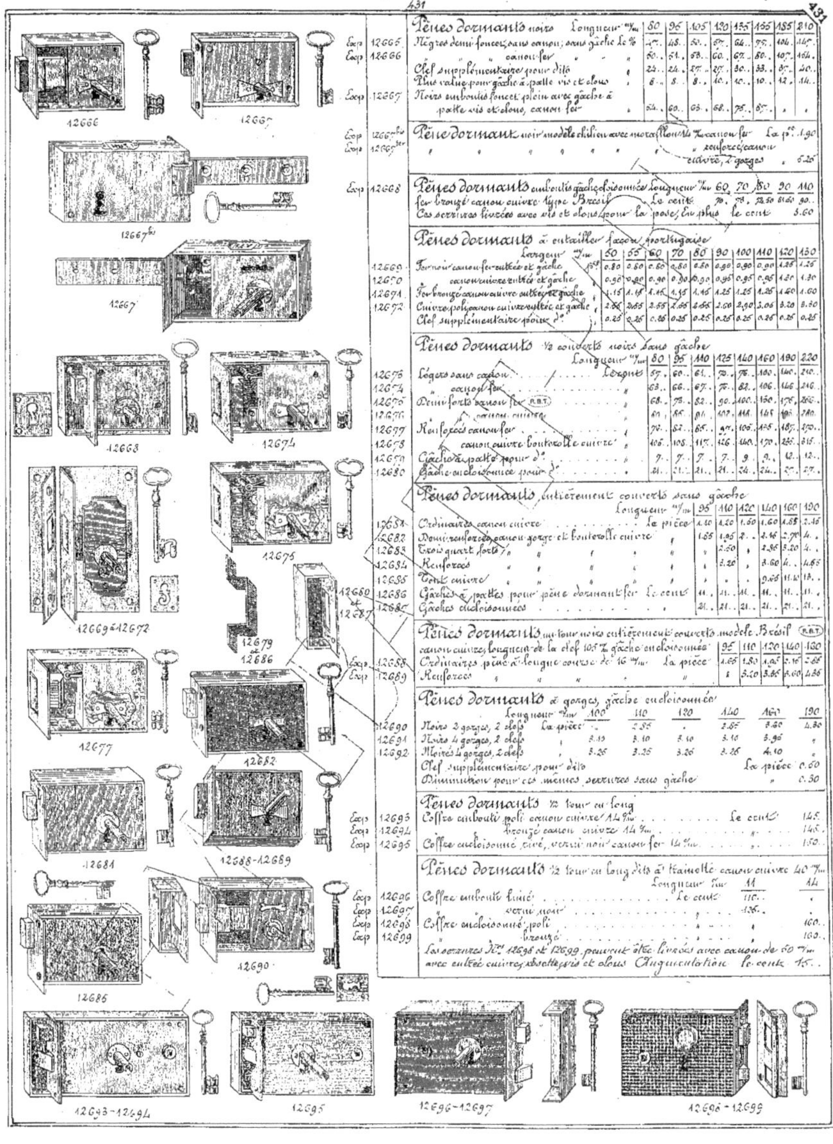

Pênes dormants noirs

	N°	Longueur m/m	80	96	105	120	135	155	185	210
Exp	12665	Négres demi foncez, sans canon; sans gâche le %	47..	48..	50..	57..	64..	75..	104..	145..
Exp	12666	" " canon fer "	50..	51..	53..	60..	67..	80..	107..	154..
		Clef supplémentaire pour dito "	24..	24..	27..	27..	30..	33..	37..	40..
		Plus value pour gâche à patte vis et clous "	8..	8..	8..	10..	10..	10..	12..	14..
Exp	12667	Noirs emboutis foncet plein avec gâche à patte vis et clous, canon fer "	54..	60..	63..	68..	75..	87..	"	"

Pêne dormant noir modèle chilien avec moraillon 114 m/m

	N°		
Exp	12667bis	canon fer	La p^ce 1.90
Exp	12667ter	" renforcé, canon cuivre, 2 gorges	" 6.25

Pênes dormants emboutis gâche cloisonnée

Exp 12668

Longueur m/m	60	70	80	90	110
fer bronzé canon cuivre type Brésil — Le cent	70.	78.	72.50	81.60	90..

Ces serrures livrées avec vis et clous pour la pose, En plus le cent 3.60

Pênes dormants à entailler façon portugaise

N°	Largeur m/m	50	55	60	70	80	90	100	110	120	130
12669	Fer noir canon fer entrée et gâche — p^ce	0.80	0.80	0.80	0.80	0.80	0.90	0.90	0.90	1.25	1.25
12670	canon cuivre entrée et gâche	0.90	0.90	0.90	0.90	0.90	0.95	0.95	0.95	1.20	1.30
12671	Fer bronzé canon cuivre entrée et gâche	1.15	1.15	1.15	1.15	1.15	1.25	1.25	1.25	1.60	1.60
12672	Cuivre poli canon cuivre entrée et gâche	2.55	2.55	2.55	2.55	2.55	2.60	2.90	3.05	3.20	3.30
	Clef supplémentaire pour d°	0.25	0.25	0.25	0.25	0.25	0.25	0.25	0.25	0.25	0.25

Pênes dormants ½ couverts noirs sans gâche

N°	Longueur m/m	80	95	110	125	140	160	190	220
12673	Légers sans canon ... Le cent	57..	60..	61..	70..	76..	100..	140..	210..
12674	" canon fer ... "	63..	66..	67..	75..	82..	106..	146	216..
12675	Demi forts canon fer (R.B.T.) ... "	68..	73..	82..	90..	100..	130..	175..	260..
12676	d° canon cuivre ... "	60..	86..	84..	102..	118.	145	196	280.
12677	Renforcés canon fer ... "	70..	82..	85..	97..	105..	125..	187..	270..
12678	" canon cuivre bouterolle cuivre "	105..	108..	117..	126	140..	170..	235..	315..
12679	Gâche à patte pour d° ... "	7..	7..	7..	7..	9.	9..	12..	12..
12680	Gâche encloisonnée pour d° ... "	21..	21..	21..	21..	24..	24..	27..	27..

Pênes dormants entièrement couverts sans gâche

N°	Longueur m/m	95	110	120	140	160	190
12681	Ordinaires canon cuivre ... La pièce	1.10	1.20	1.60	1.60	1.85	2.15
12682	Demi renforcés canon gorge et bouterolle cuivre "	1.65	1.95	2..	2.15	2.70	4..
12683	Trois quart forts " " " " "	"	2.50	"	2.85	3.20	4..
12684	Renforcés " " " " "	"	3.20	"	3.60	4..	4.65
12685	Tout cuivre " " " " "	"	"	"	9.65	11.10	13..
12680 et 12686	Gâches à pattes pour pêne dormant fer Le cent	11..	11..	11..	11..	11..	11..
12687	Gâches encloisonnées ... "	21..	21..	21..	21..	21..	21..

Pênes dormants mi-tour noirs entièrement couverts modèle Brésil (R.B.T.)

canon cuivre, longueur de la clef 105 m/m gâche encloisonnée

	N°		95	110	120	140	160
Exp	12688	Ordinaires pêne à longue course de 16 m/m La pièce	1.65	1.80	1.95	2.15	2.65
Exp	12689	Renforcés " " " " "	"	3.20	3.85	3.60	4.35

Pênes dormants à gorges, gâche encloisonnée

N°	Longueur m/m	100	110	120	140	160	190
12690	Noirs 2 gorges, 2 clefs La pièce	"	2.85	"	2.85	3.60	4.30
12691	Noirs 4 gorges, 2 clefs "	3.10	3.10	3.10	3.10	3.95	"
12692	Moirés 4 gorges, 2 clefs "	3.25	3.25	3.25	3.25	4.10	"

Clef supplémentaire pour dito — La pièce 0.50

Diminution pour ces mêmes serrures sans gâche — " 0.30

Pênes dormants ½ tour en long

	N°		
Exp	12693	Coffre embouti poli canon cuivre 14 m/m ... Le cent	145.
Exp	12694	" bronzé canon cuivre 14 m/m ... "	145.
Exp	12695	Coffre encloisonné ciré, verni noir canon fer 14 m/m ... "	150..

Pênes dormants ½ tour en long dits à trainette canon cuivre 40 m/m

	N°	Longueur m/m	11	14
Exp	12696	Coffre embouti limé ... Le cent	110..	"
Exp	12697	" verni noir ... "	136..	"
Exp	12698	Coffre encloisonné poli ... "	"	160..
Exp	12699	" bronzé ... "	"	160..

Les serrures N°s 12698 et 12699 peuvent être livrées avec canon de 50 m/m avec entrée cuivre, rosettes, vis et clous Augmentation le cent 15..

12666 — 12667 — 12667bis — 12667 — 12668 — 12674 — 12669 à 12672 — 12675 — 12679 et 12686 — 12680 et 12687 — 12677 — 12682 — 12681 — 12688-12689 — 12690 — 12685 — 12693-12694 — 12695 — 12696-12697 — 12698-12699

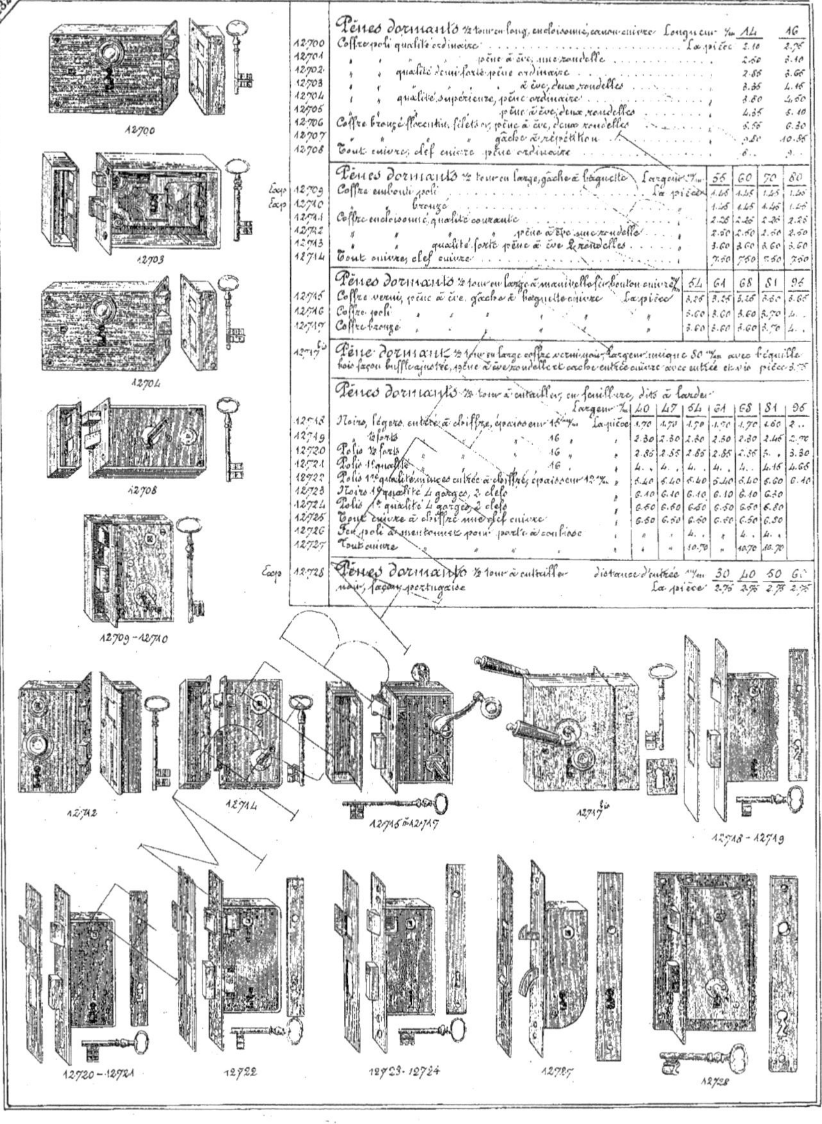

Pênes dormants ½ tour en long, encloisonné, canon cuivre

N°	Désignation	Longueur m/m	14	16
12700	Coffre poli qualité ordinaire	La pièce	2.10	2.75
12701	» » pêne à ève, une rondelle	»	2.50	3.10
12702	» » qualité demi-forte pêne ordinaire	»	2.85	3.65
12703	» » » à ève, deux rondelles	»	3.35	4.15
12704	» » qualité supérieure, pêne ordinaire	»	3.80	4.50
12705	» » pêne à ève, deux rondelles	»	4.35	5.10
12706	Coffre bronzé florentin, filets or, pêne à ève, deux rondelles	»	5.55	6.30
12707	» » gâche à répétition	»	9.80	10.85
12708	Tout cuivre, clef cuivre pêne ordinaire	»	6..	9..

Pênes dormants ½ tour en large, gâche à béquette

	N°	Désignation	Largeur m/m	55	60	70	80
Exp	12709	Coffre embouti poli	La pièce	1.45	1.45	1.45	1.45
Exp	12710	» bronzé	»	1.45	1.45	1.45	1.45
	12711	Coffre encloisonné qualité courante	»	2.25	2.25	2.25	2.25
	12712	» » pêne à ève une rondelle	»	2.50	2.50	2.50	2.50
	12713	» » qualité forte pêne à ève 2 rondelles	»	3.60	3.60	3.60	3.60
	12714	Tout cuivre, clef cuivre	»	7.50	7.50	7.50	7.50

Pênes dormants ½ tour en large à manivelle fer, bouton cuivre

N°	Désignation	m/m	54	61	68	81	96
12715	Coffre verni, pêne à ève, gâche à béquette cuivre	La pièce	3.25	3.25	3.25	3.60	3.65
12716	Coffre poli » » »	»	3.60	3.60	3.60	3.70	4..
12717	Coffre bronzé » » »	»	3.60	3.60	3.60	3.70	4..

12717 bis — **Pêne dormant** ½ tour en large coffre verni noir, largeur unique 80 m/m avec béquille bois façon buffle ajustée, pêne à ève rondelle et cache entrée cuivre avec entrée et vis pièce 3.75

Pênes dormants ½ tour à entailler, en feuillure, dits à larder

N°	Désignation	Largeur m/m	40	47	54	61	68	81	96
12718	Noirs, légers, entrée à chiffre, épaisseur 15 m/m	La pièce	1.70	1.70	1.70	1.70	1.70	1.60	2..
12719	» ½ forts » » 16 »	»	2.30	2.30	2.30	2.30	2.30	2.45	2.70
12720	Polis ½ forts » » 16 »	»	2.85	2.85	2.85	2.85	2.85	3..	3.30
12721	Polis 1re qualité » » 16 »	»	4..	4..	4..	4..	4..	4.15	4.65
12722	Polis 1re qualité minces entrée à chiffre, épaisseur 12 m/m	»	5.40	5.40	5.40	5.40	5.40	5.60	6.40
12723	Noirs 1re qualité 4 garges, 2 clefs	»	6.10	6.10	6.10	6.10	6.10	6.30	
12724	Polis 1re qualité 4 garges, 2 clefs	»	6.60	6.60	6.60	6.50	6.60	6.80	
12725	Tout cuivre à chiffre une clef cuivre	»	6.50	6.50	6.50	6.50	6.50	6.50	
12726	Fer poli à mentonnet pour porte à coulisse	»	»	»	4..	»	4..	4..	
12727	Tout cuivre » » »	»	»	»	10.70	»	10.70	10.70	

Pênes dormants ½ tour à entailler, noir, façon portugaise

	N°	Distance d'entrée m/m	30	40	50	60
Exp	12728	La pièce	2.75	2.75	2.75	2.75

12729 - 12730

12731

12732

12735, 12736, 12738, 12740, 12742, 12744

12737, 12739, 12741, 12743, 12745

12746 à 12752

12749 — 12750 et 12757 — 12751 et 12758 — 12752 et 12759

12753 à 12759

Suretés forées, dites 10 lignes, canon de 40 m/m

N°	Désignation	Longueur c/m	14	16
12729	Limées, qualité courante à tirage, 2 clefs	La pièce	6.25	6.95
12730	» première qualité		6.25	7.35
12731	» » » à fouillot, 2 clefs		7.70	8.40
	Ces serrures avec canon de 50 m/m	augmentation	0.35	0.35
	Clefs supplémentaires	La pièce	0.90	0.90

Suretés bénardes légères exportation, canon de 40, 45, 50 m/m 4 gorges

	N°	Désignation	Longueur c/m	9	10	11	12	14	16	19
Exp	12732	Moirées à tirage, 2 clefs	La pce	3.40	3.40	3.40	3.40	3.40	3.85	6. .
Exp	12733	» pène dormant sans tirage ni ½ tour, 2 clefs	»	3. .	3. .	3. .	3. .	3. .	3.45	5.15
Exp	12734	» à fouillot 2 clefs	»	3.70	3.70	3.70	3.70	3.70	4.15	6.40

Ces serrures nickelées . . . . . Augmentation la pièce 1.50

Clefs supplémentaires . . . . . » 0.45

Suretés bénardes moirées à gorges, canon de 40 m/m

N°	Désignation	Longueur c/m	14	16
12735	Ordinaires, à tirage, 4 gorges, 2 clefs	La pièce	3.45	4. .
12736	½ fortes à tirage, 4 gorges, 2 clefs	»	5. .	5.70
12737	» à fouillot, 4 gorges, 2 clefs	»	5.60	6.30
12738	Fortes à tirage, 4 gorges, 2 clefs	»	6. .	6.70
12739	» à fouillot, 4 gorges, 2 clefs	»	6.60	7.30
12740	½ fortes à tirage, 6 gorges, 2 clefs	»	7.15	7.85
12741	» à fouillot, 6 gorges, 2 clefs	»	7.50	8.20
12742	Fortes à tirage, 6 gorges, 2 clefs	»	7.85	8.60
12743	» à fouillot, 6 gorges, 2 clefs	»	8.60	9.40
12744	1re qualité à tirage, 6 gorges, 2 clefs	»	8.60	9.40
12745	» à fouillot, 6 gorges, 2 clefs	»	9.30	10. .

Ces serrures avec canon de m/m	45 - 50	60
Augmentation la pièce	0.25	0.50

Clefs supplémentaires pour serrures	4 gorges	6 gorges
la pièce	0.50	0.60

Suretés forées, moirées à gorges, canon de 40 m/m

N°	Désignation	Clefs	Longueur c/m	14	16	19
12746	Ordinaires à tirage, 4 gorges, sans garniture	2 clefs	La pce	7.50	8.25	»
12747	1re qualité à tirage, 4 gorges » »	2 »	»	10. .	10.75	»
12748	» » 6 gorges » »	2 »	»	11.50	12.25	15. .
12749	» » 6 gorges, garniture droite	2 »	»	13. .	13.70	16.60
12750	» » 6 gorges » ½ baroque	2 »	»	13.60	14.40	17.40
12751	» » 6 gorges » baroque	2 »	»	15.70	16.60	19.50
12752	» » 6 gorges » baroque à l'infini	2 clefs	»	20. .	20.85	23.70

Ces serrures à fouillot . Augmentation, la pièce 0.85

Ces serrures avec canon de m/m	45 - 50	60
Augmentation, la pièce	0.45	0.70

Clefs supplémentaires

pour serrures	forées sans garniture	garniture droite	½ baroque	baroque	à l'infini
la pièce	0.90	1.45	1.75	2.50	3. .

Suretés en long moirées, doubles gorges à équerre de sureté canon 50 m/m

N°	Désignation	Clefs	Longueur c/m	14	16	19
12753	1re qualité à tirage 4 gorges 2 clefs bénardes		La pièce	9. .	10.10	12.95
12754	» » 6 » 2 »		»	9.50	10.60	13.45
12755	» » 4 » sans garniture	2 clefs forées	»	13. .	14.10	16.95
12756	» » 6 » » »	2 » »	»	13.60	14.70	17.65
12757	» » 6 » garniture ½ baroque	2 » »	»	16.50	17.60	20.45
12758	» » 6 » » baroque	2 » »	»	19. .	20.10	22.95
12759	» » 6 » » baroque à l'infini	2 » »	»	23. .	24.10	26.95

Ces serrures avec canon de 40 m/m . . . Diminution, la pièce 0.25

» » » » 60 m/m . . . Augmentation » 0.30

Nickelage des clefs » » 0.30

Clefs supplémentaires pour serrures	bénarde	forée	½ baroque	baroque	à l'infini
La pièce	1. »	1.40	2.30	3. »	4.

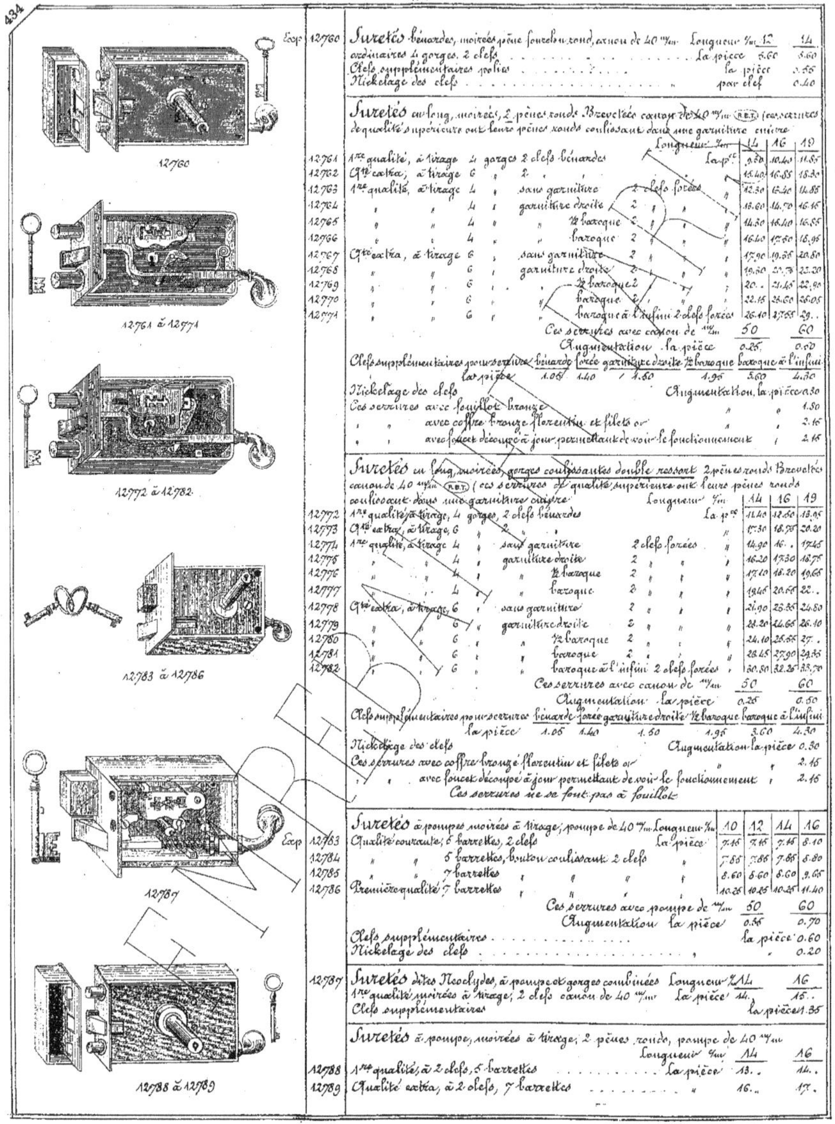

12760 — 12761 à 12771 — 12772 à 12782 — 12783 à 12786 — 12787 — 12788 à 12789

Exp 12760 **Suretés** bénardes, moirées pêne fourchon rond, canon de 40 m/m

		Longueur c/m	12	14
12760	ordinaires 4 gorges, 2 clefs	La pièce	5.60	5.60
	Clefs supplémentaires polies	la pièce		0.55
	Nickelage des clefs	par clef		0.40

Suretés en long, moirées, 2 pênes ronds Brevetées canon de 40 m/m (R.E.T.) (ces serrures de qualité supérieure ont leurs pênes ronds coulissant dans une garniture cuivre

					Longueur c/m	14	16	19
12761	1re qualité, à tirage	4 gorges	2 clefs bénardes		La pce	9.50	10.40	11.85
12762	Qté extra, à tirage	6 "	2 " "		"	15.40	16.85	18.30
12763	1re qualité, à tirage	4 "	sans garniture	2 clefs forcées	"	12.30	13.40	14.85
12764	" "	4 "	garniture droite	2 " "	"	13.60	14.70	16.15
12765	" "	4 "	" ½ baroque	2 " "	"	14.30	15.40	16.85
12766	" "	4 "	" baroque	2 " "	"	16.40	17.50	18.95
12767	Qté extra, à tirage	6 "	sans garniture	2 " "	"	17.90	19.35	20.80
12768	" "	6 "	garniture droite	2 " "	"	19.30	20.75	22.20
12769	" "	6 "	" ½ baroque	2 " "	"	20..	21.45	22.90
12770	" "	6 "	" baroque	2 " "	"	22.15	23.60	25.05
12771	" "	6 "	" baroque à l'infini	2 clefs forcées	"	26.10	27.55	29..

Ces serrures avec canon de m/m	50	60
Augmentation la pièce	0.25	0.50

Clefs supplémentaires pour serrure	bénarde	forcée	garniture droite	½ baroque	baroque	à l'infini
la pièce	1.05	1.40	1.50	1.95	3.60	4.30

Nickelage des clefs — Augmentation, la pièce 0.30

Ces serrures avec fouillot bronze " " 1.80

" " avec coffre bronze florentin et filets or " " 2.15

" " avec foncet découpé à jour permettant de voir le fonctionnement " 2.15

Suretés en long, moirées, gorges coulissantes double ressort 2 pênes ronds Brevetées canon de 40 m/m (R.E.T.) (ces serrures de qualité supérieure ont leurs pênes ronds coulissant dans une garniture cuivre

					Longueur c/m	14	16	19
12772	1re qualité, à tirage	4 gorges	2 clefs bénardes		La pce	11.40	12.50	13.95
12773	Qté extra, à tirage	6 "	2 " "		"	17.30	18.75	20.20
12774	1re qualité, à tirage	4 "	sans garniture	2 clefs forcées	"	14.90	16..	17.45
12775	" "	4 "	garniture droite	2 " "	"	16.20	17.30	18.75
12776	" "	4 "	" ½ baroque	2 " "	"	17.10	18.20	19.65
12777	" "	4 "	" baroque	2 " "	"	19.45	20.55	22..
12778	Qté extra, à tirage	6 "	sans garniture	2 " "	"	21.90	23.35	24.80
12779	" "	6 "	garniture droite	2 " "	"	23.20	24.65	26.10
12780	" "	6 "	" ½ baroque	2 " "	"	24.10	25.55	27..
12781	" "	6 "	" baroque	2 " "	"	28.45	27.90	29.35
12782	" "	6 "	" baroque à l'infini	2 clefs forcées	"	30.80	32.25	33.70

Ces serrures avec canon de m/m	50	60
Augmentation la pièce	0.25	0.50

Clefs supplémentaires pour serrures	bénarde	forcée	garniture droite	½ baroque	baroque	à l'infini
la pièce	1.05	1.40	1.50	1.95	3.60	4.30

Nickelage des clefs — Augmentation la pièce 0.30

Ces serrures avec coffre bronzé florentin et filets or " " 2.15

" " avec foncet découpé à jour permettant de voir le fonctionnement " 2.15

Ces serrures ne se font pas à fouillot

Suretés à pompes moirées à tirage; pompe de 40 m/m

			Longueur c/m	10	12	14	16
Exp	12783	Qualité courante; 5 barrettes, 2 clefs	La pièce	7.15	7.15	7.15	8.10
	12784	" " 5 barrettes, bouton coulissant 2 clefs	"	7.85	7.85	7.85	8.80
	12785	" " 7 barrettes " " "	"	8.60	8.60	8.60	9.65
	12786	Première qualité 7 barrettes " " "	"	10.25	10.25	10.25	11.40

Ces serrures avec pompe de m/m	50	60
Augmentation la pièce	0.55	0.70

Clefs supplémentaires . . . . la pièce 0.60

Nickelage des clefs . . . . " " 0.20

12787 **Suretés** dites Neoclydes, à pompe et gorges combinées

	Longueur c/m	14	16
1re qualité moirées à tirage; 2 clefs canon de 40 m/m	La pièce	14.	15..
Clefs supplémentaires	la pièce		1.35

Suretés à pompe, moirées à tirage, 2 pênes ronds, pompe de 40 m/m

		Longueur c/m	14	16
12788	1re qualité, à 2 clefs, 5 barrettes	La pièce	13..	14..
12789	Qualité extra, à 2 clefs, 7 barrettes	"	16..	17..

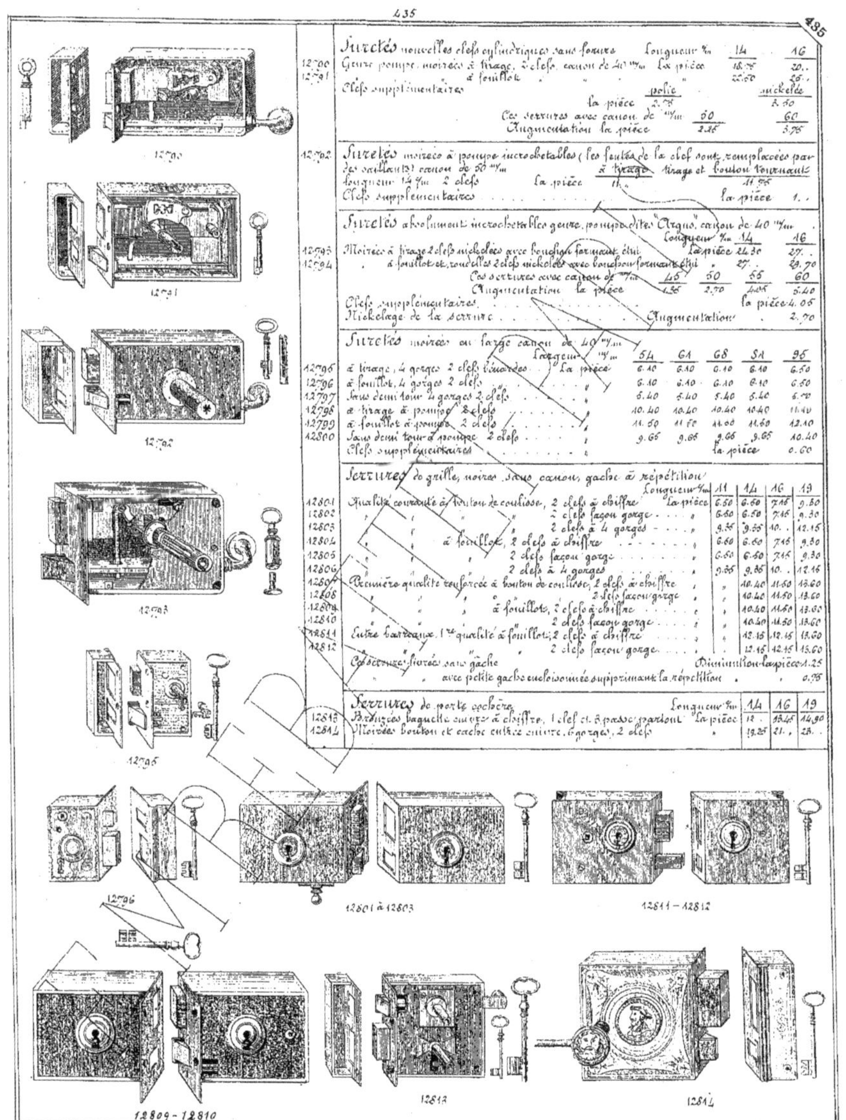

Sûretés nouvelles clefs cylindriques sans forures

		Longueur $^m/_m$	14	16
12790	Genre pompe, moirées à tirage, 2 clefs, canon de 40 $^m/_m$	La pièce	18.75	20..
12791	" à fouillot " " "		22.50	26..
	Clefs supplémentaires		polie	nickelée
		la pièce	2.75	3.50
	Ces serrures avec canon de $^m/_m$		50	60
	Augmentation la pièce		2.25	3.75

		à tirage	tirage et bouton tournant
12792	**Sûretés** moirées à pompe incrochetables (les fentes de la clef sont remplacées par des saillants) canon de 50 $^m/_m$ longueur 14 $^c/_m$ 2 clefs — la pièce	11..	11.75
	Clefs supplémentaires . . . . . . la pièce		1..

Sûretés absolument incrochetables genre pompe dites "Argus" canon de 40 $^m/_m$.

			Longueur $^c/_m$ 14			16
12793	Moirées à tirage 2 clefs nickelées avec bouchon formant étui	La pièce	24.30			27..
12794	" à fouillot et rondelles 2 clefs nickelées avec bouchon formant étui	"	27..			29.70
	Ces serrures avec canon de $^m/_m$		45	50	55	60
	Augmentation la pièce		1.35	2.70	4.05	5.40
	Clefs supplémentaires				la pièce	4.05
	Nickelage de la serrure				Augmentation	2.70

Sûretés moirées ou large canon de 40 $^m/_m$

		Largeur $^m/_m$	54	61	68	81	95
12795	à tirage, 4 gorges 2 clefs bénardes	La pièce	6.10	6.10	6.10	6.10	6.50
12796	à fouillot, 4 gorges 2 clefs . . .	"	6.10	6.10	6.10	6.10	6.50
12797	Sans demi tour 4 gorges 2 clefs . . .	"	5.40	5.40	5.40	5.40	5.70
12798	à tirage à pompe 2 clefs . . .	"	10.40	10.40	10.40	10.40	11.40
12799	à fouillot à pompe 2 clefs . . .	"	11.50	11.50	11.00	11.60	12.10
12800	Sans demi tour à pompe 2 clefs . . .	"	9.65	9.65	9.66	9.65	10.40
	Clefs supplémentaires . . .	"			la pièce		0.60

Serrures de grille, noires sans canon, gâche à répétition

		Longueur $^c/_m$	11	14	16	19
12801	Qualité courante à bouton de coulisse, 2 clefs à chiffre	La pièce	6.50	6.50	7.15	9.30
12802	" " " " 2 clefs façon gorge	"	6.50	6.50	7.15	9.30
12803	" " " " 2 clefs à 4 gorges	"	9.35	9.35	10..	12.15
12804	" " à fouillot, 2 clefs à chiffre	"	6.50	6.50	7.15	9.30
12805	" " " 2 clefs façon gorge	"	6.50	6.50	7.15	9.30
12806	" " " 2 clefs à 4 gorges	"	9.35	9.35	10..	12.15
12807	Première qualité renforcée à bouton de coulisse, 2 clefs à chiffre	"	"	10.40	11.50	13.60
12808	" " " " 2 clefs façon gorge	"	"	10.40	11.50	13.60
12809	" " " à fouillot, 2 clefs à chiffre	"	"	10.40	11.50	13.60
12810	" " " 2 clefs façon gorge	"	"	10.40	11.50	13.60
12811	Entre barreaux 1re qualité à fouillot, 2 clefs à chiffre	"	"	12.15	12.15	13.60
12812	" " " 2 clefs façon gorge	"	"	12.15	12.15	13.60
	Ces serrures livrées sans gâche	Diminution la pièce				1.25
	" " avec petite gâche encloisonnée supprimant la répétition	"				0.75

Serrures de porte cochère

		Longueur $^c/_m$	14	16	19
12813	Bronzées baguette cuivre à chiffre, 1 clef et 3 passe partout	La pièce	12.	13.45	14.90
12814	Moirées bouton et cache entrée cuivre, 6 gorges, 2 clefs	"	19.25	21..	23..

MARQUE DÉPOSÉE — R.B.T 1re qualité — MARQUE DÉPOSÉE — R.B.T PARIS

Serrurerie Parise

à gorges captives sans ressort, et à pompe barrettes sans ressort clefs acier étiré Brevetées S.G.D.G.

Nota: En commandant, bien préciser le numéro de référence, la qualité, le nombre de gorges le nombre de clefs, la longueur du canon et la main, droite ou gauche

Réf.	Serrures pour porte d'entrée — Qualité	B qualité courante largeur 8 ½ ‰ coffre poli 4 gorges	B 6 gorges	A qualité courante largeur 10 ‰ coffre moiré 4 gorges	A 6 gorges	1 1re qualité renforcée organes en bronze largeur 10 ‰ coffre moiré poli à l'intérieur clefs nickelées 4 gorges	1 6 gorges
12815	Pêne dormant seul à gorges 10 à 14 ‰ canon de 30 à 50 ‰ 2 clefs pce	10..	11..	10.50	12..	12.50	14.50
12816	" " " " 16 ‰ " " "	11..	12..	12..	13.50	14.50	16.50
12817	Sûreté à bouton de tirage à gorges 14 ‰ canon de 30 à 50 ‰ 2 clefs pce	11..	12..	12..	13.50	14..	16..
12818	" " " " 16 ‰ " " "	12..	13..	13.50	15..	16..	18..
12819	Sûreté à fouillot à gorges 14 ‰ canon de 30 à 50 ‰ 2 clefs pce	12..	13..	13.50	15..	16..	18..
12820	" " " 16 ‰ " " "	13..	14..	15..	16.50	18..	20..
	Nickelage des serrures y compris les 2 clefs la pièce	3..	3..	3..	3..	3..	3..
	Serrures spéciales pour cave, sous sol & portail coffre noir inoxydable, pêne et garniture unie	Coffre noir				Coffre noir	
12821	Pêne dormant seul à gorges 10 à 14 ‰ canon de 30 à 50 ‰ 2 clefs pce	11..	12..			12.50	14.50
12822	" " " " 16 ‰ " " "	12..	13..			14.50	16.50
	Serrures de grilles coffre noir inoxydable						
12823	à bouton de tirage à gorges pêne fer 10 à 14 ‰ 2 clefs gâche ordinaire pce	12..	13..			14..	16..
12824	" " " " 16 ‰ " " "	13..	14..			16..	18..
12825	à fouillot à gorges pêne fer 10 à 14 ‰ 2 clefs gâche ordinaire	14..	15..			16..	18..
12826	" " " 16 ‰ " " "	15..	16..			18..	20..
	Ces serrures avec gâche à répétition augmentation	2..	2..			2..	2..
	Clef finie en plus des deux de la serrure la pièce	1..	1..	1..	1..	1.50	1.50
	Serrures nouvelle pompe clefs plates nickelées incrochetables 16 barrettes sans ressort	largeur du coffre 8 ‰		largeur du coffre 10 ‰			
12827	Pêne dormant poli, longueur 70 à 140 ‰ canon 40, 45 ou 50 ‰ pce	14..		16.50			
12828	Sûreté à tirage " 100 à 140 " " " "	15..		18..			
12829	Sûreté à fouillot " 100 à 140 " " " "	16.50		20..			
	Ces serrures en 160 ‰ augmentation la pièce	1.50		2..			
	Clef finie en plus des deux de la serrure "	1.50		2..			
	Nickelage des serrures "	4..		4..			
	Clef ajustée d'après serrure ou clef fournie; 4 ou 6 gorges pce	2.10		2.65			
	" " " " " à pompe "	3..		4..			

Remise

Ce système de gorges captives et pompe sans ressort peut être appliqué aux serrures de meuble, de coffre fort, armoire et cadenas

Verrous, même fabrication, Voir page 465 Nos 13817 à 13825

12815–12816

12817, 12818, Qualité B

12817, 12818, Qualité A et 1

12819, 12820, Qualité B

12819, 12820, Qualité A

12821–12822

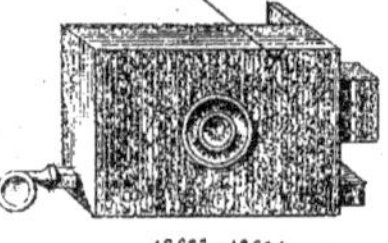

12823–12824

Gâche à répétition

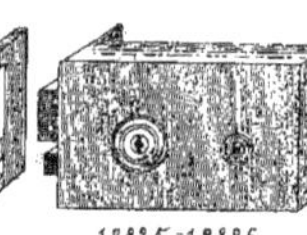

12825–12826

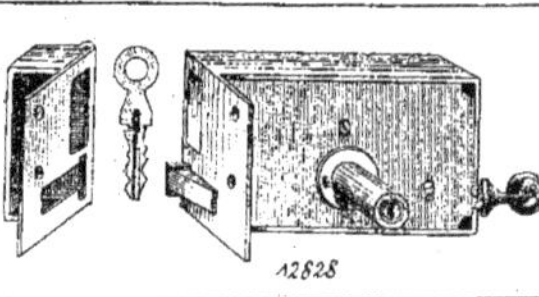

12828

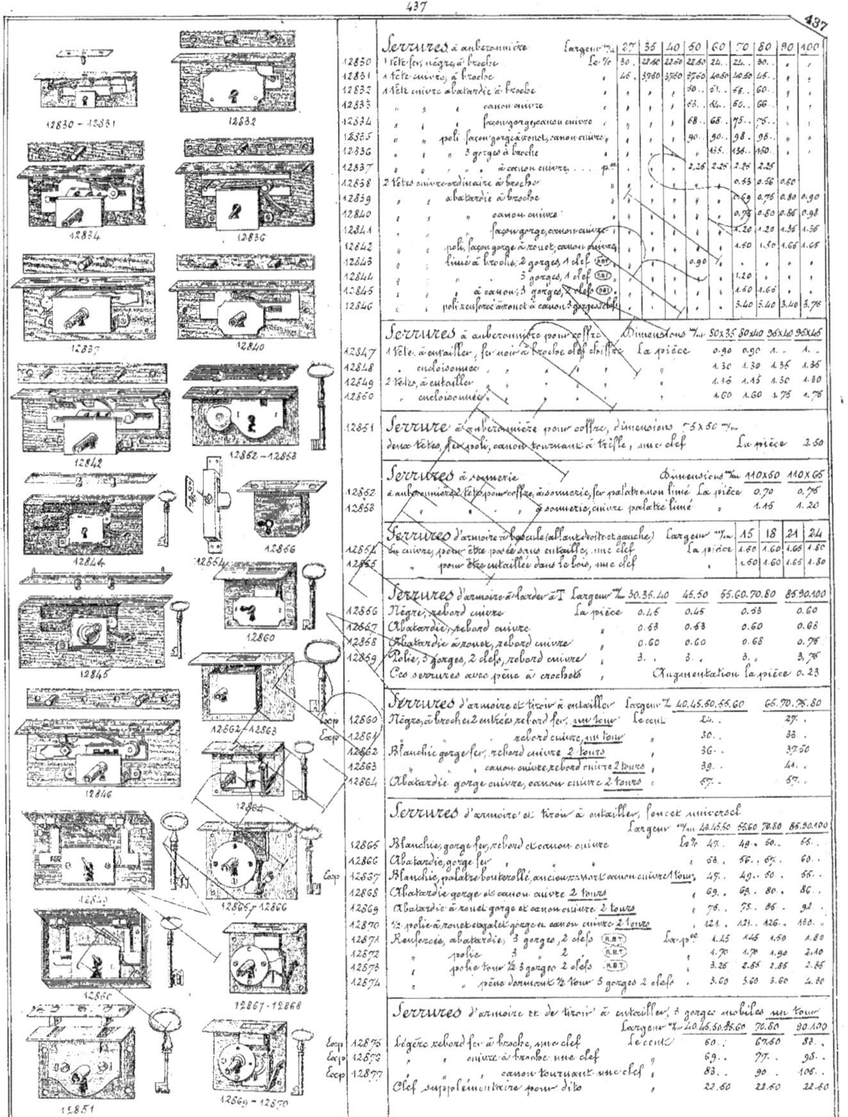

	Serrures à auberonnière	Largeur ᵐ/ₘ	27	35	40	50	60	70	80	90	100
12830	1 tête fer, nègre, à broche	Le %	30..	22.50	22.50	22.50	24..	24..	30..		
12831	1 tête cuivre, à broche	"	46..	37.60	37.60	37.60	40.50	40.50	45..		
12832	1 tête cuivre abatardie à broche	"				50..	51..	56..	60..		
12833	" " " canon cuivre	"				63..	64..	60..	66..		
12834	" " " façon gorge, canon cuivre	"				68..	68..	75..	75..		
12835	" " poli façon gorge à rouet, canon cuivre	"				90..	90..	98..	98..		
12836	" " " 3 gorges à broche	"					135..	136..	150..		
12837	" " " " " à canon cuivre	p.ce				2.26	2.25	2.25	2.25		
12838	2 têtes cuivre ordinaire à broche	"						0.53	0.56	0.60	
12839	" " abatardie à broche	"						0.69	0.75	0.80	0.90
12840	" " " canon cuivre	"						0.75	0.80	0.86	0.98
12841	" " " façon gorge, canon cuivre	"						1.20	1.20	1.35	1.36
12842	" " poli, façon gorge à rouet, canon cuivre	"						1.50	1.50	1.66	1.65
12843	" " limé à broche, 2 gorges, 1 clef (RBT)	"				0.90					
12844	" " " " 3 gorges, 1 clef (RBT)	"						1.20			
12845	" " " à canon, 3 gorges, 2 clefs (RBT)	"						1.50	1.66		
12846	" " poli renforcé à rouet à canon 3 gorges 2 clefs	"						3.40	3.40	3.40	3.76

	Serrures à auberonnière pour coffre	Dimensions ᵐ/ₘ	80x35	80x40	95x40	95x45
12847	1 tête, à entailler, fer noir à broche clef chiffre	La pièce	0.90	0.90	1..	1..
12848	" encloisonnée	"	1.30	1.30	1.35	1.35
12849	2 têtes, à entailler	"	1.15	1.15	1.30	1.30
12850	" encloisonnée	"	1.60	1.60	1.75	1.76

12851 **Serrure** à auberonnière pour coffre, dimensions 75 x 50 ᵐ/ₘ, deux têtes, fer poli, canon tournant à trèfle, une clef — La pièce 2.50

	Serrures à sonnerie	Dimensions ᵐ/ₘ	110x50	110x65
12852	à auberonnière 2 têtes pour coffre, à sonnerie, fer palâtre non limé	La pièce	0.70	0.75
12853	" " " " à sonnerie, cuivre palâtre limé	"	1.15	1.20

	Serrures d'armoire à bascule (all. aux droite et gauche)	Largeur ᵐ/ₘ	15	18	21	24
12854	En cuivre, pour être posée sans entaille, une clef	La pièce	1.50	1.60	1.65	1.80
12855	" pour être entaillée dans le bois, une clef	"	1.50	1.60	1.65	1.80

	Serrures d'armoire à larder à T	Largeur ᵐ/ₘ	30.35.40	45.50	55.60.70.80	85.90.100
12856	Nègre, rebord cuivre	La pièce	0.45	0.45	0.53	0.60
12857	Abatardie, rebord cuivre	"	0.53	0.53	0.60	0.68
12858	Abatardie à rouet, rebord cuivre	"	0.60	0.60	0.68	0.75
12859	Polie, 3 gorges, 2 clefs, rebord cuivre	"	3..	3..	3..	3.75
	Ces serrures avec pêne à crochets	"	Augmentation la pièce			0.23

		Serrures d'armoire et tiroir à entailler	Largeur ᵐ/ₘ	40.45.50.55.60	65.70.75.80
Exp	12860	Nègre, à broches 2 entrées rebord fer, un tour	Le cent	24..	27..
Exp	12861	" " rebord cuivre, un tour	"	30..	33..
	12862	Blanchie gorge fer, rebord cuivre 2 tours	"	36..	37.50
	12863	" " canon cuivre rebord cuivre 2 tours	"	39..	41..
	12864	Abatardie gorge cuivre, canon cuivre 2 tours	"	57..	57..

Serrures d'armoire et tiroir à entailler, foncet universel

			Largeur ᵐ/ₘ	40.45.50	55.60	70.80	85.90.100
	12865	Blanchie, gorge fer, rebord et canon cuivre	Le %	47.	49..	50..	55..
	12866	Abatardie, gorge fer	"	53..	56..	65.	60..
Exp	12867	Blanchie, palâtre bouterollé, ancien ressort canon cuivre 1 tour	"	47..	49..	50.	55..
	12868	Abatardie gorge et canon cuivre 2 tours	"	69..	69..	80..	86..
	12869	Abatardie à rouet gorge et canon cuivre 2 tours	"	76..	75..	86..	92..
	12870	½ polie à rouet et galet gorge et canon cuivre 2 tours	"	121..	121..	126..	130..
	12871	Renforcée, abatardie, 3 gorges, 2 clefs (R.B.T.)	La p.ce	1.45	1.45	1.50	1.80
	12872	" polie 3 " 2 " (R.B.T.)	"	1.70	1.70	1.90	2.10
	12873	" polie tour ½ 3 gorges 2 clefs (R.B.T.)	"	3.26	2.65	2.85	2.85
	12874	" " pêne dormant ½ tour 3 gorges 2 clefs	"	3.60	3.60	3.60	4.30

Serrures d'armoire et de tiroir à entailler, à gorges mobiles un tour

			Largeur ᵐ/ₘ	40.45.50.55.60	70.80	90.100
Exp	12875	Légère rebord fer à broche, une clef	Le cent	60..	67.50	83..
Exp	12876	" " cuivre à broche une clef	"	69..	77..	98..
Exp	12877	" " canon tournant une clef	"	83..	90..	106..
		Clef supplémentaire pour dito	"	22.50	22.50	22.50

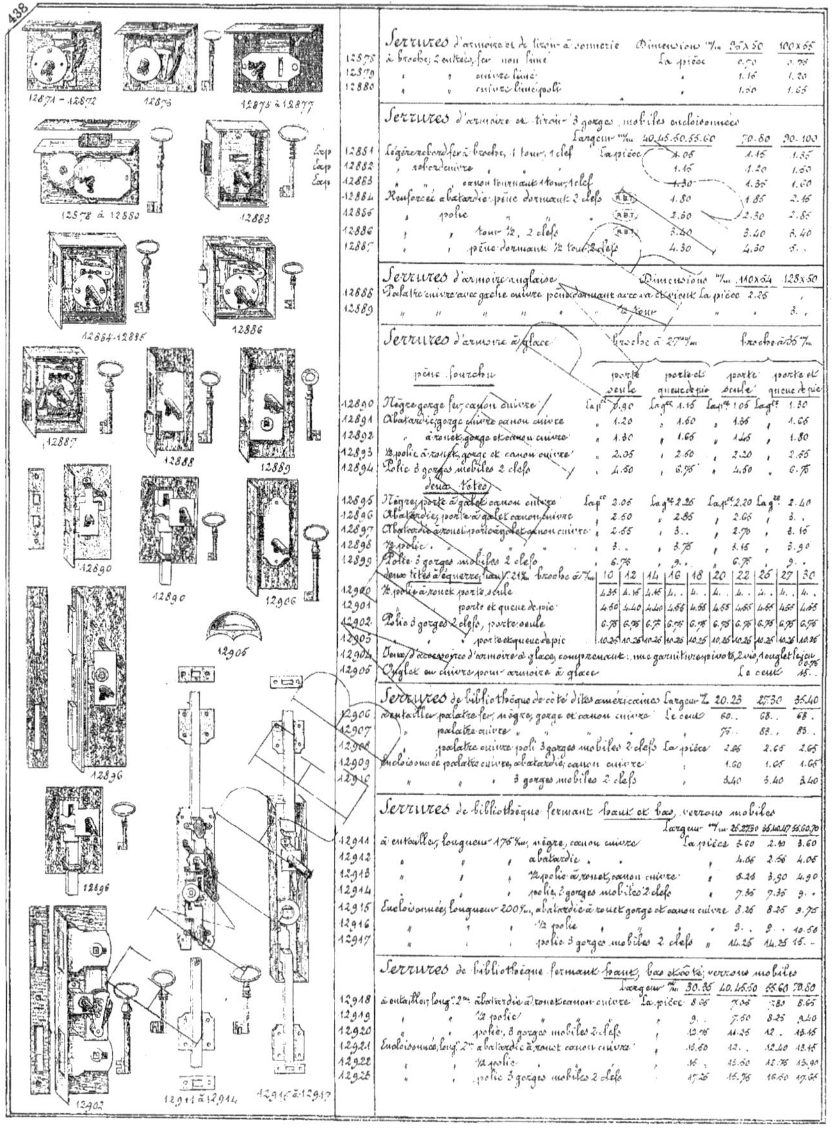

Serrures d'armoire et de tiroir à sommerie

N°	Désignation		Dimensions m/m 95 x 50	100 x 65
12878	à broche, 2 entrées, fer non limé	La pièce	0.70	0.75
12879	" " cuivre limé	"	1.16	1.20
12880	" " cuivre limé poli	"	1.50	1.65

Serrures d'armoire et tiroir 3 gorges mobiles encloisonnées

	N°	Désignation		Largeur m/m 40.45.50.55.60	70.80	90.100
Exp	12881	Légère rebord fer à broche, 1 tour, 1 clef	La pièce	1.05	1.15	1.35
Exp	12882	" rebord cuivre " " "		1.15	1.20	1.50
Exp	12883	" " canon tournant 1 tour, 1 clef		1.30	1.35	1.60
	12884	Renforcée abatardie pêne dormant 2 clefs (R.B.T.)		1.80	1.85	2.15
	12885	" polie " " " (R.B.T.)		2.50	2.30	2.85
	12886	" " tour 1/2, 2 clefs (R.B.T.)		3.40	3.40	3.40
	12887	" " pêne dormant 1/2 tour 2 clefs		4.30	4.30	5..

Serrures d'armoire anglaise

N°	Désignation		Dimensions m/m 110 x 54	128 x 50
12888	Palatre cuivre avec gâche cuivre pêne dormant avec va et vient	La pièce	2.25	"
12889	" " " " " 1/2 tour	"	"	3..

Serrures d'armoire à glace

N°	pêne fourchu		broche à 27 m/m porte seule		porte et queue de pie		broche à 35 m/m porte seule		porte et queue de pie
12890	Nègre gorge fer, canon cuivre	Lapce	0.90	Lapce	1.15	Lapce	1.05	Lapce	1.30
12891	Abatardie, gorge cuivre canon cuivre	"	1.20	"	1.50	"	1.35	"	1.65
12892	" à rouet, gorge et canon cuivre	"	1.30	"	1.65	"	1.45	"	1.80
12893	1/2 polie à rouet, gorge et canon cuivre	"	2.05	"	2.60	"	2.20	"	2.55
12894	Polie 3 gorges mobiles 2 clefs	"	4.50	"	6.75	"	4.50	"	6.75
	deux têtes								
12895	Nègre, porte à galet canon cuivre	Lapce	2.05	Lapce	2.25	Lapce	2.20	Lapce	2.40
12896	Abatardie, porte à galet canon cuivre	"	2.50	"	2.85	"	2.65	"	3..
12897	Abatardie à rouet porte à galet canon cuivre	"	2.55	"	3..	"	2.70	"	3.15
12898	1/2 polie " " "	"	3..	"	3.75	"	3.15	"	3.90
12899	Polie 3 gorges mobiles 2 clefs	"	6.75	"	9..	"	6.75	"	9..

N°	deux têtes à équerre, haut. 21 m/m broche à m/m	10	12	14	16	18	20	22	25	27	30
12900	1/2 polie à rouet porte seule	4.35	4.15	4.15	4..	4..	4..	4..	4..	4..	4..
12901	" " porte et queue de pie	4.50	4.40	4.40	4.55	4.55	4.55	4.55	4.55	4.55	4.55
12902	Polie 3 gorges 2 clefs, porte seule	6.75	6.75	6.75	6.75	6.75	6.75	6.75	6.75	6.75	6.75
12903	" " " porte et queue de pie	10.25	10.25	10.25	10.25	10.25	10.25	10.25	10.25	10.25	10.25

12904 Jeux d'accessoires d'armoire à glace, comprenant : une garniture pivots, 2 vis, 1 onglet le jeu 0.75

12905 Onglet en cuivre pour armoire à glace — Le cent 15..

Serrures de bibliothèque de côté dites américaines

N°	Désignation		Largeur m/m 20.23	27.30	35.40
12906	à entailler, palatre fer, nègre, gorge et canon cuivre	Le cent	60..	68..	68..
12907	" palatre cuivre " " "	"	75..	83..	83..
12908	" palatre cuivre poli 3 gorges mobiles 2 clefs	La pièce	2.65	2.65	2.65
12909	Encloisonnée palatre cuivre, abatardie, canon cuivre	"	1.60	1.65	1.65
12910	" " " 3 gorges mobiles 2 clefs	"	3.40	3.40	3.40

Serrures de bibliothèque fermant haut et bas, verrous mobiles

N°	Désignation		Largeur m/m 25.27.30	35.40.47	55.60.70
12911	à entailler, longueur 175 m/m, nègre, canon cuivre	La pièce	2.60	2.40	3.60
12912	" " " abatardie " "	"	4.05	2.55	4.05
12913	" " " 1/2 polie à rouet, canon cuivre	"	5.25	3.90	4.90
12914	" " " polie, 3 gorges mobiles 2 clefs	"	7.35	7.35	9..
12915	Encloisonnées, longueur 200 m/m, abatardie à rouet gorge et canon cuivre		8.25	8.25	9.75
12916	" " " 1/2 polie " "	"	9..	9..	10.50
12917	" " " polie 3 gorges mobiles 2 clefs	"	14.25	14.25	15..

Serrures de bibliothèque fermant haut, bas et côté; verrous mobiles

N°	Désignation		Largeur m/m 30.35	40.45.50	55.60	70.80
12918	à entailler, longr 2m abatardie à rouet canon cuivre	La pièce	8.05	7.05	7.80	8.65
12919	" " 1/2 polie " " "	"	9..	7.50	8.25	9.40
12920	" " polie, 3 gorges mobiles 2 clefs	"	12.75	11.25	12..	13.15
12921	Encloisonnée, longr 2m abatardie à rouet canon cuivre	"	13.50	12..	12.40	13.15
12922	" " 1/2 polie "	"	16..	13.50	12.75	13.90
12923	" " polie 3 gorges mobiles 2 clefs		17.25	15.75	16.50	17.05

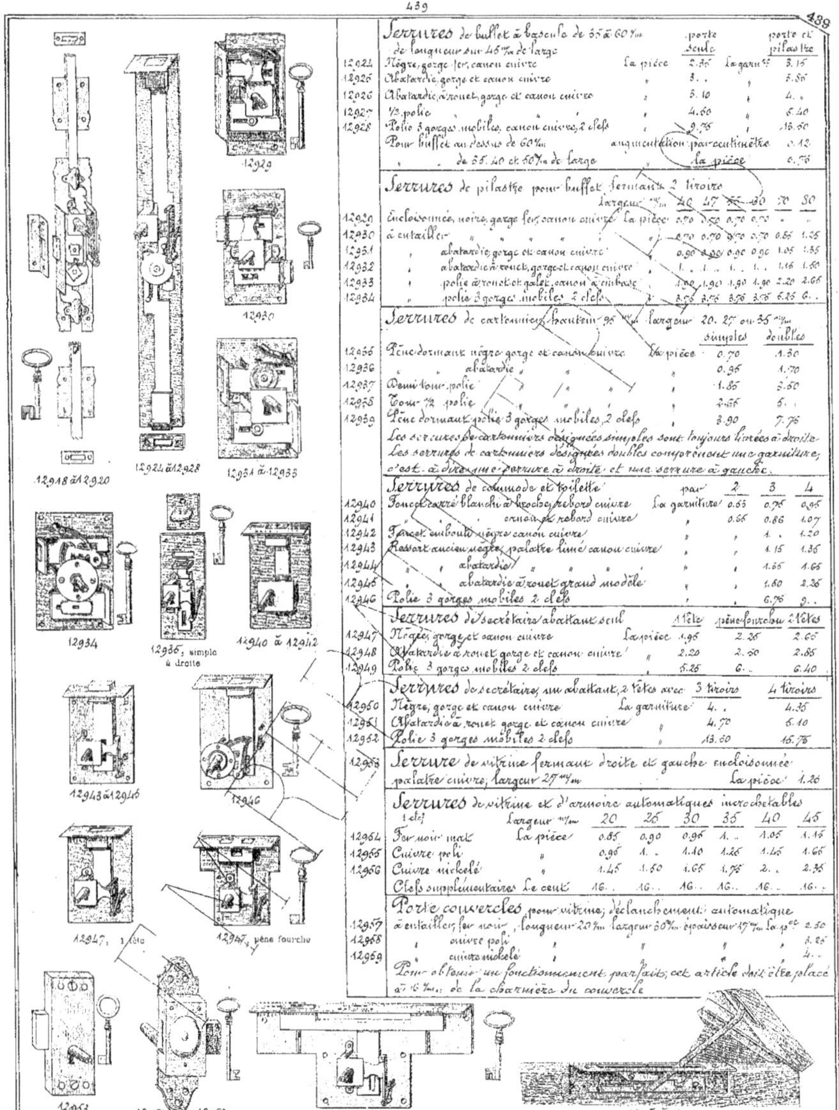

Serrures de buffet à bascule de 35 à 60 m/m de longueur sur 45 m/m de large

N°	Désignation		porte seule		porte et pilastre
12924	Nègre, gorge fer, canon cuivre	La pièce	2.35	La garn[ture]	3.15
12925	Abatardie, gorge et canon cuivre	"	3..	"	3.85
12926	Abatardie, à rouet, gorge et canon cuivre	"	3.10	"	4..
12927	1/2 polie " " "	"	4.60	"	5.40
12928	Polie 3 gorges mobiles, canon cuivre, 2 clefs	"	9.75	"	15.50
	Pour buffet au dessus de 60 m/m	augmentation par centimètre			0.12
	" " de 35. 40 et 50 m/m de large	"	la pièce		0.75

Serrures de pilastre pour buffet fermant 2 tiroirs

N°	Désignation	largeur m/m	40	47	55	60	70	80
12929	Encloisonnée, noire, gorge fer, canon cuivre	La pièce	0.70	0.70	0.70	0.70	"	"
12930	à entailler " " " " "	"	0.70	0.70	0.70	0.70	0.85	1.25
12931	" abatardie, gorge et canon cuivre	"	0.90	0.90	0.90	0.90	1.05	1.35
12932	" abatardie à rouet, gorge et canon cuivre	"	1..	1..	1..	1..	1.15	1.50
12933	" polie à rouet et galet, canon à embase	"	1.90	1.90	1.90	1.90	2.20	2.65
12934	" polie 3 gorges mobiles 2 clefs	"	3.75	3.75	3.75	3.75	5.25	6..

Serrures de cartonniers, hauteur 95 m/m largeur 20. 27 ou 35 m/m

N°	Désignation		simples	doubles
12935	Pêne dormant nègre gorge et canon cuivre	La pièce	0.70	1.30
12936	" " abatardie " " "	"	0.95	1.70
12937	Demi tour, polie " " "	"	1.85	3.50
12938	Tour 1/2 polie " " "	"	2.55	5..
12939	Pêne dormant polie 3 gorges mobiles, 2 clefs	"	3.90	7.75

Les serrures de cartonniers désignées simples sont toujours livrées à droite. Les serrures de cartonniers désignées doubles comprennent une garniture, c'est-à-dire une serrure à droite et une serrure à gauche.

Serrures de commode et toilette

N°	Désignation	par	2	3	4
12940	Foncet carré blanchi à broche, rebord cuivre	La garniture	0.55	0.75	0.95
12941	" " canon et rebord cuivre	"	0.65	0.85	1.07
12942	Foncet embouti nègre canon cuivre	"	"	1..	1.20
12943	Ressort ancien nègre, palatre limé canon cuivre	"	"	1.15	1.35
12944	" " abatardie " " "	"	"	1.35	1.65
12945	" " abatardie à rouet grand modèle	"	"	1.80	2.25
12946	Polie 3 gorges mobiles 2 clefs	"	"	6.75	9..

Serrures de secrétaire abattant seul

N°	Désignation		1 tête	pêne fourchu	2 têtes
12947	Nègre, gorge et canon cuivre	La pièce	1.95	2.25	2.65
12948	Abatardie à rouet gorge et canon cuivre	"	2.20	2.50	2.85
12949	Polie 3 gorges mobiles 2 clefs	"	5.25	6..	6.40

Serrures de secrétaire, un abattant, 2 têtes avec

N°	Désignation		3 tiroirs	4 tiroirs
12950	Nègre, gorge et canon cuivre	La garniture	4..	4.35
12951	Abatardie à rouet gorge et canon cuivre	"	4.70	5.10
12952	Polie 3 gorges mobiles 2 clefs	"	13.50	15.75

12953 **Serrure** de vitrine fermant droite et gauche encloisonnée palatre cuivre, largeur 27 m/m — La pièce 1.20

Serrures de vitrine et d'armoire automatiques incrochetables

N°	1 clef	largeur m/m	20	25	30	35	40	45
12954	Fer noir mat	La pièce	0.85	0.90	0.95	1..	1.05	1.15
12955	Cuivre poli	"	0.95	1..	1.10	1.25	1.45	1.65
12956	Cuivre nickelé	"	1.45	1.50	1.65	1.75	2..	2.35
	Clefs supplémentaires	Le cent	16..	16..	16..	16..	16..	16..

Porte couvercles pour vitrine; déclanchement automatique

N°	Désignation	
12957	à entailler, fer noir, longueur 20 m/m largeur 30 m/m épaisseur 17 m/m La pièce	2.50
12958	" cuivre poli " " " "	3.25
12959	" cuivre nickelé " " " "	4..

Pour obtenir un fonctionnement parfait, cet article doit être placé à 6 m/m de la charnière du couvercle

(Voir prix pages 8, 392, 430, 437, 442)

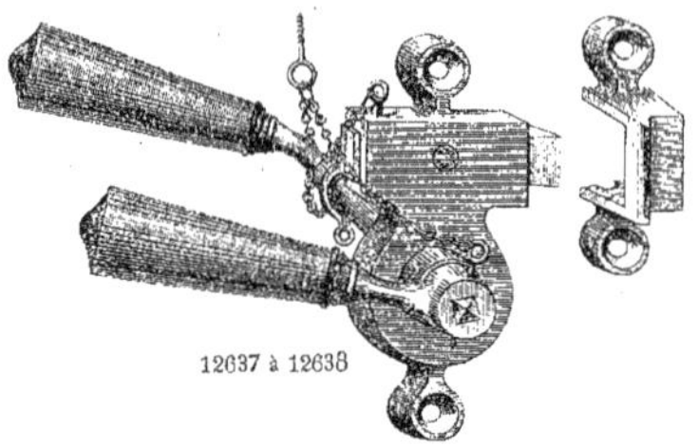

12637 à 12638

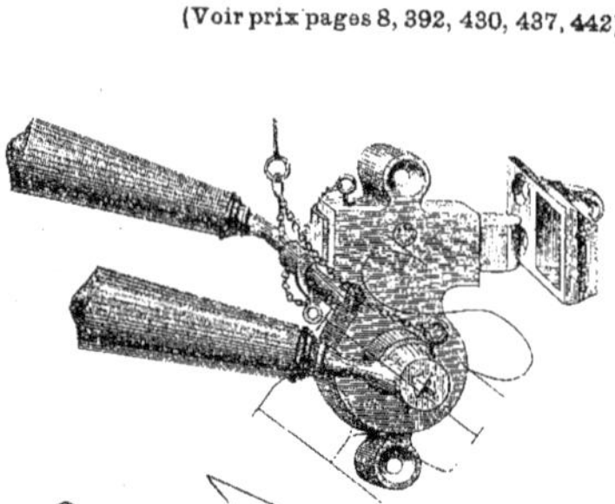

12635 & 12636

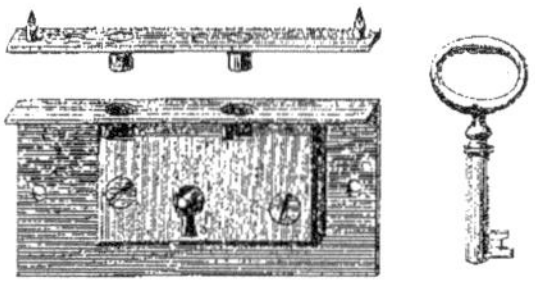

12843

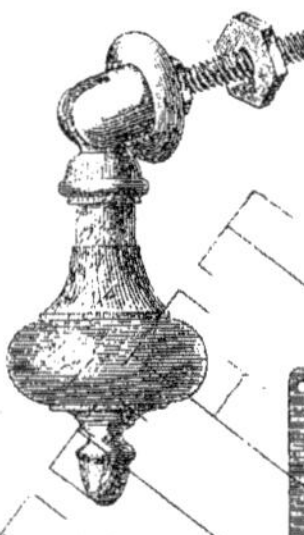

11413 & 11414

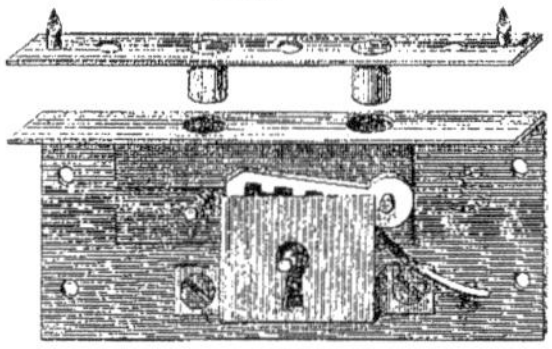

12844

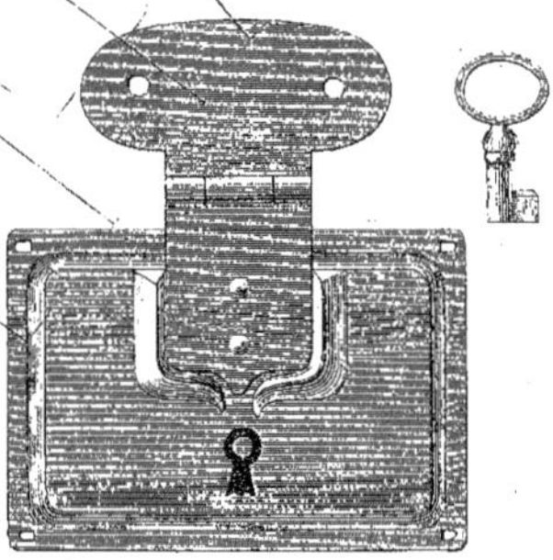

13020 à 13024

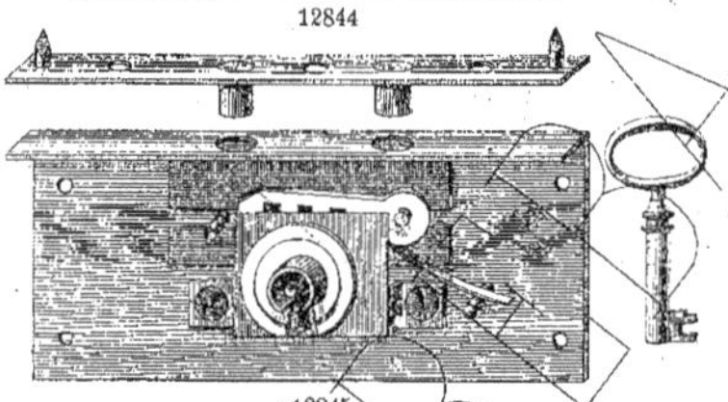

12845

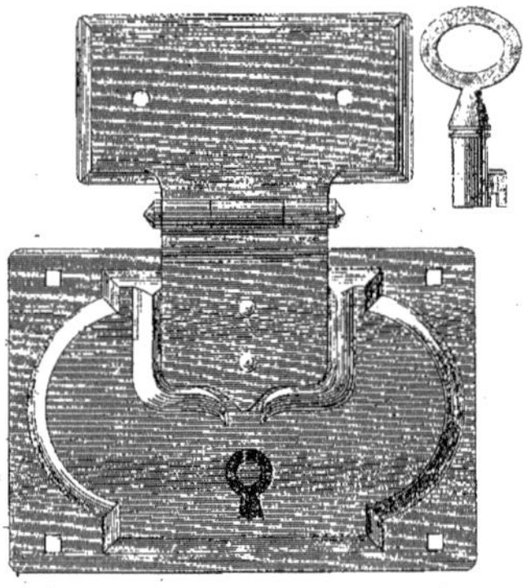

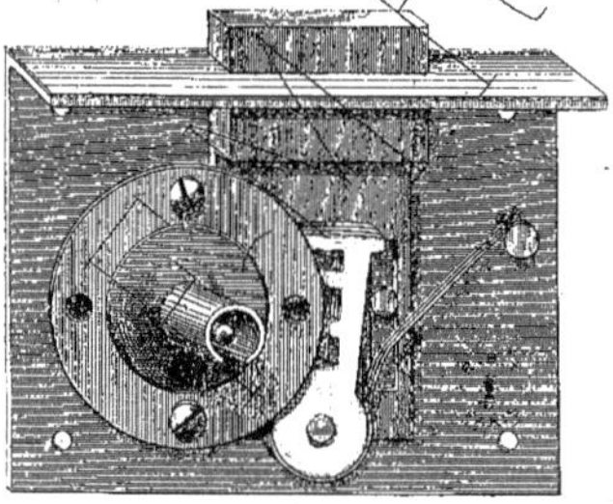

12872

267

le cent 25

13033 & 13034

Paris. — Imp. DONNADIEU, 33, Rue des Francs-Bourgeois

Serrures de malle, ferrures et accessoires

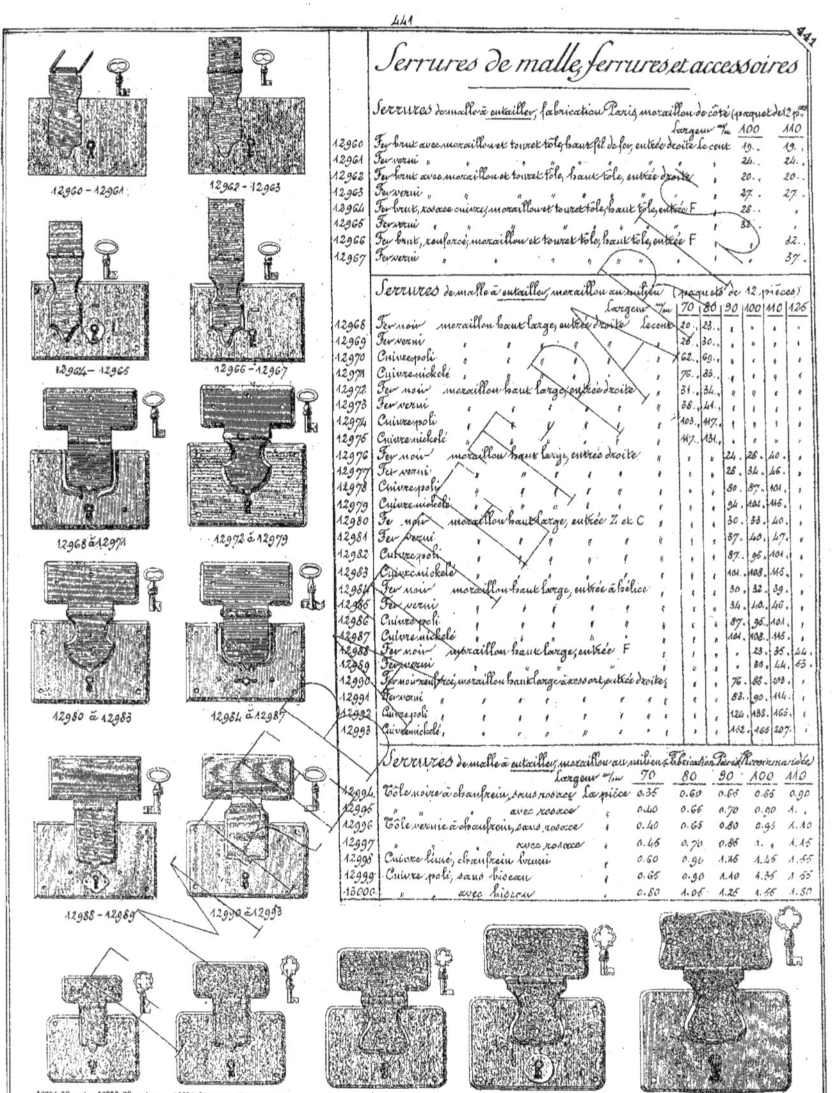

Serrures de malle à entailler, fabrication Paris, moraillon de côté (paquet de 12 pces)

N°	Désignation	Largeur m/m 100	110
12960	Fer brut avec moraillon et touret tôle, baut fil de fer, entrée droite Le cent	19..	19..
12961	Fer verni " " " " " " "	24..	24..
12962	Fer brut avec moraillon et touret tôle, baut tôle, entrée droite	20..	20..
12963	Fer verni " " " " " " "	27..	27..
12964	Fer brut, rosace cuivre, moraillon et touret tôle, baut tôle, entrée F	28..	"
12965	Fer verni " " " " " " "	32..	"
12966	Fer brut, renforcé, moraillon et touret tôle, baut tôle, entrée F	"	32..
12967	Fer verni " " " " " " "	"	37..

Serrures de malle à entailler, moraillon au milieu (paquets de 12 pièces)

N°	Désignation	Largeur m/m 70	80	90	100	110	125
12968	Fer noir moraillon baut large, entrée droite Le cent	20..	23..	"	"	"	"
12969	Fer verni " " " " " "	26..	30..	"	"	"	"
12970	Cuivre poli " " " " " "	62..	69..	"	"	"	"
12971	Cuivre nickelé " " " " " "	76..	85..	"	"	"	"
12972	Fer noir moraillon baut large, entrée droite	31..	34..	"	"	"	"
12973	Fer verni " " " " " "	36..	41..	"	"	"	"
12974	Cuivre poli " " " " " "	103..	117..	"	"	"	"
12975	Cuivre nickelé " " " " " "	117..	131..	"	"	"	"
12976	Fer noir moraillon baut large, entrée droite	"	"	24.	26.	40.	"
12977	Fer verni " " " " " "	"	"	28.	34.	46.	"
12978	Cuivre poli " " " " " "	"	"	80.	87.	101.	"
12979	Cuivre nickelé " " " " " "	"	"	94.	101.	115.	"
12980	Fer noir moraillon baut large, entrée Z et C	"	"	30.	33.	40.	"
12981	Fer verni " " " " " "	"	"	37.	40.	47.	"
12982	Cuivre poli " " " " " "	"	"	87.	95.	101.	"
12983	Cuivre nickelé " " " " " "	"	"	101.	108.	115.	"
12984	Fer noir moraillon baut large, entrée à hélice	"	"	30.	32.	39.	"
12985	Fer verni " " " " " "	"	"	34.	40.	46.	"
12986	Cuivre poli " " " " " "	"	"	87.	95.	101.	"
12987	Cuivre nickelé " " " " " "	"	"	101.	108.	115.	"
12988	Fer noir moraillon baut large, entrée F	"	"	"	23.	35.	44.
12989	Fer verni " " " " " "	"	"	"	30.	44.	63.
12990	Fer noir renforcé, moraillon baut large à ressort, entrée droite	"	"	76.	88.	103.	"
12991	Fer verni " " " " " " " "	"	"	83.	90.	114.	"
12992	Cuivre poli " " " " " " " "	"	"	124.	138.	165.	"
12993	Cuivre nickelé " " " " " " " "	"	"	152.	165	207.	"

Serrures de malle à entailler, moraillon au milieu, Fabrication Paris (Recommandée)

N°	Désignation	Largeur m/m 70	80	90	100	110
12994	Tôle noire à chanfrein, sans rosace La pièce	0.35	0.60	0.65	0.85	0.90
12995	" " " avec rosace "	0.40	0.65	0.70	0.90	1. .
12996	Tôle vernie à chanfrein, sans rosace "	0.40	0.65	0.80	0.95	1.10
12997	" " " avec rosace "	0.45	0.70	0.85	1. .	1.15
12998	Cuivre livré, chanfrein bruni "	0.60	0.90	1.15	1.45	1.55
12999	Cuivre poli, sans biseau "	0.65	0.90	1.10	1.35	1.55
13000	" " avec biseau "	0.80	1.05	1.25	1.55	1.80

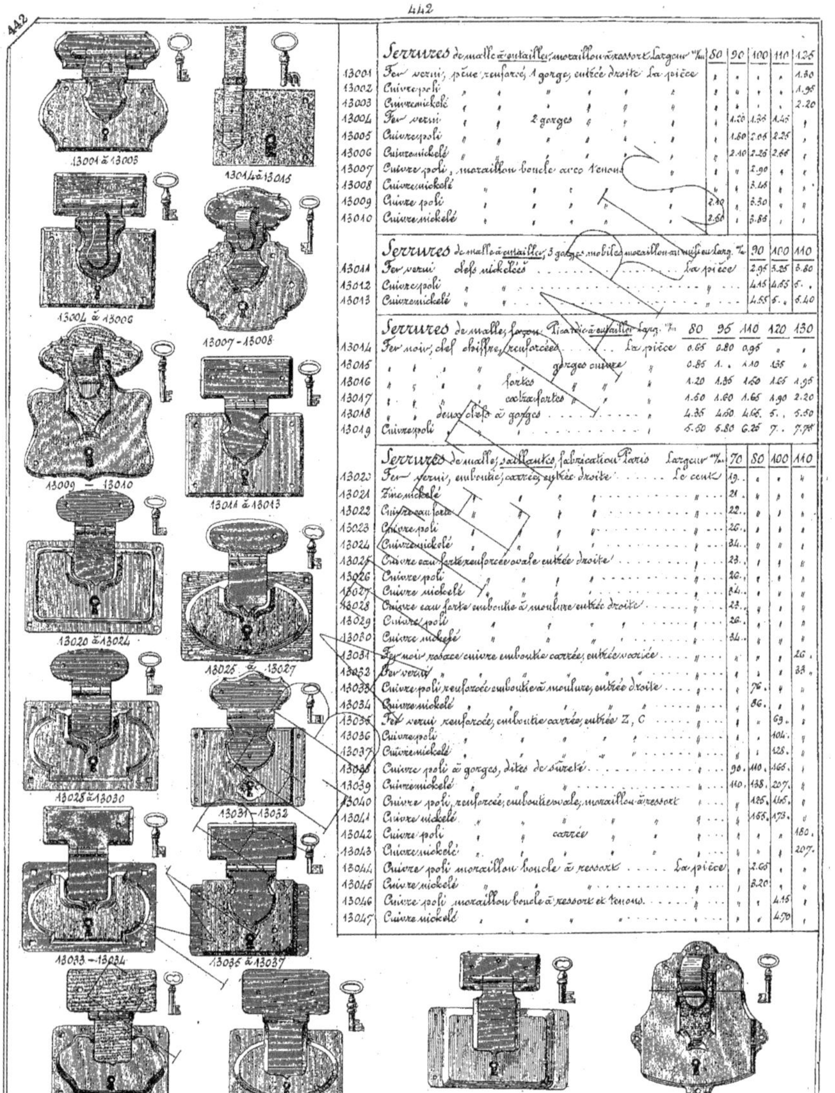

	Serrures de malle à entailler, moraillon à ressort. Largeur m/m	80	90	100	110	125
13001	Fer verni, pêne renforcé, 1 gorge, entrée droite. La pièce	»	»	»	»	1.80
13002	Cuivre poli » » » » » »	»	»	»	»	1.95
13003	Cuivre nickelé » » » » » »	»	»	»	»	2.20
13004	Fer verni » » 2 gorges » » »	»	1.20	1.36	1.45	»
13005	Cuivre poli » » » » » »	»	1.80	2.05	2.25	»
13006	Cuivre nickelé » » » » » »	»	2.10	2.25	2.66	»
13007	Cuivre poli, moraillon boucle avec tenons »	»	»	2.90	»	»
13008	Cuivre nickelé » » » » »	»	»	3.15	»	»
13009	Cuivre poli » » » » »	2.10	»	3.30	»	»
13010	Cuivre nickelé » » » » »	2.60	»	3.85	»	»

	Serrures de malle à entailler, 3 gorges mobiles, moraillon au milieu larg. m/m	90	100	110
13011	Fer verni clefs nickelées .... La pièce	2.95	3.25	3.80
13012	Cuivre poli » » .... » ...	4.15	4.65	5. »
13013	Cuivre nickelé » » .... » ...	4.55	5. »	5.40

	Serrures de malle, façon Picardie à entailler larg. m/m	80	95	110	120	130
13014	Fer noir, clef chiffre, renforcées ..... La pièce	0.65	0.80	0.95	»	»
13015	» » » » » gorges cuivre »	0.85	1. »	1.10	1.35	»
13016	» » » » fortes » » »	1.20	1.35	1.50	1.65	1.95
13017	» » » contreforts » » »	1.50	1.60	1.65	1.90	2.20
13018	» » deux clefs à gorges .... »	4.35	4.60	4.65.	5. »	5.50
13019	Cuivre poli » » .... »	5.50	5.80	6.25	7. »	7.75

	Serrures de malle, saillantes, fabrication Paris. Largeur m/m	70	80	100	110
13020	Fer verni, emboutie, carrée, entrée droite ...... Le cent	19. »	»	»	»
13021	Zinc nickelé » » » » .... » ...	21. »	»	»	»
13022	Cuivre eau forte » » » » .... » ...	22. »	»	»	»
13023	Cuivre poli » » » » .... » ...	26. »	»	»	»
13024	Cuivre nickelé » » » » .... » ...	34. »	»	»	»
13025	Cuivre eau forte renforcée ovale entrée droite .... »	23. »	»	»	»
13026	Cuivre poli » » » » .... » ...	26. »	»	»	»
13027	Cuivre nickelé » » » » .... » ...	34. »	»	»	»
13028	Cuivre eau forte emboutie à moulure entrée droite ..... » ...	23. »	»	»	»
13029	Cuivre poli » » » » .... » ...	26. »	»	»	»
13030	Cuivre nickelé » » » » .... » ...	34. »	»	»	»
13031	Fer noir rosace cuivre emboutie carrée, entrée variée .... » ...	»	»	»	26. »
13032	Fer verni » » » » » » ..... » ...	»	»	»	33. »
13033	Cuivre poli renforcée emboutie à moulure, entrée droite .... » ...	»	76. »	»	»
13034	Cuivre nickelé » » » » » ..... » ...	»	86. »	»	»
13035	Fer verni renforcée, emboutie carrée, entrée Z, C ..... » ...	»	»	69. »	»
13036	Cuivre poli » » » » » ..... » ...	»	»	104. »	»
13037	Cuivre nickelé » » » » » ..... » ...	»	»	128. »	»
13038	Cuivre poli à gorges, dites de sûreté .... » ...	90. »	110. »	165. »	»
13039	Cuivre nickelé » » » .... » ...	110. »	138. »	207. »	»
13040	Cuivre poli, renforcée, emboutie ovale, moraillon à ressort » ...	»	125. »	145. »	»
13041	Cuivre nickelé » » » » » » ...	»	155. »	173. »	»
13042	Cuivre poli » » carrée » » » ...	»	»	»	180. »
13043	Cuivre nickelé » » » » » » ...	»	»	»	207. »
13044	Cuivre poli moraillon boucle à ressort ..... La pièce	»	2.65	»	»
13045	Cuivre nickelé » » » .... » ...	»	3.20	»	»
13046	Cuivre poli moraillon boucle à ressort et tenons ..... » ...	»	»	4.15	»
13047	Cuivre nickelé » » » .... » ...	»	»	4.70	»

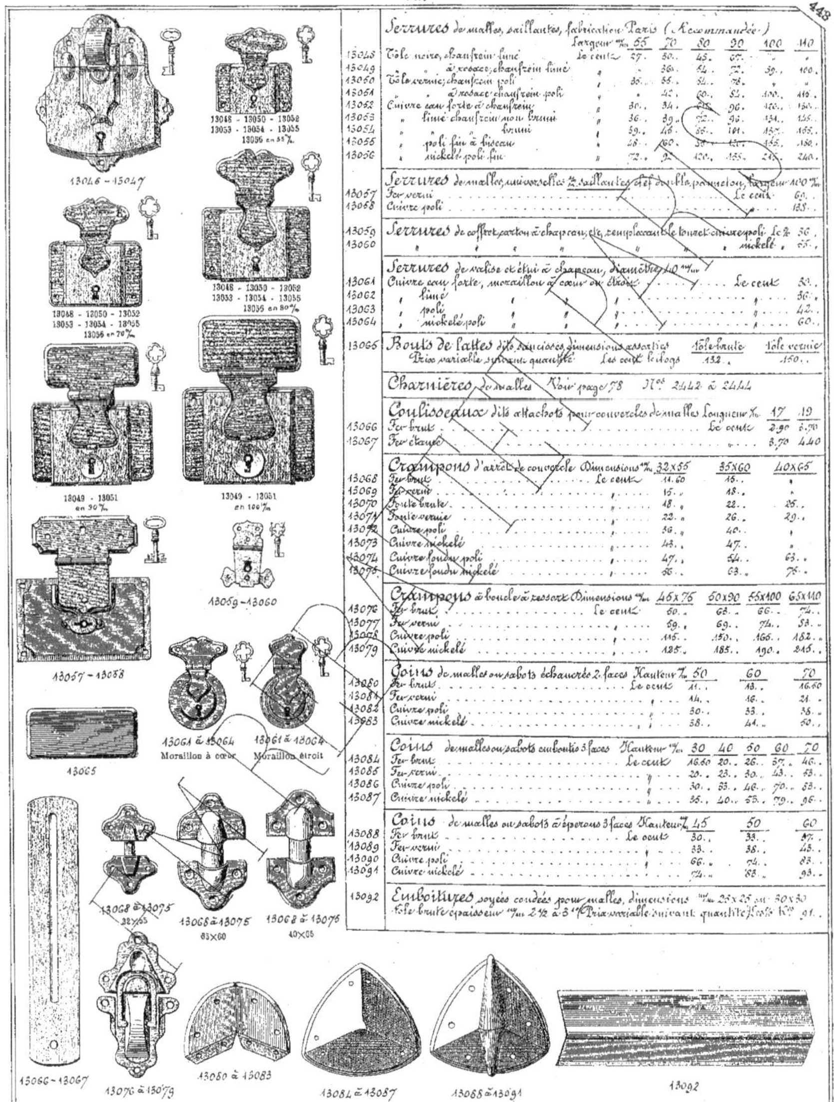

Serrures de malles, saillantes, fabrication Paris (Recommandée)

N°	Désignation		Largeur m/m 55	70	80	90	100	110
13048	Tôle noire, chanfrein limé	Le cent	27.	30..	45.	67.	"	"
13049	" à rosace, chanfrein limé	"	"	36.	54..	72.	39.,	100.
13050	Tôle vernie, chanfrein poli	"	35..	55.	54..	78.	"	"
13051	" à rosace chanfrein poli	"	"	42.	60..	84.	100..	116.
13052	Cuivre eau forte à chanfrein	"	30..	34.	[illegible]	96.	120..	150..
13053	" limé chanfrein non bruni	"	36..	39..	72..	96.	134..	155.
13054	" " bruni	"	39..	46.	66..	101.	137.	165.
13055	" poli fin à biseau	"	48..	60.	58.	120.	155.	180.
13056	" nickelé poli fin	"	72..	92.	120.	155.	215.	240.

Serrures de malles, universelle ½ saillantes, clef double panneton, largeur 100 m/m

N°	Désignation		Prix
13057	Fer verni	Le cent	60.
13058	Cuivre poli	"	135.

Serrures de coffret, carton à chapeau, etc, remplaçant le touret

N°	Désignation		Prix
13059	cuivre poli	Le %	36.
13060	" nickelé	"	55.

Serrures de valise et étui à chapeau, diamètre 40 m/m

N°	Désignation		Prix
13061	Cuivre eau forte, moraillon à cœur ou étroit	Le cent	30.
13062	" limé	"	36.
13063	" poli	"	42.
13064	" nickelé poli	"	60.

Bouts de lattes dits saucisses, dimensions assorties

N°	Désignation		Tôle brute	Tôle vernie
13065	Prix variable suivant quantité	Les cent kilogs	132.	150.

Charnières de malles Voir page 78 N°s 2442 à 2444

Coulisseaux dits attachots pour couvercles de malles

N°	Désignation		Longueur m/m 17	19
13066	Fer brut	Le cent	2.90	3.70
13067	Fer étamé	"	3.70	4.40

Crampons d'arrêt de couvercle

N°	Désignation		Dimensions m/m 32×55	35×60	40×65
13068	Fer brut	Le cent	11.60	15..	"
13069	Fer verni	"	15..	18..	"
13070	Fonte brute	"	18..	22..	25..
13071	Fonte vernie	"	22..	26..	29..
13072	Cuivre poli	"	36..	40..	"
13073	Cuivre nickelé	"	43..	47..	"
13074	Cuivre fondu poli	"	47..	54..	63..
13075	Cuivre fondu nickelé	"	56..	63..	75..

Crampons à boucle à ressort

N°	Désignation		Dimensions m/m 45×75	50×90	55×100	65×110
13076	Fer brut	Le cent	50..	63..	66..	74..
13077	Fer verni	"	59..	69..	74..	83..
13078	Cuivre poli	"	115..	150..	165..	182..
13079	Cuivre nickelé	"	125..	185..	190..	215..

Coins de malles ou sabots échancrés 2 faces

N°	Désignation		Hauteur m/m 50	60	70
13080	Fer brut	Le cent	11..	13..	16.60
13081	Fer verni	"	14..	16..	21..
13082	Cuivre poli	"	30..	33..	38..
13083	Cuivre nickelé	"	38..	44..	50..

Coins de malles ou sabots emboutis 3 faces

N°	Désignation		Hauteur m/m 30	40	50	60	70
13084	Fer brut	Le cent	16.60	20..	26..	37..	46..
13085	Fer verni	"	20..	23..	30..	43..	53..
13086	Cuivre poli	"	30..	33..	46..	70..	83..
13087	Cuivre nickelé	"	35..	40..	53..	79..	96..

Coins de malles ou sabots à éperons 3 faces

N°	Désignation		Hauteur m/m 45	50	60
13088	Fer brut	Le cent	30..	33..	37..
13089	Fer verni	"	33..	38..	43..
13090	Cuivre poli	"	66..	74..	83..
13091	Cuivre nickelé	"	74..	83..	93..

13092 **Emboîtures** soyées coudées pour malles, dimensions m/m 25×25 ou 30×30 Tôle brute épaisseur m/m 2½ à 3 (Prix variable suivant quantité) les % K°s 91..

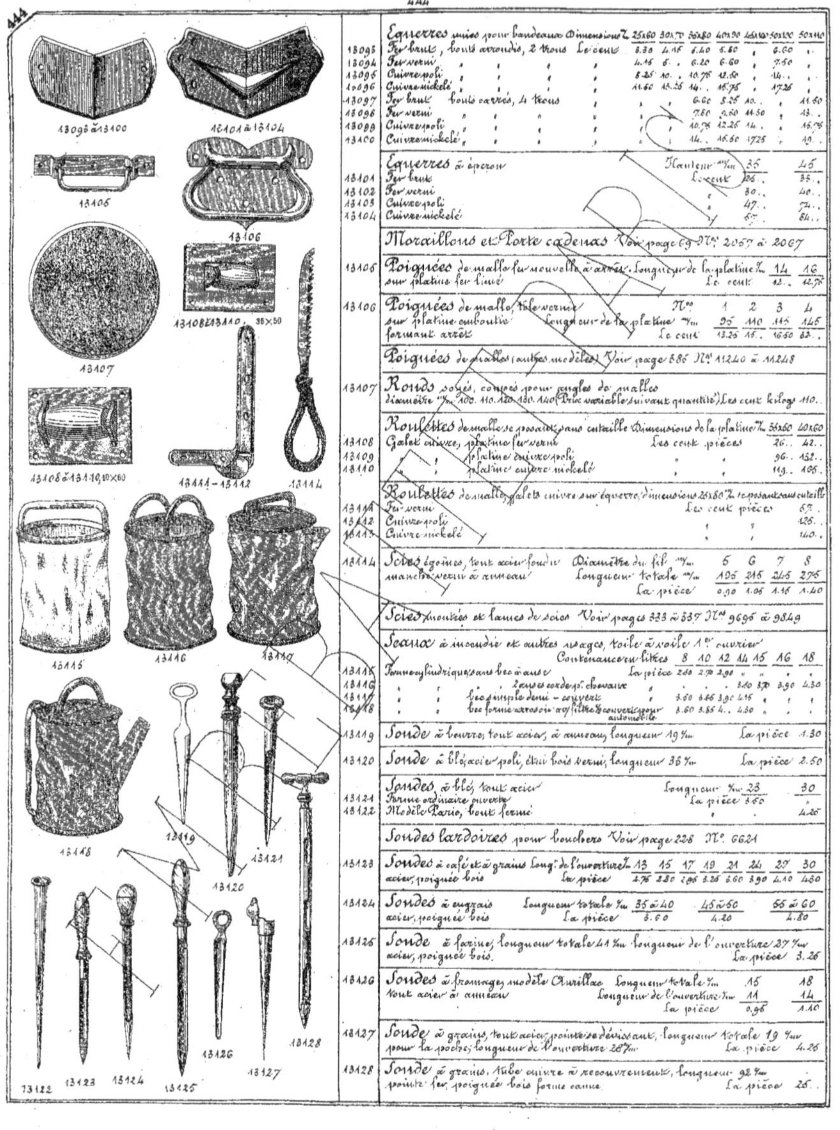

	Equerres unies pour bandeaux Dimensions ᵐ/ₘ	25x60	30x70	35x80	40x90	45x100	50x100	50x110
13093	Fer brut, bouts arrondis, 2 trous Le cent	3.30	4.15	5.40	5.80	"	6.60	"
13094	Fer verni " " " "	4.15	5..	6.20	6.60	"	7.50	"
13095	Cuivre poli " " " "	8.25	10..	10.75	12.50	"	14..	"
13096	Cuivre nickelé " " " "	11.60	13.25	14..	15.75	"	17.25	"
13097	Fer brut bouts carrés, 4 trous "	"	"	6.60	8.25	10..	"	11.50
13098	Fer verni " " " "	"	"	7.80	9.60	11.50	"	13..
13099	Cuivre poli " " " "	"	"	10.75	12.25	14..	"	16.75
13100	Cuivre nickelé " " " "	"	"	14..	16.50	17.25	"	19..

	Equerres à éperon Hauteur ᵐ/ₘ	35	45
	Le cent		
13101	Fer brut	25..	35..
13102	Fer verni "	30..	40..
13103	Cuivre poli "	47..	74..
13104	Cuivre nickelé "	67..	84..

Moraillons et Porte cadenas Voir page 69 Nᵒˢ 2057 à 2067

	Poignées de malle fer nouvelle à arrêt sur platine fer limé. Longueur de la platine ᵐ/ₘ	14	16
13105	Le cent	12..	12.75

	Poignées de malle, tôle vernie sur platine emboutie formant arrêt Nᵒˢ	1	2	3	4
	Longueur de la platine ᵐ/ₘ	95	110	115	145
13106	Le cent	13.25	15..	16.50	32..

Poignées de malles (autres modèles) Voir page 886 Nᵒˢ 11240 à 11248

13107 **Ronds** soyés, coupés pour angles de malles diamètre ᵐ/ₘ 100. 110. 120. 130. 140 (Prix variable suivant quantité) Les cent kilogs 110..

	Roulettes de malle se posant sans entaille Dimensions de la platine ᵐ/ₘ	35x50	40x60
13108	Galet cuivre, platine fer verni Les cent pièces	26..	42..
13109	" " platine cuivre poli " "	96..	152..
13110	" " platine cuivre nickelé " "	119..	165..

	Roulettes de malle, galets cuivre sur équerre, dimensions 26x80 ᵐ/ₘ se posant sans entaille	
13111	Fer verni Les cent pièces	67..
13112	Cuivre poli " "	125..
13113	Cuivre nickelé " "	140..

	Scies égoïnes, tout acier fondu manche verni à anneau Diamètre du fil ᵐ/ₘ	5	6	7	8
	Longueur totale ᵐ/ₘ	195	215	245	275
13114	La pièce	0.90	1.05	1.15	1.40

Scies montées et lames de scies Voir pages 333 à 337 Nᵒˢ 9695 à 9849

	Seaux à incendie et autres usages, toile à voile 1ᵉʳ ouvrier Contenance en litres	8	10	12	14	15	16	18
13115	Forme cylindrique, sans bec à anse La pièce	2.60	2.70	2.90	"	"	"	"
13116	" " 2 anses corde pʳ chevaux "	"	"	"	3.40	3.70	3.90	4.30
13117	" " bec simple demi-couvert "	3.50	3.65	3.90	4.15	"	"	"
13118	" " bec forme arrosoir av/ filtre & couvert pour automobile	3.60	3.85	4..	4.30	"	"	"

13119 **Sonde** à beurre, tout acier, à anneau, longueur 19 ᶜ/ₘ La pièce 1.30

13120 **Sonde** à blé, acier poli, étui bois verni, longueur 36 ᶜ/ₘ La pièce 2.50

	Sondes à blé, tout acier Longueur ᶜ/ₘ	23	30
13121	Forme ordinaire ouverte La pièce	3.60	"
13122	Modèle Paris, bout fermé "	"	4.25

Sondes lardoires pour bouchers Voir page 228 Nᵒ 6621

	Sondes à café et à grains acier, poignée bois Longʳ de l'ouverture ᶜ/ₘ	13	15	17	19	21	24	27	30
13123	La pièce	2.75	2.80	2.95	3.25	3.60	3.90	4.10	4.30

	Sondes à engrais acier, poignée bois Longueur totale ᶜ/ₘ	35 à 40	45 à 50	55 à 60
13124	La pièce	3.60	4.20	4.80

13125 **Sonde** à farine, longueur totale 41 ᶜ/ₘ longueur de l'ouverture 27 ᶜ/ₘ acier, poignée bois. La pièce 3.25

	Sondes à fromages, modèle Aurillac tout acier à anneau Longueur totale ᶜ/ₘ	15	18
	Longueur de l'ouverture ᶜ/ₘ	11	14
13126	La pièce	0.95	1.10

13127 **Sonde** à grains, tout acier, pointe se dévissant, longueur totale 19 ᶜ/ₘ pour la poche, longueur de l'ouverture 28 ᶜ/ₘ La pièce 4.25

13128 **Sonde** à grains, tube cuivre à recouvrement, longueur 92 ᶜ/ₘ pointe fer, poignée bois forme canne La pièce 25..

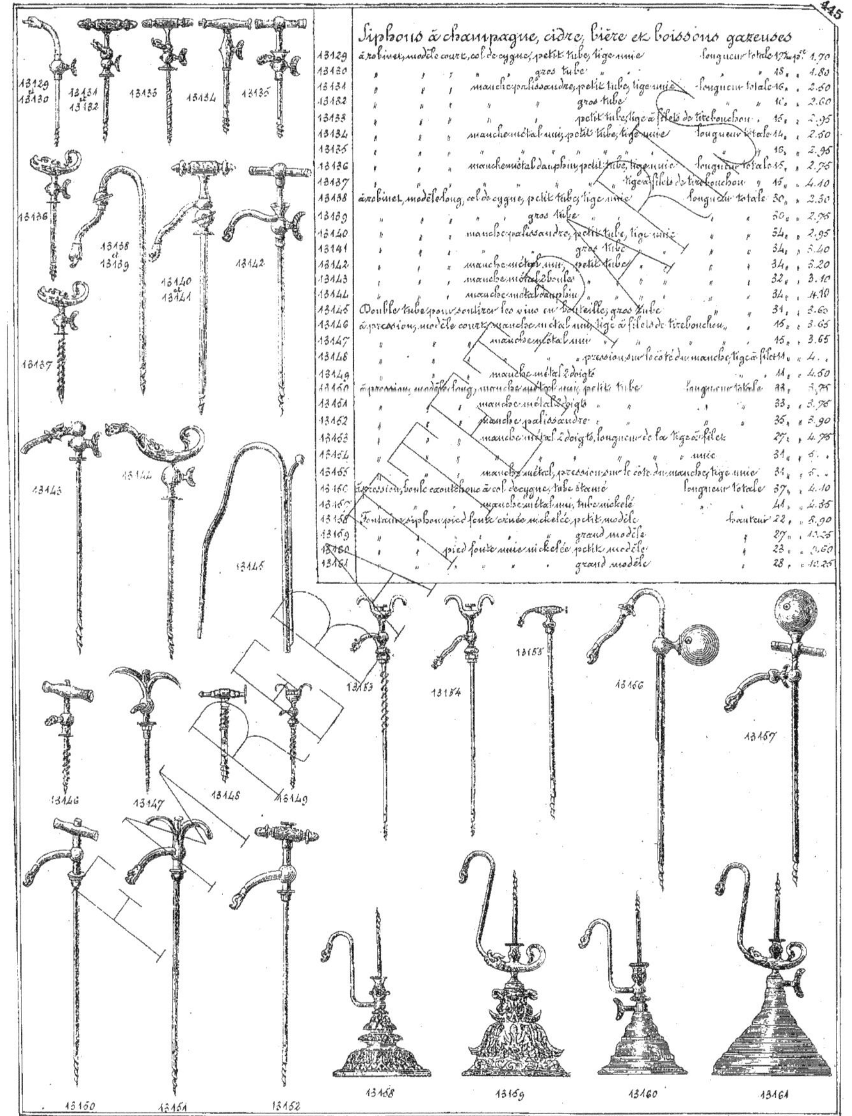

Siphons à champagne, cidre, bière et boissons gazeuses

N°	Désignation			
13129	à robinet, modèle court, col de cygne, petit tube, tige unie	longueur totale	17c/m	1.70
13130	" " " " gros tube "	"	18 "	1.80
13131	" " " manche palissandre, petit tube, tige unie	longueur totale	16 "	2.60
13132	" " " " " gros tube	"	16 "	2.60
13133	" " " " " petit tube, tige à filets de tirebouchon	"	16 "	2.95
13134	" " " manche métal uni, petit tube, tige unie	longueur totale	14 "	2.50
13135	" " " " " " " " " "	"	16 "	2.95
13136	" " " manche métal dauphin, petit tube, tige unie	longueur totale	15 "	2.75
13137	" " " " " " " " tige à filets de tirebouchon	"	15 "	4.10
13138	à robinet, modèle long, col de cygne, petit tube, tige unie	longueur totale	30 "	2.50
13139	" " " " " gros tube "	"	30 "	2.75
13140	" " " manche palissandre, petit tube, tige unie	"	34 "	2.95
13141	" " " " " gros tube	"	34 "	3.40
13142	" " " manche métal uni, petit tube	"	34 "	3.20
13143	" " " manche métal 2 boules " " "	"	32 "	3.10
13144	" " " manche métal dauphin " " "	"	34 "	4.10
13145	Double tube pour soutirer les vins en bouteille, gros tube	"	31 "	3.60
13146	à pression, modèle court, manche métal uni, tige à filets de tirebouchon	"	15 "	3.65
13147	" " " manche métal uni " " " "	"	15 "	3.65
13148	" " " " " pression sur le côté du manche, tige à filet		11 "	4. "
13149	" " " manche métal 2 doigts	"	11 "	4.50
13150	à pression, modèle long, manche métal uni, petit tube	longueur totale	33 "	3.75
13151	" " " manche métal 2 doigts " "	"	33 "	3.75
13152	" " " manche palissandre " "	"	35 "	3.90
13153	" " " manche métal 2 doigts, longueur de la tige à filet		27 "	4.75
13154	" " " " " " " " unie		31 "	5. "
13155	" " " manche métal, pression sur le côté du manche, tige unie		31 "	5. "
13156	à pression, boule caoutchouc à col de cygne, tube étamé	longueur totale	37 "	4.10
13157	" " manche métal uni, tube nickelé	"	41 "	4.35
13158	Fontaine siphon pied fonte ornée nickelée, petit modèle	hauteur	22 "	8.90
13159	" " " " " " grand modèle	"	27 "	13.25
13160	" " pied fonte unie nickelée, petit modèle	"	23 "	9.60
13161	" " " " " " grand modèle	"	28 "	12.25

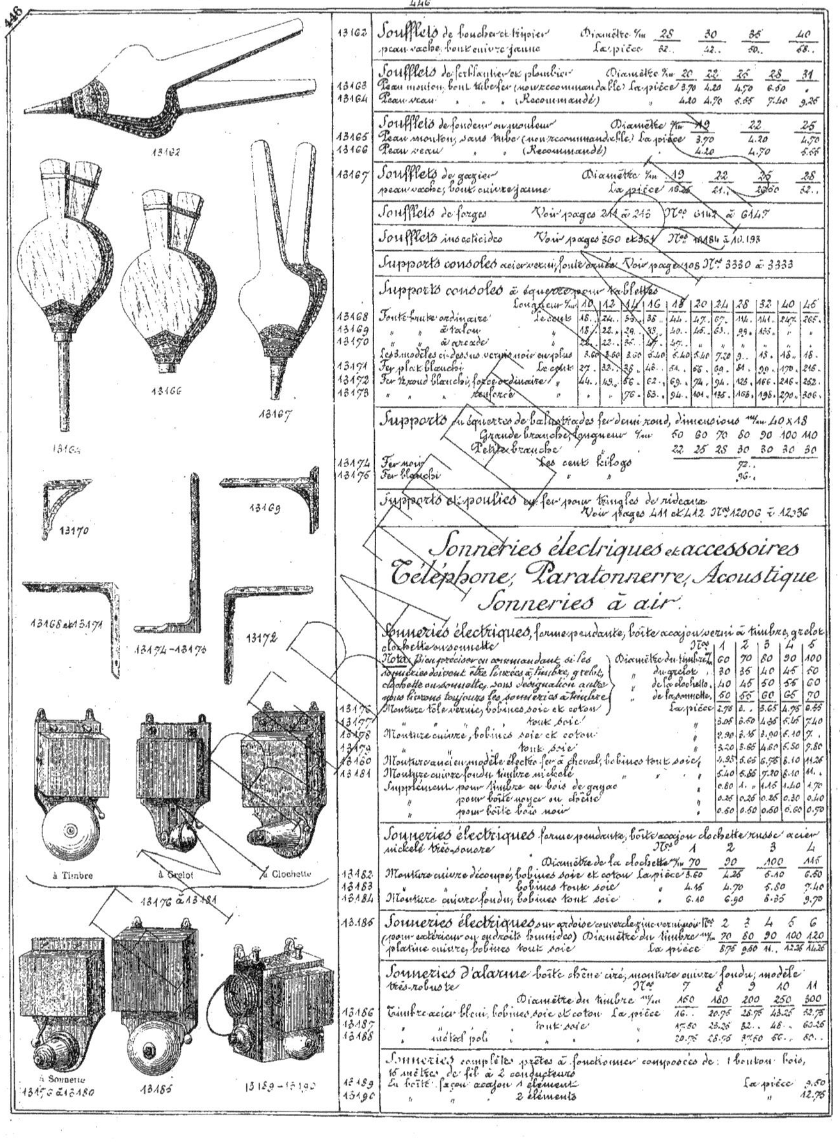

13162	**Soufflets** de boucher et tripier	Diamètre m/m	28	30	35	40
	peau vache, bout cuivre jaune	La pièce	32..	42..	50..	68..

	Soufflets de ferblantier et plombier	Diamètre m/m	20	22	25	28	31
13163	Peau mouton, bout tube fer (non recommandable)	La pièce	3.70	4.20	4.70	6.60	.
13164	Peau veau " " " (Recommandé)	"	4.20	4.70	5.55	7.40	9.25

	Soufflets de fondeur ou mouleur	Diamètre m/m	19	22	25
13165	Peau mouton, sans tube (non recommandable)	La pièce	3.70	4.20	4.70
13166	Peau veau " " (Recommandé)	"	4.20	4.70	5.55

13167	**Soufflets** de gazier	Diamètre m/m	19	22	25	28
	peau vache, bout cuivre jaune	La pièce	16.25	21..	29.50	32..

Soufflets de forges Voir pages 211 à 215 N°s 6142 à 6147

Soufflets insecticides Voir pages 360 et 361 N°s 10184 à 10.193

Supports consoles acier verni, fonte brute Voir page 108 N°s 3330 à 3333

Supports consoles à équerre pour tablettes

			10	12	14	16	18	20	24	28	32	40	46
		Longueur m/m	10	12	14	16	18	20	24	28	32	40	46
13168	Fonte brute ordinaire	Le cent	18..	24..	33..	35..	44.	47.	67.	114.	141.	247.	265.
13169	" " à talon	"	18..	22..	29.	33..	40..	45..	63..	99.	135.	"	"
13170	" " à arcade	"	22..	22..	35.	47.	47..	"	"	"	"	"	.
	Les 3 modèles ci-dessus vernis noir en plus		3.60	3.60	3.60	5.40	5.40	5.40	7.20	9..	18.	18..	18.
13171	Fer plat blanchi	Le cent	27.	32..	36.	48.	54.	56.	69.	81.	99.	170.	216.
13172	Fer ½ rond blanchi, force ordinaire	"	44..	49..	56.	62.	69.	74.	94.	125.	166.	216.	252.
13173	" " " renforcé	"	"	"	76.	83.	94.	101.	135.	168.	198.	270.	306.

Supports ou équerres de balustrades fer demi rond, dimensions m/m 40 x 18

	Grande branche, longueur m/m	50	60	70	80	90	100	110
	Petite branche "	22	25	25	30	30	30	30
13174	Fer noir — Les cent kilogs				72..			
13175	Fer blanchi " "				96..			

Supports et poulies en fer pour tringles de rideaux
Voir pages 411 et 412 N°s 12006 à 12036

Sonneries électriques et accessoires
Téléphone, Paratonnerre, Acoustique
Sonneries à air

Sonneries électriques, forme pendante, boîte acajou verni à timbre, grelot clochette ou sonnette

Nota. Bien préciser en commandant si les sonneries doivent être livrées à timbre, grelot, clochette ou sonnette, sans désignation autre nous livrons toujours les sonneries à timbre

			1	2	3	4	5
		N^os^	1	2	3	4	5
		Diamètre du timbre m/m	60	70	80	90	100
		" du grelot	30	35	40	45	50
		" de la clochette	40	45	50	55	60
		" de la sonnette	50	55	60	65	70
13176	Monture tôle vernie, bobines soie et coton	La pièce	2.75	3..	3.65	4.75	6.55
13177	" " tout soie	"	3.05	3.50	4.35	5.45	7.40
13178	Monture cuivre, bobines soie et coton	"	2.90	3.15	3.90	6.10	7..
13179	" " tout soie	"	3.20	3.65	4.60	5.50	7.80
13180	Monture ancien modèle électro fer à cheval, bobines tout soie	"	4.95	5.65	6.75	8.10	11.25
13181	Monture cuivre fondu timbre nickelé " "	"	5.40	5.85	7.20	8.10	11..
	Supplément pour timbre en bois de gayac	"	0.80	1..	1.15	1.40	1.70
	" pour boîte noyer ou chêne	"	0.25	0.25	0.25	0.30	0.40
	" pour boîte bois noir	"	0.50	0.50	0.50	0.60	0.70

Sonneries électriques forme pendante, boîte acajou clochette russe acier nickelé très-sonore

			1	2	3	4
		N^os^	1	2	3	4
		Diamètre de la clochette m/m	70	90	100	115
13182	Monture cuivre découpé, bobines soie et coton	La pièce	3.60	4.25	5.10	6.50
13183	" " bobines tout soie	"	4.15	4.70	5.80	7.40
13184	Monture cuivre fondu, bobines tout soie	"	6.10	6.90	8.35	9.70

13185	**Sonneries électriques** sur ardoise couvercle zinc verni noir	N^os^	2	3	4	5	6
	(pour extérieur ou endroits humides)	Diamètre du timbre m/m	70	80	90	100	120
	platine cuivre, bobines tout soie	La pièce	8.75	9.50	11..	12.25	14.25

Sonneries d'alarme boîte chêne ciré, monture cuivre fondu, modèle très-robuste

			7	8	9	10	11
		N^os^	7	8	9	10	11
		Diamètre du timbre m/m	160	180	200	250	300
13186	Timbre acier bleui, bobines soie et coton	La pièce	16..	20.75	26.75	43.25	52.75
13187	" " tout soie	"	17.50	23.25	32..	48..	60.25
13188	" métal poli " " "	"	20.75	28.75	37.50	56..	80..

Sonneries complètes prêtes à fonctionner composées de : 1 bouton bois, 15 mètres de fil à 2 conducteurs

13189	En boîte façon acajou 1 élément	La pièce	9.50
13190	" " 2 éléments	"	12.75

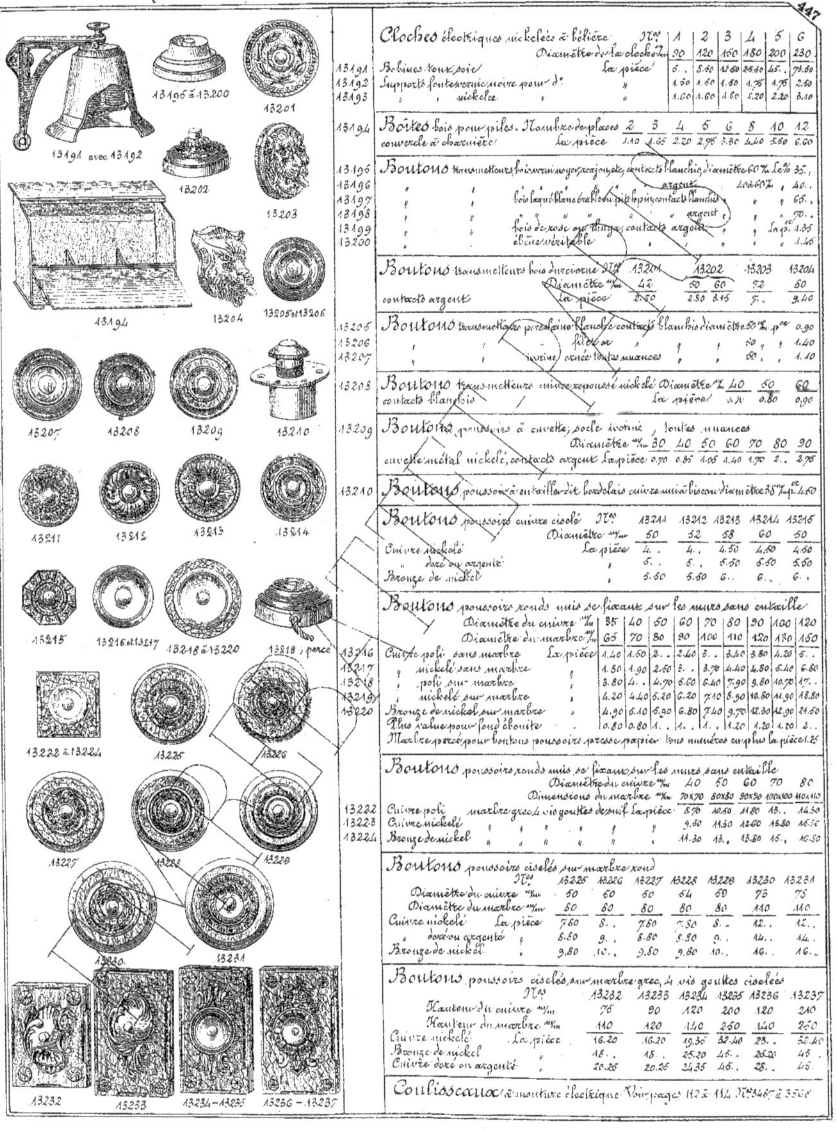

Cloches électriques nickelées à bélière

		Nos	1	2	3	4	5	6
		Diamètre de la cloche m/m	90	120	150	180	200	230
13191	Bobines tout soie	La pièce	6..	8.50	12.60	25.50	45..	73.50
13192	Supports fonte vernie noire pour do	"	1.50	1.50	1.50	1.75	1.75	2.50
13193	" " nickelée "	"	1.60	1.60	1.60	2.20	2.20	3.10

Boîtes bois pour piles.

	Nombre de places	2	3	4	5	6	8	10	12
13194	couvercle à charnière La pièce	1.10	1.65	2.20	2.75	3.30	4.40	5.50	6.60

Boutons transmetteurs

13195	Boutons transmetteurs, bois verni noyer, acajou, etc., contacts blanchis, diamètre 60 m/m Le %	35..
13196	" " argent 40 à 60 m/m "	40..
13197	" " bois laqué blanc érable ou pitchpin, contacts blanchis " "	65..
13198	" " " " " " " argent " "	70..
13199	" " bois de rose ou thuya, contacts argent " La pce	1.35
13200	" " ébène véritable " " "	1.45

Boutons transmetteurs bois durci orné

	Nos	13201	13202		13203	13204
	Diamètre m/m	42	50	60	72	60
contacts argent	La pièce	2.50	2.80	3.15	7..	9.40

Boutons transmetteurs porcelaine blanche

13205	Boutons transmetteurs porcelaine blanche, contacts blanchis diamètre 50 m/m pce	0.90
13206	" " " filet or " " 50 "	1.40
13207	" " ivoirine ornée toutes nuances " " 50 "	1.10

Boutons transmetteurs cuivre repoussé nickelé

		Diamètre m/m	40	50	60
13208	contacts blanchis	La pièce	0.70	0.80	0.90

Boutons poussoirs à cuvette, socle ivoirine, toutes nuances

		Diamètre m/m	30	40	50	60	70	80	90
13209	cuvette métal nickelé, contacts argent	La pièce	0.70	0.85	1.05	1.40	1.70	2..	2.75

13210 **Boutons** poussoir à entailler dit bordelais cuivre uni à biseau diamètre 35 m/m la pce 4.50

Boutons poussoirs cuivre ciselé

		Nos	13211	13212	13213	13214	13215
		Diamètre m/m	50	52	58	60	50
Cuivre nickelé		La pièce	4..	4..	4.50	4.50	4.50
" doré ou argenté		"	5..	5..	5.50	5.50	5.50
Bronze de nickel		"	5.50	5.50	6..	6..	6..

Boutons poussoirs ronds unis se fixant sur les murs sans entaille

			35	40	50	60	70	80	90	100	120
	Diamètre du cuivre m/m		35	40	50	60	70	80	90	100	120
	Diamètre du marbre m/m		65	70	80	90	100	110	120	130	150
13216	Cuivre poli sans marbre	La pièce	1.40	1.50	2..	2.40	3..	3.40	3.80	4.20	5..
13217	" nickelé sans marbre	"	1.80	1.90	2.50	3..	3.70	4.40	4.80	5.40	6.80
13218	" poli sur marbre	"	3.80	4..	4.70	5.60	6.40	7.90	9.80	10.70	17..
13219	" nickelé sur marbre	"	4.20	4.40	5.20	6.20	7.10	8.90	10.80	11.90	18.80
13220	Bronze de nickel sur marbre	"	4.90	5.10	5.90	6.80	7.40	9.70	12.30	12.90	21.50
	Plus value pour fond ébonite	"	0.80	0.80	1..	1..	1..	1.20	1.20	1.20	2..

Marbre percé pour boutons poussoirs presse papier tous numéros en plus la pièce 1.25

Boutons poussoirs ronds unis se fixant sur les murs sans entaille

			40	50	60	70	80
		Diamètre du cuivre m/m	40	50	60	70	80
		Dimensions du marbre m/m	70x70	80x80	90x90	100x100	110x110
13222	Cuivre poli	marbre grec 4 vis gouttes de suif La pièce	8.70	10.50	11.80	13..	14.50
13223	Cuivre nickelé	" " " " " "	9.50	11.30	12.60	13.80	15.50
13224	Bronze de nickel	" " " " " "	11.30	13..	13.80	15..	16.50

Boutons poussoirs ciselés sur marbre rond

	Nos	13225	13226	13227	13228	13229	13230	13231
Diamètre du cuivre m/m		50	50	50	54	59	75	75
Diamètre du marbre m/m		80	80	80	80	80	110	110
Cuivre nickelé	La pièce	7.80	8..	7.80	7.80	8..	12..	12..
" doré ou argenté	"	8.80	9..	8.80	8.80	9..	14..	14..
Bronze de nickel	"	9.80	10..	9.80	9.80	10..	16..	16..

Boutons poussoirs ciselés, sur marbre grec, 4 vis gouttes ciselées

	Nos	13232	13233	13234	13235	13236	13237
Hauteur du cuivre m/m		75	90	120	200	120	210
Hauteur du marbre m/m		110	120	140	250	140	250
Cuivre nickelé	La pièce	16.20	16.20	19.35	32.40	23..	32.40
Bronze de nickel	"	18..	18..	25.20	45..	26.20	45..
Cuivre doré ou argenté	"	20.25	20.25	24.35	45..	28..	45

Coulisseaux à monture électrique Voir pages 112 à 114 Nos 3487 à 3500

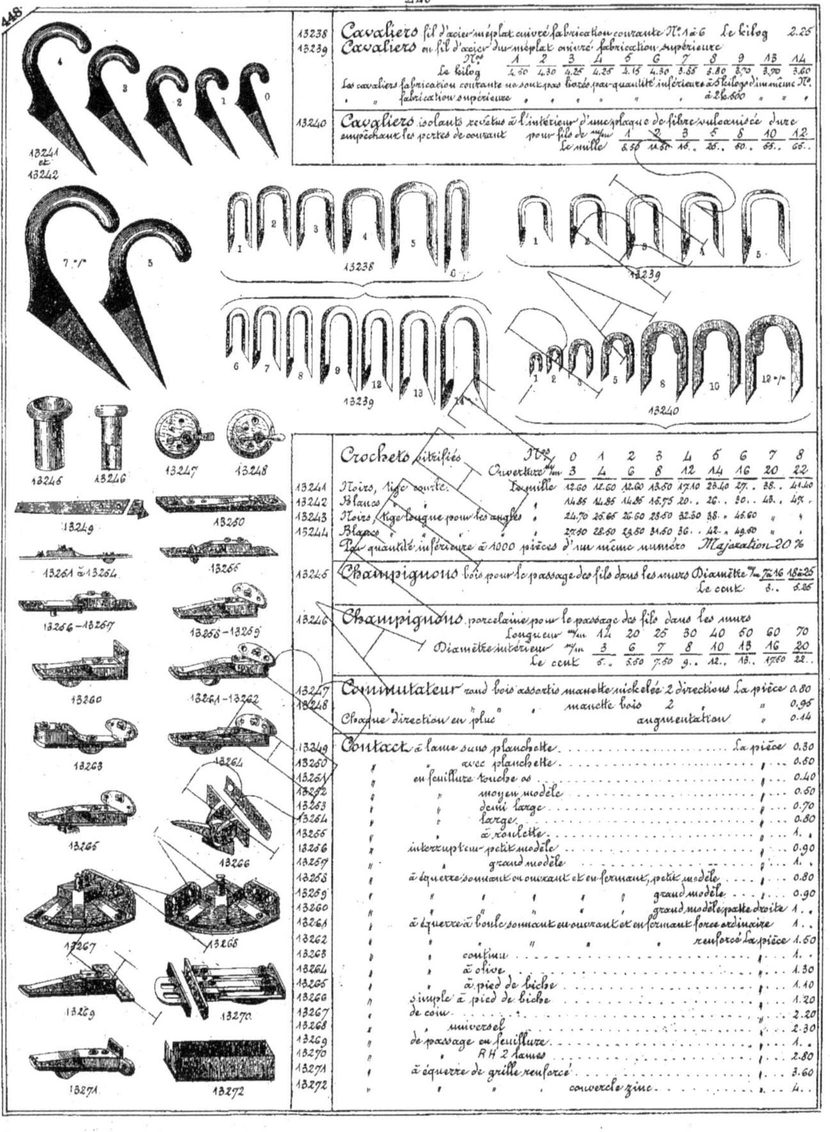

13238 **Cavaliers** fil d'acier méplat cuivré fabrication courante N° 1 à 6 Le kilog 2.25

13239 **Cavaliers** en fil d'acier dur méplat cuivré fabrication supérieure

N°s	1	2	3	4	5	6	7	8	9	13	14
Le kilog	4.50	4.30	4.25	4.25	4.15	4.30	3.55	3.80	3.70	3.90	3.60

Les cavaliers fabrication courante ne sont pas livrés par quantité inférieure à 5 kilogs d'un même N°.
" " fabrication supérieure " " " " " " à 2 k. 500 " " "

13240 **Cavaliers** isolants revêtus à l'intérieur d'une plaque de fibre vulcanisée dure empêchant les pertes de courant

pour fils de m/m	1	2	3	5	8	10	12
Le mille	8.50	11.50	16..	26..	60..	65..	66..

Crochets vitrifiés

		N°s	0	1	2	3	4	5	6	7	8
		Ouverture m/m	3	4	6	8	12	14	16	20	22
13241	Noirs, tige courte.	Le mille	12.60	12.60	12.60	13.50	17.10	23.40	27..	38..	41.40
13242	Blancs " "	"	14.85	14.85	14.85	15.75	20..	26..	30..	43..	47..
13243	Noirs, tige longue pour les angles	"	24.70	25.65	26.60	28.50	32.30	38..	45.60	"	"
13244	Blancs " " " "	"	27.50	28.50	29.50	31.50	36..	42..	49.60	"	"

Par quantité inférieure à 1000 pièces d'un même numéro Majoration 20 %

13245 **Champignons** bois pour le passage des fils dans les murs

Diamètre m/m	7 à 16	18 à 25
Le cent	3..	5.25

13246 **Champignons** porcelaine pour le passage des fils dans les murs

Longueur m/m	14	20	25	30	40	50	60	70
Diamètre intérieur m/m	3	6	7	8	10	13	16	20
Le cent	5..	5.50	7.50	9..	12..	13..	17.50	22..

13247 **Commutateur** rond bois assortis manette nickelée 2 directions La pièce 0.80
13248 " " " manette bois 2 " " 0.95
Chaque direction en plus augmentation " 0.14

13249	**Contact** à lame sans planchette	La pièce	0.30
13250	" avec planchette	"	0.50
13251	" en feuillure touche os	"	0.40
13252	" " moyen modèle	"	0.50
13253	" " demi large	"	0.70
13254	" " large	"	0.80
13255	" " à roulette	"	1..
13256	" interrupteur petit modèle	"	0.90
13257	" " grand modèle	"	1..
13258	" à équerre sonnant en ouvrant et en fermant, petit modèle	"	0.80
13259	" " " " " " grand modèle	"	0.90
13260	" " " " " " grand modèle patte droite		1..
13261	" à équerre à boule sonnant en ouvrant et en fermant force ordinaire		1..
13262	" " " " " " renforcé	La pièce	1.50
13263	" " continu	"	1..
13264	" " à olive	"	1.30
13265	" " à pied de biche	"	1.40
13266	" simple à pied de biche	"	1.20
13267	" de coin	"	2.20
13268	" " universel	"	2.30
13269	" de passage en feuillure	"	1..
13270	" " RH 2 lames	"	2.80
13271	" à équerre de grille renforcé	"	3.60
13272	" " " " couvercle zinc	"	4..

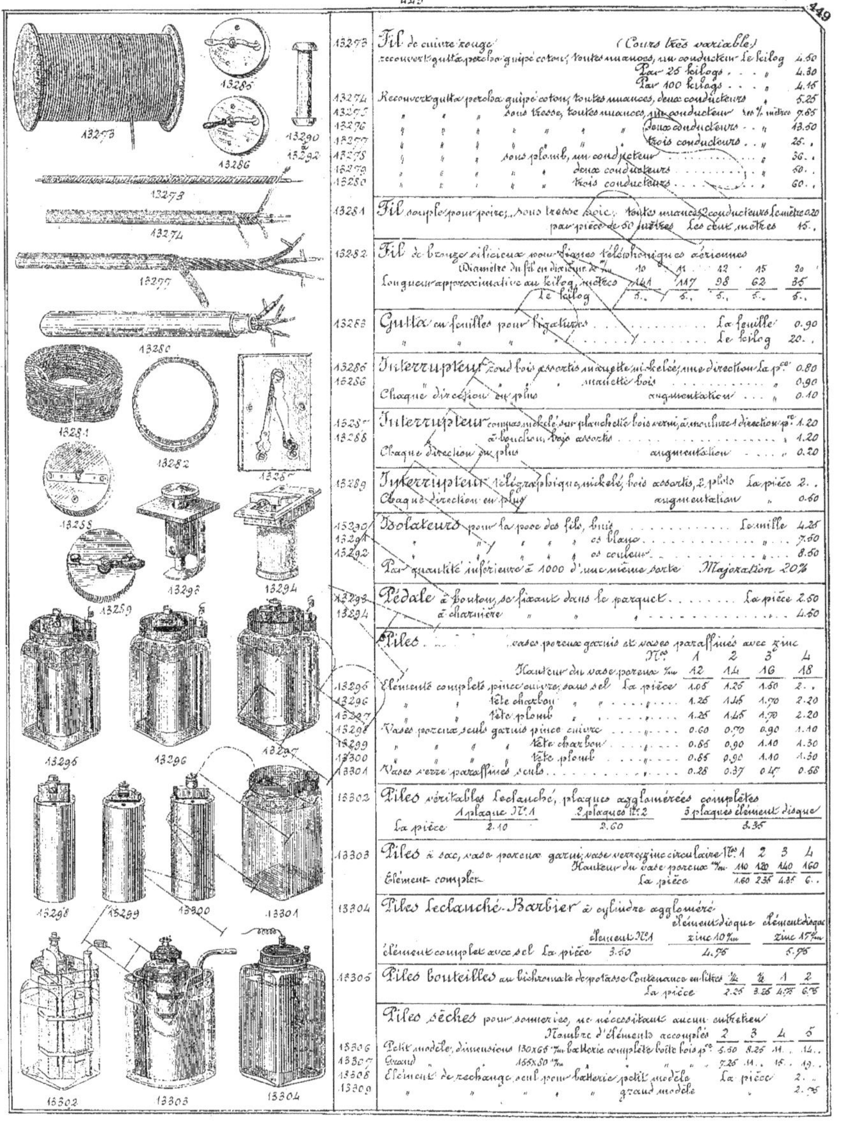

13273 **Fil** de cuivre rouge (Cours très variable)
recouvert gutta percha guipé coton, toutes nuances, un conducteur Le kilog 4.50
Par 25 kilogs . . . „ 4.30
Par 100 kilogs . . . „ 4.15

13274 Recouvert gutta percha guipé coton, toutes nuances, deux conducteurs „ 5.25
13275 „ „ „ sous tresse, toutes nuances, un conducteur les % mètres 7.85
13276 „ „ „ „ „ „ „ deux conducteurs . . „ 13.50
13277 „ „ „ „ „ „ trois conducteurs . . „ 25. .
13278 „ „ „ sous plomb, un conducteur . . . . „ 36. .
13279 „ „ „ „ „ deux conducteurs . . . . „ 50. .
13280 „ „ „ „ „ trois conducteurs . . . . . . „ 60. .

13281 **Fil** souple pour poires, sous tresse soie, toutes nuances 2 conducteurs Le mètre 0.20
par pièce de 50 mètres Les cent mètres 15. .

13282 **Fil** de bronze silicieux pour lignes téléphoniques aériennes

Diamètre du fil en dixième de $^m/_m$	10	11	12	15	20
Longueur approximative au kilog, mètres	141	117	98	62	35
Le kilog	5. .	5. .	5. .	5. .	5. .

13283 **Gutta** en feuilles pour ligatures . . . . La feuille 0.90
„ „ „ „ . . . . Le kilog 20. .

13285 **Interrupteur** rond bois assortis manette nickelée, une direction La p^ce^ 0.80
13286 „ „ manette bois . . . . „ 0.90
Chaque direction en plus augmentation . . . „ 0.10

13287 **Interrupteur** compas nickelé sur planchette bois verni, à moulures 1 direction p^ce^ 1.20
13288 à bouchon, bois assortis . . . . „ 1.20
Chaque direction en plus augmentation . . . . „ 0.20

13289 **Interrupteur** télégraphique nickelé, bois assortis, 2 plots La pièce 2. .
Chaque direction en plus augmentation „ 0.60

13290 **Isolateurs** pour la pose des fils, buis . . . . Le mille 4.25
13291 „ „ „ „ „ „ os blanc . . . . „ . . 7.50
13292 „ „ „ „ „ „ os couleur . . . . „ . . . 8.50
Par quantité inférieure à 1000 d'une même sorte Majoration 20%

13293 **Pédale** à bouton, se fixant dans le parquet . . . . La pièce 2.50
13294 à charnière „ „ „ 4.50

Piles . . . vases poreux garnis et vases paraffinés avec zinc

		N^os^	1	2	3	4
		Hauteur du vase poreux $^m/_m$	12	14	16	18
13295	Éléments complets, pince cuivre, sans sel	La pièce	1.05	1.25	1.50	2. .
13296	„ „ tête charbon	„	1.25	1.45	1.70	2.20
13297	„ „ tête plomb	„	1.25	1.45	1.70	2.20
13298	Vases poreux seuls garnis pince cuivre	„	0.60	0.70	0.90	1.10
13299	„ „ „ „ tête charbon	„	0.65	0.90	1.10	1.30
13300	„ „ „ „ tête plomb	„	0.65	0.90	1.10	1.30
13301	Vases verre paraffinés seuls	„	0.28	0.37	0.47	0.58

13302 **Piles** véritables Leclanché, plaques agglomérées complètes

	1 plaque N°1	2 plaques N°2	3 plaques élément disque
La pièce	2.10	2.60	3.35

13303 **Piles** à sac, vase poreux garni, vase verre, zinc circulaire

	N^os^	1	2	3	4
	Hauteur du vase poreux $^m/_m$	110	120	140	160
Élément complet	La pièce	1.60	2.35	4.35	6. .

13304 **Piles Leclanché-Barbier** à cylindre aggloméré

	élément N°1	élément disque zinc 10 $^m/_m$	élément disque zinc 17 $^m/_m$
élément complet avec sel La pièce	3.50	4.75	5.75

13305 **Piles bouteilles** au bichromate de potasse

Contenance en litres	¼	½	1	2
La pièce	2.25	3.25	4.75	6.75

Piles sèches pour sonneries, ne nécessitant aucun entretien

		Nombre d'éléments accouplés	2	3	4	5
13306	Petit modèle, dimensions	130x65 $^m/_m$ batterie complète boîte bois p^ce^	5.50	8.25	11. .	14. .
13307	Grand „	155x80 $^m/_m$ „ „ „	7.25	11. .	15. .	19. .

13308 Élément de rechange seul pour batterie petit modèle La pièce 2. .
13309 „ „ „ „ „ grand modèle „ 2.75

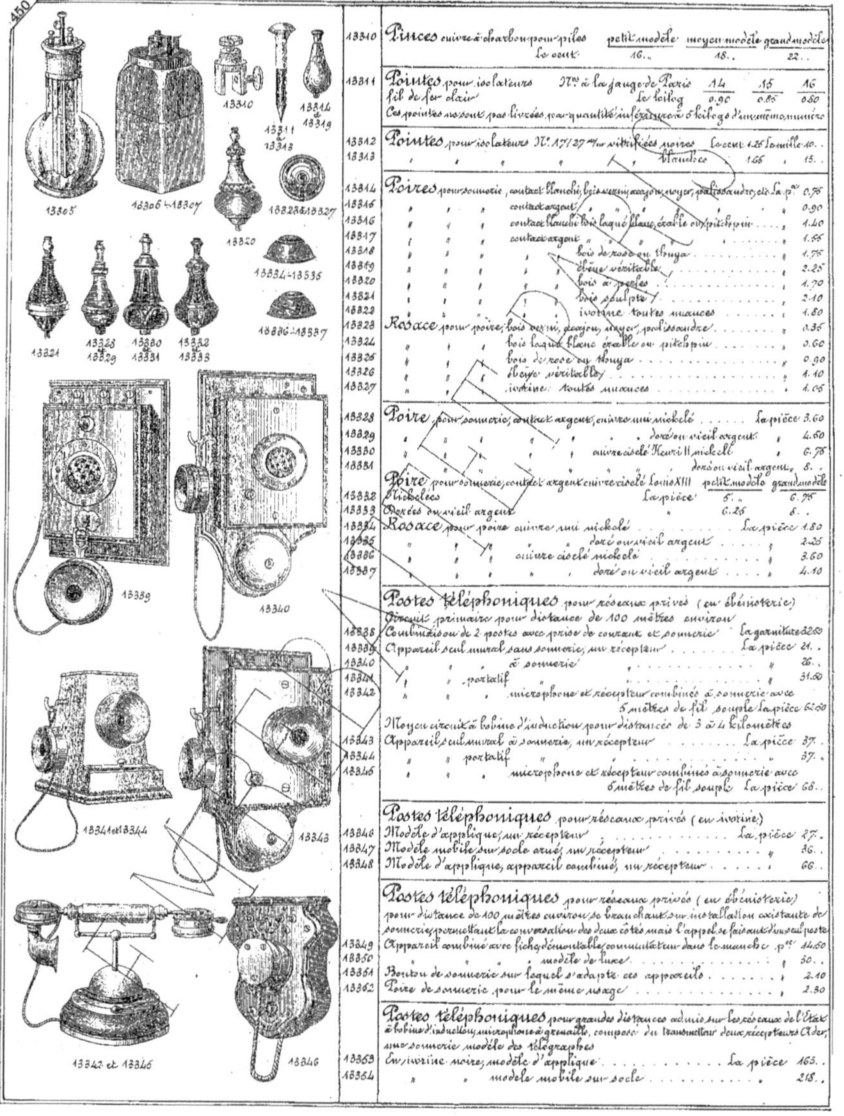

13310 **Pinces** cuivre à charbon pour piles — petit modèle / moyen modèle / grand modèle
Le cent — 16.. / 18.. / 22..

13311 **Pointes** pour isolateurs — Nos à la jauge de Paris — 14 / 15 / 16
fil de fer clair — Le kilog — 0.90 / 0.85 / 0.80
Ces pointes ne sont pas livrées par quantité inférieure à 5 kilogs d'un même numéro

13312 **Pointes** pour isolateurs N°. 17/27 m/m vitrifiées noires — Le cent 1.25 Le mille 10..
13313 " " " " " blanches — 1.65 " 15..

13314 **Poires** pour sonnerie, contact blanchi, bois verni, acajou, noyer, palissandre, etc. La pce 0.75
13315 " " " contact argent " " " " " 0.90
13316 " " " contact blanchi bois laqué blanc, érable ou pitchpin . . . . " 1.40
13317 " " " contact argent " " " " " 1.55
13318 " " " " " bois de rose ou thuya . . . . " 1.75
13319 " " " " " ébène véritable . . . . " 2.25
13320 " " " " " bois à perles . . . . " 1.70
13321 " " " " " bois sculpté . . . . " 2.10
13322 " " " " " ivoirine toutes nuances . . . . " 1.80
13323 **Rosace** pour poire, bois verni, acajou, noyer, palissandre . . . . " 0.35
13324 " " " bois laqué blanc érable ou pitchpin . . . . " 0.60
13325 " " " bois de rose ou thuya . . . . " 0.90
13326 " " " ébène véritable . . . . " 1.10
13327 " " " ivoirine toutes nuances . . . . " 1.05

13328 **Poire** pour sonnerie, contact argent, cuivre uni nickelé . . . . La pièce 3.60
13329 " " " " " " doré ou vieil argent " 4.50
13330 " " " " " cuivre ciselé Henri II nickelé " 6.75
13331 " " " " " " doré ou vieil argent " 8..
Poire pour sonnerie, contact argent cuivre ciselé Louis XIII — petit modèle / grand modèle
13332 Nickelées — La pièce — 5.. / 6.75
13333 Dorées ou vieil argent — " — 6.25 / 8..
13334 **Rosace** pour poire cuivre uni nickelé . . . . La pièce 1.80
13335 " " " " " doré ou vieil argent . . . . " 2.25
13336 " " " cuivre ciselé nickelé . . . . " 3.60
13337 " " " " " doré ou vieil argent . . . . " 4.10

Postes téléphoniques pour réseaux privés (en ébénisterie)
Circuit primaire pour distance de 100 mètres environ
13338 Combinaison de 2 postes avec prise de courant et sonnerie — La garniture 32.50
13339 Appareil seul mural sans sonnerie, un récepteur . . . . La pièce 21..
13340 " " " à sonnerie . . . . " 26..
13341 " " portatif " . . . . " 31.50
13342 " " " microphone et récepteur combinés à sonnerie avec 5 mètres de fil souple La pièce 62.50
Moyen circuit à bobine d'induction pour distances de 3 à 4 kilomètres
13343 Appareil seul mural à sonnerie, un récepteur . . . . La pièce 37..
13344 " " portatif " . . . . " 37..
13345 " " " microphone et récepteur combinés à sonnerie avec 5 mètres de fil souple La pièce 68..

Postes téléphoniques pour réseaux privés (en ivoirine)
13346 Modèle d'applique, un récepteur . . . . La pièce 27..
13347 Modèle mobile sur socle orné, un récepteur . . . . " 36..
13348 Modèle d'applique, appareil combiné, un récepteur . . . . " 66..

Postes téléphoniques pour réseaux privés (en ébénisterie)
pour distance de 100 mètres environ se branchant sur installation existante de sonnerie permettant la conversation des deux côtés mais l'appel se faisant d'un seul poste
13349 Appareil combiné avec fiche démontable, commutateur dans le manche . pce 14.50
13350 " " " modèle de luxe . . . . " 30..
13351 Bouton de sonnerie sur lequel s'adapte ces appareils . . . . " 2.10
13352 Poire de sonnerie pour le même usage . . . . " 2.30

Postes téléphoniques pour grandes distances admis sur les réseaux de l'État à bobine d'induction, microphone à grenaille, composé du transmetteur deux récepteurs Ader, une sonnerie modèle des télégraphes
13353 En ivoirine noire, modèle d'applique . . . . La pièce 165..
13354 " " modèle mobile sur socle . . . . " 218..

451

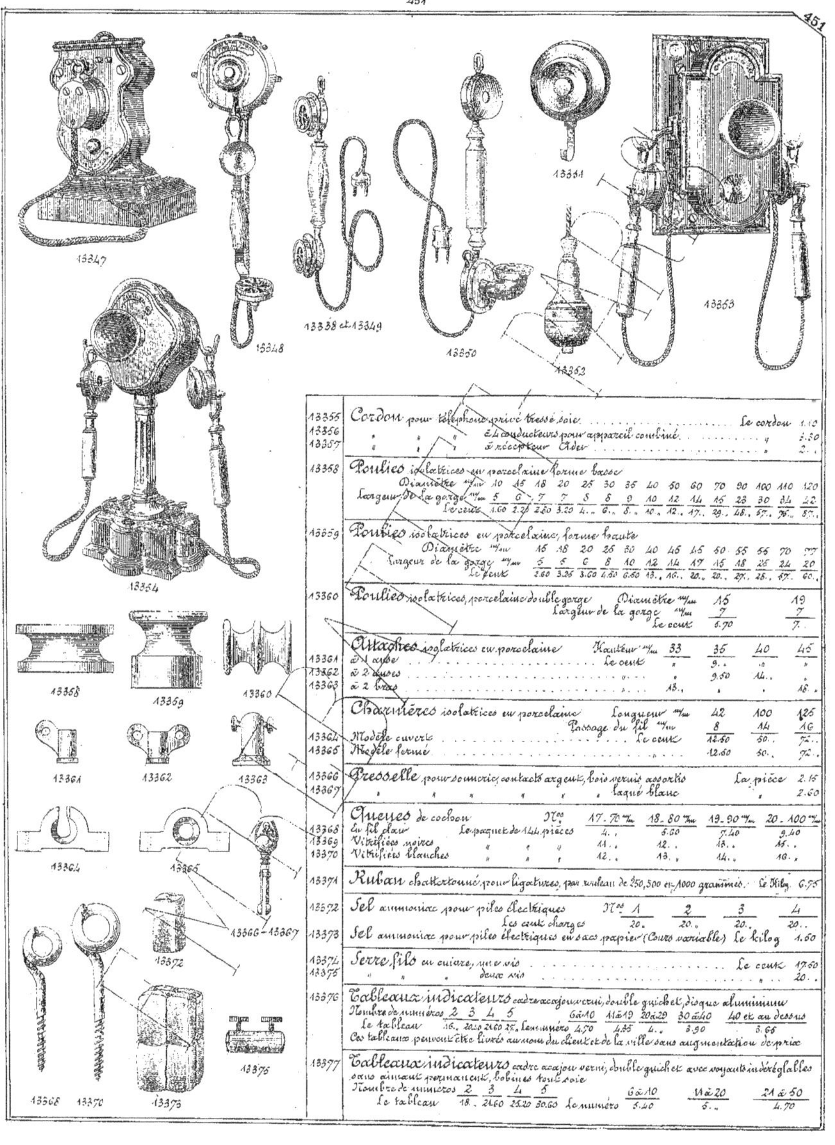

13355 **Cordon** pour téléphone privé tressé soie . . . . Le cordon 1.10
13356 " " " à 4 conducteurs pour appareil combiné . . . . " 5.50
13357 " " " à récepteur Ader . . . . " 2..

13358 **Poulies** isolatrices en porcelaine forme basse

Diamètre m/m	10	15	18	20	25	30	35	40	50	60	70	90	100	110	120
Largeur de la gorge m/m	5	6	7	7	8	8	9	10	12	14	15	23	30	34	42
Le cent	1.60	2.25	2.50	3.20	4..	6..	8..	10..	12..	17..	29..	48..	57..	76..	87..

13359 **Poulies** isolatrices en porcelaine, forme haute

Diamètre m/m	15	18	20	25	30	40	45	45	50	55	55	70	77
Largeur de la gorge m/m	5	5	6	8	10	12	14	17	15	18	25	24	20
Le cent	2.60	3.25	3.60	4.50	6.50	13..	16..	20..	20..	27..	25..	57..	60..

13360 **Poulies** isolatrices, porcelaine double gorge

Diamètre m/m	15	19
Largeur de la gorge m/m	7	7
Le cent	6.70	7..

Attaches isolatrices en porcelaine

	Hauteur m/m	33	35	40	45
13361 à 1 axe	Le cent	"	9..	10	"
13362 à 2 axes	"	"	9.50	14..	"
13363 à 2 bras	"	13..	"	"	18..

Charnières isolatrices en porcelaine

	Longueur m/m	42	100	125
	Passage du fil m/m	8	14	16
13364 Modèle ouvert	Le cent	12.50	50..	72..
13365 Modèle fermé	"	12.50	50..	72..

13366 **Presselle** pour sonnerie, contacts argent, bois verni assortis . . . La pièce 2.15
13367 " " " " " " laqué blanc . . . " 2.60

Queues de cochon

	Nos	17 - 70 m/m	18 - 80 m/m	19 - 90 m/m	20 - 100 m/m
13368 En fil clair	Le paquet de 144 pièces	4..	5.60	7.40	9.40
13369 Vitrifiées noires	" " "	11..	12..	13..	15..
13370 Vitrifiées blanches	" " "	12..	13..	14..	16..

13371 **Ruban** chattertonné pour ligatures, par rouleau de 250, 500 et 1000 grammes. Le Kilog 6.75

13372 **Sel** ammoniac pour piles électriques

Nos	1	2	3	4
Les cent charges	20..	20..	20..	20..

13373 **Sel** ammoniac pour piles électriques en sacs papier (Cours variable) Le kilog 1.60

13374 **Serre-fils** en cuivre, une vis . . . . Le cent 17.50
13375 " " " deux vis . . . . " 20..

13376 **Tableaux indicateurs** cadre acajou verni, double guichet, disque aluminium

Nombre de numéros	2	3	4	5		6 à 10	11 à 19	20 à 29	30 à 40	40 et au dessus
Le tableau	16..	20.20	21.60	27..	Le numéro	4.70	4.35	4..	3.90	3.65

Ces tableaux peuvent être livrés au nom du client et de la ville sans augmentation de prix

13377 **Tableaux indicateurs** cadre acajou verni, double guichet avec voyants indéréglables sans aimant permanent, bobines tout soie

Nombre de numéros	2	3	4	5		6 à 10	11 à 20	21 à 50
Le tableau	18..	21.60	25.20	30.60	Le numéro	5.40	5..	4.70

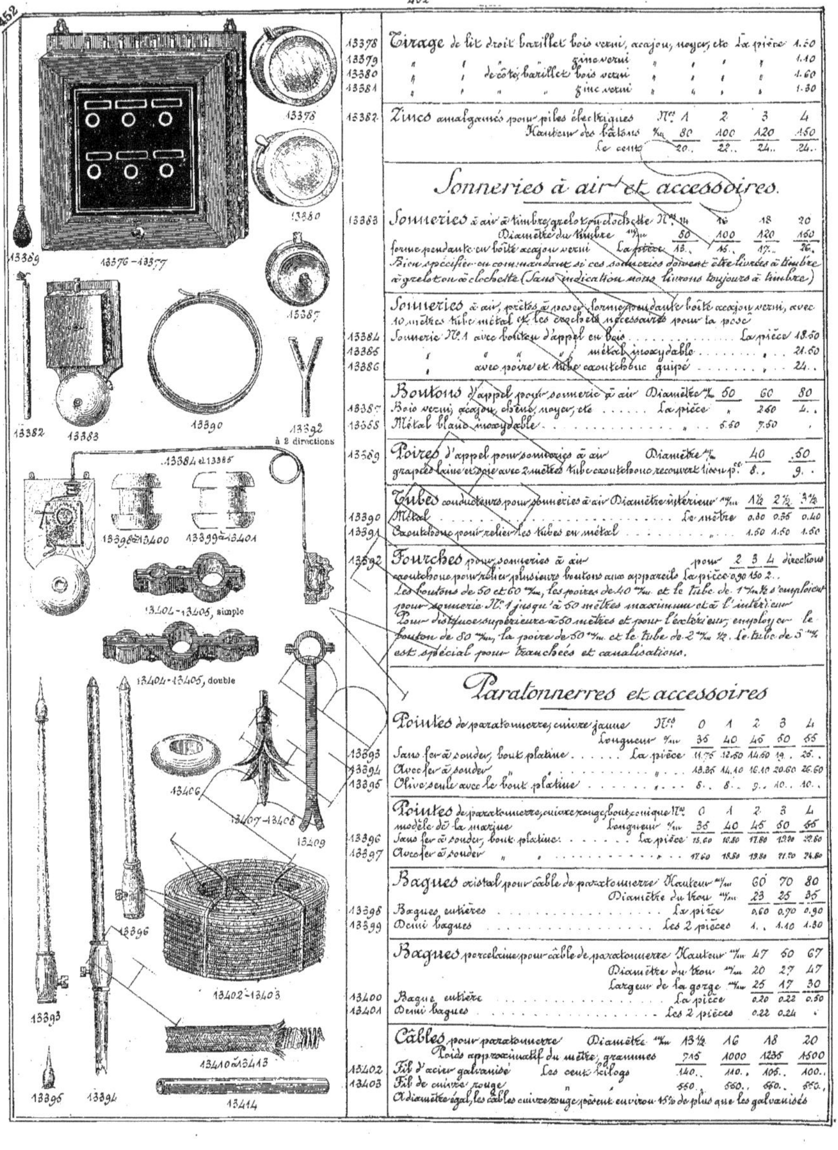

13378 **Tirage** de lit droit barillet bois verni, acajou, noyer, etc. La pièce 1.50
13379 " " zinc verni " " " " 1.10
13380 " " de côté, barillet bois verni " " " " 1.60
13381 " " " " zinc verni " " " " 1.30

13382 **Zincs** amalgamés pour piles électriques

	Nos	1	2	3	4
Hauteur des bâtons	m/m	80	100	120	150
Le cent		20..	22..	24..	24..

Sonneries à air et accessoires.

13383 **Sonneries** à air à timbre, grelot ou clochette

	Nos	14	16	18	20
Diamètre du timbre	m/m	80	100	120	160
forme pendante en boîte acajou verni	La pièce	13..	16..	17..	26.

Bien spécifier en commandant si ces sonneries doivent être livrées à timbre à grelot ou à clochette (Sans indication nous livrons toujours à timbre)

Sonneries à air, prêtes à poser, forme pendante boîte acajou verni, avec 10 mètres tube métal et les crochets nécessaires pour la pose
13384 Sonnerie No 1 avec bouton d'appel en bois . . . . La pièce 18.50
13385 " " " " métal inoxydable . . . . " . . 21.50
13386 " avec poire et tube caoutchouc guipé . . . . " . . 24..

Boutons d'appel pour sonnerie à air

		Diamètre m/m	50	60	80
13387	Bois verni, acajou, chêne, noyer, etc	La pièce	"	2.60	4..
13388	Métal blanc inoxydable	"	5.50	7.50	.

13389 **Poires** d'appel pour sonneries à air

	Diamètre m/m	40	50
grappes laine et soie avec 2 mètres tube caoutchouc recouvert tissu	pce	8..	9..

Tubes conducteurs pour sonneries à air

		Diamètre intérieur m/m	1½	2½	3½
13390	Métal	Le mètre	0.30	0.35	0.40
13391	Caoutchouc pour relier les tubes en métal	" . .	1.50	1.50	1.50

13392 **Fourches** pour sonneries à air pour 2 3 4 directions
caoutchouc pour relier plusieurs boutons aux appareils La pièce 0.90 1.50 2..
Les boutons de 50 et 60 m/m, les poires de 40 m/m et le tube de 1 m/m ½ s'emploient pour sonnerie No 1 jusqu'à 50 mètres maximum et à l'intérieur. Pour distance supérieure à 50 mètres et pour l'extérieur, employer le bouton de 80 m/m, la poire de 50 m/m et le tube de 2 m/m ½. Le tube de 3 m/m est spécial pour tranchées et canalisations.

Paratonnerres et accessoires

Pointes de paratonnerre, cuivre jaune

		Nos	0	1	2	3	4
		Longueur c/m	35	40	45	50	55
13393	Sans fer à souder, bout platine	La pièce	11.75	12.50	14.50	19..	25..
13394	Avec fer à souder "	" . .	13.35	14.10	16.10	20.60	26.60
13395	Olive seule avec le bout platine	" . .	8..	8..	9..	10..	10..

Pointes de paratonnerre, cuivre rouge, bout conique, modèle de la marine

		Nos	0	1	2	3	4
		Longueur c/m	35	40	45	50	55
13396	Sans fer à souder, bout platine	La pièce	15.60	16.80	17.80	19.90	22.60
13397	Avec fer à souder " "	" . .	17.60	18.80	19.80	21.90	24.80

Bagues cristal pour câble de paratonnerre

			60	70	80
		Hauteur m/m	60	70	80
		Diamètre du trou m/m	23	25	35
13398	Bagues entières	La pièce	0.60	0.70	0.90
13399	Demi bagues	Les 2 pièces	1..	1.10	1.30

Bagues porcelaine pour câble de paratonnerre

		Hauteur m/m	47	50	67
		Diamètre du trou m/m	20	27	47
		Largeur de la gorge m/m	25	17	30
13400	Bague entière	La pièce	0.20	0.22	0.50
13401	Demi bagues	Les 2 pièces	0.22	0.24	.

Câbles pour paratonnerre

		Diamètre m/m	13½	16	18	20
		Poids approximatif du mètre, grammes	715	1000	1235	1500
13402	Fil d'acier galvanisé	Les cent kilogs	140..	110..	105..	100..
13403	Fil de cuivre rouge	" "	550..	550..	550..	550..

A diamètre égal, les câbles cuivre rouge pèsent environ 15% de plus que les galvanisés

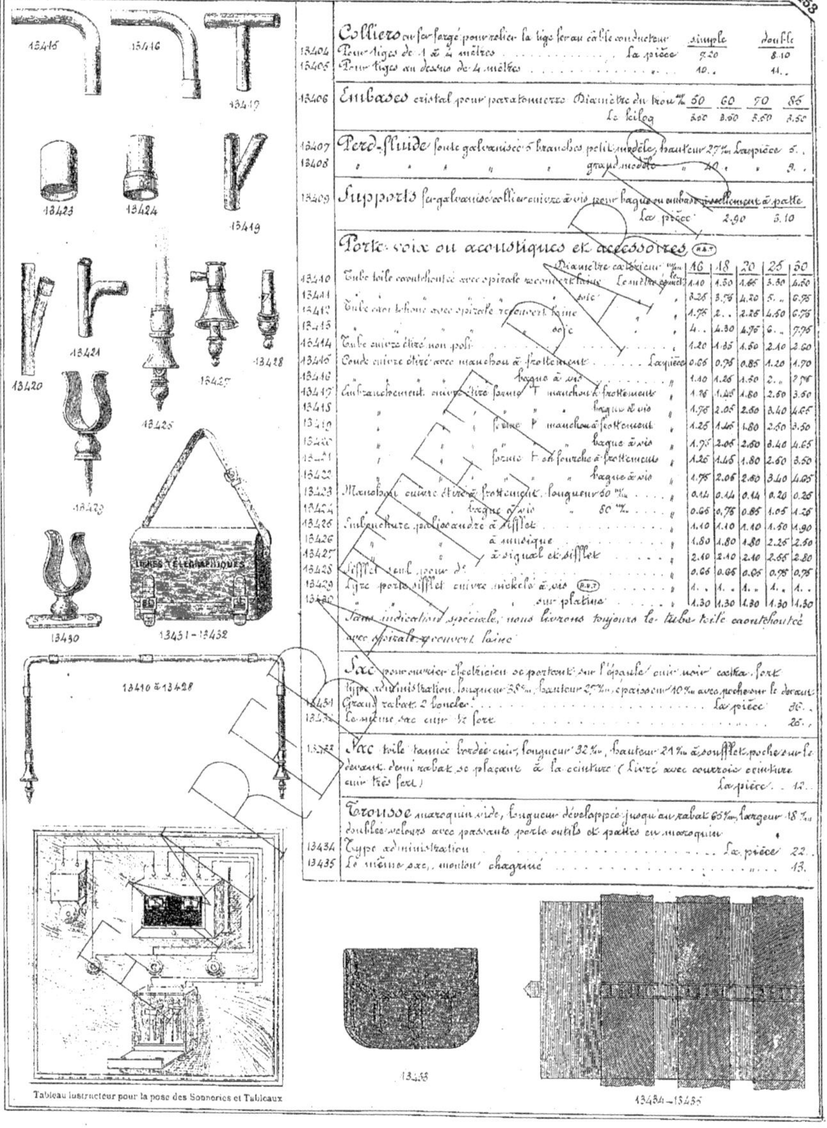

Colliers en fer forgé pour relier la tige fer au câble conducteur

N°	Désignation		simple	double
13404	Pour tiges de 1 à 4 mètres	La pièce	7.20	8.10
13405	Pour tiges au dessus de 4 mètres		10..	11..

Embases cristal pour paratonnerre

N°	Diamètre du trou m/m	50	60	70	85
13406	Le kilog	2.00	3.00	3.60	3.50

Perd-fluide fonte galvanisée 5 branches

N°	Désignation		
13407	petit modèle, hauteur 27 m/m	La pièce	5..
13408	grand modèle 〃 40	〃	9..

Supports fer galvanisé collier cuivre à vis pour bague ou embase

N°			isolément	à patte
13409		La pièce	2.90	3.10

Porte-voix ou acoustiques et accessoires (N.A.T.)

N°	Désignation		16	18	20	25	30
		Diamètre extérieur m/m	16	18	20	25	30
13410	Tube toile caoutchoutée avec spirale recouvert laine	Le mètre courant	1.10	1.30	1.65	3.30	4.50
13411	〃 〃 〃 〃 soie	〃	3.25	3.75	4.20	5..	6.75
13412	Tube caoutchouc avec spirale recouvert laine	〃	1.75	2..	2.25	4.50	6.75
13413	〃 〃 〃 soie	〃	4..	4.30	4.75	6..	7.75
13414	Tube cuivre étiré non poli	〃	1.20	1.35	1.50	2.10	2.60
13415	Coude cuivre étiré avec manchon à frottement	La pièce	0.65	0.75	0.85	1.20	1.70
13416	〃 〃 〃 bague à vis	〃	1.10	1.26	1.50	2..	2.75
13417	Embranchement cuivre étiré forme T manchon à frottements	〃	1.25	1.45	1.80	2.60	3.50
13418	〃 〃 〃 〃 bague à vis	〃	1.75	2.05	2.60	3.40	4.65
13419	〃 〃 forme Y manchon à frottement	〃	1.25	1.45	1.80	2.60	3.50
13420	〃 〃 〃 bague à vis	〃	1.75	2.05	2.60	3.40	4.65
13421	〃 〃 forme Y en fourche à frottements	〃	1.25	1.45	1.80	2.60	3.50
13422	〃 〃 〃 bague à vis	〃	1.75	2.05	2.60	3.40	4.65
13423	Manchon cuivre étiré à frottement, longueur 50 m/m	〃	0.14	0.14	0.14	0.20	0.25
13424	〃 bague à vis 〃 50 m/m	〃	0.65	0.75	0.85	1.05	1.25
13425	Embouchure palissandre à sifflet	〃	1.10	1.10	1.10	1.50	1.90
13426	〃 〃 à musique	〃	1.80	1.80	1.80	2.25	2.50
13427	〃 〃 à signal et sifflet	〃	2.10	2.10	2.10	2.65	2.80
13428	Sifflet seul pour d°	〃	0.65	0.65	0.65	0.75	0.75
13429	Lyre porte-sifflet cuivre nickelé à vis (N.A.T.)	〃	1..	1..	1..	1..	1..
13430	〃 〃 〃 sur platine	〃	1.30	1.30	1.30	1.30	1.30

Sans indication spéciale, nous livrons toujours le tube toile caoutchoutée avec spirale recouvert laine

Sac pour ouvrier électricien se portant sur l'épaule cuir noir extra fort type administration, longueur 38 c/m, hauteur 25 c/m, épaisseur 10 c/m avec poche sur le devant.

N°	Désignation		
13431	Grand rabat. 2 boucles	La pièce	36..
13432	Le même sac cuir ½ fort		26..

Sac toile tannée bordée cuir, longueur 32 c/m, hauteur 21 c/m à soufflet, poche sur le devant. demi rabat se plaçant à la ceinture (Livré avec courroie ceinture cuir très fort)

N°			
13433		La pièce	12..

Trousse maroquin vide, longueur développée jusqu'au rabat 65 c/m, largeur 18 c/m doublée velours avec passants porte outils et pattes en maroquin

N°	Désignation		
13434	Type administration	La pièce	22..
13435	Le même sac, mouton chagriné		13.

Tableau instructeur pour la pose des Sonneries et Tableaux

13436

13464 et 13452 13465 et 13453 13466

13457 13458 13460 et 13459 13461

13462 13463 13464 13469

13465

13466-13467

13468

3392

3393 3394-3395

3396

3398

3397

3407

Stores et Accessoires de stores, Jalousies Claies à ombrer et Paillassons pour serres.

13436 Stores en bois

(Cours variable.)

bois rond 3 fils et larges bandes tissées, peint vert à l'huile 1re fabrication française en pièces d'environ 45 mètres de longueur sur les largeurs de 50. 60. 70. 75. 80. 85. 90 95. 100. 105. 110. 115. 120. 125. 130. 140. 150. 160. 170. 180. 200 centimètres

par fraction de pièce — Le mètre carré 1.30

	par pièce entière	par 3 pièces	par 5 pièces	par 10 pièces
Le mètre carré	1.20	1.15	1.12	1.10

N°	Désignation		Prix
13437	Mixte, baguettes plates et rondes, peint vert, tissé 5 chaînes, triple fil	Le mètre carré	2. .
13438	Baguettes bois ovale	" "	2. .
13439	Bois rond peint vert avec 2 bandes peintes, nouveauté décors	" "	1.65
13439 bis	" " " " avec bandes tissées en fil de couleur	" "	2.35
13440	" " peint chamois uni, tissé 4 chaînes, triple fil	" "	1.60
13440 bis	" " " " " " " 3 bandes au mètre	" "	2.05
13441	" " " " avec bandes tissées en fil de couleur	" "	2.35
13442	Bois rond naturel sans peinture, baguettes choisies	" "	1.15
13442 bis	" " " " " avec bandes tissées	" "	1.30
13443	" " " " " 5 bandes au mètre	" "	1.45
13444	" " " " " 4 bandes bretonnes au mètre	" "	1.60
13445	" " " " " écossais simple	" "	1.60
13445 bis	" " " " " double	" "	1.55
13446	" " " " " 4 bandes algériennes au mètre	" "	1.65
13447	" " " " " entièrement tissé	" "	2. .
13448	" " " avec baguettes de couleur et 5 bandes espagnoles au mètre	" "	2.15
13449	" " " entièrement tissé avec 2 bandes peintes art nouveau	" "	2.45
13450	" " " " " " 4 bandes damassées rouges	" "	3. .
13451	" " " fond marron entièrement tissé avec 2 larges bandes	" "	3. .

Les stores fantaisie N°s 13437 à 13451 par pièce entière Bonification 0.15 par mètre

Les stores fantaisie sont ordinairement disponibles en magasin dans les largeurs de 80. 90. 100. 110. 120. 130. 140. 150. 160. 180. 200 centimètres

Emballage du store : Pour le continent, sous papier fort . . . . Le rouleau 0.70

" " Pour outre-mer, sous toile et tampons . . . . " 2.25

" " " " " en caisse (suivant volume)

Arrêts

N°	Désignation		Prix
13452	Arrêts à remontoir de face ou milieu, chape tôle étamée galet cuivre force ordre	Le %	7.60
13453	" " " " " " " renforcés	"	9.40
13454	" " " (R.D.T.) chape cuivre 4 trous galet fondu force ordre	"	10.50
13455	" " " (R.D.T.) " " 6 trous " " renforcés	"	12.60
13456	" " de côté (2 pièces) chapes cuivre galets fondus	Les 100 garnitures	30. .

Arrêts cuivre fondu (R.D.T.)

		N°s 1	2	3	4	5
13457	à boule — Le cent	37. .	55. .	70. .	85. .	120. .
13458	à poire — "	37. .	55. .	70. .	85. .	120. .

Arrêts à croissant ou feuille

		N°s 1	2	3	4
	Longueur approximative m/m	88	103	120	130
13459	Deux trous pour vis fer étamé . . . . Le cent	"	"	"	10. .
13460	" " " " cuivre fondu R.D.T. . . . . "	13.50	18. .	26. .	"
13461	à tige modèle unique, fonte brute . . . . "	"	15. .	"	"

	Nouveau modèle sur platine — Longueur totale m/m	100	110	130
13462	Tôle découpée vernie noire — Le cent	"	15. .	"
13463	Cuivre découpé — "	13.50	"	25. .

13464 Arrêt cuivre fondu à double crochet, longueur 125 m/m largeur 20 m/m Le cent 75. .

Bâtons pour store

(pour monture à arrêt ou poulie.)

		100	105	130	133	160	165	200
	Longueur m/m	100	105	130	133	160	165	200
	Diamètre du bâton rond m/m	18	"	18	"	18	"	18
	Dimensions du bâton carré m/m	"	20x25	"	20x25	"	25x30	25x30
13465	Ronds blancs, pour le bas . . . Le cent	10. .	"	11.50	"	21.50	"	30. .
13466	Carrés verts, pour le haut . . . "	"	15. .	"	17.50	"	43. .	52. .
13467	Carrés blancs, pour le haut . . . "	"	16. .	"	17.50	"	43. .	52. .

	13468 Bâtons ronds, pour store pour monture à roudelles				
	Longueur m/m	115	130	160	200
	Diamètre m/m	30	30	35	35
	en sapin . . . Le cent	36. .	43. .	66. .	90. .

Conducteurs

13469 Conducteurs deux anneaux et pointe, pour store flamand — Le cent 16. .

STORES
en
BOIS
RBT
Verts
&
Fantaisies
RBT
13436
13443
13445
13445 bis
13444

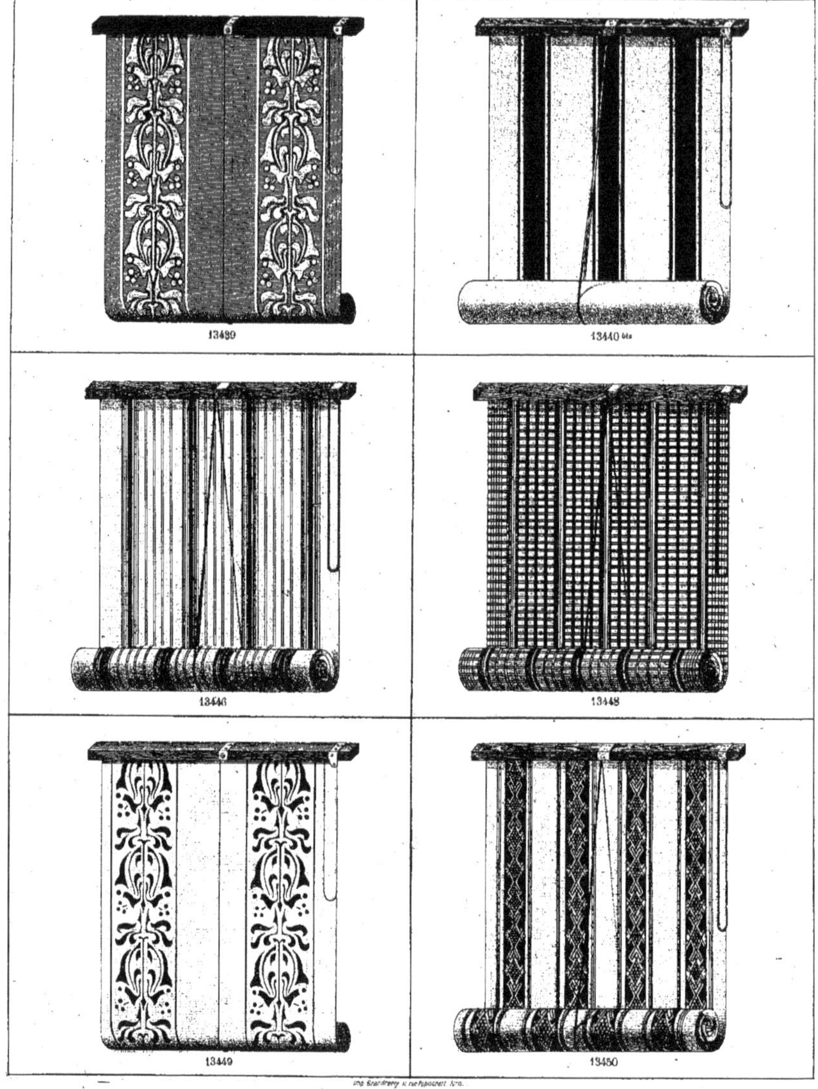
13439
13440 bis
13446
13448
13449
13450

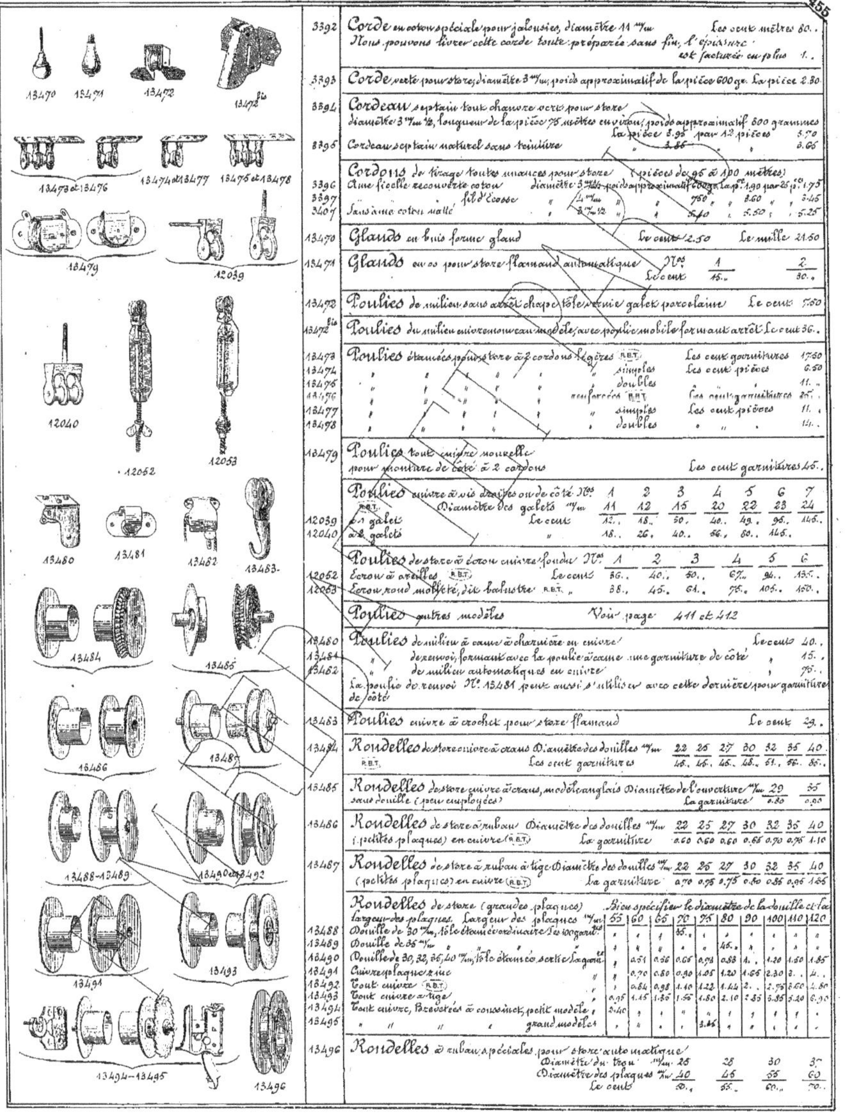

3392 **Corde** en coton spéciale pour jalousies, diamètre 11 m/m — Les cent mètres 80..
Nous pouvons livrer cette corde toute préparée sans fin, l'épissure est facturée en plus 1..

3393 **Corde** verte pour store, diamètre 3 m/m, poids approximatif de la pièce 600 gr. La pièce 2.30

3394 **Cordeau** septain tout chanvre vert pour store diamètre 3 m/m ½, longueur de la pièce 75 mètres environ, poids approximatif 800 grammes — La pièce 3.95, par 12 pièces 3.70
3395 Cordeau septain naturel sans teinture — " 3.86 " " 3.65

Cordons de tirage toutes nuances pour store (pièces de 95 à 100 mètres)
3396 Ame ficelle recouverte coton — diamètre 3 m/m, poids approximatif 600 gr. La p^ce 1.90, par 25 p^ces 1.75
3397 " " fil d'Écosse — " 4 m/m " " 750 " 3.60 " " 3.45
3407 Sans âme coton natté — " 3 m/m ½ " " 540 " 5.50 " " 5.25

13470 **Glands** en buis forme gland — Le cent 2.50 — Le mille 21.50

13471 **Glands** en os pour store flamand automatique

N^os	1	2
Le cent	15..	30..

13472 **Poulies** de milieu sans arrêt chape tôle vernie galet porcelaine — Le cent 7.50

13472 bis **Poulies** de milieu cuivre nouveau modèle, avec poulie mobile formant arrêt — Le cent 36..

13473 **Poulies** étamées pour store à 2 cordons légères (R.B.T.) — Les cent garnitures 17.50
13474 " " " " " " simples — Les cent pièces 6.50
13475 " " " " " " doubles — " " " 11..
13476 " " " " " renforcées (R.B.T.) — Les cent garnitures 25..
13477 " " " " " " simples — Les cent pièces 11..
13478 " " " " " " doubles — " " " 14..

13479 **Poulies** tout cuivre nouvelle pour monture de côté à 2 cordons — Les cent garnitures 45..

Poulies cuivre à vis droites ou de côté (R.B.T.)

	N^os	1	2	3	4	5	6	7
	Diamètre des galets m/m	11	12	15	20	22	23	24
12039 à 1 galet	Le cent	12..	18..	30..	40..	49..	95..	146..
12040 à 2 galets	"	18..	26..	40..	56..	80..	146..	

Poulies de store à écrou cuivre fondu

	N^os	1	2	3	4	5	6
12052 Écrou à ailettes (R.B.T.)	Le cent	36..	40..	50..	67..	94..	135..
12053 Écrou rond molleté, dit balustre (R.B.T.)	"	38..	45..	61..	75..	105..	150..

Poulies autres modèles — Voir page 411 et 412

13480 **Poulies** de milieu à came à charnière en cuivre — Le cent 40..
13481 " de renvoi, formant avec la poulie à came une garniture de côté — " 15..
13482 " de milieu automatiques en cuivre — " 75..
La poulie de renvoi N°. 13481 peut aussi s'utiliser avec cette dernière pour garniture de côté

13483 **Poulies** cuivre à crochet pour store flamand — Le cent 29..

13484 **Rondelles** de store cuivre à crans (R.B.T.)

Diamètre des douilles m/m	22	25	27	30	32	35	40
Les cent garnitures	45..	45..	45..	48..	51..	56..	85..

13485 **Rondelles** de store cuivre à crans, modèle anglais sans douille (peu employées)

Diamètre de l'ouverture m/m	29	35
La garniture	0.80	0.90

13486 **Rondelles** de store à ruban (petites plaques) en cuivre (R.B.T.)

Diamètre des douilles m/m	22	25	27	30	32	35	40
La garniture	0.60	0.60	0.60	0.65	0.70	0.75	1.10

13487 **Rondelles** de store à ruban à tige (petites plaques) en cuivre (R.B.T.)

Diamètre des douilles m/m	22	25	27	30	32	35	40
La garniture	0.70	0.75	0.75	0.80	0.85	0.95	1.85

Rondelles de store (grandes plaques) — Bien spécifier le diamètre de la douille et la largeur des plaques.

	Largeur des plaques m/m	55	60	65	70	75	80	90	100	110	120
13488	Douille de 30 m/m, tôle étamée ordinaire Les 100 garn^tes	"	"	"	35..	"	"	"	"	"	"
13489	Douille de 35 m/m " " "	"	"	"	"	"	45..	"	"	"	"
13490	Douille de 30, 32, 35, 40 m/m, tôle étamée sertie La garn^te	"	0.51	0.56	0.65	0.75	0.83	1..	1.20	1.50	1.85
13491	Cuivre plaque zinc "	"	0.70	0.80	0.90	1.05	1.20	1.65	2.30	3..	4..
13492	Tout cuivre (R.B.T.) "	"	0.84	0.98	1.10	1.22	1.44	2..	2.75	3.60	4.80
13493	Tout cuivre à tige "	0.95	1.15	1.35	1.55	1.80	2.10	2.85	3.85	5.20	6.90
13494	Tout cuivre, Brevetées à coussinet, petit modèle "	2.40	"	"	"	"	"	"	"	"	"
13495	" " " " grand modèle "	"	"	"	"	3.45	"	"	"	"	"

13496 **Rondelles** à ruban spéciales pour store automatique

Diamètre du trou m/m	25	28	30	35
Diamètre des plaques m/m	40	45	55	60
Le cent	50..	55..	60..	70..

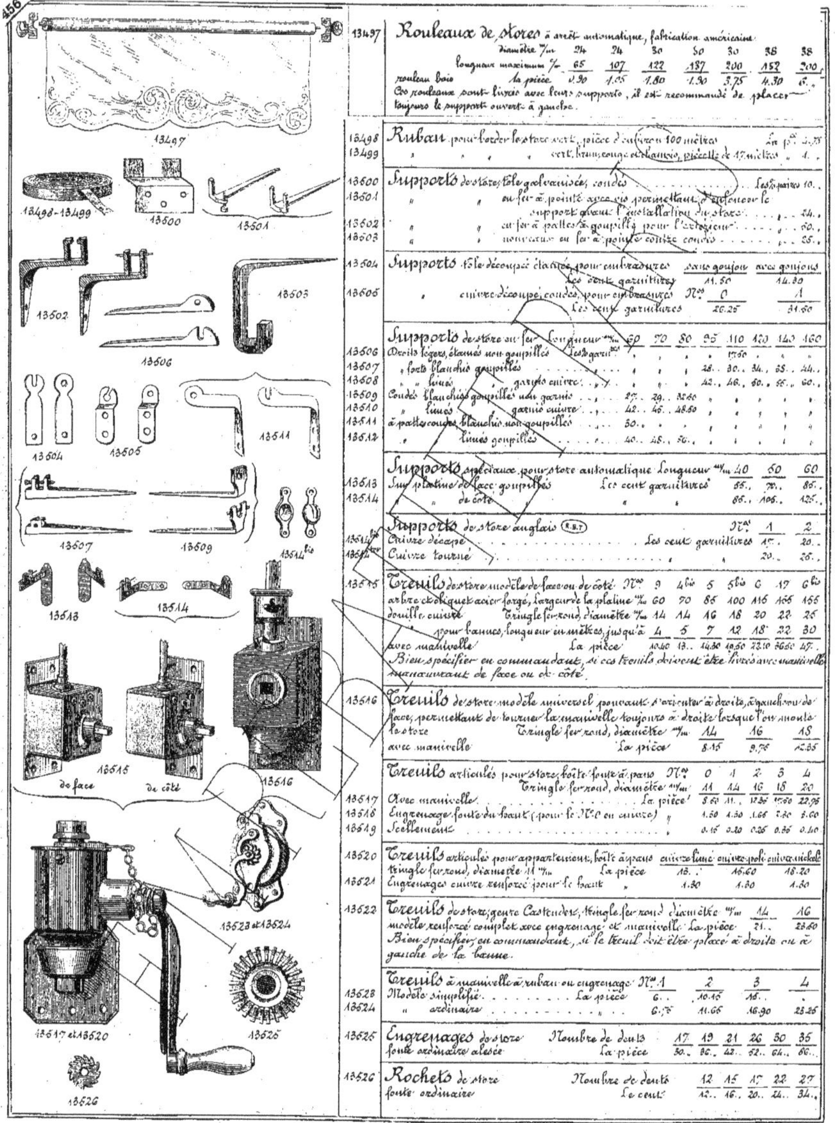

13497 **Rouleaux de stores** à arrêt automatique, fabrication américaine

	24	24	30	30	30	38	38
diamètre m/m	24	24	30	30	30	38	38
longueur maximum c/m	65	107	122	137	200	152	200
rouleau bois — la pièce	0.90	1.05	1.80	1.90	3.75	4.30	6..

Ces rouleaux sont livrés avec leurs supports, il est recommandé de placer toujours le support ouvert à gauche.

13498 **Ruban** pour border le store vert, pièce d'environ 100 mètres — La pce 4.75
13499 " " " " vert, brun, rouge et blanc, piécette de 17 mètres — " 1..

13500 **Supports** de stores, tôle galvanisée, coudés — Les % paires 10..
13501 " " en fer à pointe avec vis permettant d'enfoncer le support avant l'installation du store — " 24..
13502 " " en fer à pattes à goupille pour l'extérieur — " 60..
13503 " " nouveaux en fer à pointe contre coudés — " 25..

		sans goujon	avec goujons
13504	**Supports** tôle découpée étamée pour embrasures — Les cent garnitures	11.50	14.30
		N°s 0	1
13505	" cuivre découpé, coudés, pour embrasures — Les cent garnitures	26.25	31.50

Supports de store en fer

	Longueur m/m	60	70	80	95	110	120	140	160
13506	Droits légers, étamés non goupillés — Les % garnres	"	"	"	"	17.50	"	"	"
13507	" forts blanchis goupillés	"	"	"	28..	30..	34..	35..	44..
13508	" " limés garnis cuivre	"	"	"	42..	46..	50..	55..	60..
13509	Coudés blanchis goupillés non garnis	27..	29..	32.50	"	"	"	"	"
13510	" limés garnis cuivre	42..	45..	48.50	"	"	"	"	"
13511	à pattes coudés blanchis non goupillés	30..	"	"	"	"	"	"	"
13512	" limés goupillés	40..	48..	56..	"	"	"	"	"

Supports spéciaux pour store automatique

	Longueur m/m	40	50	60
13513	Sur platine de face goupillés — Les cent garnitures	55..	70..	85..
13514	" " de côté	85..	105..	125..

Supports de store anglais (R.S.T.)

	N^{os}	1	2
13514bis	Cuivre décapé — Les cent garnitures	15..	20..
13514ter	Cuivre tourné	20..	26..

13515 **Treuils** de store modèle de face ou de côté, arbre et cliquet acier forgé, douille cuivre

	N^{os}	9	4bis	5	5bis	6	17	6bis
	largeur de la platine m/m	60	70	85	100	116	105	155
	Tringle fer rond, diamètre m/m	14	14	16	18	20	22	25
	pour bannes, longueur en mètres, jusqu'à	4	5	7	12	18	22	30
avec manivelle	La pièce	10.40	13..	14.30	19.50	22.10	36.50	47..

Bien spécifier en commandant, si ces treuils doivent être livrés avec manivelle manœuvrant de face ou de côté.

13516 **Treuils** de store modèle universel pouvant s'orienter à droite, à gauche ou de face, permettant de tourner la manivelle toujours à droite lorsque l'on monte le store

	Tringle fer rond, diamètre m/m	14	16	18
avec manivelle	La pièce	8.15	9.75	12.35

Treuils articulés pour store, boîte fonte à pans

	N^{os}	0	1	2	3	4
	Tringle fer rond, diamètre m/m	11	14	16	18	20
13517	Avec manivelle — La pièce	8.60	11..	12.35	15.50	22.95
13518	Engrenage fonte du haut (pour le N° 0 en cuivre) "	1.50	1.30	1.65	2.30	3.60
13519	Scellement "	0.15	0.20	0.25	0.35	0.40

		cuivre limé	cuivre poli	cuivre nickelé
13520	**Treuils** articulés pour appartement, boîte à pans, tringle fer rond, diamètre 11 m/m — La pièce	13..	15.60	18.20
13521	Engrenages cuivre renforcé pour le haut "	1.30	1.30	1.30

		14	16
13522	**Treuils** de store, genre Castenders, tringle fer rond diamètre m/m — modèle renforcé complet avec engrenage et manivelle La pièce	21..	23.50

Bien spécifier, en commandant, si le treuil doit être placé à droite ou à gauche de la banne.

Treuils à manivelle à ruban ou engrenage

	N^{os}	1	2	3	4
13523	Modèle simplifié — La pièce	6..	10.15	15..	"
13524	" ordinaire "	6.75	11.65	16.90	25.25

13525	**Engrenages** de store — Nombre de dents	17	19	21	26	30	35
	fonte ordinaire alésée — La pièce	30..	36..	42..	52..	64..	66..

13526	**Rochets** de store — Nombre de dents	12	15	17	22	27
	fonte ordinaire — Le cent	12..	16..	20..	24..	34..

457

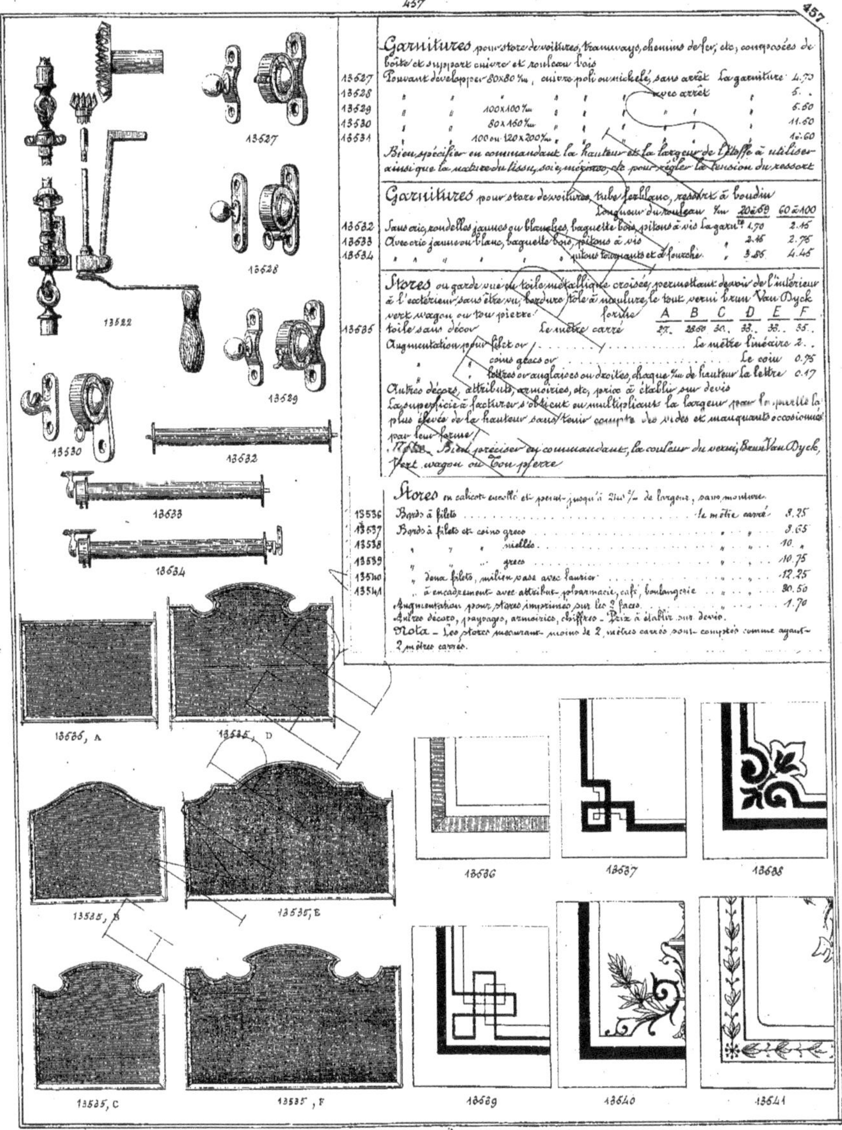

Garnitures pour store de voitures, tramways, chemins de fer, etc, composées de boîte et support cuivre et rouleau bois

13527 Pouvant développer 80×80 %m, cuivre poli ou nickelé, sans arrêt La garniture 4.70
13528 " " " " " avec arrêt " 5. .
13529 " " 100×100 %m " " " " " 6.50
13530 " " 80×160 %m " " " " " 11.50
13531 " " 100 ou 120×200 %m " " " " " 16.60

Bien spécifier en commandant la hauteur et la largeur de l'étoffe à utiliser ainsi que la nature du tissu, soie, mérinos, etc pour régler la tension du ressort

Garnitures pour store de voitures, tube ferblanc, ressort à boudin

		Longueur du rouleau %m	20 à 59	60 à 100
13532	Sans cric, rondelles jaunes ou blanches, baguette bois, pitons à vis	La garn^te	1.70	2.15
13533	Avec cric jaune ou blanc, baguette bois, pitons à vis	"	2.15	2.75
13534	" " " " " " pitons tournants et à fourche	"	3.85	4.45

Stores ou garde vue en toile métallique croisée, permettant de voir de l'intérieur à l'extérieur sans être vu; bordure tôle à moulure, le tout verni brun Van Dyck vert wagon ou ton pierre

			forme	A	B	C	D	E	F
13535	toile sans décor	Le mètre carré		27.	28.50	30.	33. .	33. .	35. .

Augmentation pour filet or .... Le mètre linéaire 2. .
" " coins grecs or .... Le coin 0.75
" " lettres or anglaises ou droites, chaque %m de hauteur La lettre 0.17

Autres décors, attributs, armoiries, etc, prix à établir sur devis
La superficie à facturer s'obtient en multipliant la largeur par la partie la plus élevée de la hauteur sans tenir compte des vides et manquants occasionnés par leur forme.
Nota – Bien préciser en commandant, la couleur du verni, Brun Van Dyck, Vert wagon ou Ton pierre

Stores en calicot encollé et peint jusqu'à 2m %m de largeur, sans monture.

13536 Bords à filets .... le mètre carré 8.25
13537 Bords à filets et coins grecs .... " " 8.65
13538 " " " niellés .... " " 10. "
13539 " " " grecs .... " " 10.75
13540 " deux filets, milieu rose avec laurier .... " " 12.25
13541 " à encadrement avec attribut pharmacie, café, boulangerie .... " " 30.50
Augmentation pour stores imprimés sur les 2 faces .... " " 1.70
Autres décors, paysages, armoiries, chiffres – Prix à établir sur devis.
Nota – Les stores mesurant moins de 2 mètres carrés sont comptés comme ayant 2 mètres carrés.

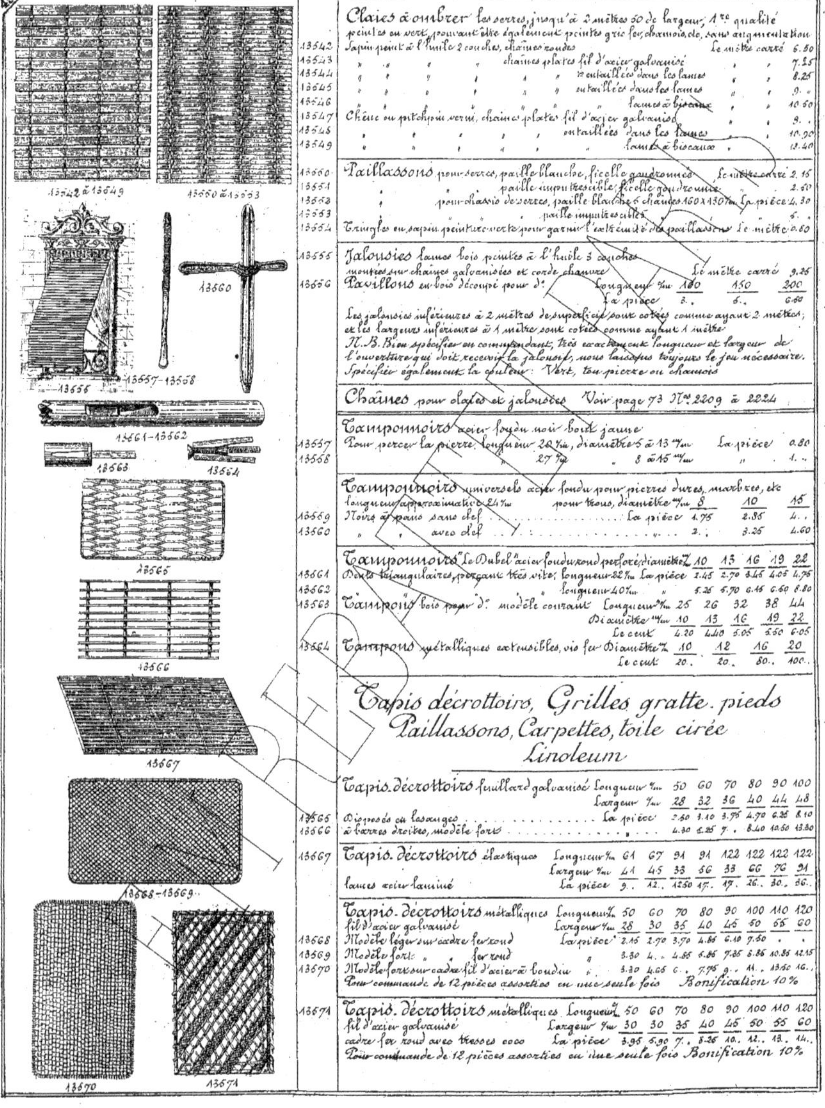

Claies à ombrer les serres, jusqu'à 2 mètres 50 de largeur; 1re qualité

peintes en vert, pouvant être également peintes gris fer, chamois, etc, sans augmentation

13542 Sapin peint à l'huile 2 couches, chaînes rondes — Le mètre carré 6.50
13543 " " " " chaînes plates fil d'acier galvanisé — " " 7.25
13544 " " " " " " entaillées dans les lames — " " 8.25
13545 " " " " " " entaillées dans les lames — " " 9. "
13546 " " " " " " lames à biseaux — " " 10.50
13547 Chêne ou pitchpin verni, chaînes plates fil d'acier galvanisé — " " 9. .
13548 " " " " " entaillées dans les lames — " " 10.90
13549 " " " " " " lames à biseaux — " " 12.40

Paillassons pour serres, paille blanche, ficelle goudronnée — Le mètre carré 2.15

13550 Paillassons pour serres, paille blanche, ficelle goudronnée — Le mètre carré 2.15
13551 " " paille imputrescible, ficelle goudronnée — " " 2.60
13552 " pour châssis de serres, paille blanche 6 chaînes 160 x 130 m/m — La pièce 4.30
13553 " " " paille imputrescibles — " 6. .
13554 Tringles en sapin peinture verte pour garnir l'extrémité des paillassons — Le mètre 0.60

Jalousies lames bois peintes à l'huile 3 couches

13555 montées sur chaînes galvanisées et corde chanvre — Le mètre carré 9.25

13556 Pavillons en bois découpé pour d°

Longueur m/m	100	150	200
La pièce	3. .	5. .	6.60

Les jalousies inférieures à 2 mètres de superficie sont cotées comme ayant 2 mètres; et les largeurs inférieures à 1 mètre sont cotées comme ayant 1 mètre.
N. B. Bien spécifier en commandant, très exactement longueur et largeur de l'ouverture qui doit recevoir la jalousie, nous laissons toujours le jeu nécessaire.
Spécifier également la couleur: Vert, ton pierre ou chamois

Chaînes pour claies et jalousies

Voir page 73 Nos 2209 à 2224

Tamponnoirs acier fondu noir bout jaune

13557 Pour percer la pierre, longueur 20 m/m, diamètre 5 à 13 m/m — La pièce 0.80
13558 " " " " 27 m/m " 8 à 15 m/m — " 1. .

Tamponnoirs universels acier fondu pour pierres dures, marbres, etc

longueur approximative 24 m/m

	pour trous, diamètre m/m	8	10	15
13559	Noirs à pans sans clef — La pièce	1.75	2.85	4. .
13560	" " avec clef	2. .	3.25	4.60

Tamponnoirs "Le Dubel" acier fondu rond perforé

		10	13	16	19	22
	diamètre m/m	10	13	16	19	22
13561	Dents triangulaires, perçant très vite; longueur 22 m/m — La pièce	2.45	2.70	3.45	4.05	4.75
13562	" " longueur 40 m/m — "	5.25	5.70	6.15	6.60	8.80

Tampons bois pour d° modèle courant

13563						
	Longueur m/m	25	26	32	38	44
	Diamètre m/m	10	13	16	19	22
	Le cent	4.20	4.40	5.05	5.50	6.05

Tampons métalliques extensibles, vis fer

13564					
	Diamètre m/m	10	12	16	20
	Le cent	20. .	20. .	80. .	100. .

Tapis décrottoirs, Grilles gratte-pieds Paillassons, Carpettes, toile cirée Linoleum

Tapis-décrottoirs feuillard galvanisé

	Longueur m/m	50	60	70	80	90	100
	Largeur m/m	28	32	36	40	44	48
13565	Disposés en losanges — La pièce	2.60	3.10	3.75	4.70	6.25	8.10
13566	à barres droites, modèle forts	4.30	5.25	7. .	8.40	10.50	13.30

Tapis-décrottoirs élastiques

lames acier laminé

13567									
	Longueur m/m	61	67	91	91	122	122	122	122
	Largeur m/m	41	45	33	56	33	66	76	91
	La pièce	9. .	12. .	12.50	17. .	17.	26. .	30. .	36. .

Tapis-décrottoirs métalliques

fil d'acier galvanisé

	Longueur m/m	50	60	70	80	90	100	110	120
	Largeur m/m	28	30	35	40	45	50	55	60
13568	Modèle léger sur cadre fer rond — La pièce	2.15	2.70	3.70	4.85	6.10	7.50	.	.
13569	Modèle forts " fer rond — "	3.30	4. .	4.85	5.85	7.25	8.85	10.85	12.15
13570	Modèle fort sur cadre fil d'acier à boudin — "	3.30	4.65	6. .	7.75	9. .	11. .	13.50	16. .

Pour commande de 12 pièces assorties en une seule fois Bonification 10%

Tapis-décrottoirs métalliques

fil d'acier galvanisé
cadre fer rond avec tresses coco

13571									
	Longueur m/m	50	60	70	80	90	100	110	120
	Largeur m/m	30	30	35	40	45	50	55	60
	La pièce	3.95	5.90	7. .	8.25	10. .	12. .	13. .	14. .

Pour commande de 12 pièces assorties en une seule fois Bonification 10%

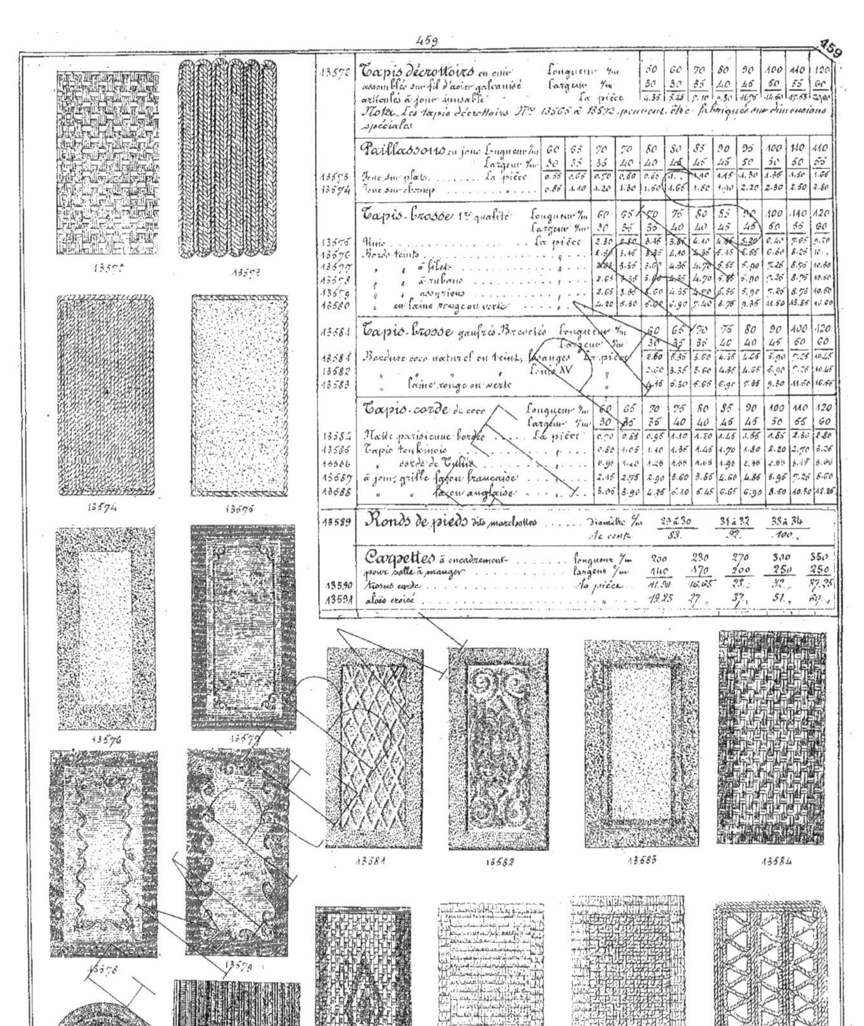

	Tapis décrottoirs en cuir assemblés sur fil d'acier galvanisé articulés à jour inusable									
	Longueur %m	50	60	70	80	90	100	110	120
	Largeur %m	30	30	35	40	45	50	55	60
13572	La pièce	4.35	5.25	7.10	9.30	11.75	14.60	17.65	20.90

Nota. Les tapis décrottoirs Nos 13565 à 13572 peuvent être fabriqués sur dimensions spéciales

	Paillassons en jonc												
	Longueur %m	60	65	70	70	80	80	85	90	95	100	110	110
	Largeur %m	30	35	35	40	40	45	45	45	50	50	50	55
13573	Jonc sur plat . . . . La pièce	0.55	0.65	0.70	0.80	0.85	1. .	1.10	1.15	1.30	1.35	1.50	1.65
13574	Jonc sur champ . . . . »	0.85	1.10	1.20	1.30	1.50	1.65	1.80	1.90	2.20	2.30	2.50	2.80

	Tapis-brosse 1re qualité										
	Longueur %m	60	65	70	75	80	85	90	100	110	120
	Largeur %m	30	35	35	40	40	45	45	50	55	60
13575	Unis . . . . La pièce	2.30	2.80	3.15	3.85	4.10	4.85	5.30	6.40	7.65	9.20
13576	Bords teints . . . . »	2.50	3.15	3.35	4.10	4.35	5.15	5.65	6.60	8.25	10. .
13577	» » à filets . . . . »	2.65	3.35	3.60	4.35	4.70	5.55	6.00	7.25	8.95	10.60
13578	» » à rubans . . . . »	2.65	3.35	3.60	4.35	4.70	5.55	6.00	7.25	8.75	10.50
13579	» » assyriens . . . . »	2.65	3.30	3.60	4.35	4.90	5.55	5.90	7.25	8.75	10.50
13580	» en laine rouge ou verte . . . . »	4.20	5.30	6.00	6.90	7.40	8.75	9.35	11.50	13.85	16.60

	Tapis-brosse gaufrés Brevetés								
	Longueur %m	60	65	70	75	80	90	100	120
	Largeur %m	30	35	35	40	40	45	50	60
13581	Bordure coco naturel ou teint, losanges . . La pièce	2.60	3.35	3.60	4.35	4.65	5.90	7.25	10.45
13582	» » » Louis XV . . »	2.60	3.35	3.60	4.35	4.65	5.90	7.25	10.45
13583	» laine rouge ou verte . . »	4.15	5.30	5.65	6.90	7.85	9.30	11.50	16.65

	Tapis-corde de coco										
	Longueur %m	60	65	70	75	80	85	90	100	110	120
	Largeur %m	30	35	35	40	40	45	45	50	55	60
13584	Natte parisienne bordée . . . . La pièce	0.70	0.85	0.95	1.10	1.20	1.45	1.65	1.85	2.30	2.80
13585	Tapis tonkinois . . . . »	0.80	1.05	1.40	1.35	1.45	1.70	1.80	2.20	2.70	3.25
13586	» corde de Tulle . . . . . . »	0.95	1.20	1.25	1.55	1.65	1.95	2.40	2.85	3.15	3.90
13587	à jour, grillé façon française . . . . »	2.15	2.75	2.90	3.60	3.85	4.60	4.85	5.95	7.25	8.60
13588	» » façon anglaise . . . . »	3.05	3.90	4.35	5.10	6.45	6.65	6.90	8.50	10.30	12.25

	Ronds de pieds dits marchettes			
	Diamètre %m	29 à 30	31 à 32	33 à 34
13589	Le cent	83.	92.	100. »

	Carpettes à encadrement pour salle à manger					
	Longueur %m	200	230	270	300	350
	Largeur %m	140	170	200	250	250
13590	Kiosus corde . . . . La pièce	11.90	16.65	23. »	32. »	37.35
13591	aloès croisé . . . . »	19.25	27. »	37. »	51. »	69. »

13572 13573

13574 13575

13576 13577

13578 13579

13581 13582 13583 13584

13585 13586 13587 13588

13589 13590-13591

13592

13593 à 13597

13598-13609-13610

13599 à 13601
13611 et 13612

13602

13603, 13613, 13614

13604 à 13607 / 13623 à 13625 } Blanc

13604 à 13607 / 13623 à 13625 } Écossais

13608 et 13626

13615, Bois

13615, Canné

13619 à 13622

13592	**Ronds** pour dessous de table en aloès	diamètre %m / la pièce…	110 / 13.25	120 / 16..	130 / 18.25	140 / 20.50	150 / 25.50	160 / 30..	180 / 36..

Tapis en pièces pour passage ou chemin largeur 50 %m jusqu'à 100 %m par fraction de 10 %m

13593	tissu coco, taffetas	le mètre carré	4.40
13594	» » serge uni ou à bandes	»	5.20
13595	» » croisé double	»	6..
13596	tissu aloès taffetas ou croisé	»	6.50
13597	» » façonné	»	7..

Les pièces ont une longueur de 60 mètres environ, nous pouvons livrer par 1/2 pièce aux mêmes prix.

Nous pouvons livrer ces tapis sur une largeur de plus d'un mètre Majoration 20 %

Toile cirée pour tables

	Largeur %m		70	80	88	96	104	120	140	160	180
13598	Imitation bois sur molleton qualité 3 (Recommandée)	La p.ce de 11 m.	13.20	19..	21.60	23..	24.30	25.20	29..	35.50	42..
13599	Imitation mosaïque et bois fantaisie sur molleton, qualité 5	»	»	»	16.50	»	»	19.50	21..	»	»
13600	» » » » » » » 4	»	7.50	»	19..	20.50	»	23..	26..	»	»
13601	» » » » » » » 3	»	16..	19.50	20.50	24..	26.30	26.50	30..	35..	44..
13602	Damassée couleurs multicolores sur molleton, qualité 3	»	»	»	26.30	»	30..	31..	34..	45..	»
13603	Imitation marbre sur molleton, qualité 3	»	20..	»	25.20	»	»	31..	34..	»	»
13604	Damassée blanc ou écossais sur molleton, qualité 3	»	»	»	25.20	»	»	31..	34..	42.50	»
13605	» » » sur toile, qualité 5	»	»	»	»	»	»	23.50	26..	»	»
13606	» » » » qualité 2	»	»	»	»	»	»	32..	36..	44.50	»
13607	» » » » qualité A	»	»	»	»	»	»	44..	49..	60..	73..
13608	Décor indien, couleurs variées sur molleton, envers teint, qualité 3	»	»	»	»	»	»	29.60	33.60	41..	»
13609	Imitation bois envers enduit, qualité 2	»	14..	»	»	21.50	»	24..	26..	»	»
13610	» » » qualité 1	»	21.60	»	»	24..	»	37.50	41.60	52..	»
13611	Imitation mosaïque et bois fantaisie, envers enduit, qualité 2	»	16..	»	»	22..	»	25..	28.50	»	»
13612	» » » » qualité 1	»	22..	»	»	34..	»	36..	42..	52..	»
13613	Imitation marbre envers enduit, qualité 2	»	15..	»	»	25..	»	30..	34..	»	»
13614	» » qualité 1	»	26.20	»	»	39..	»	44..	48..	»	»

			60	70	80	90	100	120	140
13615	**Toile cirée** pour tables de cuisine ou débits imitation bois ou cannée fil fort, envers rouge qualité extra	Largeur %m / La p.ce de 9 m.	19.50	22.50	26..	29..	32.50	39..	46..

Tapis toile cirée

		Dimensions %m	115x115	140x140	160x160
13616	Fantaisie genre mosaïque réclame, qualité 5	La pièce	2..	2.90	»
13617	Renaissance sur molleton, qualité 3	»	»	3.85	»
13618	» » dessins coloriés, qualité 5	»	»	4.50	»
13619	Coquille souple, genre rond de table, qualité 5	»	2.60	3.45	»
13620	» » » sur molleton, qualité 4	»	2.90	3.70	»
13621	» » » » qualité 3	»	3.35	4.40	5.85
13622	» » » sur enduit, qualité 1 (Recommandée)	»	4.50	5.85	7.20
13623	Nappes damassées blanc et écossais sur molleton, qualité 3	»	3.40	5..	7.20
13624	» » » sur toile, qualité 2	»	3.50	5.15	7.55
13625	» » » qualité 1 (Recommandée)	»	4.50	6.65	9.90
13626	Décor indien couleurs variées sur molleton, envers teint, qualité 3	»	3..	4.30	6.30
13627	Décor afghan » » » » » qualité extra	»	5..	6.50	9.45

Ronds de table drapés envers vert, avec sujets

		Diamètre %m	105	110	120	130	140
13628	Rois de France avec carte, inventeurs, fables de La Fontaine	La pièce	7.65	8.65	9.45	10.80	12.60
13629	Fleurs ou fruits	»	11.25	12.15	13.50	15.30	18..

			10	14
13630	**Bandes** de cuisine ou d'étagères, en pièces de 11 mètres envers enduit, fond rouge, bleu, vert, etc	Largeur %m / La pièce de 11 mètres	1.70	2.25

Moleskine et Duck pour bureaux, banquettes, coussins de voitures, etc

		Largeur %m	120 qualité 5x	120 qualité 3	120 qualité 1	130 duck D
13631	Couleur noire, verni ou mat	La pièce de 11 mètres	12.15	20.25	35.10	38.70
		Largeur %m	120 qualité 1	130 qualité 1	140 qualité 1	130 duck D
13632	Couleur verte N.1 verni ou mat	La p.ce de 11 mètres	36.50	41..	45..	40..
13633	» grenat moyen 6A	»	36.50	41..	46..	40..
13634	» grenat clair 8C	»	41..	45.60	49.50	44.50

Tissus caoutchoutés pour draps d'hôpital

		Largeur %m	91	100	120
13635	Simple face, qualité ordinaire	Le mètre courant	2.60	»	»
13636	» qualité extra	»	5..	»	»
13637	Double face, qualité ordinaire	»	4.70	»	»
13638	» qualité extra	»	6.75	»	»
13639	Coton gommé	»	»	4.30	5..

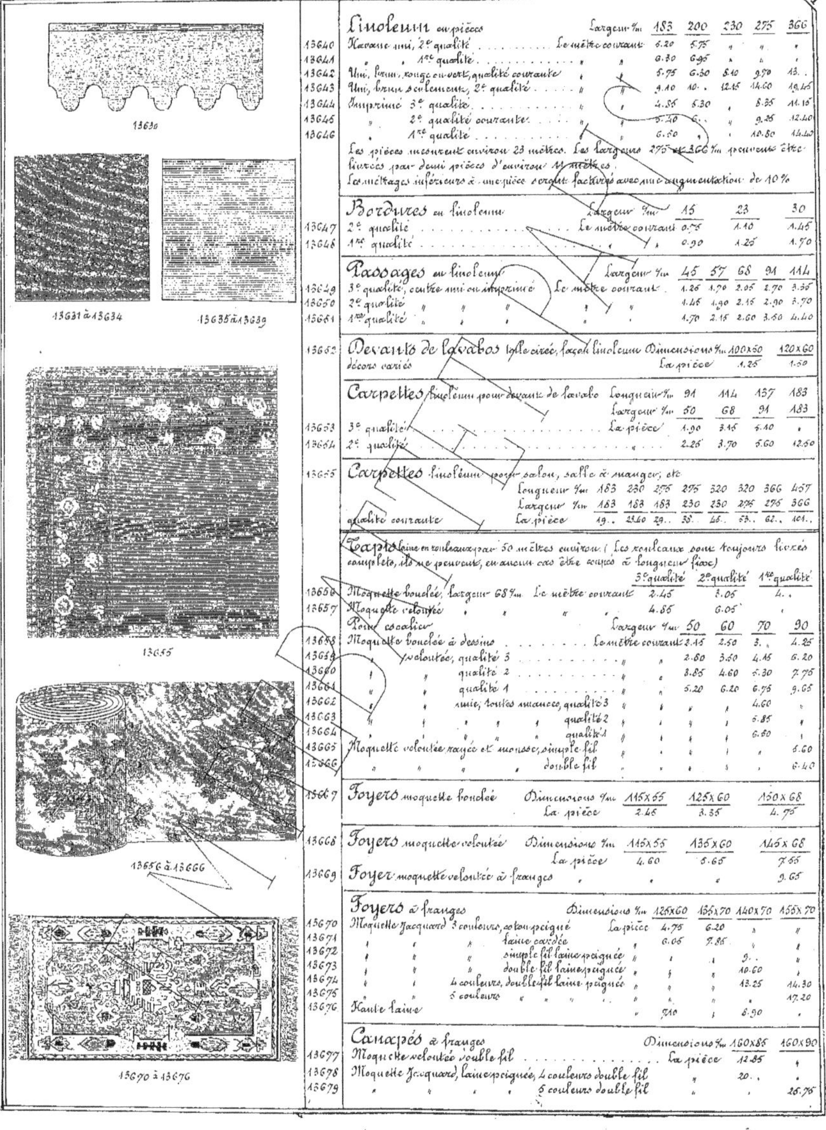

13630

13631 à 13634 — 13635 à 13639

13655

13656 à 13666

13670 à 13676

Linoleum en pièces

			Largeur c/m	183	200	230	275	366
13640	Havane uni, 2e qualité	Le mètre courant		6.20	5.75	»	»	»
13641	» » 1re qualité	»	»	6.30	6.95	»	»	»
13642	Uni, brun, rouge ou vert, qualité courante	»	»	5.75	6.30	8.10	9.70	13. .
13643	Uni, brun seulement, 2e qualité	»	»	9.10	10. .	12.15	14.60	19.45
13644	Imprimé 3e qualité	»	»	4.85	5.30	»	8.35	11.15
13645	» 2e qualité courante	»	»	5.40	6. .	»	9.25	12.40
13646	» 1re qualité	»	»	6.50	»	»	10.80	14.40

Les pièces mesurent environ 23 mètres. Les largeurs 275 et 366 c/m peuvent être livrées par demi pièces d'environ 11 mètres.
Les métrages inférieurs à une pièce seront facturés avec une augmentation de 10 %

Bordures en linoleum

			Largeur c/m	15	23	30
13647	2e qualité	Le mètre courant		0.75	1.10	1.45
13648	1re qualité	»	»	0.90	1.25	1.70

Passages en linoleum

			Largeur c/m	45	57	68	91	114
13649	3e qualité, centre uni ou imprimé	Le mètre courant		1.26	1.70	2.05	2.70	3.35
13650	2e qualité » » »	»	»	1.45	1.90	2.15	2.90	3.70
13651	1re qualité » » »	»	»	1.70	2.15	2.60	3.50	4.40

Devants de lavabos toile cirée, façon linoleum

			Dimensions c/m	100x50	120x60
13652	décors variés	La pièce		1.25	1.50

Carpettes linoleum pour devant de lavabo

		Longueur c/m	91	114	137	183
		Largeur c/m	50	68	91	183
13653	3e qualité	La pièce	1.90	3.15	5.10	»
13654	2e qualité	»	2.25	3.70	5.60	12.50

Carpettes linoleum pour salon, salle à manger, etc

13655		Longueur c/m	183	230	275	275	320	320	366	457
		Largeur c/m	183	183	183	230	230	275	275	366
	qualité courante	La pièce	19. .	23.40	29. .	35. .	46. .	53. .	62. .	101. .

Tapis laine en rouleaux par 50 mètres environ (Les rouleaux sont toujours livrés complets, ils ne peuvent, en aucun cas être coupés à longueur fixe)

			3e qualité	2e qualité	1re qualité
13656	Moquette bouclée, largeur 68 c/m	Le mètre courant	2.45	3.05	4. .
13657	Moquette veloutée » »	»	4.85	6.05	»

Pour escalier

			Largeur c/m	50	60	70	90
13658	Moquette bouclée à dessins	Le mètre courant		2.15	2.50	3. .	4.25
13659	» veloutée, qualité 3	»	»	2.60	3.50	4.15	6.20
13660	» » qualité 2	»	»	3.85	4.60	5.30	7.75
13661	» » qualité 1	»	»	5.20	6.20	6.75	9.65
13662	» » unie, toutes nuances, qualité 3	»	»	»	»	4.60	»
13663	» » » » » qualité 2	»	»	»	»	5.85	»
13664	» » » » » qualité 1	»	»	»	»	6.60	»
13665	Moquette veloutée rayée et mousse, simple fil	»	»	»	»	»	5.60
13666	» » » double fil	»	»	»	»	»	6.40

Foyers moquette bouclée

		Dimensions c/m	115x55	125x60	150x68
13667		La pièce	2.45	3.35	4.75

Foyers moquette veloutée

		Dimensions c/m	115x55	135x60	145x68
13668		La pièce	4.60	5.65	7.55
13669	Foyer moquette veloutée à franges	»	»	»	9.65

Foyers à franges

			Dimensions c/m	125x60	135x70	140x70	155x70
13670	Moquette Jacquard 3 couleurs, coton peigné	La pièce		4.75	6.20	»	»
13671	» » » laine cardée	»	»	6.05	7.85	»	»
13672	» » » simple fil laine peignée	»	»	»	»	9. .	»
13673	» » » double fil laine peignée	»	»	»	»	10.60	»
13674	» » 4 couleurs, double fil laine peignée	»	»	»	»	13.25	14.30
13675	» » 5 couleurs » » »	»	»	»	»	»	17.20
13676	Haute laine	»	»	7.10	»	8.90	»

Canapés à franges

			Dimensions c/m	160x85	160x90
13677	Moquette veloutée double fil	La pièce		12.85	»
13678	Moquette Jacquard, laine peignée, 4 couleurs double fil	»		20. .	»
13679	» » » 5 couleurs double fil	»		»	25.75

462

13683 à 13684 bis

13685 - 13685 bis

13686 à 13688 — 13689 — 13690 - 13691

13692 à 13696 — 13697 à 13701

13702 à 13704 — 13705 à 13710

13711 - 13712 — 13713 à 13717

	Carpettes moquette bouclée	Dimensions m/m	135 x 135	240 x 170	300 x 200
13680	Sans couture	La pièce	11.25	"	"
13681	Avec couture	"	"	20..	29.50

13682 **Carpette** moquette veloutée, dimensions 200 x 138 m/m — La pièce 21..

	Carpettes à franges						
		Longueur m/m	200	240	300	330	380
		Largeur m/m	140	170	200	240	280
13683	Moquette Jacquard, 3 couleurs double fil	La pièce	30.60	40.60	73..	106..	140..
13684	" " 4 couleurs double fil	"	42..	66..	97..	139..	189..

	Carpettes à franges								
13684 bis		Longueur m/m	195	240	285	330	380	450	500
		Largeur m/m	135	165	200	240	280	350	400
	haute laine	La pièce	25..	36..	50..	76..	110..	136..	243..

Pour ces tapis foyers et carpettes bien spécifier en commandant le numéro du tarif, les dimensions, la qualité, le style du dessin, la couleur du fond

	Nattes de Chine rotors										
		Longueur m/m	90	140	160	180	210	180	240	270	360
		Largeur m/m	70	70	90	135	135	180	180	230	270
13685	Fantaisie	La pièce	4.50	5.50	7.60	13.60	16..	17..	24..	34..	60..
13685 bis	Damassée	"	"	7..	9.60	14.50	16..	"	26..	42..	69..

Targettes et Verrous

	Targettes à picolets pêne ½ rond avec gâche	Largeur m/m	20	25	27	30	35	40
13686	Légères, fer noir, sans paillette, bouton rond	Le cent	6.40	6.10	"	6.10	"	"
13687	" " avec paillette, bouton rond	"	6.75	7.45	"	7.45	"	"
13688	" cuivre poli " " "	"	12.15	13.60	"	13.60	"	"
13689	" fer noir, nouveau modèle	"	7..	"	11.20	"	14..	17..
13690	Demi fortes fer noir, bouton fer	"	"	"	"	"	16.20	19..
13691	" " " bouton cuivre	"	"	"	"	"	19..	23..

	Targettes à picolets, sans rimure, pêne plat avec gâche	Largeur m/m	25	30	35	40	47	55	60	70	80
13692	Ordinaires, en fer noir, bouton fer	Le cent	16..	18..	21..	24..	26..	29..	"	"	"
13693	" " " bouton cuivre	"	18..	21..	24..	26..	29..	32..	"	"	"
13694	" cuivre poli	"	33..	39..	46..	52..	59..	72..	"	"	"
13695	" cuivre nickelé	"	66..	78..	91..	104..	117..	130..	"	"	"
13696	" tout cuivre pour la marine	"	65..	78..	91..	104..	117..	143..	"	"	"
13697	Renforcées en fer noir, bouton fer	"	26..	"	27..	33..	35..	38..	44..	"	"
13698	" " bouton cuivre	"	27..	"	30..	36..	38..	41..	46..	"	"
13699	" cuivre poli	"	54..	"	61..	68..	81..	96..	116..	"	"
13700	" cuivre nickelé	"	95..	"	101..	108..	122..	135..	155..	"	"
13701	" tout cuivre pour la marine	"	95..	"	101..	108..	122..	149..	162..	"	"
13702	Double force en fer noir, bouton fer	"	"	"	"	52..	65..	81..	96..	116..	128..
13703	" " cuivre poli	La pièce	"	"	"	1.60	1.75	2.15	2.60	3.40	4.05
13704	" " tout cuivre pour la marine	"	"	"	"	1.90	2.15	2.55	3.26	4.05	4.75

	Targettes à coulisse avec paillette pêne plat avec gâche	Largeur m/m	27	35	40	47	55	60	70	80
13705	Fer noir, bouton fer	Le cent	8..	9..	10.50	12..	16..	"	"	"
13706	Fer verni, bouton fer	"	11..	13..	13.70	15..	19..	"	"	"
13707	Fer verni, bouton cuivre	"	13.90	15..	16.60	19..	23..	"	"	"
13708	Fortes, fer bronzé, bouton cuivre	"	18..	19..	21..	24..	26..	"	"	"
13709	" cuivre poli, pêne fer	"	30..	36..	44..	50..	67..	"	"	"
13710	" tout cuivre pour la marine	"	39..	46..	54..	62..	82..	"	"	"
13711	Nouvelles, embouties, fer noir bouton cuivre (R.B.T.)	"	14..	23..	26..	28..	32..	"	"	"
13712	" " cuivre pêne fer (R.B.T.)	"	"	40..	46..	52..	"	"	"	"
13713	Automatiques fer noir, bouton fer	"	18.20	21..	24..	26..	39..	"	"	"
13714	" " " bouton cuivre	"	21..	24..	26..	29..	42..	"	"	"
13715	" cuivre poli	"	33..	39..	46..	52..	78..	"	"	"
13716	" cuivre nickelé	"	65..	78..	91..	104..	143..	"	"	"
13717	" tout cuivre pour la marine	"	52..	59..	65..	78..	104..	"	"	"
13718	" renforcées fer noir, bouton fer	"	"	36..	39..	46..	59..	65..	78..	91..
13719	" " cuivre pêne fer	"	"	78..	91..	104..	130..	156..	182..	228..
13720	" " tout cuivre pour la marine	La pièce	"	1.20	1.30	1.46	1.85	2.10	2.45	3.95

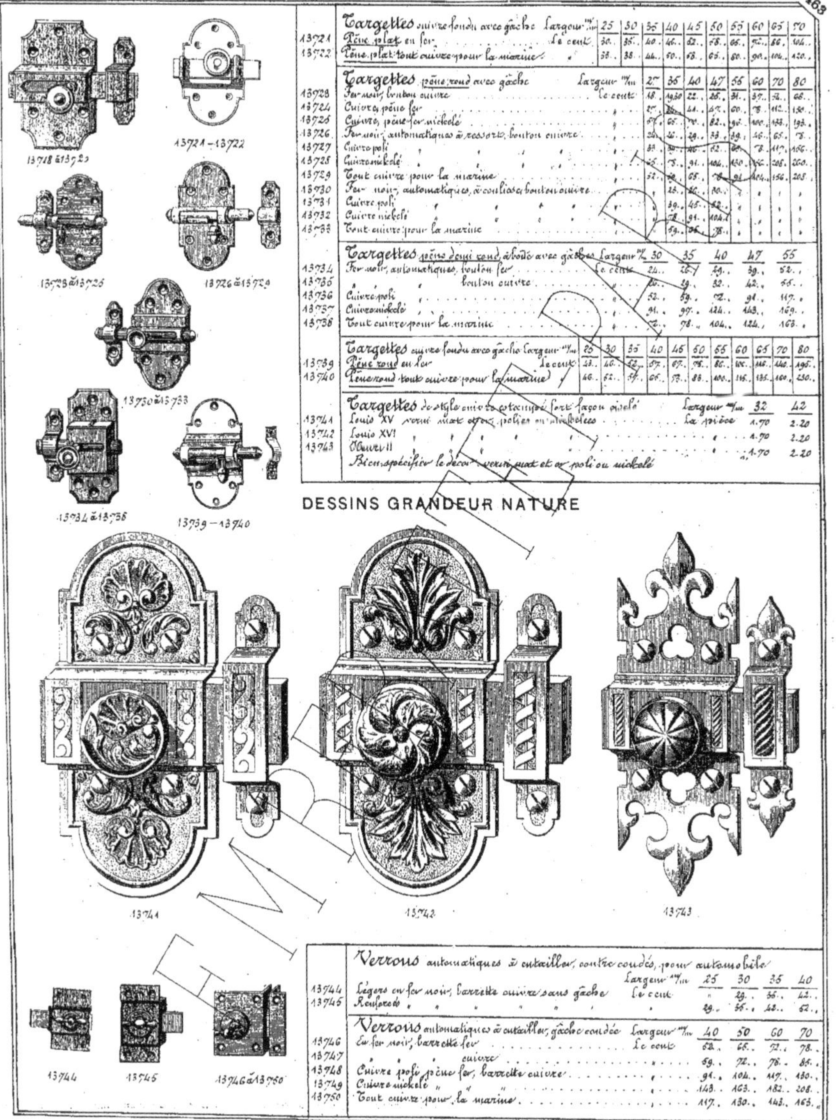

13718 à 13720 — 13721-13722 — 13723 à 13725 — 13726 à 13729 — 13730 à 13733 — 13734 à 13738 — 13739-13740

	Targettes cuivre fondu avec gâche — Largeur m/m		25	30	35	40	45	50	55	60	65	70
13721	Pêne plat en fer	Le cent	30..	35..	40..	46..	52..	58..	65..	[illegible]	86..	104..
13722	Pêne plat tout cuivre pour la marine	"	33..	38..	44..	50..	58..	65..	80..	90..	104..	120..

	Targettes pêne rond avec gâche — Largeur m/m		27	35	40	47	56	60	70	80
13723	Fer noir, bouton cuivre	Le cent	18..	19.50	22..	25..	31..	37..	[illegible]	66..
13724	Cuivre, pêne fer	"	27..	[illegible]	41..	47..	60..	78..	112..	150..
13725	Cuivre, pêne fer nickelé	"	57..	65..	70..	82..	[illegible]	100..	133..	193..
13726	Fer noir, automatiques à ressorts, bouton cuivre	"	24..	[illegible]	29..	33..	39..	46..	65..	78..
13727	Cuivre poli " " " "	"	33..	[illegible]	[illegible]	62..	[illegible]	78..	117..	156..
13728	Cuivre nickelé " " " "	"	[illegible]	78..	91..	104..	130..	[illegible]	206..	260..
13729	Tout cuivre pour la marine	"	52..	[illegible]	65..	[illegible]	91..	104..	156..	208..
13730	Fer noir, automatiques, à coulisse bouton cuivre	"	"	23..	26..	30..	"	"	"	"
13731	Cuivre poli " " " "	"	"	39..	45..	[illegible]	"	"	"	"
13732	Cuivre nickelé " " "	"	"	78..	91..	104..	"	"	"	"
13733	Tout cuivre pour la marine	"	"	59..	[illegible]	78..	"	"	"	"

	Targettes pêne demi rond, à bouts avec gâches — Largeur m/m		30	35	40	47	55
13734	Fer noir, automatiques, bouton fer	Le cent	24..	26..	29..	39..	52..
13735	" " bouton cuivre	"	26..	29..	32..	42..	55..
13736	Cuivre poli "	"	52..	59..	72..	91..	117..
13737	Cuivre nickelé "	"	91..	97..	124..	143..	169..
13738	Tout cuivre pour la marine	"	[illegible]	78..	104..	124..	163..

	Targettes cuivre fondu avec gâche — Largeur m/m		25	30	35	40	45	50	55	60	65	70	80
13739	Pêne rond en fer	Le cent	23..	46..	52..	57..	67..	78..	86..	100..	116..	140..	195..
13740	Pêne rond tout cuivre pour la marine	"	46..	62..	57..	66..	73..	88..	100..	116..	135..	160..	230..

	Targettes de style cuivre estampé fort façon ciselé — Largeur m/m		32	42
13741	Louis XV vernis mat or, polies ou nickelées	La pièce	1.70	2.20
13742	Louis XVI " " " " "	"	1.70	2.20
13743	Henri II " " " " "	"	1.70	2.20
	Bien spécifier le décor : vernis mat et or poli ou nickelé			

DESSINS GRANDEUR NATURE

13741 — 13742 — 13743

	Verrous automatiques à entailler, contre coudés, pour automobile — Largeur m/m		25	30	35	40
13744	Légers en fer noir, barrette cuivre sans gâche	Le cent	"	29..	36..	42..
13745	Renforcés " " " " " "	"	29..	36..	42..	52..

	Verrous automatiques à entailler, gâche coudée — Largeur m/m		40	50	60	70
13746	En fer noir, barrette fer	Le cent	62..	65..	72..	78..
13747	" " " cuivre	"	59..	72..	78..	85..
13748	Cuivre poli pêne fer, barrette cuivre	"	91..	104..	117..	130..
13749	Cuivre nickelé " " "	"	143..	163..	182..	208..
13750	Tout cuivre pour la marine	"	117..	130..	143..	163..

13744 — 13745 — 13746 à 13750

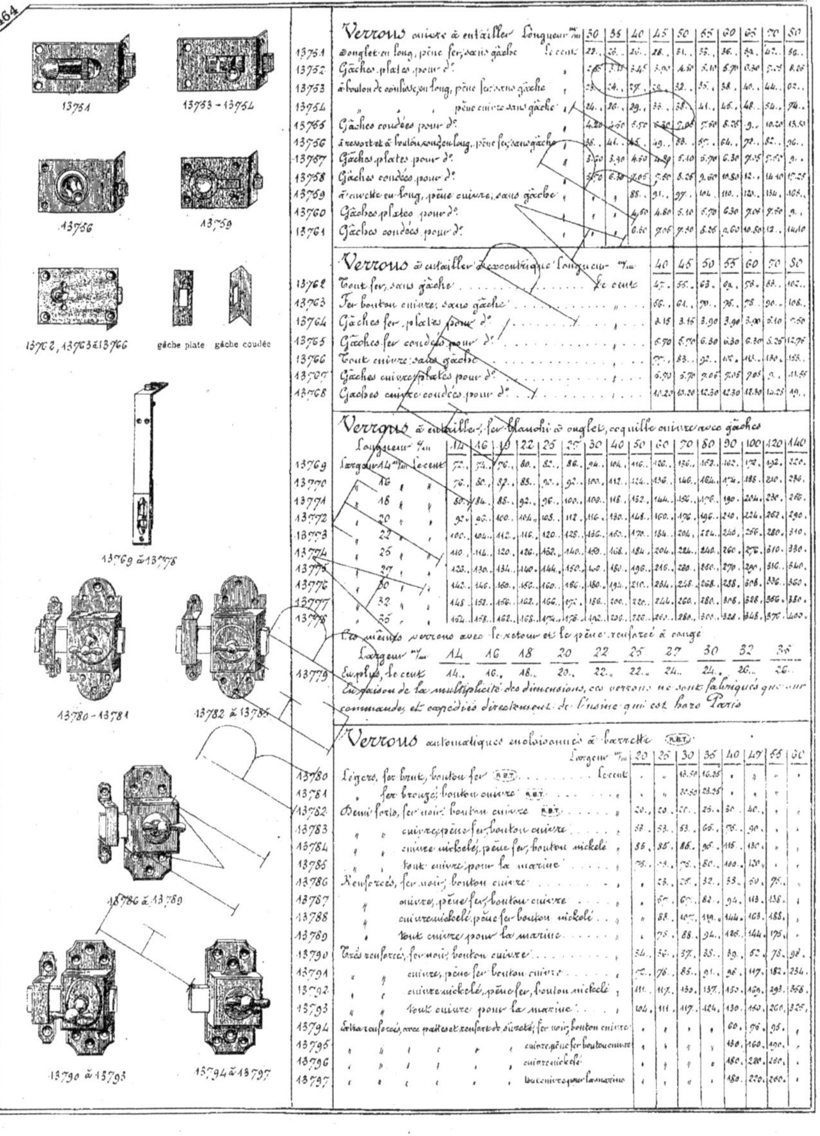

Verrous cuivre à entailler

	Longueur m/m	30	35	40	45	50	55	60	65	70	80
13751	à onglet en long, pêne fer, sans gâche — Le cent	22..	23..	26..	28..	31..	33..	36..	39..	42..	56..
13752	Gâches plates pour d° "	2.65	3.15	3.45	3.90	4.50	5.10	5.70	6.30	7.25	8.25
13753	à bouton de coulisse, en long, pêne fer, sans gâche "	23..	24..	27..	30..	32..	35..	38..	40..	44..	62..
13754	" " pêne cuivre sans gâche "	24..	26..	29..	33..	38..	41..	46..	48..	54..	74..
13755	Gâches coudées pour d° "	4.20	4.50	5.50	6.30	7.05	7.50	8.25	9..	10.20	13.50
13756	à ressort et à bouton rond, en long, pêne fer, sans gâche "	36..	41..	45..	49..	53..	57..	64..	72..	82..	96..
13757	Gâches plates pour d° "	3.60	3.90	4.50	4.80	5.10	5.70	6.30	7.05	7.50	9..
13758	Gâches coudées pour d° "	5.70	6.30	7.05	7.50	8.25	9.60	10.80	12..	14.10	17.25
13759	à cuvette en long, pêne cuivre, sans gâche "	"	"	88..	91..	97..	104	110..	120..	134..	168..
13760	Gâches plates pour d° "	"	"	4.50	4.80	5.10	5.70	6.30	7.05	7.50	9..
13761	Gâches coudées pour d° "	"	"	6.60	7.05	7.50	8.25	9.60	10.80	12..	14.10

Verrous à entailler à excentrique

	Longueur m/m	40	45	50	55	60	70	80
13762	Tout fer, sans gâche — Le cent	47..	55..	63..	69..	78..	88..	102..
13763	Fer bouton cuivre, sans gâche "	56..	64..	70..	76..	78..	90..	108..
13764	Gâches fer plates pour d° "	3.15	3.15	3.90	3.90	3.90	5.10	7.50
13765	Gâches fer coudées pour d° "	5.70	5.70	6.30	6.30	6.30	8.25	12.75
13766	Tout cuivre sans gâche "	77..	83..	92..	102..	113..	130..	153..
13767	Gâches cuivre plates pour d° "	5.70	5.70	7.05	7.05	7.05	9..	11.55
13768	Gâches cuivre coudées pour d° "	10.20	10.20	12.30	12.30	12.30	14.25	19..

Verrous à entailler, fer blanchi à onglet, coquille cuivre avec gâches

	Longueur m/m	14	16	18	22	25	27	30	40	50	60	70	80	90	100	120	140
13769	Largeur 14 m/m Le cent	72..	74..	76..	80..	82..	86..	94..	104..	116..	126..	136..	152..	162..	172..	192..	220..
13770	" 16 " "	76..	80..	87..	88..	90..	92..	100..	112..	124..	136..	146..	164..	174..	188..	210..	236..
13771	" 18 " "	80..	84..	88..	92..	96..	100..	108..	118..	132..	144..	156..	176..	190..	204..	230..	260..
13772	" 20 " "	92..	96..	100..	104..	108..	112..	116..	130..	148..	160..	176..	196..	210..	224..	252..	290..
13773	" 22 " "	100..	104..	112..	116..	120..	125..	136..	160..	170..	184..	204..	224..	240..	256..	280..	310..
13774	" 25 " "	110..	114..	120..	126..	132..	140..	150..	168..	184..	204..	224..	240..	260..	276..	310..	330..
13775	" 27 " "	123..	130..	134..	140..	144..	150..	160..	180..	196..	216..	220..	250..	270..	290..	316..	340..
13776	" 30 " "	142..	146..	150..	156..	160..	166..	180..	194..	210..	234..	248..	268..	288..	308..	336..	360..
13777	" 32 " "	148..	152..	156..	162..	166..	172..	186..	200..	220..	244..	260..	280..	308..	328..	356..	380..
13778	" 35 " "	154..	158..	162..	168..	174..	178..	192..	206..	226..	260..	280..	300..	324..	348..	376..	400..

Ces mêmes verrous avec le retour et le pêne renforcé à congé

	Largeur m/m	14	16	18	20	22	25	27	30	32	35
13779	En plus, le cent	14..	16..	18..	20..	22..	22..	24..	24..	26..	26..

En raison de la multiplicité des dimensions, ces verrous ne sont fabriqués que sur commandes, et expédiés directement de l'usine qui est hors Paris

Verrous automatiques cloisonnés à barrette (R.B.T.)

	Largeur m/m	20	25	30	35	40	47	55	60
13780	Légers, fer brut, bouton fer (R.B.T.) — Le cent	"	"	13.50	16.25	"	"	"	"
13781	" fer bronzé, bouton cuivre (R.B.T.) "	"	"	20.50	23.25	"	"	"	
13782	Demi forts, fer noir, bouton cuivre (R.B.T.) "	20..	20..	20..	25..	30..	40..	"	"
13783	" " cuivre, pêne fer, bouton cuivre "	53..	53..	53..	65..	75..	90..	"	"
13784	" " cuivre nickelé, pêne fer, bouton nickelé "	85..	85..	85..	95..	115..	130..	"	"
13785	" " tout cuivre pour la marine "	75..	75..	75..	80..	100..	120..	"	"
13786	Renforcés, fer noir, bouton cuivre "	"	23..	25..	32..	33..	50..	75..	"
13787	" cuivre, pêne fer, bouton cuivre "	"	67..	67..	82..	94..	113..	138..	"
13788	" cuivre nickelé, pêne fer, bouton nickelé "	"	88..	107..	119..	144..	163..	188..	"
13789	" tout cuivre pour la marine "	"	75..	88..	94..	126..	144..	175..	"
13790	Très renforcés, fer noir, bouton cuivre "	34..	36..	37..	38..	39..	52..	78..	98..
13791	" " cuivre, pêne fer, bouton cuivre "	70..	76..	85..	91..	96..	117..	182..	234..
13792	" " cuivre nickelé, pêne fer, bouton nickelé "	111..	117..	130..	137..	150..	169..	293..	356..
13793	" " tout cuivre pour la marine "	104..	111..	117..	124..	130..	160..	260..	325..
13794	Extra renforcés, avec pattes et renfort de sûreté, fer noir, bouton cuivre	"	"	"	"	60..	75..	95..	"
13795	" " " " " " cuivre, pêne fer, bouton cuivre	"	"	"	"	130..	160..	190..	"
13796	" " " " " " cuivre nickelé	"	"	"	"	180..	220..	260..	"
13797	" " " " " " tout cuivre pour la marine	"	"	"	"	180..	220..	260..	"

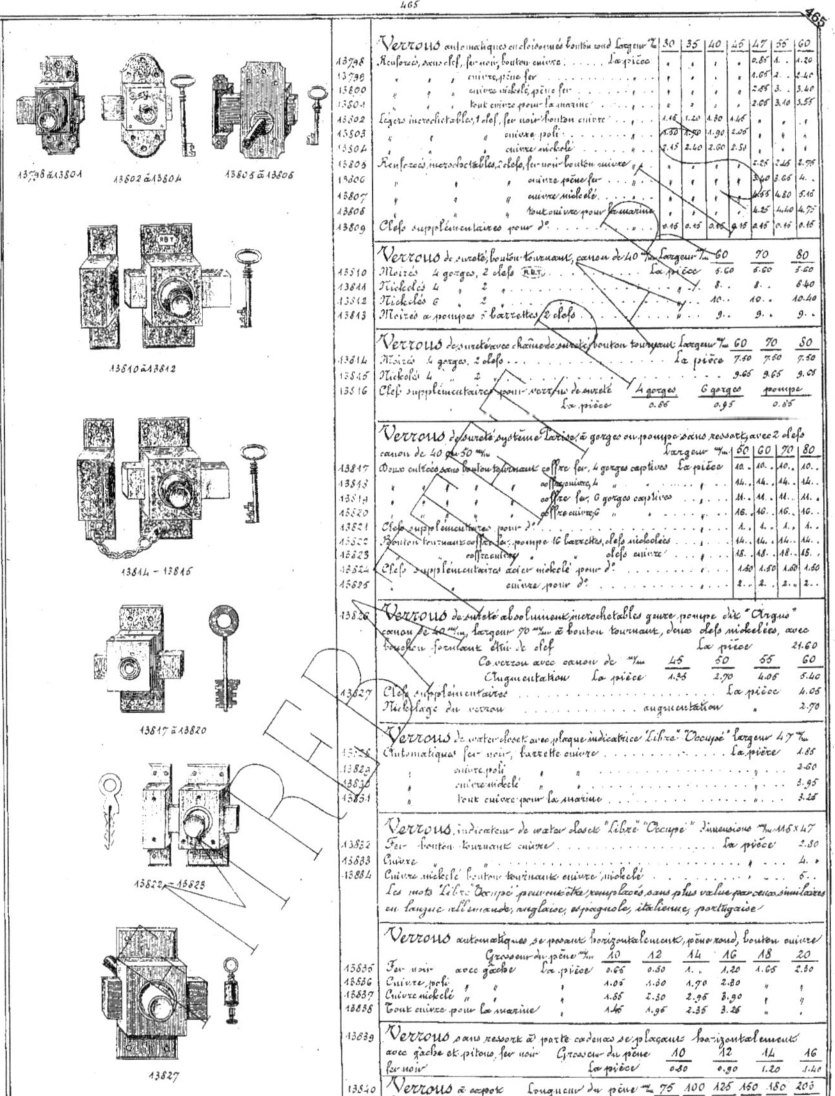

13798 à 13801 — 13802 à 13804 — 13805 à 13808

13810 à 13812

13814 - 13816

13817 à 13820

13822 - 13825

13827

N°	**Verrous** automatiques en cloisonnés bouton rond Largeur m/m	30	35	40	45	47	55	60
13798	Renforcés, sans clef, fer noir, bouton cuivre . . . . . . La pièce	»	»	»	»	0.85	1. .	1.20
13799	" " " cuivre, pêne fer . . . . . . "	»	»	»	»	1.65	2. .	2.40
13800	" " " cuivre nickelé, pêne fer . . . . . . "	»	»	»	»	2.55	3. .	3.40
13801	" " " tout cuivre pour la marine . . . . . . "	»	»	»	»	2.65	3.10	3.55
13802	Légers incrochetables, 1 clef, fer noir bouton cuivre . . . "	1.15	1.20	1.30	1.45	»	»	»
13803	" " " cuivre poli . . . . . . "	1.50	1.70	1.90	2.05	»	»	»
13804	" " " cuivre nickelé . . . . . . "	2.15	2.40	2.60	2.50	»	»	»
13805	Renforcés incrochetables, 2 clefs, fer noir bouton cuivre . "	»	»	»	»	2.25	2.45	2.75
13806	" " " cuivre pêne fer . . . . "	»	»	»	»	3.40	3.66	4. .
13807	" " " cuivre nickelé . . . . "	»	»	»	»	4.55	4.80	5.15
13808	" " " tout cuivre pour la marine . . "	»	»	»	»	4.25	4.40	4.75
13809	Clefs supplémentaires pour d° . . . . . . "	0.15	0.15	0.15	0.15	0.15	0.15	0.15

N°	**Verrous** de sûreté, bouton tournant, canon de 40 m/m Largeur m/m	60	70	80
13810	Moirés 4 gorges, 2 clefs RBT . . . . . . La pièce	5.60	5.60	5.60
13811	Nickelés 4 " 2 " . . . . . . "	8. .	8. .	8.40
13812	Nickelés 6 " 2 " . . . . . . "	10. .	10. .	10.40
13813	Moirés à pompes 5 barrettes 2 clefs . . . . . . "	9. .	9. .	9. .

N°	**Verrous** de sûreté avec chaîne de sûreté, bouton tournant Largeur m/m	60	70	80
13814	Moirés 4 gorges, 2 clefs . . . . . . La pièce	7.50	7.50	7.50
13815	Nickelés 4 " 2 "	9.65	9.65	9.65
13816	Clefs supplémentaires pour verrous de sûreté	4 gorges	6 gorges	pompe
	La pièce	0.66	0.95	0.85

N°	**Verrous** de sûreté système Parisé, à gorges ou pompe sans ressort, avec 2 clefs canon de 40 ou 50 m/m Largeur m/m	50	60	70	80
13817	Deux entrées sans bouton tournant coffre fer, 4 gorges captives La pièce	10. .	10. .	10. .	10. .
13818	" " " " coffre cuivre, 4 " . . . . "	14. .	14. .	14. .	14. .
13819	" " " " coffre fer, 6 gorges captives . . . . "	11. .	11. .	11. .	11. .
13820	" " " " coffre cuivre, 6 " . . . . "	16. .	16. .	16. .	16. .
13821	Clefs supplémentaires pour d° . . . . . . "	1. .	1. .	1. .	1. .
13822	Bouton tournant coffre fer, pompe 16 barrettes, clefs nickelées . . "	14. .	14. .	14. .	14. .
13823	" " coffre cuivre " " clefs cuivre . . . . "	18. .	18. .	18. .	18. .
13824	Clefs supplémentaires acier nickelé pour d° . . . . . . "	1.50	1.50	1.50	1.50
13825	" " cuivre pour d° . . . . . . "	2. .	2. .	2. .	2. .

13826 **Verrous** de sûreté absolument incrochetables genre pompe dit "Argus" canon de 40 m/m, largeur 70 m/m à bouton tournant, deux clefs nickelées, avec bouchon formant étui de clef La pièce 21.60

Ce verrou avec canon de m/m	45	50	55	60
Augmentation La pièce	1.35	2.70	4.05	5.40

13827 Clefs supplémentaires . . . . . . La pièce 4.05

Nickelage du verrou . . . . . . augmentation " 2.70

N°	**Verrous** de water-closet avec plaque indicatrice "Libre" "Occupé" largeur 47 m/m	
13828	Automatiques fer noir, barrette cuivre . . . . . . La pièce	1.85
13829	" cuivre poli " " . . . . . . "	2.60
13830	" cuivre nickelé " " . . . . . . "	3.95
13831	" tout cuivre pour la marine . . . . . . "	3.25

N°	**Verrous** indicateur de water-closets "Libre" "Occupé" dimensions m/m 115 x 47	
13832	Fer bouton tournant cuivre . . . . . . La pièce	2.30
13833	Cuivre " " . . . . . . "	4. .
13834	Cuivre nickelé bouton tournant cuivre nickelé . . . . . . "	6. .

Les mots "Libre" "Occupé" peuvent être remplacés sans plus value par ceux similaires en langue allemande, anglaise, espagnole, italienne, portugaise

N°	**Verrous** automatiques se posant horizontalement, pêne rond, bouton cuivre — Grosseur du pêne m/m	10	12	14	16	18	20
13835	Fer noir avec gâche La pièce	0.65	0.80	1. .	1.20	1.65	2.30
13836	Cuivre poli " " "	1.05	1.30	1.70	2.30	»	»
13837	Cuivre nickelé " " "	1.55	2.30	2.95	3.90	»	»
13838	Tout cuivre pour la marine "	1.45	1.95	2.35	3.25	»	»

N°	**Verrous** sans ressort à porte cadenas se plaçant horizontalement avec gâche et pitons, fer noir — Grosseur du pêne	10	12	14	16
13839	fer noir La pièce	0.80	0.90	1.20	1.40

N°	**Verrous** à capot — Longueur du pêne m/m	75	100	125	150	180	200
13840	fer verni noir Le cent	32. .	42. .	50. .	63. .	75. .	85. .

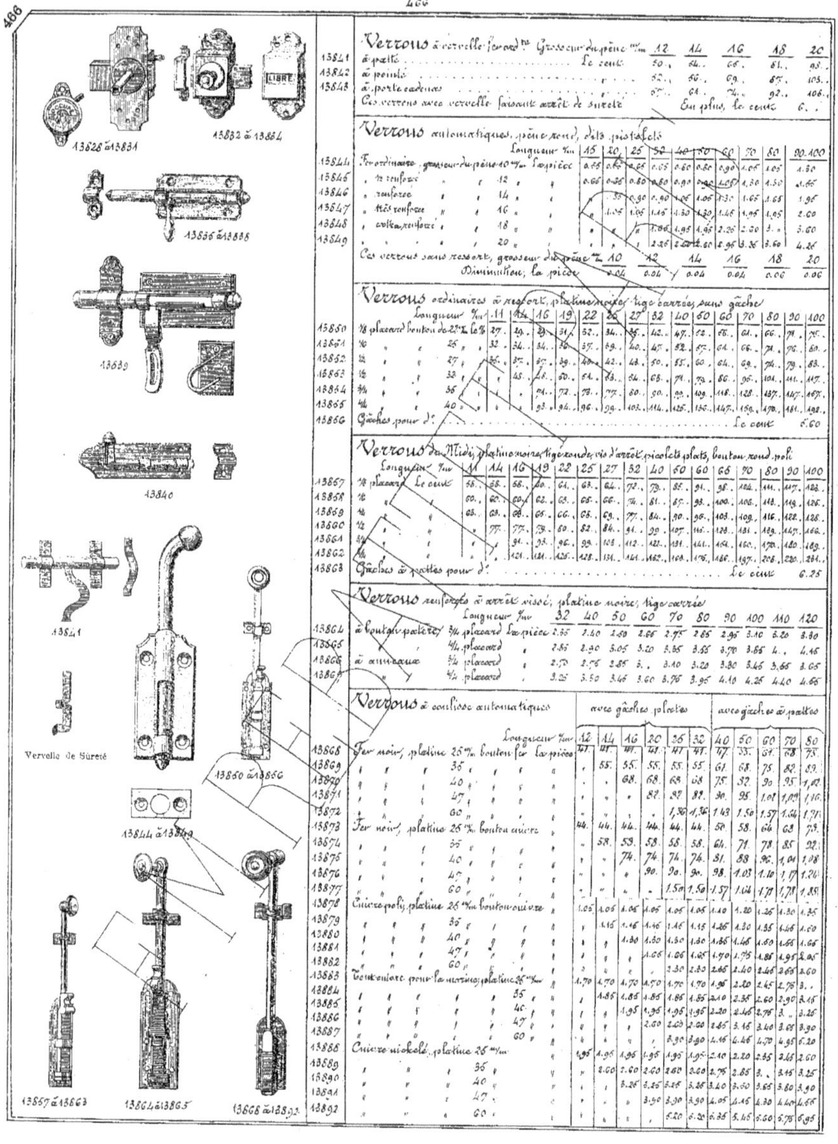

	Verrous à vervelle ferrées. Grosseur du pêne m/m	12	14	16	18	20
13841	à patte ... Le cent	50..	54..	66..	81..	93..
13842	à pointe ... "	52..	56..	69..	87..	103..
13843	à porte cadenas ... "	57..	61..	74..	92..	106..
	Ces verrous avec vervelle faisant arrêt de sûreté		En plus, le cent			6..

	Verrous automatiques, pêne rond, dits pistolets. Longueur m/m	15	20	25	30	40	50	60	70	80	90-100
13844	Fer ordinaire grosseur du pêne 10 m/m La pièce	0.65	0.65	0.65	0.65	0.80	0.80	0.90	1.05	1.05	1.30
13845	" ½ renforcé " " 12 " "	0.66	0.66	0.80	0.80	0.90	0.90	1.05	1.30	1.30	1.65
13846	" renforcé " " 14 " "	"	[illegible]	0.90	0.90	1.05	1.05	1.30	1.65	1.65	1.95
13847	" très renforcé " " 16 " "	"	1.05	1.05	1.15	1.30	1.30	1.45	1.95	1.95	2.60
13848	" extra renforcé " " 18 " "	"	"	"	1.65	1.95	1.95	2.25	2.30	3..	3.60
13849	" " " " 20 " "	"	"	"	2.25	2.60	2.60	2.95	3.35	3.60	4.25

Ces verrous sans ressort, grosseur du pêne m/m	10	12	14	16	18	20
Diminution, la pièce	0.04	0.04	0.04	0.04	0.06	0.06

	Verrous ordinaires à ressort, platine noire, tige carrée, sans gâche. Longueur m/m	11	14	16	19	22	25	27	32	40	50	60	70	80	90	100
13850	1/8 placard bouton de 22 m/m le %	27..	29..	29..	31..	32..	34..	35..	42..	47..	52..	56..	61..	66..	71..	75..
13851	1/6 " " 25 " "	32..	34..	34..	36..	37..	39..	40..	47..	52..	57..	64..	66..	71..	76..	80..
13852	1/4 " " 27 " "	36..	37..	37..	39..	40..	42..	43..	50..	55..	60..	64..	69..	74..	79..	83..
13853	1/2 " " 32 " "	"	45..	48..	50..	51..	53..	54..	65..	71..	79..	86..	95..	101..	111..	117..
13854	3/4 " " 36 " "	"	"	71..	72..	73..	77..	80..	90..	99..	109..	118..	128..	137..	147..	167..
13855	4/4 " " 40 " "	"	"	93..	94..	96..	99..	103..	114..	125..	136..	147..	159..	170..	181..	192..
13856	Gâches pour dᵒ ... Le cent															5.60

	Verrous du Midi, platine noire, tige ronde, vis d'arrêt, picolets plats, bouton rond poli. Longueur m/m	11	14	16	19	22	25	27	32	40	50	60	65	70	80	90	100
13857	1/8 placard Le cent	58..	58..	58..	60..	61..	63..	64..	72..	79..	85..	91..	98..	104..	111..	117..	123..
13858	1/6 " "	60..	60..	60..	62..	63..	65..	66..	74..	81..	87..	93..	100..	106..	113..	119..	125..
13859	1/4 " "	63..	63..	63..	65..	66..	68..	69..	77..	84..	90..	96..	103..	109..	116..	122..	128..
13860	1/2 " "	"	77..	77..	79..	80..	82..	84..	91..	99..	107..	116..	123..	131..	139..	147..	166..
13861	3/4 " "	"	"	91..	93..	96..	99..	103..	112..	122..	131..	141..	151..	160..	170..	180..	189..
13862	4/4 " "	"	"	121..	121..	125..	128..	131..	141..	152..	163..	175..	186..	197..	208..	220..	231..
13863	Gâches à pattes pour dᵒ ... Le cent																6.25

	Verrous renforcés à arrêt vissé, platine noire, tige carrée. Longueur m/m	32	40	50	60	70	80	90	100	110	120
13864	à bouton patère, ¾ placard La pièce	2.35	2.40	2.50	2.65	2.75	2.85	2.95	3.10	3.20	3.30
13865	" 4/4 placard "	2.85	2.90	3.05	3.20	3.35	3.55	3.70	3.85	4..	4.15
13866	à anneaux ¾ placard "	2.70	2.75	2.85	3..	3.10	3.20	3.30	3.45	3.55	3.65
13867	" 4/4 placard "	3.25	3.30	3.45	3.60	3.75	3.95	4.10	4.25	4.40	4.55

	Verrous à coulisse automatiques	avec gâches plates						avec gâches à pattes				
	Longueur m/m	12	14	16	20	25	32	40	50	60	70	80
13868	Fer noir, platine 25 m/m bouton fer La pièce	41.	41.	41.	41.	41.	41.	47.	53.	61.	68.	75.
13869	" " " 35 " " " "	"	55.	55.	55.	55.	55.	61.	68.	75.	82.	89.
13870	" " " 40 " " " "	"	"	68.	68.	68.	68.	75.	82.	90.	95.	1,02.
13871	" " " 47 " " " "	"	"	"	82.	82.	82.	90.	95.	1.02	1,09	1,16.
13872	" " " 60 " " " "	"	"	"	"	1,36	1,36	1.43	1.50	1.57	1.64	1.71
13873	Fer noir, platine 25 m/m bouton cuivre "	44.	44.	44.	44.	44.	44.	50.	58.	64.	68.	73.
13874	" " " 35 " " " "	"	58.	58.	58.	58.	58.	64.	71.	78.	85.	92.
13875	" " " 40 " " " "	"	"	74.	74.	74.	74.	81.	88.	96.	1,04	1,08
13876	" " " 47 " " " "	"	"	"	90.	90.	90.	98.	1.03	1.10	1,17	1.24
13877	" " " 60 " " " "	"	"	"	"	1.50	1.50	1.57	1.64	1.71	1,78	1.85
13878	Cuivre poli, platine 25 m/m bouton cuivre "	1.05	1.05	1.05	1.05	1.05	1.05	1.10	1.20	1.25	1.30	1.35
13879	" " " 35 " " " "	"	1.15	1.15	1.15	1.15	1.15	1.25	1.30	1.35	1.45	1.50
13880	" " " 40 " " " "	"	"	1.30	1.30	1.30	1.30	1.35	1.45	1.50	1.55	1.65
13881	" " " 47 " " " "	"	"	"	1.65	1.65	1.65	1.70	1.75	1.85	1.95	2.05
13882	" " " 60 " " " "	"	"	"	"	2.30	2.30	2.35	2.40	2.45	2.55	2.60
13883	Tout cuivre pour la marine, platine 25 m/m "	1.70	1.70	1.70	1.70	1.70	1.70	1.95	2.20	2.45	2.75	3..
13884	" " " " " 35 " "	"	1.85	1.85	1.85	1.85	1.85	2.10	2.35	2.60	2.90	3.15
13885	" " " " " 40 " "	"	"	1.95	1.95	1.95	1.95	2.20	2.45	2.75	3..	3.25
13886	" " " " " 47 " "	"	"	"	2.60	2.60	2.60	2.85	3.15	3.40	3.65	3.90
13887	" " " " " 60 " "	"	"	"	"	3.90	3.90	4.15	4.45	4.70	4.95	5.20
13888	Cuivre nickelé, platine 25 m/m "	1.95	1.95	1.95	1.95	1.95	1.95	2.10	2.20	2.35	2.45	2.60
13889	" " " 35 " "	"	2.60	2.60	2.60	2.60	2.60	2.75	2.85	3..	3.15	3.25
13890	" " " 40 " "	"	"	3.25	3.25	3.25	3.25	3.40	3.50	3.65	3.80	3.90
13891	" " " 47 " "	"	"	"	3.90	3.90	3.90	4.05	4.15	4.30	4.40	4.55
13892	" " " 60 " "	"	"	"	"	5.20	5.20	5.35	5.45	5.60	5.75	5.95

13897 et 13904

13898 et 13905

13899 et 13906

13893 à 13896
13900 à 13903

13907 et 13910 — 13908 et 13911 — 13909 et 13912 — 13910 à douille — 13917 — 13918

13918 bis

13921, 13923, 13927 — 13922, 13924, 13928 — 13925 à 13929

13926 — 5698

Verrous boîte fer, platine noire, tige ½ ronde, bouton cuivre rivé sans gâche ni conduit

		Longueur m/m	20	25	33	40	50	60	65	70	80	90	100	110	120	130	140	150
13893	Fer ½ rond 12 m/m	La pièce	0.70	0.75	0.80	0.87	0.97	1.01	1.10	1.15	1.20	1.30	1.40	1.50	1.60	1.70	1.80	1.85
13894	" " 14 "	"	0.85	0.92	0.97	1.07	1.15	1.25	1.35	1.40	1.50	1.60	1.70	1.80	1.95	2.05	2.15	2.25
13895	" " 16 "	"	1.03	1.10	1.15	1.25	1.35	1.50	1.60	1.65	1.80	1.90	2. .	2.15	2.25	2.06	2.65	2.70
13896	" " 18 "	"	1.60	1.65	1.70	1.80	1.95	2.10	2.15	2.20	2.36	2.50	2.60	2.75	2.90	3.05	3.20	3.60

Conduits et Gâches

		pour Forces m/m	12	14	16	18
13897	Conduit fer à pans	Le cent	4.85	6. .	7.15	9.70
13898	Gâches fer à pattes du haut	"	9.50	13.60	14.60	20.70
13899	" " plates du bas	"	3. .	3.70	4.80	6.55

Verrous boîte cuivre sans embase, tige fer ½ ronde, bouton cuivre rivé, sans gâche ni conduit

		Longueur m/m	20	25	33	40	50	60	65	70	80	90	100	110	120	130	140	150
13900	Fer ½ rond 12 m/m	La pièce	1.12	1.15	1.20	1.30	1.35	1.45	1.50	1.55	1.60	1.70	1.75	1.85	1.95	2.05	2.15	2.25
13901	" " 14 "	"	1.40	1.45	1.50	1.60	[illegible]	1.75	1.80	1.85	1.95	2.05	2.15	2.25	2.40	2.50	2.60	2.75
13902	" " 16 "	"	1.70	1.75	1.80	1.90	2. .	2.10	2.20	2.25	2.35	2.45	2.65	2.70	2.80	3. .	3.10	3.20
13903	" " 18 "	"	2.25	2.30	2.40	2.60	2.65	2.75	2.85	2.95	3.10	3.25	3.35	3.50	3.65	3.85	3.95	4.10

Conduits et Gâches

		pour Forces m/m	12	14	16	18
13904	Conduits cuivre à pans	Le cent	6. .	7.15	8.60	18.30
13905	Gâches cuivre à pattes du haut	"	18.30	21.85	27. .	34.15
13906	" " plates du bas	"	9.30	11. .	13.00	19.60

Tarières en acier, première qualité, tête plate (R.B.T)

13907 Noires à cuillère, diamètre 10 à 40 m/m . . . . . Les cent millimètres 8. .

13908 Noires filets polis, torses à vis, couteaux droits, diamètre 10 à 40 m/m . . . . " " 9. .

13909 Acier poli tige blanie, torses à vis, couteaux renversés . . . . " " 11.50

Ces tarières se font à douille au lieu de tête plate avec plus value . . . . " " 5. .

Tarières en acier, fabrication française recommandée; Marque "Dumouthier"

	Tête plate tige ronde Diamètre m/m	9	10	11	12	13	14	15	16	18	20	23	25	27	30	32	35	38	40
13910	à cuillère — La pièce	1. .	1. .	1.15	1.15	1.30	1.30	1.45	1.45	1.55	1.80	2. .	2.45	2.35	2.60	2.85	3.15	3.60	4.15
13911	Torses à vis couteaux droits	1.30	1.45	1.60	1.70	1.85	2. .	2.15	2.30	2.00	2.85	3.30	3.60	3.85	4.30	4.60	5.60	6. .	6.30
13912	" " " renversés	1.30	1.45	1.60	1.70	1.85	2. .	2.45	2.30	2.60	2.85	3.30	3.60	3.85	4.30	4.60	5.50	6. .	6.30

Ces tarières se font avec douille au lieu de tête plate avec plus value par pièce 1.10

Tarières acier noir, Marque "Au Vélocipède"

13913 Tête plate à cuillère, diamètre 10 à 40 m/m . . . . . Les cent millimètres 11.60

13914 " torses à vis " " . . . . . " " 15. .

Tarières acier anglais, Marque "Sorby"

		Diamètre m/m	7	9	11	14	16	18	20	22	25	27	30	32	34	36
13915	Tête plate à cuillère, polie	La pièce	1.20	1.25	1.30	1.45	1.60	1.75	2. .	2.25	2.60	2.30	2.85	3.30	3.60	3.85
13916	" torses à vis 2 traçoirs	"	2.25	2.25	2.25	2.45	2.60	2.90	3.10	3.30	3.75	4.20	4.35	4.70	5.10	5.60

13917 Tarières américaines forgées qualité extra, entièrement polies, longueur 43 c/m

Diamètre m/m	5.6.7	8	9.10	11.12	13	14-15	16	17	18.19	20.21	22.23	24	25	26	28	30
à 4 couteaux La pièce	2.10	2.35	2.70	3. .	3.25	3.65	3.85	4.15	4.50	4.85	5.35	5.70	6.10	6.45	6.85	7.45

13918 Tarières américaines à tige centrale, entièrement polies, longueur 30 à 40 c/m

Diamètre en dixièmes de m/m	127	143	159	180	190	200	222	254	286	317	350
à un traçoir La pièce	2.95	3.25	3.35	3.55	3.95	4.20	4.45	4.90	5.40	5.95	6.40

13918 bis Manches de tarières

Longueur c/m	35	40	45	50
Le cent	32. .	40. .	48. .	56. .

Tenailles en fonte (article bazar)

		Longueur c/m	14	16	19	22
13919	Noires, mâchoires blanchies	Le cent	11. .	22.50	26.50	40. .
13920	Vernies, mâchoires polies	"	13.50	25.50	29.50	45. .

Tenailles fer aciéré

		Longueur c/m	14	16	19	22	25	28	30
13921	Qualité courante, forme mi-fine (R.B.T) (Recommandé)	La pièce	0.75	0.87	0.98	1.26	1.60	1.95	2.55
13922	" " modèle treillageur	"	0.90	1.05	1.20	1.50	1.95	"	"
13923	Qualité supérieure Marque "Prud'homme" forme mi-fine	"	1.25	1.50	1.65	1.95	2.60	"	"
13924	" " " " modèle treillageur	"	1.55	2. .	2.45	2.45	3. .	4.20	"
13925	" " " " forme russe	"	"	2.45	2.60	2.70	3.45	"	"
13926	" " " " pinçantes et coupantes	"	"	3.30	3.50	3.60	4.15	"	"

Tenailles tout acier noir, qualité extra

		Longueur c/m	14	16	19	22	26	28
13927	Forme mi-fine	La pièce	1.20	1.35	1.50	1.75	2.40	3.45
13928	Modèle treillageur	"	1.45	1.70	1.95	2.15	2.80	3.90
13929	Forme russe	"	"	2.20	2.35	2.45	2.75	"

5698 Tricoises acier noir pour maréchal R.B.T. mâchoires polies

Longueur c/m	30	33	36
La pièce	3.25	3.50	4. .

13930 13931 13932

Machoires ouvertes

13930 13931

13933

13934

13935 13937-13938 13939 13940 à 13942 13943 13944 13945

13946 à 13948 13949 13950 13951 13952 13953

13954 et 13955 13956 13957 13958 13959 13960

13961 13962 13963 13964 à 13967 13968 13969 13970

Tenailles à sangler, acier

N°	Machoires	Longueur c/m	22	25	28	30	32
13930	Machoires à dents de scies (?)	La pièce	6.25	6.40	6.65	6.70	6.80
13931	" à cannelures ou rayures	"	6.25	6.60	7.05	7.50	7.95

Tenailles de cordonnier

Voir page 309 Nos 8816 à 8817

Tenailles à chanfrein

N°		Longueur c/m	10	12	13½	15
13932	noires, machoires polies	La pièce	5.75	6. "	6.60	7.50

Tendeurs pour scie

N°		N°	1	2	3	4
13933	Système Jacob	longueur c/m	30 à 45	50 à 65	70 à 85	90 à 105
	fil de fer galvanisé	le cent	41.50	55. "	68.50	83. "

Tendeurs pour scies, modèle Breveté "L'Eclair" excentriques à levier

N°	Longueur c/m	40 à 65	70 à 100	105 à 120
13934	La pièce	1. "	1.20	1.60

Nota – Les articles ci-dessous d'une extrême fragilité sont toujours emballés avec beaucoup de soins, mais néanmoins les ruptures en cours de route sont assez fréquentes. Nous ne pouvons accepter la responsabilité ni admettre les réclamations.

Thermomètres de bain

N°	Désignation		à l'alcool	au mercure
13935	Planchette vernie avec liège, tube incrusté	La pièce	0.80	1.05
13936	" " ½ plaque zinc	"	1.65	1.85
13937	Chemise encastrée, bois blanc à poignée 25 c/m	"	1.10	1.20
13938	" " " 32 "	"	1.30	1.40
13939	Modèle flotteur dit "bateau"	"	1.25	1.35

Thermomètres d'appartement et d'extérieur

N°	Désignation		à l'alcool	au mercure
13940	Bois noir, longueur 14 c/m	La pièce	0.45	0.50
13941	" " " 20 "	"	0.65	0.75
13942	" " " 25 "	"	0.85	0.95
13943	Planchette imprimée, longueur 25 c/m	"	0.60	0.75
13944	Gros bois naturel, gros chiffres, longueur 25 c/m	"	0.60	"
13945	Gros bois verni noir, gros chiffres " "	"	0.65	"
13946	Bois noir ou naturel, longueur 15 c/m	"	0.55	0.65
13947	" " " " 20 "	"	0.70	0.80
13948	" " " " 25 "	"	1.35	1.50
13949	Planchette peinte, sans grille, longueur 32 c/m	"	0.85	1.50
13950	Bois tête arrondie " 20 "	"	1.25	1.40
13951	Bois verni à moulures " 20 "	"	1.35	1.50
13952	Erable verni à moulures " 32 "	"	1.40	1.60
13953	Planchette incrustée à moulures " 32 "	"	1.16	1.65
13954	Bois noir, plaqué argenté " 14 "	"	"	1.60
13955	" " " " 20 "	"	"	2.10
13956	Façon acajou, plaque argentée " 30 "	"	1.65	2. "
13957	Bois verni à moulures plaque celluloïd blanc, 15 "	"	"	1.65
13958	Bois verni noir à biseaux " 20 "	"	"	2.35
13959	Bois verni noir bords et bouts arrondis, plaque celluloïd blanc 26 c/m	"	"	2.65
13960	Bois laqué blanc plaque bois noir longueur 25 c/m	"	"	3. "
13961	Bois verni bords et bouts arrondis, plaque opale " 20 "	"	"	3.35
13962	Cadre métal nickelé à chevalet " 18 "	"	"	5. "
13963	Noyer verni tube spirale " 19 "	"	"	6. "
13964	Tôle émaillée, longueur 14 c/m	"	1. "	1.50
13965	" " " 17 "	"	1.50	2. "
13966	" " " 22 "	"	2. "	2.50
13967	" " " 26 "	"	2.60	3. "
13968	Zinc fondu verni pour étuves de 70° à 145° longueur 26 c/m	"	2.60	2.75

Thermomètres-Baromètres indiquant : Beau temps, Variable, Tempête

N°	Désignation		Prix
13969	Bois ou bois noir, longueur 15 c/m au mercure	La pièce	1.20
13970	" " " " 20 c/m	"	1.35

Thermomètre minima

N°	Désignation		Prix
13971	sur planchette bois, à l'alcool	La pièce	1.50
13972	" " zinc fondu verni, à l'alcool	"	2.65

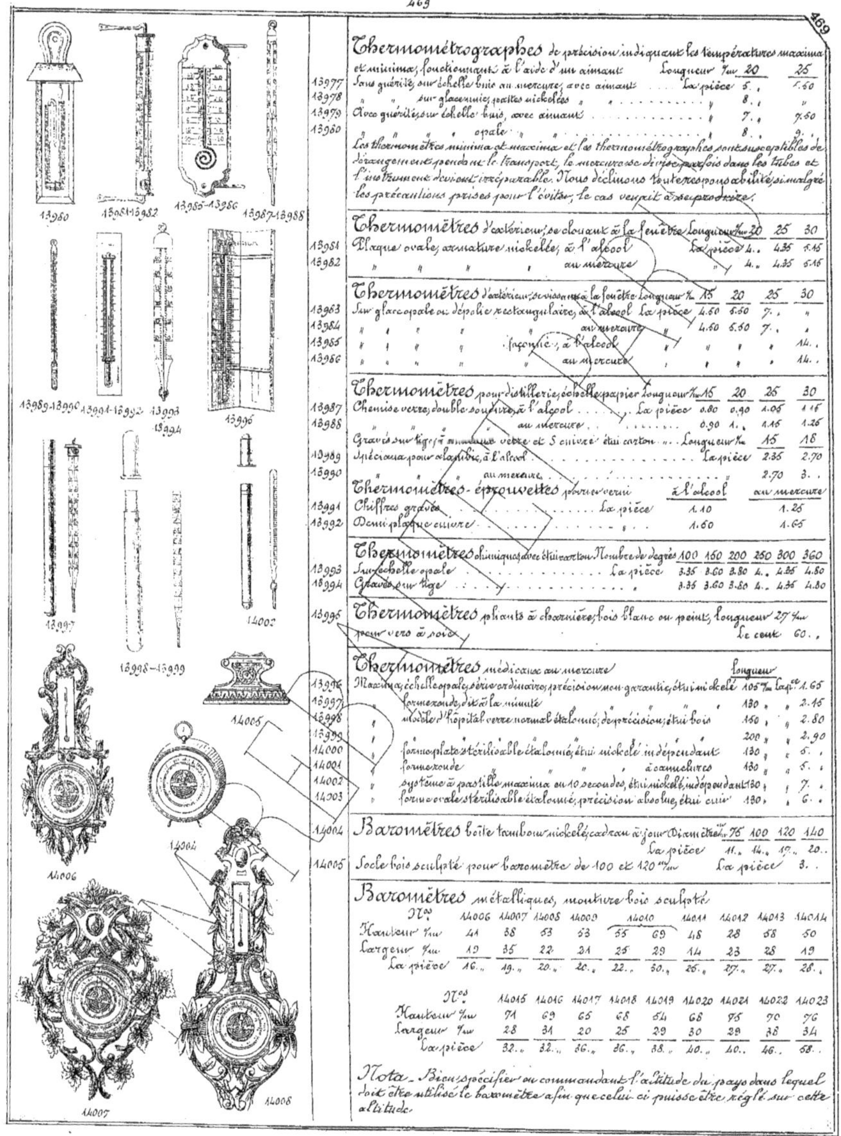

Thermométrographes de précision indiquant les températures maxima et minima, fonctionnant à l'aide d'un aimant

		Longueur $^m/_m$	20	25
13977	Sans guérite, sur échelle buis au mercure, avec aimant	La pièce	5. .	5.50
13978	" " sur glace unie, pattes nickelées	"	8. .	"
13979	Avec guérite, sur échelle buis, avec aimant	"	7. .	7.50
13980	" " " opale	"	8. .	9. .

Les thermomètres minima et maxima et les thermométrographes sont susceptibles de dérangement pendant le transport, le mercure se divise parfois dans les tubes et l'instrument devient irréparable. Nous déclinons toute responsabilité, si malgré les précautions prises pour l'éviter, le cas venait à se produire.

Thermomètres d'extérieur, se clouant à la fenêtre

		Longueur $^m/_m$	20	25	30
13981	Plaque ovale, armature nickelée, à l'alcool	La pièce	4. .	4.35	5.15
13982	" " " " au mercure	"	4. .	4.35	5.15

Thermomètres d'extérieur, se vissant à la fenêtre

		Longueur $^m/_m$	15	20	25	30
13983	Sur glace opale ou dépolie rectangulaire, à l'alcool	La pièce	4.50	5.50	7. .	"
13984	" " " " " au mercure	"	4.50	5.50	7. .	"
13985	" " " " façonnée, à l'alcool	"	"	"	"	14. .
13986	" " " " " au mercure	"	"	"	"	14. .

Thermomètres pour distillerie, échelle papier

		Longueur $^m/_m$	15	20	25	30
13987	Chemise verre, double soudure, à l'alcool	La pièce	0.80	0.90	1.05	1.15
13988	" " " au mercure		0.90	1. .	1.15	1.25

		Longueur $^m/_m$	15	18
	Gravés sur tige, armature verre et S cuivre, étui carton			
13989	Spéciaux pour alambic, à l'alcool	La pièce	2.35	2.70
13990	" " " au mercure	"	2.70	3. .

Thermomètres-éprouvettes pour vernis

			à l'alcool	au mercure
13991	Chiffres gravés	La pièce	1.10	1.25
13992	Demi plaque cuivre	"	1.60	1.65

Thermomètres chimiques avec étui carton

		Nombre de degrés	100	150	200	250	300	360
13993	Sur échelle opale	La pièce	3.35	3.60	3.80	4. .	4.35	4.80
13994	Gravés sur tige	"	3.35	3.60	3.80	4. .	4.35	4.80

Thermomètres pliants à charnière, bois blanc ou peint, longueur 27 $^m/_m$

13995 pour vers à soie — Le cent 60. .

Thermomètres médicaux au mercure

		Longueur		
13996	Maxima, échelle opale, série ordinaire, précision non garantie, étui nickelé	105 $^m/_m$	La pièce	1.65
13997	" forme ronde, dit à la minute " " " "	130 "	"	2.15
13998	" modèle d'hôpital verre normal étalonné, de précision, étui bois	150 "	"	2.80
13999	" " " " " "	200 "	"	2.90
14000	" forme plate stérilisable étalonné, étui nickelé indépendant	130 "	"	5. .
14001	" forme ronde " " " à cannelures	130 "	"	5. .
14002	" système à pastille maxima en 10 secondes, étui nickelé, indépendant	130 "	"	7. .
14003	" forme ovale stérilisable étalonné, précision absolue, étui cuir	130 "	"	6. .

Baromètres boîte tambour nickelé, cadran à jour

		Diamètre $^m/_m$	75	100	120	140
14004		La pièce	11. .	14. .	17. .	20. .

14005 Socle bois sculpté pour baromètre de 100 et 120 $^m/_m$ — La pièce 3. .

Baromètres métalliques, monture bois sculpté

Nos	14006	14007	14008	14009	14010	14010	14011	14012	14013	14014
Hauteur $^c/_m$	41	38	53	53	55	69	48	28	58	50
Largeur $^c/_m$	19	35	22	21	25	29	14	23	28	19
La pièce	16. .	19. .	20. .	20. .	22. .	30. .	26. .	27. .	27. .	28. .

Nos	14015	14016	14017	14018	14019	14020	14021	14022	14023
Hauteur $^c/_m$	71	69	65	68	54	68	75	70	76
Largeur $^c/_m$	28	31	20	25	29	30	29	38	34
La pièce	32. .	32. .	36. .	36. .	38. .	40. .	40. .	46. .	58. .

Nota. — Bien spécifier en commandant l'altitude du pays dans lequel doit être utilisé le baromètre afin que celui-ci puisse être réglé sur cette altitude.

(Voir prix page 469)

Paris. — Imp. DONNADIEU. 33, Rue des Francs-Bourgeois

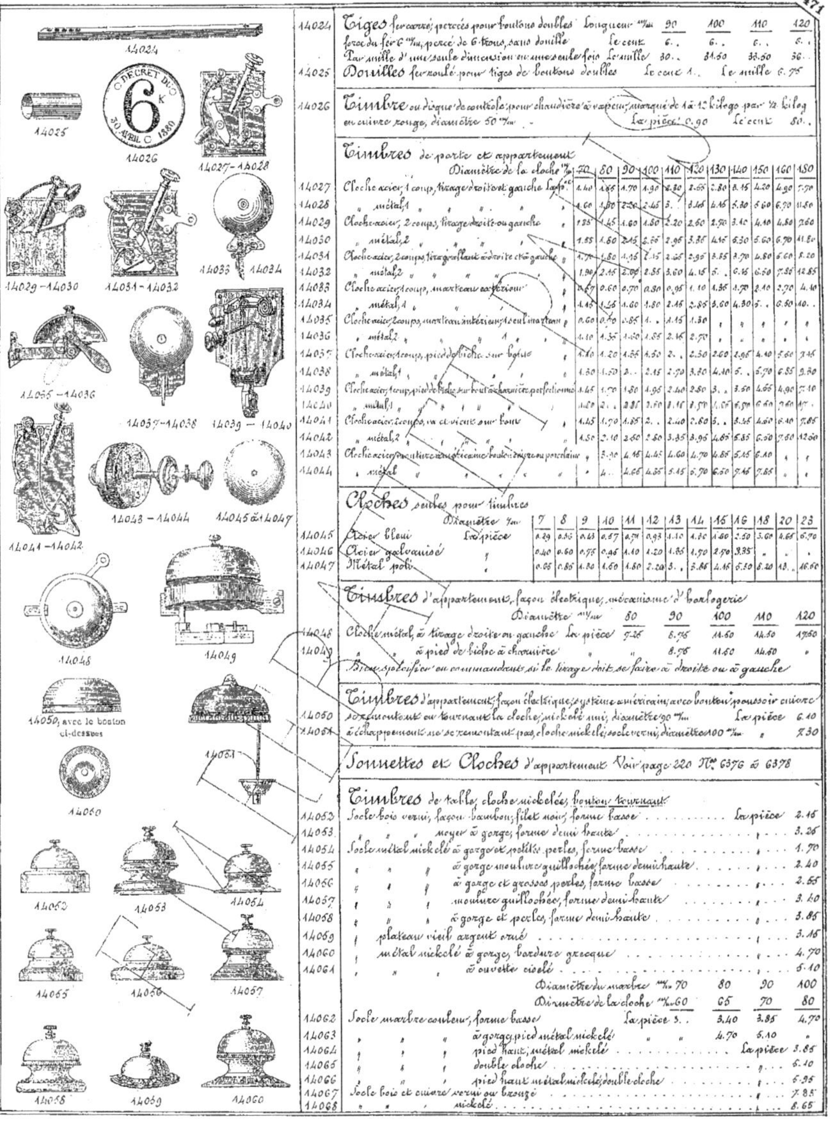

	Tiges fer carré, percées pour boutons doubles Longueur m/m	90	100	110	120
14024	Grosseur du fer 6 m/m, percé de 6 trous, sans douille Le cent	6..	6..	6..	6..
	Par mille d'une seule dimension en une seule fois Le mille	30..	31.50	33.50	36..

14025 **Douilles** fer roulé pour tiges de boutons doubles Le cent 1.. Le mille 6.75

14026 **Timbre** ou disque de contrôle pour chaudière à vapeur, marqué de 1 à 12 kilogs par ½ kilog en cuivre rouge, diamètre 50 m/m. La pièce 0.90 Le cent 80..

Timbres de porte et appartement

	Diamètre de la cloche m/m	70	80	90	100	110	120	130	140	150	160	180
14027	Cloche acier, 1 coup, tirage droit et gauche La pce	1.40	1.55	1.70	1.90	2.30	2.55	2.80	3.15	4.20	4.90	7.70
14028	" métal, 1 " " " " "	1.60	1.80	2.20	2.45	3..	3.45	4.15	5.30	5.60	6.70	11.80
14029	Cloche acier, 2 coups, tirage droite ou gauche "	1.35	1.45	1.60	1.80	2.20	2.50	2.70	3.10	4.10	4.80	7.60
14030	" métal, 2 " " " " "	1.55	1.80	2.15	2.55	2.95	3.35	4.15	5.30	5.60	6.70	11.80
14031	Cloche acier, 2 coups, tirage allant à droite et à gauche "	1.70	1.80	1.95	2.15	2.55	2.95	3.35	3.70	4.80	5.60	8.20
14032	" métal, 2 " " " " "	1.90	2.15	2.09	2.55	3.60	4.15	5..	6.15	6.50	7.85	12.85
14033	Cloche acier, 1 coup, marteau extérieur "	0.57	0.60	0.70	0.80	0.95	1.10	1.35	1.70	2.10	2.70	4.10
14034	" métal, 1 " " " "	1.15	1.45	1.60	1.80	2.15	2.85	3.60	4.30	5..	6.50	10..
14035	Cloche acier, 2 coups, marteau intérieur, 1 seul marteau "	0.60	0.70	0.85	1..	1.15	1.30	"	"	"	"	"
14036	" métal, 2 " " " " " "	1.10	1.35	1.60	1.85	2.15	2.70	"	"	"	"	"
14037	Cloche acier, 1 coup, pied de biche sur bois "	1.10	1.20	1.35	1.50	2..	2.30	2.60	2.95	4.10	5.60	7.45
14038	" métal, 1 " " " " "	1.30	1.50	2..	2.15	2.70	3.30	4.10	5..	5.70	6.85	9.30
14039	Cloche acier, 1 coup, pied de biche sur bout à charnière perfectionné	1.45	1.70	1.80	1.95	2.40	2.80	3..	3.50	4.65	4.90	7.10
14040	" métal, 1 " " " " " "	1.80	2..	2.25	2.60	3.15	3.50	4.65	6.50	6.60	7.60	17..
14041	Cloche acier, 2 coups, va et vient sur bois "	1.45	1.70	1.85	2..	2.40	2.60	3..	3.45	4.50	6.40	7.85
14042	" métal, 2 " " " " " "	1.50	2.10	2.60	2.80	3.35	3.95	4.65	5.85	6.50	7.60	12.50
14043	Cloche acier, monture américaine, bouton ivoire ou porcelaine "		3.90	4.15	4.45	4.60	4.70	4.85	5.15	6.10	"	"
14044	" métal " " " " "	"	4..	4.65	4.85	5.15	5.70	6.50	7.15	7.85	"	"

Cloches seules pour timbres

	Diamètre c/m		7	8	9	10	11	12	13	14	15	16	18	20	23
14045	Acier bleui	La pièce	0.29	0.36	0.43	0.57	0.71	0.93	1.10	1.30	1.60	2.50	3.60	4.65	6.70
14046	Acier galvanisé	"	0.40	0.60	0.75	0.95	1.10	1.20	1.35	1.70	2.50	3.35	"	"	"
14047	Métal poli	"	0.65	0.85	1.30	1.50	1.80	2.20	3..	3.85	4.15	5.50	8.20	13..	16.60

Timbres d'appartement, façon électrique, mécanisme d'horlogerie

	Diamètre m/m		80	90	100	110	120
14048	Cloche métal, à tirage droite ou gauche	La pièce	7.25	8.75	11.50	14.50	17.50
14049	" " à pied de biche à charnière	"	"	8.75	11.50	14.50	"

Bien spécifier en commandant si le tirage doit se faire à droite ou à gauche

Timbres d'appartement, façon électrique, système américain, avec bouton poussoir cuivre
14050 se remontant en tournant la cloche, nickelé uni, diamètre 90 m/m La pièce 6.10
14051 à échappement ne se remontant pas, cloche nickelée, socle verni, diamètre 100 m/m " 7.30

Sonnettes et Cloches d'appartement Voir page 220 Nos 6376 à 6378

Timbres de table, cloche nickelée, bouton tournant

14052 Socle bois verni, façon bambou, filet noir, forme basse . . . . La pièce 2.15
14053 " " " noyer à gorge, forme demi haute . . . . " . . . 3.25
14054 Socle métal nickelé à gorge et petites perles, forme basse . . . . . . " . . . 1.70
14055 " " " à gorge moulure guillochée, forme demi haute . . . . . " . . . 2.40
14056 " " " à gorge et grosses perles, forme basse . . . . " . . . 2.55
14057 " " " moulure guillochée, forme demi haute . . . . . . " . . . 3.40
14058 " " " à gorge et perles, forme demi haute . . . . " . . . 3.85
14059 " plateau vieil argent orné . . . . " . . . 3.15
14060 " métal nickelé à gorge, bordure grecque . . . . " . . . 4.70
14061 " " " à cuvette ciselé . . . . " . . . 5.10

		Diamètre du marbre m/m	70	80	90	100
		Diamètre de la cloche m/m	60	65	70	80
14062	Socle marbre couleur, forme basse	La pièce	3..	3.40	3.85	4.70
14063	" " " à gorge, pied métal nickelé	"	"	4.70	5.10	"

14064 " " " pied haut, métal nickelé . . . . La pièce 3.85
14065 " " " double cloche . . . . " . . . 5.10
14066 " " " pied haut métal nickelé, double cloche . . . . . . " . . . 5.95
14067 Socle bois et cuivre verni ou bronzé . . . . " . . . 7.85
14068 " " " nickelé . . . . " . . . 8.65

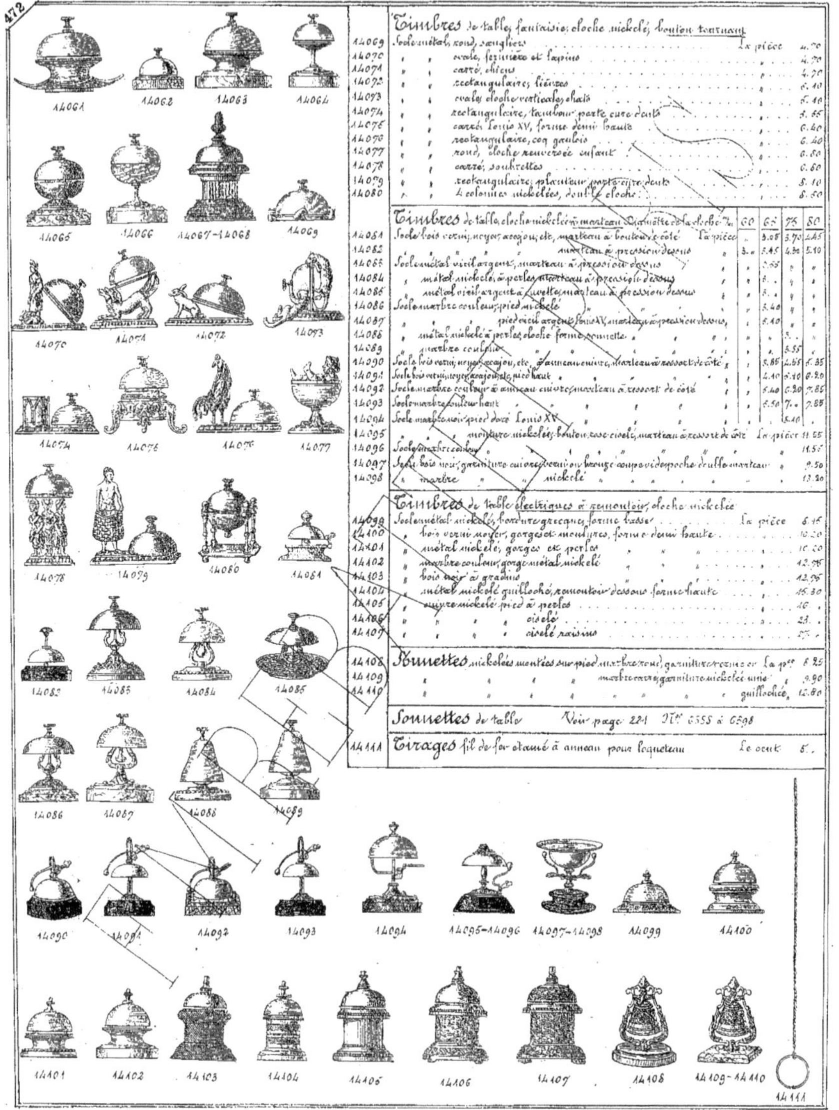

Timbres de table, fantaisie, cloche nickelé, bouton tournant

14069	Socle métal, rond, sangliers	La pièce	4.70
14070	″ ″ ovale, fermière et lapins	″	4.70
14071	″ ″ carré, chiens	″	4.70
14072	″ ″ rectangulaire, lièvres	″	6.10
14073	″ ″ ovale, cloche verticale, chats	″	5.10
14074	″ ″ rectangulaire, tambour porte cure-dents	″	5.65
14075	″ ″ carré, Louis XV, forme demi haute	″	6.40
14076	″ ″ rectangulaire, coq gaulois	″	6.40
14077	″ ″ rond, cloche renversée enfant	″	6.50
14078	″ ″ carré, soubrettes	″	6.60
14079	″ ″ rectangulaire, planteur porte-cure-dents	″	5.10
14080	″ ″ 4 colonnes nickelées, double cloche	″	8.50

Timbres de table, cloche nickelée à marteau. Diamètre de la cloche %m

			60	65	75	80
14081	Socle bois verni, noyer, acajou, etc., marteau à bouton de côté	La pièce	″	3.05	3.70	4.45
14082	″ ″ ″ ″ ″ marteau à pression dessus	″	3. »	3.45	4.30	5.10
14083	Socle métal vieil argent, marteau à pression dessus	″	″	2.55	″	″
14084	″ métal nickelé à perles, marteau à pression dessus	″	″	3. »	4	″
14085	″ métal vieil argent à cuvette, marteau à pression dessus	″	″	3. »	4	″
14086	Socle marbre couleur, pied nickelé ″ ″ ″	″	″	3.40	4	″
14087	″ ″ ″ pied vieil argent Louis XV, marteau à pression dessus	″	″	3.10	″	″
14088	″ métal nickelé à perles, cloche forme sonnette ″ ″ ″	″	″	″	3. »	″
14089	″ marbre couleur ″ ″ ″ ″ ″	″	″	″	3.55	″
14090	Socle bois verni, noyer, acajou, etc., à anneau cuivre, marteau à ressort de côté	″	″	3.85	4.55	5.35
14091	Socle bois verni, noyer, acajou, etc., pied haut ″ ″ ″ ″	″	″	4.10	5.10	6.20
14092	Socle marbre couleur à anneau cuivre, marteau à ressort de côté	″	″	5.40	6.20	7.85
14093	Socle marbre couleur haut ″ ″ ″ ″ ″	″	″	5.50	7. »	7.85
14094	Socle marbre noir, pied doré Louis XV ″ ″ ″	″	″	″	5.10	″

14095	″ ″ ″ monture nickelée, bouton rose ciselé, marteau à ressort de côté	La pièce	11.55
14096	Socle marbre couleur ″ ″ ″ ″ ″ ″	″	11.55
14097	Socle bois noir, garniture cuivre verni ou bronze coupe vide-poche double marteau	″	9.50
14098	″ marbre ″ ″ nickelé ″ ″ ″ ″ ″	″	13.20

Timbres de table électriques à remontoir, cloche nickelée

14099	Socle métal nickelé, bordure grecque, forme basse	La pièce	6.15
14100	″ bois verni noyer, gorges et moulures, forme demi haute	″	10.20
14101	″ métal nickelé, gorges et perles ″ ″ ″	″	10.20
14102	″ marbre couleur, gorge métal nickelé ″ ″ ″	″	12.75
14103	″ bois noir à gradins ″ ″ ″	″	12.75
14104	″ métal nickelé guilloché, remontoir dessous forme haute	″	15.30
14105	″ cuivre nickelé pied à perles	″	16. »
14106	″ ″ ″ ″ ciselé	″	23. »
14107	″ ″ ″ ″ ciselé raisins	″	27. »

14108	**Sonnettes** nickelées montées sur pied marbre rond, garniture vernie or	La p^ce	8.25
14109	″ ″ ″ ″ marbre carré, garniture nickelée unie	″	9.90
14110	″ ″ ″ ″ ″ ″ ″ ″ guillochée	″	12.80

Sonnettes de table Voir page 224 N°s 6555 à 6598

14111	**Tirages** fil de fer étamé à anneau pour loqueteau	Le cent	5. »

Tirebouchons en tous genres

14112. Acier poli, fil rapproché Le cent 7.15

14113. Manche fer à boules mèche unie à anneau Le % 14.25

14114. Manche fer cannelé mèche à baril Le % 33.50

14115. Manche fonte nickelée façon commerciale ordinaire Le cent 9..

Manche fonte nickelée 3 doigts
14116. Mèche ordinaire Le % 9..
14117. " poli fin " 17..

14118. Manche fonte nickelée 4 doigts mèche ordinaire Le cent 11.50

14119. Manche fonte nickelée poignée ovale, mèche ordinaire Le cent 11.50

14120. Manche fonte nickelée commercial, mèche acier fin Le cent 40..
Forme 3 ou 4 doigts Même prix

Commercial
14121. Nickelé ordinaire Le % 32..
14122. Bronzé ordinaire " 29..
14123. " soigné " 54..
14124. " extra fini " 76..
14125. Mèche oculée pour vin fins 60..

Goupillés manche ouvert
14126. Ordinaire, mèche polie Le % 21.50
14127. (R.B.T.) mèche bleuie, 22..

Goupillés manche ouvert
14128. Très renforcé, mèche polie % 36..
14129. " (R.B.T.) " bleuie, 37..

14130. Manche bronze à jour mèche bleuie, taillée facettes Le cent 45..

14131. Manche bronze, dit bourgeois, mèche vissée à anneau Recommandé Le cent 60..
(R.B.T.)

14132. Manche buis baril tourné à bagues petit modèle Le cent 22..

14133. Manche bois goupillé à anneau, mèche Nogent Le cent 30..

14134. Manche palissandre gros goupillé à anneau mèche Nogent Le cent 42..

14135. Manche baril noir bouts nickelés, mèche bleuie Le cent 50..

14136. Manche palissandre goupillé mèche poli fin Le cent 54..

14137. Manche ébène goupillé, mèche poli fin Le cent 50..

14138. Manche buis, baril goupillé à œil, tige plate, mèche ronde, modèle Angers Le % 65..

14139. Manche palissandre ciré, mèche à griffes Le cent 70..

14140. Manche hêtre cylindrique 19% pour bouchonnages mèche carrée modèle Angers très fort Le % 90..

Petit modèle limonadier manche corne blonde
14141. Mèche poli fin % 58..
14142. " ronde " 66..

14143. Petit modèle limonadier manche corne blonde goupillé, mèche filets allongés, modèle Lyon % 45..

14144. Petit modèle limonadier manche corne blonde goupillé à œil, mèche filets allongés, modèle Lyon Le cent 42..

14145. Manche corne blonde mèche Nogent Le cent 45..
(R.B.T.)

14146. Manche corne blonde à œil, mèche plate à olive (R.B.T.) Le cent 57..

14147. Manche corne blonde à œil, mèche ronde à olive (R.B.T.) Le cent 60..

14148. Manche corne blonde goupillé, mèche carrée à olive façon Angers Le cent 68..

14149. Manche corne blonde renforcé, mèche renforcée, modèle Bordeaux (R.B.T.) Le cent 90..

Tirebouchons en tous genres

14150. Manche buffle à œil, mèche à collet Le cent 52..

14151. Manche buffle à œil, mèche Nogent 1re qualité Le cent 55..

14152. Manche buffle à œil, mèche carrée à filets modèle Angers Le cent 70..

14153. Manche plaqué intér. buffle mèche Gautret bleuie Le cent 77..

14154. Manche corne de cerf, mèche renforcée soignée Le cent 110..

14155. Manche buffle bouts cuivre, mèche Gautret bleuie Le cent 57..

Manche buffle plaqué cuivre petit modèle
14156. Mèche coupante polie % 70..
14157. „ ronde polie „ 65..

14158. Manche buffle plaqué et filets cuivre grand modèle Le cent 90..

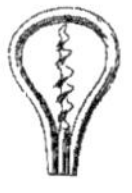

Fermant sans nœud
14159. Fer ordinaire % 29..
14160. Fer trempé „ 43

Fermant à nœud
14161. Acier poli Le % 57.
14162. Acier nickelé „ 71..

Fermant à nœud à biseau
14163. Soignés Le cent 86..
14164. Extra „ 115..

Fermant nœud anglais
14165. Mèche ronde Le % 100..
14166. Mèche roumaine „ 100..

Tout acier nickelé, 1re qualité

Force du fil	5	5½	6	7	8
14167. mèche coupante	60	66	72	93	120
14168. mèche ronde	72	„	„	„	„

14169. Les mêmes taillés, riches à facettes, fil 5½. La pièce 1.35

14170. à deux lames, ne perçant pas le bouchon 1re q. La pièce 1.65

14171. Fermant de poche nickelé, modèle perles La pièce 1.60

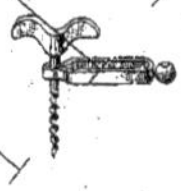

14172. Fermant de poche nickelé, modèle étoile La pièce 1.30

Étui nickelé
14173. Petit La pièce 1.10
14174. Grand „ 1.30

De poche forme baril
14175. En métal ordre pce 0.60
14176. „ cuivre nickelé „ 1.70

De poche nickelé à levier
14177. Sans crochet La pce 3..
14178. Avec crochet „ 3.50

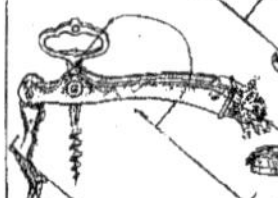

14179. Nickelé à levier modèle express La pièce 2.60

14180. Levier façon Lund pce 1.65
14181. Levier vrai Lund „ 2.25
Tirebouchons pour
14182. pour façon Lund „ 0.65
14183. pour vrai Lund „ 0.85

14184. Cloche nickelée modèle lanterne Le cent 35..

14185. Cloche nickelée manche bois Le cent 35..

14186. à ressort, fil d'acier nickelé, manche bois Le cent 68..

14187. Cloche nickelée à ressort, manche bois Le cent 45..

14188. Cloche nickelée à ressort, manche palissandre mèche acier Le cent 50 .

14189. à hélice, fonte bronzée La pièce 0.50

14190. à hélice nickelé (R.B.T.) soigné La pièce 1.15 Le cent 110..

14191. à hélice vrai [illegible] poli fin nickelé La pièce 2.. Le cent 195..

14192. à hélice dit papillon 2 branches, plaquettes buffle La pièce 2.50

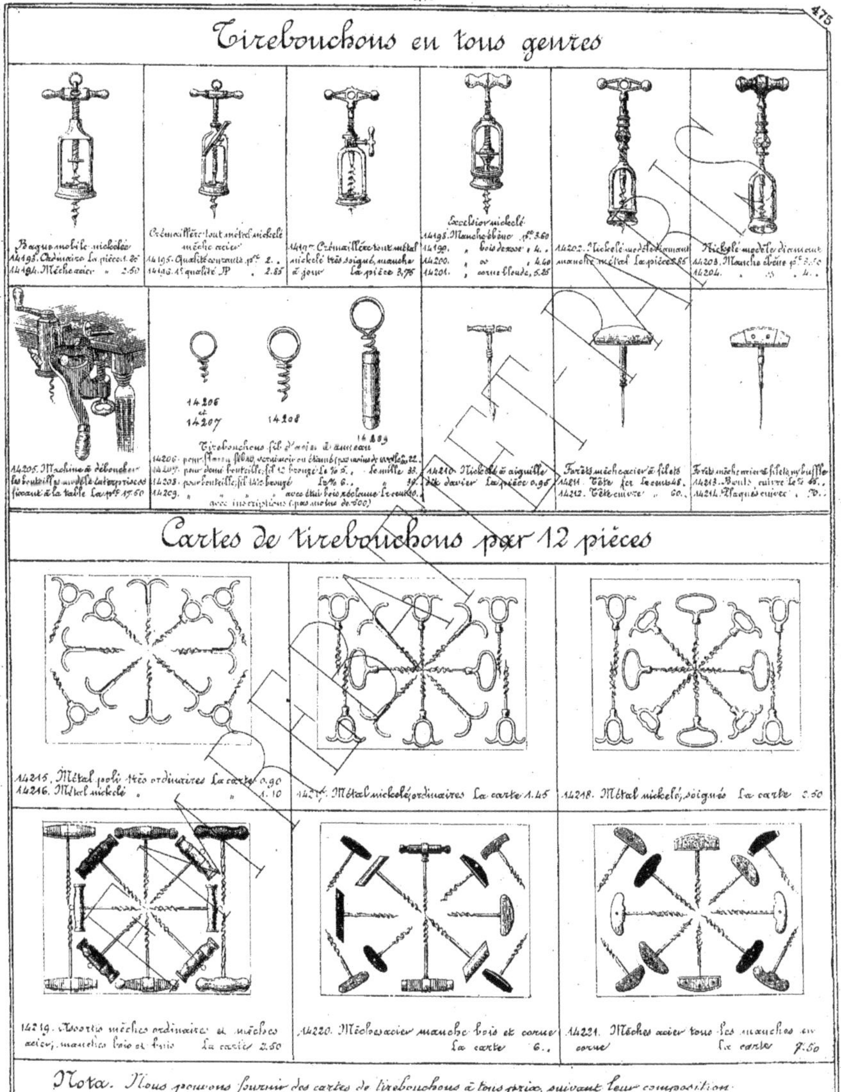

Tirebouchons en tous genres

Bague mobile nickelée
14193. Ordinaire La pièce 1.25
14194. Mèche acier „ 2.50

Crémaillère tout métal nickelé mèche acier
14195. Qualité courante p.ce 2. .
14196. 1re qualité „ 2.85

14197. Crémaillère tout métal nickelé très soigné, manche à jour La pièce 3.75

Excelsior nickelé
14198. Manche ébène p.ce 3.60
14199. „ bois de rose „ 4. .
14200. „ „ „ 4.40
14201. „ corne blonde „ 5.25

14202. Nickelé modèle diamant manche métal La pièce 2.85

Nickelé modèle diamant
14203. Manche ébène p.ce 3.50
14204. „ „ „ 4. .

14205. Machine à déboucher les bouteilles modèle Entreprise se fixant à la table La p.ce 17.60

14206 et 14207 — 14208 — 14209

Tirebouchons fil d'acier à anneau
14206. pour flacons, fil 10, vernis noir ou étamés (pas moins de 10 000) le mille 22.
14207. pour demi bouteille, fil 12 bronzé Le % 5. . Le mille 33.
14208. pour bouteille, fil 14 ½ bronzé Le % 6. . „ 50.
14209. „ „ „ „ avec étui bois à boule Le cent 10.
avec inscriptions (pas moins de 500)

14210. Nickelé à aiguille dit d'avier La pièce 0.95

Forets mèche acier à filets
14211. Tête fer Le cent 48.
14212. Tête cuivre „ 60.

Forets mèche acier à filets, n/ buffle
14213. Bouts cuivre Le % 65.
14214. Plaqués cuivre „ 70.

Cartes de tirebouchons par 12 pièces

14215. Métal poli très ordinaires La carte 0.90
14216. Métal nickelé „ „ 1.10

14217. Métal nickelé, ordinaires La carte 1.45

14218. Métal nickelé, soignés La carte 2.50

14219. Assortis mèches ordinaires et mèches acier, manches bois et buis La carte 2.50

14220. Mèches acier manche bois et corne La carte 6. .

14221. Mèches acier tous les manches en corne La carte 7.50

Nota. Nous pouvons fournir des cartes de tirebouchons à tous prix, suivant leur composition.

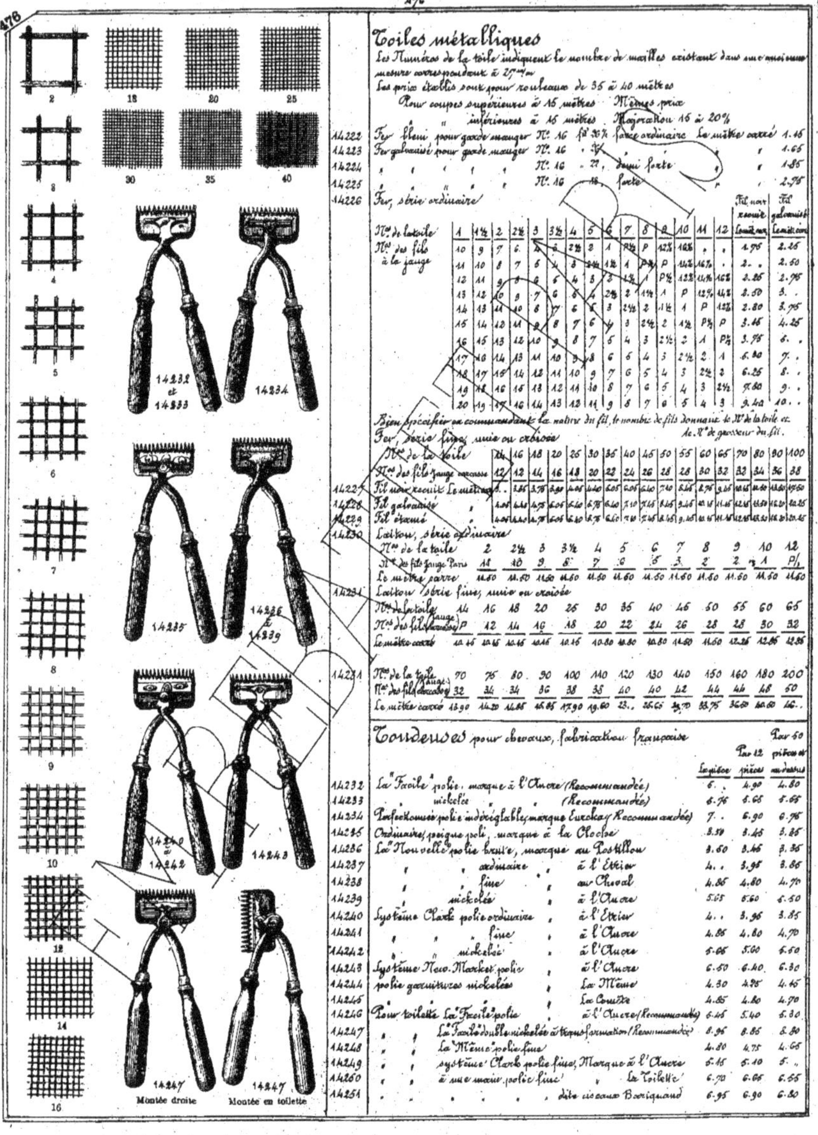

Montée droite — Montée en toilette

Toiles métalliques

Les Numéros de la toile indiquent le nombre de mailles existant dans une ancienne mesure correspondant à 27 m/m

Les prix établis sont pour rouleaux de 35 à 40 mètres

Pour coupes supérieures à 15 mètres — Mêmes prix

" inférieures à 15 mètres — Majoration 15 à 20%

14222	Fer bleui pour garde manger	N°. 16 fil 30%	force ordinaire	Le mètre carré 1.15
14223	Fer galvanisé pour garde manger	N°. 16 " 27	"	" 1.65
14224	" " " "	N°. 16 " 27,	demi forte	" 1.85
14225	" " " "	N°. 16 " 18,	forte	" 2.75

14226 Fer, série ordinaire

N°s de la toile	1	1½	2	2½	3	3½	4	5	6	7	8	9	10	11	12	Fil noir recuit Le mètre carré	Fil galvanisé Le mètre carré
N°s des fils à la jauge	10	9	7	6	4	3	2½	2	1	P½	P	12½	16½	"	"	1.75	2.25
	11	10	8	7	6	4	3	2½	1½	1	P½	P	14½	16½	"	2..	2.50
	12	11	9	8	6	6	4	3	2	1½	1	P½	12½	14½	16½	2.25	2.75
	13	12	10	9	7	6	6	4	2½	2	1½	1	P	12½	14½	2.50	3..
	14	13	11	10	8	7	6	5	3	2½	2	1½	1	P	12½	2.80	3.75
	15	14	12	11	9	8	7	6	4	3	2½	2	1½	P½	P	3.15	4.25
	16	15	13	12	10	9	8	7	5	4	3	2½	2	1	P½	3.75	6..
	17	16	14	13	11	10	9	8	6	6	4	3	2½	2	1	6.30	7..
	18	17	15	14	12	11	10	9	7	6	5	4	3	2½	2	6.25	8..
	19	18	16	15	13	12	11	10	8	7	6	5	4	3	2½	7.60	9..
	20	19	17	16	14	13	12	11	9	8	7	6	5	4	3	9.40	10..

Bien spécifier en commandant la nature du fil, le nombre de fils donnant le N° de la toile et le N° de grosseur du fil.

Fer, série fine, unie ou croisée

	N°s de la toile	14	16	18	20	25	30	35	40	45	50	55	60	65	70	80	90	100
	N°s des fils jauge carcasse	12	12	14	16	18	20	22	24	26	28	28	30	32	32	34	36	38
14227	Fil noir recuit Le mètre carré	3..	3.35	3.75	3.90	4.05	4.40	5.05	5.05	5.40	7.10	8.45	8.75	9.45	10.45	11.60	13.60	17.50
14228	Fil galvanisé "	4.05	4.40	4.75	5.05	5.40	6.75	6.60	7.10	7.45	8.45	9.45	10.15	11.45	12.15	13.50	15.20	20.25
14229	Fil étamé "	4.05	4.40	4.75	5.05	5.40	6.75	6.60	7.10	7.45	8.45	9.45	10.15	11.45	12.15	13.50	15.20	20.25

14230 Laiton, série ordinaire

N°s de la toile	2	2½	3	3½	4	5	6	7	8	9	10	12
N°s des fils jauge Paris	11	10	9	8	7	6	5	3	2	2	1	P½
Le mètre carré	11.50	11.50	11.50	11.50	11.50	11.60	11.50	11.60	11.50	11.60	11.50	11.60

14231 Laiton série fine, unie ou croisée

N°s de la toile	14	16	18	20	25	30	35	40	45	50	55	60	65
N°s des fils (jauge carcasse)	P	12	14	16	18	20	22	24	26	28	28	30	32
Le mètre carré	10.15	10.15	10.15	10.15	10.15	10.80	10.80	10.80	11.50	11.60	12.25	12.85	12.85

14231													
N°s de la toile	70	75	80	90	100	110	120	130	140	150	160	180	200
N°s des fils (jauge carcasse)	32	34	34	36	38	38	40	40	42	44	44	48	50
Le mètre carré	13.90	14.20	14.85	15.85	17.90	19.60	23..	25.65	29.70	33.75	36.50	40.60	46..

Tondeuses pour chevaux, fabrication française

		La pièce	Par 12 pièces	Par 50 pièces et au-dessus
14232	La "Facile" polie, marque à l'Ancre (Recommandée)	6..	4.90	4.80
14233	" nickelée " " (Recommandée)	5.75	5.65	5.55
14234	Perfectionnée polie indéréglable, marque Eureka (Recommandée)	7..	6.90	6.75
14235	Ordinaire, peigne poli, marque à la Cloche	3.50	3.45	3.35
14236	La "Nouvelle" polie brute, marque au Postillon	3.50	3.45	3.35
14237	" " ordinaire " à l'Etrier	4..	3.95	3.85
14238	" " fine " au Cheval	4.85	4.80	4.70
14239	" nickelée " à l'Ancre	5.65	5.60	5.50
14240	Système Clark polie ordinaire " à l'Etrier	4..	3.95	3.85
14241	" " " fine " à l'Ancre	4.85	4.80	4.70
14242	" " nickelée " à l'Ancre	5.65	5.60	5.50
14243	Système New-Market polie " à l'Ancre	6.50	6.40	6.30
14244	polie garnitures nickelées " La Même	4.30	4.25	4.15
14245	" " " La Comète	4.85	4.80	4.70
14246	Pour toilette La "Facile" polie " à l'Ancre (Recommandée)	5.45	5.40	5.30
14247	" " La "Facile" double nickelée à transformation (Recommandée)	8.95	8.85	8.80
14248	" " La "Même" polie fine	4.80	4.75	4.65
14249	" " système Clark polie fine, Marque à l'Ancre	5.15	5.10	5..
14250	" " à une main, polie fine " La Toilette	6.70	6.65	6.55
14251	" " " " " dite ciseaux Boriquand	6.95	6.90	6.80

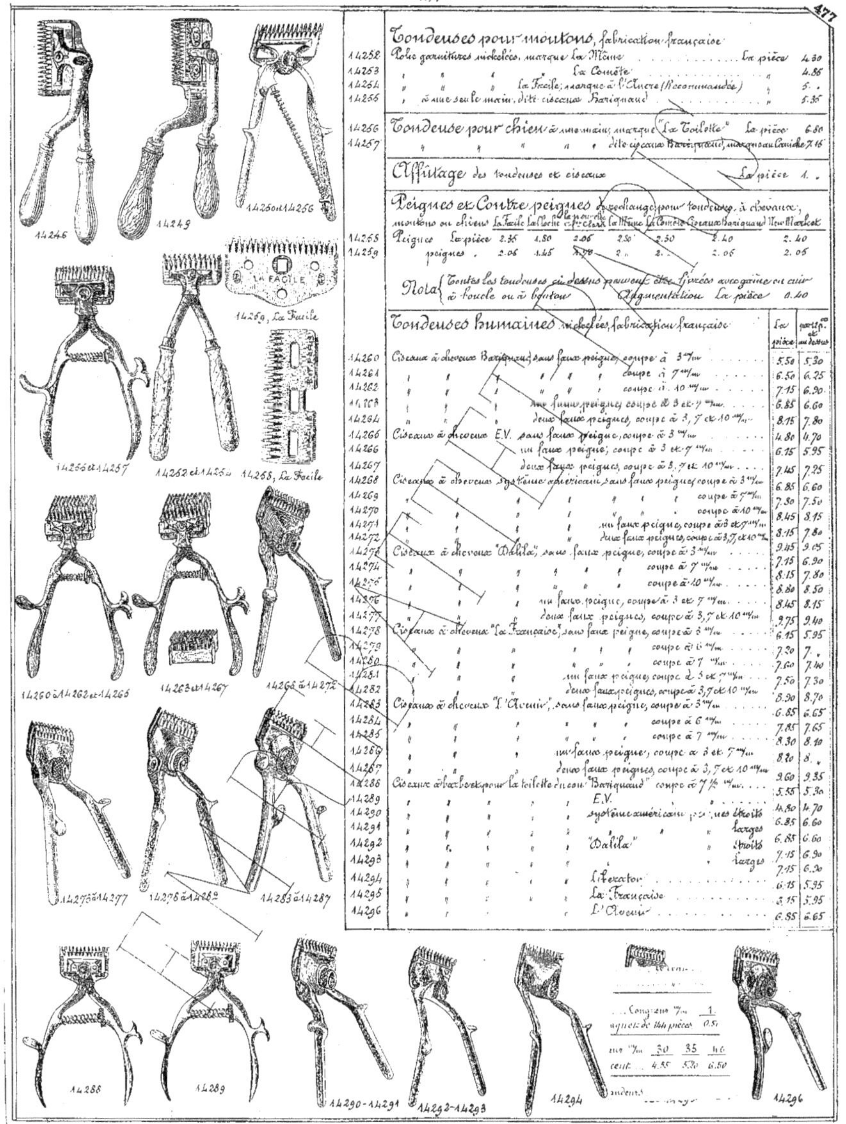

Tondeuses pour moutons, fabrication française

N°	Désignation		Prix
14252	Polie garnitures nickelées, marque La Même	La pièce	4.30
14253	" " " La Comète	"	4.85
14254	" " " La Facile; marque à l'Ancre (Recommandée)	"	5. .
14255	" à une seule main, dite ciseaux Bariquand	"	5.35

Tondeuse pour chien à une main, marque "La Toilette"

N°	Désignation		Prix
14256	Tondeuse pour chien à une main, marque "La Toilette"	La pièce	6.80
14257	" " " " dite ciseaux Bariquand, marque au Caniche		7.15

Affûtage des tondeuses et ciseaux

La pièce 1. .

Peignes et Contre peignes de rechange pour tondeuses, à chevaux, moutons ou chiens

N°		La Facile	La Cloche	La nouvelle c.f.r. Clark	La Même	La Comète	Ciseaux Bariquand	New Market
14258	Peignes La pièce	2.35	1.80	2.06	2.50	2.30	2.40	2.40
14259	Contre peignes "	2.06	1.45	1.78	2. "	2. .	2.06	2.05

Nota { Toutes les tondeuses ci-dessus peuvent être livrées avec gaine en cuir à boucle ou à bouton. Augmentation La pièce 0.40

Tondeuses humaines nickelées, fabrication française

N°	Désignation	La pièce	par 12 p.ces et au dessus
14260	Ciseaux à cheveux Bariquand, sans faux peigne, coupe à 3 m/m	5.50	5.30
14261	" " " " coupe à 7 m/m	6.50	6.25
14262	" " " " coupe à 10 m/m	7.15	6.90
14263	" " " un faux peigne, coupe à 3 et 7 m/m	6.85	6.60
14264	" " " deux faux peignes, coupe à 3, 7 et 10 m/m	8.15	7.80
14265	Ciseaux à cheveux E.V. sans faux peigne, coupe à 3 m/m	4.80	4.70
14266	" un faux peigne, coupe à 3 et 7 m/m	6.15	5.95
14267	" deux faux peignes, coupe à 3, 7 et 10 m/m	7.45	7.25
14268	Ciseaux à cheveux système américain, sans faux peigne, coupe à 3 m/m	6.85	6.60
14269	" " " coupe à 7 m/m	7.30	7.50
14270	" " " coupe à 10 m/m	8.45	8.15
14271	" " " un faux peigne, coupe à 3 et 7 m/m	8.15	7.80
14272	" " " deux faux peignes, coupe à 3, 7 et 10 m/m	9.45	9.05
14273	Ciseaux à cheveux "Dalila", sans faux peigne, coupe à 3 m/m	7.15	6.90
14274	" " " coupe à 7 m/m	8.15	7.80
14275	" " " coupe à 10 m/m	8.80	8.50
14276	" " " un faux peigne, coupe à 3 et 7 m/m	8.45	8.15
14277	" " " deux faux peignes, coupe à 3, 7 et 10 m/m	9.75	9.40
14278	Ciseaux à cheveux "La Française", sans faux peigne, coupe à 3 m/m	6.15	5.95
14279	" " " coupe à 6 m/m	7.20	7. .
14280	" " " coupe à 7 m/m	7.60	7.40
14281	" " " un faux peigne, coupe à 3 et 7 m/m	7.50	7.30
14282	" " " deux faux peignes, coupe à 3, 7 et 10 m/m	8.90	8.70
14283	Ciseaux à cheveux "L'Avenir", sans faux peigne, coupe à 3 m/m	6.85	6.65
14284	" " " coupe à 6 m/m	7.85	7.65
14285	" " " coupe à 7 m/m	8.30	8.10
14286	" " " un faux peigne, coupe à 3 et 7 m/m	8.20	8. .
14287	" " " deux faux peignes, coupe à 3, 7 et 10 m/m	9.60	9.35
14288	Ciseaux à barbe et pour la toilette du cou "Bariquand" coupe à 7 ½ m/m	5.55	5.30
14289	" " " E.V.	4.80	4.70
14290	" " " système américain peignes étroits	6.85	6.60
14291	" " " " " larges	6.85	6.60
14292	" " " "Dalila" " étroits	7.15	6.90
14293	" " " " " larges	7.15	6.90
14294	" " " Liberator	6.15	5.95
14295	" " " La Française	6.15	5.95
14296	" " " L'Avenir	6.85	6.65

478

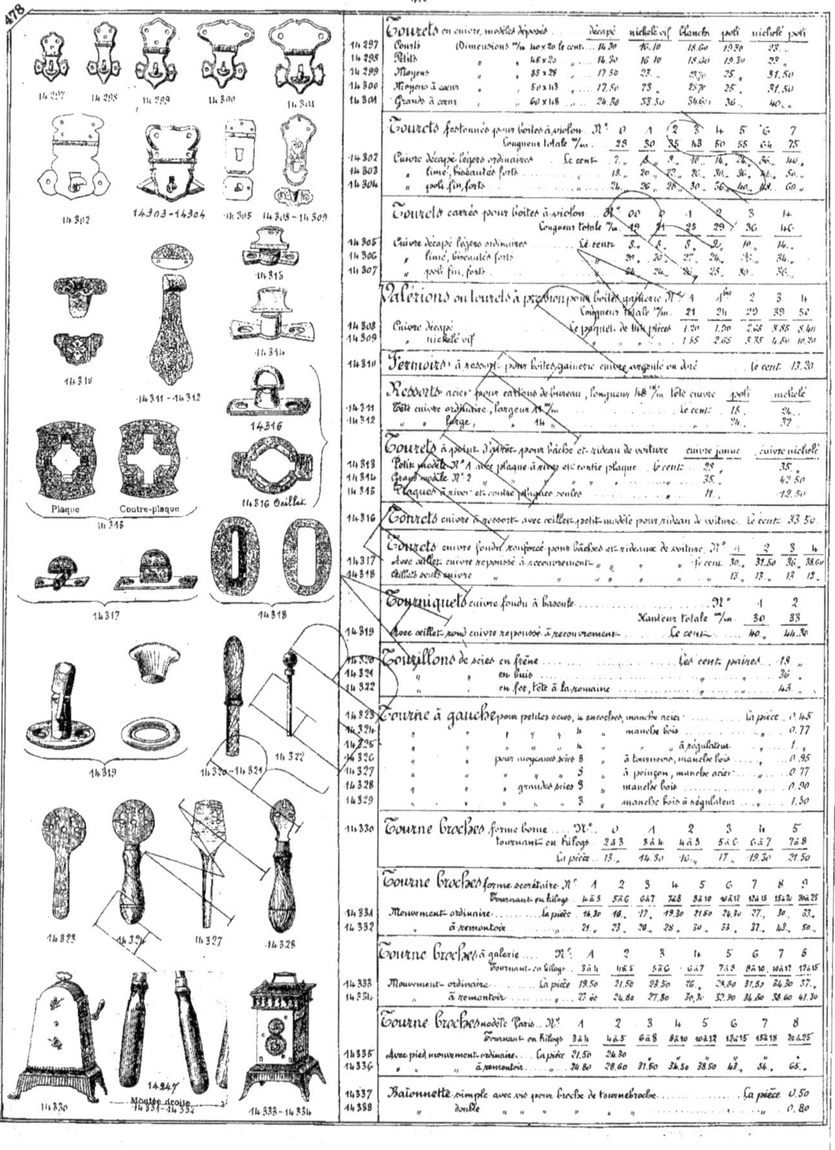

Tourets en cuivre, modèles déposés

		Dimensions m/m		décapé	nickelé vif	blanchi	poli	nickelé poli
14 297	Courts	40 × 20	le cent	14.30	16.10	18.60	19.30	23 „
14 298	Petits	46 × 20	„	14.30	16.10	18.60	19.30	23 „
14 299	Moyens	55 × 28	„	17.50	23 „	23.70	25 „	31.50
14 300	Moyens à cœur	50 × 43	„	17.50	23 „	23.70	25 „	31.50
14 301	Grands à cœur	60 × 48	„	24.30	33.50	34.60	36 „	40 „

Tourets festonnés pour boîtes à violon

	N°	0	1	2	3	4	5	6	7
	Longueur totale m/m	28	30	35	43	50	55	64	75
14 302	Cuivre décapé légers ordinaires. Le cent	7 „	8 „	9 „	10 „	14 „	24 „	36 „	40 „
14 303	„ limé, biseautés forts „	18 „	20 „	22 „	26 „	30 „	36 „	44 „	50 „
14 304	„ poli fin, forts „	24 „	26 „	28 „	30 „	36 „	40 „	48 „	60 „

Tourets carrés pour boîtes à violon

	N°	00	0	1	2	3	4
	Longueur totale m/m	19	21	25	29	36	46
14 305	Cuivre décapé légers ordinaires. Le cent	8 „	8 „	8 „	9 „	10 „	14 „
14 306	„ limé, biseautés forts „	20 „	20 „	22 „	24 „	26 „	34 „
14 307	„ poli fin, forts „	24 „	24 „	24 „	25 „	30 „	36 „

Valérions ou tourets à pression pour boîtes gainerie

	N°	1	1 bis	2	3	4
	Longueur totale m/m	21	24	29	39	50
14 308	Cuivre décapé. Le paquet de 144 pièces	1.20	1.90	2.65	3.85	8.40
14 309	„ nickelé vif „	1.55	2.65	3.35	4.80	10.20

14 310 **Fermoirs** à ressort pour boîtes, gainerie cuivre argenté ou doré . . . le cent 13.20

Ressorts acier pour cartons de bureau, longueur 48 m/m tête cuivre

		poli	nickelé
14 311	Tête cuivre ordinaire, largeur 11 m/m . . . le cent	18 „	24 „
14 312	„ „ large, „ 14 „	24 „	32 „

Tourets à point d'arrêt pour bâche et rideau de voiture

		cuivre jaune	cuivre nickelé
14 313	Petit modèle N° 1 avec plaque à river et contre plaque . . . le cent	28 „	35 „
14 314	Grand modèle N° 2 „ „ „ „	35 „	42.50
14 315	Plaques à river et contre plaques seules „	11 „	12.50

14 316 **Tourets** cuivre à ressort avec œillet, petit modèle pour rideau de voiture. le cent 33.50

Tourets cuivre fondu renforcé pour bâches et rideaux de voiture

	N°	1	2	3	4
14 317	Avec œillet cuivre repoussé à recouvrement . . . le cent	30 „	31.50	36 „	38.60
14 318	Œillets seuls cuivre „	13 „	13 „	13 „	13 „

Tourniquets cuivre fondu à bascule

	N°	1	2
	Hauteur totale m/m	30	33
14 319	Avec œillet rond cuivre repoussé à recouvrement . . . Le cent	40 „	44.30

Tourillons de scies

14 320	de scies en frêne	Les cent paires	18 „
14 321	„ „ en buis	„	36 „
14 322	„ „ en fer, tête à la romaine	„	43 „

Tourne à gauche

14 323	pour petites scies, 4 encoches, manche acier	La pièce	0.45
14 324	„ „ 4 „ manche bois	„	0.77
14 325	„ „ 4 „ „ à régulateur	„	1 „
14 326	pour moyennes scies 3 „ à tournevis, manche bois	„	0.95
14 327	„ „ 3 „ à poinçon, manche acier	„	0.77
14 328	„ grandes scies 3 „ manche bois	„	0.90
14 329	„ „ 3 „ manche bois à régulateur	„	1.30

Tourne broches forme borne

	N°	0	1	2	3	4	5
14 330	tournant en kilogs	2 à 3	3 à 4	4 à 5	5 à 6	6 à 7	7 à 8
	La pièce	13 „	14.30	10 „	17 „	19.30	21.50

Tourne broches forme secrétaire

	N°	1	2	3	4	5	6	7	8	9
	Tournant en kilogs	4 à 5	5 à 6	6 à 7	7 à 8	8 à 10	10 à 12	12 à 15	15 à 20	20 à 25
14 331	Mouvement ordinaire. La pièce	14.30	16 „	17 „	19.30	21.50	24.30	27 „	30 „	33 „
14 332	„ à remontoir „	21 „	23 „	20 „	28 „	30 „	33 „	37 „	43 „	50 „

Tourne broches à galerie

	N°	1	2	3	4	5	6	7	8
	Tournant en kilogs	3 à 4	4 à 5	5 à 6	6 à 7	7 à 8	8 à 10	10 à 12	12 à 15
14 333	Mouvement ordinaire. La pièce	19.50	21.50	23.50	26 „	28.80	31.50	34.30	37 „
14 334	„ à remontoir „	23.00	24.80	27.80	30.30	32.90	34.80	38.60	41.30

Tourne broches modèle Paris

	N°	1	2	3	4	5	6	7	8
	Tournant en kilogs	3 à 4	4 à 5	6 à 8	8 à 10	10 à 12	12 à 15	15 à 18	20 à 25
14 335	Avec pied, mouvement ordinaire. La pièce	21.50	24.30	„	„	„	„	„	„
14 336	„ „ „ à remontoir „	24.80	28.60	31.50	34.50	38.50	43 „	54 „	65 „

14 337	**Baïonnette** simple avec vis pour broche de tournebroche	La pièce	0.50
14 338	„ double „ „ „ „	„	0.80

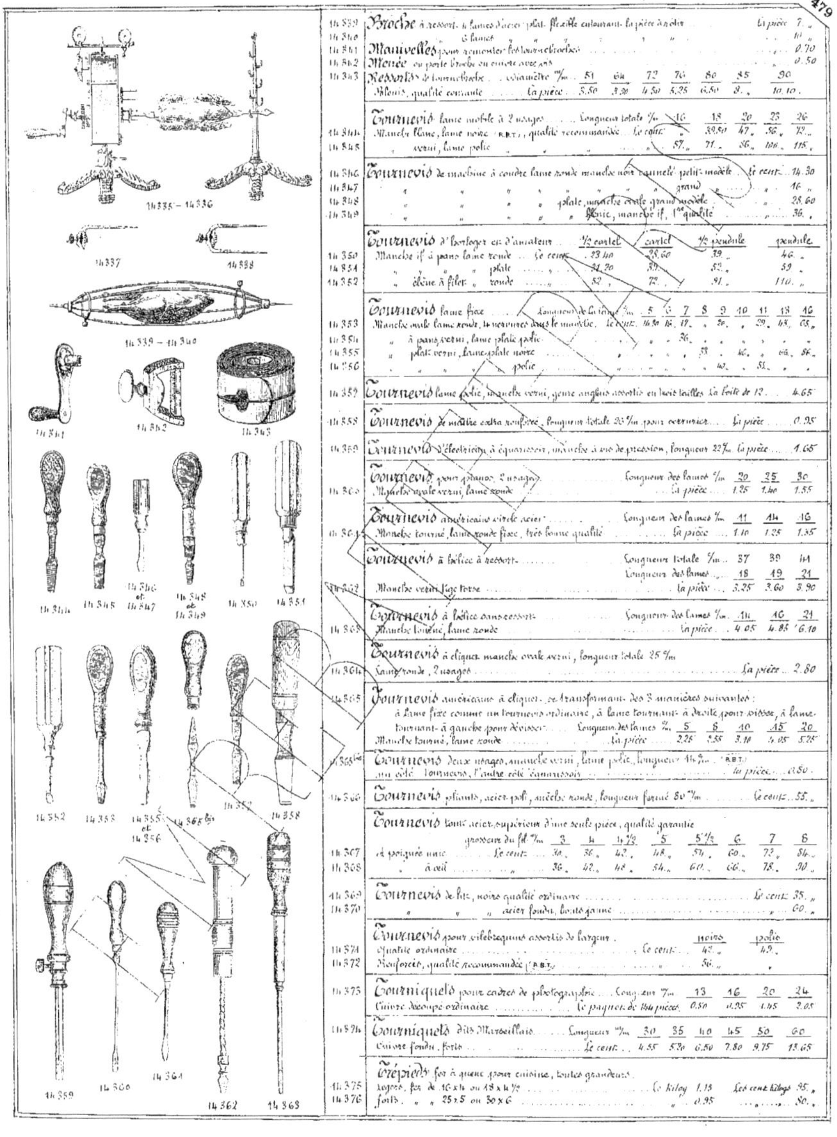

14 339 **Broche** à ressort, 4 lames d'acier plat flexible entourant la pièce à rôtir ... La pièce 7. „
14 340 „ 6 lames „ „ „ „ „ ... 10. „
14 341 **Manivelles** pour remonter les tournebroches ... 0.70
14 342 **Menée** ou porte broche en cuivre avec vis ... 0.50

14 343 **Ressorts** de tournebroche

Diamètre m/m	51	64	72	76	80	85	90
Bleuis, qualité courante ... La pièce	3.50	3.90	4.50	5.25	6.50	8. „	10.10

Tournevis lame mobile à 2 usages

	Longueur totale c/m	16	18	20	23	26
14 344	Manche blanc, lame noire (R.B.T.), qualité recommandée ... Le cent	„	39.50	47. „	56. „	72. „
14 345	„ verni, lame polie „ „ „ ... „	57. „	71. „	86. „	106. „	115. „

14 346 **Tournevis** de machine à coudre lame ronde manche noir cannelé petit modèle ... Le cent 14.30
14 347 „ „ „ „ „ „ „ „ grand ... „ 16. „
14 348 „ „ „ „ plate, manche ovale grand modèle ... „ 28.60
14 349 „ „ „ „ „ [illegible], manche if, 1re qualité ... „ 36. „

Tournevis d'horloger et d'amateur

		½ cartel	cartel	½ pendule	pendule
14 350	Manche if à pans lame ronde ... Le cent	23.40	28.60	39. „	46. „
14 351	„ „ „ „ plate ... „	31.20	39. „	52. „	59. „
14 352	„ ébène à filet „ ronde ... „	52. „	72. „	91. „	110. „

Tournevis lame fixe

	Longueur de la lame c/m	5	6	7	8	9	10	11	13	16
14 353	Manche ovale lame ronde, 4 nervures dans le manche. Le cent	14.30	16.	17. „	„	20. „	„	29. „	43. „	65. „
14 354	„ à pans, verni, lame plate polie	„	„	36. „	„	„	„	„	„	„
14 355	„ plat verni, lame plate noire	„	„	„	33. „	„	46. „	„	66. „	86. „
14 356	„ „ „ „ polie	„	„	„	„	40. „	„	51. „	„	„

14 357 **Tournevis** lame polie, manche verni, genre anglais assortis en huit tailles La boîte de 12 ... 4.65

14 358 **Tournevis** de maître extra renforcé, longueur totale 20 c/m pour serrurier ... La pièce ... 0.95

14 359 **Tournevis** d'électricien à équarrissoir, manche à vis de pression, longueur 22 c/m La pièce ... 1.65

Tournevis pour pianos, 2 usages

	Longueur des lames c/m	20	25	30
14 360	Manche ovale verni, lame ronde ... La pièce	1.25	1.40	1.55

Tournevis américains virole acier

	Longueur des lames c/m	11	14	16
14 361	Manche tourné, lame ronde fixe, très bonne qualité ... La pièce	1.10	1.25	1.35

Tournevis à hélice à ressort

	Longueur totale c/m	37	39	41
	Longueur des lames	18	19	21
14 362	Manche verni tige torse ... La pièce	3.25	3.60	3.90

Tournevis à hélice sans ressort

	Longueur des lames c/m	14	16	21
14 363	Manche tourné, lame ronde ... La pièce	4.05	4.85	6.10

Tournevis à cliquet manche ovale verni, longueur totale 25 c/m
14 364 Lame ronde, 2 usages ... La pièce ... 2.80

14 365 **Tournevis** américains à cliquet se transformant des 3 manières suivantes :
à lame fixe comme un tournevis ordinaire, à lame tournant à droite pour visser, à lame tournant à gauche pour dévisser

	Longueur des lames c/m	5	8	10	15	20
	Manche tourné, lame ronde ... La pièce	2.25	2.55	3.10	4.05	5.25

14 365bis **Tournevis** deux usages, manche verni, lame polie, longueur 14 c/m (R.B.T.)
un côté tournevis, l'autre côté équarrissoir ... La pièce ... 0.50

14 366 **Tournevis** pliants, acier poli, anneau rond, longueur fermé 80 m/m ... Le cent ... 55. „

Tournevis tout acier supérieur d'une seule pièce, qualité garantie

	grosseur du fil m/m	3	4	4½	5	5½	6	7	8
14 367	à poignée unie ... Le cent	30. „	36. „	42. „	48. „	54. „	60. „	72. „	84. „
14 368	„ à œil ... „	36. „	42. „	48. „	54. „	60. „	66. „	78. „	90. „

14 369 **Tournevis** de lits, noirs qualité ordinaire ... Le cent 35. „
14 370 „ „ „ acier fondu, bouts jaunes ... „ 60. „

Tournevis pour vilebrequins assortis de largeur

		noirs	polis
14 371	Qualité ordinaire ... Le cent	42. „	49. „
14 372	Renforcés, qualité recommandée (R.B.T.) ... „	56. „	„

14 373 **Tourniquets** pour cadres de photographie

Longueur m/m	13	16	20	24
Cuivre découpé ordinaire ... Le paquet de 144 pièces	0.50	0.95	1.45	2.05

14 374 **Tourniquets** dits Marseillais

Longueur m/m	30	35	40	45	50	60
Cuivre fondu, forts ... Le cent	4.55	5.20	6.50	7.80	9.75	13.65

Trépieds fer à queue pour cuisine, toutes grandeurs
14 375 Légers, fer de 16 x 4 ou 18 x 4½ ... Le kilog 1.15 Les cent kilogs 95. „
14 376 Forts „ „ 25 x 5 ou 30 x 6 ... „ 0.95 ... „ ... 80. „

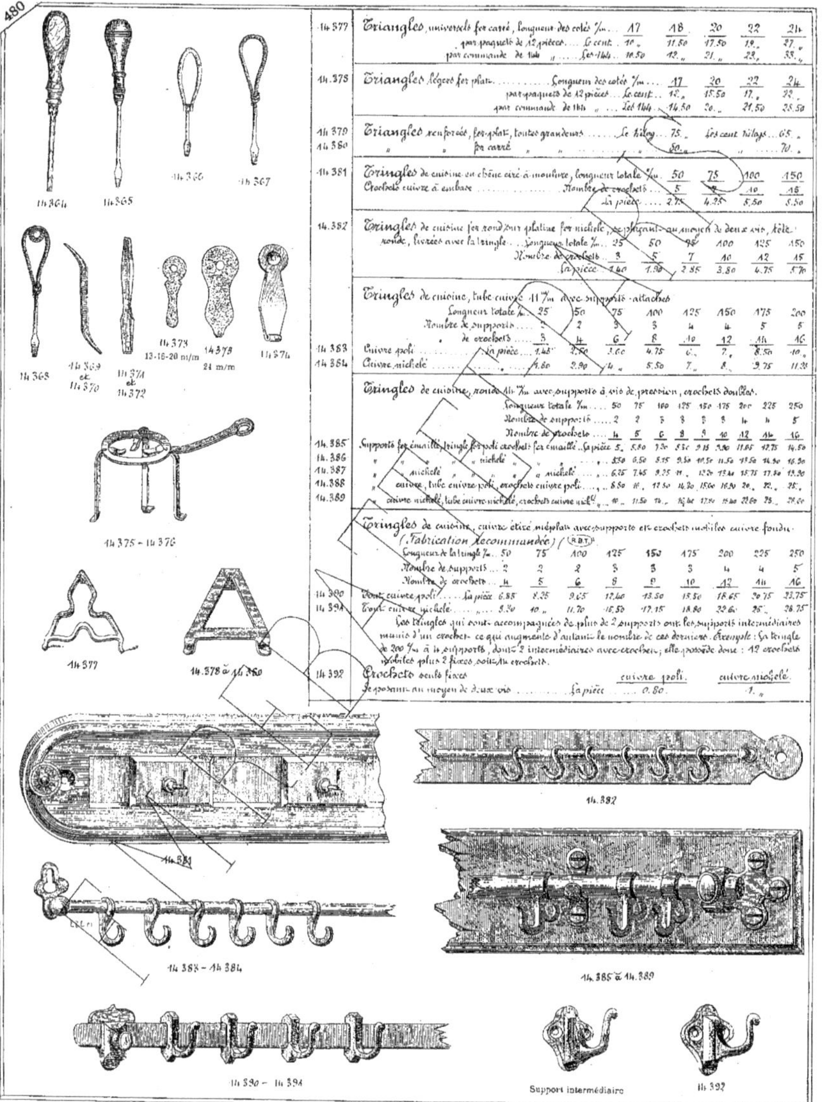

14 377 **Triangles**, universels fer carré

Longueur des cotés m/m	17	18	20	22	24
par paquets de 12 pièces … Le cent	10.	11.50	17.50	19.	27.
par commande de 144 … Les 144	10.50	12.	21.	23.	33.

14.378 **Triangles** légers fer plat

Longueur des cotés m/m	17	20	22	24
par paquets de 12 pièces … Le cent	12.	15.50	17.	22.
par commande de 144 … Les 144	14.50	20.	21.50	25.50

14 379 **Triangles** renforcés, fer plat, toutes grandeurs … Le kilog … 75. Les cent kilogs … 65.
14 380 " " fer carré " " … 80. " … 70.

14 381 **Tringles** de cuisine en chêne ciré à moulure, Crochets cuivre à embase

Longueur totale m/m	50	75	100	150
Nombre de crochets	5	7	10	15
La pièce	2.75	4.25	5.50	8.50

14.382 **Tringles** de cuisine fer rond sur platine fer nickelé, se plaçant au moyen de deux vis, tête ronde, livrées avec la tringle

Longueur totale m/m	25	50	75	100	125	150
Nombre de crochets	3	5	7	10	12	15
La pièce	1.40	1.90	2.85	3.80	4.75	5.70

Tringles de cuisine, tube cuivre 11 m/m avec supports attachés

	Longueur totale m/m	25	50	75	100	125	150	175	200
	Nombre de supports	2	2	3	3	4	4	5	5
	" de crochets	3	4	6	8	10	12	14	16
14 383	Cuivre poli … La pièce	1.45	2.50	3.60	4.75	6.	7.	8.50	10.
14 384	Cuivre nickelé	1.60	2.90	4.	5.50	7.	8.	9.75	11.25

Tringles de cuisine, ronds 14 m/m avec supports à vis de pression, crochets doubles.

	Longueur totale m/m	50	75	100	125	150	175	200	225	250
	Nombre de supports	2	2	3	3	3	3	4	4	5
	Nombre de crochets	4	5	6	8	9	10	12	14	16
14.385	Supports fer émaillé, tringle fer poli crochets fer émaillé … La pièce	5.	5.80	7.30	8.50	9.15	9.90	11.85	12.75	14.50
14.386	" " " " nickelé " "	5.50	6.50	8.15	9.50	10.50	11.50	13.50	14.90	16.30
14.387	" nickelé " " " " nickelé	6.25	7.45	9.25	11.	12.20	13.40	15.75	17.30	19.30
14.388	" cuivre, tube cuivre poli, crochets cuivre poli	8.50	10.	12.50	14.30	15.60	16.90	20.	22.	25.
14.389	" cuivre nickelé, tube cuivre nickelé, crochets cuivre nickelé	10.	11.50	14.	15.40	17.80	19.40	22.60	25.	28.60

Tringles de cuisine, cuivre étiré méplat avec supports et crochets mobiles cuivre fondu. (Fabrication recommandée) (R.B.T.)

	Longueur de la tringle m/m	50	75	100	125	150	175	200	225	250
	Nombre de supports	2	2	2	3	3	3	4	4	5
	Nombre de crochets	4	5	6	8	9	10	12	14	16
14 390	Tout cuivre poli … La pièce	6.85	8.25	9.65	12.40	13.50	15.50	18.65	20.75	23.75
14 391	Tout cuivre nickelé … "	8.20	10.	11.70	15.50	17.15	18.80	22.60	25.	28.75

Les tringles qui sont accompagnées de plus de 2 supports ont les supports intermédiaires munis d'un crochet ce qui augmente d'autant le nombre de ces derniers. Exemple : La tringle de 200 m/m à 4 supports, dont 2 intermédiaires avec crochet ; elle possède donc : 12 crochets mobiles plus 2 fixes soit 14 crochets.

14 392 **Crochets** seuls fixes se posant au moyen de deux vis … La pièce … cuivre poli. 0.80 — cuivre nickelé. 1.

Tringles d'Escalier tube creux en cuivre avec boules et pitons (R.B.T.)

	Longueur des tringles non compris les boules m/m		50	55	60	65	70	75	80	85	90	95	100	105	110	115	120	125
14 393	Tube tout cuivre poli, diamètre 11 m/m. pitons ordinaires	Le cent	68	71	75	78	81	85	88	92	95	99	102	110	113	117	120	124
14 394	" " " " " 14 " " "	"	82	85	90	94	98	102	106	110	114	118	122	135	139	143	147	152
14 395	" " " " " 16 " " "	"	99	104	109	114	119	124	128	133	138	143	147	157	162	167	172	177
14 396	" " " " " 11 " pitons à jonc	"	76	79	83	86	89	93	96	100	103	107	110	118	121	125	128	132
14 397	" " " " " 14 " "	"	92	96	100	104	108	112	116	120	124	128	132	145	149	153	157	162
14 398	" " " " " 16 " "	"	112	117	122	127	132	137	141	146	151	156	160	170	175	180	185	190
14 399	Tube fer creux, recouvrement cuivre rapproché, diamètre 11 m/m. pitons ordinaires	"	71	75	82	83	87	92	96	100	104	108	113	117	121	125	129	134
14 400	" " " " " " " 14 " " "	"	84	89	94	99	104	109	113	118	123	128	133	138	142	148	153	157
14 401	" " " " " " " 16 " " "	"	99	105	110	116	122	127	133	138	144	150	155	161	166	172	178	183
14 402	" " " " " " " 11 " pitons à jonc	"	79	83	87	91	95	100	104	108	112	116	121	125	129	133	137	142
14 403	" " " " " " " 14 " " "	"	94	99	104	109	114	119	123	128	133	138	143	148	152	158	163	167
14 404	" " " " " " " 16 " " "	"	112	118	123	129	135	140	146	151	157	193	168	174	179	185	191	196
14 405	" " " " " " " 18 " " "	"	139	147	154	160	167	173	179	186	193	200	206	213	219	226	234	240
14 406	" " " " " " " 20 " " "	"	174	181	189	197	205	212	220	228	235	243	251	259	266	274	282	289
14 407	Tube fer creux, recouvrement cuivre étiré " 11 " pitons ordinaires	"	82	87	91	90	101	106	110	115	120	125	130	133	139	144	148	154
14 408	" " " " " " " 14 " " "	"	97	103	109	114	120	125	131	136	142	148	154	159	165	170	176	181
14 409	" " " " " " " 16 " " "	"	115	122	128	134	141	147	152	160	168	172	179	186	192	198	204	215
14 410	" " " " " " " 11 " pitons à jonc	"	90	95	99	104	109	114	119	123	128	133	138	141	147	152	156	162
14 411	" " " " " " " 14 " " "	"	107	113	119	124	130	135	141	146	152	158	164	169	175	180	186	191
14 412	" " " " " " " 16 " " "	"	128	135	141	147	154	160	165	173	181	185	192	199	205	211	217	228
14 413	" " " " " " " 18 " " "	"	159	167	175	183	190	198	205	213	220	228	235	243	250	258	265	274
14 414	" " " " " " " 20 " " "	"	199	207	216	225	234	243	253	264	269	278	287	296	304	313	322	330

Sans indication spéciale, nous livrons toujours la tringle tube fer creux à recouvrement cuivre rapproché avec pitons à jonc.

Nickelage des tringles de 11, 14, 16 m/m, boules et pitons compris .... Le mètre 1. "

" " 18, 20 " " " " .... " 1.30

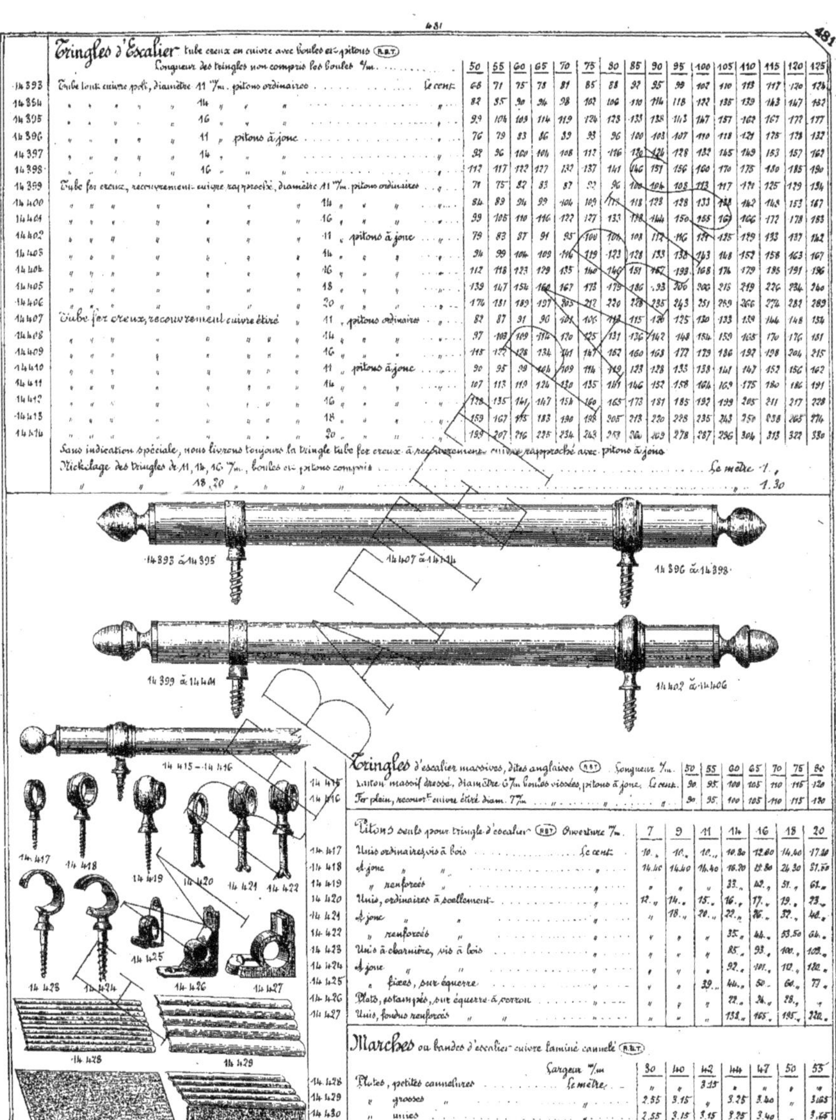

Tringles d'escalier massives, dites anglaises (R.B.T.)

	Longueur m/m		50	55	60	65	70	75	80
14 415	Laiton massif dressé, diamètre 6 m/m boules vissées, pitons à jonc.	Le cent.	90.	95.	100	105	110	115	120
14 416	Fer plein, recouvrt cuivre étiré diam. 7 m/m " "	"	90.	95.	100	105	110	115	120

Pitons seuls pour tringle d'escalier (R.B.T.)

	Ouverture m/m		7	9	11	14	16	18	20
14 417	Unis ordinaires, vis à bois	Le cent.	10. "	10. "	10. "	10.80	12.60	14.40	17.20
14 418	à jonc " "	"	14.40	14.40	14.40	16.20	18.80	24.30	31.50
14 419	" renforcés "	"	"	"	"	33. "	42. "	51. "	61. "
14 420	Unis, ordinaires à scellement	"	12. "	14. "	15. "	16. "	17. "	19. "	23. "
14 421	à jonc " "	"	"	18. "	20. "	22. "	26. "	32. "	40. "
14 422	" renforcés "	"	"	"	"	35. "	44. "	53.50	64. "
14 423	Unis à charnière, vis à bois	"	"	"	"	85. "	93. "	100. "	109. "
14 424	à jonc " "	"	"	"	"	92. "	101. "	112. "	122. "
14 425	" fixes, sur équerre	"	"	"	39. "	44. "	50. "	60. "	77. "
14 426	Plats, estampés, sur équerre à perron	"	"	"	"	22. "	26. "	28. "	"
14 427	Unis, fondus renforcés " "	"	"	"	"	138. "	165. "	195. "	220. "

Marches ou bandes d'escalier cuivre laminé cannelé (R.B.T.)

	Largeur m/m		30	40	42	44	47	50	55
14 428	Plates, petites cannelures	Le mètre	"	"	3.15	"	"	"	"
14 429	" grosses "	"	2.55	3.15	"	3.25	3.40	"	3.65
14 430	" unies	"	2.55	3.15	3.15	3.25	3.40	"	3.65
14 431	Coudées, grosses cannelures	"	"	"	4.75	"	"	5.50	

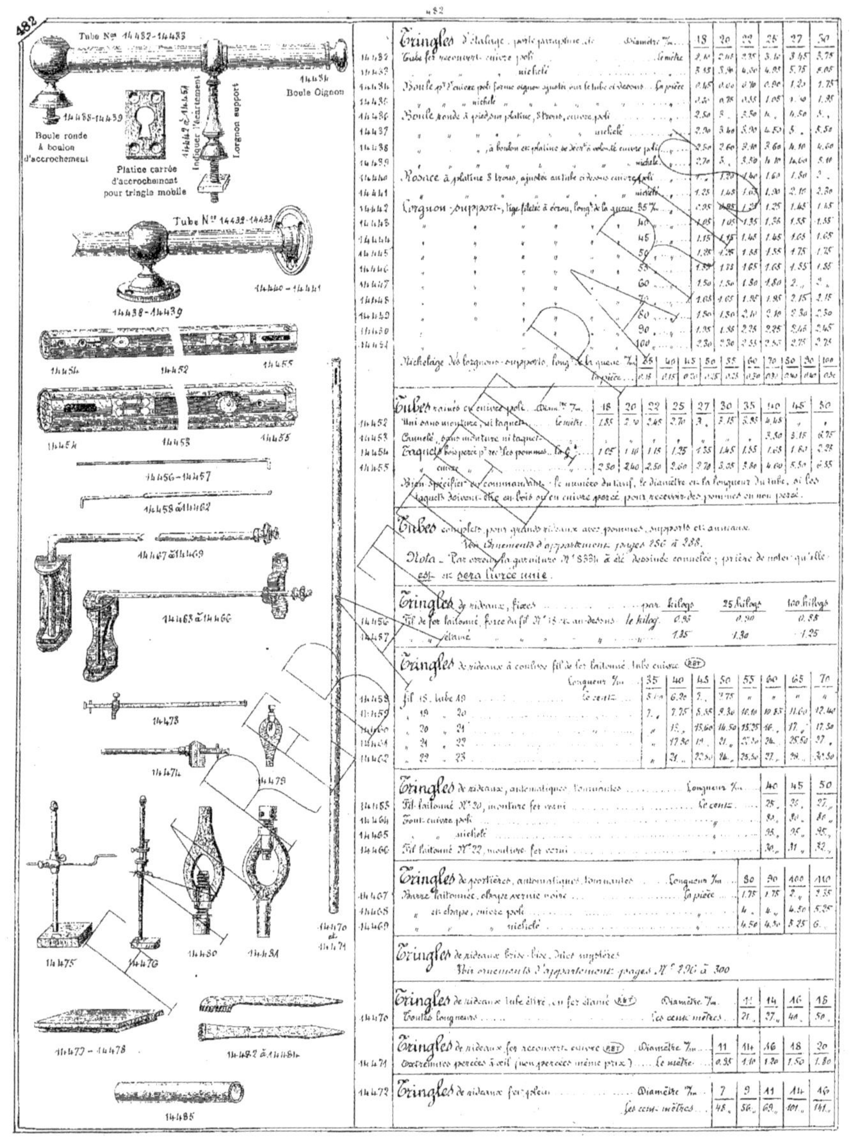

	Tringles d'étalage, porte parapluie, etc. Diamètre m/m	18	20	22	25	27	30
14432	Tube fer recouvert cuivre poli ... le mètre	2.10	2.45	2.35	3.10	3.45	3.75
14433	" " " nickelé	3.35	3.90	4.30	4.95	5.75	5.05
14434	Boule p[r] l'cuivre poli forme oignon ajustée sur le tube et dessous ... la pièce	0.45	0.60	0.70	0.90	1.20	1.75
14435	" " " nickelé	0.50	0.75	0.85	1.05	1.40	1.95
14436	Boule ronde à pied, sur platine, 3 trous, cuivre poli	2.50	3.	3.50	4.	4.50	5.
14437	" " " nickelé	2.90	3.40	3.90	4.50	5.	5.50
14438	" , à bouton et platine de décr[t] à volonté cuivre poli	2.50	2.60	3.10	3.60	4.10	4.60
14439	" " " nickelé	2.70	3.	3.50	4.10	4.60	5.10
14440	Rosace à platine 3 trous, ajustée au tube et dessous cuivre poli	1.	1.20	1.40	1.60	1.80	2.
14441	" " " nickelé	1.25	1.45	1.65	1.90	2.10	2.30
14442	Lorgnon-support, tige filetée à écrou, long[r] de la queue 35 m/m	0.95	0.95	1.25	1.25	1.45	1.45
14443	" 40	1.05	1.05	1.35	1.35	1.55	1.55
14444	" 45	1.15	1.15	1.45	1.45	1.65	1.65
14445	" 50	1.25	1.25	1.55	1.55	1.75	1.75
14446	" 55	1.35	1.35	1.65	1.65	1.85	1.85
14447	" 60	1.50	1.50	1.80	1.80	2.	2.
14448	" 70	1.65	1.65	1.95	1.95	2.15	2.15
14449	" 80	1.80	1.80	2.10	2.10	2.30	2.30
14450	" 90	1.95	1.95	2.25	2.25	2.45	2.45
14451	" 100	2.30	2.30	2.55	2.55	2.75	2.75

Nickelage des lorgnons-supports, long[r] de la queue m/m	35	40	45	50	55	60	70	80	90	100
la pièce	0.15	0.15	0.20	0.25	0.25	0.30	0.30	0.40	0.40	0.50

	Tubes rainés en cuivre poli. Diam[tre] m/m	18	20	22	25	27	30	35	40	45	50
14452	Uni sans monture, ni taquets ... le mètre	1.85	2.10	2.45	2.70	3.	3.15	3.85	4.45	"	"
14453	Cannelé, sans monture ni taquets	"	"	"	"	"	"	"	3.50	3.15	6.75
14454	Taquets bois percé p[r] rec[r] les pommes ... la p[e]	1.05	1.10	1.15	1.25	1.35	1.45	1.55	1.65	1.80	2.25
14455	" cuivre "	2.30	2.40	2.50	2.60	2.70	3.25	3.80	4.60	5.50	6.35

Bien spécifier en commandant le numéro du tarif, le diamètre et la longueur du tube, si les taquets doivent être en bois ou en cuivre percé pour recevoir des pommes ou non percé.

Tubes complets pour grands rideaux avec pommes, supports et anneaux.

Voir Ornements d'appartement pages 256 à 288.

Nota – Par erreur la garniture N° 8331 a été dessinée cannelée; prière de noter qu'elle est et sera livrée unie.

	Tringles de rideaux, fixes ... par	kilogs	25 kilogs	100 kilogs
14456	Fil de fer laitonné, force du fil N° 13 et au-dessous ... le kilog	0.95	0.90	0.85
14457	" " étamé	1.35	1.30	1.25

	Tringles de rideaux à coulisse fil de fer laitonné tube cuivre (RBT) Longueur c/m	35	40	45	50	55	60	65	70
14458	fil 15, tube 19 ... le cent	5.60	6.20	7.	7.75	"	"	"	"
14459	" 19 " 20	7.	7.75	8.35	9.30	10.10	10.85	11.60	12.40
14460	" 20 " 21	"	13.	13.60	14.50	15.25	16.	17.	17.50
14461	" 21 " 22	"	17.50	19.	21.	22.50	24.	25.50	27.
14462	" 22 " 23	"	21.	22.50	24.	25.50	27.	28.	30.50

	Tringles de rideaux, automatiques, tournantes ... Longueur c/m	40	45	50
14463	Fil laitonné N° 20, monture fer verni ... le cent	25.	26.	27.
14464	Tout cuivre poli "	80.	80.	80.
14465	" " nickelé "	95.	95.	95.
14466	Fil laitonné N° 22, monture fer verni "	30.	31.	32.

	Tringles de portières, automatiques, tournantes ... Longueur c/m	80	90	100	110
14467	Barre laitonnée, chape vernie noire ... la pièce	1.75	1.75	2.	2.35
14468	" et chape, cuivre poli "	4.	4.	4.50	5.25
14469	" " " nickelé "	4.50	4.50	5.25	6.

Tringles de rideaux brise-bise, dites mystères

Voir ornements d'appartement pages N°s 296 à 300

	Tringles de rideaux tube étiré, en fer étamé (RBT) Diamètre m/m	11	14	16	18
14470	Toutes longueurs ... les cent mètres	21.	27.	40.	50.

	Tringles de rideaux fer recouvert cuivre (RBT) Diamètre m/m	11	14	16	18	20
14471	Extrémités percées à œil (non percées même prix) ... le mètre	0.95	1.10	1.20	1.50	1.80

	Tringles de rideaux fer plein ... Diamètre m/m	7	9	11	14	16
14472	les cent mètres	48.	56.	69.	101.	141.

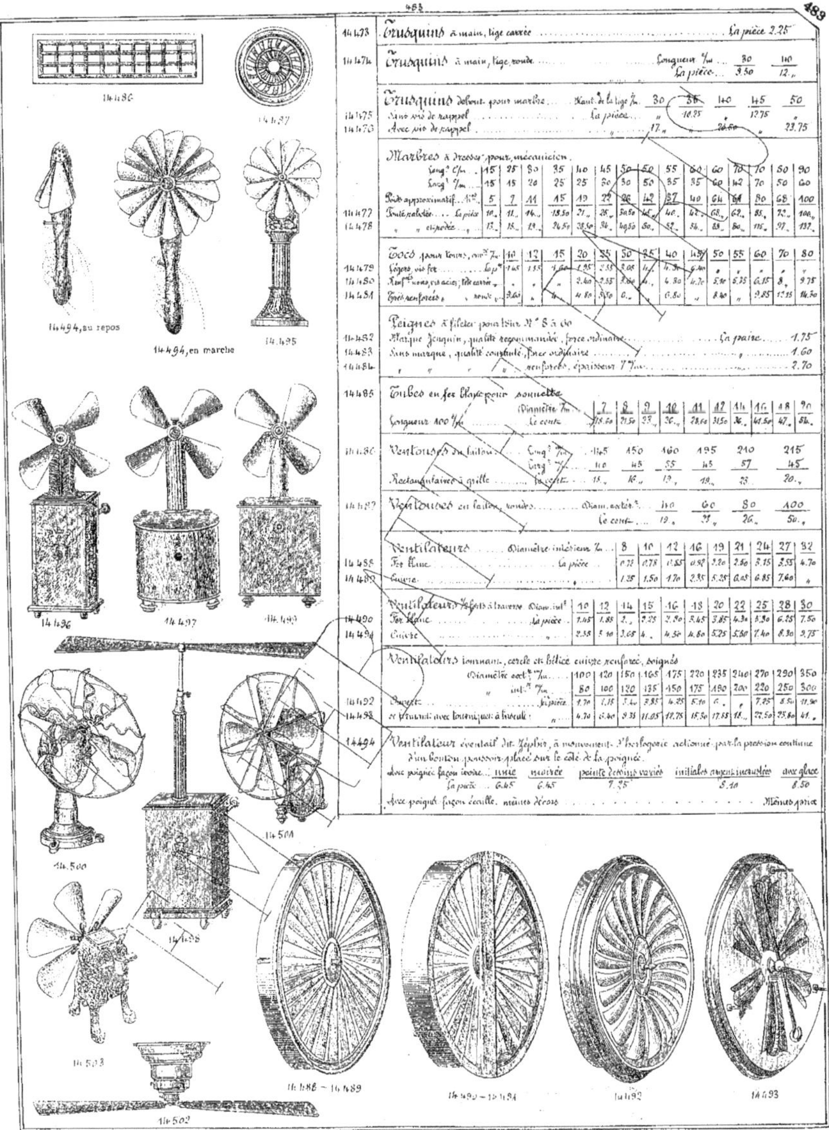

14473 **Trusquins** à main, tige carrée .... La pièce 2.25

14474 **Trusquins** à main, tige ronde

Longueur m/m	30	40
La pièce	9.50	12. »

Trusquins debout pour marbre

		Haut. de la tige m/m	30	35	40	45	50
14475	Sans vis de rappel	La pièce	»	10.25	»	12.75	»
14476	Avec vis de rappel	»	17. »	»	26.50	»	23.75

Marbres à dresser, pour mécanicien.

	Long^r c/m	15	25	30	35	40	45	50	50	55	60	60	70	70	50	90
	Larg^r c/m	15	15	20	25	25	30	30	50	35	35	60	42	70	50	60
	Poids approximatif... Kil.	5	7	11	15	19	22	26	42	37	40	64	64	80	68	100
14477	Fonte rabotée .... La pièce	10. »	11. »	14. »	18.50	21. »	25. »	30.50	45. »	40. »	42. »	68. »	62. »	85. »	72. »	100. »
14478	» » et rodée	13. »	15. »	19. »	24.50	28.50	34. »	40.50	50. »	52. »	54. »	83. »	80. »	115. »	97. »	137. »

	Tocs pour tours, ouv^re m/m	10	12	15	20	25	30	35	40	45	50	55	60	70	80
14479	Légers, vis fer ...... La p^ce	1.45	1.55	1.60	1.95	2.35	3.05	4. »	4.30	6.40	»	»	»	»	»
14480	Renf^cés ronds, vis acier, tête carrée	»	»	»	2.40	2.55	3.60	4. »	4.30	4.70	5.10	5.35	6.15	8. »	9.75
14481	Très renforcés » » ronde	3.60	»	4. »	4.80	5.50	6. »	»	6.80	»	8.40	»	9.85	12.15	14.30

Peignes à fileter pour tour N° 8 à 60

14482 Marque Jenquin, qualité recommandée, force ordinaire .... La paire 1.75
14483 Sans marque, qualité courante, force ordinaire 1.60
14484 » » » » renforcés, épaisseur 7 m/m 2.70

14485 **Tubes** en fer blanc pour sonnette

Diamètre m/m	7	8	9	10	11	12	14	16	18	20
Longueur 100 c/m .... Le cent	18.60	21.50	23. »	26. »	28.60	31.50	36. »	41.50	47. »	54. »

14486 **Ventouses** en laiton

Long^r m/m	145	150	160	195	210	215
Larg^r m/m	40	45	55	45	57	45
Rectangulaires à grille .... Le cent	15. »	16. »	19. »	19. »	23.	20. »

14487 **Ventouses** en laiton, rondes

Diam. extér^r	40	60	80	100
Le cent	19. »	23. »	26. »	50. »

	Ventilateurs .... Diamètre intérieur c/m	8	10	12	16	19	21	24	27	32
14488	Fer blanc .... La pièce	0.72	0.78	0.85	0.92	2.20	2.50	3.15	3.55	4.70
14489	Cuivre	1.25	1.50	1.70	2.35	5.25	6.05	6.85	7.60	»

	Ventilateurs ^à fixer à travers Diam. int^r	10	12	14	15	16	18	20	22	25	28	30
14490	Fer blanc .... La pièce	1.45	1.85	2. »	2.25	2.80	3.45	3.85	4.30	5.30	6.25	7.50
14491	Cuivre .... »	2.35	3.10	3.65	4. »	4.50	4.80	5.25	5.60	7.40	8.30	9.75

Ventilateurs tournants, cercle et hélice cuivre renforcé, soignés

	Diamètre ext^r m/m	100	120	150	165	175	220	235	240	270	290	350
	» int^r m/m	80	100	120	135	150	175	190	200	220	250	300
14492	Ouverts .... La pièce	1.70	1.15	3.40	3.85	4.25	5.10	6. »	»	7.25	8.50	11.90
14493	se fermant avec tourniquet à bascule .... »	4.70	6.40	9.35	11.05	12.75	15.50	17.85	18. »	22.50	25.60	41. »

14494 **Ventilateur** éventail dit Zéphir, à mouvement d'horlogerie actionné par la pression continue d'un bouton poussoir placé sur le côté de la poignée.

	unie	moirée	peinte dessins variés	initiales argent incrustées	avec glace
Avec poignée façon ivoire .... La pièce	6.45	6.45	7.25	8.10	8.50

Avec poignée façon écaille, mêmes décors .... Mêmes prix

14.504 14.505 14.506 14.507 14.508 14.509 14.510 14.511 14.512 14.513 14.514 14.515 14.516 14.517 14.518 14.519 14.520 14.521 14.522 14.523 14.524 14.525 14.526 14.527 14.528 14.529

14 530 à 14 532 — 14.533 14.534 — 14 533 — 14 539 — 14 540 — 14 541 et 14542 — 14 545

Ventilateurs d'appartement
à mouvement d'horlogerie se remontant avec une clef, la mise en marche et l'arrêt s'obtiennent en desserrant ou en serrant le bouton placé au sommet ou sur le côté du socle de l'appareil.

14.495 Pied cuivre repoussé, bronzé, nickelé ou verni or, haut. totale 35 %m, durée 25 minutes … La pièce 21.25
14 496 Socle bois acajou ou noyer verni sur pieds, hauteur 72 %m, durée 30 minutes … " 67 "
14 497 Socle cuivre verni, forme ronde, à pieds, hauteur 43 %m, durée 35 minutes … " 95 "
14 498 Socle bois acajou ou noyer verni à pieds, hélice horizontale, diam. 95 %m haut. totale 110 %m, durée 1 heure 15 minutes … " 162 "
14.499 Socle zinc bronzé, forme carrée, à pieds, hauteur 63 %m durée 1 heure 50 minutes … " 248 "

Ventilateurs électriques
pour courant continu jusqu'à 120 volts

	Diamètre des ailettes %m	150	250	300	360
14.500	Modèle de table sur socle … La pièce	48 "	65 "	101 "	140 "
14 501	Modèle d'applique	"	"	115	150 "

14 502 **Ventilateur électrique** pour courant continu jusqu'à 120 volts, modèle pour plafond diamètre des ailettes 100 %m … La pièce 118 "

Note — Les ventilateurs électriques N.° 14 500 à N.° 14 502 peuvent être livrés pour courant alternatif ; avoir soin de le préciser en ce cas. La disposition des appareils varie, et les prix augmentent de 30 à 40 %.

14 503 **Ventilateurs** fonctionnant au moyen de piles.

Diam. des ailettes %m	12	20	25
Pouvant fonctionner avec	1 ou 2	2 à 5	2 à 6 piles.
La pièce	47 "	60 "	95 "

La vitesse de rotation des ailettes est d'autant plus grande que l'on emploie un nombre de piles plus élevé.

Vignettes
dorées dessins sur basanes (morceaux de 100 %m environ)

N.°	14.504	14.505	14.506	14.507	14.508	14.509	14.510	14.511	14.512	14.513	14.514	14.515	14.516
Long. %m	5	6	6	5	6	7	6	6	6	7	7	6	6
Les cent mètres	23.40	23.40	23.40	23.40	23.40	25.40	25.80	27 "	27 "	29 "	29 "	29 "	31 "

N.°	14.517	14.518	14.519	14.520	14.521	14.522	14.523	14.524	14.525	14.526	14.527	14.528	14.529
Long. %m	7	7	7	8	8	9	8	8	9	10	10	12	13
Les cent mètres	33 "	33 "	33 "	33 "	33 "	36 "	36 "	45 "	45 "	51 "	51 "	63 "	63 "

Basanes pour bureau avec vignette, prix suivant qualité et dimension.

14 530 **Vilebrequin**, fabrication courante ordinaire … La pièce 0.85
14 531 " " " demi fort … " 1.10
14 532 " " " renforcé … " 1.40
14 533 " " " renforcé à pans … " 2.45
14 534 " " " extra renforcé à pans … " 2.85

14 535 **Vilebrequin**, fabrication très soignée, fer poli, bois non verni … La pièce 2.40
14 536 " " " " bois verni … " 2.65
14 537 " " " " renforcé bois non verni … " 3. "
14 538 " " " " extra renforcé bois non verni … " 3.75

14 539 **Vilebrequin**, breveté, nez à cage extensible pour mèche tête carrée
Bois non verni grosseur du fer 13 %m … La pièce 3.50

14 540 **Vilebrequin**, fer poli, bois noir verni, nez universel … La pièce 2.70
14 541 " " " " " " à cliquet, syst. américain … " 5.50
14 542 " " " " " " " pivot tournant sur billes … 6.45

14 543 **Vilebrequin** à engrenage, verni vert, pomme bois verni … La pièce 7. "

14 544 **Vilebrequin** pour percer dans les angles, fer poli
Bois noyer verni, nez universel … La pièce 25. "
14 545 **Rallonge** pour vilebrequin nez universel, longueur 40 %m … " 2.90
14 546 **Porte-mèche** à genouillère pour vilebrequin, p.r percer dans les angles, nez universel … " 11.75

Viroles
pour manches, embouties avec ou sans rebord

		Diam. extér. %m	10	12	14	16	18	20	22	24	26	28	30
		Haut. %m	8	8	10	11	11	12	13	13	14	15	16
14 547	Fer roulé, série légère sans rebord	Le mille	9.60	10.40	12 "	13.60	14.80	16.80	18.40	20.80	22.40	28.80	32 "
14 548	" " forte " "	"	12 "	12.80	13.60	14.40	15.60	17.60	19.60	22.40	29.60	35.20	38.40
14 549	Fer embouti " légère avec "	"	9.60	10.40	12 "	13.60	14.80	16.30	18.40	20.80	22.40	26.80	32 "
14 550	" " forte " "	"	12 "	12.80	13.60	14.40	15.60	17.60	19.60	22.40	29.60	35.20	38.40

14 551 **Viroles** pour manches, brasées

	Diam. ext.r %m	31	32	33	35	38	41	43	45
	Hauteur %m	25	25	25	25	25	29	29	29
Fer noir, série renforcée, épaisseur 1 %m ½ environ.	Le mille	78 "	78 "	86 "	94 "	101 "	110 "	126 "	137 "

N.B. Les viroles peuvent être livrées par cent pièces avec une Majoration de 20 %.

Viroles
pour charpentier

14 552 Buis poli. écartement entre les deux rondelles 40 à 60 %m … Le cent … 30 "
14 553 " " vis fer " " " " 48 %m … " … 65 "
14 554 Cuivre poignée bois … la pièce … 0.90
14 555 Tour cuivre fondu … " … 1.40

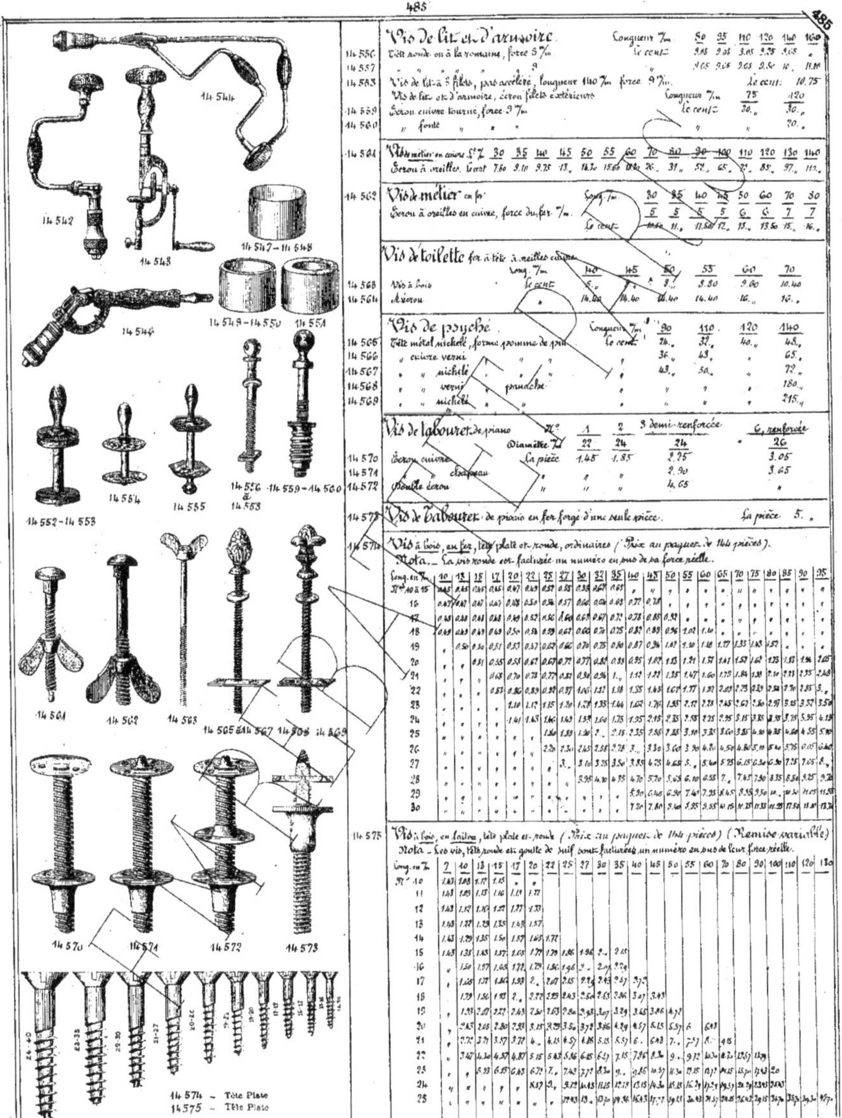

Vis de lit et d'armoire

		Longueur m/m	80	95	110	120	140	160
14 556	Tête ronde ou à la romaine, force 8 m/m	Le cent	9.05	9.05	9.05	9.25	9.65	"
14 557	" " " " " 9	"	9.05	9.05	9.05	9.50	10.	11.10

14 558 Vis de lit à 3 filets, pas accéléré, longueur 140 m/m force 9 m/m. Le cent: 10.75

	Vis de lit et d'armoire, écrou filets extérieurs	Longueur m/m	75	120
14 559	Écrou cuivre tourné, force 9 m/m	Le cent	30.	30.
14 560	" fonte " " "	"	"	20.

Vis de métier en cuivre

	Lg m/m	30	35	40	45	50	55	60	70	80	90	100	110	120	130	140
14 561	Écrou à oreilles. Le cent	7.80	9.10	9.75	13.	14.30	15.60	18.20	26.	31.	52.	65.	72.	88.	97.	112.

Vis de métier en fer

			30	35	40	45	50	60	70	80
14 562	Écrou à oreilles en cuivre, force du fer m/m	Long. m/m	5	5	5	5	6	6	7	7
		Le cent	10.50	11.	11.50	12.	13.	13.50	15.	16.

Vis de toilette fer à tête à oreilles cuivre

		Long. m/m	40	45	50	55	60	70
14 563	Vis à bois	Le cent	6.	7.	8.	8.80	9.60	10.40
14 564	Écrou	"	14.40	14.40	14.40	14.40	16.	16.

Vis de psyché

		Longueur m/m	90	110	120	140
14 565	Tête métal nickelé, forme pomme de pin	Le cent	24.	32.	40.	48.
14 566	" cuivre verni " " "	"	36.	43.	"	65.
14 567	" " nickelé " " "	"	43.	50.	"	72.
14 568	" " verni " panache	"	"	"	"	180.
14 569	" " nickelé " "	"	"	"	"	215.

Vis de tabouret de piano

		N°	1	2	3 demi-renforcée	6, renforcée
		Diamètre m/m	22	24	24	26
14 570	Écrou cuivre	La pièce	1.45	1.85	2.75	3.05
14 571	" " chapeau	"	"	"	2.90	3.65
14 572	Double écrou	"	"	"	4.65	"

14 573 **Vis de tabouret** de piano en fer forgé d'une seule pièce. La pièce 5. "

14 574 **Vis à bois, en fer,** tête plate et ronde, ordinaires (Prix au paquet de 144 pièces).
Nota. — La vis ronde est facturée un numéro en plus de sa force réelle.

Long. en m/m	10	13	15	17	20	22	25	27	30	32	35	40	45	50	55	60	65	70	75	80	85	90	95
N°s 10 à 15	0.45	0.45	0.45	0.45	0.47	0.49	0.52	0.55	0.58	0.62	0.65	"	"	"	"	"	"	"	"	"	"	"	"
16	0.47	0.47	0.47	0.47	0.48	0.50	0.54	0.57	0.60	0.64	0.68	0.72	0.78	"	"	"	"	"	"	"	"	"	"
17	0.48	0.48	0.48	0.48	0.49	0.52	0.56	0.60	0.63	0.67	0.72	0.78	0.85	0.92	"	"	"	"	"	"	"	"	"
18	0.49	0.49	0.49	0.49	0.50	0.54	0.59	0.62	0.66	0.70	0.75	0.82	0.89	0.96	1.02	1.10	"	"	"	"	"	"	"
19	"	0.50	0.50	0.51	0.53	0.57	0.62	0.66	0.70	0.75	0.80	0.87	0.94	1.02	1.10	1.18	1.27	1.35	1.43	1.52	"	"	"
20	"	"	0.51	0.55	0.58	0.62	0.67	0.72	0.77	0.82	0.88	0.95	1.02	1.13	1.21	1.31	1.41	1.52	1.62	1.73	1.83	1.94	2.05
21	"	"	"	0.63	0.70	0.73	0.77	0.82	0.90	0.96	1.	1.12	1.22	1.35	1.47	1.60	1.73	1.84	1.98	2.10	2.23	2.35	2.48
22	"	"	"	0.83	0.86	0.89	0.92	0.97	1.06	1.12	1.18	1.35	1.45	1.67	1.77	1.92	2.03	2.23	2.39	2.52	2.70	2.85	3.
23	"	"	"	"	1.10	1.12	1.15	1.20	1.28	1.35	1.44	1.62	1.76	1.95	2.12	2.28	2.45	2.67	2.80	2.97	3.15	3.32	3.50
24	"	"	"	"	1.41	1.43	1.46	1.49	1.55	1.60	1.75	1.95	2.15	2.35	2.55	2.75	2.95	3.15	3.35	3.55	3.75	3.95	4.15
25	"	"	"	"	"	"	1.80	1.85	1.90	2.	2.15	2.35	2.60	2.85	3.10	3.35	3.60	3.85	4.10	4.35	4.60	4.85	5.10
26	"	"	"	"	"	"	2.20	2.30	2.45	2.58	2.78	3.	3.30	3.60	3.90	4.20	4.50	4.80	5.10	5.40	5.75	6.05	6.40
27	"	"	"	"	"	"	"	3.	3.10	3.25	3.50	3.85	4.25	4.65	5.	5.40	5.75	6.15	6.50	6.90	7.25	7.65	8.
28	"	"	"	"	"	"	"	"	3.95	4.10	4.35	4.70	5.20	5.65	6.10	6.55	7.	7.45	7.90	8.35	8.80	9.25	9.70
29	"	"	"	"	"	"	"	"	"	"	"	5.90	6.40	6.90	7.40	7.95	8.45	8.95	9.50	10.	10.50	11.05	11.55
30	"	"	"	"	"	"	"	"	"	"	"	7.20	7.80	8.40	8.95	9.55	10.15	10.75	11.35	11.95	12.50	13.10	13.70

14 575 **Vis à bois, en laiton,** tête plate et ronde (Prix au paquet de 144 pièces) (Remise variable)
Nota. — Les vis, tête ronde et goutte de suif sont facturées un numéro en plus de leur force réelle.

Long. en m/m	7	10	13	15	17	20	22	25	27	30	35	40	45	50	55	60	70	80	90	100	110	120	130
N° 10	1.43	1.08	1.17	1.15	"	"																	
11	1.43	1.09	1.15	1.16	1.19	1.27																	
12	1.43	1.12	1.16	1.22	1.27	1.33																	
13	1.43	1.22	1.29	1.35	1.43	1.57																	
14	1.43	1.29	1.35	1.50	1.57	1.65	1.72																
15	1.43	1.35	1.43	1.57	1.65	1.72	1.79	1.86	1.96	2.	2.15												
16	"	1.50	1.57	1.65	1.72	1.79	1.86	1.96	2.	2.07	2.29												
17	"	1.65	1.72	1.86	1.93	2.	2.07	2.15	2.29	2.43	2.57	2.72											
18		1.79	1.86	1.93	2.	2.22	2.29	2.43	2.50	2.63	2.86	3.07	3.43										
19	"	1.93	2.07	2.22	2.43	2.50	2.63	2.80	2.93	3.07	3.29	3.65	3.86	4.72									
20	"	2.43	2.65	2.80	2.93	3.15	3.29	3.50	3.72	3.86	4.29	4.57	5.15	5.57	6	6.43							
21	"	2.72	3.21	3.57	3.72	4.	4.15	4.57	4.86	5.15	5.57	6.	6.43	7.	7.57	8.	9.15						
22	"	3.47	4.30	4.57	4.87	5.15	5.43	5.86	6.15	6.57	7.15	7.86	8.30	9.	9.72	10.30	11.30	12.57	13.29				
23	"	"	5.93	6.15	6.43	6.72	7.	7.43	7.72	8.30	9.	9.86	10.57	11.30	12.15	12.72	14.15	15.70	17.43	20			
24	"	"	"	"	"	8.57	9.	9.72	10.43	11.15	12.15	13.15	14.30	15.15	16.29	17.29	19.57	21.29	23.43	25.43			
25	"	"	"	"	"	"	"	12.43	13.	13.70	14.86	16.43	17.72	19.15	20.43	21.57	24.15	26.43	29.15	34.70	35.70	39.30	42.70

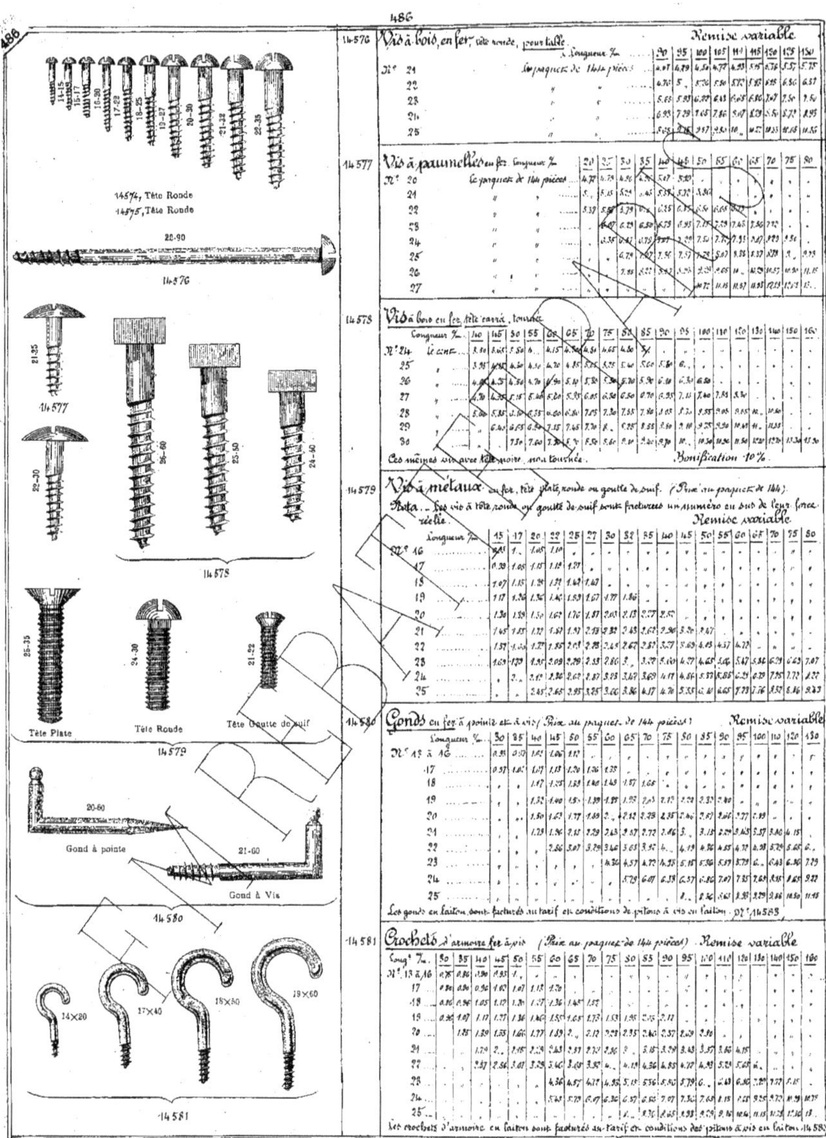

14576 **Vis à bois, en fer,** tête ronde, pour table. Remise variable

Longueur ‰	90	95	100	105	110	115	120	125	130
N° 21 le paquet de 144 pièces	4.07	4.29	4.50	4.72	4.93	5.15	5.36	5.57	5.75
22	4.70	5..	5.36	5.50	5.72	5.93	6.15	6.36	6.57
23	5.65	5.93	6.22	6.43	6.65	6.86	7.07	7.30	7.50
24	6.93	7.29	7.65	7.86	8.07	8.29	8.50	8.72	8.93
25	8.65	9.15	9.57	9.80	10..	10.22	10.33	10.65	10.86

14577 **Vis à paumelles** en fer

Longueur ‰	20	25	30	35	40	45	50	55	60	65	70	75	80
N° 20 le paquet de 144 pièces	4.72	4.79	4.86	4.96	5.07	5.20							
21	5..	5.15	5.29	5.43	5.57	5.72	5.86						
22	5.37	5.50	5.79	6..	6.25	6.35	6.50	6.65	6.72				
23		6.07	6.29	6.50	6.73	6.93	7.15	7.29	7.43	7.56	7.72		
24		6.35	6.57	6.79	7.07	7.29	7.50	7.72	7.93	8.07	8.29	8.50	
25			6.79	7.07	7.36	7.57	7.79	8.07	8.36	8.57	8.79	9..	9.29
26			7.85	8.22	8.57	8.93	9.29	9.65	10..	10.29	10.57	10.90	11.15
27							10.72	11.15	11.57	11.93	12.23	12.63	13..

14578 **Vis à bois en fer, tête carrée, tournée**

Longueur ‰	40	45	50	55	60	65	70	75	80	85	90	95	100	110	120	130	140	150	160
N° 24 le cent	3.50	3.65	3.80	4..	4.15	4.30	4.50	4.65	4.80	5..									
25	3.95	4.15	4.30	4.50	4.70	4.85	5.05	5.25	5.40	5.60	5.80	6..							
26	4.05	4.35	4.50	4.70	4.90	5.10	5.30	5.50	5.70	5.90	6.10	6.30	6.50						
27	4.70	4.95	5.15	5.40	5.60	5.85	6.05	6.30	6.50	6.70	6.95	7.15	7.40	7.85	8.30				
28	5.00	5.35	5.10	6.35	6.60	6.80	7.05	7.30	7.55	7.80	8.05	8.30	8.55	9.05	9.55	10..	10.60		
29		6.45	6.65	6.90	7.15	7.45	7.70	8..	8.25	8.55	8.80	9.10	9.35	9.90	10.45	11..	11.55		
30			7.30	7.60	7.90	8.20	8.50	8.80	9.10	9.40	9.70	10..	10.30	10.90	11.50	12.10	12.70	13.30	13.90

Ces mêmes vis avec tête noire, non tournée. Bonification 10 %.

14579 **Vis à métaux** en fer, tête plate, ronde ou goutte de suif. (Prix au paquet de 144).
Nota. – Les vis à tête ronde ou goutte de suif sont facturées un numéro en sus de leur force réelle.
Remise variable

Longueur ‰	15	17	20	22	25	27	30	32	35	40	45	50	55	60	65	70	75	80
N° 16	0.95	1..	1.05	1.10														
17	0.99	1.05	1.15	1.19	1.27													
18	1.07	1.15	1.25	1.32	1.42	1.47												
19	1.17	1.26	1.36	1.46	1.53	1.67	1.77	1.86										
20	1.30	1.39	1.50	1.62	1.76	1.87	2.03	2.13	2.27	2.52								
21	1.45	1.55	1.72	1.82	1.97	2.13	2.32	2.43	2.62	2.90	3.20	3.47						
22	1.57	[illegible]	1.77	1.85	2.03	2.23	2.45	2.67	2.82	3.27	3.63	4.03	4.37	4.72				
23	1.63	1.79	1.95	2.09	2.29	2.33	2.86	3..	3.32	3.80	4.27	4.65	5.06	5.47	5.86	6.29	6.63	7.07
24		2..	2.10	2.36	2.62	2.87	3.23	3.47	3.69	4.17	4.86	5.33	5.86	6.29	6.79	7.25	7.72	8.27
25			2.45	2.65	2.95	3.25	3.66	3.86	4.17	4.76	5.35	6.10	6.65	7.23	7.76	8.32	8.86	9.43

14580 **Gonds** en fer à pointe et à vis (Prix au paquet de 144 pièces) Remise variable

Longueur ‰	30	35	40	45	50	55	60	65	70	75	80	85	90	95	100	110	120	130
N° 13 à 16	0.93	0.97	1.02	1.06	1.12													
17	0.97	1.02	1.07	1.13	1.20	1.26	1.33											
18			1.17	1.25	1.33	1.40	1.49	1.57	1.65									
19			1.32	1.40	1.50	1.39	1.85	1.93	2.03	2.12	2.22	2.32	2.40					
20			1.50	1.63	1.77	1.89	2..	2.12	2.23	2.35	2.46	2.57	2.66	2.77	2.89			
21			1.73	1.96	2.15	2.29	2.43	2.57	2.72	2.86	3..	3.15	3.29	3.43	3.57	3.86	4.15	
22				2.86	3.07	3.29	3.46	3.63	3.93	4..	4.19	4.36	4.55	4.72	4.93	5.29	5.65	6..
23							4.36	4.57	4.72	4.93	5.15	5.36	5.57	5.79	6..	6.43	6.86	7.29
24								5.79	6.07	6.38	6.57	6.86	7.07	7.35	7.63	8.15	8.65	9.22
25											8..	8.36	8.65	8.93	9.29	9.86	10.50	11.45

Les gonds en laiton sont facturés au tarif et conditions de pitons à vis en laiton. N° 14583.

14581 **Crochets** d'armoire fer à vis (Prix au paquet de 144 pièces) Remise variable

Long^r ‰	30	35	40	45	50	55	60	65	70	75	80	85	90	95	100	110	120	130	140	150	160
N° 13 à 16	0.78	0.86	0.90	0.95	1..																
17	0.80	0.90	0.96	1.02	1.07	1.13	1.20														
18	0.86	0.96	1.05	1.12	1.20	1.27	1.36	1.45	1.52												
19	0.96	1.07	1.17	1.27	1.36	1.46	1.55	1.65	1.73	1.83	1.95	2.05	2.12								
20		1.25	1.39	1.55	1.66	1.77	1.89	2..	2.12	2.28	2.35	2.46	2.57	2.69	2.80						
21			1.79	2..	2.15	2.29	2.43	2.57	2.72	2.86	3..	3.15	3.29	3.43	3.57	3.86	4.15				
22			2.37	2.56	3.07	3.29	3.46	3.65	3.93	4..	4.19	4.36	4.55	4.72	4.93	5.29	5.65	6..			
23							4.36	4.57	4.72	4.93	5.15	5.36	5.80	5.79	6..	6.43	6.86	7.29	7.72	8.15	
24							5.43	5.79	6.07	6.36	6.57	6.86	7.07	7.36	7.65	8.15	8.65	9.25	9.72	10.29	10.75
25											8..	8.36	8.65	8.93	9.29	9.86	10.46	11.15	11.79	12.30	13..

Les crochets d'armoire en laiton sont facturés au tarif et conditions des pitons à vis en laiton. 14583.

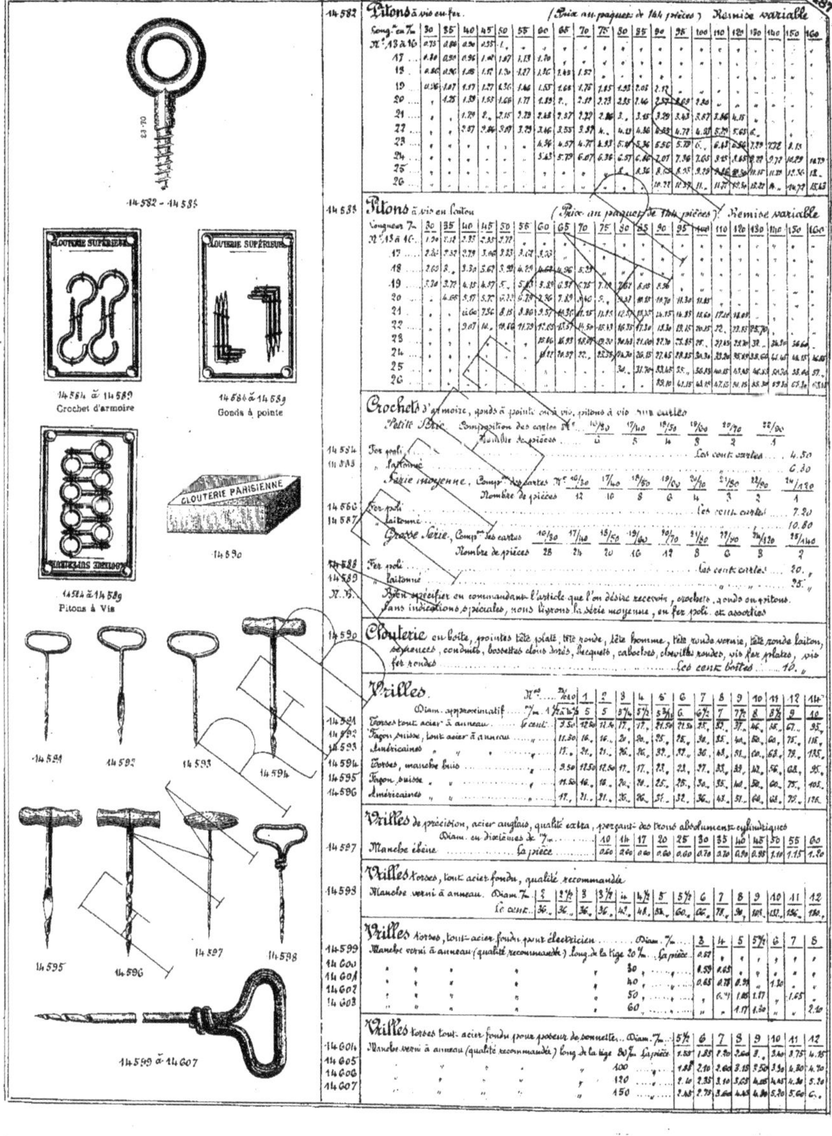

14582 - 14583

14584 à 14589 Crochet d'armoire

14586 à 14589 Gonds à pointe

14584 à 14589 Pitons à Vis

14590

14591 14592 14593 14594

14595 14596 14597 14598

14599 à 14607

14582 **Pitons** à vis en fer. (Prix au paquet de 144 pièces) Remise variable

Long.^r en m/m	30	35	40	45	50	55	60	65	70	75	80	85	90	95	100	110	120	130	140	150	160
N.ºs 13 à 16	0.75	0.80	0.90	0.95	1..																
17	0.80	0.90	0.96	1.02	1.07	1.13	1.20														
18	0.86	0.96	1.03	1.12	1.20	1.27	1.36	1.43	1.52												
19	0.96	1.07	1.17	1.27	1.36	1.46	1.55	1.65	1.75	1.85	1.93	2.03	2.12								
20		1.25	1.39	1.53	1.66	1.77	1.89	2..	2.12	2.23	2.35	2.46	2.57	2.69	2.80						
21			1.79	2..	2.15	2.29	2.43	2.57	2.72	2.86	3..	3.15	3.29	3.43	3.57	3.86	4.15				
22			2.57	2.86	3.07	3.29	3.46	3.55	3.77	4..	4.13	4.36	4.53	4.72	4.93	5.29	5.65	6..			
23							4.36	4.57	4.77	4.93	5.14	5.36	5.56	5.79	6..	6.43	6.86	7.29	7.72	8.15	
24							5.43	5.79	6.07	6.36	6.57	6.86	7.01	7.36	7.65	8.15	8.65	9.22	9.72	10.29	10.79
25											8..	8.36	8.65	8.95	9.29	9.86	10.50	11.15	11.72	12.36	13..
26													10.22	10.37	11..	11.77	12.50	13.22	14..	14.72	15.43

14583 **Pitons** à vis en laiton (Prix au paquet de 144 pièces) Remise variable

Longueur m/m	30	35	40	45	50	55	60	65	70	75	80	85	90	95	100	110	120	130	140	150	160
N.ºs 13 à 16	1.90	2.12	2.33	2.35	2.72																
17	2.32	2.52	2.79	3.06	3.23	3.47	3.73														
18	2.60	3..	3.30	3.62	3.90	4.29	4.62	4.96	5.29												
19	3.30	3.72	4.15	4.57	5..	5.43	5.89	6.37	6.75	7.10	7.67	8.15	8.56								
20		4.65	5.17	5.70	6.22	6.79	7.36	7.89	8.40	9..	9.37	10.15	10.70	11.30	11.85						
21			6.60	7.36	8.15	8.80	9.57	10.30	11.15	11.85	12.57	13.35	14.15	14.85	15.60	17.10	18.05				
22			9.07	10..	10.60	11.79	12.65	13.57	14.50	15.43	16.35	17.30	18.30	19.15	20.15	22..	23.85	25.70			
23							15.86	16.93	18.07	19.20	20.43	21.00	22.70	23.85	25..	27.15	28.70	32..	34.30	36.60	
24							16.22	20.37	22..	23.35	24.70	26.15	27.45	28.85	30.30	33.20	35.85	38.60	41.45	44.15	46.85
25											30..	31.70	33.45	35..	36.85	40.15	43.85	46.85	50.30	53.60	57..
26													39.10	41.15	43.15	47.15	51.15	55.30	59.30	63.30	67.15

Crochets d'armoire, gonds à pointe ou à vis, pitons à vis sur cartes

Petite Série	Composition des cartes N.^os	16/30	17/40	18/50	19/60	20/70	22/90
	Nombre de pièces	6	5	4	3	2	1

14584 Fer poli .... Les cent cartes 4.50
14585 „ laitonné .... „ 6.30

Série moyenne	Comp.^on des cartes N.^os	16/30	17/40	18/50	19/60	20/70	21/80	22/90	24/120
	Nombre de pièces	12	10	8	6	4	3	2	1

14586 Fer poli .... Les cent cartes 7.20
14587 „ laitonné .... „ 10.80

Grosse Série	Comp.^on des cartes	16/30	17/40	18/50	19/60	20/70	21/80	22/90	24/120	25/140
	Nombre de pièces	28	24	20	16	12	8	6	3	2

14588 Fer poli .... Les cent cartes .... 20. „
14589 „ laitonné .... „ .... 25. „

N. B. Bien spécifier en commandant l'article que l'on désire recevoir, crochets, gonds ou pitons. Sans indications spéciales, nous livrons la série moyenne, en fer poli et assorties

14590 **Clouterie** en boîte, pointes tête plate, tête ronde, tête homme, tête ronde vernie, tête ronde laiton, semences, conduits, bossettes clous dorés, becquets, caboches, chevilles rondes, vis fer plates, vis fer rondes .... Les cent boîtes .... 10. „

Vrilles.

		N.^os	00/000	1	2	3	4	5	6	7	8	9	10	11	12	14
	Diam. approximatif	m/m	1½ à 4½	5	5	5¼	5½	5¾	6	6½	7	7½	8	8½	9	10
14591	Torses tout acier à anneau	le cent	9.50	12.50	12.50	17.	17.	21.50	21.50	25.	32.	37.	46.	55.	67.	95.
14592	Façon suisse, tout acier à anneau	„	11.50	16.	16.	20.	20.	25.	25.	30.	35.	40.	50.	60.	75.	115.
14593	Américaines „ „ „	„	17.	21.	21.	26.	26.	32.	32.	36.	43.	51.	60.	68.	79.	135.
14594	Torses, manche buis	„	9.50	12.50	12.50	17.	17.	23.	23.	27.	33.	39.	42.	56.	68.	95.
14595	Façon suisse „ „	„	11.50	16.	16.	20.	20.	25.	25.	30.	35.	40.	50.	60.	75.	105.
14596	Américaines „ „	„	17.	21.	21.	26.	26.	31.	32.	36.	43.	51.	60.	68.	79.	126.

Vrilles de précision, acier anglais, qualité extra, perçant des trous absolument cylindriques

		Diam. en dixièmes de m/m	10	14	17	20	25	30	35	40	45	50	55	60
14597	Manche ébène	La pièce	0.60	0.60	0.60	0.60	0.60	0.70	0.70	0.90	0.95	1.10	1.15	1.20

Vrilles torses, tout acier fondu, qualité recommandée

		Diam. m/m	2	2½	3	3½	4	4½	5	5½	6	7	8	9	10	11	12
14598	Manche verni à anneau.	Le cent	36.	36.	36.	36.	42.	48.	54.	60.	66.	78.	90.	108.	132.	156.	180.

Vrilles torses, tout acier fondu pour électricien

		Diam. m/m	3	4	5	5½	6	7	8
14599	Manche verni à anneau (qualité recommandée) long. de la tige 20 m/m	La pièce	0.52						
14600	„ „ „ 30	„	0.59	0.65					
14601	„ „ „ 40	„	0.65	0.78	0.91		1.30		
14602	„ „ „ 50	„		0.91	1.05	1.17		1.65	
14603	„ „ „ 60	„			1.17	1.30			2.10

Vrilles torses tout acier fondu pour poseur de sonnettes

		Diam. m/m	5½	6	7	8	9	10	11	12
14604	Manche verni à anneau (qualité recommandée) long de la tige 80 m/m	La pièce	1.55	1.85	2.20	2.60	3..	3.40	3.75	4.15
14605	„ „ „ 100	„	1.85	2.10	2.60	3.15	3.50	3.90	4.30	4.70
14606	„ „ „ 120	„	2.10	2.35	3.10	3.65	4.05	4.45	4.80	5.20
14607	„ „ „ 150	„	2.45	2.75	3.60	4.45	4.80	5.20	5.60	6..

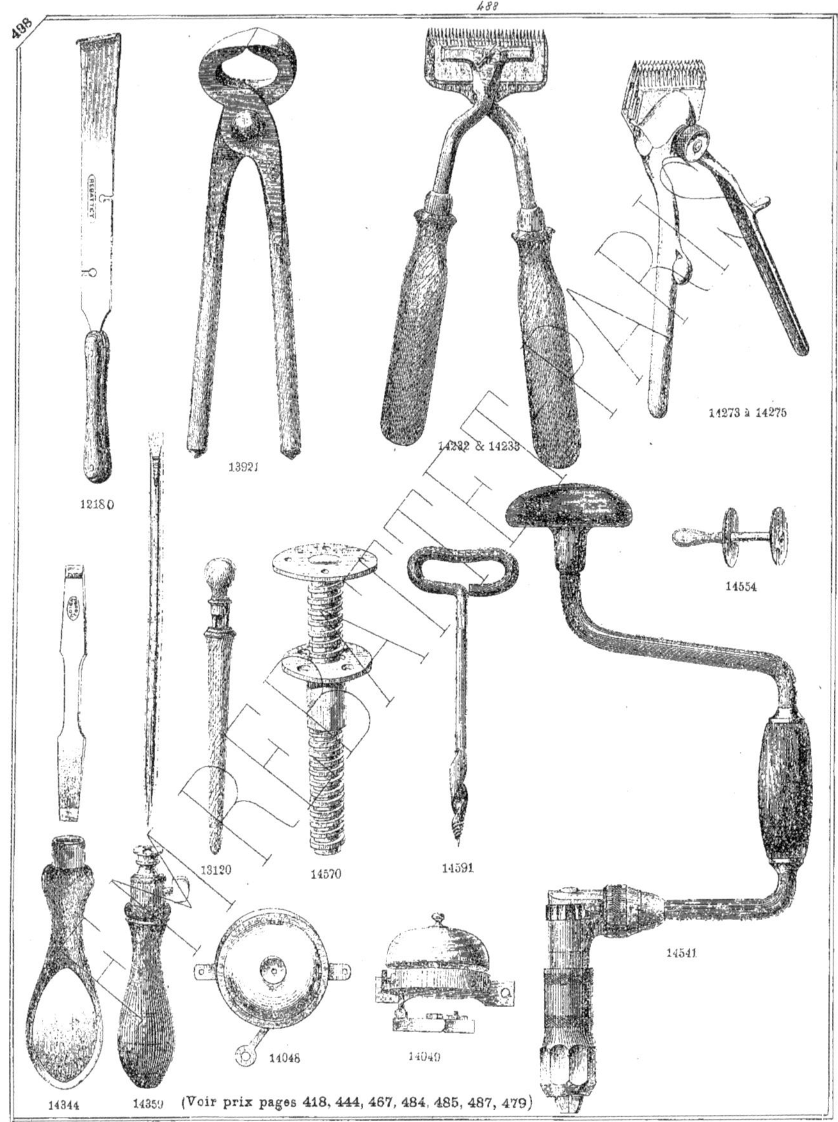

(Voir prix pages 418, 444, 467, 484, 485, 487, 479)

Paris. — Imp. DONNADIEU, 21, Rue des Francs-Bourgeois

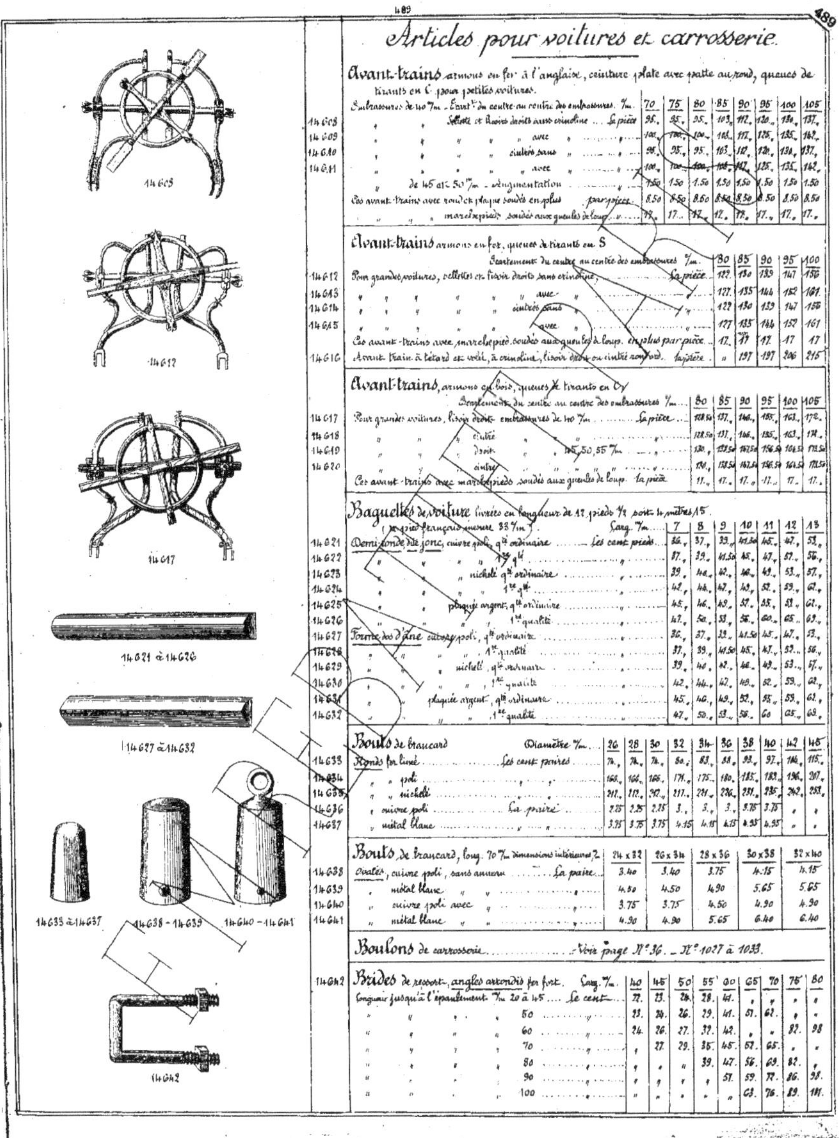

14608

14612

14617

14621 à 14626

14627 à 14632

14633 à 14637 — 14638-14639 — 14640-14641

14642

Articles pour voitures et carrosserie.

Avant-trains armons en fer à l'anglaise, ceinture plate avec patte au rond, queues de tirants en C pour petites voitures.

N°	Embrasures de 40 m/m. – Écart.t du centre au centre des embrasures. m/m.	70	75	80	85	90	95	100	105
14608	Sellette et lisoirs droits sans crinoline … La pièce	95.	95.	95.	103.	112.	120.	130.	137.
14609	" " " " " avec "	100.	100.	100.	108.	117.	125.	135.	142.
14610	" " " " cintrés sans "	95.	95.	95.	103.	112.	120.	130.	137.
14611	" " " " " avec "	100.	100.	100.	108.	117.	125.	135.	142.
	" de 45 et 50 m/m – augmentation "	1.50	1.50	1.50	1.50	1.50	1.50	1.50	1.50
	Ces avant-trains avec rond et plaque soudés en plus par pièce	8.50	8.50	8.60	8.50	8.50	8.50	8.50	8.50
	" " " marchepieds soudés aux gueules de loup "	17.	17.	17.	17.	17.	17.	17.	17.

Avant-trains armons en fer, queues de tirants en S

N°	Écartement du centre au centre des embrasures m/m.	80	85	90	95	100
14612	Pour grandes voitures, sellettes et lisoir droits sans crinoline, La pièce	122.	130	139	147	156
14613	" " " " " " avec "	127.	135	144	152	161.
14614	" " " " " cintrés sans "	122	130	139	147	156
14615	" " " " " avec "	127	135	144	152	161
	Ces avant-trains avec marchepied soudés aux gueules de loup. en plus par pièce	17.	17	17.	17	17
14616	Avant-train à tétard et volé, à crinoline, lisoir droit ou cintré rond ovd. La pièce	"	197	197	206	215

Avant-trains, armons en bois, queues de tirants en C

N°	Écartement du centre au centre des embrasures m/m…	80	85	90	95	100	105
14617	Pour grandes voitures, lisoir droit embrasures de 40 m/m … La pièce	128.50	137.	146.	155.	163.	172.
14618	" " " cintré " " "	128.50	137.	146.	155.	163.	172.
14619	" " " droit " " 45, 50, 55 m/m "	130.	139.50	147.50	156.50	164.50	173.50
14620	" " " cintré " " " " "	130.	138.50	147.50	156.50	164.50	173.50
	Ces avant-trains avec marchepieds soudés aux gueules de loup. La pièce	17.	17.	17.	17.	17.	17.

Baguettes de voiture livrées en longueur de 12 pieds 1/2 soit 4 mètres 15.

(le pied français mesure 33 m/m).

N°	Larg. m/m…	7	8	9	10	11	12	13
14621	Demi-ronde, dite jonc, cuivre poli, q.té ordinaire … Les cent pieds	36.	37.	39.	41.50	45.	47.	53.
14622	" " " " 1re q.té "	37.	39.	41.50	45.	47.	57.	56.
14623	" " nickelé q.té ordinaire "	39.	44.	42.	46.	49.	53.	57.
14624	" " " " 1re q.té "	42.	44.	47.	49.	52.	59.	62.
14625	" " plaqué argent, q.té ordinaire "	45.	46.	49.	57.	55.	53.	62.
14626	" " " " 1re qualité "	47.	50.	53.	56.	60.	65.	69.
14627	Forme dos d'âne cuivre poli, q.té ordinaire "	36.	37.	39.	41.50	45.	47.	53.
14628	" " " " , 1re qualité "	37.	39.	41.50	45.	47.	52.	56.
14629	" " nickelé, q.té ordinaire "	39.	40.	42.	46.	49.	53.	57.
14630	" " " " , 1re qualité "	42.	44.	47.	49.	52.	59.	62.
14631	" " plaquée argent, q.té ordinaire "	45.	46.	49.	52.	55.	59.	62.
14632	" " " " , 1re qualité "	47.	50.	53.	56.	60	65.	69.

Bouts de brancard

N°	Diamètre m/m…	26	28	30	32	34	36	38	40	42	45
14633	Ronds fer limé … Les cent paires	74.	74.	74.	80.	83.	88.	93.	97.	106.	115.
14634	" " poli " "	160.	166.	166.	171.	175.	180.	185.	183.	196.	207.
14635	" " nickelé " "	212.	212.	212.	217.	221.	226.	231.	235.	242.	253.
14636	" cuivre poli … La paire	2.25	2.25	2.25	3.	3.	3.	3.75	3.75	"	"
14637	" métal blanc " "	3.75	3.75	3.75	4.15	4.15	4.15	4.95	4.95	"	"

Bouts de brancard, long. 70 m/m dimensions intérieures

N°		24 x 32	26 x 34	28 x 36	30 x 38	32 x 40
14638	Ovales, cuivre poli, sans anneau … La paire	3.40	3.40	3.75	4.15	4.15
14639	" métal blanc " " "	4.50	4.50	4.90	5.65	5.65
14640	" cuivre poli avec " "	3.75	3.75	4.50	4.90	4.90
14641	" métal blanc " " "	4.90	4.90	5.65	6.40	6.40

Boulons de carrosserie

… Voir page N° 36. – N° 1027 à 1033.

Brides de ressort, angles arrondis fer fort.

N°	Larg. m/m	40	45	50	55	60	65	70	75	80
14642	Longueur jusqu'à l'épaulement m/m 20 à 45 … Le cent	22.	23.	24.	28.	41.	"	"	"	"
	" " " " 50 "	23.	24.	26.	29.	41.	51.	62.	"	"
	" " " " 60 "	24.	26.	27.	32.	42.	"	"	82.	98
	" " " " 70 "	"	27.	29.	35.	45.	57.	65.	"	"
	" " " " 80 "	"	"	"	39.	47.	56.	69.	82.	"
	" " " " 90 "	"	"	"	"	51.	59.	72.	86.	98.
	" " " " 100 "	"	"	"	"	"	63.	76.	89.	111.

14 643 — 14 644

14 645 et 14 647 — 14 646 à 14 648

14 649 à 14 651 Anneaux ovales — 14 652 à 14 654 Anneaux en D

14 655 — 14 656

14 657 – 14 658 — 14 659 – 14 660

14 661 — 14 662

14 663 — 14 664

14 665 — 14 666 — 14 667

14 670 et 14 671

14 668 — 14 669 — 14 672 et 14 673

14 643 **Brides** de ressort angles vifs fer fort

Largeur m/m	40	45	50	55	60	65	70
Longueur jusqu'à l'épaulement de 20 à 45 m/m … Le cent	28.	29.	30.	33.	50.	"	"
" " " 50 " … "	29.	30.	32.	34.	50.	59.	70.
" " " 60 " … "	32.	33.	34.	36.	52.	"	"
" " " 70 " … "	"	35.	36.	39.	54.	60.	74.
" " " 80 " … "	"	"	"	41.	57.	64.	77.
" " " 90 " … "	"	"	"	"	60.	73.	81.
" " " 100 " … "	"	"	"	"	"	71.	84.

14 644 **Brides** plates noires fer de Suède

Largeur m/m	40	45	50	55	60
Longueur jusqu'à l'épaulement 20 à 45 m/m … Le cent	46.	51.	55.	68.	107.
" " " 50 " … "	57.	65.	55.	73.	107.
" " " 60 " … "	58.	59.	65.	82.	116.
" " " 70 " … "	"	68.	76.	90.	124.

Chevilles ouvrières à simple douille

	Diam. m/m	16	18	20	22	24	26	28	30
14 645	Fer fort corroyé à T, plaques droites … La pièce	3.60	3.95	4.60	5.30	6.05	6.55	7.	7.90
14 646	" " " " " cintrées … "	3.60	3.95	4.60	5.30	6.05	6.55	7.	7.90
14 647	" du Berry " " droites … "	4.40	5.05	5.50	6.30	7.	8.35	9.65	10.20
14 648	" " " " " cintrées … "	4.40	5.05	5.50	6.30	7.	8.35	9.65	10.90

Crapauds de timon en fer, anneaux ovales ou en D

		limé	poli	nickelé
14 649	Douille fixe, branches courtes … La pièce	4.15	5.40	6.90
14 650	" " " 1/2 longues … "	4.35	5.75	7.25
14 651	" " " longues … "	4.60	6.	7.50
14 652	" mobile " courtes … "	7.65	9.	11.
14 653	" " " 1/2 longues … "	7.90	9.30	11.30
14 654	" " " longues … "	8.10	9.70	11.70
14 655	Douille fixe anneaux mobiles … "	7.20	9.	11.
14 656	" mobile " " … "	10.25	11.90	13.90

14 657 **Crapaud** de timon, douille tournante, anneaux ovales jusqu'à 42 m/m cuivre poli. La pièce 19.50
14 658 " " " " " " " " " métal blanc … " … 24.
14 659 " " " " " mobiles " " " cuivre poli … " … 21.
14 660 " " " " " " " " " métal blanc … " … 25.50

14 661 **Colliers** ou carrés de timons ordinaires, sans patte de 50 x 50 à 65 x 65 … La pièce 2.60
14 662 " " " " avec " " " " " … " … 3.25
14 663 " " " dégagés avec " " " " " … " … 3.75

14 664 **Compas** de capote fer méplat, Nœud à souder

Larg. m/m	18	20	22	20	22	24	20	22	24
Épaisseur	14	14	14	16	16	16	18	18	18
Les cent pièces	85.	94.	108.	110.	122.	145.	119.	138.	166.

14 665 **Compas** de capote fer rond, Nœud à souder

Diam. m/m	14	16	18
Les cent pièces	85.	101.	123.

14 666 **Compas** de siège

coudés à m/m	50	60	70	80	90	100
Force en m/m 14 … Les cent pièces	144.	151.	162.	168.	"	"
" " 16 … " "	164.	171.	178.	184.	191.	"
" " 18 … " "	207.	208.	215.	223.	232.	240.

14 667 **Charnières** en acier, limées, 3 nœuds.

Larg. m/m	35	40	45	50	55
Longueur fermée 40 à 50 m/m … Le cent	67.	74.	81.	88.	95.
" " 60 " … "	72.	80.	87.	97.	104.
" " 70 " … "	74.	84.	94.	107.	114.
" " 80 " … "	79.	88.	100.	116.	123.
" " 90 " … "	84.	94.	107.	125.	132.
" " 100 " … "	89.	100.	112.	135.	143.
" " 110 " … "	97.	105.	121.	143.	150.
" " 120 " … "	102.	112.	128.	151.	158.

Ces mêmes charnières à 5 nœuds … Augmentation … Le cent … 4.50.

Dards ou boulons d'armons, fer corroyé

	Diam. m/m	9	10	11	12
14 668	Tête à chapeau à 2 ergots ou collet carré … Le cent	31.	33.	34.	42.
14 669	À œil " " " " … "	34.	36.	38.	49.

Douilles porte-lanternes

	Diam. m/m	36	38	40
14 670	Ordinaires à river … La paire	1.05	1.05	1.05
14 671	Alésées … "	1.80	1.80	1.80
14 672	Ordinaires à patte rivée … "	2.25	2.25	2.25
14 673	Alésées … "	3.	3.	3.

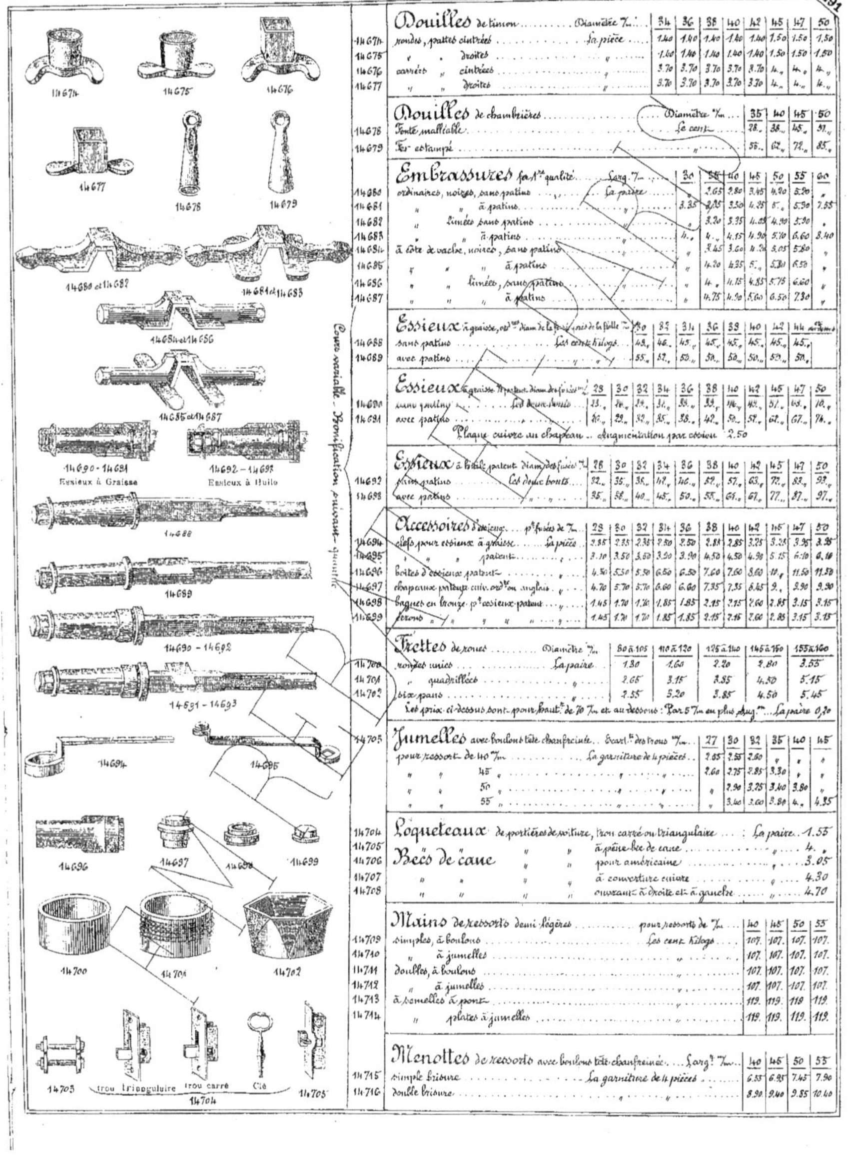

Douilles de timon

		Diamètre m/m	34	36	38	40	42	45	47	50
14674	rondes, pattes cintrées	La pièce	1.40	1.40	1.40	1.40	1.40	1.50	1.50	1.50
14675	" " droites	"	1.40	1.40	1.40	1.40	1.40	1.50	1.50	1.50
14676	carrées " cintrées	"	3.70	3.70	3.70	3.70	3.70	4.	4.	4.
14677	" " droites	"	3.70	3.70	3.70	3.70	3.70	4.	4.	4.

Douilles de chambrières

		Diamètre m/m	35	40	45	50
14678	Fonte malléable	Le cent	28.	38.	45.	51.
14679	Fer estampé	"	55.	62.	72.	85.

Embrassures fer 1re qualité

		Larg. m/m	30	35	40	45	50	55	60
14680	ordinaires, noires, sans patins	La paire	"	2.65	2.80	3.45	4.20	5.20	"
14681	" " à patins	"	3.35	2.25	3.30	4.25	5.	5.30	7.55
14682	" limées sans patins	"	"	3.20	3.35	4.05	4.90	5.30	"
14683	" " à patins	"	4.	4.	4.15	4.90	5.70	6.60	8.40
14684	à côte de vache, noires, sans patins	"	"	3.45	3.60	4.20	5.05	5.80	"
14685	" " " à patins	"	"	4.20	4.35	5.	5.30	6.50	"
14686	" " limées, sans patins	"	"	4.	4.15	4.85	5.75	6.60	"
14687	" " " à patins	"	"	4.75	4.90	5.60	6.50	7.30	"

Essieux à graisse, ord.res

		diam. de la fusée près de la fiolle m/m	30	32	34	36	38	40	42	44 et au-dessus
14688	sans patins	Les cent kilogs.	48.	46.	45.	45.	45.	45.	45.	45.
14689	avec patins	"	55.	52.	50.	50.	50.	50.	50.	50.

Essieux à graisse patent

		diam. des fusées m/m	28	30	32	34	36	38	40	42	45	47	50
14690	sans patins	Les deux bouts	23.	26.	28.	31.	33.	39.	46.	49.	57.	63.	70.
14691	avec patins	"	26.	29.	32.	35.	38.	42.	50.	57.	62.	67.	74.

Plaque cuivre au chapeau .. Augmentation par essieu 2.50

Essieux à huile patent

		diam. des fusées m/m	28	30	32	34	36	38	40	42	45	47	50
14692	sans patins	Les deux bouts	32.	35.	38.	42.	46.	52.	57.	63.	72.	83.	93.
14693	avec patins	"	35.	38.	40.	45.	50.	55.	61.	67.	77.	87.	97.

Accessoires d'essieux

		p.r fusées de m/m	28	30	32	34	36	38	40	42	45	47	50
14694	clefs pour essieux à graisse	La pièce	2.35	2.35	2.35	2.50	2.50	2.85	2.85	3.25	3.25	3.95	3.95
14695	" " " patent	"	3.10	3.50	3.50	3.90	3.90	4.50	4.50	4.90	5.15	6.10	6.10
14696	boites d'essieux patent	"	4.50	5.50	5.50	6.50	6.50	7.60	7.60	8.60	10.	11.50	11.50
14697	chapeaux patent cuiv. ord.re ou anglais	"	4.70	5.70	5.70	6.60	6.60	7.35	7.35	8.45	9.	9.90	9.90
14698	bagues en bronze p.r essieux patent	"	1.45	1.70	1.70	1.85	1.85	2.15	2.15	2.60	2.85	3.15	3.15
14699	écrous " " " "	"	1.45	1.70	1.70	1.85	1.85	2.15	2.15	2.60	2.85	3.15	3.15

Frettes de roues

		Diamètre m/m	80 à 105	110 à 120	125 à 140	145 à 150	155 à 160
14700	rondes unies	La paire	1.30	1.60	2.20	2.80	3.55
14701	" quadrillées	"	2.65	3.15	3.35	4.50	5.15
14702	six pans	"	2.55	3.20	3.85	4.50	5.45

Les prix ci-dessus sont pour haut.r de 70 m/m et au dessous : Par 5 m/m en plus Aug.on ... La paire 0,20

Jumelles avec boulons tête chanfreinée

		Écart.t des trous m/m	27	30	32	35	40	45
14703	pour ressort de 40 m/m	La garniture de 4 pièces	2.05	2.55	2.60	"	"	"
	" " 45 "	"	2.60	2.75	2.85	3.30	"	"
	" " 50 "	"	"	2.90	3.25	3.40	3.80	"
	" " 55 "	"	"	3.40	3.60	3.80	4.	4.35

Loqueteaux de portières de voiture, trou carré ou triangulaire

14704	Loqueteaux de portières de voiture, trou carré ou triangulaire	La paire	1.55
14705	" " " à pêne bec de cane	"	4.
14706	Becs de cane " " pour américaine	"	3.05
14707	" " " " à couverture cuivre	"	4.30
14708	" " " " ouvrant à droite et à gauche	"	4.70

Mains de ressorts demi-légères

		pour ressorts de m/m	40	45	50	55
14709	simples, à boulons	Les cent Kilogs	107.	107.	107.	107.
14710	" à jumelles	"	107.	107.	107.	107.
14711	doubles, à boulons	"	107.	107.	107.	107.
14712	" à jumelles	"	107.	107.	107.	107.
14713	à semelles à pont	"	119.	119.	119.	119.
14714	" plates à jumelles	"	119.	119.	119.	119.

Menottes de ressorts avec boulons tête chanfreinée

		Larg.r m/m	40	45	50	55
14715	simple brisure	La garniture de 4 pièces	6.55	6.95	7.45	7.90
14716	double brisure	"	8.90	9.40	9.85	10.40

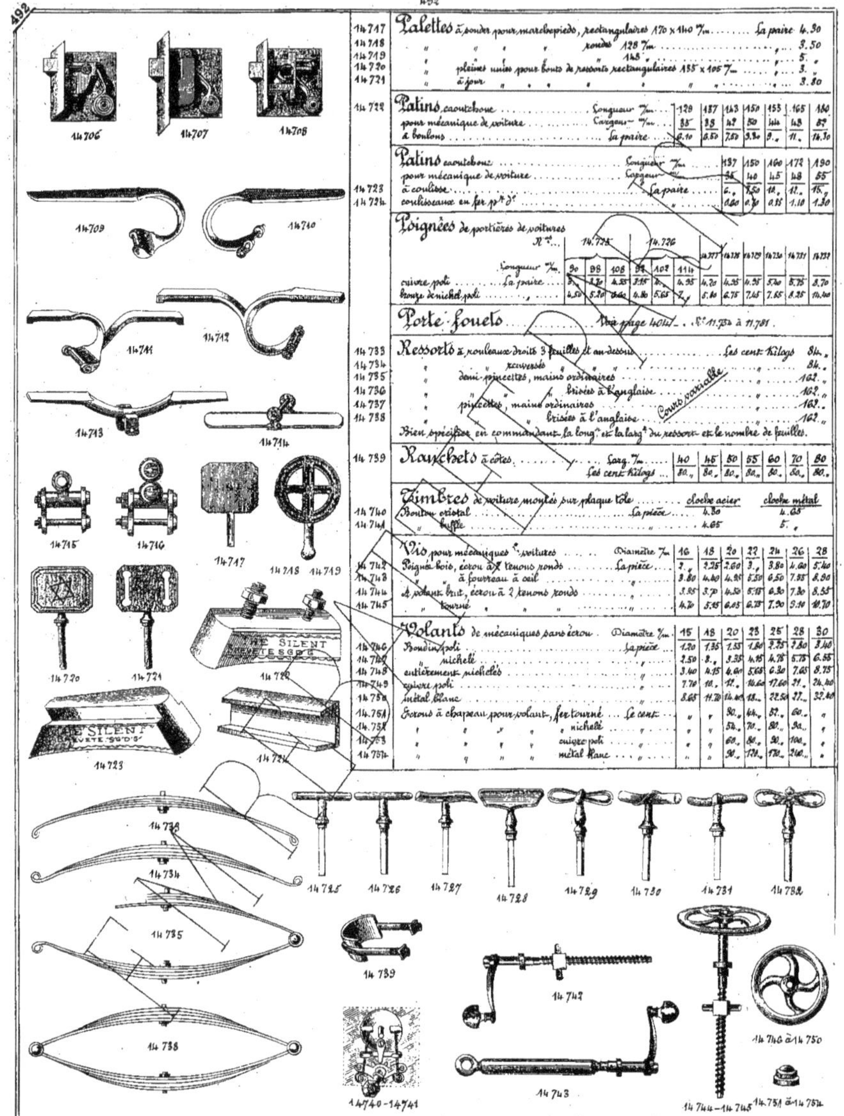

14717	**Palettes** à souder pour marchepieds, rectangulaires 170 x 140 m/m .... La paire 4.30
14718	" " " " rondes 128 m/m .... " ... 3.50
14719	" " " " 148 " .... " ... 5. "
14720	" pleines unies pour bouts de ressorts rectangulaires 135 x 105 m/m ..... " ... 3. "
14721	" à jour " " " " " " " .... " ... 3.80

	Patins caoutchouc pour mécanique de voiture à boulons							
14722	Longueur m/m	129	137	143	150	155	165	180
	Largeur m/m	35	38	42	50	44	48	52
	La paire	6.10	6.50	7.50	9.30	9. "	11. "	14.30

	Patins caoutchouc pour mécanique de voiture					
	Longueur m/m	137	150	160	172	190
	Largeur m/m	35	40	45	48	55
14723	à coulisse ... La paire	6. "	7.50	10. "	12. "	15. "
14724	Conlisseaux en fer p[r] d[o] ... "	0.60	0.70	0.85	1.10	1.30

Poignées de portières de voitures

N[os]	14.725			14.726			14727	14728	14729	14730	14731	14732
Longueur m/m	90	98	108	92	102	114						
cuivre poli ..... La paire	3. "	3.70	4.55	3.15	4. "	4.95	4.20	4.35	4.35	5.40	5.75	8.70
bronze de nickel poli ..... "	4.50	5.20	6.60	4.80	5.65	7. "	5.80	6.75	7.45	7.65	8.25	14.40

Porte-fouets Voir page 404. N°s 11.754 à 11.781.

14733	**Ressorts** à rouleaux droits 3 feuilles et au dessous .... Les cent Kilogs 84. "
14734	" " renversés " " " .... " ... 84. "
14735	" demi-pincettes, mains ordinaires .... " ... 162. "
14736	" " " brisées à l'anglaise .... " ... 162. "
14737	" pincettes, mains ordinaires .... " ... 162. "
14738	" " brisées à l'anglaise .... " ... 162. "

Cours variable

Bien spécifier en commandant la long[r] et la larg[r] du ressort et le nombre de feuilles.

	Ranchets à côtes							
14739	Larg. m/m	40	45	50	55	60	70	80
	Les cent Kilogs	80. "	80. "	80. "	80. "	80. "	80. "	80. "

	Timbres de voiture montés sur plaque tôle		cloche acier	cloche métal
14740	Bouton cristal	La pièce	4.30	4.65
14741	" buffle	"	4.65	5. "

	Vis pour mécaniques de voitures								
		Diamètre m/m	16	18	20	22	24	26	28
14742	Poignée bois, écrou à 2 tenons ronds	La pièce	2. "	2.25	2.60	3. "	3.80	4.60	5.40
14743	" " à fourreau à œil	"	3.80	4.40	4.95	5.50	6.50	7.55	8.90
14744	A volant brut, écrou à 2 tenons ronds	"	3.25	3.70	4.50	5.15	6.30	7.30	8.55
14745	" tourné " " "	"	4.20	5.15	6.05	6.75	7.90	9.10	10.70

	Volants de mécaniques sans écrou								
		Diamètre m/m	15	18	20	23	25	28	30
14746	Boudin poli	La pièce	1.20	1.35	1.55	1.80	2.25	2.80	3.40
14747	" nickelé	"	2.50	3. "	3.35	4.15	4.75	5.75	6.55
14748	entièrement nickelés	"	3.40	4.15	4.60	5.65	6.30	7.65	8.75
14749	cuivre poli	"	7.70	10. "	12. "	14.60	17.60	21. "	24.40
14750	métal blanc	"	8.65	11.70	14.40	18. "	22.50	27. "	32.40
14.751	Ecrous à chapeau pour volant, fer tourné	Le cent	"	"	30. "	44. "	52. "	60. "	"
14.752	" " " " nickelé	"	"	"	54. "	70. "	80. "	93. "	"
14.753	" " " " cuivre poli	"	"	"	60. "	80. "	90. "	100. "	"
14.754	" " " " métal blanc	"	"	"	90. "	120. "	170. "	240. "	"

Adresse Télégraphique
DUPOREB-PARIS
Code télégraphique français A Z

TARIF - ALBUM N° 8

DEUXIÈME PARTIE

F. M. REBATTET N.ci
PARIS

Comprenant : Brosserie et Plumeaux, Ustensiles de basse-cour et de jardin, Articles d'éclairage et d'illumination, Appareils de chauffage et Garnitures de foyer, Ustensiles de ménage, Ferblanterie, Articles d'hygiène, Vannerie et Voitures d'enfants.

Paris. — Imp. DONNADIEU, 23, Rue des Francs-Bourgeois

14758

14755 à 14759

14762 - 14763 uni

14759

14760 - 14761

14762 à 14764 gauffré.

14765 à 14768

14769

14770

14771 - 14772

14777
Modèle A

14777
Modèle B

POUDRE POUR EAU DE SELTZ

14773 à 14775

14777

Alambics Salleron (adoptés par l'État) pour déterminer le degré d'alcool des vins ou autres boissons alcoolisées.

14755 Petit modèle, ballon verre avec un alcoomètre pour l'essai des vins, cidre, bière, etc. ..... La pièce 32.50
14756 " " " " avec un alcoomètre en plus pour les vins de liqueur ..... " 36.40
14757 " " " " avec deux alcoomètres et chaudière cuivre ..... " 40.30
14758 Grand modèle tout cuivre, avec deux alcoomètres ..... " 52. "
14759 Modèle Dujardin, permettant l'emploi de l'alcoomètre contrôlé divisé en 1/10 de degré, complet avec accessoires, pieds démontables ..... La pièce 78. "
14760 Type officiel, complet, avec alcoomètres contrôlés divisés en 1/5 de degré ..... " 180. "
14761 " " " " " " en 1/10 ..... " 215. "

Nota — Bien spécifier, en commandant, si ces alambics doivent être chauffés au gaz ou à l'alcool.

Appareils à eau de seltz.

		Contenance en bouteilles...	1	2	3	4	5	8
14762	Système Sbote porcelaine blanche, modèle courant	La pièce	"	4.65	"	"	"	"
14763	" " " 1er choix	"	"	6.25	9. "	10.50	"	"
14764	" " " décorée	"	"	8.25	11. "	17.50	"	"
14765	" Fèvre, monture métal nickelé, 2e titre, clissé fil de fer étamé	"	9. "	10.15	11.35	13.60	15.20	24. "
14766	" " " " " " clissé jonc	"	10.15	11.25	12.40	15.20	16.80	25.60
14767	" " " " " 1er titre, " fil de fer étamé	"	10.50	11.65	12.73	15.20	16.30	25.60
14768	" " " " " " " jonc	"	11.65	12.75	13.30	16.80	18.40	27.20
14769	Véritable Fèvre " " " " " fil de fer étamé	"	10.80	12. "	16.40	18. "	21.60	34.20
14770	" Briet, clissé jonc		12.65	13.80	16.10	20.70	24.15	"

Les appareils N° 14765 à N° 14768 avec monture métal poli. En moins par pièce 0.40.

N. B. " N° 14766 et N° 14768 " " 2e titre ne peuvent être livrées qu'à l'Étranger, le Conseil d'Hygiène n'autorisant en France que l'usage des appareils avec monture métal 1er titre.

Appareils à eau de seltz, montage et démontage instantanés exécutés à l'aide de deux leviers, donnant une large ouverture pour faciliter le nettoyage.

		Contenance en bouteilles...	1	2	3	4	5	8
14771	Monture métal nickelé 1er titre, clissé fil fer étamé	La pièce	13.75	14.85	15.75	17.25	18.75	27. "
14772	" " " " " jonc	"	14.65	15.75	16.90	18.75	20.25	28.50

Ces appareils avec monture métal poli en moins par pièce 0,40

Les poudres Fèvre N° 14774 s'utilisent également avec ces appareils.

Poudres pour appareils à eau de seltz

		pour...	1	2	3	4	5	8 bouteilles
14773	Poudre Sbote	Les cent charges	"	12.75	20. "	26.50	"	"
14774	" véritable Fèvre	"	11.30	17.90	23.60	33.40	42. "	60. "
14775	" " Briet	"	11.50	17.25	23. "	34.50	46. "	"

14776 **Appareil** Sparklets, forme siphon pour rendre instantanément gazeuses toutes toutes les boissons froides ; monture métal nickelé, clissé fil de fer étamé, contenance 70 centilitres (modèle A ou modèle B) ..... La pièce 10. "

14777 **Capsules** acier, chargées d'acide carbonique en boîtes par ..... 10 / 50 / 100
La boîte ... 1.75 / 8.35 / 16.10

Les capsules ayant été utilisées ne peuvent pas être chargées à nouveau.

Arrosoirs d'appartement fer blanc agrafé

		Diam. c/m	7 1/2	8	9	10	12	14	16
14778	Forme conique F	Le cent	"	28. "	"	36. "	50. "	60. "	"
14779	" " FF poignée à gousset	"	"	"	"	"	"	"	77. "
14780	" cylindrique ordinaire	"	22. "	"	28. "	"	"	"	"
14781	" " F sans douille	"	"	33. "	"	44. "	60. "	"	"
14782	" " F avec "	"	"	38. "	"	50. "	66. "	77. "	"
14783	" " FF " " poignée à gousset	"	"	"	"	"	"	"	93. "
14784	" de magasin FFF poignée à gousset	La pièce	"	"	"	"	"	"	1.95

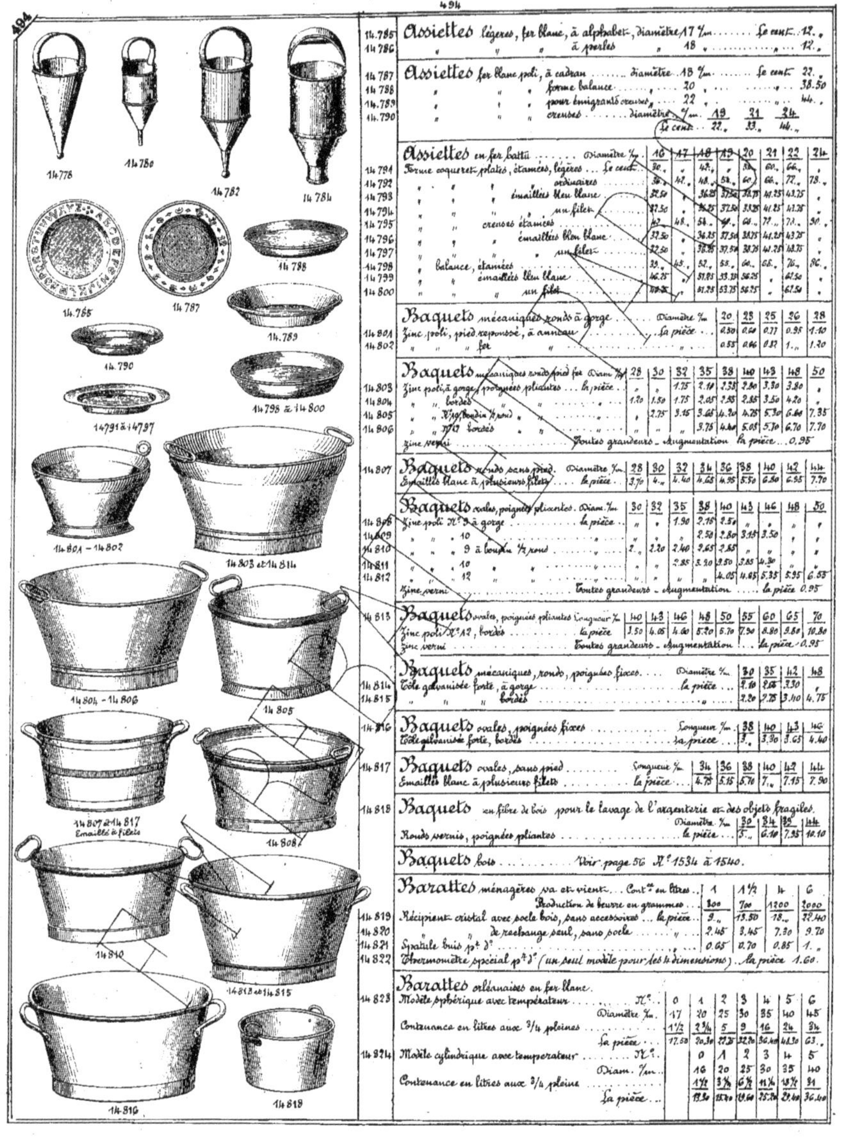

N°	**Assiettes** légères, fer blanc, à alphabet, diamètre 17 $^m/_m$	Le cent
14.785	légères, fer blanc, à alphabet, diamètre 17 $^m/_m$	12. „
14.786	〃 〃 〃 à perles 〃 18 〃	12. „

N°	**Assiettes** fer blanc poli	Diamètre $^m/_m$	Le cent
14.787	fer blanc poli, à cadran	18	22. „
14.788	〃 〃 〃 forme balance	20	38.50
14.789	〃 〃 〃 pour émigrants creuses	22	44. „

N°	**Assiettes** fer blanc poli	Diamètre $^m/_m$	19	21	24
14.790	〃 〃 〃 creuses	Le cent	22. „	33. „	44. „

N°	**Assiettes** en fer battu ...... Diamètre $^m/_m$	16	17	18	19	20	21	22	24
14.791	Forme coquetet, plates, étamées, légères ... Le cent	30. „	〃	42. „	〃	[illegible]	60. „	66. „	〃
14.792	〃 〃 〃 ordinaires	36. „	42. „	48. „	54. „	60. „	66. „	72. „	78. „
14.793	〃 〃 〃 émaillées bleu blanc	32.50	〃	36.25	37.50	38.75	41.25	43.75	〃
14.794	〃 〃 〃 〃 un filet	32.50	〃	36.25	37.50	38.75	41.25	43.75	〃
14.795	〃 〃 creuses étamées	42.	48. „	54. „	[illegible]	66. „	72. „	78. „	90. „
14.796	〃 〃 〃 émaillées bleu blanc	32.50	〃	36.25	37.50	38.75	41.25	43.75	〃
14.797	〃 〃 〃 〃 un filet	32.50	〃	36.25	37.50	38.75	41.25	43.75	〃
14.798	〃 balance, étamées	39. „	45. „	52. „	55. „	60. „	68. „	76. „	86. „
14.799	〃 〃 émaillées bleu blanc	46.25	〃	51.25	53.75	56.25	〃	62.50	〃
14.800	〃 〃 〃 un filet	46.25	〃	51.25	53.75	56.25	〃	62.50	〃

N°	**Baquets** mécaniques ronds à gorge ...... Diamètre $^m/_m$	20	23	25	26	28
14.801	Zinc poli, pied repoussé, à anneau ...... La pièce	0.50	0.60	0.77	0.95	1.10
14.802	〃 〃 〃 fer 〃 ...... 〃	0.55	0.66	0.87	1. „	1.20

N°	**Baquets** mécaniques ronds pied fer Diam $^m/_m$	28	30	32	35	38	40	43	48	50
14.803	Zinc poli, à gorge, poignées pliantes ... la pièce	〃	〃	1.75	2.10	2.35	2.80	3.30	3.80	〃
14.804	〃 〃 bordés 〃 〃	1.20	1.50	1.75	2.05	2.35	2.85	3.50	4.20	〃
14.805	〃 〃 N° 10, boudin ½ rond 〃 〃	〃	2.75	3.15	3.65	4.20	4.75	5.30	6.60	7.35
14.806	〃 〃 N° 12 bordés 〃 〃	〃	〃	〃	3.75	4.40	5.05	5.70	6.70	7.70

Zinc verni ...... Toutes grandeurs – Augmentation la pièce ... 0.95

N°	**Baquets** ronds sans pied. Diamètre $^m/_m$	28	30	32	34	36	38	40	42	44
14.807	Emaillés blanc à plusieurs filets ... la pièce	3.70	4. „	4.40	4.65	4.95	5.50	6.30	6.95	7.70

N°	**Baquets** ovales, poignées pliantes. Diam. $^m/_m$	30	32	35	38	40	43	46	48	50
14.808	Zinc poli N° 9 à gorge ...... la pièce	〃	〃	1.90	2.15	2.50	〃	〃	〃	〃
14.809	〃 〃 10 ...... 〃	〃	〃	〃	2.50	2.80	3.15	3.50	〃	〃
14.810	〃 〃 9 à boudin ½ rond ...... 〃	2. „	2.20	2.40	2.65	2.85	〃	〃	〃	〃
14.811	〃 〃 10 〃 〃 ...... 〃	〃	〃	2.85	3.20	3.50	3.85	4.30	〃	〃
14.812	〃 〃 12 〃 〃 ...... 〃	〃	〃	〃	〃	4.05	4.85	5.35	5.95	6.55

Zinc verni ...... Toutes grandeurs – Augmentation ...... la pièce 0.95

N°	**Baquets** ovales, poignées pliantes Longueur $^m/_m$	40	43	46	48	50	55	60	65	70
14.813	Zinc poli N° 12, bordés ...... la pièce	3.50	4.05	4.60	5.20	5.70	7.90	8.80	9.80	10.80

Zinc verni ...... Toutes grandeurs – Augmentation ... la pièce 0.95

N°	**Baquets** mécaniques, ronds, poignées fixes ... Diamètre $^m/_m$	30	35	42	48
14.814	Tôle galvanisée forte, à gorge ...... la pièce	2.10	2.65	3.30	〃
14.815	〃 〃 〃 bordés ...... 〃	2.20	2.75	3.40	4.75

N°	**Baquets** ovales, poignées fixes ...... Longueur $^m/_m$	38	40	43	46
14.816	Tôle galvanisée forte, bordés ...... la pièce	3. „	3.30	3.65	4.40

N°	**Baquets** ovales, sans pied ...... Longueur $^m/_m$	34	36	38	40	42	44
14.817	Emaillés blanc à plusieurs filets ...... la pièce	4.75	5.15	5.70	7. „	7.15	7.90

N°	**Baquets** en fibre de bois pour le lavage de l'argenterie et des objets fragiles. Diamètre $^m/_m$	30	34	39	44
14.818	Ronds vernis, poignées pliantes ...... la pièce	5. „	6.10	7.95	10.10

Baquets bois ...... Voir page 56 N° 1534 à 1540.

N°	**Barattes** ménagères va et vient ... Cont^ce en litres	1	1½	4	6
	Production de beurre en grammes	300	700	1200	2000
14.819	Récipient cristal avec pocle bois, sans accessoires ... la pièce	9. „	13.50	18. „	22.40
14.820	〃 〃 de rechange seul, sans pocle ...... 〃	2.45	3.45	7.30	9.70
14.821	Spatule buis p^r d^o ...... 〃	0.65	0.70	0.85	1. „

14.822 Thermomètre spécial p^r d^o (un seul modèle pour les 4 dimensions). La pièce 1.60.

Barattes orléanaises en fer blanc.

N°								
14.823	Modèle sphérique avec températeur ...... N°	0	1	2	3	4	5	6
	Diamètre $^m/_m$	17	20	25	30	35	40	45
	Contenance en litres aux ¾ pleines	1½	2¾	5	9	16	24	34
	La pièce ...	17.50	20.30	22.25	32.20	36.40	48.30	63. „
14.824	Modèle cylindrique avec températeur ...... N°		0	1	2	3	4	5
	Diam. $^m/_m$		16	20	25	30	35	40
	Contenance en litres aux ¾ pleine		1½	3¾	6½	11¾	18½	31
	La pièce ...		13.30	15.40	19.60	25.20	29.40	36.40

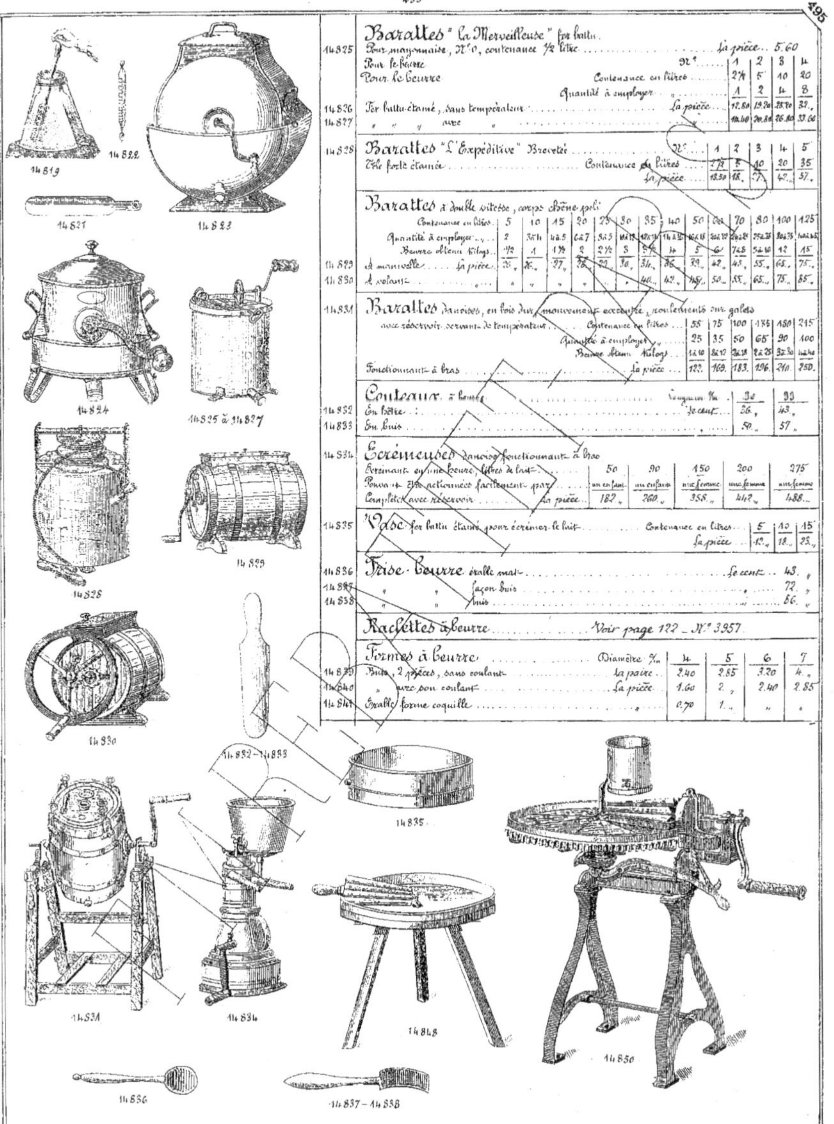

Baratles "la Merveilleuse" fer battu.

14825 Pour mayonnaise, N° 0, contenance ½ litre .... la pièce .. 5.60

		N°	1	2	3	4
	Pour le beurre	Contenance en litres	2½	5	10	20
		Quantité à employer	1	2	4	8
14826	Fer battu étamé, sans température	la pièce	17.80	19.20	25.20	32. „
14827	„ „ „ avec „		14.40	20.80	26.80	33.60

Baratles "L'Expéditive" Brevetée

		N°	1	2	3	4	5
14828	Tôle forte étamée	Contenance en litres	2½	5	10	20	35
		la pièce	13.50	18. „	27.	42. „	57. „

Baratles à double vitesse, corps chêne poli

	Contenance en litres	5	10	15	20	25	30	35	40	50	60	70	80	100	125
	Quantité à employer	2	3 à 4	4 à 5	6 à 7	8 à 5	[illegible]	[illegible]	14 à 16	16 à 18	20 à 22	[illegible]	25 à 28	30 à 35	40 à 45
	Beurre obtenu Kilogs	½	1	1½	2	2½	3	3½	4	5	6	7 à 8	9 à 10	12	15
14829	À manivelle .... la pièce	26. „	26. „	27. „	28. „	29. „	30. „	34. „	36. „	39. „	42. „	45. „	55. „	65. „	75. „
14830	À volant	„	„	„	„	„	„	40. „	42. „	45. „	50. „	55. „	65. „	75. „	85. „

14831 **Baratles** danoises, en bois dur, mouvement excentré, roulements sur galets

	Contenance en litres	55	75	100	135	180	215
avec réservoir servant de température	Quantité à employer	25	35	50	65	90	100
	Beurre obtenu Kilogs	12 à 10	8 à 12	2 à 18	2 à 25	32 à 30	4 à 40
Fonctionnant à bras	la pièce	122.	169.	183.	196.	210.	250.

Couteaux à beurre

		Longueur %m	30	33
14832	En hêtre	le cent	36. „	43. „
14833	En buis		50. „	57. „

14834 **Écrémeuses** danoises fonctionnant à bras

Écrémant en une heure, litres de lait	50	90	150	200	275
Pouvant être actionnées facilement par	un enfant	un enfant	une femme	une femme	une femme
Complètes avec réservoir ... la pièce	182. „	260. „	358. „	442. „	488. „

14835 **Vase** fer battu étamé pour écrémer le lait

Contenance en litres	5	10	15
la pièce	12. „	18. „	25. „

14836 **Frise-beurre** érable mat .... le cent .. 43. „
14837 „ „ façon buis .... 72. „
14838 „ „ buis .... 66. „

Raclettes à beurre .... Voir page 122 – N° 3957.

Formes à beurre

		Diamètre %m	4	5	6	7
14839	Buis, 2 pièces, sans coulant	la paire	2.40	2.85	3.20	4. „
14840	„ avec son coulant	la pièce	1.60	2. „	2.40	2.85
14841	Érable forme coquille	„	0.70	1. „	„	„

14839 14840 14841 14842 14843 14844 14845-14846 14847 14851-14852 14853-14854 14854bis 14855 14856 et 14858 14857 14858 14859 14865 à 14867 14868 14863-14864 14870 à 14872 14873 14874 14875

Forme à beurre

		Contenance en grammes	250	500
14842	Hêtre, ovale, sans rebord, poignée dessous	La pièce	0.85	1. „
14843	„ ronde, avec „ „ „	„	1.20	1.45
14844	Erable, ovale, „ rebord poignée de côté	„	4.60	5.30
14845	„ ronde, cercle et pilon	Le jeu	3.60	5. „
14846	Buis „ „ „	„	5.70	6.80
14847	Ovale, cadre à charnière hêtre, pilon buis	„	4.85	5.60

Sur demande et avec un délai d'expédition de 15 à 20 jours, nous pouvons fabriquer ces moules avec inscription gravée ...... à raison de 0.60 la lettre.

Malaxeur

14848 Malaxeur semi rotatif sur table de 0m70 de diamètre pouvant travailler utilement 2 à 3 kilogs de beurre à la fois ...... La pièce .. 88. „

Malaxeurs

rotatif à bras, métallique avec table hêtre et volant de réglage.

		Diamètre de la table %m ...	56	70	90
		Quantité de beurre que l'on peut travailler à la fois Kos	1 à 3	4 à 6	6 à 10
14849	Sans pied	La pièce	129. „	149. „	„
14850	Avec pied	„	„	176. „	216. „

Palettes et Pelles à beurre

		N°	0	1	2	3	4	5
14851	Palettes hêtre	La pièce	„	0.29	0.36	0.43	0.50	0.65
14852	„ buis	„	„	0.36	0.45	0.60	0.85	1.10
14853	Pelles cannelées hêtre	„	0.50	0.65	0.85	1.15	1.45	1.95
14854	„ „ buis	„	0.70	0.95	1.15	1.45	1.80	2.45

Papier

14854bis Papier parchemin dimensions %m 65 x 50 ...

	par 20 Kos	par 50 Kos	par 100 Kos
Pour envelopper le beurre ...... Le Kilog ...	2.85	2.70	2.55

Découpage (tombant compris) ...... Augmentation par Kilog 0.35

Pour envelopper ...	125 gr.	250 gr.	500 gr.
Les feuilles sont découpées sur dimensions de %m ...	19 x 18	24 x 19	28 x 24

Nous pouvons livrer ce papier avec impression selon demande. Augmentation suivant quantité.

Seringues

14855	Seringues à beurre fer blanc, repoussoir bois ...	Longueur %m	19	22	27	27	30
	Livrées avec 12 fonds dessins assortis	Diam %m	40	45	55	65	70
		La pièce	2.25	2.50	4.40	5.50	6.75

Trait-vaches

14856	Trait-vaches, métal blanc	Longueur du tube %m	50	60	70
		Le jeu de 4 pièces	3.20	4.80	6.40

14857 „ „ ivoire, longueur du tube 50 %m ...... Le jeu de 4 pièces 6.40

14858 „ „ argent ...... „ „ „ 12.80

Barils

14859	Barils en chêne ordinaire ...	Contenance en litres	1	2	3	4	5	6
	Unies et cercles fer	La pièce	2.55	3.35	3.75	4.25	4.65	5.20

Barils

bois verni, forme ovale robinet métal, sur pied sculpté.

		Contenance en litres	1	2	3	4	5
14860	Sans barre, bonde bois, cercles fer verni noir	La pièce	17.50	21. „	24.50	28. „	31.50
14861	„ „ „ cuivre poli	„	24.50	28. „	31.50	35. „	38.50
14862	„ „ „ nickelé	„	28. „	31.50	35. „	38.50	42. „
14863	avec barre, bonde bois, cercles cuivre poli	„	28. „	31.50	35. „	43.75	49. „
14864	„ „ „ nickelé	„	31.50	35. „	38.50	47.75	54.25

Bassines fer battu

	Diamètre %m	14	16	18	20	22	24	26	28	30	32	34	36	38	40	42	44	48	50
14865	Etamées, fd plat lignes .. La pce	„	„	„	„	„	„	„	„	1.30	2.20	2.50	2.80	3.25	3.50	4.25	5. „	5.90	6.25
14866	„ „ rond ou plat	0.85	1.10	0.95	1.20	1.45	1.70	1.95	2.15	2.65	3.20	3.75	4.20	4.80	5.20	„	6.40	7.50	[illegible]
14867	Emaillées bleu bl., fond plat	„	„	„	0.95	1.15	1.40	1.50	1.70	1.85	2.10	2.25	2.50	2.65	3.25	4. „	4.30	„	„

Bassines à lait agrafées

14868		Diamètre %m	32	34	36	38	42
		Contenance en litres	8	10	12	15	20
	Fer blanc poli FF	La pièce	3.10	3.40	3.75	4.30	4.85

Bassines à vaisselle

		Diamètre %m	28	32	36	40
14869	Fer blanc F, fond soudé poignées mobiles	La pièce	„	1.65	„	„
14870	„ FF agrafées, poignées fixes	„	1.75	2.20	2.65	3.10
14871	Tôle galvanisée „ „ „	„	„	2.40	2.95	3.50
14872	„ étamée, rétamées après fabrication, agrafées, poignées fixes	„	„	2.85	3.50	4.20

Bassines à friture

, forgées martelées

		Diam. %m	26 à 40	42 à 50
14873	Forme ronde	Le Kilog	1.70	2.20
14874	„ ovale	Longueur %m	32, 35, 38, 41, 44	50
		Le Kilog	2. „	2.50

Grilles

14875 Grilles rondes ou ovales, grillagées, étamées, pour bassines à friture.

	Diam. %m	18	20	22	24	26	28	30	32	34	36	38	40
à poignées	La pièce	1.85	1.95	2.10	2.25	2.55	2.75	2.90	3.05	3.20	3.55	4. „	4.65

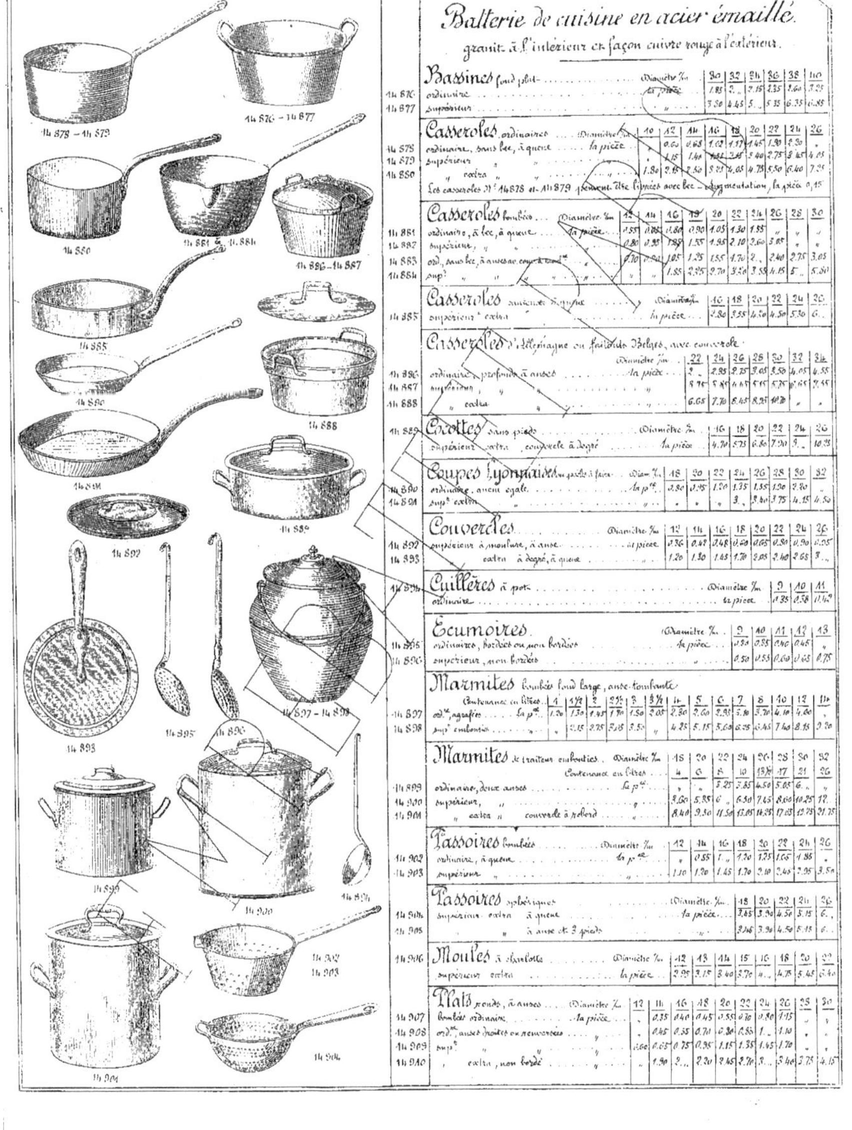

Batterie de cuisine en acier émaillé.

granit à l'intérieur et façon cuivre rouge à l'extérieur.

Bassines fond plat

N°	Désignation	Diamètre m/m	30	32	34	36	38	40
14 876	ordinaire	la pièce	1.85	2..	2.15	2.35	2.60	3.25
14 877	supérieur	„	3.50	4.45	5..	5.35	6.35	6.85

Casseroles ordinaires

N°	Désignation	Diamètre m/m	10	12	14	16	18	20	22	24	26
14 878	ordinaire, sans bec, à queue	la pièce	„	0.60	0.68	1.02	1.17	1.45	1.90	2.30	„
14 879	supérieur „	„	„	1.15	1.40	[illegible]	2.15	2.40	2.75	3.45	4.05
14 880	„ extra „	„	1.80	2.15	2.50	3.25	4.05	4.75	5.50	6.40	7.25

Les casseroles N° 14878 et 14879 peuvent être livrées avec bec – augmentation, la pièce 0,15

Casseroles bombées

N°	Désignation	Diamètre m/m	12	14	16	18	20	22	24	26	28	30
14 881	ordinaire, à bec, à queue	la pièce	0.55	0.65	0.80	0.90	1.05	1.30	1.55	„	„	„
14 882	supérieur, „ „	„	0.80	0.95	1.25	1.55	1.95	2.10	2.60	3.05	„	„
14 883	ord., sans bec, à anses av. couv. à rond^{lle}	„	0.70	0.80	1.05	1.25	1.55	1.70	2..	2.40	2.75	3.05
14 884	sup. „ „ „	„	„	„	1.85	2.35	2.70	3.20	3.55	4.15	5..	5.80

Casseroles ancienne forme

N°	Désignation	Diamètre m/m	16	18	20	22	24	26
14 885	supérieur extra	la pièce	2.80	3.55	4.20	4.50	5.30	6..

Casseroles d'Allemagne ou faitouts Belges, avec couvercle

N°	Désignation	Diamètre m/m	22	24	26	28	30	32	34
14 886	ordinaire, profonde à anses	la pièce	2..	2.35	2.75	3.05	3.50	4.05	4.55
14 887	supérieur, „	„	3.75	3.85	4.45	5.15	5.75	6.65	7.55
14 888	„ extra „	„	6.65	7.70	8.45	8.25	10.70	„	„

Cocottes sans pieds

N°	Désignation	Diamètre m/m	16	18	20	22	24	26
14 889	supérieur extra, couvercle à degré	la pièce	4.70	5.75	6.80	7.90	9..	10.25

Coupes Lyonnaises ou poêles à frire

N°	Désignation	Diam. m/m	18	20	22	24	26	28	30	32
14 890	ordinaire, queue égale	la p^{ce}	0.90	0.95	1.20	1.35	1.55	1.90	2.20	„
14 891	sup. extra „	„	„	„	„	3..	3.40	3.75	4.15	4.50

Couvercles

N°	Désignation	Diamètre m/m	12	14	16	18	20	22	24	26
14 892	supérieur à moulure, à anse	la pièce	0.36	0.42	0.48	0.60	0.65	0.80	0.90	0.95
14 893	extra à degré, à queue	„	1.20	1.30	1.45	1.70	2.05	2.40	2.65	3..

Cuillères à pot

N°	Désignation	Diamètre m/m	9	10	11
14 894	ordinaire	la pièce	0.35	0.38	0.42

Écumoires

N°	Désignation	Diamètre m/m	9	10	11	12	13
14 895	ordinaires, bordées ou non bordées	la pièce	0.30	0.35	0.40	0.45	„
14 896	supérieur, non bordées	„	0.50	0.55	0.60	0.65	0.75

Marmites bombées fond large, anse tombante

N°	Désignation	Contenance en litres	1	1½	2	2½	3	3½	4	5	6	7	8	10	12	14
14 897	ord^{re}, agrafées	la p^{ce}	1.20	1.30	1.45	1.70	1.50	2.05	2.30	2.60	2.95	3.10	3.70	4.10	4.60	„
14 898	sup. emboutie	„	„	2.15	2.25	2.15	3.50	„	4.25	5.15	5.60	6.25	6.45	7.40	8.15	9.20

Marmites de traiteur embouties

N°	Désignation	Diamètre m/m	15	20	22	24	26	28	30	32
		Contenance en litres	4	6	8	10	13½	17	21	26
14 899	ordinaire, deux anses	la p^{ce}	„	„	3.25	3.85	4.50	5.05	6..	„
14 900	supérieur, „	„	3.60	5.85	6..	6.50	7.45	8.60	10.25	12..
14 901	„ extra „ couvercle à rebord	„	8.40	9.50	11.50	13.05	14.25	17.05	19.75	21.75

Passoires bombées

N°	Désignation	Diamètre m/m	12	14	16	18	20	22	24	26
14 902	ordinaire, à queue	la p^{ce}	„	0.55	1..	1.20	1.25	1.65	1.85	„
14 903	supérieur „	„	1.10	1.30	1.45	1.70	2.10	2.45	2.95	3.50

Passoires sphériques

N°	Désignation	Diamètre m/m	18	20	22	24	26
14 904	supérieur extra à queue	la pièce	3.45	3.90	4.50	5.15	6..
14 905	„ à anse et 3 pieds	„	3.45	3.90	4.50	5.15	6..

Moules à charlotte

N°	Désignation	Diamètre m/m	12	13	14	15	16	18	20	22
14 906	supérieur extra	la pièce	2.95	3.15	3.40	3.70	4..	4.75	5.45	6.40

Plats ronds, à anses

N°	Désignation	Diamètre m/m	12	14	16	18	20	22	24	26	28	30
14 907	bombés ordinaire	la pièce	„	0.35	0.40	0.45	0.55	0.70	0.80	1.15	„	„
14 908	ord^{re}, anses droites ou renversées	„	„	0.45	0.55	0.70	0.80	0.85	1..	1.10	„	„
14 909	sup. „ „	„	0.60	0.65	0.75	0.95	1.15	1.35	1.45	1.70	„	„
14 910	„ extra, non bordé	„	„	1.90	2..	2.20	2.45	2.70	3..	3.40	3.75	4.15

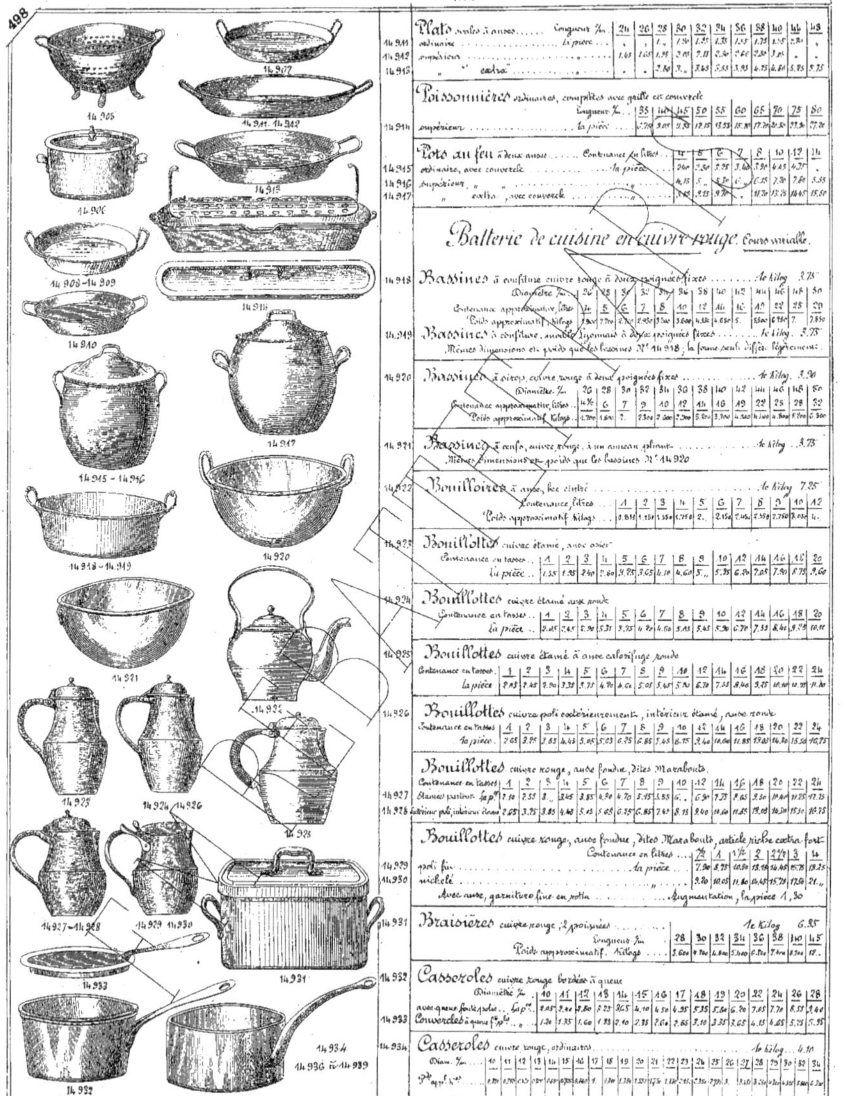

Plats ovales à anses

	Longueur $^m/_m$	24	26	28	30	32	34	36	38	40	44	48
14 911	ordinaire ... la pièce	.	.	1..	1.10	1.25	1.35	1.55	1.75	1.95	2.30	.
14 912	supérieur ... "	1.45	1.65	1.95	2.05	2.15	2.30	2.60	2.80	3.05	.	.
14 913	" " extra ... "	.	.	2.60	3..	3.45	3.55	3.95	4.25	4.60	5.25	5.75

Poissonnières ordinaires, complètes avec grille et couvercle

	Longueur $^m/_m$	35	40	45	50	55	60	65	70	75	80
14 914	supérieur ... la pièce	2.75	3.05	9.50	12.15	13.55	15.10	17.70	20.50	23.30	27.30

Pots au feu à deux anses

	Contenance en litres	4	5	6	7	8	10	12	14
14 915	ordinaire, avec couvercle ... la pièce	2.40	2.50	3.25	3.40	3.90	4.45	4.75	.
14 916	supérieur " " ... "	4.15	5..	5.50	6..	6.25	7.30	7.80	8.35
14 917	" extra " avec couvercle ... "	8.65	9.15	9.70	.	11.70	13.25	14.45	15.60

Batterie de cuisine en cuivre rouge. Cours variable.

14 918 **Bassines** à confiture cuivre rouge à deux poignées fixes .... le kilog 3.75

Diamètre $^m/_m$	26	28	30	32	34	36	38	40	42	44	46	48	50
Contenance approximative, litres	4	5	6	7	8	10	12	14	16	19	22	25	29
Poids approximatif, kilogs	1.900	2.200	2.700	2.950	3.300	3.600	4.350	4.050	5.	5.500	6.950	7.	7.850

14 919 **Bassines** à confiture, modèle Lyonnais à deux poignées fixes .... le kilog 3.75
Mêmes dimensions et poids que les bassines N° 14 918 ; la forme seule diffère légèrement.

14 920 **Bassines** à sirops, cuivre rouge à deux poignées fixes .... le kilog 3.90

Diamètre $^m/_m$	26	28	30	32	34	36	38	40	42	44	46	48	50
Contenance approximative, litres	4½	6	7	9	10	12	14	16	19	22	25	28	32
Poids approximatif kilogs	1.700	1.800	2.	2.300	2.600	2.900	3.200	3.700	4.300	4.100	4.800	5.200	6.300

14 921 **Bassines** à oeufs, cuivre rouge, à un anneau pliant .... le kilog 3.75
Mêmes dimensions et poids que les bassines N° 14 920

14 922 **Bouilloires** à anse, bec cintré .... le kilog 7.25

Contenance, litres	1	2	3	4	5	6	7	8	9	10	12
Poids approximatif kilogs	0.850	1.150	1.350	1.750	2..	2.150	2.450	2.550	2.750	3.050	4.

14 923 **Bouillottes** cuivre étamé, anse osier

Contenance en tasses	1	2	3	4	5	6	7	8	9	10	12	14	16	18	20
la pièce	1.35	1.95	2.40	2.60	3.25	3.65	4.10	4.60	5..	5.35	6.20	7.05	7.90	8.75	9.60

14 924 **Bouillottes** cuivre étamé anse ronde

Contenance en tasses	1	2	3	4	5	6	7	8	9	10	12	14	16	18	20
la pièce	2.05	2.45	2.90	3.35	3.75	4.20	4.60	5.05	5.45	5.90	6.70	7.55	8.40	9.25	10.10

14 925 **Bouillottes** cuivre étamé à anse calorifuge ronde

Contenance en tasses	1	2	3	4	5	6	7	8	9	10	12	14	16	18	20	22	24
la pièce	2.05	2.45	2.90	3.35	3.75	4.20	4.60	5.05	5.45	5.90	6.70	7.55	8.40	9.25	10.10	10.95	11.80

14 926 **Bouillottes** cuivre poli extérieurement, intérieur étamé, anse ronde

Contenance en tasses	1	2	3	4	5	6	7	8	9	10	12	14	16	18	20	22	24
la pièce	2.65	3.25	3.85	4.45	5.05	5.63	6.25	6.85	7.45	8.15	9.40	10.60	11.85	13.05	14.30	15.50	16.75

Bouillottes cuivre rouge, anse fondue, dites Marabouts.

	Contenance en tasses	1	2	3	4	5	6	7	8	9	10	12	14	16	18	20	22	24
14 927	Étamées partout la pièce	2.10	2.55	3..	3.45	3.85	4.30	4.70	5.15	5.55	6..	6.90	7.75	8.65	9.50	10.40	11.25	12.15
14 928	Extérieur poli, intérieur étamé	2.65	3.25	3.85	4.45	5.05	5.65	6.25	6.85	7.45	8.15	9.40	10.60	11.85	13.05	14.30	15.50	16.75

Bouillottes cuivre rouge, anse fondue, dites Marabouts, article riche extra-fort

	Contenance en litres	½	1	1½	2	2½	3	4
14 929	poli fin ... la pièce	7.90	8.75	10.50	13.15	14.45	15.75	19.25
14 930	nickelé ... "	9.20	10.05	11.80	14.45	15.75	17.50	21..

Avec anse, garniture fine en rotin .... Augmentation, la pièce 1,30

14 931 **Braisières** cuivre rouge ; 2 poignées .... le kilog 6.25

Longueur $^m/_m$	28	30	32	34	36	38	40	45
Poids approximatif. kilogs	3.600	4.200	4.800	5.400	6.200	7.400	8.900	12..

14 932 **Casseroles** cuivre rouge bordées à queue

	Diamètre $^m/_m$	10	11	12	13	14	15	16	17	18	19	20	22	24	26	28
	avec queue fonte polie ... la pce	2.05	2.40	2.80	3.25	3.65	4.10	4.50	4.95	5.35	5.80	6.20	7.05	7.70	8.55	9.40
14 933	Couvercles à queue fte polie ... "	1.20	1.35	1.60	1.85	2.10	2.35	2.60	2.85	3.10	3.35	3.65	4.15	4.65	5.25	5.95

14 934 **Casseroles** cuivre rouge, ordinaires .... le kilog ... 4.10

Diam. $^m/_m$	10	11	12	13	14	15	16	17	18	19	20	21	22	23	24	25	26	27	28	29	30	32	34
Pds appt k°s	[illegible]	0.550	[illegible]	[illegible]	[illegible]	0.725	0.860	1.	1.20	1.350	1.550	1.750	1.850	2.15	2.350	2.700	3.	3.150	3.550	[illegible]	[illegible]	[illegible]	[illegible]

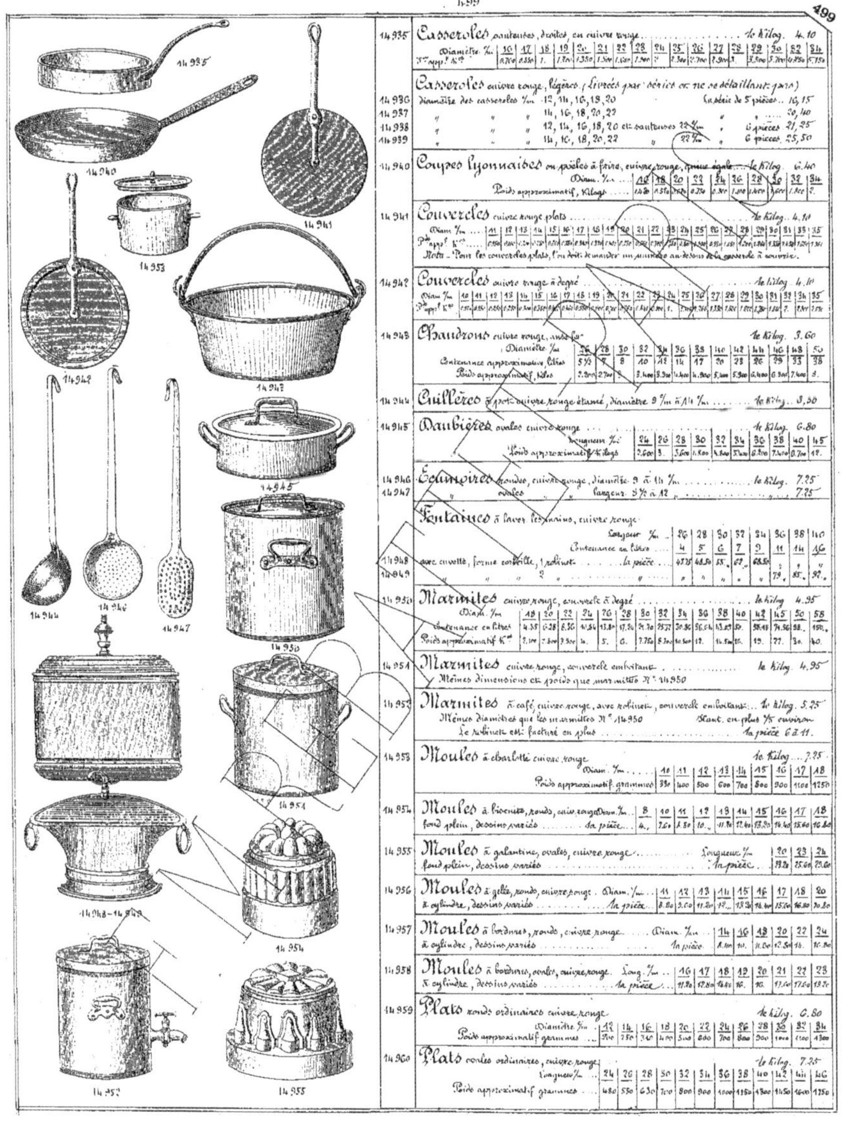

14 935 **Casseroles** sauteuses, droites, en cuivre rouge . . . . le Kilog. 4.10

Diamètre %m	16	17	18	19	20	21	22	23	24	25	26	27	28	29	30	32	34
P.ds appr.t K.s	0.700	0.850	1.	1.200	1.350	1.500	1.650	1.900	2.	2.300	2.700	2.900	3.	3.500	3.700	4.250	5.150

Casseroles cuivre rouge, légères. (Livrées par séries et ne se détaillant pas)

14 936 Diamètre des casseroles %m 12, 14, 16, 18, 20 . . . la série de 5 pièces . . 16,15
14 937 " " " 14, 16, 18, 20, 22 . . . " " 20,40
14 938 " " " 12, 14, 16, 18, 20 et sauteuse 22 %m . . . " 6 pièces 21,25
14 939 " " " 14, 16, 18, 20, 22 " 22 %m . . . " 6 pièces 25,50

14 940 **Coupes lyonnaises** ou poêles à frire, cuivre rouge, épaisseur égale . . . le Kilog. 6.40

Diam. %m . . .	16	18	20	22	24	26	28	30	32	34
Poids approximatif, Kilogs	[illegible]	0.510	[illegible]	0.750	0.900	1.100	1.400	1.600	1.800	2.

14 941 **Couvercles** cuivre rouge plats . . . . le Kilog. . 4.10

Diam %m	11	12	13	14	15	16	17	18	19	20	21	22	23	24	25	26	27	28	29	30	31	33	35
P.ds appr.t K.s	[illegible]	[illegible]	[illegible]	[illegible]	[illegible]	[illegible]	[illegible]	[illegible]	[illegible]	[illegible]	[illegible]	[illegible]	[illegible]	[illegible]	[illegible]	0.950	[illegible]	[illegible]	[illegible]	[illegible]	[illegible]	[illegible]	[illegible]

Nota – Pour les couvercles plats, l'on doit demander un numéro au-dessous de la casserole à couvrir.

14 942 **Couvercles** cuivre rouge à degré . . . . le Kilog. 4.10

Diam %m	10	11	12	13	14	15	16	17	18	19	20	21	22	23	24	25	26	27	28	29	30	31	32	34	35
P.ds appr.t K.s	0.150	0.200	0.250	0.280	0.300	0.350	[illegible]	0.460	0.500	[illegible]	0.700	0.750	0.840	0.900	1.	[illegible]	1.260	1.330	1.500	1.600	1.700	1.850	2.	2.300	2.650

14 943 **Chaudrons** cuivre rouge, anse fer . . . . le Kilog. 3.60

Diamètre %m	26	28	30	32	34	36	38	40	42	44	46	48	50
Contenance approximative, litres	5½	7	8	10	12	14	17	20	23	26	29	33	38
Poids approximatif, kilos	2.200	2.700	3.	3.400	3.900	4.400	4.900	5.400	5.900	6.400	6.900	7.400	8.

14 944 **Cuillères** à pot, cuivre rouge étamé, diamètre 9 %m à 14 %m . . . . . . le Kilog. . 3,50

14 945 **Daubières** ovales cuivre rouge . . . . le Kilog. 6.80

Longueur %m	24	26	28	30	32	34	36	38	40	45
Poids approximatif, Kilogs	2.600	3.	3.600	[illegible]	4.800	5.400	6.200	7.400	8.700	12.

14 946 **Écumoires** rondes, cuivre rouge, diamètre 9 à 14 %m . . . . le Kilog. 7.25
14 947 " ovales " " longueur 8½ à 12 " 7.25

Fontaines à laver les mains, cuivre rouge

	Longueur %m . .	26	28	30	32	34	36	38	40
	Contenance en litres . . .	4	5	6	7	9	11	14	16
14 948	avec cuvette, forme corbeille, 1 robinet . . . . . la pièce . . .	43.75	48.50	55.	62.	68.50	"	"	"
14 949	" " " 2 " . . . . "	"	"	"	"	"	79.	85.	92.

14 950 **Marmites** cuivre rouge, couvercle à degré . . . . le Kilog 4.95

Diam. %m	18	20	22	24	26	28	30	32	34	36	38	40	42	45	50	58
Contenance en litres	4.35	6.28	8.56	10.84	13.80	17.34	21.70	25.77	30.86	36.64	43.09	50.	58.48	74.56	98.	150.
Poids approximatif K.s	2.100	2.800	3.500	4.	5.	6.	7.750	8.300	10.500	12.	14.500	16.	19.	22.	30.	40.

14 951 **Marmites** cuivre rouge, couvercle emboîtant . . . . le Kilog. 4.95
Mêmes dimensions et poids que marmites N° 14.950

14 952 **Marmites** à café, cuivre rouge, avec robinet, couvercle emboîtant . . . le Kilog. 5.25
Mêmes diamètres que les marmites N° 14.950 Haut. en plus ⅕ environ
Le robinet est facturé en plus . . . . la pièce 6 à 11.

14 953 **Moules** à charlotte cuivre rouge . . . . le Kilog . . . 7.25

Diam. %m	10	11	12	13	14	15	16	17	18
Poids approximatif. grammes	330	400	500	600	700	800	900	1100	1250

14 954 **Moules** à biscuits, ronds, cuiv. rouge

Diam. %m . .	8	10	11	12	13	14	15	16	17	18
fond plein, dessins variés . . . . la pièce . . .	4.	7.60	8.80	10.	11.80	12.40	13.20	14.40	15.60	16.80

14 955 **Moules** à galantine, ovales, cuivre rouge

Longueur %m	20	22	24
fond plein, dessins variés . . . . la pièce . .	23.20	25.60	29.60

14 956 **Moules** à gelée, ronds, cuivre rouge

Diam. %m . . .	11	12	13	14	15	16	17	18	20
à cylindre, dessins variés . . . . la pièce . .	8.80	9.60	11.20	12.	13.20	14.40	15.60	16.80	20.80

14 957 **Moules** à bordures, ronds, cuivre rouge

Diam. %m . .	14	16	18	20	22	24
à cylindre, dessins variés . . . . la pièce .	8.40	10.	11.60	12.80	14.	16.80

14 958 **Moules** à bordures, ovales, cuivre rouge

Long. %m . .	16	17	18	19	20	21	22	23
à cylindre, dessins variés . . . . la pièce . . .	11.20	12.80	14.40	16.	16.	17.60	17.60	19.20

14 959 **Plats** ronds ordinaires cuivre rouge . . . . le Kilog. 6.80

Diamètre %m .	12	14	16	18	20	22	24	26	28	30	32	34
Poids approximatif grammes . . .	200	250	340	400	500	600	700	800	900	1000	1100	1300

14 960 **Plats** ovales ordinaires, cuivre rouge . . . . le Kilog. 7.25

Longueur %m . . .	24	26	28	30	32	34	36	38	40	42	44	46
Poids approximatif grammes	480	550	630	700	800	900	1000	1150	1300	1450	1600	1750

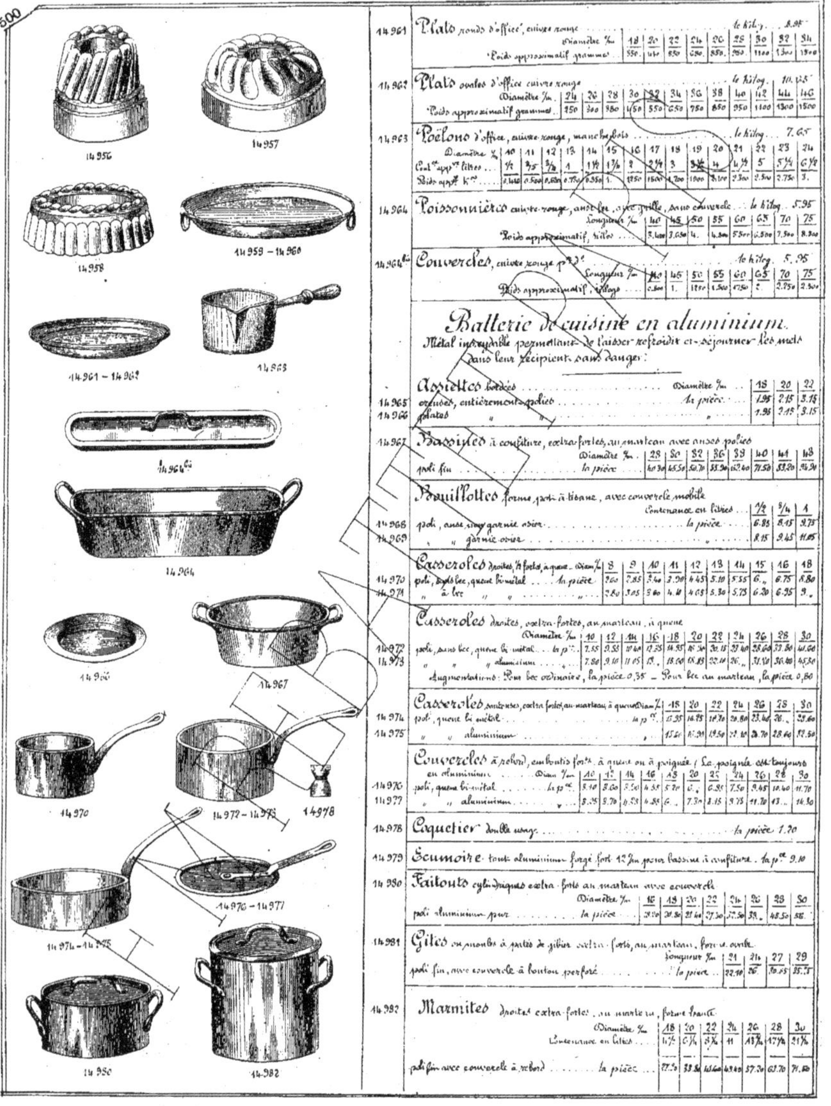

14961 **Plats** ronds d'office, cuivre rouge . . . . . le kilog. . . 8.95

Diamètre m/m	18	20	22	24	26	28	30	32	34
Poids approximatif grammes	550.	460	550	680.	850.	950.	1100	1300	1500

14962 **Plats** ovales d'office cuivre rouge . . . . . le kilog. 10.25

Diamètre m/m	24	26	28	30	32	34	36	38	40	42	44	46
Poids approximatif grammes	250	300	380	450	550	650	750	850	950	1100	1300	1500

14963 **Poêlons** d'office, cuivre rouge, manche bois . . . . . le kilog. . . 7.65

Diamètre m/m	10	11	12	13	14	15	16	17	18	19	20	21	22	23	24
Cont.ce app.ve litres	1/2	3/5	3/4	1	1 1/2	1 3/4	2	2 1/4	3	3 1/2	4	4 1/2	5	5 1/4	6 1/2
Poids app.f k.os	0.440	0.500	0.650	0.750	0.950	1.	1250	1500	1.700	1900	2.100	2.300	2.500	2.750	3.

14964 **Poissonnières** cuivre rouge, avec fer, avec grille, sans couvercle . . le kilog. 5.95

Longueur m/m	40	45	50	55	60	65	70	75
Poids approximatif, kilos	3.400	3.650	4.	4.300	5.500	6.500	7.500	8.300

14964bis **Couvercles**, cuivre rouge p.r id. . . . . . le kilog. 5.95

Longueur m/m	40	45	50	55	60	65	70	75
Poids approximatif, kilogs	0.800	1.	1250	1.500	1750	2.	2.250	2.500

Batterie de cuisine en aluminium.

Métal inoxydable permettant de laisser refroidir et séjourner les mets dans leur récipient sans danger.

Assiettes bordées

		Diamètre m/m	18	20	22
14965	creuses, entièrement polies	la pièce	1.95	2.15	3.15
14966	plates " "	"	1.95	2.15	3.15

14967 **Bassines** à confiture, extra-fortes, au marteau avec anses polies

	Diamètre m/m	28	30	32	36	38	40	44	48
poli fin	la pièce	40.30	45.50	50.70	55.90	62.40	71.50	83.20	94.90

Bouillottes forme, pot à tisane, avec couvercle mobile

		Contenance en litres	1/2	3/4	1
14968	poli, anse non garnie osier	la pièce	6.85	8.15	9.75
14969	" " garnie osier	"	8.15	9.45	11.05

Casseroles droites, 1/2 fortes, à queue

	Diam. m/m	8	9	10	11	12	13	14	15	16	18
14970	poli, sans bec, queue bi-métal . . . la pièce	2.60	2.85	3.40	3.90	4.45	5.10	5.55	6. "	6.75	8.80
14971	" à bec " " "	2.80	3.05	3.60	4.10	4.65	5.30	5.75	6.20	6.95	9. "

Casseroles droites, extra-fortes, au marteau, à queue

	Diamètre m/m	10	12	14	16	18	20	22	24	26	28	30
14972	poli, sans bec, queue bi-métal . . . la p.ce	7.55	9.55	10.40	12.35	14.95	16.90	20.15	23.40	28.60	33.80	41.60
14973	" " " aluminium	7.80	9.10	11.05	13. "	15.60	18.85	22.10	26. "	31.20	36.40	45.50

Augmentations : Pour bec ordinaire, la pièce 0,35 — Pour bec au marteau, la pièce 0,80

Casseroles sauteuses, extra fortes, au marteau, à queue

	Diam. m/m	18	20	22	24	26	28	30
14974	poli, queue bi-métal . . . la p.ce	15.35	16.25	18.70	20.80	23.40	26. "	28.60
14975	" " aluminium	15.60	16.90	19.50	22.10	24.70	28.60	32.50

Couvercles à rebord, emboutis forts, à queue ou à poignée (La poignée est toujours en aluminium)

	Diam. m/m	10	12	14	16	18	20	22	24	26	28	30
14976	poli, queue bi-métal . . . la p.ce	3.10	3.60	3.50	4.55	5.20	6. "	6.85	7.50	9.45	10.40	11.70
14977	" " aluminium	3.35	3.70	4.23	4.85	6. "	7.30	8.15	9.75	11.70	13. "	14.30

14978 **Coquetier** double usage . . . . . la pièce 1.70

14979 **Écumoire** tout aluminium forgé fort 12 m/m pour bassine à confiture . la p.ce 9.10

14980 **Faitouts** cylindriques extra-forts au marteau avec couvercle

	Diamètre m/m	16	18	20	22	24	26	28	30
poli aluminium pur	la pièce	18.20	20.80	23.40	27.30	32.50	39. "	48.50	56.

14981 **Gîtes** ou moules à pâtés de gibier extra-forts, au marteau, forme ovale

	Longueur m/m	21	24	27	29
poli fin, avec couvercle à bouton perforé	la pièce	22.10	26.	30.55	35.75

14982 **Marmites** droites extra-fortes, au marteau, forme haute

	Diamètre m/m	18	20	22	24	26	28	30
	Contenance en litres	4 1/2	6 1/4	8 3/4	11	13 3/4	17 3/4	21 3/4
poli fin avec couvercle à rebord	la pièce	27.30	33.80	40.60	48.40	57.20	63.70	71.50

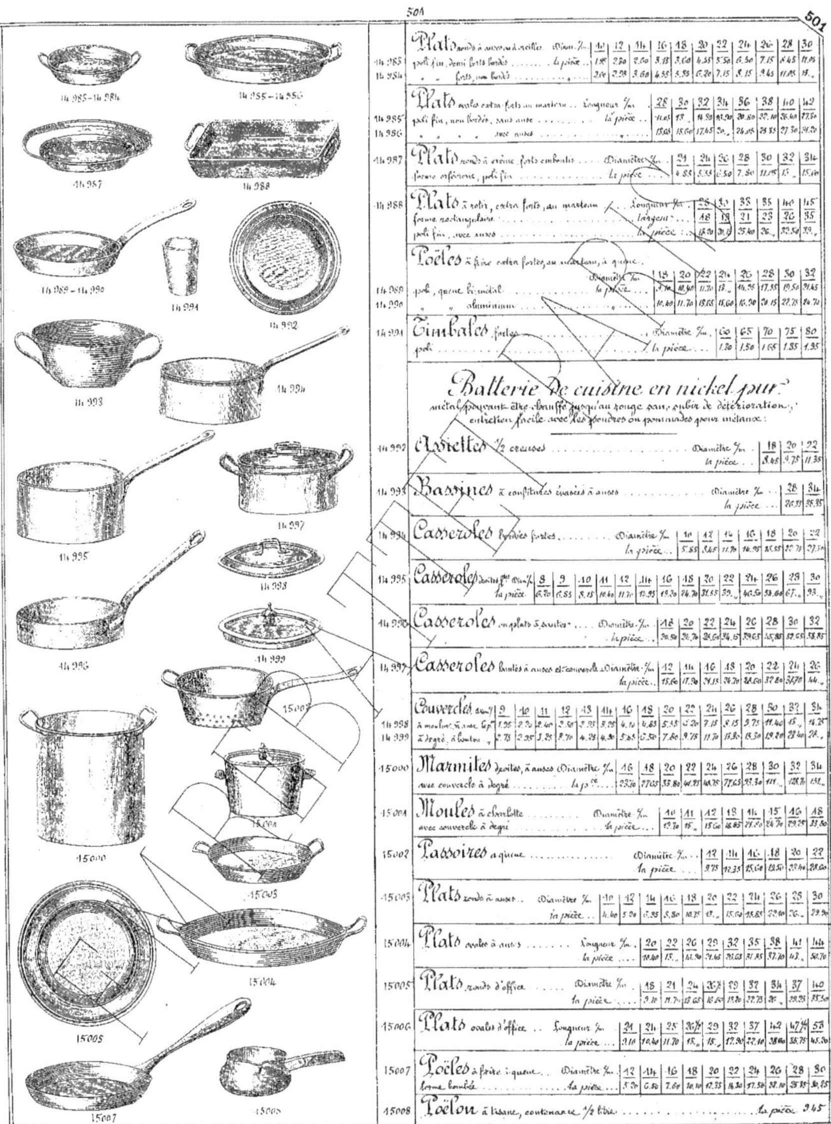

Plats ronds à anses ou à oreilles.

		Diam. m/m	10	12	14	16	18	20	22	24	26	28	30
14 983	poli fin, demi forts bordés	la pièce	1.85	2.30	2.60	3.15	3.60	4.35	5.50	6.30	7.15	8.45	11.05
14 984	" " forts, non bordés		2.60	2.98	3.60	4.55	5.35	6.20	7.15	8.15	9.45	11.05	15..

Plats ovales extra forts au marteau.

		Longueur m/m	28	30	32	34	36	38	40	42
14 985	poli fin, non bordés, sans anses	la pièce	11.05	13..	14.80	18.20	20.80	22.10	26.40	27.30
14 986	" " " " avec anses		13.65	15.60	17.45	20..	24.05	28.35	27.30	31.20

Plats ronds à crème, forts emboutis

		Diamètre m/m	21	24	26	28	30	32	34
14 987	forme orfèvrerie, poli fin	la pièce	4.85	5.55	6.50	7.80	11.05	13..	15.60

Plats à rôtir, extra forts, au marteau

			28	30	33	35	40	45
14 988		Longueur m/m	28	30	33	35	40	45
	forme rectangulaire	Largeur	18	19	21	23	26	35
	poli fin, avec anses	la pièce	18.20	20.15	25.40	26..	32.50	39..

Poêles à frire extra fortes, au marteau, à queue.

		Diamètre m/m	18	20	22	24	26	28	30	32
14 989	poli, queue bi-métal	la pièce	9.10	10.40	11.70	13..	14.95	17.35	19.50	21.45
14 990	" " aluminium		10.40	11.70	13.65	15.60	16.90	20.15	22.75	24.70

Timbales fortes

		Diamètre m/m	60	65	70	75	80
14 991	poli	la pièce	1.30	1.50	1.65	1.85	1.95

Batterie de cuisine en nickel pur.

métal pouvant être chauffé jusqu'au rouge sans subir de détérioration, entretien facile avec les poudres ou pommades pour métaux.

		Diamètre m/m	18	20	22
14 992	**Assiettes** 1/2 creuses	la pièce	8.45	9.75	11.35

		Diamètre m/m	28	34
14 993	**Bassines** à confitures évasées à anses	la pièce	26.35	35.85

		Diamètre m/m	10	12	14	16	18	20	22
14 994	**Casseroles** bordées fortes	la pièce	5.85	8.45	11.70	16.95	25.55	22.75	27.30

		Diam. m/m	8	9	10	11	12	14	16	18	20	22	24	26	28	30
14 995	**Casseroles** droites f[or]tes	la pièce	6.20	6.55	8.15	10.40	11.70	13.95	19.20	24.70	31.55	39..	46.50	58.60	67..	93..

		Diamètre m/m	18	20	22	24	26	28	30	32
14 996	**Casseroles** ou plats à sauter	la pièce	20.50	24.70	28.60	34.15	39.65	45.85	57.65	58.85

		Diamètre m/m	12	14	16	18	20	22	24	26
14 997	**Casseroles** hautes à anses et couvercle	la pièce	15.60	17.90	21.15	24.70	28.60	32.80	37.70	44..

Couvercles

		diam. m/m	9	10	11	12	13	14	16	18	20	22	24	26	28	30	32	34
14 998	à moulure, à anse	la p[ièce]	1.95	2.20	2.40	2.50	2.95	3.25	4.10	4.85	5.35	6.20	7.15	8.15	9.75	11.40	13..	14.25
14 999	à degré, à bouton	"	2.75	2.95	3.25	3.70	4.25	4.90	5.85	6.50	7.80	9.75	11.70	13.30	15.30	19.20	23.40	28..

		Diamètre m/m	16	18	20	22	24	26	28	30	32	34
15000	**Marmites** droites, à anses, avec couvercle à degré	la p[ièce]	23.70	27.05	35.80	41.95	48.75	77.65	93.30	111..	128.70	151..

		Diamètre m/m	10	11	12	13	14	15	16	18
15001	**Moules** à charlotte, avec couvercle à degré	la pièce	13.70	15..	15.60	18.85	21.80	24.70	29.25	33.80

		Diamètre m/m	12	14	16	18	20	22
15002	**Passoires** à queue	la pièce	9.75	12.35	15.60	19.50	23.40	28.60

		Diamètre m/m	10	12	14	16	18	20	22	24	26	28	30
15003	**Plats** ronds à anses	la pièce	4.40	5.20	6.35	8.80	10.75	13..	15.60	18.85	22.10	26..	29.90

		Longueur m/m	20	22	26	29	32	35	38	41	44
15004	**Plats** ovales à anses	la pièce	10.40	13..	14.90	21.45	26.65	31.85	37.70	43..	50.70

		Diamètre m/m	18	21	24	26 1/2	29	32	34	37	40
15005	**Plats** ronds d'office	la pièce	9.10	11.70	13.65	16.50	19.20	22.75	26..	29.25	35.50

		Longueur m/m	21	24	25	26 1/2	29	32	37	42	47 1/2	53
15006	**Plats** ovales d'office	la pièce	9.10	10.40	11.70	15..	15..	17.90	22.10	28.60	35.75	45.30

		Diamètre m/m	12	14	16	18	20	22	24	26	28	30
15007	**Poêles** à frire à queue, forme bombée	la pièce	5.20	6.50	7.80	10.10	12.35	14.30	17.50	22.10	25.35	30.25

15008 **Poëlon** à tisane, contenance 1/2 litre . . . . . . la pièce 9.45

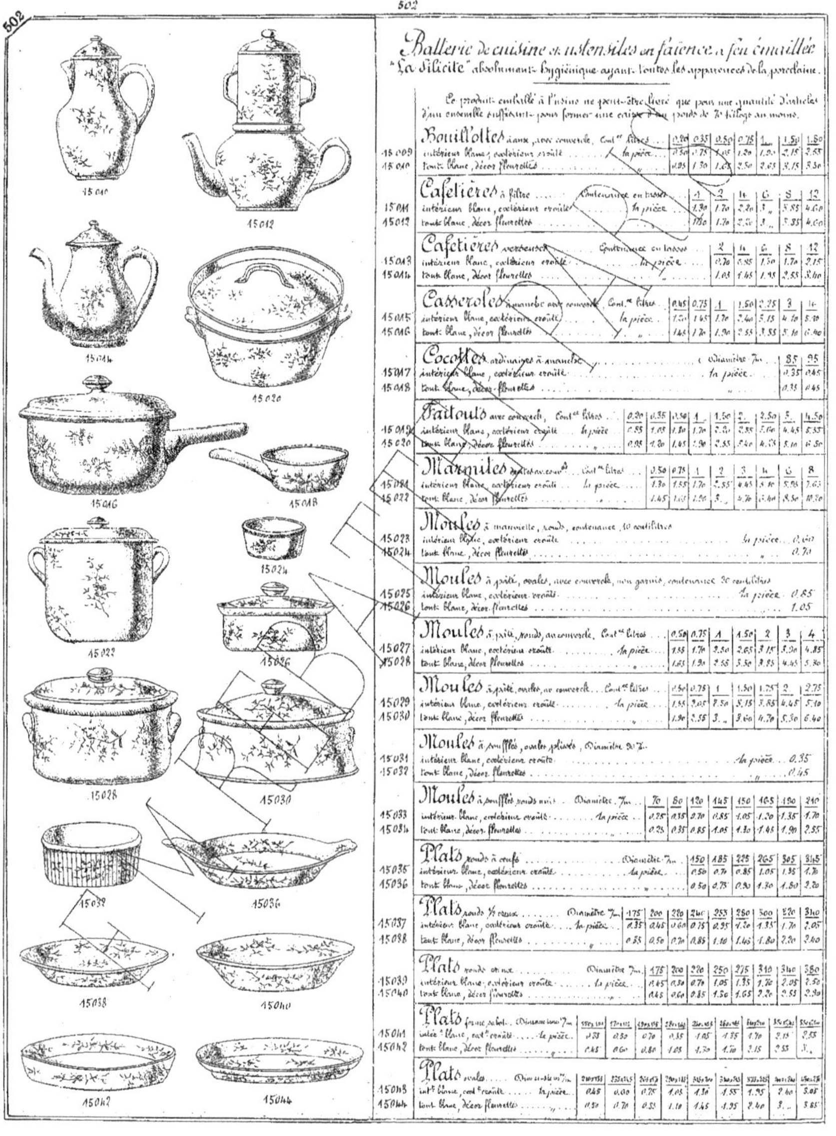

Batterie de cuisine et ustensiles en faïence à feu émaillée

"La Silicite" absolument hygiénique ayant toutes les apparences de la porcelaine.

Ce produit emballé à l'usine ne peut-être livré que pour une quantité d'articles d'un ensemble suffisant pour former une caisse d'un poids de 70 kilogs au moins.

Bouillottes à anse, avec couvercle,

	Cont.ce litres ...	0.20	0.35	0.50	0.75	1..	1.50	1.80
15009	intérieur blanc, extérieur croûté ... la pièce ...	0.50	0.75	1.05	1.20	1.90	2.15	2.55
15010	tout blanc, décor fleurettes ... "	0.95	1.30	1.65	2.50	2.65	3.15	3.30

Cafetières à filtre ...

	Contenance en tasses ...	1	2	4	6	8	12
15011	intérieur blanc, extérieur croûté ... la pièce ...	1.30	1.70	2.20	3..	3.85	4.60
15012	tout blanc, décor fleurettes ...	1.30	1.70	2.20	3..	3.85	4.60

Cafetières verseuses

	Contenance en tasses ...	2	4	6	8	12
15013	intérieur blanc, extérieur croûté ... la pièce ...	0.70	0.85	1.50	1.70	2.15
15014	tout blanc, décor fleurettes ... "	1.03	1.45	1.95	2.55	3.40

Casseroles à manche avec couvercle,

	Cont.ce litres ...	0.45	0.75	1	1.50	2.25	3	4
15015	intérieur blanc, extérieur croûté ... la pièce ...	1.20	1.45	1.70	2.40	3.15	4.10	5.10
15016	tout blanc, décor fleurettes ... "	1.45	1.70	1.90	2.55	3.55	5.10	6.40

Cocottes ordinaires à manche

	Diamètre m/m ...	85	95
15017	intérieur blanc, extérieur croûté ... la pièce ...	0.35	0.45
15018	tout blanc, décor fleurettes ... "	0.35	0.45

Faitouts avec couvercle,

	Cont.ce litres ...	0.20	0.35	0.50	1..	1.50	2..	2.50	3..	4.50
15019	intérieur blanc, extérieur croûté ... la pièce	0.85	1.05	1.10	1.70	2.20	2.85	3.60	4.45	5.35
15020	tout blanc, décor fleurettes ... "	0.95	1.20	1.45	1.90	2.55	3.40	4.35	5.10	6.50

Marmites droites avec couvercle

	Cont.ce litres ...	0.50	0.75	1	2	3	4	6	8
15021	intérieur blanc, extérieur croûté ... la pièce ...	1.30	1.55	1.70	2.55	4.45	5.10	5.95	7.65
15022	tout blanc, décor fleurettes ... "	1.45	1.65	1.90	3..	4.70	6.40	8.50	10.30

Moules à manivelle, ronds, contenance, 10 centilitres

15023 intérieur blanc, extérieur croûté ... la pièce ... 0.60

15024 tout blanc, décor fleurettes ... " ... 0.70

Moules à pâté, ovales, avec couvercle, non garnis, contenance 30 centilitres

15025 intérieur blanc, extérieur croûté ... la pièce 0.85

15026 tout blanc, décor fleurettes ... 1.05

Moules à pâté, ronds, av. couvercle.

	Cont.ce litres ...	0.50	0.75	1	1.50	2	3	4
15027	intérieur blanc, extérieur croûté ... la pièce ...	1.55	1.70	2.50	2.65	3.15	3.90	4.85
15028	tout blanc, décor fleurettes ... "	1.65	1.90	2.55	3.50	3.85	4.45	5.30

Moules à pâté, ovales, av. couvercle ...

	Cont.ce litres ...	0.50	0.75	1	1.50	1.75	2.	2.75
15029	intérieur blanc, extérieur croûté ... la pièce ...	1.55	2.05	2.50	3.15	3.85	4.45	5.10
15030	tout blanc, décor fleurettes ... "	1.90	2.55	3..	3.60	4.70	5.30	6.40

Moules à soufflés, ovales pliants, Diamètre 90 m/m

15031 intérieur blanc, extérieur croûté ... la pièce ... 0.35

15032 tout blanc, décor fleurettes ... " ... 0.45

Moules à soufflés ronds unis

	Diamètre m/m ...	70	80	120	145	150	165	190	210
15033	intérieur blanc, extérieur croûté ... la pièce ...	0.25	0.35	0.70	0.85	1.05	1.20	1.35	1.70
15034	tout blanc, décor fleurettes ... "	0.25	0.35	0.85	1.05	1.30	1.45	1.90	2.55

Plats ronds à œufs ...

	Diamètre m/m ...	150	185	225	265	305	345
15035	intérieur blanc, extérieur croûté ... la pièce ...	0.50	0.70	0.85	1.05	1.35	1.70
15036	tout blanc, décor fleurettes ... "	0.50	0.75	0.90	1.30	1.80	2.20

Plats ronds 1/2 creux ...

	Diamètre m/m	175	200	220	240	255	280	300	320	340
15037	intérieur blanc, extérieur croûté ... la pièce ...	0.35	0.45	0.60	0.75	0.95	1.20	1.35	1.70	2.05
15038	tout blanc, décor fleurettes ... "	0.55	0.50	0.70	0.85	1.10	1.45	1.80	2.20	2.40

Plats ronds creux ...

	Diamètre m/m ...	175	200	220	250	275	310	340	380
15039	intérieur blanc, extérieur croûté ... la pièce ...	0.45	0.50	0.70	1.05	1.35	1.70	2.05	2.50
15040	tout blanc, décor fleurettes ... "	0.45	0.60	0.85	1.50	1.65	2.20	2.55	2.90

Plats forme sabot ...

	Dimensions m/m	150x100	170x115	190x135	[illegible]	[illegible]	[illegible]	[illegible]	[illegible]	[illegible]
15041	intér. blanc, ext. croûté ... la pièce ...	0.35	0.50	0.70	0.85	1.05	1.35	1.70	2.15	2.55
15042	tout blanc, décor fleurettes ... "	0.45	0.60	0.80	1.05	1.30	1.70	2.15	2.55	3..

Plats ovales ...

	Dimensions m/m	[illegible]	235x145	[illegible]	290x185	[illegible]	[illegible]	[illegible]	[illegible]	[illegible]
15043	int.r blanc, ext.r croûté ... la pièce ...	0.45	0.60	0.75	1.05	1.30	1.55	1.95	2.40	3.05
15044	tout blanc, décor fleurettes ... "	0.50	0.70	0.85	1.10	1.45	1.95	2.40	3..	3.85

15046 15048

15050 15052

15054 15056

15057 et 15067 15069

15059 15071

15061 15074

15064 15075

15077 15078

15079 15081

N°	**Plats** à gratin, ronds à oreilles ... Diam. m/m	165	175	200	220	230	260	280	305	320
15045	intérieur blanc, extérieur croûte ... la pièce	0.40	0.45	0.63	0.85	1.05	1.30	1.55	1.70	2.15
15046	tout blanc, décor fleurettes ...	0.45	0.60	0.75	1.05	1.30	1.55	1.90	2.15	2.55

N°	**Plats** carrés. Dimensions m/m	200 x 150	230 x 170	255 x 195	290 x 220	315 x 240	340 x 260	370 x 285
15047	intérieur blanc, ext^r croûte .. la p^{ce}	0.60	0.85	1.10	1.55	1.70	2.20	3.05
15048	tout blanc, décor fleurettes ... "	0.75	1.05	1.55	2.05	2.55	3.40	4.25

N°	**Pots** à tisane, à anse, av. couv^{le}. Cont^{ce} litres	0.15	0.25	0.35	0.50	0.75	1.	1.50	1.75	2.
15049	intérieur blanc, extérieur croûte ... la pièce	0.50	0.70	0.85	1.05	1.20	1.55	2.15	2.55	3. "
15050	tout blanc, décor fleurettes ... "	0.60	0.85	1.30	1.45	1.80	2.30	2.55	3.15	3.85

N°	**Pots** à lait à anse ... Contenance en litres	0.11	0.16	0.26	0.40	0.60	0.85	1.	1.25
15051	intérieur blanc, extérieur croûte ... la pièce	0.35	0.50	0.60	0.70	0.95	1.20	1.55	1.90
15052	tout blanc, décor fleurettes ... "	0.35	0.50	0.70	0.85	1.05	1.30	1.70	2.15

N°	**Soupières** à oreilles, av. couv^{le}. Cont^{ce} lit.	0.45	0.75	1	1.50	2.25	3	4	5	6
15053	intérieur blanc, extérieur croûte ... la pièce	0.60	0.75	1.05	1.55	2.15	3.	3.55	5.10	5.95
15054	tout blanc, décor fleurettes ...	0.75	1.05	1.70	1.70	2.40	3.40	5.10	6.40	7.65

N°	**Théières** à anses avec couvercle ... Contenance tasses	1	2	4	6	8	12
15055	intérieur blanc, extérieur croûte ... la pièce	0.50	0.70	0.85	1.30	1.70	2.15
15056	tout blanc, décor fleurettes ...	0.75	1.05	1.45	1.95	2.55	3.40

Batterie de cuisine en porcelaine blanche à feu, monture démontable

N°	**Casseroles** à queue, fab^{on} courante. Diamètre c/m	10	12	14	16	18	20	22
15057	avec cercle et queue fer étamé ... la pièce	0.95	1.20	1.55	2. "	2.40	2.85	3.65
15058	porcelaine de rechange, sans monture ... "	0.55	0.70	1.05	1.55	1.70	2.10	2.60

N°	**Casseroles** à queue, fab^{on} soignée. Diamètre c/m	10	12	15	17	19	21	23
15059	avec cercle et queue fer poli nickelé ... la pièce	1.15	1.40	1.75	2.30	2.75	3.25	4.10
15060	porcelaine de rechange, sans monture ... "	0.60	0.80	1.15	1.30	2. "	2.40	3.15

N°	**Casseroles** à queue, monture à coulant ... Diam. c/m	10	12	14	16	18	20	23
15061	avec cercle et queue fer étamé, sans bec ... la pièce	1.15	1.45	1.55	2.40	2.85	3.30	4.70
15062	" " " poli nickelé, sans bec ... "	1.55	1.85	2.25	2.80	3.40	3.85	4.90
15063	porcelaine de rechange sans monture ... "	0.55	0.75	1.10	1.40	1.75	2.15	2.70
15064	avec cercle et queue fer étamé, à bec ... "	1.50	1.90	2.30	3.40	4. "	4.75	"
15065	" " " poli nickelé à bec ... "	1.90	2.30	2.70	3.80	4.40	5.15	"
15066	porcelaine de rechange, sans monture ... "	0.80	0.95	1.40	1.90	2.40	3.40	"

Casseroles à queue, intérieur blanc, extérieur croûte. Seul article de cette série se fabriquant avec l'extérieur couleur croûte.

N°	Diamètre c/m	10	12	14	16	18	20	22
15067	avec cercle et queue fer étamé ... la pièce	1.20	1.50	1.90	2.45	2.95	3.45	4.35
15068	porcelaine de rechange, sans monture ... "	0.65	0.85	1.25	1.65	2. "	2.50	3.10

N°	**Cocottes** à anses, avec couvercle ... Diam. c/m	10	12	14	16	18	20	22
15069	avec cercle fer étamé ... la pièce	1.40	1.85	2.60	3.35	4.05	4.85	6.10
15070	porcelaine de rechange s/ couv^{cle} et s/ monture ... "	0.50	0.80	1.15	1.30	1.85	2.25	2.80

N°	**Cocottes** à anses av. couv^{cle} mont^{re} à coulant .. Diam. c/m	10	12	14	16	18	20	23
15071	avec cercle fer étamé ... la pièce	1.30	2.50	3. "	3.70	4.40	5.80	6.00
15072	" " " poli nickelé ... "	2.30	3.10	3.85	4.65	5.40	6.30	7.75
15073	porcelaine de rechange, s/ couv^{cle} et s/ monture ... "	0.55	0.75	1.10	1.45	1.75	2.15	2.75

N°	**Couvercles** seuls tout porcelaine à bouton ... Diam c/m	11	13	16	18	21	23	24
15074	pour casseroles ou cocottes ... la pièce	[illegible]	[illegible]	0.70	0.90	1.15	1.40	1.75

N°	**Passoires** à queue, fabrication courante .. Diam. c/m	10	12	14	16	18	20	22
15075	avec cercle et queue fer étamé ... la pièce	1.45	1.80	2.60	2.95	3.50	4.10	5. "
15076	porcelaine de rechange sans monture ... "	0.70	1. "	1.45	1.85	2.20	2.70	3.35

15077 **Passe-thé** à queue et cercle fer étamé. Diamètre 65 m/m ... la pièce 0.70

N°	**Plats** ronds, fabrication courante ... Diamètre c/m	10	12	14	16	18	20	22
15078	avec cercle et anses fer étamé ... la pièce	0.65	0.90	1.20	1.60	2.05	2.45	2.80
15079	avec cercle et queue ... "	0.90	1.25	1.60	1.90	2.20	3. "	3.30
15080	porcelaine de rechange sans monture ... "	0.35	0.50	0.80	1.05	1.35	1.85	2.05

N°	**Plats** ronds, fabrication soignée ... Diamètre c/m	13	16	19	21	23
15081	avec cercle et anses fer poli nickelé ... la pièce	1.50	1.75	2.10	2.45	2.80
15082	porcelaine de rechange, sans monture ... "	0.60	0.85	1.10	1.40	1.70

504

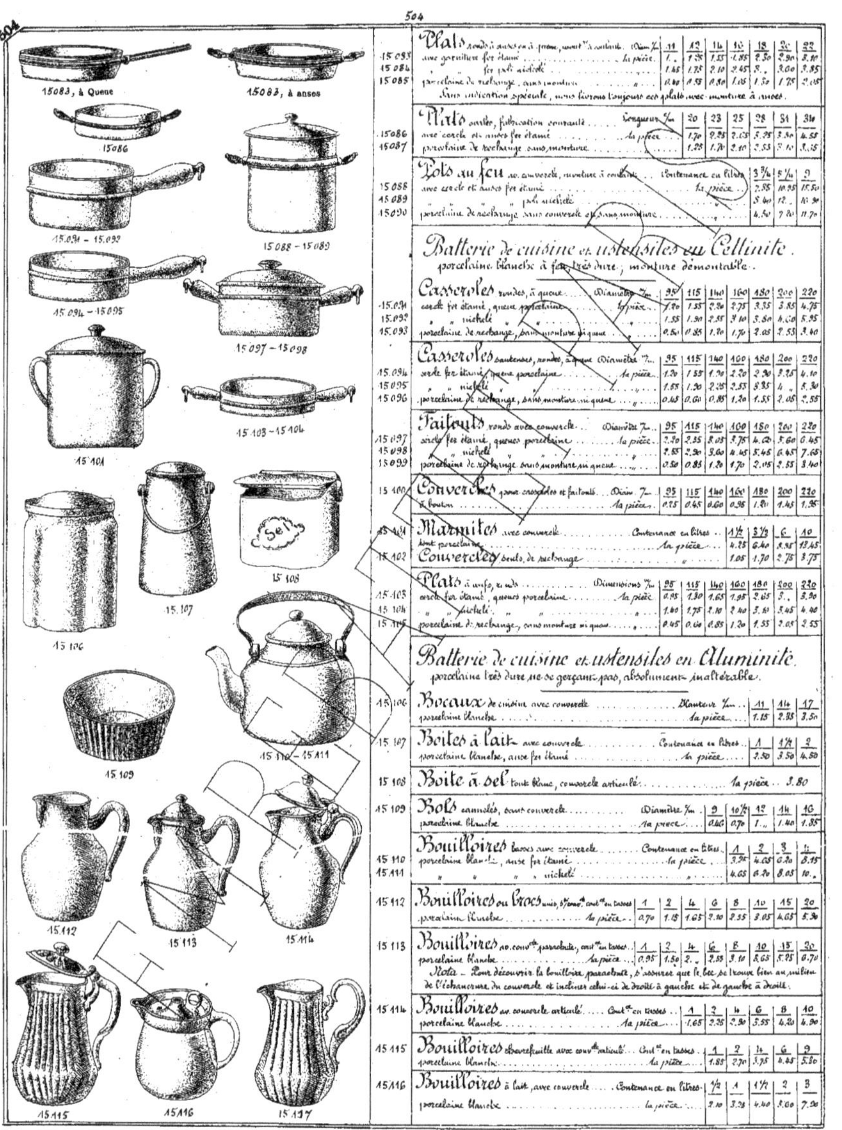

Plats ronds à anses ou à queue, mont.re à coulant.

N°		Diam. $^c/_m$	11	12	14	16	18	20	22
15 083	avec garniture fer étamé	la pièce	1. „	1.25	1.55	1.85	2.30	2.90	3.10
15 084	„ „ fer poli nickelé	„	1.45	1.75	2.10	2.45	3. „	3.00	3.85
15 085	porcelaine de rechange, sans monture	„	0.40	0.55	0.80	1.05	1.30	1.75	2.05

Sans indication spéciale, nous livrons toujours ces plats avec monture à anses.

Plats ovales, fabrication courante.

N°		Longueur $^c/_m$	20	23	25	28	31	34
15086	avec cercle et anses fer étamé	la pièce	1.70	2.25	2.05	3.25	3.30	4.55
15087	porcelaine de rechange sans monture		1.25	1.70	2.10	2.55	3.10	3.35

Pots au feu av. couvercle, monture à coulant.

N°		Contenance en litres	3 ¾	5 ¼	9
15 088	avec cercle et anses fer étamé	la pièce	7.55	10.95	15.50
15 089	„ „ „ „ poli nickelé	„	8.40	12. „	16.90
15 090	porcelaine de rechange sans couvercle et sans monture	„	4.50	7.80	11.70

Batterie de cuisine et ustensiles en Cellinite.

porcelaine blanche à feu, très dure ; monture démontable.

Casseroles rondes, à queue.

N°		Diamètre $^m/_m$	95	115	140	160	180	200	220
15 091	cercle fer étamé, queue porcelaine	la pièce	1.20	1.55	2.20	2.75	3.35	3.85	4.75
15 092	„ „ nickelé	„	1.55	1.90	2.55	3.10	3.80	4.60	5.95
15 093	porcelaine de rechange, sans monture ni queue	„	0.50	0.85	1.20	1.70	2.05	2.55	3.40

Casseroles sauteuses, rondes, à queue.

N°		Diamètre $^m/_m$	95	115	140	160	180	200	220
15 094	cercle fer étamé, queue porcelaine	la pièce	1.20	1.55	1.90	2.20	2.90	3.25	4.10
15 095	„ „ nickelé	„	1.55	1.90	2.25	2.55	3.35	4. „	5.30
15 096	porcelaine de rechange, sans monture ni queue	„	0.45	0.60	0.85	1.20	1.55	2.05	2.55

Faitouts ronds avec couvercle.

N°		Diamètre $^m/_m$	95	115	140	160	180	200	220
15 097	cercle fer étamé, queues porcelaine	la pièce	2.20	2.35	3.05	3.75	4.60	5.60	6.45
15 098	„ „ nickelé „ „	„	2.55	2.90	3.60	4.45	5.45	6.45	7.65
15 099	porcelaine de rechange sans monture ni queue	„	0.50	0.85	1.20	1.70	2.05	2.55	3.40

Couvercles pour casseroles et faitouts.

N°		Diam. $^m/_m$	95	115	140	160	180	200	220
15 100	à bouton	la pièce	0.25	0.45	0.60	0.95	1.20	1.45	1.95

Marmites avec couvercle.

N°		Contenance en litres	1 ½	3 ½	6	10
15 101	tout porcelaine	la pièce	4.25	6.40	8.95	13.45
15 102	**Couvercles** seuls, de rechange	„	1.05	1.70	2.75	3.75

Plats à œufs, ronds.

N°		Dimensions $^m/_m$	95	115	140	160	180	200	220
15 103	cercle fer étamé, queues porcelaine	la pièce	0.95	1.30	1.65	1.95	2.65	3. „	3.90
15 104	„ „ nickelé „ „	„	1.40	1.75	2.10	2.40	3.10	3.45	4.40
15 105	porcelaine de rechange, sans monture ni queue	„	0.45	0.60	0.85	1.20	1.55	2.05	2.55

Batterie de cuisine et ustensiles en Aluminite.

porcelaine très dure ne se gerçant pas, absolument inaltérable.

Bocaux de cuisine avec couvercle.

N°		Hauteur $^c/_m$	11	14	17
15 106	porcelaine blanche	la pièce	1.15	2.35	3.50

Boites à lait avec couvercle.

N°		Contenance en litres	1	1 ½	2
15 107	porcelaine blanche, anse fer étamé	la pièce	2.50	3.50	4.50

15 108 **Boite à sel** tout blanc, couvercle articulé . . . . . . la pièce . . 3.80

Bols cannelés, sans couvercle.

N°		Diamètre $^c/_m$	9	10 ½	12	14	16
15 109	porcelaine blanche	la pièce	0.46	0.70	1. „	1.40	1.85

Bouilloires basses avec couvercle.

N°		Contenance en litres	1	2	3	4
15 110	porcelaine blanche, anse fer étamé	la pièce	3.25	4.05	6.20	8.15
15 111	„ „ „ „ nickelé	„	4.65	6.20	8.05	10. „

Bouilloires ou Brocs unis, s/couv.le

N°		cont.ce en tasses	1	2	4	6	8	10	15	20
15 112	porcelaine blanche	la pièce	0.70	1.15	1.65	2.10	2.55	3.05	4.65	5.90

Bouilloires av. couv.cle parachute

N°		cont.ce en tasses	1	2	4	6	8	10	15	20
15 113	porcelaine blanche	la pièce	0.95	1.50	2. „	2.55	3.10	3.65	5.25	6.70

Nota. – Pour découvrir la bouilloire parachute, s'assurer que le bec se trouve bien au milieu de l'échancrure du couvercle et incliner celui-ci de droite à gauche et de gauche à droite.

Bouilloires av. couvercle articulé.

N°		Cont.ce en tasses	1	2	4	6	8	10
15 114	porcelaine blanche	la pièce	1.65	2.25	2.90	3.55	4.20	4.90

Bouilloires chèvrefeuille avec couv.cle articulé.

N°		Cont.ce en tasses	1	2	4	6	9
15 115	porcelaine blanche	la pièce	1.85	2.70	3.75	4.45	5.80

Bouilloires à lait, avec couvercle.

N°		Contenance en litres	½	1	1 ½	2	3
15 116	porcelaine blanche	la pièce	2.10	3.25	4.40	5.00	7.90

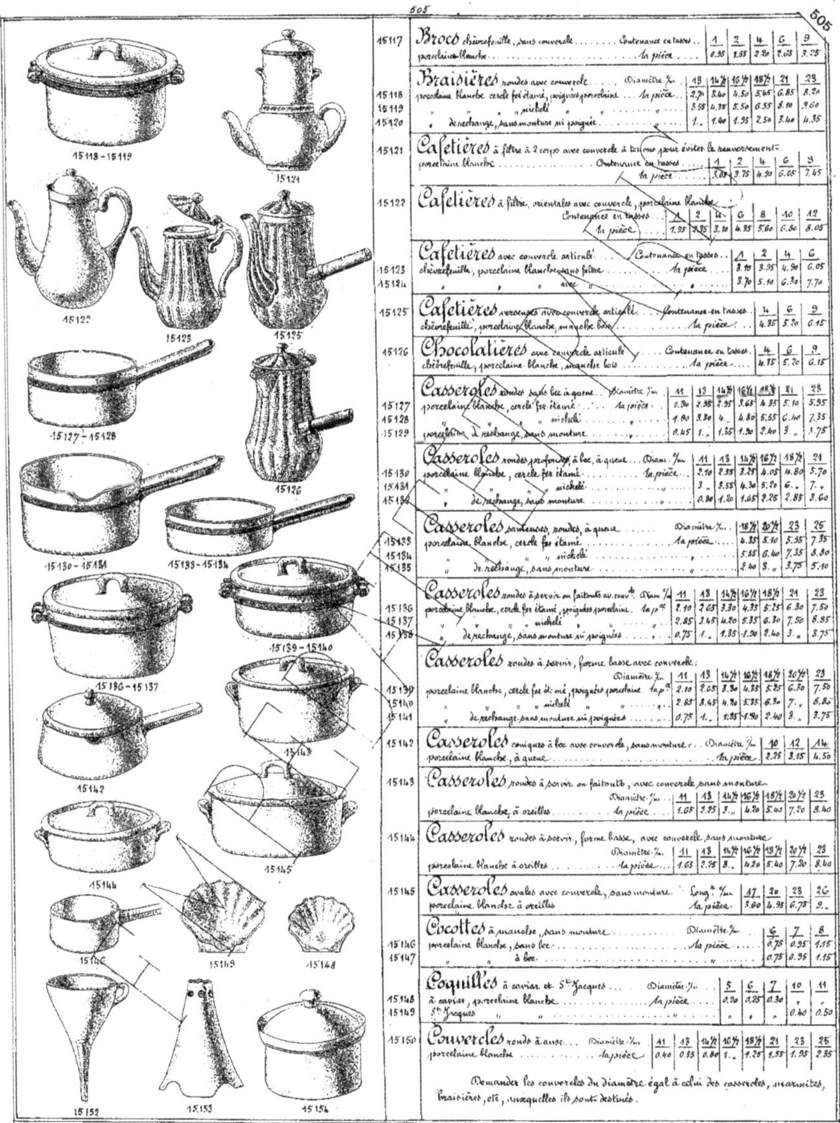

15117 **Brocs** chèvrefeuille, sans couvercle .... Contenance en tasses

N°	Désignation	1	2	4	6	9
15117	porcelaine blanche .... la pièce	0.95	1.55	2.20	2.05	3.25

Braisières rondes avec couvercle ..... Diamètre c/m

N°	Désignation	13	14½	16½	18½	21	23
15118	porcelaine blanche cercle fer étamé, poignées porcelaine ... la pièce	2.70	3.40	4.50	5.45	6.85	8.20
15119	" " " " nickelé " " .... "	3.55	4.35	5.50	6.55	8.10	9.60
15120	" de rechange, sans monture ni poignée .... "	1. "	1.40	1.95	2.50	3.40	4.35

15121 **Cafetières** à filtre à 2 corps avec couvercle à tenons pour éviter le renversement.

N°	Désignation	1	2	4	6	8
15121	porcelaine blanche .... Contenance en tasses / la pièce	3.00	3.75	4.90	6.05	7.45

15122 **Cafetières** à filtre, orientales avec couvercle, porcelaine blanche.

N°	Contenance en tasses	1	2	4	6	8	10	12
15122	la pièce	1.95	2.35	3.10	4.35	5.60	6.80	8.05

Cafetières avec couvercle articulé .... Contenance en tasses

N°	Désignation	1	2	4	6
15123	chèvrefeuille, porcelaine blanche sans filtre .... la pièce	3.10	3.95	4.90	6.05
15124	" " " avec " .... "	3.70	5.10	6.30	7.70

15125 **Cafetières** verseuses avec couvercle articulé ... Contenance en tasses

N°	Désignation	4	6	9
15125	chèvrefeuille, porcelaine blanche, manche bois .... la pièce	4.35	5.20	6.15

15126 **Chocolatières** avec couvercle articulé ..... Contenance en tasses

N°	Désignation	4	6	9
15126	chèvrefeuille, porcelaine blanche, manche bois .... la pièce	4.35	5.20	6.15

Casseroles rondes sans bec à queue .. Diamètre c/m

N°	Désignation	11	13	14½	16½	18½	21	23
15127	porcelaine blanche, cercle fer étamé ... la pièce	1.90	2.35	2.95	3.65	4.35	5.10	5.95
15128	" " " nickelé .... "	1.90	3.30	4. "	4.80	5.55	6.40	7.35
15129	porcelaine de rechange, sans monture .... "	0.45	1. "	1.35	1.90	2.40	3. "	3.75

Casseroles rondes profondes, à bec, à queue ... Diam. c/m

N°	Désignation	11	13	14½	16½	18½	21
15130	porcelaine blanche, cercle fer étamé .... la pièce	2.10	2.55	3.25	4.05	4.80	5.70
15131	" " " nickelé .... "	3. "	3.55	4.30	5.20	6. "	7. "
15132	" de rechange, sans monture .... "	0.90	1.20	1.65	2.25	2.85	3.60

Casseroles sauteuses, rondes, à queue ..... Diamètre c/m

N°	Désignation	18½	20½	23	25
15133	porcelaine blanche, cercle fer étamé .... la pièce	4.35	5.10	5.35	7.35
15134	" " " nickelé .... "	5.55	6.40	7.35	8.30
15135	" de rechange, sans monture .... "	2.40	3. "	3.75	5.10

Casseroles rondes à servir ou faitouts av. couv[le]. Diam. c/m

N°	Désignation	11	13	14½	16½	18½	21	23
15136	porcelaine blanche, cercle fer étamé, poignées porcelaine. la p[ce]	2.10	2.65	3.30	4.35	5.25	6.30	7.50
15137	" " " nickelé " " .... "	2.85	3.45	4.20	5.35	6.30	7.50	8.35
15138	" de rechange, sans monture ni poignées .... "	0.75	1. "	1.35	1.90	2.40	3. "	3.75

Casseroles rondes à servir, forme basse avec couvercle:

N°	Diamètre c/m	11	13	14½	16½	18½	20½	23
15139	porcelaine blanche, cercle fer étamé, poignées porcelaine la p[ce]	2.10	2.65	3.30	4.35	5.25	6.30	7.50
15140	" " " nickelé " " .... "	2.85	3.45	4.20	5.35	6.30	7. "	8.35
15141	" de rechange sans monture ni poignées .... "	0.75	1. "	1.35	1.90	2.40	3. "	3.75

15142 **Casseroles** coniques à bec avec couvercle, sans monture ... Diamètre c/m

N°	Désignation	10	12	14
15142	porcelaine blanche, à queue .... la pièce	2.25	3.15	4.50

15143 **Casseroles** rondes à servir ou faitouts, avec couvercle sans monture.

N°	Diamètre c/m	11	13	14½	16½	18½	20½	23
15143	porcelaine blanche, à oreilles .... la pièce	1.65	2.25	3. "	4.20	5.40	7.20	8.40

15144 **Casseroles** rondes à servir, forme basse, avec couvercle sans monture

N°	Diamètre c/m	11	13	14½	16½	18½	20½	23
15144	porcelaine blanche à oreilles .... la pièce	1.65	2.25	3. "	4.20	5.40	7.20	8.40

15145 **Casseroles** ovales avec couvercle, sans monture. Long[r] c/m

N°	Désignation	17	20	23	26
15145	porcelaine blanche à oreilles .... la pièce	3.60	4.95	6.75	9. "

Cocottes à manche, sans monture .... Diamètre c/m

N°	Désignation	6	7	8
15146	porcelaine blanche, sans bec .... la pièce	0.75	0.95	1.15
15147	" " à bec .... "	0.75	0.95	1.15

Coquilles à caviar et St-Jacques ..... Diamètre c/m

N°	Désignation	5	6	7	10	11
15148	à caviar, porcelaine blanche .... la pièce	0.20	0.25	0.30	"	"
15149	St-Jacques " " .... "	"	"	"	0.40	0.50

15150 **Couvercles** ronds à anse ... Diamètre c/m

N°	Désignation	11	13	14½	16½	18½	21	23	25
15150	porcelaine blanche .... la pièce	0.40	0.55	0.80	1. "	1.25	1.55	1.95	2.35

Demander les couvercles du diamètre égal à celui des casseroles, marmites, braisières, etc, auxquelles ils sont destinés.

15155 · 15156 · 15157 – 15158 · 15160 · 15161 · 15165 · 15162 – 15163 · 15166 · 15167 · 15169 · 15168 · 15171 · 15170 · 15172 · 15175 – 15176 · 15173 – 15174 · 15181 · 15179 · 15178 · 15180 · 15182

15151 **Couvercles** ovales à anse, porcelaine blanche

Longueur $^c/_m$	17	20	23	26
la pièce	0.95	1.25	1.70	2.35

15152 **Entonnoirs** ronds à anse, porcelaine blanche, douille à rainures

Diamètre $^c/_m$	8½	10	11	12½
la pièce	0.95	1.40	1.85	2.35

15153 **Garde-lait ou Sauve-lait** porcelaine blanche

Hauteur $^c/_m$	12	15	18
la pièce	0.95	1.40	2.10

15154 **Gites** à pâté, ronds avec couvercle, porcelaine blanche

Diamètre $^c/_m$	12½	14½	16	18	20
la pièce	1.85	2.20	2.70	3.65	4.60

15155 **Gites** à pâté, ovales avec couvercle, porcelaine blanche

Longueur $^c/_m$	17	19	21½	24	27	28½
la pièce	1.95	2.70	3.40	4.60	5.75	6.90

15156 **Marmites** bombées av. couv.[cle] porcelaine blanche, anse fer étamé

Cont.[ce] litres	½	¾	1	1½	2	4	6	8
la pièce	1.65	1.95	2.50	3.35	4.20	6.90	9.35	12.80

Marmites droites avec couvercle

	Diamètre $^c/_m$	10½	16½	21	23	25
	Contenance litres	3	4	6	8	10
15157	porcelaine blanche cercle fer étamé, poignées porcelaine, la pièce	6. „	6.90	9.45	12. „	14.90
15158	„ „ nickelé „ „ „	7. „	8. „	10.70	15.40	16.50
15159	„ de rechange sans monture ni poignées	3.40	4.25	6.05	8.05	10.50

15160 **Moules** à tarte, ronds, cannelés, porcelaine blanche

Diam. $^c/_m$	16	19	22	25	28	31	34
la pièce	0.95	1.35	1.55	1.85	2.10	3.25	4.65

15161 **Moules** à tarte, ovales, cannelés, porcelaine blanche

Longueur $^c/_m$	23	28	33	38
la pièce	1.25	1.70	2.55	4.25

Passoires rondes, gros ou petits trous

	Diamètre $^c/_m$	10	12	14	16	18	20
15162	porcelaine blanche, cercle fer étamé, poignée porcelaine . la pièce	2.50	2.95	3.65	4.50	5.30	6.10
15163	„ „ „ nickelé „ „	3.40	3.95	4.75	5.65	6.50	7.45
15164	„ de rechange sans monture ni poignée „	1.25	1.55	2. „	2.65	3.25	3.95

15165 **Passoire à thé**, ronde, tout porcelaine, à queue . . . la pièce . . 1.15

15166 **Plats** ronds, à oreilles, porcelaine blanche

Diamètre $^c/_m$	11	13	15	16	17	19	20	22	23	24	26	28	31	33
la p.[ce]	0.40	0.50	0.60	0.65	0.75	0.85	1. „	1.15	1.30	1.45	1.65	2.25	3.60	5.40

15167 **Plats** ovales à oreilles, porcelaine blanche

Long.[r] $^c/_m$	20	22	25	28	31	34	36	39	42	44
la pièce	0.75	1. „	1.30	1.65	2.05	2.50	3.25	4.15	5.70	7.35

15168 **Plats** ovales cannelés, porcelaine blanche

Longueur $^c/_m$	27	30	33	35	38
la pièce	1.75	2.05	2.50	3.25	4.15

15169 **Plats** ronds plats, porcelaine blanche

Diamètre $^c/_m$	22	25	28	31	34
la pièce	0.90	1.20	1.60	2.20	3.55

15170 **Plats** ovales plats, porcelaine blanche

Longueur $^c/_m$	25	28	31	34	36	39
la pièce	1.20	1.50	1.90	2.40	3. „	3.90

15171 **Plats** ronds creux, porcelaine blanche

Diam. $^c/_m$	17	18	20	21	23	24	25	27	28	31	34
la pièce	0.50	0.60	0.70	0.80	0.90	1.05	1.20	1.35	1.60	2.30	3.50

15172 **Plats** ovales creux, porcelaine blanche

Longueur $^c/_m$	23	26	28	31
la pièce	1.80	2.40	3. „	3.75

15173 **Plats** à pommes, porcelaine blanche

Nombre de places	1	2	3	4	6
la pièce	0.45	0.70	0.90	1.30	2.10

15174 **Plats** à escargots, porcelaine blanche

Nombre de places	6	12
la pièce	0.95	1.85

Poêlons ronds, à queue porcelaine

	Diamètre $^c/_m$	19	21	23	25
15175	porcelaine blanche, cercle fer étamé . . la pièce	2.70	3.20	3.75	4.35
15176	„ „ „ nickelé „	4.05	4.60	5.20	5.80
15177	porcelaine de rechange sans monture ni queue	0.85	1.15	1.55	1.95

15178 **Pots au feu** avec couvercle, porcelaine blanche, à anses

Diamètre $^c/_m$	9	13	15	19	21	24
Contenance en litres	1½	1	2	4	6	8
la pièce	1.65	2.50	3.75	6.30	9.80	12.80

Ramikins

	Diamètre $^c/_m$	6	7	8	9
15179	chèvrefeuille, porcelaine blanche . . la pièce	0.25	0.30	0.35	0.40
15180	cannelés „ „ „	0.25	0.35	0.40	0.45

15181 **Soufflés** ronds, cannelés porcelaine blanche

Diamètre $^c/_m$	13	15	16	18	20	22	24
la pièce	1. „	1.40	1.95	2.55	3.10	3.90	5.30

15182 **Théières russes** avec couvercle, porcelaine blanche

Contenance en tasses	1	2	4	6	8	12
la pièce	1.15	1.65	2.35	3.10	3.75	4.25

507

15183 15184 15185 15186

15187 15188 15189 15190 15197 15199

15201 15202 15203 à 15205 15206 à 15208 15209 15210 15212

15211 15216

15213 15217 – 15218 15219 15220

15214

15221 15224

15230 15235

Biberons, stérilisateurs et accessoires.

N°	Désignation		Prix
15183	**Biberons** Robert, bouchon corne flexible	le cent.	120
15184	" " bouchon liège, capsule bois	"	120
15185	" " bouchon verre rodé	"	120
15186	" " bouchon verre à vis	"	120
15187	" " limande à soupape	"	90
15188	" " limande à vis	"	90
15189	" " perfectionné sans tube	"	90
15190	**Biberons** ordinaires, à soupape	"	65
15191	**Flacons** seuls pour biberon Robert, pour bouchon corne ou liège	"	19
15192	" " " " pour bouchon verre rodé	"	25
15193	" " " " pour bouchon à vis	"	23
15194	" " " " limande à soupape	"	67
15195	" " " " perfectionné sans tube	"	60
15196	" pour biberon ordinaire à soupape	"	15

N°	Désignation		Prix
15197	**Goupillons** ou brosses pour tube de biberon, sans anneau	le paquet de 144 pièces	2.25
15198	" " " " avec anneau	"	2.70
15199	" " pour flacon de biberon, très ordinaires	le cent.	6..
15200	" " " " forts, avec bouquet	"	11.60

N°	Désignation		
15201	**Raccords** os pour biberon	le mille 17..	le cent. 2..
15202	**Rondelles** os 1er choix pour biberon	le mille 17..	le cent. 2..

N°	**Tétines** pour biberon	Longueur $^m/_m$	32	37	40
15203	feuille anglaise, noire	le paquet de 144 pièces	8.75	9.75	11.65
15204	moulées, gomme ivoire		10.90	13.15	15.75
15205	" rouge		12..	14.50	17.40

N°	**Téterelles** pour carafe	Longueur $^m/_m$	55	62	65
15206	feuille anglaise noire	le paquet de 144 pièces	19.15	21..	25.25
15207	moulées, gomme noire	"	29.25	35.25	41.35
15208	" rouge		32.25	38.30	45.40

N°	Désignation		Prix
15209	**Téterelles** genre Parfait-nourricier, feuille anglaise noire, longueur 30 $^m/_m$	le paquet de 144 pièces	25.50
15210	" à soupape feuille anglaise, noire ou rouge, longueur 55 $^m/_m$	"	30.75
15211	" genre Gouttle, avec rondelle os, longueur 67 $^m/_m$	le cent.	17.25

N°	**Tétines** pour veau	Longueur $^m/_m$	100	120	140	150
15212	feuille anglaise	la pièce	1.10	1.20	1.65	2.10

N°	Désignation		
15213	**Tube** avec feuille anglaise, pour biberon	le mètre 0.85	le kilog 31.50
15214	**Tubes** verre pour biberon, non garnis	le mille 11..	le cent. 1.25
15215	" " garnis caoutchouc	" 15..	" 1.75

N°	Désignation		Prix
15216	**Bouts** de sein, moulés caoutchouc gris, noir ou rouge	le cent.	40
15217	" " verre, modèle plat, avec tétine gomme	"	50
15218	" " " modèle à olive " "	"	60
15219	**Tire-lait** boule verre avec tube et tétine gomme	la pièce	0.95
15220	" " " " double tube avec tétine gomme et pucelle cristal	"	1.35

Stérilisateurs Robert, appareils complets avec marmite étamée

N°	Désignation		4	6	9
15221	contenance des flacons 150 grammes	Nombre de flacons / L'appareil complet	6.40	8.8.	12.15

N°	Désignation		Prix
15222	**Flacons** de rechange p^r d^o	le cent.	16..
15223	**Capuchons** obturateurs	"	37..

Stérilisateurs Robert "le Sauveur" appareils complets avec marmite étamée

N°	Désignation		4	6	9
15224	contenance des flacons 150 grammes	Nombre de flacons / L'appareil complet	10.80	15.50	20.25

N°	Désignation		Prix
15225	**Biberons** stérilisateurs "le Sauveur" complets, en boîte avec brosse	la pièce	1.65
15226	**Flacons** " " seuls	le cent.	40..
15227	**Gobelets** " " " pour flacons	"	27..
15228	**Rondelles** caoutchouc à gaille, pour flacons	"	35..
15229	**Tétines** à soupape	"	38..

Stérilisateurs du docteur Budin, appareils complets avec marmite

N°	contenance des flacons, 150 grammes	Nombre de flacons	6	9
15230	avec marmite étamée	L'appareil complet	9.70	11.50
15231	" " émaillée	"		18.60

N°	Désignation		Prix
15232	**Flacons** de rechange	le cent.	18..
15233	**Capuchons** obturateurs	"	40
15234	**Tétines** seules	"	10..

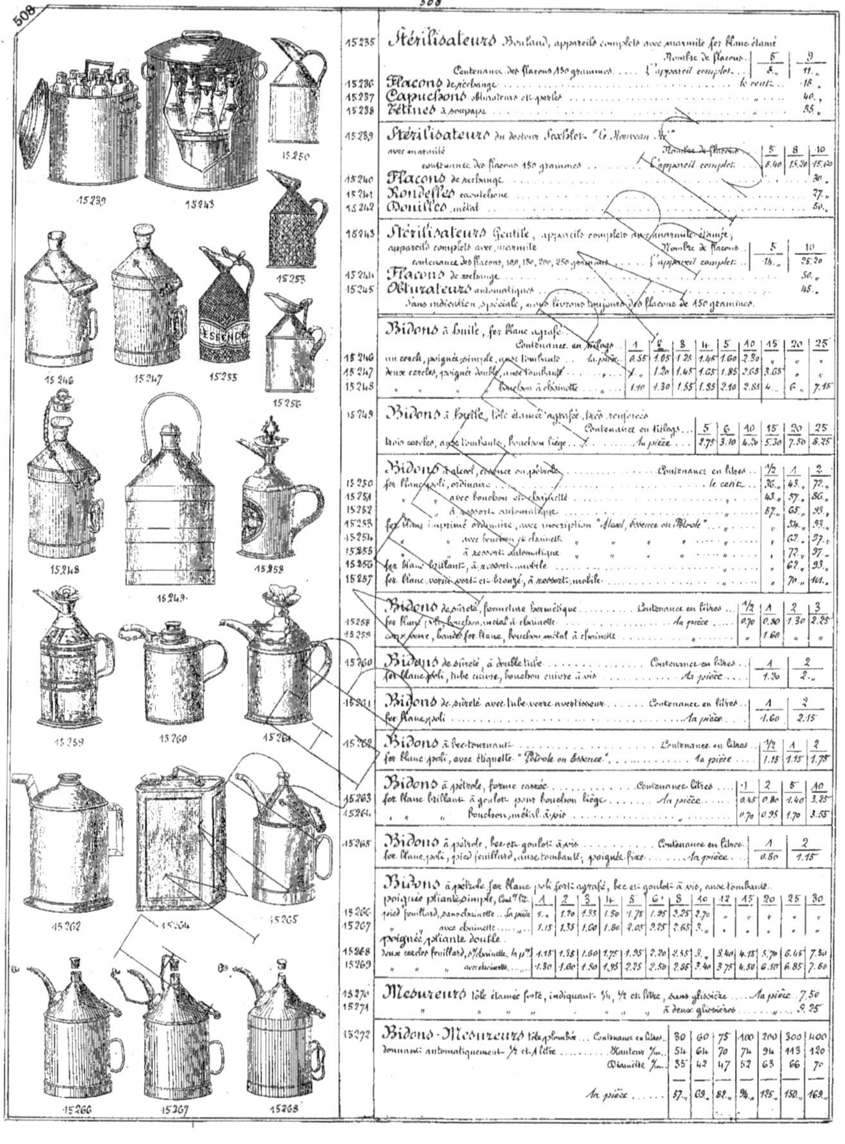

15235 **Stérilisateurs** Boulaud, appareils complets avec marmite fer blanc étamé

	Nombre de flacons	5	9
	Contenance des flacons 150 grammes . . . . l'appareil complet . .	8 „	11 „

15236 **Flacons** de rechange . . . . le cent . . 18 „
15237 **Capuchons** obturateurs et perlés . . . . „ . . 40 „
15238 **Tétines** à soupape . . . . „ . . 35 „

15239 **Stérilisateurs** du docteur Soxhlet "Le Nouveau Né"

avec marmite	Nombre de flacons	5	8	10
contenance des flacons 150 grammes	l'appareil complet . .	8.40	15.20	15.60

15240 **Flacons** de rechange . . . . 30 „
15241 **Rondelles** caoutchouc . . . . 27 „
15242 **Douilles** métal . . . . 50 „

15243 **Stérilisateurs** Gentile, appareils complets avec marmite étamée,

appareils complets avec marmite	Nombre de flacons	5	10
contenance des flacons, 100, 150, 200, 250 grammes	l'appareil complet . .	14 „	25.20

15244 **Flacons** de rechange . . . . 50 „
15245 **Obturateurs** automatiques . . . . 45 „
Sans indication spéciale, nous livrons toujours des flacons de 150 grammes.

Bidons à huile, fer blanc agrafé

		Contenance en litres . .	1	2	3	4	5	10	15	20	25
15246	un cercle, poignée simple, anse tombante . .	la pièce . .	0.55	1.05	1.25	1.45	1.60	2.30	„	„	„
15247	deux cercles, poignée double, anse tombante	„ . .	1 „	1.20	1.45	1.65	1.85	2.65	3.65	„	„
15248	„ „ „ bouchon à clarinette . .	„ . .	1.10	1.30	1.55	1.85	2.10	2.85	4 „	6 „	7.15

15249 **Bidons** à huile, tôle étamée agrafée, très renforcés

	Contenance en litres . .	5	6	10	15	20	25
trois cercles, anse tombante, bouchon liège . .	la pièce . .	2.75	3.10	4.30	5.30	7.50	8.25

Bidons à alcool, essence ou pétrole

		Contenance en litres . .	1/2	1	2
15250	fer blanc poli, ordinaire	le cent . .	36 „	45 „	72 „
15251	„ „ avec bouchon et clarinette	„ . .	43 „	57 „	86 „
15252	„ „ à ressort automatique	„ . .	57 „	65 „	93 „
15253	fer blanc imprimé ordinaire, avec inscription "Alcool, Essence ou Pétrole" . .	„ . .	„	54 „	93 „
15254	„ „ avec bouchon et clarinette „ „ „ „ . .	„ . .	„	62 „	97 „
15255	„ „ à ressort automatique „ „ „ „ . .	„ . .	„	72 „	97 „
15256	fer blanc brillant, à ressort mobile	„ . .	„	62 „	93 „
15257	fer blanc verni vert et bronzé, à ressort mobile	„ . .	„	70 „	101 „

Bidons de sûreté, fermeture hermétique

		Contenance en litres . .	1/2	1	2	3
15258	fer blanc poli, bouchon métal à clarinette	la pièce . .	0.70	0.90	1.30	2.25
15259	corps verre, bandes fer blanc, bouchon métal à clarinette . .	„ . .	„	1.60	„	„

15260 **Bidons** de sûreté, à double tube

	Contenance en litres . .	1	2
fer blanc poli, tube cuivre, bouchon cuivre à vis	la pièce . .	1.20	2 „

15261 **Bidons** de sûreté avec tube verre avertisseur

	Contenance en litres . .	1	2
fer blanc poli	la pièce . .	1.60	2.15

15262 **Bidons** à bec tournant

	Contenance en litres . .	1/2	1	2
fer blanc poli, avec étiquette "Pétrole ou Essence"	la pièce . .	1.15	1.15	1.75

Bidons à pétrole, forme carrée

		Contenance litres . .	1	2	5	10
15263	fer blanc brillant à goulot pour bouchon liège	la pièce . .	0.45	0.80	1.40	3.25
15264	„ „ „ bouchon métal à vis	„ . .	0.70	0.95	1.70	3.55

15265 **Bidons** à pétrole, bec et goulot à vis

	Contenance en litres . .	1	2
fer blanc poli, pied feuillard, anse tombante, poignée fixe	la pièce . .	0.80	1.15

Bidons à pétrole fer blanc poli fort agrafé, bec et goulot à vis, anse tombante.

	poignée pliante simple, Cont^ce lit.	1	2	3	4	5	6	8	10	12	15	20	25	30
15266	pied feuillard, sans clarinette . . la pièce	1 „	1.20	1.35	1.50	1.75	1.95	2.25	2.70	„	„	„	„	„
15267	„ „ avec clarinette . . . . „	1.15	1.35	1.60	1.80	2.05	2.35	2.65	3 „	„	„	„	„	„
	poignée pliante double													
15268	deux cercles feuillard, s/ clarinette, la p^ce	1.15	1.35	1.60	1.75	1.95	2.20	2.55	3 „	3.40	4.15	5.70	6.45	7.50
15269	„ „ „ avec clarinette . . . „	1.30	1.60	1.80	1.95	2.25	2.50	2.85	3.40	3.75	4.50	6.10	6.85	7.80

15270 **Mesureurs** tôle étamée forte, indiquant 1/4, 1/2 et litre, sans glissière . . . . la pièce 7.50
15271 „ „ „ „ „ „ „ à deux glissières . . . . „ . . 9.25

15272 **Bidons-Mesureurs** tôle plombée

	Contenance en litres . .	30	60	75	100	200	300	400
donnant automatiquement 1/2 et 1 litre	Hauteur $^c/_m$ . .	54	64	70	74	94	113	120
	Diamètre $^c/_m$ . .	35	42	47	52	63	66	70
	la pièce	57 „	69 „	82 „	94 „	125 „	150 „	169 „

15269 — 15270 — 15272 — 15273-15274 — 15275 No 1 — 15275 Nos 2, 3, 4, 5, 6, 8, 9 — 15275 Nos 7, 10 — 15277 — 15278 — 15279 — 15280 — 15281 — 15282 — 15283 — 15284 à 15286 — 15287 — 15289 — 15291 — 15292 — 15293 — 15294 — 15295 — 15296 — 15297 — 15298 — 15299-15300 15302 à 15304 — 15301 — 15303 — 15305 — 15306 — 15307 — 15308 — 15309 — 15310 — 15311 — 15312

Bidons de transport

		Contenance en litres	15	25	50	65	75	100
		Diamètre c/m	26	30	36	40	40	46
		Hauteur c/m	30	40	55	55	64	65
15273	tôle d'acier galvanisée, avec tampon	la pièce	9. "	10.15	13.25	16. "	21. "	22.50
15274	" " étamée " "	"	10.50	12. "	15.75	19.50	23.25	24. "

15275 Bocaux en verre à conserves pour ménage, fermeture hermétique fer étamé.

N°	1	2	3	4	5	6	7	8	9	10
Contenance en litres	1/4	1/2	3/4	1	1 1/2	2	1	4	3	2
Hauteur c/m	12	15	17	19	24	29	24	29	29	24
Diamètre c/m	7 1/2	9	10	11	11	11	7 1/2	15 1/2	13 1/2	10 1/2
la pièce	1.20	1.25	1.30	1.45	1.55	1.70	1.55	3.65	3.15	2.85

15276 Anneaux caoutchouc de rechange .... la pièce .. 0.35

Les bocaux N°s 7 et 10 sont spéciaux pour asperges.

Bocaux en verre à conserves pour ménage, fermeture hermétique métal à vis

		Contenance en litres	1/4	1/2	1	1 1/2	2
15277	forme ordinaire	la pièce	0.80	0.95	1.40	2.10	2.65
15278	forme haute pour cerises	"	0.75	0.90	1.25	1.85	2.35

Bocaux en verre à confitures

		Contenance grammes	250	300	350	500	750
15279	bouchage ordinaire, métal fin	le cent	44. "	48. "	53. "	61. "	"
15280	bouchage hermétique, métal à vis	"	74. "	"	"	85.	105. "

Boites à allumettes, Porte-allumettes, Briquets, etc..

Boites à allumettes

		Contenance grammes	50	100	200	300	500
15281	fer blanc décoré avec couvercle	le cent	33. "	44. "	66. "	"	"
15282	tôle d'acier vernie, avec couvercle	"	66. "	88. "	110. "	125. "	145. "

15283 Boites à allumettes fer battu émaillé blanc 1 filet

	N°	1	2
avec couvercle	la pièce	1.65	1.90

Boites à allumettes avec couvercle

		N°	1	2	3
15284	zinc nickelé, filets cuivre	la pièce	1.20	1.60	2. "
15285	cuivre jaune poli	"	2. "	2.40	2.80
15286	cuivre rouge poli	"	2.40	2.80	3.20

15287 **Boite à allumettes** hêtre naturel, couvercle à tourillons ..... la pièce ... 0.75

15288 **Boites de poche** pour allumettes bois, bois verni, savonnette à frottement .. le cent .. 10.50
15289 " " " " " " carrées à charnières ..... " .. 12. "
15290 " " " " " " ovales " ..... " .. 12.50

15291 **Boite de poche** pour allumettes bois, cuir bouilli, fond noir, frises métal . la pièce . 0.90

15292 **Boites de poche**, paravent pour allumettes bois, fer blanc nickelé .... le cent . 52. "

Boites de poche pour allumettes bois.

15293 fer blanc étamé, fermeture à ressort .... le cent .. 7.50
15294 " nickelé " " .... " .. 8.50
15295 " cuivre " " .... " .. 13. "
15296 métal nickelé fantaisie, fermeture à ressort .... " .. 22. "
15297 " " unies " " .... " .. 33. "
15298 " " fantaisie " " .... " .. 35. "
15299 plaquées cuivre poli, unies, " " .... " .. 20. "
15300 " " nickelé " " " .... " .. 28. "
15301 " " poli à médaillon " " .... " .. 28. "
15302 tout cuivre poli fort, unies " " .... " .. 40. "
15303 " " " " " grand modèle, fermeture à ressort .... " .. 52. "
15304 " " nickelé, unies, fermeture à ressort .... " .. 62. "
15305 modèle riche, métal nickelé " " .... la pièce .. 1.60
15306 " " argenté mat avec applique, fermeture à ressort .... " .. 2.65

15307 Boites à brulin cuivre poli, rondes

	Diamètre m/m	25	30
bouchon à frottement	le cent	37.50	45. "

Boites de poche pour allumettes bougie.

15308 cuivre nickelé fort, gravée à pans, fermeture à ressort .... la pièce . 0.65
15309 " " " ovale unie, fermeture à bouton .... " .. 1.05
15310 modèle riche, nickelé, unie, fermeture à ressort .... " .. 1.53
15311 " " " fantaisie " " .... " .. 1.55
15312 " " " estampée " " .... " .. 1.55
15313 " " " " " " .... " .. 1.60
15314 " " " grosses côtes " " .... " .. 1.75
15315 " " argenté mat avec applique, fermeture à ressort .... " .. [illegible]
15316 " " bronze acier et doré " " .... " .. [illegible]

510

15313 — 15314 — 15315 — 15316 — 15317 à 15320

15321 à 15323 — 15324 à 15329 — 15330 à 15332 — 15333 à 15335

15336 - 15337 — 15338 — 15339 — 15340

15341 — 15342 — 15343 — 15344 — 15345

15346 — 15347 — 15348 — 15349 — 15350

15351 — 15352 — 15353 — 15354 — 15355 — 15356

15357 — 15358 — 15359 — 15360 — 15361

15362 - 15363 — 15364

Porte-allumettes faïence petit bloc blanc, pour allumettes chimiques

N°	Désignation		Prix
15317	Porte-allumettes faïence petit bloc blanc, pour allumettes chimiques	la pièce	0.50
15318	" " " " couleur " " "	"	0.70
15319	" " " petit bloc blanc, pour allumettes suédoises	"	0.70
15320	" " " " " couleur " " "	"	0.85

Porte-allumettes porcelaine d'une seule pièce

N°	Désignation		Diamètre $^m/_m$ 75	85
15321	bloc rainé, pied décoré, pour allumettes chimiques	la pièce	0.85	1.15
15322	bloc enduit, pour allumettes suédoises, pied décoré	"	0.85	1.15
15323	" " " " " faïence, décor émaux	"	1.35	"

Porte-allumettes porcelaine et faïence

N°	Désignation		Diamètre $^m/_m$ 75	85	95
15324	socle porcelaine blanche	la pièce	"	1.40	1.55
15325	" " décorée	"	"	1.55	1.90
15326	" " avec inscription	"	"	1.80	2.15
15327	" faïence, décor émaux ordinaires	"	"	"	2.25
15328	" " " " riches	"	"	"	2.80
15329	" " avec inscription	"	"	"	3.05
15330	" fonte vernie	"	1.50	1.70	"
15331	" " recouverte cuivre poli	"	1.90	2.25	"
15332	" " " " nickelé	"	2.05	2.40	"

Porte-allumettes porcelaine

N°	Désignation		Prix
15333	socle à cuvette, fonte recouverte cuivre poli	la pièce	2.65
15334	" " " " cuivre nickelé	"	2.90
15335	" " faïence émaux riches	"	2.80
15336	à cendrier, fond cuivre poli	"	4.15
15337	" " cuivre nickelé ou bronzé	"	4.50
15338	" octogone, cuivre poli, nickelé ou bronzé	"	4.90

Porte-allumettes lumineux dans l'obscurité

N°	Désignation		Prix
15339	forme tulipe ou baril, blanc ou bleu, pied nickelé	la pièce	1.70
15340	plateau lumineux, cuivre repoussé nickelé	"	3.40
15341	porte boîte, nickelé avec verre ovale lumineux	"	2.15
15342	" " " à plateau, verre carré lumineux	"	1.70
15343	applique nickelée, verre lumineux pour allumettes chimiques et suédoises	"	1.70
15344	applique riche à cuvette " " " " "	"	2.15
15345	étui de poche lumineux cuivre nickelé pour boîte d'allumettes suédoises	"	0.65

Porte-allumettes cuir bouilli

N°	Désignation		étoiles fond noir	étoiles fond rouge	chinois noir ord^e	décor parisien
15346	forme cylindrique à festons	la pièce	0.20	0.20	0.20	0.50
15347	" conique à festons et à socle	"	"	"	0.65	"
15348	" " " et à cuvette	"	"	"	0.90	"
15349	d'applique, forme botte	"	0.45	0.45	0.45	0.80
15350	" modèle fantaisie	"	"	"	0.90	0.95

Frottoir

N°	Désignation		Prix
15351	Frottoir, nickelé, garni toile métallique pour allumettes chimiques ou suédoises	le cent	12. "

Briquets

N°	Désignation		Prix
15352	Briquets de fumeur, étoile, tube uni	le cent	11. "
15353	" " à perruque, tube uni	"	13.50
15354	" " à bascule, tube uni	"	17.50
15355	" " "Tom Pouce" tube à ressort	"	29
15356	" " à coulisse, tube gravé	"	33
15357	" " à levier, tube gravé	"	35
15358	" " en boîte métal gravé	"	33
15359	" " mécanique à meule émeri, boîte gravée	la pièce	2.80
15360	" " " " " boîte à côtes	"	3.10
15361	" " " " " boîte ronde unie	"	4. "

Mèches à briquet

N°	Désignation		Diamètre approximatif $^m/_m$ 5	6	7	8	9	10
15362	jaune orange	les cent mètres	4.50	6. "	7.50	9. "	11.25	15.
15363	fantaisie chinée	" " "	"	"	"	9.35	11.70	"

N°	Désignation		Prix
15364	Pierres silex à briquets	le mille	11.25

Blagues à tabac

N°	Désignation		Prix
15365	Blagues à tabac, métal étamé, couvercle à ressort, forme ronde	le cent	14.50
15366	" " " " " " " ovale	"	16. "
15367	" " métal nickelé uni " " " ronde	"	30. "
15368	" " " " " " " ovale	"	30. "
15369	" " " " ouvré " " " "	"	40. "

15365 15366

15370 15371 15372 15373-15374

15375 15376 15377 15378

15379 15380 15381 15382-15383

15384 15385

15389 15387-15388 15390

15392 15393 15394 15395

15398 à 15403 15405 à 15410

Blagues à tabac en caoutchouc, feuille anglaise 1re qté rouge, noire ou marbrée

		N°s	1	2	3
15370	forme ronde se fermant seule	la pièce	1.05	1.25	1.45
15371	forme demi-lune, double poche	"	1.50	1.75	1.95
15372	" carrée " "	"	1.50	1.75	1.95

15373 forme carrée, dimensions du paquet de tabac . . . . . la pièce . . . 0.50

15374 " " " " de cigarettes . . . . . " . . . 0.50

Étuis à cigarettes

15375	métal nickelé, médaillon, côtes torses, à charnières	la pièce	0.50
15376	" " petites côtes "	"	0.80
15377	" " crocodile "	"	0.80
15378	métal vieil argent, médaillon Louis XV	"	1.25
15379	" nickelé, carré, petites côtes	"	1.75
15380	" vieil argent, avec applique "	"	2.65
15381	métal nickelé uni, couvercle à ressort	"	1.05
15382	" " " sans applique, couvercle à ressort	"	1.45
15383	" " " avec applique " "	"	1.90
15384	métal, décors chromos	"	2.20

Perfore-cigare à hélice, métal blanc

15385	Perfore-cigare à hélice, métal blanc, sans étui	la pièce	2.10
15386	" " " " avec étui souple	"	2.40

Boites à asperges rectangulaires

		Dimensions m/m	24x17	25x19	28x20
15387	tole étamée forte avec couvercle	la pièce	3.85	4.40	5."

Boites à asperges

		Dimensions m/m	24x16	26x18	26x20	28x22	30x24	32x26
15388	fer battu, émaillé bleu, blanc	la pièce	4.55	5.35	6.10	6.75	7.60	8.15

Boites à brosses

			bois blanc	hêtre naturel
15389	à 4 compartiments sans couvercle	la pièce	1.65	1.95
15390	à 3 compartiments avec couvercle	"	1.95	2.25

Boites à café agrafées, couvercle intérieur

		Diamètre m/m	10	11	12	14
15391	fer blanc poli, bouton porcelaine	le cent	38."	44."	50."	66."
15392	fer blanc décoré " "	"	55."	"	72."	.

Boites à café agrafées, couvercle extérieur

		Diamètre m/m	8	10	12	14	16	18
15393	fer blanc poli sans poignée	le cent	28."	44."	55."	72."	88."	120."
15394	" " avec poignée carrée et bouton porcelaine	"	"	60."	72."	88."	110."	.

Augmentation pour décor verni faux bois . . . . . la pièce . . 0.30

" pour inscription : café, chicorée, farine, sucre . . . . . " . . . 0.20

Boites à café intérieur étamé

		Diamètre m/m	12	14	15	16	18	19	22
15395	fortes, cuivre bruni	la pièce	3.55	4.40	4.85	5.50	"	"	"
15396	extra-fortes, cuivre bruni	"	5.85	6.60	7.70	8.80	9.90	11."	13.20
15397	" " cuivre nickelé	"	7.40	8.50	9.90	11.50	13.20	14.30	16.50

Boites à clous

Boites à clous . . . . Voir page 27 - N° 801 à 810.

Boites à couteaux

grandeur table, cadet ou dessert. Pouvant contenir :

		6 couteaux	12 couteaux	6 couteaux table, 6 " dessert, service à découper manche à gigot	12 couteaux table, 12 " dessert, service à découper manche à gigot
15398	recouvertes papier, intérieur papier . . . la pièce	0.40	0.70	2.55	3.40
15399	" " " percaline . . . "	0.55	0.95	3."	4.25
15400	recouvertes papier, vignette or, intr satin uni . . "	1.05	1.70	5.10	6.80
15401	" " " " satin chiffonné . . "	1.90	3.30	8.40	11.20
15402	recouvertes peau, vignette or, intr satin et peluche "	3.75	6.55	16.85	20.60
15403	" " " " " peau rouge . . "	3.75	6.55	16.85	20.60

Boites à couteaux

Pouvant contenir :

		service à découper	couvert à salade	service à découper et manche à gigot	service à découper et couvert à salade
15405	recouvertes papier intérieur papier . . . la pièce	0.70	0.70	1.30	1.40
15406	" " " percaline . . . "	1."	1."	1.70	2."
15407	recouvertes papier, vignette or, intr satin uni . . "	1.70	1.70	2.55	3.40
15408	" " " " satin chiffonné . . "	3.30	3.30	3.75	5.60
15409	recouvertes peau, vignette or intr satin et peluche . . "	4.25	4.25	8.40	6.40
15410	" " " " " peau rouge . . "	4.25	4.25	8.40	8.40

Boites à couverts

N°		6 cafés	12 cafés	6 couverts	12 couverts
	pouvant contenir				
15411	recouvertes papier, intérieur papier ... la pièce	0.40	0.70	0.80	1.60
15412	» » » percaline ... »	0.55	0.95	0.95	1.90
15413	recouvertes papier, vignette or, intérieur satin uni ... »	1.30	1.70	1.70	3. »
15414	» » » » satin chiffonné ... »	1.90	2.35	3.30	4.25
15415	recouvertes peau, vignette or, intérieur satin et peluche ... »	3.30	4.25	7.50	13.10
15416	» » » » peau rouge ... »	3.30	4.25	7.50	13.10

Boites à couverts dites Ménagères

N°	Pouvant contenir :	demi ménagères 6 couverts, 6 cafés louche et ragoût	ménagères 12 couverts, 12 cafés louche et ragoût
15417	recouvertes papier, intérieur papier ... la pièce	2.55	3.40
15418	» » » percaline ... »	3. »	4.25
15419	recouvertes papier, vignette or, intérieur satin uni ... »	5.10	6.80
15420	» » » » satin chiffonné ... »	8.40	11.20
15421	recouvertes peau, vignette or, intérieur satin et peluche ... »	16.85	20.60
15422	» » » » peau rouge ... »	16.85	20.60

Initiales or ou prénom, toutes formes, sur boites à couteaux ou couverts. la pièce 0.50

Boites à épices fer blanc, décors riches, forme carrée, couvercle à charnière

15423 série de 4 boites avec inscriptions : café, farine, poivre, sucre ... la série ... 2. »

15424 série de 6 boites » » ... » ... 3.20

Boites à épices fer blanc agrafé, avec couvercle

N°	Diamètre ᵐ/ₘ	10	12	14
15425	rondes polies, à 4 compartiments ... la pièce	0.50	0.66	0.83
15426	rondes vernies » » ... »	0.82	1. »	1.15

Boites à épices fer blanc agrafé, avec couvercle

N°	Dimensions ᵐ/ₘ	18	20	22
15427	carrées polies à 4 compartiments et râpe à muscade ... la pièce	3.10	3.50	3.85

Boites à épices zinc nickelé

N°	Diamètre ᵐ/ₘ	7	8	9	10	11	12	13½
15428	couvercle à bouton ... la pièce	0.80	0.95	1.15	1.30	1.60	2.10	2.55

15429 par séries de 7 boites ... 10. »

Boites à épices hêtre naturel

N°	Nombre de tiroirs	1	2	3	4
15430	couvercle à tourillon ... la pièce	1.35	1.70	1.85	2. »

Boites à herboriser agrafées, charnières cuivre

N°	Longueur ᵐ/ₘ	25	30	35	40	45	50
15431	fer blanc poli, légères, sans transplantoir, sans courroie ... la pièce	»	1.55	2. »	2.40	»	»
15432	» » avec transplantoir » » ... »	»	»	3. »	3.40	»	»
15433	fer blanc poli, ordinaires, fermoir à coulisse » » ... »	1.30	2. »	2.40	2.85	3.30	3.75
15434	» verni vert ordinaires, fermoir à coulisse » » ... »	1.65	2.30	2.75	3.30	3.75	4.20
15435	» poli à compartiment » » » » ... »	»	2.65	3.20	3.65	4. »	4.50
15436	» verni vert » » » » ... »	»	2.85	3.40	4. »	4.50	5. »

15437 **Courroie** toile, pour boite à herboriser ... la pièce ... 0.55

15438 » cuir » » » ... » ... 1.65

Boites à gants cuir bouilli, longueur 28 ᵐ/ₘ fond noir

N°		chinois	delft	semis guirlande
15439	couvercle sans charnière ... la pièce	2.35	2.65	3.10
15440	couvercle avec charnière ... »	2.65	3.10	3.50

Boites à houppe, forme plate ou cloche

N°	Diamètre ᵐ/ₘ	70	80	85
15441	métal blanc à filets ... la pièce	0.60	0.80	0.95
15442	» » colorié rose et bleu ... »	0.80	1. »	1.15

Boites à houppe cuir bouilli fond noir

N°		étoiles bronze	japonais ord.re	guirlande métal	nacre mosaïque
15443	forme cylindrique, avec couvercle ... la pièce	0.55	0.65	0.70	1.40

Boites à lait et ustensiles pour laiterie.

Boites à lait agrafées, couvercle à chainette, bouton porcelaine

N°	Contenance en litres	1/4	1/2	3/4	1	1½	2	2½	3	4
15444	fer blanc ordinaire poli ... la pièce	»	»	»	0.60	»	»	»	»	»
15445	» fort poli ... »	0.45	0.50	0.60	0.72	0.88	1.10	1.30	1.55	1.85
15446	» » intérieur verre ... »	»	1.75	»	2.40	3.10	3.85	»	»	»
15447	» » » porcelaine ... »	»	»	»	2.75	»	4.30	»	»	»
15448	tôle d'acier, bouchon hermétique à ressort ... »	»	1.30	1.45	1.60	1.85	2.15	3.20	3.60	»
15449	corps porcelaine, garniture fer blanc poli ... »	2.05	2.30	2.55	2.90	3.15	3.60	»	»	»

Boites à lait fer battu émaillé

N°	Contenance en litres	4	5	6	7	8	10	12	14
15450	émail marbré ... la pièce	1.35	1.40	1.50	1.55	1.75	1.90	2.15	2.40
15451	» blanc, un filet ... »	1.35	1.40	1.50	1.55	1.75	[illegible]	2.15	2.40

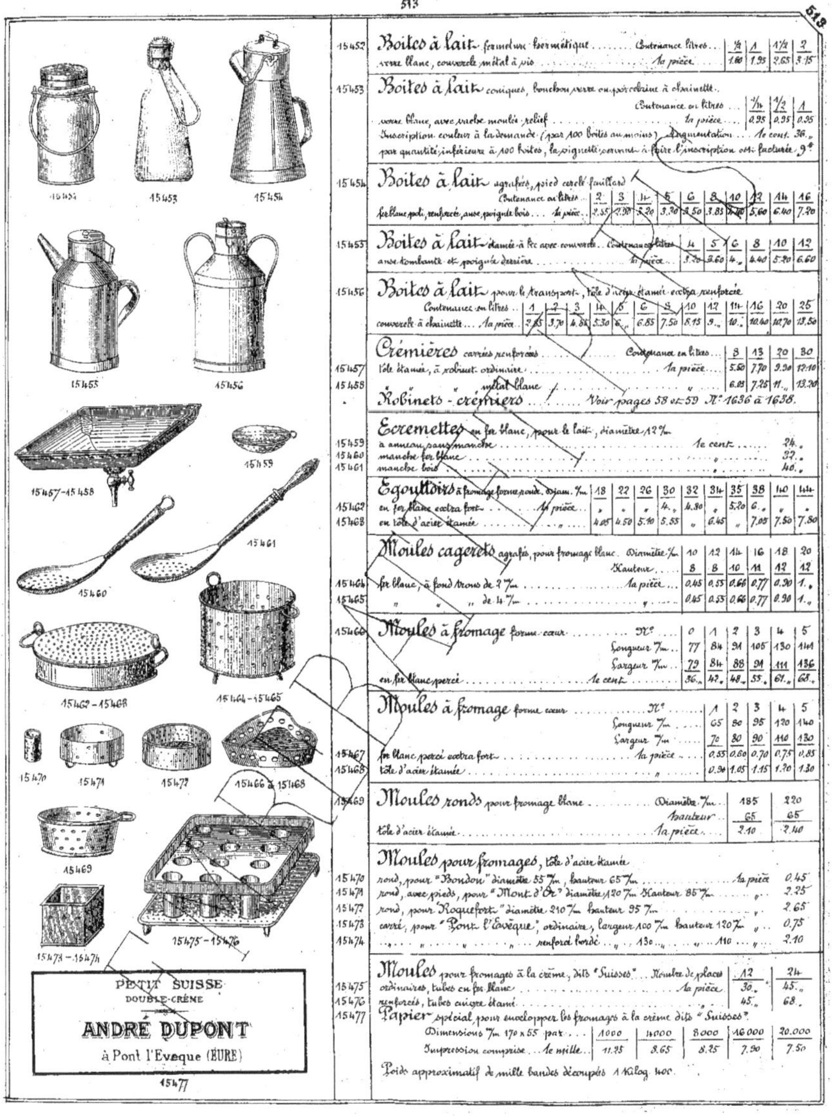

15452 **Boites à lait** fermeture hermétique

	Contenance litres	1/2	1	1 1/2	2
verre blanc, couvercle métal à vis	la pièce	1.60	1.95	2.65	3.15

15453 **Boites à lait** coniques, bouchon verre ou porcelaine à chainette.

	Contenance en litres	1/4	1/2	1
verre blanc, avec vache moulée relief	la pièce	0.95	0.95	0.95

Inscription couleur à la demande (par 100 boites au moins) Augmentation … le cent. 36.,,
par quantité inférieure à 100 boites, la vignette servant à faire l'inscription est facturée 9.,,

15454 **Boites à lait** agrafées, pied cerclé feuillard

	Contenance en litres	2	3	4	5	6	8	10	12	14	16
fer blanc poli, renforcée, anse, poignée bois	la pièce	2.55	2.90	3.20	3.30	3.50	3.85	4.40	5.60	6.40	7.20

15455 **Boites à lait** étamée à fer avec couvercle

	Contenance litres	4	5	6	8	10	12
anse tombante et poignée derrière	la pièce	3.20	3.60	4.,,	4.40	5.20	6.60

15456 **Boites à lait** pour le transport, tôle d'acier étamée extra renforcée

	Contenance en litres	1	2	3	4	5	6	8	10	12	14	16	20	25
couvercle à chainette	la pièce	2.65	3.70	4.85	5.30	6.,,	6.85	7.50	8.15	9.,,	10.,,	10.40	10.70	13.50

Crémières carrées renforcées

		Contenance en litres	8	13	20	30
15457	tôle étamée, à robinet ordinaire	la pièce	5.50	7.70	9.20	12.10
15458	" " métal blanc	"	6.05	7.25	11.,,	13.20

Robinets "crémiers" … Voir pages 58 et 59 Nos 1636 à 1638.

Ecremettes en fer blanc, pour le lait, diamètre 12 %m

15459	à anneau sans manche	le cent	24.,,
15460	manche fer blanc	"	32.,,
15461	manche bois	"	40.,,

Egouttoirs à fromage forme ronde.

		Diam. %m	18	22	26	30	32	34	35	38	40	44
15462	en fer blanc extra fort	la pièce	"	"	"	4.,,	4.80	"	5.20	6.,,	"	"
15463	en tôle d'acier étamée	"	4.05	4.50	5.10	5.55	"	6.45	"	7.05	7.50	7.80

Moules cagerets agrafés, pour fromage blanc.

		Diamètre %m	10	12	14	16	18	20
		Hauteur	8	8	10	11	12	12
15464	fer blanc, à fond trous de 2 %m	la pièce	0.45	0.55	0.66	0.77	0.90	1.,,
15465	" " " de 4 %m	"	0.45	0.55	0.66	0.77	0.90	1.,,

15466 **Moules à fromage** forme cœur

	Nos	0	1	2	3	4	5
	Longueur %m	77	84	91	105	130	141
	Largeur %m	79	84	88	91	111	136
en fer blanc percé	le cent	36.,,	42.,,	48.,,	55.,,	61.,,	68.,,

Moules à fromage forme cœur

		Nos	1	2	3	4	5
		Longueur %m	65	80	95	120	140
		Largeur %m	70	80	90	110	130
15467	fer blanc percé extra fort	la pièce	0.55	0.60	0.70	0.75	0.85
15468	tôle d'acier étamée	"	0.96	1.05	1.15	1.20	1.30

15469 **Moules ronds** pour fromage blanc

	Diamètre %m	185	220
	hauteur	65	65
tôle d'acier étamée	la pièce	2.10	2.40

Moules pour fromages, tôle d'acier étamée

15470	rond, pour "Bondon" diamètre 55 %m, hauteur 65 %m	la pièce	0.45
15471	rond, avec pieds, pour "Mont-d'Or" diamètre 120 %m Hauteur 85 %m	"	2.25
15472	rond, pour "Roquefort" diamètre 210 %m hauteur 95 %m	"	2.65
15473	carré, pour "Pont-l'Evêque", ordinaire, largeur 100 %m hauteur 120 %m	"	0.75
15474	" " " " renforcé bordé " 130 " " 110	"	2.10

Moules pour fromages à la crème, dits "Suisses"

		Nombre de places	12	24
15475	ordinaires, tubes en fer blanc	la pièce	30.,,	45.,,
15476	renforcés, tubes cuivre étamé	"	45.,,	68.,,

15477 **Papier** spécial, pour envelopper les fromages à la crème dits "Suisses".

Dimensions %m 170 x 55 par	1000	4000	8000	16 000	20.000
Impression comprise … le mille	11.25	8.65	8.25	7.90	7.50

Poids approximatif de mille bandes découpées 1 Kilog. 400.

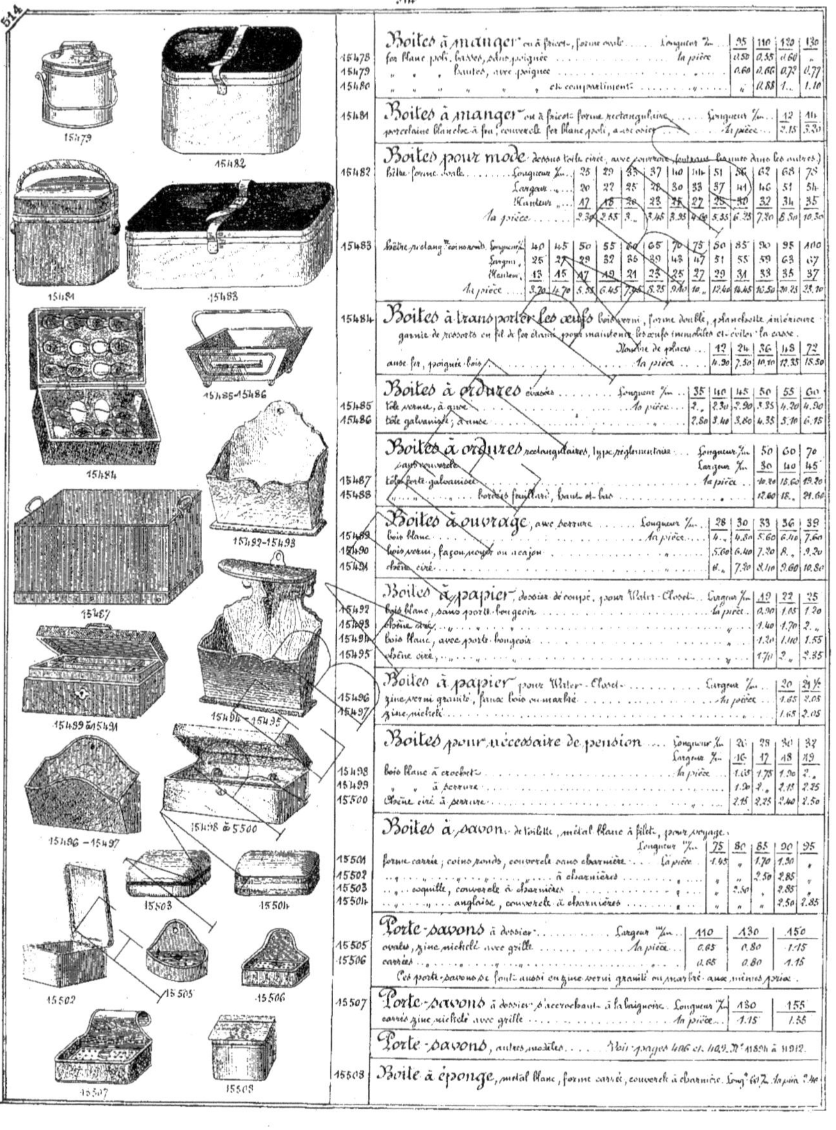

Boites à manger ou à fricot, forme ovale

N°	Désignation				
	Longueur m/m	95	110	120	130
15478	fer blanc poli, basses, sans poignée ... la pièce	0.50	0.55	0.60	„
15479	„ „ hautes, avec poignée	0.60	0.66	0.72	0.77
15480	„ „ „ „ „ , et compartiment	„	0.88	1..	1.10

Boites à manger ou à fricot, forme rectangulaire

N°	Désignation		
	Longueur m/m	12	14
15481	porcelaine blanche à feu, couvercle fer blanc poli, anse osier ... la pièce	2.15	3.20

Boites pour mode, dessus toile cirée, avec courroie (couleurs brunes dans les autres.)

N°	Désignation											
15482	hêtre forme ovale ... Longueur m/m	25	29	33	37	40	44	51	56	62	68	75
	Largeur „	20	22	25	28	30	33	37	41	46	51	54
	Hauteur „	17	18	20	23	25	27	28	30	32	34	35
	la pièce	2.30	2.65	3..	3.45	3.95	4.60	5.35	6.25	7.20	8.50	10.30

N°	Désignation													
15483	hêtre rectang.res coins ronds. Longueur m/m	40	45	50	55	60	65	70	75	80	85	90	95	100
	Largeur „	25	27	29	32	35	39	43	47	51	55	59	63	67
	Hauteur „	13	15	17	19	21	23	25	27	29	31	33	35	37
	la pièce	3.70	4.70	5.55	6.45	7.35	8.25	9.10	10..	12.40	14.45	16.50	20.25	23.10

15484 Boites à transporter les œufs

bois verni, forme double, planchette intérieure garnie de ressorts en fil de fer étamé pour maintenir les œufs immobiles et éviter la casse.

Désignation					
Nombre de places	12	24	36	48	72
anse fer, poignée bois ... la pièce	4.90	7.50	10.10	12.35	15.50

Boites à ordures évasées

N°	Désignation						
	Longueur m/m	35	40	45	50	55	60
15485	tôle vernie, à anse ... la pièce	2..	2.30	2.90	3.35	4.20	4.90
15486	tôle galvanisée, à anse	2.80	3.40	3.80	4.35	5.10	6.15

Boites à ordures rectangulaires, type réglementaire sans couvercle

N°	Désignation			
	Longueur m/m	50	60	70
	Largeur m/m	30	40	45
15487	tôle forte galvanisée ... la pièce	10.20	15.60	19.20
15488	„ „ bordée feuillard, haut et bas	12.60	18..	21.60

Boites à ouvrage, avec serrure

N°	Désignation					
	Longueur m/m	28	30	33	36	39
15489	bois blanc ... la pièce	4..	4.80	5.60	6.40	7.60
15490	bois verni, façon noyer ou acajou	5.60	6.40	7.20	8..	9.20
15491	chêne ciré	6..	7.20	8.40	9.60	10.80

Boites à papier, dossier découpé, pour Water-Closet

N°	Désignation			
	Largeur m/m	19	22	25
15492	bois blanc, sans porte-bougeoir ... la pièce	0.90	1.05	1.20
15493	chêne ciré „ „	1.40	1.70	2..
15494	bois blanc, avec porte-bougeoir	1.20	1.40	1.55
15495	chêne ciré, „ „	1.70	2..	2.35

Boites à papier pour Water-Closet

N°	Désignation		
	Largeur m/m	20	21½
15496	zinc verni granité, faux bois ou marbré ... la pièce	1.65	2.05
15497	zinc nickelé	1.65	2.05

Boites pour nécessaire de pension

N°	Désignation				
	Longueur m/m	26	28	30	32
	Largeur m/m	16	17	18	19
15498	bois blanc à crochet ... la pièce	1.65	1.75	1.90	2..
15499	„ „ à serrure	1.90	2..	2.15	2.25
15500	chêne ciré à serrure	2.15	2.25	2.40	2.50

Boites à savon de toilette, métal blanc à filet, pour voyage.

N°	Désignation					
	Longueur m/m	75	80	85	90	95
15501	forme carrée, coins ronds, couvercle sans charnière ... la pièce	1.45	„	1.70	1.90	„
15502	„ „ „ „ „ à charnières	„	„	2.50	2.85	„
15503	„ coquille, couvercle à charnières	„	2.50	„	2.85	„
15504	„ „ anglaise, couvercle à charnières	„	„	„	2.50	2.85

Porte-savons à dossier

N°	Désignation			
	Largeur m/m	110	130	150
15505	ovales, zinc nickelé avec grille ... la pièce	0.65	0.80	1.15
15506	carrés	0.65	0.80	1.15

Ces porte-savons se font aussi en zinc verni granité ou marbré aux mêmes prix.

Porte-savons à dossier s'accrochant à la baignoire

N°	Désignation		
	Longueur m/m	130	155
15507	carrés zinc nickelé avec grille ... la pièce	1.15	1.35

Porte-savons, autres modèles

Voir pages 406 et 409, N° 11894 à 11912.

15508 Boite à éponge, métal blanc, forme carrée, couvercle à charnière. Longr 60 m/m la pièce 2.40

515

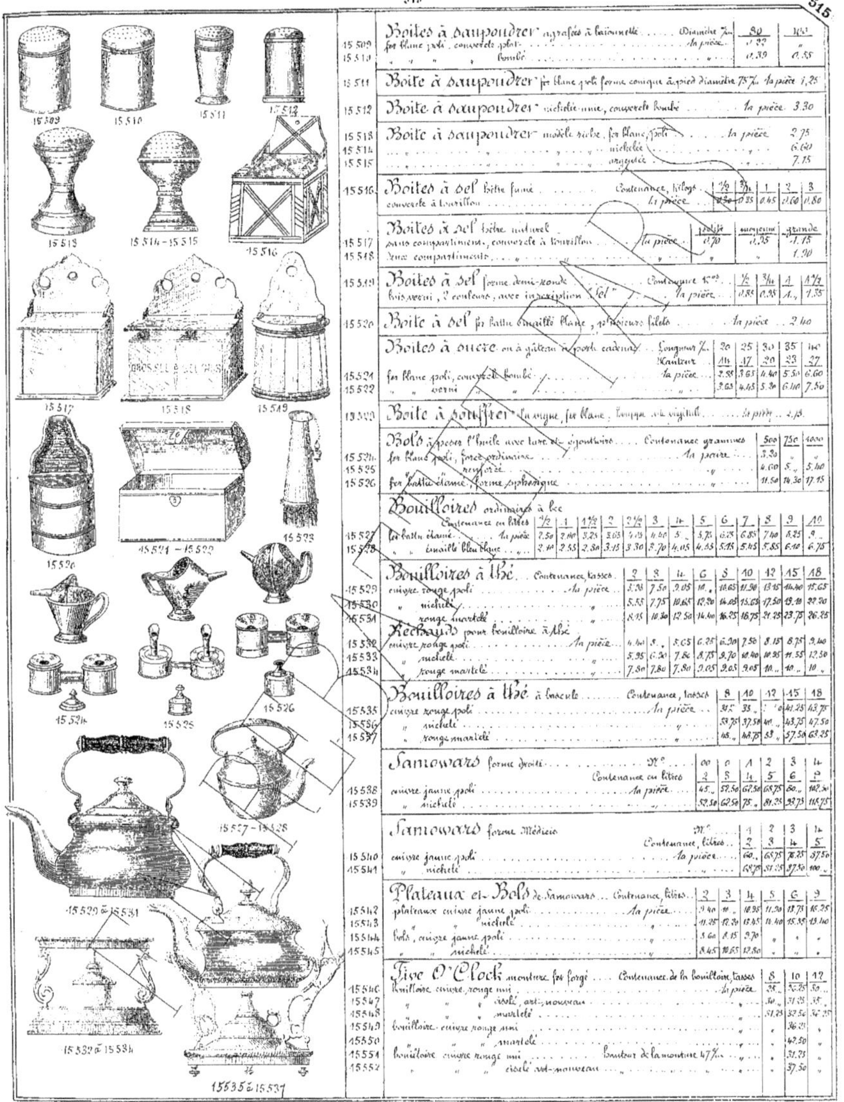

Boites à saupoudrer agrafées à baïonnette

N°		Diamètre ‰ 80	100
15 509	fer blanc poli, couvercle plat ... la pièce	0.22	"
15 510	" " " bombé ... "	0.39	0.55

15 511 **Boite à saupoudrer** fer blanc poli forme conique à pied diamètre 75 ‰ la pièce 1,25

15 512 **Boite à saupoudrer** nickelée unie, couvercle bombé ... la pièce 3.30

Boite à saupoudrer modèle riche, fer blanc, poli

N°		
15 513	fer blanc, poli ... la pièce	2.75
15 514	nickelée ... "	6.60
15 515	argentée ... "	7.15

Boites à sel hêtre fumé

N°	Contenance, kilogs	1/2	3/4	1	2	3
15 516	couvercle à tourillon ... la pièce	0.30	0.35	0.45	0.60	0.80

Boites à sel hêtre naturel

N°		petite	moyenne	grande
15 517	sans compartiments, couvercle à tourillon ... la pièce	0.70	0.95	1.15
15 518	deux compartiments ... "	"	"	1.90

Boites à sel forme demi-ronde

N°	Contenance k^os	1/2	3/4	1	1 1/2
15 519	bois verni, 2 couleurs, avec inscription "Sel" ... la pièce	0.85	0.95	1.	1.35

15 520 **Boite à sel** fer battu émaillé blanc, plusieurs filets ... la pièce 2.40

Boites à sucre ou à gâteau à porte cadenas

N°	Longueur ‰	20	25	30	35	40
	Hauteur	14	17	20	23	27
15 521	fer blanc poli, couvercle bombé ... la pièce	2.85	3.65	4.40	5.50	6.60
15 522	" " verni ... "	3.65	4.45	5.30	6.40	7.50

15 523 **Boite à souffrer** la vigne, fer blanc, [illegible] ... la pièce 2.15

Bols à peser l'huile avec tare et égouttoire

N°	Contenance grammes	500	750	1000
15 524	fer blanc poli, force ordinaire ... la pièce	3.20	"	"
15 525	" renforcé ... "	4.60	5.	5.40
15 526	fer battu étamé, forme sphérique ... "	11.50	14.30	17.15

Bouilloires ordinaires à bec

N°	Contenance en litres	1/2	1	1 1/2	2	2 1/2	3	4	5	6	7	8	9	10
15 527	fer battu étamé ... la pièce	2.50	2.40	3.25	3.65	4.15	4.40	5.	5.75	6.25	6.85	7.40	8.25	9.
15 528	" " émaillé bleu blanc ... "	2.40	2.55	2.80	3.15	3.30	3.70	4.05	4.55	5.15	5.45	5.85	6.10	6.75

Bouilloires à thé

N°	Contenance, tasses	2	3	4	6	8	10	12	15	18
15 529	cuivre rouge poli ... la pièce	5.35	7.50	9.05	10.	10.65	11.90	13.15	14.40	15.65
15 530	" nickelé ... "	5.55	7.75	10.65	12.20	14.05	15.65	17.50	19.10	22.20
15 531	rouge martelé ... "	8.15	10.30	12.50	14.40	16.25	16.75	21.25	23.75	26.25
	Réchauds pour bouilloire à thé									
15 532	cuivre rouge poli ... la pièce	4.40	5.	5.65	6.25	6.90	7.50	8.15	8.75	9.40
15 533	" nickelé ... "	5.95	6.30	7.86	8.75	9.70	10.40	10.95	11.55	12.50
15 534	" rouge martelé ... "	7.80	7.80	7.80	9.05	9.05	9.05	10.	10.	10.

Bouilloires à thé à bascule

N°	Contenance, tasses	8	10	12	15	18
15 535	cuivre rouge poli ... la pièce	31.25	33.	[illegible]	41.25	43.75
15 536	" nickelé ... "	33.75	37.50	40.	43.75	47.50
15 537	" rouge martelé ... "	45.	48.75	53.	57.50	63.25

Samowars forme droite

N°	N°	00	0	1	2	3	4
	Contenance en litres	2	3	4	5	6	9
15 538	cuivre jaune poli ... la pièce	45.	57.50	62.50	68.75	80.	102.50
15 539	" nickelé ... "	52.50	62.50	75.	81.25	93.75	118.75

Samowars forme Médicis

N°	N°	1	2	3	4
	Contenance, litres	2	3	4	5
15 540	cuivre jaune poli ... la pièce	60.	68.75	78.25	87.50
15 541	" nickelé ... "	68.75	81.25	87.50	100.

Plateaux et Bols de Samowars

N°	Contenance, litres	2	3	4	5	6	9
15 542	plateaux cuivre jaune poli ... la pièce	9.40	11.	10.95	11.90	13.75	16.25
15 543	" " nickelé ... "	11.25	12.30	13.45	14.40	15.35	19.40
15 544	bols, cuivre jaune poli ... "	5.60	8.15	9.70	"	"	"
15 545	" " nickelé ... "	8.45	10.65	12.80	"	"	"

Five O'Clock monture fer forgé

N°	Contenance de la bouilloire, tasses	8	10	12
15 546	bouilloire cuivre rouge uni ... la pièce	25.	26.25	30.
15 547	" " " ciselé, art-nouveau ... "	30.	31.25	35.
15 548	" " " martelé ... "	31.25	32.50	36.25
15 549	bouilloire cuivre rouge uni ... "	"	36.25	"
15 550	" " " martelé ... "	"	42.50	"
15 551	bouilloire cuivre rouge uni, hauteur de la monture 47 ‰ ... "	"	31.25	"
15 552	" " " ciselé art-nouveau ... "	"	37.50	"

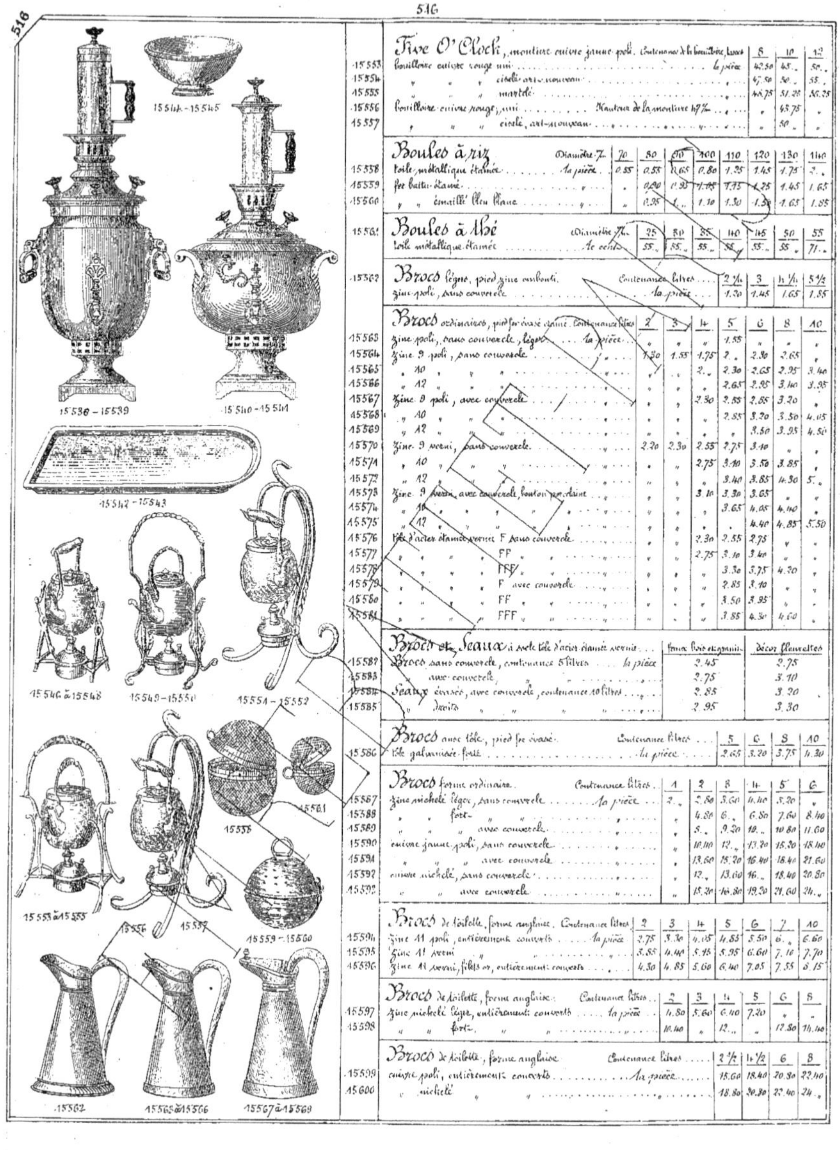

Five O'Clock, monture cuivre jaune poli.

N°	Contenance de la bouilloire, litres	8	10	12
15553	bouilloire cuivre rouge uni . . . . . la pièce	42.50	45. »	50. »
15554	» » » ciselé art-nouveau	47.50	50. »	55. »
15555	» » » martelé	46.75	51.25	56.25
15556	bouilloire cuivre rouge, uni . . . Hauteur de la monture 47 %	»	43.75	»
15557	» » » ciselé, art-nouveau	»	50. »	»

Boules à riz

N°	Diamètre %	70	80	90	100	110	120	130	140
15558	toile métallique étamée . . . la pièce	0.55	0.55	0.65	0.80	1.25	1.45	1.75	2. »
15559	fer battu étamé	»	0.90	0.95	1.05	1.15	1.25	1.45	1.65
15560	» » émaillé bleu blanc	»	0.95	1. »	1.10	1.30	1.50	1.65	1.85

Boules à thé

N°	Diamètre %	25	30	35	40	45	50	55
15561	toile métallique étamée . . . le cent	55. »	55. »	55. »	55. »	55. »	55. »	71. »

Brocs légers, pied zinc embouti.

N°	Contenance litres	2 ½	3	4 ½	5 ½
15562	zinc poli, sans couvercle . . . la pièce	1.30	1.45	1.65	1.85

Brocs ordinaires, pied fer évasé étamé.

N°	Contenance litres	2	3	4	5	6	8	10
15563	zinc poli, sans couvercle, léger . . . la pièce	»	»	»	1.55	»	»	»
15564	zinc 9 poli, sans couvercle	1.30	1.55	1.75	2. »	2.30	2.65	»
15565	» 10 » » »	»	»	2. »	2.30	2.65	2.95	3.40
15566	» 12 » » »	»	»	»	2.65	2.95	3.40	3.95
15567	zinc 9 poli, avec couvercle	»	»	2.30	2.55	2.85	3.20	»
15568	» 10 » » »	»	»	»	2.85	3.20	3.50	4.05
15569	» 12 » » »	»	»	»	»	3.50	3.95	4.50
15570	zinc 9 verni, sans couvercle	2.20	2.30	2.55	2.75	3.10	»	»
15571	» 10 » » »	»	»	2.75	3.10	3.50	3.85	»
15572	» 12 » » »	»	»	»	3.40	3.85	4.30	5. »
15573	zinc 9 verni, avec couvercle, bouton porcelaine	»	»	3.10	3.30	3.65	»	»
15574	» 10 » » »	»	»	»	3.65	4.05	4.40	»
15575	» 12 » » »	»	»	»	»	4.40	4.85	5.50
15576	tôle d'acier étamée vernie F sans couvercle	»	»	2.30	2.55	2.75	»	»
15577	» » » » FF » »	»	»	2.75	3.10	3.40	»	»
15578	» » » » FFF » »	»	»	»	3.30	3.75	4.20	»
15579	» » » » F avec couvercle	»	»	»	2.85	3.10	»	»
15580	» » » » FF » »	»	»	»	3.50	3.95	»	»
15581	» » » » FFF » »	»	»	»	3.85	4.30	4.60	»

Brocs et Seaux à socle tôle d'acier étamée vernie

N°		faux bois et granit	décor fleurettes
15582	Brocs sans couvercle, contenance 5 litres . . . la pièce	2.45	2.75
15583	» avec couvercle, » »	2.75	3.10
15584	Seaux évasés, avec couvercle, contenance 10 litres	2.85	3.20
15585	» droits » » » »	2.95	3.30

Brocs avec tôle, pied fer évasé.

N°	Contenance litres	5	6	8	10
15586	tôle galvanisée forte . . . la pièce	2.65	3.20	3.75	4.30

Brocs forme ordinaire.

N°	Contenance litres	1	2	3	4	5	6
15587	zinc nickelé léger, sans couvercle . . . la pièce	2. »	2.80	3.60	4.40	5.20	»
15588	» » fort » »	»	4.80	6. »	6.80	7.60	8.40
15589	» » » avec couvercle	»	8. »	9.20	10. »	10.80	11.60
15590	cuivre jaune poli, sans couvercle	»	10.40	12. »	13.20	15.20	18.40
15591	» » » avec couvercle	»	13.60	15.20	16.40	18.40	21.60
15592	cuivre nickelé, sans couvercle	»	12. »	13.60	16. »	18.40	20.80
15593	» » avec couvercle	»	15.20	16.80	19.20	21.60	24. »

Brocs de toilette, forme anglaise.

N°	Contenance litres	2	3	4	5	6	7	10
15594	zinc 11 poli, entièrement couverts . . . la pièce	2.75	3.30	4.05	4.85	5.50	6. »	6.60
15595	zinc 11 verni » »	3.85	4.40	5.15	5.95	6.60	7.10	7.70
15596	zinc 11 verni, filets or, entièrement couverts	4.30	4.85	5.60	6.40	7.05	7.55	8.15

Brocs de toilette, forme anglaise.

N°	Contenance litres	2	3	4	5	6	8
15597	zinc nickelé léger, entièrement couverts . . . la pièce	4.80	5.60	6.40	7.20	»	»
15598	» » fort » »	10.40	»	12. »	»	12.80	14.40

Brocs de toilette, forme anglaise

N°	Contenance litres	2 ½	4 ½	6	8
15599	cuivre poli, entièrement couverts . . . la pièce	15.60	18.40	20.80	22.40
15600	» nickelé » »	18.80	20.80	22.40	24. »

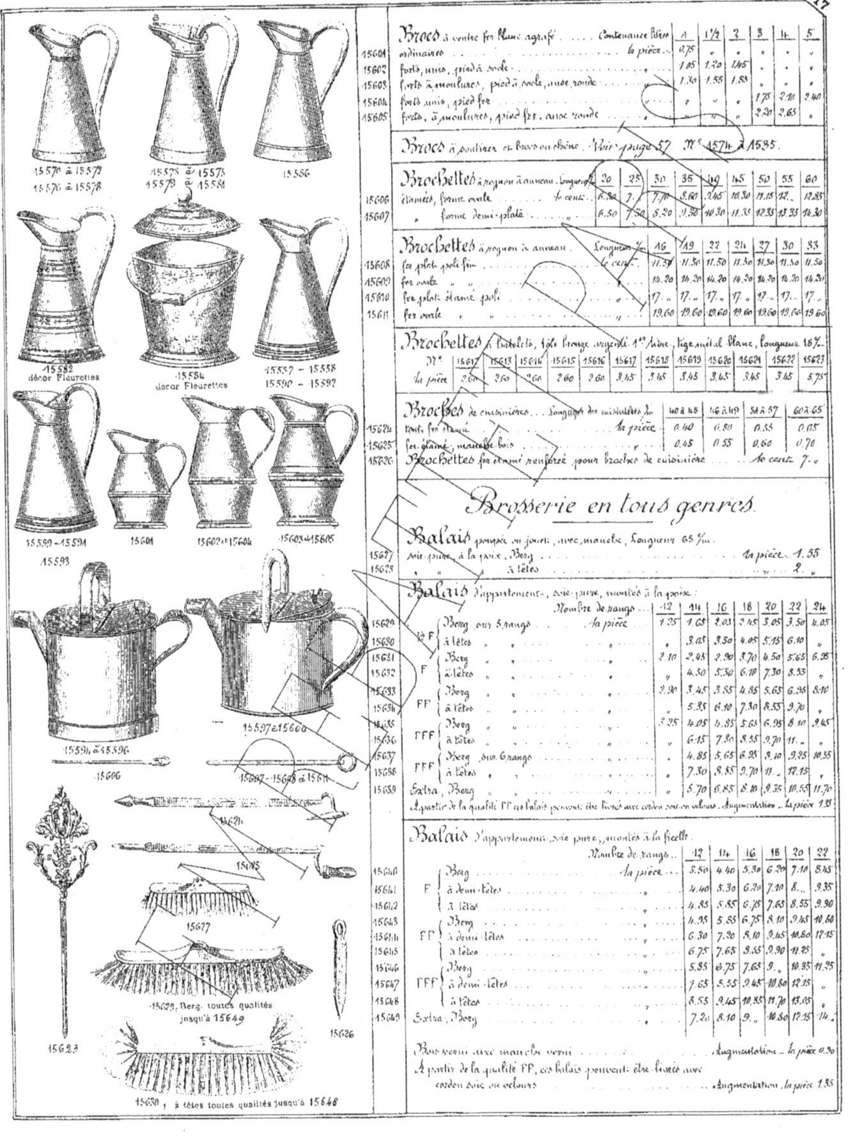

Brocs à ventre fer blanc agrafé

N°		Contenance litres	1	1½	2	3	4	5
15601	ordinaires	la pièce	0.75	"	"	"	"	"
15602	forts, unis, pied à socle	"	1.05	1.20	1.45	"	"	"
15603	forts à moulures, pied à socle, anse ronde	"	1.30	1.55	1.85	"	"	"
15604	forts unis, pied fer	"	"	"	"	1.75	2.10	2.40
15605	forts, à moulures, pied fer, anse ronde	"	"	"	"	2.20	2.65	"

Brocs à poutiner et brocs en chêne. Voir page 57 Ns 1574 à 1585.

Brochettes à pognon à anneau.

N°		Longueur %	20	25	30	35	40	45	50	55	60
15606	étamées, forme ovale	le cent	6.30	7. "	7.70	8.60	9.45	10.30	11.15	12. "	12.85
15607	" forme demi-plate	"	6.50	7.30	8.20	9.30	10.30	11.35	12.35	13.35	14.30

Brochettes à pognon à anneau.

N°		Longueur %	16	19	22	24	27	30	33
15608	fer plat poli fin	le cent	11.50	11.50	11.50	11.50	11.50	11.50	11.50
15609	fer ovale " "	"	14.20	14.20	14.20	14.20	14.20	14.20	14.20
15610	fer plat étamé poli	"	17. "	17. "	17. "	17. "	17. "	17. "	17. "
15611	fer ovale " "	"	19.60	19.60	19.60	19.60	19.60	19.60	19.60

Brochettes à hâtelets, tête bronze argentée 1er titre, tige métal blanc, longueur 18%.

N°	15612	15613	15614	15615	15616	15617	15618	15619	15620	15621	15622	15623
la pièce	2.60	2.60	2.60	2.60	2.60	3.45	3.45	3.45	3.45	3.45	3.45	5.75

Broches de cuisinières... Longueur des cuisinières %

N°			40 à 45	46 à 49	51 à 57	60 à 65
15624	tout fer étamé	la pièce	0.40	0.50	0.55	0.65
15625	fer étamé, manche bois	"	0.45	0.55	0.60	0.70

15626 **Brochettes** fer étamé renforcé pour broches de cuisinière ... le cent 7. "

Brosserie en tous genres.

Balais poupée ou jouet, avec manche, longueur 65 %.

15627 soie pure, à la poix, Berg ... la pièce 1.55

15628 " " à têtes ... " 2. "

Balais d'appartement, soie pure, montés à la poix :

N°	Qualité		Nombre de rangs	12	14	16	18	20	22	24
15629	½ F	Berg sur 5 rangs	la pièce	1.25	1.65	2.05	2.45	3.05	3.50	4.05
15630		à têtes	"	"	3.05	3.50	4.05	5.15	6.10	"
15631	F	Berg	"	2.10	2.45	2.90	3.70	4.50	5.65	6.95
15632		à têtes	"	"	4.50	5.30	6.10	7.30	8.55	"
15633	FF	Berg	"	2.90	3.45	3.85	4.85	5.65	6.95	8.10
15634		à têtes	"	"	5.35	6.10	7.30	8.55	9.70	"
15635	FFF	Berg	"	3.25	4.05	4.85	5.65	6.95	8.10	9.45
15636		à têtes	"	"	6.15	7.30	8.55	9.70	11. "	"
15637	FFF	Berg sur 6 rangs	"	"	4.85	5.65	6.95	8.10	9.25	10.55
15638		à têtes	"	"	7.30	8.55	9.70	11. "	12.15	"
15639	Extra	Berg	"	"	5.70	6.85	8.10	9.35	10.55	11.70

À partir de la qualité FF ces balais peuvent être livrés avec cordon soie ou velours. Augmentation ... la pièce 1.35

Balais d'appartement, soie pure, montés à la ficelle.

N°	Qualité		Nombre de rangs	12	14	16	18	20	22
15640	F	Berg	la pièce	3.50	4.40	5.30	6.20	7.10	8.45
15641		à demi-têtes	"	4.40	5.30	6.20	7.10	8. "	9.35
15642		à têtes	"	4.85	5.85	6.75	7.65	8.55	9.90
15643	FF	Berg	"	4.95	5.85	6.75	8.10	9.45	10.60
15644		à demi-têtes	"	6.30	7.20	8.10	9.45	10.80	12.15
15645		à têtes	"	6.75	7.65	8.55	9.90	11.25	"
15646	FFF	Berg	"	5.85	6.75	7.65	9. "	10.35	11.25
15647		à demi-têtes	"	7.65	8.55	9.45	10.80	12.15	"
15648		à têtes	"	8.55	9.45	10.35	11.70	13.05	"
15649	Extra	Berg	"	7.20	8.10	9. "	10.80	12.15	14. "

Bois verni avec manche verni ... Augmentation — la pièce 0.30

À partir de la qualité FF, ces balais peuvent être livrés avec cordon soie ou velours ... Augmentation la pièce 1.35

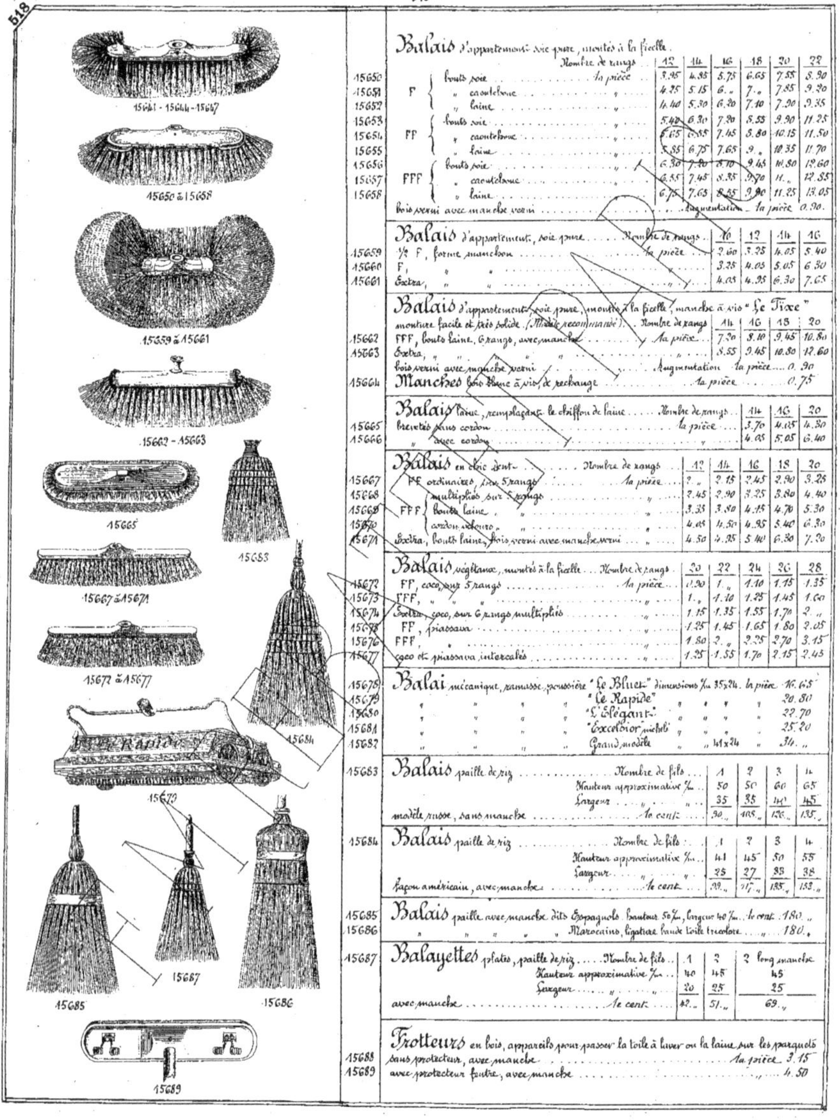

15641 - 15644 - 15647

15650 à 15658

15659 à 15661

15662 - 15663

15665

15683

15667 à 15671

15672 à 15677

15684

15679

15685

15687

15686

15689

Balais d'appartement, soie pure, montés à la ficelle.

			12	14	16	18	20	22
		Nombre de rangs	12	14	16	18	20	22
15650	F	bouts soie . . . la pièce	3.95	4.35	5.75	6.65	7.55	8.90
15651	F	„ caoutchouc . . . „	4.25	5.15	6. „	7. „	7.85	9.20
15652	F	„ laine . . . „	4.40	5.30	6.20	7.10	7.90	9.35
15653	FF	bouts soie . . . „	5.40	6.30	7.20	8.55	9.90	11.25
15654	FF	„ caoutchouc . . . „	5.65	6.55	7.45	8.80	10.15	11.50
15655	FF	„ laine . . . „	5.85	6.75	7.65	9. „	10.35	11.70
15656	FFF	bouts soie . . . „	6.30	7.20	8.10	9.45	10.80	12.60
15657	FFF	„ caoutchouc . . . „	6.55	7.45	8.35	9.70	11. „	12.85
15658	FFF	„ laine . . . „	6.75	7.65	8.55	9.90	11.25	13.05

bois verni avec manche verni . . . Augmentation — la pièce 0.90.

Balais d'appartement, soie pure

		10	12	14	16
	Nombre de rangs	10	12	14	16
15659	½ F, forme manchon . . . la pièce	2.60	3.25	4.05	5.40
15660	F, „ „ . . .	3.25	4.05	5.05	6.30
15661	Extra, „ „ . . . „	4.05	4.95	6.30	7.65

Balais d'appartement, soie pure, montés à la ficelle, manche à vis "Le Fixe" monture facile et très solide. (Modèle recommandé).

		14	16	18	20
	Nombre de rangs	14	16	18	20
15662	FFF, bouts laine, 6 rangs, avec manche . . . la pièce	7.20	8.10	9.45	10.80
15663	Extra, „ „ „ „ . . . „	8.55	9.45	10.80	12.60

bois verni avec manche verni . . . Augmentation la pièce . . . 0.90

15664 **Manches** bois blanc à vis, de rechange . . . la pièce . . . 0.75

Balais laine, remplaçant le chiffon de laine

		14	16	20
	Nombre de rangs	14	16	20
15665	brevetés sans cordon . . . la pièce	3.70	4.05	4.30
15666	„ avec cordon . . . „	4.05	5.05	6.40

Balais en crin dent [illegible]

		12	14	16	18	20
	Nombre de rangs	12	14	16	18	20
15667	FF ordinaires, sur 5 rangs . . . la pièce	2. „	2.15	2.45	2.90	3.25
15668	FFF multipliés sur 5 rangs . . . „	2.45	2.90	3.25	3.80	4.40
15669	FFF bouts laine „ . . . „	3.35	3.80	4.15	4.70	5.30
15670	FFF cordon velours „ . . . „	4.05	4.50	4.95	5.40	6.30
15671	Extra, bouts laine, bois verni avec manche verni . . . „	4.50	4.95	5.40	6.30	7.20

Balais végétaux, montés à la ficelle

		20	22	24	26	28
	Nombre de rangs	20	22	24	26	28
15672	FF, coco, sur 5 rangs . . . la pièce	0.90	1. „	1.10	1.15	1.35
15673	FFF, „ „ „ . . . „	1. „	1.10	1.25	1.45	1.60
15674	Extra, coco, sur 6 rangs multipliés . . . „	1.15	1.35	1.55	1.70	2. „
15675	FF, piassava . . . „	1.25	1.45	1.65	1.80	2.05
15676	FFF, „ . . . „	1.80	2. „	2.25	2.70	3.15
15677	coco et piassava intercalés . . . „	1.25	1.55	1.70	2.15	2.45

15678 **Balai** mécanique, ramasse-poussière "Le Bluet" dimensions m/m 35x24. la pièce 16.65
15679 „ „ „ „ "Le Rapide" „ „ „ „ 20.80
15680 „ „ „ „ "L'Élégant" „ „ „ „ 22.70
15681 „ „ „ „ "Excelsior" nickelé „ „ „ „ 25.20
15682 „ „ „ „ Grand modèle „ „ 41x24 „ 34. „

15683 **Balais** paille de riz

	1	2	3	4
Nombre de fils	1	2	3	4
Hauteur approximative m/m	50	50	60	65
Largeur „ „	35	35	40	45
modèle russe, sans manche . . . le cent	90. „	105. „	126. „	135. „

15684 **Balais** paille de riz

	1	2	3	4
Nombre de fils	1	2	3	4
Hauteur approximative m/m	41	45	50	55
Largeur „ „	25	27	33	38
façon américain, avec manche . . . le cent	99. „	117. „	135. „	153. „

15685 **Balais** paille avec manche dits Espagnols hauteur 50 m/m, largeur 40 m/m . . le cent 180. „
15686 „ „ „ „ „ Marocains, ligature bande toile tricolore . . . „ . . 180. „

15687 **Balayettes** plates, paille de riz

	1	2	2 long manche
Nombre de fils	1	2	2 long manche
Hauteur approximative m/m	40	45	45
Largeur „ „	20	25	25
avec manche . . . le cent	42. „	51. „	69. „

Frotteurs en bois, appareils pour passer la toile à laver ou la laine sur les parquets
15688 sans protecteur, avec manche . . . la pièce 3.15
15689 avec protecteur feutre, avec manche . . . „ . . . 4.50

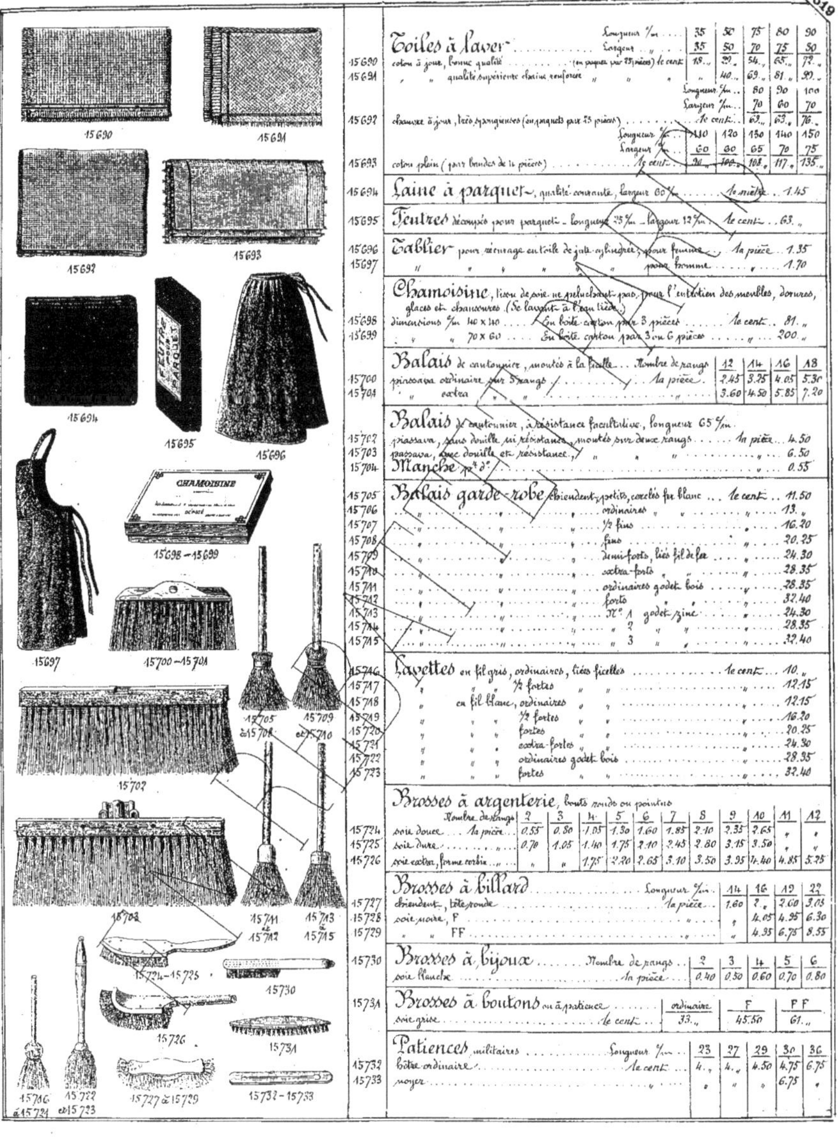

Toiles à laver

	Longueur c/m	35	50	75	80	90
	Largeur "	35	50	70	75	80
15690	coton à jour, bonne qualité (en paquets par 25 pièces) le cent	18. "	29. "	54. "	65. "	72. "
15691	" " qualité supérieure chaîne renforcée " " "	"	40. "	69. "	81. "	90. "

	Longueur c/m	80	90	100
	Largeur c/m	70	60	70
15692	chanvre à jour, très spongieuses (en paquets par 25 pièces) le cent	69. "	63. "	76. "

	Longueur c/m	110	120	130	140	150
	Largeur c/m	60	60	65	70	75
15693	coton plein (par bandes de 12 pièces) le cent	90. "	100. "	108. "	117. "	135. "

15694 **Laine à parquet**, qualité courante, largeur 60 c/m . . . . le mètre . . 1.45

15695 **Feutres** découpés pour parquet - longueur 25 c/m - largeur 12 c/m . . le cent . . 63. "

15696 **Tablier** pour récurage en toile de jute cylindrée, pour femme . . . . la pièce . . 1.35
15697 " " " " " pour homme . . . . " 1.70

Chamoisine, tissu de soie ne peluchant pas, pour l'entretien des meubles, dorures, glaces et chaussures. (Se lavant à l'eau tiède.)
15698 dimensions c/m 40 x 40 . . . . En boîte carton par 3 pièces . . . . le cent . . 81. "
15699 " " 70 x 60 . . . . En boîte carton par 3 ou 6 pièces . . . . " . . . 200. "

Balais de cantonnier, montés à la ficelle

N°	Nombre de rangs	12	14	16	18
15700	piassava ordinaire sur 5 rangs . . . . la pièce	2.45	3.25	4.05	5.30
15701	" extra " " "	3.60	4.50	5.85	7.20

Balais de cantonnier, à résistance facultative, longueur 65 c/m
15702 piassava, sans douille ni résistance, montés sur deux rangs . . . . la pièce . . 4.50
15703 passava, avec douille et résistance, " " " . . . . " . . 6.50
15704 **Manche** p[r] d[o] . . . . " . . 0.55

Balais garde-robe

15705	chiendent, petits, cerclés fer blanc . . . le cent	11.50
15706	" " " ordinaires " " "	13. "
15707	" " " 1/2 fins "	16.20
15708	" " " fins "	20.25
15709	" " " demi-forts, liés fil de fer "	24.30
15710	" " " extra-forts " " "	28.35
15711	" " " ordinaires godet bois "	28.35
15712	" " " forts " " "	32.40
15713	" " " N° 1 godet zinc "	24.30
15714	" " " " 2 " " "	28.35
15715	" " " " 3 " " "	32.40

Lavettes

15716	en fil gris, ordinaires, liées ficelles . . . le cent	10. "
15717	" " " 1/2 fortes " " "	12.15
15718	" en fil blanc, ordinaires " " "	12.15
15719	" " " 1/2 fortes " " "	16.20
15720	" " " fortes " " "	20.25
15721	" " " extra-fortes " " "	24.30
15722	" " " ordinaires godet bois "	28.35
15723	" " " fortes " " "	32.40

Brosses à argenterie, bouts ronds ou pointus

N°	Nombre de rangs	2	3	4	5	6	7	8	9	10	11	12
15724	soie douce . . . la pièce	0.55	0.80	1.05	1.30	1.60	1.85	2.10	2.35	2.65	"	"
15725	soie dure . . . "	0.70	1.05	1.40	1.75	2.10	2.45	2.80	3.15	3.50	"	"
15726	soie extra, forme corbin . . "	"	"	1.75	2.20	2.65	3.10	3.50	3.95	4.40	4.85	5.25

Brosses à billard

N°	Longueur c/m	14	16	19	22
15727	chiendent, tête ronde . . . la pièce	1.60	2. "	2.60	3.05
15728	soie noire, F . . . "	"	4.05	4.95	6.30
15729	" " FF . . . "	"	4.95	6.75	8.55

Brosses à bijoux

N°	Nombre de rangs	2	3	4	5	6
15730	soie blanche . . . la pièce	0.40	0.50	0.60	0.70	0.80

Brosses à boutons ou à patience

N°		ordinaire	F	FF
15731	soie grise . . . le cent	33. "	45.50	61. "

Patiences militaires

N°	Longueur c/m	23	27	29	30	36
15732	hêtre ordinaire . . . le cent	4. "	4. "	4.50	4.75	6.75
15733	noyer . . . "	"	"	"	6.75	"

15734 à 15736 — 15737-15738 — 15739-15740 — 15741 — 15742-15743 — 15744 à 15746 — 15747 à 15749 — 15750 — 15751 — 15752 — 15753-15760 à 15762 — 15754 à 15756 — 15757 à 15759 — 15763-15764 — 15765 à 15768 — 15769 à 15772 — 15773 à 15776 — 15777 — 15778

	Brosses à capiton — Nombre de rangs	5	6
15734	chiendent — la pièce	3.60	4.50
15735	soie noire ou grise	4.05	4.95
15736	„ blanche	4.50	5.40

	Brosses à chapeau — Longueur c/m	14	16	19
15737	droites crins blanc et noir — la pièce	0.90	1.15	1.55
15738	„ „ „ „ garnies velours	0.80	1.15	1.55
15739	forme S, crins blanc et noir, garnies soie ou velours, ordinaire	0.70	0.70	1.35
15740	„ „ „ „ „ „ „ „ supérieur	„	1.55	2. „
15741	forme biscornue, crins blanc et noir	„	1.15	„
15742	forme poisson, 3 rangs crins blanc et noir	„	1.35	„
15743	„ „ , 5 „ „ „ „	„	1.80	„

	Brosses tête de loup en soie — N°	8	10	12	14	16
15744	½ F forme ordinaire — la pièce	2.25	2.60	3.15	3.95	„
15745	F „ „	2.80	3.15	3.95	4.80	„
15746	FF „ „	„	3.95	4.80	6.15	„
15747	½ F forme manchon	„	2.60	3.35	3.95	5.10
15748	F „ „	„	3.15	3.95	4.80	6.15
15749	extra „	„	5.25	6.15	7.90	9.65

	Brosses tête de loup en poil	ordinaire	F	FF	FFF
15750	forme champignon — la pièce	„	3.15	3.95	4.80
15751	forme ½ lune	3.10	3.95	4.80	5.70

	Brosses ou Côtes de Boulanger — Nombre de rangs	8	10	12	14	16
15752	chiendent ordinaire — la pièce	„	1.30	1.50	1.75	2.20
15753	chiendent à tête soie	„	„	2.65	3.50	3.95
15754	soie ordinaire, forme corbin	0.95	1.15	1.50	1.95	2.30
15755	„ F „ „	1.15	1.50	2.10	2.35	3.25
15756	„ FF „ „	„	2.20	3.10	3.95	4.80
15757	„ ordinaire, forme hollandaise	1.05	1.25	1.60	2.10	2.65
15758	„ F „ „	1.30	1.60	2.30	2.65	3.50
15759	„ FF „ „	„	2.35	3.25	4.10	5. „
15760	„ ordinaire à tête	„	1.70	2.10	2.65	3.50
15761	„ F „	„	„	2.70	3.15	4.40
15762	„ FF „	„	„	3.50	4.40	5.25

	Brosses ou Côtes de Boulanger	ordinaire	F	FF	FFF	FFFF
15763	forme italienne, à la poix — la pièce	2.35	2.75	3.50	3.95	4.80
15764	„ „ à la ficelle	2.80	3.25	3.95	4.40	5.25

	Brosses à frotter les parquets, soie grise — Nombre de rangs	14x7	16x8
15765	ordinaires, sans cordon — la pièce	1.25	1.60
15766	F sciées „ „	2.20	2.65
15767	FF „ „ „	2.65	3.50
15768	FFF „ „ „	3.10	3.95
15769	ordinaires, à un cordon	2.20	2.65
15770	F „ „	2.65	3.50
15771	FF „ „	3.50	4.40
15772	FFF „ „	4.40	5.25
15773	ordinaires, à deux cordons	3.10	3.95
15774	F „ „	3.50	4.40
15775	FF „ „	4.40	5.25
15776	FFF „ „	5.25	6.15

15777 **Brosses à frotter** les parquets, soie grise 2 cordons 16 x 8. avec douille métallique mobile ... la pièce ... 4.30

15778 **Brosses mécaniques** pour parquet, monture fonte carrée. Brevetées S.G.D.G.

N°	0	0	1	1	2	2	3	3	4
	sans cordon	1 cordon	1 cordon	2 cordons	1 cordon	2 cordons	1 cordon	2 cordons	2 cordons
poids approximatif, kilogs	4.200	4.200	4.800	4.800	5.500	5.500	6.800	6.800	8.300
la pièce	6.35	7.50	9.20	10.35	9.80	11. „	12.10	12.65	20.70

	Brosses de rechange 10e d°	sans cordon	1 cordon	2 cordons
15779	Nombre de rangs 14 x 7 — la pièce	1.70	2.55	3.40

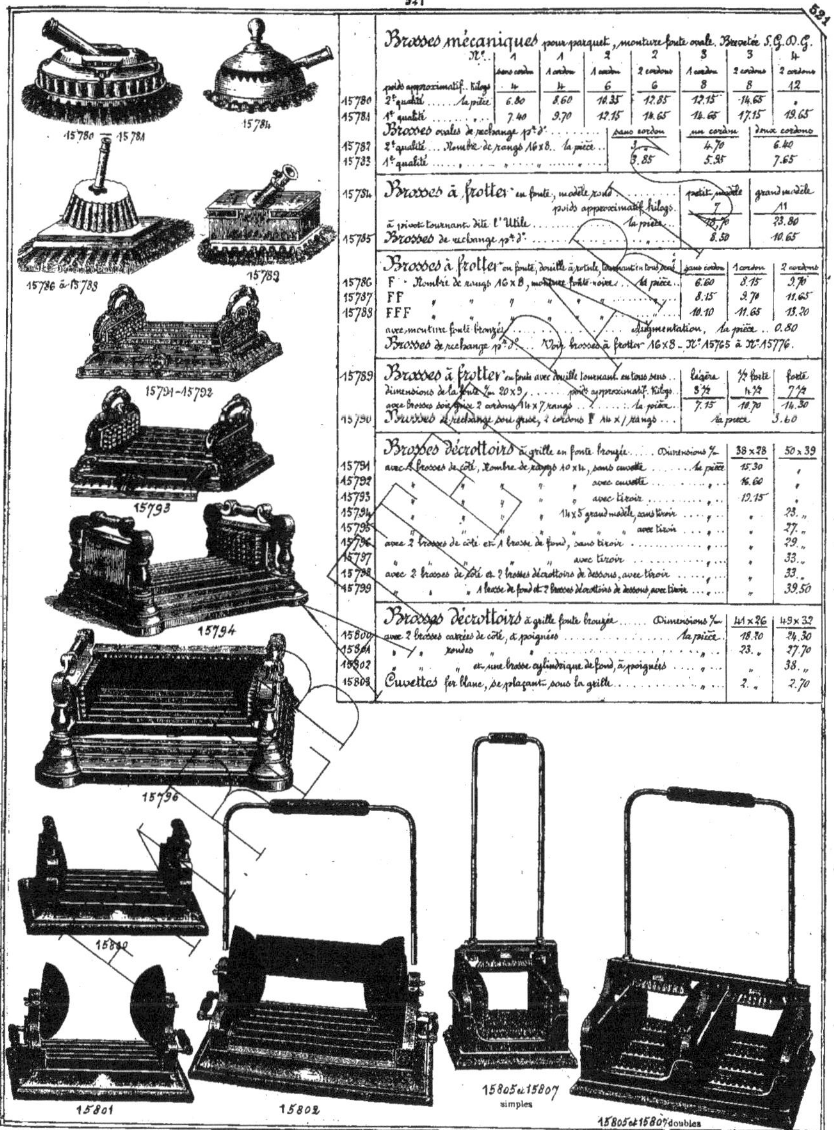

Brosses mécaniques pour parquet, monture fonte ovale. Breveté S.G.D.G.

	Nº	1	1	2	2	3	3	4
		sans cordon	1 cordon	1 cordon	2 cordons	1 cordon	2 cordons	2 cordons
	poids approximatif.. kilogs	4	4	6	6	8	8	12
15780	2e qualité ...... la pièce	6.80	8.60	10.35	12.85	12.15	14.65	„
15781	1e qualité	7.40	9.70	12.15	14.65	14.65	17.15	19.65

Brosses ovales de rechange pr d°

		sans cordon	un cordon	deux cordons
15782	2e qualité ... Nombre de rangs 16 x 8 .. la pièce ..	3. „	4.70	6.40
15783	1e qualité	3.85	5.95	7.65

Brosses à frotter en fonte, modèle rond

		petit modèle	grand modèle
15784	poids approximatif kilogs.	7	11
	à pivot tournant dite l'Utile .... la pièce ..	10.70	23.80
15785	**Brosses** de rechange pr d°	8.50	10.65

Brosses à frotter en fonte, douille à rotule, tournant en tous sens

		sans cordon	1 cordon	2 cordons
15786	F · Nombre de rangs 16 x 8, monture fonte noire .. la pièce ..	6.60	8.15	9.70
15787	FF „ „ „ „ „ „	8.15	9.70	11.65
15788	FFF „ „ „ „ „ „	10.10	11.65	13.20

avec monture fonte bronzée .... Augmentation, la pièce .. 0.80

Brosses de rechange pr d° ... Voir brosses à frotter 16 x 8 – Nº 15765 à Nº 15776.

Brosses à frotter en fonte avec douille tournant en tous sens ..

		légère	½ forte	forte
15789	dimensions de la fonte m/m 20 x 9 ...... poids approximatif. kilogs.	3 ½	4 ½	7 ½
	avec brosses soie grise 2 cordons 14 x 7 rangs .... la pièce.	7.15	10.70	14.30
15790	**Brosses** de rechange soie grise, 2 cordons F 14 x 7 rangs ... la pièce		3.60	

Brosses décrottoirs à grille en fonte bronzée .... Dimensions m/m

		38 x 28	50 x 39
15791	avec 2 brosses de côté, Nombre de rangs 10 x 14, sans cuvette ...... la pièce	15.30	„
15792	„ „ „ „ „ avec cuvette .... „ ..	16.60	„
15793	„ „ „ „ „ avec tiroir .... „ ..	19.15	„
15794	„ „ „ „ 14 x 5 grand modèle, sans tiroir .... „ ..	„	23. „
15795	„ „ „ „ „ „ „ avec tiroir .... „ ..	„	27. „
15796	avec 2 brosses de côté et 1 brosse de fond, sans tiroir .... „ ..	„	29. „
15797	„ „ „ „ „ avec tiroir .... „ ..	„	33. „
15798	avec 2 brosses de côté et 2 brosses décrottoirs de dessous, avec tiroir .... „ ..	„	33. „
15799	„ „ „ 1 brosse de fond et 2 brosses décrottoirs de dessous, avec tiroir ... „ ..	„	39.50

Brosses décrottoirs à grille fonte bronzée ...... Dimensions m/m

		41 x 26	49 x 32
15800	avec 2 brosses carrées de côté, à poignées .... la pièce.	18.70	24.30
15801	„ „ rondes „ „ .... „ ..	23. „	27.70
15802	„ „ „ et une brosse cylindrique de fond, à poignées .... „ ..	„	38. „
15803	**Cuvettes** fer blanc, se plaçant sous la grille .... „ ..	2. „	2.70

15809 à 15812 Polissoir — 15809 à 15812 Décrottoir

15813 à 15815 — 15816 à 15818

15819 — 15820

15821 - 15822

15823 - 15824

15825

15826 à 15828

15829 - 15830 — 15831 - 15832

15833

15835 droites — 15839

15843 — 15843

Brosses décrotteuses d'appartement, socle fonte, cadre bois verni … brosses partout.

N°	Dimensions ‰	simple 32 x 27	double 46 x 32
15804	garnitures bronzées, sans barre d'appui … la pièce …	36.25	57. „
15805	„ „ avec barre d'appui … „ …	40. „	62. „
15806	garnitures nickelées, sans barre d'appui … „ …	45. „	67. „
15807	„ „ avec barre d'appui … „ …	51. „	74. „
15808	Cuvettes fer blanc, se plaçant sous les brosses … „ …	2. „	2.70

Brosses à chaussure polissoirs ou décrottoirs, droites

N°		ordinaire	F	FF	FFF	extra
15809	longueur 14 ‰ … le cent …	27. „	34. „	54. „	„	„
15810	„ 16 „ … „ …	34. „	49. „	69. „	90. „	150. „
15811	„ 19 „ … „ …	51. „	69. „	92. „	150. „	182. „
15812	„ 22 „ … „ …	63. „	81. „	132. „	182. „	220. „
	ces mêmes brosses, cintrées, augmentation … „ …	4.50	4.50	4.50	4.50	4.50
	„ „ forme violon „ … „ …	4.50	4.50	4.50	4.50	4.50

Brosses à chaussure, forme anglaise, soie noire

N°	Longueur ‰	19	22
15813	étendoirs … la pièce …	3.25	4.05
15814	décrottoirs … „ …	4.85	5.65
15815	polissoirs … „ …	5.65	6.50

ces mêmes brosses, vernies … Augmentation, la pièce … 0.45

Brosses à chaussure à 2 faces.

N°	Nombre de rangs	7 x 14	8 x 14	9 x 14	10 x 5
15816	pointues, qualité ordinaire … le cent …	27. „	45. „	„	„
15817	„ F … „ …	„	„	58. „	67. „
15818	„ FF … „ …	„	„	81. „	90. „
	ces mêmes brosses, bouts arrondis, augmentation … „ …	4.50	4.50	4.50	4.50

Brosses à cirage ou à graisser

N°		ordinaire	entourée	plaquée
15819	forme cuillère … le cent …	12. „	18. „	25. „
		petite	moyenne	grande
15820	forme langue de chat, F … le cent …	38. „	65. „	90. „

Boites à brosses pour chaussure, contenant

N°		2 brosses dont une à deux usages et 1 boîte de cirage	3 brosses et une boîte de cirage
15821	brosses ordinaires, soie grise … la pièce …	2.35	2.70
15822	„ vernies, soie noire … „ …	2.70	3.60

Brosses à coller le papier peint

N°	Longueur ‰	17½	19	20½	22	23½	25	26½
15823	soie grise ordinaire à la poix … la pièce …	2.05	2.45	3.25	4.05	4.95	5.65	7. „
15824	„ „ extra, à la ficelle … „ …	„	„	4.95	6.30	8.10	9.90	11.70

Brosses à épousseter

N°		ordinaire	F	FF	FFF
15825	soie grise, longueur 20 ‰ … la pièce …	0.80	1.15	1.35	1.70

Brosses à dessous de meuble, manche bois verni

15826 garnie chiendent fin … la pièce … 1.25

N°		ordinaire	½ forte	forte
15827	soie grise … la pièce …	1.50	1.70	2.25
15828	soie blanche … „ …	1.75	„	2.50

Brosses pour fourneau

N°		ordinaire	F
15829	modèle du Nord, longueur 16 ‰ … la pièce …	0.55	0.90
15830	„ „ „ 19 „ … „ …	1. „	1.25
15831	modèle Paris, à cordon, longueur 19 ‰ … „ …	1.10	1.60
15832	„ „ à recouvrement „ „ … „ …	„	1.80

Brosses à fusil

N°		non plaquée	ordinaire	forte
15833	le cent …	12. „	16.25	23.50

Brosses à habit, dites vergettes

N°	Longueur ‰	14	16	19	22
15834	cintrées ordinaires, tout végétal … la pièce	0.53	0.65	0.80	„
15835	cintrées ou droites, ordinaires végétal, tour soie … „ …	„	0.65	0.80	1. „
15836	„ „ végétal, tour soie supérieure … „ …	„	1.35	1.75	2.20
15837	„ „ „ tour soie, clous cuivre … „ …	„	„	1.50	1.95
15838	„ gorge rougie, tout soie … „ …	„	1.75	2.20	„
15839	„ à biseau „ „ … „ …	„	1.25	2.65	3.50
15840	droites, soie basse, fortes … „ …	„	1.95	3.10	4.40
15841	„ placage façon citron, tout soie … „ …	„	2.20	3.10	3.95
15842	cintrées, bouts ronds, placage palissandre, tout soie extra … „ …	„	3.50	4.80	5.70
15843	droites, grosses gorges, placage couleurs assorties tout soie … „ …	„	3.50	5.25	6.60
15844	cintrées à biseau „ „ „ tout soie extra … „ …	2.90	3.95	5.25	7.90
15845	forme violon „ „ „ „ „ … „ …	3.50	4.80	6.60	7.45
15846	droites ou cintrées hérisson, placage palissandre tout soie extra … „ …	3.50	5.25	6.60	8.30
15847	cintrées placage palissandre, soie extra, haute … „ …	„	„	7.45	9.20

15848, cintrée — 15850 — 15853 — 15854-15855 — 15856 — 15858-15859 — 15857-15869 — 15860 et 15862 — 15861 — 15863 — 15864 — 15865 — 15867 — 15868 — 15870 — 15871 — 15872 — 15873-15874 — 15875 à 15877 — 15878 à 15881 — 15882-15883 avec bride en sangle — 15884 — 15885 — 15886 à 15889

Brosses à habit en chiendent

N°		Longueur %m	14	16	19	22
15848	droites ou cintrées, 2e qualité, placage mince	la pièce	0.80	1.15	1.55	1.80
15849	droites, cintrées ou navettes 1re qualité, placage acajou	"	1.10	1.55	1.80	2.25
15850	forme tailleur, qualité extra	"	1.35	1.80	2.25	2.70
15851	droites, qualité extra, dessus velours	"	1.35	1.80	2.25	2.70
15852	forme tailleur, tour soie couleur	"	1.80	2.25	2.70	3.15
15853	à manche, dites palmettes	"	"	2.50	2.90	3.25

Brosses lave-place en soie

N°		Nombre de rangs	12 x 6	14 x 7	16 x 8
15854	qualité F	la pièce	1.35	1.80	2.25
15855	" FF	"	1.80	2.25	2.70

Brosses lave-pont, chiendent ou piassava. — Voir page 244 N° 6982 à 6984.

Brosses à laver pour évier, linge, tonneau, etc.

N°			Nombre de rangs	8 x 4	9 x 4
15856	chiens droits chiendent		le cent	21. "	30. "

N°			ordinaire	F	FF	FFF	extra chiendent fin
15857	chiens vertés, Nombre de rangs 11 x 4 chiendent	le cent	21.50	45.50	51. "	57. "	70. "

N°			11 x 5	13 x 5	15 x 5
	forme hollandaise	Nombre de rangs	11 x 5	13 x 5	15 x 5
15858	chiendent, non multipliées	le cent	52. "	63. "	74. "
15859	" multipliées	"	53. "	65. "	77. "

N°		Nombre de rangs	11 x 5	14 x 5
15860	forme navette chiendent	le cent	52. "	65. "

N°		Longueur %m	16	19	22
15861	forme cirage, droites, chiendent	le cent	30. "	42. "	"
15862	" " navettes	"	35. "	52.50	"
15863	" " droites chiendent fin	"	52.50	77. "	"
15864	forme violon, chiendent	"	30. "	42. "	"
15865	" écrevisse "	"	63. "	79. "	93. "
15866	" tonneau, chiendent, non plaquées	"	70. "	87.50	105. "
15867	" " plaquées	"	105. "	131. "	149. "

N°		Longueur %m	16 basses	16 hautes	19 basses	19 hautes
15868	forme cirage, l'anglaise	le cent	27. "	34. "	38.50	47. "
15869	chiens vertés, Nombre de rangs 11 x 4	le cent				49. "

Poignées en chiendent dites "Laitières"

N°		poids en grammes	50	60	80	100	130
15870	liées ficelles ou fil de fer	le cent	27. "	31. "	40. "	52.50	70. "

Cure casseroles, chiendent, manche bois, liés fil de fer

N°			
15871	Cure casseroles, chiendent, manche bois, liés fil de fer	le cent	52.50
15872	" " " " tête bois	"	70. "

Brosses à pansage forme limande bois, pour chevaux.

N°		Nombre de rangs	10	12	13	14	15	16	17
15873	soie grise ordinaire, mélangée	la pièce	1.50	1.75	2.10	"	"	"	"
15874	" " tour blanc 1/2 F "	"	"	"	2.45	3. "	3.35	"	"
15875	soie blanche F plates ou bombées	"	"	"	3.50	3.95	4.40	4.80	5.25
15876	" FF " "	"	"	"	4.80	5.25	5.70	6.15	6.60
15877	" FFF " "	"	"	"	5.70	6.15	6.60	7. "	7.90

Ces mêmes brosses bois verni	Augmentation la pièce	0.45
" " " avec bride sangle	" "	0.20
" " " " cuir à boucle	" "	0.25

Brosses à pansage, forme limande, cuir flexible, pour chevaux.

N°			
15878	soie pure, modèle ministériel, très petit	la pièce	7.45
15879	" " " dit "Pomette" petit	"	8.35

N°		Nombre de rangs	13	14	15	16	17
15880	soie blanche, FF	la pièce	7.90	8.35	9.65	10.50	11.40
15881	" " , extra	"	8.75	9.20	10.10	10.95	11.85

Brosses à pansage ovales, dites "Limandes"

N°		N°	0	1	2	3	4	5
15882	chiendent, ordinaire, plates	la pièce	0.70	"	"	"	"	"
15883	" " bombées	"	"	0.80	1.10	1.35	1.75	2.30

Ces mêmes brosses avec bride sangle	Augmentation la pièce	0.20
" " " " cuir à boucle	" "	0.25

Brosses à pieds pour chevaux

N°		Longueur %m	25	27	29
15884	chiendent, anglaise, ordinaire	la pièce	0.80	0.95	1.10
15885	" forme brescia	"	0.85	1. "	1.15
15886	" anglaise, multipliées FF	"	1.10	1.25	1.40
15887	" " " FFF	"	1.25	1.40	1.55
15888	" " " extra	"	1.40	1.55	1.75
15889	" modèle perfect, chiendent extra fin	"	1.75	2.05	"

15890-15891 — 15892 à 15895 — 15896 à 15907 — 15903 — 15905 — 15906-15907 — 15908-15909 — 15910-15911 — 15912 — 15915 Cordon soie — 15917 à 15920 — 15921 à 15923 — 15924-15925 — 15929 — 15930 — 15935 — 15936 à 3 rangs

Brosses à pieds, nouveau modèle

N°	Désignation		25	27
		Longueur %m	25	27
15890	piassava, bois non verni	la pièce	0.90	0.95
15891	„ bois verni	„	0.95	1.05

Brosses à harnais

N°	Désignation		ordinaire	F	FF	extra
15892	soie grise, longueur 19 %m	la pièce	2.10	3.50	„	„
15893	soie blanche „ „	„	2.60	3.95	4.80	„
15894	soie grise, longueur 22 %m	„	2.45	3.95	„	„
15895	soie blanche „ „	„	2.25	4.40	5.70	6.60

Brosses passe-partout, pour voiture

N°	Désignation		coco	chiendent	piassava
15896	montées à la ficelle	la pièce	1.35	1.75	1.75

Brosses passe-partout, pour voiture, montées au laiton

N°	Désignation		petites	moyennes	grandes
15897	simples, 11 rangs, soie grise ordinaire	la pièce	2..	2.35	2.90
15898	„ „ „ „ F	„	3.10	3.50	3.95
15899	„ „ „ „ FF, multipliées	„	3.95	4.80	6.15
15900	„ „ soie blanche ordinaire	„	2.65	3.10	3.50
15901	„ „ „ „ F	„	3.50	3.95	4.40
15902	„ „ „ „ FF multipliées	„	4.40	5.70	6.60
15903	„ 12 rangs, soie blanche, multipliées, 1 cordon	„	4.80	5.70	„
15904	„ „ „ „ extra, multipliées, 2 cordons	„	7 ..	7.90	„
15905	„ modèle Phénix, soie blanche, 2 cordons à la tête	„	6.15	6.60	7 ..
15906	doubles, soie grise	„	3.95	5.70	„
15907	„ soie blanche	„	4.80	6.15	„
15908	forme couteau ou triangulaire, soie grise	„	4.80	5.70	„
15909	„ „ „ soie blanche	„	5.25	6.15	„

Brosses à persiennes

15910 à manche bois verni, soie blanche ordinaire. la pièce 0.40

N°	Désignation		ordinaire	1/2 forte	forte	extra-forte
15911	soie grise	la pièce	0.60	0.65	0.95	1.30

Brosses en soie, pour sculpture

N°	Désignation		14	16	19	22
		Longueur %m	14	16	19	22
15912	ordinaires	la pièce	„	1.60	2.05	„
15913	„ cordon velours ou soie	„	„	2.50	3 ..	„
15914	multipliées	„	2.50	3.70	4.50	5.30
15915	„ F, cordon velours ou soie	„	3.40	4.60	5.40	6.20
15916	„ hérisson	„	3.40	4.60	5.40	6.20

Brosses à tête, qualité ordinaire

N°	Désignation		petites	moyennes	grandes
15917	soie végétale blanche ou noire, tour soie	la pièce	0.80	1.05	1.25

Brosses à tête soie pure

N°	Désignation		8	9	11	13	15
		Nombre de rangs	8	9	11	13	15
15918	soie noire, bois verni	la pièce	1.35	1.60	1.75	2.20	„
15919	„ blanche, bois verni	„	1.60	1.75	2.20	2.65	„
15920	„ rousse, non vissées, bois verni	„	„	1.60	1.95	„	„
15921	„ „ supérieure, non vissées, bois verni	„	„	2.35	3.10	3.95	„
15922	„ „ non vissées, palissandre	„	„	2.35	2.90	3.50	4.40
15923	„ „ vissées, citronnier	„	„	3.50	4.40	5.25	6.15
15924	sans manche, soie rousse, vissées, citronnier	„	„	3.95	4.80	5.70	„
15925	„ „ „ „ rivées, „	„	„	„	2.65	„	„

Brosses à dents, soie blanche, 4 rangs

N°	Désignation		Prix
15926	montées cordonnet, os, manche rond, tête carrée	Le carton de 12 pièces	3.60
15927	„ „ „ plat, „ „	„	4.05
15928	„ „ „ plat à biseaux tête carrée	„	5.40
15929	„ „ „ à pans, tête ronde	„	4.50
15930	„ „ „ olive, „ „	„	6.75
15931	montées mastic, os, manche plat tête carrée	„	8.55
15932	„ „ „ courbé à pans tête ovale	„	11.70
15933	„ „ „ rond, tête ovale	„	12.60
15934	„ „ buffle, manche à pans arrondis, tête carrée	„	7.20
15935	„ „ „ plat arrondi, tête pointue	„	11.25

N°	Désignation		3	4	5 rangs
15936	„ „ ivoire, manche plat arrondi, tête pointue	Le carton de 6 pièces	21.60	27 ..	32.40

Brosses à dents, os, soie blanche, 4 rangs, montées au cordonnet

N°s	15937	15938	15939	15940	15941	15942	15943	15944	15945
manches assortis de forme. la boîte de 12 pièces	3.60	4.05	5.40	5.85	6.30	7.20	„	„	„
„ „ „ „ de 6 pièces	„	„	„	„	„	„	4.50	4.95	5.65

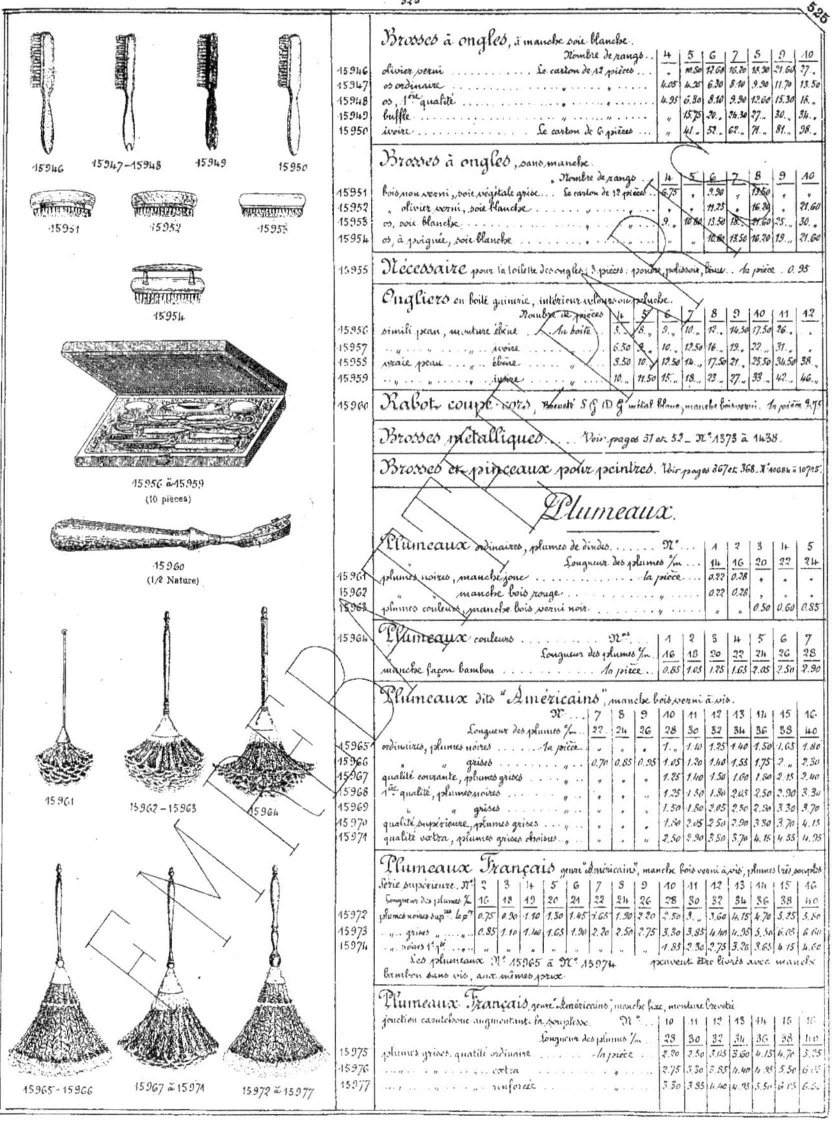

Brosses à ongles, à manche soie blanche.

	Nombre de rangs..	4	5	6	7	8	9	10
15946	olivier verni .... Le carton de 12 pièces...	„	10.50	12.60	16.20	18.90	21.60	27.„
15947	os ordinaire .... „ ..... „	4.05	4.25	6.30	8.10	9.90	11.70	13.50
15948	os, 1ère qualité .... „ ..... „	4.95	6.30	8.10	9.90	12.60	15.30	18.„
15949	buffle .... „ ..... „	„	15.75	20.„	24.30	27.„	30.„	34.„
15950	ivoire .... Le carton de 6 pièces...	„	41.„	52.„	62.„	71.„	81.„	98.„

Brosses à ongles, sans manche.

	Nombre de rangs..	4	5	6	7	8	9	10
15951	bois non verni, soie végétale grise... Le carton de 12 pièces..	6.75	„	9.90	„	13.50	„	„
15952	„ olivier verni, soie blanche ..... „ ..... „	„	„	11.25	„	16.20	„	21.60
15953	os, soie blanche ..... „ ..... „	9.„	10.80	13.50	18.„	21.60	25.„	30.„
15954	os, à poignée, soie blanche ..... „ ..... „	„	„	10.80	13.50	16.20	19.„	21.60

15955	**Nécessaire** pour la toilette des ongles; 3 pièces : poudre, polissoir, lime.. la pièce . 0.95

Ongliers en boîte gainerie, intérieur velours ou peluche.

	Nombre de pièces	4	5	6	7	8	9	10	11	12
15956	simili peau, monture ébène .. La boîte ..	5.„	8.„	9.„	10.„	12.„	14.50	17.50	26.„	„
15957	„ „ „ ivoire ..... „	6.50	9.„	10.„	12.50	16.„	19.„	22.„	31.„	„
15958	vraie peau .. „ .. ébène ..... „	8.50	10.„	12.50	14.„	17.50	21.„	25.50	34.50	38.„
15959	„ „ „ ivoire ..... „	10.„	11.50	15.„	18.„	23.„	27.„	33.„	42.„	46.„

15960	**Rabot coupe-cors**, Breveté S.G.D.G. métal blanc, manche bois verni. la pièce 2.75

Brosses métalliques.... Voir pages 51 et 52 – N° 1373 à 1438.

Brosses et pinceaux pour peintres. Voir pages 367 et 368. N° 10084 à 10715.

Plumeaux.

Plumeaux ordinaires, plumes de dindes.

	N° ...	1	2	3	4	5
	Longueur des plumes c/m ...	14	16	20	22	24
15961	plumes noires, manche jonc .... la pièce ...	0.22	0.28	„	„	„
15962	„ „ manche bois rouge .... „	0.22	0.28	„	„	„
15963	plumes couleurs, manche bois verni noir .... „	„	„	0.50	0.60	0.85

Plumeaux couleurs

	N°s ...	1	2	3	4	5	6	7
15964	Longueur des plumes c/m	16	18	20	22	24	26	28
	manche façon bambou .... la pièce ..	0.85	1.05	1.25	1.65	2.05	2.50	2.90

Plumeaux dits "Américains", manche bois verni à vis.

	N° ...	7	8	9	10	11	12	13	14	15	16
	Longueur des plumes c/m ...	22	24	26	28	30	32	34	36	38	40
15965	ordinaires, plumes noires ...... la pièce	„	„	„	1.„	1.10	1.25	1.40	1.50	1.65	1.80
15966	„ „ grises ...... „ ..	0.70	0.85	0.95	1.05	1.20	1.40	1.55	1.75	2.„	2.30
15967	qualité courante, plumes grises ...... „ ..	„	„	„	1.25	1.40	1.50	1.60	1.80	2.15	2.40
15968	1ère qualité, plumes noires ...... „ ..	„	„	„	1.25	1.50	1.80	2.05	2.50	2.90	3.30
15969	„ „ grises ...... „ ..	„	„	„	1.50	1.80	2.05	2.50	2.90	3.30	3.70
15970	qualité supérieure, plumes grises ...... „ ..	„	„	„	1.80	2.05	2.50	2.90	3.30	3.70	4.15
15971	qualité extra, plumes grises choisies .. „ ..	„	„	„	2.50	2.90	3.30	3.70	4.15	4.55	4.95

Plumeaux Français genre "Américains", manche bois verni à vis, plumes très souples

	Série supérieure. N°	2	3	4	5	6	7	8	9	10	11	12	13	14	15	16
	Longueur des plumes c/m	16	18	19	20	21	22	24	26	28	30	32	34	36	38	40
15972	plumes noires supre. la pce	0.75	0.90	1.10	1.30	1.45	1.65	1.90	2.20	2.50	3.„	3.60	4.15	4.70	5.25	5.80
15973	„ grises „ .... „ ..	0.85	1.10	1.40	1.65	1.90	2.20	2.50	2.75	3.30	3.85	4.40	4.95	5.50	6.05	6.60
15974	„ noires 1re qté	„	„	„	„	„	„	„	„	1.85	2.30	2.75	3.20	3.65	4.15	4.60

Les plumeaux N° 15965 à N° 15974 peuvent être livrés avec manche bambou sans vis, aux mêmes prix.

Plumeaux Français, genre "Américains", manche fixe, monture brevetée

jonction caoutchouc augmentant la souplesse.

	N° ...	10	11	12	13	14	15	16
	Longueur des plumes c/m ...	28	30	32	34	36	38	40
15975	plumes grises, qualité ordinaire .... la pièce ...	2.20	2.50	3.05	3.60	4.15	4.70	5.25
15976	„ „ „ extra .... „ ...	2.75	3.30	3.85	4.40	4.95	5.50	6.05
15977	„ „ „ renforcée .... „ ...	3.30	3.85	4.40	4.95	5.50	6.05	6.60

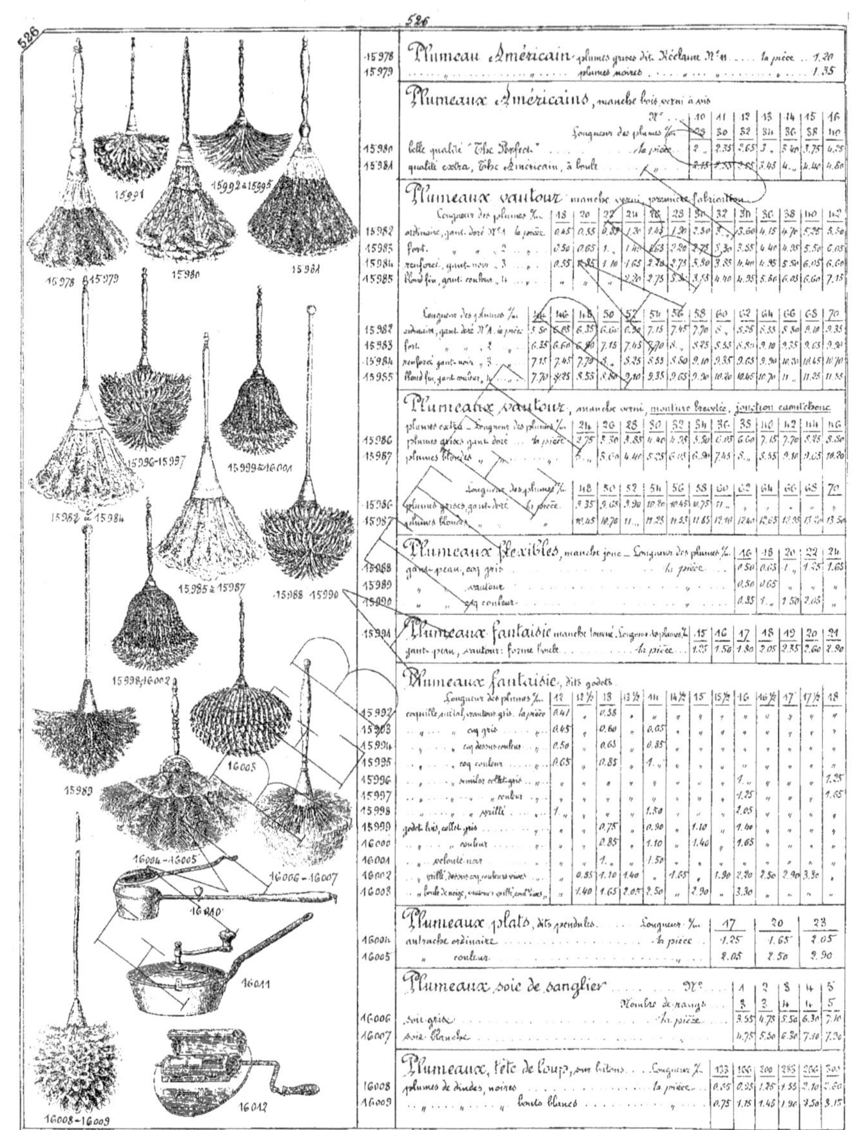

Plumeau Américain

15978	plumes grises dit Réclame N° 11 . . . . la pièce	1.20
15979	" . . . plumes noires . . . "	1.35

Plumeaux Américains, manche bois verni à vis

	N°	10	11	12	13	14	15	16
	Longueur des plumes %m	28	30	32	34	36	38	40
15980	belle qualité "The Perfect" . . . la pièce	2 „	2.35	2.65	3 „	3.40	3.75	4.25
15981	qualité extra, The Américain, à boule . . . "	2.15	2.55	2.85	3.45	4 „	4.40	4.80

Plumeaux vautour manche verni, première fabrication

	Longueur des plumes %m	18	20	22	24	26	28	30	32	34	36	38	40	42
15982	ordinaire, gant doré N° 1 la pièce	0.45	0.55	0.85	1.20	1.45	1.90	2.50	3 „	3.60	4.15	4.70	5.25	5.50
15983	fort " " " 2 . . . "	0.50	0.65	1 „	1.40	1.65	2.20	2.75	3.30	3.85	4.40	4.95	5.50	6.05
15984	renforcé, gant noir " 3 . . . "	0.55	0.85	1.10	1.65	2.20	2.75	3.30	3.85	4.40	4.95	5.50	6.05	6.60
15985	blond fin, gant couleur " 4 . . . "	"	"	"	2.20	2.75	3.30	3.55	4.40	4.95	5.50	6.05	6.60	7.15

	Longueur des plumes %m	44	46	48	50	52	54	56	58	60	62	64	66	68	70
15982	ordinaire, gant doré N° 1 la pièce	5.50	6.05	6.35	6.60	6.90	7.15	7.45	7.70	8 „	8.25	8.55	8.80	9.10	9.35
15983	fort " " " 2 . . . "	6.35	6.60	6.90	7.15	7.45	7.70	8 „	8.25	8.55	8.80	9.10	9.35	9.65	9.90
15984	renforcé gant noir " 3 . . . "	7.15	7.45	7.70	8 „	8.25	8.55	8.80	9.10	9.35	9.65	9.90	10.30	10.45	10.70
15955	blond fin, gant couleur " 4 . . . "	7.70	8.25	8.55	8.80	9.10	9.35	9.65	9.90	10.20	10.45	10.70	11 „	11.35	11.55

Plumeaux vautour, manche verni, monture brevetée, jonction caoutchouc

	plumes extra – Longueur des plumes %m	24	26	28	30	32	34	36	38	40	42	44	46
15986	plumes grises gant doré . . . la pièce	2.75	3.30	3.85	4.40	4.95	5.50	6.05	6.60	7.15	7.70	8.25	8.50
15987	plumes blondes " . . . "	3 „	3.60	4.40	5.25	6.05	6.90	7.45	8 „	8.55	9.10	9.65	10.30

	Longueur des plumes %m	48	50	52	54	56	58	60	62	64	66	68	70
15986	plumes grises, gant doré la pièce	9.35	9.65	9.90	10.20	10.45	10.75	11 „	"	"	"	"	"
15987	plumes blondes " "	10.45	10.70	11 „	11.25	11.55	11.85	12.10	12.40	12.65	12.95	13.20	13.50

Plumeaux flexibles, manche jonc

	Longueur des plumes %m	16	18	20	22	24
15988	gant peau, coq gris . . . la pièce	0.50	0.65	1 „	1.25	1.65
15989	" " vautour . . . "	0.50	0.65	"	"	"
15990	" " coq couleur . . . "	0.85	1 „	1.50	2.05	"

Plumeaux fantaisie manche tourné

	Longueur des plumes %m	15	16	17	18	19	20	21
15991	gant peau, vautour: forme boule . . . la pièce	1.25	1.50	1.80	2.05	2.35	2.60	2.90

Plumeaux fantaisie, dits godets

	Longueur des plumes %m	12	12½	13	13½	14	14½	15	15½	16	16½	17	17½	18
15992	coquille métal, vautour gris, la pièce	0.41	"	0.58	"	"	"	"	"	"	"	"	"	"
15993	" " coq gris . . . "	0.45	"	0.60	"	0.65	"	"	"	"	"	"	"	"
15994	" " coq dessus couleur . . . "	0.50	"	0.63	"	0.85	"	"	"	"	"	"	"	"
15995	" " coq couleur . . . "	0.65	"	0.85	"	1 „	"	"	"	"	"	"	"	"
15996	" " similor collet gris . . . "	"	"	"	"	"	"	"	"	1 „	"	"	"	1.25
15997	" " " couleur . . . "	"	"	"	"	"	"	"	"	1.25	"	"	"	1.65
15998	" " " grillé . . . "	1 „	"	"	"	1.50	"	"	"	2.05	"	"	"	"
15999	godet bois, collet, gris . . . "	"	"	0.75	"	0.90	"	1.10	"	1.40	"	"	"	"
16000	" " couleur . . . "	"	"	0.85	"	1.10	"	1.40	"	1.65	"	"	"	"
16001	" velouté noir . . . "	"	"	1 „	"	1.50	"	"	"	"	"	"	"	"
16002	" grillé, dessus coq, couleurs vives . . .	"	0.85	1.10	1.40	"	1.65	"	1.90	2.20	2.50	2.90	3.30	"
16003	" boule de neige, marabout grillé, coul. vives "	"	1.40	1.65	2.05	2.50	"	2.90	"	3.30	"	"	"	"

Plumeaux plats, dits pendules

	Longueur %m	17	20	23
16004	autruche ordinaire . . . la pièce	1.25	1.65	2.05
16005	" couleur . . . "	2.05	2.50	2.90

Plumeaux soie de sanglier

	N°	1	2	3	4	5
	Nombre de rangs	3	3	4	4	5
16006	soie grise . . . la pièce	3.55	4.75	5.50	6.30	7.10
16007	soie blanche . . .	4.75	5.50	6.30	7.10	7.90

Plumeaux, tête de loup, sur bâtons

	Longueur %m	133	166	200	233	266	300
16008	plumes de dindes, noires . . . la pièce	0.55	0.95	1.25	1.55	2.10	2.60
16009	" " " bouts blancs . . . "	0.75	1.15	1.45	1.90	2.50	3.15

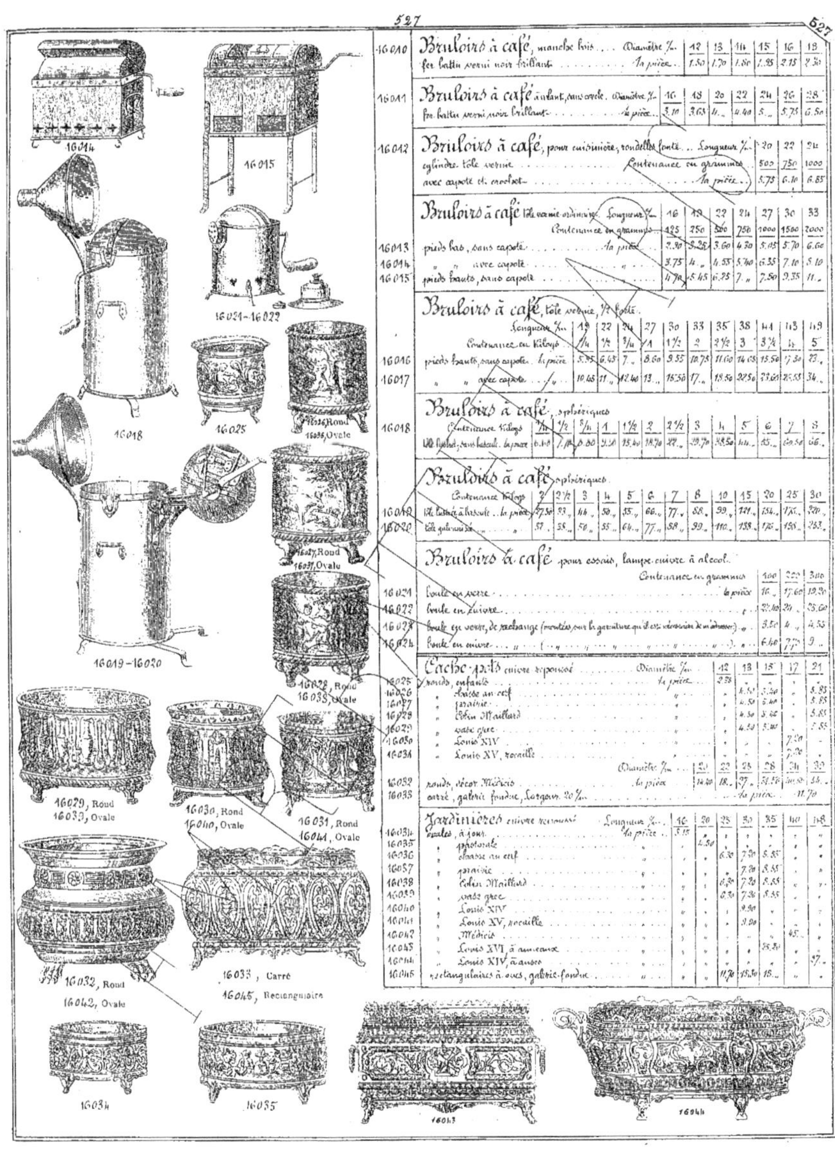

Bruloirs à café, manche bois

N°							
	Diamètre $^c/_m$	12	13	14	15	16	18
16010	fer battu verni noir brillant . . . la pièce	1.50	1.70	1.80	1.95	2.15	2.30

Bruloirs à café à volant, sans cercle

N°								
	Diamètre $^c/_m$	16	18	20	22	24	26	28
16011	fer battu verni noir brillant . . . la pièce	3.10	3.65	4..	4.40	5..	5.75	6.50

Bruloirs à café, pour cuisinière, rondelles fonte

N°				
	Longueur $^c/_m$	20	22	24
	cylindre tôle vernie . . . Contenance en grammes	500	750	1000
16012	avec capote et crochet . . . la pièce	5.75	6.10	6.85

Bruloirs à café tôle vernie ordinaire

N°								
	Longueur $^c/_m$	16	19	22	24	27	30	33
	Contenance en grammes	125	250	500	750	1000	1500	2000
16013	pieds bas, sans capote . . . la pièce	2.90	3.25	3.60	4.30	5.05	5.70	6.60
16014	„ „ avec capote . . . „	3.75	4..	4.55	5.40	6.35	7.10	8.10
16015	pieds hauts, sans capote . . .	4.70	5.45	6.25	7..	7.50	9.35	11..

Bruloirs à café, tôle vernie, 1/2 forte.

N°												
	Longueur $^c/_m$	19	22	24	27	30	33	35	38	41	43	49
	Contenance en Kilogs	1/4	1/2	3/4	1	1 1/2	2	2 1/2	3	3 1/2	4	5
16016	pieds hauts, sans capote . la pièce	5.95	6.45	7..	8.60	9.55	10.75	11.60	14.05	15.50	17.30	23..
16017	„ „ avec capote . . „	10.45	11..	12.40	13..	15.50	17..	18.50	22.50	23.60	25.55	34..

Bruloirs à café, sphériques

N°														
	Contenance Kilogs	1/4	1/2	3/4	1	1 1/2	2	2 1/2	3	4	5	6	7	8
16018	tôle lustrée, sans bascule . la pièce	6.60	7.10	8.80	9.30	15.40	18.70	22..	29.70	38.50	44..	55..	60.50	66..

Bruloirs à café, sphériques

N°														
	Contenance Kilogs	2	2 1/2	3	4	5	6	7	8	10	15	20	25	30
16019	tôle lustrée à bascule . . la pièce	27.50	33..	44..	50..	55..	66..	77..	88..	99..	121..	154..	175..	220..
16020	tôle galvanisée . . . „	37..	38..	50..	55..	64..	77..	88..	99..	110..	138..	176..	198..	253..

Bruloirs à café pour essais, lampe cuivre à alcool.

N°				
	Contenance en grammes	100	200	300
16021	boule en verre . . . la pièce	16..	17.60	19.20
16022	boule en cuivre . . . „	22.40	24..	25.60
16023	boule en verre, de rechange (montées sur la garniture qu'il est nécessaire de m'adresser) . „	3.50	4..	4.55
16024	boule en cuivre . . . „ („ „ „ „ „ „) . „	6.40	7.70	9..

Cache-pots cuivre repoussé

N°						
	Diamètre $^c/_m$	12	13	15	17	21
16025	ronds, enfants . . . la pièce	2.38	„	„	„	„
16026	„ chasse au cerf . . . „	„	4.50	5.40	„	5.85
16027	„ prairie . . . „	„	4.50	5.40	„	5.85
16028	„ Colin Maillard . . . „	„	4.50	5.40	„	5.85
16029	„ vase grec . . . „	„	4.50	5.40	„	5.85
16030	„ Louis XIV . . . „	„	„	„	7.20	-
16031	„ Louis XV, rocaille . . . „	„	„	„	7.20	„

N°							
	Diamètre $^c/_m$	20	22	25	28	34	39
16032	ronds, décor Médicis . . . la pièce	14.40	18..	27..	31.50	40.50	54..
16033	carré, galerie fondue, Largeur 20 $^c/_m$ . . . la pièce	11.70					

Jardinières cuivre repoussé

N°								
	Longueur $^c/_m$	16	20	25	30	35	40	48
16034	ovales, à jour . . . la pièce	5.15	„	„	„	„	„	„
16035	„ pastorale . . . „	„	4.50	„	„	„	„	„
16036	„ chasse au cerf . . . „	„	„	6.30	7.20	8.55	„	„
16037	„ prairie . . . „	„	„	„	7.20	8.55	„	„
16038	„ Colin Maillard . . . „	„	„	6.30	7.20	8.55	„	„
16039	„ vase grec . . . „	„	„	6.30	7.20	8.55	„	„
16040	„ Louis XIV . . . „	„	„	„	9.90	„	„	„
16041	„ Louis XV, rocaille . . . „	„	„	„	9.90	„	„	„
16042	„ Médicis . . . „	„	„	„	„	„	45..	„
16043	„ Louis XVI, à anneaux . . . „	„	„	„	„	35.20	„	„
16044	„ Louis XIV, à anses . . . „	„	„	„	„	„	„	37..
16045	rectangulaires à oves, galerie fondue . . . „	„	„	11.70	15.30	18..	„	„

Cafetières, Théières, Services à café et à thé.

Cafetières fer blanc à filtre.

N°	Contenance en tasses...	1	2	3	4	5	6	7	8	9	10	11	12	13	14	15	16	18	20	25	30
16046	ordinaires, une anse, grille fixe ..... la pièce ..	"	"	0.67	0.78	0.81	0.87	"	1.07	"	1.19	"	1.33	"	"	"	"	"	"	"	"
16047	ordinaires, deux anses, grille fixe (R.B.T.) ... "	0.60	0.67	0.76	0.84	0.89	0.97	1.09	1.21	1.33	1.45	1.58	1.70	1.82	1.95	2.07	2.20	2.40	2.70	3.30	3.95
16048	extra-fortes " " " " (R.B.T.) ... "	0.78	0.96	1.15	1.35	1.50	1.70	1.85	2..	2.20	2.35	2.55	2.75	2.85	2.90	3.05	3.20	3.55	3.90	4.70	5.55
16049	ordinaires, deux anses, grille mobile ..... "	0.70	0.77	0.84	0.91	0.98	1.05	1.20	1.35	1.50	1.60	1.75	1.95	2.05	2.20	2.30	2.45	2.75	3..	3.60	4.30
16050	extra-fortes " " " " ..... "	0.98	1.05	1.20	1.40	1.55	1.75	1.90	2.10	2.25	2.45	2.65	2.90	2.95	3..	3.15	3.30	3.65	3.95	4.75	5.50
16051	ordinaires à pression, façon Pique ..... "	1.30	1.35	1.60	1.80	2.05	2.25	2.50	2.70	3..	3.10	"	3.55	"	4.05	"	4.50	4.95	5.40	6.55	"
16052	extra-fortes " " ..... "	1.60	1.80	2..	2.20	2.60	2.85	3.10	3.40	3.65	3.80	"	4.40	"	4.75	"	5.20	5.70	6.20	7.45	"
16053	forme verseuse, système Leblanc ..... "	"	"	0.75	0.88	1.04	1.20	1.30	1.35	1.45	1.55	"	1.60	"	"	"	"	"	"	"	"
16054	ordinaires, forme double ..... "	1.05	1.15	1.35	1.50	1.65	1.75	1.90	2.05	2.20	2.35	2.50	2.65	"	2.95	"	3.35	3.55	3.85	"	"
16055	extra-fortes " " ..... "	1.50	1.65	1.90	2.10	2.25	2.50	2.75	3..	3.20	3.40	3.65	3.85	"	4.35	"	4.70	5.15	5.60	"	"
16056	ordinaires, à coquet de vin ..... "	1.40	1.60	1.75	1.90	2.05	2.20	2.35	2.50	2.65	2.80	2.95	3.10	"	"	"	"	"	"	"	"
	Plus-value pour bouton porcelaine (R.B.T.) ...	0.03	0.03	0.03	0.03	0.04	0.04	0.04	0.04	0.04	0.04	0.04	0.04	0.04	0.04	0.04	0.04	0.04	0.04	0.04	0.04
	" pour bouton corozo blanc ..... "	0.11	0.11	0.11	0.11	0.11	0.11	0.11	0.11	0.11	0.11	0.11	0.11	0.11	0.11	0.11	0.11	0.11	0.11	0.11	0.11
	" " bec festonné ..... "	"	"	0.47	0.47	0.48	0.52	0.58	0.58	0.58	0.64	0.64	0.64	0.64	0.70	0.70	0.70	0.80	0.80	0.80	0.80

" " cafetière livrée avec fouloir (pièce inutile) ..... en plus . la pièce ... 0.06.

Nota — Les boutons porcelaine et les becs festonnés ne s'appliquent ordinairement que sur les cafetières extra-fortes.

— Sans indication spéciale, nous livrons la cafetière ordinaire deux anses grille fixe et l'extra forte également grille fixe, mais avec bouton porcelaine.

Cafetières à filtre fer battu émaillé à bec de bouilloire

N°	Contenance en tasses ...	2	3	4	5	6	8	10	12
16057	forme conique, plusieurs filets ..... la pièce ...	2.50	2.75	3.25	3.40	3.70	4..	4.45	4.65
16058	forme porcelaine ..... "	"	"	5..	5.35	5.80	6.25	6.70	7.25

Cafetières à filtre, fer blanc, extra renforcées à robinet

N°	Contenance en litres	2	3	4	5	6	7	8	9	10	12	14	16	18	20	25
16059	à galerie ..... la pièce ..	5.65	6.15	7.25	8.55	9.10	10.05	11..	12..	13..	15..	17..	19..	21..	23..	27.60
16060	à cercle fouillard ..... " ...	5.65	6.15	7.25	8.55	9.10	10.05	11..	12..	13..	15..	17..	19..	21..	23..	27.60

Marmites à café, dites "Portenses"

N°	Contenance en litres.	8	10	12
16061	fourneau, tôle ..... la pièce ..	9..	10.50	12..

Cafetières à filtre, à renversement système Mounet

N°	Contenance tasses ..	2	3	4	5	6	8
16062	fer blanc ..... la pièce ..	2.70	3.15	3.60	4.05	4.50	4.95

16063 Cafetières à filtre, forme américaine.

N°	Contenance en tasses .	2	3	4	5	6	7	8	9	10	11	12
16063	fer blanc poli ..... la pièce ..	2.15	2.50	2.85	3.20	3.60	3.95	4.30	4.65	5..	5.40	5.70

Cafetières à filtre "La Précieuse"

N°	Contenance en tasses ...	2	4	6	8	10
16064	filtre fer blanc poli, théière en porcelaine blanche ..... la pièce	4.15	5.25	6.75	8.25	9.75
16065	Théière seule de rechange, sans couvercle ..... "	1.80	2.25	3..	3.70	4.45

Cafetières à filtre individuelles, récipient en verre

N°	Contenance en tasses	1	2
16066	fer blanc poli, porte verre uni ou découpé, fabrication courante ..... la pièce ..	1.35	"
16067	fer blanc nickelé, " " " " " " ..... "	1.75	"
16068	cuivre nickelé, porte verre uni. " " ..... "	3.40	"
16069	fer blanc poli, porte verre complètement ajouré ..... "	"	1.45
16070	fer blanc nickelé " " " ..... "	"	1.85
16071	cuivre nickelé " " " ..... "	"	3.60
16072	Verres de rechange p^r d^o ..... "	0.25	0.30

Cafetières à filtre "des Gourmets" récipients verre.

N°	Contenance en tasses	1	2
16073	fer blanc poli, porte-verre découpé, fabrication soignée ..... la pièce.	1.65	2.15
16074	cuivre jaune poli " " " " ..... "	3.80	4.35
16075	cuivre rouge poli " " " " ..... "	4.10	4.65
16076	cuivre nickelé " " " " ..... "	4.35	5.40
16077	Verres de rechange pour cafetières polies ..... "	0.25	0.35
16078	" " " " nickelées ..... "	0.35	0.45

Cafetières à filtre individuelles, récipient verre, modèle riche,

N°	Contenance tasses	1	2
16079	cuivre nickelé, uni ..... la pièce ..	4.75	5.70
16080	" argenté, uni ..... "	9.90	11.10
16081	" " guilloché ..... "	12.90	14.10
16082	" rouge martelé ..... "	7.80	8.70
16083	nickel pur uni ..... "	11.10	12.90
16084	Verres de rechange p^r d^o ..... "	0.35	0.45

16046 — 16047 — 16051 - 16052 — 16053 — 16054 - 16055 — 16056 — 16057 — 16059 — 16063 — 16090

Cafetières à circulation

	Contenance en tasses	2	3	4	5	6	8	10	12
16085	tête fer blanc, sans réchaud ... la pièce	2. „	2.50	3. „	3.50	3.50	5. „	6. „	7. „
16086	„ „ réchaud cuivre ... „	3.80	4.30	5. „	5.50	5.50	8. „	9.50	11. „
16087	tête cristal, sans réchaud ... „	6.30	7.05	7.50	8.25	8.25	9. „	„	„
16088	„ „ réchaud fer blanc ... „	8.70	9.45	10.20	10.95	10.95	13.20	„	„
16089	„ „ réchaud cuivre ... „	9. „	9.75	10.50	11.25	11.25	13.50	„	„
	Ces cafetières avec robinet, Augmentation ... „	1.90	1.90	1.90	1.90	1.90	1.90	1.90	1.90

Caléfacteurs en fer-blanc

	Contenance en tasses	1	2	3	4	5	6	8
16090	fixes ... la pièce	0.50	0.62	0.75	0.85	1. „	1.15	1.35

Cafetières russes

	Contenance en tasses	1	2	3	4	5	6	8	10	12
16091	réchaud caléfacteur, cuivre poli ... la pièce	5. „	6.10	6.50	7.50	8.60	9.65	11.50	13. „	13.60
16092	„ „ cuivre nickelé ... „	5.70	6.80	7.20	8.00	9.65	10.70	12.55	14.30	15.40
16093	réchaud étouffoir, cuivre ... „	5.60	6.75	7.20	8.45	9.60	10.95	12.85	14.60	15.40
16094	„ „ cuivre nickelé ... „	6.35	7.50	8. „	9.60	10.80	12.15	14.10	16.10	17.55
16095	réchaud flamme forcée, cuivre poli ... „	6.80	7.85	9. „	10. „	11. „	12.50	14.30	16.10	18. „
16096	„ „ cuivre nickelé ... „	7.50	9. „	9.05	11. „	12.15	14. „	15.70	17.50	19.65
16097	à bascule réchaud flamme forcée, sans anse, cuivre poli ... „	7.50	9. „	9.65	11. „	12.50	14. „	15.70	18. „	19.65
16098	„ „ „ „ „ cuivre nickelé ... „	8.20	9.70	10.70	12.50	13.60	15.40	17.50	19.30	22. „
16099	„ „ „ „ avec anse, cuivre poli ... „	8.20	9.70	10.70	12.50	13.60	15.40	17.50	19.30	22. „
16100	„ „ „ „ „ cuivre nickelé ... „	9.65	11.80	13.20	14.65	16. „	17.50	20. „	22. „	25. „
16101	„ „ „ „ „ „ „ modèle fort ... „	11.50	13. „	14. „	15. „	16. „	17.50	21. „	23.60	26. „
16102	„ „ „ „ „ cuivre rouge uni modèle fort ... „	11.50	13. „	14. „	15. „	16. „	17.50	21. „	23.60	26. „
16103	„ „ „ „ „ cuivre rouge martelé ... „	16.50	18. „	19.65	21. „	23.60	26. „	31.50	38. „	40. „
16104	„ „ „ „ „ cuivre argenté ciselé torse à fleurs ... „	24.30	27. „	30. „	31.50	33. „	35.60	44. „	47. „	51. „
16105	„ „ „ „ „ nickel pur uni ... „	„	33. „	37. „	40.	44. „	47. „	54. „	60. „	„

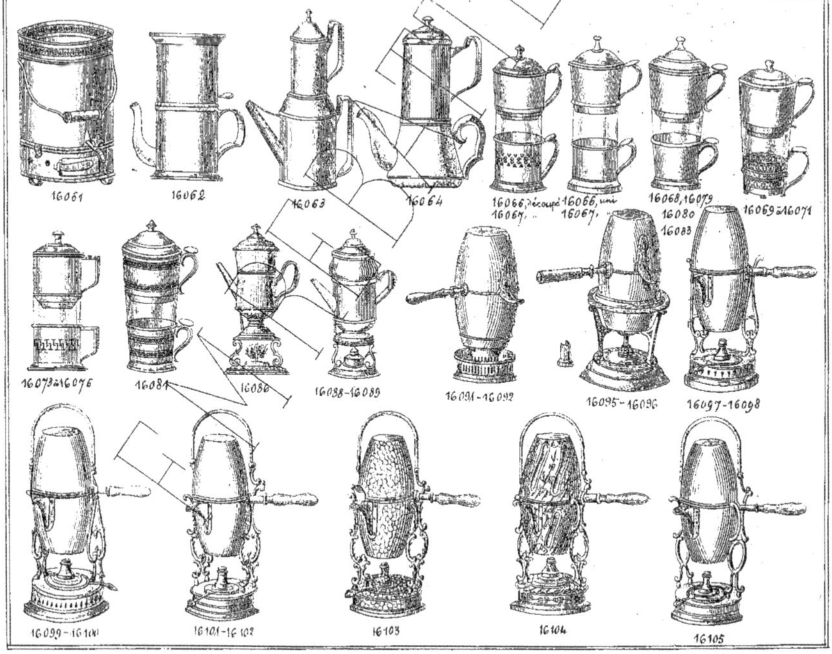

16061 16062 16063 16064 16066, découpé 16067, „ 16066, uni 16067, „ 16068, 16079 16080 16083 16069 à 16071

16073 à 16076 16081 16086 16088-16089 16091-16092 16095-16096 16097-16098

16099-16100 16101-16102 16103 16104 16105

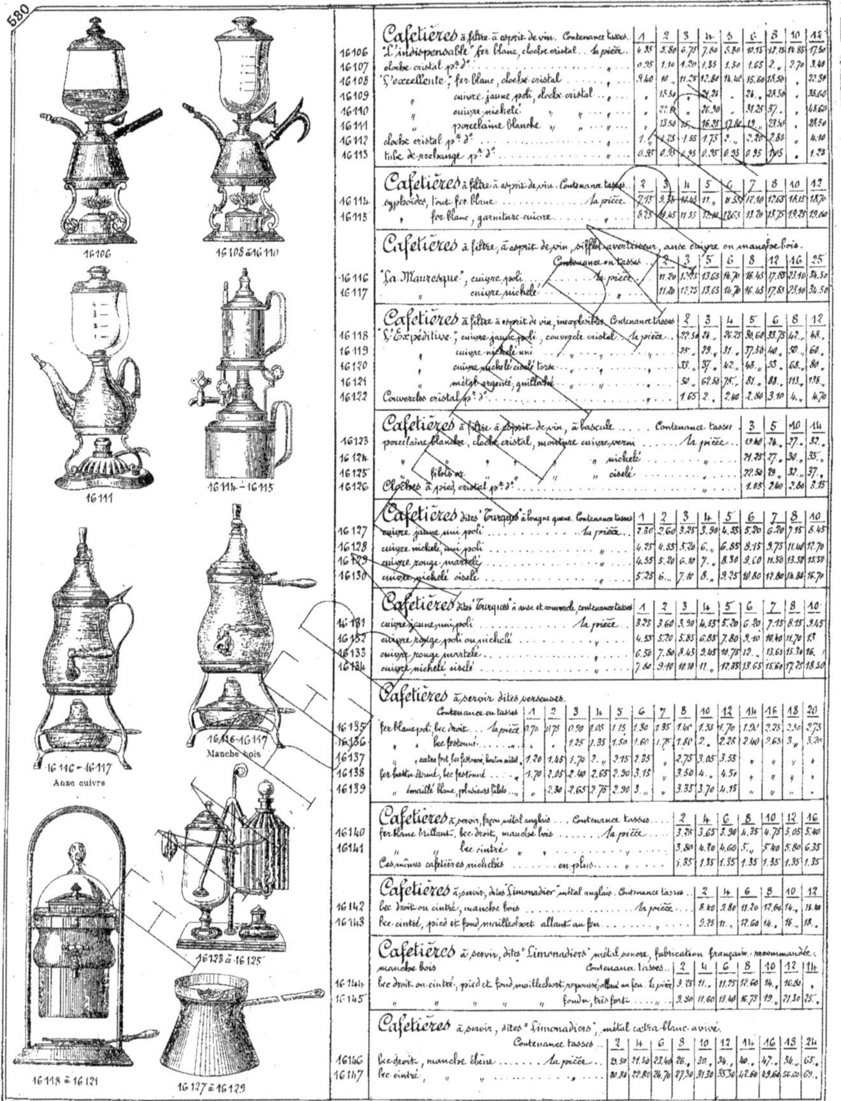

N°	**Cafetières** à filtre à esprit de vin. Contenance tasses	1	2	3	4	5	6	8	10	12
16106	"L'indispensable" fer blanc, cloche cristal … la pièce	4.35	5.80	6.75	7.80	8.80	10.15	12.15	14.85	17.50
16107	cloche cristal p[r] d[o] … „	0.95	1.10	1.20	1.35	1.50	1.65	2. „	2.70	3.40
16108	"L'excellente", fer blanc, cloche cristal … „	9.40	10. „	11.25	12.80	14.40	15.60	18.50	„	22.50
16109	„ cuivre jaune poli, cloche cristal … „	„	18.50	„	21.25	„	24. „	28.50	„	33.60
16110	„ cuivre nickelé „ „ … „	„	22.80	„	26.90	„	31.25	37. „	„	45.60
16111	„ porcelaine blanche „ „ … „	„	13.50	15. „	16.25	17.80	19. „	23.50	„	28.50
16112	cloche cristal p[r] d[o] … „	1. „	1.25	1.55	1.75	2. „	2.20	2.80	„	4.10
16113	tube de rechange p[r] d[o] … „	0.95	0.95	0.95	0.95	0.95	0.95	1.05	„	1.25

N°	**Cafetières** à filtre à esprit de vin. Contenance tasses	2	3	4	5	6	7	8	10	12
16114	explosibles, tout fer blanc … la pièce	7.15	9.35	10.45	11. „	11.55	12.10	12.65	18.15	18.70
16115	„ fer blanc, garniture cuivre … „	8.25	9.45	11.55	12.10	12.65	13.20	13.75	19.25	19.80

Cafetières à filtre, à esprit de vin, sifflet avertisseur, anse cuivre ou manche bois.

N°	Contenance en tasses	2	3	5	6	8	12	16	25
16116	"La Mauresque", cuivre poli … la pièce	11.20	12.75	13.65	14.70	16.45	17.85	23.10	34.50
16117	„ cuivre nickelé … „	11.20	12.75	13.65	14.70	16.45	17.85	23.10	34.50

N°	**Cafetières** à filtre à esprit de vin, inexplosibles. Contenance tasses	2	3	4	5	6	8	12
16118	"L'Expéditive", cuivre jaune poli, couvercle cristal. la pièce	22.50	24. „	26.25	30.60	33.75	42. „	48. „
16119	„ cuivre nickelé uni „ „ … „	25. „	29. „	31. „	37.50	40. „	50. „	60. „
16120	„ cuivre nickelé ciselé torse „ „ … „	33. „	37. „	42. „	48. „	53. „	68. „	80. „
16121	„ métal argenté, guilloché „ „ … „	50. „	62.50	75. „	81. „	88. „	113. „	138. „
16122	Couvercles cristal p[r] d[o] … „	1.65	2. „	2.40	2.80	3.10	4. „	4.70

N°	**Cafetières** à filtre à esprit de vin, à bascule … Contenance tasses	3	5	10	14
16123	porcelaine blanche, cloche cristal, monture cuivre verni … la pièce	19.40	24. „	27. „	32. „
16124	„ „ „ „ „ nickelé … „	21.25	27. „	30. „	35. „
16125	„ filets or „ „ „ ciselé … „	22.50	29. „	32. „	37. „
16126	Cloches à pied, cristal p[r] d[o] … „	1.65	2.40	2.80	3.15

N°	**Cafetières** dites "Turques" à longue queue. Contenance tasses	1	2	3	4	5	6	7	8	10
16127	cuivre jaune uni poli … la pièce	2.30	2.60	3.25	3.90	4.55	5.20	6.20	7.15	8.45
16128	cuivre nickelé, uni poli … „	4.25	4.55	5.20	6. „	6.85	8.15	9.75	11.40	12.70
16129	cuivre rouge martelé … „	4.55	5.20	6.10	7. „	8.30	9.60	11.50	13.50	15.30
16130	cuivre nickelé ciselé … „	5.25	6. „	7.10	8. „	9.25	10.80	12.80	14.80	16.70

N°	**Cafetières** dites "Turques" à anse et couvercle, contenance tasses	1	2	3	4	5	6	7	8	10
16131	cuivre jaune uni poli … la pièce	3.25	3.60	3.90	4.55	5.20	6.20	7.15	8.15	9.45
16132	cuivre rouge poli ou nickelé … „	4.55	5.20	5.85	6.85	7.80	9.10	10.40	11.70	13
16133	cuivre rouge martelé … „	6.50	7.80	8.45	9.45	10.75	12. „	13.65	15.30	16.
16134	cuivre nickelé ciselé … „	7.80	9.10	10.10	11. „	12.35	13.65	15.60	17.25	18.50

Cafetières à servir dites persanes.

N°	Contenance en tasses	1	2	3	4	5	6	7	8	10	12	14	16	18	20
16135	fer blanc poli, bec droit … la pièce	0.70	0.75	0.90	1.05	1.15	1.30	1.35	1.40	1.55	1.70	1.90	2.25	2.50	2.75
16136	„ „ bec festonné … „	„	„	1.25	1.35	1.50	1.60	1.75	1.80	2. „	2.25	2.40	2.65	3. „	3.20
16137	„ , extra fort, bec festonné, bouton métal „	1.20	1.45	1.70	2. „	2.15	2.35	„	2.75	3.05	3.55	„	„	„	„
16138	fer battu étamé, bec festonné … „	1.70	2.05	2.40	2.65	2.90	3.15	„	3.50	4. „	4.50	„	„	„	„
16139	„ émaillé blanc, plusieurs filets … „	„	2.30	2.65	2.75	2.90	3. „	„	3.35	3.70	4.15	„	„	„	„

N°	**Cafetières** à servir, façon métal anglais … Contenance tasses	2	4	6	8	10	12	16
16140	fer blanc brillant, bec droit, manche bois … la pièce	3.25	3.65	3.90	4.35	4.75	5.05	5.40
16141	„ „ bec cintré „ „ … „	3.80	4.20	4.60	5. „	5.40	5.80	6.35
	Ces mêmes cafetières nickelées … en plus … „	1.35	1.35	1.35	1.35	1.35	1.35	1.35

N°	**Cafetières** à servir, dites "Limonadier" métal anglais. Contenance tasses	2	4	6	8	10	12
16142	bec droit ou cintré, manche bois … la pièce	8.40	9.80	11.20	12.60	14. „	15.40
16143	bec cintré, pied et fond maillechort allant au feu … „	9.25	11. „	12.60	14. „	16. „	18. „

Cafetières à servir, dites "Limonadiers" métal sonore, fabrication française, recommandée: manche bois

N°	Contenance tasses	2	4	6	8	10	12	14
16144	bec droit ou cintré, pied et fond maillechort repoussé, allant au feu. la pièce	9.75	11. „	11.25	12.60	14. „	16.80	„
16145	„ „ „ „ „ fondu, très fort … „	9.80	11.60	13.40	16.75	19. „	21.30	25. „

Cafetières à servir, dites "Limonadiers", métal extra blanc avivé.

N°	Contenance tasses	2	4	6	8	10	12	14	16	18	24
16146	bec droit, manche ébène … la pièce	19.50	21.50	23.40	26. „	30. „	34. „	40. „	47. „	54. „	65. „
16147	bec cintré, „ „ … „	20.80	22.80	24.70	27.30	31.30	35.50	42.60	49.60	56.00	69. „

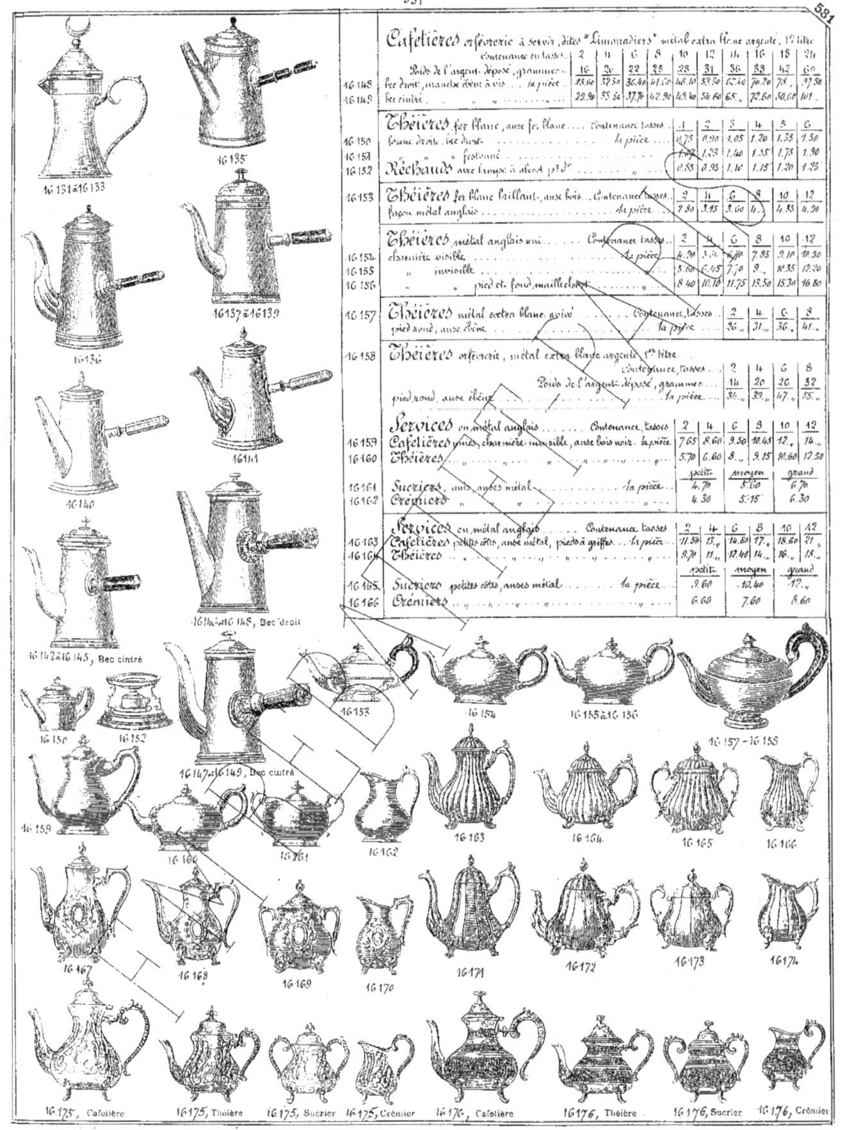

Cafetières orfèvrerie à servir, dites "Limonadiers" métal extra blanc argenté, 1er titre

		2	4	6	8	10	12	14	16	18	24
	Contenance en tasses	2	4	6	8	10	12	14	16	18	24
	Poids de l'argent déposé, grammes	16	20	22	25	28	31	36	33	42	60
16 148	bec droit, manche ébène à vis ... la pièce	28.60	32.50	36.40	41.60	48.10	53.30	62.40	70.20	78..	97.50
16 149	bec cintré " "	29.90	33.80	37.70	42.90	49.40	54.60	65..	72.80	80.60	101..

Théières fer blanc, anse fer blanc

	Contenance tasses	1	2	3	4	5	6
16 150	forme droite, bec droit ... la pièce	0.75	0.90	1.05	1.20	1.35	1.50
16 151	" " " festonné	1.07	1.23	1.40	1.55	1.73	1.90
16 152	**Réchauds** avec lampe à alcool p[r] d[o] ... "	0.85	0.95	1.10	1.15	1.20	1.25

Théières fer blanc brillant, anse bois

	Contenance tasses	2	4	6	8	10	12
16 153	façon métal anglais ... la pièce	2.80	3.15	3.60	4..	4.33	4.90

Théières métal anglais uni

	Contenance tasses	2	4	6	8	10	12
16 154	charnière visible ... la pièce	4.90	5.50	6.10	7.35	9.10	10.50
16 155	" invisible	5.60	6.45	7.70	9..	10.35	12.20
16 156	" " pied et fond maillechort ... "	8.40	10.10	11.75	13.50	15.30	16.80

Théières métal extra blanc avivé

	Contenance, tasses	2	4	6	8
16 157	pied rond, anse ébène ... la pièce	26..	31..	36..	41..

Théières orfèvrerie, métal extra blanc argenté, 1er titre

		2	4	6	8
16 158	Contenance, tasses	2	4	6	8
	Poids de l'argent déposé, grammes	14	20	26	32
	pied rond, anse ébène ... la pièce	34..	39..	47..	55..

Services en métal anglais

	Contenance, tasses	2	4	6	8	10	12
16 159	**Cafetières** unies, charnière invisible, anse bois noir. la pièce	7.65	8.60	9.50	10.45	12..	14..
16 160	**Théières** " " " " " " "	5.70	6.60	8..	9.15	10.60	12.50

		petit	moyen	grand
16 161	**Sucriers**, unis, anses métal ... la pièce	4.70	5.60	6.70
16 162	**Crémiers** " " " "	4.30	5.15	6.30

Services en métal anglais

	Contenance tasses	2	4	6	8	10	12
16 163	**Cafetières** petites côtes, anse métal, pieds à griffes ... la pièce	11.50	13..	14.80	17..	18.60	21..
16 164	**Théières** " " " " " "	9.70	11..	12.40	14..	16..	18..

		petit	moyen	grand
16 165	**Sucriers** petites côtes, anses métal ... la pièce	9.60	10.40	12..
16 166	**Crémiers** " " " " "	6.60	7.60	8.60

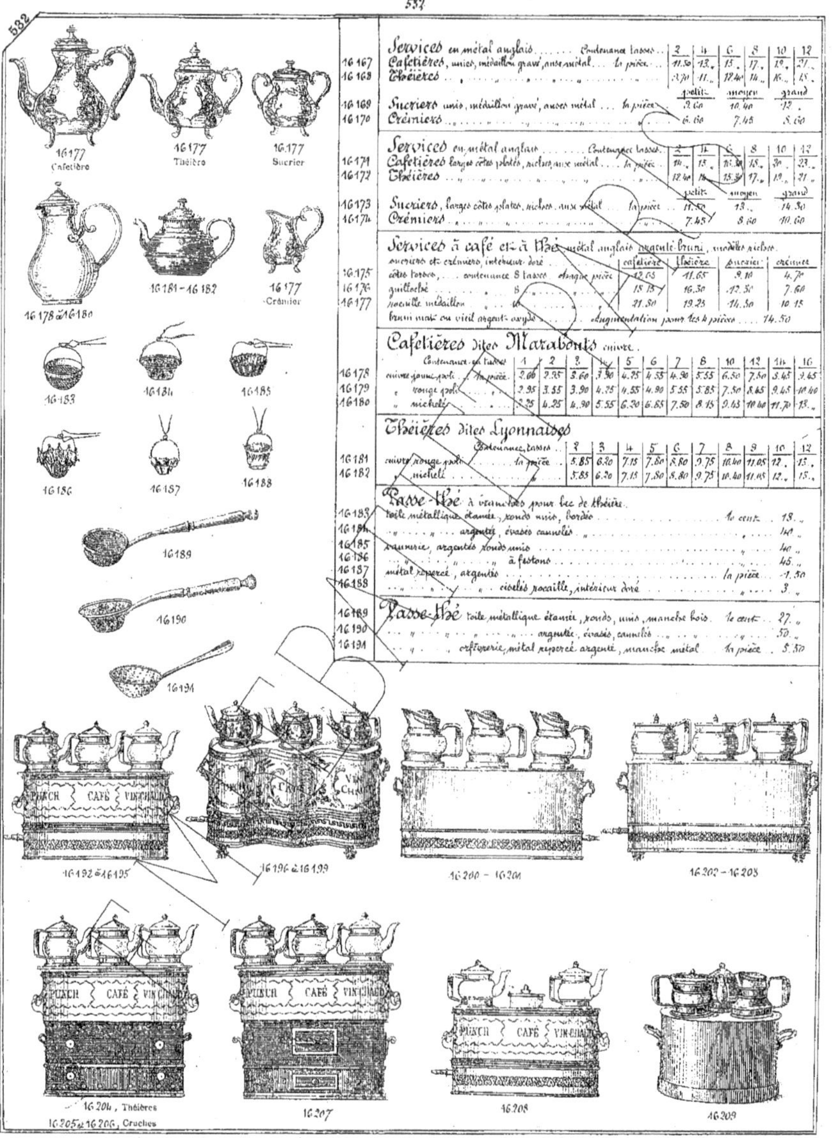

Services en métal anglais

		Contenance tasses	2	4	6	8	10	12
16167	Cafetières, unies, médaillon gravé, anse métal	la pièce	11.50	13. „	15. „	17. „	19. „	21. „
16168	Théières „ „ „ „		9.70	11. „	12.40	14. „	16. „	18. „

			petit	moyen	grand
16169	Sucriers unis, médaillon gravé, anses métal	la pièce	9.60	10.40	12. „
16170	Crémiers „ „ „ „		6.60	7.45	8.60

Services en métal anglais

		Contenance tasses	2	4	6	8	10	12
16171	Cafetières larges côtes plates, nickelées, anse métal	la pièce	14. „	15. „	16.50	18. „	20. „	23. „
16172	Théières „ „ „ „		12.40	14. „	15.30	17. „	19. „	21. „

			petit	moyen	grand
16173	Sucriers, larges côtes plates, nickelés, anse métal	la pièce	11.50	13. „	14.30
16174	Crémiers „ „ „ „		7.45	8.60	10.60

Services à café et à thé métal anglais argenté bruni, modèles riches.

	sucriers et crémiers, intérieur doré		cafetière	théière	sucrier	crémier
16175	côtes torses, contenance 8 tasses	chaque pièce	12.05	11.65	9.10	4.70
16176	guilloché „ 8 „		18.15	16.30	12.50	7.60
16177	rocaille médaillon „ 8 „		21.80	19.25	14.30	10.15

bruni mat ou vieil argent oxydé .... Augmentation pour les 4 pièces 14.50

Cafetières dites Marabouts cuivre.

	Contenance en tasses	1	2	3	4	5	6	7	8	10	12	14	16
16178	cuivre jaune poli ... la pièce	2.60	2.95	3.60	3.90	4.25	4.55	4.90	5.55	6.50	7.50	8.45	9.45
16179	„ rouge poli „	2.95	3.55	3.90	4.25	4.55	4.90	5.55	5.85	7.50	8.65	9.45	10.40
16180	„ nickelé „	3.25	4.25	4.90	5.55	6.20	6.85	7.50	8.15	9.45	10.40	11.70	13. „

Théières dites Lyonnaises

	Contenance, tasses	2	3	4	5	6	7	8	9	10	12
16181	cuivre rouge poli ... la pièce	5.85	6.20	7.15	7.80	8.80	9.75	10.40	11.05	12. „	13. „
16182	„ nickelé „	5.85	6.20	7.15	7.80	8.80	9.75	10.40	11.05	12. „	13. „

Passe-thé à crampons pour bec de théière.

16183	toile métallique étamée, ronds unis, bordés	le cent	18. „
16184	„ „ argentés, évasés cannelés	„	40. „
16185	vannerie, argentés ronds unis	„	40. „
16186	„ „ „ à festons	„	45. „
16187	métal repercé, argentés	la pièce	1.50
16188	„ „ „ ciselés rocaille, intérieur doré	„	3. „

Passe-thé

16189	toile métallique étamée, ronds, unis, manche bois	le cent	27. „
16190	„ „ „ „ argentés, évasés, cannelés	„	50. „
16191	„ „ orfèvrerie, métal repercé argenté, manche métal	la pièce	5.50

16211 - 16212 · 16213 - 16214 · 16216 - 16217 · 16219

16220 · 16221 - 16222

16223 - 16224

16225 - 16226

16228

Bain-marie avec fourneau.

Bains-marie, forme droite, au gaz, théière porcelaine blanche.

	Nombre de théières	2	3	4	5	6	7	8
16192	cuivre jaune gravé, théières 1 litre ..... la pièce	25.50	34. »	51. »	66. »	85. »	102. »	125. »
16193	maillechort » » » .... »	43. »	60. »	77. »	94. »	111. »	125. »	145. »
16194	cuivre jaune gravé, théières 1 litre ½ .... »	30. »	43. »	60. »	72. »	90. »	107. »	128. »
16195	maillechort » » » .... »	51. »	68. »	85. »	102. »	119. »	136. »	153. »
	Augmentation pour bain-marie nickelé .... »	3.50	5.25	7. »	8.75	10.50	12.25	14. »

Bains-marie, forme ondulée, au gaz, théières porcelaine décorée.

	Nombre de théières	2	3	4	5	6	7	8
16196	cuivre jaune gravé, théières 1 litre .... la pièce	43. »	73. »	94. »	111. »	132. »	153. »	187. »
16197	maillechort » » .... »	68. »	85. »	119. »	153. »	187. »	221. »	260. »
16198	cuivre jaune gravé, théières 1 litre ½ .... »	50. »	78. »	103. »	120. »	137. »	158. »	196. »
16199	maillechort » » .... »	73. »	94. »	128. »	162. »	196. »	234. »	269. »

Bains-marie, forme droite, au gaz, cruches porcelaine blanche

	Nombre de cruches	2	3	4	5
16200	cuivre rouge poli, cruches 1 litre ½ .... la pièce	30. »	42.50	60. »	73. »
16201	» » » 2 litres .... »	34. »	51. »	68. »	85. »

Bains-marie, forme droite, au gaz, copettes porcelaine blanche

	Nombre de copettes	2	3	4	5	6
16202	cuivre rouge poli, copettes 1 litre .... la pièce	30. »	42.50	60. »	73. »	90. »
16203	» » » 2 litres .... »	34. »	51. »	68. »	85. »	107. »

Bains-marie, forme droite, au pétrole ou à l'alcool, corps et réchauds cuivre poli.

	Nombre de récipients	2	3	4	5
16204	théières porcelaine blanche de 1 litre ½ .... la pièce	42.50	60. »	77. »	94. »
16205	cruches » » de 1 litre ½ .... »	42.50	60. »	77. »	94. »
16206	cruches » » de 2 litres .... »	56. »	77. »	94. »	111. »

Bains-marie forme droite, au charbon de bois, théières porcelaine blanche 1 litre ½

	Nombre de théières	2	3	4	5
16207	cuivre poli, fourneau tôle .... la pièce	42.50	60. »	73. »	90. »
16208	» » au gaz et au charbon de bois .... »	42.50	60. »	73. »	90. »

16209 Bains-marie forme ronde cuivre poli, cercle fer, se plaçant sur un fourneau de cuisine

Nombre de récipients	2	3	4	5
la pièce	34. »	51. »	68. »	85. »

Ce modèle est livré indistinctement et au même prix avec des théières de 1 litre ½, des cruches de 1 litre ½ ou des copettes de 1 litre ½ ou 2 litres.

Théières seules, diamètre 105 à 110 m/m

		petites 1 litre	grandes 1 litre ½
16210	porcelaine blanche, non garnies .... la pièce	4.70	5.95
16211	» » garnies cuivre .... »	5.50	6.80
16212	» » » maillechort .... »	6.35	7.65
16213	porcelaine décorée, non garnies .... »	9.75	11,50
16214	» » garnies maillechort .... »	11.90	13,60

Cruches seules

		petites 1 litre ½	grandes 2 litres
	Diamètre m/m	100 - 110	120 - 130
16215	porcelaine blanche, non garnies .... la pièce	5.35	6.40
16216	» » garnies cuivre .... »	6.80	7.65
16217	» » » maillechort .... »	8.05	8.90

Copettes seules

		petites 1 litre	moyennes 1 litre ½	grandes 2 litres
	Diamètre m/m	90	110	120
16218	porcelaine blanche, non garnies ... la pièce	3.45	3.85	3.85
16219	» » garnies cuivre .... »	4.70	5.10	5.10

16220	cuivre rouge étamée à crochet .... Diamètre m/m	8	9	10	11	12
	Contenance litres	1 ¼	1 ½	2	2 ½	3

(Cours variable) .... le kilog .. 7.50

Bains-marie au gaz, riches, sur galerie

	Nombre de théières	2	3
16221	corps porcelaine décorée, théières à filets 1 litre ½ ..... la pièce	75. »	100. »
16222	» » » riches théières 1 litre ½ .... »	77. »	103.

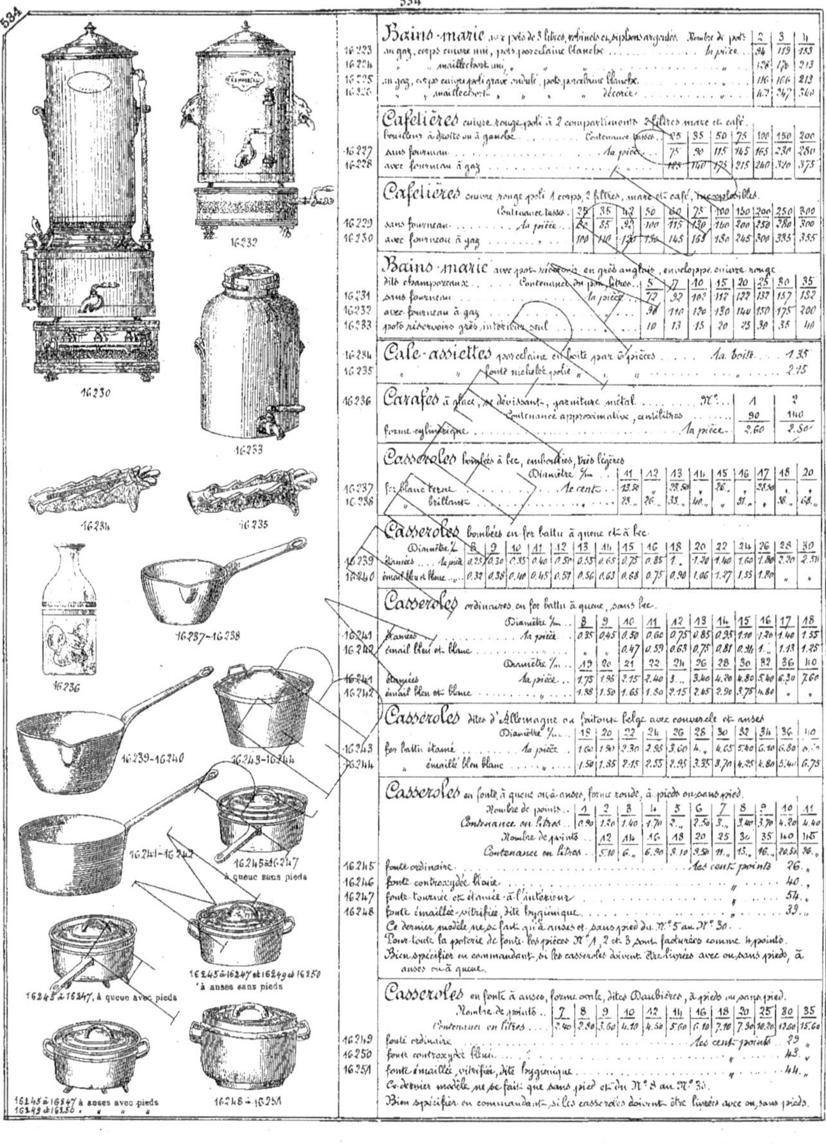

16230 — 16232 — 16233 — 16234 — 16235 — 16236 — 16237-16238 — 16239-16240 — 16243-16244 — 16241-16242 — 16245 à 16247 à queue sans pieds — 16245 à 16247 et 16249 à 16250 à anses sans pieds — 16245 à 16247, à queue avec pieds — 16245 à 16247 / 16249 à 16250 à anses avec pieds — 16248 à 16251

Bains-marie avec pots de 3 litres, robinets et siphons argentés.

N°	Désignation		2	3	4
		Nombre de pots	2	3	4
16223	au gaz, corps cuivre uni, pots porcelaine blanche	la pièce	94	119	153
16224	" " maillechort uni, " " "	"	128	170	213
16225	au gaz, corps cuivre poli gravé ondulé, pots porcelaine blanche	"	116	166	213
16226	" " maillechort " " " " décorée	"	4.2	247	340

Cafetières cuivre rouge poli à 2 compartiments 2 filtres marc et café.

N°	Désignation								
	bouilleur à droite ou à gauche	Contenance tasses	25	35	50	75	100	150	200
16227	sans fourneau	la pièce	75	90	115	145	165	230	280
16228	avec fourneau à gaz	"	125	140	175	215	240	320	375

Cafetières cuivre rouge poli 1 corps, 2 filtres, marc et café, incassables.

N°	Désignation												
		Contenance tasses	25	35	42	50	60	75	100	150	200	250	300
16229	sans fourneau	la pièce	80	85	92	100	115	130	160	200	250	280	300
16230	avec fourneau à gaz		100	110	120	130	145	165	180	245	300	335	355

Bains-marie avec pot-réservoir en grès anglais, enveloppe cuivre rouge

N°	Désignation									
	dits champoreaux	Contenance du pot, litres	5	7	10	15	20	25	30	35
16231	sans fourneau	la pièce	72	92	102	112	122	132	157	182
16232	avec fourneau à gaz	"	90	110	120	130	140	150	175	200
16233	pots réservoirs grès, intérieur seul		10	13	15	20	25	30	35	40

Cale-assiettes

16234 Cale-assiettes porcelaine en boîte par 6 pièces ..... la boîte 1.35

16235 " " fonte nickelée polie " " 2.15

Carafes

N°	Désignation		1	2
16236	Carafes à glace, se dévissant, garniture métal	N°	1	2
		Contenance approximative, centilitres	90	140
	forme cylindrique	la pièce	2.60	2.50

Casseroles bombées à bec, emboutiées, très légères

N°	Désignation										
		Diamètre c/m	11	12	13	14	15	16	17	18	20
16237	fer blanc terne	le cent	13.50	"	28.50	"	26. "	"	28.50	"	"
16238	" brillant		23. "	26. "	33. "	40. "	"	51. "	"	38. "	68. "

Casseroles bombées en fer battu à queue et à bec.

N°	Désignation																
		Diamètre c/m	8	9	10	11	12	13	14	15	16	18	20	22	24	26	28	30
16239	étamées	la pièce	0.25	0.30	0.35	0.40	0.50	0.55	0.65	0.75	0.85	1. "	1.20	1.40	1.60	1.80	2.20	2.50
16240	émail bleu et blanc	"	0.32	0.38	0.40	0.45	0.51	0.56	0.63	0.68	0.75	0.90	1.06	1.27	1.55	1.80	"	"

Casseroles ordinaires en fer battu à queue, sans bec.

N°	Désignation												
		Diamètre c/m	8	9	10	11	12	13	14	15	16	17	18
16241	étamées	la pièce	0.35	0.45	0.50	0.60	0.75	0.85	0.95	1.10	1.20	1.40	1.55
16242	émail bleu et blanc		"	"	0.47	0.59	0.63	0.75	0.81	0.94	1. "	1.13	1.25
		Diamètre c/m	19	20	21	22	24	26	28	30	32	36	40
16241	étamées	la pièce	1.75	1.95	2.15	2.40	3. "	3.40	4.20	4.80	5.40	6.30	7.60
16242	émail bleu et blanc	"	1.38	1.50	1.65	1.80	2.15	2.45	2.90	3.75	4.80	"	"

Casseroles dites d'Allemagne ou faitout belge avec couvercle et anses

N°	Désignation												
		Diamètre c/m	18	20	22	24	26	28	30	32	34	36	40
16243	fer battu étamé	la pièce	1.60	1.90	2.30	2.95	3.60	4. "	4.65	5.40	6.10	6.80	[illegible]
16244	" émaillé bleu blanc	"	1.50	1.85	2.15	2.55	2.95	3.35	3.70	4.25	4.80	5.40	6.75

Casseroles en fonte, à queue ou à anses, forme ronde, à pieds ou sans pied.

Nombre de points	1	2	3	4	5	6	7	8	9	10	11
Contenance en litres	0.90	1.20	1.40	1.70	2. "	2.50	3. "	3.40	3.70	4.20	4.40
Nombre de points		12	14	16	18	20	25	30	35	40	45
Contenance en litres		5.10	6. "	6.90	8.10	9.50	11. "	15. "	16. "	20.50	26. "

16245 fonte ordinaire ..... les cent points 26. "

16246 fonte contr'oxydée bleuie ..... " ..... 40. "

16247 fonte tournée et étamée à l'intérieur ..... " ..... 54. "

16248 fonte émaillée-vitrifiée, dite hygiénique ..... " ..... 39. "

Ce dernier modèle ne se fait qu'à anses et sans pied du N° 5 au N° 30.

Pour toute la poterie de fonte les pièces N° 1, 2 et 3 sont facturées comme 4 points.

Bien spécifier en commandant, si les casseroles doivent être livrées avec ou sans pieds, à anses ou à queue.

Casseroles en fonte à anses, forme ovale, dites Daubières, à pieds ou sans pied.

Nombre de points	7	8	9	10	12	14	16	18	20	25	30	35
Contenance en litres	2.40	2.80	3.60	4.10	4.50	5.60	6.10	7.10	7.80	10.20	12.60	15.60

16249 fonte ordinaire ..... les cent points 29 "

16250 fonte contr'oxydée bleuie ..... " ..... 43. "

16251 fonte émaillée, vitrifiée, dite hygiénique ..... " ..... 44. "

Ce dernier modèle ne se fait que sans pied et du N° 8 au N° 30.

Bien spécifier en commandant, si les casseroles doivent être livrées avec ou sans pieds.

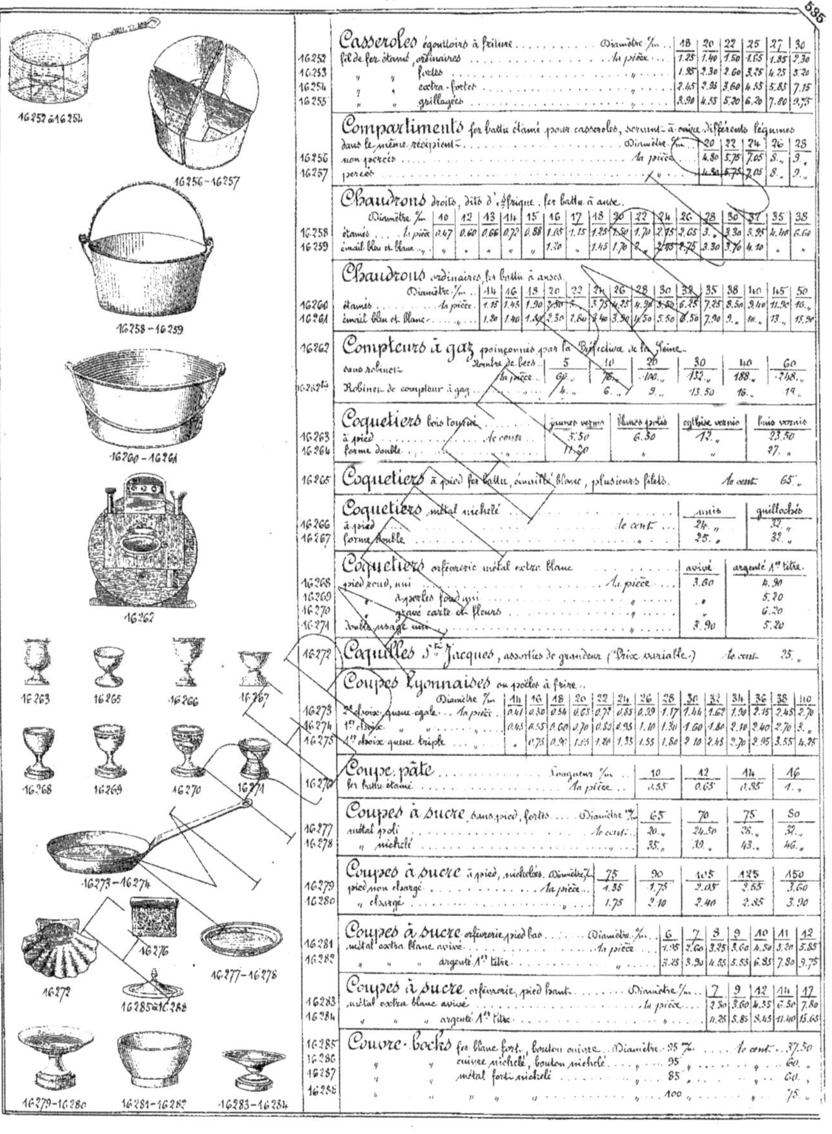

Casseroles égouttoirs à friture

		Diamètre m/m	18	20	22	25	27	30
16252	fil de fer étamé, ordinaires	la pièce	1.25	1.40	1.50	1.65	1.85	2.30
16253	" " fortes	"	1.95	2.30	2.60	3.25	4.25	5.20
16254	" " extra-fortes	"	2.45	2.95	3.60	4.55	5.85	7.15
16255	" " grillagées	"	3.90	4.55	5.20	6.20	7.80	9.75

Compartiments fer battu étamé pour casseroles, servant à cuire différents légumes dans le même récipient

		Diamètre m/m	20	22	24	26	28
16256	non percés	la pièce	4.80	5.75	7.05	8. „	9. „
16257	percés	"	4.80	5.75	7.05	8. „	9. „

Chaudrons droits, dits d'Afrique, fer battu à anse.

	Diamètre m/m	10	12	13	14	15	16	17	18	20	22	24	26	28	30	32	35	38
16258	étamés ... la pièce	0.47	0.60	0.66	0.72	0.88	1.05	1.15	1.25	1.50	1.70	2.15	2.65	3. „	3.30	3.95	4.40	6.60
16259	émail bleu et blanc "	"	"	"	"	"	1.30	"	1.45	1.70	2. „	2.45	2.75	3.30	3.70	4.10	"	"

Chaudrons ordinaires, fer battu à anses.

	Diamètre m/m	14	16	18	20	22	24	26	28	30	32	35	38	40	45	50
16260	étamés ... la pièce	1.15	1.45	1.90	2.30	3. „	3.75	4.25	4.90	5.50	6.25	7.25	8.50	9.40	11.90	16. „
16261	émail bleu et blanc "	1.30	1.40	1.80	2.30	2.80	3.40	3.90	4.50	5.50	6.50	7.90	9. „	10. „	13. „	15.90

Compteurs à gaz poinçonnés par la Préfecture de la Seine.

		Nombre de becs	5	10	20	30	40	60
16262	sans robinet	la pièce	60 „	76 „	100 „	132 „	188 „	248 „
16262 bis	Robinet de compteur à gaz	"	4. „	6. „	9. „	13.50	16. „	19. „

Coquetiers bois tourné

			jaunes vernis	blancs polis	cythise vernis	buis vernis
16263	à pied	le cent	5.50	6.30	12. „	23.50
16264	forme double	"	11.20	"	"	27. „

16265 **Coquetiers** à pied fer battu, émaillé blanc, plusieurs filets. le cent 65. „

Coquetiers métal nickelé

			unis	guillochés
16266	à pied	le cent	24. „	32. „
16267	forme double	"	25. „	32. „

Coquetiers orfèvrerie métal extra blanc

			avivé	argenté 1er titre
16268	pied rond, uni	la pièce	3.60	4.90
16269	" à perles fond uni	"	"	5.20
16270	" gravé carte et fleurs	"	"	6.20
16271	double usage uni	"	3.90	5.20

16272 **Coquilles St-Jacques**, assorties de grandeur (Prix variable.) le cent 25. „

Coupes Lyonnaises ou poêles à frire.

	Diamètre m/m	14	16	18	20	22	24	26	28	30	32	34	36	38	40
16273	2e choix queue égale ... la pièce	0.41	0.50	0.54	0.63	0.72	0.85	0.99	1.17	1.44	1.62	1.90	2.15	2.45	2.70
16274	1er choix " " "	0.45	0.55	0.60	0.70	0.82	0.95	1.10	1.30	1.60	1.80	2.10	2.40	2.70	3. „
16275	1er choix queue triple "	"	0.75	0.90	1.05	1.20	1.35	1.55	1.80	2.10	2.45	2.70	2.95	3.55	4.25

Coupe-pâte

		Longueur m/m	10	12	14	16
16276	fer battu étamé	la pièce	0.55	0.65	0.85	1. „

Coupes à sucre, sans pied, fortes

		Diamètre m/m	65	70	75	80
16277	métal poli	le cent	20. „	24.50	28. „	32. „
16278	" nickelé	"	35. „	39. „	43. „	46. „

Coupes à sucre à pied, nickelées.

		Diamètre m/m	75	90	105	125	150
16279	pied non chargé	la pièce	1.35	1.75	2.05	2.55	3.60
16280	" chargé	"	1.75	2.10	2.40	2.85	3.90

Coupes à sucre orfèvrerie, pied bas

		Diamètre m/m	6	7	8	9	10	11	12
16281	métal extra blanc avivé	la pièce	1.95	2.60	3.25	3.60	4.50	5.20	5.85
16282	" " " argenté 1er titre	"	3.25	3.90	4.55	5.55	6.85	7.80	9.75

Coupes à sucre orfèvrerie, pied haut

		Diamètre m/m	7	9	12	14	17
16283	métal extra blanc avivé	la pièce	2.30	3.60	4.35	6.50	7.80
16284	" " " argenté 1er titre	"	4.25	5.85	8.45	11.40	15.65

Couvre-bocks

		Diamètre		
16285	fer blanc fort, bouton cuivre	95 m/m	le cent	37.50
16286	" " cuivre nickelé, bouton nickelé	95 "	"	60. „
16287	" " métal fort nickelé	85 "	"	60. „
16288	" " " " "	100 "	"	75. „

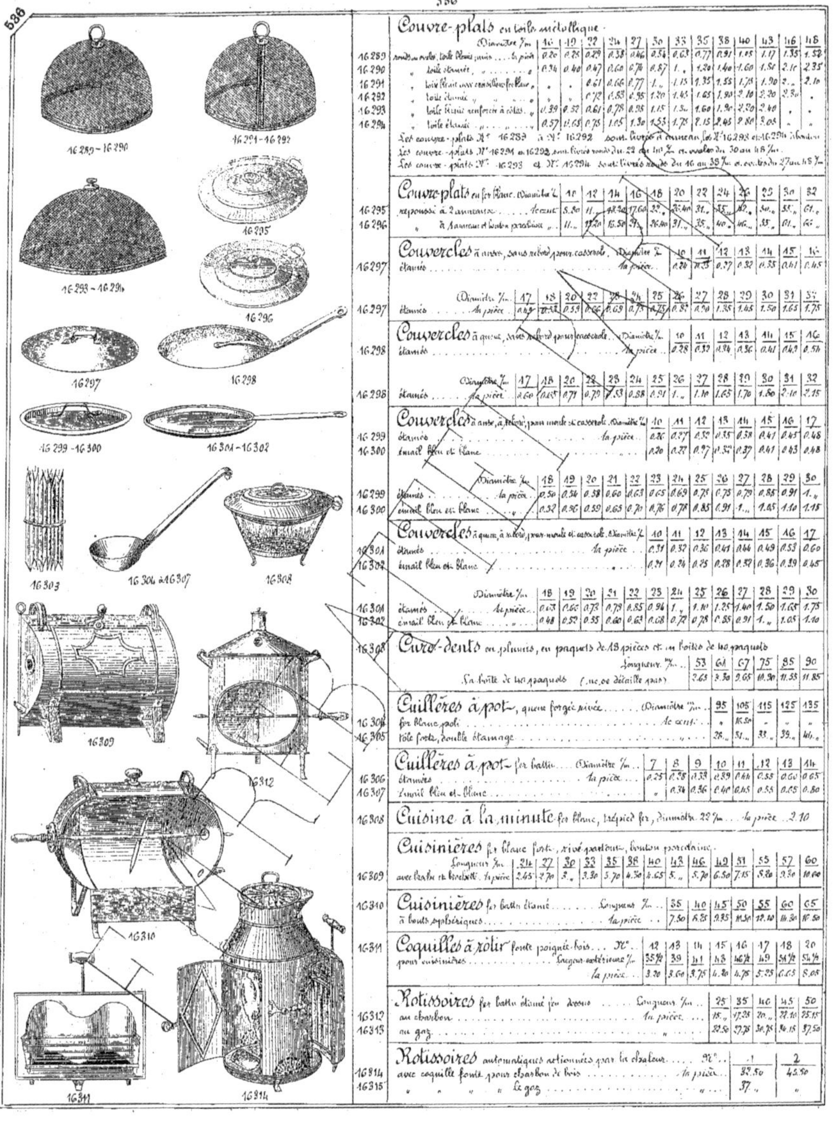

Couvre-plats en toile métallique

N°		Diamètre m/m	16	19	22	24	27	30	33	35	38	40	43	46	48
16289	ronds ou ovales, toile blanche unie	la pièce	0.20	0.25	0.29	0.38	0.46	0.54	0.63	0.77	0.91	1.05	1.17	1.35	1.52
16290	„ toile étamée	„	0.34	0.40	0.47	0.60	0.74	0.87	1. „	1.20	1.40	1.60	1.80	2.10	2.35
16291	„ toile blanche avec croisillons fer blanc	„	„	„	0.61	0.66	0.77	1. „	1.15	1.35	1.55	1.75	1.90	2. „	2.10
16292	„ toile étamée „	„	„	„	0.72	0.83	0.95	1.20	1.43	1.65	1.90	2.10	2.20	2.30	„
16293	„ toile blanche renforcée à côtes	„	0.39	0.52	0.61	0.78	0.95	1.15	1.30	1.60	1.90	2.20	2.40	„	„
16294	„ toile étamée „	„	0.57	0.68	0.75	1.05	1.30	1.53	1.75	2.15	2.45	2.80	3.05	„	„

Les couvre-plats N° 16289 à N° 16292 sont livrés à anneau, les N° 16293 et 16294 à bouton.
Les couvre-plats N° 16291 au 16292 sont livrés ronds du 22 au 40 m/m et ovales du 30 au 48 m/m.
Les couvre-plats N° 16293 et N° 16294 sont livrés ronds du 16 au 38 m/m et ovales du 27 au 48 m/m.

Couvre-plats en fer blanc

N°		Diamètre c/m	10	12	14	16	18	20	22	24	26	28	30	32
16295	repoussé à 2 anneaux	le cent	8.80	11. „	13.20	17.60	22. „	26.40	31. „	35. „	42. „	50. „	55. „	61. „
16296	„ à 1 anneau et bouton porcelaine	„	11. „	13.20	15.50	24. „	26.40	31. „	35. „	40. „	46. „	55. „	61. „	66. „

Couvercles à anse, sans rebord pour casserole

N°		Diamètre c/m	10	11	12	13	14	15	16
16297	étamés	la pièce	0.24	0.25	0.27	0.32	0.35	0.41	0.45

N°		Diamètre c/m	17	18	20	22	23	24	25	26	27	28	29	30	31	32
16297	étamés	la pièce	0.49	0.52	0.59	0.66	0.69	0.73	0.75	0.87	0.90	1.35	1.45	1.50	1.65	1.75

Couvercles à queue, sans rebord pour casserole

N°		Diamètre c/m	10	11	12	13	14	15	16
16298	étamés	la pièce	0.28	0.32	0.34	0.36	0.41	0.49	0.54

N°		Diamètre c/m	17	18	20	22	23	24	25	26	27	28	29	30	31	32
16298	étamés	la pièce	0.60	0.65	0.71	0.79	0.83	0.88	0.91	1. „	1.10	1.65	1.70	1.80	2.10	2.15

Couvercles à anse, à rebord, pour moule et casserole

N°		Diamètre c/m	10	11	12	13	14	15	16	17
16299	étamés	la pièce	0.26	0.27	0.32	0.35	0.38	0.41	0.45	0.48
16300	émail bleu et blanc	„	0.20	0.22	0.27	0.32	0.37	0.41	0.43	0.48

N°		Diamètre c/m	18	19	20	21	22	23	24	25	26	27	28	29	30
16299	étamés	la pièce	0.50	0.54	0.58	0.60	0.63	0.65	0.69	0.75	0.75	0.79	0.85	0.91	1. „
16300	émail bleu et blanc	„	0.52	0.56	0.59	0.65	0.70	0.76	0.78	0.85	0.91	1. „	1.05	1.10	1.15

Couvercles à queue, à rebord, pour moule et casserole

N°		Diamètre c/m	10	11	12	13	14	15	16	17
16301	étamés	la pièce	0.31	0.32	0.36	0.41	0.44	0.49	0.53	0.60
16302	émail bleu et blanc	„	0.21	0.24	0.25	0.28	0.32	0.36	0.39	0.45

N°		Diamètre c/m	18	19	20	21	22	23	24	25	26	27	28	29	30
16301	étamés	la pièce	0.63	0.65	0.73	0.79	0.85	0.96	1. „	1.10	1.25	1.40	1.50	1.65	1.75
16302	émail bleu et blanc	„	0.48	0.52	0.55	0.60	0.63	0.68	0.72	0.78	0.85	0.91	1. „	1.05	1.10

Cure-dents en plumes, en paquets de 18 pièces et en boîtes de 40 paquets

N°		Longueur m/m	53	61	67	75	85	90
16303	La boîte de 40 paquets (ne se détaille pas)		2.65	3.30	9.65	10.90	11.55	11.85

Cuillères à pot, queue forgée rivée

N°		Diamètre m/m	95	105	115	125	135
16304	fer blanc poli	le cent	„	16.50	„	„	„
16305	tôle forte, double étamage	„	28. „	31. „	33. „	39. „	44. „

Cuillères à pot fer battu

N°		Diamètre c/m	7	8	9	10	11	12	13	14
16306	étamées	la pièce	0.25	0.28	0.33	0.39	0.44	0.55	0.60	0.65
16307	émail bleu et blanc		„	0.34	0.36	0.40	0.45	0.55	0.65	0.80

Cuisine à la minute

16308 Cuisine à la minute fer blanc, trépied fer, diamètre 22 c/m ... la pièce .. 2.10

Cuisinières fer blanc fort, rivé partout, bouton porcelaine.

N°		Longueur c/m	24	27	30	33	35	38	40	43	46	49	51	55	57	60
16309	avec broche et brochette	la pièce	2.45	2.70	3. „	3.30	3.70	4.30	4.65	5. „	5.70	6.50	7.15	8.20	9.30	10.60

Cuisinières fer battu étamé

N°		Longueur c/m	35	40	45	50	55	60	65
16310	à bouts sphériques	la pièce	7.50	8.25	9.35	11.50	12.10	14.30	16.50

Coquilles à rôtir fonte poignée bois

N°		N°	12	13	14	15	16	17	18	20
16311	pour cuisinières	Largeur extérieure c/m	35½	39	41	43	46½	49	51½	54½
		la pièce	3.20	3.60	3.75	4.20	4.75	5.25	6.65	8.05

Rotissoires fer battu étamé fer dessous

N°		Longueur c/m	25	35	40	45	50
16312	au charbon	la pièce	15. „	17.25	20. „	22.10	25.15
16313	au gaz	„	22.50	27.75	30.75	34.15	37.50

Rotissoires automatiques actionnées par la chaleur

N°		N°	1	2
16314	avec coquille fonte pour charbon de bois	la pièce	32.50	45.50
16315	„ „ „ „ le gaz	„	37. „	„

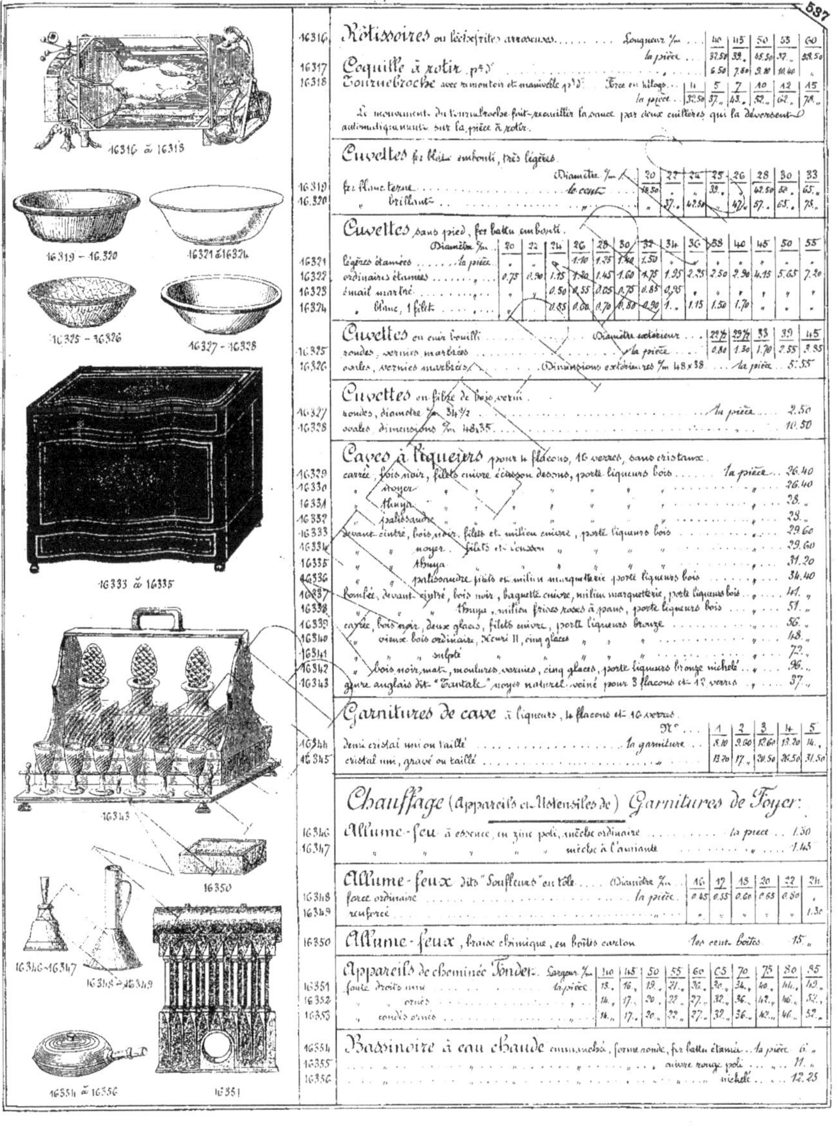

16316 à 16318 — 16319 - 16320 — 16321 à 16324 — 16325 - 16326 — 16327 - 16328 — 16333 à 16335 — 16343 — 16350 — 16346-16347 — 16348 à 16349 — 16351 — 16354 à 16356

Rôtissoires ou lèchefrites arroseuses

N°	Désignation						
	Longueur c/m		40	45	50	55	60
16316	Rôtissoires ou lèchefrites arroseuses, la pièce		32.50	39.	45.50	52.	58.50
16317	Coquille à rôtir, p^r d°		6.50	7.80	9.10	10.40	"
	Force en kilogs	4	5	7	10	12	15
16318	Tournebroche avec remontoir et manivelle, p^r d°, la pièce	32.50	37.	43.	52.	62.	78.

Le mouvement du tournebroche fait recueillir la sauce par deux cuillères qui la déversent automatiquement sur la pièce à rôtir.

Cuvettes fer blanc embouti, très légères

N°	Diamètre c/m	20	22	24	25	26	28	30	33
16319	fer blanc terne, le cent	18.50	"	"	39.	"	42.50	50.	65.
16320	" brillant	"	37.	42.50	"	47.	57.	65.	75.

Cuvettes sans pied, fer battu embouti

N°	Diamètre c/m	20	22	24	26	28	30	32	34	36	38	40	45	50	55
16321	légères étamées, la pièce	"	"	"	1.10	1.25	1.40	1.50	"	"	"	"	"	"	"
16322	ordinaires étamées "	0.75	0.90	1.15	1.20	1.45	1.60	1.75	1.95	2.25	2.50	2.90	4.15	5.65	7.20
16323	émail marbré "	"	"	0.50	0.55	0.65	0.75	0.85	0.95	"	"	"	"	"	"
16324	" blanc, 1 filet "	"		0.55	0.60	0.70	0.80	0.90	1.	1.15	1.50	1.70	"	"	"

Cuvettes en cuir bouilli

N°	Diamètre extérieur	22½	29½	33	39	45
16325	rondes, vernies marbrées, la pièce	0.80	1.30	1.70	2.55	3.35

16326 ovales, vernies marbrées. Dimensions extérieures c/m 48 x 38 … la pièce … 5.55

Cuvettes en fibre de bois verni

16327 rondes, diamètre c/m 34½ … la pièce … 2.50
16328 ovales dimensions c/m 48x35 … " … 10.50

Caves à liqueurs pour 4 flacons, 16 verres, sans cristaux

16329 carrée, bois noir, filets cuivre écusson dessus, porte liqueurs bois … la pièce … 26.40
16330 " noyer " " " " " " … " … 26.40
16331 " thuya " " " " " " … " … 28.
16332 " palissandre " " " " " " … " … 28.
16333 devant cintré, bois noir, filets et milieu cuivre, porte liqueurs bois … " … 29.60
16334 " " noyer, filets et écusson " " " " … " … 29.60
16335 " " thuya " " " " " " … " … 31.20
16336 " " palissandre filets et milieu marqueterie, porte liqueurs bois … " … 34.40
16337 bombée, devant cintré, bois noir, baguette cuivre, milieu marqueterie, porte liqueurs bois … " … 41.
16338 " " " thuya, milieu frises roses à pans, porte liqueurs bois … " … 51.
16339 carrée, bois noir, deux glaces, filets cuivre, porte liqueurs bronze … " … 56.
16340 " vieux bois ordinaire, Henri II, cinq glaces " " " … " … 48.
16341 " " " sculpté " " " " " … " … 72.
16342 " bois noir, mat, moulures vernies, cinq glaces, porte liqueurs bronze nickelé … " … 96.
16343 genre anglais dit "Tantale" noyer naturel veiné pour 3 flacons et 12 verres … " … 37.

Garnitures de cave à liqueurs, 4 flacons et 16 verres

N°	N°s	1	2	3	4	5
16344	demi cristal uni ou taillé, la garniture	8.10	9.60	12.60	13.20	14.
16345	cristal uni, gravé ou taillé "	13.20	17.	20.50	26.50	31.50

Chauffage (Appareils et Ustensiles de) Garnitures de Foyer

Allume-feu

16346 Allume-feu à essence, en zinc poli, mèche ordinaire … la pièce … 1.30
16347 " " " " " mèche à l'amiante … " … 1.45

Allume-feux dits "Soufflets" en tôle

N°	Diamètre c/m	16	17	18	20	22	24
16348	force ordinaire, la pièce	0.45	0.55	0.60	0.65	0.80	"
16349	renforcé "	"	"	"	"	"	1.30

16350 Allume-feux, braise chimique, en boîtes carton … les cent boîtes … 15.

Appareils de cheminée Tonder

N°	Largeur c/m	40	45	50	55	60	65	70	75	80	85
16351	fonte droits unis, la pièce	13.	16.	19.	21.	26.	30.	34.	40.	44.	49.
16352	" " ornés "	14.	17.	20.	22.	27.	32.	36.	42.	46.	52.
16353	" cintrés ornés "	14.	17.	20.	22.	27.	32.	36.	42.	46.	52.

Bassinoire à eau chaude

16354 Bassinoire à eau chaude emmanchée, forme ronde, fer battu étamé … la pièce … 6.
16355 " " " " cuivre rouge poli … " … 11.
16356 " " " " nickelé … " … 12.25

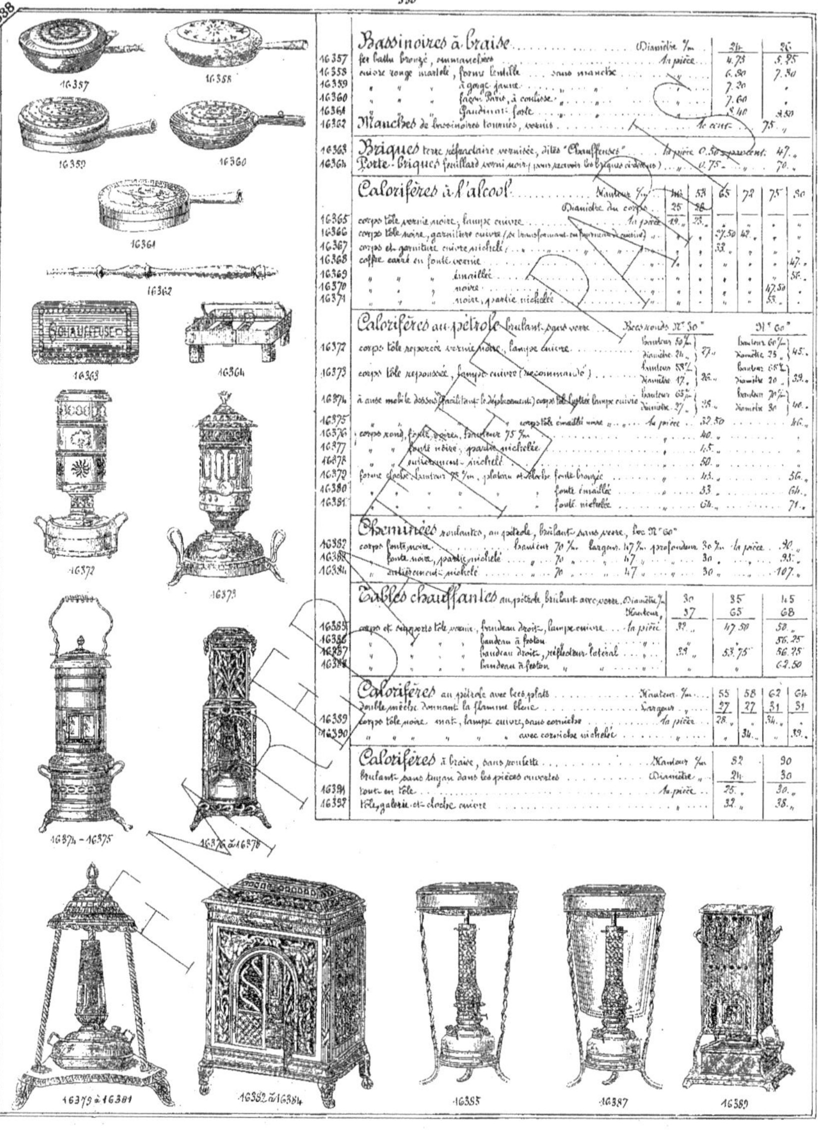

N°	**Bassinoires à braise**		Diamètre %m 24	26
16357	fer battu bronzé, emmanchées	la pièce	4.75	5.25
16358	cuivre rouge martelé, forme lentille, sans manche	„	6.80	7.30
16359	„ „ „ à gorge jaune „ „	„	7.20	„
16360	„ „ „ façon Paris, à coulisse „ „	„	7.60	„
16361	„ „ „ Gaudinat forte „ „	„	8.40	8.50
16362	**Manches** de bassinoires tournés, vernis	le cent		75.
16363	**Briques** terre réfractaire vernissée, dites "Chauffeuses"	la pièce 0.50	le cent	47.
16364	**Porte-briques** feuillard verni noir (pour recevoir les briques ci-dessus)	„ 0.75	„	70.

N°	**Calorifères à l'alcool** Hauteur %m	48	53	65	72	75	80
	Diamètre du corps	25	26				
16365	corps tôle vernie noire, lampe cuivre . . . la pièce	19.	23.	„	„	„	„
16366	corps tôle noire, garniture cuivre (se transformant en fourneau de cuisine)	„	„	27.50	42.	„	„
16367	corps et garniture cuivre nickelé	„	„	33.	„	„	„
16368	coffre carré en fonte vernie	„	„	„	„	„	47.
16369	„ „ „ émaillée	„	„	„	„	„	57.
16370	„ „ „ noire	„	„	„	„	47.50	„
16371	„ „ „ noire, partie nickelée	„	„	„	„	53.	„

N°	**Calorifères au pétrole** brûlant sans verre	Becs ronds N° 30		N° 60	
16372	corps tôle repercée vernie noire, lampe cuivre	hauteur 50 %m, diamètre 24	27.	hauteur 60 %m, diamètre 25	45.
16373	corps tôle repoussée, lampe cuivre (recommandé)	hauteur 58 %m, diamètre 17	26.	hauteur 65 %m, diamètre 20	39.
16374	à anse mobile dessus (facilitant le déplacement) corps tôle lustrée lampe cuivre	hauteur 65 %m, diamètre 27	25.	hauteur 70 %m, diamètre 30	40.
16375	„ „ corps tôle émaillé noire . . . la pièce		32.50		46.
16376	corps rond, fonte noire, hauteur 75 %m	„	40.		„
16377	„ „ fonte noire, partie nickelée	„	45.		„
16378	„ „ entièrement nickelé	„	50.		„
16379	forme cloche hauteur 75 %m, plateau et cloche fonte bronzée	„	43.		56.
16380	„ „ „ „ „ fonte émaillée	„	53.		64.
16381	„ „ „ „ „ fonte nickelée	„	64.		71.

N°	**Cheminées** roulantes, au pétrole, brûlant sans verre, bec N° 60	hauteur	largeur	profondeur	
16382	corps fonte noire	70 %m	47 %m	30 %m	la pièce 90.
16383	„ fonte noire, partie nickelé	70	47	30	95.
16384	„ entièrement nickelé	70	47	30	107.

N°	**Tables chauffantes** au pétrole, brûlant avec verre. Diamètre %m	30	35	45
	Hauteur	37	65	68
16385	corps et supports tôle vernie, bandeau droit, lampe cuivre . . . la pièce	32.	47.50	50.
16386	„ „ „ „ bandeau à fronton			56.25
16387	„ „ „ „ bandeau droit, réflecteur latéral	33.	53.75	56.75
16388	„ „ „ „ bandeau à feston	„	„	62.50

N°	**Calorifères** au pétrole avec becs plats, double mèche donnant la flamme bleue. Hauteur %m	55	58	62	64
	Largeur „	27	27	31	31
16389	corps tôle noire mat, lampe cuivre, sans corniche . . . la pièce	28.	„	34.	„
16390	„ „ „ „ „ „ avec corniche nickelée	„	34.	„	39.

N°	**Calorifères** à braise, sans roulette, brûlant sans tuyau dans les pièces ouvertes. Hauteur %m	82	90
	Diamètre „	24	30
16391	tout en tôle . . . la pièce	25.	30.
16392	tôle, galerie et cloche cuivre	32.	38.

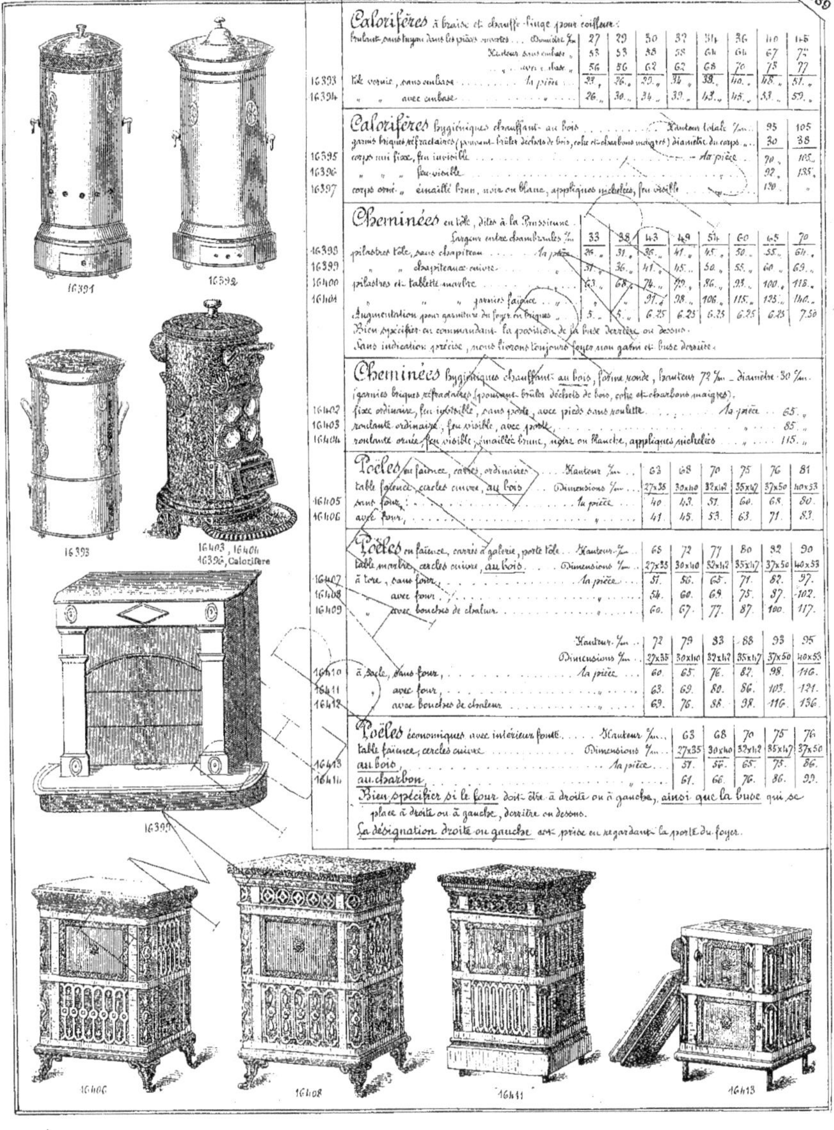

16391 — 16392 — 16393 — 16403, 16404 — 16396, Calorifère — 16398 — 16406 — 16408 — 16411 — 16413

Calorifères à braise et chauffe-linge pour coiffeurs.

	brûlant sans tuyau dans les pièces ouvertes ... Diamètre c/m	27	29	30	32	34	36	40	45
	Hauteur sans embase „	53	53	58	58	64	64	67	72
	„ „ avec embase „	56	56	62	62	68	70	73	77
16393	tôle vernie, sans embase .... la pièce ...	23. „	26. „	29. „	34. „	38. „	40. „	48. „	51. „
16394	„ „ avec embase .... „	26. „	30. „	34. „	39. „	43. „	45. „	53. „	59. „

Calorifères hygiéniques chauffant au bois

	.... Hauteur totale c/m ...	95	105
	garnis briques réfractaires (pouvant brûler déchets de bois, coke et charbons maigres) diamètre du corps „ ..	30	38
16395	corps uni fixe, feu invisible .... la pièce ..	70. „	105. „
16396	„ „ „ feu visible .... „ ..	92. „	135. „
16397	corps orné „ émaillé brun, noir ou blanc, appliques nickelées, feu visible	130. „	„

Cheminées en tôle, dites à la Prussienne.

	Largeur entre chambranles c/m	33	38	43	49	54	60	65	70
16398	pilastres tôle, sans chapiteau ...... la pièce	26. „	31. „	36. „	41. „	45. „	50. „	55. „	64. „
16399	„ „ chapiteaux cuivre ...... „	31. „	36. „	41. „	45. „	50. „	55. „	60. „	69. „
16400	pilastres et tablette marbre	63. „	68. „	74. „	79. „	86. „	93. „	100. „	118. „
16401	„ „ „ garnies faïence .. „	„	„	91. „	98. „	106. „	115. „	125. „	140. „
	Augmentation pour garniture du foyer en briques „	5. „	5. „	6.25	6.25	6.25	6.25	6.25	7.50

Bien spécifier en commandant la position de la buse derrière ou dessus.
Sans indication précise, nous livrons toujours foyer non garni et buse derrière.

Cheminées hygiéniques chauffant au bois, forme ronde, hauteur 72 c/m – diamètre 30 c/m.

(garnies briques réfractaires (pouvant brûler déchets de bois, coke et charbons maigres).

16402	fixe ordinaire, feu invisible, sans porte, avec pieds sans roulette .... la pièce ..	65. „
16403	roulante ordinaire, feu visible, avec porte, ... „	85. „
16404	roulante ornée, feu visible, émaillée brune, noire ou blanche, appliques nickelées ... „	115. „

Poëles en faïence, carrés, ordinaires

	..... Hauteur c/m ..	63	68	70	75	76	81
	table faïence, cercles cuivre, au bois ... Dimensions c/m ...	27x35	30x40	32x42	35x47	37x50	40x53
16405	sans four, ... la pièce ...	40	43.	51.	60.	68.	80.
16406	avec four, ... „ ...	41.	45.	53.	63.	71.	83.

Poëles en faïence, carrés à galerie, porte tôle

	... Hauteur c/m ..	65	72	77	80	82	90
	table marbre, cercles cuivre, au bois. ... Dimensions c/m ..	27x35	30x40	32x42	35x47	37x50	40x53
16407	à tore, sans four, ... la pièce ...	51.	56.	65.	71.	82.	97.
16408	„ avec four .... „ ...	54.	60.	69.	75.	87.	102.
16409	„ avec bouches de chaleur .... „ ...	60.	67.	77.	87.	100.	117.
	Hauteur c/m ..	72	79	83	88	93	95
	Dimensions c/m ..	27x35	30x40	32x42	35x47	37x50	40x53
16410	à socle, sans four, ... la pièce ...	60.	65.	76.	82.	98.	116.
16411	„ avec four, ... „	63.	69.	80.	86.	103.	121.
16412	„ avec bouches de chaleur .... „	69.	76.	88.	98.	116.	136.

Poëles économiques avec intérieur fonte

	..... Hauteur c/m ..	63	68	70	75	76
	table faïence, cercles cuivre .... Dimensions c/m ..	27x35	30x40	32x42	35x47	37x50
16413	au bois, ... la pièce ...	51.	56.	65.	75.	86.
16414	au charbon, ... „ ...	61.	66.	76.	86.	99.

Bien spécifier si le four doit être à droite ou à gauche, ainsi que la buse qui se place à droite ou à gauche, derrière ou dessus.

La désignation droite ou gauche est prise en regardant la porte du foyer.

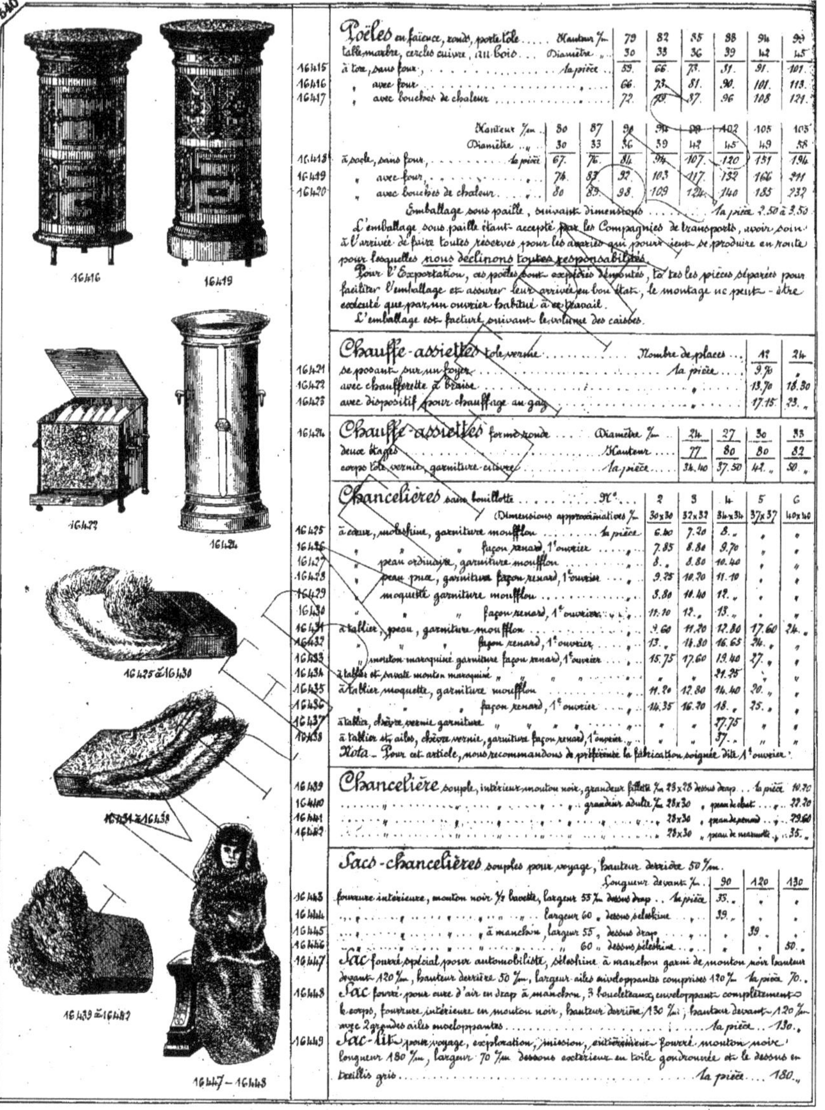

16416

16419

16422

16424

16425 à 16430

16434 à 16438

16439 à 16442

16447 – 16448

Poëles en faïence, ronds, porte tôle, table marbre, cercles cuivre, au bois

	Hauteur %	79	82	85	88	94	99
	Diamètre „	30	33	36	39	42	45
16415	à tore, sans four ... la pièce	59.	66.	73.	81.	91.	101.
16416	„ avec four ... „	66.	73.	81.	90.	101.	113.
16417	„ avec bouches de chaleur ... „	72.	79.	87.	96.	108	121.

	Hauteur %m	80	87	94	94	99	102	105	105
	Diamètre „	30	33	36	39	42	45	49	58
16418	à socle, sans four ... la pièce	67.	76.	84	94	107.	120	151	194
16419	„ avec four ... „	74.	83	92.	103	117.	132	166	211
16420	„ avec bouches de chaleur ... „	80	89.	98.	109	124.	140	185	232

Emballage sous paille, suivant dimensions ... la pièce 2.50 à 3.50

L'emballage sous paille étant accepté par les Compagnies de transports, avoir soin à l'arrivée de faire toutes réserves pour les avaries qui pourraient se produire en route pour lesquelles nous déclinons toutes responsabilités.

Pour l'Exportation, ces poêles sont expédiés démontés, toutes les pièces séparées pour faciliter l'emballage et assurer leur arrivée en bon état, le montage ne peut être exécuté que par un ouvrier habitué à ce travail.

L'emballage est facturé suivant le volume des caisses.

Chauffe-assiettes tôle vernie

	Nombre de places ...	12	24
16421	se posant sur un foyer ... la pièce ...	9.70	„
16422	avec chaufferette à braise ... „	13.70	18.30
16423	avec dispositif pour chauffage au gaz ... „	17.15	23. „

Chauffe-assiettes forme ronde

16424	Diamètre %m ...	24	27	30	33
	deux étages ... Hauteur ...	77	80	80	82
	corps tôle vernie, garniture cuivre ... la pièce ...	34.40	37.50	42. „	50. „

Chancelières sans bouillotte

	N° ...	2	3	4	5	6
	(Dimensions approximatives %m	30x30	32x32	34x34	37x37	40x40
16425	à coeur, moleskine, garniture moufflon ... la pièce	6.40	7.20	8. „	„	„
16426	„ „ „ façon renard, 1er ouvrier ... „	7.85	8.80	9.70	„	„
16427	„ peau ordinaire, garniture moufflon ... „	8. „	8.80	10.40	„	„
16428	„ peau puce, garniture façon renard, 1er ouvrier ... „	9.25	10.20	11.10	„	„
16429	„ moquette garniture moufflon ... „	8.80	10.40	12. „	„	„
16430	„ „ „ façon renard, 1er ouvrier ... „	11.10	12. „	13. „	„	„
16431	à tablier, peau, garniture moufflon ... „	9.60	11.20	12.80	17.60	24. „
16432	„ „ „ façon renard, 1er ouvrier ... „	13. „	14.80	16.65	24. „	„
16433	„ mouton maroquiné garniture façon renard, 1er ouvrier ... „	15.75	17.60	19.40	27. „	„
16434	à tablier et savate mouton maroquiné „ „ „ ... „	„	„	21.25	„	„
16435	à tablier moquette, garniture moufflon ... „	11.20	12.80	14.40	20. „	„
16436	„ „ „ façon renard, 1er ouvrier ... „	14.35	16.20	18. „	25. „	„
16437	à tablier, chèvre vernie garniture „ „ „ „ ... „	„	„	27.75	„	„
16438	à tablier et ailes, chèvre vernie, garniture façon renard, 1er ouvrier „	„	„	37. „	„	„

Nota – Pour cet article, nous recommandons de préférence la fabrication soignée dite 1er ouvrier.

Chancelière souple, intérieur mouton noir,

16439	grandeur fillette %m 28x28 dessus drap ... la pièce	10.20
16440	„ „ „ grandeur adulte %m 28x30 „ peau de chat ... „	22.20
16441	„ „ „ 28x30 „ peau de renard ... „	29.60
16442	„ „ „ 28x30 „ peau de marmotte „	35. „

Sacs-chancelières souples pour voyage, hauteur derrière 50 %m.

	Longueur devant %m	90	120	130
16443	fourrure intérieure, mouton noir ½ lavette, largeur 55 %m dessus drap ... la pièce	35. „	„	„
16444	„ „ „ largeur 60 „ dessus séleskine ... „	39. „	„	„
16445	„ „ „ à manchon, largeur 55 „ dessus drap ... „	„	39. „	„
16446	„ „ „ „ 60 „ dessus séleskine ... „	„	„	50. „

16447 **Sac** fourré spécial pour automobiliste, séleskine à manchon garni de mouton noir hauteur devant 120 %m, hauteur derrière 50 %m, largeur ailes enveloppantes comprises 120 %m ... la pièce 70. „

16448 **Sac** fourré pour cure d'air en drap à manchon, 3 bouclettes, enveloppant complètement le corps, fourrure intérieure en mouton noir, hauteur derrière 130 %m, hauteur devant 120 %m avec 2 grandes ailes enveloppantes ... la pièce ... 130. „

16449 **Sac-lit** pour voyage, exploration, mission, entièrement fourré mouton noir longueur 180 %m, largeur 70 %m dessous extérieur en toile goudronnée et le dessus en treillis gris ... la pièce ... 180. „

16450 à 16453 — 16454 à 16460 — 16461 à 16468 — 16469 et 16471 — 16474 — 16472 et 16475 — 16476 — 16473 — 16477 — 16478 à 16480 — 16481 — 16482 — 16483 — 16485 — 16487 — 16490 et 16491 — 16493 et 16494 — 16495 — 16496-16497 — 16498

	Chancelières avec bouillotte en fer blanc .... N°	2	3	4	5
	châssis porte bouillotte en bois verni ...... Dimensions	27x32	30x36	33x38	35x40
16450	à cœur, peau, garniture moufflon .... La pièce	15.20	16.80	18.40	"
16451	" " façon renard 1er ouvrier ..... "	17.65	19.40		"
16452	" moquette garniture moufflon .... "	16.80	18.40	20. "	"
16453	" " " façon renard 1er ouvrier ..... "	19.40	21.25	"	"
16454	à tallier peau, garniture moufflon .... "	16.30	18.40	20. "	26.40
16455	" " " façon renard 1er ouvrier ..... "	22.65	24.50	30. "	
16456	" moquette, garniture moufflon .... "	18.40	20. "	21.60	28. "
16457	" " " façon renard 1er ouvrier ..... "	24.50	29.30	35. "	"
16458	" mouton maroquiné, garniture renard 1er ouvrier ..... "	[illegible]	29.75	37. "	"
16459	" fourrure chat 1er ouvrier .... "	"	35. "	.	.
16460	" " renard 1er ouvrier .... "	"	42.50	.	"

Nota. – Pour cet article, nous recommandons de préférence la fabrication soignée dite 1er ouvrier.

Chaufferettes à braise, au charbon, à l'alcool, à l'huile. Boules, Bouillottes, Cylindres à eau, au charbon.

Chaufferettes tabouret à bouillotte, dimensions $\%_m$ 24 x 28, intérieur fer blanc, bouchon de côté

16461	garnie de clous, dessus drap imprimé ...... sans poignée ..... la pièce	3.70
16462	" " dessus moquette bouclée ..... " " ..... "	5.70
16463	" " " " sujets coton ..... " " ..... "	5.70
16464	" " " " veloutée coupon ..... " " ..... "	6.10
16465	" " " " sujets laine ..... "	6.90
16466	" " " " soignée, garniture et poignée cuivre nickelé ..... "	10.25
16467	" " dessus velours Utrecht, poignée cuivre ..... "	8.25
16468	" " cadre chêne soigné, dessus velours choisi, poignée cuivre ..... "	12.70
16469	**Bouillotte** seule en fer blanc avec bouchon de côté ..... "	2.10
16470	" " " " " " dessus ..... "	2.85
16471	" " en cuivre jaune avec bouchon de côté ..... "	5. "
16472	" " en cuivre rouge " " " ..... "	8. "
16473	" " " " " " dessus ..... "	11. "
	Les chaufferettes N° 16461 à N° 16465 peuvent être livrées avec poignée, augmentation "	0.50

16474	**Chaufferette** tabouret noyer verni avec bouillotte fer battu étamé cannelé. la pièce	8. "
16475	**Bouillotte** seule fer battu cannelé, bouchon de côté ..... "	4. "

16476	**Chaufferette** tabouret bois verni garni molleton, avec appareil cuivre nickelé au sel de baryte, dimensions $\%_m$ 23 x 24 ..... la pièce	35.50

Chaufferettes à main, à eau chaude, très soignées, dimensions $\%_m$ 20 x 13 ½.

16477	fer blanc dessus cannelé (longueur 24 $\%_m$) ..... la pièce	2.60
16478	fer battu étamé cannelé, bouts cuivre ..... "	3.25
16479	cuivre jaune poli, cannelé ..... "	6. "
16480	" " nickelé, cannelé ..... "	7. "
16481	fer battu recouvert moquette, bouts cuivre poli ..... "	5.50
16482	fer blanc entièrement recouvert de velours uni ..... "	4.50

16483	**Chaufferette** bois de hêtre ordinaire, dessus à barres, sans bouche ... la pièce	1.25
16484	" " " " " " avec bouches cuivre ..... "	1.50
16485	" " " " dessus fonte, sans bouche ..... "	2.15
16486	" " " " " " avec bouches cuivre ..... "	2.50
16487	" bois de hêtre ciré jaune ou rouge, dessus à barres, bouches cuivre ..... "	2.15
16488	" " " " " " dessus fonte " " ..... "	3.15
16489	" bois verni, noyer, merisier ou chêne, coins cuivre, dessus à barres et bouches "	3.60
16490	" " " " " " " dessus fonte "	4.65
16491	" " " " " " " dessus cuivre "	7.15
16492	" " " " " assemblées à queue, dessus barres et bouches "	3.90
16493	" " " " " " " dessus fonte "	5. "
16494	" " " " " " " dessus cuivre "	7.50

16495	**Chaufferette** en fonte émaillée, longueur 23 $\%_m$ ½, largeur 15 $\%_m$ ½. émail noir, vert d'eau, bleu ou cuir ..... la pièce	2.75

	Chaufferettes métalliques, barrettes bois .... Dimensions $\%$	22x15	22x16	24x17	24x19
16496	corps tôle vernie, coins arrondis ..... la pièce	0.85	1. "	.	.
16497	fer blanc brillant, coins arrondis ..... "	1. "	1.15	.	.
16498	fer blanc fort à pans, avec pieds ..... "	"	1.45	1.60	1.75

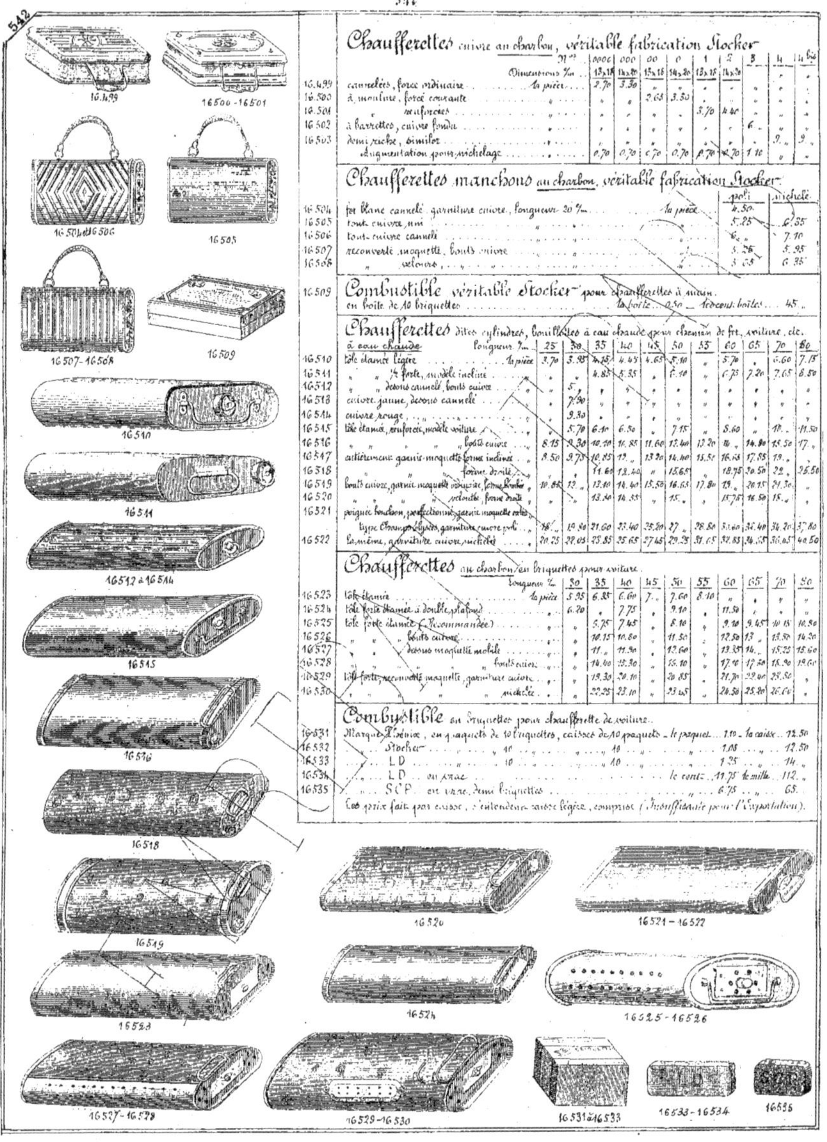

Chaufferettes cuivre au charbon, véritable fabrication Stocker

		N^os	0000	000	00	0	1	2	3	4	4 bis
		Dimensions %m	13x18	14x20	15x18	14x20	13x18	14x20		„	„
16.499	cannelées, force ordinaire	la pièce	2.70	3.30	„	„	„	„	„	„	„
16.500	à moulure, force courante	„	„	„	2.65	3.50	„	„	„	„	„
16.501	„ renforcées	„	„	„	„	„	3.70	4.40	„	„	„
16.502	à barrettes, cuivre fondu	„	„	„	„	„	„	„	6. „	„	„
16.503	demi riche, similor	„	„	„	„	„	„	„	„	9. „	9. „
	Augmentation pour nickelage	„	0.70	0.70	0.70	0.70	0.70	0.70	1.10	„	„

Chaufferettes manchons au charbon, véritable fabrication Stocker

			poli	nickelé
16.504	fer blanc cannelé garniture cuivre, longueur 20 %m	la pièce	4.50	
16.505	tout cuivre, uni	„	5.25	6.35
16.506	tout cuivre cannelé	„	6. „	7.10
16.507	recouverte moquette, bouts cuivre	„	5.25	5.95
16.508	„ velours	„	5.65	6.35

Combustible véritable Stocker pour chaufferettes à main.

16.509 en boîte de 10 briquettes .... la boîte .. 0.50 — le cent. boîtes ... 45. „

Chaufferettes dites cylindres, bouillottes à eau chaude pour chemin de fer, voiture, etc.

	à eau chaude	Longueur %m	25	30	35	40	45	50	55	60	65	70	80
16510	tôle étamée légère	la pièce	3.70	3.95	4.15	4.45	4.65	5.10	„	5.70	„	6.60	7.15
16511	„ „ ½ forte, modèle incliné	„	„	„	4.85	5.35	„	6.10	„	6.75	7.20	7.65	8.50
16512	„ „ dessus cannelé, bouts cuivre	„	„	5. „	„	„	„	„	„	„	„	„	„
16513	cuivre jaune, dessus cannelé	„	„	7.90	„	„	„	„	„	„	„	„	„
16514	cuivre rouge	„	„	9.30	„	„	„	„	„	„	„	„	„
16515	tôle étamée, renforcée, modèle voiture	„	„	5.70	6.10	6.50	„	7.15	„	8.60	„	10. „	11.50
16516	„ „ „ „ „ bouts cuivre	„	8.15	9.30	10.10	10.85	11.60	12.40	13.20	14. „	14.80	15.50	17. „
16517	entièrement garnie moquette forme inclinée	„	8.50	9.75	10.85	12. „	13.20	14.40	15.50	16.65	17.85	19. „	„
16518	„ „ „ forme droite	„	„	„	11.60	12.40	„	15.65	„	18.75	20.50	22. „	25.50
16519	bouts cuivre, garnie moquette ordinaire, forme bombée	„	10.85	12. „	13.10	14.40	15.50	16.65	17.80	19. „	20.15	21.30	„
16520	„ „ „ „ veloutée, forme droite	„	„	„	13.30	14.35	„	15. „	„	15.75	16.50	18. „	„
16521	poignée bouchon, perfectionné, garnie moquette extra, type Champs-Élysées, garniture cuivre poli	„	18. „	19.80	21.60	23.40	25.20	27. „	28.80	30.60	32.40	34.20	37.80
16522	La même, garniture cuivre, nickelée	„	20.25	22.05	23.85	25.65	27.45	29.25	31.05	32.85	34.65	36.45	40.50

Chaufferettes au charbon en briquettes pour voiture.

		Longueur %m	30	35	40	45	50	55	60	65	70	80
16523	tôle étamée	la pièce	5.95	6.35	6.60	7. „	7.60	8.10	„	„	„	„
16524	tôle forte étamée à double plafond	„	6.20	„	7.75	„	9.10	„	11.50	„	„	„
16525	tôle forte étamée (Recommandée)	„	„	5.75	7.45	„	8.10	„	9.10	9.45	10.15	10.90
16526	„ „ „ bouts cuivre	„	„	10.15	10.80	„	11.50	„	12.50	13. „	13.50	14.20
16527	„ „ „ dessus moquette mobile	„	„	11. „	11.90	„	12.60	„	13.35	14. „	15.25	15.60
16528	„ „ „ „ „ bouts cuivre	„	„	14.40	15.30	„	16.10	„	17.10	17.50	18.90	19.60
16529	tôle forte, recouverte moquette, garniture cuivre	„	„	19.30	20.10	„	20.85	„	21.70	22.40	23.50	„
16530	„ „ „ „ „ nickelée	„	„	22.25	23.10	„	23.45	„	24.50	25.20	26.60	„

Combustible en briquettes pour chaufferette de voiture.

16531 Marque Phénix, en paquets de 10 briquettes, caisses de 10 paquets — le paquet ... 1.10 — la caisse .. 12.50
16532 „ ... Stocker ... „ ... 10 ... „ ... 10 ... „ ... 1.08 ... „ ... 12.50
16533 „ ... L D ... „ ... 10 ... „ ... 10 ... „ ... 1.25 ... „ ... 14. „
16534 „ ... L D ... en vrac ... le cent .. 11.75 le mille .. 112. „
16535 „ ... S C P ... en vrac, demi briquettes ... „ ... 6.75 .. „ ... 65.

Les prix fait par caisse, s'entendent caisse légère, compris (insuffisante pour l'Exportation).

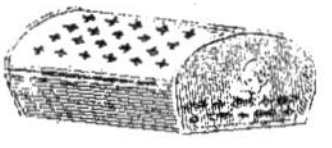

16536 - 16537 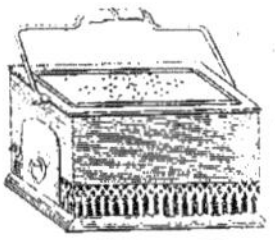 16538 - 16539

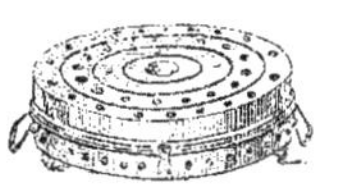

16540 - 16541 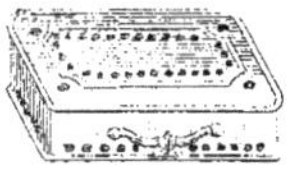 16542 - 16543

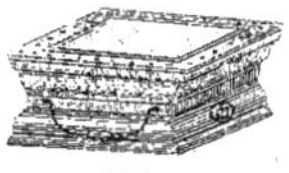

16544 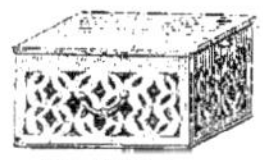 16545 à 16548

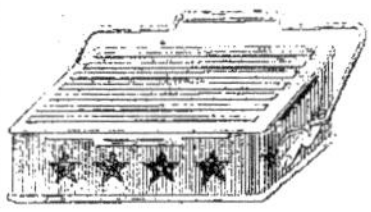

16549 à 16556 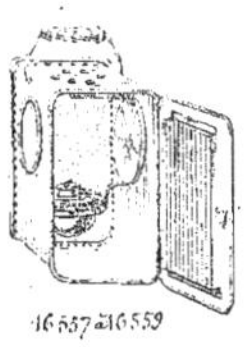 16557 à 16559

16560 à 16564 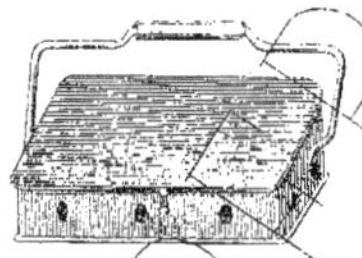 16565 à 16567

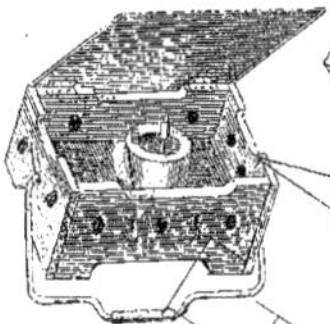

16566 à 16568 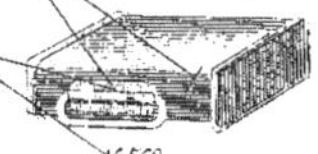 16569

16570 - 16571

Chaufferettes à l'alcool, pour voiture, longueur 25 %m, largeur 22 %m.

16536 tôle forte glacée .... la pièce ... 8.50
16537 tôle forte nickelée .... " ... 11.25

Chaufferettes à l'alcool, rectangulaires, longueur 24 %m, largeur 17 %m, hauteur 10 %m

16538 tôle noire glacée .... la pièce ... 5.40
16539 " nickelée .... " ... 8.10

Chaufferettes à l'alcool, forme ronde, diamètre %m 21 (servant aussi de réchaud de table).

16540 cuivre poli .... la pièce ... 9.50
16541 " nickelé .... " ... 10.20

Chaufferettes à l'alcool, inextinguibles, rectangulaires à poignées, longueur 21 %m, largeur 17 %m, hauteur 6 %m

16542 cuivre poli .... la pièce ... 8.75
16543 cuivre nickelé .... " ... 10. "

Chaufferette à l'alcool, couvercle double paroi, longueur 22 %m, largeur 16 %m, hauteur 6 %m.

16544 cuivre jaune, lampe fixe .... la pièce ... 12. "

Chaufferettes à l'alcool, couvercle double paroi, lampe basculante.

16545 en fer blanc fort ... longueur 24 %m, largeur 16 %m, hauteur 10 %m ... la pièce ... 12. "
16546 " " dessus cuivre " " " " " " ... 14. "
16547 tout cuivre poli " " " " " " ... 17. "
16548 " " nickelé " " " " " " ... 18.50

Chaufferettes inclinées dessus cannelé, lampe inversable, longueur 26 %m, largeur 18 %m.

16549 à l'alcool, corps tôle vernie, palissandre, dessus tôle étamée .... la pièce ... 14.30
16550 " " " " " cuivre poli .... " ... 15.20
16551 " " " " " cuivre nickelé .... " ... 16.30
16552 " " " " " aluminium .... " ... 15.70
16553 " corps en cuivre poli .... " ... 18.60
16554 " " " nickelé .... " ... 21. "
16555 " " " poli, dessus aluminium .... " ... 19.20
16556 tout en aluminium poli .... " ... 13.20

Les chaufferettes N° 16549 à N° 16556 peuvent être livrées également :
avec veilleuse à huile inversable .... en moins, la pièce ... 3.15
avec lampe à huile inversable .... " ... 3.45

Chaufferettes se transformant en lanterne, lampe inversable à huile

16557 en fer blanc fort .... la pièce ... 4.85
16558 en cuivre jaune poli .... " ... 10. "
16559 " " nickelé .... " ... 13.50

Chaufferettes à huile, lampe basculante, longueur 25 %m, largeur 18 %m.

16560 corps tôle vernie, garniture fonte argentine .... la pièce ... 5. "
16561 " " " " " émaillée .... " ... 6.50
16562 corps tôle nickelée, garniture fonte émaillée .... " ... 8. "
16563 " cuivre jaune " " " .... " ... 9. "
16564 " " rouge " " " .... " ... 10. "
Ces mêmes chaufferettes avec couvercle à bain de sable, augmentation ... 4. "

Chaufferettes à huile, veilleuse inversable

		Longueur %m	24	25
	cadre bois verni	Largeur %m	17	17
16565	forme pupitre, dessus cuivre poli	la pièce	12.80	"
16566	forme tabouret, " " "	"	"	13.60
16567	forme pupitre, dessus cuivre nickelé guilloché	"	16. "	"
16568	forme tabouret, " " " "	"	"	16.80

Chaufferettes coffre rectangulaire en cuivre nickelé, au sel de baryte.

16569

	Longueur %m	18	21	26	36
charge intérieure inusable.					
Mode d'emploi : Plonger dans l'eau en	Largeur %m	9	12	14	14
ébullition et laisser bouillir 20 à 25 minutes.	Épaisseur %m	4	5	5	5
	la pièce	15. "	20. "	25. "	32. "

L'appareil conserve sa chaleur de 7 à 9 heures suivant la grandeur de la chaufferette.

Chaufferettes de fumeur, dites Couvets

		N°	1	2	3
		Diamètre %m	17	19	21
16570	corps cuivre poli ou bronzé, poignées noires	la pièce	9. "	9.50	10.50
16571	" " " " " céramique	"	10.50	11. "	12. "

16572 - 16573 — 16574 à 16576

16578 — 16579

16580 - 16581 — 16582 — 16583 - 16584

16585 à 16590 — 16591 à 16593 — 16594 - 16595

16596 à 16599 — 16600 à 16603 — 16604 à 16607

16608 - 16609 — 16610 — 16611 à 16613

16614 - 16615 — 16616 - 16617

	Boules à eau chaude, bouchon à vis dessous... Diamètre $^c/_m$	23	24	30	33
16572	forme ronde, fer battu, agrafé .... la pièce	4.15	4.15	″	″
16573	″ ″ cuivre rouge .... ″	″	7.50	″	″
16574	forme ovale, fer battu agrafé .... ″	″	″	4.75	5.60
16575	″ ″ ″ ″ festonné, double bouchon de remplissage ... ″	″	″	4.25	5.30
16576	″ ″ cuivre rouge, agrafé uni, simple bouchon ... ″	″	″	9.50	11.50
16577	″ ″ ″ ″ festonné, double bouchon de remplissage ... ″	″	″	9.50	11.50

	Boules à eau chaude, étain fin poli. Diamètre $^c/_m$	18	20	22	24	26	30	32
16578	forme ronde, bouchon dessous ...... la pièce	7. ″	7.75	8.50	9.25	″	″	″
16579	forme ovale, ″ ″ .... ″	″	″	″	13.50	16.75	20. ″	23.50
	Augmentation pour nickelage ..... ″	[illegible]	1.50	1.50	2.25	2.75	2.25	2.75

16580 **Cylindre** pour lit, fer blanc uni, léger, tout fer blanc .... la pièce .. 0.66
16581 ....″ .... ″ ″ ″ ″ ″ calotte et fond cuivre .... ″ .. 0.90
16582 ....″ .... ″ ″ ″ ″ ″ ″ ″ bouchon entonnoir .. ″ .. 1.15

16583 **Cylindre** pour lit, fer battu uni fort, tout fer battu, bouchon à anneau ... la pièce .. 2.40
16584 ....″ .... ″ ″ ″ calotte et fond cuivre .... ″ 2.80

16585 **Cylindre** pour lit cuivre jaune agrafé fort, bouchon entonnoir .... ″ ... 2.70
16586 ....″ .... ″ .. cuivre rouge ″ ″ ″ ″ .... ″ ... 3.85
16587 ....″ .... ″ .. cuivre jaune nickelé ″ ″ ″ ″ .... ″ ... 3.25
16588 ....″ .... ″ .. tube cuivre jaune ″ ″ ″ .... ″ ... 3.25
16589 ....″ .... ″ .. tube cuivre rouge ″ ″ ″ .... ″ ... 4.35
16590 ....″ .... ″ .. tube cuivre jaune nickelé ″ ″ .... ″ ... 3.85

16591 **Cylindres** pour lit cannelé, fer blanc léger, bouchon cuivre .... la pièce .. 0.95
16592 ....″ .... ″ ″ ″ ″ ″ dessus et fond cuivre .... ″ ... 1.30
16593 ....″ .... ″ ″ ″ fort à cuvette fer blanc, bouchon cuivre .. ″ ... 1.25
16594 ....″ .... ″ ″ fer battu léger, calotte et fond cuivre à entonnoir .. ″ ... 1.35
16595 ....″ .... ″ ″ ″ fort ″ ″ ″ ″ .... ″ ... 2.40
16596 ....″ .... ″ ″ fer battu extra fort ″ ″ ″ (Recommandé) ... 3.45
16597 ....″ .... ″ ″ cuivre jaune ″ .... ″ .... ″ ... 6.50
16598 ....″ .... ″ ″ cuivre rouge ″ .... ″ .... ″ ... 7.25
16599 ....″ .... ″ ″ cuivre jaune nickelé .... ″ .... ″ ... 8. ″

	Cylindres russes inclinés à pans .... N°	1	2
16600	tout fer blanc .... la pièce	1.70	2. ″
16601	fer blanc, dessus et fond cuivre .... ″	2.45	2.70
16602	tout cuivre jaune poli .... ″	4.70	5.40
16603	″ ″ ″ nickelé .... ″	6.10	6.50

16604 **Cylindre** triangulaire, fond et dessus concaves tout fer blanc ..... la pièce .. 1.40
16605 ....″ .... ″ ″ ″ ″ ″ ″ en cuivre, corps fer blanc .. ″ ... 2.20
16606 ....″ .... ″ ″ ″ ″ ″ ″ tout cuivre jaune .... ″ ... 4.70
16607 ....″ .... ″ ″ ″ ″ ″ ″ tout cuivre nickelé .... ″ ... 5.65

	Cylindres pour lit, en étain .... N°	1	2	3	4	5
	dessus bombé .... Hauteur totale $^c/_m$	24	26 1/2	29	32	35
16608	étain ordinaire .... la pièce	4. ″	4.50	5. ″	5.50	6.75
16609	étain fin .... ″	5. ″	5.50	6. ″	6.75	7.75

16610 **Cylindre** pour lit, cuivre nickelé, au sel de baryte, longueur 23 $^c/_m$, Diamètre 7 $^c/_m$. la pièce 16.70
Mode d'emploi : Plonger dans l'eau en ébullition et laisser bouillir pendant 20 à 25 minutes, l'appareil conserve sa chaleur pendant 9 heures environ.

Cylindres pour berceau, modèle court, longueur totale 23 $^c/_m$, diamètre 9 $^c/_m$.
16611 fer blanc, calotte et fond cuivre à entonnoir .... la pièce ... 1.20
16612 cuivre jaune .... ″ .... ″ 2.75
16613 cuivre jaune nickelé .... ″ 3.25

16614 **Cylindre** pour manchon à eau chaude, longueur 10 $^c/_m$, diamètre 4 $^c/_m$ cuivre poli. la pièce 1.60
16615 ....″ .... ″ ″ ″ ″ ″ ″ ″ cuivre nickelé .. ″ .. 2. ″

Cylindres cuivre nickelé
16616 pour manchon, au sel de baryte, longueur 11 $^c/_m$, diamètre 2 $^c/_m$ 1/2 .. la pièce .. 4.50
16617 pour chasseur ... ″ ″ ″ .. 12 ″ .. ″ .. 3 $^c/_m$ 1/2 .... ″ .. 6.50

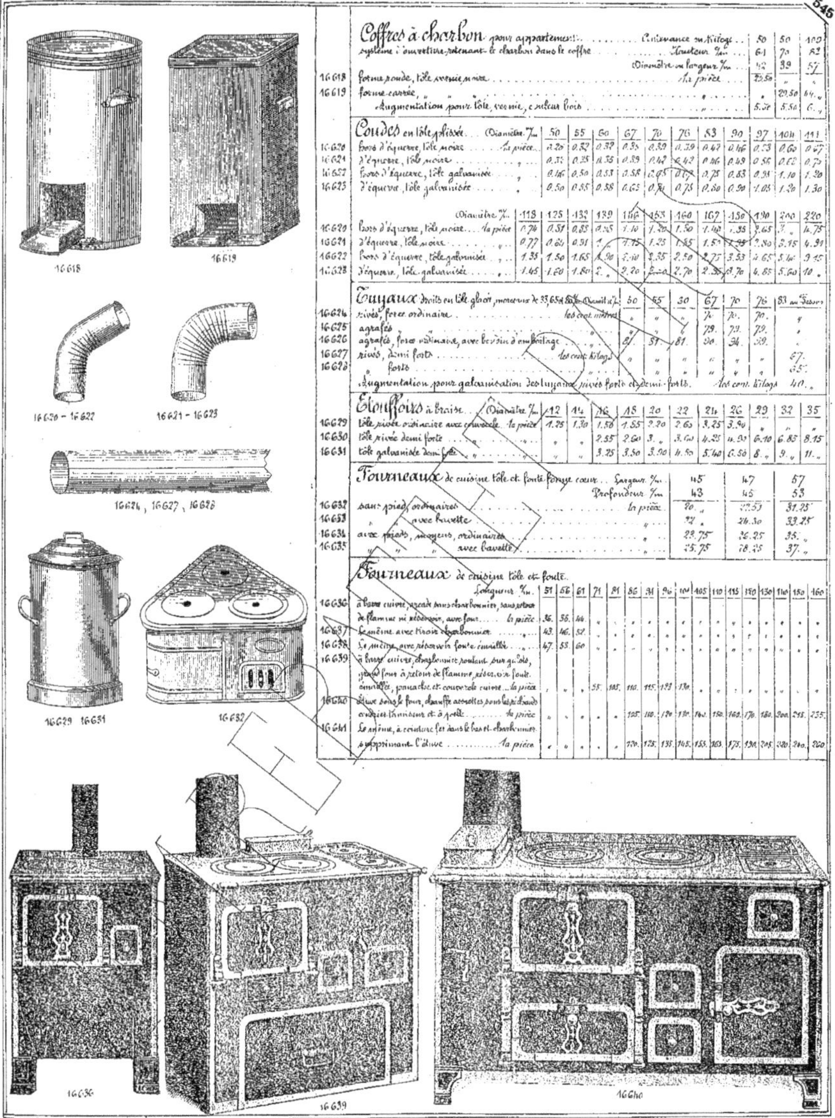

	Coffres à charbon pour appartements, système d'ouverture retenant le charbon dans le coffre	Contenance en kilogr.	50	50	100
		Hauteur m/m	61	70	82
		Diamètre ou largeur m/m	42	39	57
16618	forme ronde, tôle vernie noire	la pièce	23.50	"	"
16619	forme carrée, " "	"	"	29.50	64. "
	Augmentation pour tôle, vernie, couleur bois	"	5.50	5.50	6. "

	Coudes en tôle plissée	Diamètre m/m	50	55	60	67	70	76	83	90	97	104	111
16620	hors d'équerre, tôle noire	la pièce	0.20	0.32	0.32	0.35	0.39	0.39	0.42	0.46	0.53	0.60	0.67
16621	d'équerre, tôle noire	"	0.32	0.35	0.35	0.39	0.42	0.42	0.46	0.49	0.56	0.62	0.70
16622	hors d'équerre, tôle galvanisée	"	0.46	0.50	0.53	0.58	0.65	0.67	0.75	0.83	0.95	1.10	1.20
16623	d'équerre, tôle galvanisée	"	0.50	0.55	0.58	0.65	0.70	0.75	0.80	0.90	1.05	1.20	1.30

		Diamètre m/m	118	125	132	139	146	153	160	167	180	190	200	220
16620	hors d'équerre, tôle noire	la pièce	0.74	0.81	0.85	0.95	1.10	1.20	1.50	1.40	1.35	2.65	3. "	4.75
16621	d'équerre, tôle noire	"	0.77	0.84	0.91	1. "	1.15	1.25	1.35	1.50	1.95	2.80	3.15	4.91
16622	hors d'équerre, tôle galvanisée	"	1.35	1.50	1.65	1.90	2.10	2.35	2.50	2.75	3.53	4.65	5.40	9.15
16623	d'équerre, tôle galvanisée	"	1.45	1.60	1.80	2. "	2.20	2.40	2.70	2.35	3.70	4.85	5.60	10. "

	Tuyaux droits en tôle glacée, morceaux de 33,65 et 80 c/m	Diamètre m/m	50	55	30	67	70	76	83 au besoin
16624	rivés, force ordinaire	les cent mètres	"	"	"	70.	70.	70.	"
16625	agrafés	"	"	"	"	79.	79.	79.	"
16626	agrafés, force ordinaire, avec besoin d'emboîtage	"	81.	81.	81.	90.	94.	99.	"
16627	rivés, demi forts	les cent kilogs	"	"	"	"	"	"	67.
16628	" forts	"	"	"	"	"	"	"	65.
	Augmentation pour galvanisation des tuyaux rivés forts et demi-forts	les cent kilogs							40. "

	Étouffoirs à braise	Diamètre c/m	12	14	16	18	20	22	24	26	29	32	35
16629	tôle rivée ordinaire avec couvercle	la pièce	1.25	1.30	1.50	1.55	2.20	2.60	3.25	3.90	"	"	"
16630	tôle rivée demi forte	"	"	"	2.55	2.60	3. "	3.60	4.25	4.90	6.10	6.85	8.15
16631	tôle galvanisée demi forte	"	"	"	3.25	3.50	3.90	4.50	5.40	6.56	8. "	9. "	11. "

	Fourneaux de cuisine tôle et fonte forge cœur	Largeur c/m	45	47	57
		Profondeur c/m	43	45	53
16632	sans pieds, ordinaires	la pièce	20. "	22.50	31.25
16633	" " avec bavette	"	22. "	24.30	33.25
16634	avec pieds, moyens, ordinaires	"	23.75	26.25	35. "
16635	" " " avec bavette	"	25.75	28.25	37. "

	Fourneaux de cuisine tôle et fonte.	Longueur c/m	51	56	61	71	81	86	91	96	101	105	110	115	120	130	140	150	160
16636	à barre cuivre, grecade sans charbonnier, sans retour de flamme ni réservoir, avec four	la pièce	36.	36.	44.	"	"	"	"	"	"	"	"	"	"	"	"	"	"
16637	Le même avec tiroir charbonnier	"	43.	46.	52.	"	"	"	"	"	"	"	"	"	"	"	"	"	"
16638	Le même, avec réservoir fonte émaillée	"	47.	55.	60.	"	"	"	"	"	"	"	"	"	"	"	"	"	"
16639	à barre cuivre, charbonnier roulant sur galets, grand four à retour de flamme, réservoir fonte émaillée, panache et couvercle cuivre	la pièce	"	"	"	55.	105.	110.	115.	123.	130.	"	"	"	"	"	"	"	"
16640	Étuve sous le four, chauffe assiettes pour les plats chauds, ... et à poêle	la pièce	"	"	"	"	"	125.	110.	120.	130.	140.	150.	160.	170.	180.	200.	215.	235.
16641	Le même, à ceinture fer dans le bas et charbonnier supprimant l'étuve	la pièce	"	"	"	"	"	120.	125.	135.	145.	155.	163.	175.	190.	205.	220.	240.	260.

16618 · 16619 · 16620 - 16622 · 16621 - 16623 · 16624, 16627, 16628 · 16629 16631 · 16632 · 16636 · 16639 · 16640

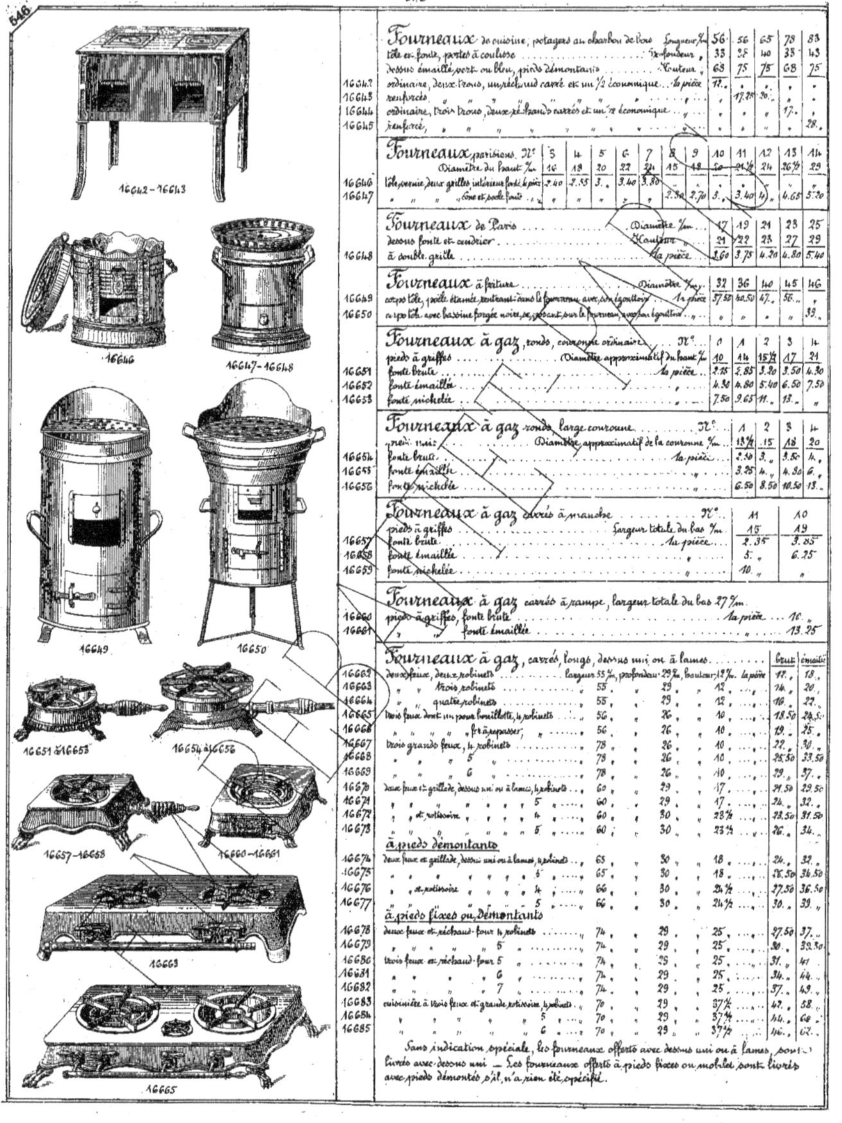

Fourneaux de cuisine, potagers au charbon de bois, tôle et fonte, portes à coulisse, dessus émaillé, vert ou bleu, pieds démontants

N°						
	Longueur %m	56	56	65	78	83
	Profondeur ″	33	38	40	38	43
	Hauteur ″	63	75	75	68	75
16642	ordinaire, deux trous, un réchaud carré et un ½ économique ... la pièce	12.	″	″	″	″
16643	renforcés ″ ″ ″ ″ ″ ″ ″ ... ″	″	17.25	20.	″	″
16644	ordinaire, trois trous, deux réchauds carrés et un ½ économique ... ″	″	″	″	17.	″
16645	renforcé, ″ ″ ″ ″ ″ ″ ″ ... ″	″	″	″	″	28.

Fourneaux parisiens

N°		3	4	5	6	7	8	9	10	11	12	13	14
	Diamètre du haut %m	16	18	20	22	24	15	18	20	21½	24	26½	29
16646	tôle vernie, deux grilles, intérieur fonte, la pièce	2.40	2.55	3.	3.40	3.80	″	″	″	″	″	″	″
16647	″ ″ ″ cône et poêle fonte ″	″	″	″	″	″	2.30	2.70	3.	3.40	4.	4.65	5.20

Fourneaux de Paris, dessous fonte et cendrier, à double grille

N°						
	Diamètre %m	17	19	21	23	25
	Hauteur ″	21	22	23	27	29
16648	à double grille ... la pièce	3.60	3.75	4.20	4.80	5.40

Fourneaux à friture

N°						
	Diamètre %m	32	36	40	45	46
16649	corps tôle, poêle étamée, rentrant dans le fourneau avec son égouttoir ... la pièce	37.50	40.50	47.	56.	″
16650	corps tôle avec bassine forgée noire, se posant sur le fourneau, avec son égouttoir ... ″	″	″	″	″	33.

Fourneaux à gaz, ronds, couronne ordinaire, pieds à griffes

N°	N°	0	1	2	3	4
	Diamètre approximatif du haut %m	10	14	15½	17	21
16651	fonte brute ... la pièce	2.15	2.85	3.20	3.50	4.30
16652	fonte émaillée ... ″	4.30	4.80	5.40	6.50	7.50
16653	fonte nickelée ... ″	7.50	9.65	11.	13.	″

Fourneaux à gaz ronds, large couronne, pieds unis

N°	N°	1	2	3	4
	Diamètre approximatif de la couronne %m	13½	15	18	20
16654	fonte brute ... la pièce	2.30	3.	3.50	4.
16655	fonte émaillée ... ″	3.25	4.	4.30	6.
16656	fonte nickelée ... ″	6.50	8.50	10.50	13.

Fourneaux à gaz carrés à manche, pieds à griffes

N°	N°	11	10
	Largeur totale du bas %m	15	19
16657	fonte brute ... la pièce	2.35	3.85
16658	fonte émaillée ... ″	5.	6.25
16659	fonte nickelée ... ″	10.	″

Fourneaux à gaz carrés à rampe, largeur totale du bas 27 %m.

N°		
16660	pieds à griffes, fonte brute ... la pièce	10.
16661	″ ″ fonte émaillée ... ″	13.25

Fourneaux à gaz, carrés, longs, dessus uni ou à lames

N°	Désignation	Largeur %m	Profondeur %m	Hauteur %m	brut	émaillé
16662	deux feux, deux robinets ... la pièce	55	29	12	12.	18.
16663	″ ″ trois robinets ... ″	55	29	12	14.	20.
16664	″ ″ quatre robinets ... ″	55	29	12	16.	22.
16665	trois feux dont un pour bouillotte, 4 robinets ... ″	56	26	10	18.50	24.50
16666	″ ″ ″ ″ ″ fer à repasser, ″ ... ″	56	26	10	19.	25.
16667	trois grands feux, 4 robinets ... ″	78	26	10	22.	30.
16668	″ ″ ″ 5 ″ ... ″	78	26	10	25.50	33.50
16669	″ ″ ″ 6 ″ ... ″	78	26	10	29.	37.
16670	deux feux et grillade, dessus uni ou à lames, 4 robinets ... ″	60	29	17	21.50	29.50
16671	″ ″ ″ ″ ″ ″ ″ 5 ″ ... ″	60	29	17	24.	32.
16672	″ ″ et rôtissoire ″ ″ ″ ″ 4 ″ ... ″	60	30	23½	23.50	31.50
16673	″ ″ ″ ″ ″ ″ ″ 5 ″ ... ″	60	30	23½	26.	34.
	à pieds démontants					
16674	deux feux et grillade, dessus uni ou à lames, 4 robinets ... ″	65	30	18	24.	32.
16675	″ ″ ″ ″ ″ ″ ″ 5 ″ ... ″	65	30	18	26.50	34.50
16676	″ ″ et rôtissoire ″ ″ ″ ″ 4 ″ ... ″	66	30	24½	27.50	36.50
16677	″ ″ ″ ″ ″ ″ ″ 5 ″ ... ″	66	30	24½	30.	39.
	à pieds fixes ou démontants					
16678	deux feux et réchaud-four 4 robinets ... ″	74	29	25	27.50	37.
16679	″ ″ ″ ″ ″ 5 ″ ... ″	74	29	25	30.	39.50
16680	trois feux et réchaud-four 5 ″ ... ″	74	29	25	31.	41.
16681	″ ″ ″ ″ 6 ″ ... ″	74	29	25	34.	44.
16682	″ ″ ″ ″ 7 ″ ... ″	74	29	25	37.	49.
16683	cuisinière à trois feux et grande rôtissoire, 4 robinets ... ″	70	29	37½	42.	58.
16684	″ ″ ″ ″ ″ 5 ″ ... ″	70	29	37½	44.	60.
16685	″ ″ ″ ″ ″ 6 ″ ... ″	70	29	37½	46.	62.

Sans indication spéciale, les fourneaux offerts avec dessus uni ou à lames, sont livrés avec dessus uni — Les fourneaux offerts à pieds fixes ou mobiles sont livrés avec pieds démontés s'il n'a rien été spécifié.

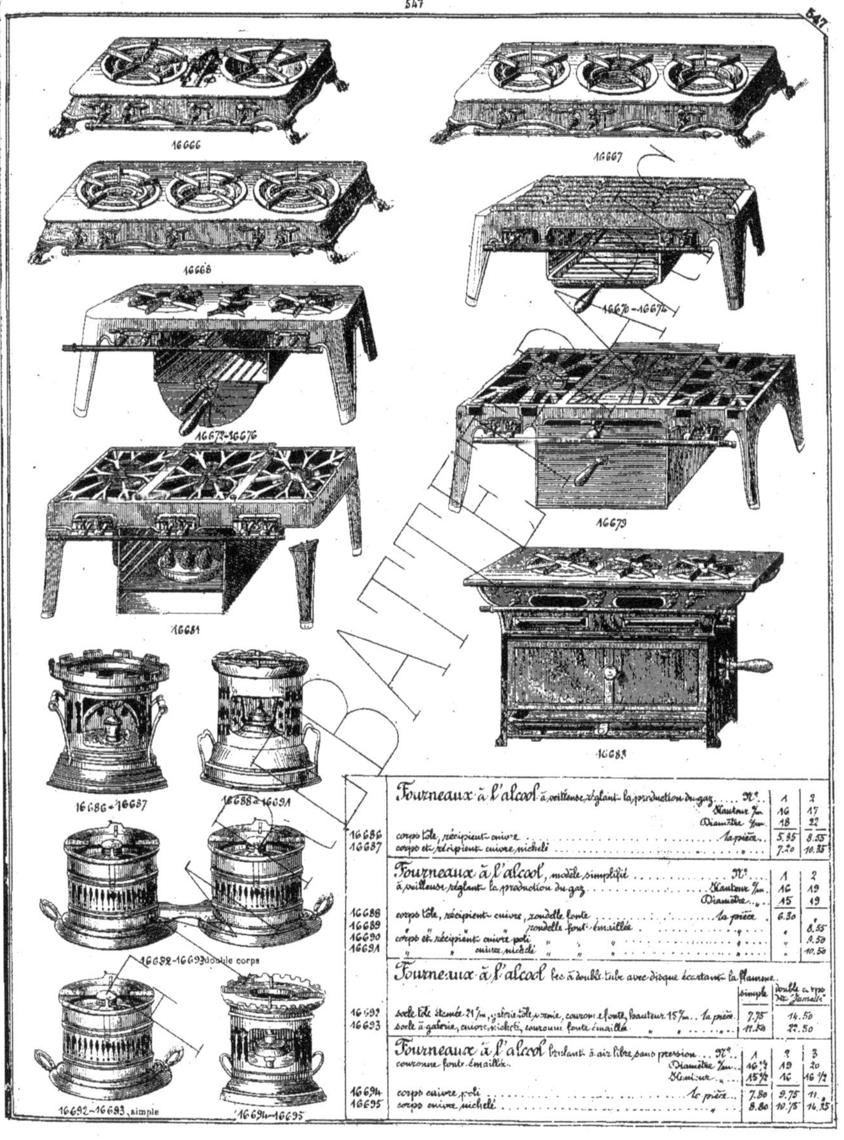

	Fourneaux à l'alcool à veilleuse réglant la production du gaz		
	N°	1	2
	Hauteur %m	16	17
	Diamètre %m	18	22
16686	corps tôle, récipient cuivre ... la pièce	5.35	8.55
16687	corps et récipient cuivre nickelé ... "	7.20	10.35

	Fourneaux à l'alcool, modèle simplifié à veilleuse réglant la production du gaz		
	N°	1	2
	Hauteur %m	16	19
	Diamètre "	15	19
16688	corps tôle, récipient cuivre, rondelle fonte ... la pièce	6.30	
16689	" " " rondelle fonte émaillée ... "	"	8.55
16690	corps et récipient cuivre poli ... "	"	9.50
16691	" " cuivre nickelé ... "	"	10.50

	Fourneaux à l'alcool bec à double tube avec disque écartant la flamme.	simple	double corps dit "Jumelle"
16692	socle tôle étamée 21%m, galerie tôle vernie, couronne fonte, hauteur 15%m .. la pièce	7.75	14.50
16693	socle à galerie, cuivre nickelé, couronne fonte émaillée ... "	11.50	22.50

	Fourneaux à l'alcool brûlant à air libre sans pression, couronne fonte émaillée			
	N°	1	2	3
	Diamètre %m	16 1/2	19	20
	Hauteur "	15 1/2	16	16 1/2
16694	corps cuivre poli ... la pièce	7.80	9.75	11."
16695	corps cuivre nickelé ... "	8.80	10.75	14.25

16696 - 16697

16698 à 16700

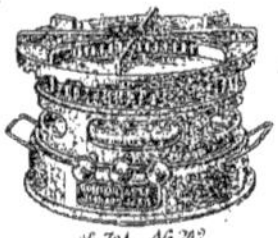

16701 - 16702

16703 - 16704

16705

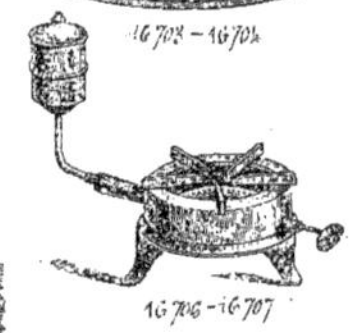

16706 - 16707

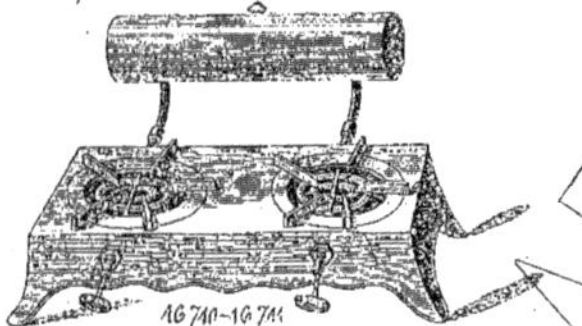

16710 - 16711

16712

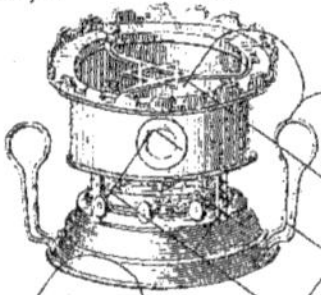

16713

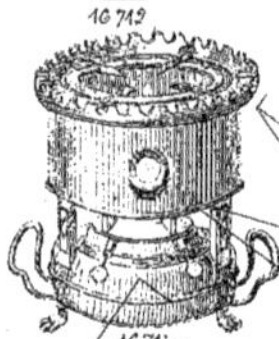

16714

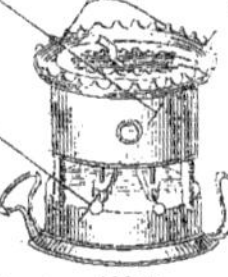

16745

16716 - 16717

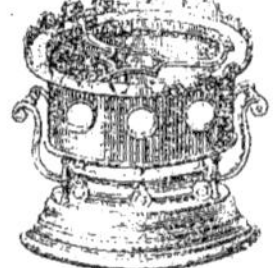

16718 à 16720

Fourneaux à l'alcool, flamme réglable, s'allumant au moyen d'une tampette.

N°	Désignation	1 1/4	2 1/2
	Contenance litres	1 1/4	2 1/2
16696	réservoir et colonne cuivre, couronne fonte ... la pièce	15.75	"
16697	" " cuivre nickelé " " ... "	15. "	"
16698	réservoir cuivre poli, galerie tôle vernie ... "	15.65	25. "
16699	" " " " cuivre poli ... "	17. "	27.50
16700	" " " " cuivre nickelé ... "	18.25	30. "

Ces fourneaux peuvent s'allumer également au moyen d'une pompe d'allumage la pièce 1.90

Fourneaux à l'alcool becs plats réglables à volonté

N°	Désignation	2	3
	Nombre de becs	2	3
16701	corps cuivre poli, couronne émaillée, poignées fil ... la pièce	8.75	11.80
16702	" cuivre nickelé " " ... "	9.20	12.65
16703	corps cuivre poli, couronne émaillée renforcée, poignées fondues ... "	"	15.50
16704	" cuivre nickelé, " " " ... "	"	16.75
16705	Gril-rôtissoire, tôle étamée, s'adaptant aux fourneaux ci-dessus	la pièce	13.50

Fourneaux à gaz d'alcool "l'Économe" à réservoir

N°	Désignation	1/2	1 1/2
	Contenance litres	1/2	1 1/2
16706	socle rond, un feu, fonte brute, réservoir cuivre ... la pièce	13. "	"
16707	" " " émaillé " " nickelé ... "	16.25	"
16708	socle carré, un feu, fonte brute, réservoir cuivre ... "	15. "	"
16709	" " " émaillé " " nickelé ... "	17.65	"
16710	socle long, deux feux, fonte brute, réservoir cuivre ... "	"	32.50
16711	" " " émaillée " nickelé ... "	"	39. "

Fourneaux à pétrole becs plats

N°	Désignation	1	2	3
	Nombre de becs	1	2	3
16712	légers, récipient fer blanc, corps tôle vernie, simple charnière, petit modèle ... la pièce	2.30	3.50	4.75
16713	ordinaires " " " " " grand modèle ... "	2.90	4.50	6. "
16714	ordinaires, récipient fer blanc, corps tôle vernie, sans charnière, becs fer blanc ... "	3.60	5. "	6.20
16715	demi-forts " " " " " " " ... "	3.90	6.20	7.60
16716	forts, récipient fer blanc, corps tôle vernie, porte devant facilitant l'allumage, becs fer blanc ... "	4.60	7.15	8.90
16717	forts, récipient fer blanc, corps tôle vernie, porte devant facilitant l'allumage, becs cuivre ... "	5. "	7.80	9.45
16718	forts, récipient cuivre, corps tôle vernie à lunette, simple charnière, poignées fonte, becs cuivre ... "	6. "	8.25	10.50
16719	" " " " " sans charnière ... "	6.50	8.75	11.50
16720	" " " " " " grands feux ...	"	8.25	10.75
16721	renforcés, récipient fer battu, corps tôle vernie, porte devant facilitant l'allumage, poignées fonte, becs fer blanc ... "	6.40	9.60	12.15
16722	renforcés, récipient fer battu, corps tôle vernie, porte devant facilitant l'allumage, poignées fonte, becs cuivre ... "	7.10	10.40	14.90
16723	supérieurs, récipient cuivre poli, corps tôle vernie à lunette, becs fer blanc ... "	7.50	10.65	14.40
16724	" " cuivre nickelé, corps nickelé " " " ... "	8.75	11.90	16. "
16725	" " cuivre poli, corps et couronne émaillés à lunette " ... "	9.40	13.15	17.50
16726	" " cuivre nickelé " " " " ... "	10. "	13.75	18.15
16727	supérieurs, récipient cuivre poli, corps tôle vernie à lunette, becs cuivre (peuvent servir à l'alcool) ... "	8. "	11.20	15.20
16728	" " " " corps tôle émaillée " " (peuvent servir à l'alcool) ... "	10.40	14. "	18.40

Fourneaux à pétrole à 2 corps, dits jumelles

N°	Désignation	becs fer blanc	becs cuivre
16729	deux trous, un bec à chaque trou ... la pièce	9.85	10.50
16730	" un trou à un bec, un trou à 2 becs ... "	14.15	15.25
16731	" deux becs à chaque trou ... "	16. "	17. "
16732	" un trou à 2 becs, un trou à 3 becs ... "	20. "	21 "
16733	" trois becs à chaque trou ... "	21. "	22.50
16734	trois trous, un trou à 1 bec, un trou à 2 becs, un trou à 3 becs ... "	27. "	28.35

Fourneaux à pétrole à 2 corps, supérieurs

N°	Désignation	corps tôle	corps nickelés	corps émaillés
16735	deux trous, un trou à 1 bec, 1 trou à 2 becs ... la pièce	24.70	27.30	29. "
16736	" deux becs à chaque trou ... "	28.60	31.20	34. "
16737	" un trou à 2 becs, un trou à 3 becs ... "	33. "	36. "	38.50

N°	Désignation	1 bec	2 becs	3 becs
16738	**Ronds** pour fourneaux N° 16714 à N° 16722 ... la pièce	0.55	0.70	0.85
16739	**Chevrettes** pour fourneaux ...	0.30	0.35	0.40
16740	**Grils** pour côtelettes pour fourneaux N° 16723 à N° 16726 ... la pièce		1.55	1.80
16741	" " " " " 16714 à N° 16722 ... "		1.40	1.40
16742	**Supports** de fers à repasser pour fourneaux N° 16723 à N° 16726 ... "		3.40	4.05
16743	" " " " " N° 16714 à N° 16722 ... "		4.20	4.20
16744	**Four** tôle vernie, pour fourneaux N° 16723 à N° 16726 ... "		13.50	13.50
16745	**Mèche** supérieure pour fourneaux ... le Kilog			5.50

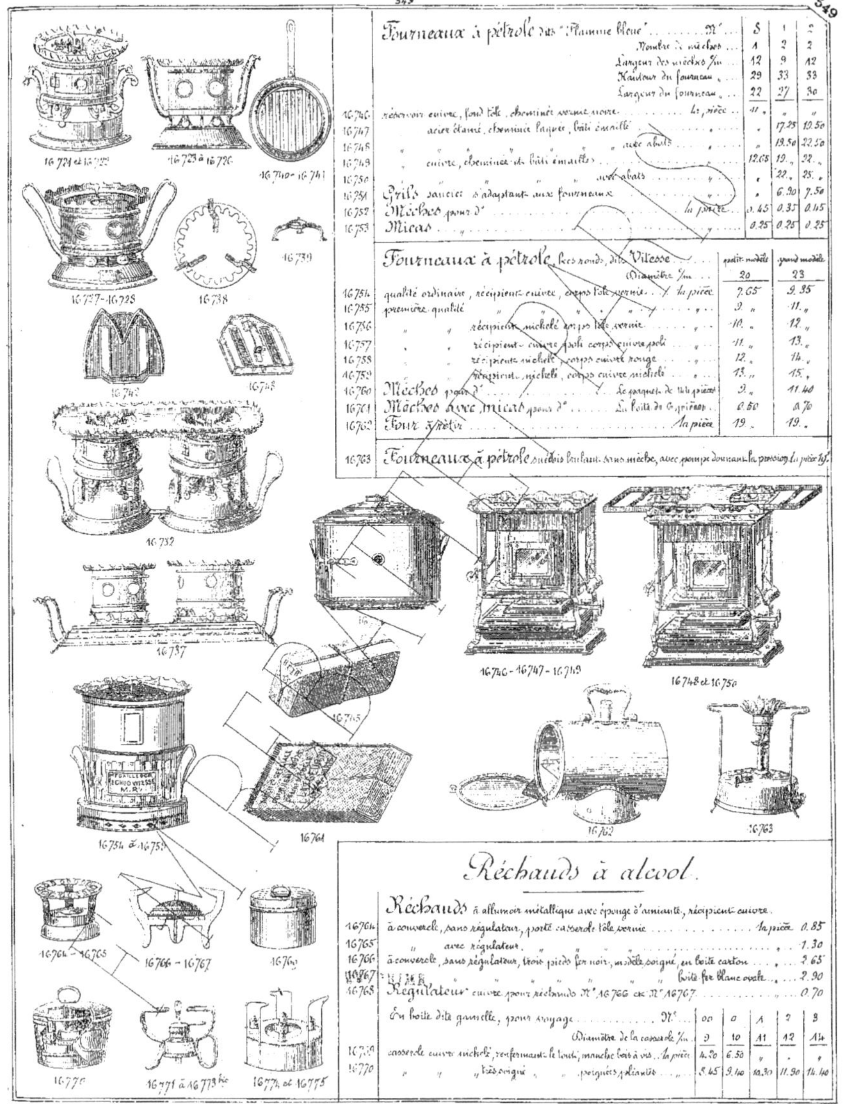

	Fourneaux à pétrole dits "Flamme bleue" ... N°	5	1	2
	Nombre de mèches ...	1	2	2
	Largeur des mèches m/m ...	12	9	12
	Hauteur du fourneau ...	29	33	33
	Largeur du fourneau ...	22	27	30
16746	réservoir cuivre, fond tôle, cheminée vernie noire ... la pièce	11 „	„	„
16747	acier étamé, cheminée laquée, bâti émaillé ... „	„	17.25	19.50
16748	„ „ „ „ „ „ avec abats ... „	„	19.50	22.50
16749	„ cuivre, cheminée et bâti émaillés ... „	12.65	19. „	22. „
16750	„ „ „ „ „ avec abats ... „	„	22. „	25. „
16751	Grils sauciers s'adaptant aux fourneaux ... „	„	6.90	7.50
16752	Mèches pour d° ... la pièce	0.45	0.35	0.45
16753	Micas ... „	0.25	0.25	0.25

	Fourneaux à pétrole, feux ronds, dits Vitesse ...	petit modèle	grand modèle
	Diamètre c/m ...	20	23
16754	qualité ordinaire, récipient cuivre, corps tôle vernie ... la pièce	7.65	9.35
16755	première qualité „ „ „ „ „ ... „	9. „	11. „
16756	„ „ récipient nickelé corps tôle vernie ... „	10. „	12. „
16757	„ „ récipient cuivre poli corps cuivre poli ... „	11. „	13. „
16758	„ „ récipient nickelé, corps cuivre rouge ... „	12. „	14. „
16759	„ „ récipient nickelé, corps cuivre nickelé ... „	13. „	15. „
16760	Mèches pour d° ... Le paquet de 144 pièces	9. „	11.40
16761	Mèches avec micas pour d° ... La boîte de 6 pièces	0.50	0.70
16762	Four à rôtir ... la pièce	19. „	19. „

16763 **Fourneaux à pétrole** suédois brûlant sans mèche, avec pompe donnant la pression la pièce 15f.

Réchauds à alcool.

Réchauds à allumoir métallique avec éponge d'amiante, récipient cuivre.

16764	à couvercle, sans régulateur, porte casserole tôle vernie ... la pièce	0.85
16765	„ avec régulateur. „ „ „ „ ... „	1.30
16766	à couvercle, sans régulateur, trois pieds fer noir, modèle soigné, en boîte carton ... „	2.65
16767	„ „ „ „ „ „ „ boîte fer blanc ovale ... „	2.90
16768	Régulateur cuivre pour réchauds N° 16766 et N° 16767 ... „	0.70

	En boîte dite gamelle, pour voyage ... N°	00	0	1	2	3
	Diamètre de la casserole c/m ...	9	10	11	12	14
16769	casserole cuivre nickelé, renfermant le tout, manche bois à vis ... la pièce	4.20	6.50	„	„	„
16770	„ „ „ très soigné „ „ poignées pliantes ... „	8.45	9.40	10.30	11.90	14.40

550

16776 - 16777 — 16779 — 16778 — 16780 - 16781 — 16782 — 16784 — 16785 et 16788 — 16786 — 16787 — 16789 à 16793 — 16794 à 16797 — 16798 à 16801 — 16802 - 16803 — 16806 - 16807 — 16808 - 16809 — 16810 à 16812 — 16804 - 16805 — 16813

Réchauds façon viennoise à gaz d'alcool

		N°	1	2
	couvercle à queue	Diamètre approximatif du récipient ᵐ/ₘ	70	90
16771	corps et couvercle cuivre, support feuillard, brûlant sans mèche	le cent.	85. „	„
16772	" " " " " " avec mèche	„	85. „	120. „
16772 bis	corps et couvercle cuivre, support feuillard, brûlant avec mèche, à clef de réglage	„	100. „	150. „
16773	" " " " " " tampon d'amiante recouvert toile métallique, sans régulateur	la pièce	1.05	„
16773 bis	" " " " " " tampon d'amiante recouvert toile métallique, avec régulateur	la pièce	1.80	„

Réchauds en fer blanc, dits "Bains de vapeur"

		Nombre de flammes	4	5
16774	supports 3 branches fil de fer, bouchon ordinaire à frottement	la pièce	1.20	1.30
16775	" " " " " bouchon cuivre à vis		2.25	2.40

Réchauds flamme forcée, système Lang

		N°	0	1	2	3
16776	non sablé, bouchon à frottement	la pièce	„	„	0.43	„
16777	sablés, bouchon à vis, supports fil de fer	„	„	0.50	0.52	0.70
16778	sablés, bouchon à vis, supports fil de fer entourés double en couleur ou autre	„	„	0.63	0.65	0.85
16779	" " " " " qualité supérieure	„	1.60	1.80	1.95	2.50

Réchauds fer blanc à crémaillère

		N°	1	2	3
16780	non sablé, bouchon à vis, légers, manche fer blanc	la pièce	0.60	„	„
16781	sablés, supports fil de fer, manche fer blanc	„	0.75	0.80	1. „
16782	" " " entortillés, manche fer blanc	„	0.95	1. „	1.20
16783	sablés, rinceaux fonte, manche fer blanc fixe	„	0.90	0.95	1.20
16784	" " " bois et rosace	„	0.95	1. „	1.25
16785	sablés, grosses colonnes fonte, manche fer blanc fixe	„	1.10	1.15	1.35
16786	" " " " bois à rosace	„	1.15	1.20	1.45
16787	" " " " fer blanc pliant	„	1.15	1.20	1.45
16788	sablés tout cuivre, colonnes cuivre	„	5.70	6.20	6.85

Réchauds fer blanc à modérateur

		N°	1	2	3
16789	manche fer blanc pliant façon W	la pièce	2.30	2.45	2.65
16790	" " " renforcés, véritable W	„	2.65	3.15	„
16791	" " " récipient verre renforcé véritable W	„	2.65	3.15	„
16792	tout cuivre rouge, véritable W	„	6.75	7.80	„
16793	" " nickelé, " W	„	8.40	9.60	„
16794	fer blanc, manche bois "Le Progrès"	„	2.95	3.35	„
16795	cuivre rouge " " " "	„	6.50	7.15	„
16796	fer blanc " " " " intérieur verre	„	2.95	3.35	„
16797	cuivre rouge " " " " " "	„	5. „	5.40	„
16798	fer blanc, manche bois, à double flamme	„	2.15	2.40	2.75
16799	" " " " " " " intérieur verre	„	„	2.40	„
16800	cuivre rouge, manche bois à double flamme	„	„	6.65	7.35
16801	cuivre nickelé " " "	„	„	8.05	8.75

Réchauds double paroi, intérieur verre

		N°	2	3
16802	fer blanc, bec à levier en cuivre, supports fonte, manche bois	la pièce	2.30	2.80
16803	" " " " en cuivre nickelé " " " "	„	2.65	3.15
16804	fer blanc, bec à flamme de gaz en cuivre " " " "	„	2.30	2.80
16805	" " " " en cuivre nickelé " " "	„	2.65	3.15
16806	cuivre rouge, bec à levier	„	6. „	„
16807	cuivre nickelé, bec à levier	„	6.50	„

Réchauds de voyage en boites

		N°	0	1	2	3	4
16808	fer blanc, forme haute, bouchon à vis, mèche ordinaire	la pièce	„	1.20	1.30	1.35	1.45
16809	" " " " système Lang, flamme forcée	„	„	2.50	3.75	„	„
16810	fer blanc, forme basse, dite gamelle, bouchon à vis, mèche ordinaire	„	2.25	2.65	3.15	„	„
16811	" " " " " système Lang, flamme forcée, unique	„	„	1.60	„	„	„
16812	" " " " " " " " " soigné	„	3	3.20	3.60	„	„
	en boite cuivre nickelé, dite gamelle, très soignés	N°	00	0	1	2	3
	système Lang, flamme forcée	Diamètre ᵐ/ₘ	90	100	110	120	140
16813	à deux poignées pliantes	la pièce	8.50	9.40	10.30	12. „	14.50
16814	à manche se dévissant	„	8.50	9.40	10.30	12. „	14.50

Les réchauds N° 16813 et N° 16814 se font aussi en cuivre rouge aux mêmes prix.

16815 16816 16817-16818 16819 et 16821 16822 16823 16824 16825 16827 16828 16829 16831 16833 16834 16836 16838 et 16840 16842 16843

Réchauds à alcool, corps serre, socle fer blanc

	N° ...	0	1	2	3
16815	bec cuivre à crémaillère, supports feuillard étamé, manche fer blanc .... la pièce.	0.75	»	»	»
16816	» » » » » » » »	»	0.87	1. »	1.20
16817	» » » » » » » manche bois	»	0.90	1.05	1.25
16818	» » » » à épingle, supports feuillard, manche bois	»	1.05	1.20	1.40
16819	bec soigné cuivre à crémaillère, » » » »	»	1.45	1.75	2.15
16820	» » » » » démontable » » » »	»	1.75	2.00	2.50
16821	bec soigné cuivre nickelé » » » » » »	»	1.90	2.15	2.70
16822	bec soigné cuivre démontable, colonnes fonte, manche bois	»	1.65	1.85	2.15
16823	bec soigné cuivre nickelé démontable, colonnes fonte, manche fonte pliant	»	2.10	2.30	2.60
16824	bec cuivre à levier, supports feuillard, manche bois	»	»	2. »	2.45
16825	bec cuivre nickelé à levier, colonnes fonte, manche bois	»	»	2.50	2.95
16826	» » » » » » manche fonte pliant	»	»	3. »	3.45
16827	bec à double flamme, à aspiration d'air, supports et porte casserole, diamètre 14 ᵐ/ₘ	»	»	»	2.50
16828	bec cuivre à flamme de gaz, supports feuillard, manche bois	»	»	1.75	2.20

Réchauds à alcool corps serre. Fabrication H.G.

	N° ...	Unique	1	2	3
16829	supports feuillard, avec socle, dits "Ordinaires" bec cuivre à modérateur, manche bois fixe .. la pièce	»	0.95	1.15	1.30
16830	» » avec socle, dit "Unique", bec cuivre à modérateur, manche bois fixe	1.30	»	»	»
16831	» » » » » » » » manche bois pliant	1.35	»	»	»
16832	» » » dits "Réclame", bec cuivre à modérateur, réflecteur écran, manche bois fixe	»	1.10	1.30	1.45
16833	» » » » » » » » manche bois pliant	»	1.30	1.45	1.70
16834	» » » dits "Intermédiaires", bec cuivre, réflecteur écran, manche bois fixe	»	1.30	1.70	2.05
16835	» » » » » » » » manche bois pliant	»	1.55	1.95	2.40
16836	» » » » » bec nickelé, réflecteur écran, manche bois fixe	»	1.45	1.90	2.25
16837	» » » » » » » » manche bois pliant	»	1.70	2.15	2.60
16838	supports fonte, avec socle, dits "Soignés" bec cuivre, réflecteur écran, manche bois fixe	»	2.40	2.80	3.50
16839	» » » » » » » manche pliant	»	2.65	3.05	3.75
16840	» » » » » bec nickelé, réflecteur écran, manche bois fixe	»	2.55	3. »	3.70
16841	» » » » » » » » manche pliant	»	2.80	3.25	3.95
16842	» » » » dits "Démontables" bec nickelé, réflecteur écran, manche pliant	3.85	»	»	»

16843 **Réchaud à alcool** fonte bronzée, brûlant sans mèche, dit "Mitrailleuse" .... la pièce .... 2. »

Poêlons pour réchaud à l'alcool

	N° ...	1	2	3
16844	fer blanc, cylindriques, fond soudé, bouton porcelaine, manche fer blanc .... le cent	31.	32.	39.
16845	» » » » » » manche bois	35.	37.	44.
16846	» » soignés, cercle au couvercle, manche bois à rosace	»	»	63.
16847	» coniques, à bec, fond soudé, cercle au couvercle, manche bois rivé	54.	72.	90.
16848	» » » soignés, fond soudé, cercle au couvercle, bouton bois, manche bois à rosace	111.	130.	168.
16849	» cylindriques, emboutis, bouton porcelaine, manche bois à rosace	70.	77.	86.
16850	» » embouti à bec, bouton porcelaine, cercle au couvercle, manche bois rivé	83.	98.	107.
16851	fer battu, coniques, emboutis, bordés à bec, couvercle fer blanc à cercle, bouton porcelaine, manche bois à rosace	110.	130.	»
16852	fer battu fort, coniques, emboutis, très soignés, manche bois dévissant .... la pièce	1.95	2.30	»
16853	cuivre rouge poli » » » » » » »	5.20	5.85	»
16854	cuivre nickelé, étamé à l'intérieur, coniques, emboutis, très soignés, manche bois dévissant	7.15	7.80	»

Réchauds à eau chaude forme assiette

	Diamètre ᶜ/ₘ ...	22	23 ½	24
16855	dessous fer blanc brillant, assiette plate, faïence décorée .... la pièce	3.10	3.50	3.95
16856	» » » assiette creuse, » »	3.10	3.50	3.95
16857	dessous cuivre nickelé, assiette plate, faïence coloriée	»	»	7.45
16858	» » » assiette creuse, » »	»	»	7.45

La sertissure du métal sur la faïence ne constitue pas un joint absolument étanche; il y a toujours déperdition. — Pour éviter les fuites, ne remplir le réchaud qu'aux deux tiers.

Réchauds de table à eau chaude

	Diamètre ᶜ/ₘ ...	21	23	25
16859	forme Médicis, cuivre nickelé .... la pièce	14.75	16.90	16.75
16860	» » » argenté	19.75	22.50	23.50

Réchauds de table ronds à braise

	Diamètre ᶜ/ₘ ...	20	22	24
16861	tôle bronzée, forme Médicis .... la pièce	2.90	3.15	3.40
16862	tôle étamée » »	3.15	3.40	3.90
16863	tôle bronzée, dessus cuivre poli, forme Médicis	3.65	4. »	4.40

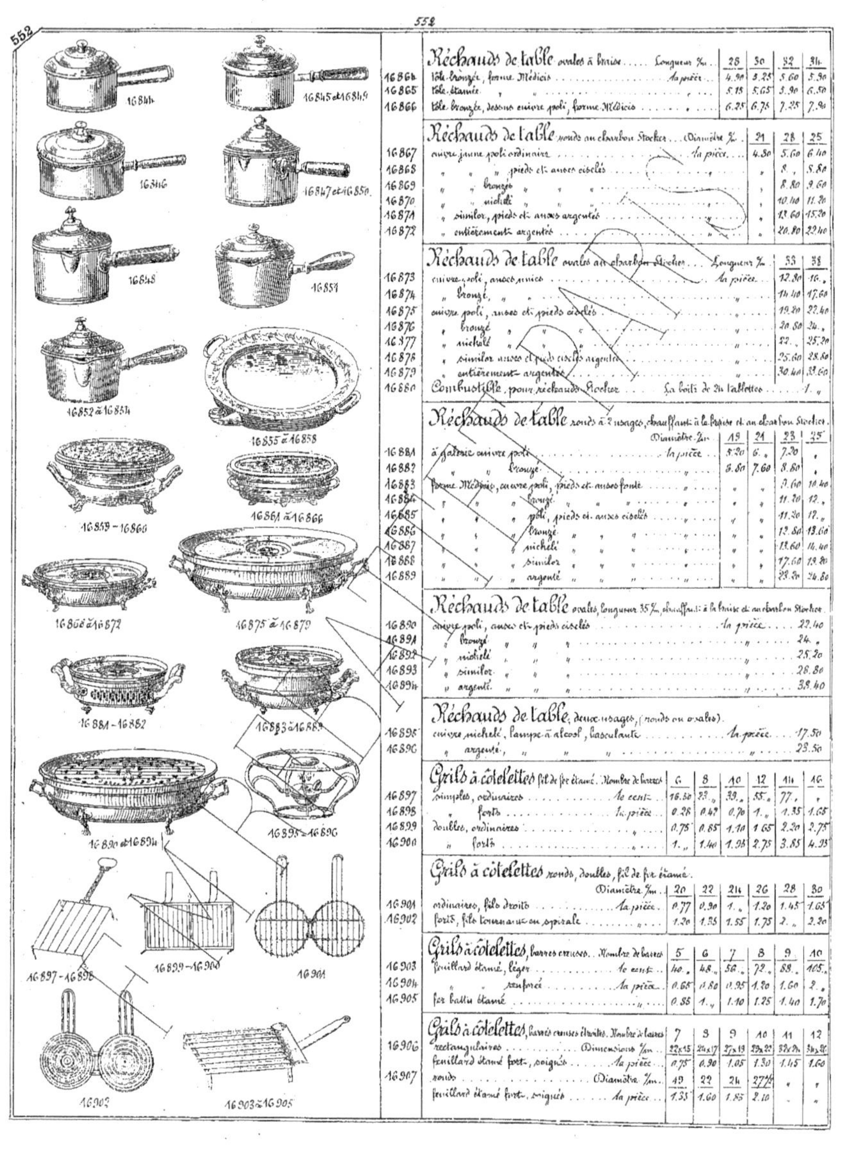

Réchauds de table ovales à braise

	Longueur %m.	28	30	32	34
16864	tôle bronzée, forme Médicis .... la pièce	4.90	5.25	5.60	5.90
16865	tôle étamée „ „ .... „	5.15	5.65	5.90	6.50
16866	tôle bronzée, dessous cuivre poli, forme Médicis .... „	6.25	6.75	7.25	7.90

Réchauds de table ronds au charbon Stocker

	Diamètre %m.	21	23	25
16867	cuivre jaune poli ordinaire .... la pièce	4.80	5.60	6.40
16868	„ „ „ pieds et anses ciselés .... „	„	8. „	8.80
16869	„ „ bronzés „ „ „ .... „	„	8.80	9.60
16870	„ „ nickelé „ „ „ .... „	„	10.40	11.20
16871	„ similor, pieds et anses argentés .... „	„	13.60	15.20
16872	„ entièrement argentés .... „	„	20.80	22.40

Réchauds de table ovales au charbon Stocker

	Longueur %m.	33	38
16873	cuivre poli, anses unies .... la pièce	12.80	16. „
16874	„ bronzé, „ „ .... „	14.40	17.60
16875	cuivre poli, anses et pieds ciselés .... „	19.20	22.40
16876	„ bronzé „ „ „ .... „	20.80	24. „
16877	„ nickelé „ „ „ .... „	22. „	25.20
16878	„ similor anses et pieds ciselés argentés .... „	25.60	28.80
16879	„ entièrement argentés .... „	30.40	33.60

16880 Combustible, pour réchauds Stocker .... La boîte de 24 tablettes .... 1. „

Réchauds de table ronds à 2 usages, chauffant à la braise et au charbon Stocker.

	Diamètre %m.	19	21	23	25
16881	à galerie cuivre poli .... la pièce	5.20	6. „	7.20	„
16882	„ „ bronzé .... „	5.80	7.60	8.80	„
16883	forme Médicis, cuivre poli, pieds et anses fonte .... „	„	„	9.60	10.40
16884	„ „ „ bronzé „ „ „ .... „	„	„	11.20	12. „
16885	„ „ „ poli, pieds et anses ciselés .... „	„	„	11.20	12. „
16886	„ „ „ bronzé „ „ „ .... „	„	„	12.80	13.60
16887	„ „ „ nickelé „ „ „ .... „	„	„	13.60	14.40
16888	„ „ „ similor „ „ „ .... „	„	„	17.60	19.20
16889	„ „ „ argenté „ „ „ .... „	„	„	23.20	24.80

Réchauds de table ovales, longueur 35 %m, chauffant à la braise et au charbon Stocker.

16890	cuivre poli, anses et pieds ciselés .... la pièce	22.40
16891	„ bronzé „ „ „ .... „	24. „
16892	„ nickelé „ „ „ .... „	25.20
16893	„ similor „ „ „ .... „	28.80
16894	„ argenté „ „ „ .... „	33.40

Réchauds de table, deux usages, (ronds ou ovales).

16895	cuivre nickelé, lampe à alcool, basculante .... la pièce	17.50
16896	„ argenté, „ „ „ .... „	23.50

Grils à côtelettes fil de fer étamé.

	Nombre de barres	6	8	10	12	14	16
16897	simples, ordinaires .... le cent	16.50	23. „	39. „	55. „	77. „	„
16898	„ forts .... la pièce	0.28	0.42	0.70	1. „	1.35	1.65
16899	doubles, ordinaires .... „	0.75	0.85	1.10	1.65	2.20	2.75
16900	„ forts .... „	1. „	1.40	1.95	2.75	3.85	4.95

Grils à côtelettes ronds, doubles, fil de fer étamé.

	Diamètre %m.	20	22	24	26	28	30
16901	ordinaires, fils droits .... la pièce	0.77	0.90	1. „	1.20	1.45	1.65
16902	forts, fils tournants en spirale .... „	1.20	1.35	1.55	1.75	2. „	2.20

Grils à côtelettes, barres creuses.

	Nombre de barres	5	6	7	8	9	10
16903	feuillard étamé, léger .... le cent	40. „	48. „	56. „	72. „	88. „	105. „
16904	„ „ renforcé .... la pièce	0.65	0.80	0.95	1.20	1.60	2. „
16905	fer battu étamé .... „	0.85	1. „	1.10	1.25	1.40	1.70

Grils à côtelettes, barres creuses étroites.

	Nombre de barres	7	8	9	10	11	12
16906	rectangulaires .... Dimensions %m.	22x15	24x17	27x19	29x22	32x24	34x26
	feuillard étamé fort, soignés .... la pièce	0.75	0.90	1.05	1.30	1.45	1.60
16907	ronds .... Diamètre %m.	19	22	24	27½	„	„
	feuillard étamé fort, soignés .... la pièce	1.35	1.60	1.85	2.10	„	„

16906 — 16907 — 16908-16909 — 16910 à 16912 — 16913 — 16914 à 16916 — 16917 à 16919 — 16920 — 16922 — 16924 — 16926 — 16927 — 16928 — 16929 — 16930-16931 — 16932 — 16933 — 16934 à 16940 — 16941 — 16942 à 16945

Grils à côtelettes barres rondes, dits forgés.

	Nombre de barres..	5	6	7	8	9	10	12
16908	légers, dits camelote, en fer noir .... le cent ..	13.50	20. "	32. "	37. "	"	"	"
16909	" " " en fer étamé .... "	17. "	26. "	44. "	55. "	"	"	"
16910	ordinaires, polis à chanfrein .... "	32. "	40. "	48. "	56. "	72. "	88. "	"
16911	demi-forts " " ... les cent kilogs ..	"	"	76. "	76. "	76. "	76. "	76. "
16912	forts " " ... " " " ..	"	"	72. "	72. "	72. "	72. "	72. "

Grils à côtelettes, forme ascendante

	N° ...	0	1	2	3
16913	avec foyer mobile et lèchefrite ...... Longueur c/m ...	28	30	38	46
	la pièce ...	3.90	4.65	5.45	6.65

Grils à pain

	Largeur ou diamètre c/m ..	16	19	22	24	27	30
16914	carrés sur pieds, ordinaires ...... le cent ..	14. "	18. "	22. "	29. "	"	"
16915	" " " choisis 1/2 forts ...... "	21.50	24.50	33. "	41. "	"	"
16916	" " " forts ...... "	29. "	36. "	43. "	50. "	"	"
16917	ronds à "plat", ordinaires ...... "	"	47. "	58. "	68. "	78. "	92. "
16918	" " soignés ...... "	"	51. "	60. "	72. "	85. "	100. "
16919	" " forts ...... "	"	55. "	64. "	77. "	90. "	107. "

Grils à poisson, fil de fer étamé

	Longueur c/m	35	40	45	50	55	60	65	70
16920	avec chaine .... la pièce	3.25	3.60	3.60	3.60	4.05	4.50	5.40	6.30

Grils Gosteau à air libre, feu dessus

	N° ..	1	2	3
	Dimensions c/m ..	18 x 25	22 x 32	27 x 37
16921	sans porte casserole ...... la pièce ..	5.10	6.05	7. "
16922	avec porte casserole feuillard ...... " ..	5.65	6.60	7.55

Grils Gosteau ancien modèle, feu dessus

	N°	1	2	3	4
	Dimensions c/m	18 x 25	22 x 32	27 x 37	35 x 47
16923	sans porte casserole ...... la pièce	6.90	8.30	9.75	17.30
16924	avec porte casserole fonte ...... "	7.50	9. "	10.35	18.50

Grils Gosteau rôtissoire avec broche.

	N°	1	2	3	4
	Dimensions c/m	18 x 25	22 x 32	27 x 37	35 x 47
16925	sans porte casserole ...... la pièce	8.80	10.65	12.35	23. "
16926	avec porte casserole fonte ...... "	9.40	11.35	13.25	25.20

Grils Gosteau à cheminée

	N° ...	1	2	3
	Dimensions c/m ..	18 x 25	22 x 32	27 x 37
16927	modèle ordinaire .... la pièce ..	8.25	10. "	11.75
16928	avec rôtissoire .... "	10.15	12.10	14. "

Grils Gosteau avec porte charbon et étouffoir.

	N°	1	2	3	4
16929	nouveau modèle ...... Dimensions c/m	18 x 25	22 x 32	27 x 37	35 x 47
	supprimant toute poussière et fumée .. la pièce	14.50	16.50	19. "	31.50

Grilles à coke en fonte

	Longueur c/m ..	25	27	28	30	31	32	34
16930	cintrées, sans dossier, légères ... les cent kilogs ..	54.	"	54.	"	54.	"	54.
16931	" " " fortes ...... " " ..	"	"	54.	"	54.	"	54.
16932	cintrées à dossier ...... " " ..	"	62.	"	62.	"	62.	"
16933	forme corbeille ...... la pièce ...	"	"	"	"	"	3.	"

	Longueur c/m	35	37	38	40	41	43	45	48
16930	cintrées, sans dossier, légères . les cent kilogs	"	54.	"	54.	"	54.	54.	54.
16931	" " " fortes ... " "	"	54.	"	54.	"	54.	54.	54.
16932	cintrées à dossier ...... " "	62.	"	62.	"	62.	62.	62.	62.
16933	forme corbeille ...... la pièce	3.50	4.10	"	4.65	5.30	"	"	"

Seaux à charbon, forme droite.

	Diamètre c/m	20	22	24	26	28	30	32
16934	tôle ordinaire, vernie noire ...... la pièce	1.45	1.60	1.80	2.10	2.35	2.75	"
16935	" demi-forte " " ...... " ..	"	1.85	2.10	2.35	2.60	2.85	"
16936	" forte " " ...... " ..	"	"	2.45	2.80	3.30	3.75	4.25
16937	tôle forte bronzée ...... " ..	"	"	3. "	3.35	3.85	4.30	4.80
16938	" demi forte galvanisée ...... " ..	"	2.70	3.10	3.50	4.10	4.55	"
16939	" forte " ...... " ..	"	"	3.65	4.20	5. "	5.60	6.25
16940	" forte, galvanisée à l'intérieur, vernie à l'extérieur " ..	"	"	4.70	4.90	5.70	6.50	7.50
16941	" forte, quadrillée bronzée ...... " ..	"	"	4.70	5.15	5.75	6.10	"

Seaux à charbon, forme droite, à couvercle, à bec.

	Diamètre c/m	26	28
16942	tôle vernie ...... la pièce ...	8.40	10.50
16943	" " filets or ...... "	10.50	12.25
16944	cuivre jaune poli ...... "	51. "	"
16945	cuivre rouge poli ...... "	56. "	"

Seaux à charbon évasés, forme casque,

	Diamètre du haut c/m	35	38	40
16946	tôle vernie ...... la pièce ...	3.25	3.75	4.25
16947	" bronzée ...... "	3.85	4.35	4.85
16948	" galvanisée ...... "	4.10	4.80	5.50

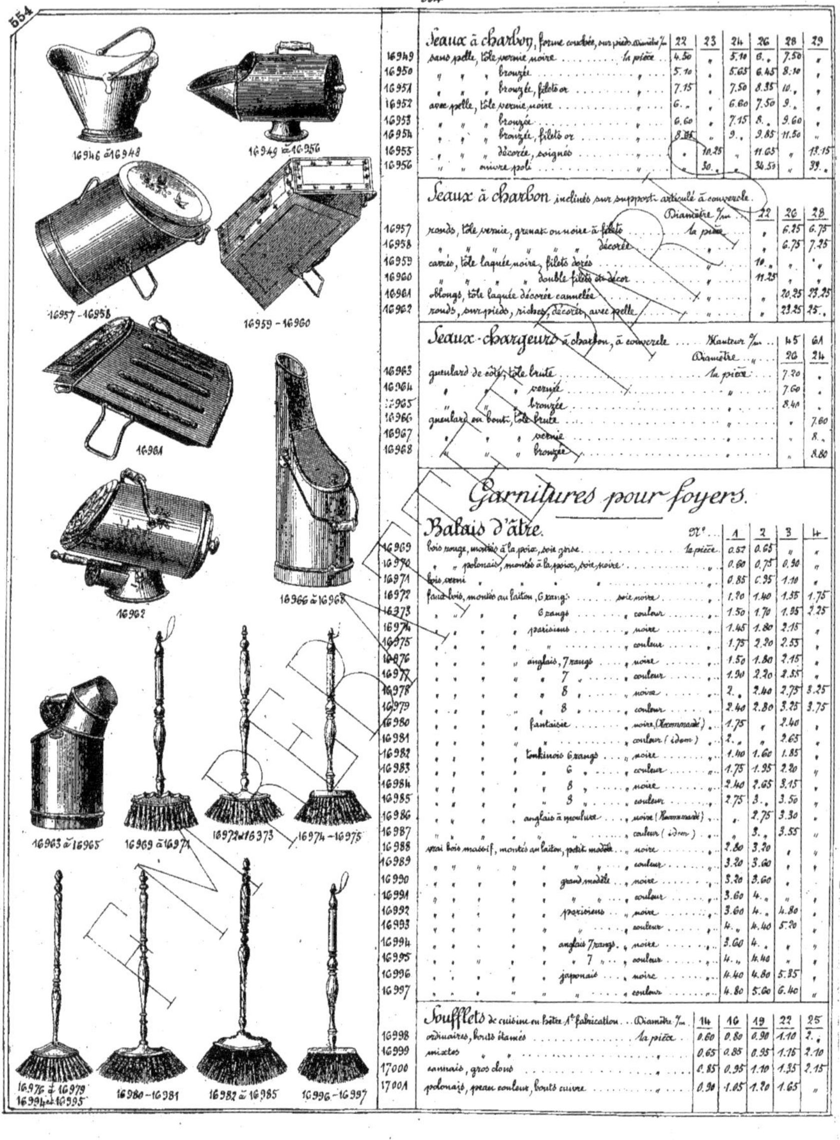

16946 à 16948 — 16949 à 16956 — 16957-16958 — 16959-16960 — 16961 — 16962 — 16966 à 16968 — 16963 à 16965 — 16969 à 16971 — 16972 à 16373 — 16974-16975 — 16976 à 16979, 16994 à 16995 — 16980-16981 — 16982 à 16985 — 16996-16997

Seaux à charbon, forme courbée, sur pieds

N°	Désignation		Diamètre %	22	23	24	26	28	29
16949	sans pelle, tôle vernie noire		la pièce	4.50	„	5.10	6. „	7.50	„
16950	„ „ „ bronzée		„	5.10	„	5.65	6.45	8.10	„
16951	„ „ „ bronzée, filets or		„	7.15	„	7.50	8.35	10. „	„
16952	avec pelle, tôle vernie noire		„	6. „	„	6.60	7.50	9. „	„
16953	„ „ „ bronzée		„	6.60	„	7.15	8. „	9.60	„
16954	„ „ „ bronzée, filets or		„	8.35	„	9. „	9.85	11.50	„
16955	„ „ „ décorée, soignés		„	„	10.25	„	11.65	„	13.15
16956	„ „ cuivre poli		„	„	30. „	„	34.50	„	39. „

Seaux à charbon inclinés sur support articulé à couvercle.

N°	Désignation	Diamètre %	22	26	28
16957	ronds, tôle vernie, grenat ou noire à filets	la pièce	„	6.25	6.75
16958	„ „ „ „ „ „ décorée	„	„	6.75	7.25
16959	carrés, tôle laquée noire, filets dorés	„	10. „	„	„
16960	„ „ „ „ double filets et décor	„	11.25	„	„
16961	oblongs, tôle laquée décorée cannelée	„	„	20.25	23.25
16962	ronds, sur pieds, riches, décorés, avec pelle	„	„	23.25	25. „

Seaux-chargeurs à charbon, à couvercle

N°	Désignation	Hauteur %	45	61
		Diamètre „	26	24
16963	gueulard de côté, tôle brute	la pièce	7.20	„
16964	„ „ „ vernie	„	7.60	„
16965	„ „ „ bronzée	„	8.40	„
16966	gueulard au bout, tôle brute	„	„	7.60
16967	„ „ „ vernie	„	„	8. „
16968	„ „ „ bronzée	„	„	8.80

Garnitures pour foyers.

Balais d'âtre.

N°	Désignation		N°	1	2	3	4
16969	bois rouge, montés à la poix, soie grise		la pièce	0.57	0.65	„	„
16970	„ „ polonais, montés à la poix, soie noire		„	0.60	0.75	0.90	„
16971	bois verni „ „ „ „		„	0.85	0.95	1.10	„
16972	faux bois, montés au laiton, 6 rangs	soie noire	„	1.20	1.40	1.55	1.75
16373	„ „ „ „ 6 rangs	„ couleur	„	1.50	1.70	1.95	2.25
16974	„ „ „ „ parisiens	„ noire	„	1.45	1.80	2.15	„
16975	„ „ „ „ „	„ couleur	„	1.75	2.20	2.55	„
16976	„ „ „ „ anglais, 7 rangs	„ noire	„	1.50	1.80	2.15	„
16977	„ „ „ „ „ 7 „	„ couleur	„	1.90	2.20	2.55	„
16978	„ „ „ „ „ 8 „	„ noire	„	2. „	2.40	2.75	3.25
16979	„ „ „ „ „ 8 „	„ couleur	„	2.40	2.80	3.25	3.75
16980	„ „ „ „ fantaisie	„ noire (Recommandé)	„	1.75	„	2.40	„
16981	„ „ „ „ „	„ couleur (idem)	„	2. „	„	2.65	„
16982	„ „ „ „ tonkinois 6 rangs	„ noire	„	1.40	1.60	1.85	„
16983	„ „ „ „ „ 6 „	„ couleur	„	1.75	1.95	2.20	„
16984	„ „ „ „ „ 8 „	„ noire	„	2.40	2.65	3.15	„
16985	„ „ „ „ „ 8 „	„ couleur	„	2.75	3. „	3.50	„
16986	„ „ „ „ anglais à moulure	„ noire (Recommandé)	„	„	2.75	3.30	„
16987	„ „ „ „ „ „	„ couleur (idem)	„	„	3. „	3.55	„
16988	vrai bois massif, montés au laiton, petit modèle	„ noire	„	2.80	3.20	„	„
16989	„ „ „ „ „ „ „	„ couleur	„	3.20	3.60	„	„
16990	„ „ „ „ „ grand modèle	„ noire	„	3.20	3.60	„	
16991	„ „ „ „ „ „ „	„ couleur	„	3.60	4. „	„	„
16992	„ „ „ „ „ parisiens	„ noire	„	3.60	4. „	4.80	„
16993	„ „ „ „ „ „	„ couleur	„	4. „	4.40	5.20	„
16994	„ „ „ „ „ anglais 7 rangs	„ noire	„	3.60	4. „	„	„
16995	„ „ „ „ „ 7 „	„ couleur	„	4. „	4.40	„	„
16996	„ „ „ „ „ japonais	„ noire	„	4.40	4.80	5.85	„
16997	„ „ „ „ „ „	„ couleur	„	4.80	5.60	6.40	„

Soufflets de cuisine en hêtre 1re fabrication

N°	Désignation	Diamètre %	14	16	19	22	25
16998	ordinaires, bouts étamés	la pièce	0.60	0.80	0.90	1.10	2. „
16999	mixtes „ „	„	0.65	0.85	0.95	1.15	2.10
17000	cannais, gros clous	„	0.85	0.95	1.10	1.35	2.15
17001	polonais, peau couleur, bouts cuivre	„	0.90	1.05	1.20	1.65	„

17018 17019 17020 17021 17022 17023

17024 17025 17026 17027 17028 17029

17030 17031 17032 17033 17034 17035

17036 17037 17038 17039 17040 17041

(Voir prix page 556)

Paris. — Imp. DONNADIEU. 23, Rue des Francs-Bourgeois

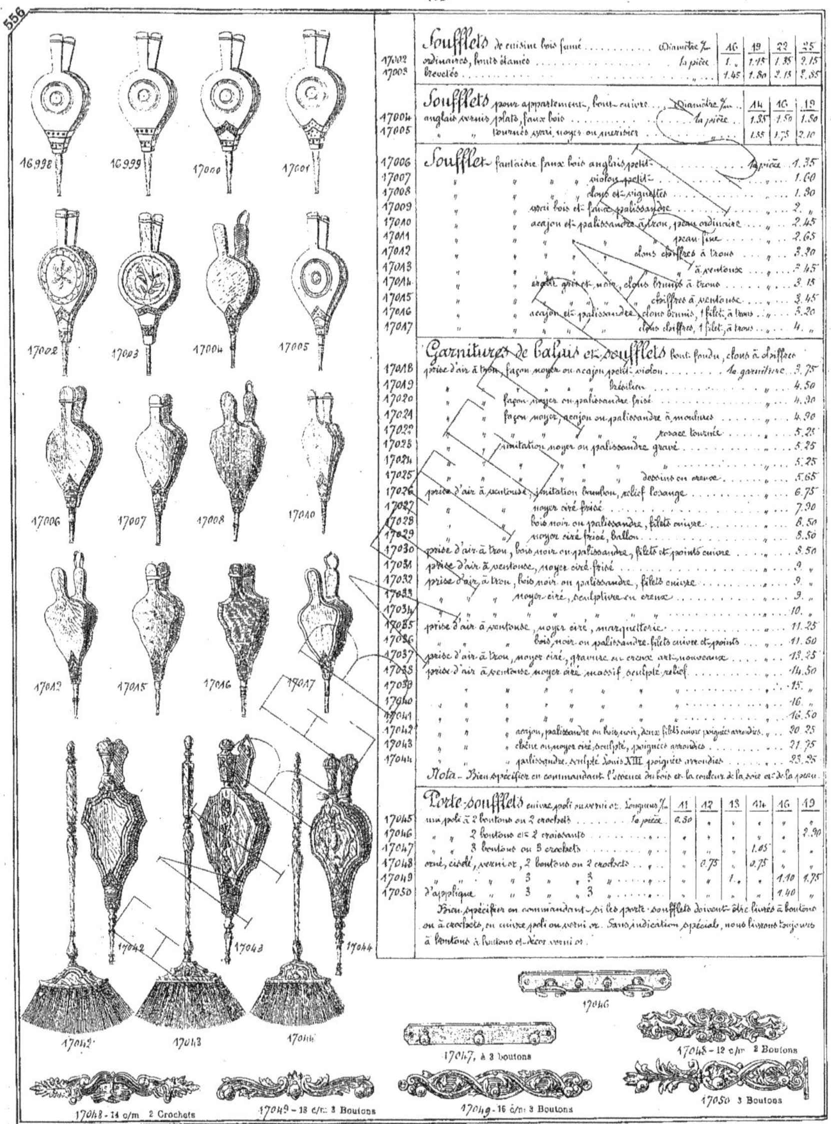

Soufflets de cuisine bois fumé

		Diamètre %	16	19	22	25
17002	ordinaires, bouts étamés	la pièce	1. „	1.15	1.35	2.15
17003	brevetés	„	1.45	1.80	2.15	2.85

Soufflets pour appartement, bout cuivre

		Diamètre %	14	16	19
17004	anglais vernis plats, faux bois	la pièce	1.35	1.50	1.80
17005	„ „ tournés vrai, noyer ou merisier	„	1.55	1.75	2.10

Soufflet fantaisie faux bois anglais petit

17006	Soufflet fantaisie faux bois anglais petit	la pièce	1.35
17007	„ „ „ „ violon petit	„	1.60
17008	„ „ „ „ clous et vignettes	„	1.80
17009	„ „ vrai bois et faux palissandre	„	2. „
17010	„ „ acajou et palissandre à trou, peau ordinaire	„	2.45
17011	„ „ „ „ „ „ peau fine	„	2.65
17012	„ „ „ „ „ clous chiffres à trous	„	3.30
17013	„ „ „ „ „ „ à ventouse	„	3.45
17014	„ „ érable grisé, noir, clous brunis à trous	„	3.15
17015	„ „ „ „ „ „ chiffres à ventouse	„	3.45
17016	„ „ acajou et palissandre, clous brunis, 1 filet, à trous	„	3.20
17017	„ „ „ „ „ clous chiffres, 1 filet, à trous	„	4. „

Garnitures de balais et soufflets bout fondu, clous à chiffres

17018	prise d'air à trou, façon noyer ou acajou petit violon	la garniture	3.75
17019	„ „ „ „ „ brésilien	„	4.50
17020	„ „ façon noyer ou palissandre frisé	„	4.90
17021	„ „ façon noyer, acajou ou palissandre à moulures	„	4.90
17022	„ „ „ „ „ „ „ rosace tournée	„	5.25
17023	„ „ imitation noyer ou palissandre gravé	„	5.25
17024	„ „ „ „ „ „ „	„	5.25
17025	„ „ „ „ „ „ dessins en creux	„	5.65
17026	prise d'air à ventouse, imitation bambou, relief losange	„	6.75
17027	„ „ noyer ciré frisé	„	7.90
17028	„ „ bois noir ou palissandre, filets cuivre	„	8.50
17029	„ „ noyer ciré frisé, ballon	„	8.50
17030	prise d'air à trou, bois noir ou palissandre, filets et points cuivre	„	8.50
17031	prise d'air à ventouse, noyer ciré frisé	„	9. „
17032	prise d'air à trou, bois noir ou palissandre, filets cuivre	„	9. „
17033	„ „ „ noyer ciré, sculpture en creux	„	9. „
17034	„ „ „ „ „ „ „ „	„	10. „
17035	prise d'air à ventouse, noyer ciré, marqueterie	„	11.25
17036	„ „ „ bois noir ou palissandre filets cuivre et points	„	11.60
17037	prise d'air à trou, noyer ciré, gravure en creux art nouveau	„	13.25
17038	prise d'air à ventouse, noyer ciré massif, sculpté relief	„	14.50
17039	„ „ „ „ „ „ „	„	15. „
17040	„ „ „ „ „ „ „ „	„	16. „
17041	„ „ „ „ „ „ „ „	„	16.50
17042	„ „ „ acajou, palissandre ou bois noir, deux filets cuivre poignées arrondies	„	20.25
17043	„ „ „ chêne ou noyer ciré, sculpté, poignées arrondies		21.75
17044	„ „ „ palissandre sculpté Louis XIII poignées arrondies		23.25

Nota. — Bien spécifier en commandant l'essence du bois et la couleur de la soie et de la peau.

Porte-soufflets cuivre poli ou verni or

		Longueur %	11	12	13	14	16	19
17045	uni poli à 2 boutons ou 2 crochets	la pièce	0.50	„	„	„	„	„
17046	„ „ 2 boutons et 2 croissants		„	„	„	„	„	2.90
17047	„ „ 3 boutons ou 3 crochets	„	„	„	„	1.05	„	„
17048	orné, ciselé, verni or, 2 boutons ou 2 crochets	„	„	0.75	„	0.75	„	„
17049	„ „ „ „ 3 „ „ 3	„	„	„	1. „	„	1.10	1.75
17050	d'applique „ „ 3 „ „ 3	„	„	„	„	„	1.40	„

Bien spécifier en commandant si les porte-soufflets doivent être livrés à boutons ou à crochets, en cuivre poli ou verni or. Sans indication spéciale, nous livrons toujours à boutons à boutons et décor verni or.

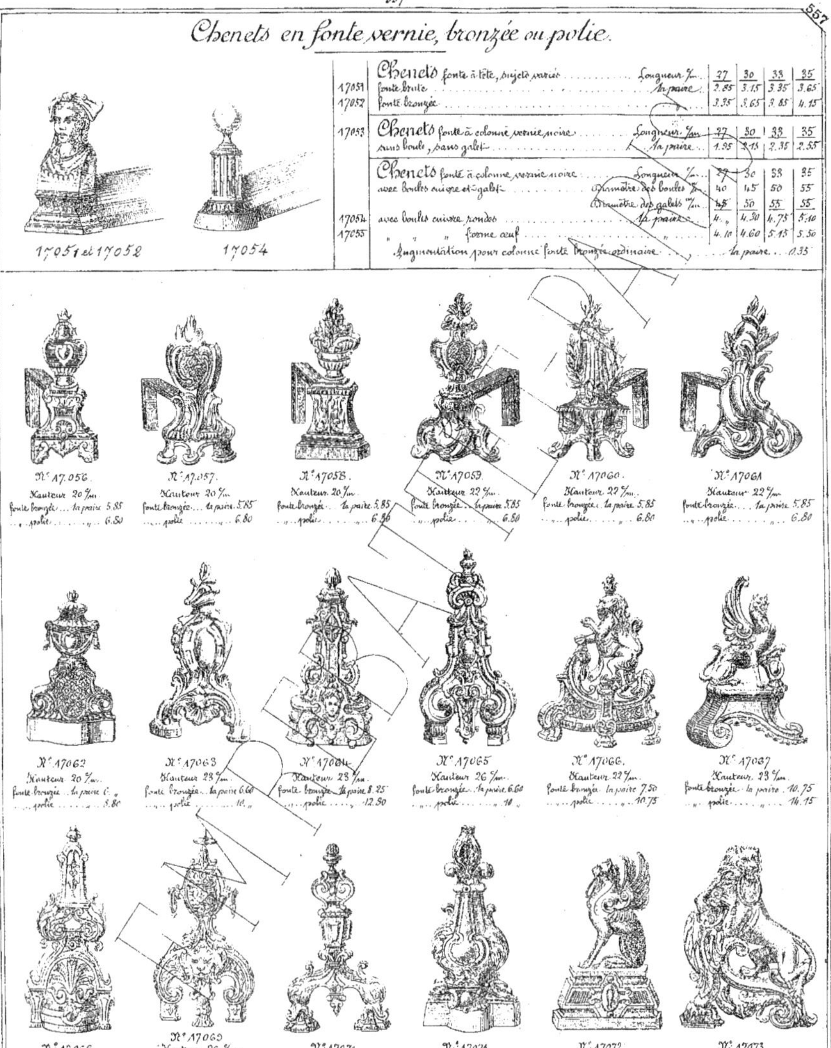

Chenets en fonte vernie, bronzée ou polie.

			27	30	33	35
	Chenets fonte à tête, sujets variés	Longueur %	27	30	33	35
17051	fonte brute	la paire	2.85	3.15	3.35	3.65
17052	fonte bronzée		3.35	3.65	3.85	4.15
17053	**Chenets** fonte à colonne vernie noire	Longueur %	27	30	33	35
	sans boule, sans galet	la paire	1.95	2.15	2.35	2.55
	Chenets fonte à colonne vernie noire	Longueur %	27	30	33	35
	avec boules cuivre et galet	Diamètre des boules %	40	45	50	55
		Diamètre des galets %	45	50	55	55
17054	avec boules cuivre rondes	la paire	4. „	4.30	4.75	5.10
17055	„ „ „ forme œuf	„	4.10	4.60	5.15	5.50
	Augmentation pour colonne fonte bronzée ordinaire	la paire	0.35			

17051 et 17052 — 17054

N° 17056. Hauteur 20 %. fonte bronzée … la paire 5.85 — „ polie … „ 6.80

N° 17057. Hauteur 20 %. fonte bronzée … la paire 5.85 — „ polie … „ 6.80

N° 17058. Hauteur 20 %. fonte bronzée … la paire 5.85 — „ polie … „ 6.80

N° 17059. Hauteur 22 %. fonte bronzée … la paire 5.85 — „ polie … „ 6.80

N° 17060. Hauteur 22 %. fonte bronzée … la paire 5.85 — „ polie … „ 6.80

N° 17061. Hauteur 22 %. fonte bronzée … la paire 5.85 — „ polie … „ 6.80

N° 17062. Hauteur 20 %. fonte bronzée … la paire 6 „ — „ polie … „ 8.80

N° 17063. Hauteur 23 %. fonte bronzée … la paire 6.60 — „ polie … „ 10 „

N° 17064. Hauteur 23 %. fonte bronzée … la paire 8.25 — „ polie … „ 12.80

N° 17065. Hauteur 26 %. fonte bronzée … la paire 6.60 — „ polie … „ 10 „

N° 17066. Hauteur 22 %. fonte bronzée … la paire 7.50 — „ polie … „ 10.75

N° 17037. Hauteur 23 %. fonte bronzée … la paire 10.75 — „ polie … „ 14.15

N° 17068. Hauteur 27 %. fonte bronzée … la paire 9.50 — „ polie … „ 14.15

N° 17069. Hauteur 26 %. tout fonte bronzée … la paire 7. „ — „ „ polie … „ 11.75 — fonte bronzée avec garnitures cuivre … „ 9.15 — le même, fonte polie … „ 14.50

N° 17070. Hauteur %

	25	30
fonte bronzée, la paire	6.60	8.75
„ polie … „	10.75	13.25

N° 17071. Hauteur 26 %. fonte bronzée, la paire 7.50 — „ polie … „ 11.50

N° 17072. Hauteur 22 %. fonte bronzée … la paire 10.75 — „ polie … „ 14.25

N° 17073. Hauteur 24 %. fonte bronzée … la paire 14. „ — „ polie … „ 19.75

Chenets unis et ornés cuivre poli, montés avec queue fonte.

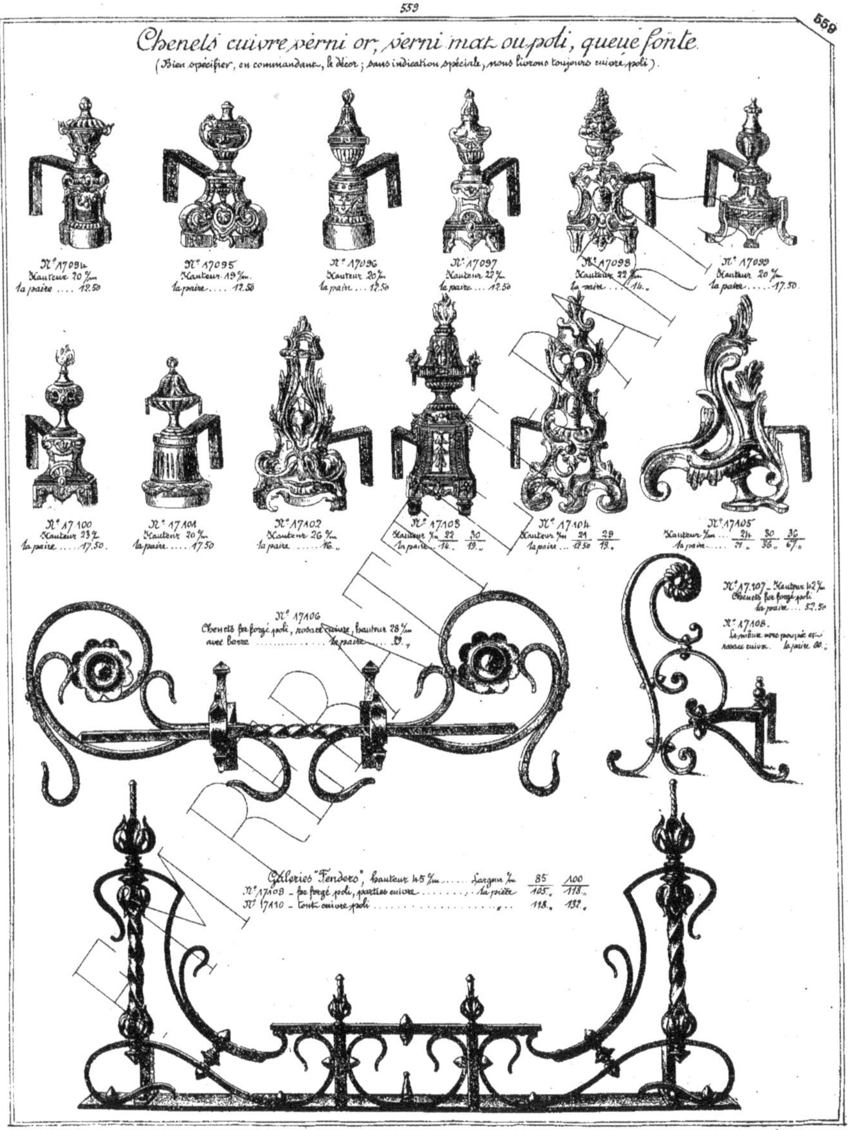
Chenets cuivre verni or, verni mat ou poli, queue fonte.
(Bien spécifier, en commandant, le décor; sans indication spéciale, nous livrons toujours cuivre poli).
N° 17094 Hauteur 20 %m la paire 12.50
N° 17095 Hauteur 19 %m. la paire 12.50
N° 17096 Hauteur 20 %m la paire ... 12.50
N° 17097 Hauteur 22 %m la paire ... 12.50
N° 17098 Hauteur 22 %m la paire ... 14.,,
N° 17099 Hauteur 20 %m la paire 17.50
N° 17100 Hauteur 23 %m la paire ..... 17.50.
N° 17101 Hauteur 20 %m la paire 17.50
N° 17102 Hauteur 26 %m la paire 16.,,
N° 17103 Hauteur %m 22 30 la paire 14.,, 19.,,
N° 17104 Hauteur %m 21 29 la paire ... 12.50 19.,,
N° 17105 Hauteur %m ... 24 30 36 la paire 21.,, 36.,, 67.,,
N° 17106 Chenets fer forgé poli, rosace cuivre, hauteur 28 %m avec barre .... la paire 39.,,
N° 17107 - Hauteur 42 %m Chenets fer forgé poli la paire ... 52.50
N° 17108. Le même avec poupée et rosace cuivre. la paire 60.,,
Galeries "Fenders", hauteur 45 %m ...... Largeur %m 85 100
N° 17109 - fer forgé poli, parties cuivre .... la pièce 105.,, 118.,,
N° 17110 - tout cuivre poli 118.,, 132.,,

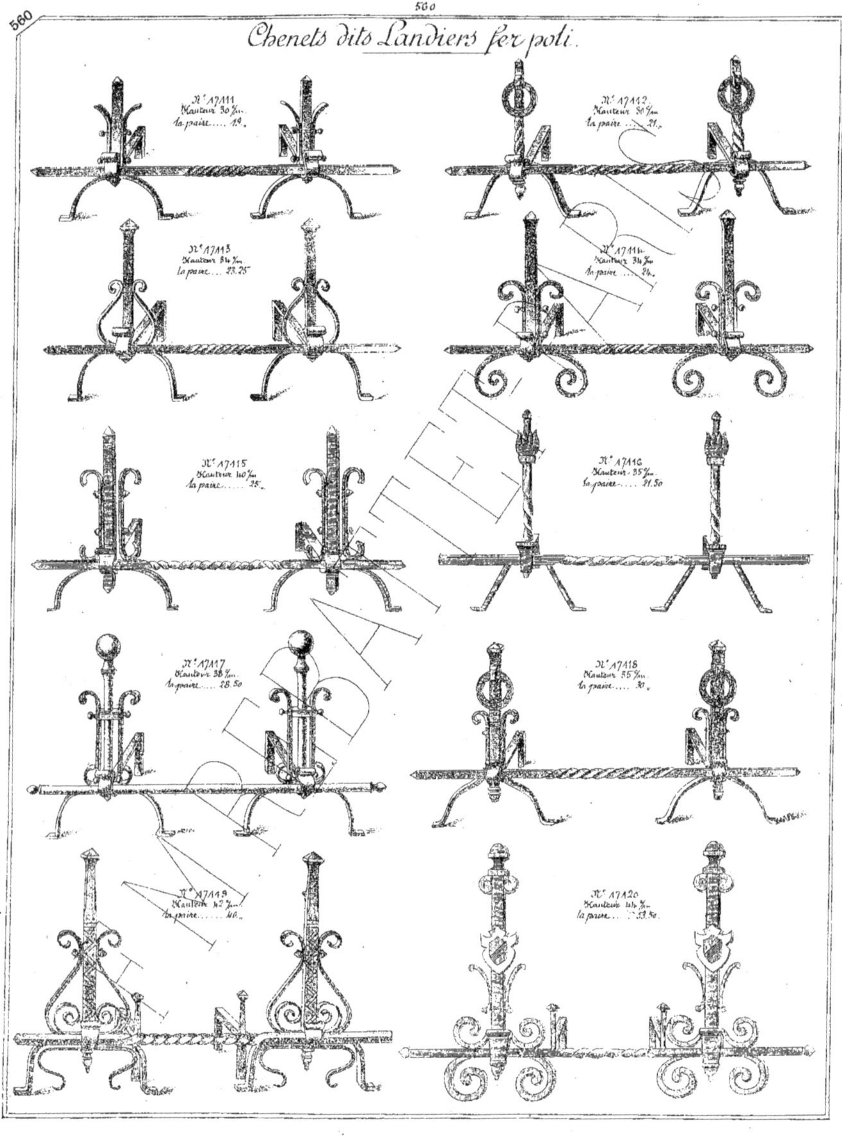
Chenets dits Landiers fer poli.
N° 17111 Hauteur 30 c/m la paire .... 19.
N° 17112 Hauteur 30 c/m la paire .... 21.
N° 17113 Hauteur 34 c/m la paire ... 23.25
N° 17114 Hauteur 34 c/m la paire .... 24.
N° 17115 Hauteur 40 c/m la paire ..... 25.
N° 17116 Hauteur 35 c/m la paire 21.50
N° 17117 Hauteur 38 c/m la paire 28.50
N° 17118 Hauteur 55 c/m la paire .... 30.
N° 17119 Hauteur 42 c/m la paire ...... 40.
N° 17120 Hauteur 44 c/m la paire ... 53.50

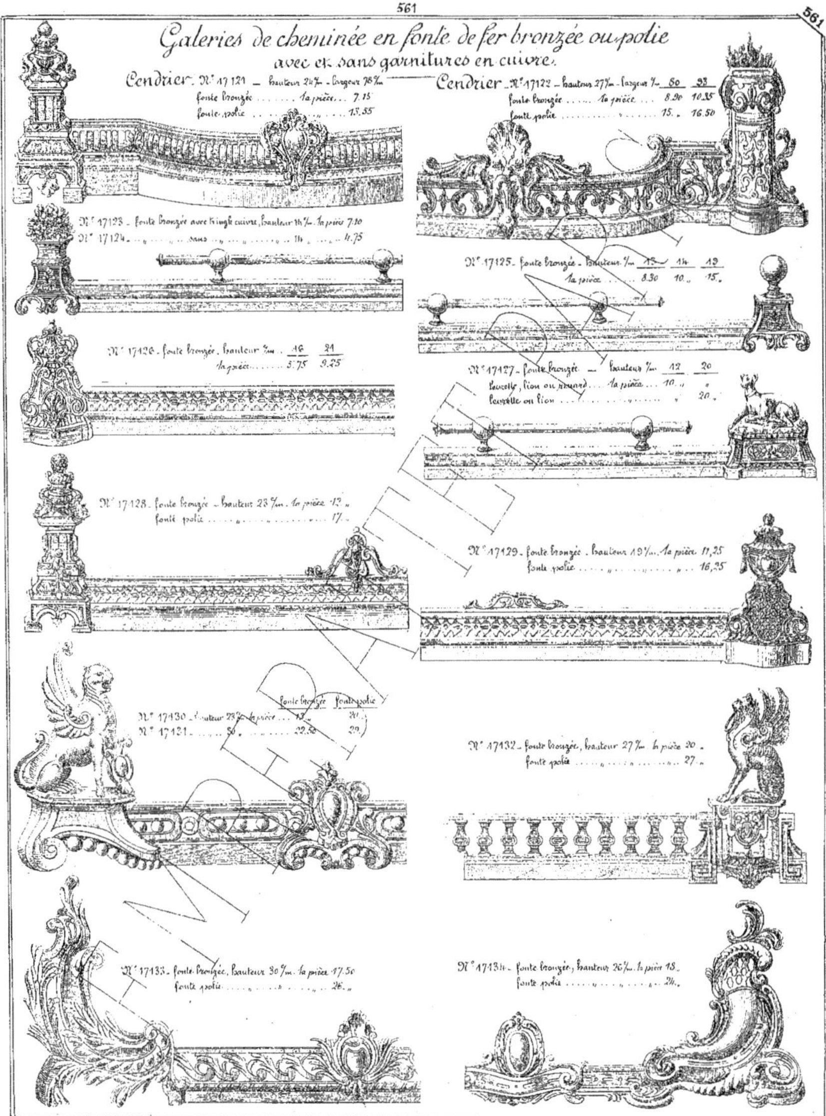
Galeries de cheminée en fonte de fer bronzée ou polie
avec et sans garnitures en cuivre.
Cendrier. N° 17121 – hauteur 24% – largeur 78%m
fonte bronzée .... la pièce ... 7.15
fonte polie .... " 13.55
Cendrier – N° 17122 – hauteur 27%m – largeur % 80 93
fonte bronzée ...... la pièce ... 8.90 10.35
fonte polie .... " .... 15. " 16.50
N° 17123 – fonte bronzée avec tringle cuivre, hauteur 14%m – la pièce 7.10
N° 17124 ... " ..... " " sans .. " ... " ...... " .. 14 " ... " .. 4.75
N° 17125 – fonte bronzée – hauteur %m 13 14 19
la pièce ...... 8.30 10. " 15. "
N° 17126 – fonte bronzée, hauteur %m .. 16 21
la pièce 5.75 9.25
N° 17127 – fonte bronzée – hauteur %m 12 20
levrette, lion ou renard .... la pièce ... 10. " "
levrette ou lion .... " 20. "
N° 17128 – fonte bronzée – hauteur 23%m. la pièce 12. "
fonte polie ..... " ..... " .... 17. "
N° 17129 – fonte bronzée . hauteur 19%m. la pièce 11,25
fonte polie ..... " ..... " ...... " .. 16,25
fonte bronzée fonte polie
N° 17130 – hauteur 23%m la pièce ... 13. " 20. "
N° 17131 – ... " .. 30 " ... " ...... 22.50 29. "
N° 17132 – fonte bronzée, hauteur 27%m la pièce 20. "
fonte polie ...... " ...... " .... " .. 27. "
N° 17133 – fonte bronzée, hauteur 30%m. la pièce 17.50
fonte polie ..... " ..... " ...... " .. 26. "
N° 17134 – fonte bronzée, hauteur 26%m. la pièce 18. "
fonte polie ...... " ...... " ...... " .. 24. "

Galeries de cheminée en fonte de fer bronzée ou polie.

N° 17135 _ hauteur %m 27 36
fonte bronzée . la pièce . . 16. „ 29. „
fonte polie . . . . . „ . . . . „ 42. „
N° 17136 _ sans garniture cuivre, hauteur 39 %m
fonte bronzée . . . . . la pièce . 26. „
fonte polie . . . . „ 33.50
N° 17137 _ avec garniture cuivre, hauteur 39 %m
fonte bronzée . . . . . . la pièce . . 33.50
fonte polie . . . . „ 43.50
N° 17138 _ sans garniture cuivre, hauteur 38 %m
fonte bronzée la pièce 22. „
fonte polie „ 29. „
N° 17139 _ avec garniture cuivre, hauteur 38 %m
fonte bronzée la pièce 29. „
fonte polie „ 38.75
N° 17140 _ hauteur 42 %m
fonte bronzée . . . . la pièce 42. „
fonte polie, sujet bronzé . . „ . . 62. „
N° 17141 _ hauteur %m 24 30
fonte bronzée . la pièce . 10.50 12. „
fonte polie . . . . „ . . . 17.75 20.25
N° 17142 _ sans garniture cuivre.
hauteur %m 25 31 50
fonte bronzée . la pièce 16. „ 51. „ 110.
fonte polie . . . . . „ . . 24. „ 68. „ 130
N° 17143 _ avec garniture cuivre
hauteur %m 31 50.
fonte bronzée . la pièce . . 58. 120.
fonte polie . . . . „ . . . 75. 135
N° 17144 _ hauteur 40 %m
fonte bronzée . . la pièce 32.50
fonte polie . . . . . . „ . . 45. „

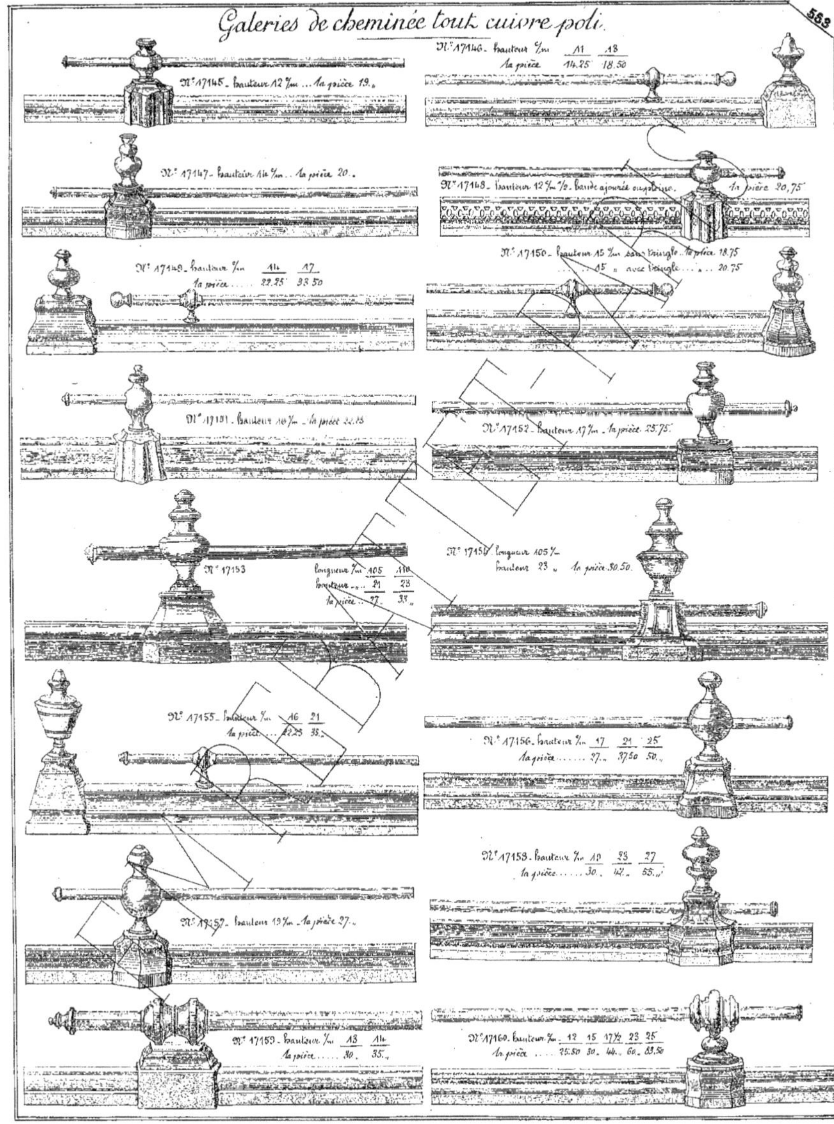
Galeries de cheminée tout cuivre poli.
N° 17145 _ hauteur 12 %m ... la pièce 19.,,
N° 17146 _ hauteur %m 11 13
la pièce 14.25 18.50
N° 17147 _ hauteur 14 %m .. la pièce 20.,,
N° 17148 _ hauteur 12 %m ½ _ bande ajourée ou pleine. la pièce 20,75
N° 17149 _ hauteur %m 14 17
la pièce 22.25 33.50
N° 17150 _ hauteur 15 %m sans tringle .. la pièce 18.75
...... 15 „ avec tringle ..... „ .. 20.75
N° 17151 . hauteur 16 %m _ la pièce 22.25
N° 17152 _ hauteur 17 %m _ la pièce 25.75
N° 17153
longueur %m 105 110
hauteur 21 23
la pièce .. 27 . 33 „
N° 17154 . longueur 105 %m
hauteur 23 „ la pièce 30.50.
N° 17155 _ hauteur %m 16 21
la pièce ... 22.25 35.,,
N° 17156 _ hauteur %m 17 21 25
la pièce 27.,, 37.50 50.,,
N° 17157 _ hauteur 19 %m _ la pièce 27.,,
N° 17158 . hauteur %m 19 23 27
la pièce 30.,, 42.,, 55.,,
N° 17159 _ hauteur %m 13 14
la pièce 30.,, 35.,,
N° 17160 . hauteur %m _ 12 15 17½ 23 25
la pièce 25.50 30.,, 44.,, 60.,, 83.50

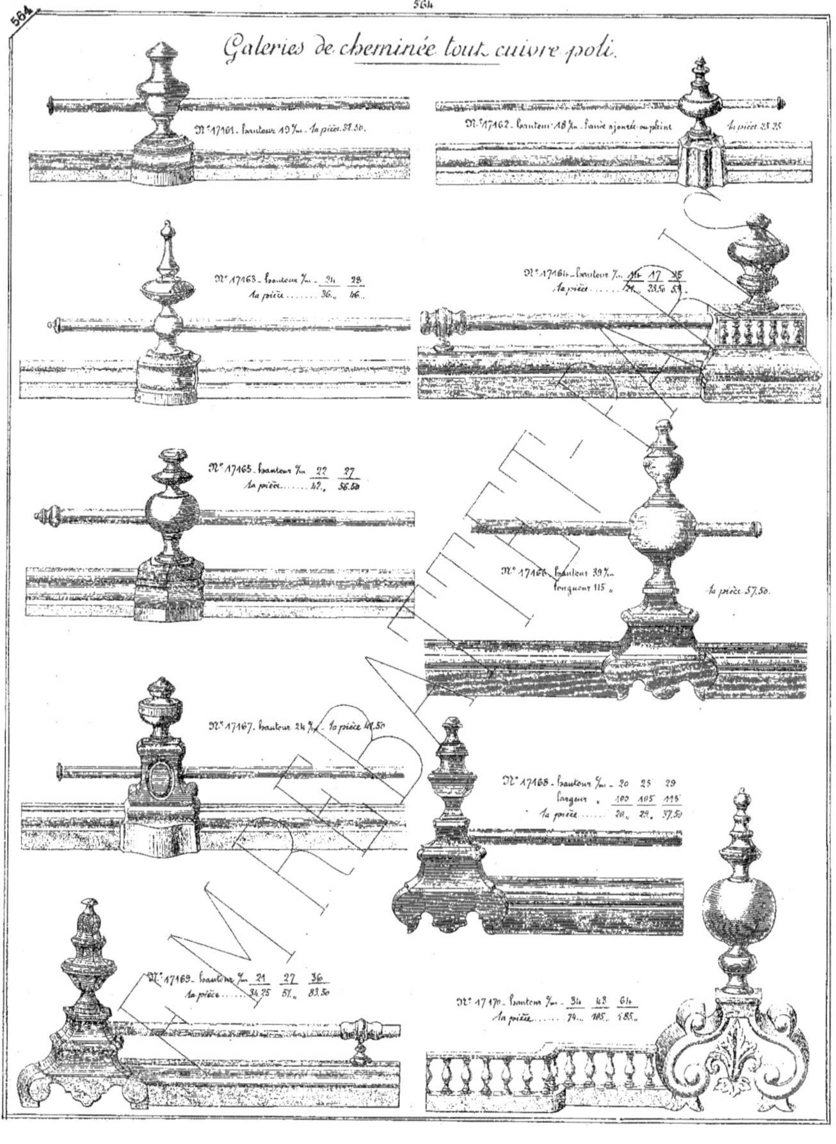
Galeries de cheminée tout cuivre poli.
Nº 17161. hauteur 19 ⁰/ₘ. la pièce 32.50.
Nº 17162. hauteur 18 ⁰/ₘ. frise ajourée ou plein. la pièce 23.25
Nº 17163. hauteur ⁰/ₘ. 24 28
la pièce ...... 36.„ 46.„
Nº 17164. hauteur ⁰/ₘ. 14 17 25
la pièce ...... 24.„ 28.50 53.„
Nº 17165. hauteur ⁰/ₘ. 22 27
la pièce ...... 42.„ 56.50
Nº 17166. hauteur 39 ⁰/ₘ.
longueur 115 „
la pièce 57.50.
Nº 17167. hauteur 24 ⁰/ₘ. la pièce 41.50
Nº 17168. hauteur ⁰/ₘ. 20 25 29
largeur „ 100 105 115
la pièce ...... 20.„ 29.„ 37.50
Nº 17169. hauteur ⁰/ₘ. 21 27 36
la pièce ...... 34.75 51.„ 83.50
Nº 17170. hauteur ⁰/ₘ. 34 43 64
la pièce ...... 74.„ 105.„ 185.„

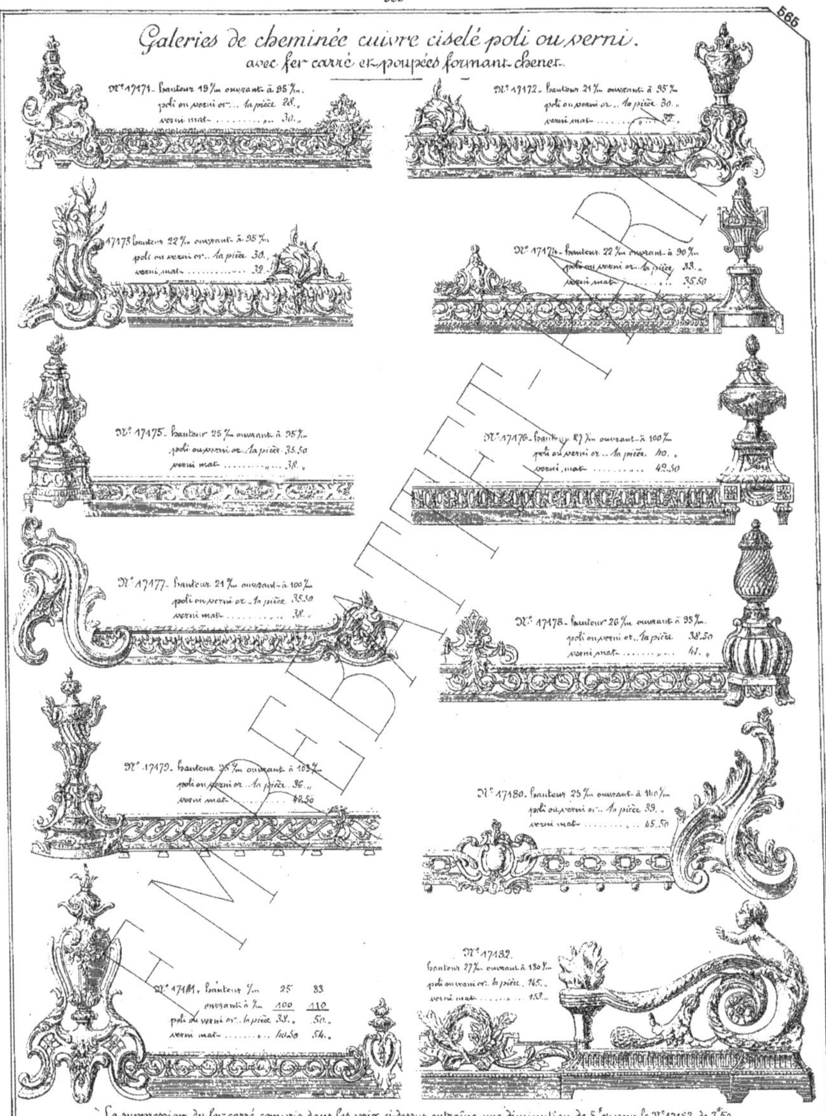
Galeries de cheminée cuivre ciselé poli ou verni.
avec fer carré et poupées formant chenet.
N° 17171. hauteur 19 c/m ouvrant à 95 c/m. poli ou verni or.. la pièce 28., verni mat 30.,
N° 17172. hauteur 21 c/m ouvrant à 95 c/m. poli ou verni or.. la pièce 30., verni mat 32.,
N° 17173 hauteur 22 c/m ouvrant à 95 c/m. poli ou verni or.. la pièce 30., verni mat 32.,
N° 17174. hauteur 22 c/m ouvrant à 90 c/m. poli ou verni or.. la pièce 33., verni mat 35.50
N° 17175. hauteur 25 c/m ouvrant à 95 c/m. poli ou verni or.. la pièce 35.50 verni mat 38.,
N° 17176. hauteur 27 c/m ouvrant à 100 c/m. poli ou verni or.. la pièce 40., verni mat 42.50
N° 17177. hauteur 21 c/m ouvrant à 100 c/m. poli ou verni or.. la pièce 35.50 verni mat 38.,
N° 17178. hauteur 26 c/m ouvrant à 95 c/m. poli ou verni or.. la pièce 38.50 verni mat 41.,
N° 17179. hauteur 25 c/m ouvrant à 105 c/m. poli ou verni or.. la pièce 36., verni mat 42.50
N° 17180. hauteur 25 c/m ouvrant à 110 c/m. poli ou verni or.. la pièce 39., verni mat 45.50
N° 17181. hauteur c/m 25 33
ouvrant à c/m 100 110
poli ou verni or.. la pièce 38., 50.,
verni mat 40.50 54.,
N° 17182.
hauteur 27 c/m ouvrant à 130 c/m
poli ou verni or.. la pièce 145.,
verni mat 152.,
La suppression du fer carré compris dans les prix ci-dessus entraîne une diminution de 5f et pour le N° 17182 de 7f50.

Garnitures de cheminée cuivre ciselé ou verni or

avec fer carré et poupées formant chenet.

N° 17183 — hauteur 27 m/m ouvrant à 100 m/m.
poli ou verni or... la pièce 54. »
verni mat .... » ... 62. »

N° 17184 — hauteur 24 m/m ouvrant à 100 m/m
poli ou verni or la pièce 46 »
verni mat ... » ... 54. »

N° 17185 — hauteur 35 m/m ouvrant à 120 m/m
poli ou verni or .. la pièce 80. »
verni mat .... » .. 84. »

N° 17186 — hauteur m/m .... 28 | 37
ouvrant à m/m .. 115 | 130
poli ou verni or. la pièce. 50. » | 71. »
verni mat .... » .. 53.50 | 75. »

N° 17187 — hauteur m/m 28 | [illegible]
ouvrant à m/m 115 | 140
poli ou verni or la pièce 60. » | 100. »
verni mat » 68. » | 108. »

N° 17188 — hauteur 33 m/m ouvrant à 125 m/m
poli ou verni or.. la pièce 65. »
verni mat .... » .. 69. »

N° 17189 — hauteur 42 m/m ouvrant à 140 m/m
poli ou verni or .. la pièce 87. »
verni mat .... » ... 95. »

N° 17190 — hauteur 42 m/m ouvrant à 155 m/m
poli ou verni or.. la pièce. 100. »
verni mat ...... » .... 108. »

La suppression du fer carré compris dans les prix ci-dessus entraine une diminution de 5f par pièce.

567
Galeries de cheminée cuivre ciselé poli ou verni or.
avec fer carré et poupées formant chenet.
N° 17191. hauteur 23 %m ouvrant à 100 %m
poli ou verni or... la pièce 39.50
verni mat .... „ .. 42. „
N° 17192. hauteur 26 %m ouvrant à 100 %m
poli ou verni or .. la pièce 35. „
verni mat .... „ .. 41.50
N° 17193. hauteur 32 %m ouvrant à 130 %m
poli ou verni or ... la pièce 74. „
verni mat .... 82. „
N° 17194. hauteur %m 30 40
ouvrant à %m 105 145
poli ou verni or. la pièce 84. „ 111. „
verni mat. „ 117. „
N° 17195. hauteur 35 %m ouvrant à 135 %m.
poli ou verni or la pièce 105. „
verni mat ... „ .. 113. „
N° 17196. hauteur %m 27 41
ouvrant à %m 95 120
poli ou verni or. la pièce 88. „ 95. „
verni mat ...... „ .. 41. „ 102. „
N° 17197. hauteur 48 %m ouvrant à 120 %m
poli ou verni or .. la pièce .. 160. „
verni mat .... „ .... 176. .
N° 17198. hauteur 38 %m ouvrant à 100 %m
poli ou verni or la pièce 160. „
verni mat ... „ .. 176. „
La suppression du fer carré compris dans les prix ci-dessus entraine une diminution de 5 à 7f suivant modèle.

Ecrans et Eventails de foyer.

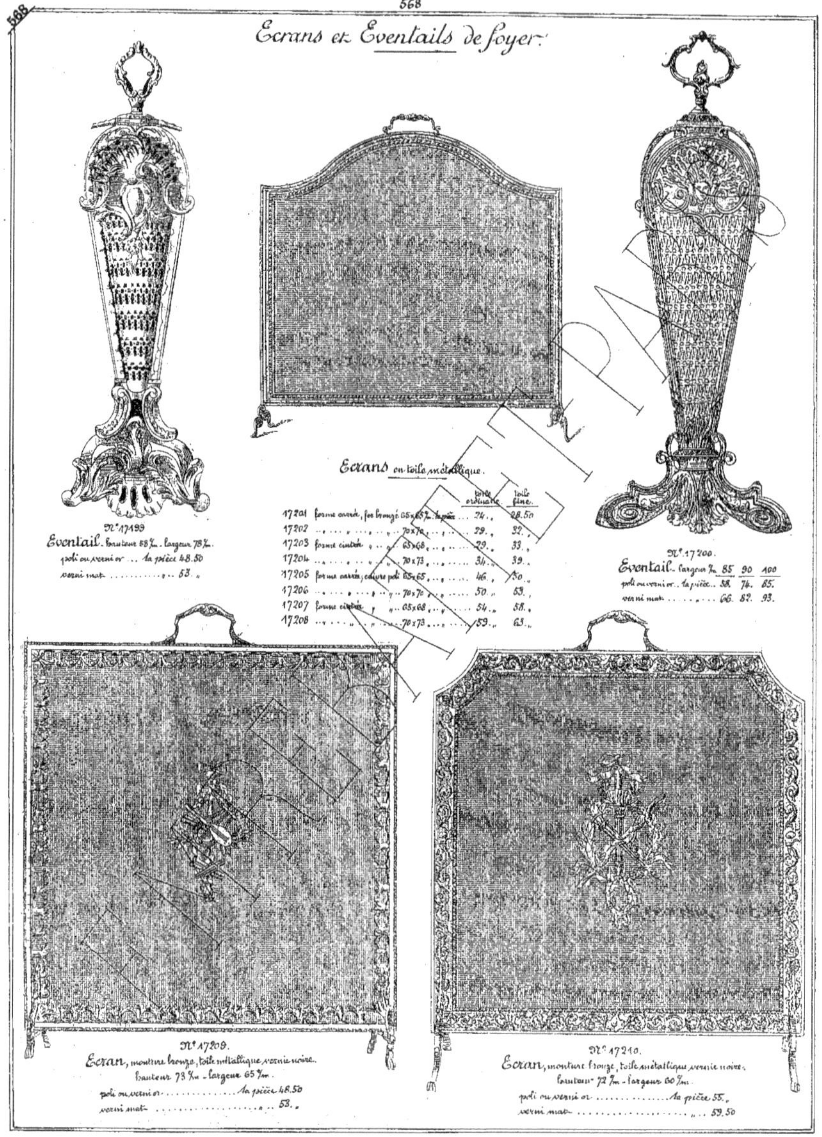

N° 17199.
Eventail. hauteur 58 %m. largeur 78 %m.
poli ou verni or ... la pièce 48.50
verni mat .... " .. 53. "

N° 17200.

Eventail. largeur %m	85	90	100
poli ou verni or .. la pièce ..	58.	74.	85.
verni mat .... "	66.	82.	93.

Ecrans en toile métallique.

		toile ordinaire.	toile fine.
17201	forme carrée, fer bronzé 65×65 %m. la pièce ...	24. "	28.50
17202	.. " ... " ... " ... " .. 70×70 " ... "	29. "	32. "
17203	forme cintrée " .. " .. 65×68 " ... "	29. "	33. "
17204	.. " ... " ... " ... " .. 70×73 " ... "	34. "	39. "
17205	forme carrée, cuivre poli 65×65 " ... "	46. "	50. "
17206	.. " ... " ... " ... " .. 70×70 " ... "	50. "	53. "
17207	forme cintrée " .. " .. 65×68 " ... "	54. "	58. "
17208	.. " ... " ... " ... " .. 70×73 " ... "	59. "	63. "

N° 17209.
Ecran, monture bronze, toile métallique vernie noire.
hauteur 73 %m - largeur 65 %m.
poli ou verni or .... la pièce 48.50
verni mat .... " .. 53. "

N° 17210.
Ecran, monture bronze, toile métallique vernie noire.
hauteur 72 %m - largeur 60 %m.
poli ou verni or .... la pièce 55. "
verni mat .... " .. 59.50

569

N° 17211
Ecran monture bronze, toile métallique fer, vernie noire.
hauteur 80 %m – largeur 75 %m
poli ou verni or .... la pièce 74 „
verni mat .... „ .. 78.50

N° 17212
Ecran monture bronze, toile métallique fer, vernie noire

hauteur %m	71	77
largeur .. „ ..	66	70
poli ou verni or .... la pièce	80. „	105. „
verni mat .... „	87. „	112. „

N° 17213.
Ecran monture bronze, toile métallique fer vernie noire
hauteur 74 %m – largeur 68 %m.
poli ou verni or .... la pièce 80. „
verni mat .... „ ... 86. „

N° 17214.
Ecran monture bronze, toile métallique fer vernie noire
hauteur 68 %m – largeur 72 %m
poli ou verni or .... la pièce 112. „
verni mat .... „ .. 120. „

Ces écrans peuvent être livrés avec toile métallique laiton avec Augmentation de 8 à 15 f suivant modèle

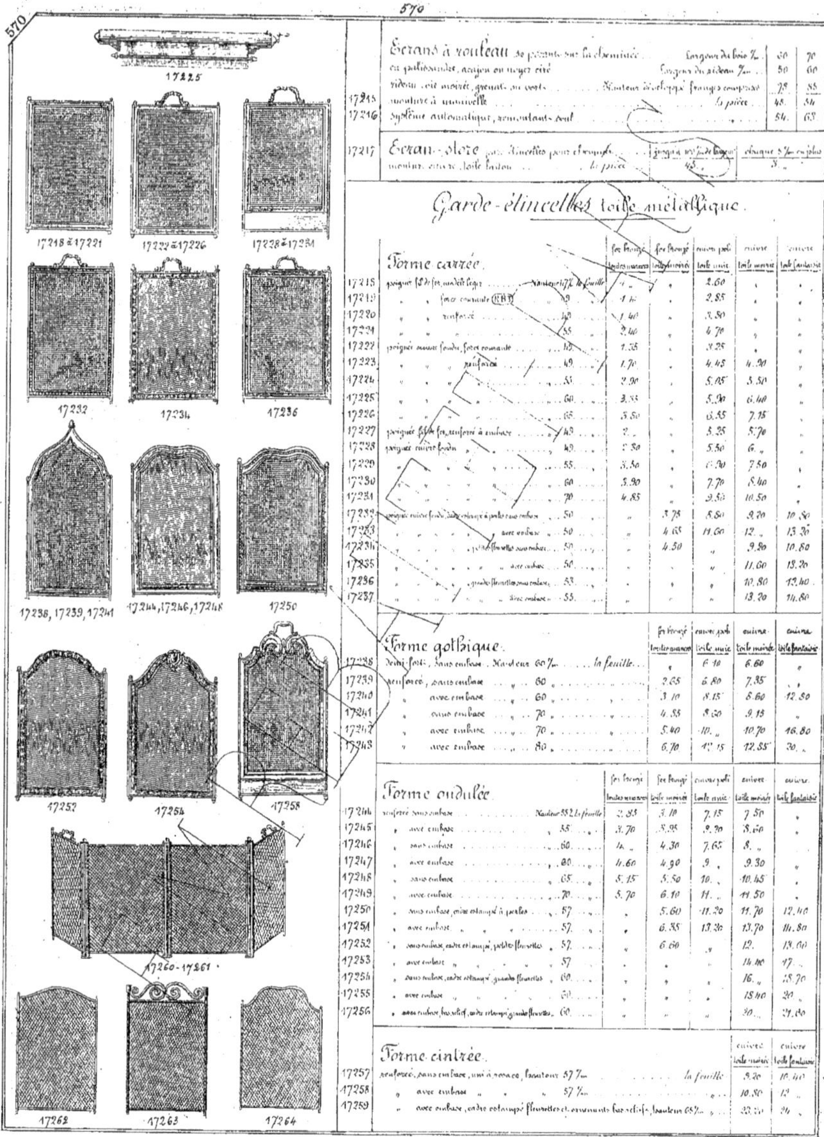

	Écrans à rouleau se posant sur la cheminée		
	en palissandre, acajou ou noyer ciré — Largeur du bois $^m/_m$	60	70
	Largeur du rideau $^m/_m$	50	60
	rideau soie moirée, grenat ou vert — Hauteur développé franges comprises	78	85
17215	monture à manivelle — la pièce	45.	54.
17216	système automatique, remontant seul	54.	63.

	Écran-store pare-étincelles pour cheminée	jusqu'à 100 $^m/_m$ de largeur	chaque 5 $^m/_m$ en plus
17217	monture cuivre, toile laiton — la pièce	45. „	3. „

Garde-étincelles toile métallique.

	Forme carrée.	fer bronzé toutes mesures	fer bronzé toile moirée	cuivre poli toile unie	cuivre toile moirée	cuivre toile fantaisie
17218	poignée SS de fer, modèle léger — Hauteur 45 $^m/_m$ la feuille	1. „	„	2.60	„	„
17219	„ „ force courante (EBT) 49	1.15	„	2.85	„	„
17220	„ „ renforcé 49	1.40	„	3.50	„	„
17221	„ „ 55	2.40	„	4.70	„	„
17222	poignée cuivre fondu, force courante 49	1.35	„	3.25	„	„
17223	„ „ „ renforcé 49	1.70	„	4.45	4.90	„
17224	„ „ „ 55	2.90	„	5.05	5.50	„
17225	„ „ „ 60	3.35	„	5.90	6.40	„
17226	„ „ „ 65	3.50	„	6.55	7.15	„
17227	poignée SS de fer, renforcé à embase 49	2. „	„	5.25	5.70	„
17228	poignée cuivre fondu „ „ 49	2.30	„	5.50	6. „	„
17229	„ „ „ „ 55	3.30	„	6.90	7.50	„
17230	„ „ „ „ 60	3.90	„	7.70	8.40	„
17231	„ „ „ „ 70	4.85	„	9.50	10.50	„
17232	poignée cuivre fondu, cadre estampé à perles sans embase 50	„	3.75	8.80	9.20	10.80
17233	„ „ „ „ avec embase 50	„	4.65	11.60	12. „	13.20
17234	„ „ petites fleurettes sans embase 50	„	4.50	„	9.20	10.80
17235	„ „ „ avec embase 50	„	„	„	11.60	13.20
17236	„ „ grandes fleurettes sans embase 53	„	„	„	10.80	12.40
17237	„ „ „ avec embase 55	„	„	„	13.20	14.80

	Forme gothique.	fer bronzé toutes mesures	cuivre poli toile unie	cuivre toile moirée	cuivre toile fantaisie
17238	demi-fort, sans embase. Hauteur 60 $^m/_m$ la feuille	„	6.10	6.60	„
17239	renforcé, sans embase „ 60	2.65	6.80	7.35	„
17240	„ avec embase „ 60	3.10	8.15	8.60	12.80
17241	„ sans embase „ 70	4.35	8.60	9.15	„
17242	„ avec embase „ 70	5.40	10. „	10.70	16.80
17243	„ avec embase „ 80	6.70	12.15	12.85	30. „

	Forme ondulée.	fer bronzé toutes mesures	fer bronzé toile moirée	cuivre poli toile unie	cuivre toile moirée	cuivre toile fantaisie
17244	renforcé sans embase — Hauteur 55 $^m/_m$ la feuille	2.85	3.10	7.15	7.50	„
17245	„ avec embase „ 55	3.70	3.95	8.20	8.60	„
17246	„ sans embase „ 60	4. „	4.30	7.65	8. „	
17247	„ avec embase „ 60	4.60	4.90	9. „	9.30	„
17248	„ sans embase „ 65	5.15	5.50	10. „	10.45	„
17249	„ avec embase „ 70	5.70	6.10	11. „	11.50	„
17250	„ sans embase, cadre estampé à perles „ 57	„	5.60	11.20	11.70	12.40
17251	„ avec embase „ „ „ 57	„	6.35	13.20	13.70	14.80
17252	„ sans embase, cadre estampé, petites fleurettes „ 57	„	6.60	„	12.	13.60
17253	„ avec embase „ „ „ „ 57	„	„	„	14.40	17. „
17254	„ sans embase, cadre estampé, grandes fleurettes „ 60	„	„	„	16. „	18.70
17255	„ avec embase „ „ „ „ 60	„	„	„	18.40	20. „
17256	„ avec embase, bas-relief, cadre estampé, grandes fleurettes „ 60	„	„	„	20. „	21.60

	Forme cintrée.	cuivre toile moirée	cuivre toile fantaisie
17257	renforcé, sans embase, uni à rosace, hauteur 57 $^m/_m$ la feuille	9.20	10.40
17258	„ avec embase „ „ „ 57 $^m/_m$	10.80	12. „
17259	„ avec embase, cadre estampé fleurettes et ornements bas-reliefs, hauteur 65 $^m/_m$	22.50	24. „

17265 17266 17267

17270

17271

17275

17272 17273

17276

17274

17278

17279 17280

17281 17283 17284-17286 17288 17285-17287 17289 17290 à 17292 17293 17294

17295

Garde-feux, grillage métallique sur cadre rond

N°	Désignation	Hauteur %		fer bronzé tentures	cuivre verni or
17260	modèle carré, poignées en fer	50	la feuille	1.65	"
17261	" " " cuivre ciselé	50	"	1.80	5.75
17262	modèle arrondi	55	"	2.10	7.20
17263	" à volute	55	"	2.10	8.40
17264	" gothique	55	"	2.10	7.20
17265	" chinois	60	"	2.30	8.40
17266	" à paon	55	"	2.30	8.40
17267	" carré à galerie	55	"	3.30	10.80
17268	" gothique niche à volute	65	"	3.90	12. "
17269	" carré à crochet pour enfants	60	"	2.30	10.50

Garde-feux d'enfants grillagés à coulisse, extensible, hauteur 60 %m retour de 45 %m.

N°	Longueur de la façade développée %m		100	110	120	130	140	150	160
17270	fer bronzé sans main courante	la pièce	12.50	13.50	14.75	17.75	18.50	20. "	21. "
17271	" " avec main courante	"	17. "	18.50	20. "	21.50	23. "	24. "	25.25

Les dimensions de ces garde-feux sont prises de face, entièrement déployés ; les retours sont en plus, ils mesurent 20 %m de grillage et peuvent s'allonger jusqu'à 50 %m.

Garde-feux d'enfants fer grillagé bronzé

N°	Désignation		fixe	pliant
17272	pour salamandre, hauteur 70 %m, largeur 65 %m, retour de 37 %m	la pièce	"	20.50
17273	pour poêle mobile, ½ rond, hauteur 35 %m, largeur 45 %m, profondeur 50 %m	"	16.25	18.75
17274	" " " carré " 35 " " 50 " " 50 "	"	"	22.50

Pelles, Pincettes, Tisonniers et Porte-pelles et pincettes en fer

17275 Pelles de chaufferette, légères, tôle étamée

	1	2	3
N°	1	2	3
Longueur %m	20	22	25
le cent	5.25	7. "	8. "

Pelles de chaufferette ou de fumeur, en fer forgé, longueur approximative 18 à 21 %m.

N°	Désignation		Prix
17276	droites, à crochet	le cent	21. "
17277	" bouton anglais	"	27. "
17278	" à olive et bouton anglais	"	35. "

Pelles et pincettes, jouets d'enfants en fer forgé, longueur 25 %m.

N°	Désignation		Prix
17279	droites, à crochet	les cent paires	48. "
17280	" bouton anglais	"	63. "
17281	à olive et crochet	"	77. "
17282	à olive et bouton anglais	la paire	1. "

17283 Pelles et pincettes, fil de fer, vase fer, dites bazar, longueur 45 %m.

Grosseur du fil à la jauge de Paris, N°	23	24
Les cent paires	50. "	55. "

Pelles et pincettes ordinaires.

N°	Longueur %m		35	40	45	50	55-60	65-70
17284	pour fourneau, force ordinaire sans crochet	les cent paires	54	54	54	"	"	"
17285	" " " " avec	"	64.	64.	64.	"	"	"
17286	" " demi-fortes sans	"	64	64	64	64	"	"
17287	" " " " avec	"	74	74.	74	74.	"	"
17288	" " fortes sans	"	"	78	78	78	"	"
17289	" " " avec	"	"	88.	88	88.	"	"
17290	pour cuisine, ordinaires, grosseur 10 %m boule fer	les % kos	"	"	"	"	111.	98
17291	" " demi-fortes " 11	"	"	"	"	"	"	87
17292	" " fortes " 12	"	"	"	"	"	"	83
17293	" " ordinaires, vases fer	la paire	"	"	"	"	0.75	1.10
17294	" " renforcés	"	"	"	"	"	1.10	1.45

17295 Tisonniers en fer poli

Grosseur du fil %m	5	6	7	8
ordinaires à crochet — le cent	9. "	10. "	13. "	17. "

Tisonniers en fer

N°	Longueur %m		55	60	65	70
17296	droits, vase fer	le cent	34.	34.	43.	43.
17297	" boule cuivre	"	51.	51.	60.	60.
17298	" bouton anglais	"	51.	51.	60.	60.
17299	olive et bouton anglais	"	68.	68.	77.	77.

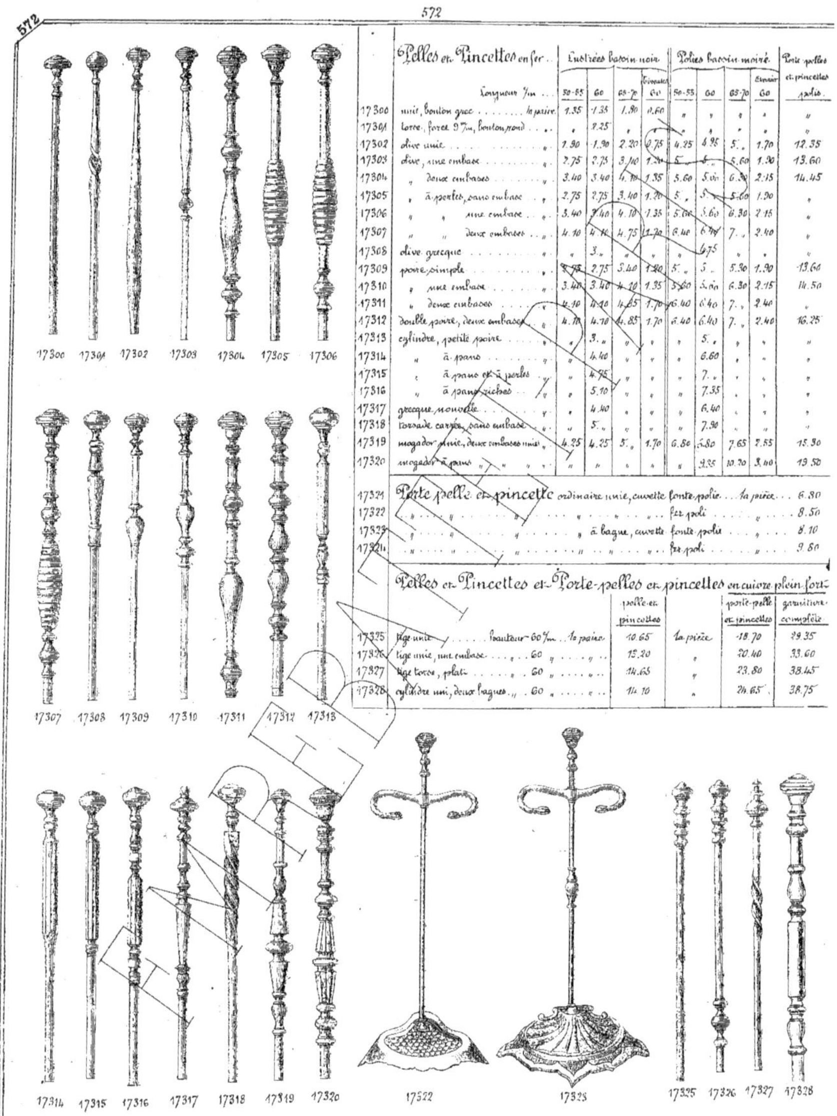

	Pelles et Pincettes en fer	Lustrées bassin noir				Polies bassin moiré				Porte-pelles et pincettes polis
	Longueur $^m/_m$ …	50-55	60	65-70	Évasées 60	50-55	60	65-70	Évasée 60	
17300	unie, bouton grec … la paire	1.35	1.35	1.80	0.60	„	„	„	„	„
17301	torse, force 9 $^m/_m$, bouton rond … „	„	2.25	„	„	„	„	„	„	„
17302	olive unie … „	1.90	1.90	2.20	0.75	4.25	4.95	5. „	1.70	12.35
17303	olive, une embase … „	2.75	2.75	3.40	1.20	5. „	5. „	5.60	1.90	13.60
17304	„ deux embases … „	3.40	3.40	4.10	1.35	5.60	5.60	6.30	2.15	14.45
17305	„ à perles, sans embase … „	2.75	2.75	3.40	1.20	5. „	5. „	5.60	1.90	„
17306	„ „ une embase … „	3.40	3.40	4.10	1.35	5.60	5.60	6.30	2.15	„
17307	„ „ deux embases … „	4.10	4.10	4.75	1.70	6.40	6.40	7. „	2.40	„
17308	olive grecque … „	„	3. „	„	„	„	4.75	„	„	„
17309	poire simple … „	2.75	2.75	3.40	1.20	5. „	5. „	5.30	1.90	13.60
17310	„ une embase … „	3.40	3.40	4.10	1.35	5.60	5.60	6.30	2.15	14.50
17311	„ deux embases … „	4.10	4.10	4.85	1.70	6.40	6.40	7. „	2.40	„
17312	double poire, deux embases … „	4.10	4.10	4.85	1.70	6.40	6.40	7. „	2.40	16.25
17313	cylindre, petite poire … „	„	3. „	„	„	„	5. „	„	„	„
17314	„ à pans … „	„	4.40	„	„	„	6.60	„	„	„
17315	„ à pans et à perles … „	„	4.75	„	„	„	7. „	„	„	„
17316	„ à pans riches … „	„	5.10	„	„	„	7.35	„	„	„
17317	grecque nouvelle … „	„	4.40	„	„	„	6.40	„	„	„
17318	torsade carrée, sans embase … „	„	5. „	„	„	„	7.90	„	„	„
17319	mogador unie, deux embases unies … „	4.25	4.25	5. „	1.70	6.80	6.80	7.65	2.55	15.30
17320	mogador à pans „ „ „ „	„	„	„	„	„	9.35	10.20	3.40	19.50

	Porte pelle et pincette	
17321	ordinaire unie, cuvette fonte polie … la pièce	6.80
17322	„ „ „ „ „ „ fer poli … „	8.50
17323	„ „ „ „ à bague, cuvette fonte polie … „	8.10
17324	„ „ „ „ „ „ „ fer poli … „	9.80

	Pelles et Pincettes et Porte-pelles et pincettes en cuivre plein fort	pelle et pincettes		porte-pelle et pincettes	garniture complète
17325	tige unie … hauteur 60 $^m/_m$ … la paire	10.65	la pièce	18.70	29.35
17326	tige unie, une embase … „ … 60 „ … „	13.20	„	20.40	33.60
17327	tige torse, plate … „ 60 „ … „	14.65	„	23.80	38.45
17328	cylindre uni, deux bagues „ … 60 „ … „	14.10	„	24.65	38.75

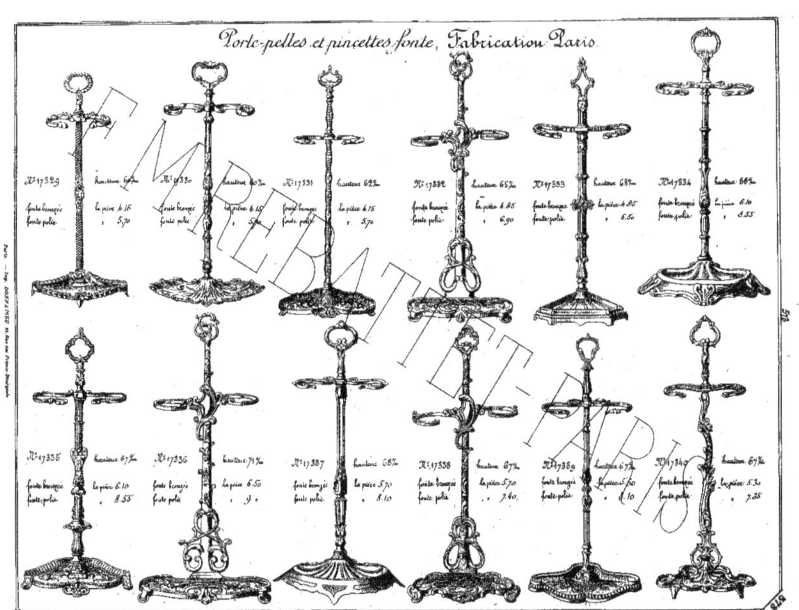
Porte-pelles et pincettes fonte, Fabrication Paris.
N° 17329 hauteur 66% fonte bronzée la pièce 4.15 fonte polie , 5.70
N° 17330 hauteur 60% fonte bronzée la pièce 4.15 fonte polie , 5.70
N° 17331 hauteur 62% fonte bronzée la pièce 4.15 fonte polie , 5.70
N° 17332 hauteur 65% fonte bronzée la pièce 4.85 fonte polie , 6.90
N° 17333 hauteur 68% fonte bronzée la pièce 4.85 fonte polie , 6.50
N° 17334 hauteur 66% fonte bronzée la pièce 6.10 fonte polie , 8.55
N° 17335 hauteur 67% fonte bronzée la pièce 6.10 fonte polie , 8.55
N° 17336 hauteur 71% fonte bronzée la pièce 6.50 fonte polie , 9 ,
N° 17337 hauteur 68% fonte bronzée la pièce 5.70 fonte polie , 8.10
N° 17338 hauteur 67% fonte bronzée la pièce 5.70 fonte polie , 7.40
N° 17339 hauteur 67% fonte bronzée la pièce 5.50 fonte polie , 8.10
N° 17340 hauteur 67% fonte bronzée la pièce 5.30 fonte polie , 7.25

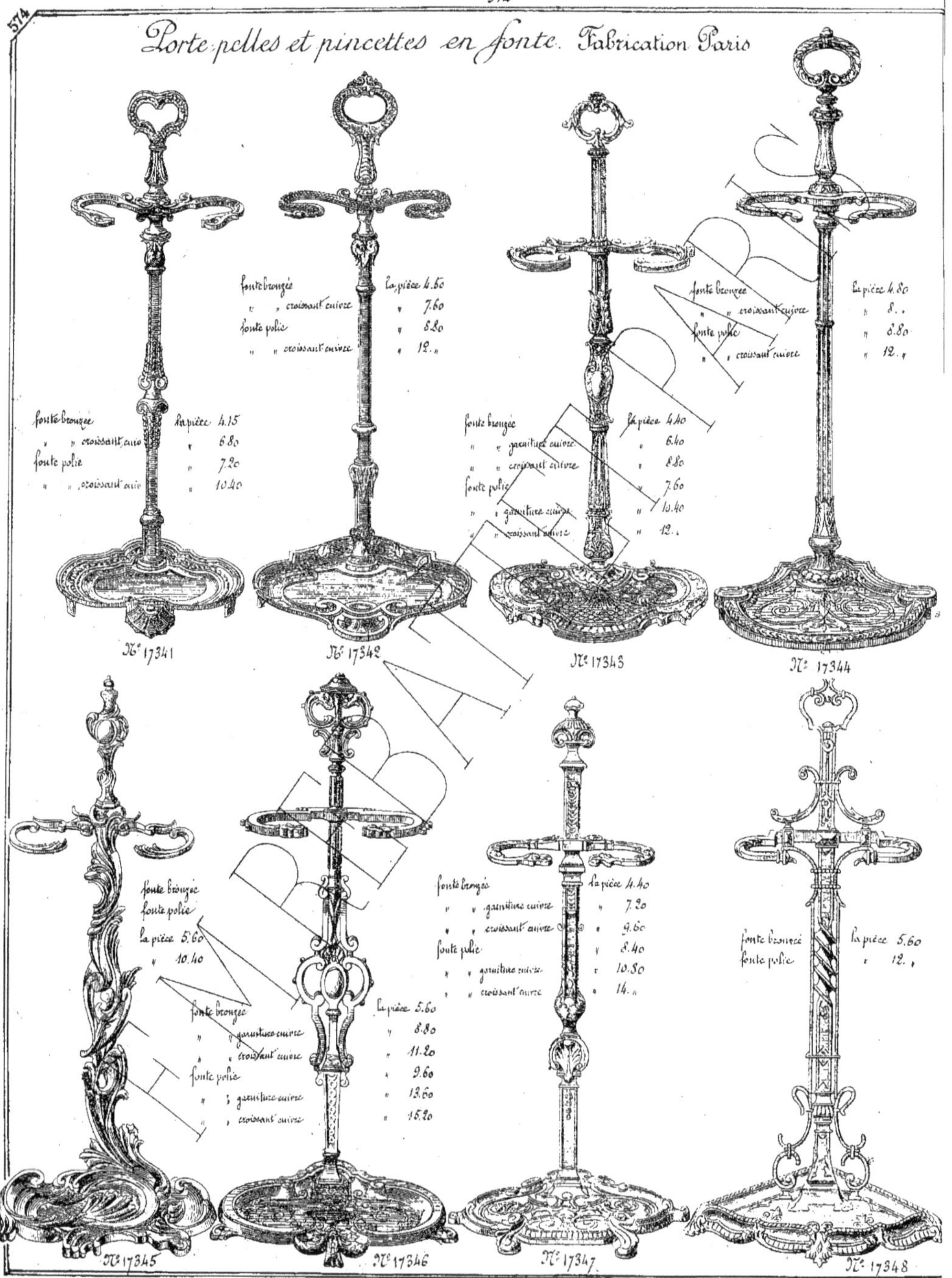
574
Porte-pelles et pincettes en fonte. Fabrication Paris
fonte bronzée la pièce 4.15
" " croissant cuivre " 6.80
fonte polie " 7.20
" " croissant cuivre " 10.40
N° 17341
fonte bronzée la pièce 4.50
" " croissant cuivre " 7.60
fonte polie " 8.80
" " croissant cuivre " 12. "
N° 17342
fonte bronzée la pièce 4.40
" " garniture cuivre " 6.40
" " croissant cuivre " 8.80
fonte polie " 7.60
" " garniture cuivre " 10.40
" " croissant cuivre " 12. "
N° 17343
fonte bronzée la pièce 4.80
" " croissant cuivre " 8. "
fonte polie " 8.80
" " croissant cuivre " 12. "
N° 17344
fonte bronzée
fonte polie
la pièce 5.60
" 10.40
N° 17345
fonte bronzée la pièce 5.60
" " garniture cuivre " 8.80
" " croissant cuivre " 11.20
fonte polie " 9.60
" " garniture cuivre " 13.60
" " croissant cuivre " 15.20
N° 17346
fonte bronzée la pièce 4.40
" " garniture cuivre " 7.20
" " croissant cuivre " 9.60
fonte polie " 8.40
" " garniture cuivre " 10.80
" " croissant cuivre " 14. "
N° 17347
fonte bronzée la pièce 5.60
fonte polie " 12. "
N° 17348

Porte-pelles et pincettes cuivre poli, verni or, ou verni mat.

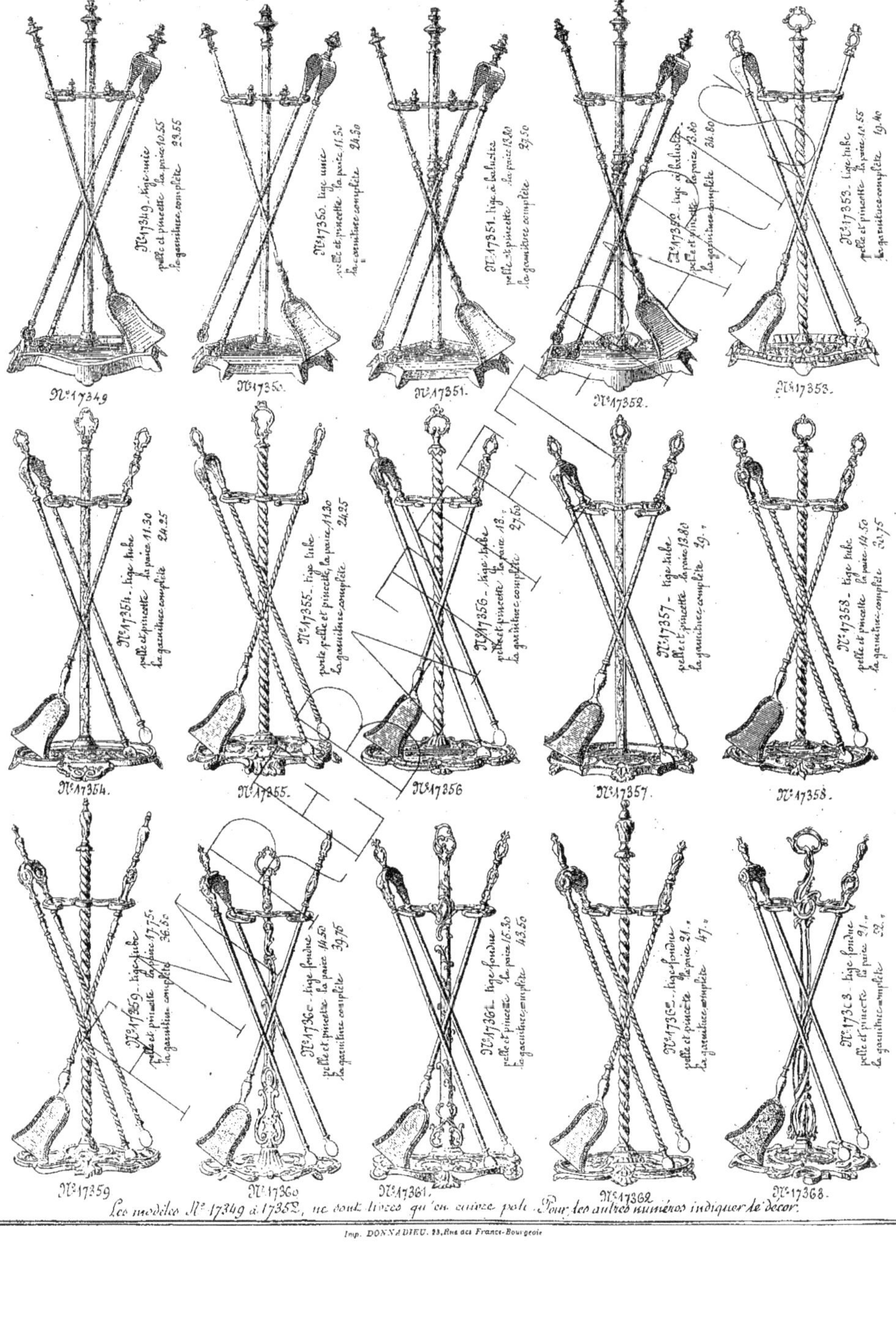

N° 17349 - tige unie
pelle et pincette la paire 10.55
la garniture complète 23.55

N° 17349

N° 17350. tige unie
pelle et pincette la paire 11.30
la garniture complète 24.30

N° 17350

N° 17351. tige à balustre
pelle et pincette la paire 13.80
la garniture complète 27.50

N° 17351.

N° 17352. tige à balustre
pelle et pincette la paire 13.80
la garniture complète 34.80

N° 17352.

N° 17353. tige tube
pelle et pincette la paire 11.55
la garniture complète 19.40

N° 17353.

N° 17354. tige tube
pelle et pincette la paire 11.30
la garniture complète 24.25

N° 17354.

N° 17355. tige tube
porte pelle et pincette, la paire 11.30
la garniture complète 24.25

N° 17355.

N° 17356 - tige tube
pelle et pincette la paire 13. "
la garniture complète 27.60

N° 17356

N° 17357 - tige tube
pelle et pincette la paire 13.80
la garniture complète 29. "

N° 17357.

N° 17358 - tige tube
pelle et pincette la paire 14.50
la garniture complète 30.75

N° 17358.

N° 17359 - tige tube
pelle et pincette la paire 17.75
la garniture complète 36.50

N° 17359

N° 17360 - tige fondue
pelle et pincette la paire 14.50
la garniture complète 39.75

N° 17360

N° 17361 - tige fondue
pelle et pincette la paire 15.30
la garniture complète 43.50

N° 17361.

N° 17362 - tige fondue
pelle et pincette la paire 21. "
la garniture complète 47. "

N° 17362

N° 17363 - tige fondue
pelle et pincette la paire 21. "
la garniture complète 32. "

N° 17363.

Les modèles N° 17349 à 17352, ne sont livrés qu'en cuivre poli. Pour les autres numéros indiquer le décor.

Imp. DONNADIEU. 23, Rue des Francs-Bourgeois

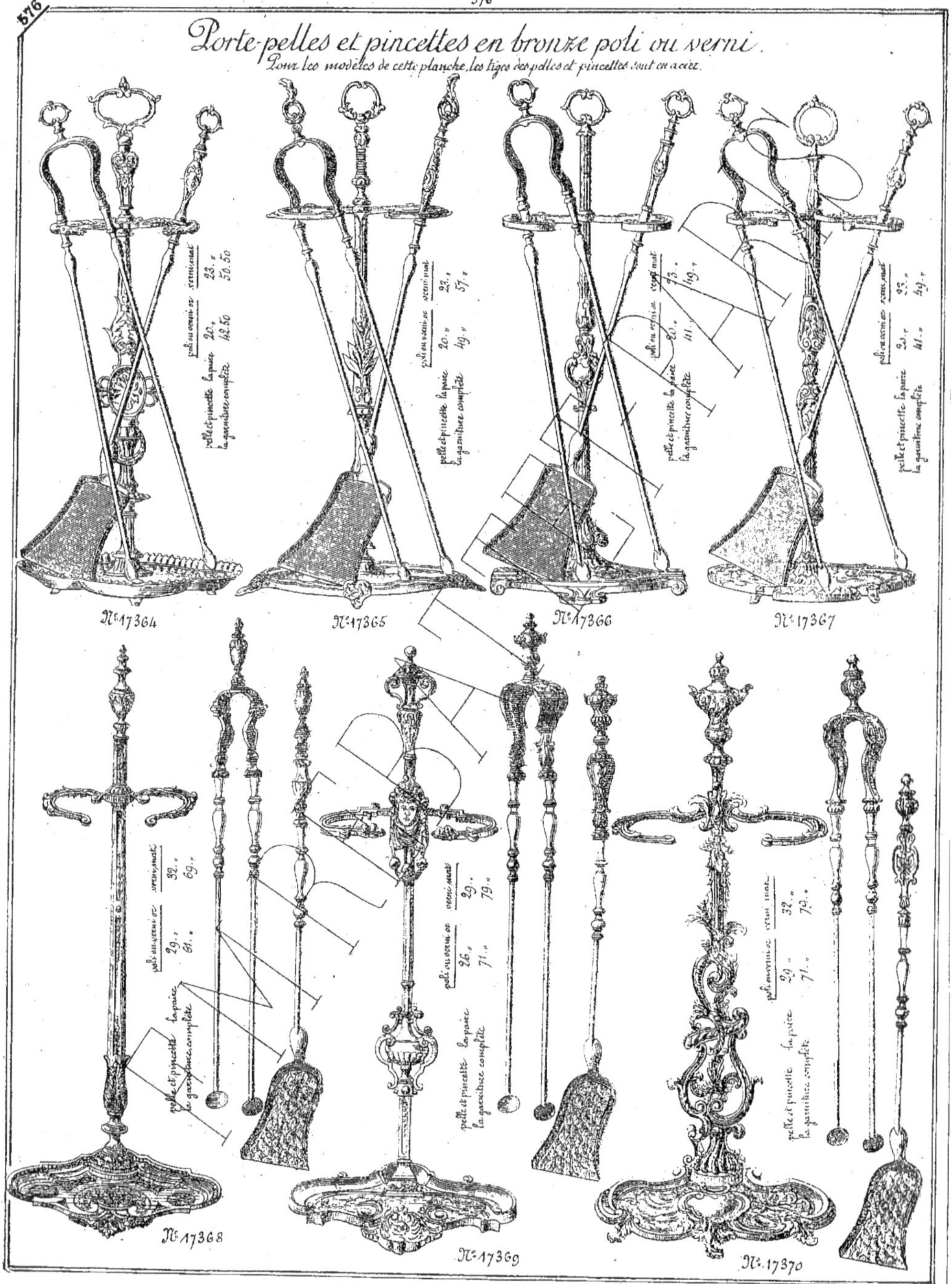

Imp. DONNADIEU, 23, Rue des Francs-Bourgeois

Porte-pelles et pincettes couronne bronze ciselé.

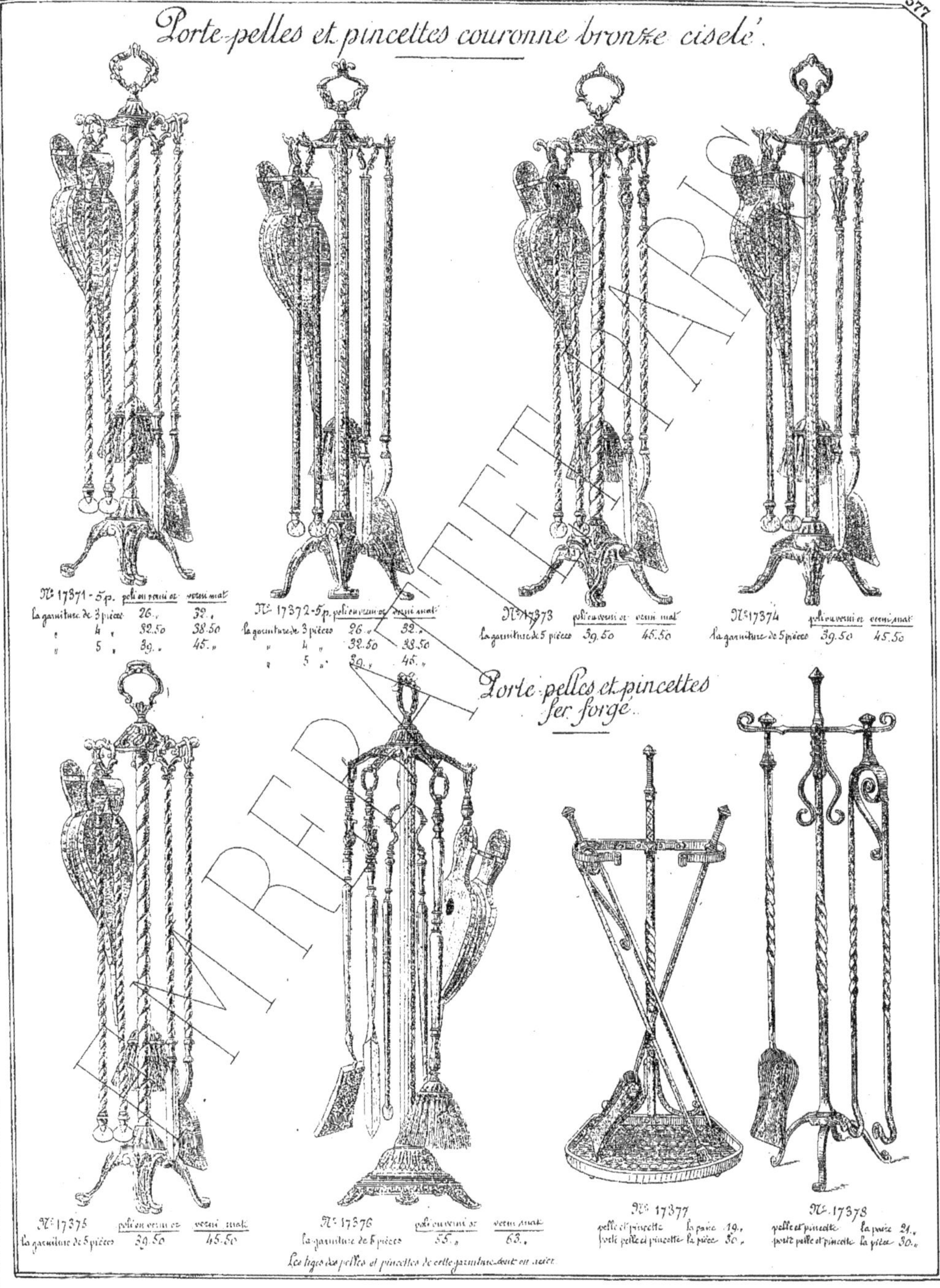

No 17371 - 5 p.

	poli ou verni or	verni mat
La garniture de 3 pièces	26. »	32. »
» 4 »	32.50	38.50
» 5 »	39. »	45. »

No 17372 - 5 p.

	poli ou verni or	verni mat
La garniture de 3 pièces	26. »	32. »
» 4 »	32.50	38.50
» 5 »	39. »	45. »

No 17373

	poli ou verni or	verni mat
La garniture de 5 pièces	39.50	45.50

No 17374

	poli ou verni or	verni mat
La garniture de 5 pièces	39.50	45.50

No 17375

	poli ou verni or	verni mat
La garniture de 5 pièces	39.50	45.50

No 17376

	poli ou verni or	verni mat
La garniture de 5 pièces	55. »	63. »

Les tiges des pelles et pincettes de cette garniture sont en acier.

Porte-pelles et pincettes fer forgé.

No 17377

pelle et pincette la paire 19. »
porte pelle et pincette la pièce 30. »

No 17378

pelle et pincette la paire 21. »
porte pelle et pincette la pièce 30. »

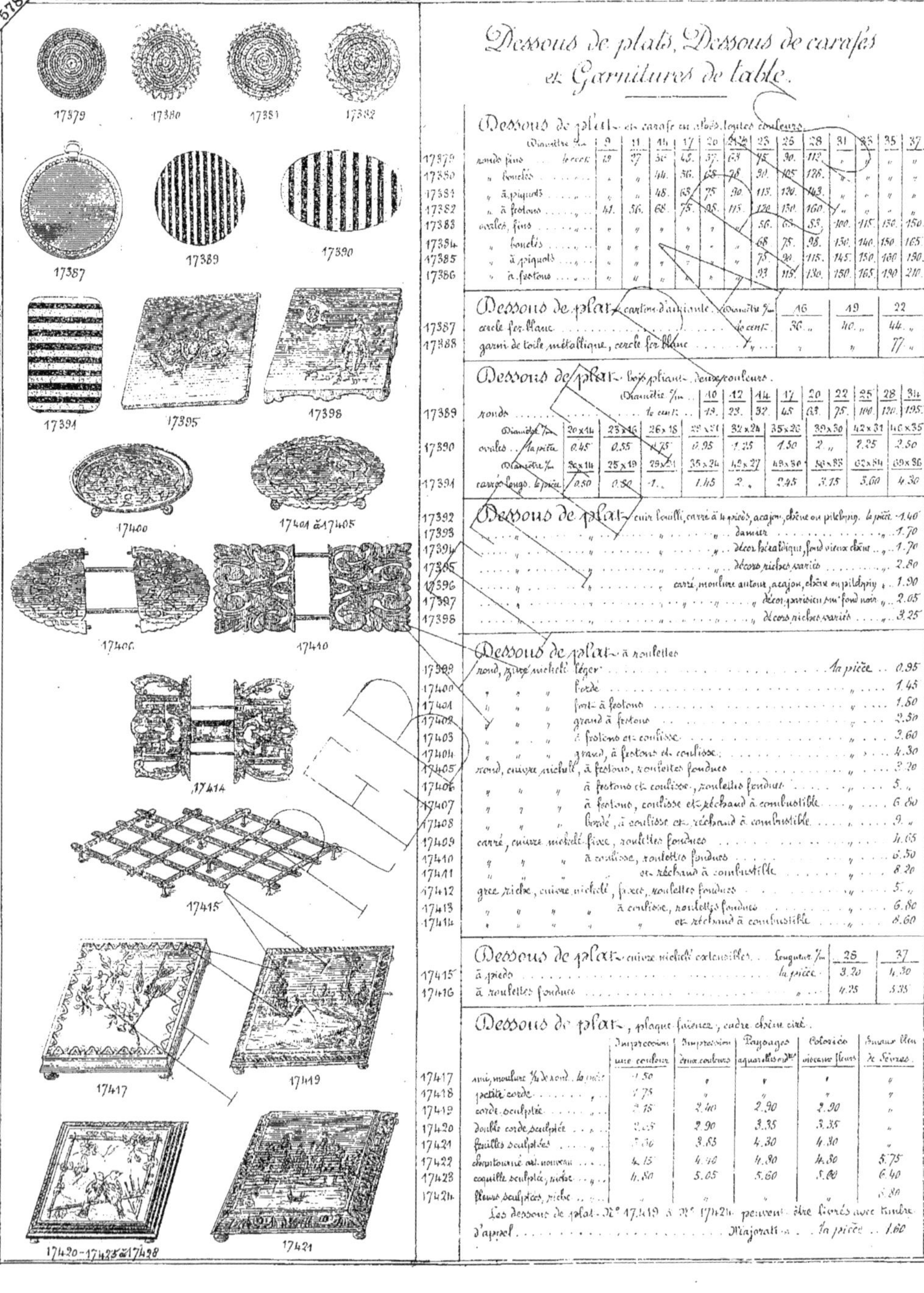

Dessous de plats, Dessous de carafes et Garnitures de table.

Dessous de plat, en carafe en aloès, toutes couleurs.

	Diamètre m/m	9	11	14	17	20	22	23	25	28	31	33	35	37
17379	ronds fins ... le cent	19	27	30	43.	57.	63	75	90.	112.	"	"	"	"
17380	" bouclés	"	"	44.	56.	68.	78	90.	105	126.	"	"	"	"
17381	" à piquots	"	"	48.	63	75	90.	113.	120.	143.	"	"	"	"
17382	" à festons	41.	56.	68.	75.	98.	115.	120	130.	160.	"	"	"	"
17383	ovales, fins	"	"	"	"	"	"	56.	63.	83.	100.	115.	130.	150.
17384	" bouclés	"	"	"	"	"	"	68	75.	98.	130.	140.	150.	165.
17385	" à piquots	"	"	"	"	"	"	75.	90.	115.	145.	150.	160.	190.
17386	" à festons	"	"	"	"	"	"	93	115.	130.	150.	165.	190.	210.

Dessous de plat, carton d'amiante.

	Diamètre m/m	16	19	22
17387	cercle fer-blanc ... le cent	36. "	40. "	44. "
17388	garni de toile métallique, cercle fer-blanc ... "	"	"	77. "

Dessous de plat, bois pliant, deux couleurs.

	Diamètre m/m	10	12	14	17	20	22	25	28	34
17389	ronds ... le cent	19.	23.	32.	45	63.	75.	100.	120.	195.

	Diamètre m/m	20 x 14	23 x 16	26 x 18	29 x 21	32 x 24	35 x 26	39 x 30	42 x 31	46 x 35
17390	ovales .. la pièce	0.45	0.55	0.75	0.95	1.25	1.50	2. "	2.25	2.50

	Diamètre m/m	20 x 14	25 x 19	29 x 21	35 x 24	42 x 27	49 x 30	56 x 33	62 x 34	69 x 36
17391	carrés longs. la pièce	0.50	0.80	1. "	1.45	2. "	2.45	3.15	3.60	4.30

Dessous de plat, cuir bouilli, carré à 4 pieds, acajou, chêne ou pitchpin. la pièce .. 1.40

17392 Dessous de plat, cuir bouilli, carré à 4 pieds, acajou, chêne ou pitchpin. la pièce .. 1.40
17393 " " " " damier ... " .. 1.70
17394 " " " " décor héraldique, fond vieux chêne .. " .. 1.70
17395 " " " " décors riches variés ... " .. 2.80
17396 " " " carré, moulure autour, acajou, chêne ou pitchpin " .. 1.90
17397 " " " " " " décor parisien sur fond noir " .. 2.05
17398 " " " " " " décors riches variés ... " .. 3.25

Dessous de plat, à roulettes

17399 rond, zinc nickelé léger ... la pièce .. 0.95
17400 " " " bordé ... " ... 1.45
17401 " " " fort à festons ... " ... 1.80
17402 " " " grand à festons ... " ... 2.50
17403 " " " à festons et coulisse ... " ... 3.60
17404 " " " grand, à festons et coulisse ... " ... 4.30
17405 rond, cuivre nickelé, à festons, roulettes fondues ... " ... 3.20
17406 " " " à festons et coulisse, roulettes fondues ... " ... 5. "
17407 " " " à festons, coulisse et réchaud à combustible ... " ... 6.80
17408 " " " bordé, à coulisse et réchaud à combustible ... " ... 9. "
17409 carré, cuivre nickelé fixe, roulettes fondues ... " ... 4.65
17410 " " " à coulisse, roulettes fondues ... " ... 6.50
17411 " " " et réchaud à combustible ... " ... 8.20
17412 grec riche, cuivre nickelé, fixe, roulettes fondues ... " ... 5. "
17413 " " " " à coulisse, roulettes fondues ... " ... 6.80
17414 " " " " " et réchaud à combustible ... " ... 8.60

Dessous de plat, cuivre nickelé extensibles.

	Longueur m/m	28	37
17415	à pieds ... la pièce	3.20	4.30
17416	à roulettes fondues ... "	4.25	5.35

Dessous de plat, plaque faïence, cadre chêne ciré.

		Impression une couleur	Impression deux couleurs	Paysages aquarellés ord.[re]	Coloriés oiseaux fleurs	Émaux bleu de Sèvres.
17417	uni, moulure ¼ de rond. la pièce	1.50	"	"	"	"
17418	petite corde ... "	1.75	"	"	"	"
17419	corde sculptée ... "	2.15	2.40	2.90	2.90	"
17420	double corde sculptée ... "	2.65	2.90	3.35	3.35	"
17421	feuilles sculptées ... "	3.30	3.85	4.30	4.30	"
17422	chantourné art nouveau ...	4.15	4.40	4.80	4.80	5.75
17423	coquille sculptée, riche ... "	4.80	5.05	5.60	5.60	6.40
17424	fleurs sculptées, riche ...	"	"	"	"	6.80

Les dessous de plat N° 17.419 à N° 17424 peuvent être livrés avec timbre d'appel ... Majorati .. la pièce .. 1.60

17422

17423 - 17429 à 17436

17424

17437 - 17438

17439 - 17440

17441 à 17443

17444 à 17446

17447 à 17449

17450

17452

17461

17461bis

17455

17458

17462 - 17463

17466

17474

Dessous de plat à musique.

	plaque faïence, cadre ébène ciré.	Impression une couleur	Paysages aquarellés ...	Coloriés oiseaux, fleurs	Émaux, bleu de Sèvres.
17425	un air ..... cadre sculpté, double corde, la pièce	8.50	9.35	9.35	10.20
17426	deux airs courts ... " ..... " ..... "	8.50	9.35	9.35	10.20
17427	quatre airs courts ... " ..... " ..... "	11.90	12.75	12.75	13.60
17428	six airs courts ... " ..... " ..... "	15.30	16.15	16.15	17. "
17429	un air ..... cadre sculpté, coquille ... "	10.20	11. "	11. "	11.90
17430	deux airs courts ... " ..... " ..... "	10.20	11. "	11. "	11.90
17431	quatre airs courts ... " ..... " ..... "	13.60	14.50	14.50	15.30
17432	six airs courts ... " ..... " ..... "	17.	18. "	18. "	18.70
17433	deux airs longs ... " ..... " ..... "	11.90	12.75	12.75	13.60
17434	trois airs longs ... " ..... " ..... "	16.15	17. "	17. "	18. "
17435	quatre airs longs ... " ..... " ..... "	18.70	19.50	19.50	20.50
17436	six airs longs ... " ..... " ..... "	25.50	26.50	26.50	27.50

Ces dessous de plat peuvent être livrés avec timbre d'appel. Majoration – la pièce ... 1.60

Dessous de plat ronds, monture nickelée.

	Diamètre $^{c}/_{m}$	20	23	25	28	30	33	35
17437	cercle métal nickelé, plaque faïence, impression, la pièce	4.05	"	"	"	"	"	"
17438	" " " " coloriée ... "	4.35	"	"	"	"	"	"
17439	cercle cuivre uni nickelé, plaque faïence, impression bleu saxe,	4.05	5. "	5.30	"	"	"	"
17440	" " " " " " coloriée "	4.40	5.80	6.60	"	"	"	"
17441	cercle cuivre nickelé à poignées, plaque faïence, impression bleu saxe,	5.20	6. "	6.50	7.25	8.50	11.25	13.50
17442	" " " " " " coloriée "	5.60	7. "	7.80	9. "	10.30	13. "	15.25
17443	" " " " " émaux, décor à la main "	"	7.25	8.10	10. "	11.25	14. "	17. "

Dessous de plat carré, cadre nickelé 20 $^{c}/_{m}$ x 20 $^{c}/_{m}$, plaque faïence impression.

17444	carré, cadre nickelé 20 $^{c}/_{m}$ x 20 $^{c}/_{m}$, plaque faïence impression ... la pièce	4.10
17445	" " " " " " " impression coloriée ..... "	5.30
17446	" " " " " " " émaux .... "	6.60
17447	" " " monture nickelée ornée, pieds à griffes, plaque faïence impression ... "	4.25
17448	" " " " " " " " impression coloriée "	5.55
17449	" " " " " " " " émaux ..... "	6.85

Dessous de plat fonte émaillée légers, ronds.

	Diamètre $^{c}/_{m}$	19	22
17450	sans roulettes .... la pièce	0.50	0.55
17451	à roulettes .... "	1.40	1.70

Dessous de plat fonte nickelée, soignés à roulettes.

	Dimensions $^{c}/_{m}$	21	22	25
17452	ronds, fixes .... la pièce	4.	4.70	5. "
17453	" à coulisse .... "	"	7.50	8.20
17454	" " et réchaud à combustible .... "	"	"	10.70
17455	carrés fixes .... "	"	6.15	6.50
17456	" à coulisse .... "	"	9. "	9.65
17457	" " et réchaud à combustible .... "	"	11. "	11.80
17458	carrés fixes .... "	"	6.15	6.50
17459	" à coulisse .... "	"	9. "	9.65
17460	" " et réchaud à combustible .... "	"	11. "	11.80

Porte-bocks cuir bouilli, laqué noir.

	Diamètre $^{c}/_{m}$	11	12
17461	en boîte par 12 pièces .... le cent	21.50	25. "

Sous-bocks en feutre, épaisseur 7 $^{m}/_{m}$

	Diamètre $^{c}/_{m}$	11	13
17461bis	pour	1/4	1/2
	le cent ..	18. "	22. "

Porte-carafes cuir bouilli

17462	bord festonné, ordinaires, fond noir étoile bronze ... (en boîte par 6 pièces) le cent	36.
17463	" " " fond rouge " " ...... " ... " ...... "	36.
17464	" " " fond noir, décor chinois ...... " ... " ...... "	36.
17465	" " " fond rouge " " ...... " ... " ...... "	36.
17466	bord droit uni, ordinaires, semis or, fond noir ...... " ... " ...... "	50.
17467	" " " " marguerites, fond noir ...... " ... " ...... "	65
17468	" " " " " fond rouge ...... " ... " ...... "	57.
17469	bord festonné, 1/2 fins, fond noir, japonais ordinaire ... " ... " ... la pièce	0.65
17470	" " " " " décor chinois ...... " ... " ...... "	0.70
17471	" " " fond rouge, décor chinois ...... " ... " ...... "	0.70
17472	" " 3/4 fins, fond noir, guirlandes métal ...... " ... " ...... "	0.70
17473	" " " fond noir, damier métal ...... " ... " ...... "	0.85
17474	bord renversé, fins, guirlande métal ...... " ... " ...... "	0.85
17475	" " " fond noir, nacré mosaïque ...... " ... " ...... "	1.65
17476	" " " " " nacré fleurs ...... " ... " ...... "	2.10

17477-17478 17479 17480-17482-17483

17484 17486, ramasse-miette

17485 17491, corbeille à pain

17486, brosse

17498, corbeille à pain 17510 17511 et 17512

17502, corbeille à pain

17513 et 17514

17504 à 17506 17515 à 17517

17507 17519

17520 17521-17522 17523

17524 à 17526 17527 17528

N°	Désignation	Prix
17477	**Porte-verre** cuivre nickelé 4 nervures, diamètre 9 m/m .... le cent ...	55. „
17478	**Porte-carafe** cuivre nickelé 6 nervures, diamètre 11 c/m ..... la pièce ...	1.05
17479	„ „ „ „ fond cannelé diamètre 11 c/m .... „	1.15

N°	**Porte-carafes** renforcés, bords à perles ou à filets .. Diamètre c/m	13	15
17480	cuivre nickelé .... la pièce ..	1.25	2.45
17481	„ „ guillochés	2.35	3.20

N°	Désignation	Prix
17482	**Porte-carafe**, métal extra blanc argenté, bord uni, perlé .... La pièce	4.30
17483	„ „ „ „ „ „ „ fort .... „ ..	5.70
17484	„ „ „ „ „ „ bord contour à filets .... „ ..	9.65
17485	**Croisillon** pour dito 4 branches .... „ ..	1.30

N°	**Garniture de table** en cuir bouilli, 3 pièces ..	Corbeille	Ramasse-miettes	Brosse	Garniture complète
17486	forme ancienne, bords à festons, fond noir, étoile bronze .. la pièce	2.15	1.70	2.55	6.40
17487	„ „ „ „ fond rouge	2.55	2.05	2.75	7.35
17488	„ „ „ „ fond noir, poissons ...... „	2.55	2.05	2.75	7.35
17489	„ „ „ „ fond rouge, ... „	3. „	2.55	3. „	8.55
17490	„ „ „ „ fond rouge, marguerites .... „	3. „	2.55	3. „	8.55
17491	„ „ „ „ fond noir, chinois ...... „	3.10	3. „	3.40	9.50
17492	„ „ „ „ fond rouge .... „	3.10	3. „	3.40	9.50
17493	„ „ „ „ fond écaille, orchidées .... „	6. „	5.50	3.85	15.35
17494	„ „ „ „ „ „ chrysanthèmes .. „	6. „	5.50	3.85	15.35
17495	„ „ „ „ fond noir, mosaïque nacre,	8.50	7.65	4.65	20.80
17496	„ „ „ „ fond brun chiffons nacrés ...	9. „	8.50	5.10	22.60
17497	forme nouvelle, bords à festons, fond noir, étoile bronze .... „	1.55	1.20	2.65	5.40
17498	„ „ „ „ „ japonais ordinaire „	1.55	1.20	2.65	5.40
17499	forme bâteau, bords plats, fond noir, chinois ordinaire „	3.60	3.20	3.40	10.20
17500	„ „ „ „ fond vieux chêne, décor héraldique „	4.75	4. „	3.60	12.35
17501	„ „ „ „ fond noir, japonais fin .... „	6. „	5.10	3.85	14.95
17502	„ „ „ „ fond bois, fleurs narcisses .... „	6. „	5.10	3.85	14.95
17503	„ „ „ „ fond noir, fleurs nacrées .... „	8.50	8.10	5.10	21.70

N°	**Garniture de table** vrai bois, 3 pièces ...	Corbeille	pelle	brosse		Complète
17504	noyer .... la pièce ..	11.50	5.85	3.50	la garniture.	20.85
17505	chêne .... „ ...	11.50	5.85	3.50	... „ ...	20.85
17506	olivier .... „ ...	19.35	8.55	4.05	... „ ...	31.95

N°	Désignation	Prix
17507	**Garnitures de table** cuivre nickelé, 3 pièces repercé à jour, unie .. la garniture ..	17.50
17508	„ „ „ „ „ „ „ guilloché .... „	27.50
17509	„ „ „ „ „ estampée, relief ciselé .... „	27.50

N°	**Écumoires** bordées légères, queue rivée .... Diamètre c/m ..	105	115
17510	fer blanc poli .... le cent ..	13.25	16.50

N°	**Écumoires** en fer battu .. Diamètre c/m	80	90	100	110	120	130	140	150	160
17511	étamées légères bordées .... la pièce	0.24	0.26	0.30	0.35	0.39	0.42	0.50	0.60	„
17512	„ ordinaires, non bordées .... „ ...	0.36	0.43	0.49	0.60	0.67	0.73	0.90	1.05	1.15
17513	émaillées, bleues, légères, non bordées ... „ ...	„	0.36	0.39	0.40	0.47	0.55	0.65	„	„
17514	„ „ ordinaires, non bordées ... „ ...	0.39	0.43	0.47	0.52	0.60	0.70	0.80	0.90	1.05

N°	**Écumoires** à friture fil de fer étamé .. Diamètre c/m ..	12	14	16	18	20	22
17515	ordinaires .... la pièce ...	0.70	0.85	1. „	1.15	1.30	1.60
17516	fortes .... „	1.15	1.30	1.45	1.60	1.70	2.15
17517	extra renforcées .... „	1.45	1.70	2. „	2.30	2.60	3.20
17518	grillagées .... „	1.60	1.85	2.15	2.50	2.85	3.60

N°	**Entonnoirs** bois dur .... Diamètre c/m ...	8	9	10	12	14
17519	hêtre .... la pièce ...	0.35	0.50	0.65	0.80	1.20

N°	**Entonnoirs** fer battu forme conique ...... Diamètre c/m ...	10	12	14	16
17520	émaillés bleu blanc .... la pièce ...	0.45	0.60	0.75	1.20

N°	**Entonnoirs** forme sphérique .... Diamètre m/m	80	100	118	135	155	170
17521	métal poli, douille cannelée .... la pièce ..	1.20	1.30	1.95	2.60	3.25	3.90
17522	„ extra blanc 1er titre, douille cannelée ...... „	1.35	1.50	2.25	3. „	3.75	4.50

N°	**Entonnoirs** gutta percha .... Diamètre c/m	6	8	10	12	13	14	15
17523	forme conique .... la pièce ..	1.50	1.80	2.70	3.60	4.20	5.20	8.20

N°	**Entonnoirs** porcelaine .... Diamètre m/m ..	70	97	110	140	167	195
17524	la pièce ..	1.20	1.70	2.15	3.40	4.25	5.50

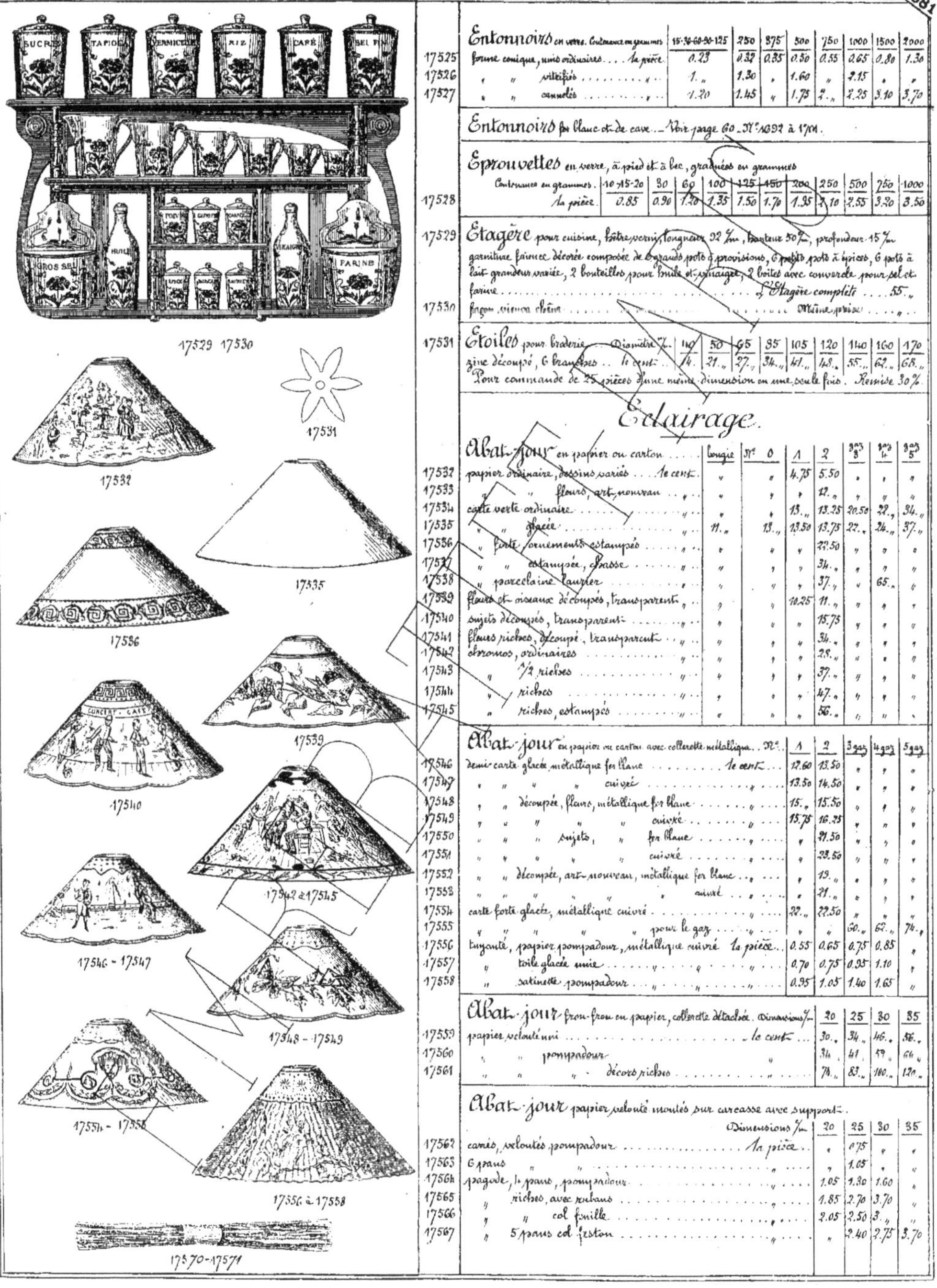

17529 17530 — 17531 — 17532 — 17535 — 17536 — 17539 — 17540 — 17542 à 17545 — 17546 - 17547 — 17548 - 17549 — 17554 - 17555 — 17556 à 17558 — 17570-17571

No.	**Entonnoirs** en verre. Contenance en grammes	15-30-60-90-125	250	375	500	750	1000	1500	2000
17525	forme conique, unis ordinaires . . . la pièce	0.23	0.32	0.35	0.50	0.55	0.65	0.80	1.30
17526	„ „ vitrifiés . . . . „	1. „	1.30	„	1.60	„	2.15	„	„
17527	„ „ cannelés . . . . „	1.20	1.45	„	1.75	2. „	2.25	3.10	3.70

Entonnoirs fer blanc et de cave. — Voir page 60 — N°s 1692 à 1701.

Éprouvettes en verre, à pied et à bec, graduées en grammes

No.	Contenances en grammes.	10-15-20	30	60	100	125	150	200	250	500	750	1000
17528	la pièce	0.85	0.90	1.20	1.35	1.50	1.70	1.95	2.10	2.55	3.20	3.50

17529 **Étagère** pour cuisine, hêtre verni, longueur 92 %m, hauteur 50 %m, profondeur 15 %m garniture faïence décorée composée de 6 grands pots à provisions, 6 petits pots à épices, 6 pots à lait grandeur variée, 2 bouteilles pour huile et vinaigre, 2 boîtes avec couvercle pour sel et farine . . . . L'Étagère complète . . . 55. „

17530 façon vieux chêne . . . . Même prix . . . . „ . .

No.	**Étoiles** pour broderie. — Diamètre %m	40	50	65	85	105	120	140	160	170
17531	zinc découpé, 6 branches . . le cent . .	14.	21. „	27. „	34. „	41. „	48. „	55. „	62. „	68. „

Pour commande de 25 pièces d'une même dimension en une seule fois. Remise 30 %.

Éclairage.

No.	**Abat-jour** en papier ou carton	bougie	N° 0	1	2	gaz 3	gaz 4	gaz 5
17532	papier ordinaire, dessins variés . . . le cent .	„	„	4.75	5.50	„	„	„
17533	„ „ fleurs, art nouveau . . „ . .	„	„	„	12. „	„	„	„
17534	carte verte ordinaire . . . . „ . .	„	„	13. „	13.25	20.50	22. „	34. „
17535	„ „ glacée . . . . „ . .	11. „	13. „	13.50	13.75	22. „	24. „	37. „
17536	„ forte, ornements estampés . . . . „ . .	„	„	„	22.50	„	„	„
17537	„ „ estampée, chasse . . . . . . „ . .	„	„	„	34. „	„	„	„
17538	„ porcelaine laurier . . . . „ . .	„	„	„	37. „	„	65. „	„
17539	fleurs et oiseaux découpés, transparents „ . .	„	„	10.25	11. „	„	„	„
17540	sujets découpés, transparents . . . . . „ . .	„	„	„	15.75	„	„	„
17541	fleurs riches, découpé, transparent . . „ . .	„	„	„	34. „	„	„	„
17542	chromos, ordinaires . . . . „ . .	„	„	„	28. „	„	„	„
17543	„ 1/2 riches . . . . „ . .	„	„	„	37. „	„	„	„
17544	„ riches . . . . „ . .	„	„	„	47. „	„	„	„
17545	„ riches, estampés . . . . „ . .	„	„	„	56. „	„	„	„

No.	**Abat-jour** en papier ou carton avec collerette métallique . . N°	1	2	3 gaz	4 gaz	5 gaz
17546	demi-carte glacée, métallique fer blanc . . . . le cent . . .	12.60	13.50	„	„	„
17547	„ „ „ „ cuivré . . . . „	13.50	14.50	„	„	„
17548	„ „ découpée, fleurs, métallique fer blanc . . . . . . „	15. „	15.50	„	„	„
17549	„ „ „ „ „ cuivré . . . . „	15.75	16.25	„	„	„
17550	„ „ „ sujets, „ fer blanc . . . . . . „	„	21.50	„	„	„
17551	„ „ „ „ „ cuivré . . . . „	„	23.50	„	„	„
17552	„ „ découpée, art nouveau, métallique fer blanc . . „ . . .	„	19. „	„	„	„
17553	„ „ „ „ „ „ cuivré . . „	„	21. „	„	„	„
17554	carte forte glacée, métallique cuivré . . . . „	22. „	22.50	„	„	„
17555	„ „ „ „ „ pour le gaz . . . . „	„	„	60. „	62. „	74. „
17556	tuyauté, papier pompadour, métallique cuivré la pièce . .	0.55	0.65	0.75	0.85	„
17557	„ toile glacée unie . . . . . . „ „ „	0.70	0.75	0.95	1.10	„
17558	„ satinette pompadour . . . „ . . . „ . . „	0.95	1.05	1.40	1.65	„

No.	**Abat-jour** frou-frou en papier, collerette détachée. Dimensions %m	20	25	30	35
17559	papier velouté uni . . . . le cent . . .	30. „	34. „	46. „	56. „
17560	„ „ pompadour „	34. „	41. „	59. „	64. „
17561	„ „ „ décors riches . . . . „	74. „	83. „	100. „	120. „

Abat-jour papier velouté montés sur carcasse avec support.

No.	Dimensions %m	20	25	30	35
17562	carrés, veloutés pompadour . . . . la pièce . .	„	0.75	„	„
17563	6 pans „ „ . . . . „	„	1.05	„	„
17564	pagode, 4 pans, pompadour . . . . „	1.05	1.30	1.60	„
17565	„ riches, avec rubans . . . . „	1.85	2.70	3.70	„
17566	„ „ col feuille . . . . „	2.05	2.50	3. „	„
17567	„ 5 pans col feston . . . . „	„	2.40	2.75	3.70

(Voir prix pages 581 et 583)

17596 · 17597-17598 · 17599-17600 · 17601-17602 · 17604 · 17605-17606 · 17607 · 17608 · 17609 à 17614 · 17615 à 17617 · 17618, uni · 17618, cannelé · 17619-17620 · 17621 · 17622 · 17623 · 17625 · 17626 · 17627 · 17630 · 17635 · 17636-17637

Abat-jour empire, avec ruche, sans support.

	Dimensions $^c/_m$	14	18	22	25	30	35	40
17568	ronds, papier pompadour, ruche unie ... la pièce	0.75	0.95	1.10	1.30	1.75	2.10	2.50
17569	5 pans à festons " " " "	1.20	1.70	1.75	2.05	2.30	2.75	3.50

Rouleaux papier chiffonné, longueur 3 mètres à 3 mètres 50, hauteur 50 $^c/_m$.

17570 uni, toutes couleurs .... Les cent rouleaux 12.25
17571 pompadour, dessins assortis .... " " " 26.50

Abat-jour soie, support argenté,

	Dimensions $^c/_m$	12	15	17	20	25	30	35	40	45	50
17572	pagode, carrée ordinaire .... la pièce	"	"	2.10	2.45	3.15	4.30	6.10	7.45	9.45	"
17573	" ondulée, col ruchette .... "	"	"	2.25	2.70	3.60	5.40	7.20	8.55	10.10	13.50
17574	" carrée, Liberty, col feuille .... "	"	"	2.60	3.05	4.15	5.65	7.65	9.90	12.15	"
17575	" ondulée, Liberty, col ruche et dentelle ... "	"	"	3.05	3.60	4.65	6.30	8.30	11.50	14. "	18. "
17576	" " double col dentelle .... "	"	"	3.80	4.65	6.20	8.10	10.30	14. "	18.20	22. "
17577	" 6 pans, col flamme, ruban mousseline ... "	"	"	5.15	6.55	8.10	10.80	14.40	21.60	25.20	29. "
17578	pétale de rose, soie riche	2.80	4.15	4.70	5.75	8. "	10.40	18.25	21. "	26. "	32.50
17579	" iris, avec fleurs .... "	"	"	"		11.10	14.80	23.50	29. "	36. "	44.50

N. B. Ces modèles se font en couleurs, rouge, vert, bleu, cigale, rose, corail, paille, bouton d'or.
Bien spécifier en commandant la nuance que l'on désire recevoir.

Abat-jour, empire

	Dimensions $^c/_m$	14	17	20	25	30	35	40	45
17580	rond, soie unie .... la pièce	[illegible]	1.85	2.30	3.10	4. "	5.50	6.70	7.60
17581	" soie Liberty .... "	1.50	2.20	2.75	3.50	4.60	6.75	8.80	10. "
17582	médaillon, peinture à la main, carcasse fixe	2.50	2.75	3.35	4.10	4.60	6.50	8.50	"

Abat-jour pour piano, avec support argenté, satinette tuyautée, conique à col . la pièce . 1.10

17583 Abat-jour pour piano, avec support argenté, satinette tuyautée, conique à col . la pièce . 1.10
17584 " " " " " " " soie unie, 3/4 empire .... " .. 1.30
17585 " " " " " " " empire rond .... " .. 1.30
17586 " " " " " " " rubans et perles, gauffré, rond à col .. " .. 1.85
17587 " " " " " " " soie Liberty 3/4 empire .... " .. 2.20
17588 " " " " " " " pétales de roses 12 $^c/_m$ .... " .. 2.75

Abat-jour pour bougie, papier uni .... Le cent 9.25

17589 Abat-jour pour bougie, papier uni .... Le cent 9.25
17590 " " " grec .... " 18.50
17591 " " " opaline Louis XV .... " .... 37. "
17592 " " " " peintures fleurs .... " .... 65. "
17593 " " " satinette dôme tuyauté .... La pièce 0.95
17594 " " " dôme, pétale soie .... " 1.40
17595 " " " " " avec col et rubans .... " 1.85

Garde-vue pour tour de suspension avec crochets

17596 baldaquins chromos .... le cent ... 28. "
17597 " imitation lithophanie .... " .... 37. "
17598 " " coloriée .... " .... 47. "
17599 " chromos à encadrement .... " .... 65. "
17600 " imitation lithophanie à encadrement .... " .... 83. "

Tour de suspension longueur 150 $^c/_m$ papier velouté uni doublé la pièce .. 0.75

17601 Tour de suspension longueur 150 $^c/_m$ papier velouté uni doublé la pièce .. 0.75
17602 " " " " " pompadour doublé .. " .. 0.95
17603 " " " " soie avec dentelle .... " .. 2.90
17604 " " " " " " " et ruche ... " .. 4.60

Ecrans pour piano, avec prince

17605 parchemin, avec peinture, forme Louis XV .... la pièce 0.85
17606 gaze " " " " .... " 1.10
17607 " " " riche, forme fantaisie .... " 1.40

Abat-jour cristal

	Diamètre $^c/_m$	27	30	33	35	40	45
17608	forme conique, opale, col évasé .... la pièce	0.80	0.90	1.70	2. "	3.90	6. "
17609	forme dôme opale .... "	1.05	1.10	1.70	2. "	3.90	6. "
17610	" " céladon ou iris .... "	1.20	1.45	2. "	2.30	4.50	6.90
17611	" " simili céladon ou iris .... "	1.65	1.85	2.70	3.40	6.20	9.10
17612	" " simili [illegible] .... "	4.05	4.90	6.75	9. "	11.25	16.25
17613	" " céladon doublé émail .... "	3.65	4.70	6.55	7.50	10.60	13.75
17614	" " rose, doublé émail .... "	4.90	7.50	10.50	12.75	16.25	20.50

Abat-jour ou réflecteurs pour bec Auer

	Diamètre $^c/_m$	25	27	30	35	40	45
17615	forme plate, opale .... la pièce	1.10	1.15	1.20	2.25	4.40	6.75
17616	" " simili céladon .... "	1.70	1.75	2.10	3.70	6.70	9.80
17617	" " céladon, doublé émail .... "	4. "	4. "	5. "	8.10	11.50	15. "

Abat-jour forme ombrelle

	Diamètre $^c/_m$	140	153	180	193	236	279
17618	opale, unis ou cannelés .... la pièce	0.50	0.50	0.65	0.65	1.20	1.75

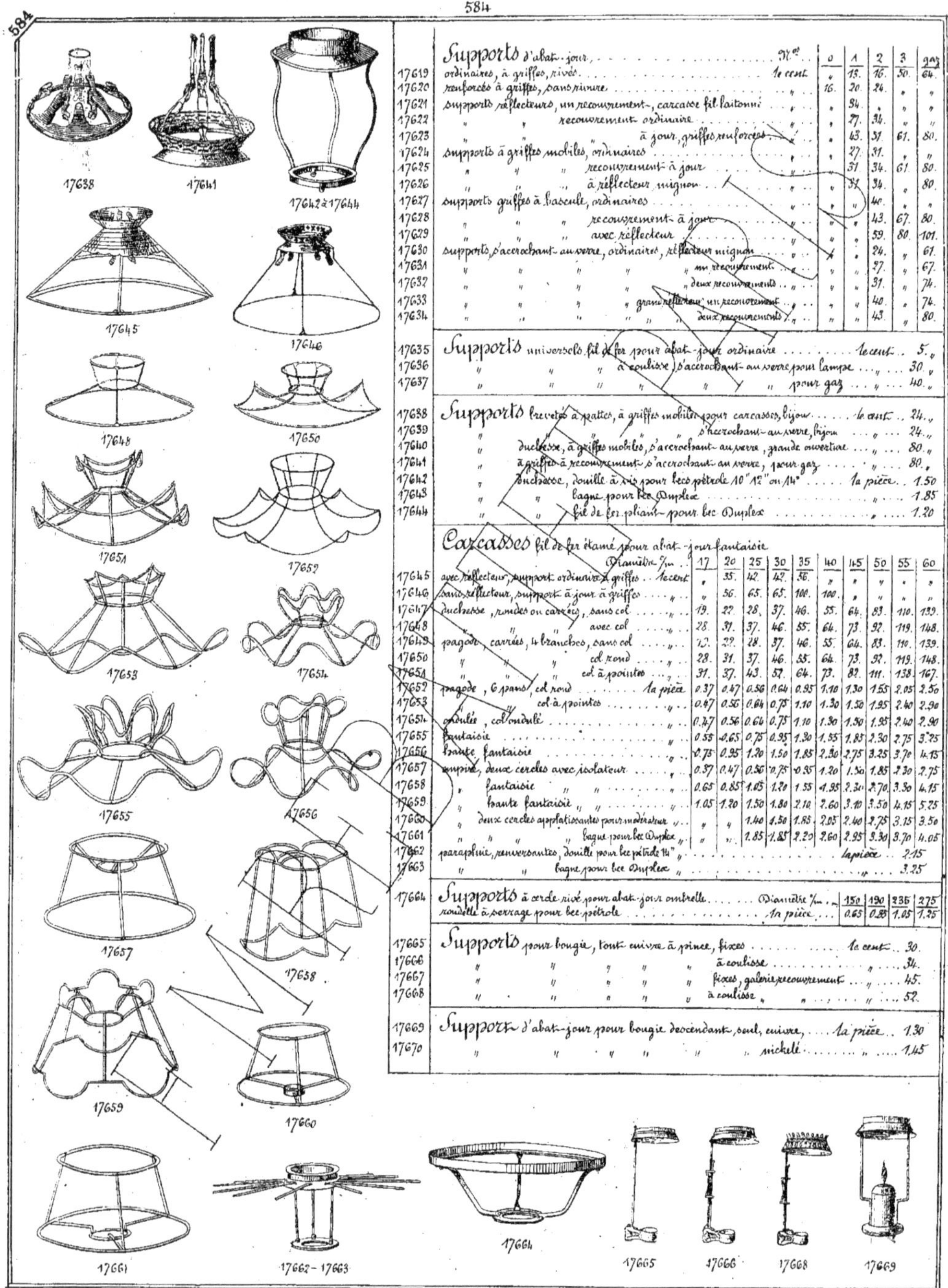

	Supports d'abat-jour	N°s	0	1	2	3	gaz
17619	ordinaires, à griffes, rivés	1e cent.	"	15.	16.	50.	64.
17620	renforcés à griffes, sans rivure	"	16.	20.	24.	"	"
17621	supports réflecteurs, un recouvrement, carcasse fil laitonné	"	"	34.	"	"	"
17622	" " recouvrement ordinaire	"	"	27.	34.	"	"
17623	" " à jour, griffes renforcées	"	"	43.	31.	61.	80.
17624	supports à griffes mobiles, ordinaires	"	"	27.	31.	"	"
17625	" " " recouvrement à jour	"	"	31.	34.	61.	80.
17626	" " " à réflecteur mignon	"	"	31.	34.	"	80.
17627	supports griffes à bascule, ordinaires	"	"	"	40.	"	"
17628	" " " recouvrement à jour	"	"	"	43.	67.	80.
17629	" " " avec réflecteur	"	"	"	59.	80.	101.
17630	supports s'accrochant au verre, ordinaires, réflecteur mignon	"	"	"	24.	"	61.
17631	" " " " " un recouvrement	"	"	"	27.	"	67.
17632	" " " " " deux recouvrements	"	"	"	31.	"	74.
17633	" " " " grand réflecteur, un recouvrement	"	"	"	40.	"	74.
17634	" " " " " " deux recouvrements	"	"	"	43.	"	80.

17635	**Supports** universels fil de fer pour abat-jour ordinaire	le cent	5. "
17636	" " " à coulisse, s'accrochant au verre pour lampe	"	30. "
17637	" " " " " " pour gaz	"	40. "

17638	**Supports** brevetés à pattes, à griffes mobiles pour carcasses, bijou	le cent	24. "
17639	" " " " " s'accrochant au verre, bijou	"	24. "
17640	" duchesse, à griffes mobiles, s'accrochant au verre, grande ouverture	"	80. "
17641	" à griffes à recouvrement s'accrochant au verre, pour gaz	"	80. "
17642	" duchesse, douille à vis pour becs pétrole 10" 12" ou 14"	la pièce	1.50
17643	" " bague pour bec Duplex	"	1.85
17644	" " fil de fer pliant pour bec Duplex	"	1.20

	Carcasses fil de fer étamé pour abat-jour fantaisie — Diamètre m/m		17	20	25	30	35	40	45	50	55	60
17645	avec réflecteur, support ordinaire à griffes	le cent	"	35.	42.	42.	56.	"	"	"	"	"
17646	sans réflecteur, support à jour à griffes	"	"	56.	65.	65.	100.	100.	"	"	"	"
17647	duchesse, rondes ou carrées, sans col	"	19.	22.	28.	37.	46.	55.	64.	83.	110.	139.
17648	" " " avec col	"	28.	31.	37.	46.	55.	64.	73.	92.	119.	148.
17649	pagode, carrées, 4 branches, sans col	"	19.	22.	28.	37.	46.	55.	64.	83.	110.	139.
17650	" " " col rond	"	28.	31.	37.	46.	55.	64.	73.	92.	119.	148.
17651	" " " col à pointes	"	31.	37.	43.	52.	64.	73.	82.	111.	138.	167.
17652	pagode, 6 pans, col rond	la pièce	0.37	0.47	0.56	0.64	0.95	1.10	1.30	1.55	2.05	2.50
17653	" " col à pointes	"	0.47	0.56	0.64	0.75	1.10	1.30	1.50	1.95	2.40	2.90
17654	ondulée, col ondulé	"	0.47	0.56	0.64	0.75	1.10	1.30	1.50	1.95	2.40	2.90
17655	fantaisie	"	0.55	0.65	0.75	0.95	1.30	1.55	1.85	2.30	2.75	3.25
17656	haute fantaisie	"	0.75	0.95	1.20	1.50	1.85	2.30	2.75	3.25	3.70	4.15
17657	empire, deux cercles avec isolateur	"	0.37	0.47	0.56	0.75	0.95	1.20	1.50	1.85	2.30	2.75
17658	" fantaisie " "	"	0.65	0.85	1.05	1.20	1.55	1.95	2.30	2.70	3.30	4.15
17659	" haute fantaisie " "	"	1.05	1.20	1.50	1.80	2.10	2.60	3.10	3.50	4.15	5.25
17660	" deux cercles applatissantes pour modérateur	"	"	"	1.40	1.50	1.85	2.05	2.40	2.75	3.15	3.50
17661	" " " " bague pour bec Duplex	"	"	"	1.85	1.85	2.20	2.60	2.95	3.30	3.70	4.05
17662	parapluie, renversantes, douille pour bec pétrole 14"	la pièce	2.15									
17663	" " bague pour bec Duplex	"	3.25									

	Supports à cercle rivé pour abat-jour ombrelle — Diamètre m/m		150	190	235	275
17664	rondelle à serrage pour bec pétrole	la pièce	0.65	0.85	1.05	1.25

17665	**Supports** pour bougie, tout cuivre à pince, fixes	le cent	30.
17666	" " " " " à coulisse	"	34.
17667	" " " " " fixes, galerie recouvrement	"	45.
17668	" " " " " à coulisse " "	"	52.

17669	**Support** d'abat-jour pour bougie descendant, seul, cuivre	la pièce	1.30
17670	" " " " " " nickelé	"	1.45

17671 17672 17673 — 17674 et 17676 — 17679 — 17680-17681 — 17683 — 17684 — 17685 — 17686 — 17687 — 17688 — 17693 — 17694 — 17695 — 17696 — 17689 et 17690 — 17691 et 17692 — 17698 — 17700 — 17701 et 17703 — 17705 — 17706 — 17707-17708 — 17710-17711 — 17712 — 17713-17714 — 17715 — 17716 — 17718

	Allumoirs pour bougie, genre anglais.... Longueur %m..	45	60	70	130
17671	cuivre verni, sans éteignoir................la pièce...	0.90	1.10	1.65	2.35
17672	" " avec éteignoir................"	1.35	1.55	2.10	2.80

17673 **Allumoir** avec extincteur pour lampe courant d'air.....la pièce.. 3.40

17674 **Bougies** d'allume, couleurs variées, longueur 30%m diamètre 3%m en boîte par 50 gr.mes 100 % boîtes. 40. „
17675 " " " " " " " " en paquets par 500 gr.mes le kilog.. 5.60
17676 " " blanches, longueur 50%m diamètre 4%m en boîte par 250 grammes. la boîte.. 1.75
17677 " " " " " " " en paquets par 500 grammes. le kilog. 7. „

17678 **Rats de cave** cire blanche ordinaire en pelottes par 20, 24, 32, 40 ou 50 au kilog. le kilog.. 4.50
17679 " " cire blanche extra en boîtes plates carton se déroulant dans la boîte. les % boîtes.. 10. „
17680 " " " " " en boîtes rondes carton, hauteur 60%m se déroulant dans la boîte " „.. 24. „
17681 " " " " " " " " " 120 " " " „.. 40. „
17682 " " couleurs variées en boîtes carton par 5 pelottes à la boîte ...la boîte.. 0.90

17683 **Allumoir** à gaz, ordinaire, douille cuivre et clef feuillard....la pièce.. 1.10
17684 " tout cuivre fondu ....„ ... 2.15
17685 " " boule fondue avec douille et clef rapportée.......„ ... 2.70
17686 " " " " " bouchon et crochet ...„ 3.05
17687 " " cylindrique pour boule ....„ 1.90
17688 " " " " ....„ ... 2.30
17689 " " " ordinaire pour bec Auer ....„ ... 1.15
17690 " " " renforcé " " ....„ ... 2. „
17691 " " fer blanc renforcé pour réverbère ....„ ... 2.90
17692 " " cuivre rouge " " ....„ ... 5.35

Auto allumeurs à gaz
17693 au fil de platine pour fourneau de cuisine, forme cylindrique ...la pièce.. 0.95
17694 " " " à douille et clef pour bec, forme poire ....„ ... 1.45
17695 " " " à double tirage, pour la poche ....„ ... 1.20
17696 " " " fumivore aluminium, se posant sur le verre....„ ... 1.20
17697 **Pastille** de rechange pour d° ....„ 0.60
Avoir soin de les flamber sur une flamme vive avant de s'en servir.

	Allumoirs au gaz, pour pipe	polis	nickelés
17698	à une poignée cristal ....la pièce...	4.70	5.10
17699	à deux poignées cristal ...."	5.50	5.90

17700 **Allume-pipe** ou veilleuse à essence, composition bronzée, bonshommes grotesques. la pièce 0.90

Allume-pipes à essence, flamme réglable, avec 2 tiges métal garnie d'amiante pour l'allumage
17701 métal nickelé, cheminée cuivre nickelé ....la pièce ...1.95
17702 tout cuivre nickelé, léger ....„ 1.80
17703 " " " fort ....„ 2.85
17704 porcelaine décorée ....„ .... 5. „
17705 cuivre nickelé, avec globe opale, galerie nickelée..........„ 2.50

17706 **Allume-pipe** d'applique, à essence, cuivre nickelé à anneau. la pièce .. 8. „

Allumoirs lumineux, garni d'un liquide allumant instantanément, par une simple pression, la lampe à essence attenant à l'appareil.
17707 modèle ordinaire ....la pièce.. 8.10
17708 " perfectionné muni d'un bouchon perfectionné empêchant l'évaporation du liquide ...„.. 10.80
17709 **Liquide** de rechange p.r d° donnant environ 1500 allumages, la charge.. 0.40

Allumoirs électriques, boîte bois verni, avec lampe à essence
17710 modèle mural fixe avec bobines fonctionnant sur un service de sonnerie, lampe fixe. la pièce.. 12. „
17711 " " " " " " " " " lampe mobile „.. 13. „
17712 " " " " " " " " " lampe mobile à glissière „.. 13. „
17713 modèle portatif à poignée avec piles, lampe fixe 18.50
17714 " " " " " lampe mobile 18.50
17715 " " " " " lampe mobile à glissière 18.50
17716 **Balais** de rechange pour allumoirs 0.25
17717 **Piles** " " " 1.90
Pour obtenir un bon fonctionnement 3 ou 4 piles ainsi que des zincs circulaires sont nécessaires sur les services de sonnerie pour augmenter l'énergie, aux N.os 17710 à 17712.

17718 **Allumoir** à alcool, récipient verre, tige fil de fer garnie amiante. la pièce.. 0.40

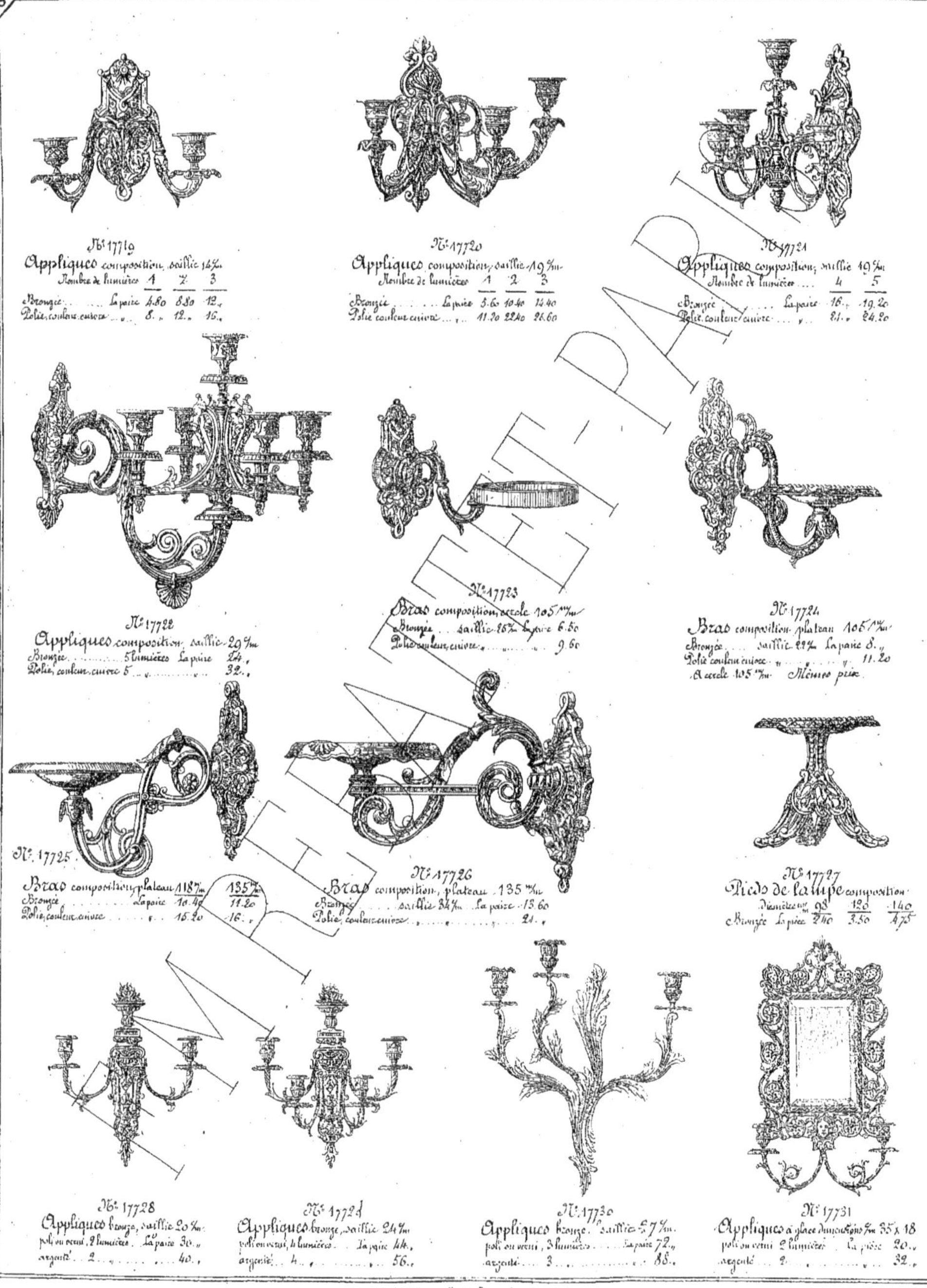

N° 17719
Appliques composition, saillie 14 %m

Nombre de lumières		1	2	3
Bronzée	La paire	4.80	8.80	12..
Polie, couleur cuivre	„	8..	12..	16..

N° 17720
Appliques composition, saillie 19 %m

Nombre de lumières		1	2	3
Bronzée	La paire	5.60	10.40	14.40
Polie couleur cuivre	„	11.20	22.40	26.60

N° 17721
Appliques composition, saillie 19 %m

Nombre de lumières		4	5
Bronzée	La paire	16..	19.20
Polie, couleur cuivre	„	21..	24.20

N° 17722
Appliques composition, saillie 29 %m
Bronzée .... 5 lumières La paire 24..
Polie, couleur cuivre 5 ... „ .... 32..

N° 17723
Bras composition, cercle 105 %m
Bronzée ... saillie 25 %m La paire 6.50
Polie couleur cuivre ... „ ... „ 9.60

N° 17724
Bras composition, plateau 105 %m
Bronzée ... saillie 22 %m La paire 8..
Polie couleur cuivre „ ... „ 11.20
A cercle 105 %m Mêmes prix

N° 17725
Bras composition, plateau

		118 %m	135 %m
Bronzée	La paire	10.40	11.20
Polie, couleur cuivre	„	15.20	16..

N° 17726
Bras composition, plateau 135 %m
Bronzée ... saillie 34 %m La paire 13.60
Polie, couleur cuivre ... „ ... 21..

N° 17727
Pieds de lampe composition

Diamètre %m		98	120	140
Bronzée	La pièce	2.40	3.50	4.75

N° 17728
Appliques bronze, saillie 20 %m
poli ou verni, 2 lumières. La paire 30..
argenté ... 2 ... „ ... 40..

N° 1772d
Appliques bronze, saillie 24 %m
poli ou verni, 4 lumières. La paire 44..
argenté ... 4 ... „ ... 56..

N° 17730
Appliques bronze, saillie 27 %m
poli ou verni, 3 lumières ... La paire 72..
argenté ... 3 ... „ ... 88..

N° 17731
Appliques à glace dimensions %m 35 x 18
poli ou verni 2 lumières. La pièce 20..
argenté ... 2 ... „ ... 32..

17732 à 17734 · 17735 · 17732 à 17734 avec bague à vis · 17736 · 17737
17738 · 17740 · 17739
17741 · 17742 · 17743
17744 à 17746 · 17749 · 17751
17752 · 17756
17757 · 17758 · 17759
17762 · 17765, 17767, 17770 · 17764, 17766, 17769

Becs tous systèmes.

N°	Désignation		Le cent		Le mille
17732	**Becs** ronds à essence, cuivre jaune, légers, avec piédouche	Le cent	24.30	Le mille	195. »
17733	» » » » » ordinaires, »	»	28. »	»	205. »
17734	» » » » » forts » »	»	34.50	»	305. »
17735	» » » » » » avec piédouche forme haute	»	36. »	»	320. »
	Augmentation pour cuivre nickelé	»	7.50	»	55. »
	avec bague à vis, au lieu de piédouche	En moins le cent			4.50

N°	**Becs** tempête à pétrole	N°	3	5	7
17736	cuivre, papillon ferblanc, mèche plate sans bague ni piédouche	Le cent	33. »	39. »	»
17737	cuivre, papillon cuivre rouge à galerie et piédouche	»	»	66. »	82. »

N°	**Becs**, pétrole plats	N°	2½	3	5	7	10
17738	cuivre jaune ordinaire	Le cent	21. »	21. »	32.50	51. »	84. »
17739	» » à charnière	La pièce	»	»	1.60	1.75	2.15

17740 **Becs** pétrole ronds, fabrication française; la mèche est en contact avec les molettes sur toute sa largeur et monte avec une régularité parfaite

N°		N°	8	10	12	14
17740	qualité courante	Le cent	45. »	52. »	60. »	68. »

N°	**Becs**, pétrole ronds	N°	8	10	12	14
17741	qualité courante	Le cent	45. »	52. »	60. »	68. »
17742	» vrai W vis fondues	La pièce	1.30	1.55	1.90	1.95
17743	» supérieure vis fondues, bouton noir	»	0.95	1.10	1.25	1.40

N°	**Becs**, pétrole à Bague avec mèche	N°	15	16	20
17744	cuivre poli léger simple, en paquet par 12 pièces	La pièce	1.20	»	»
17745	» » ordinaire simple » » » »	»	1.55	»	»
17746	» » renforcé simple en boîte carton par 6 pièces	»	»	2.25	2.90
17747	» » » à levier » » » » » »	»	»	3.05	3.90
17748	» » » à levier et extincteur, en boîte carton par 6 pièces	»	»	»	4.70
17749	» » Matador simple	»	2.55	»	3.35
17750	» » » à levier	»	3.45	»	4.20
17751	» » » à levier et extincteur	»	»	»	5.10

Par quantité inférieure au paquetage ou à l'emboîtage indiqués pour chaque sorte, Majoration très sensible.

N°	**Becs** Odin, dits Merveilleux, avec mèche	N°	10	12	15	16	20	25	30
17752	cuivre poli ordinaire bouton cuivre	La pièce	1.90	2.05	2.30	2.55	3.85	»	»
17753	» » 1re qualité bouton noir	»	»	»	3. »	4.45	5. »	7.65	9.35
17754	» » à levier	»	»	»	4.70	6.15	6.65	9.80	11.50
17755	» » à levier et extincteur	»	»	»	»	»	8.50	11.50	»

17756 **Bec** Duplex à vis, avec piédouche à levier et extincteur .... La pièce 6. »

Becs à gaz cuivre poli pour manchon à incandescence à tige centrale ou à potence

N°	Désignation		Prix
17757	bec bébé, ordinaire, simple, en boîte carton par 10 pièces	La pièce	0.85
17758	» » renforcé à veilleuse	»	2.10
17759	pour manchon N° 2 ordinaire, simple	»	0.67
17760	» » » renforcé »	»	1. »
17761	» » » » » intensif très puissant	»	1.65
17762	» » » ordinaire, à veilleuse	»	2.15
17763	» » » renforcé, à veilleuse, balancier cuivre fondu	»	2.60

par quantité inférieure à 10 pièces d'une même sorte, Majoration très sensible

N°	**Manchons** pour gaz ou alcool, enduit collodion	N°	0, bébé	1	2	3
17764	ramie, pour suspension à potence, sans tige	Le cent	60. »	62. »	63. »	81. »
17765	» » » à couronne, avec tige	»	69. »	71. »	72. »	90. »
17766	coton, pour suspension, à potence, sans tige	»	63. »	65. »	67. »	90. »
17767	» » » à couronne, avec tige	»	72. »	74. »	76. »	100. »
17768	qualité d'exportation, tête tulle, à potence, sans tige	»	»	»	45. »	»
17769	tiges nickel pour suspension, à potence	»	7.65	7.65	8.50	9.50
17770	» » » » à couronne	»	8.50	8.50	10.50	12.50

En raison de la fragilité des manchons nous n'acceptons aucune responsabilité pour les avaries qui pourraient se produire en cours de route, malgré les soins apportés dans l'emballage (Cet article n'est pas livré par quantité inférieure à 100 pièces.)

Bougeoirs d'appartement, cuivre verni.

N° 17771	N° 17772	N° 17773	N° 17774	N° 17775	N° 17776	N° 17777	N° 17778
La pièce 1.80	La pièce 2.25	La pièce 2.80	La pièce 3.20	La pièce 3.60	La pièce 4.40	La pièce 5.60	La pièce 6.40

Tous ces bougeoirs peuvent être livrés avec lampe et bec essence. Augmentation ... la pièce ... 1,20

Bougeoirs d'applique extensibles

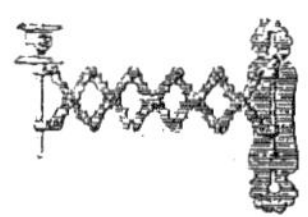

N° 17779 léger
zinc nickelé La pièce 0.60
cuivre poli » 0.80
» nickelé » 0.95

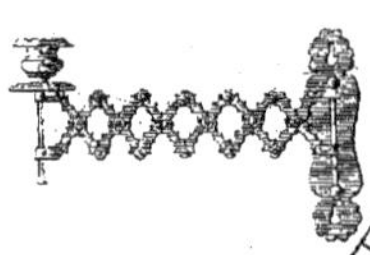

N° 17780 demi léger
cuivre poli La pièce 1.20
» nickelé » 1.35

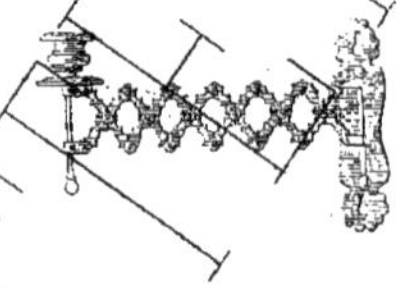

N° 17781 ordinaire
cuivre poli La pièce 1.65
» nickelé » 1.80

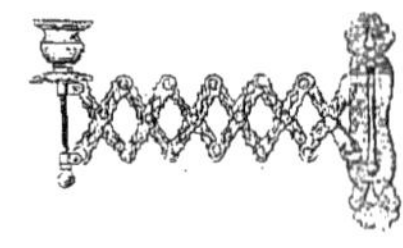

N° 17782 demi fort
zinc nickelé La pièce 0.95
cuivre poli » 1.95
» nickelé » 2.10

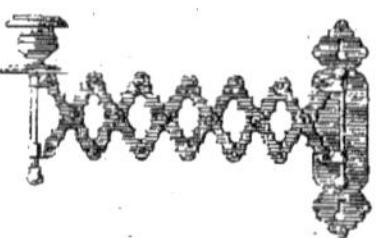

N° 17783 fort
cuivre poli La pièce 2.45
» nickelé » 2.70

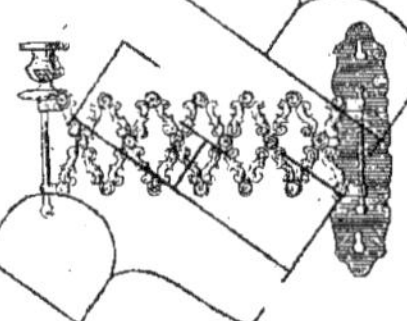

N° 17784 très fort
cuivre poli uni La pièce 2.85
» nickelé uni » 3.20
» poli gravé » 3.30
» nickelé gravé » 3.65

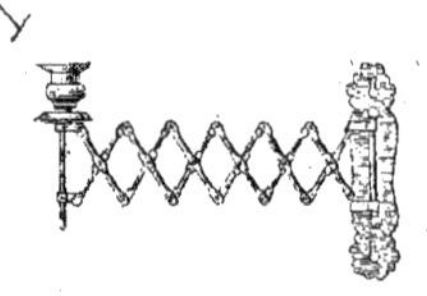

N° 17785, léger, barrettes rondes.
acier nickelé La pièce 0.95
cuivre poli » 1.35
» nickelé » 1.50

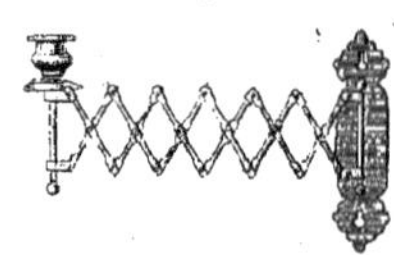

N° 17786, demi fort, barrettes rondes.
acier nickelé La pièce 1.35
cuivre poli » 1.80
» nickelé » 2. »

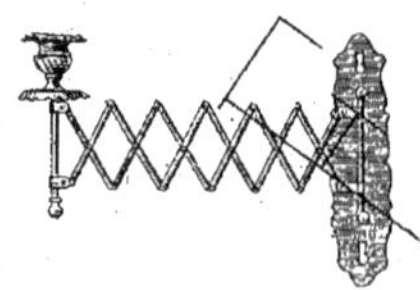

N° 17787 fort, barrettes rondes
cuivre poli La pièce 2.70
» nickelé » 3. »

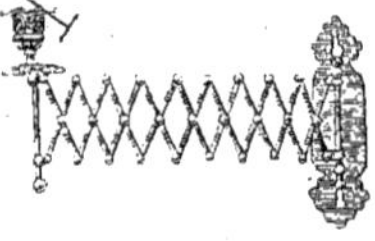

N° 17788 - très fort, barrettes rondes, tournées, 6 croisillons
cuivre poli La pièce 6.30
» nickelé » 6.80

N° 17789 - ordinaire double
cuivre poli La pièce 3.30
» nickelé » 3.65

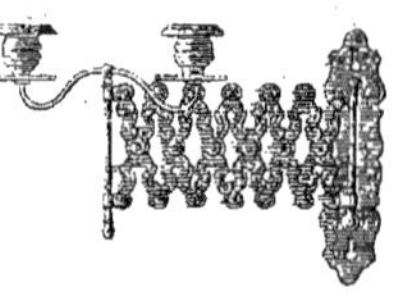

N° 17790. fort, 2 lumières
cuivre poli La pièce 3.30
» nickelé » 3.65

Imp. DONNADIEU 22, Rue des Francs-Bourgeois

Bras de piano en bronze verni or

N°	1 lumière, la paire	2 lumières, la paire
N° 17791	5.90	11. »
N° 17792	6.50	12. »
N° 17793	7.50	14. »
N° 17794	9.50	19. »
N° 17795	11. »	21. »

17797 17798 17800

17801-17802 17803

17804 17805 17806

17807 17808

17809 17810

17811 17812 17813

17814 17815-17816 17817-17818

à poucette à manche

17819 17820 17821 à 17823

17824 17825

N°	Désignation	
17796	**Bougeoir** à applique pneumatique, cuivre nickelé, à vis . . . . La pièce	1.55
17797	» » » » hélicoïdal . . . . »	9.70
17798	» » » » à bascule . . . . »	2.85
17799	» » » » automatique . . . . »	3.10
17800	» » » » le Rapide . . . . »	3.10
17801	**Bougeoir** tournant et à rallonge, longueur développé, 28 c/m, métal bronzé . . La pièce	0.65
17802	» » » » » métal nickelé . . . . »	1.10

N°	**Bougeoirs** articulés, cuivre nickelé . . . . Nombre de lumières	1	2
17803	pince à vis de pression se fixant à l'espagnolette . . . . La pièce	2.25	3.75

N°	**Bougeoirs** fer battu émaillé, 1er Choix . . . . diamètre c/m	13	16
17804	forme française, décor fleurs sur fond blanc . . . . La pièce	0.85	»
17805	» » filet or sur fond bleu Sèvres . . . . »	0.85	»
17806	forme anglaise, filet or, fond crème, bleu pâle, bleu foncé, vert . . . . »	»	0.90

N°	Désignation	
17807	**Bougeoir** composition bronzée forme feuille, à manche . . . . La pièce	1. »
17808	» » » forme ronde » . . . . »	1. »
17809	» » » » » à anse . . . . »	1.50
17810	**Bougeoir** métal nickelé uni cuvette ronde, diamètre 11 c/m à anse . . . . La pièce	0.55
17811	» » » orné Louis XVI cuvette ronde » » » . . . . »	1.20

N°	**Bougeoirs** cuivre repoussé, pied zinc . . . . diamètre de la cuvette c/m	10	12
17812	La pièce	0.65	0.80

N°	Désignation	
17813	**Bougeoir** repoussé, cuvette ronde à pied, cuivre poli . . . . La pièce	0.90
17814	» » » à pans sans pied » » . . . . »	1.55
17815	» » » ronde anse fondue » . . . . »	1.65
17816	» » » » » » cuivre nickelé . . . . »	2.15

N°	**Bougeoirs** cuivre fondu, genre anglais . . . . N°	1	2	3
17817	cuivre poli à poucette . . . . La pièce	2.10	2.55	3.20
17818	» nickelé » . . . . »	3. »	3.50	4. »

N°	**Bougeoirs** cuivre fondu, vrai Mâcon . . . . N°	0	1	2	3	4
	diamètre c/m	9	10	11	13	15
17819	ordinaires cuivre poli à poucette ou à manche . . . . La pièce	1.65	1.85	2.15	2.60	3.25
17820	» cuivre nickelé » » » . . . . »	2.30	2.65	3. »	3.50	4.20

N°	**Bougeoirs** cuivre fondu, vrai Mâcon . . . . N°	1	2	3	4
	diamètre c/m	11	12	13	15
17821	modèle parisien, cuivre poli, à poucette . . . . La pièce	2.15	2.60	2.85	3.25
17822	» » similor poli » . . . . »	2.45	2.95	3.20	3.60
17823	» » cuivre nickelé » . . . . »	2.90	3.50	3.80	4.20

N°	Désignation	
17824	**Bougeoir** bronze ciselé poli vieux, cuvette ronde . . . . La pièce	3.50
17825	» » » » » » carrée . . . . »	6. »
17826	» » » » » Louis XV, petit modèle . . . . »	2.20
17827	» » » » » » » grand modèle . . . . »	4.50

N°	**Bougeoir** cuivre fondu Paris, à coulisse . . N°	1	1	2	2	3	3	4	4	5	6
	diamètre m/m	95	105	100	110	105	120	110	130	120	130
17828	tige droite pied bombé, ou à cuvette . . La pièce	1.40	»	1.60	»	1.70	»	1.85	»	2.10	2.35
17829	tige à balustre » » » » . . »	1.65	»	1.90	»	2.10	»	2.40	»	2.65	»
17830	façon Mâcon » » » » . . »	»	2.30	»	2.50	»	2.75	»	3.05	»	»

N°	**Bougeoirs** cuivre fondu Mâcon, à coulisse . . . . N°	0	1	2	3	4
	diamètre m/m	90	100	115	130	150
17831	cuivre poli, à manche, ou à poucette . . . . La pièce	2.15	2.30	2.60	2.95	3.60
17832	cuivre nickelé » » » . . . . »	2.95	3.10	3.40	3.95	4.60

17826 · 17828 · 17831-17832 · 17827 · 17833 · 17837 · 17838 · 17840 · 17843 - 17845 · 17847 - 17849 · 17844-17846 · 17848-17850 · 17851 · 17852 · 17853 · 17854 · 17855 · 17857 · 17859 · 17860 · 17862 · 17864 · 17865 à 17870 calotte · 17866 à 17870 festons · 17871 · 17872 · 17873 à 17875 · 17876 · 17877 · 17878 · 17885 · 17879 · 17880 · 17881 · 17883

Bougies factices en verre, ne s'allumant pas, douille à ressort, hauteur 18 %, pour garnir les lumières de suspension, bout noir ou garni d'une mèche en coton, livrées en boîte carton, par 6, 9 ou 12 pièces

N°	Désignation		Prix
17833	unies, couleur blanche, bleue, verte, jaune paille, rose, rouge	Le cent	52. »
17834	petites torsades » » » » » » »	»	75. »
17835	grosses torsades, blanche, bleue, verte, rose, rouge	»	97. »

Bougies à essence pour bougeoir, chandelier, flambeau et lanterne de voiture

N°	Désignation		Prix
17836	pour bougeoir ou flambeau, porcelaine blanche, bout porcelaine, à régulateur	La pièce	1.80
17837	» » » » porcelaine couleur » » » »	»	2.05
17838	» » » » cuivre poli » » » »	»	1.55
17839	» » marque Pigeon » » » » » »	»	1.80
17840	pour lanterne de voiture, cuivre poli, bout porcelaine sans régulateur	»	1.35
17841	» » » » » » » à régulateur	»	1.55
17842	» » marque Pigeon » » » » » »	»	1.80
	Augmentation pour cuivre nickelé	»	0.20

Bobèches rondes, plates, demi-cristal blanc uni

N°	Désignation		Prix
17843	rondes, plates, demi-cristal blanc uni	diamètre 60 à 80 % Le cent	3. »
17844	» » » demi-cristal » filet or bruni	»	11. »
17845	» » » cristal blanc uni	»	10.50
17846	» » » » » filet or bruni	»	21. »
17847	» » » opale, iris, céladon, gris perle, ciel, unies	»	5. »
17848	» » » » » » » » à filet or	»	18.50
17849	» » » jaune paille ou rose, unies	»	8.75
17850	» » » » » » » filet or	»	24.50

Bobèches en cuivre

N°	Désignation		poli	nickelé
17851	rondes, unies 80 %	Le cent	17. »	19. »
17852	» gravées crocodile 80 %	»	17. »	19. »
17853	» unies à festons	»	17. »	19. »
17854	» guillochées à festons	»	26. »	28. »
17855	carrées, unies	»	17. »	19. »
17856	» guillochées	»	26. »	28. »
17857	octogones, unies	»	17. »	19. »
17858	» guillochées	»	26. »	28. »
17859	rondes, fortes, gravées à festons	»	28. »	30. »

Brûle-tout, à griffes en cuivre

N°	Désignation		poli	nickelé
17860	serre-bougie 4 griffes	Le cent	13. »	18. »
17861	avec bobèche dentelée	»	19. »	24. »
17862	» » unie diamètre 67 %	»	22. »	27. »

Brûle-tout albâtre à pointe

N°	Désignation	Longueur %	50	55	70	82	102
17863	sans bobèche	Le cent	»	15. »	19. »	23. »	29. »
17864	avec bobèche	»	21. »	29. »	»	»	»

Fumivores à calotte ou à festons avec monture

N°	Désignation	N°	5	4	3	2	1
17865	forme calotte, porcelaine blanche	Le cent	35. »	40. »	45. »	50. »	»
17866	à festons, opale	»	»	43. »	50. »	57. »	65. »
17867	à festons ou calotte, simili céladon ou iris	La pièce	»	»	0.70	0.80	0.85
17868	» » vrai céladon, doublé émail	»	»	»	1.10	1.20	1.45
17869	» » simili lapis	»	»	»	0.95	1.15	1.25
17870	» » simili rose	»	»	»	1.45	1.50	1.65
17871	Montures seules pour fumivores	Le cent					10. »

Fumivores cuivre ordinaire, pour suspension torse

N°	Désignation		Prix
17872	Fumivores cuivre ordinaire, pour suspension torse, diamètre 55 %	Le cent	7. »
17873	» cuivre verni, unique, diamètre 90 %	»	40. »

Fumivores cuivre forme ballon

N°	Désignation	diamètre %	75	85	95	100	110	120
17874	cuivre poli	Le cent	40. »	44. »	47.50	51. »	53. »	68. »
17875	» bronzé	»	50. »	54. »	57.50	62.50	64.50	81. »

Fumivores à pince pour lampe

N°	Désignation	N°	1	2	gaz
17876	ordinaires	La pièce	0.48	0.55	0.95
17877	suspendus	»	0.48	0.55	0.95
17878	Fumivore à deux branches pour gaz	La pièce			0.95

Fumivores en mica

N°	Désignation	diamètre %	65	75	80	90	100
17879	forme plate, 1 branche	Le cent	25. »	»	36. »	»	40. »
17880	» » 2 branches	»	30. »	»	40. »	»	50. »
17881	forme conique 1 branche	»	»	36. »	»	50. »	»
17882	» » 2 branches	»	»	40. »	»	56. »	»
17883	forme plate, tout mica, 3 branches	»	»	»	»	»	50. »
17884	» » 3 branches cuivre, pour ampoule à trou	»	»	36. »	»	»	»
17885	» » 3 branches fil de fer étamé	»	»	»	»	»	50. »

Candélabres composition bronzée

N° 17886. hauteur 43 c/m 4 lumières la paire 12.80

N° 17887. hauteur 46 c/m 4 lumières la paire 14.50

N° 17888. hauteur 47 c/m 4 lumières la paire 19.25

N° 17889. hauteur 48 c/m 4 lumières la paire 19.25

N° 17890. hauteur 49 c/m 4 lumières la paire 19.25

N° 17891. hauteur 53 c/m 5 lumières la paire 26.„

N° 17892. hauteur 55 c/m 5 lumières la paire 29.„

N° 17893. hauteur 57 c/m 5 lumières la paire 32.„

N° 17894. hauteur 58 c/m 5 lumières la paire 37.„

N° 17895. hauteur 60 c/m 5 lumières la paire 42.„

17896
17898 17899
17910
17901 pied bombé 17903 17905
17901, à cuvette 17906
17902, pied bombé 17904-17907
17902, à cuvette 17908
17920 17921 17924 17922 17925
17917-17919 17911 à 17913 17918 17928
17927 17914 17915-17916
17929 17930 17931 17932
17933 17934 17935

17896 **Calibre** à verre ferblanc très fort . . . . La pièce 6. ,

Chandeliers métal nickelé à coulisse

		N°	0	1	2	3
		hauteur $^{c}/_{m}$	18	20	21	22
17897	pied bombé	La pièce	0.85	1. ,	1.10	1.30
17898	" à cuvette	"	0.85	1. ,	1.10	1.30

Chandeliers cuivre repoussé à coulisse

		N°	0	1	2	3
17899	pied bombé, zinc fondu recouvert cuivre	La pièce	0.42	0.53	0.60	0.70
17900	pied à cuvette " " "	"	,	0.53	0.60	0.70

Chandeliers cuivre fondu Paris, à coulisse

		N°	0	1	2	3	4	5	6
17901	tige droite	hauteur $^{m}/_{m}$	130	145	155	165	180	195	205
	pied bombé ou à cuvette	la pièce	1.10	1.20	1.40	1.55	1.75	1.95	2.10
17902	tige à balustre	hauteur $^{m}/_{m}$	150	160	180	200	210	220	230
	pied bombé ou à cuvette	la pièce	1.35	1.50	1.75	1.95	2.20	2.40	2.70

Chandeliers cuivre fondu Paris, à coulisse

		N°	00	0	1	2	3	4
		hauteur $^{m}/_{m}$	165	175	185	195	212	230
17903	façon Mâcon pied bombé, tige droite	la paire	3. ,	3.25	3.65	4. ,	4.70	5.40
17904	" " " " tige à balustre	"	3.25	3.60	4. ,	4.55	5.20	6. ,

		N°	000	00	0	1	2	3	4
17905	**Chandeliers** cuivre fondu, modèle Mâcon à coulisse	hauteur $^{m}/_{m}$	155	165	175	185	198	215	230
	pied bombé tige droite	la paire	2.95	3.15	3.40	4. ,	4.55	5.55	6.50
17906	**Chandeliers** cuivre fondu, modèle Mâcon à coulisse	hauteur $^{m}/_{m}$	140	150	160	172	183	193	205
	pied à cuvette, tige droite	la paire	3.45	3.60	3.90	4.40	5. ,	5.85	6.75

		N°	00	0	1	2	3	4
17907	**Chandeliers** cuivre fondu modèle Mâcon à coulisse	hauteur $^{m}/_{m}$	165	175	185	195	210	230
	pied bombé, tige à balustre	la paire	3.90	4.15	4.40	4.95	5.60	6.75
17908	**Chandeliers** cuivre fondu modèle Mâcon à coulisse	hauteur $^{m}/_{m}$	160	170	180	190	205	222
	pied à cuvette, tige à balustre	la paire	4.15	4.40	4.80	5.60	6.50	7. ,

Contrepoids pour suspensions Voir page 108 N°s 3334 à 3343.

17909 **Culot** de suspension cuivre poli, bouton embouti . . . . . la pièce 0.65
17910 " " " " bouton porcelaine . . . . . " 0.65

17911 **Eteignoirs** ordinaires sans soudure; ferblanc décoré . . . . Le cent 16. ,
17912 " " " " cuivre . . . . . " 18. ,
17913 " " " " cuivre nickelé . . . . . " 24. ,
17914 **Eteignoirs** à bascule, éteignant seuls . . . . . " 56. ,
17915 " à ressort acier, cuivre poli . . . . . " 105. ,
17916 " " " cuivre nickelé . . . . . " 135. ,

Accessoires pour lampes modérateur

17917	**Crémaillères** seules pour piston	Longueur $^{c}/_{m}$	21	23	27	32
		Le cent	12. ,	16.50	21. ,	25.50
17918	**Crémaillères** complètes avec boîte pignon & clé	"	75.	80. ,	85. ,	90. ,

17919 **Crémaillères** seules pour bec . . . . . Le cent 5.25
17920 **Clefs** de bec seules . . . . . " 10.50
17921 **Pignons** de bec, rodés, seuls . . . . . " 10.50

17922	**Clefs** de piston	N°	1	2	3
		Le cent	15. ,	16.50	18. ,

17923 **Boites à cuir** . . . . . Le cent 12.50
17924 **Petits cuirs** pour d° . . . . . " 4.50
17925 **Griffes** pour lampe ordinaire . . . . . " 0.90
17926 " " " à charnière . . . . . " 1.50
17927 **Pistons** cuir pour lampe modérateur

N°	6	7	8	9	10	11	12	13	14	15	16
Le cent	65	65	65	65	75	75	75	85	85	85	85

17928 **Flambeaux** métal nickelé, pied rond uni hauteur 21 $^{c}/_{m}$ . . . La paire 2.10
17929 " " " " " gravé " 22 " . . . " 2.65
17930 " " " " " uni " 24 " . . . " 3.05
17931 " " " pied à pans uni " 25 " . . . " 3.40
17932 " " " pied carré gravé " 26 " . . . " 5.30

17933 **Flambeaux** composition bronzée, hauteur 22 $^{c}/_{m}$ . . . La paire 4. ,
17934 " " " " 25 " . . . " 5.60
17935 " " " " 27 " . . . " 6. ,

Flambeaux unis cuivre fondu

Lorrains

		N°	1	2	3
		hauteur m/m	210	230	250
17936	cuivre jaune poli	la paire	4.15	4.80	5.35
17937	" " nickelé	"	5.45	6.10	7. "

Balustres

		N°	0	1	2	3	4
		hauteur m/m	195	210	230	250	275
17938	cuivre jaune poli	la paire	4.50	4.80	5.85	6.85	8.50
17939	" " nickelé	"	5.80	6.10	7.15	8.50	10.15

Alsaciens

		N°	1	2	3
		hauteur m/m	210	230	250
17940	cuivre jaune poli	la paire	5. "	5.60	6.25
17941	" " nickelé		6.30	6.90	7.90

Toulousains

		N°	1	2	3
		hauteur m/m	210	230	250
17942	cuivre jaune poli	la paire	5.20	5.85	6.85
17943	" " nickelé	"	6.85	7.50	8.80

Flambeaux cuivre fondu ciselé

	N°	17944	17945	17946	17947	17948	17949
	hauteur c/m	18	21	22	23	26	22
cuivre poli	la paire	8.25	9.10	10.75	12.40	21.50	33. "
" verni	"	9.75	10.60	12.25	13.90	23. "	34.50
" nickelé	"	10.25	11.10	12.75	14.40	23.50	35. "

Flambeaux de jardin en cuivre, fabrication soignée

			poli	bronzé	verni	nickelé
17950	tige droite, petit pied	la pièce	1.35	1.65	1.65	1.65
17951	" " à petit balustre	"	1.65	2. "	2. "	2. "
17952	" " moyen	"	2. "	2.40	2.40	2.40
17953	" " " tube à jour	"	2.50	3. "	3. "	3. "
17954	" " à coulisse permettant d'allumer sans retirer le globe	"	1.75	"	"	2.10
17955	tige droite, renforcé, à coulisse	"	2.50	2.85	2.85	2.85
17956	" " " , tube à jour	"	2.80	3.15	3.15	3.15

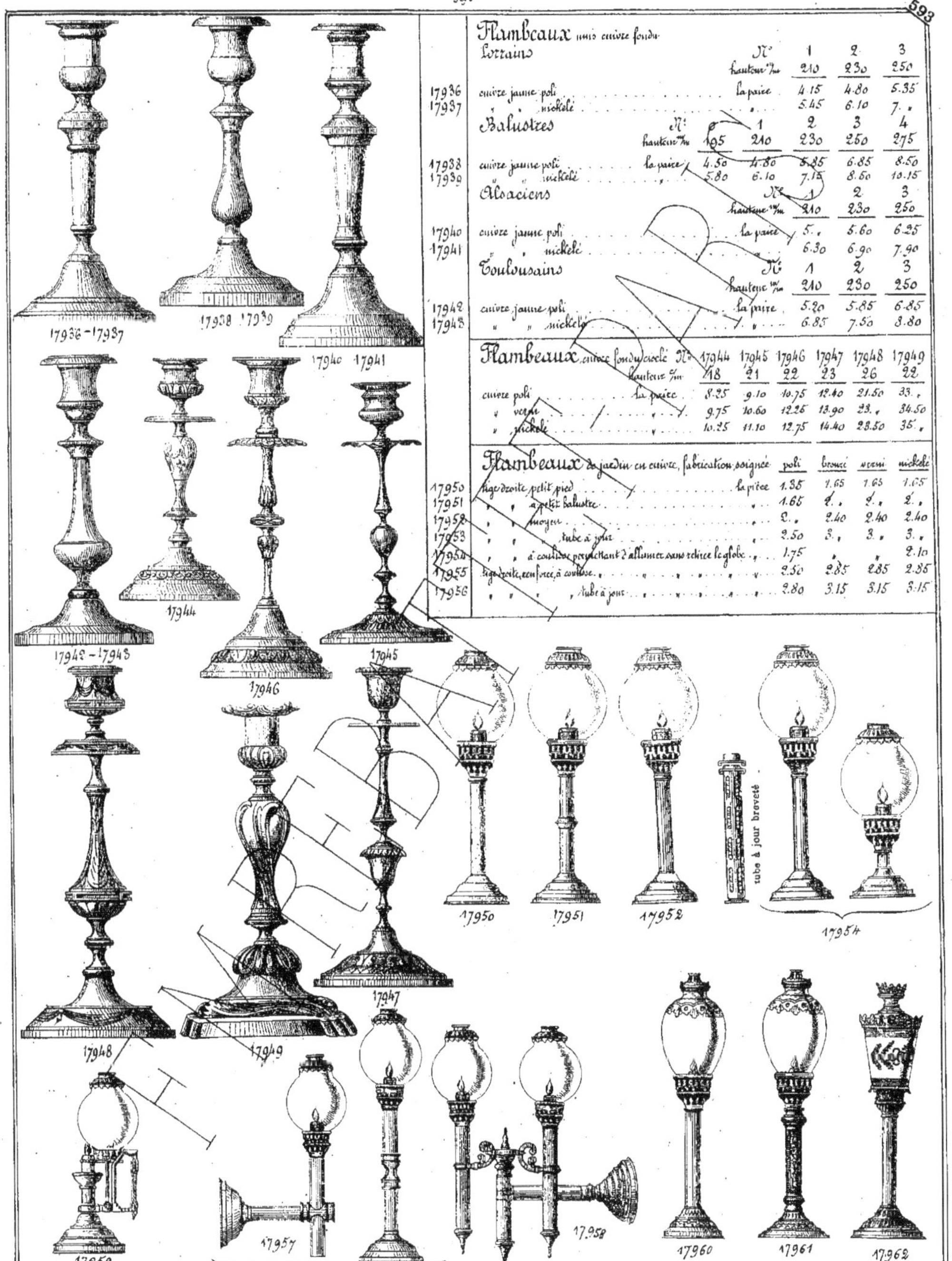

17964 — 17965 — 17966 — 17972

17967 — 17968-17969 — 17970-17971 — 17973-17974 — 17977 — 17976

17978 — 17979 — 17980 — 17981 — 17982

17983 — 17984 — 17987 — 17986-17987 — 17988

17989 — 17990 — 17991 — 17992 — 17993-17994

Flambeaux à applique, 2 usages

			poli	bronzé	verni	nickelé
17957	cuivre soigné	la pièce	2.70	2.70	2.70	2.70
17958	à 2 lumières à bascule, renforcé, tube à jour		22.50	23.25	23.25	23.25

Bougeoirs à poignée tube à jour

			poli	bronzé	verni	nickelé
17959	galerie mobile permettant d'allumer sans retirer le globe	la pièce	6.40	6.75	6.75	6.75

Flambeaux de jardin, fantaisie

			poli	bronzé	verni	nickelé
17960	pied ciselé, globe carapace	la pièce	4.75	5.10	5.10	5.10
17961	colonne et pied ciselés, globe carapace, tube à jour		„	„	8.25	8.25
17962	pied ciselé à balustre, dessus et galerie estampés, tube à jour	„	6.50	6.85	6.85	6.85

Candélabres, photophores de jardin

		Nombre de lumières	2	3	4	5
17963	cuivre nickelé, fabrication courante	la pièce	6.75	8.10	„	„
17964	cinceaux cuivre fondu, tube à jour, polis, vernis ou nickelés	„	13.50	20.	24. „	27.75

Flambeaux de jardin à pétrole

17965 cuivre nickelé, manchon gravé, bec rond 10'' . . . . la pièce 5.85

17966 „ „ lampe boule à pied, manchon demi dépoli bec rond N° 14'' . . . . 10. „

17967 „ „ brûlant sans verre intérieur 4.50

Flambeaux de jardin à pétrole, pied rond, charge fonte

		Bec N°	10''	14''
17968	cuivre poli	la pièce	7.25	15. „
17969	„ nickelé	„	7.75	16. „

17970 **Flambeau** de jardin à essence marque Pigeon, cuivre poli . . . . la pièce 4.80

17971 „ „ „ „ „ cuivre nickelé . . . . „ 5.70

Goupillons, pour verre de lampe

			Longueur c/m	25	30
17972	modérateur	soie grise ou blanche, manche bois	Le cent	20. „	22.50
17973	pétrole	„ „ „ „ „	„	25. „	27.50
17974	pour verre universel	„ „ „ „ „	Le cent	60. „	
17975	„ „ à gaz	„ „ „ „ „	„	45. „	
17976	**Goupillons moucheurs** pour becs ronds		„	11.50	

Goupillons en laine pour verre de lampe

			N°	1	2
17977	manche bois		Le cent	21. „	29. „

Bougeoirs & Lampes métal nickelé à essence

17978 **Bougeoir** à essence, forme basse, pour lanterne, métal nickelé . . . . la pièce 0.70

17979 „ „ forme cloche, à anse „ „ . . . . „ 0.90

17980 „ „ forme ronde, „ „ „ . . . . „ 1.10

17981 „ „ forme borne, anse carrée „ „ . . . . „ 1.05

17982 „ „ forme borne, garni feutre „ „ . . . . „ 1.40

17983 „ „ forme à pans, „ „ „ „ . . . . „ 1.50

17984 „ „ forme borne, garni feutre bec supérieur „ . . . . „ 1.90

17985 **Lampe** à douille à essence fond plat pour lanterne, métal nickelé . . . . la pièce 0.65

17986 „ „ „ forme ronde N° 1 „ „ . . . . „ 0.65

17987 „ „ „ „ „ „ 2 „ „ . . . . „ 0.90

17988 **Lampe** d'atelier à essence, crochet mobile, métal nickelé . . . . la pièce 2. „

17989 **Lampe** à essence à tige, bec cloche, métal nickelé, hauteur 24 c/m . . . . la pièce 0.95

17990 „ „ „ „ „ „ „ „ 26 „ . . . . „ 1.10

17991 „ „ „ „ „ „ „ „ 27 „ . . . . „ 1.20

17992 „ „ „ „ „ „ „ „ 27 „ . . . . „ 1.30

17993 „ „ „ „ „ „ „ „ 28 „ . . . . „ 1.40

17994 „ „ „ „ „ „ „ „ 29 „ . . . . „ 1.50

Bougeoirs, Lampes & Lampions en cuivre à essence

17995 **Bougeoirs** à essence, forme basse, pour lanterne, cuivre poli, fond zinc . . le cent 50. „

17996 „ „ „ „ „ „ tout cuivre poli . . . . „ 52. „

Bougeoirs à essence

			N°	1	2	3
17997	forme cloche ordinaire, à anse, cuivre poli		la pièce	0.60	0.65	0.70
17998	forme borne, d'une seule pièce, cuivre poli		„	0.75	0.90	1.05
17999	„ „ „ „ „	cuivre nickelé	„	1. „	1.15	1.30

Lampes à essence, intérieur garni feutre

			cuivre poli	cuivre nickelé
18000	forme cylindrique, sans verrine	la pièce	1.35	1.45
18001	„ „ avec verrine, boule verre clair	„	1.60	1.80

17995 17996 17998-17999 18000 18002 17997 18008 18009-18010 18003 18004-18005 18006-18007 18011 18012 18013 18020 18014 18015 18016 à 18019 18021 18022 18027-18028 18044-18045 18029 18031 18032-18033 18037 18038 18036 18034 18039 18041 18047 18056 18048 18049 18046 18050

	Lampes à doutte à essence		N°	0	1	2	3
18002	fond plat cuivre poli	Le cent		50. »	55. »	60. »	»
18003	forme ronde » »	»		50. »	55. »	60. »	70. »

	Lampes à tige à essence	N°	0	1	2	3	4
18004	tige unie, force ordinaire, cuivre poli	La pièce	0.65	0.70	0.80	0.90	1. »
18005	» » » » » nickelé	»	»	1. »	1.10	1.20	1.35
18006	tige unie, renforcées, cuivre poli	»	»	0.90	1.10	1.35	1.50
18007	» » » » nickelé	»	»	1.30	1.50	1.75	1.90

	Lampes d'atelier à essence, crochet mobile	N°	1	2
18008	cuivre poli	La pièce	1.10	1.20

	Lampes-bougeoirs à bascule, à essence	N°	1	2	3
18009	cuivre poli	La pièce	1.70	1.95	2.10
18010	» nickelé	»	2.40	2.65	2.80

	Bougeoir à essence, cristal uni, opale, iris ou céladon	La pièce	0.50
18011	Bougeoir à essence, cristal uni, opale, iris ou céladon	La pièce	0.50
18012	» » porcelaine imprimée	»	0.65
18013	» » » décorée fond couleur	»	0.95

	Bougeoirs trotteuses à essence avec verre		cuivre poli	cuivre nickelé
18014	force ordinaire	la pièce	2.05	2.60
18015	renforcés	»	2.80	3.35

	Lampes à essence forme Valentine		
18016	cristal uni, opale, iris ou céladon	Le cent	45. »
18017	cristal décoré » » » »	»	55. »
18018	porcelaine imprimée	»	65. »
18019	» décorée fond couleur	»	85. »

18020	**Verrines** à essence forme boule, sur galerie cuivre, scellée, verre clair	Le cent	15. »
18021	» » » » » » » mobile » »	»	22. »
18022	» » forme tulipe » » » » » »	»	25. »
	Les verrines montées sur galerie nickelé Augmentation	»	1. »
18023	**Verres** seuls de rechange forme boule	»	14. »
18024	» » » forme tulipe	»	14. »
18025	**Galeries** seules pour verrines forme boule ou tulipe cuivre poli	»	7.50
18026	» » » » » » » cuivre nickelé	»	8.50
18027	**Verrines** à essence mica, forme cylindrique, monture fixe ferblanc	»	20. »
18028	» » » » » » » cuivre poli	»	25. »
18029	**Verrines** à essence à capuchon, verre clair	»	65. »
18030	**Verres** seuls de rechange pour dito	»	25. »

	Lampes à essence, **Pigeon**, et accessoires			cuivre poli		cuivre nickelé
18031	forme borne petit tube	brûlant 15 heures	la pièce	1.90		2.35
18032	forme conique d'applique petit tube	» 20 »	»	2.70		3.15
18033	» » » gros tube	» 30 »	»	3.15		3.70
18034	forme poire d'applique » »	» 30 »	»	3.15		3.70
18035	» » à pied » »	» 30 »	»	3.70		4.40
18036	trianon, tige et pied fondus ciselés, gros tube	» 30 »	»	4.75		5.25
18037	bougeoir, forme théière petit tube	» 20 »	»	2.45		2.95
18038	» à cuvette bec bougie porcelaine	» 20 »	»	3.15		3.85
18039	Verrines trotteuses forme boule, verre clair avec galerie		le cent	32. »		40. »
18040	Verres seuls pour d°		»		16. »	
18041	Verrines trotteuses forme tulipe, verre clair avec galerie		»	35. »		43. »
18042	Verres seuls pour d°		»		19. »	
18043	Galeries seules pour verrine		»	15. »		22. »
18044	Verrines mica, galerie démontable ferblanc		»		23. »	
18045	» » » » cuivre poli		»		31. »	
18046	Appareil complet, composé de la galerie, du verre bombé, de l'abat-jour reflétant la lumière, pour petit ou gros tube		la pièce	1.15		1.20
18047	Verres seuls bombés ordinaires pour d°		le cent		19. »	
18048	Lanterne de laboratoire de photographie livrée sans lampe, s'adaptant sur toutes les lampes Pigeon, verre rouge ou vert		la pièce	»		2.40
18049	Verres seuls, rouge ou vert pour d°		»		0.80	
18050	Lampe de poche à essence, longueur 75 m/m		»		0.75	
18051	**Mèches** tout coton, cousues des 2 bouts pour lampe Pigeon le paquet de 144 pièces 2.85		le paquet de 12 pièces			0.30
18052	» à âme d'amiante » » »		» » »			0.90

Lampes à essence cuivre fondu

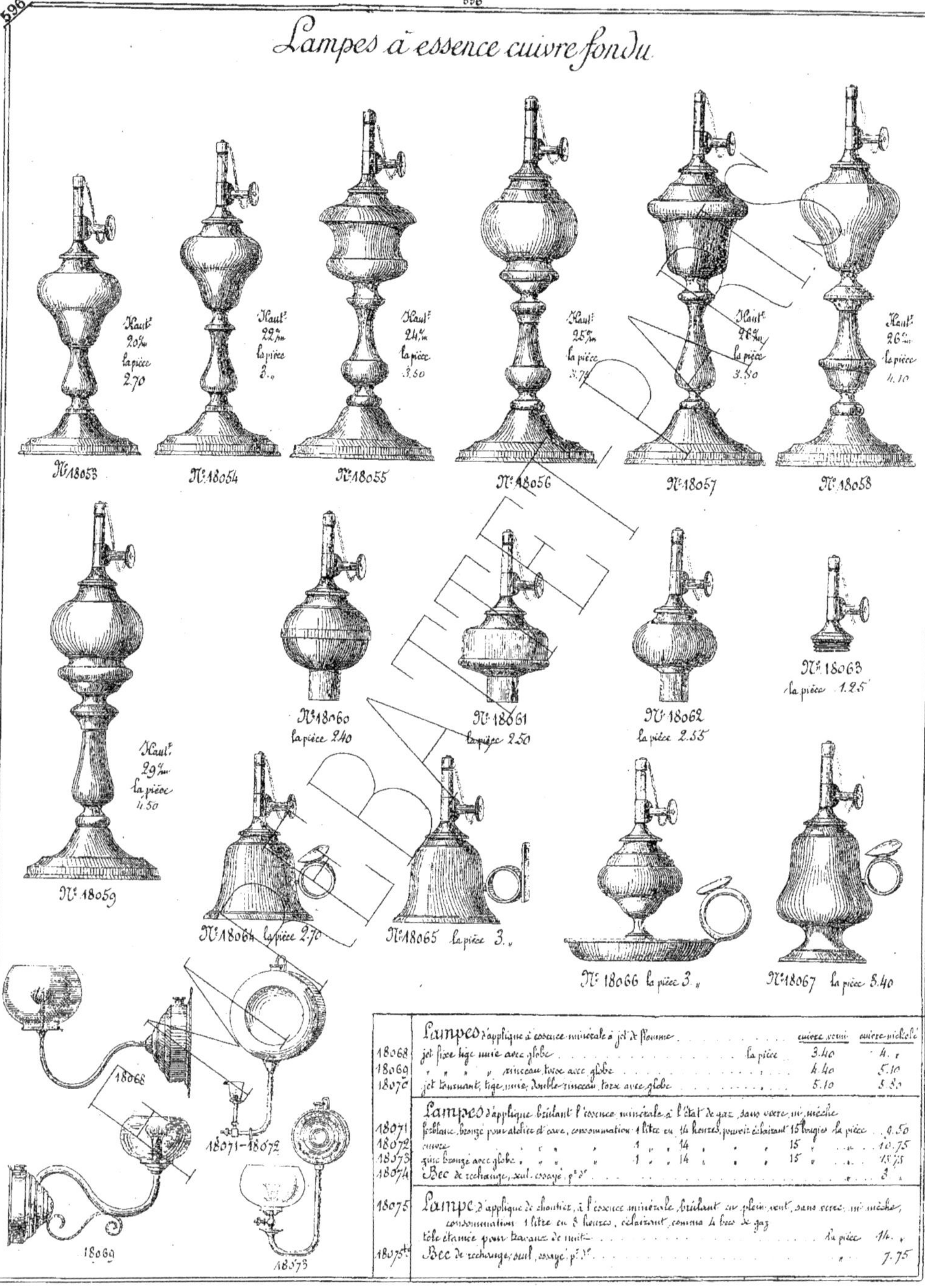

		cuivre verni	cuivre nickelé
	Lampes d'applique à essence minérale à jet de flamme		
18068	jet fixe tige unie avec globe . . . . . la pièce	3.40	4.,,
18069	,, ,, ,, ,, rinceau torse avec globe	4.40	5.10
18070	jet tournant, tige unie, double rinceau torse avec globe	5.10	5.80
	Lampes d'applique brûlant l'essence minérale à l'état de gaz, sans verre ni mèche		
18071	ferblanc bronzé pour atelier et cave, consommation 1 litre en 14 heures, pouvoir éclairant 15 bougies la pièce		9.50
18072	cuivre ,, ,, ,, ,, 1 ,, ,, 14 ,, ,, ,, 15 ,, ,,		10.75
18073	zinc bronzé avec globe ,, ,, ,, ,, 1 ,, ,, 14 ,, ,, ,, 15 ,, ,,		13.75
18074	Bec de rechange, seul, essayé, p^r d^o		3.,,
18075	**Lampe** d'applique de chantier, à l'essence minérale, brûlant en plein vent, sans verre ni mèche, consommation 1 litre en 8 heures, éclairant comme 4 becs de gaz		
	tôle étamée pour travaux de nuit . . . . . la pièce		14.,,
18075bis	Bec de rechange, seul, essayé, p^r d^o		7.75

18070
18074
18075
18076 – 18077
18078 bec droit
18079 bec de côté
18080 à 18081 bec de côté
18082 - 18083
18084 - 18085
18086 - 18087
18088 à 18090
18094
18091 à 18093
18098 - 18099
18095
18096 18097
18100
18101
18102 - 18103
18105, cannelé
18107 - 18108
18109
18112 à 18114
18115
18116

18076	**Lampe de fondeur** cylindrique, ferblanc étamé, bec cuivre à huile .... la pièce	3.25
18077	" " " " " " à essence .... " ...	2.85

Lampes de fondeur

18078	au pétrole Tôle étamée extra renforcée bec ordinaire droit ou de côté à crochet .. la pièce .	3.75
18079	" " " " " " " " " " à poignée ...... " ...	3.90
18080	à essence fer galvanisé embouti bec à régulateur droit ou de côté à poignée ...... " ...	4.75
18081	" fonte malléable fond soudé " " " " " " ...... " ...	6. "

18082	**Lampe Wells** fonte malléable, pour fondeur ou atelier, pour pétrole ...... la pièce	2.70
18083	" " " " " " pour essence, bouchon à chaînette . " ...	4. "
18084	" " " " " " pour pétrole ...... " ...	3.40
18085	" " " " " " pour essence, bouchon à chaînette . " ...	4. "
18086	" " " " à poignée et crochet 2 usages, pour pétrole ...... " ...	5.10
18087	" " " " " " pour essence bouchon à chaînette . " ...	6. "

	Lampes de mineur fer forgé à huile .... diamètre m/m	110	120
18088	ordinaires, à bascule .... la pièce ...	1.70	2.15
18089	demi fines .... "	2.10	2.80
18090	demi fines, très fortes, coq massif .... "	3.15	3.90

Lampes de sûreté pour mine système Mueseler

18091	tôle conique, fermeture automatique .... la pièce ..	10.55
18092	" " à clef .... " ...	10.15
18093	" " double fermeture .... " ...	13. "

	Lampes à huile à douille .... N°	0	1	2	3
18094	ferblanc, porte mèche à baïonnette .... le cent .	24. "	25.50	28.50	31.50
18095	cuivre " " .... " ---	30. "	33. "	36. "	43.50

	Lampes à pétrole à douille, bec tempête ... diamètre m/m	65	70	80	90	100
18096	ferblanc, bec plat avec mèche .... le cent	55	60	72	82	"
18097	cuivre, bec plat N° 5, contenance 50 centilitres .... " ...	"	"	"	"	1.65

18098	**Lampe** à huile, à bascule, ferblanc poli à anse, porte mèche couvert ...... la pièce ...	0.80
18099	" à pétrole " " " bec tempête .... " ...	0.95
18100	" à huile, à bascule tout cuivre fondu à poucette .... " ...	3. "
18101	" " à bascule à roulis " " " " " .... " ...	8. "

18102	**Lampe** quinquet à plaque ovale à huile ou pétrole petit modèle N° 7" .. la pièce –	5. "
18103	" " " " " grand modèle N° 7" à 13" ... " ..	5.50
18104	**Bec** seul, pour quinquet N° 7", 9", 11" ou 13" .... " ...	2.75

	Lampes modérateur à huile .... N°	7"	8"	9 et 11"	14 et 16"
18105	ferblanc bronzé, uni ou cannelé .... la pièce	6.25	7.60	8.80	10.80
18106	cuivre poli uni	12.80	14.40	16. "	18.40
18107	porcelaine blanche forme Valentine	8.35	10.25	12.40	16. "
18108	" décorée ou filet or "	9.20	11.20	13.60	17.60

	Lampes à tringle .... bec N°	7"	9"	11"	13"
18109	à huile, fixe, abat jour cuivre .... La pièce	7.25	8. "	9.10	9.80
18110	" à bascule " " .... " ...	7.60	8.35	9.45	10.15
18111	au pétrole, fixe, sans abat-jour .... " ...	8. "	8.75	9.85	10.50

	Lampes liseuses à l'huile ou au pétrole ... hauteur c/m	48	50	56
18112	cuivre poli abat-jour cristal blanc, bleu, vert ou céladon .. la pièce	23.50	28. "	43.50
18113	" nickelé " " " " " " ... " ...	27.50	32.50	48.50
18114	" argenté " " " " " " ... " ...	30.50	36. "	52. "

18115	**Lampes** d'applique au pétrole pour cuisine .. bec V N°	2	2½	3	5	bec façon HG N°	5	7
	corps verre, réflecteur ferblanc coquille, avec verre & mèche la pièce	0.70	0.75	0.85	0.90		1. "	1.20

	Lampes d'applique au pétrole pour cuisine avec bec rond ...... N°	8"	10"	12"	14"
18116	bassin verre réflecteur ferblanc coquille .... sans verre ni mèche la pièce	1.25	1.40	"	"
18117	" " " rond, cuivre poli .... "	1.65	1.90	2.10	2.20
18118	" " " rond, cuivre, nickelé .... "	2. "	2.20	2.60	2.80
18119	" " " glace, bec nickelé .... "	2.20	2.50	3.20	3.40
18120	" " " fixe, cuivre nickelé .... "	1.90	2.05	"	"
18121	" " " fixe glace bord nickelé .... "	2.10	2.30	2.50	2.70
18122	" " " fixe, culot et réflecteur nickelé .... "	1.90	2.40	2.60	2.80

	Lampes d'applique au pétrole bec rond .... N°	8"	10"	12"	14"
18123	corps ferblanc bronzé, réflecteur rond, nickelé poli .... la pièce	1.75	1.90	2.20	2.50
18124	" " " réflecteur carré ferblanc poli .... "	1.75	1.90	2.20	2.50
18125	corps cuivre poli, réflecteur rond, gaine nickelé .... "	2. "	2.60	3.40	3.70

18126	**Lampe** d'applique au pétrole métal nickelé, réflecteur rond nickelé bec plat N° 3" avec verre .... La pièce	1.65

18117 - 18118 | 18119 | 18120 | 18121 | 18122 | 18124 | 18127 | 18126

18128 à 18131 sans bec | 18128 à 18131 avec bec | 18133 avec bec | 18132 avec bec

18133 sans bec

18134 avec bec | 18135 avec bec | 18136 avec bec | 18137 avec bec

18138-18139 | 18140-18141 | 18142

18143 | 18144 | 18147

18145-18146 | 18148 | 18149-18150 | 18151

	Lampes d'applique au pétrole métal nickelé, bec rond . . . Nº	8'''	10'''	12'''	14'''
18127	reflecteur rond nickelé . . . . . la pièce	2.,	2.40	3.10	3.20

	Lampes à pétrole à cordon		sans bec	avec bec Nº 14'''
18128	boule opale, unie	la pièce	0.59	1.07
18129	verre blanc ou couleurs ordinaires	"	0.53	1.11
18130	gris perle ou céladon unis	"	0.40	1.18
18131	porcelaine blanche unie	"	0.86	1.64
18132	" " décor relief	"	1.07	1.85
18133	cuivre cordon rond, modèle courant	"	0.80	1.50
18134	" cordon carré, renforcé	"	1.,	1.70
18135	" cordon moyen, modèle renforcé	"	1.65	2.35
18136	" grand modèle renforcé avec bouchon	"	2.10	2.90
18137	" cordon rond à pied	"	1.85	2.65

	Lampes à courant d'air dites Universelles bec rond Nº		14'''	18'''	24'''	30'''
18138	fortes, cuivre poli, verni ou bronzé, à bouton	la pièce	7.50	9.10	13.20	15.50
18139	" cuivre nickelé, à bouton	"	8.65	10.95	15.70	19.,
18140	" cuivre poli, verni ou bronzé, à volant	"	"	"	18.15	21.50
18141	" cuivre nickelé, à volant	"	"	"	20.65	24.,
18142	**Culot** cuivre verni ou bronzé à tube central pour bec Nº 14''' et 18''' . . .	la pièce	1.35			

	Lampes au pétrole à courant d'air central		cuivre poli ou bronzé	cuivre nickelé
18143	modèle à cordon pour suspension à cercle bec Nº 14'''	la pièce	3.20	3.60
18144	" renforcé " " " " " 12''' . . .		6.70	7.80
18145	" supérieur " " " " " 18''' . . .		8.60	9.70
18146	" " " " " " " 30''' . . .		10.85	12.70
18147	" " à levier et chaîne " " " 30''' . . .		14.40	16.60
18148	modèle à pied, cuivre poli, bec Nº 14'''	la pièce	4.10	

	Lampes au pétrole forme Valentine . . . Nº de grandeur		6e	5e	4e	3e
	montées avec bec pétrole rond, léger	Bec Nº	8'''	10'''	12'''	14'''
18149	cristal uni, à bandeaux, opale, iris, céladon	la pièce	0.90	1.10	1.30	1.50
18150	cristal décoré " " " "	"	1.05	1.25	1.50	1.80
18151	porcelaine imprimée, terre de fer	"	1.15	1.40	1.55	1.90
18152	" décorée, fond couleur	"	1.50	1.85	2.20	2.60
18153	" " Limoges	"	1.65	2.,	2.30	2.80

	Lampes au pétrole avec douille, à ressort pour piano, bec rond Nº 8		
18154	verre moulé, côtes vénitiennes, blanche bleue, jaune ou verte	la pièce	1.,
18155	" " dépoli, décor art nouveau	"	1.35
18156	fantaisie ordinaire, 6 modèles différents	"	1.60
18157	" demi riche " "	"	2.,
18158	" riche " "	"	2.85
18159	cristal 1er choix côtes en relief teintes couleurs variées	"	3.05
18160	" " décor art nouveau	"	3.40
18161	" " fond givré, fleurs et feuillages coloriés	"	4.10
18162	" " fond cerise ou reséda, décor or fin gravé	"	5.,
18163	" " taillé riche baccarat, jeu d'argent et diamant	"	9.35
18164	cuivre ciselé, styles variés, verni or	"	5.10
18165	**Bougeoir** cuivre rouge poli pour lampe avec douille à ressort	"	4.50
18166	**Chandelier** cuivre estampé, fût cuivre	"	1.45
18167	cuivre fondu ciselé décor simili or	"	5.10

18152 18153 18154 18159

18162 18163 18165

18166 18167 18168 18169

18170 18171 18172

18173 18174 18175 18176

18177 18178 18179

Lampes bijou, fantaisie, bec rond

18168	vase faïence fond bleu décoré, pied fondu verni or, bec rond N° 8	la pièce	3.60
18169	vase cristal décoré pied fondu verni mat et or " "	"	7.65
18170	marmite 3 pieds bronze cuivre ciselé Louis XV argenté " "	"	9.80
18171	vase faïence majolique relief Louis XV pied fondu garnit. vieil or " "	"	10.25
18172	promeneuse cuivre et jaune poli fin, genre anglais bec N° 8	"	12. "
18173	gourde cuivre ciselé Louis XV vieil argent " "	"	13.50
18174	vase cuivre ciselé art nouveau, pied bronze fondu vieil or " "	"	16.50
18175	vase porcelaine d'axe, décor art nouveau, pied fondu ciselé bec N° 10	"	17. "

Lampes vase, fantaisie, monture cuivre, bec rond

18176	faïence à anse, décor impression, pied repoussé verni bec N° 10	la pièce	3.80
18177	" forme Louis XV, Strasbourg, fleurs colorées pied fondu verni bec N° 12	"	10.20
18178	" majolique, relief à balustre, pied repoussé verni bec N° 14	"	17. "
18179	porcelaine d'axe, émaux Louis XV pied fondu verni bec N° 14	"	19.50
18180	" japonaise, décor chyri, pied fondu verni bec N° 14	"	22.25

Lampes de table, trépieds, bec rond

18181	rinceaux bambou, bronze fondu ciselé, décor vert antique et or hauteur 29 c/m bec N° 10	la pièce	16.25
18182	" bélier " " " " " " 27 " " "	"	27.25
18183	" dauphin, bronze fondu ciselé, décor vert antique et vieil or, hauteur 37 c/m bec N° 14	"	36. "
18184	" Bacchus, bronze fondu à jardinière décor vert antique et vieil or, hauteur 39 c/m " " "	"	71.50
18185	" béliers Louis XVI bronze fondu à jardinière décor vert antique et vieil or hauteur 45 c/m bec matador à levier N° 20	"	119. "
	Les lampes avec bec N° 14 peuvent recevoir un bec matador, simple N° 15 Augmentation	"	1.65

Lampes basses de bureau, au pétrole, métal nickelé, avec bec rond

18186	pied rond, touprie vénitienne, hauteur 25 c/m bec N° 10	la pièce	1.70
18187	" " " marguerite " 25 c/m " "	"	2.80
18188	" " " rosace " 24 c/m " "	"	3.30
18189	pied carré, colonne façon onyx, toupie vénitienne, hauteur 30 c/m bec N° 10	"	3. "
18190	" " " " " églantine " " " "	"	4.80
18191	" " colonne cuivre cannelé, toupie vénitienne, hauteur 31 c/m bec N° 12	"	3.50
18192	" " colonne et plaque façon onyx toupie vénitienne hauteur 31 c/m bec N° 12	"	4.50
18193	" " " " " " toupie crocodile " 33 " " "	"	6.60
18194	" " colonne cuivre cannelé toupie vénitienne hauteur 33 c/m bec N° 14	"	5.65
18195	" " colonne et plaque façon onyx toupie églantine hauteur 35 c/m bec N° 14	"	7.65
18196	" " " " " " toupie pavot " " " "	"	9. "

Lampes colonne, au pétrole, métal nickelé, avec bec rond

18197	pied rond, toupie vénitienne, hauteur 29 c/m bec N° 8	la pièce	1.40
18198	" " " " " 30 " " 10	"	1.75
18199	" " " " " 33 " " 12	"	2.10
18200	" " " " " 34 " " 14	"	2.60
18201	pied carré art nouveau, toupie vénitienne, hauteur 31 c/m bec N° 10	"	2.75
18202	" " colonne cuivre cannelé " " " 37 " " "	"	3.20
18203	" " colonne façon onyx " " " 37 " " "	"	3.60
18204	" " colonne cuivre cannelé " " " 39 " " "	"	4.10
18205	" " colonne façon onyx " " " 39 " " "	"	4.50
18206	" " colonne et plaquette façon onyx, toupie vénitienne, hauteur 40 c/m bec N° 10	"	5.50
18207	" " " " " " toupie églantine " 40 " " 10	"	7. "
18208	" " colonne cuivre cannelé, toupie vénitienne, hauteur 39 c/m bec N° 12	"	4.25
18209	pied rond, colonne façon onyx " " " 40 " " " "	"	4.75
18210	pied carré " " " " " " 39 " " " "	"	5.60
18211	" " " " " toupie marguerite hauteur 39 " " " "	"	6. "
18212	" " colonne et double socle façon onyx. toupie vénitienne hauteur 42 c/m " " "	"	7. "
18213	pied, 3 branches chardon, socle façon onyx, toupie vénitienne hauteur 40 " " "	"	8.25
18214	pied carré, colonne façon onyx, trépied églantine " " 46 " " " "	"	9.50
18215	" " colonne cuivre cannelé, toupie vénitienne hauteur 50 c/m bec N° 14	"	6. "
18216	" " colonne façon onyx " " " 50 c/m " " "	"	6.60
18217	" " colonne et plaque octogone façon onyx toupie vénitienne hauteur 46 c/m " " "	"	7.25
18218	" " colonne cuivre cannelé, toupie pavot " 50 " " " "	"	8.25
18219	" " colonne et plaque octogone façon onyx toupie mosaïque " 46 " " " "	"	9.50
18220	" " colonne et plaquette, façon onyx, toupie pavot " 47 " " " "	"	10.50

(Voir prix pages 599 et 602)

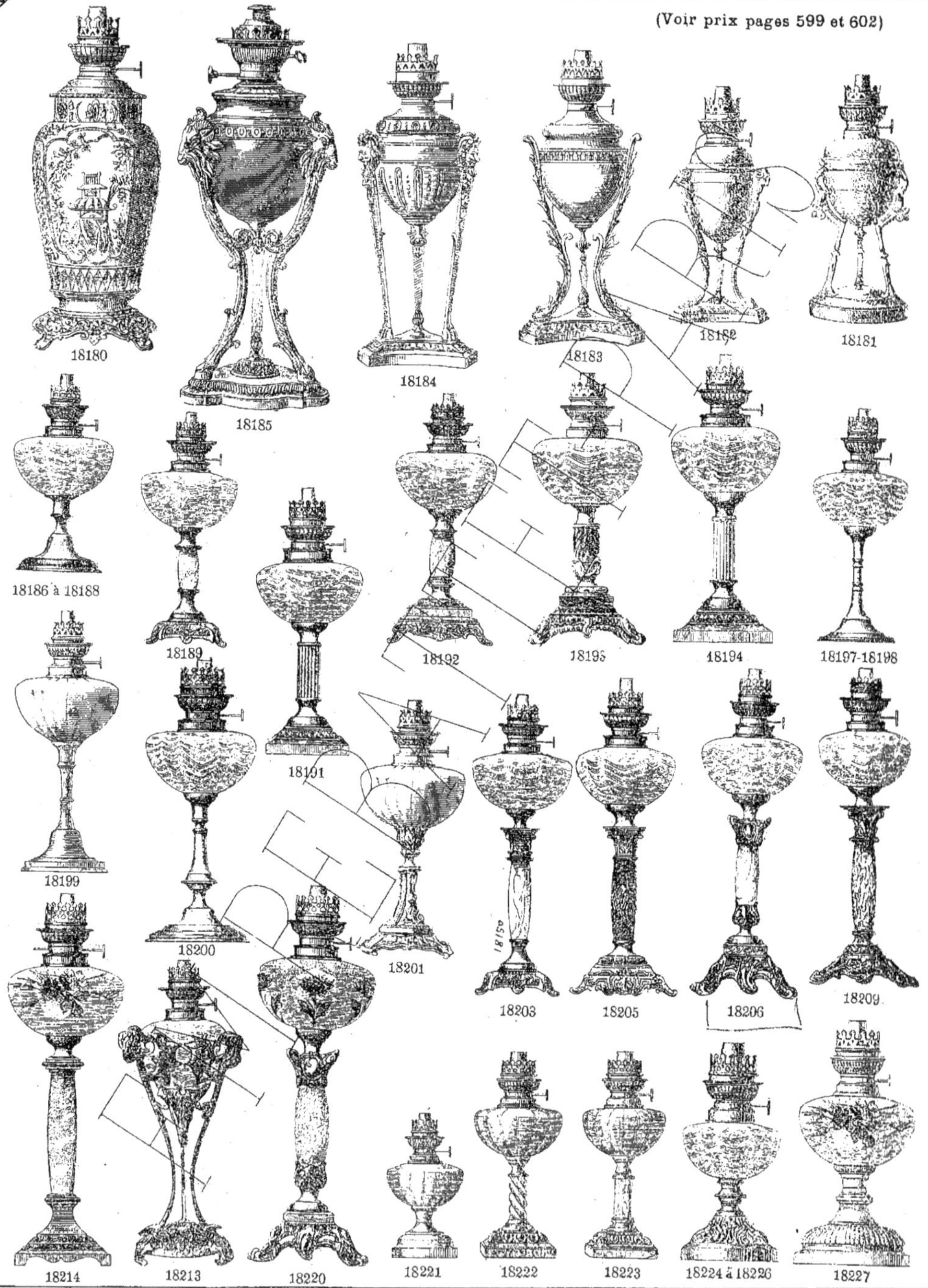

18180

18185

18184

18183

18182

18181

18186 à 18188

18189

18191

18192

18193

18194

18197-18198

18199

18200

18201

18203

18205

18206

18209

18214

18213

18220

18221

18222

18223

18224 à 18226

18227

(Voir prix page 602)

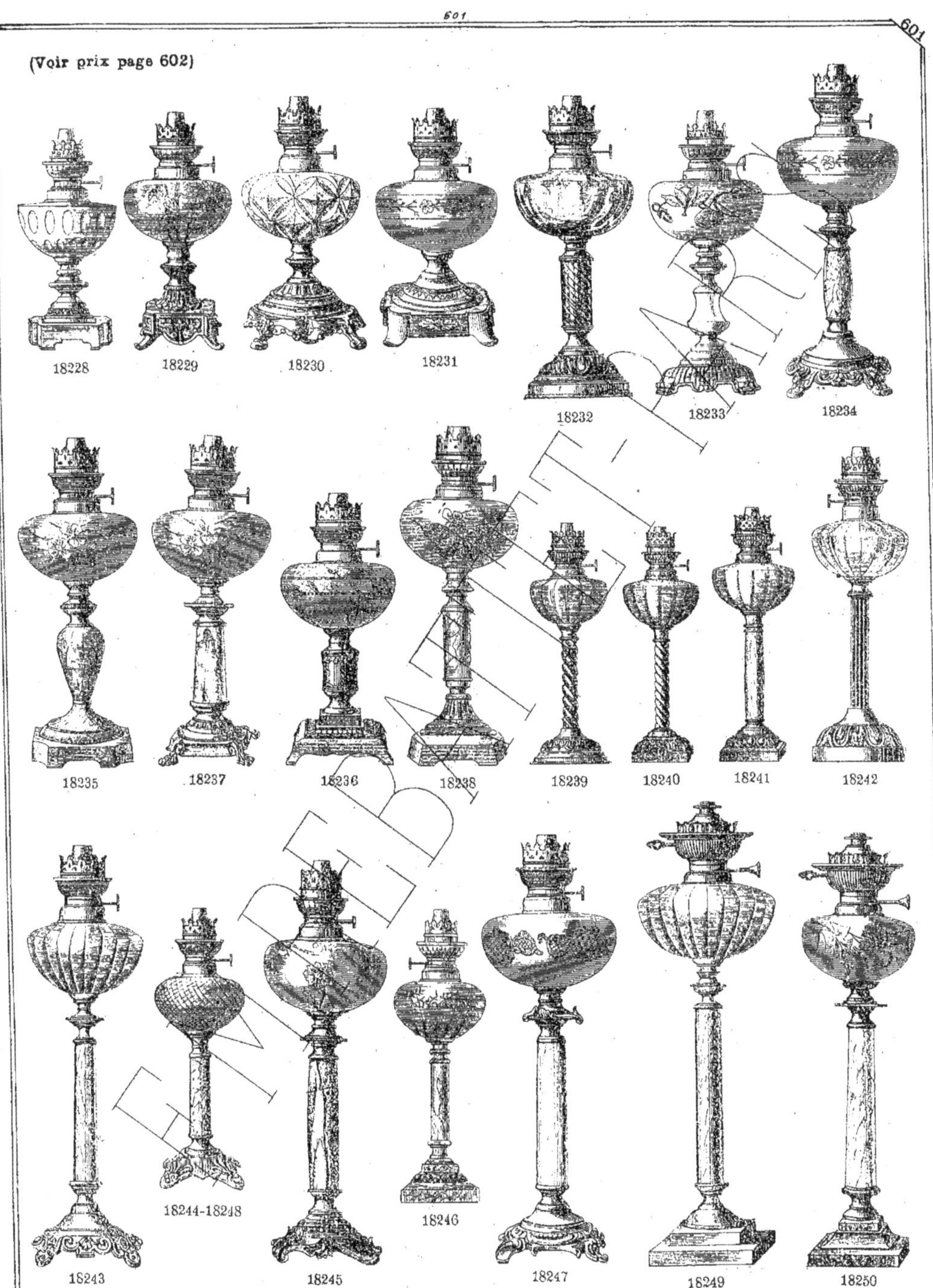

18251

18252

18253

18254–18257, 6 Lumières

	Lampes basses, dites de travail ou de bureau, au pétrole, becs ronds ...... Nº	8	10	12	14
18221	pied rond sablé cuivre estampé, toupie vénitienne .... la pièce..	1.65	1.80	2.10	〃
18222	pied carré chargé fonte 〃 〃 〃 〃 .... 〃....	1.80	2.20	2.85	3.45
18223	〃 〃 〃 〃 〃 〃 fût onyxette, toupie vénitienne .... 〃...	2.20	2.70	3.45	4.10

	Lampes basses de travail, au pétrole, bec rond	hautr	bec Nº	la pièce
18224	socle cuivre estampé, garniture vieux poli, toupie vénitienne	26 ‰	10"	3.40
18225	〃 〃 〃 〃 〃 〃 〃	27	12"	4.25
18226	〃 〃 〃 〃 〃 〃 〃	28	14"	5.10
18227	〃 〃 〃 〃 〃 toupie cristal décoré	28 〃	14"	7.65
18228	socle cuivre fondu, garniture polie; toupie cristal décoré	25 〃	10"	9.80
18229	〃 〃 〃 garniture vieux poli, 〃 〃 〃	27 〃	12"	12. 〃
18230	〃 〃 〃 〃 〃 toupie cristal gaufré	30 〃	14"	10.65
18231	〃 〃 〃 garniture simili or, toupie cristal décoré	30 〃	14"	18.30
	Les lampes avec bec Nº 14" peuvent recevoir le bec Matador simple Nº 15" Augmentation			1.65
	〃 〃 〃 〃 〃 〃 〃 〃 〃 Nº 20"	〃		2.50
	〃 〃 〃 〃 〃 〃 〃 le bec Duplex à levier extincteur	〃		5.25

	Lampes de bureau, demi-basses au pétrole bec rond	hautr	bec Nº	la pièce
18232	socle cuivre estampé, vieux poli, colonne quadrillée toupie vénitienne	35 ‰	14"	6.15
18233	socle bronze fondu, ciselé mat et or, balustre albâtre, toupie cristal décoré	33 〃	12"	10.25
18234	〃 〃 〃 〃 simili or, balustre marbre cinovaïque, toupie cristal décoré	40 〃	12"	11. 〃
18235	〃 〃 〃 uni simili or, gorge et balustre 〃 〃 〃 〃	38 〃	12"	12. 〃
18236	〃 〃 〃 ciselé simili or, balustre bronze artistique 〃 〃 〃	33 〃	14"	13.25
18237	〃 〃 〃 〃 mat et or, colonne marbre [illegible] 〃 〃 〃	35 〃	14"	17. 〃
18238	〃 〃 〃 [illegible] mat et or 〃 〃 〃 〃 〃 〃	40 〃	14"	20. 〃
	Les lampes avec bec Nº 14" peuvent recevoir le bec Matador simple Nº 15" Augmentation.....			1.65
	〃 〃 〃 〃 〃 〃 〃 〃 〃 Nº 20"	〃		2.50
	〃 〃 〃 〃 〃 〃 〃 le bec Duplex à levier extincteur	〃		5.25

	Lampes de table à colonne, hautes au pétrole bec rond ... Nº	8"	10"	12"	14"	14"	14"
	hauteur ‰..	33	36	39	42	47	50
18239	pied rond sablé, colonne cuivre verni or, toupie vénitienne ... la pièce	1.55	1.95	2.50	2.85	〃	〃
18240	pied carré chargé fonte 〃 〃 〃 〃 〃 〃 ......〃....	1.65	2.25	2.85	3.50	4.45	5. 〃
18241	pied carré, chargé fonte colonne [illegible], mat or 〃 〃 ......〃....	2.30	2.85	3.65	4.45	5.75	6.30

	Lampes de table à colonne, hautes au pétrole bec rond ... Nº	10"	10"	12"	12"	14"	14"
	hauteur ‰.	31	36	35	42	40	50
18242	pied estampé mat et or, colonne cuivre, toupie vénitienne .. la pièce	3.85	〃	4.85	〃	6. 〃	〃
18243	pied ciselé mat et or, colonne albâtre 〃 〃 ....〃	〃	6.80	〃	9.85	〃	12. 〃
18244	〃 〃 〃 〃 colonne façon marbre, toupie cristal quadrillé 〃...	7.65	〃	8.50	〃	11. 〃	〃
18245	〃 〃 〃 〃 colonne albâtre toupie cristal décoré ... 〃	8.10	〃	9.80	〃	12.50	〃

18246 pied ciselé mat et or, colonne marbre onyx, toupie cristal décoré hauteur 33 ‰ bec Nº 10" ..... la pièce .. 8.10

18247 〃 〃 vieil or, colonne marbre Bréil 〃 〃 résida or 〃 50 ‰ 〃 〃 14" ....〃... 26.50

18248 〃 〃 mat et or, colonne façon marbre, toupie cristal quadrillé; hauteur 44 ‰, bec Matador 15" ....〃.. 14.50

18249 pied uni, verni or, colonne albâtre couleur, toupie vénitienne ...... 〃 55 ‰ 〃 〃 15" ....〃.. 15.75

18250 〃 〃 mat et or, colonne marbre onyx, toupie cristal décoré .... 〃 50 ‰ 〃 〃 20" ....〃.. 22.10

18251 pied ciselé vieil or, colonne marbre vert toupie cristal art nouveau .... 〃 55 ‰ 〃 〃 20" ....〃.. 58. 〃

18252 socle & colonne marbre vert, garniture cuivre mat et or, toupie cristal décoré 〃 55 ‰ bec Duplex à levier ....〃.. 56. 〃

18253 pied ciselé vieil or, partie marbre, colonne marbre vert, toupie résida or 〃 65 ‰ 〃 〃 〃 ....〃.. 88. 〃

Les lampes avec bec Nº 14" peuvent recevoir le bec Matador simple Nº 15" Augmentation .....〃.. 1.65

〃 〃 〃 〃 〃 〃 〃 〃 〃 〃 Nº 20" 〃 ....〃... 2.50

〃 〃 〃 〃 〃 〃 〃 le bec Duplex à levier extincteur 〃 ....〃... 5.25

	Jardinières, suspensions, monture bronze verni	sans lumière	6 lumières	9 lumières
18254	corps faïence majolique, ou impression, ordinaire, sans cristaux .... la pièce	13.75	20.50	24. 〃
18255	〃 〃 〃 〃 〃 〃 demi garniture cristaux ....〃...	〃	33. 〃	40. 〃
18256	〃 〃 〃 〃 〃 〃 double garniture cristaux ....〃...	〃	39.50	46.50
18257	corps faïence décorée riche sur fond couleur, sans cristaux ....〃...	22.50	31. 〃	35.50
18258	〃 〃 〃 〃 〃 〃 〃 demi garniture cristaux ...〃...	〃	43.50	52.50
18259	〃 〃 〃 〃 〃 〃 〃 double garniture, cristaux ...〃...	〃	50. 〃	58. 〃

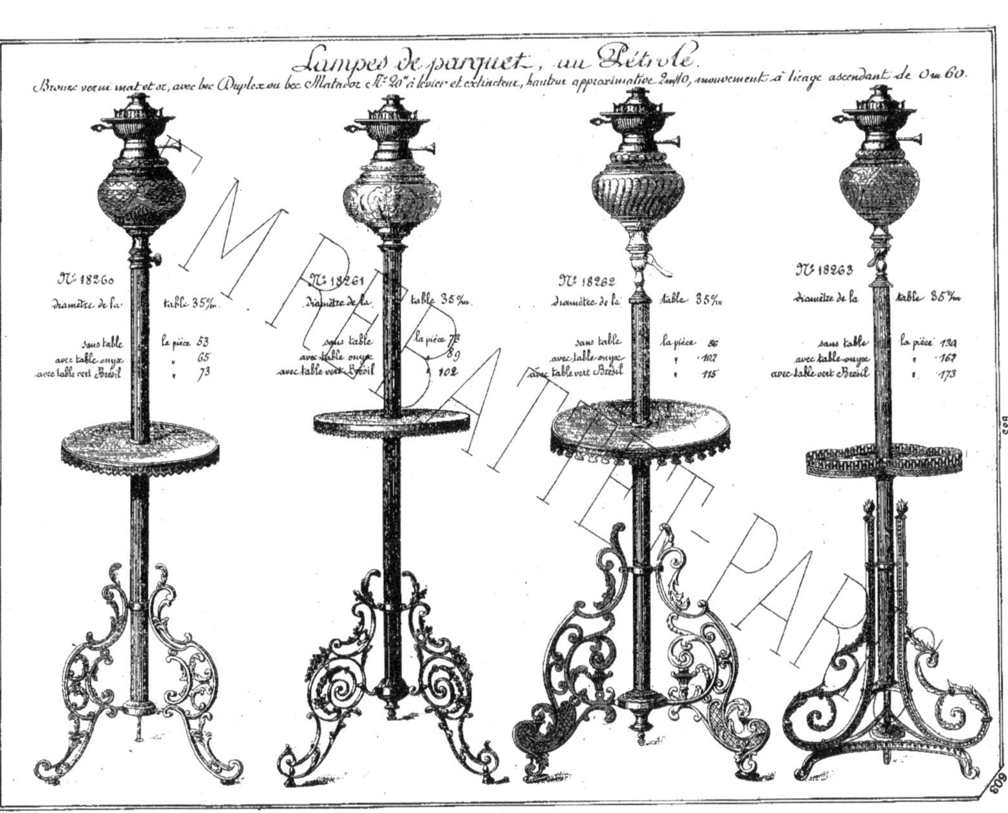
Lampes de parquet, au Pétrole.
Bronze verni mat et or, avec bec Duplex ou bec Matador N° 20" à levier et extincteur, hauteur approximative 2m10, mouvement à tirage ascendant de 0m 60.
N° 18260
diamètre de la table 35 %m
sans table la pièce 53
avec table onyx " 65
avec table vert Brésil " 73
N° 18261
diamètre de la table 35 %m
sans table la pièce 73
avec table onyx " 89
avec table vert Brésil " 102
N° 18262
diamètre de la table 35 %m
sans table la pièce 86
avec table onyx " 102
avec table vert Brésil " 115
N° 18263
diamètre de la table 35 %m
sans table la pièce 134
avec table onyx " 167
avec table vert Brésil " 173

18264 **Suspensions** seules fer bronzé fil 21 à collet pour lampe pétrole à cordon avec fumivore ..... le cent 36.»
18265 " " " " fil 23 à collet pour lampe universelle ou courant d'air bec Nos 14''' et 18''' ..... 57.»

Suspensions fer bronzé avec abat-jour ferblanc bronzé ..... diamètre %m

			35	40	45	50
18266	fil 21 pour lampe pétrole à cordon	la pièce	1.10	1.20	1.60	»
18267	fil 23 pour lampe universelle ou courant d'air Nos 14''' et 18'''	"	»	1.40	1.80	2.20

Suspensions seules fer bronzé avec fumivore

18268 unies, fil 23, pour lampe courant d'air bec No 30''' ..... la pièce 1.»
18269 torses " " " " " " " ..... " 1.30

Suspensions fer bronzé avec abat-jour ferblanc bronzé ..... diamètre %m

			50	55	60
18270	unies, fil 23, pour lampe courant d'air bec No 30'''	la pièce	2.55	3.25	3.55
18271	torses " " " " " " "		2.90	3.60	4.»

	Abat-jour seul fer bronzé pour suspension, diamètre %m		35	40	45	50	55	60
18272	intérieur blanc émail	la pièce	0.73	0.85	1.30	1.65	2.10	2.55

	Suspensions fer bronzé forme parisienne ..... diamètre de l'abat-jour %m		45	50	55
18273	abat-jour tôle bronzée ondulée, lampe universelle forte bec No 14'''	la pièce	12.»	12.50	13.»

	Suspensions fer bronzé forme lyonnaise ..... diamètre de l'abat-jour %m		50	55
18274	abat-jour tôle bronzée à galerie lampe universelle à bouton bec No 30''' avec verre	la pièce	25.25	25.70

	Suspensions fer bronzé forme autrichienne ..... diamètre de l'abat-jour %m		55	62
18275	abat-jour tôle bronzée, forme dôme, lampe lyonnaise à chaîne bec No 30''' avec verre	la pièce	21.»	21.50

Suspensions cuivre torse à collet — No du fil à la jauge de Paris

			19	20	21
18276	fil triangulaire, fumivore cuivre, lyre seule	le cent	58	67	78
18277	fil carré " " " "	"	65	76	90
18278	fil triangulaire, abat-jour opale évasé 30 %m et lampe opale à cordon bec No 14'''	la pièce	2.75	2.85	2.95
18279	fil carré " " " " " " " " "	"	2.90	2.95	3.05
	Abat-jour opale évasé 27 %m ... En moins	"	0,10	0.10	0.10

Suspensions cuivre torse à cercle 30 %m — No du fil à la jauge de Paris

			19	20	21
18280	fil triangulaire, fumivore cuivre, lyre seule avec cercle	la pièce	1.20	1.30	1.45
18281	fil carré " " " " " "	"	1.25	1.40	1.55
18282	fil triangulaire, abat-jour opale évasé 30 %m et lampe opale à cordon bec No 14'''	"	3.35	3.45	3.60
18283	fil carré " " " " " " " " "	"	3.40	3.55	3.70
	Abat-jour opale à dôme ... En plus	"	0.20	0.20	0.20

Suspensions lyres, tube cuivre verni ou bronzé à cercle ..... diamètre %m

			30	33	35
18284	tube 9 %m environ torse, lyre seule avec cercle	la pièce	3.05	3.45	»
18285	tube 10 %m " " " " " " "		»	»	3.95
18286	tube 9 %m abat-jour opale à dôme, fumivore et lampe opale à cordon bec No 14'''	"	6.»	7.»	»
18287	tube 10 %m " " " " fumivore et lampe universelle	"	»	»	14.50

Suspensions lyres tube cuivre verni ou bronzé, à cercle ..... diamètre %m

			35	40
18288	tube 10 %m avec fumivore cuivre, pour lampe courant d'air, bec No 18'''	la pièce	4.40	»
18289	tube 11 %m " " " " " " bec No 30'''	"	»	7.65
18290	tube 10 %m abat-jour opale à dôme et lampe courant d'air bec No 18'''	"	12.80	»
18291	" " " " " " lampe universelle, bec No 18'''	"	16.25	»
18292	tube 11 %m " " " " lampe courant d'air, bec No 30'''	"	»	22.»
18293	" " " " " " lampe universelle, bec No 30'''	"	»	23.50

18266

18267

18273

18274

18272

18275

18278-18279

18282-18283

18286

18290 à 18293

Nota important : Les suspensions N° 18294 à 18305 se font dans d'autres modèles que ceux dessinés sur le présent album sans indication formelle, nous nous réservons de livrer les modèles disponibles de même force et de même prix.

Suspensions au pétrole, à contrepoids, abat-jour opale à dôme 30 %m, chainage simple 3 bâtons pavillon repoussé.

N°	Désignation		verni or verni blanc tout bronzé bronzé arts et or	poli mat et noir et or art. frotté, nickelé
18294	série légère à collet, lampe boule opale, bec N° 14‴	la pièce	11.40	″
18295	″ ordinaire ″ ″ ″ ″ ″ ″	″	12.35	15.20
18296	″ légère à enfilage, faïence décorée ″ ″	″	15.20	″
18297	″ ″ ″ cuivre repoussé ″ ″	″	15.20	″
18298	″ ordinaire ″ faïence décorée ″ ″	″	16.25	19. ″
18299	″ ″ ″ cuivre repoussé ″ ″	″	16.25	19. ″

Avec abat-jour dôme et fumivore simili céladon … Augmentation … la pièce … 1.20

Suspensions au pétrole, à plateau, pavillon repoussé, abat-jour opale, dôme, avec lampe bec rond N° 14‴

N°	Désignation		sans lumière: verni or verni blanc tout bronzé bronzé art et or	sans lumière: poli noir et or art. frotté nickelé	6 lumières: verni or verni blanc tout bronzé bronzé art et or	6 lumières: poli noir et or art. frotté nickelé	9 lumières: verni or verni blanc tout bronzé bronzé art et or	9 lumières: poli noir et or art. frotté nickelé
18300	légères 30 %m, lampe socle faïence décorée	la pièce	16.50	19.50	″	″	″	″
18301	ordinaires ″ ″ ″ ″ ″	″	18.50	21.50	″	″	″	″
18302	″ ″ lampe faïence décorée, pied cuivre à gorge	″	20.50	23.50	″	″	″	″
18303	légères 35 %m ″ ″ ″ ou tout cuivre repoussé	″	25.30	28.30	37.30	42.30	43.30	48.30
18304	ordinaires ″ ″ ″ ″ ″ ″ ″	″	31.30	34.30	43.30	48.30	49.30	54.30
18305	½ fortes ″ ″ ″ ″ ″ ″ ″	″	37.30	40.30	49.30	54.30	55.30	60.30
18306	légères 40 %m, lampe cuivre repoussé, pavillon fondu	″	″	″	″	″	68.50	74.50
18307	ordinaires ″ ″ ″ ″ ″ ″	″	″	″	″	″	78.50	84.50
18308	½ fortes ″ ″ ″ ″ ″ ″	″	″	″	″	″	85.50	91.50
18309	fortes ″ ″ ″ ″ ″ ″	″	″	″	″	″	105.50	111.50

Augmentations

		pour suspensions, diamètre %m: 30	35	40
pavillon cuivre fondu	la pièce	2. ″	2. ″	″
double chaînage	″	″	2. ″	4. ″
abat-jour dôme et fumivore simili céladon	″	1.20	1.90	3. ″
″ ″ ″ ″ céladon doublé	″	4.90	7.15	8.65

Lampes au pétrole seules, pour suspension à plateau bec rond N° 14‴

N°	Désignation			petit modèle	moyen modèle	grand modèle
18310	boule faïence décorée à socle	pour suspension 30 %m	la pièce	3.40	″	″
18311	″ ″ ″ pied cuivre repoussé à balustre	″ ″ 30 ″	″	4.90	″	″
18312	″ ″ ″ ″ ″ ″	″ ″ 35 ″	″	″	6.90	″
18313	boule, tout cuivre repoussé, pied à balustre	″ ″ 35 ″	″	″	6.90	″
18314	″ ″ ″ ″ ″ ″	″ ″ 40 ″	″	″	″	9.90

Suspensions à contrepoids, à plateau, avec lampe cuivre repercé ou gravé, bec N° 14‴

Série soignée. (REP)

N°	Désignation		sans lumière: verni, poli ou bronzé	sans lumière: nickelé poli	6 lumières: verni, poli ou bronzé	6 lumières: nickelé poli	9 lumières: verni, poli ou bronzé	9 lumières: nickelé poli
18315	abat-jour opale à dôme 35 %m	la pièce	60. ″	69.	77.	89.	94.	108.
18316	″ ″ ″ ″ ″	″	68.	78.	89.	102.	102.	118
18317	″ ″ ″ ″ ″	″	65.	75.	82.	95.	100.	115.
18318	″ ″ ″ ″ ″	″	68.	78.	89.	102.	102.	118.
18319	abat-jour céladon doublé à dôme 40 %m	″	107.	123.	128.	147.	145.	167.
18320	″ ″ ″ ″ 45 ″	″	116.	134.	137.	158.	154.	177.
18321	″ ″ ″ ″ 40 ″	″	116.	134.	136.	157.	153.	176.
18322	″ ″ ″ ″ 45 ″	″	125.	144.	145.	167.	162.	187.
18323	″ ″ ″ ″ 40 ″	″	195.	225	238.	274.	264.	304.
18324	″ ″ ″ ″ 45 ″	″	204.	235	247.	285.	273.	315.
18325	″ ″ ″ ″ 40 ″	″	187.	215	230.	265.	255.	293.
18326	″ ″ ″ ″ 45 ″	″	196.	225	239.	275.	264.	304.

Augmentation pour abat-jour dôme doublé céladon, pour suspensions N° 18315 à N° 18318 … la pièce … 6.50
d° pour double chaînage pour suspensions de 35 %m et 40 %m … ″ … 8.50
d° ″ ″ ″ ″ 45 %m … ″ … 13.50

Lampes à pétrole seules becs ronds N° 14‴, pour suspensions à plateau

N°	Désignation		petit corps, plateau 11 %m	gros corps, plateau 13 %m
18327	forme boule, pied à balustre cuivre repercé	la pièce	11. ″	12.75
18328	forme hollandaise ″ ″ ″ gravé	″	13.25	18.75

Lampes modérateur à huile pour suspension à plateau

N°	Désignation	becs N°	9‴	11‴	14‴	16‴
18329	boule faïence Gien, fond blanc, décor médaillon, garniture vernie	la pièce	22. ″	22. ″	25.50	25.50
18330	forme hollandaise, tout cuivre repercé	″	27.25	27.25	32.50	32.50

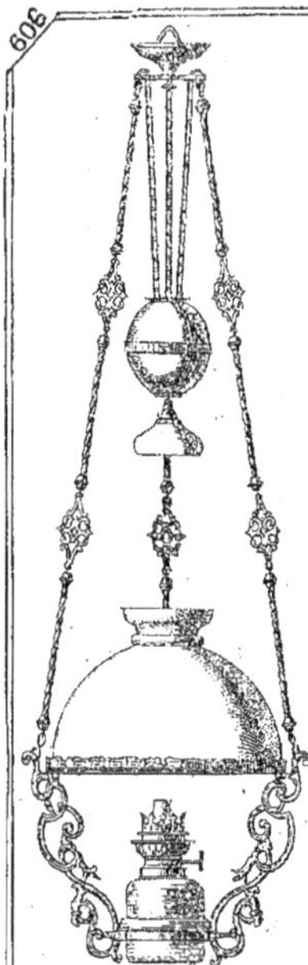

18294

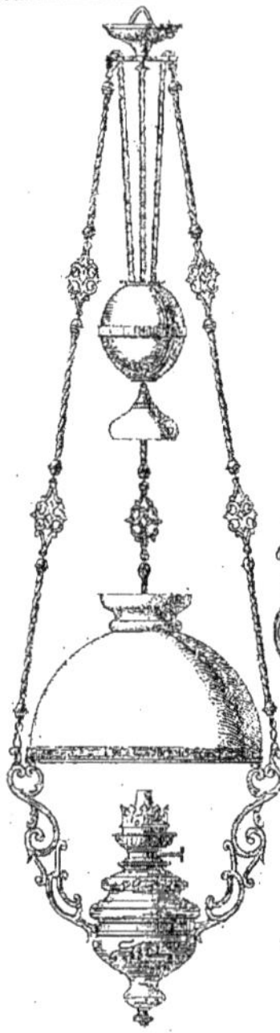

18296

18299

18300

18302

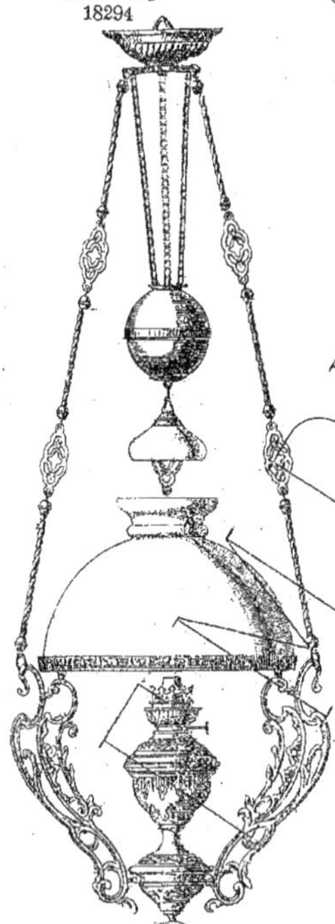

18303

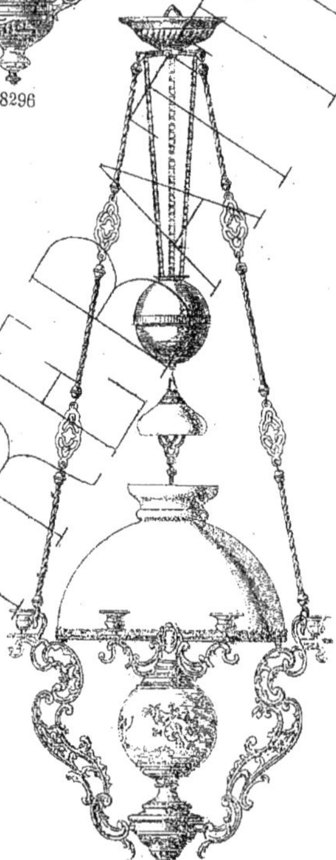

6 lumières au cercle

18304, Lampe faïence décorée

(Voir prix page 605)

9 lumières aux rinceaux

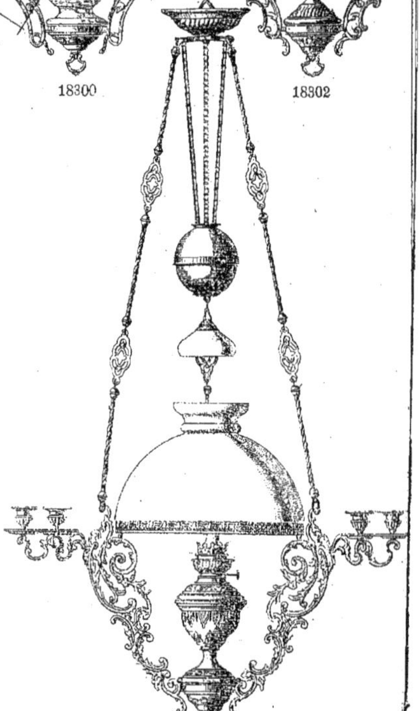

18305, Lampe tout cuivre repoussé

Paris. — Imp. DONNADIEU, 23, Rue des Francs-Bourgeois

18310

18311

18312

18313

18314

18307

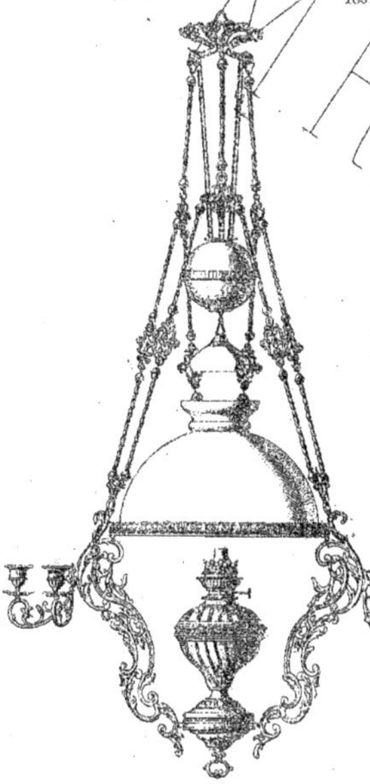

18306 à double chaînage

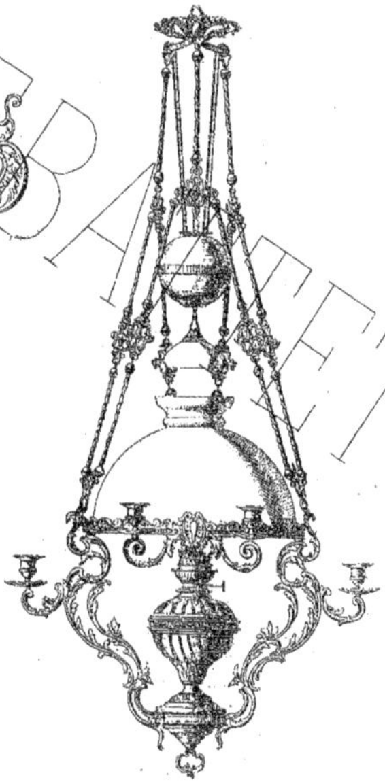

18308 à double chaînage

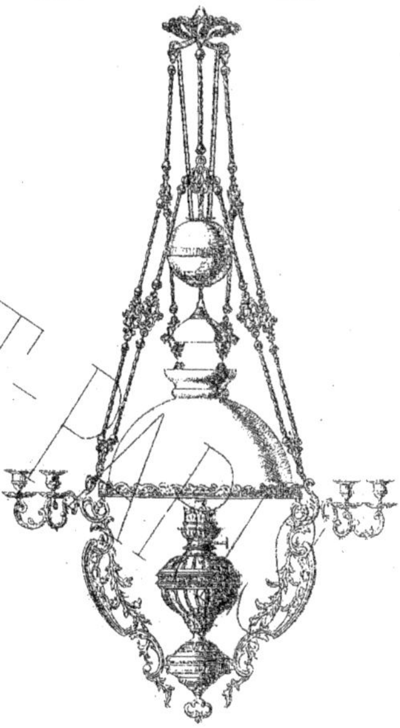

18309 à double chaînage

(Voir prix page 605)

(Voir prix page 605)

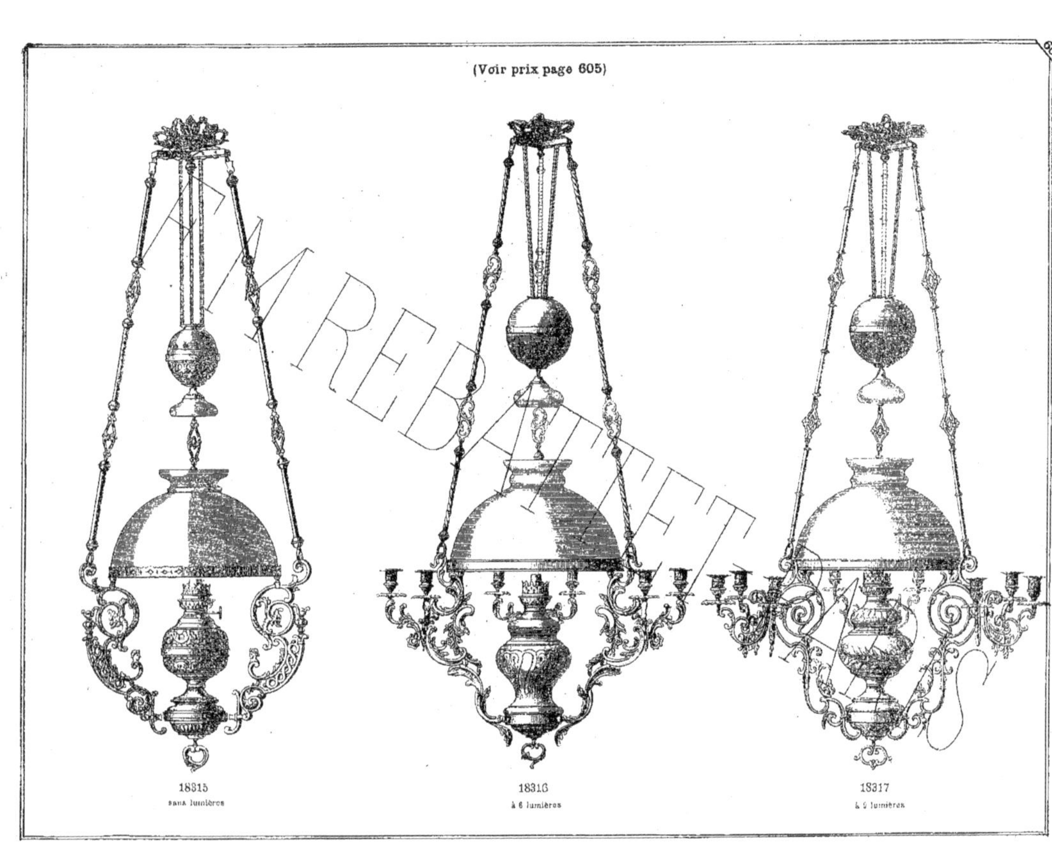

18315
sans lumières

18316
à 6 lumières

18317
à 9 lumières

(Voir prix page 605)

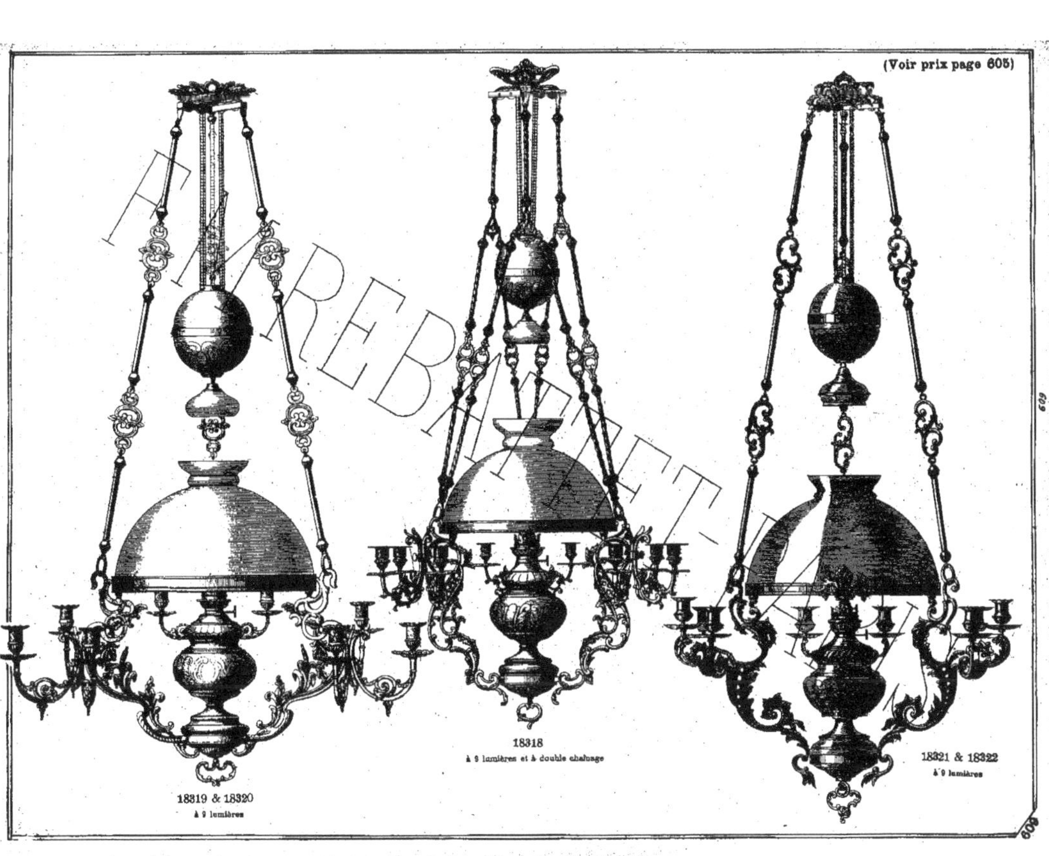

18319 & 18320
à 9 lumières

18318
à 9 lumières et à double chaînage

18321 & 18322
à 9 lumières

(Voir prix page 605)

18327

18328

18323 & 18324
à 9 lumières

18325 & 18326
à 9 lumières

18329

18330

18331 **Lustres** bronze et cristaux, Louis XVI, enfilage cuivre, à bougies

Nombre de lumières	4	5	6
Hauteur $^c/_m$	76	76	76
Largeur "	40	40	40
la pièce	43.	52.	58.

18332 **Lustres** bronze et cristaux, Louis XVI, enfilage cuivre, à bougies

Nombre de lumières	6	9
Hauteur $^c/_m$	90	95
Largeur "	48	52
la pièce	60.	75.

18333 **Lustres** bronze et cristaux, Louis XVI, montés sur boule fondue ciselée, à bougies

Nombre de lumières	6	9	12	15	18	24
Hauteur $^c/_m$	90	100	110	115	120	125
Largeur $^c/_m$	48	62	65	70	75	80
la pièce	86.	127.	158.	195.	216.	261.

18334 **Lustres** bronze et cristaux, Louis XVI, montés sur boule fondue ciselée, à bougies

Nombre de lumières	12	18	24	36
Hauteur $^c/_m$	110	125	135	170
Largeur $^c/_m$	72	85	95	125
la pièce	216.	258.	338.	865.

18335 **Lustres** tout bronze, Louis XV, à bougies

Nombre de lumières	6	9
Hauteur $^c/_m$	65	65
Largeur $^c/_m$	55	55
la pièce	108.	143.

18336 **Lustres** tout bronze, Louis XV, à bougies

Nombre de lumières	12	18	24
Hauteur $^c/_m$	70	80	100
Largeur $^c/_m$	60	80	85
la pièce	167.	245.	317.

18337 **Lustres** tout bronze, Louis XIII petit modèle, à bougies

Nombre de lumières	6	8	12
Hauteur $^c/_m$	80	80	85
Largeur $^c/_m$	80	75	75
la pièce	196.	276.	303.

18338 **Lustres** hollandais, bronze poli, à bougies

Nombre de lumières	10	12	14	16	18	20	24	27	32	36
Hauteur $^c/_m$	70	70	70	70	70	85	85	85	105	105
Largeur $^c/_m$	60	60	60	60	60	75	75	75	110	110
la pièce	90.	98.	113.	128.	143.	225.	300.	375.	450.	540.

18339 **Lustres** égyptiens, bronze poli, à bougies

Nombre de lumières	5	6	7
Hauteur $^c/_m$	70	70	70
Largeur $^c/_m$	50	50	50
la pièce	75.	83.	90.

18340 **Lustre** d'applique bronze poli, 4 lumières, hauteur 40 $^c/_m$, largeur 32 $^c/_m$

complet, lustre et applique réunis à bougies . . . . les deux pièces . . . . 45.

18341 lustre seul . . . . la pièce 22.50

18342 applique seule 22.50

Lanternes de vestibule en cristal

monture en cuivre verni

					blanc bleu vert	rose	ambre
18343	forme boule moulée, dragons, monture chaînette $^3/_4$ ordinaire, diamètre	175 $^m/_m$	la pièce		4.60	5.55	5.85
18344	" " rosaces " " " "	190	"		4.80	5.85	6.20
18345	" " " monture chaîne Vaucanson	190	"		6.50	7.60	"
18346	" " " "	225	"		9.	11.90	12.
18347	forme œuf gravé, assorties, monture chaîne $^3/_4$ ordinaire	175	"		7.15	9.35	10.15
18348	" " " Vaucanson	175	"		9.	11.	12.
18349	" " " "	200	"		10.35	13.15	14.15
18350	forme fantaisie, moulée, chèvrefeuille, monture chaînette $^3/_4$ ordinaire, diamètre	200	la pièce		7.75	10.50	"
18351	" " chaîne Vaucanson	200	"		9.50	12.30	"
18352	" " "	225	"		13.50	17.20	"
18353	forme cylindrique moulée, rosaces, monture chaîne Vaucanson	200	"		10.35	13.15	14.15
18354	forme Louis XV tors gravé	215	"		13.50	16.50	"
18355	forme cylindrique, gravé paysages	200	"		26.	29.80	"

18356 **Lanternes-manchons** d'antichambre, verres bombés mousseline

N°	1	2	3	4	5	6
Dimensions $^c/_m$	9x13	11x15	12x17	13x19	16x22	20x24
la pièce	4.60	5.50	6.90	8.35	10.35	11.80

18357 **Lanternes-manchons** d'antichambre 5 pans, verres couleur

N°	2	3	4	5	6
Dimensions $^c/_m$	11x15	12x17	13x19	16x22	20x24
la pièce	6.90	8.35	9.80	11.80	13.80

18358 **Lanternes de vestibule** 6 pans, fixes ou à tirage, verres mousseline

N°	1	2	3	4	5	6	7	8	9
Hauteur $^c/_m$	21	23	25	27	30	33	36	39	42
Largeur $^c/_m$	12	14	16	18	20	22	24	26	28
la pièce	13.80	15.80	17.25	20.40	24.50	28.	33.	40.	44.50

18359 **Lanternes de vestibule** 6 pans, côtés ciselés fronton fondu à tirage

N°	1	2	3	4	5	6
Hauteur $^c/_m$	27	30	33	36	39	42
Largeur $^c/_m$	18	20	22	24	26	28
la pièce	29.	36.	43.	50.	57.50	67.

18331

18332

18333

(Voir prix page 611)

18334

18335

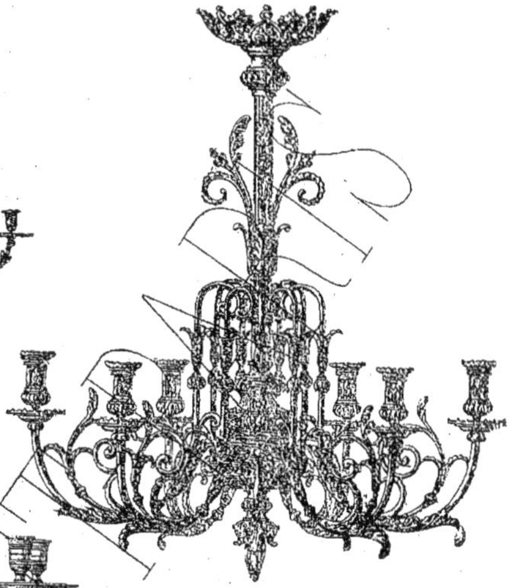

18337

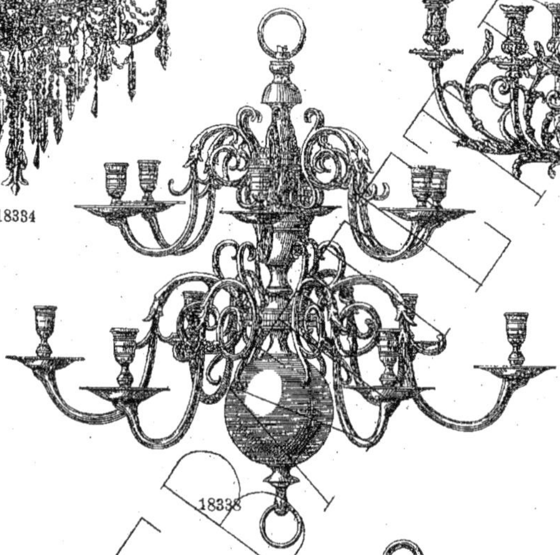

18338

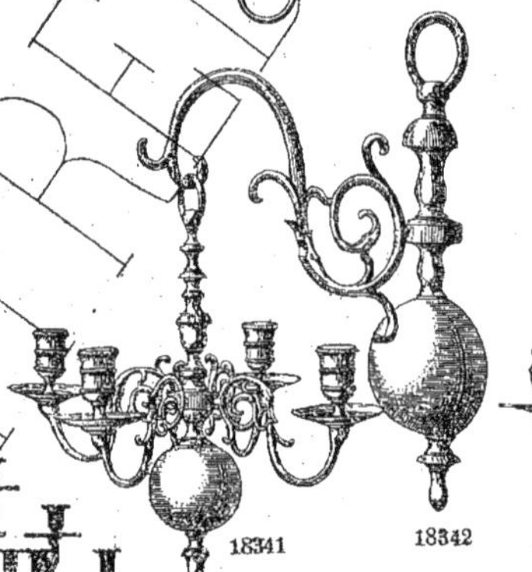

18336

18341

18342

18340

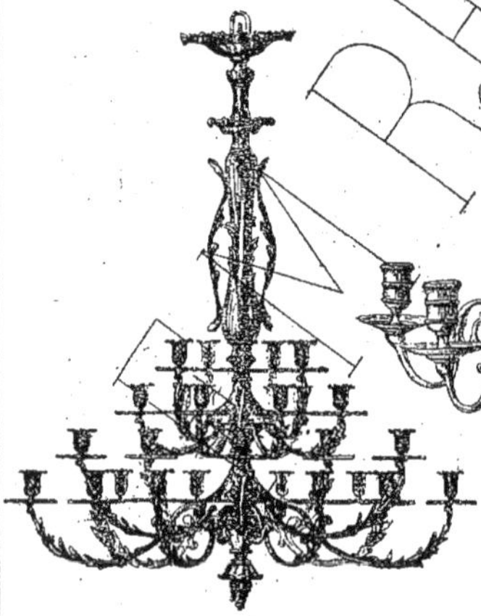

18339

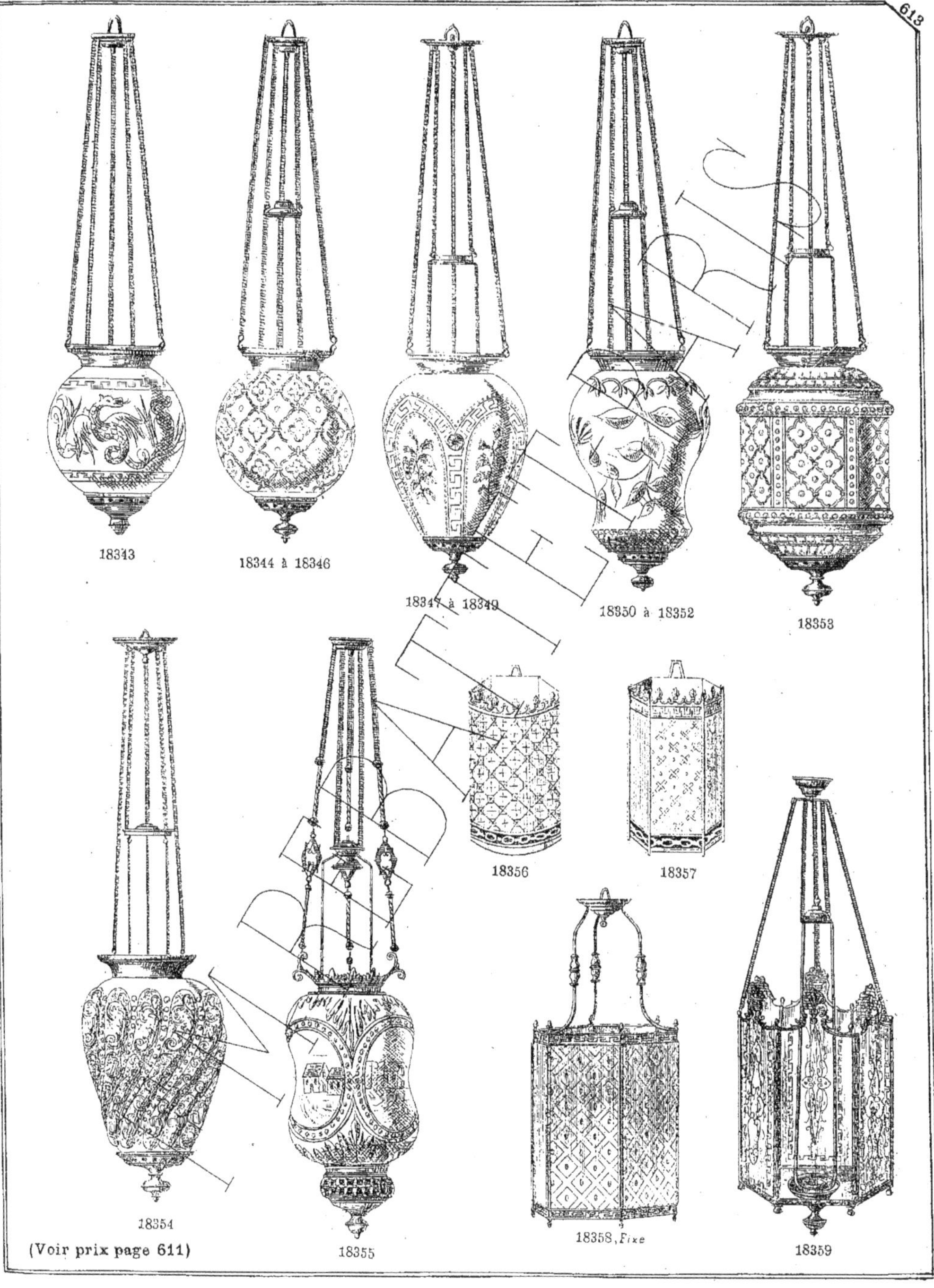

(Voir prix page 611)

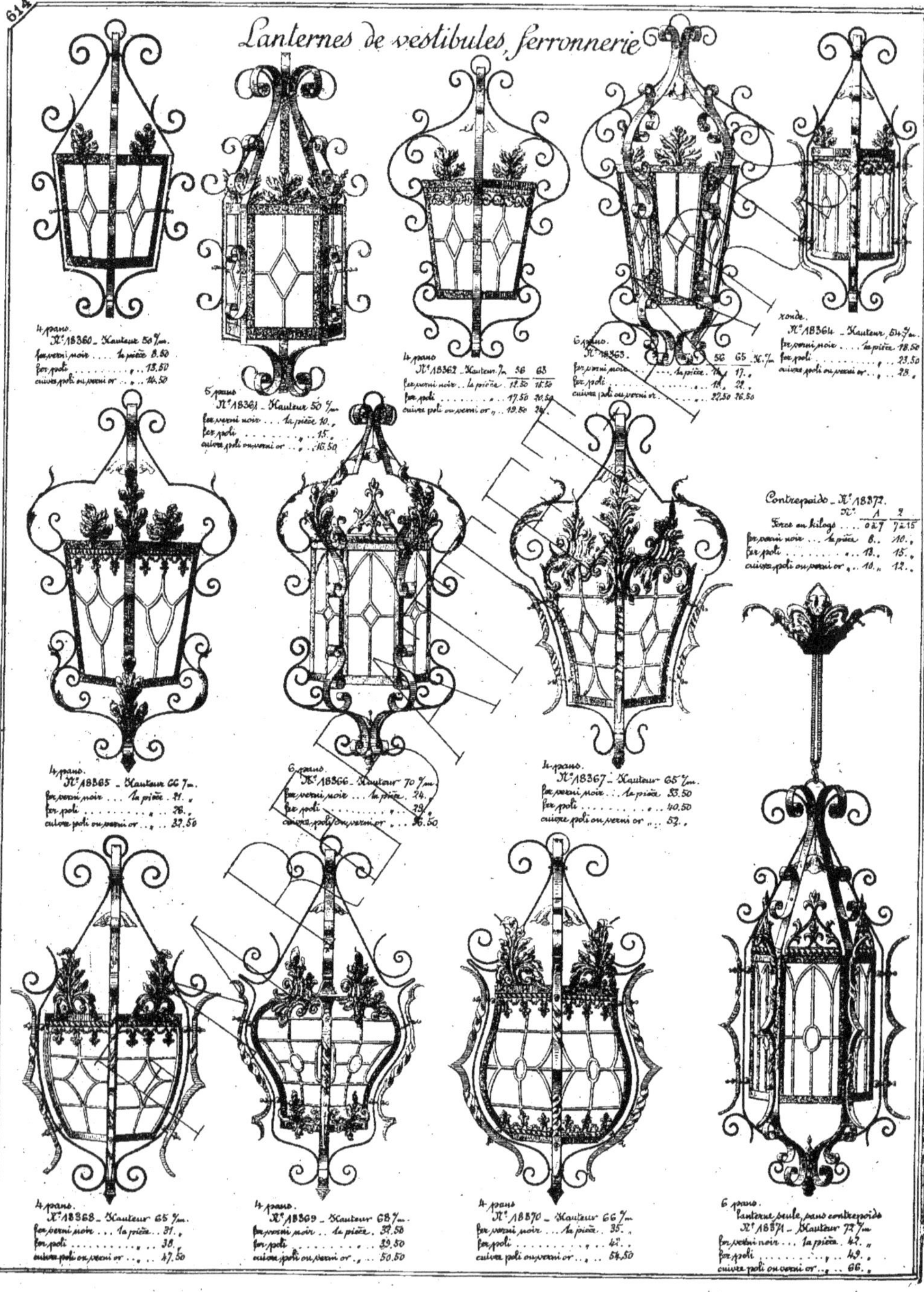
614
Lanternes de vestibules, ferronnerie
4 pans.
N° 18360 _ Hauteur 50 c/m.
fer verni noir .... la pièce 8.50
fer poli .... " .. 13.50
cuivre poli ou verni or .. " .. 14.50
5 pans
N° 18361 _ Hauteur 50 c/m
fer verni noir ... la pièce 10. "
fer poli .... " .. 15. "
cuivre poli ou verni or .. " .. 16.50
4 pans
N° 18362 _ Hauteur c/m 56 63
fer verni noir .. la pièce 12.50 15.50
fer poli .... " .. 17.50 20.50
cuivre poli ou verni or " .. 19.50 24.
6 pans.
N° 18363. 56 65 H. c/m
fer verni noir .... la pièce .. 17. "
fer poli .... " .. 22. "
cuivre poli ou verni or ...... " .. 22.50 26.50
ronde.
N° 18364 _ Hauteur 54 c/m.
fer verni noir .... la pièce 18.50
fer poli .... " .. 23.50
cuivre poli ou verni or .. " .. 28. "
Contrepoids _ N° 18372.
N°: 1 2
Force en kilogs .... 0 à 7 7 à 15
fer verni noir ... la pièce 8.. 10. "
fer poli .... " .. 13. " 15. "
cuivre poli ou verni or " .. 10. " 12. "
4 pans.
N° 18365 _ Hauteur 66 c/m.
fer verni noir ... la pièce. 21. "
fer poli .... " .. 26. "
cuivre poli ou verni or .. " .. 32.50
6 pans.
N° 18366 _ Hauteur 70 c/m
fer verni noir ... la pièce. 24. "
fer poli .... " .. 29. "
cuivre poli ou verni or " .. 36.50
4 pans.
N° 18367 _ Hauteur 65 c/m.
fer verni noir ... la pièce 33.50
fer poli .... " .. 40.50
cuivre poli ou verni or " .. 52. "
4 pans.
N° 18368 _ Hauteur 65 c/m.
fer verni noir ... la pièce .. 31. "
fer poli .... " .. 38. "
cuivre poli ou verni or .. " .. 47.50
4 pans.
N° 18369 _ Hauteur 68 c/m.
fer verni noir .. la pièce. 32.50
fer poli .... " .. 39.50
cuivre poli ou verni or . " .. 50.50
4 pans
N° 18370 _ Hauteur 66 c/m
fer verni noir ... la pièce. 35. "
fer poli .... " .. 42. "
cuivre poli ou verni or .. " .. 54.50
6 pans.
lanterne seule, sans contrepoids
N° 18371 _ Hauteur 72 c/m
fer verni noir ... la pièce. 42. "
fer poli .... " .. 49. "
cuivre poli ou verni or .. " .. 66. "

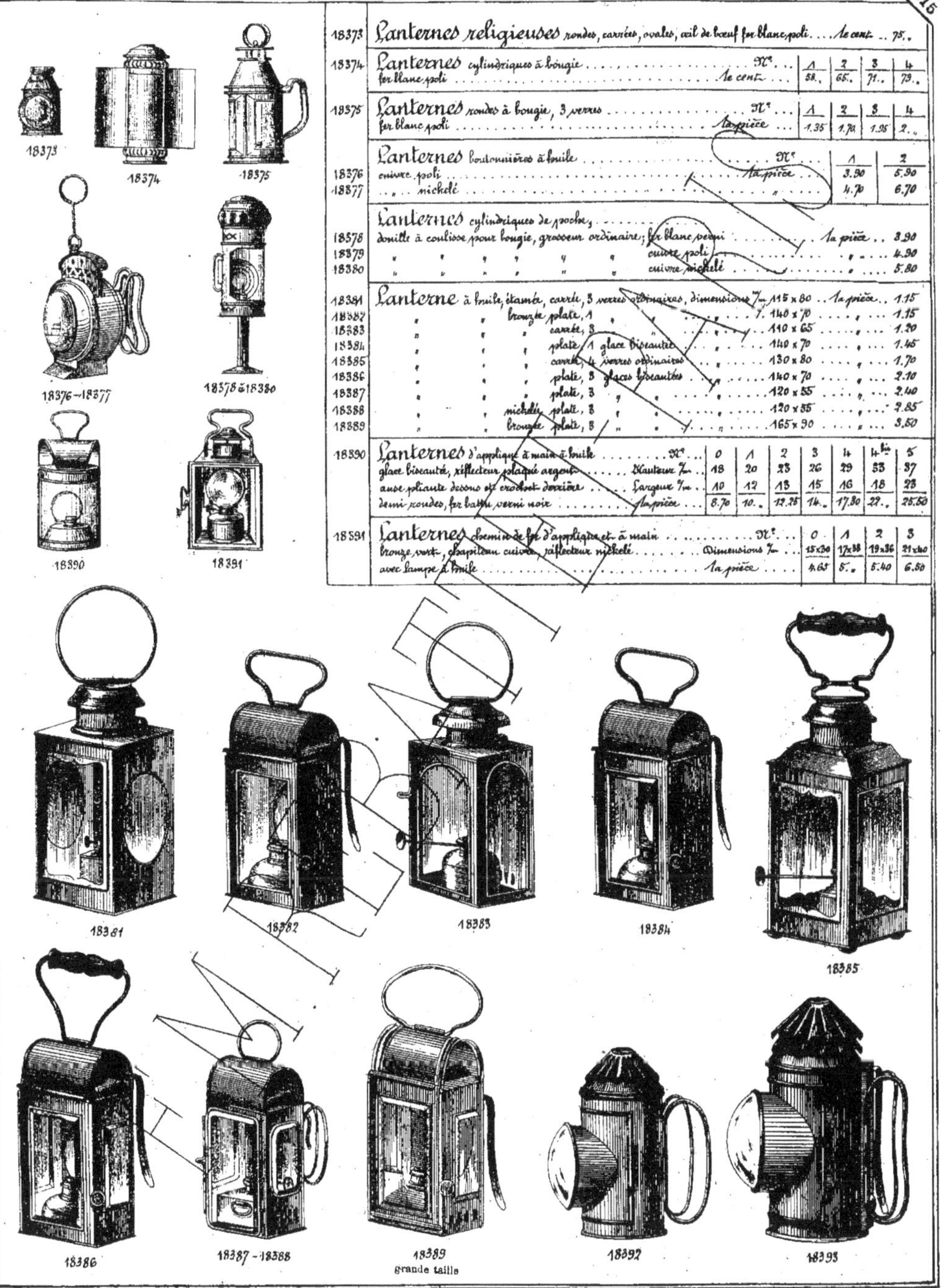

18373 — **Lanternes religieuses** rondes, carrées, ovales, œil de bœuf fer blanc poli . . . le cent . . 75. .

18374 — **Lanternes** cylindriques à bougie, fer blanc poli

N° . . .	1	2	3	4
le cent . . .	58. .	65. .	71. .	79. .

18375 — **Lanternes** rondes à bougie, 3 verres, fer blanc poli

N° . . .	1	2	3	4
la pièce . . .	1.35	1.70	1.95	2. .

Lanternes boutonnières à huile

		N°	1	2
18376	cuivre poli	la pièce	3.90	5.90
18377	„ nickelé	„	4.70	6.70

Lanternes cylindriques de poche,

18378	douille à coulisse pour bougie, grosseur ordinaire; fer blanc verni	la pièce	3.90
18379	„ „ „ „ „ „ cuivre poli	„	4.90
18380	„ „ „ „ „ „ cuivre nickelé	„	5.80

	Lanterne	dimensions m/m		
18381	à huile, étamée, carrée, 3 verres ordinaires	115 x 80	la pièce	1.15
18382	„ „ bronzée plate, 1 „ „	140 x 70	„	1.15
18383	„ „ „ carrée, 3 „ „	110 x 65	„	1.20
18384	„ „ „ plate, 1 glace biseautée	140 x 70	„	1.45
18385	„ „ „ carrée, 4 verres ordinaires	130 x 80	„	1.70
18386	„ „ „ plate, 3 glaces biseautées	140 x 70	„	2.10
18387	„ „ „ plate, 3 „ „	120 x 55	„	2.40
18388	„ „ nickelée plate, 3 „ „	120 x 55	„	2.85
18389	„ „ bronzée plate, 3 „ „	165 x 90	„	3.50

18390 — **Lanternes** d'applique à main à huile, glace biseautée, réflecteur plaqué argent, anse pliante dessus et crochet derrière, demi-rondes, fer battu verni noir

N° . .	0	1	2	3	4	4 bis	5
Hauteur c/m . .	18	20	23	26	29	33	37
Largeur c/m . .	10	12	13	15	16	18	23
la pièce . .	8.70	10. .	12.25	14. .	17.30	22. .	25.50

18391 — **Lanternes** chemin de fer d'applique et à main, bronze vert, chapiteau cuivre, réflecteur nickelé, avec lampe à huile

N° . .	0	1	2	3
Dimensions c/m . . .	15x30	17x33	19x36	21x40
la pièce . . .	4.65	5. .	5.40	6.50

18373 — 18374 — 18375 — 18376-18377 — 18378 à 18380 — 18390 — 18391

18381 — 18382 — 18383 — 18384 — 18385

18386 — 18387-18388 — 18389 grande taille — 18392 — 18393

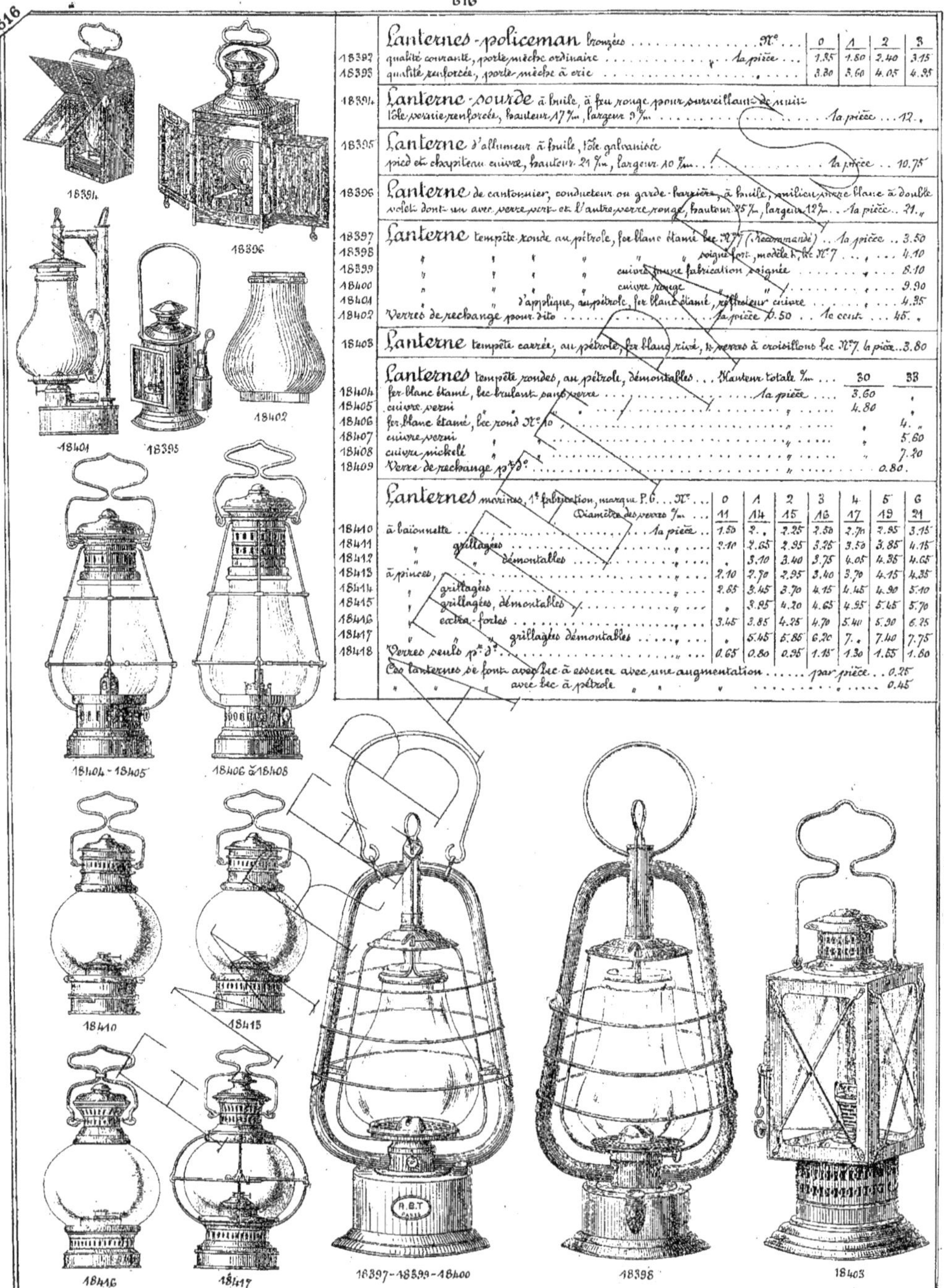

	Lanternes-policeman bronzées ... Nº ...	0	1	2	3
18392	qualité courante, porte-mèche ordinaire ... la pièce ...	1.35	1.80	2.40	3.15
18393	qualité renforcée, porte-mèche à cric ...	3.30	3.60	4.05	4.95

18394 **Lanterne-sourde** à huile, à feu rouge pour surveillant de nuit.
tôle vernie renforcée, hauteur 17 c/m, largeur 9 c/m ... la pièce ... 12. "

18395 **Lanterne** d'allumeur à huile, tôle galvanisée
pied et chapiteau cuivre, hauteur 21 c/m, largeur 10 c/m ... la pièce .. 10.75

18396 **Lanterne** de cantonnier, conducteur ou garde-barrière, à huile, milieu verre blanc à double volet dont un avec verre vert et l'autre verre rouge, hauteur 25 c/m, largeur 12 c/m .. la pièce .. 21. "

18397 **Lanterne** tempête ronde au pétrole, fer blanc étamé bec Nº 7 (Recommandé) .. la pièce .. 3.50
18398 " " " " " " soigné fort, modèle L, bec Nº 7 ... " ... 4.10
18399 " " " " cuivre jaune fabrication soignée ... " ... 8.10
18400 " " " " cuivre rouge " " ... " ... 9.90
18401 " " d'applique, au pétrole, fer blanc étamé, réflecteur cuivre ... " ... 4.35
18402 Verres de rechange pour dito ... la pièce 0.50 .. le cent ... 45. "

18403 **Lanterne** tempête carrée, au pétrole, fer blanc rivé, 4 verres à croisillons bec Nº 7. la pièce .. 3.80

	Lanternes tempête rondes, au pétrole, démontables ... Hauteur totale c/m ...	30	33
18404	fer blanc étamé, bec brûlant sans verre ... la pièce ...	3.60	"
18405	cuivre verni " " ... " ...	4.80	"
18406	fer blanc étamé, bec rond Nº 10 ... " ...	"	4. "
18407	cuivre verni " " ... " ...	"	5.60
18408	cuivre nickelé " " ... " ...	"	7.20
18409	Verre de rechange pr dº ... " ...	0.80.	

	Lanternes marines, 1re fabrication, marque P.G. ... Nº ...	0	1	2	3	4	5	6
	Diamètre des verres c/m ...	11	14	15	16	17	19	21
18410	à baïonnette ... la pièce ..	1.50	2. "	2.25	2.50	2.70	2.95	3.15
18411	" grillagées ... " ...	2.10	2.65	2.95	3.25	3.50	3.85	4.15
18412	" " démontables ... " ...	"	3.10	3.40	3.75	4.05	4.35	4.65
18413	à pinces, ... " ...	2.10	2.70	2.95	3.40	3.70	4.15	4.35
18414	" grillagées ... " ...	2.65	3.45	3.70	4.15	4.45	4.90	5.10
18415	" grillagées, démontables ... " ...	"	3.95	4.20	4.65	4.95	5.45	5.70
18416	" extra-fortes ... " ...	3.45	3.85	4.25	4.70	5.40	5.90	6.25
18417	" " " grillagées démontables ... " ...	"	5.45	5.85	6.20	7. "	7.40	7.75
18418	Verres seuls pr dº ... " ...	0.65	0.80	0.95	1.15	1.30	1.55	1.60

Ces lanternes se font avec bec à essence avec une augmentation ... par pièce .. 0.25
" " " avec bec à pétrole " " " ... 0.45

18419 à 18422 — 18424 à 18427 — 18429

18431 à 18434 — 18436-18437 — 18438

18441 — 18442

18443 — 18444-18445

	Lanternes marines, grillagées démontables. Nº	0	1	2	3	4	5	6
	Diamètre des verres m/m	12	14	15	16	18	19½	21
18419	à baïonnette, cuivre poli ... la pièce	3.05	3.70	4.50	4.90	5.35	5.70	6. .
18420	" cuivre nickelé ... "	3.60	4.50	5.40	6. .	6.45	7. .	7.35
18421	à pinces, cuivre poli ... "	3.40	4.10	4.90	5.25	5.70	6. .	6.40
18422	" cuivre nickelé ... "	4. .	4.90	5.80	6.40	6.80	7.30	7.75
18423	Verres seuls pr d° ... "	0.60	0.80	0.95	1.25	1.50	1.75	2.10

	Lanternes marines à verre mobile, démontables. Nº	0	1	2	3	4
18424	à baïonnette, cuivre poli ... la pièce	3.20	4. .	4.80	5.20	5.60
18425	" cuivre nickelé ... "	4. .	4.80	5.75	6.40	6.90
18426	à pinces, cuivre poli ... "	3.60	4.40	5.20	5.60	6. .
18427	" cuivre nickelé ... "	4.40	5.20	6.15	6.80	7.30
18428	Verres seuls pr d° ... "	0.90	1.05	1.30	1.75	1.95

	Lanternes marines à croisillons démontants ... Nº	1	2	3	4
	Diamètre des verres m/m	13	14	16	17½
18429	à pinces, cuivre poli ... la pièce	4.55	4.90	5.25	5.80
18430	Verres seuls pr d° ... "	1.05	1.25	1.45	1.70

	Lanternes marines cylindriques, verre mobile. Diamètre des verres m/m	8	10
18431	cuivre poli, à bougie ... la pièce	4.25	5.45
18432	" " à huile ... "	4.25	5.45
18433	" " à essence ... "	4.50	5.70
18434	" " au pétrole, brûlant sans verre ... "	4.70	5.90
18435	Verres seuls pr d° ... "	0.65	0.80

	Lanternes d'applique, verres à coulisse ... Nº	0	1	2	3
	Hauteur m/m	30	36	45	49
18436	fer blanc étamé sans lampe ... la pièce	3.05	5.40	7. .	10.10
18437	" verni " " ... "	6.20	6.60	8.15	11.25

	Lanternes manchon ... Nº	1	2	3
	Hauteur m/m	40	47	52
18438	fer blanc étamé, à galerie, sans lampe ... la pièce	6.60	8.25	9.90
18439	fer blanc verni, à casque ... "	9.90	11.55	13.20

	Lanternes d'applique, avec cheminée, vernies.	petit modèle	moyen modèle	grand modèle
	Dimensions m/m	42 x 23	45 x 28	50 x 33
18440	sans lampe ... la pièce	9.30	10. .	11.50
18441	avec lampe bec rond Nº 14''' et réflecteur lentille 16 m/m plaqué argent. "	17.80	18.50	20. .

	Lanternes réverbères tôle plombée, bronzée ... Nº	1	2	3
	à suspendre — Dimensions m/m	56 x 26	64 x 29	66 x 29
18442	sans lampe ... la pièce	8.45	9.80	12.60

	Lanternes de ville, carrées, avec anse en fer forgé pour suspendre.	petit modèle	moyen modèle	grand modèle
	Dimensions m/m	62 x 33	70 x 36	75 x 39
18443	tôle bronzée ... la pièce	18.20	19.60	21.70

	Lanternes de ville, carrées, avec croisillons, fer forgé, pour console.	petit modèle	moyen modèle	grand modèle
	Dimensions m/m	62 x 33	70 x 36	75 x 39
18444	tôle bronzée ... la pièce	15.40	16.80	18.90
18445	cuivre bronzé ... "	18.90	21.40	23.10

	Lanternes de ville, 6 pans ...	petit modèle	moyen modèle	grand modèle
	Dimensions m/m	64 x 35	68 x 40	73 x 45
18446	tôle bronzée ... la pièce	19.60	22.40	25.20
18447	cuivre bronzé ... "	28. .	30.80	33.60

	Lanternes de ville, rondes, chapiteau vitré ...	petit modèle	moyen modèle	grand modèle
	Dimensions m/m	6[illegible] x 35	70 x 38	75 x 42
18448	tôle bronzée ... la pièce	31.50	34.30	37.15
18449	cuivre bronzé ... "	34.35	37.15	40. .

	Lanternes de ville, rondes, chapiteau plein, galerie cuivre fondu.	petit modèle	moyen modèle	grand modèle
	Dimensions m/m	65 x 35	70 x 38	75 x 42
18450	tôle bronzée ... la pièce	40. .	43. .	46. .
18451	cuivre bronzé ... "	43. .	47. .	50. .

	Lanternes rectangulaires, pour enseigne, vitrées, verres dépolies	petit modèle	moyen modèle	grand modèle
	Dimensions m/m	56 x 50	60 x 55	65 x 60
18452	tôle bronzée ... la pièce	21. .	22.40	23.80
18453	cuivre bronzé ... "	32.20	33.60	37.80

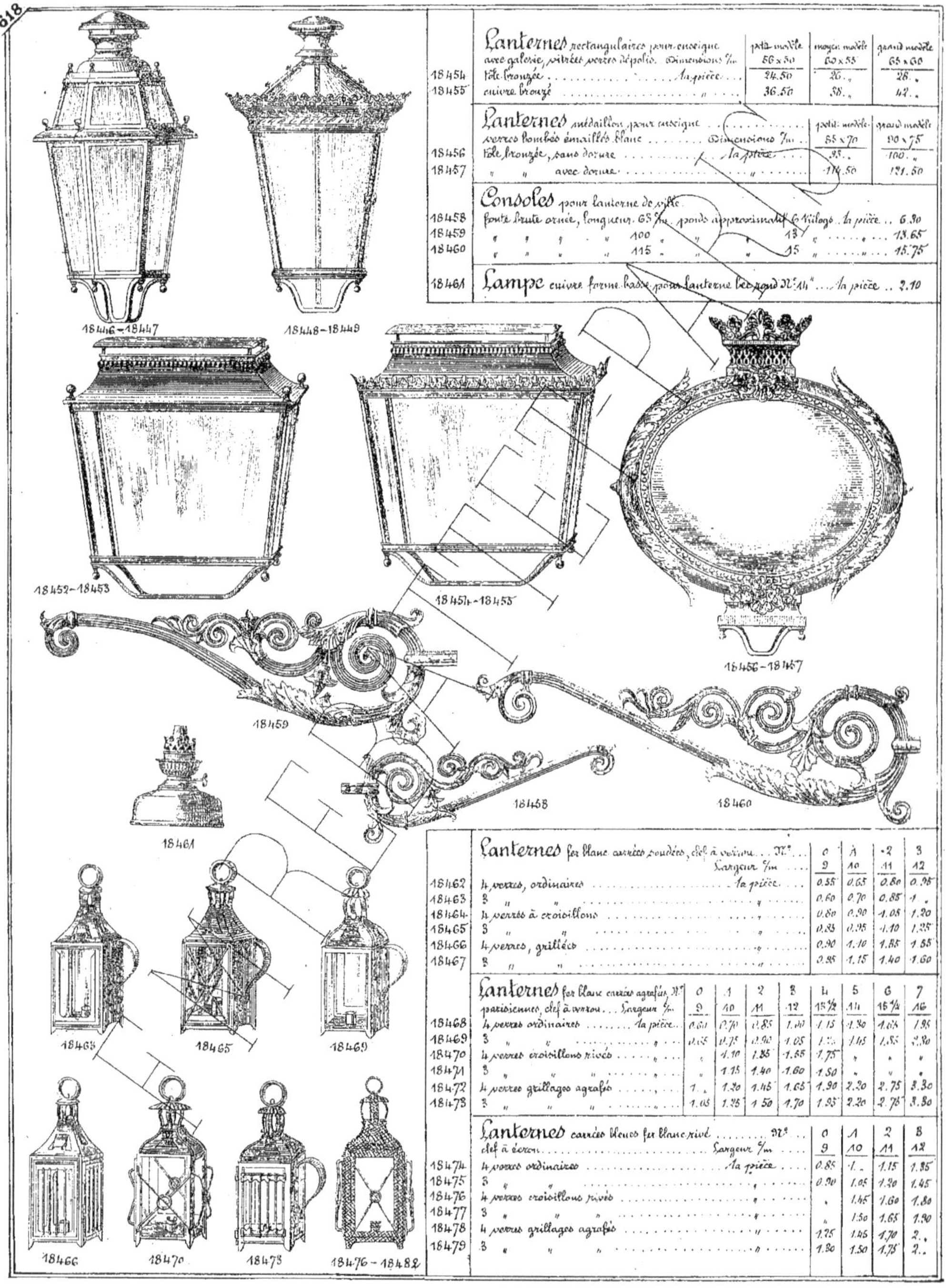

	Lanternes rectangulaires pour enseigne avec galerie, vitrées verres dépolis. Dimensions c/m	petit modèle 56 x 50	moyen modèle 60 x 55	grand modèle 65 x 60
18454	tôle bronzée .... la pièce ...	24.50	26. „	28. „
18455	cuivre bronzé .... „	36.50	38. „	42. „

	Lanternes médaillon pour enseigne .... verres bombés émaillés blanc .... Dimensions c/m ..	petit modèle 85 x 70	grand modèle 90 x 75
18456	tôle bronzée, sans dorure .... la pièce ...	95. „	100. „
18457	„ „ avec dorure .... „	114.50	121.50

Consoles pour lanterne de ville.

18458	fonte brute ornée, longueur 63 c/m poids approximatif 6 kilogs la pièce ..	6.30
18459	„ „ „ „ 100 „ „ „ 13 „	13.65
18460	„ „ „ „ 115 „ „ „ 15 „	15.75

18461	**Lampe** cuivre forme basse pour lanterne bec rond N° 14''' ... la pièce ..	2.10

	Lanternes fer blanc carrées soudées, clef à verrou ... N° ... Largeur c/m ...	0 9	1 10	2 11	3 12
18462	4 verres, ordinaires .... la pièce ...	0.55	0.65	0.80	0.95
18463	3 „ „ .... „	0.60	0.70	0.85	1. „
18464	4 verres à croisillons .... „	0.80	0.90	1.05	1.20
18465	3 „ „ .... „	0.85	0.95	1.10	1.25
18466	4 verres, grillées .... „	0.90	1.10	1.35	1.55
18467	3 „ „ .... „	0.95	1.15	1.40	1.60

	Lanternes fer blanc carrées agrafées, N° parisiennes, clef à verrou ... Largeur c/m	0 9	1 10	2 11	3 12	4 13 1/2	5 14	6 15 1/2	7 16
18468	4 verres ordinaires .... la pièce ..	0.60	0.70	0.85	1.00	1.15	1.30	1.65	1.95
18469	3 „ „ .... „ ...	0.65	0.75	0.90	1.05	[illegible]	1.45	1.85	2.30
18470	4 verres croisillons rivés ...... „ ...	„	1.10	1.35	1.55	1.75	„	„	„
18471	3 „ „ „ .... „ ...	„	1.15	1.40	1.60	1.80	„	„	„
18472	4 verres grillages agrafés ...... „ ...	1. „	1.20	1.45	1.65	1.90	2.20	2.75	3.30
18473	3 „ „ „ .... „ ...	1.05	1.25	1.50	1.70	1.95	2.20	2.75	3.30

	Lanternes carrées bleues fer blanc rivé .... N° ... clef à écrou .... Largeur c/m	0 9	1 10	2 11	3 12
18474	4 verres ordinaires .... la pièce	0.85	1. „	1.15	1.35
18475	3 „ „ .... „	0.90	1.05	1.20	1.45
18476	4 verres croisillons rivés .... „	„	1.45	1.60	1.80
18477	3 „ „ „ .... „	„	1.50	1.65	1.90
18478	4 verres grillages agrafés .... „	1.25	1.45	1.70	2. „
18479	3 „ „ „ .... „	1.30	1.50	1.75	2. „

18486 - 18490
avec lampe à huile

18487 - 18491
avec lampe à huile

18488 - 18492
avec lampe à huile

18494

18495

18498

18500 - 18501
18504 - 18505

18502 - 18503

18506

18507

18508 - 18509

18510

18511 - 18513

18514 - 18516

18517

18518 - 18549

18519 - 18550

18520 - 18551

Lanternes carrées, décorées, rivées, FF

	clef cuivre à verrou	N°	1	2	3	4
		Largeur %m	10	11	12	13½
18480	4 verres ordinaires	la pièce	1.20	1.50	1.70	1.95
18481	3 „ „	„	1.25	1.65	1.80	2.05
18482	4 verres, croisillons rivés	„	1.55	1.80	2.10	2.30
18483	3 „ „	„	1.60	1.85	2.15	2.35
18484	4 verres, grillages agrafés	„	1.65	2. „	2.35	2.60
18485	3 „ „	„	1.65	2. „	2.35	2.60

Lanternes en tôle rivée forte vernie noire à anse avec plateau mobile à bougie

		N°	1	2	3	4	5
		Dimensions %m	33x12	36x13	35x13	39x15	44x17
18486	fortes, 4 verres ordinaires	la pièce	1.65	1.90	„	„	„
18487	„ 3 verres avec gaine rivée	„	1.90	2.15	„	„	„
18488	„ 4 verres, croisillons rivés	„	2. „	2.35	„	„	„
18489	„ 3 verres „ „ et gaine rivée	„	2.20	2.60	„	„	„
18490	extra-fortes, 4 verres ordinaires	„	„	„	2.30	3.10	3.85
18491	„ 3 verres avec gaine rivée	„	„	„	2.65	3.40	4.15
18492	„ 4 verres, croisillons rivés	„	„	„	2.75	3.50	4.30
18493	„ 3 verres, „ et gaine rivée	„	„	„	3. „	3.75	4.50
	Tôle extra-forte étamée polie, 3 verres	En plus	„	„	0.22	0.22	0.22
	„ „ „ „ 4 verres	„	„	„	0.33	0.33	0.33
	avec lampe à huile, porte-mèche à vis sur plateau mobile	En plus	0.50	0.50	0.55	0.55	0.55
	avec lampe à pétrole, bec tempête avec mèche	„	0.70	0.70	0.77	0.77	0.77

18494 Lanternes carrées fer blanc fort, chapiteau démontant

	N°	1	2	3	4	5
(Le chapiteau démonté réduit considérablement l'emballage)	Largeur %m	13	15	17	19	21
4 verres, grillée, fermoir cuivre	la pièce	1.35	1.75	2.15	2.55	3. „

Cette lanterne, fabriquée en province n'est livrée que par caisse complète de 72 pièces.
L'expédition est faite directement de l'usine.

Lanternes rondes, douille derrière pour charrette.

		Diamètre %m	10	12	13	14	15	16	18
18495	fer blanc agrafé, piquées, un verre carré	la pièce	1.30	1.55	„	1.75	„	„	„
18496	„ „ unies, une corne	„	1.45	1.65	1.85	2.10	2.40	„	„
18497	„ „ „ deux	„	„	1.85	2.10	2.40	2.75	3.10	„
18498	„ „ „ trois	„	„	2.20	2.55	2.85	3.20	3.50	4. „
18499	„ „ „ vitraux métalliques	„	1.75	2.20	„	2.75	„	3.30	„

Lanternes de camion à huile, tôle rivée, fabrication courante.

18500	légère, anneau rond	la pièce	0.80
18501	forte, anneau rond	„	0.90
18502	forte, poignée feuillard	„	1.30
18503	extra-forte, poignée feuillard	„	1.55
18504	forte, anneau rond, porte-mèche à vis	„	1.10
18505	extra-forte, anneau rond, porte-mèche à vis	„	1.35
18506	forte, anneau rond, porte-mèche à vis, chapiteau godrons	„	1.50
18507	forte, anneau rond, phare cuivre poli verre plat	„	1.70
18508	„ „ „ „ „ „ verre lentille	„	2.15
18509	„ „ „ „ „ „ verre bombé	„	2.15
18510	„ „ „ phare creux cuivre poli verre plat	„	2.15
18511	extra-forte, poignée feuillard, phare et chapiteau cuivre poli verre plat	„	2.40
18512	„ „ „ „ „ „ „ „ verre lentille	„	2.90
18513	„ „ „ „ „ „ „ „ verre bombé	„	3.15
18514	extra-forte, poignée fil de fer, phare, chapiteau et pied cuivre poli verre plat	„	3.15
18515	„ „ „ „ „ „ „ „ „ verre bombé	„	3.60
18516	„ „ „ „ „ „ „ „ „ verre lentille	„	3.85
18517	extra-forte, poignée fil de fer, phare creux, chapiteau et pied cuivre poli verre plat	„	3.85
18518	Lampe plate fer blanc emboutie d'une seule pièce pour lanterne de camion	„	0.55
18519	„ boule fer blanc serti au milieu „ „ „ „	„	0.70
18520	Bobèche tôle vernie pour bougie ou lampion à douille	„	0.45

619

620

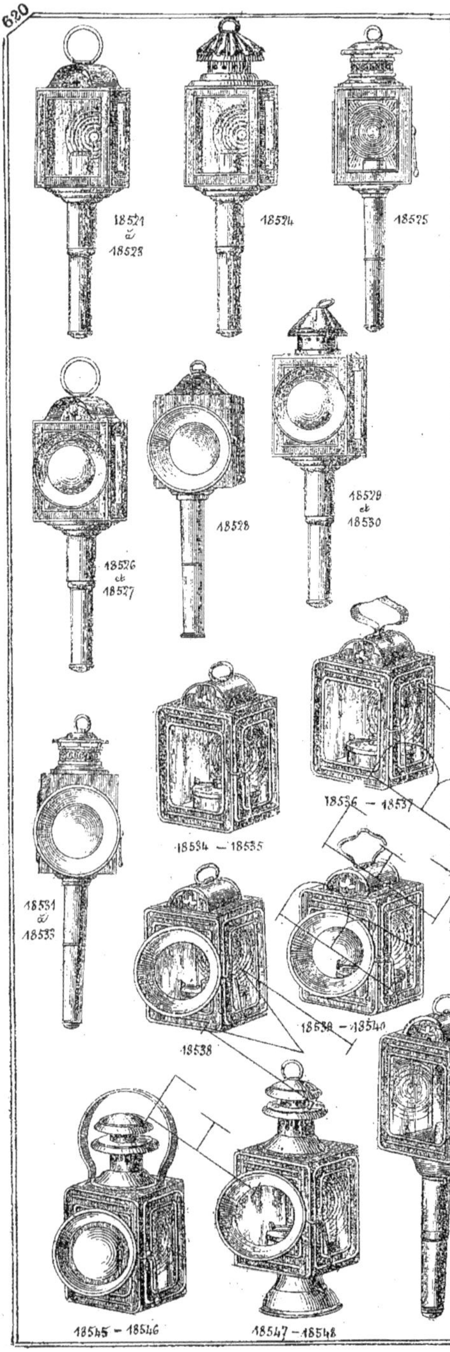

Lanternes de camion à bougie, tôle rivée vernie.
fabrication courante.

18521	légères, douilles à vis . . . . . . la paire	2.40
18522	fortes, douille à vis . . . . . . „	3.15
18523	extra-fortes, douille à vis . . . . . . „	3.75
18524	fortes, douille à vis, chapiteau godron . . . . . . „	4.20
18525	„ „ „ chapiteau cuivre . . . . . . „	4.35
18526	„ „ „ phare cuivre poli verre plat . . . . . . „	4.35
18527	„ „ „ „ „ „ verre lentille . . . . . . „	5.30
18528	„ „ „ phare creux cuivre poli, verre plat . . . . . . „	5.30
18529	„ „ „ phare cuivre poli, chapiteau godrons, verre plat . . . . . . „	5.40
18530	„ „ „ „ „ „ „ „ verre lentille . . . . . . „	6.60
18531	extra-fortes, douille à vis, phare, chapiteau et douille cuivre poli, verre plat . . . „	6.25
18532	„ „ „ „ „ „ „ „ verre lentille . . . „	7.20
18533	„ „ „ „ „ „ „ „ „ verre bombé . . . „	7.70

Lanternes de camion à huile, tôle rivée à nervures, vernie noire,
fabrication recommandée.

18534	forte, à anneau, porte-mèche cuivre à baïonnette . . . . . . la pièce	1.05
18535	extra-forte „ „ „ „ à vis . . . . . . „	1.60
18536	forte, poignée feuillard, porte-mèche cuivre à baïonnette . . . . . . „	1.45
18537	extra-forte „ „ „ „ „ à vis . . . . . . „	1.90
18538	forte, à anneau, réflecteur cuivre, verre plat . . . . . . „	1.80
18539	forte à poignée fil de fer, réflecteur cuivre, verre plat . . . . . . „	2.10
18540	extra-forte „ „ „ „ „ „ . . . . . . „	2.70
18541	forte à anneau, phare cuivre, verre bombé . . . . . . „	2.35
18542	extra-forte „ „ „ „ „ . . . . . . „	2.95
18543	forte, à anneau, phare cuivre, verre lentille . . . . . . „	2.35
18544	extra-forte „ „ „ „ „ . . . . . . „	2.95
18545	forte, poignée feuillard à chapiteau, phare cuivre, verre lentille . . . . . . „	3.15
18546	extra-forte „ „ „ „ „ „ „ . . . . . . „	3.60
18547	forte, phare, chapiteau et pied cuivre verre bombé . . . . . . „	4.75
18548	extra-forte „ „ „ „ „ „ . . . . . . „	5.40
18549	**Lampe** plate fer blanc embouti, porte-mèche à baïonnette pour lanterne de camion . . . „	0.45
18550	ronde fer blanc serti, porte-mèche à vis, pour lanterne de camion . . . „	0.70
18551	**Bobèche**, plateau fer blanc pour bougie ou lampion à douille . . . „	0.45

Lanternes de camion, à bougie, tôle rivée à nervures, vernie noire.
fabrication recommandée.

18552	fortes, douille à vis, verre plat . . . . . . la paire	3.50
18553	extra-fortes „ „ „ . . . . . . „	4.65
18554	fortes, douille à vis, réflecteur cuivre, verre plat . . . . . . „	5.45
18555	extra-fortes „ „ „ „ „ . . . . . . „	6.10
18556	fortes, douille à vis, phare cuivre, verre lentille . . . . . . „	5.85
18557	extra-fortes „ „ „ „ „ . . . . . . „	6.50
18558	fortes „ „ „ verre bombé . . . . . . „	5.85
18559	extra-fortes „ „ „ „ „ . . . . . . „	7. „
18560	fortes, douille à vis à chapiteau, phare cuivre, verre bombé . . . . . . „	6.50
18561	extra-fortes „ „ „ „ „ „ . . . . . . „	8. „

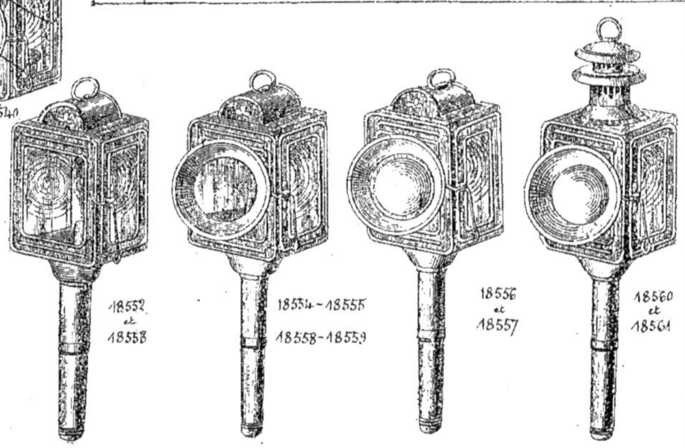

18521 à 18523

18524

18525

18526 et 18527

18528

18529 et 18530

18531 à 18533

18534 – 18535

18536 – 18537

18538

18539 – 18540

18545 – 18546

18547 – 18548

18552 et 18553

18554 – 18555

18558 – 18559

18556 et 18557

18560 et 18561

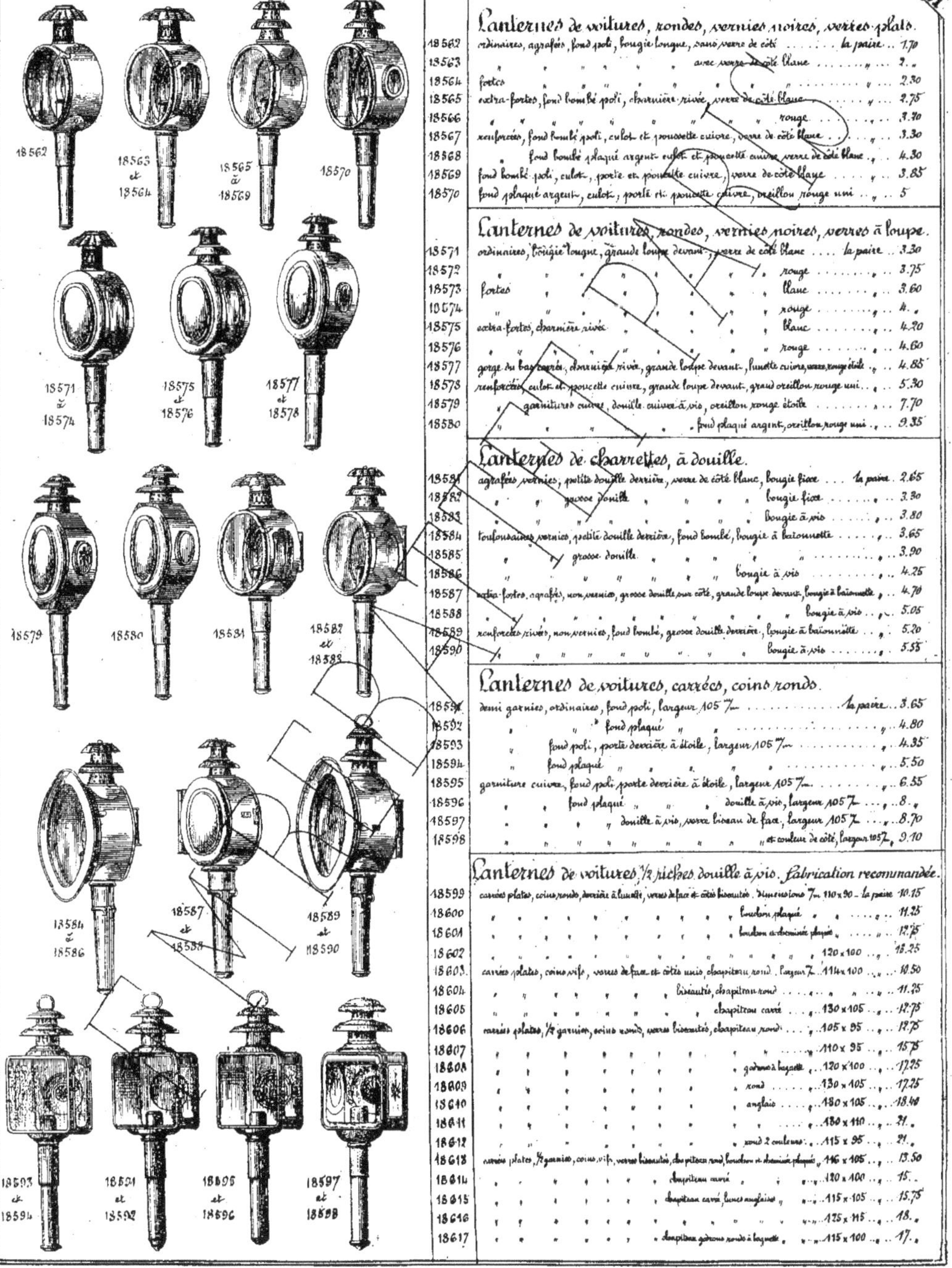

Lanternes de voitures, rondes, vernies noires, verres plats.

N°	Désignation		Prix
18562	ordinaires, agrafées, fond poli, bougie longue, sans verre de côté	la paire	1.70
18563	" " " " " " avec verre de côté blanc	"	2. »
18564	fortes " " " " " " " "	"	2.30
18565	extra-fortes, fond bombé poli, charnière rivée, verre de côté blanc	"	2.75
18566	" " " " " " " " " rouge	"	3.70
18567	renforcées, fond bombé poli, culot et poucette cuivre, verre de côté blanc	"	3.30
18568	" fond bombé plaqué argent, culot et poucette cuivre, verre de côté blanc	"	4.30
18569	fond bombé poli, culot, porte et poucette cuivre, verre de côté blanc	"	3.85
18570	fond plaqué argent, culot, porte et poucette cuivre, oreillon rouge uni	"	5

Lanternes de voitures, rondes, vernies noires, verres à loupe.

N°	Désignation		Prix
18571	ordinaires, bougie longue, grande loupe devant, verre de côté blanc	la paire	3.30
18572	" " " " " " " " rouge	"	3.75
18573	fortes " " " " " " blanc	"	3.60
18574	" " " " " " " rouge	"	4. »
18575	extra-fortes, charnière rivée " " " " blanc	"	4.20
18576	" " " " " " " " rouge	"	4.60
18577	gorge du bas carrée, charnière rivée, grande loupe devant, lunette cuivre, verre rouge étoile	"	4.85
18578	renforcées, culot et poucette cuivre, grande loupe devant, grand oreillon rouge uni	"	5.30
18579	" garnitures cuivre, douille cuivre à vis, oreillon rouge étoile	"	7.70
18580	" " " " " fond plaqué argent, oreillon rouge uni	"	9.35

Lanternes de charrettes, à douille.

N°	Désignation		Prix
18581	agrafées vernies, petite douille derrière, verre de côté blanc, bougie fixe	la paire	2.65
18582	" " grosse douille " " " " bougie fixe	"	3.30
18583	" " " " " " " " bougie à vis	"	3.80
18584	toujours vernies, petite douille derrière, fond bombé, bougie à baïonnette	"	3.65
18585	" " grosse douille " " " " "	"	3.90
18586	" " " " " " " bougie à vis	"	4.25
18587	extra-fortes, agrafées, non vernies, grosse douille sur côté, grande loupe devant, bougie à baïonnette	"	4.70
18588	" " " " " " " " " " bougie à vis	"	5.05
18589	renforcées rivées, non vernies, fond bombé, grosse douille derrière, bougie à baïonnette	"	5.20
18590	" " " " " " " " " bougie à vis	"	5.55

Lanternes de voitures, carrées, coins ronds.

N°	Désignation		Prix
18591	demi garnies, ordinaires, fond poli, largeur 105 m/m	la paire	3.65
18592	" " " fond plaqué " "	"	4.80
18593	" fond poli, porte derrière à étoile, largeur 105 m/m	"	4.35
18594	" fond plaqué " " " " "	"	5.50
18595	garniture cuivre, fond poli porte derrière à étoile, largeur 105 m/m	"	6.55
18596	" " fond plaqué " " " douille à vis, largeur 105 m/m	"	8. »
18597	" " " " douille à vis, verre biseau de face, largeur 105 m/m	"	8.70
18598	" " " " " " " " " et couleur de côté, largeur 105 m/m	"	9.10

Lanternes de voitures 1/2 riches douille à vis. fabrication recommandée.

N°	Désignation	Dimensions m/m		Prix
18599	carrées plates, coins ronds, derrière à lunette, verres de face et côtés biseautés	110 x 90	la paire	10.15
18600	" " " " " " " " " " bouchon plaqué		"	11.25
18601	" " " " " " " " " " bouchon et cheminée plaqués		"	12.75
18602	" " " " " " " " " " " " " "	120 x 100	"	13.25
18603	carrées plates, coins vifs, verres de face et côtés unis, chapiteau rond. Largeur m/m	114 x 100	"	10.50
18604	" " " " " " " biseautés, chapiteau rond	"	"	11.25
18605	" " " " " " " " chapiteau carré	130 x 105	"	12.75
18606	carrées plates, 1/2 garnies, coins ronds, verres biseautés, chapiteau rond	105 x 95	"	12.75
18607	" " " " " " " " " "	110 x 95	"	15.75
18608	" " " " " " " " godrons à baguette	120 x 100	"	17.25
18609	" " " " " " " " rond	130 x 105	"	17.25
18610	" " " " " " " " anglais	130 x 105	"	18.40
18611	" " " " " " " " "	130 x 110	"	21. »
18612	" " " " " " " " rond 2 couleurs	115 x 95	"	21. »
18613	carrées plates, 1/2 garnies, coins vifs, verres biseautés, chapiteau rond, bouchon et cheminée plaqués	116 x 105	"	13.50
18614	" " " " " " " chapiteau carré " "	120 x 100	"	15. »
18615	" " " " " " " chapiteau carré, lunes anglaises "	115 x 105	"	15.75
18616	" " " " " " " " " " " "	125 x 115	"	18. »
18617	" " " " " " " chapiteau godrons ronds à baguette "	115 x 100	"	17. »

18590 à 18602

18604

18605

18606

18607 et 18609

18605

18610

18611

Lanternes de voitures, riches, douille à vis, fabrication recommandée.

N°	Désignation	Dimensions		Prix
18618	carrées plates, ½ garnies, coins vifs, verres biseautés, chapiteau 2 gadrons plats à baguettes ... Dimensions %	125 x 115	la paire	19.50
18619	„ „ „ „ „ „ „ „	137 x 120	„	22.50
18620	„ „ „ „ „ „ 2 chapiteaux carrés dont 1 à baguettes	125 x 110	„	20.25
18621	„ „ „ „ „ „ „ „	132 x 120	„	23.25
18622	„ „ „ „ „ „ „ „	140 x 130	„	27.75
18623	„ „ „ „ „ „ chapiteau carré 2 couleurs	120 x 100	„	24. „
18624	„ „ „ „ „ „ „ „ plateau rond 2 gadrons	115 x 110	„	27. „
18625	„ „ „ „ „ „ „ ovale, gadron bombé, réflecteur ovale sur côté	150 x 95	„	28.50
18626	carrées plates, garnies à verres, coins vifs, verres biseautés, lunes anglaises, chapiteau ovale, 3 gadrons en saillie	130 x 90	„	33.75
18627	„ „ „ „ „ „ „ „	140 x 100	„	34.50
18628	carrées-carrées, ½ garnies coins ronds, verres biseautés, lunes plaquées, chapiteau rond 2 gadrons. largeur %	110	„	23.25
18629	„ „ coins vifs, „ „ chapiteau rond, 1 gadron à baguette	113	„	18.75
18630	„ „ „ „ „ „ 2 chapiteaux carrés dont 1 à baguette	117	„	21. „
18631	„ „ „ „ „ „ „ „	120	„	24. „
18632	„ „ „ „ „ „ „ „	128	„	27. „
18633	„ „ bords anglais, verres biseautés, lunes plaquées, chapiteau carré 2 couleurs	115	„	27.75
18634	„ „ coins vifs, verres biseautés, porte à selles, chapiteau rond, timbre couleur à glaces	115	„	33. „
18635	„ garnies à glace, lunes concaves, 2 chapiteaux carrés, douilles noires	115	„	36. „
18636	„ „ „ „ „ „ „ „	129	„	48. „
18637	„ „ „ „ chapiteau anglais à gadrons, douilles noires	127	„	40.50
18638	„ „ „ „ „ „ „ „	136	„	52.50
18639	„ „ „ „ chapiteau carré à galerie cintrée, douilles noires	129	„	49.50
18640	„ „ „ „ „ „ „ „	143	„	64.50
18641	six pans, pour voitures de gala, garnies riches, 4 glaces à perles, ½ ornements	155	„	97.50
18642	huit pans, „ „ „ „ 5 glaces à perles, ornements partout	160	„	112.50
18643	rondes à réflecteur, lunette de côté, couleur à étoile, verre de face uni, chapiteau à gadrons, douille à vis. diamètre %	110	„	9. „
18644	„ „ „ „ „ „ „ „	120	„	10.50
18645	„ „ „ „ „ „ „ „	130	„	12. „
18646	„ „ ½ garnies à verres, verre de côté couleur, verre de face uni, chapiteau 2 couleurs, douille à vis	130	„	13.50
18647	„ „ verre de face biseauté, verre de côté cintré à dessin, chapiteau à gadrons, douille à vis	130	„	15. „
18648	„ „ „ „ „ „ „ „	140	„	18. „
18649	„ „ ½ garnies, verres de face et côté biseautés, chapiteau à gadrons, douille à vis	140	„	16.50
18650	„ „ „ „ „ „ lunettes, cheminée et côtés plaqués, chapiteau à gadrons	120	„	15.75
18651	„ „ „ „ „ „ chapiteau à gadrons bombés	130	„	17.25
18652	„ „ „ „ „ „ „ „ gorge trompette	110	„	18.75
18653	„ „ „ „ „ „ „ „ bombés	130	„	20.25
18654	„ „ „ „ „ „ „ à baguettes, timbre emboutis	120	„	22.50
18655	„ „ ½ garnies, verres de face et côté biseautés, chapiteau à gadrons à baguette, vis fraisée	130	„	24. „
18656	„ „ garnies à verres „ „ „ „ „ bombé, gorge trompette	120	„	24.75
18657	„ „ ½ garnies à verres „ „ „ „ anglais, vis forte	130	„	27. „
18658	„ „ garnies „ „ „ „ „ Rotschild, douilles noires	130	„	28.50
18659	„ „ garnies à verres „ „ „ „ „ anglais, 2 gadrons plats	110	„	30. „
18660	„ „ „ „ „ „ „ „ 1 gadron, côtes de melon	135	„	31.50
18661	„ garnies glaces bombées sorties sur le devant du réflecteur, chapiteau anglais 1 gadron, bougies noires, vis fraisée	120	„	36. „
18662	„ „ „ „ „ „ „ „ 2 gadrons	127	„	40.50
18663	„ à réflecteur, garnies à glaces, chapiteau ovale à baguette et timbre, gorge carrée dans le bas	135	„	45. „
18664	„ „ „ riches, chapiteau anglais, gorges carrées, haut et bas	145	„	51. „
18665	„ garnies riches à glaces cintrées de côté, glaces bombées sorties sur le devant du réflecteur	130	„	57. „
18666	„ „ „ „ „ œilleton carrés à glaces, chapiteau carré à ovale et gadron	152	„	66. „
18667	„ „ „ à 2 portes, glaces sorties sur le devant du réflecteur, 2 chapiteaux ronds	148	„	76.50
18668	„ réflecteur parabolique intérieur, 2 chapiteaux ronds à baguette	110	„	27. „
18669	„ „ „ „ „ „ „ „	120	„	36. „
18670	„ „ „ „ „ „ „ „	130	„	45. „

Lanternes pour voitures de commerce.

N°	Désignation		Prix
18671	rondes, porte cuivre, fond plaqué	la pièce	5.80
18672	„ réflecteur cuivre, fond plaqué	„	8.70
18673	„ grand réflecteur cuivre, fond plaqué, pieds cuivre	„	11.60

Lanternes de diligence, à pied à huile

N°	Désignation		7	9	11
18674	bec à quinquet, réflecteur intérieur parabolique	la pièce	29. „	36.25	42. „

Lanternes de diligence, à pied à pétrole

N°	Désignation		8	10	12
18675	modèle ordinaire, réflecteur intérieur parabolique	la pièce	17.40	21. „	24.65
18676	„ soigné „ „ „ et réflecteur extérieur	„	26.10	29. „	34.80

623

(Voir prix pages 621 et 622)

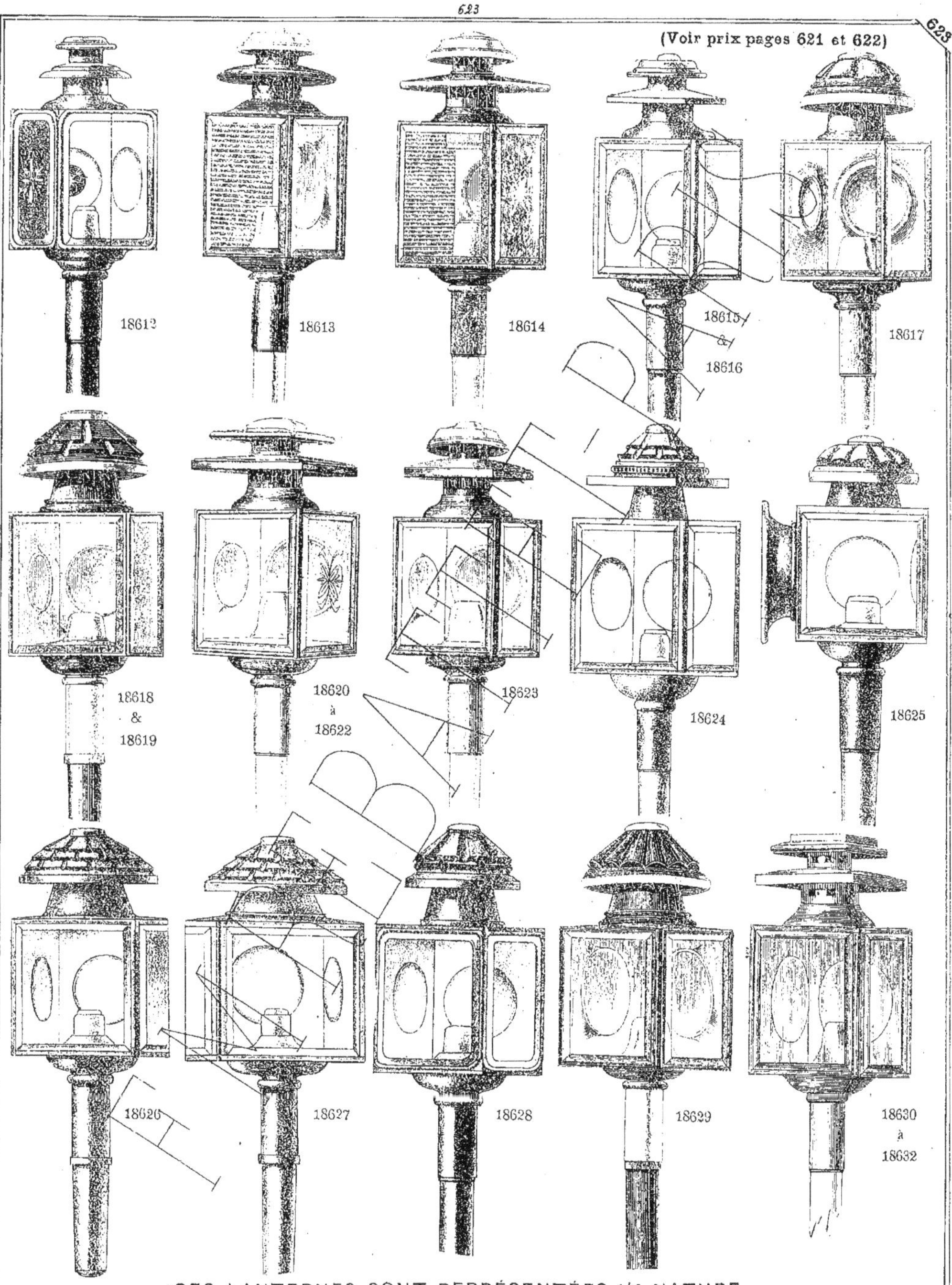

CES LANTERNES SONT REPRÉSENTÉES 1/4 NATURE

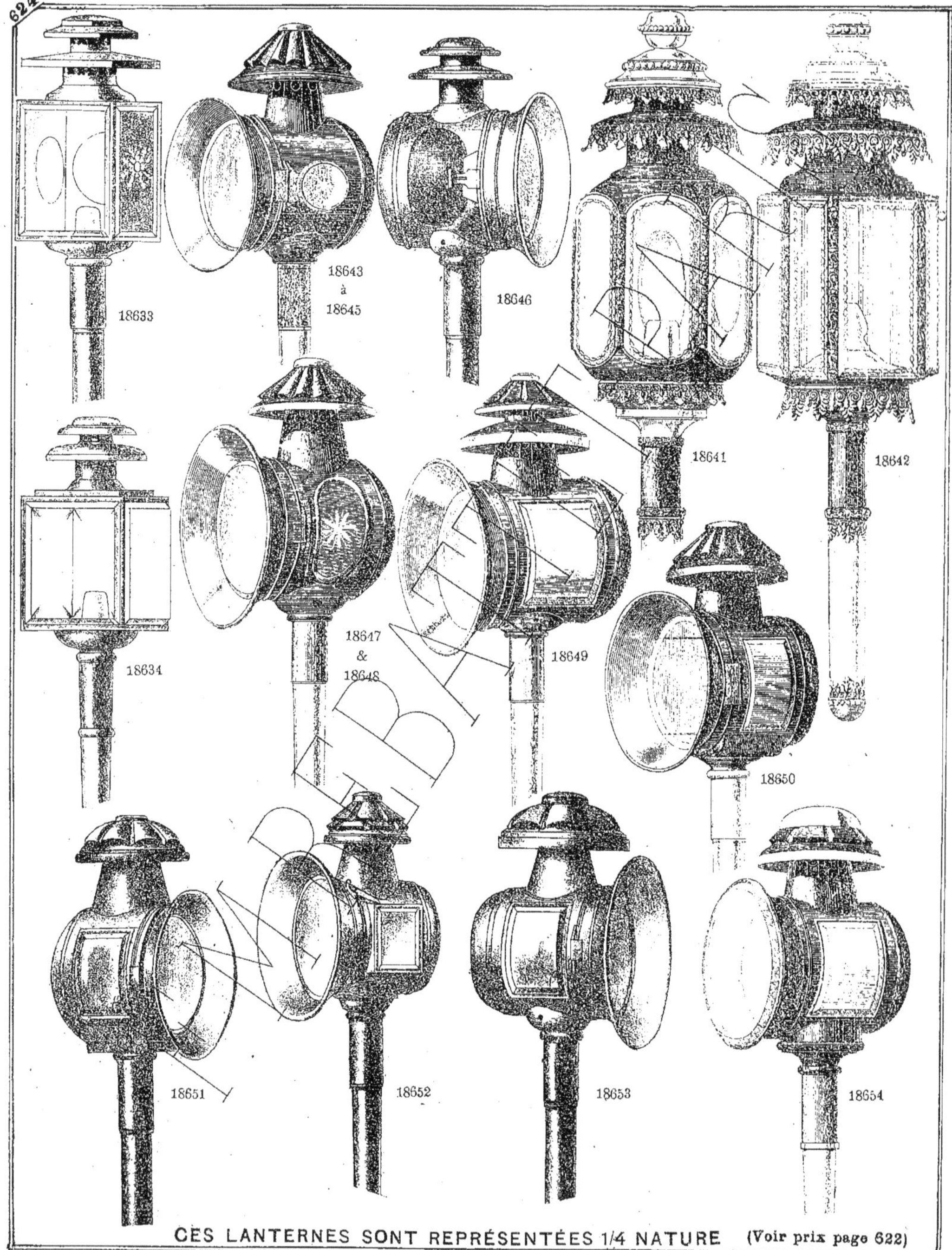

CES LANTERNES SONT REPRÉSENTÉES 1/4 NATURE (Voir prix page 622)

(Voir prix page 622)

CES LANTERNES SONT REPRÉSENTÉES 1/4 NATURE (Sauf N°s 18671 à 18676)

18677

18678 à 18680 — 18689

18681 à 18686

18688

18690

18693

18694

18741

18712—18715

18716 à 18719

18720

18721

18722

18723

18724

18725

18726

18727

18728

18729

18730

18731 à 18732

Mèches coton, par paquets de 500 grammes, papier compris. (Cours variable).

			qualité courante	qualité supérieure
18677	allemandes, pour becs ronds	le Kilog.	4.75	5.60
18678	essence, rondes, N° 1 à 4	″	4.75	5.60
18679	essence, ronde, Pigeon et N° 0	″	″	5.60
18680	″ ″ veilleuse	″	″	7. ″
18681	huile plate	″	4.75	5.60
18682	pétrole, pour becs plats	″	4.75	5.60
18683	″ ″ ″ veilleuse N° 2, 2½, 3	″	″	5.60
18684	″ ″ ″ ″ N° 1	″	″	7. ″
18685	pétrole Duplex, bruleur et alimentaire	″		5.60
18686	pétrole Universelle ″ ″ ″	″	″	5.60

Mèches allemandes pour becs ronds coupées en longueur de 25 m/m.

	N°		8	10	12	14
18687	unies des deux bouts, en paquet par 25 pièces	le cent	8. ″	9.60	11.40	13. ″
18688	effilées d'un bout, ″ ″ ″	″	7. ″	8.50	9.50	10.50

18689 **Mèches** coton pour réchauds à alcool, ronde N° 1, 2, 3, qualité ordinaire, le Kilog. . 4.75

18690 ″ ″ ″ ″ ″ plate en écheveaux ″ ″ ″ . . . 4.75

Mèches coton pour réchauds à alcool Lang

	N°		1	2	3
18691	par petits paquets composés de 3 longues et 3 courtes	Les cent paquets	17. ″	12. ″	20. ″
18692	par paquets de 144 longues et 144 courtes	le paquet	2.50	2.50	5. ″

Mèches soie pour lampe modérateur.

	N°	6	7	8	9	10	11	12	13	14	15	16
18693	qté supre en boites carton par 144 la boîte	1.15	1.30	1.45	1.60	1.75	1.95	2.10	2.25	2.40	2.55	2.75
18694	″ extra BB ″ ″ ″ ″ ″	1.35	1.55	1.70	1.85	2. ″	2.15	2.35	2.50	2.65	2.80	3. ″

Mèches pour lampes à courant d'air

	N°	14	15	16	17	18	20	22	24	28	30
18695	Aigle . . . le paquet de 12 mèches	″	″	″	1.80	″	2.40	″	″	″	″
18696	Belge ou éclair ″ ″	1.00	″	1.80	″	2. ″	″	2.50	″	″	5.50
18697	Brillante bordée ″ ″	2.20	″	″	″	2.50	″	″	″	″	″
18698	Central Vulcan ″ ″	5.70	″	6.50	″	7.50	″	″	12. ″	″	″
18699	Duplex brûleur ″ ″	1. ″	″	″	″	″	″	″	″	″	″
18700	″ alimentaire ″ ″	1. ″	″	″	″	″	″	″	″	″	″
18701	Française ″ ″	1.80	″	″	″	″	″	2. ″	″	″	″
18702	Parfaite ″ ″	2.20	″	″	″	2.50	″	″	″	″	″
18703	Parisienne ″ ″	1.80	″	″	″	2. ″	″	″	″	″	″
18704	Phare ″ ″	1.60	″	″	″	2.50	″	″	3.20	″	″
18705	Odin ″ ″	″	2. ″	3. ″	″	″	3.60	″	″	″	″
18706	Olga ″ ″	″	2. ″	″	″	″	″	″	″	″	″
18707	Oplot ″ ″	″	″	2.50	″	″	3.50	″	″	″	″
18708	Sépulchre ″ ″	″	″	2. ″	″	″	″	2.50	″	4.80	″
18709	Universelle brûleur ″ ″	0.60	″	″	″	0.80	″	″	1.20	″	1.40
18710	″ alimentaire ″ ″	1.40	″	″	″	1.60	″	″	″	″	″

18711 **Porte-mèches** fer blanc ordinaire sans cric . . . . le cent . . 4.90

Porte-mèches cuivre

	N°		5	6	8½	10	11	12
	Largeur m/m		13	16	19	22	25	27
18712	cuivre estampé à baïonnette ordinaire	le cent	″	11.25	″	″	″	″
18713	″ ″ ″ fort	″	″	18.75	″	″	″	″
18714	″ ″ à vis	″	″	18.75	″	″	″	″
18715	cuivre fondu à vis	″	″	22.25	41. ″	51. ″	61. ″	76. ″
18716	″ ″ à baïonnette	″	″	22.25	41. ″	51. ″	61. ″	76. ″
18717	″ ″ à vis, petit modèle	″	31. ″	″	″	″	″	″
18718	″ ″ à baïonnette, petit modèle	″	35. ″	″	″	″	″	″
18719	″ ″ à vis, ressort acier	″	″	31. ″	″	″	″	″

Réflecteurs plats ou cintrés plaqués argent

	Diamètre c/m		9	12
18720	ronds, à pince pour bougie	la pièce	0.95	2. ″
18721	″ à pincette pour bec à essence	″	0.95	2. ″
18722	″ à griffes ″ ″ ″	″	0.95	2. ″
18723	″ à porte verre ″ ″ ″	″	0.95	2. ″
18724	″ à pince pour lampe pétrole	″	1.05	2.10

Réflecteurs glace à cercle

	Diamètre c/m	24	28	35
18725	la pièce	5.40	6.10	9. ″

18726 **Réflecteur** glace à cercle à étoiles, diamètre 30 c/m . . . . la pièce . . 7.15

18734

18735, à 2 effets

18733

18736 18737

18738

18739 18740

18741 18742 à 18744 18745 à 18747 18748

18749-18750 18751-18752 18753-18754 18755-18756

N°	Désignation						
18727	**Réflecteurs** lentille plaqués argent... Diamètre %m...	15	16	20	25	27	30
	montant à patins ou à jeton .... la pièce...	3.20	4. »	6. »	8. »	9.30	10. »
18728	**Réflecteurs** paraboliques d'intérieur.. Diamètre %m..	22	25	27	30	35	40
	plaqués argent .... la pièce..	9.65	11. »	12.50	13.60	19.30	22. »

N°	Désignation	Prix
18729	**Réflecteur** parabolique cuivre nickelé pour bougie .... la pièce...	2.50
18730	... » ... » ... » ... » .. pour bec à essence .... » ...	1.80

N°	Désignation				
	Réflecteurs paraboliques, cuivre rouge, plaqué argent. Diamètre %m		9	10	12
18731	simples, pour bougie .... la pièce...		4. »	4.80	6.40
18732	simples, pour lampe à pétrole .... pour becs ronds N° ..	8	10	12	14
	la pièce..	4. »	4.80	6.80	10.80
18733	**Réflecteurs** paraboliques se posant sur becs au gaz ou au pétrole. Diamètre %m ...	22	25	27	30
	plaqués argent .... la pièce...	11.60	12.15	13.60	16. »

N°	Désignation	Prix
18734	**Réflecteur** sidéral pour lanterne de ville, diamètre 25 à 30 %m. plaqué argent .... la pièce..	12.15

N°	Désignation	2 effets	3 effets	4 effets
18735	**Réflecteurs** à direction pour lanterne de ville .... plaqués argent .... la pièce..	13.60	17.70	20.50

N°	Désignation	petit modèle	moyen modèle	grand modèle
18736	**Réflecteurs** d'extérieur, carrés, pour le gaz			
	plaqués argent .... Dimensions %m..	32 x 39	35 x 42	37 x 46
	la pièce..	30. »	31.50	33. »
18737	**Réflecteurs** d'extérieur, carrés avec lampe pétrole et support.			
	plaqués argent .... Dimensions %m..	32 x 39	35 x 42	37 x 46
	la pièce..	46.50	49.30	52. »

N°	Désignation	1	2	3
	Veilleuses fer blanc à huile .... N°..	1	2	3
18738	modèle fourneau .... la pièce...	1.05	1.35	1.60
18739	» à godet .... »	1.35	1.60	1.85
18740	» à lanterne .... »	1.70	1.95	2.25

N°	Désignation	Prix
18741	**Veilleuse** à huile, pied repoussé nickelé, boule satinée ondulée ...... la pièce.	1.50
18742	... » ... » .. pied verni, dessus à charnière, verre couleurs assorties .. » ..	1.85
18743	... » ... » .. pied nickelé .... » ..	1.85
18744	... » ... » .. pied nickelé, dessus à charnière, verre rose ou rouge .. » ..	2.15
18745	... » ... » .. pied verni, boule verre, couleurs assorties .... » ..	2.10
18746	... » ... » .. pied nickelé .... » ..	2.10
18747	... » ... » .. pied nickelé, boule verre rose ou rouge .... » ..	2.40
18748	... » ... » .. pied verni, boule verre blanc, 5 cabochons .... » ..	4.65
18749	... » ... » .. en bronze verni, verre, couleurs assorties .... » ..	3.60
18750	... » ... » ... » ... » .. verre rouge .... » ..	4.40
18751	... » ... » ... » ... » .. verre, couleurs assorties .... » ..	3.60
18752	... » ... » ... » ... » .. verre rouge .... » ..	4.40
18753	... » ... » ... » ... » .. verre, couleurs assorties .... » ..	3.60
18754	... » ... » ... » ... » .. verre rouge .... » ..	4.40
18755	... » ... » ... » ... » .. verre, couleurs assorties .... » ..	4.40
18756	... » ... » ... » ... » .. verre rouge .... » ..	5.20
18757	... » ... » ... » ... » .. verre, couleurs assorties .... » ..	4.80
18758	... » ... » ... » ... » .. verre rouge .... » ..	5.60
18759	... » ... » ... » ... » .. verre, couleurs assorties .... » ..	5.60
18760	... » ... » ... » ... » .. verre rouge .... » ..	6.40
18761	... » ... » ... » ... » .. verre, couleurs assorties .... » ..	6.40
18762	... » ... » ... » ... » .. verre rouge .... » ..	7.20
18763	... » ... » ... » ... » .. verre, couleurs assorties .... » ..	7.20
18764	... » ... » ... » ... » .. verre rouge .... » ..	8. »
18765	... » ... » ... » ... » .. verre, couleurs assorties .... » ..	2.80
18766	... » ... » ... » ... » .. verre rouge .... » ..	3.60
18767	... » ... » deux usages, vernie, verre, couleurs assorties .... » ..	3.60
18768	... » ... » ... » .. nickelée, verre, couleurs assorties .... » ..	3.60
18769	... » ... » ... » ... » .. verre rose ou rouge .... » ..	4. »
18770	... » ... » d'applique, vernie, verre, couleurs assorties .... » ..	8. »
18771	... » ... » ... » ... » .. verre rouge .... » ..	8.80

N°	Désignation	½ année par 10	½ année par 12	½ année par 20	½ année par 24	le Kilog.
18772	**Veilleuses** ordinaires .... sur liège .... le paquet de 12 boîtes	0.45	0.50	0.85	0.90	6.40

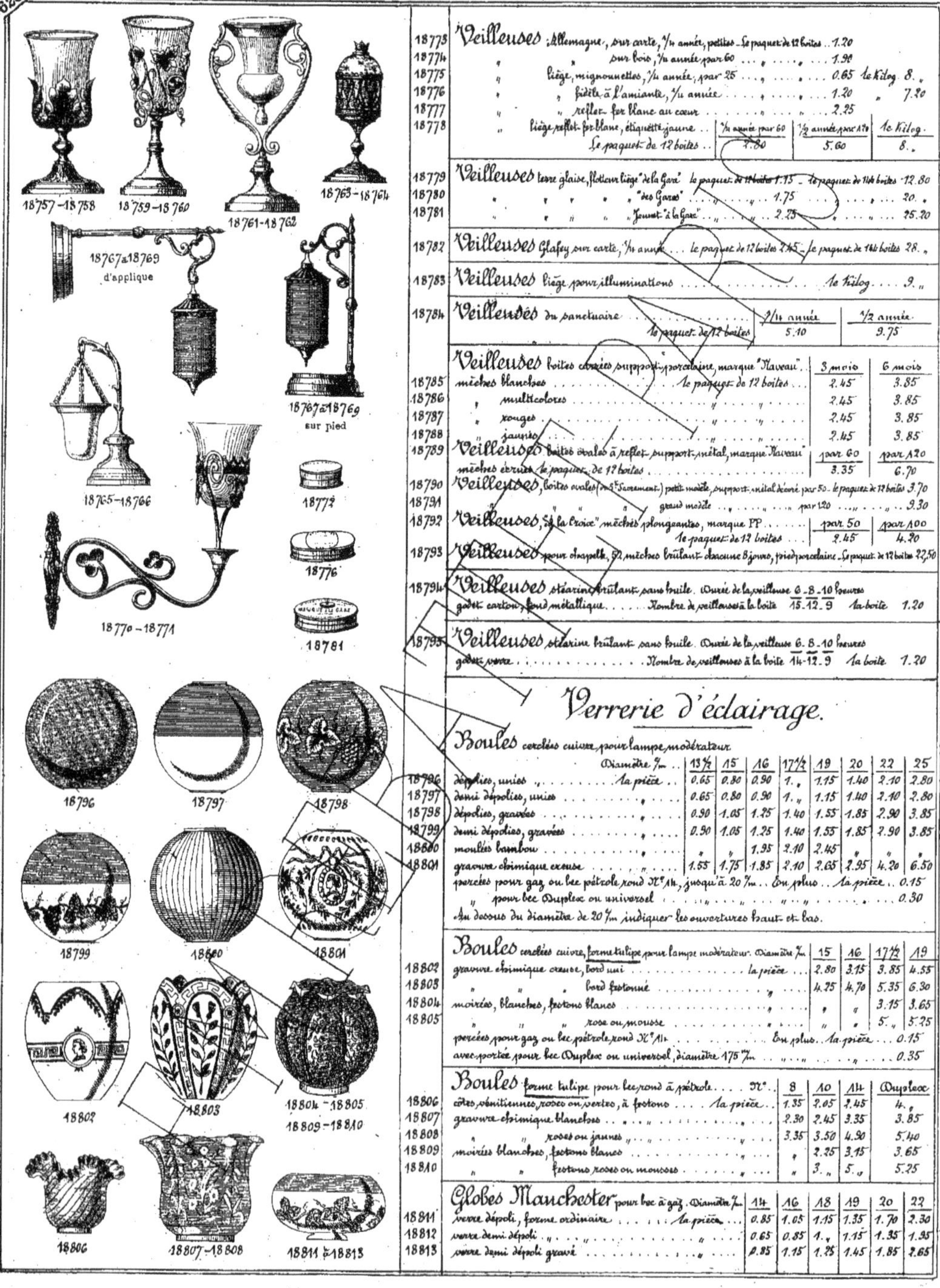

18773 **Veilleuses** Allemagne, sur carte, 1/4 année, petites. Le paquet de 12 boîtes .. 1.20
18774 " " sur bois, 1/4 année par 60 .. " .. " .. 1.90
18775 " liège, mignonnettes, 1/4 année, par 25 .. " .. " .. 0.65 le Kilog. 8. "
18776 " " fidèle à l'amiante, 1/4 année .. " .. " .. 1.20 " 7.20
18777 " " reflet fer blanc au cœur .. " .. " .. 2.25
18778 " liège reflet fer blanc, étiquette jaune .. Le paquet de 12 boîtes ..

	1/4 année par 60	1/2 année par 120	le Kilog.
18778	2.80	5.60	8. "

18779 **Veilleuses** terre glaise, flotteur liège "de la Gare" le paquet de 12 boîtes 1.15 – le paquet de 144 boîtes 12.80
18780 " " " " " "des Gares" .. " .. " .. 1.75 .. " .. " .. 20. "
18781 " " " " "Jouet" "à la Gare" .. " .. " .. 2.25 .. " .. " .. 25.20

18782 **Veilleuses** Glafey sur carte, 1/4 année ... le paquet de 12 boîtes 2.45 – le paquet de 144 boîtes 28. "

18783 **Veilleuses** liège pour illuminations .... le Kilog. ... 9. "

18784 **Veilleuses** du sanctuaire .... le paquet de 12 boîtes

	1/4 année	1/2 année
18784	5.10	9.75

Veilleuses boîtes carrées support porcelaine, marque "Naveau".

		3 mois	6 mois
18785	mèches blanches .... le paquet de 12 boîtes ..	2.45	3.85
18786	" multicolores .... " .. " ..	2.45	3.85
18787	" rouges .... " .. " ..	2.45	3.85
18788	" jaunes .... " .. " ..	2.45	3.85

18789 **Veilleuses** boîtes ovales à reflet, support métal, marque "Naveau" mèches écrues le paquet de 12 boîtes ....

	par 60	par 120
18789	3.35	6.70

18790 **Veilleuses**, boîtes ovales (St Sacrement) petit modèle, support métal décoré par 50 – le paquet de 12 boîtes 3.70
18791 " " " " grand modèle .. " .. " .. par 120 .. " .. " .. 9.30

18792 **Veilleuses**, "de la Croix" mèches plongeantes, marque PP .... le paquet de 12 boîtes ..

	par 50	par 100
18792	2.45	4.20

18793 **Veilleuses** pour chapelle, 52 mèches brûlant chacune 8 jours, pied porcelaine. Le paquet de 12 boîtes 22,50

18794 **Veilleuses** stéarine brûlant sans huile. Durée de la veilleuse 6 – 8 – 10 heures
godet carton, fond métallique .... Nombre de veilleuses à la boîte 15 – 12 – 9 la boîte 1.20

18795 **Veilleuses** stéarine brûlant sans huile. Durée de la veilleuse 6 – 8 – 10 heures
godet verre .... Nombre de veilleuses à la boîte 14 – 12 – 9 la boîte 1.20

Verrerie d'éclairage.

Boules cerclées cuivre, pour lampe modérateur.

	Diamètre m/m ..	13 1/2	15	16	17 1/2	19	20	22	25
18796	dépolies, unies .... la pièce ..	0.65	0.80	0.90	1. "	1.15	1.40	2.10	2.80
18797	demi dépolies, unies .... " ..	0.65	0.80	0.90	1. "	1.15	1.40	2.10	2.80
18798	dépolies, gravées .... " ..	0.90	1.05	1.25	1.40	1.55	1.85	2.90	3.85
18799	demi dépolies, gravées .... " ..	0.90	1.05	1.25	1.40	1.55	1.85	2.90	3.85
18800	moulées bambou .... " ..	"	"	1.95	2.10	2.45	"	"	"
18801	gravure chimique creuse .... " ..	1.55	1.75	1.85	2.10	2.65	2.95	4.20	6.50

percées pour gaz ou bec pétrole rond N° 14, jusqu'à 20 m/m .. En plus .. la pièce .. 0.15
" pour bec Duplex ou universel .... " .. " .. 0.30
Au dessus du diamètre de 20 m/m indiquer les ouvertures haut et bas.

Boules cerclées cuivre, forme tulipe pour lampe modérateur.

	Diamètre m/m	15	16	17 1/2	19
18802	gravure chimique creuse, bord uni .... la pièce ..	2.80	3.15	3.85	4.55
18803	" " " bord festonné .... " ..	4.25	4.70	5.35	6.30
18804	moirées, blanches, festons blancs .... " ..	"	"	3.15	3.65
18805	" " " rose ou mousse .... " ..	"	"	5. "	5.25

percées pour gaz ou bec pétrole rond N° 14 .... En plus .. la pièce ... 0.15
avec portée pour bec Duplex ou universel, diamètre 175 m/m .. " .. " .. " ... 0.35

Boules forme tulipe pour bec rond à pétrole.

	N° ..	8	10	14	Duplex
18806	côtes vénitiennes, roses ou vertes, à festons .... la pièce ..	1.35	2.05	2.45	4. "
18807	gravure chimique blanches .... " ..	2.30	2.45	3.35	3.85
18808	" " roses ou jaunes .... " ..	3.35	3.50	4.90	5.40
18809	moirées blanches, festons blancs .... " ..	"	2.25	3.15	3.65
18810	" " festons roses ou mousses .... " ..	"	3. "	5. "	5.25

Globes Manchester pour bec à gaz.

	Diamètre m/m	14	16	18	19	20	22
18811	verre dépoli, forme ordinaire .... la pièce ..	0.85	1.05	1.15	1.35	1.70	2.30
18812	verre demi dépoli .... " ..	0.65	0.85	1. "	1.15	1.35	1.95
18813	verre demi dépoli gravé .... " ..	0.85	1.15	1.25	1.45	1.85	2.65

18814 à 18816 · 18817-18818 · 18819 · 18820-18821 · 18822 · 18826 · 18827 · 18828 · 18829 · 18830 · 18831 · 18832 · 18833 · 18834 · 18835 à 18839 · 18840 à 18842 · 18843 · 18844-18845 · 18846 à 18850 · 18851-18852 · 18853 · 18854 à 18856 · 18857 · 18858 à 18860 · 18861 à 18863 · 18864 · 18865 · 18866 · 18867

Cônes opales ou verre dépoli pour bec rond à pétrole ou à gaz

N°	Désignation		Prix
18814	Cônes opales ou verre dépoli pour bec rond à pétrole ou à gaz	la pièce	0.70
18815	„ „ „ „ „ bec universel N° 14	„	1. „
18816	„ „ „ „ à portée pour bec universel N° 18	„	1.40

Boules et Tulipes pour bec à gaz à incandescence

N°	Désignation		Prix
18817	boule capitonnée, verre demi-dépoli blanc, diamètre 175 m/m pour becs N° 1 et 2	la pièce	1.35
18818	„ „ „ „ „ „ rose „ „ „ „ „	„	2.45
18819	tulipe craquelée, festons taillés, blanche ou rose	„	2.80
18820	„ gravure chimique creuse, forme Louis XV blanche	„	2.80
18821	„ „ „ „ „ „ rose	„	3.85
18822	„ cristal taillé diamètre 13 c/m avec réflecteur cristal bord ondulé 27 c/m	„	6. „
18823	„ côtes vénitiennes, rose ou verte à festons, pour bec Bébé	„	1.35
18824	„ gravure chimique blanche	„	2.30
18825	„ „ „ rose ou jaune	„	3.35
18826	„ „ „ blanche	„	1.90
18827	„ „ „ rose	„	2.05

Globes forme tulipe pour bec pays verre et acétylène à griffe 55 m/m.

N°	Désignation		Prix
18828	capitonné, verre clair, dit Alexandre, diamètre 160 m/m	la pièce	1.20
18829	quadrillé, verre clair, bord plissé „ 150 „	„	1.70
18830	quadrillé, verre dépoli „ „ „ „	„	1.75

Tulipes pour éclairage électrique à griffe 55 m/m

N°	Désignation		Prix
18831	craquelée blanche, bord à festons	la pièce	1. „
18832	„ couleur arc en ciel, bord à festons	„	1.75
18833	opaline, grands festons	„	1.85
18834	cristal taillé, côtes plates, culot dépoli, forme Médicis, festonnée	„	1.90

Verres pour lampe à pétrole

N°	Désignation	verre	demi cristal	cristal
18835	étranglés pour bec rond à pétrole N° 6 à 14, le cent	7.75	12.60	37. „
18836	„ „ „ „ N° 16 „	16. „	25. „	49. „
18837	„ „ „ „ N° 18 „	20. „	28. „	49. „
18838	„ „ „ N° 6 à 14 enveloppés papier „	8.50	„	„
18839	„ „ „ „ marqués „	„	14. „	„
18840	étranglés à boule pour bec Vulcan N° 12 et 14 „	„	35. „	45. „
18841	„ „ „ „ 16 „	„	35. „	52. „
18842	„ „ „ „ 18 „	„	42. „	56. „
18843	ronds, à boule pour bec plat à pétrole N° 5, 7 et 10 „	„	20. „	42. „
18844	ronds, méplats pour bec à pétrole à charnière N° 5, 7 et 10 „	„	25. „	46. „
18845	„ „ „ „ Duplex „	„	31. „	49. „
18846	à boule pour becs courant d'air, belge ou universel N° 14 „	„	27. „	44. „
18847	„ „ „ „ 16 et 18 „	„	28. „	46. „
18848	„ „ „ „ 25 „	„	56. „	„
18849	„ „ „ „ 30 „	„	70. „	„
18850	à boule, pour bec à disque "Olga" N° 15 „	„	25. „	„
18851	„ „ „ „ "Matador" N° 15 „	„	31. „	„
18852	„ „ „ „ 20 „	„	32. „	„

N°	Désignation	10	12	15	16	20	25
18853	à boule pour bec à disque Odin Merveilleux … N° — demi cristal … le cent	31. „	32. „	35. „	39. „	42. „	63. „

Verres pour lampe à huile à modérateur.

N°	Désignation	verre	demi cristal	cristal
18854	coudés … hauteur 25 c/m … le cent	16. „	20.	35.
18855	„ „ 27 „ „	„	23.	38.
18856	„ „ 30 „ „	„	25.	42.
18857	omnibus „ 25 „ „	16. „	20.	„
18858	cylindro-conique „ 25 „ „	„	23.	37.
18859	„ „ 27 „ „	„	24.	42.
18860	„ „ 30 „ „	„	27.	49.

Verres pour bec à gaz

N°	Désignation	demi cristal	cristal
18861	droits, hauteur 20 à 25 c/m … le cent	20.	35.
18862	„ „ 27 c/m „	25.	49.
18863	„ „ 30 „ „	31.	49.
18864	français „ 23 „ „	25.	42.
18865	cylindriques, pour bec à incandescence "Bébé" „	20.	42.
18866	forme Auer „ „ „ "Bébé" „	21.	35.
18867	„ „ „ „ N° 1 et 2 „	23.	42.

Verres à gaz en mica

N°	Désignation	Hauteur m/m 20	22	25
18868	composés de deux morceaux ... le cent	50. »	60. »	70. »
18869	... » ... d'un seul ... » ... »	90. »	100. »	120. »

Verres à gaz simili chromé pour bec à incandescence

N°	Désignation	Hauteur m/m 16	20	25
18870	forme droite, à trous, verre clair, pour bec N° 1 et [illegible] ... la pièce	0.45	0.70	0.95

N°	Désignation	Prix
18871	forme boule à trous, opale ... » ... » ... la pièce	1.15
18872	... » ... » ... » verre clair ou demi dépoli ... »	1.20
18873	ampoule, sans trou demi dépoli ... »	0.50
18874	flamme ... » ... » ... » ... »	0.90
18875	collerette craquelée, blanche ... »	1.40
18876	... » ... » ... opaline ... »	1.50
18877	... » ... dépolie, festonnée ... »	1.40

Verres unis, pour bougeoir d'appartement, demi-cristal ... le cent

N°	Désignation	Prix
18878	**Verres** unis, pour bougeoir d'appartement, demi-cristal ... le cent	35. »
18879	... » ... gravés ... » ... » ... » ... » ... »	58. »

N°	Désignation	verre	demi-cristal
18880	... » ... unis, pour lanternes cylindriques fer blanc N° 1, 2 et 3. le cent	16. »	19. »

N°	Désignation	Prix
18881	**Verrines** seules, unies, pour flambeaux de jardin. la pièce 0.40 – le cent	32. »
18882	... » ... » demi dépolies, unies ou gravées ordinaires, p^r flambeau de jardin. la pièce	0.70
18883	... » ... » ... » ... » gravées riches ... » ... » ... » ... »	1.05

Verres pour lanternes de voiture

18884 ronds, unis, ordinaires, diamètre 125 m/m ... le cent 4. » ... le mille 33. »

N°	Diamètre m/m	12	13	14	15	16	17	18	19	20
18885	ronds, plats, à biseau ... la pièce	0.80	»	0.90	»	1. »	»	1.40	»	»
18886	ronds, demi doubles, bombés unis ... »	0.40	0.40	0.50	0.50	0.60	0.70	0.80	0.90	1. »
18887	» doubles, bombés biseautés ... »	1.20	1.20	1.20	1.40	1.60	2. »	2. »	2.20	2.50
18888	» glacés » » ... »	1.40	1.80	2. »	2.40	2.80	3. »	3.50	4. »	4.50

N°	Dimensions m/m	13×9 et au-dessous	au-dessus de 13×9 à 15×13
18889	carrés plats biseautés, coins vifs. la pièce	0.60	0.70
18890	» » » coins arrondis ... »	0.70	0.80
18891	» » glacés, coins vifs ... »	1.30	1.50
18892	» » » » coins arrondis ... »	1.55	1.80

18893 cintrés, unis, ordinaires, dimensions m/m 10×7. le cent 11. » le mille 33. »

N°	Dimensions m/m	10×7 à 12×8	au-dessus de 12×8 à 13×10
18894	cintrés, demi doubles, unis, blancs. la pièce	0.30	0.40
18895	» unis, couleur rouge ou bleu ... »	0.40	0.50
18896	» biseautés » » » »	1. »	1.20

N°	Dimensions m/m	10×8 et au-dessous	au-dessus de 10×8 à 13×11
18897	cintrés, biseautés blancs ... la pièce	0.70	0.90

Pour les verres offerts à la pièce commandés par 50 pièces d'une même sorte et en une seule fois ... Remise 20%

Articles d'illumination, Drapeaux, etc...

N°	Désignation	Diamètre m/m 7	9	11
18898	**Lanternes** petit modèle, pour arbre de Noël ... rondes, bariolées ... le cent	2.20	3.60	5. »

N°	Désignation	N° 1	2
18899	**Ballons** petit modèle, bariolés, pour arbre de Noël ... le cent	5. »	7.70
18900	**Cocardes** ... » ... » ... » ... » ... » ... » ... »	5. »	7.70

Lanternes vénitiennes rondes à plateau et fil

N°	Désignation	Diamètre m/m 13	15	17
18901	rondes, bariolées ou unies ... le cent	5.40	7.20	13.60
18902	... » ... à fleurs ou RF ... »	7.15	9.50	19. »
18903	... » ... russes ou franco-russes ... »	»	19. »	»

Les lanternes bariolées, unies et à fleurs disposées pour l'allumage instantané au fulmi-coton ... Mêmes prix.

N°	Désignation	Prix
18904	**Lanternes** vénitiennes, carrées, à plateau et fil, bariolées ... le cent	13.25
18905	... » ... » ... » ... » ... » imitation Cachemire ... »	24.25

N°	Désignation	Prix
18906	**Lanternes** vénitienne ovales, à plateau et fil, bariolées ... le cent	11. »
18907	... » ... » ... » ... » ... » spirale ... »	13.25
18908	... » ... » ... » ... » ... » RF ... »	16.50
18909	... » ... » ... » ... » ... » imitation Cachemire ... »	16.50

18868, 18869 · 20 c/m · 25 c/m · 18870 · 18871 · 18872 · 18873 · 18874

18875–18876 · 18877 · 18878 · 18880 · 18881

18884 · 18893 · 18898 · 18899 · 18900

bariolée · unie · 18901 · à fleurs · RF · 18902

18904 · 18907 · 18908 · 18909

18910 · 18911 · 18914

18916 · 18919 · 18920 · 18923 · 18924

18921, Croix de Malte · 18921, Melon · 18921, Orientale

18922, Parisienne — 18922, Rosace — 18922, Tonneau

18925 — 18926 — 18927 — 18928

18929 — 18932, R F — 18930 — 18931

RF — MONTGOLFIERE

18936 — 18933 et 18935

18937 — 18938 — 18939 — 18940

	Ballons vénitiens ...... Diamètre %m ..	18	22	27	31	38	45
18910	bariolés ou unis .... le cent ..	9. „	11. „	13.50	16.25	27. „	41. „
18911	à fleurs .... „ ..	„	17. „	„	28.50	45. „	57. „
18912	RF ou damier et étoiles .... „ ..	„	„	„	27.50	„	„
18913	imitation cachemire .... „ ..	„	„	20. „	35.	50. „	66. „
18914	Russes, franco-russes ou Suisses .... „ ..	„	„	„	35. „	„	„
18915	Anglais, Brésiliens et autres nations .. „ ..	„	„		45. „	„	„

Les ballons bariolés ou unis disposés pour l'allumage instantané au fulmi coton. Mêmes prix.

	Cocardes vénitiennes ...... Diamètre %m ..	22	28	38	48	58
18916	bariolées .... le cent ..	11.50	14.25	21. „	31.50	45. „
18917	à fleurs .... „ ..	„	21. „	33.50	43. „	57. „
18918	imitation Cachemire .... „ ..	„	25. „	40. „	52. „	75. „

18919 **Ballons** Japonais .... le cent ..... 60. „

18920 **Lanternes** Japonaises .... „ ..... 40. „

	Lanternes fantaisie ..	Croix de Malte	Melon	Orientale	Parisienne	Rosace	Tonneau
18921	bariolées ..... le cent	44. „	20. „	40. „	44. „	35. „	50. „
18922	imitation Cachemire .. „	55.	33. „	55. „	55. „	55. „	72. „

18923 **Ballon** celluloïd unicolore pour éclairage électrique, diamètre 17 %m. la pièce .. 1.55

18924 **Fleur** .... hauteur 12 %m 0.90

18925 **Lanterne** riche, forme parachute, monture fil de fer ...... la pièce .. 0.55

18926 .... forme mauresque, monture bois doré à glands .... „ 1.40

18927 .... forme petit lustre .... „ 1.65

18928 .... forme japonaise .... „ 2.20

	N° ...	1	2	3
18929	**Ballons** à douille, pour retraite, couleurs variées ... la pièce ..	0.45	0.70	„
18930	**Tulipes** .... „	0.85	1.40	1.95

18931 **Ballons-Montgolfières.**

Hauteur, mètres ..	0.75	1	1.50	2	2.50	3	4	5	6	7
la pièce ..	0.95	1.10	1.65	2.75	3.85	5. „	7.15	10.50	14. „	16.50

18932 **Ecusson** lumineux, RF, Paix, Travail, Tête de République ... la pièce .. 1.65

	Ecussons en carton fort ...... Dimensions %m ..	30x35	40x50	50x60
18933	sans porte-drapeau .... la pièce ..	0.45	0.65	0.80
18934	avec porte-drapeau .... „	0.90	1.30	1.55

	Ecussons bois peint ..... Dimensions %m	25x33	34x43	40x50	50x60
18935	avec porte drapeau, sans fronton ... la pièce	1.45	2.10	2.85	4.25

18936 avec porte drapeau, fronton et palmes, dimensions %m 36x54 .. la pièce .. 3.25

	Guirlandes décoratives	sans drapeau	avec drapeaux
18937	papier découpé, longueur 5 mètres les % mètres	9.25	14. „
18938	.... „ ..	28. „	39. „
18939	feuilles de chêne, longueur 2 mètres ...... „ ..	46. „	„
18940	feuillage avec roses couleurs, longueur 3 mètres „ ..	74. „	„

Guirlandes marines composées de 10 pavillons de couleurs et nations différentes.

18941 pavillons en coton, dimensions %m 40 x 28 unicolore, guirlande de 5 mètres. la pièce 1.10

18942 .... „ 40 x 28 bariolé ... „ ... 5 .. „ 1.85

18943 .... „ 50 x 35 ... „ ... 10 .. „ 3.25

18944 .... „ 65 x 40 ... „ ... 10 .. „ 5.55

18945 **Lambrequin** national, coton grand teint, largeur 80 %m. le mètre .. 1.45

18946 .... fantaisie, „ 2.25

18947 **Chaine** tortillée, fil galvanisé .... les cent mètres ... 6.75

18948 .... simple, fil étamé .... „ 8.25

18949 .... double .... „ 11.50

18950 .... rendoublée .... „ 21.50

18951 **Esses** fil de fer pour lanternes et ballons .... le mille 3.30

18952 **Crochets** fil de fer pour arbres .... „ 21.50

18953 **Porte-mèches** fil de fer à spirale .... le mille 4.15

18954 .... à tube officiel .... „ 16.50

18955 **Porte-verres** fil de fer à crochet .... „ 13.50

18956 .... à chainette .... „ ..... 15. „

18957 **Lettres** porte-verres, fil de fer A à Z .... les cent places 8.50

18958	**Etoiles, Lyres, Croix de Malte.** Nombre de places ..	15	25	50	75	100	200
	porte-verres, fil de fer .... la pièce ..	1.30	2.15	4.25	6.40	8.50	17. „

18959	**Lustres** porte-verres fil de fer. Nombre de places	15	20	30	50	75	100	200
	la pièce ..	1.35	1.80	2.75	4.50	6.80	9. „	18. „

18960	**Lustres** fil de fer, pour ballons vénitiens ... Nombre de places ..	5	14	25
	la pièce ..	1.20	2.55	4.25

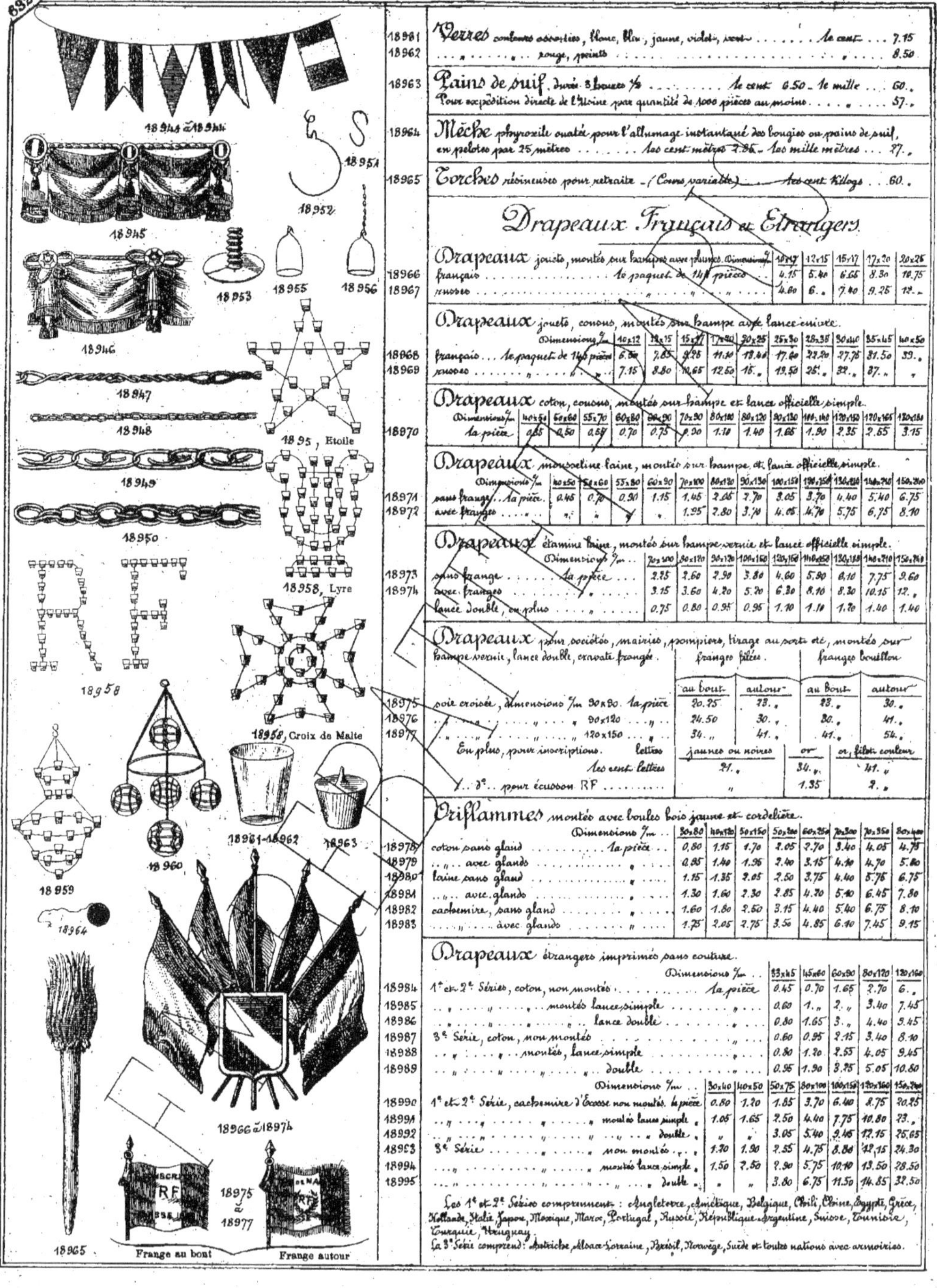

18961 **Verres** couleurs assorties, blanc, bleu, jaune, violet, vert . . . . le cent . . . 7.15
18962 . . . „ . . . . . „ . . rouge, peints . . . . „ 8.50

18963 **Pains de suif**, durée 3 heures ½ . . . . le cent 6.50 – le mille . . . 60. „
Pour expédition directe de l'Usine par quantité de 1000 pièces au moins . . . . „ . . . . 57. „

18964 **Mèche** phyroxile ouatée pour l'allumage instantané des bougies ou pains de suif, en pelotes par 25 mètres . . . . les cent mètres 2.85 – les mille mètres . . . 27. „

18965 **Torches** résineuses pour retraite – (Cours variable) . . . . les cent Kilogs . . . 60. „

Drapeaux Français et Etrangers

Drapeaux jouets, montés sur hampes avec plumes.

	Dimensions ⁰/ₘ	10x17	12x15	15x17	17x20	20x25
18966	français . . . . . . le paquet de 144 pièces . .	4.15	5.40	6.65	8.30	10.75
18967	russes . . . . . . „ . . . „ . . . „ . . .	4.80	6. „	7.40	9.25	12. „

Drapeaux jouets, cousus, montés sur hampe avec lance cuivre.

	Dimensions ⁰/ₘ	10x12	12x15	15x17	17x20	20x25	25x30	28x38	30x40	35x45	40x50
18968	français . . . le paquet de 144 pièces	6.50	7.65	9.25	11.10	13.40	17.40	22.20	27.75	31.50	39. „
18969	russes . . . . „ . . . „ . . „ . .	7.15	8.80	10.65	12.50	15. „	19.50	25. „	32. „	37. „	„

Drapeaux coton, cousus, montés sur hampe et lance officielle simple.

	Dimensions ⁰/ₘ	40x50	50x60	55x70	60x80	60x90	70x90	80x100	80x120	90x130	100x140	120x150	120x165	130x180
18970	la pièce	0.35	0.50	0.55	0.70	0.75	0.90	1.10	1.40	1.65	1.90	2.35	2.65	3.15

Drapeaux mousseline laine, montés sur hampe et lance officielle simple.

	Dimensions ⁰/ₘ	40x50	50x60	55x80	60x90	70x100	80x120	90x130	100x150	120x150	130x180	140x210	150x240
18971	sans franges . . la pièce .	0.45	0.70	0.90	1.15	1.45	2.05	2.70	3.05	3.70	4.40	5.40	6.75
18972	avec franges . . . . „ . .	„	„	„	„	1.95	2.80	3.70	4.05	4.70	5.75	6.75	8.10

Drapeaux étamine laine, montés sur hampe vernie et lance officielle simple.

	Dimensions ⁰/ₘ . .	70x100	80x120	90x120	100x150	120x160	140x150	130x180	140x210	150x240
18973	sans frange . . . . . la pièce . . .	2.25	2.60	2.90	3.80	4.60	5.90	6.10	7.75	9.60
18974	avec franges . . . . . . „	3.15	3.60	4.20	5.20	6.30	8.10	8.30	10.15	12. „
	lance double, en plus . . . . „	0.75	0.80	0.95	0.95	1.10	1.10	1.20	1.40	1.40

Drapeaux pour sociétés, mairies, pompiers, tirage au sort etc, montés sur hampe vernie, lance double, cravate frangée.

		franges filées		franges bouillon	
		au bout	autour	au bout	autour
18975	soie croisée, dimensions ⁰/ₘ 90x90 la pièce	20.25	23. „	23. „	30. „
18976	. . „ . . . . „ . . . „ 90x120 . . . „ . .	24.50	30. „	30. „	41. „
18977	. „ . . . „ . . . . . „ . . . . „ 120x150 . . . „ . .	34. „	41. „	41. „	54. „

En plus, pour inscriptions. lettres	jaunes ou noires	or	or, filets couleur
les cent lettres	21. „	34. „	41. „
. . d° . . pour écusson RF	„	1.35	2. „

Oriflammes montés avec boules bois jaune et cordelière.

	Dimensions ⁰/ₘ . .	30x80	40x120	50x150	50x200	60x250	70x300	70x350	80x400
18978	coton sans gland . . . . la pièce . .	0,80	1.15	1.70	2.05	2.70	3.40	4.05	4.75
18979	. . „ . . avec glands . . . . „	0.95	1.40	1.95	2.40	3.15	4.10	4.70	5.80
18980	laine sans gland . . . . „	1.15	1.35	2.05	2.50	3.75	4.40	5.75	6.75
18981	. . „ . . avec glands . . . . „	1.30	1.60	2.30	2.85	4.70	5.10	6.45	7.80
18982	cachemire, sans gland . . . . „	1.60	1.80	2.50	3.15	4.40	5.40	6.75	8.10
18983	. . . . „ . . . avec glands . . . . . „	1.75	2.05	2.75	3.50	4.85	6.10	7.45	9.15

Drapeaux étrangers imprimés sans couture.

	Dimensions ⁰/ₘ . .	33x45	45x60	60x90	80x120	120x160
18984	1ᵉ et 2ᵉ Séries, coton, non montés . . . . la pièce	0.45	0.70	1.65	2.70	6. „
18985	. . „ . . . „ . . . . „ . . montés lance simple . . . . . . „ . . .	0.60	1. „	2. „	3.40	7.45
18986	. . „ . . . „ . . . „ . . . „ . . lance double . . . . . . „ . . .	0.80	1.65	3. „	4.40	9.45
18987	3ᵉ Série, coton, non montés . . . . „ . . .	0.60	0.95	2.15	3.40	8.10
18988	. . „ . . . . „ . . montés, lance simple . . . . „ . . .	0.80	1.20	2.55	4.05	9.45
18989	. . „ . . . „ . . . „ . . . „ . . double . . . . „ . . .	0.95	1.90	3.25	5.05	10.80

	Dimensions ⁰/ₘ . .	30x40	40x50	50x75	80x100	100x150	120x160	150x240
18990	1ᵉ et 2ᵉ Série, cachemire d'Ecosse non montés. la pièce	0.80	1.20	1.85	3.70	6.40	8.75	20.25
18991	. . „ . . . „ . . . . . „ . . . . . „ montés lance simple „	1.05	1.65	2.50	4.40	7.75	10.80	23. „
18992	. . „ . . . „ . . . . „ . . . „ . . . „ . . . „ double „	„	„	3.05	5.40	9.45	12.15	25.65
18993	3ᵉ Série . . . . . . „ . . . . . „ non montés . . „	1.20	1.90	2.55	4.75	8.80	12.15	24.30
18994	. . . „ . . . . . . „ . . . . . „ montés lance simple „	1.50	2.50	2.90	5.75	10.10	13.50	28.50
18995	. . . „ . . . . . . „ . . . . . „ . . . „ . . . „ double „	„	„	3.80	6.75	11.50	14.85	32.50

Les 1ᵉ et 2ᵉ Séries comprennent : Angleterre, Amérique, Belgique, Chili, Chine, Egypte, Grèce, Hollande, Italie, Japon, Mexique, Maroc, Portugal, Russie, République Argentine, Suisse, Tunisie, Turquie, Uruguay.
La 3ᵉ Série comprend : Autriche, Alsace-Lorraine, Brésil, Norvège, Suède et toutes nations avec armoiries.

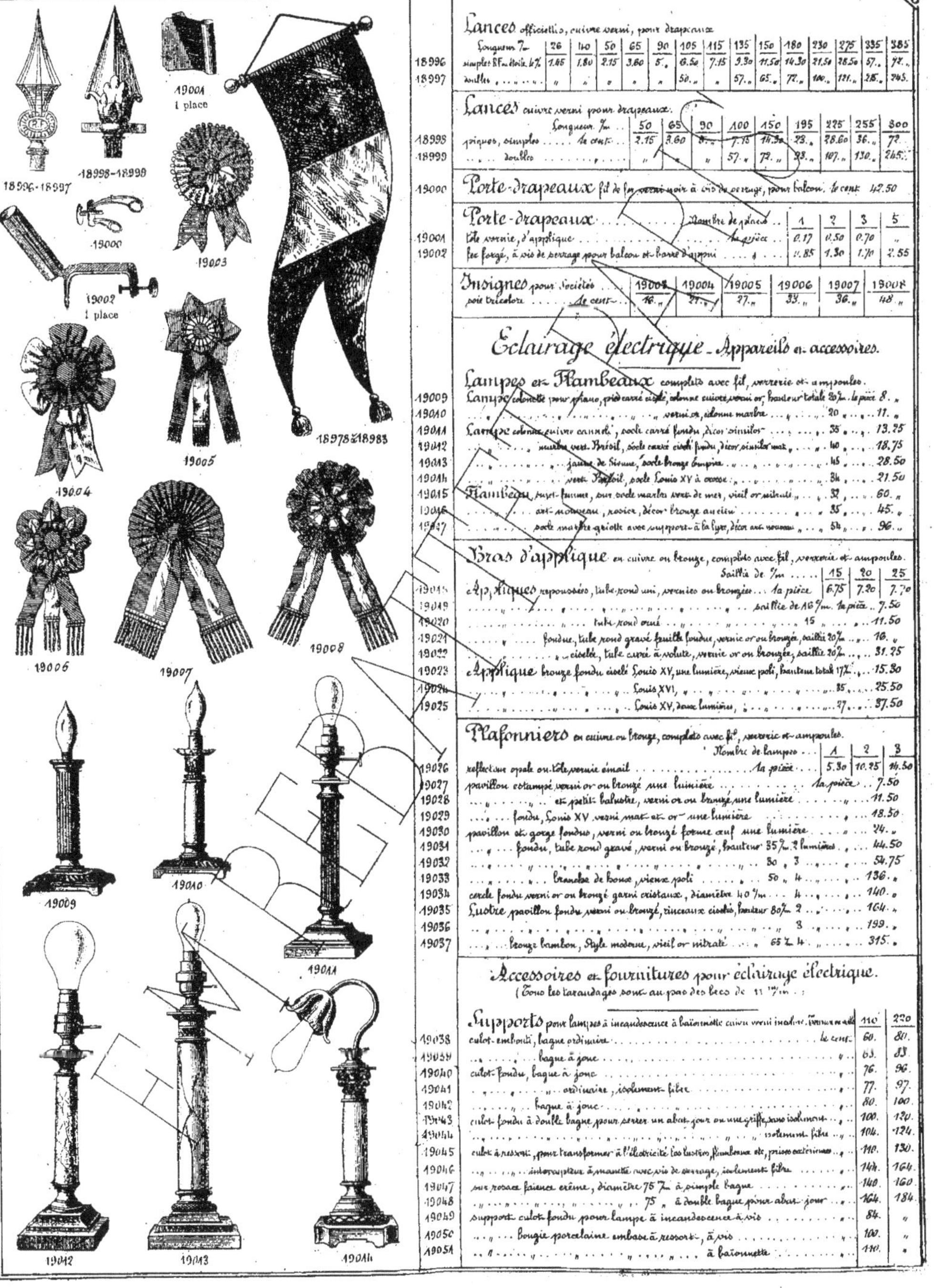

Lances officielles, cuivre verni, pour drapeaux

	Longueur $^c/_m$	26	40	50	65	90	105	115	135	150	180	230	275	335	385
18996	simples RF ou étoile le %	1.45	1.80	2.15	3.60	5. „	6.50	7.15	9.30	11.50	14.30	21.50	28.50	57. „	72. „
18997	doubles	„	„	„	„	„	50. „	„	57. „	65. „	72. „	100. „	121. „	215. „	245.

Lances cuivre verni pour drapeaux.

	Longueur $^c/_m$	50	65	90	100	150	195	225	255	300
18998	piques, simples … le cent	2.15	3.60	5. „	7.15	14.30	23. „	28.60	36. „	72.
18999	… doubles	„	„	„	57. „	72. „	93. „	107. „	130. „	245.

19000 **Porte-drapeaux** fil de fer verni noir à vis de serrage, pour balcon. le cent 42.50

Porte-drapeaux

	Nombre de places …	1	2	3	5
19001	tôle vernie, d'applique … la pièce	0.17	0.50	0.70	„
19002	fer forgé, à vis de serrage pour balcon et barre d'appui	0.85	1.30	1.70	2.55

Insignes pour Sociétés

		19003	19004	19005	19006	19007	19008
	soie tricolore … le cent	16. „	21. „	27. „	33. „	36. „	48. „

Éclairage électrique – Appareils et accessoires.

Lampes et Flambeaux complets avec fil, verrerie et ampoules.

19009 Lampe colonnette pour piano, pied carré ciselé, colonne cuivre verni or, hauteur totale 20 $^c/_m$. la pièce 8. „
19010 … verni or, colonne marbre … 20 … 11. „
19011 Lampe colonne cuivre cannelé, socle carré fondu, décor similor … 35 … 13.25
19012 … marbre vert Brésil, socle carré ciselé fondu, décor similor mat … 40 … 18.75
19013 … jaune de Sienne, socle bronze Empire … 45 … 28.50
19014 … vert [illegible], socle Louis XV à crosse … 34 … 21.50
19015 Flambeau, art-femme, sur socle marbre vert de mer, vieil or nitraté … 32 … 60. „
19016 … art-nouveau, rosier, décor bronze ancien … 35 … 45. „
19017 … socle marbre griotte avec support à la lyre, décor art nouveau … 54 … 96. „

Bras d'applique en cuivre ou bronze, complets avec fil, verrerie et ampoules.

	Saillie de $^c/_m$ …	15	20	25
19018	Appliques repoussées, tube rond uni, vernies ou bronzées … la pièce	6.75	7.20	7.70

19019 … saillie de 16 $^c/_m$. la pièce … 7.50
19020 … tube rond orné … 15 … 11.50
19021 … fondue, tube rond gravé feuille fondue, vernie or ou bronzée, saillie 20 $^c/_m$ … 16. „
19022 … ciselée, tube carré à volute, vernie or ou bronzée, saillie 20 $^c/_m$ … 31.25
19023 Applique bronze fondu ciselé Louis XV, une lumière, vieux poli, hauteur totale 17 $^c/_m$ … 15.30
19024 … Louis XVI, … 35 … 25.50
19025 … Louis XV, deux lumières, … 27 … 37.50

Plafonniers en cuivre ou bronze, complets avec fil, verrerie et ampoules.

	Nombre de lampes …	1	2	3
19026	réflecteur opale ou tôle vernie émail … la pièce	5.30	10.25	14.50

19027 pavillon estampé verni or ou bronzé une lumière … la pièce … 7.50
19028 … et petit balustre, verni or ou bronzé une lumière … 11.50
19029 … fondu, Louis XV verni mat et or une lumière … 18.50
19030 pavillon et gorge fondus, verni ou bronzé forme œuf une lumière … 24. „
19031 … fondu, tube rond gravé, verni ou bronzé, hauteur 35 $^c/_m$ 2 lumières … 44.50
19032 … 30 „ 3 … 54.75
19033 … branche de houx, vieux poli … 50 „ 4 … 136. „
19034 cercle fondu verni or ou bronzé garni cristaux, diamètre 40 $^c/_m$ … 4 … 140. „
19035 Lustre pavillon fondu verni ou bronzé, rinceaux ciselés, hauteur 80 $^c/_m$ 2 … 164. „
19036 … 3 … 199. „
19037 … bronze bambou, style moderne, vieil or nitraté … 65 „ 4 … 315. „

Accessoires et fournitures pour éclairage électrique.

(Tous les taraudages sont au pas des becs de 11 $^m/_m$.)

Supports pour lampes à incandescence à baïonnette cuivre verni incolore. [illegible]

		110	220
19038	culot embouti, bague ordinaire … le cent	60.	80.
19039	… bague à jonc …	63.	83.
19040	culot fondu, bague à jonc …	76.	96.
19041	… ordinaire, isolement fibre …	77.	97.
19042	… bague à jonc …	80.	100.
19043	culot fondu à double bague pour serrer un abat-jour ou une griffe, sans isolement …	100.	120.
19044	… isolement fibre …	104.	124.
19045	culot à ressort, pour transformer à l'électricité les lustres, flambeaux etc, prises extérieures …	110.	130.
19046	… interrupteur à manette avec vis de serrage, isolement fibre …	144.	164.
19047	sur rosace faïence crème, diamètre 75 $^c/_m$ à simple bague …	140.	160.
19048	… 75 „ à double bague pour abat-jour …	164.	184.
19049	support culot fondu pour lampe à incandescence à vis …	84.	„
19050	… bougie porcelaine embase à ressort, à vis …	100.	„
19051	… à baïonnette …	110.	„

Voir prix page 633)

(Voir prix pages 633 et 636)

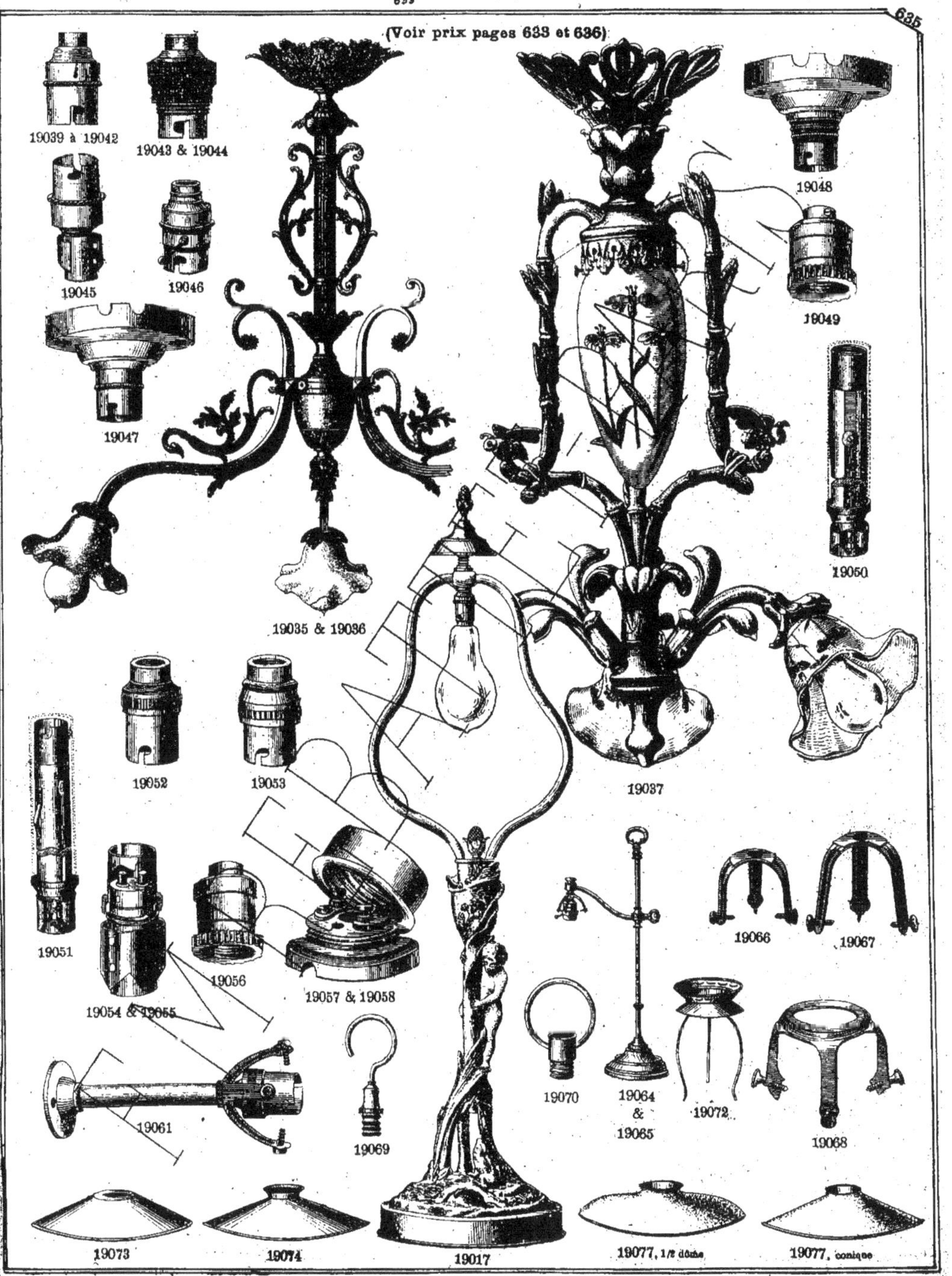
19039 à 19042
19043 & 19044
19045
19046
19047
19035 & 19036
19048
19049
19050
19037
19052
19053
19051
19054 & 19055
19056
19057 & 19058
19061
19069
19070
19064
&
19065
19072
19066
19067
19068
19073
19074
19017
19077, 1/2 dôme
19077, conique

19078, 1/2 Dôme — 19078, Conique

19079-19080 — 19081 — 19082-19083

19084 — 19085 à 19087

19088 — 19089 — 19090 et 19092 — 19091 et 19093

19094-19095 — 19096-19097 — 19098

19099 — 19100 — 19101

19102

19107 à 19110

19111-19112 — 19114 à 19116

Supports pour petites lampes flamme, miniature, tension 220 volts.

19052 culot fondu, à baïonnette, sans isolement .... le cent ... 90. „
19053 " " " isolement fibre .... 120. „
19054 " à ressort " sans isolement, prises extérieures .... 140. „
19055 " " " isolement fibre .... 180. „
19056 " fondu à vis ... sans isolement .... 86. „

Coupe-circuit porcelaine, couvercle vissé 3 ampères ... la pièce 0.46

19057 Coupe-circuit porcelaine, couvercle vissé 3 ampères ... la pièce 0.46
19058 " " " " " 5 ampères 0.80
19059 " " bi-polaire rectangulaire porcelaine, barrettes mobiles 5 ampères " .. 1.35
19060 " " " " " " " 15 " .. 2.30

Appliques cuivre poli avec rondelle moletée

	Longueur m/m ...	70	100	120	150	180	200	250
19061	forme droite, platine cuivre, sans griffes ni support. la pièce	"	1. „	"	1.50	"	1.60	1.90
19062	forme cambrée " " "	1. „	"	1.30	"	1.70	"	2.40
19063	forme col de cygne à 45° " " "	"	"	1.30	1.40	"	1.80	2.30

Lampes à tringle, pied bombé

		cuivre poli	cuivre nickelé
19064	sans griffes ni support, hauteur 40 m/m ... la pièce	11. „	12.50
19065	" " " " 60 "	16. „	18. „

Griffes porte-globe, basses, renforcées, ouverture 60 m/m ... le cent .. 26. „

19066 Griffes porte-globe, basses, renforcées, ouverture 60 m/m ... le cent .. 26. „
19067 " " " hautes " " " .... 42. „
19068 " " " basses pour supports à double bague .... 30. „

Raccords à crochet, taraudage 11 m/m .... le cent .... 20. „

19069 Raccords à crochet, taraudage 11 m/m .... le cent .... 20. „
19070 " à anneau mobile .... 21. „

Supports cuivre à 3 branches s'adaptant sur l'ampoule, s/recouvrement. le cent 75. „

19071 Supports cuivre à 3 branches s'adaptant sur l'ampoule, s/recouvrement. le cent 75. „
19072 " " " " " " " avec " " 90. „

Abat-jour pour éclairage électrique

	Diamètre m/m ..	25	28	30
19073	tôle vernie percée pour douille à bague ...... la pièce ...	0.80	0.95	1. „
19074	" " à collerette pour griffes	0.90	1.05	1.15
19075	tôle émaillée percée pour douille à bague	1.05	1.20	1.60
19076	" " à collerette pour griffes	1.15	1.40	1.80

Abat-jour pour éclairage électrique.

	Diamètre m/m ..	16	18	20	22	25	27	30	35
19077	demi-dôme ou conique opale uni à collerette. la pièce.	0.80	0.80	0.85	1. „	1.15	1.35	2.05	2.95
19078	" " " " bord cristal clair à collerette " ..	1.70	1.70	1.90	1.95	2.10	2.75	3.35	7.15

Prise de courant en buis pour support à baïonnette ... la pièce. 1.20

19079 Prise de courant en buis pour support à baïonnette ... la pièce. 1.20
19080 " " " en porcelaine " " " 1.70
19081 " " " " " à deux fiches 1.35

Commutateurs 2 directions porcelaine blanche, couvercle vissé.

19082 sans plot mort, 5 ampères .... la pièce ... 2. „
19083 avec plot mort, 5 ampères 2.20

Interrupteur porcelaine, couvercle vissé, rupture brusque, 5 ampères. la pièce . 1.50

19084 Interrupteur porcelaine, couvercle vissé, rupture brusque, 5 ampères. la pièce . 1.50
19085 " " " " double rupture brusque 5 ampères ... 2. „
19086 " " " " " " 5 ampères, 220 volts .. 2.60
19087 " " " " " " 10 ampères .... 3. „

Lampes à incandescence à vis ou à baïonnette

	Nombre de volts .	55 à 120	200 à 240
19088	forme ordinaire, 5 à 20 bougies .... le cent ..	68. „	119.
19089	forme sphérique, " "	85. „	136.
	Ces mêmes lampes à 25 ou 32 bougies. En plus	17. „	17.

Lampes à incandescence à vis ou à baïonnette

	Nombre de fils .	1	2	3
19090	forme ordinaire, dites flammes 55 à 120 volts ...... la pièce ..	1.20	1.80	"
19091	" cylindrique	1.20	1.80	"
19092	forme ordinaire, dites flammes 200 à 240 volts	"	"	2.05
19093	" cylindrique	"	"	2.05

Lampes à incandescence, partie supérieure argentée formant réflecteur, fil double spire à vis ou à baïonnette.

	Nombre de volts ..	50 à 130	150 à 230
19094	verre clair uni 5, 10 et 16 bougies ...... la pièce ..	2.10	2.80
19095	" " " 32 bougies	3.45	3.85
19096	" " diffuseur 5, 10 et 16 bougies	2.45	3.15
19097	" " " 32 bougies	3.50	4.20

Nota - En commandant les lampes à incandescence, bien spécifier le nombre de bougies, la tension du courant en volts, à vis ou à baïonnette.

19118

19129

19132 - 19133

19134 à 19136

19137

19138

19139

19140-19141

19142

Tulipes pour l'électricité.

19098 cristal taillé, forme Médicis, côtes plates, culot dépoli, festonné ... la pièce .. 1.90
19099 .. " .. craquelé clair, grands festons .... 1. "
19100 .. " ..... " .. arc en ciel, grands festons 1.75
19101 .. " .. opaline .. " ... " ..... " ..... " 1.85

Fils câbles pour lumière composés de : 1 fil cuivre étamé haute conductibilité, 1 couche caoutchouc vulcanisé, 1 ruban caoutchouté enduit noir, isolement moyen.

	Diamètre, dixièmes de m/m	9	10	12	14	16	18	20	22	25
19102	sous un ruban ..... les cent mètres	12.15	13. "	15.30	18. "	21.60	25.30	29. "	33.50	40.50
19103	sous ruban et tresse ...... " ...	16.20	17.50	20. "	27.50	28.50	30.50	34.50	39.50	47. "
19104	sous ruban et plomb ..... " ...	30. "	31.50	35. "	39. "	44. "	49. "	54. "	60. "	73. "

Fils souples pour lumière,

	diamètres, dixièmes de m/m	7	8	9	10	12	14	16	18	20	22	25	27
19105	à un conducteur, sous guipage coton glacé, les 5 mètres	12.	13.50	15.	17.	20.50	25.	30	37.	45.	53.50	70.50	82.
19106	.. " ...... " .. soie .... "	16.	18. "	20.	22.	26.	31.50	37.50	46.50	58.50	67.50	88.	100.
19107	à deux conducteurs, réunis en torsade coton glacé "	26.	27.	30.	34.	41.	50.	60.	74.	90.	109.	141.	164
19108	.. " ..... " .. à plat ... "	23.	25.50	28.50	32.50	39.	47.50	57.	70.50	85.50	105.50	134.	156
19109	.. " ..... " en torsade soie .. "	32.	36. "	40.	44.	53.	63. "	75.	93.	113.	135.	176	200.
19110	.. " ..... " à plat " ... "	30.50	34. "	38.	42.	49.50	60. "	71.	88.50	107.50	128.	167.	190.

Filets à éponges fil gris ou couleurs assorties.

	Diamètre m/m	16	18	20	22	24	28
19111	forme ronde, qualité ordinaire .... le cent ..	50.	59.	67.	"	"	"
19112	.. " .... " ... 1/2 fine ...... "	54.	67.	80.	92.	108.	125.
19113	d'applique, simples .... "	67.	75.	85.	"	"	"

19114 **Filets** à provisions forme ballon à bâtons, ficelle ordinaire, mailles grandes. la pièce 0.65
19115 ... " ..... " ..... " .... " .... " , moyennes " 1.10
19116 ... " ..... " ..... " .... " .... " fines ... " 1.50

Filets à provisions, forme droite, longueur 50 c/m.

19117 ficelle ordinaire, marron, mailles grandes, poignées fil tressé .... la pièce 0.60
19118 double fil ..... " .... " .... " .... " ... cuir .... " .. 0.60
19119 .. " .. " ..... " .... " .... " .... " .. fil tressé .... " .. 0.65
19120 ficelle ordinaire, marron, mailles moyennes, poignées fil tressé .... " .. 0.85
19121 double fil ..... " .... " .... " .... " .. cuir .... " .. 0.85
19122 .. " .. " ..... " .... " .... " .... " .... " .... " .. 1. "
19123 simple fil, marron ou écru, mailles moyennes, poignées fil natté .... " .. 1. "
19124 triple fil, couleurs variées, mailles grandes, poignées cuir .... " .. 1.15
19125 .. " .. " marron, mailles moyennes, poignées cuir .... " .. 1.45
19126 simple fil fouet marron, mailles fines, poignées fil tressé à glands .... " .. 1.60
19127 double fil fouet, couleurs variées, mailles fines, poignées cuir .... " .. 2. "
19128 .. " .. " .. " .., marron ou écru, mailles moyennes, poignées fil tressé à glands . " .. 2.35
19129 simple fil .. " .... " .. filet fin .... " .. 2.75
19130 double fil .. " .... " .. mailles fines .... " .. 3.15
19131 simple fil .. " .... " .. filet extra fin .... " .. 3.80

Fontaines à laver les mains, forme baril, zinc verni ...

	N° ..	1	2	3	4
	Contenance en litres ...	5	7	10	12
19132	zinc, 10, robinet ordinaire, cuvette sans dossier .... la pièce ..	5. "	5.70	6.50	"
19133	zinc 12, .. " ..... " ..... " .. " .. " ...... " ..	"	6.50	7.25	8.25
19134	tôle d'acier étamée et vernie, robinet ordinaire, cuvette à dossier . " ..	4.80	5.20	5.70	"
19135	zinc 10, robinet ordinaire, cuvette à dossier ...... " ..	5.50	6.15	7. "	"
19136	zinc 12, .. " ..... " ..... " .. " ...... " ..	"	7. "	7.70	8.80

Fontaines à laver les mains, zinc verni ......

	Contenance en litres ..	7	9
19137	zinc 10, forme tonneau, robinet ordinaire ...... la pièce ..	6.50	"
19138	.. " .. à pans ..... " .... " ..	6.40	7.15
19139	.. " .. forme écusson .. " .... " ..	9.90	12.10

Fontaines à laver les mains fer battu émaillé ...

	Hauteur c/m	24	27	30
19140	blanc et bleu .... la pièce ...	8.20	9. "	9.75
19141	blanc à plusieurs filets .... " ..	10. "	10.80	11.70

Fontaines à laver les mains, en cuivre rouge. Voir page 499 – N° 14948 et 14949.

19142 **Fourchettes** de cuisine, fil d'acier étamé, 3 dents, longueur 30 c/m .. le cent 50. "

638

19143-19144

19145 à 19148

19149-19150

19155-19156

19164

19151-19152

19171

19157-19158

19172

19159-19160

19166

Garde-manger rentrant l'un dans l'autre (Article soigné)

		Nº	1	2	3	4
		Largeur $^{m}/_{m}$	35	40	49	55
		Profondeur "	30	35	40	47
		Hauteur "	40	48	58	70
19143	toile bleuie	la pièce	2.90	3.65	5.10	7.25
19144	" galvanisée	"	3.80	4.70	6.55	9.55

Garde-manger ovales en bois

		Nº	1	2	3	4	5	6	7
		Largeur $^{m}/_{m}$	50	55	60	65	70	75	80
19145	ordinaires, toile bleuie	la pièce	4.20	5.25	6.30	7.70	10.50	11.90	13.30
19146	" " galvanisée	"	5.25	6.30	7.35	8.75	11.90	13.65	15.40
19147	forts, toile bleuie	"	7.70	9.45	10.50	12.60	15.40	18.90	24. "
19148	" " galvanisée	"	8.75	10.50	11.90	14. "	17.15	21. "	26.60

Garde-manger ronds, toile métallique (rentrant l'un dans l'autre)

		Diamètre $^{m}/_{m}$	32	35	38	40	43	46	49	51	54
		Nombre de tablettes	1	1	2	2	2	2	2	3	3
19149	toile bleuie	la pièce	9.35	11. "	12.20	14.85	16.50	18.15	19.30	22.50	25.85
19150	" galvanisée	"	12.60	14.70	17.35	19.50	21.50	22.20	26.40	30.80	35.20

Garde-manger carrés, dessus tôle vernie (rentrant l'un dans l'autre)

		Largeur $^{m}/_{m}$	38	40	42	45
		Hauteur "	45	50	52	55	57
		Profondeur "	29	31	33	36	39
		Nombre de tablettes	1	1	1	2	2
19151	toile bleuie	la pièce	6.05	7.70	9.10	11. "	13.75
19152	" galvanisée	"	7.15	8.80	10.50	12.40	15.15
19153	à croisillons, toile bleuie	"	7.70	8.90	10.30	12.20	15.25
19154	" " galvanisée	"	8.35	10. "	11.70	13.80	16.65

Garde-manger carrés longs, dessus tôle vernie

		Largeur $^{m}/_{m}$	37	40	43	46
		Hauteur "	46	50	53	56
		Profondeur "	28	30	33	36
		Nombre de tablettes	1	1	1	2
19155	toile bleuie	la pièce	7.15	8.80	10.50	12. "
19156	" galvanisée	"	7.90	9.70	11.50	13.50

Garde-manger carrés longs, démontables

		Hauteur $^{m}/_{m}$	48	52	56	59	62	67
19157	toile bleuie, dessus tôle vernie	la pièce	11. "	12. "	13.25	16. "	17.50	19.25
19158	" galvanisée " " "	"	"	"	14.25	17.50	19.25	21. "

Garde-manger carrés longs à croisillons, dôme en toile métallique

		Largeur $^{m}/_{m}$	37	41	44	47	49	52
		Hauteur "	57	61	64	69	74	79
		Profondeur "	30	33	35	38	42	45
		Nombre de tablettes	1	1	1	2	2	2
19159	toile bleuie	la pièce	10.50	11.50	12.50	16. "	17.75	19.25
19160	" galvanisée	"	11.50	12.50	13.75	17.75	19.25	21. "

Garde-manger carrés longs à croisillons, dôme en toile métallique démontable

		Largeur $^{m}/_{m}$	37	41	44	47	49	52
		Hauteur "	57	61	64	69	74	79
		Profondeur "	30	33	35	38	42	45
		Nombre de tablettes	1	1	1	2	2	2
19161	toile bleuie	la pièce	11.50	12.50	13.75	16. "	17.75	19.25
19162	" galvanisée	"	"	"	15. "	17.75	19.25	21. "

Ce garde-manger démontable se recommande à l'exportation par son peu de volume.

Glacières-sorbetières, seau cèdre

	Contenance litres	1	2	3	4	6	8	10	14	18	24	32
19163	à engrenage, simple action, la pièce	11.50	14.50	17.50	21.50	28. "	36. "	48. "	60. "	"	"	"
19164	" double mouvement "	14.40	18. "	21.75	27. "	35. "	45. "	60. "	75. "	"	"	"
19165	" " " à volant "	"	"	"	"	"	100. "	110. "	132. "	165. "	200. "	242. "

Glacières à engrenage, turbine étain ou cuivre étamé, perfectionné.

	Contce de la turbine, litres	4	6	9	12	15	18	21	25	30	35	40	45	50
19166	à manivelle, la pièce	75.	90.	105.	120.	143.	180	203.	225.	263.	300.	338.	375.	412.
19167	à volant "	113.	128.	143.	158.	181.	218	241.	263.	301.	338.	376.	413	450.

Sans indication spéciale, nous livrons toujours la glacière avec turbine étain.

Glacières-sorbetières rotatives (fonctionnant à la glace brisée et sel de cuisine aussi bien qu'avec l'azotate d'ammoniaque et le sous carbonate de soude).

		Contenance en litres	1/2	1 1/2	4	10
		pour nombre de personnes	6 à 8	12	40	100
19168	intérieur fixe, moule uni	la pièce	20. "	33. "	61. "	126.
19169	" mobile " "	"	27. "	42.50	"	"
19170	" fixe, moule à côtes	"	"	"	74. "	"

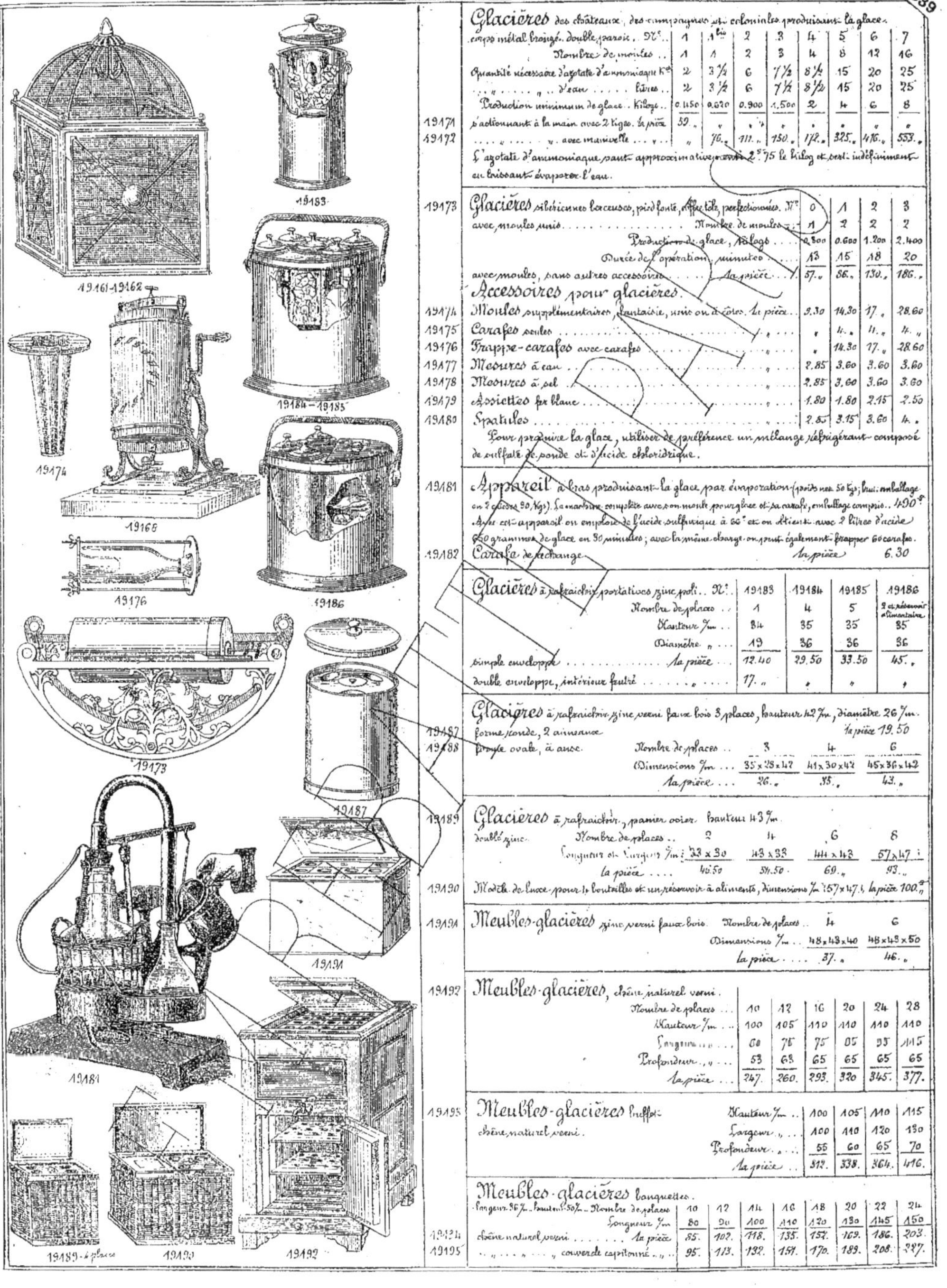

Glacières des châteaux, des campagnes et coloniales produisant la glace.

		N[os]	1	1 bis	2	3	4	5	6	7
	corps métal bronzé, double paroi.									
		Nombre de moules	1	1	2	3	4	8	12	16
	Quantité nécessaire d'azotate d'ammoniaque	K[os]	2	3 ½	6	7 ½	8 ½	15	20	25
	" " d'eau	litres	2	3 ½	6	7 ½	8 ½	15	20	25
	Production minimum de glace	Kilogs	0.150	0.620	0.900	1.500	2	4	6	8
19171	s'actionnant à la main avec 2 tiges.	la pièce	59. "	"	"	"	"	"	"	"
19172	" avec manivelle	"	"	76. "	111. "	150. "	172. "	325. "	416. "	553. "

L'azotate d'ammoniaque vaut approximativement 2[f]75 le kilog et sert indéfiniment en laissant évaporer l'eau.

19173 Glacières sibériennes berceuses, pied fonte, caisse tôle, perfectionnées.

	N[os]	0	1	2	3
avec moules unis	Nombre de moules	1	2	2	2
	Production de glace, Kilogs	0.300	0.600	1.200	2.400
	Durée de l'opération, minutes	13	15	18	20
avec moules, sans autres accessoires	la pièce	57. "	86. "	130. "	186. "

Accessoires pour glacières.

19174	Moules supplémentaires, fantaisie, unis ou à côtes.	la pièce	9.30	14.30	17. "	28.60
19175	Carafes seules	"	"	4. "	11. "	4. "
19176	Frappe-carafes avec carafes	"	"	14.30	17. "	28.60
19177	Mesures à eau	"	2.85	3.60	3.60	3.60
19178	Mesures à sel	"	2.85	3.60	3.60	3.60
19179	Assiettes fer blanc	"	1.80	1.80	2.15	2.50
19180	Spatules	"	2.85	3.15	3.60	4. "

Pour produire la glace, utiliser de préférence un mélange réfrigérant composé de sulfate de soude et d'acide chlorhydrique.

19181 **Appareil** à bras produisant la glace par évaporation (poids net 50 Kgs; brut: emballage en 2 caisses 90 Kgs). La machine complète avec son moule pour glace et sa carafe, emballage compris.. 490[f]

Avec cet appareil on emploie de l'acide sulfurique à 66° et on obtient avec 2 litres d'acide 650 grammes de glace en 30 minutes; avec la même charge on peut également frapper 60 carafes.

19182 Carafe de rechange ... la pièce 6.30

Glacières à rafraîchir portatives zinc poli.

	N[os]	19183	19184	19185	19186
	Nombre de places	1	4	5	2 et réservoir alimentaire
	Hauteur c/m	34	35	35	35
	Diamètre "	19	36	36	36
simple enveloppe	la pièce	12.40	29.50	33.50	45. "
double enveloppe, intérieur feutré	"	17. "	"	"	"

Glacières à rafraîchir zinc verni faux bois 3 places, hauteur 42 c/m, diamètre 26 c/m.

19187 forme ronde, 2 anneaux ... la pièce 19.50

19188	forme ovale, à anse.	Nombre de places	3	4	6
		Dimensions c/m	35 x 28 x 42	41 x 30 x 42	45 x 36 x 42
		la pièce	26. "	35. "	43. "

19189 Glacières à rafraîchir, panier osier, hauteur 43 c/m.

doublé zinc.	Nombre de places	2	4	6	8
	Longueur et Largeur c/m	33 x 30	43 x 33	44 x 43	57 x 47
	la pièce	40.50	54.50	69. "	93. "

19190 Modèle de luxe pour 4 bouteilles et un réservoir à aliments, dimensions c/m 57 x 47, la pièce 100.[f] "

19191 Meubles-glacières zinc verni faux bois.

Nombre de places	4	6
Dimensions c/m	48 x 43 x 40	48 x 43 x 50
la pièce	37. "	46. "

19192 Meubles-glacières, chêne naturel verni.

Nombre de places	10	12	16	20	24	28
Hauteur c/m	100	105	110	110	110	110
Largeur "	60	75	75	85	95	115
Profondeur "	53	63	65	65	65	65
la pièce	247.	260.	293.	320	345.	377.

19193 Meubles-glacières buffet chêne naturel verni.

Hauteur c/m	100	105	110	115
Largeur "	100	110	120	130
Profondeur "	55	60	65	70
la pièce	312.	338.	364.	416.

Meubles-glacières banquettes.

	Largeur 36 c/m, hauteur 50 c/m	Nombre de places	10	12	14	16	18	20	22	24
		Longueur c/m	80	90	100	110	120	130	145	150
19194	chêne naturel verni	la pièce	85.	102.	118.	135.	152.	169.	186.	203.
19195	" " " couvercle capitonné	"	95.	113.	132.	151.	170.	189.	208.	227.

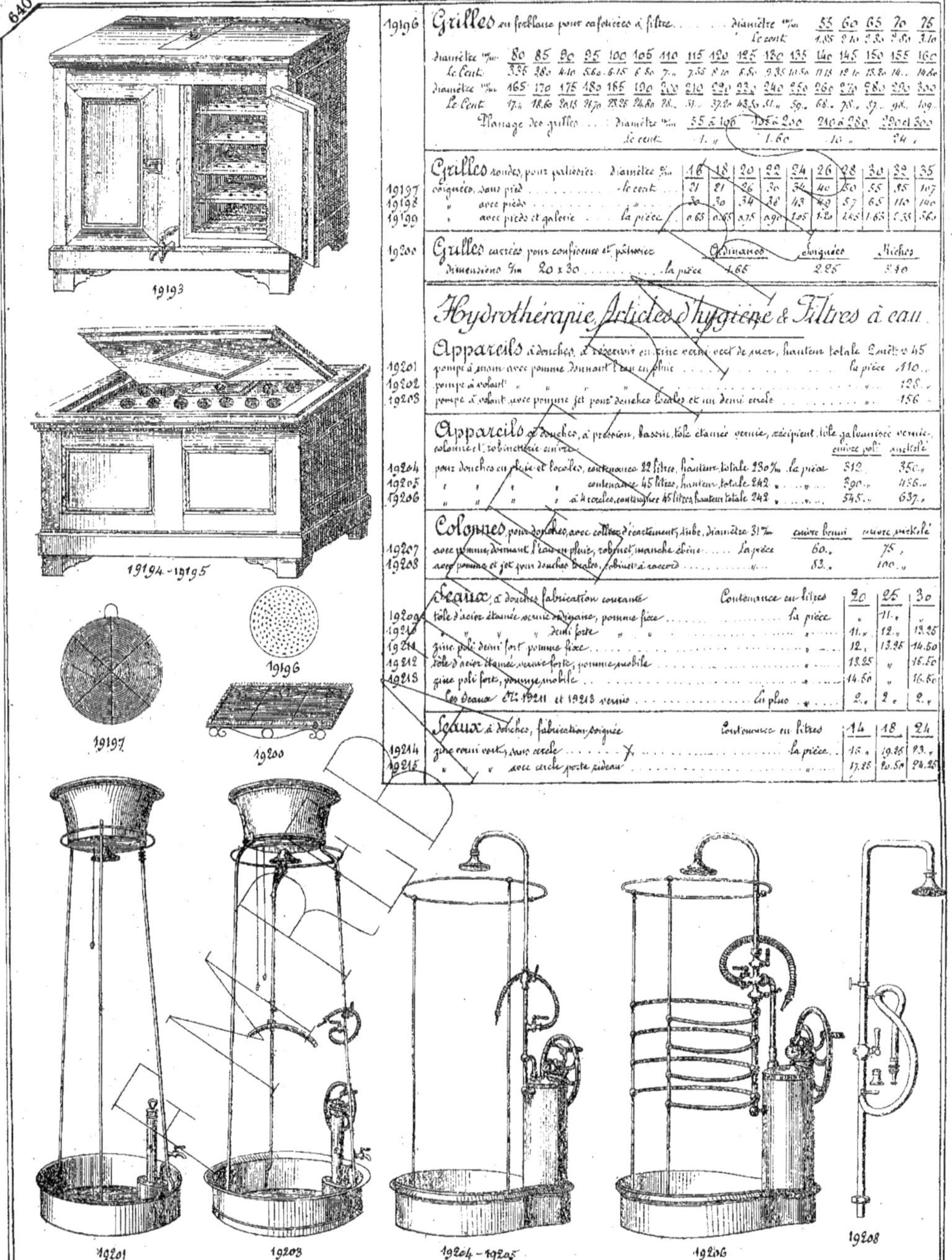

	Grilles en fer-blanc pour cafetières à filtre	diamètre m/m	55	60	65	70	75
19196		le cent	1.85	2.10	2.30	2.80	3.10

diamètre m/m	80	85	90	95	100	105	110	115	120	125	130	135	140	145	150	155	160
le cent	3.35	3.80	4.10	5.60	6.15	6.80	7..	7.55	8.10	8.80	9.35	10.50	11.15	12.10	13.20	14..	14.80
diamètre m/m	165	170	175	180	185	190	200	210	220	230	240	250	260	270	280	290	300
le cent	17..	18.60	20.15	21.70	23.25	24.80	28..	31..	37.20	43.50	51..	59..	68..	78..	87..	98..	109..

Planage des grilles	diamètre m/m	55 à 106	135 à 200	210 à 280	290 et 300
	le cent	1..	1.60	10..	24..

	Grilles rondes, pour pâtissier	diamètre c/m	16	18	20	22	24	26	28	30	32	35
19197	soignées, sans pied	le cent	21	21	26	30	34	40	50	55	85	107
19198	» avec pieds	»	30	30	34	38	43	49	57	65	110	140
19199	» avec pieds et galerie	la pièce	0.65	0.65	0.75	0.90	1.05	1.20	1.45	1.63	5.35	5.60

	Grilles carrées pour confiseur et pâtissier		Ordinaires	Soignées	Riches
19200	dimensions c/m 20 x 30	la pièce	1.65	2.25	3.40

Hydrothérapie, Articles d'hygiène & Filtres à eau

	Appareils à douches, à réservoir en zinc verni vert de mer, hauteur totale 2 mètres 45		
19201	pompe à main avec pomme donnant l'eau en pluie	la pièce	110..
19202	pompe à volant » » » »	»	125..
19203	pompe à volant avec pomme jet pour douches locales et un demi cercle	»	156..

	Appareils à douches, à pression, bassin tôle étamée vernie, récipient tôle galvanisée vernie, colonne et robinetterie cuivre		cuivre poli	nickelé
19204	pour douches en pluie et locales, contenance 22 litres, hauteur totale 230 c/m	la pièce	312.	350..
19205	» » » » contenance 45 litres, hauteur totale 242	»	390..	456..
19206	» » » » à 4 cercles, contenance 45 litres hauteur totale 242	»	545..	637..

	Colonnes pour douches, avec collier d'écartement, tube, diamètre 31 m/m		cuivre bruni	cuivre nickelé
19207	avec pomme donnant l'eau en pluie, robinet, manche ébène	la pièce	60..	75..
19208	avec pomme et jet pour douches locales, robinet à raccord	»	83..	100..

	Seaux à douches fabrication courante	Contenance en litres	20	25	30
19209	tôle d'acier étamée vernie ordinaire, pomme fixe	la pièce	»	11..	»
19210	» » » » demi forte » »	»	11..	12..	13.25
19211	zinc poli demi fort pomme fixe	»	12..	13.25	14.50
19212	tôle d'acier étamée vernie forte, pomme mobile	»	13.25	»	16.50
19213	zinc poli fort, pomme mobile	»	14.50	»	16.50
	Les seaux Nos 19211 et 19213 vernis	En plus	2..	2..	2..

	Seaux à douches, fabrication soignée	Contenance en litres	14	18	24
19214	zinc verni vert, sans cercle	la pièce	16..	19.25	23..
19215	» » » avec cercle porte rideau	»	17.25	20.50	24.25

641

19209 — 19210-19211 — 19212-19213 — 19214 — 19216 — 19217 — 19230 — 19220 — 19231 — 19233 — 19224

19216 **Seau** à douches en toile, se pliant, d'un volume très restreint facilitant le transport en voyage et l'emballage pour les pays d'outre-mer. contenance 28 litres . . . la pièce . . 26. „

Douches parisiennes, point d'interrogation cuivre nickelé.

19217 tube caoutchouc de 100 $\%_m$ et raccord caoutchouc, sans robinet . . . . . . la pièce . . 6.75

19218 . . „ . . . . „ . . . . . . avec robinet . . . . . „ . . . 9. „

19219 Réservoir pour d° zinc verni marbré, contenance 18 litres . . . . „ . . . 5. „

Colliers-douches pour se doucher soi-même sans se mouiller la tête.

19220 pour robinet à pression à bague de serrage et tuyau caoutchouc à spirales 100 $\%_m$. la pièce 7.75

19221 avec robinet, bague de serrage et tuyau caoutchouc à spirales 133 $\%_m$ et siphon pour récipient quelconque seau, broc etc. . . . . „ 13. „

19222 avec robinet, bague de serrage, tuyau caoutchouc à spirales 100 $\%_m$ et un réservoir zinc verni, contenance 18 litres . . . . „ 17.50

19223 modèle de voyage, avec robinet, tuyau caoutchouc à spirales réservoir caoutchouté tube caoutchouc (le tout renfermé dans un sac de voyage) . . . . 60. „

Croissants-douches à double rampe pour se doucher soi-même avec ouverture permettant d'approcher ou d'éloigner l'appareil du corps sans se mouiller la tête.

19224 pour robinet à pression, à bague de serrage et tuyau caoutchouc guipé 100 $\%_m$. la pièce 11. „

19225 avec robinet, bague de serrage, courbe d'appel pour récipient quelconque, seau, broc, etc, avec siphon Weber de 100 $\%_m$ . . . . . . „ 15. „

19226 . . „ . . „ . . „ . . „ . . „ . . „ . . 150 . . . . . „ 18.50

19227 avec robinet, bague de serrage, tuyau caoutchouc guipé de 150 $\%_m$ et réservoir zinc verni, contenance 17 litres . . . . . . „ 24. „

	Bassins anglais emboutis d'une seule pièce. Diamètre $\%_m$	70	80	90	100	110
19228	zinc 12 poli à boudin . . . . la pièce . .	12. „	14. „	16. „	18. „	„
19229	zinc 14 . . . . „ . . .	„	„	18.75	22. „	26.50
	zinc verni intérieur blanc . . . . En plus . . . „ . .	3.75	3.75	3.75	3.75	3.75

	Bassins ou Tubs pour douches . . . . . Diamètre $\%_m$	70	90
19230	toile souple imperméable tannée . . . . . . la pièce . . .	17.25	20. „

19231 **Bassins ou Tubs** ronds en tissus caoutchouté pour douches.

Diamètre $\%_m$	40	44	48	52	56	60	64	68	72	76	84	92	100	108	116
la pièce	10. „	11.50	13. „	14.50	16. „	17.25	18.60	20. „	21.50	23. „	24.30	27.25	31.50	36. „	43. „

19232 Housse pour d° . . . . la pièce 2.85

	Bains de voyage tôle vernie, faux bois ébène, avec couvercle, servant aussi au transport du linge . . . . . Diamètre $\%_m$	70	75	80	85
19233	sans courroie . . . . la pièce . .	48. „	52. „	59. „	65. „
19234	avec courroie . . . . „ . .	56. „	60. „	67. „	73. „

	Eponges américaines pour douches . . . . contenance, litres . .	2	2 ¾
19235	zinc poli . . . . la pièce . . .	1.40	1.65

19236 **Bonnets** à douches, Nansouk, à coulisse pour dame . . Le paquet de 6 pièces 6.50

19237 . . . „ . . . . „ . . . caoutchouc gris, sans coulisse pour dame . . . . „ . . . . 17. „

19238 . . . „ . . . . „ . . „ . . . „ . . pour homme . . . . „ . . . . 18. „

Rideaux pour douches, montés avec anneaux, agraffes ou oeillets.

		circonférence $\%_m$	225	300	375	450
19239	caoutchouc quadrillé . . . hauteur 180 $\%_m$	la pièce	23.	25.	34.	47.
19240	. . „ . . . „ . . . „ 200 „	„	24.	30.	38.	44.
19241	caoutchouc croisé ½ gris . . „ . . 180 „	„	31.	38.	48.	58.
19242	. . „ . . . „ . . „ . . 200 „	„	36.	42.	54.	64.

Bien spécifier en commandant si ces rideaux doivent être livrés avec anneaux, agrafes ou oeillets.

19243 **Gant-serviette** pour toilette coton blanc bouclé sans pouce . . la pièce 0.46

19244 . . . „ . . . „ . . . „ . . „ . . „ . . „ . . avec pouce . . . . . „ . . 0.70

19245 . . . „ . . . „ . . . „ . . lin gris, bouclé sans pouce . . . . . „ . . 0.70

19246 . . . „ . . . „ . . . „ . . „ . . „ . . avec pouce . . . . . „ . . 1.10

19247 . . . „ . . . „ . . . „ . . laine blanche, dit moufle avec pouce . . „ . . 1.30

19248 **Gant pour frictions**, crin noir Tricoté . . . . . . „ . . 1.25

19249 . . . „ . . . „ . . . „ . . crin blanc Tricoté . . . . . . „ . . 1.25

19250 . . . „ . . . „ . . . „ . . „ . . „ double . . . . . . „ . . 1.50

19251 . . . „ . . . „ . . . „ . . „ . . Cambridge . . . . . . „ . . 1.65

19252 **Lanière** pour toilette, laine blanche . . . . „ . . 3. „

19253 . . . „ . . . „ . . friction, crin blanc Tricoté moyenne taille 65 $\%_m$ environ „ . . 3. „

19254 . . . „ . . . „ . . . „ . . „ . . grande taille 70 . . . . . „ . . 3.50

19255 . . . „ . . . „ . . . „ . . Cambridge grande taille 70 . . . . . „ . . 5. „

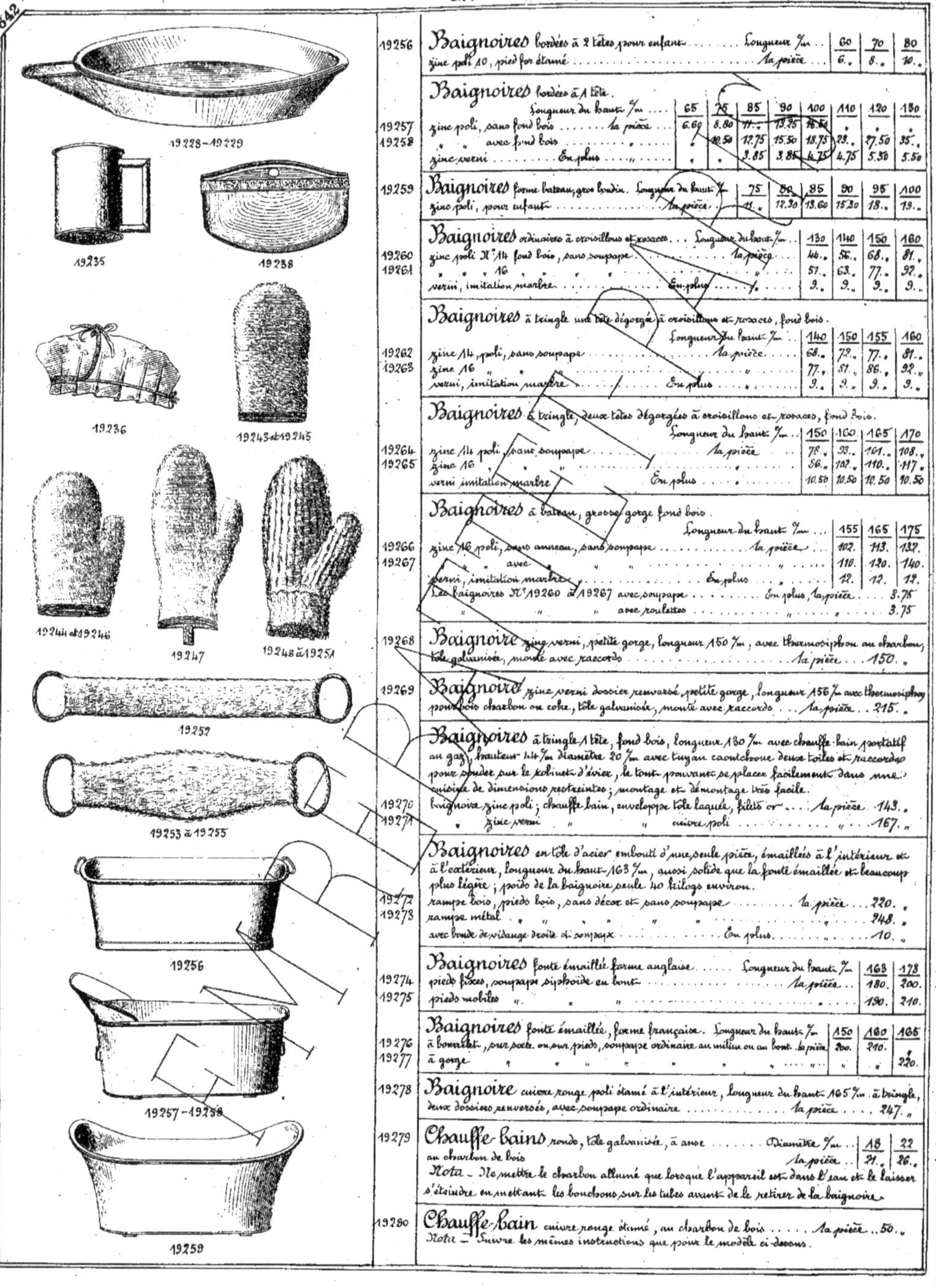

19256 **Baignoires** bordées à 2 têtes, pour enfant

	Longueur %m	60	70	80
19256	zinc poli 10, pied fer étamé ... la pièce	6..	8..	10..

Baignoires bordées à 1 tête.

	Longueur du haut %m	65	75	85	90	100	110	120	130
19257	zinc poli, sans fond bois ... la pièce	6.60	8.80	11..	13.75	16.50	"	"	"
19258	" " avec fond bois	"	10.50	12.75	15.50	18.75	23..	27.50	35..
	zinc verni ... En plus ... "	"	"	3.85	3.85	4.75	4.75	5.50	5.50

19259 **Baignoires** forme bateau, gros boudin.

	Longueur du haut %m	75	80	85	90	95	100
19259	zinc poli, pour enfant ... la pièce	11..	12.30	13.60	15.30	18..	19..

Baignoires ordinaires à croisillons et rosaces...

	Longueur du haut %m	130	140	150	160
19260	zinc poli N° 14 fond bois, sans soupape ... la pièce	44..	56..	68..	81..
19261	" " " 16 " " " " ... "	57..	63..	77..	92..
	verni, imitation marbre ... En plus ... "	9..	9..	9..	9..

Baignoires à tringle une tête dégorgée à croisillons et rosaces, fond bois.

	Longueur du haut %m	140	150	155	160
19262	zinc 14, poli, sans soupape ... la pièce	68..	72..	77..	81..
19263	zinc 16 " " " ... "	77..	81..	86..	92..
	verni, imitation marbre ... En plus ... "	9..	9..	9..	9..

Baignoires à tringle, deux têtes dégorgées à croisillons et rosaces, fond bois.

	Longueur du haut %m	150	160	165	170
19264	zinc 14 poli, sans soupape ... la pièce	78..	93..	101..	108..
19265	zinc 16 " " " ... "	86..	102..	110..	117..
	verni imitation marbre ... En plus ... "	10.50	10.50	10.50	10.50

Baignoires à bateau, grosse gorge fond bois.

	Longueur du haut %m	155	165	175
19266	zinc 16 poli, sans anneau, sans soupape ... la pièce	102.	113.	132.
19267	" " avec " " ... "	110.	120.	140.
	verni, imitation marbre ... En plus ... "	12.	12.	12.

Les baignoires N° 19260 à 19267 avec soupape ... En plus, la pièce ... 3.75
" " " avec roulettes ... " " ... 3.75

19268 **Baignoire** zinc verni, petite gorge, longueur 150 %m, avec thermosiphon au charbon, tôle galvanisée, monté avec raccords ... la pièce ... 150..

19269 **Baignoire** zinc verni dossier renversé, petite gorge, longueur 156 %m avec thermosiphon pour bois charbon ou coke, tôle galvanisée, monté avec raccords ... la pièce .. 215..

Baignoires à tringle 1 tête, fond bois, longueur 130 %m avec chauffe-bain portatif au gaz, hauteur 44 %m diamètre 20 %m avec tuyau caoutchouc deux toiles et raccords pour souder sur le robinet d'évier, le tout pouvant se placer facilement dans une cuisine de dimensions restreintes ; montage et démontage très facile.

19270 baignoire zinc poli ; chauffe-bain, enveloppe tôle laquée, filets or ... la pièce . 143..
19271 " zinc verni " " cuivre poli ... " ... 167..

Baignoires en tôle d'acier embouti d'une seule pièce, émaillées à l'intérieur et à l'extérieur, longueur du haut 163 %m, aussi solide que la fonte émaillée et beaucoup plus légère ; poids de la baignoire seule 40 kilogs environ.

19272 rampe bois, pieds bois, sans décor et sans soupape ... la pièce ... 220..
19273 rampe métal " " " " " ... " ... 248..
avec bonde de vidange droite et soupape ... En plus ... " ... 10..

Baignoires fonte émaillée forme anglaise ...

	Longueur du haut %m	163	178
19274	pieds fixes, soupape siphoïde en bout ... la pièce ..	180.	200.
19275	pieds mobiles " " " ... "	190.	210.

Baignoires fonte émaillée, forme française.

	Longueur du haut %m	150	160	165
19276	à bourrelet, sur socle ou sur pieds, soupape ordinaire au milieu ou au bout. la pièce	200.	210.	"
19277	à gorge " " " " " " " ... "	"	"	220.

19278 **Baignoire** cuivre rouge poli étamé à l'intérieur, longueur du haut 165 %m à tringle, deux dossiers renversés, avec soupape ordinaire ... la pièce ... 247..

19279 **Chauffe-bains** ronds, tôle galvanisée, à anse

	Diamètre %m	18	22
19279	au charbon de bois ... la pièce ..	21..	26..

Nota – Ne mettre le charbon allumé que lorsque l'appareil est dans l'eau et le laisser s'éteindre en mettant les bouchons sur les tubes avant de le retirer de la baignoire.

19280 **Chauffe-bain** cuivre rouge étamé, au charbon de bois ... la pièce .. 50..
Nota – Suivre les mêmes instructions que pour le modèle ci-dessus.

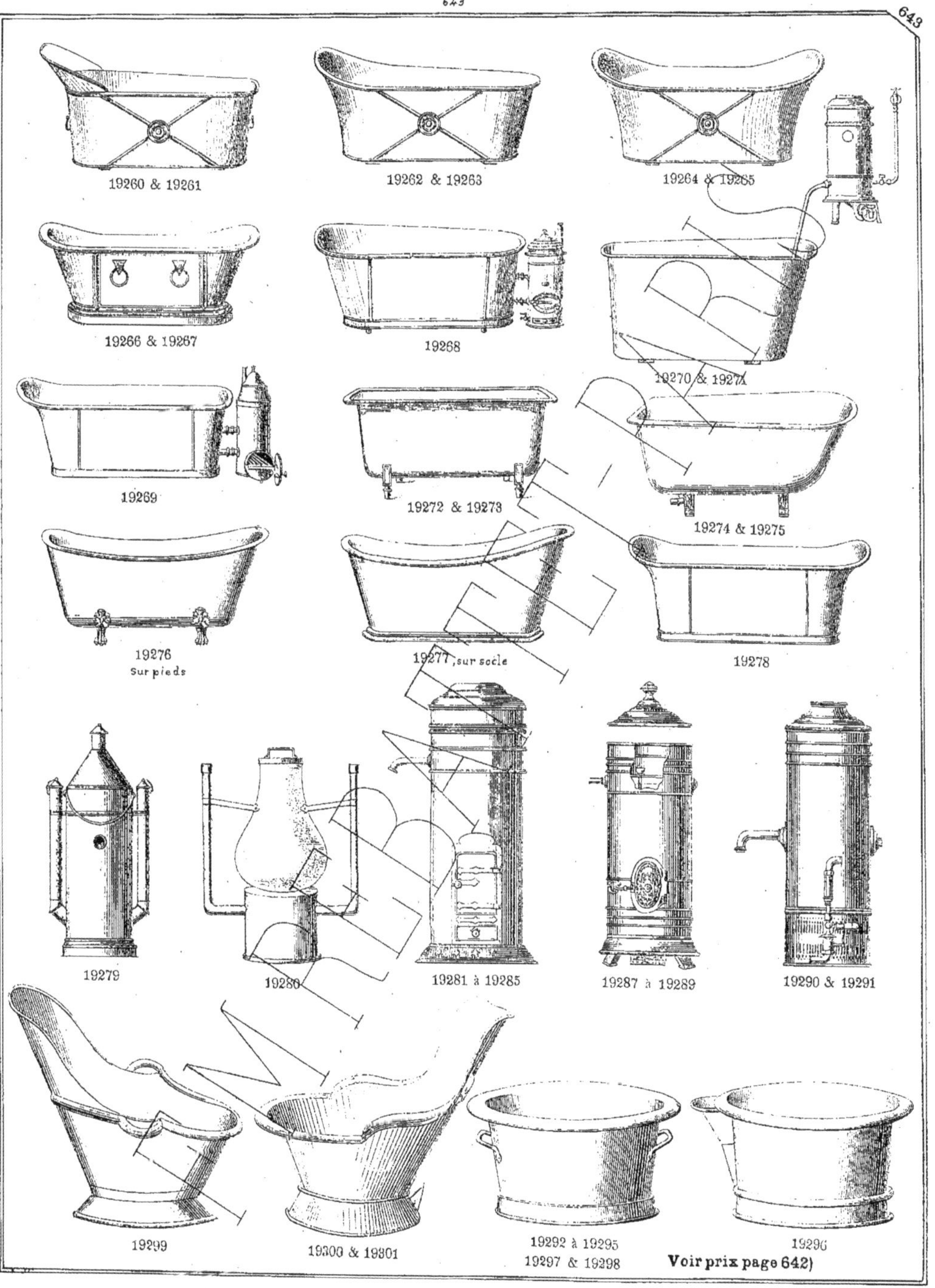

Voir prix page 642)

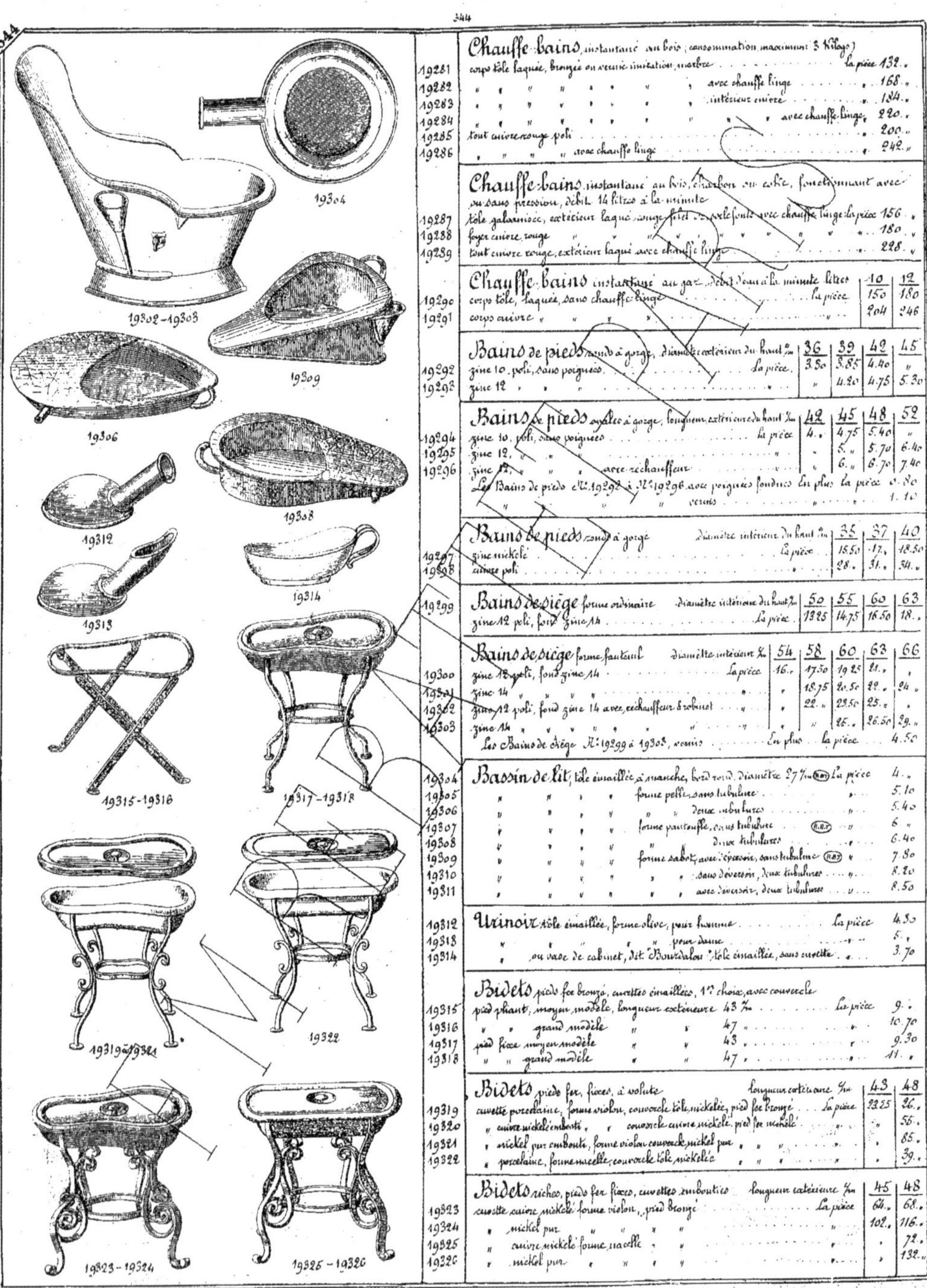

Chauffe-bains, instantané au bois (consommation maximum 3 Kilogs)

19281	corps tôle laqué, bronzée ou vernie imitation marbre ..... la pièce	132. "
19282	" " " " " " " " avec chauffe linge ..... "	168. "
19283	" " " " " " " " intérieur cuivre ..... "	184. "
19284	" " " " " " " " " " avec chauffe-linge,	220. "
19285	tout cuivre rouge poli ..... "	200. "
19286	" " " " avec chauffe linge ..... "	242. "

Chauffe-bains, instantané au bois, charbon ou coke, fonctionnant avec ou sans pression, débit 14 litres à la minute

19287	tôle galvanisée, extérieur laqué rouge filet ... avec chauffe linge la pièce	156. "
19288	foyer cuivre rouge " " " " " " " " " "	180. "
19289	tout cuivre rouge, extérieur laqué avec chauffe linge ..... "	228. "

Chauffe-bains instantané au gaz, débit d'eau à la minute litres

		10	12
19290	corps tôle, laqués, sans chauffe-linge ..... la pièce	150	180
19291	corps cuivre " " " " ..... "	204	246

Bains de pieds ronds à gorge, diamètre extérieur du haut %m

		36	39	42	45
19292	zinc 10, poli, sans poignées ..... la pièce	3.50	3.85	4.40	"
19293	zinc 12 " " " ..... "	"	4.20	4.75	5.30

Bains de pieds ovales à gorge, longueur extérieure du haut %m

		42	45	48	52
19294	zinc 10, poli, sans poignées ..... la pièce	4. "	4.75	5.40	"
19295	zinc 12, " " " ..... "	"	5. "	5.70	6.40
19296	zinc 12, " " " avec réchauffeur ..... "	"	6. "	6.70	7.40

Les Bains de pieds N° 19292 à N° 19296 avec poignées fondues En plus la pièce 0.80

" " " vernis ..... " 1.10

Bains de pieds ronds à gorge, diamètre intérieur du haut %m

		35	37	40
19297	zinc nickelé ..... la pièce	15.50	17. "	18.50
19298	cuivre poli ..... "	28. "	31. "	34. "

Bains de siège forme ordinaire, diamètre intérieur du haut %m

		50	55	60	63
19299	zinc 12 poli, fond zinc 14 ..... la pièce	13.25	14.75	16.50	18. "

Bains de siège forme fauteuil, diamètre intérieur %m

		54	58	60	63	66
19300	zinc 12 poli, fond zinc 14 ..... la pièce	16. "	17.50	19.25	21. "	"
19301	zinc 14 " " " " ..... "	"	18.75	20.50	22. "	24. "
19302	zinc 12 poli, fond zinc 14 avec réchauffeur & robinet ..... "	"	22. "	23.50	25. "	"
19303	zinc 14 " " " " " " " ..... "	"	"	25. "	26.50	29. "

Les Bains de siège N° 19299 à 19303, vernis ..... En plus la pièce 4.50

Bassin de lit, tôle émaillée, à manche, bord rond, diamètre 27 %m (R.B.T.)

19304	tôle émaillée, à manche, bord rond, diamètre 27 %m (R.B.T.) la pièce	4. "
19305	" " " " forme pelle, sans tubulure ..... "	5.10
19306	" " " " " " deux tubulures ..... "	5.40
19307	" " " " forme pantoufle, sans tubulure (R.B.T.) "	6. "
19308	" " " " " " deux tubulures ..... "	6.40
19309	" " " " forme sabot, avec déversoir, sans tubulure (R.B.T.) "	7.80
19310	" " " " " " sans déversoir, deux tubulures ..... "	8.20
19311	" " " " " " avec déversoir, deux tubulures ..... "	8.50

Urinoir tôle émaillée, forme olive, pour homme

19312	tôle émaillée, forme olive, pour homme ..... la pièce	4.30
19313	" " " " pour dame ..... "	5. "
19314	" ou vase de cabinet, dit "Bourdalou", tôle émaillée, sans cuvette ..... "	3.70

Bidets pieds fer bronzé, cuvettes émaillées, 1re choix, avec couvercle

19315	pied pliant, moyen modèle, longueur extérieure 43 %m ..... la pièce	9. "
19316	" " grand modèle " " 47 " ..... "	10.70
19317	pied fixe moyen modèle " " 43 " ..... "	9.30
19318	" " grand modèle " " 47 " ..... "	11. "

Bidets pieds fer, fixes, à volute, longueur extérieure %m

		43	48
19319	cuvette porcelaine, forme violon, couvercle tôle nickelée, pied fer bronzé ..... la pièce	22.25	26. "
19320	" cuivre nickelé embouti, " couvercle cuivre nickelé, pied fer nickelé ..... "	"	55. "
19321	" nickel pur embouti, forme violon couvercle nickel pur " " " ..... "	"	85. "
19322	" porcelaine, forme nacelle, couvercle tôle nickelée " " " ..... "	"	39. "

Bidets riches, pieds fer fixes, cuvettes embouties, longueur extérieure %m

		45	48
19323	cuvette cuivre nickelé forme violon, pied bronzé ..... la pièce	64. "	68. "
19324	" nickel pur " " " " ..... "	102. "	116. "
19325	" cuivre nickelé forme nacelle " " ..... "	"	72. "
19326	" nickel pur " " " " ..... "	"	132. "

19327-19328 19329-19330 19331-19332 19333-19334 19335-19336 19337-19338 19340-19341 19342-19343 19344 19345 19346 19347 19348 19349 à 19351 19352

Bidets en bois, cuvettes faïence

		N°...	1	2	3
		Longueur extérieure de la cuvette m/m ...	41	44	47
19327	violon, pieds Louis XV, noyer	la pièce ...	15. „	18.40	22. „
19328	„ „ acajou, chêne ou merisier	„	15.75	19.15	22.75
19329	„ pieds tournés, noyer		16.60	20.25	23.65
19330	„ „ „ acajou, chêne ou merisier	„	17.50	21.25	24.50
19331	carré, pieds tournés, noyer	„	16.60	20.25	23.65
19332	„ „ „ acajou, chêne ou merisier	„	17.50	21.25	24.50

Chaises garde-robe carrées

			petit modèle	grand modèle
19333	noyer, avec vase faïence	la pièce	16.60	20.25
19334	acajou, chêne ou merisier, avec vase faïence	„	17.50	21. „

19335	**Fauteuil** garde-robe à cylindre noyer avec vase faïence	la pièce	26.25
19336	„ „ „ acajou, chêne ou merisier, vase faïence	„	30. „
19337	„ „ à abattants, noyer, avec vase faïence	„	30. „
19338	„ „ „ acajou, chêne ou merisier, vase faïence	„	35. „

Clysos-Pompes, jet continu, boîte fer blanc, avec tube caoutchouc vulcanisé et canule

		N°...	1	2	3
19339	étain ordinaire avec ressort	la pièce ..	1.80	1.90	2.70
19340	„ „ à parachute avec ressort	„	1.90	2. „	2.70
19341	étain fin „ „ „	„	2.40	2.60	3.15
19342	étain ordinaire, à piston coulant avec ressort	„	2. „	2.30	2.85
19343	étain fin „ „ „	„	2.60	2.75	3.15
19344	anglais, verni, assortis de couleur, avec ressort	„	„	2.60	„
19345	monaco étain nickelé, avec ressort, boîte carton	„	„	2.85	„

19346	**Canules** os et corne pour clysos	le cent	15. „
19347	**Tube** caoutchouc recouvert laine, pour clysos	le mètre ...	0.50
19348	„ „ „ „ avec raccord et canule pour clysos	la pièce	0.90

Douches à injection, tôle émaillée avec tube feuille anglaise et canules double usage caoutchouc durci à robinet

			Contenance en litres ...	1	1 1/2	2	3	4
19349	marbrées, graduées, 1er choix, tube noir, longueur 150 m/m		la pièce ..	2.95	2.95	3. „	4.25	5.50
19350	„ „ „ „ „ „	200	„	3.25	3.25	3.30	4.55	5.80
19351	décorées, filet or „ „ „	200	„	„	„	4.80	„	„
19352	marbrées, embouties, dites hygiéniques „ „ „	200	„	„	„	5.05	„	„
19353	marbrées à niveau „ „ „	200	„	„	„	8. „	„	„
19354	„ et thermomètre „ „ „	200	„	„	„	11. „	„	„

Les douches N° 19351 à N° 19354 livrées avec tube de 150 m/m . En moins .. la pièce ... 0.30

avec tube à bourrelet feuille rouge 150 m/m ou 200 m/m ..... En plus ..... „ 0.15

Accessoires pour douche

19355	**Canules** double usage, caoutchouc durci à robinet et à frottement	la garniture ..	0.65
19356	„ droite à bourrelet, caoutchouc durci sans robinet à olive	la pièce ..	0.35
19357	„ courbe à bourrelet „ „ „ „ „	„	0.40
19358	„ droite ou courbe cristal à olive	„	0.25
19359	**Robinet** seul caoutchouc durci à frottement pour canules droites ou courbes	„	0.50
19360	„ „ „ „ à deux eaux pour raccord de tube	„	0.55
19361	**Tube** feuille noire en couronne .... (Cours variable)	le Kilog.	25. „
19362	**Tube** feuille rouge .... d° ... d°	„	27.50
19363	„ feuille anglaise noire ou rouge, qualité supérieure ... d° ... d°	„	31. „

		Longueur m/m ...	150	200
19364	**Tube** feuille noire, à bourrelet, nu sans canule	la pièce ..	1 „	1.30
19365	„ feuille rouge „ „ „	„	1.15	1.45

Injecteurs étain nickelé, tube feuille anglaise, canule os double, boîte carton

		N°...	0	2	3	4	7
19366	tube et balle gris	la pièce ...	1.60	1.75	1.90	2.25	2.45
19367	tube et balle rouge ou noir	„	1.75	1.90	2.05	2.40	2.60

19368 „ „ „ jet continu breveté ..... la pièce 3.60

Balles de rechange

		Diamètre m/m ...	40	45	50	55
19369	caoutchouc gris	la pièce ...	0.35	0.40	0.55	0.65
19370	„ rouge	„	0.40	0.50	0.75	0.85

19353 19354 19355 19357 19356 19358, droite 19358 courbe 19359 19360 19364-19365

19361 à 19363 0 2 3 4 19366

19366-7 19368 19369 et 19370 19371 19372 19373

19374 19375 19376 19377 19385 à 19386

19378 à 19382 19387 19389

19390, 19392, 19394, 19396, 19398 19391-19395 19399 19404

Injecteurs étain nickelé, tube feuille anglaise canule os double, boîte carton.

19371	piston coulant .... la pièce	1.50
19372	hydroclise, piston coulant .... "	1.60
19373	guilloché, tige métal se vissant .... "	1.70
19374	parisien, grosse tige fixe se vissant .... "	1.70
19375	guilloché, tige métal, qualité supérieure .... "	1.85
19376	piston coulant, pied cuvette .... "	2.50
19377	" " pied forme poire, jet continu .... "	2.80

Injecteur Enéma, caoutchouc gris, canule os double, boîte carton. la pièce 3.65

19378	Injecteur Enéma, caoutchouc gris, canule os double, boîte carton. la pièce	3.65
19379	" " caoutchouc rouge .... "	3.90
19380	" " feuille anglaise noire ou rouge, petit modèle ... "	4.15
19381	" " " " " " grand modèle ... "	5.25
19382	" " " " " " " jet continu "	6. "

Poires à injection, monture corne.

	N°	0	1	2	3	4	5	6	7	8	9
	contenance, grammes	40	50	70	90	100	130	170	210	270	330
19383	caoutchouc gris, canule os simple, la pièce	0.90	1. "	1.15	1.25	1.40	1.55	1.65	2.05	2.35	2.75
19384	" " " double " ..	1.20	1.30	1.45	1.55	1.70	1.85	1.95	2.35	2.65	3.05
19385	caoutchouc rouge supr, canule os simple "	1.25	1.40	1.65	1.95	2.20	2.40	2.95	3.40	3.85	4.40
19386	" " " double " ..	1.55	1.70	1.95	2.25	2.50	2.70	3.25	3.70	4.15	4.70

Canules pour injection

		petites	moyennes	grandes
19387	os double usage .... le cent	28.50	31.50	36. "

19388	**Tube** caoutchouc gris, rouge ou noir avec raccord et canule double .. la pièce	0.90
19389	" " " " " en couronne de douze mètres .. le mètre	0.65

Irrigateurs, système du Docteur Equisier

	N°	1	2	3
	tube caoutchouc recouvert laine ou crin noir.... contenance, grammes	250	500	1000
19390	corps étain ordinaire bronzé, vis et robinet cuivre (R.B.T.) la pièce ..	5. "	5. "	8. "
19391	corps cuivre bronzé " " " .... "	"	5.30	8.50
19392	corps étain bronzé, garnitures nickelées .... "	"	5.50	"
19393	" " bronzé argent .... "	"	5.75	"
19394	" " tout nickelé .... "	"	7.50	11. "
19395	corps cuivre, tout nickelé .... "	"	8. "	11.75
19396	corps étain bronzé, tube métal .... "	"	8.50	"
19397	corps étain fin bronzé, vis et robinet cuivre .... "	"	8. "	12.75
19398	" " " tout nickelé .... "	"	12. "	16. "
19399	corps cuivre bronzé, Véritable Equisier TM .... "	"	15. "	17. "
19400	corps émaillé marbré, pied et plateau nickelés .... "	"	12.50	"
19401	corps porcelaine blanche, plateau nickelé .... "	"	11.50	"
19402	" " à filets, " " .... "	"	12.50	"
19403	" " " pied et plateau nickelés .... "	"	13.50	"
19404	" " décorée " " " .... "	"	11.50	"

Irrigateurs, piston Giffart, rondelle caoutchouc, avec tube recouvert crin en boîte hêtre ordinaire :

	N°	1	2	3
19405	corps cuivre bronzé .... la pièce	8. "	8.60	12.15
19406	" étain bronzé .... "	8.70	9.30	12.85

Boîtes bois pour irrigateurs

	N°	1	2	3	porcelaine
19407	hêtre ordinaire .... la pièce	0.35	0.40	0.45	0.50
19408	bois verni, poignée cuivre .... "	2. "	2.15	2.70	3. "

19409	**Boîtes** étain, pour huile ou médicament .... la pièce	1.20

Canules os et corne pour irrigateur

19410	os et corne pour irrigateur .... le cent	18.75
19411	" gomme, droites, pour enfants .... "	25. "
19412	" " courbes, à olive, qualité ordinaire .... "	40. "
19413	" " " " " 1/2 fine .... "	55. "
19414	" " " " " fine .... "	65. "
19415	" " " " rouge extra .... "	75. "

Tube pour irrigateur

19416	pour irrigateur, caoutchouc recouvert laine qualité courante. le mètre ..	0.55
19417	" " " " " " 1re qualité .... "	1
19418	" " " " recouvert crin noir qualité courante ... "	0.60
19419	" " " " " " " 1re qualité .... "	1.05

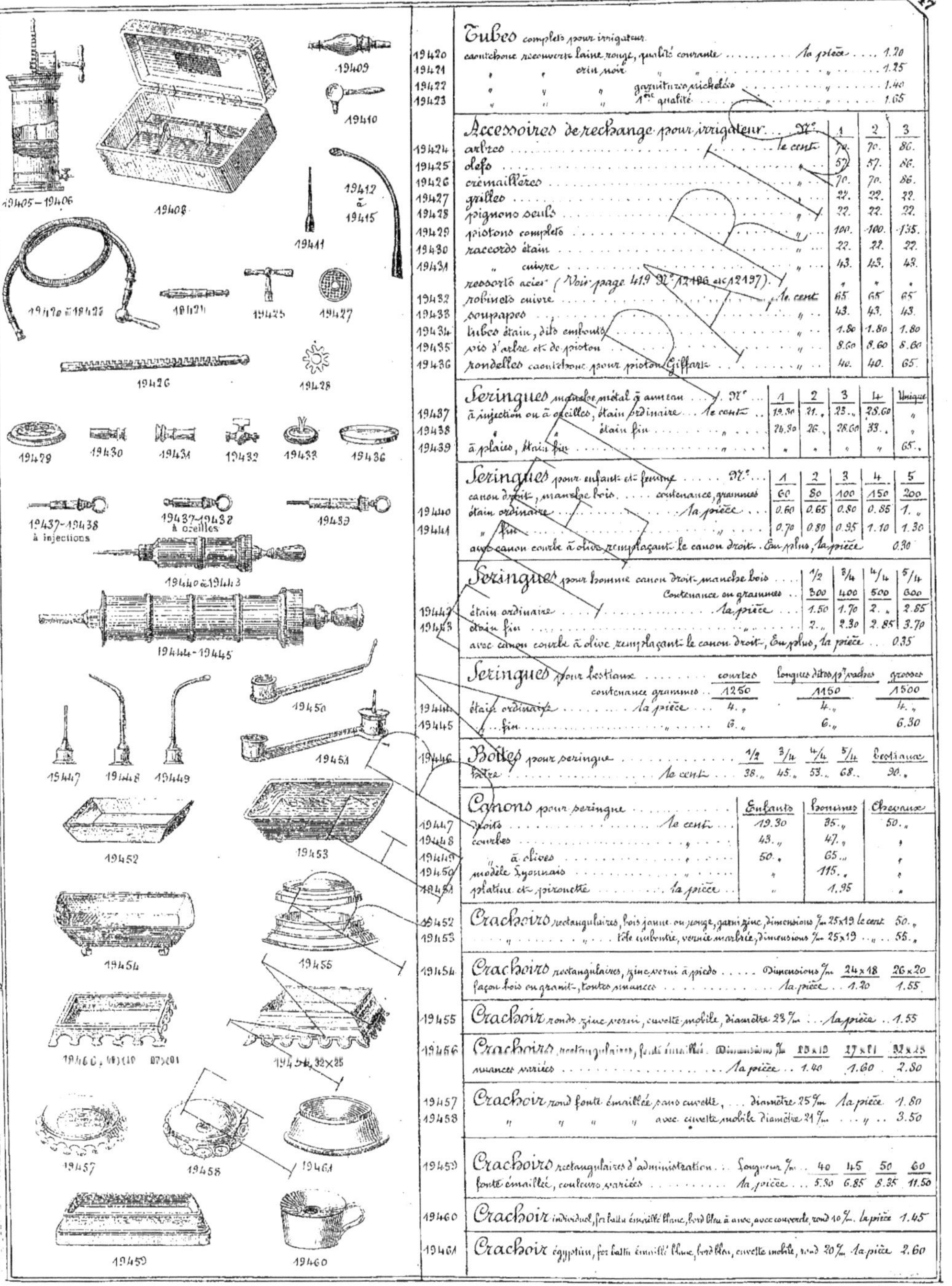

Tubes complets pour irrigateur.

N°	Désignation		Prix
19420	caoutchouc recouvert laine rouge, qualité courante	la pièce	1.20
19421	" " crin noir " "	"	1.25
19422	" " " garnitures nickelées	"	1.40
19423	" " " 1re qualité	"	1.65

Accessoires de rechange pour irrigateur

N°	Désignation		N° 1	N° 2	N° 3
19424	arbres	le cent	70.	70.	86.
19425	clefs	"	57.	57.	86.
19426	crémaillères	"	70.	70.	86.
19427	grilles	"	22.	22.	22.
19428	pignons seuls	"	22.	22.	22.
19429	pistons complets	"	100.	100.	135.
19430	raccords étain	"	22.	22.	22.
19431	" cuivre	"	43.	43.	43.
	ressorts acier (Voir page 419 N° 12196 et 12197).		"	"	"
19432	robinets cuivre	le cent	65	65	65
19433	soupapes	"	43.	43.	43.
19434	tubes étain, dits embouts	"	1.80	1.80	1.80
19435	vis d'arbre et de piston	"	8.60	8.60	8.60
19436	rondelles caoutchouc pour piston Giffart	"	40.	40.	65.

Seringues manche métal à anneau

N°	Désignation		N° 1	N° 2	N° 3	N° 4	Unique
19437	à injection ou à oreilles, étain ordinaire	le cent	19.30	21. "	23. "	28.60	"
19438	" " étain fin	"	24.80	26. "	28.60	33. "	"
19439	à plaies, étain fin	"	"	"	"	"	65. "

Seringues pour enfant et femme

N°	Désignation		N° 1	N° 2	N° 3	N° 4	N° 5
	canon droit, manche bois	contenance, grammes	60	80	100	150	200
19440	étain ordinaire	la pièce	0.60	0.65	0.80	0.85	1. "
19441	" fin	"	0.70	0.80	0.95	1.10	1.30

avec canon courbe à olive remplaçant le canon droit. En plus, la pièce 0.30

Seringues pour homme canon droit manche bois

N°	Désignation		1/2	3/4	4/4	5/4
		Contenance en grammes	300	400	500	600
19442	étain ordinaire	la pièce	1.50	1.70	2. "	2.85
19443	étain fin	"	2. "	2.30	2.85	3.70

avec canon courbe à olive remplaçant le canon droit, En plus, la pièce 0.35

Seringues pour bestiaux

N°	Désignation		courtes	longues dites pr vaches	grosses
		contenance grammes	1250	1150	1500
19444	étain ordinaire	la pièce	4. "	4. "	4. "
19445	" fin	"	6. "	6. "	6.30

Boîtes pour seringue

N°	Désignation		1/2	3/4	4/4	5/4	bestiaux
19446	bâtre	le cent	38. "	45. "	53. "	68. "	90. "

Canons pour seringue

N°	Désignation		Enfants	hommes	Chevaux
19447	droits	le cent	19.30	35. "	50. "
19448	courbes	"	43. "	47. "	"
19449	" à olives	"	50. "	65. "	"
19450	modèle Lyonnais	"	"	115. "	"
19451	platine et pirouette	la pièce	"	1.95	"

Crachoirs

19452 **Crachoirs** rectangulaires, bois jaune ou rouge, garni zinc, dimensions %m 25x19 le cent 50. "

19453 " " tôle cubontie, vernie marbrée, dimensions %m 25x19 " 55. "

19454 **Crachoirs** rectangulaires, zinc verni à pieds

		Dimensions %m	24x18	26x20
19454	façon bois ou granit, toutes nuances	la pièce	1.20	1.55

19455 **Crachoir** ronds zinc verni, cuvette mobile, diamètre 23 %m la pièce 1.55

19456 **Crachoirs** rectangulaires, fonte émaillée

		Dimensions %m	23x19	27x21	32x25
19456	nuances variées	la pièce	1.40	1.60	2.80

19457 **Crachoir** rond fonte émaillée sans cuvette, diamètre 25 %m la pièce 1.80

19458 " " " " avec cuvette mobile diamètre 21 %m " 3.50

19459 **Crachoirs** rectangulaires d'administration

		Longueur %m	40	45	50	60
19459	fonte émaillée, couleurs variées	la pièce	5.30	6.85	8.35	11.50

19460 **Crachoir** individuel, fer battu émaillé blanc, bord bleu à anse, avec couvercle, rond 10 %m. la pièce 1.45

19461 **Crachoir** égyptien, fer battu émaillé blanc, bord bleu, cuvette mobile, rond 20 %m la pièce 2.60

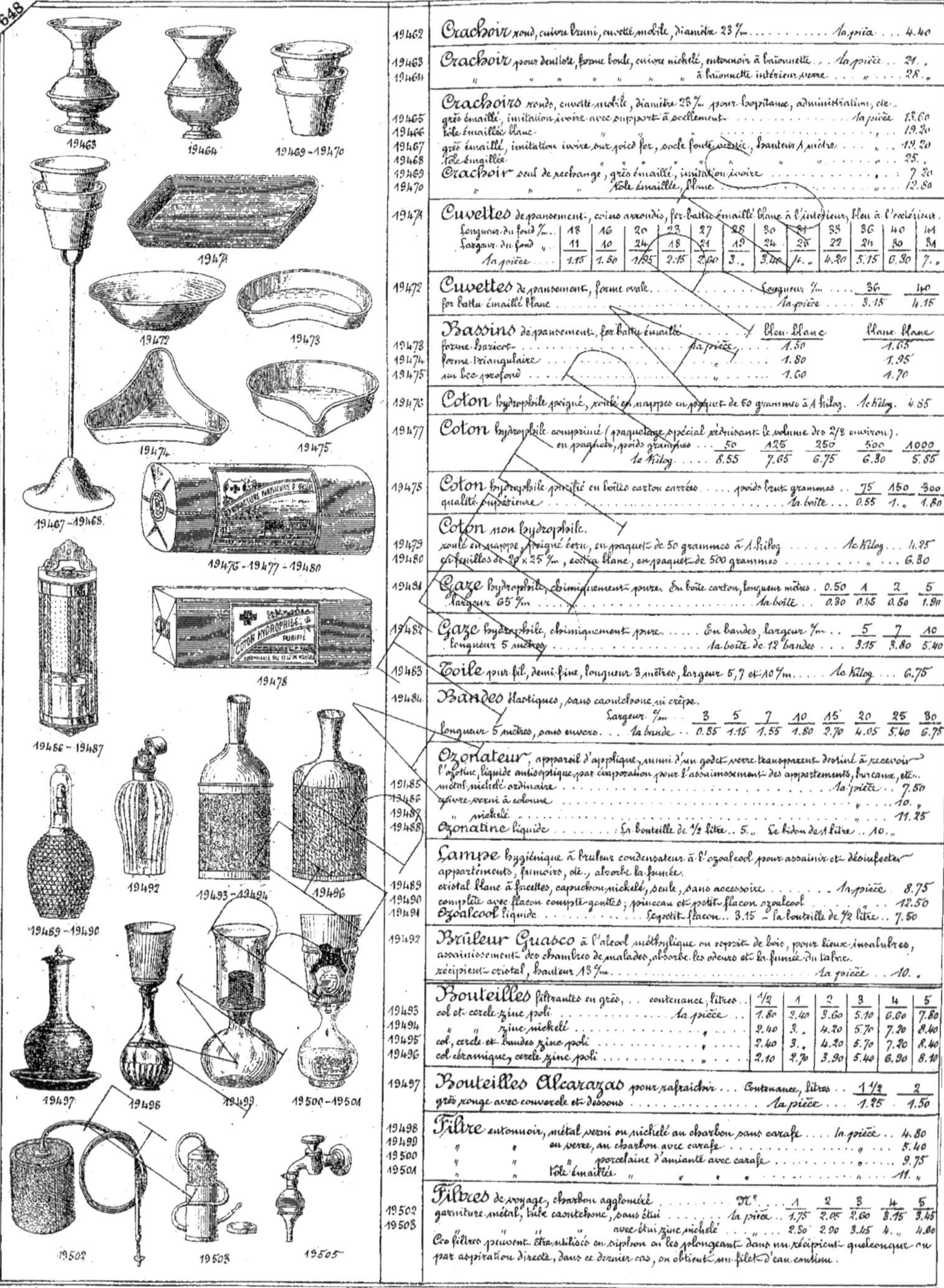

19462 **Crachoir** rond, cuivre bruni, cuvette mobile, diamètre 23 c/m . . . . la pièce . . . 4.40

19463 **Crachoir** pour dentiste, forme boule, cuivre nickelé, entonnoir à baïonnette . . . la pièce . . 21. „
19464 „ „ „ „ „ „ „ à baïonnette intérieur verre . . . „ . . . 28. „

Crachoirs ronds, cuvette mobile, diamètre 23 c/m pour hôpitaux, administrations, etc.
19465 grès émaillé, imitation ivoire avec support à scellement . . . . la pièce 13.60
19466 tôle émaillée blanc „ „ „ . . . . „ . . . 19.20
19467 grès émaillé, imitation ivoire sur pied fer, socle fonte vernie, hauteur 1 mètre . . . „ . . . 19.20
19468 tôle émaillée „ „ „ „ „ „ „ . . . „ . . . 25. „
19469 **Crachoir** seul de rechange, grès émaillé, imitation ivoire . . . . „ . . . 7.20
19470 „ „ „ tôle émaillée, blanc . . . . „ . . . 12.80

19471 **Cuvettes** de pansement, coins arrondis, fer battu émaillé blanc à l'intérieur, bleu à l'extérieur.

longueur du fond c/m . .	13	16	20	23	27	28	30	31	33	36	40	44
largeur du fond „ . .	11	10	24	18	21	19	24	25	22	24	30	34
la pièce . . .	1.15	1.50	1.95	2.15	2.60	3. „	3.40	4. „	4.20	5.15	6.30	7. „

19472 **Cuvettes** de pansement, forme ovale . . . . longueur c/m . . . 36 | 40
fer battu émaillé blanc . . . . la pièce . . . 3.15 | 4.15

Bassins de pansement, fer battu émaillé . . . . . . bleu blanc | blanc blanc
19473 forme haricot . . . . la pièce . . . 1.50 | 1.65
19474 forme triangulaire . . . . „ . . . 1.80 | 1.95
19475 au bec profond . . . . „ . . . 1.60 | 1.70

19476 **Coton** hydrophile peigné, roulé en nappes en paquet de 50 grammes à 1 kilog. le kilog. 4.85

19477 **Coton** hydrophile comprimé (paquetage spécial réduisant le volume des 2/3 environ).

en paquets, poids grammes . .	50	125	250	500	1000
le kilog	8.55	7.65	6.75	6.30	5.85

19478 **Coton** hydrophile purifié en boîtes carton carrées . . . . poids brut grammes . . 75 | 150 | 300
qualité supérieure . . . . la boîte . . . 0.55 | 1. „ | 1.80

Coton non hydrophile.
19479 roulé en nappe, peigné écru, en paquet de 50 grammes à 1 kilog . . . . . . le kilog . . . 4.25
19480 en feuilles de 20 × 25 c/m, extra blanc, en paquet de 500 grammes . . . . . . „ . . . 6.80

19481 **Gaze** hydrophile, chimiquement pure. En boîte carton, longueur mètres . 0.50 | 1 | 2 | 5
largeur 65 c/m . . . . la boîte . . 0.30 | 0.45 | 0.80 | 1.90

19482 **Gaze** hydrophile, chimiquement pure . . . . En bandes, largeur c/m . . 5 | 7 | 10
longueur 5 mètres . . . . la boîte de 12 bandes . . . 3.15 | 3.80 | 5.40

19483 **Toile** pur fil, demi-fine, longueur 3 mètres, largeur 5, 7 et 10 c/m . . . . le kilog . . . 6.75

19484 **Bandes** élastiques, sans caoutchouc ni crêpe.

Largeur c/m . .	3	5	7	10	15	20	25	30
longueur 5 mètres, sans envers . . . la bande . .	0.85	1.15	1.55	1.80	2.70	4.05	5.40	6.75

Ozonateur, appareil d'applique, muni d'un godet verre transparent destiné à recevoir l'ozotine, liquide antiseptique, par évaporation pour l'assainissement des appartements, bureaux, etc.
19485 métal nickelé ordinaire . . . . la pièce . . 7.50
19486 cuivre verni à colonne . . . . „ . . . 10. „
19487 „ nickelé . . . . „ . . . 11.25
19488 **Ozonatine** liquide . . . . . . : la bouteille de 1/2 litre . . 5. „ le bidon de 1 litre . . 10. „

Lampe hygiénique à brûleur condensateur à l'ozalcool pour assainir et désinfecter appartements, fumoirs, etc., absorbe la fumée.
19489 cristal blanc à facettes, capuchon nickelé, seule, sans accessoire . . . . . . la pièce 8.75
19490 complète avec flacon compte-gouttes ; pinceau et petit flacon ozalcool . . . „ . . . 12.50
19491 **Ozalcool** liquide . . . . le petit flacon . . 3.15 – la bouteille de 1/2 litre . . 7.50

19492 **Brûleur Guasco** à l'alcool méthylique ou esprit de bois, pour lieux insalubres, assainissement des chambres de malades, absorbe les odeurs et la fumée du tabac.
récipient cristal, hauteur 13 c/m . . . . la pièce . . 10. „

Bouteilles filtrantes en grès, . . . contenance, litres

	contenance, litres . .	1/2	1	2	3	4	5
19493	col et cercle zinc poli . . . . la pièce . .	1.80	2.40	3.60	5.10	6.60	7.80
19494	„ „ zinc nickelé . . . . „ . . .	2.40	3. „	4.20	5.70	7.20	8.40
19495	col, cercle et bandes zinc poli . . . „ . . .	2.40	3. „	4.20	5.70	7.20	8.40
19496	col céramique, cercle zinc poli . . . „ . . .	2.10	2.70	3.90	5.40	6.90	8.10

19497 **Bouteilles Alcarazas** pour rafraîchir . . . Contenance, litres . . 1 1/2 | 2
grès rouge avec couvercle et dessous . . . . la pièce . . . 1.25 | 1.50

19498 **Filtre** entonnoir, métal verni ou nickelé au charbon sans carafe . . . la pièce . . 4.80
19499 „ „ en verre, au charbon avec carafe . . . . „ . . . 5.40
19500 „ „ porcelaine d'amiante avec carafe . . . . „ . . . 9.75
19501 „ „ tôle émaillée „ „ „ „ . . . . „ . . . 11. „

Filtres de voyage, charbon aggloméré

	N° . . .	1	2	3	4	5
19502	garniture métal, tube caoutchouc, sans étui . . . la pièce . .	1.75	2.05	2.60	3.15	3.45
19503	„ „ „ avec étui zinc nickelé . . . „ . . .	2.30	2.90	3.45	4. „	4.60

Ces filtres peuvent être utilisés en siphon en les plongeant dans un récipient quelconque ou par aspiration directe, dans ce dernier cas, on obtient un filet d'eau continu.

649

19504  · 19504 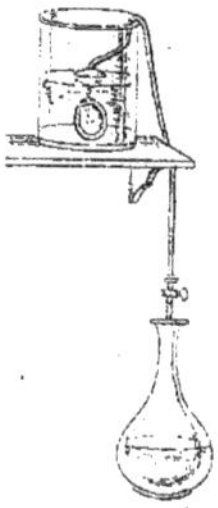 · 19507-19508  · 19510 à 19512  · 19514-19515  · 19516-19517  · 19518-19519  · 19522-19523  · 19524  · 19520  · 19525-19526 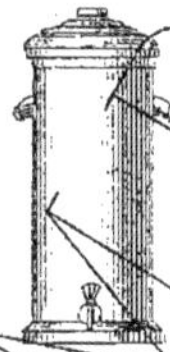 · 19528-19529 3 litres · 19528-19529 5 litres · 19528-19529 7 litres · 19531, 3 litres avec pied 19532

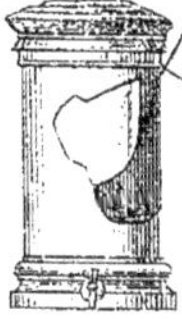

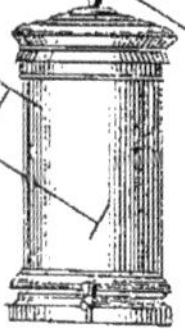

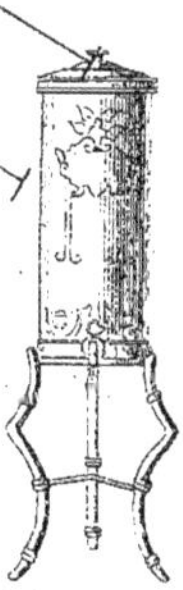

19504 **Auto-filtre** de voyage s'adaptant à tout robinet à l'aide d'un manchon en caoutchouc muni d'un tube caoutchouc permettant l'emploi en siphon en le plongeant dans un récipient quelconque et également par aspiration directe en plaçant l'appareil dans un ruisseau, mare ou source impure . . . . la pièce . . . 2.75

19505 **Filtre** de voyage avec pastille, se fixant sur tout robinet à l'aide d'un collier de serrage et servant en même temps de brise-jet cuivre nickelé. . . . la pièce . . 3.90
19506 **Pastille** de rechange p^r d^o . . . . " . . . 0.80

Eden-filtre flotteur double, pastilles filtrantes par siphonnage en plongeant l'appareil dans un récipient quelconque ou par aspiration directe en le plongeant dans une rivière :
19507 tube caoutchouc . . . . la pièce . . . 9.50
19508 étain flexible pour pays chauds . . . . . . " . . . 20.25
19509 **Pastilles** de rechange p^r d^o . . . . la boîte de 20 pastilles 2.25

Filtres Grandjean avec pastilles filtrantes par siphonnage.

		N°	0	1
		débit approximatif en 24 heures, litres . .	8	10
19510	boîtier étain à vis, tube caoutchouc	la pièce	8.80	"
19511	" " à écrous articulés, tube caoutchouc . . .	"	"	13.50
19512	" " " tube étain nickelé pour pays chauds . .		"	20.25
19513	**Pastilles** de rechange	la boîte de 12 pastilles	1.50	1.80

Filtres fontaines en grès, forme ronde, un robinet.

		N°	0	1	2	3	4
		contenance des récipients avant d'être garnis du filtre, litres	12	20	25	32	40
19514	filtre pierre avec couvercle et pied bois	la pièce . .	5. "	6. "	7. "	7.50	10. "
19515	filtre au charbon " " " "	"	8. "	9.50	10.50	11.50	13.50

Filtres fontaines en grès fin, forme cylindrique, pour table ou office.

		N°	1	2
		contenance des récipients avant d'être garnis du filtre, litres	5	7
19516	filtre pierre, avec couvercle, sans pied, robinet fixe	la pièce . .	6.30	8.40
19517	filtre au charbon " " " " "	"	9.60	11.90

Filtres fontaines en grès forme carrée à pans.

		N°	0	1	2	3	4	5	6	7	8	9
		contenance des récipients avant d'être garnis du filtre, litres	10	15	22	32	45	55	65	75	95	130
19518	filtre pierre avec couvercle et pied bois	la pièce	9. "	10. "	11. "	13.50	15. "	16.50	18.50	19.50	26.50	36.50
19519	filtre au charbon " "	" . . . "	"	"	18. "	20. "	22. "	24. "	26. "	28. "	38. "	50. "

Les fontaines filtres pierre 10 et 15 litres ainsi que les filtres au charbon n'ont qu'un robinet; les fontaines filtre pierre de 22 à 130 litres ont deux robinets.

19520 **Cuvette** en grès pour fontaine ronde ou carrée . . . . la pièce . . 1. "
19521 **Robinet** métal, raccord à vis, démontant. . . . En plus, par robinet . . . 0.50

Filtres fontaine en grès fin émaillé à l'intérieur, forme cylindrique pour table ou office

	contenance des récipients avant d'être garnis du filtre, litres		7	10	12
19522	filtre pierre, avec couvercle, sans pied, robinet métal à vis . .	la pièce	9.50	12.25	16.25
19523	filtre au charbon " " " " " " "	" . .	12.25	15.50	20.25

19524 **Filtre** fontaine en grès forme fantaisie pour table ou office, filtre et calotte grès mobile avec bloc charbon à l'intérieur, contenance 8 litres . . . . . . la pièce . . 12. "

Filtre fontaine en pierres à rainures, forme carrée.

		N°	0	1	2	3	4	5	6	7	8	9
		contenance des récipients avant d'être garnis du filtre, litres	23	28	40	55	65	75	85	95	110	130
19525	filtre pierre, avec couvercle et pied bois	la pièce	17. "	23. "	24.30	27. "	30. "	33. "	37. "	41.50	57. "	67. "
19526	filtre au charbon " " " "		24. "	30. "	31.50	34. "	37. "	40. "	44. "	48.50	64. "	74. "

19527 **Mastic** pour poser les robinets des fontaines 1e Kilog. . 0.65 – par 10 Kilogs . . 0.55

N.B. Pour la France, lorsque les Compagnies de transport acceptent l'emballage sous paille, cet emballage est facturé :
Pour les fontaines rondes . . . . . . la pièce . . . 0.75
" " " carrées . . . . " 1.10
Pour l'exportation, l'emballage est fait en caisse ou tonneau et facturé suivant le volume.

Appareils à filtrer Mallié, porcelaine d'amiante, théorie Pasteur.

Filtres fontaines de ménage, calotte filtrante.

	contenance litres		3	5	7
	Débit par 24 heures . .		3	5	6
19528	forme cylindrique, grès émaillé sans pied	la pièce	15. "	14.50	16.25
19529	" " faïence fine, façon ivoire, sans pied	" . . .	14.50	16.25	18.25

19530 **Calotte** filtrante porcelaine de rechange p^r d^o . . . . la pièce . . . 7.80

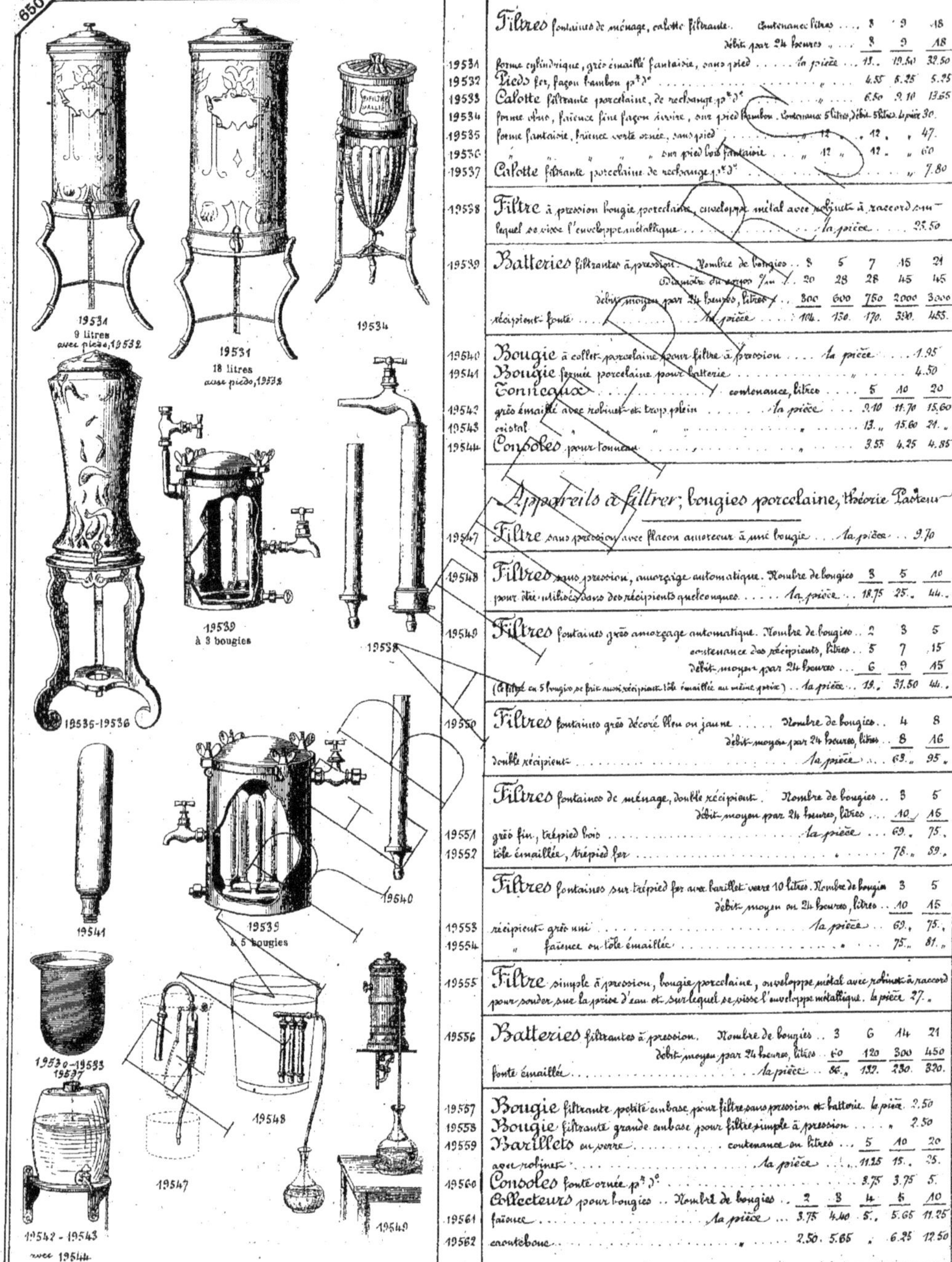

Filtres fontaines de ménage, calotte filtrante. contenance litres .... 8 — 9 — 18
débit par 24 heures ,, ... 8 — 9 — 18

19531 forme cylindrique, grès émaillé fantaisie, sans pied ..... la pièce ... 13.. — 19.50 — 32.50
19532 **Pieds** fer, façon bambou p^r d^o .... ,, ... 4.55 — 5.25 — 5.25
19533 **Calotte** filtrante porcelaine, de rechange p^r d^o .... ,, ... 6.50 — 9.10 — 13.65
19534 forme vase, faïence fine façon ivoire, sur pied bambou. Contenance 5 litres, débit 5 litres. la pièce 30.
19535 forme fantaisie, faïence verte ornée, sans pied .... ,, 12 ,, .. 12 ,, .. ,, 47.
19536 ,, ,, ,, ,, ,, sur pied bois fantaisie ... ,, 12 ,, .. 12 ,, .. ,, 60
19537 **Calotte** filtrante porcelaine de rechange p^r d^o .... ,, 7.80

19538 **Filtre** à pression bougie porcelaine, enveloppe métal avec robinet à raccord sur-lequel se visse l'enveloppe métallique .... la pièce 23.50

19539 **Batteries** filtrantes à pression. Nombre de bougies .. 3 — 5 — 7 — 15 — 21
Diamètre du corps $^m/_m$ .. 20 — 28 — 28 — 45 — 45
débit moyen par 24 heures, litres .. 300 — 600 — 750 — 2000 — 3000
récipient fonte .... la pièce .... 104. — 130. — 170. — 390. — 455.

19540 **Bougie** à collet porcelaine pour filtre à pression .... la pièce ... 1.95
19541 **Bougie** fermée porcelaine pour batterie .... ,, ... 4.50
Tonneaux .... contenance, litres .... 5 — 10 — 20
19542 grès émaillé avec robinet et trop plein ...... la pièce ... 9.10 — 11.70 — 15.60
19543 cristal .... ,, ... 13.. — 15.60 — 21..
19544 **Consoles** pour tonneau .... ,, ... 3.55 — 4.25 — 4.85

Appareils à filtrer; bougies porcelaine, théorie Pasteur

19547 **Filtre** sans pression avec flacon amorceur à une bougie ... la pièce .. 9.70

19548 **Filtres** sans pression, amorçage automatique. Nombre de bougies 3 — 5 — 10
pour être utilisés dans des récipients quelconques ..... la pièce .. 18.75 — 25.. — 44..

19549 **Filtres** fontaines grès amorçage automatique. Nombre de bougies .. 2 — 3 — 5
contenance des récipients, litres .. 5 — 7 — 15
débit moyen par 24 heures ... 6 — 9 — 15
(le filtre en 5 bougies se fait aussi récipient tôle émaillée au même prix) .. la pièce .. 19.. — 31.50 — 44..

19550 **Filtres** fontaines grès décoré bleu ou jaune ..... Nombre de bougies .. 4 — 8
débit moyen par 24 heures, litres .. 8 — 16
double récipient .... la pièce .... 63.. — 95..

Filtres fontaines de ménage, double récipient. Nombre de bougies .. 3 — 5
débit moyen par 24 heures, litres ... 10 — 15
19551 grès fin, trépied bois .... la pièce ... 69.. — 75..
19552 tôle émaillée, trépied fer .... ,, ... 78.. — 89..

Filtres fontaines sur trépied fer avec barillet verre 10 litres. Nombre de bougies 3 — 5
débit moyen en 24 heures, litres .. 10 — 15
19553 récipient grès uni .... la pièce .. 69.. — 75..
19554 ,, faïence ou tôle émaillée .... ,, ... 75.. — 81..

19555 **Filtre** simple à pression, bougie porcelaine, enveloppe métal avec robinet à raccord pour souder sur la prise d'eau et sur lequel se visse l'enveloppe métallique. la pièce 27..

19556 **Batteries** filtrantes à pression. Nombre de bougies .. 3 — 6 — 14 — 21
débit moyen par 24 heures, litres 60 — 120 — 300 — 450
fonte émaillée .... la pièce .. 86.. — 132. — 230. — 320.

19557 **Bougie** filtrante petite embase pour filtre sans pression et batterie. la pièce 2.50
19558 **Bougie** filtrante grande embase pour filtre simple à pression .... ,, 2.50
19559 **Barillets** en verre .... contenance en litres ... 5 — 10 — 20
avec robinet .... la pièce ..... 11.25 — 15.. — 25.
19560 **Consoles** fonte ornée p^r d^o .... 3.75 — 3.75 — 5.
Collecteurs pour bougies .. Nombre de bougies .. 2 — 3 — 4 — 5 — 10
19561 faïence .... la pièce ... 3.75 — 4.40 — 5.. — 5.65 — 11.25
19562 caoutchouc .... ,, ... 2.50 — 5.65 — ,, — 6.25 — 12.50

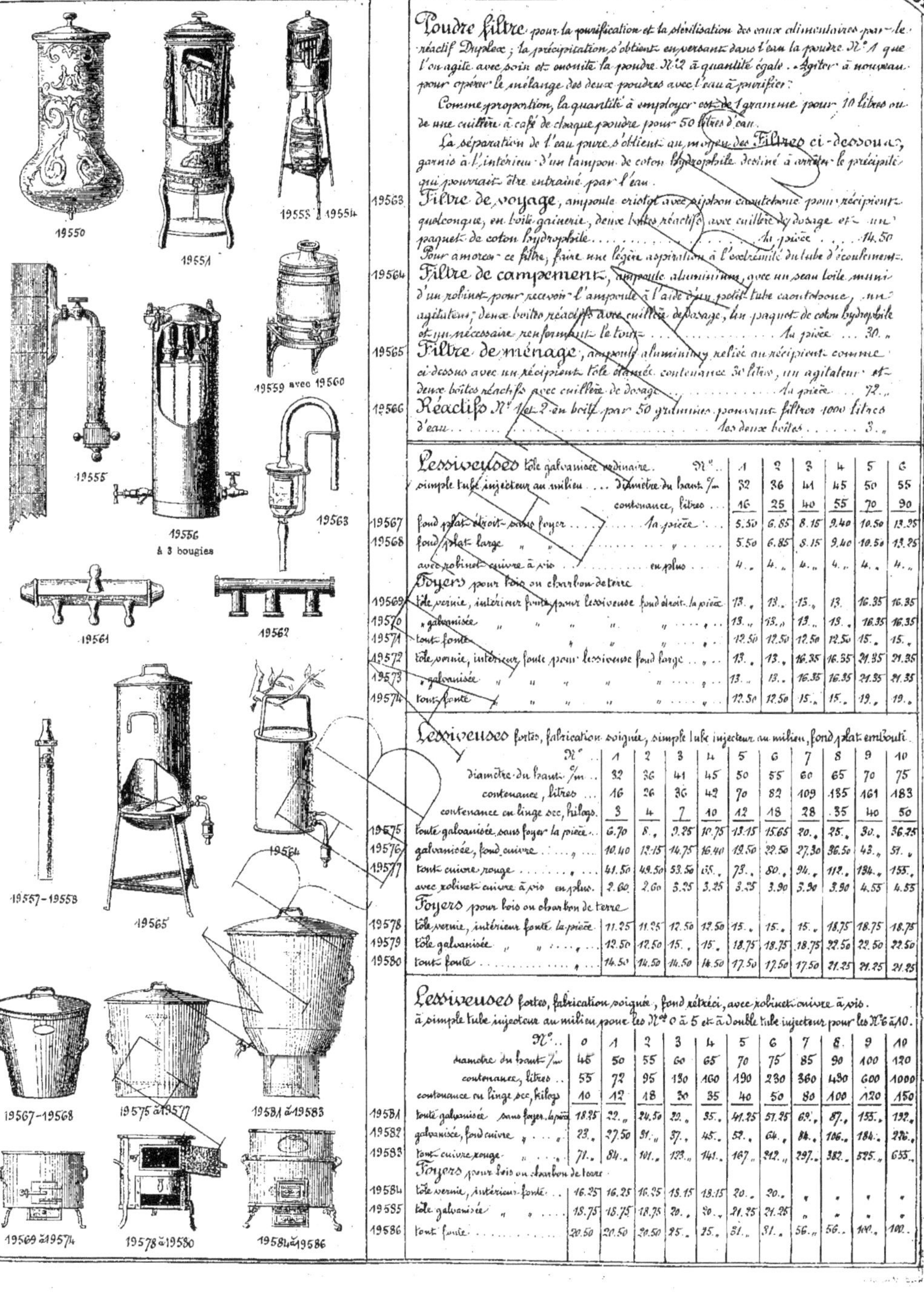

Poudre filtre pour la purification et la stérilisation des eaux alimentaires par le réactif Duplex ; la précipitation s'obtient en versant dans l'eau la poudre N° 1 que l'on agite avec soin et ensuite la poudre N° 2 à quantité égale. Agiter à nouveau pour opérer le mélange des deux poudres avec l'eau à purifier.

Comme proportion, la quantité à employer est de 1 gramme pour 10 litres ou de une cuillère à café de chaque poudre pour 50 litres d'eau.

La séparation de l'eau pure s'obtient au moyen des **Filtres ci-dessous**, garnis à l'intérieur d'un tampon de coton hydrophile destiné à arrêter le précipité qui pourrait être entrainé par l'eau.

19563 **Filtre de voyage**, ampoule cristal avec siphon caoutchouc pour récipient quelconque, en boîte gainerie, deux boîtes réactifs avec cuillère de dosage et un paquet de coton hydrophile . . . . la pièce 14.50

Pour amorcer ce filtre, faire une légère aspiration à l'extrémité du tube d'écoulement.

19564 **Filtre de campement**, ampoule aluminium, avec un seau toile muni d'un robinet pour recevoir l'ampoule à l'aide d'un petit tube caoutchouc, un agitateur, deux boîtes réactifs avec cuillère de dosage, un paquet de coton hydrophile et un nécessaire renfermant le tout . . . . la pièce . . . 30. „

19565 **Filtre de ménage**, ampoule aluminium reliée au récipient comme ci-dessus avec un récipient tôle étamée contenance 30 litres, un agitateur et deux boîtes réactifs avec cuillère de dosage . . . . la pièce . . . 72. „

19566 **Réactifs** N° 1 et 2 en boîte par 50 grammes pouvant filtrer 1000 litres d'eau . . . . les deux boîtes . . . . . 3. „

Lessiveuses tôle galvanisée ordinaire. simple tube injecteur au milieu

		N° . .	1	2	3	4	5	6
		diamètre du haut c/m	32	36	41	45	50	55
		contenance, litres . .	16	25	40	55	70	90
19567	fond plat étroit sans foyer	la pièce . .	5.50	6.85	8.15	9.40	10.50	13.25
19568	fond plat large „ „	„ . .	5.50	6.85	8.15	9.40	10.50	13.25
	avec robinet cuivre à vis	en plus . .	4. „	4. „	4. „	4. „	4. „	4. „
	Foyers pour bois ou charbon de terre							
19569	tôle vernie, intérieur fonte pour lessiveuse fond étroit	la pièce	13. „	13. „	13. „	13.	16.35	16.35
19570	„ galvanisée „ „ „ „	„ . .	13. „	13. „	13. „	13. „	16.35	16.35
19571	tout fonte „ „ „	„ . .	12.50	12.50	12.50	12.50	15. „	15. „
19572	tôle vernie, intérieur fonte pour lessiveuse fond large	„ . .	13. „	13. „	16.35	16.35	21.35	21.35
19573	„ galvanisée „ „ „ „	„ . .	13. „	13. „	16.35	16.35	21.35	21.35
19574	tout fonte „ „ „ „	„ . .	12.50	12.50	15. „	15. „	19. „	19. „

Lessiveuses fortes, fabrication soignée, simple tube injecteur au milieu, fond plat embouti.

		1	2	3	4	5	6	7	8	9	10
	N° . .	1	2	3	4	5	6	7	8	9	10
	diamètre du haut c/m . .	32	36	41	45	50	55	60	65	70	75
	contenance, litres . .	16	26	36	42	70	82	109	135	161	183
	contenance en linge sec, kilogs.	3	4	7	10	12	18	28	35	40	50
19575	toute galvanisée sans foyer la pièce . .	6.70	8. „	9.25	10.75	13.15	15.65	20. „	25. „	30. „	36.25
19576	galvanisée, fond cuivre . . . . „ . .	10.40	12.15	14.75	16.40	19.50	22.50	27.30	36.50	43. „	51. „
19577	tout cuivre rouge . . . . . . „ . .	41.50	49.50	53.50	65. „	73. „	80. „	94. „	112. „	134. „	155. „
	avec robinet cuivre à vis en plus.	2.60	2.60	3.25	3.25	3.25	3.90	3.90	3.90	4.55	4.55
	Foyers pour bois ou charbon de terre										
19578	tôle vernie, intérieur fonte la pièce	11.25	11.25	12.50	12.50	15. „	15. „	15. „	18.75	18.75	18.75
19579	tôle galvanisée „ „ . . . . „ . .	12.50	12.50	15. „	15. „	18.75	18.75	18.75	22.50	22.50	22.50
19580	tout fonte . . . . „ . .	14.50	14.50	14.50	14.50	17.50	17.50	17.50	21.25	21.25	21.25

Lessiveuses fortes, fabrication soignée, fond rétréci, avec robinet cuivre à vis. à simple tube injecteur au milieu pour les N°s 0 à 5 et à double tube injecteur pour les N° 6 à 10.

		0	1	2	3	4	5	6	7	8	9	10
	N° . .	0	1	2	3	4	5	6	7	8	9	10
	diamètre du haut c/m	45	50	55	60	65	70	75	85	90	100	120
	contenance, litres . .	55	72	95	130	160	190	230	360	430	600	1000
	contenance en linge sec, kilogs	10	12	18	30	35	40	50	80	100	120	150
19581	toute galvanisée sans foyer, la pièce	18.25	22. „	24.50	29. „	35. „	41.25	51.25	69. „	87. „	155. „	192. „
19582	galvanisée, fond cuivre „ . . . „	23. „	27.50	31. „	37. „	45. „	52. „	64. „	84. „	106. „	184. „	276. „
19583	tout cuivre rouge „ . . . . „	71. „	84. „	101. „	123. „	141. „	167. „	212. „	297. „	382. „	525. „	655. „
	Foyers pour bois ou charbon de terre											
19584	tôle vernie, intérieur fonte . .	16.25	16.25	16.25	18.15	18.15	20. „	20. „	„	„	„	„
19585	tôle galvanisée „ „	18.75	18.75	18.75	20. „	20. „	21.25	21.25	„	„	„	„
19586	tout fonte	20.50	20.50	20.50	25. „	25. „	31. „	31. „	56. „	56. „	100. „	100. „

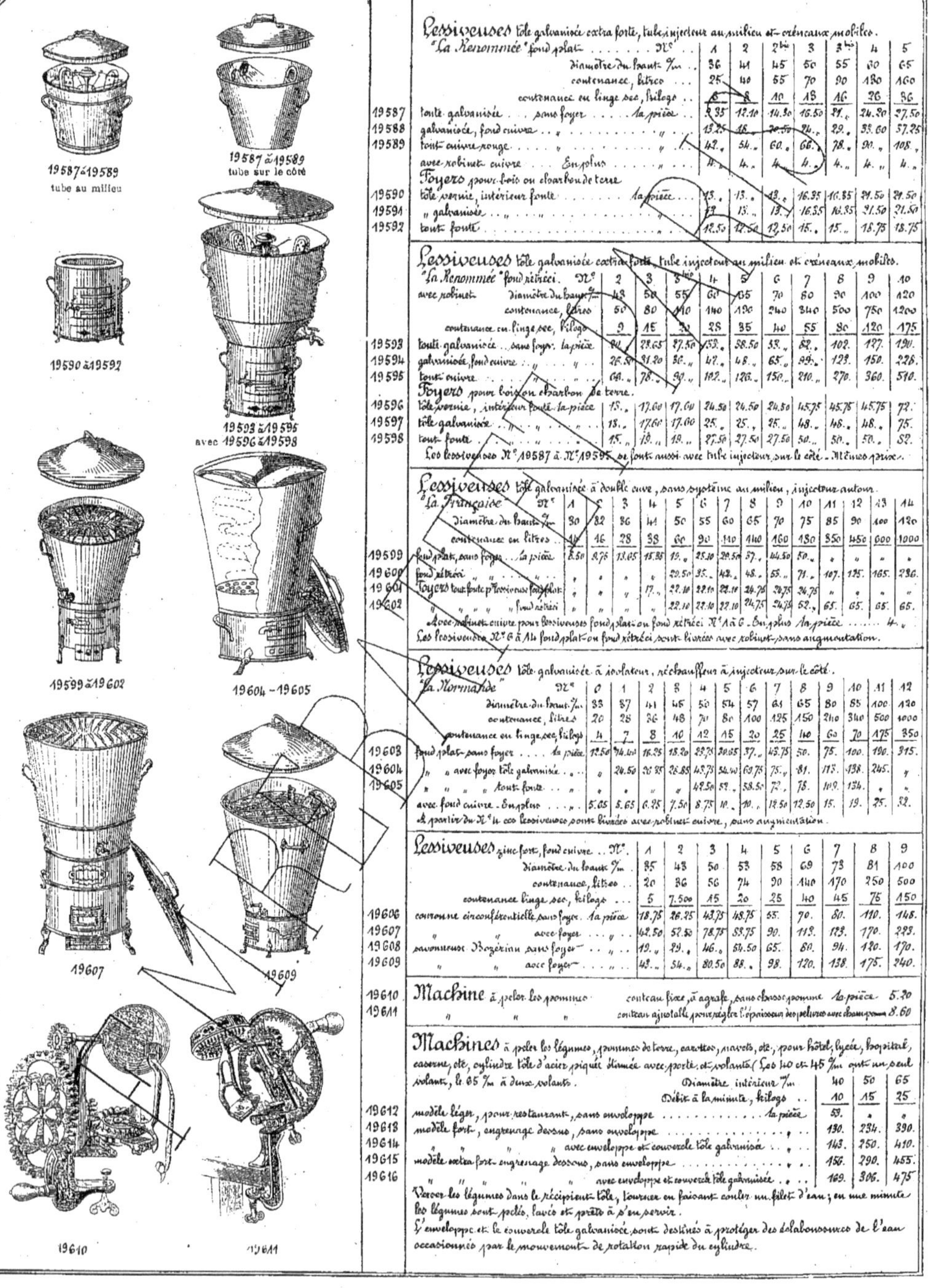

19587 à 19589 tube au milieu

19587 à 19589 tube sur le côté

19590 à 19592

19593 à 19595 avec 19596 à 19598

19599 à 19602

19604 - 19605

19607

19609

19610

19611

Lessiveuses tôle galvanisée extra forte, tube injecteur au milieu et créneaux mobiles.

	"La Renommée" fond plat ... N°	1	2	2 bis	3	3 bis	4	5
	diamètre du haut %m	36	41	45	50	55	60	65
	contenance, litres	25	40	55	70	90	130	160
	contenance en linge sec, kilogs	6	8	10	13	16	26	36
19587	toute galvanisée ... sans foyer ... la pièce	9.35	12.10	14.30	16.50	21.	24.20	27.50
19588	galvanisée, fond cuivre "	13.25	16.	20.50	24.	29.	33.60	37.25
19589	tout cuivre rouge "	42.	54.	60.	66.	78.	90.	108.
	avec robinet cuivre ... En plus "	4.	4.	4.	4.	4.	4.	4.
	Foyers pour bois ou charbon de terre							
19590	tôle vernie, intérieur fonte ... la pièce	13.	13.	13.	16.35	16.35	21.50	21.50
19591	" galvanisée " "	13.	13.	13.	16.35	16.35	21.50	21.50
19592	tout fonte "	12.50	12.50	12.50	15.	15.	18.75	18.75

Lessiveuses tôle galvanisée extra forte, tube injecteur au milieu et créneaux mobiles.

	"La Renommée" fond rétréci. N°	2	3	3 bis	4	5	6	7	8	9	10
	avec robinet — diamètre du haut %m	48	50	55	60	65	70	80	90	100	120
	contenance, litres	50	80	110	140	190	240	340	500	750	1200
	contenance en linge sec, kilogs	9	15	[illegible]	28	35	40	55	80	120	175
19593	toute galvanisée ... sans foyer. la pièce	20.	23.65	27.50	33.	38.50	53.	82.	102.	127.	190.
19594	galvanisée, fond cuivre " "	26.50	31.20	36.	42.	48.	65.	99.	123.	150.	226.
19595	tout cuivre " "	66.	78.	90.	102.	126.	150.	210.	270.	360.	510.
	Foyers pour bois ou charbon de terre.										
19596	tôle vernie, intérieur fonte la pièce	15.	17.60	17.60	24.50	24.50	24.50	45.75	45.75	45.75	72.
19597	tôle galvanisée " "	18.	17.60	17.60	25.	25.	25.	48.	48.	48.	75.
19598	tout fonte " "	15.	19.	19.	27.50	27.50	27.50	50.	50.	50.	82.

Les lessiveuses N° 19587 à N° 19595 se font aussi avec tube injecteur sur le côté. — Mêmes prix.

Lessiveuses tôle galvanisée à double cuve, sans système au milieu, injecteur autour.

	"La Française" N°	1	2	3	4	5	6	7	8	9	10	11	12	13	14
	Diamètre du haut %m	30	32	36	41	50	55	60	65	70	75	85	90	100	120
	contenance en litres	14	16	28	38	60	90	110	140	160	180	350	450	600	1000
19599	fond plat, sans foyer ... la pièce	8.50	9.75	13.05	15.35	19.	25.10	29.50	37.	44.50	50.	"	"	"	"
19600	fond rétréci " "	"	"	"	"	29.50	35.	42.	48.	55.	71.	107.	125.	165.	236.
19601	**Foyers** tout fonte p^r lessiveuses fond plat	"	"	"	17.	22.10	22.10	22.10	24.75	24.75	24.75	"	"	"	"
19602	" " " " " fond rétréci	"	"	"	"	22.10	22.10	22.10	24.75	24.75	52.	65.	65.	65.	65.

Avec robinet cuivre pour lessiveuses fond plat ou fond rétréci N° 1 à 6. — En plus la pièce ...... 4.

Les lessiveuses N° 6 à 14 fond plat ou fond rétréci sont livrées avec robinet, sans augmentation.

Lessiveuses tôle galvanisée à isolateur, réchauffeur à injecteur sur le côté.

	"La Normande" N°	0	1	2	3	4	5	6	7	8	9	10	11	12
	diamètre du haut %m	33	37	41	45	50	54	57	61	65	80	85	100	120
	contenance, litres	20	28	36	48	70	80	100	125	150	240	340	500	1000
	contenance en linge sec, kilogs	4	7	8	10	12	15	20	25	40	60	70	175	350
19603	fond plat sans foyer ... la pièce	12.50	14.40	16.25	18.20	23.75	30.65	37.	43.75	50.	75.	100.	190.	315.
19604	" " avec foyer tôle galvanisée "	"	24.50	26.35	28.85	43.75	54.40	69.75	75.	81.	113.	138.	245.	"
19605	" " " " tout fonte "	"	"	"	"	49.50	52.	58.50	72.	78.	109.	134.	"	"
	avec fond cuivre — En plus "	5.65	5.65	6.25	7.50	8.75	10.	10.	12.50	12.50	15.	19.	25.	32.

A partir du N° 4 ces lessiveuses sont livrées avec robinet cuivre, sans augmentation.

Lessiveuses zinc fort, fond cuivre

	N°	1	2	3	4	5	6	7	8	9
	diamètre du haut %m	35	43	50	53	58	69	73	81	100
	contenance, litres	20	36	56	74	90	140	170	250	500
	contenance linge sec, kilogs	5	7.500	15	20	25	40	45	75	150
19606	couronne circonférentielle sans foyer. la pièce	18.75	26.25	43.75	48.75	55.	70.	80.	110.	148.
19607	" " avec foyer "	42.50	52.50	78.75	83.75	90.	113.	123.	170.	223.
19608	savonneuse Bozérian sans foyer "	19.	29.	46.	54.50	65.	80.	94.	120.	170.
19609	" " avec foyer "	43.	54.	80.50	88.	98.	120.	138.	175.	240.

Machine à peler les pommes

19610 couteau fixe, à agrafe, sans chasse pomme la pièce 5.20

19611 " " " couteau ajustable pour régler l'épaisseur des pelures avec chasse pomme 8.60

Machines à peler les légumes, pommes de terre, carottes, navets, etc., pour hôtel, lycée, hôpital, caserne, etc, cylindre tôle d'acier piqué étamée avec porte et volants. (Les 40 et 45 %m ont un seul volant, le 65 %m à deux volants.

	Diamètre intérieur %m	40	50	65
	Débit à la minute, kilogs	10	15	25
19612	modèle léger, pour restaurant, sans enveloppe ... la pièce	59.	"	"
19613	modèle fort, engrenage dessus, sans enveloppe "	130.	234.	390.
19614	" " " " avec enveloppe et couvercle tôle galvanisée "	143.	250.	410.
19615	modèle extra fort engrenage dessous, sans enveloppe "	156.	290.	455.
19616	" " " " " avec enveloppe et couvercle tôle galvanisée "	169.	306.	475

Verser les légumes dans le récipient tôle, tourner en faisant couler un filet d'eau ; en une minute les légumes sont pelés, lavés et prêts à s'en servir.

L'enveloppe et le couvercle tôle galvanisée sont destinés à protéger des éclaboussures de l'eau occasionnés par le mouvement de rotation rapide du cylindre.

19612

19617-19619 à 19622

19618

19614 à 19616

19623

19624-19625

19626 · 19627-19628 · 19629

19630-19631

19632-19633

19634-19635

19636-19637

19638 à 19640 · 19641 · 19642

Mains à café ou à dragées.

	longueur $^{c}/_{m}$	11	12	13	14	15	16	17	18	20	22
19617	tôle étamée, sans poncette . le cent	9.	11.	17.	22.	28.	33.	38.	44.	50.	55.
19618	„ „ avec poncette . . . „ . .	11.	17.	22.	28.	33.	38.	44.	50.	55.	60.

Mains à café, dragées ou tabac :

	longueur $^{c}/_{m}$	11	12	13	14	15	16	17	18	20	22
19619	cuivre poli sans poncette , la pièce	0.50	0.55	0.60	0.65	0.80	0.90	1.05	1.20	1.45	1.75
19620	cuivre, nickelé „ . . . „ . . . . . „ . .	0.65	0.80	0.90	1. „	1.10	1.20	1.35	1.55	1.75	2.10

Mains à tabac

	longueur $^{c}/_{m}$	9	12	14	16	18	19	20	22
19621	corne blonde . . . . la pièce . .	1.35	1.50	1.60	1.70	1.85	2. „	2.35	2.70
19622	„ jaspée	2.10	2.20	2.30	2.45	2.60	2.85	3.20	3.60

Mains à farine fer blanc fort

	longueur $^{c}/_{m}$	16	18	20	22	24	26
19623	à rouleau . . . . la pièce . . .	0.65	0.75	0.90	1.05	1.20	1.45
19624	à queue	0.70	0.80	0.95	1.10	1.25	1.55

Mains à sel en hêtre

	longueur $^{c}/_{m}$ . .	15	18	22	24	27	30	33
19625	à queue . . . . la pièce . . .	0.30	0.75	0.85	1. „	1.40	2.10	2.80

Marmites à consommé, dites américaines

pour extraire le jus de la viande

	N° . .	0	1	2	3	4
	contenance, grammes . .	350	500	750	1000	1500
19626	porcelaine blanche . . . . la pièce	3.20	3.65	4. „	4.85	6.10
19627	métal garanti au titre . . . . „	5.70	6.50	7.85	9. „	10. „
19628	métal clair d'exportation . . . . . . „	3.45	3.85	4.30	5.10	5.70

Les marmites métal clair d'exportation N° 19628 ne peuvent être livrées qu'à l'Etranger.
En France, le Conseil d'hygiène n'autorise que l'usage du métal garanti au titre.

Marmites en grès fermeture hermétique

	contenance en grammes	500	1000
19629	la pièce . . .	2.50	4.40

Marmites à vapeur pour pommes de terre et autres légumes

	fer blanc agrafé fort . . . . diamètre $^{c}/_{m}$ . .	14	16	18	20	22
19630	casserole basse . . . . la pièce . . .	1.65	2.10	2.55	3. „	3.40
19631	„ haute . . . . „	2.20	2.65	3.10	3.50	4. „

Marmites bombées, fond large.

	contenance, litres	1/4	1/2	3/4	1	1 1/2	2	2 1/2	3	3 1/2	4
19632	fer battu étamé, agrafé . . . la pièce	0.75	0.85	1.05	1.30	1.55	1.80	2.05	2.30	2.60	2.90
19633	„ „ émaillé blanc bleu . . . . „ . .	0.95	1.10	1.20	1.25	1.35	1.55	1.75	1.90	2.20	2.30
	contenance, litres . .	5	6	7	8	10	12	14	17	20	25
19632	fer battu étamé, agrafé . . . la pièce	3.25	3.70	4.25	4.80	5.70	6.55	7.35	8.60	10.50	12.50
19633	„ „ émaillé blanc bleu . . . „ . .	2.65	3.05	3.45	3.90	4.35	4.90	5.40	6.50	7.20	8. „

Marmites droites à anse

	diamètre $^{c}/_{m}$	8	9	10	11	12	13	14	16
19634	fer battu étamé embouti . . . . . la pièce . .	0.80	1. „	1.20	1.35	1.55	1.75	1.95	„
19635	„ „ émaillé blanc bleu . . . . „	0.75	0.85	1. „	1.10	1.25	1.45	1.70	2. „

Marmites droites ou de traiteur à anse tombante ou à 2 anses fixes.

	diamètre $^{c}/_{m}$	18	20	22	24	26	28	30	32	34	36	38	40	42	45	50
19636	fer battu étamé agrafé. la pièce	3.	3.50	4. „	4.75	5.65	6.65	7.75	8.75	10.	11.60	13.15	15.	16.60	20.	25.
19637	„ „ émaillé blanc bleu ,	2.40	3. „	3.70	4.45	5.05	5.75	6.85	7.30	8.	8.70	9.90	13.65	„	„	„

Marmites en fonte, ou Pots de Hainaut à anses.

Nombre de points	5	6	7	8	9	10	11	12	13	14	15	16	18	20	22	25	30	35	40	50	60
contenance en litres	3.30	4.30	5.	5.40	6.60	7.40	8.	9.	9.60	11.	12.	13.	15.	17.	21.	23.	29.	34.	44.	53.	61.

		les cent points
19638	fonte ordinaire	27.
19639	„ controxydée bleuie . . . . „ . . . . „	40.50
19640	„ tournée et étamée à l'intérieur . . . . . „ . . . . „	51.50

Marmites à foudre

	diamètre $^{c}/_{m}$ . .	15	19	22	24	28	30	35	40
19641	fer embouti . . . . la pièce . . .	5.25	9.60	„	15.75	26.25		„	„
19642	fer à fond rivé . . . . „	„	17.60	26.25	28. „	35. „	39.40	52.50	61. „

Meubles en bois et en fer. Articles de basse-cour. Cages et Volières. Literie.

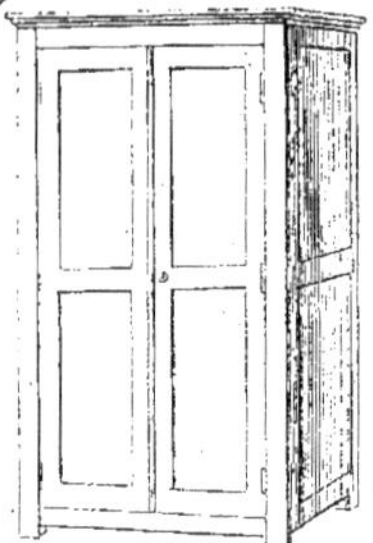

19642 à 19645 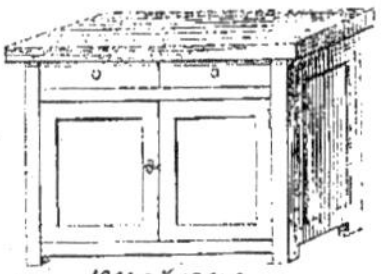 — 19646 à 19648 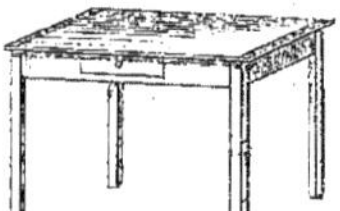 — 19651 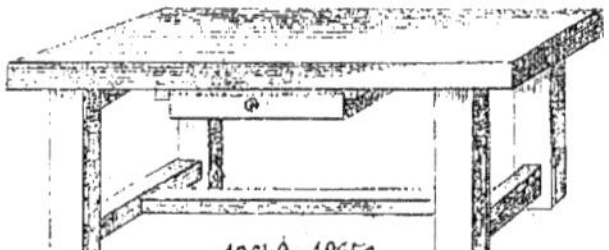 — 19649-19650 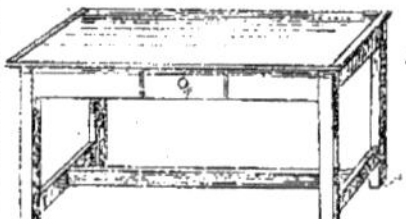 — 19652 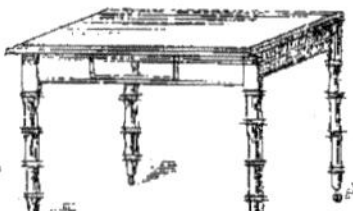 — 19653  — 19654-19655 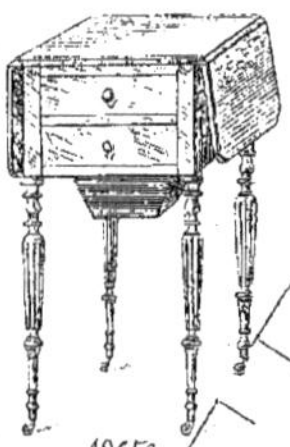 — 19656 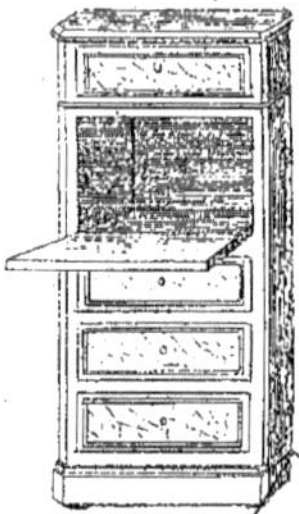 — 19658 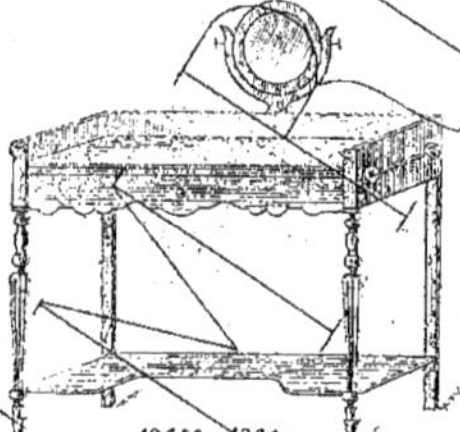 — 19659-19660  — 19661-19662 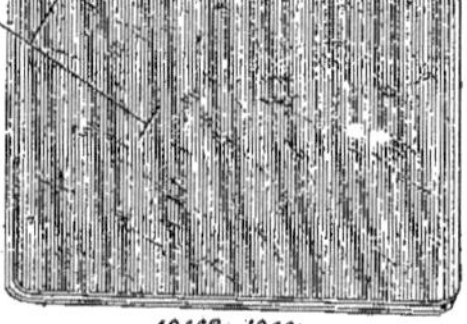 — 19663-19664

Armoires de cuisine, hêtre et bois blanc

N°									
	hauteur c/m	150	170	170	180	180	200	200	200
	largeur de la façade "	65	70	75	80	100	80	90	100
	" des côtés "	38	40	42	42	43	43	43	43
	Nombre de tablettes	3	3	3	3	3	4	4	4
19643	bois non verni, la pièce	31.50	37.50	41. "	46	52.50	54. "	57. "	60. "
19644	bois verni blanc "	33.50	46.50	55.50	58.50	65.	65. "	72. "	75.
19645	" " façon noyer "	41.25	48. "	57. "	60.	66.	66.	74.	76. "

Ces armoires montées à vis . . . En plus, la pièce . . . . 9. "

" " avec tablettes montées sur crémaillère " . . . . " 4.50

Buffets de cuisine hêtre et bois blanc, hauteur 80 c/m

N°	dimensions du dessus c/m	70x36	80x38	90x40	100x42	110x42	120x44	130x46	140x48
19646	dessus peuplier, la pièce	18.75	21.40	24. "	26. "	28.50	31.50	34. "	37.
19647	dessus hêtre, épaisseur 50 m/m	21. "	24. "	27. "	28.50	31.50	36. "	39. "	42.
19648	" " " 70 " "	23.25	25.50	28.50	31.50	34.50	38. "	42.50	47.

Tables de cuisine avec tiroir et ratelier

N°									
	longueur c/m	70	80	90	100	110	120	130	140
	largeur "	38	39	40	42	43	45	46	48
19649	dessus hêtre, épaisseur 50 m/m, la pièce	13.75	14.25	15.75	17.75	21.25	23.15	25.50	28.50
19650	" " 70 " "	14.75	17. "	18.75	21. "	23. "	24.50	28.50	32.50

Tables ordinaires, bois blanc, avec un tiroir, pieds à gaine

N°									
19651	longueur c/m	60	70	80	90	100	110	120	130
	largeur "	40	42	44	48	50	52	54	55
	la pièce	7.15	7.50	7.85	9. "	9.75	10.50	12. "	12.75

Tables à T bois blanc avec un tiroir

N°							
19652	longueur c/m	80	90	100	110	120	130
	largeur "	50	55	60	60	60	60
	la pièce	10.35	11.75	12.75	14.	15.	16.

Tables hêtre et bois blanc avec un tiroir, pieds tournés, façon bambou

N°							
19653	longueur c/m	80	90	100	110	120	130
	largeur "	50	55	60	60	60	60
	la pièce	15.75	17.	18.	19.25	20.50	21.50

avec plusieurs tiroirs . . . chaque tiroir en plus 2.65

Table de nuit

N°		
19654	carrée, côtés plaqués, ordinaire dessus marbre . . la pièce	12.60
19655	" " " cadre et montants " " "	18. "
19656	" vide poche noyer, carrée, sans marbre "	29. "
19657	" " " " cintrée " " "	30.50
19658	" chiffonnier, 5 tiroirs, dessus marbre blanc "	32.50

Toilettes anglaises avec glace, dessus marbre blanc

N°	largeur c/m	70	80	90	100
19659	noyer sans garniture, la pièce	23.50	30.50	40. "	47.
19660	acajou, chêne ou frêne " " "	25.50	32.50	42. "	49.
	avec dessus marbre gris, en plus "	0.90	1.80	2.70	3.60

Marbres pour table de nuit

N°	dimensions c/m	35x30	36x33	40x35	42x36
19661	Ste Anne, français, coins arrondis, la pièce	2.70	3.25	3.60	3.60
19662	blanc " " "	2.70	3.25	3.60	3.60

Marbres pour commode

N°	dimensions c/m	120 à 125 x 55	126x56 à 130x60
19663	Ste Anne français, la pièce	23.50	25.25
19664	blanc "	27. "	29. "

Marbres pour toilette anglaise

N°	dimensions c/m	66x36	76x38	80x42
19665	Ste Anne belge, sans retours, la pièce	5.40	7.20	9.90
19666	" " avec retours, la garniture	8.10	9.90	11.70
19667	blanc, sans retours, la pièce	5.40	7.20	9.90
19668	" avec retours, la garniture	8.10	9.90	11.70

Lavabo

N°		
19669	fer plat, pliant, peinture jonc, garniture blanche, 3 pièces sans glace . . . la pièce	8.15
19670	" " fixe " " sans glace, avec garniture 6 pièces décorées "	11.50
19671	" " " " " avec glace, " " 6 " " "	14.75

Lavabo

N°		
19672	fer rond fixe, peinture jonc sans glace avec garniture 6 pièces décorées . . . la pièce	12.70
19673	" " " " " avec glace " " " " "	16.25

Lavabo

N°		
19674	fer rond, pliant, peinture jonc, sans glace avec garniture 6 pièces décorées . . la pièce	12.70
19675	" " " " " avec glace " " " " "	16.25

Toilette

N°		
19676	ovale, fer rond, sans glace, avec garniture décorée, fixe ou pliante . . la pièce	17.50
19677	" " " avec " " " " " "	22.70

19671 19662 19673

19675 19676

19679 19680-19681

19682-19683 19685-19686

19678 **Toilette** rectangulaire fer rond sans glace, garniture décorée, fixe ou pliante . la pièce 27.50
19679 " " " avec glace " " " . . . . " . . 32.50

Toilettes anglaises, dimensions %m 70 × 115, fixes, garnitures décorées
19680 fer rond avec glace . . . . la pièce . . . 38.75
19681 " " " " dessus marbre . . . . " . . . . 45. "
19682 fer rond à volutes avec glace . . . . " 40
19683 " " " " " dessus marbre . . . . " 46.25

19684 **Toilette anglaise**, fer peint Dim^ons 70 × 115, sans étagère avec glace, avec garniture décorée. la pièce 35.65
19685 " " " " avec étagère et glace " " " 48.75
19686 " " " " " " " " " " " " dessus marbre " 61.25
19687 " " Dimensions %m 70 × 115 avec étagère, glace et garniture décorée, seau et broc . . . " 55. "
19688 " " " " " " " " " " " dessus marbre " 67.50

19689 **Toilette anglaise** demie fermée avec glace, garniture décorée, avec seau, fixe ou pliante. la pièce 32.50
19690 " " " " " " " avec seau et broc " " . . " . . 35. "

19691 **Toilette** à étagère, sans glace, avec garniture décorée 8 pièces . . . . la pièce 65.
19692 " " avec glace " " " " " . . . . " . . 68.
19693 " " " " " " " " " tablette marbre . . . . . . " . . 91.

Toilettes fer pour bébé
19694 fixe, cuvette ovale à séparation et bouillotte décorée . . . . la pièce 22.10
19695 " " " " garniture décorée 4 pièces . . . . " . . 27.30
19696 ouverte cuvette ovale à séparation, garniture décorée, savonnier et boîte à poudre . . " . . 34. "
19697 fermée décorée, cuvette ovale à séparation " " " " " " . . 55. "

	Cuvettes ovales à séparation pour bébé . . . . . . longueur %m . .	35	38
19698	bouraillé tout blanc ou blanc et bleu . . . . la pièce . . .	5.50	5.85

Toilettes table de nuit fer avec glace
19699 demi fermée, 1 porte, garniture décorée, dimensions %m 42 × 39 . . . . la pièce . . . 38.75
19700 " " " " " " avec seau et broc . . . . " 41.25
19701 fermée " " " " " " " . . . . " 47.65

19702 **Table de nuit** tôle vernie, hauteur 74 %m, largeur 38 %m dessus tôle la pièce 12.70
19703 " " " " " " " " " marbre . . " . . 20. "
19704 " " " " " 88 %m " 112 %m dessus tôle . . . " . . 15.65
19705 " " " " " " " " " marbre . . " . . 25. "

	Bancs pliants fer et bois . . . . longueur, mètres . .	1,20	1,60	2.
19706	peints, faux bois de chêne . . . . la pièce . . .	15. "	21.25	26.25

	Bancs de jardin, pieds fonte ornée . . longueur, mètres	1.10	1.50	1.70	2.
19707	droits, peint vert . . . . la pièce.	13.75	19. "	20.65	23.75
19708	" " faux bois de chêne . . . . . . " . . .	15. "	20.25	21.95	25. "
19709	cintrés, peint vert . . . . " . . .	17.50	22.50	23.75	26.25
19710	" " faux bois et chêne . . . . . . " . . .	18.75	23.75	25. "	27.50
	avec pieds fer . . . . Mêmes prix.				

	Bancs de square renversés, pieds fonte . . . longueur, mètres . .	1.50	1.70	2.
19711	20 lames, peint vert . . . . la pièce . . .	25.75	27. "	28.25
19712	20 " " faux bois chêne . . . . "	27. "	28.25	29.50
19713	27 lames, peint vert . . . . "	30. "	31.25	32.50
19714	27 " " faux bois chêne . . . . "	31.25	32.50	33.75
	avec pieds fer forgé (27 lames seulement) . . . . Mêmes prix			

	Bancs droits fer rond peinture jonc, fixes ou pliants, longueur mètres	1,00	1,50
19715	dossier lyre, siège feuillard . . . . la pièce . . .	23.25	30. "
19716	" volutes " " . . . . "	28.75	31. "
19717	" " siège perforé . . . . "	31. "	39.40
19718	" " " canné . . . . "	33.75	43.75
19719	" médaillon, siège canné . . . . "	41.90	56.25

	Bancs fixes, fer à ressort . . . . longueur, mètres	1,50	1,70	2.
19720	peinture jonc, siège et dossier élastique . . . . . . la pièce . .	93.75	110.	131.
19721	bronzé or ou argent " " " . . . . "	103.75	120.	141.

	Bancs avec toute toile . . . . longueur, mètres	1,50	1,70	2.
19722	lames bois, pieds fer forgé, peint vert . . . . la pièce.	125.	145.	157
19723	" " " " " " faux bois, chêne . . . . " . .	129.	149.	161
19724	à ressort, siège et dossier élastiques, peint vert . . . . " . .	182.	213.	244
19725	" " " " " faux bois chêne . . . " . .	186.	217.	248

(Voir prix page 655)

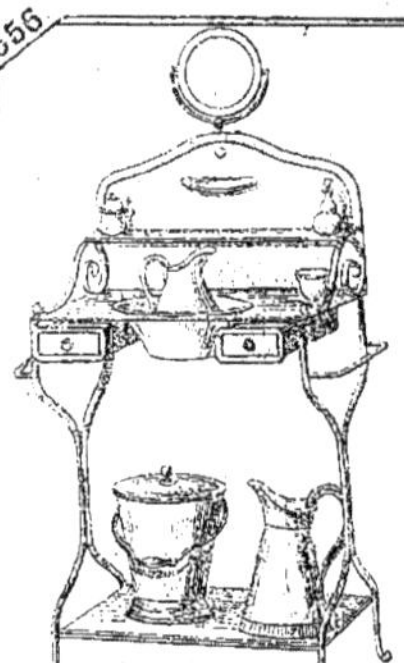

19687 & 19688

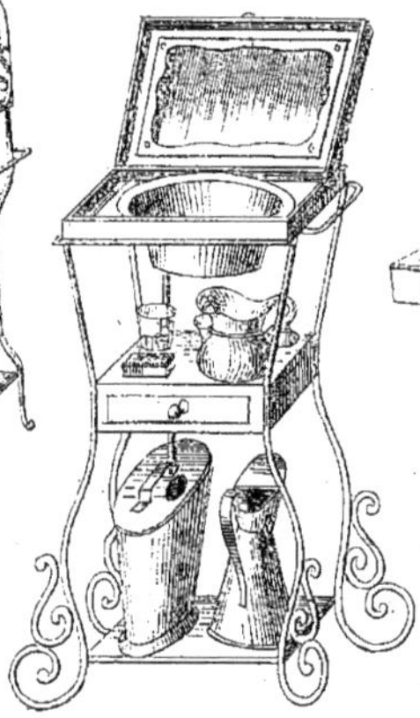

19689 & 19690

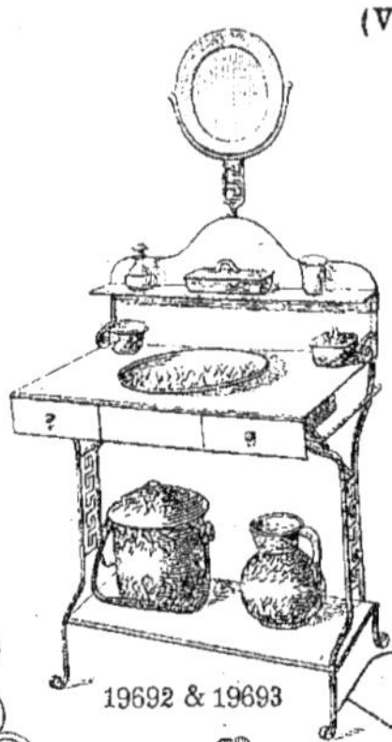

19692 & 19693

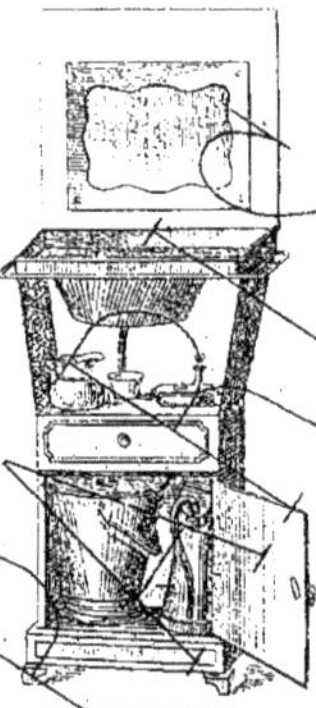

19699 & 19700

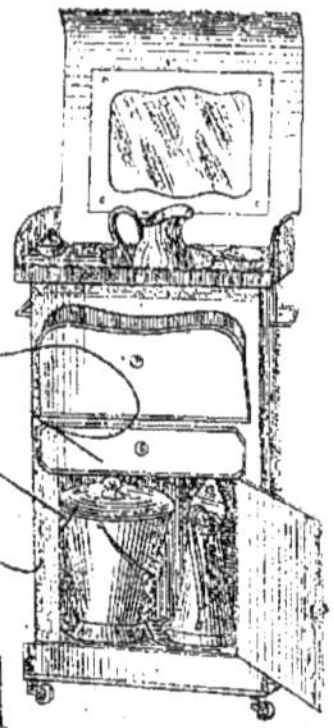

19701

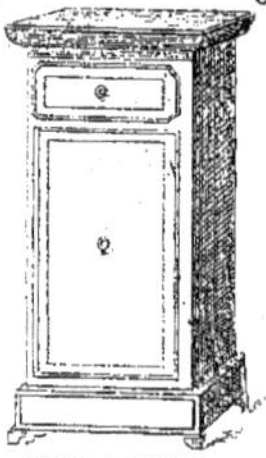

19702 à 19705

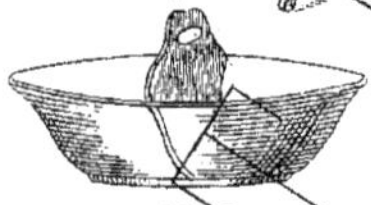

19698

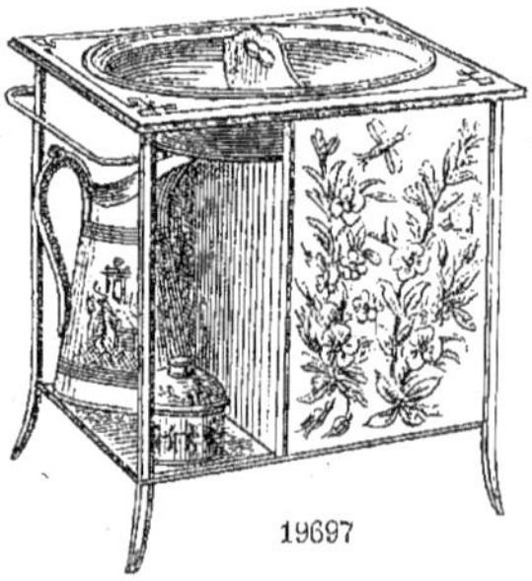

19697

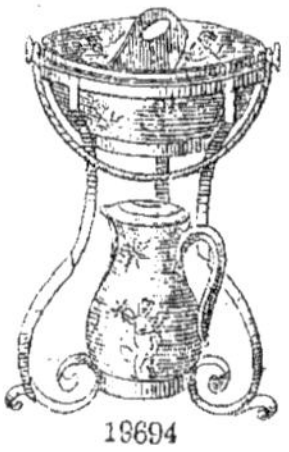

19694

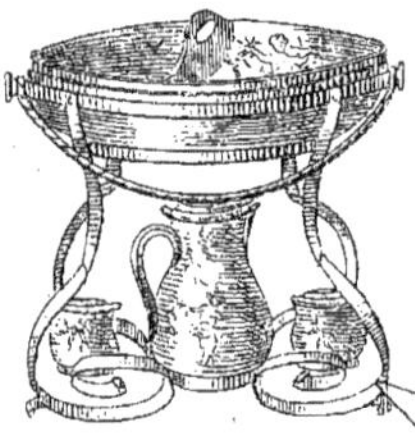

19695

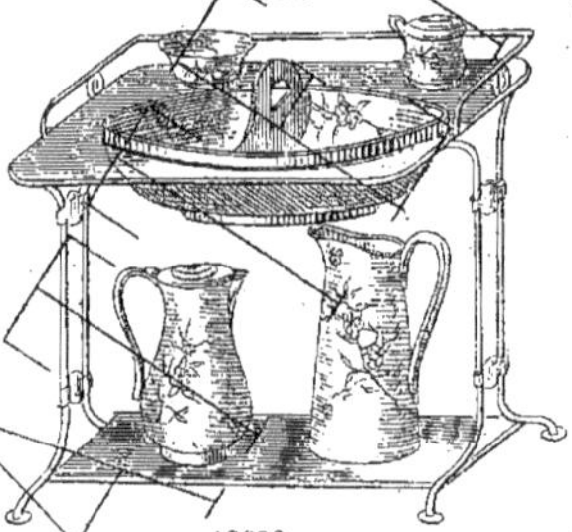

19696

19706

19707 & 19708

19711 à 19714

19715

19716

Paris. — Imp. DONNADIEU, 23, Rue des Francs-Bourgeois

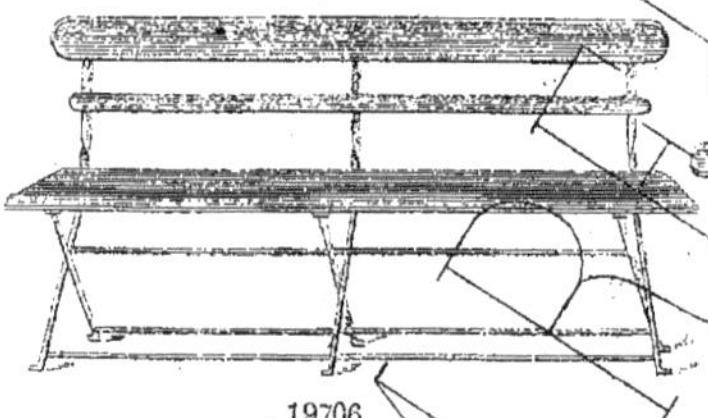

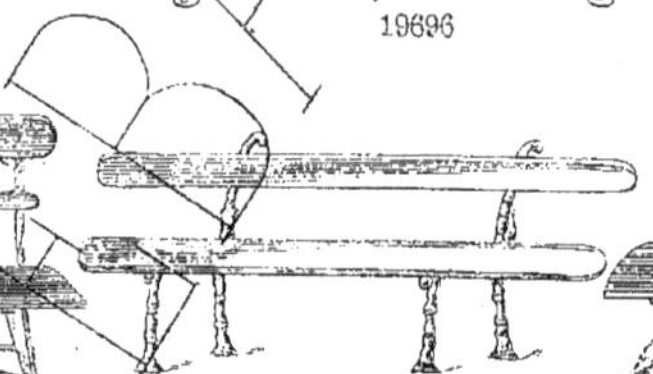

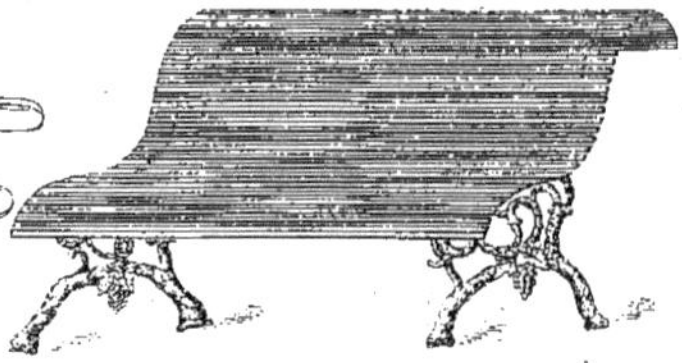

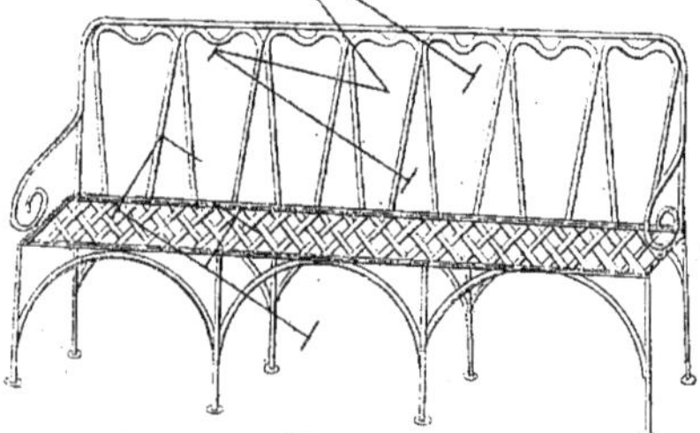

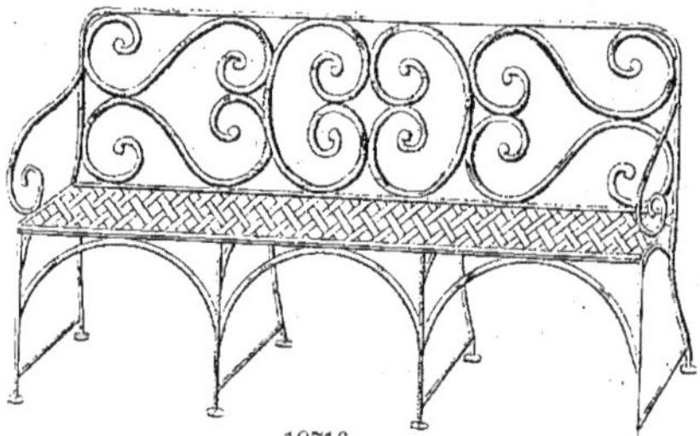

(Voir prix pages 655 et 658)

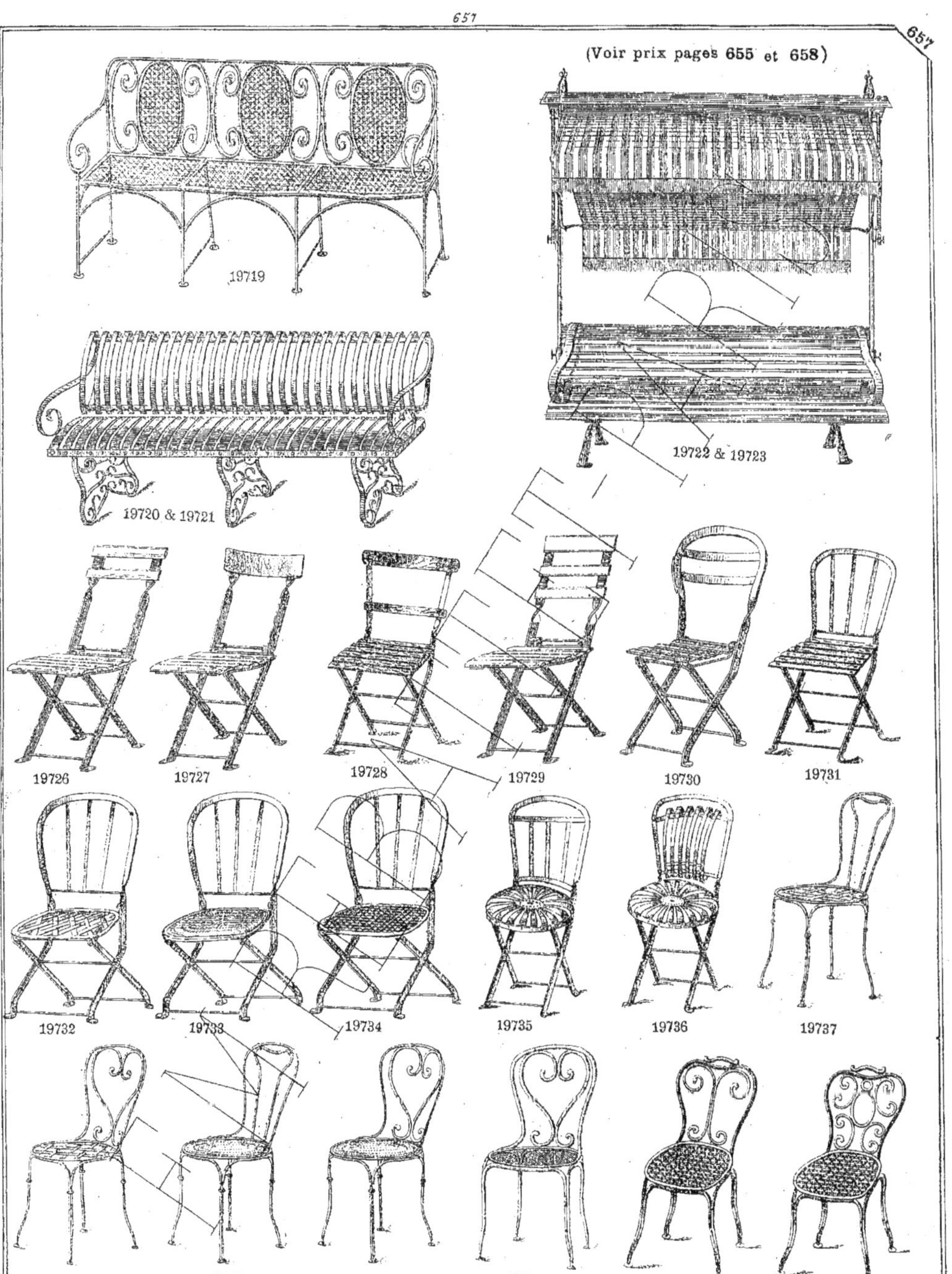

Paris. — Imp. DONNAUD, 11, Rue des Francs-Bourgeois

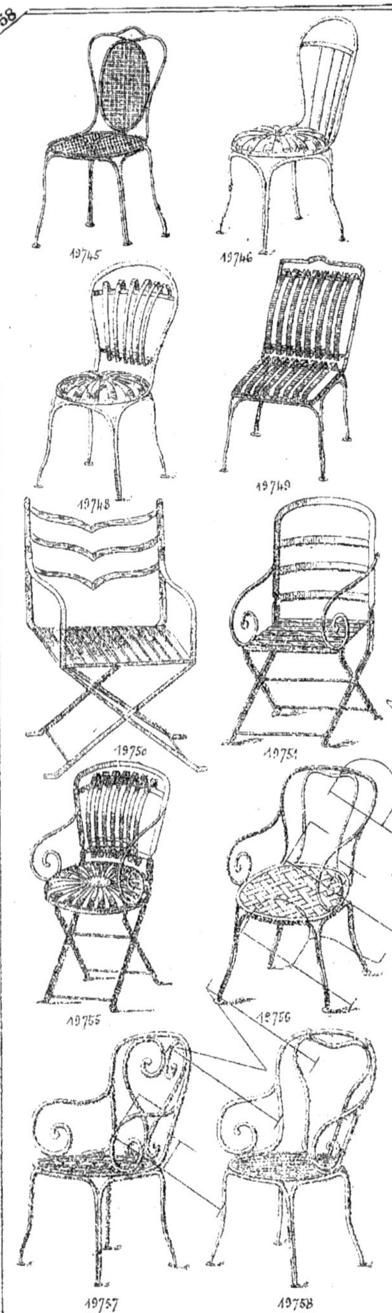

19745 19746

19748 19749

19750 19751

19755 19756

19757 19758

Chaises pliantes

N°	Désignation		Prix
19726	fer verni, fond lames bois, dossier bois 2 lames	la pièce	2.80
19727	" " " " dossier tôle	"	3.20
19728	" " " " dossier cintré 2 lames	"	4.70
19729	" " " " " " 3 lames	"	5. "
19730	" " " " fermeture à coulisse	"	5.30
19731	" " " " fer demi rond	"	6.20
19732	tout fer verni, fond feuillard	"	6.45
19733	" " " fond perforé	"	7.50
19734	" " " fond canné	"	8.45
19735	" " " fond élastique, dossier barreaux	"	10.30
19736	" " " fond et dossier élastiques	"	14.10

Chaises fixes, fer peinture jonc

N°	Désignation		Prix
19737	dossier lyre siège feuillard	la pièce	5.90
19738	" à volutes " "	"	6. "
19739	" lyre siège perforé	"	6.70
19740	" à volutes " "	"	7.10
19741	" lyre siège canné	"	8.25
19742	" à volutes " "	"	8.50
19743	" à X " "	"	9. "
19744	" Louis XIII " "	"	12.35
19745	" médaillon " "	"	12.50

Chaises fixes, fer, à ressort

N°	Désignation	peinture jonc	bronzé or ou argent
19746	siège élastique, dossier à barreaux	10. "	13.15
19747	" " " à volutes	10.65	13.80
19748	siège et dossier élastiques	12.50	15.65
19749	" " " forme carrée	17.50	20.65

Fauteuil pliant, peinture jonc, siège lame bois

N°	Désignation		Prix
19750	Fauteuil pliant, peinture jonc, siège lame bois	la pièce	7.80
19751	" " " " " " "	"	9.40
19752	" " " " dossier à barrettes, siège feuillard	"	10.65
19753	" " " " " " " perforé	"	14.25
19754	" " " " " " " canné	"	15.60
19755	" " " " dossier et siège élastiques	"	24.70

Fauteuils fixes, fer, peinture jonc

N°	Désignation		Prix
19756	dossier lyre siège feuillard	la pièce	9.40
19757	" à volutes " "	"	10. "
19758	" lyre siège perforé	"	11.25
19759	" à volutes " "	"	11.90
19760	" lyre siège canné	"	12.65
19761	" à volutes " "	"	13.50
19762	" à X " "	"	16.25
19763	" Louis XIII " "	"	18.75
19764	" médaillon " "	"	19. "

Fauteuils fixes, fer à ressort

N°	Désignation		peinture jonc	bronzé et ou argent
19765	siège élastique, dossier à barreaux	la pièce	19.70	23.20
19766	" " " à volutes	"	20.25	23.75
19767	siège et dossier élastiques	"	22.50	26. "
19768	" " " forme carrée	"	42.50	46. "

Fauteuil-balançoire grillagé, peinture jonc

N°	Désignation		Prix
19769	Fauteuil-balançoire grillagé, peinture jonc, sans patin	la pièce	35.50
19770	" " " " " avec patins	"	39.50
19771	" " " " " avec patins, grand modèle	"	62.50

Guéridons pliants, pieds fer rond

N°	Désignation		diamètre ou largeur % 50	55	60
19772	peinture jonc, ronds	la pièce	5.30	5.65	6.40
19773	" " carrés	"	5.65	6. "	7.50

Guéridons fixes, peinture jonc

N°	Désignation		diamètre ou largeur % 50	55	60
19774	ronds, pieds fer plat	la pièce	4.70	5. "	5.65
19775	carrés " " "	"	5. "	5.40	7.10
19776	ronds, pied fer rond	"	5.30	5.65	6.40
19777	carrés " " "	"	5.65	6	7.50

Guéridons inversable, pied fonte

N°	Désignation		diamètre ou largeur % 50	55	60
19778	ronds, colonne fer, dessus tôle, peinture jonc	la pièce	8.40	9.40	12.15
19779	carrés " " " " "	"	9.40	11.25	13. "

659

19761

19762

19763

19764

19765

19766

19767

19768

Guéridons fer rond, peinture jonc

		Diamètre m/m	50	55	60
19780	ronds à croisillons, dessus marbre blanc, cercle métal blanc	la pièce	19. „	20.60	21.50

Guéridons, pieds fonte

		Diamètre m/m	50	55	60
19781	ronds, colonne fer, dessus marbre blanc, cercle métal blanc	la pièce	19. „	20.60	24.50
19782	carrés à pans „ „ „ „ „ „	„	33.65	37.30	45. „
19783	ronds, colonne fonte ornée, dessus marbre blanc, cercle métal blanc	„	21.80	23.65	27.40
19784	carrés à pans „ „ „ „ „ „ „ „	„	36.15	39.80	47.50

Les guéridons N°s 19780 à 19784 avec dessus

	marbre rouge	mosaïque	opaline
Augmentation la pièce	0.65	2.50	3.75

Tables pliantes, pieds fer rond, peinture jonc

		Diamètre m/m	60	70	80	90	100	110	120	130	140	150
19785	rondes, dessus plein	la pièce	7.50	10.65	14.75	17.50	21.25	34.75	48.75	55. „	61. „	76. „
19786	„ dessus perforé	„	10.50	14. „	19.70	22.50	25. „	„	„	„	„	„

Ces tables sont à 3 pieds jusqu'à 80 m/m ; au-dessus de cette dimension elles ont 4 pieds.

Tables pliantes, rectangulaires, pieds fer rond, peinture jonc.

		Dimensions m/m	70×50	80×55	100×60	110×60	120×70	140×75	150×80
19787	dessus plein	la pièce	16.90	18.50	21.25	43.75	48.75	62.50	77.50
19788	dessus perforé	„	23.75	25.30	27. „	„	„	„	„

Tables pliantes, pieds fer rond, peinture jonc

		Dimensions m/m	80×60	100×70
19789	ovales, dessus plein	la pièce	20. „	22.50
19790	dessus perforé	„	24.50	28.25

Tables fixes, pieds fer rond, peinture jonc.

		Diamètre m/m	60	70	80	90	100	110	120	130	140	150
19791	rondes, dessus plein	la pièce	7.80	10.65	14.75	17.50	21.25	34.75	48.75	55. „	61. „	76. „
19792	„ dessus perforé	„	10.30	14. „	19.70	22.50	25. „	„	„	„	„	„

Ces tables sont à 3 pieds jusqu'à 80 m/m ; au-dessus de cette dimension elles ont 4 pieds.

Tables fixes, rectangulaires, pied fer rond, peinture jonc.

		Dimensions m/m	70×50	80×55	100×60	110×60	120×70	140×75	150×80
19793	dessus plein	la pièce	16.90	18.50	21.25	43.75	48.75	62.50	77.50
19794	dessus perforé	„	23.75	25.30	27. „	„	„	„	„

Tables fixes, pieds fer rond, peinture jonc

		Dimensions m/m	80×60	100×70
19795	ovales, dessus plein	la pièce	20. „	22.50
19796	dessus perforé	„	24.50	28.25

Tables rondes avec parasol en coutil

		Diamètre m/m	65	70	80	90	100
		Diamètre des parasols m/m	135	145	155	165	180
19797	pieds fer rond, dessus plein	la pièce	34. „	38.50	46. „	52. „	59. „
19798	„ „ „ dessus perforé	„	35.50	41. „	51.50	57.50	63. „

Parasols seuls pour jardin, bains de mer, etc.

		Diamètre total m/m	135	145	155	165	180	200	230
19799	coutil croisé, effilé laine, branches rondes, pique bois	la pièce	21. „	23.60	26.50	29.30	32.25	„	„
19800	„ „ „ „ „ „ pique cuivre et bois	„	23. „	25.70	28.60	31.50	34. „	„	„
19801	„ „ „ „ „ „ avec rideau	„	„	46.50	45.75	50. „	55. „	„	„
19802	coutil extra, franges torses, branches creuses, pique cuivre et bois		„	36. „	38.50	41.50	47. „	63. „	92. „
19803	„ „ „ „ „ „ avec rideau		„	52. „	56.50	61. „	69. „	89. „	122. „

Les tiges des N°s 19800 et 19802 sont munies d'un raccord à vis de pression pour monter ou descendre le parasol.

Parasols d'artiste, s'inclinant en tous sens, 8 branches.

		Longueur des branches m/m	65	70	72	75	77	80
19804	couverture coton écru, manche à pique se vissant au parasol	la pièce	16.80	19.20	„	20.80	„	22.40
19805	„ toile „ „ „ „ „ „		„	„	22.40	23.20	24. „	25.60
19806	„ coton écru, manche à coulisse pour monter et descendre le parasol	„	20. „	22.40	„	24. „	„	25.60
19807	„ toile „ „ „ „ „ „ „		„	„	22.00	24.40	27.20	28.80
19808	„ toile, manche articulé pour régler l'inclinaison	„	„	„	32. „	32.80	33.60	35.20

Tentes pour bains de mer, s'ouvrant et se fermant comme un parapluie.

19809 à six pans, armature acier, coutil rayé fantaisie, diamètre à la base 2 mètres. la pièce 80. „

			165×165	200×200
19810	à quatre pans, coutil rayé fantaisie, deux fenêtres au vent. dimensions à la base m/m			
	piquet, corde et sac	la pièce	104. „	136. „

Boules porte-éponge pour café, restaurant.

		Diamètre m/m	22	25
19811	cuivre nickelé, avec console fonte bronzée	la pièce	28.60	31.20
19812	métal extra blanc argenté avec console fonte bronzée	„	32.50	35. „
19813	„ „ „ avec pied fonte bronzée	„	36.50	40. „

19769

19770

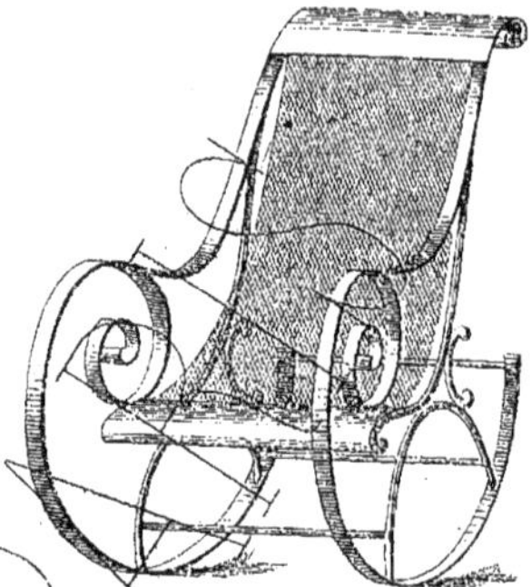

19771

19772

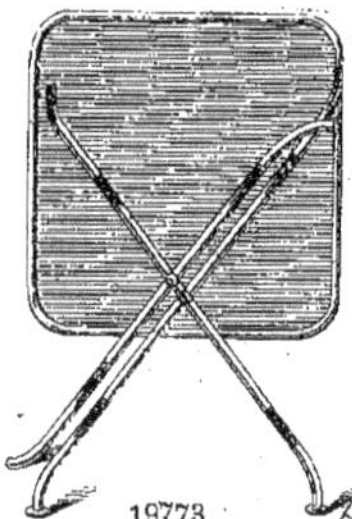

19773

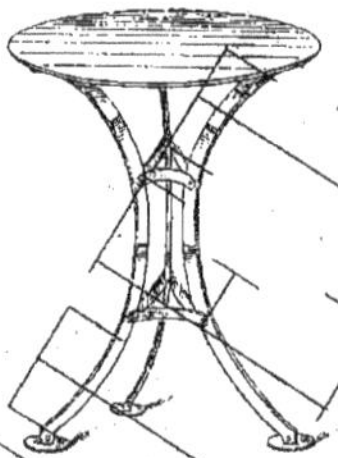

19774

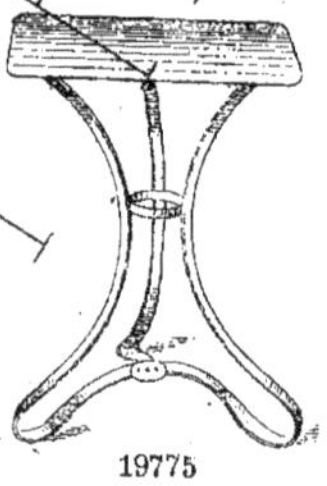

19775

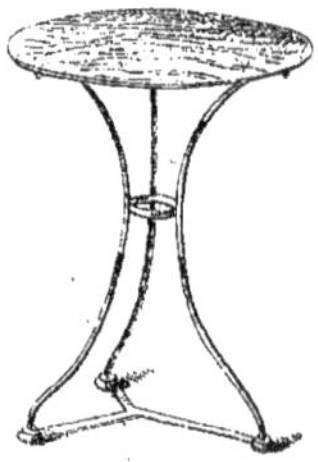

19776

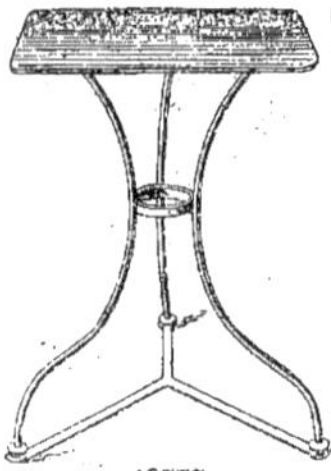

19777

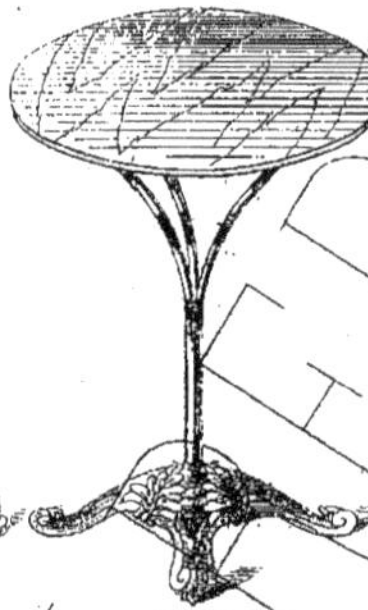

19778

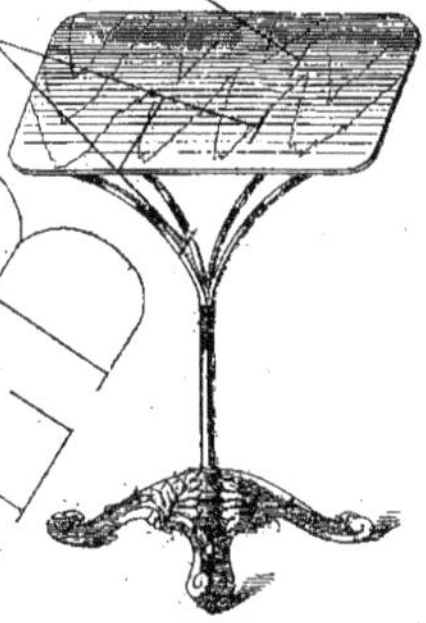

19779

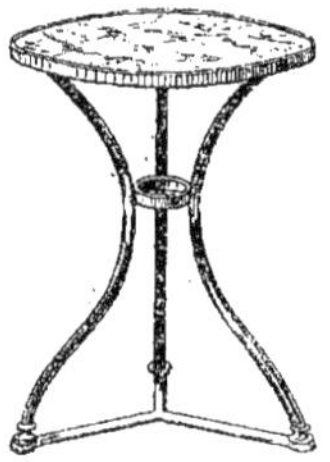

19780

19781

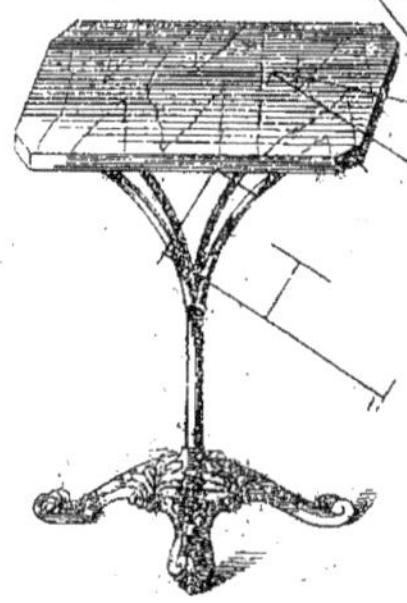

19782

19783

19784

19786

(Voir prix pages **658** et **659**)

(Voir prix pages 659 et 662)

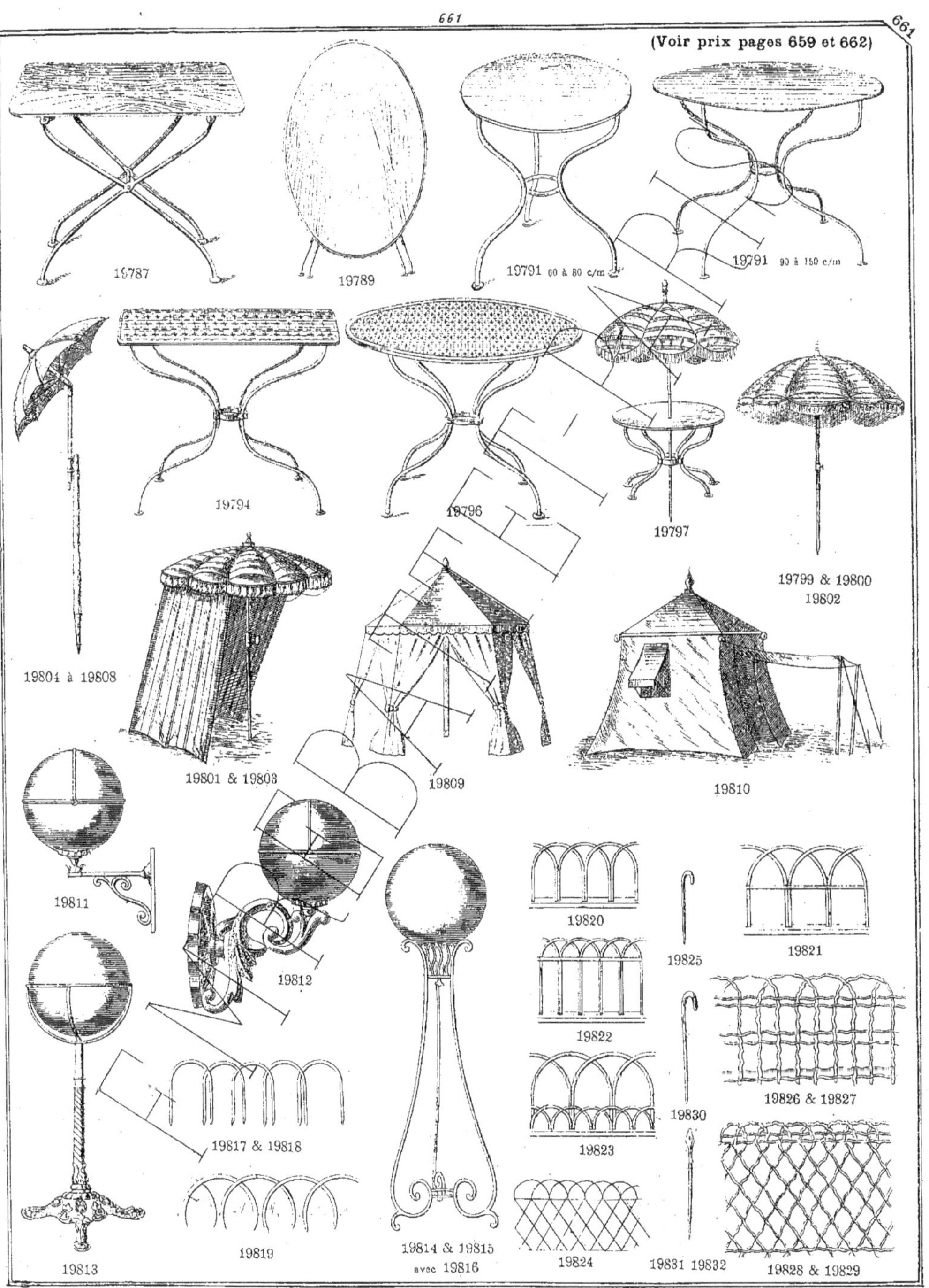

Paris — Imp. DONNADIEU 23, Rue des Francs-Bourgeois

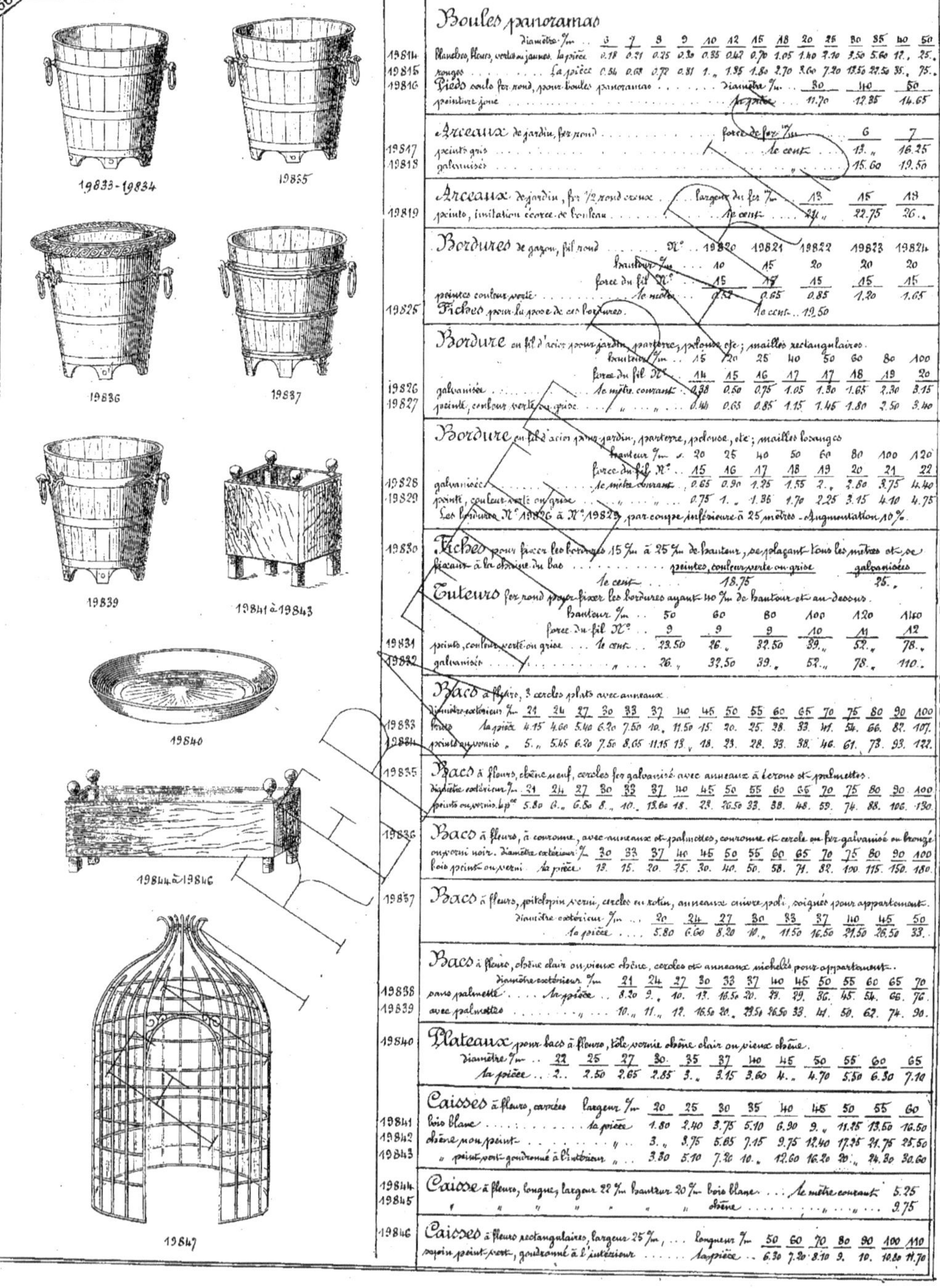

Boules panoramas

	diamètre %m	3	7	8	9	10	12	15	18	20	25	30	35	40	50
19814	blanches, bleues, vertes ou jaunes. la pièce	0.18	0.21	0.25	0.30	0.35	0.42	0.70	1.05	1.40	2.10	3.50	5.60	12. „	25. „
19815	rouges .... la pièce	0.54	0.63	0.72	0.81	1. „	1.35	1.80	2.70	3.60	7.20	13.50	22.50	35. „	75. „

19816	Pieds coulé fer rond, pour boules panoramas ...... diamètre %m	30	40	50
	peinture jaune .... la pièce	11.70	12.35	14.65

Arceaux de jardin, fer rond

	force de fer %m	6	7
19817	peints gris .... le cent	13. „	16.25
19818	galvanisés .... „	15.60	19.50

Arceaux de jardin, fer ½ rond creux

	largeur du fer %m	13	15	18
19819	peints, imitation écorce de bouleau .... le cent	21. „	22.75	26. „

Bordures de gazon, fil rond

	N°	19820	19821	19822	19823	19824
	hauteur %m	10	15	20	20	20
	force du fil N°	15	17	15	15	15
	peintes couleur verte .... le mètre	0.52	0.65	0.85	1.20	1.65
19825	Fiches pour la pose de ces bordures. le cent	19.50				

Bordure en fil d'acier pour jardin, parterre, pelouse etc ; mailles rectangulaires.

	hauteur %m	15	20	25	40	50	60	80	100
	force du fil N°	14	15	16	17	17	18	19	20
19826	galvanisée .... le mètre courant	0.38	0.50	0.75	1.05	1.30	1.65	2.30	3.15
19827	peinte, couleur verte ou grise .... „ „	0.40	0.65	0.85	1.15	1.45	1.80	2.50	3.40

Bordure en fil d'acier pour jardin, parterre, pelouse, etc ; mailles losanges

	hauteur %m	20	25	40	50	60	80	100	120
	force du fil N°	15	16	17	18	19	20	21	22
19828	galvanisée .... le mètre courant	0.65	0.90	1.25	1.55	2. „	2.80	3.75	4.40
19829	peinte, couleur verte ou grise .... „ „	0.75	1. „	1.36	1.70	2.25	3.15	4.10	4.75

Les bordures N° 19826 à N° 19829, par coupe inférieure à 25 mètres - Augmentation 10%.

19830 **Fiches** pour fixer les bordures 15 %m à 25 %m de hauteur, se plaçant tous les mètres et se fixant à la chaîne du bas ....

	peintes, couleur verte ou grise	galvanisées
le cent	18.75	25. „

Tuteurs fer rond pour fixer les bordures ayant 40 %m de hauteur et au-dessous.

	hauteur %m	50	60	80	100	120	140
	force du fil N°	9	9	9	10	11	12
19831	peints, couleur verte ou grise ... le cent	23.50	26. „	32.50	39. „	52. „	78. „
19832	galvanisés .... „	26. „	32.50	39. „	52. „	78. „	110. „

Bacs à fleurs, 3 cercles plats avec anneaux

	diamètre extérieur %m	21	24	27	30	33	37	40	45	50	55	60	65	70	75	80	90	100
19833	bruts la pièce	4.15	4.60	5.40	6.20	7.50	10. „	11.50	15.	20.	25.	28.	33.	41.	54.	66.	82.	107.
19834	peints ou vernis „	5. „	5.45	6.20	7.50	8.65	11.15	13. „	18.	23.	28.	33.	38.	46.	61.	73.	93.	122.

19835 Bacs à fleurs, chêne neuf, cercles fer galvanisé avec anneaux à tenons et palmettes.

diamètre extérieur %m	21	24	27	30	33	37	40	45	50	55	60	65	70	75	80	90	100
peints ou vernis. la pce	5.80	6. „	6.80	8. „	10. „	13.60	18.	23.	26.50	33.	38.	48.	59.	74.	88.	106.	130.

19836 Bacs à fleurs, à couronne, avec anneaux et palmettes, couronne et cercle en fer galvanisé ou bronzé ou verni noir.

Diamètre extérieur %m	30	33	37	40	45	50	55	60	65	70	75	80	90	100
bois peint ou verni la pièce	13.	15.	20.	25.	30.	40.	50.	58.	71.	82.	100.	115.	150.	180.

19837 Bacs à fleurs, pitchpin verni, cercles en rotin, anneaux cuivre poli, soignés pour appartement.

diamètre extérieur %m	20	24	27	30	33	37	40	45	50
la pièce	5.80	6.60	8.20	10. „	11.50	16.50	21.50	26.50	33.

Bacs à fleurs, chêne clair ou vieux chêne, cercles et anneaux nickelés pour appartement.

	diamètre extérieur %m	21	24	27	30	33	37	40	45	50	55	60	65	70
19838	sans palmette .... la pièce	8.20	9. „	10.	13.	16.50	20.	23.	29.	36.	45.	54.	66.	76.
19839	avec palmettes .... „	10. „	11. „	12.	16.50	20. „	23.50	26.50	33.	41.	50.	62.	74.	90.

19840 Plateaux pour bacs à fleurs, tôle vernie chêne clair ou vieux chêne.

diamètre %m	22	25	27	30.	35	37	40	45	50	55	60	65
la pièce	2. „	2.50	2.65	2.85	3. „	3.15	3.60	4. „	4.70	5.50	6.30	7.10

Caisses à fleurs, carrées

	largeur %m	20	25	30	35	40	45	50	55	60
19841	bois blanc .... la pièce	1.80	2.40	3.75	5.10	6.90	9. „	11.25	13.50	16.50
19842	chêne non peint .... „	3. „	3.75	5.65	7.15	9.75	12.40	17.25	21.75	25.50
19843	„ peint vert goudronné à l'intérieur „	3.30	5.10	7.20	10. „	12.60	16.20	20. „	24.30	30.60

Caisse à fleurs, longue, largeur 22 %m hauteur 20 %m

19844	bois blanc ... le mètre courant	5.25
19845	„ „ „ „ „ „ „ chêne .... „ „	9.75

19846 Caisses à fleurs rectangulaires, largeur 25 %m,

longueur %m	50	60	70	80	90	100	110
sapin peint vert, goudronné à l'intérieur ...... la pièce	6.30	7.20	8.10	9.	10.	10.80	11.70

663

19848

19850

19851 19854 19852

19855

19857-19858 et 19861-19862

N°	**Berceaux** de jardin ronds démontables		2	2,50	3	3,50	4
	en fer 1/2 rond, creux	hauteur „	2,80	3.	3,20	3.40	3.60
19847	peints, couleur verte, une couche	la pièce	84.	105	126.	147.	168.

N°	**Kiosques** de jardin, tout fer	diamètre, mètres	2	2,50	3	3,50	4
	panneaux démontables	Nombre de pans	6	6	6	8	8
19848	peints, couleur verte ou bronzée	la pièce	120.	154.	190.	230.	280.

N°	**Etagères** à fleurs rectangulaires, pliantes, peinture verte, longueur c/m		60	80	100	120
19849	hauteur 40 c/m à 2 gradins	la pièce	9.10	9.60	11. „	11.50
19850	„ 70 c/m à 3 gradins		13.25	16.10	17.30	19. „

N°	**Etagères** à fleurs 1/4 de rond, pliantes, peinture verte, longueur du rayon c/m		50	60	70	80
19851	hauteur 70 c/m à 3 gradins	la pièce	15. „	16.10	18.	20.25

N°	**Etagères** à fleurs 1/2 ronde, pliantes, peinture verte, longueur c/m	100	110	120	130	140	150	160
19852	hauteur 70 c/m à 3 gradins . . . la pièce	18.50	19. „	22. „	23.25	25.75	27.25	29.25

N°	**Ecumoires** galvanisées pour bassin	Diamètre c/m	80	85	110	115
19853	rondes à douille, sans manche	la pièce	4.50	5.25	„	„
19854	ovales „ „ „	„	„	„	6. „	6.75

N°	**Fruitiers** en fer, fond claies bois.	Nombre de claies	6	8	10	12	16	20
		hauteur c/m	105	110	130	105	140	180
		largeur „	55	55	55	105	105	105
19855	claies fixes	la pièce	9.35	12.50	15.60	18.75	25. „	31.20
19856	„ à coulisse	„	11.30	15.50	19. „	22.60	30.25	37.75

Grillage ondulé sans torsion pour banque, bureau, clôture, etc.

N°	dimensions et force employées pour banque et bureau.			
		largeur de mailles m/m	20	25	30
		force du fil, jauge de Paris N°	13	14	16
19857	fil carré cuivré	le mètre carré	9.40	7.80	7.80
19858	„ „ galvanisé	„	10.60	9.40	9.45
	dimensions et force employées pour clôture, grille, poulailler, etc.	largeur des mailles m/m	50	60	80
		force du fil, jauge de Paris N°	19	20	23
19859	fil rond ordinaire	le mètre carré	6. „	6. „	6.75
19860	„ „ galvanisé	„ „	7.20	7.20	8.10
19861	fil carré ordinaire	„ „	7.20	7.20	8.10
19862	„ „ galvanisé	„ „	8.55	8.55	9.75

par panneau formant moins de 1 mètre de superficie . . . . Majoration . . 30 %

Il existe des qualités d'autres forces et dimensions de mailles dont l'emploi est peu usité mais qui peuvent néanmoins être livrées sur demande.

N°	**Jardinières** corbeilles sans pieds pour table.	dimensions c/m	40	45	50×45	60×55
19863	rondes, avec cuvette, peinture jonc	la pièce	12.65	15.65	„	„
19864	ovales „ „ „ „	„	„	„	15. „	19.50

N°	**Jardinières** petit fil à pied haut	dimensions c/m	40	45	50	60
19865	rondes, avec cuvette, peinture jonc	la pièce	27.30	29.25	„	„
19866	„ „ „ vernies blanc et or	„	30. „	32. „	„	„
19867	ovales, avec cuvette peinture jonc	„	„	„	29.25	32.50
19868	„ „ „ vernies blanc et or	„	„	„	32. „	35.25

N°	**Jardinières** gros fil à pied haut	dimensions c/m	70 × 32	80 × 32
19869	longues avec cuvette, peinture jonc	la pièce	41. „	44.25
19870	„ „ „ vernies blanc et or	„	43.75	47. „

N°	**Jardinières** de fenêtre	dimensions c/m	80×32	90×32	100×32
19871	longues avec cuvette, peinture jonc	la pièce	19.50	21. „	22.25
19872	„ „ „ vernies blanc et or	„	21.50	23. „	24.25

N°	**Jardinières** de parterre à pieds bas	dimensions c/m	80×32	100×32	120×32
19873	rectangulaires avec cuvette, peinture jonc	la pièce	45.50	50.75	58.50
19874	„ „ „ vernies blanc et or	„	47.50	52.75	60.50

N°	**Jardinières** suspensions pour fleurs	diamètre c/m	19	21	23
19875	rondes, fil de fer étamé, ordinaires	la pièce	0.90	1.10	1.25
19876	„ „ „ soignées	„	1.35	1.55	1.80
19877	„ „ „ riches	„	2.10	2.60	3. „

N°	**Jardinières** suspensions pour fleurs	diamètre c/m	35	40
19878	rondes, avec cuvette peinture jonc	la pièce	9.75	11.50
19879	„ „ „ vernies blanc et or	„	11.75	13.50

N°	**Tabouret ou banc de pieds**		
19880	fer, lames bois	la pièce	1.25
19881	„ „ „ „ lames fer 1/2 rond	„	2. „
19882	„ „ „ „ dessus perforé	„	3.65
19883	„ „ „ „ „ canné	„	3.65
19884	„ „ „ „ „ à bascule	„	4.25

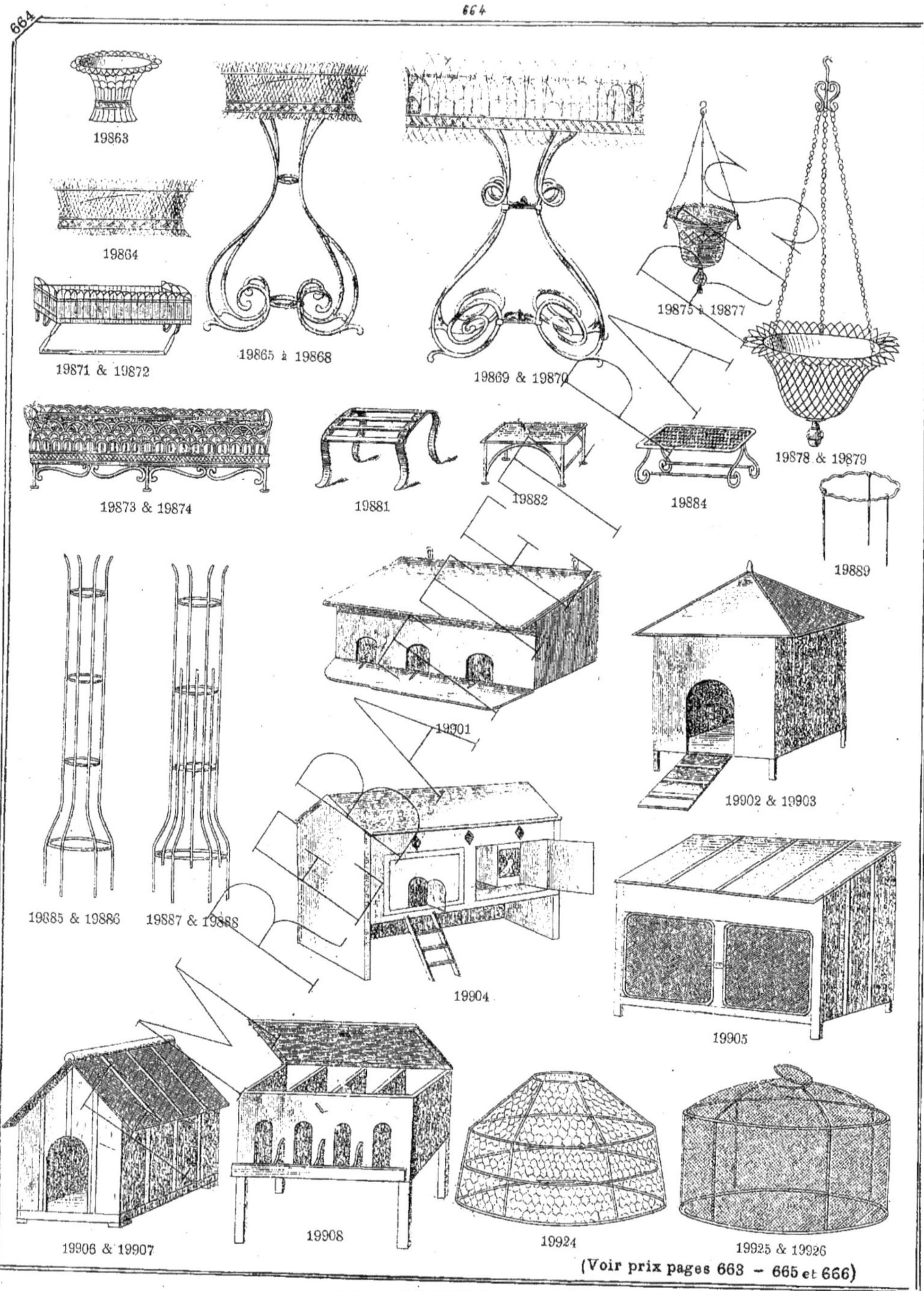

(Voir prix pages 663 - 665 et 666)

Paris. — Imp. DONNADIEU 23, Rue des Francs-Bourgeois

19890 19891 19892

19893 19894 19895

19897

19898-19899 19900

19896

19909 19910 19911

19912 19913

19914 à 19916 19917-19918

19919 19920

Tuteurs ou corsets pour arbre, fer 1/2 rond peint vert, hauteur 2 mètres.

19885 à six grands barreaux .... la pièce .. 6.30
19886 à huit grands barreaux .... " 7.70
19887 à six grands et six petits barreaux .... " 9.50
19888 à huit grands et huit petits barreaux .... " .... 11. "

19889 **Tuteur ou porte-fraisier** fil de fer galvanisé 3 branches la pièce 0.15 . le cent 11. "

Articles pour basse-cour.

19890 **Abreuvoirs** tôle galvanisée .... contenance, litres .. 1 | 2 | 3 1/2
récipient en 2 pièces démontables .... la pièce .. 2.50 | 3.30 | 4.15

Abreuvoirs tôle galvanisée, contenance litres 1/2 | 1 | 2 | 3 | 4 | 5 | 6 | 8
19891 forme ruche .... la pièce 2.20 | 2.60 | 2.95 | 3.25 | 3.90 | 4.55 | 5.20 | 5.85
19892 " " d'applique .... " " | 3.50 | 4.25 | " | " | " | " | "

19893 **Abreuvoirs** tôle galvanisée .... contenance, litres 6 | 9 | 15 | 20
toit conique .... la pièce .... 5.55 | 6. " | 7. " | 11.10

19894 **Abreuvoirs** à poussin .... contenance, litres .. 2 | 4 | 6
tôle galvanisée à bec .... la pièce .. 2.05 | 3. " | 4.20

19895 **Abreuvoir** tôle galvanisée pour recevoir une bouteille .... la pièce ... 3.25

19896 **Abreuvoir** à pigeon, zinc poli .... la pièce ... 4.65

19897 **Auges** en zinc, pour lapin .... longueur c/m 35 | 40 | 50
la pièce .. 2.05 | 2.45 | 2.90

Bagues celluloïd couleur, pour volaille .... Nombre de rangs 3 | 4 | 5
19898 légères, diamètre 14 m/m .... Le paquet de 144 pièces 2.50 | 3. " | "
diamètre m/m 14 | 16 | 18
19899 fortes .... Le paquet de 144 pièces 4.50 | 6. " | 7.50
Par quantité inférieure à 144 pièces d'une même sorte. Majoration 25 %.

19900 **Bagues** aluminium pour pigeon voyageur. le paquet de 144 pièces 25. "
Ces bagues ne sont pas livrées par quantité inférieure à un paquet de 144 pièces.

19901 **Cabanes à pigeon** .... N° ... 1 | 2 | 3 | 4
bois peint gris .... dimensions c/m .. 40 x 35 x 40 | 80 x 35 x 40 | 120 x 35 x 40 | 160 x 35 x 40
la pièce ... 11. " | 16.80 | 22.50 | 28.60

19902 **Cabane à canard**, bois peint gris, dimensions c/m 45 x 45 x 80 ... la pièce .. 22.50
19903 **à cygne** " " " " 75 x 75 x 120 .... " .... 65. "

19904 **Cabane à poule et faisan**, bois peint gris, dimensions c/m 150 x 70 x 120 la pièce 110. "

19905 **Cabanes à lapin** bois peint gris ... Nombre de cases ... 1 | 2
fond et côtés garnis zinc .... dimensions c/m .. 50 x 50 x 75 | 100 x 50 x 75
portes fer grillagé .... la pièce ... 37. " | 74. "

Cabanes ou niches pour chien, dimensions c/m 50x35 | 55x40 | 65x45 | 70x50 | 80x55 | 90x65 | 100x70 | 110x80
19906 bois blanc .... la pièce 10.80 | 12.60 | 16.20 | 19.80 | 23.40 | 29. | 38. | 49.
19907 bois peint vert ou marron .... " .. 14.40 | 17.10 | 21.60 | 25.20 | 30. " | 36 | 47. | 59.

19908 **Epinettes** pour engraisser la volaille .... Nombre de places ... 2 | 3 | 4
hêtre et bois blanc .... la pièce .... 13.50 | 19. " | 24.50

19909 **Mangeoires** tôle galvanisée .... contenance, litres .... 1 | 2 | 3 1/2
récipient en 2 pièces démontables .... la pièce .... 2.50 | 3.30 | 4.15

Mangeoires tôle galvanisée .... contenance, litres ... 3 | 6 | 9 | 15
19910 toit conique .... la pièce ... " | 6.50 | 7. " | 8.35
19911 " bombé .... " ..... 6.50 | 7.40 | 8.35 | "

Mangeoires à poule à arceaux ..... Longueur c/m .. 25 | 35 | 40 | 45 | 50 | 65
19912 tôle galvanisée sans toiture .... la pièce ... " | 2.30 | 2.80 | " | 3.70 | "
19913 " " avec toiture .... " ..... 3.65 | 4.15 | " | 5.15 | " | 7.40

19914 **Mangeoires à faisan** tôle galvanisée .... Longueur c/m 30 | 40
rectangulaires .... la pièce 6.00 | 7.40

Mangeoires trémies, en bois .... Nombre de trous ... 4 | 5 | 6
19915 pour pigeon .... la pièce ... 2.25 | 2.80 | 3.35
19916 " poule .... " .... 3. " | 3.70 | 4.45

Mangeoires trémies, en zinc poli. Nombre de trous 2 | 3 | 4 | 5 | 6 | 8 | 10
19917 simples, pour pigeon .... la pièce 3. " | 4.45 | 5.90 | 7.40 | 8.80 | 12. " | 15. "
19918 " " poule .... 4.10 | 6.10 | 8.15 | 10.15 | 12.25 | 16.30 | 20.50

Mangeoires ou râteliers économiques ..... Longueur c/m ... 30 | 40 | 50
19919 pour lapin, sans couvercle .... la pièce ... 3.70 | 4.65 | 5.55
19920 " " avec couvercle .... 5.15 | 6. " | 7. "

19921

19922 – 19923

19927 à 19929

19930 – 19931

19932 – 19933

19934 – 19935

19936 à 19939

19940 – 19941

19942 – 19945

19946

N°	Désignation		Prix
19921	**Râtelier** d'angle pour lapin	la pièce	2.80

N°	**Râteliers** arrondis	Longueur %m	30	40	50
19922	légers, pour lapin	la pièce	2.50	2.80	3.70
19923	renforcé pour chèvre, mouton	„	„	„	6.„

N°	**Mues à poussins** rondes, trappe dessous.	diamètre %m	70	75	80	85	90	95	100
19924	feuillard peint, grillage galvanisé	la pièce	4.30	„	5.„	„	5.70	„	6.50
19925	légères, fil et grillage galvanisés, mailles 25 %m	„	„	4.65	5.„	5.40	5.70	6.10	6.50
19926	fortes „ „ „ „ 22 „	„	„	5.35	5.70	6.10	6.40	6.80	7.20

Ces mues avec porte sur le côté ... Augmentation - la pièce. 1.10

N°	**Nids ou pondoirs** d'applique, en osier.		Prix
19927	petit modèle, pour tourterelle	la pièce	0.75
19928	grand modèle, pour pigeon	„	0.90
19929	pour poule	„	1.35

N°	**Nid ou pondoir** d'applique, fil galvanisé		Prix
19930	pour pigeon	la pièce	2.25
19931	„ „ „ „ pour poule	„	3.„

Cages en bois.

Cages bois et fil de fer étamé.

N°	Longueur %m	25	27	30	33	35	38	40	43	45	50	55	60	65
19932	carrées, sans séparation, la pce	1.10	1.40	1.75	2.10	2.40	2.65	3.„	3.20	3.45	3.70	4.70	„	„
19933	carrées, avec	„	„	„	„	„	„	3.25	3.50	3.85	4.20	5.45	6.50	„
19934	cintrées, sans	2.00	2.25	2.65	3.„	3.75	4.15	4.50	4.90	6.„	6.75	„	„	„
19935	cintrées, avec	„	„	„	„	„	„	„	5.20	6.40	7.25	8.„	9.„	10.50

Cages bois arrondi et fil de fer étamé.

N°	Longueur %m	25	27	30	32	35	40	45	50	55	60
19936	forme chalet, sans séparation la pièce	2.85	3.30	3.60	3.85	4.50	5.40	6.50	7.50	8.80	10.25
19937	„ avec séparation	„	„	„	„	„	7.50	8.25	9.40	10.50	11.75

Cages bois arrondi forme chalet, rentrant l'une dans l'autre (diminuant ainsi l'emballage).

N°	fil de fer étamé. Longueur %m	25	30	35	40	45	50	55	60	70	80	90	100
19938	sans séparation, la pièce	2.60	3.50	4.30	5.15	6.50	7.60	9.„	10.40	16.„	23.„	28.50	34.„
19939	avec séparation	„	„	„	6.75	8.30	9.75	11.15	12.90	19.„	26.50	33.„	40.„

Cages bois arrondi, forme chalet, pliantes, brevetées (Recommandées pour l'Exportation).

N°	Longueur %m	25	30	35	40	45	50	55	60	70	80	90	100
19940	sans séparation, la pièce	3.60	5.„	6.50	7.50	8.70	10.„	13.„	16.„	21.50	28.50	34.„	37.„
19941	avec séparation	„	„	„	9.10	10.50	11.80	14.80	18.15	24.40	32.„	38.50	43.„

Cages forme chalet, bois verni au tampon avec verres mousseline autour.

N°	Longueur %m	25	30	35	40	45	50	55	60	65	70
19942	fil de fer étamé, sans séparation la pièce	5.„	6.50	8.„	9.30	11.50	13.60	16.„	18.60	21.50	24.„
19943	„ „ avec séparation	„	„	„	11.45	15.65	16.50	19.„	22.20	25.10	28.50
19944	fil de laiton, verni or, sans séparation	7.15	8.60	10.„	13.60	16.„	18.60	21.50	24.„	28.50	33.„
19945	„ „ „ „ avec séparation	„	„	„	15.75	18.15	21.50	24.50	27.60	32.10	37.50

N°	**Cages** carrées à dôme, pour merle ou sansonnet	Longueur %m	30	33	35
19946	fil de fer étamé	la pièce	4.50	5.25	6.„

N°	**Cages** carrées à dôme pour perroquet	Longueur %m	30	34	38	42	46	51
19947	sans mangeoires zinc	la pièce	7.20	8.40	9.60	12.60	14.40	18.„

N°	**Cages** transport	longueur %m	10	12	unique
19948	carrées		36.„	43.„	„
19949	sabot à perroquet		„	„	2.85

N°	**Trébuchets** cages		simples	doubles
19950		la pièce	1.„	1.80

N°	Désignation		Prix
19951	**Cage** à écureuil avec tambour, longueur 52 %m	la pièce	5.„

Tables pour cages.

N°		dimensions du plateau %m	40x27	45x30	50x31	55x32	60x36
19952	rectangulaires	la pièce	6.10	6.50	7.15	8.„	8.60
		dimensions du plateau %m	30x30	35x35	40x40	45x45	50x50
19953	carrées pour cages à perroquet	la pièce	7.15	7.90	8.65	9.75	11.25

N°	**Perchoirs** à perroquet	hauteur %m	55	80	100	110	120	125
19954	bois verni, plateau garni zinc, mangeoires zinc	la pièce	5.30	6.90	8.65	12.„	15.20	25.„
19955	façon bambou ou façon palissandre, plateau garni zinc, mangeoires zinc	„	6.10	7.70	10.25	13.60	16.80	28.„
19956	colonne acajou, plateau marbre, garniture cuivre, mangeoires cuivre étamé	„	21.„	25.60	30.50	37.„	44.„	56.„

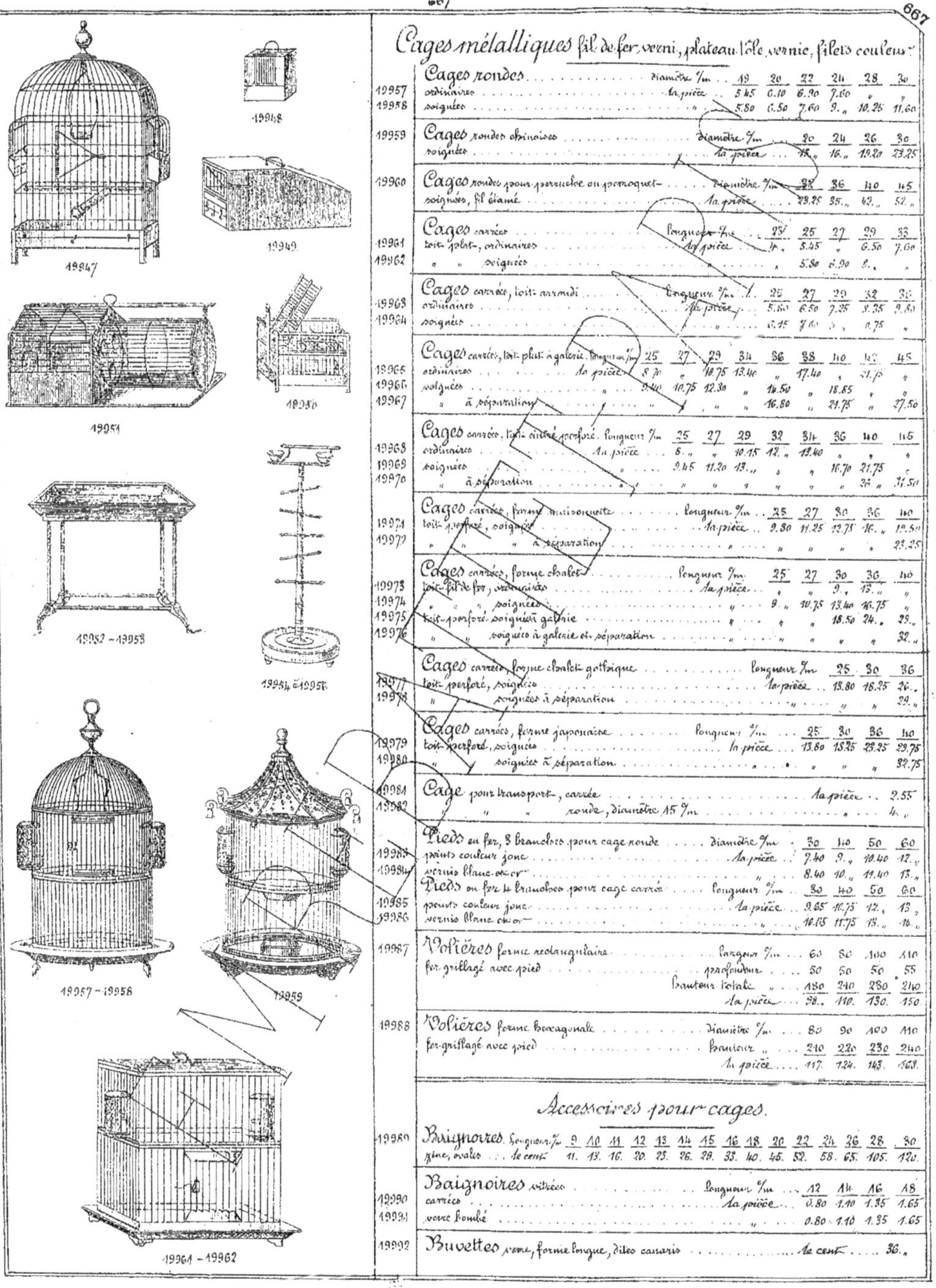

Cages métalliques fil de fer, verni, plateau tôle vernie, filets couleur

N°	Cages rondes	diamètre m/m	19	20	22	24	28	30
19957	ordinaires	la pièce	5.45	6.10	6.90	7.60	„	„
19958	soignées	„	5.80	6.50	7.60	9.„	10.25	11.60

N°	Cages rondes chinoises	diamètre m/m	20	24	26	30
19959	soignées	la pièce	[illegible]	16.„	19.20	23.25

N°	Cages rondes pour perruche ou perroquet	diamètre m/m	[illegible]	36	40	45
19960	soignées, fil étamé	la pièce	23.25	35.„	42.„	52.„

N°	Cages carrées	longueur m/m	23	25	27	29	33
19961	toit plat, ordinaires	la pièce	4.„	5.45	„	6.50	7.60
19962	„ „ soignées	„	„	5.80	6.90	8.„	„

N°	Cages carrées, toit arrondi	longueur m/m	25	27	29	32	36
19963	ordinaires	la pièce	5.60	6.50	7.25	8.35	9.60
19964	soignées	„	6.15	7.60	[illegible]	0.75	„

N°	Cages carrées, toit plat à galerie	longueur m/m	25	27	29	34	36	38	40	42	45
19965	ordinaires	la pièce	8.70	„	10.75	13.40	„	17.40	„	21.75	„
19966	soignées	„	9.40	10.75	12.30	„	14.50	„	18.85	„	„
19967	„ à séparation	„	„		„	„	16.80	„	21.75	„	27.50

N°	Cages carrées, toit cintré perforé	longueur m/m	25	27	29	32	34	36	40	45
19968	ordinaires	la pièce	8.„	„	10.15	12.„	13.40	„	„	„
19969	soignées	„	9.45	11.20	13.„	„	„	16.70	21.75	„
19970	„ à séparation	„	„	„	„	„	„	„	26.„	31.50

N°	Cages carrées, forme maisonnette	longueur m/m	25	27	30	36	40
19971	toit perforé, soignées	la pièce	9.80	11.25	12.75	16.„	19.50
19972	„ „ „ à séparation	„	„	„	„	„	23.25

N°	Cages carrées, forme chalet	longueur m/m	25	27	30	36	40
19973	toit fil de fer, ordinaires	la pièce	„	„	9.„	13.„	„
19974	„ „ „ soignées	„	9.„	10.75	13.40	16.75	„
19975	toit perforé, soignées à galerie	„	„	„	18.50	24.„	29.„
19976	„ „ soignées à galerie et séparation	„	„	„	„	„	32.„

N°	Cages carrées, forme chalet gothique	longueur m/m	25	30	36
19977	toit perforé, soignées	la pièce	13.80	16.25	26.„
19978	„ soignées à séparation	„	„	„	29.„

N°	Cages carrées, forme japonaise	longueur m/m	25	30	36	40
19979	toit perforé, soignées	la pièce	13.80	18.25	23.25	29.75
19980	„ soignées à séparation	„	„	„	„	32.75

N°	Cage pour transport		
19981	Cage pour transport, carrée	la pièce	2.55
19982	„ „ ronde, diamètre 15 m/m	„	4.„

N°	Pieds en fer, 3 branches pour cage ronde	diamètre m/m	30	40	50	60
19983	peints couleur jonc	la pièce	7.40	9.„	10.40	12.„
19984	vernis blanc et or	„	8.40	10.„	11.40	13.„

N°	Pieds en fer 4 branches pour cage carrée	longueur m/m	30	40	50	60
19985	peints couleur jonc	la pièce	9.65	10.75	12.„	13.„
19986	vernis blanc et or	„	10.65	11.75	13.„	14.„

N°	Volières forme rectangulaire, fer grillagé avec pied					
19987		largeur m/m	60	80	100	110
		profondeur	50	50	50	55
		hauteur totale	180	210	230	240
		la pièce	98.„	110.	130.	150.

N°	Volières forme hexagonale, fer grillagé avec pied					
19988		diamètre m/m	80	90	100	110
		hauteur „	210	220	230	240
		la pièce	117.	124.	143.	168.

Accessoires pour cages.

N°	Baignoires	longueur m/m	9	10	11	12	13	14	15	16	18	20	22	24	26	28	30
19989	zinc, ovales	le cent	11.	13.	16.	20.	23.	26.	29.	33.	40.	45.	52.	58.	65.	105.	120.

N°	Baignoires vitrées	longueur m/m	12	14	16	18
19990	carrées	la pièce	0.80	1.10	1.35	1.65
19991	verre bombé	„	0.80	1.10	1.35	1.65

N°	Buvettes		
19992	Buvettes verre, forme longue, dites canaris	le cent	36.„

(Voir prix page 667)

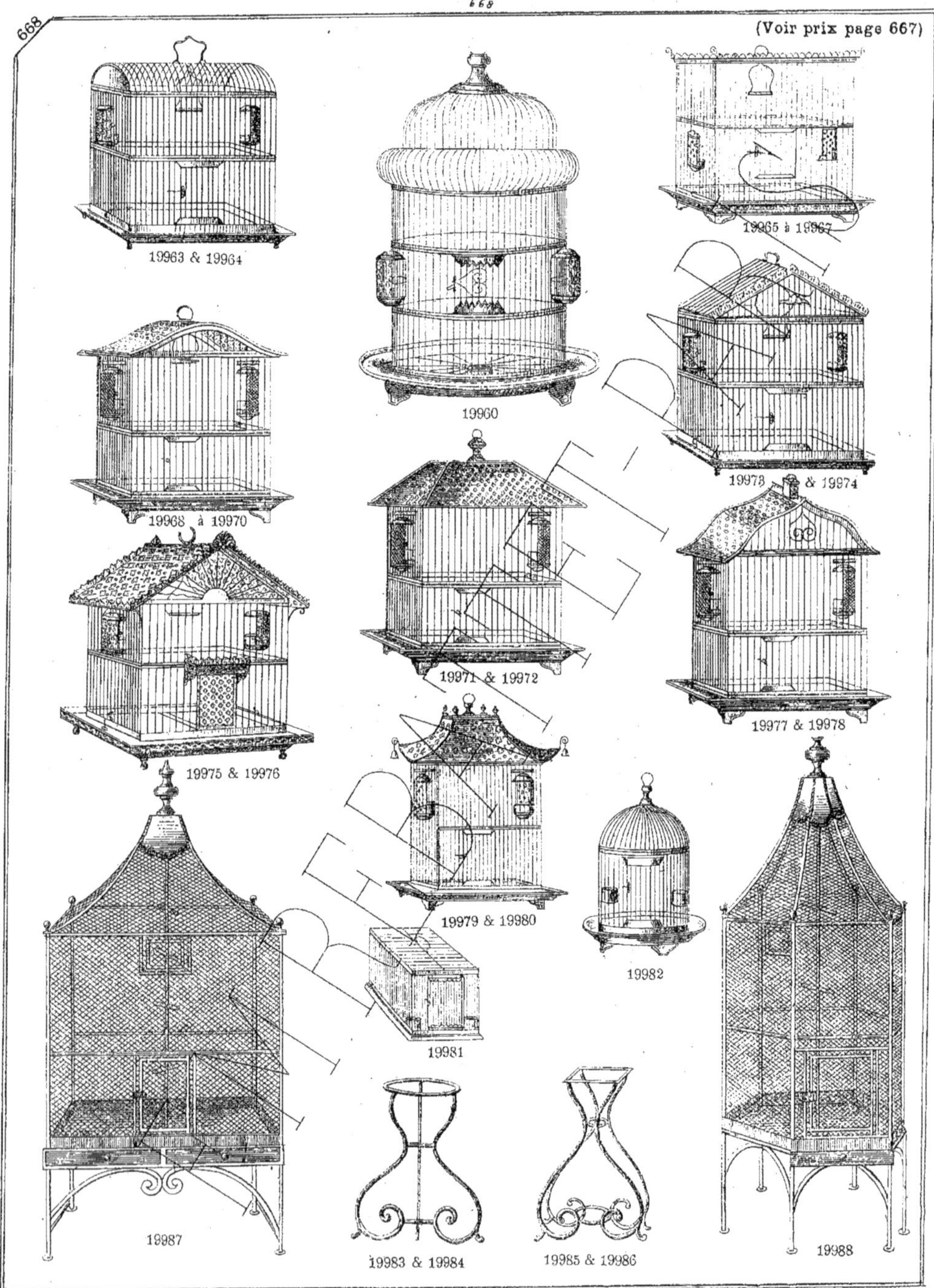

Paris. — Imp. DONNADIEU, 23, Rue des Francs-Bourgeois

	Buvettes zinc boule verre	N°	1	2	3	4	5	6
		Diamètre de la boule m/m	55	65	80	90	100	110
19993	modèle ordinaire	le cent	40. „	47.	54.	100.	125.	170.
19994	nouveau modèle	„	54.	62.	68.	105	„	„
19995	**Boules** seules pour d°	„	20.	20.	20	80	100	120.

19996 **Buvettes** zinc, boule verre, se plaçant à l'extérieur de la cage . . . le cent . . . 60. „

	Mangeoires zinc coins ronds	Longueur c/m	12	14	16	18
19997	non couvertes	le cent	20. „	20. „	26. „	26. „

	Mangeoires plates, zinc	Nombre de trous	2	3	4	5	6
19998	couvercle à coulisse	le cent	20.	33.	44.	54.	65.
19999	„ à charnière	„	33.	45.	58.	72.	85.

	Mangeoires zinc, avec glace	Nombre de trous	2	3	4	5	6
20 000	à charnière	le cent	33.	45.	58.	72.	85.
20.001	à trémie	„	52.	78.	104.	130.	156.

	Mangeoires zinc, à grandes	Nombre de trous	1	2	3	4	5	6
20002	ovales	le cent	26.	44.	65.	87.	110.	130.
20003	carrées	„	„	39.	58.	78.	100.	120.

Mangeoires zinc, à tiroirs

	Nombre de trous		2	3	4	5	6	8	10	12	14	20
20004	simple forme chalet sans glace	la pièce	0.65	0.85	1.05	1.30	1.55	2.10	2.60	3.15	3.65	5.20
20005	„ ordinaire avec glace	„	0.65	1. „	1.30	1.65	1.95	2.60	3.25	3.90	4.55	6.50
20006	„ nouvelles avec glace	„	0.80	1.15	1.55	1.95	2.35	3.15	3.95	4.75	5.55	7.80
20007	doubles, forme chalet, sans glace	„	„	„	„	„	„	„	„	3.15	3.70	5.20
20008	„ ordinaires avec glace	„	„	„	„	„	„	„	„	3.90	4.55	6.50

	Mangeoires dites trémies zinc poli	Nombre de trous	2	3	4	5	6	8	10
20009	simples, pour tourterelle	la pièce	2.85	4.25	5.70	7.15	8.55	11.40	14.25

20010	**Mangeoires** pour cage à perroquet	Longueur c/m	9	10	11
	zinc forme carrée	la paire	0.40	0.45	0.55
20011	**Tasses** pour perchoir à perroquet	diamètre m/m	85	95	105
	zinc, rondes à douille	la paire	0.65	0.80	0.90

20012 **Mangeoires** petits pots zinc repoussé à crochets pour perroquets . . le cent . . 16.50

	Nids d'oiseaux			
20013	fil de fer cuivré, ordinaires garnis, diamètre 90 m/m		le cent	11. „
20014	„ „ étamé, ordinaires (R.B.T.)	90 „	„	13.60
20015	„ „ „ „ soignés (R.B.T.)	95 „	„	21. „
20016	„ „ „ „ très serrés	95 „	„	28.50
20017	„ „ „ „ perlés	95 „	„	33. „
20018	„ „ „ „ hollandais	110 „	„	36. „
20019	„ „ „ „ chinois couverts	95 „	„	33. „
20020	„ „ fond zinc poli, garnis, diamètre 90 m/m		„	21.50
20021	„ „ osier, garnis, diamètre 90 m/m (R.B.T.)		„	20. „
20022	„ pour tourterelles, osier, non garnis, diamètre 150 m/m		„	43. „
20023	„ „ „ „ garnis „ „		„	70. „
20024	„ bûche, pour oiseau des Iles, trou sur bout diamètre 70 m/m		la pièce	1. „
20025	„ „ „ „ „ un trou	80 „	„	1. „
20026	„ „ „ „ „ deux trous	80 „	„	1. „
20027	„ „ „ perruche, hauteur 15 c/m diamètre 90 m/m		„	1.35
20028	„ façon bambou verni, pour oiseau des Iles, diamètre 70 m/m		„	1.65
20029	„ bois verni, forme œuf „ „ „ hauteur 100 m/m		„	1.65

20030, 20031
20033

20032 - 20034

20036 - 20038
20040 - 20042

20035 - 20037
20039 - 20041

20043 - 20045
ouvert

20044

20043 - 20045
fermé

20048 - 20049

20047
ouvert

20050

20047, fermé

Pliants et Meubles fantaisie bois et rotin.

Pliants toile rayée fantaisie

			Enfant	Fillette	Dame	Homme
20030	bois jaune, sans dossier	la pièce	0.50	0.80	1.10	1.40
20031	rotin verni jaune, sans dossier	„	1.15	1.60	2. „	2.55
20032	„ „ „ avec dossier	„	2. „	2.35	3.10	3.60
20033	bambou verni naturel, sans dossier	„	1.40	1.85	2.45	3. „
20034	„ „ „ avec dossier	„		3.40	4. „	5. „

Pliants toile, broderie ordinaire

			Enfant	Fillette	Dame	Homme
20035	tournés, verni naturel, sans dossier	la pièce	1.50	2. „	2.65	3.10
20036	„ „ „ avec dossier	„	3.15	3.50	4.40	5. „
20037	bambou, verni naturel, sans dossier	„	2. „	2.35	3.10	3.55
20038	„ „ „ avec dossier	„		4.45	5.60	6.50

Pliants toile, broderie tapisserie

			Enfant	Fillette	Dame	Homme
20039	tournés, verni naturel, sans dossier	la pièce	1.95	2.40	3.40	3.95
20040	„ „ „ avec dossier	„	„	5.40	6.30	7.20
20041	bambou, verni naturel, sans dossier	„	3. „	3.30	4.20	4.75
20042	„ „ „ avec dossier	„	„	6.15	7.45	8. „

20043 **Pliant** bois jaune ordinaire, longueur 40 c/m hauteur 34 c/m largeur 25 c/m à barrettes bois . . . . . . la pièce . . . 1.60

20044 **Pliant** dit "l'Hercule" bois verni armature fer, barrettes bois 1/2 rond la pièce 4.15

Pliants bois verni à barrettes.

20045		Hauteur c/m	30	36
		dimensions c/m	36 x 23	40 x 25
	fabrication soignée	la pièce	5. „	5.40

Pliants universels

		Hauteur c/m	26	31	36	39	42
	bois verni	dimensions c/m	34 x 21	36 x 24	37 x 26	40 x 27	46 x 29
20046	dessus à barrettes	la pièce	7. „	7.45	7.90	8.30	8.75
20047	dessus canné	„	7. „	7.45	7.90	8.30	8.75

Pliant chasseur

20048 bois verni, dessus toile renforcée . . . . la pièce . . 6.15
20049 „ „ „ „ dessus cuir extra . . . . . . „ . . . 10. „

Chaises pliantes, bois jaune, dossier barrettes

			Fillette	Dame	Homme
20050	toile rayure fantaisie	la pièce	1.85	2.20	2.60

Chaise pliante bois jaune, toile rayure fantaisie

20051	Chaise pliante bois jaune, toile rayure fantaisie	la pièce	2.65
20052	„ „ universelle bois jaune, toile rayure fantaisie	„	3.35
20053	„ „ „ bois jaune verni, toile rayure fantaisie	„	4.15
20054	„ „ „ „ „ „ toile broderie ordinaire	„	5.50
20055	„ „ „ „ „ „ „ „ tapisserie	„	6.60

Chaises pliantes rotin verni jaune, dossier toile

			Fillette	Dame	Homme
20056	toile, rayure fantaisie	la pièce	3. „	3.75	4.05
20057	„ broderie ordinaire	„	4.10	5. „	5.60
20058	„ broderie tapisserie	„	5.25	6.60	7.50

Chaises pliantes, frêne verni jaune

			Dame	Homme
20059	toile, rayure fantaisie	la pièce	4.55	5.40
20060	„ broderie ordinaire	„	5.95	6.85
20061	„ broderie tapisserie	„	7.35	8.40

Chaises transatlantiques à crémaillère bois jaune verni

20062	toile, rayure fantaisie	la pièce	7.35
20063	„ broderie ordinaire	„	9.10
20064	„ broderie fantaisie	„	10.85

Chaises-longues pliantes, frêne verni jaune, accoudoirs cuir

20065	siège et dos canné	la pièce	25. „
20066	„ „ toile rayée	„	25. „
20067	„ „ toile broderie tapisserie	„	28. „

671

20051 — 20052-20053 — 20054-20055 — 20058 — 20059 — 20068 — 20069-20070

20068 **Chaises** pliantes, siège à barrettes, bois jaune .... la pièce .. 1.70
20069 ....„ .... „ ..... „ ...... „ ... bois jaune verni .... „ 2.60
20070 ....„ .... „ ..... „ ...... „ ... bois laqué vert d'eau ...... „ .. 3.35

20071 **Chaise** fixe, bois courbé verni noir noyer ou jaune, siège rond canné ou fond bois, diamètre 37 % la pièce 9.65
20072 ..... „ ..... „ ..... „ ..... „ ..... „ ..... „ ..... „ ..... 41 „ ... 10.50
20073 ..... „ ..... „ ..... „ ..... „ ..... forme trapèze „ ... dimensions 37x35 „ 11.85

20074 **Fauteuil** bois courbé verni noir, noyer ou jaune, siège rond canné, diamètre 45 % la pièce 18.75
20075 **Canapé** ..... „ ..... „ ..... „ ..... canné, longueur 110 % ... „ 38.50
20076 ..... „ ..... „ ..... „ ..... „ ..... 140 „ ... „ 57.25
20077 **Chaise** de table ..... „ ..... „ ..... siège canné pour enfant ..... „ 17.60
20078 **Porte-manteau** circulaire, bois courbé verni noir noyer ou jaune, sans cuvette „ 43. „
20079 ..... „ ..... „ ..... „ ..... „ ..... „ avec cuvette zinc „ 48. „

20080 **Chaise** .. rotin, monture chataignier, vannage blanc .... la pièce 4.35
20081 **Fauteuil** .. „ ..... „ ..... „ ..... „ ..... „ .. 6.85
20082 **Chaise** .. „ ..... „ ..... „ ..... „ ..... „ .. 5.80
20083 **Fauteuil** .. „ ..... „ ..... „ ..... „ ..... „ .. 8.90
20084 **Cannapé** .. „ ..... „ ..... „ ..... „ ..... „ .. 17.50
20085 **Chaise** .. „ ..... „ ..... „ ..... „ ..... „ .. 6.10
20086 **Fauteuil** .. „ ..... „ ..... „ ..... „ ..... „ .. 9.65
20087 **Cannapé** .. „ ..... „ ..... „ ..... „ ..... „ .. 21. „
20088 **Chaise** .. rotin, monture chataignier, vannage blanc et couleur ... „ .. 7.90
20089 **Fauteuil** .. „ ..... „ ..... „ ..... „ ..... „ .. 10.50
20090 **Cannapé** .. „ ..... „ ..... „ ..... „ ..... „ .. 23. „
20091 **Chaise** .. rotin, monture chataignier, écorce vernie, vannage blanc ... „ .. 9.65
20092 **Fauteuil** .. „ ..... „ ..... „ ..... „ ..... „ .. 14. „
20093 **Cannapé** .. „ ..... „ ..... „ ..... „ ..... „ .. 30. „
20094 **Chaise** .. rotin, monture chataignier, vannage blanc rayé couleur ... „ .. 13.60
20095 **Fauteuil** .. „ ..... „ ..... „ ..... „ ..... „ .. 16.60
20096 **Cannapé** .. „ ..... „ ..... „ ..... „ ..... „ .. 35. „
20097 **Chaise** .. rotin, monture malacca, vannage blanc, bandes couleur .. „ .. 23. „
20098 **Fauteuil** .. „ ..... „ ..... „ ..... „ ..... „ .. 28. „
20099 **Canapé** .. „ ..... „ ..... „ ..... „ ..... „ .. 61. „

	Fauteuils rotin confortables, pieds rustiques	taille dame	grande taille
20100	vannage damassé blanc, monture chataignier .. la pièce ..	12.40	14. „
20101	.. „ ..... „ ..... „ ..... „ ..... écorce vernie .. „ ..	14.20	15.80

20102 **Fauteuil** rotin confortable, vannage damassé blanc gros renforcé, pieds chataignier. la pièce 19. „
20103 ..... „ ..... „ ..... „ ..... „ ..... bandes couleur .. „ .. „ .. „ .. „ .. 21.50
20104 ..... „ ..... „ ..... „ ..... damassé blanc fin, entièrement clissé ... „ .. 29.50
20105 ..... „ ..... „ ..... „ ..... „ ..... bandes couleur .. „ .. „ .. „ .. 34. „

	Chaises-longues rotin, dossier mobile	taille dame	grande taille
20106	vannage damassé, lamé ordinaire, monture chataignier la pièce .. „ ..		14. „
20107	.. „ ..... „ .. blanc ..... „ ..... „ ..... „ ..	„	17.50
20108	.. „ ..... „ .. blanc renforcé ..... „ ..... „ ..... „ ..	„	25.50
20109	.. „ ..... „ .. bandes couleur renforcé, monture chataignier „ ..	„	29. „
20110	.. „ ..... „ .. blanc fin, un bras mobile, monture malacca .. „ ..	32.50	39.50
20111	.. „ ..... „ .. bandes couleur „ .. „ .. „ .. „ .. „ ..	39.50	45. „
20112	.. „ ..... „ .. blanc fin ..... monture entièrement clissée „ ..	„	42. „
20113	.. „ ..... „ .. bandes couleur ..... „ .. „ .. „ .. „ ..	„	47. „
20114	.. „ ..... „ .. couleur genre tapisserie „ .. „ .. „ ..	„	70. „

20115 **Guérite** ronde osier blanc, garnie rabanne ou cretonne imprimée. la pièce 21. „
20116 ..... „ ..... „ ..... „ ..... „ .. garnie toile, broderie ordinaire .... „ .. 33.50
20117 ..... „ ..... „ ..... „ ..... „ ..... „ .. broderie tapisserie .... „ .. 42. „
20118 ..... „ ..... „ ..... „ ..... „ .. garnie rafia et andrinople .... „ .. 47. „
20119 ..... „ ..... „ ..... „ ..... „ .. garnie andrinople et tissu oriental lamé .. „ .. 61. „

20120 **Tabouret** ou banc de pieds bois verni jaune, dessus natte de chine .. la pièce 0.95
20121 ..... „ ..... „ ..... „ ..... „ façon bambou, dessus canné .... „ .. 3.50
20122 ..... „ ..... „ ..... „ .. rotin dessus vannage blanc ou bandes couleur .. „ .. 3.50

(Voir prix pages 670 et 671)

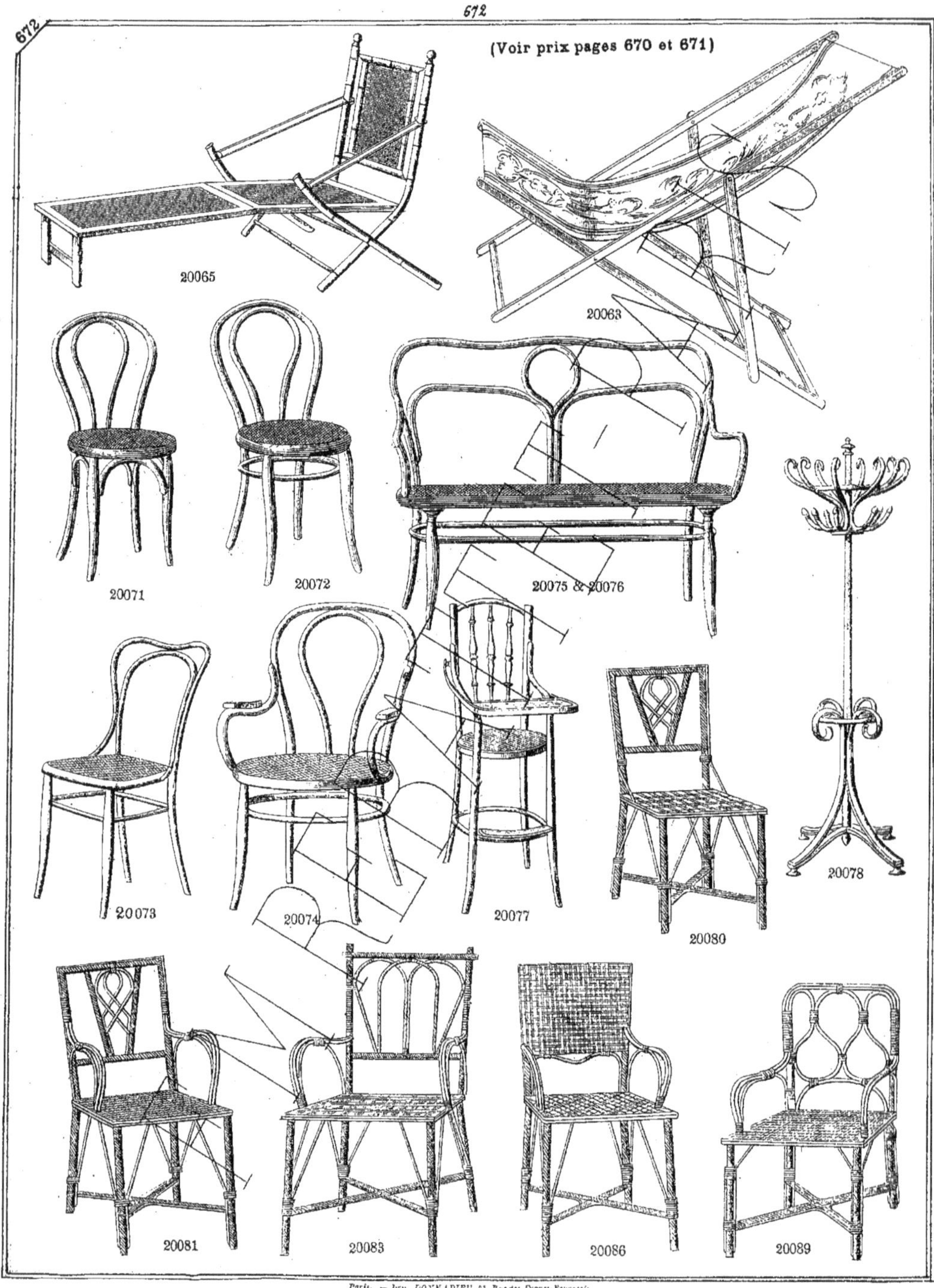

Paris. — Imp. DONNADIEU, 25, Rue des Francs-Bourgeois

(Voir prix page 671)

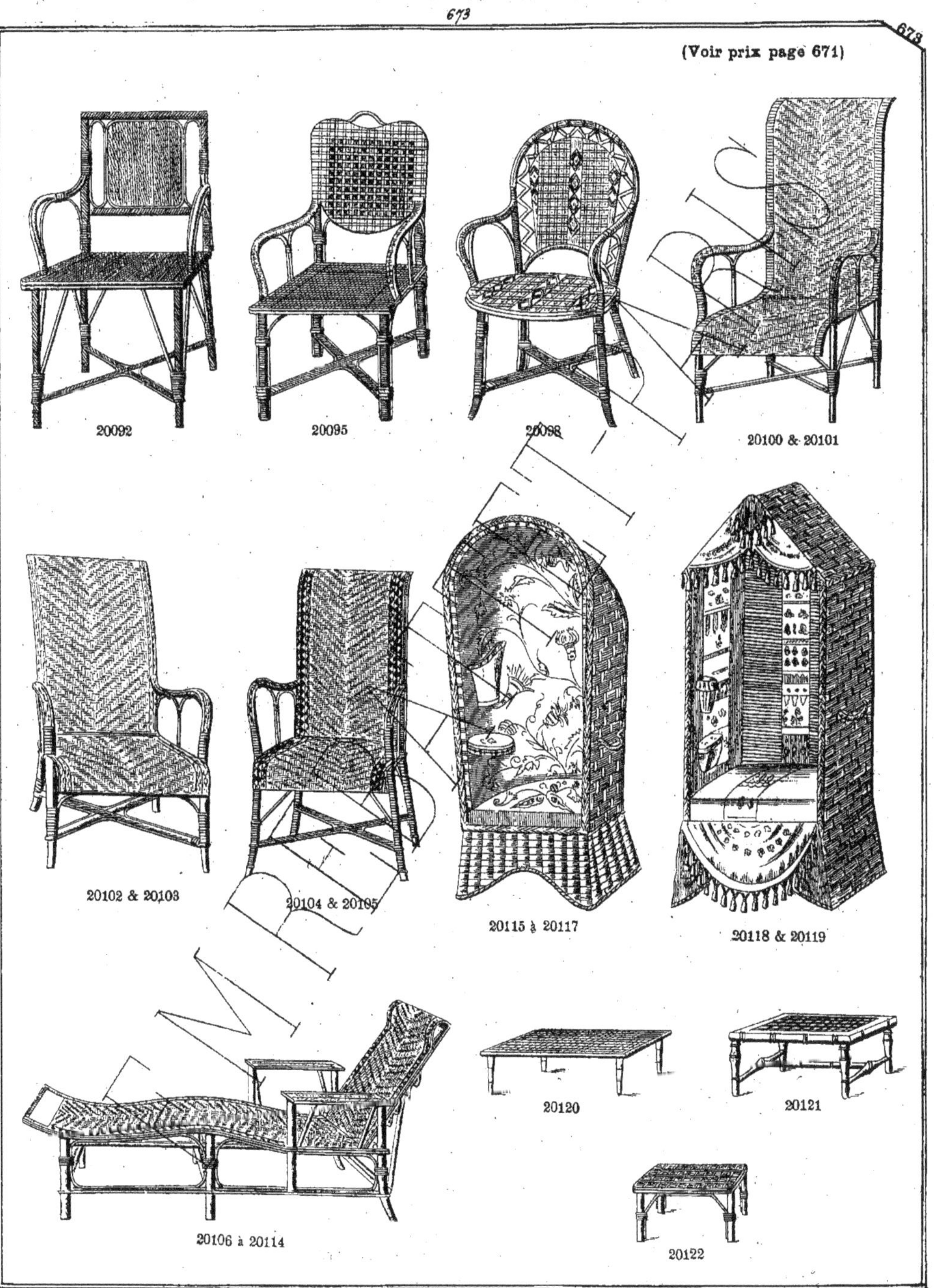

Paris. — Imp. DONNADIEU, 23, Rue des Francs-Bourgeois

20125

20131
avec filet 20139

20132
avec filet 20139

20133
avec filet 20139

Literie

Bercelonnettes bois, flèche à col de cygne

N°	Désignation		Prix
20123	façon bambou, faux bois	la pièce	25.25
20124	" " vrai noyer	"	36. "
20125	fuseaux tournés, faux bois	"	25,25
20126	" " vrai noyer	"	36. "
20127	lames cintrées, faux bois	"	40. "
20128	" " vrai noyer	"	50. "
20129	modèle riche, bois noir ciré Louis XVI	"	90. "
20130	" " vrai noyer	"	108. "

Bercelonnette fer peinture bleu uni ou bronze platiné ordinaire, sans filet

N°	Désignation		Prix
20131	Bercelonnette fer peinture bleu uni ou bronze platiné ordinaire, sans filet	la pièce	10.80
20132	" " " " " " traverse double à barrettes	"	11.70
20133	" " " " " " à volutes	"	12.60
20134	" " " " " " cintrées	"	18. "
20135	" " " " " " fer torse	"	21.60
20136	" " " " " " doubles montants	"	27. "
20137	" riche fer et cuivre, laqué toutes nuances	"	90. "
20138	" très riche tout cuivre	"	190. "
	Les bercelonnettes N° 20131 à N° 20136 peinture blanche, Augmentation	"	0.90
20139	Filet coton, pour bercelonnette	"	1.50

Lits d'enfant, bois verni avec flèche

N°	Désignation	longueur $^c/_m$	130	145	150	160
20140	faux bois modèle ordinaire	la pièce	40.	43.	45.	51.
20141	vrai noyer " "	"	61.	64.	66.	72.
20142	faux bois Louis XV uni	"	47.	51.	53.	58.
20143	vrai noyer " "	"	69.	73.	75.	80.
20144	bois noir ciré, Henri II riche	"	"	126.	"	"
20145	vrai noyer " "	"	"	148.	"	"

Lits d'enfant fer peint bleu uni ou bronze platiné avec flèches

N°	Désignation		100	110	120	130	140	150	160
		longueur $^c/_m$	100	110	120	130	140	150	160
		largeur $^c/_m$	55	55	55	60	60	65	65
20146	barreaux droits ordinaires	la pièce	11.25	12.60	13.50	15.30	16.20	18. "	"
20147	" " renforcés	"	"	"	17. "	19. "	20. "	21. "	22. "
20148	à volutes, ordinaires	"	15.30	16.20	17. "	18. "	19. "	21. "	"
20149	" renforcés	"	"	"	21. "	22. "	23. "	25. "	26. "
20150	" colonnes à pomme de pin	"	"	24. "	25. "	26. "	27. "	29. "	30. "
20151	" " à boules cuivre, fort. ½ riche	"	"	"	34. "	36. "	37. "	40. "	42. "
20152	cotes à filets, laqués toutes nuances, boules cuivre, sommier aseptique	la pièce				47. "	50. "	52. "	53. "

N°	Désignation		110	120	130	140	150	160
20152bis	Filets doubles en coton pour lit d'enfant	longueur $^c/_m$	110	120	130	140	150	160
		la pièce	2. "	2.15	2.35	2.50	2.70	2.90

Les lits N° 20146 à N° 20151 avec peinture blanche . . . . Augmentation - la pièce . . 0.90

" " " " avec parties dorées . . . . . " 2.70

Lits d'enfant, genre anglais, fer et cuivre laqués crème, bleu ciel, rose ou blanc

N°	Désignation		140	150	160
		longueur $^c/_m$	140	150	160
		largeur "	70	70	70
20153	modèle fort, piliers 25 $^m/_m$ fer et cuivre	la pièce	67.	75.	80.
20154	modèle cintré, piliers 26 $^m/_m$ " "	"	75.	80.	87.
20155	modèle riche, piliers " " "	"	100.	108.	114.
20156	" " " " tout cuivre, petits ornements	"	218.	225.	233.
20157	" " " " " " gros ornements	"	250.	260.	270.
	avec sommier aseptique adhérent - Augmentation	"	18.	20.	22.

Lits en fer peints vert ou brun

N°	Désignation								
		longueur $^c/_m$	180	185	185	190	190	190	190
		largeur "	70	75	80	90	100	110	120
20158	à équerres, ordinaires	la pièce	15.30	16.65	17.10	19. "	21.60	22.50	28. "
20159	" à volutes	"	19. "	20.25	20.70	22.50	25.20	26.10	31. "
20160	à galerie et palmette, dossier cintré	"	20.70	21.60	23.40	24.30	28. "	29. "	34. "

Lits en fer forgé bronzé argent, longueur 190 $^c/_m$

N°	Désignation	largeur $^c/_m$	70	80	90	100	110	120
20161	dossiers à volutes, consoles unies	la pièce	15.30	19.	20. "	22.50	24.50	28. "
20162	" " à galerie	"	18. "	21.60	24.50	27. "	29. "	33. "
20163	" " Louis XV à deux galeries	"	21.60	25.25	27. "	29. "	32. "	35. "

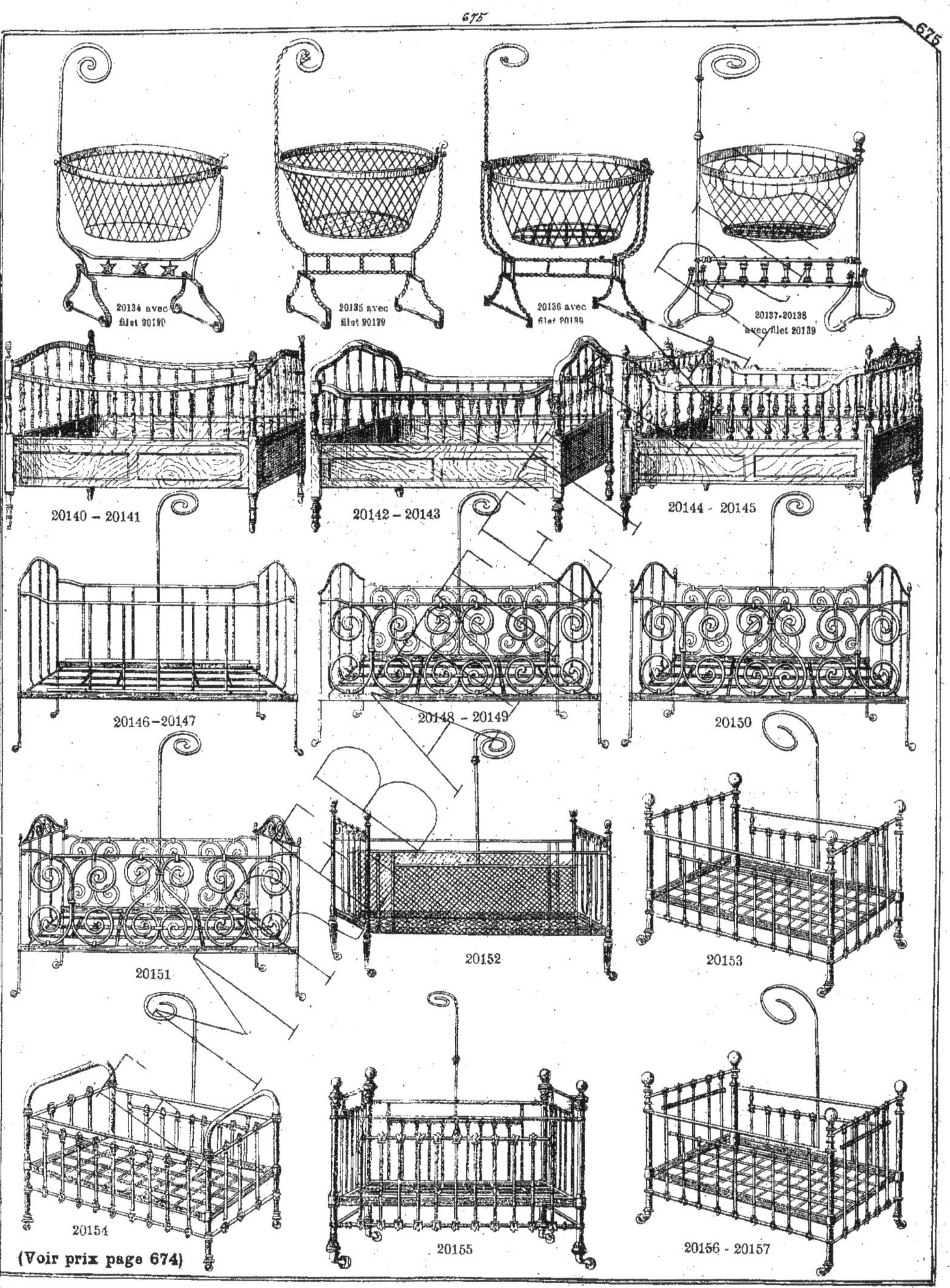

(Voir prix page 674)

Paris. — Imp. DONNADIEU, 23, Rue des Francs-Bourgeois

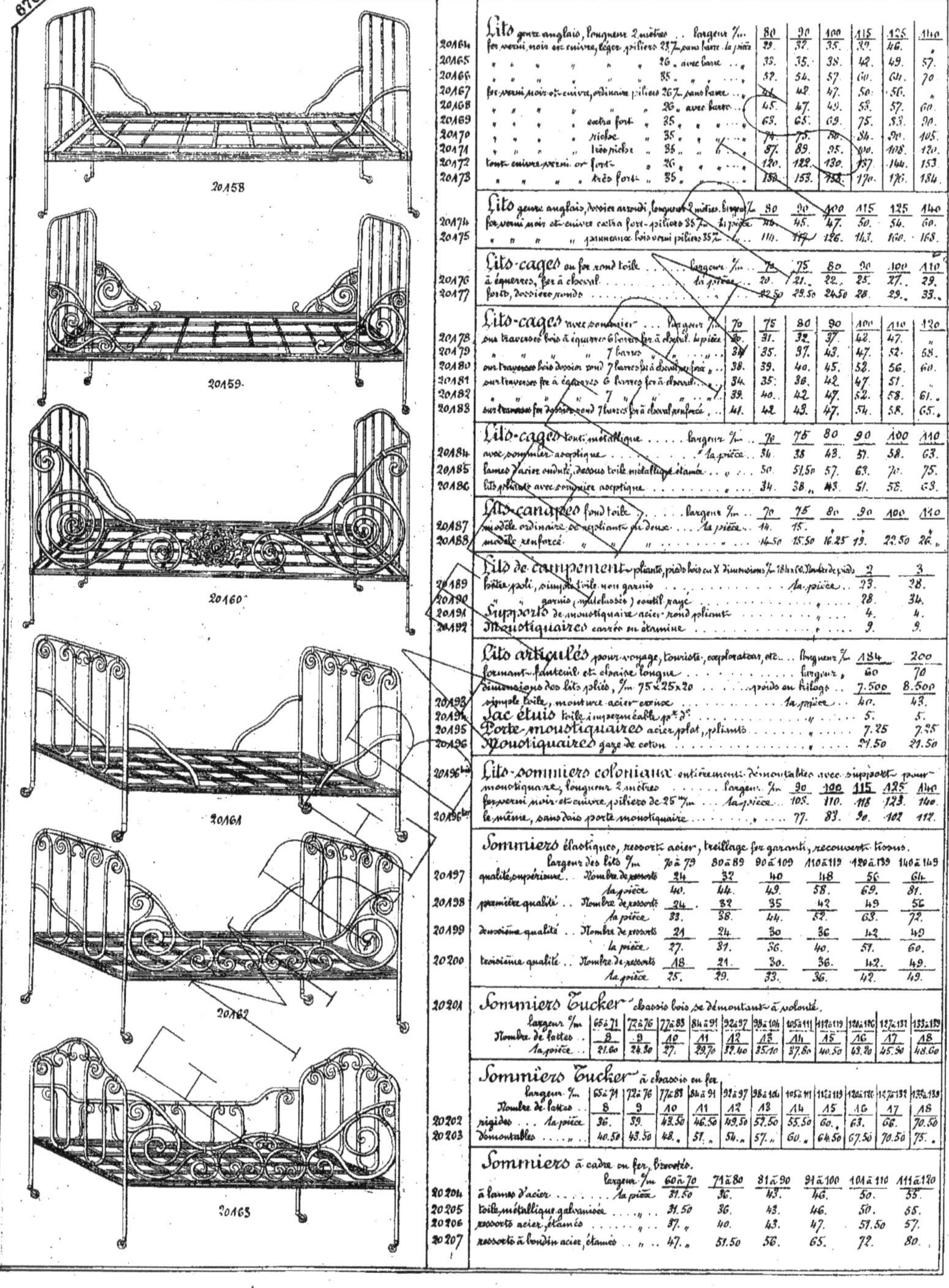

N°	**Lits** genre anglais, longueur 2 mètres . . largeur m/m	80	90	100	115	125	140
20164	fer verni, noir et cuivre, léger, piliers 23 m/m sans barre . la pièce	29.	32.	35.	39.	46.	»
20165	" " " " " " 26 " avec barre . . "	33.	35.	38.	42.	49.	57.
20166	" " " " " " 35 " " " . . . "	52.	54.	57.	60.	64.	70
20167	fer verni noir et cuivre, ordinaire piliers 26 m/m sans barre . . "	41.	42.	47.	50.	56.	»
20168	" " " " " " 26 " avec barre . . "	45.	47.	49.	53.	57.	60.
20169	" " " " extra fort " 35 " " " . . . "	63.	65.	69.	75.	83.	90.
20170	" " " " riche " 35 " " " . . . "	74.	75.	80.	84.	90.	105.
20171	" " " " très riche " 35 " " " . . . "	87.	89.	95.	100.	108.	120.
20172	tout cuivre verni or fort " 26 " " " . . . "	120.	122.	130.	137.	144.	153.
20173	" " " " très fort " 35 "	150.	153.	158.	170.	176.	184.

N°	**Lits** genre anglais, dossier arrondi, longueur 2 mètres. largeur m/m	80	90	100	115	125	140
20174	fer verni noir et cuivre extra fort, piliers 35 m/m la pièce	[illegible]	45.	47.	50.	54.	60.
20175	" " " " panneaux bois verni piliers 35 m/m . . " . .	110.	117.	126.	143.	160.	168.

N°	**Lits-cages** en fer rond toile . . . . . . largeur m/m	70	75	80	90	100	110
20176	à équerres, fer à cheval . . . . la pièce . .	20.	21.	22.	25.	27.	29.
20177	forts, dossiers ronds	22.50	23.50	24.50	28.	29.	33.

N°	**Lits-cages** avec sommier . . . largeur m/m	70	75	80	90	100	110	120
20178	sur traverses bois à équerres 6 barres fer à cheval. la pièce	30.	31.	32.	37.	42.	47.	»
20179	" " " " 7 barres " " " . . .	34	35.	37.	43.	47.	52.	58.
20180	sur traverses bois dossier rond 7 barres fer à cheval renforcé " . .	38.	39.	40.	45.	52.	56.	60.
20181	sur traverses fer à équerres 6 barres fer à cheval . " .	34	35.	36.	42.	47.	51.	»
20182	" " " " 7 " " " " . . "	39.	40.	42.	47.	52.	58.	61.
20183	sur traverses fer dossier rond 7 barres fer à cheval renforcé . .	41.	42.	43.	47.	54.	58.	65.

N°	**Lits-cages** tout métallique . . . . largeur m/m . .	70	75	80	90	100	110
20184	avec sommier aseptique . . . . la pièce .	34.	38	43.	51.	58.	63.
20185	lames d'acier ondulé, dessus toile métallique étamée . . " . . .	50.	51.50	57.	63.	70.	75.
20186	lits pliants avec sommier aseptique . . . . . " . . .	34.	38.	43.	51.	58.	63.

N°	**Lits-canapés** fond toile . . . . . . largeur m/m . .	70	75	80	90	100	110
20187	modèle ordinaire se repliant en deux . . . la pièce . .	14.	15.				
20188	modèle renforcé " " "	14.50	15.50	16.25	19.	22.50	26.

N°	**Lits de campement** pliants, pieds bois en X dimensions m/m 184x60. Nombre de pieds	2	3
20189	bâtis poli, simple toile non garnis . . . . la pièce . .	23.	28.
20190	" " garnis (matelassés) coutil rayé . . . . . . "	28.	34.
20191	**Supports** de moustiquaire acier rond pliant . . . . . "	4.	4.
20192	**Moustiquaires** carrés en étamine . . . . "	9.	9.

N°	**Lits articulés** pour voyage, touriste, explorateur, etc. . . longueur m/m	184	200
	formant fauteuil et chaise longue . . . . largeur "	60	70
	dimensions des lits pliés, m/m 75x25x20 . . . . poids en kilogs . .	7.500	8.500
20193	simple toile, monture acier creux . . . . . . la pièce . .	40.	43.
20194	**Sac étuis** toile imperméable p^r d^o . . . . . . "	5.	5.
20195	**Porte-moustiquaires** acier plat, pliants . . . . "	7.25	7.25
20196	**Moustiquaires** gaze de coton . . . . "	21.50	21.50

N°	**Lits-sommiers coloniaux** entièrement démontables avec support pour moustiquaire, longueur 2 mètres . . . . . largeur m/m	90	100	115	125	140
20196 bis	fer verni noir et cuivre piliers de 25 m/m . . . la pièce . .	105.	110.	118	123.	140.
20196 ter	le même, sans dais porte moustiquaire . . . . . . "	77.	83.	90.	102	117.

Sommiers élastiques, ressort acier, treillage fer garanti, recouvert tissus.

N°	largeur des lits m/m		70 à 79	80 à 89	90 à 109	110 à 119	120 à 139	140 à 149
20197	qualité supérieure . .	Nombre de ressorts	24	32	40	48	56	64
		la pièce	40.	44.	49.	58.	69.	81.
20198	première qualité . .	Nombre de ressorts	24	32	35	42	49	56
		la pièce	33.	38.	44.	52.	63.	72.
20199	deuxième qualité . .	Nombre de ressorts	21	24	30	36	42	49
		la pièce	27.	31.	36.	40.	51.	60.
20200	troisième qualité . .	Nombre de ressorts	18	21	30	36	42	49
		la pièce	25.	29.	33.	36.	42.	49.

20201 **Sommiers Tucker** châssis bois se démontant à volonté.

largeur m/m	65 à 71	72 à 76	77 à 83	84 à 91	92 à 97	98 à 104	105 à 111	112 à 119	120 à 126	127 à 132	133 à 139
Nombre de lattes . .	8	9	10	11	12	13	14	15	16	17	18
la pièce . .	21.60	24.30	27.	29.70	32.40	35.10	37.80	40.50	43.20	45.90	48.60

Sommiers Tucker à châssis en fer.

N°	largeur m/m	65 à 71	72 à 76	77 à 83	84 à 91	92 à 97	98 à 104	105 à 111	112 à 119	120 à 126	127 à 132	133 à 139
	Nombre de lattes . .	8	9	10	11	12	13	14	15	16	17	18
20202	rigides . . . la pièce	36.	39.	43.50	46.50	49.50	52.50	55.50	60.	63.	66.	70.50
20203	démontables . . . . "	40.50	43.50	48.	51.	54.	57.	60.	64.50	67.50	70.50	75.

Sommiers à cadre en fer, brevetés.

N°	largeur m/m	60 à 70	71 à 80	81 à 90	91 à 100	101 à 110	111 à 120
20204	à lames d'acier . . . . la pièce	31.50	36.	43.	46.	50.	55.
20205	toile métallique galvanisée . . . . " . .	31.50	36.	43.	46.	50.	55.
20206	ressorts acier, étamés . . . . . . " . .	37.	40.	43.	47.	51.50	57.
20207	ressorts à boudin acier, étamés . . " . .	47.	51.50	56.	65.	72.	80.

(Voir prix page 676)

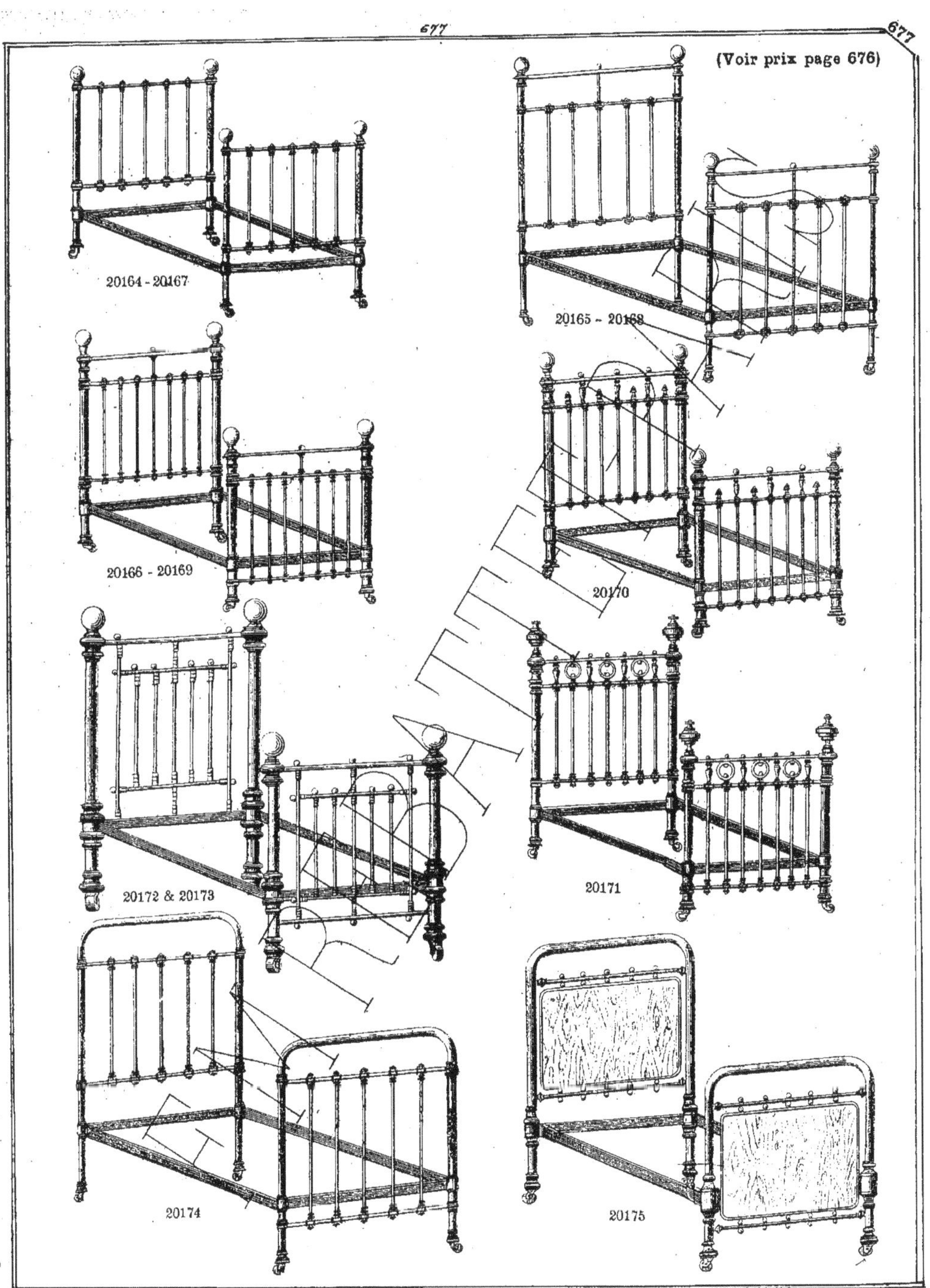

Paris. — Imp. DONNADIEU, 23, Rue des Francs-Bourgeois

(Voir prix page 676)

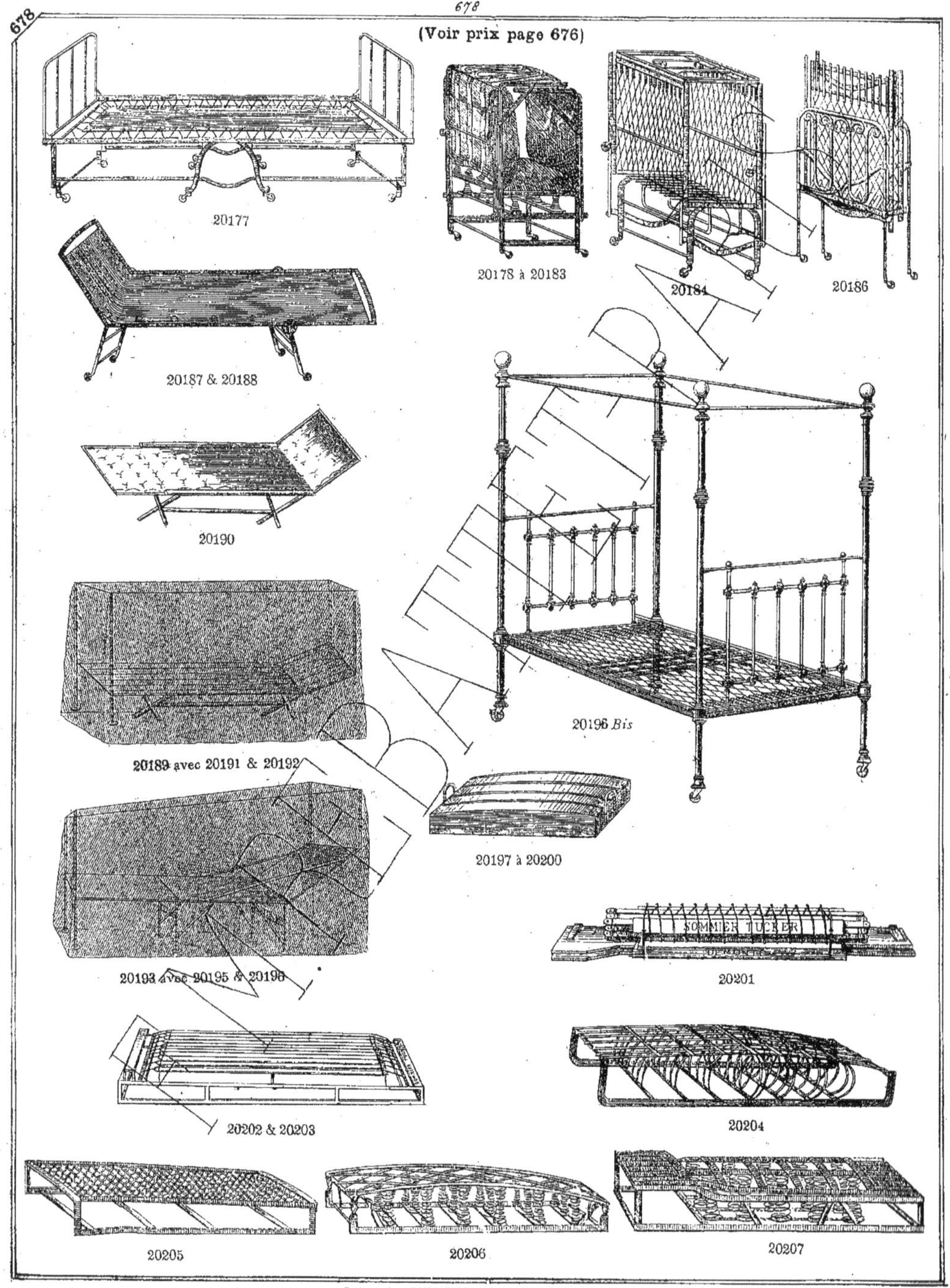

20177

20178 à 20183

20184

20186

20187 & 20188

20190

20196 *Bis*

20189 avec 20191 & 20192

20197 à 20200

20193 avec 20195 & 20196

20201

20202 & 20203

20204

20205

20206

20207

Paris. — Imp. DONNADIEU, 23, Rue des Francs-Bourgeois

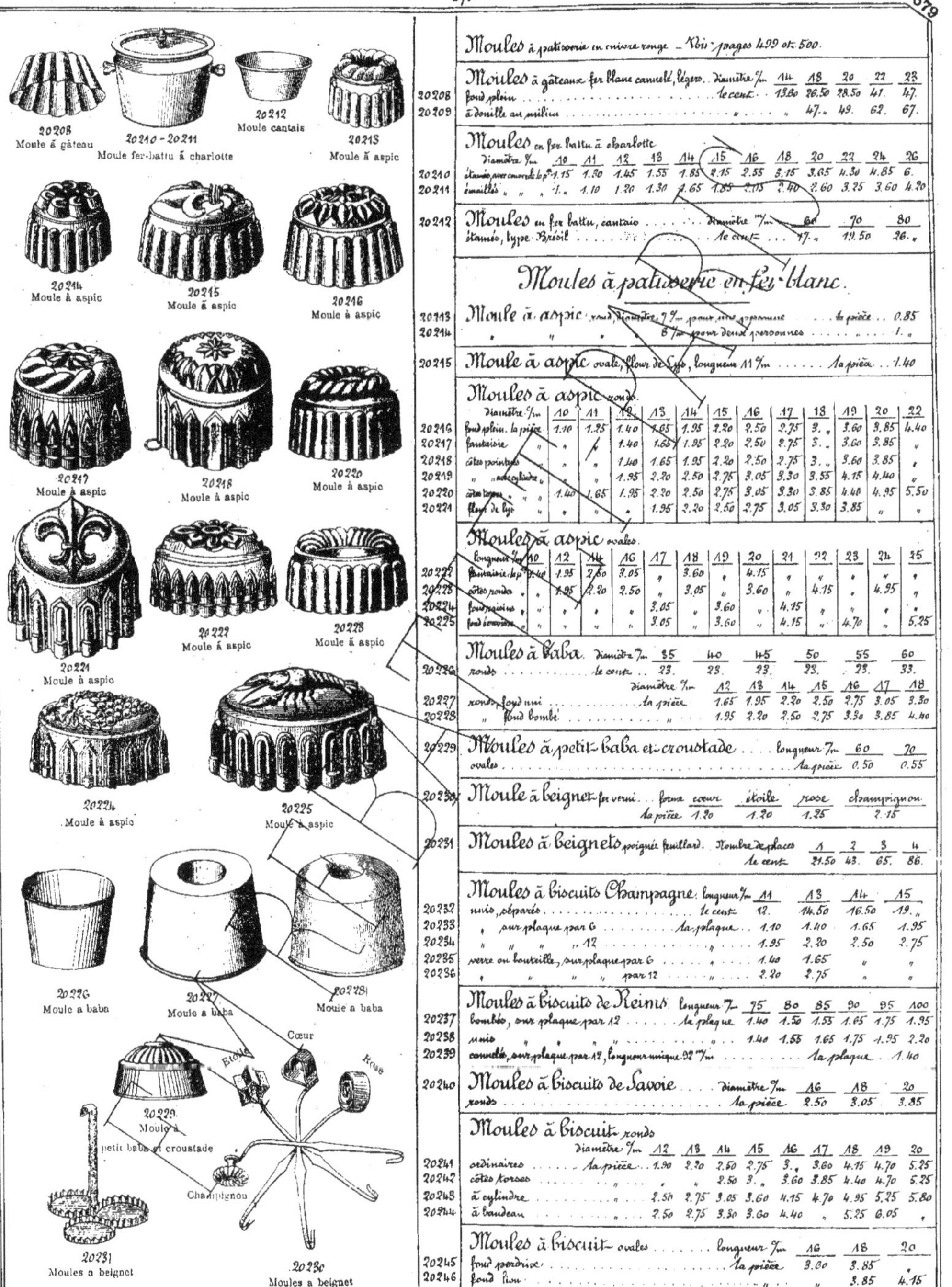

20208 Moule à gâteau — 20210-20211 Moule fer-battu à charlotte — 20212 Moule cantais — 20213 Moule à aspic — 20214 Moule à aspic — 20215 Moule à aspic — 20216 Moule à aspic — 20217 Moule à aspic — 20218 Moule à aspic — 20220 Moule à aspic — 20221 Moule à aspic — 20222 Moule à aspic — 20223 Moule à aspic — 20224 Moule à aspic — 20225 Moule à aspic — 20226 Moule a baba — 20227 Moule a baba — 20228 Moule a baba — 20229 Moule à petit baba et croustade — 20230 Moules a beignet — 20231 Moules a beignet

Moules à pâtisserie en cuivre rouge — Voir pages 499 et 500.

Moules à gâteaux fer blanc cannelé, légers.

		Diamètre %m	14	18	20	22	23
20208	fond plein	le cent	13.80	26.50	28.50	41.	47.
20209	à douille au milieu	″	″	47. ″	49.	62.	67.

Moules en fer battu à charlotte

	Diamètre %m	10	11	12	13	14	15	16	18	20	22	24	26
20210	étamés, avec couvercle la pce	1.15	1.30	1.45	1.55	1.85	2.15	2.55	3.15	3.65	4.30	4.85	6.
20211	émaillés ″ ″ ″	1. ″	1.10	1.20	1.30	1.65	1.85	2.05	2.40	2.60	3.25	3.60	4.20

Moules en fer battu, cantais

		Diamètre %m	60	70	80
20212	étamés, type Brésil	le cent	17. ″	19.50	26. ″

Moules à pâtisserie en fer blanc.

20213	**Moule à aspic** rond, diamètre 7 %m pour une personne . . . la pièce	0.85
20214	″ ″ ″ ″ 8 %m pour deux personnes . . . ″	1. ″
20215	**Moule à aspic** ovale, fleur de lys, longueur 11 %m . . . la pièce	1.40

Moules à aspic ronds.

	Diamètre %m	10	11	12	13	14	15	16	17	18	19	20	22
20216	fond plein. la pièce	1.10	1.25	1.40	1.65	1.95	2.20	2.50	2.75	3. ″	3.60	3.85	4.40
20217	fantaisie ″	″	″	1.40	1.65	1.95	2.20	2.50	2.75	3. ″	3.60	3.85	″
20218	côtes pointues ″	″	″	1.40	1.65	1.95	2.20	2.50	2.75	3. ″	3.60	3.85	″
20219	″ ″ avec cylindre ″	″	″	1.95	2.20	2.50	2.75	3.05	3.30	3.55	4.15	4.40	″
20220	côtes torses ″ ″	1.40	1.65	1.95	2.20	2.50	2.75	3.05	3.30	3.85	4.40	4.95	5.50
20221	fleur de lys ″	″	″	″	1.95	2.20	2.50	2.75	3.05	3.30	3.85	″	″

Moules à aspic ovales.

	Longueur %m	10	12	14	16	17	18	19	20	21	22	23	24	25
20222	fantaisie, la pce	1.40	1.95	2.80	3.05	″	3.60	″	4.15	″	″	″	″	″
20223	côtes rondes ″	″	1.95	2.20	2.50	″	3.05	″	3.60	″	4.15	″	4.95	″
20224	fond raisins ″	″	″	″	″	3.05	″	3.60	″	4.15	″	″	″	″
20225	fond écrevisse ″	″	″	″	″	3.05	″	3.60	″	4.15	″	4.70	″	5.25

Moules à baba.

		Diamètre %m	35	40	45	50	55	60
20226	ronds	le cent	23.	23.	23.	23.	23.	33.

		Diamètre %m	12	13	14	15	16	17	18
20227	ronds, fond uni	la pièce	1.65	1.95	2.20	2.50	2.75	3.05	3.30
20228	″ fond bombé	″	1.95	2.20	2.50	2.75	3.30	3.85	4.40

Moules à petit baba et croustade

		Longueur %m	60	70
20229	ovales	la pièce	0.50	0.55

Moule à beignet fer verni

	Forme	cœur	étoile	rose	champignon
20230	la pièce	1.20	1.20	1.25	2.15

Moules à beignets poignée feuillard.

	Nombre de places	1	2	3	4
20231	le cent	21.50	43.	65.	86.

Moules à biscuits Champagne.

		Longueur %m	11	13	14	15
20232	unis, séparés	le cent	12.	14.50	16.50	19. ″
20233	″ sur plaque par 6	la plaque	1.10	1.40	1.65	1.95
20234	″ ″ ″ ″ 12	″	1.95	2.20	2.50	2.75
20235	verre ou bouteille, sur plaque par 6	″	1.40	1.65	″	″
20236	″ ″ ″ ″ par 12	″	2.20	2.75	″	″

Moules à biscuits de Reims

		Longueur %m	75	80	85	90	95	100
20237	bombés, sur plaque par 12	la plaque	1.40	1.50	1.55	1.65	1.75	1.95
20238	unis ″ ″ ″ ″	″	1.40	1.55	1.65	1.75	1.95	2.20
20239	cannelés, sur plaque par 12, longueur unique 92 %m	la plaque	1.40					

Moules à biscuits de Savoie

		Diamètre %m	16	18	20
20240	ronds	la pièce	2.50	3.05	3.85

Moules à biscuit ronds

		Diamètre %m	12	13	14	15	16	17	18	19	20
20241	ordinaires	la pièce	1.90	2.20	2.50	2.75	3. ″	3.60	4.15	4.70	5.25
20242	côtes torses	″	″	″	2.50	3. ″	3.60	3.85	4.40	4.70	5.25
20243	à cylindre	″	2.50	2.75	3.05	3.60	4.15	4.70	4.95	5.25	5.80
20244	à bandeau	″	2.50	2.75	3.30	3.60	4.40	″	5.25	6.05	″

Moules à biscuit ovales

		Longueur %m	16	18	20
20245	fond perdrix	la pièce	3.60	3.85	″
20246	fond lion	″	″	3.85	4.15

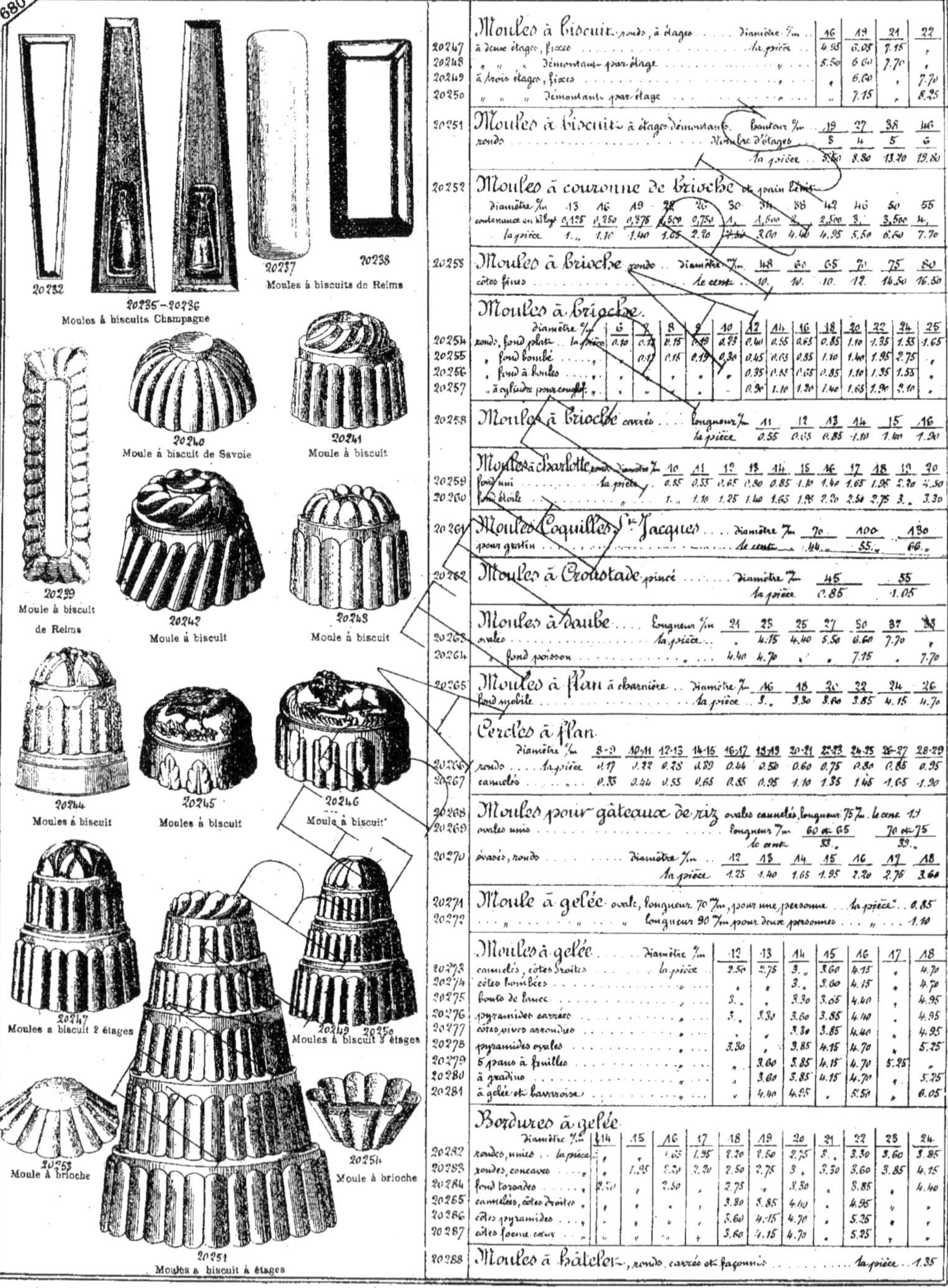

Moules à biscuits Champagne

Moules à biscuits de Reims

Moule à biscuit de Reims

Moule à biscuit de Savoie

Moule à biscuit

Moule à biscuit

Moule à biscuit

Moules à biscuit

Moules à biscuit

Moule à biscuit

Moules à biscuit 2 étages

Moules à biscuit 3 étages

Moule à brioche

Moule à brioche

Moules à biscuit à étages

Moules à biscuit, ronds, à étages

		diamètre m/m	16	19	21	22
20247	à deux étages, fixes	la pièce	4.95	6.05	7.15	„
20248	„ „ démontant par étage	„	5.50	6.60	7.70	„
20249	à trois étages, fixes	„	„	6.60	„	7.70
20250	„ „ démontant par étage	„	„	7.15	„	8.25

Moules à biscuit à étages démontants

20251	ronds	hauteur m/m	19	27	38	46
		Nombre d'étages	3	4	5	6
		la pièce	5.50	8.80	13.70	19.80

Moules à couronne de brioche et pain bénit

20252

diamètre m/m	13	16	19	22	26	30	34	38	42	46	50	55
contenance en kilogr	0,125	0,250	0,375	0,500	0,750	1,	1,500	2,	2,500	3,	3,500	4,
la pièce	1. „	1.10	1.40	1.65	2.20	2.50	3.00	4.40	4.95	5.50	6.60	7.70

Moules à brioche ronds

		diamètre m/m	48	60	65	70	75	80
20253	côtes fines	le cent	10.	10.	10.	12.	14.50	16.50

Moules à brioche.

	diamètre m/m	6	7	8	9	10	12	14	16	18	20	22	24	25
20254	ronds, fond plat . la pièce	0.10	0.12	0.15	0.19	0.23	0.40	0.55	0.65	0.85	1.10	1.35	1.53	1.65
20255	„ fond bombé „	„	0.12	0.15	0.19	0.30	0.45	0.65	0.85	1.10	1.40	1.95	2.75	„
20256	„ fond à boules „	„	„	„	„	„	0.35	0.55	0.65	0.85	1.10	1.35	1.53	„
20257	„ à cylindre pour couglof „	„	„	„	„	„	0.90	1.10	1.20	1.40	1.65	1.90	2.10	„

Moules à brioche carrés

	longueur m/m	11	12	13	14	15	16
20258	la pièce	0.55	0.65	0.85	1.10	1.40	1.90

Moules à charlotte ronds

	diamètre m/m	10	11	12	13	14	15	16	17	18	19	20
20259	fond uni . la pièce	0.55	0.55	0.65	0.80	0.85	1.10	1.40	1.65	1.95	2.20	2.50
20260	fond étoile „	1. „	1.10	1.25	1.40	1.65	1.95	2.20	2.50	2.75	3. „	3.30

Moules Coquilles St Jacques

		diamètre m/m	70	100	130
20261	pour gratin	le cent	44. „	55. „	66. „

Moules à Croustade pincé

	diamètre m/m	45	55
20262	la pièce	0.85	1.05

Moules à daube

		longueur m/m	21	23	25	27	30	32	35
20263	ovales	la pièce	„	4.15	4.40	5.50	6.60	7.70	„
20264	„ fond poisson	„	4.40	4.70	„	„	7.15	„	7.70

Moules à flan à charnière

		diamètre m/m	16	18	20	22	24	26
20265	fond mobile	la pièce	3. „	3.30	3.60	3.85	4.15	4.70

Cercles à flan

	diamètre m/m	8-9	10-11	12-13	14-15	16-17	18-19	20-21	22-23	24-25	26-27	28-29
20266	ronds . la pièce	0.17	0.22	0.28	0.39	0.44	0.50	0.60	0.75	0.80	0.85	0.95
20267	cannelés „	0.33	0.44	0.55	0.65	0.85	0.95	1.10	1.35	1.45	1.65	1.90

Moules pour gâteaux de riz

20268 ovales cannelés, longueur 75 m/m . le cent . 19

		longueur m/m	60 et 65	70 et 75
20269	ovales unis	le cent	33. „	39. „

		diamètre m/m	12	13	14	15	16	17	18
20270	évasés, ronds	la pièce	1.25	1.40	1.65	1.95	2.20	2.75	3.60

Moule à gelée

20271 ovale, longueur 70 m/m, pour une personne . la pièce . 0.85

20272 „ „ „ longueur 90 m/m pour deux personnes . „ . 1.10

Moules à gelée

	diamètre m/m	12	13	14	15	16	17	18
20273	cannelés, côtes droites . la pièce	2.50	2.75	3. „	3.60	4.15	„	4.70
20274	côtes bombées „	„	„	3. „	3.60	4.15	„	4.70
20275	bouts de lance „	3. „	„	3.30	3.05	4.40	„	4.95
20276	pyramides carrées „	3. „	3.30	3.60	3.85	4.40	„	4.95
20277	côtes vives arrondies „	„	„	3.30	3.85	4.40	„	4.95
20278	pyramides ovales „	3.30	„	3.85	4.15	4.70	„	5.25
20279	5 pans à feuilles „	„	3.60	3.85	4.15	4.70	5.25	„
20280	à gradins „	„	3.60	3.85	4.15	4.70	„	5.25
20281	à gelée et bavaroise „	„	4.40	4.95	„	5.50	„	6.05

Bordures à gelée

	diamètre m/m	14	15	16	17	18	19	20	21	22	23	24
20282	rondes, unies . la pièce	„	„	1.65	1.95	2.20	2.50	2.75	3. „	3.30	3.60	3.85
20283	rondes, concaves „	„	1.95	2.20	2.20	2.50	2.75	3. „	3.30	3.60	3.85	4.15
20284	fond torsadés „	2.20	„	2.50	„	2.75	„	3.30	„	3.85	„	4.40
20285	cannelées, côtes droites „	„	„	„	„	3.30	3.85	4.40	„	4.95	„	„
20286	côtes pyramides „	„	„	„	„	3.60	4.15	4.70	„	5.25	„	„
20287	côtes forme cœur „	„	„	„	„	3.60	4.15	4.70	„	5.25	„	„

Moules à bâtelet, ronds, carrés et façonnés

20288 . la pièce . 1.35

(Voir prix pages 680 et 682)

20302 Moule à pâté — 20303 Moule à pâté — 20304 Moule à pâté de foie — 20305 Moule à pâté et timbale — 20306-20307 Moule à plumpudding — 20308-20309 Moule à plumpudding — 20310 Moule à saindoux et à gelée — 20311 Moule à savarin — 20312 Moule à tartelette — 20313 Moule à tartelette — 20314 Moule à tartelette — 20315 Moule à tartelette — 20316 Moule à tartelette — 20317 Moule à tartelette — 20318 Moule à tartelette — 20319 Moule à tartelette — 20320 Moule à tartelette — 20321 Moule à tartelette — 20323 Moule à tartelette — 20324 Moule à tartelette

Moules à madeleine

N°	longueur m/m	45	50	58	60	65	70	72	80	85	90	95	100
20289	Commercy, le cent	12.	14.50	16.50	"	16.50	"	16.50	19..	"	23.	26.	31.
20290	petite griffe	"	21.	"	21..	"	23.	"	"	"	"	"	"
20291	forme melon	"	"	"	"	21..	26	"	31..	33..	"	"	"

Moules à madeleines

N°	longueur m/m	45	50	58	65	72	80	90	95
20292	sur plaques par 6 moules, la plaque	"	"	1.55	1.65	1.80	1.95	2.20	2.50
20293	" " 12 moules "	1.65	1.95	2.50	2.75	2.90	3..	3.60	4.15

Moules à manqué.

N°	diamètre m/m	12	13	14	15	16	18	20	22	24	26	27	28	30
20294	ronds, unis la pce	0.60	0.65	0.80	0.85	0.90	1.05	1.20	1.45	1.65	2.20	"	2.50	2.75
20295	" cannelés "	0.65	"	0.80	"	0.90	1..	1.10	1.55	2.20	"	2.75	"	"
20296	" fond rosace "	1.10	"	1.40	"	1.95	2.20	2.75	3.30	"	"	"	"	"

Moules à manqué carrés

N°	longueur m/m	12	13	14	15	16	17	18	20	22
20297	unis .... la pièce	1.15	1.15	1.20	1.40	1.55	1.70	1.95	2.30	2.65

Moules à six pans

N°	diamètre m/m	10	12	14	16	18	20	22
20298	à cylindre .... la pièce	1.95	2.20	2.75	3.30	3.85	4.40	4.95

Moules à pâté longs

N°	longueur m/m	20	25	30	35	40	45	50
20299	unis .... la pièce	2.20	2.40	2.60	2.75	3.30	4.15	4.70
20300	pincés .... "	3.30	3.45	3.70	3.85	4.70	5.50	7.15
20301	à côtes .... "	4.40	4.95	5.80	6.60	7.70	8.80	9.90

Moules à pâté ovales

N°	longueur m/m	14	15	18	21	22 1/2	24	26	28	30	33
20302	la pièce	1.10	1.25	1.40	1.65	2.20	2.50	2.75	3.60	4.70	6.05

Moules à pâté ronds

N°	diamètre m/m	10	11	13	15	17	19	21	23	25	28
20303	la pièce	1.40	1.65	2.20	2.50	3..	3.85	4.70	5.80	7.15	8.25

Moules à pâté de foie gras et timbale

N°	diamètre m/m	7	8	9	10	11	12	13	14	15	16	17	18
20304	ronds la pièce	1.10	1.40	1.65	1.95	2.20	2.50	2.75	3.30	3.85	4.40	4.95	5.50

Moules à pâté et timbale carrés

N°	longueur m/m	9	10	11	12	13	14	15
20305	la pièce	2.50	2.75	3..	3.30	3.85	4.40	5..

Moules à plumpudding.

N°	diamètre m/m	10	11	12	13	14	15	16	17	18
20306	unis, fond étoile .... la pièce	2.65	2.75	2.85	3.15	3.30	3.60	3.85	4.25	4.70
20307	" fond à cylindre .... "	3.10	3.20	3.30	3.60	3.75	4..	4.30	4.70	5.10
20308	cannelés, fond plein .... "	2.65	2.85	3.40	3.70	3.85	4.15	4.40	5..	5.25
20309	" fond à cylindre .... "	3.20	3.40	4..	4.25	4.40	4.70	4.95	5.50	5.80

Moules à saindoux et à gelée

N°	longueur m/m	19	21
20310	ovales .... la pièce	4.40	5..

Moules à savarin

N°	diamètre m/m	8	10	12	14	16	18	20	22	24	26	28	30
20311	la pièce	0.45	0.65	1..	1.10	1.40	1.55	1.90	2.20	2.75	3..	3.85	4.40

Moules à tartelette

N°	Désignation	Dimension m/m	le cent
20312	bombés à côtes fines	75	16.50
20313	longs cannelés	85	16.50
20314	ovales cannelés	85	16.50
20315	poire, cannelés	95	16.50
20316	croissant, unis	75	16.50
20317	gerbe, cannelés	95	16.50
20318	étoile, cannelés	70	16.50
20319	losange, cannelés	90	16.50
20320	cœur, cannelés	70	16.50
20321	feuille de vigne	70	16.50
20322	poisson	110	19..

Moules à tartelette ovales

N°	longueur m/m	65	75	85	95	100	110	120
20323	cannelés .... le cent	"	"	10..	"	12.	14.50	16.50
20324	unis .... "	8..	10..	12..	12..	14.50	16.50	16.50

Moules à tartelette

N°	diam. m/m	50	55	60	65	70	75	80	85	90	95	100
20325	ronds, unis .. le cent	5.50	8..	9.	11.	13.50	16.50	19.	21.	23.	26.	28.
20326	" " creux .. "	"	"	12.	14.50	16.50	19..	21.	23.	26.	"	28.
20327	" cannelés	8..	10..	12.	12.	15..	15.	17.	19.	21.	23.	28.

Moules à trois-frères

N°	diamètre m/m	10	12	14	16	18	20	22	24
20328	ronds .... la pièce	1.25	1.40	1.65	2.20	2.75	3.60	4.15	4.70

Buissons d'écrevisses

N°	Nombre d'étages	3	4	5	6
20329	à étages démontants .... la pièce	3.30	3.85	4.70	6..

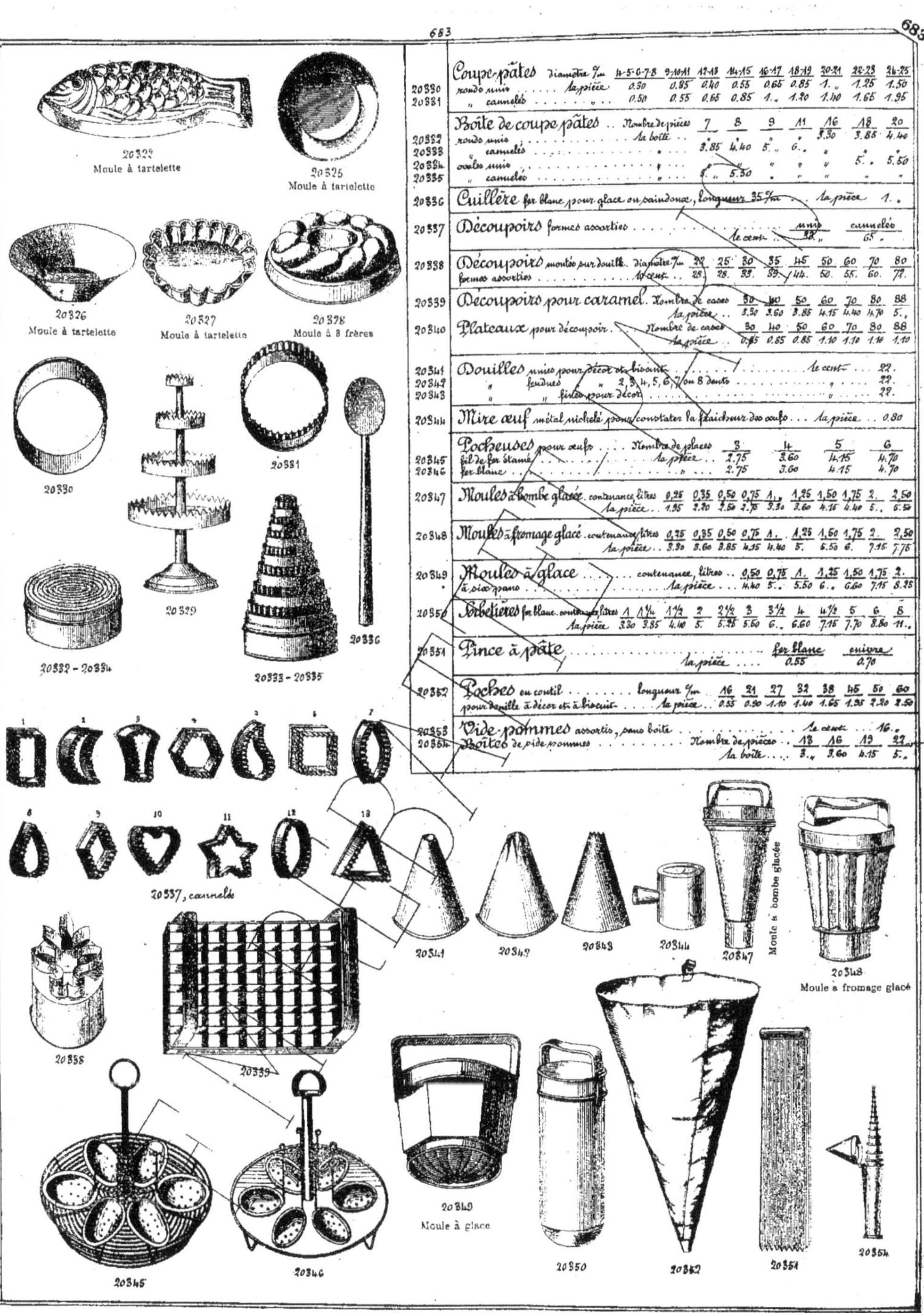

N°	Désignation													
	Coupe-pâtes	diamètre m/m	4-5-6-7-8	9-10-11	12-13	14-15	16-17	18-19	20-21	22-23	24-25			
20330	ronds unis	la pièce	0.30	0.35	0.40	0.55	0.65	0.85	1. „	1.25	1.50			
20331	„ cannelés	„	0.50	0.55	0.65	0.85	1. „	1.20	1.40	1.65	1.95			
	Boîte de coupe-pâtes	Nombre de pièces	7	8	9	11	16	18	20					
20332	ronds unis	la boîte	„	„	„	„	3.30	3.85	4.40					
20333	„ cannelés	„	3.85	4.40	5. „	6. „	„	„	„					
20334	ovales unis	„	„	„	„	„	„	5. „	5.50					
20335	„ cannelés	„	5. „	5.50	„	„	„	„	„					
20336	**Cuillère** fer blanc, pour glace ou saindoux, longueur 35 c/m	la pièce	1. „											
20337	**Découpoirs** formes assorties	le cent	unis 32. „	cannelés 65. „										
20338	**Découpoirs** montés sur douille	diamètre m/m	22	25	30	35	45	50	60	70	80			
	formes assorties	10 cent.	28.	28.	33.	39.	44.	50.	55.	60.	77.			
20339	**Découpoirs pour caramel**	Nombre de cases	30	40	50	60	70	80	88					
		la pièce	3.30	3.60	3.85	4.15	4.40	4.70	5. „					
20340	**Plateaux** pour découpoir	Nombre de cases	30	40	50	60	70	80	88					
		la pièce	0.85	0.85	0.85	1.10	1.10	1.10	1.10					
20341	**Douilles** unies pour décor et biscuit	le cent	22.											
20342	„ fendues „ 2, 3, 4, 5, 6, 7 ou 8 dents	„	22.											
20343	„ „ fines pour décor	„	22.											
20344	**Mire œuf** métal nickelé pour constater la fraîcheur des œufs	la pièce	0.80											
	Pocheuses pour œufs	Nombre de places	3	4	5	6								
20345	fil de fer étamé	la pièce	2.75	3.60	4.15	4.70								
20346	fer blanc	„	2.75	3.60	4.15	4.70								
20347	**Moules à bombe glacée**	contenance, litres	0,25	0,35	0,50	0,75	1. „	1,25	1,50	1,75	2.	2,50		
		la pièce	1.95	2.20	2.50	2.75	3.30	3.60	4.15	4.40	5. „	6.50		
20348	**Moules à fromage glacé**	contenance, litres	0,25	0,35	0,50	0,75	1.	1,25	1,50	1,75	2.	2,50		
		la pièce	3.30	3.60	3.85	4.15	4.40	5.	5.50	6.	7.15	7.75		
20349	**Moules à glace**	contenance, litres	0,50	0,75	1.	1,25	1,50	1,75	2.					
	à six pans	la pièce	4.40	5. „	5.50	6. „	6.60	7.15	8.25					
20350	**Sorbetières** fer blanc	contenance, litres	1	1¼	1½	2	2½	3	3½	4	4½	5	6	8
		la pièce	3.30	3.85	4.40	5.	5.25	5.50	6. „	6.60	7.15	7.70	8.80	11. „
20351	**Pince à pâte**	la pièce	fer blanc 0.55	cuivre 0.70										
20352	**Poches** en coutil	longueur c/m	16	21	27	32	38	45	50	60				
	pour douille à décor et à biscuit	la pièce	0.55	0.90	1.10	1.40	1.65	1.95	2.20	2.50				
20353	**Vide-pommes** assortis, sans boîte	le cent	16. „											
20354	**Boîtes** de vide-pommes	Nombre de pièces	13	16	19	22								
		la boîte	3. „	3.60	4.15	5. „								

684

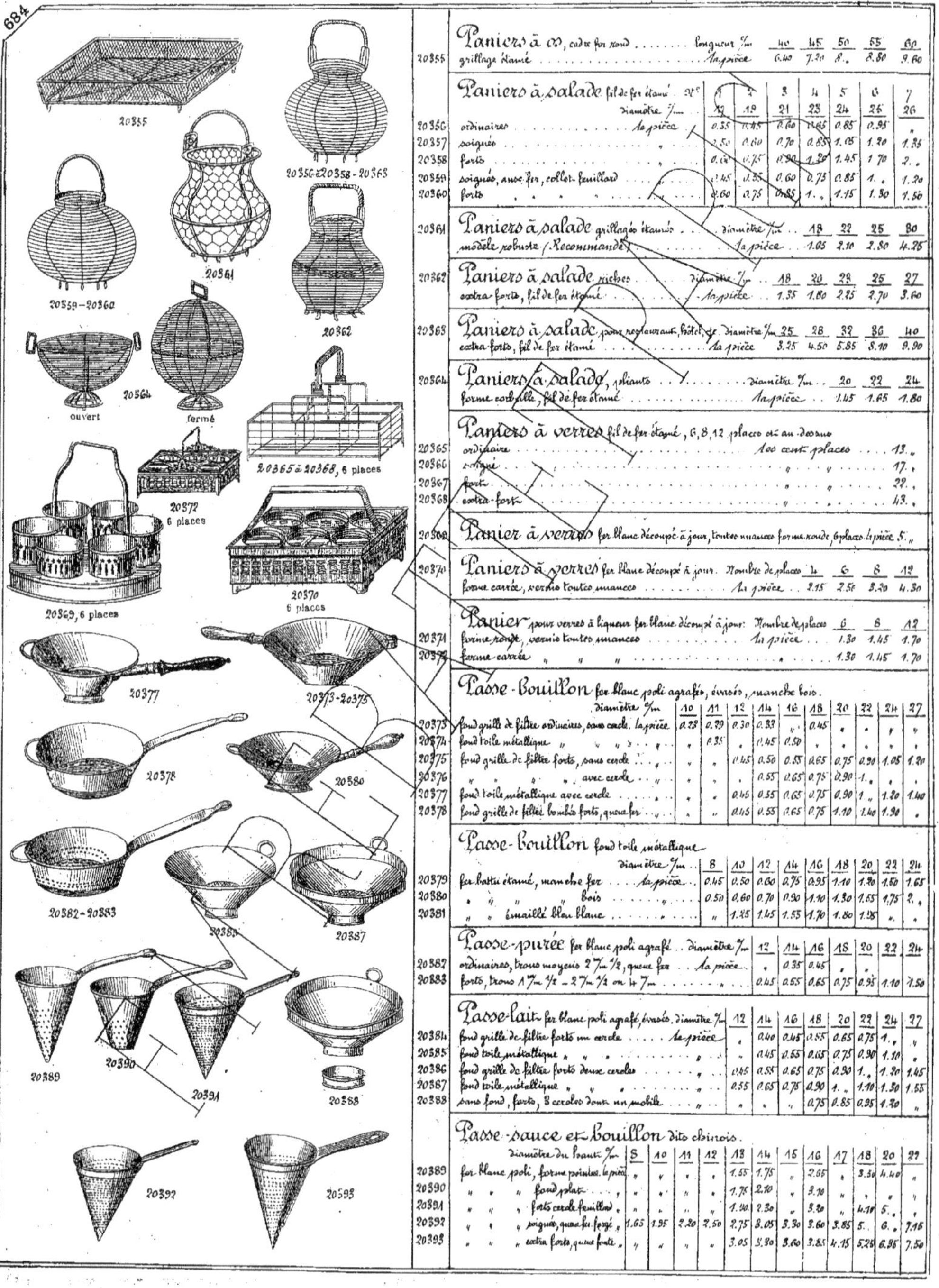

Paniers à ∞, cadre fer rond

	grillage étamé · longueur m/m	40	45	50	55	60
20355	la pièce	6.40	7.20	8. »	8.80	9.60

Paniers à salade fil de fer étamé

	N°	1	2	3	4	5	6	7
	diamètre c/m	17	19	21	23	24	25	26
20356	ordinaires . . . la pièce	0.35	0.45	0.60	0.65	0.85	0.95	»
20357	soignés . . . »	0.50	0.60	0.70	0.85	1.05	1.20	1.35
20358	forts . . . »	0.60	0.75	0.90	1.20	1.45	1.70	2. »
20359	soignés, anse fer, collet feuillard	0.45	0.55	0.60	0.75	0.85	1. »	1.20
20360	forts » » »	0.60	0.75	0.85	1. »	1.15	1.30	1.50

Paniers à salade grillagés étamés

	modèle robuste (Recommandé) · diamètre c/m	18	22	25	30
20361	la pièce	1.65	2.10	2.80	4.25

Paniers à salade riches

	extra forts, fil de fer étamé · diamètre c/m	18	20	22	25	27
20362	la pièce	1.35	1.80	2.25	2.70	3.60

Paniers à salade pour restaurant, hôtel, &c.

	extra forts, fil de fer étamé · diamètre c/m	25	28	32	36	40
20363	la pièce	3.25	4.50	5.85	8.10	9.90

Paniers à salade, pliants

	forme corbeille, fil de fer étamé · diamètre c/m	20	22	24
20364	la pièce	1.45	1.65	1.80

Paniers à verres fil de fer étamé, 6, 8, 12 places et au-dessus

20365	ordinaire	100 cent. places	13. »
20366	soigné	» »	17. »
20367	fort	» »	22. »
20368	extra-fort	»	43. »

Panier à verres fer blanc découpé à jour, toutes nuances forme ronde, 6 places. la pièce 5. »

20369

Paniers à verres fer blanc découpé à jour.

	forme carrée, vernis toutes nuances · Nombre de places	4	6	8	12
20370	la pièce	2.15	2.50	3.20	4.30

Panier pour verres à liqueur fer blanc découpé à jour:

	Nombre de places	6	8	12
20371	forme ronde, vernis toutes nuances . . . la pièce	1.30	1.45	1.70
20372	forme carrée » » »	1.30	1.45	1.70

Passe-bouillon fer blanc poli agrafés, évasés, manche bois.

	diamètre c/m	10	11	12	14	16	18	20	22	24	27
20373	fond grille de filtre ordinaires, sans cercle. la pièce	0.22	0.29	0.30	0.33	»	0.45	»	»	»	»
20374	fond toile métallique » » » » »	»	0.35	»	0.45	0.50	»	»	»	»	»
20375	fond grille de filtre forts, sans cercle . . . »	»	»	0.45	0.50	0.55	0.65	0.75	0.90	1.05	1.20
20376	» » » » avec cercle . . . »	»	»	»	0.55	0.65	0.75	0.90	1. »	»	»
20377	fond toile métallique avec cercle . . . »	»	»	0.45	0.55	0.65	0.75	0.90	1. »	1.20	1.40
20378	fond grille de filtre bombés forts, queue fer . . . »	»	»	0.45	0.55	0.65	0.75	1.10	1.40	1.90	»

Passe-bouillon fond toile métallique

	diamètre c/m	8	10	12	14	16	18	20	22	24
20379	fer battu étamé, manche fer . . . la pièce	0.45	0.50	0.60	0.75	0.95	1.10	1.20	1.50	1.65
20380	» » » » bois . . . »	0.50	0.60	0.70	0.90	1.10	1.30	1.55	1.75	2. »
20381	» » émaillé bleu blanc . . . »	»	1.25	1.45	1.55	1.70	1.80	1.95	»	»

Passe-purée fer blanc poli agrafé

	diamètre c/m	12	14	16	18	20	22	24
20382	ordinaires, trous moyens 2 m/m 1/2, queue fer . . . la pièce	»	0.35	0.45	»	»		
20383	forts, trous 1 m/m 1/2 - 2 m/m 1/2 ou 4 m/m . . . »	0.45	0.55	0.65	0.75	0.95	1.10	1.50

Passe-lait fer blanc poli agrafé, évasés.

	diamètre c/m	12	14	16	18	20	22	24	27
20384	fond grille de filtre forts un cercle . . . la pièce	»	0.40	0.45	0.55	0.65	0.75	1. »	»
20385	fond toile métallique » » » . . . »	»	0.45	0.55	0.65	0.75	0.90	1.10	»
20386	fond grille de filtre forts deux cercles . . . »	0.45	0.55	0.65	0.75	0.90	1. »	1.20	1.45
20387	fond toile métallique » » » . . . »	0.55	0.65	0.75	0.90	1. »	1.10	1.30	1.55
20388	sans fond, forts, 3 cercles dont un mobile . . . »	»	»	»	0.75	0.85	0.95	1.20	»

Passe-sauce et bouillon dits chinois.

	diamètre du haut c/m	8	10	11	12	13	14	15	16	17	18	20	22
20389	fer blanc poli, forme pointue. la pièce	»	»	»	»	1.55	1.75	»	2.65	»	3.50	4.40	»
20390	» » » fond plat . . . »	»	»	»	»	1.75	2.10	»	3.10	»	»	»	»
20391	» » » forts cercle feuillard »	»	»	»	»	1.90	2.30	»	3.20	»	4.10	5. »	»
20392	» » » soignés, queue fer forgé »	1.65	1.95	2.20	2.50	2.75	3.05	3.30	3.60	3.85	5. »	6. »	7.15
20393	» » » extra forts, queue fonte »	»	»	»	»	3.05	3.30	3.60	3.85	4.15	5.25	6.35	7.50

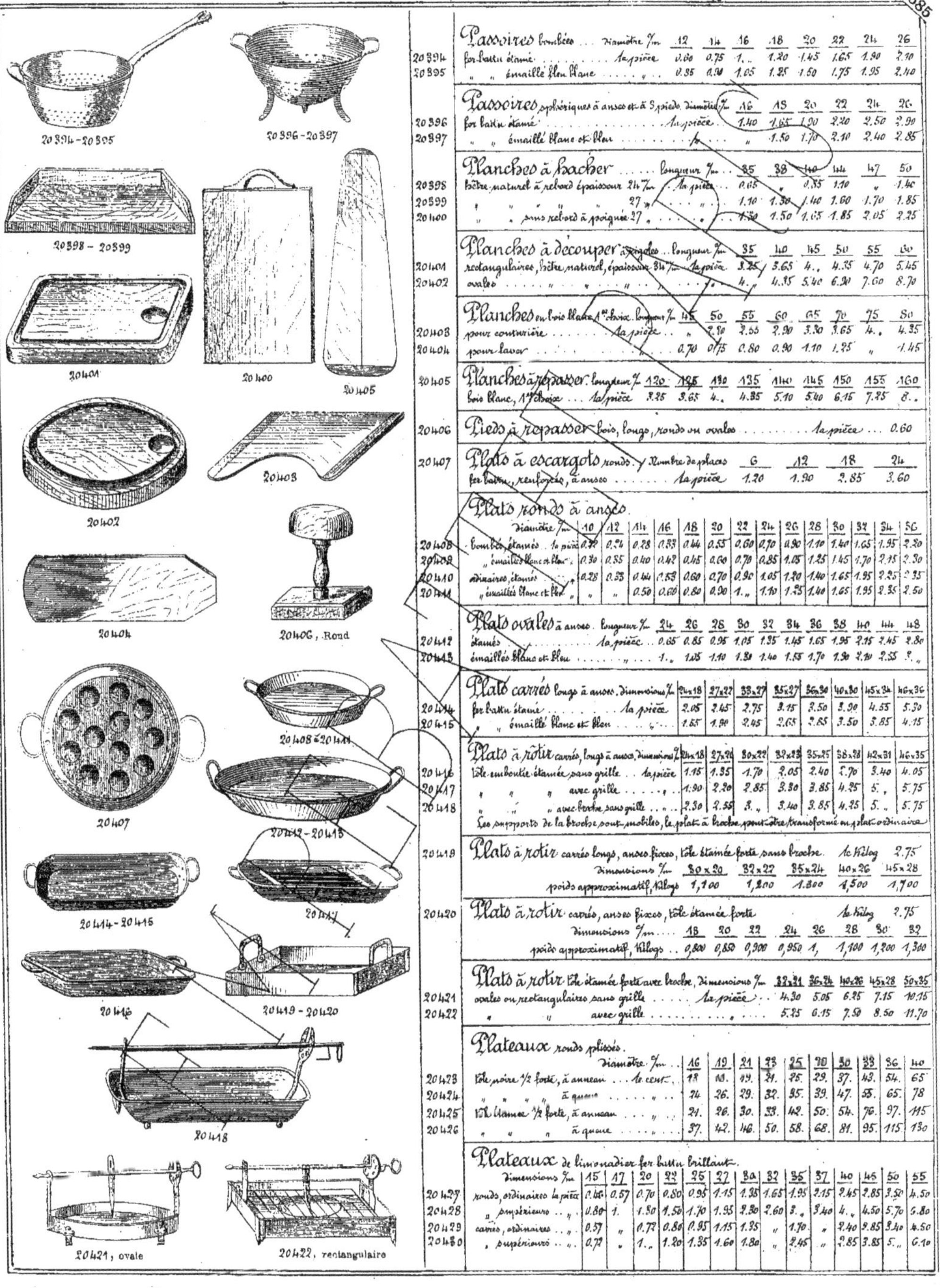

N°	Passoires bombées … diamètre $^m/_m$	12	14	16	18	20	22	24	26
20394	fer battu étamé … la pièce	0.60	0.75	1..	1.20	1.45	1.65	1.90	2.10
20395	" " émaillé bleu blanc … "	0.85	0.90	1.05	1.25	1.50	1.75	1.95	2.40

N°	Passoires sphériques à anses et à 3 pieds. diamètre $^m/_m$	16	18	20	22	24	26
20396	fer battu étamé … la pièce	1.40	1.65	1.90	2.20	2.50	2.90
20397	" " émaillé blanc et bleu … "	"	1.50	1.70	2.10	2.40	2.85

N°	Planches à hacher … longueur $^m/_m$	35	38	40	44	47	50
20398	hêtre naturel à rebord épaisseur 24 $^m/_m$ … la pièce	0.65	"	0.85	1.10	"	1.40
20399	" " " " 27 " … "	1.10	1.30	1.40	1.60	1.70	1.85
20400	" " sans rebord à poignée 27 " … "	1.30	1.50	1.65	1.85	2.05	2.25

N°	Planches à découper à poignées … longueur $^m/_m$	35	40	45	50	55	60
20401	rectangulaires, hêtre naturel, épaisseur 34 $^m/_m$ … la pièce	3.25	3.65	4..	4.35	4.70	5.45
20402	ovales … " " " "	4..	4.35	5.40	6.20	7.60	8.70

N°	Planches en bois blanc 1er choix. longueur $^m/_m$	45	50	55	60	65	70	75	80
20403	pour couturière … la pièce	"	2.20	2.55	2.90	3.30	3.65	4..	4.35
20404	pour laver … "	0.70	0.75	0.80	0.90	1.10	1.25	"	1.45

N°	Planches à repasser. longueur $^m/_m$	120	125	130	135	140	145	150	155	160
20405	bois blanc, 1er choix … la pièce	3.25	3.65	4..	4.35	5.10	5.40	6.15	7.25	8..

20406 **Pieds à repasser** bois, longs, ronds ou ovales … la pièce … 0.60

N°	Plats à escargots ronds. Nombre de places	6	12	18	24
20407	fer battu, renforcés, à anses … la pièce	1.20	1.90	2.85	3.60

Plats ronds à anses.

N°	diamètre $^m/_m$	10	12	14	16	18	20	22	24	26	28	30	32	34	36
20408	bombés, étamés … la pièce	0.22	0.24	0.28	0.33	0.44	0.55	0.60	0.70	0.90	1.10	1.40	1.65	1.95	2.20
20409	" émaillés blanc et bleu "	0.30	0.35	0.40	0.42	0.45	0.60	0.70	0.85	1.05	1.25	1.45	1.70	2.15	2.30
20410	ordinaires, étamés … "	0.28	0.33	0.44	0.53	0.60	0.70	0.90	1.05	1.20	1.40	1.65	1.95	2.25	2.35
20411	" émaillés blanc et bleu "	"	"	0.50	0.60	0.80	0.90	1..	1.10	1.25	1.40	1.65	1.95	2.35	2.50

N°	Plats ovales à anses. longueur $^m/_m$	24	26	28	30	32	34	36	38	40	44	48
20412	étamés … la pièce	0.65	0.85	0.95	1.05	1.35	1.45	1.65	1.95	2.15	2.45	2.80
20413	émaillés blanc et bleu … "	1..	1.05	1.10	1.30	1.40	1.55	1.70	1.90	2.10	2.55	3..

N°	Plats carrés longs à anses. dimensions $^m/_m$	24x18	27x22	33x27	35x27	36x30	40x30	45x34	46x36
20414	fer battu étamé … la pièce	2.05	2.45	2.75	3.15	3.50	3.90	4.55	5.30
20415	" " émaillé blanc et bleu … "	1.55	1.90	2.45	2.65	2.85	3.50	3.85	4.15

N°	Plats à rôtir carrés, longs à anses, dimensions $^m/_m$	24x18	27x20	30x22	32x23	35x25	38x28	42x31	46x35
20416	tôle emboutie étamée, sans grille … la pièce	1.15	1.35	1.70	2.05	2.40	2.70	3.40	4.05
20417	" " " avec grille … "	1.90	2.20	2.85	3.30	3.85	4.25	5..	5.75
20418	" " " avec broche sans grille … "	2.30	2.55	3..	3.40	3.85	4.25	5..	5.75

Les supports de la broche sont mobiles, le plat à broche peut être transformé en plat ordinaire.

20419 **Plats à rôtir** carrés longs, anses fixes, tôle étamée forte sans broche. le Kilog 2.75

dimensions $^m/_m$	30 x 20	32 x 22	35 x 24	40 x 26	45 x 28
poids approximatif, Kilogs	1,100	1,200	1.300	1,500	1,700

20420 **Plats à rôtir** carrés, anses fixes, tôle étamée forte le Kilog 2.75

dimensions $^m/_m$	18	20	22	24	26	28	30	32
poids approximatif, Kilogs	0,800	0,850	0,900	0,950	1,	1,100	1,200	1,300

N°	Plats à rôtir tôle étamée forte avec broche, dimensions $^m/_m$	32x21	36x24	40x26	45x28	50x35
20421	ovales ou rectangulaires sans grille … la pièce	4.30	5.05	6.25	7.15	10.15
20422	" " avec grille …	5.25	6.15	7.50	8.50	11.70

Plateaux ronds plissés.

N°	diamètre $^m/_m$	16	19	21	23	25	28	30	33	36	40
20423	tôle noire 1/2 forte, à anneau … le cent	18	18.	19.	21.	25.	29.	37.	43.	54.	65
20424	" " " " à queue … "	24	26.	29.	32.	35.	39.	47.	55.	65.	78
20425	tôle étamée 1/2 forte, à anneau … "	21.	26.	30.	33.	42.	50.	54.	76.	97.	115
20426	" " " à queue … "	37.	42.	46.	50.	58.	68.	81.	95.	115.	130

Plateaux de limonadier fer battu brillant.

N°	dimensions $^m/_m$	15	17	20	22	25	27	30	32	35	37	40	45	50	55
20427	ronds, ordinaires la pièce	0.45	0.57	0.70	0.80	0.95	1.15	1.35	1.65	1.95	2.15	2.45	2.85	3.50	4.50
20428	" supérieurs … "	0.80	1.	1.30	1.50	1.70	1.95	2.30	2.60	3..	3.40	4..	4.50	5.70	6.80
20429	carrés, ordinaires … "	0.57	"	0.72	0.80	0.95	1.15	1.35	"	1.70	"	2.40	2.85	3.40	4.50
20430	" supérieurs … "	0.72	"	1..	1.20	1.35	1.60	1.80	"	2.45	"	2.85	3.85	5..	6.10

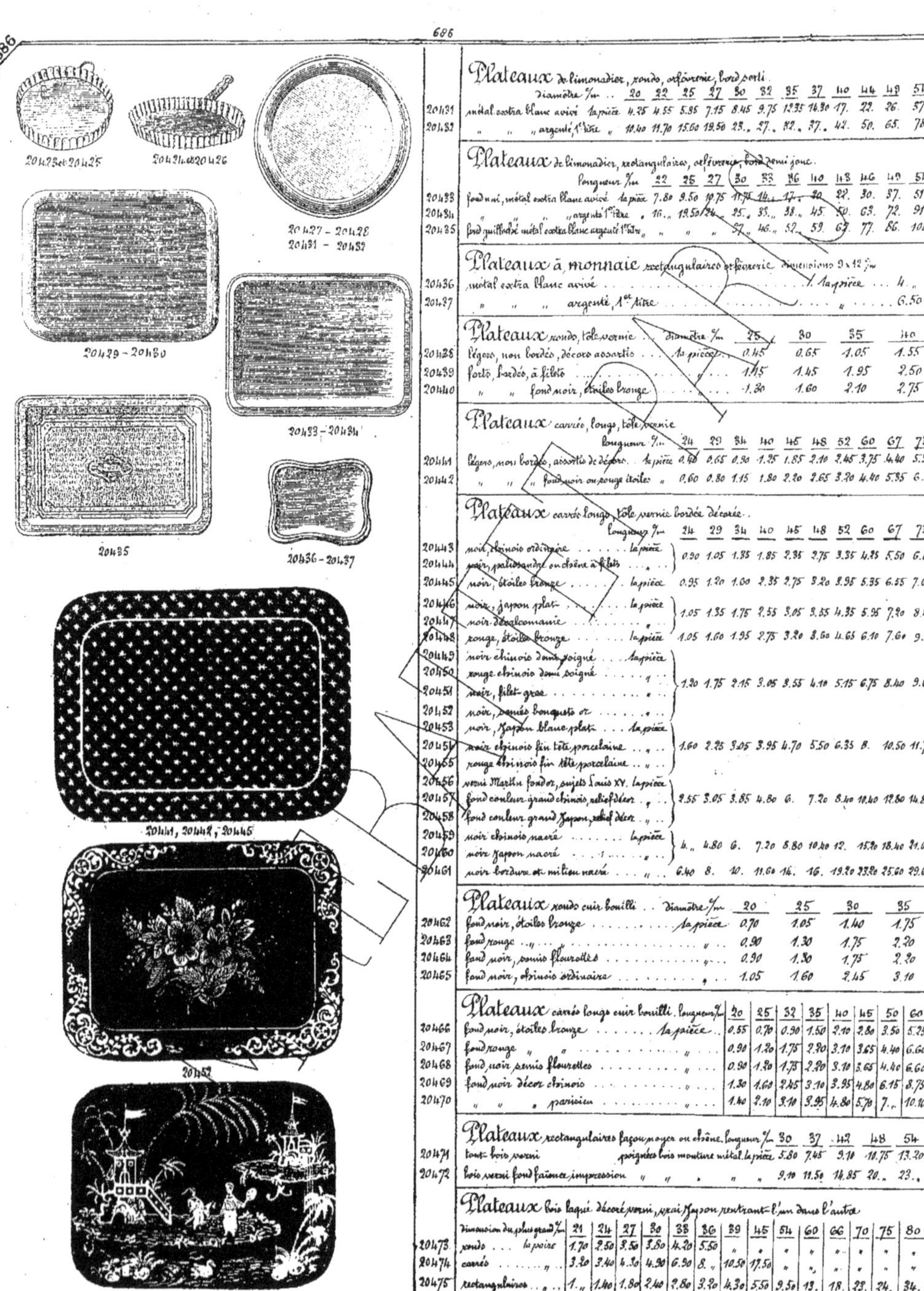

Plateaux de limonadier, ronds, orfèvrerie, bord perlé.

	Diamètre %m ..	20	22	25	27	30	32	35	37	40	44	49	54
20431	métal extra blanc avivé la pièce	4.25	4.55	5.85	7.15	8.45	9.75	12.35	14.30	17.	22.	26.	37.
20432	" " argenté, 1er titre "	10.40	11.70	15.60	19.50	23..	27..	32..	37..	42.	50.	65.	78.

Plateaux de limonadier, rectangulaires, orfèvrerie, bord demi jonc.

	Longueur %m	22	25	27	30	33	36	40	43	46	49	54
20433	fond uni, métal extra blanc avivé la pièce	7.80	9.50	10.75	11.75	14..	17..	20.	22.	30.	37.	51.
20434	" " " argenté 1er titre "	16..	19.50	24..	25..	33..	38..	45.	50.	63.	72.	91.
20435	fond guilloché métal extra blanc argenté 1er titre "	"	"	"	37..	46..	52..	59.	67.	77.	86.	108.

Plateaux à monnaie rectangulaires orfèvrerie dimensions 9 x 12 %m

20436	métal extra blanc avivé	la pièce ... 4..
20437	" " " argenté, 1er titre	" 6.50

Plateaux ronds, tôle vernie

	Diamètre %m	25	30	35	40
20438	légers, non bordés, décors assortis ... la pièce	0.45	0.65	1.05	1.55
20439	forts, bordés, à filets ... "	1.15	1.45	1.95	2.50
20440	" " fond noir, étoiles bronze ... "	1.30	1.60	2.10	2.75

Plateaux carrés, longs, tôle vernie

	Longueur %m	24	29	34	40	45	48	52	60	67	73
20441	légers, non bordés, assortis de décors. la pièce	0.40	0.65	0.90	1.25	1.85	2.10	2.45	3.75	4.40	5.30
20442	" " " fond noir ou rouge étoiles "	0.60	0.80	1.15	1.80	2.20	2.65	3.20	4.40	5.35	6..

Plateaux carrés longs, tôle vernie bordée décorée.

	Longueur %m	24	29	34	40	45	48	52	60	67	73
20443 20444	noir, chinois ordinaire ...... la pièce noir, palissandre ou chêne à filets ... "	0.90	1.05	1.35	1.85	2.35	2.75	3.35	4.25	5.50	6.80
20445	noir, étoiles bronze ..... la pièce	0.95	1.20	1.60	2.35	2.75	3.20	3.95	5.35	6.55	7.60
20446 20447	noir, japon plat ..... la pièce noir décalcomanie ..... "	1.05	1.35	1.75	2.55	3.05	3.55	4.35	5.95	7.20	8.40
20448	rouge, étoiles bronze ..... la pièce	1.05	1.60	1.95	2.75	3.20	3.60	4.65	6.10	7.60	9..
20449 20450 20451 20452	noir chinois demi soigné ... la pièce rouge chinois demi soigné ..... " noir, filet gras ..... " noir, semés bouquets or ..... "	1.20	1.75	2.15	3.05	3.55	4.10	5.15	6.75	8.40	9.60
20453 20454 20455	noir, Japon blanc plat ... la pièce noir chinois fin tête porcelaine .. " rouge chinois fin tête porcelaine .. "	1.60	2.25	3.05	3.95	4.70	5.50	6.35	8.	10.50	11.75
20456 20457 20458	verni Martin fond or, sujets Louis XV. la pièce fond couleur grand chinois, relief décor . " fond couleur grand Japon, relief décor . "	2.55	3.05	3.85	4.80	6.	7.20	8.40	10.40	12.80	14.80
20459 20460	noir chinois nacré ...... la pièce noir Japon nacré ...... "	4..	4.80	6.	7.20	8.80	10.20	12.	15.20	18.40	21.60
20461	noir bordure et milieu nacré ... "	6.40	8.	10.	11.60	14.	16.	19.20	23.20	25.60	29.60

Plateaux ronds cuir bouilli

	Diamètre %m	20	25	30	35
20462	fond noir, étoiles bronze ..... la pièce	0.70	1.05	1.40	1.75
20463	fond rouge " " ..... "	0.90	1.30	1.75	2.20
20464	fond noir, semis fleurettes ..... "	0.90	1.30	1.75	2.20
20465	fond noir, chinois ordinaire ..... "	1.05	1.60	2.45	3.10

Plateaux carrés longs cuir bouilli.

	Longueur %m	20	25	32	35	40	45	50	60
20466	fond noir, étoiles bronze ...... la pièce	0.55	0.70	0.90	1.50	2.10	2.80	3.50	5.25
20467	fond rouge " " ..... "	0.90	1.20	1.75	2.20	3.10	3.65	4.40	6.60
20468	fond, noir semis fleurettes ..... "	0.90	1.20	1.75	2.20	3.10	3.65	4.40	6.60
20469	fond noir décor chinois ..... "	1.30	1.60	2.45	3.10	3.95	4.80	6.15	8.75
20470	" " " parisien ..... "	1.40	2.10	3.10	3.95	4.80	5.70	7..	10.10

Plateaux rectangulaires façon noyer ou chêne.

	Longueur %m	30	37	42	48	54
20471	tout bois verni poignées bois monture métal. la pièce	5.80	7.45	9.10	10.75	13.20
20472	bois verni fond faïence, impression " " " " "	9.10	11.50	14.85	20..	23..

Plateaux bois laqué décoré verni, vrai Japon rentrant l'un dans l'autre

	Dimension du plus grand %m	21	24	27	30	33	36	39	45	54	60	66	70	75	80
20473	ronds ... la paire	1.70	2.50	3.50	3.80	4.20	5.50	"	"	"	"	"	"	"	"
20474	carrés ...... "	3.20	3.40	4.30	4.90	6.90	8..	10.50	17.50	"	"	"	"	"	"
20475	rectangulaires ... "	1..	1.40	1.80	2.40	2.80	3.20	4.30	5.50	9.50	13.	18.	23.	24.	34.

20464

20468

20472

20473

20475

20485

20482 à 20484

20478 - 20479 et 20481

20476 - 20477

20486-20489-20490

20480

20487-20488

20491-20492

20495

20494

20495-20496

20497

20501

20504

20505

20521 à 20526

Poissonnières ordinaires

		longueur $^{c}/_{m}$	30	35	40	45	50	55	60	65	70	75	80
20476	fer battu étamé, sans couvercle	la pièce	3.10	4.10	4.35	4.85	5.45	6.60	7.70	8.80	10.25	12.10	14.30
20477	" " émaillé blanc et bleu sans couvercle	"	3.15	4.15	5.55	6. .	6.75	7.65	8.70	10.40	11.70	13. .	15.60
20478	Couvercles fer battu étamé	"	0.85	1.10	1.20	1.50	1.80	2. .	2.40	2.60	2.75	3.20	3.35
20479	" " émaillé blanc et bleu	"	1. .	1.30	1.75	2.40	2.55	3. .	3.55	3.70	4.25	4.70	5.20

Poissonnières à marée, avec grille

		longueur $^{c}/_{m}$	40	45	50	55	60	65	70	75	80
20480	fer battu étamé sans couvercle	la pièce	4.45	4.95	5.55	6.70	7.85	9. .	10.40	12.25	14.40
20481	Couvercles fer battu étamé pour d°	"	1.25	1.65	1.90	2.05	2.50	2.65	2.80	3.25	3.40

Poivrières agrafées

		diamètre $^{m}/_{m}$	40	47	50
20482	fer blanc étamé	le cent	15.	16. .	17. .
20483	cuivre bruni	la pièce	"	0.70	"
20484	" nickelé		"	1. .	"

20485 **Porte-balai de garde-robe** à dossier, tôle d'acier étamée vernie, plats . . . la pièce 1.55
20486 " " " " " " " " à encoignure . . . " . . 1.65

20487 **Porte-balai de garde-robe** zinc nickelé petit dossier plat . . . . . . la pièce 1.25
20488 " " " " " " " grand dossier plat . . . . . " . . 1.55
20489 " " " " " " " petit dossier à encoignure . . . " . . 1.50
20490 " " " " " " " grand dossier à encoignure . . . " . . 2. .
ces porte-balais en zinc verni, granité, marbré ou faux bois . . . . . . Mêmes prix

20491 **Porte-cornets** de papier cuivre jaune bruni . . . . la pièce 4.40
20492 " " " " " nickelé . . . . " . . 5.15

Porte-dîners ronds à anse

		diamètre $^{c}/_{m}$	12	14	16	18	20	22	24
20493	ferblanc poli avec assiette	la pièce	1.30	1.55	1.85	2.30	2.55	2.85	3.30

20494 **Porte-dîners** 3 compartiments rentrant les uns dans les autres
ferblanc emboutí . . . . la pièce 4.30

Porte-huiliers, façon bois palissandre, acajou, noyer ou ébène, deux places
20495 carré, champ brut, monture cirée, collée . . . . la pièce 0.75
20496 " " " monture vernie, collée . . . . " . . 0.80
20497 un feston, champ brut, monture vernie, collée . . . . . . " . . 0.85
20498 deux festons " " " " " . . . . . . " . . 1.15
20499 deux festons " " " " vissée . . . . . . " . . 1.45
20500 deux festons, socle ordinaire, monture vernie forme vis . . . . " . . 1.55

Porte-huiliers, vrai bois verni, palissandre, acajou, noyer ou bois noir, deux places
20501 deux festons, vissé . . . . la pièce 2.55
20502 deux festons noyer cerclé à socle, vissé . . . . " . . 3.35
20503 deux festons à balustres, vissé . . . . " . . 3.95
20504 deux festons à balustres cerclés à godet, vissé . . . . . " . . 3.95

Porte-huiliers, deux places
20505 vrai bois à moulures, genre Louis XV, chêne cerclé et monture chêne vissée . . . la pièce 5.25
20506 tout monture vrai bois, socle carré, moulure fine, 1 feston fin vissé . . . " . . 4.85
20507 fantaisie bois olivier, 4 balustres deux festons, monture olivier . . . " . . 6.15

20508 **Garnitures huiliers** verre moulé . . . . la garniture depuis 1.65
20509 " " cristal taillé . . . . " . . 4. .

20510 **Ménagère** 4 places, façon bois carrée, champ et moulure vernis, collée . . . la pièce 1.45
20511 " 4 places, façon bois, 2 festons champ et moulure vernis, vissée . . . " . . 2.15
20512 " 4 places vrai bois, 1 feston monture vernie . . . . . " . . 2.50
20513 " 4 places vrai bois, 2 festons ovales monture vernie . . . . " . . 2.90
20514 " 5 places façon bois, 1 feston monture vernie, collée . . . . " . . 2. .
20515 " 5 places façon bois, 2 festons ovales, monture vernie, vissée . . " . . 2.40
20516 " 5 places vrai palissandre, carrée, monture vissée . . . . " . . 3.50
20517 " 5 places vrai palissandre, ronde à feston vissée . . . . . " . . 3.65

20518 **Garnitures de ménagères** 3, 4 ou 5 places verre moulé la garniture depuis 2.40
20519 " " " " " " " cristal taillé . . . . . . " . . 4.90

20520 **Moutardière** faux bois, deux festons, vernis, monture vissée . . . . . la pièce 1.55

Porte-huiliers métal ordinaire

			nickelé	argenté
20521	unis ordinaires, garniture verre moulé	la pièce	1.75	"
20522	" " " verre uni	"	2.25	"
20523	" " " cristal taillé	"	4. .	"
20524	unis forts, garniture verre moulé	"	2.80	"
20525	" " " verre uni	"	3.10	"
20526	" " " cristal taillé	"	4.35	8.10
	ces porte-huiliers en métal guilloché	en plus	0.50	0.50

688

20527 à 20529 — 20533 à 20538 — 20530 à 20532 — 20539 à 20541 — 20545 — 20551 — 20554 - 20555 — 20556-20557 — 20558 — 20559 — 20560 — 20561 — 20562 — 20566 — 20563 à 20565 — 20567 — 20568 à 20570

N°	Désignation		Prix
20527	**Porte-huilier** métal ordinaire nickelé Louis XV, garniture verre moulé	la pièce	3.35
20528	" " " " " verre uni	"	3.85
20529	" " " " " cristal taillé	"	5.60

N°	**Ménagères** métal ordinaire		nickelé	argenté
20530	unies, ordinaires, 3 places, garniture verre moulé	la pièce	1.40	"
20531	" " " verre uni	"	1.85	"
20532	" " " cristal taillé	"	2.75	4.50
20533	unies ordinaires, 5 places, garniture verre moulé	"	2.50	"
20534	" " " verre uni	"	3.15	"
20535	" " " cristal taillé	"	4.75	"
20536	unies fortes, 5 places, garniture verre moulé	"	3.65	"
20537	" " " verre uni	"	4.20	"
20538	" " " cristal taillé	"	5.60	10.60
	Ces ménagères en métal guilloché	En plus	0.50	0.50

N°	Désignation		Prix
20539	**Ménagère** métal nickelé Louis XV, garniture verre moulé	la pièce	4. "
20540	" " " " verre uni	"	4.75
20541	" " " " cristal taillé	"	7. "

N°	**Porte-huiliers** tôle émaillée 1er choix, monture bois.		Gre verre moulé	Gre cristal taillé
20542	fond blanc, filets bleus	la pièce	5.40	7.30
20543	" " filets bleus et or	"	5.80	7.70
20544	" " bord grenat et or	"	5.80	7.70
20545	" " fleurettes bleues	"	5.80	7.70
20546	" " " grenat	"	5.80	7.70
20547	" " semis colorié	"	5.80	7.70

N°	**Ménagères** tôle émaillée 1er choix 5 places, monture bois.		Gre verre moulé	Gre cristal taillé
20548	fond blanc, filets bleus	la pièce	6.20	8.80
20549	" " filets bleus et or	"	6.60	9.20
20550	" " bord grenat et or	"	6.60	9.20
20551	" " fleurettes bleues	"	6.60	9.20
20552	" " " grenat	"	6.60	9.20
20553	" " semis colorié	"	6.60	9.20

N°	Désignation		Prix
20554	**Ménagère** orfèvrerie fil rond, métal extra blanc avivé, 4 places, cristaux taillés.	la pièce	23.50
20555	" " " " argenté 1er titre, 4 places	"	29. "
20556	" " suspendue métal extra blanc avivé, 5 places	"	34. "
20557	" " " argenté 1er titre, 5 places	"	46. "
20558	**Moutardier** faïence décorée avec couvercle	la pièce	0.90
20559	**Salières** doubles, verre ordinaire, tige métal nickelé uni, sans couvercle	le cent	28. "
20560	" " " " avec couvercle	"	43. "

Ces salières ne sont pas livrées par quantité inférieure à 100 pièces d'une même sorte.

N°	**Salières** deux places, monture métal		nickelé	argenté
20561	garniture verre moulé, sans couvercle	la pièce	0.33	"
20562	" " " avec couvercle		0.50	"
20563	" " " sans couvercle, pied rond		1. "	"
20564	" verre uni	"	1.30	"
20565	" cristal taillé	"	1.40	3.50

N°	**Poëles à marrons** ordinaires. diamètre %m		20	22	24	26	28	30	32
20566	fer battu verni noir brillant	la pièce	0.70	0.75	0.95	1.05	1.20	1.40	1.50

N°	**Pots au feu** deux anses. contenance, litres		3	4	5	6	7	8	10	12	14	17
20567	fer battu en bouts, emaillé blanc et bleu.	la pièce	2.45	2.95	3.10	3.40	3.85	4.15	4.70	5.10	5.90	7. "

N°	**Pots à lessive** diamètre %m		15	16	18	20	22
20568	fer blanc poli à douille	la pièce	0.90	1. "	1.30	1.55	1.75
20569	zinc poli	"			1.45	1.75	"
20570	tôle galvanisée forte	"		1.35	1.55	1.85	"
20571	fer blanc poli à douille transversale	"			1.60	1.80	"
20572	tôle galvanisée forte à douille transversale	"			1.90	2.25	"

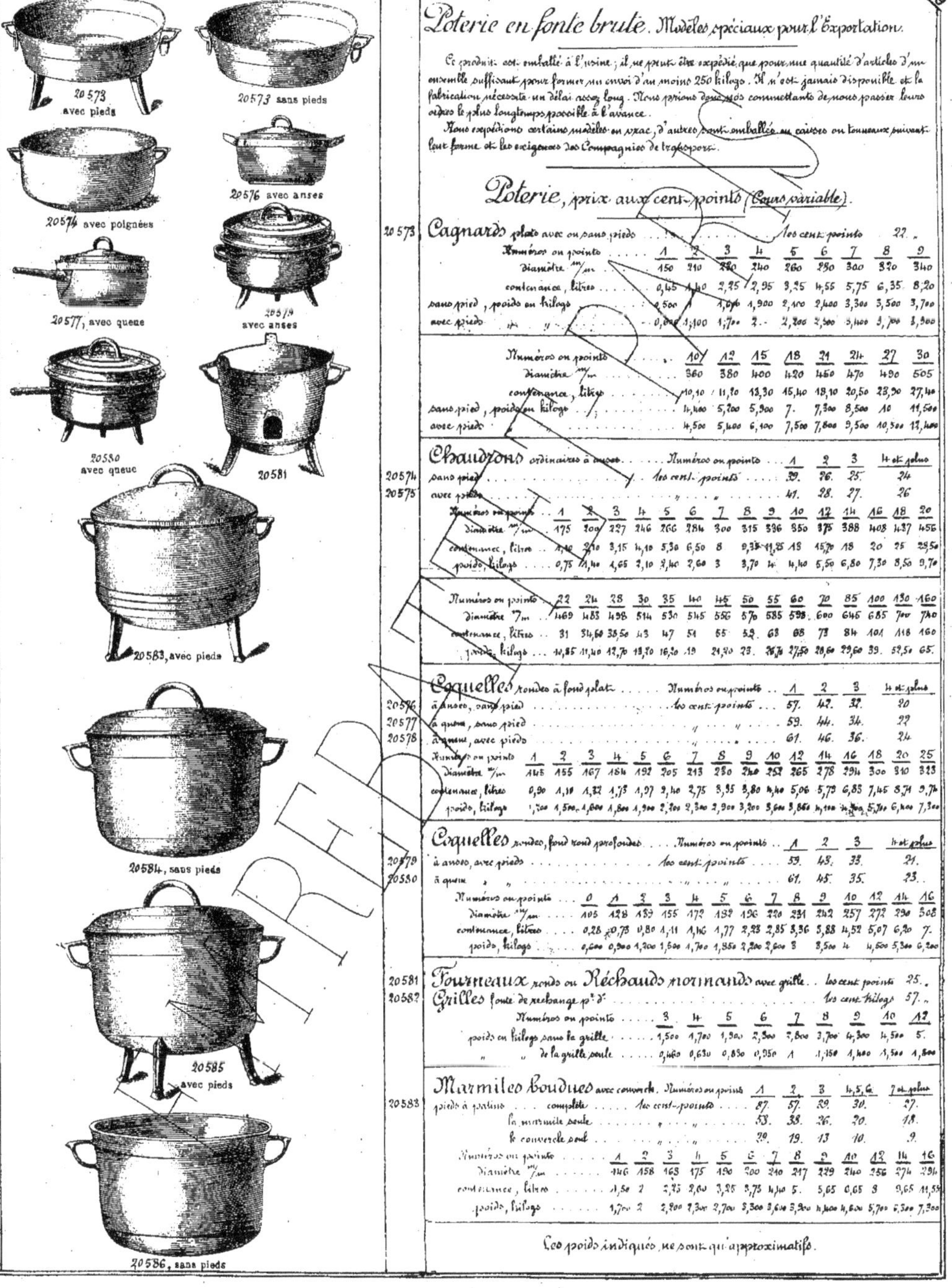

20573 avec pieds — 20573 sans pieds — 20574 avec poignées — 20576 avec anses — 20577, avec queue — 20579 avec anses — 20580 avec queue — 20581 — 20583, avec pieds — 20584, sans pieds — 20585 avec pieds — 20586, sans pieds

Poterie en fonte brute. Modèles spéciaux pour l'Exportation.

Ce produit est emballé à l'usine ; il ne peut être expédié que pour une quantité d'articles d'un ensemble suffisant pour former un envoi d'au moins 250 kilogs. Il n'est jamais disponible et la fabrication nécessite un délai assez long. Nous prions donc nos commettants de nous passer leurs ordres le plus longtemps possible à l'avance.

Nous expédions certains modèles en vrac, d'autres sont emballés en caisses ou tonneaux suivant leur forme et les exigences des Compagnies de transport.

Poterie, prix aux cent points (Cours variable).

20573 **Cagnards** plats avec ou sans pieds . . . les cent points 22. „

Numéros ou points	1	2	3	4	5	6	7	8	9
diamètre m/m	150	210	220	240	260	280	300	320	340
contenance, litres	0,45	1,40	2,25	2,95	3,25	4,55	5,75	6,35	8,20
sans pied, poids en kilogs	0,500	1	1,606	1,900	2,100	2,400	3,300	3,500	3,700
avec pieds „ „	0,600	1,100	1,700	2.-	2,200	2,500	3,400	3,700	3,900

Numéros ou points	10	12	15	18	21	24	27	30
diamètre m/m	360	380	400	420	450	470	490	505
contenance, litres	10,10	11,20	13,30	15,40	18,10	20,50	23,90	27,40
sans pied, poids en kilogs	4,400	5,200	5,900	7.	7,300	8,500	10	11,500
avec pieds	4,500	5,400	6,100	7,500	7,800	9,500	10,300	12,400

Chaudrons ordinaires à anses

	Numéros ou points	1	2	3	4 et plus
20574	sans pied . . . les cent points	29.	26.	25.	24
20575	avec pieds „ „	41.	28.	27.	26

Numéros ou points	1	2	3	4	5	6	7	8	9	10	12	14	16	18	20
diamètre m/m	175	200	227	246	266	284	300	315	336	350	375	388	408	437	456
contenance, litres	1,40	2,10	3,15	4,10	5,30	6,50	8	9,35	11,25	13	15,70	18	20	25	28,50
poids, kilogs	0,75	1,40	1,65	2,10	2,40	2,60	3	3,70	4	4,40	5,50	6,80	7,30	8,50	9,70

Numéros ou points	22	24	28	30	35	40	45	50	55	60	70	85	100	130	160
diamètre m/m	469	483	498	514	530	545	556	570	585	598	600	645	685	700	740
contenance, litres	31	34,60	38,50	43	47	51	55	59	63	68	73	84	101	118	160
poids, kilogs	10,85	11,40	12,70	13,20	16,20	19	21,20	23.	26,70	27,50	28,60	29,60	39.	52,50	65.

Coquelles rondes à fond plat

	Numéros ou points	1	2	3	4 et plus
20576	à anses, sans pied . . . les cent points	57.	42.	32.	20
20577	à queue, sans pied „ „	59.	44.	34.	22
20578	à queue, avec pieds „ „	61.	46.	36.	24

Numéros ou points	1	2	3	4	5	6	7	8	9	10	12	14	16	18	20	25
diamètre m/m	145	155	167	184	192	205	213	230	240	252	265	278	294	300	310	323
contenance, litres	0,90	1,10	1,32	1,73	1,97	2,40	2,75	3,35	3,80	4,40	5,06	5,73	6,83	7,45	8,71	9,70
poids, kilogs	1,200	1,500	1,600	1,800	1,900	2,200	2,300	2,900	3,200	3,600	3,860	4,100	4,300	5,700	6,400	7,300

Coquelles rondes, fond rond profondes

	Numéros ou points	1	2	3	4 et plus
20579	à anses, avec pieds . . . les cent points	59.	43.	33.	21.
20580	à queue „ „ „	61.	45.	35.	23.

Numéros ou points	0	1	2	3	4	5	6	7	8	9	10	12	14	16
diamètre m/m	105	128	139	155	172	182	196	220	231	242	257	272	290	308
contenance, litres	0,28	0,73	0,80	1,11	1,46	1,77	2,23	2,85	3,36	3,88	4,52	5,07	6,20	7.
poids, kilogs	0,600	0,900	1,200	1,500	1,700	1,850	2,200	2,600	3	3,500	4	4,500	5,300	6,200

20581 **Fourneaux** ronds ou **Réchauds normands** avec grille . . les cent points 25. „

20582 **Grilles** fonte de rechange p[r] d[o] . . . les cent kilogs 57. „

Numéros ou points	3	4	5	6	7	8	9	10	12
poids en kilogs sans la grille	1,500	1,700	1,900	2,300	2,800	3,700	4,300	4,500	5.
„ „ de la grille seule	0,460	0,630	0,830	0,950	1	1,150	1,400	1,500	1,800

Marmites bouges avec couvercle

	Numéros ou points	1	2	3	4, 5, 6	7 et plus
20583	pieds à patins . . . complète . . . les cent points	87.	57.	29.	30.	27.
	la marmite seule „ „	58.	38.	26.	20.	18.
	le couvercle seul „ „	29.	19.	13	10.	9.

Numéros ou points	1	2	3	4	5	6	7	8	9	10	12	14	16
diamètre m/m	146	158	168	175	190	200	210	217	229	240	256	274	294
contenance, litres	1,50	2	2,25	2,60	3,25	3,75	4,40	5.	5,65	6,65	8	9,65	11,55
poids, kilogs	1,700	2	2,200	2,300	2,700	3,300	3,600	3,900	4,400	4,600	5,700	6,300	7,300

Les poids indiqués ne sont qu'approximatifs.

20587

20588

20589

3/4 GALLON

20590

20591

20592

20593

Marmites ordinaires ou normandes

		Numéros ou points	1	2	3	4 et plus
20584	sans pied, avec couvercle, complète	les cent points	42.	27.	27.	25
	la marmite seule	" "	28.	18.	18	17.
	le couvercle seul	" "	14.	9.	9.	8.
20585	avec pieds à patins, avec couvercle, complète	" "	42.	27.	27.	25
	la marmite seule	" "	28.	18.	18.	17.
	le couvercle seul	" "	14.	9.	9.	8.

Numéros ou points	1	2	3	4	5	6	7	8	9	10
diamètre m/m	117	139	170	186	205	222	237	254	270	290
contenance, litres	0,67	1,20	2,10	2,90	3,90	5	6	7,20	8,80	10,50
poids, kilogs	0,860	1,330	2,020	2,460	2,980	3,550	4,180	4,700	5,480	6,200

Numéros ou points	12	14	16	18	20	22	25	28	30	40
diamètre m/m	305	320	338	354	372	385	392	402	420	448
contenance, litres	12,50	14	17,50	20	25	26	28	31	33	39
poids, kilogs	7,200	8,420	9,690	11,120	11,900	12,900	14,870	17.	19,100	22.200

Marmites à nègre sans couvercle

		Numéros ou points	1	2	3	4 et plus
20586	sans pieds	les cent points	40.	27.	27.	25
20587	avec pieds	" "	40.	27.	27.	25

Numéros ou points	1	2	3	4	5	6	7	8	9	10	12
diamètre m/m	117	139	170	186	205	225	237	254	270	290	305
contenance, litres	0,70	1,20	2,10	2,90	3,90	5	6	7,20	8,80	10,50	12,50
poids, kilogs	0,800	0,950	1,500	1,800	2,100	2,500	3.	3,500	4	4,800	5.800

Numéros ou points	14	16	18	20	22	25	28	30	40	50	60
diamètre m/m	320	338	354	372	385	392	402	420	448	462	500
contenance, litres	14	17,50	20	25	26	28	31	33	39	52	60
poids, kilogs	6,200	7,200	8,400	8,900	10,800	12,500	14,400	17	18	24	27

Poterie, prix aux cent kilogs (Cours variable).

20588 **Bols à riz**, série profonde — les cent kilogs 52. "

Numéros	0	1	2	3	4	5	6	7	8	10	11	12
diamètre m/m	220	230	253	265	276	300	320	335	350	365	384	415
contenance, litres	1,80	2,26	2,50	3,07	3,35	4,70	5,40	6	7	7,60	8,60	11,30
poids, kilogs	1,180	1,200	1,360	1,480	1,640	2,100	2,260	2,500	3,100	3,350	4,250	4,600

20589 **Fourneaux malgaches** avec trépied et grille — les cent kilogs 57. "

Numéros	9	10	11	12	13
diamètre m/m	230	260	280	305	330
poids total, kilogs	3,025	3,690	4,415	5,590	6,840

20590 **Marmites congo** marquées en gallons, sans couvercle

Numéros	1/4 1/2 3/4	1 et plus
les cent kilogs	56	53

Numéros ou gallons	1/4	1/2	3/4	1	1/2	2	3
diamètre m/m	117	140	167	182	202	225	286
contenance, litres	0,56	0,90	1,45	2,10	2,65	4,05	8.70
poids en kilogs	0,540	0,705	1,150	1,305	1,650	2,400	4,100

20591 **Marmites** ordinaires marquées en gallons, avec pieds et couvercle.

Numéros	1/4 1/2	3/4 et plus
les cent kilogs	56.	53.

Numéros ou gallons	1/4	1/2	3/4	1	1 1/2	2	2 1/2	3	4	5
diamètre m/m	139	170	186	205	225	254	270	290	320	338
contenance, litres	1,20	2,10	2,90	3,90	5,	7,20	8,80	10,50	14	17,50
poids en kilogs	1,370	2,040	2,400	2,850	3,440	4,600	5,500	6,550	8,200	9,400

20592 **Pots** couverts, dits Bordelais avec pieds — les cent kilogs 55. "

Numéros	36	33	30	27	24	20	18	15	12	10	8 1/2	7 1/2	6	5	4	3	2 1/2
diamètre m/m	143	160	170	180	190	205	218	233	248	260	280	298	320	341	361	396	440
contenance, litres	3	3,80	4.60	5,40	6,30	7.70	9,50	11,10	13,30	15,50	18,50	21	27.50	33,50	40	50	62
poids, kilogs	2,700	[illegible]	3,400	4,100	4,700	5,300	6,500	7,400	9,100	9,500	10,550	12,700	15,600	17,500	21,300	26,800	35

20593 **Pots gallons** avec pieds et couvercle

Numéros	1/4	1/2	3/4	1	1 1/2	2 et plus
les cent kilogs	70.	65.	59.	55.	55.	50.

Numéros	1/4	1/2	3/4	1	1 1/2	2	2 1/2	3	4	5	6	7	8	9	10
diamètre m/m	120	150	166	181	202	225	240	253	283	305	317	330	357	373	387
contenance, litres	1,05	2	2,56	3,35	4,62	6,48	7,86	9,29	13,25	16	19,50	22,90	27,50	30	34
poids, kilogs	1,200	1,620	1,860	2,330	3,010	3,730	4,550	5,300	7,950	9,570	10,525	13,575	14,650	16,770	17,900

Les poids indiqués ne sont qu'approximatif.

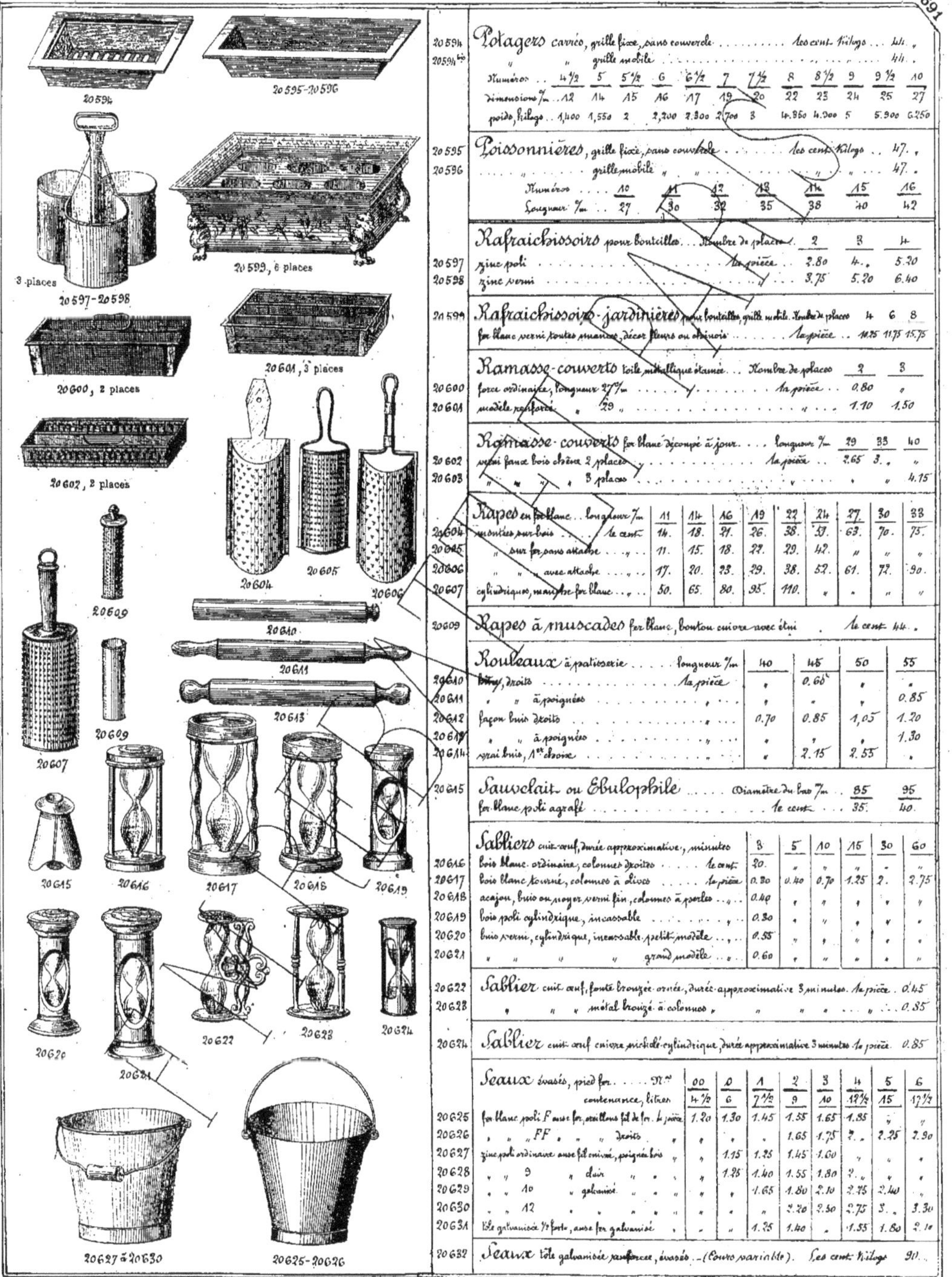

20594 **Potagers** carrés, grille fixe, sans couvercle . . . . les cent kilogs . . 44. .
20594 bis " " grille mobile . . . . 44. .

Numéros	4 ½	5	5 ½	6	6 ½	7	7 ½	8	8 ½	9	9 ½	10
dimensions c/m	12	14	15	16	17	19	20	22	23	24	25	27
poids, kilogs	1,400	1,550	2	2,200	2.300	2.700	3	4.350	4.900	5	5.900	6.250

20595 **Poissonnières**, grille fixe, sans couvercle . . . . . . les cent kilogs . . 47. .
20596 . . . . " . . . . grille mobile " . . " . . . . " . . " . . . 47. .

Numéros	10	11	12	13	14	15	16
Longueur c/m	27	30	32	35	38	40	42

Rafraichissoirs pour bouteilles

		Nombre de places	2	3	4
20597	zinc poli	la pièce	2.80	4. .	5.20
20598	zinc verni		3.75	5.20	6.40

Rafraichissoirs-jardinières pour bouteilles, grille mobile.

		Nombre de places	4	6	8
20599	fer blanc verni toutes nuances, décor fleurs ou chinois	la pièce	10.25	11.75	15.75

Ramasse-couverts toile métallique étamée

		Nombre de places	2	3
20600	force ordinaire, longueur 27 c/m	la pièce	0.80	"
20601	modèle renforcé " 29 "	"	1.10	1.50

Ramasse-couverts fer blanc découpé à jour

		longueur c/m	29	33	40
20602	verni façon bois chêne 2 places	la pièce	2.65	3. .	"
20603	" " " 3 places		"	"	4.15

Rapes en fer blanc

		longueur c/m	11	14	16	19	22	24	27	30	33
20604	montées sur bois	le cent	14.	18.	21.	26.	38.	51.	63.	70.	75.
20605	" sur fer sans attache	"	11.	15.	18.	22.	29.	42.	"	"	"
20606	" " avec attache	"	17.	20.	23.	29.	38.	52.	61.	72.	90.
20607	cylindriques, manche fer blanc	"	50.	65.	80.	95.	110.	"	"	"	"

20609 **Rapes à muscades** fer blanc, bouton cuivre avec étui . le cent 44. .

Rouleaux à patisserie

		longueur c/m	40	45	50	55
20610	~~hêtre~~, droits	la pièce	"	0.60	"	"
20611	" " à poignées		"	"	"	0.85
20612	façon buis droits	"	0.70	0.85	1,05	1.20
20613	" " à poignées	"	"	"	"	1.30
20614	vrai buis, 1er choix	"	"	2.15	2.55	"

Sauvelait ou Ebulophile

		Diamètre du bas c/m	85	95
20615	fer blanc poli agrafé	le cent	35.	40.

Sabliers cuit œuf, durée approximative, minutes

			3	5	10	15	30	60
20616	bois blanc ordinaire, colonnes droites	le cent	20.	"	"	"	"	"
20617	bois blanc tourné, colonnes à olives	la pièce	0.30	0.40	0.70	1.25	2.	2.75
20618	acajou, buis ou noyer verni fin, colonnes à perles	"	0.40	"	"	"	"	"
20619	bois poli cylindrique, incassable	"	0.30	"	"	"	"	"
20620	buis verni, cylindrique, incassable petit modèle	"	0.55	"	"	"	"	"
20621	" " " " grand modèle	"	0.60	"	"	"	"	"

20622 **Sablier** cuit œuf, fonte bronzée ornée, durée approximative 3 minutes. la pièce . 0.45
20623 " " " métal bronzé à colonnes " " " . . . " . . . 0.35

20624 **Sablier** cuit œuf cuivre nickelé cylindrique, durée approximative 3 minutes la pièce 0.85

Seaux évasés, pied fer

		Nos	00	0	1	2	3	4	5	6
		contenance, litres	4 ½	6	7 ½	9	10	12 ½	15	17 ½
20625	fer blanc poli F anse fer, oreillons fil de fer.	la pièce	1.20	1.30	1.45	1.55	1.65	1.85	"	"
20626	" " FF " " " droits	"	"	"	"	1.65	1.75	2. .	2.25	2.90
20627	zinc poli ordinaire anse fil cuivré, poignée bois	"	"	1.15	1.25	1.45	1.60	"	"	"
20628	" " 9 " clair " "	"	"	1.25	1.40	1.55	1.80	2. .	"	"
20629	" " 10 " galvanisé " "	"	"	"	1.65	1.80	2.10	2.75	2.40	"
20630	" " 12 " " " "	"	"	"	"	2.20	2.50	2.75	3. .	3.30
20631	tôle galvanisée ½ forte, anse fer galvanisé	"	"	"	1.25	1.40	"	1.55	1.80	2.10

20632 **Seaux** tôle galvanisée renforcée, évasés. (Cours variable). Les cent kilogs 90. .

20631-20632 — 20633-20634, 20637 à 20639 — 20635-20636

20640-20641 — 20642-20643

20644 — 20645 à 20648 — 20649-20650

20652 — 20653 — 20654

20659 — 20655 à 20658 — 20660 à 20663 — 2670

20664 à 20667 — 20668-20669 — 20672

	Seaux à gorge évasés, anse et pied fer étamé . . . N°	1	2	3	4	5	6
	contenance, litres . .	8	9	11	13	16	18
20633	fer blanc, poli F agrafé, oreillons fil de fer . . . la pièce . .	1.55	1.65	1.75	2. „	.	.
20634	„ „ „ FFF . . . . „ . .	„	.	2.20	2.50	2.75	3.10
20635	„ „ „ F agrafé, oreillons à cœur . . . . . . „ . .	1.65	1.75	1.85	2.10	.	.
20636	„ „ „ FFF „ „ „ . . . . . . „ . .	.	.	2.30	2.60	2.85	3.20
20637	zinc poli 9 oreillons fil de fer . . . . „ . .	.	1.70	2. „	2.20	„	„
20638	„ „ 10 „ „ . . . . „ . .	.	2. „	2.25	2.60	2.70	.
20639	„ „ 12 „ „ . . . . „ . .	.	„	2.90	3. „	3.25	3.50

	Seaux évasés, à bec rapporté . . . . N° . .	00	0	1	2	3	4	5
	anse et pied fer étamé . . . contenance, litres	4½	6	7½	9	10	12½	15
20640	fer blanc poli F, sans poignée . . . la pièce	1.30	1.45	1.60	1.70	1.80	2. .	.
20641	„ „ „ FFF . . . . „	.	.	.	.	2.25	2.55	2.80
20642	„ „ „ F poignée à gousset . . . . „	1.45	1.55	1.70	1.80	1.90	2.15	.
20643	„ „ „ FFF „ „ „ . . . . „	.	.	.	.	2.35	2.65	2.90

	Seaux droits pied fer . . . . N° . .	1	2	3	4	5
	contenance, litres . .	8	10	13	15	18
20644	fer blanc poli FF agrafé, anse fer . . . . . la pièce	1.75	2.	2.20	2.75	.
20645	zinc poli, ordinaire, anse fil cuivré, poignée bois . . „ . .	1.55	1.75	2. „	.	.
20646	„ „ 9 anse fil clair, poignée bois . . . . „ . .	1.65	2.	2.30	2.75	.
20647	„ „ 10 anse fil galvanisé, poignée bois . . „ . .	.	2.20	2.55	3. „	.
20648	„ „ 12 „ „ „ „ . . . . „ . .	.	2.55	3. „	3.40	3.85

	Seaux droits bordés, agrafés . . . diamètre %m	22	24	26	28	30	32
	fond emboutì . . . . contenance en litres .	7	10	12	15	20	24
20649	tôle galvanisée, légers . . . . la pièce . .	1.70	1.90	2.10	2.30	2.65	3. „
20650	„ „ ordinaires . . . . „ . . .	.	2.25	2.40	2.70	3. „	3.75

20651 **Seaux** droits, tôle galvanisée renforcée (Cours variable) les cent kilogs . . 90. „

	Seaux à baril pour puits anse à anneau. contenance, litres	6	8	10	12
20652	tôle galvanisée ½ forte, forme haute . . . . . . la pièce	2.85	3.25	3.65	3.90

	Seaux droits pour écurie . . . . contenance, litres . .	10	14	16	20
20653	chêne, cerclés feuillard renforcé . . . . la pièce . . .	4.50	5.40	7.20	9. „

	Seaux de toilette avec couvercle, bouton porcelaine N°	0	1	2	3	4	5
	anse fil étamé, poignée bois . . . . contenance, litres	6	7½	9	10	12½	15
20654	évasés, tôle d'acier F , verni granité . . la pièce	„	2.40	2.65	2.90	.	.
20655	„ „ FF verni toutes nuances . . „ . .	.	2.90	3.10	3.40	4. „	.
20656	„ zinc 9, verni toutes nuances . . . . „	2.75	3. „	3.20	3.50	3.75	„
20657	„ „ 10 „ „ „ . . . . „ . .	.	3.20	3.40	3.75	4. „	4.40
20658	„ „ 12 „ „ „ . . . . „ . .	„	„	3.75	4.20	4.60	6. „

	Seaux de toilette avec couvercle, bouton porcelaine N°	1	2	3	4	5
	anse fil étamé, poignée bois . . . . . . contenance, litres	8	10	13	15	18
20659	droits tôle d'acier F , verni granité . . . . la pièce	2.75	3. „	3.20	.	.
20660	„ „ „ FF verni toutes nuances . . . . „ . .	3.10	3.40	3.75	4.30	.
20661	„ zinc 9, verni toutes nuances . . . . . . „ . .	3.10	3.50	3.85	„	„
20662	„ „ 10 „ „ „ . . . . „ . .	.	3.75	4.10	4.60	„
20663	„ „ 12 „ „ „ . . . . „ . .	.	4.20	4.60	5.20	5.70

	Seaux de toilette, cuvette à soupape vernie . . . . . . N°	1	2	3	4
	avec fil étamé ou cuivré, poignée bois . . . contenance, litres . .	8	10	13	15
20664	droits, tôle d'acier F , verni granité . . . . la pièce .	3.10	3.30	3.50	„
20665	„ „ FF verni toutes nuances . . . . „ . .	3.50	4. „	4.40	5. „
20666	„ zinc 9, verni toutes nuances . . . . „ . .	3.50	4. „	4.10	.
20667	„ „ 10 „ „ „ . . . . „ . .	.	4.30	4.75	„
20668	„ „ 10 verni toutes nuances, cuvette à soupape cuivre . „ . .	4.40	5. „	5.10	„
20669	„ „ 12 . . . . „ . .	.	5.40	6. „	6.50
20670	**Couvercles** verni toutes nuances, bouton porcelaine pr cuvette à soupape	0.90	1. „	1.10	1.20

	Seaux d'antichambre évasés . . . . Diamètre %m	26	28
20671	fer battu émaillé blanc un filet sans couvercle . . . la pièce . .	3. „	3.10
20672	„ „ „ „ „ avec couvercle . . . . . . „ . .	3.90	4.10

	Seaux cylindriques avec couvercle à bouton . . diamètre %m	24	26	28
20673	fer battu émaillé blanc et bleu . . . . la pièce . .	4. „	4.40	4.70
20674	„ „ „ un filet . . . . „ . .	4.10	4.50	5.10
20675	„ „ „ plusieurs filets . . . . „ . .	4.15	4.55	5.75

20673 à 20675 — 20676-20677 à 20678 — 20679 à 20685 — 20682-20686-20692 / 20697 — 20687 — 20690 — 20698 — 20693 à 20696 — 20699 — 20700 — 20705 à 20707 — 20701-20702 — 20703 — 20708 — 20704 — 20710 — 20711 à 20713 — 20709 — 20715 — 20712 à 20714 — 20717 — 20718 — 20719-20720

Seaux de toilette avec couvercle, sans anse

		21	22	24
	diamètre %m	21	22	24
20676	faïence . . . . . la pièce	4.75	5.60	7. „
20677	porcelaine . . . . . „	„	„	20. „

20678 Anses osier p.r d.o . . . . . le cent . . . 45. „

Seaux hygiéniques avec couvercle intérieur fixe, série ordinaire

	diamètre extérieur %m	24	25	27	29
20679	intérieur 1/2 porcelaine, bord porcelaine verni jaspé . . la pièce	4.40	5.50	6.60	„
20680	„ „ „ „ „ verni toutes nuances . . „		5.05	5.40	5.95
20681	„ „ „ bord nickelé, verni toutes nuances . . „		7. „	7.65	9.10

20682 Ronds noyer verni p.r d.o . . . . . la pièce . . 2. „

Seaux hygiéniques avec couvercle intérieur, fixe, série courante

	diamètre extérieur %m	23	25	27	29
20683	intérieur 1/2 porcelaine bord verni, verni toutes nuances . la pièce	7.10	8.45	9.80	11.80
20684	„ „ „ bord nickelé „ „ „	7.45	8.80	10.15	13.15
20685	„ „ „ bord nickel pur „ „ „	8.10	9.45	10.80	12.85

20686 Ronds noyer verni p.r d.o . . . . . la pièce . . 2. „

Seaux hygiéniques intérieur 1/2 porcelaine démontable se changeant à volonté

Série courante, verni toutes nuances (R.E.T.)

	diamètre extérieur %m	23	25	27
20687	avec couvercle . . . . . la pièce	7.45	8.10	9.45
20688	avec cuvette à bascule intérieur 1/2 porcelaine . . „	9.40	10.75	12.75
20689	Porcelaines seules de rechange p.r d.o . . „	3.45	4.05	4.75
20690	Cuvettes seules . . . . . „	3.05	3.70	4.40

20691 Couvercles seuls . . . . . la pièce . . 1.10

20692 Ronds noyer verni p.r d.o . . . . . „ . . 2. „

Seaux hygiéniques genre rôle fond mobile à pression intérieur et cuvette porcelaine démontable.

20693 bord noyer verni 33 %m joint caoutchouc . . . . . la pièce . . 21. „

20694 „ „ „ „ joint hydraulique . . . . . „ . . 23. „

Seaux hygiéniques fond mobile à pression avec couvercle bouton cuivre.

20695 cuivre jaune bruni, diamètre extérieur 27 %m . . . . . la pièce . . 35

20696 cuivre rouge „ „ „ „ . . . . . „ . . 44

20697 Ronds noyer verni p.r d.o . . . . . „ . . 3.30

Nota — Les seaux hygiéniques, quoique parfaitement emballés, peuvent se briser par la chute brutale d'une caisse sans qu'aucune marque extérieure puisse en avertir le réceptionnaire; nous engageons vivement nos correspondants à vérifier ces colis devant la Compagnie de transport seule responsable. Dans aucun cas, nous n'acceptons la responsabilité des avaries.

Seaux pour porter la glace

		20	22	25	26	28	30	32
	diamètre %m	20	22	25	26	28	30	32
	hauteur %m	25	28	30	33	35	38	40
20698	en chêne, cercles galvanisés . . . la pièce	7.20	8.10	9. „	9.90	10.80	11.70	12.60

Seaux à glace de table, monture métal

		nickelé	argenté
20699	corps cristal uni . . . . . la pièce	5. „	6.50
20700	„ „ craquelé . . . . . „	7. „	10. „
20701	„ „ glaçon blanc . . . . . „	7.50	„
20702	„ „ „ rouge . . . . . „	9. „	„
20703	„ „ torse, monture Louis XV . . „	9. „	10. „
20704	„ „ givré, monture orfèvrerie 1er titre . . „	„	24.50

20705 Cuillère à glace métal poli . . . . . la pièce . . 1. „

20706 „ „ métal argenté spatule dorée . . . . . „ . . 1.90

20707 „ „ orfèvrerie argenté 1er titre . . . . . „ . . 6.75

Seaux à biscuits cristal craquelé, monture métal uni argenté . . la pièce 6. „

20708 Seaux à biscuits cristal craquelé, monture métal uni argenté . . la pièce 6. „

20709 „ „ cristal taillé „ „ „ „ . . . „ . . 13.75

20710 „ „ cristal givré; monture orfèvrerie argentée 1er titre . . „ . . 26. „

Soupières ordinaires

	Diamètre %m	22	24	26	28	30	32	35	40
20711	fer battu étamé sans pied . . la pièce	3.70	4.40	4.95	5.65	6.40	6.90	8.75	11.50
20712	„ avec pied . . „	4.15	4.65	5.25	6. „	7.50	8.75	10. „	„
20713	„ émaillé blanc plusieurs filets sans pied „	3. „	3.50	4.10	4.30	4.75	5.70	6. „	6.90
20714	„ „ „ „ „ avec pied „	3.90	4.45	5.10	5.75	6.50	6.75	7.40	„

Soupières ou légumiers forme porcelaine.

	contenance, litres	1 1/2	2	2 1/2	3	3 1/2	4	6	8
20715	fer battu émaillé blanc plusieurs filets sans pied la pièce	2.60	2.70	3.15	3.70	4.25	4.40	4.80	„
20716	„ „ „ „ „ avec pied „	3.55	3.90	4.35	5.20	„	5.80	6.50	6.90

Troncs à monnaie, hauteur 21 %m

		cuivre nickelé	nickel pur
20717	sans anse . . . . . la pièce	4.90	9.75
20718	avec anse . . . . . „	6.20	12.35

20719 Tronc à monnaie cuivre argenté . . . . . la pièce . . 25. „

20720 „ à œillères „ „ . . . . . „ . . 25. „

20721 20722 20723 20724

20725 20726 20727 20728

20730 20731

20732 20733

20736 20737

20738-20739 20741

20740 20742

Vaporisateurs de toilette, monture métal

20721 bec court, corps verre moulé couleur, balle caoutchouc rouge sans filet . . . . la pièce 1.05
20722 bec long corps 1/2 cristal " " " avec filet soie . . . . " 2.25
20723 " " corps cristal taillé blanc " " " " " " . . . . " 3. "
20724 " " " " Baccarat dégradé " " " " " " . . . . " 4.50
20725 " " " " taillé teinté décoré couleur, balle caoutchouc rouge avec filet soie . . " 5.25
20726 " " " demi cristal décoré couleur, pompe métal . . . . " 1.80
20727 " " " cristal décoré couleur, pompe métal . . . . " 2.65

Vaporisateurs de voyage à pompe

		hauteur fermé m/m	75	90	100	120
	cristal taillé, côtes plates	Diamètre m/m	25	35	45	55
20728	monture métal nickelé, obturateur clapet	la pièce	5.55	6. "	7. "	8.80
20729	" " doré uni " "	"	8.25	10.15	12. "	14.50

Vannerie osier, Paniers, etc.

20730 **Benoitons** communs par 4 . . . . le paquet 1.25

Canaris manche ordinaire

		longueur approximative m/m	20	22	24	27	32	37	40	42	45	49
20731	carrés	la pièce	1.10	1.35	1.80	2.15	2.55	3.25	3.85	4.45	5.10	6.
20732	ovales		1.10	1.35	1.80	2.15	2.55	3.25	3.85	4.45	5.10	6.

Canaris démontés, (Série Exportation)

20733 carrés . . . . la série de 5 pièces . . 22. "
20734 ovales . . . . " " . . 22. "
20735 mannes . . . . " " . . 23.50

Clairs à manche

		longueur approximative m/m	26	32	41	49	57	70	80	assortis de	26 m/m à 57 m/m
20736	ovales, fins	la pièce	0.70	0.95	1.35	1.65	2.55	3.40	4.75	le paquet de 5 pièces	6.80

Couffins palmier

		longueur approximative m/m	28	32	35	38	42	45
20737	poignées palmier	la pièce	0.50	0.60	0.65	0.75	0.85	1.05
20738	" cuir	"	0.70	0.80	0.85	0.95	1.05	1.25
20739	" " et œillets, brevetés	"	0.80	0.90	1. "	1.10	1.25	1.45

Crocanes droits

		longueur approximative m/m	44	50	55	65	70	78	assortis de	44 à 55 m/m
20740	non couverts	la pièce	1.70	2.30	2.80	3.60	4.45	5.50	le paquet de 3 pièces	6.45

Crocanes bouzine

		longueur approximative m/m	37	40	46	51	57	60
20741	deux couvercles	la pièce	2.45	2.90	3.40	3.85	4.50	5.80

Glaneuses canaris ordinaires

		longueur approximative m/m	26-28-31	34-37-40	43-46-49
20742	bord tordu	le paquet de 3 pièces assorties	2.20	3.90	4.35
20743	bord lacé	" " " "		6.70	10. "

Glaneuses provençales

	longueur approx.ve m/m	20	22	25	27	30	36	41	46	51
20744	la pièce	0.75	0.85	0.95	1.05	1.10	1.20	1.45	1.70	1.95

assortis par 1 pièce de 41 à 51 m/m — le paquet de 3 pièces 5.10 — 20 à 51, le paquet de 3 pièces 9.35

Pique-niques

		longueur approximative m/m	17	18	20	22	25	27	30	33	36	38
20745	un couvercle, poignée et fermoir osier	la pièce	1.10	1.30	1.55	1.90	2.15	2.55	3.05	3.65	4.50	5.35
20746	" " " cuir	"	1.35	1.55	1.80	2.15	2.40	2.80	3.30	4. "	4.85	5.70
20747	deux couvercles, poignée et fermoir cuir	"	1.70	2. "	2.15	2.65	2.90	3.50	4. "	4.65	5.45	6.45
20748	" " deux poignées et 2 fermoirs cuir	"	"	"	2.50	2.90	3.35	3.85	4.40	5.20	6. "	7. "

Rustiques forme hollandaise

		longueur approximative m/m	26	28	31	34	36	37	38
20749	osier plein, anses brevetées, fermoir cuir	la pièce	2.90	3.25	3.65	4.10	4.60	5.25	6. "
20750	rotin plein " " "	"	3.50	4. "	4.75	5.45	6.10	7. "	8. "
20751	" gaufré paille	"	4.45	4.75	5.45	6.15	6.80	7.75	8.65

Rustiques dits Timbales de Lorraine, anses brevetées, fermoir cuir.

		longueur approximative m/m	32	35	37	39	41
20752	osier blanc	la pièce	4.75	5.30	6. "	6.65	7.50
20753	" couleur, brou de noix, marron ou noir	"	5.25	5.80	6.50	7.15	8. "

Valises plates indiennes.

		longueur approximative m/m	37	40	44	50	53	56
20754	osier, poignées et fermoir osier	la pièce	7.65	9.35	11.	13.25	15.75	18.30
20755	" poignées et fermoir cuir	"	8.85	10.70	12.75	15. "	17.85	20.75

Paniers de blanchisseuse

	longueur approximative m/m	45	50	55	60	68	75	83
20756	la pièce	2.30	2.80	3.35	4.20	5. "	6.10	7. "

Paniers à linge

		hauteur approximative m/m	60	65	70	77
20757	carrés	la pièce	8. "	10.50	13.10	15.75

Mannes à lessive

	longueur approximative m/m	52	60	68	75	83	90	95
20758	la pièce	2.65	3. "	3.85	5.20	6.55	9.35	12. "

Paniers à bois

		longueur approximative m/m	40	45	50	55
20759	de cave	hauteur " "	25	28	31	34
		la pièce	3.05	3.60	4.10	4.60

(Voir prix pages 694 et 696)

Paris. — Imp. DONNADIEU, 22, Rue des Francs-Bourgeois

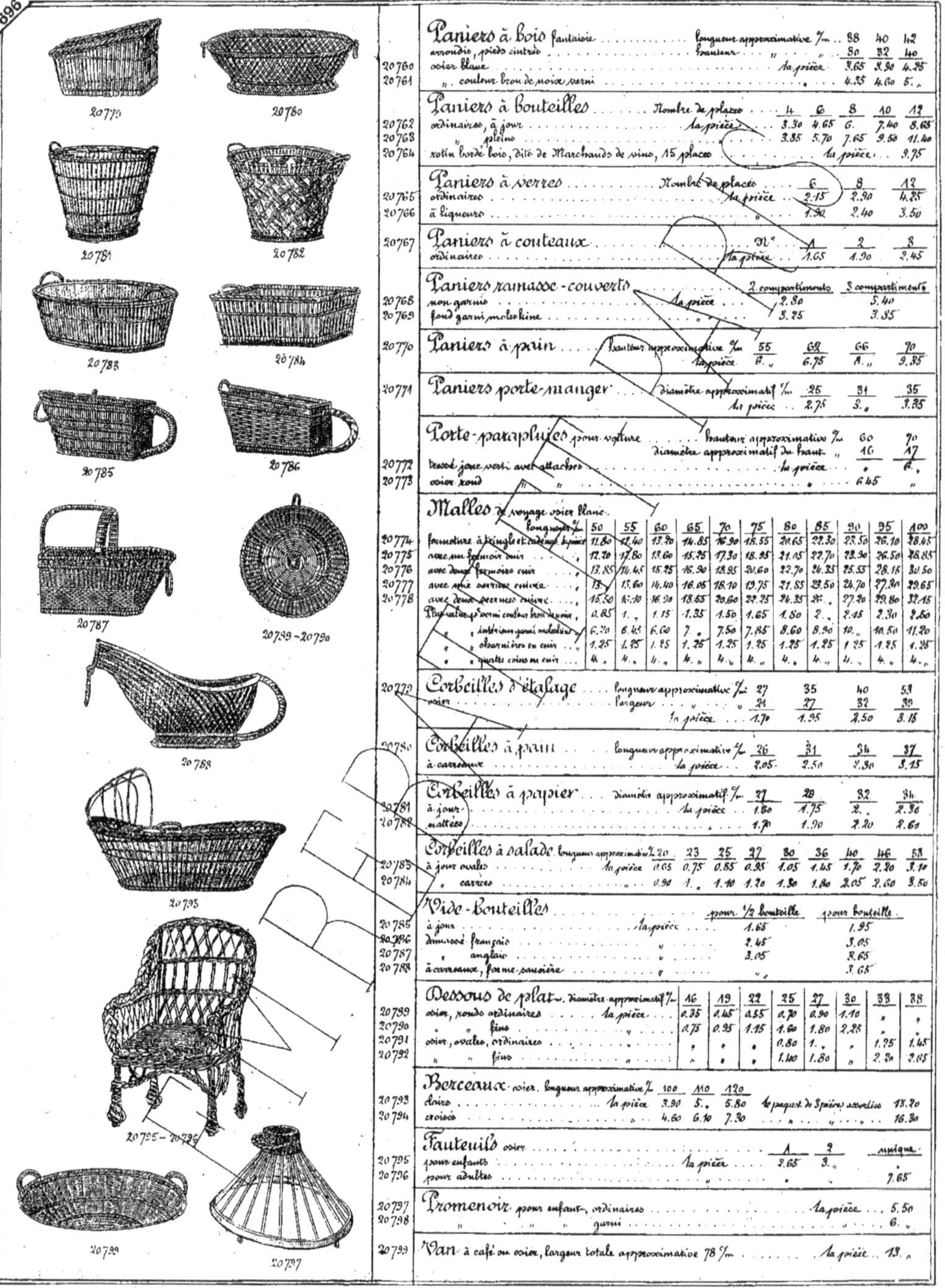

	Paniers à bois fantaisie … longueur approximative c/m	38	40	42
	arrondis, pieds cintrés … hauteur „ „	30	32	40
20760	osier blanc … la pièce	3.65	3.90	4.25
20761	„ couleur brou de noix verni … „	4.35	4.60	5. „

	Paniers à bouteilles … Nombre de places	4	6	8	10	12
20762	ordinaires, à jour … la pièce	3.30	4.65	6.	7.40	8.65
20763	„ pleins …	3.35	5.70	7.65	9.50	11.40
20764	rotin bordé bois, dits de Marchands de vins, 15 places … la pièce					9.75

	Paniers à verres … Nombre de places	6	8	12
20765	ordinaires … la pièce	2.15	2.90	4.25
20766	à liqueurs … „	1.90	2.40	3.50

20767	**Paniers à couteaux** … N°	1	2	3
	ordinaires … la pièce	1.65	1.90	2.45

	Paniers ramasse-couverts	2 compartiments	3 compartiments
20768	non garnis … la pièce	2.80	5.40
20769	fond garni moleskine … „	3.25	3.85

20770	**Paniers à pain** … hauteur approximative c/m	55	62	66	70
	la pièce	6. „	6.75	8. „	9.35

20771	**Paniers porte-manger** … diamètre approximatif c/m	25	31	35
	la pièce	2.75	3. „	3.35

	Porte-parapluies pour voiture … hauteur approximative c/m	60	70
	diamètre approximatif du haut „	16	17
20772	tressé jonc verni avec attaches … la pièce	„	6. „
20773	osier rond „ „ …	6.45	„

Malles de voyage osier blanc.

	longueur c/m	50	55	60	65	70	75	80	85	90	95	100
20774	fermeture à tringle et cadenas, la pièce	11.80	12.40	13.20	14.85	16.90	18.55	20.65	22.30	23.50	26.10	28.45
20775	avec un fermoir cuir … „	12.20	12.80	13.60	15.25	17.30	18.95	21.05	22.70	23.90	26.50	28.85
20776	avec deux fermoirs cuir … „	13.85	14.45	15.25	16.90	18.95	20.60	22.70	24.35	25.55	28.15	30.50
20777	avec une serrure cuivre … „	13. „	13.60	14.40	16.05	18.10	19.75	21.85	23.50	24.70	27.30	29.65
20778	avec deux serrures cuivre … „	15.50	16.10	16.90	18.55	20.60	22.25	24.35	26. „	27.20	29.80	32.15
	Plus-value p[r] osier couleur brou de noix „	0.85	1. „	1.15	1.35	1.50	1.65	1.80	2. „	2.15	2.30	2.50
	„ „ intérieur garni moleskine „	6.20	6.45	6.60	7. „	7.50	7.85	8.60	8.90	10. „	10.50	11.20
	„ „ charnières en cuir … „	1.25	1.25	1.25	1.25	1.25	1.25	1.25	1.25	1.25	1.25	1.25
	„ „ quatre coins en cuir …	4. „	4. „	4. „	4. „	4. „	4. „	4. „	4. „	4. „	4. „	4. „

20779	**Corbeilles d'étalage** … longueur approximative c/m	27	35	40	53
	osier … largeur „	21	27	32	39
	la pièce	1.70	1.95	2.50	3.15

20780	**Corbeilles à pain** … longueur approximative c/m	26	31	34	37
	à carreaux … la pièce	2.05	2.50	2.30	3.15

	Corbeilles à papier … diamètre approximatif c/m	27	29	32	34
20781	à jour … la pièce	1.60	1.75	2. „	2.30
20782	nattées … „	1.70	1.90	2.20	2.60

	Corbeilles à salade longueur approximative c/m	20	23	25	27	30	36	40	46	53
20783	à jour ovales … la pièce	0.65	0.75	0.85	0.95	1.05	1.45	1.70	2.20	3.10
20784	„ carrées … „	0.90	1. „	1.10	1.20	1.30	1.80	2.05	2.60	3.50

	Vide-bouteilles	pour 1/2 bouteille	pour bouteille
20785	à jour … la pièce	1.65	1.95
20786	damassé français … „	2.45	3.05
20787	„ anglais … „	3.05	3.65
20788	à carreaux, forme saucière … „	„	3.65

	Dessous de plat, diamètre approximatif c/m	16	19	22	25	27	30	33	38
20789	osier, ronds ordinaires … la pièce	0.35	0.45	0.55	0.70	0.90	1.10	„	„
20790	„ „ fins … „	0.75	0.95	1.15	1.60	1.80	2.25	„	„
20791	osier, ovales, ordinaires … „	„	„	„	0.80	1. „	„	1.25	1.45
20792	„ „ fins … „	„	„	„	1.40	1.80	„	2.20	2.65

	Berceaux osier. longueur approximative c/m	100	110	120		
20793	clairs … la pièce	3.90	5. „	5.80	le paquet de 3 pièces assorties	13.20
20794	croisés … „	4.60	6.10	7.30	„ „ „	16.30

	Fauteuils osier	1	2	unique
20795	pour enfants … la pièce	2.65	3. „	„
20796	pour adultes … „	„	„	7.65

20797	**Promenoir** pour enfant, ordinaires … la pièce	5.50
20798	„ „ „ garni … „	6. „

20799	**Van** à café en osier, largeur totale approximative 78 c/m … la pièce	13. „

697

Voitures d'enfant et de poupée, Charrettes, Chevaux mécaniques, Vélocipèdes, Tricycles, Bicyclettes d'enfant.

Voitures d'enfant

forme ordinaire avec coussin et courroies 3 roues fer.

20800 vannerie ordinaire, train et natte peinte . . . . . . la pièce . . . . 9. »
20801 » » entièrement peinte . . . . . . » 12.15
20802 » » » » capote et tablier . . . . . . » 15.75
20803 » » » » tendue capote et tablier . . . . . . » 17.50
20804 » » » » capitonnée, capote et tablier . . . . . . » 19.50

20800-20801

Voitures anglaises

(Prière d'indiquer la couleur de la caisse.)

		roues fer	roues caoutchoutées
20805	caisse bleu marine, panneaux décorés, roues à graisseurs, hauteur 50 %m capote, tablier, bourrelet moleskine, 2 ceintures, 2 coussins, compas vernis noir, poignée bois . . . . . la pièce	18.30	25.30
20806	caisse bleu marine, vert foncé ou havane, panneaux décorés 2 tons, roues à graisseurs hauteur 50 %m ; capote, tablier, bourrelet moleskine, 2 ceintures, 2 coussins, compas vernis noir, poignée bois . . . . . la pièce	19.50	26.50
20807	caisse bleu vert ou havane, panneaux décorés 2 tons, ferrures à volute, roues à graisseurs hauteur 50 %m garniture complète moleskine, capote tablier, 2 ceintures, 3 coussins, compas vernis noir, poignée bois . . . . . la pièce	21.25	28.25
20808	caisse bleu vert ou havane, panneaux décorés 2 tons ressorts pincettes acier, roues avec chapeau métal fondu, hauteur 50 %m, capote tablier galon fantaisie, 2 ceintures 3 coussins, compas vernis noir, poignée bois . . . . . la pièce	28. »	35. »

20802 à 20804

Voitures landaus

(Prière d'indiquer la couleur de la caisse)

		roues fer	roues caoutchoutées
20809	caisse bleu marine, panneaux décorés, roues à graisseurs, hauteur 50 %m, capote, tablier, bourrelet moleskine, 2 ceintures, 2 coussins, compas vernis noir, poignée bois . . . . la pièce	20. »	27. »
20810	caisse bleu vert ou havane, panneaux décorés 2 tons, roues à graisseurs, hauteur 50 %m capote, tablier, bourrelet moleskine, 2 ceintures, 2 coussins, compas vernis noir, poignée bois la pièce	21.25	28.25
20811	caisse bleu vert ou havane, panneaux décorés 2 tons, ferrures à volute, roues à graisseurs hauteur 50 %m, capote, tablier, garniture complète en moleskine, 2 ceintures, 3 coussins compas vernis noir, poignée bois . . . . la pièce	23. »	30. »
20812	caisse bleu, vert, havane, bronze ou grenat, panneaux décorés partie relief, grands ressorts souples, roues avec chapeaux et graisseurs, hauteur 50 %m, compas nickelés, poignées céramique . . . . la pièce	28.50	35.50
20813	caisse bleu, vert, brune, bronze ou grenat, panneaux décorés art nouveau, partie relief, ressorts fantaisie, roues avec chapeaux et graisseurs, hauteur 50 %m compas nickelés, poignées céramique . . . . la pièce	32. »	39. »
20814	caisse bleu, vert, havane, bronze ou grenat, panneaux décorés art nouveau, partie relief, ressorts pincettes, roues avec chapeaux et graisseurs, hauteur 50 %m compas nickelés, poignée céramique . . . . la pièce	33.75	40.75
20815	caisse bleu, vert, havane, bronze ou grenat, panneaux décorés, partie relief ; ressorts à volute, roues avec chapeaux et graisseurs, hauteur 50 %m compas nickelés, poignée céramique la pièce	35. »	42. »
20816	caisse bleu, vert, brune, bronze ou grenat, panneaux décorés, art nouveau, partie relief ; grands ressorts acier et courroies, roues avec chapeaux et graisseurs, hauteur 50 %m, compas nickelés, poignée céramique . . . . la pièce	39. »	46. »
20817	caisse bleu foncé, bleu clair, bleu paon, bleu noir, vert foncé, vert d'eau, beige, brune, réséda, bronze ou grenat ; panneaux décorés fantaisie, partie relief ; ressorts à volute roues avec chapeaux et graisseurs hauteur 50 %m brancards nickelés, compas et accessoires nickelés, poignée céramique . . . . la pièce	40. »	47. »
20818	caisse, mêmes nuances que N° 20817 panneaux décorés fantaisie à relief ressorts souples, roues avec chapeaux et graisseurs, hauteur 50 %m brancards nickelés ; compas torses et accessoires nickelés ; poignée céramique, capote hygiénique . . . la pièce	43. »	50. »
20819	caisse, mêmes nuances que N° 20817 panneaux décorés fantaisie à relief ; grands ressorts acier et courroies, roues avec chapeaux et graisseurs, hauteur 50 %m, brancards et compas nickelés, poignée céramique . . . . la pièce	43. »	50. »
20820	caisse, même nuances que N° 20817. panneaux décorés fantaisie à relief, ressorts à boudin brevetés ; roues avec chapeaux et graisseurs hauteur 50 %m garniture capitonnée façon sellier ; compas torses et brancards nickelés, poignée céramique, capote hygiénique . la pièce	48. »	55. »

20805 à 20807

20808

(Voir prix page 697)

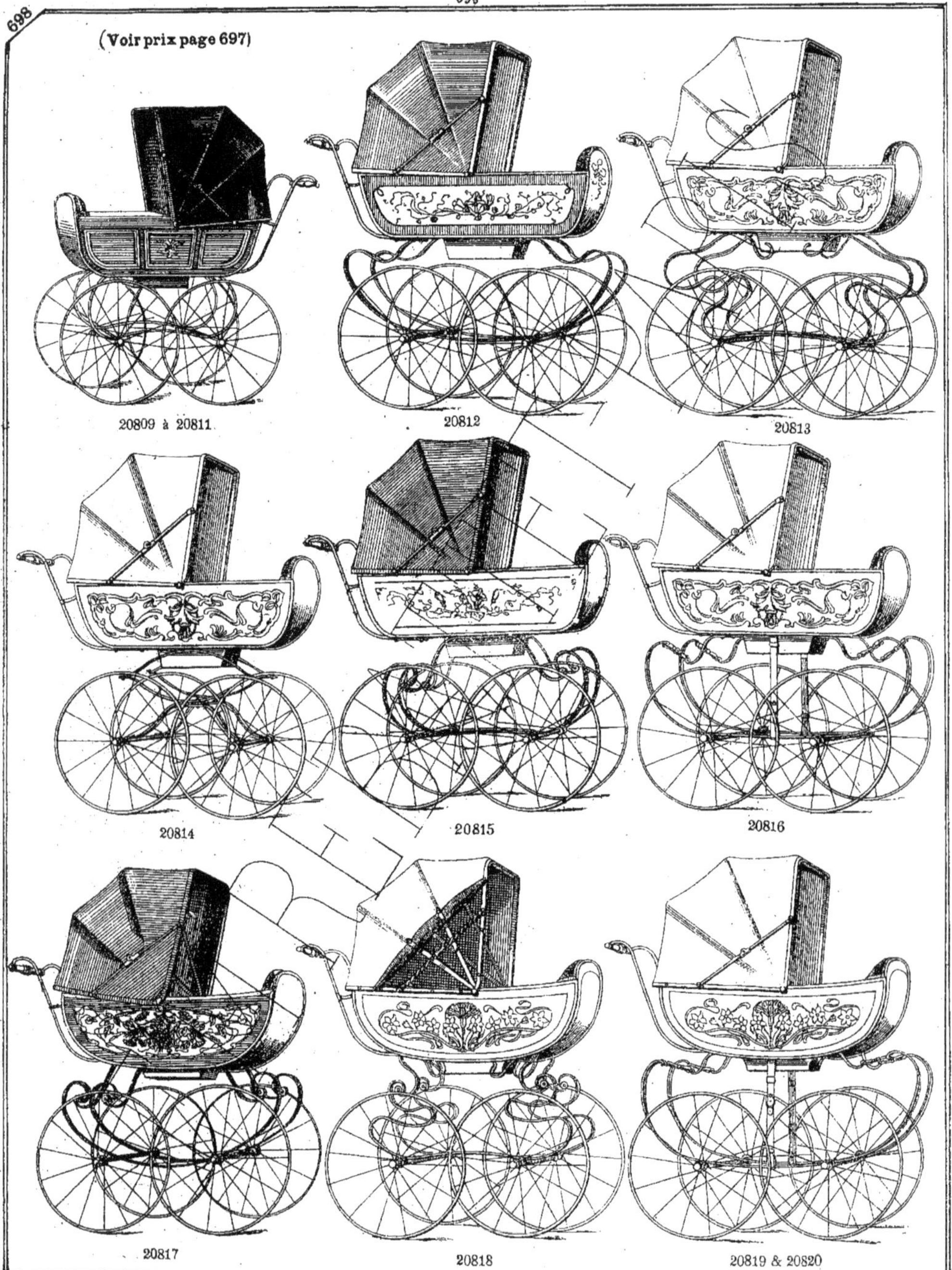

20809 à 20811

20812

20813

20814

20815

20816

20817

20818

20819 & 20820

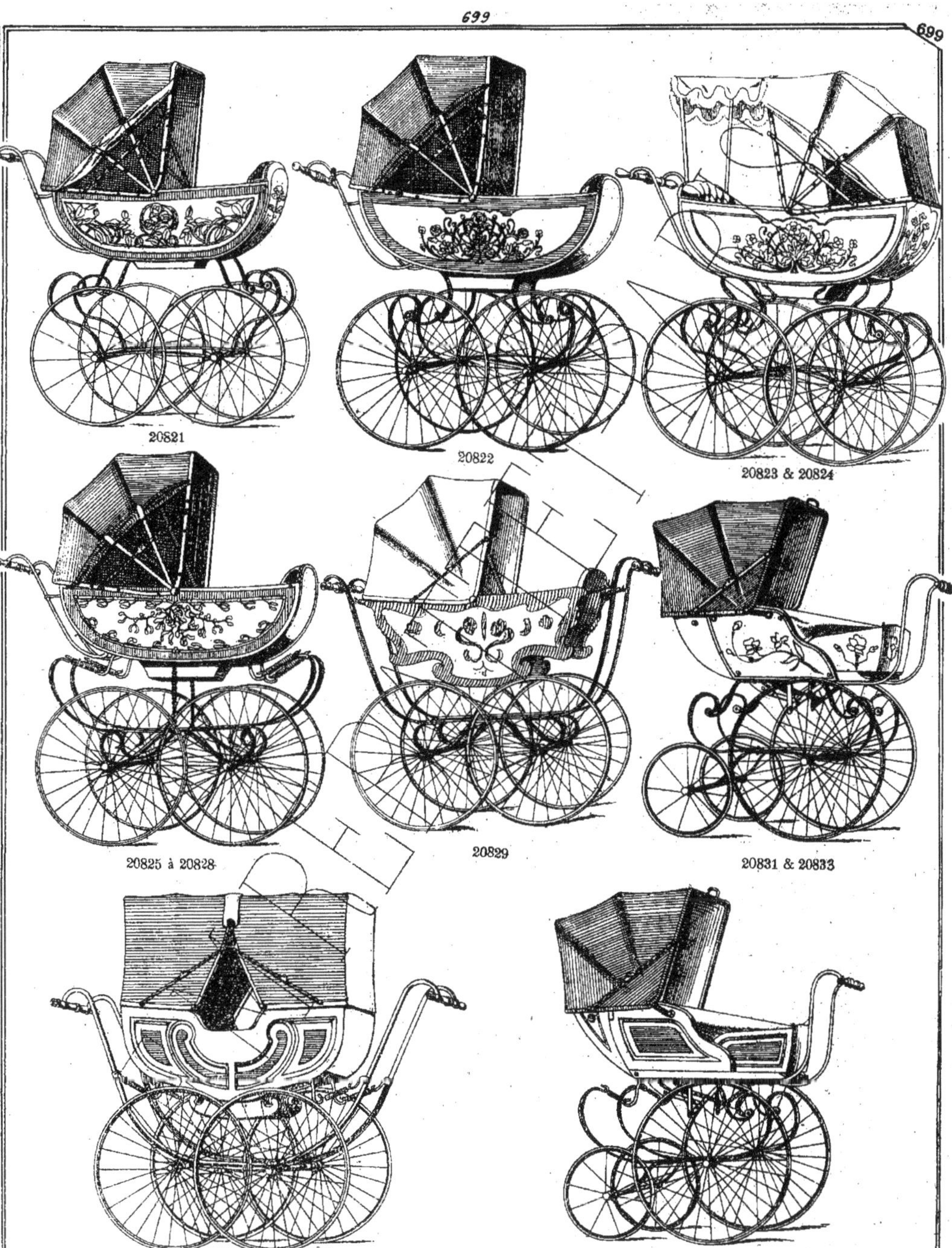

(Voir prix page 700)

Voitures landaus, roues caoutchoutées, hauteur 55 m/m

20821 caisse bleu foncé, bleu clair, bleu paon, bleu roi, vert foncé, vert d'eau, beige, havane, réséda, bronze ou grenat; panneaux métal décoré à reliefs, grands ressorts souples, capitonné façon sellier, ceinture galon; compas torses, brancards et accessoires nickelés; poignée céramique triple, capote hygiénique . . . . la pièce 57.

20822 caisse, mêmes nuances que N° 20821, panneaux métal décoré à reliefs, ressorts à double volutes; capitonnée façon sellier; compas torses, brancards et accessoires nickelés; poignée céramique triple; capote hygiénique, tablier doublé . . . . la pièce 65.

20823 caisse métal, mêmes nuances que N° 20821 panneaux décorés fantaisie à reliefs; grands ressorts fantaisie très souples, compas torses, brancards et accessoires nickelés; poignée céramique triple capote hygiénique, tablier doublé; sans marquise . . . . la pièce 74.

20824 la même voiture; avec marquise . . . . la pièce 78.

20825 caisse, mêmes nuances que N° 20821 panneaux métal décorés fantaisie à reliefs; ressorts à boudin brevetés; capitonnée façon sellier, galon carrosserie; compas torses, brancards et accessoires nickelés, poignée céramique triple, capote hygiénique, tablier doublé . . . . . la pièce 80.

20826 caisse bois à reliefs, mêmes nuances que N° 20821 peinture soignée décorée art nouveau; ressorts à boudin brevetés; capitonnée sellier, galon carrosserie; compas torses, brancards et accessoires nickelés; poignée céramique triple; capote hygiénique, tablier doublé . . . . . la pièce 84

20827 caisse bois à reliefs, toutes nuances, peinture soignée décorée art nouveau; ressorts à boudin brevetés; capitonnée sellier, galon carrosserie; compas torses, brancards et accessoires nickelés; poignée céramique triple, capote hygiénique, tablier doublé . . . . la pièce 86

20828 caisse bois à reliefs, toutes nuances, peinture fine décorée riche; ressorts à boudin brevetés; capitonnée sellier, galon soie, compas torses, brancards et accessoires nickelés; poignée céramique triple; capote hygiénique . . . . la pièce 96

20829 caisse bois fantaisie, toutes nuances, peinture très soignée, décorée art nouveau; ressorts à boudin brevetés; capitonnée sellier, galon soie; compas torses, poignée céramique triple; capote hygiénique . . . . la pièce 115.

20830 **Voiture vis à vis**, caisse bois à moulures et reliefs, peinture très riche 3 tons montée sur tubes acier, ressorts à boudins brevetés; roues caoutchoutées, hauteur 60 m/m; garniture soignée façon carrosserie, galon soie; compas torses; doubles poignées céramique triples, 2 capotes . . . . . la pièce 195.

Mail-cart automatique

20831 **Mail-cart automatique**, caisse bois bleu foncé, bleu clair, bleu paon, bleu roi, vert foncé, vert d'eau, beige, havane, réséda, bronze ou grenat, panneaux décorés; ressorts à volute, roues fer, hauteur 60 m/m - 35 m/m; garniture capitonnée; compas, brancards et accessoires nickelés; poignée céramique . . . . la pièce 54

20832 la même voiture, roues caoutchoutées . . . . la pièce 64.50

20833 **Mail-cart automatique**, caisse bois, mêmes nuances que N° 20831, ressorts à volutes, roues caoutchoutées, hauteur 60 m/m - 35 m/m; garniture capitonnée, compas torses, brancards et accessoires nickelés; poignée céramique triple . . . . la pièce 74.

20834 **Mail-cart automatique** caisse bois, à moulures et reliefs, toutes nuances, peinture fine 3 tons; ressorts à boudin brevetés, roues caoutchoutées hauteur 60 m/m - 35 m/m, garniture capitonnée, galon carrosserie; compas torses, brancards et accessoires nickelés, poignée céramique triple . . . . la pièce 93

20835 **Mail-cart automatique** de luxe, caisse bois à moulures et reliefs toutes nuances, peinture carrosserie; ressorts à boudin brevetés; roues caoutchoutées hauteur 60 m/m - 35 m/m, garniture soignée façon sellier, galon soie; compas torses, brancards tube et accessoires nickelés; poignée céramique triple . . . . la pièce 102.

20836 **Mail-cart automatique** double siège, caisse bois, mêmes nuances que N° 20831, peinture soignée 3 tons, ressorts à boudin brevetés; roues caoutchoutées, hauteur 55 m/m, garniture capitonnée galon carrosserie; compas torses, brancards et accessoires nickelés, poignée fantaisie triple, capote hygiénique . . . . la pièce 110.

Charrettes anglaises frêne verni, à galets, brancards articulés.

N°	Désignation		Prix
20837	une place, ordinaire, monture bois, roues fer, hauteur 50 m/m	la pièce	8.25
20838	" " monture fer à ressort, roues fer, hauteur 50 m/m	"	10. "
20839	" 1/2 riche, monture bois, roues fer, hauteur 55 m/m	"	13.25
20840	" " monture fer, grands ressorts, roues fer hauteur 55 m/m	"	15.25
20841	" riche, monture fer à ressorts, roues fer hauteur 55 m/m	"	18.75
20842	" " " " grands ressorts, roues fer hauteur 55 m/m	"	23. "
20843	deux places, ordinaire, monture bois, roues fer, hauteur 50 m/m	"	8.60
20844	" " monture fer à ressort, roues fer, hauteur 50 m/m	"	10.25
20845	" forte, monture fer à ressort roues fer hauteur 55 m/m	"	15.25
20846	" 1/2 riche, monture fer à ressort, roues fer hauteur 60 m/m	"	19.50
20847	" riche, monture fer à grands ressorts, roues fer, hauteur 60 m/m	"	25. "
	ces charrettes avec roues caoutchoutées . . . . . Augmentation	"	4.50

20837

20839

20840

20841

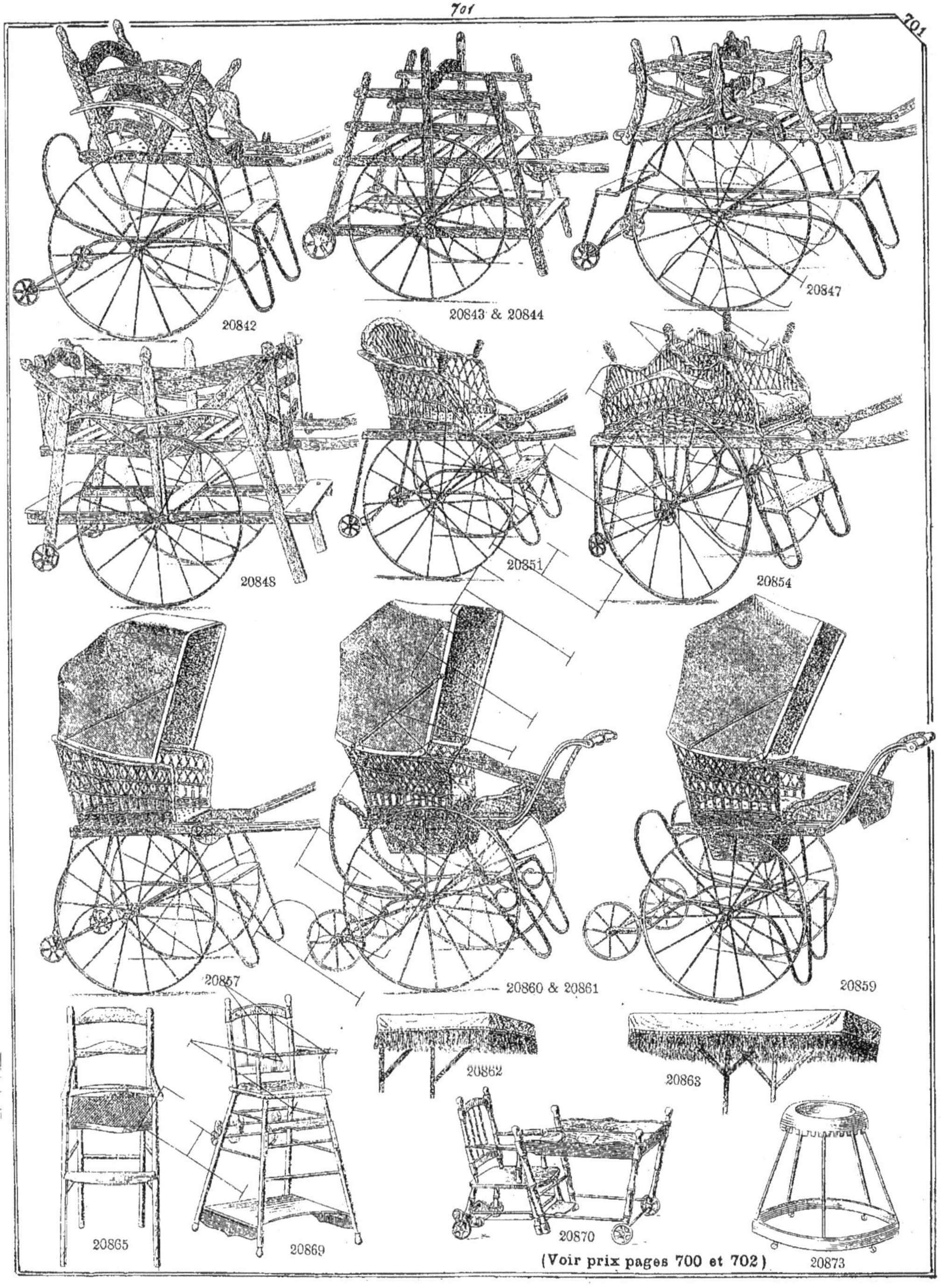

(Voir prix pages 700 et 702)

20874–20875

20876–20877

20878–20879

20880–20881

20882–20883

Charrettes dossier mobile à transformation, frêne verni, à galets ; brancards articulés.

N°	Désignation		Prix
20848	deux places, forte, monture bois, roues fer, hauteur 55 %	la pièce	18.75
20849	" " " monture fer à ressorts, roues fer, hauteur 60 %	"	23.50
20850	" " riche, monture fer à grands ressorts, roues fer, hauteur 60 %	"	28. "
	ces charrettes avec roues caoutchoutées	Augmentation "	4.50

Charrettes osier, sans capote, brancards articulés

N°	Désignation		siège perforé	avec coussin	avec coffre et coussin
20851	une place, monture fer à ressorts, roues fer, hauteur 55 %	la pièce	16.50	17.35	18.25
20852	" monture fer grands ressorts, roues fer, hauteur 55 %	"	"	"	20.75
20853	" monture fer grands ressorts et courroies, roues fer, hauteur 55 %	"	"	"	27. "
20854	deux places, vannerie ordinaire, monture fer grands ressorts roues fer hauteur 55 %	"	21.50	22.35	24.75
20855	" " 1/2 fine " " " " " " " 60 %	"	27.25	28.50	30.50
20856	" " fine " " " " " " " "	"	"	"	34. "
	ces charrettes avec roues caoutchoutées	Augmentation		la pièce	4.50

Charrettes osier, avec capote beige, bleu, brune ou vert ; brancards articulés.

N°	Désignation		siège perforé	avec coussin	avec coffre et coussin
20857	monture fer à ressorts, brancards bois, compas noirs, roues fer 55 %	la pièce	26.50	27.35	28.25
20858	" " grands ressorts, brancards bois, compas nickelés roues fer 55 %	la pièce			35.70
20859	" " " " brancards fer " " " " 55 %	"			38.25
20860	monture fer grands ressorts à courroies brancards fer compas nickelés, roues fer 60 %	"			46. "
20861	" " " " " " " " " " vannerie fine caisse profonde	"			51. "
	Les charrettes à capote peuvent être livrées capitonnées	Augmentation		"	7.65
	" " N° 20857 et N° 20858 avec roues caoutchoutées	"		"	4.50
	" " N° 20859 à N° 20861 " "	"		"	7 "

Parasols coutil se fixant sur n'importe quelle charrette

N°	Désignation		compas fer bronzé	compas nickelés
20862	pour charrette une place	la pièce	8.50	10.25
20863	" " deux places	"	"	12.75

20864 **Courroie** cuir à anneaux, pour attacher les enfants . . . . la pièce . . 0.80

Chaise de table

N°	Désignation		Prix
20865	**Chaise de table** pour enfant, siège canné, dos carré à clous fantaisie	la pièce	6.50
20866	" " " " " " verrou de sûreté, article soigné	"	9. "
20867	" à transformation, formant chaise basse et table, siège bois, dos carré	"	12.60
20868	" " " " " " siège canné et jeu de boules sur la table	"	14.60
20869	" " " " " " " deux jeux de boules, article soigné	"	19. "
20870	**Chaise** à transformation, formant chaise basse et table, modèle riche, bois tourné, façon bambou, siège canné, jeu de boules, roues caoutchoutées, verrou de sûreté, fermeture arrière automatique	la pièce	28. "
20871	Même modèle que N° 20870 formant en plus voiture et couchette	"	33.50
20872	**Chariot d'enfant** forme carrée, bois blanc, roulettes bois	"	3.60
20873	" " forme ronde, bois verni, roulettes fonte	"	7.20

Chevaux mécaniques à manivelle

N°	hauteur totale %		65	70	75	80	90	95
	hauteur des roues %		30 x 35	35 x 40	40 x 45	45 x 50	50 x 55	55 x 60
20874	bois verni, roues fer	la pièce	16.25	18.	21.	24.50	29.	32.50
20875	empeaussés " "	"	27. "	29.	32.	36. "	41.50	45. "

Chevaux mécaniques sauteurs, manivelle à encliquetage, rotation alternative et mouvement de va et vient, roue de devant excentrée

N°	hauteur totale %		65	70	75	80	90	95
	hauteur des roues %		30 x 35	35 x 40	40 x 45	45 x 50	50 x 55	55 x 60
20876	bois verni, roues fer	la pièce	22.65	25.	27.75	30.50	36.	41.
20877	empeaussés " "	"	33.75	36.10	39. "	42.50	49.	54.

Chevaux vélocipèdes

N°	hauteur totale %		65	70	75	80	90	95
	hauteur des roues %		30 x 35	35 x 40	40 x 45	45 x 50	50 x 55	55 x 60
20878	bois verni, roues fer	la pièce	18.50	20.50	23.	27.	31.50	35.25
20879	empeaussés " "	"	29.60	31.60	34.25	39.	44.50	48.25

Chevaux à transformation basculant et roulant

N°	hauteur totale %		62	67	75	80	90
	longueur de la bascule	"	87	95	95	103	108
20880	fixes bois verni, roues fer	la pièce	15.75	17.	19.	23.25	26.
20881	" empeaussés " "	"	16.85	18.10	20.10	35. "	39.
20882	pliant, bois verni, roues fer	"	21.50	23.25	26.50	30.50	34.50
20883	" empeaussés " "	"	32.60	34.35	37.60	42.50	47.50

Vélocipèdes à 3 roues fer.

N°	hauteur de la roue de devant %		50	55	60	65	70
20884	monture fer verni	la pièce	16.25	18.	20.	22.50	25.25

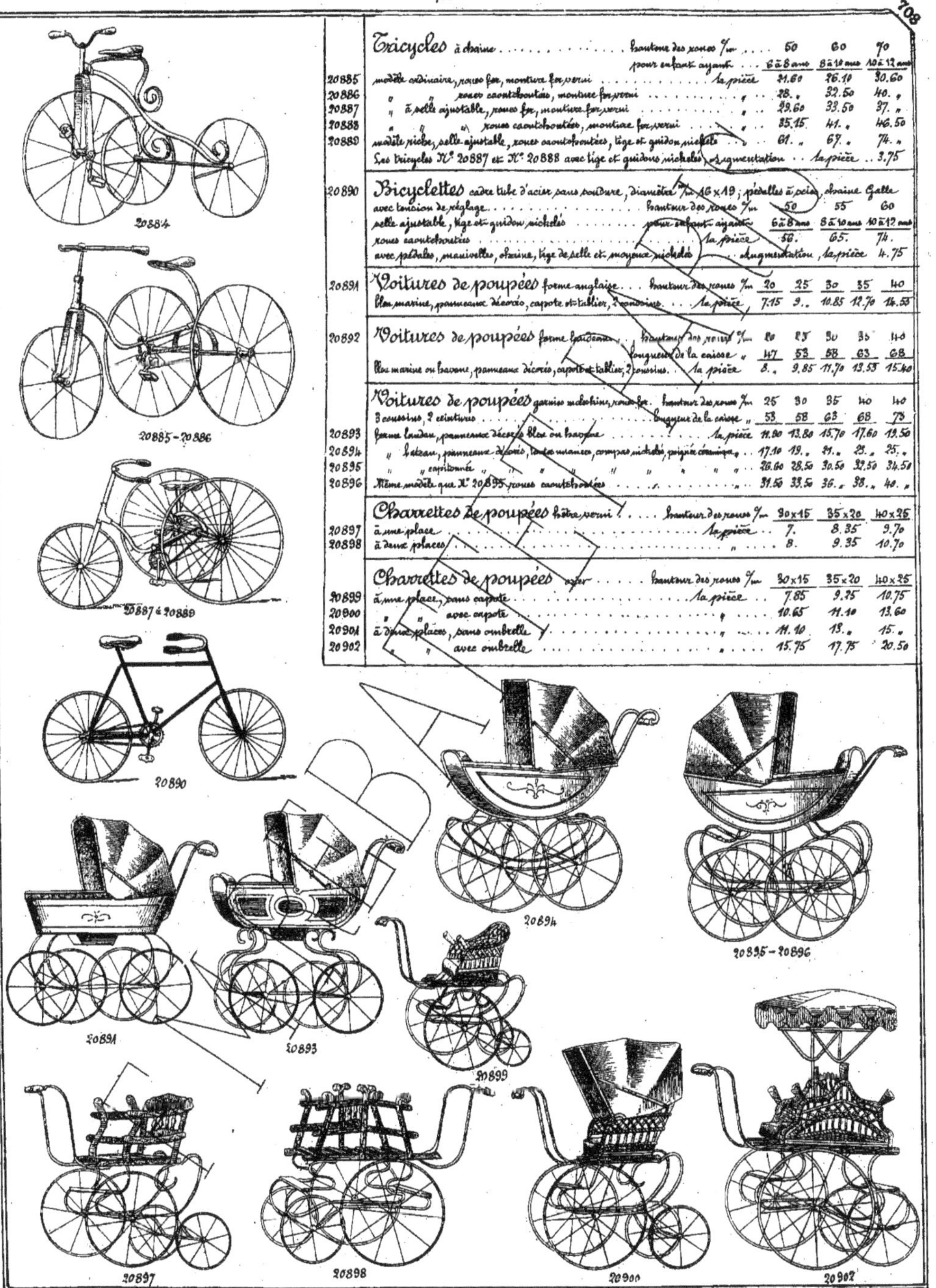

Tricycles à chaîne

		hauteur des roues m/m	50	60	70
		pour enfant ayant	6 à 8 ans	8 à 10 ans	10 à 12 ans
20885	modèle ordinaire, roues fer, monture fer verni	la pièce	21.60	26.10	30.60
20886	" " roues caoutchoutées, monture fer verni	"	28. "	32.50	40. "
20887	" à selle ajustable, roues fer, monture fer verni	"	29.60	33.50	37. "
20888	" " " roues caoutchoutées, monture fer verni	"	35.15	41. "	46.50
20889	modèle riche, selle ajustable, roues caoutchoutées, tige et guidon nickelés	"	61. "	67. "	74. "

Les tricycles N° 20887 et N° 20888 avec tige et guidons nickelés, augmentation .. la pièce .. 3.75

20890 **Bicyclettes** cadre tube d'acier sans soudure, diamètre m/m 16 x 19 ; pédalles à scie, chaîne Galle avec tension de réglage

	hauteur des roues m/m	50	55	60
selle ajustable, tige et guidon nickelés	pour enfant ayant	6 à 8 ans	8 à 10 ans	10 à 12 ans
roues caoutchoutées	la pièce	56.	65.	74.

avec pédales, manivelles, chaîne, tige de selle et moyeux nickelés ... augmentation, la pièce 4.75

20891 **Voitures de poupées** forme anglaise

	hauteur des roues m/m	20	25	30	35	40
bleu marine, panneaux décorés, capote et tablier, 2 coussins	la pièce	7.15	9. "	10.85	12.70	14.55

20892 **Voitures de poupées** forme landau

	hauteur des roues m/m	20	25	30	35	40
	longueur de la caisse "	47	53	58	63	68
bleu marine ou havane, panneaux décorés, capote et tablier, 2 coussins	la pièce	8. "	9.85	11.70	13.55	15.40

Voitures de poupées garnies moleskine, roues fer.

		hauteur des roues m/m	25	30	35	40	40
	3 coussins, 2 ceintures	longueur de la caisse "	53	58	63	68	73
20893	forme landau, panneaux décorés bleu ou havane	la pièce	11.90	13.80	15.70	17.60	19.50
20894	" bateau, panneaux décorés, toutes nuances, compas nickelés, poignée céramique	"	17.10	19. "	21. "	23. "	25. "
20895	" " capitonnée " " " " " " "	"	26.60	28.50	30.50	32.50	34.50
20896	Même modèle que N° 20895 roues caoutchoutées	"	31.50	33.50	36. "	38. "	40. "

Charrettes de poupées hêtre verni

		hauteur des roues m/m	30x15	35x20	40x25
20897	à une place	la pièce	7.	8.35	9.70
20898	à deux places	"	8.	9.35	10.70

Charrettes de poupées osier

		hauteur des roues m/m	30x15	35x20	40x25
20899	à une place, sans capote	la pièce	7.85	9.25	10.75
20900	" " avec capote	"	10.65	11.10	13.60
20901	à deux places, sans ombrelle	"	11.10	13. "	15. "
20902	" " avec ombrelle	"	15.75	17.75	20.50

Adresse Télégraphique
DUPOREB-PARIS
Code télégraphique français A Z

TARIF - ALBUM N° 8

TROISIÈME PARTIE

F. M. REBATTET [N. Cie]
PARIS

Comprenant : Articles de bureau, Articles de chasse et de tir, Ustensiles de pêche, Agrés de gymnastique et escrime, Bicyclettes et accessoires, Jeux et sports, Appareils et fournitures photographiques, Articles de voyage, Couronnes mortuaires, Articles omis dans les première et deuxième parties.

20903 à 20906 — 20907-20908 — 20909 — 20915-20916 — 20918 à 20921 — 20924 — 20925-20926 — 20928 — 20929 — 20931 — 20935 — 20933 — 20945 — 20936 à 20938 — 20948

Articles de Bureau.

Buvards parisiens monture bois, vis à bois.

N°	Désignation	13×7	15×8	18×8½	21×8½
	dimensions m/m	13×7	15×8	18×8½	21×8½
20903	pans carrés, façon noyer, bord naturel ..... la pièce	0.35	0.55	0.80	1.10
20904	" " " " " " avec feutre ... "	0.45	0.70	0.95	1.25
20905	pans arrondis, façon noyer, bouton pareil ... "	0.45	0.60	0.80	1.10
20906	" " " " " " avec feutre .. "	0.55	0.75	0.95	1.25

Buvards à écrou métal, feutre fort.

N°	Désignation	13×7	15×8	18×8½	21×8½
	dimensions m/m	13×7	15×8	18×8½	21×8½
20907	pans arrondis, façon noyer, acajou ou chêne .. la pièce	0.75	0.90	1.15	1.50
20908	" " bois massif, noyer, acajou ou chêne .... "	0.90	1.15	1.50	1.95
20909	" " noir ébène, palissandre ou olivier	1.55	2.15	2.85	3.60

Buvards dessus métal, dimensions m/m 13×7.

N°	Désignation	Prix
20910	plaque, 4 côtés rayures, nickel brillant bouton noir .... la pièce ..	0.90
20911	" " " et bouton, métal brillant .... " ...	1.80

Buvards fantaisie

N°	Désignation	13×7	15×8	18×8½	21×8½
	dimensions m/m	13×7	15×8	18×8½	21×8½
20912	laque de Chine, filet métal blanc ..... la pièce	1.70	2.10	2.40	"
20913	acajou St Domingue, filet cuivre ...... " ...	2.20	2.85	3.60	4.30
20914	noir ébène ou palissandre, filet cuivre ..... " ...	3.10	4. "	4.65	5.40

Buvards monture à écrou, ressort acier

N°	Désignation	13×7	15×8	18×8½
	dimensions m/m	13×7	15×8	18×8½
20915	pans arrondis, bois massif acajon .... la pièce	1.30	1.60	2.15
20916	" " " " ébène ou palissandre ...... " ...	1.90	2.60	3.50

Papiers de rechange p^r buvards

N°	Désignation	13×7	15×8	18×8½	21×8½
20917	dimensions m/m	13×7	15×8	18×8½	21×8½
	N° 20903 à N° 20916. la boîte de 15 garnitures	1.10	1.60	2.40	2.40
	le paquet de 100 feuilles	5.70	8. "	11. "	11. "

Buvards à un rouleau

N°	Désignation	7	9	12
	longueur des rouleaux m/m	7	9	12
20918	monture fer plat verni noir manche bois .... la pièce ..	0.75	0.95	1.25
20919	" fonte vernie noire, manche métal .... " ...	0.95	1.30	1.65
20920	" " " " manche bois noir droit ...... " ...	1.10	1.35	1.70
20921	" fonte nickelée " " " " .... " ...	1.60	2. "	2.30
20922	**Rouleaux** buvard de rechange, bouts noirs vernis .. " ...	0.45	0.70	0.85
20923	" " " bouts nickelés ... " ...	0.55	0.85	1.10

Buvards à deux rouleaux

N°	Désignation	8	10	13
	longueur des rouleaux m/m	8	10	13
20924	pans planchette, monture fonte vernie noire, bouton noir .. la pièce	1.10	1.35	1.65
20925	avec planchette, pans carrés aulne façon acajou ou noyer ... " ..	1.25	1.45	1.80
20926	" pans arrondis, acajou chêne ou noyer massif ... " ..	1.80	2.15	2.50
20927	**Rouleaux** buvards de rechange p^r d°	0.25	0.30	0.35

Bibloraptes

N°	Désignation	2e qualité	1re qualité
20928	ordinaire à aiguille .... la pièce ..	2.65	3.40
20929	à levier .... "	3.25	4.20

N°	Désignation	12	18	24 feuilles buvard
20930	**Intérieurs** p^r d° avec répertoire ayant le cent ..	50.	60.	72.

N°	Désignation	Prix
20931	**Classeur** avec ressort "Le Rapide" .... la pièce ...	3.05
20932	**Intérieur** p^r d° avec buvard .... "	1.25
20933	**Classeur** perforateur à barres "Universel" .... la pièce ...	2.10
20934	**Intérieur** p^r d° avec buvard .... "	1.25
20935	**Classeur** alphabétique français, genre portefeuille .... la pièce ...	2.65

705

20939 à 20941

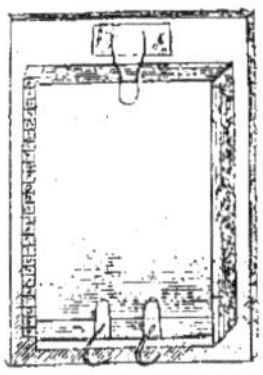

20946

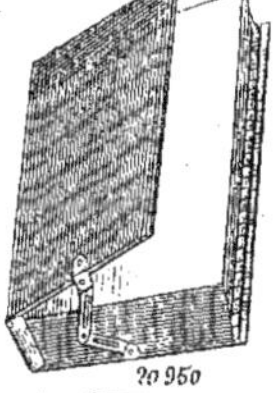

20950

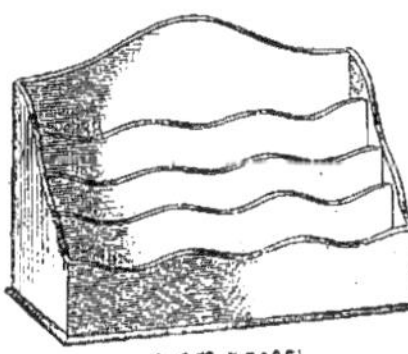

20952 à 20954

20957

No 10 — Bâtons plats — 20 morceaux à la boite

Parfumée — 40 morceaux à la boite

No 15 — 20 morceaux à la boite

20964

20965

20964

Classeurs alphabétiques, mécanisme nickelé, système à perforateur.

20936 carton cuir, dos et coins toile noire, sans répertoire, sans perforateur ...... la pièce .. 2.35
20937 " " " " " " répertoire parchemin " .... " ... 2.70
20938 " " " " " " répertoire parchemin, en étui, sans perforateur ... " 3.30
20939 carton cuir, dos molleton vert, sans répertoire .... " 3.25
20940 " " " " " répertoire parchemin .... " 3.60
20941 " " " " " répertoire parchemin en étui .... " 4.30
20942 **Relieur** carton cuir, sans répertoire et sans étui .... " 1.45
20943 " " " avec répertoire, sans étui .... " 1.80
20944 **Étui** pour les relieurs ci-dessus 0.35
20945 **Perforateur** pour les classeurs ci-dessus .... " 2.70

Classeurs alphabétiques sur planchette, système à perforateur

20946 avec répertoire sans perforateur .... la pièce .. 8.15
20947 " " et perforateur .... " 11.25
20948 **Perforateur** nickelé sur socle .... " 3.75
20949 **Relieur** avec répertoire .... " 2.10

20950 **Classeur** recouvert toile noire, répertoire feuilles fixes avec arrêts métalliques dans le bas .... la pièce .. 3.25
20951 **Couverture** carton, répertoire feuilles mobiles pour classer les documents à conserver. la pièce 1.40

Classeurs ou boîte à correspondance.

	Nombre de compartiments	2	3	4	5
20952	chêne ciré .... la pièce ...	2.35	2.50	2.70	3.
20953	chêne verni .... "	4.50	4.90	5.25	5.65
20954	acajou verni .... "	5.25	6. "	6.35	6.75

Reliures électriques

				3e qualité	2e qualité	1re qualité
20955	pour traites et mandats	dimensions $^m/_m$ 13 x 29	la pièce ...	0.80	1. "	1.20
20956	" lettres	" " 22 x 14	"	0.70	0.90	1.10
20957	" in-quarto coquille	" " 29 x 21	"	0.70	0.90	1.10
20958	" musique	" " 36 x 26	"	1.60	1.80	2. "

Classe-feuilles nickelés.

	longueur $^m/_m$	6	10	14	20	26	30	36	40	46	50
20959	sans anneau ...... la pièce ..	0.30	0.35	0.60	0.80	0.95	1.20	1.50	1.80	2.10	2.40
20960	avec anneau ...... " ...	0.45	0.50	0.75	0.95	1.10	1.35	1.65	1.95	2.25	2.55

20961 **Cachet-crampon** pour fermer les lettres, les rendant absolument inviolables, appareil acier, fixe crampon pour cachets diamètre 10 $^m/_m$ .... la pièce ... 3.75
20962 **Cachets** métalliques nickelés avec 1 ou 2 initiales .... la boîte de 100 pièces .. 1. "

Cire à cacheter 1re fabrication, 1re qualité

		No.						
			2	3	4	5	6	
20963	bâtons plats ou carrés, boîte carton	la boîte ..	1.80	2.15	2.85	3.60	4.30	
20964	" " " boîte carton à cuvettes .. No. ..		7	8	9	10	12	15	0
		la boîte ...	5. "	5.70	6.40	7.15	8. "	8.60	10. "

20965 bâtons plats ou carrés, boîte carton à cuvettes .

	parfumée	carmin extra parfumé	orientale double parfum
la boîte	11.50	14.30	14.30

Les cires No. 20963 à No. 20965 en qualité courante. Mêmes conditions plus **Remise 25 %**.
Les cires ci-dessus se font aux mêmes prix par 5, 10, 20 ou 40 bâtons à la boîte.
La cire No. 2 ne se fait pas en 40 bâtons à la boîte (N.B. Indiquer le nombre de bâtons à la boîte.)

20966 **Cire à cacheter** dure pour pays chauds, bâtons plats ou carrés.

No. ..	6	8	10	15	0	parfumée	carmin	orientale double parfum
la boîte	4.30	5.70	7.15	8.60	10.	11.50	14.30	14.30

20967 **Cire de couleurs** variées, parfumée ..

	teintes foncées	orientales teintes foncées	Blanche ou bi-métal
par 5, 10, 20 ou 40 bâtons carrés. la boîte de 500 grammes .	11.50	14.30	21.50

20968 **Cire** brune, dite poste, en bâtons carrés par 10 ou 17 au kilog, en paquet de 1 kilog .. le kilog 1.40
20969 " " pour paquetage " " " " " " " .... " .. 2.25
20970 " rouge, pour postaux, bâtons carrés par 10, 20 ou 40 au kilog, " " ...... " .. 2.75
20971 " " " " qualité supérieure bâtons ovales, 45 au kilog " " ..... " .. 4.30
20972 " rouge, bleue, verte, jaune ou noire, pour confiseurs, bâtons ronds 85 au kilog, boîte carton 1 kilog ... " .. 2.75
20973 " " " " " " qualité extra " " " " " " " 7.50

20974 **Colle** pour bureau, tablette solide, avec pinceau, en boîte fer blanc, longueur 65 $^m/_m$. la pièce 0.65
20975 " " " " " " en boîte bois, longueur 150 $^m/_m$ ... " .. 1.45

Colle liquide à froid. .... Voir page 862 - No. 10534 à 10551.

20959

20961

RB

20962

20974

20976 à 20988

20989 à 21000

Compas à dessin, en boites, cassettes ou pochettes.

Boîtes à crochets, couvercle fond papier, garnies d'une réglette, une équerre, un rapporteur et 4 clous à papier

	composés de : un tire-ligne manche bois, 1 porte crayon à anneaux.	façon acajou	palissandre	nickelés
20976	compas ordinaires de 12 ‰ à pièces de rechange et 10 ‰ à pointes fixes. la pièce	2.70	3.40	0.55
20977	„ „ 14 „ „ „ 12 „ „ „	3.40	4.10	0.70
20978	„ „ 16 „ „ „ 12 „ „ „	4.10	4.80	0.80
	composées de : un tire ligne manche bois, 1 compas à balustre à pièces de rechange			
20979	compas ordinaires de 12 ‰ à pièces de rechange et 10 ‰ à pointes fixes. la pièce	[illegible].80	4.50	0.80
20980	„ „ 14 „ „ „ 12 „ „ „	4.75	5.45	0.95
20981	„ „ 16 „ „ „ 12 „ „ „	5.40	6.10	1.10
	ces mêmes boîtes, avec couvercle fond velours — Augmentation, la pièce			0.35

Boîtes palissandre à crochets, compas qualité courante

	composées de : 1 tire ligne, manche os, 1 réglette, 1 rapporteur, 1 porte crayon à anneaux.	cuivre poli non brevetés	cuivre poli brevetés
20982	compas de 12 ‰ à pièces de rechange et 10 ‰ à pointes fixes . . . la pièce	3.80	4.30
20983	„ „ 14 „ „ „ 12 „ „ „	4.50	5.25
20984	„ „ 16 „ „ „ 12 „ „ „	5.25	6. „
	composées de : 1 tire ligne manche os, 1 réglette, 1 rapporteur, 1 compas à balustre à rechanges.		
20985	compas de 12 ‰ à pièces de rechange et 10 ‰ à pointes fixes . . . la pièce	5. „	5.70
20986	„ „ 14 „ „ „ 12 „ „ „	5.75	6.45
20987	„ „ 16 „ „ „ 12 „ „ „	6.75	7.45
20988	compas 16 et 10 ‰ „ „ „ 12 „ „ „	8.10	9.10
	avec compas à pièces de rechange à aiguille, Augmentation par compas „	0.70	0.70

Cassettes palissandre à serrure double fond, écusson cuivre, compas qualité courante vis aux brisures.

	composées de : 1 tire-ligne manche os, 1 réglette, 1 rapporteur et 1 porte crayon à anneaux.	cuivre poli non brevetés	cuivre poli brevetés
20989	compas de 12 ‰ à pièces de rechange et 10 ‰ à pointes fixes . . . la pièce	5.15	5.65
20990	„ „ 14 „ „ „ 12 „ „ „	5.80	6.50
20991	„ „ 16 „ „ „ 12 „ „ „	6.50	7.20
	composées de 1 tire ligne manche os, 1 réglette, 1 rapporteur et 1 compas balustre à pièces de rechange.		
20992	compas de 12 ‰ à pièces de rechange et 10 ‰ à pointes fixes . . . la pièce	6.35	7.05
20993	„ „ de 14 „ „ „ 12 „ „ „	7. „	7.70
20994	„ „ 16 „ „ „ 12 „ „ „	7.85	8.55
20995	composées de 1 tire ligne manche os, 1 réglette, 2 rapporteurs cuivre et corne 1 compas à balustre à pièces de rechange, 2 compas 16 et 10 ‰ à pièces de rechange et 1 compas 12 ‰ à pointes fixes . . . la pièce	9.45	10.15
20996	Même composition que N° 20995 avec 2 tire-lignes „	10.15	11.15
20997	composées de 1 tire-ligne manche os, 1 réglette, 2 rapporteurs cuivre et corne, 1 compas à réduction de 16 ‰, 2 compas 14 et 10 ‰ à pièces de rechange et 1 compas 12 ‰ à pointes fixes . . . la pièce	11.80	12.80
20998	Même composition que N° 20997, avec 1 compas à balustre à pièces de rechange „	13.50	14.50
20999	composées de 1 tire ligne manche os, 1 réglette buis, 1 rapporteur, 2 équerres, 1 courbe, 1 compas à ressort, 1 compas à réduction 16 ‰. 2 compas 16 et 10 ‰, à pièces de rechange, à aiguille, et 1 compas 12 ‰ à pointes fixes . . . la pièce	18.25	19.25
21000	Même composition que N° 20999 avec 2 tire-lignes „	19.25	20.25
	avec tire-ligne à charnière . . . Augmentation „	1.35	1.35
	Les cassettes N° 20989 à N° 20998 peuvent être livrées avec compas à pièces de rechange, à aiguille . . . Augmentation, par compas. la pièce	0.70	0.70

Cassettes palissandre à serrure, double fond, écusson cuivre, compas fins, modèle fort à aiguille; olives rondes, vistigées, longues pointes, porte-mine fixe.

	composées de 1 tire ligne manche os, 1 réglette buis, 1 rapporteur, 1 étui à mines os	cuivre poli	maillechort
21001	2 compas 14 et 10 ‰ à pièces de rechange et 12 ‰ à pointes fixes . . . la pièce	16.90	20.25
21002	„ „ 16 et 10 ‰ „ „ „ „ „	18.25	21.60
21003	„ „ 14 et 10 ‰ „ „ „ „ „ 2 équerres 1 courbe „	23. „	28.50
21004	„ „ 16 et 10 ‰ „ „ „ „ „	24.50	30. „
	composées de 2 tire lignes manche os, 1 réglette buis, 1 rapporteur, 1 compas à ressort, 1 compas à balustre à pièces de rechange 14 ‰, 1 compas à réduction 16 ‰ 2 équerres, 1 courbe, 1 étui à mines os		
21005	compas de 14 ‰ à pièces de rechange et 12 ‰ à pointes fixes . . . la pièce	27. „	33. „
21006	„ „ 16 ‰ „ „ „ „ „	28.50	34.50

Cassettes palissandre à serrure 2 filets, métal, baguette bois de rose, écusson cuivre, compas extra-fins; composée de : 2 tire-lignes manche ivoire, 1 réglette buis, 1 rapporteur corne, 1 compas à ressort, 1 compas de 14 m/m à balustre à pièces de rechange 2 équerres, 1 courbe, 1 étui à mines os.

21007 compas de 16 m/m à pièces de rechange et 12 m/m à pointes fixes, maillechort . . . . la pièce . . 41. „
21008 Même composition que N° 21007 avec compas 16 m/m à réduction . . . . „ . . . 55. „

Pochettes simili maroquin fermant à tringle, porte mine fixe, compas ½ fins — cuivre poli / maillechort
composées de : 1 tire ligne manche os, 1 réglette buis, 1 rapporteur, 1 compas à balustre à pièces de rechange, un étui de mines.

N°	Désignation		cuivre poli	maillechort
21009	compas 12 m/m à pièces de rechange et 10 m/m pointes fixes	la pièce	9.50	12.20
21010	„ 14 „ „ „ „ 12 „ „ „	„	10.20	12.90
21011	„ 16 „ „ „ „ 12 „ „ „	„	12.15	14.85

composées de 2 tire lignes manche os, 1 réglette buis, 1 rapporteur, 1 compas ressort, 1 compas à réduction de 15 m/m 1 étui de mine.

N°	Désignation		cuivre poli	maillechort
21012	compas 12 m/m à pièces de rechange aiguille à pivot et 10 m/m pointes fixes	„	15.50	19.50
21013	„ 14 „ „ „ „ 12 „ „ „	„	16.50	20.50

Pochettes simili maroquin, fermant à tringle forme longue; compas fins modèle fort à aiguille; olives rondes, vis tigées, longues pointes, porte mine fixe. — cuivre poli / maillechort
composées de 2 tire lignes manche os, 1 réglette os, 1 rapporteur, 1 compas à ressort 1 compas à réduction 15 m/m, 1 étui de mine os.

N°	Désignation		cuivre poli	maillechort
21014	compas de 12 m/m à pièces de rechange et 12 m/m à pointes fixes	la pièce	20.25	24.50
21015	„ 14 „ „ „ 12 „ „ „	„	21.60	26.50
21016	„ 16 „ „ „ 12 „ „ „	„	23. „	28.50

composées de : 1 tireligne manche ivoire, 1 réglette ivoire, 1 rapporteur corne, 1 compas à ressort, étui de mines ivoire.

N°	Désignation		cuivre poli	maillechort
21017	compas 14 m/m à balustre à pièces de rechange et 14 m/m à pointes fixes extra fins.	la pièce	28.50	32.50
21018	Même composition que N° 21017 avec 2 tire lignes	„	32. „	36. „
21019	„ „ que N° 21017 avec 2 tire lignes et compas de réduction	„	40. „	45.50

N°	**Copies de lettres**, 500 folios, répertoire avec buvard. N°	1	2	3	4	5	6	7	8
21020	papier non satiné . . . la pièce	2.10	2.85	„	3.35	3.60	„	4. „	„
21021	„ glacé . . . „	„	„	3.05	„	„	3.80	„	4.20

21022 **Copie de lettres** 1000 folios, répertoire avec buvard, papier glacé . . . la pièce 6.65

21023 **Feuilles caoutchoutées** dimensions 27 x 21 m/m pour copier sans mouiller les copies de lettres . . . le paquet de 12 feuilles 7.10
21024 **Boîte** zinc pouvant contenir 36 feuilles à copier . . . la pièce . . 2.30

21025 **Papier** pour prendre des copies, couleur jaune en feuilles 28 x 22 m/m . . . le mille . 6. „
21026 „ buvard pour copies de lettres . . . le cent . 3.50
21027 „ imperméable brun foncé pour copies de lettres feuilles 29 x 22 m/m . . . „ . . . 7.70

21028 **Crayons** de bureau, ronds, mine noire, bois blanc ordinaire . . . le paquet de 144 pièces 2.50
21029 „ „ „ „ „ aubier de cèdre verni . . . „ . . . „ . . . 4.50
21030 „ „ „ „ „ cèdre, non verni, Givet . . . „ . . . „ . . . 4.70
21031 „ „ „ „ „ cèdre verni . . . „ . . . „ . . . 6. „
21032 „ „ „ „ „ cèdre non verni, chinois . . . „ . . . „ . . . 5.40
21033 „ „ „ „ „ cèdre verni . . . „ . . . „ . . . 7.20
ces crayons ne sont pas livrés par quantité inférieure à 1 paquet de 144 pièces d'une même sorte.

Crayons de bureau, Marque "Faber", mine noire
21034 ronds, cèdre non verni . . . le paquet de 144 pièces 5.50
21035 „ „ verni rouge . . . „ . . . „ . . . 12.25
21036 „ „ verni jaune . . . „ . . . „ . . . 12.25
21037 octogones, cèdre verni rouge ou noir . . . „ . . . „ . . . 12.25
21038 „ cèdre verni jaune . . . „ . . . „ . . . 12.25
21039 ronds fins, cèdre verni rouge, brun ou noir . . . „ . . . „ . . . 21. „
21040 „ „ cèdre verni jaune . . . „ . . . „ . . . 21. „
21041 hexagone, cèdre verni naturel . . . „ . . . „ . . . 21. „
ces crayons ne sont pas livrés par quantité inférieure à 1 paquet de 144 pièces d'une même sorte

Crayons de bureau, Marque "Faber" mine de couleur.
21042 ronds, cèdre verni couleur de la mine, 12 teintes . . . le paquet de 144 pièces . . 21. „
21043 „ „ „ rouge foncé, mine rouge . . . „ . . . „ . . . 31. „
21044 „ „ „ bleu, mine bleue . . . „ . . . „ . . . 31. „
21045 hexagones cèdre verni rouge foncé, mine rouge . . . „ . . . „ . . . 33. „
21046 „ „ „ bleu, mine bleue . . . „ . . . „ . . . 33. „
21047 „ „ „ rouge, mine vermillon . . . le paquet de 12 pièces . . 6.10
21048 „ „ „ bleu, mine bleue . . . „ . . . „ . . . 6.10

21008

21009

21020 à 21022

21023

21034 à 21048

708

Doubles décimètres plats à bouton

		au millimètre	au ½ millimètre
21049	bois jaune verni . . . le cent . . .	7. „	„
21050	façon buis, soignés, „ . . .	11.75	14.50
21051	buis, plats à bouton „ . . .	24.50	26.25
21052	„ à gorge . . .	32.50	39. „
21053	„ triangulaire . . . „ . . .	30. „	45. „

Encres

	contenance des bouteilles, litres	1/8	1/4	1/2	1
21054	administrative, bouteilles grès, "du Vaisseau" . . . la pièce	0.22	0.43	0.75	1.45
21055	communicative „ „ „ . . . „	0.48	0.70	1.30	2.15
21056	administrative, bouteilles grès ou verre "La Perle des Encres" . . . „	0.40	0.60	1. „	1.75
21057	communicative „ „ „ „ . . . „	0.46	0.85	1,50	2.40

Encres, Marque "Antoine"

	contenance des bouteilles, litres	1/8	1/4	1/2	1
21058	noire fixe, en bouteilles grès ou verre . . . la pièce	0.45	0.80	1.20	2.15
21059	violette noire communicative en bouteilles grès ou verre . . . „	0.50	0.95	1.60	2.55

Encriers en plomb, forme conique

	N°	0	1	2	3	4
	pour écoles . . . diamètre intérieur m/m	29	32	33	35	40
21060	sans couvercle . . . le cent	10.	11.50	12.50	15.	24.
21061	avec couvercle . . . „	20.	25.	24. „	26.	„
21062	avec couvercle à glissière, godet porcelaine . . . le cent . . . 100. „					

21063 **Encriers** tout métal couvercle à charnière, modèle des écoles, la pièce 0.60 . le cent 52.50

21064 . . . „ métal fond verre „ „ „ „ . . . 0.60 . . „ . . 52.50

21065 **Encriers** en plomb, à socle, avec couvercle à chaînette, godet faïence le cent 60. „

Encriers en porcelaine, forme chapeau, ouverts, pour écoles

21066	Encriers en porcelaine, forme chapeau, ouverts, pour écoles . . .	le cent	12.35
21067	. . . „ „ „ „ à recouvrement, petits . . .	„	10.50
21068	. . . „ „ „ „ „ grands . . .	„	14.25
21069	. . . „ „ „ „ „ à biseau . . .	„	16.25

Encriers de poche ronds

	diamètre m/m	31	34	38	42	45	50
21070	buis à baïonnette . . . la pièce	0.50	0.55	0.60	0.75	1. „	1.25
21071	palissandre à baïonnette . . . „	0.80	0.90	1. „	1.25	1.50	1.80

21072 **Encriers** nickelés inversables, les 4 cotés s'ouvrent et servent de socle . . la pièce . . 0.90

Encriers de poche carrés en métal

	dimensions m/m	33	37	40	45	50
21073	verni vert-fin, simple fermeture . . . la pièce	0.25	0.35	0.45	0.55	0.85
21074	recouvert peau „ „ . . . „	0.35	0.45	0.55	0.65	0.95
21075	„ „ double fermeture . . . „	„	„	„	3. „	4. „
21076	recouvert maroquin, double fermeture . . . „	„	„	„	4. „	5. „

21077 **Encrier** de poche plat, à jugulaire cuivre nickelé . . . la pièce . . 1.20

Encriers de poche ronds, métal

	diamètre m/m	33	40	45
21078	vernis vert simple fermeture . . . la pièce	0.40	0.50	0.65
21079	recouvert peau, simple fermeture . . . „	0.50	0.60	0.80
21080	recouvert maroquin, double fermeture . . . „	„	1.50	2.20
21081	tout nickelé, double fermeture . . . „	„	1.20	2.50

Encriers de bureau, en verre

	diamètre m/m	60	70	80	90	100
21082	forme droite, torse, fermeture à charnière, plate . . . la pièce	0.50	„	„	„	„
21083	„ „ „ garniture inversable . . . „	0.50	„	„	„	„
21084	forme lentille, torse, fermeture à charnière, plate . . . „	„	„	0.60	„	„
21085	„ „ „ garniture inversable . . . „	„	„	0.60	„	„
21086	forme droite, unie, vis métal, charnière plate . . . „	0.70	0.80	0.90	1. „	1.20
21087	„ „ „ „ inversable . . . „	0.70	0.80	0.90	1. „	1.20
21088	„ „ „ „ charnière boule . . . „	1.10	1.20	1.30	1.40	1.60
21089	„ „ „ „ disque uni . . . „	1.10	1.20	1.30	1.40	1.60
21090	„ „ „ „ disque à galerie . . . „	1.10	1.20	1.30	1.40	1.60
21091	forme boule unie, vis métal, charnière plate . . . „	„	„	[illegible]	1. „	1.40
21092	„ „ „ „ inversable . . . „	„	„	0.90	1. „	1.40
21093	„ „ „ „ charnière boule . . . „	„	„	1.30	1.40	1.60
21094	„ „ „ „ disque uni . . . „	„	„	1.30	1.40	1.60
21095	„ „ „ „ disque à galerie . . . „	„	„	1.30	1.40	1.60
21096	forme lentille torse, vis métal, charnière plate . . . „	„	„	0.90	1. „	1.40
21097	„ „ „ „ inversable . . . „	„	„	0.90	1. „	1.40
21098	„ „ „ „ charnière boule . . . „	„	„	1.30	1.40	1.60
21099	„ „ „ „ disque uni . . . „	„	„	1.30	1.40	1.60
21100	„ „ „ „ disque à galerie . . . „	„	„	1.30	1.40	1.60

21051 — 21053 — 21060 — 21061 — 21062 — 21054-21059 — 21063 — 21065 — 21066 — 21067-21068 — 21070-21071 — 21072 — 21073 — 21075-21076 — 21078 à 21080 — 21084 — 21086 — 21087 — 21089 — 21092 — 21096 — 2103 — 2104 — 2108 — 2110

709

21101 **Encrier de bureau** plateau métal uni 7 pans, verre torse, garniture charnière plate. la pièce 1.80
21102 .... " .... " .... inversable " .. 1.80
21103 .... " .... " .... charnière à boule " .. 2.10
21104 .... " .... plateau métal gravé 7 pans, tout métal, garniture charnière plate " .. 2.20
21105 .... " .... " .... inversable " .. 2.20
21106 .... " .... " .... charnière à boule .. 2.50
21107 .... " .... plateau métal uni à dents, tout métal, garniture charnière plate " .. 2.80
21108 .... " .... " .... inversable 2.80
21109 .... " .... " .... charnière à boule 3.10

21110 **Encrier de bureau** socle métal nickelé rond, diamètre 14 %m
4 usages, godets opales .... la pièce .. 3.50

Encriers de bureau socle bois noir
21111 carré, 4 gorges 16 %m verre torse, fermeture à charnière boule .... la pièce 5.50
21112 à gorge, 2 usages et 1 coupe, longueur 25 %m fermeture à charnière à boule .. " .. 9. "

21113 **Pose-plumes** rectangulaires, métal nickelé 5 places .... la pièce 0.70
21114 .. " .... " .... " verre quadrillé 4 places .... " .. 1.50

21115 **Gommes** pour crayon, sans marque ; morceaux carrés par 50 ou 100 à la boîte. la boîte 3.15
21116 .... " .... dentelées .... par 50 ou 100 à la boîte. " .. 4.05
21117 .... " .... qualité supérieure, par 50 ou 100 à la boîte .. " .. 4.50
21118 .... " .. deux usages, dentelées .... par 12 morceaux à la boîte .... " .. 3.15
21119 .... " .... bord lisse .... " 50 .... " .. 5. "
21120 .... " .... bâtons petit modèle .. " 12 .... " .. 3.15
21121 .... " .... gros modèle .. " 12 .... " .. 6.30
21122 **Gommes-artistes** élégantes losange bord dentelé, noires par 12 morceaux à la boîte " .. 1.55
21123 .... " .... blanches .... " .. 2.70
21124 **Gommes**, gaine cèdre verni rouge 2 usages petit modèle 6 morceaux à la boîte . 2.50
21125 .... " .... gros modèle " " . 3.60

21126 **Gommes** pour machine à écrire, rondes, disque métal nickelé. la carte de 12 pièces 3.80
21127 .... " .... hexagones .... " .. 4.55

21128 **Grattoir** acier, qualité courante, manche ébène droit .... la pièce 1.10
21129 " " qualité supérieure, manche ébène queue de poisson .... " .. 1.60
21130 " " à coulisse, sans gouttière, manche ébène .... " .. 1.15
21131 **Grattoir canif** acier, manche ébène cintré .... " .. 1.10

	Lave-plumes		blanc	filet	bande grecque
21132	porcelaine forme Médicis	la pièce	0.85	1.10	1.40
21133	" " gaufré	"	0.85	1.10	1.40

	Mouilleurs à éponge pour timbre	diamètre %m	70	90	110
21134	porcelaine blanche, forme lentille	la pièce	0.80	1. "	1.20
21135	" " à filet couleur, forme lentille	"	1. "	1.30	1.60
21136	verre uni	"	0.80	1. "	1.20

21137 **Mouilleur** parisien, boîte métallique bronzée avec couvercle, longueur 28 %m. la pièce 3.20
Mouilleur expéditif à rouleau, monture nickelée
21138 boîte métallique sans couvercle, longueur 30 %m .... la pièce 5.20
21139 " " avec couvercle " " .... " .. 6.35

	Musettes d'écolier	longueur %m	27	30	33	36	39
21140	moleskine noire, mate ou brillante avec banderolle	la pièce	1. "	1.15	1.25	1.40	1.50
21141	toile tannée bordée peau brunie	"	1.40	1.55	1.65	1.80	1.90
21142	peau sciée jaune, bordée peau	"	2. "	2.25	2.50	2.75	3. "
21143	peau pleine jaune ordinaire	"	2.75	3. "	3.25	3.50	3.75
21144	" " " soufflet ordinaire	"	3.15	3.40	3.65	3.90	4.15
21145	" " " ½ fine, soufflet séparation, banderolle à anneaux	"	4. "	4.25	4.50	4.75	5. "
21146	" " " fine, fond découpé à soufflet	"	5.25	5.50	5.75	6. "	6.25
21147	" " maroquin noir à soufflet, banderolle à anneaux	"	5.65	6. "	6.40	6.75	7.15
21148	toile tannée, havre-sac grand rabat bretelle coulissante	"	"	"	2.65	3. "	3.40
21149	tout-vache, soufflet et séparation peau, 2 usages	"	"	10.15	11.25	12.40	13.50

peau noire .... Augmentation la pièce .. 0.25
bretelles militaires fixes .... " .... " 0.25
" à crochets, 2 usages .... " .... " 0.40
avec serrure .... " .... " 0.65

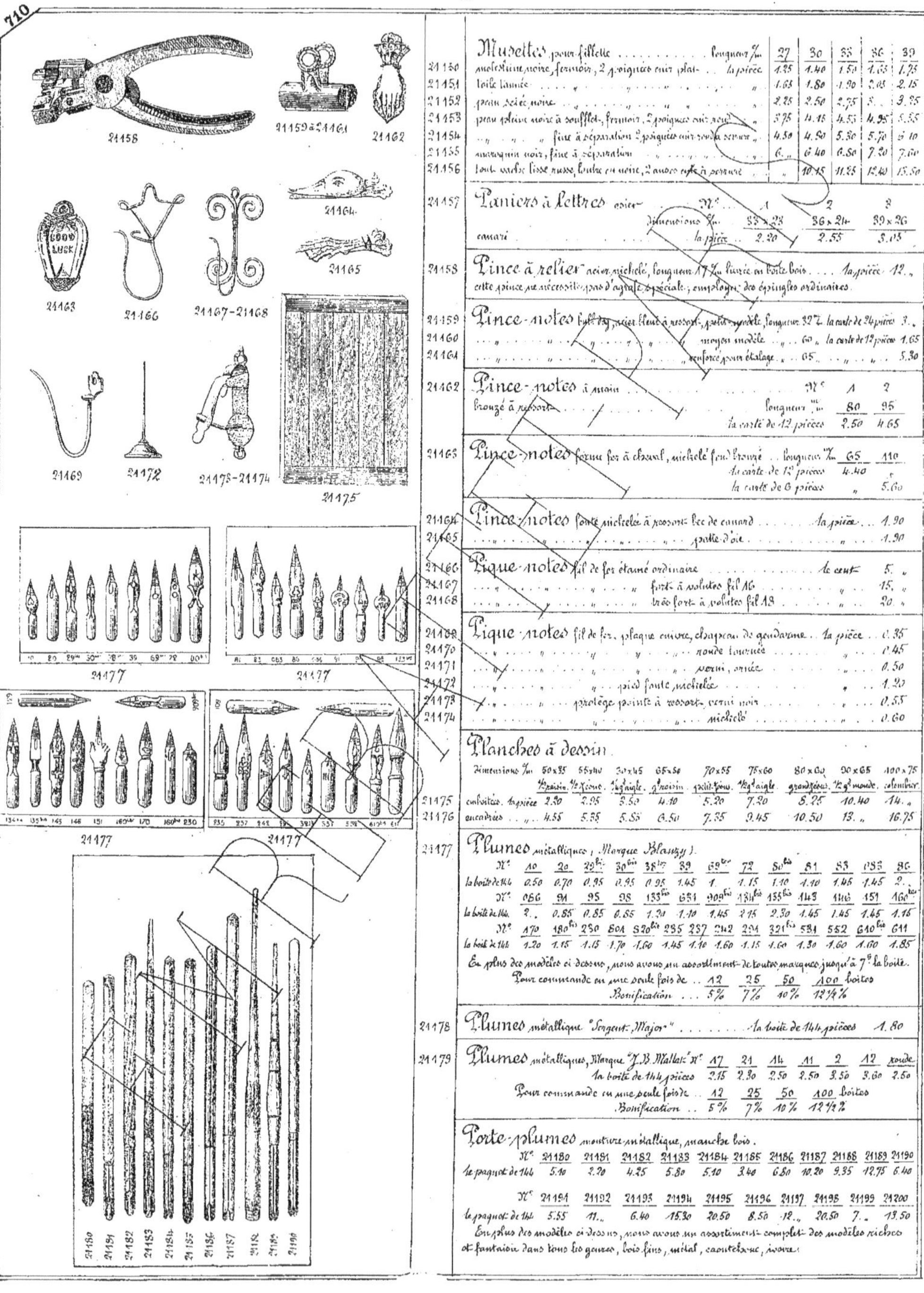

	Musettes pour fillette	longueur %m	27	30	33	36	39
21150	moleskine noire, fermoir, 2 poignées cuir plat	la pièce	1.25	1.40	1.50	1.65	1.75
21151	toile lamée	"	1.65	1.80	1.90	2.05	2.15
21152	peau sciée noire	"	2.25	2.50	2.75	3. "	3.25
21153	peau pleine noire à soufflet, fermoir, 2 poignées cuir rond	"	3.75	4.15	4.55	4.95	5.55
21154	" " " fine à séparation 2 poignées cuir rond à serrure	"	4.50	4.90	5.30	5.70	6.10
21155	maroquin noir, fine à séparation	"	6. "	6.40	6.50	7.20	7.60
21156	tout vache lisse russe, loutre ou noire, 2 anses cuir à serrure	"	"	10.15	11.25	12.40	13.50

21157 **Paniers à lettres** osier

	N°	1	2	3
	dimensions %m	33 x 23	36 x 24	39 x 26
canari	la pièce	2.20	2.55	3.05

21158 **Pince à relier** acier nickelé, longueur 17 %m livrée en boîte bois . . . la pièce 12. "
cette pince ne nécessite pas d'agrafe spéciale, employer des épingles ordinaires.

21159 **Pince-notes** bull-dog, acier bleui à ressort, petit modèle, longueur 32 %m la carte de 24 pièces 3. "
21160 . . . " . . . " . . . " . . . moyen modèle . . " . . 60 " la carte de 12 pièces 1.65
21161 . . . " . . . " . . . " . . . renforcé pour étalage . " . . 65 " . . " . . " . . 5.30

21162 **Pince-notes** à main

	N°	1	2
bronzé à ressort	longueur %m	80	95
	la carte de 12 pièces	2.50	4.65

21163 **Pince-notes** forme fer à cheval, nickelé fond bronzé

	longueur %m	65	110
	la carte de 12 pièces	4.40	"
	la carte de 6 pièces	"	5.60

21164 **Pince-notes** fonte nickelée à ressort bec de canard . . . la pièce . . 1.90
21165 . . . " . . . " . . . " . . . patte d'oie . . . " . . . 1.90

21166 **Pique-notes** fil de fer étamé ordinaire . . . le cent 5. "
21167 . . . " . . . " . . . fort à volutes fil 16 . . . " . . 15. "
21168 . . . " . . . " . . . très fort à volutes fil 18 . . . " . . 20. "

21169 **Pique-notes** fil de fer, plaque cuivre, chapeau de gendarme . la pièce . . 0.35
21170 . . . " . . . " . . . ronde tournée . . . " . . 0.45
21171 . . . " . . . " . . . verni, ornée . . . " . . 0.50
21172 . . . " . . . " . . . pied fonte, nickelée . . . " . . 1.20
21173 . . . " . . . protège pointe à ressort, verni noir . . . " . . 0.55
21174 . . . " . . . " . . . nickelé . . . " . . 0.60

Planches à dessin.

	Dimensions %m	50x35 ½ raisin	55x40 ½ Jésus	30x45 ¼ gd aigle	65x50 gd raisin	70x55 petit Jésus	75x60 ½ gd aigle	80x60 grand Jésus	90x65 ½ gd monde	100x75 colombier
21175	emboîtées . la pièce	2.30	2.95	3.50	4.10	5.20	7.20	8.25	10.40	14. "
21176	encadrées . . "	4.55	5.35	5.55	6.50	7.35	9.45	10.50	13. "	16.75

21177 **Plumes** métalliques, Marque Blanzy.

N°	10	20	29bis	30bis	38ter	39	69ter	72	80bis	81	83	083	86
la boîte de 144	0.50	0.70	0.95	0.95	0.95	1.45	1.	1.15	1.10	1.10	1.45	1.45	2.

N°	086	91	95	98	133bis	631	909bis	134bis	135bis	143	146	151	160ter
la boîte de 144	2. "	0.85	0.85	0.85	1.30	1.10	1.45	2.15	2.30	1.45	1.45	1.45	1.15

N°	170	180bis	230	801	820bis	235	237	242	291	321bis	531	552	610bis	611
la boîte de 144	1.20	1.15	1.15	1.70	1.60	1.45	1.10	1.60	1.15	1.60	1.30	1.60	1.60	1.85

En plus des modèles ci-dessus, nous avons un assortiment de toutes marques jusqu'à 7f la boîte.

Pour commande en une seule fois de . .	12	25	50	100 boîtes
Bonification . . .	5%	7%	10%	12½%

21178 **Plumes** métallique "Sergent-Major" . . . . la boîte de 144 pièces 1.80

21179 **Plumes** métalliques, Marque "J.B. Mallat"

N°	17	21	14	11	2	12	ronde
la boîte de 144 pièces	2.15	2.30	2.50	2.50	3.50	3.60	2.50

Pour commande en une seule fois de . .	12	25	50	100 boîtes
Bonification . .	5%	7%	10%	12½%

Porte-plumes monture métallique, manche bois.

N°	21180	21181	21182	21183	21184	21185	21186	21187	21188	21189	21190
le paquet de 144	5.10	2.20	4.25	5.80	5.10	3.40	6.80	10.20	9.35	12.75	6.40

N°	21191	21192	21193	21194	21195	21196	21197	21198	21199	21200
le paquet de 144	5.55	11. "	6.40	15.30	20.50	8.50	12. "	20.50	7. "	13.50

En plus des modèles ci-dessus, nous avons un assortiment complet des modèles riches et fantaisie dans tous les genres, bois fins, métal, caoutchouc, ivoire.

21191 21192 21193 21194 21195 21196 21197 21198 21199 21200

21219 à 21238

21201 - 21202

21209, 16 places

21208

21210 - 21211

21239 à 21240

21214 21216 21217 21218

21245-21247 21249

Polycopie pour imprimer soi-même circulaires, prospectus, etc.. cuvette zinc garnie de pâte avec éponge et 1 flacon encre violette.

N°	Désignation		26x17	33x26	37x26	50x32	52x39
	dimensions m/m		26x17	33x26	37x26	50x32	52x39
21201	pâte autographique rose	la pièce	4.75	6. "	8. "	14.50	16. "
21202	pâte supérieure, marque polycopie, rose		6. "	7.75	9.25	18.25	20.75

N°	Désignation		Prix
21203	**Pâte** autographique de rechange, rose, en boîte de 1 kilog.	la boîte	2.75
21204	**Pâte** supérieure marque polycopie " " "	"	4. "
21205	**Encre** autographique, violette, rouge, verte ou bleue	le petit flacon rond	0.35
21206	" " " " " "	le grand flacon carré	0.85
21207	" " noire pour reproduire en noir	" " "	1.10

21208 **Autocopistes** pour imprimer soi-même complets avec tous les accessoires.

dimensions m/m	11x16	16x25	25x32	25x37	31x49	33x43
la pièce	37.50	60..	67.50	75.	82.50	82.50

Porte-timbres circulaires à 1 ou 2 étages

N°	Désignation	Nombre de places	10	16
21209	fonte vernie noire ou nickelée	la pièce	4.55	6.50

Porte-timbres d'applique

N°	Désignation	Nombre de places	5	8
21210	fonte vernie noire	la pièce	0.65	1. "
21211	fonte nickelée	"	1.15	1.50

Porte-timbre d'applique

N°	Désignation		Prix
21212	pince à ressort nickelée ordinaire avec vis	la pièce	0.25
21213	" " pince à ressort bronzée forte	" " "	0.35

Punaises à dessin acier crevé

N°	Désignation	diamètre de la tête m/m	8	10	12
21214	en boîtes carton contenant 100 punaises	le mille	6.50	7.30	7.90
21215	en boîte métal de 12 punaises et en paquet de 50 boîtes	le paquet	"	4.50	"

Punaises à dessin tête cuivre

N°	Désignation	diamètre de la tête m/m	8	10	12	14
21216	à collet	le cent	1. "	1.75	2.40	2.80
21217	doubles	"	1.15	1.90	2.55	3.20
21218	goutte de suif	"	1.20	2.10	2.75	3.35

Règles ou bâtonnets

N°	Désignation	longueur m/m		épaisseur m/m 7 à 10	11	12	13	14
21219	bois ordinaire	32	le paquet de 144 pièces	2.25	2.80	4.80	5.60	6.40
21220	"	40	"	2.90	4. "	5.60	6.40	7.20
21221	"	50	"	3.20	4.80	6.40	7.20	8. "
21222	"	60	"	4.80	6.80	8.80	11.20	13.60
21223	poirier rose	33	"	4.80	8.80	10.40	12. "	14.40
21224	"	40	"	6.40	10.40	13.60	16. "	17.60
21225	"	50	"	8. "	12.80	16. "	19.20	20.80
21226	"	60	"	11.20	16. "	19.20	24. "	28.80
21227	Ste Lucie verni	33	"	8. "	11.20	12.80	14.40	17.60
21228	"	40	"	8.80	12. "	16. "	19.20	22.40
21229	"	50	"	9.60	14.40	19.20	22.40	24. "
21230	"	60	"	13.60	19.20	22.40	25.60	33.60
21231	ébène poli	33	le paquet de 12 pièces	3.60	4.40	4.80	5.60	7.20
21232	"	40	"	4. "	4.80	5.60	6.40	8. "
21233	"	50	"	4.40	5.60	6.40	8.80	10.40
21234	"	60	"	7.20	7.20	9.60	12.80	13.60
21235	ébène à filets cuivre	33	"	5.60	6.40	8.80	10.40	12. "
21236	"	40	"	6.40	8. "	9.60	11.20	12.80
21237	"	50	"	7.20	9.60	11.20	12.80	14.40
21238	"	60	"	8.80	11.20	12. "	13.60	16. "

Règles à dessin

N°	Désignation longueur m/m	33	40	50	60	65	70	75	80	90	100
21239	bois ordinaire le paquet de 12 pièces	7.20	9.60	12.80	17.60	20.80	25.60	29.	32.	39.	44.
21240	poirier rose " "	12.80	16. "	19.20	22.40	25.60	28.80	34.	44.	53.	68.
21241	bois des Iles à biseau, le paquet de 6 pièces	6. "	6.65	8.50	10. "	11.30	14.30	16.50	19.50	23.	27.
21242	ébène poli " " "	6. "	7.15	9.40	12. "	13.25	16.50	19.50	24.	29.	33.
21243	ébène 1 filet cuivre à biseau " "	8.50	9.40	11. "	13.75	16.25	19.50	22.50	27.	32.	36.
21244	" 2 filets " " " "	9.60	11.30	13.25	16. "	18.50	22.50	27. "	32.	36.	41.

Règles à biseaux, divisées.

N°	Désignation longueur m/m	32	40	50	60	70	75	80	90	100
21245	poirier un biseau façon buis, le paquet de 10 pièces	2.75	3.15	3.50	4.30	5.60	6.75	9.75	11. "	13. "
21246	" deux biseaux " " "	4.15	4.80	5.75	6.75	7.80	9.75	11.30	12.75	18.20
21247	" un biseau buis " "	5.85	7.15	9.10	11.70	17.50	21. "	23.50	26. "	29. "
21248	" deux biseaux " "	11. "	13.	15.60	19.50	27.50	31. "	35. "	39. "	43. "
21249	buis un biseau "	10.40	13.	16.25	19.50	30. "	38. "	43. "	52.	61. "
21250	" deux biseaux "	14.30	17.	21. "	24.50	35. "	43. "	51. "	60	72. "

21253 à 21256 — 21257 à 21259 — 21260 - 21261 — 21262 à 21265 — 21267 à 21270 — 21272 - 21273 — 21274 à 21276 — 21277 — 21278 — 21279 — 21288 — 21289 — 21280, 21282 à 21284 — 21281, 21285 à 21287 — 21290 — 21291

	Règles parallèles, dites anglaises. longueur %m	13	16	19	22	25	27	30	36
21251	poirier, garnitures simples . le paquet de 10 pièces	5.20	5.85	6.50	7.15	9.10	10.40	12.50	14.50
21252	ébène . . . " . . . . " . . . . . . " . . . . " . .	8.45	9.75	11..	12.50	14.50	16..	19..	21.50

	Règles parallèles, dites françaises, longueur %m	15	20	25	30	35	40	45	50
21253	poirier ordinaire, garniture double . . la pièce	1.05	1.25	1.45	1.70	2..	2.30	2.60	3.15
21254	" filet cuivre . . " . . . " . . . . . . " . .	1.85	2..	2.30	2.60	2.95	3.30	3.75	4.50
21255	ébène ordinaire . . " . . . . " . . . . . . " . .	1.35	1.65	2..	2.50	2.85	3.50	4..	4.70
21256	" filet cuivre . . " . . . . " . . . . . . " . .	2..	2.30	2.80	3.80	4..	4.60	5.30	7..

	Tés à dessin fixes. longueur des règles %m	40	45	50	55	60	65	70	75	80	90	100
21257	bois rose 1/2 fin . . . le paquet de 10 pièces	5.90	6.	6.75	7.50	8.20	9.	10.50	12.	13.50	15.	18.
21258	" " 1er choix . . . . . " . . . " . .	7.50	8.20	8.60	9.	9.75	10.75	12.	13.50	15.	18.	21.
21259	" " coins arrondis . . "	13.25	13.50	16.50	19.	21.	24.	27.	33.	41.	45	50.

	Tés à dessin mobiles. longueur des règles %m	40	45	50	55	60	65	70	75	80	90	100
21260	bois rose 1/2 fins . . . . . . la pièce	1.25	1.35	1.45	1.65	1.80	1.95	2.10	2.45	2.85	3.30	3.60
21261	" coins arrondis . . . . " . .	1.95	2.10	2.40	2.65	3.20	3.60	4..	4.60	5..	5.40	6..

	Equerres allongées à 90° longueur %m	14	16	18	20	22	25	27	30	32	35	40
21262	bois rose 1/2 fin . . . . . . le cent	3.90	4.55	5.30	5.85	7.15	8.45	9.75	12.	13.65	17..	22.
21263	" 1er choix . le paquet de 10 pièces	0.80	0.90	1..	1.10	1.30	1.45	1.55	1.95	2.20	2.60	3.25
21264	" extra . . . . " . . . " . . .	1.95	2.60	3..	3.10	3.40	3.75	4.50	5.35	7.15	8.40	9.75
21265	ébène sans biseau . . . " . . . " . . .	3..	3.40	4.15	4.85	6..	7.15	8.40	9.80	11.70	13.60	"
21266	" biseau bois divisé . . " . . . " . . .	5.50	6..	7.15	8.40	9.50	10.50	12.30	13.60	16.25	19..	"

	Equerres à 45° . . . . longueur %m	10	12	14	16	18	20	22	25	27	30
21267	bois rose 1/2 fin . . . . le cent	4.50	5.85	7.40	9.30	11.50	14.	17.	23.50	32.	50..
21268	" 1er choix le paquet de 10 pièces	0.90	1.15	1.45	1.70	1.95	2.30	2.80	3.40	4.50	6.75
21269	" extra . . . . . . " . . . . " . . .	2.10	2.60	3.25	3.90	4.50	5.20	6.	6.75	9.35	12..
21270	ébène sans biseau . . . . "	5.20	6..	7.40	9..	11.20	13.50	15.60	18..	"	"
21271	" biseau bois divisé . . " . . . " . . .	9..	10.40	11.70	15..	18..	21..	24..	28..	"	"

	Courbes dites pistolets. longueur %m	11	13	15	16	18	20	22	24	26	28	30	32
21272	bois rose 1/2 fin le paquet de 10 pièces	1.25	1.30	1.35	1.50	1.55	1.80	1.95	2.10	2.30	2.55	2.85	3.20
21273	" 1er choix . . . " . . . . " . .	1.90	1.95	2..	2.15	2.35	2.60	2.75	3..	3.25	3.75	4.30	4.70

Timbres de bureau caoutchouc

21274 manche bois noir verni, une ligne . . . . la pièce . . 1.10

21275 " " " " deux lignes 1.90

21276 " " " " trois et quatre lignes ou sujets divers 2.80

21277 **Timbres de poche** en boîte nickelée depuis 0,90 jusqu'à 6,50 la pièce suivant modèle

21278 . . . " . . . . " . . vitesse . . " . . depuis 1,50 " 2.50 . . " . . . " . . . " . .

21279 **Timbre dateur** à main caoutchouc, manche bois noir, toutes compositions la pièce 6.50

21280	**Timbres, vitesse** caoutchouc, armature nickelée . . dimensions %m	30x20	40x25	48x32
	m. manche bois noir . . . . la pièce	5.50	6.50	7.10

21281 **Timbre-vitesse** caoutchouc avec dateur jusqu'à 42x28 %m . . . . la pièce 22..

Timbres-vitesse cuivre, manche bois, noir verni

	rectangulaires . . . . . dimensions %m	32x20	35x22	39x24	41x25	47x27
21282	plaque gravée 1 ligne . . . . la pièce . .	10.	10.50	11.50	12.	13.
21283	" " 2 lignes . . . . " . . .	12.	12.50	13.50	14.	15.
21284	" " 3 lignes . . . . " . . .	13.	13.50	14.50	15.	16.

chaque ligne en plus prix proportionnel

gravure anglaise, ronde ou bâtarde, plus value suivant nombre de lignes.

Timbres-dateurs vitesse en cuivre, manche bois noir verni.

	rectangulaires . . . . dimensions %m	36x24	38x26	42x26	45x30	50x30
21285	molettes gravées, plaque gravée, 1 ligne la pièce	22,50	23.	23.50	24.50	26.
21286	" " " " 2 lignes . . " . .	24.50	25.	25.50	26.50	28.
21287	" " " " 3 lignes . . " . .	25.50	26.	26.50	27.50	29.

chaque ligne en plus, prix proportionnel.

21288	**Tampons inépuisables** . . . . dimensions %m	95x60	115x75
	boîtes fer blanc verni, couvercle à charnière . . . . la pièce	0.90	1..

	Boîtes à tampon à couvercle. dimensions %m	115x80	120x90	130x100	140x110	155x120	175x130
21289	avec encre et brosse . . . . la pièce	1.10	1.30	1.65	1.95	2.60	3.25
21290	tampon remplissant la boîte	1.50	1.65	1.95	2.60	3.25	3.90

21291 **Stylographe** porte plume avec réservoir à encre, en boîte carton de 1 pièce avec tube de remplissage, pointe acier . . . . la pièce . . 14.50

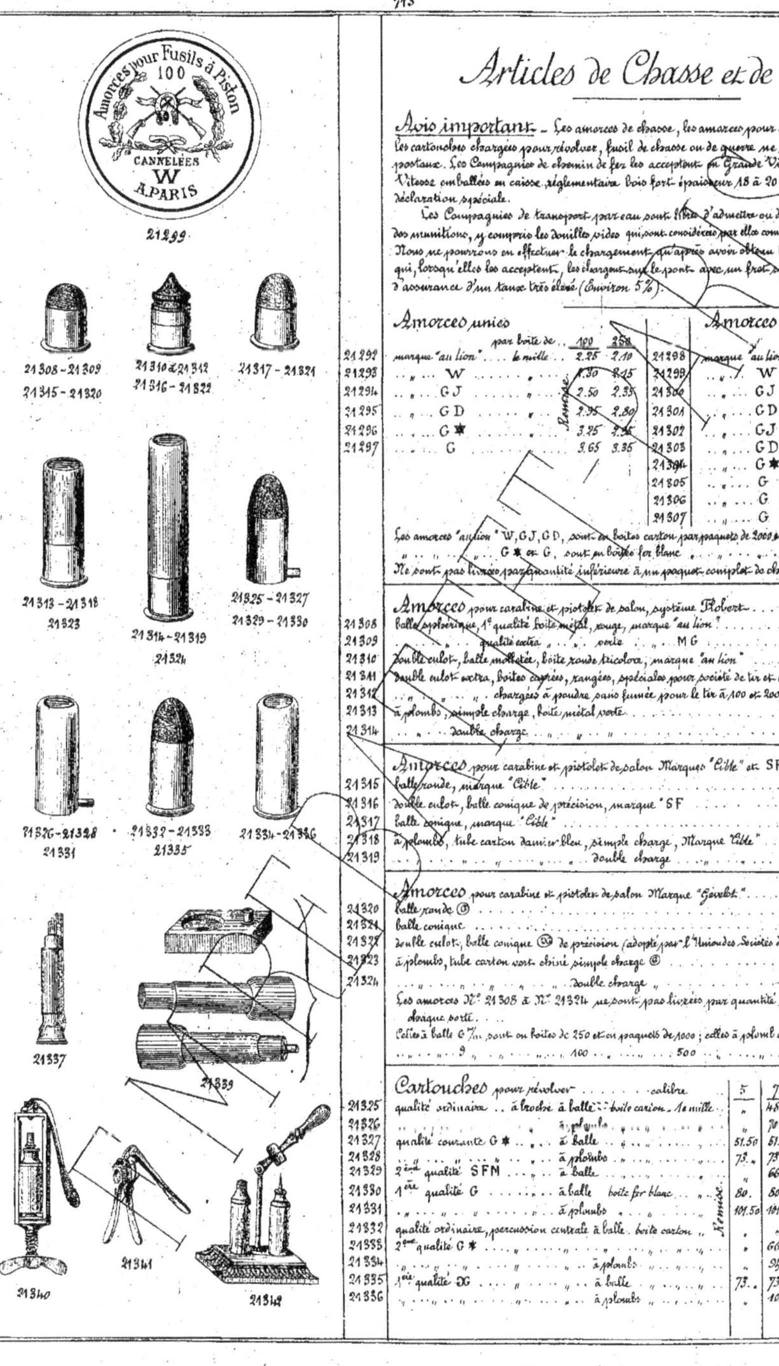

21299 · 21308-21309 21315-21320 · 21310 à 21312 21316-21322 · 21317-21321 · 21313-21318 21323 · 21314-21319 21324 · 21325-21327 21329-21330 · 21326-21328 21331 · 21332-21333 21335 · 21334-21336 · 21337 · 21339 · 21340 · 21341 · 21342

Articles de Chasse et de Tir.

Avis important. – Les amorces de chasse, les amorces pour carabine et pistolet de salon, les cartouches chargées pour révolver, fusil de chasse ou de guerre ne peuvent être expédiées en colis postaux. Les Compagnies de chemin de fer les acceptent en Grande Vitesse ordinaire ou en Petite Vitesse emballées en caisse réglementaire bois fort épaisseur 18 à 20 m/m accompagnées d'une déclaration spéciale.

Les Compagnies de transport par eau sont libres d'admettre ou de refuser les colis contenant des munitions, y compris les douilles vides qui sont considérées par elles comme marchandise dangereuse..

Nous ne pourrons en effectuer le chargement qu'après avoir obtenu l'autorisation des Compagnies qui, lorsqu'elles les acceptent, les chargent sur le pont avec un fret spécial qui entraine une prime d'assurance d'un taux très élevé (Environ 5%).

Amorces unies / Amorces cannelées

	Amorces unies, par boîte de		100	250		Amorces cannelées, par boîte de		100	250
21292	marque "au lion"	le mille	2.25	2.10	21298	marque "au lion"	le mille	2.30	2.15
21293	" W	"	2.30	2.15	21299	" W	"	2.35	2.20
21294	" GJ	"	2.50	2.35	21300	" GJ	"	2.60	2.45
21295	" GD	"	2.95	2.80	21301	" GD	"	3.10	2.95
21296	" G ✱	"	3.25	2.95	21302	" GJ à bombe	"	3.10	2.95
21297	" G	Remise	3.65	3.35	21303	" GD fendues	"	3.25	3.10
					21304	" G ✱ fendues	"	3.60	3.30
					21305	" G	"	4.40	4.10
					21306	" G fendues	"	6.10	5.80
					21307	" G à bombe	Remise	6.10	5.80

Les amorces "au lion" W, GJ, GD, sont en boîtes carton par paquets de 2000 en boîtes par 100 et 2500 par boîtes de 250.
" " " G ✱ et G, sont en boîtes fer blanc " " " " " "
Ne sont pas livrées par quantité inférieure à un paquet complet de chaque sorte.

Amorces pour carabine et pistolet de salon, système Flobert

	calibre m/m		6	9
21308	balle sphérique, 1e qualité boîte métal, rouge, marque "au lion"	le mille	11.30	"
21309	" qualité extra " " verte " MG	"	12.15	38.
21310	double culot, balle molletée, boîte ronde tricolore, marque "au lion"	"	20..	"
21311	double culot extra, boîtes carrées, rangées, spéciales pour société de tir et écoles	"	22.50	"
21312	" " " chargées à poudre sans fumée pour le tir à 100 et 200 mètres	"	68.50	"
21313	à plombs, simple charge, boîte métal verte	"	40..	65.
21314	" double charge " " "	Remise	56..	81.50

Amorces pour carabine et pistolet de salon Marques "Cible" et SF

	calibre m/m		6	9
21315	balle ronde, marque "Cible"	le mille	11.45	39.30
21316	double culot, balle conique de précision, marque "SF	"	20.40	"
21317	balle conique, marque "Cible"	"	"	41.50
21318	à plombs, tube carton damier bleu, simple charge, Marque "Cible"	"	41.50	67..
21319	" " " " double charge "	Remise	58.60	83.60

Amorces pour carabine et pistolet de salon Marque "Gévelot."

	calibre m/m		6	9
21320	balle ronde Ⓖ	le mille	13.60	39.30
21321	balle conique	"	"	48..
21322	double culot, balle conique Ⓖ de précision (adopté par l'Union des Sociétés de Tir)	"	23.20	62.15
21323	à plombs, tube carton vert chiné simple charge Ⓖ	"	44.30	71.50
21324	" " " " double charge "	Remise	70..	96..

Les amorces N° 21308 à N° 21324 ne sont pas livrées par quantité inférieure à un paquet de chaque sorte...

Celles à balle 6 m/m sont en boîtes de 250 et en paquets de 1000 ; celles à plomb en boîtes de 100 et en paquets de 500
" " 9 " " " 100 " " 500 " " " 50 " " 250

Cartouches pour révolver

	calibre	5	7	9	12	320	380	450
21325	qualité ordinaire .. à broche à balle boîte carton . le mille	"	48.50	57..	71.50	"	"	"
21326	" " " à plombs "	"	70..	70..	84..	"	"	"
21327	qualité courante G ✱ à balle "	51.50	51.50	60..	76..	"	"	"
21328	" " " à plombs "	73..	73..	81.50	97..	"	"	"
21329	2ème qualité SFM " à balle "	"	66..	81.50	97..	"	"	"
21330	1ère qualité G à balle boîte fer blanc "	80.	80..	96..	111..	"	"	"
21331	" " " à plombs "	101.50	101.50	117..	133..	"	"	"
21332	qualité ordinaire, percussion centrale à balle boîte carton "	"	"	"	"	63..	71.50	80..
21333	2ème qualité G ✱ " " "	"	66..	74..	83..	66..	74..	83..
21334	" " " à plombs "	"	94..	103..	111..	94..	103..	111..
21335	1ère qualité GG " à balle "	73..	73..	90..	104..	73..	90..	104..
21336	" " " à plombs " Remise	"	109..	125..	140..	109..	125..	140..

714

21343-21344 · 21345 21346 · 21347-21348 · 21349-21350 · 21357 · 21353 · 21355 · 21356 · 21357-21358 · 21359-21360 · 21361 · 21362-21363 · 21365 · 21366 · 21367 · 21368 · 21369 · 21370 · 21371-21372 · 21373-21378 · 21379-21380 · 21381-21387 · 21388 · 21389

N°	Désignation		Prix
21337	**Amorçoir** buis à guide douille à broche	la pièce	1.45
21338	" buis, navette buis pour douille percussion centrale	"	0.95
21339	" " navette acier	"	1.45
21340	" fer poli à bascule	"	3.80
21341	" pince 3 branches en bronze	"	6.20
21342	**Amorçoir et désamorçoir** à 2 colonnes modèle à l'anglaise	"	3.80

N°	Désignation		Prix
21343	**Appeaux** pour alouette, ronds, fer blanc	le cent	20. "
21344	" " " " maillechort	"	48. "
21345	" " " tube à boule, fer blanc	"	55. "
21346	" " " " maillechort	"	80. "
21347	" " " bois noir, forme bouteille	"	48. "
21348	" " " os	"	70. "
21349	" pour bec-figue ou petit oiseau, ronds, fer blanc	"	16. "
21350	" " " " " " maillechort	"	40. "
21351	" pour canard, à anche, forme bouteille	"	70. "
21352	" pour caille, peau, plats, tube métal	"	57. "
21353	" " " à vis, 2 bois, tube cuivre	"	88. "
21354	" pour chevreuil, buis	"	55. "
21355	" pour grive, peau, plats, tube cuivre	"	48. "
21356	" " " " à boudin, à ressort	"	80. "
21357	" pour geai et pie, fer blanc	"	48. "
21358	" " " " maillechort	"	95. "
21359	" pour gradret, fer blanc, à boule	"	21. "
21360	" " " maillechort "	"	65. "
21361	" pour gelinottes, maillechort	"	55. "
21362	" pour lapin et lièvre, buis	"	57. "
21363	" " " " corne fine	"	95. "
21364	" pour merle, à queue, maillechort, grand modèle	"	70. "
21365	" " " bois noir, forme bouteille	"	102. "
21366	" pour perdrix grise, ronds à queue, maillechort	"	57. "
21367	" " " " " " os, ou coco, véritable	"	32. "
21368	" pour perdrix rouge, ronds fer blanc	"	57. "
21369	" " " " buis	"	65. "
21370	" " " " à soufflet tube cuivre	"	190. "
21371	" pour vanneau et bécasse, buis	"	21. "
21372	" " " " maillechort	"	80. "

N°	Désignation		Prix
21373	**Baguettes** de fusil à bourrer tête cuivre, jonc ou bois noir	le cent	27. "
21374	" " " " bois des Iles	"	52. "
21375	" " " " bois de fer ou cochenille	"	65. "
21376	" " " " vrai bois, Perpignan	"	70. "
21377	" " " " " " palissandre	"	78. "
21378	" " " " " " ébène	"	107. "

N°	Désignation		Prix
21379	**Baguettes** à laver, hêtre, poignée à piano, 1 pièce, garniture cuivre	le cent	32. "
21380	" " " frêne " " " "	"	47. "

Baguettes à laver, garniture cuivre, sans accessoire

N°	Désignation	en 2	3	4 pièces
21381	hêtre naturel, poignée tournée ordinaire, la pièce	0.70	0.85	1. "
21382	charme, façon ébène, corail ou palissandre "	0.95	1.10	1.35
21383	bois des Iles "	1.15	1.40	1.65
21384	bois de fer ou cochenille "	1.60	1.90	2.35
21385	palissandre véritable "	2.15	2.35	2.85
21386	ébène véritable "	2.15	2.35	2.85
21387	" " longues brisures poignée tournée renforcée "	4.05	4.75	"

Baguettes pour carabine et pistolet de salon

N°	Désignation	calibre m/m 6	9
21388	tige acier, tête bois, 2 accessoires, la pièce	0.65	0.65
21389	" " à fourche, tête fer à coulant "	0.70	0.70

Bien préciser en commandant : pour carabine ou pour pistolet.

21391 21396 21399 21400-21401

21402 21403 21404

21405 21407

21410

21414

21415-21416 21417-21418

21419 à 21422 21423-21424 21425-21426
21427-21428
21430-21431

21432 à 21434 21435 21436

Accessoires de baguette à laver

21390 **Brosses** en crin, noir, sans tête . . . le cent . . 17.50
21391 . . . " . . . " . . " à lentille cuivre . . . " . . . 22. "
21392 . . . " . . . en soie blanche forte, à lentille cuivre . . . " . . . 32. "
21393 . . . " . . . en laine noire, ordinaire . . . " . . . 22. "
21394 . . . " . . . en laine couleur, fine . . . " . . . 36. "
21395 . . . " . . . en acier, à lentille cuivre . . . " . . . 32. "
21396 . . . " . . . en acier, à gratte culasse . . . " . . . 47. "
21397 . . . " . . . en cuivre, à lentille cuivre . . . " . . . 40. "
21398 . . . " . . . en cuivre, à gratte culasse . . . " . . . 55. "
21399 **Eponges** ordinaires . . . " . . . 24. "
21400 **Gratte-culasses** acier ordinaire . . . " . . . 17.50
21401 . . . " . . . acier fin bruni . . . " . . . 24. "
21402 **Grattoirs** acier poli à 2 branches . . . " . . . 58. "
21403 **Gratte-canon** nickelé à bascule . . . la pièce . . 2.85
21404 **Lavoir** cuivre porte-chiffon . . . le cent . . 20. "
21405 **Ramoneuse** cordelière ordinaire . . . la pièce . . 2. "
21406 . . . " . . . genre anglais, cuir naturel . . . " . . . 3.80

21407 **Balance-trébuchet** spéciale pour peser la poudre, force 50 grammes. avec un plateau cuivre creux à pincette et à bec . . . la pièce 15. "

21408 **Boite à fusil**, toile ordinaire, intérieur finette grise, à serrure . . . la pièce 12.25
21409 . . . " . . . " . . . toile tannée 2 bandes . . . " . . . 14. "
21410 . . . " . . . " . . . toile tannée 4 bandes avec plaque et crochets, finette couleur . . . " . . . 20.30
21411 . . . " . . . " . . . toile tannée avec courroies et plaque coins arrondis . . . " . . . 21.70
21412 . . . " . . . " . . . molestine 2 bandes et plaque, finette rouge . . . " . . . 23.80
21413 . . . " . . . " . . . toile ordinaire, finette grise, 2 canons . . . " . . . 16.10
21414 . . . " . . . " . . . toile tannée, finette couleur, 2 canons . . . " . . . 19. "

Boites à réserve pour cartouches tous calibres

		contenant	50	100 cartouches
21415	coffre recouvert toile havane	la pièce	12.60	21.
21416	" mouton	"	17.50	28.

21417 **Bouchon** bois ou liège pour fusils à 2 coups . . . la pièce 0.95
21418 . . . " . . . " . . . monture nickelée . . . " . . 1.20

Bourres sèches sans encoche pour douille de chasse — Remise.

			en sac par 500	en boite par 200
21419	2e qualité feutre gris, calibres 14, 16, 20, 24, 28. 14 m/m - 12 m/m	le mille	2.70	3.20
21420	" " calibre 12	"	3.45	3.95
21421	1e qualité, feutre gris, épaisseur 7 à 9 m/m calibre 14, 16 et au-dessous	"	3.20	3.60
21422	" " calibre 12	"	4. "	4.60
21423	" " double épaisseur 10 à 15 m/m, calibres 14, 16 et au-dessous	"	4.65	5.50
21424	" " " 12	"	6.10	6.95

Bourres sèches avec encoches pour fusil à baguette (Remise)

			calibre 14 à 30	12
21425	2e qualité, feutre gris, en boite de 200 par paquet de 1000	le mille	3.20	3.90
21426	1e qualité " " "	"	4. "	4.70

Bourres grasses sans encoche pour douille de chasse, (Remise)

	poids en grammes	en sac 500	en sac 250	en boite 250
21427	plates, épaisses, feutre gris, recouvertes papier ciré, tous calibres le kilog.	6.10	6.50	6.80
21428	" " blanches feutrées, tous calibres	"	10.40	10.40
21429	concaves, épaisses, blanches feutrées,	"	10.40	10.40
21430	plates, minces, blanches feutrées recouvertes papier blanc, tous calibres	"	10. "	10. "

21431 **Bourres** caoutchouc tous calibres (ne sont pas livrées par moins de 1 kilog. le kilog 13. "
Par 5 kilogs pris en une seule fois – Remise 20%

Cartons découpés

	en paquets, poids en grammes	250	500
21432	2e qualité, blancs d'un seul côté, minces, tous calibres le kilog	2.30	2.10
21433	1e qualité, blancs des deux côtés "	3. "	2.85
21434	1e qualité, gris fort "	"	2.60

21435 **Cartons** imperméables

calibre	14-16 et au-dessous	12
1e qualité goudronnés ou glacés en paquets par 500 . . le mille	2.15	2.45

21436 **Culots** en carton vert

calibre	14, 16 et au-dessous	12
en paquets de 500 . . le mille	3. "	3.70

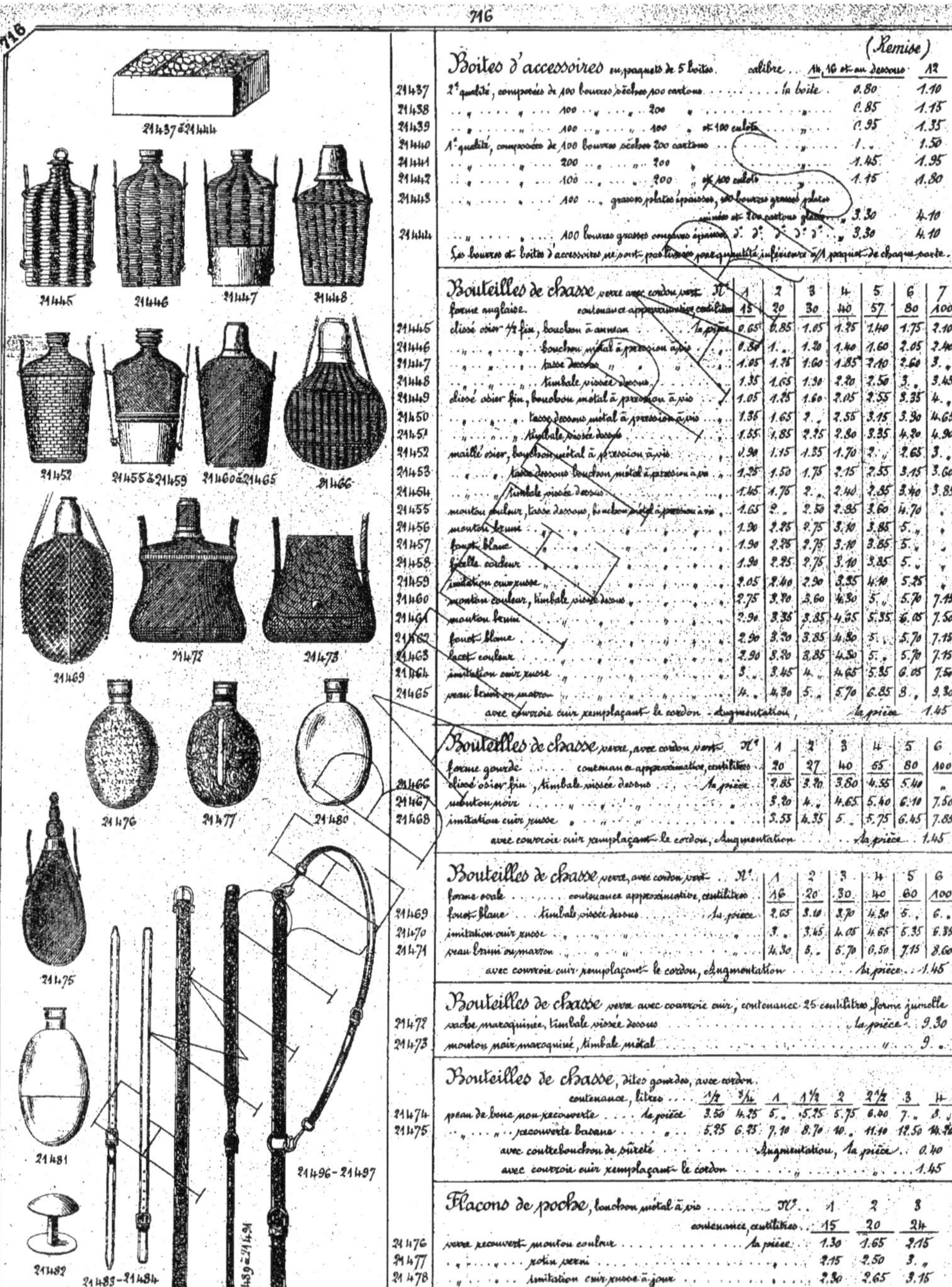

(Remise)

Boites d'accessoires en paquets de 5 boites.

N°	Désignation		calibre 14, 16 et au dessous	12
21437	2e qualité, composées de 100 bourres sèches 100 cartons	la boite	0.80	1.10
21438	„ „ 100 „ „ 200 „	„	0.85	1.15
21439	„ „ 100 „ „ 100 „ et 100 culots	„	0.95	1.35
21440	1e qualité, composées de 100 bourres sèches 200 cartons	„	1. „	1.50
21441	„ „ 200 „ „ 200 „	„	1.45	1.95
21442	„ „ 100 „ „ 200 „ et 100 culots	„	1.15	1.80
21443	„ „ 100 „ grasses plates épaisses, 100 bourres grasses plates minces et 200 cartons glacés	„	3.30	4.10
21444	„ „ 100 bourres grasses conçaves épaisses d° d° d° d° d°	„	3.30	4.10

Les bourres et boites d'accessoires ne sont pas livrées pour quantité inférieure à 1 paquet de chaque sorte.

Bouteilles de chasse verre avec cordon vert forme anglaise.

N°	Désignation	1	2	3	4	5	6	7
	contenance approximative, centilitres	15	20	30	40	57	80	100
21445	clissé osier ½ fin, bouchon à anneau . . . la pièce	0.65	0.85	1.05	1.25	1.40	1.75	2.10
21446	„ „ „ bouchon métal à pression à vis „	0.80	1. „	1.20	1.40	1.60	2.05	2.40
21447	„ „ „ tasse dessous „ „ „ „	1.05	1.25	1.60	1.85	2.10	2.60	3. „
21448	„ „ „ timbale vissée dessus „	1.35	1.65	1.90	2.20	2.50	3. „	3.45
21449	clissé osier fin, bouchon métal à pression à vis „	1.05	1.25	1.60	2.05	2.55	3.35	4. „
21450	„ „ „ tasse dessous métal à pression à vis „	1.36	1.65	2. „	2.55	3.15	3.90	4.65
21451	„ „ „ timbale vissée dessus „	1.55	1.85	2.25	2.80	3.35	4.20	4.90
21452	maillé osier, bouchon métal à pression à vis „	0.90	1.15	1.35	1.70	2. „	2.65	3. „
21453	„ „ tasse dessous bouchon métal à pression à vis „	1.25	1.50	1.75	2.15	2.55	3.15	3.60
21454	„ „ timbale vissée dessus „	1.45	1.75	2. „	2.40	2.85	3.40	3.85
21455	mouton couleur, tasse dessous, bouchon métal à pression à vis „	1.65	2. „	2.50	2.85	3.60	4.70	„
21456	mouton brun „ „ „ „ „	1.90	2.25	2.75	3.10	3.85	5. „	„
21457	fouet blanc „ „ „ „ „	1.90	2.25	2.75	3.10	3.85	5. „	„
21458	ficelle couleur „ „ „ „ „	1.90	2.25	2.75	3.10	3.85	5. „	„
21459	imitation cuir russe „ „ „ „ „	2.05	2.40	2.90	3.35	4.10	5.25	„
21460	mouton couleur, timbale vissée dessus „ „ „ „	2.75	3.20	3.60	4.30	5. „	5.70	7.15
21461	mouton brun „ „ „ „ „	2.90	3.35	3.85	4.35	5.35	6.05	7.50
21462	fouet blanc „ „ „ „ „	2.90	3.20	3.85	4.30	5. „	5.70	7.15
21463	lacet couleur „ „ „ „ „	2.90	3.20	3.85	4.30	5. „	5.70	7.15
21464	imitation cuir russe „ „ „ „ „	3. „	3.45	4. „	4.65	5.35	6.05	7.50
21465	peau brun ou marron „ „ „ „ „	4. „	4.30	5. „	5.70	6.85	8. „	9.30

avec courroie cuir remplaçant le cordon, Augmentation, la pièce 1.45

Bouteilles de chasse verre, avec cordon vert forme gourde

N°	Désignation	1	2	3	4	5	6
	contenance approximative, centilitres	20	27	40	55	80	100
21466	clissé osier fin, timbale vissée dessous . . . la pièce	2.85	3.20	3.80	4.55	5.40	„
21467	mouton noir „ „ „ „	3.20	4. „	4.65	5.40	6.10	7.50
21468	imitation cuir russe „ „ „ „	3.53	4.35	5. „	5.75	6.45	7.85

avec courroie cuir remplaçant le cordon, Augmentation . . . la pièce 1.45

Bouteilles de chasse verre, avec cordon vert forme ovale

N°	Désignation	1	2	3	4	5	6
	contenance approximative, centilitres	16	20	30	40	60	100
21469	fouet blanc . . timbale vissée dessous . . . la pièce	2.65	3.10	3.70	4.30	5. „	6. „
21470	imitation cuir russe „ „ „ „	3. „	3.45	4.05	4.65	5.35	6.35
21471	peau brun ou marron „ „ „ „	4.30	5. „	5.70	6.50	7.15	8.60

avec courroie cuir remplaçant le cordon, Augmentation . . . la pièce . . 1.45

Bouteilles de chasse verre avec courroie cuir, contenance 25 centilitres, forme jumelle

N°	Désignation		Prix
21472	vache maroquinée, timbale vissée dessous	la pièce	9.30
21473	mouton noir maroquiné, timbale métal	„	9. „

Bouteilles de chasse, dites gourdes, avec cordon.

N°	contenance, litres	½	¾	1	1½	2	2½	3	4
21474	peau de bouc non recouverte . . . la pièce	3.50	4.25	5. „	5.25	5.75	6.40	7. „	8. „
21475	„ „ recouverte basane . . . „	5.25	6.25	7.10	8.70	10. „	11.10	12.50	14.20

avec contrebouchon de sûreté . . . Augmentation, la pièce . . 0.40

avec courroie cuir remplaçant le cordon . . . „ . . . „ . . . 1.45

Flacons de poche, bouchon métal à vis

N°	Désignation	1	2	3
	contenance, centilitres	15	20	24
21476	verre recouvert mouton couleur . . . la pièce	1.30	1.65	2.15
21477	„ „ rotin verni „	2.15	2.50	3. „
21478	„ „ imitation cuir russe à jour „	2.30	2.65	3.15
21479	„ „ peau de porc „	2.85	3.20	3.60

717

21498-21500

21501

21499

21507

21503-21504

21508

21511

21512

21513

21515

21522

21524

21527-21528

Flacons de poche métal anglais

		N° ..	1	2	3	4
		contenance, centilitres ..	12	15	20	24
21480	sans tasse	la pièce ..	3.20	3.60	4. „	5. „
21481	avec tasse	„ ..	4.30	4.70	5.40	6.50

21482 **Boutons** cuivre décolleté fort bruni pour bretelle de fusil ... le cent 4. „ le mille 35. „

Bretelle de fusil

21483	étroite, cuir bruni ordinaire boucle vernie	la pièce	0.45
21484	„ „ large partout „ „ „ „	„	0.60

Bretelles de fusil

		largeur m/m	22	25	27
21485	mouton naturel, droite une pièce boucle étamée	la pièce	„	0.35	0.40
21486	cuir bruni „ „ „ boucle vernie	„	0.65	0.70	0.75
21487	„ „ „ „ „ boucle recouverte	„	0.70	0.75	0.80
21488	cuir anglais „ „ „ boucle à rouleau	„	0.85	0.90	1. „
21489	cuir bruni, large à l'épaule, deux pièces boucle vernie	„	0.75	0.80	0.85
21490	„ „ „ „ „ boucle recouverte	„	0.80	0.85	0.90
21491	cuir anglais „ „ „ „ boucle à rouleau	„	1.10	1.15	1.20

Bretelles de fusil, 1er ouvrier

21492	cuir fin, large à l'épaule, boucle enveloppée cuir — la pièce	1.15
21493	cuir extra-fin, large à l'épaule, 2 passants boucle nickelée — „	1.40
21494	„ „ „ „ 2 passants porte mousqueton plat nickelé — „	1.90
21495	„ „ „ „ doublée, piquée soie, 2 passants — „	2.30
21496	cuir bruni, articulée double pour fourreau de fusil à porte-mousqueton — „	1.85
21497	cuir fin „ „ „ „ „ „	2.80

Cannes-fusils percussion centrale

		calibre m/m	7	9	12
21498	crochet corne de chamois, recouverte bambou, fermeture à vis, départ à poussoir.	la pièce	15.30	15.80	21.60
21499	crochet buffle, recouverte jonc, à bouton, canon acier	„	21.60	25.20	29. „
21500	crochet corne de chamois, recouverte jonc fin, virole tournante, canon acier	„	25.20	27. „	30.60
21501	crochet buffle ou cerf, recouverte jonc fin, virole tournante, détente dissimulée	„	32.50	36. „	40. „
21502	crochet chamois jaspé recouverte palissandre, poignée démontante, à baïonnette virole tournante et détente dissimulée	„	„	43.25	45. „

Carniers droits

			Cadet	Gd cadet	Homme
21503	simple rond toile tannée, banderolle cuir cousu ½ rabat toile	la pièce	2.70	3.15	3.60
21504	„ „ „ „ „ „ „ peau	„	4.05	4.50	5. „
21505	filet double à plat, toile tannée, banderolle cuir cousu, ½ rabat toile	„	3.60	4.05	4.50
21506	„ „ „ „ „ „ „ „ peau	„	4.50	5. „	5.45
21507	simple rond tout peau, mailles doubles, banderolle cuir à dés ½ rabat peau	„	„	6.40	7.15
21508	façon double tout peau à plat à séparation, banderolle cuir à anneaux ½ rabat peau	„	„	„	7.20
21509	filet double tout peau à plat, banderolle cuir à dés ½ rabat peau	„	„	9. „	9.75
21510	„ „ „ „ „ sac toile banderolle cuir à dés grand rabat peau	„	„	10.50	11.25
21511	„ „ „ „ à soufflet sac toile „ „ „ „ „ „	„	„	12. „	12.75
21512	filet double ½ fin, tout peau „ „ „ „ „ grand rabat, vache brunie	„	„	14.25	15.75

Carniers échancrés

			Gd cadet	Homme
21513	filet double, tout peau, à plat, ½ rabat peau	la pièce	11.65	12.40
21514	„ „ „ „ à soufflet, sac toile, grand rabat peau	„	13.50	14.25
21515	filet double, 3 fils, tout peau à soufflet, sac toile, grand rabat, façon vache, banderole fine porte mousqueton nickelé	„	16.50	17.25
21516	filet double, mailles triples, tout façon vache, sac toile d° d° d° d° d° d°	„	19.50	22.50

Carniers de garde

21517	droit tout peau, filet à franges, sac toile, 2 poches, grand rabat peau retournant. la pièce	14.50
21518	droit tout peau forte 3 fils „ „ „ „ „ „ „ „	16.25
21519	monture déposée tout peau forte filet 3 fils sans franges, sac toile, grand rabat vache „	20. „
21520	monture déposée tout vache, soufflet américain, filet 3 fils, à franges, sac toile, 3 poches, grand rabat, banderole large à porte mousquetons „	32.50

Carniers fantaisie

			Pt cadet	cadet	Gd cadet
21521	droit, toile marron à soufflet, filet Abbeville, sans frange ½ rabat toile	la pièce	6. „	6.75	8.25
21522	„ „ „ „ „ „ avec franges, grand rabat toile	„	7.15	7.90	8.65
21523	droit, toile tannée, soufflet américain, filet losange, cartouchière, grand rabat toile	„	„	9.75	10.50
21524	droit, toile marron extra, soufflet anglais, filet quadruple, grand rabat façon vache marron	„	15.75	17.25	18.75
21525	droit, tout peau façon vache marron, filet Abbeville, cartouchière, grand rabat	„	10.50	12. „	13.50
21526	„ „ „ „ „ brunie, filet losange, cartouchière et sac grand rabat	„	„	„	16.50
21527	droit, vache havane, soufflet américain, 2 filets, poche à permis, grand rabat	„	„	„	25. „
21528	droit, vrai porc, soufflet américain 1 filet, 1 sac, poche à permis gd rabat	„	„	„	27.75

718

21530 — 21531-21532 — 21533-21534 — 21535 — 21538 — 21549 et 21550 — 21543 — 21547-21548 — 21551 — 21553 — 21558-21559 — 21560 à 21562 — 21563 à 21565 — 21566 — 21570 — 21573 — 21574-21576 — 21576 — 21577-21578 — 21579 — 21580-21581 — 21582

Sac phormium

21529 Sac phormium havane, dit réserviste, 3 poches, grand rabat bordé galon. la pièce 3. „
21530 . . „ . . . . . . „ . . toile tannée forte, dit officier, 3 poches grand rabat bordé peau . . „ . . 4.50

Sacs à gibier

pour rabatteur avec fortes bretelles doubles

21531 phormium havane bordé cuir, dimensions $^m/_m$ 48×55 . . . . la pièce . . 6. „
21532 toile brune extra forte . „ „ „ „ „ . . . . „ 5.65

Cartons de cible (en paquet par 1000) dimensions $^m/_m$

N°			10	12	15	16	20	21	25	30	50
21533	carrés, filets noirs, 2e qualité	le mille	8.90	6.	9.	10.20	17.	18.70	25.50	37.50	102.
21534	„ „ „ 1re qualité	„	5.10	„	11.	15.60	20.50	32.10	„	51. „	„

Cartons de cibles carrés (en paquet par 100) dimensions $^m/_m$

N°			15	30	50	80
21535	(Modèle de l'Union des Sociétés de Tir de France.)	le cent	1.90	7.60	28.50	38.
		le mille	12. „	41. „	145. „	255.

Cibles carrées en tôle avec porte carton. dimensions $^m/_m$

N°		épaisseur	13x15	17x20	22x25	26x30	32x35	34x35
21536	sans mécanisme, épaisseur de la tôle 3 $^m/_m$ la pièce	3	2. „	2.50	2.95	3.20	3.60	4. „
21537	„ „ „	5	2.70	3.60	4.30	4.75	5.40	6.15
21538	mécanisme à sujet „ „	3	4. „	4.80	5.65	6.30	7.20	7.95
21539	„ „ „	5	4.90	6	7. „	7.75	9. „	10.15
21540	mécanisme à timbre „ „	3	7.60	8.35	9. „	10.45	12.50	13.75
21541	„ „ „	5	8.35	9.40	10.35	11.95	14.35	15.85
21542	mécanisme à 1 palette „	5	„	„	6.40	7.95	10.35	11.95

Cibles rondes en fonte avec porte carton . . . diamètre $^m/_m$

N°		25	30	35	40
21543	mécanisme à sujet . . . . la pièce	8.95	10.35	12. „	14.35
21544	„ à timbre . . . . . „	12.70	15. „	17.50	19.80
21545	„ à 1 palette . . . . . „	10.35	11. „	12.70	15.15
21546	„ à 5 palettes . . . . . „	„	21.50	23. „	„

Ball-Trapp

21547 Ball-Trapp pour l'exercice du tir au vol, pour ballon caoutchouc . la pièce 70.
21548 „ . . . . „ . . . . „ . . . . „ . . „ pour boule en verre . . . „ . . 70.
21549 Ballons caoutchouc pour d° . . . . le mille 110.
21550 Boules verre p.r d° . . . . „ . . 124.

Ceintures cartouchières

21551 toile tannée ordinaire bordée galon . . . . la pièce . . 0.85
21552 large toile marron bordée galon . . . . „ 0.90
21553 „ „ „ bordée peau . . . . „ 1.20
21554 large toile tannée 1/2 fine, bordée peau, sanglon cuir . . . . . „ 1.90
21555 „ „ „ ordinaire, tubes toile, fermés, bordée galon . . . . „ 1.50
21556 „ „ „ 1/2 fine „ „ „ bordée peau . . . . „ 1.95
21557 „ „ „ tubes peau naturelle, fermés . . . . „ 2.70
21558 tout cuir non doublé, tubes façon vache, fermés . . . . . . „ 4.75
21559 tout cuir fin doublé peau, tubes vache fermés . . . . „ 7.20

Ceintures cartouchières petit sac au milieu

21560 toile tannée bordée galon . . . . la pièce . . . 1.95
21561 toile marron bordée peau . . . . „ 2.85
21562 toile marron fine, tubes fermés . . . . „ 3.90

Ceinture cartouchière

21563 Ceinture cartouchière 2 rabats toile marron bordée galon . . . la pièce 1.60
21564 . . . „ . . . . . „ . . . . . „ . . toile tannée, bordée peau . . . . . . „ 1.35
21565 . . . „ . . . . . „ . . . . „ . . „ . . „ tubes peau naturelle fermés, bordée peau „ 3.60
21566 . . . „ . . . . . „ . . . . . „ . . tout façon vache marron, tubes fermés „ 4.50

Cartouchières sacs

N°	Cartouchières sacs . . . . Nombre de tubes	14	16	18	20
21567	rondes, toile tannée ordinaire bordées galon, vache dessus . la pièce	2.40	2.65	2.85	3.15
21568	„ „ „ „ bordées peau . . „ . . „ . . . „ . .	2.55	2.80	3. „	3.30
21569	„ „ „ 1/2 fine, bordées peau . . „ . . „ . . . „ . .	3.25	3.50	3.75	4.20
21570	carrées, toile tannée fine, bordées chèvre . . „ . . „ . . . „ . .	„	„	4.50	5.40
21571	„ tout façon vache marron . . . . „ . . „ . . . „ . .	„	„	„	5.85
21572	„ tout vachette sans tube, séparation intérieure . . . . „ . .	„	„	„	7.65
21573	rondes, cuir bruni, blanc ou marron, article riche . . . . „ . .	„	„	„	10. „

Chargettes

21574 Chargettes à poudre ou à plombs, graduées ordinaires . . . . . le cent . . 35. „
21575 . . . . „ . . . . . „ . . . . „ . . . . „ . . 1/2 fines . . . . „ . . 50. „
21576 . . . . „ . . . . . „ . . . . „ . . . . „ . . fines . . . . „ . . 75. „
21577 . . . . „ . . . . . „ . . . . „ . . . . „ . . à douille fine à bec la pièce 1.45
21578 . . . . „ . . . . . „ . . . . „ . . . . „ . . „ . . „ . . „ nickelée . . „ . . 1.80
21579 . . . . „ . . . . . „ . . . . „ . . . . „ . . à tirage et à vis . . . . . „ . . 1.50
21580 . . . . „ . . . . . „ . . et à plombs doubles graduées cuivre poli . . . . „ . . 1.20
21581 . . . . „ . . . . . „ . . . . „ . . . . „ . . . . „ . . cuivre nickelé . . . „ . . 1.50
21582 . . . . „ . . . pour poudre pyroxilée, 2 usages . . . . „ . . 2.80
21582bis . . . . „ . . . . . „ . . . . „ . . . . „ manche bois . . . . „ . . 1.60

Pour ces deux derniers modèles indiquer à quelle lettre de poudre elles sont destinées.

719

21583-21584 · 21587 · 21588 · 21589 · 21590 · 21593 · 21594 · 21595 · 21596-21597 · 21598 · 21605 · 21606 · 21607 à 21613 · 21614-21615 · 21616-21617 · 21618-21619 · 21620-21621 · 21622-21623 · 21624 · 21626 · 21627-21628 · 21631-21632 · 21629-21630 · 21633-21634

Cheminées de fusils

N°	Désignation	le cent	le mille
21583	façon St Étienne fer trempé bleui	5.	45.
21584	" " " " acier fin bleui	7.15	65.
21585	" " " " acier fin virole cuivre	8.60	80.
21586	" " " " qté supre carré bord creux à virole	17. "	157.

Ciseau

21587 Ciseau coupe cartouche acier poli, tous calibres . . . . la pièce 2.40

Corbins à ressort pour la poudre

N°	Désignation	contenance	2 à 3	4 à 5	6 à 7	8 à 9
21588	corne blonde avec anneaux	la pièce	1.35	1.45	1.65	1.90
21589	imitation écaille " "	"	2. "	"	"	"

Corbins corne blonde, contenance 5 à 8 °

N°	Désignation		la pièce
21590	à ressort se dévissant	la pièce	2.40
21591	" " " " à ressort caché	"	3.35
21592	" " " " à ressort anglais	"	3.75
21593	" " " " à lunette	"	6.40
21594	" " " " à bascule	"	7.60
21595	" " " " à genouillère	"	8. "

Poires à poudre bronzées

N°	Désignation	contenance en °	3	4 à 5	6 à 7	8 à 9
21596	zinc estampé, bouchon cuivre ordinaire	la pièce	0.65	0.70	0.95	1.10
21597	" " " à ressort	"	0.85	0.95	1.10	1.35
21598	cuivre estampé, bouchon cuivre à ressort	"	1.60	2. "	2.40	2.80

Poires à poudre recouvertes peau de porc

N°	Désignation	contenance, grammes	125	185	250
21599	ressort à biseau	la pièce	3.60	4. "	4.40
21600	" dévissant	"	4.15	4.65	5.20
21601	" caché	"	4.40	4.90	5.45
21602	" anglais	"	5.20	5.85	6.25
21603	" lunette	"	7.20	7.60	8. "
21604	" bascule	"	7.60	8. "	8.40
21605	" genouillère	"	8.40	8.80	9.20

Cornes d'appel en corne

N°	Désignation	longueur c/m	90	95	105
21606	rondes droites à anneau	la pièce	0.70	0.75	0.80

Cornes d'appel en corne, cintrées

N°	Désignation	longueur c/m	16	18	20	22	24	26	28	30
21607	corne blonde, bout corne	la pièce	0.75	0.80	0.95	1.15	1.25	1.40	1.65	1.85
21608	" " bout nickelé	"	0.95	1. "	1.15	1.35	1.45	1.60	1.85	2.05
21609	" " bout corne, pavillon cuivre	"	1.20	"	"	3.75	"	"	"	"
21610	" " monture russe	"	2.40	"	2.65	2.90	"	"	"	"
21611	" " embouchure vrai russe	"	2.90	"	3.20	3.60	"	"	"	"
21612	façon buffle, bout corne à bague	"	"	"	"	"	2.30	2.65	"	"
21613	" " monture russe	"	"	"	"	"	"	3.20	"	3.60

Cornes d'appel droites

N°	Désignation	longueur c/m	9	10	12	14
21614	rondes, cuivre poli, bout métal	la pièce	1.05	1.10	1.25	1.55
21615	" cuivre nickelé " "	"	1.45	1.50	1.65	1.95
21616	plates, cuivre poli " "	"	1.05	1.10	1.25	1.55
21617	" cuivre nickelé " "	"	1.45	1.50	1.65	1.95

Cornes d'appel rondes

N°	Désignation	longueur c/m	21	24	26	30	33	36	39	45	51
21618	droites, cuivre poli, bout nickelé	la pièce	2.75	3. "	3.30	3.70	4.40	5.35	6.45	8.50	12.15
21619	" cuivre nickelé " "	"	3.15	3.40	4. "	4.50	5.35	6.75	8.10	10.30	14.90
21620	cintrées, cuivre poli " "	"	2.75	3. "	3.30	3.85	4.55	5.50	6.60	8.65	12.30
21621	" cuivre nickelé " "	"	3.30	3.55	4.15	4.65	5.50	6.90	8.25	10.45	15. "

avec bout corne au lieu de bout nickelé (ne se font que jusqu'à 30 c/m) Mêmes prix.

Cornes d'appel plates

N°	Désignation	longueur c/m	22	23	25	28	31	35	39
21622	cintrées, cuivre poli, bout nickelé	la pièce	2.35	2.60	2.90	3.70	4.15	4.95	6.35
21623	" cuivre nickelé " "	"	3.05	3.30	3.60	4.40	4.85	5.80	7.45

avec bout corne au lieu de bout nickelé (ne se font que jusqu'à 31 c/m) Mêmes prix.

Trompe de chasse

N°	Désignation		
21624	Trompe de chasse 3 tours 1/2	la pièce	20. "
21625	" " " " à guirlande	"	21.60

Crochets

N°	Désignation		
21626	Crochets tire-cartouches, polis, modèle ordinaire à 2 boules	le cent	16. "
21627	" " " col de cygne, 1 boule et 2 trous	"	27. "
21628	" " nickelés " " " "	"	34. "
21629	" " polis, col de cygne, 1 boule et 2 trous pour broche et percussion	"	60. "
21630	" " nickelés " " " "	"	80. "
21631	" extracteurs, fer poli pour douille à broche	"	40. "
21632	" " fer nickelé " "	"	48. "
21633	" " fer poli pour douille à percussion	"	48. "
21634	" " fer nickelé " " "	"	56. "

21635-21636 | 21637 | 21638-21639

21640 · 21642 · 21644 · 21646 · 21656 · 21662 · 21664 · 21666 · 21668 · 21670 · 21672 · 21674 · 21680

N°			
21635	**Bagues** tire-cartouches fer poli pour douille percussion centrale	le cent	20. »
21636	» » » fer nickelé »	»	28. »
21637	**Pince** tire-cartouche universelle pour douille à broche tous calibres	la pièce	1.30
	Couvre-crosses fond garni caoutchouc spongieux		
21638	feuille anglaise naturelle pour amortir le recul des fusils	la pièce	4.50
21639	» » poreuse	»	5.25

Douilles

(Remise)

N°	Fabrication RBT — calibre	14-12 %	16-20-24-28	12-14	10	8
21640	à broche ... vertes, losange, (calibre 16 seulement) le mille	»	29. »	»	»	»
21641	à percussion centrale » » (calibre 16 et 24 »)	»	33.60	»	»	»
21642	à broche ... rosées, BA	31.05	32.50	36.80	»	»
21643	à percussion centrale » »	39.80	38.25	42.50	»	»
21644	à broche ... bleues (R.B.T.)	33.60	37.85	43.60		»
21645	à percussion centrale »	40. »	43.60	49.50	»	»
	Fabrication Marcel Gaupillat					
21646	à broche ... vertes, hexagones, calibre 16 seulement le mille	»	30.70	»	»	»
21647	à percussion centrale » calibre 16 et 24 bourrelet N° 2	»	35.40	»	»	»
21648	à broche ... rosées MG, calibre 12, 16, 20, 24 seulement	»	34.30	39.50	»	»
21649	à percussion centrale » » » bourrelet N° 2	»	40.40	44.65	»	»
21650	à broche ... jaunes MG	34. »	35.40	39.65	»	»
21651	à percussion centrale »	39.65	41.80	46. »	»	»
21652	à broche ... rouges, alouette, calibre 12, 16 seulement	»	38.50	43. »	»	»
21653	à percussion centrale » »	»	45. »	49.30	»	»
21654	à broche ... bleues, culot jaune, calibre 12, 16 seulement	»	40. »	46. »	»	»
21655	à percussion centrale » »	»	46.50	52. »	»	»
21656	à broche ... damier culot molleté	35.70	40. »	46. »	71.50	»
21657	à percussion centrale »	41.50	46.50	52. »	79.30	»
21658	à broche ... kaki, renfort intérieur carton	»	46.50	52. »	»	»
21659	à percussion centrale »	»	58. »	63.60	»	»
21660	à broche ... } lilas renfort intérieur acier pour	»	60. »	67. »	»	»
21661	à percussion centrale } poudre spéciale, calibre 12, 16, 20	»	66. »	68.50	»	»
	Fabrication de la Société Française					
21662	à broche vertes triangle, calibre 16 seulement le mille	»	31.50	»	»	»
21663	à percussion centrale » » 16 et 24	»	36.80	»	»	»
21664	à broche grises comète	34. »	35.40	39.65	»	»
21665	à percussion centrale »	40.40	41.80	46.	»	»
21666	à broche ... brunes étoile, calibre 12, 14, 16, 20	»	36.80	41.	»	»
21667	à percussion centrale » »	»	46.65	49.	»	»
21668	à broche ... bleues SF	38. »	42. »	48.	72.	»
21669	à percussion centrale »	43.60	49.30	53.60	82.	»
21670	à broche ... étrusques, enclume cuivre	»	49.30	55. »	»	»
21671	à percussion centrale » » »	»	60.70	66.50	»	»
21672	à broche ... vertes G* calibre 12, 16, 20	»	57. »	64.30	»	»
21673	à percussion centrale »	»	63.60	69.30	»	»
21674	à broche ... } violettes, enclume cuivre et renfort	»	63.60	71.50	»	»
21675	à percussion centrale } métallique calibre 12, 16, 20	»	68.50	74.50	»	»
21676	à percussion centrale, saumon, culot haut, renfort métallique, calibre 12, 16, 20	»	83. »	88.50	»	»
21677	à broche ... vertes, Gévelot, culot haut, renfort métallique	71.50	78.50	93. »	128.50	143.
21678	à percussion centrale » » »	68.50	83. »	88.50	128.50	148.
21679	à broche, rouges, fond cuivre, renfort métallique, calibre 12, 16, 20	»	97. »	107. »	»	»

Les douilles bleues SF calibre 12 à 28, longueur 75 m/m - Augmentation ... le mille ... 8.60

» vertes Gévelot et Saumon, calibre 12 à 28, longueur 70 ou 75 m/m, Augmentation ... » ... 8.60

Les douilles de chasse vides amorcées sont considérées comme marchandise ordinaire et admises dans tous les trains. Pour l'Exportation, elles sont assimilées aux amorces ; voir observation page N° 713.

Filets bourses à lapin

N°		longueur m/m	100	120	140
21680	à une coulisse ou un bois	le cent	38. »	44. »	47. »
21681	à deux coulisses ou deux bois	»	44. »	47. »	53. »

Ne se livrent pas par quantité inférieure à 12 pièces d'une même sorte.

21682 à 21687

21688 à 21695

21696 à 21699

21700 à 21704
21708 à 21712

21716 à 21721

21705 à 21707
21713 à 21715

21722

21724

21727

21734

21728

21735 à 21740

21741-21742

21743-21744
21749 à 21751

Filets porte-gibier.

N°	Désignation	Longueur		Prix
21682	un fil écru, cordon vert, porte mousqueton à pince	longueur 60 ‰	la pièce	0.85
21683	un fil tanné, cordon tanné, porte mousqueton paillette	75 "	"	1.20
21684	un fil tanné " " " " "	82 "	"	1.55
21685	deux fil tannés " " " " "	86 "	"	1.70
21686	un fil écru " " " " "	76 "	"	1.75
21687	un fil tanné, cordon tanné natté, porte mousqueton paillette	76 "	"	2.45
21688	un fil tanné, courroie cuir, porte mousqueton paillette	75 "	"	2.05
21689	deux fils tannés " " " " "	75 "	"	2.50
21690	un fil tanné, cordon et courroie cuir, porte mousqueton paillette	75 "	"	2.80
21691	deux fils tannés " " " " "	75 "	"	3.55
21692	deux fils fins " " " " "	75 "	"	4.15
21693	trois fils fins " " " " "	80 "	"	5.10
21694	trois fils fins, cordon et large courroie cuir, porte mousqueton paillette	90 "	"	6.15
21695	trois fils fins, gros cordon et large courroie cuir, porte mousqueton paillette	100 "	"	8.30

Filet

N°	Désignation		Prix
21696	Filet à papillon, gaze verte coton, manche roseau	la pièce	0.85
21697	" " " soie " " "	"	0.90
21698	" " " soie, manche bambou	"	1.10
21699	" " " soie, bordé, cercle 24 ‰, manche bambou	"	1.80

Fontes pour révolver à broche

	calibre ‰		5	7	9	12
21700	façon maroquin plat, non doublé	la pièce	0.45	0.50	0.75	0.95
21701	" " plat, doublé feutre	"	0.60	0.70	1. "	1.25
21702	" " ½ moulé, doublé feutre rouge, fermeture à clapet	"	0.95	1.20	1.50	1.65
21703	mouton lavallière, doublé peau rouge, fermeture à ressort	"	1.50	1.80	2.30	2.80
21704	cuir bruni à plat, fermeture à touret		"	2.50	2.90	3.40
21705	" " " " avec pochette et ceinture		"	4.15	4.65	5.10
21706	cuir bruni moulé, fermeture à touret	"	"	3.40	4.35	5.10
21707	" " " " avec pochette et ceinture	"	"	5.25	6.20	6.65

Fontes pour révolver bull-dog

N°	Désignation		5	7	9	12
	calibre français ‰		5	7	9	12
	calibre anglais			320	380	442
21708	façon maroquin plat non doublé	la pièce	0.45	0.45	0.60	0.65
21709	" " " doublé feutre	"	0.60	0.70	0.75	0.85
21710	" " ½ moulé, doublé feutre rouge, fermeture à clapet	"	0.85	0.95	1.20	1.35
21711	mouton lavallière doublé peau rouge, fermeture à ressort		1.40	1.50	1.85	2. "
21712	cuir bruni à plat, fermeture à touret	"	"	2.30	2.80	2.95
21713	" " " " " avec pochette et ceinture		"	4. "	4.30	4.60
21714	cuir bruni moulé, fermeture à touret	"	"	2.80	3.40	3.70
21715	" " " " " avec pochette et ceinture		"	4.60	5.25	5.55

Etuis souples pour révolver, fermoir porte monnaie 2 boules

	calibre ‰		5	7	9	12
21716	à broche, feutre noir doublé	la pièce	1.15	1.50	1.60	1.65
21717	bull dog " " "	"	1.15	1.50	1.60	1.65
21718	à broche, chamois gris, non doublé	"	1.50	2. "	2.15	2.50
21719	bull dog " " " "	"	1.50	2. "	2.15	2.50
21720	à broche, castor gris ou chevreau noir, doublé peau	"	2.35	3. "	3.50	4. "
21721	bull dog " " " " "	"	2.35	3. "	3.50	4. "

Pour commande de 12 pièces d'une même sorte ou une seule fois — Bonification 10 %.

Fouet

N°	Désignation		Prix
21722	Fouet de chasse, cuir ordinaire, un nœud à sifflet	la pièce	0.70
21723	" " manche bois, sifflet à virole	"	0.85
21724	" " cuir torsade à sifflet	"	1.15
21725	" " " " à porte mousqueton	"	1.30
21726	" " pied de biche, monture blanche	"	1.45
21727	" " manche jonc, monture 3 nœuds à virole	"	1.70
21728	" " tout cuir tressé fin à porte mousqueton	"	1.70
21729	" " " " fort à 3 nœuds à porte mousqueton	"	2.60
21730	" " " " à poignée cuir rond et carré	"	2.15
21731	" " " " fort à 4 nœuds à porte mousqueton	"	3. "
21732	" " " " fort tout uni à porte mousqueton	"	3.50
21733	" " " " " " 4 nœuds extra forts	"	3.85
21734	" " manche corne pied de biche	"	4.30

722

STILBEINE
21752
21753-21754
21755
21757
21758 à 21765 — 4 boucles
21758 à 21765 — 5 boucles
21760 à 21769 — Ecuyère
21758 à 21769 à ressort
21760 à 21769 — Souvarof
21770 à 21781 à ressort
21770 à 21781, à crochets
21782
21784 à 21786
21787 à 21789
21783
21792
21793
21794
21790 - 21791
21796
21798 - 21799
21797

Fourreaux de fusil non démonté.

21735 toile tannée bordée galon, renfort mouton au bout ... la pièce .. 2.10
21736 " " " peau ... " ... 2.50
21737 mouton naturel fort à pattelette, non bordé ... " ... 4.50
21738 " " " " bordé peau ... " ... 4:90
21739 " maroquiné noir doublé feutre ... " ... 8.30
21740 vache naturelle ... " ... 13. "

Fourreaux de fusil démonté.

21741 toile tannée souple à plat, bordée peau ... la pièce 4.50
21742 " " " " renfort cuir ... " 6.75
21743 toile marron cartonnée moulée dur à sabot à poignée ... " 7.25
21744 " " " " " renfort façon vache au chiffre et au canon ... " 8. "
21745 peau havane, façon vache à sabot doublé toile ... " 11.10
21746 " " " " à sabot cuir doublé toile, poignée mobile ... " 12.50
21747 " " " " à sabot à nécessaire, brides tournantes poignée mobile ... " 14.50
21748 cuir bruni non doublé moulé, sabot et poignée ... " 18.50
21749 " " cartonné doublé toile sabot et poignée ... " 21.25
21750 cuir fin, doublé, moulé, brides tournantes et préservateur ... " 27.75
21751 " " extra dur, sabot à nécessaire, conduit à baguette, brides tournantes à poignée " 34.25

Gomme

21752 Gomme stilbéine pour enlever la rouille sur les armes .. la pièce 0.15 le cent 13. "

Graisse

21753 Graisse anti-rouille Martin pour armes ..... la boîte 0.50 le cent 45.
21754 " " " Rocheroil " " ... " .. 0.50 " .. 45

Huile

21755 Huile fine pour armes 1re qualité, en flacons ... N°

	0	1	2	3
les cent flacons ...	35.	45	60.	90.

Huilier

21756 Huilier étain ordinaire ... la pièce .. 0.95
21757 " " fin anglais petit modèle ... " ... 1.45

Guêtres de chasse

N°		3 boucles	4 boucles	5 boucles	Souvarof	Ecuyère
21758	phormium gris bordé galon .. la paire ...	2.90	3.25	3.60	4. "	"
21759	" havane bordé peau " ...	3.25	3.60	4. "	4.35	"
21760	toile tannée forte bordée peau " ...	4. "	4.70	5.45	5.75	8. "
21761	toile imperméable bordée chèvre " ...	4.70	5.75	7.70	9.40	11.60
21762	mouton naturel ou noir " ...	5.80	6.50	7.25	8. "	9.40
21763	" maroquiné noir " ...	6.50	7.25	8. "	9.40	10.85
21764	veau quadrillé noir " ...	7.25	8. "	8.70	10.85	12.30
21765	veau ordinaire jaune ou noir gras .. " ...	8. "	9. "	10.15	11.60	13.80
21766	veau naturel 1/2 fin pur fleur .. " ...	8.70	10.15	11.60	13 "	16.65
21767	" " fin pur chair " ...	10.15	11.25	13. "	15.50	20.30
21768	vache grainée brunie marron ou noir . " ...	11.25	12.70	14.50	16.65	21.75
21769	" " vernie noir " ...	12. "	13. "	15.25	17.40	24. "

ces mêmes guêtres avec ressort acier ... Mêmes prix que les 5 boucles
" " " " baleine ... Prix du 5 boucles plus 1,45.

Molletières de chasse. forme droite

N°		à ressort	à bouton	à crochets	à baleine
21770	phormium gris, bordé galon ... la paire ..	2.90.	3.25	3.25	4.35
21771	" havane, bordé peau " ...	3.25	3.60	3.60	4.70
21772	toile tannée forte bordée peau " ...	4.70	5.05	5.05	6.15
21773	toile imperméable, bordée chèvre " ...	6.90	7.25	7.25	8.35
21774	mouton naturel ou noir " ...	6.50	6.85	6.85	7.95
21775	" maroquiné noir " ...	7.25	7.60	7.60	8.70
21776	veau quadrillé noir " ...	8. "	8.35	8.35	9.45
21777	veau ordinaire jaune ou noir gras " ...	8.70	9.05	9.05	10.15
21778	veau naturel 1/2 fin pur fleur " ...	10.15	10.50	10.50	11.60
21779	" " fin pur chair " ...	10.90	11.25	11.25	12.35
21780	vache grainée brunie marron ou noir .. " ...	13. "	13.35	13.35	14.45
21781	" " vernie noire " ...	14.75	15.10	15.10	16.20

ces mêmes molletières, forme Souvarof ..... Augmentation, la paire .. 0.75

Mandrins

21782 Mandrins à bourrer, buis ordinaire pour calibre 12 et plus petit ... le cent 12. "
21783 " " à ressort nickelés, 3 pièces, vrai palissandre pour poudre pyroxilée, la pièce 3.35

Matrice

21784 Matrice buis, seule, haute à entonnoir, non garnie ... la pièce 0.40
21785 " " " " " garnie cuivre ... " .. 0.55
21786 " " " " " pour percussion centrale ... " .. 0.95
21787 " " 4 pièces, non garnie, sertisseur buis ... " .. 0.70
21788 " " " garnie cuivre " ... " .. 0.85
21789 " " " " pour percussion centrale sertisseur buis ... " .. 1.35

21801 — 21800 — 21802

21804 — 21808-21809

21810 — 21811-21812

21813 — 21814 — 21816 — 21817 — 21819-21820

21823 — 21824-21825 — 21826-21827 — 21821-21822

Miroirs à alouettes

		Nombre de glaces	55	67	73	85	120
21790	pied hêtre, pivot buis, tête poirier	la pièce	2.80	3.20	3.60	"	"
21791	pied verni, pivot cuivre, tête poirier verni	"	"	4.80	5.20	5.60	6.40

21792 verni sans glace, pivot cuivre . . . . . la pièce 4.80

21793 glaces rondes, pied boule buis, pivot cuivre . . . . . 8. "

21794 glaces facettes simples " " " " . . . . . " 9.60

21795 " " doubles " " " " . . . . . " 11.20

21796 forme tombeau pied fourche fer . . . . . " 9.50

21797 tête cave, pied démontant et dévissant se renfermant dans la tête . . . . . " 11.40

Miroir à alouettes, mécanique à remontant, mouvement continu . . la pièce 12. "

21798 Miroir à alouettes, mécanique à remontant, mouvement continu . . la pièce 12. "

21799 " " " " va et vient . . . . " 21.60

21800 " " " " à deux têtes . . . . " 27.20

Moule à balles de fusil pour balles rondes . . . . . la pièce 1.40

21801 Moule à balles de fusil pour balles rondes . . . . . la pièce 1.40

Muselière pour furet se composant d'un cercle et d'une vis transversale cuivre nickelé

21802 Muselière pour furet se composant d'un cercle et d'une vis transversale cuivre nickelé diamètre du cercle 22, 24, 26 ou 28 m/m . . . . . la pièce 1. "

Nécessaires de chasse

21803 en boîte carton contenant un sertisseur Nº 21823 2 chargettes poudre et plomb et un mandrin buis . . . . . la boîte 2.15

21804 sur carton, comprenant: 1 baguette 3 pièces façon ébène ou corail avec ses 3 accessoires un extracteur à broche ou percussion centrale, un tournevis . . le carton 3.20

21805 sur carton, comprenant: un sertisseur Nº 21823, 2 chargettes poudre et plombs, 1 mandrin buis, 1 crochet double usage, 1 baguette 3 pièces façon ébène et ses 3 accessoires . . . . . le carton 4.85

21806 sur carton, même composition que Nº 21805 mais avec sertisseur Nº 21824 . " . 5.15

21807 " " " " 21805 " " " Nº 21829 . " . 6.15

Plomb de chasse, en sacs toile 5 Kos . . . . . (Cours variable) les cent Kilog. 80. "

21808 Plomb de chasse, en sacs toile 5 Kos . . . . . (Cours variable) les cent Kilog. 80. "

21809 " " durci, fabrication Paris, en sacs toile 5 Kilogs . . . . . " 110. "

Sac à furet toile tannée, fond & soufflet cuir bruni à œillets

21810 Sac à furet toile tannée, fond & soufflet cuir bruni à œillets . . . . . la pièce 3.65

21811 " " fermoir cuir, fond cuir large pour 1 furet . . . . . " 8.70

21812 " " " " " " " 2 compartiments pour 2 furets . . . . . " 10.15

Sacs à plomb chamois blanc, tête cuivre

	Sacs à plomb chamois blanc, tête cuivre		petit-petit	petit	moyen	grand
21813	et bouchon sans vis	la pièce	0.45	0.50	0.55	0.65
21814	" avec vis	"	0.50	0.55	0.65	0.70

Sac à plomb chamois blanc, bouchon gradin

21815 Sac à plomb chamois blanc, bouchon gradin . . . . . la pièce 1.05

21816 " " chamois gris, à soupape . . . . . " 1.60

21817 " " " " à pédale . . . . . " 1.90

Sac à plomb mouton dur à soupape

21818 Sac à plomb mouton dur à soupape . . . . . la pièce 2.80

21819 " " " " à pédale . . . . . " 2.80

21820 " " veau bruni à pédale . . . . . " 3.20

21821 " " " " à genouillère, contenance 1 Kilog . . . . . " 7.20

21822 " " " " " " " 2 Kilogs . . . . . " 9.60

Sertisseurs à ressort, tous calibres

			lissoir cuivre	lissoir gayac
21823	fonte bronzée vert, à spatule	la pièce	1.30	1.45
21824	" blanc, fort, 2 poignées bois	"	1.50	1.65
21825	" très fort " "	"	1.70	1.85
21826	" " pied large à spatule ou poignée bois	"	"	1.90
21827	" " " pour douille longue	"	1.90	2.05

Sertisseurs à plaque, tous calibres

			lissoir cuivre	lissoir gayac	lissoir acier
21828	fonte bronzée plaque bronzée	la pièce	1.40	1.55	1.90
21829	" "	"	1.95	2.10	2.25
21830	" plaque nickelée	"	2.35	2.50	2.65
21831	" "	"	2.80	"	"
21832	" " genre MD, ordinaire	"	"	2.60	2.75
21833	" " " " fort	"	"	3.25	3.40
21834	" " " " fort pr longues douilles	"	"	"	5.60
21835	" " véritable MD	"	"	3.75	"
21836	fonte vernie à crémaillère pour courtes & longues douilles	"	"	3.25	"
21837	fonte bronzée plaque nickelée "Le Jean Bart"	"	"	3.75	"

21829 21828

21830 21831

21832 à 21835 21836

21837 21838

21839 21840-21841

21842 21843

21844 21845

Sertisseurs, systèmes divers, tous calibres

N°	Désignation		lissoir cuivre	lissoir gayac	lissoir acier
21838	fonte bronzée à bague culot articulé	la pièce	2.15	"	"
21839	fonte vernie système américain Eureka	"	2.40	2.60	2.85
21840	fonte bronzée Le National léger	"	2. "	"	"
21841	" " " très fort	"	2.85	"	"
21842	" " genre anglais, sans poucette	"	4.30	"	"
21843	" " " " avec poucette	"	5. "	"	"
21844	" " modèle Godon, manivelle à coulisse	"	4.85	"	"
21845	fonte bronzée à chariot et bielle pour courtes et longues douilles "		la pièce	"	3.30
21846	" " " " " " "	"		4.75	"
21847	" " " " " " "	"		5.70	"
21848	fonte bronzée florentin, " " "	"		"	6.65
21849	fonte bronzée, genre Dabadie à main, manche bois verni	"		"	3.35

Sertisseurs à 2 usages à agrafe ou à main

N°	Désignation		nickelé mat	nickelé et verni	nickelé poli
21850	pour douilles courtes tous calibres	la pièce	3.60	4.80	5.20
21851	" " longueur 75 m/m tous calibres	"	4. "	5.20	5.60

Les mêmes sertisseurs à main seulement, sans vis pour agrafe En moins, la pièce 0.40

Sertisseur d'armurier, sans engrenage, lissoir acier extra

N°	Désignation		Prix
21852	Sertisseur d'armurier, sans engrenage, lissoir acier extra	la pièce	22.50
21853	" " avec engrenage " " "	"	47. "

Machine à charger et sertir fonte vernie, à tube mobile, cuivre verni

N°	Désignation		Prix
21854	fonte vernie, à tube mobile, cuivre verni	la pièce	15. "
21855	" " " " " rationnelle	"	18. "
21856	" " " " " à crémaillère plaque, nickelée	"	18. "

Sifflets de chasse métal nickelé, très ordinaires, Exportation

N°	Désignation	Longueur m/m	35	45	60
21857	en vrac	Le cent	6.50	8. "	14. "
21858	sur carte par 12 pièces	"	7.50	9. "	15. "

Sifflets de chasse avec anneau

N°	Désignation	N°	0	1	2	3
21859	métal poli uni	le cent	25	29	32	36
21860	" nickelé uni	"	"	36	43	50
21861	" " 2 tons	"	"	"	60	68
21862	" " tête de chien	"	"	54.	60	"
21863	" " à 2 voix, type canon	"	"	43.	50	"

Sifflets modèle américain, ouvert

N°	Désignation	Longueur m/m	32	38	50
21864	maillechort	la pièce	0.55	0.70	0.85

Sifflet à anneau cuivre nickelé ovale

N°	Désignation		Prix
21865	à anneau cuivre nickelé ovale 1 ton, longueur 42 m/m	la pièce	1.15
21866	" " " " " 2 tons " 54 "	"	1.40
21867	" Baduel, 1 ton, modèle réglementaire pour l'armée longueur 70 m/m	"	1.70
21868	" buffle plat " " pour pompier " 54 "	"	1. "
21869	" de marine cuivre nickelé à lame longueur 102 m/m	"	1.85
21870	" " maillechort, modèle réglementaire pour transatlantique longueur 57 m/m	"	2.55
21871	" avec corne d'appel en corne avec entredeux, nickelé	"	2.15

Tasses de chasse

N°	Désignation	N°	1	2	3
21872	mouton verni	le cent	43. "	55. "	65. "

Têtes

N°	Désignation		Prix
21873	cuivre tous calibres pour baguettes à bourrer	le cent	12. "

Tirebourres

N°	Désignation		Prix
21874	fil de fer ordinaire	le cent	11. "
21875	" renversés à vis, douille fer	"	25. "
21876	" " " douille cuivre	"	27.50

Tourne-percuteur droit ou coudé pour fusil à percussion centrale

N°	Désignation		Prix
21877	manche à 6 pans, façon ébène	la pièce	0.85
21878	" " ébène ou palissandre	"	1.45

Tournevis à 2 usages pour fusil à baguette

N°	Désignation		lame polie	poli fin
21879	manche buis rond	la pièce	0.55	0.65
21880	" " " à magasin	"	0.65	0.75
21881	manche buis à pans	"	0.60	0.70
21882	" " " à magasin	"	0.70	0.80
21883	" palissandre	"	"	1.20

Tube réducteur

N°	Désignation		Prix
21884	en cuivre à broche ou percussion centrale, tous calibres	la pièce	1.40

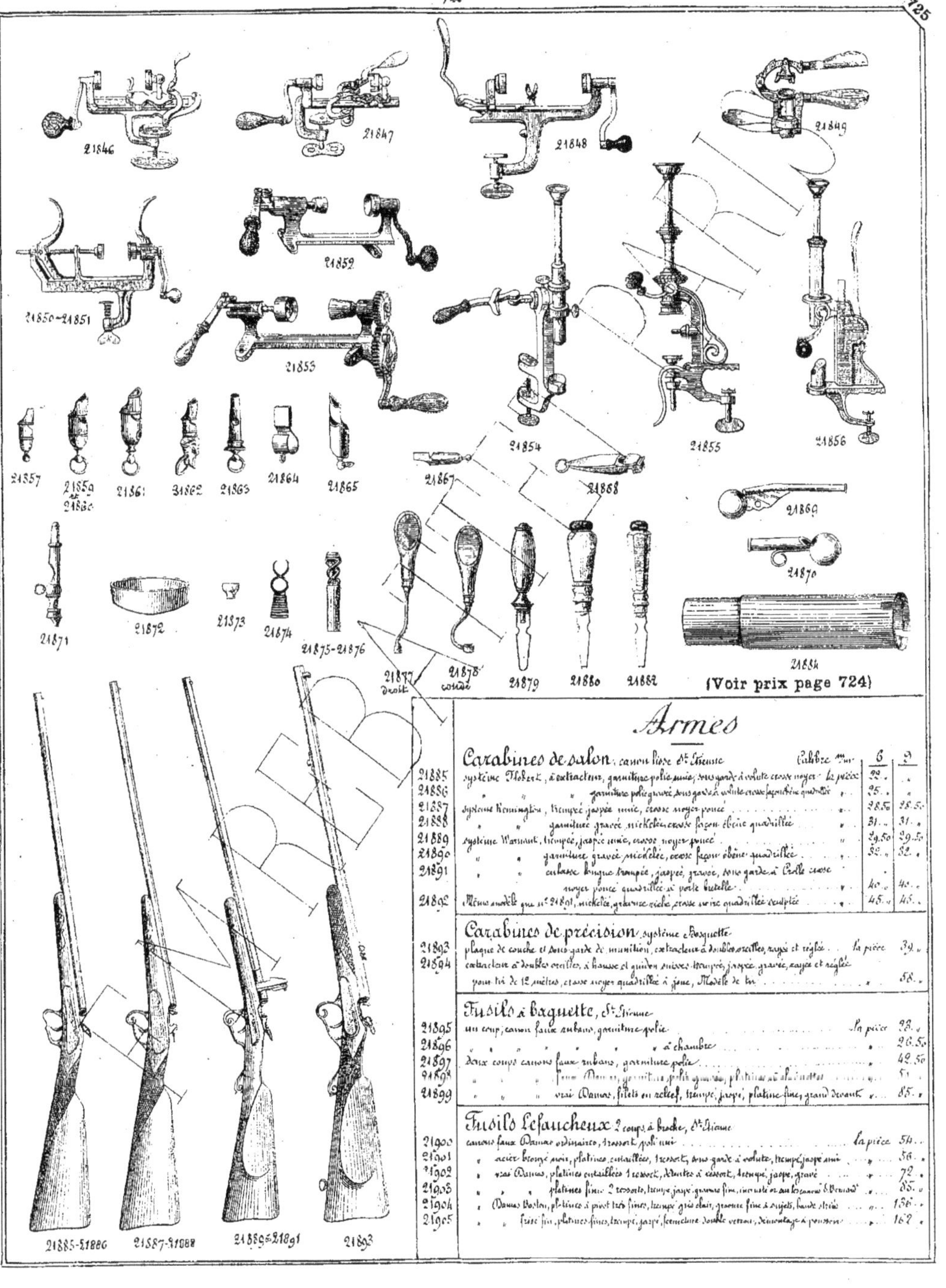

(Voir prix page 724)

Armes

Carabines de salon, canon lisse St-Étienne

N°		Calibre mm 6	9
21885	système Flobert, à extracteur, garniture polie unie, sous garde à volute crosse noyer . . . la pièce	22. »	»
21886	» » » garniture polie gravée sous garde à volute crosse façon ébène quadrillée . . . »	25. »	»
21887	système Remington, trempé, jaspé uni, crosse noyer poncé . . . »	28.50	28.50
21888	» » garniture gravée nickelée, crosse façon ébène quadrillée . . . »	31. »	31. »
21889	système Warnant, trempé, jaspé uni, crosse noyer poncé . . . »	29.50	29.50
21890	» » garniture gravée nickelée, crosse façon ébène quadrillée . . . »	32. »	32. »
21891	» » culasse longue trempée, jaspée, gravée, sous garde à Crosse noyer poncé quadrillée à porte bretelle . . . »	40. »	40. »
21892	Même modèle que n° 21891, nickelée, gravure riche, crosse noire quadrillée sculptée . . . »	45. »	45. »

Carabines de précision, système Flobert

N°		Prix
21893	plaque de couche et sous garde de munition, extracteur à doubles oreilles, rayé et réglé . . . la pièce	39. »
21894	extracteur à doubles oreilles, à hausse et guidon suisses, trempé, jaspé, gravé, rayé et réglé pour tir de 12 mètres, crosse noyer quadrillée à joue, Modèle de tir . . . »	58. »

Fusils à baguette, St-Étienne

N°		Prix
21895	un coup, canon faux rubans, garniture polie . . . la pièce	23. »
21896	» » » » » » » à chambre . . . »	26.50
21897	deux coups canons faux rubans, garniture polie . . . »	42.50
21898	» » » faux Damas, garniture polie [illegible], platines [illegible] . . . »	51. »
21899	» » » vrai Damas, filets en relief, trempé, jaspé, platine fine, grand devant . . . »	85. »

Fusils Lefaucheux 2 coups, à broche, St-Étienne

N°		Prix
21900	canons faux Damas ordinaires, 1 ressort, poli uni . . . la pièce	54. »
21901	» acier bronzé noir, platines entaillées, 1 ressort, sous garde à volute, trempé, jaspé uni . . . »	56. »
21902	» vrai Damas, platines entaillées 1 ressort, détentes à ressort, trempé, jaspé, gravé . . . »	72. »
21903	» » » platines fines 2 ressorts, trempé, jaspé, gravure fine, incrusté or sur les canons St-Bernard . . . »	85. »
21904	» Damas Boston, platines à pivot très fines, trempé gris clair, gravure fine à sujets, bande striée . . . »	136. »
21905	» » frisé fin, platines fines, trempé, jaspé, fermeture double verrou, démontage à poussoir . . . »	162. »

726

Fusils Lefaucheux 2 coups, à percussion centrale, St Etienne

21906 canons faux Damas ordinaires, garniture polie gravée ... la pièce 68. »
21907 » acier bronzé noir, platines rebondissantes, trempé, jaspé, gravé ... 82. »
21908 » Damas, platines rebondissantes à coquille, trempé, jaspé, gravure fine, incrustée sur les canons de Bernard ... 97. »
21909 » » » » » trempé, jaspé, clef sous la sous-garde devant, bois quadrillé, démontage à poussoir ... 120. »
21910 » Damas, clef entre les chiens, (top lever) à double verrou, platines rebondissantes à coquille, trempé, jaspé, gravé, démontage à poussoir ... 130. »
21911 » Damas fusé fin, platines rebondissantes à coquille, trempé, jaspé, monture gravée fine, clef sous la sous-garde, avec volute, démontage à poussoir, bande striée et prolongée ... 153. »

Fusils à percussion centrale éprouvés à la poudre pyroxylée

21912 canon acier Lebel bronzé noir, clef entre les chiens, double verrou et bande prolongée striée à coquille, toute la garniture bronzée noir uni ... la pièce 140. »
21913 canon Damas Boston, même modèle que N° 21912 mais plus fin, garniture trempée, jaspée, gravée ... 162. »
21914 canon acier Lebel bronzé noir, platines en avant encastrées dans la bascule, clef entre les chiens trempé, jaspé, gravé, à triple verrou Greener ... 180. »
21915 canon Damas Boston, même modèle que N° 21914, mais monture et gravure fine, plaque corne ... 225. »
21916 canon acier Lebel système Hammerless clef entre les chiens à double verrou et bande prolongée striée, trempé, jaspé, gravé ... 225. »
21917 canon Damas Boston système Hammerless clef entre les chiens à triple verrou Greener et bande prolongée striée, monture et gravure fine, bascule entaillée ... 240. »

Pistolet ordinaire un coup canon ondé

21918 Pistolet ordinaire un coup canon ondé ... la pièce 5.60
21919 » » deux coups » » ... 14. »

Pistolets Flobert pour cyclistes, calibre 6 m/m

		Longueur	11	14	18
21920	nickelés unis, crosse noyer	la pièce	4.40	5.80	6.75
21921	» gravés, crosse caoutchouc	»	6. »	7. »	8.10

Pistolets de salon et de tir

		Calibre m/m	6	9
21922	système Flobert grand modèle à tirette, poli gravé, crosse noire Renaissance	la pièce	25. »	»
21923	» Remington, garniture polie gravée, crosse noire Renaissance	»	28.50	28.50
21924	» Warnant » » » » »	»	30.50	30.50
21925	» Flobert Boquette à extracteur, doubles oreilles, rayé et réglé, hausse et guidon suisses, trempé, jaspé, crosse noyer quadrillée	»	38.50	»
21926	» Remington, rayé et réglé pour Boquette, hausse et guidon suisses, trempé, jaspé, crosse noyer quadrillée	»	44. »	»

Révolvers à broche

		Calibre m/m	5	7	9	12
21927	Lefaucheux, poli uni, crosse noyer	la pièce	»	8.10	12. »	14.50
21928	» nickelé uni, crosse façon ébène	»	9.50	8.75	12.75	15.50
21929	» Parisien, baguette à boule, pr. tiré américaine poli uni, crosse noyer	»	»	9.35	14. »	17.50
21930	» Anglais bijou petit modèle bronzé uni, crosse caoutchouc	»	»	12.35	16.25	»
21931	The Reserve, nickelé, gravure riche fond creux, crosse caoutchouc	»	»	14. »	19. »	»

Revolvers à percussion centrale

		Calibre m/m	5	7	9	12
		Calibre anglais		320	380	450
21932	Foudroyant grand modèle, nickelé uni, crosse caoutchouc	la pièce	»	14. »	18.50	21.25
21933	» » bronzé jaspé »	»	»	15.50	19.75	22.50
21934	Bull Dog, nickelé uni chien rebondissant, crosse façon ébène	»	»	10.20	11.90	13.6
21935	» » gravé fond creux, crosse os très blanc	»	»	13. »	15. »	16.50
21936	» 1/2 fin, bronzé, pièces jaunes repolies, crosse caoutchouc	»	»	12.25	14. »	16. »
21937	» extra fin, nickelé, gravure très fine, crosse ébène quadrillée	»	»	19.75	22.10	24. »
21938	Constabulary, nickelé uni, crosse vrai ébène	»	»	13.60	15.50	18.50
21939	The Baby, bronzé uni, crosse ébène quadrillée	»	20. »	21.25	23. »	25.50
21940	» » nickelé, gravure fine, crosse ivoire	»	26. »	27.50	30. »	34. »
21941	Smith & Wesson, à extracteur, genre américain nickelé crosse caoutchouc	»	»	21.75	24. »	31. »
21942	Puppy Hammerless, sans chien, nickelé uni, crosse ébène quadrillée	»	25. »	24.25	26. »	»
21943	» » à bouton de sûreté, bronzé, corps jaspé, crosse ébène quadrillée	»	29.50	28.50	30. »	»

21900 21903 21912

21919

21922

21927-21928

21930

21941 21932 21934 21938

21945-21946

21944

21947 21948-21949

21950 21951 21952 21953

21955 21962 21966 21968 21982 à 21983

21971-21972 21973 21974 21975 21968 21976

Ustensiles de Pêche.

Aiguilles à filet ou Navettes

21944	bois … le cent …			14.50
21945	fer … » …			9.50
21946	acier …	petites	moyennes	grandes
	le cent …	21.	27.	36.

Boites à vers fer blanc

	N°	0	1	2	3	4
21947	rondes, non vernies … le cent	14.50	12.	27.	36.	42.
21948	ovales, non vernies … »	42. »	54.	65.	78.	96.
21949	» vernies … »	57. »	69.	80.	92.	117.

Bouchons et plumes pour ligne N°

		1	2	3	4	5	6	7	8
21950	bouchons naturels choisis … le cent	4.75	7.15	9.50	12.	14.	22.	29.	43.
21951	» rougis aux 2 bouts à coulants … »	7.15	9.50	12. »	18.	24.	»	»	»
21952	» anglais peints à coulants … »	15. »	18. »	24. »	27	30.	»	»	»
21953	plumes à bouts rouges 2 coulants … »	1.75	2. »	2.40	2.75	3.60	4.80	»	»
21954	» ou flotte en porc épic …	petites			moyennes			grandes	
	le cent …	14.			15.50			18.	

Cannes roseau, en paquet … longueur de chaque brin $^m/_m$

		100	115	130	145	160
21955	3 brins, virole cuivre … la pièce …	0.42	0.71	0.95	1.20	1.45
21956	4 brins » » … » …	0.85	1.20	1.45	1.95	2.30
21957	5 brins » » … » …	1.70	2.15	2.65	2.90	»
21958	3 brins virole cuivre haut et bas … » …	1.10	1.45	1.95	2.55	2.90
21959	4 brins » » » … » …	2.15	2.65	2.90	3.25	4.30
21960	5 brins » » » … » …	3.25	3.85	4.55	5.75	»

Cannes bambou, en paquet … longueur de chaque brin $^m/_m$

		100	115	130	150
21961	bambou blanc, 3 brins virole cuivre … la pièce …	1.10	1.55	2.05	2.50
21962	» » 4 brins » » … » …	2.05	2.50	3.10	3.85
21963	bambou noirci, 3 brins » » … » …	1.45	1.90	2.30	2.90
21964	» » 4 brins » » … » …	2.40	3.35	3.85	4.80
21965	bambou noir 3 brins virole longues, haut et bas … » …	1.90	2.90	3.85	4.70
21966	» » 4 brins » » » … » …	4.10	4.80	5.75	6.70
21967	» » 5 brins » » » … » …	5.40	7.55	9.70	»

Cannes à pêche rentrantes, forme canne … Nombre de brins

		3	4	5
21968	roseau, pomme buis … la pièce …	1.45	2.15	5.05
21969	noisetier » » … » …	1.90	3.25	5.75
21970	» pomme corne ou cuivre … » …	2.90	4.70	8.60
21971	façon bambou, pomme buis … » …	2.15	3.60	6.25
21972	» » » corne ou cuivre … » …	2.90	4.70	8.65
21973	vrai bambou, pomme cuivre nickelé … » …	3.25	6.50	10. »
21974	Milady, bouts bronzés, pomme et viroles nickelées … » …	8.60	14.50	
21975	jonc ou rotin à béquille ou corbin … » …	14.50	20. »	30. »

Roseaux dressés

	longueur mètres	1.50	2	2.50	3	3.50	4	4.50	5	5.50	6
21976	le cent	12.	15.	18.	21.	27.	33.	39.	51.	75.	96.

Perches bambou

	longueur mètres	2.50	3	3.50	4.	4.50	5.	5.50	6	6.50
21977	bambou blanc … le cent	17.	22.	35	43.	50.	62.	75.	90.	105.
21978	» noir … » …	20.	26.	37.	50.	70.	86.	107.	135.	160.

Scions en cornouiller dressés et limés

		petits	moyens	grands
21979	le cent …	14.50	22. »	28.50

21980	**Scions** épine, grandeurs assorties … le cent …	30. »
21981	» bambou refendu pour canne rentrante … » …	72. »

Crins de cheval

21982	Crins de cheval, en rouleau par 25 crins … les 12 rouleaux …	1.45
21983	» » en mèche … le kilog …	43. »

Corps de ligne en crins

	Nombre de crins …	4	6	9	12	15
21984	longueur 4 mètres … le cent …	11.	14.30	20.	24.30	30.

Crins de Florence en boyaux de ver à soie, dits crins marins, racines, etc.

	N°	2	3	4	5	6	7	8	9	10
21985	le mille …	7.15	14.30	17.	21.50	28.50	36.	43	57.	71.

Crins de Florence choisis

	N°	11	12	13	14	15
21986	le cent …	8.60	10. »	11.50	14.30	17. »

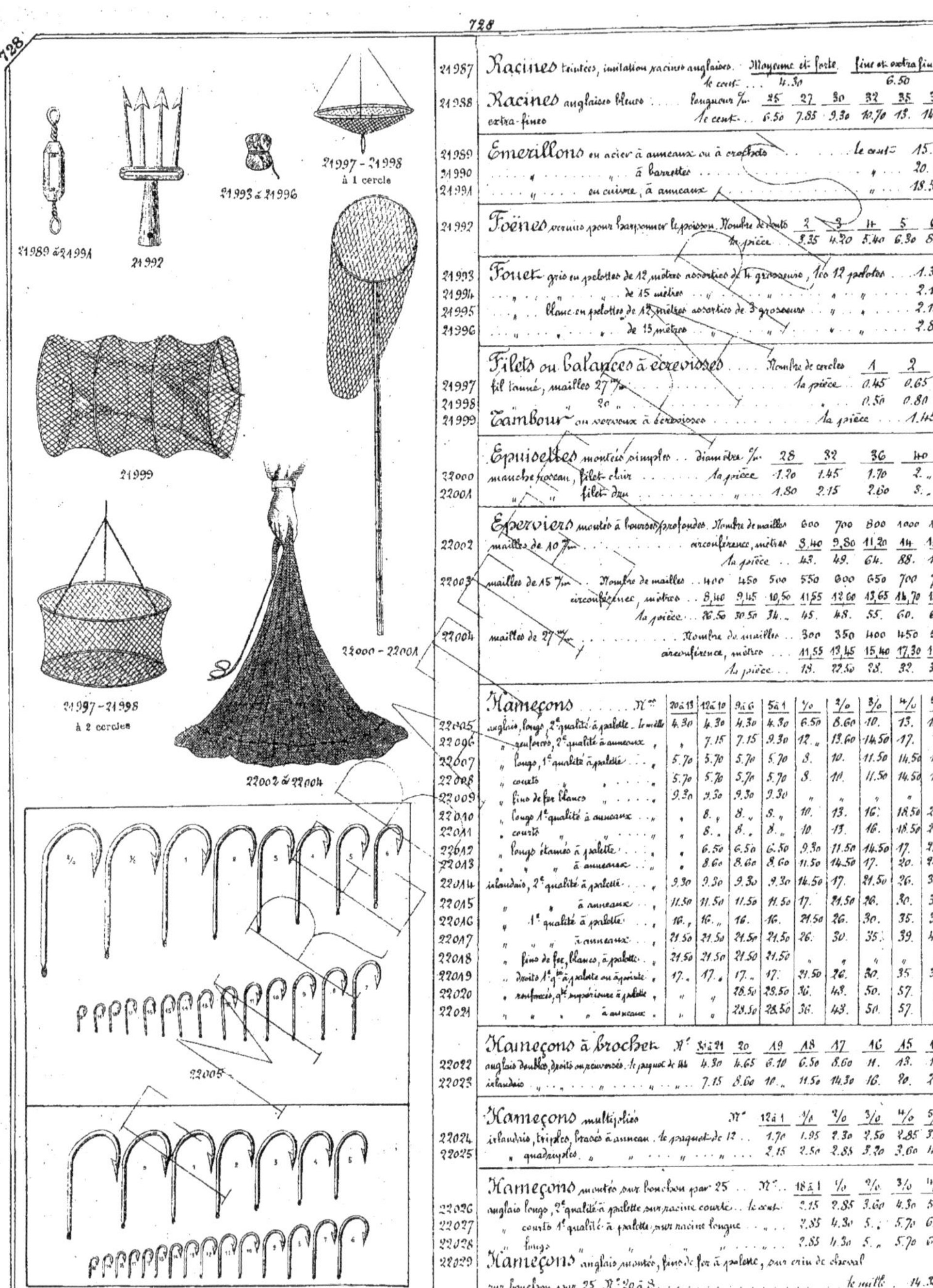

21987	**Racines** teintées, imitation racines anglaises. le cent . . .	Moyenne et forte 4.30			Fine et extra fine 6.50		
21988	**Racines** anglaises bleues . . . longueur m/m	25	27	30	32	35	37
	extra-fines . . . le cent . .	6.50	7.85	9.30	10.70	13.	14.30

21989	**Emerillons** en acier à anneaux ou à crochets . . . le cent	15. „
21990	„ „ à barrettes . . . „	20. „
21991	„ en cuivre, à anneaux . . . „	18.50

21992	**Foënes** vernies pour harponner le poisson. Nombre de dents	2	3	4	5	6
	la pièce	3.35	4.20	5.40	6.30	8.40

21993	**Fouet** gris en pelottes de 12 mètres assorties de 4 grosseurs, les 12 pelotes . . .	1.30
21994	„ „ „ de 15 mètres „ „ „ „	2.15
21995	„ blanc en pelottes de 12 mètres assorties de 3 grosseurs „ „	2.15
21996	„ „ „ de 15 mètres „ „ „ „	2.85

	Filets ou balances à écrevisses . . . Nombre de cercles	1	2
21997	fil tanné, mailles 27 m/m . . . la pièce . .	0.45	0.65
21998	„ 20 „ . . . „ . .	0.50	0.80
21999	**Tambour** ou verveux à écrevisses . . . la pièce . .		1.45

	Epuisettes montées simples . . diamètre c/m	28	32	36	40
22000	manche roseau, filet clair . . . la pièce	1.20	1.45	1.70	2. „
22001	„ „ filet dru . . . „	1.80	2.15	2.60	3. „

	Eperviers montés à bourses profondes. Nombre de mailles				600	700	800	1000	1100
22002	mailles de 10 m/m . . . circonférence, mètres				8,40	9,80	11,20	14	15,40
	la pièce . .				43.	49.	64.	88.	102.
22003	mailles de 15 m/m . . Nombre de mailles . .	400	450	500	550	600	650	700	750
	circonférence, mètres . .	8,40	9,45	10,50	11,55	12,60	13,65	14,70	15,75
	la pièce . .	26.50	30.50	34. „	45.	48.	55.	60.	66.
22004	mailles de 27 m/m . . . Nombre de mailles . .				300	350	400	450	500
	circonférence, mètres . . .				11,55	13,45	15,40	17,30	19,25
	la pièce . .				18.	22.50	28.	32.	37

	Hameçons . . . . . Nos	20 à 13	12 à 10	9 à 6	5 à 1	1/0	2/0	3/0	4/0	5/0
22005	anglais, longs, 2e qualité à palette. le mille	4.30	4.30	4.30	4.30	6.50	8.60	10.	13.	16.
22006	„ renforcés, 2e qualité à anneaux ,	„	7.15	7.15	9.30	12. „	13.60	14.50	17.	„
22007	„ longs, 1e qualité à palette . . . „	5.70	5.70	5.70	5.70	8.	10.	11.50	14.50	17.
22008	„ courts „ . . . . „	5.70	5.70	5.70	5.70	8.	10.	11.50	14.50	17.
22009	„ fins de fer blancs „ . . . . „	9.30	9.30	9.30	9.30	„	„	„	„	„
22010	„ longs 1e qualité à anneaux . . „	„	8. „	8. „	8. „	10.	13.	16.	18.50	21.50
22011	„ courts „ „ . . . . „	„	8. „	8. „	8. „	10.	13.	16.	18.50	21.50
22012	„ longs étamés à palette . . . „	„	6.50	6.50	6.50	9.30	11.50	14.50	17.	21.50
22013	„ „ „ à anneaux . . „	„	8.60	8.60	8.60	11.50	14.50	17.	20.	24.50
22014	irlandais, 2e qualité à palette . . . „	9.30	9.30	9.30	9.30	14.50	17.	21.50	26.	30.
22015	„ „ à anneaux . . „	11.50	11.50	11.50	11.50	17.	21.50	26.	30.	35.
22016	„ 1e qualité à palette . . „	16. „	16. „	16.	16.	21.50	26.	30.	35.	39.
22017	„ „ „ à anneaux . . „	21.50	21.50	21.50	21.50	26.	30.	35.	39.	43.
22018	„ fins de fer, blancs, à palette . . „	21.50	21.50	21.50	21.50	„	„	„	„	„
22019	„ droits 1e qté à palette ou à pointe . „	17. „	17. „	17. „	17.	21.50	26.	30.	35	39.
22020	„ renforcés, qté supérieure à palette „	„	„	28.50	28.50	36.	43.	50.	57.	„
22021	„ „ „ „ à anneaux . „	„	„	28.50	28.50	36.	43.	50.	57.	„

	Hameçons à brochet Nos	30 à 21	20	19	18	17	16	15	14
22022	anglais doubles, droits ou renversés. le paquet de 144	4.30	4.65	6.10	6.50	8.60	11.	13.	16.
22023	irlandais „ . . „ . . . „ . . . „ . . „ . . .	7.15	8.60	10. „	11.50	14.30	16.	20.	26.

	Hameçons multipliés Nos	12 à 1	1/0	2/0	3/0	4/0	5/0
22024	irlandais, triples, bracés à anneau. le paquet de 12 . .	1.70	1.95	2.30	2.50	2.85	3.20
22025	„ quadruples . „ „ . . . „ . . . „ . . .	2.15	2.50	2.85	3.20	3.60	4.30

	Hameçons montés sur bouchon par 25 . . Nos . .	18 à 1	1/0	2/0	3/0	4/0
22026	anglais longs, 2e qualité à palette sur racine courte . . le cent	2.15	2.85	3.60	4.30	5.
22027	„ courts 1e qualité à palette, sur racine longue . . „ . .	2.85	4.30	5. „	5.70	6.50
22028	„ longs „ „ „ „ . . . . „ . .	2.85	4.30	5. „	5.70	6.50

22029 **Hameçons** anglais montés, fins de fer à palette, sur crin de cheval sur bouchon par 25 Nos 20 à 3 . . . . le mille . 14.30

22076

22022 22023 22024 22026

22030 22037

22039 à 22041 et 22042 · 22044 à 22046 · 22047-22048 · 22050 · 22058

22067 · 22071 · 22073 · 22075 · 22080

Hameçons irlandais, montés

		N°	18 à 1	1/0	2/0	3/0	4/0
22030	2e qualité à palette sur racine longue, sur bouchon par 25.	le cent	4.	5.40	7.15	9.	11.
22031	1re qualité sans palette, sur racine choisie et bouclés par 12 pièces	"	7. "	9.50	12. "	15. "	.
22032	1re qualité, à palette, montés sur racine même, sur bouchon par 25 pièces N° 20 à 1 – le cent 7.15						
22033	" " " sur racine teintée " " " N° 8 à 1 – " 10. "						

Hameçons montés sur corde de guitare

		N°	6 à 1	1/0	2/0	3/0	4/0
22034	anglais, renforcés simples	le paquet de 12 pièces	1.80	2.15	2.60	3.	3.50
22035	irlandais " "	"	2.15	2.60	3. "	3.50	3.85

Hameçons anglais, renforcés simples

		N°	6 à 1	1/0	2/0	3/0	4/0
22036	montés sur chainette cuivre…	le paquet de 12 pièces	0.60	0.70	0.85	1.10	1.15

Hameçons anglais, renforcés doubles

		N° 25 à 21	20 à 19	18	17	16	15	14
22037	montés sur chainette cuivre. le paquet de 12 pièces	0.85	0.95	1. "	1.10	1.20	1.45	1.80

Lignes en fouet ou fil, imitation soie, sur plioir bois et roseau.

22038 à ablette, 2 hameçons anglais sur crin à plume … le cent 4.50
22039 … " " " " " à bouchon naturel … " 6. "
22040 … " " " " " à plume … " 6. "
22041 … " " " " à bouchon naturel … " 8.50
22042 à goujon " " " " " … " 10. "
22043 à goujon 2 hameçons anglais sur racine, bouchon colorié … " 12. "
22044 à gardon " " " " " … " 13. "
22045 à tanche " " " " " … " 18. "
22046 à perche " " " " " … " 24. "

Lignes en crin, montées sur plioir.

22047 à ablette en 2 crins, 2 hameçons anglais sur crin, à plume … le cent 6.
22048 … " " " " " " … " 8.
22049 … " " " " " à bouchon naturel … " 9.
22050 à goujon en 3 crins 2 hameçons anglais sur crin, à bouchon naturel … " 10.
22051 … " " " " " à plume … " 11.
22052 … " " " sur racine, à bouchon colorié … " 12.
22053 à gardon … " " " " " … " 13.
22054 … " " " " " à bouchon naturel … " 16.
22055 à tanche en 4 crins, 2 hameçons anglais sur racine à bouchon colorié … " 19.
22056 à perche en 6 crins " " " " " … " 24.
22057 à barbeau en 9 crins, 1 hameçon anglais sur racine à bouchon colorié … " 30.
22058 à carpe en 12 crins " " " " " … " 36.

Lignes en cordonnet de soie sur plioir.

22059 à ablette 2 hameçons anglais sur crin, à plume … le cent 9.
22060 … " " " à bouchon naturel … " 12.
22061 à goujon 2 hameçons anglais sur crin, à bouchon colorié … " 15.
22062 à gardon 2 hameçons anglais sur racine à bouchon colorié … " 16.
22063 à perche " " " " " … " 24.
22064 à barbillon " " " " " … " 30.
22065 à carpe, 1 hameçon anglais sur racine, à bouchon colorié … " 36.

Lignes choisies en cordonnet de soie, sur plioir fin.

22066 à ablette, 2 hameçons anglais sur racine, à plume … le cent 24.
22067 à goujon " " " à bouchon verni … " 30.
22068 à goujon, 2 hameçons irlandais sur racine, à plume … " 36.
22069 à gardon et chevesne, 2 hameçons irlandais sur racine à bouchon anglais … " 48.
22070 à perche 1 hameçon irlandais sur racine à bouchon anglais … " 54.
22071 à grosse perche 1 hameçon " " " " 2 flotteurs la pièce 0.90
22072 à brochet, 1 hameçon simple, sur guitare à bouchon anglais 2 flotteurs … " 1.10
22073 … " … 1 hameçon double " " " " " … " 1.80

Lignes en boyaux de ver à soie, sur plioir fin

22074 à ablette, 2 hameçons, irlandais, sur racine, à plume … le cent 48
22075 à goujon " " " à bouchon verni … " 60.
22076 à goujon " " " à plume … " 84.
22077 à gardon " " " flotte ouvragée … " 108.

Lignes en soie imperméable sur plioir fin.

22078 à goujon, 2 hameçons irlandais sur racine, plume à coulisse … le cent 48.
22079 à gardon 1 hameçon irlandais sur racine, à plume … " 72.
22080 à perche " " " bouchon anglais … " 84.
22081 à carpe " " " " " … 108.

22088

22084

22090 – 22091

22093

22094 à 22096

22100, double

22101, triple

22099

22105

22106

22116 à 22118

22115

22107 – 22108

22123

Mouches artificielles

22082 petites, 1e qualité avec hameçon anglais . . . . . le cent 7. „
22083 grosses, 1e qualité " " . . . . . „ 10. „
22084 fines, qualité supérieure avec hameçon irlandais sur racine bouclée . . . „ 16.80
22085 irlandaises, dites de Mai . . . . . „ 19.20
22086 grosses à saumon . . . . . „ 36. „
22087 en liège, dites mouches de maison . . . . . „ 42. „

Moulinets en cuivre

		diamètre m/m	30	35	40	45	50	55
22088	ordinaires, simples	la pièce	1.30	1.45	1.60	1.70	2.	„
22089	renforcés à cric	„	3. „	3.50	4. „	4.50	5.	5.50

Paniers à pêche

		N°	00	0	1	2	3	4	5	6
		longueur approximative c/m	18	20	22	24	26	28	31	33
22090	osier rond	la pièce	1.95	2.30	2.75	3.40	4.25	5.10	6. „	7.
22091	osier plein	„	2.15	3.40	2.90	4.85	5.80	6.80	7.90	9.

22092 **Banderolle** cuir pour panier à pêche . . . la pièce 1.50

Carafes à friture

		longueur c/m	28	36	42
22093	fil de fer étamé	la pièce	1.10	1.90	2.80

Nasses à friture

		longueur c/m	45	50
22094	fil de fer étamé	la pièce	2.40	3. „

Nasses à poisson

		longueur c/m	55	70	78	95	115	140
22095	fil de fer étamé, 1 chambre, écartement des fils 10 m/m	la pièce	4.80	5.80	7.70	13.50	17.50	„
22096	" " " " " 4 „	„	5.80	7.25	10.50	17.50	21. „	„
22097	fil de fer étamé, 2 chambres " " 10 „	„	„	„	„	„	12.50	21.
22098	" " " " " 14 „	„	„	„	„	„	16.50	27.

Tambours de pêche

		longueur c/m	50	60
22099	fil de fer étamé	la pièce	3.35	5.60

Poissons étain avec hameçons irlandais

			simples	doubles	triples
22100	petits N° 1	le cent	15.	18.	21.
22101	moyens „ 2	„	18.	21.	24.
22102	gros „ 3	„	21.	24.	27.

Poissons en métal à hélice

	N°	1	2	3	4
22103	la pièce	1.80	1.80	2.15	2.15

Sacs à poisson

		longueur c/m	27	33	40	50	55	65	75	80
22104	en fil fond carré	la pièce	0.35	0.45	0.60	0.80	1.15	1.45	1.90	2.40
22105	en fil tanné à anneaux	„	„	„	0.90	1.10	1.45	1.80	2.15	„

		N°	1	2	3	4	5	6	7	8
22106	**Sacs** à trois cercles, dits bourriches	la pièce	0.70	1.05	1.20	1.55	2.15	2.90	3.25	3.60

Seaux à poisson

		N°	0	1	2	3	4	5	6
22107	ovales zinc non verni	la pièce	1.45	1.70	2. „	2.30	2.85	3.50	3.75
22108	" " verni	„	1.85	2.15	2.40	2.85	3.30	3.75	4. „

Soies

			N° 1 à 6	7 à 10
22109	cordonnet à pêche en petites bobines	la boîte de 12 bobines	3.60	„
22110	" " grosses bobines	„	4.30	5. „

			petits	moyens	gros rouleaux
22111	soie de chine apprêtée, grosseurs assorties	le paquet de 12 rouleaux	5. „	7.15	8.60

		N° 11	12	13	14	15	16	17	18	19	20
22112	soie de chine sur plioir de 50 à 100 mètres, les cent mètres	2.15	2.85	4.30	6.50	8.60	11.	13.	15.	17.	20.
22113	soie imperméable sur plioir de 50 à 100 mètres	3.60	4.30	5.70	8. „	10. „	13.	16.	19.	22.	25.

22114 cordonnet de pêche qualité supérieure en écheveaux de 100 mètres . . . le kilog. 115. „

Sondes garnies de liège

			petites	moyennes	grandes
22115	pour prendre le fond de l'eau	le cent	7.20	9. „	11. „

Troubles

		longueur c/m	100	116	133	150	166	200	233
22116	mailles de 27 m/m	la pièce	„	„	4.30	„	5.40	6.50	8.60
22117	" 15 "	„	2.85	„	5.70	„	8. „	10. „	13.
22118	" 10 "	„	3.20	4.30	6.10	8.20	10.70	17. „	23.

Troublettes montées

		largeur c/m	18	21	24	27	30	33	36	39	42	45
22119	cercle demi-rond, manche bambou	la pièce	1.45	1.80	2.15	2.50	2.50	3.25	3.60	3.95	4.30	4.70

22120 **Troublettes** bain de mer, manche roseau 110 c/m cercle rond diamètre 21 c/m . le cent 66.
22121 . . . " . . . " . . . " . . . " . . . " . . cercle rond . . " . . . " . . . " 72.

Verveux montés

		grandeur des mailles m/m	27	15	10
22122	simples	la pièce	3.25	5.75	7.55
22123	doubles	„	5.05	7.20	9. „

22130 22133 22124 22127 22134 22125 22137

22135-22136

22137 à 22139, à 3 boucles

22140-22141, à 2 boucles

22142

22143-22144

22147

22145

22146

22148

22150

22151 à 22153

Agrès de gymnastique.

			enfants	adultes	hommes
		hauteur des portiques, mètres	3. .	3,50	4.
22124	**Anneaux** étamés avec corde	la paire	4.90	6.30	7.70
22125	**Balançoires** simples	la pièce	6.30	8.40	11.90
22126	" ½ garnies	"	8.40	11.20	14. .
22127	" garnies	"	14. .	16.85	21. .
22128	**Cordes** à consoles	"	4.90	6.30	9.10
22129	" lisses	"	4.90	6.30	9.10
22130	" à nœuds noués	"	5.60	8.40	11.20
22131	" à nœuds tressés	"	8.75	10.85	14. .
22132	**Echelles** de perroquet	"	4.90	6.30	7.70
22133	" de corde	"	6.30	9.10	12.60
22134	**Trapèzes**	"	4.20	4.90	6.30
22135	**Barres fixes** frêne, intérieur tige fer	"	35. .	42. .	49. .
22136	" " " " tige acier	"	42. .	49. .	56. .

	Ceintures de gymnastique, longueur totale 80 à 95 %m		2 boucles	3 boucles
22137	rayures variées, couleurs assorties, ordinaires	la pièce	0.65	0.70
22138	" " " ½ fortes	"	0.75	0.85
22139	" " " fortes	"	1.10	1.20
22140	modèle pompier, fond bleu, raies rouges	"	1.25	1.35
22141	" " " " " fortes	"	1.40	1.50

Crochets de gymnastique. Voir page N° 157 - N° 4849 à 4852.

22142 **Haltères** fonte brute . . . . . . les cent kilogs . . 50. .

diamètre approximatif des boules %m	38	50	56	60	62	72	75	80	85	86	89	91
poids approximatif de la pièce, kilogs	0,5	1	1,5	2	2,5	3,	3,5	4,	4,5	5	5,5	6
diamètre approximatif des boules %m	95	100	102	103	110	117	124	127	133	137	151	157
poids approximatif de la pièce, kilogs	6,5	7	8	9	10	12,5	14	16	18	20	25	30

Ne pas confondre 1 haltère avec une paire haltères. La paire comprend 2 appareils composés chacun de deux boules conforme au dessin.

22143 **Haltères** à ressorts de "Sandow" en fonte nickelée

pour	enfant	jeune fille	garçon	jeunes gens	dame	homme
Nombre de ressorts . .	2 faibles	3 faibles	4 faibles	3 faibles et 2 forts	3 faibles et 2 forts	5 faibles et 2 forts
la paire . .	13. .	16.25	16.25	18.85	18.85	21.50

22144 **Haltères** à ressorts 3 faibles et 2 forts, fonte émaillée noire pour homme . . . la paire 16.25

22145	**Appareils "Sandow"**		enfant	adulte	extra-fort
	caoutchouc à 2 poignées	la pièce	19.50	27.50	32.50

22146	**Appareils de gymnastique** en caoutchouc		dame et enfant	homme et jeunes gens	athlète
	à 2 poignées	la pièce	12.80	14.40	16.

	Appareils de gymnastique en acier		enfant	dame	homme	athlète	extra-fort
22147	simple ressort, à 2 poignées	la pièce	4.50	5.50	6.50	7.50	8.50
22148	double ressort, à 2 poignées	"	9. .	11. .	13. .	15. .	17. .

	Hamacs aloès, couleurs variées	longueur %m	100	130	160	175	190
22149	mailles simples, sans bois	la pièce	2.80	4.20	5.60	7. .	7.70
22150	" " avec bois	"	"	7.70	8.40	9.80	11.90
22151	" " avec bois et franges	"	"	"	"	16.80	19.60
22152	mailles doubles, avec bois et franges	"	"	"	"	"	22.40
22153	" " avec bois et franges doubles	"	"	"	"	"	28. .

22154 " " très grande taille, ornements riches . . . . la pièce . . . 45. .

22155	**Crochets de hamac** étamés sur platine à genouillère, Modèle déposé	la paire	4. .
22155 bis	" " forgés étamés sur longe charnière	"	4. .

Articles d'Escrime et de Boxe

Gant d'arme, bourrés de crin, sans crispin . . . . la pièce . . 1.65

22156 Gant d'arme, bourrés de crin, sans crispin . . . la pièce . . 1.65
22157 " " " " 1re choix . . . " . . 1.95
22158 " " " " 3/4 crispin, couleur . . . " . . 2.60
22159 " " " " grand crispin, couleur . . . " . . 3. "
22160 " " " " grand crispin, buffle . . . " . . 3.80

22161 **Gants** pour la boxe, garnis varech . . . la paire . . 5.70
22162 " " " " crin . . . " . . 7.50
22163 " " " " varech, manchette capitonnée . . . " . . 10.
22164 " " " " crin " " . . . " . . 11.50

22165 **Gant** pour le sabre, grand crispin buffle 16 % . . . la pièce . . 4.65
22166 " " à brassard rembourré . . . " . . 7.65
22167 " " " buffle, modèle allemand . . . " . . 8.40
22168 " " " cuir brun " " . . . " . . 10. "

22169 **Gilet ou veste** treillis doublé toile à voile . . . la pièce . . 11.60
22170 " " coutil et chamois 1/2 manches . . . " . . 14.75
22171 " " " " manches entières . . . " . . 17. "
22172 " " coutil blanc fin doublé toile à voile . . . " . . 18.60

22173 **Plastron** de maître ordinaire à cœur . . . la pièce . . 5.40
22174 " " carré doublé peau, courroie cuir . . . " . . 7.75
22175 " " forme Metz, passe poil maroquin, courroie cuir " . . 9.30
22176 " " type, ministériel bourré crin . . . " . . 10.10

Masques d'armes grillagés

		Nos	1	2	3	4	4 1/2	5
22177	sans oreille ni fronton, simple ressort	la pièce	2.65	3.	3.75	"	"	"
22178	à oreilles sans fronton " "	"	3.40	3.75	4.15	"	"	"
22179	à oreilles et fronton, simple ressort	"	4.40	4.80	5.15	6.25	"	"
22180	" " double ressort	"	"	"	5.50	6.60	7.50	8.25

22181 **Lames de fleuret** Solingen ordinaire N° 4 et 5 . . . la pièce 0.85
22182 " " " 1/2 fine " " . . . " . . 1. "
22183 " " " fine N° 1 à 5 . . . " . . 1.10
22184 " " Marque Couleaux N° 1 à 4 . . . " . . 1.35
22185 " " " Au Lion nickelée . . . " . . 1.95
22186 " " " " " damasquinée gris . . . " . . 3.10

22187 **Lames d'épée** sans marque, bonne qualité . . . la paire 9.65
22188 " " Marque "Au Lion" nickelées . . . " . . 13. "
22189 " " " " damasquinées gris . . . " . . 16. "

Fleurets montés

22190 lame ordinaire, poignée ficelle sans virole, gardes et pommeaux fer . . . la paire 3.35
22191 " " poignée fouet, virole cuivre " " " " . . 3.75
22192 " fine, poignée recouverte fouet, virole cuivre, gardes et pommeaux fer tourné . . . " . . 4.65
22193 " Marque "au Lion", poignée recouverte maroquin couleur sans virole, gardes et pommeaux nickelés " . . 7.75
22194 " " " " " fouet fin viroles nickelées " " " . . 10.55
22195 " " " " " " gardes timbre acier " " " . . 13.20

22196 **Boutons** caoutchouc pour moucheter les fleurets . . . le cent . . 15. "

Gardes pour fleuret

			N° 1	2	3	4
22197	fer roulé	le cent	15.50	19.40	26.	"
22198	cuivre poli uni	"	62. "	70. "	85.	100.
22199	nickel poli uni	la pièce	1.10	1.20	1.35	1.70

22200 **Gardes** cuivre ciselé, modèles fantaisie . . . de 1.50 à 2.50

Gardes pour épée

			diamètre m/m 100	120	130
22201	forme timbre, acier 1/2 poli	la paire	3.10	3.90	5.50
22202	" " acier nickelé	"	6.20	7. "	7.75
22203	forme bol, acier nickelé	"	"	10.10	11.50
22204	forme timbre, acier nickelé damasquiné gris	"	"	15.50	17. "

Pommeaux pour fleuret

			N° 1	2	3	4	5
22205	fer roulé	le cent	15.50	19.50	23.30	31.	"
22206	fer tourné	"	19.50	26. "	31. "	39.	47. "
22207	cuivre uni, poli	la pièce	0.65	0.70	0.80	0.95	1.10
22208	" " nickelé	"	0.95	1. "	1.10	1.30	1.50

22209 **Pommeau** pour fleuret fer ciselé, forme casque ou urne . . . la pièce 1.15
22210 " " cuivre ciselé nickelé, forme casque ou guerrier . . . " . . 1.55

22156-22157 · 22158 · 22163-22164 · 22167-22168 · 22173 · 22170 · 22177 · 22197 à 22199 · 22205 à 22208 · 22196 · 22178 · 22180 · 22209 Casque · 22190 à 22195 · 22187 à 22189

22215 22217 22220

22227 à 22231

22232 à 22236

22237

22238-22239

22240 – 22241

22242

22243 à 22246

22247

22248 – 22249

22250

22211 **Pommeaux** pour épée fer tourné poli, vase ou urne . . . . la paire 1.55
22212 " " " nickelé " " . . . . " . . 2.70
22213 " " " fer ciselé nickelé à pans, casque ou Renaissance . . " . . 3.10
22214 " " " acier décolleté nickelé, damasquiné gris . . . . . . " . . 9.30

Poignées pour fleuret
22215 recouvertes fouet, bout carré, sans virole . . . . le cent . . 24.50
22216 " " bout rond " " . . . . " . . . 28.50
22217 " fouet ordinaire avec virole cuivre . . . . " . . . 47. "
22218 " " " " " fer . . . . " . . . 65. "
22219 " ficelle noire fouet blanc virole cuivre . . . . " . . . 80. "
22220 " maroquin rouge, vert ou noir, filigrane argenté . . . la pièce . . 1.10
22221 " " " " " virole nickelée . . . . . " . . . 1.65
22222 " chamois gris ou velours, fil argenté virole nickelée . . . . " . . . 2.10

Poignées pour épée
22223 maroquin noir, filigrane acier, sans virole . . . . la paire . . 1.55
22224 " " " viroles nickelées . . . . " . . . 2.80
22225 peau de chien, noir, avec viroles . . . . " . . . 5. "
22226 corne torses ou droites, fil argenté, viroles nickelées . . . . . " . . . 11. "

22227 **Sandales** basane, semelles buffle . . . . la paire . . 5.80
22228 " " forte, garniture vernie . . . . " . . . 6.60
22229 " maroquin rouge ou noir, bandes vernies piquées . . . . . " . . . 10.10
22230 " chamois gris blanc " " " . . . . " . . . 11.65
22231 " veau fin, castor ou peau de chien . . . . " . . . 18.60

Bicyclettes, Accessoires et Patins.

22232 **Bicyclette** émail noir, moyeux en tubes emboutis gros coins, pédales cuvettes embouties selle ordinaire 4 fils, pneus sans marque . . . . la pièce 175.
22233 Même modèle que N° 22232 avec pneus supérieurs à tringle . . . . " 205.
22234 **Bicyclette** émail noir, moyeux Auto-Moto, pédales Réading, selle ordinaire 4 fils chaîne doubles rouleaux nickelés, pneus supérieurs à tringle. . . . . . . " 225.
22235 **Bicyclette** émail noir, moyeux et pièces USA selle Lamplugh, pneus supérieurs . . " 280.
22236 " " " moyeux et pièces BSA " " " " . . . " 350.
Les Bicyclettes N° 22235 et N° 22236 se font aussi pour dames Plus-value " . . 18.
" " 22235 et N° 22236 avec ½ carter, garde boue bois, filet garde-jupe " . . " . . 45.
Toutes les bicyclettes avec garde-boue tôle . . . . " . . " . . 10.
" " " " " bois . . . . " . . " . . 13.
" " avec frein à l'avant . . . . " . . " . . 9.
" " " " Stopp sur jante arrière . . . . " . . " . . 20.
" " " " Bowden . . . . " . . " . . 35.
" " avec roue libre CM . . . . " . . " . . 13.
" " " " " Morrow . . . . " . . " . . 15.
" " avec moyeu arrière à roue libre et frein en contrepédalant New Départure, Eadie, Vélo . . . " . . " . . 45.
22237 **Bicyclette d'enfant** avec pneus sans marque . . . . " . . 170.

Célérettes cadre bois ciré

	hauteur de selle %m	45	55	65
	hauteur des roues "	25	30	35
22238	roues fer . . . . . . la pièce	10.50	14. "	17.50
22239	roues fer caoutchoutées . . . . . . "	15.75	19.25	22.75

Pédalettes à chaîne cadre bois verni. pédalier acier coulé, selle mobile

	hauteur de selle %m	52	62	72
	entre jambes %m	45	55	65
	hauteur des roues "	30	35	40
22240	roues fer . . . . . . la pièce	31.50	38.50	45.50
22241	roues fer caoutchoutées . . . . . . "	38.50	45.50	52.50

22242 **Billes** pour bicyclettes, acier trempé calibré.

diamètre %m	3	3½	4	4½	5	5½	6	7	8	9½
le paquet de 144	2.40	2.70	2.80	2.90	3.10	3.30	3.70	5.80	7.	12.

22243 **Burettes** fer blanc, à aiguille, bouchon cuivre . . . . le cent 21.
22244 " " " " " . . . . " . . 25.
22245 " cuivre poli " " " . . . . " . . 70.
22246 " " " " " " . . . . " . . 80.
22247 " cuivre nickelé " forme américaine . . . . " . . 55.

22251 22262 22252 22265-22266 22253 22254 22263-22264 22255 22268-22269 22256 22258-22261 22270-22271 22272 22273 22274 22275 22276 22277

Cornets avertisseurs, cuivre nickelé

		longueur $^{c}/_{m}$	17	19	20	22	25	26	30	33	37
22248	droits, série légère poire caoutchouc	la pièce	2.10	2.60	"	3.50	4.30	"	"	"	"
22249	" série courante	"	2.50	3. "	3.50	4.80	4.70	5.80	7. "	7.80	8.80
22250	cintrés, "	"	"	"	5.20	6.40	"	7.70	9. "	"	"

Cornet à pavillon à 2 sons, longueur 15 $^{c}/_{m}$

22251	Cornet à pavillon à 2 sons, longueur 15 $^{c}/_{m}$	la pièce	7. "
22252	" droit " " 24 "	"	7.50
22253	" cintré " " 21 "	"	7.50

Cornets pour bicyclette et automobile

		longueur totale $^{c}/_{m}$	20	22	27	29	31	34	36	42
		diamètre du pavillon $^{m}/_{m}$	75	95	115	130	135	145	155	175
22254	pavillon horizontal collier fixe	la pièce	6.20	7.80	9.80	12. "	12.50	13.50	14.50	18.50
22255	" vertical " "	"	6.20	7.80	9.80	12. "	12.50	13.50	14.50	"
22256	" horizontal, forme clairon collier fixe	"	"	"	"	14. "	14.50	15.50	16.50	20.50

Tous ces cornets avec collier tournant – Augmentation ..... la pièce 0.80

Cornets avec tube métallique flexible et grille pour voiturette et automobile

		diamètre des pavillons $^{m}/_{m}$	130	135	145	155	175
22257	pavillon horizontal, collier fixe sur la culasse	la pièce	22. "	22.50	23.50	24.50	30. "
22258	" " petite barrette en travers sur la culasse	"	22. "	22.50	23.50	24.50	30. "
22259	" " grande barrette en long sur la culasse	"	22. "	22.50	23.50	24.50	30. "

forme clairon, pavillon allongé, ayant un son plus puissant. Augmentation .. la pièce 2. "
Tous ces cornets avec collier tournant .... " 0.80

Cornets avertisseurs "Le Géant" spécial pour automobile, longueur 46 $^{c}/_{m}$, diamètre du pavillon 20 $^{c}/_{m}$

22260 sans tube ni grille cuivre poli ou nickelé .... la pièce 24. "
22261 avec tube métallique flexible et grille, cuivre poli ou nickelé .... " 34. "

Cornets à pompe pour bicyclette, voiturette et automobile

		hauteur $^{c}/_{m}$	16	20	23	27
22262	piston cuir	la pièce	13. "	25. "	37. "	52. "

Pistons à main pour voiturette et automobile

		hauteur $^{c}/_{m}$	27	33
22263	cuivre poli, piston métallique	la pièce	67. "	94. "
22264	cuivre nickelé "	"	78. "	110. "

Dissolution de caoutchouc en tube étain

		longueur des tubes $^{m}/_{m}$	50	65	80	100	120
22265	qualité courante	la boîte de 12 tubes	1.80	2.50	3.20	5. "	6. "
22266	qualité extra	"	2.50	4. "	"	"	6.50

Boîtes nécessaires pour réparer les pneumatiques

		petite	moyenne	grande
22267	le paquet de 12 boîtes	4.70	6.50	11.50

Lanterne à huile

22268 Lanterne à huile émaillée, sans verre de côté .... la pièce 2.60
22269 " " nickelée " " " .... " 3.80
22270 " " émaillée, avec verre de côté .... " 3.10
22271 " " nickelée " " " .... " 4.80
22272 " " émaillée forme carrée .... " 4. "
22273 " " nickelée forme carrée renforcée soignée .... " 7.50
22274 " " " forme œuf .... " 5. "
22275 Lanterne au pétrole nickelée forme ronde .... " 15. "
22276 Lanterne à bougie nickelée modèle courant .... " 6. "
22277 " " " modèle soigné, verres démontables .... " 12. "

Porte Lanterne

22278 Porte Lanterne tôle d'acier nickelée .... le cent 25. "
22279 " " acier coulé nickelé .... " 30. "
22280 " " " " façonné .... " 65. "
22281 " " acier estampé nickelé à charnière garni drap .... la pièce 0.70
22282 " " de fourche acier coulé nickelé interchangeable garni drap .... " 0.90
22283 " " " acier estampé nickelé à écrou de sûreté .... " 1.60
22284 " " de direction acier nickelé pour placer sur le côté .... " 1.80

Pinces pantalon

22285 Pinces pantalon acier bleui .... les cent paires 11. "
22286 " " nickelé .... " " 8. "
22287 " " fil d'acier nickelé .... " " 21. "
22288 " " acier nickelé, coulisse à galet .... " " 35. "
22289 " " " " à bascule .... " " 33. "
22290 " " " " à excentrique .... " " 33. "

Pompes cuivre nickelé pour bicyclette et automobile ; raccord Chlaveraud

22291 simple effet longueur 14 $^{c}/_{m}$ diamètre 24 $^{m}/_{m}$ .... la pièce 1. "
22292 double effet " " " 26 " .... " 2. "
22293 simple effet " " " 20 " à poignée .... " 1.40
22294 " " " 17 $^{c}/_{m}$ " 24 " " .... " 1.60

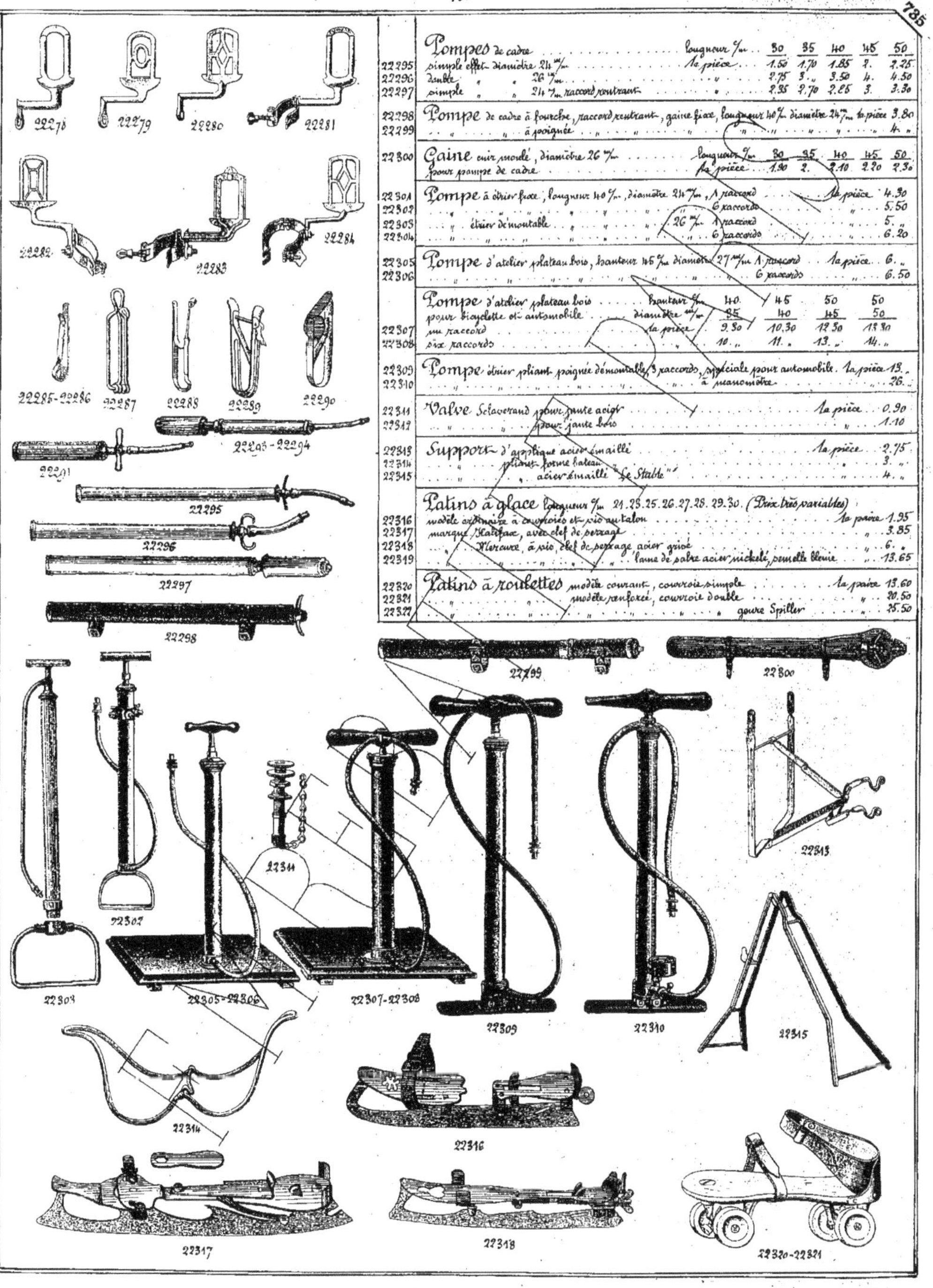

Pompes de cadre . . . . longueur ᵐ/ₘ 30 — 35 — 40 — 45 — 50

22295 simple effet diamètre 24 ᵐ/ₘ . . . . . . la pièce . . 1.50 — 1.70 — 1.85 — 2. — 2.25

22296 double " " 26 ᵐ/ₘ . . . . . . " . . 2.75 — 3. „ — 3.50 — 4. — 4.50

22297 simple " " 24 ᵐ/ₘ raccord rentrant . . . . " . . 2.35 — 2.70 — 2.25 — 3. — 3.30

22298 **Pompe** de cadre à fourche, raccord rentrant, gaine fixe, longueur 40 ᵐ/ₘ diamètre 24 ᵐ/ₘ la pièce 3.80

22299 . . " . . . " à poignée . . " . . " . . " . . " . . " . . " . . " . . 4. „

22300 **Gaine** cuir moulé, diamètre 26 ᵐ/ₘ . . . . . longueur ᵐ/ₘ 30 — 35 — 40 — 45 — 50

pour pompe de cadre . . . . la pièce . . 1.90 — 2. — 2.10 — 2.20 — 2.30

22301 **Pompe** à étrier fixe, longueur 40 ᵐ/ₘ, diamètre 24 ᵐ/ₘ, 1 raccord . . . . la pièce 4.30

22302 . . " . . " . . " . . " . . " . . " . . 6 raccords . . . . " . . 5.50

22303 . . " . étrier démontable . . " . . " . . " . 26 ᵐ/ₘ 1 raccord . . . . " . . 5. „

22304 . . " . . " . . " . . " . . " . . " . . 6 raccords . . . . " . . 6.20

22305 **Pompe** d'atelier plateau bois, hauteur 45 ᵐ/ₘ diamètre 27 ᵐ/ₘ 1 raccord . . la pièce . . 6. „

22306 . . " . . " . . " . . " . . " . . " . . 6 raccords . . . . " . . 6.50

Pompe d'atelier plateau bois . . . . . hauteur ᵐ/ₘ 40 — 45 — 50 — 50

pour bicyclette et automobile . . . . diamètre ᵐ/ₘ 35 — 40 — 45 — 50

22307 un raccord . . . . la pièce 9.30 — 10.30 — 12.30 — 13.30

22308 six raccords . . . . " 10. „ — 11. „ — 13. „ — 14. „

22309 **Pompe** étrier pliant poignée démontable, 3 raccords, spéciale pour automobile. la pièce 13. „

22310 . . " . . " . . " . . " . . " . . à manomètre . . . . . " . . 26. „

22311 **Valve** Sclaverand pour jante acier . . . . la pièce . . 0.90

22312 . . " . . . " . . . pour jante bois . . . . " . . 1.10

22313 **Support** d'applique acier émaillé . . . . la pièce . . 2.75

22314 . . . " . . . pliant forme bateau . . . . " . . 3. „

22315 . . . " . . . " acier émaillé "Le Stable" . . . . . " . . 4. „

Patins à glace longueur ᵐ/ₘ 24.25.25.26.27.28.29.30. (Prix très variables)

22316 modèle ordinaire à courroies et vis au talon . . . . . . la paire 1.95

22317 marque Halifax, avec clef de serrage . . . . " . . 3.85

22318 . . " . . Mercure, à vis, clef de serrage acier grisé . . . . " . . 6. „

22319 . . " . . " . . " . . " lame de sabre acier nickelé, semelle bleuie . . " . . 13.65

22320 **Patins à roulettes** modèle courant, courroie simple . . . . la paire 13.60

22321 . . " . . " . . modèle renforcé, courroie double . . . . " . . 20.50

22322 . . " . . " . . " . . " . . genre Spiller . . . . . " . . 25.50

22323

22325 à 22331

22332 à 22349
avec 22350

22351 à 22355

22356 à 22360

22361 à 22365

22366 à 22368

Jeux, Sports, Jouets.

Ballons "Le Simplex", fermeture brevetée se gonflant à l'aide d'une pompe de bicyclette, dégonflement à volonté

		circonférence c/m	44	47	50	54	57	61	66	70	76	80	86	92	98
22323	ronds peau couleur, ou basane naturelle	la pièce	1.80	2.15	2.50	2.85	3.20	4.»	4.30	5.»	5.70	7.15	8.60	10.»	11.50
22324	ronds vache forte, pour Foot-Ball	»	»	»	»	»	10.50	13.»	14.50	17.»	19.50	21.»	24.50	29.»	33.»

Jeux de Boules ou cochonnets pour hommes, en boîtes

			Nombre de boules	8	12
22325	orme poli	diamètre des boules 10 c/m	le jeu	9.»	15.50
22326	orme ferré de chevilles	» » »	»	18.»	27.»
22327	buis verni	» » »	»	29.»	44.»
22328	buis ferré de chevilles	» » »	»	40.»	60.»
22329	gayac	» » »	»	33.»	49.»
22330	orme ferré de clous ronds	» » »	»	22.50	34.»
22331	buis » » »	» » »	»	44.»	65.»

Jeux de Croquet d'appartement s'utilisant sur un parquet ou sur un tapis

			en boîte blanche	en boîte façon acajou
22332	dimension unique	le jeu	10,80	12.15

Jeux de Croquet de salon s'utilisant sur table ou billard

			en boîte blanche	en boîte façon acajou
22333	bois dur verni longueur 27 c/m	le jeu	7.»	7.40
22334	» » » 33 »	»	8.80	9.25
22335	» » » 37 »	»	12.»	13.»
22336	» » » 33 » avec ceinture et étaux	»	15.75	16.65
22337	» » » 37 » » » »	»	19.40	20.50
22338	bois dur à filets longueur 33 c/m	»	»	11.10
22339	» » » 37 »	»	»	15.75
22340	» » » 33 » avec ceinture	»	»	18.50
22341	» » » 37 » »	»	»	23.»
22342	buis verni longueur 33 c/m	»	»	13.»
22343	» » 37 »	»	»	18.50
22344	» » 33 » avec ceinture	»	»	20.50
22345	» » 37 » »	»	»	26.»
22346	buis verni à filets longueur 33 c/m	»	»	16.65
22347	» » » 37 »	»	»	24.»
22348	» » » 33 » avec ceinture	»	»	24.»
22349	» » » 37 » » »	»	»	31.50

Porte-croquets de salon

		N°	1	2	3
22350	bois verni	la pièce	2.80	3.70	4.55

Jeux de Croquet de jardin

		longueur des maillets c/m	75	80	85	90	95	100
22351	bois dur verni qualité courante	le jeu	11.25	13.50	15.30	18.»	20.70	23.50
22352	» » » soignée	»	13.»	15.30	18.»	21.25	23.50	26.25
22353	» » » supérieure, manches à pans	»	»	»	34.»	42.»	45.»	51.»
22354	buis verni qualité soignée	»	»	»	43.»	51.»	58.»	65.»
22355	» » fine, à filets	»	»	»	54.»	63.»	72.»	81.»

Nota : La première taille est livrée sans marteau ni piquet ; les 90, 95 et 100 c/m sont livrés avec arceau double à sonnette.

Jeux de Law-Tennis

			pour jeunes gens	pour grandes personnes
22356	composé de 4 raquettes Junior, 4 balles caoutchouc, filet tanné 9 mètres, poteaux vernis à jointure simple et accessoires	le jeu	46.»	»
22357	composé de 4 raquettes spéciales, 6 balles caoutchouc, filet tanné 11 mètres, poteaux vernis à double jointure et accessoires	le jeu	»	62.»
22358	composé de 4 raquettes Handicap, 8 balles recouvertes Régulation, filet tanné 12 mètres 80, poteaux vernis à double jointure et accessoires	le jeu	»	75.»
22359	composé de 4 raquettes Eureka, 12 balles recouvertes Club, filet tanné 12 mètres 80, poteaux vernis à double jointure et accessoires	le jeu	»	89.»
22360	composé de 4 raquettes Champion, 12 balles recouvertes Champion, filet tanné extra 12 mètres 80, poteaux vernis, double jointure à poulies et accessoires	le jeu	»	116.»

Balles pour Law-Tennis

22361	caoutchouc non recouvert, qualité courante	la pièce	0.80
22362	» » » qualité supérieure	»	1.10
22363	» recouvert feutre blanc ou rouge, qualité courante	»	1.25
22364	» » drap blanc ou rouge 1re qualité	»	1.60
22365	» » drap blanc qualité extra	»	2.20

Poteaux pour Law-Tennis

22366	hêtre verni, forts, double jointure	la paire	5.25
22367	une pièce hêtre verni très fort, pointes galvanisées, poulies, crochets croisants et crochets	»	12.25
22368	hêtre verni très fort double jointure » » » » » frettes fer	»	14.»

22369 à 22376

22377 à 22380

22381 à 22383

22384-22385

22389-22390

22391 à 22393

22394-22395

22396 à 22399

22400

22405 à 22407

22402

Raquettes seules pour Law-Tennis.

N°	Désignation		Prix
22369	pour enfants, manche bois	la pièce	4.40
22370	pour jeunes gens, manche plaqué cèdre	"	6.15
22371	pour grandes personnes 18 montants, qualité courante	"	7.90
22372	" " " 18 " 1re qualité, cordes fortes	"	9.60
22373	" " " 22 " " cordes fines	"	12. "
22374	" " " 18 " qualité supérieure, cordes très fortes	"	14. "
22375	" " " 22 " qualité extra, cordes très fines	"	17.50
22376	pour match, avec ligatures et filets marqueterie	"	28. "

Enveloppes pour raquettes

N°	Désignation		Prix
22377	treillis écru sans poignée	la pièce	2.20
22378	" résède bordé galon avec poignée	"	3.95
22379	tissus quadrillé noir et blanc, bordé cuir	"	4.40
22380	" double imperméable, écossais à carreaux	"	5.70

Presse pour raquettes,

N°	Désignation		Prix
22381	aulne poli à 1 vis centrale	la pièce	2.20
22382	" " " frêne poli à 4 vis	"	3.50
22383	" " " pitchpin poli à 4 vis forme trapèze	"	4.40

Jeux de volants au filet, boîte bois, avec poteaux

N°	Désignation		Prix
22384	composé de 2 raquettes, 2 volants fond caoutchouc, 1 filet coton et accessoires, pour enfants	le jeu	26.25
22385	" 4 " 4 " " " 1 " " " " fillettes	"	50. "

Raquette seule, manche ovale

N°	Désignation		Prix
22386	non garni, pour enfant	la pièce	3.50
22387	" " " garni, pour fillette	"	6.15

Volants seuls, fond caoutchouc

N°	Désignation	Nombre de plumes	16	20	24
22388	plumes liées et collées	la pièce	0.70	0.95	1.30

Jeux de quilles

N°	Désignation	hauteur des quilles c/m	20	25	30	35	40	45	50
	avec boule orme verni	diamètre des boules c/m	9	10	12	14	16	18	20
22389	quilles bois poli	le jeu de 9 quilles	2.20	3.50	6.15	8.75	13.15	17.50	22.75
22390	" " verni	"	2.65	4.80	7.90	11.40	15.75	21. "	26.25

Les boules de 9 et 10 c/m sont pleines, celles de 14 c/m percées d'un trou pour le pouce, à partir de 16 c/m elles ont 1 trou et 1 mortaise pour les doigts.

Tir oriental ou jeu de fléchettes avec trépied bois, fléchettes en boîte bois

N°	cibles jonc, peintes à numérotées	diamètre c/m	30	35	40	45	50	60	70	80	90	100
22391	rondes simple natte, avec 6 petites fléchettes	le jeu	2. "	2.30	2.65	3.05	3.70					
22392	" double natte " 6 " "	"	2.30	2.65	3.25	3.90	4.80					
22393	" " " " 6 grosses "	"	3.50	4. "	4.40	5.25	6.15	7.90	10. "	12.25	15. "	17.50

Fléchettes seules, en boîte bois

N°	Désignation	par	6	12
22394	petites	la boîte	1.35	2.25
22395	grosses	"	2.70	5. "

Jeux de tonneau avec palets

N°	Désignation	Nombre de trous	10	14	20
22396	bois blanc avec grenouille et tourniquet	la pièce	11.70	14.30	19.50
22397	dessus hêtre " "	"	13. "	17. "	22.25
22398	dessus chêne poli " "	"	15.60	20. "	26. "
22399	tout chêne poli " "	"	18.20	23.50	32.50

Jeux de bagues polonais

N°	hêtre, ciré, démontables en 3 pièces	N°	1	2	3
22400		dimensions c/m	50 x 32	55 x 37	60 x 42
		le jeu	14.40	18. "	21.60

Billards anglais, fond drapé vert

N°	Désignation	longueur c/m	70	80	90	110	130
22401	sans pieds pour table	la pièce	12.60	"	"	"	"
22402	avec pieds tournés, pliants	"	16.20	22.50	29. "	40. "	"
22403	" " " vissés	"	"	"	"	"	54. "

Billards carambolage

N°	Désignation	longueur c/m	50	60	70	80	90	110	130	150	170
22404	petits pieds bas pour la table	la pièce	8.10	10.80	14.40	"	"	"	"	"	"
22405	grands pieds tournés pliants	"	10.80	14.40	18. "	29. "	40. "	54. "	"	"	"
22406	" " " vissés	"	"	"	"	"	"	"	81. "	126. "	180. "
22407	" " " " table ardoise	"	"	"	"	"	"	"	126. "	190. "	252. "

Billards chinois

N°	Désignation	longueur c/m	50	60	70	80	90	110	130
22408	sans pieds pour table, fond verni	la pièce	6.30	9. "	10.80	"	"	"	"
22409	" " " " fond drapé	"	7.20	10.35	13.50	"	"	"	"
22410	avec pieds tournés, pliants, fond verni	"	10. "	12.60	17.25	24.30	30.60	45. "	"
22411	" " " vissés " "	"	"	"	"	"	"	"	63. "
22412	" " " pliants, fond drapé	"	10.90	14. "	19. "	27. "	36. "	54	"
22413	" " " vissés " "	"	"	"	"	"	"	"	72. "

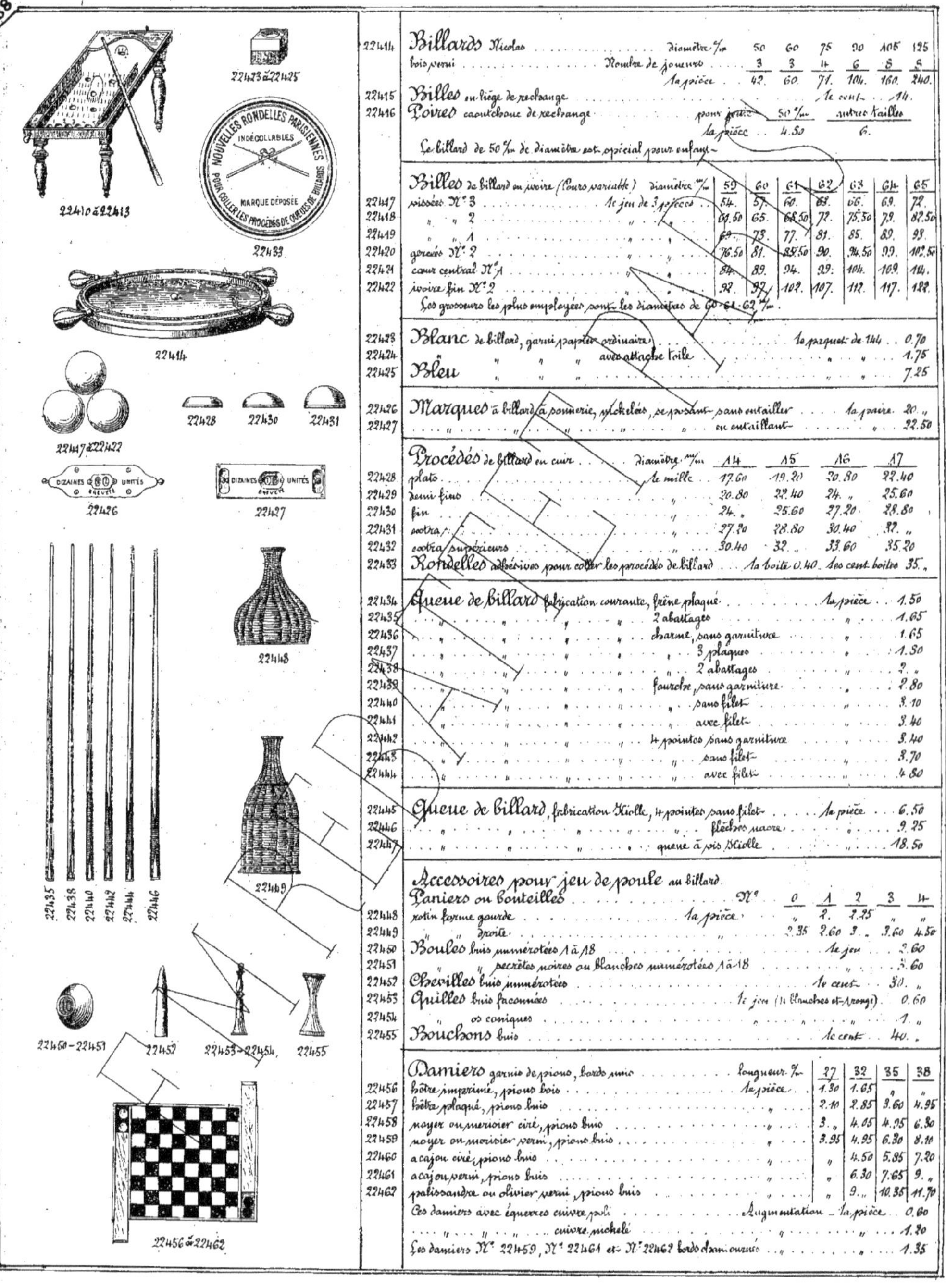

Billards Nicolas, bois verni

		diamètre m/m	50	60	75	90	105	125
22414	Billards Nicolas, bois verni	Nombre de joueurs	3	3	4	6	8	8
		la pièce	42.	60.	71.	104.	160.	240.

22415 **Billes** en liège de rechange . . . le cent . . 14.

22416 **Poires** caoutchouc de rechange . . . pour jeux 50 m/m : la pièce 4.50 — autres tailles : 6.

Le billard de 50 m/m de diamètre est spécial pour enfant.

Billes de billard en ivoire (Cours variable)

			diamètre m/m	59	60	61	62	63	64	65
22417	vissées N° 3	le jeu de 3 pièces		54.	57.	60.	63.	66.	69.	72.
22418	" " 2	"		61.50	65.	68.50	72.	75.50	79.	82.50
22419	" " 1	"		69.	73.	77.	81.	85.	89.	93.
22420	gercées N° 2	"		76.50	81.	85.50	90.	94.50	99.	102.50
22421	cœur central N° 1	"		84.	89.	94.	99.	104.	109.	114.
22422	ivoire fin N° 2	"		92.	97.	102.	107.	112.	117.	122.

Les grosseurs les plus employées sont les diamètres de 60-61-62 m/m.

22423 **Blanc** de billard, garni papier ordinaire . . . le paquet de 144 . . 0.70
22424 " " " avec attache toile . . . " " . . . 1.75
22425 **Bleu** " " " . . . " " . . . 7.25

22426 **Marques** à billard, à sonnerie, nickelés, se posant sans entailler . . . la paire. 20. "
22427 " " " " " en entaillant . . . " . . 22.50

Procédés de billard en cuir

			diamètre m/m	14	15	16	17
22428	plats	le mille		17.60	19.20	20.80	22.40
22429	demi fins	"		20.80	22.40	24. "	25.60
22430	fin	"		24. "	25.60	27.20	28.80
22431	extra	"		27.20	28.80	30.40	32. "
22432	extra supérieurs	"		30.40	32. "	33.60	35.20

22433 **Rondelles** adhésives pour coller les procédés de billard . . . la boîte 0.40 . les cent boîtes 35. "

22434 **Queue de billard** fabrication courante, frêne plaqué . . . la pièce . . 1.50
22435 " " " " 2 abattages . . . " . . . 1.65
22436 " " " " charme, sans garniture . . . " . . . 1.65
22437 " " " " " 3 plaques . . . " . . . 1.80
22438 " " " " " 2 abattages . . . " . . . 2. "
22439 " " " " fourche, sans garniture . . . " . . . 2.80
22440 " " " " " sans filet . . . " . . . 3.10
22441 " " " " " avec filet . . . " . . . 3.40
22442 " " " " 4 pointes sans garniture . . . " . . . 3.40
22443 " " " " " sans filet . . . " . . . 3.70
22444 " " " " " avec filet . . . " . . . 4.80

22445 **Queue de billard**, fabrication Kiolle, 4 pointes sans filet . . . la pièce . . 6.50
22446 " " " " flèches nacre . . . " . . . 9.25
22447 " " " " queue à vis Kiolle . . . " . . . 18.50

Accessoires pour jeu de poule au billard.

Paniers ou bouteilles

			N°	0	1	2	3	4
22448	rotin forme gourde	la pièce		"	2.	2.25	"	"
22449	" " droite	"		2.35	2.60	3. "	3.60	4.50

22450 **Boules** buis numérotées 1 à 18 . . . le jeu . . 2.60
22451 " " secrètes noires ou blanches numérotées 1 à 18 . . . " . . 3.60
22452 **Chevilles** buis numérotées . . . le cent . . 30. "
22453 **Quilles** buis façonnées . . . le jeu (4 blanches et 1 rouge) . 0.60
22454 " os coniques . . . " " " . . . 1. "
22455 **Bouchons** buis . . . le cent . . 40. "

Damiers garnis de pions, bords unis

			longueur c/m	27	32	35	38
22456	hêtre imprimé, pions bois	la pièce		1.30	1.65	"	"
22457	hêtre plaqué, pions buis	"		2.10	2.85	3.60	4.95
22458	noyer ou merisier ciré, pions buis	"		3. "	4.05	4.95	6.30
22459	noyer ou merisier verni, pions buis	"		3.95	4.95	6.30	8.10
22460	acajou ciré, pions buis	"		"	4.50	5.85	7.20
22461	acajou verni, pions buis	"		"	6.30	7.65	9. "
22462	palissandre ou olivier verni, pions buis	"		"	9. "	10.35	11.70

Ces damiers avec équerres cuivre poli . . . Augmentation — la pièce . 0.60
" " " cuivre nickelé . . . " " . . . 1.20
Les damiers N° 22459, N° 22461 et N° 22462 bords chantournés . . " " . . . 1.35

22463

22464-22465

22466 à 22469

22470 à 22487

22488 à 22493

22494 à 22505

22506-22507

22508

22509 22510 Contrat

22509-22510 Fiche

22511

22512 à 22514

22518

22519

22520-22521

Dés à jouer en os

	largeur m/m		7	8	9	10	11	12	13	14	15
22463	carrés ordinaires	le mille	13.	13.50	14.	16.50	22	30.50	36.	47.	70.
22464	arrondis	"	17.	17.50	18.	20.50	26.	34.50	40.	57.	75.
22465	arrondis polis	"	"	"	"	"	57.	68. "	65.	76.	100.

Cornets à dés

		N°	2	3	4
22466	peau ordinaire	la paire	1.35	1.80	"
22467	cuir fond collé	"	2.05	2.25	"
22468	cuir fond cousu		2.25	2.70	3.15
22469	cuir bruni piqué soie	"	"	4.50	"

Dominos en boîte hêtre

	N°		14	16	18	20	22	24
	longueur m/m		31	36	40	45	50	54
22470	ébène à pivot, ordinaires	le jeu	0.80	0.95	1.10	1.30	1.65	2.45
22471	" " 1/2 fins, os 3 m/m	"	"	1.30	1.45	1.65	2.35	3.20
22472	" " polis, os 3 m/m	"	"	1.60	1.75	1.95	2.65	3.50
22473	" " 3/4 fins, os 4 m/m	"	"	1.90	2.05	2.35	3.10	4. "
22474	" " polis, os 4 m/m	"	"	2.20	2.35	2.65	3.40	4.30
22475	" " " os 5 m/m	"	"	3. "	3.25	3.90	4.75	6.65
22476	ébène, 8 clous, polis, os 5 m/m 2 biseaux	"	"	3.95	4.20	4.90	5.75	7.65
22477	" " " os 6 m/m sans biseau	"	"	3.95	4.30	5.05	6.65	8.85
	Augmentation pour boîte vernie, façon acajou	"	"	0.35	0.35	0.35	0.40	0.40
	" " , vrai acajou à tenons	"	"	1. "	1. "	1.15	1.25	1.35

Les dominos os 3 m/m à 3 clous . . . . Augmentation - le jeu . . . 0.25

" " 4, 5, 6 m/m à 3 clous . . . . " . . . " . . . 0.30

" " à 1 biseau . . . . " . . . " . . . 0.30

" " à 2 biseaux . . . . " . . . " . . . 0.65

" " façon ivoire . . . . " . . . " . . . 0.95

Dominos Espagnols, ébène 9 m/m

	N°		16	18	20	22	24
	longueur m/m		36	40	45	50	54
22478	3 clous 1/2 fins, os 3 m/m, boîte hêtre	le jeu	1.90	2.15	2.35	3.65	4.45
22479	" " " " vernie façon acajou	"	2.20	2.45	2.65	4. "	4.80
22480	3 clous 3/4 fins, os 4 m/m, boîte hêtre	"	2.20	2.55	3. "	4.15	5. "
22481	" " " " vernie façon acajou	"	2.50	2.85	3.30	4.50	5.35

Dominos Rouennais

	N°		14	15	16
	longueur m/m		31	34	36
22482	fins ébène 4 m/m boîte hêtre	le jeu	1.55	1.75	1.90
22483	" " " boîte vernie façon acajou	"	1.95	2.15	2.30
22484	" " " vrai acajou verni	"	2.30	2.50	2.65
22485	fins ébène 5 m/m boîte hêtre	"	3.05	3.20	3.35
22486	" " boîte vernie, façon acajou	"	3.45	3.60	3.75
22487	" " " vrai acajou verni	"	3.80	3.95	4.10
	Les dominos fins ébène 5 m/m à 1 biseau — Augmentation	"	0.40	0.40	0.40
	" " " " à 2 biseaux — "	"	0.80	0.80	0.80

Jeux d'Echecs buis

	N°		0	1	2	3	4	5	6
22488	buis ordinaire, poli, boîte bois blanc	le jeu	1.05	1.30	1.70	1.95	2.35	"	"
22489	" " verni " " "	"	1.40	1.70	2.10	2.35	2.85	"	"
22490	" Stantons vernis " "	"	2.35	2.70	3. "	3.50	4. "	"	"
22491	buis verni, cavaliers 2 pièces, boîte vernie façon acajou	"	"	2.65	3.40	4.25	5.10	5.95	6.80
22492	" " régence, cavaliers 1 seule pièce, boîte vernie façon acajou	"	"	"	"	8.10	9.35	10.65	12.35
22493	" " régence extra, yeux émail, boîte vrai acajou verni	"	"	"	"	"	13.25	15.30	18. "

Jeux de Jacquet ou Tric-Trac

	dimensions m/m		Moyen 52 x 44	Grand modèle 72 x 53
22494	garnis de pions, cornets et dés, bois noir, non drapé	la pièce	17. "	21.25
22495	" " " " drapé	"	22.10	28. "
22496	" " noyer ciré, non drapé	"	18.70	23. "
22497	" " " " drapé	"	23.80	29.75
22498	" " noyer verni, non drapé	"	23. "	28. "
22499	" " " " drapé	"	29. "	36.50
22500	" " acajou verni, non drapé	"	31.50	38.50
22501	" " " " drapé	"	38. "	47. "
22502	" " palissandre, non drapé	"	42. "	52.50
22503	" " " drapé	"	48. "	62. "
22504	" " ébène filets cuivre, non drapé	"	52.50	63. "
22505	" " " " " drapé	"	59. "	72. "

22522

22523

22524

22525

22541

22545

22547

22526 - 22527

22528 - 22529

22555 à 22559

22530 à 22540

22549 à 22554

22564 à 22574

Jetons ronds

		N°	7	8	9	10	11	12	13	14	15
		diamètre m/m	16	18	20	23	25	27	29	31	34
22506	os, ordinaires, blancs ou 4 couleurs	le mille	4.15	4.50	6.40	7.60	8.65	10.30	12. „	13.60	15. „
22507	os, polis 1er choix „	„	8.10	10.20	18.70	23.50	25.50	25.50	28. „	30.50	33. „
22508	os, rubannés 1er choix	„	„	„	„	„	„	25.50	28. „	30.50	33. „

Fiches et Contrats

		N°	24	26	27	28
		longueur des fiches m/m	54	59	61	63
		„ des contrats m/m	27	29	32	34
22509	os, ordinaires, blancs ou 4 couleurs	le mille	10.30	12. „	13.60	15. „
22510	os, polis 1er choix „ „	„	25.50	28. „	30.50	33. „
22511	os, rubannés	„	25.50	28. „	30.50	33. „

Garnitures de Boston

composées de 40 jetons, 40 contrats et 80 fiches en boîte à compartiments, couvercle verre

		N°	24	26	27	28
		longueur des fiches m/m	54	59	61	63
		longueur des contrats & diamètre des jetons m/m	27	29	32	34
22512	os, ordinaires, blancs ou 4 couleurs	la boîte	2.15	2.55	2.75	3. „
22513	os, polis 1er choix „ „	„	4.25	4.65	5.10	5.55
22514	os, rubannés „ „	„	4.25	4.65	„	5.55

Jetons pour cercle et casino, diamètre 33 m/m

		épaisseur m/m	2	3
22515	os poli, sans gravure	le cent	5.55	9.25
22516	ivoire „	„	55.50	65. „
22517	nacre „ „	„	120. „	140. „
	avec gravure, hauteur des chiffres ou des lettres 10 à 15 m/m	le cent de chiffres ou lettres	10. „	

Corbeilles à jetons

		N°	0	1	2
22518	osier, forme ovale	le cent	36. „	45. „	54. „

Corbeilles à jetons, cuir bouilli, fond noir, étoiles bronze

22519	Corbeilles à jetons, cuir bouilli, fond noir, étoiles bronze	le cent	32. „
22520	„ ovales, cuivre poli	la pièce	1.80
22521	„ „ cuivre nickelé	„	2.40

Lanternes magiques à pans, corps nickelé, pied et cheminée vernis, hauteur 235 m/m

22522 avec 12 vues chromolithographiques sur verre, en boîte carton . . . . . la pièce 4. „

Lanternes magiques carrées, décorées, en boîte carton

		hauteur m/m	220	240	285
22523	avec 6 vues peinture fine sur verre	la pièce	5.70	8.60	10. „

Lampascopes boules, décorés ou bronzés au four

		hauteur m/m	235	270	280	305
22524	avec 12 vues, peinture fine sur verre	la pièce	8.60	10.30	13.70	17. „

Les lampascopes sont destinés à être placés sur une lampe quelconque, ils sont livrés sans lampe

Lanternes magiques riches décor fin

		hauteur m/m	260	315	350	380
22525	avec 12 vues peinture fine sur verre	la pièce	12. „	18.50	22.30	27.50

Lanternes magiques de salon, boîte plate bois & carton

		hauteur m/m	200	215	245	280	325
22526	avec 12 vues chromolithographiques sur verre	la pièce	8.60	11.15	„	„	„
22527	„ „ „ peinture fine sur verre	„	„	„	14.60	19. „	20.60

Vues sur verre en bande

		largeur m/m	30	32	41	48	54	61	69
22528	chromolithographiques	la série de 12	1.60	1.85	2.50	„	„	„	„
22529	peinture fine	„	„	„	3. „	3.50	3.85	4.70	6. „

Jeux de Lotos en boîte carton

		Nombre de cartons	12	24	48
22530	Lotos	le jeu	0.55	0.80	1.05
22531	1/2 complets, boules 2 faces à rebord	„	„	0.95	1.15
22532	complets, boules 2 faces à rebord 20 m/m	„	„	1.20	1.50
22533	1/2 fins, boules bois „ „ „	„	„	1.65	2.20
22534	1/2 fins, boules buis „ „ „	„	„	2.20	2.80

Jeux de Lotos en boîte cartonnage riche décor soigné

		Nombre de cartons	24	48
22535	cartons fins, boules bois, 2 faces à rebord	le jeu	1.75	2.50
22536	„ „ boules buis „ „	„	2.20	2.95
22537	cartons riches, boîte maroquin dessus doré	„	2.75	3.65
22538	cartons dorés „ „ „ „	„	3.50	„
22539	„ „ „ „ riche	„	5.70	„
22540	„ „ „ „ riche extra, boules buis verni	„	7.50	„

Marques à piquet

22541	Marques à piquet bois ordinaire verni, touches ferblanc	les cent paires	25. „
22542	„ „ faux bois verni „ „	„	35. „
22543	„ „ acajou verni, touches ferblanc à chiffres	„	50. „
22544	„ „ „ „ touches cuivre à chiffres	„	68. „
22545	„ „ polies, touches bois à ressort	la paire	1.05
22546	„ „ vernies „ „ „	„	2.15
22547	„ „ „ touches ivoire à ressort	„	3.55
22548	„ „ tout métal, nickelé touches à ressort	„	3.85

741

22583 à 22585

22560 à 22563

22586 à 22594

22578-22579

22595 à 22599

22580

22600

22581

22601

22582

Jeux de Nain jaune non garnis, sans cartes ni jetons.

N°	Désignation		Prix
22549	ordinaire chromo doré	la pièce	0.55
22550	à coulisse " "	"	0.80
22551	à caisson " "	"	1.30
22552	fantaisie maroquin	"	2.15
22553	acajou à caissons carton	"	5.10
22554	palissandre, caissons bois,	"	11. " 5

Porte-journaux tringle jusqu'à 75 c/m de longueur

N°	Désignation		hêtre ordre	hêtre verni	acajou	palissandre
22555	à ressort	la pièce	1.20	1.60	2.40	3.80
22556	à écrou, monture plate	"	1.60	1.90	2.85	4.75
22557	" " 1/2 ronde	"	1.90	2.15	3.35	5.70
22558	à bouton déposé, monture plate	"	1.45	1.90	2.85	4.75
22559	" " " 1/2 ronde	"	1.90	2.40	3.80	5.70

Presses-cartes, vis bois

N°	Désignation	Nombre de Cases	8	10	12
22560	bois ordinaire	la pièce	1.35	1.60	1.85
22561	" façon acajou	"	2.40	2.85	3.35
22562	" platane verni	"	2.40	2.85	3.35
22563	" acajou verni	"	3.80	4.30	4.75
	ces presses cartes avec vis fer	l'augmentation		1.45	

Tapis de cartes

N°	Désignation	dimensions c/m	44×34	50×40	55×45	60×50	70×50	80×50
22564	molesKine ordinaire, baguettes clouées, bois rouge	la pièce	1.40	1.65	2.15	2.50	3.50	4. "
22565	" " " " verni	"	1.60	1.85	2.40	2.35	3.90	4.50
22566	molesKine forte " " " rouge	"	1.65	1.90	2.45	2.85	4. "	4.50
22567	" " " " verni	"	1.90	2.15	2.80	3.20	4.40	5. "
22568	drap ordinaire " " " rouge	"	2.20	2.35	3.10	3.50	4.50	5. "
22569	" " " " " verni	"	2.45	2.60	3.35	3.85	5. "	5.50
22570	drap 1/2 fin " " " rouge	"	2.65	2.95	3.75	4.50	5.85	6.35
22571	" " " " " verni	"	2.90	3.20	4.05	4.85	6.35	6.85
22572	drap fin " " " rouge	"	3.20	3.75	4.70	5.15	6.50	7.50
22573	" " baguettes vissées, acajou ou noyer verni	"	4.50	5.50	6.50	7.50	9. "	12. "
22574	velours vert ou grenat, baguettes vissées, acajou ou noyer verni	"	6.50	7.50	8.50	10. "	13. "	14.50

Tapis de cartes souples, sujets assortis, cartes, rois, bureaux, etc

N°	Désignation	dimensions c/m	60×50	70×50	80×50
22575	genre moquette	la pièce	2.70	3.15	"
22576	moquette ordinaire	"	3.60	4.50	5.40
22577	" supérieure	"	5.40	6.30	"

Tourniquet marchand de vins pied fonte ornée, à bille

N°	Désignation		Prix
22578	Tourniquet marchand de vins pied fonte ornée, à bille	la pièce	8.30
22579	" " " " " sujets divers, à bille	"	10.10
22580	" " " zanzibar à dés, remplaçant les chiffres	"	10.10
22581	" " " roue cuivre à ressort double face	"	15.75

N°	Désignation	diamètre de la roue c/m	18	24	28
22582	Tourniquets marchand de vins, modèle d'applique bronzé	la pièce	8.30	11.80	26.25

Jeux de Bagues tout métal décoré

N°	Désignation	diamètre c/m	37	43
22583	rond à bouton 6 chevaux avec selle	la pièce	7.15	"
22584	rond mécanique " " " "	"	10.45	"
22585	" " 8 chevaux portant des numéros	"	"	14.25

Jeux de Courses tout métal décoré

N°	Désignation	diamètre c/m	25	31
22586	rond à bouton, 1 piste, 6 chevaux	la pièce	2.40	"
22587	" " 2 pistes, 6 chevaux	"	3.15	"
22588	" " 2 pistes, 8 chevaux	"	"	3.80

Jeux de Courses tout métal décoré

N°	Désignation	longueur c/m	21	26	33	37	46	53
22589	carré à mécanique, une piste, 4 chevaux	la pièce	2.70	"	"	"	"	"
22590	" " " " 6 chevaux	"	"	4.20	"	"	"	"
22591	" " deux pistes, 8 chevaux	"	"	5.70	7.60	10.50	"	"
22592	" " trois pistes, 6 chevaux	"	"	"	"	12.35	18. "	"
22593	" " quatre pistes, 8 chevaux ponts tabaine	"	"	"	"	"	26.50	44. "
22594	" " cinq pistes, 10 chevaux	"	"	"	"	"	"	57. "

Jeux de Courses cyclistes, mécaniques, métal décoré, longueur c/m

N°	Désignation		24	28	33	36	41	47
22595	carré 3 coureurs, jambes fixes, roues non caoutchoutées	la pièce	3.80	"	"	"	"	"
22596	" " " jambes articulées, roues caoutchoutées, bicyclette à chaîne	"	"	8.55	"	"	"	"
22597	carré 4 coureurs " " " " " "	"	"	"	11. "	16.25	"	"
22598	carré 2 pistes, 4 coureurs indépendants, galerie nickelée	"	"	"	"	"	23. "	"
22599	" 3 pistes, 4 coureurs indépendants, 2 galeries nickelées	"	"	"	"	"	"	34.25

Etablis de menuisier pour enfant

N°	Désignation	longueur c/m	35	40	45	50	60	70	80	90	100
22600	bois poli, garni d'outils	la pièce	3.40	4.70	6. "	7.25	9.35	12. "	16. "	21. "	27. "

Etablis de repasseuse pour fillette

N°	Désignation	longueur c/m	50	60	70	80
22601	bois poli avec accessoires	la pièce	6.40	8.10	10.20	12.75

742

22602 – 22603

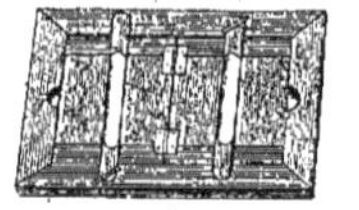

22628

22629

22630

22606 – 22607 avec 22609

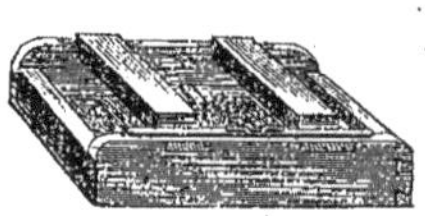

22631

22632 – 22633

22610 à 22616

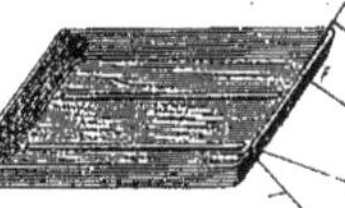

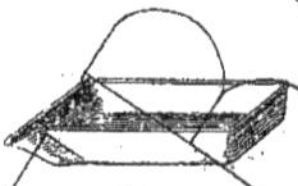

22634

22619 à 22623

22635

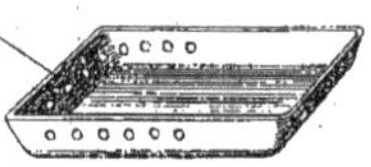

22636

22624 à 22626

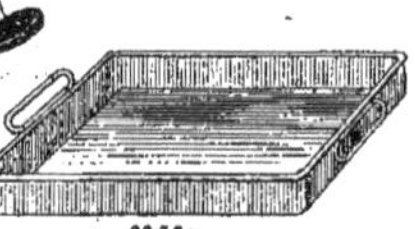

22637

Appareils et Fournitures Photographiques

Ces articles ne peuvent être ni repris ni échangés.

22602 **Jumelle** achromatique 9×12 pour la pose et l'instantané, disposée pour le déclanchement à la main ou à la poire; obturateur à vitesses variables 2 écrous, 6 châssis métalliques 4 dos, 1 glace dépolie, viseur à bascule, déclanchement à la main ... la pièce 29. »
22603 **Jumelle** rectiligne, foyer fixe, même modèle que N° 22602 ... » 58. »
Les jumelles avec poire et tube caoutchouc avec raccord pour déclanchement Augmentation ... 4. »
22604 **Lentilles** complémentaires pour opérer à 1, 3 ou 5 mètres ... la trousse de 3 lentilles 6. 30
22605 **Sac** cuir pour les jumelles ci-dessus ... la pièce 10. »

22606 **Jumelle** rectiligne 12 plaques 9×12 pour la pose et l'instantané, déclanchement à la main ou à la poire, foyer variable, glace dépolie pour la mise au point facultative, viseur à bascule, compteur automatique, sans magasin ... la pièce 190. »
22607 **Même modèle** que N° 22606 avec objectif hémisphérique Darlot ... » 225. »
22608 **Châssis** double à rideau pour d° ... » 18. »
22609 **Magasin** détachable supplémentaire ... » 80. »

Détectives achromatiques, gainerie maroquin, disposés pour le déclanchement à la main ou à la poire, obturateur à guillotine toujours armé pour la pose et l'instantané, cadran gravé pour indiquer les vitesses variables, compteur automatique, diaphragme iris
22610 pour 6 plaques 6½×9 foyer fixe, déclanchement à la main ... la pièce 27. »
22611 pour 12 plaques 6½×9 » » » » » ... » 30.50
22612 pour 6 plaques 9×12 » » » » » ... » 32.50
22613 pour 12 plaques 9×12 » » » » » ... » 36. »
22614 pour 12 plaques 8¾×10¾ » » » » » ... » 36. »
22615 pour 12 plaques 8¾×10¾ foyer variable opérant à distances variables sans lentille supplément[re] » 45. »
ces appareils avec objectif achromatique Darlot ... Augmentation ... » 5. 50
» avec propulseur pour déclencher à la poire ... » 4. »

22616 **Détective** rectiligne, même disposition que ci-dessus
pour 12 plaques 9×12 foyer fixe déclanchement à la main ... la pièce 54. »
avec propulseur pour déclencher à la poire ... Augmentation ... » 4. »
22617 **Lentilles** complémentaires pour opérer à 1, 3 et 5 mètres ... la trousse de 3 lentilles 6. 30
22618 **Sac** mousette toile grise doublée molleton avec courroie ... la pièce 4.50

Détectives de précision nouvelle chambre, gainerie maroquin riche, déclanchement au doigt ou à la poire, vitesses variables, obturateur faisant la pose et l'instantané, 2 viseurs clairs, double porte à l'arrière pour retirer les châssis impressionnés sans déranger ceux qui ne le sont pas
22619 pour 12 plaques 9×12, objectif rectiligne ... la pièce 81. »
22620 » » » » » ortho symétrique 1re classe ... » 100. »
22621 » » » » » hémisphérique Darlot ... » 135. »
22622 » » » » » anastigmat Steinheil ... » 180. »
22623 » » » » » double anastigmat Goerz série III ... » 250. »
pour plaques format anglais 8¾×10¾ ... Mêmes prix
Ces détectives se font à décentrements vertical et horizontal évitant d'incliner l'appareil pour la photographie des monuments élevés et empêcher la déformation Augmentation la pièce ... 9. »

Détectives de précision, gainerie maroquin fine, déclanchement au doigt ou à la poire, à foyer et vitesses variables, compteur automatique, 2 viseurs clairs système Dechris, 2 niveaux, objectif système hélicoïdal à diaphragme iris
22624 pour 12 plaques 9×12, objectif anastigmat Steinheil ... la pièce 190. »
22625 » » » » » » symétrique Darlot ... » 260. »
22626 » » » » » double anastigmat Goerz série III ... » 260. »
22627 **Sac** toile grise doublé molleton, courroie forte, à ouverture permettant d'opérer sans sortir l'appareil ... » 10.50

	Châssis-presses dimensions %m	6½×9	9×12	13×18	18×24
22628	américains, sans glace, barres métal formant ressort ... la pièce	0.95	1.10	1.35	»
22629	anglais » » barres bois ... »	1.05	1.20	1.45	1.70
22630	» » » avec chevalet ... »	»	1.50	1.85	2.25
22631	français extra fort avec glace St Gobain rodée, barres bois ... »	»	3.40	4.50	6.75

	Cuvettes cuir bouilli dimensions intérieures %m	7×10	10×13	14×20	16×22	19×25	22×28	25×31
22632	laqué noir ... la pièce	0.55	0.75	1.20	1.65	2.15	2.85	3.40
22633	» » intérieur blanc ... »	0.75	1. »	1.60	2.15	3.30	4.10	5. »

	Cuvettes faïence à bec dimensions intérieures %m	7×10	9×12	10×13	12×16	14×19	16×22	19×25	26×32
22634	sans inscription ... la pièce	0.35	0.60	0.60	1.20	1.30	1.80	2.30	4.55
22635	avec inscription noire inaltérable ... »	0.60	»	0.85	»	1.60	»	2.75	5.50
22636	avec parois perforées ... »	»	»	1.40	»	1.60	»	2.75	7.10

22639 – 22640

22641 — 22642-22643 avec robinet — 22644-22645

22646-22647 — 22648 — 22649

22650 — 22651 — 22652

22653-22654 — 22655 à 22658

22659-22660 — 22661

Cuvettes zinc fort

		dimensions intérieures %m	22x28	27x34	32x45	38x56	55x70	60x80	80x114
22637	avec poignées sans robinet	la pièce	2.80	3.55	4.75	6.80	»	»	»
22638	» » et robinet cuivre		»	»	»	»	11.75	14. »	22.10

Cuvettes zinc fort avec grille

		dimensions intérieures %m	24x30	30x40	40x50	50x60
22639	zinc poli, robinet cuivre poli avec poignées	la pièce	7.15	8. »	10.20	12.35
22640	zinc verni, robinet cuivre nickelé	»	9.50	11.50	15.30	17. »

Cuves cuir bouilli laqué noir

		dimensions intérieures %m	9x12	13x18	18x24
22641	à 12 rainures	la pièce	2.05	3.15	4.25

Cuves zinc, rainures arrondies

		dimensions intérieures %m	6½x9	9x12	13x18	18x24
22642	zinc poli 12 rainures fixes sans robinet	la pièce	2.05	2.30	3.05	2.65
22643	» » 24 » » »	»	3.55	4.15	4.70	6.80
22644	» » 12 rainures mobiles sans robinet	»	3.05	3.60	4.10	5.10
22645	» » 24 » » »	»	5.10	6.15	6.65	8.50
22646	» » 12 rainures mobiles inclinées sans robinet	»	»	4.10	5. »	5.95
22647	» » 24 » » » »	»	»	7. »	8.35	11.50

avec robinet cuivre poli .... Augmentation, la pièce 1.35

» » cuivre nickelé .... » 1.95

zinc verni .... Augmentation suivant dimension 1.30 à 4.25

Dégradateurs verre jaune

		dimensions %m	6x9	7x10	8x11	9x12	10x13	13x18	15x21	18x24
22648	forme ovale	la pièce	1.60	1.80	1.95	2.20	2.80	4.30	4.70	6.80
22649	» poire	»	1.70	1.95	2.20	2.50	3.15	4.70	5.20	7.50
22650	» carrée	»	1.70	1.95	2.20	2.50	3.15	4.70	5.20	7.50

Lanterne Pigeon

Voir page 595 N°s 18048 et 18049

Lanterne

22651	carrée pour lampe à essence, 2 verres, 1 rouge et 1 jaune dimensions %m 9x12 la pièce	1.75
22652	» à huile, 2 verres 1 rouge et 1 jaune dimensions %m 9x12	2.80
22653	» à bougie » » » » 13x16	3.50
22654	» à pétrole » » » » 13x16	5.70

Lanternes à verres inclinés, dessus verre jaune dépoli

		dimensions %m	13x13	18x20
22655	à bougie devant fixe — 2 verres 1 rouge 1 jaune	la pièce	4.10	»
22656	» devant rentrant	»	4.75	»
22657	à pétrole devant fixe	»	6.40	9. »
22658	» devant rentrant	»	»	10.65
22659	à gaz devant fixe avec bec papillon	»	»	15.30
22660	» » » » » à incandescence	»	»	21.25

Laveurs pliants zinc poli

		dimensions %m	6½x9	9x12	13x18
22661	pour 12 plaques	la pièce	1.05	1.20	1.70

Papiers au citrate d'argent pour épreuves positives par contact, en pochettes

		dimensions %m	6½x9	9x12	13x18	18x24
		Nombre de feuilles à la pochette	48	24	12	6
22662	marque Aslio	la pochette	0.95	0.95	0.95	0.95
22663	» Tambour	»	1.45	1.45	1.45	1.45
22664	» Lumière	»	1.65	1.65	1.65	»

Plaques négatives au gélatino bromure d'argent

		dimensions %m	6½x9	9x12	13x18	18x24
22665	marque Jougla bande rose	la boîte de 12 plaques	1.60	3.25	4.85	9.70
22666	» » bande verte	»	1.80	3.60	5.40	10.80
22667	marque Guilleminot La Parfaite	»	1.45	3.15	5.20	11.70
22668	» » bande verte	»	1.60	3.40	5.80	12.60
22669	marque Lumière, étiquette bleue, jaune ou rouge	»	1.80	4. »	6.20	14.40
22670	» » » violette	»	2.10	4.50	7.20	16.55

Produits chimiques

			¼ flacon	½ flacon	flacon
22671	Révélateur solution concentrée	la pièce	»	2.25	3.35
22672	Viro fixeur aux sels d'or, solution normale	»	1.70	2.70	4.75
22673	» » » » solution concentrée (dose pour 1 litre)	»	»	»	4.40
22674	» » » » en sel	»	»	»	5.40
22675	Révélateur solution normale	»	1.30	2.15	4.05
22676	» » concentrée (dose pour 1 litre)	»	»	»	3.70
22677	» » en sel	»	»	»	4.05

Hyposulfite de soude

		en paquets, poids en grammes	250	500	1000
22678	qualité N° 1	le paquet	»	0.35	0.50
22679	» extra	»	»	0.60	0.85
22680	» anhydre	»	0.85	1.25	2.05

22684

22685 – 22686

22687

22688 à 22693

22701 à 22705

22694 à 22696

22697 à 22700

22706 à 22711

22712 – 22713

22714 à 22717 – 22751 à 22754

22718 à 22720

22721

Articles de Voyage.

Ceintures cuir bruni ou noir, boucle fer façon piqué

		18	20	22	25	27	30
	largeur m/m	18	20	22	25	27	30
22681	longueur 70 à 90 c/m … le cent	33. »	37.50	42. »	46. »	50. »	54. »
22682	» 80 à 100 … »	37.50	42. »	46. »	50. »	54. »	58. »
22683	» 90 à 110 … »	42. »	46. »	50. »	54. »	58. »	63. »

avec boucle à rouleau étamé … Augmentation … le Cent … 3. »
» recouverte cuir … » … » … 4. »
en cuir verni, avec boucle fer noir … » … 4. »

Courroies doubles cuir bruni

	largeur m/m	11	16	18	20	22	25	27
	longueur c/m	50 à 65	70 à 80	80 à 100	80 à 100	80 à 100	90 à 110	100 à 110
22684	avec poignée cuir boucle fer façon piqué … la pièce	0.70	1.15	1.35	1.60	1.90	2. »	2.50

avec boucle recouverte cuir … Augmentation … la pièce … 0.10

Coussins pour siège

		1	2	3
	dimensions c/m	34 x 37	38 x 43	41 x 48
22685	recouverts moleskine … la pièce	2.10	2.90	3.70
22686	» peau … »	4.95	6.60	8.25

Coussins caoutchouc forme ronde

22687	diamètre c/m	25	30	35	40	45	50
	feuille anglaise vulcanisée … la pièce	10.50	12. »	15. »	16. »	22.50	30. »

Il se fait des coussins caoutchouc meilleur marché, mais qui ne résistent pas longtemps à l'usage

Etui à chapeau

22688 dit mignon, petit modèle, toile grise à boucle … la pièce 4. »
22689 » » » » » » toile havane à boucle … » 5. »
22690 » » » » » » mouton scié bruni à boucle … » 7.75
22691 » » dit seau, grand modèle, toile grise, avec boîte à faux cols … » 7. »
22692 » » » » » » toile havane » » » » … » 7.50
22693 » » » » » » mouton cousu » » » … » 9.25

Gibecières de banque ou de recettes

	largeur m/m	16	18	20	22	24	27	30
22694	mouton chagriné doublé finette, courroie autour … la pièce	»	4.50	5. »	5.85	6.75	»	»
22695	mouton doublé chamois fermoir cuivre, courroie autour … »	»	5.10	5.85	6.75	8.10	9.50	»
22696	mouton jaune doublé chamois » » » » … »	»	6.30	6.75	7.65	8.50	10. »	»
22697	mouton chagriné, intérieur basane, façon sellier, fermoir simple … »	7.60	8.10	8.55	10. »	11.40	13.30	15.20
22698	façon vache jaune ou noire, intérieur basane, façon sellier, fermoir tournant … »	9.50	10. »	11. »	11.90	13.30	15.20	17.10
22699	maroquin grain du Levant, vache noire vernie ou havane, cousue au point de sellier, fermoir à anneaux nickelés, courroie à boudin … »	12.35	14.25	17.10	20. »	24.70	27.50	30.50
22700	Même modèle que No 22699 avec courroie double, piquée … »	16.15	18. »	20.90	23.60	28.50	31.30	34.30

Gibecières de voyage, dites anglaises

	largeur c/m	18	20	22	24
22701	mouton chagriné noir doublé toile fermoir fer verni, courroie autour … la pièce	3.70	4.15	4.60	5.10
22702	mouton chagriné jaune et rouge » » » » » » … »	4.15	4.60	5.10	5.55
22703	mouton chagriné jaune, grain long, doublé peau jaune, fermoir nickelé, courroie autour … »	6. »	6.45	6.95	7.40
22704	mouton chagriné noir, doublé peau jaune, fermoir nickelé, courroie autour … »	7.85	8.30	8.75	9.70
22705	vache jaune ou vernie, doublé peau, fermoir nickelé fin, courroie autour … »	13.85	15.75	17.60	19.60

Sacs d'officier

	largeur c/m	24	27	30	33	36	39	42
22706	mouton chagriné gros grain, doublé peau, fermoir verni … la pièce	9.50	10.50	11.50	12.50	14. »	15.50	»
22707	» » petit grain, poche extérieure à soufflet, fermoir verni … »	13. »	14. »	15. »	16. »	17. »	19. »	»
22708	mouton grain maroquin, façon sellier doublé peau, fermoir verni … »	17.10	21. »	26.60	30.50	34.50	38. »	42. »
22709	mouton gros grain fort, cousu à la main, doublé peau, fermoir nickelé … »	23.75	27.65	33.75	38. »	42. »	46. »	51. »
22710	maroquin grain du Levant » » » » » » … »	30.50	34.20	41. »	46. »	50. »	54. »	59. »
22711	vache havane ou vernie » » » » » » … »	37. »	45.60	49.50	54. »	59. »	64. »	70. »

Malles longues pouvant servir à l'emballage

	Nos	24	27	30	33	36	39	42
	longueur c/m	65	73	80	88	100	105	115
22712	ordinaires … la pièce	3.40	3.70	4.20	4.70	5.25	6. »	6.85
22713	façon Toulouse … »	»	»	5.25	6. »	6.60	7.35	8.40

Malles chapelières, couvercle bombé

	longueur c/m	60	65	70	75	80	85	90	100
22714	recouvertes toile noire, serrure fer, 1 châssis … la pièce	8.40	9.45	10.50	12.10	13.15	14.20	15.50	»
22715	» » » » » 2 châssis … »	9.45	10.50	11.55	13.15	15.25	16.30	17.60	20.50
22716	» toile havane ou rayée, 1 châssis … »	9.45	10.50	11.55	13.15	14.20	15.25	16.55	»
22717	» » » » 2 châssis … »	10.50	11.55	12.60	14.20	16.30	17.35	18.65	21.65
22718	» toile peinte, serrures cuivre, liteaux hêtre, 2 châssis … »	14.70	15.75	17.85	20. »	23.10	26.75	29.40	32.50
22719	» » » » » » » sabots tôle 2 châssis … »	»	27. »	30. »	33.75	37. »	41. »	43. »	50. »
22720	» » » » » » » boulonnées aux bouts 2 châssis … »	»	»	39. »	41. »	43. »	45.60	48.50	57. »
22721	» » » doublées toile, serrures cuivre, boulonnées autour, 2 châssis … »	»	»	50. »	53. »	57. »	61. »	67. »	76. »
22722	» » » cuivre, doublées toile, fond tendu, très soigné, 2 châssis … »	»	»	59. »	61. »	65. »	69. »	76. »	86. »

avec courroie cuir … Augmentation … la pièce … 5.70

745

22723-22724
22749-22750

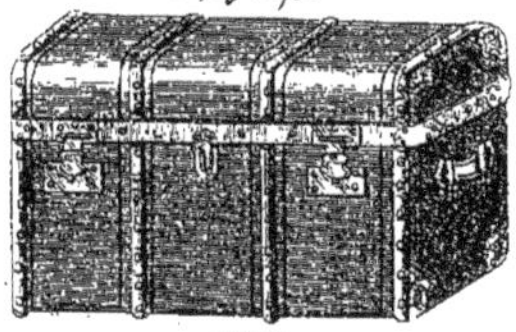

22733

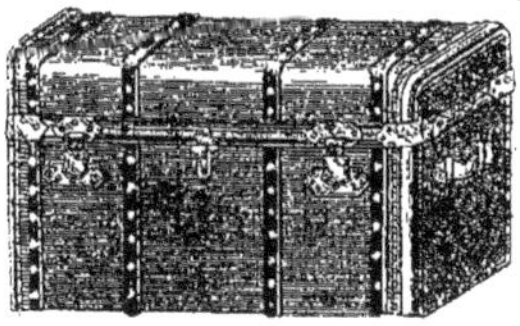

22736

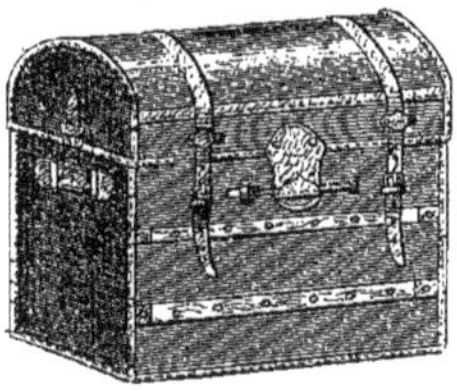

22738

22739

22743

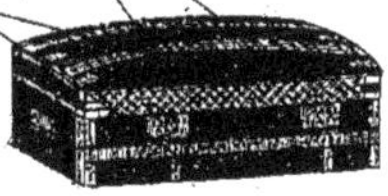

22744

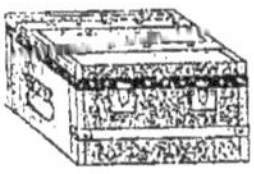

22745

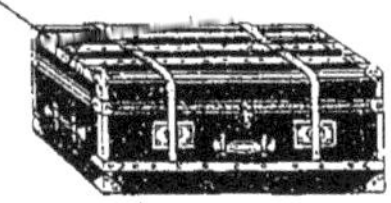

22747

Malles poste, dessus plat.

N°	longueur %m	60	65	70	75	80	85	90	100	110
22723	recouvertes toile noire, serrure fer, 1 châssis ... la pièce	7.35	7.90	8.90	10.»	11.»	12.10	13.15	15.25	»
22724	» » » » » 2 châssis ... »	8.95	9.50	10.50	11.60	12.6»	13.70	14.75	16.85	»
22725	» toile peinte, serrures cuivre, liteaux hêtre, 1 châssis ... »	13.15	14.20	15.75	17.55	18.90	21.»	22.60	26.25	»
22726	» » » » » » » 2 châssis ... »	14.75	15.80	17.35	19.15	20.50	22.60	24.20	27.85	»
22727	» » » » » » » cadets tôle 1 châssis ... »	21.»	22.80	24.70	27.50	30.»	31.25	33.25	38.»	43.»
22728	» » » » » » » » 2 châssis ... »	22.90	24.70	26.60	29.40	31.90	33.15	35.15	40.»	45.»
22729	» » » » » » bordures cuir bout 2 châssis ... »	»	30.»	33.25	36.»	39.»	40.»	43.»	47.»	52.»
22730	» » » » » » bordures cuir autour 2 châssis ... »	»	37.50	39.50	45.»	48.»	52.»	58.»	61.»	69.»
22731	» » » cuivrée doublée toile fond tendu, très soignée, 2 châssis ... »	»	»	46.»	50.»	53.»	57.»	63.»	70.»	80.»

avec courroie cuir ... Augmentation la pièce 5.70

Malles tissu de bois, cercles hêtre, intérieur doublé toile

N°	longueur %m	80	90	100	110
22732	forme haute pour dame, peintes gris ... la pièce	94	101	108	115
22733	» ½ haute pour homme » » ... »	85	92	98	103
22734	» basse pour cabine » » ... »	76	83	88	94
22735	» haute pour dame, peintes jaune, angles cuir ... »	126	135	144	162
22736	» ½ haute pour homme » » ... »	117	126	135	144
22737	» basse pour cabine » » ... »	100	108	117	126

Malles anglaises grises, recouvertes, moleskine

N°	longueur %m	70	80	90	100	110
22738	bombées pour dame, bande cuir, 2 châssis ... la pièce	60	67	78	85	92
22739	plates pour homme, bande cuir, 1 châssis ... »	54	61	67	78	84

Malles osier blanc

Malles osier blanc ... Voir page 696 Nos 20774 à 20778

Cantine d'Officier

22740 Cantine d'Officier, modèle ordinaire, longueur 65%m, intérieur toile fine ... la pièce 18.50
22741 » » » » » intérieur zingué ... » 25.»
22742 » » modèle colonial, longueur 70%m, intérieur zingué ... » 37.»

Malles de voyage (série spéciale pour l'Exportation) rentrant les unes dans les autres

N°		1	2	3	4	5	6
	longueur %m	49	54	64	72	80	90
	largeur %m	24	29	34	38	44	49
22743	plates noires, bois recouvert toile cirée, liteaux bois fer aux angles le jeu de 3 malles ...	15.25					
	le jeu de 4 » ...	21.25					
	le jeu de 5 » ...	28.75					
	le jeu de 6 » ...	37.»					
22744	bombées; même qualité, mêmes dimensions ...	Mêmes prix					

Modèle colonial

22745 Modèle colonial, recouvrement métallique laqué couleur.
Nous pouvons composer des jeux au gré de la demande.

	1	2	3	4	5	6	7	8	9
longueur %m	36	40	44	48	52	56	62	68	74
largeur %m	18	22	25	29	33	37	40	44	48
hauteur %m	14	17½	21	24	27	31	36	39	43
la pièce	3.45	3.95	5.50	6.20	8.»	8.85	9.45	10.20	11.10

le jeu de 9 malles ... 66.70

Modèle de cabine, dites paquebots, 1 châssis

2 serrures, 3 poignées, intérieur garni toile.

N°		1	2	3
	longueur %m	70	80	90
	largeur »	40	46	52
	hauteur »	30	36	42
22746	bois recouvert toile peinte, qualité ordinaire ... le jeu de 3 malles ..	47.»		
22747	» » » » » ½ fine, serrures cuivre ... »	59.»		
22748	» » » » » fine » » ... »	83.»		

Modèle plat dites postes

N°		1	2	3	4	5	6	7	8
	longueur %m	60	70	80	100	65	75	90	110
	largeur %m	35	40	45	50	35	40	45	50
	hauteur %m	31	36	41	46	31	36	41	47
22749	noires, ordinaires, serrures fer ... le jeu de 4 malles	56.»				62.»			
22750	peintes havane ou marron, serrure cuivre ... »	82.»				92.»			

Modèle bombé, dites chapelières

N°		1	2	3	4	5	6	7	8	9	10	11
	longueur %m	75	85	70	80	90	60	67	74	81	80	100
	largeur %m	43	48	40	45	50	36	41	46	51	48	53
22751	noires ordinaires 1 châssis, le jeu de 2 malles	34.»		»			»				»	
22752	» » 2 » » 2 »	36.»		»			»				»	
22751	» » 1 » » 3 »	»		50.»			»				»	
22752	» » 2 » » 3 »	»		54.50			»				»	
22752	» » 2 » » 4 »	»		»			60.»				»	
22753	peintes havane, serrure cuivre, sans courroie, 1 châssis ... le jeu de 2 malles ..										70.»	
22754	» » » » avec courroie, 1 châssis ... »										80.»	

22756-22757 — 22758 — 22760 à 22766, 22768 à 22771 — 22767 — 22772 à 22775 — 22776 à 22780 — 22781-22782 — 22783 — 22784-22785 — 22786 — 22787 — 22788 à 22790 — 22791 — 22792-22793 — 22794 à 22796 — 22797 à 22799 — 22800 à 22803 — 22804-22805 — 22806 à 22810 — 22813-22814

Valises sans séparation, intérieur papier, poignées fixes, longueur %m 50 55 60 65

N°	Désignation		Prix
22755	lapin toile grise sans contre-sanglons	la pièce	1.50
22756	» » » avec contre-sanglons	»	1.75
22757	peinte toile rouge, avec contre-sanglons	»	2.50
22758	» » » avec ½ courroies	»	2.75
22759	toile rouge coins fer avec contre-sanglons	»	2.75
22760	» » coins cuir cloué, avec ½ courroies, séparation papier	»	4.75
	recouvertes moleskine — Augmentation	»	0.45

Valises avec ½ courroies et séparation, intérieur coutil, longueur %m 50 55 60 65

N°	Désignation		Prix
22761	toile havane coins fer — poignées fixes	la pièce	4.15
22762	» » » cuir cloué	»	5.10
22763	» » » cuir cousu	»	5.55
22764	moleskine, coins fer	»	4.55
22765	» coins cuivre ou nickelés	»	5.10
22766	» cuir cousu jaune ou noir	»	6.50
22767	toile havane fond bois, 4 liteaux, courroies autour	»	7.40
22768	toile carmélites coins cuir cousu fin	»	8.35
22769	» » coins carrés cousus fin, courroies autour, poignées patin	»	13. »
22770	» » coins et bandes russes	»	15. »
22771	½ peau brunie coins cuir cousus — poignées fixes	»	11.25

Valises peau pleine séparation bordée, poche peau, intérieur fin, poignées à patin, coins cuir cousu fin, courroies autour

N°	Désignation	longueur %m	55	60	65	70
22772	brunie, coins ronds	la pièce	16.15	17.10	18. »	21. »
22773	chagrinée noire, coins ronds	»	17.15	18.10	19. »	22. »
22774	brunie, coins carrés	»	18. »	19. »	20. »	24.70
22775	chagrinée noire, coins carrés	»	20. »	21. »	22. »	26.70

Valises à soufflet courroies autour

N°	Désignation	longueur %m	55	60	65	70
22776	toile havane, poignées fixes	la pièce	14.25	15.20	16.15	18. »
22777	» » forte, poignées à patin	»	19. »	20. »	21. »	23. »
22778	mouton bruni ou chagriné peau pleine, séparation bordée poche peau	»	29.50	31.25	33.25	37. »
22779	toile carmélite, double soufflet, larges bandes cuir séparation bordée poche peau	»	32.50	»	36. »	44. »
22780	chagriné noir	»	50. »	53. »	57. »	67. »

Sacs à main ou pour fillette

N°	Désignation	longueur %m	12	14	16	18	20	22
22781	forme ballon, grainé noir, doublé moleskine, fermeture nickelée	la pièce	1.50	1.65	1.90	2.15	2.50	2.85
22782	» grain long toutes couleurs	»	1.85	2. »	2.25	2.65	3. »	3.35
22783	forme valise petit grain, avec poche et rabat	»	2.65	3. »	3.35	3.70	4.15	»
22784	forme plate cuir anglais, poche à revers	»	»	3.50	4. »	4.50	»	»
22785	» » cuir écrasé, toutes couleurs	»	»	4.50	5. »	5.50	»	»
22786	forme carrée plaque ou cuir russe, fermeture nickelée ou dorée	»	»	7.50	8.50	9.50	10.50	11.50
22787	forme Louis XV, veau toutes nuances triple poche	»	»	10. »	11. »	12. »	13. »	14.50

Sacs de dame

N°	Désignation	longueur %m	20	22	24	27	30	33
22788	cuir gros grain, pattelette doublée moleskine, fermoir à clef	la pièce	3.65	4. »	4.35	4.70	5. »	6. »
22789	cuir petit grain » » » poignée plate	»	5. »	5.25	5.70	6.15	6.65	7.65
22790	» » » » peau, fermoir tout nickelé	»	7.50	8. »	8.50	9. »	9.50	10.50
22791	» » » poche revers doublé peau	»	8.50	9. »	10. »	11. »	12. »	13. »
22792	cuir anglais, tirettes viennoises	»	10.50	11. »	12. »	13. »	14. »	15. »
22793	cuir écrasé, toutes couleurs	»	13. »	14.50	16. »	18. »	20. »	22. »

Sacs de nuit côtés souples, fond rigide

N°	Désignation	longueur %m	27	33	38	43	48	54	58
22794	toile tannée fermoir à clef	la pièce	4.85	5.35	5.95	6.80	7.65	8.50	10.20
22795	moleskine »	»	4.85	5.35	5.95	6.80	7.65	8.50	10.20
22796	mouton chagriné	»	9.70	11. »	13. »	15. »	16. »	18. »	21. »

Sacs de voyage forme longue

N°	Désignation	longueur %m	24	27	30	33	36	39	42	45
22797	toile havane ou noire imitation cuir	la pièce	6.65	7.15	7.60	8.55	9. »	10. »	11. »	11.90
22798	cuir façon vache doublé peau, cadre verni	»	9. »	10. »	11. »	12.35	14.25	16.25	18. »	20.50
22799	vache vernie en couleur doublé peau, cadre nickelé	»	15.20	17.10	18.50	20.50	22.50	24.25	25.60	29.50

Sacs-valises fond carré, poignées plates cousues

N°	Désignation	longueur %m	30	33	36	39	42	45
22800	mouton chagriné noir doublé toile fermoir verni	la pièce	13.80	15.20	16.75	18.50	21. »	23. »
22801	» » » doublé peau » nickelé	»	19. »	20.50	23. »	24.70	26.60	29.50
22802	cuir anglais, noir ou grenat doublé peau	»	22. »	23.75	25.65	27.50	29.50	32.50
22803	vache vernie en couleur doublé peau fermoir nickelé fin	»	33.25	36. »	37.50	40. »	42. »	44. »
22804	» » » doublé toile fermoir verni, à soufflet	»	21. »	23. »	25.65	28. »	30.50	33.50
22805	» » » doublé peau fermoir nickelé, à soufflet	»	25.65	28. »	32.75	34.25	37. »	40. »

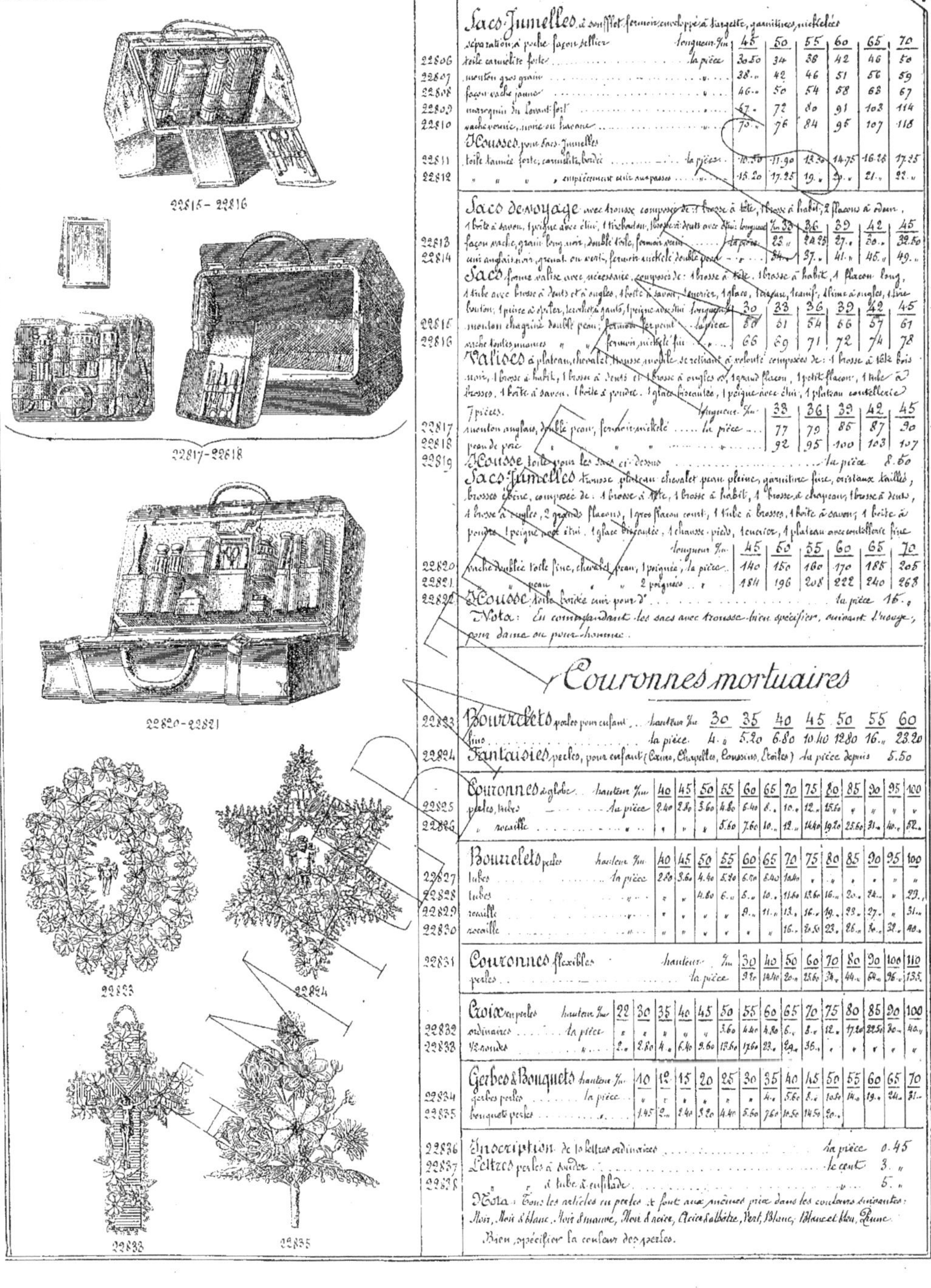

22815 – 22816

22817 – 22818

22820 – 22821

22823

22824

22833

22835

Sacs-Jumelles à soufflet, fermoir enveloppé à targette, garnitures nickelées séparation à poche façon sellier

		45	50	55	60	65	70
	longueur ‰						
22806	toile carmélite forte . . . la pièce	30.50	34	38	42	46	50
22807	mouton gros grain . . . "	38. "	42	46	51	56	59
22808	façon vache jaune . . . "	46. "	50	54	58	63	67
22809	maroquin du Levant fort . . . "	67. "	72	80	91	103	114
22810	vache vernie, noire ou havane . . . "	70. "	76	84	95	107	118

Housses pour Sacs-Jumelles

		45	50	55	60	65	70
22811	toile tannée forte, carmélite, bordée . . . la pièce	10.50	11.90	13.50	14.75	16.25	17.25
22812	" " " , empiècement cuir aux passes . . . "	15.20	17.25	19. "	20. "	21. "	22. "

Sacs de voyage avec trousse composée de : 1 brosse à tête, 1 brosse à habit, 2 flacons à odeur, 1 boîte à savon, 1 peigne avec étui, 1 tire-bouton, 1 brosse à dents avec étui

	longueur ‰	33	36	39	42	45
22813	façon vache, grain long noir, double toile, fermoir uni . . . la pièce	23. "	24.25	27. "	30. "	32.50
22814	uni anglais noir, grenat ou vert, fermoir nickelé double poche . . . "	34. "	37. "	41. "	45. "	49. "

Sacs forme valise avec nécessaire, composés de : 1 brosse à tête, 1 brosse à habit, 1 flacon long, 1 tube avec brosse à dents et à ongles, 1 boîte à savon, 1 encrier, 1 glace, 1 ciseaux, 1 canif, 1 lime à ongles, 1 tire-bouton, 1 pince à épiler, 1 crochet à gants, 1 peigne avec étui

	longueur ‰	30	33	36	39	42	45
22815	mouton chagriné double peau ; fermoir serpent . . . la pièce	50	51	54	56	57	61
22816	vache toutes nuances " " fermoir nickelé fin . . . "	66	69	71	72	74	78

Valises à plateau, chevalet, trousse mobile se retirant à volonté composées de : 1 brosse à tête bois noir, 1 brosse à habit, 1 brosse à dents et 1 brosse à ongles id., 1 grand flacon, 1 petit flacon, 1 tube à brosses, 1 boîte à savon, 1 boîte à poudre, 1 glace biseautée, 1 peigne avec étui, 1 plateau coutellerie 7 pièces.

	longueur ‰	33	36	39	42	45
22817	mouton anglais, double peau, fermoir nickelé . . . la pièce	77	79	85	87	90
22818	peau de porc " " . . . "	92	95	100	103	107

22819 **Housse** toile pour les sacs ci-dessus . . . la pièce 8.50

Sacs-Jumelles trousse plateau chevalet peau pleine, garniture fine, cristaux taillés, brosses ébène, composée de : 1 brosse à tête, 1 brosse à habit, 1 brosse à chapeau, 1 brosse à dents, 1 brosse à ongles, 2 grands flacons, 1 gros flacon court, 1 tube à brosses, 1 boîte à savon, 1 boîte à poudre, 1 peigne avec étui, 1 glace biseautée, 1 chausse-pieds, 1 encrier, 1 plateau avec coutellerie fine

	longueur ‰	45	50	55	60	65	70
22820	vache doublée toile fine, chevalet peau, 1 poignée, la pièce . . .	140	150	160	170	185	205
22821	" peau " " 2 poignées . . . "	184	196	208	222	240	268

22822 **Housse** toile bordée cuir pour d° . . . la pièce 16. "

Nota : En commandant les sacs avec trousse bien spécifier, suivant l'usage, pour dame ou pour homme.

Couronnes mortuaires

	Bourrelets perles pour enfant . . . hauteur ‰	30	35	40	45	50	55	60
22823	fins . . . la pièce	4. "	5.20	6.80	10.40	12.80	16. "	23.20

22824 **Fantaisies** perles, pour enfant (Croix, Chapelles, Coussins, Étoiles) la pièce depuis 5.50

	Couronnes à globe . . . hauteur ‰	40	45	50	55	60	65	70	75	80	85	90	95	100
22825	perles, tubes . . . la pièce	2.40	2.80	3.60	4.80	6.40	8. "	10. "	12. "	15.60	"	"	"	"
22826	" rocaille . . . "	"	"	"	5.60	7.60	10. "	12. "	14.40	19.20	25.60	31. "	40. "	52. "

	Bourrelets perles . . . hauteur ‰	40	45	50	55	60	65	70	75	80	85	90	95	100
22827	tubes . . . la pièce	2.80	3.60	4.40	5.20	6.40	8.40	10.40	"	"	"	"	"	"
22828	tubes . . . "	"	"	4.80	6. "	8. "	10. "	11.60	13.60	16. "	20. "	24. "	"	29. "
22829	rocaille . . . "	"	"	"	"	9. "	11. "	13. "	16. "	19. "	23. "	27. "	"	31. "
22830	rocaille . . . "	"	"	"	"	"	"	16. "	20.50	23. "	26. "	30. "	32. "	40. "

	Couronnes flexibles . . . hauteur ‰	30	40	50	60	70	80	90	100	110
22831	perles . . . la pièce	9.80	14.40	20. "	25.60	34. "	44. "	64. "	96. "	135.

	Croix en perles . . . hauteur ‰	22	30	35	40	45	50	55	60	65	70	75	80	85	90	100
22832	ordinaires . . . la pièce	"	"	"	"	"	3.60	4.40	4.80	6. "	8. "	12. "	17.20	22.50	30. "	40. "
22833	1/2 rondes . . . "	2. "	2.80	4. "	6.40	9.60	13.60	17.60	23. "	29. "	36. "	"	"	"	"	"

	Gerbes & Bouquets . . . hauteur ‰	10	12	15	20	25	30	35	40	45	50	55	60	65	70
22834	gerbes perles . . . la pièce	"	"	"	"	"	"	4. "	5.60	8. "	10.50	14. "	19. "	24. "	31. "
22835	bouquets perles . . . "	1.45	2. "	2.40	3.20	4.40	5.60	7.60	10.50	14.50	20. "				

22836 **Inscription** de 10 lettres ordinaires . . . la pièce 0.45

22837 **Lettres** perles à souder . . . le cent 3. "

22838 " " à tube à enfilade . . . " 5. "

Nota : Tous les articles en perles se font aux mêmes prix dans les couleurs suivantes : Noir, Noir & blanc, Noir & mauve, Noir & acier, Acier & albâtre, Vert, Blanc, Blanc et bleu, Prune.
Bien spécifier la couleur des perles.

(Voir prix pages 747 et 749)

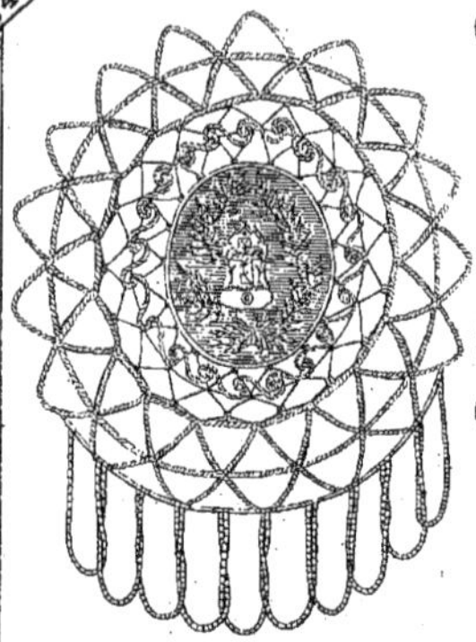

22825

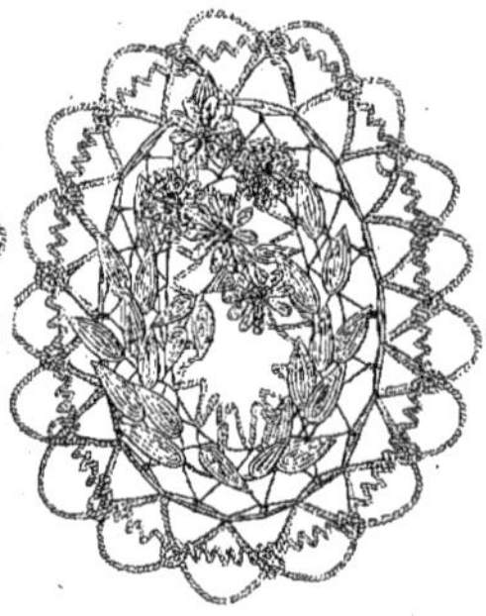

22827

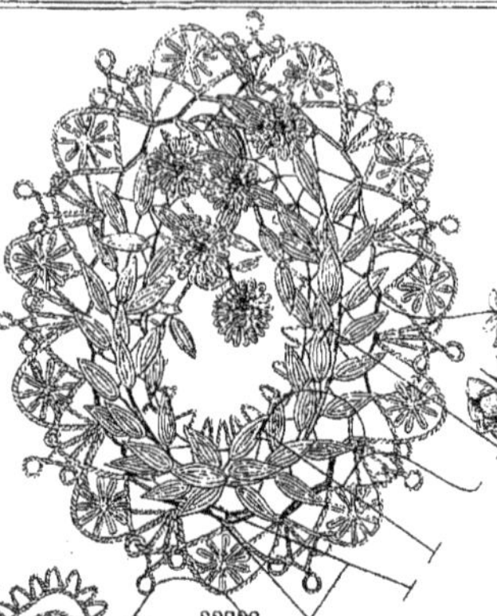

22828

22834

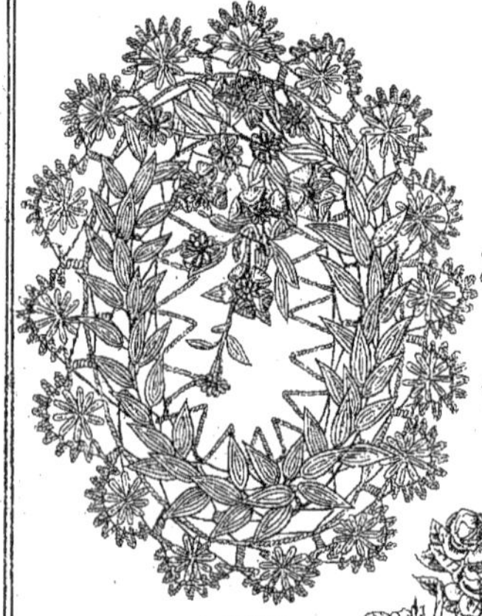

22829

22830

22831

22842

22839

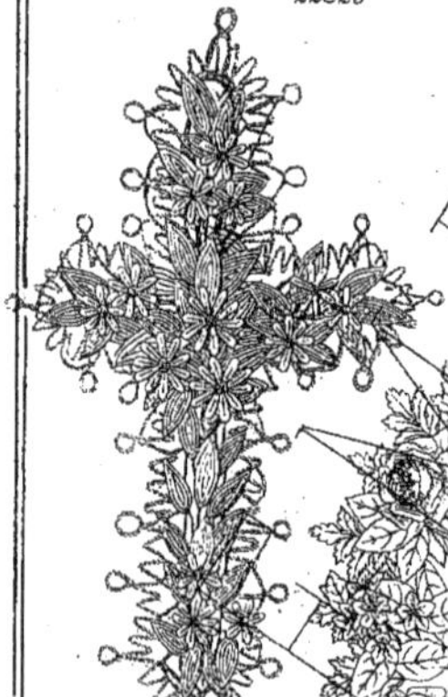

22832

22840

22844

22841

Paris. — Imp. BONNADIEU, 13, Rue des Francs-Bourgeois

22848 22851 22849 22850 22853 22854-22855 22861-22862 22863-22864 22858 22859 22860 22857 22867 22868 22869 22870 22871 22872-22876 22873 22874 22875 22877 22878 22879

	Couronnes métal hauteur m/m	30	35	40	45	50	55	60	65	70	75	80	90	100	110
22839	zinc verni … la pièce	1.80	2.50	3.60	4.65	7.50	9. »	11.50	15. »	21. »	»	»	»	»	»
22840	fleurs porcelaine … »	»	»	4.30	6. »	»	10. »	13. »	17. »	22. »	29. »	36. »	57. »	70. »	93. »

	Croix hauteur m/m	55	60	65	70	75	80	85	90	96	100	110
22841	métal et porcelaine … la pièce	3.60	4.30	5.40	7.15	9.30	12. »	16. »	22. »	28. »	36. »	65. »

	Pots rustiques hauteur m/m	30	35	40	45	50	60	70	80
22842	métal … la pièce	1.80	3. »	3.60	4.65	6.50	8.60	12. »	15. »

22843 **Bouquets** métal et porcelaine … la pièce depuis … 1.25

Nota – Tous les articles en métal se font aux mêmes prix dans les couleurs suivantes : Noir verni, Noir et acier, Acier, Noir et bronze, Nickel.

	Couronnes en celluloïd, hauteur m/m	40	45	50	55	60	65	70	75	80	90	100	110	120
22844	vert et blanc … la pièce	8.50	11. »	15.50	21.25	27.50	34. »	41. »	50. »	58. »	68. »	85. »	94. »	155. »

	Couronnes artificielles, hauteur m/m	40	45	50	55	60	65	70	75	80	90	100	120	150
22845	étoffe … la pièce	11. »	15.50	19. »	21. »	26. »	28. »	31. »	36. »	43. »	60. »	82. »	136. »	205. »

	Chevalets porte couronnes pliants hauteur m/m	35	50	65	75	85	100	110	125	150	175	200
22846	fil de fer verni noir … la pièce	0.35	0.50	0.70	1.05	1.55	1.90	2.15	3.40	5.10	8.50	12.50

	Porte-bourrelets, pliants hauteur m/m	30	40	50	60	70	80	90	100
22847	fil de fer étamé … la pièce	0.70	0.90	1.50	2. »	3. »	4. »	5. »	6. »

Articles omis

22848 **Arrêts** remontoirs de persienne, anneau renforcé, perfectionnés, poulie striée … le cent 18. »

	Anneaux de rideaux en boîte carton par 100 pièces N°	1	2	3	4	5	6	7	8	9	10	11	12
22849	force ordinaire diamètre intérieur m/m	27	24	21	19	17	16	13	12	11	9	8	7

en paquet contenant le nombre de boîtes de 100 pièces indiquées par le numéro … le paquet … 2.50

	Anneaux de tirage bois diamètre m/m	30	35	40
22850	le cent	10. »	11.50	13. »

22851 **Biberon** pour veau, fer battu étamé, avec tétine, contenance 6 litres … la pièce … 14.50

22852 **Tétine** de rechange … » … 0.85

	Biberons d'applique pour veau et poulain contenance litre	2½	5	8
22853	récipient porcelaine, avec tétine … la pièce	17. »	21.50	26.50
22854	fer battu étamé … »	11.50	15.50	19.50
22855	» émaillé … »	17. »	22. »	27. »
	avec 2 poignées sur côtés pour les tenir à la main augmentation … »	1.10	1.10	1.10
22856	**Tétines** de rechange caoutchouc 1er choix très épais …	1.45	2.50	2.85

22857 **Bois de placage** en feuilles, longueur 2 à 3 mètres largeur 30 à 50 c/m

	Prix variables	
chêne tranché …	le mètre carré	0.65 à 0.80
noyer uni, tranché …	»	0.75 à 1.60
acajou, tranché …	»	0.90 à 1.10
érable ou palissandre tranché …	»	1.80 à 2.70
citronnier …	»	2.25 à 2.70
charme frêne, marronnier, pitchpin, platane, sycomore …	»	0.90 à 1.10

	Bouchons verseurs, verre et liège pour bouteille		
22858	forme cylindrique …	le cent	30.50
22859	» » » » » » forme conique …	»	47.50
22860	» » » » » » recouvert métal blanc …	»	44. »

	Boutons double céramique couleur	ronds		ovales	
	tige à rallonge à vis diamètre m/m	45	50	55	60
22861	cuvette unie façon acajou … la pièce	0.65	0.65	0.65	0.65
22862	» » façon bronze … »	0.65	0.65	0.65	0.65

Béquilles céramique forme poire ou canon avec bouton rond 50 m/m ou ovale 60 m/m

22863 façon acajou … la pièce … 0.80

22864 façon bronze … » … 0.80

22865 **Béquilles** double forme poire ou canon céramique façon acajou … la pièce … 1.25

22866 » » » » » » » façon bronze … » … 1.86

22867 **Cadenas** américain tout bronze ; largeur 32 m/m avec 9 m/m absolument incrochetable la pièce 2.30

22868 » » » » » 40 » » 10 » » » » 3. »

22869 **Cadenas** à oreilles 3 gorges, caisse emboutie fer verni noir 50 m/m … le cent 38. »

22870 **Cadenas** de barrière rond galvanisé clés variées 2 tours 55 m/m avec chaîne galvanisée 50 c/m la pièce … 1.10

	Chaîne de métier fer poli N° du fil jauge de Paris	12	13	14	15	16	17	18	19	20	21
22871	mailles ovales non soudées rapprochées sur le côté … les cent mètres	26.50	30	37	40	43	46	58	79	83	115

22882 | 22881 | 22884 avec 22885 | 22888 | 22886 | 22887 | 22888-22889 | 22890 | 22891 | 22892 | 22893 | 22894 | 22895 | 22896 | 22897 | 22898 | 22907 | 22899 | 22900 | 22901 fermé | 22901 ouvert | 22905 | 22909 | 22910 | 12213 | 22908 | 12214

22872 **Cisaille** universelle, coupant en ligne droite ou en courbe, lames cintrées polies, longueur 16 c/m la pièce 4.85
22873 " " " " " " à anneaux, lames cintrées " 19 c/m " 6.15
22874 " " " " " " acier qualité courante " 25 c/m " 5.85
22875 " " " " " " 1 lame droite, 1 lame cintrée " 25 c/m " 2.50
22876 " " " " " " lames cintrées " 25 c/m " 2.50

Colliers de chien, acier

	largeur m/m	14	16	18	22	27	32	36	40
22877 chaîne à S, légers à porte cadenas, nickelés	la pièce	0.65	0.70	0.75	0.80	0.90	1.40	2.15	2.55
22878 " en 8 à porte cadenas, nickelés	"	0.85	0.85	0.95	1.10	1.40	"	"	"

22879 **Couteaux** à huître; manche cochenille ronde; mitre à gorge, 8 rivets le cent 65.

Crampons ou griffes pour grimper aux arbres ou poteaux télégraphiques
22880 modèle forestier à 1 griffe avec courroies la paire 16.20
22881 " " 2 griffes " " 18.
22882 acier forgé forme 1/2 ronde avec étrier et courroies " 45.

22883 **Crochets ou agrafes** pour câble métallique

diamètre intérieur m/m	5	6	7	8	9	10	11	12	13	14	15	16	17	18	19	20
la paire	7.15	8.	8.60	9.25	10.	11.50	12.	14.50	16.	17.	18.60	20.	21.50	22.	24.50	26.

22884 **Galets** de vitrine acier à gorge carrée montés sur billes

diamètre du galet m/m	30	40	50
largeur de la platine m/m	15	19	21
la pièce	1.50	2.40	3.

22885 **Tringle** acier étiré pour d° largeur 16 m/m épaisseur 4 m/m le mètre 1.20

22886 **Hachette** de ménage œil ovale, indémanchable, manche foré, largeur du taillant 10 c/m (R.B.T.) la pièce 3.

22887 **Hachoir** de ménage à manivelle, petit modèle, 4 couteaux, se démontant en 2 parties la pièce 4.

22888 **Lampe à souder** à essence, à régulateur, à pointe de débouchage, petit modèle (R.B.T.) la pièce 9.75
22889 " " " " " " grand modèle (R.B.T.) " 11.

22890 **Lève porte** système Gorlese nickelés

N°	0	1	2	3
la pièce	2.30	2.90	3.75	5.20

22891 **Mesures** à ruban 10 mètres, boîte cuir cousu verni, monture plate saillante cuivre fondu très solide ruban métallique imperméable (R.B.T.)

longueur du ruban m/m	10	16
la pièce	5.	6.

Moules en fonte pour astragale sur fer rond de moulure à l'écaille, branches fer; bague unie

		m/m	14	15	16	18	20	22	25	27
22892	bague unie	la pièce	9.60	10.15	10.50	10.85	12.60	13.30	14.	14.70
22893	" biseau	"	10.60	10.85	11.20	11.90	14.	14.70	15.40	16.10
22894	" et balustre	"	10.50	10.15	11.20	11.90	14.	14.70	15.40	16.10
22895	embase unie	"	11.90	12.25	12.60	13.30	"	"	"	"
22896	astragale ornée	"	14.	14.35	14.70	17.50	19.60	21.	21.70	23.10
22897	chapiteau orné	"	14.70	15.	15.40	16.80	18.90	"	"	"

22898 **Pendants** de buffet cuivre nickelé à baton rosaces nickelées la paire 1.05

22899 **Pince** à cône et à gaz acier poli, avec encoche coupe fil de fer longueur 18 c/m (R.B.T.) la pièce 1.40

22900 **Porte mousquetons** fer poli ressort forgé d'une seule pièce (R.B.T.) à touret

longueur m/m	50	60	70	80	90	100	110	120	130
le cent	13.	14.50	18.60	25.50	32.	35.	41.	42.50	60

Porte mousquetons ouverture extérieure à double crochet

	longueur m/m	40	50	60	80	95	110
22901 ressort caché, bélière ronde, fer poli	le cent	44	55	65	98	130	165
22902 " " bélière 1/2 ronde	"	44	65	"	"	"	"

22903 **Pupitre** à musique pliant, fer bronzé, pour la poche la pièce 1.
22904 " " " " pour table " 1.50
22905 " " " " sur pied ordinaire " 4.
22906 " " " " " double face " 8.

22907 **Rateaux** acier découpé genre américain bleuis, dents polies

Nombre de dents	8	10	12	14	16
la pièce	0.85	1.10	1.35	1.60	1.85

Rondelles ou fraisures de vis

		diamètre m/m	11	12	13	15	17	18	19	20
	N° à la jauge de Paris pour vis tête plate		18	19/20	20/21	21/22	21/22	23 à 25	25	22/23
12213	série légère, bases, bords droits	le mille	"	5.70	"	8.20	"	"	13.	"
22908	" 1/2 forte, bords biseaux	"	5.35	5.70	7.25	8.20	"	11.50	"	"
12214	" forte haute avec méplat	"	"	"	"	"	12.	"	"	15.40

Plus value pour rondelles argentées le mille 3.
" " " nickelées " 5.
Ces rondelles demandées par mille d'une même sorte, en une seule fois Bonification 5 %

22909 **Serpettes** à vendange à anneau tout acier noir

diamètre du fil m/m	5	6	7	8
la pièce	0.40	0.65	0.85	1.05

22910 **Vilebrequin** à conscience à engrenage tête universelle (R.B.T.) manchon à pans, longueur 35 c/m la pièce 10.50

751

Répertoire Alphabétique du Tarif Général N° 8.

752

755

757

760

Paris. — Imp. DONNADIEU. 28, Rue des Francs-Bourgeois

1re Partie
pages Nos 1 à 492
Nos 1 à 14754.

2e Partie
pages Nos 493 à 703
Nos 14755 à 20902

3e Partie
pages Nos 704 à 750
Nos 20903 à 22910

Tarif Album N° 8

Valeur Cent francs net

MARQUE DÉPOSÉE
R.B.T.

www.ingramcontent.com/pod-product-compliance
Ingram Content Group UK Ltd.
Pitfield, Milton Keynes, MK11 3LW, UK
UKHW022047120726
13694UKWH00001B/19

9 782013 605373